U0238468

電力企業檔案管理指南

补充本

《电力企业档案管理指南》编委会　编著

中国水利水电出版社
www.waterpub.com.cn
·北京·

内 容 提 要

    本书是为了使档案工作更好地为电力企业的发展和改革服务，进一步提高电力企业档案管理的整体水平而编写的，是《电力企业档案管理指南》一书的补充本。全书分电力企业档案管理、企业档案管理通用法规标准、电力企业档案管理法规标准三篇，主要内容包括：电力企业档案规范化管理、电力企业档案管理案例，企业档案管理通用法规、企业档案管理通用国家标准、企业档案管理通用行业标准，电力企业档案管理必备法规、电力企业档案管理必备标准等。

    本书既可供电力企业从事档案管理的专业人员使用，也可供参与电力行业档案管理的技术人员使用，还可供电力建设、科研、管理人员参考。

图书在版编目（CIP）数据

电力企业档案管理指南：补充本 / 《电力企业档案管理指南》编委会编著. -- 北京：中国水利水电出版社，2018.10
  ISBN 978-7-5170-6947-8

Ⅰ．①电… Ⅱ．①电… Ⅲ．①电力工业－工业企业－企业档案－档案管理－指南 Ⅳ．①G275.9-62

中国版本图书馆CIP数据核字(2018)第223035号

书　　名	**电力企业档案管理指南　补充本** DIANLI QIYE DANGAN GUANLI ZHINAN　BUCHONGBEN
作　　者	《电力企业档案管理指南》编委会　编著
出版发行	中国水利水电出版社 （北京市海淀区玉渊潭南路1号D座　100038） 网址：www.waterpub.com.cn E-mail：sales@waterpub.com.cn 电话：(010) 68367658（营销中心）
经　　售	北京科水图书销售中心（零售） 电话：(010) 88383994、63202643、68545874 全国各地新华书店和相关出版物销售网点
排　　版	中国水利水电出版社微机排版中心
印　　刷	三河航远印刷有限公司
规　　格	184mm×260mm　16开本　78.25印张　2822千字
版　　次	2018年10月第1版　2018年10月第1次印刷
定　　价	**980.00**元

凡购买我社图书，如有缺页、倒页、脱页的，本社营销中心负责调换
版权所有·侵权必究

《电力企业档案管理指南》编委会名单

主　　任　田雨霖

副 主 任　彭似梅　　王维娜　　王文锋

主　　审　王　昱　　张　华　　付　妍

副 主 审　宁　军　　李丁华　　郭团卫

主　　编　李　军　　孙咏梅　　刘晓燕

副 主 编　刘凤英　　田玉涛　　刘新宇　　陈美鲜　　倪　腾

参编人员　董红岩　　蒋秋地　　兰晓东　　常云岭　　金　波　　任　艺
　　　　　牛艳琪　　温红莲　　赵华山　　邱俪颖　　杨中艳　　杨晓辉
　　　　　张　蕾　　杨淑艳　　丁　宏　　凌彩莲　　谢　萍　　李丸九
　　　　　武冬梅　　石小霞　　段欣邑　　张晓春　　祁　华　　王　菲
　　　　　王　旭　　夏宝玉　　孙红芳　　李春林　　高　珊　　党晶晶
　　　　　陈　慧　　郭彩虹　　韩中辉　　管雪梅　　王　影　　范　革
　　　　　陈　慧　　王　丽　　孙　丽　　徐艳娇　　薛宏琪　　苏　畅
　　　　　王　岩　　王琳琳　　赵彩侠　　罗小枫　　马巧丽　　朱田峡
　　　　　王　萍　　王巧莲　　廖志红　　孙家骞　　汪友波　　郭剑锋
　　　　　吴海燕　　蔡　英　　李丽萍　　盛　琍　　张松君　　赫　轰
　　　　　孙宏芳　　龙　贝　　严海龙　　胡雪红　　石　琼　　应　微
　　　　　陈　旭　　王晓旭　　张　萍　　冀建科　　许兵兵　　李　波
　　　　　祝秀霞　　刘正龙　　张　莉　　方华俐　　朱惠山　　张维明
　　　　　刘　潞　　王绪荣　　刘红梅　　汪友波　　赵淑杰　　武剑利
　　　　　安英华　　尹进文　　陆　蕾　　迟立萍

前　言

　　历时一年的补充、调整和优化，《电力企业档案管理指南 补充本》终于与广大读者见面了。《电力企业档案管理指南》一书于 2013 年正式出版发行，到现在已经历了 5 个年头。在此期间，电力企业档案管理水平有了较大的提高，相关的法规、标准也有了不小的变化。因此，《电力企业档案管理指南 补充本》对电力企业档案规范化管理和电力企业档案管理案例进行了更新，增加了 2014—2017 年的法规、标准。

　　《电力企业档案管理指南 补充本》一书最大的特点是针对电力企业的实际情况，为电力企业档案管理工作人员量身定制，旨在使电力企业档案管理工作有法可依、有据可循。本书不仅可为档案管理工作新人提供范例指导，而且也是新建电力企业快速开展档案工作的实操指南，更是一部查阅便捷的电力企业档案管理标准工具书。

　　本书主要特点如下：

　　（1）全面性。本书内容丰富、翔实，是目前同类书中内容非常全面的电力企业档案管理工作实用指南。

　　（2）实操性。本书不仅系统而具体地阐述了电力企业档案管理工作的操作流程和规范，而且附有具有较高参考价值的案例，这些案例均为电力行业标杆企业的档案管理专家亲自整理、编写。

　　（3）时效性。针对电力企业档案工作的要求，本书收录了截至 2017 年的相关法规、标准等。

　　（4）针对性。本书立足于电力企业实际情况，针对电力企业档案管理工作的实际需要编写，为电力企业档案管理工作人员量身定制。可帮助新建电力企业快速搭建并实施档案管理工作框架，可有效规范、提高电力企业档案管理工作的操作流程和效率，为解决其实际工作问题提供有效工具。

　　（5）经验性。本书在《电力企业档案管理指南》的基础上，根据广大读者的建议，对内容和结构进行了调整和改进，更加适应当前电力企业档案管理工作的需求。

　　电力企业档案是电力企业成立发展的原始记录，它不仅能够真实反映电力企业

的发展历程，还可以客观记录企业的科技资源，同时还是电力企业的资产凭证、经营依据，是推动电力企业快速发展的基础。

感谢书画艺术大家都本基先生在百忙中为本书题写书名。

本书在内容与取材上尚有不妥之处，恳请广大读者批评指正。

作者

2018 年 8 月

目　　录

第一篇

电力企业档案管理

第一章 电力企业档案规范化管理

第一节 文书档案管理

《归档文件整理规则》(DA/T 22—2015)(代替DA/T 22—2000),以下简称《规则》,该《规则》是2015年10月25日发布,2016年6月1日正式实施。

一、分类

《规则》中的分类,是指全宗内归档文件的实体分类,即将归档文件按其来源、时间、内容和形式等方面的异同,分成若干层次和类别,构成有机体系的过程。

《规则》5.2 分类

5.2.1 立档单位应对归档文件进行科学分类,同一全宗应保持分类方案的一致性和稳定性。

5.2.2 归档文件一般采用年度—机构(问题)—保管期限、年度—保管期限—机构(问题)等方法进行三级分类。

a) 按年度分类。

将文件按其形成年度分类。跨年度一般应以文件签发日期为准。对于计划、总结、预算、统计报表、表彰先进以及法规性文件等内容涉及不同年度的文件,统一按文件签发日期判定所属年度。跨年度形成的会议文件归入闭幕年。跨年度办理的文件归入办结年。当形成年度无法考证时,年度为其归档年度,并在附注项加以说明。

b) 按机构(问题)分类。

将文件按其形成或承办机构(问题)分类。机构分类法与问题分类法应选择其一适用,不能同时采用。采用机构分类的,应根据文件形成或承办机构对归档文件进行分类,涉及多部门形成的归档文件,归入文件主办部门。采用问题分类的,应按照文件内容所反映的问题对归档文件进行分类。

如果单位机构设置相对稳定,可以将文件按其形成或承办机构进行分类。采用机构分类的,应根据文件形成或承办机构对归档文件进行分类,涉及多部门形成的归档文件,归入文件主办部门。

c) 按保管期限分类。

将文件按划定的保管期限分类。

5.2.3 规模较小或公文办理程序不适于按机构(问题)分类的立档单位,可以采取年度—保管期限等方法进行两级分类。

除《规则》中讲的几种分类方法外,电力企业的文书档案还可以按能源部关于印发《电力工业企业档案分类规则》的通知(1991年3月18日 能源办〔1991〕231号)进行分类。即0——党群工作、1——行政管理、2——经营管理、3——生产技术管理、4——财务审计、5——人事劳资。各大类按问题兼顾组织机构进行二级分类。

企业可结合实际情况自行决定使用到哪一级类目,没有实体档案的类目可空号不用。

分类表如下:

0-5类一级类目分类表主表

0 党群工作
1 行政管理
2 经营管理
3 生产技术管理
4 财务审计
5 人事劳资

0-5类二级类目分类表主表

0 党群工作
　　01 党群工作综合
　　02 党务工作综合
　　03 组织工作
　　04 纪检工作
　　05 宣传、统战工作
　　06 工会工作
　　07 共青团、青年工作
　　08 协会、学会工作
1 行政管理
　　11 行政管理综合
　　12 行政事务
　　13 武装保卫
　　14 监察
　　15 医疗卫生
　　16 后勤福利
　　17 外事工作
2 经营管理
　　21 经营管理综合
　　22 计划统计
　　23 物资管理
　　24 用电营业
　　25 农村电网和农电管理
　　26 产品销售
　　27 多种经营与协作联营
3 生产技术管理

协等）
080 年度工作计划、总结
081 机构、章程、会员管理
082 协会、学会工作的通知、规定（含技术咨询服务的规定、评比先进等）
083 年会活动和论文
084 技术咨询服务的合同、协议
085 刊物
089 统计报表、名册
1 行政管理
11 行政管理综合
12 行政事务
120 行政工作计划、总结（含各行政科室、车间工作计划、总结）
121 厂、局长（经理）办公会、行政办公会、生产（计划）调度会记录、纪要、决定
122 厂长负责制、任期目标和长远规划文件
123 企业整顿、企业升级等企业管理文件（内部承包、厂规厂法、单项升级等入此）
124 工商行政管理（含企业登记，经济合同、协议、营业执照和各项证书）
125 厂签报单（各科室、车间给厂部的报告和批复）
126 文秘、机要、保密工作（文书处理、印信等）
127 信访工作和人大、政协提案的答复
128 修志工作、大事记
129 简报
13 武装保卫
130 机构设置、干部任免和经济民警配备
131 民兵和征兵工作
132 治安管理（危险物品、枪支弹药、交通管理、内部治安、电力设施保护等）
133 消防工作
134 刑事案件处理及历史案件复查
139 统计报表、名册、简报
14 监察
140 监察工作计划、总结
141 监察会议记录
142 监察工作的指示、通知、报告、会议纪要
143 行业作风
144 案件处理和处分材料
149 统计报表
15 医疗卫生

150 医疗卫生工作的计划、总结、通知、规定
151 卫生宣传、防病治病
152 计划生育
159 统计报表
16 后勤福利
160 后勤福利工作的通知、规定、会议纪要
161 办公用房管理
162 职工住房分配与管理
163 生活管理（食堂、浴室、招待所、托儿所、幼儿园管理）
164 车辆管理
165 绿化管理
166 用水、用电、用汽管理
169 统计报表
17 外事工作
170 外事活动的计划、总结
171 外事工作的通知、规定
172 接待工作
2 经营管理
21 经营管理综合
22 计划统计
220 生产、基建计划、总结及计划调整
221 计划管理规定、通知等
222 生产技术经济指标完成情况分析
223 月度计划任务书或月度作业计划
228 统计工作（含工业普查、房屋普查等）
229 统计报表及统计资料汇编
23 物资管理
230 年度物资分配计划（含采购计划）
231 物资管理的通知、办法、规定
232 重要物资供应文件（招标、投标、合同、协议、来往函件）
233 储备定额管理
234 物资价格管理
235 仓库管理（含清仓利库）
239 统计报表
24 用电营业（注：241、244可按实际情况，实行二级管理）
240 用电营业规章（供用电规则、用户电气设备安装规程等）
241 电力分配及负荷管理（含用电构成、用电分析、主要产品耗电定额等）
242 电费、电价、热价管理
243 三电管理（安全、节约、计划用电）
244 用电监察及重要用户管理（重要用户名单、用户重大事故、供用电合同、

36　科技管理
360　科技计划、总结和长远规划
361　科技管理的通知、规定、会议纪要
362　科技管理合同、协议（注：针对具体项目的入科研档案）
363　技术革新和合理化建议
364　现代化管理
365　专利管理
366　学术论文、出国考察报告、汇报、专题总结、专题材料
369　统计报表

37　质量管理
370　全面质量管理规划、计划、措施、总结（含工程质量规划、措施、总结）
371　全面质量管理办法、规定、培训、考试、检查
372　工程质量监督办法、规定、通知、考核
373　产品与工程创优材料
374　产品、工程质量回访及反馈
375　QC 小组活动
376　质量保证系统（QA）文件材料
379　统计报表

38　标准计量
380　标准工作文件
381　计量工作文件（含计量收费协议等）
382　生产技术规范（上级和本单位颁发的规程、制度、条例、办法等）
383　本企业技术标准
384　本企业管理标准
385　本企业工作标准
389　统计报表

39　信息工作
390　关于信息工作的通知、规定等
391　计算机应用和管理的通知、规定等
392　本企业编制的计算机软件、盘片材料（注：分库保管）
393　档案工作
394　图书资料工作
395　情报工作
399　统计报表

4　财务审计
41　财务审计综合
42　财务管理
420　财务管理制度、规定、办法、通知
421　流动资金核定
422　固定资产的新增、报废、调拨（含清产核资）
423　专项资金的提取、分配、更改、大修、科技资金、福利、奖励基金等
424　生产财务和成本（含财务收支计划、经济分析、增收节支等）
425　基建财务
426　税收（含财政、税收、物价大检查）
427　价格管理（电价、热价、煤运加价）
428　债券、国库券的认购
429　控购及费用开支

43　会计账务
430　报表
431　账册
432　工资单
433　凭证
434　会计档案移交、销毁清册

44　审计工作
440　审计工作的通知、规定
441　专项审计的通知、报告、结论、决定、证明材料
442　下级报送备案的审计文件材料
449　统计报表

5　人事劳资
51　人事劳资综合
52　机构、编制
520　机构设置（成立、撤销、合并、更名、改变隶属关系、级别等）
521　编制
53　人事管理
530　干部任免、聘任
531　干部待遇（工资、级别、落实知识分子政策）
532　干部教育培训
533　干部调配和人才交流（大中专毕业生分配、军队转业干部安置、干部调动介绍信存根）
534　干部考察、审查（含出国人员政审）
535　干部奖惩
536　干部选拔、录用（含后备干部培养）
537　干部离休及其待遇（含离休干部申报表、审批材料）
538　干部职称评定、职务聘任
539　统计报表、干部名册、离休干部名册
54　劳动管理
540　劳动定额
541　劳动指标申请、就业工人招聘录用、含合同工、临时工、退役人员安置、农转非
542　调配（含职工调动介绍信及存根、工资转移证、厂内调动通知单）
543　退职、退休规定、名单、审批表（含

544　各级岗位责任制、经济责任制的材料

545　班组建设和技师评聘（含班组长和重要岗位人员的任免）

546　奖惩

547　安全生产（含劳动保护）

548　劳务出口

549　统计报表、职工名册

55　工资管理

550　劳动工资计划、总结、会议纪要

551　工资管理、工资改革（含调资、定级、工龄计算、落实政策补发工资等）

552　奖金、津贴

553　劳动保险、福利（含劳保统筹）

56　教育培训

560　教育计划、规划、总结

561　教育经费

562　学校教育管理（含大、中、小学，职工技术教育等）

563　职工技术培训和继续教育

569　统计报表

二、装订

装订是将作为一件的一份文件装订在一起。在讲装订前，先介绍一下"件"。

《规则》5.1　组件（件的组织）

组件即件的组织，包括件的构成和件内文件排序，即件由哪几部分构成的，这些构成部分的排序原则，也就是件内文件如何排序。

5.1.1　件的构成

归档文件一般以每份文件为一件。正文、附件为一件；文件正本与定稿（包括法律法规等重要文件的历次修改稿）为一件；转发文与被转发文为一件；原件与复制件为一件；正本与翻译本为一件；中文本与外文本为一件；报表、名册、图册等一册（本）为一件（作为文件附件时除外）；简报、周报等材料一期为一件；会议纪要、会议记录一般一次会议为一件，会议记录一年一本的，一本为一件；来文与复文（请示与批复、报告与批示、函与复函等）一般独立成件，也可为一件。有文件处理单或发文稿纸的，文件处理单或发文稿纸与相关文件为一件。

件是归档文件整理的最小单位。"为一件"是指实体装订在一起，编目时也只体现为一条条目。

正文、附件为一件。附件是指属于正文之后的其他文件材料，作为正文的补充说明或参考材料，如附带的图表、统计数字等，正文与附件为一件（一般情况），如果附件量太多或者太厚不易装订，也可各为一件（特殊情况）。

文件正本与定稿（包括法律法规等重要文件的历次修改稿）为一件。一般来说，文件正本与定稿为一件（一般情况），但定稿过厚不易装订的，也可单独作为一件（特殊情况）；重要文件（如法律法规）须保留历次修改稿，其正本与历次稿（包括定稿）各为一件。

转发文与被转发文为一件。转发文与被转发文是一份文件的不同部分，前者往往包括贯彻意见及执行要求，后者则是具体内容，它们在发挥文件效力方面难以分割，因此也应作为一件。

原件与复制件为一件。对于制成材料、字迹材料等不利于档案保管的文件（如热敏纸打印件、铅笔书写的重要文件），以及使用中出现破损的文件，应复制后归档。复制件包括复印机制作的复印件、计算机重新打印件以及手工誊写的抄件等。这些复制件应与原件作为一件。

正本与翻译本为一件。归档文件除正本外，还有其他不同语言的翻译本（含少数民族文字文本）需要留存的，一般来说，文件的正本与翻译本为一件（一般情况），但翻译本过厚不易装订的，也可单独作为一件；多种不同语言的翻译本也可各为一件（特殊情况）。

中文本与外文本为一件。同一文件除中文本外，还有内容与中文文本相对应的外文文本需要归档的，一般来说，文件的中文本与外文本为一件（一般情况），但外文本过厚不易装订的，也可单独作为一件；多种不同语言的外文本也可各为一件（特殊情况）。

5.1.2　件内文件排序

归档文件排序时，正文在前，附件在后；正本在前，定稿在后；转发文在前，被转发文在后；原件在前，复制件在后；不同文字的文本，无特殊规定的，汉文文本在前，少数民族文字文本在后；中文本在前，外文本在后；来文与复文作为一件时，复文在前，来文在后。有文件处理单或发文稿纸的，文件处理单在前，收文在后；正本在前，发文稿纸和定稿在后。

《规则》6.2　装订

6.2.1　归档文件一般以件为单位装订。归档文件装订应牢固、安全、简便，做到文件不损页、不倒页、不压字，装订后文件平整，有利于归档文件的保护和管理。装订应尽量减少对归档文件本身影响，原装订方式符合要求的，应维持不变。

6.2.2　应根据归档文件保管期限确定装订方式，装订材料与保管期限要求相匹配。为便于管理，相同期限的归档文件装订方式应尽量保持一致，不同期限的装订方式应相对统一。

6.2.3　用于装订的材料，不能包含或产生可能损害归档文件的物质。不使用回形针、大头针、燕尾夹、热熔胶、办公胶水、装订夹条、塑料封等装订材料进行装订。

6.2.4　永久保管的归档文件，宜采取线装法装订。页数较少的，使用直角装订（图1-1-1）或缝纫机轧边装订，文件较厚的，使用"三孔一线"装

订。永久保管的归档文件，使用不锈钢订书钉或糨糊装订的，装订材料应满足归档文件长期保存的需要。

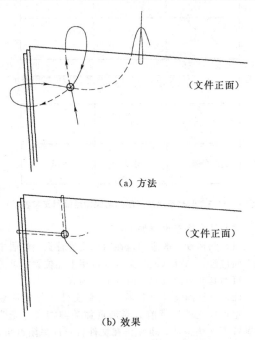

（文件正面）

（a）方法

（文件正面）

（b）效果

图 1-1-1 直角装订方法及装订效果图

6.2.5 永久保管的归档文件，不使用不锈钢夹或封套装订。

6.2.6 定期保管的、需要向综合档案馆移交的归档文件，装订方式按照 6.2.4 和 6.2.5 执行。定期保管的、不需要向综合档案馆移交的归档文件，装订方式可以按照 6.2.4 执行，也可以使用不锈钢夹或封套装订。

更详细的装订方法，请参考国家档案局即将发布的《归档文件装订规范》进行装订，如两点一线装订（图 1-1-2）。

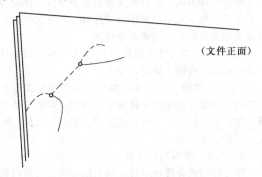

（文件正面）

图 1-1-2 两点一线装订效果图

总之，归档文件的装订方式和装订材料选择应以满足归档文件在保管期限内装订牢固和安全保管为依据。无论采取何种装订方式，装订应尽量降低对归档文件本身影响，装订方式应有利于归档文件的保护和管理。

为便于管理，立档单位相同期限、类似厚度的归档文件装订方式应一致，不同期限的装订方式应相对统一。

三、排列

归档文件的排列是指在分类方案的最低一级类目内，根据一定的方法确定归档文件先后次序的过程。

这里所讲的排列包括三重含义：

（1）件内文件的排序。

（2）盒内文件的排序。

（3）上架的排序。

《规则》5.1.2 件内文件排序：

归档文件排序时，正文在前，附件在后；正本在前，定稿在后；转发文在前，被转发文在后；原件在前，复制件在后；不同文字的文本，无特殊规定的，汉文文本在前，少数民族文字文本在后；中文本在前，外文本在后；来文与复文作为一件时，复文在前，来文在后。有文件处理单或发文稿纸的，文件处理单在前，收文在后；正本在前，发文稿纸和定稿在后。

《规则》5.3 排列（盒内文件的排列）

5.3.1 归档文件应在分类方案的最低一级类目内，按时间结合事由排列。

5.3.2 同一事由中的文件，按文件形成先后顺序排列。

5.3.3 会议文件、统计报表等成套性文件可集中排列。

四、编号

《规则》5.4 编号

编号是指归档文件按分类方案和排列顺序编制档号。

档号是在文件整理过程中赋予的，体现整理规则并包含归档文件类别、排列顺序等要素的一组数字、字符的集合，能够反映档案的基本属性，揭示档案在全宗中的位置。

5.4.1 归档文件应依分类方案和排列顺序编写档号。档号编制应遵循唯一性、合理性、稳定性、扩充性、简单性原则。

5.4.2 档号的结构宜为：全宗号-档案门类代码·年度-保管期限-机构（问题）代码-件号。

上、下位代码之间用"-"连接，同一级代码之间用"·"隔开。

全宗号-档案门类代码·年度-保管期限-机构（问题）代码-件号，即：

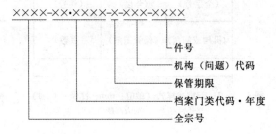

××××-××·××××-×-×××-××××

件号

机构（问题）代码

保管期限

档案门类代码·年度

全宗号

比如：Z109 - WS · 2011 - Y - BGS - 0001。

全宗号-档案门类代码·年度-保管期限-件号，即：

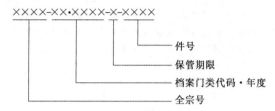

比如：Z109 - WS · 2011 - Y - 0001。

5.4.3　档号按照以下要求编制：

a) 全宗号：档案馆给立档单位编制的代号，用4位数字或者字母与数字的结合标识，按照《档案编制规则》（DA/T 13—1994）编制。

b) 档案门类代码·年度：归档文件档案门类代码由"文书"2位汉语拼音首字母"WS"标识。年度为文件形成年度，以4位阿拉伯数字标注公元纪年，如"2013"。

c) 保管期限：保管期限分为永久、定期30年、定期10年，分别以代码"Y""D30""D10"标识。

d) 机构（问题）代码：机构（问题）代码采用3位汉语拼音字母或阿拉伯数字标识，如办公室代码"BGS"等。归档文件未按照机构（问题）分类的，应省略机构（问题）代码。

e) 件号：件号是单件归档文件在分类方案最低一级类目内的排列顺序号，用4位阿拉伯数字标识，不足4位的，前面用"0"补足，如"0026"。

5.4.4　归档文件应在首页上端的空白位置加盖归档章并填写相关内容。电子文件可以由系统生成归档章样式或以条形码等其他形式在归档文件上进行标识。

5.4.5　归档章应将档号的组成部分，即全宗号、年度、保管期限、件号，以及页数作为必备项，机构（问题）可以作为选择项。归档章中全宗号、年度、保管期限、件号、机构（问题）按照5.4.3编制，页数用阿拉伯数字标识（图1-1-3～图1-1-5）。为便于识别，归档章保管期限也可以使用"永久""30年""10年"简称标识，机构（问题）也可以用"办公室"等规范化简称标识。

（全宗号）	（年度）	（件号）
*（机构或问题）	（保管期限）	（页数）

图1-1-3　归档章样式（单位：mm；比例：1:1）

注：标有"＊"的为选择项。

Z109	2011	1
BGS	Y	45

图1-1-4　归档章示例（部门与保管期限用字母表示）

Z109	2011	1
办公室	永久	45

图1-1-5　归档章示例（部门与保管期限用文字表示）

盖归档章注意事项如下：

（1）归档章一般应加盖在归档文件首页上端居中的空白位置，如批示或收文章等占用上述位置，可盖在首页的其他空白位置，但以上端为宜。

（2）首页确无盖章位置或重要文件须保持原貌的，也可在文件首页前另附纸页加盖归档章。光荣册等首页无法盖章，也无法在文件首页前另附纸页，可在材料内第一页上端的空白位置加盖归档章。统计报表等横式文件，在文件右侧居中位置加盖归档章。

五、编目

《规则》5.5　编目

编目归档文件应依据分类方案和档号顺序编制归档文件目录，即应按照分类、排列的结果，逐类、逐件编制目录，以系统、全面地揭示归档文件的全貌。

目录表格采用A4幅面，页面宜横向设置。按照档号顺序逐件编制。在归档文件目录中一件只体现为一条条目。如来文与复文作为一件时，对复文的编目应体现来文内容，以方便文件检索。

5.5.1　归档文件应依据档号顺序编制归档文件目录。编目应准确、详细，便于检索。

5.5.2　归档文件应逐件编目。来文与复文作为一件时，对复文的编目应体现来文内容。归档文件目录设置序号、档号、文号、责任者、题名、日期、密级、页数、备注等项目。

a) 序号：填写归档文件顺序号。

序号即归档文件顺序号，用来配合档号固定归档文件先后顺序，并对归档文件数量进行简单统计。序号用阿拉伯数字填写。每册归档文件目录的序号应从"1"开始逐条编制。

b) 档号：档号按照5.4.2和5.4.3编制。

c) 文号：文件的发文字号。没有文号的，不用标识。

文号即发文的字号，是由发文机关按发文次序编制的顺序号，一般由机关代字、年度、发文顺序号组成，如档办〔2010〕8 号。文号中的年度用六角括号"〔〕"括入，不使用方括号"［］"或实心方头括号"【】"。

d) 责任者：制发文件的组织或个人，即文件的发文机关或署名者。

填写责任者项时一般应使用全称或通用简称，不能使用"本部""本局""本公司"等含义不明的简称。

联合发文时一般应将所有责任者照实著录，责任者过多时可适当省略，但立档单位是责任者的必须著录；文号所代表的机关必须著录。

个人作为责任者的文件材料，应著录个人责任者。个人责任者著录时应在姓名后著录职务、职称或其他职责，并加"（ ）"号。

e) 题名：文件标题。没有标题、标题不规范，或者标题不能反映文件主要内容、不方便检索的，应全部或部分自拟标题，自拟内容外加方括号"［］"。

一般情况下文件只有一个题名（正题名），填写目录中题名项时应照实抄录。自拟标题的，外加"［］"。

f) 日期：文件的形成时间，以国际标准日期表示法标注年月日，如 19990909。

文件的日期即文件的形成时间（落款时间），多份文件作为一件的，以第一份文件的日期为准。如 2014 年 1 月 17 日，标注为 20140117。未注明日期的文件，月、日用零补足，比如 20140000。

g) 密级：文件密级按文件实际标注情况填写。没有密级的，不用标识。

依据文件情况照实抄录，填写汉语拼音代码或汉字代码，如"机密"或"JM"。标注保密期限的，应同时填写保密期限，如"机密 1 年"或"JM1 年"。对已升、降、解密的文件，应填写新的密级。归档文件没有密级的，此项目留空即可。

h) 页数：每一件归档文件的页面总数。文件中有图文的页面为一页。

填写一件文件的总页数，用于统计和核对。计算页数时以文件中有字迹（指与文件内容相关的文字、图画等）的页面为一页，空白页不计。

6.3 编页

6.3.1 纸质归档文件一般应以件为单位编制页码。

归档文件应以件为单位编制页码。页码应连续编制，不能出现漏号、重号。页码采用阿拉伯数字，从"1"开始编制。页码使用黑色铅笔标注，字迹工整、清晰。

6.3.2 页码应逐页编制，宜分别标注在文件正面右上角或背面左上角的空白位置。

归档文件有图文的页面均应编制页码，正反面都有图文的，应一页编一个页码。没有内容的空白页面不编页码。

6.3.3 文件材料已印制成册并编有页码的；拟编制页码与文件原有页码相同的，可以保持原有页码不变。

文件材料已印制成册并编有页码的，或者拟编制页码与文件原有页码相同的，可以保持原有页码不变。

归档文件过厚，或者存在其他不宜编制页码情况的，经同级国家档案馆同意，也可以保持原有页码不变。

i) 备注：注释文件需说明的情况。

用于填写归档文件需要补充和说明的情况，包括开放等级、缺损、修改、补充、移出、销毁等。

六、装盒

《规则》6.4 装盒

将归档文件按顺序装入档案盒，并填写档案盒盒脊及备考表项目。不同年度、机构（问题）、保管期限的归档文件不能装入同一个档案盒。

6.4.1 档案盒

6.4.1.1 档案盒封面应标明全宗名称。档案盒的外形尺寸为 310mm×220mm（长×宽），盒脊厚度可以根据需要设置为 20mm、30mm、40mm、50mm 等。

6.4.1.2 档案盒应根据摆放方式的不同，在盒脊或底边设置全宗号、年度、保管期限、起止件号、盒号等必备项，并可设置机构（问题）等选择项。其中，起止件号填写盒内第一件文件和最后一件文件的件号，起件号填写在上格，止件号填写在下格；盒号即档案盒的排列顺序号，按进馆要求在档案盒盒脊或底边编制。

6.4.1.3 档案盒应采用无酸纸制作。

6.4.2 备考表

备考表置于盒内文件之后，项目包括盒内文件情况说明、整理人、整理日期、检查人、检查日期（见附录 E）。

a) 盒内文件情况说明：填写盒内文件缺损、修改、补充、移出、销毁等情况。

b) 整理人：负责整理归档文件的人员签名或签章。

c) 整理日期：归档文件整理完成日期。

d) 检查人：负责检查归档文件整理质量的人员签名或签章。

e) 检查日期：归档文件检查完毕的日期。

七、上架

《规则》6.5 排架（上架）

6.5.1 归档文件整理完毕装盒后，上架排列方

法应与本单位归档文件分类方案一致,排架方法应避免频繁倒架。

6.5.2　归档文件按年度—机构(问题)—保管期限分类的,库房排架时,每年形成的档案按机构(问题)序列依次上架,便于实体管理。

6.5.3　归档文件按年度—保管期限—机构(问题)分类的,库房排架时,每年形成的档案按保管期限依次上架,便于档案移交进馆。

上架排列方法应与本单位归档文件分类方案一致,排架方法应避免频繁倒架。

在具体操作上,排架按照"从上到下,从左到右"的原则。也就是先从左边一列开始,从上到下进行摆架,摆满后再按照从上到下继续摆架。

第二节　实物档案管理与整理

一、实物档案定义

实物档案是指公司以及个人在其工作活动中形成的具有保存价值的以物质实体为载体的物品档案。

二、归档范围

(1)单位或个人在各项公务活动中获得的各种奖状、奖杯、奖牌、奖旗、证书等。

(2)机构变更、撤销、合并而废止的旧印章;因磨损等原因重新刻制而替换下来的部门旧印章;领导或法人代表替换下的旧签名用章。

(3)单位在可研阶段、重要工程建设、第一批生产的、阶段生产和重要节点、获奖的及重要的产品、样品、模型等。

(4)单位或个人在国内外交往、交流等公务活动中获赠的重要纪念品;本单位组织的各种重大活动中形成的纪念品;本单位机构成立以来使用过的牌匾等。

(5)上级领导、知名人士、有关单位赠送给本单位的题词、字画、工艺品、锦旗等。

(6)其他具有保存价值的实物。

三、归档要求

(1)应归档的实物自形成后应一个月内向档案管理部门移交归档。

(2)归档的实物须完好无损。凡是本单位在公务活动中形成、获得、接受、赠送或者征集的各种实物档案均应收集齐全、完整无损,整理归档。

(3)每件归档的实物应当拍照归档,整理时应填写互见号。

(4)实物档案移交时,交接双方应办理移交手续,填写移交接收登记表(表1-1-1),交接双方在移交登记表上签字,重要实物档案移交人应在备注中文字说明。

表1-1-1　　　　　　　　　　实物档案移交接收登记表

序号	载体名称	责任者	题　名	日期	数量	移交单位(部门)	移交人	移交日期	接收人	备注
1	JP	×××公司	×××公司获得集团2013年度基本建设投产单位荣誉称号奖牌	2014年2月	1	×××	×××	2014年3月	×××	
…	…	…	…	…	…	…	…	…	…	…

四、实物档案整理

1. 鉴定

(1)根据本单位的归档范围,对每一件实物进行鉴定,判断其是否应当归档。

(2)对存有真伪疑义的实物应采取必要措施进行鉴定。

(3)归档实物的保管期限一般划为永久保存。其他无永久保存价值的实物由立档单位造册保管若干年后自行处理。

2. 分类

归档实物可按年度、载体名称分类。重点强调:同一全宗应保持分类一致性和稳定性。

(1)凡单位形成实物种类较多,采用载体名称分类法。

(2)凡单位形成实物种类较少,采用年度分类法。采用公元纪年标识,如:"2016"。

3. 编号

(1)实物档案以件(套)为单位。

(2)归档实物的档号一般由全宗号、实物档案代码、年度、载体名称代码、件号组成。

实物档案档号有两种格式:

1)格式一:全宗号—实物档案代码—载体名称代码—件号。

2)格式二:全宗号—实物档案代码—年度—件号。

全宗号:上级公司给立档单位编制的代号。

实物档案代码:用汉语拼音字母"SW"标识。

年度:填写实物形成年度,用四位数标识,如:"2016"。

载体名称代码:取载体名称规范化简称汉语拼音首字母标识,如:"奖牌—JP,奖状—JZ,奖杯—JB,奖旗—JQ,证书—ZS,印章—YZ,岩芯—YX,煤样—MY,靶板—BB,模型—MX,题词—TC,字

画—ZH，其他—QT 等"，如图 1 - 1 - 6～图 1 - 1 - 10 所示。

图 1 - 1 - 6 奖牌—JP（1）

图 1 - 1 - 7 奖牌—JP（2）

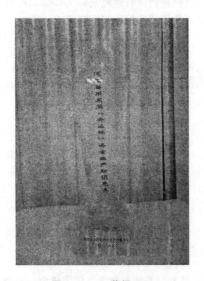

图 1 - 1 - 8 奖杯—JB

件号：归档实物的排列顺序号。在分类方案的最低一级类目内，按归档实物排列顺序从"001"开始标注。

（3）归档签。归档实物可根据档号格式确定归档签内容，归档签粘贴在不影响实物品像的合适位置。为了便于识记，载体名称也可用规范化简称。

图 1 - 1 - 9 靶板—BB

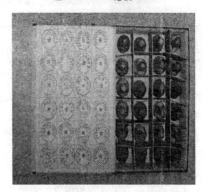

图 1 - 1 - 10 印章—YZ

实物档案归档签式样（长×宽＝55mm×16mm）如图 1 - 1 - 11～图 1 - 1 - 16 所示。

实物	载体名称-件号

图 1 - 1 - 11 归档签式样（分类方案一）

实物	奖杯-1

图 1 - 1 - 12 示例 1（分类方案一）

SW	JB - 1

图 1 - 1 - 13 示例 2（分类方案一）

实物	年度-件号

图 1 - 1 - 14 归档签式样（分类方案二）

实物	2016 - 1

图 1 - 1 - 15 示例 1（分类方案二）

图 1-1-16　示例 2（分类方案二）

4. 编目

（1）实物档案编目应符合档案著录规则，著录要素应齐全，并编制实物档案目录（表 1-1-2）。

主要包括序号、档号、载体名称、题名、责任者、日期、数量、保管期限、存放地点、备注（对于一些重要纪念品整理时可在备注中用文字说明缘由）等项目。

（2）实物档案目录应打印装订成册，用纸幅面尺寸采用国际标准 A4 型纸。

表 1-1-2　　　　　　　　　　　实 物 档 案 归 档 目 录

序号	档　号	载体名称图片	题　名	责任者	日　期	数量	保管期限	存放地点	互见号	备注
1	060302-SW-2013-001	BB	×××热电一期工程#1机组吹管用靶板	×××火电建设公司	2013 年 5 月	2	永久	实物案库	2013-ZP-001	
…	…	…	…	…	…	…	…	…	…	…
12	060302-SW-2013-012	JP	×××公司获得 2013 年"安康杯"竞赛优胜单位荣誉称号	×××市总工会	2013 年 12 月	1		实物案库	2013-ZP-026	

在实物档案归档目录中加入实物小图片一目了然，方便查找。

5. 排列

归档实物可按载体名称分类法进行排列，也可按年度分类法进行排列。

关于印章档案建议参照《印章档案整理规则》（DA/T 40）来完成整理。

五、保管和利用

（1）实物档案应专库或专柜保管。对珍贵的实物档案，应进行复制后再使用，必要时采取安全措施单独保管。

（2）实物档案的保管可分为陈列和保存两种，具有陈列价值的实物档案，办理借用手续后可进行陈列，陈列期间实物的保管责任由陈列部门负责。

（3）存放实物档案的库房和展柜应保持整洁，定期除尘，避免实物档案褪色。易虫蛀、易锈蚀的实物档案要做好防虫、防锈蚀技术保护，确保实物档案完好无损。

（4）利用珍贵的或不易搬动的实物档案，可提供实物档案照片使用。

（5）实物档案原件一般不外借，因特殊需要，须办理借用手续。

第三节　照片档案管理

一、范围

本节规定了感光材料照片档案（传统纸质照片档案）、数码相机照片档案的收集、整理、著录、保管、

利用和销毁要求。

二、规范性引用文件

下列文件中的条款通过本节的引用而成为本节的条款：

（1）《照片档案管理规范》（GB/T 11821）。

（2）《数码照片归档与管理规范》（DA/T 50）。

（3）《电子文件归档与管理规范》（GB/T 18894）。

（4）《计算机场地通用规范》（GB/T 2887）。

（5）《文献保密等级代码》（GB/T 7156）。

（6）《档案分类标引规则》（GB/T 15418）。

（7）《档案著录规则》（DA/T 18）。

（8）《档案主题标引规则》（DA/T 19）。

（9）《中华人民共和国档案法实施办法》。

（10）《机关文件材料归档范围和文书档案保管期限规定》（国家档案局 8 号令）。

三、术语和定义

下列术语和定义适用于本节内容：

（1）感光材料照片。把感光纸放在照相底片下曝光后经显影、定影而成的人或物的图片，即传统照片。

（2）感光材料照片档案。国家机构、社会组织或个人在社会活动中直接形成的以静止摄影影像为主要反映方式的有保存价值的历史记录。照片档案一般包括底片、照片和说明三部分。用以固定照片或底片，并标注说明的中性偏碱性纸质载体，是照片册、底片册的组成单元。

（3）数码照片。用数字成像设备拍摄获得的，以数字形式存储于磁带、磁盘光盘等载体，依赖计算机

等数字设备阅读、处理，并可在通信网络上传送的静态图像文件。

（4）数码照片档案。档案机关、团体、企事业单位和其他组织在处理公务过程中形成的对国家和社会具有保存价值并归档保存的数码照片。数码照片档案由数码照片和元数据两部分组成，元数据一般包括该照片文字说明与 EXIF 信息。

（5）EXIF 信息。数字成像设备在拍摄过程中采集并保存在数码照片内的一组参数，主要包括数字成像设备的制造厂商、型号、拍摄日期和时间、分辨率、光圈、快门、感光度等信息。

（6）照片档案。国家机构、社会组织或个人在社会活动中直接形成的以静止摄影影像为主要反映方式的有保存价值的历史记录。

（7）用以固定照片或底片，并标注说明的中性偏碱性纸质载体，是照片册、底片册的组成单元。

（8）照片组。有密切联系的若干张数码照片的集合。例如：一次会议、一项活动、一个项目等反映同一问题或事由的若干张数码照片为一个照片组，全部存储到一个文件夹。

四、照片档案的收集和归档

照片档案属于全宗档案的组成部分，由本单位档案部门实行统一管理。档案部门负责建立健全照片档案制度，对归档范围、时间、要求等作出明确规定，指导形成部门开展照片归档工作。形成部门负责对应归档的照片进行收集，按要求向档案部门移交。信息化部门负责为照片档案管理提供信息化支持。

1. 收集和归档范围

（1）记录本单位主要职能活动和重要工作成果的照片。例如：本单位主办或承办的重点工作、重大活动、重要会议、重点项目、重点科研项目的照片；领导人、著名人物和国际友人参加与本单位、本地区有关的重大公务活动的照片；本单位劳动模范、先进人物及典型活动的照片。本单位历届领导班子成员的证件照片等。

（2）记录本单位、本地区重大事件、重大事故、重大自然灾害及其他异常情况和现象。例如：记录本单位抗洪抢险过程的照片，洪灾后受损的厂房、办公楼、设备等以及洪灾后重建厂房、办公楼，设备重新维修后的照片。

（3）记录本地区地理概貌、城乡建设、重点工程、名胜古迹、自然风光以及民间风俗和著名人物的照片。例如：某火电建设工程项目需要收集的照片有开工前的地理地貌，建设过程中的重要节点、关键工序、隐蔽工程、重要招标活动、重要合同签订仪式、工程验收检查等照片。

（4）其他具有保存价值的感光、数码照片。

2. 归档要求

（1）形成部门负责对应归档的照片进行归档，集中管理，并按规范要求编写文字说明，任何单位或个人不得据为己有。

（2）照片归档时，由形成部门和档案部门共同进行真实、完整、可用和安全方面的鉴定和检测。数码照片可参照《电子文件归档与管理规范》（GB/T 18894）。

（3）感光材料照片归档时，底片、照片说明应齐全。底片与照片影像应一致。数码照片归档时照片与元数据应一致。

（4）数码照片元数据以及无底片的照片翻拍存储光盘的，均要注明互见号、备考表加以说明，无照片的底片应制作照片。

（5）归档的数码照片应是用数字成像设备直接拍摄形成的原始图像文件，不能对数码照片的内容和 EXIF 信息进行修改和处理。为提高画面质量，增强画面效果的后期处理除外。经过添加、合成、挖补等修改的数码照片，不能作为档案归档。

（6）对反映同一内容的若干照片，应选择其中最具代表性的照片归档，所选照片应能反映该活动的全貌，且主题鲜明，影像清晰、完整。反映同一场景的照片一般只归档一张。

（7）归档数码照片应为 JPEG、TIEF 或 RAW 格式，推荐采用 JPEG 格式。

（8）归档的照片应附加文字说明。文字说明应综合运用事由、时间、地点、人物、背景、摄影者等要素，概括揭示数码照片所反映的主要内容。

（9）数码照片可通过存储到符合要求的脱机载体上进行离线归档，也可通过网络进行在线归档。

（10）照片档案的保管期限划分为永久和定期，定期分为 30 年和 10 年。

（11）照片档案的密级按照《照片档案管理规范》（GB/T 11821）执行。

3. 归档时间

照片在拍摄完成后，应及时整理和归档，最迟在第二年的 6 月底前完成归档。

五、照片档案的整理和著录

照片档案的整理原则应遵循有利于保持照片档案的有机联系，有利于保管提供利用的原则。

1. 分类和排序

（1）同一全宗内的感光照片应在全宗内按档案分为 0~9 大类，即按保管期限—年度—问题进行分类，也可按保管期限—问题—年度分类。

（2）同一全宗内的数码照片档案按保管期限—年度—照片组分类。同一照片组内的数码照片档案按形成时间排列。

2. 命名

（1）整理过程中，应对照片文件进行重命名。

（2）数码照片文件采用"保管期限代码—年度—

照片组号—张号. 扩展名"格式命名。保管期限代码：分别用"YJ""30""10"代表永久、30 年、10 年。

（3）年度为 4 位阿拉伯数字。

（4）照片组号为 4 位阿拉伯数字，同一年度的照片组从"0001"开始顺序编号。

（5）张号为 4 位阿拉伯数字，同一照片组内的数码照片从"0001"开始顺序编号。

例如，2017 年某单位拍摄的一组×××会议照片为本年度第一组照片，保管期限为永久，储存格式为 JPEG，则该组第一张照片文件命名应为：YJ—2017—0001—0001. JPG。

3. 著录

（1）照片编号。照片号是固定和反映每张照片在全宗内分类与排列顺序的一组字符代码，有全宗号、保管期限代码、册号、张号或全宗号、保管期限代码、张号组成。

（2）照片号有两种格式。

格式一：全宗号—保管期限代码—册号—张号。

格式二：全宗号—保管期限代码—张号。

全宗号：档案馆给立档单位编制的代号。

（3）保管期限代码：分别用"1、2、3"或"Y、C、D"对应代码表示永久、长期、短期。

4. 照片说明

（1）说明应用横写格式，分段书写。格式如下：

题名：

照片号：

底片号：

参见号：

时间：

摄影者：

文字说明：

（2）题名应简洁概括、准确反映照片的基本内容，人物、时间、地点、事由等要素尽可能齐全。

（3）照片号是固定和反映每张照片在全宗内分类与排列顺序的一组字符代码，有全宗号、保管期限代码、册号、张号或全宗号、保管期限代码、张号组成。

（4）底片号参照照片号，参见号是指与本张照片有密切联系的其他载体档案的档号。

（5）拍摄时间用 8 位阿拉伯数字表示，第 1～4 位表示年，第 5～6 位表示月，第 7～8 位表示日。

摄影者一般填写个人，必要时可加写单位。

5. 著录

照片档案目录的著录项目包括：照片号、底片号、题名、时间、摄影者、备注、参见号、册号、页号、组内张数、分类号、项目号、主题词或关键词、密级、保管期限、类型规格、档案馆代码、文字说明等。

6. 册内备考表

照片档案册内备考表包括：本册情况说明、立册

人、检查人、立册时间。

六、照片档案的存储和保管

1. 感光照片的存储和保管

（1）底片册、照片册所用的封面、封底、芯页均应采用中性偏碱性纸质材料制作，其中 pH 值应为 7.2～9.5，化学性能稳定，且不易产生碎屑或脱落的纤维。

（2）底片、照片应能在关闭的装具中保存，如储柜、抽屉等储柜架应采用不可燃、耐腐蚀的材料，避免使用木质及类似材料。

（3）推荐的存储最高温度和相对湿度见表 1-1-3。

表 1-1-3　　存储最高温度和相对湿度

类型	中期储存		长期储存	
	最高温度 /℃	相对湿度 /%	最高温度 /℃	相对湿度 /%
黑白底片	25	20～50	21	20～30
			15	20～40
			10	20～50
彩色底片	25	20～50	2	20～30
			−3	20～40
			−10	20～50
黑白照片	25	20～50	18	30～50
彩色照片	25	20～50	30	30～40

注　1. 中期储存是指胶片、照片在表中规定的温、湿度条件下至少能保存 10 年。长期储存是指胶片、照片在表中规定的温、湿度条件下至少能保存 100 年。

2. 推荐值内较低的温度、湿度环境，更能延长胶片、照片的寿命。

（4）底片、照片应恒温、恒湿保存。长期储存环境，24 小时内温度的变化不应超过±2℃，相对湿度变化不应超过±5%。中期储存环境，24 小时内温度的周期变化不应超过±5℃，相对湿度变化不应超过±10%。

（5）感光照片库房条件和防火、防水、防潮、防日光及紫外线照射、防污染、防有害生物、防震、防盗等要求，应符合《档案馆建筑设计规范》（JGJ 25）的规定。

（6）感光照片档案存库房应保持整齐、清洁，应有严格的使用和存放规则。照片档案入库前应进行检查。对受污染的照片、底片应进行必要的技术处理，防止受污染的照片、底片入库。

（7）接触底片的人员应戴洁净的棉质薄手套，轻拿底片的边缘。底片册、照片册应立放，不应堆积平放，以免堆在下面的底片、照片受压后造成粘连。珍贵的、重要的、使用频率高的底片应进行拷贝，异地

保存。拷贝片提供利用，以便更好地保存母片。

（8）每隔两年应对底片、照片进行一次抽样检查，不超过 5 年进行一次全面检查。若温、湿度出现严重波动，应缩短检查间隔期。检查中应密切注意底片、照片的变化情况（卷曲、变形、变脆、粘连、破损、霉斑、褪色等），亦应注意包装材料的变质问题，并检查记录。若发现问题，应查明原因，及时采取补救措施。

2. 数码照片的存储和保管

（1）数码照片可采取建立层级文件夹的形式进行存储，一般应在计算机硬盘非系统分区建立"数码照片档案"总文件夹，在总文件夹下依次按照不同保管期限、年度和照片组建立层级文件夹，并以保管期限代码、年度和照片组号命名层级文件夹。

（2）推荐采用光盘等耐久性好的载体作为长期保存载体。数码照片存储应一式三套，一套封存保管，一套查阅利用，一套异地保存。

（3）数码照片的存储应采用专门的装具，在装具上粘贴标签，注明载体套别（封存保管、查阅利用、异地保存）、序号、保管期限、起始年度、终止年度、存入日期等。

（4）在线存储的数码照片的保管条件应符合《计算机场地通用规范》（GB/T 2887）的要求；离线存储在磁性载体上的数码照片的保管条件应符合《磁性载体档案管理与保护规范》（DA/T 15）的要求；离线存储在光盘上的数码照片的保管应符合《电子文件归档光盘技术要求和应用规范》（DA/T 38）的要求。对存储数码照片的磁性载体每满两年、光盘每满四年进行抽样机读检验。

七、照片档案的利用和鉴定

（1）照片档案的借阅利用参见单位档案借阅管理规定。利用时，应保持感光照片的完整、数码照片信息的安全。

（2）依据国家有关规定，对已到期的照片档案开展鉴定和销毁工作。

第四节 音像档案管理与整理

一、音像档案定义

音像档案是指公司领导、员工在公务活动中直接形成的对国家、社会和公司有保存价值的以声音和影像形式记载和反映公司重大事项、活动，并辅以文字说明的历史记录。

音像档案主要载体形式如下：

（1）以感光材料为载体，形式主要有照片（含底片）、电影胶片（含母带）等。

（2）以磁性材料为载体，形式主要有录音带、录像带等。

（3）以激光材料为载体，形式主要有只读光盘、一次性写入光盘等。

二、音像档案的收集

（一）管理职责

（1）公司档案部门是音像档案的集中管理部门，负责监督、指导音像的积累、收集、整理、移交工作，负责鉴定、编号、编目、保管、提供利用及统计工作。

（2）相关职能部门、参建单位（基建单位），应按归档范围，负责本公司（项目）业务范围内形成的音像资料收集、整理和移交工作。

（二）归档范围

归档范围见表1-1-4。

表1-1-4　音像档案归档范围、保管期限参考表

分类号	归档内容	保管期限	备注
0 党群工作	1. 党委会、职代会、团委会、党代会、领导班子民主生活会	永久	
	2. 党、团、工等各项表彰会、各项文体活动	永久	
	3. 省、部级及以上党、工、团评先表彰，协会（学会）获奖表彰	永久	
	4. 重大案件、处理过程	永久	
	5. 其他党、团、工相关活动	30 年	
1 行政工作	1. 董事会、监事会、股东会	永久	
	2. 资质评审、安健环星级评审、企业等级评审	永久	
	3. 国家级及省、部级主要领导参加的本企业重大活动	永久	
	4. 领导视察、著名人物参加本单位的重要活动，外单位来访、参观等	永久	
	5. 公司年度工作会	永久	
	6. 行政例会、出国考察、安全保卫工作	30 年	
	7. 信访、交通、防范自然灾害	30 年	
	8. 消防、后勤、法律	30 年	
2 经营工作	1. 经济分析会等各类经营工作会议	永久	
	2. 物资采购、库存核查工作	30 年	
	3. 重大合同、协议签字仪式	永久	
	4. 事故（生产、安全、设备）	永久	
	5. 获国家（或部级）评选科技项目成果表彰及应用会	永久	

分类号	归档内容	保管期限	备注
2 经营工作	6. 生产技术业务会议、四项监督工作	30 年	
	7. 获上级表彰科技项目表彰会	30 年	
3 生产管理	1. 生产基建春秋季安全质量检查工作	30 年	
	2. 安健环例会	30 年	
	3. 记录本单位重大事件、重大事故、重大自然灾害及其他异常情况和现象的照片	永久	
	4. 档案、信息工作	30 年	
	5. 各类检修、重大技改等项目	30 年	
4 财务工作	1. 产权转让	永久	
	2. 基建及年度财务决算工作	永久	
	3. 各类审计（年度、离任等）工作	永久	
	4. 财务工作专题会议、财务税务检查	30 年	
5 人事管理	1. 历届领导班子成员照片	永久	
	2. 领导班子成员任、免、离职会议	永久	
	3. 中层干部任、免职	永久	
	4. 劳动技能竞赛表彰、干部、员工及单位部门表彰	30 年	
	5. 公司级以上培训会议	30 年	
	6. 绩效评价会议	30 年	
	7. 建设单位：项目建设原始地形地貌、重大事件及活动	永久	
6 生产运行	电力生产准备、生产运行、设备缺陷、技术监督、备品备件	30 年	
	电力生产技改、检修、日常维护工作	30 年	
7 科技研究	科技创新、技术研究、科技项目	永久	
80 项目立项	项目立项：选址、可研、配套设施评估等	永久	
81 项目设计	地形地貌、施工图审查会议等	永久	
82 项目准备	项目开工典礼、征地拆迁、设备招投标过程、五通一平施工等	永久	

分类号	归档内容	保管期限	备注
83 项目管理	重要的合同、协议签署仪式、各类工程会议、重要设备开箱验收现场等	永久	
84 土建施工	桩基、土建施工现场：包括施工前、施工过程、竣工验收等场景	永久	
85 管线安装	锅炉、汽机、电气、热控、化学、海水淡化等设备安装	永久	
86 工程监理	工程监理	永久	
87 调试	系统调试	永久	
88 竣工验收	移交生产签证仪式现场、各专项验收会议、竣工决算、达标创优工作	永久	

（1）记录本单位主要职能活动、基本历史面貌和重要工作成果的照片、影片、录音、录像等资料（以下统称"音像资料"）。

1）本单位举行的重要会议（如党代会、团代会、职代会、董事会、股东会等）形成的音像资料。

2）记录本单位生产、科研、基建、重要设备管理的音像资料。

3）本单位历届领导班子合影及主要领导证件照片。

4）本单位市（省）级以上的劳动模范、先进人物及其典型活动的音像资料。

5）本单位组织或参加的重要外事活动形成的音像资料。

6）本单位举办的大型文化、体育、纪念活动的音像资料。

7）本单位参加大型展览会、产品技术开发成果的音像资料。

8）本单位保存的重要实物的照片。

9）党和国家领导人、地方各级领导莅临本单位视察的音像资料。

10）上级领导和著名人物参加本单位、本地区重大公务活动形成的音像资料。

11）宣传介绍集团公司的专题音像资料，新闻媒体报道集团公司的音像资料。

（2）记录本地区、本单位重大活动、重大事件、重大事故、重大自然灾害、重点工程的音像资料。

（3）记录本地区地理概貌、城乡建设、名胜古

迹、自然风光以及民间风俗和著名人物的音像资料。

（4）其他具有保存价值的音像资料。

（三）归档要求

音像档案应完整、准确、系统反映公司各项活动的真实内容和历史过程。摄录单位须移交具有标志性、代表性、特色性或不同时期具有保存价值的音像档案，并配以文字说明。音像档案的整理应遵守其形成规律和特点，以有利于保持音像档案的有机联系，便于保管和利用，具体要求如下：

（1）音像资料应图像画面清晰，音像效果良好，解说词与图像画面协调一致，文字说明必须与画面相符合，记载详细、准确、齐全，重大活动、重要会议的音像资料要有活动明显的会议标志等，新闻报道性质的录像片应有解说词。

（2）录像片应编写简介，注明内容、用途、规格和放映时间，同时在盘带上标明片名、片长、作者、密级、摄制单位、摄制时间、地点和拷贝编号等。

（3）录音带盘面上应加贴标签，并在标签上填写报告内容、报告人姓名、职务、活动主办单位、播放时长、录制时间和地点等。

（4）移交归档的照片应以原始照片形式移交，不得进行技术处理。对反映同一内容的若干照片，应选择其主要照片归档，主要照片应具备主题鲜明、影像清晰、画面完整、未加修饰剪裁等特点。

（5）照片和文字说明应齐全，并注明主要人物的职务、姓名及站位。底片与照片影像应一致；没有底片的照片应制作翻拍底片，数码照片除归档一套光盘外，还应归档一套完整的纸质照片档案，无污迹，无划痕，无残缺。

（6）对用音频设备获得的声音文件，应以WAV、MP3通用格式存储成电子文件，刻录光盘移交。对用视频或多媒体设备获得的文件以及用超媒体链接技术制作的文件，应以 MPEG、AVI 通用格式存储成电子文件，刻录光盘移交。数码照片应以JPEG、TIFF 通用格式存储，刻录成光盘移交，并提供冲印照片一套，数码照片电子文件与冲印照片一一对应。

（7）软盘、光盘等按照上级有关电子文件和电子档案管理规定执行。

（四）移交归档

（1）对归档范围内的音像档案，其摄录部门单位或单位应及时整理移交，也可按年度或季度统一归档。

（2）档案管理部门在接收音像档案前，均应对归档的每一套载体进行检验，检验内容主要包括：载体有无划痕、是否清洁；有无病毒。经档案管理部门逐一验收合格后，方可办理交接手续。对检验不合格者，应退回摄录单位重新制作，并再次对其进行检验。

（3）移交时应填写一式两份的"×××公司音像档案移交目录"，见表 1 - 1 - 5，同时提交电子版，交接双方在移交目录上签字。

表 1 - 1 - 5　×××公司音像档案移交目录

序号	题　名	文件名	形成时间	载体类型	载体外观	备注
1	2017 年 9 月 20 日，×××公司组织秋游登山活动		20170920	AVI	无划痕	

移交部门：　　　　　接收部门：

移交人：　　　　　　接收人：

时间：　　　　　　　时间：

三、音像档案的整理

遵循音像材料的形成规律，保持音像材料之间的有机联系，区分不同载体和价值，便于保管和利用。

（一）照片档案的整理

1. 整理排列

（1）采用年度（项目代号）内、按不同的保管期限、分组整理，按张归档。

（2）组号的排列。文书档案照片在本年度保管期限内，依据时间排列组号。基建项目照片在项目保管期限内，依据时间排列组号。反映同一内容的多组照片按时间先后排列。

（3）组内照片按时间排列。

2. 编目

（1）档号：文书档案照片按"年度—保管期限—ZP组号—张号"编制，基建项目照片按"项目代号—保管期限—ZP组号—张号"编制。

例：2017—1—ZP001—001、0102—1—ZP001—001。

（2）保管期限：照片所划定的保管期限，数码照片保管期限为永久、定期 30 年、10 年保管，分别用"1""2""3"代码表示。

（3）年度：年度指照片形成的年度，以四位数标注公元纪年。跨年度的一组照片，可按结束年度整理排列。

（4）项目代号：由工期号与机组号组成。工期为2位，机组为2位，公用部分用"00"标识。

例：一期公用代码是"0100"，一期 2 号机组代

码是"0102"。

（5）部门：移交部门，采用部门全称或规范化简称，并保持相对一致。

（6）组号：类型代码"ZP"加3位流水号，同一年度内的组从"ZP001"开始顺序编号。

（7）张号：填写照片的编号为3位阿拉伯数字，同一组内照片从"001"开始顺序编号。

（8）分类号：文书档案照片分至1级类目，运行及科研分至1级类目，基建分至2级类目。

（9）互见号：应填写照片与数码照片不同储存载体的档号，如：底片、光盘等。

（10）摄影者：照片的拍摄者。外单位人员应注明所在单位。

（11）时间：照片拍摄的时间，采用8位阿拉伯数字。

例：20171001。

（12）题名：本张照片的标题。同一事件（主题）多张照片归档时，照片的主题应相同，具体画面内容不同。可采用格式：主题名称加主要场景。

例："×××公司2013年度工作会主会场"。

（13）文字说明：本张照片的说明，综合运用事由、时间、地点、人物、背景、摄影者等要素，概括揭示照片所反映的全部信息，或对题名等信息及内容补充说明。其他需要说明的事项亦可在此表述。

（14）数码照片的存储文件名：档号作为本张照片的电子文件名。

例：2017—1—ZP001—001.JPG。

3. 装册

按照片档号顺序装入照片册。原则上不跨年度装册，同一组照片不跨册。跨年度的装入结束年度中。基建项目照片按项目代号单独装册。

（1）每册都应打印照片文件目录和册内备考表。

（2）备考表中的立册时间是指照片整理完毕装册的日期；本册情况说明应填写册内照片缺损、修改、补充、移出和销毁等情况。

4. 照片册脊背

册脊应有单位全称（或规范简称）、年度、项目代号、保管期限、起止组号、册号等内容，其中起止组号中间用"—"连接。

（二）录像档案的整理

1. 整理排列

采用年度内、按不同的保管期限、按盒归档。

2. 编目

（1）档号：按"年度—保管期限—LX盒号—段号"编制。

例：2017—1—LX001—001。

（2）保管期限：照片所划定的保管期限，录音、录像保管期限为永久、定期30年、10年保管，分别用"1""2""3"代码表示。

（3）年度：年度指录像形成的年度，以四位数标注公元纪年。跨年度的一组照片，可按结束年度整理排列。

（4）部门：移交部门，采用部门全称或规范化简称，并保持相对一致。

（5）盒号："载体代码LX"加3位流水号，同一年度内的组从"LX001"开始顺序编号。

（6）段号：填写盒内内容的编号为3位阿拉伯数字，同一盒内第一段录像从"001"开始顺序编号。

（7）分类号：参照照片分类号。

（8）互见号：应填写录像不同储存载体的档号，如：光盘等。

（9）摄影者：录像的拍摄者。外单位人员应注明所在单位。

（10）时间：录像拍摄的时间，采用8位阿拉伯数字，如："20170108"。

（11）题名：综合运用事件、地点、人物、事件等要素简要描述本段内容。

例：2017年1月10日，×××公司在公司礼堂召开2017年年度工作会。

（12）文字说明：本段内容的说明，综合运用事由、时间、地点、人物、背景、摄影者等要素，概括揭示本段内容所反映的全部信息，或对题名等信息及内容补充说明。其他需要说明的事项亦可在此表述。

（13）起止时间：本段内容开始和结束的时间及时长。

（14）起止画面：描述本段内容起止画面的内容。

（15）数码照片的存储文件名：档号作为本张照片的电子文件名。

例：2017—1—LX001—001.AVI。

（三）音像档案整理的其他规定

（1）照片、数码录音、录像按照，区分保管期限、归档年度刻制光盘保存的，按《电子文件归档与管理规范》（GB/T 18894）、《电子文件归档光盘技术要求和应用规范》（DA/T 38）等规定执行。

（2）永久和30年保存的录音录像应刻制一式三套光盘，分别用A、B、C标注，A套封存保管，B套供查阅使用，C套异地保管。

（3）录音带、录像带、影片带、光盘等音像档案均应逐一编制说明，并以标签形式粘贴在其外盒上。

1）录音带简要说明讲话内容、讲话人姓名、职务、录放长度、规格、摄录者、摄录时间、密级等。

2）录像带简要说明该录像的主要内容、语别、制式、放映时长、规格、摄录者、摄录时间、密级等。

录音带、录像带正面及脊背标签格式如图1-1-17所示。

```
档号：
题名：第一段（录音带题名包括讲话时间、地点、讲话人
        姓名、职务、讲话内容；录像带题名包括人物、时
        间、地点、事由等）、第二段……
制式：      语别：      录放长度：      规格：
摄像时间：  密级：      互见号：
档号：                              年度：
```

图 1-1-17 录音带、录像带正面及脊背标签格式

3）光盘应说明存储文件的内容、格式、规格、摄像者、摄录时间、光盘类型（CD-R、DVD）、光

盘制作者、制作时间、密级等。

（4）录音带、录像带、光盘等不同载体的音像档案原则上应按照保管期限分别编制档案目录，见表1-1-6，并加音像档案目录封面，装订成册。

四、音像档案的保管

（1）排架。照片档案应按年度—册号进行排列。录音、录像等磁性载体档案应按载体类型（类别）—保管期限—年度—盒号进行排列。

（2）音像档案库房，配备专用保护设备和设施，达到恒温、恒湿、防磁、防潮、防尘、防光、防火、防蛀的"八防"标准。

表 1-1-6   音像档案目录

档 号	题 名	时长/min	制式	规格	摄录者	摄录时间	密级	互见号	备注
2017-1-LX001	2017年1月10日，×××公司在公司礼堂召开2017年年度工作会	320	VHS	12英寸	张三	20170110			

（3）库房温度应保持14～24℃，日变化幅度不超过±2℃；相对湿度应保持45%～60%，日变化幅度不超过±5%；存放母片的胶片库或装具温度应控制在13～15℃，相对湿度应控制在35%～45%。磁带应竖立存放在远离磁场的专用柜架内。

（4）档案管理部门应定期检查音像档案保管情况。对长期保存且不常用的音像档案，一般应每隔半年检查一次。对使用比较频繁和已受损的录音带、录像带、光盘（音频和视频电子文件），要及时进行技术处理和复制。

（5）已归档保存的音像档案，任何人不得私自抽出、清洗、消磁和涂改。

五、音像档案的利用

（1）利用音像档案要填写《×××公司借用档案审批单》，严格履行审批手续。原版音像档案一般不得外借。

（2）涉密音像档案借用和复制必须符合相关保密管理规定。

（3）未经许可，任何部门或个人不得擅自转录（翻拍）所借音像档案，档案室应对归还的音像档案进行认真检查后方可入库。

第五节 会计档案管理与整理

一、会计档案定义

会计档案是指单位在进行会计核算中接收或形成的，记录和反映单位经济业务事项的，具有保存价值的文字、图表等各种形式的会计资料，包括通过计算

机等电子设备形成、传输和存储的电子会计档案。会计核算中形成的会计凭证、会计账簿、财务报告（包括会计报表、附注和有关说明）及其他相关的会计核算资料，应该进行归档。

（1）会计凭证。会计凭证是指原始凭证、记账凭证、汇总凭证及其他会计凭证。

（2）会计账簿。会计账簿是指总账、明细账、日记账、固定资产卡片、辅助账簿及其他会计账簿。

（3）财务报告。财务报告是指月度、季度、年度财务报告，包括会计报表、附表、附注和报名说明，财政预、决算报表和审计报告以及资产评估报告等其他财务报告。

（4）其他类。税务申报资料、银行存款余额调节表、银行对账单、会计档案移交清册、会计档案保管清册、会计档案销毁清册，以及与财务有关的合同和文件等其他会计资料。

二、会计档案的整理、归档要求

1. 归档范围

会计档案归档范围包括：会计凭证（原始凭证、记账凭证、汇总凭证）、会计账簿（总账、明细账、日记账、辅助账簿）、年度财务决算报告、会计保管清册、会计移交清册等。

2. 保管期限

按照国家有关规定，会计档案的保管期限分为永久、定期两类。定期保管期限分为3年、5年、10年、15年、25年5类。会计档案的保管期限，从会计年度终了后的第一天算起。

3. 分类

依据财政部、国家档案局《会计档案管理办法》，

会计档案分为五大类：报表类、账簿类、工资单、凭证类、其他类。会计档案分到三级类目：报表类—430、账簿类—431、工资单—432、凭证类—433、其他类—434。

4. 组卷要求

（1）会计凭证按月份、凭证种类组卷。

（2）会计账簿，一本组成一卷。

（3）会计报表按月份、季度、年度分别组卷。

（4）工资表按月份、季度、年度组卷。

（5）案卷厚度一般不宜超过 25mm。

（6）会计档案编号应遵循唯一性、合理性、稳定性、扩充性、简单性的原则。每一核算单位的会计档案采用"年度—类别—保管期限—流水号"排列方式。例如：2011—430—1—001、2011—433—3—001、……。

5. 编目

目录设置档号、题名、类别、起止日期、页数、保管期限、存放地点、备注等项。

——档号：由"年度—类别—保管期限—卷册号"组成。

——卷号：年度—类别—保管期限下的排列序号，从"001"开始标注。

——类别：报表、账簿、工资单、凭证、其他，在档号中采用代码标识。

——题名：单位全称或规范简称＋会计年度＋档案名称。例：×××公司 2011 年 9 月会计凭证（402123174—402123198　第 1 册）。

——起止日期：填写本卷会计档案的起止日期，用 8 位阿拉伯数字标注。形式：2011-01-01。

——页数：本卷档案的实际页数。

——保管期限：会计档案的保管期限分为永久、定期（10 年、30 年）两类。保管期限应从会计年度终了后的第一天算起。在档号中采用代码标识：永久—1、30 年—2、10 年—3、……。

6. 书写材料、格式的要求

（1）各类会计凭证、账簿、报表内容及案卷封面、移交目录要求用钢笔或签字笔书写，采用耐久的墨汁、碳素墨水或蓝黑墨水。禁止使用铅笔、圆珠笔和纯蓝墨水。

（2）对于计算机打印的各类报表、文件材料要求第一联原件归档，并保证打印件清晰。

7. 案卷装订的要求

（1）案卷用纸制品及线绳装订，卷内一律不许有金属物。

（2）装订时做到左下齐，无倒页，不漏订。

8. 案卷封面的编制

（1）会计凭证封面项目：单位名称、凭证类别、年度、月份、日期、顺序号、本月共形成册数、保管期限。

（2）会计账簿封面项目：在封面粘贴标签，其项目包括单位名称、年度、类别、账簿名称、页数、保管期限、案卷号。

（3）会计报表封面项目：在封面粘贴标签，其项目包括单位名称、年度（季度或月份）、类别、保管期限、案卷号。

9. 案卷脊背

（1）会计凭证的脊背项目：全宗号、凭证类别、年度、月份、起止日期、案卷号

（2）会计账簿和会计报表的脊背项目：全宗号、年度、保管期限、起止卷号、类目名称。

10. 案卷排架

会计档案的排列顺序为：将同一年度的会计档案按照类目名称分为报表、账簿、工资单、凭证，再按照不同的保管期限分别排列案卷顺序。

三、会计档案的归档与移交

（1）每年形成的会计档案，由财务部、总经理工作部机关财务处按照本细则的归档要求，负责整理立卷，装订成册，编制会计档案保管清册（图 1-1-18）。

	凭证	卷（册）	
移交	账簿	卷（册）	共计　卷（册）
	报表	卷（册）	
	工资单	卷（册）	

移交部门负责人（签名）：　　　　移交人：

　　　　　　　　　　　　　　　　　年　月　日

接收部门负责人（签名）：　　　　接收人：

　　　　　　　　　　　　　　　　　年　月　日

某发电厂××××年会计凭证移交册册目录

序号	月份	凭证类别	凭证号	册数	备　注

某发电厂××××年账簿、报表移交册册目录

年度	册号	账簿（报表）名称	页码	保管期限	备注

图 1-1-18　××××年度会计档案移交册册封面和目录

（2）当年形成的会计档案，在会计年度终了后，由财务部、总经理工作部机关财务处暂时保管两年，两年期满之后，保管期限在 15 年以上的会计档案由相关的财务部门编制移交清册，移交档案馆统一保管。

（3）移交档案馆的会计档案，原则上应当保持原卷册的封装。个别需要拆封重新整理的，档案馆应会

同财务人员共同拆封整理,以分清责任。

(4)采用电子计算机进行会计核算的内容,应将打印出的纸质材料归档。

四、会计档案的利用

(1)会计档案归档后,原则上只允许本单位财务人员查阅并办理查阅手续,本单位非财务人员、外单位人员等其他人员查阅的,需要首先向相关的财务管理部门申请,财务人员应填写档案查阅申请单,经相关的财务管理部门及主管财务领导签字同意、并由财务人员陪同,方可查阅会计档案。查阅要求参见×××有限公司本部档案利用管理办法与档案移交(出)登记制度的相关规定。

(2)档案馆保存的会计档案不得借出。财务人员负责统一借阅。如有特殊需要,经相关的财务部门负责人批准,可以提供复制品,并办理登记审批手续。

(3)查阅或者复制会计档案的人员,严禁在会计档案上涂画、拆封和抽换。

(4)所有会计档案一律不得携带出境。

(5)档案人员要履行催促缴回的职责,借阅者借阅档案资料如有损坏、遗失、不及时归还并造成遗失或损害等情况,要对责任人按×××发电厂业绩考核实施方案要求进行考核。

五、会计档案的销毁

(1)会计档案保管期满,财务部门提出销毁意见,编制会计档案销毁清册(图1-1-19),列明销毁会计档案的名称、卷号、册数、起止年度、应保管期限、已保管期限、销毁时间等内容。

会计档案鉴定销毁清册

立 档 单 位:_____

销毁清册编制单位:_____

销毁清册编制时间:_____

审 批 人 意 见:_____

审 批 人 签 字:_____

审 批 时 间:_____

档案销毁时间:_____ 监销人签字:_____

会计档案销毁目录

序号	文件(案卷)材料题名	日期	档号	原保管期限	鉴定意见

图1-1-19 会计档案鉴定销毁清册封面和目录

(2)需销毁的会计档案经会计档案鉴定委员会鉴定后,由财务部和档案室共同编制会计档案销毁清册,由财务部长在会计档案销毁清册上签署意见,同时要由财务主管领导审批。财务部门负责行文上报上级机关批准后,方可进行销毁。

(3)监销人在销毁会计档案前,应当按照会计档案销毁清册所列内容清点核对所要销毁的会计档案。

(4)从档案馆移出需执行销毁的会计档案,需办理移交手续。

(5)销毁会计档案时,应当由档案馆和相关的财务部门共同派员监销。销毁后,应当在会计档案销毁清册上签名盖章,并将监销情况报告上级公司财务及相关部门负责人。

(6)销毁档案时,必须注意保密,严禁送废品收购站,要统一送×××市指定的造纸厂进行销毁。

(7)会计档案销毁清册要永久保存。

会计档案管理流程如图1-1-20所示。

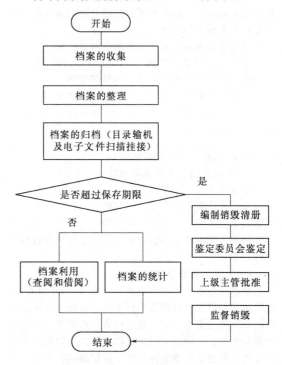

图1-1-20 会计档案管理流程图

第二章　电力企业档案管理案例

第一节　火电企业档案管理

火力发电企业档案管理是企业各项管理工作中的基础性管理工作，在火力发电项目的建设管理、达标投产、工程创优及投产后的生产、经营等工作中，火电企业档案均发挥着重要作用。与其他发电业态相比，火力发电企业具有建设项目周期长、发电流程复杂、产生档案数量较多的特点。对于大多数刚刚从事火力发电企业档案管理的档案管理人员来说，往往觉得工作无从下手，总是顾此失彼。本节将以某新成立的发电企业为例，按照管理程序结合时间顺序，对该企业档案管理进行梳理。

发电企业名称：×××发电有限责任公司。

企业管理职责：负责×××2×600MW发电机组建设项目管理及投产后的生产经营管理。

档案管理机构：在综合工作部设立档案室。

档案管理职责：负责对本企业在项目建设期及投产后的档案进行综合管理。

一、组织及管理体系建设

（一）成立档案工作领导小组

依据《企业档案工作规范》（DA/T 42）的要求，成立本企业档案工作领导小组，档案工作领导小组由分管档案工作的公司领导、各职能部门领导、档案负责人组成，要明确各小组成员及档案工作常设机构的工作职责。

（二）建立档案管理网络

依据《企业档案工作规范》（DA/T 42）的要求，建立本单位档案管理网络，档案管理网络中应包括分管档案工作的企业领导、负责档案工作的部门领导及专职档案员、各职能部门负责档案工作的领导及兼职档案员，并明确档案管理网络中各层级负责人对于档案管理的具体职责。

同时还应针对项目建设的实际情况，建立某2×600MW发电机组建设项目档案管理网络，该网络中应包括建设单位与工程管理有关的部门及主要参建单位。

二、制度建设

（一）工作规章

1. 制定企业档案工作规定

依据《企业档案工作规范》（DA/T 42—2009）的相关要求，制定企业档案工作规定，明确规定本企业档案工作原则及管理体制，文件的形成、积累与归档职责要求，档案收集、鉴定、整理、保管、统计、利用要求，资产与产权变动档案的处置原则，解释权限等。企业档案工作规定是企业档案工作的基本要求。

2. 明确企业文件形成、归档责任

超前控制，明确企业文件形成、归档责任，在企业管理或项目建设各环节明确各部门、各参建单位的归档责任，并将归档要求纳入相关管理制度中。例如：

（1）在招投标、签订合同时，将文件材料归档的具体要求纳入设备、工程招投标要求、合同中，明确文件材料的归档要求、归档时间、违约责任等。建设项目各项工作采用计算机应用系统进行管理的（如基建 MIS、财务管理系统等），应按照《建设项目电子文件归档和电子档案管理暂行办法》（档发〔2016〕11 号）第九条"建设单位应将项目电子文件归档和电子档案管理工作纳入项目建设计划和项目领导责任制，纳入招投标要求，纳入合同、协议，纳入验收要求"的规定执行。

（2）在确定设备款、工程款支付流程中，加入文件材料归档确认流程，规定在支付除质保金以外的最后一笔工程款或设备款前，必须由档案部门签字确认该工程或该设备应归档的文件材料已经按照合同规定归档，财务部门方可付款。

（3）档案管理人员参与工程质量检查，检查工程文件材料编制是否与工程进度同步，检查文件材料编制是否符合归档要求，并对不符合档案管理要求的提出考核意见，纳入工程考核制度进行考核。

3. 建立档案工作责任追究制度

对相关岗位人员违反文件收集、归档及档案管理制度，发生档案泄密、造成档案损毁等行为，企业应提出责任追究和处罚措施，并将有关要求纳入相关管理制度。明确建设项目档案管理实行领导负责制，确定档案管理人员、各职能部门、各参建单位相关人员档案工作责任制，并纳入工程考核制度。

4. 制定档案管理应急预案

对可能发生的突发事件和自然灾害，企业应制订档案抢救应急措施，包括组织结构、抢救方法、抢救程序、保障措施和转移地点等。对档案信息化管理的软件、操作系统、数据的维护、防灾和恢复，应制订应急预案。

（二）管理制度

1. 文件归档制度

依据《中华人民共和国档案法》《中华人民共和

国档案法实施办法》《国有企业文件材料归档办法》（档发〔2004〕4号）、《企业档案工作规范》（DA/T 42—2009），应明确文件归档范围及保管期限、归档时间、归档程序、归档质量要求及归档控制措施。

2. 档案保管制度

应明确各门类档案保管条件、特殊载体档案保管方式、档案清点检查办法、对受损档案的处置办法、档案进（出）库要求、库房管理要求和库房管理员职责。

3. 档案鉴定销毁制度

应明确鉴定、销毁工作的组织、职责、原则、方法和时间等要求。

4. 档案统计制度

应明确统计内容、统计要求和统计数据分析要求。

5. 档案利用制度

应明确档案提供利用的方式、方法，规定查（借）阅档案的权限和审批手续；提出接待查（借）阅档案的要求。

6. 档案保密制度

应明确档案形成者、档案管理者、档案利用者应承担的保密责任。

7. 电子档案管理制度

应依据《电子文件归档与管理规范》（GB/T 18894—2002）、《企业电子文件归档和电子档案管理指南》（国家档案局办综〔2015〕119号）、《建设项目电子文件归档和电子档案管理暂行办法》（档发〔2016〕11号）等规范、办法的要求，结合本企业电子文件归档及电子档案管理的实际情况，编制电子档案管理制度。电子档案管理制度应对企业各信息系统中形成的电子文件提出归档、管理和利用要求。

8. 档案管理系统操作制度

应明确档案管理系统操作人员的职责、档案管理系统软件、硬件的操作要求。

（三）业务规范

（1）项目建设初期，应依据《国家重大建设项目文件归档要求与档案整理规范》（DA/T 28）、《火电建设项目文件收集及档案整理规范》（DL/T 241—2012）编制本项目文件材料归档要求及档案整理规范。规范应明确本项目各参建单位归档职责、项目文件归档范围及保管期限表、项目档案分类表、项目文件归档与档案整理（含特殊载体档案）的具体要求。

依据《建设项目电子文件归档和电子档案管理暂行办法》的相关规定，结合项目建设管理实际，制定项目电子文件归档和电子档案管理规范。

（2）文件、档案整理规范。应依据国家、行业颁布的标准并结合本企业的实际情况编制文件、档案的整理规范。应明确文件立卷与档案整理原则、整理方法、档号编制要求和档案装具要求等。应分别依据

《归档文件整理规则》（DA/T 22—2016）、《科学技术案卷构成的一般要求》（GB/T 11822—2008）、《国家重大建设项目文件归档要求与档案整理规范》（DA/T 28）、《会计档案管理办法》（中华人民共和国财政部 国家档案局第79号令）、《会计档案案卷格式》（DA/T 39—2008）编制文书档案、科技档案、会计档案整理规范。

（3）档案分类方案。应依据《电力工业企业档案（0－5类）分类表》《火电建设项目文件收集及档案整理规范》附录A，结合本企业实际情况，编制档案分类方案，应明确分类依据、类别标识、类目范围。

（4）文件归档范围及保管期限表，应依据《企业文件材料归档范围和档案保管期限规定》（国家档案局令第10号）、《国家重大建设项目文件归档要求与档案整理规范》（DA/T 28）、《火电建设项目文件收集及档案整理规范》（DL/T 241）、《会计档案管理办法》（国家财政部、国家档案局第79号令）等标准的相关要求，结合本单位机构设置、职能划分、岗位职责等实际情况制定。应明确各类文件的归档范围（包括但不限于归档范围所列文件材料）及其相对应的保管期限。

（5）特殊载体档案管理规范。应依据《照片档案管理规范》（GB/T 11821）、《数码照片归档与管理规范》（DA/T 50）编制照片档案整理规范；应依据《电子文件归档与管理规范》（GB/T 18894）编制电子档案整理规范。

三、管理措施与方法

（1）项目建设初期要明确将项目档案工作纳入项目建设管理程序，与项目建设实行同步管理；要将项目档案工作纳入有关部门及人员的职责范围、工作标准或岗位责任制。

（2）对施工单位档案管理人员及工程基本情况进行备案登记，要求各施工单位签订施工合同后，到档案室登记备案。档案室对该合同范围内工程基本情况及档案管理人员进行备案登记，以便于工程进行过程中开展文件材料归档、档案整理的检查与指导。

备案登记表示例见表1-2-1。

表1-2-1 某2×600MW发电机组建设项目施工单位备案登记表

序号	时间	合同名称	施工单位	分管档案工作领导	专兼职档案员	联系电话	工程竣工时间	档案移交情况	备注

鉴于施工单位专、兼职档案管理人员更换频繁，项目档案工作的延续性无法保证的情况，建议建设单位与施工单位在合同或协议中明确施工期间不得频繁

（3）以红头文件下发项目文件归档要求与档案整理规范，并组织各施工单位进行培训。培训可分阶段进行，可根据施工进度分阶段讲解文件材料编制、文件材料组卷、案卷整理的具体要求。进入施工文件材料组卷、整理阶段，可采取在档案工作基础较好的施工单位进行现场培训的方式，以某一单位工程为例现场进行文件材料组卷、编目、装订等相关内容的讲解。历次培训均应做好记录并妥善保存，作为今后项目档案专项验收的支持材料。

培训记录示例见表1-2-2。

表1-2-2　　项目档案培训记录

培训时间		培训地点	
主讲人			
培训内容			
参加培训单位			
培训内容			
接受培训人员签名			

（4）施工阶段会同工程质量监督站及监理单位，对施工单位档案工作情况进行检查，并形成检查记录。工程开工阶段着重检查主要施工单位是否配备了专兼职档案人员；专兼职档案人员是否取得上岗证；施工文件编制是否符合工程管理程序、文件材料编制质量是否符合归档要求。对施工过程主要节点进行质量检查时，着重检查该施工节点之前应形成的施工文件编制是否与工程进度同步；是否存在施工文件编制、审核、签字滞后于施工进度的情况。加强施工过程中的检查既可以及时发现问题、及时整改，又可以通过检查、考核强化施工单位的档案意识，确保工程竣工时能及时按照要求完成文件材料归档和档案移交。

检查记录示例见表1-2-3。

表1-2-3　　项目档案检查记录

项目名称			
检查时间		检查地点	
受检单位			
检查内容			
存在问题及整改意见			
整改结果			
备注			
检查人签字：		受检人签字：	

（5）工程竣工验收阶段监督监理单位对归档文件的齐全性、完整性、准确性进行审查，确保每一个单位工程归档文件材料经过施工单位、监理单位、建设单位的会审，并在审核签字页上签字后，施工单位方可进行施工文件组卷及案卷整理。档案室对施工文件的组卷和案卷整理进行指导和检查后，方可办理项目档案移交签证。单位工程竣工文件审查签字页、项目档案移交签证表采用《火电建设项目文件收集及档案整理规范》（DL/T 241—2012）所列标准表式。

四、档案工作设施设备

（一）档案库房和档案工作用房

新建火力发电企业建设初期在办公楼尚未建成时往往在临时建筑中办公。即使在这种情况下，也要为档案室配备独立的档案库房和阅览室，档案库房应安装防盗窗、防盗门，采取必要的"八防"措施。同时档案人员还应依据《档案馆建筑设计规范》（GJG 25)、《档案馆温湿度管理暂行规定》（国档发〔1985〕42号）、《档案馆高压细水雾灭火系统技术规范》（DA/T 45）中的相关规定，对未来的档案库房所在楼层、库房面积（满足今后20年档案存储需要）、朝向、库房、阅览室与档案工作用房（接收、整理、消毒、复印、数字化、安全监控用房）的布置；消防、温湿度监控系统的配置等提出具体要求。

（二）保护设备

档案库房要采取安全保护措施，确保档案的安全保管。应配备灭火器，有条件的单位可加装高压细水雾灭火系统；加装防盗窗、防火门、防光防尘窗帘；加装温湿度监控设备并根据企业所处地区的气候条件选择加湿或去湿机，有条件的单位可加装温湿度调控系统；还应配备除尘器、消毒柜、空气净化器等设备；库房照明应采用白炽灯，并加装防爆灯罩；库房内应定期放置防鼠、防霉、防虫药物。

（三）技术设备

为保证档案整理工作的正常开展，应配备装订机、打印机；应配备档案修复、利用所需的数码照相机、摄像机、复印机、阅读机等设备；应配备信息化管理所需要的计算机、服务器、扫描仪、光盘刻录机等设备，以及容灾备份设备、应急电源；可根据需要配备 CAD 绘图仪、工程图纸复印机、缩微机等设备。

（四）档案装具

基建期间临时库房内档案柜建议采用五节柜，便于今后向办公楼内档案库房搬迁。办公楼内档案库房应加装档案密集架，密集架应符合《直列式档案密集架》（DA/T 7）的质量要求；库房内密集架应成行地垂直于有窗的墙面铺设，密集架与窗户的间距不得少于 60cm。还应根据特殊载体档案的保管需求，配备防磁柜。

文书档案、科技档案、会计档案等各类档案盒规格、式样和质量应分别符合《归档文件整理规则》（DA/T 22）、《科学技术档案案卷构成的一般要求》（GB/T 11822）、《会计档案案卷格式》（DA/T 39）的要求。

五、档案信息化建设

（一）档案管理系统的选择

符合标准规范、安全保密管理要求的档案管理系统，是实现档案信息化和确保各项档案管理活动正常开展的基本保障。档案管理系统的选择要遵循"规范、先进、实用"的原则，既要满足当前工作的需要，又要兼顾未来技术发展的趋势。

在工程建设期间部分建设单位都应用"建设管理信息系统"中的"档案管理"模块进行档案的收集整编、档案管理、检索利用、借阅管理等工作。"建设管理信息系统"中一般还有计划管理、设备管理、材料管理、工程管理、质量管理、安全管理、办公事务等功能模块。上述管理功能多数应用于建设项目期间的各项管理工作，待基建工程结束转入生产期后，随着工程管理、计划管理等部门工作职能的转变，以及各发电企业归属的区域公司、集团公司针对发电生产业务自上而下推行的生产管理、人力资源管理、财务管理等各类管理系统的应用，建设管理信息系统的应用会随着工程竣工而停止。因此，建议各发电企业在

工程建设之初，如果区域公司或集团公司推行有统一的档案管理系统软件，应该采用统一的档案管理系统，这样既保证档案管理的延续性，又可以避免不同档案管理系统之间进行数据迁移时发生数据缺失的情况。

档案管理系统软件的选择可参照《档案管理软件功能需求暂行规定》（2001 年 6 月 5 日）进行。

（二）档案数字化

目前采用的档案管理系统软件均具有全文检索功能，用户通过企业局域网进入档案查询系统输入关键字，即可在电子档案库中检索到符合检索条件的电子档案。充足的电子档案是实现档案全文检索的基础，因此实现档案的数字化就要着重做好以下几方面工作。

（1）在项目建设初期，签订工程和设备合同时，就提出文件材料电子版的归档问题。要求施工单位对移交的所有施工档案进行扫描后移交电子版；要求设备供货商提交设备图纸、说明书的电子版；并确定其文件存储格式，以便其电子版能够直接挂接，避免重复进行档案数字化加工。

（2）通过技术手段，建立档案管理系统与办公自动化系统等业务管理系统的数据接口，将各业务系统中形成的具有保存价值的电子文件提取至档案管理系统。

（3）对纸质档案进行数字化加工，进行纸质档案数字化加工应遵循利用率优先原则；其次对保存时间较久、载体面临损坏危险的档案进行数字化；最后要遵循安全保密原则，按照国家相关规定具有密级的档案不可以上网，但可以将这部分档案扫描后刻录成光盘保管，增加存储形式。

档案数字化工作可参照《纸质档案数字化技术规范》（DA/T 31—2017）进行。

（三）电子档案异质异地备份

随着档案管理系统的持续使用，系统内产生的大量电子档案的长期安全保管问题就显得尤为重要，而档案异质异地备份就成为有效应对突发事件和自然灾害的有效举措。档案异质异地备份就是利用移动存储技术进行脱机备份，定期将电子档案备份至档案专用光盘中，将备份后的光盘移交至上级区域公司或集团总部进行异地保管。

六、档案业务工作

（一）文书档案整理

依据《火电企业档案分类表（0-5 大类）》对归档文件材料进行分类，依据《归档文件整理规则》进行整理。

（二）科技档案整理

依据《国家重大建设项目文件归档要求与档案整理规范》《火电建设项目文件收集及档案整理规范》

《科学技术档案案卷构成的一般要求》进行分类、整理。

（三）会计档案整理

依据《火电企业档案分类表（0 - 5 大类）》《会计档案管理办法》《会计档案案卷格式》进行分类、整理。

（四）照片档案整理

依据《电力企业档案分类规则》《照片档案管理规范》进行分类、整理。

（五）档案编研

（1）选择编辑主题，对档案信息分类汇总，编辑管理标准汇编、建设项目合规性文件汇编、企业取得的证照汇编、荣誉证书汇编等。

（2）对档案信息进行综合整理，汇集大事记，编制组织沿革、工程项目简介。

（3）对档案信息分类研究，形成企业历年生产经营指标统计分析、重大生产事故研究分析等深层次加工材料。

（六）项目档案竣工验收

按照《重大建设项目档案验收办法》的要求，做好验收前的自检及迎检准备。验收前准备如下迎检材料备查：

（1）档案管理规章制度。

（2）档案业务指导、培训、检查、验收记录。

（3）档案分类编号方案。

（4）档案检索工具、案卷目录、卷内目录等。

（5）项目划分表。

（6）招投标清单、合同清单、设备清单。

（7）档案编研材料、档案利用效果反馈表。

（8）档案检查（咨询）意见及整改情况。

第二节　水力发电企业档案管理

一、水力发电企业档案管理概述

水电是重要的清洁和可再生能源，伴随着水电项目建设产生的项目档案管理也受到越来越多的关注。水电建设项目档案是指在项目的立项、审批、招投标、勘察、设计、施工、监理及竣工验收等全过程中形成的具有保存价值的文字、图表、声像等形式的全部文件，包括项目前期、设计、管理、施工、监理、工艺设备、科研、涉外、财务、器材管理、竣工文件和项目竣工验收文件等。它的形成反映了项目从勘察设计到施工、竣工全过程的真实面貌。2002 年 11 月 29 日，国家档案局发布《国家重大建设项目文件归档要求与档案整理规范》（DA/T 28），该标准对项目的竣工文件编制、档案整理及验收作了具体规定；2006 年 6 月 14 日，国家档案局和国家发改委印发了《重大建设项目档案验收办法》，进一步规范了建设项

目档案专项验收工作；2008 年 11 月 3 日，国家质监总局和标准化委员会发布《科学技术档案案卷构成的一般要求》（GB/T 11822—2008 代替 GB/T 11822—2000），在原标准基础上专门增加了建设项目档案的组卷方法，电力行业主管部门也先后下发了《水电企业档案分类表（6 - 9 大类）》《中国华电集团公司水电建设工程达标投产考核办法（2008 版）》《中国华电集团公司档案工作评价办法（试行）》等，为保证项目档案的齐全、完整、准确奠定了基础。但在实际操作中，档案工作仍存在领导不够重视、管理体系不健全、无专人管理、设备设施配备不足、职责不明确、归档工作推诿、扯皮、归档不全、竣工档案编制不准确，档案验收不受重视等一系列问题，给后续工作留下隐患。因此，做好水电建设项目档案管理，必须强化档案意识、树立创新观念，档案管理部门在坚持按国家、行业有关管理标准、规范及规章制度要求开展档案工作的同时，要树立"超前"意识、严格"过程"管理、加强"事后"完善的管理理念，从水电建设项目立项时抓起，实行"四纳入""四参加"和"三同步"；加强档案法制建设和管理制度建设、利用招投标和合同法律手段；严格履行监理和业主单位对竣工文件的督促、审核、检查和指导职能，严把竣工验收关，应用现代化管理手段，实现档案管理网络化，开展档案数据异质异地备份工作，确保档案信息安全万无一失，将这些方法和措施贯穿到整个项目建设中，实现对档案的全过程管理，将会收到较好的效果。

二、树立"超前"意识，把好项目文件形成质量的源头关

树立"超前"意识，避免因档案工作介入时间晚，工程开工后档案无人管理、无章管理；避免参建单位各自为政，档案整编标准不统一，造成大面积返工；避免职责不明确造成归档工作推诿、扯皮现象；避免考核、评价、验收时匆忙应付，出现归档不及时、档案不齐全、案卷质量不符合标准要求的严重后果。因此，在项目主体工程一开工，就应及时建立项目档案管理动态网络，明确参建单位文件形成、收集、归档的范围、归档时间、归档数量以及案卷质量要求，充分发挥业主对参建各方档案工作的统一领导、统一制度、统一监督、统一协调的职能作用。

（1）建立健全档案管理体制机制，整合档案管理优势。

水电建设项目档案管理是项目建设的一项重要工作，领导重视是搞好档案工作的关键，因此，在工程开工前就要确立档案管理体制，设立档案机构，建立业主、监理、施工单位三级档案管理网络，明确分管档案工作领导，配备专兼职管理人员，并进行培训持证上岗，将档案管理纳入各级领导及部门专兼职档案

人员的工作职责，统一标准，整合档案管理的优势，争取地方和上级主管部门的支持和参建各方的配合，地方和上级主管部门负责组织项目档案的年度达标投产考核和专项验收、竣工验收、评估等工作，他们对档案工作的监管作用很大，要把行业优势和地方优势有机结合起来，业主要会同监理单位采取参建各方联合开会、联合检查等形式，形成合力，共同做好项目档案工作，使项目档案管理在组织结构及管理体制上有保障。

（2）制定各项档案管理制度，做到档案工作有章可循。

水电项目建设涉及单位多，主要有勘察、设计、施工、监理、材料、构件及设备供应以及各级政府部门等，不同单位实行不同的行业标准。业主档案部门应组织参建各方根据国家和行业有关项目档案管理法律、法规和标准，并充分考虑企业上级档案主管部门、地方城建档案馆和本企业的归档要求，制定统一的档案管理制度，统一要求。其主要包括：归档范围和整理规范，明确项目档案应归档的内容和建设、设计、施工、监理等单位档案的归档、整理要求和标准；制定建设单位归档制度，各种文件、声像、电子文件等办理完毕后及时归档，由专职档案员登记接收；利用文件时，进行借阅登记，杜绝文件分散在经办人员手中的情况；制定单项工程的档案验收、归档制度，单项工程完工后，施工单位按要求整理档案，经监理审查对存在问题限期整改，同时档案管理部门参与工程的单项验收，及时掌握档案整理情况，验收合格后，由施工单位移交业主档案部门；制定"档案月检"制度，档案管理部门在工程开工后应每月会同监理单位对参建各方档案整编情况进行月检，对存在的问题限期整改，明确档案月检不合格，不能进行工程竣工验收，保证工程竣工验收工作的顺利完成；制定档案的竣工验收制度，档案管理部门参与工程竣工验收，依据工程总体验收标准，对工程档案工作进行客观准确的评价，明确应补充完善的档案内容，提出移交的时限与要求。通过规章制度的建立健全，保证建设期间各阶段档案的有序管理。

三、严格"过程"管理，运用法律手段保证归档工作顺利进行

"过程"管理指的是业主档案部门在工程建设期间对档案工作进行全过程跟踪管理。工程建设中，档案管理部根据工程建设进度计划和项目合同情况编制"项目文件动态归档控制计划"（含各单位、单项工程开工时间、文件形成、积累、整理时间、归档范围、项目代号及分类号、工程竣工时间、监理审核时间、预验收时间、正式移交时间等），分发各参建单位、以此指导、监督各单位（部门）按计划开展好档案工作，严把档案整编过程及质量关，及时发现问题，避免事后处理的弊病。同时，运用法律手段确保归档工作顺利进行，水电建设项目实行全国招投标制和工程监理制，为项目档案的收集、整理创造了有利条件，在项目合同的起草工作中把归档工作作为合同的一项内容单列一条，对归档范围、归档时间、归档份数及案卷质量等提出明确要求，明确5%的工程质保金，对归档工作的完成情况具有同等质押作用；单项工程竣工奖金中，列10%作为乙方如期按质编送档案的奖金，经业主档案部门验收合格后，方可发放奖励，使参建各方能够高度重视项目文件的归档工作，并从法律上得到保证。

（1）监督业主各职能部门的归档工作，充分发挥工程技术及管理人员的积极性和主动性。

水电建设项目核准后前期工作已基本结束，档案管理部门应主动指导各部门兼职档案员对其形成的前期文件进行整理和归档，监控工程管理文件、招投标及合同文件的归档。档案管理部门应主动与工程管理部门联系，充分调动工程技术人员的积极性和主动性，使其自觉注意经办文件的完整并协助监督参建单位的归档工作；在参加各项专业验收、设计变更与洽商时，注意形成文件的合法性、准确性；注意留存相关的技术文件，协助档案部门核查施工单位移交的档案质量。

（2）监督施工文件、竣工图的归档工作，发挥施工单位档案部门的职能作用。

竣工图的编制质量是衡量工程档案质量的重要标准，"过程"管理的重点是监督施工文件、竣工图的归档工作。施工监理单位和业主档案管理部门要深入施工现场，及时发现问题，解决问题，保证施工文件、竣工图的归档质量。

建设单位和施工单位档案管理部门要达成共识，明确做好档案工作是双方共同承担的责任与义务。要注意发挥施工单位档案部门的职能作用，使其担负起监督本单位档案质量的职责：监督施工技术人员做好施工技术文件的收集、整理工作，保证施工技术文件的齐全完整；监督竣工图的编制工作，设计变更和洽商要更改到位，竣工图章的签字要齐备；核对、整理档案，审查合格后归档等，环环紧扣，保证归档工作的顺利完成。

（3）监督监理文件的归档情况，要求监理单位履行对施工文件的监督作用。

监督监理单位的归档工作，保证监理规划、监理总结、监理月报、例会纪要等重要监理文件的完整。其中：监理总结客观评价工程建设过程；监理月报按月记录工程建设情况，内容翔实，图文并茂。档案管理部门可以从中了解工程建设中档案的形成情况，核实施工单位编制的竣工档案质量。另外，监理单位应充分发挥对施工单位的监督职能，凭借其专业优势对竣工档案质量进行监督和检查，并在监理总结中进行

评价。

(4) 监督其他门类档案的归档工作。

目前,水电建设项目档案的归档工作大多只重视文件和图纸的收集;而对照片、声像、实物、会计等不同门类、不同载体的档案重视不够。这些档案从不同的角度真实地反映了水电项目建设的历史面貌,档案管理部门应从扩展档案管理思路的角度加以重视,注意监督归档。

声像档案形象地记录了水电项目的建设情况,其中工程原址、原貌、新貌、重要事件、阶段的声像档案,承载历史的信息作用更为显著,如隐蔽工程施工过程的声像档案是最能说明隐蔽工程施工部位、仪器埋设等情况的重要档案,档案管理部门要监督各单位、部门及时移交形成的声像等档案,保证档案的齐全。

会计档案在水电项目建设以及竣工后相当长的一段时间内,都发挥着重要的作用。档案管理部门要加强对工程会计档案工作的监督,指导财务部门按要求整理档案,在完成竣工决算、审计工作后按时归档。

(5) 重视档案信息化建设,实现项目档案管理现代化、网络化。

随着信息网络技术的发展、CAD 技术与办公自动化的普遍应用,传统档案管理工作的手工管理方式已不能满足现代建设项目档案数据多的特点。为适应建设项目对档案信息的利用要求,更好地为工程勘测、设计、施工、竣工及档案的移交和以后的生产管理服务,从根本上摆脱手工操作的落后局面,减少档案人员的重复劳动,实现一次数据录入及网上传输归档和电子文件的挂接。因此,从工程建设开始项目法人档案部门就应根据上级主管单位要求并结合自身实际需要选择一款软件在本项目推广使用,建立档案管理信息网络,做到统一领导、统一标准、统一安装、统一使用、统一培训,使各参建单位在同一档案管理网络中,建立自己的档案管理数据库,进行档案的编目、文件扫描、CAD 图纸管理,并完成其职责范围内项目文件的归档、移交工作,通过网络实现对参建单位项目文件全过程的可控、在控及远程管理,建立文件级目录数据库,逐步实现纸质档案数字化技术处理和电子档案的全文管理,利用网络技术,实现档案信息联网共享。

四、加强"事后"完善,确保项目档案通过验收

"事后"完善是指水电建设项目投产后,各专项工作通过验收和工程总体竣工验收,档案管理部门应督促各专项验收形成文件的补充归档和项目档案移交生产单位等一系列工作的完成,要将需要"事后"完善的内容作为各项验收意见体现在验收结论中,有据可查地开展工作。竣工决算、审计、移民、土地和房屋的产权登记等重要文件都是在竣工验收后才形成或办理的,这些文件对保障项目法人的利益具有重要作用,不能置之于档案管理之外。档案管理部门要监督相关文件的及时归档,保证水电建设项目档案的内容齐全、完整、准确、系统,为项目档案通过国家、行业和上级主管单位的各种考核、评价、验收提供保障。

五、水力发电企业档案管理其他应注意的问题

随着水电建设项目的迅速发展,对档案管理工作提出了新的和更高的要求。要保证项目档案的完整、准确和系统,做到工程档案的有效管理,为国家积累宝贵的信息资源,为社会和企业提供及时有效的服务。除要做到上述几点外,还应注意以下一些问题:

(1) 重视保持工程建设及档案管理人员的相对稳定,确保工程档案管理的连续性。

(2) 建设单位档案管理人员应具备较高的档案专业知识水平和技能,应了解和掌握国家及电力行业有关档案的规范标准,具有组织、协调、检查和指导设计、施工和监理单位编制项目竣工文件和整理项目文件的能力。

(3) 建议签订项目设计、施工及监理合同、协议时,设立专门条款,明确有关方面提交多套(除保证归档份数外,还应保证工程技术人员工作利用)相应项目文件(包括电子文件、CAD 电子光盘、照片、声像档案等)以及所提交文件的整理、归档责任。

(4) 对竣工图的编制。目前,项目建设法人越来越重视工程竣工电子文档的提交,有利于日后的档案现代化管理。如果施工单位能通过业主与设计单位取得友好联系,在互利互惠又保证知识产权的前提下共同合作,施工单位在施工过程中可请设计单位为其编制竣工图(在整理好设计变更的前提下),这样施工单位既不会花费太多的人力和时间去重新绘制电子版本的竣工图,设计单位又可不需要经过太大的改动,为施工单位绘制出电子版竣工图,并可收取施工单位一定的费用,又何乐而不为呢?

总之,项目档案管理工作是一项系统工程,是涉及各个专业技术部门的一项复合型工作,要保证项目档案的齐全、完整、准确、系统,真实地记录和反映整个工程的建设过程,就必须不断加强业主、监理和施工单位的管理水平,才能保证标准的档案的形成。

第三节　风力发电企业档案管理

风力发电是新能源发电的一种,风力资源是取之不尽用之不竭的可再生能源,没有碳排放,利用风力

发电可以减少环境污染，节省煤炭、石油等常规能源，风力发电技术成熟，在可再生能源中成本相对较低，清洁环境效益好，基建周期短，装机规模灵活。我国近几年风力发电规模增长迅速，主要集中在缺水、缺燃料和交通不便的草原牧区、山区、高原地带和沿海岛屿。

风力发电企业与火电、水电建设相比，地处偏远，建设周期短，机构设置、人员资源配备相对精简。风电企业管理体制，目前较为常见的有以下几种模式。

三级管理体制：企业总部—区域公司（分公司）—风电企业。

二级管理体制：新能源公司—风电企业。

一级管理体制：风电企业。

风电企业一般指独立注册的企业，下设风电场（站）为风电企业内部机构，个别多元化大型企业集团也有四级管理体制。

本章依据《风力发电企业科技文件归档与整理规范》（NB/T 31021），主要编写了不同规模和管理体制下的风力发电企业科技档案管理做法供参考，对重点条款进行了补充，未在本章节列出的应依据《风力发电企业科技文件归档与整理规范》（NB/T 31021）条款执行，同时各单位应根据本单位的实际情况编制本单位科技文件归档与整理规范。

一、组织体系

风电企业要按照国家、行业有关档案管理要求，建立健全档案管理组织机构，制定相应的档案管理制度和业务规范，配备与企业规模相适应的档案管理人员，建立符合要求的档案室，集中统一保管档案。

（一）管理职责

风电企业按照管理体制，制定相应的档案管理制度和业务范围，同时应对各职能部门及有关单位的归档与整理工作进行检查与指导。

（1）集团公司、区域（子）公司、基层企业三级责任主体为基础的集团化管理体制和运行模式。应按照职能职责，制定一套档案管理制度和统一的业务规范，用以指导各单位的档案管理。

（2）区域（子）公司、基层企业二级管理模式。区域公司档案管理人员负责传达上级公司档案管理标准和制度及有关要求，组织所属风电档案人员培训学习，统筹规划制定本区域公司档案管理制度，负责指导、监督和管理本公司及所属企业收集归档工作，承担风电企业对各参建单位项目建设过程档案的形成、收集、整理进行监督、检查和指导，集中统一保管各风电企业的档案。

（3）风电企业一级管理模式。

1）风电企业单位档案人员负责做好管理范围内形成档案的收集、整理。

2）对各承包单位档案的形成、收集、整理进行监督、检查、指导。

3）保质保量接收、汇总和移交全部档案，完成档案预验收、申报专项验收和达标创优验收工作。

（二）归档职责

（1）集团总部各部门负责职责范围内管理建设活动中形成的科技文件的收集、整理，移交档案部门归档。

（2）区域（子）公司，按照职责管理权限，负责本部门职责范围内形成项目文件的收集、整理和归档工作。区域集中管理人员同时负责风电企业运行维护和科学技术研究，项目建设和设备仪器检修维护工作中形成的科技文件收集、整理后移交档案部门归档。

（3）风电企业各职能部门将其在生产运营、科学研究、项目建设和设备仪器检修维护工作中形成的科技文件收集、整理后移交档案部门归档。

1）具有生产技术管理职能的部门应负责生产技术活动中形成的文件收集、整理，移交档案部门归档，主要包括运行、检修等规程、规范，运行系统图册等文件，技术改造、检修等项目形成的文件，风力发电场的各种检测、测量以及试验文件，技术监督文件。

2）具有发电管理职能的部门应负责生产运行过程中形成的运行日志、记录等文件的收集、整理，移交档案部门归档。

3）具有设备物资职能的部门应负责设备仪器、备品备件、物资采购计划、物资管理台账等相关文件的收集、整理，移交档案部门归档。

4）具有设备检修维护职能的部门应负责设备检修项目和设备维护等文件的收集、整理，移交档案部门归档。

5）具有质量监督职能的部门应负责对移交的技术改造、设备检修等项目形成的竣工档案质量进行审核并签署审核意见。

6）科技主管部门应负责收集本企业在科研以及科技活动中形成的科研课题项目和科技进步等科技成果文件，移交档案部门归档。其主要包括：本企业立项研发的科研项目各阶段文件以及成果鉴定、申报、获奖文件；合作研发项目中由本单位承担部分科研项目文件以及成果鉴定、申报、获奖文件；科技创新、技术进步形成的科技成果文件。

7）风力发电场项目建设活动中形成的科技文件应按照《国家重大建设项目文件归档要求与档案整理规范》（DA/T 28—2002）规定，由各参建单位负责收集、整理后移交建设或业主单位档案部门归档。

a. 风力发电建设或业主单位相关部门应负责项目前期、工程管理以及竣工验收各阶段形成文件的收

集、整理，在工程竣工后将各参建单位移交的竣工档案汇总整理后移交档案部门归档。

b. 设计、施工、调试、监理等各参建单位应按照合同约定和档案管理规定，负责各自在建设活动中形成项目文件的收集、整理，移交建设或业主单位档案部门归档。

c. 实行总承包或委托制管理的项目，总承包或工程管理单位应根据合同规定的承包或管理范围，对分包单位形成的项目文件质量进行监管，对移交的竣工档案负责审核、汇总整理后移交建设或业主单位档案部门归档。

二、归档要求

（一）归档范围

管理类文件材料归档范围应按照国家档案局第10号令《企业文件材料归档范围和档案保管期限规定》，制定本单位归档范围。科技文件类依据《风力发电企业科技文件归档与整理规范》（NB/T 31021—2012）制定本单位归档范围。个别企业有配套单独核准的项目，也应该列入归档范围，如场外送出线路、风电供暖、厂外道路等。个别总部因业务管理不同，也负责下级公司的项目计划、审核、招投标、合同管理工作，应按科技文件，分项目进行归档组卷。

（二）归档时间

（1）管理类文件一般应在办理完毕后的第二年一季度归档。

（2）生产技术、运行文件应在每年3月由文件形成单位将上一年度形成的文件收集整理后移交档案部门归档。技术改造、设备检修等项目文件应在工程竣工后的一个半月内，由项目承包单位收集整理完毕，经项目负责人以及具有质量监督职能的部门审查合格后移交档案部门。

（3）科技研究及科技成果文件应在项目鉴定、评审结果公示后一个月内，由成果研发负责人或科技主管部门收集整理后移交档案部门归档。

（4）基本建设项目形成的文件应在项目完工后3个月内，由建设单位或总承包单位或工程管理单位汇总整理完毕，经监理单位审查合格后移交档案部门归档。周期长的可分阶段、分单项移交。其中前期文件、施工准备阶段、竣工验收阶段、生产准备阶段等项目管理性文件，可在文件办理完毕或阶段性工作完成后及时收集归档。

（5）设备仪器文件应在设备开箱检验后或接收后及时收集登记归档。

（6）照片档案应在工作结束后由形成单位或部门及时收集整理归档。

（7）会计档案应在会计年度终了后由会计部门整理归档，保管一年后向档案部门归档。

（8）电子文件逻辑归档应实时进行，物理归档应与纸质文件归档时间一致。

（9）实物档案应在工作结束后及时归档，或与相应内容的纸质载体归档时间一致。

（10）其他活动形成的文件应随时归档。

（三）归档份数

风电企业归档文件一般一式一份，图样文件一般一式两份。由于风电企业规模较小，多数在比较偏远的地区，档案管理条件相对较差，为方便档案利用，区域性管理的风电企业宜一式两份，必要时可增加份数。

（四）归档文件的质量

（1）归档文件应齐全、完整，签章手续完备，内容真实、可靠。如报表类、计划类、总结类等材料签章手续完备方可有效。

（2）用于记录的专业施工与验收的表格式文件，应符合相关标准要求，未填满内容的空白格应画线或加盖"以下空白"章。

（3）风电项目建设或改造形成的竣工图，一般应加盖《国家重大建设项目文件归档要求与档案整理规范》（DA/T 28—2002）中的竣工图章（图1-2-1）。

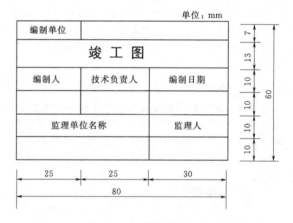

图1-2-1　竣工图章尺寸

三、分类

（一）类目设置和档号标识

风电企业类目设置可参照火电企业文书档案0-5大类、科技档案6-9大类进行划定。

1. 类目设置

（1）管理类文件一般采用机构或问题分类，机构是指单位设置的部门名称，问题是指按0-5大类（即党群工作0类，行政工作1类，经营管理2类，生产管理3类，财务审计4类，人事劳资5类）设置，管理类文件按件整理的一般只划分一级类目。集团总部一般采用机构类，基层企业一般采用问题类。

（2）风电企业科技档案分类是一级类目按电力生产、科学技术研究、项目建设、设备仪器四大类（6-9

大类）设置。

1）电力生产类的二级类目按文件问题设置，三级类目按文件内容设置。

2）科学技术研究按课题设置。

3）项目建设类的二级类目按项目建设阶段结合文件形成单位设置，三级类目按专业、文件性质及内容设置。

4）设备仪器类的二级类目按专业、系统设置，三级类目按设备台件设置。

2. 档号标识

科技档案类目标识由目录号和分类号组成。目录号（工程代号）和分类号之间用"—"分隔，阿拉伯数字组成，使用时需加案卷号一并组成档号，各号之间用"—"分隔。一级、二级、三级类目等不同等级分类号直接用阿拉伯数字组成。

式样：目录号（代号）——分类号——案卷号

（1）目录号（代号）。

1）"6 电力生产"类采用年度标识。如：2016 年产生文件，用"2016"。

2）"7 科学技术研究"类采用年度标识，跨年度的科研项目，标识该项目完成年度。

3）"8 基本建设"和"9 设备"类目录号由工期号和机组号组成。第一位数代表工期号，后三位数代表机组号。

档案材料归属机组明确的，前一位数代表"工期"，后三位数代表"机组"。如：一期工程用"1"表示，1 号机组用"001"表示，1 号机组为 1001，2 号机组为 1002。

公用部分的目录号（代号），前一位数代表"工期"，后三位数用"000"标识代表公用部分，如：一期公用部分为 1000，二期公用部分为 2000。

同一期工程以几个机组为一组（不包括全部机组）共用一套系统的，前一位数用"工期"，后三位数采用首台机组序号。

不同工期合并在一起扩建的工程，工期号宜采用后一工期号标识。

（2）分类号。

分类表一级类目分别用 6 - 9 标识，如：6 电力生产、7 科研档案、8 基建档案、9 设备档案；二级、三级类目号由阿拉伯数字构成，各级类目均采用 0 - 9 标识。

（3）案卷号。

案卷号是标识同一目录号、同一分类号下不同档案的内容的流水号，案卷号用三位数标识，采用 0 - 9 标识。

（二）风电企业科技档案分类使用说明及分类简表

1. 分类使用说明

（1）一级管理模式的风电企业科技文件。

1）第 6 大类生产运行类和第 7 大类科学技术研究类按年度标识，科研课题按立项年度或获得成果年度标识。如：2016 年，见图 1 - 2 - 2。

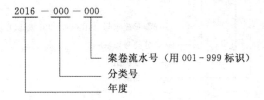

图 1 - 2 - 2　年度标识

2）"8 基本建设"和"9 设备"类目录号由工期号和机组号组成。第一位数代表工期号，后三位数代表机组号。如：一期工程一号机组，见图 1 - 2 - 3。

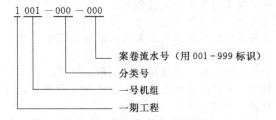

图 1 - 2 - 3　机组号明确标识

3）公用部分的目录号（代号），前一位数代表"工期"，后三位数用"000"标识代表公用部分，如：一期公用部分为 1000，二期公用部分为 2000，见图 1 - 2 - 4。

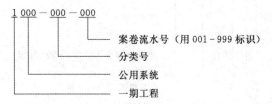

图 1 - 2 - 4　公用系统标识

4）同一期工程以几个机组为一组（不包括全部机组）共用一套系统的，前一位数用"工期"，后三位数采用首台机组序号，见图 1 - 2 - 5。

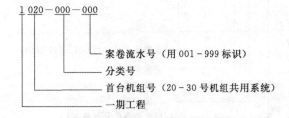

图 1 - 2 - 5　同一期工程两台以上机组共用系统标识

5）不同工期合并在一起扩建的工程，工期号宜采用后一工期号标识，见图 1 - 2 - 6。

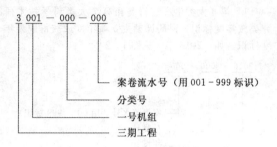

图 1-2-6　合并扩建系统标识

（2）区域集中管理模式。

一些风电企业为了资源共享，减少人力，成立了区域公司（分公司），实行了区域集中管理，同时为了档案安全保管和利用，由区域公司集中统一管理和保管所属风电企业的档案，应由上级主管单位给所属风电企业或风电场设定统一的全宗号或风电场代号，以便于档案管理和利用。全宗号或风电场代号可用企业简称首字母，也可用数字，或字母数字组合，各公司可自行确定，也可报上级统一划定。

区域集中管理科技档案档号：由全宗号（风电场代号）、类目号（代号）、分类号和案卷顺序号组成。

1）通用型。

例如：A 风电企业（风场）、01 风电企业（风场），见图 1-2-7 和图 1-2-8。

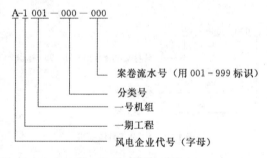

图 1-2-7　A 风场一期标识

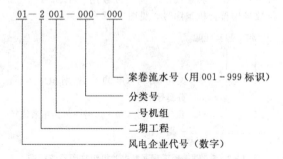

图 1-2-8　01 风场二期标识

例如：2 号风电企业（风场），见图 1-2-9。

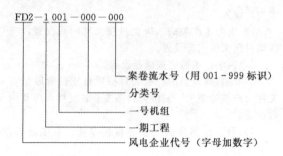

图 1-2-9　FD2 风场一期标识

2）特殊型。

一些风电公司采用档案系统管理软件，在初期系统模块设定时，档号按三段式设定，可将全宗号（风电场代号）用数字编制，同时与目录号组合。

例如：全宗号为 01 的风电企业，见图 1-2-10 和图 1-2-11。

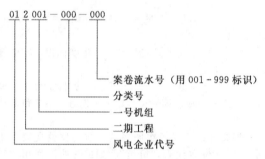

图 1-2-10　01 风场二期标识

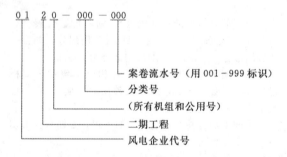

图 1-2-11　01 风场二期标识

说明：此类用于第一段号设定为四位数字，可将前两位设为全宗号（风场代号），后两位设为工期号，机组号在案卷题名拟写时要标注明了，并应在项目文件编制细则说明，档号中不体现机组号，适用于基本建设和设备仪器类。

2. 风电企业科技档案分类表简表

（1）分类简表。

6　电力生产

　　60　综合

　　　　600　总的部分

　　　　601　生产准备

　　　　602　观测与监测

923　通信及远动设备

924　直流系统及继电保护

925　送出线路

929　其他

　93　其他系统设备

930　总的部分

931　水工设备

932　采暖、通风

933　消防、安防设备

934　特种设备

935　试验用仪器及专用工具

936　风电供暖

939　其他

（2）归类说明。

1）在生产运行中形成的技术文件材料归入"6电力生产"类。

2）由设计院提供的涉及系统布置、设备安装的图纸及施工文件、安装调试记录入"8 基本建设"类。

3）由设备制造厂家提供的说明书、技术文件、图纸和由厂家负责安装的设备所形成的技术文件、调试记录、设备投入运行后增加、检修、技改工作中形成的档案入"9 设备"类。

4）厂家提供的主要设备及其配套设备材料装订在一起的，整理时可以不拆卷，维持其成套性，可在相应类目中采用参见形式。

5）需要闭环的文件，在整理时应编制相对应的闭环文件。

6）对具体业务活动形成的科技文件应归入专属类目。对同一类目下文件内容具有共性且涉及多个类目的或内容来源有交叉的，宜归入综合类目。

7）对同一类目下文件内容具有共性且涉及多个类目的或内容来源有交叉的，宜归入综合类目。对其他电力建设项目文件的整理也同样具有指导作用。

8）补充了场外送出线路、风电供暖、技改招标合同等。

四、整理

（一）整理要求

（1）风力发电企业档案应遵循由文件形成单位收集整理的原则。

（2）管理类文件整理基本要求是按照《归档文件整理规则》（DA/T 22—2015）有关规定执行。

（3）科技文件整理的基本要求是根据《科学技术档案案卷构成的一般要求》（GB/T 11822）和《国家重大建设项目文件归档要求与档案整理规范》（DA/T 28）的有关规定。对具体业务活动形成的科技文件应归入专属类目。

（二）组卷要求

（1）组卷应遵循文件的形成规律，保持卷内文件的有机联系，分类科学，组卷合理，案卷质量应符合档案管理要求。

（2）卷内文件内容应相对独立完整，根据文件数量的多少，组成一卷或多卷。

（3）卷内文件应避免重复归档，共用文件或附件应在备考表中说明。

（4）独立成册、成套的科技文件，组卷时应保持其原貌，不宜拆散重组。

（三）组卷方法

1．电力生产类文件组卷方法

（1）生产技术文件，应按专业、问题、文件特性等组卷。

（2）生产运行文件，应按专业结合文件形成的时间组卷。

（3）技术改造、设备检修维护等项目文件，应按专业、项目结合文件形成的特性组卷。

（4）各项试验、检测、测量文件以及技术监督文件，应按专业结合问题、文种组卷。

2．科学研究类文件组卷方法

（1）本企业立项的科研项目文件，应按课题结合研究阶段组卷。

（2）合作研发的科研项目文件，以本单位为主的应按课题汇总全套文件分阶段组卷，作为合作方参加的应按课题整理本单位承担的部分。

（3）科技创新、四新应用以及一般科技成果等文件应按问题组卷。

3．建设项目类文件组卷方法

（1）项目前期、项目管理、生产准备、竣工验收等项目文件，应按问题、文件的重要程度组卷。

（2）招投标文件，凡属于工程招投标文件的应按标段组卷，设备仪器招投标文件应根据招投标方式，可按设备台件组卷，也可按招投标批次组成综合卷。（合并卷，主要招标文件共用，评标文件共用），投标文件单独组合在一起。

（3）监理文件应按文种结合专业组卷。

（4）施工文件应按单位工程组卷，单位工程划分应符合 DL/T 5191 的规定。

（5）调试文件应按专业、阶段、系统组卷。

（6）施工图、竣工图应按专业、卷册号组卷。

（7）设计更改文件、原材料质量证明文件应根据现场管理情况，可按单位工程组卷也可单独组卷。设计更改文件应按专业组卷，原材料质量证明文件按材料种类、型号组卷。

4．设备仪器类文件

应按专业、系统、台件组卷。

（四）案卷及卷内文件排列

案卷排列应按分类表类目顺序依次排列，相同内容组成多卷的案卷号顺延，卷内文件应按文件形成规律，结合问题、时间（阶段）或重要程度排列。文件

的排列应文字在前、图纸在后；译文在前、原文在后；正文在前、附件在后，批复在前、请示在后。

1. 电力生产类案卷及卷内文件应排列

（1）生产技术文件，应按问题结合时间或重要程度顺序排列。

（2）生产运行文件，应按时间顺序排列。

（3）技术改造、设备检修等项目文件应按综合管理文件、施工记录、原材料证明文件、竣工文件的顺序排列。

2. 科学研究类案卷及卷内文件

应按研究阶段及课题内容排列。

3. 风电项目建设类案卷及卷内文件应排列

（1）前期及项目管理性文件，应按问题、时间（阶段）或重要程度排列。

（2）设计文件，应按照设计单位提供的图纸目录顺序排列。

（3）施工文件，应按综合管理、施工记录与相关检测、检验文件、施工质量验收文件排列。

（4）监理文件，应按管理文件、监理日志、监理记录、监理月报、监理会议文件、监理总结顺序排列。

（5）原材料质量证明文件，应按质量跟踪记录，原材料进厂报验单、出厂质量证明文件、复试委托单及复试报告顺序排列。

4. 设备仪器类案卷及卷内文件

应按出厂质量证明文件、开箱验收、设备技术文件及随机图样、安装调试（测试）和运行记录顺序排列。

（五）案卷编目

（1）案卷编目应包括文件页号（页数）、案卷封面、编制与填写应符合《科学技术档案案卷构成的一般要求》（GB/T 11822）规定。

（2）卷内目录页数的填写，应根据装订方式分别填写。装订成卷的，页数应填写每份文件起始页编号，最后一个文件填写文件的起止页号；按件装订的，应填写每份文件的页数。

（3）案卷封面的档号应由全宗号（风电场代号）、类目号（工程代号）、分类号、案卷号构成。采取区域性集中管理档案的风力发电企业，应给所属单位或风电场设定全宗号或风电场代号；不采取区域性集中管理的风力发电企业可不设全宗号或风电场代号，档号此处的全宗号或风电场代号可不填写。

（4）案卷题名和卷内文件题名拟写。文件题名应填写文件标题的全称包含副标题，对按单位工程整理的，每份文件题名前宜填写单位工程名称；对文件标题不明确、不准确、不完整的，应由立卷人根据文件内容重新拟写补充。

案卷题名应准确概括和揭示卷内文件的内容。一般包括项目名称（简称）、工期、机组、单位工程名称或设备名称（安装位置）和文件类型等。

（六）案卷装订

（1）案卷装订应美观牢固，宜采用不锈钢钉或三孔一线装订。装订厚符合 GB/T 11822 的规定。

（2）案卷装订可按卷装订成册，或以件为单位装订装盒为卷。按件装订的应在每份文件首页上端空白处加盖档号章，按 GB/T 11822 规定填写档号章。

（3）超出卷盒的科技文件应按 A4 纸规格折叠、装订、装盒。

五、移交

（一）移交要求

（1）风电企业根据管理模式和形成档案的种类，职能部门按照部门业务范围及归档时间要求，分门别类整理后编制移交清册，定期移交档案部门。

（2）风力发电建设、技术改造、设备检修、科研课题等项目档案移交应编制归档说明，对归档内容和整理基本情况作简要说明。

（3）照片档案、电子文件移交应编制文字说明，备考表应填写与纸质档案相对应的互见号。

（4）采取区域性集中管理档案的风电企业，移交单位应以风电场为单元编制全宗卷，全宗卷可单独管理。

（5）纸质档案移交宜一式两套，一套为正本，一套为副本。电子文件移交应一式三套，一套封存，一套异地保管，一套提供利用。

（二）移交程序

（1）档案移交前应经各职能部门负责人和有关单位审核签字，审核合格后才能移交。

1）各职能部门形成的档案应经部门负责人审核签字。

2）技术改造、设备检修项目形成的档案应经具有质量监督职能的部门审核签字。

3）科研项目及科技创新等科技成果形成的档案应经科技主管部门审核签字。

4）项目建设形成的档案应经监理单位审核并签署意见。

（2）经职能部门负责人审核合格后的生产技术、运行、科研成果等档案，应由移交人填写科技文件交接登记表，与档案部门办理交接手续。

（3）经具有质量监督职能部门审核合格后的技术改造、设备检修项目档案，应由移交部门或单位编制并填写风电项目档案交接签证和案卷移交目录，办理交接手续。

（4）风电项目建设档案应经编制单位自检，监理单位审核，建设单位验收合格后，由移交单位编制并填写风电项目档案交接签证和案卷移交目录，并与档案部门办理交接手续。

（三）移交签证

（1）档案部门对各职能部门移交的生产档案、科

研档案以及各参建单位移交项目档案，应按档案管理要求对档案的齐全、完整、系统情况进行核对与验收，合格后再办理交接手续。

（2）档案移交时，交接责任各方应填写科技文件交接登记表或风电项目档案交接签证，并签字盖章。

（3）各职能部门移交的档案，应填写两份科技文件交接登记表，档案部门与职能部门各留存一份归档。

（4）承建单位移交的项目建设或重大技改、检修项目档案，应填写三份风电项目档案交接签证，建设、施工、监理交接各方应各留存一份归档。

（5）整理与移交章节的表式采用《风力发电企业科技文件归档与整理规范》（NB/T 31021）。

第四节　核电建设项目档案管理

核电建设项目档案和其他重大建设项目档案一样，具有项目投资大、建设周期长、参建单位多、档案数量多、种类多等特点。因此核电建设项目档案管理与其他电力建设项目档案管理有许多相通之处，可以相互借鉴。同时，核电项目在设计、建造方面的复杂性和核安全方面的特殊性，又赋予了核电文档工作新的使命和内容。

一、项目档案组织体系建设

核电项目档案涉及项目建设的方方面面，仅靠参建单位的某一方，或者仅靠档案部门，都是不可能做好项目档案管理工作的。好的项目档案管理需要调动建设单位领导及相关业务部门，参建方相关领导、档案管理部门及相关业务部门，明确分工，通力协作，将文档工作贯穿到项目的可研、勘察、商务、设计、土建、安装、采购、调试、试运行的全过程，贯穿到文件产生、传递、收集、整理、归档移交的全过程，并持之以恒地推进。良好的文档管理组织体系是调动各方力量的基础。

（1）要实行项目档案工作领导责任制，明确负责档案工作的领导和部门，对项目档案工作实行统一管理。因为项目资料是在项目启动之时就随之产生的，项目档案管理工作也应该在项目启动之时就随之进行，因此核电企业在项目启动之时就应该配置文档管理人员，明确文档管理的组织机构。

（2）要将档案工作纳入有关部门和人员的工作责任制，并采取有效的检查、考核措施。

（3）文档管理部门和各职能部门应配置专兼职档案管理人员。档案人员必须经过专业上岗培训和定期的档案继续教育培训。主要工程承包商除了档案人员，还应配置取得资料员证的资料员。项目档案管理是一项长期的、前后衔接比较紧密的工作，需要建立稳定的文档管理队伍来确保工作的连续性。由于文档工作岗位一般待遇较低，人员流动性比较大，应注意采取措施提高文档管理队伍的稳定性。

（4）建立由项目建设单位、总包单位、设计单位、施工单位、监理单位组成的项目档案管理网络。通过组织会议、检查、考核、培训等活动，将对参建单位的监管落到实处。

二、项目档案制度体系建设

核电企业可以从纵向和横向两个维度来构建文档管理制度体系。

从纵向来看，核电企业的文档管理体系是建立在质保大纲体系框架之内的，从上而下，可以分为公司质保大纲中的文档管理要求和承诺，文档管理分大纲、公司级文档管理程序、部门级文档管理程序、文档工作程序等几个层次。横向体系则是从文件形成、传递、收集、整理、归档、保管、利用、鉴定、销毁的全生命周期，以及特殊介质、专门档案管理等业务角度构建制度体系。具体来讲，核电文档制度体系一般包括：文件、档案的分类及编码制度，文件收发与控制制度，文件记录的整理归档要求，文件归档范围、责任和保管期限，档案的保管及应急制度，文档利用制度，档案鉴定与销毁制度，涉密文档管理制度，文档信息系统及电子文件管理制度，特殊介质档案管理制度等。

项目参建单位需要根据国家标准和业主管理制度的要求建立自身的文档管理制度体系，从而确保文档管理要求得到落实。此外，文档部门可以通过参加质保部门组织的质保监察和质保监督活动，检查公司内部以及参建各方的文档管理工作是否按照制度执行，管理制度体系是否适应实际工作，确保文档管理体系的有效性和适用性。

三、项目档案的过程控制

1. 合同谈判与编制

核电工程是一项长期而复杂的工程，文档作为核电工程建设的有机组成部分，有着非常严格的管理要求。目前，我国的核电工程已普遍采用 EPC（设计、采购、建造）的总承包模式，总承包合同成为该模式下确保文档工作要求得到落实的最为重要的商务工具。一方面，合同条款明确总包项目的文档管理的管理模式，对于明确各方责任，顺利开展工作具有指导意义；另一方面，合同条款效力高、影响周期长，是确保工程期间各项文档管理要求得到落实的有力保障。因此，总包合同的内容对建设期间的文档管理工作有着举足轻重的作用，文档部门积极参与总包合同的制定，拟定好总包合同中的文档条款，是项目前期非常重要的工作。

核电总包工程的工作内容非常丰富，双方的责权划分，涉及资金、人力资源、物资设备的内容，是非常关键、必须明确的内容，均应在合同中体现。而已

有标准规范要求的，可直接引用标准规范，标准规范不够明确的，或适用范围模糊或有争议的，必须通过合同加以明确。具体合同条款要点应包括以下各项：

（1）项目依据的相关法规和标准。

（2）项目文档管理模式及双方责任。

（3）总包方提供的文档范围和数量。

（4）文件控制要求（包括时效性、准确性和质量要求，编码格式要求，交付进度要求，文件效力和渠道的要求等）。

（5）对电子文件效力、交付进度、格式、质量的要求。

（6）人力资源、设备和库房的要求。

（7）文件的保管和归档要求，包括保管要求、归档进度、移交方式等。

（8）竣工文件，特别是竣工图的要求。

（9）侵权、保密、责任追究与赔偿的要求。

（10）原件归属（可参照《总承包模式核电工程项目竣工档案归档范围及原件归属管理》执行，如有与标准不一致的，需在合同中进行约定）。

对于采用大业主模式的核电企业，文档部门应参与主要合同的编制工作，对于其他一般合同，应编制合同文档条款的标准模板纳入合同文本中。监理合同除了约定向业主提交监理档案的责任，还需要明确监理单位对竣工文件审核的责任。

2. 项目档案预登记

核电建设项目档案来自于各个子项目的汇集，子项目起始于合同。因此对于会形成项目档案的合同（这些合同包括可研合同、勘察合同、设计合同、施工合同、装修合同、设备及备品备件采购合同、咨询合同、研发合同、软件开发合同等），文档部门宜在合同签订时起对项目档案进行预登记，并对归档情况进行跟踪，确保归档项目的完整性。登记内容应包括项目名称、项目归档范围和要求、项目预计起始和结束时间、项目承包商、承包商联系人、项目负责人、商务负责人等。根据项目档案登记情况，核对本年度项目档案归档情况，制定下年度归档计划。在完成项目档案预登记的同时，通知项目负责人和商务负责人，告知项目文档管理要求和文档部门参与付款会签的要求，在项目开始阶段就同步开展文档管理工作。对于总包项目，可以要求总包方对总包项目内的各个子项目形成的档案进行跟踪，并定期提交归档计划和进度报告。

3. 项目文件控制

文件是档案的前身，按照文档一体化的理念，管理好文件的产生、传递和收集是做好档案工作的基础。此外，国家核安全局发布的《核电厂质量保证安全规定》（HAF 003）第 4 章"文件控制"对于核电厂文件的编制、审核和批准，文件的发布和分发，文件变更控制也有明确要求。因此，文件控制对于核电

项目档案管理而言是档案管理和核安全管理的共同要求，文件管理工作是核电文档部门日常工作的重要组成部分。

国家核安全局发布的《核电厂质量保证记录制度》（HAD 003/04）4.1.1 和《核电文件档案管理要求》（EJ/T 1225）对于文件记录的产生、分发、变更等有明确要求。其中文件传递的控制是核电日常文件管理工作的重点内容。

核电项目一般采用信函传递文件。信函的编码和分类目前在业内没有统一标准，但原理和管理方式基本相同。首先，赋予参与文件传递的每个对象一个唯一的单位代码（对于同一单位签订的不同项目给予不同代码），然后每次文件传递用"发文方单位代码＋流水号＋收文方单位代码"的形式组合成函件的文件编码（也称为"通信渠道号"）。函件传递的内容包括一般业务沟通、会议纪要、技术文件，需要审查备案的文件等。函件管理模式的优势在于：第一可以确保项目管理过程中的重要信息得到保留；第二易于发现文件遗漏，确保文件传递完整；第三函件之间的关联性好，能够很方便地找到该项目的所有相关文件。

信函统一由文档部门归口收发，文档部门收到信函后根据信函标准分发规则将信函分发到各部门承办或传阅，也可在设备管理、工程管理、设计管理等主要业务部门设立签批点，协助开展文件签批。因为核电项目建设期间，信函的收发量非常巨大，为提高处理效率、提升批分准确率，部分核电企业已在尝试通过大数据、机器学习的方式实现信函的系统智能自动批分。

对于通过信函接收到的工程技术文件，也应建立标准分发规则和文件签批体系，以便将各类文件准确分发给相应的部门和人员。文件升版和变更时，必须保证参与活动的人员能够及时了解文件更新的信息，避免使用过期的文件版本。

核电站建设过程中有两套最重要的文件编码，一是上文提到的函件编码，另外一个就是设计文件编码。不同的核电机型，拥有各自独立的设计文件编码体系。但核电设计文件编码也具有相似性，从结构上看，一般由字母和数字组合而成；从代码含义看，一般包含了项目代号、文件类别、文件主要信息（构筑物、设备、位置等）、编制单位等信息，使得文档人员和技术人员可以通过编码很方便地确定文件的类型、用途和分发范围，利于各方使用。设计文件编码规则应由设计方在项目初期提供。

4. 组卷规划管理

对于大型项目，合同约定的归档范围一般比较粗略，需要在合同执行过程中由承包商对其进行细化。项目规模较大、时间跨度较长、归档文件数量多的项目需要编写组卷规划；项目规模小、归档文件数量少的或者不需要承包商整理组卷的项目（如设计文件、

可研报告等）可以只提供文件清单。组卷规划内容包括组卷的依据性文件、竣工资料整理的组织机构、组卷的时间计划、组卷要求、组卷内容、组卷方法、文件质量要求等，其核心是组卷的内容和方法。

组卷规划或文件清单编制完成后由监理单位（如有）、总包方进行初审，业主方项目负责人进行复审，审查内容包括所列文件是否完整、组卷方案是否合理、归档进度是否合理、是否满足工作的需要等。

项目负责人审查后，将监理、总包方（如有）及项目负责人的审查意见发文档部门，文档部门对组卷规划或文件清单进行终审。完成上述工作后，由文档部门将审查意见发回承包商，承包商根据审查意见进行修改。

组卷规划审批通过后，承包商应根据组卷规划开展归档文件的收集工作，项目负责人应在项目执行过程中对承包商执行情况进行监督、检查。

竣工文件整理阶段，承包商应根据实际情况，对组卷规划的内容进行修改和补充，将组卷规划升版为组卷说明。组卷说明是对项目档案内容体系、结构的描述，对于今后的查找利用具有重要的价值。

5. 参与合同履约考核和付款会签

文档部门应参与商务部门组织的总包合同考核和其他的合同履约考核，根据承包商对相关文档管理程序的执行情况对其履约情况进行评分。考核的内容一般应包括文件传递的及时性、完整性、准确性，归档文件的及时性、完整性、准确性、规范性，对分包商的监管情况，对文档的保管情况，各类行动项的完成情况等。

对于纳入档案归档预登记的项目，该项目的档案未通过文档部门验收前，合同的最后一笔工程款不予支付。部分单位约定为档案未通过验收前，不支付质保金，但因为质保金一般在项目完工后一到两年支付，约束效力会相对低一些。另外，除了缓付工程款外，还可以在合同中约定对归档滞后的处罚条款，可以更为有效地提高承包商的重视程度，确保档案及时归档。

6. 总包模式下的联合文档管理

核电建设总承包 EPC 模式下，核电企业在实践中有时会采用联合文档管理的方式来整合项目文档管理资源，优化管理流程，提高工作效率，实现文档管理指令统一，实现工程竣工后项目文档向业主的无缝移交和向生产的平滑过渡。具体方式为业主方文档部门和总包方文档部门各自抽调人员组成联合文档中心，中心独立运作、集中办公、共享资源，由中心统一对总包项目档案实施过程监管和验收工作。其中业主主要负责监督和指导，总包方主要负责执行。联合文档中心不转移总包方对项目档案所承担的所有责任。

7. 设备竣工文件的过程控制

设备竣工文件的特点是承包商地理位置分散，文档管理水平差异较大。因此文档部门对设备竣工文件的过程控制主要以间接管理为主，工作重点应放在对设备采购部门和项目负责人的监管上。应确保项目负责人将设备竣工文件管理的相关制度要求发给承包商，并定期组织承包商集中学习竣工文件的收集、整理和归档要求。业主或总包方文档人员参与重大设备出厂验收。由于文档运输过程中存在丢失和损坏的风险，竣工文件发运前承包商可先发送电子版给业主预审，预审通过后再发出纸质文件；竣工文件到场后，如有问题应由承包商派人到现场进行整改，尽量避免文件反复寄送。

8. 工程竣工文件的过程控制

工程竣工文件大部分在工程现场形成，文档部门的监管相对设备竣工文件而言，更为直接。文档部门应定期组织总包方、监理单位、业主单位的工程管理人员、质保人员、文档人员对该阶段形成的文件进行检查。对于发现的问题进行登记，限期整改，并在下次检查时验证关闭。

9. 项目文件的归档

除受委托进行档案汇总整理外，各专业分包商应在项目实体完成后三个月内将文件经系统、规范整理、编目后按相关规定整理组卷，并经承包商自查、监理公司审查、总包方审查、建设单位业务部门和文档部门审查合格后，向建设单位文档管理部门移交，审查可采用依次审查或联合审查的方式进行。为确保审查质量和问题得到落实，审查过程中各方应将审查意见进行记录。总包模式下，也可采用整体移交的方式，由总包方根据工程进展及时接收分包商移交的档案，待机组完成临时验收后，向业主整体移交总包项目档案。

移交归档过程中形成的竣工文件审查意见单、项目档案验收意见单、档案交接记录都应收集、整理后作为全宗卷由业主进行保存。

四、整理和组卷

1. 档案分类

核电归档文件分类及编码规则参照《核电档案分类准则及编码规则》（NB/T 20042）执行。该分类与国家档案局发布的《工业企业档案分类规则》的分类略有不同：一是将党群工作和行政管理合为一类，二是将产品类、科研类从一级类目中取消，三是将基本建设类拆分为工程设计和基本建设两类，四是把合同管理、安全质量、信函单独设类，这些调整都体现了核电档案的管理特点。标准中特殊介质是根据内容入类的，但实际执行中，根据项目自身情况，也可以单独设类。

2. 收集范围

核电项目档案收集范围可以参照《国家重大建设

项目文件归档要求与档案整理规范》（DA/T 28）和《核电文件档案管理要求》（EJ/T 1225）执行。

收集归档的文件应该是原件。在 EPC 总包模式下，原件归属可参考《核电文件档案管理要求》附录 A.2《EPC 模式下项目档案原件流向表》执行。

3. 整理原则

文书档案一般按件整理，具体参照《归档文件整理规则》（DA/T 22）的要求执行；科技档案的整理一般按《科学技术档案案卷构成的一般要求》（GB/T 11822）执行。

纸质照片档案的整理按《科学技术档案案卷构成的一般要求》（GB/T 11822）的要求执行，数码照片档案的整理按《数码照片归档与管理规范》（DA/T 50）的要求执行。

各参建单位形成的有关建设项目文件，包括前期文件、调试和试运行文件、竣工验收文件等，应根据文件的性质和内容按下列要求进行整理和组卷：

（1）项目施工文件应按单项工程的专业和阶段整理组卷。

（2）质量评定文件应按单位工程整理组卷。

（3）原材料试验应按合同标段、单项工程和单位工程整理组卷。

（4）项目竣工图应按建筑（厂房）、系统、结构、水电、暖通、消防和环保等专业整理组卷。

（5）设备文件应按专业和台套整理组卷。

（6）监理文件应按项目的单项工程、单位工程和文件种类整理组卷。

（7）管理文件应按问题、时间或项目的依据性、基础性、竣工验收文件整理组卷。

生产管理文件应按机组、系统、特征、时间等整理和组卷，具体如下：

（1）运行管理文件应按机组、专业、系统、时间等整理组卷。

（2）维修管理文件应按机组、系统、大修号、专业代码等整理组卷。

（3）核燃料管理文件应按核燃料循环号、大修号等整理组卷。

（4）事件管理文件应按事件类型整理组卷。

（5）技术改造项目、科研项目产生的文件，应参照建设项目方式整理组卷。

几类特殊文件的整理如下：

（1）公用卷。一般土建安装竣工文件中的原材料、配合比、偏离、贯穿件等需组公用卷。组公用卷的文件材料按照材料的品种、规格尺寸分类编排，同一类材料的技术文件按材料进场验收的先后顺序排列。组公用卷的同时，应在单位工程的施工文件卷中建立指向公用卷的索引表。

（2）拆借设备文件。在安装及调试过程中有可能发生物项拆借。负责设备拆借的部门，应将拆借单附到对应机组设备的竣工文件内，并建立拆借文件索引。

（3）补充文件。文件整理归档后发生补充时，如果数量不大，可直接排在原文件后，并在备考表中注明；如果数量较大或相对独立，可单独组卷。

需要从多维度进行查询、使用的文件，以及对于各文种之间的文件关联性不强的文件可采用以件为保管单位进行整理，但同一细分目录下的归档文件只应有一种整理方式。

承包商除了提交档案实体、对应的扫描版电子文件外，还应提交可编辑版的案卷目录和卷内目录，各类归档文件还应依据《核电电子文件元数据》（EJ/T 1224），明确需要著录的元数据项目和格式，由承包商在移交档案实体时一并提交。

案卷内不应有重份文件，与其他子项或系统共用的文件，如原件已经组卷移交，本子项或系统竣工文件中可以使用文件索引表置于该卷文件之后。

组卷的文件应符合耐久性要求。已经形成但不符合耐久性要求的文件应用原始记录组卷，同时附同页码复印件于其后，并在备考表中注明。

对已损坏的文件应做修裱，小于 A4 幅面的合格证、铭牌等文件应粘贴到 A4 纸上，组卷时附同页码复印件于其后。双面合格证或铭牌应采用纸袋装裱后将纸袋粘贴到 A4 纸上，组卷时附同页码复印件于其后，并在备考表中注明。

对施工文件中内容进行局部修改，应采用杠改，并由修改人署名并签署修改日期。修改后应能在文件中清晰分辨出原记录和新记录。

4. 竣工图

竣工图可以由施工单位或者设计单位编制，编制的范围和责任应在合同中明确。

凡是用于改绘竣工图的图纸，应是新的蓝图或干净的施工图。不得使用旧的图纸或复印的图纸。所有变更处都必须引画索引线，并注明更改依据。

竣工图的注意事项和常见问题如下：

（1）不同建筑物、构筑物应分别绘制竣工图。即使不同的建筑物设计图纸一样，或部分一样，也应该分别绘制竣工图。

（2）竣工图应完整、准确、清晰、规范、修改到位，真实反映项目竣工验收时的实际情况。

（3）竣工图每张都应加盖竣工图章（包括封面）；竣工图章应使用红色印泥，盖在竣工图空白处。加盖竣工图章的位置首选标题栏上方，其次是标题栏左侧，再者是图纸空白处。图面空白位置有限时，可根据实际情况确定位置，但不应影响对原图的识别，不得覆盖图纸上任何文字、数字、线条。

（4）竣工图章内容应填写齐全，不得漏签或代签。

（5）修改变更的内容必须准确、完整。竣工图的

制作应以变更通知单为依据，但有些施工单位，粗心大意，变更内容漏做。此外，实际工作中存在部分澄清涉及图纸变更，但未出变更的情况，应转换为变更后绘制到竣工图上。

（6）竣工图的每一处更改，应注明变更单编号及条款。

（7）修改时，对字、线、墨水的使用应规范，便于利用。

1）字体及大小应与原图一致，使用仿宋体书写。

2）画线一律使用绘图工具，不得徒手绘制。

3）应使用绘图笔或签字笔或不褪色的绘图墨水绘制。

（8）竣工图的文字和数字的字号大小要符合《CAD工程制图规则》（GB/T 18229）的规定，以便于阅读。新绘竣工图的字体不应小于原图最小字号。

（9）重新绘制的竣工图与原图的比例相同。

5. 纸质档案扫描

档案扫描应根据纸质档案原件的实际情况开展扫描工作，扫描时应注意对工程竣工文件档案实体（尤其是原件）的保护。选择扫描方式时应尽量避免色彩偏差，使扫描图像色彩尽可能地接近原件色彩。

为最大限度保留工程竣工文件原件信息，确保电子文件与纸质文件的一致性，利于多种方式的利用，页面中有红头、印章或插有照片、彩色插图、多色彩文字等的工程竣工文件，应视需求采用彩色模式进行扫描。

扫描分辨率应根据实际情况，灵活掌握，分辨率过低，影响阅读；分辨率过高，电子文件体积大，传输和利用都不方便。当文字偏小、密集、清晰度较差时，适当提高分辨率。当原件质量好时，不需要过高的分辨率也能满足日常需要。

纸质档案一般扫描为PDF或TIFF格式的电子文件。电子文件名要有统一的命名规则。

6. 档案装订

根据《科学技术档案案卷构成的一般要求》（GB/T 11822）的规定，案卷内文件可整卷装订或以件为单位装订。以件为单位装订的应在每件文件首页空白处加盖档号章。

整卷装订可根据案卷的实际情况，采用三孔装订、双孔装订、胶装、不锈钢钉装订等方式。超过5mm的文件不宜采用不锈钢钉装订，超过4cm的宜采用三孔装订，胶装适用于形成时没有预留装订边的文件，但胶装在裁切时要注意避免裁到文字内容。

卷内文件应统一为A4幅面。幅面小于A4的文件需先粘贴成A4幅面后组卷，幅面大于A4的文件应折叠为A4幅面。

案卷装订的常见问题如下：

（1）卷内文件排列出现错误。正确的排列：批复在前，请示在后；正件在前，附件在后；转发文在前，被转发文在后；译文在前，原文在后；文字在前，图样在后；印件在前，定（草）稿在后。

（2）文字资料装订过厚。纸质资料装订的厚度（含装订条）应比档案盒厚度少0.5cm，便于存取和补充材料。

（3）文件产生时没有预留装订边，档案打装订孔时打到了文件内容，造成文件内容不完整。

（4）页码编错。页码的编写，只要有实质性内容的页面就应编写页码。单面书写文件在右下角；背面书写文件在左下角。卷内目录、备考表不编页码。为了做好页码的编写工作，可以先用铅笔编写，通过验收后再用打号机打号。

（5）打号不认真，漏打或不清晰。

7. 特殊介质档案整理

（1）声像档案。目前新的核电项目建设过程中形成的照片档案绝大多数是数码照片，在照片采集和归档整理中，可参照《核电项目数码照片档案采集及归档要求》执行。对于永久保存的照片，应冲洗或用照片纸打印一套异质存档。

录音文件应以某一项活动单位进行整理，录像片应分别为成品和素材片、解说词（如有）进行归档。音频文件采用WAV或MP3格式，视频文件采用MPEG或AVI格式。对于采用非通用格式的音频、视频文件应转换为通用格式，并在盘内目录的备注栏内说明；特殊格式的应在光盘中保存相应的查看软件。

（2）射线胶片档案。核电厂射线胶片主要来源于设备制造、安装焊接、役前检查和在役检查，数量以十万计，规格型号也非常多，是在核电厂运行过程中，发生缺陷或者定期检查时进行对比验证的重要材料。胶片档案的整理注意事项如下：

1）所有提交的胶片必须是透照质量合格的胶片，并具有相应的评片报告。射线胶片内容应完整、准确、清晰，载体清洁、规范、可读，未发生任何损坏。不合格的产品焊缝胶片必须与经过修补合格后的射线胶片同时存档提交。

2）射线胶片按卷组卷，每盒射线胶片涉及的内容应是同一区域或同一系统，或者是同一设备项目、同一设备类型，或者是同一焊接工艺评定或焊接见证件。

3）如果射线胶片数量较多，不能装在同一盒中时，可以分门别类装在多个盒内，但要在盒子的编号上标识清晰，并在组卷说明中说明。

4）胶片都要放在合适的纸袋中，纸袋可以归档不同尺寸的底片，胶片袋上应有相关标识。在胶片袋中，每张或者两张（指双片透照）射线胶片用纸夹装好，纸夹应标识胶片的编号、评定结果；对双片透照的胶片，两张胶片之间还应用隔片纸隔开；隔片纸必须使用原胶片包装衬纸；如果片角可能损伤底片，则

必须去掉片角。放置存放胶片的封套或纸板箱时使胶片竖立，以避免胶片堆积受压。

5）射线胶片盒内不得有橡皮筋、订书钉或可能对胶片造成损坏的杂物。盒盖必须关紧，以免意外打开。

6）每盒射线胶片内应有胶片目录清单（内容包括序号、档号、机组号、区域号、系统号、子项号、设备名称、焊缝编号、规格、材质、报告编码、焊工号、检验结果、拍摄者、拍摄时间、张数、备注等）、签字完备的备考表，胶片目录清单须打印并粘贴在盒面，并在射线胶片档案盒盖端部标识档号、保管期限。

7）工程建设的射线胶片应与工程档案一并归档。设备制造厂商到现场安装设备所产生的射线胶片应与安装竣工一并归档。设备制造过程中的射线胶片应与设备竣工文件一并归档。

（3）岩芯档案。岩芯档案主要保留反应堆中心及周边钻孔岩芯，重点保留厂坪以下段岩芯，厂坪以上原则不保留或少保留。常规岛及泵房钻孔岩芯有重要地质现象的应保留。

1）对岩芯样进行截取时应按照勘察任务书的说明或行业规定截取特征位置，对截取位置进行标识。

2）在每一条岩芯样上标注岩芯样所在位置的孔号和孔深。

3）碎带上的岩芯样常为破碎块，应用聚酯薄膜包裹好并标记岩芯样块的部位。

4）对截取的所有的岩芯样拍照，并整理岩芯照片。

5）勘测单位编制归档孔位的清单，经业主批准之后对岩芯样进行筛选，对筛选的岩芯样进行移交归档。

6）岩芯档案应存放于专用的岩芯箱，岩芯箱可采用塑料材质或木质。

7）为减缓岩芯样受风化侵蚀的程度，岩芯箱要配备盖子。

8）为避免岩芯样受潮以及虫类破坏，岩芯箱应放置于底座之上，底座高度不低于20cm。

9）岩芯箱逐层堆砌垒放，垒放高度不宜超过1.5m（不包括底座高度，见图1-2-12），同时必须考虑岩芯箱的承重能力，不得压坏最下层的岩芯箱，岩芯箱的排号顺序为从上到下。岩芯箱内，岩芯样与岩芯样之间用固定的隔板隔开，将整理好的岩芯按由浅至深的顺序从左到右依次摆放在岩芯箱内。

图1-2-12　垒放高度（单位：m）

10）岩芯箱及岩芯样要注意防潮、防霉、防蛀。

11）每个岩芯箱内都应放置说明本岩芯样情况的标签，放置于岩芯箱正面的左侧，标签材料为铝合金或塑料，标签内容包括档案号、孔号、箱号、第几箱、标高范围、总箱号等。

12）仓库过道的宽度应能满足装卸岩芯箱的要求。

（4）见证件。核电建设中产生的见证件主要是破坏性试验见证件、焊接见证件。整理时应满足以下要求：

1）见证件实体标识清晰可辨。对碳钢见证件应采取一定的防锈措施，如涂抹防锈清漆。

2）应在相应的焊接见证件报告以及质量计划等关闭的同时完成整理。

五、项目档案验收

1. 验收步骤

项目档案验收分自检、预验收、专项验收和竣工验收，并可在此基础上视情况开展阶段验收，重点是专项验收。

2. 自检

项目档案专项验收前，由总承包商组织各专业分包商等有关单位的项目负责人及档案人员进行档案的自检工作，并编写档案自检报告。

3. 阶段验收

根据核电项目档案工作进展，业主单位可向档案主管部门申请组织开展阶段验收，并编写档案阶段验收报告。阶段验收的划分标准一般为项目实施阶段，如在土建阶段完成工程前期阶段形成文件的验收。在

安装阶段，完成对土建阶段形成文件的验收。以此类推，以达到及时发现问题、整改问题，确保顺利通过档案专项验收。

4. 预验收

核电项目档案预验收是对项目档案管理情况的综合检阅与评价，由国家档案局牵头组织。档案专项验收的条件详见《核电文件档案管理要求》，为了顺利通过专项验收，需要做好如下准备工作。

（1）组织动员。与项目档案管理其他环节一样，调动各方力量共同参与是做好项目档案专项验收的组织保障。项目需要成立由业主、参建方分管领导、主要部门领导、骨干业务人员，文档管理人员组成的项目档案验收工作组，明确各自的分工和责任。

（2）制定、落实计划。制定档案验收准备的专项计划，定期开会跟踪计划完成情况，协调计划执行中遇到的问题。

（3）准备项目验收申请报告。申请报告的主要内容如下：

1）项目建设及项目档案管理概况。项目总体情况应交代清楚项目建设内容，建设管理模式，主要参建单位和合同关系，建设过程和重要时间节点，项目特点等。项目档案管理情况应交代清楚项目文档的管理组织机构体系、管理制度体系、文档工作人力资源配置情况、文档基础设施建设情况、文档信息化建设情况等。

2）保证项目档案的完整性、准确性、系统性和有效性所采取的控制措施。

3）项目文件材料的形成、收集、整理与归档情况，竣工图的编制情况与质量状况。

4）档案在项目建设、管理、试运行中的作用。

5）存在的问题及解决措施。

6）附表，包括单项工程名称、文字材料（卷、页）、竣工图（卷、页）。

（4）准备完整的项目档案案卷目录及目录说明，并有便于查询的目录和索引。

（5）准备项目重要合同清单、主要构筑物（子项）清单、重要设备清单等。

（6）准备业主的全套文档管理程序及总包方、参建方的重要文档管理制度。

（7）准备项目档案管理的过程记录。各类重要文档工作发文及会议纪要，合同考核、履约考核中的文档考核情况，合同付款会签记录，档案管理人员培训、取证记录，归档计划及执行情况报告，档案审查记录，档案验收记录，历次档案同行评估或阶段验收

的意见及问题关闭情况，档案库房巡检记录，档案出入库记录、重要统计报表，档案利用记录等。

（8）准备档案编研成果及其他项目档案管理亮点的支持性材料。

5. 项目档案专项验收流程

项目档案专项验收流程如下：

（1）召开验收首次会议，核电业主和（或）营运单位及项目总承包商汇报项目建设概况、档案工作情况。

（2）监理单位汇报项目档案质量的审核情况。

（3）验收专家针对汇报情况质询，进一步了解项目档案管理情况，验收组长提出检查验收的要求。

（4）验收组检查项目档案及档案管理情况，其方式是采取现场质询、现场查验和抽查案卷，重点是项目前期管理性文件、隐蔽工程文件、竣工文件、质检文件、重要合同和协议等的归档情况。

（5）验收组汇总项目档案检查情况，并对项目档案的质量进行综合评价。

（6）召开验收末次会议，验收组宣读验收意见。

6. 竣工验收

核电项目档案的竣工验收与核电项目验收同步进行。

六、档案保管

档案馆建设应参考《档案馆建筑设计规范》（JGJ 25）设计、建造。

温湿度控制方面，有射线胶片和底片保存要求的单位，应设置低温库，温度设计标准以 13～15℃ 为宜。库房一般设置在楼宇建筑的低楼层，档案库房墙体、顶部应做保温、隔热处理，低温库对隔热要求较高，库房门、墙体、顶部都应制定专门的保温方案。核电厂档案库房一般采用恒温恒湿设备对温湿度进行控制，并设置双路电源，以确保停电状况下库房温湿度受控。防火方面，核电厂目前一般采用七氟丙烷气体自动喷淋系统，火灾发生时，温感探头和烟感探头同时被触发，气体喷淋自动启动，确保档案安全。库房防光方面，库房可采用无窗库房设计，照明采用无紫外线的 LED 灯具。防水方面，可在有管道经过处或地势较低处设置水浸报警设备。防盗方面，可设置门禁及视频监控系统。

档案库房柜架的设计应能满足纸质档案、胶片档案、光盘、磁带、牌匾、奖杯、见证件等各种载体档案的存放。

第二篇

企业档案管理通用法规标准

第一章　企业档案管理通用法规

① 中华人民共和国档案法

（1987 年 9 月 5 日第六届全国人民代表大会常务委员会第二十二次会议通过，根据 1996 年 7 月 5 日第八届全国人民代表大会常务委员会第二十次会议《关于修改〈中华人民共和国档案法〉的决定》、2016 年 11 月 7 日全国人民代表大会常务委员会第二十四次会议《关于修改〈中华人民共和国对外贸易法〉等十二部法律的决定》修正）

第一章　总　则

第一条　为了加强对档案的管理和收集、整理工作，有效地保护和利用档案，为社会主义现代化建设服务，制定本法。

第二条　本法所称的档案，是指过去和现在的国家机构、社会组织以及个人从事政治、军事、经济、科学、技术、文化、宗教等活动直接形成的对国家和社会有保存价值的各种文字、图表、声象等不同形式的历史记录。

第三条　一切国家机关、武装力量、政党、社会团体、企业事业单位和公民都有保护档案的义务。

第四条　各级人民政府应当加强对档案工作的领导，把档案事业的建设列入国民经济和社会发展计划。

第五条　档案工作实行统一领导、分级管理的原则，维护档案完整与安全，便于社会各方面的利用。

第二章　档案机构及其职责

第六条　国家档案行政管理部门主管全国档案事业，对全国的档案事业实行统筹规划，组织协调，统一制度，监督和指导。

县级以上地方各级人民政府的档案行政管理部门主管本行政区域内的档案事业，并对本行政区域内机关、团体、企业事业单位和其他组织的档案工作实行监督和指导。

乡、民族乡、镇人民政府应当指定人员负责保管本机关的档案，并对所属单位的档案工作实行监督和指导。

第七条　机关、团体、企业事业单位和其他组织的档案机构或者档案工作人员，负责保管本单位的档案，并对所属机构的档案工作实行监督和指导。

第八条　中央和县级以上地方各级各类档案馆，是集中管理档案的文化事业机构，负责接收、收集、整理、保管和提供利用各分管范围内的档案。

第九条　档案工作人员应当忠于职守，遵守纪律，具备专业知识。

在档案的收集、整理、保护和提供利用等方面成绩显著的单位或者个人，由各级人民政府给予奖励。

第三章　档案的管理

第十条　对国家规定的应当立卷归档的材料，必须按照规定，定期向本单位档案机构或者档案工作人员移交，集中管理，任何个人不得据为己有。

国家规定不得归档的材料，禁止擅自归档。

第十一条　机关、团体、企业事业单位和其他组织必须按照国家规定，定期向档案馆移交档案。

第十二条　博物馆、图书馆、纪念馆等单位保存的文物、图书资料同时是档案的，可以按照法律和行政法规的规定，由上述单位自行管理。

档案馆与上述单位应当在档案的利用方面互相协作。

第十三条　各级各类档案馆，机关、团体、企业事业单位和其他组织的档案机构，应当建立科学的管理制度，便于对档案的利用；配置必要的设施，确保档案的安全；采用先进技术，实现档案管理的现代化。

第十四条　保密档案的管理和利用，密级的变更和解密，必须按照国家有关保密的法律和行政法规的规定办理。

第十五条　鉴定档案保存价值的原则、保管期限的标准以及销毁档案的程序和办法，由国家档案行政管理部门制定。禁止擅自销毁档案。

第十六条　集体所有的和个人所有的对国家和社会具有保存价值的或者应当保密的档案，档案所有者应当妥善保管。对于保管条件恶劣或者其他原因被认为可能导致档案严重损毁和不安全的，国家档案行政管理部门有权采取代为保管等确保档案完整和安全的措施；必要时，可以收购或者征购。

前款所列档案，档案所有者可以向国家档案馆寄存或者出卖。严禁卖给或者赠送给外国人或者外国组织。

向国家捐赠档案的，档案馆应当予以奖励。

第十七条　禁止出卖属于国家所有的档案。

国有企业事业单位资产转让时，转让有关档案的具体办法由国家档案行政管理部门制定。

档案复制件的交换、转让和出卖，按照国家规定办理。

第十八条　属于国家所有的档案和本法第十六条规定的档案以及这些档案的复制件，禁止私自携运出境。

第四章　档案的利用和公布

第十九条　国家档案馆保管的档案，一般应当自形成之日起满三十年向社会开放。经济、科学、技术、文化等类档案向社会开放的期限，可以少于三十年，涉及国家安全或者重大利益以及其他到期不宜开放的档案向社会开放的期限，可以多于三十年，具体期限由国家档案行政管理部门制订，报国务院批准施行。

档案馆应当定期公布开放档案的目录，并为档案的利用创造条件，简化手续，提供方便。中华人民共和国公民和组织持有合法证明，可以利用已经开放的档案。

第二十条　机关、团体、企业事业单位和其他组织以及公民根据经济建设、国防建设、教学科研和其他各项工作的需要，可以按照有关规定，利用档案馆未开放的档案以及有关机关、团体、企业事业单位和其他组织保存的档案。

利用未开放档案的办法，由国家档案行政管理部门和有关主管部门规定。

第二十一条　向档案馆移交、捐赠、寄存档案的单位和个人，对其档案享有优先利用权，并可对其档案中不宜向社会开放的部分提出限制利用的意见，档案馆应当维护他们的合法权益。

第二十二条　属于国家所有的档案，由国家授权的档案馆或者有关机关公布；未经档案馆或者有关机关同意，任何组织和个人无权公布。

集体所有的和个人所有的档案，档案的所有者有权公布，但必须遵守国家有关规定，不得损害国家安全和利益，不得侵犯他人的合法权益。

第二十三条　各级各类档案馆应当配备研究人员，加强对档案的研究整理，有计划地组织编辑出版档案材料，在不同范围内发行。

第五章　法　律　责　任

第二十四条　有下列行为之一的，由县级以上人民政府档案行政管理部门、有关主管部门对直接负责的主管人员或者其他直接责任人员依法给予行政处分；构成犯罪的，依法追究刑事责任：

（一）损毁、丢失属于国家所有的档案的；

（二）擅自提供、抄录、公布、销毁属于国家所有的档案的；

（三）涂改、伪造档案的；

（四）违反本法第十七条规定，擅自出卖或者转让属于国家所有的档案的；

（五）将档案卖给、赠送给外国人或者外国组织的；

（六）违反本法第十条、第十一条规定，不按规定归档或者不按期移交档案的；

（七）明知所保存的档案面临危险而不采取措施，造成档案损失的；

（八）档案工作人员玩忽职守，造成档案损失的。

在利用档案馆的档案中，有前款第一项、第二项、第三项违法行为的，由县级以上人民政府档案行政管理部门给予警告，可以并处罚款；造成损失的，责令赔偿损失。

企业事业组织或者个人有第一款第四项、第五项违法行为的，由县级以上人民政府档案行政管理部门给予警告，可以并处罚款；有违法所得的，没收违法所得；并可以依照本法第十六条的规定征购所出卖或者赠送的档案。

第二十五条　携运禁止出境的档案或者其复制件出境的，由海关予以没收，可以并处罚款；并将没收的档案或者其复制件移交档案行政管理部门；构成犯罪的，依法追究刑事责任。

第六章　附　　则

第二十六条　本法实施办法，由国家档案行政管理部门制定，报国务院批准后施行。

第二十七条　本法自 1988 年 1 月 1 日起施行。

② 中华人民共和国档案法实施办法

（1990 年 10 月 24 日国务院批准，1990 年 11 月 19 日国家档案局令第 1 号发布，1999 年 5 月 5 日国务院批准修订，1999 年 6 月 7 日国家档案局令第 5 号重新发布，根据 2017 年 3 月 1 日国务院令第 676 号《国务院关于修改和废止部分行政法规的决定》修正）

第一章　总　　则

第一条　根据《中华人民共和国档案法》（以下简称《档案法》）的规定，制定本办法。

第二条　《档案法》第二条所称对国家和社会有保存价值的档案，属于国家所有的，由国家档案局会同国家有关部门确定具体范围；属于集体所有、个人所有以及其他不属于国家所有的，由省、自治区、直辖市人民政府档案行政管理部门征得国家档案局同意后确定具体范围。

第三条　各级国家档案馆馆藏的永久保管档案分一、二、三级管理，分级的具体标准和管理办法由国家档案局制定。

第四条　国务院各部门经国家档案局同意，省、自治区、直辖市人民政府各部门经本级人民政府档案行政管理部门同意，可以制定本系统专业档案的具体管理制度和办法。

第五条　县级以上各级人民政府应当加强对档案

工作的领导，把档案事业建设列入本级国民经济和社会发展计划，建立、健全档案机构，确定必要的人员编制，统筹安排发展档案事业所需经费。

机关、团体、企业事业单位和其他组织应当加强对本单位档案工作的领导，保障档案工作依法开展。

第六条 有下列事迹之一的，由人民政府、档案行政管理部门或者本单位给予奖励：

（一）对档案的收集、整理、提供利用做出显著成绩的；

（二）对档案的保护和现代化管理做出显著成绩的；

（三）对档案学研究做出重要贡献的；

（四）将重要的或者珍贵的档案捐赠给国家的；

（五）同违反档案法律、法规的行为作斗争，表现突出的。

第二章　档案机构及其职责

第七条 国家档案局依照《档案法》第六条第一款的规定，履行下列职责：

（一）根据有关法律、行政法规和国家有关方针政策，研究、制定档案工作规章制度和具体方针政策；

（二）组织协调全国档案事业的发展，制定发展档案事业的综合规划和专项计划，并组织实施；

（三）对有关法律、法规和国家有关方针政策的实施情况进行监督检查，依法查处档案违法行为；

（四）对中央和国家机关各部门、国务院直属企业事业单位以及依照国家有关规定不属于登记范围的全国性社会团体的档案工作，中央级国家档案馆的工作，以及省、自治区、直辖市人民政府档案行政管理部门的工作，实施监督、指导；

（五）组织、指导档案理论与科学技术研究、档案宣传与档案教育、档案工作人员培训；

（六）组织、开展档案工作的国际交流活动。

第八条 县级以上地方各级人民政府档案行政管理部门依照《档案法》第六条第二款的规定，履行下列职责：

（一）贯彻执行有关法律、法规和国家有关方针政策；

（二）制定本行政区域内的档案事业发展计划和档案工作规章制度，并组织实施；

（三）监督、指导本行政区域内的档案工作，依法查处档案违法行为；

（四）组织、指导本行政区域内档案理论与科学技术研究、档案宣传与档案教育、档案工作人员培训。

第九条 机关、团体、企业事业单位和其他组织的档案机构依照《档案法》第七条的规定，履行下列职责：

（一）贯彻执行有关法律、法规和国家有关方针政策，建立、健全本单位的档案工作规章制度；

（二）指导本单位文件、资料的形成、积累和归档工作；

（三）统一管理本单位的档案，并按照规定向有关档案馆移交档案；

（四）监督、指导所属机构的档案工作。

第十条 中央和地方各级国家档案馆，是集中保存、管理档案的文化事业机构，依照《档案法》第八条的规定，承担下列工作任务：

（一）收集和接收本馆保管范围内对国家和社会有保存价值的档案；

（二）对所保存的档案严格按照规定整理和保管；

（三）采取各种形式开发档案资源，为社会利用档案资源提供服务。

按照国家有关规定，经批准成立的其他各类档案馆，根据需要，可以承担前款规定的工作任务。

第十一条 全国档案馆的设置原则和布局方案，由国家档案局制定，报国务院批准后实施。

第三章　档案的管理

第十二条 按照国家档案局关于文件材料归档的规定，应当立卷归档的材料由单位的文书或者业务机构收集齐全，并进行整理、立卷，定期交本单位档案机构或者档案工作人员集中管理；任何人都不得据为己有或者拒绝归档。

第十三条 机关、团体、企业事业单位和其他组织，应当按照国家档案局关于档案移交的规定，定期向有关的国家档案馆移交档案。

属于中央级和省级、设区的市级国家档案馆接收范围的档案，立档单位应当自档案形成之日起满20年即向有关的国家档案馆移交；属于县级国家档案馆接收范围的档案，立档单位应当自档案形成之日起满10年即向有关的县级国家档案馆移交。

经同级档案行政管理部门检查和同意，专业性较强或者需要保密的档案，可以延长向有关档案馆移交的期限；已撤销的单位的档案或者由于保管条件恶劣可能导致不安全或者严重损毁的档案，可以提前向有关档案馆移交。

第十四条 既是文物、图书资料又是档案的，档案馆可以与博物馆、图书馆、纪念馆等单位相互交换重复件、复制件或者目录，联合举办展览，共同编辑出版有关史料或者进行史料研究。

第十五条 各级国家档案馆应当对所保管的档案采取下列管理措施：

（一）建立科学的管理制度，逐步实现保管的规范化、标准化；

（二）配置适宜安全保存档案的专门库房，配备防盗、防火、防渍、防有害生物的必要设施；

（三）根据档案的不同等级，采取有效措施，加以保护和管理；

（四）根据需要和可能，配备适应档案现代化管

理需要的技术设备。

机关、团体、企业事业单位和其他组织的档案保管，根据需要，参照前款规定办理。

第十六条　《档案法》第十四条所称保密档案密级的变更和解密，依照《中华人民共和国保守国家秘密法》及其实施办法的规定办理。

第十七条　属于国家所有的档案，任何组织和个人都不得出卖。

国有企业事业单位因资产转让需要转让有关档案的，按照国家有关规定办理。

各级各类档案馆以及机关、团体、企业事业单位和其他组织为了收集、交换中国散失在国外的档案、进行国际文化交流，以及适应经济建设、科学研究和科技成果推广等的需要，经国家档案局或者省、自治区、直辖市人民政府档案行政管理部门依据职权审查批准，可以向国内外的单位或者个人赠送、交换、出卖档案的复制件。

第十八条　各级国家档案馆馆藏的一级档案严禁出境。

各级国家档案馆馆藏的二级档案需要出境的，必须经国家档案局审查批准。各级国家档案馆馆藏的三级档案、各级国家档案馆馆藏的一、二、三级档案以外的属于国家所有的档案和属于集体所有、个人所有以及其他不属于国家所有的对国家和社会具有保存价值的或者应当保密的档案及其复制件，各级国家档案馆以及机关、团体、企业事业单位、其他组织和个人需要携带、运输或者邮寄出境的，必须经省、自治区、直辖市人民政府档案行政管理部门审查批准，海关凭批准文件查验放行。

第四章　档案的利用和公布

第十九条　各级国家档案馆保管的档案应当按照《档案法》的有关规定，分期分批地向社会开放，并同时公布开放档案的目录。档案开放的起始时间：

（一）中华人民共和国成立以前的档案（包括清代和清代以前的档案；民国时期的档案和革命历史档案），自本办法实施之日起向社会开放；

（二）中华人民共和国成立以来形成的档案，自形成之日起满30年向社会开放；

（三）经济、科学、技术、文化等类档案，可以随时向社会开放。

前款所列档案中涉及国防、外交、公安、国家安全等国家重大利益的档案，以及其他虽自形成之日起已满30年但档案馆认为到期仍不宜开放的档案，经上一级档案行政管理部门批准，可以延期向社会开放。

第二十条　各级各类档案馆提供社会利用的档案，应当逐步实现以缩微品代替原件。档案缩微品和其他复制形式的档案载有档案收藏单位法定代表人的签名或者印章标记的，具有与档案原件同等的效力。

第二十一条　《档案法》所称档案的利用，是指对档案的阅览、复制和摘录。

中华人民共和国公民和组织，持有介绍信或者工作证、身份证等合法证明，可以利用已开放的档案。

外国人或者外国组织利用中国已开放的档案，须经中国有关主管部门介绍以及保存该档案的档案馆同意。

机关、团体、企业事业单位和其他组织以及中国公民利用档案馆保存的未开放的档案，须经保存该档案的档案馆同意，必要时还须经有关的档案行政管理部门审查同意。

机关、团体、企业事业单位和其他组织的档案机构保存的尚未向档案馆移交的档案，其他机关、团体、企业事业单位和组织以及中国公民需要利用的，须经档案保存单位同意。

各级各类档案馆应当为社会利用档案创造便利条件。提供社会利用的档案，可以按照规定收取费用。收费标准由国家档案局会同国务院价格管理部门制定。

第二十二条　《档案法》第二十二条所称档案的公布，是指通过下列形式首次向社会公开档案的全部或者部分原文，或者档案记载的特定内容：

（一）通过报纸、刊物、图书、声像、电子等出版物发表；

（二）通过电台、电视台播放；

（三）通过公众计算机信息网络传播；

（四）在公开场合宣读、播放；

（五）出版发行档案史料、资料的全文或者摘录汇编；

（六）公开出售、散发或者张贴档案复制件；

（七）展览、公开陈列档案或者其复制件。

第二十三条　公布属于国家所有的档案，按照下列规定办理：

（一）保存在档案馆的，由档案馆公布；必要时，应当征得档案形成单位同意或者报经档案形成单位的上级主管机关同意后公布；

（二）保存在各单位档案机构的，由各该单位公布；必要时，应当报经其上级主管机关同意后公布；

（三）利用属于国家所有的档案的单位和个人，未经档案馆、档案保存单位同意或者前两项所列主管机关的授权或者批准，均无权公布档案。

属于集体所有、个人所有以及其他不属于国家所有的对国家和社会具有保存价值的档案，其所有者向社会公布时，应当遵守国家有关保密的规定，不得损害国家的、社会的、集体的和其他公民的利益。

第二十四条　各级国家档案馆对寄存档案的公布和利用，应当征得档案所有者同意。

第二十五条　利用、公布档案，不得违反国家有关知识产权保护的法律规定。

第五章　罚　　则

第二十六条　有下列行为之一的，由县级以上人

民政府档案行政管理部门责令限期改正；情节严重的，对直接负责的主管人员或者其他直接责任人员依法给予行政处分：

（一）将公务活动中形成的应当归档的文件、资料据为己有，拒绝交档案机构、档案工作人员归档的；

（二）拒不按照国家规定向国家档案馆移交档案的；

（三）违反国家规定擅自扩大或者缩小档案接收范围的；

（四）不按照国家规定开放档案的；

（五）明知所保存的档案面临危险而不采取措施，造成档案损失的；

（六）档案工作人员、对档案工作负有领导责任的人员玩忽职守，造成档案损失的。

第二十七条 《档案法》第二十四条第二款、第三款规定的罚款数额，根据有关档案的价值和数量，对单位为 1 万元以上 10 万元以下，对个人为 500 元以上 5000 元以下。

第二十八条 违反《档案法》和本办法，造成档案损失的，由县级以上人民政府档案行政管理部门、有关主管部门根据损失档案的价值，责令赔偿损失。

第六章 附 则

第二十九条 中国人民解放军的档案工作，根据《档案法》和本办法确定的原则管理。

第三十条 本办法自发布之日起施行。

3 中华人民共和国保守国家秘密法

（1988 年 9 月 5 日第七届全国人民代表大会常务委员会第三次会议通过，2010 年 4 月 29 日第十一届全国人民代表大会常务委员会第十四次会议修订）

第一章 总 则

第一条 为了保守国家秘密，维护国家安全和利益，保障改革开放和社会主义建设事业的顺利进行，制定本法。

第二条 国家秘密是关系国家安全和利益，依照法定程序确定，在一定时间内只限一定范围的人员知悉的事项。

第三条 国家秘密受法律保护。

一切国家机关、武装力量、政党、社会团体、企业事业单位和公民都有保守国家秘密的义务。

任何危害国家秘密安全的行为，都必须受到法律追究。

第四条 保守国家秘密的工作（以下简称保密工作），实行积极防范、突出重点、依法管理的方针，既确保国家秘密安全，又便利信息资源合理利用。

法律、行政法规规定公开的事项，应当依法公开。

第五条 国家保密行政管理部门主管全国的保密工作。县级以上地方各级保密行政管理部门主管本行政区域的保密工作。

第六条 国家机关和涉及国家秘密的单位（以下简称机关、单位）管理本机关和本单位的保密工作。

中央国家机关在其职权范围内，管理或者指导本系统的保密工作。

第七条 机关、单位应当实行保密工作责任制，健全保密管理制度，完善保密防护措施，开展保密宣传教育，加强保密检查。

第八条 国家对在保守、保护国家秘密以及改进保密技术、措施等方面成绩显著的单位或者个人给予奖励。

第二章 国家秘密的范围和密级

第九条 下列涉及国家安全和利益的事项，泄露后可能损害国家在政治、经济、国防、外交等领域的安全和利益的，应当确定为国家秘密：

（一）国家事务重大决策中的秘密事项；

（二）国防建设和武装力量活动中的秘密事项；

（三）外交和外事活动中的秘密事项以及对外承担保密义务的秘密事项；

（四）国民经济和社会发展中的秘密事项；

（五）科学技术中的秘密事项；

（六）维护国家安全活动和追查刑事犯罪中的秘密事项；

（七）经国家保密行政管理部门确定的其他秘密事项。

政党的秘密事项中符合前款规定的，属于国家秘密。

第十条 国家秘密的密级分为绝密、机密、秘密三级。

绝密级国家秘密是最重要的国家秘密，泄露会使国家安全和利益遭受特别严重的损害；机密级国家秘密是重要的国家秘密，泄露会使国家安全和利益遭受严重的损害；秘密级国家秘密是一般的国家秘密，泄露会使国家安全和利益遭受损害。

第十一条 国家秘密及其密级的具体范围，由国家保密行政管理部门分别会同外交、公安、国家安全和其他中央有关机关规定。

军事方面的国家秘密及其密级的具体范围，由中央军事委员会规定。

国家秘密及其密级的具体范围的规定，应当在有关范围内公布，并根据情况变化及时调整。

第十二条 机关、单位负责人及其指定的人员为

定密责任人，负责本机关、本单位的国家秘密确定、变更和解除工作。

机关、单位确定、变更和解除本机关、本单位的国家秘密，应当由承办人提出具体意见，经定密责任人审核批准。

第十三条　确定国家秘密的密级，应当遵守定密权限。

中央国家机关、省级机关及其授权的机关、单位可以确定绝密级、机密级和秘密级国家秘密；设区的市、自治州一级的机关及其授权的机关、单位可以确定机密级和秘密级国家秘密。具体的定密权限、授权范围由国家保密行政管理部门规定。

机关、单位执行上级确定的国家秘密事项，需要定密的，根据所执行的国家秘密事项的密级确定。下级机关、单位认为本机关、本单位产生的有关定密事项属于上级机关、单位的定密权限，应当先行采取保密措施，并立即报请上级机关、单位确定；没有上级机关、单位的，应当立即提请有相应定密权限的业务主管部门或者保密行政管理部门确定。

公安、国家安全机关在其工作范围内按照规定的权限确定国家秘密的密级。

第十四条　机关、单位对所产生的国家秘密事项，应当按照国家秘密及其密级的具体范围的规定确定密级，同时确定保密期限和知悉范围。

第十五条　国家秘密的保密期限，应当根据事项的性质和特点，按照维护国家安全和利益的需要，限定在必要的期限内；不能确定期限的，应当确定解密的条件。

国家秘密的保密期限，除另有规定外，绝密级不超过三十年，机密级不超过二十年，秘密级不超过十年。

机关、单位应当根据工作需要，确定具体的保密期限、解密时间或者解密条件。

机关、单位对在决定和处理有关事项工作过程中确定需要保密的事项，根据工作需要决定公开的，正式公布时即视为解密。

第十六条　国家秘密的知悉范围，应当根据工作需要限定在最小范围。

国家秘密的知悉范围能够限定到具体人员的，限定到具体人员；不能限定到具体人员的，限定到机关、单位，由机关、单位限定到具体人员。

国家秘密的知悉范围以外的人员，因工作需要知悉国家秘密的，应当经过机关、单位负责人批准。

第十七条　机关、单位对承载国家秘密的纸介质、光介质、电磁介质等载体（以下简称国家秘密载体）以及属于国家秘密的设备、产品，应当做出国家秘密标志。

不属于国家秘密的，不应当做出国家秘密标志。

第十八条　国家秘密的密级、保密期限和知悉范围，应当根据情况变化及时变更。国家秘密的密级、保密期限和知悉范围的变更，由原定密机关、单位决定，也可以由其上级机关决定。

国家秘密的密级、保密期限和知悉范围变更的，应当及时书面通知知悉范围内的机关、单位或者人员。

第十九条　国家秘密的保密期限已满的，自行解密。

机关、单位应当定期审核所确定的国家秘密。对在保密期限内因保密事项范围调整不再作为国家秘密事项，或者公开后不会损害国家安全和利益，不需要继续保密的，应当及时解密；对需要延长保密期限的，应当在原保密期限届满前重新确定保密期限。提前解密或者延长保密期限的，由原定密机关、单位决定，也可以由其上级机关决定。

第二十条　机关、单位对是否属于国家秘密或者属于何种密级不明确或者有争议的，由国家保密行政管理部门或者省、自治区、直辖市保密行政管理部门确定。

第三章　保　密　制　度

第二十一条　国家秘密载体的制作、收发、传递、使用、复制、保存、维修和销毁，应当符合国家保密规定。

绝密级国家秘密载体应当在符合国家保密标准的设施、设备中保存，并指定专人管理；未经原定密机关、单位或者其上级机关批准，不得复制和摘抄；收发、传递和外出携带，应当指定人员负责，并采取必要的安全措施。

第二十二条　属于国家秘密的设备、产品的研制、生产、运输、使用、保存、维修和销毁，应当符合国家保密规定。

第二十三条　存储、处理国家秘密的计算机信息系统（以下简称涉密信息系统）按照涉密程度实行分级保护。

涉密信息系统应当按照国家保密标准配备保密设施、设备。保密设施、设备应当与涉密信息系统同步规划，同步建设，同步运行。

涉密信息系统应当按照规定，经检查合格后，方可投入使用。

第二十四条　机关、单位应当加强对涉密信息系统的管理，任何组织和个人不得有下列行为：

（一）将涉密计算机、涉密存储设备接入互联网及其他公共信息网络；

（二）在未采取防护措施的情况下，在涉密信息系统与互联网及其他公共信息网络之间进行信息交换；

（三）使用非涉密计算机、非涉密存储设备存储、处理国家秘密信息；

（四）擅自卸载、修改涉密信息系统的安全技术程序、管理程序；

（五）将未经安全技术处理的退出使用的涉密计算机、涉密存储设备赠送、出售、丢弃或者改作其他用途。

第二十五条　机关、单位应当加强对国家秘密载体的管理，任何组织和个人不得有下列行为：

（一）非法获取、持有国家秘密载体；

（二）买卖、转送或者私自销毁国家秘密载体；

（三）通过普通邮政、快递等无保密措施的渠道传递国家秘密载体；

（四）邮寄、托运国家秘密载体出境；

（五）未经有关主管部门批准，携带、传递国家秘密载体出境。

第二十六条　禁止非法复制、记录、存储国家秘密。

禁止在互联网及其他公共信息网络或者未采取保密措施的有线和无线通信中传递国家秘密。

禁止在私人交往和通信中涉及国家秘密。

第二十七条　报刊、图书、音像制品、电子出版物的编辑、出版、印制、发行，广播节目、电视节目、电影的制作和播放，互联网、移动通信网等公共信息网络及其他传媒的信息编辑、发布，应当遵守有关保密规定。

第二十八条　互联网及其他公共信息网络运营商、服务商应当配合公安机关、国家安全机关、检察机关对泄密案件进行调查；发现利用互联网及其他公共信息网络发布的信息涉及泄露国家秘密的，应当立即停止传输，保存有关记录，向公安机关、国家安全机关或者保密行政管理部门报告；应当根据公安机关、国家安全机关或者保密行政管理部门的要求，删除涉及泄露国家秘密的信息。

第二十九条　机关、单位公开发布信息以及对涉及国家秘密的工程、货物、服务进行采购时，应当遵守保密规定。

第三十条　机关、单位对外交往与合作中需要提供国家秘密事项，或者任用、聘用的境外人员因工作需要知悉国家秘密的，应当报国务院有关主管部门或者省、自治区、直辖市人民政府有关主管部门批准，并与对方签订保密协议。

第三十一条　举办会议或者其他活动涉及国家秘密的，主办单位应当采取保密措施，并对参加人员进行保密教育，提出具体保密要求。

第三十二条　机关、单位应当将涉及绝密级或者较多机密级、秘密级国家秘密的机构确定为保密要害部门，将集中制作、存放、保管国家秘密载体的专门场所确定为保密要害部位，按照国家保密规定和标准配备、使用必要的技术防护设施、设备。

第三十三条　军事禁区和属于国家秘密不对外开放的其他场所、部位，应当采取保密措施，未经有关部门批准，不得擅自决定对外开放或者扩大开放范围。

第三十四条　从事国家秘密载体制作、复制、维修、销毁，涉密信息系统集成，或者武器装备科研生产等涉及国家秘密业务的企业事业单位，应当经过保密审查，具体办法由国务院规定。

机关、单位委托企业事业单位从事前款规定的业务，应当与其签订保密协议，提出保密要求，采取保密措施。

第三十五条　在涉密岗位工作的人员（以下简称涉密人员），按照涉密程度分为核心涉密人员、重要涉密人员和一般涉密人员，实行分类管理。

任用、聘用涉密人员应当按照有关规定进行审查。

涉密人员应当具有良好的政治素质和品行，具有胜任涉密岗位所要求的工作能力。

涉密人员的合法权益受法律保护。

第三十六条　涉密人员上岗应当经过保密教育培训，掌握保密知识技能，签订保密承诺书，严格遵守保密规章制度，不得以任何方式泄露国家秘密。

第三十七条　涉密人员出境应当经有关部门批准，有关机关认为涉密人员出境将对国家安全造成危害或者对国家利益造成重大损失的，不得批准出境。

第三十八条　涉密人员离岗离职实行脱密期管理。涉密人员在脱密期内，应当按照规定履行保密义务，不得违反规定就业，不得以任何方式泄露国家秘密。

第三十九条　机关、单位应当建立健全涉密人员管理制度，明确涉密人员的权利、岗位责任和要求，对涉密人员履行职责情况开展经常性的监督检查。

第四十条　国家工作人员或者其他公民发现国家秘密已经泄露或者可能泄露时，应当立即采取补救措施并及时报告有关机关、单位。机关、单位接到报告后，应当立即作出处理，并及时向保密行政管理部门报告。

第四章　监督管理

第四十一条　国家保密行政管理部门依照法律、行政法规的规定，制定保密规章和国家保密标准。

第四十二条　保密行政管理部门依法组织开展保密宣传教育、保密检查、保密技术防护和泄密案件查处工作，对机关、单位的保密工作进行指导和监督。

第四十三条　保密行政管理部门发现国家秘密确定、变更或者解除不当的，应当及时通知有关机关、单位予以纠正。

第四十四条　保密行政管理部门对机关、单位遵

守保密制度的情况进行检查,有关机关、单位应当配合。保密行政管理部门发现机关、单位存在泄密隐患的,应当要求其采取措施,限期整改;对存在泄密隐患的设施、设备、场所,应当责令停止使用;对严重违反保密规定的涉密人员,应当建议有关机关、单位给予处分并调离涉密岗位;发现涉嫌泄露国家秘密的,应当督促、指导有关机关、单位进行调查处理。涉嫌犯罪的,移送司法机关处理。

第四十五条　保密行政管理部门对保密检查中发现的非法获取、持有的国家秘密载体,应当予以收缴。

第四十六条　办理涉嫌泄露国家秘密案件的机关,需要对有关事项是否属于国家秘密以及属于何种密级进行鉴定的,由国家保密行政管理部门或者省、自治区、直辖市保密行政管理部门鉴定。

第四十七条　机关、单位对违反保密规定的人员不依法给予处分的,保密行政管理部门应当建议纠正,对拒不纠正的,提请其上一级机关或者监察机关对该机关、单位负有责任的领导人员和直接责任人员依法予以处理。

第五章　法　律　责　任

第四十八条　违反本法规定,有下列行为之一的,依法给予处分;构成犯罪的,依法追究刑事责任:

（一）非法获取、持有国家秘密载体的;

（二）买卖、转送或者私自销毁国家秘密载体的;

（三）通过普通邮政、快递等无保密措施的渠道传递国家秘密载体的;

（四）邮寄、托运国家秘密载体出境,或者未经有关主管部门批准,携带、传递国家秘密载体出境的;

（五）非法复制、记录、存储国家秘密的;

（六）在私人交往和通信中涉及国家秘密的;

（七）在互联网及其他公共信息网络或者未采取保密措施的有线和无线通信中传递国家秘密的;

（八）将涉密计算机、涉密存储设备接入互联网及其他公共信息网络的;

（九）在未采取防护措施的情况下,在涉密信息系统与互联网及其他公共信息网络之间进行信息交换的;

（十）使用非涉密计算机、非涉密存储设备存储、处理国家秘密信息的;

（十一）擅自卸载、修改涉密信息系统的安全技术程序、管理程序的;

（十二）将未经安全技术处理的退出使用的涉密计算机、涉密存储设备赠送、出售、丢弃或者改作其他用途的。

有前款行为尚不构成犯罪,且不适用处分的人

员,由保密行政管理部门督促其所在机关、单位予以处理。

第四十九条　机关、单位违反本法规定,发生重大泄密案件的,由有关机关、单位依法对直接负责的主管人员和其他直接责任人员给予处分;不适用处分的人员,由保密行政管理部门督促其主管部门予以处理。

机关、单位违反本法规定,对应当定密的事项不定密,或者对不应当定密的事项定密,造成严重后果的,由有关机关、单位依法对直接负责的主管人员和其他直接责任人员给予处分。

第五十条　互联网及其他公共信息网络运营商、服务商违反本法第二十八条规定的,由公安机关或者国家安全机关、信息产业主管部门按照各自职责分工依法予以处罚。

第五十一条　保密行政管理部门的工作人员在履行保密管理职责中滥用职权、玩忽职守、徇私舞弊的,依法给予处分;构成犯罪的,依法追究刑事责任。

第六章　附　　则

第五十二条　中央军事委员会根据本法制定中国人民解放军保密条例。

第五十三条　本法自2010年10月1日起施行。

④ 中华人民共和国保守国家秘密法实施条例

（国务院令　第646号）

第一章　总　　则

第一条　根据《中华人民共和国保守国家秘密法》（以下简称保密法）的规定,制定本条例。

第二条　国家保密行政管理部门主管全国的保密工作。县级以上地方各级保密行政管理部门在上级保密行政管理部门指导下,主管本行政区域的保密工作。

第三条　中央国家机关在其职权范围内管理或者指导本系统的保密工作,监督执行保密法律法规,可以根据实际情况制定或者会同有关部门制定主管业务方面的保密规定。

第四条　县级以上人民政府应当加强保密基础设施建设和关键保密科技产品的配备。

省级以上保密行政管理部门应当加强关键保密科技产品的研发工作。

保密行政管理部门履行职责所需的经费,应当列入本级人民政府财政预算。机关、单位开展保密工作所需经费应当列入本机关、本单位的年度财政预算或

者年度收支计划。

第五条 机关、单位不得将依法应当公开的事项确定为国家秘密，不得将涉及国家秘密的信息公开。

第六条 机关、单位实行保密工作责任制。机关、单位负责人对本机关、本单位的保密工作负责，工作人员对本岗位的保密工作负责。

机关、单位应当根据保密工作需要设立保密工作机构或者指定人员专门负责保密工作。

机关、单位及其工作人员履行保密工作责任制情况应当纳入年度考评和考核内容。

第七条 各级保密行政管理部门应当组织开展经常性的保密宣传教育。机关、单位应当定期对本机关、本单位工作人员进行保密形势、保密法律法规、保密技术防范等方面的教育培训。

第二章 国家秘密的范围和密级

第八条 国家秘密及其密级的具体范围（以下称保密事项范围）应当明确规定国家秘密具体事项的名称、密级、保密期限、知悉范围。

保密事项范围应当根据情况变化及时调整。制定、修订保密事项范围应当充分论证，听取有关机关、单位和相关领域专家的意见。

第九条 机关、单位负责人为本机关、本单位的定密责任人，根据工作需要，可以指定其他人员为定密责任人。

专门负责定密的工作人员应当接受定密培训，熟悉定密职责和保密事项范围，掌握定密程序和方法。

第十条 定密责任人在职责范围内承担有关国家秘密确定、变更和解除工作。具体职责是：

（一）审核批准本机关、本单位产生的国家秘密的密级、保密期限和知悉范围；

（二）对本机关、本单位产生的尚在保密期限内的国家秘密进行审核，作出是否变更或者解除的决定；

（三）对是否属于国家秘密和属于何种密级不明确的事项先行拟定密级，并按照规定的程序报保密行政管理部门确定。

第十一条 中央国家机关、省级机关以及设区的市、自治州级机关可以根据保密工作需要或者有关机关、单位的申请，在国家保密行政管理部门规定的定密权限、授权范围内作出定密授权。

定密授权应当以书面形式作出。授权机关应当对被授权机关、单位履行定密授权的情况进行监督。

中央国家机关、省级机关作出的授权，报国家保密行政管理部门备案；设区的市、自治州级机关作出的授权，报省、自治区、直辖市保密行政管理部门备案。

第十二条 机关、单位应当在国家秘密产生的同时，由承办人依据有关保密事项范围拟定密级、保密期限和知悉范围，报定密责任人审核批准，并采取相应保密措施。

第十三条 机关、单位对所产生的国家秘密，应当按照保密事项范围的规定确定具体的保密期限；保密事项范围没有规定具体保密期限的，可以根据工作需要，在保密法规定的保密期限内确定；不能确定保密期限的，应当确定解密条件。

国家秘密的保密期限，自标明的制发日起计算；不能标明制发日的，确定该国家秘密的机关、单位应当书面通知知悉范围内的机关、单位和人员，保密期限自通知之日起计算。

第十四条 机关、单位应当按照保密法的规定，严格限定国家秘密的知悉范围，对知悉机密级以上国家秘密的人员，应当作出书面记录。

第十五条 国家秘密载体以及属于国家秘密的设备、产品的明显部位应当标注国家秘密标志。国家秘密标志应当标注密级和保密期限。国家秘密的密级和保密期限发生变更的，应当及时对原国家秘密标志作出变更。

无法标注国家秘密标志的，确定该国家秘密的机关、单位应当书面通知知悉范围内的机关、单位和人员。

第十六条 机关、单位对所产生的国家秘密，认为符合保密法有关解密或者延长保密期限规定的，应当及时解密或者延长保密期限。

机关、单位对不属于本机关、本单位产生的国家秘密，认为符合保密法有关解密或者延长保密期限规定的，可以向原定密机关、单位或者其上级机关、单位提出建议。

已经依法移交各级国家档案馆的属于国家秘密的档案，由原定密机关、单位按照国家有关规定进行解密审核。

第十七条 机关、单位被撤销或者合并的，该机关、单位所确定国家秘密的变更和解除，由承担其职能的机关、单位负责，也可以由其上级机关、单位或者保密行政管理部门指定的机关、单位负责。

第十八条 机关、单位发现本机关、本单位国家秘密的确定、变更和解除不当的，应当及时纠正；上级机关、单位发现下级机关、单位国家秘密的确定、变更和解除不当的，应当及时通知其纠正，也可以直接纠正。

第十九条 机关、单位对符合保密法的规定，但保密事项范围没有规定的不明确事项，应当先行拟定密级、保密期限和知悉范围，采取相应的保密措施，并自拟定之日起10日内报有关部门确定。拟定为绝密级的事项和中央国家机关拟定的机密级、秘密级的事项，报国家保密行政管理部门确定；其他机关、单位拟定的机密级、秘密级的事项，报省、自治区、直辖市保密行政管理部门确定。

保密行政管理部门接到报告后，应当在10日内

作出决定。省、自治区、直辖市保密行政管理部门还应当将所作决定及时报国家保密行政管理部门备案。

第二十条　机关、单位对已定密事项是否属于国家秘密或者属于何种密级有不同意见的，可以向原定密机关、单位提出异议，由原定密机关、单位作出决定。

机关、单位对原定密机关、单位未予处理或者对作出的决定仍有异议的，按照下列规定办理：

（一）确定为绝密级的事项和中央国家机关确定的机密级、秘密级的事项，报国家保密行政管理部门确定。

（二）其他机关、单位确定的机密级、秘密级的事项，报省、自治区、直辖市保密行政管理部门确定；对省、自治区、直辖市保密行政管理部门作出的决定有异议的，可以报国家保密行政管理部门确定。

在原定密机关、单位或者保密行政管理部门作出决定前，对有关事项应当按照主张密级中的最高密级采取相应的保密措施。

第三章　保　密　制　度

第二十一条　国家秘密载体管理应当遵守下列规定：

（一）制作国家秘密载体，应当由机关、单位或者经保密行政管理部门保密审查合格的单位承担，制作场所应当符合保密要求。

（二）收发国家秘密载体，应当履行清点、编号、登记、签收手续。

（三）传递国家秘密载体，应当通过机要交通、机要通信或者其他符合保密要求的方式进行。

（四）复制国家秘密载体或者摘录、引用、汇编属于国家秘密的内容，应当按照规定报批，不得擅自改变原件的密级、保密期限和知悉范围，复制件应当加盖复制机关、单位戳记，并视同原件进行管理。

（五）保存国家秘密载体的场所、设施、设备，应当符合国家保密要求。

（六）维修国家秘密载体，应当由本机关、本单位专门技术人员负责。确需外单位人员维修的，应当由本机关、本单位的人员现场监督；确需在本机关、本单位以外维修的，应当符合国家保密规定。

（七）携带国家秘密载体外出，应当符合国家保密规定，并采取可靠的保密措施；携带国家秘密载体出境的，应当按照国家保密规定办理批准和携带手续。

第二十二条　销毁国家秘密载体应当符合国家保密规定和标准，确保销毁的国家秘密信息无法还原。

销毁国家秘密载体应当履行清点、登记、审批手续，并送交保密行政管理部门设立的销毁工作机构或者保密行政管理部门指定的单位销毁。机关、单位确因工作需要，自行销毁少量国家秘密载体的，应当使用符合国家保密标准的销毁设备和方法。

第二十三条　涉密信息系统按照涉密程度分为绝密级、机密级、秘密级。机关、单位应当根据涉密信息系统存储、处理信息的最高密级确定系统的密级，按照分级保护要求采取相应的安全保密防护措施。

第二十四条　涉密信息系统应当由国家保密行政管理部门设立或者授权的保密测评机构进行检测评估，并经设区的市、自治州级以上保密行政管理部门审查合格，方可投入使用。

公安、国家安全机关的涉密信息系统投入使用的管理办法，由国家保密行政管理部门会同国务院公安、国家安全部门另行规定。

第二十五条　机关、单位应当加强涉密信息系统的运行使用管理，指定专门机构或者人员负责运行维护、安全保密管理和安全审计，定期开展安全保密检查和风险评估。

涉密信息系统的密级、主要业务应用、使用范围和使用环境等发生变化或者涉密信息系统不再使用的，应当按照国家保密规定及时向保密行政管理部门报告，并采取相应措施。

第二十六条　机关、单位采购涉及国家秘密的工程、货物和服务的，应当根据国家保密规定确定密级，并符合国家保密规定和标准。机关、单位应当对提供工程、货物和服务的单位提出保密管理要求，并与其签订保密协议。

政府采购监督管理部门、保密行政管理部门应当依法加强对涉及国家秘密的工程、货物和服务采购的监督管理。

第二十七条　举办会议或者其他活动涉及国家秘密的，主办单位应当采取下列保密措施：

（一）根据会议、活动的内容确定密级，制定保密方案，限定参加人员范围；

（二）使用符合国家保密规定和标准的场所、设施、设备；

（三）按照国家保密规定管理国家秘密载体；

（四）对参加人员提出具体保密要求。

第二十八条　企业事业单位从事国家秘密载体制作、复制、维修、销毁，涉密信息系统集成或者武器装备科研生产等涉及国家秘密的业务（以下简称涉密业务），应当由保密行政管理部门或者保密行政管理部门会同有关部门进行保密审查。保密审查不合格的，不得从事涉密业务。

第二十九条　从事涉密业务的企业事业单位应当具备下列条件：

（一）在中华人民共和国境内依法成立3年以上的法人，无违法犯罪记录；

（二）从事涉密业务的人员具有中华人民共和国国籍；

（三）保密制度完善，有专门的机构或者人员负

责保密工作；

（四）用于涉密业务的场所、设施、设备符合国家保密规定和标准；

（五）具有从事涉密业务的专业能力；

（六）法律、行政法规和国家保密行政管理部门规定的其他条件。

第三十条　涉密人员的分类管理、任（聘）用审查、脱密期管理、权益保障等具体办法，由国家保密行政管理部门会同国务院有关主管部门制定。

第四章　监督管理

第三十一条　机关、单位应当向同级保密行政管理部门报送本机关、本单位年度保密工作情况。下级保密行政管理部门应当向上级保密行政管理部门报送本行政区域年度保密工作情况。

第三十二条　保密行政管理部门依法对机关、单位执行保密法律法规的下列情况进行检查：

（一）保密工作责任制落实情况；

（二）保密制度建设情况；

（三）保密宣传教育培训情况；

（四）涉密人员管理情况；

（五）国家秘密确定、变更和解除情况；

（六）国家秘密载体管理情况；

（七）信息系统和信息设备保密管理情况；

（八）互联网使用保密管理情况；

（九）保密技术防护设施设备配备使用情况；

（十）涉密场所及保密要害部门、部位管理情况；

（十一）涉密会议、活动管理情况；

（十二）信息公开保密审查情况。

第三十三条　保密行政管理部门在保密检查过程中，发现有泄密隐患的，可以查阅有关材料、询问人员、记录情况；对有关设施、设备、文件资料等可以依法先行登记保存，必要时进行保密技术检测。有关机关、单位及其工作人员对保密检查应当予以配合。

保密行政管理部门实施检查后，应当出具检查意见，对需要整改的，应当明确整改内容和期限。

第三十四条　机关、单位发现国家秘密已经泄露或者可能泄露的，应当立即采取补救措施，并在 24 小时内向同级保密行政管理部门和上级主管部门报告。

地方各级保密行政管理部门接到泄密报告的，应当在 24 小时内逐级报至国家保密行政管理部门。

第三十五条　保密行政管理部门对公民举报、机关和单位报告、保密检查发现、有关部门移送的涉嫌泄露国家秘密的线索和案件，应当依法及时调查或者组织、督促有关机关、单位调查处理。调查工作结束后，认为有违反保密法律法规的事实，需要追究责任的，保密行政管理部门可以向有关机关、单位提出处理建议。有关机关、单位应当及时将处理结果书面告知同级保密行政管理部门。

第三十六条　保密行政管理部门收缴非法获取、持有的国家秘密载体，应当进行登记并出具清单，查清密级、数量、来源、扩散范围等，并采取相应的保密措施。

保密行政管理部门可以提请公安、工商行政管理等有关部门协助收缴非法获取、持有的国家秘密载体，有关部门应当予以配合。

第三十七条　国家保密行政管理部门或者省、自治区、直辖市保密行政管理部门应当依据保密法律法规和保密事项范围，对办理涉嫌泄露国家秘密案件的机关提出鉴定的事项是否属于国家秘密、属于何种密级作出鉴定。

保密行政管理部门受理鉴定申请后，应当自受理之日起 30 日内出具鉴定结论；不能按期出具鉴定结论的，经保密行政管理部门负责人批准，可以延长 30 日。

第三十八条　保密行政管理部门及其工作人员应当按照法定的职权和程序开展保密审查、保密检查和泄露国家秘密案件查处工作，做到科学、公正、严格、高效，不得利用职权谋取利益。

第五章　法律责任

第三十九条　机关、单位发生泄露国家秘密案件不按照规定报告或者未采取补救措施的，对直接负责的主管人员和其他直接责任人员依法给予处分。

第四十条　在保密检查或者泄露国家秘密案件查处中，有关机关、单位及其工作人员拒不配合，弄虚作假，隐匿、销毁证据，或者以其他方式逃避、妨碍保密检查或者泄露国家秘密案件查处的，对直接负责的主管人员和其他直接责任人员依法给予处分。

企业事业单位及其工作人员协助机关、单位逃避、妨碍保密检查或者泄露国家秘密案件查处的，由有关主管部门依法予以处罚。

第四十一条　经保密审查合格的企业事业单位违反保密管理规定的，由保密行政管理部门责令限期整改，逾期不改或者整改后仍不符合要求的，暂停涉密业务；情节严重的，停止涉密业务。

第四十二条　涉密信息系统未按规定进行检测评估和审查而投入使用的，由保密行政管理部门责令改正，并建议有关机关、单位对直接负责的主管人员和其他直接责任人员依法给予处分。

第四十三条　机关、单位委托未经保密审查的单位从事涉密业务的，由有关机关、单位对直接负责的主管人员和其他直接责任人员依法给予处分。

未经保密审查的单位从事涉密业务的，由保密行政管理部门责令停止违法行为；有违法所得的，由工商行政管理部门没收违法所得。

第四十四条　保密行政管理部门未依法履行职责，或者滥用职权、玩忽职守、徇私舞弊的，对直接

负责的主管人员和其他直接责任人员依法给予处分；构成犯罪的，依法追究刑事责任。

第六章　附　　则

第四十五条　本条例自 2014 年 3 月 1 日起施行。1990 年 4 月 25 日国务院批准、1990 年 5 月 25 日国家保密局发布的《中华人民共和国保守国家秘密法实施办法》同时废止。

⑤　档案信息系统安全保护基本要求

（档办发〔2016〕1 号）

为指导和规范档案部门进一步加强档案信息系统建设和管理，提高档案信息系统安全保护水平，根据《信息系统安全等级保护基本要求》和《档案信息系统安全等级保护定级工作指南》，结合档案工作实际，国家档案局组织编制了《档案信息系统安全保护基本要求》（以下简称《基本要求》）。

一、适用范围

《基本要求》适用于省级（含计划单列市、副省级市，下同）及以上档案局馆的非涉密档案信息系统安全保护工作。涉密档案信息系统的安全保护，按照国家保密法规和标准进行；涉及密码工作的，按照国家密码管理有关规定进行。地市及以下各级档案局馆可参照《基本要求》的规定进行非涉密档案信息系统的安全保护。

二、编制依据

（一）《信息安全技术信息系统安全等级保护基本要求》（GB/T 22239—2008）。

（二）《信息安全技术信息系统安全等级保护定级指南》（GB/T 22240—2008）。

（三）《信息安全技术信息系统等级保护安全设计技术要求》（GB/T 25070—2010）。

（四）《信息安全技术信息系统安全等级保护实施指南》（GB/T 25058—2010）。

（五）《计算机信息系统安全保护等级划分准则》（GB 17859—1999）。

（六）《信息技术信息安全管理实用规则》（GB/T 19716—2005）。

（七）《信息安全技术信息系统通用安全技术要求》（GB/T 20271—2006）。

（八）《电子信息系统机房设计规范》（GB 50174—2008）。

（九）《信息安全技术政府部门信息安全管理基本要求》（GB/T 29245—2012）。

（十）《档案信息系统安全等级保护定级工作指南》（档办发〔2013〕5 号）。

（十一）《数字档案馆建设指南》（档办〔2010〕116 号）。

三、工作原则

（一）安全引领。建立档案信息系统，要树立"安全第一"的思想，不安全、宁不建，凡已建、必安全。对于准备建设的档案信息系统，要按照同步规划、同步建设、同步运行的原则，建立健全档案信息安全防护体系。对于已建设的档案信息系统，要按照国家有关信息系统安全的要求，查找安全隐患，堵塞风险漏洞，提升安全防护水平，开展定级、测评、整改、检查等信息安全工作。

（二）管理科学。按照计算机信息系统安全等级保护工作谁运行、谁管理、谁负责的要求，遵循国家有关信息系统安全保护相关标准规范，结合档案信息系统特点，完善档案信息系统安全保护的规章制度和操作规程，建立本单位档案信息系统安全管理机制，明确档案信息系统的领导责任和岗位职责。以档案数据为核心，对不同安全级别的档案数据实行区别管理。以预防为主，制定应急预案，定期开展应急演练，妥善应对突发事件。

（三）保障有力。贯彻国家有关文件精神，建立档案信息系统安全管理经费投入机制。配备档案信息系统安全管理人员，定期开展安全培训，为档案信息系统安全保护工作提供有力保障。

四、关于《基本要求》的说明

1. 《基本要求》主要以《档案信息系统安全等级保护定级工作指南》中拟定为二级或三级的系统为对象，从"技术"和"管理"两个方面对档案信息系统的安全保护提出了具体要求。

2. 《基本要求》中的"等保二级要求""等保三级要求"中的有关规定均来源于《信息安全技术　信息系统安全等级保护基本要求》（GB/T 22239—2008）中的规定，"档案行业要求"中的有关规定是根据档案信息系统的特点作出的补充规定。

3. 安全保护水平与等保二级保护水平相同的系统，除满足"等保二级要求"中的具体要求之外，还需同时满足"档案行业要求"。安全保护水平与等保三级保护水平相同的系统，除满足"等保三级要求"的具体要求之外，还需同时满足"等保二级要求"和"档案行业要求"。

五、档案信息系统安全保护的管理要求

见表 1。

六、档案信息系统安全保护的技术要求

见表 2。

表1　档案信息系统安全保护的管理要求

一级指标	二级指标	等保二级要求	等保三级要求	档案行业要求
1 安全管理制度	1.1 管理制度	• 应制定信息安全工作的总体方针和安全策略，说明机构安全工作的总体目标、范围、原则和安全框架等； • 应对安全管理活动中重要的管理内容建立安全管理制度； • 应将安全管理人员或操作人员执行的重要管理操作建立操作规程	• 应形成由安全策略、管理制度、操作规程等构成的全面的信息安全管理制度体系	• 安全管理制度、操作规程应涵盖档案信息系统建设、运维的所有工作环节
	1.2 制定和发布	• 应指定或授权专门的部门或人员负责安全管理制度的制定	• 安全管理制度应具有统一的格式，并进行版本控制； • 安全管理制度应通过正式、有效的方式发布； • 安全管理制度应注明发布范围，并对收发文进行登记	
	1.3 评审和修订	• 应组织相关人员对制定的安全管理制度进行论证和审定； • 应定期对安全管理制度进行评审，对存在不足或需要改进的安全管理制度进行修订	• 信息安全领导小组应负责定期组织相关人员对安全管理制度的合理性和适用性进行审定； • 应定期或不定期要改进的安全管理制度进行修订	
2 安全管理机构	2.1 岗位设置	• 应设立安全主管、安全管理各个方面的负责人岗位，并定义各负责人的职责； • 应设立系统管理员、网络管理员、安全管理员等岗位，并定义各个工作岗位的职责	• 应设立信息安全管理工作的职能部门，设立安全主管、安全管理各个方面的负责人岗位，并定义各负责人的职责； • 应成立指导和管理信息安全工作的委员会或领导小组，其最高领导由单位主管领导委任或授权； • 应制定文件明确安全管理机构各个部门和岗位的职责、分工和技能要求	• 档案馆领导负责对系统权限控制、档案数据处置等重要系统操作活动行审批
	2.2 人员配备	• 应配备一定数量的系统管理员、网络管理员、安全管理员等； • 应配备专职安全管理员，不可兼任； • 关键事务岗位应配备多人共同管理		
	2.3 授权和审批	• 应根据各部门和岗位的职责明确授权审批部门及批准人，对系统投入运行、网络系统接入和重要资源的访问等关键活动进行审批； • 应针对关键活动建立审批流程，并由批准人签字确认	• 应根据各部门和岗位的职责明确授权审批事项、审批部门和批准人等； • 应针对系统变更、重要操作、物理访问和系统接入等事项建立审批程序，按照审批程序执行审批过程，对重要活动建立逐级审批制度； • 应定期审查审批事项，及时更新需授权和审批的项目、审批部门和审批人等信息； • 应记录审批过程并保存审批文档	• 重要审批授权记录应存档备查

续表

一级指标	二级指标	等保二级要求	等保三级要求	档案行业要求
2 安全管理机构	2.4 沟通和合作	• 应加强各类管理人员之间、组织内部机构之间以及信息安全职能部门内部的合作与沟通； • 应加强与兄弟单位、公安机关、电信公司的合作与沟通	• 应加强各类管理人员之间、组织内部机构之间以及信息安全职能部门内部的合作与沟通，定期或不定期召开协调会议，共同协作处理信息安全问题； • 应加强与供应商、业界专家、专业的安全公司、安全组织的合作与沟通； • 应建立外联单位联系列表，包括外联单位名称、合作内容、联系人和联系方式等信息； • 应聘请信息安全专家作为常年的安全顾问，指导信息安全建设，参与安全规划和安全评审等	
	2.5 审核和检查	• 安全管理员应负责定期进行安全检查，检查内容包括系统日常运行、系统漏洞和数据备份等情况	• 应由内部人员或上级单位定期进行全面安全检查，检查内容包括现有安全技术措施的有效性、安全配置与安全策略的一致性、安全管理制度的执行情况等； • 应制定定期安全检查表格实施安全检查，汇总安全检查数据，形成安全检查报告，并对安全检查结果进行通报； • 应制定安全审核和安全检查制度，规范安全审核和安全检查活动，定期按照程序进行安全审核和安全检查活动	• 建立安全检查通报机制，对系统日常安全运行情况进行检查，并将重要安全情况向上级档案部门报告
3 人员安全管理	3.1 人员录用	• 应指定或授权专门的部门或人员负责人员录用； • 应规范人员录用过程，对被录用人员的身份、背景等进行审查，对其所具有的技术技能进行考核； • 应从事关键岗位的人员签署保密协议	• 应指定或授权专门的部门或人员负责人员录用； • 应规范人员录用过程，对被录用人员的身份、背景、专业资格和资质等进行审查，对其技术技能进行考核； • 应签署保密协议； • 应从内部人员中选取从事关键岗位的人员，并签署岗位安全协议	
	3.2 人员离岗	• 应规范人员离岗过程，及时终止离岗员工的所有访问权限； • 应取回各种身份证件、钥匙、徽章等以及机构提供的软硬件设备； • 应办理严格的调离手续	• 应办理严格的人员调离手续，关键岗位人员离岗须承诺调离后的保密义务方可离开	• 关键岗位人员离岗，需将其人员及工作信息保留1年以上
	3.3 人员考核	• 应定期对各个岗位的人员进行安全技能及安全认知的考核	• 应对关键岗位的人员进行全面、严格的安全审查和技能考核； • 应对考核结果进行记录并保存	
	3.4 安全意识教育和培训	• 应对各类人员进行安全意识教育、岗位技能培训和相关安全技术培训； • 应告知人员相关的安全责任和惩戒措施，并对违背安全策略和规定的人员进行惩戒； • 应制定安全教育和培训计划，对信息安全基础知识、岗位操作规程等进行培训	• 应对各类人员相关的安全责任和惩戒措施进行书面规定并告知相关人员，对违反规定的人员进行惩戒； • 应对定期安全教育和培训进行书面规定，针对不同岗位制定不同的培训计划，对信息安全基础知识、岗位操作技能、规程等进行培训； • 应对安全教育和培训的情况和结果进行记录并归档保存	

续表

一级指标	二级指标	等保二级要求	等保三级要求	档案行业要求
3 人员安全管理	3.5 外部人员访问管理	• 应保证在受控区域前得到授权或审批，批准后由专人全程陪同或监督，并登记记录； • 应明确允许外部人员访问的区域、系统、设备、信息等内容，并按照书面规定执行	• 对外部人员允许访问的区域、系统、设备、信息等内容，应进行书面的规定，并按照书面规定执行	
4 系统建设管理	4.1 系统定级	• 应以书面的形式说明信息系统确定为某个安全保护等级的方法和理由； • 应组织相关部门和有关安全技术专家对信息系统定级结果的合理性和正确性进行论证和审定	• 应组织相关部门和有关安全技术专家对信息系统定级结果的合理性和正确性进行论证和审定	
	4.2 安全方案设计	• 应根据系统的安全保护等级选择基本安全措施，依据风险分析的结果补充调整安全措施； • 应以书面的形式描述对系统的安全保护要求、策略和措施等内容，形成系统的安全方案； • 应对安全方案进行细化，形成能指导安全系统建设、安全产品采购和使用的详细设计方案； • 应组织相关部门和有关安全技术专家对安全设计方案的合理性和正确性进行论证和审定，并且经过批准后，才能正式实施	• 应指定和授权专门的部门对信息系统的安全建设进行总体规划，制定近期和远期的安全建设工作计划； • 应根据信息系统的等级划分情况，统一考虑安全保障体系的总体安全策略、安全技术框架、总体安全管理策略、安全建设规划，并形成配套文件； • 应组织相关部门和有关安全技术专家对总体安全策略、安全技术框架、总体安全管理策略、安全建设规划、安全方案等相关配套文件的合理性和正确性进行论证和审定，并且经过批准后，才能正式实施； • 应根据等级测评、安全评估的结果定期调整和修订总体安全策略、安全技术框架、安全管理策略、安全建设规划、总体安全方案等相关配套文件	
	4.3 产品采购和使用	• 应确保安全产品采购和使用符合国家的有关规定； • 应确保密码产品采购和使用符合国家密码主管部门的要求； • 应指定或授权专门的部门负责产品的采购	• 应预先对产品进行选型测试，确定产品的候选范围，并定期审定和更新候选产品名单	
	4.4 自行软件开发	• 应确保开发环境与实际运行环境物理分开； • 应制定软件开发管理制度，明确说明开发过程的控制方法和人员行为准则； • 应确保提供软件设计的相关文档和使用指南，并由专人负责保管	• 应确保开发环境与实际运行环境物理分开，开发人员和测试人员分离，测试数据和测试结果受到控制； • 应制定代码编写安全规范，要求开发人员参照规范编写代码； • 应确保对程序资源库的修改、更新、发布进行授权和批准	
	4.5 外包软件开发	• 应根据开发要求检测软件质量； • 应确保提供软件设计的相关文档和使用指南； • 应在软件安装之前检测软件包中可能存在的恶意代码； • 应要求开发单位提供软件源代码，并审查软件中可能存在的后门	• 应要求开发单位提供软件设计的相关文档和使用指南	

续表

一级指标	二级指标	等保二级要求	等保三级要求	档案行业要求
4 系统建设管理	4.6 工程实施管理	• 应指定或授权专门的部门或人员负责工程实施过程的管理； • 应制定详细的工程实施方案，控制工程实施过程	• 应制定详细的工程实施方案控制实施过程，并要求工程实施单位能正式入地执行安全工程过程； • 应制定工程实施方面的管理制度，明确说明实施过程的控制方法和人员行为准则	
	4.7 测试验收	• 应对系统进行安全性测试验收； • 在测试验收前应根据设计方案或合同要求制订测试验收方案，在测试过程中应详细记录测试验收结果，并形成测试验收报告； • 应组织相关部门和相关人员对系统测试验收报告进行审定，并签字确认	• 应委托公正的第三方测试单位对系统进行安全性测试，并出具安全测试报告； • 应指定或授权专门的部门负责系统测试验收的管理，并按照管理规定的要求完成系统测试验收工作	
	4.8 系统交付	• 应制定系统交付清单，并根据交付清单对所交接的设备、软件和文档等进行清点； • 应对负责系统运行维护的技术人员进行相应的技能培训； • 应确保提供系统建设过程中的文档和指导用户进行系统运行维护的文档	• 应制定系统交付的控制方法和人员行为准则进行书面规定	
	4.9 系统备案		• 应指定专门的部门或人员负责管理系统定级的相关材料，并控制这些材料的使用； • 应将系统等级及相关材料报系统主管部门备案； • 应将系统等级及其他相关备案材料报相应公安机关备案	
	4.10 等级测评		• 在系统运行过程中，应至少每年对系统进行一次等级测评，发现不符合相应等级保护标准要求的及时整改； • 应在系统发生变更时及时对系统进行等级测评，发现级别发生变化的及时调整级别并进行安全改造，发现不符合应保护标准要求的及时整改； • 应选择具有国家相关技术资质和安全质量的测评单位进行等级测评； • 应指定或授权专门的部门或人员负责等级测评的管理	
	4.11 安全服务商选择	• 应确保安全服务商的选择符合国家的有关规定； • 应与选定的安全服务商签订与安全相关的协议，明确约定相关责任； • 应确保选定的安全服务商提供技术支持和服务承诺，必要的与其签订服务合同		

续表

一级指标	二级指标	等保二级要求	等保三级要求	档案行业要求
5 系统运维管理	5.1 环境管理	• 应指定专门的部门或人员定期对机房供配电、空调、温湿度控制等设施进行维护管理; • 应配备机房安全管理人员,对机房的出入、服务器的开机或关机等工作进行管理; • 应建立机房安全管理制度,对有关机房物理访问,物品带进、带出机房和机房环境安全等方面的管理作出规定; • 应加强对办公环境的保密性管理,包括工作人员调离办公室应立即交还该办公室钥匙和不在办公室接待来访人员等	• 应指定专门部门或人员定期对机房供配电、空调、温湿度控制等设施进行维护管理; • 应配备机房安全管理人员,对机房的出入、服务器的开机或关机等工作进行管理; • 应建立机房安全管理制度,对有关机房物理访问,物品带进、带出机房和机房环境安全等方面的管理作出规定; • 应加强对办公环境的保密性管理,规范办公环境人员行为,包括工作人员调离办公室应立即交还该办公室钥匙和不在办公室接待来访人员,工作人员离开座位应确保终端计算机退出登录状态和桌面上没有包含敏感信息的纸档文件等	
	5.2 资产管理	• 应编制与信息系统相关的资产清单,包括资产责任部门、重要程度和所处位置等内容; • 应建立资产安全管理制度,规定信息系统资产管理的责任人员或责任部门,并规范资产管理和使用的行为	• 应根据资产的重要程度对资产进行标识管理,根据资产的价值选择相应的管理措施; • 应对信息分类与标识方法作出规定,并对信息的使用、传输和存储等进行规范化管理	
	5.3 介质管理	• 应确保介质存放在安全的环境中,对各类介质进行控制和保护,并实行存储环境专人管理; • 应对介质归档和查询等过程进行记录,并根据存档介质的目录清单定期盘点; • 应对需要送出维修或销毁的介质,首先清除其中的敏感数据,防止信息的非法泄漏; • 应根据数据所承载数据和软件的重要程度对介质进行分类和标识管理	• 应建立介质安全管理制度,对介质的存放、使用、维护和销毁等方面作出规定; • 应确保介质存放在安全的环境中,并实行存储环境专人管理; • 应对介质在物理传输过程中的人员选择、打包、交付等情况进行控制,对介质归档和查询等进行登记记录,并根据存档介质的目录清单定期盘点; • 应对送出维修或销毁的介质的使用过程、送出维修以及销毁等进行严格的管理,对带出工作环境的介质进行内容加密和监控管理,对送出维修或销毁的介质应首先清除介质中的敏感数据; • 应对保密性较高的介质存储和传输的需要对数据自行销毁; • 应根据数据备份的需要对某些介质实行异地存储,存储地的环境要求和管理方法应与本地相同; • 应对重要介质中的数据和软件采取加密存储,并根据所承载数据和软件的重要程度对介质进行分类和标识管理	• 存储介质应统一管理,建立采购、使用、检测、销毁的全过程记录; • 存储介质需销毁的,单位应由指定部门完成,在送出指定销毁前需对数据进行清除操作,并将待销毁介质编号登记,以便销毁时查对; • 需长久保存的数据,一般不宜采取加密措施
	5.4 设备管理	• 应对信息系统相关的各种设备包括备份和冗余设备、线路等指定专门的部门或人员定期进行维护管理; • 应建立基于申报、审批和专人负责的设备安全管理制度,对信息系统的各种软硬件设备的选型、采购、发放和领用等过程进行规范化管理; • 应对终端计算机、工作站、便携机、系统和网络等设备的操作和使用进行规范化管理,按操作规程实现关键设备的启动/停止、加电/断电等操作; • 应确保信息处理设备必须经过审批才能带离机房或办公地点	• 应建立配套设施、软硬件维护方面的管理制度,对其维护进行有效的管理,包括明确维护人员的责任,涉外维修和服务的审批,维修过程的监督控制等	

续表

一级指标	二级指标	等保二级要求	等保三级要求	档案行业要求
5 系统运维管理	5.5 监控管理和安全管理中心		• 应对通信线路、主机、网络设备和应用软件的运行状况、网络流量、用户行为等进行监测和报警，形成记录并妥善保存； • 应组织相关人员定期对监测和报警记录进行分析、评审，发现可疑行为，形成分析报告，并采取必要的应对措施； • 应建立安全管理中心，对设备状态、恶意代码、补丁升级、安全审计等安全相关事项进行集中管理	
	5.6 网络安全管理	• 应指定人员对网络进行管理，负责运行日志、网络监控记录的日常维护和报警信息分析和处理工作； • 应建立网络安全管理制度，对网络安全配置、日志保存时间、安全策略、升级与打补丁、口令更新周期等方面作出规定； • 应根据厂家提供的软件升级版本对网络设备进行更新，并在更新前对现有的重要文件进行备份； • 应定期对网络系统进行漏洞扫描，对发现的网络系统安全漏洞进行及时的修补； • 应对网络设备的配置文件进行定期备份； • 应保证所有与外部系统的连接均得到授权和批准	• 应指定专人对网络进行管理，负责运行日志、网络监控记录的日常维护和报警信息分析和处理工作； • 应实现设备的最小服务配置，并对配置文件进行定期离线备份； • 应依据安全策略允许或者拒绝便携式和移动式设备的网络接入； • 应定期检查违反规定拨号上网或其他违反网络安全策略的行为	
	5.7 系统安全管理	• 应根据业务需求和系统安全分析确定系统的访问控制策略； • 应定期进行漏洞扫描，对发现的系统安全漏洞及时进行修补； • 应安装系统的最新补丁程序，在安装系统补丁前，应首先在测试环境中测试通过，并对重要文件进行备份后，方可实施系统补丁程序的安装； • 应建立系统安全管理制度，对系统安全策略、安全配置、日志管理和日常操作流程等方面作出规定； • 应依据操作手册对系统进行维护，详细记录操作日志，包括重要的日常操作、运行维护记录、参数的设置和修改等内容，严禁进行未经授权的操作； • 应定期对运行日志和审计数据进行分析，以便及时发现异常行为	• 应指定专人对系统进行管理，划分系统管理员角色，明确各个角色的权限、责任和风险，权限设置应当遵循最小授权原则	

续表

一级指标	二级指标	等保二级要求	等保三级要求	档案行业要求
5 系统运维管理	5.8 恶意代码防范管理	• 应提高所有用户的防病毒意识，告知及时升级防病毒软件，在读取移动存储设备上接收的文件或邮件之前，先进行病毒检查，对外来计算机或存储设备接入网络系统之前也应进行病毒检查； • 应指定专人对网络和主机进行恶意代码检测并保存检测记录； • 应对防恶意代码软件的授权使用、恶意代码库升级、定期汇报等作出明确规定	• 应定期检查信息系统内各种产品的恶意代码库的升级情况并进行记录，对主机防病毒产品、防病毒网关和那件网关上截获的危险恶意代码进行及时分析和总结汇报，并形成书面的报表和总结汇报	
	5.9 密码管理	• 应使用符合国家密码管理规定的密码技术和产品	• 应建立密码使用管理制度，使用符合国家密码管理规定的密码技术和产品	
	5.10 变更管理	• 应确认系统中要发生的重要变更，并制定相应的变更方案； • 系统发生重要变更前，应向主管领导申请，审批后方可实施，并在实施前向相关人员通告	• 应确立变更管理制度，系统发生变更前，向主管领导申请，变更和变更方案经过评审，审批后方可实施变更，对变更影响进行分析并记录，记录变更实施过程，并妥善保存； • 应建立变更控制的申报和审批文件化程序，对变更影响进行分析和文档化，记录变更实施过程，并妥善保存所有文档和记录； • 应建立中止变更并从失败变更中恢复的文件化程序，明确控制中止恢复方法和人员职责，必要时对恢复过程进行演练	
	5.11 备份与恢复管理	• 应识别需要定期备份的重要业务信息、系统数据及软件系统等； • 应规定备份信息的备份方式、备份频度、存储介质、保存期等； • 应根据数据的重要性及其对系统运行的影响，制定数据的备份策略和恢复策略，备份策略需明确备份数据的放置场所、文件命名规则、介质替换频率和数据离站运输方法等	• 应建立备份与恢复管理相关的安全管理制度，对备份信息的备份方式、备份频率、存储介质和保存期进行规范； • 应建立控制数据备份和恢复过程的程序，对备份过程进行记录，所有文件和记录应妥善保存； • 应定期执行恢复程序，检查和测试备份介质的有效性，确保可以在恢复程序规定的时间内完成备份的恢复；	• 档案数据需进行本地和异地备份
	5.12 安全事件处置	• 应报告所发现的安全弱点和可疑事件，但任何情况下用户均不应尝试验证弱点； • 应制定安全事件报告和处置管理制度，明确安全事件的类型，规定安全事件的现场处理、事件报告和后期恢复的管理职责； • 应根据国家相关管理部门对计算机安全事件等级划分方法和安全事件对本系统产生的影响，对本系统计算机安全事件进行等级划分； • 应记录并保存所有与安全事件相关的报告，分析事件原因，监督事态发展，采取措施避免安全事件发生	• 应制定安全事件报告和响应处理程序，确定安全事件的报告流程，响应和处置的范围、程度，以及处理方法等； • 应在安全事件报告和响应处理过程中，分析和鉴定事件产生的原因，收集证据，记录处理过程，总结经验教训； • 对造成系统中断和造成信息泄密的安全事件应采用不同的处理程序和报告程序	

续表

一级指标	二级指标	等保二级要求	等保三级要求	档案行业要求
5 系统运维管理	5.13 应急预案管理	• 应在统一的应急预案框架下制定不同事件的应急预案，应急处理流程、系统恢复流程； • 应对系统相关的人员进行应急预案培训应至少每年举办一次	• 应在人力、设备、技术和财务等方面保应急预案的执行有足够的资源保障； • 应定期对应急预案进行演练，确定演练的周期； • 应规定应急预案需要定期审查和根据实际情况更新的内容，并按照执行	

表 2　档案信息系统安全保护的技术要求

一级指标	二级指标	等保二级要求	等保三级要求	档案行业要求
1 物理安全	1.1 物理位置的选择	• 机房和办公场地应选择在具有防震、防风和防雨等能力的建筑内	• 机房场地应避免设在建筑物的高层或地下室，以及用水设备的下层或隔壁	• 机房建筑抗震不应低于丙类抗震要求； • 机房位置应远离强电磁场、强振动源、强燃声源、粉尘、油烟、易燃易爆等场所和区域
	1.2 物理访问控制	• 机房出入口应安排专人值守，控制、鉴别和记录进入的人员； • 需进入机房的来访人员应经过申请和审批流程，并限制和监控其活动范围	• 应对机房划分区域进行管理，区域和区域之间设置物理隔离装置，在重要区域前设置交付或安装等过渡区域； • 重要区域应配置电子门禁系统、控制、鉴别和记录进入的人员	• 机房等重要区域应配置门禁系统、控制、鉴别和记录进入人员，视频监控记录至少需保存3个月
	1.3 防盗窃和防破坏	• 应将主要设备放置在机房内； • 应将设备或主要部件进行固定，并设置明显的不易去除的标记； • 应将通信线缆铺设在隐蔽处，可铺设在地下或管道中； • 应对介质分类标识，存储在介质库或档案室内主机房的防盗报警系统	• 应利用光、电等技术设置机房防盗报警系统； • 机房应设置监控报警系统	
	1.4 防雷击	• 机房建筑应设置避雷装置； • 机房应设置交流电源地线	• 应设置防雷保安器，防止感应雷	
	1.5 防火	• 机房应设置灭火设备和火灾自动报警系统	• 机房应设置灭火自动消防系统，能够自动检测火情，自动报警，并自动灭火； • 机房及相关的工作间和辅助房应采用耐火等级的建筑材料； • 机房应采取区域隔离防火措施，将重要设备与其他设备隔离开	

续表

一级指标	二级指标	等保二级要求	等保三级要求	档案行业要求
1　物理安全	1.6　防水和防潮	• 水管安装，不得穿过机房屋顶和活动地板下； • 应采取措施防止雨水通过机房窗户、屋顶和墙壁渗透； • 应采取措施防止机房内水蒸气结露和地下积水的转移与渗透	• 应安装对水敏感的检测仪表或元件，对机房进行防水检测和报警	
	1.7　防静电	• 关键设备应采用必要的接地防静电措施	• 主要设备应采用必要的接地防静电措施； • 机房应采用防静电地板	
	1.8　温湿度控制	• 机房应设置温、湿度自动调节设施，使机房温、湿度的变化在设备运行所允许的范围之内		• 开机温度18~28℃，湿度35%~75%；关机温度5~35℃，湿度20%~80%范围内
	1.9　电力供应	• 应在机房供电线路上配置稳压器和过电压防护设备； • 应提供短期的备用电力供应，至少满足关键设备在断电情况下的正常运行要求	• 应提供短期的备用电力供应，至少满足主要设备在断电情况下的正常运行要求； • 应设置冗余或并行的电力电缆线路为计算机系统供电； • 应建立备用供电系统	
	1.10　电磁防护	• 电源线和通信线缆应隔离铺设，避免互相干扰	• 应采用接地方式防止外界电磁干扰和设备寄生耦合干扰； • 应对关键设备和磁介质实施电磁屏蔽	
2　网络安全	2.1　结构安全	• 应保证关键网络设备的业务处理能力具备冗余空间，满足业务高峰期需要； • 应保证接入网络和核心网络的带宽满足业务高峰期需要； • 应绘制与当前运行情况相符的网络拓扑结构图； • 应根据各部门的工作职能、重要性和所涉及信息的重要程度等因素，划分不同的子网或网段，并按照方便管理和控制的原则为各子网、网段分配地址段	• 应避免将重要网段部署在网络边界处且直接连接外部信息系统，重要网段与其他网段之间采取可靠的技术隔离手段； • 应按照对业务服务的重要次序来指定带宽分配优先级别，保证在网络发生拥堵的时候优先保护重要主机	• 局域网与因特网物理隔离； • 涉及重要信息的网段，应进行MAC与IP地址绑定
	2.2　访问控制	• 应在网络边界部署访问控制设备，启用访问控制功能； • 应能根据会话状态信息为数据流提供明确的允许/拒绝访问的能力，控制粒度为网段级； • 应按用户和受控系统进行资源访问，控制粒度为单个用户； • 应限制具有拨号访问权限的用户数量	• 应能根据会话状态信息为数据流提供明确的允许/拒绝访问的能力，控制粒度为端口级； • 应对进出网络的信息内容进行过滤，实现对应用层HTTP、FTP、TELNET、MTP、POP3等协议命令级的控制； • 应在会话处于非活跃一定时间或会话结束后终止网络连接； • 应限制网络最大流量数及网络连接数； • 重要网段应采取技术手段防止地址欺骗	

续表

一级指标	二级指标	等保二级要求	等保三级要求	档案行业要求
	2.3 安全审计	• 应对网络系统中的网络设备运行状况、网络流量、用户行为等进行日志记录； • 审计记录应包括事件的日期和时间、用户、事件类型、事件是否成功及其他与审计相关的信息	• 应能够根据记录数据进行分析，并生成审计报表； • 应对审计记录进行保护，避免受到未预期的删除、修改或覆盖等	
	2.4 边界完整性检查	• 应能够对内部网络中出现的内部用户未通过准许私自连到外部网络的行为进行检查	• 应能够对非授权设备私自连到内部网络的行为进行检查，准确定出位置，并对其进行有效阻断； • 应能够对内部网络用户私自连到外部网络的行为进行检查，准确定出位置，并对其进行有效阻断	
2 网络安全	2.5 入侵防范	• 应在网络边界处监视以下攻击行为：端口扫描、强力攻击、木马后门攻击、拒绝服务攻击、缓冲区溢出攻击、IP碎片攻击和网络蠕虫攻击等	• 当检测到攻击行为时，记录攻击源IP、攻击类型、攻击目的、攻击时间，在发生严重入侵事件时应提供报警	
	2.6 恶意代码防范		• 应在网络边界处对恶意代码进行检测和清除； • 应维护恶意代码库的升级和检测系统的更新	
	2.7 网络设备防护	• 应对登录网络设备的用户进行身份鉴别； • 应对网络设备的管理员登录地址进行限制； • 网络设备用户的标识应唯一； • 身份鉴别信息应具有不易被冒用的特点，口令应有复杂度要求并定期更换； • 应具有登录失败处理功能，可采取结束会话、限制非法登录次数和当网络登录连接超时自动退出等措施； • 当对网络设备进行远程管理时，应采取必要措施防止鉴别信息在网络传输过程中被窃听	• 主要网络设备应对同一用户选择两种或两种以上组合的鉴别技术来进行身份鉴别； • 应实现设备特权用户的权限分离	• 网络设备应封闭闲置不需要的端口，关闭不需要的服务； • 管理人员身份分配用户名，据职责分配数据库，设置组合或动态密码，分配访问组合或权限
3 主机安全	3.1 身份鉴别	• 应对登录操作系统和数据库系统管理用户进行身份标识和鉴别； • 操作系统和数据库系统管理用户身份标识应具有不易被冒用的特点，口令应有复杂度要求并定期更换； • 应启用登录失败处理功能，可采取结束会话、限制非法登录次数和自动退出等措施； • 当对服务器进行远程管理时，应采取必要措施，防止鉴别信息在网络传输过程中被窃听； • 应为操作系统和数据库系统的不同用户分配不同的用户名，确保用户名具有唯一性	• 应采用两种或两种以上组合的鉴别技术对管理用户进行身份鉴别	

续表

一级指标	二级指标	等保二级要求	等保三级要求	档案行业要求
3 主机安全	3.2 访问控制	· 应启用访问控制功能，依据安全策略控制用户对资源的访问； · 应实现操作系统和数据库系统特权用户的权限分离； · 应限制默认账户的访问权限，重命名系统默认账户，修改这些账户的默认口令； · 应及时删除多余的、过期的账户，避免共享账户的存在	· 应根据管理用户的角色分配权限，实现管理用户的权限分离，仅授予管理用户所需的最小权限； · 应对重要信息资源设置敏感标记； · 应依据安全策略严格控制用户对有敏感标记重要信息资源的操作	· 禁止单一账户多人使用，禁止使用默认账户、默认口令； · 应根据主机运维部门工作人员职责设置访问权限
	3.3 安全审计	· 审计范围应覆盖到服务器上的每个操作系统用户和数据库用户； · 审计内容应包括重要用户行为、系统资源的异常使用和重要系统命令的使用等系统内重要的安全相关事件； · 审计记录应包括事件的日期、时间、类型、主体标识、客体标识和结果等； · 应保护审计记录，避免受到未预期的删除、修改或覆盖等	· 审计范围应覆盖到服务器和重要客户端上的每个操作系统用户和数据库用户； · 应能够根据记录数据进行分析，并生成审计报表； · 应保护审计进程，避免受到未预期的中断	· 系统不支持审计要求的，应以系统运行安全和效率为前提，可采用具备公安机关认证资质的第三方安全审计产品实现审计要求； · 审计记录、报表等应保存1年备查
	3.4 剩余信息保护		· 应保证操作系统和数据库系统用户的鉴别信息所在的存储空间，被释放或再分配给其他用户前得到完全清除，无论这些信息是存放在硬盘上还是在内存中； · 应确保系统内的文件、目录和数据库记录等资源所在的存储空间，被释放或重新分配给其他用户前得到完全清除	
	3.5 入侵防范	· 操作系统应遵循最小安装的原则，仅安装需要的组件和应用程序，并通过设置升级服务器等方式保持系统补丁及时得到更新	· 应能够检测到对重要服务器进行入侵的行为，能够记录入侵的源IP、攻击的类型、攻击的目的、攻击的时间，并在发生严重入侵事件时提供报警； · 应能够对重要程度的完整性进行检测，并在检测到完整性受到破坏后具有恢复的措施	
	3.6 恶意代码防范	· 应安装防恶意代码软件，并及时更新防恶意代码软件版本和恶意代码库； · 应支持防恶意代码软件的统一管理	· 主机防恶意代码产品应具有与网络防恶意代码产品不同的恶意代码库	
	3.7 资源控制	· 应通过设定终端接入方式、网络地址范围等条件限制终端登录； · 应根据安全策略设置登录终端的操作超时锁定； · 应限制单个用户对系统资源的最大或最小使用限度	· 应对重要服务器进行监视，包括监视服务器的CPU、硬盘、内存、网络等资源的使用情况； · 应能够对系统的服务水平降低到预先规定的最小值时进行检测和报警	

续表

一级指标	二级指标	等保二级要求	等保三级要求	档案行业要求
4 应用安全	4.1 身份鉴别	• 应提供专用的登录控制模块对登录用户进行身份标识和鉴别; • 应提供用户身份标识唯一和鉴别信息复杂度检查功能,保证应用系统中不存在重复用户身份标识,身份鉴别信息不易被冒用; • 应提供登录失败处理功能,可采取结束会话、限制非法登录次数和自动退出等措施; • 应启用身份鉴别、用户身份标识唯一性检查、用户身份鉴别信息复杂度检查以及登录失败处理功能,并根据安全策略配置相关参数	• 应对同一用户采用两种或两种以上组合的鉴别技术实现用户身份鉴别	
	4.2 访问控制	• 应提供访问控制功能,依据安全策略控制用户对文件、数据库表等客体的访问; • 访问控制的覆盖范围应包括与资源访问相关的主体、客体及它们之间的操作; • 应由授权主体配置访问控制策略,并严格限制默认账户的访问权限; • 应授予不同账户为完成各自承担任务所需的最小权限,并在它们之间形成相互制约的关系	• 应具有对重要信息资源设置敏感标记的功能; • 应依据安全策略严格控制用户对有敏感标记重要信息资源的操作	• 应根据用户工作权限分配档案数据资源的处置权限、数据资源输出应审批并限定资源定场所、禁止非授权用户对档案数据资源的添加、删除、更改及复制各类形式副本等操作
	4.3 安全审计	• 应提供覆盖到每个用户的安全审计功能,对应用系统重要安全事件进行审计; • 应保证无法删除、修改或覆盖审计记录; • 审计记录的内容至少应包括事件的日期、时间、发起者信息、类型、描述和结果等	• 应提供对审计记录数据进行统计、查询、分析及生成审计报表的功能	• 系统不支持审计要求的,应以系统运行安全和效率为前提,可采用资质的第三方安全审计产品实现审计要求; • 审计记录、报表等应保存1年备查
	4.4 剩余信息保护		• 应保证用户鉴别信息所在的存储空间被释放或再分配给其他用户前得到完全清除,无论这些信息是存放在硬盘上还是在内存中; • 应保证系统内的文件、目录和数据库记录等资源所在的存储空间被释放或重新分配给其他用户前得到完全清除	
	4.5 通信完整性	• 应采用校验码技术保证通信过程中数据的完整性	• 应采用密码技术保证通信过程中数据的完整性	

续表

一级指标	二级指标	等保二级要求	等保三级要求	档案行业要求
4 应用安全	4.6 通信保密性	• 在通信双方建立连接之前，应用系统应利用密码技术进行会话初始化验证； • 应对通信过程中的敏感信息字段进行加密	• 在通信双方建立连接之前，应用系统应利用密码技术进行会话初始化验证； • 应对通信过程中的整个报文或整个会话过程进行加密	
	4.7 抗抵赖		• 应具有在请求的情况下为数据原发者或接收者提供数据原发证据的功能； • 应具有在请求的情况下为数据原发者或接收者提供数据接收证据的功能	• 应用系统的操作与管理记录，至少应记录操作时间、操作人员、操作类型、操作内容等信息
	4.8 软件容错	• 应提供数据有效性检验功能，保证通过人机接口输入或通过通信接口输入的数据格式或长度符合系统设定要求； • 在故障发生时，应用系统应能够继续提供一部分功能，确保能够实施必要的措施	• 应提供自动保护功能，当故障发生时自动保护当前所有状态，保证系统能够进行恢复	
	4.9 资源控制	• 当应用系统的通信双方中的一方在一段时间内未作任何响应，另一方应能够自动结束会话； • 应能够对应用系统的最大并发会话连接数进行限制； • 应能够对单个账户的多重并发会话进行限制	• 应能够对一个时间段内可能的并发会话连接数进行限制； • 应能够对一个访问账户或一个请求进程占用的资源分配最大限额和最小限额； • 应能够对系统服务水平降低到预先规定的最小值进行检测和报警； • 应提供服务优先级设定功能，并在安装后根据安全策略设定访问账户或请求进程的优先级，根据优先级分配系统资源	
5 数据安全及备份恢复	5.1 数据完整性	• 应能够检测到鉴别信息和重要业务数据在传输过程中完整性受到破坏	• 应能够检测到系统管理数据、鉴别信息和重要业务数据在传输过程中完整性受到破坏，并在检测到完整性错误时采取必要的恢复措施； • 应能够检测到系统管理数据、鉴别信息和重要业务数据在存储过程中完整性受到破坏，并在检测到完整性错误时采取必要的恢复措施	
	5.2 数据保密性	• 应采用加密或其他保护措施实现鉴别信息的存储保密性	• 应采用加密或其他有效措施实现系统管理数据、鉴别信息和重要业务数据传输保密性； • 应采用加密或其他保护措施实现系统管理数据、鉴别信息和重要业务数据存储保密性	• 电子档案长期保存数据不宜采取技术加密手段
	5.3 备份和恢复	• 应能够对重要信息进行备份和恢复； • 应提供关键网络设备、通信线路和数据处理系统的硬件冗余，保证系统的可用性	• 应提供本地数据备份与恢复功能，完全数据备份至少每天一次，备份介质场外存放； • 应提供异地数据备份功能，利用通信网络将关键数据定时批量传送至备用场地； • 应采用冗余技术设计网络拓扑结构，避免关键节点存在单点故障； • 应提供主要网络设备、通信线路和数据处理系统的高可用性	• 应确保存储设备首次分配使用时无任何档案数据，并登记经办人、使用人、信息，保留1年备查； • 禁止将档案数据存储设备清除数据后分配给非对等权限用户，根据需要定期进行增量数据或全量数据备份

中华人民共和国电子签名法

（2004 年 8 月 28 日第十届全国人民代表大会常务委员会第十一次会议通过，2004 年 8 月 28 日中华人民共和国主席令第 18 号公布，自 2005 年 4 月 1 日起施行，根据 2015 年 4 月 24 日第十二届全国人民代表大会常务委员会第十四次会议通过《全国人民代表大会常务委员会关于修改〈中华人民共和国电力法〉第六部法律的决定》修正）

第一章　总　则

第一条　为了规范电子签名行为，确立电子签名的法律效力，维护有关各方的合法权益，制定本法。

第二条　本法所称电子签名，是指数据电文中以电子形式所含、所附用于识别签名人身份并表明签名人认可其中内容的数据。

本法所称数据电文，是指以电子、光学、磁或者类似手段生成、发送、接收或者储存的信息。

第三条　民事活动中的合同或者其他文件、单证等文书，当事人可以约定使用或者不使用电子签名、数据电文。

当事人约定使用电子签名、数据电文的文书，不得仅因为其采用电子签名、数据电文的形式而否定其法律效力。

前款规定不适用下列文书：

（一）涉及婚姻、收养、继承等人身关系的；

（二）涉及土地、房屋等不动产权益转让的；

（三）涉及停止供水、供热、供气、供电等公用事业服务的；

（四）法律、行政法规规定的不适用电子文书的其他情形。

第二章　数据电文

第四条　能够有形地表现所载内容，并可以随时调取查用的数据电文，视为符合法律、法规要求的书面形式。

第五条　符合下列条件的数据电文，视为满足法律、法规规定的原件形式要求：

（一）能够有效地表现所载内容并可供随时调取查用；

（二）能够可靠地保证自最终形成时起，内容保持完整、未被更改。但是，在数据电文上增加背书以及数据交换、储存和显示过程中发生的形式变化不影响数据电文的完整性。

第六条　符合下列条件的数据电文，视为满足法律、法规规定的文件保存要求：

（一）能够有效地表现所载内容并可供随时调取查用；

（二）数据电文的格式与其生成、发送或者接收时的格式相同，或者格式不相同但是能够准确表现原来生成、发送或者接收的内容；

（三）能够识别数据电文的发件人、收件人以及发送、接收的时间。

第七条　数据电文不得仅因为其是以电子、光学、磁或者类似手段生成、发送、接收或者储存的而被拒绝作为证据使用。

第八条　审查数据电文作为证据的真实性，应当考虑以下因素：

（一）生成、储存或者传递数据电文方法的可靠性；

（二）保持内容完整性方法的可靠性；

（三）用以鉴别发件人方法的可靠性；

（四）其他相关因素。

第九条　数据电文有下列情形之一的，视为发件人发送：

（一）经发件人授权发送的；

（二）发件人的信息系统自动发送的；

（三）收件人按照发件人认可的方法对数据电文进行验证后结果相符的。

当事人对前款规定的事项另有约定的，从其约定。

第十条　法律、行政法规规定或者当事人约定数据电文需要确认收讫的，应当确认收讫。发件人收到收件人的收讫确认时，数据电文视为已经收到。

第十一条　数据电文进入发件人控制之外的某个信息系统的时间，视为该数据电文的发送时间。

收件人指定特定系统接收数据电文的，数据电文进入该特定系统的时间，视为该数据电文的接收时间；未指定特定系统的，数据电文进入收件人的任何系统的首次时间，视为该数据电文的接收时间。

当事人对数据电文的发送时间、接收时间另有约定的，从其约定。

第十二条　发件人的主营业地为数据电文的发送地点，收件人的主营业地为数据电文的接收地点。没有主营业地的，其经常居住地为发送或者接收地点。

当事人对数据电文的发送地点、接收地点另有约定的，从其约定。

第三章　电子签名与认证

第十三条　电子签名同时符合下列条件的，视为可靠的电子签名：

（一）电子签名制作数据用于电子签名时，属于电子签名人专有；

（二）签署时电子签名制作数据仅由电子签名人

控制；

（三）签署后对电子签名的任何改动能够被发现；

（四）签署后对数据电文内容和形式的任何改动能够被发现。

当事人也可以选择使用符合其约定的可靠条件的电子签名。

第十四条　可靠的电子签名与手写签名或者盖章具有同等的法律效力。

第十五条　电子签名人应当妥善保管电子签名制作数据。电子签名人知悉电子签名制作数据已经失密或者可能已经失密时，应当及时告知有关各方，并终止使用该电子签名制作数据。

第十六条　电子签名需要第三方认证的，由依法设立的电子认证服务提供者提供认证服务。

第十七条　提供电子认证服务，应当具备下列条件：

（一）取得企业法人资格；

（二）具有与提供电子认证服务相适应的专业技术人员和管理人员；

（三）具有与提供电子认证服务相适应的资金和经营场所；

（四）具有符合国家安全标准的技术和设备；

（五）具有国家密码管理机构同意使用密码的证明文件；

（六）法律、行政法规规定的其他条件。

第十八条　从事电子认证服务，应当向国务院信息产业主管部门提出申请，并提交符合本法第十七条规定条件的相关材料。国务院信息产业主管部门接到申请后经依法审查，征求国务院商务主管部门等有关部门的意见后，自接到申请之日起四十五日内作出许可或者不予许可的决定。予以许可的，颁发电子认证许可证书；不予许可的，应当书面通知申请人并告知理由。

取得认证资格的电子认证服务提供者，应当按照国务院信息产业主管部门的规定在互联网上公布其名称、许可证号等信息。

第十九条　电子认证服务提供者应当制定、公布符合国家有关规定的电子认证业务规则，并向国务院信息产业主管部门备案。

电子认证业务规则应当包括责任范围、作业操作规范、信息安全保障措施等事项。

第二十条　电子签名人向电子认证服务提供者申请电子签名认证证书，应当提供真实、完整和准确的信息。

电子认证服务提供者收到电子签名认证证书申请后，应当对申请人的身份进行查验，并对有关材料进行审查。

第二十一条　电子认证服务提供者签发的电子签名认证证书应当准确无误，并应当载明下列内容：

（一）电子认证服务提供者名称；

（二）证书持有人名称；

（三）证书序列号；

（四）证书有效期；

（五）证书持有人的电子签名验证数据；

（六）电子认证服务提供者的电子签名；

（七）国务院信息产业主管部门规定的其他内容。

第二十二条　电子认证服务提供者应当保证电子签名认证证书内容在有效期内完整、准确，并保证电子签名依赖方能够证实或者了解电子签名认证证书所载内容及其他有关事项。

第二十三条　电子认证服务提供者拟暂停或者终止电子认证服务的，应当在暂停或者终止服务九十日前，就业务承接及其他有关事项通知有关各方。

电子认证服务提供者拟暂停或者终止电子认证服务的，应当在暂停或者终止服务六十日前向国务院信息产业主管部门报告，并与其他电子认证服务提供者就业务承接进行协商，作出妥善安排。

电子认证服务提供者未能就业务承接事项与其他电子认证服务提供者达成协议的，应当申请国务院信息产业主管部门安排其他电子认证服务提供者承接其业务。

电子认证服务提供者被依法吊销电子认证许可证书的，其业务承接事项的处理按照国务院信息产业主管部门的规定执行。

第二十四条　电子认证服务提供者应当妥善保存与认证相关的信息，信息保存期限至少为电子签名认证证书失效后五年。

第二十五条　国务院信息产业主管部门依照本法制定电子认证服务业的具体管理办法，对电子认证服务提供者依法实施监督管理。

第二十六条　经国务院信息产业主管部门根据有关协议或者对等原则核准后，中华人民共和国境外的电子认证服务提供者在境外签发的电子签名认证证书与依照本法设立的电子认证服务提供者签发的电子签名认证证书具有同等的法律效力。

第四章　法律责任

第二十七条　电子签名人知悉电子签名制作数据已经失密或者可能已经失密未及时告知有关各方、并终止使用电子签名制作数据，未向电子认证服务提供者提供真实、完整和准确的信息，或者有其他过错，给电子签名依赖方、电子认证服务提供者造成损失的，承担赔偿责任。

第二十八条　电子签名人或者电子签名依赖方因依据电子认证服务提供者提供的电子签名认证服务从事民事活动遭受损失，电子认证服务提供者不能证明自己无过错的，承担赔偿责任。

第二十九条　未经许可提供电子认证服务的，由国务院信息产业主管部门责令停止违法行为；有违法所得的，没收违法所得；违法所得三十万元以上的，处违法所得一倍以上三倍以下的罚款；没有违法所得或者违法所得不足三十万元的，处十万元以上三十万

元以下的罚款。

第三十条　电子认证服务提供者暂停或者终止电子认证服务，未在暂停或者终止服务六十日前向国务院信息产业主管部门报告的，由国务院信息产业主管部门对其直接负责的主管人员处一万元以上五万元以下的罚款。

第三十一条　电子认证服务提供者不遵守认证业务规则、未妥善保存与认证相关的信息，或者有其他违法行为的，由国务院信息产业主管部门责令限期改正；逾期未改正的，吊销电子认证许可证书，其直接负责的主管人员和其他直接责任人员十年内不得从事电子认证服务。吊销电子认证许可证书的，应当予以公告并通知工商行政管理部门。

第三十二条　伪造、冒用、盗用他人的电子签名，构成犯罪的，依法追究刑事责任；给他人造成损失的，依法承担民事责任。

第三十三条　依照本法负责电子认证服务业监督管理工作的部门的工作人员，不依法履行行政许可、监督管理职责的，依法给予行政处分；构成犯罪的，依法追究刑事责任。

第五章　附　　则

第三十四条　本法中下列用语的含义：

（一）电子签名人，是指持有电子签名制作数据并以本人身份或者以其所代表的人的名义实施电子签名的人；

（二）电子签名依赖方，是指基于对电子签名认证证书或者电子签名的信赖从事有关活动的人；

（三）电子签名认证证书，是指可证实电子签名人与电子签名制作数据有联系的数据电文或者其他电子记录；

（四）电子签名制作数据，是指在电子签名过程中使用的，将电子签名与电子签名人可靠地联系起来的字符、编码等数据；

（五）电子签名验证数据，是指用于验证电子签名的数据，包括代码、口令、算法或者公钥等。

第三十五条　国务院或者国务院规定的部门可以依据本法制定政务活动和其他社会活动中使用电子签名、数据电文的具体办法。

第三十六条　本法自 2005 年 4 月 1 日起施行。

 7　档案信息系统安全等级保护定级工作指南

（档案发〔2013〕5 号）

1　工作背景

1994 年国务院颁布的《中华人民共和国计算机信息系统安全保护条例》规定，计算机信息系统实行安全等级保护，公安部主管全国计算机信息系统安全保护工作。近年来，公安部会同有关部门组织制订了一系列有关计算机信息系统安全等级保护的规章和标准，加强了对重点行业信息系统安全等级保护工作的监督、检查和指导，并于 2011 年建立了 54 个行业主管部门参加的等级保护联络员制度，档案行业为其中之一。

随着档案信息化进程的不断加快，档案部门通过档案信息系统管理的数字档案资源越来越多，提高档案信息系统的安全防护能力和水平，已经成为加强档案信息安全管理、促进档案事业健康发展的一项重要内容。为做好档案信息系统安全等级保护工作，国家档案局编制《档案信息系统安全等级保护定级工作指南》（以下简称《指南》），以指导档案信息系统安全等级保护的定级工作。

2　适用范围

本《指南》是档案信息系统安全等级保护定级工作的操作规范，适用于省级（含计划单列市、副省级市，下同）及以上档案行政管理部门及国家综合档案馆非涉密信息系统安全等级保护定级工作。地市级档案局馆和其他档案馆可参照执行。

3　编制依据

本《指南》的编制主要依据以下标准、规范：

•《中华人民共和国计算机信息系统安全保护条例》（国务院 147 号令）

•《国家信息化领导小组关于加强信息安全保障工作的意见》（中办发〔2003〕27 号）

•《关于信息安全等级保护工作的实施意见》（公通字〔2004〕66 号）

•《信息安全等级保护管理办法》（公通字〔2007〕43 号）

•《关于开展全国重要信息系统安全等级保护定级工作的通知》（公信安〔2007〕861 号）

•《数字档案馆建设指南》（档办〔2010〕116 号）

•《各级国家档案馆馆藏档案解密和划分控制使用范围的暂行规定》（国家档案局、国家保密局 1992 年）

•《计算机信息系统安全保护等级划分准则》（GB 17859—1999）

•《信息安全技术　信息安全事件分类分级指南》（GB/Z 20986—2007）

•《信息安全技术　信息系统安全等级保护定级指南》（GB/T 22240—2008）

•《信息安全技术　信息系统安全等级保护基本要求》（GB/T 22239—2008）

4　档案信息系统类型的划分

档案信息系统是指开展档案业务所使用的档案信

息管理系统、档案信息服务系统和档案办公系统等三类信息管理系统。

（1）档案信息管理系统类包括档案目录管理系统、数字档案接收系统、数字档案管理系统、档案数字化加工系统等；

（2）档案信息服务系统类包括档案利用服务系统、档案网站系统等；

（3）档案办公系统类包括承担档案工作管理的档案局馆办公业务系统等。

档案信息系统的基本功能描述如表1。

表 1   **档案信息系统基本功能描述**

系统类别	系统名称	管 理 对 象	网络环境	基 本 功 能
档案信息管理系统	档案目录管理系统	案卷级目录、文件级目录、专题目录等	局域网	目录数据采集、整理、检索、统计等
	数字档案接收系统	数字档案接收工作	局域网政务外网	档案接收、业务指导，档案数量、质量检查，交接手续办理等
	数字档案管理系统	馆藏档案数字化成果、接收进馆的电子档案、采集接收的数字信息资源等	局域网政务外网	数字档案资源的接收、导入、整理、鉴定、审计、统计和长期保存等，部分系统同时具有档案目录管理、利用服务等功能
	档案数字化加工系统	传统载体档案、档案数字化成果	局域网	对各类传统载体档案的数字化处理、数据质量控制和数据统计、备份、导出等
档案信息服务系统	档案利用服务系统	通过政务外网提供的目录及其数字档案信息	政务外网	数据导入、用户注册、权限管理、档案检索服务、数字档案阅览服务及利用档案审核、利用统计等
	档案网站系统	公开档案目录、全文，公开政务信息等	因特网	用户注册、权限管理、信息发布、统计等，部分系统同时具备政务信息公开的功能
档案办公系统	办公业务系统	档案局馆档案工作管理办公业务	局域网政务外网	公文制发、文件处理、工作督查、事务管理、会务管理、内部邮件收发或其他辅助办公功能

5 档案信息系统的定级

5.1 档案信息系统的定级原则

自主定级原则。档案信息系统使用单位按照国家相关法规、标准和本《指南》要求，自主确定档案信息系统的安全保护等级，自行组织实施安全保护。

重点保护原则。根据重要程度和业务特点，将档案信息系统划分为不同等级，实施不同强度的安全保护，集中资源，优先保护涉及重要数字档案资源的信息系统。

动态保护原则。根据档案信息系统管理对象、服务范围等方面的变化，重新确定安全保护等级，及时调整安全保护措施。

同步建设原则。档案信息系统在新建、改建、扩建时应当同步规划和设计安全方案，投入一定比例的资金建设信息安全设施，保障档案信息安全与档案信息化建设相适应。

5.2 档案信息系统安全保护等级的划分

5.2.1 受侵害客体

受侵害客体是指受法律保护对象受到破坏时所侵害的社会关系，主要包括国家安全；社会秩序、公共利益；公民、法人和其他社会组织的合法权益等三方面。

确定档案信息系统受到破坏后所侵害的客体时，应首先判断是否侵害国家安全，然后判断是否侵害社会秩序、公共利益，最后判断是否侵害公民、法人和其他社会组织的合法权益。

5.2.2 对客体侵害程度的划分

等级保护对象受到破坏后对客体造成侵害的程度有三种：

（1）造成一般损害。

工作职能受到局部影响，业务能力有所降低但不影响主要功能的执行，出现较轻的法律问题、较小的财产损失、有限的社会不良影响，对其他组织和个人造成较低损害。

（2）造成严重损害。

工作职能受到严重影响，业务能力显著下降且严重影响主要功能执行，出现较严重的法律问题、较大的财产损失、较大范围的社会不良影响，对其他组织和个人造成较严重损害。

（3）造成特别严重损害。

工作职能受到特别严重影响或丧失行使能力，业务能力严重下降且或功能无法执行，出现极其严重的法律问题、极大的财产损失、大范围的社会不良影响，对其他组织和个人造成非常严重损害。

5.2.3　档案信息系统安全保护等级

根据国家有关信息系统安全保护等级的相关规定和标准，从低到高依次划分为自主保护级、指导保护级、监督保护级、强制保护级、专控保护级五个安全等级：

第一级，自主保护级。档案信息系统受到破坏后，会对公民、法人和其他组织的合法权益造成损害，但不损害国家安全、社会秩序和公共利益。

第二级，指导保护级。档案信息系统受到破坏后，会对公民、法人和其他组织的合法权益产生严重损害，或者对社会秩序和公共利益造成损害，但不损害国家安全。

第三级，监督保护级。档案信息系统受到破坏后，会对社会秩序和公共利益造成严重损害，或者对国家安全造成损害。

第四级，强制保护级。档案信息系统受到破坏后，会对社会秩序和公共利益造成特别严重损害，或者对国家安全造成严重损害。

第五级，专控保护级。档案信息系统受到破坏后，会对国家安全造成特别严重损害。

5.3　档案信息系统安全保护等级确定的方法

档案信息系统安全保护等级确定的步骤包括：确定定级对象，确定档案信息系统受到破坏时受侵害的客体，确定档案信息系统受到破坏时对客体的侵害程度，确定档案信息系统的安全保护等级，编制定级报告。

5.3.1　确定定级对象

根据本《指南》对档案信息系统的划分，档案部门对本单位档案信息系统进行梳理，确定本单位应定级的档案信息系统。

5.3.2　确定受侵害的客体

根据档案行业特点，分析档案信息系统受到破坏时所侵害的客体，侵害的事项主要包括以下三个方面：

（1）国家安全方面。档案信息系统受到破坏后影响到有关国家政治、经济、文化、外交、科技、民族、宗教、安全等档案信息保管、利用、发布、展示的正常进行，进而损害国家政权稳固、国防建设、国家统一、民族团结和社会安定。

（2）社会秩序、公共利益方面。档案信息系统受到破坏后影响数字档案资源的真实性、完整性和可用性，致使国家机关政务信息发布、档案业务开展、办公等工作无法正常进行，进而侵害社会正常生产、生活秩序和公众获取公开信息资源、使用公共设施、接受公共服务等方面的合法权益。

（3）公民、法人和其他组织的合法权益方面。档案信息系统受到破坏后影响到档案的移交、接收、管理、保存、查阅、利用、获取、公布、展示、捐赠等工作的正常进行，进而侵害公民、法人和其他组织的隐私、知识产权、物权、信息获取等方面的合法权益。

5.3.3　确定对客体的侵害程度

档案信息系统受到破坏后，对客体的侵害程度与信息系统所属单位的行政级别、所管理信息的重要敏感程度以及信息系统的影响范围有关。分别描述如下：

国家级"数字档案管理系统"所管理的档案记录了过去和现在的国家政权的历史真实面貌，对国家历史、现在与未来具有不可或缺的重要作用，社会影响极大。这些系统受到破坏，可能直接造成国家档案的损失，对国家安全造成一般损害或严重损害，对社会秩序和公共利益造成特别严重损害。

省级"数字档案管理系统"所管理的档案记录了过去和现在的省级党政机构的历史真实面貌，对该地区历史、现在与未来具有不可或缺的重要作用，社会影响重大。这些系统受到破坏，可能直接造成该地区档案的损失，对国家安全造成一般损害，对社会秩序和公共利益造成一般损害或严重损害。

国家级"档案目录管理系统""数字档案接收系统""档案利用服务系统"包含有国家较高级别的敏感信息，具有很大的社会影响力。这些系统受到破坏，可能导致敏感档案信息或政务信息的泄露或损失，档案管理和服务能力下降，对国家安全造成一般损害，对社会秩序和公共利益造成一般损害或严重损害，对公民、法人和其他组织的合法权益造成严重损害。

省级"档案目录管理系统""数字档案接收系统""档案利用服务系统"包含的业务信息有一定的区域性和社会影响力。这些系统受到破坏，可能造成本地区敏感档案数字资源信息或政务信息泄露，档案管理和服务能力下降，对社会秩序和公共利益造成一般损害或严重损害，对公民、法人和其他组织的合法权益造成严重损害。

国家级、省级"档案数字化加工系统"包含有

较高级别的敏感信息，但存储档案数量较少，这些系统受到破坏，可能导致档案业务能力下降，给信息系统所属单位造成一定损失，对单位权益造成严重损害。

国家级、省级"档案网站系统""档案办公系统"受到破坏，不直接影响档案管理业务，但可能造成公布信息的篡改、办公效率的下降，给信息系统所属单位造成一定的财产损失、经济纠纷、法律纠纷等，对单位权益或社会秩序造成一般损害或严重损害。

5.3.4 确定档案信息系统的安全保护等级

确定档案信息系统安全保护等级时需要考虑业务信息安全和系统服务安全两个方面，其中业务信息安全是指确保信息系统内信息的真实性、完整性和可用性等，系统服务安全是指确保信息系统可以及时、有效地提供服务。

根据业务信息安全被破坏时所侵害的客体以及对相应客体的侵害程度，可以形成业务信息安全保护等级矩阵表（表2），并可据此得到业务信息安全保护等级。

表 2   业务信息安全保护等级矩阵表

业务信息安全被破坏时所侵害的客体	对相应客体的侵害程度		
	一般损害	严重损害	特别严重损害
公民、法人和其他组织的合法权益	第一级	第二级	第二级
社会秩序、公共利益	第二级	第三级	第四级
国家安全	第三级	第四级	第五级

根据系统服务安全被破坏时所侵害的客体以及对相应客体的侵害程度，可以形成系统服务安全保护等级矩阵表（表3），并可据此得到系统服务安全保护等级。

表 3   系统服务安全保护等级矩阵表

系统服务安全被破坏时所侵害的客体	对相应客体的侵害程度		
	一般损害	严重损害	特别严重损害
公民、法人和其他组织的合法权益	第一级	第二级	第二级
社会秩序、公共利益	第二级	第三级	第四级
国家安全	第三级	第四级	第五级

在确定档案信息系统的安全保护等级时，应按业务信息安全保护等级和系统服务安全保护等级的较高者定级。

确定档案信息系统安全保护等级，应在综合分析档案信息系统业务信息安全保护等级和系统服务安全保护等级基础上，主要通过考察所管理档案信息的重要程度和敏感程度来确定。但是，重要和敏感信息的数量与档案信息系统所属单位的行政级别存在一定关系，一般来说，高行政级别单位的重要和敏感信息要多于低行政级别单位的重要和敏感信息。为便于操作执行，对档案目录管理系统、数字档案接收系统、数字档案管理系统、档案数字化加工系统、档案利用服务系统、档案网站系统、办公业务系统等七种常用档案信息系统安全保护等级建议如下：

档案部门根据本单位档案信息系统业务功能，参照本《指南》进行定级。承载复杂业务和功能的档案信息系统安全等级可高于建议等级，承载多个业务功能的档案信息系统，应以其中最高安全等级进行定级。未在表4中列出的档案信息系统，可根据其承载的业务功能，参照本《指南》定级。

表 4   档案信息系统安全保护等级定级建议表

系统类别	系统名称	行政级别	建议等级
档案信息管理系统	档案目录管理系统	国家级	3 或 2
		省级	3 或 2
	数字档案接收系统	国家级	3 或 2
		省级	3 或 2
	数字档案管理系统	国家级	4 或 3
		省级	3 或 2
	档案数字化加工系统	国家级	2
		省级	2
档案信息服务系统	档案利用服务系统	国家级	3 或 2
		省级	3 或 2
	档案网站系统	国家级	3 或 2
		省级	2
档案办公系统	办公业务系统	国家级	2
		省级	2

5.3.5　编制定级报告

初步确定定级对象的安全保护等级后，档案信息系统使用单位应编制定级报告（见附件1）。

跨地区的档案信息系统由该系统的主管部门统一确定安全保护等级。

6　评审

对档案信息系统拟确定为第二级的，由使用单位自行组织信息安全保护等级专家组进行评审；对档案信息系统拟确定为第三级的，由使用单位请上一级档案行政管理部门组织信息安全保护等级专家组进行评审；对档案信息系统拟确定为第四级及以上的，由使用单位或上一级档案行政管理部门请国家信息安全保护等级专家评审委员会评审。使用单位参照评审意见确定档案信息系统安全保护等级，完成定级报告。当专家评审意见与档案信息系统使用单位意见不一致时，由使用单位自主决定档案信息系统安全保护等级。

7　备案与报备

第二级及以上档案信息系统在安全保护等级确定后30日内，由使用单位按规定到所在地的同级公安机关办理备案手续。

备案时应当提交《信息系统安全等级保护备案表》（一式两份，见附件2）及其电子文档。第二级及以上档案信息系统备案时需提交《信息系统安全等级保护备案表》中的表一、表二、表三。

档案信息系统安全保护等级备案完成后，使用单位应该向上一级档案行政管理部门报备定级情况，并附《信息系统安全等级保护定级报告》副本及公安部门出具的《信息安全等级保护备案证明》副本。

8　等级变更

在档案信息系统的运行过程中，信息系统安全保护等级应随着信息系统所处理的信息和业务状态的变化进行适当的变更。当状态变化可能导致业务信息安全或系统服务安全受到破坏，并且受侵害客体和对客体的侵害程度有较大的变化时，应由信息系统使用单位负责进行系统重新定级。重新定级后，应按要求向公安机关重新备案，并完成向上一级档案行政管理部门的报备工作。

附件1

《信息系统安全等级保护定级报告》

一、×××信息系统描述

简述确定该系统为定级对象的理由。从三方面进行说明：一是描述承担信息系统安全责任的相关单位或部门，说明本单位或部门对信息系统具有信息安全保护责任，该信息系统为本单位或部门的定级对象；二是该定级对象是否具有信息系统的基本要素，描述基本要素、系统网络结构、系统边界和边界设备；三是该定级对象是否承载着单一或相对独立的业务，业务情况描述。

二、×××信息系统安全保护等级确定

（一）业务信息安全保护等级的确定

1. 业务信息描述

描述信息系统处理的主要业务信息等。

2. 业务信息受到破坏时所侵害客体的确定

说明信息受到破坏时侵害的客体是什么，即对三个客体（国家安全；社会秩序和公众利益；公民、法人和其他组织的合法权益）中的哪些客体造成侵害。

3. 信息受到破坏后对侵害客体的侵害程度的确定

说明信息受到破坏后，会对侵害客体造成什么程度的侵害，即说明是一般损害、严重损害还是特别严重损害。

4. 业务信息安全等级的确定

依据信息受到破坏时所侵害的客体以及侵害程度，确定业务信息安全等级。

（二）系统服务安全保护等级的确定

1. 系统服务描述

描述信息系统的服务范围、服务对象等。

2. 系统服务受到破坏时所侵害客体的确定

说明系统服务受到破坏时侵害的客体是什么，即对三个客体（国家安全；社会秩序和公众利益；公民、法人和其他组织的合法权益）中的哪些客体造成侵害。

3. 系统服务受到破坏后对侵害客体的侵害程度的确定

说明系统服务受到破坏后，会对侵害客体造成什么程度的侵害，即说明是一般损害、严重损害还是特别严重损害。

4. 系统服务安全等级的确定

依据系统服务受到破坏时所侵害的客体以及侵害程度确定系统服务安全等级。

（三）安全保护等级的确定

信息系统的安全保护等级由业务信息安全等级和系统服务安全等级较高者决定，最终确定×××系统安全保护等级为第几级。

信息系统名称	安全保护等级	业务信息安全等级	系统服务安全等级
×××信息系统	×	×	×

附件 2

备案表编号：□□□□□□ - □□□□□

信息系统安全等级保护备案表

备 案 单 位：＿＿＿＿＿＿＿＿＿＿
备 案 日 期：＿＿＿＿＿＿＿＿＿＿

受理备案单位：＿＿＿＿＿＿（盖章）
受 理 日 期：＿＿＿＿＿＿＿＿＿＿

中华人民共和国公安部监制
填表说明

一、制表依据。根据《信息安全等级保护管理办法》（公通字〔2007〕43号）之规定，制作本表；

二、填表范围。本表由第二级以上信息系统运营使用单位或主管部门（以下简称"备案单位"）填写；本表由四张表单构成，表一为单位信息，每个填表单位填写一张；表二为信息系统基本信息，表三为信息系统定级信息，表二、表三每个信息系统填写一张；表四为第三级以上信息系统需要同时提交的内容，由每个第三级以上信息系统填写一张，并在完成系统建设、整改、测评等工作，投入运行后三十日内向受理备案公安机关提交；表二、表三、表四可以复印使用；

三、保存方式。本表一式二份，一份由备案单位保存，一份由受理备案公安机关存档；

四、本表中有选择的地方请在选项左侧"□"划"√"，如选择"其他"，请在其后的横线中注明详细内容；

五、封面中备案表编号（由受理备案的公安机关填写并校验）：分两部分共11位，第一部分6位，为受理备案公安机关代码前六位（可参照行标 GA 380—2002）。第二部分5位，为受理备案的公安机关给出的备案单位的顺序编号；

六、封面中备案单位：是指负责运营使用信息系统的法人单位全称；

七、封面中受理备案单位：是指受理备案的公安机关公共信息网络安全监察部门名称。此项由受理备案的公安机关负责填写并盖章；

八、表一04行政区划代码：是指备案单位所在的地（区、市、州、盟）行政区划代码；

九、表一05单位负责人：是指主管本单位信息安全工作的领导；

十、表一06责任部门：是指单位内负责信息系统安全工作的部门；

十一、表一08隶属关系：是指信息系统运营使用单位与上级行政机构的从属关系，须按照单位隶属关系代码（GB/T 12404—1997）填写；

十二、表二02系统编号：是由运营使用单位给出的本单位备案信息系统的编号；

十三、表二05系统网络平台：是指系统所处的网络环境和网络构架情况；

十四、表二07关键产品使用情况：国产品是指系统中该类产品的研制、生产单位是由中国公民、法人投资或者国家投资或者控股，在中华人民共和国境内具有独立的法人资格，产品的核心技术、关键部件具有我国自主知识产权；

十五、表二08系统采用服务情况：国内服务商是指服务机构在中华人民共和国境内注册成立（港澳台地区除外），由中国公民、法人或国家投资的企事业单位；

十六、表三01、02、03项：填写上述三项内容，确定信息系统安全保护等级时可参考《信息系统安全等级保护定级指南》，信息系统安全保护等级由业务信息安全等级和系统服务安全等级较高者决定。01、02项中每一个确定的级别所对应的损害客体及损害程度可多选；

十七、表三06主管部门：是指对备案单位信息系统负领导责任的行政或业务主管单位或部门。部级单位此项可不填；

十八、解释：本表由公安部公共信息网络安全监察局监制并负责解释，未经允许，任何单位和个人不得对本表进行改动。

表一   单 位 基 本 情 况

01 单位名称											
02 单位地址											
03 邮政编码						04 行政区划代码					
05 单位负责人	姓名		职务/职称								
	办公电话		电子邮件								
06 责任部门											
07 责任部门联系人	姓名		职务/职称								
	办公电话		电子邮件								
	移动电话										
08 隶属关系	□1 中央　　　　　　□2 省（自治区、直辖市）　　　　□3 地（区、市、州、盟） □4 县（区、市、旗）　　□9 其他_____										
09 单位类型	□1 党委机关　□2 政府机关　□3 事业单位　□4 企业　□9 其他_____										
10 行业类别	□11 电信　　　　　　□12 广电　　　　　□13 经营性公众因特网 □21 铁路　　　　　□22 银行　　　　　□23 海关　　　　　□24 税务 □25 民航　　　　　□26 电力　　　　　□27 证券　　　　　□28 保险 □31 国防科技工业　□32 公安　　　　　□33 人事劳动和社会保障　□34 财政 □35 审计　　　　　□36 商业贸易　　　□37 国土资源　　　□38 能源 □39 交通　　　　　□40 统计　　　　　□41 工商行政管理　□42 邮政 □43 教育　　　　　□44 文化　　　　　□45 卫生　　　　　□46 农业 □47 水利　　　　　□48 外交　　　　　□49 发展改革　　　□50 科技 □51 宣传　　　　　□52 质量监督检验检疫 □99 其他_____										
11 信息系统总数	个	12 第二级信息系统数	个	13 第三级信息系统数	个						
		14 第四级信息系统数	个	15 第五级信息系统数	个						

表二 信 息 系 统 情 况

| 01 系统名称 | | | | | 02 系统编号 | | | |

03 系统承载业务情况	业务类型	☐1 生产作业　☐2 指挥调度　☐3 管理控制　☐4 内部办公 ☐5 公众服务　☐9 其他＿＿＿＿＿
	业务描述	

04 系统服务情况	服务范围	☐10 全国　　　　　　　　　☐11 跨省（区、市）跨＿＿＿＿＿个 ☐20 全省（区、市）　　　　☐21 跨地（市、区）跨＿＿＿＿＿个 ☐30 地（市、区）内 ☐99 其他＿＿＿＿＿＿＿＿＿＿
	服务对象	☐1 单位内部人员　☐2 社会公众人员　☐3 两者均包括　☐9 其他＿＿＿＿

05 系统网络平台	覆盖范围	☐1 局域网　　☐2 城域网　　☐3 广域网　　☐9 其他＿＿＿＿
	网络性质	☐1 业务专网　☐2 因特网　　☐9 其他＿＿＿＿

06 系统互联情况	☐1 与其他行业系统连接　　☐2 与本行业其他单位系统连接 ☐3 与本单位其他系统连接　☐9 其他＿＿＿＿

07 关键产品使用情况	序号	产品类型	数量	使用国产品率		
				全部使用	全部未使用	部分使用及使用率
	1	安全专用产品		☐	☐	☐　＿＿＿%
	2	网络产品		☐	☐	☐　＿＿＿%
	3	操作系统		☐	☐	☐　＿＿＿%
	4	数据库		☐	☐	☐　＿＿＿%
	5	服务器		☐	☐	☐　＿＿＿%
	6	其他＿＿＿		☐	☐	☐　＿＿＿%

08 系统采用服务情况	序号	服务类型			服务责任方类型		
					本行业（单位）	国内其他服务商	国外服务商
	1	等级测评	☐有	☐无	☐	☐	☐
	2	风险评估	☐有	☐无	☐	☐	☐
	3	灾难恢复	☐有	☐无	☐	☐	☐
	4	应急响应	☐有	☐无	☐	☐	☐
	5	系统集成	☐有	☐无	☐	☐	☐
	6	安全咨询	☐有	☐无	☐	☐	☐
	7	安全培训	☐有	☐无	☐	☐	☐
	8	其他＿＿＿＿			☐	☐	☐

09 等级测评单位名称	
10 何时投入运行使用	
11 系统是否是分系统	☐是　　　☐否（如选择是请填下两项）
12 上级系统名称	
13 上级系统所属单位名称	

| 表三 | | 信 息 系 统 定 级 情 况 | |

	损害客体及损害程度	级别
01 确定业务信息安全 保护等级	□仅对公民、法人和其他组织的合法权益造成损害	□第一级
	□对公民、法人和其他组织的合法权益造成严重损害 □对社会秩序和公共利益造成损害	□第二级
	□对社会秩序和公共利益造成严重损害 □对国家安全造成损害	□第三级
	□对社会秩序和公共利益造成特别严重损害 □对国家安全造成严重损害	□第四级
	□对国家安全造成特别严重损害	□第五级
02 确定系统服务安全 保护等级	□仅对公民、法人和其他组织的合法权益造成损害	□第一级
	□对公民、法人和其他组织的合法权益造成严重损害 □对社会秩序和公共利益造成损害	□第二级
	□对社会秩序和公共利益造成严重损害 □对国家安全造成损害	□第三级
	□对社会秩序和公共利益造成特别严重损害 □对国家安全造成严重损害	□第四级
	□对国家安全造成特别严重损害	□第五级

03 信息系统安全保护等级	□第一级　　□第二级　　□第三级　　□第四级　　□第五级
04 定级时间	
05 专家评审情况	□已评审　　　　　　　□未评审
06 是否有主管部门	□有　　　　　　□无（如选择有请填下两项）
07 主管部门名称	
08 主管部门审批定级情况	□已审批　　　　　□未审批
09 系统定级报告	□有　　　□无　　　　附件名称

填表人：	填表日期：　　年　月　日

备案审核民警：　　　　　　　　　　　　　　　　　审核日期：　　　　年

⑧ 国家重点档案文件级目录数据验收办法（试行）

（档发〔2017〕2号）

第一章　总　　则

第一条　为做好国家重点档案文件级目录数据（以下简称目录数据）验收工作，确保目录数据验收工作的权威性、科学性和规范性，根据国家档案局、财政部《"十三五"时期国家重点档案保护与开发工作总体规划》和国家档案局《国家重点档案保护与开发项目管理办法》，制定本办法。

第二条　本办法所称国家重点档案文件级目录，是指"十三五"时期各地通过开展国家重点档案目录基础体系建设项目，向全国明清档案资料目录中心、全国民国档案资料目录中心和全国革命历史档案资料目录中心（以下简称"目录中心"）报送的国家需要永久保存的珍贵档案文件级目录。

第三条　本办法适用于目录数据的自查、审核与验收。

第四条　目录数据验收工作在国家档案局统一领导下，由目录中心和各级档案部门分级负责。目录中心负责目录数据的验收工作，省级档案部门（含计划单列市、新疆生产建设兵团，下同）负责本地区目录数据的审核、汇总和向目录中心报送工作，承担目录报送任务的各档案馆负责本馆报送目录数据的自查工作。

第五条　目录的验收以数据为主，采取数据验收与实地检查相结合的方式进行。

第二章　验 收 程 序

第六条　承担目录报送任务的档案馆要做好目录数据报送前的自查工作，每年11月底前将通过自查的目录数据、审核申请和工作情况报告报所在地区省级档案部门审核。

第七条　省级档案部门要做好本地区各档案馆报送目录数据的审核汇总工作，每年12月底前将通过审核的目录数据、验收申请及目录采集审核工作情况报告，分别报各目录中心验收。对未通过审核的目录数据，应退回报送单位，并指导其进行修改。

第八条　目录中心要做好省级档案部门报送目录数据的验收工作，并将通过验收的目录数据导入数据库。对未通过验收的目录数据，应退回省级档案部门，并指导其进行修改。目录中心应于每年3月底前完成上年度目录数据的验收工作。

第九条　年度目录数据验收工作完成后，目录中心应将验收结果报国家档案局备案，并向国家档案局提交年度验收工作情况报告。

第十条　国家档案局根据目录中心的验收工作情况报告，对各地目录数据的上报、自查、审核、验收工作进行抽查，并组织目录中心对有关档案目录进行实地核查。

第三章　验 收 要 求

第十一条　目录数据的审核与验收主要以抽检方式进行。抽检数量不得低于最低抽检比例要求，抽检的目录数据要有代表性，要覆盖全部报送全宗。目录数据的抽检差错率低于最高差错率的可判定为通过验收，高于最高差错率的判定为未通过验收。

第十二条　省级档案部门进行审核时，明清档案的最低抽检比例为20%，最高差错率为5%；民国档案的最低抽检比例为10%，最高差错率为0.3%；革命历史档案的最低抽检比例为15%，最高差错率为0.3%。

第十三条　目录中心进行验收时，明清档案的最低抽检比例为5%，最高差错率为5%；民国档案的最低抽检比例为2%，最高差错率为0.3%；革命历史档案的最低抽检比例为10%，最高差错率为0.3%。

第十四条　在审核与验收时，应依据有关目录数据采集具体要求，重点检查下列内容：

（一）目录数据是否属于报送范围。检查文件题名、文件形成时间和责任者等信息，判断是否属于目录中心接收范围。

（二）目录数据所有必要项目是否已按要求进行著录。

（三）文件题名是否符合著录要求。要检查文件题名是否清晰，要素是否完整，是否准确体现档案内容。

（四）著录项内容是否规范。要检查著录内容是否有错漏字，时间格式、数字格式、机构简称等是否符合要求。

（五）控制使用标识填写是否正确。要检查应控制使用档案是否已按要求标注了控制使用标识，还要检查非控制使用档案是否存在按控制使用档案进行标注的问题。

（六）目录数据是否存在重复上报。要检查档号、文件题名等是否重复，是否存在同一目录多次上报问题。

（七）文件格式、软件版本是否符合要求，目录数据是否已汇总为一个DBF文件。

第十五条　目录数据未通过审核的，承担目录报送任务的档案馆应将目录数据修改后，在审核截止时间前向省级档案部门申请再次审核。

第十六条　目录数据未通过验收的，省级档案部门应重新审核目录数据并组织修改，在验收截止时间

前向目录中心申请再次验收。

第十七条　目录中心、省级档案部门和承担目录报送任务的档案馆应注意把握时间节点，确保按时完成有关工作。

第十八条　目录中心、省级档案部门和承担目录报送任务的档案馆，应认真整理并妥善保存验收工作中形成的有关材料和记录。

第四章　附　　则

第十九条　目录中心和省级档案行政管理部门可以依据本办法，结合工作实际，制定具体实施细则。

第二十条　本办法由国家档案局负责解释。

第二十一条　本办法自 2017 年 3 月 10 日起施行。

⑨　国土资源部关于进一步加强和做好国土资源档案工作的通知

（国土资发〔2015〕151 号）

各省、自治区、直辖市国土资源主管部门，新疆生产建设兵团国土资源局，中国地质调查局及部其他直属单位，各派驻地方的国家土地督察局，部机关各司局：

多年来，在部党组领导下，国土资源档案工作认真贯彻落实党中央、国务院要求，不断取得新进展。面对新形势新任务新要求，国土资源档案工作还存在重视程度不够、体制机制不完善、制度标准建设滞后、信息化建设发展不平衡、基础保障能力不足等问题。根据《中共中央办公厅、国务院办公厅印发〈关于加强和改进新形势下档案工作的意见〉的通知》（中办发〔2014〕15 号）精神，结合国土资源系统实际，现就进一步加强和做好国土资源档案有关工作通知如下。

一、切实提高对档案工作重要性的认识

（一）充分认识档案工作的重要性。国土资源档案作为国土资源各项工作的真实记录，具有重要价值。国土资源档案工作作为一项基础性工作，是国土资源工作的重要组成部分，是国土资源管理服务大局、服务经济、服务民生的有力支撑。要充分认识做好档案工作的重要性，切实履行档案管理职责，把档案工作与国土资源工作同规划、同部署、同落实，不断提升国土资源档案工作水平与服务能力。

（二）明确档案工作的总体要求。按照党中央、国务院有关档案工作的要求，以服务国土资源事业改革发展为中心，以推动国土资源档案工作科学发展为目标，建立健全覆盖国土资源的档案资源体系、方便管理服务的档案利用体系、确保档案安全保密的档案安全体系，进一步完善档案工作体制机制，加大对档案工作的支持保障力度，推动国土资源档案事业科学发展。

二、进一步健全档案工作体制机制

（三）落实统一领导、分级管理的原则。要坚持并不断完善党政领导、档案机构归口负责、各方面共同参与的国土资源档案工作体制，确保分工明确，各司其职，密切配合，形成合力。各级国土资源主管部门要在同级档案行政管理部门统筹规划、组织协调、统一规范、监督和指导下，依法组织做好本单位的文件材料收集、整理、归档、保管和利用工作，监督和指导所属单位的档案工作。

（四）健全完善档案管理机构和工作机制。部结合事业单位职责特色，依托中国地质调查局发展研究中心（全国地质资料馆）和部信息中心构建适应新形势、新要求的档案工作机制。部办公厅负责部机关、督察局、部直属单位档案工作的统一管理和指导、协调、监督、检查，并对各省级国土资源档案机构的业务档案工作进行指导；中国地质调查局发展研究中心（全国地质资料馆）受部委托承担部机关档案及直属单位重要业务档案的接收、保管和利用等工作，制定相应的管理制度；部信息中心受部委托承担部机关档案的收集、整理、归档和档案管理信息系统的建设管理工作，制定相应的管理制度。各省级国土资源主管部门要结合实际，健全完善本地区档案工作体制机制。

三、积极推进档案"三个体系"建设

（五）完善国土资源档案资源体系建设。

完善归档制度。部办公厅要抓紧研究制定国土资源业务档案管理办法，加快制定国土资源电子文件归档办法和技术标准，及时修订文件材料的归档范围和保管期限表。各省级国土资源主管部门、各直属单位、各派驻地方的国家土地督察局、部机关各司局（以下简称各单位）要细化并严格落实相关制度规定，确保文件材料应归尽归、应收尽收。凡是应归档的文件材料（包括应归档的电子文件及传统的照片、音像等），要严格按规定归档，任何单位和个人不得据为己有或拒绝归档。

加大档案收集整理力度。各级国土资源档案机构要加强对档案收集整理工作的监督指导，文件材料形成部门要切实执行"谁形成谁收集、谁立卷谁归档"的原则，特别是在开展重点工作、重大活动、重大建设项目时，同步做好文件材料的收集、整理、归档工作。积极推进电子文件归档工作，参照国家关于纸质文件归档的有关规定，开发建设相应的归档接口，按照统一规范的标准，确保电子文件及时归档。

（六）推进国土资源档案利用体系建设。

创新服务形式。要强化档案利用意识，健全完善档案服务机制，依法做好国土资源档案利用服务。要

积极运用新技术，改进查阅方式，简化查阅手续，优化工作流程，最大限度为利用者提供档案服务。

加大开发力度。要切实做好档案编研工作，加强对国土资源档案资源的开发利用，把"死档案"变成"活信息"，形成深层次、高质量的国土资源档案编研成果，更好地为领导决策、政策研究、依法行政等提供参考。

统筹建设数字档案室。各级国土资源主管部门要按照《数字档案室建设指南》要求，开展数字档案室建设，切实推进档案存储数字化和利用网络化。加快推进存量档案数字化和增量档案电子化工作。各省级国土资源档案机构要发挥示范引领和统筹规划作用，推动和指导好市、县级国土资源数字档案室建设工作。

积极推进资源整合与共享。各级国土资源档案机构要加强统筹协调，相关业务部门密切配合，依托已有的信息传输网络和平台，收集整合各类国土资源档案，运用云计算、大数据等新技术建立联网集中保管和网上统一利用的档案服务体系，并通过国家电子政务网、各级国土资源门户网站提供档案信息资源共享服务。

（七）加强国土资源档案安全体系建设。

建立完善档案安全应急管理制度。各单位要建立档案安全应急处置协调机制和档案安全应急管理制度，制订应急预案，确保档案安全一旦受到危害时能得到优先抢救和妥善处置，把损失降到最低限度。

切实改善档案保管安全条件。各单位要严格按照有关规定和标准配置、改造或新建、扩建档案库房，进一步提高档案库房的安全防灾标准，采用先进的安全保密技术、设备和材料，改善档案保管保密条件。对重要档案实行异地备份，电子档案异质备份，确保重要档案绝对安全。

保障档案信息安全。各单位要按照信息系统安全等级保护和分级保护工作要求，建立档案信息管理系统安全保密防护体系及档案灾难恢复机制，确保电子档案的长期保存和利用。

加大安全保密检查力度。各单位要严格执行安全保密的各项规章制度，建立健全人防、物防、技防三位一体的档案安全防范体系，做好档案数字化外包、档案开发利用中的安全保密审查。坚持日常抽查和重大节假日全面检查制度，及时发现和排除隐患，堵塞漏洞，严防档案损毁和失泄密事件发生。

四、加大对档案工作的支持保障力度

（八）加强对国土资源档案工作的领导。各单位要切实把国土资源档案工作纳入本单位发展规划、年度工作计划和工作考核检查内容，定期听取档案机构工作汇报，及时研究解决档案工作中的重大问题，对于档案工作用房、设施设备、档案保护以及信息化建设等，要在单位建设整体规划中统筹考虑，为国土资源档案工作的顺利开展提供人力、财力、物力等方面保障。

（九）加强档案干部队伍建设。各单位要依据国家有关规定和实际需要，配备与事业发展相适应的专（兼）职档案工作人员，为档案干部学习培训、交流任职等创造条件，切实帮助解决实际问题和后顾之忧，保持档案干部队伍相对稳定。对在档案工作中成绩显著、表现突出的单位和个人给予奖励。

（十）加大经费保障力度。各单位要按照中办发〔2014〕15号文件要求，把档案工作建设经费纳入年度工作预算。按照部门预算编制和管理有关规定，完善投入机制，科学合理核定档案工作经费，将国土资源档案资料征集、接收、保管、利用、数字化及设备购置与维护等方面经费列入本单位财政预算。加强对国土资源档案项目经费的审计督查和绩效考核，确保专款专用。

⑩　国土资源业务档案管理办法

（国土资发〔2015〕175号）

第一条　为加强国土资源业务档案管理，确保国土资源业务档案真实、完整、安全与有效利用，根据《中华人民共和国档案法》《中华人民共和国土地管理法》和《中华人民共和国矿产资源法》等法律法规，结合国土资源管理工作实际，制定本办法。

第二条　本办法所称国土资源业务档案，是指在国土资源专项业务活动中形成的具有保存和利用价值的文字、图表、声像、电子文件等不同形式和载体的历史记录。

国土资源业务档案是国家档案的重要组成部分，主要分为土地管理类、地质矿产类、地质环境类、不动产登记类和国土资源执法监察与行政复议诉讼类等五类。

第三条　国土资源业务档案工作实行统一领导，分级管理。国土资源主管部门负责国土资源业务档案工作，依法接受同级档案行政管理部门和上级国土资源主管部门的监督指导。

国土资源部会同国家档案局制定全国国土资源业务档案工作制度，编制相关业务标准和技术规范，组织经验交流与学术研究，并对本系统档案人员进行专业培训等。

各省级国土资源主管部门，可以根据实际情况会同同级档案行政管理部门制定本地区国土资源业务档案管理实施细则，组织经验交流与学术研究，并对本地区档案人员进行专业培训等。

第四条　各级国土资源主管部门应当加强对国土

资源业务档案工作的组织领导，明确档案机构，配备专（兼）职人员，保证档案工作用房和经费，配备适应档案管理现代化要求的技术设备。

第五条　国土资源业务档案由县级以上国土资源档案机构集中管理，任何单位和个人不得据为己有或擅自销毁。

第六条　国土资源业务文件材料实行形成部门立卷归档制度。在办理国土资源专项业务过程中，应当按照《国土资源业务文件材料归档范围和档案保管期限表》（附件）要求，及时收集和整理国土资源业务文件材料；档案机构应当做好归档指导工作，确保国土资源业务档案的完整、准确、系统。

第七条　国土资源专项业务活动中形成的文件材料，应当结合业务工作实际，进行定期或实时归档。

在国土资源专项业务活动中形成的电子文件，应当按照《中央办公厅、国务院办公厅关于印发〈电子文件管理暂行办法〉的通知》（厅字〔2009〕39 号）和《电子文件归档和管理规范》（GB/T 18894）的要求进行整理归档，并对归档电子文件的形成机构、技术特征、内容结构及其管理过程等背景信息与元数据进行相应归档。

第八条　国土资源业务档案应当按照形成规律和特点进行组卷，采用"类别—年度—保管期限"的方法对国土资源业务文件材料进行分类、整理和排列，并及时编制归档文件案卷目录、卷内目录、备考表等。档案机构应当对接收的档案及时进行核查和入库管理。

第九条　国土资源业务档案保管库房应当符合国家有关规定要求，具备防火、防盗、防高温、防潮、防尘、防光、防虫、防磁和防有害气体等保管条件，以维护档案的完整与安全。

第十条　国土资源业务档案的保管期限分为永久、30 年和 10 年三类，各类国土资源业务档案的具体保管期限按照《国土资源业务文件材料归档范围和档案保管期限表》执行。

第十一条　各级国土资源主管部门应当成立档案鉴定小组，对保管期满的国土资源业务档案及时进行鉴定。

鉴定小组由档案机构和形成档案的业务部门有关人员组成。对保管期满、不再具有保存价值、确定销毁的档案，应当清点核对并编制档案销毁清册，经过必要的审批手续后按照规定销毁。

销毁档案应当由两人以上监督进行。监督人员要在销毁清册上签名，并注明销毁的方式和时间。销毁清册永久保存。

第十二条　各级国土资源档案机构应当积极开发国土资源业务档案信息资源，满足各项工作对国土资源业务档案的利用需求。

第十三条　各级国土资源主管部门应当建立健全档案利用制度，并为档案利用创造条件，简化手续，提供方便。

利用档案时应当按照规定办理手续，并及时做好利用登记。

档案管理人员应当认真检查归还档案，如发现有短缺、涂改、污损情况，要及时报告并追查。

第十四条　涉及国家秘密的国土资源业务档案的管理，应当遵守国家有关保密的法律法规。

第十五条　档案管理人员要做好国土资源业务档案实体安全、信息安全等检查工作，及时消除安全隐患，认真记录检查、整改情况。

第十六条　各级国土资源主管部门应当在业务档案管理规范化的基础上，加强档案信息化工作，提高档案管理水平。

第十七条　国土资源业务档案移交按有关规定执行。

第十八条　各级国土资源主管部门应当对在国土资源业务档案收集、整理、归档、保管和利用工作中做出显著成绩的单位和个人，按照有关规定给予表彰奖励。

第十九条　对于违反国家有关规定，拒绝归档或造成国土资源业务档案失真、损毁、泄密、丢失的，依法追究相关人员责任；构成犯罪的，移交司法机关依法追究刑事责任。

第二十条　国土资源业务工作中涉及测绘地理信息、海洋等业务档案的管理，依照国家有关规定执行。

第二十一条　本办法由国土资源部、国家档案局负责解释。

第二十二条　本办法自发布之日起施行。

⑪　企业数字档案馆（室）建设指南

（档办发〔2017〕2 号）

说　　明

为加强对企业数字档案馆（室）建设工作的指导，规范企业数字档案馆（室）建设工作，国家档案局组织编制了本指南。

本指南适用于各企业开展数字档案馆（室）建设工作。

除非特别说明，本指南所用术语均引自《电子档案管理基本术语》（DA/T 58—2014）。

本指南由国家档案局提出并归口。

本指南起草单位：国家档案局经济科技档案业务指导司。

本指南主要起草人：付华、王雁宾、姜延溪、蔡

盈芳、张晶晶、熊伟、孙晓光、周喜、皮楠、环红。

企业档案是企业生产、经营、管理活动的真实记录，是企业有形资产的凭证和无形资产的组成要素。企业档案工作是企业基础性工作，在保障企业生产、经营和管理活动持续开展、资产保值增值和记录企业历史等方面具有重要地位和作用。

随着信息技术的深入发展和广泛应用，建设数字档案馆（室）已成为企业档案工作提质增效与创新发展的必由之路。建设符合国家、社会和企业信息化发展要求的企业数字档案馆（室），有利于整合企业信息资源，增强档案信息管理与服务能力，提高企业管理水平。

1　概念与基本特征

1.1　概念

本指南所称的企业数字档案馆（室），是指企业运用现代信息技术固化档案工作业务流程，对本企业或与其具有资产隶属关系企业的电子档案或其他数字资源进行收集、整理、保存，并通过网络提供档案信息服务和共享利用的集成管理系统平台。

1.2　基本特征

与企业传统档案馆（室）相比，企业数字档案馆（室）具有以下特征：

1）档案资源数字化

通过对企业各类信息系统中形成的电子文件归档和对纸质等传统载体档案进行数字化加工，以数字形式存储各种档案信息。

2）档案管理信息化

企业数字档案馆（室）将档案管理业务流程固化在电子档案管理系统中，实现数字档案资源的自动化管理，档案的收、管、存、用通过信息技术手段来实现。

3）档案服务知识化

企业数字档案馆（室）利用知识管理、大数据等理念和技术，创新档案利用方式和方法，对档案信息进行深层次加工和知识化组织，以档案利用需求为导向，有针对性地主动为企业提供全方位、多层次的个性化档案信息和决策支持服务。

2　建设目标与原则

2.1　建设目标

通过企业数字档案馆（室）的建设，实现企业档案工作提质增效与创新发展，全面提升档案管理、开发共享服务能力，促进企业提高管理水平，增强核心竞争力，为企业持续健康发展提供有力支撑。

2.2　建设原则

企业数字档案馆（室）建设应坚持以下原则：

1）统筹规划，分步实施

企业应将数字档案馆（室）建设纳入企业信息化建设规划，做到同步规划；建设企业数字档案馆（室）应做好总体架构、技术方案的规划，系统建设应考虑可扩展性和兼容性；应根据现有条件有计划、有步骤地建设企业数字档案馆（室），充分保证每一阶段工作目标的实现。建设过程中档案部门要与企业信息化部门、业务部门、保密部门等协同工作。

2）需求导向，利用优先

企业数字档案馆（室）建设应围绕企业研发、生产、经营、管理等企业中心工作，优先建设重要档案资源。档案资源数字化应以需求为导向，对利用频繁、形成年代相对较早、价值珍贵的档案应优先进行数字化。网络架构应有利于档案信息资源的共享利用，电子档案、档案数字化复制件存储格式的选取应符合长期保存需要，便于利用，电子档案管理系统功能实现、界面等应尽可能符合用户操作习惯。

3）安全保密，合法合规

企业数字档案馆（室）建设应遵守国家法律法规和标准规范，建立健全安全保密管理制度，确保档案信息安全。应按照安全保密要求开展电子档案管理系统设计、实施、运行和维护。

3　基础设施建设

企业数字档案馆（室）基础设施建设应充分考虑档案信息安全、保密的需要，尽量选择技术上自主可控的设施设备。

3.1　机房建设

机房建设应根据数字档案馆（室）运行需求和机房建设基本要求，充分利用企业现有信息化基础条件，通过改造、添置设备等方式，建设满足数字档案馆（室）运行要求的机房；涉密机房建设应符合国家有关保密规定。

3.2　网络设施

企业数字档案馆（室）的网络应接入企业网，并与互联网隔离，管理涉密档案的数字档案馆（室）网络应与互联网物理隔离。也可以建立企业档案部门局域网。网络建设应考虑电子文件收集、归档和电子档案管理、利用需要，网络带宽等性能应能适应图像、音频、视频等各类数据的传输要求。

3.3　硬件设备

根据电子档案管理系统及基础软件系统部署和高效稳定运行需求配备服务器。根据科学、可行的存储备份策略，配备稳定与适当冗余的数据存储备份设备。配备满足工作需要的计算机、扫描仪、数码照相机、打印机以及刻录机、移动存储介质等设备。

3.4　基础软件

应结合企业信息化的现状，在统筹利用企业业已运行的基础软件系统的基础上，结合企业数字档案馆（室）开发和运行的需要，配备正版或经过规范测试、

登记的自主开发的基础软件，如操作系统、数据库管理系统、中间件、全文检索工具、光学字符识别软件等。

3.5　其他设施

应根据需要配备相对独立、符合安全保密要求的档案数字化加工场所和电子档案阅览场所。

4　电子档案管理系统建设

4.1　收集功能

1）电子文件登记

具备电子文件手工登记功能，元数据项在满足国家有关标准要求的前提下，可根据需要增减，具有元数据手工登记校验功能；可对电子文件元数据根据权限进行更改、删除、检索、全文挂接等操作。

2）电子文件和电子档案在线接收

应具有符合《企业电子文件归档和电子档案管理指南》有关要求，从业务系统接收电子文件及其元数据的接口。具有从其他电子档案管理系统接收电子档案的功能，功能符合《电子档案移交与接收办法》有关要求。

3）电子文件和电子档案离线接收

应具备电子文件、电子档案和其他数字资源离线批量导入功能，支持常见的 XLS、DBF、MDB、XML、TXT 等文件格式元数据文件及符合长期保存要求的文件格式全文文件的导入接收，并实现元数据、目录数据与对应电子文件、电子档案的自动关联。

数据导入过程中应支持数据的校验，如是否唯一、是否可以为空、日期格式是否正确等。当出现部分数据导入失败，应提供报告，指明哪些数据导入失败。如出现中断（如：断电、断网、死机等），应支持断点续传，再次导入时从中断记录处接续导入。电子档案的离线接收功能符合《电子档案移交与接收办法》有关要求。

4）电子文件和电子档案接收检测

应具备电子文件和电子档案接收的检测功能，能根据电子文件归档和电子档案接收的检测要求对接收的电子文件的"四性"和电子档案的有关属性进行检测，对检测不符合要求的电子文件或电子档案进行标记。

5）传统载体档案全文信息上传挂接

具备传统载体档案全文信息上传挂接功能，支持单个、批量文件上传等方式，能建立目录与其对应全文间的关联关系，并保持关联关系稳定。

4.2　整理功能

4.2.1　分类

按照企业确定的分类方案，将归档文件进行分类，给定分类代号，并支持按年度、保管期限、机构（问题）等多种分类方案分类。

4.2.2　划定保管期限

按照档案保管期限表对归档文件划定保管期限。

4.2.3　组件

对来自不同系统的归档电子文件按照组件规则组成"件"，并对件内文档按一定的规则进行排序。

4.2.4　组成保管单位

能对归档文件按照设定规则自动或在人工干预下组成保管单位，并能按规则将保管单位内文件排序定位。能在人工干预下调整归档文件所属保管单位并重新排序定位。

4.2.5　编号

依据档号编制规则形成档号，所形成档号唯一、简明、合理、稳定、可扩充。

4.2.6　编目

根据需要能够编制各种目录。提供规范的档案目录模板，方便套打出案卷封面、案卷目录、卷内目录、归档文件目录、全引目录、备考表、卷（盒）封面和脊背等。应支持进行目录模板制作，用户可以对模板中的字体、打印内容、排序方式等进行调整。应提供打印预览功能，并支持多模板批量生成和打印功能。

4.2.7　关联关系建立

具有建立同一件归档文件不同载体间或是文件间关联关系功能。

4.2.8　表格导出

支持案卷封面、卷内目录、归档文件目录或全引目录、案卷目录、备考表等信息的通用格式文件导出功能。

4.3　保存功能

4.3.1　电子档案存储格式转换与信息组织

支持电子档案存储格式的转换，将存入系统的电子档案转换为符合长期保存要求的存储格式。

系统可按《电子档案移交与接收办法》和离线存储载体容量进行信息组织，将组织好的档案存至相应的离线存储载体上。

4.3.2　电子档案长期保存

应支持采用迁移、仿真、封装、检测等方式保障数字档案信息的长期保管；能对非通用格式电子档案阅读所需要的原始软硬件在系统中进行标识。

4.3.3　档案整理

系统应依据电子档案保管和利用的业务要求分别建立相应数据库。能根据全宗归属、分类号、保管单位序号及其整理规则、件号、件内文档排列规则等将电子档案排列定位和呈现。

4.3.4　备份

应支持备份，包括软件系统备份、数据库备份和电子档案备份，能根据数据重要程度选择在线、离线等不同的备份方式。

4.3.5　定期鉴定

支持辅助人工完成档案的定期鉴定工作，根据保

管期限、归档日期、密级等属性自动列出到期档案，提醒系统管理员或档案管理员等进行销毁前鉴定和保管期限调整、利用开放、密级调整等相关操作。

4.3.6 销毁管理

支持对需销毁档案进行销毁申请、审批、建立销毁标记、监销、删除等操作。

4.3.7 移交

具备根据进馆要求或其他有关要求生成移交电子档案信息包等功能，对已移交的电子档案或其他数字资源进行移交时间及去向标识。

4.3.8 介质管理

支持对存放电子档案存储介质的统一管理，系统管理员可根据介质保管的实际需求为相应电子档案设置相应的存储介质。具有介质预警功能，当剩余容量达到设定阈值时，通知系统管理员。

4.4 统计功能

应支持按照全宗、分类、时间、文件格式、利用情况等设定规则进行统计、结果显示和打印，并以电子文件形式输出统计数据，支持自定义报表功能。统计结果能按《全国档案事业统计年报制度》给定格式输出统计数据。

4.5 利用功能

4.5.1 检索

支持按属性检索档案，具备精确检索、模糊检索、高级组合检索、筛选检索、关联检索、深入二次检索等多种检索方式；有条件的企业可开发全文检索功能。

4.5.2 浏览

应支持对常见格式电子档案或其他数字资源进行浏览，支持常见格式多媒体电子档案或数字化档案信息的播放。应具有电子档案或数字化档案信息按权限下载功能。

4.5.3 借阅

支持电子档案借阅申请、审批、授权，具有实体档案借阅预约、催还、归还等功能，审批流程符合档案利用管理制度。

4.5.4 编研

支持用户根据实际需求设置编研专题，能自动将符合该专题条件的档案进行归集。

4.5.5 开放利用设置

支持对目录数据及全文设置开放利用标识。

4.5.6 复制管理

具有电子档案复制申请、审批功能，能够进行复制；具有实体档案复制申请、审批、复制件分发登记等功能。

4.5.7 利用效果反馈

支持用户对利用档案产生的经济效益或社会效益进行反馈。

4.5.8 知识管理

可根据需要开发知识管理功能，支持档案信息的知识标签、知识地图、档案信息深层次加工、档案信息主动推送等。

4.6 系统管理功能

4.6.1 日志管理

应有日志记载功能，记录系统启动和关闭信息、用户登录信息等，每条日志至少应记录操作对象、用户、时间、计算机、操作类型等属性。提供针对日志的检索、审计、统计功能。

支持按照一定规则自动生成日志审计报表，支持日志导出、删除、审批等操作。

4.6.2 系统设置

支持对档案流程化管理，可根据不同类别档案管理要求设置相应管理流程，可对流程进行跟踪与回溯。

支持代码表的设置维护，如：年度、保管期限、密级、部门、分类号等代码；系统中的分类方案可根据用户需求增减。

支持元数据的设置维护，可以定义字段名称、类型、是否为空、是否唯一、字符串长度限制、取值范围、组合字段等信息。

具备全宗设置功能，能实现区分全宗进行管理。

4.6.3 用户管理

支持直接录入用户信息和通过接口方式读取其他系统中的用户信息，支持用户与IP地址绑定，支持"三员"分立。

4.6.4 组织机构设置管理

支持直接录入组织机构信息和通过接口方式读取其他系统中的组织机构信息，支持组织机构的多级管理功能。

4.6.5 权限管理

具备权限管理功能，保证授权用户能够在其权限范围内进行合法操作。权限可以精细地控制指定用户对指定档案记录的访问和使用。系统应支持设置权限有效期，到期后系统自动取消权限。

4.6.6 多全宗管理

可对纳入管理的每个立档单位建立全宗单位，支持全宗群管理，每个全宗单位有唯一全宗号、全宗名称。每个全宗单位的功能、档案类型、档案数据、机构组织、用户、流程、权限等相对独立、互不影响。

4.6.7 工作过程记录管理

应具备详细记录类似全宗卷信息的功能，以记录数字档案馆（室）管理过程。

4.7 传统载体档案辅助管理功能

4.7.1 传统载体档案信息采集

具备传统载体档案目录著录和全文挂接功能，目录数据项在满足国家有关标准要求的前提下，可根据需要增减。目录数据采集时应有校验功能。

4.7.2 档案存放位置管理

能根据库房余量和档案的全宗归属、分类、档号等规则对传统载体档案提出存放位置建议，并在位置确定后进行排列定位。

4.7.3　智能库房管理

有条件的单位可设置智能库房管理功能，根据现实库房虚拟出档案所在库房、区域及档案柜架的列、节、层、排位等，实现对实体档案所在库房位置的管理；电子档案管理系统支持与智能密集架、PDA设备、条码枪、电子标签等硬件设备的集成，实现实体档案的快速定位、出库、入库、盘点等操作；支持与温湿度监控设备的集成，实现档案库房的温湿度智能调控。

4.8　其他可选功能

有条件的企业可根据自身需要，增加诸如文件材料分发控制、工作计划进度管理、业务监督指导等功能。

5　数字档案资源建设

数字档案资源建设是企业数字档案馆（室）建设的重点任务，包括传统载体档案数字化、电子文件归档及专题数据库建设。

5.1　传统载体档案数字化

一定数量的档案数据是保证数字档案馆（室）发挥效用的基础，存量档案数字化率宜达到70%以上。

企业传统载体档案数字化的内容和范围如下：

1）经营管理、生产技术管理、行政管理、党群工作等管理类档案除已到保管期限、短期或10年期档案外，应全部数字化；有条件的单位可全部数字化。对于有正本、文稿处理单、修改底稿等的档案，可只对正本和文稿处理单进行数字化；具有重要修改内容的历次修改稿和重要档案的历次修改稿需数字化。

2）正在研制或正在生产的核心产品或核心业务档案应全部数字化，非核心产品、已停产的产品、非核心业务档案可根据企业实际需要有选择地数字化。

3）科研档案应全部数字化。

4）生产、科研、办公、生活建筑物的可行性研究、设计、施工、竣工验收等阶段的质量管理档案、竣工图档案应进行数字化，其他阶段形成的档案可有选择地数字化。

5）设备仪器档案应依据重要程度有选择地数字化。

6）会计档案数量较大，可根据企业需求和人力、物力配置情况有选择地数字化。

7）职工档案的数字化，需档案部门与人力资源管理部门充分协商后按照党和国家组织、人事部门的有关规定确定。

纸质档案（含照片）数字化技术要求按照《纸质档案数字化规范》（DA/T 31—2017）进行，录音、录像等多媒体档案数字化参照《录音录像档案数字化规范》（DA/T 62—2017）进行。

5.2　电子文件归档

企业电子文件归档范围应包括各业务活动中形成的各种结构化和非结构化数据，以独立文档形式存储的具有保存价值的信息记录，包括办公自动化系统、产品或业务系统、财务会计管理信息系统、人力资源管理信息系统、门户网站、微博、微信、公务邮件系统及本企业其他职能活动业务系统中形成的电子文件，以及从外部接收的电子文件。企业有些信息系统有可能通过租用基础设施或以云计算服务的形式存在，所形成的电子文件不一定存在于本企业的服务器中，但其产生的电子文件也应纳入本企业文件材料归档范围予以归档。企业已实施的支撑主营业务的信息系统均应具有归档功能，导出的归档电子文件存储格式、元数据等均应符合电子文件归档和电子档案管理的有关要求。数字档案馆（室）建设期间应完成办公自动化系统形成的电子文件归档并实现至少一个核心业务系统电子文件归档。

5.3　专题数据库建设

专题数据库建设是在现有数字档案资源的基础上，通过有组织的分析、筛选、整合，把某一特定专题的档案集中、有序、系统地组织在一起。如企业历届领导、技术专家和各种先进人物档案专题数据库，企业机构沿革、党代会、职代会等会议类专题档案数据库，政策法规类专题档案数据库，建设项目和设备仪器专题档案数据库，产品或专项业务专题档案数据库，科技项目和成果专题档案数据库，企业质量或安全事故专题档案数据库等。

6　制度规范建设

6.1　制度建设

企业数字档案馆（室）建设应制定数字档案馆（室）人员岗位职责，系统运行维护管理制度，机房、档案数字化加工场所管理制度，数字档案馆（室）安全与保密管理制度等。

6.2　标准规范建设

企业数字档案馆（室）建设应参考国家相关标准规范并结合本企业实际，形成本企业基于数字档案馆（室）的电子档案收、管、存、用等方面的标准规范体系及实施要求，包括但不限于以下内容：

6.2.1　企业传统载体档案数字化标准规范建设

纸质档案数字化可参照《纸质档案数字化规范》（DA/T 31—2017）制定，缩微胶片数字化参照《缩微胶片数字化技术规范》（DA/T 43—2009）制定，录音、录像等多媒体档案数字化参照《录音录像档案数字化规范》（DA/T 62—2017）制定。企业如将档案数字化外包，应将国家有关档案数字化外包安全规范转化为本企业数字档案馆（室）建设标准规范。

6.2.2　电子文件归档标准规范建设

规范本企业已实施的各类信息系统产生的电子文件归档业务，内容包括各类信息系统产生的电子文件的归档管理责任、归档范围、归档流程及开发利用要求等。

6.2.3　档案分类规范建设

应根据企业档案自身特点制定企业档案分类方案。

6.2.4　各类档案管理及业务流程规范建设

包括管理类、产品或业务类、科研类、基本建设类、设备仪器类、会计类、职工类等各类档案在电子档案管理系统中收集、整理、存储、保管和利用等规范。

6.2.5　档案利用标准规范建设

包括企业档案利用赋权原则，权限设置与更改流程，档案利用审批流程，计算机辅助编研等规范。

6.2.6　安全与保密管理系列规范建设

应将安全与保密管理要求纳入本企业数字档案馆（室）建设、运行维护各项规章制度和标准规范，建立数字档案馆（室）安全与保密职责，制订安全与保密检查、"三员"管理等制度。

7　安全保密体系建设

数字档案馆（室）建设与运行必须加强安全管理，遵守相关保密规定，安全设备配置齐全；严格控制信息资源利用范围，制订严密的信息发布审核制度，严格控制数据访问权限；应制订完善的数据接收、移交、销毁等管理规范，制定备份规范。

管理涉密档案的电子档案管理系统，应按照涉密信息系统分级保护管理的要求进行安全设计和建设，并通过有关部门测评后方可投入使用。

管理非涉密档案的电子档案管理系统应根据系统重要程度及其实际安全需求，参照《计算机信息系统安全保护等级划分准则》（GB/T 17859—1999）确定电子档案管理系统应达到的安全等级，并依照《信息安全技术　信息系统安全等级保护基本要求》（GB/T 22239—2008）、《档案信息系统安全保护基本要求》《档案信息系统安全等级保护定级工作指南》等开展安全建设和登记管理。

8　经费与人才保障

8.1　经费保障

经费主要包括计算机硬件采购费，软件开发、升级、购置、接口开发、评测费，运行维护费，传统载体数字化费，项目实施费，人员培训费等。企业数字档案馆（室）建设应按照整体规划，制定相应的经费计划，确保软硬件设备购置、实施经费及管理经费的落实，为企业数字档案馆（室）的建设工作提供必要的保障。

8.2　人才保障

应结合本企业业务实际积极开展档案部门人员的业务技能、信息化技能的培养。在人才引进方面，应注重档案和信息化方面的人才引进，以满足数字档案馆（室）建设和运行的需求。

9　建设步骤

企业数字档案馆（室）建设按照项目化运作，经过规划、立项、实施、验收、维护等步骤分阶段进行。

9.1　项目规划

9.1.1　成立项目工作组织

企业在数字档案馆（室）建设初始应设立项目小组，小组主要由企业档案部门人员、信息化部门人员、保密部门人员等组成，具体负责以下工作：

1）建设工作规划、计划、实施方案、制度制定；

2）建设工作实施推进；

3）建设工作检查、总结与考核。

9.1.2　制定项目方案

9.1.2.1　现状调研与分析

对本企业信息化现状、国内外数字档案馆（室）建设现状，特别是各信息系统产生电子文件的管理情况，以及企业各部门对档案利用需求情况进行充分调研。

9.1.2.2　可行性研究

从项目建设的必要性、成本、收益、风险等方面研究企业数字档案馆（室）建设的可行性，并形成可行性研究报告。

9.1.2.3　需求分析

对企业数字档案馆（室）建设的业务需求、功能需求和系统部署方式进行分析，形成需求任务书。

9.1.2.4　编写数字档案馆（室）建设方案

内容包括建设目标、建设内容、建设步骤、经费需求、实施计划等；管理涉密档案的数字档案馆（室）建设，还应同步编写信息系统安全保密方案。

9.2　项目立项

企业应组织专家对项目可行性研究报告或建设方案进行论证评审，通过评审后提交本企业有关部门申请立项。

9.3　项目实施

9.3.1　人才队伍建设

应通过提升现有人员技能和知识的方式充分发挥现有人员的作用；现有人员不足的，应通过引进、组建项目组等方式补充人员。

9.3.2　基础业务完善与规范化

数字档案馆（室）建设是以现有的档案工作为基础开展的。在项目实施初期，需对本企业档案管理基础业务进行完善与规范。主要包括：完善档案管理制度；理顺档案管理体制机制，实现档案工作的集中统

一；规范档案管理业务流程；统一各卷夹、表格及档案管理中涉及的单据等。

9.3.3　制度标准规范制定

根据项目进展情况有步骤地采用或制定制度标准规范。应优先采用国内成熟标准规范作为本企业数字档案馆建设标准规范；国家标准规范不能满足需求或无相应标准规范的应自主编制。形成的标准规范应定期更新。在企业数字档案馆（室）运行前，应完成所有制度标准规范的制订，以使运行规范化。

9.3.4　硬件设备配备

鼓励依托企业现有信息化基础设施配置数字档案馆（室）建设和运行所需的硬件设备，以节约投资成本，提高人力、物力集成管理效率。对于现有硬件无法满足的，应根据未来3至5年档案数据增长情况、系统使用人数、安全保密需要、系统部署方式等予以配备。

9.3.5　电子档案管理系统实施

9.3.5.1　系统开发

电子档案管理系统开发主要工作如下：

1）需求设计

在充分征求企业档案部门、业务部门、保密部门等有关部门意见的基础上，对电子档案管理系统的功能需求进行细化，形成功能需求方案。功能需求方案既应符合档案管理的实际需要，又便于系统开发人员理解，能够在系统开发中实现。

2）选定开发商

通过招标、竞争性谈判等方式选定系统开发商。有条件的企业也可以自主开发。

3）商务谈判

与选定厂商确定合同和协议文件，协商确定技术细节和系统开发、安装的时间节点。

4）签订合同

根据商务谈判确定的内容签订正式合同，技术协议应成为正式合同的一部分。

5）定制开发

系统开发商根据前期确定的需求设计报告，对电子档案管理系统原型进行定制开发。

6）系统安装

系统开发商将开发好的系统在企业进行安装，包括数据库安装、软件安装等。

9.3.5.2　基础数据准备

主要工作包括界面设置、数据库结构设置、档案分类设置、代码设置、赋权方案确定、用户设置等。基础数据应以文件形式保存，以供后续维护时备查。

9.3.5.3　系统测试

系统测试包括功能测试、性能测试、安全保密测试和兼容性测试。测试工作可自主进行，也可委托具有资质的第三方机构完成。所有测试过程均应形成书面记录，包括测试用例、测试过程、测试结果等。

9.3.5.4　人员培训

对专职档案管理人员、兼职档案管理人员及系统维护人员等进行培训。

9.3.5.5　系统切换和试运行

将运行在旧系统的业务和数据迁移到新系统中试运行，并对系统运行情况进行监测。

9.3.5.6　系统的评价与验收

系统试运行一段时间后，应组成验收组对系统的目标、功能、质量、使用效果及各项指标是否达到合同或技术协议规定的要求进行评审验收。应根据评审过程中分析的结果，找出系统的薄弱环节，提出整改意见。

9.3.6　传统载体档案数字化实施

按照"重要性、常用性、急用性、抢救性、珍贵性"的原则，并结合实际分步推进传统载体档案数字化工作，将重要的、常用的、急用的、自然损坏老化严重的和珍贵的档案优先数字化。传统载体档案数字化应以本企业自主完成为主，自主完成有困难的可采用外包，或采用外包与自主完成相结合的方式进行。档案数字化外包应按照《档案数字化外包安全管理规范》的要求做好安全管理工作。传统载体档案数字化按如下方法进行：

1）管理类档案数字化方法

经营管理、生产技术管理、行政管理、党群工作等管理类档案应按照先近后远的原则，将最近形成的档案先行数字化，以满足频繁利用的需要。对于即将到期的短期档案或10年期档案可不进行数字化。

2）产品和业务类档案数字化方法

可按照正在研制和正在生产产品档案、主营业务档案、正在研制和正在生产非核心产品档案、非核心业务档案、停产产品档案的顺序进行数字化。

3）科研档案数字化方法

按照获奖等级、项目下达部门的层级顺序进行数字化，即先数字化获得国家级奖励的，再数字化获得部委级、省级奖励的，最后数字化获得企业级奖励的；对于未获奖的科研档案按照国家级科技项目、省部级科研项目、企业级科研项目的顺序进行数字化。

4）基本建设档案数字化方法

按照建筑物功能、用途的重要程度来确定数字化顺序。可将生产、科研建筑物档案先数字化，其次是办公建筑物档案，最后是生活建筑物档案。

5）设备仪器档案数字化方法

按设备的价值、用途等标准来确定数字化的顺序。

6）会计档案数字化方法

会计档案数量较大，可按照形成时间由近及远进行数字化，即将最近形成的档案先数字化，年代久的后数字化。

7）职工档案数字化方法

对于职工档案的数字化，档案部门应与人力资源管理部门充分协调确定后按照国家组织、人事部门的有关规定开展数字化。

9.3.7 档案专题数据库建设

应以需求为导向，选择利用率高、内容重要的档案资源建设档案专题数据库。

9.3.8 电子文件归档实施

在电子文件归档和电子档案管理现状评估的基础上，制定详细的技术方案和电子文件归档计划，提出系统和设备改造方案，在系统和设备改造到位后有步骤地开展电子文件归档工作。

电子文件归档有关工作和要求参照《企业电子文件归档和电子档案管理指南》和国家有关规定的要求进行。

正在实施或将要实施的信息系统应按照《企业电子文件归档和电子档案管理指南》和国家有关规定的要求做好相关工作，待投入运行后根据该类电子文件形成的数据特点开展电子文件归档。

对接收的电子文件和电子档案要按照《企业电子文件归档和电子档案管理指南》有关要求和国家有关规定进行真实性、完整性、可靠性、可用性检测，确保其长期可用。

9.4 项目验收

完成数字档案馆（室）建设工作的企业应形成数字档案馆（室）建设总结报告、试运行报告、系统检测报告和用户报告等，组织内、外部专家根据设计方案、合同协议、任务书等进行验收，建设工作达到《数字档案馆系统测试办法》要求的，可向档案行政管理部门申请测评验收。

9.5 项目运维

项目运维应参照《档案信息系统运行维护规范》（DA/T 56—2014）的要求开展以下工作：

1）结合企业实际建立数字档案馆（室）运维工作的组织机构，明确其职责。

2）根据企业实际确定数字档案馆（室）运维对象和内容，选择适当的运维模式。电子档案管理系统宜采用外包模式运维，并将运维费用纳入采购费用。

3）根据运维制度开展数字档案馆（室）的基础设施、电子档案管理系统、数据等的运维工作。

⑫ 会计档案管理办法

（中华人民共和国财政部，
国家档案局令第 79 号）

第一条 为了加强会计档案管理，有效保护和利用会计档案，根据《中华人民共和国会计法》《中华人民共和国档案法》等有关法律和行政法规，制定本办法。

第二条 国家机关、社会团体、企业、事业单位和其他组织（以下统称单位）管理会计档案适用本办法。

第三条 本办法所称会计档案是指单位在进行会计核算等过程中接收或形成的，记录和反映单位经济业务事项的，具有保存价值的文字、图表等各种形式的会计资料，包括通过计算机等电子设备形成、传输和存储的电子会计档案。

第四条 财政部和国家档案局主管全国会计档案工作，共同制定全国统一的会计档案工作制度，对全国会计档案工作实行监督和指导。

县级以上地方人民政府财政部门和档案行政管理部门管理本行政区域内的会计档案工作，并对本行政区域内会计档案工作实行监督和指导。

第五条 单位应当加强会计档案管理工作，建立和完善会计档案的收集、整理、保管、利用和鉴定销毁等管理制度，采取可靠的安全防护技术和措施，保证会计档案的真实、完整、可用、安全。

单位的档案机构或者档案工作人员所属机构（以下统称单位档案管理机构）负责管理本单位的会计档案。单位也可以委托具备档案管理条件的机构代为管理会计档案。

第六条 下列会计资料应当进行归档：

（一）会计凭证，包括原始凭证、记账凭证；

（二）会计账簿，包括总账、明细账、日记账、固定资产卡片及其他辅助性账簿；

（三）财务会计报告，包括月度、季度、半年度、年度财务会计报告；

（四）其他会计资料，包括银行存款余额调节表、银行对账单、纳税申报表、会计档案移交清册、会计档案保管清册、会计档案销毁清册、会计档案鉴定意见书及其他具有保存价值的会计资料。

第七条 单位可以利用计算机、网络通信等信息技术手段管理会计档案。

第八条 同时满足下列条件的，单位内部形成的属于归档范围的电子会计资料可仅以电子形式保存，形成电子会计档案：

（一）形成的电子会计资料来源真实有效，由计算机等电子设备形成和传输；

（二）使用的会计核算系统能够准确、完整、有效接收和读取电子会计资料，能够输出符合国家标准归档格式的会计凭证、会计账簿、财务会计报表等会计资料，设定了经办、审核、审批等必要的审签程序；

（三）使用的电子档案管理系统能够有效接收、管理、利用电子会计档案，符合电子档案的长期保管要求，并建立了电子会计档案与相关联的其他纸质会计档案的检索关系；

（四）采取有效措施，防止电子会计档案被篡改；

（五）建立电子会计档案备份制度，能够有效防范自然灾害、意外事故和人为破坏的影响；

（六）形成的电子会计资料不属于具有永久保存价值或者其他重要保存价值的会计档案。

第九条　满足本办法第八条规定条件，单位从外部接收的电子会计资料附有符合《中华人民共和国电子签名法》规定的电子签名的，可仅以电子形式归档保存，形成电子会计档案。

第十条　单位的会计机构或会计人员所属机构（以下统称单位会计管理机构）按照归档范围和归档要求，负责定期将应当归档的会计资料整理立卷，编制会计档案保管清册。

第十一条　当年形成的会计档案，在会计年度终了后，可由单位会计管理机构临时保管一年，再移交单位档案管理机构保管。因工作需要确需推迟移交的，应当经单位档案管理机构同意。

单位会计管理机构临时保管会计档案最长不超过三年。临时保管期间，会计档案的保管应当符合国家档案管理的有关规定，且出纳人员不得兼管会计档案。

第十二条　单位会计管理机构在办理会计档案移交时，应当编制会计档案移交清册，并按照国家档案管理的有关规定办理移交手续。

纸质会计档案移交时应当保持原卷的封装。电子会计档案移交时应当将电子会计档案及其元数据一并移交，且文件格式应当符合国家档案管理的有关规定。特殊格式的电子会计档案应当与其读取平台一并移交。

单位档案管理机构接收电子会计档案时，应当对电子会计档案的准确性、完整性、可用性、安全性进行检测，符合要求的才能接收。

第十三条　单位应当严格按照相关制度利用会计档案，在进行会计档案查阅、复制、借出时履行登记手续，严禁篡改和损坏。

单位保存的会计档案一般不得对外借出。确因工作需要且根据国家有关规定必须借出的，应当严格按照规定办理相关手续。

会计档案借用单位应当妥善保管和利用借入的会计档案，确保借入会计档案的安全完整，并在规定时间内归还。

第十四条　会计档案的保管期限分为永久、定期两类。定期保管期限一般分为 10 年和 30 年。

会计档案的保管期限，从会计年度终了后的第一天算起。

第十五条　各类会计档案的保管期限原则上应当按照本办法附表执行，本办法规定的会计档案保管期限为最低保管期限。

单位会计档案的具体名称如同本办法附表所列档案名称不相符的，应当比照类似档案的保管期限办理。

第十六条　单位应当定期对已到保管期限的会计档案进行鉴定，并形成会计档案鉴定意见书。经鉴定，仍需继续保存的会计档案，应当重新划定保管期限；对保管期满，确无保存价值的会计档案，可以销毁。

第十七条　会计档案鉴定工作应当由单位档案管理机构牵头，组织单位会计、审计、纪检监察等机构或人员共同进行。

第十八条　经鉴定可以销毁的会计档案，应当按照以下程序销毁：

（一）单位档案管理机构编制会计档案销毁清册，列明拟销毁会计档案的名称、卷号、册数、起止年度、档案编号、应保管期限、已保管期限和销毁时间等内容。

（二）单位负责人、档案管理机构负责人、会计管理机构负责人、档案管理机构经办人、会计管理机构经办人在会计档案销毁清册上签署意见。

（三）单位档案管理机构负责组织会计档案销毁工作，并与会计管理机构共同派员监销。监销人在会计档案销毁前，应当按照会计档案销毁清册所列内容进行清点核对；在会计档案销毁后，应当在会计档案销毁清册上签名或盖章。

电子会计档案的销毁还应当符合国家有关电子档案的规定，并由单位档案管理机构、会计管理机构和信息系统管理机构共同派员监销。

第十九条　保管期满但未结清的债权债务会计凭证和涉及其他未了事项的会计凭证不得销毁，纸质会计档案应当单独抽出立卷，电子会计档案单独转存，保管到未了事项完结时为止。

单独抽出立卷或转存的会计档案，应当在会计档案鉴定意见书、会计档案销毁清册和会计档案保管清册中列明。

第二十条　单位因撤销、解散、破产或其他原因而终止的，在终止或办理注销登记手续之前形成的会计档案，按照国家档案管理的有关规定处置。

第二十一条　单位分立后原单位存续的，其会计档案应当由分立后的存续方统一保管，其他方可以查阅、复制与其业务相关的会计档案。

单位分立后原单位解散的，其会计档案应当经各方协商后由其中一方代管或按照国家档案管理的有关规定处置，各方可以查阅、复制与其业务相关的会计档案。

单位分立中未结清的会计事项所涉及的会计凭证，应当单独抽出由业务相关方保存，并按照规定办理交接手续。

单位因业务移交其他单位办理所涉及的会计档案，应当由原单位保管，承接业务单位可以查阅、复

制与其业务相关的会计档案。对其中未结清的会计事项所涉及的会计凭证，应当单独抽出由承接业务单位保存，并按照规定办理交接手续。

第二十二条　单位合并后原各单位解散或者一方存续其他方解散的，原各单位的会计档案应当由合并后的单位统一保管。单位合并后原各单位仍存续的，其会计档案仍应当由原各单位保管。

第二十三条　建设单位在项目建设期间形成的会计档案，需要移交给建设项目接受单位的，应当在办理竣工财务决算后及时移交，并按照规定办理交接手续。

第二十四条　单位之间交接会计档案时，交接双方应当办理会计档案交接手续。

移交会计档案的单位，应当编制会计档案移交清册，列明应当移交的会计档案名称、卷号、册数、起止年度、档案编号、应保管期限和已保管期限等内容。

交接会计档案时，交接双方应当按照会计档案移交清册所列内容逐项交接，并由交接双方的单位有关负责人负责监督。交接完毕后，交接双方经办人和监督人应当在会计档案移交清册上签名或盖章。

电子会计档案应当与其元数据一并移交，特殊格式的电子会计档案应当与其读取平台一并移交。档案接受单位应当对保存电子会计档案的载体及其技术环境进行检验，确保所接收电子会计档案的准确、完整、可用和安全。

第二十五条　单位的会计档案及其复制件需要携带、寄运或者传输至境外的，应当按照国家有关规定执行。

第二十六条　单位委托中介机构代理记账的，应当在签订的书面委托合同中，明确会计档案的管理要求及相应责任。

第二十七条　违反本办法规定的单位和个人，由县级以上人民政府财政部门、档案行政管理部门依据《中华人民共和国会计法》《中华人民共和国档案法》等法律法规处理处罚。

第二十八条　预算、计划、制度等文件材料，应当执行文书档案管理规定，不适用本办法。

第二十九条　不具备设立档案机构或配备档案工作人员条件的单位和依法建账的个体工商户，其会计档案的收集、整理、保管、利用和鉴定销毁等参照本办法执行。

第三十条　各省、自治区、直辖市、计划单列市人民政府财政部门、档案行政管理部门，新疆生产建设兵团财务局、档案局，国务院各业务主管部门，中国人民解放军总后勤部，可以根据本办法制定具体实施办法。

第三十一条　本办法由财政部、国家档案局负责解释，自 2016 年 1 月 1 日起施行。1998 年 8 月 21 日财政部、国家档案局发布的《会计档案管理办法》（财会字〔1998〕32 号）同时废止。

附表：

1. 企业和其他组织会计档案保管期限表

序号	档案名称	保管期限	备注
一	会计凭证		
1	原始凭证	30 年	
2	记账凭证	30 年	
二	会计账簿		
3	总账	30 年	
4	明细账	30 年	
5	日记账	30 年	
6	固定资产卡片		固定资产报废清理后保管 5 年
7	其他辅助性账簿	30 年	
三	财务会计报告		
8	月度、季度、半年度财务会计报告	10 年	
9	年度财务会计报告	永久	
四	其他会计资料		
10	银行存款余额调节表	10 年	
11	银行对账单	10 年	
12	纳税申报表	10 年	
13	会计档案移交清册	30 年	
14	会计档案保管清册	永久	
15	会计档案销毁清册	永久	
16	会计档案鉴定意见书	永久	

2. 财政总预算、行政单位、事业单位和税收会计档案保管期限表

序号	档案名称	保管期限			备注
		财政总预算	行政单位事业单位	税收会计	
一	会计凭证				
1	国家金库编送的各种报表及缴库退库凭证	10 年		10 年	
2	各收入机关编送的报表	10 年			

续表

序号	档 案 名 称	保管期限			备 注
		财政总预算	行政单位事业单位	税收会计	
3	行政单位和事业单位的各种会计凭证		30 年		包括：原始凭证、记账凭证和传票汇总表
4	财政总预算拨款凭证和其他会计凭证	30 年			包括：拨款凭证和其他会计凭证
二	会计账簿				
5	日记账		30 年	30 年	
6	总账	30 年	30 年	30 年	
7	税收日记账（总账）			30 年	
8	明细分类、分户账或登记簿	30 年	30 年	30 年	
9	行政单位和事业单位固定资产卡卡				固定资产报废清理后保管 5 年
三	财务会计报告				
10	政府综合财务报告	永久			下级财政、本级部门和单位报送的保管 2 年
11	部门财务报告		永久		所属单位报送的保管 2 年
12	财政总决算	永久			下级财政、本级部门和单位报送的保管 2 年
13	部门决算		永久		所属单位报送的保管 2 年
14	税收年报（决算）			永久	
15	国家金库年报（决算）	10 年			
16	基本建设拨、贷款年报（决算）	10 年			
17	行政单位和事业单位会计月、季度报表		10 年		所属单位报送的保管 2 年
18	税收会计报表			10 年	所属税务机关报送的保管 2 年
四	其他会计资料				
19	银行存款余额调节表	10 年	10 年		
20	银行对账单	10 年	10 年	10 年	

续表

序号	档 案 名 称	保管期限			备 注
		财政总预算	行政单位事业单位	税收会计	
21	会计档案移交清册	30 年	30 年	30 年	
22	会计档案保管清册	永久	永久	永久	
23	会计档案销毁清册	永久	永久	永久	
24	会计档案鉴定意见书	永久	永久	永久	

注 税务机关的税务经费会计档案保管期限，按行政单位会计档案保管期限规定办理。

13　会计师事务所审计档案管理办法

（财会〔2016〕1 号）

第一章　总　　则

第一条 为规范会计师事务所审计档案管理，保障审计档案的真实、完整、有效和安全，充分发挥审计档案的重要作用，根据《中华人民共和国档案法》《中华人民共和国注册会计师法》《中华人民共和国档案法实施办法》及有关规定，制定本办法。

第二条 在中华人民共和国境内依法设立的会计师事务所管理审计档案，适用本办法。

第三条 本办法所称审计档案，是指会计师事务所按照法律法规和执业准则要求形成的审计工作底稿和具有保存价值、应当归档管理的各种形式和载体的其他历史记录。

第四条 审计档案应当由会计师事务所总所及其分所分别集中管理，接受所在地省级财政部门和档案行政管理部门的监督和指导。

第五条 会计师事务所首席合伙人或法定代表人对审计档案工作负领导责任。

会计师事务所应当明确一名负责人（合伙人、股东等）分管审计档案工作，该负责人对审计档案工作负分管责任。

会计师事务所应当设立专门岗位或指定专人具体管理审计档案并承担审计档案管理的直接责任。审计档案管理人员应当接受档案管理业务培训，具备良好的职业道德和专业技能。

第六条 会计师事务所应当结合自身经营管理实际，建立健全审计档案管理制度，采用可靠的防护技术和措施，确保审计档案妥善保管和有效利用。

会计师事务所从事境外发行证券与上市审计业务

的，应当严格遵守境外发行证券与上市保密和档案管理相关规定。

第二章　归档、保管与利用

第七条　会计师事务所从业人员应当按照法律法规和执业准则的要求，及时将审计业务资料按审计项目整理立卷。

审计档案管理人员应当对接收的审计档案及时进行检查、分类、编号、入库保管，并编制索引目录或建立其他检索工具。

第八条　会计师事务所不得任意删改已经归档的审计档案。按照法律法规和执业准则规定可以对审计档案作出变动的，应当履行必要的程序，并保持完整的变动记录。

第九条　会计师事务所自行保管审计档案的，应当配置专用、安全的审计档案保管场所，并配备必要的设施和设备。

会计师事务所可以向所在地国家综合档案馆寄存审计档案，或委托依法设立、管理规范的档案中介服务机构（以下简称中介机构）代为保管。

第十条　会计师事务所应当按照法律法规和执业准则的规定，结合审计业务性质和审计风险评估情况等因素合理确定审计档案的保管期限，最低不得少于十年。

第十一条　审计档案管理人员应当定期对审计档案进行检查和清点，发现损毁、遗失等异常情况，应当及时向分管负责人或经其授权的其他人员报告并采取相应的补救措施。

第十二条　会计师事务所应当严格执行审计档案利用制度，规范审计档案查阅、复制、借出等环节的工作。

第十三条　会计师事务所对审计档案负有保密义务，一般不得对外提供；确需对外提供且符合法律法规和执业准则规定的，应当严格按照规定办理相关手续。手续不健全的，会计师事务所有权不予提供。

第三章　权属与处置

第十四条　审计档案所有权归属会计师事务所并由其依法实施管理。

第十五条　会计师事务所合并的，合并各方的审计档案应当由合并后的会计师事务所统一管理。

第十六条　会计师事务所分立后原会计师事务所存续的，在分立之前形成的审计档案应当由分立后的存续方统一管理。

会计师事务所分立后原会计师事务所解散的，在分立之前形成的审计档案，应当根据分立协议，由分立后的会计师事务所分别管理，或由其中一方统一管理，或向所在地国家综合档案馆寄存，或委托中介机

构代为保管。

第十七条　会计师事务所因解散、依法被撤销、被宣告破产或其他原因终止的，应当在终止之前将审计档案向所在地国家综合档案馆寄存或委托中介机构代为保管。

第十八条　会计师事务所分所终止的，应当在终止之前将审计档案交由总所管理，或向所在地国家综合档案馆寄存，或委托中介机构代为保管。

第十九条　会计师事务所交回执业证书但法律实体存续的，应当在交回执业证书之前将审计档案向所在地国家综合档案馆寄存或委托中介机构代为保管。

第二十条　有限责任制会计师事务所及其分所因组织形式转制而注销，并新设合伙制会计师事务所及分所的，转制之前形成的审计档案由新设的合伙制会计师事务所及分所分别管理。

第二十一条　会计师事务所及分所委托中介机构代为保管审计档案的，应当签订书面委托协议，并在协议中约定审计档案的保管要求、保管期限以及其他相关权利义务。

第二十二条　会计师事务所及分所终止或会计师事务所交回执业证书但法律实体存续的，应当在交回执业证书时将审计档案的处置和管理情况报所在地省级财政部门备案。委托中介机构代为保管审计档案的，应当提交书面委托协议复印件。

第四章　鉴定与销毁

第二十三条　会计师事务所档案部门或档案工作人员所属部门（以下统称档案管理部门）应当定期与相关业务部门共同开展对保管期满的审计档案的鉴定工作。

经鉴定后，确需继续保存的审计档案应重新确定保管期限；不再具有保存价值且不涉及法律诉讼和民事纠纷的审计档案应当登记造册，经会计师事务所首席合伙人或法定代表人签字确认后予以销毁。

第二十四条　会计师事务所销毁审计档案，应当由会计师事务所档案管理部门和相关业务部门共同派员监销。销毁电子审计档案的，会计师事务所信息化管理部门应当派员监销。

第二十五条　审计档案销毁决议或类似决议、审批文书和销毁清册（含销毁人、监销人签名等）应当长期保存。

第五章　信息化管理

第二十六条　会计师事务所应当加强信息化建设，充分运用现代信息技术手段强化审计档案管理，不断提高审计档案管理水平和利用效能。

第二十七条　会计师事务所对执业过程中形成的具有保存价值的电子审计业务资料，应当采用有效的

存储格式和存储介质归档保存，建立健全防篡改机制，确保电子审计档案的真实、完整、可用和安全。

第二十八条　会计师事务所应当建立电子审计档案备份管理制度，定期对电子审计档案的保管情况、可读取状况等进行测试、检查，发现问题及时处理。

第六章　监督管理

第二十九条　会计师事务所从业人员转所执业的，离所前应当办理完结审计业务资料交接手续，不得将属于原所的审计业务资料带至新所。

禁止会计师事务所及其从业人员损毁、篡改、伪造审计档案，禁止任何个人将审计档案据为己有或委托个人私存审计档案。

第三十条　会计师事务所违反本办法规定的，由省级以上财政部门责令限期改正。逾期不改的，由省级以上财政部门予以通报、列为重点监管对象或依法采取其他行政监管措施。

会计师事务所审计档案管理违反国家保密和档案管理规定的，由保密行政管理部门或档案行政管理部门分别依法处理。

第七章　附　　则

第三十一条　会计师事务所从事审阅业务和其他鉴证业务形成的业务档案参照本办法执行。有关法律法规另有规定的，从其规定。

第三十二条　本办法自 2016 年 7 月 1 日起施行。

⑭　国资委关于推进中央企业电子文件管理工作的指导意见

（国资发〔2013〕219 号）

各中央企业：

为推进中央企业电子文件管理，确保电子文件真实、完整、可用和安全，保存好企业历史记录，促进信息资源开发利用，推动企业可持续发展，按照国家有关法律法规和相关标准，结合中央企业电子文件管理特点，提出以下意见：

一、充分认识推进中央企业电子文件管理工作的重要意义

（一）电子文件的涵义和管理特点

企业电子文件是指企业在生产经营管理过程中，通过计算机等电子设备形成、办理、传输和存储的文字、图表、图像、音频、视频等不同形式的信息记录。中央企业电子文件是企业生产运营和管理的业务凭证，是企业重要的信息资产，也是国家的重要信息资源。

电子文件以其特有的存在方式和运行方式与纸制文件有着不同的实现条件和实现方式，在企业生产经营管理中具有高效、便捷的优势，同时具有易失真、易失实、易失效等特性。电子文件与一般意义上的电子公文概念不同，其管理既包括对文书类电子文件的管理，也包括对业务专用类电子文件的管理，具有覆盖全过程、全业务、全范围管理和化载体控制为内容控制的管理特点。

（二）加强电子文件管理的战略意义

国有企业是我国国民经济的支柱，是全面建成小康社会的重要力量。中央企业作为国有企业的主力军和中坚力量，产生的电子文件不仅涉及企业生产经营管理的诸多信息，还可能涉及国家政治、经济、安全等重要领域。从国家信息安全和企业可持续发展来看，加强电子文件管理意义重大。随着中央企业信息化的快速发展，以及工业化与信息化的高度融合，信息技术日新月异，电子文件大量形成、普遍应用、增量可观，电子文件迅速而不可逆转地替代纸质文件而成为主要的记录格式（信息记录形式之一），成为企业电子化业务的基本信息支撑。从电子文件及其管理特点来看，传统的纸质文件管理体系已难以适应电子文件的管理要求。中央企业亟须根据企业发展战略和信息化发展阶段的要求，采取有效措施，切实保证电子文件的真实可靠、充分共享与长久保存，以切实保护企业信息安全，促进企业价值提升，增强核心竞争力，保障国家信息安全和保存国家记忆，推进中央企业可持续发展。

（三）推进中央企业电子文件管理工作的紧迫性和必然性

近二十多年来，世界各国积极探索有效保证电子文件真实性、完整性和有效性的解决方案。总体上看，我国电子文件管理目前尚处于起步和探索阶段，中央企业电子文件管理水平亦参差不齐。多数企业尚未实现对文书类电子文件和业务专用类电子文件的全程管控，一些企业的信息化业务应用系统由于体系结构、功能设计、技术标准各不相同，甚至差异较大，难以实现信息交换和信息共享，容易形成信息孤岛，同时还可能存在管理不规范、重复投资、信息资源丢失等诸多风险，甚至面临着因软硬件环境损坏导致信息不可用的危险以及因现有信息系统的改造升级而从技术上导致原有重要信息数据不可读取的危险。电子文件一旦流失，将严重损害企业信息资源管理的延续性，业务凭证、资产凭证、管理凭证，以至工程图纸、企业发展记忆等都有可能毁于一旦，损失无法挽回且难以估量。

加强电子文件管理迫在眉睫。一是有利于促进企业管理水平提升。通过电子文件管理工作，可对企业业务信息系统每天产生的信息进行分类处理和规范管理，建立制度标准，使信息的归集、管理和利用做到

有章可循，将极大地促进企业精益化和标准化管理水平的提升。二是有利于消除信息壁垒。建立贯穿于各业务信息系统数据及内容的企业电子文件管理平台，将极大地促进企业信息资源的整合利用，提升信息价值。三是有利于维护企业核心利益。通过电子文件管理工作，可对各业务信息系统承载的企业发展的大量科技、合同、生产管理等重要信息数据，按国家标准进行导出并封装，从而确保这些信息数据的完整、安全和长久可读。

二、中央企业电子文件管理的指导思想和基本原则

（一）中央企业电子文件管理的指导思想

以实现信息化与工业化深度融合，保障信息资产的保值增值，培育具有国际竞争力的世界一流企业为目标，遵循信息化条件下电子文件形成和利用的规律，借鉴国外和先进企业电子文件管理经验，按照企业信息化发展总体规划，坚持统筹规划、融合发展，着力加强电子文件管理理念、标准规范、信息技术和人才队伍建设，充分发挥电子文件管理在保护企业信息安全、促进企业价值提升、增强企业核心竞争力、保障企业可持续发展等方面的积极作用。

（二）电子文件管理的基本原则

1. 统一管理。对电子文件管理工作实行统筹规划，对具有保存价值的电子文件实行集中管理。

2. 全程管理。对电子文件形成、办理、传输、保存、利用、销毁等实行全生命周期管理，确保电子文件始终处于受控状态。

3. 规范管理。制定统一标准和规范，对电子文件实行规范化管理；分类管理，即对有价值的电子文件分层次、分类别管理，以便于共享利用。

4. 安全管理。按照国家有关法律法规和规范标准的要求，采取有效技术手段和管理措施，确保电子文件信息安全。

三、推进中央企业电子文件管理工作的目标和基本路径

（一）中央企业电子文件管理的基本工作目标

到"十二五"末，电子文件管理试点企业取得阶段性成果，初步形成具有企业特色的制度标准体系，初步搭建电子文件管理技术支持系统，电子文件管理水平有较大提升。总结推广试点企业经验，中央企业电子文件管理体制机制初步形成，适应中央企业电子文件管理的机构、人才队伍初步建立，推动中央企业有效实施电子文件的形成与办理、归档与移交、保管和利用全过程规范管理，确保电子文件真实、完整、可用、安全，基本满足企业生产经营的现代管理要求。

（二）推进中央企业电子文件管理工作的基本路径

1. 强化意识，着眼长远。调研企业电子文件管理现状，分析电子文件管控关键节点和风险点，明确业务需求，充分认识电子文件管理的战略意义和对企业基本信息支撑的作用，使电子文件管理信息系统既满足企业当前业务开展的需要，同时服务企业可持续发展的需要。

2. 整体设计，标准先行。将企业电子文件管理纳入企业信息化发展规划，开展电子文件管理信息系统的顶层设计，推动电子文件管理系统与企业业务信息化系统融合和完善。按照国家标准确定统一的电子文件管理技术标准，研究制定企业电子文件管理制度和流程标准规范，实现各业务数据的衔接和共享，不断提升企业电子文件管理水平。

3. 融合业务，重点突破。以信息共享与业务融合为出发点，以电子文件保存为基础。通过规范文书类电子文件格式、标识、元数据、过程稿等内容，形成电子文件标识、元数据、存储、交换、应用等标准规范和管理制度，明确文书类电子文件形成过程的规范要求和安全要求，解决电子文件形成办理的格式不统一、版式不兼容、安全无保障等问题。通过规范重要业务的电子表单、电子票据、图纸影像等专用电子文件，整合业务系统的结构化和非结构化数据，验证并形成专用电子文件格式、标识、元数据、签章、水印等标准规范和规章制度，解决专用电子文件系统依赖性强、交换共享困难、安全难以保证、管理手段不足等问题，从而确保电子文件真实、完整、可用、安全。

4. 积极推进，逐步完善。按照"实事求是、先易后难、点面结合、突出重点、立足当前、着眼长远、服务发展、适当超前"的原则，选择主要业务信息系统或信息化基础较好的企业先行开展试点，总结试点经验，优化完善后推广应用，逐步实现电子文件管理对企业人财物管理、核心业务管理、国际化运营、辅助分析决策、经济运行监测分析和全面风险管控等业务信息系统的全覆盖。

四、推进中央企业电子文件管理工作的主要任务和要求

（一）建立健全电子文件管理机构

各中央企业要高度重视电子文件管理工作，建立健全电子文件管理协调机制和机构，加强领导，研究解决本企业电子文件管理工作重大问题。协调机构的日常工作应由有文件管理或档案管理职责的综合管理部门承担，明确电子文件形成部门、档案管理部门、保密部门、信息化管理部门的职责分工和协调配合机制，共同做好电子文件日常管理工作。企业计划、预算、资金、人事、设施设备等管理部门应当为电子文件管理提供必要的措施保障，按照企业电子文件管理规划，制定相应的计划，增设专职电子文件管理部门或岗位，确保管理经费、设施设备投入、人员编制与

费用开支得到落实，为电子文件管理工作提供必要保障。

（二）探索中央企业电子文件管理制度体系和机制建设

各中央企业应当结合工作实际，认真研究企业电子文件管理规律，探索建立电子文件管理制度体系和机制。加强电子文件全程管理和系统设施建设，实现与业务系统有机融合。研究制定电子文件形成与办理、归档与移交、保管与利用，电子文件管理基础数据统计，企业重大项目电子文件管理，电子文件管理系统和设施管理，以及电子文件管理和现有文件、档案管理有机衔接等工作的相关制度。建立和完善电子文件全生命周期管理、业务驱动与集成管理、信息资源一体化管理、电子文件管理与信息化融合发展，以及电子文件管理统筹协调等工作机制。充分发挥现有信息化基础设施的作用，实现电子文件管理工作的统一规划、统一实施和统一管理。

（三）规范电子文件管理技术支持系统

根据电子文件管理与信息化融合发展的要求，将信息系统建设与电子文件管理相结合，对于已经建立的信息系统从电子文件管理的真实、完整、可用和安全要求方面进行系统的加固。对于有条件的企业，应当从系统完整可用性、数据完整保密性、主机安全性、使用合法性等方面，规范电子文件形成办理的业务系统、电子文件归档移交和保管利用的管理系统，实现电子文件的全生命周期管理。按照电子文件管理的真实、完整、可用和安全要求，在电子文件相应管理系统中规范配备信息保护、身份认证、授权管理、电子签名、数字水印、安全审计等产品，强化电子文件安全保密措施。

（四）组织电子文件管理技术攻关

积极探索企业集团电子文件统一管理、全程管理、安全管理、有效利用的方法，按照真实完整、安全保密、长期可读的要求，推动涉密企业电子文件管理系统自主开发，积极开展电子文件标识、元数据管理、信息封装，以及形成办理、检索利用、长期保存等关键技术研究。鼓励有条件的中央企业依据电子文件管理国家标准和行业标准，结合企业业务特点，构建电子文件管理企业标准体系，为电子文件管理技术攻关奠定基础。

（五）加强电子文件管理宣传培训力度和队伍建设

利用多种形式宣传电子文件管理工作的意义，使企业员工充分了解电子文件管理知识、增强电子文件管理意识。制订培训计划，规范培训内容，开展知识与技能培训，组织实地考察先进企业和试点企业电子文件管理系统建设与应用情况，总结推广工作经验，提高电子文件管理人员工作水平。

15　中央企业档案信息化建设工作指引

（国资厅发〔2014〕2号）

第一章　总　　则

为进一步加强中央企业档案信息化建设，推进企业档案信息资源管理标准化、规范化进程，充分发挥企业档案资源优势，按照国资委《关于中央企业开展管理提升活动的指导意见》中提出的"强基固本、控制风险，转型升级、保值增值，做强做优、科学发展"的主题思想，结合中央企业档案信息化建设现状，对中央企业档案信息化建设工作提出如下工作指引：

1　重要意义

企业档案是企业知识资产和信息资源的重要组成部分，企业档案工作是企业科研、生产、经营和管理活动的基础性管理工作，与企业生产经营和改革发展密切相关，不可或缺。档案信息化是促进中央企业管理水平提高的必然要求，是实现国有资产保值增值的重要手段，是档案部门参与企业生产经营和管理活动的具体体现，也是档案部门遵循档案工作自身发展规律，进一步深化改革，推动科技进步，提高服务效率和质量的必然选择。

近年来，中央企业档案信息化建设取得了长足进步，但仍存在一些不容忽视的问题：部分企业对档案信息化建设重要性认识不足，重视不够；档案信息化建设的资金投入不足，存量档案数字化水平较低，增量电子档案管理不规范，系统建设分散，档案信息资源孤岛现象比较突出，难以适应系统集成、信息共享和业务协同的需要；档案信息化建设人才队伍匮乏等。因此，中央企业必须充分认识档案信息化建设的重要性，把这项工作作为一项重要和长期的任务来抓，采取有效措施，切实做好档案信息化建设工作。

2　指导思想

各中央企业要坚持以科学发展观为指导，认真贯彻国家有关档案、信息化的法律法规，贯彻中央企业档案工作会议和中央企业开展管理提升活动的要求，结合企业发展战略和管理特点，加快档案信息化建设，积极推进档案资源存量数字化、增量电子化、信息标准化、利用网络化，全面提升中央企业档案管理水平，以适应企业生产经营和改革发展的需要。

3　基本原则

企业档案信息化建设应遵循以下原则：

3.1 统筹规划，持续推进

坚持档案信息化建设与企业信息化协调和同步发展，将档案信息化建设纳入企业信息化建设的整体规划和方案，立足全局与长远，做好档案信息化顶层设计。并通过不断的管理提升和流程再造，实现与信息化的良性互动。

3.2 统一标准，严格规范

各中央企业应加强本行业、本系统档案业务和信息技术的标准化建设，完善现行的档案管理制度和业务流程，实行档案信息化建设统一规划、统一标准、统一设计、统一投资、统一建设、统一管理。

3.3 注重质量，确保安全

严格遵循国家相关制度、标准和技术规范，建设安全保障体系，通过基础设施建设、组织制度完善和安全技术保障等多种手段和措施，实现和保证实体安全、数据安全和网络安全。

4 工作目标和任务

4.1 企业档案管理系统建设目标

力争在"十二五"末，基本完成重点中央企业统一的档案管理系统及相关标准规范体系建设，建成以数字资源为基础、安全管理为保障、网络利用为目标的数字档案馆（室）体系。企业应将数字档案馆（室）体系建设纳入企业信息化建设规划，积极推进档案信息化建设。

4.2 档案数字化建设目标

各企业要研究制定档案数字化推进方案，为档案数字化提供资金保障，不断提升中央企业档案数字化率，并将企业档案数字化率列入中央企业档案工作评价范围。档案数字化要坚持应用与抢救并重的原则，积极将企业重要的、利用率高的、急需抢救的档案纳入数字化范围。

4.3 推进电子文件管理

各企业要认真贯彻落实国家《电子文件管理暂行办法》和国资委《关于推进中央企业电子文件管理工作的指导意见》，将电子文件管理作为档案信息化建设的重要内容。各企业信息管理部门在开发与实施各业务信息系统时要充分考虑电子文件归档需求，统筹规划归档电子文件管理，确保归档电子文件的完整、准确与安全。各企业要加强企业特色电子文件管理研究和试点，完善管理体制机制，研究制定符合企业管理特点的相关标准规范，配备相适应的设施设备，为电子文件管理提供先进的技术和方法。

5 保障措施

5.1 加强组织领导

中央企业要高度重视档案信息化工作，建立健全档案管理机制和机构，加强领导，明确工作职责，研究解决本企业档案信息化建设的现实问题，自上而下扎实推进，确保档案信息化建设工作落到实处。

5.2 经费保障

计划、资金、设备等管理部门应当为档案信息化建设提供必要的保障措施，按照企业档案信息化建设规划，制定相应计划，确保管理经费、设施设备投入、费用开支得到落实，为档案信息化建设工作提供必要保障。

5.3 队伍建设

设立专职档案信息化管理岗位，加强信息技术人才的引进和档案人员信息技术知识的培训，提高档案人员运用信息技术的技能，引导档案人员适应信息化要求。要认真研究信息化条件下企业档案管理现代化的新要求，积极推进企业档案信息化建设。

5.4 政策保障

国资委将档案信息化建设内容纳入中央企业信息化考核指标和中央企业信息化水平评价内容。

第二章 名词和术语

1 规范性引用文件

GB/T 11821—2002 照片档案管理规范

GB/T 18894—2002 电子文件归档与管理规范

GB/T 19486—2004 电子政务主题词表编制规则

GB/T 19487—2004 电子政务业务流程设计方法通用规范

GB/T 19488.1—2004 电子政务数据元 第1部分：设计和管理规范

GB/T 19667.1—2005 基于XML的电子公文格式规范第1部分：总则

GB/T 19669—2005 XML在电子政务中的应用指南

GB/T 22240—2008 信息安全技术 信息系统安全等级保护定级指南

GB/T 23286.1—2009 文献管理 长期保存的电子文档文件格式 第1部分：PDF1.4（PDFA-1）的使用

GB/T 25058—2010 信息安全技术 信息系统安全等级保护实施指南

GB/T 9704—2012 党政机关公文格式

DA/T 15—95 磁性载体档案管理与保护规范

DA/T 18—1999 档案著录规则

DA/T 22—2000 归档文件整理规则

DA/T 25—2000 档案修裱技术规范

DA/T 31—2005 纸质档案数字化技术规范

DA/T 42—2009 企业档案工作规范

DA/T 46—2009 文书类电子文件元数据方案

DA/T 47—2009 版式电子文件长期保存格式

需求

DA/T 48—2009　　基于 XML 的电子文件封装规范

中央企业商业秘密信息系统安全技术指引

电子政务标准化指南　第 4 部分：信息共享

中华人民共和国计算机信息系统安全保护条例（国务院令 147 号）

中华人民共和国互联网信息服务管理办法（国务院令 292 号）

企业文件材料归档范围和档案保管期限规定（国家档案局令 10 号）

档案管理软件功能要求暂行规定（国档发〔2001〕6 号）

关于加强新技术产品使用保密管理的通知（国保发〔2006〕3 号）

2　术语说明

2.1　企业档案

企业在研发、生产、经营和管理活动中形成有保存价值并整理归档的各种形式的文件材料。

2.2　企业档案工作

企业履行档案管理职责的行为和活动

2.3　档案信息化

运用信息技术对归档文件、数据信息资源及档案进行采集、整合、维护、处置和提供利用服务的档案管理提升过程和工作方式。

2.4　档案信息资源

档案信息资源作为企业在生产及各项管理活动中直接形成的历史记录，是促进企业发展的重要信息资源。它包括企业及所属各单位为履行档案管理职能而采集、加工、使用的信息资源。

2.5　数字档案馆

数字档案馆是运用现代信息技术，对数字档案信息资源进行管理，以网络化方式相连接和提供利用，实现信息共享的信息系统。具有提供档案数字资源、档案数字资源的远程访问、档案数据交换与互操作的能力，通过该系统网络支撑平台、业务管理平台、信息服务平台，实现档案信息资源的传输网络化、利用在线化、管理自动化。

2.6　电子文件

指机关、团体、企事业单位和其他组织在处理公务过程中，通过计算机等电子设备形成、办理、传输和存储的文字、图表、图像、音频、视频等不同形式的信息记录。

2.7　归档电子文件

指具有参考和利用价值并作为档案保存的电子文件。

2.8　背景信息

指描述生成电子文件的职能活动、电子文件的作用、办理过程、结果、上下文关系以及对其产生影响的历史环境等信息。

2.9　元数据

指描述电子文件数据属性的数据，包括文件的格式、编排结构、硬件和软件环境、文件处理软件、字处理和图形工具软件、字符集等数据。

2.10　电子档案

直接形成的，具有保存价值的归档电子文件及相应的元数据、背景信息和支持软件。

2.11　真实性

指对电子文件的内容、结构和背景信息进行鉴定后，确认其与形成时的原始状况一致。

2.12　完整性

指电子文件的内容、结构、背景信息和元数据等无缺损。

2.13　有效性

指电子文件应具备的可理解性和可被利用性，包括信息的可识别性、存储系统的可靠性、载体的完好性和兼容性等。

2.14　迁移

指将源系统中的电子文件向目的系统进行转移存储的方法与过程。

2.15　数字签名

数字签名技术即进行身份认证的技术。在数字化文档上的数字签名类似于纸张上的手写签名，是不可伪造的。

2.16　数字化

用计算机技术将模拟信号转换为数字信号的处理过程。

2.17　纸质档案数字化

采用扫描仪或数码相机等数码设备对纸质档案进行数字化加工，将其转化为存储在磁带、磁盘、光盘等载体上并能被计算机识别的数字图像或数字文本的处理过程。

2.18　数字图像

表示实物图像的整数阵列。一个二维或更高维的采样并量化的函数，由相同维数的连续图像产生。在矩阵（或其他）网络上采样——连续函数，并在采样点上将值最小化后的阵列。

2.19　分辨率

单位长度内图像包含的点数或像素数，一般用每英寸点数（dpi）表示。

2.20　失真度

对档案进行数字化转换后，数字图像与档案原件在色彩、几何等方面的偏离程度。

2.21　OCR（Optical Character Recognition）

采用光学字符识别，对图像信息加以识别处理变成文本的过程。

第三章 档案管理系统建设

1 总体要求

各企业应建立符合标准规范、安全保密管理要求的档案管理系统,确保各项档案管理活动正常开展。

档案管理系统建设应遵循"规范、先进、实用"的原则,以适应企业档案信息化发展为基本要求,对企业电子档案信息和实体档案进行管理,提高档案管理的规范化、标准化水平,确保档案数据的安全和有效利用。同时,应将档案管理系统建设纳入企业信息化规划之中,将档案管理活动融入到日常业务流程中,统筹规划、统一安排,逐步实现企业档案管理由传统管理模式向企业内容管理转变,最大限度地保存生产经营改革发展中所形成的各类档案。

2 基础设施要求

2.1 网络安全

各企业应规划、设计、建设安全的网络基础设施,为档案管理系统的安全、平稳运行提供支持,为电子档案的收集与管理创造条件,为电子档案的传输提供安全保障。

满足档案信息化建设要求的计算机网络一般包括档案数据专网和企业局域网,档案数据专网应与互联网物理隔离;做好专网第三方边界、专网纵向上下级单位边界及横向域间边界安全防护。

2.2 档案电子化设备安全

档案电子化的设备包括终端设备、扫描仪、数码拍摄仪等,必须对其进行全面的安全监控和输出管理,能够有效防止电子档案泄密,实现档案电子化设备有效控制,合理调度、安全管控、事后审计等。

2.3 移动存储介质安全

移动存储介质作为电子档案的载体之一,是电子档案数据转移的重要工具,做好移动存储介质管理是基础设施建设的重要环节,企业应对移动存储介质的标识、使用、销毁进行全生命周期管控。

2.4 终端设备安全

终端设备是电子档案管理的重要设备,只有使用安全、稳定的终端设备,电子档案系统才能安全、高效的运转,真正实现档案的信息化建设、管理。

2.5 电子档案数据安全

在档案管理系统建设中应充分考虑档案数据安全,通过电子档案数据保护模块,实现电子档案的加解密管理、水印管理、操作控制、外发管理和监控审计管理,通过管理与技术相结合的手段,实现电子档案数据的保护与监控,防止档案数据泄漏。

2.6 PKI/CA体系建设

PKI/CA体系用于对档案系统的加解密传输,实现数据传输的机密性;同时通过数字证书认证方式,

防止非授权用户对涉及企业秘密的电子档案系统非法访问,实现电子档案的保密性、完整性、不可防抵赖性、授权与访问控制。

3 资源建设要求

应加强档案目录数据库建设。充分运用计算机技术,加快档案目录数据库建设,提高档案检索利用服务质量。

积极推进档案全文数据库和多媒体数据库建设。各企业应通过接收电子档案、对各种类型档案进行数字化等方法、积极建设相关的全文数据库和多媒体数据库,逐步实现档案全文信息查询,不断提高服务效率。

加强电子文件归档管理。各企业要根据档案管理要求,加强对本企业电子文件收集、整理、分类、鉴定、归档等工作的监督、指导,保证产生的有保存价值的电子文件真实、完整、有效,引导、规范企业电子文件的管理工作。

4 系统功能要求

档案管理系统应具备收集整编、档案管理、检索利用、借阅管理、统计报表、专题编研、安全防护、系统维护等基本功能,同时应考虑不同业务系统之间的集成性和系统数据的可移植性。

4.1 收集整编

收集整编模块应具备数据采集、整理编目、类目设置、著录控制、数据检验、目录生成、自动标引、打印输出等基本功能。

4.1.1 数据采集

应具备手工输入、批量导入基本的数据采集方式,其中批量导入应支持比较通用的文件格式数据导入,如Excel等格式。

4.1.2 整理编目

应具备对采集后的数据进行补录、组卷、插卷等基本功能。

4.1.3 类目设置

应能根据档案业务规范,结合用户档案管理实际业务设置档案数据的多级分类,并能够根据管理的发展灵活调整类目设置。

4.1.4 著录控制

应能根据实际档案管理规范控制档案著录的元数据信息,应能灵活设置元数据的著录要求,如必填、只读、格式要求等。

4.1.5 数据校验

应能对整理编目完成后的数据进行规范性的校验。具备对档号的唯一性,卷、件及关联元数据规则正确性等基本的数据校验功能。

4.1.6 目录生成

应能对具有固定规则的元数据信息自动生成,以

提高用户的著录工作效率。

4.1.7　打印输出

应能对整理编目后的数据打印常用的报表，如文件目录、卷内目录、案卷目录、备考表、脊背卡等。

4.1.8　自动标引

应能对固定类目下采集的数据，根据类目的设置规则自动生成相应的标引内容。

4.2　管理模块

档案管理模块应具备对各类档案目录及原文信息的查询、查看等基本功能，并能在授予权限的前提下，对电子档案及元数据进行修改，且进行相应的记录。

档案管理模块应具备档案导出的功能，将电子档案及元数据以原有规则的方式导出到本地或中间服务器，以保证系统升级或数据迁移时档案的完整性。

4.3　检索功能

档案管理系统应提供具有一定权限的网络用户档案检索利用的功能。提供该部分用户对各类档案进行按类检索、多视图检索、全文检索等多种途径检索查询的基本功能，浏览权限范围的档案应具备在线浏览的功能，下载权限范围的档案应具备下载的功能。

4.3.1　按类检索

根据用户输入的关键字，可选择指定档案类目，在元数据中检索相应的档案。

4.3.2　多视图检索

提供多种根据业务习惯组织的档案视图，用户选用适合业务习惯的视图，提升档案的可用性。

4.3.3　全文检索

根据用户输入的关键字，在电子档案库中检索符合用户检索条件的电子档案。

4.4　借阅管理

借阅管理模块应满足对本单位的借阅管理流程，包括对利用者以及利用的目的、时间、内容、效果等信息的记录、分析、统计以及档案的催还、续借、归还等功能。

4.5　统计报表

统计汇总模块应能够根据用户各种统计需要对档案的数量、利用情况进行科学的统计，并生成相应的汇总报表。应提供按照国家统一标准的档案年报填报功能，并实现年报填写、上报、汇总、统计的功能。

4.6　辅助实体管理

4.6.1　库房及库房温湿度管理

应能对档案库房进行可视化图表管理，包括：实际档案库房分布，档案密集架排架等。提供档案库房温湿度录入界面，并通过图表显示档案库房的年、月温湿度走势。

4.6.2　档案征集、接收、移交的管理

应能够记录征集、接收、移交档案的时间、来源、交接人、数量、种类、载体等，征集档案还应记录来源，并能对所有征集、接收、移交的档案批次进行管理。

4.6.3　档案鉴定管理

应能对档案的保管期限变列、密级变更、鉴定销毁等进行管理。

4.7　系统配置

系统维护模块在提供数据备份与恢复处理功能的同时，还应能对档案数据某些代码表提供方便的维护。

系统应支持系统管理员增加新的档案类型；

系统应支持系统管理员为不同的档案类型创建元数据；

系统应支持系统管理员增加新的档案分类展示方式；

系统应允许系统管理员设定档案类型的默认元数据值；

系统应提供对档案类型和分类展示的修改记录。

5　数据集成要求

系统接口设计与实施应符合《档案管理通则》（ISO 15489.1）和《档案管理指南》（ISO 15489.2），满足以下要求：

5.1　文件管理战略的出发点是文件管理方针、程序和方法的制定以及系统的设计与实施都要以满足机构的运作需求为前提，并与机构的规章制度相符。

5.2　机构所采纳的用于记录业务活动的文件管理战略应该明确规定哪些文件必须形成，在何时、何地以何种方式进入文件系统。

5.3　文件系统应该确保文件具备真实性、可靠性、完整性、可用性，同时系统本身应具备可靠性、完整性、一致性、全面性、系统性特点。

5.3.1　文件的真实性

文件的真实性有以下三重含义：文件与其用意相符；文件的形成和发送与其既定的形成者和发送者相吻合；文件的形成或发送与其既定时间一致。

5.3.2　文件的可靠性

可靠的文件是指文件的内容可信，可以充分、准确地反映其所证明的事务活动过程、活动或事实，在后续的事务活动过程或活动中可以以其为依据。

5.3.3　文件的完整性

指文件是全的，并且未加改动。

5.3.4　文件的可用性

可用的文件是指文件可以查找、检索、呈现或理解。

5.3.5　系统的可用性

常规性捕获业务活动范围内的所有文件；对文件进行组织，并且组织方式应该反映文件形成者的业务流程；防止未经授权，对文件进行改动或处置；常规性地发挥主要信息源的功能作用，提供关于文件中所

记录的行动的信息；实现对所有文件和相关元数据的即时利用。系统的可靠性应该通过形成并保留系统运行的文件来记录。系统的运行文件应该能显示系统已满足了上述所列准则的要求。

5.3.6　系统的完整性

为了防止在未经授权的情况下对文件进行利用、销毁、改动和移动，应该使用诸如利用监控、用户身份验证、授权销毁等安全控制手段。这些控制手段可以嵌入文件系统内，也可以是独立于文件系统外的专门系统。对于电子档案来说，机构应该证明系统故障、系统升级以及定期维护不会影响到文件的完整性。接口设计应描述接口实现的普适性，能适应各类档案的管理模式、元数据变化等。

5.3.7　系统的一致性

文件系统的管理必须满足现行业务的各种要求，遵从机构的规章制度，并符合社会对竞购的期望。文件形成者应该理解这些要求对其所从事的业务活动的影响。应该定期对文件系统是否符合上述要求进行评估；评估过程形成的文件应该作为证据保存。

5.3.8　系统的全面性

文件系统的管理对象应该是机构或机构的部门在其全部业务活动范围开展工作所形成的文件。

5.3.9　系统的系统性

应通过文件系统和业务系统的设计和运行，实现文件形成、保管工作的有序化或系统化。

6　安全保障要求

6.1　定级标准

档案管理系统是企业重要信息管理系统之一，应根据档案内容受到破坏时所对客体的侵害程度，确定系统安全等级。安全等级至少应达到国家信息系统等级保护二级，即系统应具有以下安全保护能力。

6.1.1　能够防护系统免受来自外部小型组织的、拥有少量资源的威胁源发起的恶意攻击、内部用户的误操作、一般的自然灾难，以及其他相当危害程度的威胁所造成的重要资源损害。

6.1.2　能够发现重要的安全漏洞和安全事件。

6.1.3　在系统遭到损害后，能够在一段时间内恢复部分功能，确保核心业务不中断。

6.2　安全要求

档案管理系统的安全保障，分为基本管理要求和基本技术要求两大类。

6.2.1　基本管理要求

管理类安全要求与信息系统中各种角色参与的活动有关，主要通过控制各种角色的活动，从政策、制度、规范，流程以及记录等方面做出规定来实现。

管理类要求应包括安全管理制度、安全管理机构、人员安全管理、系统建设管理、系统运维管理几个层面对系统进行保护。

具体要求可参照《信息安全技术　信息系统安全等级保护实施指南（GB/T 25058—2010）》及《中央企业商业秘密信息系统安全技术指引》，并结合本企业的实际情况操作。

6.2.2　基本技术要求

技术类安全要求与信息系统提供的技术安全机制有关，主要通过在信息系统中部署软硬件并正确的配置其安全功能来实现。

技术类要求应包括物理安全、网络安全、主机安全、应用安全、数据安全、备份恢复几个层面对系统进行保护。

具体要求可参照《信息安全技术　信息系统安全等级保护实施指南（GB/T 25058—2010）》及《中央企业商业秘密信息系统安全技术指引》，并结合本企业的实际情况操作。

7　运行维护要求

7.1　人员设定

除信息系统建设方提供的系统运维支持以外，企业对档案管理系统应设立系统管理员岗位，负责对日常使用过程中的系统维护、升级以及机构、用户、档案类型、分类方案、权限、流程等方面的工作。

应建立与运行维护服务相关的培训体系机制，建立人员储备计划与机制，确保系统运行维护的需要。

7.2　系统升级

对档案管理系统使用过程中的系统故障以及需求变更，应制定改造方案并确定信息系统升级方案，并对系统的维护、测试、修改、版本变更的全过程进行记录。

当有版本升级或系统替换时，应遵循7.3的管理原则，在可控的基础上，按照既定的计划和安排，有序地将原有系统中的档案数据完整、准确的迁移至新系统中，并双轨运行一段时间，确认数据无误后，再正式停用旧系统。

7.3　系统废弃

当涉及档案管理系统硬件和软件的废弃时，应考虑信息的转移、备份、丢弃、销毁以及对软硬件进行的密级处理。

当要废弃或替换系统组件时，要对其进行风险评估，以确保硬件和软件得到了适当的废弃处置，且残留信息也恰当地进行了处理。并且要确保系统的更新换代能以一个安全和系统化的方式完成。

第四章　电子文件归档管理

1　总体要求

信息技术的广泛应用使各类电子文件日益增多，作为证据使用的电子文件已成为单位各项活动的记录和信息资产的重要来源。各单位应将电子文件归档与

电子档案管理纳入本单位信息化建设规划，制定措施和规范，确保档案信息资源的安全，推动信息化持续发展。各单位应对电子文件的收集、积累、归档和电子档案管理实行全程、集中与规范管理，确保电子档案真实、可靠、完整和可用。

2　电子文件的收集与积累

2.1　电子文件形成或办理部门应参照国家文件材料归档范围的有关规定，结合各企业的实际需要，收集、积累本企业形成的、具体保存价值的各类电子文件及其元数据。

2.2　收集、积累的电子文件及其元数据应齐全、完整，能够正常显示及阅读。

2.3　应采取系统自动捕获、手工著录等方式收集、留存电子文件元数据，建立电子文件与元数据之间的关联。应收集的电子文件元数据参见国家相关标准。

2.4　处于流转状态，暂时无法确定其保存价值的电子文件及其元数据，应在流转完毕后及时收集、集中存储，以防散失。

2.5　业务系统应支持电子文件形成或办理部门、档案部门开展电子文件捕获、归档等业务活动，主要符合以下要求：

2.5.1　具有捕获有关电子文件内容、背景、结构与管理过程的元数据的功能；

2.5.2　具有对电子文件进行分类、鉴定、组卷、关联，并赋予相应标识的功能；

2.5.3　具有对已经签发或办结的电子文件进行封存并禁止修改的功能。

电子文件收集后，应转换为长期保存格式或通用格式。非通用格式的电子文件，收集时应将其转换为通用格式，并记录格式转换过程，包括源格式名称、版本、阅读软件以及转换责任人、转换时间等。无法转换、确需收集归档的，应将其阅读软件、格式名称与版本以及使用手册等一并收集。

3　电子文件的整理与归档

3.1　电子文件在归档前应按照国家有关规定进行整理。

3.2　归档电子文件应符合下列要求：

3.2.1　电子文件已经分类、鉴定、整理。

3.2.2　电子文件及其元数据应齐全、完整、规范。

3.2.3　加密电子文件应在解密后归档。

3.2.4　电子文件格式应按照国家相关要求进行长期保存。

3.3　电子文件应当在办理完毕后实时或定期归档。

3.4　电子文件及其元数据归档前，电子文件形成或办理部门、档案部门应完成清点、核实、检验、交接等各项工作。

3.4.1　清点归档电子文件的类别、数量等。

3.4.2　核实电子文件是否符合3.2的要求。

3.4.3　应按有关规定对需归档电子文件进行技术检验，检验合格率应达100％。检验以下项目：

电子文件可正常打开、显示、阅读；

电子文件无病毒；

存储介质无划痕、可读、清洁；

电子文件及其元数据交接手续。

4　电子档案的捕获＼登记与著录

4.1　归档电子文件及其元数据经捕获、登记，并导入电子档案管理系统。

4.2　根据国家关于各类文件材料分类、保管期限划分的有关规定，在电子档案管理系统内对电子文件形成或办理部门所作的分类、鉴定、整理结果进行审核、调整、确认。

4.3　电子档案管理系统应逐件、逐卷进行登记，并完成电子档案的著录，赋予电子档案唯一标识，著录项目包括有关电子档案内容特征与形式特征的元数据。

4.4　电子档案管理系统应自动捕获并记录有关电子档案结构、大小、在线存储路径等元数据，如有必要，应自动捕获并记录电子档案形成时间。

4.5　照片、录音、录像等类电子档案，应按照相关国家标准完整著录。

4.6　电子档案管理系统应自动捕获并记录电子档案登记、数字签名、移交等管理过程元数据。

5　电子档案的存储与备份

5.1　应制定电子档案的安全备份策略，制订电子档案的长久保存策略，合理选择存储架构，保证电子档案的安全，维护电子档案的真实、完整。

5.2　可采用在线存储和离线存储方式，并应按一定规则，分类、集中有序地存储电子档案。

5.3　在线存储可选择光盘库、磁盘阵列（RAID）、存储服务器（NAS）、存储区域网络（SAN）等存储方案。

5.4　在线存储系统应采用容错技术方案，制定安全、可行的处置方案，为电子档案及其元数据的安全存储提供保障。

5.5　应严格管理接入电子档案管理系统的移动存储介质，禁止涉密移动存储介质和非密移动存储介质交叉使用、采用专用移动存储介质管理系统严格做好移动存储介质的管控工作。

5.6　应严格管控临时或短期存放电子档案的终端设备，做好终端设备的准入控制、补丁管理、病毒管理、终端审计等安全保障工作，防止电子档案的涉密信息外泄。

5.7　采取离线方式归档时，应使用一次写入光盘或专用移动存储介质移交电子文件及其元数据。移交介

质应与电子档案离线存储或备份介质分开存放。

5.8 电子档案应当实施容灾备份与离线备份。

5.8.1 信息部门应统筹规划、规范并实施电子档案及其元数据的容灾备份，并记录容灾备份策略、实施、责任人及备份过程等内容。

5.8.2 应定期进行离线备份。非通用格式的电子档案，应同时存储相应的阅读软件及其使用说明。

5.8.3 电子档案离线存储介质应制作一式两套，一套本地保存，一套异地保存。如需要以离线存储介质提供利用，则应制作第三套。

5.8.4 推荐采用的离线存储介质，按优先顺序依次为：一次写光盘、磁带、硬磁盘等。禁止使用软磁盘、闪存盘作为电子档案及其元数据的离线备份介质。光盘的应用与管理按照 DA/T 38 执行。

5.8.5 应按相关要求制作离线存储介质，确保电子档案及其元数据的安全备份。

5.8.5.1 按照既定规则编制离线存储介质编号。

5.8.5.2 应按规范的存储结构在离线存储介质上组织存储电子档案及其元数据，应同时存储相应的说明文件。该说明文件应记录的内容包括：离线存储介质编号、备份内容、备份人、制作离线存储介质的系统参数、离线存储介质参数、文件系统标准、检验结果、检验人、备份日期等。制作完毕的光盘应设置成禁止写操作状态。

5.8.5.3 在离线存储介质装具上粘贴标签，标签上应注明离线存储介质编号、电子档案门类与数量、电子档案或元数据总容量、密级、保管期限、存储日期等。禁止在光盘表面粘贴标签。使用非溶剂基墨水的软性标记笔在离线存储介质的书写面标注其编号。

5.8.6 电子档案离线存储介质的保管除应符合纸质档案的要求外，还应符合下列条件：

应作防写处理。避免擦、划、触摸记录涂层；

应装盒，竖立存放，且避免挤压；

应远离强磁场、强热源，并与有害气体隔离；

保管环境温度范围：17～20℃；相对湿度范围：35％～45％。

5.8.7 应按规定对电子档案离线存储介质进行定期抽样检测。磁性离线存储介质每 4 年应转换一次。当光盘检测结果超过三级预警线，应立即实施转换。应记录检测与转换活动。

5.8.8 电子档案内容及其元数据、格式发生变化时，应重新实施离线备份。原离线存储介质保留 1 年后应按规定做破坏性销毁。应记录离线备份活动及原离线存储介质的销毁。

6　电子档案利用与网络化服务

6.1 应通过电子档案管理系统开展电子档案利用的网络化服务。

6.2 应严格控制电子档案及其元数据的复制、下载及下载后利用控制等利用行为，未经批准任何利用者不允许擅自复制、下载电子档案。

6.3 电子档案的利用应遵守保密规定。对具有保密要求的电子档案采用网络方式利用时，应遵守国家或部门有关保密的规定，采取稳妥的安全保密措施。

6.4 利用者应在权限规定范围之内利用电子档案，应记录利用者的用户名、IP、时间等利用信息。

6.5 应按电子文件的种类、年度、部门、利用目的等对电子档案的利用情况进行统计。

7　电子档案的转换和迁移

7.1 当计算机软硬件环境与格式发生重大变化难以支持电子档案长久保存时，在确保电子档案的真实、可靠、完整、可用与安全的基础上实施电子档案的转换和迁移。

7.2 应参照国家有关规定按照风险评估、制订方案、试实施方案、授权实施转换或迁移、正式实施方案的步骤，实施电子档案及其元数据库的转换和迁移。

7.3 确认电子档案及其元数据库的转换和迁移成功后，转换和迁移前的电子档案及其元数据库继续保存 1 年再做彻底销毁。

7.4 电子档案及其元数据库的转换、迁移活动应记录于电子档案管理过程元数据中，并填写《电子档案转换/迁移登记表》（见附件 2）。

7.5 对转换和迁移后的电子档案重新进行备份。

8　电子档案的鉴定与销毁

8.1 电子档案的销毁应按照国家关于档案鉴定销毁的有关规定与程序执行。

8.2 属于保密范围的电子档案，应从在线存储设备、异地容灾备份系统以及电子档案管理系统中进行物理清除。不属于保密范围的电子档案可进行逻辑删除。

8.3 应销毁电子档案的离线存储介质，应对其实施物理销毁。实施销毁前，应对离线存储介质中备份其中的其他电子档案进行离线存储介质的转换。

8.4 被销毁电子档案的元数据及其操作日志不得销毁。销毁鉴定结果、销毁活动及相关责任者应记录于相应的元数据与操作日志中。

9　电子档案的移交

9.1 电子档案保管期满后，应按国家有关规定对电子档案进行移交。

9.2 电子档案的移交可采用在线或离线方式进行。

9.3 电子档案交接双方应对电子档案的真实性、可靠性、完整性和可用性进行检验，并对所移交的电子档案的数量、类别、格式进行清点与核实，并保留对应的移交记录信息。

第五章　传统载体档案数字化

1　基本原则

1.1　坚持统一管理、统一标准、规范实施、确保安全的原则。

1.2　根据档案馆藏实际，选择利用率高的档案实施数字化。

1.3　对保存时间较久、载体面临损坏危险的档案应优先实施数字化。

2　基本方式和流程

2.1　档案数字化的基本方式有扫描加工、信号转换、数码拍摄等，应根据档案载体形式不同选择相应的数字化方式。

2.2　档案数字化的基本流程主要包括档案整理、目录建库、数字化加工、数据处理、数据验收、数据挂接等（见档案数字化流程图）。

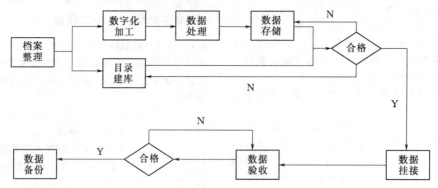

档案数字化流程图

3　档案数字化保密原则

3.1　项目实施需要保证档案实体和档案信息的安全的具体措施和承诺。

3.2　对工作用的信息系统和信息设备采取身份认证、访问控制、安全审计等安全保密技术措施，对数字化加工过程采取全程强制加密，非档案内部人员不能解密，泄密可跟踪和溯源，确保档案与档案数字化成果的安全保密。

3.3　数字化加工每条流水线要有安全保护系统，加工过程中数据的安全，并提供安全解决方案。安全保护系统的具体要求如下：

3.3.1　安全保护系统对操作系统的进程做了精细的分类，赋予不同的访问权限。包括明文进程、密文进程、信任进程、禁止进程和服务进程。

3.3.2　支持设置解密审批者，不同部门的用户申请解密文件时，将请求发送给审批者加以审批，减轻管理员的负担。

3.3.3　用户能自行批量添加需要加/解密的文件或文件夹，而不依赖于某种类型，提高工作效率。

3.3.4　系统拥有管理员操作日志、用户登录日志、审批日志和用户文件访问日志。用户文件访问日志又包括读、写、删除、新建和复制。并能对所需要记录的日志加以详细定义，同时支持日志导出备份功能，并提供日志离线查询工具。

3.3.5　安全保护系统，通过拦截截屏程序，实现任何应用程序的截屏控制，并且能根据需要对指定的应用程序开放截屏功能。在同一安全策略内部不同或相同进程之间能复制文件，受控进程不能向非受控进程复制信息，非受控进程可以向受控进程复制信息。

3.3.6　所有进入现场执行数字化加工的计算机终端设备部署客户端组件，非工作终端无法访问系统。

3.3.7　扫描仪输入的文件都被自动的加密，在需要解密文件的时候，通过流程管理的方式加以审批，同时被加密的文件会以终端登录申请解密的用户命名，强制备份到服务器上以备后查；文件被透明的加解密，不改变用户的使用习惯。

3.3.8　文件在加工过程中和存储都处于加密状态，文件离开系统环境后无系统密钥就无法解密。

3.3.9　工作终端屏幕附有个人信息水印，严格控制打印，输出文档也附有打印人员个人信息水印。

3.3.10　支持作业程序扩展，能支持作业过程使用的所有应用程序，甚至是将来作业会使用到其他应用程序。

3.3.11　对作业过程需要提交交付文档，能实现可控制的解密操作。

4　组织实施

4.1　实施数字化的企业应明确组织分工与责任，实行全过程监管。制订实施方案，明确工作目标、时间进度、实施范围、技术标准以及验收要求等。

4.2　未经解密的涉密档案，不得交由企业外单位进行整理及数字化加工。涉密档案实施数字化加工，应使用涉密信息化技术设备处理、存储和利用，不得

上网。

4.3 实施现场应安装监控设备，监控视频数据妥善管理，建立追溯制度。数字化设备及工作网络与互联网实施物理隔离，防止信息外泄。

4.4 委托企业外公司实施档案数字化加工的，须签订数字化加工（服务）合同。

4.4.1 做好资质审核、备案工作，未经审核备案的不得实施档案数字化项目。

4.4.2 须签订保密协议，作为合同附件。保密协议应明确保密范围、保密责任、措施及责任追究等条款。

4.5 档案数字化前，所有数字化设备和软件须经保密部门进行安全保密技术检测，有安全保密隐患的一律不得使用。数字化工作中使用的软件须为正版软件。

4.6 数字化实施过程各环节均应进行详细记录，并将登记记录及时整理，装订成册。

4.7 对于重要涉密或敏感的数据，应由专人负责管理。数字化任务完成时，档案管理部门和保密管理部门要检查是否有信息留存并作安全技术处理，结论登记备案。

5 加工流程与要求

5.1 纸质档案数字化

5.1.1 档案整理

扫描前，按下述步骤对档案进行适当整理，并视需要作出标识，确保档案数字化质量。

5.1.1.1 目录数据准备：按照《档案著录规则》（DA/T 18）等的要求，规范档案目录内容，包括确定档案目录的著录项、字段长度和内容要求。如有错误或不规范的案卷题名、文件名、责任者、起止页号和页数等，应进行修改。

5.1.1.2 拆除装订：为确保扫描质量，应将影响扫描工作的装订物拆除。拆除时应注意保护档案不受损害。

5.1.1.3 区分扫描件和非扫描件：按要求把同一案卷中的扫描件和非扫描件区分开。普发性文件区分的原则是：无关的重份的文件应予剔除，有正本的文件可不扫描原稿。

5.1.1.4 装订：扫描工作完成后，拆除过装订物的档案应按档案保管的要求重新装订。恢复装订时，应注意保持档案的排列顺序不变，做到安全、准确、无遗漏。

5.1.2 档案扫描

5.1.2.1 根据档案幅面的大小（A4、A3、A0 等）选择相应规格的扫描仪或专业扫描仪进行扫描。大幅面档案可采用大幅面数码平台，或者缩微拍摄后的胶片数字化转换设备等进行扫描，也可以采用小幅面扫描后的图像拼接方式处理。

5.1.2.2 纸张状况较差，以及过薄、过软或超厚的档案，应采用平板扫描方式；纸张状况好的档案可采用高速扫描方式以提高工作效率。

5.1.2.3 扫描色彩模式一般有黑白二值、灰度、彩色等。具体要求：页面为黑白两色，并且字迹清晰、不带插图的档案，可采用黑白二值模式进行扫描；页面为黑白两色，但字迹清晰度差或带有插图的档案，以及页面为多色文字的档案，可以采用灰度模式扫描；页面中有红头、印章或插有黑白照片、彩色照片、彩色插图的档案，可视需要采用彩色模式进行扫描。

5.1.2.4 扫描分辨率参数大小的选择，原则上以扫描后的图像清晰、完整、不影响图像的利用效果为准。采用黑白二值、灰度、彩色几种模式对档案进行扫描时，其分辨率一般均建议选择≥200dpi。特殊情况下，如文字偏小、密集、清晰度较差等，需要进行OCR汉字识别的档案，可适当提高分辨率。

5.1.2.5 扫描登记：填写纸质档案数字化转换过程交接登记表单，登记扫描的页数，核对每份文件的实际扫描页数与档案整理时填写的文件页数是否一致，不一致时应注明具体原因和处理方法。

5.1.3 图像处理

5.1.3.1 图像数据质量检验：对图像偏斜度、清晰度、失真度等进行检查。发现不符合图像质量要求时，应重新进行图像的处理。

5.1.3.2 纠偏：对出现偏斜的图像应进行纠偏处理，以达到视觉上不感觉偏斜为准。对方向不正确的图像应进行旋转还原，以符合阅读习惯。

5.1.3.3 去污：对图像页面中出现的影响图像质量的杂质，如黑点、黑线、黑框、黑边等应进行去污处理。处理过程中应遵循在不影响图像质量的前提下展现档案原貌的原则。

5.1.3.4 裁边：去除扫描图像中多余的白边或黑边，以缩小图像的容量，节省存储空间。

5.1.4 图像存储

5.1.4.1 存储格式：采用黑白二值模式扫描的图像文件，采用 TIFF 格式存储。采用灰度模式和彩色模式扫描的文件，采用 JPEG 格式存储。存储时的压缩率的选择，应在保证扫描的图像清晰可读的前提下，尽量减小存储容量为准则。提供网络查询的扫描图像，也可存储为 PDF 格式。

5.1.4.2 图像文件的命名：纸质档案目录数据库中的每一份文件，都有一个与之相对应的唯一档号，以该档号作为这份文件扫描后的图像文件命名。多页文件可采用该档号建立相应文件夹，按页码顺序对图像文件命名。

5.1.5 目录建库

5.1.5.1 目录建库应选择通用的数据格式。所选定的数据格式应能直接或间接通过 XML 文档进行数据

交换。

5.1.5.2　档案著录按照《档案著录规则》（DA/T 18）的要求进行，建立档案目录数据库。

5.1.5.3　目录数据质量检查采用软件自动校对和人工校对方式。核对著录项目是否完整，著录内容是否规范、准确，发现不合格的数据应进行修改。

5.1.6　数据挂接

5.1.6.1　数据关联：以纸质档案目录数据库为依据，将每一份纸质档案文件扫描所得的一个或多个图像存储为一份或多份图像文件。将图像文件存储到相应文件夹时，要核查每一份图像文件的名称与档案目录数据库中这份文件的档号是否相同，图像文件的页数与档案目录数据库中该份文件的页数是否一致，图像文件的总数与目录数据库中文件的总数是否相同等。通过每一份图像文件的文件名与档案目录数据库中该份文件的档号的一致性和唯一性，建立起一一对应的关联关系。

5.1.6.2　数据挂接及客户端图像留存：目录数据与图像数据通过质检环节确认为"合格"后，通过网络及时加载到数据服务器端汇总。数字图像自动搜索对应的目录数据，自动生成对应的电子地址数字图像文件名，并建立起一一对应的关系。

5.1.6.3　图像数据应在扫描客户端留存，并定期刻制光盘保存。

5.1.7　数据验收

5.1.7.1　以抽检的方式检查已完成数字化转换的所有数据，包括目录数据库、图像文件及数据挂接的总体质量。一个全宗的档案，数据验收时抽检的比率不低于 5%。

5.1.7.2　目录数据库与图像文件挂接错误，或目录数据库、图像文件之一出现不完整、不清晰、有错误等质量问题时，抽检标记为"不合格"。

5.1.7.3　一个全宗的档案，数字化转换质量抽检的合格率达到 95% 以上（含 95%）时，验收"通过"。合格率＝抽检合格的文件数/抽检文件总数×100%。

5.1.7.4　验收结论须经档案管理部门负责人审核、签字后方有效。

5.1.8　数据备份

5.1.8.1　经验收合格的完整数据应及时进行备份。

5.1.8.2　为保证数据安全，备份载体的选择应多样化，可采用在线、离线相结合的方式实现多套备份。

5.1.8.3　备份数据应进行检验。备份数据的检验内容主要包括备份数据能否打开、数据信息是否完整、文件数量是否准确等。

5.1.8.4　数据备份后应在相应的备份介质上做好标签，以便查找和管理。

5.1.8.5　工作单登记：填写《纸质档案数字化登记表》（见附件 3）。

5.2　照片档案数字化

5.2.1　照片档案整理

照片档案进行数字化扫描前，应进行必要的整理。

5.2.2　目录审核

目录审核是根据照片档案的实际情况，核实目录的准确性，规范目录著录内容。有不规范或错误的题名、照片号、摄影时间、摄影者、底片号等，应对目录进行修改，为建立照片档案目录数据库做准备；已建立照片档案目录数据库的，则对已录入计算机的目录数据与原件进行检查核实。

5.2.3　照片检查

检查照片保存状况，对照片破损、变形、污渍、霉斑、褪色等情况进行登记。

在扫描前对照片的破损、变形、污渍、霉斑、褪色等情况不做任何技术复原，但在确保不会损伤照片的前提下，应对照片进行简单的清洁处理，如去除灰尘、污渍或霉点等，以提高扫描图像质量。

5.2.4　整理登记

对照片档案整理过程进行登记，包括目录审核、修改情况、照片检查情况等，作为数字化其他工作环节的依据。

5.2.5　照片档案数字化

5.2.5.1　扫描

根据照片幅面的大小选择相应规格的扫描仪进行扫描。如照片幅面过大，可采用小幅面扫描后进行图像拼接的方式处理。

照片有底片，且底片质量较好的，可采用底片扫描仪（胶片扫描仪）直接扫描底片转化为图像。

5.2.5.2　翻拍

采用数码相机翻拍照片时，应固定机身俯拍，不使用闪光灯。

5.2.5.3　扫描分辨率

分辨率一般应≥300dpi，确保扫描形成的图像清晰、完整，能印制出与原件同等尺寸、图像还原效果较好的照片，满足照片复制、出版、展览等多种档案利用需要。对于其他太大或太小的照片，扫描分辨率可作相应的调整；对于一些涉及重要历史事件和人物的照片，其扫描分辨率可在以上基础上适当增加。

5.2.5.4　翻拍像素

数码相机翻拍像素的选择，应以翻拍形成的图像清晰、完整，印制出来的照片与原件接近为宜，一般不低于 600 万像素。单幅数字照片不小于 3M。

5.2.6　填写工作单

登记照片档案数字化的方式，扫描的分辨率或翻拍的像素，大幅照片分小幅数字化的分解文件个数等。在登记的同时注意核对数字化的照片张数是否与档案整理登记的一致，发现漏扫或错扫时应及时补扫。照片档案数字化登记表（见附件 4）。

5.2.7 图像处理

包括纠偏、裁边、去污、修复、图像拼接等。

5.2.8 色彩调整

因照片保存、冲晒等原因，造成照片褪色、变色、偏色等情况，原则上不做技术处理。泛黄的黑白照片可通过去色还原黑色，彩色照片则通过调整红、蓝、绿基色等方式取得合适的色彩效果。

5.2.9 图像存储

5.2.9.1 图像存储格式

图像存储格式原则上选择 JPEG 或 TIFF 格式，建议采用无损压缩，存入统一的照片数据库。

5.2.9.2 图像存储方式

按全宗、一级类目、二级类目、文件分级建文件夹存储。

5.2.9.3 文件夹命名办法

各层文件夹的命名由相应档案类别的分类编码组成。

5.2.9.4 数据挂接及客户端图像留存

按 5.1.6 的要求进行。

5.2.10 数据验收

照片档案数字化数据挂接、验收登记表（见附件 3）。

5.2.11 数据备份

按 5.1.8 的要求完成数据备份（登记表见附件 5）。

5.3 录音带、录像带档案数字化

5.3.1 前期准备

5.3.1.1 检查声像档案状况

检查录音带、录像带是否有断带、过紧或过松情况。有断带情况的，用胶带粘连等方式进行续接；过紧或过松的，用小棒转紧或用手轻轻拍松，使之能正常播放。

为保证上述录音带、录像带的播放效果，在进行数字化前，对存放过久不常使用的录音带、录像带，必须进行倒进带处理，防止磁带粘连等情况。

5.3.1.2 检查录音带、录像带的情况

在进行检查和倒进带处理后，应播放录音、录像片段，检查音质情况，并做好登记，以便对数字化后的效果进行比较。

5.3.1.3 检查登记

对录音带检查情况进行登记，为数字化工作提供参考。

5.3.2 数字化方式及参数设置

5.3.2.1 数字化方式

把录音带、录像带的播放设备与计算机进行连接，通过计算机的音频采集卡，应用软件对录音带、录像带播放出来的音、视频文件进行录制，转化为数字文件。

5.3.2.2 数字化主要参数

采样率：44.1kHz

量化级：16bit

通道数：录音带以单声道录制的，以单声道（MONO）采样；录音带以多声道录制的，以立体声（STEREO）采样。

分辨率（像素）：不低于 720×576

帧数：25 帧/s

视频速率：8Mb/s

5.3.3 工作单登记

对声像档案数字化工作进行登记，以备查考。音像档案数字化加工登记表（见附件 6）。

5.3.4 存储格式

音频档案数字化格式应选择 WAV 或 MP3 格式存储；视频档案数字化格式选用 MPEG-2 格式存储。

5.3.5 存储方式

按全宗、一级类目、二级类目、文件分级建文件夹存储。

5.3.6 文件夹命名办法

各层文件夹的命名由相应档案类别的分类编码组成。

5.3.7 工作环境

声像档案数字化时必须远离强磁场等外部干扰。

5.3.8 数据挂接及客户端留存

按 5.1.6 中的要求完成。

5.3.9 数据验收

音像档案数字化数据挂接、验收登记表（见附件 7）。

5.3.10 数据备份

音像档案数字化数据备份登记表（见附件 8）。

5.4 实物档案数字化

5.4.1 前期准备

5.4.1.1 应对拟数字化的实物档案进行目录数据著录，并确保数据准确。

5.4.1.2 对实物档案内容和载体质量进行检查，有残缺的应进行修补，并做好记录。

5.4.1.3 对载体进行全面彻底卫生清理。

5.4.1.4 设置拍照房间，具备侧主光、底光、顶光、背光等柔性照明和背景条件。

5.4.2 拍照要求

5.4.2.1 应采用数码照相机彩色拍照。

5.4.2.2 拍照时要注意被拍摄物的图像要充满取景框。

5.4.2.3 拍摄实物档案时，要进行多角度拍摄，真实全面反映实物档案特征。

5.4.2.4 实物档案拍摄时的图像质量一般不低于 600 万像素。

5.4.2.5 被拍摄物图像表面不能有反光面或反光点。

5.4.2.6 拍摄的图像必须曝光正确，清晰。

5.4.3 存储格式

根据保存目的，选择 JPEG 或 TIFF 格式存储。一般选择 JPEG 格式，特殊需要制作大幅面照片的选择 TIFF 格式。

5.4.4　存储方式

按全宗、一级类目、二级类目、文件分级建文件夹存储。

5.4.5　文件夹命名办法

各层文件夹的命名由相应档案类别的分类编码组成。

5.4.6　数据挂接

数据挂接及客户端图像留存按 5.1.6 中的要求进行。

5.4.7　数据验收

按 5.1.7 中的要求进行。

5.4.8　数据备份

按 5.1.8 中的要求进行。

6　档案数字化加工参考标准

档案类型		技术指标	成果管理		备注
纸质类	文书档案	300dpi、双层 PDF、CEBX - EEP（单位标识）	PDF - 挂接	CEBX、EEP - 备份	
	基建、设备、科研、产品、会计、职工等档案	300dpi、单层 PDF、CEBX - EEP（单位标识）	PDF - 挂接	CEBX、EEP - 备份	
照片类	照片档案	300～600dpi、JPEG 特殊（TIFF）	JPEG - 挂接	JPEG（TIF）- 备份	
	底片档案	600～1200dpi、JPEG 特殊（TIFF）	JPEG - 挂接	JPEG（TIF）- 备份	
声像类	音频档案	转换格式：MP3	MP3 - 挂接	DVD - 备份	
	视频档案	转换格式：MPEG - 2	MPEG - 挂接	DVD - 备份	
实物类	实物档案	JPEG - TIF（特殊）	JPEG - 挂接	JPEG（TIF）- 备份	
其他	特殊大图	200～300dpi、JPG（TIF）	JPEG - 挂接	JPEG（TIF）- 备份	

附件 1

电子文件归档登记表

检验项目	单位名称	
	文件形成与办理部门	档案部门
真实性检验		
可靠性检验		
完整性检验		
病毒检验		
外观完整性检验		
技术方法与相关软件说明登记表、软件、说明资料检验		
填表人（签名）	年　月　日	年　月　日
审核人（签名）	年　月　日	年　月　日
单位（印章）	年　月　日	年　月　日

附件 2

电子档案转换/迁移登记表

转换/迁移的缘由	转换/迁移原由说明 1. 转换缘由说明； 2. 迁移的缘由说明
转换/迁移的源格式或源系统情况	源格式： 源系统情况： 1. 源系统软件； 2. 源应用软件； 3. 源存储载体
目标格式/系统情况	目标格式： 目标系统情况： 1. 目标系统软件； 2. 目标系统应用软件； 3. 目标系统存储载体
被转换/迁移电子档案情况	转换/迁移电子档案的记录数； 转换/迁移电子档案的字节数； 转发/迁移的时间； 转移/迁移的实施者； 转换/迁移的操作者
填表人（签名）　　　　年　月　日 审核人（签名）　　　　年　月　日 单　位（签名）　　　　年　月　日	

第二章　企业档案管理通用国家标准

　建设工程文件归档规范

（GB/T 50328—2014）

前　言

根据住房和城乡建设部《关于印发〈2012 年工程建设标准规范制订修订计划〉的通知》（建标〔2012〕5 号）的要求，编制组经广泛调查研究，认真总结实践经验，参考有关国际标准和国外先进标准，并在广泛征求意见基础上，修订本规范。

本规范主要内容是：建设工程归档文件范围及质量要求，工程文件的立卷，工程文件的归档，工程档案的验收与移交。

本规范修订的主要技术内容是：1. 增加了对归档电子文件的质量要求及其立卷方法；2. 对工程文件的归档范围进行了细分，将所有建设工程按照建筑工程、道路工程、桥梁工程、地下管线工程四个类别，分别对归档范围进行了规定；3. 对各类归档文件赋予了编号体系；4. 对各类工程文件，提出了不同单位"必须归档"和"选择性归档"的区分；5. 增加了关于立卷流程和编制案卷目录的要求。

本规范由住房和城乡建设部负责管理，由住房和城乡建设部城建档案工作办公室负责具体技术内容的解释。执行过程中如有意见或建议，请寄送住房和城乡建设部城建档案工作办公室（地址：北京市海淀区三里河路 9 号，邮政编码：100835）。

本规范主编单位：住房和城乡建设部城建档案工作办公室
　　　　　　　　住房和城乡建设部科技与产业化发展中心

本规范参编单位：南京市城建档案馆
　　　　　　　　芜湖市城建档案馆
　　　　　　　　江西省住房城乡建设厅城建档案办公室
　　　　　　　　抚顺市城建档案馆
　　　　　　　　中国建筑业协会建设工程质量监督与检测分会
　　　　　　　　南宁市城建档案馆
　　　　　　　　北京市城建档案馆
　　　　　　　　河北省城建档案馆
　　　　　　　　长春市城建档案馆
　　　　　　　　武汉市城建档案馆
　　　　　　　　北京建科研软件技术有限公司

本规范主要起草人员：姜中桥　张志新　欧阳志宏
　　　　　　　　　　周健民　黄　飞　王恩江
　　　　　　　　　　罗　敏　李向红　易智华
　　　　　　　　　　吴松勤　鹿　欣　许利峰
　　　　　　　　　　陈明琪　李新民　张海萍
　　　　　　　　　　夏开元　王玉恒　白　石

本规范主要审查人员：权进立　秦屹梅　尚春明
　　　　　　　　　　王燕民　姜延溪　王　健
　　　　　　　　　　楼建春　谭家发　王　瑛
　　　　　　　　　　李宗波

1　总则

1.0.1　为加强建设工程文件归档工作，统一建设工程档案的验收标准，建立真实、完整、准确的工程档案，制定本规范。

1.0.2　本规范适用于建设工程文件的整理、归档，以及建设工程档案的验收与移交。

1.0.3　建设工程文件的整理、归档以及建设工程档案的验收与移交除应符合本规范外，尚应符合国家现行有关标准的规定。

2　术语

2.0.1　建设工程　construction project

经批准按照一个总体设计进行施工，经济上实行统一核算，行政上具有独立组织形式，实行统一管理的建设工程基本单位。它由一个或若干个具有内在联系的单位工程所组成。

2.0.2　建设工程文件　construction project document

在工程建设过程中形成的各种形式的信息记录，包括工程准备阶段文件、监理文件、施工文件、竣工图和竣工验收文件，简称为工程文件。

2.0.3　工程准备阶段文件　pre‐construction document

工程开工以前，在立项、审批、用地、勘察、设计、招投标等工程准备阶段形成的文件。

2.0.4　监理文件　project supervision document

监理单位在工程设计、施工等监理过程中形成的文件。

2.0.5　施工文件　constructing document

施工单位在施工过程中形成的文件。

2.0.6 竣工图 as – built drawing

工程竣工验收后，真实反映建设工程施工结果的图样。

2.0.7 竣工验收文件 handing over document

建设工程项目竣工验收活动中形成的文件。

2.0.8 建设工程档案 project archives

在工程建设活动中直接形成的具有归档保存价值的文字、图纸、图表、声像、电子文件等各种形式的历史记录，简称工程档案。

2.0.9 建设工程电子文件 project electronic records

在工程建设过程中通过数字设备及环境生成，以数码形式存储于磁带、磁盘或光盘等载体，依赖计算机等数字设备阅读、处理，并可在通信网络上传送的文件。

2.0.10 建设工程电子档案 project electronic archives

工程建设过程中形成的，具有参考和利用价值并作为档案保存的电子文件及其元数据。

2.0.11 建设工程声像档案 project audio – visual archives

记录工程建设活动，具有保存价值的，用照片、影片、录音带、录像带、光盘、硬盘等记载的声音、图片和影像等历史记录。

2.0.12 整理 arrangement

按照一定的原则，对工程文件进行挑选、分类、组合、排列、编目，使之有序化的过程。

2.0.13 案卷 file

由互有联系的若干文件组成的档案保管单位。

2.0.14 立卷 filing

按照一定的原则和方法，将有保存价值的文件分门别类整理成案卷，亦称组卷。

2.0.15 归档 putting into record

文件形成部门或形成单位完成其工作任务后，将形成的文件整理立卷后，按规定向本单位档案室或向城建档案管理机构移交的过程。

2.0.16 城建档案管理机构 urban – rural development archives organization

管理本地区城建档案工作的专门机构，以及接收、收集、保管和提供利用城建档案的城建档案馆、城建档案室。

2.0.17 永久保管 permanent preservation

工程档案保管期限的一种，指工程档案无限期地、尽可能长远地保存下去。

2.0.18 长期保管 long – term preservation

工程档案保管期限的一种，指工程档案保存到该工程被彻底拆除。

2.0.19 短期保管 short – term preservation

工程档案保管期限的一种，指工程档案保存 10 年以下。

3　基本规定

3.0.1 工程文件的形成和积累应纳入工程建设管理的各个环节和有关人员的职责范围。

3.0.2 工程文件应随工程建设进度同步形成，不得事后补编。

3.0.3 每项建设工程应编制一套电子档案，随纸质档案一并移交城建档案管理机构。

3.0.4 建设单位应按下列流程开展工程文件的整理、归档、验收、移交等工作：

　1 在工程招标及与勘察、设计、施工、监理等单位签订协议、合同时，应明确竣工图的编制单位、工程档案的编制套数、编制费用及承担单位、工程档案的质量要求和移交时间等内容。

　2 收集和整理工程准备阶段形成的文件，并进行立卷归档。

　3 组织、监督和检查勘察、设计、施工、监理等单位的工程文件的形成、积累和立卷归档工作。

　4 收集和汇总勘察、设计、施工、监理等单位立卷归档的工程档案。

　5 收集和整理竣工验收文件，并进行立卷归档。

　6 在组织工程竣工验收前，提请当地的城建档案管理机构对工程档案进行预验收；未取得工程档案验收认可文件，不得组织工程竣工验收。

　7 对列入城建档案管理机构接收范围的工程，工程竣工验收后 3 个月内，应向当地城建档案管理机构移交一套符合规定的工程档案。

3.0.5 勘察、设计、施工、监理等单位应将本单位形成的工程文件立卷后向建设单位移交。

3.0.6 建设工程项目实行总承包管理的，总包单位应负责收集、汇总各分包单位形成的工程档案，并应及时向建设单位移交；各分包单位应将本单位形成的工程文件整理、立卷后及时移交总包单位。建设工程项目由几个单位承包的，各承包单位应负责收集、整理立卷其承包项目的工程文件，并应及时向建设单位移交。

3.0.7 城建档案管理机构应对工程文件的立卷归档工作进行监督、检查、指导。在工程竣工验收前，应对工程档案进行预验收，验收合格后，必须出具工程档案认可文件。

3.0.8 工程资料管理人员应经过工程文件归档整理的专业培训。

4　归档文件及其质量要求

4.1　归档文件范围

4.1.1 对与工程建设有关的重要活动、记载工程建设主要过程和现状、具有保存价值的各种载体的文件，均应收集齐全、整理立卷后归档。

4.1.2 工程文件的具有归档范围应符合本规范附录A和附录B的要求。

4.1.3 声像资料的归档范围和质量要求应符合现行行业标准《城建档案业务管理规范》CJJ/T 158 的

要求。

4.1.4 不属于归档范围、没有保存价值的工程文件，文件形成单位可自行组织销毁。

4.2 归档文件质量要求

4.2.1 归档的纸质工程文件应为原件。

4.2.2 工程文件的内容及其深度应符合国家现行有关工程勘察、设计、施工、监理等标准的规定。

4.2.3 工程文件的内容必须真实、准确，应与工程实际相符合。

4.2.4 工程文件应采用碳素墨水、蓝黑墨水等耐久性强的书写材料，不得使用红色墨水、纯蓝墨水、圆珠笔、复写纸、铅笔等易褪色的书写材料。计算机输出文字和图件应使用激光打印机，不应使用色带式打印机、水性墨打印机和热敏打印机。

4.2.5 工程文件应字迹清楚，图样清晰，图表整洁，签字盖章手续应完备。

4.2.6 工程文件中文字材料幅面尺寸规格宜为 A4 幅面（297mm×210mm）。图纸宜采用国家标准图幅。

4.2.7 工程文件的纸张应采用能长期保存的韧力大、耐久性强的纸张。

4.2.8 所有竣工图均应加盖竣工图章（图 4.2.8），并应符合下列规定：

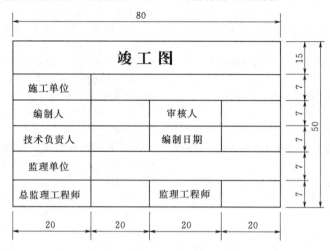

图 4.2.8 竣工图章示例

1 竣工图章的基本内容应包括："竣工图"字样、施工单位、编制人、审核人、技术负责人、编制日期、监理单位、现场监理、总监。

2 竣工图章尺寸应为：50mm×80mm。

3 竣工图章应使用不易褪色的印泥，应盖在图标栏上方空白处。

4.2.9 竣工图的绘制与改绘应符合国家现行有关制图标准的规定。

4.2.10 归档的建设工程电子文件应采用表 4.2.10 所列开放式文件格式或通用格式进行存储。专用软件产生的非通用格式的电子文件应转换成通用格式。

表 4.2.10 工程电子文件存储格式表

文件类别	格 式
文本（表格）文件	PDF、XML、TXT
图像文件	JPEG、TIFF
图形文件	DWG、PDF、SVG
影像文件	MPEG2、MPEG4、AVI
声音文件	MP3、WAV

4.2.11 归档的建设工程电子文件应包含元数据，保证文件的完整性和有效性。元数据应符合现行行业标准《建设电子档案元数据标准》CJJ/T 187 的规定。

4.2.12 归档的建设工程电子文件应采用电子签名等手段，所载内容应真实和可靠。

4.2.13 归档的建设工程电子文件的内容必须与其纸质档案一致。

4.2.14 离线归档的建设工程电子档案载体，应采用一次性写入光盘，光盘不应有磨损、划伤。

4.2.15 存储移交电子档案的载体应经过检测，应无病毒、无数据读写故障，并应确保接收方能通过适当设备读出数据。

5 工程文件立卷

5.1 立卷流程、原则和方法

5.1.1 立卷应按下列流程进行：

1 对属于归档范围的工程文件进行分类，确定归入案卷的文件材料。

2 对卷内文件材料进行排列、编目、装订（或装盒）。

3 排列所有案卷，形成案卷目录。

5.1.2 立卷应遵循下列原则：

1 立卷应遵循工程文件的自然形成规律和工程

专业的特点，保持卷内文件的有机联系，便于档案的保管和利用。

2　工程文件应按不同的形成、整理单位及建设程序，按工程准备阶段文件、监理文件、施工文件、竣工图、竣工验收文件分别进行立卷，并可根据数量多少组成一卷或多卷。

3　一项建设工程由多个单位工程组成时，工程文件应按单位工程立卷。

4　不同载体的文件应分别立卷。

5.1.3　立卷应采用下列方法：

1　工程准备阶段文件应按建设程序、形成单位等进行立卷。

2　监理文件应按单位工程、分部工程或专业、阶段等进行立卷。

3　施工文件应按单位工程、分部（分项）工程进行立卷。

4　竣工图应按单位工程分专业进行立卷。

5　竣工验收文件应按单位工程分专业进行立卷。

6　电子文件立卷时，每个工程（项目）应建立多级文件夹，应与纸质文件在案卷设置上一致，并应建立相应的标识关系。

7　声像资料应按建设工程各阶段立卷，重大事件及重要活动的声像资料应按专题立卷，声像档案与纸质档案应建立相应的标识关系。

5.1.4　施工文件的立卷应符合下列要求：

1　专业承（分）包施工的分部、子分部（分项）工程应分别单独立卷。

2　室外工程应按室外建筑环境和室外安装工程单独立卷。

3　当施工文件中部分内容不能按一个单位工程分类立卷时，可按建设工程立卷。

5.1.5　不同幅面的工程图纸，应统一折叠成 A4 幅面（297mm×210mm）。应图面朝内，首先沿标题栏的短边方向以 W 形折叠，然后再沿标题栏的长边方向以 W 形折叠，并使标题栏露在外面。

5.1.6　案卷不宜过厚，文字材料卷厚度不宜超过 20mm，图纸卷厚度不宜超过 50mm。

5.1.7　案卷内不应有重份文件。印刷成册的工程文件宜保持原状。

5.1.8　建设工程电子文件的组织和排序可按纸质文件进行。

5.2　卷内文件排列

5.2.1　卷内文件应按本规范附录 A 和附录 B 的类别和顺序排列。

5.2.2　文字材料应按事项、专业顺序排列。同一事项的请示与批复、同一文件的印本与定稿、主体与附件不应分开，并应按批复在前、请示在后，印本在前、定稿在后，主体在前、附件在后的顺序排列。

5.2.3　图纸应按专业排列，同专业图纸应按图号顺序排列。

5.2.4　当案卷内既有文字材料又有图纸时，文字材料应排在前面，图纸应排在后面。

5.3　案卷编目

5.3.1　编制卷内文件页号应符合下列规定：

1　卷内文件均应按有书写内容的页面编号。每卷单独编号，页号从"1"开始。

2　页号编写位置：单面书写的文件在右下角；双面书写的文件，正面在右下角，背面在左下角。折叠后的图纸一律在右下角。

3　成套图纸或印刷成册的文件材料，自成一卷的，原目录可代替卷内目录，不必重新编写页码。

4　案卷封面、卷内目录、卷内备考表不编写页号。

5.3.2　卷内目录的编制应符合下列规定：

1　卷内目录排列在卷内文件首页之前，式样宜符合本规范附录 C 的要求。

2　序号应以一份文件为单位编写，用阿拉伯数字从 1 依次标注。

3　责任者应填写文件的直接形成单位或个人。有多个责任者时，应选择两个主要责任者，其余用"等"代替。

4　文件编号应填写文件形成单位的发文号或图纸的图号，或设备、项目代号。

5　文件题名应填写文件标题的全称。当文件无标题时，应根据内容拟写标题，拟写标题外应加"[ ]"符号。

6　日期应填写文件的形成日期或文件的起止日期，竣工图应填写编制日期。日期中"年"应用四位数字表示，"月"和"日"应分别用两位数字表示。

7　页次应填写文件在卷内所排的起始页号，最后一份文件应填写起止页号。

8　备注应填写需要说明的问题。

5.3.3　卷内备考表的编制应符合下列规定：

1　卷内备考表应排列在卷内文件的尾页之后，式样宜符合本规范附录 D 的要求。

2　卷内备考表应标明卷内文件的总页数、各类文件页数或照片张数及立卷单位对案卷情况的说明。

3　立卷单位的立卷人和审核人应在卷内备考表上签名；年、月、日应按立卷、审核时间填写。

5.3.4　案卷封面的编制应符合下列规定：

1　案卷封面应印刷在卷盒、卷夹的正表面，也可采用内封面形式。案卷封面的式样宜符合本规范附录 E 的要求。

2　案卷封面的内容应包括档号、案卷题名、编制单位、起止日期、密级、保管期限、本案卷所属工程的案卷总量、本案卷在该工程案卷总量中的排序。

3　档号应由分类号、项目号和案卷号组成。档号由档案保管单位填写。

4 案卷题名应简明、准确地揭示卷内文件的内容。

5 编制单位应填写案卷内文件的形成单位或主要责任者。

6 起止日期应填写案卷内全部文件形成的起止日期。

7 保管期限应根据卷内文件的保存价值在永久保管、长期保管、短期保管三种保管期限中选择划定。当同一案卷内有不同保管期限的文件时，该案卷保管期限应从长。

8 密级应在绝密、机密、秘密三个级别中选择划定。当同一案卷内有不同密级的文件时，应以高密级为本卷密级。

5.3.5 编写案卷题名，应符合下列规定：

1 建筑工程案卷题名应包括工程名称（含单位工程名称）、分部工程或专业名称及卷内文件概要等内容；当房屋建筑有地名管理机构批准的名称或正式名称时，应以正式名称为工程名称，建设单位名称可省略；必要时可增加工程地址内容。

2 道路、桥梁工程案卷题名应包括工程名称（含单位工程名称）、分部工程或专业名称及卷内文件概要等内容；必要时可增加工程地址内容。

3 地下管线工程案卷题名应包括工程名称（含单位工程名称）、专业管线名称和卷内文件概要等内容；必要时可增加工程地址内容。

4 卷内文件概要应符合本规范附录 A 中所列案卷内容（标题）的要求。

5 外文资料的题名及主要内容应译成中文。

5.3.6 案卷脊背应由档号、案卷题名构成，由档案保管单位填写；式样宜符合本规范附录 F 的规定。

5.3.7 卷内目录、卷内备考表、案卷内封面宜采用 70g 以上白色书写纸制作，幅面应统一采用 A4 幅面。

5.4　案卷装订与装具

5.4.1 案卷可采用装订与不装订两种形式。文字材料必须装订。装订时不应破坏文件的内容，并应保持整齐、牢固，便于保管和利用。

5.4.2 案卷装具可采用卷盒、卷夹两种形式，并应符合下列规定：

1 卷盒的外表尺寸应为 310mm×220mm，厚度可为 20mm、30mm、40mm、50mm。

2 卷夹的外表尺寸应为 310mm×220mm，厚度宜为 20～30mm。

3 卷盒、卷夹应采用无酸纸制作。

5.5　案卷目录编制

5.5.1 案卷应按本规范附录 A 和附录 B 的类别和顺序排列。

5.5.2 案卷目录的编制应符合下列规定：

1 案卷目录式样宜符合本规范附录 G 的要求。

2 编制单位应填写负责立卷的法人组织或主要责任者。

3 编制日期应填写完成立卷工作的日期。

6　工程文件归档

6.0.1 归档应符合下列规定：

1 归档文件范围和质量应符合本规范第 4 章的规定。

2 归档的文件必须经过分类整理，并应符合本规范第 5 章的规定。

6.0.2 电子文件归档应包括在线式归档和离线式归档两种方式。可根据实际情况选择其中一种或两种方式进行归档。

6.0.3 归档时间应符合下列规定：

1 根据建设程序和工程特点，归档可分阶段分期进行，也可在单位或分部工程通过竣工验收后进行。

2 勘察、设计单位应在任务完成后，施工、监理单位应在工程竣工验收前，将各自形成的有关工程档案向建设单位归档。

6.0.4 勘察、设计、施工单位在收齐工程文件并整理立卷后，建设单位、监理单位应根据城建档案管理机构的要求，对归档文件完整、准确、系统情况和案卷质量进行审查。审查合格后方可向建设单位移交。

6.0.5 工程档案的编制不得少于两套，一套应由建设单位保管，一套（原件）应移交当地城建档案管理机构保存。

6.0.6 勘察、设计、施工、监理等单位向建设单位移交档案时，应编制移交清单，双方签字、盖章后方可交接。

6.0.7 设计、施工及监理单位需向本单位归档的文件，应按国家有关规定和本规范附录 A、附录 B 的要求立卷归档。

7　工程档案验收与移交

7.0.1 列入城建档案管理机构档案接收范围的工程，竣工验收前，城建档案管理机构应对工程档案进行预验收。

7.0.2 城建档案管理机构在进行工程档案预验收时，应查验下列主要内容：

1 工程档案齐全、系统、完整，全面反映工程建设活动和工程实际状况。

2 工程档案已整理立卷，立卷符合本规范的规定。

3 竣工图的绘制方法、图式及规格等符合专业技术要求，图面整洁，盖有竣工图章。

4 文件的形成、来源符合实际，要求单位或个人签章的文件，其签章手续完备。

5 文件的材质、幅面、书写、绘图、用墨、托

裱等符合要求。

　　6 电子档案格式、载体等符合要求。

　　7 声像档案内容、质量、格式符合要求。

7.0.3 列入城建档案管理机构接收范围的工程，建设单位在工程竣工验收后 3 个月内，必须向城建档案管理机构移交一套符合规定的工程档案。

7.0.4 停建、缓建建设工程的档案，可暂由建设单位保管。

7.0.5 对改建、扩建和维修工程，建设单位应组织设计、施工单位对改变部位据实编制新的工程档案，并应在工程竣工验收后 3 个月内向城建档案管理机构移交。

7.0.6 当建设单位向城建档案管理机构移交工程档案时，应提交移交案卷目录，办理移交手续，双方签字、盖章后方可交接。

附录 A　建筑工程文件归档范围

A.0.1 建筑工程文件的归档范围应符合表 A.0.1 的规定。

表 A.0.1　建筑工程文件归档范围

类别	归档文件	保存单位				
		建设单位	设计单位	施工单位	监理单位	城建档案馆
工程准备阶段文件（A 类）						
A1	立项文件					
1	项目建议书批复文件及项目建议书	▲				▲
2	可行性研究报告批复文件及可行性研究报告	▲				▲
3	专家论证意见、项目评估文件	▲				▲
4	有关立项的会议纪要、领导批示	▲				▲
A2	建设用地、拆迁文件					
1	选址申请及选址规划意见通知书	▲				▲
2	建设用地批准书	▲				▲
3	拆迁安置意见、协议、方案等	▲				△
4	建设用地规划许可证及其附件	▲				▲
5	土地使用证明文件及其附件	▲				▲
6	建设用地钉桩通知单	▲				▲

续表

类别	归档文件	保存单位				
		建设单位	设计单位	施工单位	监理单位	城建档案馆
A3	勘察、设计文件					
1	工程地质勘察报告	▲	▲			▲
2	水文地质勘察报告	▲	▲			▲
3	初步设计文件（说明书）	▲	▲			
4	设计方案审查意见	▲	▲			▲
5	人防、环保、消防等有关主管部门（对设计方案）审查意见	▲	▲			▲
6	设计计算书	▲	▲			△
7	施工图设计文件审查意见	▲	▲			▲
8	节能设计备案文件	▲	▲			▲
A4	招投标文件					
1	勘察、设计招投标文件	▲	▲			
2	勘察、设计合同	▲	▲			▲
3	施工招投标文件	▲		▲	△	
4	施工合同	▲		▲	△	
5	工程监理招投标文件	▲			▲	
6	监理合同	▲			▲	▲
A5	开工审批文件					
1	建设工程规划许可证及其附件	▲		△	△	▲
2	建设工程施工许可证	▲		▲		▲
A6	工程造价文件					
1	工程投资估算材料	▲				
2	工程设计概算材料	▲				
3	招标控制价格文件	▲				
4	合同价格文件	▲		▲		△
5	结算价格文件	▲		▲		△
A7	工程建设基本信息					
1	工程概况信息表	▲		△		▲
2	建设单位工程项目负责人及现场管理人员名册	▲				▲

续表

类别	归档文件	保存单位				
		建设单位	设计单位	施工单位	监理单位	城建档案馆
3	监理单位工程项目总监及监理人员名册	▲			▲	▲
4	施工单位工程项目经理及质量管理人员名册	▲		▲		▲
	监理文件（B类）					
B1	监理管理文件					
1	监理规划	▲			▲	▲
2	监理实施细则	▲		△	▲	▲
3	监理月报	△			▲	
4	监理会议纪要	▲		△	▲	
5	监理工作日志				▲	
6	监理工作总结				▲	▲
7	工作联系单	▲		△	▲	
8	监理工程师通知	▲		△	▲	△
9	监理工程师通知回复单	▲		△	▲	△
10	工程暂停令	▲		△	▲	
11	工程复工报审表	▲		▲	▲	▲
B2	进度控制文件					
1	工程开工报审表	▲		▲	▲	▲
2	施工进度计划报审表	▲		△	▲	
B3	质量控制文件					
1	质量事故报告及处理资料	▲		▲	▲	▲
2	旁站监理记录	△		△	▲	
3	见证取样和送检人员备案表	▲		▲	▲	
4	见证记录	▲		▲	▲	
5	工程技术文件报审表				△	
B4	造价控制文件					
1	工程款支付	▲		△	△	
2	工程款支付证书	▲		△	△	
3	工程变更费用报审表	▲		△	△	
4	费用索赔申请表	▲		△	△	
5	费用索赔审批表	▲		△	△	

续表

类别	归档文件	保存单位				
		建设单位	设计单位	施工单位	监理单位	城建档案馆
B5	工期管理文件					
1	工程延期申请表	▲		▲	▲	▲
2	工程延期审批表	▲			▲	▲
B6	监理验收文件					
1	竣工移交证书	▲		▲	▲	▲
2	监理资料移交书	▲			▲	
	施工文件（C类）					
C1	施工管理文件					
1	工程概况表	▲		▲	▲	△
2	施工现场质量管理检查记录			△	△	
3	企业资质证书及相关专业人员岗位证书	△		▲	▲	△
4	分包单位资质报审表	▲		▲	▲	
5	建设单位质量事故勘查记录	▲		▲	▲	▲
6	建设工程质量事故报告书	▲		▲	▲	▲
7	施工检测计划	△		△	△	
8	见证试验检测汇总表	▲		▲	▲	▲
9	施工日志			▲		
C2	施工技术文件					
1	工程技术文件报审表	△		△	△	
2	施工组织设计及施工方案	△		△	△	△
3	危险性较大分部分项工程施工方案	△		△	△	△
4	技术交底记录	△		△		
5	图纸会审记录	▲	▲	▲	▲	▲
6	设计变更通知单	▲	▲	▲	▲	▲
7	工程洽商记录（技术核定单）	▲	▲	▲	▲	▲
C3	进度造价文件					
1	工程开工报审表	▲	▲	▲	▲	▲
2	工程复工报审表	▲	▲	▲	▲	▲
3	施工进度计划报审表			△	△	

续表

类别	归档文件	保存单位				
		建设单位	设计单位	施工单位	监理单位	城建档案馆
4	施工进度计划		△	△		
5	人、机、料动态表		△	△		
6	工程延期申请表	▲		▲	▲	▲
7	工程款支付申请表	▲		△	△	
8	工程变更费用报审表	▲		△	△	
9	费用索赔申请表	▲		△	△	
C4	施工物资出厂质量证明及进场检测文件					
	出厂质量证明文件及检测报告					
1	砂、石、砖、水泥、钢筋、隔热保温、防腐材料、轻骨料出厂证明文件	▲		▲	▲	△
2	其他物资出厂合格证、质量保证书、检测报告和报关单或商检证等	△		▲	▲	
3	材料、设备的相关检验报告、型式检测报告、3C强制认证合格证书或3C标志	△		▲		
4	主要设备、器具的安装使用说明书	▲		▲	△	
5	进口的主要材料设备的商检证明文件	△		▲		
6	涉及消防、安全、卫生、环保、节能的材料、设备的检测报告或法定机构出具的有效证明文件	▲		▲	▲	△
7	其他施工物资产品合格证、出厂检验报告					
	进场检验通用表格					
1	材料、构配件进场检验记录			△	△	
2	设备开箱检验记录			△	△	
3	设备及管道附件试验记录	▲		▲	△	

续表

类别	归档文件	保存单位				
		建设单位	设计单位	施工单位	监理单位	城建档案馆
	进场复试报告					
1	钢材试验报告	▲		▲	▲	▲
2	水泥试验报告	▲		▲	▲	▲
3	砂试验报告	▲		▲	▲	▲
4	碎（卵）石试验报告	▲		▲	▲	▲
5	外加剂试验报告	△		▲	▲	▲
6	防水涂料试验报告	▲		▲	△	
7	防水卷材试验报告	▲		▲	△	
8	砖（砌块）试验报告	▲		▲	▲	▲
9	预应力筋复试报告	▲		▲	▲	▲
10	预应力锚具、夹具和连接器复试报告	▲		▲	▲	▲
11	装饰装修用门窗复试报告	▲		▲	△	
12	装饰装修用人造木板复试报告	▲		▲	△	
13	装饰装修用花岗石复试报告	▲		▲	△	
14	装饰装修用安全玻璃复试报告	▲		▲	△	
15	装饰装修用外墙面砖复试报告	▲		▲	△	
16	钢结构用钢材复试报告	▲		▲	▲	▲
17	钢结构用防火涂料复试报告	▲		▲	▲	▲
18	钢结构用焊接材料复试报告	▲		▲	▲	▲
19	钢结构用高强度大六角头螺栓连接副复试报告	▲		▲	▲	▲
20	钢结构用扭剪型高强螺栓连接副复试报告	▲		▲	▲	▲
21	幕墙用铝塑板、石材、玻璃、结构胶复试报告	▲		▲	▲	▲
22	散热器、供暖系统保温材料、通风与空调工程绝热材料、风机盘管机组、低压配电系统电缆的见证取样复试报告	▲		▲	▲	▲

续表

类别	归档文件	保存单位				
		建设单位	设计单位	施工单位	监理单位	城建档案馆
23	节能工程材料复试报告	▲		▲	▲	▲
24	其他物资进场复试报告					
C5	施工记录文件					
1	隐蔽工程验收记录	▲		▲	▲	▲
2	施工检查记录			△		
3	交接检查记录			△		
4	工程定位测量记录	▲		▲	▲	▲
5	基槽验线记录	▲		▲	▲	▲
6	楼层平面放线记录			△	△	△
7	楼层标高抄测记录			△	△	△
8	建筑物垂直度、标高观测记录	▲		▲	△	△
9	沉降观测记录	▲		▲	△	▲
10	基坑支护水平位移监测记录			△	△	
11	桩基、支护测量放线记录			△	△	
12	地基验槽记录	▲	▲	▲	▲	▲
13	地基钎探记录	▲		△	△	▲
14	混凝土浇灌申请书			△	△	
15	预拌混凝土运输单			△		
16	混凝土开盘鉴定			△	△	
17	混凝土拆模申请单			△	△	
18	混凝土预拌测温记录			△		
19	混凝土养护测温记录			△		
20	大体积混凝土养护测温记录			△		
21	大型构件吊装记录	▲		△	△	▲
22	焊接材料烘焙记录			△		
23	地下工程防水效果检查记录	▲		△	△	
24	防水工程试水检查记录	▲		△	△	
25	通风(烟)道、垃圾道检查记录	▲		△	△	

续表

类别	归档文件	保存单位				
		建设单位	设计单位	施工单位	监理单位	城建档案馆
26	预应力筋张拉记录	▲		▲	△	▲
27	有粘结预应力结构灌浆记录	▲		▲	△	
28	钢结构施工记录	▲		▲	△	
29	网架(索膜)施工记录	▲		▲	△	
30	木结构施工记录	▲		▲	△	
31	幕墙注胶检查记录			▲	△	
32	自动扶梯、自动人行道的相邻区域检查记录	▲		▲	△	
33	电梯电气装置安装检查记录	▲		▲	△	
34	自动扶梯、自动人行道电气装置检查记录	▲		▲	△	
35	自动扶梯、自动人行道整机安装质量检查记录	▲		▲	△	
36	其他施工记录文件					
C6	施工试验记录及检测文件					
	通用表格					
1	设备单机试运转记录	▲		▲	△	△
2	系统试运转调试记录	▲		▲	△	△
3	接地电阻测试记录	▲		▲	△	△
4	绝缘电阻测试记录	▲		▲	△	△
	建筑与结构工程					
1	锚杆试验报告	▲		▲	△	
2	地基承载力检验报告	▲		▲	△	▲
3	桩基检测报告	▲		▲	△	▲
4	土工击实试验报告	▲		▲	△	▲
5	回填土试验报告(应附图)	▲		▲	△	▲
6	钢筋机械连接试验报告	▲		▲	△	
7	钢筋焊接连接试验报告	▲		▲	△	
8	砂浆配合比申请书、通知单			△	△	△

续表

类别	归档文件	保存单位				
		建设单位	设计单位	施工单位	监理单位	城建档案馆
9	砂浆抗压强度试验报告	▲		▲	△	▲
10	砌筑砂试块强度统计、评定记录	▲		▲		△
11	混凝土配合比申请书、通知单	▲	△	▲	△	
12	混凝土抗压强度试验报告	▲		▲	△	▲
13	混凝土试块强度统计、评定记录	▲		▲	△	
14	混凝土抗渗试验报告	▲		▲	△	
15	砂、石、水泥放射性指标报告	▲		▲	△	
16	混凝土碱总量计算书	▲		▲	△	
17	外墙饰面砖样板粘结强度试验报告	▲		▲	△	
18	后置埋件抗拔试验报告	▲		▲	△	△
19	超声波探伤报告、探伤记录	▲		▲	△	△
20	钢构件射线探伤报告	▲		▲	△	
21	磁粉探伤报告	▲		▲	△	
22	高强度螺栓抗滑移系数检测报告	▲		▲	△	△
23	钢结构焊接工艺评定			△	△	△
24	网架节点承载力试验报告	▲		▲	△	
25	钢结构防腐、防火涂料厚度检测报告	▲		▲	△	△
26	木结构胶缝试验报告	▲		▲	△	
27	木材料构件力学性能试验报告	▲		▲	△	△
28	木结构防护剂试验报告	▲		▲	△	
29	幕墙双组分硅酮结构胶混匀性及拉断试验报告	▲		▲	△	△
30	幕墙的抗风压性能、空气渗透性能、雨水渗透性能及平面内变形性能检测报告	▲		▲	△	△

续表

类别	归档文件	保存单位				
		建设单位	设计单位	施工单位	监理单位	城建档案馆
31	外门窗的抗风压性能、空气渗透性能和雨水渗透性能检测报告	▲		▲	△	△
32	墙体节能工程保温板材与基层粘结强度现场拉拔试验	▲		▲	△	△
33	外墙保温浆料同条件养护试件试验报告	▲		▲	△	
34	结构实体混凝土强度验收记录	▲		▲	△	△
35	结构实体钢筋保护层厚度验收记录	▲		▲	△	△
36	围护结构现场实体检验	▲		▲	△	△
37	室内环境检测报告	▲		▲	△	△
38	节能性能检测报告	▲		▲	△	▲
39	其他建筑与结构施工试验记录与检测文件					
	给水排水及供暖工程					
1	灌（满）水试验记录	▲		△	△	
2	强度严密性试验记录	▲		▲	△	△
3	通水试验记录	▲		△	△	
4	冲（吹）洗试验记录	▲		▲	△	
5	通球试验记录	▲		△	△	
6	补偿器安装记录			△	△	
7	消火栓试射记录	▲		▲	△	
8	安全附件安装检查记录			▲	△	
9	锅炉烘炉试验记录			▲	△	
10	锅炉煮炉试验记录			▲	△	
11	锅炉试运行记录	▲		▲	△	
12	安全阀定压合格证书	▲		▲	△	
13	自动喷水灭火系统联动试验记录	▲		▲	△	△
14	其他给水排水及供暖施工试验记录与检测文件					

续表

类别	归档文件	保存单位				
		建设单位	设计单位	施工单位	监理单位	城建档案馆
	建筑电气工程					
1	电气接地装置平面示意图表	▲		▲	△	△
2	电气器具通电安全检查记录	▲		△	△	
3	电气设备空载试运行记录	▲		▲	△	△
4	建筑物照明通电试运行记录	▲		▲	△	△
5	大型照明灯具承载试验记录	▲		▲	△	
6	漏电开关模拟试验记录	▲		▲	△	
7	大容量电气线路结点测温记录	▲		▲	△	
8	低压配电电源质量测试记录	▲		▲	△	
9	建筑物照明系统照度测试记录	▲		△	△	
10	其他建筑电气施工试验记录与检测文件					
	智能建筑工程					
1	综合布线测试记录	▲		▲	△	△
2	光纤损耗测试记录	▲		▲	△	△
3	视频系统末端测试记录	▲		▲	△	
4	子系统检测记录	▲		▲	△	
5	系统试运行记录	▲		▲	△	△
6	其他智能建筑施工试验记录与检测文件					
	通风与空调工程					
1	风管漏光检测记录	▲		△	△	
2	风管漏风检测记录	▲		▲	△	
3	现场组装除尘器、空调机漏风检测记录			△	△	
4	各房间室内风量测量记录	▲		△	△	
5	管网风量平衡记录	▲		△	△	

续表

类别	归档文件	保存单位				
		建设单位	设计单位	施工单位	监理单位	城建档案馆
6	空调系统试运转调试记录	▲		▲	△	△
7	空调水系统试运转调试记录	▲		▲	△	△
8	制冷系统气密性试验记录	▲		▲	△	△
9	净化空调系统检测记录	▲		▲	△	△
10	防排烟系统联合试运行记录	▲		▲	△	△
11	其他通风与空调施工试验记录与检测文件					
	电梯工程					
1	轿厢平层准确度测量记录	▲		△	△	
2	电梯层门安全装置检测记录	▲		▲	△	
3	电梯电气安全装置检测记录	▲		▲	△	
4	电梯整机功能检测记录	▲		▲	△	
5	电梯主要功能检测记录	▲		▲	△	
6	电梯负荷运行试验记录	▲		▲	△	△
7	电梯负荷运行试验曲线图表	▲		▲	△	
8	电梯噪声测试记录	△		△	△	
9	自动扶梯、自动人行道安全装置检测记录	▲		▲	△	
10	自动扶梯、自动人行道整机性能、运行试验记录	▲		▲	△	△
11	其他电梯施工试验记录与检测文件					
C7	施工质量验收文件					
1	检验批质量验收记录	▲		△	△	
2	分项工程质量验收记录	▲		▲	▲	

续表

续表

类别	归档文件	保存单位					类别	归档文件	保存单位				
		建设单位	设计单位	施工单位	监理单位	城建档案馆			建设单位	设计单位	施工单位	监理单位	城建档案馆
3	分部（子分部）工程质量验收记录	▲		▲	▲	▲	22	中央管理工作站及操作分站分项工程质量验收记录	▲		▲	△	
4	建筑节能分部工程质量验收记录	▲		▲	▲	▲	23	系统实时性、可维护性、可靠性分项工程质量验收记录	▲		▲	△	
5	自动喷水系统验收缺陷项目划分记录	▲		△	△		24	现场设备安装及检测分项工程质量验收记录	▲		▲	△	
6	程控电话交换系统分项工程质量验收记录	▲		▲	△		25	火灾自动报警及消防联动系统分项工程质量验收记录	▲		▲	△	
7	会议电视系统分项工程质量验收记录	▲		▲	△		26	综合防范功能分项工程质量验收记录	▲		▲	△	
8	卫星数字电视系统分项工程质量验收记录	▲		▲	△		27	视频安防监控系统分项工程质量验收记录	▲		▲	△	
9	有线电视系统分项工程质量验收记录	▲		▲	△		28	入侵报警系统分项工程质量验收记录	▲		▲	△	
10	公共广播与紧急广播系统分项工程质量验收记录	▲		▲	△		29	出入口控制（门禁）系统分项工程质量验收记录	▲		▲	△	
11	计算机网络系统分项工程质量验收记录	▲		▲	△		30	巡更管理系统分项工程质量验收记录	▲		▲	△	
12	应用软件系统分项工程质量验收记录	▲		▲	△		31	停车场（库）管理系统分项工程质量验收记录	▲		▲	△	
13	网络安全系统分项工程质量验收记录	▲		▲	△		32	安全防范综合管理系统分项工程质量验收记录	▲		▲	△	
14	空调与通风系统分项工程质量验收记录	▲		▲	△		33	综合布线系统安装分项工程质量验收记录	▲		▲	△	
15	变配电系统分项工程质量验收记录	▲		▲	△		34	综合布线系统性能检测分项工程质量验收记录	▲		▲	△	
16	公共照明系统分项工程质量验收记录	▲		▲	△		35	系统集成网络连接分项工程质量验收记录	▲		▲	△	
17	给水排水系统分项工程质量验收记录	▲		▲	△		36	系统数据集成分项工程质量验收记录	▲		▲	△	
18	热源和热交换系统分项工程质量验收记录	▲		▲	△		37	系统集成整体协调分项工程质量验收记录					
19	冷冻和冷却水系统分项工程质量验收记录	▲		▲	△		38	系统集成综合管理及冗余功能分项工程质量验收记录	▲		▲	△	
20	电梯和自动扶梯系统分项工程质量验收记录	▲		▲	△								
21	数据通信接口分项工程质量验收记录	▲		▲	△								

续表　　　　　　　　　　　　　　　　　　　　　续表

类别	归档文件	保存单位				
		建设单位	设计单位	施工单位	监理单位	城建档案馆
39	系统集成可维护性和安全性分项工程质量验收记录	▲		▲	△	
40	电源系统分项工程质量验收记录	▲		▲	△	
41	其他施工质量验收文件					
C8	施工验收文件					
1	单位（子单位）工程竣工预验收报验表	▲		▲	▲	
2	单位（子单位）工程质量竣工验收记录	▲	△	▲	▲	
3	单位（子单位）工程质量控制资料核查记录	▲		▲	▲	
4	单位（子单位）工程安全和功能检验资料核查及主要功能抽查记录	▲		▲	▲	
5	单位（子单位）工程观感质量检查记录	▲		▲	▲	
6	施工资料移交书	▲		▲		
7	其他施工验收文件					
	竣工图（D类）					
1	建筑竣工图	▲		▲		▲
2	结构竣工图	▲		▲		▲
3	钢结构竣工图	▲		▲		▲
4	幕墙竣工图	▲		▲		▲
5	室内装饰竣工图	▲		▲		▲
6	建筑给水排水及供暖竣工图	▲		▲		▲
7	建筑电气竣工图	▲		▲		▲
8	智能建筑竣工图	▲		▲		▲
9	通风与空调竣工图	▲		▲		▲
10	室外工程竣工图	▲		▲		▲
11	规划红线内的室外给水、排水、供热、供电、照明管线等竣工图	▲		▲		▲
12	规划红线内的道路、园林绿化、喷灌设施等竣工图	▲		▲		▲

类别	归档文件	保存单位				
		建设单位	设计单位	施工单位	监理单位	城建档案馆
工程竣工验收文件（E类）						
E1	竣工验收与备案文件					
1	勘察单位工程质量检查报告	▲		△	△	▲
2	设计单位工程质量检查报告	▲	▲	△	△	▲
3	施工单位工程竣工报告	▲		▲	△	▲
4	监理单位工程质量评估报告	▲		△	▲	▲
5	工程竣工验收报告	▲	▲	▲	▲	▲
6	工程竣工验收会议纪要	▲	▲	▲	▲	▲
7	专家组竣工验收意见	▲	▲	▲	▲	▲
8	工程竣工验收证书	▲	▲	▲	▲	▲
9	规划、消防、环保、民防、防雷等部门出具的认可文件或准许使用文件	▲	▲	▲	▲	▲
10	房屋建筑工程质量保修书	▲		▲		▲
11	住宅质量保证书、住宅使用说明书	▲		▲		▲
12	建设工程竣工验收备案表	▲	▲	▲	▲	▲
13	建设工程档案预验收意见	▲		△		▲
14	城市建设档案移交书	▲				▲
E2	竣工决算文件					
1	施工决算文件	▲		▲		△
2	监理决算文件	▲			▲	△
E3	工程声像资料等					
1	开工前原貌、施工阶段、竣工新貌照片	▲		△	△	▲
2	工程建设过程的录音、录像资料（重大工程）	▲		△	△	▲
E4	其他工程文件					

注　表中符号"▲"表示必须归档保存；"△"表示选择性归档保存。

附录 B　市政工程文件归档范围

B.0.1　道路工程文件的归档范围应符合表 B.0.1 的规定。

表 B.0.1　道路工程文件归档范围

类别	归档文件	保存单位				
		建设单位	设计单位	施工单位	监理单位	城建档案馆
	工程准备阶段文件（A类）					
A1	立项文件					
1	项目建议书批复文件及项目建议书	▲				▲
2	可行性研究报告批复文件及可行性研究报告	▲				▲
3	专家论证意见、项目评估文件	▲				▲
4	有关立项的会议纪要、领导批示	▲				▲
A2	建设用地、拆迁文件					
1	选址申请及选址规划意见通知书	▲				▲
2	建设用地批准书	▲				▲
3	拆迁安置意见、协议、方案等	▲				△
4	建设用地规划许可证及其附件	▲				▲
5	土地使用证明文件及其附件	▲				▲
6	建设用地钉桩通知单	▲				▲
A3	勘察、设计文件					
1	工程地质勘察报告	▲	▲			▲
2	水文地质勘察报告	▲	▲			▲
3	初步设计文件（说明书）	▲	▲			
4	设计方案审查意见	▲	▲			▲
5	人防、环保、消防等有关主管部门（对设计方案）审查意见	▲	▲			▲
6	设计计算书	▲	▲			△
7	施工图设计文件审查意见	▲	▲			▲
8	节能设计备案文件	▲				▲

类别	归档文件	保存单位				
		建设单位	设计单位	施工单位	监理单位	城建档案馆
A4	招投标文件					
1	勘察、设计招投标文件	▲	▲			
2	勘察、设计合同	▲	▲			▲
3	施工招投标文件	▲		▲	△	
4	施工合同	▲		▲	△	▲
5	工程监理招投标文件	▲			▲	
6	监理合同	▲			▲	▲
A5	开工审批文件					
1	建设工程规划许可证及其附件	▲		△	△	▲
2	建设工程施工许可证	▲		▲	▲	▲
A6	工程造价文件					
1	工程投资估算材料	▲				
2	工程设计概算材料	▲				
3	招标控制价格文件	▲				
4	合同价格文件	▲		▲		△
5	结算价格文件	▲		▲		△
A7	工程建设基本信息					
1	工程概况信息表	▲		△		▲
2	建设单位工程项目负责人及现场管理人员名册	▲				▲
3	监理单位工程项目总监及监理人员名册	▲			▲	▲
4	施工单位工程项目经理及质量管理人员名册			▲		▲
	监理文件（B类）					
B1	监理管理文件					
1	监理规划	▲			▲	▲
2	监理实施细则	▲		△	▲	▲
3	监理月报	△			▲	
4	监理会议纪要	▲		△		▲
5	监理工作日志				▲	
6	监理工作总结				▲	▲
7	工作联系单	▲		△	△	

续表

类别	归档文件	保存单位				
		建设单位	设计单位	施工单位	监理单位	城建档案馆
8	监理工程师通知	▲		△	△	△
9	监理工程师通知回复单	▲		△	△	△
10	工程暂停令	▲		△	△	▲
11	工程复工报审表	▲		▲	▲	▲
B2	进度控制文件					
1	工程开工报审表	▲		▲	▲	▲
2	施工进度计划报审表	▲		△	△	
B3	质量控制文件					
1	质量事故报告及处理资料	▲		▲	▲	▲
2	旁站监理记录	△		△	▲	
3	见证取样和送检人员备案表	▲		▲	▲	
4	见证记录	▲		▲	▲	
5	工程技术文件报审表				△	
B4	造价控制文件					
1	工程款支付	▲		△	△	
2	工程款支付证书	▲		△	△	
3	工程变更费用报审表	▲		△	△	
4	费用索赔申请表	▲		△	△	
5	费用索赔审批表	▲		△	△	
B5	工期管理文件					
1	工程延期申请表	▲		▲	▲	▲
2	工程延期审批表	▲		▲	▲	▲
B6	监理验收文件					
1	工程竣工移交书	▲		▲	▲	▲
2	监理资料移交书	▲			▲	

施工文件（C类）

类别	归档文件	保存单位				
		建设单位	设计单位	施工单位	监理单位	城建档案馆
C1	施工管理文件					
1	工程概况表	▲		▲	▲	△
2	施工现场质量管理检查记录			△	△	
3	企业资质证书及相关专业人员岗位证书	△		△	△	
4	分包单位资质报审表	▲		▲	▲	

续表

类别	归档文件	保存单位				
		建设单位	设计单位	施工单位	监理单位	城建档案馆
5	建设单位质量事故勘查记录	▲		▲	▲	▲
6	建设工程质量事故报告书	▲		▲	▲	▲
7	施工检测计划	△		△	△	
8	见证试验检测汇总表	▲		▲	▲	▲
9	施工日志			▲		
C2	施工技术文件					
1	工程技术文件报审表	△		△	△	
2	施工组织设计及施工方案	▲		▲	▲	△
3	危险性较大分部分项工程施工方案			▲	▲	
4	技术交底记录	△		△		
5	图纸会审记录	▲	▲	▲	▲	▲
6	设计变更通知单	▲	▲	▲	▲	▲
7	工程洽商记录（技术核定单）	▲	▲	▲	▲	▲
C3	进度造价文件					
1	工程开工报审表	▲	▲	▲	▲	△
2	工程复工报审表	▲	▲	▲	▲	△
3	施工进度计划报审表			△	△	
4	施工进度计划			△	△	
5	人、机、料动态表			△	△	
6	工程延期申请表	▲		▲	▲	△
7	工程款支付申请表	▲		△	△	
8	工程变更费用报审表	▲		△	△	
9	费用索赔申请表	▲		△	△	
C4	施工物资文件					
	出厂质量证明文件及检测报告					
1	水泥产品合格证、出厂检验报告	△		▲	▲	△
2	各类砌块、砖块合格证、出厂检验报告			▲	▲	
3	砂、石料产品合格证、出厂检验报告	△		▲	▲	

续表

类别	归档文件	保存单位				
		建设单位	设计单位	施工单位	监理单位	城建档案馆
4	钢材产品合格证、出厂检验报告	△		▲	▲	△
5	粉煤灰产品合格证、出厂检验报告	△		▲	▲	
6	混凝土外加剂产品合格证、出厂检验报告	△		▲	△	
7	商品混凝土产品合格证	▲		▲	△	
8	商品混凝土出厂检验报告	△		▲	△	
9	预制构件产品合格证、出厂检验报告	△		▲	△	
10	道路石油沥青产品合格证、出厂检验报告	△		▲	△	
11	沥青混合料（用粗集料、用细集料、用矿粉）产品合格证、出厂检验报告	△		▲	△	
12	沥青胶结料（用粗集料、用细集料、用矿粉）产品合格证、出厂检验报告	△		▲	△	
13	石灰产品合格证、出厂检验报告	△		▲	△	
14	土体试验检验报告	▲		▲	△	△
15	土的有机质含量检验报告	▲		▲	△	
16	集料检验报告	▲		▲	△	△
17	石材检验报告	▲		▲	△	△
18	土工合成材料力学性能检验报告	▲		▲	△	△
19	其他施工物资产品合格证、出厂检验报告					
	进场检验通用表格					
1	材料、构配件进场验收记录			▲	△	
2	见证取样送检汇总表			△	△	
	进场复试报告					
1	主要材料、半成品、构配件、设备进场复检汇总表	▲		▲	▲	△

续表

类别	归档文件	保存单位				
		建设单位	设计单位	施工单位	监理单位	城建档案馆
2	见证取样送检检验成果汇总表			△	▲	
3	钢材进场复试报告	▲		▲	▲	△
4	水泥进场复试报告	▲		▲	▲	△
5	各类砌块、砖块进场复试报告	▲		▲	▲	△
6	砂、石进场复试报告	▲		▲	▲	△
7	粉煤灰进场复试报告	▲		▲	▲	△
8	混凝土外加剂进场复试报告	△		▲	▲	
9	道路石油沥青进场复试报告	▲		▲	△	▲
10	沥青混合料（用粗集料、用细集料、用矿粉）进场复试报告	▲		▲	△	▲
11	沥青胶结材料进场复试报告	▲		▲	▲	
12	石灰进场复试报告	▲		▲	△	
13	预制小型构件复检报告	▲		▲	△	
14	其他物资进场复试报告					
C5	施工记录文件					
1	测量交接桩记录	▲		▲	△	▲
2	工程定位测量记录	▲		▲	△	▲
3	水准点复测记录	▲		▲	△	▲
4	导线点复测记录	▲		▲	△	▲
5	测量复核记录	▲		▲	△	▲
6	沉降观测记录	▲		▲		▲
7	道路高程测量成果记录（路床、基层、面层）	▲		▲	△	▲
8	隐蔽工程检查验收记录	▲		▲	△	△
9	工程预检记录	▲		△	△	
10	中间检查交接记录	▲		△	△	
11	水泥混凝土浇筑施工记录	▲		▲	△	△

续表

类别	归档文件	建设单位	设计单位	施工单位	监理单位	城建档案馆
12	同条件养护混凝土试件测温记录			△	△	
13	混凝土开盘鉴定			△	△	
14	沥青混合料到场及摊铺、碾压测温记录			▲	△	
15	桩施工成果汇总表	▲		▲	△	▲
16	桩施工记录	▲		▲	▲	▲
17	其他施工记录文件					
C6	施工试验记录及检测文件					
1	土工击实试验报告	▲		▲	△	▲
2	沥青混合料马歇尔试验报告	▲		▲	△	▲
3	地基钎探试验报告	▲		▲	△	▲
4	路基压实度检验汇总表	▲		▲	△	△
5	基层/沥青面层压实度检验汇总表	▲		▲	△	△
6	压实度检验报告	▲		▲	△	△
7	压实度检验记录	▲		▲		
8	沥青混合料压实度检验报告	▲		▲	△	△
9	填土含水率检测记录	▲		▲	△	△
10	石灰（水泥）剂量检验报告（钙电击法）	▲		▲	△	△
11	石灰、水泥稳定土中含灰量检测记录（EDTA法）	▲		▲	△	△
12	基层混合料无侧限饱和水抗压强度检验汇总表	▲		▲	△	△
13	无侧限饱水抗压强度检验报告	▲		▲	△	△
14	沥青混合料（矿料级配及沥青用量）检验报告	▲		▲	△	
15	水泥混凝土强度检验汇总表	▲		▲	△	△
16	水泥混凝土抗压强度统计评定表	▲		▲	△	△

续表

类别	归档文件	建设单位	设计单位	施工单位	监理单位	城建档案馆
17	水泥混凝土配合比申请单、通知单			△	△	
18	水泥混凝土抗压强度试验报告	▲		▲	△	▲
19	水泥混凝土抗折强度统计评定表	▲		▲	△	▲
20	水泥混凝土抗折强度检验报告	▲		▲	△	▲
21	水泥混凝土配合比设计试验报告	▲		▲	△	
22	道路基层、面层厚度检测报告	▲		▲	△	△
23	砂浆试块强度检验汇总表	▲		▲	△	△
24	砂浆抗压强度统计评定表	▲		▲	△	△
25	砂浆抗压强度检验报告	▲		▲	△	△
26	砂浆配合比申请单、通知单			△	△	
27	砂浆配合比设计试验报告	▲		▲	△	
28	承载比（CBR）试验报告	▲		▲	△	△
29	平整度检测报告（3m直尺、测平仪检查）	▲		▲	△	△
30	道路弯沉值测试成果汇总表	▲		▲	△	▲
31	道路（沥青面层）弯沉值检验报告	▲		▲	△	▲
32	道路（路床、基层）弯沉值检验报告	▲		▲	△	▲
33	道路弯沉值检验记录	▲		▲	△	
34	路面抗滑性能检验报告	▲		▲	△	
35	相对密度试验报告	▲		▲	△	△
36	其他施工试验及检验文件					

续表

类别	归档文件	保存单位				
		建设单位	设计单位	施工单位	监理单位	城建档案馆
C7	施工质量验收文件					
1	路基分部（子分部）工程质量验收记录	▲		▲	▲	▲
2	路基检验批质量验收记录	▲		△	△	
3	基层分部（子分部）工程质量验收记录	▲		▲	▲	▲
4	基层检验批质量验收记录	▲		△	△	
5	面层分部（子分部）工程质量验收记录	▲		▲	▲	▲
6	面层工程检验批质量验收记录	▲		△	△	
7	广场与停车场分部（子分部）工程质量验收记录	▲		▲	▲	▲
8	广场与停车场工程检验批质量验收记录	▲		△	△	
9	人行道分部（子分部）工程质量验收记录	▲		▲	▲	▲
10	人行道工程检验批质量验收记录	▲		△	△	
11	人行地道结构分部（子分部）工程质量验收记录	▲		▲	▲	▲
12	人行地道结构工程检验批质量验收记录	▲		△	△	
13	挡土墙分部（子分部）工程质量验收记录	▲		▲	▲	▲
14	挡土墙工程检验批质量验收记录表	▲		△	△	
15	附属构筑物分部、分项工程质量验收记录	▲		▲	▲	▲
16	附属构筑物工程检验批质量验收记录	▲		△	△	
17	道路工程各分部分项工程质量验收记录			▲	△	
18	其他施工质量验收文件					

续表

类别	归档文件	保存单位				
		建设单位	设计单位	施工单位	监理单位	城建档案馆
C8	施工验收文件					
1	单位（子单位）工程竣工预验收报验表	▲		▲	▲	
2	单位（子单位）工程质量竣工验收记录	▲	▲	▲	▲	▲
3	单位（子单位）工程质量控制资料核查记录	▲		▲	▲	▲
4	单位（子单位）工程安全和功能检验资料核查及主要功能抽查记录	▲		▲	▲	▲
5	单位（子单位）工程外观质量检查记录	▲		▲	▲	▲
6	施工资料移交书	▲		▲		
7	其他施工验收文件					
	竣工图（D类）					
1	道路竣工图	▲		▲		▲
	工程竣工文件（E类）					
E1	竣工验收与备案文件					
1	勘察单位工程评价意见报告	▲		△	△	▲
2	设计单位工程评价意见报告	▲	▲	△	△	▲
3	施工单位工程竣工报告	▲		▲	△	▲
4	监理单位工程质量评估报告	▲		△	▲	▲
5	建设单位工程竣工报告	▲		▲	△	▲
6	工程竣工验收会议纪要	▲	▲	▲	▲	▲
7	专家组竣工验收意见	▲	▲	▲	▲	▲
8	工程竣工验收证书	▲	▲	▲	▲	▲
9	规划、消防、环保、人防等部门出具的认可或准许使用文件	▲	▲	▲		▲
10	市政工程质量保修单	▲	▲			▲
11	市政基础设施工程竣工验收与备案表	▲	▲	▲	▲	▲

续表

类别	归档文件	保存单位				
		建设单位	设计单位	施工单位	监理单位	城建档案馆
12	道路工程档案预验收意见	▲		△		▲
13	城建档案移交书	▲				▲
14	其他工程竣工验收与备案文件					
E2	竣工决算文件					
1	施工决算文件	▲		△		△
2	监理决算文件	▲			▲	△
E3	工程声像文件					
1	开工前原貌、施工阶段、竣工新貌照片	▲		△	△	▲
2	工程建设过程的录音、录像文件（重大工程）	▲		△	△	▲
E4	其他工程文件					

注　表中符号"▲"表示必须归档保存;"△"表示选择性归档保存。

B.0.2　桥梁工程文件的归档范围应符合表 B.0.2 的规定。

表 B.0.2　桥梁工程文件归档范围

类别	归档文件	保存单位				
		建设单位	设计单位	施工单位	监理单位	城建档案馆
工程准备阶段文件（A 类）						
A1	立项文件					
1	项目建议书批复文件及项目建议书	▲				▲
2	可行性研究报告批复文件及可行性研究报告	▲				▲
3	专家论证意见、项目评估文件	▲				▲
4	有关立项的会议纪要、领导批示	▲				▲
A2	建设用地、拆迁文件					
1	选址申请及选址规划意见通知书	▲				▲
2	建设用地批准书	▲				▲
3	拆迁安置意见、协议、方案等	▲				△
4	建设用地规划许可证及其附件	▲				▲
5	土地使用证明文件及其附件	▲				▲
6	建设用地钉桩通知单	▲				▲
A3	勘察、设计文件					
1	工程地质勘察报告	▲	▲			▲
2	水文地质勘察报告	▲	▲			▲
3	初步设计文件（说明书）	▲				▲
4	设计方案审查意见	▲				▲
5	人防、环保、消防等有关主管部门（对设计方案）审查意见	▲				▲
6	设计计算书	▲	▲			△
7	施工图设计文件审查意见	▲	▲			▲
8	节能设计备案文件	▲				▲
A4	招投标文件					
1	勘察、设计招投标文件	▲	▲			
2	勘察、设计合同	▲	▲			▲
3	施工招投标文件	▲		▲	△	
4	施工合同	▲		▲	△	
5	工程监理招投标文件	▲			▲	
6	监理合同	▲			▲	▲
A5	开工审批文件					
1	建设工程规划许可证及其附件	▲		△	△	▲
2	建设工程施工许可证	▲		▲	▲	▲
A6	工程造价文件					
1	工程投资估算材料	▲				
2	工程设计概算材料	▲				
3	招标控制价格文件	▲				
4	合同价格文件	▲		▲		△
5	结算价格文件	▲		▲		△

续表　　　　　　　　　　　　　　　　续表

类别	归档文件	建设单位	设计单位	施工单位	监理单位	城建档案馆
A7	工程建设基本信息					
1	工程概况信息表	▲		△		▲
2	建设单位工程项目负责人及现场管理人员名册	▲				▲
3	监理单位工程项目总监及监理人员名册	▲			▲	▲
4	施工单位工程项目经理及质量管理人员名册	▲		▲		▲
	监理文件（B类）					
B1	监理管理文件					
1	监理规划	▲			▲	▲
2	监理实施细则	▲		△	▲	▲
3	监理月报	△			▲	
4	监理会议纪要	▲		△	▲	
5	监理工作日志				▲	
6	监理工作总结				▲	▲
7	工作联系单	▲		△	△	
8	监理工程师通知	▲		△	△	△
9	监理工程师通知回复单			△	△	△
10	工程暂停令	▲		△	△	▲
11	工程复工报审表	▲		▲	▲	▲
B2	进度控制文件					
1	工程开工报审表	▲		▲	▲	▲
2	施工进度计划报审表	▲		△	△	
B3	质量控制文件					
1	质量事故报告及处理资料	▲		▲	▲	▲
2	旁站监理记录	△		△	▲	
3	见证取样和送检人员备案表	▲		▲	▲	
4	见证记录	▲		▲	▲	
B4	造价控制文件					
1	工程款支付	▲		△	△	
2	工程款支付证书	▲		△	△	
3	工程变更费用报审表	▲		△	△	
4	费用索赔申请表	▲		△	△	
5	费用索赔审批表	▲		△	△	
B5	工期管理文件					
1	工程延期申请表	▲		▲	▲	△
2	工程延期审批表	▲		▲	▲	△
B6	监理验收文件					
1	工程质量评估报告	▲		▲	▲	▲
2	监理资料移交书	▲			▲	▲
	施工文件（C类）					
C1	施工管理文件					
1	工程概况表	▲		▲	▲	△
2	施工现场质量管理检查记录			△	△	
3	企业资质证书及相关专业人员岗位证书	△		△	△	△
4	分包单位资质报审表	▲		▲	▲	
5	建设单位质量事故勘查记录	▲		▲	▲	
6	建设工程质量事故报告书	▲		▲	▲	▲
7	施工检测计划	△		△	△	
8	见证试验检测汇总表	▲		▲	▲	▲
9	施工日志			▲		
C2	施工技术文件					
1	工程技术文件报审表	△		△	△	
2	施工组织设计及施工方案			△	△	△
3	危险性较大分部分项工程施工方案	△		△	△	
4	技术交底记录	△		△		
5	图纸会审记录	▲	▲	▲	▲	▲
6	设计变更通知单	▲	▲	▲	▲	▲
7	工程洽商记录（技术核定单）	▲	▲	▲	▲	▲

续表

类别	归档文件	保存单位				
		建设单位	设计单位	施工单位	监理单位	城建档案馆
C3	进度造价文件					
1	工程开工报审表	▲	▲	▲	▲	▲
2	工程复工报审表	▲	▲	▲	▲	▲
3	施工进度计划报审表			△	△	
4	施工进度计划			△	△	
5	人、机、料动态表			△	△	
6	工程延期申请表	▲		▲	▲	▲
7	工程款支付申请表	▲		△	△	
8	工程变更费用报审表	▲		△	△	
9	费用索赔申请表	▲		△	△	
C4	施工物资文件					
	出厂质量证明文件及检测报告					
1	水泥产品合格证、出厂检验报告	△		▲	▲	△
2	各类砌块、砖块合格证、出厂检验报告			▲	▲	△
3	砂、石料产品合格证、出厂检验报告	△		▲	▲	△
4	钢材产品合格证、出厂检验报告	△		▲	▲	△
5	粉煤灰产品合格证、出厂检验报告			▲	▲	△
6	混凝土外加剂产品合格证、出厂检验报告	△		▲	△	△
7	商品混凝土产品合格证	▲		▲	△	△
8	商品混凝土出厂检验报告	△		▲	△	△
9	预制构件产品合格证、出厂检验报告	△		▲	△	△
10	道路石油沥青产品合格证、出厂检验报告	△		▲	△	△
11	沥青混合料（用粗集料、用细集料、用矿粉）产品合格证、检验报告	△		▲	△	△
12	沥青胶结料（用粗集料、用细集料、用矿粉）产品合格证、出厂检验报告	△		▲	△	△

续表

类别	归档文件	保存单位				
		建设单位	设计单位	施工单位	监理单位	城建档案馆
13	石灰产品合格证、出厂检验报告			▲	△	△
14	土体试验检验报告	▲		▲	△	△
15	土的有机质含量检验报告	▲		▲	△	△
16	集料检验报告	▲		▲	△	△
17	石材检验报告	▲		▲	△	△
18	土工合成材料合格证、出厂检验报告	▲		▲	△	△
19	土工合成材料力学性能检验报告	▲		▲	△	△
20	预应力筋用锚具连接器、支座伸缩装置合格证	▲		▲	△	▲
21	钢铁构件合格证、出厂检验报告	△		▲	△	△
22	扭剪型高强度螺栓连接副紧固预接力检验报告	▲		▲	△	△
23	高强度大六角头螺栓连接副扭矩系数检验报告	▲		▲	△	▲
24	高强度螺栓洛氏硬度检验报告	▲		▲	△	▲
25	钢绞线力学性能检验报告	▲		▲	△	▲
26	桥梁用结构钢力学性能检验报告	▲		▲	△	▲
27	桥梁用结构钢化学性能检验报告	▲		▲	△	△
28	防腐（防火）涂料产品合格证、出厂检验报告	△		▲	△	▲
29	其他施工物资产品合格证、出厂检验报告					
	进场检验通用表格					
1	材料、构配件进场验收记录			△	△	△
2	见证取样送检汇总表			△	△	

续表　　　　　　　　　　　　　　　　　　　　　续表

类别	归档文件	保存单位					类别	归档文件	保存单位				
		建设单位	设计单位	施工单位	监理单位	城建档案馆			建设单位	设计单位	施工单位	监理单位	城建档案馆
	进场复试报告						10	工程预检记录	▲		△	△	
1	主要材料、半成品、构配件、设备进场复检汇总表	▲		▲	△	▲	11	中间检查交接记录	▲		△	△	△
2	见证取样送检检验成果汇总表			△	△	▲	12	水泥混凝土浇筑施工记录	▲		▲	△	△
3	钢材进场复试报告	▲		▲	△	▲	13	同条件养护混凝土试件测温记录			△	△	
4	水泥进场复试报告	▲		▲	△	▲	14	混凝土开盘鉴定			△	△	
5	各类砌块、砖块进场复试报告	▲		▲	△	▲	15	沥青混合料到场及摊铺、碾压测温记录			▲	△	
6	砂、石进场复试报告	▲		▲	△	▲	16	灌注桩水下混凝土检验汇总表	▲		▲	△	▲
7	粉煤灰进场复试报告	▲		▲	△	▲	17	灌注桩水下混凝土施工记录	▲		▲	△	
8	混凝土外加剂进场复试报告	△		▲	△	▲	18	桩施工成果汇总表	▲		▲	△	▲
9	道路石油沥青进场复试报告	▲		▲	△	▲	19	桩施工记录	▲		▲	△	
10	沥青混合料（用粗集料、用细集料、用矿粉）进场复试报告	▲		▲	△	▲	20	沉井下沉施工记录	▲		▲	△	▲
11	沥青胶结材料进场复试报告	▲		▲	△	▲	21	大体积混凝土养护测温记录			△	△	
12	石灰进场复试报告	▲		▲	△	▲	22	冬期施工混凝土养护测温记录			△	△	
13	预制小型构件复检报告	▲		▲	△		23	预应力张拉记录	▲		▲	△	△
14	防腐（防火）涂料复试检验报告	▲		▲	△	▲	24	预应力孔道压浆记录	▲		▲	△	
15	其他物资进场复试报告						25	预应力构件封锚施工记录	▲		▲	△	
C5	施工记录文件						26	构件吊装施工记录	▲		▲	△	
1	测量交接桩记录	▲		▲	△	▲	27	伸缩缝安装施工记录	▲		▲	△	
2	工程定位测量记录	▲		▲	△	▲	28	支座安装施工记录	▲		▲	△	
3	水准点复测记录	▲		▲	△	▲	29	钢梁预拼装记录	▲		▲	△	
4	导线点复测记录	▲		▲	△	▲	30	涂装前钢材表面除锈等级检查记录	▲		▲	△	
5	测量复核记录	▲		▲	△	▲	31	涂装前钢材表面粗糙度等级检查记录	▲		▲	△	△
6	沉降观测记录	▲		▲	△	▲	32	钢结构防腐（防火）涂料施工记录	▲		▲	△	
7	桥梁高程测量成果记录	▲		▲	△	▲	33	高强度螺栓连接施工记录	▲		▲	△	▲
8	桥梁竣工测量记录汇总表	▲		▲	△	▲	34	箱涵顶进施工记录	▲		▲	△	▲
9	隐蔽工程检查验收记录	▲		▲	△	▲	35	斜拉索安装张拉记录	▲		▲	△	▲
							36	斜拉索张拉调整记录	▲		▲	△	▲

续表

类别	归档文件	保存单位				
		建设单位	设计单位	施工单位	监理单位	城建档案馆
37	其他施工记录文件					
C6	施工试验记录及检测文件					
1	土工击实试验报告	▲		▲	△	▲
2	沥青混合料马歇尔试验报告	▲		▲	△	
3	地基钎探试验报告	▲		▲	△	▲
4	路基压实度检验汇总表	▲		▲	△	△
5	基层/沥青面层压实度检验汇总表	▲		▲	△	△
6	压实度检验报告	▲		▲	△	△
7	压实度检验记录			▲	△	
8	沥青混合料压实度检验报告	▲		▲	△	
9	填土含水率检测记录			▲	△	
10	石灰（水泥）剂量检验报告（钙电击法）	▲		▲	△	
11	石灰、水泥稳定土中含灰量检测记录（EDTA法）	▲		▲	△	△
12	(桥涵)回填土压实度检验汇总表	▲		▲	△	▲
13	(桥涵)回填土压实度检验报告	▲		▲	△	▲
14	(桥涵)回填土压实度检验记录	▲		▲		
15	水泥混凝土强度检验汇总表	▲		▲	△	△
16	水泥混凝土抗压强度统计评定表	▲		▲	△	△
17	水泥混凝土配合比申请单、通知单			△	△	
18	水泥混凝土抗压强度试验报告	▲		▲	△	△
19	水泥混凝土抗折强度统计评定表	▲		▲	△	▲
20	水泥混凝土抗折强度检验报告	▲		▲	△	▲
21	水泥混凝土配合比设计试验报告	▲		▲	△	
22	道路基层、面层厚度检测报告	▲		▲	△	△
23	砂浆试块强度检验汇总表	▲		▲	△	△
24	砂浆抗压强度统计评定表	▲		▲	△	△
25	砂浆抗压强度检验报告	▲		▲	△	△
26	砂浆配合比申请单、通知单			△	△	
27	砂浆配合比设计试验报告	▲		▲	△	
28	水泥混凝土总碱含量、氯离子含量、氯离子扩散系数核算单	▲		▲	△	
29	桩身完整性检测报告	▲		▲	△	▲
30	桩承载力测试报告	▲		▲	△	▲
31	钢筋焊接连接试验报告汇总表	▲		▲	△	△
32	钢筋焊接接头试验报告	▲		▲	△	△
33	钢筋机械连接性能检验报告汇总表	▲		▲	△	△
34	钢筋机械连接接头检验报告	▲		▲	△	△
35	焊缝质量综合评价汇总表	▲		▲	△	△
36	焊缝超声波探伤报告	▲		▲	△	△
37	焊缝超声波探伤记录			▲	△	
38	构件射线探伤报告	▲		▲	△	▲
39	高强度螺栓摩擦面抗滑移系数检验报告	▲		▲	△	△
40	混凝土钢筋保护层厚度检验报告	▲		▲	△	△
41	钢梁涂装前粗糙度评定测试报告	▲		▲	△	▲
42	钢结构涂层厚度检验报告	▲		▲	△	▲
43	钢梁焊接工艺评定及焊接工艺	▲		▲	△	△
44	水泥混凝土轴心抗压强度检验报告	▲		▲	△	△

续表　　　　　　　　　　　　　　　　　　　续表

类别	归档文件	建设单位	设计单位	施工单位	监理单位	城建档案馆
45	水泥混凝土静力受压弹性模量检验报告	▲		▲	△	△
46	沥青混合料马歇尔试验报告	▲		▲	△	△
47	沥青混合料矿料级配及沥青用量检验报告	▲		▲	△	△
48	沥青面层压实度检验汇总评定表	▲		▲	△	△
49	沥青面层压实度报告	▲		▲	△	△
50	沥青面层压实度记录	▲		▲		
51	饰面砖粘结强度检验报告	▲		▲	△	▲
52	预制混凝土构件结构性能检验报告	▲		▲	△	▲
53	桥梁锚具、夹具静载锚固性试验报告	▲		▲	△	▲
54	桥梁拉索超张拉检验报告	▲		▲		▲
55	桥梁拉索张拉力振动频率检验报告	▲		▲	△	▲
56	桥梁静、动载试验报告	▲		▲	△	▲
57	其他施工试验及检验文件					
C7	施工质量验收文件					
1	地基与基础分部（子分部）工程质量验收记录	▲		▲	▲	▲
2	地基与基础工程检验批质量验收记录	▲		△	△	
3	墩台分部（子分部）工程质量验收记录	▲		▲	▲	▲
4	墩台工程检验批质量验收记录	▲		△	△	
5	盖梁分部（子分部）工程质量验收记录	▲		▲	▲	▲
6	盖梁工程检验批质量验收记录	▲		△	△	
7	支座分部（子分部）工程质量验收记录	▲		▲	▲	▲
8	支座工程检验批质量验收记录	▲		△	△	
9	索塔分部（子分部）工程质量验收记录	▲		▲	▲	▲
10	索塔工程检验批质量验收记录	▲		△	△	
11	锚锭分部（子分部）工程质量验收记录	▲		▲	▲	△
12	锚锭工程检验批质量验收记录	▲		△	△	
13	桥跨承重结构分部（子分部）工程质量验收记录	▲		▲	▲	▲
14	桥跨承重结构工程检验批质量验收记录	▲		△	△	
15	顶进箱涵分部（子分部）工程质量验收记录	▲		▲	▲	▲
16	顶进箱涵工程检验批质量验收记录	▲		△	△	
17	桥面系分部（子分部）工程质量验收记录	▲		▲	▲	▲
18	桥面系工程检验批质量验收记录	▲		△	△	
19	附属结构分部（子分部）工程质量验收记录	▲		▲	▲	▲
20	附属结构工程检验批质量验收记录	▲		△	△	
21	装修与装饰分部（子分部）工程质量验收记录	▲		▲	▲	▲
22	装修与装饰工程检验批质量验收记录	▲		△	△	
23	引道分部（子分部）工程质量验收记录	▲		▲	▲	▲
24	引道工程检验批质量验收记录	▲		△	△	
25	桥梁工程各分部分项工程质量验收记录	▲		▲	△	
26	其他施工质量验收文件					

续表

类别	归档文件	保存单位 建设单位	设计单位	施工单位	监理单位	城建档案馆
C8	施工验收文件					
1	单位（子单位）工程竣工预验收报验表	▲		▲	▲	
2	单位（子单位）工程质量竣工验收记录	▲	▲	▲	▲	▲
3	单位（子单位）工程质量控制资料核查记录	▲		▲	▲	▲
4	单位（子单位）工程安全和功能检验资料核查及主要功能抽查记录	▲		▲	▲	▲
5	单位（子单位）工程外观质量检查记录	▲		▲	▲	▲
6	施工资料移交书	▲		▲		
7	其他施工验收文件					
竣工图（D类）						
1	桥梁竣工图	▲		▲		▲
工程竣工文件（E类）						
E1	竣工验收与备案文件					
1	勘察单位工程评价意见报告	▲		△	△	▲
2	设计单位工程评价意见报告	▲	▲	△	△	▲
3	施工单位工程竣工报告	▲		▲	△	▲
4	监理单位工程质量评估报告		▲	△	▲	▲
5	建设单位工程竣工报告	▲		▲	△	
6	工程竣工验收会议纪要	▲	▲	▲	▲	▲
7	专家组竣工验收意见	▲	▲	▲	▲	▲
8	工程竣工验收证书	▲	▲	▲	▲	▲
9	规划、消防、环保、人防、防雷等部门出具的认可或准许使用文件	▲	▲	▲	▲	▲
10	市政工程质量保修单	▲		▲	▲	▲
11	市政基础设施工程竣工验收备案表	▲	▲	▲	▲	▲

续表

类别	归档文件	保存单位 建设单位	设计单位	施工单位	监理单位	城建档案馆
12	桥梁工程档案预验收意见	▲				▲
13	城建档案移交书	▲				▲
14	其他工程竣工验收与备案文件					
E2	竣工决算文件					
1	施工决算文件	▲		△	△	
2	监理决算文件	▲			△	
E3	工程声像文件					
1	开工前原貌、施工阶段、竣工新貌照片	▲		△	△	▲
2	工程建设过程的录音、录像文件（重大工程）	▲		△	△	▲
E4	其他工程文件					

注 表中符号"▲"表示必须归档保存；"△"表示选择性归档保存。

B.0.3 地下管线工程文件的归档范围应符合表B.0.3的规定。

表 B.0.3 地下管线工程文件归档范围

类别	归档文件	保存单位 建设单位	设计单位	施工单位	监理单位	城建档案馆
工程准备阶段文件（A类）						
A1	立项文件					
1	项目建议书批复文件及项目建议书	▲				▲
2	可行性研究报告批复文件及可行性研究报告	▲				▲
3	专家论证意见、项目评估文件	▲				▲
4	有关立项的会议纪要、领导批示	▲				▲
A2	建设用地、拆迁文件					
1	选址申请及选址规划意见通知书	▲				▲
2	建设用地批准书	▲				▲

续表

类别	归档文件	保存单位				
		建设单位	设计单位	施工单位	监理单位	城建档案馆
3	拆迁安置意见、协议、方案等	▲				△
4	建设用地规划许可证及其附件	▲				▲
5	土地使用证明文件及其附件	▲				▲
6	建设用地钉桩通知单	▲				▲
A3	勘察、设计文件					
1	工程地质勘察报告	▲	▲			▲
2	水文地质勘察报告	▲	▲			▲
3	初步设计文件（说明书）	▲	▲			
4	设计方案审查意见	▲	▲			
5	人防、环保、消防等有关主管部门（对设计方案）审查意见	▲	▲			▲
6	设计计算书	▲	▲			△
7	施工图设计文件审查意见	▲	▲			▲
8	节能设计备案文件	▲				▲
A4	招投标文件					
1	勘察、设计招投标文件	▲	▲			
2	勘察、设计合同	▲	▲			
3	施工招投标文件	▲		▲	△	
4	施工合同	▲		▲	△	▲
5	工程监理招投标文件	▲			▲	
6	监理合同	▲			▲	▲
A5	开工审批文件					
1	建设工程规划许可证及其附件	▲		△	△	▲
2	建设工程施工许可证	▲		▲	▲	▲
A6	工程造价文件					
1	工程投资估算材料	▲				
2	工程设计概算材料	▲				
3	招标控制价格文件	▲				
4	合同价格文件	▲		▲		△

续表

类别	归档文件	保存单位				
		建设单位	设计单位	施工单位	监理单位	城建档案馆
5	结算价格文件	▲		▲		△
A7	工程建设基本信息					
1	工程概况信息表	▲	△			▲
2	建设单位工程项目负责人及现场管理人员名册	▲				▲
3	监理单位工程项目总监及监理人员名册	▲			▲	▲
4	施工单位工程项目经理及质量管理人员名册	▲		▲		▲
监理文件（B类）						
B1	监理管理文件					
1	监理规划	▲			▲	▲
2	监理实施细则	▲		△	▲	▲
3	监理月报	△			▲	
4	监理会议纪要	▲		△	▲	
5	监理工作日志				▲	
6	监理工作总结				▲	▲
7	工作联系单	▲		△	△	
8	监理工程师通知	▲		△	△	△
9	监理工程师通知回复单	▲		△	△	△
10	工程暂停令	▲		△	▲	▲
11	工程复工报审表	▲		▲	▲	▲
B2	进度控制文件					
1	工程开工报审表	▲		▲	▲	▲
2	施工进度计划报审表	▲		△	▲	
B3	质量控制文件					
1	质量事故报告及处理资料	▲		▲	▲	▲
2	旁站监理记录	△		△	▲	
3	见证取样的送检人员备案表	▲		▲	▲	
4	见证记录	▲		▲	▲	
B4	造价控制文件					
1	工程款支付	▲		△	△	

续表　　　　　　　　　　　　　　　　续表

类别	归档文件	保存单位				
		建设单位	设计单位	施工单位	监理单位	城建档案馆
2	工程款支付证书	▲			△	△
3	工程变更费用报审表	▲			△	△
4	费用索赔申请表	▲			△	△
5	费用索赔审批表	▲			△	△
B5	工期管理文件					
1	工程延期申请表	▲			▲	▲	▲
2	工程延期审批表	▲			▲	▲	▲
B6	监理验收文件					
1	工程竣工移交书	▲			▲	▲	▲
2	监理资料移交书	▲				▲

施工文件（C类）

类别	归档文件	建设单位	设计单位	施工单位	监理单位	城建档案馆
C1	施工管理文件					
1	工程概况表	▲		▲	▲	△
2	施工现场质量管理检查记录			△	△	
3	企业资质证书及相关专业人员岗位证书	△		△	△	△
4	分包单位资质报审表	▲		▲	▲	
5	建设单位质量事故勘查记录	▲		▲	▲	▲
6	建设工程质量事故报告书	▲		▲	▲	▲
7	施工检测计划	△		△	△	
8	见证试验检测汇总表	▲		▲	▲	▲
9	施工日志			▲		
C2	施工技术文件					
1	工程技术文件报审表	△		△	△	
2	施工组织设计及施工方案	△		△	△	△
3	危险性较大分部分项工程施工方案	△		△	△	
4	技术交底记录	△		△		
5	图纸会审记录	▲	▲	▲	▲	▲
6	设计变更通知单	▲	▲	▲	▲	▲
7	工程洽商记录（技术核定单）	▲	▲	▲	▲	▲

类别	归档文件	保存单位				
		建设单位	设计单位	施工单位	监理单位	城建档案馆
C3	进度造价文件					
1	工程开工报审表	▲	▲	▲	▲	▲
2	工程复工报审表	▲	▲	▲	▲	▲
3	施工进度计划报审表			△	△	
4	施工进度计划			△	△	
5	人、机、料动态表			△	△	
6	工程延期申请表	▲		▲	▲	▲
7	工程款支付申请表	▲		△	△	
8	工程变更费用报审表	▲		△	△	
9	费用索赔申请表	▲		△	△	
C4	施工物资文件					
	出厂质量证明文件及检测报告					
1	水泥产品合格证、出厂检验报告			▲	▲	△
2	各类砌块、砖块合格证、出厂检验报告			▲	▲	
3	砂、石料产品合格证、出厂检验报告	△		▲	▲	
4	钢材产品合格证、出厂检验报告			▲	▲	△
5	粉煤灰产品合格证、出厂检验报告			▲	▲	
6	混凝土外加剂产品合格证、出厂检验报告			▲	△	
7	商品混凝土产品合格证	▲		▲	△	△
8	商品混凝土出厂检验报告	△		▲	△	
9	预制构件产品合格证、出厂检验报告	△		▲	△	
10	管道构件产品合格证、出厂检验报告	▲		▲	△	▲
11	检查井盖、井框出厂检验报告	△		▲		
12	其他施工物资产品合格证、出厂检验报告					

续表　　　　　　　　　　　　　　续表

类别	归档文件	保存单位					类别	归档文件	保存单位				
		建设单位	设计单位	施工单位	监理单位	城建档案馆			建设单位	设计单位	施工单位	监理单位	城建档案馆
	进场检验通用表格						12	给水管道冲洗消毒记录	▲		▲	△	△
1	材料、构配件进场验收记录	▲		▲	△		13	设备、钢构件、管道防腐层质量检查记录	▲		▲	△	
2	设备开箱检验记录			△	▲		14	箱涵、管道顶进施工记录	▲		▲	▲	▲
3	设备及管道附件试验记录	▲		▲	△		15	构件吊装施工记录	▲		▲	▲	
	进场复试报告						16	补偿器安装记录	▲		▲	▲	
1	主要材料、半成品、构配件、设备进场复检汇总表	▲		▲	▲	△	17	其他施工记录文件					
2	见证取样送检检验成果汇总表			△	▲		C6	施工试验记录及检测文件					
3	钢材进场复试报告	▲		▲	△		1	击实试验报告	▲		▲	△	▲
4	水泥进场复试报告	▲		▲	△		2	地基钎探报告	▲		▲	△	▲
5	各类砌块、砖块进场复试报告	▲		▲	△		3	管道沟槽回填土压实度检验汇总表	▲		▲	△	▲
6	砂、石进场复试报告	▲		▲	△		4	管道沟槽回填土压实度检验报告	▲		▲	△	▲
7	粉煤灰进场复试报告	▲		▲	△		5	管道沟槽回填土压实度检验记录	▲		▲		
8	混凝土外加剂进场复试报告	△		▲	△		6	填土含水率检验记录	▲		▲	△	△
9	混凝土构件复检报告	▲		▲	△	▲	7	石灰（水泥）剂量检验报告	▲		▲	△	△
10	其他物资进场复试报告						8	水泥混凝土强度检验汇总表	▲		▲	△	△
C5	施工记录文件						9	水泥混凝土抗压强度统计评定表	▲		▲	△	△
1	测量交接桩记录	▲		▲	▲	▲	10	混凝土抗压强度检验报告	▲		▲	△	
2	工程定位测量记录	▲		▲	▲		11	混凝土抗渗性能检验报告	▲		▲	△	
3	水准点复测记录	▲		▲	▲		12	混凝土配合比设计报告	▲		▲	△	
4	导线点复测记录	▲		▲	▲		13	砂浆试块强度检验汇总表	▲		▲	△	△
5	测量复核记录	▲		▲	▲		14	砌体砂浆抗压强度统计评定表	▲		▲		
6	沉降观测记录	▲		▲	△		15	砂浆抗压强度检验报告	▲		▲	△	
7	隐蔽工程检查验收记录	▲		▲	▲		16	砂浆配合比设计报告	▲		▲	△	△
8	工程预检记录	▲		△	△								
9	中间检查交接记录	▲		▲	▲								
10	水泥混凝土浇筑施工记录	▲		▲	△	▲							
11	预应力筋张拉记录	▲		▲	△	△							

续表

类别	归档文件	保存单位				
		建设单位	设计单位	施工单位	监理单位	城建档案馆
17	焊缝质量综合评价汇总表	▲		▲	△	▲
18	焊缝质量检测报告	▲		▲	△	▲
19	钢筋焊接连接接头检验报告	▲		▲	△	▲
20	钢筋机构连接接头检验报告	▲		▲	△	▲
21	无压管道闭水试验记录	▲		▲	△	△
22	压力管道水压试验记录表	▲		▲	△	▲
23	压力管道强度及严密性试验记录	▲		▲	△	▲
24	阀门安装强度及严密性试验记录	▲		▲	△	▲
25	管道通球试验记录	▲		▲	△	▲
26	设备试运行记录	▲		▲	△	△
27	设备调试记录	▲		▲	△	△
28	其他施工试验记录与检测文件					
C7	施工质量验收文件					
1	土方工程分部（子分部）工程质量验收记录	▲		▲	▲	▲
2	土方工程检验批质量验收记录	▲		△	△	
3	管道主体工程分部（子分部）分项工程质量验收记录	▲		▲	▲	
4	管道工程检验批质量验收记录	▲		△	△	
5	附属构筑物工程分部（子分部）分项工程质量验收记录	▲		▲	▲	▲
6	附属构筑物工程检验批质量验收记录	▲		△	△	
7	管道工程各分部分项工程质量验收记录	▲		▲	△	
8	其他施工质量验收文件					

续表

类别	归档文件	保存单位				
		建设单位	设计单位	施工单位	监理单位	城建档案馆
C8	施工验收文件					
1	单位（子单位）工程竣工预验收报验表	▲		▲	▲	△
2	单位（子单位）工程质量竣工验收记录	▲	▲	▲	▲	▲
3	单位（子单位）工程质量控制资料核查记录	▲		▲	▲	▲
4	单位（子单位）工程安全和功能检验资料核查及主要功能抽查记录	▲		▲	▲	▲
5	单位（子单位）工程外观质量检查记录	▲		▲	▲	▲
6	施工资料移交书	▲		▲		△
7	其他施工验收文件					
	竣工图（D类）					
1	地下管线竣工图	▲		▲	▲	▲
2	地下管线工程竣工测量成果文件	▲		▲	△	▲
	工程竣工文件（E类）					
E1	竣工验收与备案文件					
1	勘察单位工程评价意见报告	▲		△	△	▲
2	设计单位工程评价意见报告	▲	▲	△	△	▲
3	施工单位工程竣工报告	▲		▲	△	▲
4	监理单位工程质量评估报告	▲		△	▲	▲
5	建设单位工程竣工报告	▲	▲	▲	△	▲
6	工程竣工验收会议纪要	▲	▲	▲	▲	▲
7	专家组竣工验收意见	▲	▲	▲	▲	▲
8	工程竣工验收证书	▲	▲	▲	▲	▲
9	规划、消防、环保等部门出具的认可或准许使用文件	▲	▲	▲	▲	▲
10	市政工程质量保修单	▲	▲	▲	△	▲

续表

类别	归档文件	保存单位				
		建设单位	设计单位	施工单位	监理单位	城建档案馆
11	市政基础设施工程竣工验收与备案表	▲	▲	▲	▲	▲
12	地下管线工程档案预验收意见	▲				▲
13	城建档案移交书	▲				▲
14	其他竣工验收与备案文件					
E2	竣工决算文件					
1	施工决算文件	▲		▲		△
2	监理决算文件	▲			▲	△

续表

类别	归档文件	保存单位				
		建设单位	设计单位	施工单位	监理单位	城建档案馆
E3	工程声像文件					
1	开工前原貌、施工阶段、竣工新貌照片	▲		△	△	▲
2	工程建设过程的录音、录像文件（重大工程）	▲		△	△	▲
E4	其他工程文件					

注　表中符号"▲"表示必须归档保存；"△"表示选择性归档保存。

附录C　卷内目录式样

图C　卷内目录式样

注：1. 尺寸单位统一为：mm；

　　2. 比例1:2。

附录 D 卷内备考表式样

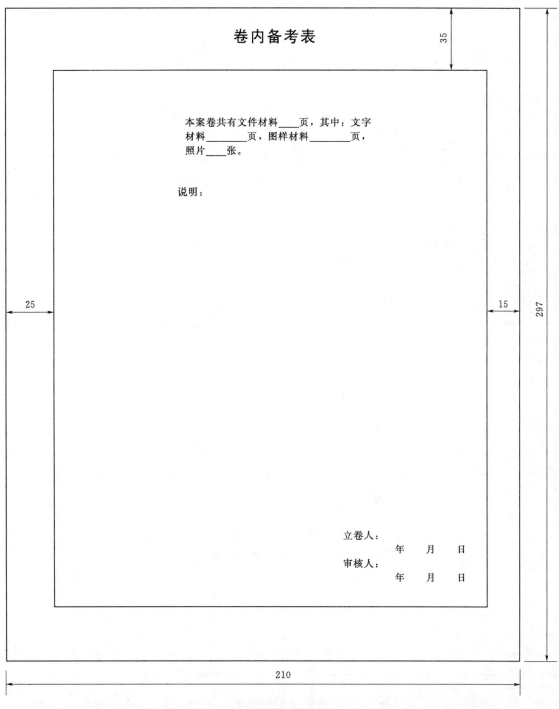

图 D 卷内备考表式样

注：1. 尺寸单位统一为：mm；
　　2. 比例 1：2。

附录 E 案 卷 封 面 式 样

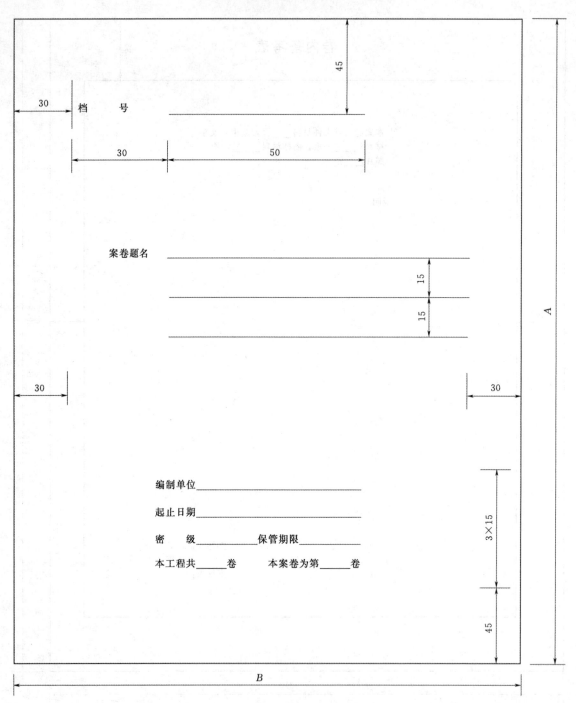

图 E　案卷封面式样

注：1. 卷盒、卷夹封面 $A \times B = 310 \times 220$；

　　2. 案卷封面 $A \times B = 297 \times 210$；

　　3. 尺寸单位统一为：mm，比例 1：2。

附录 F 案卷脊背式样

图 F 案卷脊背式样

注：1. D＝20mm、30mm、40mm、50mm;
2. 尺寸单位统一为：mm，比例 1：2。

附录 G 案卷目录式样

| 案卷号 | 案卷题名 | 卷内数量 | | | 编制单位 | 编制日期 | 保管期限 | 密级 | 备注 |
		文字（页）	图纸（张）	其他					

本规范用词说明

1 为便于在执行本规范条文时区别对待，对要求严格程度不同的用词说明如下：

1）表示很严格，非这样做不可的：

正面词采用"必须"，反面词采用"严禁"；

2）表示严格，在正常情况下均应这样做的：

正面词采用"应"，反面词采用"不应"或"不得"；

3）表示允许稍有选择，在条件许可时首先应这样做的：

正面词采用"宜"，反面词采用"不宜"；

4）表示有选择，在一定条件下可以这样做的，采用"可"。

2 条文中指明应按其他有关标准执行的写法为："应按……执行"或"应符合……的规定"。

引用标准名录

1 《城建档案业务管理规范》CJJ/T 158

2 《建设电子档案元数据标准》CJJ/T 187

建设工程文件归档规范
（GB/T 50328—2014）
条文说明

修 订 说 明

《建设工程文件归档规范》GB/T 50328—2014 经住房和城乡建设部 2014 年 7 月 13 日以第 491 号公告批准、发布。

本规范是在《建设工程文件归档整理规范》GB/T 50328—2001 的基础上修订而成，上一版的主编单位是建设部城建档案工作办公室，参编单位是北京市城建档案馆、南京市城建档案馆、重庆市城建档案馆、广州市城建档案馆，主要起草人员是王淑珍、姜中桥、苏文、周健民、周汉羽、蔡艳红。本次修订的主要技术内容是：1. 增加了对归档电子文件的质量要求及其立卷方法；2. 对工程文件的归档范围进行了细分，将所有建设工程按照建筑工程、道路工程、桥梁工程、地下管线工程四个类别，分别对归档范围进行了规定；3. 对各类归档文件赋予了编号体系；4. 对各类工程文件，提出了不同单位"必须归档"和"选择性归档"的区分；5. 增加了关于立卷流程和编制案卷目录的要求。

本规范修订过程中，编制组对各地建设工程文件归档整理工作进行了深入的调查研究，总结了我国工程文件归档工作的实践经验，同时参考了国外先进技术法规、技术标准，并以多种方式广泛征求了各有关单位的意见，对主要问题进行了反复修改，最后经有关专家审查定稿。

为便于广大设计、施工、科研、学校等单位有关人员在使用本规范时能正确理解和执行条文规定，《建设工程文件归档规范》编制组按章、节、条顺序编制了本规范的条文说明，对条文规定的目的、依据以及执行中需注意的有关事项进行了说明。但是，本条文说明不具备与标准正文同等的法律效力，仅供使用者作为理解和把握标准规定的参考。

1　总则

1.0.3 建设工程文件归档除执行本规范外，尚应执行《科学技术档案案卷构成的一般要求》GB/T 11822、《技术制图 复制图的折叠方法》GB/10609.3、《建设电子文件与电子档案管理规范》CJJ/T 117、《城建档案业务管理规范》CJJ/T 158、《建设电子档案元数据标准》CJJ/T 187 等规范的规定。

2　术语

2.0.15 对一个建设工程而言，归档有两方面含义：一是建设、勘察、设计、施工、监理等单位将本单位在工程建设过程中形成的文件向本单位档案管理机构移交；二是勘察、设计、施工、监理等单位将本单位在工程建设过程中形成的文件向建设单位档案管理机构移交。

3　基本规定

3.0.3 建设工程电子文件的归档，应按本规范第 4 章、第 5 章、第 6 章的有关规定执行。城建档案管理机构应加快信息化建设进度，做好建设工程电子文件的接收、保管和利用工作。

4　归档文件及其质量要求

4.1　归档文件范围

4.1.1 此条款为确定归档范围的基本原则。

4.1.2 对本规范附录 A 建筑工程文件归档范围表和附录 B 市政工程文件归档范围表中所列城建档案管理机构接收范围，各城市可根据本地情况适当拓宽和缩减。

隧道、涵洞等工程文件的归档范围可参照本规范附录 B 执行。

在确定归档范围时，如果纸质档案的归档范围有所缩减，那么，电子档案的归档范围应保证不小于本规范附录 A 和附录 B 的范围。

4.2　归档文件质量要求

4.2.1 归档的纸质工程文件应该为原件。建设单位须向城建档案管理机构报送的立项文件、建设用地文件、开工审批文件可以为复制件，但应加盖建设单位印章。

4.2.2 监理文件按现行国家标准《建设工程监理规范》GB/T 50319 编制；建筑工程文件按现行行业标

准《建筑工程资料管理规范》JGJ/T 185 的要求编制；市政工程施工技术文件及其竣工验收文件按照原建设部印发的《市政工程施工技术资料管理规定》（建城〔2002〕221 号）编制。竣工图的编制应按原国家建委 1982 年〔建发施字 50 号〕《关于编制基本建设竣工图的几项暂行规定》执行。地下管线工程竣工图的编制，应按现行行业标准《城市地下管线探测技术规程》CJJ 61 中的有关规定执行。

4.2.12 电子签名是保证电子文件真实、准确、可靠的重要手段。为确保电子签名的法律效力，各单位应采用获得国家工业和信息化部、国家密码管理局等部门许可的电子认证机构发放的电子签章。为使各单位申办的电子签章在住房和城乡建设领域能够通行通用，避免重复购置，各单位可采用由住房城乡建设部科技发展促进中心主办的"全国建设行业电子认证平台"发放的电子签章。

4.2.14 适用于脱机存储电子档案的载体，按照保存寿命的长短和可靠程度的强弱，依次为：一次写光盘、磁带、可擦写光盘、硬磁盘。由于存储技术发展非常快，难以对存储载体进行严格要求，但对于需要长期保存的电子文档，应该保证存储载体的长久性和载体上记载内容的不可更改性。

4.2.15 除了防范病毒传播外，该条主要是保证电子文件数据能被接收方进行接收和阅读。

5 工程文件立卷

5.1 立卷流程、原则和方法

5.1.2 建设工程项目中由多个单位工程组成时，公共部分的文件可以单独组卷；当单位工程档案出现重复时，原件可归入其中一个单位工程，其他单位工程不需要归档，但应说明清楚。

5.3 案卷编目

5.3.2 卷内目录中，日期应按下列方式编写："年"用四位数字表示，"月"和"日"分别用两位数字表示，如：2013 年 4 月 1 日应填写为"20130401"。

5.3.3 卷内备考表的说明，主要说明卷内文件复印件情况、页码错误情况、文件的更换情况等。没有需要说明的事项可不必填写说明。

5.3.4 城建档案馆的分类号依据原建设部《城市建设档案分类大纲》（建办档〔1993〕103 号）编写，一般为大类号加属类号。档号按现行国家标准《城市建设档案著录规范》GB/T 50323 编写。

案卷题名中"工程名称"一般包括工程项目名称、单位工程名称。

编制单位：工程准备阶段文件和竣工验收文件的编制单位一般为建设单位；勘察、设计文件的编制单位一般为工程的勘察、设计单位；监理文件的编制单位一般为监理单位；施工文件的编制单位一般为施工单位。

5.3.5 案卷题名编写过程中应注意以下几点：

1 建设单位名称应编写其对外公开名称、全称或通用简称。

2 工程名称部分应编写其工程的正式名称，并根据工程项目实际情况增加时间特征、工程地址特征、工程性质等特征，进行必要的补充说明，以完善题名构成。如"南京大学浦口校区 22 幢学生宿舍工程"中"浦口校区"是工程地址特征，以区别南京大学原主城校区。

一些住宅小区、公用建筑、商业建筑等可以省略工程建设单位，直接以地名机构批准的名称作为工程项目名称。

3 案卷题名的拟写应做到唯一性，不应该出现案卷名称相同的现象。对于同类文件或图纸，需要立若干个案卷时，可以加入卷册序号、图号等以示区别。如：

南京大学邵逸夫馆隐蔽工程验收记录之一

南京大学邵逸夫馆隐蔽工程验收记录之二

南京大学邵逸夫馆建筑竣工图（建竣 1~建竣 20）

南京大学邵逸夫馆建筑竣工图（建竣 21~建竣 40）

6 工程文件归档

6.0.2 对涉密的有关工程电子文件，在线归档时应做好保密工作。

6.0.5 工程档案编制套数不少于两套是最低要求。许多情况下为满足日后利用需求，需要再增加一至两套，如：为物业管理单位保留一套。

建设工程项目管理规范

（GB/T 50326—2017）

前 言

根据住房和城乡建设部《关于印发〈2014 年工程建设标准规范制订、修订计划〉的通知》（建标〔2013〕169 号）的要求，规范编制组经广泛调查研究，认真总结实践经验，参考有关国际标准和国外先进标准，并在广泛征求意见的基础上，修订了本规范。

本规范的主要技术内容是：1 总则；2 术语；3 基本规定；4 项目管理责任制度；5 项目管理策划；6 采购与投标管理；7 合同管理；8 设计与技术管理；9 进度管理；10 质量管理；11 成本管理；12 安全生产管理；13 绿色建造与环境管理；14 资源管理；15 信息与知识管理；16 沟通管理；17 风险管理；18 收尾管理；19 管理绩效评价。

本规范修订的主要技术内容是：1 增加项目管理的基本规定，确立了"项目范围管理、项目管理流

程、项目管理制度、项目系统管理、项目相关方管理和项目持续改进"六大管理特征；2 增加"五位一体（建设、勘察、设计、施工、监理）相关方"的项目管理责任；3 增加项目设计与技术管理；4 增加项目管理绩效评价；5 修改项目管理规划，增加项目管理配套策划要求；6 修改项目采购管理，增加项目招标、投标过程的管理要求；7 修改项目质量管理，增加质量创优与设置质量控制点的要求；8 修改项目信息管理，增加项目文件与档案管理、项目信息技术应用和知识管理要求。

本规范由住房和城乡建设部负责管理，由中国建筑业协会负责具体技术内容的解释。执行过程中如有意见或建议，请寄送中国建筑业协会工程项目管理专业委员会（地址：北京市海淀区中关村南大街 48 号九龙商务中心 A 座 601 室；邮编：100081）。

本规范主编单位：中国建筑业协会
　　　　　　　　北京城建亚泰建设集团有限公司
本规范参编单位：中国建筑业协会工程项目管理
　　　　　　　　专业委员会
　　　　　　　　南京市住房和城乡建设委员会
　　　　　　　　内蒙古赤峰市建设工程质量监督站
　　　　　　　　清华大学
　　　　　　　　同济大学
　　　　　　　　哈尔滨工业大学
　　　　　　　　天津大学
　　　　　　　　北京交通大学
　　　　　　　　北京建筑大学
　　　　　　　　山东科技大学
　　　　　　　　东南大学
　　　　　　　　中国建筑股份有限公司
　　　　　　　　中国建筑第四工程局有限公司
　　　　　　　　中国建筑第八工程局有限公司
　　　　　　　　中国铁建股份有限公司
　　　　　　　　中国中铁股份有限公司
　　　　　　　　中铁建工集团有限公司
　　　　　　　　中冶京城工程技术有限公司
　　　　　　　　北京城建集团
　　　　　　　　武汉建工集团
　　　　　　　　中天建设集团有限公司
　　　　　　　　深圳市鹏城建筑集团有限公司
　　　　　　　　江苏正方圆建设集团有限公司
　　　　　　　　广联达软件股份有限公司
　　　　　　　　北京市营建律师事务所
　　　　　　　　北京市中伦律师事务所
　　　　　　　　泰安市建设管理局
　　　　　　　　兴润建设集团有限公司
本规范主要起草人员：吴　涛　尤　完　李　君
　　　　　　　　　　　陈立军　贾宏俊　刘伊生

林知炎　王雪青　王立平
杨生荣　吕树宝　刘　勇
王守清　张晋勋　丛培经
马荣全　赵正嘉　高广泽
张守健　杨　煜　叶浩文
肖绪文　蒋金生　吴建军
马智亮　成　虎　李世钟
周月萍　刘　波　刘　刚
曹国章　党　明　关　婧
张　键　王印林　李云岱
本规范主要审查人员：白思俊　薛永武　耿裕华
　　　　　　　　　　　侯金龙　马小良　冯　跃
　　　　　　　　　　　张　汛　赵振宇　许海峰
　　　　　　　　　　　李　森　王　瑞

1　总则

1.0.1　为规范建设工程项目管理程序和行为，提高工程项目管理水平，制定本规范。

1.0.2　本规范适用于建设工程有关各方的项目管理活动。

1.0.3　建设工程项目管理，除应符合本规范外，尚应符合国家现行有关标准的规定。

2　术语

2.0.1　建设工程项目 construction project
　　为完成依法立项的新建、扩建、改建工程而进行的、有起止日期的、达到规定要求的一组相互关联的受控活动，包括策划、勘察、设计、采购、施工、试运行、竣工验收和考核评价等阶段。简称为项目。

2.0.2　建设工程项目管理 construction project management
　　运用系统的理论和方法，对建设工程项目进行的计划、组织、指挥、协调和控制等专业化活动。简称为项目管理。

2.0.3　组织 organization
　　为实现其目标而具有职责、权限和关系等自身职能的个人或群体。

2.0.4　项目管理机构 project management organization
　　根据组织授权，直接实施项目管理的单位。可以是项目管理公司、项目部、工程监理部等。

2.0.5　发包人 employer
　　按招标文件或合同中约定，具有项目发包主体资格和支付合同价款能力的当事人或者取得该当事人资格的合法继承人。

2.0.6　承包人 contractor
　　按合同约定，被发包人接受的具有项目承包主体资格的当事人，以及取得该当事人资格的合法继承人。

2.0.7　分包人 subcontractor

承担项目的部分工程或服务并具有相应资格的当事人。

2.0.8　相关方 stakeholder

能够影响决策或活动、受决策或活动影响，或感觉自身受到决策或活动影响的个人或组织。

2.0.9　项目负责人（项目经理）project leader（project manager）

组织法定代表人在建设工程项目上的授权委托代理人。

2.0.10　项目范围管理 project scope management

对合同中约定的项目工作范围进行的定义、计划、控制和变更等活动。

2.0.11　项目管理责任制 project management responsibility system

组织制定的、以项目负责人（项目经理）为主体，确保项目管理目标实现的责任制度。

2.0.12　项目管理目标责任书 responsibility document of project management

组织的管理层与项目管理机构签订的，明确项目管理机构应达到的成本、质量、工期、安全和环境等管理目标及其承担的责任，并作为项目完成后考核评价依据的文件。

2.0.13　项目管理策划 project management planning

为达到项目管理目标，在调查、分析有关信息的基础上，遵循一定的程序，对未来（某项）工作进行全面的构思和安排，制定和选择合理可行的执行方案，并根据目标要求和环境变化对方案进行修改、调整的活动。

2.0.14　采购管理 procurement management

对项目的勘察、设计、施工、监理、供应等产品和服务的获得工作进行的计划、组织、指挥、协调和控制等活动。

2.0.15　投标管理 tendering management

为实现中标目的，按照招标文件规定的要求向招标人递交投标文件所进行的计划、组织、指挥、协调和控制等活动。

2.0.16　合同管理 contract management

对项目合同的编制、订立、履行、变更、索赔、争议处理和终止等管理活动。

2.0.17　项目设计管理 project design management

对项目设计工作进行的计划、组织、指挥、协调和控制等活动。

2.0.18　项目技术管理 project technical management

对项目技术工作进行的计划、组织、指挥、协调和控制等活动。

2.0.19　进度管理 schedule management

为实现项目的进度目标而进行的计划、组织、指挥、协调和控制等活动。

2.0.20　质量管理 quality management

为确保项目的质量特性满足要求而进行的计划、组织、指挥、协调和控制等活动。

2.0.21　成本管理 cost management

为实现项目成本目标而进行的预测、计划、控制、核算、分析和考核活动。

2.0.22　安全生产管理 construction safety management

为使项目实施人员和相关人员规避伤害及影响健康的风险而进行的计划、组织、指挥、协调和控制等活动。

2.0.23　绿色建造管理 green construction management

为实施绿色设计、绿色施工、节能减排、保护环境而进行的计划、组织、指挥、协调和控制等活动。

2.0.24　资源管理 resources management

对项目所需人力、材料、机具、设备和资金等所进行的计划、组织、指挥、协调和控制等活动。

2.0.25　信息管理 information management

对项目信息的收集、整理、分析、处理、存储、传递和使用等活动。

2.0.26　沟通管理 communication management

对项目内外部关系的协调及信息交流所进行的策划、组织和控制等活动。

2.0.27　风险管理 risk management

对项目风险进行识别、分析、应对和监控的活动。

2.0.28　收尾管理 closing stage management

对项目的收尾、试运行、竣工结算、竣工决算、回访保修、项目总结等进行的计划、组织、协调和控制等活动。

2.0.29　管理绩效评价 management performance evaluation

对项目管理的成绩和效果进行评价，反映和确定项目管理优劣水平的活动。

3　基本规定

3.1　一般规定

3.1.1　组织应识别项目需求和项目范围，根据自身项目管理能力、相关方约定及项目目标之间的内在联系，确定项目管理目标。

3.1.2　组织应遵循策划、实施、检查、处置的动态管理原理，确定项目管理流程，建立项目管理制度，实施项目系统管理，持续改进管理绩效，提高相关方满意水平，确保实现项目管理目标。

3.2　项目范围管理

3.2.1　组织应确定项目范围管理的工作职责和程序。

3.2.2　项目范围管理的过程应包括下列内容：

　　1　范围计划；

2 范围界定；

3 范围确认；

4 范围变更控制。

3.2.3 组织应把项目范围管理贯穿于项目的全过程。

3.3 项目管理流程

3.3.1 项目管理机构应按项目管理流程实施项目管理。项目管理流程应包括启动、策划、实施、监控和收尾过程，各个过程之间相对独立，又相互联系。

3.3.2 启动过程应明确项目概念，初步确定项目范围，识别影响项目最终结果的内外部相关方。

3.3.3 策划过程应明确项目范围，协调项目相关方期望，优化项目目标，为实现项目目标进行项目管理规划与项目管理配套策划。

3.3.4 实施过程应按项目管理策划要求组织人员和资源，实施具体措施，完成项目管理策划中确定的工作。

3.3.5 监控过程应对照项目管理策划，监督项目活动，分析项目进展情况，识别必要的变更需求并实施变更。

3.3.6 收尾过程应完成全部过程或阶段的所有活动，正式结束项目或阶段。

3.4 项目管理制度

3.4.1 组织应建立项目管理制度。项目管理制度应包括下列内容：

1 规定工作内容、范围和工作程序、方式的规章制度；

2 规定工作职责、职权和利益的界定及其关系的责任制度。

3.4.2 组织应根据项目管理流程的特点，在满足合同和组织发展需求条件下，对项目管理制度进行总体策划。

3.4.3 组织应根据项目管理范围确定项目管理制度，在项目管理各个过程规定相关管理要求并形成文件。

3.4.4 组织应实施项目管理制度，建立相应的评估与改进机制。必要时，应变更项目管理制度并修改相关文件。

3.5 项目系统管理

3.5.1 组织应识别影响项目管理目标实现的所有过程，确定其相互关系和相互作用，集成项目寿命期阶段的各项因素。

3.5.2 组织应确定项目系统管理方法。系统管理方法应包括下列方法：

1 系统分析；

2 系统设计；

3 系统实施；

4 系统综合评价。

3.5.3 组织在项目管理过程中应用系统管理方法，应符合下列规定：

1 在综合分析项目质量、安全、环保、工期和成本之间内在联系的基础上，结合各个目标的优先级，分析和论证项目目标，在项目目标策划过程中兼顾各个目标的内在需求；

2 对项目投资决策、招投标、勘察、设计、采购、施工、试运行进行系统整合，在综合平衡项目各过程和专业之间关系的基础上，实施项目系统管理；

3 对项目实施的变更风险进行管理，兼顾相关过程需求，平衡各种管理关系，确保项目偏差的系统性控制；

4 对项目系统管理过程和结果进行监督和控制，评价项目系统管理绩效。

3.6 项目相关方管理

3.6.1 组织应识别项目的所有相关方，了解其需求和期望，确保项目管理要求与相关方的期望相一致。

3.6.2 组织的项目管理应使顾客满意，兼顾其他相关方的期望和要求。

3.6.3 组织应通过实施下列项目管理活动使相关方满意：

1 遵守国家有关法律和法规；

2 确保履行工程合同要求；

3 保障健康和安全，减少或消除项目对环境造成的影响；

4 与相关方建立互利共赢的合作关系；

5 构建良好的组织内部环境；

6 通过相关方满意度的测评，提升相关方管理水平。

3.7 项目管理持续改进

3.7.1 组织应确保项目管理的持续改进，将外部需求与内部管理相互融合，以满足项目风险预防和组织的发展需求。

3.7.2 组织应在内部采用下列项目管理持续改进的方法：

1 对已经发现的不合格采取措施予以纠正；

2 针对不合格的原因采取纠正措施予以消除；

3 对潜在的不合格原因采取措施防止不合格的发生；

4 针对项目管理的增值需求采取措施予以持续满足。

3.7.3 组织应在过程实施前评审各项改进措施的风险，以保证改进措施的有效性和适宜性。

3.7.4 组织应对员工在持续改进意识和方法方面进行培训，使持续改进成为员工的岗位目标。

3.7.5 组织应对项目管理绩效的持续改进进行跟踪指导和监控。

4 项目管理责任制度

4.1 一般规定

4.1.1 项目管理责任制度应作为项目管理的基本制度。

4.1.2 项目管理机构负责人责任制应是项目管理责

任制度的核心内容。

4.1.3 建设工程项目各实施主体和参与方应建立项目管理责任制度，明确项目管理组织和人员分工，建立各方相互协调的管理机制。

4.1.4 建设工程项目各实施主体和参与方法定代表人应书面授权委托项目管理机构负责人，并实行项目负责人责任制。

4.1.5 项目管理机构负责人应根据法定代表人的授权范围、期限和内容，履行管理职责。

4.1.6 项目管理机构负责人应取得相应资格，并按规定取得安全生产考核合格证书。

4.1.7 项目管理机构负责人应按相关约定在岗履职，对项目实施全过程及全面管理。

4.2　项目建设相关责任方管理

4.2.1 项目建设相关责任方应在各自的实施阶段和环节，明确工作责任，实施目标管理，确保项目正常运行。

4.2.2 项目管理机构负责人应按规定接受相关部门的责任追究和监督管理。

4.2.3 项目管理机构负责人应在工程开工前签署质量承诺书，报相关工程管理机构备案。

4.2.4 项目各相关责任方应建立协同工作机制，宜采用例会、交底及其他沟通方式，避免项目运行中的障碍和冲突。

4.2.5 建设单位应建立管理责任排查机制，按项目进度和时间节点，对各方的管理绩效进行验证性评价。

4.3　项目管理机构

4.3.1 项目管理机构应承担项目实施的管理任务和实现目标的责任。

4.3.2 项目管理机构应由项目管理机构负责人领导，接受组织职能部门的指导、监督、检查、服务和考核，负责对项目资源进行合理使用和动态管理。

4.3.3 项目管理机构应在项目启动前建立，在项目完成后或按合同约定解体。

4.3.4 建立项目管理机构应遵循下列规定：

　　1 结构应符合组织制度和项目实施要求；

　　2 应有明确的管理目标、运行程序和责任制度；

　　3 机构成员应满足项目管理要求及具备相应资格；

　　4 组织分工应相对稳定并可根据项目实施变化进行调整；

　　5 应确定机构成员的职责、权限、利益和需承担的风险。

4.3.5 建立项目管理机构应遵循下列步骤：

　　1 根据项目管理规划大纲、项目管理目标责任书及合同要求明确管理任务；

　　2 根据管理任务分解和归类，明确组织结构；

　　3 根据组织结构，确定岗位职责、权限以及人员配置；

　　4 制定工作程序和管理制度；

　　5 由组织管理层审核认定。

4.3.6 项目管理机构的管理活动应符合下列要求：

　　1 应执行管理制度；

　　2 应履行管理程序；

　　3 应实施计划管理，保证资源的合理配置和有序流动；

　　4 应注重项目实施过程的指导、监督、考核和评价。

4.4　项目团队建设

4.4.1 项目建设相关责任方均应实施项目团队建设，明确团队管理原则，规范团队运行。

4.4.2 项目建设相关责任方的项目管理团队之间应围绕项目目标协同工作并有效沟通。

4.4.3 项目团队建设应符合下列规定：

　　1 建立团队管理机制和工作模式；

　　2 各方步调一致，协同工作；

　　3 制定团队成员沟通制度，建立畅通的信息沟通渠道和各方共享的信息平台。

4.4.4 项目管理机构负责人应对项目团队建设和管理负责，组织制定明确的团队目标、合理高效的运行程序和完善的工作制度，定期评价团队运作绩效。

4.4.5 项目管理机构负责人应统一团队思想，增强集体观念，和谐团队氛围，提高团队运行效率。

4.4.6 项目团队建设应开展绩效管理，利用团队成员集体的协作成果。

4.5　项目管理目标责任书

4.5.1 项目管理目标责任书应在项目实施之前，由组织法定代表人或其授权人与项目管理机构负责人协商制定。

4.5.2 项目管理目标责任书应属于组织内部明确责任的系统性管理文件，其内容应符合组织制度要求和项目自身特点。

4.5.3 编制项目管理目标责任书应依据下列信息：

　　1 项目合同文件；

　　2 组织管理制度；

　　3 项目管理规划大纲；

　　4 组织经营方针和目标；

　　5 项目特点和实施条件与环境。

4.5.4 项目管理目标责任书宜包括下列内容：

　　1 项目管理实施目标；

　　2 组织和项目管理机构职责、权限和利益的划分；

　　3 项目现场质量、安全、环保、文明、职业健康和社会责任目标；

　　4 项目设计、采购、施工、试运行管理的内容和要求；

　　5 项目所需资源的获取和核算办法；

6　法定代表人向项目管理机构负责人委托的相关事项；

7　项目管理机构负责人和项目管理机构应承担的风险；

8　项目应急事项和突发事件处理的原则和方法；

9　项目管理效果和目标实现的评价原则、内容和方法；

10　项目实施过程中相关责任和问题的认定和处理原则；

11　项目完成后对项目管理机构负责人的奖惩依据、标准和办法；

12　项目管理机构负责人解职和项目管理机构解体的条件及办法；

13　缺陷责任期、质量保修期及之后对项目管理机构负责人的相关要求。

4.5.5　组织应对项目管理目标责任书的完成情况进行考核和认定，并根据考核结果和项目管理目标责任书的奖惩规定，对项目管理机构负责人和项目管理机构进行奖励或处罚。

4.5.6　项目管理目标责任书应根据项目实施变化进行补充和完善。

4.6　项目管理机构负责人职责、权限和管理

4.6.1　项目管理机构负责人应履行下列职责：

1　项目管理目标责任书中规定的职责；

2　工程质量安全责任承诺书中应履行的职责；

3　组织或参与编制项目管理规划大纲、项目管理实施规划，对项目目标进行系统管理；

4　主持制定并落实质量、安全技术措施和专项方案，负责相关的组织协调工作；

5　对各类资源进行质量监控和动态管理；

6　对进场的机械、设备、工器具的安全、质量和使用进行监控；

7　建立各类专业管理制度，并组织实施；

8　制定有效的安全、文明和环境保护措施并组织实施；

9　组织或参与评价项目管理绩效；

10　进行授权范围内的任务分解和利益分配；

11　按规定完善工程资料，规范工程档案文件，准备工程结算和竣工资料，参与工程竣工验收；

12　接受审计，处理项目管理机构解体的善后工作；

13　协助和配合组织进行项目检查、鉴定和评奖申报；

14　配合组织完善缺陷责任期的相关工作。

4.6.2　项目管理机构负责人应具有下列权限：

1　参与项目招标、投标和合同签订；

2　参与组建项目管理机构；

3　参与组织对项目各阶段的重大决策；

4　主持项目管理机构工作；

5　决定授权范围内的项目资源使用；

6　在组织制度的框架下制定项目管理机构管理制度；

7　参与选择并直接管理具有相应资质的分包人；

8　参与选择大宗资源的供应单位；

9　在授权范围内与项目相关方进行直接沟通；

10　法定代表人和组织授予的其他权利。

4.6.3　项目管理机构负责人应接受法定代表人和组织机构的业务管理，组织有权对项目管理机构负责人给予奖励和处罚。

5　项目管理策划

5.1　一般规定

5.1.1　项目管理策划应由项目管理规划策划和项目管理配套策划组成。项目管理规划应包括项目管理规划大纲和项目管理实施规划，项目管理配套策划应包括项目管理规划策划以外的所有项目管理策划内容。

5.1.2　组织应建立项目管理策划的管理制度，确定项目管理策划的管理职责、实施程序和控制要求。

5.1.3　项目管理策划应包括下列管理过程：

1　分析、确定项目管理的内容与范围；

2　协调、研究、形成项目管理策划结果；

3　检查、监督、评价项目管理策划过程；

4　履行其他确保项目管理策划的规定责任。

5.1.4　项目管理策划应遵循下列程序：

1　识别项目管理范围；

2　进行项目工作分解；

3　确定项目的实施方法；

4　规定项目需要的各种资源；

5　测算项目成本；

6　对各个项目管理过程进行策划。

5.1.5　项目管理策划过程应符合下列规定：

1　项目管理范围应包括完成项目的全部内容，并与各相关方的工作协调一致；

2　项目工作分解结构应根据项目管理范围，以可交付成果为对象实施；应根据项目实际情况与管理需要确定详细程度，确定工作分解结构；

3　提供项目所需资源应按保证工程质量和降低项目成本的要求进行方案比较；

4　项目进度安排应形成项目总进度计划，宜采用可视化图表表达；

5　宜采用量价分离的方法，按照工程实体性消耗和非实体性消耗测算项目成本；

6　应进行跟踪检查和必要的策划调整；项目结束后，宜编写项目管理策划的总结文件。

5.2　项目管理规划大纲

5.2.1　项目管理规划大纲应是项目管理工作中具有战略性、全局性和宏观性的指导文件。

5.2.2　编制项目管理规划大纲应遵循下列步骤：

1　明确项目需求和项目管理范围；

2　确定项目管理目标；

3　分析项目实施条件，进行项目工作结构分解；

4　确定项目管理组织模式、组织结构和职责分工；

5　规定项目管理措施；

6　编制项目资源计划；

7　报送审批。

5.2.3　项目管理规划大纲编制依据应包括下列内容：

1　项目文件、相关法律法规和标准；

2　类似项目经验资料；

3　实施条件调查资料。

5.2.4　项目管理规划大纲宜包括下列内容，组织也可根据需要在其中选定：

1　项目概况；

2　项目范围管理；

3　项目管理目标；

4　项目管理组织；

5　项目采购与投标管理；

6　项目进度管理；

7　项目质量管理；

8　项目成本管理；

9　项目安全生产管理；

10　绿色建造与环境管理；

11　项目资源管理；

12　项目信息管理；

13　项目沟通与相关方管理；

14　项目风险管理；

15　项目收尾管理。

5.2.5　项目管理规划大纲文件应具备下列内容：

1　项目管理目标和职责规定；

2　项目管理程序和方法要求；

3　项目管理资源的提供和安排。

5.3　项目管理实施规划

5.3.1　项目管理实施规划应对项目管理规划大纲的内容进行细化。

5.3.2　编制项目管理实施规划应遵循下列步骤：

1　了解相关方的要求；

2　分析项目具体特点和环境条件；

3　熟悉相关的法规和文件；

4　实施编制活动；

5　履行报批手续。

5.3.3　项目管理实施规划编制依据可包括下列内容：

1　适用的法律、法规和标准；

2　项目合同及相关要求；

3　项目管理规划大纲；

4　项目设计文件；

5　工程情况与特点；

6　项目资源和条件；

7　有价值的历史数据；

8　项目团队的能力和水平。

5.3.4　项目管理实施规划应包括下列内容：

1　项目概况；

2　项目总体工作安排；

3　组织方案；

4　设计与技术措施；

5　进度计划；

6　质量计划；

7　成本计划；

8　安全生产计划；

9　绿色建造与环境管理计划；

10　资源需求与采购计划；

11　信息管理计划；

12　沟通管理计划；

13　风险管理计划；

14　项目收尾计划；

15　项目现场平面布置图；

16　项目目标控制计划；

17　技术经济指标。

5.3.5　项目管理实施规划文件应满足下列要求：

1　规划大纲内容应得到全面深化和具体化；

2　实施规划范围应满足实现项目目标的实际需要；

3　实施项目管理规划的风险应处于可以接受的水平。

5.4　项目管理配套策划

5.4.1　项目管理配套策划应是与项目管理规划相关联的项目管理策划过程。组织应将项目管理配套策划作为项目管理规划的支撑措施纳入项目管理策划过程。

5.4.2　项目管理配套策划依据应包括下列内容：

1　项目管理制度；

2　项目管理规划；

3　实施过程需求；

4　相关风险程度。

5.4.3　项目管理配套策划应包括下列内容：

1　确定项目管理规划的编制人员、方法选择、时间安排；

2　安排项目管理规划各项规定的具体落实途径；

3　明确可能影响项目管理实施绩效的风险应对措施。

5.4.4　项目管理机构应确保项目管理配套策划过程满足项目管理的需求，并应符合下列规定：

1　界定项目管理配套策划的范围、内容、职责和权利；

2　规定项目管理配套策划的授权、批准和监督范围；

3　确定项目管理配套策划的风险应对措施；

4 总结评价项目管理配套策划水平。

5.4.5 组织应建立下列保证项目管理配套策划有效性的基础工作过程：

　1 积累以往项目管理经验；

　2 制定有关消耗定额；

　3 编制项目基础设施配置参数；

　4 建立工作说明书和实施操作标准；

　5 规定项目实施的专项条件；

　6 配置专用软件；

　7 建立项目信息数据库；

　8 进行项目团队建设。

6　采购与投标管理

6.1　一般规定

6.1.1 组织应建立采购管理制度，确定采购管理流程和实施方式，规定管理与控制的程序和方法。

6.1.2 采购工作应符合有关合同、设计文件所规定的技术、质量和服务标准，符合进度、安全、环境和成本管理要求。招标采购应确保实施过程符合法律、法规和经营的要求。

6.1.3 组织应建立投标管理制度，确定项目投标实施方式，规定管理与控制的流程和方法。

6.1.4 投标工作应满足招标文件规定的要求。

6.1.5 项目采购和投标资料应真实、有效、完整，具有可追溯性。

6.2　采购管理

6.2.1 组织应根据项目立项报告、工程合同、设计文件、项目管理实施规划和采购管理制度编制采购计划。采购计划应包括下列内容：

　1 采购工作范围、内容及管理标准；

　2 采购信息，包括产品或服务的数量、技术标准和质量规范；

　3 检验方式和标准；

　4 供方资质审查要求；

　5 采购控制目标及措施。

6.2.2 采购计划应经过相关部门审核，并经授权人批准后实施。必要时，采购计划应按规定进行变更。

6.2.3 采购过程应按法律、法规和规定程序，依据工程合同需求采用招标、询价或其他方式实施。符合公开招标规定的采购过程应按相关要求进行控制。

6.2.4 组织应确保采购控制目标的实现，对供方下列条件进行有关技术和商务评审：

　1 经营许可、企业资质；

　2 相关业绩与社会信誉；

　3 人员素质和技术管理能力；

　4 质量要求与价格水平。

6.2.5 组织应制定供方选择、评审和重新评审的准则。评审记录应予以保存。

6.2.6 组织应对特殊产品和服务的供方进行实地考察并采取措施进行重点监控，实地考察应包括下列内容：

　1 生产或服务能力；

　2 现场控制结果；

　3 相关风险评估。

6.2.7 承压产品、有毒有害产品和重要设备采购前，组织应要求供方提供下列证明文件：

　1 有效的安全资质；

　2 生产许可证；

　3 其他相关要求的证明文件。

6.2.8 组织应按工程合同的约定和需要，订立采购合同或规定相关要求。采购合同或相关要求应明确双方责任、权限、范围和风险，并经组织授权人员审核批准，确保采购合同或要求内容的合法性。

6.2.9 组织应依据采购合同或相关要求对供方的下列生产和服务条件进行确认：

　1 项目管理机构和相关人员的数量、资格；

　2 主要材料、设备、构配件、生产机具与设施。

6.2.10 供方项目实施前，组织应对供方进行相关要求的沟通或交底，确认或审批供方编制的生产或服务方案。组织应对供方的下列生产或服务过程进行监督管理：

　1 实施合同的履约和服务水平；

　2 重要技术措施、质量控制、人员变动、材料验收、安全条件、污染防治。

6.2.11 采购产品的验收与控制应符合下列条件：

　1 项目采用的设备、材料应经检验合格，满足设计及相关标准的要求；

　2 检验产品使用的计量器具、产品的取样和抽验应符合标准要求；

　3 进口产品应确保验收结果符合合同规定的质量标准，并按规定办理报关和商检手续；

　4 采购产品在检验、运输、移交和保管过程中，应避免对职业健康安全和环境产生负面影响；

　5 采购过程应按规定对产品和服务进行检验或验收，对不合格品或不符合项依据合同和法规要求进行处置。

6.3　投标管理

6.3.1 在招标信息收集阶段，组织应分析、评审相关项目风险，确认组织满足投标工程项目需求的能力。

6.3.2 项目投标前，组织应进行投标策划，确定投标目标，并编制投标计划。

6.3.3 组织应识别和评审下列与投标项目有关的要求：

　1 招标文件和发包方明示的要求；

　2 发包方未明示但应满足的要求；

　3 法律法规和标准规范要求；

　4 组织的相关要求。

6.3.4 组织应根据投标项目需求进行分析，确定下列投标计划内容：

　　1　投标目标、范围、要求与准备工作安排；

　　2　投标工作各过程及进度安排；

　　3　投标所需要的文件和资料；

　　4　与代理方以及合作方的协作；

　　5　投标风险分析及信息沟通；

　　6　投标策略与应急措施；

　　7　投标监控要求。

6.3.5 组织应依据规定程序形成投标计划，经过授权人批准后实施。

6.3.6 组织应根据招标和竞争需求编制包括下列内容的投标文件：

　　1　响应招标要求的各项商务规定；

　　2　有竞争力的技术措施和管理方案；

　　3　有竞争力的报价。

6.3.7 组织应保证投标文件符合发包方及相关要求，经过评审后投标，并保存投标文件评审的相关记录。评审应包括下列内容：

　　1　商务标满足招标要求的程度；

　　2　技术标和实施方案的竞争力；

　　3　投标报价的经济合理性；

　　4　投标风险的分析与应对。

6.3.8 组织应依法与发包方或其代表有效沟通，分析投标过程的变更信息，形成必要记录。

6.3.9 组织应识别和评价投标过程风险，并采取相关措施以确保实现投标目标要求。

6.3.10 中标后，组织应根据相关规定办理有关手续。

7　合同管理

7.1　一般规定

7.1.1 组织应建立项目合同管理制度，明确合同管理责任，设立专门机构或人员负责合同管理工作。

7.1.2 组织应配备符合要求的项目合同管理人员，实施合同的策划和编制活动，规范项目合同管理的实施程序和控制要求，确保合同订立和履行过程的合规性。

7.1.3 项目合同管理应遵循下列程序：

　　1　合同评审；

　　2　合同订立；

　　3　合同实施计划；

　　4　合同实施控制；

　　5　合同管理总结。

7.1.4 严禁通过违法发包、转包、违法分包、挂靠方式订立和实施建设工程合同。

7.2　合同评审

7.2.1 合同订立前，组织应进行合同评审，完成对合同条件的审查、认定和评估工作。以招标方式订立合同时，组织应对招标文件和投标文件进行审查、认定和评估。

7.2.2 合同评审应包括下列内容：

　　1　合法性、合规性评审；

　　2　合理性、可行性评审；

　　3　合同严密性、完整性评审；

　　4　与产品或过程有关要求的评审；

　　5　合同风险评估。

7.2.3 合同内容涉及专利、专有技术或者著作权等知识产权时，应对其使用权的合法性进行审查。

7.2.4 合同评审中发现的问题，应以书面形式提出，要求予以澄清或调整。

7.2.5 组织应根据需要进行合同谈判，细化、完善、补充、修改或另行约定合同条款和内容。

7.3　合同订立

7.3.1 组织应依据合同评审和谈判结果，按程序和规定订立合同。

7.3.2 合同订立应符合下列规定：

　　1　合同订立应是组织的真实意思表示；

　　2　合同订立应采用书面形式，并符合相关资质管理与许可管理的规定；

　　3　合同应由当事方的法定代表人或其授权的委托代理人签字或盖章；合同主体是法人或者其他组织时，应加盖单位印章；

　　4　法律、行政法规规定需办理批准、登记手续后合同生效时，应依照规定办理；

　　5　合同订立后应在规定期限内办理备案手续。

7.4　合同实施计划

7.4.1 组织应规定合同实施工作程序，编制合同实施计划。合同实施计划应包括下列内容：

　　1　合同实施总体安排；

　　2　合同分解与分包策划；

　　3　合同实施保证体系的建立。

7.4.2 合同实施保证体系应与其他管理体系协调一致。组织应建立合同文件沟通方式、编码系统和文档系统。

7.4.3 承包人应对其承接的合同作总体协调安排。承包人自行完成的工作及分包合同的内容，应在质量、资金、进度、管理架构、争议解决方式方面符合总包合同的要求。

7.4.4 分包合同实施应符合法律法规和组织有关合同管理制度的要求。

7.5　合同实施控制

7.5.1 项目管理机构应按约定全面履行合同。

7.5.2 合同实施控制的日常工作应包括下列内容：

　　1　合同交底；

　　2　合同跟踪与诊断；

　　3　合同完善与补充；

　　4　信息反馈与协调；

5 其他应自主完成的合同管理工作。

7.5.3 合同实施前，组织的相关部门和合同谈判人员应对项目管理机构进行合同交底。合同交底应包括下列内容：

　　1 合同的主要内容；

　　2 合同订立过程中的特殊问题及合同待定问题；

　　3 合同实施计划及责任分配；

　　4 合同实施的主要风险；

　　5 其他应进行交底的合同事项。

7.5.4 项目管理机构应在合同实施过程定期进行合同跟踪和诊断。合同跟踪和诊断应符合下列要求：

　　1 对合同实施信息进行全面收集、分类处理，查找合同实施中的偏差；

　　2 定期对合同实施中出现的偏差进行定性、定量分析，通报合同实施情况及存在的问题。

7.5.5 项目管理机构应根据合同实施偏差结果制定合同纠偏措施或方案，经授权人批准后实施。实施需要其他相关方配合时，项目管理机构应事先征得各相关方的认同，并在实施中协调一致。

7.5.6 项目管理机构应按规定实施合同变更的管理工作，将变更文件和要求传递至相关人员。合同变更应当符合下列条件：

　　1 变更的内容应符合合同约定或者法律法规规定。变更超过原设计标准或者批准规模时，应由组织按照规定程序办理变更审批手续。

　　2 变更或变更异议的提出，应符合合同约定或者法律法规规定的程序和期限。

　　3 变更应经组织或其授权人员签字或盖章后实施。

　　4 变更对合同价格及工期有影响时，相应调整合同价格和工期。

7.5.7 项目管理机构应控制和管理合同中止行为。合同中止应按照下列方式处理：

　　1 合同中止履行前，应以书面形式通知对方并说明理由。因对方违约导致合同中止履行时，在对方提供适当担保时应恢复履行；中止履行后，对方在合理期限内未恢复履行能力并且未提供相应担保时，应报请组织决定是否解除合同。

　　2 合同中止或恢复履行，如依法需要向有关行政主管机关报告或履行核验手续，应在规定的期限内履行相关手续。

　　3 合同中止后不再恢复履行时，应根据合同约定或法律规定解除合同。

7.5.8 项目管理机构应按照规定实施合同索赔的管理工作。索赔应符合下列条件：

　　1 索赔应依据合同约定提出。合同没有约定或者约定不明时，按照法律法规规定提出。

　　2 索赔应全面、完整地收集和整理索赔资料。

　　3 索赔意向通知及索赔报告应按照约定或法定的程序和期限提出。

　　4 索赔报告应说明索赔理由，提出索赔金额及工期。

7.5.9 合同实施过程中产生争议时，应按下列方式解决：

　　1 双方通过协商达成一致；

　　2 请求第三方调解；

　　3 按照合同约定申请仲裁或向人民法院起诉。

7.6　合同管理总结

7.6.1 项目管理机构应进行项目合同管理评价，总结合同订立和执行过程中的经验和教训，提出总结报告。

7.6.2 合同总结报告应包括下列内容：

　　1 合同订立情况评价；

　　2 合同履行情况评价；

　　3 合同管理工作评价；

　　4 对本项目有重大影响的合同条款评价；

　　5 其他经验和教训。

7.6.3 组织应根据合同总结报告确定项目合同管理改进需求，制定改进措施，完善合同管理制度，并按照规定保存合同总结报告。

8　设计与技术管理

8.1　一般规定

8.1.1 组织应明确项目设计与技术管理部门，界定管理职责与分工，制定项目设计与技术管理制度，确定项目设计与技术控制流程，配备相应资源。

8.1.2 项目管理机构应按照项目管理策划结果，进行目标分解，编制项目设计与技术管理计划，经批准后组织落实。

8.1.3 项目管理机构应根据项目实施过程中不同阶段目标的实现情况，对项目设计与技术管理工作进行动态调整，并对项目设计与技术管理的过程和效果进行分层次、分类别的评价。

8.1.4 项目管理机构应根据项目设计的需求合理安排勘察工作，明确勘察管理目标和流程，规定相关勘察工作职责。

8.2　设计管理

8.2.1 设计管理应根据项目实施过程，划分下列阶段：

　　1 项目方案设计；

　　2 项目初步设计；

　　3 项目施工图设计；

　　4 项目施工；

　　5 项目竣工验收与竣工图；

　　6 项目后评价。

8.2.2 组织应依据项目需求和相关规定组建或管理设计团队，明确设计策划，实施项目设计、验证、评审和确认活动，或组织设计单位编写设计报审文件，

并审查设计人提交的设计成果,提出设计评估报告。

8.2.3 项目方案设计阶段,项目管理机构应配合建设单位明确设计范围、划分设计界面、设计招标工作,确定项目设计方案,做出投资估算,完成项目方案设计任务。

8.2.4 项目初步设计阶段,项目管理机构应完成项目初步设计任务,做出设计概算,或对委托的设计承包人初步设计内容实施评审工作,并提出勘察工作需求,完成地勘报告申报管理工作。

8.2.5 项目施工图设计阶段,项目管理机构应根据初步设计要求,组织完成施工图设计或审查工作,确定施工图预算,并建立设计文件收发管理制度和流程。

8.2.6 项目施工阶段,项目管理机构应编制施工组织设计,组织设计交底、设计变更控制和深化设计,根据施工需求组织或实施设计优化工作,组织关键施工部位的设计验收管理工作。

8.2.7 项目竣工验收与竣工图阶段,项目管理机构应组织项目设计负责人参与项目竣工验收工作,并按照约定实施或组织设计承包人对设计文件进行整理归档,编制竣工决算,完成竣工图的编制、归档、移交工作。

8.2.8 项目后评价阶段,项目管理机构应实施或组织设计承包人针对项目决策至项目竣工后运营阶段设计工作进行总结,对设计管理绩效开展后评价工作。

8.3 技术管理

8.3.1 项目管理机构应实施项目技术管理策划,确定项目技术管理措施,进行项目技术应用活动。项目技术管理措施应包括下列主要内容:

1 技术规格书;

2 技术管理规划;

3 施工组织设计、施工措施、施工技术方案;

4 采购计划。

8.3.2 项目管理机构应确保项目设计过程的技术应用符合下列要求:

1 组织设计单位应在各设计阶段申报相应技术审批文件,通过审查并取得政府许可;

2 应策划设计与采购、施工、运营和各专业技术接口关系,并明确技术变更或洽商程序。

8.3.3 技术规格书作为发包方的技术要求,应是施工承包人编制施工组织设计、施工措施、施工技术方案的基本依据。技术规格书应包括下列内容:

1 分部、分项工程实施所依据标准;

2 工程的质量保证措施;

3 工程实施所需要提交的资料;

4 现场小样制作、产品送样与现场抽样检查复试;

5 工程所涉及材料、设备的具体规格、型号与性能要求,以及特种设备的供货商信息;

6 各工序标准、施工工艺与施工方法;

7 分部、分项工程质量检查验收标准。

8.3.4 技术管理规划应是承包人根据招标文件要求和自身能力编制的、拟采用的各种技术和管理措施,以满足发包人的招标要求。项目技术管理规划应明确下列内容:

1 技术管理目标与工作要求;

2 技术管理体系与职责;

3 技术管理实施的保障措施;

4 技术交底要求,图纸自审、会审,施工组织设计与施工方案,专项施工技术,新技术的推广与应用,技术管理考核制度;

5 各类方案、技术措施报审流程;

6 根据项目内容与项目进度需求,拟编制技术文件、技术方案、技术措施计划及责任人;

7 新技术、新材料、新工艺、新产品的应用计划;

8 对设计变更及工程洽商实施技术管理制度;

9 各项技术文件、技术方案、技术措施的资料管理与归档。

8.3.5 项目管理机构应根据施工过程需求,按照下列要求编制项目技术规格书和项目技术管理规划:

1 对技术规格书、技术管理规划应实施技术经济分析,按照方案严谨、样板先行原则进行策划,必要情况下进行多方案比选以确定最优方案;

2 技术规格书、技术管理规划编制完成并经相关方批准后,由项目管理机构组织实施。

8.3.6 项目技术规格书、技术管理规划的实施过程应符合下列要求:

1 识别实施方案需求,制定相关实施方案。

2 确保实施方案充分、适宜,并得到有效落实。必要时,应组织进行评审和验证。

3 评估工程变更对实施方案的影响,采取相应的变更控制。

4 检查实施方案的执行情况,明确相关改进措施。

8.3.7 对新技术、新材料、新工艺、新产品的应用,项目管理机构应监督施工承包人实施方案的落实工作,根据情况指导相关培训工作。

8.3.8 依据项目技术管理措施,项目管理机构应组织项目技术应用结果的验收活动,控制各种变更风险,确保施工过程技术管理满足规定要求。

8.3.9 项目管理机构应对技术管理过程的资源投入情况、进度情况、质量控制情况进行记录与统计。实施过程完成后,组织应根据统计情况进行实施效果分析,对项目技术管理措施进行改进提升。

8.3.10 项目管理机构应按照工程进度收集、整理项目实施过程中的各类技术资料,按类存放,完整归档。

9　进度管理

9.1　一般规定

9.1.1　组织应建立项目进度管理制度，明确进度管理程序，规定进度管理职责及工作要求。

9.1.2　项目进度管理应遵循下列程序：

　　1　编制进度计划；

　　2　进度计划交底，落实管理责任；

　　3　实施进度计划；

　　4　进行进度控制和变更管理。

9.2　进度计划

9.2.1　项目进度计划编制依据应包括下列主要内容：

　　1　合同文件和相关要求；

　　2　项目管理规划文件；

　　3　资源条件、内部与外部约束条件。

9.2.2　组织应提出项目控制性进度计划。项目管理机构应根据组织的控制性进度计划，编制项目的作业性进度计划。

9.2.3　各类进度计划应包括下列内容：

　　1　编制说明；

　　2　进度安排；

　　3　资源需求计划；

　　4　进度保证措施。

9.2.4　编制进度计划应遵循下列步骤：

　　1　确定进度计划目标；

　　2　进行工作结构分解与工作活动定义；

　　3　确定工作之间的顺序关系；

　　4　估算各项工作投入的资源；

　　5　估算工作的持续时间；

　　6　编制进度图（表）；

　　7　编制资源需求计划；

　　8　审批并发布。

9.2.5　编制进度计划应根据需要选用下列方法：

　　1　里程碑表；

　　2　工作量表；

　　3　横道计划；

　　4　网络计划。

9.2.6　项目进度计划应按有关规定经批准后实施。

9.2.7　项目进度计划实施前，应由负责人向执行者交底、落实进度责任；进度计划执行者应制定实施计划的措施。

9.3　进度控制

9.3.1　项目进度控制应遵循下列步骤：

　　1　熟悉进度计划的目标、顺序、步骤、数量、时间和技术要求；

　　2　实施跟踪检查，进行数据记录与统计；

　　3　将实际数据与计划目标对照，分析计划执行情况；

　　4　采取纠偏措施，确保各项计划目标实现。

9.3.2　对勘察、设计、施工、试运行的协调管理，项目管理机构应确保进度工作界面的合理衔接，使协调工作符合提高效率和效益的需求。

9.3.3　项目管理机构的进度控制过程应符合下列规定：

　　1　将关键线路上的各项活动过程和主要影响因素作为项目进度控制的重点；

　　2　对项目进度有影响的相关方的活动进行跟踪协调。

9.3.4　项目管理机构应按规定的统计周期，检查进度计划并保存相关记录。进度计划检查应包括下列内容：

　　1　工作完成数量；

　　2　工作时间的执行情况；

　　3　工作顺序的执行情况；

　　4　资源使用及其与进度计划的匹配情况；

　　5　前次检查提出问题的整改情况。

9.3.5　进度计划检查后，项目管理机构应编制进度管理报告并向相关方发布。

9.4　进度变更管理

9.4.1　项目管理机构应根据进度管理报告提供的信息，纠正进度计划执行中的偏差，对进度计划进行变更调整。

9.4.2　进度计划变更可包括下列内容：

　　1　工程量或工作量；

　　2　工作的起止时间；

　　3　工作关系；

　　4　资源供应。

9.4.3　项目管理机构应识别进度计划变更风险，并在进度计划变更前制定下列预防风险的措施：

　　1　组织措施；

　　2　技术措施；

　　3　经济措施；

　　4　沟通协调措施。

9.4.4　当采取措施后仍不能实现原目标时，项目管理机构应变更进度计划，并报原计划审批部门批准。

9.4.5　项目管理机构进度计划的变更控制应符合下列规定：

　　1　调整相关资源供应计划，并与相关方进行沟通；

　　2　变更计划的实施应与组织管理规定及相关合同要求一致。

10　质量管理

10.1　一般规定

10.1.1　组织应根据需求制定项目质量管理和质量管理绩效考核制度，配备质量管理资源。

10.1.2　项目质量管理应坚持缺陷预防的原则，按照策划、实施、检查、处置的循环方式进行系统运作。

10.1.3 项目管理机构应通过对人员、机具、材料、方法、环境要素的全过程管理，确保工程质量满足质量标准和相关方要求。

10.1.4 项目质量管理应按下列程序实施：

1 确定质量计划；

2 实施质量控制；

3 开展质量检查与处置；

4 落实质量改进。

10.2 质量计划

10.2.1 项目质量计划应在项目管理策划过程中编制。项目质量计划作为对外质量保证和对内质量控制的依据，体现项目全过程质量管理要求。

10.2.2 项目质量计划编制依据应包括下列内容：

1 合同中有关产品质量要求；

2 项目管理规划大纲；

3 项目设计文件；

4 相关法律法规和标准规范；

5 质量管理其他要求。

10.2.3 项目质量计划应包括下列内容：

1 质量目标和质量要求；

2 质量管理体系和管理职责；

3 质量管理与协调的程序；

4 法律法规和标准规范；

5 质量控制点的设置与管理；

6 项目生产要素的质量控制；

7 实施质量目标和质量要求所采取的措施；

8 项目质量文件管理。

10.2.4 项目质量计划应报组织批准。项目质量计划需修改时，应按原批准程序报批。

10.3 质量控制

10.3.1 项目质量控制应确保下列内容满足规定要求：

1 实施过程的各种输入；

2 实施过程控制点的设置；

3 实施过程的输出；

4 各个实施过程之间的接口。

10.3.2 项目管理机构应在质量控制过程中，跟踪、收集、整理实际数据，与质量要求进行比较，分析偏差，采取措施予以纠正和处置，并对处置效果复查。

10.3.3 设计质量控制应包括下列流程：

1 按照设计合同要求进行设计策划；

2 根据设计需求确定设计输入；

3 实施设计活动并进行设计评审；

4 验证和确认设计输出；

5 实施设计变更控制。

10.3.4 采购质量控制应包括下列流程：

1 确定采购程序；

2 明确采购要求；

3 选择合格的供应单位；

4 实施采购合同控制；

5 进行进货检验及问题处置。

10.3.5 施工质量控制应包括下列流程：

1 施工质量目标分解；

2 施工技术交底与工序控制；

3 施工质量偏差控制；

4 产品或服务的验证、评价和防护。

10.3.6 项目质量创优控制宜符合下列规定：

1 明确质量创优目标和创优计划；

2 精心策划和系统管理；

3 制定高于国家标准的控制准则；

4 确保工程创优资料和相关证据的管理水平。

10.3.7 分包的质量控制应纳入项目质量控制范围，分包人应按分包合同的约定对其分包的工程质量向项目管理机构负责。

10.4 质量检查与处置

10.4.1 项目管理机构应根据项目管理策划要求实施检验和监测，并按照规定配备检验和监测设备。

10.4.2 对项目质量计划设置的质量控制点，项目管理机构应按规定进行检验和监测。质量控制点可包括下列内容：

1 对施工质量有重要影响的关键质量特性、关键部位或重要影响因素；

2 工艺上有严格要求，对下道工序的活动有重要影响的关键质量特性、部位；

3 严重影响项目质量的材料质量和性能；

4 影响下道工序质量的技术间歇时间；

5 与施工质量密切相关的技术参数；

6 容易出现质量通病的部位；

7 紧缺工程材料、构配件和工程设备或可能对生产安排有严重影响的关键项目；

8 隐蔽工程验收。

10.4.3 项目管理机构对不合格品控制应符合下列规定：

1 对检验和监测中发现的不合格品，按规定进行标识、记录、评价、隔离，防止非预期的使用或交付；

2 采用返修、加固、返工、让步接受和报废措施，对不合格品进行处置。

10.5 质量改进

10.5.1 组织应根据不合格的信息，评价采取改进措施的需求，实施必要的改进措施。当经过验证效果不佳或未完全达到预期的效果时，应重新分析原因，采取相应措施。

10.5.2 项目管理机构应定期对项目质量状况进行检查、分析，向组织提出质量报告，明确质量状况、发包人及其他相关方满意程度、产品要求的符合性以及项目管理机构的质量改进措施。

10.5.3 组织应对项目管理机构进行培训、检查、考

核，定期进行内部审核，确保项目管理机构的质量改进。

10.5.4　组织应了解发包人及其他相关方对质量的意见，确定质量管理改进目标，提出相应措施并予以落实。

11　成本管理

11.1　一般规定

11.1.1　组织应建立项目全面成本管理制度，明确职责分工和业务关系，把管理目标分解到各项技术和管理过程。

11.1.2　项目成本管理应符合下列规定：

　　1　组织管理层，应负责项目成本管理的决策，确定项目的成本控制重点、难点，确定项目成本目标，并对项目管理机构进行过程和结果的考核；

　　2　项目管理机构，应负责项目成本管理，遵守组织管理层的决策，实现项目管理的成本目标。

11.1.3　项目成本管理应遵循下列程序：

　　1　掌握生产要素的价格信息；

　　2　确定项目合同价；

　　3　编制成本计划，确定成本实施目标；

　　4　进行成本控制；

　　5　进行项目过程成本分析；

　　6　进行项目过程成本考核；

　　7　编制项目成本报告；

　　8　项目成本管理资料归档。

11.2　成本计划

11.2.1　项目成本计划编制依据应包括下列内容：

　　1　合同文件；

　　2　项目管理实施规划；

　　3　相关设计文件；

　　4　价格信息；

　　5　相关定额；

　　6　类似项目的成本资料。

11.2.2　项目管理机构应通过系统的成本策划，按成本组成、项目结构和工程实施阶段分别编制项目成本计划。

11.2.3　编制成本计划应符合下列规定：

　　1　由项目管理机构负责组织编制；

　　2　项目成本计划对项目成本控制具有指导性；

　　3　各成本项目指标和降低成本指标明确。

11.2.4　项目成本计划编制应符合下列程序：

　　1　预测项目成本；

　　2　确定项目总体成本目标；

　　3　编制项目总体成本计划；

　　4　项目管理机构与组织的职能部门根据其责任成本范围，分别确定自己的成本目标，并编制相应的成本计划；

　　5　针对成本计划制定相应的控制措施；

　　6　由项目管理机构与组织的职能部门负责人分别审批相应的成本计划。

11.3　成本控制

11.3.1　项目管理机构成本控制应依据下列内容：

　　1　合同文件；

　　2　成本计划；

　　3　进度报告；

　　4　工程变更与索赔资料；

　　5　各种资源的市场信息。

11.3.2　项目成本控制应遵循下列程序：

　　1　确定项目成本管理分层次目标；

　　2　采集成本数据，监测成本形成过程；

　　3　找出偏差，分析原因；

　　4　制定对策，纠正偏差；

　　5　调整改进成本管理方法。

11.4　成本核算

11.4.1　项目管理机构应根据项目成本管理制度明确项目成本核算的原则、范围、程序、方法、内容、责任及要求，健全项目核算台账。

11.4.2　项目管理机构应按规定的会计周期进行项目成本核算。

11.4.3　项目成本核算应坚持形象进度、产值统计、成本归集同步的原则。

11.4.4　项目管理机构应编制项目成本报告。

11.5　成本分析

11.5.1　项目成本分析依据应包括下列内容：

　　1　项目成本计划；

　　2　项目成本核算资料；

　　3　项目的会计核算、统计核算和业务核算的资料。

11.5.2　成本分析宜包括下列内容：

　　1　时间节点成本分析；

　　2　工作任务分解单元成本分析；

　　3　组织单元成本分析；

　　4　单项指标成本分析；

　　5　综合项目成本分析。

11.5.3　成本分析应遵循下列步骤：

　　1　选择成本分析方法；

　　2　收集成本信息；

　　3　进行成本数据处理；

　　4　分析成本形成原因；

　　5　确定成本结果。

11.6　成本考核

11.6.1　组织应根据项目成本管理制度，确定项目成本考核目的、时间、范围、对象、方式、依据、指标、组织领导、评价与奖惩原则。

11.6.2　组织应以项目成本降低额、项目成本降低率作为对项目管理机构成本考核主要指标。

11.6.3　组织应对项目管理机构的成本和效益进行全

面评价、考核与奖惩。

11.6.4 项目管理机构应根据项目管理成本考核结果对相关人员进行奖惩。

12　安全生产管理

12.1　一般规定

12.1.1 组织应建立安全生产管理制度，坚持以人为本、预防为主，确保项目处于本质安全状态。

12.1.2 组织应根据有关要求确定安全生产管理方针和目标，建立项目安全生产责任制度，健全职业健康安全管理体系，改善安全生产条件，实施安全生产标准化建设。

12.1.3 组织应建立专门的安全生产管理机构，配备合格的项目安全管理负责人和管理人员，进行教育培训并持证上岗。项目安全生产管理机构以及管理人员应当恪尽职守、依法履行职责。

12.1.4 组织应按规定提供安全生产资源和安全文明施工费用，定期对安全生产状况进行评价，确定并实施项目安全生产管理计划，落实整改措施。

12.2　安全生产管理计划

12.2.1 项目管理机构应根据合同的有关要求，确定项目安全生产管理范围和对象，制订项目安全生产管理计划，在实施中根据实际情况进行补充和调整。

12.2.2 项目安全生产管理计划应满足事故预防的管理要求，并应符合下列规定：

1　针对项目危险源和不利环境因素进行辨识与评估的结果，确定对策和控制方案；

2　对危险性较大的分部分项工程编制专项施工方案；

3　对分包人的项目安全生产管理、教育和培训提出要求；

4　对项目安全生产交底、有关分包人制定的项目安全生产方案进行控制的措施；

5　应急准备与救援预案。

12.2.3 项目安全生产管理计划应按规定审核、批准后实施。

12.2.4 项目管理机构应开展有关职业健康和安全生产方法的前瞻性分析，选用适宜可靠的安全技术，采取安全文明的生产方式。

12.2.5 项目管理机构应明确相关过程的安全管理接口，进行勘察、设计、采购、施工、试运行过程安全生产的集成管理。

12.3　安全生产管理实施与检查

12.3.1 项目管理机构应根据项目安全生产管理计划和专项施工方案的要求，分级进行安全技术交底。对项目安全生产管理计划进行补充、调整时，仍应按原审批程序执行。

12.3.2 施工现场的安全生产管理应符合下列要求：

1　应落实各项安全管理制度和操作规程，确定

各级安全生产责任人；

2　各级管理人员和施工人员应进行相应的安全教育，依法取得必要的岗位资格证书；

3　各施工过程应配置齐全劳动防护设施和设备，确保施工场所安全；

4　作业活动严禁使用国家及地方政府明令淘汰的技术、工艺、设备、设施和材料；

5　作业场所应设置消防通道、消防水源，配备消防设施和灭火器材，并在现场入口处设置明显标志；

6　作业现场场容、场貌、环境和生活设施应满足安全文明达标要求；

7　食堂应取得卫生许可证，并应定期检查食品卫生，预防食物中毒；

8　项目管理团队应确保各类人员的职业健康需求，防治可能产生的职业和心理疾病；

9　应落实减轻劳动强度、改善作业条件的施工措施。

12.3.3 项目管理机构应建立安全生产档案，积累安全生产管理资料，利用信息技术分析有关数据辅助安全生产管理。

12.3.4 项目管理机构应根据需要定期或不定期对现场安全生产管理以及施工设施、设备和劳动防护用品进行检查、检测，并将结果反馈至有关部门，整改不合格并跟踪监督。

12.3.5 项目管理机构应全面掌握项目的安全生产情况，进行考核和奖惩，对安全生产状况进行评估。

12.4　安全生产应急响应与事故处理

12.4.1 项目管理机构应识别可能的紧急情况和突发过程的风险因素，编制项目应急准备与响应预案。应急准备与响应预案应包括下列内容：

1　应急目标和部门职责；

2　突发过程的风险因素及评估；

3　应急响应程序和措施；

4　应急准备与响应能力测试；

5　需要准备的相关资源。

12.4.2 项目管理机构应对应急预案进行专项演练，对其有效性和可操作性实施评价并修改完善。

12.4.3 发生安全生产事故时，项目管理机构应启动应急准备与响应预案，采取措施进行抢险救援，防止发生二次伤害。

12.4.4 项目管理机构在事故应急响应的同时，应按规定上报上级和地方主管部门，及时成立事故调查组对事故进行分析，查清事故发生原因和责任，进行全员安全教育，采取必要措施防止事故再次发生。

12.4.5 组织应在事故调查分析完成后进行安全生产事故的责任追究。

12.5　安全生产管理评价

12.5.1 组织应按相关规定实施项目安全生产管理评

价，评估项目安全生产能力满足规定要求的程度。

12.5.2　安全生产管理宜由组织的主管部门或其授权部门进行检查与评价。评价的程序、方法、标准、评价人员应执行相关规定。

12.5.3　项目管理机构应按规定实施项目安全管理标准化工作，开展安全文明工地建设活动。

13　绿色建造与环境管理

13.1　一般规定

13.1.1　组织应建立项目绿色建造与环境管理制度，确定绿色建造与环境管理的责任部门，明确管理内容和考核要求。

13.1.2　组织应制定绿色建造与环境管理目标，实施环境影响评价，配置相关资源，落实绿色建造与环境管理措施。

13.1.3　项目管理过程应采用绿色设计，优先选用绿色技术、建材、机具和施工方法。

13.1.4　施工管理过程应采取环境保护措施，控制施工现场的环境影响，预防环境污染。

13.2　绿色建造

13.2.1　项目管理机构应通过项目管理策划确定绿色建造计划并经批准后实施。编制绿色建造计划的依据应符合下列规定：

　1　项目环境条件和相关法律法规要求；

　2　项目管理范围和项目工作分解结构；

　3　项目管理策划的绿色建造要求。

13.2.2　绿色建造计划应包括下列内容：

　1　绿色建造范围和管理职责分工；

　2　绿色建造目标和控制指标；

　3　重要环境因素控制计划及响应方案；

　4　节能减排及污染物控制的主要技术措施；

　5　绿色建造所需的资源和费用。

13.2.3　设计项目管理机构应根据组织确定的绿色建造目标进行绿色设计。

13.2.4　施工项目管理机构应对施工图进行深化设计或优化，采用绿色施工技术，制定绿色施工措施，提高绿色施工效果。

13.2.5　施工项目管理机构应实施下列绿色施工活动：

　1　选用符合绿色建造要求的绿色技术、建材和机具，实施节能降耗措施；

　2　进行节约土地的施工平面布置；

　3　确定节约水资源的施工方法；

　4　确定降低材料消耗的施工措施；

　5　确定施工现场固体废弃物的回收利用和处置措施；

　6　确保施工产生的粉尘、污水、废气、噪声、光污染的控制效果。

13.2.6　建设单位项目管理机构应协调设计与施工单位，落实绿色设计或绿色施工的相关标准和规定，对绿色建造实施情况进行检查，进行绿色建造设计或绿色施工评价。

13.3　环境管理

13.3.1　工程施工前，项目管理机构应进行下列调查：

　1　施工现场和周边环境条件；

　2　施工可能对环境带来的影响；

　3　制订环境管理计划的其他条件。

13.3.2　项目管理机构应进行项目环境管理策划，确定施工现场环境管理目标和指标，编制项目环境管理计划。

13.3.3　项目管理机构应根据环境管理计划进行环境管理交底，实施环境管理培训，落实环境管理手段、设施和设备。

13.3.4　施工现场应符合下列环境管理要求：

　1　工程施工方案和专项措施应保证施工现场及周边环境安全、文明，减少噪声污染、光污染、水污染及大气污染，杜绝重大污染事件的发生；

　2　在施工过程中应进行垃圾分类，实现固体废弃物的循环利用，设专人按规定处置有毒有害物质，禁止将有毒、有害废弃物用于现场回填或混入建筑垃圾中外运；

　3　按照分区划块原则，规范施工污染排放和资源消耗管理，进行定期检查或测量，实施预控和纠偏措施，保持现场良好的作业环境和卫生条件；

　4　针对施工污染源或污染因素，进行环境风险分析，制定环境污染应急预案，预防可能出现的非预期损害；在发生环境事故时，进行应急响应以消除或减少污染，隔离污染源并采取相应措施防止二次污染。

13.3.5　组织应在施工过程及竣工后，进行环境管理绩效评价。

14　资源管理

14.1　一般规定

14.1.1　组织应建立项目资源管理制度，确定资源管理职责和管理程序，根据资源管理要求，建立并监督项目生产要素配置过程。

14.1.2　项目管理机构应根据项目目标管理的要求进行项目资源的计划、配置、控制，并根据授权进行考核和处置。

14.1.3　项目资源管理应遵循下列程序：

　1　明确项目的资源需求；

　2　分析项目整体的资源状态；

　3　确定资源的各种提供方式；

　4　编制资源的相关配置计划；

　5　提供并配置各种资源；

　6　控制项目资源的使用过程；

7 跟踪分析并总结改进。

14.2 人力资源管理

14.2.1 项目管理机构应编制人力资源需求计划、人力资源配置计划和人力资源培训计划。

14.2.2 项目管理机构应确保人力资源的选择、培训和考核符合项目管理需求。

14.2.3 项目管理人员应在意识、培训、经验、能力方面满足规定要求。

14.2.4 组织应对项目人力资源管理方法、组织规划、制度建设、团队建设、使用效率和成本管理进行分析和评价，以保证项目人力资源符合要求。

14.3 劳务管理

14.3.1 项目管理机构应编制劳务需求计划、劳务配置计划和劳务人员培训计划。

14.3.2 项目管理机构应确保劳务队伍选择、劳务分包合同订立、施工过程控制、劳务结算、劳务分包退场管理满足工程项目的劳务管理需求。

14.3.3 项目管理机构应依据项目需求进行劳务人员专项培训，特殊工种和相关人员应按规定持证上岗。

14.3.4 施工现场应实行劳务实名制管理，建立劳务突发事件应急管理预案。

14.3.5 组织宜为从事危险作业的劳务人员购买意外伤害保险。

14.3.6 组织应对劳务计划、过程控制、分包工程目标实现程度以及相关制度进行考核评价。

14.4 工程材料与设备管理

14.4.1 项目管理机构应制定材料管理制度，规定材料的使用、限额领料，使用监督、回收过程，并应建立材料使用台账。

14.4.2 项目管理机构应编制工程材料与设备的需求计划和使用计划。

14.4.3 项目管理机构应确保材料和设备供应单位选择、采购供应合同订立、出厂或进场验收、储存管理、使用管理及不合格品处置等符合规定要求。

14.4.4 组织应对工程材料与设备计划、使用、回收以及相关制度进行考核评价。

14.5 施工机具与设施管理

14.5.1 项目管理机构应编制项目施工机具与设施需求计划、使用计划和保养计划。

14.5.2 项目管理机构应根据项目的需要，进行施工机具与设施的配置、使用、维修和进、退场管理。

14.5.3 施工机具与设施操作人员应具备相应技能并符合持证上岗的要求。

14.5.4 项目管理机构应确保投入使用过程的施工机具与设施性能和状态合格，并定期进行维护和保养，形成运行使用记录。

14.5.5 组织应对项目施工机具与设施的配置、使用、维护、技术与安全措施、使用效率和使用成本进行考核评价。

14.6 资金管理

14.6.1 项目管理机构应编制项目资金需求计划、收入计划和使用计划。

14.6.2 项目资金收支管理、资金使用成本管理、资金风险管理应满足组织的规定要求。

14.6.3 项目管理机构应按资金使用计划控制资金使用，节约开支；应按会计制度规定设立资金台账，记录项目资金收支情况，实施财务核算和盈亏盘点。

14.6.4 项目管理机构应进行资金使用分析，对比计划收支与实际收支，找出差异，分析原因，改进资金管理。

14.6.5 项目管理机构应结合项目成本核算与分析，进行资金收支情况和经济效益考核评价。

15 信息与知识管理

15.1 一般规定

15.1.1 组织应建立项目信息与知识管理制度，及时、准确、全面地收集信息与知识，安全、可靠、方便、快捷地存储、传输信息和知识，有效、适宜地使用信息和知识。

15.1.2 信息管理应符合下列规定：

1 应满足项目管理要求；

2 信息格式应统一、规范；

3 应实现信息效益最大化。

15.1.3 信息管理应包括下列内容：

1 信息计划管理；

2 信息过程管理；

3 信息安全管理；

4 文件与档案管理；

5 信息技术应用管理。

15.1.4 项目管理机构应根据实际需要设立信息与知识管理岗位，配备熟悉项目管理业务流程，并经过培训的人员担任信息与知识管理人员，开展项目的信息与知识管理工作。

15.1.5 项目管理机构可应用项目信息化管理技术，采用专业信息系统，实施知识管理。

15.2 信息管理计划

15.2.1 项目信息管理计划应纳入项目管理策划过程。

15.2.2 项目信息管理计划应包括下列内容：

1 项目信息管理范围；

2 项目信息管理目标；

3 项目信息需求；

4 项目信息管理手段和协调机制；

5 项目信息编码系统；

6 项目信息渠道和管理流程；

7 项目信息资源需求计划；

8 项目信息管理制度与信息变更控制措施。

15.2.3　项目信息需求应明确实施项目相关方所需的信息，包括：信息的类型、内容、格式、传递要求，并应进行信息价值分析。

15.2.4　项目信息编码系统应有助于提高信息的结构化程度，方便使用，并且应与组织信息编码保持一致。

15.2.5　项目信息渠道和管理流程应明确信息产生和提供的主体，明确该信息在项目管理机构内部和外部的具体使用单位、部门和人员之间的信息流动要求。

15.2.6　项目信息资源需求计划应明确所需的各种信息资源名称、配置标准、数量、需用时间和费用估算。

15.2.7　项目信息管理制度应确保信息管理人员以有效的方式进行信息管理，信息变更控制措施应确保信息在变更时进行有效控制。

15.3　信息过程管理

15.3.1　项目信息过程管理应包括：信息的采集、传输、存储、应用和评价过程。

15.3.2　项目管理机构应按信息管理计划实施下列信息过程管理：

　　1　与项目有关的自然信息、市场信息、法规信息、政策信息；

　　2　项目利益相关方信息；

　　3　项目内部的各种管理和技术信息。

15.3.3　项目信息采集宜采用移动终端、计算机终端、物联网技术或其他技术进行及时、有效、准确的采集。

15.3.4　项目信息应采用安全、可靠、经济、合理的方式和载体进行传输。

15.3.5　项目管理机构应建立相应的数据库，对信息进行存储。项目竣工后应保存和移交完整的项目信息资料。

15.3.6　项目管理机构应通过项目信息的应用，掌握项目的实施状态和偏差情况，以便于实现通过任务安排进行偏差控制。

15.3.7　项目信息管理评价应确保定期检查信息的有效性、管理成本以及信息管理所产生的效益，评价信息管理效益，持续改进信息管理工作。

15.4　信息安全管理

15.4.1　项目信息安全应分类、分级管理，并采取下列管理措施：

　　1　设立信息安全岗位，明确职责分工；

　　2　实施信息安全教育，规范信息安全行为；

　　3　采用先进的安全技术，确保信息安全状态。

15.4.2　项目管理机构应实施全过程信息安全管理，建立完善的信息安全责任制度，实施信息安全控制程序，并确保信息安全管理的持续改进。

15.5　文件与档案管理

15.5.1　项目管理机构应配备专职或兼职的文件与档案管理人员。

15.5.2　项目管理过程中产生的文件与档案均应进行及时收集、整理，并按项目的统一规定标识，完整存档。

15.5.3　项目文件与档案管理宜应用信息系统，重要项目文件和档案应有纸介质备份。

15.5.4　项目管理机构应保证项目文件和档案资料的真实、准确和完整。

15.5.5　文件与档案宜分类、分级进行管理，保密要求高的信息或文件应按高级别保密要求进行防泄密控制，一般信息可采用适宜方式进行控制。

15.6　信息技术应用管理

15.6.1　项目信息系统应包括项目所有的管理数据，为用户提供项目各方面信息，实现信息共享、协同工作、过程控制、实时管理。

15.6.2　项目信息系统宜基于互联网并结合下列先进技术进行建设和应用：

　　1　建筑信息模型；

　　2　云计算；

　　3　大数据；

　　4　物联网。

15.6.3　项目信息系统应包括下列应用功能：

　　1　信息收集、传送、加工、反馈、分发、查询的信息处理功能；

　　2　进度管理、成本管理、质量管理、安全管理、合同管理、技术管理及相关的业务处理功能；

　　3　与工具软件、管理系统共享和交换数据的数据集成功能；

　　4　利用已有信息和数学方法进行预测、提供辅助决策的功能；

　　5　支持项目文件与档案管理的功能。

15.6.4　项目管理机构应通过信息系统的使用取得下列管理效果：

　　1　实现项目文档管理的一体化；

　　2　获得项目进度、成本、质量、安全、合同、资金、技术、环保、人力资源、保险的动态信息；

　　3　支持项目管理满足事前预测、事中控制、事后分析的需求；

　　4　提供项目关键过程的具体数据并自动产生相关报表和图表。

15.6.5　项目信息系统应具有下列安全技术措施：

　　1　身份认证；

　　2　防止恶意攻击；

　　3　信息权限设置；

　　4　跟踪审计和信息过滤；

　　5　病毒防护；

　　6　安全监测；

7 数据灾难备份。

15.6.6 项目管理机构应配备专门的运行维护人员，负责项目信息系统的使用指导、数据备份、维护和优化工作。

15.7 知识管理

15.7.1 组织应把知识管理与信息管理有机结合，并纳入项目管理过程。

15.7.2 组织应识别和获取在相关范围内所需的项目管理知识。

15.7.3 组织宜获得下列知识：

    1 知识产权；

    2 从经历获得的感受和体会；

    3 从成功和失败项目中得到的经验教训；

    4 过程、产品和服务的改进结果；

    5 标准规范的要求；

    6 发展趋势与方向。

15.7.4 组织应确定知识传递的渠道，实现知识分享，并进行知识更新。

15.7.5 组织应确定知识应用的需求，采取确保知识应用的准确性和有效性的措施。需要时，实施知识创新。

16 沟通管理

16.1 一般规定

16.1.1 组织应建立项目相关方沟通管理机制，健全项目协调制度，确保组织内部与外部各个层面的交流与合作。

16.1.2 项目管理机构应将沟通管理纳入日常管理计划，沟通信息，协调工作，避免和消除在项目运行过程中的障碍、冲突和不一致。

16.1.3 项目各相关方应通过制度建设、完善程序，实现相互之间沟通的零距离和运行的有效性。

16.2 相关方需求识别与评估

16.2.1 建设单位应分析和评估其他各相关方对项目质量、安全、进度、造价、环保方面的理解和认识，同时分析各方对资金投入、计划管理、现场条件以及其他方面的需求。

16.2.2 勘察、设计单位应分析和评估建设单位、施工单位、监理单位以及其他相关单位对勘察设计文件和资料的理解和认识，分析对文件质量、过程跟踪服务、技术指导和辅助管理工作的需求。

16.2.3 施工单位应分析和评估建设单位以及其他相关方对技术方案、工艺流程、资源条件、生产组织、工期、质量和安全保障以及环境和现场文明的需求；分析和评估供应、分包和技术咨询单位对现场条件提供、资金保证以及相关配合的需求。

16.2.4 监理单位应分析和评估建设单位的各项目标需求、授权和权限，分析和评估施工单位及其他相关单位对监理工作的认识和理解、提供技术指导和咨询

服务的需求。

16.2.5 专业承包、劳务分包和供应单位应当分析和评估建设单位、施工单位、监理单位对服务质量、工作效率以及相关配合的具体要求。

16.2.6 项目管理机构在分析和评估其他方需求的同时，也应对自身需求做出分析和评估，明确定位，与其他相关单位的需求有机融合，减少冲突和不一致。

16.3 沟通管理计划

16.3.1 项目管理机构应在项目运行之前，由项目负责人组织编制项目沟通管理计划。

16.3.2 项目沟通管理计划编制依据应包括下列内容：

    1 合同文件；

    2 组织制度和行为规范；

    3 项目相关方需求识别与评估结果；

    4 项目实际情况；

    5 项目主体之间的关系；

    6 沟通方案的约束条件、假设以及适用的沟通技术；

    7 冲突和不一致解决预案。

16.3.3 项目沟通管理计划应包括下列内容：

    1 沟通范围、对象、内容与目标；

    2 沟通方法、手段及人员职责；

    3 信息发布时间与方式；

    4 项目绩效报告安排及沟通需要的资源；

    5 沟通效果检查与沟通管理计划的调整。

16.3.4 项目沟通管理计划应由授权人批准后实施。项目管理机构应定期对项目沟通管理计划进行检查、评价和改进。

16.4 沟通程序与方式

16.4.1 项目管理机构应制定沟通程序和管理要求，明确沟通责任、方法和具体要求。

16.4.2 项目管理机构应在其他方需求识别和评估的基础上，按项目运行的时间节点和不同需求细化沟通内容，界定沟通范围，明确沟通方式和途径，并针对沟通目标准备相应的预案。

16.4.3 项目沟通管理应包括下列程序：

    1 项目实施目标分解；

    2 分析各分解目标自身需求和相关方需求；

    3 评估各目标的需求差异；

    4 制订目标沟通计划；

    5 明确沟通责任人、沟通内容和沟通方案；

    6 按既定方案进行沟通；

    7 总结评价沟通效果。

16.4.4 项目管理机构应当针对项目不同实施阶段的实际情况，及时调整沟通计划和沟通方案。

16.4.5 项目管理机构应进行下列项目信息的交流：

    1 项目各相关方共享的核心信息；

    2 项目内部信息；

3 项目相关方产生的有关信息。

16.4.6 项目管理机构可采用信函、邮件、文件、会议、口头交流、工作交底以及其他媒介沟通方式与项目相关方进行沟通，重要事项的沟通结果应书面确认。

16.4.7 项目管理机构应编制项目进展报告，说明项目实施情况、存在的问题及风险、拟采取的措施，预期效果或前景。

16.5　组织协调

16.5.1 组织应制定项目组织协调制度，规范运行程序和管理。

16.5.2 组织应针对项目具体特点，建立合理的管理组织，优化人员配置，确保规范、精简、高效。

16.5.3 项目管理机构应就容易发生冲突和不一致的事项，形成预先通报和互通信息的工作机制，化解冲突和不一致。

16.5.4 各项目管理机构应识别和发现问题，采取有效措施避免冲突升级和扩大。

16.5.5 在项目运行过程中，项目管理机构应分阶段、分层次、有针对性地进行组织人员之间的交流互动，增进了解，避免分歧，进行各自管理部门和管理人员的协调工作。

16.5.6 项目管理机构应实施沟通管理和组织协调教育，树立和谐、共赢、承担和奉献的管理思想，提升项目沟通管理绩效。

16.6　冲突管理

16.6.1 项目管理机构应根据项目运行规律，结合项目相关方的工作性质和特点预测项目可能的冲突和不一致，确定冲突解决的工作方案，并在沟通管理计划中予以体现。

16.6.2 消除冲突和障碍可采取下列方法：
　1 选择适宜的沟通与协调途径；
　2 进行工作交底；
　3 有效利用第三方调解；
　4 创造条件使项目相关方充分地理解项目计划，明确项目目标和实施措施。

16.6.3 项目管理机构应对项目冲突管理工作进行记录、总结和评价。

17　风险管理

17.1　一般规定

17.1.1 组织应建立风险管理制度，明确各层次管理人员的风险管理责任，管理各种不确定因素对项目的影响。

17.1.2 项目风险管理应包括下列程序：
　1 风险识别；
　2 风险评估；
　3 风险应对；
　4 风险监控。

17.2　风险管理计划

17.2.1 项目管理机构应在项目管理策划时确定项目风险管理计划。

17.2.2 项目风险管理计划编制依据应包括下列内容：
　1 项目范围说明；
　2 招投标文件与工程合同；
　3 项目工作分解结构；
　4 项目管理策划的结果；
　5 组织的风险管理制度；
　6 其他相关信息和历史资料。

17.2.3 风险管理计划应包括下列内容：
　1 风险管理目标；
　2 风险管理范围；
　3 可使用的风险管理方法、措施、工具和数据；
　4 风险跟踪的要求；
　5 风险管理的责任和权限；
　6 必需的资源和费用预算。

17.2.4 项目风险管理计划应根据风险变化进行调整，并经过授权人批准后实施。

17.3　风险识别

17.3.1 项目管理机构应在项目实施前识别实施过程中的各种风险。

17.3.2 项目管理机构应进行下列风险识别：
　1 工程本身条件及约定条件；
　2 自然条件与社会条件；
　3 市场情况；
　4 项目相关方的影响；
　5 项目管理团队的能力。

17.3.3 识别项目风险应遵循下列程序：
　1 收集与风险有关的信息；
　2 确定风险因素；
　3 编制项目风险识别报告。

17.3.4 项目风险识别报告应由编制人签字确认，并经批准后发布。项目风险识别报告应包括下列内容：
　1 风险源的类型、数量；
　2 风险发生的可能性；
　3 风险可能发生的部位及风险的相关特征。

17.4　风险评估

17.4.1 项目管理机构应按下列内容进行风险评估：
　1 风险因素发生的概率；
　2 风险损失量或效益水平的估计；
　3 风险等级评估。

17.4.2 风险评估宜采取下列方法：
　1 根据已有信息和类似项目信息采用主观推断法、专家估计法或会议评审法进行风险发生概率的认定；
　2 根据工期损失、费用损失和对工程质量、功能、使用效果的负面影响进行风险损失量的估计；

3 根据工期缩短、利润提升和对工程质量、安全、环境的正面影响进行风险效益水平的估计。

17.4.3 项目管理机构应根据风险因素发生的概率、损失量或效益水平，确定风险量并进行分级。

17.4.4 风险评估后应出具风险评估报告。风险评估报告应由评估人签字确认，并经批准后发布。风险评估报告应包括下列内容：

    1 各类风险发生的概率；

    2 可能造成的损失量或效益水平、风险等级确定；

    3 风险相关的条件因素。

17.5 风险应对

17.5.1 项目管理机构应依据风险评估报告确定针对项目风险的应对策略。

17.5.2 项目管理机构应采取下列措施应对负面风险：

    1 风险规避；

    2 风险减轻；

    3 风险转移；

    4 风险自留。

17.5.3 项目管理机构应采取下列策略应对正面风险：

    1 为确保机会的实现，消除该机会实现的不确定性；

    2 将正面风险的责任分配给最能为组织获取利益机会的一方；

    3 针对正面风险或机会的驱动因素，采取措施提高机遇发生的概率。

17.5.4 项目管理机构应形成相应的项目风险应对措施并将其纳入风险管理计划。

17.6 风险监控

17.6.1 组织应收集和分析与项目风险相关的各种信息，获取风险信号，预测未来的风险并提出预警，预警应纳入项目进展报告，并采用下列方法：

    1 通过工期检查、成本跟踪分析、合同履行情况监督、质量监控措施、现场情况报告、定期例会，全面了解工程风险；

    2 对新的环境条件、实施状况和变更，预测风险，修订风险应对措施，持续评价项目风险管理的有效性。

17.6.2 组织应对可能出现的潜在风险因素进行监控，跟踪风险因素的变动趋势。

17.6.3 组织应采取措施控制风险的影响，降低损失，提高效益，防止负面风险的蔓延，确保工程的顺利实施。

18 收尾管理

18.1 一般规定

18.1.1 组织应建立项目收尾管理制度，明确项目收尾管理的职责和工作程序。

18.1.2 项目管理机构应实施下列项目收尾工作：

    1 编制项目收尾计划；

    2 提出有关收尾管理要求；

    3 理顺、终结所涉及的对外关系；

    4 执行相关标准与规定；

    5 清算合同双方的债权债务。

18.2 竣工验收

18.2.1 项目管理机构应编制工程竣工验收计划，经批准后执行。工程竣工验收计划应包括下列内容：

    1 工程竣工验收工作内容；

    2 工程竣工验收工作原则和要求；

    3 工程竣工验收工作职责分工；

    4 工程竣工验收工作顺序与时间安排。

18.2.2 工程竣工验收工作按计划完成后，承包人应自行检查，根据规定在监理机构组织下进行预验收，合格后向发包人提交竣工验收申请。

18.2.3 工程竣工验收的条件、要求、组织、程序、标准、文档的整理和移交，必须符合国家有关标准和规定。

18.2.4 发包人接到工程承包人提交的工程竣工验收申请后，组织工程竣工验收，验收合格后编写竣工验收报告书。

18.2.5 工程竣工验收后，承包人应在合同约定的期限内进行工程移交。

18.3 竣工结算

18.3.1 工程竣工验收后，承包人应按照约定的条件向发包人提交工程竣工结算报告及完整的结算资料，报发包人确认。

18.3.2 工程竣工结算应由承包人实施，发包人审查，双方共同确认后支付。

18.3.3 工程竣工结算依据应包括下列内容：

    1 合同文件；

    2 竣工图和工程变更文件；

    3 有关技术资料和材料代用核准资料；

    4 工程计价文件和工程量清单；

    5 双方确认的有关签证和工程索赔资料。

18.3.4 工程移交应按照规定办理相应的手续，并保持相应的记录。

18.4 竣工决算

18.4.1 发包人应依据规定编制并实施工程竣工决算。

18.4.2 编制工程竣工决算应遵循下列程序：

    1 收集、整理有关工程竣工决算依据；

    2 清理账务、债务，结算物资；

    3 填写工程竣工决算报表；

    4 编写工程竣工决算说明书；

    5 按规定送审。

18.4.3 工程竣工决算依据应包括下列内容：

1　项目可行性研究报告和有关文件；

2　项目总概算书和单项工程综合概算书；

3　项目设计文件；

4　设计交底和图纸会审资料；

5　合同文件；

6　工程竣工结算书；

7　设计变更文件及经济签证；

8　设备、材料调价文件及记录；

9　工程竣工档案资料；

10　相关项目资料、财务结算及批复文件。

18.4.4　工程竣工决算书应包括下列内容：

1　工程竣工财务决算说明书；

2　工程竣工财务决算报表；

3　工程造价分析表。

18.5　保修期管理

18.5.1　承包人应制定工程保修期管理制度。

18.5.2　发包人与承包人应签订工程保修期保修合同，确定质量保修范围、期限、责任与费用的计算方法。

18.5.3　承包人在工程保修期内应承担质量保修责任，回收质量保修资金，实施相关服务工作。

18.5.4　承包人应根据保修合同文件、保修责任期、质量要求、回访安排和有关规定编制保修工作计划，保修工作计划应包括下列内容：

1　主管保修的部门；

2　执行保修工作的责任者；

3　保修与回访时间；

4　保修工作内容。

18.6　项目管理总结

18.6.1　在项目管理收尾阶段，项目管理机构应进行项目管理总结，编写项目管理总结报告，纳入项目管理档案。

18.6.2　项目管理总结依据宜包括下列内容：

1　项目可行性研究报告；

2　项目管理策划；

3　项目管理目标；

4　项目合同文件；

5　项目管理规划；

6　项目设计文件；

7　项目合同收尾资料；

8　项目工程收尾资料；

9　项目的有关管理标准。

18.6.3　项目管理总结报告应包括下列内容：

1　项目可行性研究报告的执行总结；

2　项目管理策划总结；

3　项目合同管理总结；

4　项目管理规划总结；

5　项目设计管理总结；

6　项目施工管理总结；

7　项目管理目标执行情况；

8　项目管理经验与教训；

9　项目管理绩效与创新评价。

18.6.4　项目管理总结完成后，组织应进行下列工作：

1　在适当的范围内发布项目总结报告；

2　兑现在项目管理目标责任书中对项目管理机构的承诺；

3　根据岗位责任制和部门责任制对职能部门进行奖罚。

19　管理绩效评价

19.1　一般规定

19.1.1　组织应制定和实施项目管理绩效评价制度，规定相关职责和工作程序，吸收项目相关方的合理评价意见。

19.1.2　项目管理绩效评价可在项目管理相关过程或项目完成后实施，评价过程应公开、公平、公正，评价结果应符合规定要求。

19.1.3　项目管理绩效评价应采用适合工程项目特点的评价方法，过程评价与结果评价相配套，定性评价与定量评价相结合。

19.1.4　项目管理绩效评价结果应与工程项目管理目标责任书相关内容进行对照，根据目标实现情况予以验证。

19.1.5　项目管理绩效评价结果应作为持续改进的依据。

19.1.6　组织可开展项目管理成熟度评价。

19.2　管理绩效评价过程

19.2.1　项目管理绩效评价应包括下列过程：

1　成立绩效评价机构；

2　确定绩效评价专家；

3　制定绩效评价标准；

4　形成绩效评价结果。

19.2.2　项目管理绩效评价专家应具备相关资格和水平，具有项目管理的实践经验和能力，保持相对独立性。

19.2.3　项目管理绩效评价标准应由项目管理绩效评价机构负责确定，评价标准应符合项目管理规律、实践经验和发展趋势。

19.2.4　项目管理绩效评价机构应按项目管理绩效评价内容要求，依据评价标准，采用资料评价、成果发布、现场验证方法进行项目管理绩效评价。

19.2.5　组织应采用透明公开的评价结果排序方法，以评价专家形成的评价结果为基础，确定不同等级的项目管理绩效评价结果。

19.2.6　项目管理绩效评价机构应在规定时间内完成项目管理绩效评价，保证项目管理绩效评价结果符合客观公正、科学合理、公开透明的要求。

19.3　管理绩效评价范围、内容和指标

19.3.1　项目管理绩效评价应包括下列范围：

1　项目实施的基本情况；

2　项目管理分析与策划；

3　项目管理方法与创新；

4　项目管理效果验证。

19.3.2　项目管理绩效评价应包括下列内容：

1　项目管理特点；

2　项目管理理念、模式；

3　主要管理对策、调整和改进；

4　合同履行与相关方满意度；

5　项目管理过程检查、考核、评价；

6　项目管理实施成果。

19.3.3　项目管理绩效评价应具有下列指标：

1　项目质量、安全、环保、工期、成本目标完成情况；

2　供方（供应商、分包商）管理的有效程度；

3　合同履约率、相关方满意度；

4　风险预防和持续改进能力；

5　项目综合效益。

19.3.4　项目管理绩效评价指标应层次明确，表述准确，计算合理，体现项目管理绩效的内在特征。

19.3.5　项目管理绩效评价范围、内容和指标的确定与调整应简单易行、便于评价、与时俱进、创新改进，并经过授权人批准。

19.4　管理绩效评价方法

19.4.1　项目管理绩效评价机构应在评价前，根据评价需求确定评价方法。

19.4.2　项目管理绩效评价机构宜以百分制形式对项目管理绩效进行打分，在合理确定各项评价指标权重的基础上，汇总得出项目管理绩效综合评分。

19.4.3　组织应根据项目管理绩效评价需求规定适宜的评价结论等级，以百分制形式进行项目管理绩效评价的结论，宜分为优秀、良好、合格、不合格四个等级。

19.4.4　不同等级的项目管理绩效评价结果应分别与相关改进措施的制定相结合，管理绩效评价与项目改进提升同步，确保项目管理绩效的持续改进。

19.4.5　项目管理绩效评价完成后，组织应总结评价经验，评估评价过程的改进需求，采取相应措施提升项目管理绩效评价水平。

本规范用词说明

1　为便于在执行本规范条文时区别对待，对要求严格程度不同的用词说明如下：

1）表示很严格，非这样做不可的：

正面词采用"必须"，反面词采用"严禁"；

2）表示严格，在正常情况下均应这样做的：

正面词采用"应"，反面词采用"不应"或"不

得"；

3）表示允许稍有选择，在条件许可时首先这样做的：

正面词采用"宜"，反面词采用"不宜"；

4）表示有选择，在一定条件下可以这样做的，采用"可"。

2　条文中指明应按其他有关标准执行的写法为："应符合……的规定"或"应按……执行"。

建设工程项目管理规范
（GB/T 50326—2017）
条文说明

编 制 说 明

《建设工程项目管理规范》GB/T 50326—2017，经住房和城乡建设部于2017年5月4日以第1536号公告批准、发布。

本规范是在《建设工程项目管理规范》GB/T 50326—2006的基础上修订而成。上一版的主编单位是中国建筑业协会工程项目管理专业委员会，参编单位是泛华建设集团、北京市建委、天津市建委、清华大学、天津大学、中国人民大学、同济大学、东南大学、北京交通大学、北京建筑工程学院、山东科技大学、哈尔滨工业大学、中国建筑科学研究院、北京城建设计研究总院、中国铁道工程建设协会、中国建筑工程总公司、天津建工集团公司、北京建工集团公司、中铁十六局集团有限公司、四川华西集团有限公司、中国化学工程总公司、中国五环化学工程公司、北京震环房地产开发有限公司等。原主要起草人员：张青林、吴涛、丛培经、贾宏俊、成虎、朱嬿、张守健、林知炎、马小良、劳纪钢、童福文、王新杰、皮承杰、叶浩文、吴之昕、李君、杨天举、杨生荣、华文全、赵丽、张婀娜、王瑞芝、杨春宁、陈立军、敖军、罗大林、王铭三、孙佐平、李启明、陆惠民、黄如福、金铁英、黄健鹰、初明祥、李万江、隋伟旭等。

本规范修订过程中，编制组进行了我国建设工程项目管理现状的调查研究，总结了我国工程建设项目管理领域内实施《建设工程项目管理规范》GB/T 50326—2006的经验，同时参考了国际标准《项目管理指南》ISO 21500：2012，通过抽样问卷调查测试结果表明，工程建设从业人员对修订后的《建设工程项目管理规范》具有较高的认同度。

为便于广大施工、监理、设计、科研、学校等单位有关人员在使用本规范时能够正确理解和执行条文规定，《建设工程项目管理规范》编制组按章、节、条顺序编制了本规范的条文说明，对条文规定的目的、依据以及在执行中需注意的有关事项进行了说明。但是，本条文说明不具备与规范正文同等的法律

效力，仅供使用者作为理解和把握规范规定的参考。

1　总则

1.0.1　在我国工程建设项目管理实践的基础上，本规范借鉴和吸收了国际上较为成熟和普遍接受的项目管理理论和惯例，使得整个内容既适应国内工程建设的国际化需求，也适应我国企业进行国际建设工程项目管理的需求。

本规范是建立项目管理组织，明确组织各层次和人员的职责与工作关系，考核和评价项目管理成果的基本依据。

建设工程项目管理需坚持以人为本，以提高工程质量、保障安全生产为基点，全面落实项目管理责任制，推进绿色建造与环境保护，促进科技进步与管理创新，实现建设工程项目的最佳效益。

1.0.2　建设工程有关各方组织包括建设单位、勘察单位、设计单位、监理单位、施工单位等。

2　术语

2.0.3　对于拥有一个以上单位的组织，可以把一个单位视为一个组织。组织可包括一个单位的总部职能部门、二级机构、项目管理机构等不同层次和不同部门。

工程建设组织包括建设单位、勘察单位、设计单位、施工单位、监理单位等。

2.0.4　项目管理机构也可以是组织实施项目管理的相关部门，如建设单位的基建办公室等。

2.0.8　项目相关方包括项目直接相关方（建设单位、勘察、设计、施工、监理和项目使用者等）和间接相关方（政府、媒体、社会公众等）。

2.0.11　项目管理责任制是建设工程项目的重要管理制度，其构成需包括项目管理机构在企业中的管理定位，项目负责人（项目经理）需具备的条件，项目管理机构的管理运作机制，项目负责人（项目经理）的责任、权限和利益及项目管理目标责任书的内容构成等内容。企业需在有关项目管理制度中对以上内容予以明确。

2.0.12　项目管理目标责任书一般指企业管理层与项目管理机构所签订的文件。但是其他组织也可采用项目管理目标责任书的方式对现场管理组织进行任务的分配、目标的确定和项目完成后的考核。对具体项目而言，其项目管理目标责任书是根据企业的项目管理制度、工程合同及项目管理目标要求制定的。由项目承包人法定代表人与其任命的项目负责人（项目经理）签署，并作为项目完成后考核评价及奖罚的依据。

2.0.27　项目风险管理包括把正面事件的影响概率扩展到最大，把负面事件的影响概率减少到最小。

3　基本规定

3.1　一般规定

3.1.1　组织在确定项目管理目标时，一要考虑自身的项目管理能力；二要根据相关方（如发包方）约定；三要根据项目目标之间的内在联系，并且进行有机的内容集成和利益平衡。

3.1.2　动态管理原理（PDCA：策划、实施、检查、处置）是管理活动的一般规律，项目管理应用 PDCA 动态原理是保证项目管理规范实施的基本途径。

3.2　项目范围管理

3.2.1　项目范围管理的基本任务是项目结构分析，包括：项目分解，工作单元定义，工作界面分析。项目分解的结果是工作分解结构（简称 WBS），它是项目管理的重要工具。分解的终端应是工作单元。

其中工作单元通常包括工作范围、质量要求、费用预算、时间安排、资源要求和组织职责等。工作界面是指工作单元之间的结合部，或叫接口部位，工作单元之间存在着相互作用、相互联系、相互影响的复杂关系。

3.3　项目管理流程

3.3.1　项目管理流程是动态管理原理在项目管理的具体应用。

3.3.2　内外部相关方是指建设、勘察、设计、施工、监理、供应单位及政府、媒体、协会、相关社区居民等。

3.4　项目管理制度

3.4.1　项目管理制度是项目管理的基本保证，由组织机构、职责、资源、过程和方法的规定要求集成。项目管理制度还要切实保障员工的合法利益。

项目管理制度内容：

1　规章制度，包括工作内容、范围和工作程序、方式，如管理细则、行政管理制度、生产经营管理制度等；

2　责任制度，包括工作职责、职权和利益的界限及其关系，如组织机构与管理职责制度、人力资源与劳务管理制度、劳动工资与劳动待遇管理制度等。

科学、有效的项目管理制度可以保证项目的正常运转和职工的合法利益不受侵害。

3.4.2　项目管理制度策划过程的实施程序是：

1　识别并确定项目管理过程；

2　确定组织项目管理目标；

3　建立健全项目管理机构；

4　明确项目管理责任与权限；

5　规定所需要的项目管理资源；

6　监控、考核、评价项目管理绩效；

7　确定并持续改进规章制度和责任制度。

3.4.3　项目管理制度的文件需包括下列内容：

1　项目管理责任制度；

2 项目管理策划；

3 采购与投标管理；

4 合同管理；

5 设计与技术管理；

6 进度管理；

7 质量管理；

8 成本管理；

9 安全生产管理；

10 绿色建造与环境管理；

11 信息管理与知识管理；

12 沟通管理；

13 风险管理；

14 资源管理；

15 收尾管理；

16 管理绩效评价。

3.5　项目系统管理

3.5.1 项目系统管理是围绕项目整体目标而实施管理措施的集成，包括：质量、进度、成本、安全、环境等管理相互兼容、相互支持的动态过程。系统管理不仅要满足每个目标的实施需求，而且需确保整个系统整体目标的有效实现。

3.5.2 项目系统管理方法的主要特点是：根据总体协调的需要，把自然科学和社会科学（包括经济学）中的基础思想、理论、策略、方法等从横的方面联系起来，应用现代数学和信息技术等工具，对项目的构成要素、组织结构、信息交换等功能进行分析研究，借以达到最优化设计、最优控制和最优管理的目标。项目系统管理需与项目全寿命期的质量、成本、进度、安全和环境等的综合评价结合实施。

3.7　项目管理持续改进

3.7.2 不合格包括：不合格产品和不合格过程。

3.7.3 在实施前评审各项改进措施的风险，是为了避免或减少因改进而出现新的更大问题，保证改进措施的有效性。

4　项目管理责任制度

4.1　一般规定

4.1.2 项目管理机构的定义见本规范术语部分。项目管理机构的定位：是建设工程项目各实施主体和参与方针对工程项目建设所成立的专门性管理机构，负责各单位职责范围内的项目管理工作。如施工企业的项目经理部，其负责人即为项目经理。

4.1.4 建设工程项目管理机构负责人需承担各自职责范围内的全面职责。

4.1.7 项目管理机构负责人在工程项目建设进入收尾阶段时，经建设方准许，可以监管另一项目的管理工作，但不得影响项目的正常运行。施工单位项目经理不得同时在两个及两个以上工程项目担任项目负责人。

4.2　项目建设相关责任方管理

4.2.1 项目建设相关责任方应包括建设单位、勘察单位、设计单位、施工单位供应单位、监理单位、咨询单位和代理单位等。

4.2.2 项目管理机构负责人需按国家相关法规要求对工程质量承担其应当承担的责任。

4.2.4 各相关责任方需从项目建设大局出发，围绕共同目标协同工作，相互之间及时发现问题、弥补不足，避免冲突和脱节。

4.3　项目管理机构

4.3.4 项目管理机构的建立除满足组织自身管理需求外，还需满足工程项目自身的特点和项目管理工作规律的要求。

4.3.5 项目管理机构的建立需满足项目管理规划大纲、项目管理目标责任书以及合同规定的所有项目管理工作的需求。

4.4　项目团队建设

4.4.1 项目团队建设需注重成员的满足感、归属感和自豪感的培育，树立合作意识，敢于面对困难，能够抵御挫折和化解危机。

4.4.3 项目团队应确保信息准确、及时和有效地传递。

4.4.5 团队建设可以通过表彰、奖励、典型塑造、学习交流、文体活动等方式进行推进。

4.5　项目管理目标责任书

4.5.1 项目管理目标责任书需根据组织的管理需要和工程项目建设特点，细化管理工作目标和具体要求，以便更好地实施。

4.6　项目管理机构负责人职责、权限和管理

4.6.1 项目管理机构负责人需全面履行工程项目管理职责。

以施工单位项目经理为例，其项目管理职责包括：

项目经理需按照经审查合格的施工设计文件和施工技术标准进行工程项目施工，应对因施工导致的工程施工质量、安全事故或问题承担全面责任。

项目经理需负责建立质量安全管理体系，配备专职质量、安全等施工现场管理人员，落实质量安全责任制、质量安全管理规章制度和操作规程。

项目经理需负责施工组织设计、质量安全技术措施、专项施工方案的编制工作，认真组织质量、安全技术交底。

项目经理需加强进入现场的建筑材料、构配件、设备、预拌混凝土等的检验、检测和验证工作，严格执行技术标准规范要求。

项目经理需对进入现场的超重机械、模板、支架等的安装、拆卸及运行使用全过程监督，发现问题，及时整改。

项目经理需加强安全文明施工费用的使用和管

理，严格按规定配备安全防护和职业健康用具，按规定组织相关人员的岗位教育，严格特种工作人员岗位管理工作。

4.6.3 组织需加强对项目管理机构负责人管理行为的监督，在项目正常运行的情况下，不应随意撤换项目管理机构负责人。特殊原因需要撤换，需按相关规定报请相关方同意和认可，并履行工程质量监督备案手续。

项目管理机构负责人需定期或不定期参加建设主管部门和行业协会组织的教育培训活动，及时掌握行业动态，提升自身素质和管理水平。

项目管理机构负责人进行项目管理工作时，需按相关规定签署工程质量终身责任承诺书，对工程建设中应履行的职责、承担的责任做出承诺，并报相关管理机构备案。

项目管理机构负责人需接受相关部门对其履职情况进行的动态监管，如有违规行为，将依照行政处罚规定予以处罚，并记录诚信信息。

5　项目管理策划

5.1　一般规定

5.1.1 项目管理策划的成果包括：项目管理规划（含项目管理规划大纲与项目管理实施规划）和项目管理配套策划结果。同时，项目管理规划相关内容也可采用各种项目管理计划（如：项目质量计划、进度计划、成本计划、安全生产管理计划、沟通管理计划、风险管理计划和工程总承包项目管理计划等）的方式体现（见规范正文 5.3.4 条）；项目管理计划一般围绕专项管理（质量、进度、成本、安全、沟通、风险等管理）进行策划，是项目管理实施规划的重要组成部分。

工程项目管理规划的范围和编制主体见表 1；项目管理配套策划范围和内容的确定由组织规定的授权人负责实施，具体见本规范第 5.4 节。

表 1　工程项目管理规划的范围和编制主体

项目定义	项目范围与特征	项目管理规划名称	编制主体
建设项目	在一个总体规划范围内、统一立项审批、单一或多元投资、经济独立核算的建设工程	《建设项目管理规划》	建设单位
工程项目	建设项目内的单位、单项工程或独立使用功能的交工系统（一般含多个）	《工程项目管理规划》《规划大纲》和《实施规划》，如：日常的施工组织设计、项目管理计划等	承包单位
专业工程项目	上下水、强弱电、风暖气、桩基础、内外装等	《工程项目管理实施规划》（规划大纲可略）	专业分包单位

5.1.2 项目管理策划需参照本规范管理要求构建基本框架，并结合项目范围、特点和实际管理需要，经过逐步梳理、调整和完善。工程总承包及代建制模式的《项目管理规划》需包含项目投融资、勘察设计管理、招标采购、项目过程控制及动用准备等相关的管理规划内容。

5.2　项目管理规划大纲

5.2.1 项目管理规划大纲是指导项目管理的纲领性文件。制定前，组织可进行大纲框架结构策划和内容要点策划。

1 大纲框架结构策划需依据本规范目录体系，并结合工程项目特点和管理需要，经策划人员共同选择、分析、调整、补充和完善，形成工程项目管理规划大纲框架。

2 大纲内容要点策划需集成项目管理团队的共同智慧，对项目管理重要事项提出方向性、策略性的工作思路和办法，以形成项目管理规划大纲编制要点。

其中，大纲框架策划的要求：一是参照本规范管理要求，二是结合工程特点和管理任务目标。大纲内容策划需着重强调工作思路，并且要点要明确，此时不可能也没必要很具体很详细。

5.2.3 针对工程总承包及代建制模式项目管理规划的编制，需坚持工程全寿命项目管理理念，增加相关的策划内容。这是因为该类项目管理带有诸多建设单位的管理职能，尤其是工程设计管理和招标采购管理，直接受投资规划与决策理念的影响，需统筹进行策划。

工程总承包及代建制模式的项目管理规划大纲制定，除参照本规范管理要求外，还需将项目投融资、项目结构分解与范围管理、勘察设计管理、工程招投标管理及项目试运行管理等内容纳入规划大纲。

5.2.4 以下情形可省略项目管理规划大纲的编制，直接编制项目管理实施规划。

1 规模小、技术简单的一般工业与民用建筑工程项目；

2 可接受项目管理实施规划投标的工程项目；

3 分部分项工程或专业分包工程项目。

5.3　项目管理实施规划

5.3.1 实施规划是规划大纲的进一步深化与细化，因此需依据项目管理规划大纲来编制实施规划，而且需把规划大纲策划过程的决策意图体现在实施规划中。一般情况下，施工单位的项目施工组织设计等同于项目管理实施规划。

项目管理实施规划的制定需结合任务目标分解和项目管理机构职能分工，分别组织专业管理、子项管理以及协同管理机制与措施的策划，为落实项目任务目标、处理交叉衔接关系和实现项目目标提供依据和指导。

5.3.2 项目管理实施规划的制定、策划活动的开展方式需结合项目管理任务目标分解和项目管理机构的职能分工，分别实施专业化管理策划、子项目管理策划以及交叉与协同管理策划。

5.3.5 项目管理实施规划的文件内容需达到的三方面要求，这些要求需成为评价《项目管理实施规划》编制质量的基本定性指标。

5.4 项目管理配套策划

5.4.1 项目管理配套策划是除了项目管理规划文件内容以外的所有项目管理策划要求（具体见本规范正文 5.4.3 的 3 项策划内容）。项目管理配套策划结果不一定形成文件，具体需依据国家、行业、地方法律法规要求和组织的有关规定执行。

5.4.2 1 项目管理制度是指组织关于项目管理配套策划的授权规定（如岗位责任制中的相关授权）。

4 相关风险程度是指在风险程度可以接受的情况下项目管理的配套策划，如果策划风险超过了预期的程度，则需把该事项及时纳入项目管理规划的补充或修订范围。

5.4.3 项目管理配套策划的 3 项内容，体现了项目管理规划以外的项目管理策划内容范围，是项目管理规划的两头延伸，覆盖所有相关的项目管理过程。

1 确定项目管理规划的编制人员、方法选择、时间安排是项目管理规划编制前的策划内容，不在项目管理规划范围内，其结果不一定形成文件。

2 安排项目管理规划各项规定的具体落实途径是项目管理规划编制或修改完成后实施落实的策划，内容可能在项目管理规划范围内，也可能在项目管理规划范围之外，其结果不一定形成文件。这里既包括落实项目管理规划文件需要的应形成书面文件的技术交底、专项措施等，也包括不需要形成文件的口头培训、沟通交流、施工现场焊接工人的操作动作策划等。

3 明确可能影响项目管理实施绩效的风险应对措施是指不属于上述（本规范 5.4.3 条）1，2 项并且不涉及项目管理规划（或相关内容没有在项目管理规划中作出规定，或是相关深度不到位）的其他项目管理策划结果。如：可能需要的项目全过程的总结、评价计划，项目后勤人员的临时性安排、现场突发事件的临时性应急措施，针对作业人员临时需要的现场调整，与项目相关方（如社区居民）的临时沟通与纠纷处理等，这些往往是可能影响项目管理实施绩效的风险情况，需要有关责任人员进行风险应对措施的策划，其策划结果不需要形成书面文件或者无法在实施前形成文件，但是其策划缺陷必须通过项目管理策划的有效控制予以风险预防。这种现象和管理需求在工程项目现场普遍存在。制度建设是解决此类问题的基础，需要时，组织可依据自己的惯例和文化，通过团队建设进行管理。

本条款的 3 项策划可能涉及以下内容：

1 分解项目管理专业深度要求。

2 补充项目实施的保证性措施。

3 规定应对临时性、突发性情况的措施。

5.4.4 本条规定了 4 个方面项目管理配套策划的控制要求，重点是关注项目管理规划以外的相关策划及现场各类管理人员的"口头策划"（不需要书面文件和记录的策划）的控制要求，通过 4 项管理要求保证有关人员的策划缺陷可控，确保项目管理配套策划风险控制措施的有效性。其中项目管理策划的授权范围是十分重要的管理环节。

5.4.5 本条规定的 8 项内容是组织使项目管理配套策划满足项目管理策划需求的基础条件，并成为项目管理制度的一部分。只有建立和保持这些基础工作，才能形成能够有效确保策划正确的文化氛围和管理惯例，从而保证项目管理配套策划的有效性。

6 采购与投标管理

6.1 一般规定

6.1.1 采购管理制度需要包括：项目资源采购活动的基本管理目标、工作内容，采购过程控制措施，内部监督程序及其管理要求。

采购可通过招标方式实现目标。招标采购应符合国家相关招标采购法规的要求。采购与投标活动是两个不同范畴的工作内容。

6.1.3 组织的投标管理制度需要包括：投标活动的基本管理目标、工作内容，投标过程控制措施，内部监督程序及其管理要求。

6.2 采购管理

6.2.1 工程合同是指投标企业与发包方依法签订的工程承包文件，包括工程总承包合同、施工总承包合同、专业施工承包合同等。

在编制采购计划前，组织需得到采购需求计划，根据需求经过对资源库存和调剂情况分析后确定采购计划。

采购计划的内容还可以包括特殊的采购要求，包括人员文化背景、工作年限、培训要求等。

供方是指为组织提供货物产品、工程承包、项目服务的供应方、承包方、分包方等。不同的组织（如建设、勘察、设计、施工、监理等单位）可拥有不同的供方（承包方、供应方、分包方等）。

6.2.6 特殊产品供方（如供应商和分包方）的考察中的"相关风险评估"可包括：人员、资质、财务、质量、成本等方面变化情况的评价。其中特殊产品包括：特种设备、材料、制造周期长的大型设备、有毒有害产品等。

6.2.7 承压产品、有毒有害产品、重要设备特殊产品包括：预制构件、钢结构、梁板、危险化学品、起重机、盾构机等。

6.2.8 采购合同或相关要求需要考虑项目实施阶段的具体需求，具有前瞻性和应对性。

6.2.9 确认是针对特定要求实施认可的过程，一般宜在项目实施前或过程中进行。

6.2.10 需根据项目管理需求实施供方的供应、承包或服务方案的内容审批。

6.2.11 需针对进口产品的质量标准及服务要求进行验收，不合格的应及时实施处置。

6.3 投标管理

6.3.1 说明：本节的"组织"是指以承包方（勘察、设计、施工等单位）为主的投标主体。

组织需在招标信息收集、分析过程中，围绕工程项目风险，确认自身是否有能力满足这些要求，否则应该放弃投标。

其中，项目风险包括任何与投标目标不一致的要求是否已经得到解决，各项项目要求是否已经清楚明确，相关不确定性是否可以接受等。

6.3.3 发包方的要求包括招标文件及合同在内的各种形式的要求。

发包方明示的要求是指发包方在招标文件及工程合同等书面文件中明确提出的要求。

发包方未明示但应满足的要求是指必须满足行业的技术或管理要求，与施工相关的法律、法规和标准规范要求及投标企业自身设计、施工能力必须满足的要求。

组织的相关要求包括投标企业附加的要求；即投标企业对项目管理机构的要求；投标企业为使发包方满足而对其作出的特殊承诺等。

组织需通过对投标项目需求的识别、评价活动的管理，确保充分了解顾客及有关各方对工程项目设计、施工和服务的要求，为编制项目投标计划提供依据。

6.3.4 投标准备工作包括：团队组建、信息收集、目标分析、计划编制、沟通交流、风险评估等。

6.3.8 投标的有关记录需能为证实项目投标过程符合要求提供必要的追溯和依据。需保存的记录一般有：对招标文件和工程合同条款的分析记录、沟通记录、投标文件及其审核批准记录、投标过程中的各类有关会议纪要、函件等。

6.3.10 项目中标以发包方发出中标通知书为标志。

7 合同管理

7.1 一般规定

7.1.1 建设工程项目实施过程中涉及的合同种类很多，包括建设工程合同、买卖合同、租赁合同、承揽合同、运输合同、借款合同、技术合同等。因此，项目合同管理应当包括对前述相关合同的管理。

其中，建设工程合同管理应包括对依法签订的勘察、设计、施工、监理等承包合同及分包合同的管理。

7.1.2 合同策划与编制通常由组织授权，项目管理机构负责具体实施。合同策划与编制一般同步进行。

合同策划需考虑的主要问题有：项目需分解成几个独立合同及每个合同的工程范围；采用何种委托和承包方式；合同的种类、形式和条件；合同重要条款的确定；各个合同的内容、组织、技术、时间上的协调。

7.1.3 合同管理应是全过程管理，包括合同订立、履行、变更、索赔、终止、争议解决以及控制和综合评价等内容，还应包括有关合同知识产权的合法使用。合同管理需遵守《中华人民共和国合同法》《中华人民共和国建筑法》及其相关的国务院行政法规、部门规章、行业规范等的强制性规定，维护建筑市场秩序和合同当事人的合法权益，保证合同履行。

7.1.4 住房和城乡建设部制定的《建设工程施工转包违法分包等违法行为认定查处管理办法（试行）》对违法发包、转包、违法分包、挂靠等违法行为的定义、认定情形及其行政处罚和行政惯例措施都作了详细规定。

7.2 合同评审

7.2.1 合同订立有招标发包和直接发包两种方式，其需要评审的合同文件有所不同。需要评审的合同文件一般包括：招标文件及工程量清单、招标答疑、投标文件及组价依据、拟定合同主要条款、谈判纪要、工程项目立项审批文件等。

7.2.2 合同评审需实现以下目的：

1 保证合同条款不违反法律、行政法规、地方性法规的强制性规定，不违反国家标准、行业标准、地方标准的强制性条文。

2 保证合同权利和义务公平合理，不存在对合同条款的重大误解，不存在合同履行障碍。

3 保证与合同履行紧密关联的合同条件、技术标准、施工图纸、材料设备、施工工艺、外部环境条件、自身履约能力等条件满足合同履行要求。

4 保证合同内容没有缺项漏项，合同条款没有文字歧义、数据不全、条款冲突等情形，合同组成文件之间没有矛盾。通过招标投标方式订立合同的，合同内容还应当符合招标文件和中标人的投标文件的实质性要求和条件。

5 保证合同履行过程中可能出现的经营风险、法律风险处于可以接受的水平。

7.2.4 对合同文件及合同条件有异议时，需以书面形式提出。对于双方不能协商达成一致的合同条款，可提请行业主管部门协调或者合同约定的争议解决机构处理。

7.3 合同订立

7.3.1 不得采取口头形式订立建设工程合同。

7.3.2 不得采取欺诈、胁迫的手段或者乘人之危，

使对方在违背真实意思情况下订立合同；审慎出具加盖单位公章的空白合同文件；不履行未生效、未依法备案的合同。

7.4 合同实施计划

7.4.1 合同实施计划是保证合同履行的重要手段。合同实施计划需由组织的有关部门和专业人员编制，并经管理层批准。实施计划应包括对分包合同的管理。

7.4.2 合同实施保证体系是全部管理体系的一部分，是为了实现合同目标而需要的组织结构、职责、程序和资源等组成的有机整体。合同实施保证体系与其他管理体系存在密切联系，协调合同管理体系与其他体系的关系是一个重要问题。

7.5 合同实施控制

7.5.1 全面履行合同的关键是承担建设工程项目建设的建设单位项目负责人、勘察单位项目负责人、设计单位项目负责人、施工单位项目经理、监理单位总监理工程师等建设工程五方责任主体项目负责人。这些人员需按照合同赋予的责任，认真落实合同的各项要求。

7.5.2 合同实施控制包括自合同签订起至合同终止的全部合同管理内容。合同实施控制的日常工作，是指日常性的、项目管理机构能够自主完成的合同管理工作。对于合同变更及合同索赔等工作，往往不是项目管理机构自己单方面能够完成的，需要组织通过协商、调解、诉讼或仲裁等方式来实现。

7.5.3 合同交底需由组织的相关部门及合同谈判人员负责进行。相关部门及合同谈判人员进行合同交底，既是向项目管理机构作合同文件解析，也是合同管理职责移交的一个重要环节。合同交底可以书面、电子数据、视听资料和口头形式实施，书面交底的应签署确认书。

7.5.4 合同实施控制特别强调管理层和有关部门的作用，管理层和有关部门需在合同跟踪和诊断方面对项目管理机构进行监督、指导和协调，协助项目管理机构做好合同实施工作。合同跟踪和诊断需要注意以下问题：

1 将合同实施情况与合同实施计划进行对比分析，找出其中的偏差。

2 对合同实施中的偏差分析，应当包括原因分析、责任分析以及实施趋势预测。

7.5.5 重大的纠偏措施或方案，应按照本规范 7.2 节项目合同评审程序进行评审。纠偏措施或方案可以分为：

1 组织措施，包括调整和增加人力投入、调整工作流程和工作计划。

2 技术措施，包括变更技术方案、采用高效的施工方案和施工机具。

3 经济措施，包括增加资金投入、采取经济激励措施。

4 合同措施，包括变更合同内容、签订补充协议、采取索赔手段。

7.5.6 合同变更管理包括变更依据、变更范围、变更程序、变更措施的制定和实施，以及对变更的检查和信息反馈工作。

7.5.7 合同中止应根据合同约定或者法律规定实施。因对方违约导致合同中止的，应追究其违约方责任；因不可抗力导致合同中止的，需按照合同约定或者法律规定签订部分或者全部免除责任协议，涉及合同内容变更的，应订立补充合同。

7.5.8 索赔依据、索赔证据、索赔程序之间具有内在的关联性，是合同索赔成立不可或缺的三个重要条件。其中：

1 索赔证据包括当事人陈述、书证、物证、视听资料、电子数据、证人证言、鉴定意见、勘验笔录等证据形式。经查证属实的证据才能作为认定事实的依据。

2 在合同约定或者法律规定的期限内提出索赔文件、完成审查或者签认索赔文件，是索赔得以确认的重要保证。

7.5.9 解决合同争议应注意以下合同约定的情形：

1 合同当事人不能协商达成一致，但合同约定由总监理工程师依据职权作出确定时，由总监理工程师按照合同约定审慎做出公正的确定。合同当事人对总监理工程师的确定没有异议的，按照总监理工程师的确定执行。

2 任何一方当事人对总监理工程师的确定有异议时，需要在约定的期限内提出，并按照合同约定的争议解决机制处理。

3 当事人在合同中约定采取争议评审方式解决争议时，需先行启动争议评审程序解决争议；任何一方当事人不接受争议评审小组决定或不履行争议评审小组决定时，才可以选择采用其他争议解决方式。

7.6 合同管理总结

7.6.1 合同终止，既有合同履行完毕的正常终止情形，也有合同解除等非正常终止情形。因此合同总结报告编写的侧重点应有所不同。

7.6.2 项目合同总结报告的重点内容是相关的经验教训。由于合同的重要性和复杂性，对于合同履行过程中的经验教训的总结就更为重要，组织管理层需抓好合同的综合评价工作，将项目个体的经验教训变成组织的财富。

8 设计与技术管理

8.1 一般规定

8.1.1 项目设计与技术管理由组织在其相应管理制度中详细规定。

1 项目设计及技术管理是在遵守国家相关法规

的基础上，项目管理机构对项目全过程或部分过程实施的设计及技术工作进行控制，为项目的设计过程、施工组织、后期运营进行系统筹划和保障的行为。

2　项目设计与技术管理需自项目立项开始至项目运营阶段止，贯穿项目实施全过程。项目设计与技术管理应贯彻执行国家法律法规和标准规范。

3　项目设计及技术管理需根据项目目标管理原则，综合考虑投资、质量、进度、安全等指标而制定。

8.1.2　组织确定的设计与技术管理计划应包括：为了实现设计与技术目标而规定的组织结构、职责、程序、方法和资源等的具体安排。

设计与技术管理计划需采用现代化的设计与管理技术提高设计质量，重视低碳、环保、可再生等绿色建筑技术在项目设计中的应用，注重新技术、新材料、新工艺、新产品的应用与推广。

组织需进行技术管理策划，制定技术管理目标，建立项目技术管理程序，明确技术管理方法。

8.1.3　各层次、类别的评价标准：

1　需贯彻国家和有关行业部门的相关规定或要求，或国内外同类服务达到的工作水平。标准要明确具体，尽可能提出定量标准，不能定量的要有明确的定性的要求。

2　相关评价结果（含各层次的评定结果和最终的评定总结果）可通过加权评分评定法产生。

3　相关评价结果可作为项目管理机构业绩评定的依据，也可作为其向建设单位申请管理报酬尾款的依据。

8.1.4　勘察与设计工作关系密切，勘察成果是保证设计水平的重要条件。一般情况下，勘察可与设计工作集成实施。

8.2　设计管理

8.2.1　项目设计阶段划分是依据建设行业的基本规律确定的。其中项目方案设计阶段也称为设计准备（项目可行性研究）阶段，初步设计与施工图设计可称为工程设计与计划阶段。

8.2.3　项目方案设计阶段，项目管理机构需具体进行以下工作：

1　根据建设单位确定的项目定位、投资规模等，组织进行项目概念设计方案比选或招标，并组织对概念设计方案进行优化。

2　组织设计单位完成项目设计范围、主要设计参数及指标、使用功能的方案设计，并组织设计方案审查和报批。

3　根据建设单位需求，组织编制详细的设计任务书，明确涉及范围、设计标准与功能等要求。根据设计任务书内容，协助建设单位进行设计招标工作，完成项目设计方案的比选，确定设计承包人，起草设计合同，组织合同谈判直至合同签订。

4　按照确定的设计方案，针对项目设计内容和参数，编制整体项目设计管理规划，初步划分各设计承包人或部门（包括专业设计方）工作界面和分类，制定相应管理工作制度。

5　与设计单位或部门建立有效的沟通渠道，保证设计相关信息及时、准确地确认和传递。

8.2.4　项目初步设计阶段，项目管理机构需进行以下工作：

1　根据立项批复文件及项目建设规划条件，组织落实项目主要设计参数与项目使用功能的实现，达到相应设计深度，确保项目设计符合规划要求，并根据建设单位需求组织对项目初步设计进行优化；

2　实施或协助建设单位完成勘察单位的招标工作，根据初步设计内容与规范要求，监督指导勘察单位或部门完成项目的初勘与详勘工作，审查勘察单位或部门提交的地勘报告，并负责地勘报告的申报管理工作。

8.2.5　项目施工图设计阶段，项目管理机构需进行以下工作：

1　实施项目设计进度、设计质量管理工作，开展限额设计。

2　组织协调外部配套报建与设计接口及各独立设计承包人间的设计界面衔接和接口吻合，对设计成果进行初步设计审查。

3　组织委托施工图审查工作，并组织设计承包人或部门按照审查意见修改完善设计文件。

4　制定设计文件（图纸）收发管理制度和流程，确保设计图纸的及时性、有效性，宜将设计文件（图纸）的原件和电子版分别标识并保存，防止丢失或损毁。

8.2.6　项目施工阶段，项目管理机构需进行以下工作：

1　组织设计承包人或部门对施工单位或部门进行详细的设计交底工作，督促施工承包人、监理人或部门实施图纸自审与会审工作，并确保施工阶段项目相关方对于设计问题沟通的及时、顺畅。

2　按照合同约定进行项目设计变更管理与控制工作。

3　组织施工承包人或部门实施项目深化设计（施工详图设计）工作，编制深化设计实施计划与深化设计审批流程。

4　组织项目设计负责人及相关设计人员参加项目关键部位及分部工程验收工作。

8.3　技术管理

8.3.1　项目技术管理措施主要是通过技术文件体现的，重要的技术文件需要由政府主管部门进行审批。各阶段需要报政府主要审批技术文件如表2所示。

表 2　各阶段需报政府审批的主要技术文件

项目阶段	主要技术文件
方案设计阶段	1. 规划意见书 2. 规划、设计方案 3. 绿地规划方案 4. 人防规划设计 5. 交通设计
初步设计阶段	6. 建筑工程初步设计 7. 建设工程规划许可证
施工图设计阶段	8. 人防设计 9. 消防设计 10. 施工图设计

8.3.3　技术规格书一般是招标文件的附件（也可以与其他招标文件合并），是发包方提出的技术要求，在签订合同时，也常直接作为合同的附件，其作用类似于技术协议，一般情况下，与招标文件或合同的其他条款具有同等法律效力。

8.3.4　技术管理规划属于投标文件，与施工组织设计一样，一般都是投标文件的附件。一些项目在合同签订后，承包人还需要提交细化的技术管理规划与施工组织设计（或是两者合并）供发包方批准，并作为合同实施的主要文件。

8.3.5　技术规格书、技术管理规划或施工组织设计、专项技术措施方案，系统地规范了项目成果在交付时点的状态，以及如何达到这个状态的必要保证措施，在项目管理的质量、成本、安全和进度管理等关键内容发挥着重要的作用。

8.3.6　实施方案是指专门用于技术应用活动的实施方法、风险防范、具体安排等，可包括具体的信息沟通计划、技术培训方案、技术保证措施或详细技术交底等内容，书面或口头形式均可。

9　进度管理

9.1　一般规定

9.1.1　进度管理制度包括进度管理内容、程序、进度管理的部门和岗位职责及工作具体要求。

9.1.2　项目进度计划分别由不同的项目管理组织，如建设单位、施工单位、勘察设计单位、监理单位等编制，其内部相关成员均需承担相应进度管理责任。

9.2　进度计划

9.2.2　控制性进度计划可包括以下种类：

　　1　项目总进度计划。

　　2　分阶段进度计划。

　　3　子项目进度计划和单体进度计划。

　　4　年（季）度计划。

作业性进度计划可包括下列种类：

　　1　分部分项工程进度计划。

　　2　月（周）进度计划。

9.2.5　选择编制进度计划的相关方法时，还需考虑：

　　1　作业性进度计划应优先采用网络计划方法。

　　2　宜借助项目管理软件编制进度计划，并跟踪控制。

9.3　进度控制

9.3.2　需要进行协调的进度工作界面包括设计与采购、采购与施工、施工与设计、施工与试运行、设计与试运行、采购与施工等接口。

9.3.3　跟踪协调是进度控制的重要内容。需跟踪协调的相关方活动过程如下：

　　1　与建设单位有关的活动过程，包括：项目范围的变化，工程款支付，建设单位提供的材料、设备和服务。

　　2　与设计单位有关的活动过程，包括：设计文件的交付，设计文件的可施工性，设计交底与图纸会审，设计变更。

　　3　与分包商有关的活动过程，包括：合格分包商的选择与确定，分包工程进度控制。

　　4　与供应商有关的采购活动过程，包括：材料认样和设备选型，材料与设备验收。

　　5　以上各方内部活动过程之间的接口。

9.3.4　进度计划检查记录可选用下列方法：

　　1　文字记录。

　　2　在计划图（表）上记录。

　　3　用切割线记录。

　　4　用"S"形曲线或"香蕉曲线"记录。

　　5　用实际进度前锋线记录。

9.3.5　进度管理报告应包括下列内容：

　　1　进度执行情况的综合描述。

　　2　实际进度与计划进度对比。

　　3　进度计划执行中的问题及其原因分析。

　　4　进度计划执行情况对质量、安全、成本、环境的影响分析。

　　5　已经采取及拟采取的措施。

　　6　对未来计划进度的预测。

　　7　需协调解决的问题。

9.4　进度变更管理

9.4.2　进度计划变更可利用进度计划检查记录图（表）。

9.4.3　项目管理机构需预防进度计划变更的风险，并注意下列事项：

　　1　不应强迫计划实施者在不具备条件的情况下对进度计划进行变更。

　　2　当发现关键线路进度超前时，可视为有益，并使非关键线路的进度协调加速。

　　3　当发现关键线路的进度延误时，可依次缩短有压缩潜力且追加利用资源最少的关键工作。

　　4　关键工作被缩短的时间量需是与其平行的诸

非关键工作的自由时差的最小值。

　　5　当被缩短的关键工作有平行的其他关键工作时，需同时缩短平行的各关键工作。

　　6　缩短关键线路的持续时间应以满足工期目标要求为止；如果自由时差被全部利用后仍然不能达到原计划目标要求，需变更计划目标或变更工作方案。

9.4.5　产生进度变更（如延误）后，受损方可按合同及有关索赔规定向责任方进行索赔。进度变更（如延误）索赔应由发起索赔方提交工期影响分析报告，以得到批准确认的进度计划为基准申请索赔。

10　质量管理

10.1　一般规定

10.1.1　项目管理机构的质量管理需与国家有关质量管理法律法规和标准要求相一致；建立项目质量管理制度，包括质量终身责任和竣工后永久性标牌制度，对项目负责人履行质量责任不到位的情况进行追究；制定项目质量管理评定考核制度，包括合理配备质量管理资源及明确各自的质量责任和义务，以监督落实项目负责人的质量终身责任。

10.1.2　质量管理需按照策划、实施、检查、处置的循环过程原理，持续改进，并需要从增值的角度考虑过程。

10.1.3　质量管理需满足明示的、通常隐含的或必须履行的需求或期望。包括达到发包人、相关方满意以及法律法规、技术标准和产品的质量要求。

　　相关方可能是建设单位（或工程用户）、勘察、设计单位、监理单位、供应商、分包等。

10.2　质量计划

10.2.1　项目质量计划是关于项目质量管理体系过程和资源的文件，质量计划需与施工组织设计、施工方案等文件相协调与匹配，体现项目从资源投入到完成工程最终检验试验的全过程质量管理与控制要求，质量计划对外是质量保证文件，对内是质量控制文件。质量计划可以作为项目实施规划的一部分或单独成文。质量计划由组织管理制度规定的责任人负责编制，并按照规定程序进行审批。

10.2.3　质量管理体系是为了实现质量管理目标而建立的组织结构、职责、过程、资源、方法的有机整体。质量管理体系是围绕工程产品质量管理需要建立的。

10.3　质量控制

10.3.1　质量控制是一个动态的过程，需根据实际情况的变化，采取适当的措施。质量控制需注意有关过程的接口，例如设计与施工的接口，施工总承包与分包的接口及施工与试运行的接口，单位工程、分部分项、检验批的接口等。

10.3.2　质量控制需要建立在真实可靠的数据基础上，包括采用适当的统计技术。数据信息也包括发包

人及其他相关方对是否满足其要求的感受信息。为了及时获得信息，应当确定获得和利用数据信息的方法。

　　组织需比较和分析所获取的数据，比较、分析既包括对产品要求的比较分析，也包括对质量管理体系适宜性和有效性的证实。

　　分析的结果需提出有关发包人及其他相关方满意以及与产品要求是否符合的评价、项目实施过程的特性和趋势、采取预防措施的机会以及有关供方（分包、供货方等）的信息，并基于以上分析结果，提出对不合格的处置和有关的预防措施。

10.3.3　设计评审是指对设计能力和结果的充分性和适宜性进行评价的活动。

　　设计验证：为确保设计输出满足输入的要求，依据所策划的安排对工程设计进行的认可活动。

　　设计确认：为确保产品能够满足规定的使用要求或已知用途的要求，依据所策划的安排对工程设计进行的认可活动。

　　设计的评审、验证和确认需参照设计的相关规定和制度执行，也可采用审查、批准等方式进行。

　　设计变更：是指设计单位依据建设单位要求对原设计内容进行的修改、完善和优化。设计变更应以图纸或设计变更通知单的形式发出。

10.3.6　工程开工前需根据工程合同、工程特点、体量、规模及企业自身经营发展理念等确定项目创优的目标。项目质量创优的工程还应符合优质工程申报条件。

　　项目质量创优需注重事前策划、细部处理、深化设计和技术创新。施工质量策划确定项目施工质量目标、措施和主要技术管理程序，同时制定施工分项分部工程的质量控制标准，为施工质量提供控制依据。

　　项目质量创优不是组织必须实施的工作，是组织根据合同要求或组织的承诺实施的一种特殊质量管理行为，其工程质量结果一般应高于国家规定的合格标准。

10.4　质量检查与处置

10.4.1　检验和监测设备的控制包括下列内容：

　　1　确定设备的型号、数量。

　　2　明确相关工作过程。

　　3　制定质量保证措施。

10.4.3　组织需规定处置不合格品的有关职责和权限，处置不合格品应根据国家的有关规定进行，并保持记录，在得到纠正后还需再次进行验证，以证明符合要求。当在交付后发现不合格品，组织需采取消除影响的适当措施。

10.5　质量改进

10.5.1　项目管理机构是质量改进的主要实施者，项目管理机构按组织要求定期进行质量分析，提出持续改进的措施，将有助于管理层了解、促进项目管理机

构的质量改进工作。组织可采取质量方针、目标、审核结果、数据分析、纠正预防措施以及管理评审等持续改进质量措施，确保管理的有效性。

11 成本管理

11.1 一般规定

11.1.3 项目合同价是项目成本管理的基准。根据有关法规定，建设工程项目一般通过招投标方式确定项目合同价。

11.2 成本计划

11.2.2 项目管理机构应根据项目成本控制要求编制、确定项目成本计划。其中项目施工成本计划一般由施工单位编制。施工单位应围绕施工组织设计或相关文件进行编制，以确保对施工项目成本控制的适宜性和有效性。具体可按成本组成（如直接费、间接费、其他费用等）、项目结构（如各单位工程或单项工程）和工程实施阶段（如基础、主体、安装、装修等或月、季、年等）进行编制，也可以将几种方法结合使用。

11.2.4 项目成本计划是建设工程项目十分重要的一项管理文件，其中施工成本计划内容需包括：

　　1 通过标价分离，测算项目成本。

　　2 确定项目施工总体成本目标。

　　3 编制施工项目总体成本计划。

　　4 根据项目管理机构与企业职能部门的责任成本范围，分别确定其具体成本目标，分解相关成本要求。

　　5 编制相应的专门成本计划，包括单位工程、分部分项成本计划等。

　　6 针对以上成本计划，制定相应的控制方法，包括确保落实成本计划的施工组织措施、施工方案等。

　　7 编制施工项目管理目标责任书和企业职能部门管理目标。

　　8 配备相应的施工管理与实施资源，明确成本管理责任与权限。

　　按照上述要求形成的项目施工成本计划应经过施工企业授权人批准后实施。

11.3 成本控制

11.3.2 成本控制中的"找出偏差，分析原因"和"制定对策，纠正偏差"过程宜运用价值工程和赢得值法。

11.5 成本分析

11.5.3 成本分析程序是实施成本管理的重要过程，组织只有按照规定程序实施成本分析，才能有效保证成本分析结果的准确性和完整性。

　　成本分析方法需满足项目成本分析的内在需求，包括：

　　1 基本方法：比较法、因素分析法、差额分析法和比率法。

　　2 综合成本分析方法：分部分项成本分析、年季月（或周、旬等）度成本分析、竣工成本分析。

　　3 其他方法。

11.6 成本考核

11.6.2 项目成本降低额和项目成本降低率作为成本考核主要指标，是一般施工单位常见的成本考核内容。其他项目相关方可以参照或采用其他成本考核指标。

12 安全生产管理

12.1 一般规定

12.1.1 项目安全生产管理包括项目职业健康与安全管理。

　　本质安全是指：通过在设计、采购、生产等过程采用可靠的安全生产技术和手段，使项目管理活动或生产系统本身具有安全性，即使在误操作或发生故障的情况下也不会造成事故的功能。

　　项目安全生产管理需要遵循"安全第一，预防为主，综合治理"的方针，加大安全生产投入，满足本质安全的要求。

　　工程建设安全生产管理是一项十分特殊的管理要求，国家的强制性规定是项目安全生产管理的核心要求，因此项目安全生产必须以此为重点实施管理。

12.1.3 配备合格的项目安全管理负责人和管理人员的关键是聘任具有合格资格的项目管理机构负责人。项目管理机构负责人是项目安全管理第一责任人，施工单位项目经理部负责人必须取得安全生产管理资格证书。

　　施工单位项目经理部需设置专门的安全生产管理机构，并配备专职安全管理人员。各分包单位需配备专职安全员。项目特殊工种作业人员按照国家规定需持证上岗。

　　项目管理机构需确定安全生产管理目标，并将目标分解落实到人。

12.2 安全生产管理计划

12.2.1 项目管理机构需收集包括各工种安全技术操作规程在内的安全生产法律法规、标准规范、制度办法等。

12.2.2 项目安全生产管理计划应与施工组织设计结合编制，施工组织设计需包含具有全面的安全生产管理内容的章节，或对安全生产管理进行专项策划。

12.2.5 项目安全生产管理计划的关键之一是设计与施工的一体化管理。通过项目安全生产管理计划，协调勘察、设计、采购与施工接口界面，在前期的设计过程实现施工过程的事故预防，消灭设计中的施工危险源，已经成为项目安全生产管理的基本需求。

12.3 安全生产管理实施与检查

12.3.1 项目实施前和实施过程中需开展施工危险源

辨识，对危险性较大分部分项工程编制专项施工安全方案，并按规定进行审批。

项目管理机构需根据项目实际编制相应施工方案、技术交底或作业指导书，必须有相应的安全措施内容。

施工现场需在施工人员作业前进行施工方案、施工技术、安全技术交底工作，并保持交底人、被交底人签字记录。

12.3.2　2　各级管理人员和施工人员进行相应的安全教育是指，项目管理人员和施工人员进入施工现场需要进行安全教育和培训考核，教育内容需包括相应工种安全技术操作规程；并确保施工人员的班前教育活动。

3　各施工过程应配置齐全各项劳动防护设施和设备，确保施工场所安全是指项目上使用的各种机械设备需要保证性能良好，运转正常。施工用电设计、配电、使用必须符合国家规范，确保人身安全和设备安全。

12.3.4　项目管理机构需要进行定期或不定期安全检查，及时消除事故隐患。

12.4　安全生产应急响应与事故处理

12.4.1　应急响应预案的编制需要纳入组织整体的项目管理范围。

与应急响应预案配套的工作是：项目需建立应急救援机制，比如消防应急救援制度，并经常进行消防安全教育及演练。

12.5　安全生产管理评价

12.5.1　相关规定包括国家和地方发布的项目安全生产管理评价的标准规范。

13　绿色建造与环境管理

13.1　一般规定

13.1.1　绿色建造的内涵是指在建设工程项目寿命期内，对勘察、设计、采购、施工、试运行过程的环境因素、环境影响进行统筹管理和集成控制的过程。

13.2　绿色建造

13.2.1　绿色建造计划的确定需由建设单位、施工单位、设计单位等共同协调实施。其中设计单位需负责绿色建筑项目设计工作，同时负责绿色施工的相关施工图设计。

13.2.2　绿色建造计划应集成设计、施工、采购、试运行等过程的一体化环境管理要求；环境管理计划是施工过程的环境管理要求。绿色建造计划可以按照项目全过程一体化编制，也可以按照设计、施工、采购、试运行过程分别进行专项编制，如：绿色建筑设计计划、绿色施工计划等，但应考虑设计、施工一体化的绿色建造要求。环境管理计划一般在施工阶段由施工单位编制。

13.2.4　在目前阶段，因施工图基本仍由设计单位负责，施工单位的绿色设计主要指绿色设计优化或深化。在施工图会审阶段，施工项目经理需组织有关人员对施工图从绿色设计的角度进行会审，提出改进建议，实现施工图设计绿色优化的目的。

对绿色施工过程及绿色施工取得的效果，施工项目管理机构需根据职责分工，指派有关人员采用图片、录像、台账等方式予以记录并归档。

13.2.5　绿色机具主要指能耗低、噪声小、施工效率高的机械、器具和设备。如低噪声高频振动器等。

13.2.6　相关绿色标准和要求可包括：

1　绿色施工的国家标准：《建筑工程绿色施工评价标准》GB/T 50640—2010。

2　绿色建筑的国家标准：《绿色建筑评价标准》CB/T 50378—2014。

13.3　环境管理

13.3.2　在确定项目管理目标时，需同时确定项目环境管理目标；在组织编制工程施工组织设计或项目管理实施规划时，需同时编制项目环境管理计划；该部分内容可包含在施工组织设计或项目管理实施规划中。文明施工实际是项目施工环境管理的一部分。

环境管理计划侧重施工单位实施施工环境保护的项目环境管理要求，绿色施工计划侧重绿色建造的设计、施工一体化要求。在施工阶段，施工单位可以根据情况把环境管理计划与绿色施工计划合二为一。

14　资源管理

14.1　一般规定

14.1.1　项目资源包括人力资源，劳务，工程材料与设备，施工机具与设施，资金等。

14.1.2　项目资源计划的内容包括：建立资源管理制度，编制资源使用计划、供应计划和处置计划，规定控制程序和责任要求。资源管理计划应依据资源供应条件、现场条件和项目管理实施规划编制。

项目资源管理配置和控制的内容包括按资源管理计划进行资源的选择、资源的组织和进场后的管理。

项目资源管理考核和处置的内容包括通过对资源投入、使用、调整以及计划与实际的对比分析，找出管理中存在的问题，并对其进行评价的管理活动。通过考核和处置能及时反馈信息，提高资金使用价值，持续改进。

14.1.3　项目资源管理程序的具体内容需包括：

1　按合同要求，编制资源配置计划，确定投入资源的数量与时间。

2　根据资源配置计划，实施各种资源的供应工作。

3　根据各种资源的特性，采取集成措施，进行有效组合，合理投入，动态调控。

4　对资源投入和使用情况定期分析，找出问题，总结经验并持续改进。

14.3　劳务管理

14.3.4　劳务突发事件应急管理预案包括：劳务突发事件与紧急情况识别、应急措施、资源和人员准备等。

14.4　工程材料与设备管理

14.4.4　项目工程材料与设备管理考核需坚持计划管理、跟踪检查、总量控制、节超奖罚的原则。

14.5　施工机具与设施管理

14.5.1　本条中施工机具与设施是指施工活动需要的生产手段，其不在构成工程实体的范围内；工程合同范围规定的、工程本身需要的工程材料和设备属于第14.4节的范围。

14.6　资金管理

14.6.1　项目管理机构可编制年、季、月度（周）资金管理计划。项目管理机构需将资金管理计划进行分解，制定相应的季度或月度资金计划，作为资金收取和支付的依据。

15　信息与知识管理

15.1　一般规定

15.1.1　为了实现对项目信息和知识的有效收集、传输、存储和使用，项目管理机构需建立信息与知识管理体系，包含管理组织、管理岗位、管理人员、管理制度、信息与知识系统等。

项目信息与知识管理的对象需包括项目全过程项目管理机构内部产生的信息、知识和项目管理机构外部产生的相关信息、知识。具体包括项目全过程（包括设计、采购、施工、试运行等过程）项目管理机构内部及外部产生的信息、知识。比如施工单位的信息、知识的来源不仅包括项目经理部自己施工部分，还需包括：市场、政府、建设单位、勘察、设计、监理单位、分包单位、供应单位所产生的信息、知识。

信息管理应与知识管理相结合，可以获得更大的管理价值。

15.1.2　信息管理在满足项目管理要求的前提下，一般需保证信息收益大于或等于信息成本。

15.1.3　在实施项目信息管理时，首先应制订计划，按计划进行过程管理。同时，应进行信息的安全管理。另外，要按照相关法律、法规的规定进行项目文件和档案的管理。

15.1.4　为了项目信息管理的顺利开展和达到预期目标，需设立信息管理岗位，明确职责和权力。在人员的配置上，要由熟悉项目管理业务流程，并经过培训且考核合格的人员担任。

15.1.5　现在项目信息系统已比较成熟，因此提倡在项目信息管理中采用信息系统进行管理。同时结合知识管理，必将大大提高信息管理的可靠性。

15.2　信息管理计划

15.2.1　项目信息管理计划的制订需以项目管理策划中的内容为依据。

15.2.4　项目信息编码需首先考虑使用企业信息编码，保持一致。若无企业编码，应从信息的结构化程度以及方便使用角度编制项目信息编码。

15.2.6　信息管理需要各种资源支持与一定的经济投入，因此需要明确所需的人力、硬件、软件等资源，并进行费用估算，评估信息管理投入成本是否合适。

15.3　信息过程管理

15.3.1　项目信息过程管理需充分利用现代信息技术，如互联网、物联网、数据库、商业智能等，实现从信息的采集、传输、存储，到应用、评价的高效的过程管理。

15.3.2　项目信息需包括：项目自身的信息以及与项目有关的各种外部信息。

15.3.3　信息采集可以根据项目的管理要求、重要性、资金投入等因素，采用传统方式进行人工采集，也可以利用新技术，如物联网、智能设备等实现自动采集。

15.3.4　需高度重视信息的传输安全问题，在保证、可靠的原则下，尽量采用投入产出比高的传输方式。

15.3.5　在信息存储方式上，建议采用数据库进行的信息的结构化存储，以实现数据的统计分析。在选用数据库时应充分考虑数据的访问速度要求，存储空间容量以及可靠性要求。

15.3.6　需充分利用项目的大量信息，及时掌握项目实施各方面的实际情况，与计划进行对比，分析偏差情况，然后通过计划任务的调整安排，对偏差控制调整，促使计划与实际的一致性。

15.3.7　在信息管理过程中，需定期进行评价，持续提高信息管理的效益。

15.4　信息安全管理

15.4.1　组织及项目管理机构需分层建立配套安全组织，明确岗位职责和信息安全人员。定期或不定期地进行安全教育，进行信息安全检查，规范安全信息行为。在技术上，可采用先进技术，如防火墙、入侵检测、上网行为检测等，提高信息安全水平。

15.4.2　项目管理机构需坚持全过程管理的原则，严格执行已建立的安全责任制度和信息安全措施，实现动态安全管理，发现问题及时改进，持续提升安全管理水平。

项目信息安全管理工作需遵循国家的有关法律法规和地方主管部门的有关规定。

15.5　文件与档案管理

15.5.1　文件与档案宜分类、分级进行管理的重点环节是人员匹配。项目管理机构即使已配备了信息管理员，对文件或档案管理，也应另配备专职或兼职人员。

15.5.2　项目管理过程中产生的资料、文件和信息数据需全面进行收集、整理，不仅是项目施工部分，还

包括分包部分。分包工程中的资料、文件和信息数据都应及时收集、整理，按项目的统一规定进行完整的存档。

15.5.3 项目文件与档案管理宜应用项目信息系统来进行。对于不宜使用项目信息系统管理的，需按有关标准规范执行。对采用信息系统管理的，其中重要项目文件和档案应有纸介质备份。

15.5.5 项目文件与档案根据相关法律法规和地方主管部门的要求，分类、分级进行管理，并制定信息安全和保密管理程序、规定和措施，确保文件、信息的安全，防止内部信息和领先技术的失密与流失，确保企业的竞争优势。

15.6　信息技术应用管理

15.6.1 项目信息系统需先规划再实施。规划阶段，需开展以下工作：明确项目的信息化管理目标；确定项目的信息化管理实施策略；建立项目的信息化管理总体规划；制定项目的信息化管理行动计划；制定项目的信息化管理配套措施。在实施时，应包含如下环节：需求分析，选型采购，系统实施，以及运行与维护。

15.6.2 信息系统的建设应与时俱进，多采用先进技术，如 BIM、云计算、大数据、物联网、移动互联网，提高系统的易用性，降低人工对信息的采集、分析等工作量，提高数据分析的效率和价值。

15.6.3 项目信息系统功能需尽可能包含项目管理的全部工作内容，为项目管理相关人员提供各种信息，并可以通过协同工作，实现对项目的动态管理、过程控制。

项目信息系统需至少包括以下功能：信息处理功能，业务处理功能，数据集成功能，辅助决策功能，以及项目文件与档案管理功能。

1 信息处理功能：在项目各个阶段所产生的电子、书面等各种形式的信息、数据等，都应收集、传送、加工、反馈、分发、查询等处理。

2 业务处理功能：对项目的进度管理、成本管理、质量管理、安全管理、技术管理等都能实现协同处理。

3 数据集成功能：系统应与进度计划、预算软件等工具软件，与人力资源、财务系统、办公系统等管理系统有数据交换接口，以实现数据共享和交换的功能，实现数据集成，消除信息孤岛。

4 辅助决策功能：项目的信息化管理要具备数据分析预测功能，利用已有数据和预先设定的数据处理方法，为决策提供依据信息。

5 项目文件与档案管理功能：项目的信息化管理要具备对项目各个阶段所产生的项目文件按规定的分类进行收集、存储和查询功能，同时具备向档案管理系统进行文件推送功能，在档案系统内对项目文件进行整理、归档、立卷、档案维护、检索。

15.6.4 通过使用项目管理系统，充分利用信息技术，在项目管理上会获得很好的效果，普遍的应用效果一般包括：可以实现项目文档管理一体化，方便检索使用和知识积累传递；可以获取项目的进度、成本、质量、安全、合同、资金、技术、环保、人力资源、保险等动态信息，实时掌握项目进展现状；支持项目管理做到"事前估计、事中控制、事后分析"；通过项目的原始数据可以自动产生相关报表和图表，为分析及决策提供参考依据。

15.6.5 项目信息系统需要具有以下安全技术措施：

1 身份认证：信息系统必须具备密码认证或硬件认证功能。采用密码认证时，密码要求有一定的复杂性。

2 防止恶意攻击：服务器应进行安全加固和防护，网络内应配置防火墙或入侵检测系统，防止恶意攻击。

3 信息权限设置：信息系统应有按用户或岗位设置信息权限的功能，实现数据的增、删、改、查权限控制。对流程审批，要设置审批权限和二次身份确认。

4 跟踪审计和信息过滤：信息系统要具备信息的跟踪审计和信息过滤功能。

5 病毒防护：网络内要安装网络版病毒防护软件，个人电脑和服务器端安装病毒防护软件客户端，并可以进行病毒库自动升级。

6 安全监测：网络内应安装安全检测系统，对网络通信、服务器进行安全检测，发现异常能报警。

7 数据灾难备份：需具备数据备份设施，备份方式可以采用差异备份或全备份。通过备份，保证信息数据的安全，保证项目的正常运行。

15.6.6 项目信息系统投入使用后，维护工作可以外包给专业的厂商，也可以由项目的信息管理人员专人负责。日常维护的内容包括解决系统运行中出现的问题、使用指导、问题解答。定期做数据备份及备份检查，进行数据恢复演练。对系统进行流程调整，人员、岗位调整，优化系统运行效率和速度等。

15.7　知识管理

15.7.1 知识管理的目的是保证获得合格的工程产品和服务。在项目实施全过程，知识管理与信息管理相结合，可以产生更大的管理价值。

15.7.2 获取知识的方法包括：编辑发布、邮件采集、网页监采和建立经验库、知识库、行业数据等。

15.7.3 项目知识的来源可以包括内部来源和外部来源。

16　沟通管理

16.1　一般规定

16.1.1 项目沟通与协调工作包括：组织之间和个人之间两个层面。通过沟通需形成人与人、事与事、人

与事的和谐统一。

16.1.2 项目管理机构是项目各相关方沟通管理的基本主体，其沟通活动需贯穿项目日常管理的全过程。

16.1.3 项目各相关方均需构建适宜有效的沟通机制，包括采取制度建设、完善程序、固化模式等方法，以提高沟通运行的有效性，确保相互之间沟通的零距离。

16.2 相关方需求识别与评估

16.2.6 项目相关方需求矛盾和冲突的主要原因包括：认识偏差、理解分歧和实施时段的不吻合，具体表现为工艺方案、资源投入、施工作业、实施效果以及环境影响等方面。

16.4 沟通程序与方式

16.4.2 项目各方的管理机构需加强项目信息的交流，提高信息管理水平，有效运用计算机信息管理技术进行信息收集、归纳、处理、传输与应用工作，建立有效的信息交流和共享平台，提高执行效率，减少和避免分歧。

施工单位沟通包括项目经理部与项目各主体组织管理层、派驻现场人员之间的沟通、项目经理部内部各部门和相关成员之间的沟通、项目经理部与政府管理职能部门和相关社会团体之间的沟通等。

16.4.6 项目管理机构需依据项目沟通管理计划、合同文件、相关法规、类似惯例、道德标准、社会责任和项目具体情况进行沟通。

16.5 组织协调

16.5.1 为便于工作沟通和协调的便捷、融洽，项目管理组织结构和职能需保持一致。

16.5.3 易发生冲突和不一致的事项主要体现在合同管理方面。项目管理机构需确保行为规范和履行合同，保证项目运行节点交替的顺畅。

16.6 冲突管理

16.6.1 项目管理机构需针对预测冲突的类型和性质进行工作方案的调整和完善，确保冲突受控、防患于未然。

17 风险管理

17.1 一般规定

17.1.1 风险是管理目的与实施成果之间的不确定性。风险包括负面（不利）风险和正面（有利）风险。负面风险往往是威胁，正面风险往往是机遇。

17.1.2 项目风险管理程序涵盖项目实施全过程的风险管理内容，包括风险识别、风险评估、风险应对和风险监控。既是风险管理的内容，也是风险管理的基本步骤和过程。

17.3 风险识别

17.3.1 各种风险包括：影响项目目标实现的不利（有利）因素，可分为技术的、经济的、环境的及政治的、行政的、国际的和社会的等因素。

17.3.2 约定条件是指项目合同双方共同规定的要求，包括：合同条件、责权利分配、项目变更规定等。

17.4 风险评估

17.4.1 风险等级评估指通过风险因素形成风险概率的估计和对发生风险后可能造成的损失量或效益水平的估计。

风险损失量或效益水平的估计需包括下列内容：

1 工期损失（工期缩短）的估计。

2 费用损失（利润提升）的估计。

3 对工程的质量、功能、使用效果（质量、安全、环境）方面的影响。

4 其他影响。

上述风险损失量或效益水平的估计，主要通过分析已经得到的有关信息，结合管理人员的经验对损失量进行综合判断。通常采用专家预测、趋势外推法预测、敏感性分析和盈亏平衡分析、决策树等方法。

"其他影响"可包括：如间接影响，机会成本等。

17.5 风险应对

17.5.2 负面风险是对项目实施过程不利的风险因素，需要进行风险控制和预防。

17.5.3 正面风险是对项目实施过程有利的正面风险因素，需要进行鼓励和强化。

17.5.4 应对措施是应对策略的具体化，需具有可操作性，包括技术、管理、经济等方面的内容。

17.6 风险监控

17.6.1 风险信号是风险形成的重要特征。风险信号代表了风险的程度和水平。

17.6.2 对可能出现的风险因素进行监控可以有效掌握风险的变动趋势，以便及时采取相应的预防或引领措施。

18 收尾管理

18.1 一般规定

18.1.1 项目收尾阶段包括工程收尾、合同收尾、管理收尾等。

1 工程收尾需包括工程竣工验收准备、工程竣工验收、工程竣工结算、工程档案移交、工程竣工决算、工程责任期管理。

2 项目合同收尾包括合同综合评价与合同终止。

18.2 竣工验收

18.2.4 发包人应按照项目竣工验收的法律法规和部门规定，一次性或分阶段进行竣工验收。规模较小且比较简单的项目，可进行一次性工程竣工验收；规模较大且比较复杂的项目，宜分次进行工程交工验收。

18.3 竣工结算

18.3.1 工程竣工结算报告及完整的结算资料递交后，承发包人双方需在规定的期限内进行竣工结算核实，如果有修改意见，应及时协商沟通达成共识。对

结算价款有异议的，应按照约定方式处理。

18.4　竣工决算

18.4.1　工程竣工决算需清楚和准确，客观反映建设工程项目实际造价和投资效果。

18.5　保修期管理

18.5.1　与工程保修期有关的是缺陷责任期。保修期与缺陷责任期的区别：

工程保修期是根据《建设工程项目质量管理条例》实施的一种质量保修制度，一般规定保修期在 5 年以上。

缺陷责任期是根据《建设工程施工合同示范文本（2013）》实施的另一种工程质量保修制度，其保修时间一般最多为 2 年，缺陷责任期结束，发包方应把工程保修金返还给承包商。

工程保修期涵盖了缺陷责任期。

18.6　项目管理总结

18.6.1　根据项目范围管理和组织实施方式不同，需分别采取不同的项目管理总结方式。

19　管理绩效评价

19.1　一般规定

19.1.1　项目管理绩效评价包括：项目实施过程及项目全部完成后的评价。评价实施者可以是项目管理的相关方，包括：发包方、监理、设计、施工、分包单位的职能机构以及第三方评价机构等。

项目相关方包括：相对于组织之外的建设、设计、监理、施工、分包、供应、监督等单位。

评价内容包括：项目管理全过程及项目立项、勘察、设计、采购、施工、试运行等相关阶段的项目管理绩效。

19.1.6　项目管理成熟度表达的是一个组织具有的按照预定目标和条件成功、可靠地实施项目的能力。项目管理成熟度指的是项目管理过程的成熟度。

项目管理成熟度的评价内容是基于项目管理成熟度模型，模型由以下三个基本部分组成：组织项目管理能力和相应的结果，提升能力的顺序，评估能力的方法等。具体评价内容包括：沟通交流能力、风险管理能力、创新改进能力等软指标。

19.2　管理绩效评价过程

19.2.1　绩效评价机构是组织负责实施项目管理评价的临时性实施小组或委员会，由组织内部专家或外部专家组成。评价机构一般在项目绩效评价前成立，完成评价后予以解体。

19.2.2　项目管理绩效评价专家需具备与之相适宜的资格，包括能力、意识和工作经验。相对独立性是指项目管理绩效评价专家应与被评价对象没有利益关系，如：项目管理团队的评价专家不能自己评价自己的工作。

组织制定的评价专家选择、使用、考核规定可包括：选择方法、管理程序、使用要求、考核标准、考核流程等。

19.3　管理绩效评价范围、内容和指标

19.3.3　项目综合效益包括：项目经济、环境和社会效益，是项目全部效益的综合体现。

19.4　管理绩效评价方法

19.4.2　以百分制形式对项目管理绩效进行打分是一种可选择的方法。项目管理绩效评价组织可根据具体需求灵活确定其他适宜的评价方法。

19.4.4　本条是指项目某一实施过程或项目全部完成后的相关管理改进，是针对项目管理绩效评价对象的改进行为。

19.4.5　本条是指项目管理绩效评价完成后实施的改进，是对项目管理绩效评价本身的改进行为。

3　电子文件归档与电子档案管理规范

（GB/T 18894—2016）

前　言

本标准按照 GB/T 1.1—2009 给出的规则起草。

本标准代替 GB/T 18894—2002《电子文件归档与管理规范》。

本标准与 GB/T 18894—2002 相比主要变化如下：

——将标准名称更改为"电子文件归档与电子档案管理规范"，增加了必要的规范性引用文件和术语或定义；

——根据电子文件、电子档案管理要求，专设第 5 章对业务系统、电子档案管理系统相关功能提出明确要求；

——自第 6 章开始用 5 个章节分别描述电子文件、电子档案主要业务环节管理要求，包括电子文件归档范围、电子文件的收集与整理、电子文件归档与电子档案编目、电子档案的管理、电子档案的处置。

本标准由国家档案局提出并归口。

本标准起草单位：国家档案局。

本标准主要起草人：毛海帆、王岚、丁德胜、侯佳、方昀、黄玉明、刘伟晏、蔡学美、马淑桂、张楠。

本标准所代替标准的历次版本发布情况为：

——GB/T 18894—2002。

1　范围

本标准规定了在公务活动中产生的，具有保存价值的电子文件的收集、整理、归档与电子档案的编目、管理与处置的一般方法。

本标准适用于机关、团体、企事业单位和其他组织在处理公务过程中产生的电子文件归档与电子档案管理,其他活动中产生的电子文件归档与电子档案管理可参照执行。

2 规范性引用文件

下列文件对于本文件的应用是必不可少的。凡是注日期的引用文件,仅注日期的版本适用于本文件。凡是不注日期的引用文件,其最新版本(包括所有的修改单)适用于本文件。

GB/T 2828.1—2012 计数抽样检验程序 第 1 部分:按接收质量限(AQL)检索的逐批检验抽样计划(ISO 2859-1:1999,IDT)

GB/T 7156—2003 文献保密等级代码与标识

GB/T 9704—2012 党政机关公文格式

GB/T 11821—2002 照片档案整理规范

GB/T 11822—2008 科学技术档案案卷构成的一般要求

GB/T 12628—2008 硬磁盘驱动器通用规范

GB/T 17678—1999 CAD 电子文件光盘存储、归档与档案管理要求

GB/T 20988—2007 信息安全技术 信息系统灾难恢复规范

GB/T 26163.1—2010 信息与文献 文件管理过程 文件元数据 第 1 部分:原则(1SO 23081-1,IDT)

GB/T 29194—2012 电子文件管理系统通用功能要求

DA/T 13—1994 档号编制规则

DA/T 15—1995 磁性载体档案管理与保护规范

DA/T 18—1999 档案著录规则

DA/T 22 归档文件整理规则

DA/T 28—2002 国家重大建设项目文件归档要求与档案整理规范

DA/T 31 纸质档案数字化技术规范

DA/T 32—2005 公务电子邮件归档与管理规则

DA/T 38—2008 电子文件归档光盘技术要求和应用规范

DA/T 46—2009 文书类电子文件元数据方案

DA/T 47—2009 版式电子文件长期保存格式需求

ISO 13008:2012 信息与文献 数字档案转换和迁移过程(Information and documentation - Digital records conversion and migration process)

ISO/TR 13028:2010 信息与文献 档案数字化实施指南(Information and documentation Implementation guidelines for digitization of records)

ISO 16175.2:2011 信息与文献 电子办公环境中档案管理原则和功能要求 第 2 部分:数字档案管理系统指南与功能要求(Principles and functional requirements for records in electronic office environments - Part 2:Guidelines and functional requirements for digital records management systems)

ISO 16175.3:2010 信息与文献 电子办公环境中档案管理原则和功能要求 第 3 部分:业务系统中档案管理指南与功能要求(Information and documentation - Principles and functional requirements for records in electronic office environments - Part 3:Guidelines and functional requirements for records in business systems)

3 术语和定义

下列术语和定义适用于本文件。

3.1

电子文件 electronic document

国家机构、社会组织或个人在履行其法定职责或处理事务过程中,通过计算机等电子设备形成、办理、传输和存储的数字格式的各种信息记录。电子文件由内容、结构、背景组成。

3.2

电子档案 electronic records

具有凭证、查考和保存价值并归档保存的电子文件(3.1)。

3.3

元数据 metadata

描述电子文件和电子档案的内容、背景、结构及其管理过程的数据。

注:改写 GB/T 26162.1—2010,定义 3.12。

3.4

组件 component

构成电子文件、电子档案且独立存在的一个比特流。

[ISO 16175.2—2011,3 术语和定义]

示例:文书类电子档案的组件包括电子公文正文、若干附件、定稿或修改稿、公文处理单等。

3.5

真实性 authenticity

电子文件、电子档案的内容、逻辑结构和形成背景与形成时的原始状况相一致的性质。

3.6

可靠性 reliability

电子文件、电子档案的内容完全和正确地表达其所反映的事务、活动或事实的性质。

3.7

完整性 integrity

电子文件、电子档案的内容、结构和背景信息齐全且没有破坏、变异或丢失的性质。

3.8

可用性 usability

电子文件、电子档案可以被检索、呈现或理解的性质。

3.9

业务系统　business system

形成或管理机构活动数据的计算机信息系统。

示例：办公自动化系统、电子商务系统、财务系统、人力资源系统、产品数据管理系统、网站系统、电子邮件系统等促进机构事务处理的应用系统。

3.10

电子档案管理系统　electronic records management system

对电子档案（3.2）进行采集（3.11）、归档（3.12）、编目、管理和处置的计算机信息系统。

3.11

采集　capture

对电子文件、电子档案及其元数据进行收集和存储的方法与过程。

3.12

归档　archiving

将具有凭证、查考和保存价值且办理完毕、经系统整理的电子文件（3.1）及其元数据（3.3）管理权限向档案部门提交的过程。

3.13

移交　transfer

按照国家规定将电子档案（3.2）的保管权交给国家档案馆的过程。

3.14

登记　registration

电子档案进入电子档案管理系统（3.10）时赋予电子档案唯一标识符的行为。

注：改写 GB/T 26162.1—2010，3.18。

3.15

转换　conversion

在维护真实性、完整性和可用性前提下，将电子档案从一种载体转换到另一种载体或从一种格式转换成另一种格式的过程。

注：改写 GB/T 26162.1—2010，3.7。

3.16

迁移　migration

在维护真实性、完整性和可用性的前提下，将电子档案从一个系统转移到另一个系统的过程。

注：改写 GB/T 26162.1—2010，3.13。

4　总则

4.1　电子文件归档与电子档案管理应遵循纳入单位信息化建设规划、技术与管理并重、便于利用和安全可靠的原则。

4.2　应对电子文件、电子档案实施全程和集中管理，确保电子档案的真实性、可靠性、完整性与可用性。

4.3　应建立严格的管理制度，明确相关部门电子文件归档和电子档案管理的职责与分工，主要包括以下四类部门的职责与分工：

a）档案部门负责制定电子文件归档与电子档案管理制度，提出业务系统电子文件归档功能要求，负责电子档案管理系统的建设与应用培训；负责指导电子文件形成或办理部门按归档要求管理应归档电子文件；负责电子文件归档和电子档案编目、管理和处置等各项工作；

b）电子文件形成或办理部门负责电子文件的收集、整理、著录和移交归档等工作；

c）信息化部门负责依据标准建设业务系统电子文件归档功能，参与电子档案管理系统建设，为电子档案管理提供信息化支持；

d）保密部门负责监督涉密电子文件归档和电子档案的保密管理。

4.4　应明确各门类电子文件及其元数据的归档范围、时间、程序、接口和格式等要求。

4.5　应执行规范的工作程序，采取必要的技术手段，对电子文件归档和电子档案管理全过程实行监控。

4.6　应基于安全的网络和离线存储介质实施电子文件归档和电子档案管理。

5　业务系统与电子档案管理系统

5.1　业务系统电子文件归档功能

5.1.1　应能按 6、7、8.1～8.4 给出的相关要求形成、收集、整理、归档电子文件及其元数据。

5.1.2　应内置电子文件分类方案、保管期限表等工具，支持电子文件形成或办理部门完整收集、整理应归档电子文件及其元数据。

5.1.3　应能以单个流式文档集中记录电子文件拟制、办理过程中对其进行的全部修改信息。

5.1.4　能按内置规则自动命名、存储电子文件及其组件，保持电子文件内在的有机联系，建立电子文件与元数据之间的关联关系。

5.1.5　能按标准生成电子文件及其元数据归档数据包，或向归档接口推送电子文件及其元数据。

5.1.6　能对已收集、积累的电子文件的所有操作进行跟踪、审计。

5.1.7　需通过业务系统开展电子档案管理活动时，业务系统电子档案管理功能应参照 GB/T 29194—2012、ISO 16175-3：2010 等标准以及 5.2 给出的要求执行。

5.2　电子档案管理系统基本功能

5.2.1　电子档案管理系统基本功能和可选功能应参照 GB/T 29194—2012、DA/T 31、ISO 13028—

2010、ISO 16175-2：2011 等标准以及同级国家综合档案馆的相关要求执行。

5.2.2 应具备电子档案管理配置功能，包括分类方案管理、档号规则管理、保管期限表管理、元数据方案管理、门类定义等功能。

5.2.3 应具备电子档案管理功能，包括电子档案及其元数据的采集、登记、分类、编目、命名、存储、利用、统计、鉴定、销毁、移交、备份、报表管理等功能。

5.2.4 应具备电子档案安全管理功能，包括身份认证、权限管理、跟踪审计、生成固化信息等功能。

5.2.5 应具备系统管理功能，包括系统参数管理、系统用户和资源管理、系统功能配置、操作权限分配、事件报告等功能。

5.2.6 应具备各门类纸质档案管理功能，包括对电子档案和纸质档案同步编目、排序、编制档号等功能。

5.2.7 应具备纸质档案数字化以及纸质档案数字副本管理功能。

5.3 档案信息化基础设施

5.3.1 档案信息化基础设施和信息安全设施应能保障电子档案管理系统的正常运行，满足电子文件归档与电子档案管理活动的实际需求。

5.3.2 应为档案部门配备局域网、政务网和互联网等网络基础设施，网络性能应能适应各门类电子文件、电子档案传输、利用要求。

5.3.3 应配备与电子档案管理系统以及电子档案管理需求相适应的系统硬件、基础软件和存储、备份等设备。

5.3.4 应配备与电子档案管理系统相适应的安全保障设施，包括杀毒软件、防火墙等设备。

5.4 电子档案管理系统安全管理

5.4.1 电子档案管理系统安全管理应参照《档案信息系统安全等级保护定级工作指南》、涉密计算机信息系统分级保护等规定执行。

5.4.2 应建立电子档案管理系统安全管理制度，明确管理职责和要求，规范操作行为。

5.4.3 电子档案管理系统以及档案信息化基础设施、信息安全设施等各种设备的选型、采购应符合国家有关信息安全和知识产权保护等方面的规定。

5.4.4 支撑电子档案管理系统运行的网络应与互联网物理隔离，与互联网设备之间的数据传输应通过一次性写入光盘实施。

5.4.5 严格管理电子档案管理系统的专用离线存储介质及其用户，定期查杀病毒，监控非授权用户的登录与操作行为。

5.4.6 应制定并实施电子档案管理系统应急处置预案，明确职责分工和保障措施，建立预防预警、应急响应和奖惩等应急处置机制。

6 电子文件归档范围

6.1 电子文件归档范围

6.1.1 反映单位职能活动、具有查考和保存价值的各门类电子文件及其元数据应收集、归档。

6.1.2 文书类电子文件归档范围按照《机关文件材料归档范围和档案保管期限规定》《企业文件材料归档范围和档案保管期限规定》等执行。

6.1.3 照片、录音、录像等声像类电子文件归档范围参照 GB/T 11821—2002 执行。

6.1.4 科技类电子文件的归档范围按照 GB/T 11822—2008、DA/T 28—2002 等标准执行。

6.1.5 各种专业类电子文件归档范围按照国家相关规定执行。

6.1.6 邮件类电子文件的归档范围按照 DA/T 32—2005 等标准执行。

6.1.7 网页、社交媒体类电子文件归档范围可参照《机关文件材料归档范围和档案保管期限规定》执行。

6.2 电子文件元数据归档范围

6.2.1 应归档电子文件元数据应与电子文件一并收集、归档。

6.2.2 文书类电子文件应归档元数据按照 DA/T 46—2009 等标准执行，至少包括：

　　a) 题名、文件编号、责任者、日期、机构或问题、保管期限、密级、格式信息、计算机文件名、计算机文件大小、文档创建程序等文件实体元数据；

　　b) 记录有关电子文件拟制、办理活动的业务行为、行为时间和机构人员名称等元数据，应记录的拟制、办理活动包括：发文的起草、审核、签发、复核、登记、用印、核发等，收文的签收、登记、初审、承办、传阅、催办、答复等。

6.2.3 科技、专业、邮件、网页、社交媒体类电子文件应归档元数据可参照 6.2.2 给出的要求执行。

6.2.4 声像类电子文件应归档元数据包括题名、摄影者、录音者、摄像者、人物、地点、业务活动描述、密级、计算机文件名等。

7 电子文件的收集与整理

7.1 电子文件及其元数据的收集

7.1.1 应在业务系统电子文件拟制、办理过程中完成电子文件的收集，声像类电子文件、在单台计算机中经办公、绘图等应用软件形成的电子文件的收集由电子文件形成部门基于电子档案管理系统或手工完成。

7.1.2 应齐全、完整地收集电子文件及其组件，电子文件内容信息与其形成时保持一致，包括但不限于以下 6 个方面的要求：

　　a) 同一业务活动形成的电子文件应齐全、完整；

b) 电子公文的正本、正文与附件、定稿或修改稿、公文处理单等应齐全、完整，电子公文格式要素符合 GB/T 9704—2012 的有关要求；

c) 在计算机辅助设计和制造过程中形成的产品模型图、装配图、工程图、物料清单、工艺卡片、设计与工艺变更通知等电子文件及其组件应齐全、完整；

d) 声像类电子文件应能客观、完整地反映业务活动的主要内容、人物和场景等；

e) 邮件、网页、社交媒体类电子文件的文字信息、图像、动画、音视频文件等应齐全、完整，网页版面格式保持不变。需收集、归档完整的网站系统时，应同时收集网站设计文件、维护手册等；

f) 以专有格式存储的电子文件不能转换为通用格式时，应同时收集专用软件、技术资料、操作手册等。

7.1.3 以公务电子邮件附件形式传输、交换的电子文件，应下载并收集、归入业务系统或存储文件夹中。

7.1.4 应由业务系统按照 6.2.2、6.2.3 给出的要求，在电子文件拟制、办理过程中采集文书、科技、专业等类电子文件元数据。

7.1.5 可使用 WPS 表格或电子档案管理系统按照 6.2.2a)、6.2.4 给出的要求著录、采集在单台计算机中经办公、绘图等应用软件形成的各门类电子文件元数据，以及声像类电子文件元数据。

7.2　电子文件的整理

7.2.1 应在电子文件拟制、办理或收集过程中完成保管期限鉴定、分类、排序、命名、存储等整理活动，并同步完成会议记录、涉密文件等纸质文件的整理。

7.2.2 应以件为管理单位整理电子文件，也可根据实际以卷为管理单位进行整理。整理活动应保持电子文件内在的有机联系，建立电子文件与元数据的关联。

7.2.3 应基于业务系统完成电子文件、纸质文件的整理，声像类电子文件的整理由电子文件形成部门基于电子档案管理系统或手工完成。

7.2.4 应归档电子文件保管期限分为永久、定期 30 年和定期 10 年等。

7.2.5 电子文件分类按照电子档案分类方案执行，可执行的标准或分类方案有：

a) 文书类电子文件的分类整理按照 DA/T 22 执行；

b) 科技类电子文件应按照 GB/T 11822—2008、DA/T 28—2002、《企业文件材料归档范围和档案保管期限规定》等进行分类；

c) 专业、邮件、网页、社交媒体等类电子文件可参照 DA/T 22 等要求进行分类。有其他专门规定

的，从其规定；

d) 声像类电子文件应按照年度——保管期限——业务活动，或保管期限——年度——业务活动等分类方案进行分类。

7.2.6 应在整理过程中基于业务系统电子文件元数据库建立纸质文件目录数据，涉密纸质文件目录数据的录入应符合国家保密管理要求，目录数据项参照 6.2.2 a) 给出的要求执行。

7.2.7 应在分类方案下按照业务活动、形成时间等关键字，对电子文件元数据、纸质文件目录数据进行同步排序，排序结果应能保持电子文件、纸质文件之间的有机联系。

7.2.8 应按规则命名电子文件，命名规则应能保持电子文件及其组件的内在有机联系与排列顺序，能通过计算机文件名元数据建立电子文件与相应元数据的关联，具体要求如下：

a) 应由业务系统按内置命名规则自动、有序地为电子文件及其组件命名；

b) 在单台计算机中经办公、绘图等类应用软件形成的电子文件，应采用完整、准确的电子文件题名命名；

c) 声像类电子文件可采用数字摄录设备自动赋予的计算机文件名。

7.2.9 可参照分类方案在计算机存储器中建立文件夹集中存储电子文件及其组件，完成整理活动。

8　电子文件归档与电子档案编目

8.1　电子文件归档程序与要求

8.1.1 电子文件形成或办理部门、档案部门可在归档过程中基于业务系统、电子档案管理系统完成电子文件及其元数据的清点、鉴定、登记、填写电子文件归档登记表（见表 A.1）等主要归档程序。

8.1.2 应清点、核实电子文件的门类、形成年度、保管期限、件数及其元数据数量等。

8.1.3 应对电子文件的真实性、可靠性、完整性和可用性进行鉴定，鉴定合格率应达到 100%，包括：

a) 电子文件及其元数据的形成、收集和归档符合制度要求；

b) 电子文件及其元数据能一一对应，数量准确且齐全、完整；

c) 电子文件与元数据格式符合 8.3、8.4 给出的要求；

d) 以专有格式归档的，其专用软件、技术资料等齐全、完整；

e) 加密电子文件已解密；

f) 电子文件及其元数据经安全网络或专用离线存储介质传输、移交；

g) 电子文件无病毒，电子文件离线存储介质无病毒、无损伤、可正常使用。

8.1.4 档案部门应将清点、鉴定合格的电子文件及其元数据导入电子档案管理系统预归档库，自动采集电子文件结构元数据，通过计算机文件名建立电子文件与元数据的关联，在管理过程元数据中记录登记行为，登记归档电子文件。

8.1.5 应依据清点、鉴定结果，按批次或归档年度填写电子文件归档登记表（见表 A.1），完成电子文件的归档。

8.2 电子文件归档时间与归档方式

8.2.1 电子文件形成或办理部门应定期将已收集、积累并经过整理的电子文件及其元数据向档案部门提交归档，归档时间最迟不能超过电子文件形成后的第2年6月。

8.2.2 应基于安全的网络环境或专用离线存储介质，采用在线归档或离线归档方式，通过电子档案管理系统客户端或归档接口完成电子文件及其元数据的归档。

8.2.3 应结合业务系统、电子档案管理系统运行网络环境以及本单位实际，确定电子文件及其元数据归档接口并作出书面说明，归档接口通常包括但不限于以下三种：

    a）webservice 归档接口；

    b）中间数据库归档接口；

    c）归档电子文件及其元数据的规范存储结构。

8.3 电子文件归档格式

8.3.1 电子文件归档格式应具备格式开放、不绑定软硬件、显示一致性、可转换、易于利用等性能，能够支持同级国家综合档案馆向长期保存格式转换。

8.3.2 电子文件应以通用格式形成、收集并归档，或在归档前转换为通用格式。版式文件格式应按照 DA/T 47—2009 执行，可采用 PDF、PDF/A 格式。

8.3.3 以文本、位图文件形成的文书、科技、专业类电子文件应按以下要求归档：

    a）电子公文正本、定稿、公文处理单应以版式文件格式，其他电子文件、电子文件组件可以版式文件、RTF、WPS、DOCX、JPG、TIF、PNG 等通用格式归档；

    b）电子文件及其组件按顺序合并转换为一个版式文件。

8.3.4 在计算机辅助设计与制造过程中形成的科技类电子文件应按以下要求归档：

    a）二维矢量文件以 SVG、SWF、WMF、EMF、EPS、DXF 等格式归档；

    b）三维矢量文件，需永久保存的应转换为 STEP 格式归档，其他可根据需要按 8.3.4 a）给出的要求转为二维矢量文件归档。

8.3.5 以数据库文件形成的科技、专业类电子文件，应根据数据库表结构及电子档案管理要求转换为以下格式归档：

    a）以 ET、XLS、DBF、XML 等任一格式归档；

    b）参照纸质表单或电子表单版面格式，将应归档数据库数据转换为版式文件归档。

8.3.6 照片类电子文件以 JPG、TIF 等格式归档；录音类电子文件以 WAV、MP3 等格式归档；录像类电子文件以 MPG、MP4、FLV、AVI 等格式归档，珍贵且需永久保存的可收集、归档一套 MXF 格式文件。

8.3.7 公务电子邮件以 EML 格式，网页、社交媒体类电子文件以 HTML 等格式归档。

8.3.8 专用软件生成的电子文件原则上应转换成通用格式归档。

8.4 电子文件元数据归档格式

8.4.1 应根据电子文件归档接口以及元数据形成情况确定电子文件元数据归档格式。

8.4.2 经业务系统形成的各门类电子文件元数据应根据归档接口确定归档格式：

    a）选择 8.2.3 a）或 8.2.3 c）所述归档接口时，可以 ET、XLS、DBF、XML 等任一格式归档；

    b）选择 8.2.3 b）所述归档接口时，可与电子文件一并由业务系统数据库推送至中间数据库，也可再由中间数据库导出数据库数据文件。

8.4.3 声像类电子文件元数据、在单台计算机中经办公、绘图等应用软件形成的电子文件，可以 ET、XLS、DBF 等格式归档。

8.5 电子档案的编目

8.5.1 应对电子档案与纸质档案进行同步整理审核、编制档号等编目活动。

8.5.2 应对整理阶段划定的电子档案保管期限与分类结果进行审核和确认，对不合理或不准确的应进行修正。

8.5.3 应在整理审核基础上，对电子档案、纸质档案重新排序，并依据排序结果编制文件级档号。

8.5.4 应采用文件级档号或唯一标识符作为要素为电子档案及其组件重命名，同时更新相应的计算机文件名元数据。

8.5.5 应按照 DA/T 18—1999 以及 6.2.4 给出的要求对电子档案、纸质档案做进一步著录，规范、客观、准确地描述主题内容与形式特征。

8.5.6 完成整理编目后，应将电子档案及其元数据、纸质档案目录数据归入电子档案管理系统正式库，并参照 7.2.9 给出的要求分类、有序地存储电子档案及其组件。

8.6 档号编制要求

8.6.1 应按照 DA/T 13—1994 等标准以及电子档案全程管理要求确定档号编制规则。

8.6.2 应采用同级国家综合档案馆档号编制规则为室藏电子档案、纸质档案编制档号。

8.6.3 档号应能唯一标识全宗内任一电子档案或纸

质档案。

8.6.4 以档号作为电子档案命名要素时，计算机文件名应能在计算机存储器中唯一标识、有序存储全宗内任意一件电子档案及其组件。

9 电子档案的管理

9.1 电子档案的存储

9.1.1 应为电子档案及其元数据的安全存储配置与电子档案管理系统相适应的在线存储设备。

9.1.2 电子档案管理系统应依据号等标识符构成要素在计算机存储器中逐级建立文件夹、分门别类、集中有序地存储电子档案及其组件，并在元数据中自动记录电子档案在线存储路径。

9.1.3 在线存储系统应实施容错技术方案，定期扫描、诊断硬磁盘，发现问题应及时处置。

9.2 电子档案的备份

9.2.1 应结合单位电子档案管理和信息化建设实际，在确保电子档案的真实、完整、可用和安全基础上，统筹制定电子档案备份方案和策略，实施电子档案及其元数据、电子档案管理系统及其配置数据、日志数据等备份管理。

9.2.2 电子档案近线备份与灾难备份的基本要求如下：

　　a) 宜采用磁带备份系统进行近线备份，应定期对电子档案及其元数据、电子档案管理系统的配置数据和日志数据等进行全量、增量或差异备份；

　　b) 电子档案数量达到一定量且条件许可时，可实施电子档案管理系统和数据库系统的热备份；

　　c) 本单位建设灾难备份中心时，应将电子档案及其元数据、电子档案管理系统的灾难备份纳入规划之中，进行同步分析、设计和建设。电子档案的灾难备份和灾难恢复应参照 GB/T 20988—2007 等标准要求执行。

9.2.3 电子档案离线备份的基本要求如下：

　　a) 应采用一次写光盘、磁带、硬磁盘等离线存储介质，参照 GB/T 2828.1—2012、GB/T 12628—2008、GB/T 17678—1999、DA/T 15—1995、DA/T 38—2008 等标准实施电子档案及其元数据、电子档案管理系统配置数据、日志数据等的离线备份；

　　b) 电子档案离线存储介质至少应制作一套。可根据异地备份、电子档案珍贵程度和日常应用需要等实际情况，制作第二套、第三套离线存储介质，并在装具上标识套别；

　　c) 应对离线存储介质进行规范管理，按规则编制离线存储介质编号，按规范结构存储备份对象和相应的说明文件，标识离线存储介质。禁止在光盘表面粘贴标签；

　　d) 离线存储介质的保管除参照纸质档案保管要求外，还应符合下列条件：

　　—应作防写处理。避免擦、划、触摸记录涂层；

　　—应装盒，竖立存放或平放，避免挤压；

　　—应远离强磁场、强热源，并与有害气体隔离；

　　—保管环境温度选定范围：光盘 17℃～20℃，磁性载体 15℃～27℃；相对湿度选定范围：光盘 20％～50％，磁性载体 40％～60％。具体要求见 DA/T 15—1995、DA/T 38—2008。

　　e) 电子档案或电子档案离线存储介质自形成起一年内可送同级国家综合档案馆电子档案中心进行备份；

　　f) 应定期对磁性载体进行抽样检测，抽样率不低于 10％；抽样检测过程中如果发现永久性误差时应扩大抽检范围或进行 100％的检测，并立即对发生永久性误差的磁性存储介质进行复制或更新；

　　g) 对光盘进行定期检测，检测结果超过三级预警线时应立即实施更新；

　　h) 离线存储介质所采用的技术即将淘汰时，应立即将其中存储的电子档案及其元数据等转换至新型且性能可靠的离线存储介质之中；

　　i) 确认离线存储介质的复制、更新和转换等管理活动成功时，再按照相关规定对原离线存储介质实施破坏性销毁。应对离线存储介质管理活动进行登记，登记内容参见表 A.2。

9.3 电子档案的利用

9.3.1 电子档案的提供利用应严格遵守国家相关保密规定。

9.3.2 应根据工作岗位、职责等要求在电子档案管理系统为利用者设置相应的电子档案利用权限。

9.3.3 利用者应在权限允许范围内检索、浏览、复制、下载电子档案、电子档案组件及其元数据。

9.3.4 电子档案及其元数据的离线存储介质不得外借，其使用应在档案部门的监控范围内。

9.3.5 对电子档案采用在线方式提供利用时，应遵守国家有关信息安全的相关规定，从技术和管理两方面采取严格的管理措施。

9.4 电子档案的统计

9.4.1 应按照档案统计年报要求及本单位实际需要对各门类电子档案情况进行统计。

9.4.2 可按档案门类、年度、保管期限、密级、卷数、件数、大小、格式、时长、销毁、移交等要素，对室藏电子档案数量等情况进行统计。

9.4.3 可按年度、档案门类、保管期限、卷数、件数、利用人次、利用目的、复制、下载等要素对电子档案利用情况进行统计。

9.5 电子档案元数据的维护

9.5.1 应基于电子档案管理系统在电子档案管理全

过程中持续开展电子档案元数据采集、备份、转换和迁移等管理活动。

9.5.2 实施电子档案管理系统升级或更新、电子档案格式转换等管理活动时，应自动采集新增的电子档案背景、结构元数据，包括信息系统描述、格式信息、音频编码标准、视频编码标准、技术参数等。

9.5.3 应参照 GB/T 26163.1—2010 等标准持续并自动采集电子档案管理过程元数据，应记录的电子档案管理过程包括登记、格式转换、迁移、鉴定、销毁、移交等，具体见 8.1.4、10.2.5、10.3.4 给出的要求。

9.5.4 应通过备份、格式转换、迁移等措施管理电子档案元数据，包括电子文件归档接收的以及归档后形成的电子档案元数据，具体见 9.2、10.2、10.3.4 给出的要求。

9.5.5 应禁止修改电子档案背景、结构和管理过程元数据，对题名、责任者、文件编号、日期、人物、保管期限、密级等元数据的修改应符合管理规定，修改操作应记录于日志文件中。

9.5.6 应确保电子档案与其元数据之间的关联关系得到维护。

10　电子档案的处置

10.1　电子档案的鉴定与审查

10.1.1 应定期对电子档案进行销毁鉴定和解密审查，鉴定、审查程序应符合国家有关规定。

10.1.2 档案部门应根据本单位档案保管期限表进行电子档案销毁鉴定，提出被鉴定对象的续存或销毁意见，必要时可协商相关职能部门。销毁鉴定意见经上级领导或主管部门审核、批准后方可实施。

10.1.3 电子档案的解密审查应由档案部门、保密部门共同实施，必要时可协商相关职能部门。解密审查意见经上级领导或主管部门审核、批准后方可实施。

10.1.4 应根据电子档案所标密级并结合国家有关政策、要求，参照 GB/T 7156—2003 等标准定期对涉密电子档案进行密级审查，实施解密、延长保密期限或提升密级等处置活动。

10.1.5 到期电子档案移交进馆前，应进行解密审查。

10.2　电子档案的转换与迁移

10.2.1 应在确保电子档案的真实、可靠、完整和可用基础上，参照 ISO 13008—2012 等标准实施电子档案及其元数据的转换或迁移。

10.2.2 出现以下但不限于以下情况时，应实施电子档案及其元数据的转换或迁移：

　　a）电子档案当前格式将被淘汰或失去技术支持

时，应实施电子档案或元数据的格式转换；

　　b）因技术更新、介质检测不合格等原因需更换离线存储介质时，应实施电子档案或元数据离线存储介质的转换；

　　c）支撑电子档案管理系统运行的操作系统、数据库管理系统、台式计算机、服务器、磁盘阵列等主要系统硬件、基础软件等设备升级、更新时，应实施电子档案管理系统、电子档案及其元数据的迁移；

　　d）电子档案管理系统更新时，应实施电子档案及其元数据的迁移。

10.2.3 应按照确认转换或迁移需求、评估转换或迁移风险、制定转换或迁移方案、审批转换或迁移方案、转换或迁移测试、实施转换或迁移、评估转移或迁移结果、报告转换或迁移结果等步骤实施电子档案及/或元数据的转换或迁移。

10.2.4 应在确信转换或迁移活动成功实施之后，根据本单位实际对转换或迁移前的电子档案及其元数据进行销毁或继续留存的处置。

10.2.5 电子档案及其元数据库的转换、迁移活动应记录于电子档案管理过程元数据中，并填写电子档案格式转换与迁移登记表（见表 A.3）。

10.2.6 重新对经过格式转换后的电子档案及其元数据进行备份。

10.3　电子档案的移交与销毁

10.3.1 保管期限为永久的电子档案及其元数据自形成之日起 5 年内应向同级国家综合档案馆移交，移交工作按照《电子档案移交与接收办法》和同级国家综合档案馆的要求执行。

10.3.2 纸质、银盐感光材料等各门类传统载体档案应以数字副本及其目录数据移交进馆，以确保移交年度内数字档案资源的完整性。纸质档案数字化转换应按照 DA/T 31、ISO/TR 13028—2010 以及同级国家综合档案馆的要求执行。

10.3.3 电子档案的销毁应参照国家关于档案销毁的有关规定与程序执行。

10.3.4 应从在线存储设备、异地容灾备份系统中彻底删除应销毁电子档案，电子档案管理系统应在管理过程元数据、日志中自动记录鉴定、销毁活动，将被销毁电子档案的元数据移入销毁数据库。

10.3.5 应销毁电子档案的离线存储介质，应对其实施破坏性销毁。实施销毁前，应对备份其中的其他电子档案进行离线存储介质的转换。

10.3.6 属于保密范围的电子档案，其销毁应按国家保密规定实施。

10.3.7 应填写电子档案销毁登记表（表 A.4）并归档保存。

附录 A
（资料性附录）
登 记 表 格 式

表 A.1　　　电子文件归档登记表

单位名称		
归档时间		归档电子文件门类	
归档电子文件数量	卷　件　张　分钟　字节		
归档方式	□在线归档　　　□离线归档		
检验项目	检验结果		
载体外观检验			
病毒检验			
真实性检验			
可靠性检验			
完整性检验			
可用性检验			
技术方法与相关软件说明登记表、软件、说明资料检验			
电子文件形成或办理部门（签章）　　　　　　　年 月 日	档案部门（签章）　　　　　　　年 月 日		

注　归档电子文件门类包括：文书，科技，专业，声像，
电子邮件，网页，社交媒体，［其他］。

表 A.2　电子档案离线存储介质管理登记表

单位名称			
管理授权			
责任部门			
管理类型	□复制　□更新　□转换		
源介质描述（类型、品牌、参数、数量等）			
目标介质描述（类型、品牌、参数、数量等）			
完成情况（操作前后电子档案及其元数据内容、数量等一致性情况）			
管理起止时间			
操作者			
填表人（签名）　　　　年 月 日	审核人（签名）　　　年 月 日	单位（签章）　　　年 月 日	

表 A.3　电子档案格式转换与迁移登记表

单位名称			
管理授权			
责任部门			
管理类型	□格式转换　　□迁移		
源格式或系统描述			
目标格式或系统描述			
完成情况（操作前后电子档案及其元数据内容、数量一致性情况等）			
操作起止时间			
操作者			
填表人（签名）　　　年 月 日	审核人（签名）　　　年 月 日	单位（签章）　　　年 月 日	

表 A.4　　　电子档案销毁登记表

单位名称			
销毁授权			
被销毁电子档案情况（范围、数量、大小等）			
在线存储内容销毁说明			
异地容灾备份内容销毁说明			
离线存储介质销毁说明			
销毁起止时间			
操作者			
填表人（签名）　　　年 月 日	审核人（签名）　　　年 月 日	单位（签章）　　　年 月 日	

参 考 文 献

[1] GB/T 26162.1—2010 信息与文献 文件管理 第1部分：通则（ISO 15489-1，IDT）.

[2] 党政机关公文处理工作条例（中办发［2012］14号）.

[3] 机关文件材料归档范围和档案保管期限规定（国家档案局令第8号）.

[4] 企业文件材料归档范围和档案保管期限规定（国家档案局令第10号）.

[5] 电子档案移交与接收办法（档发［2012］7号）.

[6] 档案信息系统安全等级保护定级工作指南（档办发［2013］5号）.

4 文书类电子文件形成办理系统通用功能要求

（GB/T 31913—2015）

前 言

本标准按照 GB/T 1.1—2009 给出的规则起草。

本标准由国家密码管理局提出并归口。

本标准起草单位：江苏省委办公厅、南京大学。

本标准主要起草人：石进、包丰、姚思远、王平、吴宇浩、金灿、王倩、刘悦琦。

引 言

为了适应我国电子文件形成办理的现实需要，指导电子文件形成办理系统的建设和使用，提升信息化环境下电子文件形成办理的规范化水平，特制定本标准。

1 范围

本标准规定了文书类电子文件形成办理系统（Administrative Electronic Records Creation and Transaction System，AERCTS）的业务、管理、可选等通用功能性要求。

本标准适用于机关、团体、企事业单位和其他社会组织对文书类电子文件形成办理系统的建设、使用和评估，也可供科研教学机构参考。

2 规范性引用文件

下列文件对于本文件的应用是必不可少的。凡是注日期的引用文件，仅注日期的版本适用于本文件。凡是不注日期的引用文件，其最新版本（包括所有的修改单）适用于本文件。

GB/T 7156—2003 文献保密等级代码与标识

GB/T 7408—2005 数据元和交换格式 信息交换 日期和时间表示法

GB 11714—1997 全国组织机构代码编制规则

GB/T 18391（所有部分） 信息技术 元数据注册系统（MDR）

GB/T 29194—2012 电子文件管理系统通用功能要求

DA/T 32—2005 公务电子邮件归档与管理规则

DA/T 46—2009 文书类电子文件元数据方案

3 术语和定义

GB/T 29194—2012、DA/T 46—2009 界定的以及下列术语和定义适用于本文件。为了便于使用，以下重复列出了 GB/T 29194—2012、DA/T 46—2009 中的某些术语和定义。

3.1

电子文件 electronic records

机关、团体、企事业单位和其他社会组织在处理公务过程中，通过计算机等电子设备形成、办理、传输和存储的文字、图表、图像、音频、视频等不同形式的电子信息记录。

3.2

文书类电子文件 administrative electronic records

反映党务、政务、生产经营管理等各项管理活动的电子文件。

［DA/T 46—2009，定义3.2］

3.3

电子文件形成 creation of electronic records

文书类电子文件通过电子设备从无到有的生成过程，包括起草、审核、签发环节。

3.4

电子文件办理 transaction of electronic records

在文件形成后相关人员围绕电子文件进行的一系列办理过程，包括发送办理和接收办理两部分。

3.5

电子文件形成办理系统 electronic records creation and transaction system

应用于电子文件形成办理单位，旨在规范电子文件形成和办理流程，同时实施电子化操作的业务系统。

3.6

电子签章 electronic seal

建立在数字签名技术基础上对实物印章的模拟，与传统的手写签名、盖章具有相同可视效果，且能保障电子信息的真实性和完整性以及签名人的不可否认性。

3.7

起草 draft

文件起草者根据负责人的相关意见拟制电子文稿的过程。

3.8

审核 check

对送请签发的电子文件进行的综合性审查，是对电子文件内容、体式、文字和手续等进行全面审查、修改的加工过程。

3.9

签发 endorsement

电子文件经负责人审核同意后签字发出的过程。

3.10

会签 countersign

电子文件签发的一种特殊形式，即多个机关单位/部门负责人或同一机关单位的多个负责人会同合签一份文件。

3.11

复核 re－check

对已审核过的文件进行再次审核的过程，在电子文件发送办理中表示对签发后的电子文件的审核，复核内容包括电子文件的审批手续、内容、文种、格式等。

3.12

发送登记 send registration

对拟发出的电子文件的相关信息进行记录，以备管理和查询。

3.13

印制 print

包括电子文件的版式生成和电子文件打印。

3.14

核发 check and release

电子文件印制完毕后，对电子文件的文字、格式和印刷质量进行检查后分发。

3.15

签收 sign in

收件人按规定的程序和要求进行电子文件接收并签名（章），同时向来文单位发送电子回执的过程。

3.16

接收登记 receive registration

对收到的电子文件的主要信息和办理情况进行详细记录的活动。

3.17

初审 review

在电子文件接收登记后，对该电子文件是否应由本机关（单位）办理、涉及其他部门或地区职权的事项是否已协商、其内容格式是否符合要求进行初步审核。

3.18

承办 undertake

通过对电了文件的阅读、贯彻执行与办理（或回复），而使电子文件内容所针对的事务与问题得以处理和解决的活动。

3.19

拟办 devise handling

对接收文件如何处理提出初步意见，以供相关负责人审核决定。

3.20

批办 ratify handling

相关负责人对某份电子文件如何办理所作的指示性意见。

3.21

传阅 pass round for perusal

由电子文件处理部门负责组织，将经过处理、加工或整理的电子文件在多个部门或多位负责人（工作人员）之间传递、运转，使其了解、知悉电子文件内容及办理情况的过程。

3.22

催办 press

对电子文件的办理进展情况的督促工作。

3.23

答复 reply

机关单位在电子文件办理完毕时对发文机关作出的回复，并根据需要告知相关单位。

3.24

办结 close

包括发送办结以及接收办结，是对发送办理或者接收办理过程中产生的一切过程文件、元数据以及日志记录单等进行整理并存储。

3.25

处理单 processing form

随电子文件一起运转的文件记录，用以记录电子文件形成办理过程中的处理意见，包括发送处理单和接收处理单。

3.26

登记单 registration form

电子文件形成办理过程中发送登记或接收登记时形成的文件记录，包括发送登记单和接收登记单。

3.27

元数据 metadata

描述电子文件的背景、内容、结构及其整个管理过程的数据。

［GB/T 29194—2012，定义 3.11］

3.28

电子签名 electronic signature

以电子形式所含、所附用于识别签名人身份并表

明签名人认可其中内容的数据。

[GB/T 29194—2012，定义 3.32]

3.29

离线利用 offline access

在不联网，即离线（也称下线、下网、脱机）的状态下，使用离线存储设备从文书类电子文件形成办理系统（AERCTS）中读取电子文件，进行相关操作的利用方式。

4 总则

4.1 系统定位

电子文件生命周期中，一般经历三种类型的系统，即电子文件形成办理系统、电子文件管理系统和电子文件长期保存系统。文书类电子文件形成办理系统属于电子文件形成办理系统，主要为文书类电子文件提供从形成到办理这一过程中所涉及的业务功能，并提供与其他系统连接的数据接口。电子文件管理系统负责从形成办理系统中捕获电子文件，维护文件之间、文件和业务之间的各种关联，支持查询利用，并以有序的、系统的、可审计的方式进行处置。文书类电子文件形成办理系统可作为一个独立系统存在，也可作为一个子系统或功能模块与其他业务系统或电子文件管理系统同属于一个信息系统。而电子文件长期保存系统则以正确的和长期有效的方式维护电子文件并提供利用。文书类电子文件形成办理系统与电子文件形成办理系统、电子文件管理系统、电子文件长期保存系统等三类系统之间的逻辑关系如图 1 所示。

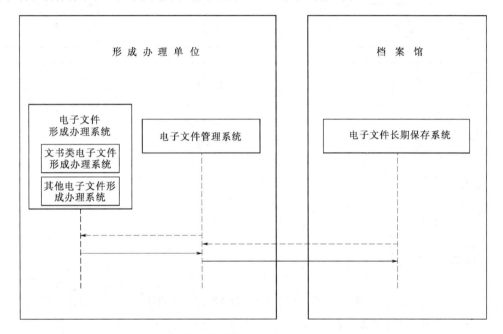

图 1 文书类电子文件形成办理系统定位

4.2 功能架构

本标准分别规定了文书类电子文件形成办理系统业务功能要求、管理功能要求和可选功能要求。其中，业务功能要求主要从文书类电子文件形成办理的业务需求角度提出，主要包括：总体要求、电子文件形成、电子文件发送办理、电子文件接收办理、电子文件检索、电子文件管理。管理功能要求从系统管理的角度出发，提出了配合业务需要的管理要求，主要包括系统管理、元数据管理、流程管理、安全管理、接口管理。可选功能要求是对不同级别的机关单位根据实际业务需要提出的要求，包括离线利用、导入与导出和性能要求。文书类电子文件形成办理系统功能架构如图 2 所示。

本标准规定的每一个功能要求以及非功能性要求的条款，均具备约束性声明，用以说明该要求的约束性程度，分必选和可选两种。必选表示应采用，可选表示可根据用户需要选用或不选用。

4.3 法律法规遵从

系统的功能设计遵守电子文件处理、安全管理等方面法律、法规和规章的规定，符合电子文件格式、电子文件处理业务和信息技术等方面国家标准和行业标准的要求。特定机构使用的 AERCTS，还应满足本机构内部的制度规范。

5 业务功能要求

5.1 总体要求

对文书类电子文件形成办理提出总体性的业务要求，如表 1 所示。

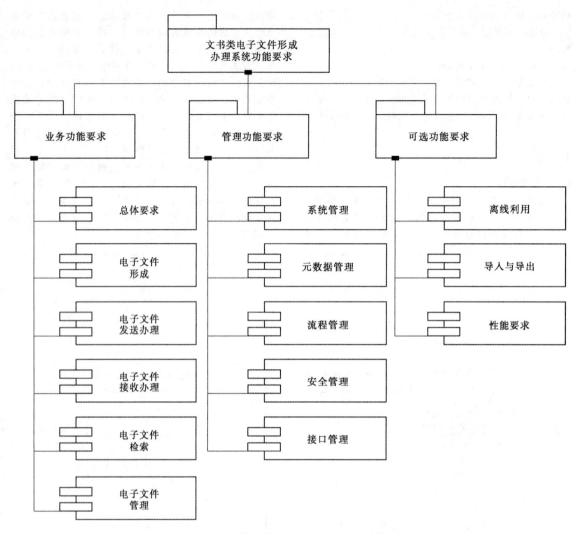

图2 文书类电子文件形成办理系统功能架构图

表1 文书类电子文件形成办理总体性业务要求

序号	功能要求	约束
1	AERCTS应支持对用户身份认证,认证通过才能进入相应的形成办理业务	必选
2	AERCTS支持权限允许的用户查看文件形成办理情况	必选
3	AERCTS自动记录用户对电子文件形成办理的审计跟踪日志	必选
4	AERCTS对业务的退回操作应该逐级进行,当前级只能退回给上一级	必选
5	AERCTS应支持符合相关国家法规的电子签章功能并记录相关信息,包括用印日期、用印人及签章信息	必选

续表

序号	功能要求	约束
6	AERCTS宜允许用印者撤销自己所盖的签章	可选
7	AERCTS应记录电子文件形成办理中的元数据信息	必选
8	AERCTS应为形成办理业务人员提供业务提醒功能。如以手机短信的方式进行提醒,或可视化图形界面及声音进行有效的提示,或电子邮件提醒等	必选
9	AERCTS应为文件办理人选择办理文件方式和路径。包括: a) 办理文件的部门和人员; b) 办理环节	必选

续表

序号	功 能 要 求	约束
10	AERCTS应能准确识别电子文件形成办理业务系统中所开展的业务活动所属的形成办理业务环节	必选
11	AERCTS应能识别电子文件形成办理业务活动中记录证据的文件及其元数据	必选
12	AERCTS应统一日期时间格式为"日期＋时间"模式，精确到时、分、秒。日期时间格式遵循GB/T 7408—2005	必选
13	AERCTS应能对电子文件添加密级标志，并实现密级标志与电子文件的绑定关系不可被非授权分割，密级标志不可被非授权修改，文件密级遵循GB/T 7156—2003	可选

5.2 电子文件形成

5.2.1 起草

在文书类电子文件形成阶段的起草功能要求如表2所示。

表2 文书类电子文件在形成阶段的起草功能要求

序号	功 能 要 求	约束
1	AERCTS支持用户选择电子文件类型	必选
2	AERCTS提供起草文件的提交入口	必选
3	AERCTS支持对文件的相关资源以附件形式上传、编辑和删除	必选
4	AERCTS支持对文件相关资源进行逻辑关联	必选
5	AERCTS提供对应文件类型的元数据方案以及文件标准模板	必选
6	AERCTS提供文件基本信息填写：标题、密级、紧急程度、保密期限、主送机关等必填，附注、抄送机关、联合发文单位等选填	必选
7	AERCTS支持调用文档处理插件进行正文编辑	必选
8	AERCTS支持文件修改痕迹记录，并采用不同格式记录不同用户不同时间的修改信息，包括修改时间、修改人、修改内容	必选
9	AERCTS为起草人提供定稿功能，清除修改痕迹并一键定稿	可选
10	AERCTS支持对未完成文件进行保存，供以后编辑或提交	必选
11	AERCTS支持对中止并不再起草的文件进行删除，但记录该文件的元数据信息	必选

5.2.2 审核

在文书类电子文件形成阶段的审核功能要求如表3所示。

表3 文书类电子文件在形成阶段的审核功能要求

序号	功 能 要 求	约束
1	AERCTS支持调用文档处理插件进行正文编辑，并记录修改痕迹	必选
2	AERCTS应提供初核人意见栏目并记录相关信息，包括初核人、初核日期、初核意见	必选
3	AERCTS应提供审核人意见栏目并记录相关信息，包括审核人、审核日期、审核意见、审核更改记录	必选
4	AERCTS提供电子文件的提交入口	必选
5	AERCTS支持文件的相关资源以附件形式上传、编辑和删除	必选
6	AERCTS支持自动审核和手工审核两种方式	必选

5.2.3 签发

在电子文件形成阶段的签发功能要求如表4所示。

表4 文书类电子文件在形成阶段的签发功能要求

序号	功 能 要 求	约束
1	AERCTS支持调用文档处理插件进行正文编辑，并记录修改痕迹	必选
2	AERCTS应提供签发人意见栏目并记录相关信息，包括签发人、签发日期、签发意见	必选
3	AERCTS应提供联合行文会签功能并记录相关信息，包括会签人、会签日期、会签意见	必选
4	AERCTS提供电子文件的提交入口	必选
5	AERCTS支持对文件的相关资源以附件形式上传、编辑和删除	必选

5.3 电子文件发送办理

5.3.1 复核

文书类电子文件在发送办理阶段的复核功能要求如表5所示。

表 5　文书类电子文件在发送办理阶段的复核功能要求

序号	功能要求	约束
1	AERCTS应提供复核人意见栏目并记录相关信息，包括复核人、复核日期、复核意见	必选
2	AERCTS支持根据系统数据形成发送处理单	必选

5.3.2　登记

文书类电子文件在发送办理阶段的登记功能要求如表 6 所示。

表 6　文书类电子文件在发送办理阶段的登记功能要求

序号	功能要求	约束
1	AERCTS需要记录电子文件登记信息：如发文字号、标题、文种、密级、保密期限、起草人、审核人、签发人（含会签单位签发人）、成文日期、主送机关、抄送机关、印制份数、印发日期	必选
2	AERCTS支持根据系统数据形成发送登记单	必选

5.3.3　印制

文书类电子文件在发送办理阶段的印刷功能要求如表 7 所示。

表 7　文书类电子文件在发送办理阶段的印制功能要求

序号	功能要求	约束
1	AERCTS应支持对电子文件内容的打印功能	必选
2	AERCTS应支持设置打印参数	必选
3	AERCTS应支持将电子文件制成版式文件的功能	必选
4	AERCTS应支持用印者对电子签章进行选择，能够进行位置调整，最后确认用印	可选

5.3.4　核发

文书类电子文件在发送办理阶段的核发功能要求如表 8 所示。

表 8　文书类电子文件在发送办理阶段的核发功能要求

序号	功能要求	约束
1	AERCTS应记录电子文件发送信息、电子文件接收信息	必选

续表

序号	功能要求	约束
2	AERCTS应支持对电子文件采用符合国家标准规范的封装技术进行封装	可选
3	AERCTS应提供已发送文件补发功能	必选
4	AERCTS应提供电子文件重新发送功能	必选
5	AERCTS提供重新设定电子文件发送状态功能	必选
6	AERCTS应提供终止与暂停电子文件发送功能	必选
7	在电子文件进入接收方的正式处理流程之前，AERCTS应提供已发送电子文件追回功能	可选

5.3.5　发送办结

文书类电子文件在发送办理阶段的发送办结功能要求如表 9 所示。

表 9　文书类电子文件在发送办理阶段的发送办结功能要求

序号	功能要求	约束
1	AERCTS应支持增加电子文件档案号字段的记录	必选
2	AERCTS应支持权限范围内的人员对电子文件及其元数据进行修改	必选
3	AERCTS应对电子文件及其元数据操作记入审计跟踪日志	必选

5.4　电子文件接收办理

5.4.1　签收

文书类电子文件在接收办理阶段的签收功能要求如表 10 所示。

表 10　文书类电子文件在接收办理阶段的签收功能要求

序号	功能要求	约束
1	AERCTS应记录签收文件相关信息，包括签收人、签收日期	必选
2	对不符合签收要求的文件，AERCTS支持文件退回操作，并记录经办人、退文日期、退回理由	必选

5.4.2　登记

文书类电子文件在接收办理阶段的登记功能要求如表 11 所示。

表 11 文书类电子文件在接收办理阶段的登记功能要求

序号	功 能 要 求	约束
1	AERCTS 为接收文件提供对应文件类型的元数据方案	必选
2	AERCTS 提供接收文件登记信息录入：如接收文号、来文单位、来文文号、来文标题、来文日期等	必选
3	AERCTS 应支持完整性和真实性检查，查看文件在传输过程中是否有损坏、是否被篡改	必选
4	AERCTS 支持根据系统数据形成接收登记单	必选
5	AERCTS 提供接收文件的上传入口	必选
6	AERCTS 支持对接收文件的相关资源以附件形式上传、编辑和删除	必选

5.4.3 初审

文书类电子文件在接收办理阶段的初审功能要求如表 12 所示。

表 12 文书类电子文件在接收办理阶段的初审功能要求

序号	功 能 要 求	约束
1	AERCTS 应提供初审人意见栏目并记录相关信息，包括初审人、初审日期、初审意见	必选
2	对不符合初审要求的文件，AERCTS 应支持退回操作	必选
3	AERCTS 应提供电子印章验证功能	可选

5.4.4 承办

文书类电子文件在接收办理阶段的承办功能要求如表 13 所示。

表 13 文书类电子文件在接收办理阶段的承办功能要求

序号	功 能 要 求	约束
1	AERCTS 应支持对需要办理的电子文件按照阅知性和批办性进行分类： a) 阅知性电子文件应提供阅知人员的选择范围； b) 批办性电子文件应提供拟办人员的选择范围	必选
2	AERCTS 应提供拟办人意见栏目并记录相关信息，包括拟办人、拟办日期、拟办意见	必选

续表

序号	功 能 要 求	约束
3	AERCTS 应提供批办人意见栏目并记录相关信息，包括批办人、批办日期、批办意见	必选
4	AERCTS 应提供批办人选择办理文件方式和路径，包括： a) 办理文件的部门和人员； b) 办理时限	必选
5	AERCTS 应提供承办人意见栏目并记录相关信息，包括承办人、承办单位、承办日期、承办意见	必选

5.4.5 传阅

文书类电子文件在接收办理阶段的传阅功能要求如表 14 所示。

表 14 文书类电子文件在接收办理阶段的传阅功能要求

序号	功 能 要 求	约束
1	AERCTS 应记录阅知人相关信息，包括阅知人、阅知日期、阅知意见	必选
2	AERCTS 应判断是否有漏传、误传、倒传现象	可选

5.4.6 催办

文书类电子文件在接收办理阶段的催办功能要求如表 15 所示。

表 15 文书类电子文件在接收办理阶段的催办功能要求

序号	功 能 要 求	约束
1	AERCTS 应根据文件办理时限为承办人发送催办通知信息	必选
2	AERCTS 应提供催办人意见栏目并记录相关信息，包括催办人、催办日期、催办意见、催办结果	必选
3	AERCTS 提供到期未办结文件列表提醒功能，（自动）触发催办功能	可选

5.4.7 答复

文书类电子文件在接收办理阶段的答复功能要求如表 16 所示。

表 16 文书类电子文件在接收办理阶段的答复功能要求

序号	功 能 要 求	约束
1	AERCTS 应记录答复相关信息，包括办理结果、答复人、答复方式、答复日期	必选

5.4.8　接收办结

文书类电子文件在接收办理阶段的接收办结功能要求如表 17 所示。

表 17　文书类电子文件在接收办理阶段的接收办结功能要求

序号	功能要求	约束
1	AERCTS 应支持权限范围内的人员对电子文件及其元数据进行修改	必选
2	AERCTS 应对电子文件及其元数据操作记入审计跟踪日志	必选

5.5　电子文件检索

AERCTS 应提供多种检索途径和输出功能，满足不同用户需求，实现电子文件及其元数据的检索。文书类电子文件的检索功能要求如表 18 所示。

表 18　文书类电子文件的检索功能要求

序号	功能要求	约束
1	AERCTS 检索模块应： a) 遵循访问控制要求，对没有权限的查询方式不予支持，但应显示提示信息； b) 对于不在用户权限范围内显示的检索结果不予显示，但应显示提示信息	必选
2	AERCTS 应根据电子文件及其元数据提供全文检索以及特定检索功能	必选
3	AERCTS 应允许用户检索权限范围内所有的资源对象及其元数据	必选
4	AERCTS 应支持选定条件的检索，条件查询的来源可以是任何有检索意义的元数据项	必选
5	AERCTS 应支持组合条件检索，允许用户同时对元数据和文件内容进行组合检索	必选
6	AERCTS 应支持布尔检索、部分匹配和通配符检索	必选
7	AERCTS 应支持用户在检索结果中查看其权限范围内的电子文件及其元数据，并能直接进行相关业务操作	必选
8	AERCTS 宜允许用户对检索结果进行选择、分组和排序	可选
9	AERCTS 宜支持根据检索结果进行扩展显示，即可显示包括文件内容在内的各元数据项	可选
10	AERCTS 宜支持用户对查询结果显示的顺序进行选择	可选
11	AERCTS 检索模块应与其他功能模块集成，将其作为其他功能的入口	必选
12	AERCTS 应支持查询频率统计报告功能	必选
13	AERCTS 应支持多用户的并发检索	必选

5.6　电子文件管理

5.6.1　文件生成

文书类电子文件的生成功能要求如表 19 所示。

表 19　文书类电子文件的生成功能要求

序号	功能要求	约束
1	AERCTS 应保证每份电子文件具有唯一可识别性，并将其唯一标识符作为元数据与该文件一起保存	必选
2	AERCTS 中的电子文件来源于系统生成或接收自其他系统，当电子文件存在多个组件时，应保存所有组件以及相关元数据之间的关系，保证电子文件内容和结构的完整性	必选
3	AERCTS 应支持电子文件的命名： a) 支持由用户以手工方式输入名称； b) 支持预定义的方式自动命名或通过特定的功能要求输入名称； c) 同一类型文件一般不允许文件名重复，当用户使用系统中已存在的名称生成文件时，应发出警示	必选
4	AERCTS 应支持电子文件依照文件分类方案进行分类	必选

5.6.2　分类方案

分类方案是对电子文件进行系统标识和组织整理的依据，系统要具备支持机构按照履行职能中形成电子文件的类型，建立和维护符合自身实际分类方案的功能。

文书类电子文件的分类方案功能要求如表 20 所示。

表 20　文书类电子文件的分类方案功能要求

序号	功能要求	约束
1	AERCTS 应支持有权限的管理员建立分类方案	必选
2	AERCTS 应支持给分类方案中的所有类目提供元数据描述，如类号、类目名称、注释等	必选
3	AERCTS 应支持文件管理员或授权用户对类目进行增加、修改、删除操作	必选
4	AERCTS 应支持文件管理员或授权用户设定类目的默认元数据值	必选
5	AERCTS 宜支持将一个独立的类目拆分为多个类目或将多个类目合并为一个类目，并将此操作记入审计跟踪日志	可选
6	AERCTS 应支持电子文件的分类与其他业务流程之间的密切联系与互操作，如电子文件的登记、检索利用等	必选

续表

序号	功 能 要 求	约束
7	AERCTS宜提供分类模板，并支持用户自行建立分类模板	可选
8	AERCTS应支持提供分类方案维护活动的系统报告	必选

5.6.3 文件维护

文书类电子文件的维护功能要求如表21所示。

表21   文书类电子文件的维护功能要求

序号	功 能 要 求	约束
1	AERCTS应能提供给权限允许的用户删除、激活、恢复电子文件的功能	必选
2	AERCTS应提供对电子文件相关信息编辑的功能，文件信息包括但不限于：文件标题、文件唯一标识符、文件日期、密级等	必选
3	AERCTS应提供电子文件本身及其相关元数据信息的维护	必选
4	当电子文件发生异常时，在允许范围内，AERCTS应提供回收文件的功能	必选
5	AERCTS应支持系统内部文件通过再分类的方式实现电子文件的移动	必选
6	AERCTS应支持电子文件的复制功能，使原始文件保持完整且不被更改： a）应提供一个可控的复制工具，或提供接口连接到外部可控复制工具上； b）对已识别的电子文件副本进行跟踪，并在审计跟踪日志中记录这些副本的访问、操作信息	必选
7	AERCTS宜支持对电子文件生成摘要的功能，借此将敏感信息从摘要中删除，保证原始文件的完整性； a）生成摘要的文件宜在元数据中加以注释，包括摘要生成的日期、时间、操作人员等； b）宜保持摘要与其原始文件的关联	可选
8	对于文件维护的所有操作过程，应定期提供系统报告	必选

5.6.4 统计管理

AERCTS能够提供系统中各类管理对象的统计信息。文书类电子文件的统计管理功能要求如表22所示。

表22   文书类电子文件的统计管理功能要求

序号	功 能 要 求	约束
1	AERCTS应支持文件管理员或授权用户在其授权范围内生成相关统计信息的功能，统计项包括但不仅限于：人员、机构、电子文件类别、文件状态、时间等	必选
2	AERCTS应只支持文件管理员或授权用户生成周期性的统计报表，如日报、周报、月报、季报、年报	必选
3	AERCTS应提供根据用户定义的条件和统计项进行自定义统计	必选
4	AERCTS宜支持将统计报表导出到第三方软件中进行处理分析	可选
5	AERCTS应支持报表打印、显示以及以不可更改的版式文件格式存储报表的功能	必选
6	AERCTS应提供自定义或预定义统计报表的功能，包括： a）提供自定义或预定义的报表条件，便于自动生成统计信息； b）提供报表汇总功能	必选

6 管理功能要求

6.1 系统管理

系统管理功能要求管理员实现系统用户和资源的管理、系统功能的配置、操作权限的分配，在确保文件可用的同时不泄露敏感信息，同时对系统运行的各方面表现进行监控并作出报告。

6.1.1 总体要求

文书类电子文件形成办理系统管理的总体要求如表23所示。

表23   系统管理总体要求

序号	功 能 要 求	约束
1	AERCTS应支持系统管理员查询、显示以及重新配置系统参数	必选
2	AERCTS应支持系统管理员重新确定用户范围、用户角色及用户权限	必选
3	AERCTS应支持对单位及代码管理： a）单位管理主要对机构的基本信息和组织结构信息进行管理； b）代码管理是对各类文件、组织机构的代码进行管理，如文件类别代码、主题词表、单位代码等	必选
4	AERCTS应提供对系统总体状况的综合监测	必选
5	AERCTS应能识别错误，必要时能隔离错误，并提供错误报告	必选

6.1.2 系统报告

AERCTS应对系统全程实施监控管理，采用标

准报告、专题报告、统计报告、临时报告等形式监控系统的活动和状态。系统报告的功能要求如表 24 所示。

表 24　　　　系统报告的功能要求

序号	功能要求	约束
1	AERCTS 应支持系统管理员和授权用户生成周期性报告（如年报、季报、月报、周报等）	必选
2	AERCTS 应提供报告打印、阅读、排序、分类、存储、导出等基本管理功能	必选
3	AERCTS 应提供电子文件从形成到办理全过程报告，包括但不限于以下报告： a）形成办理过程中产生的所有文件记录，如发送登记单、接收登记单等； b）各业务人员操作记录，包括业务人员、操作类型、时间、所处位置、操作结果等； c）电子文件所处状态变更记录	必选
4	AERCTS 宜根据多个选择条件生成有关的系统报告。条件包括： a）时间段； b）对象范围，如机构、文件类型等； c）文件版本、格式； d）特定位置，如网段、工作站； e）用户等	可选
5	AERCTS 应支持形成审计跟踪报告	必选
6	AERCTS 应支持形成失败/错误过程处理状况报告	必选
7	AERCTS 应支持形成安全违规操作报告等	必选
8	AERCTS 宜支持以图表形式展示报告	可选
9	AERCTS 宜提供报告基本统计和分析功能	可选
10	AERCTS 宜支持在显示界面上选择元数据自定义查询、统计、分析报表的功能	可选

6.2　元数据管理

6.2.1　概述

元数据既是 AERCTS 重要的管理对象，又是 AERCTS 管理文件的基本工具。元数据形成、利用和管理都贯穿于电子文件形成办理的整个过程中。

6.2.2　元数据方案建立

本条规定元数据方案定义、注册与配置相关的内容。文书类电子文件形成办理系统的元数据遵循 GB/T 18391（所有部分）的规定，元数据方案建立的功能要求如表 25 所示。

表 25　　　元数据方案建立的功能要求

序号	功能要求	约束
1	AERCTS 应集中存储、管理和维护元数据，保证系统中元数据的一致性和完整性	必选
2	AERCTS 应允许系统管理员为电子文件形成办理的过程创建一份完整的元数据方案	必选
3	AERCTS 应支持系统管理员根据不同业务的需要为电子文件创建相应的元数据方案，如电子文件形成、电子文件办理中各环节的元数据方案	必选
4	AERCTS 不能限制系统中每个实体对象的元数据元素数量	必选
5	AERCTS 应提供定义每项元数据元素的约束性和可重复性的功能	必选
6	AERCTS 应允许定义元数据的语义和语法规则，包括但不限于以下方面： a）元数据元素的名称； b）元数据元素的定义； c）元数据元素赋值的数据类型，AERCTS 应至少支持应用或混合应用字符型、数值型、日期/时间型、逻辑型的元数据值； d）元数据元素的值域； e）元数据元素的编码体系； f）元数据元素缺省值； g）元数据元素之间的关联关系，包括继承关系、参照关系等	必选

6.2.3　元数据方案维护

本条规定元数据方案的维护，包括元数据的修改和删除功能。元数据方案维护的功能要求如表 26 所示。

表 26　　　元数据方案维护的功能要求

序号	功能要求	约束
1	AERCTS 应提供元数据方案设置的备份和恢复功能	必选
2	AERCTS 应提供元数据方案的导入导出功能	必选
3	AERCTS 应提供元数据方案的显示功能	必选
4	元数据方案有重要变更时，AERCTS 应更新元数据方案的版本号，并留存原有元数据方案	必选
5	只有文件业务管理员或者授权用户才能对元数据方案进行修改、更新、删除，包括变更元数据元素以及元数据语法和语义规则等；修改应被记入审计跟踪日志	必选

序号	功能要求	约束
6	AERCTS应保证元数据方案中各元数据元素之间的关系，以及元数据元素与其所描述的信息对象之间的关系始终一致	必选
7	AERCTS应支持不同层级实体的元数据继承关系，允许通过默认值的方式实现自动继承	必选

6.2.4 元数据值的管理

元数据值的管理功能要求如表 27 表示。

表 27　　元数据值的管理功能要求

序号	功能要求	约束
1	AERCTS应允许通过键盘或下拉列表输入元数据值	必选
2	AERCTS应提供多种方式，以便于人工输入元数据值，包括提供默认值、当前日期/时间、空白项等	必选
3	AERCTS应允许授权用户改变元数据值	必选
4	AERCTS应支持授权用户为每个元数据元素定义信息来源（数据源），包括指定应由授权用户输入、修改，或由系统自动获取等	必选
5	AERCTS应支持多种元数据值有效性验证机制，包括格式验证、值域验证等	必选
6	AERCTS宜允许通过调用其他程序来验证元数据值的有效性	可选
7	AERCTS应支持元数据值的批量替换	必选
8	AERCTS宜支持元数据被其他系统使用	可选
9	AERCTS应对元数据进行利用控制，根据权限管理，建立用户与元数据之间的利用关系	必选
10	AERCTS应提供电子文件元数据集合的导出以及跨系统迁移，并保证元数据信息的可读性	必选
11	AERCTS应支持长期存储选定的元数据，无论相关联的电子文件是否已经移交、删除或销毁	必选

6.3　流程管理

流程管理功能要求如表 28 所示。

表 28　　流程管理功能要求

序号	功能要求	约束
1	AERCTS应提供电子文件形成办理流程管理功能，包括定义、修改、删除流程，不得限制流程中形成办理环节步骤的数量	必选

序号	功能要求	约束
2	AERCTS应通过流程管理设定电子文件形成办理流程，在此基础上定义每一环节的工作任务和职责	必选
3	AERCTS应根据电子文件形成办理业务流程提供业务流程模板	必选
4	AERCTS应能自定义形成办理业务流程，可按照组织机构人事划分定义工作组，也可以是其他逻辑组合，组织机构编制规则应遵循 GB 11714—1997	必选
5	AERCTS应能提供访问控制权限与工作组之间的有机结合，如可将特定来源的电子文件的形成办理权限分配给某工作组	必选
6	在工作组中可以定义流程管理员和普通用户角色，前者可以重新定义流程并分配任务	必选
7	AERCTS应能管理工作组的各项活动，包括暂停、启动、追踪、报告状态等	必选
8	只有获得授权的人员才能进行工作组管理	必选
9	只有获得授权的人员才能进行流程管理	必选
10	AERCTS应能启动、暂停、取消、保存、显示、报告形成办理流程	必选
11	AERCTS应对流程定义并将其管理活动记入审计跟踪日志	必选
12	AERCTS应提供对流程管理的报告工具，包括对容量、性能、工作量和意外情况进行监控	必选
13	AERCTS应提供流程管理的图形管理界面，流程管理的管理活动可通过图形界面进行	必选
14	AERCTS应能设置和调整形成办理流程的优先级别	必选
15	AERCTS应能向用户通报形成办理流程	必选
16	AERCTS应允许用户以队列方式管理、查看工作任务	必选
17	AERCTS应在流程管理中支持电子文件元数据的累进增加	必选
18	AERCTS应允许流程管理员设定流程步骤期限，并生成报告	必选
19	AERCTS应支持有条件的流程，即根据用户输入或系统数据来决定形成办理流程的方向	必选
20	AERCTS对流程管理宜支持多种提醒功能，保证工作流顺畅完成	可选

6.4　安全管理

6.4.1　概述

安全管理主要是为保障电子文件形成办理的业务安全，应遵循相关的安全技术标准规范实施。

6.4.2　身份认证与访问控制

身份认证与访问控制功能要求如表 29 所示。

表 29　　身份认证与访问控制功能要求

序号	功能要求	约束
1	AERCTS 应支持多种用户身份认证机制，包括对用户和系统的双向认证	必选
2	对于选定身份认证的机构，AERCTS 应支持符合国家或行业相关标准的身份认证法规、技术要求等	必选
3	AERCTS 应支持身份认证失败处理功能，可采取结束会话、限制非法登录次数和自动退出等措施	必选
4	对于选定访问控制的机构，AERCTS 应支持符合国家或行业相关标准的访问控制法规、技术要求等	必选
5	AERCTS 能够存储有关认证流程的元数据，包括： a）数字证书的系列号或唯一标识符； b）负责认证的登记与认证机构； c）认证的日期和时间	必选
6	AERCTS 对支持身份认证的，应允许认证元数据： a）要么同与其相关的电子文件一起存储； b）要么单独存储，但与该电子文件紧密关联在一起	必选

6.4.3　备份与恢复

备份与恢复功能要求如表 30 所示。

表 30　　备份与恢复功能要求

序号	功能要求	约束
1	AERCTS 应支持电子文件数据的定期备份和恢复，支持双机热备	必选
2	AERCTS 应支持手动备份和系统自动备份两种方式	必选
3	AERCTS 应对备份操作记入系统审计跟踪日志	必选
4	AERCTS 应支持用户自行制定备份策略，根据备份策略实现系统自动备份	必选

续表

序号	功能要求	约束
5	AERCTS 应支持系统故障后利用备份恢复整个 AERCTS，以保证全部数据的完整性与业务的连续性	必选
6	AERCTS 应支持通过备份和恢复功能还原审计跟踪信息，并将备份恢复信息记录在审计报告中	必选
7	AERCTS 应限定只有系统管理员才能恢复系统的备份	必选
8	当备份发生错误时，AERCTS 应提供报警提示用户	必选

6.4.4　完整性检测

完整性检测功能要求如表 31 所示。

表 31　　完整性检测功能要求

序号	功能要求	约束
1	AERCTS 支持对系统内的用户信息、文件信息、日志信息等数据进行完整性检测	必选
2	AERCTS 支持对传输过程中的数据进行完整性检测，及时发现被接收或传输的数据被篡改、插入、删除等情况	必选
3	完整性检测发生错误时，应实施恢复策略或报警措施，对处理中的数据应提供回退功能保证数据完整性	必选

6.4.5　电子签章

电子签章功能要求如表 32 所示。

表 32　　电子签章功能要求

序号	功能要求	约束
1	对于选用电子签名的机构，系统应支持符合国家或行业相关标准的电子签名法规、技术要求等	必选
2	对于应用电子签名的文件，系统使用的电子文件元数据方案应包含记录和管理电子签名的专门元数据元素	必选
3	系统应能验证电子签名的有效性，如果发现无效结果应向指定用户或者管理人员提交报告	必选
4	系统应在保存电子文件同时保存： a）与文件有关的电子签名结果； b）验证签名的数字证书； c）其他认证细节	必选

序号	功能要求	约束
5	系统应能捕获、验证和存储文件的电子签名以及相关联的电子证书和证书服务提供商的详细资料	必选
6	AERCTS对电子签名的文件存储数字证书行将期满时，应自动提醒用户或系统管理人员	必选
7	AERCTS的电子印章本身具有唯一性和不可复制性，从而确保电子文件的有效性、可认证性和不可抵赖性	必选
8	AERCTS应支持电子签章的全程元数据记录	必选
9	AERCTS应支持对签章人的身份信息进行确认	必选
10	AERCTS应支持电子文件与电子签章以版式化形式呈现和调阅	必选

6.5 接口管理

AERCTS应支持与多类应用系统的接口，鼓励按照不同业务系统、管理系统的要求拓展功能。接口管理功能要求如表33所示。

表33　　　　接口管理功能要求

序号	功能要求	约束
1	AERCTS宜提供电子邮件系统接口，能按照DA/T 32—2005进行管理和操作	可选
2	AERCTS应提供电子文件转换成标准版式文件格式的功能	必选
3	AERCTS应提供文件打印的接口	必选
4	AERCTS应提供与文档编辑的系统接口	必选
5	AERCTS应提供与电子文件交换系统的接口	必选
6	AERCTS宜提供文件图像处理工具与硬件接口	可选
7	AERCTS宜提供条形码系统接口	可选
8	AERCTS宜提供与网站系统的接口管理机制，能根据机构网页管理办法进行	可选
9	AERCTS宜提供传真集成功能	可选
10	AERCTS宜提供表格生成软件系统接口	可选

序号	功能要求	约束
11	AERCTS应提供与其他业务系统、管理系统和电子文件长期保存系统的接口	必选
12	AERCTS宜提供专项数据的接口，如AERCTS应提供机构数据、负责人数据等方便与各不同类型系统的对接与使用	可选

7　可选功能要求

7.1　离线利用

离线利用是在不能连入 AERCTS 系统进行操作而又应使用 AERCTS 内电子文件的情况下，使用离线存储设备从 AERCTS 中读取电子文件进行相关操作的过程。AERCTS 所使用的离线存储设备应是专用设备，不可用于 AERCTS 以外的场合。离线使用的存储设备离线使用完毕后，应重新连入 AERCTS 系统进行相关的删除、登记等操作。离线利用功能要求如表34所示。

表34　　　　离线利用功能要求

序号	功能要求	约束
1	AERCTS 支持电子文件的有条件离线使用，所有进入 AERCTS 的离线存储设备应在系统中进行登记	必选
2	AERCTS 所支持的离线存储设备应为专用设备，应有明确的标记	必选
3	AERCTS 所支持的离线存储设备应采用符合安全和保密要求的存储介质，存储介质应经过相关认定	必选
4	AERCTS 文件在离线使用时，应有严格的审批流程，要有相应的使用记录	必选
5	AERCTS 文件在离线存储审核时，应提供批量审批的功能	必选
6	离线利用的信息应限定可用时间范围，且保证在权限许可范围内	必选

7.2　导入与导出

导入与导出功能要求如表35所示。

表35　　　　导入与导出功能要求

序号	功能要求	约束
1	AERCTS 应提供接口支持电子文件及其元数据的导入、导出工作，并记入审计跟踪日志	必选
2	AERCTS 应支持对电子文件及其元数据的导入导出操作进行预定义批处理	必选

续表

序号	功 能 要 求	约束
3	AERCTS 应支持没有关联元数据或具有非标准格式元数据的电子文件的间接导入，并将之与导入的结构相关联	必选
4	导出电子文件时应支持其元数据的选择性导出	必选
5	AERCTS 应通过权限控制限制电子文件及其元数据的导入导出操作，包括： a) 用户需授权才能执行导入导出操作； b) 用户只可以导出系统允许的全部或部分电子文件及其元数据	必选

7.3　性能要求

性能要求是 AERCTS 设计时应考虑的指标，它是衡量系统能够在何种程度上满足用户需要的标志，其目标实现是在管理和技术共同作用下达到的。性能指标的满足需要考虑合理的管理措施和具体的技术环境。系统性能功能要求如表 36 所示。

表 36　　　　性 能 功 能 要 求

序号	功 能 要 求	约束
1	AERCTS 应具备稳定且灵活的体系结构，以适应不断变化的业务需要，并能一直以适合实施的方式满足文件形成办理的需求	必选
2	AERCTS 应能达到满足特定业务需要和用户期望的标准	必选
3	AERCTS 应能够以可控的方式不断发展，以长期持续满足预期的组织需要	必选
4	AERCTS 应考虑如下具体性能指标，并使其达到用户期望的水平： a) 并行用户数量； b) 并行事务处理能力； c) 与 AERCTS 有关的数据库管理能力； d) 形成办理系统与交换系统响应时间； e) 可持续服务时间； f) 可容忍的最长停机中断时间； g) 宕机后系统恢复时间	必选
5	AERCTS 应通过认证来验证其满足性能指标的能力	必选
6	AERCTS 应能收集并显示性能指标	必选
7	AERCTS 应能为各办公系统提供接口，实现不同系统间的整合	必选
8	AERCTS 应能对操作频繁、工作量大的业务提供稳定服务	必选

5　电子文件系统测试规范 第 2 部分：归档管理系统功能 符合性测试细则

（GB/T 31021.2—2014）

前　　言

GB/T 31021《电子文件系统测试规范》由以下几部分组成：
——第 1 部分：总则；
——第 2 部分：归档管理系统功能符合性测试细则。
本部分是 GB/T 31021 的第 2 部分。
本部分按照 GB/T 1.1—2009 给出的规则起草。
本部分由国家密码管理局提出。
本部分由国家电子文件管理部际联席会议办公室归口。
本部分起草单位：中国人民大学电子文件系统测试中心、中共中央办公厅信息中心。
本部分主要起草人：薛四新、姚思远、姜红曦、朝乐门、薛哲妮、谭啸宇、张静、卫化昱、丁子涵。

引　　言

电子文件系统测试是对电子文件相关的计算机软件系统进行测试和评价，是对软件系统的技术、功能与业务支撑能力的质量评价。以系统测试辅助专家评审是保障电子文件质量和对电子文件实施科学有效管理的重要举措。

电子文件是国家信息资源的重要组成部分，电子文件的真实、完整、有效与安全依赖于电子文件软件系统的质量和文件管理人员对系统的正确使用。电子文件系统测试是保障国家电子文件有效管理的重要方法，是对电子文件软件系统本身，包括厂商研制的软件产品和电子文件管理机构使用的应用系统进行综合测试和客观评价。

电子文件系统的研制和使用是文件管理业务、信息技术方法和制度规范要求的集成实现与融合应用过程，高质量的软件系统是保障机构/组织开展电子文件管理的重要保障。电子文件系统的测试机构及人员，不仅应熟练掌握电子文件管理的制度与规范、理论与方法等专业知识和管理技能，而且应熟悉电子文件软件系统的设计、实施、使用和运行维护等技术活动和实现原理。

电子文件系统测试工作可以从软件系统的功能、性能、法规遵从、制度嵌入、应用程度，以及组织人员使用软件系统管理电子文件的规范性、有效性等多个方面来综合考虑，要求测试机构人员能够充分认识和深刻理解电子文件管理的制度规定、业务要求和实

践特征，能够快速掌握和正确认识电子文件管理的理论、方法和专业特征，能够不断跟踪国家政策规范、文件管理业务和信息技术的最新方向和发展趋向，以发展的思维开展电子文件系统的测试工作。

本部分是 GB/T 31021《电子文件系统测试规范》标准的重要组成部分，用于规范电子文件归档管理系统测试工作的组织与实施，为测试工程的开展提供技术指导、规范支持和实施细则，保障系统测试工作的科学、客观、公平与公正。标准符合性测试是电子文件系统测试的主要方法，即以通用标准的形式规范电子文件管理的业务行为、明确电子文件相关系统的功能要求、实施电子文件系统的合规性测试，目的在于保障电子文件的质量，提升电子文件管理的水平，增强电子文件利用的效果。

1 范围

GB/T 31021 的本部分规定了对电子文件归档管理系统的功能、元数据和系统文档等方面的标准符合性测试指标和评定细则。

本部分适用于电子文件归档管理系统的测试执行机构、研制或开发机构、文件档案行业学会、各地区信息产业主管部门以及使用电子文件归档管理系统的机构、组织、团体与个人等对电子文件归档管理系统进行的测试。

2 规范性引用文件

下列文件对于本文件的应用是必不可少的。凡是注日期的引用文件，仅注日期的版本适用于本文件。凡是不注日期的引用文件，其最新版本（包括所有的修改单）适用于本文件。

GB/T 8567—2006　计算机软件文档编制规范

GB/T 29194—2012　电子文件管理系统通用功能要求

DA/T 46—2009　文书类电子文件元数据方案

3 术语和定义

下列术语和定义适用于本文件。

3.1

电子文件　electronic records

机关、团体、企事业单位和其他组织在处理公务过程中，通过计算机等电子设备形成、办理、传输和存储的文字、图表、图像、音频、视频等不同形式的信息记录。

[GB/T 29194—2012，定义 3.2]

3.2

元数据　metadata

描述文件的背景、内容、结构、格式及其整个管理过程的数据。

注：改写 GB/T 26162.1—2010，定义 3.12。

3.3

功能　function

程序中的一个算法的实现，利用该实现，用户或程序可以完成某一工作任务的全部或部分内容。

3.4

标准符合性测试　standards compliance test

基于标准的、面向软件系统的动态测试。测量系统的功能、性能等关键指标，判定与相关国家标准或行业标准所规定的相关指标之间符合度的测试活动。

注：本部分中，标准符合性测试是指通过测试归档管理系统来发现系统中存在的与 GB/T 29194—2012 中规定的内容或条款中不一致的问题、缺项和不符合项等。

3.5

测试环境　test environment

执行测试用例所必需的硬件和软件配置。

[GB/T 25000.51—2010，定义 4.8]

3.6

测试目标　test objective

在规定条件下，待测量的已标识的软件特征的集合，它通过将实际的行为与要求的行为进行比较而测量。

[GB/T 25000.51—2010，定义 4.9]

3.7

测试报告　test report

用来总结测试活动和结果的一种证明性文档，包括对相应测试项的评估、声明和结论。

注：修改 GB/T 9386—2008 中"测试总结报告"定义。

3.8

测试功能点　function test point

依据标准条款提取的，能够用于测试软件系统支撑业务活动开展的功能条款。

3.9

测试用例　test case

描述测试行为和量化测试任务的管理性文档，体现测试机构的测试方案、方法、技术和策略。内容可以包括测试目标、测试环境、输入数据、测试步骤、预期结果和测试脚本等。

3.10

测试计划　test plan

说明预期的测试活动的范围、途径、资源和进度的文档。

[GB/T 25000.51—2010，定义 4.10]

3.11

测试套件　test suite

一组相关的测试用例的集合。

注：用例的相关性可依据同一个测试目的、测试

场景和测试计划等来确定。

3.12

　　用例场景　use case scenarios

　　描述软件系统功能点或业务流程的情景与活动，可包括正常的用例场景、备选的用例场景、异常的用例场景、假定推测的场景。

　　注：基于场景法设计测试用例和测试套件可提高测试效率。

4　概述

4.1　测试依据

　　本部分依据 GB/T 29194—2012 和 DA/T 46—2009 对电子文件归档管理系统开展标准符合性测试。测试执行机构，通过对进入市场流通环节或投入使用的电子文件归档管理系统进行测试和评估，根据被测软件系统与国家标准的一致性符合程度出具测试报告，为机构及人员选择合规的电子文件归档管理系统提供参考和依据，为软件系统研制机构改进系统功能和提升系统的法规遵从性提供指导和帮助，为国家建立电子文件管理系统的认证体系提供决策依据，其根本目的在于保障电子文件的质量，提升电子文件管理的水平，增强电子文件利用的效果。

4.2　测试范围

　　测试内容应包括但不限于功能测试、元数据测试和系统文档测试。功能测试宜以黑盒测试方法为主，必要时可采用白盒测试作为辅助方法；元数据和系统文档的测试可采用静态测试方法，可以检查单的形式进行。

　　注：随着未来电子文件系统相关的国家标准的发布与实施，标准符合性测试依据的标准应不断地改进。

4.3　测试要求

　　测试监督管理机构应对测试执行机构进行资质审查、能力认可和监督管理，确保测试活动的有序开展。

　　测试执行机构是测试监督管理机构认可和指定的具备电子文件管理系统测试能力和实验室资质认定的第三方测试机构或实验室。测试执行机构应对电子文件管理系统相关的国家、行业标准规范和电子文件管理的理论、方法与业务具有深入的解读能力，应对电子文件管理系统的标准遵从程度做出准确判断，应得到国家电子文件相关管理机构的许可和行业的认同，具有专业性、权威性和公信力。

　　测试工作过程中，测试执行机构宜从多个角度设计和编制详细的测试计划、测试用例、测试套件等测试方案，采用测试质量管理系统对测试过程记录进行管理和控制，确保测试结果的可追溯性，应接受来自测试监督管理机构的检查和审计。

　　被测机构应将准备送检的软件系统样品按照国家发布和实施的电子文件管理系统标准进行改造、完善和自检测，充分理解和认识标准符合性测试的重要性、必要性和测试要求的基础上，按照测试机构发布的测试指南准备被测软件系统和与之相一致的系统文档，协助测试环境的搭建、测试用例的编制、测试套件的制定和测试场景的部署，以及配合整个测试过程相关工作，确保系统测试工作的顺利进行。

4.4　测试目的

　　电子文件管理系统测试的目的是通过引导和约束系统开发、选购和使用，推进电子文件管理系统的规范化设计、标准化实施和正确性使用，实现电子文件的安全管理和全程控制，维护国家与公众利益，为记录社会历史和传承民族文化提供保障。

5　功能符合性测试

5.1　概述

　　功能测试指标分为基本功能测试指标和扩展功能测试指标，本章中表1和表2分别定义了基本功能测试指标和扩展功能测试指标及其测试结果。

5.2　基本功能测试指标

　　基本功能测试指标是依据 GB/T 29194—2012 中规定的系统基本功能项中必选的标准条款而开展的标准符合性功能测试，应分为三级指标逐项开展软件系统的功能测试，详见表1。

　　表1中，一级指标对应 GB/T 29194—2012 中第5章"基本功能要求"中的二级标题，二级指标对应于 GB/T 29194—2012 中三级与四级标题类，三级指标为应测试的用例编号和基本功能点。三级指标中任何一条测试功能点不通过，则整个基本功能测试结果为不通过。

5.3　扩展功能测试指标

　　扩展功能测试指标是依据 GB/T 29194—2012 中规定的系统基本功能条款中可选功能和可选部分的所有功能条款进行标准符合性的功能测试，分为三级指标逐项实行功能测试，详见表2。

　　表2中，一级指标对应 GB/T 29194—2012 中"5 基本功能要求"中二级标题，二级指标为 GB/T 29194—2012 中三级与四级标题类，三级指标为基本功能点中的可选项功能和对应的用例编号。

　　此指标的测试结果将不会影响系统基本功能的测试结果。

　　注：可选部分主要用于测试机构内部了解被测系统的功能强弱程度，用于促进测试机械研究分析系统开发的技术特性和潜在功能，丰富、完善和改进软件系统的测试方法与测试规范，逐级扩展和提高系统的测试质量。

表 1		基 本 功 能 测 试	
一级指标	二级指标	三 级 指 标	
		测试用例编号	测 试 功 能 点
5.1　文件管理配置	5.1.1　分类方案的配置与管理 5.1.1.1　建立分类方案 5.1.1.2　维护分类方案	FTC - B - 01	ERMS 应支持文件管理员或授权用户进行有等级层次的创建、维护文件分类方案，该操作计入审计跟踪日志
		FTC - B - 02	ERMS 应支持文件管理员对分类方案进行必要描述，包括赋予唯一标识符，标注标题和说明文字等
		FTC - B - 03	ERMS 不应限制分类方案的层级数目
		FTC - B - 04	ERMS 应支持文件管理员或授权用户定义、维护分类方案类目的元数据（如类目代码、类目名称、注释），该操作计入审计跟踪日志
		FTC - B - 05	ERMS 应支持在新增栏目自动继承上位类目的相关元数据的同时，下位类目也应继承上位类目的元数据变动
		FTC - B - 06	ERMS 应支持自动生成类目代码，同时也允许文件管理员或授权用户手工赋值或调整
		FTC - B - 07	ERMS 应支持文件管理员设定文件分类方案中类目代码（也称类目标识符，类号）的编码规则，包括但不限于： a）各级类目代码的组成、数据类型、长度； b）各级类目代码的起始值和默认增量； c）各级类目代码的增量规则； d）前导"0"的存在或略去； e）统一赋予全局前缀或后缀； f）每个标识符间的分隔符，如"/""—"； g）值域中禁用的字符，注：保留字
		FTC - B - 08	ERMS 应支持以 XML 或者其他开放标准的格式导入或导出分类方案的全部或部分及其相应的元数据
		FTC - B - 09	ERMS 应支持在分类方案导入导出过程中的错误管理，如应拒绝导入没有题名描述的类目
		FTC - B - 10	ERMS 应允许文件管理员移动分类方案中的类目，该操作记入审计跟踪日志； ERMS 应支持被移动的类目与其所属类目保持正确关联； ERMS 应要求文件管理员将移动的原因作为元数据录入
		FTC - B - 11	ERMS 应允许文件管理员或者授权用户删除空类目
		FTC - B - 12	ERMS 应支持提供分类方案维护活动的专门报告
	5.1.2　保管期限与处置表的配置与管理	FTC - B - 13	ERMS 应只允许文件管理员创建或者维护保管期限与处置规则
		FTC - B - 14	ERMS 应支持系统自动或文件管理员对保管期限与处置规则进行其他描述，如创建者、创建时间、创建依据等
		FTC - B - 15	ERMS 应不允许文件管理员修改保管期限与处置规则的唯一标识符
		FTC - B - 16	ERMS 应支持文件管理员创建保管期限与处置规则，包括但不限于以下内容：文件集合对象、保管期限、处置日期、处置行为、触发条件、描述、法规要求等
		FTC - B - 17	ERMS 应保证上位类目保管期限与处置行为的任何改动都要立即应用到默认继承的下位类目、案卷和文件上

续表

一级指标	二级指标	三　级　指　标	
		测试用例编号	测试功能点
5.1　文件管理配置	5.1.2　保管期限与处置表的配置与管理	FTC－B－18	ERMS应允许文件管理员以及授权用户对类目及其下聚合层次的保管期限与处置行为进行调整，同时要求输入修改内容、修改原因、修改者、修改日期等信息，修改应记录在审计跟踪日志中 ERMS应支持文件管理员定义和管理处置触发条件
		FTC－B－19	ERMS应支持文件聚合体及其保管期限与处置行为的导入导出功能
		FTC－B－20	ERMS应支持保管期限与处置规则同类、案卷、文件类型等的关联，具体选择由机构自定
		FTC－B－21	ERMS应允许授权用户对保管期限与处置规则进行查找，并提供查找结果的报告
		FTC－B－22	ERMS应能够为文件管理员或者授权用户显示特定保管期限的所有对象
		FTC－B－23	ERMS应允许文件管理员审查、比较和确认类、案卷的保管期限
	5.1.3　元数据方案的配置与管理 5.1.3.1　元数据方案的建立 5.1.3.2　元数据方案的维护 5.1.3.3　元数据值的管理	FTC－B－24	无论电子文件集中存储还是分散存储，ERMS都应集中存储、管理和维护元数据
		FTC－B－25	ERMS应允许文件管理员为文件、案卷、类或文件分类方案等创建一份完整的元数据方案
			ERMS应支持文件管理员定义每项元数据元素的约束性和可重复性
			ERMS应允许系统管理员定义元数据的语义和语法规则，包括但不限于以下方面： a）元数据元素的名称； b）元数据元素的定义； c）元数据元素赋值的数据类型，ERMS应至少支持应用或混合应用字符型、数值型、日期/时间型、逻辑型的元数据值； d）元数据元素的值域； e）元数据元素的编码体系； f）元数据元素缺省值； g）元数据元素之间的关联关系，包括父子关系、参照关系等； h）不同层级实体的元数据继承关系，ERMS应允许通过默认值的方式实现自动继承
		FTC－B－26	ERMS应支持文件管理员根据不同类型电子文件的特点创建相应的元数据方案，如图像、视频、音频电子文件，原生性电子文件和数字化文件，公文、财务票据、工程图纸等的元数据方案
		FTC－B－27	ERMS不能限制系统中每个实体对象的元数据元素数量
		FTC－B－28	ERMS应提供元数据方案设置的恢复和备份功能
			只有文件管理员或者授权用户才能对元数据方案进行修改、更新、删除，包括变更元数据元素以及元数据语法和语义规则等；修改应被记入审计跟踪日志
		FTC－B－29	ERMS应提供元数据方案的导入导出功能
			ERMS应保证元数据方案中各元数据元素之间的关系，以及元数据元素与其所描述的信息对象之间的关系始终一致
		FTC－B－30	元数据方案有重要变更时，ERMS应当支持文件管理员变更更新后方案的版本号

一级指标	二级指标	三 级 指 标	
		测试用例编号	测试功能点
5.1 文件管理配置	5.1.3 元数据方案的配置与管理 5.1.3.1 元数据方案的建立 5.1.3.2 元数据方案的维护 5.1.3.3 元数据值的管理	FTC－B－31	ERMS应支持不同层级实体的元数据继承关系，允许通过默认值的方式实现自动继承
		FTC－B－32	ERMS应允许通过键盘或下拉列表输入元数据值
			ERMS宜通过查阅列表的方式或对其他应用软件的访问来获取元数据值
			ERMS应允许授权用户改变元数据值
		FTC－B－33	ERMS应提供多种方式，以便于人工输入元数据值，包括提供默认值、当前日期/时间、空白项等
			ERMS应支持文件管理员或授权用户为每个元数据元素定义信息来源（数据源），包括指定应由授权用户输入、修改或由特定软件自动捕获等
		FTC－B－34	ERMS应支持多种元数据值有效性验证机制，包括格式验证、值域验证、分类方案引用等
		FTC－B－35	ERMS应支持元数据值的批量替换
		FTC－B－36	ERMS应对元数据进行利用控制，如设置公开标识，根据授权规定建立用户组与元数据之间的利用关系等
			ERMS应提供元数据方案的展现功能
		FTC－B－37	ERMS应提供电子文件元数据集合的导出以及跨系统迁移，并保证元数据信息的可读性
	5.1.4 文件类型的配置与管理	FTC－B－38	ERMS应支持文件管理员定义和维护不同的文件类型模板，并记入审计跟踪日志
5.2 文件管理业务	5.2.1 捕获登记 5.2.1.1 捕获 5.2.1.1.1 电子文件的捕获	FTC－B－39	ERMS应支持文件管理员或授权用户定义和维护捕获活动中电子文件的捕获范围；修改应记入审计跟踪日志
		FTC－B－49	ERMS应在捕获文件或文档时出现提示信息
			当重复捕获同一文件或文档时，ERMS应发出警告
			ERMS应能向特定用户或系统发出文件成功捕获的确认信息，以及不能被正确捕获的报告
		FTC－B－41	ERMS应支持以原始格式捕获电子文件，不管其编码方法和技术特征如何
			如果捕获的电子文件存在多种格式，ERMS应能在不同格式之间保持有效的联系
			ERMS应能识别复合文件内各组件的格式类型，并将格式类型作为元数据予以捕获
		FTC－B－43	如果捕获对象包含多个组件，且被当成一份复合文件加以捕获时，ERMS应保留该文件内组件之间的关系。例如： a) 包含图片的网页； b) 带有附件的电子邮件； c) 带有工作表链接的年度报告； d) 嵌入视频的工作总结

续表

一级指标	二级指标	三　级　指　标	
		测试用例编号	测试功能点
5.2　文件管理业务	5.2.1　捕获登记 5.2.1.1　捕获 5.2.1.1.1　电子文件的捕获	FTC－B－45	ERMS应将复合文件中所有组件作为一个整体单元进行检索、显示和管理
			ERMS应将包含多文档的组合文件作为独立的单元进行检索、显示和管理
			如果电子邮件和其附件作为不同的文档分别捕获，ERMS应自动将这些文档进行关联，并允许用户通过利用这些关联从电子邮件找到每一份附件或从任何一份附件找到电子邮件
		FTC－B－46	如果多个文档作为一个组合文件加以捕获，无论ERMS将其作为一个整体进行捕获还是分别捕获，都应要求： a）每份文档的组成要素之间的关系是确定的； b）上述关联被记录并保持
		FTC－B－40	ERMS应支持授权用户定义和维护能够捕获的文件格式类型；修改应被记入审计跟踪日志
		FTC－B－42	当捕获的文件有多种版本时，ERMS应记录并维护不同版本之间的联系
		FTC－B－47	ERMS应提供自动捕获或人工辅助捕获功能；自动捕获即将符合捕获范围的文件自动提交到指定位置，通常是在文件生成时或生成后通过与电子文件形成系统的应用程序接口自动执行
		FTC－B－48	ERMS应提供主动的批量捕获功能和被动的批量接收功能
			在实施批量操作时，ERMS应根据用户定制的文件捕获或接收规则，实施批量电子文件及其元数据的导入，并保持导入文件及其组成要素、元数据之间的关联以及文件之间的逻辑层次和相互联系
			在批量导入的时候，ERMS应能导入文件的审计跟踪日志
			ERMS不应限定捕获文件的数量
		FTC－B－52	ERMS应提供手工著录的捕获方式，手工著录是通过ERMS的录入界面将电子文件的元数据录入ERMS，手工著录时应根据元数据方案提供选择框、默认值等简化录入的功能
		FTC－B－44	ERMS应支持授权用户定义、维护、修改某些特定种类的组合文件的完整构成要素，以便捕获时检查验证；修改应记入审计跟踪日志
		FTC－B－50	ERMS应在文件成功捕获之后为其打上捕获标记
		FTC－B－51	任何用户在捕获过程中及其后均不得修改电子文件的内容
	5.2.1.1.2　元数据的捕获	FTC－B－53	ERMS应按照事先设定的元数据方案捕获元数据
			ERMS应将捕获/登记日期和时间以及捕获之后管理过程中重要的操作行为作为元数据加以捕获，同时将其存入审计跟踪日志
			ERMS应明确规定不可修改的元数据项
			ERMS允许授权用户修改部分元数据。应确保已登记的文件元数据不得修改；修改应记入审计跟踪日志
		FTC－B－54	ERMS应支持元数据的捕获与电子文件的捕获同步进行
			ERMS应在文件及其元数据之间建立并保持稳固的关联

一级指标	二级指标	三 级 指 标	
		测试用例编号	测 试 功 能 点
5.2 文件管理业务	5.2.1.1.2 元数据的捕获	FTC-B-58	ERMS 应提供如下自动化手段，支持元数据的捕获： a）自动捕获其他系统内文件元数据； b）根据元数据方案，检查元数据的完备性； c）根据元数据方案规定的编码体系，检查元数据取值的有效性； d）为需要手工填写的元数据提供值域列表； e）为需要手工填写的元数据提示一些常见值； f）自动提取电子文件的技术属性元数据
		FTC-B-55	在批量导入时，ERMS 应能自动捕获与文件相关的元数据，同时允许手工著录或修改遗漏或错误的元数据
		FTC-B-56	对于同一文件的副本、不同版本、格式，ERMS 应要求其应与对应的元数据相关联
		FTC-B-57	当电子邮件的附件以单独的文件形式被捕获时，ERMS 应要求为其捕获或录入适当的元数据值
	5.2.1.2 登记	FTC-B-59	ERMS 应提供根据预定义的业务规则进行电子文件审核的功能，只有符合要求的文件才能启动登记进程
		FTC-B-60	ERMS 应支持对文件、文档、组件等对象的登记，包括组合文件、复合文件、单份文件、文档、组件等
		FTC-B-65	ERMS 应支持授权用户按照 DA/T 22—2000 的要求将相关文档登记为一份组合文件
			ERMS 开始登记前应检查登记对象构成要素和特定元数据是否完整，否则不予启动登记；如果登记前必填的元数据不完整，应允许登记对象暂时保存在 ERMS 中，等待元数据补充完整后再行登记
		FTC-B-61	ERMS 应在登记时遵循有关部门关于标识的具体规定
			ERMS 应支持文件管理员根据相关规定和特定的规则定义、修改各类文件及其组件标识符的表示方法；修改应被记入审计跟踪日志
		FTC-B-62	ERMS 应按照既定的唯一标识符构成规则，自动赋予登记对象唯一的标识符，并将其作为元数据与该文件一起保存
			ERMS 一般不允许用户修改唯一标识符
		FTC-B-63	ERMS 应能在文件重名时发出警告，并提醒用户重新命名
			ERMS 应能在登记一个已在相同案卷中登记过的文件时发出警告
			ERMS 应在登记文件时采用自动方式或由授权用户为文件重新命名，并允许其与原文件名不同
			只有授权用户才能修改已经登记对象名称，且这种修改应被记入审计跟踪日志
		FTC-B-64	登记进入 ERMS 的文件应根据既定的分类方案进行分类，确保捕获的每一份文件都有类可归；分类可以在捕获之前或登记的同时完成
		FTC-B-68	ERMS 应支持一份文件不必重复保存，就可以归入多个案卷或类之中
		FTC-B-66	ERMS 应允许授权用户在登记文件时创建新案卷，将文件归入新案卷中

一级指标	二级指标	三　级　指　标	
		测试用例编号	测试功能点
5.2　文件管理业务	5.2.1.2　登记	FTC-B-67	ERMS应允许在登记后进一步手动输入、完善相关元数据
		FTC-B-69	ERMS应支持授权用户登记文件关联，包括文件与组成文件的文档、组件以及其他文件、文件类型、案卷、类等之间的关联，并能以某种方式显示这些关联
		FTC-B-70	ERMS应不允许任何用户在电子文件登记之后删除文件，除非根据处置方案销毁、移交文件
		FTC-B-71	ERMS应允许电子文件在登记时可以从其所属类、案卷继承元数据
	5.2.2　分类组织 5.2.2.1　分类管理	FTC-B-72	ERMS应能维护所有文件与其所属案卷、类目、分类方案不同位置的定位和关联，并保证复合文件和组合文件中的关联保持不变
		FTC-B-73	ERMS应支持授权用户对文件重新分类，并将重新分类的原因作为元数据输入，该操作记入审计跟踪日志
		FTC-B-74	ERMS应支持文件管理员或授权用户拥有开放/关闭类目的权限，防止新类目、新案卷或新文件增加到该类目
	5.2.2.2　案卷管理	FTC-B-75	ERMS应能将案卷设置与分类方案对应，在分类方案的最低层级下设置案卷
		FTC-B-76	ERMS应依照规则支持自动或由授权用户为新创建的案卷设置唯一标识符与分类代码
		FTC-B-77	ERMS应允许授权用户打开/关闭案卷，当授权用户关闭案卷后，确保无法再向该案卷中添加新的文件或者细分新的子卷
		FTC-B-78	ERMS应支持在工作结束后，允许用户手工关闭打开的案卷；或在授权用户离线后，任何临时打开的案卷都被自动关闭
		FTC-B-79	ERMS应允许授权用户增加、删除、移动、合并、拆分案卷或者对案卷进行重新归类，并能够对案卷的元数据进行自动或者手动调整，调整行为应记录在审计跟踪日志中
		FTC-B-80	ERMS应能够自动记录案卷管理过程中的有关信息作为案卷的元数据，如形成时间、开放/关闭时间、读写状态、操作者等信息
		FTC-B-81	ERMS应能保证案卷内各文件之间的联系不被破坏
		FTC-B-82	ERMS不应限制分配到类目的案卷数量，尤其是逻辑案卷。不排除在某些情况下，系统可以支持授权用户为类或案卷按照一定规则设定数量限制
		FTC-B-83	ERMS应只允许授权用户删除空卷，并记入审计跟踪日志
		FTC-B-84	ERMS应支持文件管理员或授权用户对案卷的元数据进行添加、删除和修改
		FTC-B-85	ERMS应允许案卷继承其所属类的元数据
		FTC-B-86	ERMS应支持文件管理员预先设定案卷的编号规则和命名机制
		FTC-B-87	ERMS应允许通过预定义的保管期限列表为每个类、案卷分配保管期限并记录在元数据中
		FTC-B-88	当案卷或者文件从原类目中移动到其他类目时，ERMS应允许自动用新类的保管期代替旧类的保管期限，同时也允许文件管理员或者授权用户手动更改保管期限，并记录到审计跟踪日志中

一级指标	二级指标	三 级 指 标	
		测试用例编号	测 试 功 能 点
5.2 文件管理业务	5.2.3 鉴定处置 5.2.3.1 总体要求	FTC - B - 89	ERMS 应将所有处置行为的日期和其他细节作为处置对象的元数据予以记录
			ERMS 应在审计跟踪日志中记录所有处置行为的活动
			ERMS 应在处置文件时，留存元数据来证明文件的存在、管理和处置
	5.2.3.2 保管期限的划分和处置行为的设定	FTC - B - 90	ERMS 应预先定义处置行为，可结合分类方案对某类文件预定义处置行为，包括： a) 移交； b) 销毁； c) 续存
			ERMS 应支持对处置行为的各项管理和维护功能，包括： a) 支持创建处置行为； b) 标识并存储处置行为； c) 审查处置行为。 ERMS 应允许文件管理员调整文件的保管期限、处置行为及其触发条件，调整记入审计跟踪日志
		FTC - B - 91	ERMS 应支持定义和维护处置行为的触发条件，包括： a) 时间触发。即文件保管到期后触发预定的处置行为或处置工作流，并予以提示； b) 事件触发。当特定事件发生后触发处置行为，相应的，ERMS 应允许文件管理员定义和管理事件列表； c) 其他
		FTC - B - 92	ERMS 应在文件登记时，要求赋予保管期限，设定处置行为及其触发条件
			ERMS 应支持文件自动继承其所在案卷、类目的保管期限、处置行为及其触发条件
			本级类、案卷所设定处置行为应优先于其上层分类实体的处置行为
		FTC - B - 93	ERMS 应确保改动处置行为后对所有应用该类型的对象立即生效
	5.2.3.3 处置行为的触发和审查	FTC - B - 94	ERMS 应支持以自动触发的方式进行处置，减少人为干预
			对于触发处置行为的文件，ERMS 应支持以下处置程序： a) 通知文件管理员或其他授权用户； b) 审查处置行为； c) 确认后实施相关处置行为
		FTC - B - 95	ERMS 应通过自动跟踪或定期手工检查方式识别超过保管期限的电子文件，以决定文件的处置触发时间
		FTC - B - 97	ERMS 应支持审查对象与其元数据及处置行为提供给审查者，并使审查者能方便有效地浏览对象内容及其元数据
			ERMS 应支持审查者在审查对象（案卷、组合文件、文件等）的元数据中记录审查决定、原因、审查时间等

一级指标	二级指标	三　级　指　标	
		测试用例编号	测 试 功 能 点
	5.2.3.3　处置行为的触发和审查	FTC-B-96	ERMS应只准许审查者对每个对象执行下述一项操作： a）销毁，立即或未来的某个时间执行； b）移交，立即或未来的某个时间执行； c）续存，立即或未来的某个时间执行； d）不确定的标注为"再审查"
		FTC-B-98	ERMS在审查完成后，应支持文件管理员或授权用户： a）标注需要移交、销毁、续存的文件和案卷； b）不确定的标注为"再审查"
		FTC-B-99	ERMS应能维护审查对象之间的有机联系，如组合文件内各文档一般应执行相同的处置行为
		FTC-B-100	ERMS应支持处置活动的持续性，当某处置行为被触发后，ERMS应允许文件管理员设置后续处置行为，如原处置行为为"移交"的，经审查后可设置"续存"处置行为
		FTC-B-101	ERMS应支持为文件管理员或授权用户生成适用于特定时间段的各种处置方式的行为报告，提供关于处置对象数量和类型的定量报告
5.2　文件管理业务	5.2.3.4　移交	FTC-B-102	ERMS应保留所有已移交对象的副本，直到确认业已成功移交
		FTC-B-103	ERMS应保证移交对象的完整性，应输出相应集合中的所有成分，并且应保护它们之间的正确联系。包括但不限于： a）移交对象内的所有组成部分，移交类则包括类下所有案卷和文件；移交案卷则包括案卷下所有子卷和文件；移交组合、复合文件则包括文件中的所有文档或组件； b）移交对象的相关元数据和日志一同移交，不得分散；（日志不能移交）； c）移交对象的内容和结构不被破坏； d）保持移交对象之间的联系，以便在目标系统中重建联系； e）移交对象与其元数据的联系不得破坏； f）移交对象与其日志之间的联系不得破坏
		FTC-B-104	ERMS应支持同时移交与移交对象有关的分类方案、保管期限与处置表、交接凭据等其他需要移交的信息
		FTC-B-105	ERMS应生成关于移交的过程报告，包括移交案卷和文件的数量、移交时间、移交方式、移交人/接收人、移交状态、移交错误、未被成功移交的文件、未成功移交的原因等
		FTC-B-106	ERMS应能够对未移交成功的电子文件进行二次移交
		FTC-B-107	ERMS应能够对拟移交的文件添加档案管理所需的元数据
			ERMS应能够对移交文件批量修改长期保存用的元数据
		FTC-B-108	机构之间移交协议确定以封装格式移交时，ERMS应支持对移交电子文件进行封装，可参考DA/T 48—2009
		FTC-B-109	ERMS应支持在移交对象集合内电子部分移交之前，要求文件管理员或授权用户确认同一组合的非电子部分也要移交
		FTC-B-110	ERMS应能够为已移交的文件和案卷保留文件管理元数据
		FTC-B-111	ERMS应将移交活动记录在审计跟踪日志中，包括但不限于： a）移交的日期； b）类目代码； c）标题； d）移交人/接收人； e）移交原因

续表

一级指标	二级指标	三 级 指 标	
		测试用例编号	测试 功 能 点
5.2 文件管理业务	5.2.3.5 销毁	FTC－B－112	ERMS 应通过完整的工作流程对销毁行为进行审批，只有在收到确认通知后才能执行销毁操作
			销毁应由文件管理员根据销毁管理程序实施
		FTC－B－113	ERMS 应支持按规定格式生成文件销毁清册
			ERMS 应生成关于销毁的过程报告，包括销毁文件和案卷的数量、销毁时间、销毁人、监销人、销毁错误、未被成功销毁的文件、未成功销毁的原因等
		FTC－B－114	ERMS 应允许文件管理员关闭销毁的功能
		FTC－B－115	ERMS 应确保文件销毁时留存文件相应的元数据，并应将销毁状态添加至文件的管理元数据中
		FTC－B－116	ERMS 应支持在销毁对象集合内电子部分销毁时，要求文件管理员或授权用户确认同一组合的非电子部分也要销毁
		FTC－B－117	销毁活动应记录在审计跟踪日志中，包括但不限于以下内容： a）销毁的日期； b）文件标识符； c）文件标题； d）负责销毁的用户； e）销毁原因
	5.2.3.6 续存	FTC－B－118	若文件移交之后还需在 ERMS 中续存一段时间，系统应在移交前或移交同时触发续存行为
		FTC－B－119	ERMS 应允许文件管理员根据规定或需要设定相应续存时间
			ERMS 应允许文件多次续存
			文件续存后，应当将续存状态添加至文件的元数据中
		FTC－B－120	文件续存后系统应根据续存时间自动提示下次鉴定处置时间
		FTC－B－121	ERMS 应生成关于续存的过程报告，应指出续存文件、案卷的数量、续存的原因等
		FTC－B－122	ERMS 应将续存记录在审计跟踪日志中，包括但不限于： a）续存起始时间和续存期限； b）文件标识符； c）文件标题； d）续存原因
	5.2.4 统计管理 5.2.4.1 报表管理	FTC－B－123	ERMS 应支持文件管理员或授权用户在其授权范围内生成相关统计数据信息及其他特定信息的功能
		FTC－B－124	ERMS 应只支持文件管理员或授权用户生成周期性的报表，如日报、周报、月报、季报、年报
			ERMS 应支持以图形化界面的方式提供自定义报表功能
		FTC－B－125	ERMS 应提供自定义或预定义统计报表的功能，包括 a）提供自定义或预定义的报表条件，便于自动生成统计信息； b）提供报表上报流程； c）提供报表审核流程； d）提供报表汇总功能
		FTC－B－126	ERMS 应能够提供各类形式的统计图形和图例功能
		FTC－B－127	ERMS 应支持报表打印、显示以及以不可更改的版式文件格式存储报表的功能

一级指标	二级指标	三　级　指　标	
		测试用例编号	测试功能点
5.2　文件管理业务	5.2.4.2　统计指标	FTC-B-128	ERMS应统计所捕获文件的全部数量
			ERMS应统计特定时间段所捕获文件的数量
			ERMS应统计特定部门所捕获的文件数量
			ERMS宜统计全部文件的容量
		FTC-B-129	ERMS应统计所形成的案卷（子卷）的全部数量，特定案卷（子卷）中全部文件的数量
			ERMS应统计不同开放等级的文件数量
			ERMS应统计特定类（子类）中不同开放等级的案卷（子卷）和文件数量
			ERMS应统计特定案卷（子卷）中不同开放等级的文件数量
		FTC-B-130	ERMS应统计不同保管期限的文件数量
			ERMS应统计特定类（子类）中不同保管期限的案卷（子卷）和文件数量
			ERMS应统计特定案卷（子卷）中不同保管期限文件数量
		FTC-B-131	ERMS应统计移交文件信息（移交文件时间、目录列表、数量、移交人员、接收人员、移交前审核信息、病毒检验信息等）
		FTC-B-132	ERMS应统计销毁文件信息（销毁时间、销毁理由、目录列表、数量、销毁人员、销毁前审核信息等）
		FTC-B-133	ERMS应统计续存文件信息（续存延续时间、续存理由、目录列表、数量、审核信息等）
		FTC-B-134	ERMS应统计特定时间段内借阅文件人次、案（件）
			ERMS应统计特定案卷（子卷）内借阅文件人次、案（件）次
			ERMS应统计特定文件借阅人次、案（件）次
		FTC-B-135	ERMS应统计文件开放等级变更信息
		FTC-B-136	ERMS应统计文件保管期限变更信息
		FTC-B-137	ERMS应支持按多项条件组合设定统计
	5.2.5.2　存储格式	FTC-B-138	ERMS应记录格式转换的相关元数据信息，包括但不限于： a) 原始格式； b) 新格式； c) 转换时间等
			ERMS应将文件格式管理和变化的信息记入元数据中
	5.2.5.3　存储管理	FTC-B-139	ERMS应提供有效的存储状态监控，当有效存储空间低于设定水平要求时应提醒管理员采取必要措施
		FTC-B-140	ERMS应将有关的存储管理信息记入审计跟踪日志
	5.2.5.4　备份恢复	FTC-B-141	ERMS应支持所有类、案卷、文件、元数据、审计跟踪日志信息、ERMS配置信息等的自动备份和恢复功能，该功能或由ERMS自身提供或由ERMS环境下和其有接口连接的设备提供，并能在需要时恢复
			ERMS应支持系统管理员在系统故障后利用备份恢复整个ERMS，以保证全部数据的完整性与业务的连续性

续表

一级指标	二级指标	三　级　指　标	
		测试用例编号	测试功能点
5.2　文件管理业务	5.2.5.4　备份恢复	FTC－B－141	ERMS 应限定只有系统管理员才能恢复系统的备份
			ERMS 应能发现恢复过程中的问题并告知系统管理员
		FTC－B－142	ERMS 应支持备份数据的独立物理存储
		FTC－B－143	ERMS 应当允许系统管理员，制定备份策略，包括但不限于： a）指定备份周期； b）确定备份方式，允许选择相应数据进行完全备份、条件备份或增量备份； c）指定备份存储介质、系统或存放地点，包括离线存储、独立系统、异地备份等
		FTC－B－144	ERMS 应支持通过备份和恢复功能还原审计跟踪信息，并将备份恢复信息记录在审计报告中
	5.2.6　检索利用 5.2.6.1　检索	FTC－B－145	ERMS 检索模块应： a）遵循访问控制要求，对没有权限的查询方式不予支持，但应显示提示信息； b）对于不在用户权限范围内显示的检索结果不予显示，但应显示提示信息； c）对于不可视的元数据项不予显示
			ERMS 应允许用户检索权限范围内所有的资源对象及其元数据
		FTC－B－146	ERMS 检索模块应支持对类目、文件、文档、元数据、全文等层次的检索
			ERMS 系统宜提供统一的检索界面
			ERMS 宜提供友好的检索界面，包括但不限于： a）检索进度提示； b）显示用户完整提问； c）估计检索完成时间； d）保留用户最近使用的检索词
			ERMS 应支持条件检索，条件来源可以是任何有检索意义的元数据项，如各类编号、分类标识、位置、各类时间（及其范围条件）、文件类型、标题、关键词等
			ERMS 应允许用户使用自由文本检索文件全文
			ERMS 宜允许用户设定和更改检索字段
		FTC－B－147	ERMS 应允许用户检索电子文件、实体文件
		FTC－B－148	ERMS 应支持选定范围内的检索、包括跨类、跨卷检索
		FTC－B－149	ERMS 应支持无条件查询，在特定用户视角可视的范围内按照电子文件目录进行浏览
		FTC－B－150	ERMS 应支持组合条件检索，包括： a）允许用户同时使用文件管理元数据和文件内容进行组合检索； b）支持将查询条件配置在一个显示界面上的卡片式查询，方便用户输入
		FTC－B－151	ERMS 应支持布尔检索、部分匹配和通配符检索
			ERMS 应支持检索结果导出

一级指标	二级指标	三　级　指　标	
		测试用例编号	测试功能点
5.2　文件管理业务	5.2.6　检索利用 5.2.6.1　检索	FTC－B－152	ERMS检索模块应与其他功能模块集成，将其作为其他功能的入口，如利用、处置等
		FTC－B－153	ERMS应支持查询频率统计报告功能
		FTC－B－154	ERMS应支持多用户的并发检索
	5.2.6.2　利用	FTC－B－155	ERMS应支持利用审批程序的建立与实施
		FTC－B－156	ERMS应只有在通过认证机制确认授权用户的身份后才能允许执行相应的利用操作；本部分不指定认证的方法，机构根据自己的需要确定适当的认证方法
		FTC－B－157	ERMS应支持文件管理员赋予指定的用户、用户组或角色在一定时间范围内对指定对象的使用权，并维护利用许可
		FTC－B－158	ERMS应能在利用中维护电子文件的真实性、完整性、可理解性，包括： a）维护文件的内容； b）维护文件的背景信息； c）维护文件的结构； d）文件的正确显示
		FTC－B－159	ERMS应支持在利用过程中正确还原电子文件内部各组件和/或电子文件之间的关系
		FTC－B－160	ERMS应能支持文件管理员或授权用户制定电子文件阅读、复制策略，包括但不限于： a）不同利用者的下载、拷贝； b）不同利用者的文件阅读权限； c）不同利用者的元数据阅读权限； d）复制品的载体类型
	5.2.6.3　显示	FTC－B－161	ERMS应允许通过按键或点击选择和打开类目、案卷、文件等，以显示其下位层次和相关元数据
		FTC－B－162	其他的兼容软件可以查看或执行ERMS输出的电子文件
		FTC－B－163	对于多版本的电子文件，ERMS应能显示所有可用的版本
		FTC－B－164	ERMS应能够显示其能捕获的所有类型电子文件的内容，并能将文件所有组成部分作为一个单元的形式加以显示
	5.2.6.4　打印	FTC－B－165	ERMS应能够打印其能捕获的所有可打印电子文件及其所包含的元数据。不能打印的电子文件（如音视频文件）应支持输出设置
		FTC－B－166	ERMS应支持打印选定的文件集合（类、案卷、或检索结果集）的指定元数据集合（如题名、责任者、生成日期等）
		FTC－B－167	ERMS应支持打印选定的类目或文件集清单
		FTC－B－168	ERMS应支持管理员打印所有或部分的管理参数
		FTC－B－169	ERMS应支持对打印结果赋予相应的文件管理元数据，如标题、编号、日期和安全级别等
		FTC－B－170	ERMS应能对已下载到终端的电子文件进行打印权限的控制
		FTC－B－171	ERMS应支持不同用户打印权限的设置

续表

一级指标	二级指标	三级指标	
		测试用例编号	测试功能点
5.3　安全管理	5.3.1　身份认证	FTC－B－172	ERMS 应支持多种用户身份认证机制，如用户名/密码、数字证书、指纹识别等方式
	5.3.2　权限管理	FTC－B－173	ERMS 应限定只有系统管理员具有定义和维护权限管理的权限，或者由授权用户控制特定功能的权限分配
		FTC－B－174	ERMS 应允许角色下的所有用户自动继承角色的访问权限，一个用户可以拥有多个角色
		FTC－B－175	ERMS 应建立用户权限表或类似工具（如用户许可登记），以保证对文件的访问安全
		FTC－B－176	ERMS 应限定任何角色或用户均不能直接或间接同时拥有系统管理和审计管理的权限，其中系统审计权限是指所有审计跟踪日志的查看、导出、追踪、报告等。任何用户都不得有审计信息的修改和删除权限
		FTC－B－177	ERMS 应限制所有用户只能执行权限范围的功能，对超过权限范围的操作就应记入审计跟踪日志或不提供超过权限的功能选项
		FTC－B－178	ERMS 应允许对文件、案卷等文件分类方案中的其他实体设置访问权限，并允许对该访问权限进行修改
		FTC－B－179	ERMS 应确保无权限访问案卷或电子文件的用户不能由于文件内容的任何检索而获取文件或案卷的任何信息，用户不能通过检索元数据获取相应信息，但应给出提示信息
		FTC－B－180	ERMS 应在审计日志中保存： a）登陆系统的用户名单，登录时间、登录时间长度、登录后的操作； b）登录失败信息； c）访问（检索或查看）电子文件失败信息； d）超出用户权限的系统功能尝试使用的信息； e）超出用户权限的文件尝试利用的信息
	5.3.3　审计跟踪	FTC－B－181	ERMS 应提供文件跟踪功能，在文件捕获、登记、分类、利用和处置等环节跟踪文件的运转和利用过程
		FTC－B－182	ERMS 应提供行为跟踪功能，记录对文件操作的具体行为，包括行为描述、行为步骤、行为对象、行为日期、行为人员等要素
		FTC－B－183	ERMS 应支持系统管理员确定需要审计跟踪的行为对象，包括类、子类、文件、元数据等
		FTC－B－184	ERMS 应自动记录审计跟踪事件的信息，并支持把有关审计信息同时作为文件的元数据加以管理
		FTC－B－185	ERMS 应确保审计跟踪本身的设置以及之后的每一次重新设置记录在审计跟踪日志中
		FTC－B－186	ERMS 应支持根据电子文件或其案卷的生命周期设置其审计跟踪时间
		FTC－B－187	ERMS 应确保审计跟踪数据可按要求审查，如事件、用户、文件、角色、时间等

续表

一级指标	二级指标	三　级　指　标	
		测试用例编号	测试功能点
5.3　安全管理	5.3.3　审计跟踪	FTC－B－188	ERMS应支持在指定日期时间内，从审计跟踪数据中产生特定报告： a）指定用户实施的操作； b）对指定案卷实施的操作； c）对指定文件实施的操作
		FTC－B－189	ERMS应确保审计跟踪数据任何部分不能被任何用户（包括系统管理员）更改或删除；超出期限的审计跟踪数据应设置导出功能，并支持对导出的数据进行查询
		FTC－B－190	ERMS应提供相应的审计管理员角色，进行独立审计工作
	5.3.4　文件变更	FTC－B－191	ERMS应对生效后文件的变更操作（移动、修改、摘录等）进行严格控制，文件变更应经过审查流程，审查过程应记录在审计跟踪日志中
		FTC－B－192	ERMS应防止任何被捕获的文件被删除或者移动，由处置方案设定的动作除外
		FTC－B－193	ERMS应保证文件管理员能修改任何由用户输入的元数据元素，以纠正诸如数据录入的错误。修改操作应记入审计跟踪日志
		FTC－B－194	ERMS应允许文件管理员或授权用户在保留原始文件的前提下创建一个或者一个以上的摘录
		FTC－B－195	当创建一个摘录的时候，ERMS应自动存储摘录和文件的元数据的创建活动，包括创建原因、日期、时间和创建人
		FTC－B－196	ERMS应能跟踪已登记电子文件的所有副本，在日志中记录这些副本的活动信息
		FTC－B－197	ERMS应支持对于多版本电子文件的管理，能够方便地显示、追溯电子文件版本之间的变更
		FTC－B－198	若原有文件被新文件替代，ERMS应支持替代状态，并创建指向替代文件的链接
5.4　系统管理	5.4.1　总体管理要求	FTC－B－199	ERMS应支持系统管理员查询、显示以及重新配置系统参数
		FTC－B－200	ERMS应支持系统管理员重新确定用户范围和用户角色
		FTC－B－201	ERMS应提供对系统总体状况的综合监测
		FTC－B－202	ERMS应能识别错误，必要时能隔离错误，并提供错误报告
		FTC－B－203	为了适应机构变化情况，ERMS应支持管理员对分类方案进行较大的改动，以保证所有的文件管理元数据和元数据能被正确、完整地处理
	5.4.2　系统报告	FTC－B－204	ERMS应支持系统管理员和授权用户定期生成周期性报告（如年报、季报、月报、周报等）
		FTC－B－205	ERMS应提供报表打印、阅读、排序、分类、存储、导出等基本管理功能
		FTC－B－206	ERMS应支持形成关于存储空间有关状况的报告
		FTC－B－207	ERMS应支持基于特定主题生成审计跟踪报告（如：类目、案卷、文件、用户、时间段）
		FTC－B－208	ERMS应支持形成失败/错误过程处理状况报告
		FTC－B－209	ERMS应支持形成移交操作报告
		FTC－B－210	ERMS应支持形成安全违规操作报告等
		FTC－B－211	ERMS应提供报告基本统计和分析功能
		FTC－B－212	ERMS应支持在显示界面上选择元数据自定义查询、统计、分析报表的功能

表 2　　　　　　　　　　　　　　　　　扩 展 功 能 测 试

一级指标	二级指标	三级指标	
		测试用例编号	测试功能点
5.1　文件管理配置	5.1.1　建立分类方案	FTC－E－01	ERMS 宜支持分类方案与其他文件管理流程如捕获、处置、利用、安全管理、统计报告等功能的关联
		FTC－E－02	ERMS 宜支持多种分类方案的定义和同时使用，以适用于多机构文件管理或机构合并的情形
	5.1.2　保管期限与处置表的配置与管理	FTC－E－03	ERMS 应支持保管期限与处置规则与分类方案的衔接，为对类目指定默认的保管期限，类目下的案卷和文件的保管期限可继承它们所属类目或案卷的保管期限
		FTC－E－04	ERMS 应长久保存保管期限与处置规则，保证其在系统迁移时依然有效
	5.1.3　元数据方案的配置与管理 5.1.3.1　元数据方案的建立 5.1.3.2　元数据方案的维护 5.1.3.3　元数据值的管理	FTC－E－05	ERMS 宜提供元数据方案备案注册功能，能够对系统涉及的元数据方案进行集中管理
		FTC－E－06	ERMS 宜允许通过访问其他程序来验证元数据值的有效性
		FTC－E－07	ERMS 宜支持元数据被其他系统使用
	5.1.4　文件类型的配置与管理	FTC－E－08	ERMS 宜支持根据文件类型设置相应的元数据模板
		FTC－E－09	ERMS 宜允许依据不同的文件类型对文件采取相应的行动。如：自动赋予某些元数据元素的值，自动归入某类或案卷等
			ERMS 宜支持形成或捕获文件的用户使用缺省的文件类型
		FTC－E－10	无论电子文件集中存储还是分散存储，ERMS 宜对文件类型集中管理
5.2　文件管理业务	5.2.1　捕获登记 5.2.1.1　捕获 5.2.1.1.1　电子文件的捕获	FTC－E－11	捕获不完全或尚未完成文件处理流程的文件时，ERMS 应能发出警告。如：一份不具备有效的电子签名的发文，或者由未经认可的供应商提供的发货单
		FTC－E－12	ERMS 宜按照要求将原始格式转化为目标格式
		FTC－E－13	除了可以捕获脱机载体或指定位置中的电子文件外，ERMS 宜支持从各类文件形成系统中直接捕获文件，包括但不限于： a) 桌面办公软件； b) 工作流应用软件； c) 电子邮件系统； d) 电子商务及网络交易系统； e) 图形和图像设计系统； f) 条形码支持系统； g) 多媒体应用软件等
		FTC－E－14	ERMS 宜允许以复合文件的形式捕获网页

一级指标	二级指标	三 级 指 标	
		测试用例编号	测试功能点
5.2　文件管理业务	5.2.1.1.2　元数据的捕获	FTC－E－15	ERMS应支持多个授权用户完成元数据的捕获，如通过工作流机制分配元数据登录任务
		FTC－E－16	如果不能自动捕获元数据，ERMS宜提示用户输入可能的选项
	5.2.1.2　登记	FTC－E－17	登记进ERMS的文件宜归入合适的案卷之中。归卷可以在捕获之前或登记的同时完成。此处所称案卷是逻辑案卷，在对应的实体文件整理中，可能存在与逻辑案卷对应的实体案卷，也可能不存在这样的实体案卷
		FTC－E－18	ERMS宜在登记过程中自动提供如下支持，以便于文件的分类和归卷： a）显示用户最近使用过的案卷； b）显示用户使用最频繁的类和案卷； c）显示包含已知相关文件的类和案卷； d）根据文件元数据或用户配置文件，显示文件分类方案中的相关部分
	5.2.2.2　案卷管理	FTC－E－19	ERMS宜支持授权用户根据需要对案卷进行子卷划分，并提供子卷管理
		FTC－E－20	ERMS宜限制案卷的大小
		FTC－E－21	ERMS宜支持在满足系统设置的特定标准时，能够自动关闭案卷，这些标准包括： a）每年的截止日期（例如，自然年度、财政年度或者其他年度）； b）活动结束后的一段时间内（例如，把最近的电子文件添加到案卷中）； c）案卷中的文件数量
	5.2.3　鉴定处置 5.2.3.1　总体要求	FTC－E－22	ERMS应根据有关部门批准的保管期限与处置表或者是相关机构对特殊文件的处置要求来确定处置行为
	5.2.3.3　处置行为的触发和审查	FTC－E－23	ERMS宜支持以工作流方式实施处置流程
		FTC－E－24	ERMS宜能在自动触发处置程序之前提醒文件管理员对即将触发的行为做出回应
	5.2.3.4　移交	FTC－E－25	ERMS宜按照目标系统的格式规范移交文件，必要时在移交之前开展相关的格式转换工作，格式转换要求见5.2.5.2
	5.2.3.5　销毁	FTC－E－26	ERMS宜支持如果一份电子文件已被授权销毁，则其所有备份和相关版本都应被销毁
	5.2.4　统计管理 5.2.4.1　报表管理	FTC－E－27	ERMS宜支持将报表导出到第三方软件进行编辑和分析
			ERMS宜支持具有数据透视功能的统计报表，使用户可选择不同条件来观看报表，本功能可通过第三方软件实现
	5.2.4.2　统计指标	FTC－E－28	ERMS宜统计不同格式的文件数量

一级指标	二级指标	三 级 指 标	
		测试用例编号	测 试 功 能 点
5.2 文件管理业务	5.2.4.3 统计模板	FTC－E－29	ERMS应提供捕获文件目录统计模板
		FTC－E－30	ERMS应提供开放等级变更统计模板
		FTC－E－31	ERMS应提供保管期限变更统计模板
		FTC－E－32	ERMS应提供文件开放情况登记模板
		FTC－E－33	ERMS应提供移交文件统计模板
		FTC－E－34	ERMS应提供销毁文件统计模板
		FTC－E－35	ERMS应提供续存文件统计模板
		FTC－E－36	ERMS应提供实体文件存放地点统计模板
		FTC－E－37	ERMS应提供利用情况年（月）统计模板
	5.2.5 存储保管 5.2.5.1 存储设备	FTC－E－38	ERMS的存储介质理化性质应符合相关规范的要求，其中归档用光盘可参照 DA/T 38—2008
		FTC－E－39	ERMS应提供基本的存储管理功能（或借助第三方软件），实现对存储介质的状态监控和报告
		FTC－E－40	ERMS采用的存储设备应提供第三方软件集成接口
		FTC－E－41	ERMS存储介质应在特定环境下使用和存储，以保证在该环境下介质能达到其预期寿命
		FTC－E－42	在对存储介质的各项管理活动中不允许对文件安全造成损坏，如在介质检测和更换过程中
		FTC－E－43	ERMS应支持存储介质的定期更新，以防止介质老化，定期更新信息应自动记录到审计跟踪日志中
		FTC－E－44	ERMS应将存储设备的管理信息记入系统审计跟踪日志
	5.2.5.2 存储格式	FTC－E－45	ERMS宜选用符合 DA/T 47—2009 或其他相关规定的文件格式用于长久保存
		FTC－E－46	在多种格式并存的情形下，ERMS宜以原始格式与长期保存格式保存电子文件，并建立关联
		FTC－E－47	ERMS宜提供格式转换的能力，能按照要求的目标格式标准将电子文件进行批量转换
			ERMS宜保证格式转换过程中文件信息不丢失
		FTC－E－48	ERMS宜支持以时间为条件触发格式转换
	5.2.5.3 存储管理	FTC－E－49	ERMS宜支持在线、近线与离线存储
		FTC－E－50	ERMS宜支持集中式与分布式存储
		FTC－E－51	ERMS应制定适当的存储规划以保证系统升级后电子文件的可用性与完整性
			ERMS应保证在系统升级、文件迁移或转换、介质更新时没有数据丢失或损坏
		FTC－E－52	ERMS宜允许电子文件存储前进行压缩。如果支持压缩，ERMS应： a）集成压缩机制； b）采用无损压缩； c）采用可靠的压缩机制，压缩与解压缩不能破坏文件及其元数据； d）保证压缩功能对用户透明

续表

一级指标	二级指标	三　级　指　标	
		测试用例编号	测试功能点
5.2　文件管理业务	5.2.5.3　存储管理	FTC-E-53	ERMS宜允许用户根据需要对不同类型的电子文件与其元数据进行封装保存，封装规范可参考DA/T 48—2009
		FTC-E-54	ERMS应允许检索对象处于在线、近线或离线状态
		FTC-E-55	ERMS宜能通过专门查询模块或快速查询通道等多种方式查询文件
		FTC-E-56	ERMS宜支持采取树形展开等方式浏览，浏览内容包括目录、内容及其他元数据
		FTC-E-57	ERMS宜支持条件的友好输入，包括但不限于： a）支持以日历方式输入日期； b）支持联想式词语输入
		FTC-E-58	ERMS宜支持递进检索，即在检索范围内实施二次检索
		FTC-E-59	ERMS宜支持用户对检索途径进行定义、保存和再利用
		FTC-E-60	ERMS宜提供智能检索手段，包括： a）根据检索频率提供； b）设计用户问答进行自动检索； c）为用户设置缺省查询选项； d）提供查询结果相关性分析
		FTC-E-61	ERMS宜允许用户对检索结果进行选择、分组和排序允许同时进行查看、传输和打印
		FTC-E-62	ERMS宜支持根据检索结果进行扩展显示，即可显示该结果的上级或下级层次，如结果为案卷的，可展开卷内文件；结果为文件的，可上溯到所属案卷，也可显示包括文件内容在内的各元数据项
		FTC-E-63	ERMS宜支持对查询结果的显示格式进行设置，允许用户指定： a）查询结果显示的顺序； b）每页显示的数目； c）每次检索返回结果的最大数量； d）查询结果显示的元数据
		FTC-E-64	ERMS宜允许配置搜索引擎
	5.2.6.2　利用	FTC-E-65	ERMS宜支持以用户选择的数据格式输出电子文件的功能
		FTC-E-66	ERMS应支持按照《政府信息公开条例》提供利用服务
	5.2.6.3　显示	FTC-E-67	ERMS宜支持集成独立的显示软件包，用于阅读电子文件正文的不同稿本、版本和元数据。包括显示图像、视音频文件和电子邮件等
		FTC-E-68	ERMS应能够显示与当前文件相关的其他文件
	5.2.6.4　打印	FTC-E-69	ERMS应支持设置默认的打印参数（如物理打印机参数、虚拟打印机参数）
		FTC-E-70	ERMS宜能对打印到虚拟打印机的文件转换动作进行相应的监控
5.3　安全管理	5.3.1　身份认证	FTC-E-71	ERMS提供用户名/密码认证时，宜提供校验码方式提高身份认证的安全性
		FTC-E-72	ERMS宜允许系统管理员为失败的登录尝试设置安全参数或限制

续表

一级指标	二级指标	三 级 指 标	
		测试用例编号	测试功能点
5.3　安全管理	5.3.2　权限管理	FTC－E－73	ERMS 宜提供给系统管理员单独的管理软件以维护系统的安全访问机制
		FTC－E－74	用户权限表宜通过相关机构审定，保证其合理性，便于 ERMS 自动实施文件的安全管理。合理的用户权限表是基于机构规章制度框架的分析、业务活动的分析以及风险评估产生的。一般需要注意以下要素： a) 确定对文件及机构信息的利用的法定权利和限制； b) 确定容易侵犯隐私权、个人机密、行业机密或商业机密的文件信息； c) 根据风险程度，为业务活动的各类文件分配相应的限制级别； d) 将限制级别与一些工具联系起来，如分类方案。这样，当 ERMS 进行文件捕获或登记时，就能自动发出警告或实施限制利用
		FTC－E－75	ERMS 的用户和角色的权限分配宜尽可能将用户权限和角色分配成其完成任务所需要的最小的权限集
		FTC－E－76	ERMS 宜支持为访问控制配置选项，包括： a) 无适当权限的用户不能发现特定电子文件、案卷的存在； b) 无适当权限的用户可以发现特定电子文件、案卷的存在，但不显示相关元数据，不能访问文件内容； c) 无适当权限的用户可以浏览特定电子文件、案卷的元数据，但不能访问文件内容
	5.3.3　审计跟踪	FTC－E－77	ERMS 宜支持系统管理员确定用于跟踪的行为，包括检索、创建、删除、编辑等。包括但不限于： a) 电子文件的捕获； b) 分类方案、保管期限与处置表等重要文件管理工具的编辑修改； c) 任何处置行为的实施和编辑修改； d) 重要元数据的改变； e) 用户管理活动； f) 权限管理活动； g) 文件及元数据的利用活动； h) 文件的删除或销毁等
	5.3.4　文件变更	FTC－E－78	ERMS 应允许复制已有电子文件的部分内容以形成新的独立的电子文件（摘录），并确保原始文件保持完整不变；摘录应在 ERMS 系统中予以登记，应保持摘录和原始文件之间的关联
		FTC－E－79	当检索到一份摘录件的时候，根据存取权限和安全控制的要求，ERMS 宜向用户展示原件的存在形式
	5.3.5　电子签名	FTC－E－80	对于选用电子签名的机构，ERMS 应支持符合国家或行业相关标准的电子签名法规、技术要求等
		FTC－E－81	对于应用电子签名的文件，ERMS 使用的电子文件元数据方案应包含记录和管理电子签名的专门元数据元素
		FTC－E－82	ERMS 应能验证电子签名的有效性
		FTC－E－83	ERMS 应在保存电子文件同时保存： a) 与文件有关的电子签名结果； b) 验证签名的数字证书； c) 其他认证细节

续表

一级指标	二级指标	三　级　指　标	
		测试用例编号	测试功能点
5.3　安全管理	5.3.5　电子签名	FTC－E－84	ERMS 应能捕获、验证和存储文件的电子签名以及相关联的电子证书和证书服务提供商的详细资料
		FTC－E－85	ERMS 应支持系统管理员对系统进行配置，让系统可以在捕获电子签名文件时存储公钥等验证元数据
		FTC－E－86	ERMS 应将认证元数据与相关文件一同存储，或分开存储但应与文件关联
		FTC－E－87	ERMS 应能在证书到期时通知管理员
		FTC－E－88	ERMS 应在审计跟踪日志中自动记录所有与电子签名相关的信息
		FTC－E－89	ERMS 宜能够持续证明经过电子签名的文件的真实性
		FTC－E－90	ERMS 在迁移或导出文件时，应提供导出电子签名的功能以支持外部认证
5.4　系统管理	5.4.2　系统报告	FTC－E－91	ERMS 宜根据多个选择条件生成有关的系统报告。条件包括： a）时间段； b）对象范围，如机构、类目、案卷等； c）文件版本、格式； d）特定位置，如网段、工作站； e）用户等
		FTC－E－92	ERMS 宜支持以图表形式展示报告
6.1　数字化文件的管理		FTC－E－93	ERMS 应支持对于数字化文件与原生电子文件基本等同的管理功能
		FTC－E－94	ERMS 应支持对纸质文件进行管理
		FTC－E－95	ERMS 宜支持集成扫描功能模块。该功能模块可支持： a）提供扫描管理界面； b）多页文件扫描； c）单色扫描、灰度扫描和彩色扫描； d）对扫描图像的注释功能，注释内容被保存到元数据项中； e）提供多种扫描参数设置，如单面/双面、分辨率、反差、亮度设置等，并记录相关元数据； f）记录数字化对象的形式特征； g）记录数字化过程元数据； h）集成图像处理功能
		FTC－E－96	ERMS 应支持以合乎 DA/T 31 等相关标准规范要求的格式保存图像
		FTC－E－97	ERMS 宜支持光学字符识别、条形码识别等功能
		FTC－E－98	ERMS 应允许用户将扫描图像作为文件或文档捕获
		FTC－E－99	ERMS 应支持以多种分辨率、多种格式保存图像，并保证各种分辨率、格式图像间的关联，以适应不同的应用环境
		FTC－E－100	ERMS 应支持显示扫描图像的缩略图
		FTC－E－101	ERMS 应支持对扫描图像的质量控制和调整，如允许为图像信息内容设置阈值，低于阈值就放弃该图像并以空白页显示
		FTC－E－102	ERMS 宜支持自动捕获指定扫描区域的相关元数据
		FTC－E－103	ERMS 应支持批量导入扫描图像及其元数据

续表

一级指标	二级指标	三 级 指 标	
		测试用例编号	测 试 功 能 点
6.1 数字化文件的管理		FTC－E－104	ERMS 应支持数字化文件的元数据编制，可采取导入、挂接既有元数据的方式，也可同时进行人工辅助编制
		FTC－E－105	ERMS 应支持记录扫描活动本身，包括操作者、操作时间、操作文件、检验员等信息
6.2 多载体文件管理		FTC－E－106	ERMS 应对实体文件、电子文件、混合文件及其组合实施统一的、基本一致的管理
		FTC－E－107	ERMS 应以统一的文件分类方案、分类标识符号管理实体文件和电子文件（包括数字化文件），并使用适当的标记区分不同的记录方式或载体形态
		FTC－E－108	ERMS 应在实体文件元数据中设立实体辅助管理信息，包括物理位置信息、装具识别信息等
		FTC－E－109	ERMS 宜以统一的保管期限与处置表管理实体文件和电子文件
		FTC－E－110	ERMS 应始终通过元数据中的物理位置定位到实体文件以及非电子文件中的实体部分，并始终维护实体文件以及非电子文件中的实体部分及其元数据之间的关联
		FTC－E－111	ERMS 宜允许双套制文件及其组合（如案卷）中内容相同的电子文档和纸质文档及其组合（如案卷）具有并维持明确的关联，可以使用相同的题名和唯一标识符
		FTC－E－112	ERMS 应支持授权用户在登记实体文件、混合文件、双套制文件时创建实体组合文件或逻辑组合文件（如案卷），并注明其类型
		FTC－E－113	ERMS 应支持授权用户创建、维护、修改混合文件、混合组合文件中电子和非电子部分之间的关联、修改应记入审计跟踪日志
		FTC－E－114	ERMS 宜支持混合文件、双套制文件中的纸质和电子部分具有相同的保管期限，实施相同的处置行为，如同时销毁到期电子和非电子文件
		FTC－E－115	ERMS 支持在移交、销毁非电子文件及其组合时，提供非电子部分的物理存放位置，并要求授权用户确认相应的处置行为
		FTC－E－116	ERMS 支持在移交非电子文件及其组合时，保持其各种关联
		FTC－E－117	ERMS 宜保证混合文件、双套制文件中的纸质和电子部分使用相同的访问控制
		FTC－E－118	ERMS 应保证对任何载体形式的文件进行检索时，其中的电子和非电子部分（如果存在的话）都能同时被检索到
		FTC－E－119	ERMS 应支持实体文件的利用预约登记、借阅等利用过程，实现对实体文件的定位与跟踪，整个利用过程应被记入审计跟踪日志
		FTC－E－120	ERMS 宜在实体文件借出利用即将到期或到期未还时提供相关信息
		FTC－E－121	ERMS 宜通过签入、签出功能来执行实体文件的借阅与归还，并允许用户记录签入签出的行为，自动记录签入签出的时间
		FTC－E－122	ERMS 宜允许授权用户查看借出的实体文件当前的物理位置、保管者以及借阅时间、应归还时间等信息

续表

一级指标	二级指标	三 级 指 标	
		测试用例编号	测试功能点
6.2 多载体文件管理		FTC－E－123	任何对非电子文件及其组合的元数据的修改，应被记入审计跟踪日志
		FTC－E－124	ERMS宜采用条形码、射频识别等技术实现对实体文件的跟踪
		FTC－E－125	ERMS宜在审计跟踪日志中记录实体文件物理位置的变化，在导出实体文件数据的时候，也能导出存放位置的跟踪史
		FTC－E－126	在用户浏览、检索或者其他方式对类目、案卷、子卷进行处理行为时，ERMS应当用恰当的方式提示物理容器或者物理文件在其中
6.3 离线利用		FTC－E－127	ERMS支持电子文件的有条件离线使用，所有进入ERMS的离线存储设备应在系统中进行登记
		FTC－E－128	ERMS所支持的离线存储设备应为专用设备，应有明确的标记
		FTC－E－129	ERMS所支持的离线存储设备应采用符合安全和保密要求的存储介质，存储介质应经过相关认定
		FTC－E－130	ERMS文件在离线使用时，应有严格的审批流程，要有相应的使用记录
		FTC－E－131	ERMS文件在离线存储审核时，宜提供批量审批的功能
		FTC－E－132	离线利用的信息应保证在权限许可范围内
6.4 接口管理		FTC－E－133	ERMS宜提供电子邮件系统接口，能按照DA/T 32进行管理和操作
		FTC－E－134	ERMS宜提供与网站系统的接口管理机制，能根据机构网页归档管理办法进行
		FTC－E－135	ERMS宜提供传真集成功能
		FTC－E－136	ERMS宜提供文件图像处理工具与硬件接口
		FTC－E－137	ERMS宜提供条形码系统接口
		FTC－E－138	ERMS宜提供表格生成软件系统接口
		FTC－E－139	ERMS宜提供图示用户界面以显示和管理所有电子文件
		FTC－E－140	ERMS宜提供与内容管理系统接口
		FTC－E－141	ERMS宜提供与业务系统、电子文件长期保存系统的接口
6.5 工作流		FTC－E－142	ERMS应能定义工作组，可按照组织机构人事划分定义工作组，也可以是其他逻辑组合
		FTC－E－143	ERMS应能提供访问控制权限与工作组之间的有机结合，如可将特定来源的电子文件管理权限分配给某工作组
		FTC－E－144	在工作组中可以定义工作流管理员和普通用户角色，前者可以重新分配流程和任务
		FTC－E－145	ERMS应能管理工作组的各项活动，包括暂停、启动、追踪、报告状态等
		FTC－E－146	只有获得授权的人员才能进行工作组管理
		FTC－E－147	只有获得授权的人员才能进行工作流管理
		FTC－E－148	ERMS应能管理工作流，包括定义、删除、修改工作流。不得限制工作流、工作流中工作步骤的数量

续表

一级指标	二级指标	三级指标	
		测试用例编号	测试功能点
6.5　工作流		FTC-E-149	ERMS应能启动、暂停、取消、保存、显示、报告工作流
		FTC-E-150	ERMS应对工作流定义并将其管理活动记入审计跟踪日志
		FTC-E-151	ERMS应提供对工作流的报告工具，包括对容量、性能、工作量和意外情况进行监控
		FTC-E-152	ERMS应提供工作流的图形管理界面，工作流的管理活动可通过图形界面进行
		FTC-E-153	ERMS应能设置和调整工作流的优先级别
		FTC-E-154	ERMS应能向用户通报工作流程
		FTC-E-155	ERMS应允许用户以队列方式管理、查看工作任务
		FTC-E-156	ERMS宜设定触发工作流的机制，如在文件生成完毕或接收电子邮件时触发捕获登记工作流
		FTC-E-157	ERMS应在工作流中支持电子文件元数据的累进增加
		FTC-E-158	ERMS宜允许工作流管理员设定工作步骤期限，并生成报告
		FTC-E-159	ERMS应支持有条件的工作流，即根据用户输入或系统数据来决定工作流的方向
		FTC-E-160	ERMS应支持工作流与即时通信工具或电子邮件系统集成，以便提醒用户
		FTC-E-161	ERMS工作流应支持多种提醒功能，保证工作流顺畅完成
6.6　性能要求		FTC-E-162	ERMS应具备稳定且灵活的体系结构，以适应不断变化的业务需要，并能一直以适合实施的方式满足文件管理需求
		FTC-E-163	ERMS应能达到满足特定业务需要和用户期望的标准
		FTC-E-164	ERMS应能够以可控的方式不断发展，以长期持续满足预期的组织需要
		FTC-E-165	ERMS宜考虑如下具体性能指标，并使其达到用户期望的水平： a）并行用户数量； b）并行事务处理能力； c）海量检索响应时间； d）电子文件仓储最大容量； e）与ERMS有关的数据库管理能力； f）可持续服务时间； g）可持续保管文件能力； h）可容忍的最长停机中断时间； i）宕机后系统恢复时间
		FTC-E-166	ERMS应通过认证来验证其满足性能指标的能力
		FTC-E-167	ERMS应能收集并显示性能指标

6　元数据符合性测试

6.1　概述

元数据测试依据 DA/T 46—2009 对电子文件归档管理系统中的元数据项和元数据属性值的规范性进行测试。元数据项的测试可分为基本元数据和扩展元数据两部分的测试；元数据属性值的测试应依据标准中定义和描述的元数据元素的属性进行测试规范性测试，具体测试应与6.2中元数据方案的配置与管理相结合；元数据测试应与第5章　功能测试指标的测试

相结合，对元数据项的灵活定义、元数据值的正确性判断进行合规性测试。

6.2 基本元数据项测试指标

元数据项的测试主要针对电子文件实体、机构人员实体、业务实体、授权实体、实体关系的元数据项进行测试，测试系统中这些描述实体的元数据项的标准符合程度，包括必需的元数据项以及软件系统是否能够灵活增加元数据项以满足系统用户灵活使用的要求。

表3中，一级指标和二级指标分别对应于DA/T 46—2009二级标题和三级标题，三级指标为测试的用例编号、测试功能点与测试目的。三级指标中任何一条测试用例不通过，则整个系统的元数据测试结果为不通过。

表 3　　　　　　　　　　基 本 元 数 据 项 测 试

一级指标	二级指标	三 级 指 标		
		测试用例编号	定义（测试功能点）	目　　的
5.1　标识	5.1.1　标识类型	FTC-B-213	电子文件标识的种类	明确电子文件标识的属类，利于电子文件管理
	5.1.2　标识名称	FTC-B-214	电子文件标识的名称	标识编码性质
	5.1.3　标识编码	FTC-B-215	以字符形式赋予电子文件标识的一组代码	为电子文件在特定范围内提供唯一标识
5.3　聚合层次		FTC-B-216	电子文件在分类、整理、著录、保管和提供利用时，作为个体和特定群体的控制层次	利于对电子文件的管理，为电子文件在某一层次的著录、检索提供条件
5.4　内容描述	5.4.1　题名	FTC-B-217	表达电子文件中心内容和形式特征的名称，又称标题、题目	描述电子文件的中心内容，并提供检索点
	5.4.5　日期	FTC-B-218	文件形成的日期或者聚合层次内文件的起止日期	明确文件形成时间或聚合层次内文件起止日期，提供检索点
	5.4.6　保密属性	FTC-B-219	电子文件的保密等级、保密期限等保密相关信息的描述	利于电子文件的管理和利用
5.5　形式特征	5.5.1　数量及单位	FTC-B-220	按特定指标对电子文件进行统计的结果	便于对电子文件的利用和管理
6.2　机构人员标识符		FTC-B-221	电子文件机构人员实体的唯一标识编码	标识机构人员实体，利于表示实体内、外部关系，利于电子文件的管理
6.3　机构人员名称		FTC-B-222	形成、处理和管理电子文件的机构/人员称谓	记录电子文件背景信息，维护电子文件的真实性
7.1　业务类型		FTC-B-223	业务活动的种类	记录背景信息，利于电子文件的管理
7.2　业务状态		FTC-B-224	业务活动的时态类型	提供电子文件背景信息，利于电子文件的管理
7.3　业务标识符		FTC-B-225	电子文件业务实体的唯一标识编码	标识业务实体，利于表示实体内、外部关系，利于电子文件的管理
7.4　业务名称		FTC-B-226	具体的职能业务和文件管理业务行为的名称	维护电子文件的证据特性，利于电子文件的控制、管理和利用
7.5　业务时间		FTC-B-227	业务活动的时间	记录背景信息，提供电子文件真实性证明
8.1　授权类型		FTC-B-228	业务活动的授权类别	记录业务活动的可归责性
8.2　授权标识符		FTC-B-229	电子文件授权实体的唯一标识编码	标识授权实体，利于表示实体内、外部关系，利于电子文件的管理

续表

一级指标	二级指标	三 级 指 标		
		测试用例编号	定义（测试功能点）	目 的
8.3 授权名称		FTC－B－230	为业务活动提供职权来源和依据的政策、法规、制度、标准、需求等的名称	记录业务活动的可归责性
9.2 关系标识符		FTC－B－231	电子文件关系实体的唯一标识编码	标识实体，利于表示实体内、外部关系，利于电子文件的管理

6.3 扩展元数据项测试指标

扩展元数据项测试指标是依据 DA/T 46—2009 中规定的可选元数据对电子文件归档管理系统进行测试和评估。应分为三级指标逐项进行检测，测试项见

表2。

表4中，一级指标和二级指标分别对应于 DA/T 46—2009 中二级标题和三级标题，三级指标为应测试的用例编号、测试功能点与测试目的。

表4 　　　　　　　　　　　　　　　　扩 展 元 数 据 测 试

一级指标	二级指标	三 级 指 标		
		测试用例编号	定义（测试功能点）	目 的
5.2 来源		FTC－E－168	对电子文件内容进行创造、负有责任的机构、团体或个人	明确电子文件的责任主体，提供检索点
5.4 内容描述	5.4.2 主题	FTC－E－169	用以表达电子文件核心内容的词、词组或摘要	揭示电子文件中心内容，提供检索点
	5.4.3 文件编号	FTC－E－170	文件制发过程中由制发机关、团体或个人赋予文件的顺序号，也称文号	提供检索点
	5.4.4 责任者	FTC－E－171	对电子文件内容进行创造、负有责任的机构、团体或个人	明确电子文件的责任主体，提供检索点
5.5 形式特征	5.5.2 语种	FTC－E－172	电子文件正文所使用的语言的类别	利于电子文件的查询、显示和理解
	5.5.3 稿本	FTC－E－173	文件的文稿、文本和版本	描述文件的形式特征，利于电子文件的控制和管理
5.6 电子属性	5.6.1 格式信息	FTC－E－174	电子文件格式的一组描述信息	描述电子文件的格式信息，利于分类管理、格式转换和提供利用
	5.6.2 计算机文档名	FTC－E－175	标识计算机文档的一组特定字串	利于电子文件的控制和管理
	5.6.3 计算机文档大小	FTC－E－176	计算机文档的字节数	利于电子文件存储、交换、统计和管理
	5.6.4 软件环境	FTC－E－177	生成和管理电子文件的计算机软件特征信息描述	提供电子文件背景信息，保障电子文件的真实、完整、有效
	5.6.5 硬件环境	FTC－E－178	生成和管理电子文件的计算机硬件特征信息描述	提供电子文件背景信息，保障电子文件的真实、完整、有效
	5.6.6 数字化参数	FTC－E－179	文件由数字化方式形成时的一组关键参数描述	记录电子文件来源的客观性和合法性信息，利于电子文件的管理和利用

续表

一级指标	二级指标	三　级　指　标		
		测试用例编号	定义（测试功能点）	目　　的
5.7　管理属性	5.7.1　在线位置	FTC－E－180	电子文件在计算机管理系统中的存储位置	利于电子文件的管理和利用
	5.7.2　离线存储	FTC－E－181	有关电子文件脱机存储信息的描述	利于电子文件的保管和利用
	5.7.3　数字产权	FTC－E－182	对电子文件内容涉及或具有的权益以及被赋予权限的信息描述	利于电子文件安全管理、控制和利用
	5.7.4　校验信息	FTC－E－183	保证电子文件及其元数据真实、完整和有效的相关信息的描述	提供电子文件真实性、完整性依据
5.8　附注		FTC－E－184	文件实体中需要解释和补充说明的事项	提供电子文件及其元数据有关补充信息
6.1　机构人员类型		FTC－E－185	形成、处理和管理电子文件的机构/人员的类别	记录电子文件的背景信息，维护电子文件的真实性、可靠性
6.4　机构人员代码		FTC－E－186	由相关机构赋予机构或人员的代码编号	提供机构或人员的唯一标识，利于电子文件的管理
7.6　业务描述		FTC－E－187	业务活动相关信息的描述	记录背景信息，维护电子文件的合法性、真实性
8.4　授权描述		FTC－E－188	对业务活动授权的进一步说明	记录业务活动的可归责性
9.1　关系类型		FTC－E－189	电子文件之间、电子文件不同实体之间以及电子文件实体内部对象之间关系的种类	利于电子文件的控制、管理和利用
9.3　关系		FTC－E－190	电子文件之间、电子文件不同实体之间以及电子文件实体内部对象之间的相互关系	利于电子文件的理解、管理、控制和利用
9.4　关系描述		FTC－E－191	对关系类型和关系的进一步说明	对关系类型和关系作进一步解释，利于电子文件的理解、管理、控制和利用

7　文档符合性测试

7.1　概述

系统文档测试依据 GB/T 8567—2006 中的规定，对被测机构提供的电子文件归档管理系统的文档进行标准符合性测试，应包括但不限于系统文档与软件系统的一致性、完整性、可理解性、指导性以及方便测试执行机构开展电子文件归档管理系统实施标准符合性测试的易用性，被测系统的文档应包括但不限于系统需求说明书、系统设计文档、用户手册和操作规程等。

7.2　系统文档的一致性

系统文档描述的功能与软件实际功能应保持一致；

系统文档描述的系统与被测系统版本保持一致。

7.3　系统文档的完整性

系统文档应参照 GB/T 8567—2006 中用户手册的内容编写，并保证内容的完整性；

系统文档中应包括全部软件功能、测试流程、计算过程和操作手册等；

系统文档可以在线帮助、纸质文档形式提供参考和使用。

7.4　系统文档的可理解性

系统文档应采用中文编写；

系统文档对关键重要的操作应配以例图说明；

系统文档的文字描述应条理清晰、易于理解；

系统文档应对主要功能和关键操作提供应用实例。

7.5　系统文档的指导性

系统文档中应包括详细的系统运行环境及安装说明；

系统文档中应提供 ERMS 实施指南或类似文档，其中应包括规划、开发、实施、运行、评估等内容，以便为实施和应用 ERP 系统提供详细的指导。

7.6　系统文档易于实现标准符合性测试

被测机构提供的测试请求文档应明确标识出，依据 GB/T 29194—2012 进行标准符合性测试的基本功能和可选功能的相应条款；

系统文档中应提交方便测试机构执行完善测试用例的执行步骤。

7.7　系统文档测试指标

系统文档测试指标是依据 GB/T 8567—2006 中规定的被测机构提供的系统文档进行标准符合性测试，详见表5。

表5　　　系统文档测试

测试用例编号	测试功能点
FTC－B－232	完整性：用户文档完整地说明了软件产品的所有功能以及在程序中用户可以调用的所有功能
FTC－B－233	准确性：用户文档中描述的信息都比较准确，没有歧义和错误的表达
FTC－B－234	一致性：用户文档自身内容或相互之间没有矛盾，每个术语的含义在文档中可保持一致
FTC－B－235	易理解性：用户文档对正常执行工作任务的一般用户易于理解，能使用适当的术语、一定量的图形表示
FTC－B－236	易浏览性：详细的解释以及引用有用的信息处理源表示每个文档都有详细的目录表

8　标准符合性评定准则

8.1　概述

本章对电子文件归档管理系统软件产品测试的结果及其基本功能、可选功能的测试结果给出了评定细则。

8.2　测试关键要素

8.2.1　关键要素定义

下列4项为影响电子文件归档管理系统标准符合性测试结果的关键因素：

——被测软件系统的功能是否覆盖5.2中规定的任何一项基本功能项；

——被测软件系统在基本功能测试过程中是否发生了至少一项的可重复出现的严重问题；

——被测软件的系统配套文档是否与被测软件版本或操作说明不相符；

——被测软件系统的元数据项是否覆盖6.2中规定的基本元数据测试项，其属性及其值域是否与标准中规定的相一致。

8.2.2　基本功能项缺少

被测软件的功能没有覆盖5.2中规定的所有基本功能项，被测试软件有任何一项基本功能项不具备或不满足的则为"不通过"。

8.2.3　重复出现的严重问题

重复出现的严重问题是指在测试过程中出现的、且在相同条件下可再现的下列问题：

——被测基本功能项不能正确实现；

——被测数据处理错误；

——主业务流程出现断点；

——软件错误导致死机；

——软件错误导致数据丢失；

——软件错误导致系统无法运行；

——系统操作响应时间过长，在1min以上；

——系统存在严重的安全漏洞。

8.2.4　被测软件与提交的系统文档不相符

被测软件与配套的系统文档不相符是指下列几种情况：

——被测软件与配套的系统文档在产品名称方面不一致；

——被测软件与配套的系统文档在产品版本方面不一致；

——被测软件功能与配套的系统文档描述的功能之间存在严重偏差。

8.2.5　系统元数据不满足标准中的相关规定

被测软件的元数据项和元数据值不满足标准中的相关规定是指下列几种情况：

——被测软件的元数据项没有完全覆盖6.2中规定的基本元数据项；

——被测软件的元数据属性与6.2中规定的基本元数据项的定义和目的相互矛盾。

8.3　功能指标测试结果评定

8.3.1　基本必选功能指标测试结果评定

各项基本功能测试指标的结果应评定为下列两种结论中的一种：

——通过；

——不通过。

在对某项基本功能测试指标进行测试的过程中，有下列情况之一者，判定该项指标为"不通过"：

——被测软件缺少该项指标对应的功能；

——出现了一项或多项可重复出现的严重问题。

未出现上述情况的，该项指标判定为"通过"。

8.3.2　扩展功能指标测试结果评定

各项可选功能测试指标的结果应评定为下列 3 种结论中的一种：

——无此功能；

——通过；

——不通过。

在对某项可选功能测试指标进行测试的过程中，如被测软件缺少该项指标对应的功能，则判定该项指标为"无此功能"；如被测软件具有该项指标对应的功能且未出现可重复出现的严重问题，则判定该项指标为"通过"；如被测软件具有该项指标对应的功能，但出现了一项或多项可重复出现的严重问题，则判定该项指标为"不通过"。

8.4　系统元数据测试结果评定

系统元数据测试结果应判定为下列两种结论中的一种：

——通过；

——不通过。

在对系统元数据进行测试的过程中，有下列情况之一者，判定该项指标为"不通过"：

——缺少一项标准中必选的元数据项；

——系统不能灵活增加新的元数据项目；

——元数据的名称不能按照用户的要求进行更改；

——关键元数据实体缺少；

——关键元数据项不能设定值规则。

未出现上述情况的，元数据测试的结果评定为"通过"。

8.5　系统文档测试结果评定

系统文档测试的结果应判定为下列两种结论中的一种：

——通过；

——不通过。

在对系统文档进行测试的过程中，有下列情况之一者，判定该项指标为"不通过"：

——存在一种或多种系统文档与被测软件不相符的情况；

——存在基本功能描述与系统功能不相符合 1 处以上的情况；

——系统文档存在 5 处以上影响理解、操作执行的错误；

——被测软件的系统文档不完整，严重影响重要操作环节；

——被测软件的系统文档与提交的被测试系统样品的版本不符合；

——被测软件的系统文档无法理解，可能造成误操作；

——被测软件的系统文档无法指导系统安装。

未出现上述情况的，系统文档测试的结果评定为"通过"。

对系统文档中的系统实施指南只判断"有"或"无"，并记录在测试报告中。

8.6　测试结论

系统测试结果应判定为下列两种结论中的一种：

——通过；

——不通过。

有下列情况之一者，判定该项指标为"不通过"：

——系统元数据必选项测试结果不通过；

——基本功能必选项测试结果不通过；

——系统文档测试结果不通过；

未出现上述情况的，电子文件归档管理系统测试的结论评定为"通过"。

参　考　文　献

［1］　GB/T 9386—2008　计算机软件测试文档编制规范.

［2］　GB/T 11457—2006　信息技术　软件工程术语.

［3］　GB/T 15532—2008　计算机软件测试规范.

［4］　GB/T 16656.31—1997　工业自动化系统与集成　产品数据的表达与交换　第 31 部分：一致性测试方法论与框架：基本概念.

［5］　GB/T 16656.32—1999　工业自动化系统与集成　产品数据的表达与交换　第 32 部分：一致性测试方法论与框架：对测试实验室和客户的要求.

［6］　GB/T 25000.51—2010　软件工程　软件产品质量要求与评价（SQuaRE）商业现货（COTS）软件产品的质量要求和测试细则.

［7］　GB/T 26162.1—2010　信息与文献　文件管理　第 1 部分：通则.

［8］　DA/T 22—2000　归档文件整理规则.

［9］　DA/T 31　纸质档案数字化技术规范.

［10］　DA/T 32　公务电子邮件归档与管理规则.

［11］　DA/T 38—2008　电子文件归档光盘技术要求和应用规范.

［12］　DA/T 47—2009　版式电子文件长期保存格式需求.

［13］　DA/T 48—2009　基于 XML 的电子文件封装规范.

［14］　ISO/IEC 29119 Software testing.

［15］　ISO/IEC 17025—2005　General requirements for the competence of testing and calibration laboratories.

［16］　ESC－TR－2010－033 CMMI® for Development，Version 1.3.

［17］　中办 国办 厅字〔2009〕39 号　电子文件管理暂行办法.

电子文件管理系统建设指南

（GB/T 31914—2015）

前　言

本标准按照 GB/T 1.1—2009 给出的规则起草。

本标准由国家密码管理局提出并归口。

本标准起草单位：国家电子文件管理部际联席会议办公室、中国人民大学信息资源管理学院。

本标准主要起草人：刘越男、钱毅、姚思远、马林青、谭啸宇、张静、程主、刘芳、张喜波。

引　言

电子文件（Electronic Records）是指机关、团体、企事业单位和其他组织在处理公务过程中，通过计算机等电子设备形成、办理、传输和存储的文字、图表、图像、音频、视频等不同形式的信息记录。电子文件的管理，最终将依靠以计算机系统为中心的综合方法体系。在电子文件生命周期中，电子文件管理系统（Electronic Records Management System，ERMS）具有重要的作用，它负责从产生电子文件的业务系统中捕获电子文件，实施维护、利用、处置，并将具有长期保存价值的电子文件移交给电子文件长期保存系统。

电子文件管理系统的成效主要取决于应用软件的质量和用户单位系统建设的水平。为提升商业现货产品（COTS）的质量，引导应用软件的研发，2012 年年底，国家标准化管理委员会发布了 GB/T 29194—2012《电子文件管理系统通用功能要求》。为指导电子文件管理系统在用户单位的实施，维护电子化的业务凭证，强化其对业务活动的信息支撑，全面保护机构的信息资产，特制定本标准。

1　范围

本标准规定了电子文件管理系统（Electronic Records Management System，ERMS）建设的过程、方法和要求。

本标准主要适用于实施 ERMS 的机关、团体、企业事业单位和其他社会组织（以下称机构），以及为机构提供 ERMS 服务的咨询、研发和实施单位，为其设计、实施、使用和评估 ERMS 提供方法和具体指导，也可供相关主管部门、科研教学机构参考。

2　规范性引用文件

下列文件对本文件的应用是必不可少的。凡是注日期的引用文件，仅注日期的版本适用于本文件。凡是不注日期的引用文件，其最新版本（包括所有的修改单）适用于本文件。

GB/T 8567　计算机软件文档编制规范

GB 17859　计算机信息系统　安全保护等级划分准则

GB/T 18894　电子文件归档与管理规范

GB/T 19487—2004　电子政务业务流程设计方法　通用规范

GB/T 22239　信息安全技术　信息系统安全等级保护基本要求

GB/T 22240　信息安全技术　信息系统安全等级保护定级指南

GB/T 25058　信息安全技术　信息系统安全等级保护实施指南

GB/T 26162.1—2010　信息与文献　文件管理　第 1 部分：通则

GB/T 26163.1—2010　信息与文献　文件管理过程　文件元数据　第 1 部分：原则

GB/T 29194—2012　电子文件管理系统通用功能要求

DA/T 38—2008　电子文件归档光盘技术要求和应用规范

DA/T 46—2009　文书类电子文件元数据方案

DA/T 47—2009　版式电子文件长期保存格式需求

ISO/TR 26122：2008　信息与文献用于文件管理的工作过程分析

3　术语和定义

GB/T 29194—2012 界定的以及下列术语和定义适用于本文件。为了便于使用，以下重复列出了 GB/T 29194—2012 中的某些术语和定义。

3.1

电子文件　electronic records

通过计算机等电子设备形成、办理、传输和存储的文字、图表、图像、音频、视频等不同形式的文件。

[GB/T 29194—2012，定义 3.2]

3.2

电子文件管理系统　electronic records management system

机关、团体、企事业单位和其他组织用来对电子文件的识别、捕获、存储、维护、利用和处置等进行管理和控制的信息系统。

[GB/T 29194—2012，定义 3.17]

3.3

档案辅助管理系统　auto‑aided archival records management system

辅助开展实体档案管理的信息系统。

3.4

遗留系统　legacy system

机构已经使用、即将停用的信息系统。

3.5

业务　business

机关、团体、企事业单位等组织机构产生文件的实践活动的总称。

3.6

职能　function

机构承担的主要职责，它包括为了完成一定目标而组织在一起的若干工作。

3.7

活动　activity

达成一个目的所需的一系列行为或行动，职能由活动体现。

3.8

事务　transaction

工作流程的最小单元，涉及两个或更多参与者或系统之间的交流。

3.9

物理捕获　physical capture

文件所有要素及其元数据一起物理保存在 ERMS 中的捕获方式。

3.10

逻辑捕获　logical capture

将文件元数据（可能仅是部分）保存在 ERMS 中，其内容存储在原业务系统中的捕获方式。

3.11

实体案卷　physical file

由实体文件构成的、物理存放在一起的案卷，也称物理案卷。

3.12

逻辑案卷　logical file

物理上不一定存放在一起的案卷。逻辑案卷既可能是由实体文件构成的，也可能是由电子文件构成的。

3.13

混合案卷　hybrid file

既包括电子文件也包括非电子文件的案卷。

4　总则

4.1　ERMS 的作用

根据 GB/T 26162.1—2010，ERMS 的作用主要包括：

a）集中可能分散在中央数据库、共享目录或者个人桌面的业务凭证信息，实现统一存储，消除信息不一致及不必要的重复保存；

b）以可审计的方式维护业务活动的真实凭证，通过对文件之间、文件及其元数据关联的维

护确保业务凭证的可理解性，降低机构对纸质文件的依赖；

c）随时满足业务工作或者法律诉讼对业务凭证信息的利用需求；

d）禁止电子文件及其元数据获得未授权访问、改动和删除，实现业务信息的安全控制；

e）支持灾难恢复，保护机构的核心信息资产；

f）实现部分文件管理流程的自动化，提高文件管理效率；

g）通过与业务系统的有效集成，支持业务流程的规范化运作和对相关信息的及时利用，提升业务效率；

h）替换（升级）或集成现有档案管理系统，实现对机构电子和纸质形式的文件、档案的集中管理和统一利用；

i）按照规范要求输出可信数字档案，为电子文件的长期保存打下基础。

4.2　系统建设原则

4.2.1　业务需求驱动原则

驱使机构建设 ERMS 的根本动力来自机构业务管理的需要，而非信息技术的驱动。这要求系统建设团队仔细分析业务（见第 6 章），并在此基础上分析文件管理需求（见第 8 章）。

4.2.2　标准化原则

应参照 GB/T 29194—2012、GB/T 18894、DA/T 46—2009 等开展 ERMS 的建设，在国家、行业尚无相关标准的领域，机构也应在系统开发之前制定适用于本单位的规范制度。

4.2.3　用户参与原则

最终用户应自始至终参与 ERMS 建设过程，保证系统能够切实为用户所接受。系统应尽可能尊重用户的操作习惯，具有较强的易用性。应通过变更管理、用户培训、交流沟通等措施以保证用户接受系统及其实施所带来的规则、流程和责任的改变，确保系统建设成效。

4.2.4　开放性原则

机构设计或购买的系统应尽可能依托开放标准，保持技术的中立，减少对特定软件、硬件技术的依赖性，确保其具有跨平台、跨领域和跨时间的互操作性，以保证文件的长期访问和保存。

4.2.5　灵活性原则

ERMS 并非只有单一的实现方式和建设路径，机构在系统规划时，应根据本单位业务、信息化、文件管理的基础，灵活选择合适的实现方式、建设路径和实施方法。

4.2.6　可扩展性原则

应采用松耦合、模块化的系统设计思路，遵守相关国家和行业的元数据标准，保证数据的可重复使用，保证系统的规模、模块较易扩展，尽量降低日后

系统升级的成本。

4.2.7 衔接性原则

应循序渐进地实现 ERMS 和形成文件的业务系统的集成，使其具备从业务系统中自动捕获电子文件及其元数据的能力。

在系统建设过程中还应注意保护机构的既有投资，将 ERMS 作为整个机构文件、档案管理的基础平台，使之具备接收业务系统中历史数据、遗留系统中原有数据的能力。

4.2.8 安全性原则

在 ERMS 建设过程中应该始终贯彻安全观念，系统应具有逻辑严密的安全管理方式，恰当采用身份认证、权限控制、跟踪审计等各种安全技术手段，确保系统无故障，保证数据安全；对纸质文件、档案的数字化以及 ERMS 系统建设进行全程安全管理，制定科学适用的管理制度，加强对敏感数据的管控和文件管理过程的监控，确保业务安全。

4.3 系统建设过程

4.3.1 概述

机构 ERMS 建设过程主要包括系统的规划、分析、设计、实施、维护和更新等阶段。ERMS 建设各阶段的工作内容存在一定的交叉关系，并非完全按照线性的顺序展开，如若必要，可以在系统建设的任何阶段，返回到之前的任何一项工作。本标准将结合 ERMS 建设的特点，阐述系统建设过程中关键环节的方法和要求。如图 1 所示。

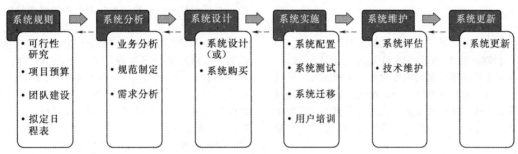

图 1　ERMS 建设流程

注：图 1 中加粗字体表示本标准重点阐述的活动和环节。

4.3.2 系统规划

系统建设初期要从机构全局对建设工作进行统一规划，为系统开发做好充分的准备。系统规划阶段的主要工作内容包括：

a) 可行性研究，ERMS 的建设是一项涉及部门较多、耗时较长、投资较大的复杂工作，在确定建设系统项目之前，要从必要性、可能性、成本、收益、风险等几个方面研究系统建设的可行性，确定项目边界，避免盲目投资；

b) 项目预算，即确定资金投入和项目周期；

c) 团队建设，即建立跨专业、跨部门的项目团队，并有效开展组织保障；

d) 拟定日程表，即制定项目建设计划。

4.3.3 系统分析

系统分析是系统建设的关键阶段，其主要任务是从业务、规范、技术等角度分析 ERMS 的需求，主要工作内容包括：

a) 业务分析，即针对所要管理的电子文件的业务领域，选择合适的方法和工具对业务进行分析，掌握业务产生、管理、利用文件的要求，为文件管理规范的制定和系统功能需求分析奠定基础；

b) 规范制定，即分析既有的制度规范，结合国家现有相关标准规范的要求，明确需要新建或修订的内容，着重准备文件分类方案、文件保管期限与处置表、元数据方案、信息利用规定（需要转化为访问控制规则）、文件标题拟制规则等系统实施时必备的管理规范，以及系统接口等技术规范；

c) 需求分析，机构应根据文件管理现状调查的情况，结合 GB/T 29194—2012 以及相关标准规范，定义符合机构业务和文件管理实际情况的系统功能需求，定义系统的物理结构和逻辑结构。

4.3.4 系统设计

系统设计阶段的主要任务是开发出一套适合机构需求的 ERMS，其中核心工作内容为软件购买或开发，即根据一定的标准从市场上挑选商业现货产品并开展必要的定制，或自行开发软件。对于需要购买商业现货软件的机构，宜制定商业现货软件的评分指标和打分细则，组织用户、第三方人员对卖方产品进行试用、评估和打分，同等条件下，优先选择通过 GB/T 29194—2012 标准符合性测试的软件。

4.3.5 系统实施

系统实施的主要任务是将开发完毕的系统交付使用，其主要工作内容包括：

a) 系统配置，根据文件分类方案、文件保管期限与处置表、元数据方案、访问控制规则、系统角色定义等管理规范，对系统进行配置，以方便用户使用。

b) 系统测试，系统应该通过厂商、用户和（或）

第三方的各种功能、系统和安全测试。

c）系统验收，机构应组织内外部专家等对系统进行评审验收，系统通过验收后方能投入适用。

d）试点应用，为了保证实施效果，降低实施风险，宜在特定部门、用户范围内试点应用，取得满意的效果后再行推广。

e）系统迁移，将 ERMS 要替换的系统（比如档案辅助管理系统）中的数据迁移进入 ERMS 中。

f）用户培训，为提高系统实施效果，需要配合必要的用户培训工作逐步推广。

在系统实施阶段，还应处理好遗留系统的数据向新建 ERMS 的迁移工作。在推广的过程中，继续完善相关的制度规范，做好相关人员的管理和系统的维护工作。

4.3.6　系统维护

应选择合适的系统维护团队和人员，从管理、制度、技术等方面支持 ERMS 日常运行。及时制定、修订电子文件管理所需的制度规范，对相关人员开展持续的培训，做好系统的备份，制定应急方案。应跟踪业务、法规、社会期望关于机构电子文件管理要求的变化，跟踪技术的发展，对系统建设效果进行定期评估。

4.3.7　系统更新

当机构的文件管理需求发生较大变化时，按照可行性论证、规划、开发、实施的过程启动系统更新工作。

4.4　系统建设的保障

4.4.1　概述

为了保障 ERMS 项目顺利开展，并能够在机构日常工作中持续发挥作用，需要同步开展项目管理、组织建设、培训等保障性工作。

4.4.2　项目管理

对整个 ERMS 项目建设过程应该予以科学的管理，包括成本管理、风险管理、变更管理和文档管理，按照 GB/T 8567 编制文档，并将文档纳入到 ERMS 中管理，保证项目按时保质地完成。

4.4.3　组织建设

机构应该建立起与 ERMS 建设规模、实现方式相匹配的项目团队，形成合理的治理结构；在此基础上还应进一步获得组织机构内广泛的人员支持；并在恰当的时机开展一定的组织变革。

组织建设的主要内容包括：合理设置组织架构和岗位，明确各岗位的目标与职责，建立信息沟通制度，以及及时消除工作中的冲突或不协调现象等。

4.4.4　培训

机构应在 ERMS 建设的不同阶段，针对不同的对象，采用不同的方式开展培训。比如，在系统规划阶段，面向机构管理层开展高端培训，使其了解电子文件的作用和电子文件管理的价值，从而支持 ERMS 的工作；在系统分析和设计阶段，面向系统开发人员和实施人员开展培训，使其了解机构、业务、文件的基本情况，从而切实掌握电子文件管理的需求；在系统实施阶段，面向用户开展培训，使其了解 ERMS 的操作方法，从而保证系统的实施效果；在系统维护阶段，面向机构内部的系统运营维护人员开展培训，从而保证在系统实施团队撤离之后系统能够正常运作。

5　可行性研究

5.1　初步调查

5.1.1　调查目的

在可行性论证阶段，要针对机构的组织结构、主营业务、法规标准、社会期望、信息化建设情况展开初步调查，对自身的文件（档案）管理情况开展自我评估，以确定 ERMS 建设的必要性和可行性。在系统规划阶段，还应进一步深化相关调查，以明确 ERMS 的基本定位。初步调查也为后续系统分析阶段业务分析、系统功能需求分析奠定基础。

5.1.2　调查内容

初步调查应涉及但不限于如下内容：

a）各类业务信息系统及其应用情况调查。此类调查旨在确定本单位整体信息技术（IT）体系结构，了解 ERMS 建设的技术环境和发展方向；掌握日常工作中较为重要的业务系统及其文件管理功能，不应忽视桌面办公软件、电子邮件等应用软件，以及数码相机、数码摄像机等离线设备的应用情况。

b）电子文件的种类及应用情况调查。可以从业务（如产品设计、生产、质量控制）和信息表现方式（如文字、图形、图像、音频、视频等）两个方面入手。除了原生性电子文件之外，还应调查传统实体文件的数字化情况，分析数字化的时机（业务过程中还是归档之后）、覆盖范围。

c）组织结构调查。在综合机构整体组织结构的基础上，分析综合管理、办公文秘、信息技术、质量控制、法律事务等相关部门的职责分工，分析承担相关职责的人员情况。

d）内部规范制度调查。分析机构已经建立的文件（档案）管理、业务管理、信息化管理等方面的制度规范，明确需要建立或修订的电子文件管理规范（见第 7 章），了解电子文件规范化管理的基础。

e）既有电子文件管理情况。分析哪些电子文件以何种方式加以管理，现有管理的成效如何，存在哪些不足。如果机构已经采用了遗留系统，还应对其展开详细调研，以便处理好新旧系统的数据迁移。

f）法律诉讼需求调查。分析机构可能面临哪些诉讼风险，需要哪些类型的文件、档案支持，哪些以电子方式产生和保存。

g）业务需求调查。初步分析主要业务活动中需要利用到的文件，哪些以电子方式产生和保存。在系统分析阶段，还应进一步分析可以在系统中实现的业务需求（见第 6 章）。

h）社会期望调查。调查机构的利益相关方，包括政府主管部门、合作伙伴、客户、公众对本单位电子文件管理的期望值。

i）外部法规标准调查。除了通用性法规、标准之外，应格外关注与机构核心业务相关的法规标准。有海外业务的机构，还应研究相关国家的法规对电子文件管理的要求。

j）资金获取渠道调查。应研究机构内外部对 ERMS 建设项目给予资金资助的可能渠道。

k）组织机构文化调查。调查机构内部文件、档案管理、法律风险、信息安全以及信息查询、利用等方面的理念和意识。

l）最佳实践调查。条件允许的机构，还应走访、调查业务相近或相关的其他机构，学习研究其先进经验，进而分析借鉴的可能性。

m）系统性能调查。对 ERMS 可能涉及的并行用户数量、并行事务处理能力、检索响应时间、系统存储容量、可持续服务时间、系统兼容性能等进行调查。

5.1.3 调查方法

应采用文献调查、调查问卷、电话访谈、实地访谈等多种方法展开调查，必要时可以聘请外部咨询顾问承担相关调查工作。应特别重视对机构高层领导的深度访谈。

调查的文献信息源包括不限于：

a）内部：

——年度报告；

——组织结构图；

——战略规划；

——咨询报告；

——内部规章制度；

——合同；

——其他文件、档案。

b）外部：

——和机构成立有关的文件、媒体报道；

——对机构名誉构成影响的媒体报道；

——审计、监管或其他调查部门的报告、指南；

——法规；

——标准；

——协议。

初步调查完成后应提交调查报告，调查报告的内容应真实、准确，揭示机构 ERMS 的用户情况、现状与问题、总体需求等。

5.1.4 调查结果的评审和利用

机构应组织信息化、档案、业务、文秘、保密等各部门的用户代表，并聘请外部专家、顾问，对调查报告进行研究评审，并根据评审通过的调查报告开展后续的系统建设工作。

5.2 系统定位

5.2.1 管理对象

机构应在明确机构现有电子文件类型的基础上，综合法律诉讼需求、业务需求、社会期望以及内部电子文件管理的基础，确定 ERMS 管理的对象范围，可能包括但不限于如下类型：

a）个人桌面字处理软件形成的文档、图表、演示文稿等。

b）办公自动化系统产生的电子公文。

c）核心业务系统中的数据。

d）网站网页。

e）数码照片。

f）音频、视频文件。

g）扫描文件。

h）电子通信文件，如电子邮件、即时通信消息等。

i）其他业务系统形成的文件。

应本着由主及次、由易及难的原则循序渐进地明确不同建设阶段的管理对象。我国大多机构的 ERMS，从办公自动化系统产生的电子公文、桌面级的字处理文件、数码照片的集中管理起步。也有些机构，将建设重点放在核心业务过程中产生的专业电子文件，如计算机辅助设计（Computer Aided Design，CAD）文件、电子订单等。

具有良好档案管理实践基础的机构，可从具有归档价值的电子文件入手开展 ERMS 建设，将 ERMS 作为档案辅助管理系统的升级版，也可基于现有档案辅助管理软件，完善其电子文件管理功能。

5.2.2 实施范围

机构应根据本单位组织人员情况、机构文化，确定 ERMS 的实施范围，即在哪些部门、人员应用系统。为了保证项目实施的成功，全局性 ERMS 的建设，可以分阶段进行，首次实施 ERMS 的范围不宜过大。此后再逐步扩大 ERMS 所管理的电子文件的范围、应用 ERMS 的部门范围以及和 ERMS 集成的业务系统的范围。

5.2.3 实现方式

5.2.3.1 ERMS 的开发方式

机构应确定 ERMS 的开发方式是自行开发、外包开发还是直接购买商业软件。选择系统开发方式，机构应该考虑以下因素：

a）成本投入，自行开发、外包开发和直接购买商业软件的成本依次下降。

b）所需的技术团队及其水平，主要考察机构内部 IT 团队开发能力、开发经验。

c）现有系统类型，包括机构管理信息系统异构

程度，在已有系统基础上更新或集成开发的难易程度、开发周期等。

d）特有功能需求，即机构所建 ERMS 的个性化/客户化水平。

e）安全保密等级，即机构所建 ERMS 及其保存的文件涉密程度，包括国家秘密、机构秘密和敏感信息。

f）ERMS 建设周期。

5.2.3.2　ERMS 与业务系统的关系

机构要在仔细评估业务系统中文件管理功能以及系统建设成本、效益、风险之后，确定 ERMS 和形成电子文件的业务系统之间的关系：

a）独立式。ERMS 相对独立于形成文件的各个业务系统，后者可通过应用程序接口（Application Programming Interface，API）向 ERMS 输出文件及其元数据，文件及其元数据集中于 ERMS 保存管理。

b）嵌入式。ERMS 嵌入业务系统中成为其子模块，在业务系统内部实现电子文件及其元数据的捕获、维护和处置。比如财务管理系统、人事管理系统中自带的文件（档案）管理模块，嵌入到邮件系统中的电子邮件归档管理软件等。

c）整合式。ERMS 系统分为两个部分，一部分嵌入到业务系统中，实时捕获文件及其元数据；另一个部分则集中保管维护文件及其元数据。根据行业实践，基于企业内容管理软件（Enterprise Content Management，ECM）可以实现业务系统和 ERMS 的整合式集成。

d）邦联式。在邦联式中，文件元数据集中存储于 ERMS，而文件实体则分别保存于业务系统，ERMS 负责维护元数据和文件之间的关联，实现对电子文件的逻辑掌控。

ERMS 和业务系统关系的模式比较见表 1。明确了 ERMS 与业务系统的关系之后，应明确系统之间的接口要求。

表 1　　　　　　　　　　　　**ERMS 和业务系统关系的模式比较**

项　目	模　式			
	独立式	嵌入式	整合式	邦联式
ERMS 与业务系统的关系	独立于业务系统之外	完全嵌入于业务系统之中	部分嵌入于业务系统之中	独立或部分嵌入业务系统
文件存储场所	ERMS	业务系统（ERMS）	ERMS	业务系统
元数据存储场所	ERMS	业务系统（ERMS）	ERMS	ERMS
ERMS 对于文件的控制强度	较高	高	高	较低
全局利用的便利性	高	低	高	较高

5.2.3.3　ERMS 和电子文件长期保存系统的关系

对于有档案移交进馆职责的机构，一般并不需要另外建设电子文件长期保存系统，在 ERMS 建设时主要考虑是对电子文件（电子档案）移交要求的遵从。而对于没有移交进馆职责的机构，若考虑未来在 ERMS 的基础上拓展电子文件长期保存功能，实现 ERMS 与长期保存系统的集成，则需要额外考虑如下问题：

a）系统的拓展能力，包括功能模块、元数据和存储的拓展。

b）长期保存文件的方法。

c）软硬件过时的应对方法。

d）系统周期性的更新策略。

e）软件供应商破产风险的应对策略。

5.2.3.4　跨机构 ERMS 的部署模式

对于企业集团或者区域范围的党政机关，可能存在多机构部署同一套 ERMS 的情况，即一家单位统一指定或采购一套 ERMS，在多家单位统一应用实施。比如由集团公司、区域性档案局（档案馆、电子文件中心）统一指定、采购或建设 ERMS。作为 ERMS 的指定方、统一采购方或统一建设方，要充分调研下属单位的需求，保证其个性化需求的满足。作为 ERMS 的用户单位，机构应充分掌握特定部署模式下的优缺点，按照上级部门的总体规划，制定实施本单位的工作计划。

跨机构 ERMS 的部署模式包括：

a）分散式。各机构自行部署 ERMS，包括自行二次开发、实施和维护系统。

b）分布式。在多个机构范围内统一建设 ERMS，但是由于地理、安全、利用等方面的考虑，数据分布存储于多地。如元数据集中存储于总部，二级单位保存本地及管辖范围内三级单位的文件及其元数据，三级分支单位一般不保存数据。

c）集中式。由一家机构统一规划、采购、安装、运行和维护一定范围内的多家机构的 ERMS，软硬件集中部署，数据集中存储。系统建设方可以借助于云

服务的方式向各个用户单位提供 ERMS 存储、平台和（或）应用服务。

跨机构 ERMS 部署模式比较见表 2。

表 2　　跨机构 ERMS 部署模式比较

项　　目	模　　式		
	分散式	分布式	集中式
系统的统一性	较低	较高	高
建设方的压力	小	较大	大
建设方的总体掌控力	较弱	较强	强
用户单位的主动性	强	较弱	弱
用户单位需要投入的精力	多	较少	少
用户单位个性化需求的满足	好	较好	较差
跨机构利用的便利性	低	较高	高

6　业务分析

6.1　业务分析的目的

业务分析，也称业务活动分析，旨在描述和分析特定业务环境下的职能活动，确定电子文件形成、捕获与控制的管理要求。

基于文件管理的业务分析和一般的业务分析不同之处在于，在确定业务活动及其相互关系的基础上，需要确定每项业务活动（事务级）应该产生哪些电子文件，其管理要求如何。通过业务分析，可以明确机构产生的文件、文件构成要素以及文件之间相互关系，建立文件分类方案（见 7.1.1）、文件保管期限与处置表（见 7.1.2）等管理工具，为后续分析有关文件的产生、捕获、控制、存储、处理和利用等功能需求提供支持。

6.2　业务分析的方法

6.2.1　方法概述

根据 ISO/TR 26122:2008，业务分析的方法主要有层次分析法和顺序分析法。根据任务的不同，层次分析与顺序分析可以多种方式组合并在不同的层级上使用。借助层次分析，可在宏观上建立职能、活动、事务之间的等级分解关系，借助顺序分析，可以在微观层面识别活动和事务。两者结合，既可以建立宏观的业务活动框架，又可以细致描述分析框架中各组成部分之间的时空关系。

6.2.2　层次分析法

层次分析法是指对为实现机构特定战略目标所进行的机构全部业务活动的分组聚类，从组织机构的目标和战略意图开始自上而下地进行。层次分析能够为机构提供展现业务活动等级结构的全景图。在图 2 所示的业务活动等级结构中，最高层级是职能，中间层级是活动，最低层级是事务。

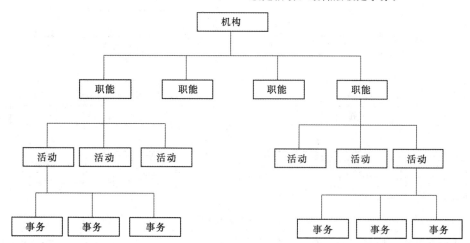

图 2　业务活动等级结构

层次分析的步骤如下：

a) 识别机构的目标和策略。首先对机构所在的法律、规章环境以及业务流程所在的组织背景等进行分析，识别机构的目标和策略。

b) 确定机构为了实现目标而要开展的职能。除了对机构目标进行自上而下的分解得出职能之外，还可以对流程进行研究和分析（6.2.3），根据机构的目标和策略将相关流程组合。

c) 识别组成每个职能的活动。既要通过对职能进行分解，又要结合顺序分析的方法（见 6.2.3）。

d) 识别组成每个活动的事务。对于事务的识别，更大程度上要依赖于顺序分析法来做（见 6.2.3）。

6.2.3　顺序分析法

顺序分析法是按照业务活动开展的时空秩序对业务活动及其相互关系的揭示，即确定工作过程中每项业务活动及其开展的顺序，以及与其他业务过程的关

联性。可以参考 GB/T 19487—2004 中的分工组成树、职责执行/操作流程图、业务协作流程图等工具展开顺序分析。

事务级的顺序分析的步骤如下：

a) 识别组成业务流程的事务。

b) 结合部门、岗位识别组成业务流程的事务的序列。

c) 明确每项事务下应该产生什么文件，哪些以电子方式产生，目前是否产生，目前是否以电子方式产生，文件的构成要素有哪些，细致的事务分析还可以得出每一步骤会产生哪些元数据。

d) 识别一个流程和其他流程、系统的关系，明确文件的处理、传递路径。

7　规范制定

7.1　管理规范

7.1.1　文件分类方案

文件分类方案能够揭示文件之间、文件与业务活动之间的关联，维护文件的可理解性，支持按照业务活动的信息检索，支持文件按类的自动化管理，因而是电子文件管理的基本工具，也是 ERMS 配置的关键内容。

文件分类方案一般根据机构的业务职能确定，按照树状结构组织类目。传统意义上，案卷以上（不包括案卷）的层次构成文件分类方案，相对稳定。在分类方案的最底层类目下，可按照文件管理的需要设置案卷层次进行管理。案卷是同一主题、活动或者事务的相互关联的文件集合，如有需要，案卷可以继续划分为子卷。在 ERMS 中，分类方案及其最低类目下的案卷可以打通，无论是全宗、类目还是案卷，都是逻辑意义上的文件集合，案卷即逻辑案卷，相当于计算机中"文件夹"的概念，也被称为"聚合"，案卷也被纳入文件分类方案之中。在系统中，文件管理员的主要工作之一就是创建和管理文件聚合。文件聚合结构如图 3 所示。

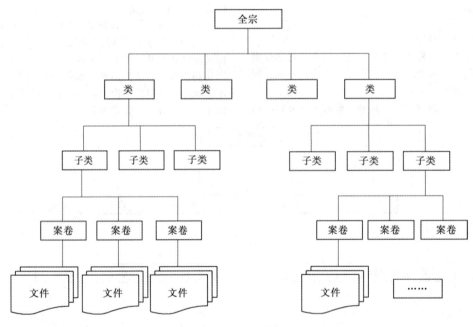

图 3　文件聚合结构

本标准中分类方案是针对机构内所有文件的，而特定 ERMS 管理的对象可能特指某些种类的文件，这种情况下，需要在职能分析的基础上，先行制定整个分类方案中的部分，日后再逐步拓展。分类范围越是拓展至机构全局，分类方案越彰显其价值。如果仅是针对局部的文件（如行政公文），按照职能分类法划分文件类别则可能得不到广泛的认同。

文件分类方案的构成主要包括：

a) 类名。即类目的名称，用以指代某一个层次的文件聚合，方便用户理解。

b) 类号。即类目的代号，方便计算机快速识别和定位。类号可采用字母和（或）数字表示，应该能够支持自动产生和校验，应能够体现类目的层次结构。

文件分类方案的层级及详细程度受制于被分类的文件范围和数量、机构文件档案管理基础和管理者对分类结果的应用，文件数量少、业务覆盖范围小、文件档案管理基础较弱的机构可从简单层次的分类方案做起，保持分类方案一级类目的稳定，并根据实际情况逐步细化。全局性分类方案的层级一般在 3 级～

5 级。

在业务比较复杂或者分支单位较多的情况下，可能需要制定多维分类方案，即创建两个以上的分类方案。这时需要明确每个分类方案的应用范围和应用方法。ERMS 通过多个元数据来体现一份文件的多维归属。

文件整个生命周期中应该至少有一个统一的分类方案，文件形成系统中的分类方案应与 ERMS 实施的分类方案相衔接。

7.1.2　文件保管期限与处置表

我国档案部门通常使用文件（档案）保管期限表来确定文件在机构和档案馆留存期限的总和，为满足 ERMS 实施文件处置的需要，应将电子文件保管期限表扩展为保管期限与处置表，保管期限与处置表的主要构成包括：

a）文件类别，即采取相同保管期限和处置行为的文件聚合。

b）保管期限，即由文件保存价值而决定的其应该保存的时间，不论其保存位置和所处环境如何；以文书类电子文件为例，归档文书类电子文件保管期限包括 10 年、30 年、永久三种，未归档文书类电子文件可设临时保管期限，其中临时是指业务结束后即可删除，机构可以根据自身的需要明确临时的具体期限，比如 6 个月或 3 年。

c）系统内部保存期限，即文件在本 ERMS 中的留存期限，这个内部的留存期限少于等于其保管期限；比如对于需要移交进馆的永久文件，其系统内部保存期限可以是 5 年。

d）触发条件，是指系统内部保存期限起点的计算方式，一般包括触发时间和触发事件两种。触发时间是一个具体的日期，比如当年的 1 月 1 日 0 点；触发事件是指某一个具体的行动，比如闭卷。

e）处置行为，是指文件在 ERMS 保存到期后的处理操作，一般包括销毁、续存、移交给档案馆或第三方机构等。此外，还可能存在一些特殊的电子文件处置行为，包括冻结、法律保留等。

表 3 给出了电子文件保管期限与处置表的示例。

表 3　电子文件保管期限与处置表的示例

文件类别	保管期限	内部保存期限	触发时间或事件	处置行为
合同-金额大于 100 万元的合同	永久	10 年	合同生效之日	向综合档案馆移交

文件保管期限与处置表是规定电子文件保管期限和处置行动的正式工具，是电子文件管理系统配置的依据，决定着文件的最终命运。

制定文件保管期限与处置表的方法基础是职能鉴定法、风险分析法。职能鉴定法是指根据形成文件的职能活动的重要性来决定文件保管期限的长短。风险分析法则是分析不保存或保存时间不当可能导致何种风险，尤其是法律风险，这要求机构综合各方面管理需求制定，包括《机关文件材料归档范围和文书档案保管期限规定》（国家档案局 8 号令）、《企业文件材料归档范围和档案保管期限规定》（国家档案局 10 号令）以及国家和行业的相关规定等。

文件保管期限与处置表的制定，需要多方人士互相配合，共同研讨：

a）业务人员（文件形成者）和业务专家负责提供文件日常使用知识，主要判断文件对机构业务的重要性。

b）信息技术专家提供对信息系统运行和信息技术运用方面的建议，以帮助判断文件保存的成本和可行性。

c）文件管理员（档案管理员）负责平衡文件利用者的需求和资源可用性之间的冲突，使得组织对文件的保存能作出理智的判断。

d）法律顾问、审计员从机构风险防范的角度提出鉴定意见。

文件保管期限与处置表应和文件分类方案相互衔接，在可能的情况下整合为一个方案或表，以便于 ERMS 能够将保管期限和处置的规则直接应用在类目层次上，文件能够自动继承上位类目的保管期限和处置的规则，由此实现自动鉴定。

文件保管期限与处置表通常表现为表册形式，宜保持该表的相对稳定，不宜频繁变动。文件保管期限与处置表制定工作完成后需要向同级档案行政机关备案。在真正开展文件处置时还应开展相应的审批流程方能实施。

7.1.3　元数据方案

机构应以 GB/T 26163.1—2010 中的元数据模型为基础，按照多实体、多层级、多属性的结构展开元数据方案的设计。ERMS 中的文件元数据主要分为两部分：第一，从形成文件的业务信息系统（包含桌面软件）中捕获的元数据，对于这种元数据的捕获一般通过 API 或者特定的元数据抽取工具来捕获；第二，在 ERMS 中随着文件管理活动的开展产生的元数据。

针对 ERMS 的电子文件元数据方案设计工作主要应开展如下工作：

a）确定元数据方案的电子文件类型。不同的文件类型往往具备一些不同的元数据，如发文的签发者，合同的甲方、乙方、金额等。可以为 ERMS 设置一个通用的元数据集，在此基础上再逐一明确各文件类型个性化的元数据。

b）定义和标识元数据实体。参照 GB/T 26163.1—2010 所定义的文件、责任主体、业务、法规、关系这 5 大实体，采用其中的一个或多个实体，

或者扩展出其他实体。应保证不同实体之间链接的能力，并使方案具备灵活拓展的能力。

c）明确各实体的元数据元素。按照模块化设计思路，明确实体在标识、描述、事件计划、事件历史、使用、关系等属性（属性也可以合并或拓展）的元数据元素，描述其含义、目的及其相互关系。应注意在实体的多个层次上分别定义和描述元数据元素，比如对于文件实体，应分别定义全宗、类、案卷、文件、组件等多个层次的元数据元素。

d）建立元数据赋值规则。应明确规定每个元数据元素的赋值范围、赋值格式、赋值方式。赋值方式以系统自动赋值为最好，下拉菜单选择次之，尽量减少完全人工输入的情况。

e）建立元数据管理规则，如存取权限、导入导出格式等。可参照 DA/T 46—2009 确定元数据导入导出格式，以 XML 格式为宜，以保证元数据的互操作性。

7.1.4　信息利用规定

电子文件利用规定应符合机构整体信息利用规定，两者通常会融为一体。信息利用规定是 ERMS 中用户利用权限控制规则的依据。

制定信息（文件）利用规定，至少包括四个方面的内容：

a）按照信息敏感程度和密级给信息划分等级。除了秘密、机密、绝密等涉及国家秘密的信息等级之外，还应包括公开信息、内部信息、一般商业秘密、重大商业秘密等。其中公开信息是指可以对外公开的信息，内部信息是指可以为内部成员利用但不能对外公开的信息，一般商业秘密是指包含商业秘密不适宜广泛利用的信息，重大商业秘密是指包含影响深远的商业秘密而仅能为极少数人知晓的信息。

b）不同信息等级的利用限制。比如涉及私人财务数据的信息只限本人查阅。

c）信息利用等级的调整条件和流程。随着时间的推进，信息等级及其利用条件会发生变化。利用规定应对时间等条件和流程予以明确。

d）信息利用审批程序。当需要利用非本人形成的、非公开的、涉及国家秘密或商业秘密的信息时，需经有关主管人员审批。

根据信息利用规定，应尽可能基于文件分类方案创建访问控制规则，以便于 ERMS 能够将访问控制/利用规则直接应用在类目层次上，文件能够自动继承上位类目的访问控制/利用规则。在一个单位中，可能部分文件的利用规定可以按类设置，而另外一些文件则不能，需要逐件设置。

7.1.5　电子文件题名拟制规范

题名（title），也称标题，是揭示文件主题内容、方便利用的名称。在 ERMS 中，全宗、类目、案卷、文件、组件等级别都有其名称，分别被称为全宗名、类名、案卷题名、文件题名、组件标题等。

文件题名的拟制至少应遵循如下要求：

a）题名的一般结构是"文件形成者＋事由/主题＋文种/文件类型"。

b）揭示文件所记录的业务活动。

c）用词简练。

d）用词规范、统一，尽可能使用和文件分类方案相一致的术语。

文件题名一般由其形成者拟定，在捕获环节确认或修改，应将电子文件题名拟制要求和技巧纳入培训范围。

7.1.6　电子文件编号规则

在 ERMS 中，每份电子文件都有自己唯一的编号，称为唯一标识符。ERMS 中文件标识符包括两种：一是通用唯一标识符（Universally Unique Identifier，UUID）或全球唯一标识符（Globally Unique Identifier，GUID），这是由系统随机自动生成的 128 位二进制的数字标识符，这种标识符对于用户来讲是不可见的；二是用户可见、可理解的唯一编号，这种编号在手工管理的环境中也被使用，主要有流水编号、年度流水编号、分类流水编号等多种编号规则，在制造业、设计行业，往往有较为严格的项目文件编号规则。

7.2　技术规范

ERMS 要从生成电子文件的很多系统，包括桌面软件、基于数据库的业务系统、网站等捕获电子文件，也会向业务系统、电子文件长期保存系统输出电子文件。ERMS 本身可能也需要集成多个厂商的软硬件产品，如第三方存储产品，需要制定足够的、合适的系统接口规范、数据交换标准等技术规范，并保证不同厂商能够遵守这些技术规范。

8　文件管理需求分析

8.1　角色及其操作权限

机构应根据 ERMS 主要用户类型及其需求特点，具体划分用户角色及其操作权限。角色是指一定数量的权限的集合。系统中用户和角色之间并非一一对应的关系，一个用户可以承担多个角色，一个角色也可由多个用户担任。ERMS 的角色包括文件管理员、一般用户、系统管理员、审计管理员、授权用户等，授权用户承担部分文件管理员的职责，文件管理员经常由档案人员承担，授权用户可以由部门的兼职档案员、项目经理、文秘人员、文件控制人员等人员承担。

操作权限可以分为两类，一类是面向系统功能的；另一类是面向文件资源的。应根据信息利用规定来明确操作权限。

8.2　捕获登记需求

8.2.1　概念理解

文件的捕获是指将业务活动过程中生成或接收到

的数字对象作为文件（records）保存到 ERMS 的过程。文件的登记是指文件进入系统时，赋予其唯一标识符的行为。捕获和登记通常在同一个操作中完成。在捕获文件的同时一并捕获其元数据。捕获登记是 ERMS 的起始功能。在一些档案辅助管理软件中，这样的操作也被称为"归档"或"接收"，"捕获"和"归档"的区别在于归档的文件都有留存价值，即都具有一定的保管期限，而被捕获的电子文件则不一定需要留存，不一定具有保管期限。当然，机构也可以将捕获的对象定义为归档对象，这样捕获功能即为归档功能。具体如何规定，视机构的管理需求而定。在一些企业内容管理产品中，这样的操作也被称为"声明"（declare）。

捕获登记的基本要求如下：

a）ERMS 能够捕获指定来源、类型、格式的文件及其元数据。

b）组成一份文件的所有数字对象应紧密关联，始终作为一个整体为 ERMS 所管理、查询和处置。

c）经捕获登记之后的源数字对象应予以固化，任何用户不得修改其内容；除非授权处置，任何用户不得删除、销毁。

d）为文件建立唯一标识符。

e）建立文件与分类方案、所属类别和案卷、其他文件之间的关联。这个动作的结果就是赋予文件以分类号，一般在登记之后完成，捕获登记应与分类和案卷管理的功能相集成。

捕获过程一般包括接收或抓取、检验是否符合捕获要求、登记、判断文件所属类目及案卷、补充相关元数据等步骤，系统应支持对整个捕获过程的跟踪记录，并在出错时发出警告。

8.2.2 捕获对象

一般而言，是否具有独立存在的意义，进而能够构成业务活动独立凭证是判断哪些数字对象构成一份文件的基本标尺。此外，还需要结合管理习惯和管理的便利程度来综合判断。针对同样的情况，不同机构可能会根据管理习惯采取不同的处理。比如多版本文档，有些单位可能将之作为一份文件来捕获；有些单位可能将之作为多份文件来捕获。

ERMS 所允许的捕获对象包括电子文件、实体文件、混合文件及它们的元数据。其中文件包括以下构成方式：

a）单组件文件。即将一份计算机文件或实体文件作为一份文件来捕获，对于非结构化文档而言，这是文件捕获最为简单的情况。比如，一张照片、一份票据扫描件、一份合同定稿、一段录音等。

b）组合文件。即因管理需要而将多份在业务上具有紧密联系的组件作为一份文件来捕获，这些组件其实也是可以作为多份文件来管理的。ERMS 应允许同时或异时将多份计算机组件和（或）实体文件捕获为一份组合文件。比如，请示和批复、转发和被转发件、正文和附件、多版本文档、多格式文档等。在处理双套制文件的时候，可以将电子文件及其对应的纸质打印件作为一份组合文件来捕获登记，两者共有同一文件编号。

c）复合文件。即因多份组件之间存在技术上的天然联系而将其作为一份文件来捕获。比如，嵌入了一个音频和一个视频的年度总结报告，由 HTML、CSS、JPEG 图片构成的网页。

8.2.3 捕获主体

ERMS 文件捕获的主体主要包括三类：文件形成人员、文件管理员（档案管理员）和系统。不同的文件，可能存在不同的捕获主体，不同的捕获方式，也有与之相适应的捕获主体。

自动捕获方式的捕获主体是系统，即业务系统提交、ERMS 接收方能完成。随着全员文件管理责任的推广，提倡由文件形成人员完成文件捕获或其主要动作，必要情况下文件管理员（档案管理员）可以对此过程进行审核，完成登记以及必要的元数据著录工作。当然，全员捕获需要有合适的管理文化来支持，也需要充分的培训来支撑。

8.2.4 捕获方式

ERMS 应支持多种捕获方式，包括但不限于：

a）通过 API 从产生文件的业务系统中自动捕获，这需要事先在业务系统中定义好文件捕获的范围、规则，并实现自动提交的功能。自动捕获可以逐份进行，也可以批量开展。

b）用户在业务系统中手动提交，用户在业务系统中将其产生的文件逐份或批量提交，这同样需要对业务系统进行一定的开发。

c）用户在 ERMS 中手工捕获登记文件，系统既可以支持传统的目录下浏览的方式选择捕获对象，也可支持拖拽等新的捕获方式。

d）用户通过离线客户端将文件捕获登记进 ERMS。如果机构 ERMS 应用存在网络难以访问的情况，应要求 ERMS 实施团队提供离线的客户端模块，提供离线捕获登记功能，待到连线时，再将相关文件批量导入系统。

从捕获后电子文件的存储位置来看，电子文件的捕获方式有两种：

a）物理捕获，捕获之后文件所有要素及其元数据一起保存在 ERMS 中。

b）逻辑捕获，捕获之后文件元数据（可能仅是部分）保存在 ERMS 中，但是其内容仍然存储在原业务系统中。

能实现物理捕获的单位尽量实现物理捕获，对于具有永久保存价值的电子文件，以物理捕获为最终的捕获方式。只有在文件阅读环境有较为严格的限制且

ERMS难以提供该环境等特殊情况下,才暂时考虑逻辑捕获。

8.2.5 元数据的捕获

ERMS应尽可能地自动捕获元数据,以鼓励用户捕获文件,降低用户实现文件捕获登记、分类的难度。比较理想的情况下,用户仅需要做:

a) 确定某一数字对象,比如字处理文档,需要作为文件管理。

b) 确定对象应登记在哪一类下。

c) 将文件分配到适当的文件夹(类或案卷)中。

d) 拟制或调整文件标题。

用户还可能在登记过程中被要求键入或修改文件关联等元数据,确认系统生成元数据元素的正确性,对文件进行安全限制等;ERMS应能够防止用户不慎修改或删除自动生成的元数据。

8.3 分类组织需求

8.3.1 概念理解

分类是揭示文件之间有机关联的过程,通过对文件在分类方案中的定位明确其与其他文件之间的关系。分类也是支持按类管理和利用的基础,按类实现批处理,如按类鉴定、处置、提供利用等。因此,ERMS的分类功能和捕获登记、鉴定处置、检索等功能具有集成关系。自动化水平越高的ERMS,这种集成关系越紧密。

ERMS分类功能的好坏,很大一部分要依赖于文件分类方案本身的科学性和适用性(见7.1.1)。ERMS应支持对分类方案的配置和管理,并支持以手动或自动的方式将文件置于分类方案的最低层次下,并分配分类号。ERMS应满足分类方案灵活的扩展和分类号码的自动赋予。

ERMS应支持开展如下几个方面的分类组织工作:

a) 分类方案的配置。由文件管理员准备好分类组织工作的基本环境,并负责日常维护。

b) 文件归类。在文件登记时,应明确文件所在类目及案卷。

c) 案卷管理。ERMS应支持文件管理员或授权用户新建、关闭、移动、处置案卷。

d) 类目管理。ERMS应支持文件管理员或授权用户新建、移动、合并、拆分、删除类目。

e) 信息组织。用户可以根据自己的需要组织、展示相关文件信息。

8.3.2 分类组织主体

ERMS文件分类组织的主体主要包括三类:文件形成人员、文件管理员(档案管理员)和系统。不同的文件,可能存在不同的分类主体,不同的分类方式,也有与之相适应的分类主体。

文件分类方案的配置一般由文件管理员承担,不排除在部分单位文件管理员可能会将此任务委托给系统管理员,但是文件管理员最终要审核确认配置结果。对于文件归类而言,一般采取谁捕获谁分类的原则。案卷管理和类目管理则一般由文件管理员或其授权用户承担,只有经过专门训练的授权用户才能担此责任。文件信息组织则一般用户和文件管理员均可承担。在提倡全员捕获责任的同时,应加强全员分类责任,让分类成为信息系统基础设施的组成部分。

8.3.3 分类方案的配置

ERMS应支持文件管理员:

a) 根据分类方案建立起层次型类目结构。

b) 对类目进行恰当的描述,即著录类目的元数据,如类号等。

c) 对类目应用合适的管理规则,包括鉴定处置规则、访问控制规则、类号/案卷号编制规则等。

d) 导入导出分类方案及其所包含的文件,常用的导出格式为XML。

在分类层次较多、分类类别较多、有分支机构等特定环境下,允许文件管理员将部分类目的管理功能授权给授权用户。

8.3.4 文件归类方式

文件归类方式包括手工、自动和半自动三种。机构根据自己的需要确定选用其中的一种或多种。

手工分类一般由文件形成者、授权用户或文件管理员在文件登记时开展。为方便手工分类,系统应该能够显示用户最近使用过的案卷、使用最频繁的类和案卷、包含已知相关文件的类和案卷;设计精良的系统,还可以根据用户配置文件,显示文件分类方案中与该用户从事工作相关的文件类目,屏蔽掉不相关的内容,以帮助用户快速分类。文件归类后,将自动继承该类目或案卷的管理规则,用户也可进行手工调整。

自动归类的情况一般是由业务系统将特定业务文件自动推送到ERMS特定类目下,要求两个系统的分类方案互相衔接。

半自动的归类,一般由ERMS根据文件标题和分类词表的匹配程度先行作出类目归属判断,由用户进行手工调整。

8.3.5 案卷管理

ERMS中的案卷包括实体案卷、逻辑案卷和混合案卷三种。在某些情况下,案卷会再细分为子卷,一个案卷有可能由多个子卷构成。机构首先要判断这三种案卷是否在本次ERMS建设中都有所涉及,并设置相关元数据描述案卷的类型。

案卷的管理包括新建、关闭、拆分、合并、移动、删除等操作,文件管理员或授权用户可以新建案卷,对案卷进行描述,在案卷上应用不同于其上位类的鉴定处置规则、访问控制规则,设置案卷号编制规则,设置案卷的关闭规则,可以根据时间、事件、案

卷内文件数量等条件自动或手动关闭，案卷一经关闭，任何文件不得再被添加进案卷；文件管理员或授权用户在拆分、合并、移动案卷的过程中，要保证案卷下文件及其关联的完整性；除非空案卷或者案卷内所有文件均保管到期，否则任何人都无权删除案卷。

8.3.6 类目管理

类目管理包括新建、拆分、合并、移动、删除等操作，文件管理员或授权用户可以新建类目，对类目进行描述，在必要的情况下应用不同于其上位类的鉴定处置规则、访问控制规则、类号编制规则；文件管理员或授权用户在拆分、合并、移动类目的过程中，要保证类目下子类、案卷文件及其关联的完整性；除非空类目，否则任何人都无权删除类目。

当分类方案有重要变更时，机构应首先制定相关政策，决定已经划定类目的文件是否需要根据新的分类方案调整类目归属，然后在系统中分别针对新老文件应用相应的规则。系统应能够再现原分类方案和新分类方案，并显示每一份文件所遵循的分类方案。

8.3.7 信息组织

文件管理员、一般用户可以根据需要在 ERMS 中建立新的主题，汇聚相关主题的文件，并按照自己喜欢的方式展示有关信息，以方便自己和其他用户利用。这是 ERMS 较为高级的功能，方便开展个性化、人性化和较为灵活的信息服务。

8.4 鉴定处置需求

8.4.1 概念理解

电子文件的鉴定有狭义和广义两种理解。狭义的电子文件鉴定主要指内容鉴定，是对文件的保存价值进行判断从而确定文件保管期限的过程。广义的电子文件鉴定还包括技术鉴定的内容，如检测保证电子文件长期可用的元数据、保存方式等数字要素是否齐全，以及病毒检测、安全检测、介质状况检测等内容。本标准所指鉴定是狭义的电子文件鉴定。

电子文件的处置是指按照文件保管期限与处置表以及其他规定，对在本单位内部保管到期的电子文件加以处理的过程。本标准规定的处置行为主要包括移交、销毁或续存等。

ERMS 系统应支持机构对电子文件进行鉴定和处置，保留有价值的文件而销毁过时的文件，确保只有那些必要的文件被保留。文件管理员应根据机构制定的文件保管期限与处置表在系统中配置鉴定处置规则，在文件分类方案的不同层次应用鉴定处置规则，支持对文件的保管期限进行确定或调整，并及时作出处置决定，能够对处置决定进行自动或者手动实施，可通过审计跟踪日志对处置活动进行记录。

8.4.2 鉴定处置主体

ERMS 系统中，根据文件保管期限与处置表配置和管理鉴定处置规则的只能是文件管理员，将鉴定处置规则应用到类目、案卷或文件上的主体可以是文件管理员，也可以是授权用户，甚至可以是文件形成者，这视各单位的情况而定。对文件处置决定进行审批的是各单位文件管理的高级主管，执行处置结果的是文件管理员。

8.4.3 鉴定方式

电子文件的鉴定可采取手工、自动或半自动三种方式。机构根据自己的需要确定选用其中的一种或多种。自动鉴定是指文件自动继承所属类目或案卷的鉴定处置规则，不需要再逐份判断保管期限和处置行为。自动鉴定的前提是实现分类方案和保管期限与处置表的集成。在文件数量较大、类目较多的情况下，这种自动鉴定方式可以极大地简化人工劳动。半自动鉴定，一般由 ERMS 根据所属类目或案卷的鉴定处置规则以及文件标题所含关键词先行作出保管期限及处置行为的判断，比如包含"人事任免"字样的文件保管期限为"永久"，这一判断的结果不一定很准确，必要时可由用户进行手工调整。手工鉴定一般由文件形成者、授权用户或文件管理员在文件登记时逐份开展。

8.4.4 处置行为的触发和记录

ERMS 应支持以自动触发的方式进行处置，减少人为干预。但是，ERMS 在自动触发处置程序之前应提醒文件管理员对即将触发的行为作出回应。ERMS 还应支持定义和维护处置行为的触发条件，如时间触发或事件触发等。同时，对于触发处置行为的文件，ERMS 应支持以下处置程序：通知文件管理员或其他授权用户、审查处置行为和确认后实施相关处置行为。

ERMS 应将所有处置行为的日期和其他细节作为处置对象的元数据予以记录，且在审计跟踪日志中记录所有处置活动。ERMS 应在处置文件时，留存元数据来证明文件的存在、管理和处置。对于触发处置行为的文件，ERMS 应支持通知文件管理员或其他授权用户、审查处置行为和确认后实施相关处置行为，并支持处置活动的持续性。例如，当某处置行为被触发后，ERMS 应允许文件管理员设置后续处置行为，如原处置行为为"移交"的，经审查后可设置"续存"处置行为。

8.4.5 处置行为——移交

移交分为内部移交或外部移交，内部移交是指发生在机构内部的移交，如文件移交到机构的其他系统中；外部移交是指发生在机构之间的移交，即将满足移交条件的文件移交到其他机构，如档案馆、第三方机构、同属一个集团的其他公司等。无论是内部移交，还是外部移交，均需有关责任方进行必要的评估研究和技术分析，并就移交条款和条件达成的协议，如移交文件是否需要封装、具体移交格式要求等，可根据或参考国家档案局《电子档案移交与接收办法》、

DA/T 47—2009 等相关规范由机构与档案部门或第三方进行协商决定。如果移交发生在集团内部不同的单位之间，而这些单位恰好适用集中部署的 ERMS，那么移交主要意味着管理权限的变化，而其他则可能不会改变。

在 ERMS 实施移交活动中，需要形成移交报告中。移交报告应该包括以下信息：

a) 移交案卷和文件的数量。

b) 移交时间。

c) 移交方式。

d) 移交人/接收人。

e) 移交状态。

f) 移交错误。

g) 未被成功移交的文件。

h) 未成功移交的原因等。

在移交过程管理中，ERMS 应保证移交对象的完整性，输出相应集合中的所有成分，并且保护它们之间的正确联系，包括：移交对象内的所有组成部分，例如移交类则包括类下所有案卷和文件，移交案卷则包括案卷下所有子卷和文件，移交组合、复合文件则包括文件中的所有文档或组件；移交对象的相关元数据和日志一同移交，不得分散；移交对象的内容和结构不被破坏；保持移交对象之间的联系，以便在目标系统中重建联系；移交对象与其元数据的联系不得破坏；移交对象与其日志之间的联系不得破坏。ERMS 还应支持同时移交与移交对象有关的分类方案、保管期限与处置表、交接凭据等其他需要移交的信息，以确保整个移交过程的完整性。此外，移交活动本身应记录在 ERMS 系统跟踪日志中。

移交这种处置行为不会单独发生，如果处置行为是"移交"，应同时根据相关法规和机构需要，决定文件成功移交之后在原 ERMS 中销毁（见 8.4.6）还是续存（见 8.4.7）。

8.4.6　处置行为——销毁

如果文件经过鉴定没有长期保存价值，在经过完整的审批流程后就可以执行销毁处置，大量保留已经证明无用的电子文件及其副本会耗费机构大量的成本。对于电子文件而言，销毁不是仅仅从电子目录中把电子文件删除，需要鉴别和销毁电子文件原文以及有关元数据，但记录对被销毁文件的描述以及销毁具体方式的文件应该作为销毁的证据进行保存。销毁要求彻底，而在实际环境中一份电子文件往往有多个副本存在，这就需要机构具有有效的副本管理手段进行配合，因而增加了彻底销毁的难度。

在销毁电子文件时一般步骤包括以下几方面：

a) 鉴定电子文件是否已失去继续保存的价值。

b) 经过完整的审批流程后确认对文件进行销毁处置。

c) 在销毁文件时应进行彻底的销毁。

d) 形成销毁报告并提交给机构的主管部门。

在具体进行销毁工作时，ERMS 应通过完整的工作流程对销毁行为进行审批，只有在收到确认通知后才能执行销毁操作。一方面，ERMS 的销毁操作要有彻底性。ERMS 宜支持如果一份电子文件已被授权销毁，则其所有备份和相关版本都应被销毁，但应确保文件销毁时留存文件相应的元数据，并将销毁状态添加至文件的管理元数据中。ERMS 还应保证物理销毁的结果是对所有授权对象的彻底删除或不可用，机构应采用谨慎的方法避免可使用恢复技术进行数据恢复。此外，ERMS 应支持在销毁对象集合内电子部分销毁时，要求文件管理员或授权用户确认同一组合的非电子部分也要销毁。另一方面，ERMS 的销毁操作要有可跟踪性，至少生成关于销毁的过程报告和跟踪日志。前者包括销毁文件和案卷的数量、销毁时间、销毁人、监销人、销毁错误、未被成功销毁的文件、未成功销毁的原因等；后者包括销毁的日期、文件标识符、文件标题、负责销毁的用户、销毁原因等。

8.4.7　处置行为——续存

续存是指将保管到期的电子文件继续保存。出于多种原因，电子文件在移交之后往往需要在 ERMS 系统中继续保存一段时间。在这两种情况下，系统应能分别在移交前或移交同时触发续存行为。

续存作为一种过渡性的处置行为，应加强其后续管理，如：

a) 应设定续存时间。

b) 支持多次续存。

c) 支持续存到期提醒功能。

d) 支持生成续存报告，包括续存对象、数量、续存原因等。

8.5　存储保管需求

8.5.1　概念理解

电子文件的存储保管面临载体老旧、技术更新频率快、软硬件依赖性等问题，这对 ERMS 确保文件在保存期限内的可用性、可靠性、真实性带来巨大挑战。根据系统定位的不同，电子文件长期保存功能更多地是由数字档案馆等长久保存系统承担，因而本标准所指的 ERMS 的存储保管功能主要负责应对电子文件存储载体、数据格式、备份管理等方面的挑战。这些功能的实现可由 ERMS 自身或通过与其他软件集成来完成，但 ERMS 应对其管理提供支持。

8.5.2　存储设备

存储设备上存有大量的电子文件及其元数据等信息，其本身的性能参数应得到有效的监控，以便有针对性地进行维护，从而保证电子文件的存储安全。实际工作中，对于选择较长时期保存电子文件的存储设备已有大量经验积累，如归档用光盘应参照 DA/T 38—2008，但总体而言这方面的标准还是缺失严重。

ERMS 提供存储介质的部分管理功能（或借助第三方软件），通过对存储介质的状态监控提供相关报告或警告，支持协助进行存储介质的定期更新，将存储设备的管理信息记入系统审计跟踪日志等。ERMS 在存储介质的各项管理活动中应避免对文件安全造成破坏。

8.5.3　存储格式

格式是影响电子文件读取的重要因素，不同格式对于电子文件管理的风险也不尽相同，为维护电子文件真实性、可靠性、可用性，机构应制定相应的格式管理策略，明确各类型最适宜保存的格式集合，选择标准可参照 DA/T 47—2009 或其他相关规定。

对于通用的格式类型，ERMS 宜提供将既有电子文件存储格式转换为符合国家要求的存储格式的能力。在实际电子文件管理工作中，很可能存在多种格式并存的情况，ERMS 能够实现对同一文件多种格式的关联管理，并记录相应的元数据信息，包括原始格式、新格式和转换时间等。ERMS 应能够报告文件及其组件的格式和版本，便于进行格式监控，控制格式过时导致的风险。此外，ERMS 宜保证格式转换过程中文件信息不丢失，且应确保格式转换过程及时记入元数据和日志文件。

8.5.4　存储管理

在机构电子文件管理中，需要对机构电子文件存储进行必要规划和管理。建议 ERMS 支持在线、近线、离线多级存储及其管理，支持集中式和分布式存储模式，以适应机构电子文件存储管理的现状，存储管理活动应作为重要信息记入审计跟踪日志。机构也可根据其管理的电子文件的特点和本单位保存电子文件的需求，将电子文件及其元数据打包脱机封存。

作为一种保全信息的手段，机构在管理电子文件时通常采用多备份的手段，但备份管理、备份恢复能力则相对较弱。因而首先应在管理上完善 ERMS 的备份制度，完整地记录备份的过程和备份的性能，如拷贝文件是否能够将数据还原至计算机系统，并周期性地开展相关测试来确保所有系统和进程的可靠性。

具体的，ERMS 应当允许系统管理员制定备份策略，包括备份周期、备份方式和存储介质等。ERMS 还应支持所有类、案卷、文件、元数据、审计跟踪日志信息、ERMS 配置信息等的备份和恢复功能，该功能或由 ERMS 自身提供或由 ERMS 环境下和其有接口连接的设备提供。ERMS 应支持管理员在系统故障后利用备份恢复整个 ERMS，以保证全部数据的完整性与业务的连续性。

8.6　检索利用需求

8.6.1　概念理解

检索是按照用户指定参数定位、利用和查看系统资源（包括类目、文件等实体及其元数据）的过程。

ERMS 的检索需求包括两个不同层次：第一个层次是一般检索系统的通用需求，如检索手段、检索方式、组合检索、人机交互、检索策略等；第二个层次是 ERMS 所具有的特殊需求，如检索对象多样、层次丰富；检索策略复杂性和检索结果展示的灵活性。本标准主要针对第二个层次进行说明。ERMS 的研发不仅要满足一般检索系统的通用需求，而且更应重视 ERMS 所具有的特殊需求，表现在检索范围与对象（见 8.6.2）、检索策略（见 8.6.3）、结果显示与打印（见 8.6.5）等三个方面。

8.6.2　检索范围与对象

从文件聚合模型看，ERMS 应支持对类目、文件、文档、元数据、全文等层次的检索；从文件类型看，应支持对电子文件和实体文件的检索；从检索对象看，应支持对在线、近线或离线状态文件的检索。

8.6.3　检索策略

ERMS 的检索功能应与权限分配、分类方案、保管期限与处置方案、元数据方案、文件类型配置信息关联。例如，ERMS 检索功能应遵循访问控制要求，对没有权限的查询方式不予支持，但应显示提示信息；对于不在用户权限范围内显示的检索结果不予显示，但应显示提示信息；对于不可视的元数据项不予显示。

8.6.4　利用方式

除了恰当的检索之外，ERMS 还应提供更为丰富的文件信息利用方式，比如允许用户在业务系统中直接查询利用文件，允许用户保存检索方式和结果，向用户推荐、推送其可能感兴趣的文件信息，组织有关专题供用户浏览等。

8.6.5　结果显示与打印

ERMS 允许用户对检索结果进行选择、分组和排序，并允许检索结果进行查看、传输、打印和导出。ERMS 宜支持根据检索结果进行扩展显示，即可显示该结果的上级或下级层次。如结果为案卷的，可展开卷内文件；结果为文件的，可上溯到所属案卷，也可显示包括文件内容在内的各元数据项。对于存在多版本的电子文件，ERMS 应显示可用版本链接。ERMS 应能独立提供或集成第三方软件提供阅读原始电子文件的能力。

ERMS 支持用户在授权范围内对可打印对象物理输出的过程。在打印输出中要明确对象范围、参数设置，系统管理员应对打印进行良好的管理。

8.7　安全管理需求

8.7.1　概念理解

ERMS 的安全管理以维护电子文件的完整性、保密性、可用性为核心。机构应当识别各类安全风险因素并明确防范措施，由于 ERMS 安全风险因素涉及范围广，因此防范措施也是全方位、综合性的。机构不但要考虑

要求通信协议、操作系统、应用软件等层面的安全保障，还需要重视法律规范、规章制度以及用户参与来提供综合性的安全保障。机构应加强内部安全管理制度的建设，包括常规管理制度、备份恢复制度、应急预案制度的建设等。机构还应加强人员安全管理，包括合理分配和有效监督各类人员的管理权限、培训和考核相关人员、定期对全体人员进行安全教育，提高安全保密意识，防止电子文件泄密等安全事件发生。

8.7.2　实施分级保护和等级保护制度

在 ERMS 安全管理建设中需要实施等级保护制度，即对信息安全实行等级化保护和等级化管理，核心是根据 ERMS 的重要程度及其实际安全需求，实行分级、分类、分阶段保护。机构可结合自身安全需求，参照 GB 17859 合理确定本机构 ERMS 应达到的安全等级，并按照 GB/T 22239、GB/T 22240、GB/T 25058 开展安全登记管理。需要管理涉密信息的 ERMS，依据涉密信息系统分级保护管理办法和国家保密标准 BMB 17—2006 进行安全设计。

8.7.3　认证技术的应用

采用认证技术的主要目的有两个，一是验证信息的发送者是真实合规的，而不是冒充的；二是验证信息的完整性，即验证信息在传送或存储过程中未被篡改、重放或延迟等。在 ERMS 系统运行过程中需要大量运用认证技术，如对电子文件的工作人员和利用者，需要对其进行身份验证；对接收保管的电子文件，需要验证有关的数字签名，以确定文件内容的完整性、真实性等。在目前安全管理实践中，普遍使用数字签名、可信时间戳、生物识别技术等进行各类认证。其中，数字签名是建立在公共密钥体制基础上的，可用于确认文件的发送者身份的可靠性。可信时间戳是用于证明电子文件在一个时间点是已经存在的、完整的、可验证的；可信时间戳应由国家授时中心负责授时和守时保障的权威可信时间戳服务中心签发，是一个具有法律效力的电子凭证，主要用于证明电子文件的原始性，达到防篡改和防事后抵赖的目的。

8.7.4　审计跟踪管理

审计跟踪记录是 ERMS 安全管理的重要内容，通过审计跟踪可以显示重要的连续的工作过程，可用于对文件真实性、完整性的审计活动。审计跟踪一般以日志的形式表达，是对 ERMS 重要行为的记录，用于显示 ERMS 的事务处理信息，确保未被授权行为被识别和跟踪。ERMS 提供的审计跟踪功能应记录文件的重要操作，包括行为描述、行为步骤、行为对象、行为日期、行为人员等要素。审计跟踪的对象类型丰富，既可以是各类用户，也可以是电子文件各层次的对象，如类、子类、文件、元数据等。审计跟踪记录方式一般由 ERMS 自动记录。由于审计跟踪会产生大量的信息，因而在具体实施中管理员可以限定一些应审计的行为。

9　系统实施

9.1　实施准备

机构应在 ERMS 实施之前完善实施环境，制定实施计划。

ERMS 实施环境要素包括但不限于：

a) 制度规范：除了文件分类方案、文件保管期限与处置表、元数据方案、信息利用规定、文件标题拟制规范、文件编号规则等需要直接在系统中配置的规范外，还需要制定电子文件管理流程及职责分工、ERMS 运营维护等方面的制度，以保证系统实施有充分的制度保障。

b) ERMS 文档：系统开发方应提供系统管理员、文件管理员、普通用户等不同角色的操作手册。

c) 实施人员：应有足够的、经过训练的人员可以配置和管理 ERMS，制定和配发培训资料，制定制度，记录实施过程，确保系统的持续运行，这是系统准备中非常重要的内容，直接关系到系统的成败。

d) 第三方软件：若 ERMS 软件功能需要第三方软件支持，就需要确保软件可以与 ERMS 软件一起安装和配置。

系统实施计划应明确系统实施的方法、软件和硬件实施的时间表、机构各部门实施 ERMS 的分工，以保证项目如期保质完成。实施计划应涵盖场地准备、培训、宣传和其他变更管理，软硬件安装和配置，遗留系统中电子文件及其元数据向 ERMS 的迁移等多个工作阶段。

9.2　ERMS 实施方法

9.2.1　备选方法

ERMS 实施的备选方法包括：

a) 直接替换。ERMS 在所有的业务部门同时部署，没有过渡时间或者环节。如果机构已有 ERMS 或类似产品，应在新系统上线前停用，该系统中所有文件都应迁移到新的 ERMS 当中。这种实施方法的成本较低，但存在业务暂停的风险。

b) 同步运行。新系统和现有系统并行，在约定时间完成更替。该方法可以确保用户在一段时间内熟悉新系统，降低用户排斥新系统的风险。但是，维护两套系统必然带来额外的成本，从旧系统向新系统迁移文件的风险也会增加。

c) 分阶段替换。新系统软件逐步实施，替换现有系统。可在机构的不同部门分别部署新系统，一次只部署一个业务单元；也可在机构范围内部署新系统不同的功能模块，逐渐替代现有系统的功能。分阶段替换风险低，有更多的调整机会，但实施周期长。

d) 试点实施。机构应选择在内部不同部门分别

实施 ERMS，以评估系统是否在设计当中存在明显问题，并在整体部署之前进行调整。这种方法适用于存在较高技术风险或组织性风险的 ERMS 部署项目。试点实施也可能在直接替换、同步运行或分阶段替换之前发生。

9.2.2　方法选择

系统实施方法的选择取决于机构的业务需求、技术环境、项目预算、项目周期以及管理文化的影响。在项目周期允许的情况下，机构应尽可能考虑采用先试点、后推广的逐步实施方法，从而给用户接受和掌握新技术、新方法的时间。

机构可以在过渡期间沿用一些原来的文件（档案）管理策略，如电子文件双套打印保存，过渡期结束后，应逐步停止应用传统管理策略。

9.3　软件配置

9.3.1　管理规范配置

系统实施人员应在系统中建立文件分类方案，建立类号、案卷号、文件号生成规则，确保系统的底层结构能够支持文件管理过程的实现；为全宗、类目、案卷、文件、组件等多层次的文件实体配置元数据，确定手动捕获元素的范围，确定系统自动生成确定元数据的阈值，配置元数据取值的下拉菜单；根据保管期限与处置表建立鉴定处置规则，并将处置规则应用到特定的类上；建立访问控制规则，并将访问控制规则应用到特定的类或角色上。

9.3.2　系统默认功能设置

ERMS 默认功能包括系统默认值和用户默认设置。前者如下位类对上位类部分属性信息的继承、文件格式转化类型的限定等，后者如每一类角色的操作权限定义、检索界面风格定义等。

9.3.3　可用性配置

ERMS 软件应能提供大量的配置选项，提升系统可用性，确保系统对用户友好，方便其查询信息，鼓励其使用系统提交文件。但是，在配置系统可用性时应确保文件管理行为的完整性不受损坏。机构应确保系统的用户友好性和文件管理功能规范程度之间的平衡。

9.4　系统测试

机构应在系统设计或更新时就制定好测试计划，确定 ERMS 软件测试方法、验证软件是否符合最初设计规范的要求。

最佳测试机制是在 ERMS 部署后开始。若机构采取分阶段实施或试点实施的方法，则应该在每个实施阶段进行测试。需要为 ERMS 测试准备足够数量、类型的数据，建立配套的应用场景，以充分验证系统在常规或紧急情况下能否按照设计规范运行。

ERMS 测试需要检测以下方面：

a）系统功能性，即系统是否符合机构的实际需求。

b）系统完整性，即系统各部分协同工作效果如何。

c）用户界面，即系统中各种菜单、表格、模板对用户而言是否可理解、可用。

d）输入输出，即系统是否生成或允许错误数据的进入。

e）系统响应和恢复时间，即系统执行任务的速度和从灾难或中断情况中恢复所耗时长。

测试应涵盖 ERMS 各类角色的操作、界面，机构应在测试过程中引入用户参与。应将测试过程及其结果按照规范要求记录下来，测试报告应该包含改进和调整意见。

仅当系统通过测试，最终版本符合设计规范要求，机构才能展开下一步工作。

9.5　系统迁移

ERMS 实施过程中，机构应制定完善的迁移策略，在恰当的时候将遗留系统中的文件及其元数据输出到新建的 ERMS 中。以下情况下应开展迁移：

a）现有业务信息系统即将停用时。

b）原有档案辅助管理系统被替换掉时。

迁移或转化的时机取决于 ERMS 部署的方法。如：机构选择直接转变，则应在系统实施之前就进行迁移；而同时运行的方法就要求迁移在遗留系统停用之后进行。迁移需要确保文件真实性、完整性、可靠性和可用性。迁移过程和结果应被完整记录下来。

10　组织建设

10.1　组建 ERMS 项目团队

单个部门或少数人员不足以支撑起 ERMS 项目的建设。ERMS 项目应由具有统筹协调能力的部门牵头负责，项目团队应包括但不限于如下方面的人选：

a）管理层人员，包括高层领导和相关职能部门领导，领导的参与度和支持度是决定项目成败的重要因素。

b）项目管理人员，总体负责整个项目的建设。

c）信息技术人员，包括 ERMS 系统管理人员、安全管理人员。

d）文件档案管理人员，是文件管理业务的专业人士，是 ERMS 文件管理员。

e）业务分析人员，可由业务部门、信息部门和（或）文件档案管理人员承担，负责业务分析（见第 6 章）和需求分析（见第 8 章）。

f）业务人员，负责形成和利用的人，是 ERMS 的用户。

g）法律人员，关注法律法规对本单位电子文件管理提出的要求。

h）外部咨询顾问，为 ERMS 可行性研究、系统

规划、需求分析、商业现货软件的选择和人员培训等工作提供外部支持。

10.2　获得机构对 ERMS 建设的广泛支持

10.2.1　获得管理层支持

ERMS 的实施应获得管理层的协作和支持。为获得管理层支持，需要做到：

a）确保管理层理解实施 ERMS 需要大量资源来支持。

b）确保管理层知晓 ERMS 成功实施对机构带来的贡献。

c）确保管理层知晓项目进展。

10.2.2　提升相关人员对 ERMS 的认知程度

机构应：

a）通过培训、宣传等方式及时向有关用户解释 ERMS 实施范围以及实施之后将如何影响他们的工作。

b）在项目开始时对项目团队所有成员强调 ERMS 的重要性。

c）向管理层和项目组内的负责人经常汇报项目进展，包括设计、研发和实施阶段。

10.2.3　与用户建立持续的沟通渠道

项目团队应建立与用户之间的沟通渠道，包括：

a）在项目过程中始终向用户咨询其需求。

b）使用户参与到测试中。

c）在机构内网建立 ERMS 的专门版块。

d）从各个业务部门业务代表组成的小组了解关于新系统开发和实施的反馈意见。

e）使用户始终知晓 ERMS 研发过程及其变化。

10.2.4　监控和审查 ERMS 实施效果

机构应：

a）向用户寻求反馈，评估系统产生的统计数据。

b）鼓励用户对系统改进提出建议。

c）记录 ERMS 所有的改进建议，方便系统更新。

10.2.5　将电子文件管理纳入相关人员的绩效考核

为保证 ERMS 实施的成功，相关人员责任到位，机构宜将电子文件管理工作纳入绩效考核的范围。

10.3　适时开展组织变革

不仅要在 ERMS 建设过程中建立跨部门合作的、临时性的项目团队，保证其运作良好；更重要的是，伴随着 ERMS 的建成应用，机构应建立与 ERMS 相适应的常设性的组织架构，其中最重要的是指派分管领导和责任部门。应由机构主管信息化和（或）档案工作的副总负责电子文件管理工作，而责任部门的指派则视不同单位的情况而定，可以由综合管理部门、文档部门、档案部门、信息化部门、质量监督部门等具有全局性管理职能的部门来承担。

在此过程中，机构可以根据需要积极地转变有关部门和人员的职能和岗位，比如将文件处和档案处的职能合并，将信息技术服务部门和信息资源管理部门合并，成立文档中心等。组织的变革或重组需要适应机构业务需要和机构文化环境。

11　培训

11.1　高端培训

管理层对电子文件管理的重视程度是决定 ERMS 建设成败的关键，应在系统建设之前或之初，通过讲座、会议、专题汇报等方式使机构领导了解电子文件的作用和电子文件管理的价值，认同电子文件管理，并能够将电子文件管理工作和机构发展战略加以整合。

11.2　系统人员培训

机构内部的业务部门、文件档案管理部门、信息化部门应组成联合培训小组，对系统开发人员和实施人员开展培训，并对培训效果进行考核，考核不合格的系统人员不应继续承担系统研发和实施任务。通过培训，系统人员应该全面掌握和深入了解机构的业务、文件、信息化的情况。

系统进行正常运营维护后，系统厂商应面向机构内部的系统运营维护人员开展培训，使其掌握一般问题的解决方法以及突发事件的准确应对方案，保证在系统实施团队撤离之后系统能够正常运作。

11.3　用户培训

应将宣传和培训相结合。对于首次实施 ERMS 的机构，向普通用户宣传推广 ERMS 格外重要。为此，机构宜：

a）为 ERMS 建立唯一、方便记忆的标识或名称，以便用户接受 ERMS。

b）在机构内张贴海报吸引用户对 ERMS 的注意，鼓励用户向 ERMS 提交文件。

c）向用户发布小册子、信息表、培训手册等材料，帮助其了解 ERMS。

应确保所有用户接受充分的培训，帮助其充分理解 ERMS 的使用方法。如果全员都具有捕获登记文件的职责，培训的覆盖面和强度都应该加大。机构应该尽可能：

a）在 ERMS 实施之前提供集中的培训课程，确保所有人员能够使用该软件。

b）根据用户在系统中的角色开展不同模块的培训。

c）模拟用户的特点选用多种培训方式，比如讲授、研讨、考试等。

参 考 文 献

［1］　DA/T 1—2000　档案工作基本术语.
［2］　DA/T 22—2000　归档文件整理规则.

［3］ DA/T 31—2005 纸质档案数字化技术规范.

［4］ DA/T 32—2005 公务电子邮件归档与管理规则.

［5］ DA/T 48—2009 基于 XML 的电子文件封装规范.

［6］ BMB 17—2006 涉及国家秘密的计算机信息系统分级保护技术要求.

［7］ ISO/TS 23081-2：2009 信息与文献文件管理过程文件元数据 第2部分概念与实施.

［8］ ISO 16175 电子办公环境中文件管理原则与功能要求.

［9］《机关文件材料归档范围和文书档案保管期限规定》（国家档案局 8 号令）.

［10］《企业文件材料归档范围和档案保管期限规定》（国家档案局 10 号令）.

［11］ 欧盟《文件管理示范功能需求》（MoReq2），2008.

［12］ 美国国家文件与档案署《企业级电子文件管理系统实施指南》，2001.

［13］ 澳大利亚国家档案馆《文件管理体系设计与实施指南》，2001.

［14］ 澳大利亚国家档案馆《非结构化电子文件管理系统实施》，2011.

⑦ # 电子文件管理装备规范

（GB/T 33189—2016）

前 言

本标准按照 GB/T 1.1—2009 给出的规则起草。

请注意本文件的某些内容可能涉及专利。本文件的发布机构不承担识别这些专利的责任。

本标准由中华人民共和国工业和信息化部提出。

本标准由全国信息技术标准化技术委员会（SAC/TC 28）归口。

本标准起草单位：工业和信息化部电子工业标准化研究院、档案科学技术研究所、人民大学信息资源管理学院、国家图书馆、清华大学光盘国家工程研究中心、中安科技集团公司、北京创原天地科技有限公司、华中科技大学计算机学院、国家保密科技测评中心、汉王科技股份有限公司、深圳市迪威视讯股份有限公司、浪潮集团有限公司、太极计算机股份有限公司、联想集团。

本标准主要起草人：赵波、郝文建、杨瑛、卢海英、郝晨辉、钱毅、龙伟、李大东、范科峰、公维锋、周可、王志赓、徐进、陈静、苗宗利、史睿、陈星、季刚、许斌、王桦、马朝斌、张万涛、李明敬、高健、郑洪仁、王一刚、王再跃、申龙哲。

1 范围

本标准规定了电子文件管理过程中涉及的硬件设备和系统，包括输入输出设备、存储设备与系统、处理设备、传输交换设备和信息安全设备等的功能、性能以及技术管理要求。

本标准适用于用户规划、设计、实施和运维电子文件管理系统以及电子文件管理过程中所需硬件设备和系统的选择、配置和管理。

2 规范性引用文件

下列文件对于本文件的应用是必不可少的。凡是注日期的引用文件，仅注日期的版本适用于本文件。凡是不注日期的引用文件，其最新版本（包括所有的修改单）适用于本文件。

GB/T 2887 计算机场地通用规范

GB 4943.1 信息技术设备 安全 第 1 部分：通用要求

GB/T 7430 影像材料 摄影胶片 安全胶片规范

GB 9254 信息技术设备的无线电骚扰限值和测量方法

GB/T 9314 串行击打式点阵打印机通用规范

GB/T 9813 微型计算机通用规范

GB/T 12628 硬磁盘驱动器通用规范

GB/T 13984 缩微摄影技术 银盐、重氮和微泡拷贝片 视觉密度 技术规范和测量

GB/T 14081 信息处理用键盘通用规范

GB/T 15737 缩微摄影技术 银-明胶型缩微品的冲洗与保存

GB 15934 电器附件 电线组件和互连电线组件

GB/T 16970 信息处理 信息交换用只读光盘存储器（CD-ROM）的盘卷和文卷结构

GB/T 17540 台式激光打印机通用规范

GB/T 17618 信息技术设备 抗扰度 限值和测量方法

GB 17625.1 电磁兼容 限值 谐波电流发射限值（设备每相输入电流≤16A）

GB/T 17626.2 电磁兼容 试验和测量技术 静电放电抗扰度试验

GB/T 17974 台式喷墨打印机通用规范

GB 18030 信息技术 中文编码字符集

GB/T 18031 信息技术 数字键盘汉字输入通用要求

GB/T 18444 已加工安全照相胶片贮存

GB/T 18788 平板式扫描仪通用规范

GB/T 18790 联机手写汉字识别系统技术要求与测试规程

GB/T 19246　信息技术　通用键盘汉字输入通用要求

GB/T 19259　视频投影器通用技术条件

GB/T 19474.1　缩微摄影技术　图形 COM 记录仪的质量控制　第 1 部分：测试画面的特征

GB/T 19474.2　缩微摄影技术　图形 COM 记录仪的质量控制　第 2 部分：质量要求和控制

GB/T 20275　信息安全技术　网络入侵检测系统技术要求和测试评价方法

GB/T 20279　信息安全技术　网络和终端隔离产品安全技术要求

GB/T 20281　信息安全技术　防火墙安全技术要求和测试评价方法

GB/T 20945　信息安全技术　信息系统安全审计产品技术要求和测试评价方法

GB/T 20988　信息安全技术　信息系统灾难恢复规范

GB/T 21023　中文语音识别系统通用技术规范

GB/T 21053　信息安全技术　公钥基础设施 PKI 系统安全等级保护技术要求

GB/T 26225　信息技术　移动存储　闪存盘通用规范

DA/T 38　电子文件归档光盘技术要求和应用规范

DA/T 44　数字档案信息输出到缩微胶片上的规定

SJ/T 11292　计算机用液晶显示器通用规范

SJ/T 11343　数字电视液晶显示器通用规范

YD/T 1096　路由器设备技术要求　边缘路由器

YD/T 1097　路由器设备技术要求　核心路由器

YD/T 1099　以太网交换机技术要求

YD/T 1255　具有路由功能的以太网交换机技术要求

3　术语和定义

下列术语和定义适用于本文件。

3.1

电子文件　electronic records

机关、团体、企事业单位和其他组织在处理公务过程中，通过计算机等电子设备形成、办理、传输和存储的文字、图表、图像、音频、视频等不同形式的信息记录。

3.2

电子文件管理装备　electronic records management equipments

电子文件在其生命周期管理过程中涉及的硬件设备和系统。

3.3

迁移　migration

将源系统中的电子文件向目的系统进行转移存储的方法与过程。包括支持存储环境的改变和应用技术的更新。

3.4

可靠性　reliability

在给定时段和给定条件下，功能单元履行所要求功能的能力。

[GB/T 5271.14—2008，定义 14.01.03]

3.5

可追溯性　traceability

电子文件管理过程中对于电子文件内容和相关要素的追溯及追踪能力。

3.6

在线存储　online storage

存储设备、存储系统时刻与管理系统保持联机状态，满足应用对数据存取的实时要求。

3.7

离线存储　offline storage

存储设备、存储系统与管理系统处于脱机状态，当应用需要时再实施联机处理。

3.8

安全管理区域　security management realm

仅向系统安全管理人员开放的安全管理系统及其数据的所在区域。

4　通用要求

4.1　设备安全

电子文件硬件设备和系统，在设备安全方面，应符合 GB 4943.1 的规定，其电线组件和互连电线组件应符合 GB 15934 的规定。电子文件管理装备的分类参见附录 A。

4.2　电源适应能力

电子文件硬件设备和系统，若为交流供电，应在 220V±22V，50Hz±1Hz 条件下正常工作。

电子文件硬件设备和系统，若为直流供电，应在直流电压标称值±5% 的条件下正常工作。

4.3　电磁兼容性要求

4.3.1　无线电骚扰

电子文件硬件设备和系统，其无线电骚扰限值应符合 GB 9254 的规定。

4.3.2　抗扰度

电子文件硬件设备和系统，其抗扰度限值应符合 GB/T 17618 的规定。

4.3.3　谐波电流

电子文件硬件设备和系统，其谐波电流值应符合 GB 17625.1 的规定。

4.3.4　静电放电要求

电子文件硬件设备和系统，其静电放电应符合 GB/T 17626.2 的规定。

4.4 可靠性要求

电子文件硬件设备和系统，在规定条件下，平均故障间隔时间（MTBF）应符合相关国家标准的规定。

4.5 工作环境要求

4.5.1 一般要求

电子文件硬件设备和系统的工作环境应符合相关标准的规定。

4.5.2 机房要求

电子文件硬件设备和系统的专用机房应符合GB/T 2887的规定。

专用机房的工作环境，按温、湿度分为A、B、C三级。

工作时的温、湿度要求见表1。

表1 工作时温、湿度要求

环境条件	级别				
	A级		B级		C级
	夏季	冬季	夏季	冬季	
温度/℃	24±1	20±1	24±2	20±2	15～28
相对湿度/%	40～60		35～65		30～80
温度变化率/(℃/h)	<5，不得凝露		<10，不得凝露		<15，不得凝露

4.5.3 存储媒体要求

存储媒体对于环境的要求见表2。

表2 存储媒体环境要求

环境条件	光盘	磁媒体		闪存盘		缩微胶片
		已记录	未记录	已记录	未记录	
温度/℃	−20～50	5～35	5～50	5～35	5～45	13～15
相对湿度/%	10～90	20～80		20～80		35～45
磁场强度/(A/m)	—	<3200	<4000	—		—

固态盘的存放要求参考闪存盘的相关规定。

4.6 噪声要求

电子文件硬件设备和系统，其噪声应符合相关国家标准的规定。

4.7 有毒有害物的相关要求

电子文件管理过程中涉及的硬件设备和系统应符合电子产品有毒有害物质相关标准的规定，具体标准参见B.3。

4.8 中文信息处理要求

电子文件硬件设备和系统，涉及中文信息处理时，汉字处理应支持GB 18030的强制部分，其他文字应支持GB 18030的相关部分，并应采用国家标准和行业标准规定的字型。

4.9 可追溯性要求

电子文件硬件设备和系统，根据实际应用需要，应支持统一标识实现可追溯性管理。

电子文件硬件设备和系统的标识应符合有关标准规定。

4.10 访问权限控制要求

电子文件硬件设备和系统，应建立基于角色的访问控制机制，采用安全认证、安全传输等手段，提供多方面的安全保障，满足实际应用和管理的安全性要求。

4.11 可转换机制

电子文件管理过程中，在不同的设备和系统间存储与交换时，应针对不同的应用需求确定转换机制。

电子文件在不同的设备与系统间的转换机制主要包括复制、迁移的频率、内容和流程等。

4.12 功能要求

4.12.1 自检

电子文件硬件设备和系统应根据不同的管理需求，具有自检功能，允许授权用户验证关键功能部件的完整性、可用性。

4.12.2 日志

电子文件硬件设备和系统应根据不同的管理需求，具有实时记录业务过程中的身份、流量、计时器以及黑名单机制等功能。

4.12.3 报警

电子文件硬件设备和系统应根据不同的管理需求，对于未经授权的访问、损坏或功能丧失的行为，提供报警功能。

4.12.4 审计

电子文件读取设备应根据不同的管理需求，为用户提供审计能力，用于跟踪访问源。

4.13 运行管理要求

4.13.1 运行管理制度

根据不同的应用场景与使用需求，制定具体的运行管理制度，以满足使用者、管理者对于设备和系统运行管理的需求，保证硬件设备和系统在电子文件管理全周期过程中能安全、可靠运行。

4.13.2 维护规程

根据实际设备运行维护的要求，建立有效、可实施的设备维护规程。设备维护规程主要包括定期对硬件设备和系统进行状态检测、预防性检查、常规性作业等工作的管理办法。同时还包括对于硬件设备和系统发生故障、报警等事件提供响应支持的工作机制，以及定期对设备做适应性改进、增强性改进等工作机制。

4.14 其他

4.14.1 涉密设备和系统的要求

处理涉密电子文件的硬件设备和系统应符合相关法律、行政法规及标准的规定。

4.14.2　与相关标准的一致性要求

电子文件管理装备应与电子文件格式、元数据、管理系统等相关标准协调一致。针对不同应用的具体需求，用户部门可制定相关的管理规定。

5　输入输出设备

5.1　键盘

通用键盘应符合 GB/T 14081 的规定。

通用键盘汉字输入应符合 GB/T 19246 的规定。

数字键盘汉字输入应符合 GB/T 18031 的规定。

少数民族文字输入法应符合相关国家标准的规定。

5.2　手写设备

手写设备应符合 GB/T 18790 的规定。

5.3　语音设备

语音设备应符合 GB/T 21023 的规定。

5.4　扫描仪

扫描仪应符合 GB/T 18788 的规定。

用于仿真复制的扫描仪应满足仿真复制对数字图像的高精度要求，能够处理不同幅面、不同纸质的文件。

5.5　条码识读设备

条码识读设备应符合相关标准的规定。

5.6　输出设备

液晶显示器符合 SJ/T 11292、SJ/T 11343 的规定。

针式打印机应符合 GB/T 9314 的规定。

台式喷墨打印机应符合 GB/T 17974 的规定。

台式激光打印机应符合 GB/T 17540 的规定。

投影机应符合 GB/T 19259 及相关标准的规定。

音频输出设备应符合相关标准的规定。

6　存储设备与系统

6.1　存储设备

6.1.1　一般要求

6.1.1.1　闪存盘

闪存盘应符合 GB/T 26225 的规定。

6.1.1.2　固态盘

固态盘应符合相关标准的规定。

6.1.1.3　硬磁盘驱动器

硬磁盘驱动器应符合 GB/T 12628 的规定。

6.1.1.4　磁带

记录磁带、文卷标号和文卷结构应符合相关国家标准的规定（参见 B.1）。

6.1.1.5　光存储

光存储媒体应符合以下要求：

a）用于存储与交换的只读类或可录类光盘应符合相关国家标准和行业标准（参见 B.2）的规定。

b）采用光存储归档及归档光盘数据检测时，应符合 DA/T 38 的规定。

c）采用可录光盘归档存储时，应使用档案级光盘。

d）光存储读写设备应支持或兼容 GB/T 16970 等标准。

6.1.1.6　COM 设备

将电子文件存储到缩微胶片上的 COM 设备应符合以下要求：

a）电子文件输出到缩微胶片上的操作，应符合 DA/T 44 的规定。

b）使用安全片基、高解像力，及具有中、高反差性能的银-明胶型缩微胶片，并应符合 GB/T 7430 的规定。

6.1.2　管理要求

6.1.2.1　一般要求

电子文件存储媒体的管理应符合如下要求：

a）根据实际应用需求，用户部门应制定相应的管理工作制度。

b）存储媒体对于所存储的电子文件内容应进行定期数据读取检测。

c）归档前应根据相关国家标准、行业标准对存储媒体进行检测。

6.1.2.2　归档光盘

归档光盘应经过检测，并符合 DA/T 38 要求。

归档光盘的错误率达到或超过三级预警线或出现不可校正错误时，应立即把该归档光盘数据迁移到新光盘或其他存储媒体上，并做好数据迁移记录。

6.1.2.3　缩微胶片

缩微胶片冲洗、拷贝、质量及保管应符合以下要求：

a）缩微胶片冲洗应符合 GB/T 15737 的规定。

b）缩微胶片的拷贝应符合 GB/T 13984 的规定。

c）缩微胶片的质量应符合 GB/T 19474.1 和 GB/T 19474.2 的规定。

d）缩微胶片的存储应符合 GB/T 18444 的规定。

6.2　存储系统

6.2.1　在线存储

在线存储系统包括磁盘阵列等，应具有如下功能：

a）具有容错功能，支持降级运行模式。

b）具有数据自恢复功能，支持在线数据重建。

c）具有盘容量自动识别功能。

d）支持盘、电源和风扇的热插拔。

e）支持热备份盘。

f）具有热备份电源和备份风扇。

g）具有远程和本地磁盘阵列维护监控能力。

h) 支持磁盘阵列异常或故障报警。

6.2.2 离线存储

离线存储系统包括磁带库、光盘库、移动硬盘等，应符合相关标准的规定。

6.2.3 存储系统管理要求

存储系统管理要求包括：

a）根据实际应用的需求，制定适宜的存储策略，采用在线、离线存储等管理方式，实现电子文件在不同存储系统中的迁移和转换。

b）电子文件管理中所使用的存储系统应经过检测。

c）电子文件离线存储系统中所存储的电子文件内容应进行定期数据读取检验。

d）根据实际应用需求，用户部门应制定相应的管理工作制度。

7 处理设备

7.1 微型计算机

微型计算机应符合 GB/T 9813 的规定。

7.2 服务器

服务器应符合相关标准的规定。

8 传输交换设备

8.1 路由器

传输交换设备中配置的边缘路由器应符合 YD/T 1096 的规定。

传输交换设备中配置的核心路由器应符合 YD/T 1097 的规定。

8.2 交换机

传输交换设备中配置的交换机应符合 YD/T 1099 和 YD/T 1255 的规定。

9 信息安全设备

9.1 统一身份管理与授权管理设备

统一身份管理与授权管理设备完成统一用户管理。身份管理和授权管理对电子文件管理系统实施访问控制；身份管理对用户的身份进行标识与鉴别；授权管理对用户访问资源的权限进行标识与管理。

统一身份管理与授权管理设备应部署于安全管理区域，其技术指标应符合 GB/T 21053 的规定。

9.2 桌面安全设备

桌面安全设备提供主机恶意代码防范、主机防火墙、桌面存储安全、安全审计等一体化终端安全保护，保护电子文件管理终端的安全，并符合相关标准的规定。

9.3 安全审计设备

安全审计设备为电子文件管理过程中安全事件管理提供事中记录、事后追踪的手段。安全审计设备主要由审计数据采集引擎和审计数据分析部件组成。审计数据采集引擎通常部署于被审计的设备中；审计数据分析部件通常部署于安全管理区域。

安全审计设备的技术指标应符合 GB/T 20945 的规定。

9.4 防火墙

防火墙的技术指标应符合 GB/T 20281 的规定。

9.5 入侵检测设备

入侵检测设备包括入侵检测网络引擎和入侵检测控制台两部分。入侵检测设备通过对电子文件管理过程中的信息进行收集和分析，从中发现违反安全策略的行为和被攻击的迹象。

入侵检测设备的技术指标应符合 GB/T 20275 的规定。

9.6 网络和终端隔离设备

网络和终端隔离设备主要实现不同安全域之间的物理断开、协议转换、协议隔离和文件安全摆渡的功能。

网络和终端隔离设备技术指标应符合 GB/T 20279 的规定。

9.7 应急响应与备份恢复设备

应急响应与备份恢复提供应对各种突发事件的发生所做的准备以及在事件发生后所采取的措施。

应急响应与备份恢复设备保护对象是重要的电子文件，应实现对网络安全运行情况的全方位监测、响应与恢复，应根据电子文件管理的重要程度进行系统配置。

应急响应与备份恢复设备技术指标应符合 GB/T 20988 的规定。

9.8 加密设备

加密设备的使用及所使用的密码算法应符合国家相关标准的规定。

10 其他设备

其他设备包括销毁设备、刻录设备等。

设备不宜采用技术手段阻止使用其他品牌的配件和耗材，其内部芯片不应具有存储功能和排他功能。

附录 A

（资料性附录）

电子文件管理装备分类

本标准中的电子文件管理装备是指电子文件在其生命周期管理过程中涉及的硬件设备和系统。电子文件管理装备分类见图 A.1。

输入输出设备包括但不限于键盘、手写设备、语音设备、扫描仪、条码识读设备、液晶显示器、台式喷墨打印机、台式激光打印机、投影机、音频输出设备等。

存储设备与系统是指电子文件管理过程中用于存储

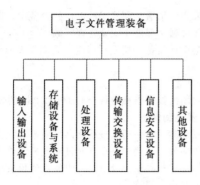

图 A.1　电子文件管理装备分类

的设备与系统。存储设备按照存储媒体分类，包括但不限于闪存盘存储、硬磁盘、光存储、COM 等设备。存储系统包括但不限于在线存储、离线存储等系统。

处理设备包括但不限于微型计算机、服务器等。

传输交换设备包括但不限于路由器、交换机等。

信息安全设备包括但不限于统一身份管理与授权管理设备、桌面安全设备、安全审计设备、防火墙、入侵检测设备、网络和终端隔离设备、应急响应与备份恢复设备、加密设备等。

其他设备包括销毁设备、刻录设备及主要配件和耗材等。

附录 B
（资料性附录）
存储媒体、有毒有害物要求标准清单

B.1　磁带

GB/T 3290　信息交换用磁带盘的尺寸和性能

GB/T 6550　信息处理交换用 9 磁道 12.7mm 宽 63 行/毫米调相制记录磁带

GB/T 7574　信息处理　信息交换用磁带的文卷结构和标号

GB/T 9363　信息处理　信息交换用 9 磁道、12.7mm（0.5in）磁带成组编码方式 246cpmm（6250cpi）的格式及记录

GB/T 9716　信息处理　信息交换用 9 磁道、12.7mm（0.5in）未记录磁带 32ftpmm（800ftpi）NRZl 制，126ftpmm（3200ftpi）调相制和 356ftpmm（9042ftpi）NRZ1 制

B.2　光盘

GB/T 16969　信息技术　只读 120mm 数据光盘（CD-ROM）的数据交换

GB/T 16970　信息技术　信息交换用只读光盘存储器（CD-ROM）的盘卷和文卷结构

GB/T 16971　信息技术　信息交换用 130mm 可重写盒式光盘

GB/T 17234　信息技术　数据交换用 90mm 可重写和只读盒式光盘

GB/T 17576　CD 数字音频系统

GB/T 17704.1　信息技术　信息交换用 130mm 一次写入盒式光盘　第 1 部分：未记录盒式光盘

GB/T 17704.2　信息技术　信息交换用 130mm 一次写入盒式光盘　第 2 部分：记录格式

GB/T 18140　信息技术　130mm 盒式光盘上的数据交换　容量：每盒 1G 字节

GB/T 18141　信息技术　130mm 一次写入多次读出磁光盒式光盘的信息交换

GB/Z 18390　信息技术　90mm 盒式光盘测量技术指南

GB/T 18807　信息技术　130mm 盒式光盘上的数据交换容量：每盒 1.3G 字节

GB/Z 18808　信息技术　130mm 一次写入盒式光盘记录格式技术规范

GB/T 19969　信息技术　信息交换用 130mm 盒式光盘　容量：每盒 2.6G 字节

CY/T 38　可录类光盘 CD-R 常规检测参数

CY/T 41　可录类光盘 DVD-R/DVD+R 常规检测参数

CY/T 63　只读类数据光盘 CD-ROM 常规检测参数

CY/T 64　只读类数字音频光盘 CD-DA 常规检测参数

CY/T 65　只读类数字视频光盘 VCD 常规检测参数

CY/T 66　只读类光盘 DVD-Video 常规检测参数

CY/T 67　只读类光盘 DVD-ROM 常规检测参数

B.3　有毒有害物要求

GB/T 26125—2011　电子电气产品　六种限用物质（铅、汞、镉、六价铬、多溴联苯和多溴二苯醚）的测定

GB/T 26572—2011　电子电气产品中限用物质的限量要求

SJ/T 11363—2006　电子信息产品中有毒有害物质的限量要求

SJ/T 11364—2014　电子电气产品有害物质限制使用标识要求

SJ/T 11365—2006　电子信息产品中有毒有害物质的检测方法

SJ/Z 11388—2009　电子信息产品环保使用期限通则

参 考 文 献

[1]　GB/T 5271.14—2008　信息技术　词汇　第 14 部分：可靠性、可维护性与可用性.

8

电子文件存储与交换格式
版式文档

（GB/T 33190—2016）

前　言

本标准按照 GB/T 1.1—2009 给出的规则起草。

请注意本文件的某些内容可能涉及专利。本文件的发布机构不承担识别这些专利的责任。

本标准由国家电子文件管理部际联席会议办公室和工业和信息化部提出。

本标准由全国信息技术标准化技术委员会（SAC/TC 28）归口。

本标准起草单位：中国电子技术标准化研究院、福建福昕软件开发股份有限公司、北京数科网维技术有限责任公司、北京方正阿帕比技术有限公司、北京书生电子技术有限公司。

本标准主要起草人：高林、李海波、丛培勇、王聪、陈亚军、冯辉、高麟鹏、贾曙瑞、王寒冰、董建、苏鸿祥、孟志勇、熊雨前、王少康、翟浦江、刘丹、郝立臣、徐剑波、高子军、郭巍。

1　范围

本标准规定了版式电子文件的存储与交换格式，包括文件结构、基本结构、页面描述、图形、图像、文字、视频、复合对象、动作、注释、自定义标引、扩展信息、数字签名、版本、附件等方面。

本标准适用于版式文档存储、阅读、交换和利用。

2　规范性引用文件

下列文件对于本文件的应用是必不可少的。凡是注日期的引用文件，仅注日期的版本适用于本文件。凡是不注日期的引用文件，其最新版本（包括所有的修改单）适用于本文件。

GB 13000　信息技术　通用多八位编码字符集（UCS）

GB 18030　信息技术　中文编码字符集

GB/T 18793—2002　信息技术　可扩展置标语言（XML）1.0

3　术语和定义

下列术语和定义适用于本文件。

3.1
版式　fixed layout

将文字、图形、图像等多种数字内容对象按照一定规则进行版面固化呈现的一种格式。

3.2
开放式版式文档　open fixed layout document

独立于软件、硬件、操作系统、输出设备的版式文档格式。

3.3
数字签名　digital signature

附加在数据单元上的数据，或是对数据单元所作的密码变换，这种数据或变换允许数据单元的接收者用以确认数据单元的来源和完整性，并保护数据防止被人（例如接收者）伪造或抵赖。

3.4
成像模型　imaging model

一种与设备无关的页面描述方法，采用抽象的图形元素描述页面中出现的文字、图形、图像等。

3.5
字符　character

元素集中的一个成员，它用作数据的表示、组织或控制。

[GB/T 5271.1—2000，定义 01.02.11]

3.6
字形　font

具有同一基本设计的字形图像的集合。

3.7
图元　graphic unit

版式文档中页面上呈现内容的最基本单元。

3.8
资源　resource

绘制图元所用的参数和其他数据（如字形、图像等）。

3.9
路径　path

一系列点、线和曲线按照一定规则组成的集合。

3.10
裁剪区　clip region

由一组路径、文字构成，用于指定图元对象绘制的有效区域。

3.11
颜色空间　color space

颜色集合的数学表示。

3.12
可扩展置标语言　extensible markup language

简称 XML，定义语义置标的规则，这些标记将文件分成许多部件并对部件加以标识。

3.13
出血区域　bleed box

在生产环境中输出时页面内容应当被裁剪的区域。它包括任何需要适合切割、折叠和裁切设备物理限制的额外区域。

4　缩略语

下列缩略语适用于本文件。

BMP：一种无损的与设备无关的位图格式（Bitmap）

CMYK：一种颜色空间，采用四个分量（Cyan 青，Magenta 品红，Yellow 黄，black 黑）表示颜色

JPEG：一种图像的有损压缩格式（Joint Photographic Experts Group）

OFD：开放版式文档（Open Fixed layout Document）

PNG：可移植网络图形格式（Portable Network Graphic Format）

RGB：一种颜色空间，采用红、绿、蓝三个分量类表示颜色（Red，Green，Blue）

TIFF：标签图像文件格式（Tagged Image File Format）

URI：通用资源标识符（Universal Resource Identifier）

UUID：通用唯一标示符（Universally Unique Identifier）

XML：可扩展置标语言（Extensible Markup Language）

5　概述

5.1　文档特性

OFD 应具有真实地保持文件中版式信息的特性，且这种特性不随着软硬件环境的变化而发生改变。

OFD 采用 GB/T 18793—2002 中的 XML 技术描述文件数据，与本标准相配套的 Schema 见附录 A。

5.2　结构

OFD 采用"容器＋文档"的方式描述和存储数据。容器是一个虚拟存储系统，将各类数据描述文件聚合起来，并提供相应的访问接口和数据压缩方法。

OFD 结构如图 1 所示。

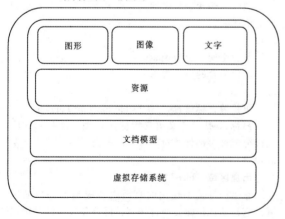

图1　OFD 结构

OFD 文档格式的结构分为三层：

　　a）虚拟存储系统：包括包组织结构及包内目录组织结构。

　　b）文档模型：包括文档、页面、大纲、文件级资源等组织结构。

　　c）页面内容描述：包括页面级资源、图形、图像和文字等。

5.3　成像模型

OFD 采用二维矢量成像模型描述任何经过排版的图元对象，包括文字、图形、图像等。成像模型与设备无关，可满足打印、显示等输出需求。

OFD 成像模型可根据页面描述生成一个与设备无关的输出结果，用于执行程序将其传输到输出设备上。

页面绘制对象存在以下几种情况：

　　a）绘制对象可以是文字、图形、图像等图元。

　　b）图元可以使用任何颜色绘制（渐变和底纹在本标准中均为颜色的一种形式）。

　　c）所有图元都可以被裁剪。

页面内容包含一系列的图层、页面块和图元对象。在输出页面时，从空白页开始，依据相关内容出现的顺序绘制。

图元对象由其自有数据描述及其修饰参数构成，修饰参数的表示方式采用"属性＋绘制参数"的模式。

页面中三种最基本的图元对象如下：

　　a）图形对象：由一系列的路径对象组成的区域。图形对象可以被填充或者勾边。

　　b）文字对象：由一系列的字符及其定位信息组成。每个字符的字形由其指定的字形和其他参数所确定。文字对象可以被填充或者勾边。

　　c）图像对象：由一个矩形区域的像素值组成，每个像素值确定矩形区域一个指定点的颜色值。

绘制参数是指修饰图元对象绘制渲染效果所需的特性，包括填充颜色、勾边颜色、线宽、虚线样式（重复样式和偏移值）、结合点样式、端点样式、结合点限值。这些特性可以作为图元的直接修饰属性，也可以作为被多个图元共同引用的绘制参数资源。

图元绘制时除需要绘制参数所包含的参数外，还需要其他参数：

　　a）图元对象包含一个可选的坐标变换矩阵。坐标变换综合描述了平移、缩放、旋转、切变等特性，这些特性将影响图元对象的最终绘制结果。

　　b）图元对象包含一个可选的裁剪区。裁剪区确定了图元对象的哪些部分将被绘制到页面上。图元对象在裁剪区以外的部分将不被绘制。

5.4　扩展名

本标准规定打包后的版式文件扩展名为 ofd（小写）。

6　文件结构

6.1　容器方案

容器功能由一个 ZIP 文件来实现。多文件的数据组织方式采用 ZIP 6.2.0。

6.2　文件组织

OFD 文件层次组织结构如图 2 所示。

OFD 文件层次组织结构说明见表 1。

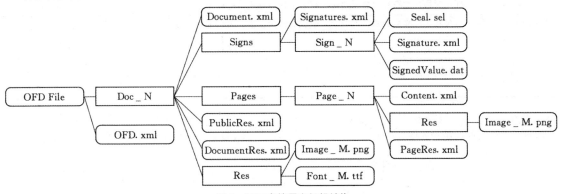

图 2　OFD 文件层次组织结构

表 1　　　　　OFD 文件层次组织结构　　　　　　　　　　　　　　　　　续表

名　称	说　明
OFD. xml	文件主入口文件，一个包内存在且只存在一个 OFD. xml 文件，此文件名不应修改
Doc _ N	第 N 个文档的文件夹
Document. xml	文档的根节点
Page _ N	第 N 页文件夹
Content. xml	第 N 页的内容描述
PageRes. xml	第 N 页的资源描述
Res	资源文件夹
PublicRes. xml	文档公共资源索引
DocumentRes. xml	文档自身资源索引
Image _ M. png/ Font _ M. ttf	资源文件
Signs	数字签名存储目录
Signatures. xml	签名列表文件

名　称	说　明
Sign _ N	第 N 个签名/签章
Signature. xml	签名/签章描述文件
Seal. esl	电子印章文件
SignedValue. dat	签名值文件

7　基本结构

7.1　命名空间

本标准中 XML 文档使用的命名空间为 http：// www.ofdspec.org/2016，其标识应为 ofd；应在包内各 XML 文档的根节点中声明 defaults：ofd。元素节点应使用命名空间标识，元素属性不使用命名空间标识。

7.2　字符编码

OFD 文件应支持 GB 18030 和 GB 13000 的相关要求。

7.3　基础数据类型

本标准中定义了 6 种基本数据类型，见表 2。

表 2　　　　　　　　　　　　基 本 数 据 类 型

类　型	说　明	示　例
ST _ Loc	包结构内文件的路径，"."表示当前路径，".."表示父路径。约定： 1. "/"代表根节点； 2. 未显式指定时代表当前路径； 3. 路径区分大小写	"/Pages/P1/Content. xml" ". /Res/Bookl/jpg" ".. /Pages/Pl/Res. xml" "Pages/Pl/Res. xml"
ST _ Array	数组，以空格来分割元素。元素可以是除 ST _ Loc、ST _ Array 外的数据类型，不可嵌套	"1 2.0 5.0"

续表

类　型	说　明	示　例
ST _ ID	标识，无符号整数，应在文档内唯一。0 表示无效标识	"1000"
ST _ RefID	标识引用，无符号整数，此标识应为文档内已定义的标识	"1000"
ST _ Pos	点坐标，以空格分割，前者为 x 值，后者为 y 值，可以是整数或者浮点数	"0 0"
ST _ Box	矩形区域，以空格分割，前两个值代表了该矩形的左上角的坐标，后两个值依次表示该矩形的宽和高，可以是整数或者浮点数，后两个值应大于 0	"10 10 50 50"

7.4　主入口

OFD. xml 文件的结构如图 3 所示。　　　　　　　OFD 主入口属性说明见表 3。

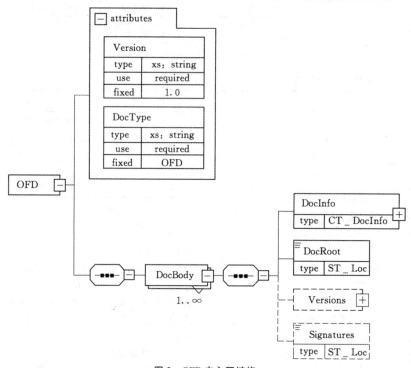

图3　OFD 主入口结构

表3　　　　　　　　　　OFD 主 入 口 属 性

名　称	类　型	说　明	备注
Version	xs：string	文件格式的版本号，取值为 "1.0"	必选
DocType	xs：string	文件格式子集类型，取值为 "OFD"，表明此文件符合本标准。取值为 "OFD‐A"，表明此文件符合 OFD 存档规范	必选
DocBody		文件对象入口，可以存在多个，以便在一个文档中包含多个版式文档	必选
DocInfo	CT _ DocInfo	文档元数据信息描述，文档元数据信息具体结构见图4	必选
DocRoot	ST _ Loc	指向文档根节点文档，有关文档根节点描述见 7.5 文档根节点	可选
Versions		包含多个版本描述节点，用于定义文件因注释和其他改动产生的版本信息，见第 19 章	可选
Signatures	ST _ Loc	指向该文档中签名和签章结构，见第 18 章	可选

文档元数据结构如图 4 所示。　　　　　　　　文档元数据属性说明见表 4。

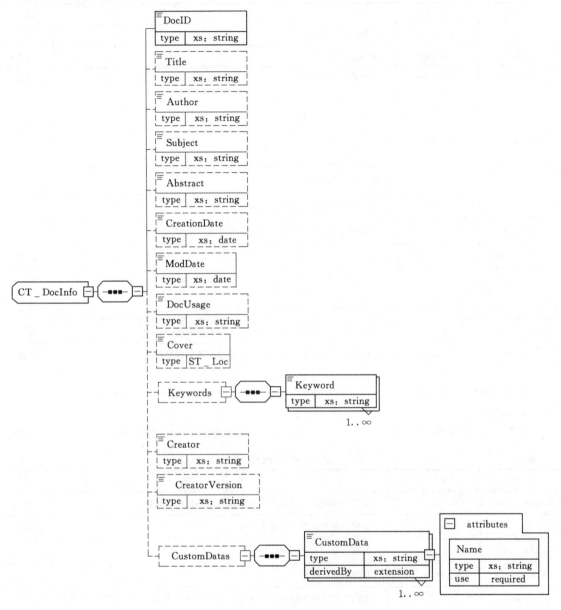

图 4　文档元数据结构

表 4　　　　　　　　　　　　　文 档 元 数 据 属 性

名　称	类　型	说　　　　明	备注
DocID	xs：string	采用 UUID 算法生成的由 32 个字符组成的文件标识。每个 DocID 在文档创建或生成的时候进行分配	可选
Title	xs：string	文档标题。标题可以与文件名不同	可选
Author	xs：string	文档作者	可选
Subject	xs：string	文档主题	可选

续表

名　称	类　型	说　　　　明	备注
Abstract	xs：string	文档摘要与注释	可选
CreationDate	xs：date	文档创建日期	可选
ModDate	xs：date	文档最近修改日期	可选
DocUsage	xs：string	文档分类，可取值如下： 　Normal——普通文档 　EBook——电子书 　ENewsPaper——电子报纸 　EMagzine——电子期刊杂志 默认值为 Normal	可选
Cover	ST＿Loc	文档封面，此路径指向一个图片文件	可选
Keywords		关键词集合，每一个关键词用一个"Keyword"子节点来表达	可选
Keyword	xs：string	关键词	必选
Creator	xs：string	创建文档的应用程序	可选
CreatorVersion	xs：string	创建文档的应用程序的版本信息	可选
CustomDatas		用户自定义元数据集合。其子节点为 CustomData	可选
CustomData	xs：string	用户自定义元数据，可以指定一个名称及其对应的值	必选
Name	xs：string	用户自定义元数据名称	必选

7.5　文档根节点

文档根节点结构如图 5 所示。　　　　　　　　　文档根节点属性说明见表 5。

表 5　　　　　　　　　　　文 档 根 节 点 属 性

名　称	类　型	说　　　　明	备注
CommonData		文档公共数据，定义了页面区域、公共资源等数据	必选
Pages		页树，有关页树的描述见 7.6	必选
Outlines		大纲，有关大纲的描述见 7.8	可选
Permissions	CT＿Permission	文档的权限声明	可选
Actions		文档关联的动作序列，当存在多个 Action 对象时，所有动作依次执行	可选
Action	CT＿Action	文档关联的动作，事件类型应为 DO（文档打开，见表 52 事件类型）	必选
VPreferences	CT＿VPreferences	文档的视图首选项	可选
Bookmarks		文档的书签集，包含一组书签	可选
Bookmark	CT＿Bookmark	文档的书签	必选
Attachments	ST＿Loc	指向附件列表文件。有关附件描述见第 20 章	可选
Annotations	ST＿Loc	指向注释列表文件，有关注释描述见第 15 章	可选
CustomTags	ST＿Loc	指向自定义标引列表文件，有关自定义标引描述见第 16 章	可选
Extensions	ST＿Loc	指向扩展列表文件，有关扩展描述见第 17 章	可选

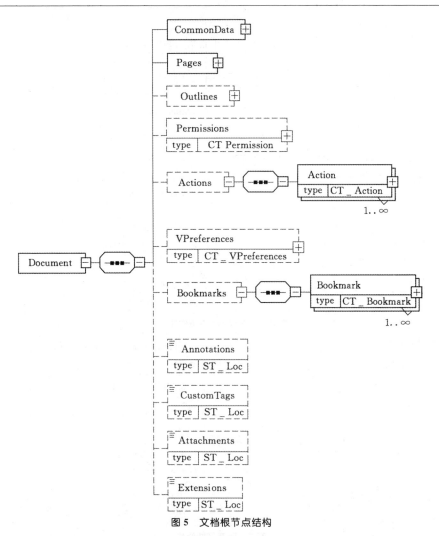

图5　文档根节点结构

文档公共数据结构如图6所示。　　　　　　　　　　文档公共数据属性说明见表6。

表6　　　　　　　　　　　　　　文档公共数据属性

名　称	类　型	说　　　明	备注
MaxUnitID	ST_ID	当前文档中所有对象使用标识的最大值，初始值为0。MaxUnitID主要用于文档编辑，在向文档中新增加一个对象时，需要分配一个新的标识，新标识取值宜为MaxUnitID+1，同时需要修改此MaxUnitID值	必选
PageArea	CT_PageArea	指定该文档页面区域的默认大小和位置	必选
PublicRes	ST_Loc	公共资源序列，每个节点指向OFD包内的一个资源描述文档，资源部分的描述见7.9，字形和颜色空间等宜在公共资源文件中描述	可选
DocumentRes	ST_Loc	文档资源序列，每个节点指向OFD包内的一个资源描述文档，资源部分的描述见7.9，绘制参数、多媒体和矢量图像等宜在文档资源文件中描述	可选
TemplatePage	CT_TemplatePage	模板页序列，为一系列模板页的集合，模板页内容结构和普通页相同，描述见7.7	可选
DefaultCS	ST_RefID	引用在资源文件中定义的颜色空间标识，有关颜色空间的描述见8.3.1。如果此项不存在，采用RGB作为默认颜色空间	可选

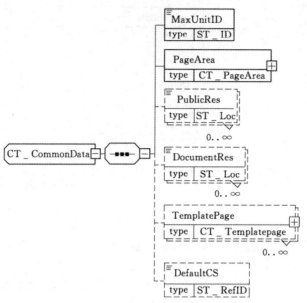

图6 文档公共数据结构

页面区域结构如图7所示。 页面区域属性说明见表7。

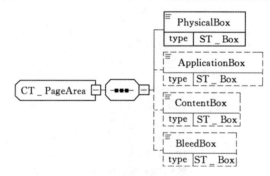

图7 页面区域结构

表7 页 面 区 域 属 性

名　称	类　型	说　　明	备注
PhysicalBox	ST_Box	页面物理区域，左上角的坐标为页面空间坐标系的原点	必选
ApplicationBox	ST_Box	显示区域，页面内容实际显示或打印输出的区域，位于页面物理区域内，包含页眉、页脚、版心等内容； 〔例外处理〕如果显示区域不完全位于页面物理区域内，页面物理区域外的部分则被忽略。如果显示区域完全位于页面物理区域外，则该页为空白页	可选
ContentBox	ST_Box	版心区域，即文件的正文区域，位于显示区域内。左上角的坐标决定了其在显示区域内的位置； 〔例外处理〕如果版心区域不完全位于显示区域内，显示区域外的部分则被忽略。如果版心区域完全位于显示区域外，则版心内容不被绘制	可选
BleedBox	ST_Box	出血区域，即超出设备性能限制的额外出血区域，位于页面物理区域外。不出现时，默认值为页面物理区域； 〔例外处理〕如果出血区域不完全位于页面物理区域外，页面物理区域内的部分则被忽略。如果出血区域完全位于页面物理区域内，出血区域无效	可选

页面区域层次结构如图 8 所示。

本标准支持设置文档权限声明（Permissions）节点，以达到文档防扩散等应用目的。文档权限声明结构如图 9 所示。

文档权限声明相关属性说明见表 8。

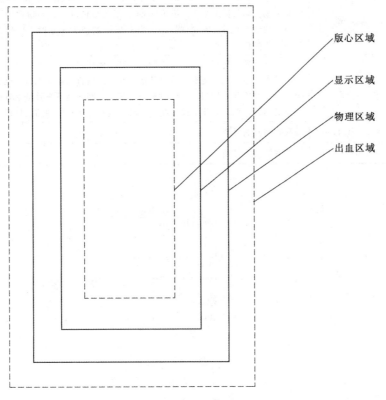

图 8 页边界层次结构

标注区域: 版心区域, 显示区域, 物理区域, 出血区域

表 8 文 档 权 限 声 明 属 性

名 称	类 型	说 明	备注
Edit	xs：boolean	是否允许编辑 默认值为 true	可选
Annot	xs：boolean	是否允许添加或修改标注 默认值：true	可选
Export	xs：boolean	是否允许导出 默认值为 true	可选
Signature	xs：boolean	是否允许进行数字签名 默认值：true	可选
Watermark	xs：boolean	是否允许添加水印 默认为 true	可选
PrintScreen	xs：boolean	是否允许截屏 默认为 true	可选
Print		打印权限，其具体的权限和份数设置由其属性 Printable 及 Copies 控制，若不设置 Print 节点，则默认为可以打印，并且打印份数不受限制	可选
Printable	xs：boolean	文档是否允许被打印 默认为 true	可选

续表

名　称	类　型	说　　明	备注
Copies	xs：int	打印份数，在 Printable 为 true 时有效，若 Printable 为 true 并且不设置 Copies 则打印份数不受限，若 Copies 的值为负值时，打印份数不受限，当 Copies 的值为 0 时，不允许打印，当 Copies 的值大于 0 时，则代表实际可打印的份数值	可选
ValidPeriod		有效期，即此文档允许访问的期限，其具体期限取决于开始日期和结束日期，其中开始日期不能晚于结束日期，并且开始日期和结束日期至少出现一个。当不设置开始日期时，代表不限定开始日期，当不设置结束日期时代表不限定结束日期；当此不设置此节点时，表示开始日期和结束日期均不受限	可选
StartDate	xs：dateTime	有效期开始日期	可选
EndDate	xs：dateTime	有效期结束日期	可选

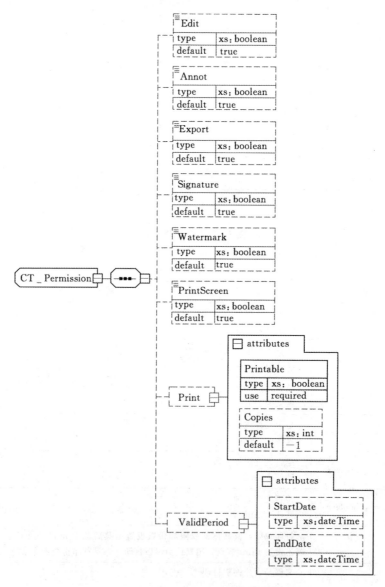

图 9　文档权限声明结构

本标准支持设置文档视图首选项（VPreferences）节点，以达到限定文档初始化视图便于阅读的目标。文档视图首选项结构如图 10 所示。

视图首选项相关属性说明见表 9。

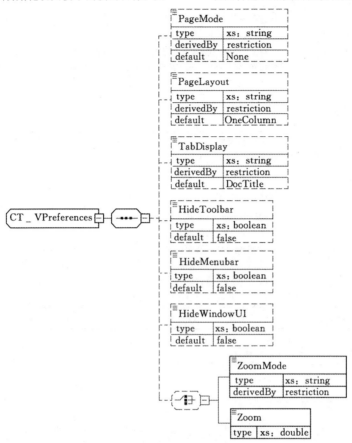

图 10 视图首选项结构

表 9 视 图 首 选 项 属 性

名 称	类 型	说 明	备注
PageMode	xs：string	窗口模式，可取值如下： None——常规模式 FullScreen——打开后全文显示 UseOutlines——同时呈现文档大纲 UseThumbs——同时呈现缩略图 UseCustomTags——同时呈现语义结构 UseLayers——同时呈现图层 UseAttatchs——同时呈现附件 UseBookmarks——同时呈现书签 默认值为 None	可选
PageLayout	xs：string	页面布局模式，可取值如下： OnePage——单页模式 OneColumn——单列模式 TwoPageL——对开模式 TwoColumnL——对开连续模式 TwoPageR——对开靠右模式 TwoColumnR——对开连续靠右模式 默认值为 OneColumn	可选

续表

名　称	类　型	说　　　明	备注
TabDisplay	xs：string	标题栏显示模式，可取值如下： 　　FileName——文件名称 　　DocTitle——呈现元数据中的 Title 属性 默认值为 FileName，当设置为 DocTitle 但不存在 Title 属性时，按照 FileName 处理	可选
HideToolbar	xs：boolean	是否隐藏工具栏 默认值：false	可选
HideMenubar	xs：boolean	是否隐藏菜单栏 默认值：false	可选
HideWindowUI	xs：boolean	是否隐藏主窗口之外的其他窗体组件 默认值：false	可选
ZoomMode	xs：string	自动缩放模式，可取值如下： 　　Default——默认缩放 　　FitHeight——适合高度 　　FitWidth——适合宽度 　　FitRect——适合区域 默认值为 Default	可选
Zoom	xs：double	文档的缩放率	可选

本标准支持书签，可以将常用位置定义为书签，文档可以包含一组书签。书签结构如图 11 所示。

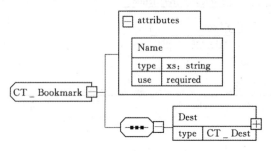

图 11　书签结构

书签相关属性说明见表10。

表 10　　　　书签属性和节点说明

名称	类　型	说　明	备注
Name	xs：string	书签名称	必选
Dest	CT＿Dest	书签对应的文档位置，见表54	必选

7.6　页树

页树结构如图 12 所示。页树属性说明见表 11。

7.7　页对象

页对象支持模板页描述，每一页经常需要重复显示的内容可统一在模板页中描述，文档可以包含多个

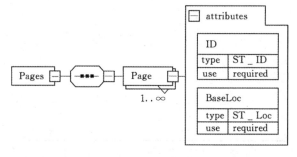

图 12　页树结构

表 11　　　　　页 树 属 性

名称	类　型	说　明	备注
Page		页节点。一个页树中可以包含一个或多个页节点，页顺序是根据页树进行前序遍历时叶节点的访问顺序	必选
ID	ST＿ID	声明该页的标识，不能与已有标识重复	必选
BaseLoc	ST＿Loc	指向页对象描述文件	必选

模板页。通过使用模板页可以使重复显示的内容不必出现在描述每一页的页面描述内容中，而只需通过 Template 节点进行引用，页对象结构如图 13 所示。

页对象属性说明见表 12。

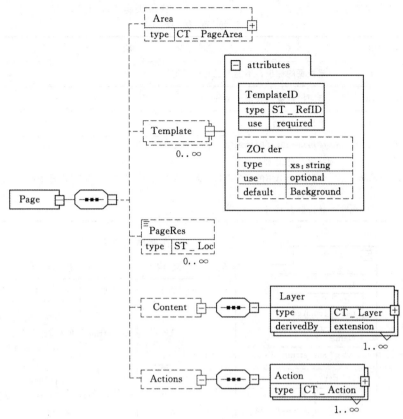

图 13 页对象结构

| | | **表 12** | | | |

表 12   页 对 象 属 性

名　称	类　型	说　　　　　明	备注
Template		该页所使用的模板页。模板页的内容结构和普通页相同，定义在 Common Data 指定的 XML 文件中。一个页可以使用多个模板页。该节点使用时通过 TemplateID 来引用具体的模板，并通过 ZOrder 属性来控制模板在页面中的呈现顺序 　注：在模板页的内容描述中该属性无效	可选
TemplateID	ST_RefID	引用在文档公用数据（Common Data）中定义的模板页标识	必选
ZOrder	xs：string	控制模板在页面中的呈现顺序，其类型描述和呈现顺序与 Layer 中 Type 的描述和处理一致 　如果多个图层的此属性相同，则应根据其出现的顺序来显示，先出现者先绘制 　默认值为 Background	可选
Area	CT_PageArea	定义该页页面区域的大小和位置，仅对该页有效。该节点不出现时则使用模板页中的定义，如果模板页不存在或模板页中没有定义页面区域，则使用文件 Common Data 中的定义	可选
PageRes	ST_Loc	页资源，指向该页使用的资源文件	可选
Content		页面内容描述，该节点不存在时，表示空白页	可选
Layer	CT_Layer	层节点，一页可包含一个或多个层	必选
Actions		与页面关联的动作序列。当存在多个 Action 对象时，所有动作依次执行	可选
Action	CT_Action	与页面关联的动作，事件类型应为 PO（页面打开，见表 52 事件类型）	必选

模板页结构如图 14 所示。　　　　　　　　　　模板页属性说明见表 13。

表 13　　　　　　　　　　　　　　　模 板 页 属 性

名称	类　型	说　　　　　明	备注
ID	ST_ID	模板页的标识，不能与已有标识重复	必选
BaseLoc	ST_Loc	指向模板页内容描述文件	必选
Name	xs：string	模板页名称	可选
ZOrder	xs：string	模板页的默认图层类型，其类型描述和呈现顺序与 Layer 中 Type 的描述和处理一致，见表 15 如果页面引用的多个模板的此属性相同，则应根据引用的顺序来显示，先引用者先绘制 默认值为 Background	可选

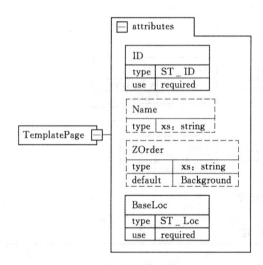

图 14　模板页结构

图层结构如图 15 所示。

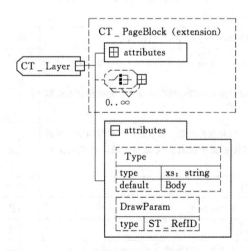

图 15　图层结构

图层属性说明见表 14。

表 14　　　　　图 层 属 性

名称	类型	说　　明	备注
Type	xs：string	层类型描述，预定义的值见表 15 默认为 Body	可选
DrawParam	ST_RefID	图层的绘制参数，引用资源文件中定义的绘制参数标识	可选

图层类型 Type 的取值范围说明见表 15。

表 15　　　　　Type 取 值 范 围

值	说明
Body	正文层
Foreground	前景层
Background	背景层

前景层、正文层、背景层形成了多层内容，这些层按照出现的先后顺序依次进行渲染，每一层的默认颜色采用全透明。层的渲染顺序如图 16 所示。

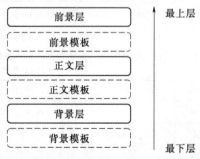

图 16　图层渲染顺序

页面块结构如图 17 所示。

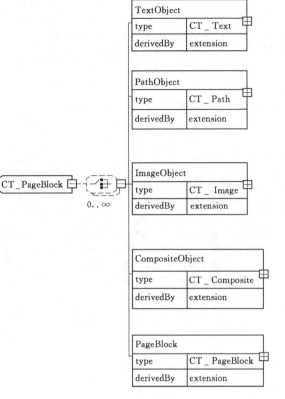

图 17　页面块结构

页面块属性和节点说明见表 16。

表 16　　　　　　页 面 块 属 性

名　称	类　型	说　明	备注
PageBlock	CT_PageBlock	页面块，可以嵌套	必选
TextObject	CT_Text	文字对象，见 11.2	必选
PathObject	CT_Path	图形对象，见 9.1	必选
ImageObject	CT_Image	图 像 对 象，见 第 10 章　带有播放视频动作时，见第 12 章	必选
CompositeObject	CT_Composite	复 合 对 象，见 第 13 章	必选

7.8　大纲

大纲按照树状结构进行组织，大纲根节点结构如图 18 所示。

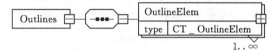

图 18　大纲根结点结构

大纲节点结构如图 19 所示。
大纲节点属性说明见表 17。

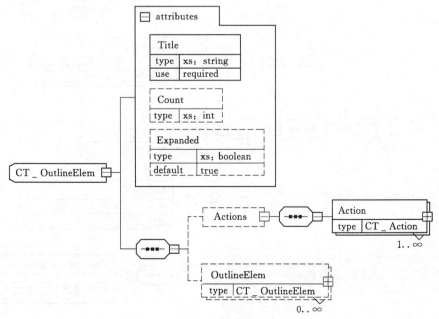

图 19　大纲节点结构

表 17　　　　　　　　　　　　　　　　大 纲 节 点 属 性

名　称	类　型	说　　　明	备注
Title	xs：string	大纲节点标题	必选
Count	xs：int	该节点下所有叶节点的数目参考值，应根据该节点下实际出现的子节点数为准 默认值为 0	可选
Expanded	xs：boolean	在有子节点存在时有效，如果为 true，表示该大纲在初始状态下展开子节点；如果为 false，则表示不展开 默认值为 true	可选
Actions		当此大纲节点被激活时将执行的动作序列	可选
Action	CT _ Action	当此大纲节点被激活时将执行的动作，关于动作的描述见第 14 章	可选
OutlineElem	CT _ OutlineElem	该节点的子大纲节点。层层嵌套，形成树状结构	可选

7.9　资源

资源是绘制图元时所需数据（如绘制参数、颜色空间、字形、图像、音视频等）的集合。在页面中出现的资源数据内容都保存在容器的特定文件夹内，但其索引信息保存在资源文件中。一个文档可能包含一个或多个资源文件。资源根据其作用范围分为公共资源和页资源，公共资源文件在文档根节点中进行指定，页资源文件在页对象中进行指定。

资源文件结构如图 20 所示。

资源文件属性说明见表 18。

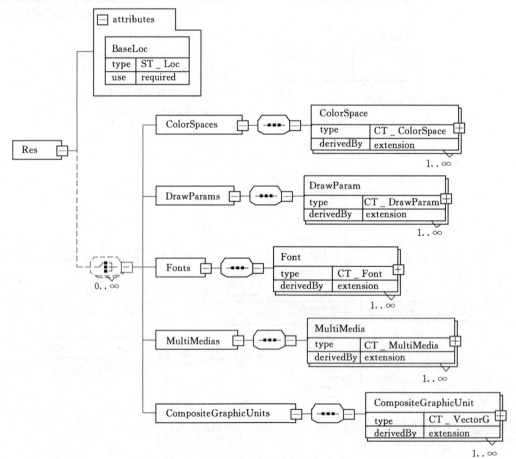

图 20　资源文件结构

表 18　　　　　　　　　　　　　　　　资 源 文 件 属 性

名　称	类　型	说　　明	备注
BaseLoc	ST _ Loc	定义此资源文件的通用数据存储路径，BaseLoc 属性的意义在于明确资源文件存储的位置，比如 Rl. xml 中可以指定 BaseLoc 为 "./Res"，表明该资源文件中所有数据文件的默认存储位置在当前路径的 Res 目录下	必选
ColorSpaces		包含了一组颜色空间的描述	可选
ColorSpace	CT _ ColorSpace	颜色空间描述，在基础类型上扩展定义 ID 属性，类型为 ST _ ID	必选
DrawParams		包含了一组绘制参数的描述	可选
DrawParam	CT _ DrawParam	绘制参数描述，在基础类型上扩展定义 ID 属性，类型为 ST _ ID	必选
Fonts		包含了一组文档所用字形的描述	可选
Font	CT _ Font	字形资源描述，在基础类型上扩展定义 ID 属性，类型为 ST _ ID	必选
MultiMedias		包含了一组文档所用多媒体对象的描述	可选
MultiMedia	CT _ MultiMedia	多媒体资源描述，在基础类型上扩展定义 ID 属性，类型为 ST _ ID	必选
CompositeGraphicUnits		包含了一组矢量图像（被复合图元对象所引用）的描述	可选
CompositeGraphicUnit	CT _ VectorG	矢量图像资源描述，在基础类型上扩展定义 ID 属性，类型为 ST _ ID	必选

本标准中的资源包含以下类型：

a) 字形。

b) 颜色空间。

c) 绘制参数。

d) 矢量图像。

e) 多媒体。

其中，多媒体结构如图 21 所示。

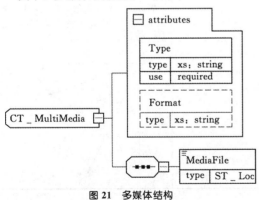

图 21　多媒体结构

多媒体结构说明见表 19。

表 19　　多 媒 体 属 性

名称	类　型	说　明	备注
Type	xs：string	多媒体类型。支持位图图像、视频、音频三种多媒体类型	必选
Format	xs：string	资源的格式。支持 BMP、JPEG、PNG、TIFF 及 AVS 等格式，其中 TIFF 格式不支持多页	可选
MediaFile	ST _ Loc	指向 OFD 包内的多媒体文件的位置	必选

8　页面描述

8.1　坐标系统

8.1.1　坐标说明

页面中的所有图元都在坐标空间内进行描述，一个坐标空间包括坐标原点、坐标轴方向、坐标单位长度三个要素。坐标空间根据用途不同分为设备空间、页面空间、对象空间三类。不同的坐标空间之间通过平移、缩放、旋转、切变进行变换。

8.1.2　设备空间

页面中的内容最终需要输出到某一设备上，而每个设备都会拥有自己的坐标空间以便在绘制区域内能够正确绘制每个图元，设备本身的坐标空间就称之为设备空间。

设备空间的原点、轴方向与坐标单位的实际长度都会由于设备不同而有很大的差异，页面的内容不应直接在设备空间上描述。

8.1.3　页面空间

页面空间是一个与设备无关的坐标空间系统，用来描述图元和其他页面要素。

页面空间规定页面的左上角为原点，X 轴向右增长，Y 轴向下增长，以毫米为单位。整个页面空间的大小由 PageArea 节点（见 7.5 文档根节点）中的 PhysicalBox 确定。页面空间根据原点平移、轴方向变换、坐标数值变换等来完成到设备空间的变换。其中坐标数值变换就是将图元的长度数据通过设备的分辨率和其他信息换算成设备空间中的像素长度。

8.1.4　对象空间

图元对象使用其外接矩形属性确定在页面或其他容器中的绘制位置。图元对象的内部数据，包括路径数据和裁剪区数据，都以外接矩形的左上角为坐标原点，X 轴向右增长，Y 轴向下增长，并采用毫米为单位，这样的局部坐标空间就称为对象空间。

绘制图元时，应首先通过外接矩形参数平移到对象空间内，在对象空间内根据变换矩阵和裁剪设置进行相应绘制。

8.1.5　变换矩阵

变换矩阵提供了两个坐标空间之间的变换规则，用一个长度为 6 的一维数组描述，形如"a b c d e f"。

变换矩阵是一个 3×3 的矩阵，其格式是 $\begin{bmatrix} a & b & 0 \\ c & d & 0 \\ e & f & 1 \end{bmatrix}$。

假设变换前的坐标是 (x,y)，变换后的坐标是 (x',y')，那么满足公式：

$$[x'\ \ y'\ \ 1] = [x\ \ y\ \ 1] \cdot \begin{bmatrix} a & b & 0 \\ c & d & 0 \\ e & f & 1 \end{bmatrix}$$

变换矩阵可以实现表 20 中的几种变换效果，这些效果可以相互迭加，迭加的方式通过矩阵乘法实现，但应按照变换的顺序进行迭加。例如，先将 X 轴放大为原来的两倍，然后旋转 $\pi/6$，那么最终的变换矩阵是 $\begin{bmatrix} 2 & 0 & 0 \\ 0 & 1 & 0 \\ 0 & 0 & 1 \end{bmatrix} \cdot \begin{bmatrix} \cos\pi/6 & \sin\pi/6 & 0 \\ -\sin\pi/6 & \cos\pi/6 & 0 \\ 0 & 0 & 1 \end{bmatrix}$，与先旋转 $\pi/6$ 再将 x 轴放大为原来的两倍获得变换矩阵 $\begin{bmatrix} \cos\pi/6 & \sin\pi/6 & 0 \\ -\sin\pi/6 & \cos\pi/6 & 0 \\ 0 & 0 & 1 \end{bmatrix} \cdot \begin{bmatrix} 2 & 0 & 0 \\ 0 & 1 & 0 \\ 0 & 0 & 1 \end{bmatrix}$ 是不一样的。矩阵乘法的结果将会作为最终的变换矩阵进行保存。

表 20　　　矩阵变换说明

矩阵	作　　用
$\begin{bmatrix} 1 & 0 & 0 \\ 0 & 1 & 0 \\ e & f & 1 \end{bmatrix}$	平移。沿 X 轴平移 e 个单位，沿 Y 轴平移 f 个单位

续表

矩阵	作　　用
$\begin{bmatrix} a & 0 & 0 \\ 0 & d & 0 \\ 0 & 0 & 1 \end{bmatrix}$	缩放。将 X 轴上的一个单位缩放为 a 倍，将 Y 轴上的一个单位缩放为 d 倍
$\begin{bmatrix} \cos\alpha & \sin\alpha & 0 \\ -\sin\alpha & \cos\alpha & 0 \\ 0 & 0 & 1 \end{bmatrix}$	旋转。将点 (x,y) 顺着从 X 轴正半部分向 Y 轴正半部分的方向旋转 α 角
$\begin{bmatrix} 1 & \tan\alpha & 0 \\ \tan\beta & 1 & 0 \\ 0 & 0 & 1 \end{bmatrix}$	切变。将变换后的 Y 轴向 X 轴正半部分歪斜 β 角，将变换后的 X 轴向 Y 轴的正半部分歪斜 α 角；α 和 β 的取值在 0 到 360 之间，不包含 90、270。

图元对象数据经过以下步骤完成向设备坐标系统的变换：

a) 图元对象的数据通过图元的变化矩阵，变换到对象空间。

b) 对象空间数据通过外接矩形，变换到外部的页面空间。

c) 页面空间根据页面区域的大小、坐标单位的实际长度、设备信息变换到设备空间。

8.2　绘制参数

8.2.1　绘制参数结构

绘制参数是一组用于控制绘制渲染效果的修饰

参数的集合。绘制参数可以被不同的图元对象所共享。

绘制参数可以继承已有的绘制参数，被继承的绘制参数称为该参数的"基础绘制参数"。绘制参数结构如图 22 所示。

图元对象通过绘制参数的标识引用绘制参数。图元对象在引用绘制参数的同时，还可以定义自己的绘制属性，图元自有的绘制属性将覆盖其引用的绘制参数中的同名属性。

绘制参数可通过引用基础绘制参数的方式形成嵌套，对单个绘制参数而言，它继承了其基础绘制参数中的所有属性，并且可以重定义其基础绘制参数中的属性。

绘制参数属性见表 21。

绘制参数的作用顺序应采用就近原则，即当多个绘制参数作用于同一个对象并且这些绘制参数中具有相同的要素时，采用与被作用对象关系最为密切的绘制参数的要素对其进行渲染。例如，当图元已经定义绘制属性时，则按定义属性进行渲染；当图元未定义绘制属性时，应首先按照图元定义的绘制参数进行渲染；图元未定义绘制参数时应采用所在图层的默认绘制参数渲染；当图元和所在图层都没有定义绘制参数时，按照各绘制属性的默认值进行渲染。

8.2.2 线条连接样式

线条连接样式见表 22。

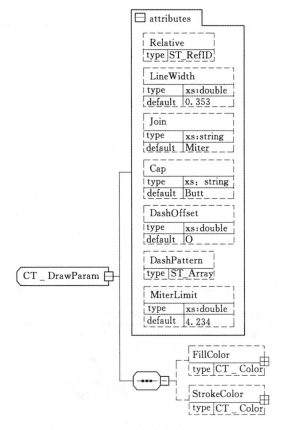

图 22 绘制参数结构

表 21　　　　　　　　　**绘 制 参 数 属 性**

属 性	类 型	说 明	备注
Relative	ST _ RefID	基础绘制参数，引用资源文件中的绘制参数的标识	可选
Join	xs：string	线条连接样式，指定了两个线的端点结合时采用的样式 可取值为： 　　Miter 　　Round 　　Bevel 默认值为 Miter 线条连接样式的取值和显示效果之间的关系见表 22	可选
LineWidth	xs：double	线宽，非负浮点数，指定了路径绘制时线的宽度。由于某些设备不能输出一个像素宽度的线，因此强制规定当线宽大于 0 时，无论多小都最少要绘制两个像素的宽度；当线宽为 0 时，绘制一个像素的宽度。由于线宽 0 的定义与设备相关，所以不推荐使用线宽 0。默认值为 0.353mm	可选
DashOffset	xs：double	线条虚线样式开始的位置，默认值为 0。当 DashPattern 不出现时，该参数无效	可选
DashPattern	ST _ Array	线条虚线的重复样式，数组中共含两个值，第一个值代表虚线线段的长度，第二个值代表虚线间隔的长度。默认值为空。线条虚线样式的控制效果见表 23	可选

续表

属　性	类　型	说　　　明	备注
Cap	xs：string	线端点样式，枚举值，指定了一条线的端点样式。 可取值为： 　Butt 　Round 　Square 默认值为 Butt 线条端点样式取值与效果之间关系见表 24	可选
MiterLimit	xs：double	Join 为 Miter 时小角度结合点长度的截断值，默认值为 3.528。当 Join 不等于 Miter 时该参数无效	可选
FillColor	CT＿Color	填充颜色，用以填充路径形成的区域以及文字轮廓内的区域，默认值为透明色。关于颜色的描述见 8.3	可选
StrokeColor	CT＿Color	勾边颜色，指定路径绘制的颜色以及文字轮廓的颜色，默认值为黑色。颜色的描述见 8.3	可选

表 22　　　　　线 条 连 接 样 式

属性	取值	样　式
Join	Miter	
	Round	
	Bevel	

8.2.3　线条连接点截断值

MiterLimit 属性是为了限制线条相交时产生的结合点长度，如图 23 所示。

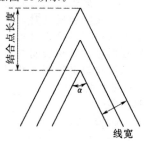

图 23　结合点长度

图 23 中，$\sin\left(\dfrac{\alpha}{2}\right)=\dfrac{W}{L}$，式中：$W$——线宽；$L$——结合点长度。

8.2.4　线条的虚线样式

线条的虚线样式通过 DashPattern 和 DashOffset 两个属性进行控制。组合见表 23。

DashPattern 指定虚线的线段和间隔长度，有两个或多个值，其中第一个值指定了虚线线段的长度，第二个值指定了线段间隔的长度，以此类推。

DashOffset 指定虚线绘制偏移位置，即在当前位置按绘制相反方向偏移 DashOffset 值指定的距离后开始绘制虚线。

表 23　　　　　　　　　　　　线 条 的 虚 线 样 式

Dash 设 置	呈 现 效 果
DashPattern＝null	
DashPattern＝"30 30"	
DashOffset＝10 DashPattern＝"30 30"	

续表

Dash 设 置	呈 现 效 果
DashPattern＝"30 15"	
DashOffset＝25 DashPattern＝"15 30"	
DashOffset＝50 DashPattern＝"30 15"	

8.2.5 线条的端点样式

线条端点样式属性 Cap 的取值范围及其呈现效果见表 24。

表 24 线条的端点样式

属性	取值	呈 现 效 果
Cap	Butt	
	Round	
	Square	

8.3 颜色

8.3.1 颜色空间

本标准支持 GRAY、RGB、CMYK 颜色空间。除通过设置各通道值使用颜色空间内的任意颜色之外，还可在颜色空间内定义调色板或指定相应的颜色配置文件，通过设置索引值进行引用。颜色空间结构如图 24 所示。

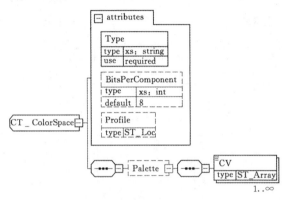

图 24 颜色空间结构

颜色空间属性说明见表 25。

8.3.2 基本颜色

本标准中定义的颜色是一个广义的概念，包括基本颜色、底纹和渐变，颜色结构如图 25 所示。

颜色属性说明见表 26。

表 25 颜 色 空 间 属 性

属 性	类 型	说 明	备注
Type	xs：string	颜色空间的类型，可取值如下：GRAY、RGB、CMYK	必选
BitsPerCompo－nent	xs：int	每个颜色通道所使用的位数 有效取值为：1，2，4，8，16 默认值为8	可选
Profile	ST＿Loc	指向包内颜色配置文件	可选
Palette		调色板	可选
CV	ST＿Array	调色板中预定义颜色 调色板中颜色的索引编号从0开始	必选

表 26 颜 色 属 性

属 性	类 型	说 明	备注
Value	ST＿Array	颜色值，指定了当前颜色空间下各通道的取值。Value 的取值应符合"通道1通道2通道3…"格式。此属性不出现时，应采用 Index 属性从颜色空间的调色板中的取值。当二者都不出现时，该颜色各通道的值全部为0	可选

续表

属　性	类　型	说　　　明	备注
Index	xs：int	调色板中颜色的编号，非负整数，将从当前颜色空间的调色板中取出相应索引的预定义颜色用来绘制。索引从 0 开始	可选
ColorSpace	ST＿RefID	引用资源文件中颜色空间的标识 默认值为文档设定的颜色空间	可选
Alpha	xs：int	颜色透明度，在 0～255 之间取值。默认为 255，表示完全不透明	可选
Pattern	CT＿Pattern	底纹填充，复杂颜色的一种。描述见 8.3.3	可选
AxialShd	CT＿AxialShd	轴向渐变，复杂颜色的一种。描述见 8.3.4.2	可选
RadialShd	CT＿RadialShd	径向渐变，复杂颜色的一种。描述见 8.3.4.3	可选
GouraudShd	CT＿GouraudShd	高洛德渐变，复杂颜色的一种。描述见 8.3.4.4	可选
LaGouraudShd	CT＿LaGouraudShd	格构高洛德渐变，复杂颜色的一种。描述见 8.3.4.5	可选

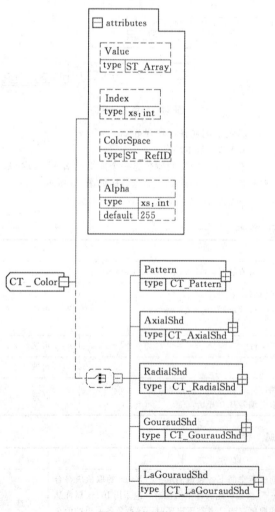

图 25　颜色结构

基本颜色支持两种指定方式：一种是通过设定颜色各通道值指定颜色空间中的某个颜色；另一种是通过索引值取得颜色空间中的一个预定义颜色。

由于不同颜色空间下，颜色通道的含义、数目各不相同，因此对颜色空间的类型、颜色值的描述格式等做出了详细的说明，见表 27。BitsPerComponent（简称 BPC）有效时，颜色通道值的取值下限是 0，上限由 BitsPerComponent 决定，即取区间 $[0, 2^{BPC}-1]$ 内的整数，采用 10 进制或 16 进制的形式表示，采用 16 进制表示时，应以"＃"加以标识。当颜色通道的取值超出了相应的区间，则按照默认颜色来处理。

表 27　　　　Type 和 BPC 关系

Type	BPC	说　　明
Gray	有效	只包含一个通道来表明灰度值 例如："＃FF""255"
RGB	有效	包含三个通道，依次是红、绿、蓝 例如："＃11＃22＃33""17 34 51"
CMYK	有效	包含四个通道，依次是青、黄、品红、黑 例如："＃11＃22＃33＃44""17 34 51 68"

8.3.3　底纹

底纹是复杂颜色的一种，用于图形和文字的填充以及勾边处理。底纹结构如图 26 所示。

底纹属性说明见表 28。

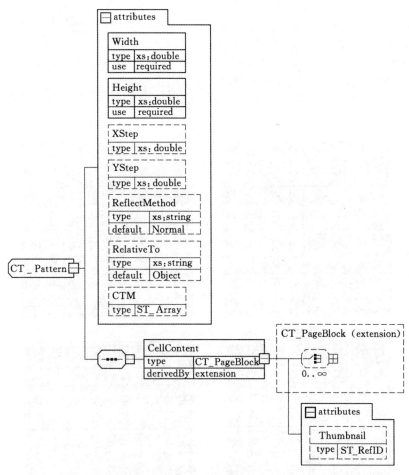

图 26 底纹结构

表 28   底 纹 属 性

名　称	类　型	说　　　　明	备注
Width	xs：double	底纹单元的宽度	必选
Height	xs：double	底纹单元的高度	必选
XStep	xs：double	X 方向底纹单元间距，默认值为底纹单元的宽度。若设定值小于底纹单元的宽度时，应按默认值处理	可选
YStep	xs：double	Y 方向底纹单元间距，默认值底纹单元的高度。若设定值小于底纹单元的高度时，应按默认值处理	可选
ReflectMethod	xs：string	描述底纹单元的映像翻转方式，枚举值，默认值为 Normal	可选
RelativeTo	xs：string	底纹单元起始绘制位置，可取值如下： 　　Page：相对于页面坐标系的原点 　　Object：相对于对象坐标系的原点 默认值为 Object	可选
CTM	ST＿Array	底纹单元的变换矩阵，用于某些需要对底纹单元进行平移旋转变换的场合，默认为单元矩阵；底纹呈现时先做 XStep、YStep 排列，然后一起做 CTM 处理	可选
CellContent	CT＿PageBlock	底纹单元，用底纹填充目标区域时，所使用的单元对象	必选
Thumbnail	ST＿RefID	引用资源文件中缩略图图像的标识	可选

翻转示例：

底纹以 CellContent 为一个底纹单元，在底纹绘制区域中以此底纹单元上的内定站铺填满。图 27 为一个图像，底纹绘制将以其为单元对绘制区域进行填充。以此为例对 ReflectMethod 属性进行详细的说明：

图 27　绘制底纹单元

图 28 分别为 ReflectMethod 取值为 Normal、Column、Row、Row and Column 的绘制效果。

Normal

Column

Row

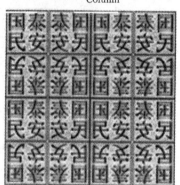

Row and Column

图 28　翻转绘制效果

CellContent 作为底纹对象的绘制单元，使用一种和外界没有任何关联的独立的坐标空间：坐标以左上角（0，0）为原点，X 轴向右增长，Y 轴向下增长，单位为毫米。

8.3.4　渐变

8.3.4.1　概念和说明

渐变提供了一种预定义的渲染模式，描述在指定区域内的颜色过渡过程，与具体的输出设备、处理方式和处理过程无关。渐变可用于图形和文字的填充以及勾边处理，推荐在使用渐变对象的同时使用裁剪区与之相配合，以便用较小的代价描绘出复杂的渲染效果。

本标准支持轴向、径向、高洛德等多种渐变类型，渐变区间定义为由起始点位置到结束点位置的一

次颜色渐变。

8.3.4.2　轴向渐变

在轴向渐变中，颜色渐变沿着一条指定的轴线方向进行，轴线由起始点和结束点决定，与这条轴线垂直的直线上的点颜色相同。

图 29 所示是一个典型的轴向渐变示例。

轴向渐变结构如图 30 所示。

轴向渐变属性说明见表 29。

起始点　　　　　　　　　　　　　　　　　　结束点

图 29　轴向渐变

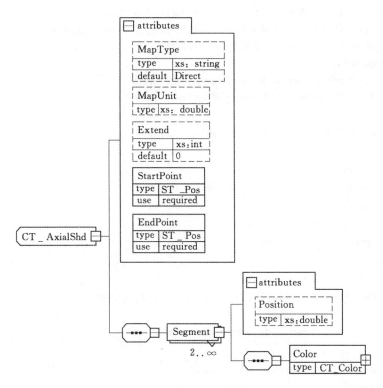

图 30 轴向渐变结构

表 29   轴 向 渐 变 属 性

名　称	类　型	说　　　明	备注
MapType	xs: string	渐变绘制的方式，可选值为 Direct、Repeat、Reflect 默认值为 Direct	可选
MapUnit	xs: double	轴线一个渐变区间的长度，当 MapType 的值不等于 Direct 时出现默认值为轴线长度	可选
Extend	xs: int	轴线延长线方向是否继续绘制渐变。可选值为 0、1、2、3： 　　0：不向两侧继续绘制渐变 　　1：在结束点至起始点延长线方向绘制渐变 　　2：在起始点至结束点延长线方向绘制渐变 　　3：向两侧延长线方向绘制渐变 默认值为 0	可选
StartPoint	ST_Pos	轴线的起始点	必选
EndPoint	ST_Pos	轴线的结束点	必选
Segment		颜色段，至少出现两个	必选
Position	xs: double	用于确定 StartPoint 和 EndPoint 中的各颜色的位置值，取值范围是 [0，1.0]，各段颜色的 Position 值应根据颜色出现的顺序递增第一个 Segment 的 Position 属性默认值为 0，最后一个 Segment 的 Position 属性默认值为 1.0，当不存在时，在空缺区间内平均分配举例：Segment 个数等于 2 且不出现 Position 属性时，按照"0 1.0"处理；Segment 个数等于 3 且不出现 Position 属性时，按照"0 0.5 1.0"处理；Segment 个数等于 5 且不出现 Position 属性时，按照"0 0.25 0.5 0.75 1.0"处理	可选
Color	CT_Color	该段的颜色，应是基本颜色	必选

　　当轴向渐变某个方向设定为延伸时（Extend 不等于 0），渐变应沿轴在该方向的延长线延伸到超出裁剪区在该轴线的投影区域为止。当 MapType 为 Di-rect 时，延伸的区域的渲染颜色使用该方向轴点所在的段的颜色；否则，按照在轴线区域内的渲染规则进行渲染。

轴向渐变的 MapType 示例：

以下给出 MapType 的值分别为 Direct、Repeat、Reflect 时的示例。

〈ofd：PathObject ID="10005"Boundary="10 10 140 40"Fill="true"〉
　　　〈ofd：FillColor〉
　　　　　〈ofd：AxialShd ID="10007"StartPoint="0 0"EndPoint="140 0"〉
　　　　　　　〈ofd：Segment〉
　　　　　　　　　〈ofd：Color Value="255 255 0"/〉
　　　　　　　〈/ofd：Segment〉
　　　　　　　〈ofd：Segment〉
　　　　　　　　　〈ofd：Color Value="0 0 255"/〉
　　　　　　　〈/ofd：Segment〉
　　　　　〈/ofd：AxialShd〉
　　　〈/ofd：FillColor〉
　　　〈ofd：AbbreviatedData〉M 0 0 L 140 0 L 140 40 L 0 40 C〈/ofd：AbbrcviatedData〉
〈/ofd：PathObject〉
〈ofd：PathObject ID="10007"Boundary="10 110 140 40"Fill="true"〉
　　　〈ofd：FillColor〉
　　　　　〈ofd：AxialShd ID="10007" StartPoint="0 0"EndPoint="30 0"MapType="Reflect"MapUnit="30"〉
　　　　　　　〈ofd：Segment〉
　　　　　　　　　〈ofd：Color Value="255 255 0"/〉
　　　　　　　〈/ofd：Segment〉
　　　　　　　〈ofd：Segment〉
　　　　　　　　　〈ofd：Colo Value="0 0 255"/〉
　　　　　　　〈/ofd：Segment〉
　　　　　〈/ofd：AxialShd〉
　　　〈/ofd：FillColor〉
　　　〈ofd：AbbreviatedData〉M 0 0 L 140 0 L 140 40 L 0 40 C〈/ofd：AbbreviatedData〉
〈/ofd：PathObject〉
〈ofd：PathObject ID="10006" Boundary="10 60 140 40" Fill="true"〉
　　　〈ofd：FillColor〉
　　　　　〈ofd：AxialShd ID="10007" StartPoint="0 0" EndPoint="140 0" MapType="Repeat" MapUnit="30"〉
　　　　　　　〈ofd：Segment〉
　　　　　　　　　〈ofd：Color Value="255 255 0"/〉
　　　　　　　〈/ofd：Segment〉
　　　　　　　〈ofd：Segment〉
　　　　　　　　　〈ofd：Color Value="0 0 255"/〉
　　　　　　　〈/ofd：Segment〉
　　　　　〈/ofd：AxialShd〉
　　　〈/ofd：FillColor〉
　　　〈ofd：AbbreviatedData〉M 0 0 L 140 0 L 140 40 L 0 40 C〈/ofd：AbbreviatedData〉
〈/ofd：PathObject〉

上述示例的显示效果如图 31、图 32、图 33 所示。

MapType 值为 Direct：

图 31　Direct 渐变效果

MapType 值为 Repeat：

图 32　Repeat 渐变效果

MapType 值为 Reflect：

图 33　Reflect 渐变效果

8.3.4.3　径向渐变

径向渐变定义了两个离心率和倾斜角度均相同的椭圆，并在椭圆边缘连线区域内进行渐变绘制的方法。具体算法是，先由起始点椭圆中心点开始绘制一个起始点颜色的空心椭圆，随后沿着中心点连线不断绘制离心率与倾斜角度相同的空心椭圆，颜色由起始点颜色逐渐变为结束点颜色，椭圆大小由起始点椭圆逐渐变为结束点椭圆。

图 34 所示是一个典型的径向渐变示例：

径向渐变结构如图 35 所示。

径向渐变属性说明见表 30。

图 34　径向渐变

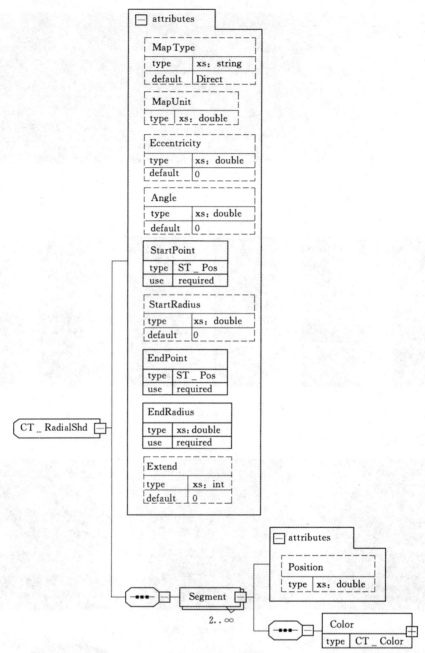

图 35 径向渐变结构

表 30 径 向 渐 变 属 性

名 称	类 型	说 明	备注
MapType	xs：string	渐变绘制的方式，可选值为 Direct、Repeat、Reflect 默认值为 Direct	可选
MapUnit	xs：double	中心点连线上一个渐变区间所绘制的长度，当 MapType 的值不为 Direct 时出现 默认值为中心点连线长度	可选
Eccentricity	xs：double	两个椭圆的离心率，即椭圆焦距与长轴的比值，取值范围是 [0，1.0) 默认值为 0，在这种情况下椭圆退化为圆	可选

续表

名 称	类 型	说 明	备注
Angle	xs：double	两个椭圆的倾斜角度，椭圆长轴与 x 轴正向的夹角，单位为度 默认值为 0	可选
StartPoint	ST_Pos	起始椭圆的中心点	必选
EndPoint	ST_Pos	结束椭圆的中心点	必选
StartRadius	xs：double	起始椭圆的长半轴 默认值为 0	可选
EndRadius	xs：double	结束椭圆的长半轴	必选
Extend	xs：int	径向延长线方向是否继续绘制渐变。可选值为 0、1、2、3： 　　0：不向圆心联线两侧继续绘制渐变 　　1：在结束点椭圆至起始点椭圆延长线方向绘制渐变 　　2：在起始点椭圆至结束点椭圆延长线方向绘制渐变 　　3：向两侧延长线方向绘制渐变 默认值为 0	可选
Segment		颜色段，至少出现两个	必选
Position	xs：double	用于确定 StartPoint 和 EndPoint 中的各颜色的位置值，取值范围是 [0，1.0]，各颜色的 Position 应根据颜色出现的顺序递增。第一个 Segment 的 Position 属性默认值为 0，最后一个 Segment 的 Position 属性默认值为 1.0，当不存在时，在空缺区间内平均分配。例如 Segment 个数等于 2 且不出现 Position 属性时，按照"0 1.0"处理；Segment 个数等于 3 且不出现 Position 属性时，按照"0 0.5 1.0"处理；Segment 个数等于 5 且不出现 Position 属性的，按照"0 0.25 0.5 0.75 1.0"处理	可选
Color	CT_Color	此段的颜色，应使用基本颜色	必选

当径向渐变某个方向设定为延伸时（Extend 不等于 0），渐变应沿延长线延伸到超出裁剪区在该方向的投影区域为止。当 MapType 为 Direct 时，延伸的区域的渲染颜色使用该方向所在的中心点的颜色；否则，按照在起始点和终止点连线区域内的渲染规则进行渲染。

径向渐变的 Extend 示例：

〈ofd：PathObject ID="10010"Boundary="10 10 200 150" Fill="true"〉
　　〈ofd：FillColor〉
　　　　〈ofd：RadialShd StartPoint="40 70" StartRadius="10" EndPoint="140 70" EndRadius="50"〉
　　　　　　〈ofd：Segment〉
　　　　　　　　〈ofd：Color Value="255 255 0"/〉
　　　　　　〈/ofd：Segment〉
　　　　　　〈ofd：Segment〉
　　　　　　　　〈ofd：Color Value="0 0 255"/〉
　　　　　　〈/ofd：Segment〉
　　　　〈/ofd：RadialShd〉
　　〈/ofd：FillColor〉
　　〈ofd：AbbreviatedData〉M 0 0 L 200 0 L 200 150 L 0 150 C〈/ofd：AbbreviatedData〉
〈/ofd：PathObject〉
〈ofd：PathObject ID="10011" Boundary="350 50 200 150" Fill="true"〉
　　〈ofd：FillColor〉
　　　　〈old：RadialShd StartPoint="40 70" StartRadius="10" EndPoint="140 70" EndRadius="50" Extend="1" 〉

```
　　　　　　〈ofd:Segment Position="0" 〉
　　　　　　　　〈ofd:Color Value="255 255 0"/〉
　　　　　　〈/ofd:Segment〉
　　　　　　〈ofd:Segment Position="1" 〉
　　　　　　　　〈ofd:Color Value="0 0 255"/〉
　　　　　　〈/ofd:Segment〉
　　　　〈/ofd:RadialShd〉
　　〈/ofd:FillColor〉
　　〈ofd:AbbreviatedData〉M 0 0 L 200 0 L 200 150 L 0 150 C〈/ofd:AbbreviatedData〉
〈/ofd:PathObject〉
〈ofd:PathObject ID="10012" Boundary="650 50 200 150" Fill="true"〉
　　〈ofd:FillColor〉
　　　　〈ofd:RadialShd StartPoint="40 70"StartRadius="10" EndPoint="140 70" EndRadius="50" Extend="2" 〉
　　　　　　〈ofd:Segment〉
　　　　　　　　〈ofd:Color Value="255 255 0"/〉
　　　　　　〈/ofd:Segment〉
　　　　　　〈ofd:Segment〉
　　　　　　　　〈ofd:Color Value="0 0 255"/〉
　　　　　　〈/ofd:Segment〉
　　　　〈/ofd:RadialShd〉
　　〈/ofd:FillColor〉
　　〈ofd:AbbreviatedData〉M 0 0 L 200 0 L 200 150 L 0 150 C〈/ofd:AbbreviatedData〉
〈/ofd:PathObject〉
〈ofd:PathObject ID="10013" Boundary="50 250 200 150" Fill="true"〉
　　〈ofd:FillColor〉
　　　　〈ofd:RadialShd StartPoint="40 70" StartRadius="50" EndPoint="140 70" EndRadius="10"〉
　　　　　　〈ofd:Segment〉
　　　　　　　　〈ofd:Color Value="255 255 0"/〉
　　　　　　〈/ofd:Segment〉
　　　　　　〈ofd:Segment〉
　　　　　　　　〈ofd:Color Value="0 0 255"/〉
　　　　　　〈/ofd:Segment〉
　　　　〈/ofd:RadialShd〉
　　〈/ofd:FillColor〉
　　〈ofd:AbbreviatedData〉M 0 0 L 200 0 L 200 150 L 0 150 C〈/ofd:AbbreviatedData〉
〈/ofd:PathObject〉
〈ofd:PathObject ID="10014" Boundary="350 250 200 150" Fill="true"〉
　　〈ofd:FillColor〉
　　　　〈ofd:RadialShd StartPoint="40 70" StartRadius="50. 0" EndPoint="140 70" EndRadius="10. 0" Extend="1" 〉
　　　　〈ofd:Segment〉
　　　　　　〈ofd:Color Value="255 255 0"/〉
　　　　〈/ofd:Segment〉
　　　　〈ofd:Segment〉
　　　　　　〈ofd:Color Value="0 0 255"/〉
　　　　〈/ofd:Segment〉
　　　　〈/ofd:RadialShd〉
　　〈/ofd:FillColor〉
　　〈ofd:AbbreviatedData〉M 0 0 L 200 0 L 200 150 L 0 150 C〈/ofd:AbbreviatedData〉
〈/fod:PathObject〉
```

〈ofd:PathObject ID="10015" Boundary="650 250 200 150" Fill="true"〉
    〈ofd:FillColor〉
        〈ofd:RadialShd StartPoint="40 70" StartRadius="50" EndPoint="140 70" EndRadius="10" Extend="2"〉
            〈ofd:Segment〉
                〈ofd:Color Value="255 255 0"/〉
            〈/ofd:Segment〉
            〈ofd:Segment〉
                〈ofd:Color Value="0 0 255"/〉
            〈/ofd:Segment〉
        〈/ofd:RadialShd〉
    〈/ofd:FillColor〉
    〈ofd:AbbreviatedData〉M 0 0 L 200 0 L 200 150 L 0 150 C〈/ofd:AbbreviatedData〉
〈/ofd:PathObject〉

上述示例的显示效果如图 36 所示。

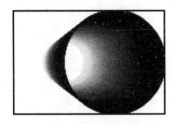 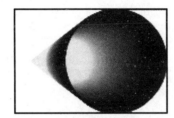 

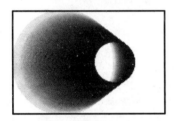 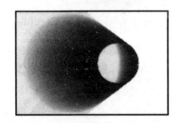 

图 36　径向渐变的 Extend 属性

径向渐变的 MapType 示例：

〈ofd:PathObject ID="10010" Boundary="50 250 200 150" Fill="true"〉
    〈ofd:FillColor〉
        〈ofd:RadialShd StartPoint="40 70" StartRadius="10" EndPoint="50 90" EndRadius="70"〉
            〈ofd:Segment〉
                〈ofd:Color Value="255 255 0"/〉
            〈/ofd:Segment〉
            〈ofd:Segment〉
                〈ofd:Color Value="0 0 255"/〉
            〈/ofd:Segment〉
        〈/ofd:RadialShd〉
    〈/ofd:FillColor〉
    〈ofd:AbbreviatedData〉M 0 0 L 200 0 L 200 150 L 0 150 C〈/ofd:AbbreviatedData〉
〈/ofd:PathObject〉
〈ofd:pathObject ID="10011" Boundary="350 250 200 150" Fill="true"〉
    〈ofd:FillColor〉
        〈ofd:RadialShd StartPoint="40 70" StartRadius="10" EndPoint="50 90" EndRadius="70" MapType=

"Repeat"〉

　　　　　　〈ofd：Segment〉
　　　　　　　　〈ofd：Color Value="255 255 0"/〉
　　　　　　〈/ofd：Segment〉
　　　　　　〈ofd：Segment〉
　　　　　　　　〈ofd：Color Value="0 0 255"/〉
　　　　　　〈/ofd：Segment〉
　　　　〈/ofd：RadialShd〉
　　　〈/ofd：FillColor〉
　　　〈ofd：AbbreviatedData〉M 0 0 L 200 0 L 200 150 L 0 150 C〈/ofd：AbbreviatedData〉
　　〈/ofd：PathObject〉
　　〈ofd：PathObject ID="10012" Boundary="650 250 200 150" Fill="true"〉
　　　〈ofd：FillColor〉
　　　　　〈ofd：RadialShd StartPoint="40 70" StartRadius="10" EndPoint="50 90" EndRadius="70" MapType=
"Reflcct"〉
　　　　　　〈ofd：Segment〉
　　　　　　　　〈ofd：Color Value="255 255 0"/〉
　　　　　　〈/ofd：Segment〉
　　　　　　〈ofd：Segment〉
　　　　　　　　〈ofd：Color Value="0 0 255"/〉
　　　　　　〈/ofd：Segment〉
　　　　〈/ofd：RadialShd〉
　　　〈/ofd：FillColor〉
　　　〈ofd：AbbreviatedData〉M 0 0 L 200 0 L 200 150 L 0 150 C〈/ofd：AbbreviatedData〉
　　〈/ofd：PathObject〉

　　上述示例的显示效果如图 37 所示。

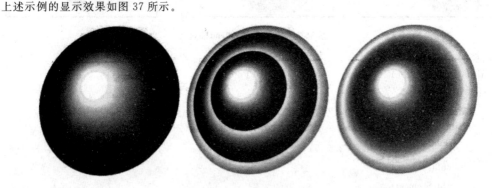

图 37　径向渐变的 MapType 属性

8.3.4.4　高洛德渐变

　　高洛德渐变的基本原理是指定三个带有可选颜色的顶点，在其构成的三角形区域内采用高洛德算法绘制渐变图形。如图 38。

　　高洛德渐变算法在平面图形中使用线性内插算法为各个点计算颜色数值，如图 39 所示。

　　在图 39 三角形 ABC 中，三个顶点的颜色值分别为 V_A、V_B、V_C。三角形内一点 P 的颜色值为 V_P，

三角形 ABC、PBC、PAB、PAC 的面积分别为 S_{ABC}、S_{PBC}、S_{PAB}、S_{PAC}，则：

$$V_P = \frac{V_A \times S_{PBC} + V_B \times S_{PAC} + V_C \times S_{PAB}}{S_{ABC}}$$

　　高洛德渐变允许在填充区域内定义多个三角区域，其中区域的变化由各控制点的方向标志（Edge - Flag）所指定，EdgeFlag 控制效果如图 40 所示。

图 38　高洛德渐变示例

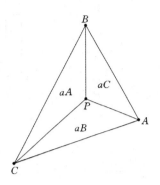

图 39　高洛德渐变算法图例

EdgeFlag＝0

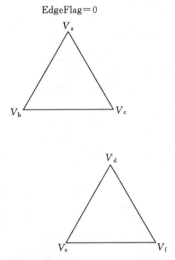

EdgeFlag＝1

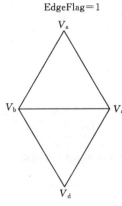

EdgeFlag＝2

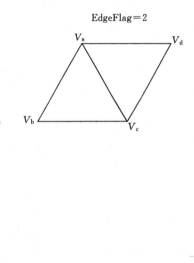

图 40　方向标志的控制作用

高洛德渐变结构如图 41 所示。

高洛德渐变属性说明见表 31。

8.3.4.5　网格高洛德渐变

网格高洛德渐变是高洛德渐变的一种特殊形式，其允许定义 4 个以上的控制点，按照每行固定的网格数（VerticesPerRow）形成若干行列，相邻的 4 个控制点定义一个网格单元，在一个网格单元内 Edge - Flag 固定为 1，网格单元及多个单元组成网格区域的规则如图 42 所示。

网格高洛德渐变结构如图 43 所示。

网格高洛德渐变属性说明见表 32。

表 31　　　　　　　　　　　　　　　高洛德渐变属性

名　称	类　型	说　明	备注
Extend	xs：int	在渐变控制点所确定范围之外的部分是否填充 0 为不填充，1 表示填充 默认值为 0	可选
Point		渐变控制点，至少出现 3 个	必选
X	xs：double	控制点水平位置	必选
Y	xs：double	控制点垂直位置	必选
EdgeFlag	xs：int	三角单元切换的方向标志	可选
Color	CT ＿ Color	控制点对应的颜色，应使用基本颜色	必选
BackColor	CT ＿ Color	渐变范围外的填充颜色，应使用基本颜色	可选

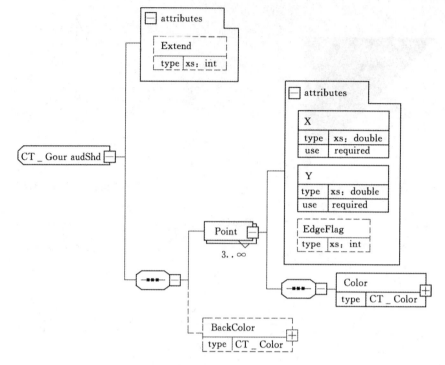

图 41　高洛德渐变结构

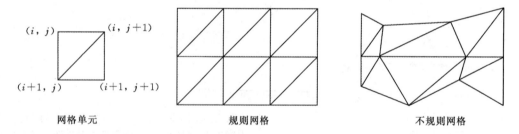

网格单元　　　　　　　　　规则网格　　　　　　　　　不规则网格

图 42　网格高洛德渐变的网格形成规则

表 32　　　　　　　　　　　　　网格高洛德渐变属性

名　称	类　型	说　明	备注
VerticesPerRow	xs：int	渐变区域内每行的网格数	必选
Extend	xs：int	在渐变控制点所确定范围之外的部分是否填充 　0 为不填充，1 表示填充 默认值为 0	可选
Point		渐变控制点，至少出现 4 个	必选
X	xs：double	控制点水平位置	必选
Y	xs：double	控制点垂直位置	必选
Color	CT_Color	控制点对应的颜色，应使用基本颜色	必选
BackColor	CT_Color	渐变范围外的填充颜色，应使用基本颜色	可选

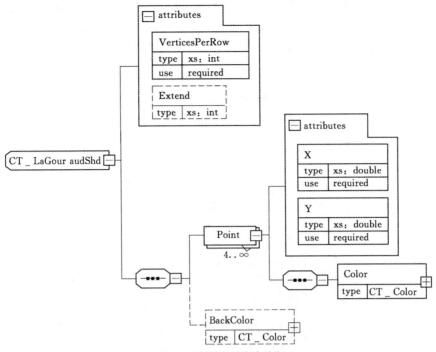

图 43 网格高洛德渐变结构

8.4 裁剪区

裁剪区由一组路径或文字构成，用以指定页面上的一个有效绘制区域，落在裁剪区以外的部分不受绘制指令的影响。

一个裁剪区可由多个分路径（Area）组成，最终的裁剪范围是各个分路径的并集。裁剪区中的数据均相对于所修饰图元对象的外接矩形。裁剪区结构如图 44 所示。

裁剪区属性说明见表 33。

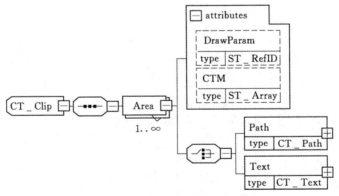

图 44 裁剪区结构

表 33 裁 剪 区 属 性

名　称	类　型	说　明	备注
Area		裁剪区域，用一个图形对象或文字对象为描述裁剪区的一个组成部分，最终裁剪区是这些区域的并集	必选
DrawParam	ST_RefID	引用资源文件中的绘制参数的标识，线宽、结合点和端点样式等绘制特性对裁剪效果会产生影响，有关绘制参数的描述见 8.2	可选
CTM	ST_Array	针对对象坐标系，对 Area 下包含的 Path 和 Text 进行进一步的变换	可选
Path	CT_Path	用于裁剪的图形，见 9.1 图形对象	必选
Text	CT_Text	用于裁剪的文本，见 11.2 文字对象	必选

8.5　图元对象

图元对象是版式文档中页面上呈现内容的最基本单元，所有页面显示内容，包括文字、图形、图像等，都属于图元对象，或是图元对象的组合。

图元对象结构如图 45 所示。

图元对象属性说明见表 34。

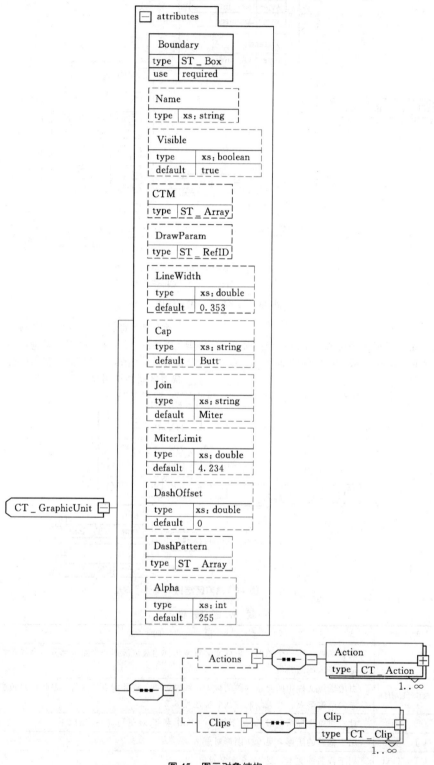

图 45　图元对象结构

表 34 图 元 对 象 属 性

名　称	类　型	说　明	备注
Boundary	ST _ Box	外接矩形，采用当前空间坐标系（页面坐标或其他容器坐标），当图元绘制超出此矩形区域时进行裁剪	必选
Name	xs：string	图元对象的名字 默认值为空	可选
Visible	xs：boolean	图元是否可见 默认值为 true	可选
CTM	ST _ Array	对象空间内的图元变换矩阵	可选
DrawParam	ST _ RefID	引用资源文件中的绘制参数标识	可选
LineWidth	xs：double	绘制路径时使用的线宽 如果图元对象有 DrawParam 属性，则用此值覆盖 DrawParam 中对应的值	可选
Cap	xs：string	见 8.2 绘制参数 如果图元对象的 DrawParam 属性，则用此值覆盖 DrawParam 中对应的值	可选
Join	xs：string	见 8.2 绘制参数 如果图元对象有 DrawParam 属性，则用此值覆盖 DrawParam 中对应的值	可选
MiterLimit	xs：double	Join 为 Miter 时，MiterSize 的截断值 如果图元对象有 DrawParam 属性，则用此值覆盖 DrawParam 中对应的值	可选
DashOffset	xs：double	见 8.2 绘制参数 如果图元对象有 DrawParam 属性，则用此值覆盖 DrawParam 中对应的值	可选
DashPattern	ST _ Array	见 8.2 绘制参数 如果图元对象有 DrawParam 属性，则用此值覆盖 DrawParam 中对应的值	可选
Alpha	xs：int	图元对象的透明度，取值区间为 [0，255] 0 表示全透明，255 表示完全不透明 默认为 0	可选
Actions		图元对象的动作序列 当存在多个 Action 对象时，所有动作依次执行	可选
Action	CT _ Action	图元动作 图元动作事件类型应为 CLICK（见表 52 事件类型）	必选
Clips		图元对象的裁剪区域序列，采用对象空间坐标系 当存在多个 Clip 对象时，最终裁剪区为所有 Clip 区域的交集	可选
Clip	CT _ Clip	裁剪区域	必选

9　图形

9.1　图形对象

图形对象具有一般图元对象的一切属性和行为特征。图形对象结构如图 46 所示。

图形对象属性说明见表 35。

图形对象的轮廓数据是由一系列紧缩的操作符和操作数构成的字符串，说明见表 36。

表 35　　　　　　　　　　　　　　**图 形 对 象 属 性**

名　称	类　型	说　明	备注
Stroke	xs：boolean	图形是否被勾边 默认值为 true	可选
Fill	xs：boolean	图形是否被填充 默认值为 false	可选
Rule	xs：string	图形的填充规则，当 Fill 属性存在时出现 可选值为 NonZero 和 Even – Odd 默认值为 NonZero	可选
FillColor	CT _ Color	填充颜色 默认为透明色	可选
StrokeColor	CT _ Color	勾边颜色 默认为黑色	可选
AbbreviatedData	xs：string	图形轮廓数据，由一系列紧缩的操作符和操作数构成	必选

表 36　　　　　　　　　　　　**图形对象紧缩描述方式运算符**

操作符	操 作 数	说　明
S	$x\ y$	定义子绘制图形边线的起始点坐标 (x, y)
M	$x\ y$	将当前点移动到指定点 (x, y)
L	$x\ y$	从当前点连接一条到指定点 (x, y) 的线段，并将当前点移动到指定点
Q	$x_1\ y_1\ x_2\ y_2$	从当前点连接一条到点 (x_2, y_2) 的二次贝塞尔曲线，并将当前点移动到点 (x_2, y_2)，此贝塞尔曲线使用点 (x_1, y_1) 作为其控制点
B	$x_1\ y_1\ x_2\ y_2\ x_3\ y_3$	从当前点连接一条到点 (x_3, y_3) 的三次贝塞尔曲线，并将当前点移动到点 (x_3, y_3)，此贝塞尔曲线使用点 (x_1, y_1) 和点 (x_2, y_2) 作为其控制点
A	$r_x r_y$ angle large sweep $x\ y$	从当前点连接一条到点 (x, y) 的圆弧，并将当前点移动到点 (x, y)。r_x 表示椭圆的长轴长度，r_y 表示椭圆的短轴长度。angle 表示椭圆在当前坐标系下旋转的角度，正值为顺时针，负值为逆时针，large 为 1 时表示对应度数大于 180°的弧，为 0 时表示对应度数小于 180°的弧。sweep 为 1 时表示由圆弧起始点到结束点是顺时针旋转，为 0 时表示由圆弧起始点到结束点是逆时针旋转
C		SubPath 自动闭合，表示将当前点和 SubPath 的起始点用线段直接连接

9.2　填充规则

图形对象采用两种规则填充：非零绕数规则和奇偶规则。

当值为 NonZero 即非零绕数规则时，填充遵循

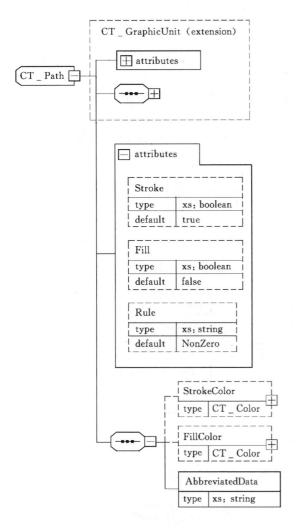

图 46 图形对象结构

射线总计数均为 0，则判断该点在路径外部，反之，则该点在路径内部，如图 47 所示。

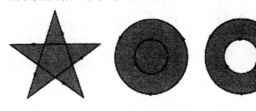

图 47 非零绕数规则示意图

当值为 Even - Odd 即奇偶规则时，填充遵循如下原则：从所需判断的点处向任意方向无穷远处引一条射线，同时引入一个初始值为 0 的计数，射线每经过任意线型时计数加 1，如果每条射线总计数均为奇数，则判断该点在路径内部，反之，则该点在路径外部，如图 48 所示。

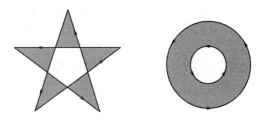

图 48 奇偶规则示意图

在路径内部的点作为填充时的有效区域，或作为裁剪区时的有效范围。

9.3 非紧缩描述

9.3.1 图形的 XML 表示

图形也可采用 XML 复杂类型的方式进行描述，这种方式主要用于区域（Region）。区域由一系列的分路径（Area）组成，每个分路径都是闭合的，其结构如图 49 所示。

图形中的所有线条绘制都基于"当前点"，当路径开始时，Area 节点的 Start 属性所指定的位置为当前点，之后以上一个线条的结束位置为当前点。图形对象描述见表 37。

如下原则：从所需判断的点处向任意方向无穷远处引一条射线，同时引入一个初始值为 0 的计数，射线每经过一条由左至右方向的线型时计数加 1，射线每经过一条由右至左方向的线型时则计数减 1，如果每条

表 37 图 形 对 象 描 述 方 法

名　称	类型	说　　　明	备注
Start	ST _ Pos	定义子图形的起始点坐标	必选
Move		从当前点移动到新的当前点	必选
Line		从当前点连接一条到指定点的线段，并将当前点移动到指定点	必选
QuadraticBezier		从当前点连接一条到 Point2 的二次贝塞尔曲线，并将当前点移动到 Point2，此贝塞尔曲线使用 Point1 作为其控制点	必选

续表

名　称	类型	说　　明	备注
CubicBezier		从当前点连接一条到 Point3 的三次贝塞尔曲线，并将当前点移动到 Point3，使用 Point1 和 Point2 作为控制点	必选
Arc		从当前点连接一条到 EndPoint 点的圆弧，并将当前点移动到 EndPoint 点	必选
Close		自动闭合到当前分路径的起始点，并以该点为当前点	必选

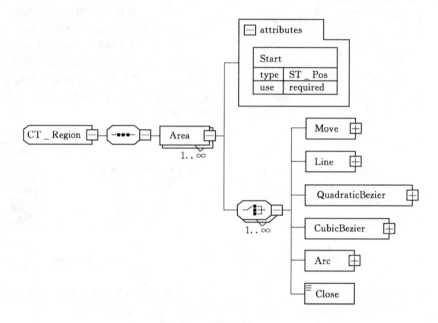

图 49　区域结构

9.3.2　移动

移动节点用于表示移动到新的绘制点指令，结构如图 50 所示。

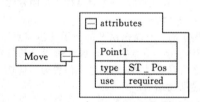

图 50　移动结构

移动到新绘制点命令属性说明见表 38。

表 38　　　　移　动　属　性

属性名称	类型	说　　明	备注
Point1	ST_Pos	移动后新的当前绘制点	必选

9.3.3　线段

线段结构如图 51 所示。
线段属性说明见表 39。

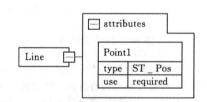

图 51　线段结构

表 39　　　　线　段　属　性

属性名称	类型	说　　明	备注
Point1	ST_Pos	线段的结束点	必选

9.3.4　贝塞尔曲线

本标准中支持二次贝塞尔曲线以及三次贝塞尔曲线。

二次贝塞尔曲线结构如图 52 所示。
二次贝塞尔曲线结构属性说明见表 40。

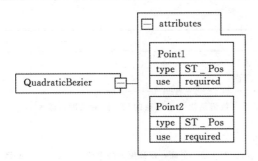

图 52 二次贝塞尔曲线结构

表 40 二次贝塞尔曲线属性

名称	类型	说 明	备注
Point1	ST_Pos	二次贝塞尔曲线的控制点	必选
Point2	ST_Pos	二次贝塞尔曲线的结束点，下一路径的起始点	必选

二次贝塞尔曲线公式：
$$B(t)=(1-t)^2 P_0 + 2t(1-t)P_1 + t^2 P_2 \quad t\in[0,1]$$
三次贝塞尔曲线结构如图 53 所示。

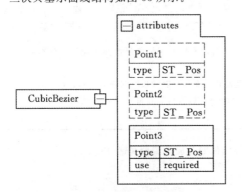

图 53 三次贝塞尔曲线结构

三次贝塞尔曲线属性说明见表 41。

表 41 三次贝塞尔曲线属性

名称	类型	说 明	备注
Point1	ST_Pos	三次贝塞尔曲线的第一个控制点	可选
Point2	ST_Pos	三次贝塞尔曲线的第二个控制点	可选
Point3	ST_Pos	三次贝塞尔曲线的结束点，下一路径的起始点	必选

三次贝塞尔曲线公式：
$$B(t)=(1-t)^3 P_0 + 3t(1-t)^2 P_1 + 3t^2(1-t)P_2 + t^3 P_3$$
$$t\in[0,1]$$
具体绘制方法如图 54 和图 55 所示。

P_0、P_1、P_2、P_3 分别为上个路径的结束点以及属性 Point1，Point2，Point3 对应的坐标。

当 Point1 不存在时，第一控制点取当前点的值，

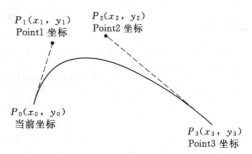

图 54 三次贝塞尔曲线示例 1

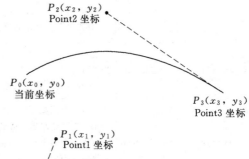

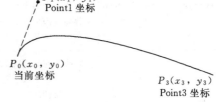

图 55 三次贝塞尔曲线示例 2

当 Point2 不存在时，第二控制点取 Point3 的值。

9.3.5 圆弧

圆弧结构如图 56 所示。

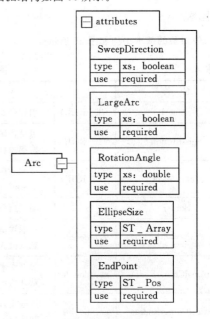

图 56 圆弧结构

圆弧属性说明见表 42。

表 42　　　　　　　　　　　　　　圆 弧 属 性

名　称	类　型	说　　明	备注
EndPoint	ST＿Pos	圆弧的结束点，下个路径的起始点 不能与当前的绘制起始点为同一位置	必选
EllipseSize	ST＿Array	形如［200 100］的数组，2 个正浮点数值依次对应椭圆的长、短轴长度，较大的一个为长轴 ［异常处理］如果数组长度超过 2，则只取前两个数值 ［异常处理］如果数组长度为 1，则认为这是一个圆，该数值为圆半径 ［异常处理］如果数组前两个数值中有一个为 0，或者数组为空，则圆弧退化为一条从当前点到 EndPoint 的线段 ［异常处理］如果数组数值为负值，则取其绝对值	必选
RotationAngle	xs：double	表示按 EllipseSize 绘制的椭圆在当前坐标系下旋转的角度，正值为顺时针，负值为逆时针 ［异常处理］如果角度大于 360°，则以 360 取模	必选
LargeArc	xs：boolean	是否是大圆弧 true 表示此线型对应的为度数大于 180°的弧，false 表示对应度数小于 180°的弧 对于一个给定长、短轴的椭圆以及起始点和结束点，有一大一小两条圆弧，如果所描述线型恰好为 180°的弧，则此属性的值不被参考，可由 SweepDirection 属性确定圆弧的形状	必选
SweepDirection	xs：boolean	弧线方向是否为顺时针 true 表示由圆弧起始点到结束点是顺时针旋转，false 表示由圆弧起始点到结束点是逆时针旋转 对于经过坐标系上指定两点，给定旋转角度和长短轴长度的椭圆，满足条件的可能有 2 个，对应圆弧有 4 条，通过 LargeArc 属性可以排除 2 条，由此属性从余下的 2 条圆弧中确定一条	必选

图像对象属性说明见表 43。

10　图像

图像对象的基本结构如图 57 所示。

表 43　　　　　　　　　　　　　　图 像 对 象 属 性

名　称	类　型	说　　明	备注
ResouceID	ST＿RefID	引用资源文件中定义的多媒体的标识	必选
Substitution	ST＿RefID	可替换图像，引用资源文件中定义的多媒体的标识，用于某些情况如高分辨率输出时进行图像替换	可选
ImageMask	ST＿RefID	图像蒙版，引用资源文件中定义的多媒体的标识，用作蒙版的图像应是与 ResouceID 指向的图像相同大小的二值图	可选
Border		图像边框设置	可选
LineWidth	xs：double	边框线宽，如果为 0 则表示边框不进行绘制 默认值为 0.353mm	可选
HorizonalCornerRadius	xs：double	边框水平角半径 默认值为 0	可选
VerticalCornerRadius	xs：double	边框垂直角半径 默认值为 0	可选

续表

名　　称	类　型	说　　　　明	备注
DashOffset	xs：double	边框虚线重复样式开始的位置，边框的起始点位置为左上角，绕行方向为顺时针 默认值为 0	可选
DashPattern	ST＿Array	边框虚线重复样式，边框的起始点位置为左上角，绕行方向为顺时针	可选
BorderColor	CT＿Color	边框颜色，有关边框颜色描述见 8.3.2 基本颜色 默认为黑色	可选

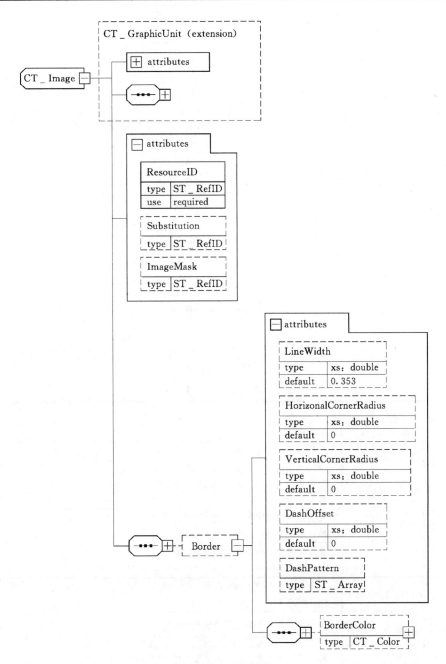

图 57　图像对象结构

11　文字

11.1　字形

字形结构描述如图 58 所示。

字型属性说明见表 44。

11.2　文字对象

文字对象结构如图 59 所示。

文字对象属性说明见表 45。

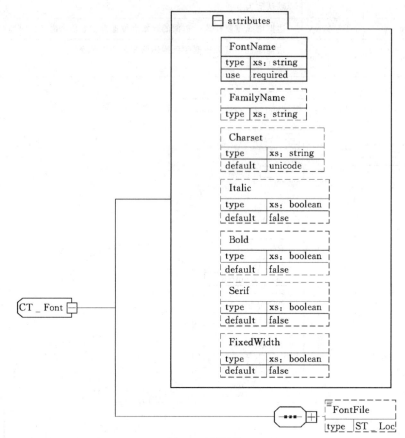

图 58　字形结构

表 44　　　　　　　　　　　　　　　　　字　形　属　性

属　性	类　型	说　　明	备注
FontName	xs：string	字形名	必选
FamliyName	xs：string	字形族名，用于匹配替代字形	可选
Charset	xs：string	字形适用的字符分类，用于匹配替代字形 可取值为 symbol、prc、big5、unicode 等 默认值为 unicode	可选
Serif	xs：boolean	是否是带衬线字形，用于匹配替代字形 默认值是 false	可选
Bold	xs：boolean	是否是粗体字形，用于匹配替代字形 默认值是 false	可选
Italic	xs：boolean	是否是斜体字形，用于匹配替代字形 默认值是 false	可选
FixedWidth	xs：boolean	是否是等宽字形，用于匹配替代字形 默认值是 false	可选
FontFile	ST_Loc	指向内嵌字形文件，嵌入字形文件应使用 OpenType 格式	可选

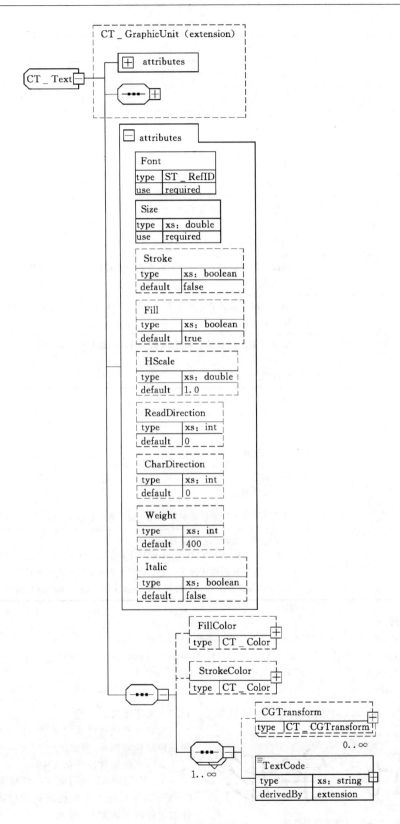

图 59 文字对象结构

表 45　　　　　　　　　　　　　　　　**文 字 对 象 属 性**

属　性	类　型	说　明	备注
Font	ST _ RefID	引用资源文件中定义的字形的标识	必选
Size	xs：double	字号，单位为毫米	必选
Stroke	xs：boolean	是否勾边 默认值为 false	可选
Fill	xs：boolean	是否填充 默认值为 true	可选
HScale	xs：double	字形在水平方向的放缩比 默认值为 1.0 例如：当 HScale 值为 0.5 时表示实际显示的字宽为原来字宽的一半	可选
ReadDirection	xs：int	阅读方向，指定了文字排列的方向，描述见 11.3 文字定位 默认值为 0	可选
CharDirection	xs：int	字符方向，指定了文字放置的方式，具体内容见 11.3 文字定位 默认值为 0	可选
Weight	xs：int	文字对象的粗细值；可选取值为 100，200，300，400，500，600，700，800，900 默认值为 400	可选
Italic	xs：boolean	是否是斜体样式 默认值为 false	可选
FillColor	CT _ Color	填充颜色 默认为黑色	可选
StrokeColor	CT _ Color	勾边颜色 默认为透明色	可选
CGTransform	CT _ CGTransform	指定字符编码到字符索引之间的变换关系，描述见 11.4 字符变换	可选
TextCode	xs：string	文字内容，也就是一段字符编码串 如果字符编码不在 XML 编码方式的字符范围之内，应采用 "\" 加四位十六进制数的格式转义；文字内容中出现的空格也需要转义 若 TextCode 作为占位符使用时，一律采用 "¤"（u00A4）占位	必选

文字对象示例：

〈ofd：TextObject ID＝"6" Font＝"2" Size＝"25.4" Boundary＝"50 20 112 26"〉
　　〈ofd：TextCode X＝"0" Y＝"25" DeltaX＝"14 14 14"〉Font〈/ofd：TextCode〉
　　〈ofd：TextCode X＝"60" Y＝"25" DeltaX＝"25"〉字型〈/ofd：TextCode〉
〈/ofd：TextObject〉

当 Font 为"宋体"时，上述示例的显示效果如图 60 所示。

11.3　文字定位

文字对象使用严格的文字定位信息进行定位，文字定位结构如图 61 所示。

文字定位属性说明见表 46。

X、Y、DeltaX 和 DeltaY 相结合确定了 TextCode 中对应的每个字形绘制点的精确位置，上述属性的定位机制如图 62 所示。

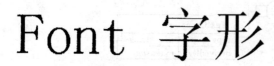

图 60　字形为宋体时显示效果

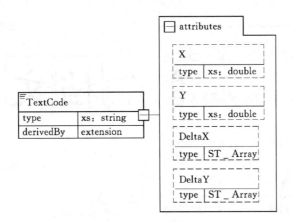

图 61   文字定位结构

表 46   **文 字 定 位 属 性**

属性	类型	说　明	备注
X	xs：double	第一个文字的字形原点在对象坐标系下的 X 坐标 当 X 不出现，则采用上一个 TextCode 的 X 值，文字对象中的第一个 TextCode 的 X 属性必选	可选
Y	xs：double	第一个文字的字形原点在对象坐标系下的 Y 坐标 当 Y 不出现，则采用上一个 TextCode 的 Y 值，文字对象中的第一个 TextCode 的 Y 属性必选	可选
DeltaX	ST_Array	double 型数值队列，队列中的每个值代表后一个文字与前一个文字之间在 X 方向的偏移值 DeltaX 不出现时，表示文字的绘制点在 X 方向不做偏移	可选
DeltaY	ST_Array	double 型数值队列，队列中的每个值代表后一个文字与前一个文字之间在 Y 方向的偏移值 DeltaY 不出现时，表示文字的绘制点在 Y 方向不做偏移	可选

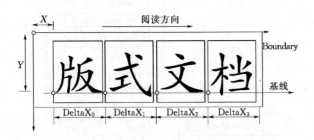

图 62   文字定位机制

CharDirection 与 ReadDirection 规定了文字显示时的排列方向。CharDirection 指定了单个文字绘制方向，也就是文字的基线方向，用从 x 轴正方向顺时针到文字基线的角度表示。ReadDirection 指定了阅读方向，用从 x 轴正方向顺时针到文字排列方向的角度表示。这二者的数值规定见表 47。

表 47   文字排列方向、阅读方向说明

CharDirection 值	定　义
0	默认值，以 'A' 为例子，显示效果为 **A**
90	文字顺时针旋转 90°，以 'A' 为例子，显示效果为 **A**
180	文字顺时针旋转 180°，以 'A' 为例子，显示效果为 **A**
270	文字顺时针旋转 270°，以 'A' 为例子，显示效果为 **A**

ReadDirection 值	定　义
0	默认值，从左往右阅读，以字符串 "ABC" 为例，CharDirection 为 0，显示效果为 **ABC**

续表

ReadDirection 值	定　义
90	从上往下阅读，以字符串"ABC"为例，CharDirection 为 0，显示效果为
180	从右往左阅读，以字符串"ABC"为例，CharDirection 为 0，显示效果为 CBA
270	从下往上阅读，以字符串"ABC"为例，CharDirection 为 0，显示效果为

ReadDirection 等于 90°时的文字定位如图 63 所示。

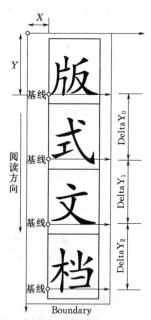

图 63　阅读方向机制 a

等宽文字进行竖排时，起绘点在 X 方向上无变化的，可省略 DeltaX 属性。

ReadDirection 等于 180°时的文字定位如图 64 所示。

不同字符方向下的绘制点如图 65 所示。

11.4　字形变换

11.4.1　变换描述

当存在字形变换时，TextCode 对象中使用字形变换节点（CGTransform）描述字符编码和字形索引

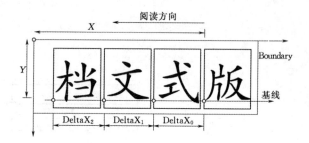

图 64　阅读方向机制 b

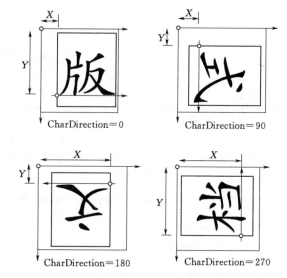

图 65　字符绘制点

之间的关系，该节点结构如图 66 所示。

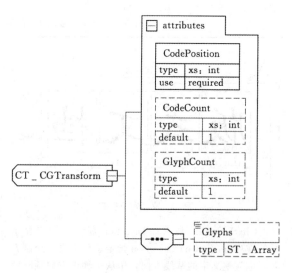

图 66　字形变换结构

字形变换属性说明见表 48。

表 48

字 形 变 换 属 性

名　称	类　型	说　　明	备注
CodePosition	xs：int	TextCode 中字符编码的起始位置，从 0 开始	必选
CodeCount	xs：int	变换关系中字符的数量，该数值应大于或等于 1，否则属于错误描述，默认为 1	可选
GlyphCount	xs：int	变换关系中字形索引的个数，该数值应大于或等于 1，否则属于错误描述，默认为 1	可选
Glyphs	ST＿Array	变换后的字形索引列表	必选

字形的索引跟具体的字形文件紧密相关，同一个字符或字形在不同的字形文件中的索引值并不一样，因此当使用到字形变换时，宜将对应的字形文件嵌入到版式文档中。

字符编码到字符之间主要包括一对一、多对一、一对多以及多对多四种变换关系。

11.4.2　一对一

当一个字符对应一个字形时，如果文本对象使用非内嵌字形，则根据该字形的 CMAP 表取得相应的字形。如果文字使用的是内嵌字形，则使用该内嵌字形数据中的 CMAP 表来取得字形索引。

11.4.3　多对一

多个字符对应一个字符的情况描述如图 67 所示。

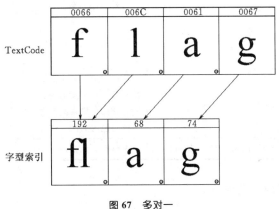

图 67　多对一

图 67 是一个常用的英文连写示例，在例子中，f 和 l 字符在显示的时候被一个 fl 的连字符所代替，2 个字符（0066 和 006C）对应为 1 个字形（192）。

11.4.4　一对多

一个字符对应多个字形的情况描述如图 68 所示。

图 68 是一个泰文文字的例子，例子中 1 个字符（0E33）对应 2 个字形（124 和 181）。

11.4.5　多对多

多个字符对应多个字符的情况描述如图 69 所示。

图 69 是一个泰米尔文字的例子，例子中 2 个泰米尔字符（0BAA 和 0BCB）在有些字形中对应 3 个字形（34、76 和 88）。

多对多渲染效果如图 70 所示。

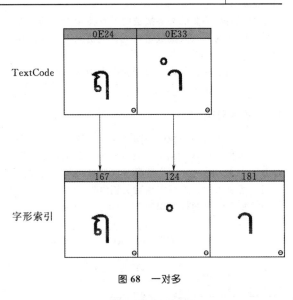

图 68　一对多

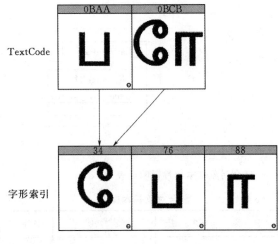

图 69　多对多

12　视频

本标准支持在文档中嵌入视频资源，并通过 Movie 动作触发视频播放。图元、大纲节点、页面和文档均可定义动作，其详细描述见第 14 章动作。

通过页面图元触发视频播放时，可选择视频中某

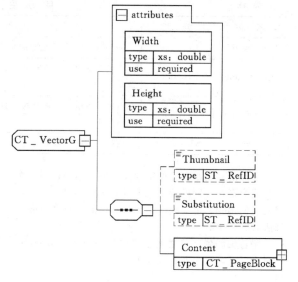

图 70　多对多渲染效果

一静态帧制作为图像对象，并为该对象定义边框和
Movie 动作，见第 10 章图像。

图元对象关联的视频播放时，宜使用图元的外观
区域大小作为嵌入式播放窗口。其他情况下，宜使用
弹出式窗口。

视频播放使用的内容数据应在文档或页面资源中
定义，见 7.9 资源。

13　复合对象

复合对象是一种特殊的图元对象，拥有图元对象
的一切特性，但其内容在 ResourceID 指向的矢量图
像资源中进行描述，一个资源可以被多个复合对象所
引用，通过这种方式可实现对文档内矢量图文内容的
复用。复合对象的描述如图 71 所示。

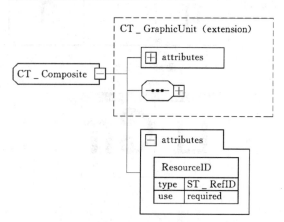

图 71　复合对象基本结构

复合对象基本属性说明见表 49。

表 49　　　　　复合对象基本属性

名　称	类　型	说　　明	备注
ResourceID	ST _ RefID	引用资源文件中定义的矢量图像的标识	必选

复合对象引用的资源是 Res 中的矢量图像
（CompositeGraphUnit），其类型为 CT _ VectorG，其
结构如图 72 所示。

矢量图像属性说明见表 50。

图 72　矢量图像结构

表 50　　　　　矢量图像属性

名　称	类　型	说　　明	备注
Width	xs：double	矢量图像的宽度超出部分做裁剪处理	必选
Height	xs：double	矢量图像的高度超出部分做裁剪处理	必选
Thumbnail	ST _ RefID	缩略图，指向包内的图像文件	可选
Substitution	ST _ RefID	替换图像，用于高分辨率输出时将缩略图替换为此部分辨率的图像指向包内的图像文件	可选
Content	CT _ PageBlock	内容的矢量描述	必选

14　动作

14.1　动作描述

动作类型结构如图 73 所示。

动作类型属性说明见表 51。

表 51　　　　　协作类型属性

名称	类　型	说　　明	备注
Event	xs：string	事件类型，触发动作的条件，事件的具体类型见表 52	必选
Region	CT _ Region	指定多个复杂区域为该链接对象的启动区域，不出现时以所在图元或页面的外接矩形作为启动区域，见 9.3	可选

续表

名称	类　型	说　　明	备注
Goto		本文档内的跳转	必选
URI		打开或访问一个 URI 链接	必选
GotoA		打开本文档附件	必选
Sound		播放一段音频	必选
Movie		播放一段视频	必选

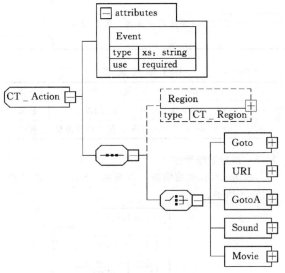

图 73　动作类型结构

动作由事件触发，事件类型限定于 DO、PO、CLICK 三种，分别对应于文档打开动作、页面打开动作和区域内单击动作，事件类型说明见表 52。

表 52　　　　　　事　件　类　型

Event 事件	说　　明
DO	文档打开
PO	页面打开
CLICK	单击区域

14.2　跳转动作

跳转动作表明同一个文档内的跳转，包含一个目标区域或者书签位置，如图 74 所示。

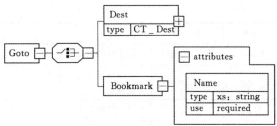

图 74　跳转动作结构

跳转属性说明见表 53。

表 53　　　　　　跳　转　动　作　属　性

名称	类　型	说　　明	备注
Dest	CT _ Dest	跳转的目标区域	必选
Bookmark		跳转的目标书签	必选
Name	xs：string	目标书签的名称，引用文档书签定义中的名称	必选

其中目标区域结构如图 75 所示。

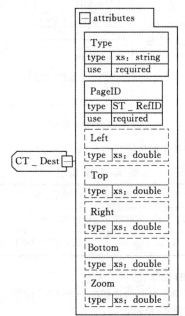

图 75　目标区域结构

目标区域属性说明见表 54。

表 54　　　　　　　　目　标　区　域　属　性

名称	类　型	说　　明	备注
Type	xs：string	声明目标区域的描述方法，可取值列举如下： 　　XYZ——目标区域由左上角位置（Left，Top）以及页面缩放比例（Zoom）确定； 　　Fit——适合整个窗口区域； 　　FitH——适合窗口宽度，目标区域仅由 Top 确定； 　　FitV——适合窗口高度，目标区域仅由 Left 确定； 　　FitR——适合窗口内的目标区域，目标区域为（Left、Top、Right、Bottom）所确定的矩形区域	必选

续表

名称	类　型	说　　　　明	备注
PageID	ST＿RefID	引用跳转目标页面的标识	必选
Left	xs：double	目标区域左上角 x 坐标 默认为 0	可选
Right	xs：double	目标区域右下角 x 坐标	可选
Top	xs：double	目标区域左上角 y 坐标 默认为 0	可选
Bottom	xs：double	目标区域右下角 y 坐标	可选
Zoom	xs：double	目标区域页面缩放比例，为 0 或不出现则按照当前缩放比例跳转，可取值范围 $[0.1\ 64.0]$	可选

14.3　附件动作

附件动作表明打开当前文档内的一个附件，附件动作的结构如图 76 所示。

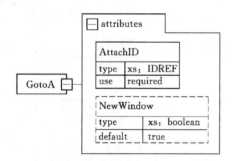

图 76　附件动作结构

附件动作属性说明见表 55。

表 55　　　　附件动作属性

名称	类　型	说　明	备注
AttachID	xs：IDREF	附件的标识	必选
NewWindow	xs：boolean	是否在新窗口中打开	可选

14.4　URI 动作

URI 动作表明的是指向一个 URI 位置。URI 动作结构如图 77 所示。

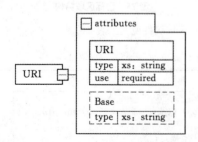

图 77　URI 动作结构

URI 动作属性说明见表 56。

表 56　　　　URI 动作属性

名称	类　型	说　明	备注
URI	xs：string	目标 URI 的位置	必选
Base	xs：string	Base URI，用于相对地址	可选

14.5　播放音频动作

Sound 动作表明播放一段音频。Sound 动作结构如图 78 所示。

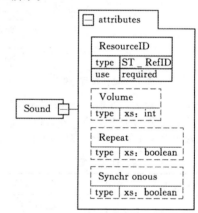

图 78　播放音频动作结构

播放音频动作属性说明见表 57。

14.6　播放视频动作

Movie 动作用于播放视频。播放视频动作结构如图 79 所示。

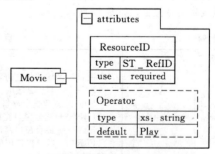

图 79　播放视频动作结构

表 57 播 放 音 频 动 作 属 性

名　称	类　型	说　　　明	备注
ResourceID	ST＿RefID	引用资源文件中的音频资源标识	必选
Volume	xs：int	播放的音量，取值范围［0 100］ 默认值100	可选
Repeat	xs：boolean	此音频是否需要循环播放 如果此属性为 true，则 Synchronous 值无效 默认为 false	可选
Synchronous	xs：boolean	是否同步播放 true 表示后续动作应等待此音频播放结束后才能开始，false 表示立刻返回并开始下一个动作 默认值为 false	可选

播放视频动作属性说明见表58。

表 58 播 放 视 频 动 作 属 性

名　称	类　型	说　明	备注
ResourceID	ST＿RefID	引用资源文件中定义的视频资源标识	必选
Operator	xs：string	放映参数，见表59 默认值为 Play	可选

放映参数属性说明见表59。

表 59 放 映 参 数 属 性

名称	类　型	说明
Play	xs：string	播放
Stop	xs：string	停止

续表

名称	类　型	说明
Pause	xs：string	暂停
Resume	xs：string	继续

15　注释

15.1　注释入口文件

注释是版式文档形成后附加的图文信息，用户可通过鼠标或键盘与其进行交互。本标准中，页面内容与注释内容是分文件描述的。文档的注释在注释列表文件中按照页面进行组织索引，注释的内容在分页注释文件中描述，注释列表结构如图80所示。

注释列表（Page）属性说明见表60。

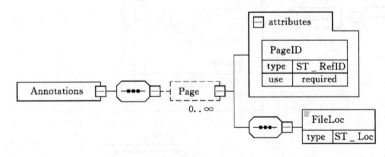

图 80　注释列表结构

表 60 注 释 列 表 属 性

名　称	类　型	说　　　明	备注
Page		注释所在页	可选
PageID	ST＿RefID	引用注释所在页面的标识	必选
FileLoc	ST＿Loc	指向包内的分页注释文件	必选

15.2　分页注释文件

注释信息结构如图 81 所示。

注释信息属性说明见表 61。

注释类型由 Type 指定，可取值见表 62。

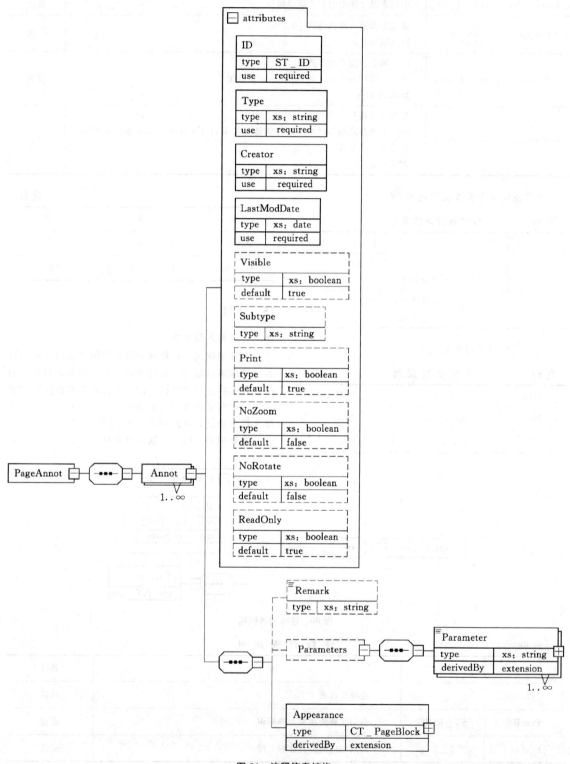

图 81　注释信息结构

表 61 注 释 信 息 属 性

名 称	类 型	说 明	备注
ID	ST_ID	注释的标识	必选
Type	xs：string	注释类型，具体取值请见表 62	必选
Creator	xs：string	注释创建者	必选
LastModDate	xs：date	最后一次修改的时间	必选
Subtype	xs：string	注释子类型	可选
Visible	xs：boolean	表示该注释对象是否显示 默认值为 true	可选
Print	xs：boolean	对象的 Remark 信息是否随页面一起打印 默认值为 true	可选
NoZoom	xs：boolean	对象的 Remark 信息是否不随页面缩放而同步缩放 默认值为 false	可选
NoRotate	xs：boolean	对象的 Remark 信息是否不随页面旋转而同步旋转 默认值为 false	可选
ReadOnly	xs：boolean	对象的 Remark 信息是否不能被用户更改 默认值为 true	可选
Remark	xs：string	注释说明内容	可选
Parameters		一组注释参数	可选
Parameter	xs：string	注释参数（键值对）	必选
Name	xs：string	注释参数名称	必选
Appearance	CT_PageBlock	注释的静态呈现效果，使用页面块定义来描述	必选

表 62 注 释 类 型 取 值

类 型	说 明
Link	链接注释
Path	路径注释，一般为图形对象，比如矩形、多边形、贝塞尔曲线等
Highlight	高亮注释
Stamp	签章注释
Watermark	水印注释

16 自定义标引

外部系统或用户可以添加自定义的标记和信息，从而达到与其他系统、数据进行交互的目的并扩展应用。一个文档可以带有多个自定义标引。

自定义标引列表的入口点在 7.5 文档根节点中定义，其结构如图 82 所示。

自定义标引列表属性说明见表 63。

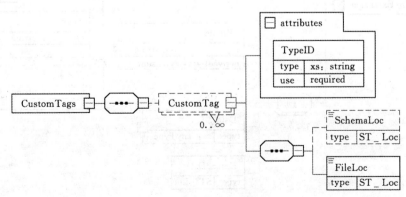

图 82 自定义标引列表结构

表 63　　　　　　　　　　　　　　　自定义标引列表属性

名　称	类　型	说　　　明	备注
CustomTag		自定义标引入口	可选
TypeID	xs：string	自定义标引内容节点适用的类型标识	必选
SchemaLoc	ST＿Loc	指向自定义标引内容节点适用的 Schema 文件	可选
FileLoc	ST＿Loc	指向自定义标引文件 该类文件中通过"非接触方式"引用版式内容流中的图元和相关信息	必选

17　扩展信息

扩展信息列表的入口点在 7.5 文档根节点中定义。扩展信息列表文件的根节点名为 Extensions，其下由 0 到多个扩展信息节点（Extension）组成，扩展信息列表的根节点结构如图 83 所示。

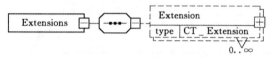

图 83　扩展信息列表结构

扩展信息列表根节点属性说明见表 64。

表 64　　　　　　　扩展信息列表属性

属　性	类　型	说　　明	备注
Extensions		扩展信息的根节点	必选
Extension	CT＿Extension	扩展信息节点	可选

扩展信息节点结构定义如图 84 所示。
扩展信息属性说明见表 65。

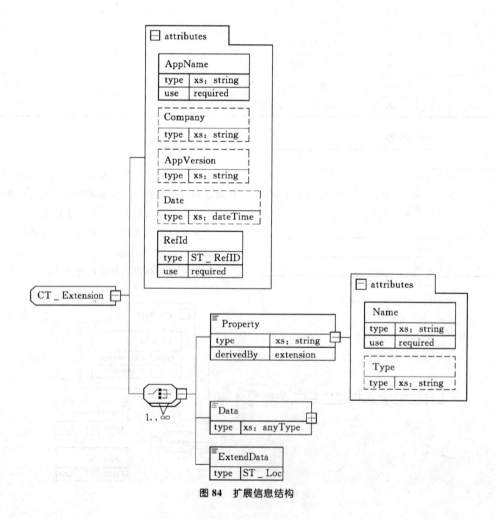

图 84　扩展信息结构

表 65　　　　　　　　　　　　　　　　扩 展 信 息 属 性

属　性	类　型	说　　明	备注
AppName	xs：string	用于生成或解释该自定义对象数据的扩展应用程序名称	必选
Company	xs：string	形成此扩展信息的软件厂商标识	可选
AppVersion	xs：string	形成此扩展信息的软件版本	可选
Date	xs：dateTime	形成此扩展信息的日期时间	可选
RefId	ST＿RefID	引用扩展项针对的文档项目的标识	必选
Property	xs：string	扩展属性，"Name Type Value"的数值组，用于简单的扩展	必选
Name	xs：string	扩展属性名称	必选
Type	xs：string	扩展属性值类型	可选
Data	xs：anyType	扩展复杂属性，使用 xs：anyType，用于较复杂的扩展	必选
ExtendData	ST＿Loc	扩展数据文件所在位置，用于扩展大量信息	必选

18　数字签名

18.1　签名列表

签名列表文件的入口点在 7.4 主入口中定义。签名列表文件中可以包含多个签名（例如联合发文等情况），见图 85。当允许下次继续添加签名时，该文件不会被包含到本次签名的保护文件列表（References）中。

签名列表根节点对应元素说明见表 66。

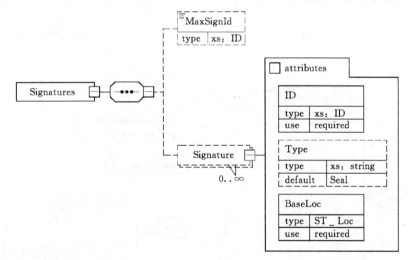

图 85　签名列表根节点结构

表 66　　　　　　　　　　　　　　　　签名列表根节点属性

名　称	类　型	说　　明	备注
Signatures		签名列表根结点	必选
MaxSignId	xs：ID	安全标识的最大值，作用与文档入口文件 Document．xml 中的 MaxID 相同，为了避免在签名时影响文档入口文件，采用了与 ST＿ID 不一样的 ID 编码方式。推荐使用"sNNN"的编码方式，NNN 从 1 开始	可选
Signature		数字签名或安全签章在列表中的注册信息，一次签名或签章对应一个节点	可选
ID	xs：ID	签名或签章的标识	必选

续表

名　　称	类　型	说　　　明	备注
Type	xs：string	签名节点的类型，目前规定了两个可选值，Seal 表示是安全签章，Sign 表示是纯数字签名	可选
BaseLoc	ST＿Loc	指向包内的签名描述文件	必选

18.2　签名文件

18.2.1　文件摘要

OFD 的数字签名通过对签名描述文件的保护间接实现对 OFD 原文的保护。签名结构中的签名信息（SignedInfo）是这一过程中的关键节点，其中记录了当次数字签名保护的所有文件的二进制摘要信息，同时将安全算法提供者、签名算法、签名时间和所应用的安全印章等信息也包含在此节点内。签名描述文件同时包含了签名值将要存放的包内位置，一旦对该文件实施签名保护，则其对应的包内文件原文以及本次签名对应的附加信息都将不可改动，从而实现一次数字签名对整个原文内容的保护。签名描述文件的主要结构描述见图 86。

文件摘要文件根节点为 Signature，其子节点 SignedInfo 对应元素说明见表 67。

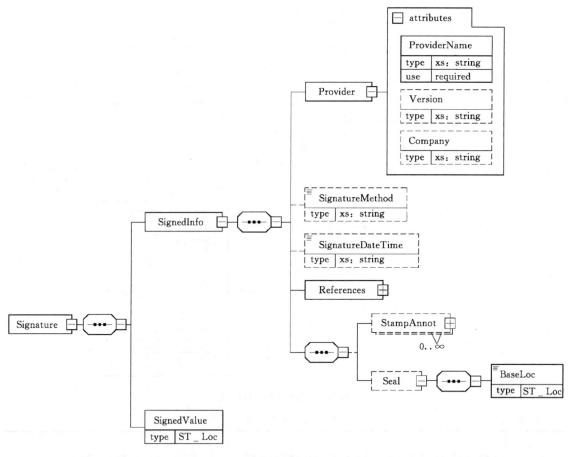

图 86　签名结构

表 67　　　　　　　　　　　　　　　　　签　名　属　性

名　　称	类　　型	说　　　明	备注
Signature		签名描述文件的根节点	必选
SignedInfo		签名要保护的原文及本次签名相关的信息	必选

续表

名　称	类　型	说　　明	备注
Provider		创建签名时所用的签章组件提供者信息	必选
ProviderName	xs：string	创建签名时所用的签章组件的提供者名称	必选
Company	xs：string	创建签名时所用的签章组件的制造商	可选
Version	xs：string	创建签名时所用的签章组件的版本	可选
SignatureDateTime	xs：string	签名时间，记录安全模块返回的签名时间，以便验证时使用	必选
SignatureMethod	xs：string	签名方法，记录安全模块返回的签名算法代码，以便验证时使用	必选
References		包内文件计算所得的摘要记录列表 一个受本次签名保护的包内文件对应一个 Reference 节点	必选
StampAnnot		本签名关联的外观（用 OFD 中的注释来表示），该节点可出现多次	可选
Seal		电子印章信息	可选
BaseLoc	ST＿Loc	指向包内的安全电子印章文件，遵循密码领域的相关规范	必选
SignedValue	ST＿Loc	指向安全签名提供者所返回的针对签名描述文件计算所得的签名值文件	必选

18.2.2　签名的范围

References 的下级节点记录了包内文件的摘要信息，其结构如图 87 所示。

References 节点对应元素说明见表 68。

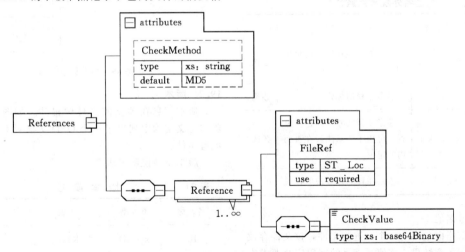

图 87　摘要节点结构

表 68　　　　　　　　　　　　摘 要 节 点 属 性

名　称	类　型	说　　明	备注
CheckMethod	xs：string	摘要方法，视应用场景的不同使用不同的摘要方法。 用于各行业应用时，应使用符合该行业安全标准的算法	可选
Reference		针对一个文件的摘要节点	必选
FileRef	ST＿Loc	指向包内的文件，使用绝对路径	必选
CheckValue	xs：base64Binary	对包内文件进行摘要计算，对所得的二进制摘要值进行 base64 编码所得结果	必选

18.2.3 签名的外观

一个数字签名可以跟一个或多个外观描述关联，也可以不关联任何外观，其关联方式如图 88 所示。

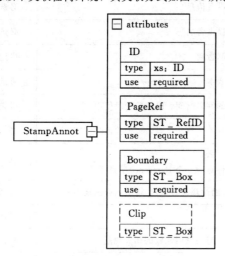

图 88　签名外观节点结构

该节点属性说明见表 69。

表 69　　　　签名外观节点属性

名　　称	类　型	说　　明	备注
PageRef	ST＿RefID	引用外观注释所在的页面的标识	必选
ID	xs：ID	签章注释的标识	必选
Boundary	ST＿Box	签章注释的外观外边框位置，可用于签章注释在页面内的定位	必选
Clip	ST＿Box	签章注释的外观裁剪设置	可选

18.2.4 签名值

签名值指向包内的一个二进制文件，该文件存放数字签名或签章结果。该值需满足的密码安全要求在其他规范中限定。

19 版本

19.1 版本入口

一个 OFD 文档可以有多个版本，如图 89 所示。版本列表对应属性说明见表 70。

表 70　　　　版本列表属性

名　　称	类　型	说　　明	备注
Versions		版本序列	可选
Version		版本描述入口	必选

续表

名　　称	类　型	说　　明	备注
ID	xs：ID	版本标识	必选
Index	xs：int	版本号	必选
Current	xs：boolean	是否是默认版本 默认为 false	可选
BaseLoc	ST＿Loc	指向包内的版本描述文件	必选

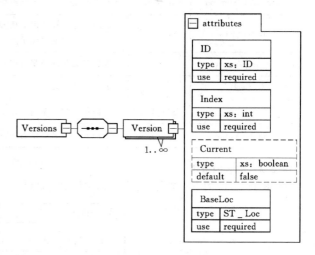

图 89　版本列表结构

19.2 版本

版本信息在独立的文件中描述，如图 90 所示，版本定义结构中列出了一个 OFD 文档版本中所需的原有文件。

版本属性说明见表 71。

表 71　　　　版　本　属　性

名　　称	类　型	说　　明	备注
ID	xs：ID	版本标识	必选
Version	xs：string	该文件适用的格式版本	可选
Name	xs：string	版本名称	可选
CreationDate	xs：date	创建时间	可选
FileList		版本包含的文件列表	必选
File	ST＿Loc	文件列表文件描述	必选
ID	xs：ID	文件列表文件标识	必选
DocRoot	ST＿Loc	该版本的入口文件	必选

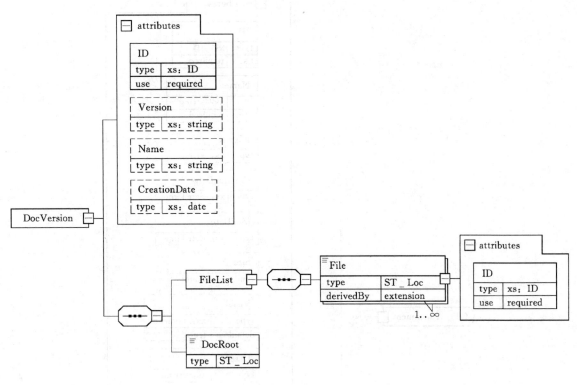

图 90　版本结构

20　附件

20.1　附件列表

附件列表文件的入口点在 7.5 文档根节点中定义。一个 OFD 文档可以定义多个附件，附件列表结构如图 91 所示。

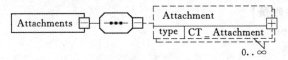

图 91　附件列表结构

附件列表属性说明见表 72。

表 72　　附件列表属性

名　称	类　型	说　　明	备注
Attachments		附件列表根节点	可选
Attachment	CT_Attachment	附件	可选

20.2　附件

附件类型定义如图 92 所示。

附件属性说明见表 73。

表 73　　附件属性

名　称	类　型	说　　明	备注
ID	xs：ID	附件标识	必选
Name	xs：string	附件名称	必选
Format	xs：string	附件格式	可选
CreationDate	xs：dateTime	创建时间	可选
ModDate	xs：dateTime	修改时间	可选
Size	xs：double	附件大小，以 KB 为单位	可选
Visible	xs：boolean	附件是否可见默认为 true	可选
Usage	xs：string	附件用途默认为 none	可选
FileLoc	ST_Loc	附件内容在包内的路径	可选

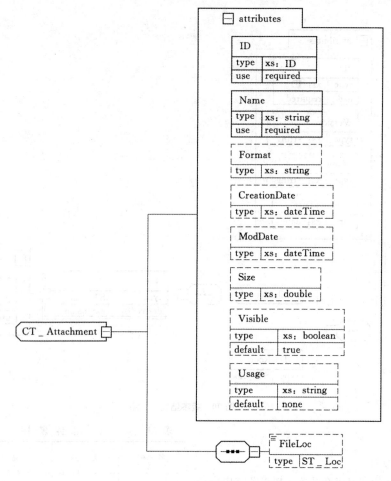

图 92　附件结构

附录 A
（规范性附录）
Schema

A.1　OFD.xsd

〈? xml version＝"1.0" encoding＝"UTF-8"?〉

〈xs：schema xmlns＝"http：//www.ofdspec.org/2016"

xmlns：xs＝"http：//www.w3.org/2001/XMLSchema"

targetNamespace="http：//www.ofdspec.org/2016"elementFormDefault＝"qualified"

attributeFormDefault＝"unqualified"〉

　　〈xs：include schemaLocation＝"Definitions.xsd"/〉

　　〈! 一主入口定义。一〉

　　〈xs：element name＝"OFD"〉

　　　　〈xs：complexType〉

　　　　　　〈xs：sequence〉

　　　　　　　　〈xs：element name＝"DocBody" maxOccurs＝"unbounded"〉

　　　　　　　　　　〈xs：complexType〉

　　　　　　　　　　　　〈xs：sequence〉

　　　　　　　　　　　　　　〈xs：element name＝"DocInfo" type＝"CT_DocInfo"/〉

```xml
〈xs:element name="DocRoot" type="ST_Loc"/〉
〈xs:element name="Versions" minOccurs="0"〉
    〈xs:complexType〉
        〈xs:sequence〉
            〈xs:element name="Version" maxOccurs="unbounded"〉
                〈xs:complexType〉
                    〈xs:attribute name="ID" type="xs:ID" use="required"/〉
                    〈xs:attribute name="Index" type="xs:int" use="required"/〉
                    〈xs:attribute name="Current" type="xs:boolean" default="false"/〉
                    〈xs:attribute name="BaseLoc" type="ST_Loc" use="required"/〉
                〈/xs:complexType〉
            〈/xs:element〉
        〈/xs:sequence〉
    〈/xs:complexType〉
〈/x:element〉
〈xs:element name="Signatures" type="ST_Loc" minOccurs="0"/〉
〈/xs:sequence〉
        〈/xs:complexType〉
    〈/xs:element〉
〈/xs:sequence〉
〈xs:attribute name="Version" type="xs:string" use="required"fixed="1.0"/〉
〈xs:attribute name="DocType" use="required" fixed="OFD"〉
    〈xs:simpleType〉
        〈xs:restriction base="xs:string"〉
            〈xs:enumeration value="OFD"/〉
        〈/xs:restriction〉
    〈/xs:simpleType〉
〈/xs:attribute〉
    〈/xs:complexType〉
〈/xs:element〉
〈!—文档元数据定义—〉
〈xs:complexType name="CT_DocInfo"〉
    〈xs:sequence〉
        〈xs:element name="DocID" type="xs:string"/〉
        〈xs:element name="Title" type="xs:string" minOccurs="0"/〉
        〈xs:element name="Author" type="xs:string" minOccurs="0"/〉
        〈xs:element name="Subject" type="xs:string" minOccurs="0"/〉
        〈xs:element name="Abstract" type="xs:string" minOccurs="0"/〉
        〈xs:element name="CreationDate" type="xs:date" minOccures="0"/〉
        〈xs:element name="ModDate" type="xs:date" minOccurs="0"/〉
        〈xs:element name="DocUsage" type="xs:string" minOccurs="0"/〉
        〈xs:element name="Cover" type="ST_Loc" minOccurs="0"/〉
        〈xs:element name="Keywords" minOccurs="0"〉
            〈xs:complexType〉
                〈xs:sequence〉
                    〈xs:element name="Keyword" type="xs:string" maxOccurs="unbounded"/〉
                〈/xs:sequence〉
            〈/xs:complexType〉
        〈/xs:element〉
```

```
〈xs:element name="Creator" type="xs:string" minOccurs="0"/〉
〈xs:element name="CreatorVersion" type="xs:string" minOccurs="0"/〉
〈xs:element name="CustomDatas" minOccurs="0"〉
    〈xs:complexType〉
        〈xs:sequence〉
            〈xs:element name="CustomData" maxOccurs="unbounded"〉
                〈xs:complexType〉
                    〈xs:simpleContent〉
                        〈xs:extension base="xs:string"〉
                            〈xs:attribute name="Name" type="xs:string" use="required"/〉
                        〈/xs:extension〉
                    〈/xs:simpleContent〉
                〈/xs:complexType〉
            〈/xs:element〉
        〈/xs:sequence〉
    〈/xs:complexType〉
〈/xs:element〉
    〈/xs:sequence〉
〈/xs:complexType〉
〈/xs:schema〉
```

A. 2　Document. xsd

```
〈? xml version="1. 0" encoding="UTF-8"?〉
〈xs:schema xmlns="http://www. ofdspec. org/2016"
xmlns:xs="http://www. w3. org/2001/XMLSchema"
targetNamespace="http://www. ofdspec. org/2016"elementFormDefault="qualified"
attributeFormDefault="unqualified"〉
    〈xs:include schemaLocation="Definitions. xsd"/〉
    〈! 一文档结构定义。一〉
    〈xs:element name="Document"〉
        〈xs:complexType〉
            〈xs:sequence〉
                〈xs:element name="CommonData"〉
                    〈xs:complexType〉
                        〈xs:sequence〉
                            〈xs:element name="MaxUnitID" type="ST_ID"/〉
                            〈xs:element name="PageArea" type="CT_PageArea"/〉
                            〈xs:element name="PublicRes" type="ST_Loc" minOccurs="0" maxOccurs="unbounded"/〉
                            〈xs:element name="DocumentRes" type="ST_Loc" minOccurs="0"maxOccurs="unbounded"/〉
                            〈xs:element name="TemplatePage" minOccurs="0" maxOccurs="unbounded"〉
                                〈xs:complexType〉
                                    〈xs:attribute name="ID" type="ST_ID" use="required"/〉
                                    〈xs:attribute name="Name" type="xs:string"/〉
                                    〈xs:attribute name="ZOrder"〉
                                        〈xs:simpleType〉
                                            〈xs:restriction base="xs:string"〉
                                                〈xs:enumeration value="Background"/〉
                                                〈xs:enumeration value="Foreground"/〉
                                            〈/xs:restriction〉
                                        〈/xs:simpleType〉
```

```
                        〈/xs:attribute〉
                        〈xs:attribute name="BaseLoc" type="ST_Loc" use="required"/〉
                    〈/xs:complexType〉
                〈/xs:element〉
                〈xs:element name="DefaultCS" type="ST_RefID" minOccurs="0"/〉
            〈/xs:sequence〉
        〈/xs:complexType〉
    〈/xs:element〉
    〈xs:element name="Pages"〉
        〈xs:complexType〉
            〈xs:sequence〉
                〈xs:element name="Page" maxOccurs="unbounded"〉
                    〈xs:complexType〉
                        〈xs:attribute name="ID" type="ST_ID" use="required"/〉
                        〈xs:attribute name="BaseLoc" type="ST_Loc" use="required"/〉
                    〈/xs:complexType〉
                〈/xs:element〉
            〈/xs:sequence〉
        〈/xs:complexType〉
    〈/xs:element〉
    〈xs:element name="Outlines" minOccurs="0"〉
        〈xs:complexType〉
            〈xs:sequence〉
                〈xs:element name="OutlineElem" type="CT_OutlineElem" maxOccurs="unbounded"/〉
            〈/xs:sequence〉
        〈/xs:complexType〉
    〈/xs:element〉
    〈xs:elemnt name="Permissions" type="CT_Permission" minOccurs="0"/〉
    〈xs:element name="Actions" minOccurs="0"〉
        〈xs:complexType〉
            〈xs:sequence〉
                〈xs:element name="Action" type="CT_Action" maxOccurs="unbounded"/〉
            〈/xs:sequence〉
        〈/xs:complexType〉
    〈/xs:element〉
    〈xs:element name="VPreferences" type="CT_VPreferences" minOccurs="0"/〉
    〈xs:element name="Bookmarks" minOccurs="0"〉
        〈xs:complexType〉
            〈xs:sequence〉
                〈xs:element name="Bookmark" type="CT_Bookmark" maxOccurs="unbounded"/〉
            〈/xs:sequence〉
        〈/xs:complexType〉
    〈/xs:element〉
    〈xs:element name="Annotations" type="ST_Loc" minOccurs="0"/〉
    〈xs:element name="CustomTags" type="ST_Loc" minOccurs="0"/〉
    〈xs:element name="Attachments" type="ST_Loc" minOccurs="0"/〉
    〈xs:element name="Extensions" type="ST_Loc" minOccurs="0"/〉
〈/xs:sequence〉
〈/xs:complexType〉
```

```
〈/xs：element〉
〈! —文档全局设置—〉
〈xs：complexType name="CT_Permission"〉
    〈xs：sequence〉
        〈xs：element name="Edit" type="xs：boolean" default="true" minOccurs="0"/〉
        〈xs：element name="Annot" type="xs：boolean" default="true" minOccurs="0"/〉
        〈xs：element name="Export" type="xs：boolean" default="true" minOccurs="0"/〉
        〈xs：element name="Signature" type="xs：boolean" default="true" minOccurs="0"/〉
        〈xs：element name="Watermark" type="xs：boolean" default="true" minOccurs="0"/〉
        〈xs：element name="PrintScreen" type="xs：boolean"default="true" minOccurs="0"/〉
        〈xs：element name="Print" minOccurs="0"〉
            〈xs：complexType〉
                〈xs：attribute name="Printable" type="xs：boolean" use="required"/〉
                〈xs：attribute name="Copies" type="xs：int" default="-1"/〉
            〈/xs：complexType〉
        〈/xs：element〉
        〈xs：element name="ValidPeriod" minOccurs="0"〉
            〈xs：complexType〉
                〈xs：attribute name="StartDate" type="xs：dateTime"/〉
                〈xs：attribute name="EndDate" type="xs：dateTime"/〉
            〈/xs：complexType〉
        〈/xs：element〉
    〈/xs：sequence〉
〈/xs：complexType〉
〈xs：complexType name="CT_VPreferences"〉
    〈xs：sequence〉
        〈xs：element name="PageMode" default="None" minOccurs="0"〉
            〈xs：simpleType〉
                〈xs：restriction base="xs：string"〉
                    〈xs：enumeration value="None"/〉
                    〈xs：enumeration value="FullScreen"/〉
                    〈xs：enumeration value="UseOutlines"/〉
                    〈xs：enumeration value="UseThumbs"/〉
                    〈xs：enumeration value="UseCustomTags"/〉
                    〈xs：enumeration value="UseLayers"/〉
                    〈xs：enumeration value="UseAttatchs"/〉
                    〈xs：enumeration value="UseBookmarks"/〉
                〈/xs：restriction〉
            〈/xs：simpleType〉
        〈/xs：element〉
        〈xs：element name="PageLayout" default="OneColumn" minOccurs="0"〉
            〈xs：simpleType〉
                〈xs：restriction base="xs：string"〉
                    〈xs：enumeration value="OnePage"/〉
                    〈xs：enumeration value="OneColumn"/〉
                    〈xs：enumeration value="TwoPageL"/〉
                    〈xs：enumeration value="TwoColumnL"/〉
                    〈xs：enumeration value="TwoPageR"/〉
                    〈xs：enumeration value="TwoColumnR"/〉
```

```
            〈/xs:restriction〉
         〈/xs:simpleType〉
      〈/xs:element〉
      〈xs:element name="TabDisplay" default="DocTitle" minOccurs="0"〉
         〈xs:simpleType〉
            〈xs:restriction base="xs:string"〉
               〈xs:enumeration value="DocTitle"/〉
               〈xs:enumeration value="FileName"/〉
            〈/xs:restriction〉
         〈/xs:simpleType〉
      〈/xs:element〉
      〈xs:element name="HideToolbar" type="xs:boolean" default="false" minOccurs="0"/〉
      〈xs:element name="HideMenubar" type="xs:boolean" default="false" minOccurs="0"/〉
      〈xs:element name="HideWindowUI" type="xs:boolean" default="false" minOccurs="0"/〉
      〈xs:choice minOccurs="0"〉
         〈xs:element name="ZoomMode"〉
            〈xs:simpleType〉
               〈xs:restriction base="xs:string"〉
                  〈xs:enumeration value="Default"/〉
                  〈xs:enumeration value="FitHeight"/〉
                  〈xs:enumeration value="FitWidth"/〉
                  〈xs:enumeration value="FitRect"/〉
               〈/xs:restriction〉
            〈/xs:simpleType〉
         〈/xs:element〉
         〈xs:element name="Zoom" type="xs:double"/〉
      〈/xs:choice〉
   〈/xs:sequence〉
〈/xs:complexType〉
〈!—大纲相关结构类型—〉
〈xs:complexType name="CT_OutlineElem"〉
   〈xs:sequence〉
      〈xs:element name="Actions" minOccurs="0"〉
         〈xs:complexType〉
            〈xs:sequence〉
               〈xs:element name="Action" type="CT_Action" maxOccurs="unbounded"/〉
            〈/xs:sequence〉
         〈/xs:complexType〉
      〈/xs:element〉
      〈xs:element name="OutlineElem" type="CT_OutlineElem" minOccurs="0" maxOccurs="unbounded"/〉
   〈/xs:sequence〉
   〈xs:attribute name="Title" type="xs:string" use="required"/〉
   〈xs:attribute name="Count" type="xs:int"/〉
   〈xs:attribute name="Expanded" type="xs:boolean" default="true"/〉
〈/xs:complexType〉
〈xs:complexType name="CT_Bookmark"〉
   〈xs:sequence〉
      〈xs:element name="Dest" type="CT_Dest"/〉
   〈/xs:sequence〉
```

〈xs：attribute name="Name" type="xs：string" use="required"/〉

　　〈/xs：complexType〉

〈/xs：schema〉

A. 3　Annotations. xsd

〈? xml version="1. 0" encoding="UTF‐8"?〉

〈xs：schema xmlns="http：//www. ofdspec. org/2016"

xmlns：xs="http：//www. w3. org/2001/XMLSchema"

targetNamespace="http：//www. ofdspec. org/2016" elementFormDefault="qualified"

attributeFormDefault="unqualified"〉

　　〈xs：include schemaLocation="Page. xsd"/〉

　　〈xs：include schemaLocation="Definitions. xsd"/〉

　　〈! 一注释索引文件,按页组织指向注释内容文件。注释内容与版式内容是分开描述的一〉

　　〈xs：element name="Annotations"〉

　　　　〈xs：complexType〉

　　　　　　〈xs：sequence〉

　　　　　　　　〈xs：element name="Page" minOccurs="0" maxOccurs="unbounded"〉

　　　　　　　　　　〈xs：complexType〉

　　　　　　　　　　　　〈xs：sequence〉

　　　　　　　　　　　　　　〈xs：element name="FileLoc" type="ST_Loc"/〉

　　　　　　　　　　　　〈/xs：sequence〉

　　　　　　　　　　　　〈xs：attribute name="PageID" type="ST_RefID" use="required"/〉

　　　　　　　　　　〈/xs：complexType〉

　　　　　　　　〈/xs：element〉

　　　　　　〈/xs：sequence〉

　　　　〈/xs：complexType〉

　　〈/xs：element〉

〈/xs：schema〉

A. 4　Annotation. xsd

〈? xml version="1. 0" encoding="UTF‐8"?〉

〈xs：schema xmlns="http：//www. ofdspec. org/2016"

xmlns：xs="http：//www. w3. org/2001/XMLSchema"

targetNamespace="http：//www. ofdspec. org/2016" elementFormDefault="qualified"

attributeFormDefault="unqualified"〉

　　〈xs：include schemaLocation="Page. xsd"/〉

　　〈xs：include schemaLocation="Definitions. xsd"/〉

　　〈! 一注释文件单独存放,与被注释对象相分离。一〉

　　〈xs：element name="PageAnnot"〉

　　　　〈xs：complexType〉

　　　　　　〈xs：sequence〉

　　　　　　　　〈xs：element name="Annot" maxOccurs="unbounded"〉

　　　　　　　　　　〈xs：complexType〉

　　　　　　　　　　　　〈xs：sequence〉

　　　　　　　　　　　　　　〈xs：element name="Remark" type="xs：string" minOccurs="0"/〉

　　　　　　　　　　　　　　〈xs：element name="Parameters" minOccurs="0"〉

　　　　　　　　　　　　〈xs：complexType〉

　　　　　　　　　　　　〈xs：sequence〉

　　　　　　　　　　　　　　〈xs：element name="Parameter" maxOccurs="unbounded"〉

　　　　　　　　　　　　　　　　〈xs：complexType〉

　　　　　　　　　　　　　　　　　　〈xs：simpleContent〉

```
                    〈xs:extension base="xs:string"〉
                        〈xs:attribute name="Name" type="xs:string" use="required"/〉
                    〈/xs:extension〉
                〈/xs:simpleContent〉
            〈/xs:complexType〉
        〈/xs:element〉
        〈xs:element name="Appearance"〉
            〈xs:complexType〉
                〈xs:complexContent〉
                    〈xs:extension base="CT_PageBlock"〉
                        〈xs:attribute name="Boundary" type="ST_Box"/〉
                    〈/xs:extension〉
                〈/xs:complexContent〉
            〈/xs:complexType〉
        〈/xs:element〉
    〈/xs:sequence〉
    〈xs:attribute name="ID" type="ST_ID" use="required"/〉
    〈xs:attribute name="Type" use="required"〉
        〈xs:simpleType〉
            〈xs:restriction base="xs:string"〉
                        〈xs:enumeration value="Link"/〉
                        〈xs:enumeration value="Path"/〉
                        〈xs:enumeration value="Highlight"/〉
                        〈xs:enumeration value="Stamp"/〉
                        〈xs:enumeration value="Watermark"/〉
            〈/xs:restriction〉
        〈/xs:simpleType〉
    〈/xs:attribute〉
    〈xs:attribute name="Creator" type="xs:string" use="required"/〉
    〈xs:attribute name="LastModDate" type="xs:date" use="required"/〉
    〈xs:attribute name="Visible" type="xs:boolean" default="true"/〉
    〈xs:attribute name="Subtype" type="xs:string"/〉
    〈xs:attribute name="Print" type="xs:boolean" default="true"/〉
    〈xs:attribute name="NoZoom" type="xs:boolean" default="false"/〉
    〈xs:attribute name="NoRotate" type="xs:boolean" default="false"/〉
    〈xs:attribute name="ReadOnly" type="xs:boolean" default="true"/〉
        〈/xs:complexType〉
    〈/xs:element〉
        〈/xs:sequence〉
    〈/xs:complexType〉
〈/xs:element〉
〈/xs:schema〉
```

A.5 Res. xsd

```
〈? xml version="1.0" encoding="UTF-8"?〉
〈xs:schema xmlns="http://www.ofdspec.org/2016"
xmlns:xs="http://www.w3.org/2001/XMLSchema"
```

targetNamespace＝"http：//www. ofdspec. org/2016" elementFormDefault＝"qualified"
attributeFormDefault＝"unqualified"〉

　　〈xs：include schemaLocation＝"Page. xsd"/〉

　　〈xs：include schemaLocation＝"Definitions. xsd"/〉

　　〈! 一资源文件定义。文档中使用的资源性文件比如图形、图像、多媒体、绘制参数（样式）等应在资源文件中统一
管理。一〉

　　〈xs：element name＝"Res"〉

　　　　〈xs：complexType〉

　　　　〈xs：choice minOccurs＝"0" maxOccurs＝"unbounded"〉

　　　　　　〈xs：element name＝"ColorSpaces"〉

　　　　　　　　〈xs：complexType〉

　　　　　　　　　　〈xs：sequence〉

　　　　　　　　　　　　〈xs：element name＝"ColorSpace" maxOccurs＝"unbounded"〉

　　　　　　　　　　　　　　〈xs：complexType〉

　　　　　　　　　　　　　　　　〈xs：complexContent〉

　　　　　　　　　　　　　　　　　　〈xs：extension base＝"CT_ColorSpace"〉

　　　　　　　　　　　　　　　　　　　　〈xs：attribute name＝"ID" type＝"ST_ID" use＝"required"/〉

　　　　　　　　　　　　　　　　　　〈/xs：extension〉

　　　　　　　　　　　　　　　　〈/xs：complexContent〉

　　　　　　　　　　　　　　〈/xs：complexType〉

　　　　　　　　　　　　〈/xs：element〉

　　　　　　　　　　〈/xs：sequence〉

　　　　　　　　〈/xs：complexType〉

　　　　　　〈/x：element〉

　　　　　　〈xs：element name＝"DrawParams"〉

　　　　　　　　〈xs：complexType〉

　　　　　　　　　　〈xs：sequence〉

　　　　　　　　　　　　〈xs：element name＝"DrawParam" maxOccurs＝"unbounded"〉

　　　　　　　　　　　　〈xs：complexType〉

　　　　　　　　　　　　　　〈xs：complexContent〉

　　　　　　　　　　　　　　　　〈xs：extension base＝"CT_DrawParam"〉

　　　　　　　　　　　　　　　　　　〈xs：attribute name＝"ID" type＝"ST_ID" use＝"required"/〉

　　　　　　　　　　　　　　　　〈/xs：extension〉

　　　　　　　　　　　　　　〈/xs：complexContent〉

　　　　　　　　　　　　〈/xs：complexType〉

　　　　　　　　　　　　〈/xs：element〉

　　　　　　　　　　〈/xs：sequence〉

　　　　　　　　〈/xs：complexType〉

　　　　　　〈/xs：element〉

　　　　　　〈xs：element name＝"Fonts"〉

　　　　　　　　〈xs：complexType〉

　　　　　　　　　　〈xs：sequence〉

　　　　　　　　　　　　〈xs：element name＝"Font" maxOccurs＝"unbounded"〉

　　　　　　　　　　　　〈xs：complexType〉

　　　　　　　　　　　　　　〈xs：complexContent〉

　　　　　　　　　　　　　　　　〈xs：extension base＝"CT_Font"〉

　　　　　　　　　　　　　　　　　　〈xs：attribute name＝"ID" type＝"ST_ID" use＝"required"/〉

　　　　　　　　　　　　　　　　〈/xs：extension〉

　　　　　　　　　　　　　　〈/x：complexContent〉

```
                    〈/xs:complexType〉
                〈/xs:element〉
            〈/xs:sequence〉
        〈/xs:complexType〉
    〈/xs:element〉
    〈xs:element name="MultiMedias"〉
        〈xs:complexType〉
            〈xs:sequence〉
                〈xs:element name="MultiMedia" maxOccurs="unbounded"〉
                    〈xs:complexType〉
                        〈xs:complexContent〉
                            〈xs:extension base="CT_MultiMedia"〉
                                〈xs:attribute name="ID" type="ST_ID" use="required"/〉
                            〈/xs:extension〉
                        〈/xs:complexContent〉
                    〈/xs:complexType〉
                〈/xs:element〉
            〈/xs:sequence〉
        〈/xs:complexType〉
    〈/xs:element〉
    〈xs:element name="CompositeGraphicUnits"〉
        〈xs:complexType〉
            〈xs:sequence〉
                〈xs:element name="CompositeGraphicUnit" maxOccurs="unbounded"〉
                    〈xs:complexType〉
                        〈xs:complexContent〉
                            〈xs:extension base="CT_VectorG"〉
                                〈xs:attribute name="ID" type="ST_ID" use="required"/〉
                            〈/xs:extension〉
                        〈/xs:complexContent〉
                    〈/xs:complexType〉
                〈/xs:element〉
            〈/xs:sequence〉
        〈/xs:complexType〉
    〈/xs:element〉
〈/xs:choice〉
〈xs:attribute name="BaseLoc" type="ST_Loc" use="required"/〉
    〈/xs:complexType〉
〈/xs:element〉
〈! —颜色空间的定义—〉
〈xs:complexType name="CT_ColorSpace"〉
    〈xs:sequence〉
        〈xs:element name="Palette" minOccurs="0"〉
            〈xs:complexType〉
                〈xs:sequence〉
                    〈xs:element name="CV" type="ST_Array" maxOccurs="unbounded"/〉
                〈/xs:sequence〉
            〈/xs:complexType〉
        〈/xs:element〉
```

```
        〈/xs：sequence〉
        〈xs：attribute name="Type" use="required"〉
            〈xs：simpleType〉
                〈xs：restriction base="xs：string"〉
                    〈xs：enumeration value="GRAY"/〉
                    〈xs：enumeration value="RGB"/〉
                    〈xs：enumeration value="CMYK"/〉
                〈/xs：restriction〉
            〈/xs：simpleType〉
        〈/xs：attribute〉
        〈xs：attribute name="BitsPerComponent" type="xs：int" default="8"/〉
        〈xs：attribute name="Profile" type="ST_Loc"/〉
    〈/xs：complexType〉
    〈!—绘制参数定义—〉
    〈xs：complexType name="CT_DrawParam"〉
        〈xs：sequence〉
            〈xs：element name="FillColor" type="CT_Color" minOccurs="0"/〉
            〈xs：element name="StrokeColor" type="CT_Color" minOccurs="0"/〉
        〈/xs：sequence〉
        〈xs：attribute name="Relative" type="ST_RefID"/〉
        〈xs：attribute name="LineWidth"type="xs：double" default="0.353"/〉
        〈xs：attribute name="Join" type="xs：string" default="Miter"/〉
        〈xs：attribute name="Cap"type="xs：string"default="Butt"/〉
        〈xs：attribute name="DashOffset"type="xs：double" default="0"/〉
        〈xs：attribute name="DashPattern" type="ST_Array"/〉
        〈xs：attribute name="MiterLimit" type="xs：double" default="4.234"/〉
    〈/xs：complexType〉
    〈!—字形资源定义—〉
    〈xs：complexType name="CT_Font"〉
        〈xs：sequence〉
            〈xs：element name="FontFile" type="ST_Loc" minOccurs="0"/〉
        〈/xs：sequence〉
        〈xs：attribute name="FontName" type="xs：string" use="required"/〉
        〈xs：attribute name="FamilyName" type="xs：string"/〉
        〈xs：attribute name="Charset" default="unicode"〉
            〈xs：simpleType〉
                〈xs：restriction base="xs：string"〉
                    〈xs：enumeration value="symbol"/〉
                    〈xs：enumeration value="prc"/〉
                    〈xs：enumeration value="big5"/〉
                    〈xs：enumeration value="shift-jis"/〉
                    〈xs：enumeration value="wansung"/〉
                    〈xs：enumeration value="johab"/〉
                    〈xs：enumeration value="unicode"/〉
                〈/xs：restriction〉
            〈/xs：simpleType〉
        〈/xs：attribute〉
        〈xs：attribute name="Italic" type="xs：boolean" default="false"/〉
        〈xs：attribute name="Bold" type="xs：boolean" default="false"/〉
```

```
        〈xs:attribute name="Serif" type="xs:boolean" default="false"/〉
        〈xs:attribute name="FixedWidth" type="xs:boolean" default="false"/〉
    〈/xs:complexType〉
    〈! —多媒体(含位图图像)资源定义—〉
    〈xs:complexType name="CT_MultiMedia"〉
        〈xs:sequence〉
            〈xs:element name="MediaFile" type="ST_Loc"/〉
        〈/xs:sequence〉
        〈xs:attribute name="Type" use="required"〉
            〈xs:simpleType〉
                〈xs:restriction base="xs:string"〉
                    〈xs:enumeration value="Image"/〉
                    〈xs:enumeration value="Audio"/〉
                    〈xs:enumeration value="Video"/〉
                〈/xs:restriction〉
            〈/xs:simpleType〉
        〈/xs:attribute〉
        〈xs:attribute name="Format" type="xs:string"/〉
    〈/xs:complexType〉
    〈! —矢量图像定义—〉
    〈xs:complexType name="CT_VectorG"〉
        〈xs:sequence〉
            〈xs:element name="Thumbnail" type="ST_RefID" minOccurs="0"/〉
            〈xs:element name="Substitution" type="ST_RefID" minOccurs="0"/〉
            〈xs:element name="Content" type="CT_PageBlock"/〉
        〈/xs:sequence〉
        〈xs:attribute name="Width" type="xs:double" use="required"/〉
        〈xs:attribute name="Height" type="xs:double" use="required"/〉
    〈/xs:complexType〉
〈/xs:schema〉
```

A. 6 Definition. xsd

```
〈? xml version="1. 0" encoding="UTF-8"?〉
〈xs:schema xmlns="http://www.ofdspec. org/2016"
xmlns:xs="http://www.w3. org/2001/XMLSchema"
targetNamespace="http://www.ofdspec. org/2016" elementFormDefault="qualified"
attributeFormDefault="unqualified"〉
    〈! —公用的简单类型定义。—〉
    〈xs:simpleType name="ST_ID"〉
        〈xs:restriction base="xs:unsignedInt"/〉
    〈/xs:simpleType〉
    〈xs:simpleType name="ST_RefID"〉
        〈xs:restriction base="xs:unsignedInt"/〉
    〈/xs:simpleType〉
    〈xs:simpleType name="ST_Loc"〉
        〈xs:restriction base="xs:anyURI"/〉
    〈/xs:simpleType〉
    〈xs:simpleType name="ST_Array"〉
        〈xs:restriction base="xs:string"/〉
    〈/xs:simpleType〉
```

```
〈xs：simpleType name＝"ST_Pos"〉
    〈xs：restriction base＝"xs：string"/〉
〈/xs：simpleType〉
〈xs：simpleType name＝"ST_Box"〉
    〈xs：restriction base＝"xs：string"/〉
〈/xs：simpleType〉
〈!—公用的复杂类型定义。—〉
〈xs：complexType name＝"CT_Dest"〉
    〈xs：attribute name＝"Type" use＝"required"〉
        〈xs：simpleType〉
            〈xs：restriction base＝"xs：string"〉
                〈xs：enumeration value＝"XYZ"/〉
                〈xs：enumeration value＝"Fit"/〉
                〈xs：enumeration value＝"FitH"/〉
                〈xs：enumeration value＝"FitV"/〉
                〈xs：enumeration value＝"FitR"/〉
            〈/xs：restriction〉
        〈/xs：simpleType〉
    〈/xs：attribute〉
    〈xs：attribute name＝"PageID" type＝"ST_RefID" use＝"required"/〉
    〈xs：attribute name＝"Left" type＝"xs：double"/〉
    〈xs：attribute name＝"Top" type＝"xs：double"/〉
    〈xs：attribute name＝"Right" type＝"xs：double"/〉
    〈xs：attribute name＝"Bottom" type＝"xs：double"/〉
    〈xs：attribute name＝"Zoom"type＝"xs：double"/〉
〈/xs：complexType〉
〈xs：complexType name＝"CT_PageArea"〉
    〈xs：sequence〉
        〈xs：element name＝"PhysicalBox" type＝"ST_Box"/〉
        〈xs：element name＝"ApplicationBox" type＝"ST_Box" minOccurs＝"0"/〉
        〈xs：element name＝"ContentBox" type＝"ST_Box" minOccurs＝"0"/〉
        〈xs：element name＝"BleedBox" type＝"ST_Rox" minOccurs＝"0"/〉
    〈/xs：sequence〉
〈/xs：complexType〉
〈!—动作及动作集定义。—〉
〈xs：complexType name＝"CT_Action"〉
    〈xs：sequence〉
        〈xs：element name＝"Region" type＝"CT_Region" minOccurs＝"0"/〉
        〈xs：choice〉
            〈xs：element name＝"Goto"〉
                〈xs：complexType〉
                    〈xs：choice〉
                        〈xs：element name＝"Dest" type＝"CT_Dest"/〉
                        〈xs：element name＝"Bookmark"〉
                            〈xs：complexType〉
                                〈xs：attribute name＝"Name" type＝"xs：string" use＝"required"/〉
                            〈/xs：complexType〉
                        〈/xs：element〉
                    〈/xs：choice〉
```

```
                    〈/xs:complexType〉
                〈/xs:element〉
                〈xs:element name="URI"〉
                    〈xs:complexType〉
                        〈xs:attribute name="URI" type="xs:string" use="required"/〉
                        〈xs:attribute name="Base" type="xs:string"/〉
                        〈xs:attribute name="Target" type="xs:string"/〉
                    〈/xs:complexType〉
                〈/xs:element〉
                〈xs:element name="GotoA"〉
                〈xs:complexType〉
                    〈xs:attribute name="AttachID" type="xs:IDREF" use="required"/〉
                    〈xs:attribute name="NewWindow" type="xs:boolean" default="true"/〉
                〈/xs:complexType〉
            〈/xs:element〉
            〈xs:element name="Sound"〉
                〈xs:complexType〉
                    〈xs:attribute name="ResourceID" type="ST_RefID" use="required"/〉
                    〈xs:attribute name="Volume" type="xs:int"/〉
                    〈xs:attribute name="Repeat" type="xs:boolean"/〉
                    〈xs:attribute name="Synchronous" type="xs:boolean"/〉
                〈/xs:complexType〉
            〈/xs:element〉
            〈xs:element name="Movie"〉
                〈xs:complexType〉
                    〈xs:attribute name="ResourceID" type="ST_RefID" use="required"/〉
                    〈xs:attribute name="Operator" default="Play"〉
                        〈xs:simpleType〉
                            〈xs:restriction base="xs:string"〉
                                〈xs:enumeration value="Play"/〉
                                〈xs:enumeration value="Stop"/〉
                                〈xs:enumeration value="Pause"/〉
                                〈xs:enumeration value="Resume"/〉
                            〈/xs:restriction〉
                        〈/xs:simpleType〉
                    〈/xs:attribute〉
                〈/xs:complexType〉
            〈/xs:element〉
        〈/xs:choice〉
    〈/xs:sequence〉
    〈xs:attribute name="Event" use="required"〉
        〈xs:simpleType〉
            〈xs:restriction base="xs:string"〉
                〈xs:enumeration value="DO"/〉
                〈xs:enumeration value="PO"/〉
                〈xs:enumeration value="CLICK"/〉
            〈/xs:restriction〉
        〈/xs:simpleType〉
    〈/xs:attribute〉
```

```
          〈/xs:complexType〉
          〈xs:complexType name="CT_Region"〉
              〈xs:sequence〉
                  〈xs:element name="Area" maxOccurs="unbounded"〉
                      〈xs:complexType〉
                          〈xs:choice maxOccurs="unbounded"〉
                              〈xs:element name="Move"〉
                                  〈xs:complexType〉
                                      〈xs:attribute name="Point1" type="ST_Pos" use="required"/〉
                                  〈/xs:complexType〉
                              〈/xs:element〉
                              〈xs:element name="Line"〉
                                  〈xs:complexType〉
                                      〈xs:attribute name="Point1" type="ST_Pos" use="required"/〉
                                  〈/xs:complexType〉
                              〈/xs:element〉
                              〈xs:element name="QuadraticBezier"〉
                                  〈xs:complexType〉
                                      〈xs:attribute name="Point1" type="ST_Pos" use="required"/〉
                                      〈xs:attribute name="Point2" type="ST_Pos" use="required"/〉
                                  〈/xs:complexType〉
                              〈/xs:element〉
                              〈xs:element name="CubicBezier"〉
                                  〈xs:complexType〉
                                      〈xs:attribute name="Point1" type="ST_Pos"/〉
                                      〈xs:attribute name="Point2" type="ST_Pos"/〉
                                      〈xs:attribute name="Point3" type="ST_Pos" use="required"/〉
                                  〈/xs:complexType〉
                              〈/xs:element〉
                              〈xs:element name="Arc"〉
                                  〈xs:complexType〉
                                      〈xs:attribute name="SweepDirection" type="xs:boolean" use="required"/〉
                                      〈xs:attribute name="LargeArc" type="xs:boolean" use="required"/〉
                                      〈xs:attribute name="RotationAngle" type="xs:double" use="required"/〉
                                      〈xs:attribute name="EllipseSize" type="ST_Array" use="required"/〉
                                      〈xs:attribute name="EndPoint" type="ST_Pos" use="required"/〉
                                  〈/xs:complexType〉
                              〈/xs:element〉
                              〈xs:element name="Close"/〉
                          〈/xs:choice〉
                          〈xs:attribute name="Start" type="ST_Pos" use="required"/〉
                      〈/xs:complexType〉
                  〈/xs:element〉
              〈/xs:sequence〉
          〈/xs:complexType〉
〈/xs:schema〉
```

A. 7　Signatures. xsd

```
〈? xml version="1. 0" encoding="UTF-8"?〉
〈xs:schema xmlns="http://www.ofdspec.org/2016"
```

```
xmlns:xs="http://www.w3.org/2001/XMLSchema"
targetNamespace="http://www.ofdspec.org/2016"elementFormDefault="qualified"
attributeFormDefault="unqualified">
    〈xs:include schemaLocation="Definitions.xsd"/〉
    〈!—数字签名的索引文件—〉
    〈xs:element name="Signatures"〉
        〈xs:complexType〉
            〈xs:sequence〉
                〈xs:element name="MaxSignId" type="xs:ID"minOccurs="0"/〉
                〈xs:element name="Signature" minOccurs="0" maxOccurs="unbounded"〉
                    〈xs:complexType〉
                        〈xs:attribute name="ID" type="xs:ID" use="required"/〉
                        〈xs:attribute name="Type" default="Seal"〉
                            〈xs:simpleType〉
                                〈xs:restriction base="xs:string"〉
                                    〈xs:enumeration value="Seal"/〉
                                    〈xs:enumeration value="Sign"/〉
                                〈/xs:restriction〉
                            〈/xs:simpleType〉
                        〈/xs:attribute〉
                        〈xs:attribute name="BaseLoc" type="ST_Loc" use="required"/〉
                    〈/xs:complexType〉
                〈/xs:element〉
            〈/xs:sequence〉
        〈/xs:complexType〉
    〈/xs:element〉
〈/xs:schema〉
```

A.8 Signature.xsd

```
〈? xml version="1.0" encoding="UTF-8"?〉
〈xs:schema xmlns="http://www.ofdspec.org/2016"
xmlns:xs="http://www.w3.org/2001/XMLSchema"
targetNamespace="http://www.ofdspec.org/2016" elementFormDefault="qualified"
attributeFormDefault="unqualified"〉
    〈xs:include schemaLocation="Definitions.xsd"/〉
    〈xs:include schemaLocation="Page.xsd"/〉
    〈!—数字签名或电子签章描述文件—〉
    〈xs:element name="Signature"〉
        〈xs:complexType〉
            〈xs:sequence〉
                〈xs:element name="SignedInfo"〉
                    〈xs:complexType〉
                        〈xs:sequence〉
                            〈xs:element name="Provider"〉
                                〈xs:complexType〉
                                    〈xs:attribute name="ProviderName" type="xs:string" use="required"/〉
                                    〈xs:attribute name="Version" type="xs:string"/〉
                                    〈xs:attribute name="Company" type="xs:string"/〉
                                〈/xs:complexType〉
                            〈/xs:element〉
```

```
〈xs:element name="SignatureMethod" type="xs:string" minOccurs="0"/〉
〈xs:element name="SignatureDateTime" type="xs:string" minOccurs="0"/〉
〈xs:element name="References"〉
    〈xs:complexType〉
        〈xs:sequence〉
            〈xs:element name="Reference" maxOccurs="unbounded"〉
                〈xs:complexType〉
                    〈xs:sequence〉
                        〈xs:element name="CheckValue" type="xs:base64Binary"/〉
                    〈/xs:sequence〉
                    〈xs:attribute name="FileRef" type="ST_Loc" use="required"/〉
                〈/xs:complexType〉
            〈/xs:element〉
        〈/xs:sequence〉
        〈xs:attribute name="CheckMethod" default="MD5"〉
            〈xs:simpleType〉
                〈xs:restriction base="xs:string"〉
                    〈xs:enumeration value="MD5"/〉
                    〈xs:enumeration value="SHA1"/〉
                〈/xs:restriction〉
            〈/xs:simpleType〉
        〈/xs:attribute〉
    〈/xs:complexType〉
〈/xs:element〉
〈xs:sequence〉
    〈xs:element name="StampAnnot" minOccurs="0" maxOccurs="unbounded"〉
        〈xs:complexType〉
            〈xs:attribute name="ID" type="xs:ID" use="required"/〉
            〈xs:attribute name="PageRef" type="ST_RefID" use="required"/〉
            〈xs:attribute name="Boundary" type="ST_Box" use="required"/〉
            〈xs:attribute name="Clip" type="ST_Box"/〉
        〈/xs:complexType〉
    〈/xs:element〉
    〈xs:element name="Seal" minOccurs="0"〉
        〈xs:complexType〉
            〈xs:sequence〉
                〈xs:element name="BaseLoc" type="ST_Loc"/〉
            〈/xs:sequence〉
        〈/xs:complexType〉
    〈/xs:element〉
〈/xs:sequence〉
        〈/xs:sequence〉
    〈/xs:complexType〉
〈/xs:element〉
〈xs:element name="SignedValue" type="ST_Loc"/〉
        〈/xs:sequence〉
    〈/xs:complexType〉
〈/xs:element〉
〈/xs:schema〉
```

A. 9 CustomTags. xsd

⟨? xml version＝"1. 0" encoding＝"UTF－8"?⟩

⟨xs:schema xmlns＝"http://www.ofdspec.org/2016"

xmlns:xs＝"http://www.w3.org/2001/XMLSchema"

targetNamespace＝"http://www.ofdspec.org/2016" elementFormDefault＝"qualified"

attributeFormDefault＝"unqualified"⟩

    ⟨xs:include schemaLocation＝"Definitions.xsd"/⟩

    ⟨!－标引索引文件,标引文件中通过 ID 引用与被标引对象发生"非接触式(分离式)"关联。标引内容可任意扩展,但建议给出扩展内容的规范约束文件(schema)或命名空间。－⟩

    ⟨xs:element name＝"CustomTage"⟩

        ⟨xs:complexType⟩

            ⟨xs:sequence⟩

                ⟨xs:element name＝"CustomTag" minOccurs＝"0" maxOccurs＝"unbounded"⟩

                    ⟨xs:complexType⟩

                        ⟨xs:sequence⟩

                            ⟨xs:element name＝"SchemaLoc" type＝"ST_Loc" minOccurs＝"0"/⟩

                            ⟨xs:element name＝"FileLoc" type＝"ST_Loc"/⟩

                        ⟨/xs:sequence⟩

                        ⟨xs:attribute name＝"NameSpace" type＝"xs:string" use＝"required"/⟩

                    ⟨/xs:complexType⟩

                ⟨/xs:element⟩

            ⟨/xs:sequence⟩

        ⟨/xs:complexType⟩

    ⟨/xs:element⟩

⟨/xs:schema⟩

A. 10 Extensions. xsd

⟨? xml version＝"1. 0" encoding＝"UTF－8"?⟩

⟨xs:schema xmlns＝"http://www.ofdspec.org/2016"

xmlns:xs＝"http://www.w3.org/2001/XMLSchema"

targetNamespace＝"http://www.ofdspec.org/2016" elementFormDefault＝"qualified"

attributeFormDefault＝"unqualified"⟩

    ⟨xs:include schemaLocation＝"Definitions.xsd"/⟩

    ⟨!－注释文件单独存放,通过 ID 引用与被扩展对象发生"非接触式"关联。－⟩

    ⟨xs:element name＝"Extensions"⟩

        ⟨xs:complexType⟩

            ⟨xs:sequence⟩

                ⟨xs:element name＝"Extension" type＝"CT_Extension" maxOccurs＝"unbounded"/⟩

            ⟨/xs:sequence⟩

        ⟨/xs:complexType⟩

    ⟨/xs:element⟩

    ⟨xs:complexType name＝"CT_Extension"⟩

        ⟨xs:choice maxOccurs＝"unbounded"⟩

            ⟨xs:element name＝"Property"⟩

                ⟨xs:complexType⟩

                    ⟨xs:simpleContent⟩

                        ⟨xs:extension base＝"xs:string"⟩

                            ⟨xs:attribute name＝"Name" type＝"xs:string" use＝"required"/⟩

                            ⟨xs:attribute name＝"Type" type＝"xs:string"/⟩

                        ⟨/xs:extension⟩

```
                    〈/xs:simpleContent〉
                〈/xs:complexType〉
            〈/xs:element〉
            〈/xs:element name="Data" type="xs:anyType"/〉
            〈xs:element name="ExtendData" type="ST_Loc"/〉
        〈/xs:choice〉
        〈xs:attribute name="AppName" type="xs:string" use="required"/〉
        〈xs:attribute name="Company" type="xs:string"/〉
        〈xs:attribute name="AppVersion" type="xs:string"/〉
        〈xs:attribute name="Date" type="xs:dateTime"/〉
        〈xs:attribute name="RefId" type="ST_RefID" use="required"/〉
    〈/xs:complexType〉
〈/xs:schema〉
```

A. 11　Attachments. xsd

```
〈? xml version="1. 0" encoding="UTF - 8"?〉
〈xs:schema xmlns="http://www. ofdspec. org/2016"
xmlns:xs="http://www. w3. org/2001/XMLSchema"
targetNamespace="http://www. ofdspec. org/2016"elementFormDefault="qualified"
attributeFormDefault="unqualified"〉
    〈xs:include schemaLocation="Definitions. xsd"/〉
    〈xs:element name="Attachments"〉
        〈xs:complexType〉
            〈xs:sequence〉
                〈xs:element name="Attachment" type="CT_Attachment" minOccurs="0" maxOccurs="unbounded"/〉
            〈/xs:sequence〉
        〈/xs:complexType〉
    〈/xs:element〉
    〈xs:complexType name="CT_Attachment"〉
        〈xs:sequence〉
            〈xs:element name="FileLoc" type="ST_Loc"/〉
        〈/xs:sequence〉
        〈xs:attribute name="ID" type="xs:ID" use="required"/〉
        〈xs:attribute name="Name" type="xs:string" use="required"/〉
        〈xs:attribute name="Format" type="xs:string"/〉
        〈xs:attribute name="CreationDate" type="xs:dateTime"/〉
        〈xs:attribute name="ModDate" type="xs:dateTime"/〉
        〈xs:attribute name="Size" type="xs:double"/〉
        〈xs:attribute name="Visible" type="xs:boolean" default="true"/〉
        〈xs:attribute name="Usage" type="xs:string" default="none"/〉
    〈/xs:complexType〉
〈/xs:schema〉
```

A. 12　Version. xsd

```
〈? xml version="1. 0" encoding="UTF - 8"?〉
〈xs:schema xmlns="http://www. ofdspec. org/2016"
xmlns:xs="http://www. w3. org/2001/XMLSchema"
targetNamespace="http://www. ofdspec. org/2016" elementFormDefault="qualified"
attributeFormDefault="unqualified"〉
    〈xs:include schemaLocation="Definitions. xsd"/〉
    〈! 一版本控制信息定义。一〉
```

```
〈xs:element name="DocVersion"〉
    〈xs:complexType〉
        〈xs:sequence〉
            〈xs:element name="FileList"〉
                〈xs:complexType〉
                    〈xs:sequence〉
                        〈xs:element name="File" maxOccurs="unbounded"〉
                            〈xs:complexType〉
                                〈xs:simpleContent〉
                                    〈xs:extension base="ST_Loc"〉
                                        〈xs:attribute name="ID" type="xs:ID" use="required"/〉
                                    〈/xs:extension〉
                                〈/xs:simpleContent〉
                            〈/xs:complexType〉
                        〈/xs:element〉
                    〈/xs:sequence〉
                〈/xs:complexType〉
            〈/xs:element〉
            〈xs:element name="DocRoot" type="ST_Loc"/〉
        〈/xs:sequence〉
        〈xs:attribute name="ID" type="xs:ID" use="required"/〉
        〈xs:attribute name="Version" type="xs:string"/〉
        〈xs:attribute name="Name" type="xs:string"/〉
        〈xs:attribute name="CreationDate" type="xs:date"/〉
    〈/xs:complexType〉
〈/xs:element〉
〈/xs:schema〉
```

A.13 Page.xsd

```
〈?xml version="1.0" encoding="UTF-8"?〉
〈xs:schema xmlns="http://www.ofdspec.org/2016"
xmlns:xs="http://www.w3.org/2001/XMLSchema"
targetNamespace="http://www.ofdspec.org/2016" elementFormDefault="qualified"
attributeFormDefault="unqualified"〉
    〈xs:include schemaLocation="Definitions.xsd"/〉
    〈!—页面描述定义,分为页面-图层(块)-图元三个层次。—〉
    〈xs:element name="Page"〉
        〈xs:complexType〉
            〈xs:sequence〉
                〈xs:element name="Template" minOccurs="0" maxOccurs="unbounded"〉
                    〈xs:complexType〉
                        〈xs:attribute name="TemplateID" type="ST_RefID" use="required"/〉
                        〈xs:attribute name="ZOrder" use="optional" default="Background"〉
                            〈xs:simpleType〉
                                〈xs:restriction base="xs:string"〉
                                    〈xs:enumeration value="Background"/〉
                                    〈xs:enumeration value="Foreground"/〉
                                〈/xs:restriction〉
                            〈/xs:simpleType〉
                        〈/xs:attribute〉
```

```
                        〈/xs:complexType〉
                    〈/xs:element〉
                    〈xs:element name="PageRes" type="ST_Loc"minOccurs="0" maxOccurs="unbounded"/〉
                    〈xs:element name="Area" type="CT_PageArea" minOccurs="0"/〉
                    〈xs:element name="Content" minOccurs="0"〉
                        〈xs:complexType〉
                            〈xs:sequence〉
                                〈xs:element name="Layer" maxOccurs="unbounded"〉
                                    〈xs:complexType〉
                                        〈xs:complexContent〉
                                            〈xs:extension base="CT_Layer"〉
                                                〈xs:attribute name="ID" type="ST_ID" use="required"/〉
                                            〈/xs:extension〉
                                        〈/xs:complexContent〉
                                    〈/xs:complexType〉
                                〈/xs:element〉
                            〈/xs:sequence〉
                        〈/xs:complexType〉
                    〈/xs:element〉
                    〈xs:element name="Actions" minOccurs="0"〉
                        〈xs:complexType〉
                            〈xs:sequence〉
                                〈xs:element name="Action" type="CT_Action" naxOccurs="unbounded"/〉
                            〈/xs:sequence〉
                        〈/xs:complexType〉
                    〈/xs:element〉
                〈/xs:sequence〉
            〈/xs:complexType〉
        〈/xs:element〉
〈! —页对象定义—〉
〈xs:complexType name="CT_Clip"〉
    〈xs:sequence〉
        〈xs:element name="Area" maxOccurs="unbounded"〉
            〈xs:complexType〉
                〈xs:choice〉
                    〈xs:element name="Path" type="CT_Path"/〉
                    〈xs:element name="Text" type="CT_Text"/〉
                〈/xs:choice〉
                〈xs:attribute name="DrawParam" type="ST_RefID"/〉
                〈xs:attribute name="CTM" type="ST_Array"/〉
            〈/xs:complexType〉
        〈/xs:element〉
    〈/xs:sequence〉
〈/xs:complexType〉
〈xs:complexType name="CT_PageBlock"〉
    〈xs:choice minOccurs="0" maxOccurs="unbounded"〉
        〈xs:element name="TextObject"〉
            〈xs:complexType〉
                〈xs:complexContent〉
```

```
                    〈xs:extension base="CT_Text"〉
                        〈xs:attribute name="ID" type="ST_ID" use="required"/〉
                    〈/xs:extension〉
                〈/xs:complexContent〉
            〈/xs:complexType〉
        〈/xs:element〉
        〈xs:element name="PathObject"〉
            〈xs:complexType〉
                〈xs:complexContent〉
                    〈xs:extension base="CT_Path"〉
                        〈xs:attribute name="ID" type="ST_ID" use="required"/〉
                    〈/xs:extension〉
                〈/xs:complexContent〉
            〈/xs:complexType〉
        〈/xs:element〉
        〈xs:element name="ImageObject"〉
            〈xs:complexType〉
                〈xs:complexContent〉
                    〈xs:extension base="CT_Image"〉
                        〈xs:attribute name="ID" type="ST_ID" use="required"/〉
                    〈/xs:extension〉
                〈/xs:complexContent〉
            〈/xs:complexType〉
        〈/xs:element〉
        〈xs:element name="CompositeObject"〉
            〈xs:complexType〉
                〈xs:complexContent〉
                    〈xs:extension base="CT_Cmposite"〉
                        〈xs:attribute name="ID" type="ST_ID" use="required"/〉
                    〈/xs:extension〉
                〈/xs:complexContent〉
            〈/xs:complexType〉
        〈/xs:element〉
        〈xs:element name="PageBlock"〉
            〈xs:complexType〉
                〈xs:complexContent〉
                    〈xs:extension base="CT_PageBlock"〉
                        〈xs:attribute name="ID" type="ST_ID" use="required"/〉
                    〈/xs:extension〉
                〈/xs:complexContent〉
            〈/xs:complexType〉
        〈/xs:element〉
    〈/xs:choice〉
〈/xs:complexType〉
〈xs:complexType name="CT_Layer"〉
    〈xs:complexContent〉
        〈xs:extension base="CT_PageBlock"〉
            〈xs:attribute name="Type" default="Body"〉
                〈xs:simpleType〉
```

```
            〈xs：restriction base="xs：string"〉
                〈xs：enumeration value="Body"/〉
                〈xs：enumeration value="background"/〉
                〈xs：enumeration value="Foreground"/〉
                〈xs：enumeration value="Custom"/〉
            〈/xs：restriction〉
        〈/xs：simpleType〉
    〈/xs：attribute〉
    〈xs：attribute name="DrawParam" type="ST_RefID"/〉
    〈/xs：extension〉
〈/xs：complexContent〉
〈/xs：complexType〉
〈! —图元的基础定义—〉
〈xs：complexType name="CT_GraphicUnit" abstract="true"〉
    〈xs：sequence〉
        〈xs：element name="Actions" minOccurs="0"〉
            〈xs：complexType〉
                〈xs：sequence〉
                    〈xs：element name="Action" type="CT_Action" maxOccurs="unbounded"/〉
                〈/xs：sequence〉
            〈/xs：complexType〉
        〈/xs：element〉
        〈xs：element name="Clips" minOccurs="0"〉
            〈xs：complexType〉
                〈xs：sequence〉
                    〈xs：element name="Clip" type="CT_Clip" maxOccurs="unbounded"/〉
                〈/xs：sequence〉
            〈/xs：complexType〉
        〈/xs：element〉
    〈/xs：sequence〉
    〈xs：attribute name="Boundary" type="ST_Box" use="required"/〉
    〈xs：attribute name="Name" type="xs：string"/〉
    〈xs：attribute name="Visible" type="xs：boolean" default="true"/〉
    〈xs：attribute name="CTM" type="ST_Array"/〉
    〈xs：attribute name="DrawParam" type="ST_RefID"/〉
    〈xs：attribute name="LineWidth" type="xs：double" default="0.353"/〉
    〈xs：attribute name="Cap" default="Butt"〉
        〈xs：simpleType〉
            〈xs：restriction base="xs：string"〉
                〈xs：enumeration value="Butt"/〉
                〈xs：enumeration value="Round"/〉
                〈xs：enumeration value="Square"/〉
            〈/xs：restriction〉
        〈/xs：simpleType〉
    〈/xs：attribute〉
    〈xs：attribute name="Join" default="Miter"〉
        〈xs：simpleType〉
            〈xs：restriction base="xs：string"〉
                〈xs：enumeration value="Miter"/〉
```

```
                    〈xs：enumeration value="Round"/〉
                    〈xs：enumeration value="Bevel"/〉
                〈/xs：restriction〉
            〈/xs：simpleType〉
        〈/xs：attribute〉
        〈xs：attribute name="MiterLimit" type="xs：double" default="4.234"/〉
        〈xs：attribute name="DashOffset" type="xs：double" default="0"/〉
        〈xs：attribute name="DashPattern" type="ST_Array"/〉
        〈xs：attribute name="Alpha" type="xs：int" default="255"/〉
    〈/xs：complexType〉
〈！—文本对象及其定义—〉
〈xs：complexType name="CT_Text"〉
    〈xs：complexContent〉
        〈xs：extension base="CT_GraphicUnit"〉
            〈xs：sequence〉
                〈xs：element name="FillColor" type="CT_Color" minOccurs="0"/〉
                〈xs：element name="StrokeColor" type="CT_Color" minOccurs="0"/〉
                〈xs：sequence maxOccurs="unbounded"〉
                    〈xs：element name="CGTransform" type="CT_CGTransform" minOccurs="0" maxOccurs="unbounded"/〉
                    〈xs：element name="TextCode"〉
                        〈xs：complexType〉
                            〈xs：simpleContent〉
                                〈xs：extension base="xs：string"〉
                                    〈xs：attribute name="X" type="xs：double"/〉
                                    〈xs：attribute name="Y" type="xs：double"/〉
                                    〈xs：attribute name="DeltaX" type="ST_Array"/〉
                                    〈xs：attribute name="DeltaY" type="ST_Array"/〉
                                〈/xs：extension〉
                            〈/xs：simpleContent〉
                        〈/xs：complexType〉
                    〈/xs：element〉
                〈/xs：sequence〉
            〈/xs：sequence〉
            〈xs：attribute name="Font" type="ST_RefID" use="required"/〉
            〈xs：attribute name="Size" type="xs：double" use="required"〉
            〈xs：attribute name="Stroke" type="xs：boolean" default="false"/〉
            〈xs：attribute name="Fill" type="xs：boolean" default="true"/〉
            〈xs：attribute name="HScale" type="xs：double" default="1.0"/〉
            〈xs：attribute name="ReadDirection" type="xs：int" default="0"/〉
            〈xs：attribute name="CharDirection" type="xs：int" default="0"/〉
            〈xs：attribute name="Weight" default="400"〉
                〈xs：simpleType〉
                    〈xs：restriction base="xs：int"〉
                        〈xs：enumeration value="0"/〉
                        〈xs：enumeration value="100"/〉
                        〈xs：enumeration value="200"/〉
                        〈xs：enumeration value="300"/〉
                        〈xs：enumeration value="400"/〉
                        〈xs：enumeration value="500"/〉
```

```
                              〈xs:enumeration value="600"/〉
                              〈xs:enumeration value="700"/〉
                              〈xs:enumeration value="800"/〉
                              〈xs:enumeration value="900"/〉
                              〈xs:enumeration value="1000"/〉
                        〈/xs:restriction〉
                    〈/xs:simpleType〉
                〈/xs:attribute〉
                〈xs:attribute name="Italic" type="xs:boolean" default="false"/〉
            〈/xs:extension〉
        〈/xs:complexContent〉
〈/xs:complexType〉
〈xs:complexType name="CT_CGTransform"〉
    〈xs:sequence〉
        〈xs:element name="Glyphs" type="ST_Array" minOccurs="0"/〉
    〈/xs:sequence〉
    〈xs:attribute name="CodePosition" type="xs:int" use="required"/〉
    〈xs:attribute name="CodeCount" type="xs:int" default="1"/〉
    〈xs:attribute name="GlyphCount" type="xs:int" default="1"/〉
〈/xs:complexType〉
〈!—位图图像对象定义—〉
〈xs:complexType name="CT_Image"〉
    〈xs:complexContent〉
        〈xs:extension base="CT_GraphicUnit"〉
            〈xs:sequence〉
                〈xs:element name="Border" minOccurs="0"〉
                    〈xs:complexType〉
                        〈xs:sequence〉
                            〈xs:element name="BorderColor" type="CT_Color" minOccurs="0"/〉
                        〈/xs:sequence〉
                        〈xs:attribute name="LineWidth" type="xs:double" default="0.353"/〉
                        〈xs:attribute name="HorizonalCornerRadius" type="xs:double" default="0"/〉
                        〈xs:attribute name="VerticalCornerRadius" type="xs:double" default="0"/〉
                        〈xs:attribute name="DashOffset" type="xs:double" default="0"/〉
                        〈xs:attribute name="DashPattern" type="ST_Array"/〉
                    〈/xs:complexType〉
                〈/xs:element〉
            〈/xs:sequence〉
            〈xs:attribute name="ResourceID" type="ST_RefID" use="required"/〉
            〈xs:attribute name="Substitution" type="ST_RefID"/〉
            〈xs:attribute name="ImageMask" type="ST_RefID"/〉
        〈/xs:extension〉
    〈/xs:complexContent〉
〈/xs:complexType〉
〈!—矢量图像对象定义—〉
〈xs:complexType name="CT_Composite"〉
    〈xs:complexContent〉
        〈xs:extension base="CT_GraphicUnit"〉
            〈xs:attribute name="ResourceID" type="ST_RefID" use="required"/〉
```

```
            〈/xs：extension〉
        〈/xs：complexContent〉
    〈/xs：complexType〉
    〈! —图形对象及其定义—〉
    〈xs：complexType name＝"CT_Path"〉
        〈xs：complexContent〉
            〈xs：extension base＝"CT_GraphicUnit"〉
                〈xs：sequence〉
                    〈xs：element name＝"StrokeColor" type＝"CT_Color" minOccurs＝"0"/〉
                    〈xs：element name＝"FillColor" type＝"CT_Color" minOccurs＝"0"/〉
                    〈xs：element name＝"AbbreviatedData" type＝"xs：string"/〉
                〈/xs：sequence〉
                〈xs：attribute name＝"Stroke" type＝"xs：boolean" default＝"true"/〉
                〈xs：attribute name＝"Fill" type＝"xs：boolean" default＝"false"/〉
                〈xs：attribute name＝"Rule" default＝"Nonzero"〉
                    〈xs：simpleType〉
                        〈xs：restriction base＝"xs：string"〉
                            〈xs：enumeration value＝"NonZero"/〉
                            〈xs：enumeration value＝"Even－Odd"/〉
                        〈/xs：restriction〉
                    〈/xs：simpleType〉
                〈/xs：attribute〉
            〈/xs：extension〉
        〈/xs：complexContent〉
    〈/xs：complexType〉
    〈! —底纹定义—〉
    〈xs：complexType name＝"CT_Pattern"〉
        〈xs：sequence〉
            〈xs：element name＝"CellContent"〉
                〈xs：complexType〉
                    〈xs：complexContent〉
                        〈xs：extension base＝"CT_PageBlock"〉
                            〈xs：attribute name＝"Thumbnail" type＝"ST_RefID"/〉
                        〈/xs：extension〉
                    〈/xs：complexContent〉
                〈/xs：complexType〉
            〈/xs：element〉
        〈/xs：sequence〉
        〈xs：attribute name＝"Width" type＝"xs：double" use＝"required"/〉
        〈xs：attribute name＝"Height" type＝"xs：double" use＝"required"/〉
        〈xs：attribute name＝"XStep" type＝"xs：double"/〉
        〈xs：attribute name＝"YStep" type＝"xs：double"/〉
        〈xs：attribute name＝"ReflectMethod" default＝"Normal"〉
            〈xs：simpleType〉
                〈xs：restriction base＝"xs：string"〉
                    〈xs：enumeration value＝"Normal"/〉
                    〈xs：enumeration value＝"Row"/〉
                    〈xs：enumeration value＝"Column"/〉
                    〈xs：enumeration value＝"RowAndColumn"/〉
```

```
            〈/xs：restriction〉
        〈/xs：simpleType〉
    〈/xs：attribute〉
    〈xs：attribute name="RelativeTo" default="Object"〉
        〈xs：simpleType〉
            〈xs：restriction base="xs：string"〉
                〈xs：enumeration value="Page"/〉
                〈xs：enumeration value="Object"/〉
            〈/xs：restriction〉
        〈/xs：simpleType〉
    〈/xs：attribute〉
    〈xs：attribute name="CTM" type="ST_Array"/〉
〈/xs：complexType〉
〈! 一渐变定义一〉
〈xs：complexType name="CT_AxialShd"〉
    〈xs：sequence〉
        〈xs：element name="Segment" minOccurs="2" maxOccurs="unbounded"〉
            〈xs：complexType〉
                〈xs：sequence〉
                    〈xs：element name="Color" type="CT_Color"/〉
                〈/xs：sequence〉
                〈xs：attribute name="Position" type="xs：double"/〉
            〈/xs：complexType〉
        〈/xs：element〉
    〈/xs：sequence〉
    〈xs：attribute name="MapType" default="Direct"〉
        〈xs：simpleType〉
            〈xs：restriction base="xs：string"〉
                〈xs：enumeration value="Direct"/〉
                〈xs：enumeration value="Repeat"/〉
                〈xs：enumeration value="Reflect"/〉
            〈/xs：restriction〉
        〈/xs：simpleType〉
    〈/xs：attribute〉
    〈xs：attribute name="MapUnit" type="xs：double"/〉
    〈xs：attribute name="Extend" default="0"〉
        〈xs：simpleType〉
            〈xs：restriction base="xs：int"〉
                〈xs：enumeration value="0"/〉
                〈xs：enumeration value="1"/〉
                〈xs：enumeration value="2"/〉
                〈xs：enumeration value="3"/〉
            〈/xs：restriction〉
        〈/xs：simpleType〉
    〈/xs：attribute〉
    〈xs：attribute name="StartPoint" type="ST_Pos" use="required"/〉
    〈xs：attribute name="EndPoint" type="ST_Pos" use="required"/〉
〈/xs：complexType〉
〈xs：complexType name="CT_RadialShd"〉
```

```
〈xs:sequence〉
    〈xs:element name="Seqment" minOccurs="2" maxOccurs="unbounded"〉
        〈xs:complexType〉
            〈xs:sequence〉
                〈xs:element name="Color" type="CT_Color"/〉
            〈/xs:sequence〉
            〈xs:attribute name="Position" type="xs:double"/〉
        〈/xs:complexType〉
    〈/xs:element〉
〈/xs:sequence〉
〈xs:attribute name="MapType" default="Direct"〉
    〈xs:simpleType〉
        〈xs:restriction base="xs:string"〉
            〈xs:enumeration value="Direct"/〉
            〈xs:enumeration value="Repeat"/〉
            〈xs:enumeration value="Reflect"/〉
        〈/xs:restriction〉
    〈/xs:simpleType〉
〈/xs:attribute〉
〈xs:attribute name="MapUnit" type="xs:double"/〉
〈xs:attribute name="Eccentricity" type="xs:double" default="0"/〉
〈xs:attribute name="Angle" type="xs:double" default="0"/〉
〈xs:attribute name="StartPoint" type="ST_Pos" use="required"/〉
〈xs:attribute name="StartRadius" type="xs:double" default="0"/〉
〈xs:attribute name="EndPoint" type="ST_Pos" use="required"/〉
〈xs:attribute name="EndRadius" type="xs:double" use="required"/〉
〈xs:attribute name="Extend" type="xs:int" default="0"/〉
〈/xs:complexType〉
〈xs:complexType name="CT_GouraudShd"〉
    〈xs:sequence〉
        〈xs:element name="Point" minOccurs="3" maxOccurs="unbounded"〉
            〈xs:complexType〉
                〈xs:sequence〉
                    〈xs:element name="Color" type="CT_Color"/〉
                〈/xs:sequence〉
                〈xs:attribute name="X" type="xs:double" use="required"/〉
                〈xs:attribute name="Y" type="xs:double" use="required"/〉
                〈xs:attribute name="EdgeFlag"〉
                    〈xs:simpleType〉
                        〈xs:restriction base="xs:int"〉
                            〈xs:enumeration value="0"/〉
                            〈xs:enumeration value="1"/〉
                            〈xs:enumeration value="2"/〉
                        〈/xs:restriction〉
                    〈/xs:simpleType〉
                〈/xs:attribute〉
            〈/xs:complexType〉
        〈/xs:element〉
        〈xs:element name="BackColor" type="CT_Color" minOccurs="0"/〉
```

```
        〈/xs:sequence〉
        〈xs:attribute name="Extend" type="xs:int"/〉
    〈/xs:complexType〉
    〈xs:complexType name="CT_LaGouraudShd"〉
        〈xs:sequence〉
            〈xs:element name="Point" minOccurs="4" maxOccurs="unbounded"〉
                〈xs:complexType〉
                    〈xs:sequence〉
                        〈xs:element name="Color" type="CT_Color"/〉
                    〈/xs:sequence〉
                    〈xs:attribute name="X" type="xs:double"/〉
                    〈xs:attribute name="Y" type="xs:double"/〉
                〈/xs:complexType〉
            〈/xs:element〉
            〈xs:element name="BackColor" type="CT_Color" minOccurs="0"/〉
        〈/xs:sequence〉
        〈xs:attribute name="VerticesPerRow" type="xs:int" use="required"/〉
        〈xs:attribute name="Extend" type="xs:int"/〉
    〈/xs:complexType〉
    〈! —颜色定义,渐变和填充被看作颜色的一种。—〉
    〈xs:complexType name="CT_Color"〉
        〈xs:choice minOccurs="0"〉
            〈xs:element name="Pattern" type="CT_Pattern"/〉
            〈xs:element name="AxialShd" type="CT_AxialShd"/〉
            〈xs:element name="RadialShd" type="CT_RadialShd"/〉
            〈xs:element name="GouraudShd" type="CT_GouraudShd"/〉
            〈xs:element name="LaGourandShd" type="CT_LaGouraudShd"/〉
        〈/xs:choice〉
        〈xs:attribute name="Value" type="ST_Array"/〉
        〈xs:attribute name="Index" type="xs:int"/〉
        〈xs:attribute name="Colorspace" type="ST_RefID"/〉
        〈xs:attribute name="Alpha" type="xs:int" default="255"/〉
    〈/xs:complexType〉
〈/xs:schema〉
```

参 考 文 献

[1]　GB/T 5271.1—2000　信息技术　词汇　第 1 部分：基本术语［S］. 北京：中国标准出版社，2000.

⑨　信息与文献　文件管理体系基础与术语

（GB/T 34110—2017/ISO 30300：2011）

前　言

本标准按照 GB/T 1.1—2009 给出的规则起草。

本标准使用翻译法等同采用 ISO 30300：2011《信息与文献　文件管理体系　基础与术语》。

本标准与 ISO 30300：2011 相比，做出了以下编辑性修改：

——修改了 2.3.2 的标题。

本标准由全国信息与文献标准化技术委员会（SAC/TC 4）提出并归口。

本标准起草单位：中国人民大学信息资源管理学院、国家档案局、中国科学技术信息研究所、中国电子文件管理部际联系会议办公室、中国电子技术标准化研究院、南开大学商学院、电子政务云计算应用技术国家工程实验室。

本标准主要起草人：安小米、杜梅、王红敏、张楠、刘春燕、孙舒扬、朱莉、白文琳、张静、高麟鹏、连樟文、朱叶吉、潘星星。

引 言

组织的成功主要依靠管理体系的实施和维护，用以持续改进绩效并满足所有利益相关方的需求。管理体系为实现组织目标提供了制定决策和管理资源的方法论。

文件的创建和管理是任何组织活动、业务过程和信息系统的有机组成，能提高业务有效性，加强问责、管控风险并保证业务连续性，促使组织将信息资源视为业务资产、商业资产和知识资产进行资本化管理，有利于保存集体记忆，应对全球化和数字化环境带来的挑战。

在鼓励良好业务实践的组织环境里，管理体系标准为高层管理者提供了系统的、可评测的组织管控工具。

制定的文件管理体系标准，旨在帮助各种类型、规模的组织，或者有共同业务活动的组织间的团体建立、实施和持续改进有效的文件管理体系。文件管理体系对组织制定并实现文件方针和目标进行指导和控制，通过以下措施达到上述宗旨：

a）明确岗位及其职责；
b）系统化的过程；
c）测量和评估；
d）评审和改进。

基于组织要求合理实施文件方针和目标，可以确保业务活动形成的证据和相关的权威、可靠的信息得以形成和有效管理，并为有需要的人在需要的时候提供利用。文件方针及目标的成功实施能使文件和文件系统适宜地满足组织的全部宗旨。

在组织内实施文件管理体系也有助于保证决策的透明度和可追溯性，这些决策是通过责任化管理和明确规定问责来实现的。

文件管理体系系列标准是在管理体系标准框架下完成的，与其他管理体系标准保持兼容，并使用了相同的要素和方法。文件管理体系标准结构如图 1 所示。

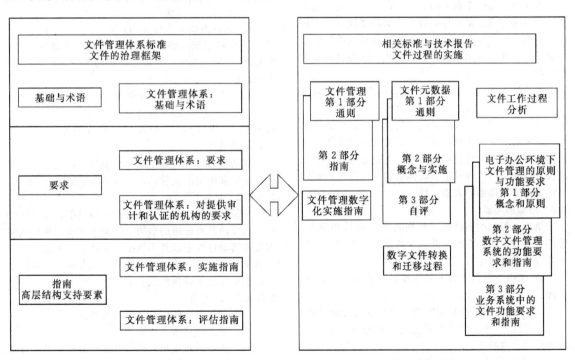

图1 文件管理体系标准结构

这些标准适用于为下列行为提供框架和指南：

a）建立关于文件方针、程序和问责的系统化管理，而不考虑文件本身的目的、内容和记录载体；

b）确定组织对文件和文件方针、程序、过程和体系的责任、权限和问责；

c）设计并实施文件管理体系；

d）通过绩效评估和持续改进取得文件管理体系的质量保证。

1 范围

本标准界定了文件管理体系中术语和定义，同时明确了文件管理体系的使用目的，提供了文件管理体系的使用原则，为最高管理者提供了过程方法，明确了岗位定位。

本标准适用于有下列需求的任意类型的组织：

a) 建立、实施、维护、改进文件管理体系以支持其业务；

b) 确保组织的文件管理体系与其规定的文件方针保持一致；

c) 通过以下方式来论证与本标准的一致性：

1) 开展自我评估和自我鉴定；

2) 通过外部第三方来证实自我鉴定；

3) 通过外部第三方来认证文件管理体系。

2　文件管理体系的基础

2.1　文件管理体系和管理体系的关系

为了实现组织目标，所有组织都会创建并控制作为其活动执行结果的文件。

文件管理体系为组织在文件系统中控制文件建立了方针、目标和指导性框架，确保文件系统能够满足组织的要求。

在文件管理体系框架内，需要设计、实施并监控文件过程和控制活动，使其符合组织的文件方针、目标和指令。这包括决定文件系统如何管理文件过程和控制活动，作为评估结果证据的文件如何与管理体系相关联。

管理体系包括文件管理体系，本身都会形成文件。这些文件以及文件管理的方式转而影响新的组织业务活动，例如新产品或新服务的开发。这些文件也可以用来监控管理体系的运行，以及这些管理体系和活动在多大程度上满足组织要求。通过这种方式，文件管理体系可以管理其他管理体系的文件要求，如同规定文件管理体系的要求一样。

2.2　组织的环境

组织或组织的团体可以根据其业务背景和要求，使用文件管理体系系列标准的全部或任意要素，这些业务背景和要求包括：

a) 组织、组织团体或文件控制过程的规模和复杂性；

b) 不恰当的文件控制所带来的业务风险的级别；

c) 以满足利益相关方当前或未来潜在需求为目的的内部改进的驱动；

d) 利益相关方的具体需求或期望。

文件管理体系国际标准适用于：

1) 组织内一个或多个具体业务过程；

2) 整个组织内所有业务过程；

3) 多个组织共享的业务过程，例如跨部门、贸易伙伴或合作伙伴关系的业务过程。

在实施文件管理体系系列标准时，组织宜查阅相关的国家法律、规章和标准要求及指南。

2.3　文件管理体系构建的必要性

2.3.1　目的

任何组织，无论其规模和业务性质如何，在工作过程中都会产生信息。文件作为信息资源的一种类型，是组织智力资本的一部分，因此，文件是组织的资产。

实施文件管理体系旨在将业务活动中产生的信息作为文件进行系统管理。这类文件支撑当前业务决策和后续活动，确保对当前和未来的利益相关方负责。

实施文件管理体系的目的是以系统的、可证实的方式来创建和控制文件，以便：

a) 高效地管理业务和交付服务；

b) 满足法律、法规和问责要求；

c) 优化组织决策、运作的连贯性和持续性；

d) 一旦发生灾难，便于组织有效运作；

e) 提供诉讼方面的保护和支持，包括组织活动的证据留存充分或不足时的风险管理；

f) 保护组织的利益和员工、客户、当前及未来利益相关方的权利；

g) 支持研发活动；

h) 支持组织的宣传活动；

i) 维护组织或集体的记忆，支持社会责任。

2.3.2　可靠、真实、完整和可用的文件

2.3.2.1　总则

每一个实施文件管理体系的组织都要建立适应其背景的文件方针和目标。文件管理体系的实施确保了文件的创建和控制能够支持组织和社会的长期需求。

成功实现文件目标的结果是创建并控制可靠、真实、完整和可用的文件，如 2.3.2.2～2.3.2.5 所述。

2.3.2.2　可靠性

一份可靠的文件是指文件的内容可信，可以充分准确地反映其所证明的事物、活动或事实，在后续的事务或活动过程中以其为依据。文件应在事务处理或与其相关的事件发生之时或其后不久形成，且由经办人或由业务活动设备形成。

2.3.2.3　真实性

一份真实的文件应符合下列条件：

——文件与其制文目的相符；

——文件的形成和发送与其既定的形成者和发送者相吻合；

——文件的形成或发送与其既定时间一致。

为了确保文件的真实性，机构应执行并记录文件管理方针和程序，便于控制文件的形成、接收、传输、保管和处置，从而确保文件形成者是经过授权和确认的，同时文件受到保护能够防止未经授权进行的增、删、改、利用和隐藏。

2.3.2.4　完整性

一份文件的完整是指文件是齐全的，并且未加改动。

应防止文件未经授权而改动。文件管理方针和程序中应明确下列事项：文件形成之后可对文件进行哪些添加或注释，在何种条件下可授权添加或注释，及授权由谁来负责添加或注释。任何授权的对文件的注释、增或删都应明确标明并可跟踪。

2.3.2.5　可用性

可用的文件是指能够被定位查找、检索、呈现或理解的文件。可用的文件应能够直接表明文件与形成它的业务活动和事务过程。文件间的背景联系中应包含文件形成和利用的信息，以便于理解事务活动的过程，确认文件所处的业务活动背景和职能活动背景，记录活动过程的顺序，维护文件间的联系。

2.3.3　文件系统的建立

2.3.3.1　总则

文件管理体系的任务是通过建立文件系统来捕获和控制具有可靠性、安全性、合规性、综合性和系统性的文件，这将在 2.3.3.2～2.3.3.6 举例说明。

2.3.3.2　可靠性

可靠的文件系统应：

a）常规地捕获业务活动覆盖范围内的所有文件；

b）以反映业务流程的方式组织文件；

c）防止文件受到未经授权的篡改和处置；

d）在常规运转中将活动信息的原始来源记录在文件中；

e）所有文件当需要时都可及时提供利用；

f）捕获组织文件的检索、利用和处置的信息；

g）能够持续、规律地运作。

可靠的文件系统能够保证业务的连续性并支持风险管理。

2.3.3.3　安全性

安全的文件系统采用恰当的控制措施，防止未经授权的行为（利用、销毁、篡改或移除文件）发生，并支持组织的问责和风险管理。

2.3.3.4　合规性

合规的文件系统满足当前业务需求、利益相关方的预期和组织运行所处的监管环境中产生的所有要求。通过将这些要求作为文件管理体系维护和改进过程的一部分来评估体系的合规性。合规的文件系统确保组织的问责、良好的治理和风险管理。

2.3.3.5　综合性

综合的文件系统能够管理组织、组织团体或部门在全部业务活动中形成的文件，可以提高业务的效率和效益。

2.3.3.6　系统性

通过既定的方针、指定的职责和正式的方法来设计和运作文件系统与业务系统，实现文件创建和管理过程的系统化，这有助于高效开展业务及管理风险。

2.4　文件管理体系的原则

2.4.1　总则

文件管理体系的成功实施是基于 2.4.2～2.4.8 原则的应用。

2.4.2　以客户和其他利益相关方为中心

以组织客户的当前和未来需求以及其他利益相关方的预期为中心，并将其依次集成到文件管理体系下建立的文件系统要求中。

2.4.3　领导和问责

领导负责建立组织文件管理的目的、方向和行为准则，在这样的环境中，人们理解并受到鼓励去实现良好的文件管理实践，以满足组织的目标和问责要求。

2.4.4　基于证据的决策

建立文件管理体系能够创建、捕获和控制组织的信息资产，这些资产以可靠、真实的文件形式来支持整个组织基于证据的决策。

2.4.5　全员参与

建议对组织内创建、处置或利用文件的所有人员界定明确的文件管理职责，并进行适当的培训。这适用于承包商、其他利益相关方以及共享业务过程和结果文件的其他组织的员工。组织范围内的全员文件意识有助于改善其信息基础并提高决策的有效性。

2.4.6　过程方法

将文件的创建和业务活动嵌入到组织活动和计划的管理过程中，有助于提高文件活动和业务活动的效率。

2.4.7　采用系统方法进行管理

在管理体系背景下，文件管理与业务活动的集成包括定期分析需求和计划以及实施、评价和改进组织的方针和程序。

2.4.8　持续改进

将对文件管理体系整体性能进行的定期监督、评估和持续改进纳入到组织综合管理体系的评估和改进中。

2.5　文件管理体系的过程方法

任何规模和业务性质的组织，都会决定并应用适当的工作过程来达到其特定的目标和目的。本标准强调组织的所有过程应有意识地应用文件管理体系，使过程的动态性及其内在联系能被识别和管理。

文件管理体系的过程方法强调下列方面的重要性：

a）识别组织的文件要求，包括利益相关方的需求和预期，建立文件方针和目标；

b）在整个业务风险的背景下，对组织涉及文件的风险进行管理和控制；

c）监督和评估文件管理体系的性能和有效性；

d）基于目标实现评估的持续改进。

图 2 说明了文件管理体系如何确定文件管理要求和利益相关方（客户和投资方）的预期，并通过必要的过程、输出满足这些要求和期望的文件。

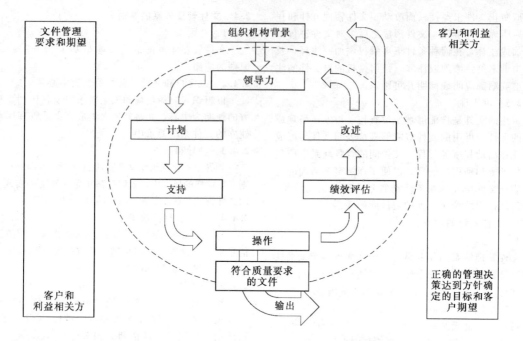

图 2　文件管理体系结构

图示模型按照比例调整规模，以满足小型、中型或大型组织的需求。也就是说，文件管理体系的详尽程度和复杂程度以及所需的资源配置取决于管理体系的范围、组织的规模及其活动、产品及服务的性质等要素。

2.6　最高管理者的职责

最高管理者负责设定组织的方向并对员工和利益相关方的优先权进行沟通。这包括结合文件管理体系与组织的要求和目标，以及了解与不当文件管理相关风险。

由最高管理者制定的方针方向旨在：

a）实现整个组织操作的一致性；

b）授权员工采纳文件管理体系的要求；

c）确保业务过程是透明的、可理解的；

d）向股东、董事会、监管者、审计员和其他利益相关方保证文件得到了恰当管理。

通过可见的领导力和问责制，最高管理者创造能使文件管理体系有效运行的环境。最高管理者以文件管理体系原则（见 2.4）为基础行使以下职能：

1）建立、维护和提升文件管理方针和目标，以增强组织的文件管理意识、动机和一致性；

2）确保文件管理职责和权限在整个组织内得到界定、分配和传达；

3）确保建立、实施和维护切实高效的文件管理体系来实现组织的目标；

4）确保可以提供必备资源和有能力的人来支持

文件管理体系；

5）定期评估文件管理体系；

6）决定改进文件管理体系的行动。

2.7　与其他管理体系的关系

管理体系关注结果和风险管理，以满足业务目标、问责要求和利益相关方的期望。

将文件管理体系嵌入到组织的整个管理体系中旨在：

a）通过将文件过程与其他活动集成来优化过程和资源；

b）支持基于证据的决策；

c）促进管理体系之间的一致性；

d）满足一致性要求并提供证据。

实施文件管理体系系列国际标准有助于支持组织实现其他管理体系标准的目标，如质量、风险管理、合规和安全等，帮助组织实现业务目标，采取的措施包括：

1）确保在管理体系内创建并管理与业务活动有关的权威的、可靠的信息和证据，从而满足按需利用。

2）建立与其他管理体系活动相关的系统的和可证实的方法，管理文件和证明性过程。

3）在其他管理体系中建立对文件及证明性过程和实践的评估框架。

4）通过集成化管理体系，促进组织绩效的持续改进。

将文件管理体系集成到组织的合规性要求、绩

效、审计和自动化系统中，为提高客户满意度和产品质量提供治理架构。

3　术语和定义

下列术语和定义适用于本文件。

3.1　与文件相关的术语

3.1.1

档案　archive（s）

永久保存的文件。

因持续使用而保存的文件。

注1：可以是档案保存和提供利用的地方，即档案库房，又称为档案库（archival repository）。

注2：可以是负责档案鉴定、收集、保存和提供利用的档案部门，又称为 archival agency，archival institution，或 archival program。

3.1.2

资产　asset

对组织有价值的事物。

注：资产的类型有多种，包括：

a）信息；

b）软件，如计算机程序；

c）硬件，如计算机；

d）服务；

e）人及其资质、技能和经验；

f）无形资产，如名誉和形象。

［ISO/IEC 27000：2009，定义 2.3］

3.1.3

文档（名词）　document（noun）

可以作为一个单元记录下来的信息或对象。

［GB/T 26162.1—2010，定义 3.10］

3.1.4

证明性文档　documentation

描述操作、说明、决议、程序和业务规则，与给定的职能、过程或事务相关的文档集合。

［GB/Z 32001—2015，定义 3.1］

3.1.5

证据　evidence

事务的证明性文档。

注：在业务活动的正常过程中形成的业务事务的凭证，且完整未受破坏。不限于法律意义的"证据"。

3.1.6

元数据　metadata

描述文件的背景、内容和结构及其管理过程的数据。

［GB/T 26162.1—2010，定义 3.12］

3.1.7

文件　record（s）

机构或个人在履行其法定义务或开展业务活动过程中形成、接收并维护的作为凭证和资产的信息。

注1：改写 GB/T 26162.1—2010，定义 3.15

注2：术语"证据"不仅仅局限于法律意义上的证据。（见 3.1.5）

注3：适用于任何载体、形式和格式的信息。

3.2　与管理相关的术语

3.2.1

问责　accountability

个人、组织和团体必须对其行动负责并且可能需要向他人说明的原则。

［GB/T 26162.1—2010，定义 3.2］

3.2.2

不合格（不符合）　nonconformity

未满足要求。

注：这是 ISO/IEC 导则第 1 部分 ISO 补充规定的附件 SL 中给出的 ISO 管理体系标准中的通用术语及核心定义之一。

［GB/T 19000—2015，定义 3.6.9］

3.2.3

组织　organization

为实现目标，由职责、权限和相互关系构成自身功能的一个人或一组人。

注1：组织的概念包括，但不限于代理商、公司、集团、商行、企事业单位、行政机构、合营公司、协会、慈善机构或研究机构，或上述组织的部分或组合，不论是否为法人组织，公有的还是私有的。

注2：这是 ISO/IEC 导则第 1 部分 ISO 补充规定的附件 SL 中给出的 ISO 管理体系标准中的通用术语及核心定义之一，最初的定义已经通过修改注 1 被修订。

［GB/T 19000—2015，定义 3.2.1］

3.2.4

文件方针　records policy

由最高管理者正式发布的、与文件管理体系相关的组织的总体意图和方向。

3.2.5

最高管理者　top management

在最高层指挥和控制组织的一个人或一组人。

注1：最高管理者在组织内有授权和提高资源的权力。

注2：如果管理体系的范围仅覆盖组织的一部分，在这种情况下，最高管理层是指管理和控制组织的这部分的一个人或一组人。

注3：这是 ISO/IEC 导则第 1 部分 ISO 补充规定的附件 SL 中给出的 ISO 管理体系标准中的通用术语及核心定义之一。

［GB/T 19000—2015，定义 3.1.1］

3.3　与文件管理过程相关的术语

3.3.1

获取（利用）　access

查找、使用或检索信息的权利、机会、方法。

[GB/T 26162.1—2010，定义 3.1]

3.3.2

分类　classification

依据分类体系中所规定的逻辑结构、方法和程序规则，按照类目对业务活动和/或文件进行的系统标识和整理。

[GB/T 26162.1—2010，定义 3.5]

3.3.3

转换　conversion

将文件从一种格式转换成另一种格式的过程。

示例：扫描纸质文档创建数字图像（TIFF、JPEG 等），将文字处理文档转换为 PDF，或将 UNIX 文本文件转换为微软（Windows）文件，微软 word 文档从版本 1 升级到版本 2 等。

3.3.4

销毁　destruction

消除或删除文件，使之无法恢复的过程。

注：改写 GB/T 26162.1—2010，定义 3.8。

3.3.5

处置　disposition

按照文件处置规范或其他规定，对文件实施保管、销毁或移交的一系列过程。

[GB/T 26162.1—2010，定义 3.3.9]

3.3.6

记录（动词）　document（verb）

为未来检索而记载、证明或注解。

3.3.7

标引　indexing

为了方便检索而建立检索点入口的过程。

注：改写 GB/T 26162.1—2010，定义 3.11。

3.3.8

迁移　migration

在不改变格式的前提下，将文件由一种软硬件配置转移到另一种软硬件配置的过程。

示例：将数据从磁盘转移到磁带，将数据库文件从 Oracle 转移到 SQL 服务器。（见 3.3.5）

3.3.9

保存　preservation

确保文件得到维护所涉及的过程和操作。

注：改写 GB/T 26162.1—2010，定义 3.14。

3.3.10

登记　registration

在文件进入系统时，赋予文件以唯一标识符的行为。

[GB/T 26162.1—2010，定义 3.18]

3.3.11

跟踪　tracking

文件运转信息和利用信息的形成、捕获和维护。

[GB/T 26162.1—2010，定义 3.19]

3.3.12

移交　transfer

文件的保管权或所有权的变化。

注 1：移交可包括文件从一个地方迁往另一个地方。

注 2：改写 GB/T 26162.1—2010，定义 3.20，3.21。

3.4　与文件管理体系相关的术语

3.4.1

管理体系　management system

组织建立方针和目标以及实现这些目标的过程的相互关联或相互作用的一组要素。

注 1：一个管理体系可以针对单一的领域或几个领域；

注 2：管理体系要素规定了组织的结构、岗位和职责、策划、运行、方针、惯例、规则、理念、目标，以及实现这些目标的过程等；

注 3：管理体系的范围可能覆盖整个组织，组织中可被明确识别的部门，以及跨组织的单一职能或多个职能。

注 4：这是 ISO/IEC 导则第 1 部分 ISO 补充规定的附件 SL 中给出的 ISO 管理体系标准中的通用术语及核心定义之一，最初的定义已经通过修改注 1 和注 3 被修订。

[GB/T 19000—2015，定义 3.5.3]

3.4.2

文件管理体系　management system for records

指导和控制组织关于文件的管理体系。

3.4.3

文件管理　records management

对文件的形成、接收、维护、利用及处置进行高效和系统控制的管理，包括捕获并保存业务活动及事务处理的证据和信息的过程。

[GB/T 26162.1—2010，定义 3.16]

注：又称为 recordkeeping。

3.4.4

文件系统　records system

对文件进行捕获、管理并提供长期利用的信息系统。

3.4.5

体系（系统）　system

相互关联或相互作用的一组要素。

[GB/T 19000—2015，定义 3.5.1]

附录 A
（资料性附录）
用于词汇表构建的方法论

A.1　总则

文件管理体系系列标准应用的普适性要求：

a）专业术语的使用限制到最少；

b）提供连贯、一致的词汇表，易于文件管理体系标准的所有潜在用户理解。

概念并非相互独立，对文件管理体系领域里的概念间的关系进行分析，明确概念在概念体系里的排列是构建连贯的词汇表的前提，在本标准中术语表的制定使用了这种概念分析方法。在研制术语表中使用概念图有助于对研制过程的理解，图 A.3 呈现了本标准中的术语概念关系。

A.2 概念关系及其图示方

参考 ISO 9000：2015 和 GB/T 19100—2003，并根据 ISO 704：2009，在本附录里呈现的概念关系有四种基本类型：

a）关联关系（ISO 704：2009 5.4.3），（ISO 9000：2015 A.3.4）（带箭头）；

b）单向循环关系（GB/T 19100—2003 A.2.2.2）（带箭头）；

c）部分与整体关系（ISO 704：2009 5.4.2.3）（ISO 9000：1015 A.3.3）（没有箭头）；

d）种属关系（ISO 704：2009 5.4.2.2）（ISO 9000：2015 A.3.2）（没有箭头）。

A.3 概念图

图 A.3.1～图 A.3.4 展示了基于第 3 章主题分类的概念图。以下概念图中仅出现术语，定义和相关注释建议参考第 3 章。

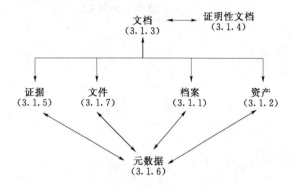

图 A.3.1 与文件相关的术语

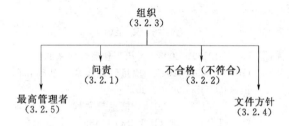

图 A.3.2 与管理相关的术语

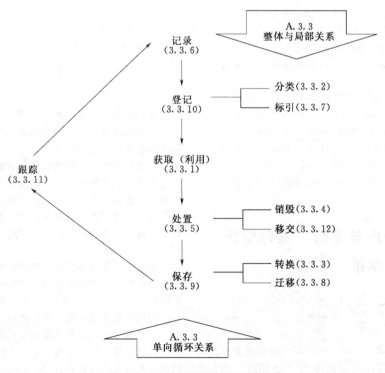

图 A.3.3 与文件管理过程相关的术语

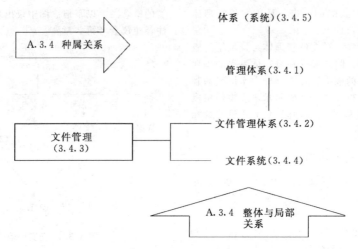

图 A.3.4　与文件管理体系相关的术语

参 考 文 献

[1]　GB/T 19100—2003　术语工作概念体系的建立.

[2]　GB/T 19000：2015　质量管理体系　基础和词汇（IDT ISO 9000：2015）.

[3]　GB/T 26162.1—2010　信息与文献　文件管理　第一部分：通则（IDT ISO 15489-1：2001）.

[4]　GB/Z 32002—2015　信息与文献　文件管理工作过程分析（IDT ISO/TR 26122：2008）.

[5]　ISO 10241-1：2011　Terminological entries in standards—Part 1：General requirements and examples of presentation.

[6]　ISO 704：2009　Terminology wotk—Principles and methods.

[7]　ISO/IEC 27000：2009 Information technology—Securlty techniques—Information security management systems—Overview and vocabulary.

[8]　ISO/TMB/TAG13-JTCG　Final draft High Level Structure and identical text for MSS and common MS terms and core definitions, February 2011.

⑩　信息与文献　文件管理体系　要求

（GB/T 34112—2017/ISO 30301：2011）

前　言

本标准按照 GB/T 1.1—2009 给出的规则起草.

本标准使用翻译法等同采用 ISO 30301：2011《信息与文献　文件管理体系　要求》.

本标准与 ISO 30301：2011 相比，做了以下编辑性修改：

——补充了本标准中的文件管理人员包括档案管理人员及知识管理人员.

本标准由全国信息与文献标准化技术委员会（SAC/TC 4）提出并归口.

本标准起草单位：中国人民大学信息资源管理学院、国家档案局、中国科学技术信息研究所、中国电子文件管理部际联系会议办公室、中国电子技术标准化研究院、南开大学商学院、电子政务云计算应用技术国家工程实验室.

本标准主要起草人：安小米、杜梅、王红敏、张楠、刘春燕、孙舒扬、朱莉、白文琳、张静、高麟鹏、连樟文、朱叶吉、潘星星.

引　言

组织的成功主要依赖于管理体系的实施和维护，以持续改进绩效并满足所有利益相关方的需求。管理体系为实现组织目标提供了制定决策和管理资源的方法论。文件的创建和管理是任何组织活动、业务过程和信息系统的有机组成，并能提高业务有效性，加强问责、管控风险并保证业务连续性，促使组织将信息资源视为业务资产、商业资产和知识资产进行资本化管理，有利于保存集体记忆，应对全球化和数字化环境带来的挑战.

在鼓励良好业务实践的组织环境中，管理体系标准为高层管理者提供了系统的、可评测的、用以管控组织的工具.

文件管理体系标准，旨在帮助各种类型、规模的组织，或者有共同业务活动的组织团体建立、实施和持续改进有效的文件管理体系。文件管理体系对组织制定并实现文件方针和目标，进行指导和控制，通过以下措施达到上述宗旨：

a）明确岗位及其职责；

b）系统化的过程；

c）测量和评估；

d）评审和改进。

基于组织要求合理实施文件方针和目标，可以确保业务活动形成的证据和相关的权威、可靠的信息得以形成和有效管理，并为有需要的人在需要的时候提供利用。文件方针及目标的成功实施能使文件和文件系统适宜地满足组织的全部宗旨。

在组织内实施文件管理体系也有助于保证决策的透明度和可追溯性，这些决策是通过责任化管理和明确规定问责来实现的。

文件管理体系系列标准是在管理体系标准框架下完成的，与其他管理体系标准保持兼容（见附录 B），并使用了相同的要素和方法论。文件管理体系标准结构和文件管理体系结构如图 1、图 2 所示。

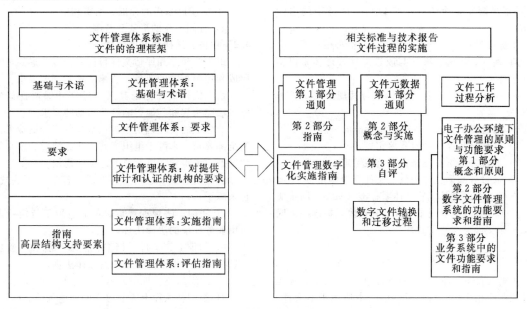

图1　文件管理体系标准结构

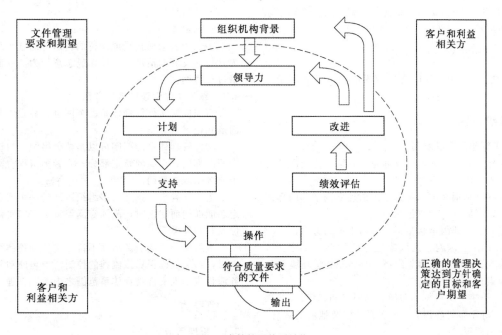

图2　文件管理体系结构

1　范围

本标准规定了文件管理体系应满足的要求，以支持组织实现其职权、使命、战略和目标。本标准为建立、实施文件方针、目标，考评、监测文件管理的绩效提供指南。

建立文件管理体系的可以是单个组织，也可以是拥有共同业务活动的多个组织。本标准所指"组织"，不局限于单个组织，还包括其他类型的组织结构。

本标准适用于有下列需求的任意类型的组织：

a) 建立、实施、维护与改进文件管理体系以支持其业务；

b) 确保组织的文件管理体系与其规定的文件方针保持一致；

c) 通过以下方式来证明与本标准的一致性：

1) 开展自我评估和自我鉴定；

2) 通过外部第三方来证实自我鉴定；

3) 通过外部第三方来认证文件管理体系。

本标准可以与其他管理体系标准（MSS）同步实施，且尤为有效地呈现了与其他管理体系标准的证明性文档和文件要求的一致性。

2　规范性引用文件

下列文件对于本文件的应用是必不可少的。凡是注日期的引用文件，仅注日期的版本适用于本文件。凡是不注日期的引用文件，其最新版本（包括所有的修改单）适用于本文件。

GB/T 34110—2017　信息与文献　文件管理体系基础与术语（ISO 30300：2011，IDT）

3　术语和定义

GB/T 34110—2017界定的术语和定义适用于本文件。

4　组织背景

4.1　了解组织及其背景

在建立或评估文件管理体系时，组织应全面考虑相关的外部因素和内部因素。

这些已识别并纳入考虑范围的外部因素和内部因素，应以书面形式予以记录。

组织的外部因素包括但不局限于下列方面：

a) 国际、国内、区域或地方的社会、文化、法律、法规、金融、技术、经济、自然和竞争环境等各方面因素；

b) 影响组织目标的关键驱动因素和趋势；

c) 与外部利益相关方的关系，以及他们的观念、价值观和期望。

组织的内部因素包括但不局限于以下几方面：

a) 治理、组织结构、岗位和职责；

b) 政策、目标和实现政策、目标的战略；

c) 能力，特指在资源和知识管理方面的能力（例如：资本、时间、人员、流程、系统和技术）；

d) 信息系统、信息流和决策过程（包括正式的与非正式的）；

e) 与内部利益相关方的关系，他们的观念、价值观，以及组织文化；

f) 组织已采用的标准、指南和模式；

g) 合同关系的形式和范围。

4.2　业务、法律和其他要求

组织在建立和评估文件目标时，应考虑到与文件形成和控制相关的业务、法律法规和其他要求。

组织应评估并记录其必须遵守并保留证据的业务、法律法规和其他影响经营活动的要求。

业务上的要求包括组织正常运营或开展业务活动的全部要求，来源于组织当前的业务绩效、未来规划和发展、风险管理以及业务连续性规划。

法律上的要求包括文件形成和控制方面的规定，它来源于：

a) 法律、法规和规章，包括适用于特定行业及通用业务环境的法律法规；

b) 与证据、文件、档案、获取、隐私、数据和信息保护以及电子商务相关的法律法规；

c) 组织的监管规则或组织签订的章程或协议；

d) 组织在法律上需要遵守的其他条约。

其他包括组织自愿履行的，非法律的义务的要求：

——最佳实践；

——道德和行为；

——为公众所接受或期待的特定部门或组织的行为，包括良好的治理、对欺诈或恶意行为的控制、决策过程透明。

4.3　界定文件管理体系的范围

组织应对文件管理体系的范围进行界定，并以书面形式记录。

文件管理体系的范围可以是整个组织、组织的特定职能部门、组织的特定部分，或者多组织协同的一个或多个职能部门。

当文件管理体系是为多组织协同的一个或多个特定职能部门而建立时，范围应涵盖每个部门实体的岗位及其相互关系。

当组织外包的业务活动不符合文件管理体系的要求时，组织应确保对该流程的控制。承包商和外包业务流程应纳入文件管理体系范围之内予以管理。

5　领导力

5.1　管理承诺

最高管理者应履行以下承诺：

a) 保证文件管理体系与组织的战略方向一致；

b) 将文件管理体系的要求集成到组织的业务过程中；

c) 为文件管理体系的建立、实施、维护和持续改进提供资源；

d) 宣传有效的文件管理体系的重要性并遵守文件管理体系的要求；

e) 确保文件管理体系达到预期目标；

f) 指导并支持文件管理体系持续改进。

注：本标准提及的"业务"应广义地理解为对组织的战略意图起核心作用的业务活动。

5.2 方针

最高管理者应制定文件方针，该方针应：

a) 与组织的目的相适应；

b) 为设定文件管理体系目标提供框架；

c) 承诺并满足组织内、外适用的要求；

d) 确保文件管理体系能够得到持续改进；

e) 可在组织内进行交流；

f) 可供利益相关方查询利用。

组织应以书面形式记录并保留文件方针。

文件方针应包含最高层级的战略——创建和控制具有真实性、可靠性、可用性并能支持组织职能活动的文件，在文件需要时能保护文件的完整性。

组织应确保文件方针在整个组织所有层级中得到传达和贯彻实施，并告知与组织存在业务关系的法人和自然人（例如，合伙人、承包商）。

5.3 组织的岗位、职责和权限

5.3.1 总则

最高管理者应合理定义、分配文件管理岗位、职责和权限，并在整个组织范围内，向与组织存在业务关系的或代表本组织的法人或自然人进行沟通。

文件管理的职责应适当地分配到相应的各个职能部门和层级，特别是组织的高管、项目经理、文件管理人员、信息管理人员、系统管理人员和在日常工作中需要创建和控制文件的其他所有人员。

组织的最高管理者应指定文件工作的分管领导，负责督促、指导文件管理体系的实施。当组织或文件管理流程达到一定的规模和复杂程度时，宜配备具有专业知识、能够适应文件管理工作需要的专职人员。文件管理的各种职责的分配以及相互关系应列入岗位职责说明中。

5.3.2 管理职责

最高管理者应任命专职管理者，不论其是否还有其他职责，对以下工作负有首要责任：

a) 根据本标准的要求，建立、实施并维护文件管理体系；

b) 确保组织对文件管理体系的认识不断提升；

c) 根据文件管理体系中定义的岗位和职责配备相应的专兼职人员，并保证其有足够的专业能力。

注：根据组织的复杂程度，管理职责可以分配给特定岗位或者指定的团队。

5.3.3 业务职责

组织最高管理者应任命专职的文件管理业务代表，并明确其岗位、职责和权力，包括：

a) 在业务层面实施文件管理体系；

b) 向最高管理者汇报文件管理体系的运行情况，提出改进建议；

c) 与文件管理体系涉及的外部单位建立良好的协调关系。

注：管理人员和文件管理业务代表可以由同一个人或同一个团队担任。

6 规划

6.1 应对风险和机遇的措施

组织应根据4.1中提到的组织背景因素以及4.2中提到的各种要求，分析需要应对的风险和机遇，从而：

a) 确保文件管理体系达到预期目标；

b) 防止产生不良影响；

c) 抓住改进的机会。

组织应适时对制定风险和机遇应对方案的必要性进行评估：

——将方案整合到文件管理体系过程中予以实施（见8.1）；

——若方案行之有效，确保有足够的信息可用来评估方案的有效性（见9.1）。

6.2 文件管理的目标和计划

最高管理者应建立文件管理目标，并在组织的相关职能、层级范围内进行宣传。

文件管理目标应：

a) 与文件方针相一致；

b) 可测评（如果可行）；

c) 考虑适当的需求；

d) 可被监控并适时更新。

文件管理目标应来源于对组织业务活动的分析。应当确定在法律、法规、其他标准及最佳实践中最适用于规范业务活动过程中文件创建的领域。制定文件管理目标时要考虑组织的规模、业务性质、产品和服务、地理位置、条件、法律（行政制度）和文化环境。

组织应保留记录了文件管理目标的文档信息。

为了实现文件管理目标，组织应明确：

——相关的责任人有哪些；

——需要做哪些事情；

——需要提供哪些资源保障；

——何时完成；

——如何评估结果。

7 支持

7.1 资源

最高管理者应对文件管理体系分配并维持所需要的各种资源。

资源管理包括：

a）指定适当的人员完成文件管理体系分配的任务；

b）定期检查这些人员的能力及其接受培训情况；

c）维护资源和技术设施的可持续性。

7.2 能力

组织应当：

a）确定在组织控制下可能对文件管理过程和系统运行效能产生影响的业务人员必备的能力；

b）通过适当的教育、培训和经验传授等方式保证员工有能力胜任工作；

c）如果可行，采取措施使员工获得必要的能力，并对所采取的措施进行有效性评估；

d）保留适当的文档信息来证明员工的能力。

注：适用的措施包括：给现有员工提供培训、指导，重新分配任务，雇佣或直接外包给称职的工作人员。

7.3 意识和培训

组织应确保员工意识到：

a）其个人活动与文件管理的相关性和重要性，员工能为实现文件管理体系目标做哪些事情；

b）遵守文件管理体系的方针、程序和要求的重要性；

c）员工的工作活动、行为对文件管理体系造成的实际或潜在的后果，以及提升个人绩效对文件管理体系带来的好处；

d）其在遵守文件管理体系要求时的岗位和需要承担的责任；

e）偏离规定程序的潜在后果。

组织应设立一个可持续的项目，用于文件创建和控制的培训。文件管理需求与实践的培训项目应向组织所有层次的员工开放，包括承包商和其他相关组织的员工。培训项目应考虑到不同岗位对文件管理方面的能力和技能需求不同，应对需求进行评估、确定并纳入组织的培训计划。

7.4 沟通

针对文件管理体系和文件的方针、目标，组织应建立、实施、记录并维持一种内部沟通程序。为了更好地实施文件管理体系，内部沟通应包括职责、运行机制以及文件利用。

组织应确定文件管理体系沟通工作是否需要拓展到相关的外部机构（例如，跨机构业务流程涉及的其他机构）。确有需要时，组织应建立沟通的渠道。根据与外部机构关系的层次来定沟通的内容，例如，承包商、客户、供应商，可能需要介绍文件管理体系、文件目标等宏观信息，或者详细介绍某个工作程序相关的文件编制工作。

7.5 证明性文档

7.5.1 总则

组织应记录文件管理体系，通过授权的方式正式公布：

a）文件管理体系的范围；

b）方针和目标；

c）文件管理体系与本组织或多个组织的其他管理体系间的相互关系；

d）本标准要求的书面程序；

e）用于保障文件管理体系得以有效规划、运行和过程控制所需的文件。

注1：本标准出现的"书面程序"一词，意味着该程序已经建立、成文、实施并维护。

注2：不同组织的文件管理体系的证明性文档可能不同，导致差异的原因有：

——组织的规模和业务活动的种类不同；

——文件管理过程的范围和复杂度不同，以及文件管理体系被应用于共同开展业务活动的多组织间。

7.5.2 证明性文档的控制

必须对文件管理体系所要求的文档进行控制，组织应将控制程序确立为书面程序，具体控制程序如下：

a）在文件发布前得到审批，确保其有效性；

b）文件可以被审核、更新并再次审批；

c）确保文件的变更、当前版次状态已标识；

d）保留历史修改版本并能提供利用；

e）确保文件清晰和易于识别；

f）确保能识别外来文件并控制其分发；

g）防止作废文件误用，无论因何故保留作废文件时，均要对这些文件赋予作废标识。

文件管理体系的证明性文档是文件的一种，必须通过文件系统进行管理。文件管理体系证明性文档的创建和控制程序应与一般文件的创建和控制程序保持一致〔见 8.2c)〕。

8 运行

8.1 运行计划和控制

组织应确定、规划、实施并控制用以应对 6.1 中已辨识的风险和机遇所需措施的过程，并通过以下方法满足文件管理的要求：

a）建立过程的标准；

b）根据本标准对过程实施控制；

c）保留文档信息，证明已经按照计划有效地实施相应的过程。

组织应对可预期的变化进行控制，并对突发的变化可能带来的后果进行审查，必要时采取行动以减轻任何不良影响。

组织应对委托外单位或外包的过程进行控制。

8.2　文件过程的设计

为了建立文件管理体系，组织应依据以下规则设计文件过程：

a) 开展工作过程分析，确定文件创建和控制的要求，使文件支持业务连续性、满足问责要求和其他相关方的利益（见 GB/Z 32002—2015）。

b) 对在组织业务过程中所形成的真实、可靠、可用的文件失控后所带来的风险进行评估：

1) 评估风险等级；

2) 依据风险管理标准判断风险是否在可接受范围内，或是否需要对风险采取管理措施；

3) 对风险管理的可选措施进行确认并评估。

c) 详细设计文件形成和控制的过程（见附录 A 组织可部署的文件过程），该过程在信息系统中如何实现，如何选择恰当的技术工具。目的在于：

1) 形成。

i) 确定每项业务过程需要在何时、以何种方式形成并捕获哪些文件；

ii) 确定文件应包含的内容、背景和控制信息（元数据）；

iii) 确定文件应以何种形式与结构形成和捕获；

iv) 确定形成和捕获文件的技术手段。

2) 控制。

i) 确定在文件管理过程中需要形成哪些控制信息（元数据），这些元数据如何实现与文件的长期关联和有效管理；

ii) 建立文件长期利用的规则和条件；

iii) 保持文件的长期可用性；

iv) 建立授权的文件处置方案；

v) 建立文件系统的管理和维护机制。

为了实现这些目标，应实施附录 A 中所列的过程和控制措施，同时应考虑到组织的资源、业务背景、已识别的风险以及监管和社会环境。

8.3　文件系统的实施

组织应做到：

a) 在文件系统中实施文件管理过程，实现文件管理目标；

b) 对照业务要求和文件管理目标，定期监控文件系统的运行情况；

c) 管理文件系统的运营维护。

注：在电子环境下（例如，电子政务、电子政府、电子治理、电子商务），文件处理将逐渐自动化并逐步得到自动化的文件系统的支持。功能要求的强制性标准将出现。自动化的文件系统的功能需求宜符合本标准的规定。

9　绩效评估

9.1　监控、测评、分析和评估

9.1.1　组织应明确：

a) 需要测评和监控的内容；

b) 监控、测评、分析和评估采用何种方法来保证结果的有效性；

c) 何时开展监控和测评；

d) 何时进行监控和测评结果的分析和评估。

9.1.2　组织应对文件管理过程和文件系统的运行情况以及文件管理体系的有效性进行评估。

此外，组织还需要：

a) 在不合格行为出现前采取行动应对不良的趋势或结果；

b) 保留相关的文档信息作为结果的证据。

9.1.3　为了评估文件管理体系的有效性，组织需要适时监控和测评以下内容：

a) 文件方针，保证它能反映当前的业务需要，在组织出现重大变更时得到及时更新；

b) 确保与文件方针保持一致的文件管理目标，可实现、持续有效并且支持持续改进；

c) 对文件管理体系会造成影响的业务、法律或其他要求的变更情况；

d) 资源，例如经费、人员、设施、技术等的可获取性和充足性；

e) 岗位、责任、权限的分配是否恰当；

f) 被指定负责文件管理体系实施、汇报并宣传贯彻的工作人员的绩效；

g) 对照文件管理目标，评估文件管理过程和文件系统的运行情况；

h) 文档充足，且文件控制程序正确实施；

i) 在文件系统实施过程中，采取的措施对于组织达到其战略、管理、经济目标所发挥的作用；

j) 组织针对文件管理体系开展的培训、提高认识的项目和沟通战略的有效性；

k) 用户和利益相关方的满意度。

附录 C 问题列表中提供了一些供组织自评估的测评指标的范例。

监控和测评标准应根据组织的社会、经济、战略和法律背景的改变而发展更新。

9.2　内部体系审计

组织应当按计划的时间间隔进行内部审计，以确定文件管理体系是否：

a) 符合。

1) 组织自身对文件管理体系的要求；

2) 本标准的要求。

b) 得到有效的实施与保持。

组织应当：

　　1）策划、建立、实施并维持一个审计项目，规定审计的频次、方法、职责、要求和报告机制，同时要考虑相关过程和上次审核结果的重要性；

　　2）确定每次审计的准则和范围；

　　3）审计员的选择和审计的实施应确保审计过程的客观性和公正性；

　　4）确保将审计结果告知相关管理人员；

　　5）保留审计结果的文档信息作为证据。

10　改进

10.1　不符合项控制和纠正措施

　　组织应：

　　a）识别不符合项。

　　b）对不符合项作出适当反应。

　　1）采取措施进行控制、遏制并纠正；

　　2）处理带来的后果。

　　组织还应评估是否需要采取措施，以消除潜在产生不符合项的原因，包括：

　　a）评审不合格的情况；

　　b）确定不合格的原因；

　　c）识别文件管理体系其他地方是否存在潜在的类似的不符合项；

　　d）评估是否需要采取措施以确保不符合项不发生或不出现在其他地方；

　　e）确定和实施必要的措施；

　　f）评估所采取的纠正措施的有效性；

　　g）如果需要，对文件管理体系进行修改。

　　纠正措施应适合于改善不符合项的影响。

　　组织应保留以下文档信息作为证据：

　　a）不符合项的性质和事后采取的措施；

　　b）纠正过后的结果。

10.2　持续改进

　　组织应通过文件方针、文件目标、审计结果、数据分析、纠正和预防措施以及管理评审，来持续改进文件管理体系的有效性。

　　改进的措施应根据风险评估的结果（见6.1）进行优先排序。

附录 A
（规范性附录）
过　程　与　控　制

　　本附录列出了应实施的文件管理过程和控制活动。采取弹性的实施方法以符合组织的特征。决定不实施某项管理过程应得到论证（例如，组织可以决定不实施 A2.4.3 移交，因为本组织不需要向其他单位移交文件）。

　　为了方便理解，按照"8.2c）1）形成"和"8.2c）2）控制"规定的目的，对它们进行了分类和编号，见表 A.1。文件管理过程列在左边的栏目中，每一个文件管理过程对应了一个或多个控制措施。

　　附录 B 列出了文件管理体系和 GB/T 19001，GB/T 24001 及 GB/T 22080 之间的关系，并对这些标准的文档和文件控制一般性条款和表 A.1 的文件控制进行比较。

表 A.1

序号	文件管理过程	控　制　措　施
A.1　形成		
A.1.1　确定每个业务流程何时以何种方式创建并捕获哪些的文件		
A.1.1.1	确定所需要的信息	所有运营的、报告的、审计的信息，以及满足利益相关方的组织业务的信息（与元数据一同作为文件被捕获）都要得到识别并系统地予以记录
A.1.1.2	确定要求	基于业务、法律和其他要求，确定需要形成、捕获和管理的文件以及决定不捕获特定流程的文件，记录该要求并争取批准
A.1.1.3	形成可靠的文件	事务刚开始（开始不久），文件就要由经办人形成或由组织所使用的系统自动生成，以进一步开展业务
A.1.1.4	确定保管期限	应建立一种程序，根据每个工作过程的要求确定文件的保管期限
A.1.1.5	建立保管期限表	应建立保管期限表，根据业务、法规和其他要求规定文件的保管期限和处置方式
A.1.1.6	确定完整捕获的方法	应该确定并记录在业务过程中完整地捕获文件的方法

序号	文件管理过程	控 制 措 施
A.1.2 　确定文件应包含的内容、背景和控制信息（元数据）		
A.1.2.1	识别背景和描述性信息	用以识别每个工作过程中文件的形成机构、所属工作过程的数据应作为文件的必要组成部分得到识别的记录
A.1.2.2	识别捕获的节点	在每个工作过程的程序中确定相应的节点，在此节点中明确捕获何种背景信息或被增加到文件中去，以及它的背景信息的来源是什么
A.1.3 　确定以何种形式和结构形成和捕获文件		
A.1.3.1	识别具体要求	针对每个工作流程，需要捕获作为文件组成部分的信息以及信息的形式和格式应得到识别和记录
A.1.4 　选择恰当的形成和捕获文件的技术		
A.1.4.1	选择技术	针对每个工作流程，要选择形成和捕获文件的技术（是自动的还是手工的），选择的结果以及变更应得到记录
A.2 　控制		
A.2.1 　确定在文件管理过程中需要产生哪些控制性信息（元数据），它们如何长久地与文件保持关联并得到管理		
A.2.1.1	登记	对于需要保留捕获证据的工作流程，应建立程序对文件进行登记，在捕获文件的同时为其分配唯一标识符。这种程序应保证只有在登记完成之后才能开展后续工作
A.2.1.2	分类	文件应根据产生文件的工作流程的职能类别进行分类
A.2.1.3	分类活动	反映工作过程的性质、数量及复杂程度的文件分类方案应作为工作过程的程序文件的一部分进行记录和实施
A.2.1.4	选择控制性信息（元数据要素）	针对每个工作流程，形成和控制文件的描述性和控制性信息（元数据要素）应得到识别和记录
A.2.1.5	确定事件历史	对需要记录到元数据当中作为记录事件历史的文件处理过程进行定义，建立程序将事件历史与文件联系起来，并与文件一起长久保存
A.2.1.6	在组织范围内控制文件	确定在整个组织中和外部机构，识别、管理和控制文件需要的元数据，记录并予以实施
A.2.2 　建立文件长期利用的规则和条件		
A.2.2.1	建立利用规则	根据工作流程要求、相关法规和商业考虑（如果有），建立文件利用规范化的规则，以文字形式予以记录并长期地执行
A.2.2.2	实施利用规则	文件系统应通过为文件和个人分配利用状态来实施文件利用规则
A.2.3 　保持文件的长期可用性		
A.2.3.1	保持完整性与真实性	应实施一套程序，保证文件的完整性、安全性，防止非经授权就对文件进行利用、修改、删除、隐藏和销毁
A.2.3.2	保持可用性	维护和存储文件的方法，应该符合文件载体、技术的相关标准，以保证文件长期可用

序号	文件管理过程	控 制 措 施
A.2.3.3	保持可用性	应建立并实施一套程序，保证数字文件的长久可利用和价值，即便脱离了它形成的背景也仍具有可用性和价值
A.2.3.4	取消限制	限制利用的文件，包括加密的文件，在规定的期限过后，应取消利用限制

A.2.4　授权实施文件的处置

序号	文件管理过程	控 制 措 施
A.2.4.1	实施处置	应建立一套程序，以对每个工作流程中产生的文件进行审核、授权，并作出保管和处置的决定
A.2.4.2	授权处置	对文件进行迁移、移除和销毁，必须经过授权，并登记造册
A.2.4.3	移交	应建立并实施一套程序，帮助经授权和受控的文件移交到另一个组织或系统
A.2.4.4	移除	应建立并实施一套程序，帮助经授权并定期被移除的那些不被需要的文件，可从系统中移走或存储到线下的载体中
A.2.4.5	销毁	经过授权可以销毁的文件应在监督下进行销毁处置，应建立销毁清册
A.2.4.6	保留销毁文件的信息	业务和问责机制的性质和复杂性决定了被销毁文件的控制信息（登记、识别和历史元数据）应当被保存下来

A.2.5　建立文件系统的管理和维护机制

序号	文件管理过程	控 制 措 施
A.2.5.1	识别文件系统	应对所有的文件系统（包括保存了文件的业务系统）进行准确识别，指定专人负责，编制文件系统目录并定期更新
A.2.5.2	记录实施决策	实施了任何有关文件系统的决定都应被记录、保存，并为需要的人提供利用
A.2.5.3	文件检索系统	应建立、编制并维护文件系统检索的规则，开展系统管理
A.2.5.4	确保可靠性	应建立文件系统的运行维护机制，保证系统的可靠性
A.2.5.5	确保有效性	对照业务要求和文件目标，定期实施并记录监控文件系统的运行情况
A.2.5.6	确保完整性	应建立一套程序，保证并证明系统的任何故障、升级或常规维护不会影响文件的完整性
A.2.5.7	变更管理	应对文件系统的变更，特别是非常规的操作（例如，迁移、增加新要求、计算机技术更新等）进行分析、计划、实施，应记录下变更的决策情况

附录 B
（资料性附录）
GB/T 19001，GB/T 24001，GB/T 22080 和
GB/T 34112—2017 的对应关系

每个管理体系标准，例如 GB/T 19001，GB/T 24001，GB/T 22080 都包含了文档部分，规定了一般性的文档控制和文件控制的条款，如下：

a）总则部分规定了管理体系必须包含的文档清单，包括文件；

b）文档控制部分规定了文档的准备、审核、批准、修改、修订状态控制、分发、获取、标识和防止误用的要求；

c）文档控制部分要求就文件的准备、标识、存储、保护、检索、保管期限、处置等采取措施。

正如管理体系标准中定义的，文件是一种特殊形式的文档，被标识为文件的文档从准备、分发、利用到处置应得到控制以满足文档控制和文件控制的要求。

各个管理体系标准对文件控制的专门规定，难以实现对文件与文档的系统控制。本标准为其他管理体系实现文件和文档的恰当控制提供了指南。

为了恰当地形成和控制文件，本标准规范了文件管理的过程和目标，如何在系统中予以实现，以及如何选择技术工具。

表 B.1 是文件管理体系附录 A 中过程和控制部分与其他管理体系标准的证明性文档条款的对比。

表 B.1 GB/T 19001—2008、GB/T 24001—2004、GB/T 22080—2008 与 GB/T 34112—2017 的关系

概述	GB/T 19001—2008	GB/T 24001—2004	GB/T 22080—2008	A.1.1	A.1.2	A.1.3	A.1.4	A.2.1	A.2.2	A.2.3	A.2.4	A.2.5
				形成				控制				

GB/T 19001—2008:

4.2 证明性文档
4.2.1 总则
质量管理体系证明性文档应包括:
a) 质量方针和质量目标的陈述;
b) 质量手册;
c) 本标准所要求的书面程序和记录;
d) 组织确定的为确保其过程有效策划、运作和控制所需的文档,包括记录

GB/T 24001—2004:

4.4.4 证明性文档
环境管理体系证明性文档应包括:
a) 环境方针、目标和指标;
b) 对环境管理体系的覆盖范围的描述;
c) 对环境管理体系主要要素及其相互作用的描述,以及相关文档的查询途径;
d) 本标准要求的文件,包括记录;
e) 组织为确保对涉及重要环境因素的过程进行有效策划、运作和控制所需的文档和记录

GB/T 22080—2008:

4.3 证明性文档
4.3.1 总则
ISMS 证明性文档应包括:
a) ISMS 方针 [见 4.2.1b)] 和目标的记录包括 [见 4.2.1a)];
b) ISMS 的范围 [见 4.2.1a)];
c) 支持 ISMS 的规程和控制措施 [见 4.2.1c)];
d) 风险评估方法论的描述 [见 4.2.1c)];   ★(A.1.1)
e) 风险评估报告 [见 4.2.1c) 到 4.2.1g)];
f) 风险处置计划 [见 4.2.2b)];
g) 保证组织信息安全过程得到有效策划、运作和测量对控制措施有效性的书面规程,以及描述 [见 4.2.3c)];
h) 本标准所要求的文件(见 4.3.3);
i) 适用性声明

证明性文档应包括管理决策的文件,以确保措施可以追溯到管理决策方针,以及所记录的结果应是可复制的。
重要的是要能够展示:从选择的控制措施回溯到风险评估和风险处置过程结果的关系,最终回溯到信息安全管理体系方针和目标。   ★(A.1.1) ★(A.1.2) ★(A.2.2)

续表

	GB/T 19001—2008	GB/T 24001—2004	GB/T 22080—2008	GB/T 34112—2017 附录 A 的文件管理过程								
				形 成				控 制				
				A.1.1	A.1.2	A.1.3	A.1.4	A.2.1	A.2.2	A.2.3	A.2.4	A.2.5
文档控制	**4.2.3 文档控制**　质量管理体系所要求的文档应予以控制。文件是一种特殊类型的文档，应依据 4.2.4 的要求进行控制。应编制书面的程序，确保文档在发布前得到批准，以及文档是否充分与适宜的（4.2.3a）	**4.4.5 文档控制**　应对本标准和环境管理体系所要求的文档进行控制：文件是一种特殊类型的文档，应按照 4.5.4 的要求进行控制。组织应建立、实施和维护一套程序，确保文件在发布前得到批准，以及文档是否充分和适宜的（4.4.5a）	**4.3.2 文档控制**　应对 ISMS 所要求的文档进行保护和控制，以规定以下方面所需的管理措施。文档发布前得到批准，以确保文件是充分和适当的（4.3.2a）	★								★
	必要时对文档进行评审与更新，并重新批准。(4.2.3b)；确保文档的更改和现行修订状态得到识别 (4.2.3c)	必要时对文档进行评审和更新，并重新批准。(4.4.5b)；确保文档的更改和现行修订状态得到识别 (4.4.5c)	必要时对文档进行评审与更新，并重新批准。(4.3.2b)；确保文档的更改和现行修订状态得到识别 (4.3.2c)		★			★				
	确保在需要使用时能提供相关版本的文档 (4.2.3d)	确保在需要使用时能提供相关版本的文档 (4.4.5d)	确保在需要使用时能提供相关版本的文档 (4.3.2d)						★			
	确保文档字迹清晰，易于识别 (4.2.3e)	确保文档字迹清晰，易于识别 (4.4.5e)	确保文档字迹清晰，易于识别 (4.3.2e)			★				★		
	确保外来文档得到识别，并控制其发放 (4.2.3f)	确保因策划和运行环境管理体系所需的外部文档得到识别，并控制其发放 (4.4.5f)	确保外来文档的发放得到控制 (4.3.2g)　确保外来文档得到识别 (4.3.2h)		★			★	★		★	
	防止作废文档的非预期使用，若因任何原因而保留作废文档时，对这些文档进行适当的标识 (4.2.3g)	防止对过期文档的非预期使用，若因任何原因而保留作废文档时，对这些文档进行适当的标识 (4.4.5g)	防止作废文档的非预期使用，(4.3.2i)　若因任何原因而保留作废文档时，对这些文档进行适当的标识 (4.3.2j)						★	★	★	

续表

| | GB/T 19001—2008、GB/T 24001—2004、GB/T 22080—2008 与 GB/T 34112—2017 的关系 | | | GB/T 34112—2017 附录 A 的文件管理过程 | | | | | | | | |
| | | | | 形成 | | | | 控制 | | | | |
	GB/T 19001—2008	GB/T 24001—2004	GB/T 22080—2008	A.1.1	A.1.2	A.1.3	A.1.4	A.2.1	A.2.2	A.2.3	A.2.4	A.2.5
文档控制			确保文档对需要的人员可用，并依照文档适用的类别规程进行传输、贮存和最终销毁（4.3.2f）							★	★	
	4.2.4 文件控制 为符合要求和质量管理体系有效运行提供证据而建立的文件，应予以控制（4.2.4）	4.5.4 文件控制 组织应根据需要，建立并保存必要的文件，用来证实对环境管理体系和本标准要求的符合性，以及所实现的结果（4.5.4）	4.3.3 文件控制 应建立文件并加以保存，以提供符合 ISMS 要求和有效运行的证据。应对文件加以保护和控制（4.3.3）		★			★				
	文件应字迹清晰，易于识别、并具有可追溯性（4.2.4）	文件应字迹清楚，易于识别（4.5.4）	文件应字迹清晰，易于识别和检索（4.3.3）			★			★	★		
文件控制	组织应编制一套书面的程序，帮助对文件的标识、存储、保护、检索、留存和处置（4.2.4）	组织应建立、实施并保持一套或多套程序，用于文件的标识、存储、保护、检索、留存和处置（4.5.4）	应编制书面的程序，用于控制文件的标识、存储、保护、检索、留存和处置（4.3.3）	★				★	★		★	★
			信息安全管理体系应考虑相关的法律要求和合同责任（4.3.3）	★								
			保存 4.2 列出的过程的绩效文件，以及所有与信息安全管理体系有关的重大安全事件的文件（4.3.3）	★	★							

附录 C
（资料性附录）
自 评 估 检 查 表

表 C.1

条款	检 查 项	满足	需要改进	不满足	即将实现	不适用
4.1	组织是否识别并记录了影响文件管理体系的内部和外部因素，包括组织中与实现文件目标存在关联的关键利益相关方					
4.2	文件管理体系是否识别了关键的要求： ——法律； ——法规； ——业务。 文件管理体系必须满足哪些要求					
4.3	组织是否定义并记录了文件管理体系的范围和目标					
	该范围是否确定了文件管理体系应用于组织的哪些： 1) 部门； 2) 职能； 3) 外部的服务提供商					
5.1	最高管理者是否向组织传达了建立文件管理体系的决定					
5.2	组织是否已经制定了文件方针					
	最高管理者是否通过该文件方针					
	是否决定组织要遵守文件管理要求					
5.3	最高管理者是否任命了专职管理者代表，对文件管理体系负有明确的岗位、职责和权力					
6.1	组织是否识别并记录了文件管理体系可以处理的风险和带来的机遇					
	组织是否为核心工作流程设立文件管理目标，来应对风险和机遇					
	文件管理目标是否与文件方针保持一致、可测评、可以付诸实践					
6.2	文件管理目标与机构的资源是否相称					
	为了达到文件管理目标，是否建立了实施计划，确定： ——谁负责； ——做什么； ——时间计划					
7.1	分配的资源与文件管理体系的全面实施相称吗					

续表

条款	检 查 项	满足	需要改进	不满足	即将实现	不适用
7.2	实现文件管理目标的责任是否分配给组织各个层级能胜任的人员					
7.3	是否开展了关于文件管理目标和实施计划的培训项目					
7.4	是否建立了与组织内部和外部沟通文件管理体系的机制					
7.5	是否对文件管理体系要求的文档，尤其是管理程序文档，进行了标识、控制和保护					
8.1	是否策划并实施了应对风险和机遇需要的流程					
8.2	是否按照文件管理体系实施的要求，记录下文件系统设计时选择文件流程和控制流程的过程					
8.3	是否记录文件系统实施的情况和系统满足文件目标的情况					
9.1	是否定期调查利益相关方关于文件管理体系在满足他们的期望方面的评价					
9.2	是否定期开展文件管理体系实施情况的评审					
9.3	是否开展了文件管理体系的管理评审和评估的程序					
9.3	是否对文件管理体系的管理评审的结果进行分析并对结果有所反馈					
10.1	是否建立应对和纠正在监控和审计过程中发现的不合格情况的程序					
10.2	组织是否建立了实施纠正、更新和改进文件管理体系的程序					

参 考 文 献

[1] GB/T 19001—2008 质量管理体系 要求 (IDT ISO 9001：2008).

[2] GB/T 19011—2003 质量和环境管理体系 审核管理体系指南 (IDT ISO 19011：2002).

[3] GB/T 20000.7—2006 管理体系论证和制定指南 (IDT ISO Guide 72：2001).

[4] GB/T 24001—2004 环境管理体系 要求与使用指南 (IDT ISO 14001：2004).

[5] GB/T 22080—2008 信息技术 安全技术 信息安全管理体系：要求 (IDT ISO/IEC 27001：2005).

[6] GB/T 26162.1—2010 信息与文献 文件管理 第1部分：通则 (IDT ISO 15489—1：2001).

[7] GB/Z 32002—2015 信息与文献-文件工作过程分析 (IDT ISO/TR 26122：2008).

[8] ISO/TR 15489 - 2：2001 Information and documentation—Records management—Part 2：Guidelines.

干部人事档案数字化技术规范

（GB/T 33870—2017）

前　言

本标准按照 GB/T 1.1—2009 给出的规则起草。

请注意本文件的某些内容可能涉及专利。本文件

的发布机构不承担识别这些专利的责任。

本标准由中共中央组织部提出并归口。

本标准起草单位：中共中央组织部办公厅、国家档案局、人力资源和社会保障部全国人才流动中心、中国标准化研究院、中国人民大学信息资源管理学院、北京印刷学院印刷与包装工程学院、江苏省标准化研究院、上海市人才服务中心、北京市委组织部、黑龙江省委组织部、上海市委组织部、浙江省委组织部、广东省委组织部。

本标准主要起草人：纪红、宋长福、王彦昆、安小米、徐艳芳、王海鲲、宋涌、李华、李翔、徐克超、孙广芝、陈清华、徐卫、窦忠秋、王利月、刘钦河、王宇华、郭岩、许黛、孔峰、张红、叶海荣、杨帅、管理、崔斌、郝长峰、刘惠静、汪沛沛、张凤珩、包春珩、宋杰。

1　范围

本标准规定了干部人事档案数字化人员建库、目录建库、档案扫描、图像处理、数据存储、数据验收、数据交换、数据备份、安全管理的技术要求。

本标准适用于各级党政机关、国有企事业单位的干部人事档案数字化工作。

2　规范性引用文件

下列文件对于本文件的应用是必不可少的。凡是注日期的引用文件，仅注日期的版本适用于本文件。凡是不注日期的引用文件，其最新版本（包括所有的修改单）适用于本文件。

GB/T 2261.1　个人基本信息分类与代码　第1部分：人的性别代码

GB/T 3304　中国各民族名称的罗马字母拼写法和代码

GB/T 7408　数据元和交换格式　信息交换　日期和时间表示法

GB 11643　公民身份号码

GB/T 18788　平板式扫描仪通用规范

SJ/T 11292　计算机用液晶显示器通用规范

全国公务员管理信息系统信息采集、报送标准组通字〔2012〕31号。

3　术语和定义

下列术语和定义适用于本文件。

3.1

干部人事档案数字化　digitalization of cadre personnel archives

采用扫描仪等设备对干部人事档案进行数字化加工，将其转化为可存储在磁盘、光盘等存储介质上，并能被计算机识别，数字方式可信、可取和可用的数字图像或数字文本的处理过程。

3.2

档案信息　archival information

干部人事档案中的文字、表格、照片、图章等有效信息。

3.3

数字档案管理信息系统　information system for digitalized archives management

具有信息录入、档案扫描、图像处理、提供利用、存储备份、导入导出等功能的信息系统。

3.4

原始图像数据　the original image data

纸质档案通过扫描等方式形成数字图像后，再经过纠偏、裁边等处理后的图像数据。

3.5

优化图像数据　optimized image data

与原始图像数据一致，经优化处理达到无噪点干扰、字符灰度平均值$\leqslant$125.0、模糊度$\leqslant$200.0μm的图像数据。

3.6

图像数据压缩　image data compression

清除图像数据冗余的一种过程。

3.7

背景区域　background area

衬托档案信息的区域。

3.8

图像背景颜色　background color

背景区域所呈现的颜色。

3.9

背景无关标记　background extraneous mark

背景区域中与档案信息无关的噪点。

3.10

灰度　gray scale

图像每个像素点的颜色深度。

注：灰度评价指标见附录A。

3.11

字符灰度　character gray scale

优化图像数据档案信息区域中像素点的灰度，灰度值的范围为0～255，对应图像中的颜色为从黑到白。

注：字符灰度评价指标见附录A。

3.12

模糊度　blurriness

图像中线条（或字符笔画）边缘内边界和外边界的平均距离值。

注：模糊度评价指标见附录A。

3.13

持续数据保护　continuous data protection

一种在不影响主要数据运行的前提下，可以实现持续捕捉或跟踪目标数据所发生的任何改变，并且能够恢复到此前任意时间点的方法。

4　基本要求

4.1　基本原则

4.1.1　真实性

应确保干部人事档案数字化后的内容与纸质档案在内容上一致。确保档案数字化过程中档案信息不被更改。原始图像应保留原纸张颜色、污损情况和文字修改痕迹等原始信息。

4.1.2　完整性

应确保数字化前后纸质档案一致，档案数字图像数量与纸质档案数量相符。

4.1.3　可用性

应确保数字档案可被查找、检索、呈现等，满足相关业务的要求。确保数字档案的连续性，维护其可跟踪、可回溯、可关联、可被发现和可被再用，数据链不出现断裂。

4.1.4　安全性

应建立身份认证体系、加密存储体系及数据流传输方式等安全保密管理机制，确保档案信息的安全。干部人事档案数字化过程应完整记录，可查询、可追溯。档案图像数据应得到有效保护，不被非法利用、更改或销毁。档案原件不受损毁。

4.2　数字化对象的确定

数字化对象应是符合干部人事档案审核、整理等有关规定要求的合格档案。

4.3　基本环节

干部人事档案数字化基本环节包括：人员建库、目录建库、档案扫描、图像处理、数据存储、数据验收、数据交换、数据备份。其中，图像处理环节包括原始图像处理和优化图像处理，优化图像处理为可选处理环节。

5　人员建库

5.1　人员基本信息集

人员基本信息集的编码为：A01。用于描述某人自然属性和社会属性中最基本的信息。编码引自组通

字〔2012〕31 号文件。

该信息集为单记录信息，每一记录对应一个人。至少由 6 个信息项（见表 1）组成，其他信息项可根据实际情况增加。该信息集内容可单独建立，也可从其他系统中获取。

表 1　人员基本信息集

项目	编码	类型	长度	必填	说　明
人员唯一标识	A0100	字符	36	是	人员唯一标识，从其他系统获取或由软件系统自动生成，符合全球唯一标识符要求
姓名	A0101	字符	36	是	
性别	A0104	字符	1	是	符合 GB/T 2261.1 要求的代码
民族	A0117	字符	2	是	符合 GB/T 3304 要求的代码
出生日期	A0107	字符	8	是	符合 GB/T 7408 要求的格式
公民身份号码	A0184	字符	18	是	符合 GB 11643 要求的身份代码

5.2　人员信息录入

人员基本信息录入内容包括：

a)"姓名"，填写户籍登记所用的姓名；

b)"性别"，填写 GB/T 2261.1 中的性别代码；

c)"民族"，填写 GB/T 3304 中的民族代码；

d)"出生日期"，按照 GB/T 7408 要求的格式填写出生年月；

e)"公民身份号码"，填写公安机关为公民编制的符合 GB 11643 要求的身份代码。

6　目录建库

6.1　干部人事档案目录信息集

干部人事档案目录信息集的编码为：RSDAML。用于描述档案目录的信息，由 10 个信息项（见表 2）组成。该信息集为多记录信息集，每一记录记述该档案目录涉及档案材料的信息。

表 2　干部人事档案目录信息集

项　目	编　码	类型	长度	必填	说　明
目录唯一标识	RSDAML000	字符	36	是	该标识是目录信息与图像文件挂接的唯一标识信息，从其他系统获取或由软件系统自动生成，符合全球唯一标识符要求
人员挂接标识	RSDAML001	字符	36	是	该标识是将目录信息挂接到对应的人员的标识信息，从 A0100 获取
类号	RSDAML002	字符	3	是	表示为一到十，其中第四类中的小类用 4-1 到 4-4 表示，第九类中的小类用 9-1 到 9-4 表示，类号信息集见附录 B

续表

项　目		编　码	类型	长度	必填	说　　明
序号		RSDAML003	字符	3	是	该份档案材料在所属分类中的排列顺序号
材料名称		RSDAML004	字符	120	是	材料已有或代拟的标题名称
材料形成时间	年	RSDAML006	字符	4	否	材料形成时间的年份，格式 YYYY
	月	RSDAML007	字符	2	否	材料形成时间的月份，格式 MM
	日	RSDAML008	字符	2	否	材料形成时间的日，格式 DD
页数		RSDAML005	数值	3	是	有文字或图表的材料页数
备注		RSDAML009	字符	120	否	材料的备注说明

6.2　目录录入

应根据统一的干部人事档案目录格式进行档案目录录入，包括：

a）"类号"，填写材料类号；

b）"序号"，填写材料所属分类中的序号；

c）"材料名称"，根据材料题目填写，无题目的材料，应拟定题目；

d）"材料形成时间"，一般采用材料落款标明的最后时间，复制的档案材料，采用原材料形成时间；

e）"页数"，填写每份材料的页码数；

f）"备注"，填写需要说明的情况。

7　档案扫描

7.1　扫描仪校准

扫描仪应符合 GB/T 18788 的规定，亮度和对比度为中值，无偏移。

7.2　扫描方式

应根据纸质档案材料的具体情况，采用合理的扫描方式进行扫描。扫描方式包括（但不限于）：

a）大幅面档案宜采用大幅面扫描仪扫描，也可采用小幅面扫描后的图像拼接方式处理；

b）纸张状况较差、容易损坏的档案，应采用平板扫描方式；

c）对于纸张较薄的档案，若扫描时发生背页字迹透印而影响图像阅读的现象，应在背页后垫白色衬底扫描。

7.3　扫描色彩模式

应采用真彩色 24 位 RGB 模式扫描。

7.4　扫描分辨率

应采用 300dpi 分辨率扫描。

8　图像处理

8.1　原始图像处理

8.1.1　纠偏处理

对偏斜度大于 1°的图像应进行纠偏处理，纠偏后距离显示器 25cm～40cm 观看图像应没有明显偏斜。对方向不正确的图像应旋转还原。

8.1.2　裁边处理

纠偏后的图像应进行裁边处理，去除扫描过程中产生的白边或黑边。

8.1.3　图像拼接

对大幅面干部人事档案材料进行分区扫描形成的多幅图像，应进行拼接处理，合并为一个原始图像，确保档案数字图像的完整性和真实性。

8.2　优化图像处理

8.2.1　优化图像处理方式

应使用计算机软件或人工方式对原始图像数据进行处理，得到优化图像数据。

原始图像中带有黑白、彩色照片的，应采用人工方式处理，以使优化图像中的照片得到更佳的视觉效果或与原始图像的视觉效果相符。

原始图像中带有印章的图像区域应采用人工方式处理。

带有身份证、学历证件、复印件及带有防伪技术的原始图像，或内容不清晰的红色或紫色背景的早期麻纸基材等，优化处理后仍不具有较好辨识效果的，应直接引用原始图像数据。

8.2.2　优化图像质量要求

观看优化图像使用的显示器应符合 SJ/T 11292 的要求，并调整到 sRGB 状态。在保证档案信息完整的前提下应满足以下指标：

a）图像背景颜色为 24 位真彩色，且 RGB 值为（254，246，197）；

b）4×4pixels（对应 300dpi 分辨率的情况约为 $328\mu m \times 328\mu m$）范围以下的背景无关标记为 0 个，4×4pixels 到 8×8pixels（对应 300dpi 分辨率的情况约为 $656\mu m \times 656\mu m$）范围内的背景无关标记以不影响档案信息阅读为准，8×8pixels 范围以上的背景无关标记为 0 个；

注：大于 8×8pixels 范围是能够分辨出该区域是否为有效信息，小于 4×4pixels 范围发现有信息则认

定为无效信息，4×4pixels 到 8×8pixels 之间范围内是无法分辨信息是否为有效信息，如标点符号或污点等。

　c）字符灰度平均值≤125.0；

　d）模糊度≤200.0μm。

9　数据存储

9.1　图像存储格式

图像数据应采用 JPEG 格式存储。原始图像数据存储时，应进行图像数据压缩，压缩率≥80%。优化图像数据不进行压缩。

原始图像数据和优化图像数据应分不同文件夹保存。

9.2　图像文件存储路径

干部人事档案图像文件在存储介质上的实际存储路径。

原始图像文件存储路径：系统指定路径 \ 人员唯一标识 \ 〈原始图像数据〉

优化图像文件存储路径：系统指定路径 \ 人员唯一标识 \ 〈优化图像数据〉

9.3　数据存储索引信息集

数据存储索引信息集的编码为：RSDAWJ。用于描述某页干部人事档案材料图像文件存储的最基本信息，由 4 个信息项（见表 3）组成。该信息集为多记录信息集，每一记录记述该档案目录涉及档案材料图像文件的存储信息。

表 3　　　　　　　　　　　　　　　　　**数据存储索引信息集**

项　目	编　码	类型	长度	必填	说　　明
目录挂接标识	RSDAWJ000	字符	36	是	该标识是图像文件挂接到对应目录的标识信息，从 RS-DAML000 获取
页序号	RSDAWJ001	字符	3	是	该页在该份档案材料的序号
原始文件名	RSDAWJ003	字符	20	是	原始图像文件在存储介质上的文件名，使名规则为三位流水号
优化文件名	RSDAWJ004	字符	20	否	优化图像文件在存储介质上的文件名，命名规则为三位流水号

10　数据验收

10.1　验收范围

应对全部数字档案成品进行质量验收。

10.2　验收标准

10.2.1　人员建库验收标准

人员建库时录入项目应符合 5.1 所列人员基本信息集数据格式要求；与其他信息系统共享人员信息的，所引用的姓名、性别、民族、出生日期、公民身份号码等信息项也应符合人员建库要求。

10.2.2　目录建库验收标准

目录建库时录入项目应符合 6.1 所列干部人事档案目录信息集数据格式要求，类号、序号、材料名称、材料形成时间、页数、备注等录入内容项应规范、准确，档案目录应与纸质档案材料名称内容相符，档案目录条数应与纸质档案材料数量相符。

10.2.3　原始图像数据验收标准

原始图像应为真彩色 24 位、JPEG 格式、300dpi。无扫描产生的白边和黑边；偏斜度≤1°，方向正确；图像页码连续；图像中档案信息与纸质档案一致，图像数量与纸质档案一致，图像的排列顺序与纸质档案一致，图像与目录一一对应。

10.2.4　优化图像数据验收标准

优化图像应符合 8.2.2 的要求，与原始图像尺寸一致。

10.3　验收登记

应根据验收标准填写相应的验收登记表（样式见附录 C），对数字档案作出合格或不合格的结论。

11　数据交换

11.1　数据交换内容

数据交换的内容应包括：

a）人员基本信息及目录信息的描述性文件，以 XML 格式文件保存，符合 5.1、6.1 的要求，其中，人员基本信息只交换表 1 内的 5 个信息项；

b）干部人事档案数字化形成的图像数据，存放在指定的文件夹内。

11.2　数据交换格式

11.2.1　XML 文件格式描述

XML 根节点为〈数字档案〉。整个 XML 文件包括人员基本信息及目录信息，分别用〈人员基本信息〉、〈目录信息〉进行标记。人员基本信息中的内容分别用〈姓名〉、〈性别〉、〈民族〉、〈出生日期〉、〈公民身份号码〉进行标记。目录信息中的内容分别用〈类号〉、〈序号〉、〈材料名称〉、〈材料形成时间〉、〈页数〉、〈备注〉、〈原始图像数据〉（即图像文件名

称)、〈优化图像数据〉(即图像文件名称)进行标记。XML 文件的定义描述见附录 D。

11.2.2　文件夹及文件命名规范

每个人的干部人事档案图像数据应放在一个文件夹内,该文件夹应以姓名＋公民身份号码命名(如李＊＊11010219830606＊＊＊＊)。根目录下保存的是一个以姓名＋公民身份号码命名的 XML 文件和一个文件名为"图像数据"的文件夹,前者描述人员基本信息及目录信息,后者存放原始图像数据和优化图像数据。

图像文件名称的命名规则为:干部人事档案材料类号代码＋"－"＋分类内序号＋"－"＋三位流水号＋后缀名,如 1－1－001.jpg(在不同的操作系统中,图像文件扩展名或显示为.jpeg)。类号代码见附录 B。文件夹的目录结构如图 1 所示。

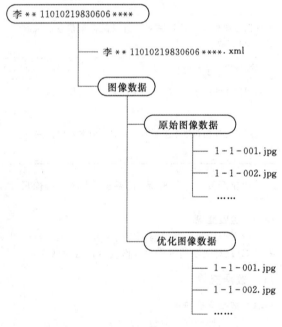

注:圆角方框表示文件夹。

图 1　目录结构图

12　数据备份

12.1　备份范围

经验收合格的人员基本信息、干部人事档案目录信息、原始图像数据、优化图像数据应及时进行备份。

12.2　备份方式

应采用在线、离线相结合的方式实现备份。在线备份可采用持续数据保护技术,保障数据备份的持续性。离线备份时,每个人的数字档案应形成一个数据包,数据包应采用硬盘、光盘等不同载体备份,宜异地备份。

12.3　备份标签

离线备份后应在相应的备份介质上做好标签,以便查找和管理。

13　安全管理

13.1　密级

13.1.1　数字档案的密级和相应纸质档案的密级相同。

13.1.2　数字档案管理信息系统(以下简称"管理系统")和承载管理系统的网络的密级应不低于其所承载的数字档案的密级。

13.2　环境安全

13.2.1　数字化加工场所应设在独立、可封闭的建筑内,应符合防盗、防火、防尘、防水、防潮、防高温、防日光及紫外线照射、防有害生物、防污染等安全管理要求。

13.2.2　应配备满足安全管理需要的视频监控设备,配备符合国家标准并满足工作需要的档案装具。

13.2.3　应配备数字化工作人员存放随身物品的专用储物箱柜,并与档案装具分区放置。

13.3　设备安全

13.3.1　干部人事档案数字化加工设备(计算机、打印机、复印机、扫描仪等)的使用、管理、维修、报废等应符合涉密信息设备使用保密管理的有关规定。

13.3.2　与干部人事档案数字化加工相关的计算机、打印机、复印机、扫描仪等设备不得连接互联网及其他公共信息网络。

13.4　身份鉴别

13.4.1　应建立以数字证书为核心的身份认证系统,按照密级选择安全保密方式实现用户身份鉴别。

13.4.2　管理系统应提供专用的登录控制模块对登录用户进行身份标识和鉴别,标识范围应涵盖管理系统的所有用户。

13.4.3　管理系统不得设置匿名账户。

13.4.4　管理系统应具备用户身份标识和鉴别信息复杂度检查功能,确保管理系统中不存在重复身份标识、身份鉴别信息不被冒用。

13.4.5　单个管理系统客户端在同一时间仅允许单个用户登录,用户在同一时间仅允许登录单个管理系统客户端。

13.5　访问控制

13.5.1　管理系统应具备涉密信息和重要信息的访问控制功能。

13.5.2　涉密信息和重要信息的访问控制,主体应控制到单个用户,客体应控制到单个页面。

13.6　安全审计

13.6.1　干部人事档案数字化应进行全过程日志记录,修改和删除的图像数据应一并存入日志记录。

13.6.2　日志记录的内容应包括事件发生时间、发起

者信息、类型、描述和结果等。

13.6.3　管理系统应具备安全事件审计功能，审计范围应覆盖所有用户。

13.6.4　审计事件的类型应包括系统事件、业务事件、成功事件、失败事件等。

13.6.5　管理系统应不具备单独中断审计进程功能，不能非授权删除、修改或覆盖日志记录。

13.6.6　管理系统应具备对日志数据进行自动或手动备份功能。

13.7　权限划分

13.7.1　管理系统应设置系统管理员，系统管理员仅负责系统级的管理，不具备任何用户业务操作的权限。

13.7.2　管理系统应设置安全保密管理员，负责管理系统的日常安全保密管理工作，包括对用户账号权限管理、安全保密设备管理和管理系统所产生日志的审查分析，不具备任何用户业务操作的权限。

13.7.3　管理系统应设置安全审计员，负责对系统管理员、安全保密管理员的操作行为进行审计跟踪分析和监督检查，不具备任何用户业务操作的权限。

13.7.4　系统管理员、安全保密管理员、安全审计员应相互独立、相互制约，实行"三员分离"。

13.8　数据保护

13.8.1　管理系统应采用加密技术确保存储和传输过程中数据的完整性。

13.8.2　数据在网络传输和存储中应采取相应的密码保护措施，确保数据传输和存储的安全。

13.8.3　管理系统应具备涉密信息完整性检测功能，能发现信息被篡改、伪造、删除等情况，并产生审计日志。

13.9　资质选择

13.9.1　采用外包方式开展干部人事档案数字化工作的，涉密系统集成、系统咨询、软件开发、安防监控、运行维护、数据恢复等业务应选择具有涉密信息系统集成资质的单位，涉密档案数字化加工等业务应选择具有国家秘密载体印制资质的单位。

13.9.2　管理系统使用之前应委托有资质的第三方信息安全测评机构开展风险评估和检测。

附录 A
（规范性附录）
灰度、字符灰度、模糊度评价指标

A.1　灰度评价指标

灰度的评价指标用 $Y(x, y)$ 表示，按式（A.1）计算：

$$Y(x,y)=0.3R(x,y)+0.5G(x,y)+0.2B(x,y)$$
$$(A.1)$$

式中　　　　　　　　　$Y(x,y)$ ——灰度；

$R(x,y)$、$G(x,y)$、$B(x,y)$ ——彩色图像（x，y）位置处像素的数字颜色数值。

注：改写 ISO/IEC TS 24790，定义 5.3.4。

A.2　字符灰度评价指标

本标准使用整幅图像的字符灰度平均值评价优化图像字符的灰度特征。字符灰度平均值反映优化图像数据档案信息区域字符的整体明暗水平。各灰度关系如下：

整幅图像中档案信息灰度总和记为 Y_{Sum}，按式（A.2）计算：

$$Y_{Sum} = \sum_i Y(x_i,y_i) \qquad (A.2)$$

式中　　　i——档案信息像素点；

$Y(x_i,y_i)$ ——由式（A.1）计算的第 i 个档案信息像素点的灰度值。

字符灰度平均值记为 $\overline{Y}$，按式（A.3）计算：

$$Y=Y_{Sum}/P_{Sum} \qquad (A.3)$$

式中　P_{Sum}——整幅图像中档案信息像素的总和。

A.3　模糊度评价指标

从优化图像中选取含有一段边缘较模糊的直笔画及其部分背景的区域，计算该区域各笔画垂线的灰度最大值 Y_{max} 和灰度最小值 Y_{min}，并按式（A.4）和式（A.5）求得笔画两侧各自的边缘阈值 Y_{70} 和 Y_{10}：

$$Y_{70}=Y_{min}+70\%(Y_{max}-Y_{min}) \qquad (A.4)$$
$$Y_{10}=Y_{min}+10\%(Y_{max}-Y_{min}) \qquad (A.5)$$

求取笔画两侧各自 Y_{70} 和 Y_{10} 对应的位置坐标值 G_{70} 和 G_{10}，G_{70} 到 G_{10} 的平均距离为 DIS_{70-10}。笔画相应侧边缘的模糊度记为 B，按式（A.6）计算：

$$B=DIS_{70-10} \qquad (A.6)$$

笔画的模糊度为其两侧边缘模糊度的平均值。

注1：改写 ISO/IEC TS 24790，定义 5.3.5。

注2：如图 A.1 所示，为线条类对象（或字符笔画对象）的放大图示，该线条两侧边界存在着从边缘的内边界到外边界的灰度过渡带，模糊度即该过渡带的平均宽度。

图 A.1　线条边缘模糊特性示意图

附录 B
（规范性附录）
类 号 信 息 集

干部人事档案内容应分为十类：其中第四类和第九类分为 4 小类。分类的编号，形式为大写一到十，其中第四类中的小类用 4-1 到 4-4 表示，第九类中的小类用 9-1 到 9-4 表示，见表 B.1。

表 B.1　　类 号 信 息 表

分 类 名 称	类号	类号代码
履历材料	一	1
自传材料	二	2
鉴定、考核、考察材料	三	3
学历学位、职称、学术、培训等材料	四	4
学历学位材料	4-1	4-1
职业（任职）资格和评（聘）专业技术职务（职称）材料	4-2	4-2
科研学术材料	4-3	4-3
培训材料	4-4	4-4

续表

分 类 名 称	类号	类号代码
政审材料	五	5
党团材料	六	6
奖励材料	七	7
处分材料	八	8
工资、任免、出国、会议等材料	九	9
工资材料	9-1	9-1
任免材料	9-2	9-2
出国（境）材料	9-3	9-3
参加会议的代表登记表等材料	9-4	9-4
其他材料	十	10

附录 C
（规范性附录）
干部人事档案数字化验收登记表

干部人事档案数字化质量验收需查验人员建库、目录建库、原始图像、优化图像（可选环节）等工作环节成果，填写《干部人事档案数字化验收登记表》，见表 C.1。

表 C.1　　　　　　　　干部人事档案数字化验收登记表

序号	档案姓名	人员建库情况	目录建库情况	原始图像情况	优化图像情况	是否合格	备注
	验收人				验收时间		

注 1：人员建库情况、目录建库情况、原始图像情况、优化图像情况四栏依照验收标准填写发现的问题，没有问题的填写"无"；上述四栏任意栏内存在问题，则视为该人员数字档案不合格。

注 2：是否合格栏内，合格打"√"，不合格打"×"。

注 3：验收数量较多不够填写时，可将多张表格合订在一起，在末页填写验收人和验收时间。

注 4：验收登记表应汇编成册，形成台账保存。

附录 D
（规范性附录）
XML 文件定义描述

干部人事档案数字化数据交换文件采用 XML 格式，结构定义描述如下：

```
〈? xml version＝"1.0" encoding＝"utf－8"?〉
〈xs:schema id＝"数字档案" xmlns＝"" xmlns:xs＝"http://www.w3.org/2001/XMLSchema"
xmlns:msdata＝"urn:schemas－microsoft－com:xml－msdata"〉
  〈xs:element name＝"数字档案" msdata:IsDataSet＝"true" msdata:Locale＝"en－US"〉
    〈xs:complexType〉
      〈xs:choice minOccurs＝"0" maxOccurs＝"unbounded"〉
        〈xs:element name＝"人员基本信息"〉
          〈xs:complexType〉
            〈xs:sequence〉
              〈xs:element name＝"姓名" type＝"xs:string" minOccurs＝"0"/〉
              〈xs:element name＝"性别" type＝"xs:string" minOccurs＝"0"/〉
              〈xs:element name＝"民族" type＝"xs:string" minOccurs＝"0"/〉
              〈xs:element name＝"出生日期" type＝"xs:string" minOccurs＝"0"/〉
              〈xs:element name＝"公民身份号码" type＝"xs:string" minOccurs＝"0"/〉
            〈/xs:sequence〉
          〈/xs:complexType〉
        〈/xs:element〉
        〈xs:element name＝"目录信息"〉
          〈xs:complexType〉
            〈xs:sequence〉
              〈xs:element name＝"档案目录条目" minOccurs＝"0" maxOccurs＝"unbounded"〉
                〈xs:complexType〉
                  〈xs:sequence〉
                    〈xs:element name＝"类号" type＝"xs:string" minOccurs＝"0"/〉
                    〈xs:element name＝"序号" type＝"xs:string" minOccurs＝"0"/〉
                    〈xs:element name＝"材料名称" type＝"xs:string" minOccurs＝"0"/〉
                    〈xs:element name＝"材料形成时间" type＝"xs:string" minOccurs＝"0"/〉
                    〈xs:element name＝"页数" type＝"xs:string" minOccurs＝"0"/〉
                    〈xs:element name＝"备注" type＝"xs:string" minOccurs＝"0"/〉
                    〈xs:element name＝"原始图像数据" nillable＝"true" minOccurs＝"0"
maxOccurs＝"unbounded"〉
                      〈xs:complexType〉
                        〈xs:simpleContent msdata:ColumnName＝"原始图像数据_Text"
msdata:Ordinal＝"0"〉
                          〈xs:extension base＝"xs:string"〉
                          〈/xs:extension〉
                        〈/xs:simpleContent〉
                      〈/xs:complexType〉
                    〈/xs:element〉
                    〈xs:element name＝"优化图像数据" nillable＝"true" minOccurs＝"0"
maxOccurs＝"unbounded"〉
```

```
            〈xs:complexType〉
                〈xs:simpleContent msdata:ColumnName="优化图像数据_Text"
msdata:Ordinal="0"〉
                    〈xs:extension base="xs:string"〉
                    〈/xs:extension〉
                〈/xs:simpleContent〉
            〈/xs:complexType〉
        〈/xs:element〉
        〈/xs:sequence〉
        〈xs:complexType〉
        〈/xs:element〉
    〈/xs:sequence〉
    〈/xs:complexType〉
〈/xs:element〉
〈/xs:choice〉
〈/xs:complexType〉
〈/xs:element〉
〈/xs:schema〉
```

参 考 文 献

[1] GB/T 14946.1—2009　全国干部、人事管理信息系统指标体系与数据结构　第 1 部分：指标体系分类与代码.

[2] GB/T 14946.2—2009　全国干部、人事管理信息系统指标体系与数据结构　第 2 部分：数据结构.

[3] DA/T 31—2005　纸质档案数字化技术规范.

[4] 中共中央组织部.关于报送新任中管干部数字档案的通知.2010 年 11 月 1 日组通字〔2010〕61 号.

[5] 中共中央组织部办公厅.关于印发《2012—2014 年大组工网分级保护建设工作实施方案》的通知.2012 年 2 月 24 日组厅字〔2012〕5 号.

[6] 国家档案局办公室.关于印发《档案数字化外包安全管理规范》的通知.2014 年 12 月 8 日　档办发〔2014〕7 号.

[7] ISO/IEC TS 24790：2012 Information technology—Office equipment—Measurement of image quality attributes for hardcopy output—Monochrome text and graphic images.

⑫　文件管理应用
办公文件彩色扫描的质量控制

（GB/T 30538—2014）

前　言

本标准按照 GB/T 1.1—2009 给出的规则起草。

本标准使用重新起草法修改采用 ISO 29861：2009《文件管理应用——办公文件彩色扫描的质量控制》（英文版）。

本标准与 ISO 29861：2009 的技术差异如下：

——在第 2 章"规范性引用文件"中，以修改采用国际标准的 GB/T 20225—2006 代替 ISO 12651。

本标准与 ISO 29861：2009 相比，做了以下编辑性修改：

——重新编写了前言。

本标准由全国文献影像技术标准化技术委员会（SAC/TC 86）提出并归口。

本标准由全国文献影像技术标准化技术委员会一分会起草。

本标准主要起草人：梁婷、李铭。

本标准为首次发布。

引　言

本标准描述了办公文件彩色扫描系统输出质量的评价方法，并需要与 GB/T 20493 结合使用。GB/T 20493.2—2006 描述了使用 GB/T 20493.1—2006 中规定的测试标板对办公文件黑白扫描系统输出质量进行评价的方法。

影响文件扫描系统扫描质量的因素有：

a) 扫描的物理不规则性；

b) 曝光的一致性；

c) 光敏单元的色敏性；

d) 反差；

e) 阈值设定；

f) 半色调的还原；

g) 解像力；

h) 比例。

本标准给出的方法可用于：

——初始设置系统，以产生满意的影像；

——检查质量是否保持稳定不变；

——检查其他系统是否达到了相同的水平。

本标准给出的方法旨在：

——使操作人员能够检查扫描仪的设置是否正确；

——使操作人员能够了解扫描仪的性能和局限性；

——使用户能够在一定的时期内监视影像质量；

——使用户能够制定质量评价程序。

如果是检查从输入到输出的整个系统，检查的结果会与使用的具体设备有很大的关系。例如，一个可视显示器的屏幕可能没有设置好，产生的质量就会比设置好的屏幕差。因此，受测试系统各组成部分的设置很重要。如果需要对系统其他部分进行测试，可能需要重新进行测试。

定期使用本标准所规定的方法理应能够保持一定的质量水平。

很多系统在其软件中包括了测试程序。这些测试可结合本标准所规定的测试方法进行。

本标准使用 GB/T 21185—2007 中所规定的测试版 2（CMYK）进行测试。

1　范围

本标准规定了评价办公文件彩色反射扫描随时间推移的彩色输出质量一致性的测试方法。

本标准适用于评价办公室使用的彩色扫描仪的输出质量，尤其适用于所扫描的办公文件中含有半色调和（或）连续色调部分的情况。

测试方法无需使用通常在办公室内不配备的专用设备对测试结果进行评价。测试方法是基于目视检查，通过对比办公文件扫描输出与原始测试标板而进行。

本标准不适用于仅仅扫描黑白文件的扫描仪，或者仅仅扫描透明或半透明文件的扫描仪。

本标准需要同 GB/T 20493.1—2006 与 GB/T 20493.2—2006 结合使用，这两个标准规定了评价办公文件黑白扫描仪输出质量的测试方法。

2　规范性引用文件

下列文件对于本文件的应用是必不可少的。凡是注日期的引用文件，仅注日期的版本适用于本文件。凡是不注日期的引用文件，其最新版本（包括所有的修改单）适用于本文件。

GB/T 20225—2006　电子成像　词汇（ISO 12651：1999，MOD）

GB/T 20493.1—2006　电子成像　办公文件黑白扫描用测试标板　第 1 部分：特性（ISO 12653 - 1：2000，IDT）

GB/T 20493.2—2006　电子成像　办公文件黑白扫描用测试标板　第 2 部分：使用方法（ISO 12653 - 2：2000，IDT）

GB/T 21185—2007　信息技术　办公设备　用模拟测试版评价彩色复印机图像印品性能的方法制作和应用（ISO/IEC 15775：1999，IDT）

3　术语和定义

GB/T 20225—2006 界定的术语和定义适用于本文件。

4　准备工作

4.1　系统初始设置

应在通常的办公条件下进行测试。进行各项测试前，应先进行足够时间的预热。

在可能的情况下，建议在进行这些测试之前，按制造厂商的有关说明，对设备进行初始清洁，并用制造厂商的标板进行校准。

很多计算机软件开发商都提供能够对彩色扫描系统生成的彩色影像进行校准的系统，其校准结果可用作对第 6 章所详细描述的视觉结果的补充。

4.2　黑白扫描

GB/T 20493.1—2006 和 GB/T 20493.2—2006 中规定的测试适用于黑白扫描的质量控制，在开始进行本标准规定的测试前，应完成这些测试。

4.3　影像增强与压缩的使用

扫描系统的输出质量会因为使用影像增强技术和压缩技术予以改变。如果依照本标准进行测试时要使用这些技术，系统应在通常的办公条件下运行，并将扫描仪的设置定为通常办公文件。

注：在进行初始测试时建立这些控件的最佳设置是有利的。更换软件有可能引入不同的增强技术或压缩技术。在进行了这样的更换后，需要重新进行初始测试，以确认其效能。

4.4　测试图

4.4.1　总则

本标准规定的方法应使用 GB/T 21185—2007 中规定的测试版 2（CMYK）。

4.4.2　扫描

扫描测试图时，应将其正确地放置在扫描仪中。如果扫描仪没有正确地移动测试图，而出现明显的主要质量问题，应废弃扫描输出的影像。例如，如果由于纸道出现问题，线条出现大量错误，就应该对测试图重新进行扫描。

4.5　内部测试系统

很多系统将测试程序包括在其软件中。这些测试可结合本标准所规定的方法进行。

4.6　扫描软件

扫描软件中的设定常常会影响系统彩色还原的质量，因此在扫描测试图时，为便于比较，所用设定应得到认可且备有证明文件。

扫描软件应以彩色模式配置。如果具有多种彩色模式，应对通常使用的每种模式分别进行测试。

4.7　频率

系统的测试频率宜参照系统供应商的建议来设定。在对一批文件进行扫描前，宜对系统进行测试，必要时还宜在批量扫描结束时进行测试。

在任何维护操作后或更换了任何系统组件后，都应进行测试。

4.8　彩色还原

在首次进行这种测试前，应对扫描系统彩色还原误差对业务工作的影响作出评估。

如果为了很好地完成业务工作需要精确的彩色还原时，彩色还原允许的误差宜尽可能小。

对于不严格的用途，可以允许更大的误差。

5　定量测试

在定量测试方法中，应结合计算机软件开发商推荐的方法，包括下列事项：

——在同一台计算机上适时地对影像文件进行并排的对比；

——当使用影像压缩技术时，留意压缩技术不会显著影响测试影像的质量。可行的话，宜以无压缩格式或最高质量的 JPEG 影像存储测试影像文；

——测试频率的选择应将扫描工作量考虑进去；

注：对于大量扫描工作而言，宜将一个由特定扫描仪扫描得到的参考影像与一个基于轮班作业而测试的标板相比对。

——如果影像质量是根据影像打印件来评价的，制作测试影像打印件的同时，也应制作参考影像的打印件。

6　测试方法

6.1　总则

应根据业务工作的需求，选择本章所给出的 3 项测试中一项或几项。表 1 给出了测试图上与每项测试相对应的测试元素。

表 1　　　　测试元素的描述

测试号	测量的属性	画面	测试目的
1	彩色还原	B3	判明影像与原件之间的彩色改变
2	色阶	B4	评价色阶还原的能力
3	彩色解像力	B5	评价分辨不同颜色小字符的能力

应使用原始的测试图而非测试图的复印件进行测试。

测试结果应视情况通过使用显示屏和（或）输出彩色打印件来获得。

在测试双面扫描仪的时候，测试图面朝上和面朝下都应扫描，以便测试元素被扫描仪的两面都扫描到。

如果对于测试来说，尽可能地将扫描仪的整个扫描区域都扫描到是很重要的，那么测试过程应根据实际情况取测试图各种方位进行测试。

测试过程如下：

——将扫描仪软件按约定的设定值设定；

——根据需要设定测试图的方位；

——扫描测试图；

——观看或打印影像；

——实施 6.2～6.4 详述的检测项目；

——在系统上存储影像以备将来参考。

观看条件对所观看的或打印的影像的颜色有影响。凡有可能，宜在典型的办公观看条件下检查测试元素。

6.2　测试 1：彩色还原

按 6.1 所述进行测试。

将测试图上的 14 种 CIE 测试色（画面 B3）的还原情况与原图同样区域进行比对。在测试结果日志中记录任何色彩的变化。用表 2 所述或类似的一个或几个适当的术语来描述色彩的变化。

表 2　　　　对色彩变化的描述

术语	描述
较浅	颜色一样，但饱和度较低
较深	颜色一样，但饱和度较高
轻微偏色	在颜色上有少量（例如刚刚可以察觉到的）变化（说明偏什么颜色）
中等偏色	在颜色上有中等（例如明显的）变化（说明偏什么颜色）
严重偏色	在颜色上有严重变化（说明变成什么颜色）

6.3　测试 2：色阶

按 6.1 所述进行测试。

借助 C（青）、M（品红）、Y（黄）色阶，比对原图的同样区域，评价对测试图上 C、M、Y 的 16 级色阶（画面 B4）的还原能力。在测试结果日志中记录任何无法区分色阶的情况。

6.4　测试 3：彩色解像力

按 6.1 所述进行测试。

借助青、品红、黄字符，评价对测试图（画面 B5）上 4 种字符尺寸（即 10、8、6 和 4）的每种 ISO 字符组（即 4 个内部有两条线的八角形）的还原

能力。

注：解像力由每个 ISO 字符组的字符内部两条线都能够单独辨别的最小字符尺寸来表示。

在测试结果日志中记录每种彩色解像力的评价结果。

7 结果的表达

测试结果应通过用原始测试图检查屏幕上或打印件上显示的测试图影像的方法来获得。

应根据系统的典型用途来选择显示测试影像用的屏幕和（或）打印件。

从屏幕获得的结果可能与从打印件获得的结果不一致。一般而言，屏幕上的可读性低于纸上输出的可读性。然而，两种输出方法都可使用，因为这样尤其能够显示正在使用的输出装置中一种装置的不足。

为了质量控制的目的，宜保留质量控制影像的参考数据文件。

测试日志中记录的任何变化应与先前测试的结果做比对。如果随着时间的推移，彩色还原精度发生了明显的变化，应请系统维护人员一起来对这种性能变化进行评价。

⑬ 文件管理应用
电子数据的存档
计算机输出缩微品（COM）/
计算机输出激光
光盘（COLD）

（GB/T 30540—2014）

前 言

本标准按照 GB/T 1.1—2009 给出的规则起草。

本标准使用重新起草法修改采用 ISO 11506：2009《文件管理应用——电子数据的存档——计算机输出缩微品（COM）/计算机输出激光光盘（COLD）》（英文版）。

本标准与 ISO 11506：2009 的技术差异如下：

——在第 2 章"规范性引用文件"中：

• 以修改采用国际标准的 GB/T 6159.1—2003 代替 ISO 6196-1；

• 以修改采用国际标准的 GB/T 6159.2—2011 代替 ISO 6196-2；

• 以修改采用国际标准的 GB/T 6159.3—2003 代替 ISO 6196-3；

• 以修改采用国际标准的 GB/T 6159.4—2003 代替 ISO 6196-4；

• 以修改采用国际标准的 GB/T 6159.7—2011 代替 ISO 6196-7；

• 以修改采用国际标准的 GB/T 6159.8—2003 代替 ISO 6196-8；

• 以修改采用国际标准的 GB/T 19474.1—2004 代替 ISO 11928-1：2000；

• 以修改采用国际标准的 GB/T 19474.2—2004 代替 ISO 11928-2：2000。

本标准与 ISO 11506：2009 相比，做了以下编辑性修改：

——重新编写了前言；

——删除了 7.6.1 连同脚注 3 关于使用打印机的推荐；

——在附录 B 中，添加了提及图的文字；

——将附录 C 中的硫代硫酸根最大残留量由 $0.007 \mathrm{g/m^2}$ 改为 $0.014 \mathrm{g/m^2}$。

本标准由全国文献影像技术标准化技术委员会（SAC/TC 86）提出并归口。

本标准由全国文献影像技术标准化技术委员会一分会起草。

本标准主要起草人：张斌、寇瑞清、李铭。

引 言

各种形态的业务、管理和组织，在其运营形式上正在逐渐实现电子化，有的将其纸质文件数字化，有的则完全使用了电子方式（通过网络执行程序和提出报单，进行在线管理，用电子形式生成合同等）。除了方便信息的使用、处理和传递之外，与对应的纸质文件相比，这些做法也减少了书面信息的体积。

向电子资源的转化，涉及具有各种重要的信息，从内部文件、病案，到会计账目、报税单、银行交易和电子商务。

因此，关于法律文件的真实性和可溯性的问题，具有至关重要的意义。很多国家已经修改了它们的立法，以管理提交证据时电子方法的使用。在日益连通的世界中，跨越边界的交易司空见惯，而"无纸办公"的使用更加剧了能够为信息完整性和持久性提供足够保证的解决方案的需要，因此，涉及存档技术的证据问题是不能忽视的。

这样，无论动机如何，这种新情况正在造成一个大问题：如何才能可靠地并且有可能相当长时期地存档以电子形式生成、转成或接收的数据。实质上，就存档技术来说，需要有一定的软硬件才能够对电子文件进行解释、显示以及使之可以被理解。这意味着保存一个电子文件不能局限于将数字数据作为一个被存储的物体逐比特地存储下来，因为计算机软硬件及外围设备会迅速地淘汰。

存档需要使这些信息不依赖于初始软硬件平台，以保证其在要求的期限内得以保存。

尽管本标准认识到有必要用缩微技术来保存文件，但在 PDF、PDF/A 等电子文件格式的标准化方

面已经取得了重大进展。本标准支持继续使用胶片作为电子格式和介质的一种深度参考档案。

若干世纪以来，纸张一直是存档的优选材料，使得信息得以保存、管理、传输和验证。对于电子文件来说，单一介质是不可能的，因为在线存取和咨询是以动态方式进行的，而证据的存档和提供则是以静态形式进行的，二者是相悖的。从而有必要对相关的技术资源分别予以分析，以避免将电子信息的"耗材"部分和对于保存工作而言持久性是必不可少的部分混淆起来。

有关敏感信息的电子数据的存储环境所相关的问题也属于这个问题。动态地存储这类数据对私密性存在着风险（参见附录 A）。

这证明确实有澄清的必要，而本标准是为帮助经济合作者和社会合作者精心存档他们的电子数据而制定的。它将帮助他们回答遇到的有关法律方面的问题，以及有关保护私密和个人权利的问题。

1　范围

本标准规定了为长期确保电子数据的完整性、可存取性、可用性、可读性和可靠性而将其存档的技术，以便保护数据的证据价值。

在本标准中，长期的含义是延续 100 年以上的时间（见 GB/T 18444—2001）。

本标准使用化学药液处理的黑白缩微品。之所以选择该方法，是因为其结果总是不可逆转的记录，而且作为长期保存的介质，缩微品的质量是经过验证的。

本标准还规定了由一个制作单位从同样数据并行记录 COM 和 COLD 输出的方法。

本标准适用于多种不同类型的电子数据，诸如文本数据和能够以黑白影像表达的二维图形数据。

本标准不适用于：

——动画影像或声音；

——三维影像；

——灰度或彩色影像；

——X 射线影像。

热法处理生成的缩微品由于在不可更改性和长期性方面没有提供足够的保证，所以这样的缩微品不包括在本标准的范围内。

2　规范性引用文件

下列文件对于本文件的应用是必不可少的。凡是注日期的引用文件，仅注日期的版本适用于本文件。凡是不注日期的引用文件，其最新版本（包括所有的修改单）适用于本文件。

GB/T 6159.1—2003　缩微摄影技术　词汇　第 1 部分：一般术语（ISO 6196-1：1993，MOD）

GB/T 6159.2—2011　缩微摄影技术　词汇　第

2 部分：影像的布局和记录方法（6196-2：1993，MOD）

GB/T 6159.3—2003　缩微摄影技术　词汇　第 3 部分：胶片处理（ISO 6196-3：1997，MOD）

GB/T 6159.4—2003　缩微摄影技术　词汇　第 4 部分：材料和包装物（ISO 6196-4：1998，MOD）

GB/T 6159.7—2011　缩微摄影技术　词汇　第 7 部分：计算机缩微摄影技术（6196-7：1992，MOD）

GB/T 6159.8—2003　缩微摄影技术　词汇　第 8 部分：应用（ISO 6196-8：1998，MOD）

GB/T 17294.1—2008　缩微摄影技术　字母数字计算机输出缩微品　质量控制　第 1 部分：测试幻灯片和测试数据的特征（ISO 8514-1：2000，IDT）

GB/T 17294.2—2008　缩微摄影技术　字母数字计算机输出缩微品　质量控制　第 2 部分：方法（ISO 8514：2000，IDT）

GB/T 19474.1—2004　缩微摄影技术　图形 COM 记录仪的质量控制　第 1 部分：测试画面的特征（ISO 11928-1：2000，MOD）

GB/T 19474.2—2004　缩微摄影技术　图形 COM 记录仪的质量控制　第 2 部分：质量要求和控制（ISO 11928-2：2000，MOD）

GB/T 20494.1—2006　缩微摄影技术　使用单一内显示系统生成影像的 COM 记录器的质量控制　第 1 部分：软件测试标板的特性（ISO 14648-1：2001，IDT）

GB/T 20494.2—2006　缩微摄影技术　使用单一内显示系统生成影像的 COM 记录器的质量控制　第 2 部分：使用方法（ISO 14648-2：2001，IDT）

ISO/IEC 8859-1：1998　信息技术　8 位单字节编码图形字符集　第 1 部分：拉丁字母一（Information technology—8-bit single-byte coded graphic character sets—Part 1：Latin alphabet No.1）

ISO 18901　摄影术　已加工银-明胶型黑白胶片稳定性规范（Imaging materials—Processed sil-ver-gelatin-type black-and-white films-Specifications for stability）

ISO 18911　成像材料　已加工安全感光胶片存储实践（Imaging materials—Processed safety photographic films—Storage practices）

ISO 18917　摄影术　已加工感光材料中残留硫代硫酸盐和其他化学物质的测定　碘-直链淀粉法、亚甲蓝法和硫化银法（Photography—Determination of residual thiosulfate and other related chemicals in processed phtographic materials—Methods using iodine-amylose, methylene blue and silver sulfide）

3　术语和定义

GB/T 6159.1—2003、GB/T 6159.2—2011、GB/T

6159.3—2003、GB/T 6159.4—2003、GB/T 6159.7—2011 和 GB/T 6159.8—2003 界定的以及下列术语和定义适用于本文件。

3.1

完整性 integrity

由于信息不变性所确定的结果。

3.2

不可更改性 irreversibility

通过物理变形使可记录介质变为不可记录的记录方法所造成的结果。

3.3

COM

计算机输出缩微品 computer output microform

〈方法〉电子文件以缩微品形式的构建和记录。

注1：制作缩微品用的设备有可能使用能够在卤化银胶片上记录电子影像的图形发生器（CRT、LED、激光器、等离子屏）。

注2：ISO 6196 包含的术语 COM 的正式定义没有将近年来该技术的重要进展考虑进去。

3.4

COLD

计算机输出激光光盘 computer output laser disc

〈方法〉电子数据在激光光盘（诸如 CD-R 或 DVD）上构建和存档的过程。

3.5

COLD 介质 COLD medium

COLD 制作生成的电子数据存档介质。

3.6

COM-COLD 双重记录 COM-COLD dual recording

由一个制作装置从同样电子文件并行记录产生的 COM 与 COLD 的双重输出。

3.7

组合式 COM-COLD 系统 modular COM-COLD system

能够构建和执行 COM-COLD 双重记录，具有 COLD 模块的 COM 制作装置。

3.8

证据副本 evidentiary copy

为保持被复制文件的证据效用，以专门选择的技术手段来制作的复制品。

4 电子数据存档

4.1 存档功能

电子数据的存档基于几个重要的功能。在本文件中，下述功能将予以解释：

a) 存储性；

b) 可存取性；

c) 可用性；

d) 可读性；

e) 完整性。

这些功能是相互关联的。它们具有技术上的因果关系，也能具有法律上的因果关系。

4.2 功能规范

a) 存储性功能要求使用寿命可量化的耐久性介质；

b) 可存取性功能要求使用的方法包含某些方式的检索信息并使之能够被利用和传递；

c) 可用性功能要求使用的方法不会因为工具过时或找不到操作方法而出现无法再现信息或不兼容的危险；

d) 可读性功能要求使用清晰一致的标记或符号；

e) 完整性要求使用的记录和存储的方法能够在信息记录后揭示信息的任何变化。

5 缩微摄影技术的选用原则

5.1 选用原则

计算机缩微摄影技术能够用来存档电子数据，以确保其真实性和（或）满足长期存档的需要：

——当需要保证电子数据的完整性的时候，即使在非常短的时期内，也推荐使用计算机输出缩微摄影技术；

——对于需要存档3年以上的数据，建议使用计算机缩微摄影技术。

5.2 缩微品类型的选择

缩微品类型的选择应基于选定用途的特定技术要素和制约，以及单位的偏爱或制约（见表1）。

表1　　　COM 缩微品的主要特征

缩微品类型	直接或顺序存取	分割[a]	链接[b]	直接处理[c]
缩微平片	直接	是	是	是
16mm 卷片	顺序	否	是	否
35mm 卷片	顺序	否	是	否
开窗卡[d]	直接	是	否	否

a 分割——方便信息的停顿、发送、存取和选择性机动。

b 链接——将大量的页面连接在一起。

c 直接处理——将记录和处理结合在一台机器中。

d 开窗卡——旨在存储技术图样。

缩微品类型的选择宜与该类型所能实现的缩小比率相联系，以使电子文件中的所有重要细节都能够真实地再现出来。

注：参见附录 B。

6 缩微摄影记录相关规范

6.1 编码格式

6.1.1　总则

准备存档的文件采用何种格式与所用的软件有

关。这些代码格式的差异性往往要求将它们转换成一种 COM 系统识别的格式。❶

对于 COM 中的制作，应对两大类电子文件做出说明：线条模式的电子文件和影像模式的电子文件。

6.1.2　文本模式

字母数字 COM 记录器一般使用 ASCII 作为 8 位字符集（例如拉丁字母）的内部代码。

以 ASCII 生成的电子文件应无需经过任何转换，直接送至 COM 记录器。

使用 8 位字符但不是 ASCII 代码编码的电子文件，在进行 COM 制作前应先转换成 ASCII。

16 位编码的字符集（又称"Unicode"，即"统一的字符编码标准"字符），诸如东方字母和亚洲字母，引出了两个截然不同的问题：

a）它们由特定形式的 COM 系统（例如汉字 COM 记录器）所支持。这些字符应直接送至 COM 记录器，无需经过任何转换；

b）它们需要影像模式的一种转换（见 6.1.3）。

6.1.3　影像模式

图形 COM 记录器一般支持黑白 TIFF 格式的电子影像文件。

TIFF 格式影像的特征应将用来记录的图形 COM 记录器的要求，尤其是有关压缩和分辨率的要求考虑进去。

ITU❷G3 或 ITUG4 压缩一般为图形 COM 所接受。

解像力应适合 COM 记录器的能力。由于各个型号的 COM 能有不同的解像力能力，应基于存档数据对解像力的要求来选择 COM 记录器。当电子文件的解像力不同于 COM 记录器的解像力能力时，有可能需要转换电子文件，以便避免影像的比例相对于预期的缩小比率发生改变。

COM 记录器接收的 TIFF 格式的黑白文件应直接送至 COM 记录器，无需进行转换。

不为 COM 记录器所支持的文本文件以及不同影像格式的电子文件，应转换成兼容的黑白 TIFF 格式，以便使它们能够记录到缩微品上。

6.1.4　空白表格嵌套

某些电子文件的处理，需要使用空白表格嵌套，这些表格可以是光学格式，也可以是电子格式。

6.1.4.1　光学空白表格嵌套

这些表格是由玻璃（或其他透明材料）板上的摄影影像生成的有形影像。在生成电子文件中的每页的时候，空白表格的影像同时闪曝，并用棱镜使两类数据结合成同一影像。

根据内容完整性的工具来进行。转换过程不应显著影响数据的表达。

6.1.4.2　电子空白表格嵌套

这是作为存储在 COM 记录器的存储器中的一个电子文件所生成的空白表格影像。空白表格嵌套的影像随同来自制作电子文件的数据一起，由 COM 记录器同时重新生成，使这两类数据结合成同一个影像。电子空白表格嵌套系统使得同一电子文件中需要多个空白表格嵌套的格式能够得以实现。

6.2　转换

6.2.1　总则

必要时，任何向 COM 记录器识别的文本格式或影像格式的转换，都应借助保持原始数据内容完整性工具来实施。转换过程不应显著影响数据的呈现。

6.2.2　文本模式中电子文件的转换

为了转换 8 位编码字符，电子文件的外部代码（例如 EBCDIC）应借助 COM 记录器中包含的转换表转换为 COM 记录器的内部代码。

应使用 ISO/IEC 8859 - 1，以确保"逐标记"准确转换。

6.2.3　影像模式中电子文件的转换

只含有影像数据（可以是文本的影像）的电子文件、线条模式与影像模式混合的电子文件，或者需要转换成影像模式后才能记录到缩微品上的线条模式的电子文件，应予以转换。3 种情况中转换程序是同样的。

对于需要这类转换的格式，应使用原始软件中的"导出"（"export"）或"存储为"（"save as"）功能进行转换（例如，将".pdf"转换成"TIFF"，推荐使用"Acrobat"软件），或者使用先前已经证明对于复制是合格的兼容的转换软件。

当影像电子文件是由字处理软件生成时，字符字体表应考虑转换参数。

6.3　COM 记录方法

6.3.1　制作参数

表现给定应用特色的所有要素都应放在一起，并以命令与参数集（一般称为"作业"程序）的形式存储。每项"作业"都应将对待处理电子文件格式的描述、对电子空白表格嵌套的管理（如果有的话）、加标题和标引、停顿、缩率和记录说明或页面说明，以及其他附加要素（标志页面、与其他作业的链接等），结合成一个整体。

---

❶　这种转换正如打印时进行的转换。然而宜指出的是，打印只有唯一一种制作格式。在往纸上打印的时候，打印驱动软件宜通过将电子文件的原始格式（例如".doc"".pdf"".jpg"）转换成打印机识别的单一格式（例如".pcl"）。这一操作是自动进行的，且用户看不到。

❷　前作"CCITT"。

6.3.2　空白表格嵌套

空白表格嵌套一般只用于缩微平片和16mm缩微胶片的制作。

空白表格嵌套应再现空白表格的所有重要因素，并应确保空白表格与相应的数据套准。

空白表格嵌套应具有足够好的质量，以便能够有效地阅读。

6.3.3　数据接收

6.3.3.1　传送

COM记录用的电子数据能够通过网络或可交换的计算机介质来传送。

6.3.3.2　网络传送

网络传送期间，应只使用保证被传送和接收数据等同和完整的传送协议。传送监视器和接收监视器应显示所发生的任何传送故障。

有关的协议应能够检测出任何传送错误（例如不合时宜的中断），并在故障发生处自动重新启动，或者清除并重写电子文件。

如果文件的接收存在缺陷，也应以同样的方式显示。

6.3.3.3　计算机介质

对容纳待处理数据的介质的选择，应取决于其对存储与阅读的可靠性如何。如果是可逆介质，其重写的次数应不超过该类介质设计的可重写次数（例如，磁带通常限于成功重写100次）。

如果使用脱机COM记录器（见6.4.3），推荐使用能够直接被COM记录器阅读的计算机介质。

一般来说，数字存储用介质，无论是磁性的，还是光学的，都只有在其不取决于任何已经废止或已经无法使用的设备或操作系统的条件下，方可接受。介质应无任何能够阻碍或改变阅读所含数据的缺陷。

电子文件管理（EDM）系统生成的介质只有在允许有可打印格式数据导出的情况下，才是可接受的。

6.3.4　数据记录模式

6.3.4.1　总则

COM记录器接收以下两种方式存储的数据：

——当COM记录器是联机的时候，它直接从发送电子文件的计算机接收数据；

——如果COM记录器是脱机的话，它从电子介质读取数据。

COM记录器操作系统应确保进入的数据经过奇偶校验和其他错误的检验。

如果出现奇偶错误或其他错误，COM记录器应对错误做出报告，并将控制返还给操作人员。在识别并矫正了错误之前，不应重新启动制作过程。

6.3.4.2　联机记录

对于这种记录，送给COM记录器的数据文件应预先包含装载和自动启动包含该电子文件用处理参数的作业所必需的所有命令。

在出现传送故障的情况下，联机COM记录器应中断制作过程，报告事件并将控制交还给操作人员。

6.3.4.3　脱机记录

对于使用脱机（独立型）COM记录器的制作来说，应用作业装载和启动指令，可能是手动的，也可能是自动的。如果是自动的，电子文件应包含装载和启动相应作业所必需的所有命令。

如果数据通过网络送出，需要先将这些数据用脱机COM记录器能够使用的过渡介质记录下来，然后才能在脱机COM记录器上进行制作。

当传送数据给脱机COM记录器的计算机介质能够被COM记录器使用时，应通过直接阅读计算机介质来进行处理。当传送的计算机介质不能够被脱机COM记录器使用时，应在与脱机COM记录器的阅读系统和设备兼容的转移介质上制作一个同样的副本。

当需要转移介质时，应只基于记录与阅读的可靠性标准来选择，寿命长短不是关键因素，因为它只是转移介质。

依据有关的COM记录器所认可的容量，为COM记录器推荐的介质是封闭的磁介质，诸如盒式磁带或卡式磁带，这样的介质应在6.3.3.3所表达的关于可逆介质的限度内使用。

6.3.5　对制作中断即问题/故障/错误的管理

6.3.5.1　处理中的中断

COM记录器应允许在出现中断或出错时重新启动。

中断（例如由于重新装载一盘胶片、机器出故障或服务结束）后，应在同一台机器上，以同样类型的胶片和化学药品继续处理。

6.3.5.2　因出现缺陷而重新启动

任何因出现缺陷而需要重新启动时，应保证新的缩微品记录的完整。拟存档的COM缩微品不应存在任何更改、剪接或修补。

重新启动应尽可能快地使用原始处理所用的同类胶片进行。如果涉及好几台COM记录器，可能的话，建议以执行原始处理的COM记录器来运行重新启动。

当制作缩微平片或开窗卡时，有可能限制对受缺陷影响的缩微品进行新的记录。

当缺陷要求重新开始系列缩微品中的一个或几个，而这些缩微品的时间印记又很重要时（见7.1.5），有必要将有缺陷的缩微品与重新开始的缩微品一起存储，并注明"重新制作"。

6.4　缩微摄影方法

6.4.1　总则

参见附录C。

6.4.2 显影系统

根据 COM 记录器类型与缩微品规格的不同，化学处理可以用 COM 记录器中自带的显影系统来完成，或者将带有潜影的胶片送到单独的胶片冲洗机进行冲洗。

6.4.3 内部处理

在内部处理的情况下，应不断地检查 COM 记录器的设定值，以确保处理的质量，尤其要：

——自动检查和调整处理液槽中化学品的温度；

——自动检查和调整处理时间；

——自动判断能够处理的胶片数量；

——指示需要更换衰竭的化学药品。

6.4.4 单独处理

当进行单独的处理时，在记录数据后应尽快进行化学处理。

冲洗机应不断地优化处理条件，其中包括：

——自动检查和调整槽内药液的温度；

——自动检查和调整处理时间；

——用温度为 30℃～35℃、总硬度为 15℉～20℉（即法国硬度，一度等于每升水中含有 10mg 的碳酸钙）的活水进行漂洗；

——当装有补充系统时，建议使用该系统。

6.5 制作控制

制作缩微品的质量应符合 GB/T 17294.1—2008、GB/T 17294.2—2008、GB/T 19474.1—2004、GB/T 19474.2—2004、GB/T 20494.1—2006 和 GB/T 20494.2—2006 规定。

应依据 ISO 18901 的要求对残留的硫代硫酸根进行检查。检查应定期进行，且针对每种胶片/套药，每年至少要检查一次。当存储在 COM 缩微品上的数据的保存期要超过 10 年时，或者当这些缩微品具有正式证据作用时，建议由有资质证明的实验室至少每月对残留的硫代硫酸根进行一次检查。该实验室生成的报告宜在缩微品上存档。

6.6 缩微品的复制

当为了方便频繁搜索而生成缩微品时，建议制作复制片，因为复制片的损坏、丢失或质量下降几乎不会造成负面结果。

6.7 缩微品的保存

缩微品的保存方法应符合 ISO 18901 和 ISO 18917 的规定。

注：见附录 D。

7 记录数据的管理

7.1 总则

COM 缩微品制作的管理程序应能够控制识别、分割和标引数据的方式，能够建立查找信息的链接，并能够方便其使用和传送。

管理数据的方式包括：为缩微品加标题、标引、分割和加印时间。空白表格嵌套的作用也应考虑进去。

COM 缩微品应至少含有一个相关识别项。当缩微品将若干缩微影像集合在一起时，应至少含有一个索引关键词列表。要存档的缩微品不应依赖任何可能过时淘汰的系统。

因此，每个缩微品都应包含允许其以最简单的光学方法使用的识别和索引数据，这样，如果特定设备或自动装置不再能得到时，缩微品不会因此而受影响。

识别要素和存取关键词不应与相关的数据分离，且应具有同样的不可逆性和长寿命。

7.2 缩微品的识别与标引

7.2.1 标题

7.2.1.1 标题要素

缩微品上需要记录人眼可读的信息，以便无需放大便能够阅读信息。

该信息包括缩微平片的标头、卷片标题、浮动标题或标出的间断位置，以及印在开窗卡上的指示信息。

标题要素应提供能识别缩微品内容和划分的相关信息，并允许选择性地存取要求的信息。

7.2.1.2 浮动标题

在制作过程中，有些信息加在缩微品上，作为目视标记、标签或分隔符，这些信息无需放大，用裸眼即可以阅读，且只宜用于提供相关信息（例如标明电子文件细分的部分）。

浮动标题占据一页数据的空间，可与一页索引结合在一起。

7.2.2 索引

7.2.2.1 索引要素

含有几个缩微影像的缩微平片应具备方便存取含有所需信息的缩微影像的方法。为此，COM 记录器应建立索引页，且 16mm COM 卷式缩微胶片可生成对应的光点，COM 开窗卡可生成对应的穿孔数据。

索引页是一幅缩微影像，属于缩微品的一个组成部分，应列出该缩微品或该套缩微品相应的索引关键词，并指明每幅缩微影像在缩微品中的位置（缩微品标引选择有系统性的方法）。

在 16mm 缩微胶片上生成光点是一种选项，这些光点将每个索引关键词与一个标记（光点）位置联系起来。一个特殊的装置用光学的方法计算这些光点，以便使要搜寻的页能够自动被找到。

用于开窗卡的穿孔数据选项允许将标题和识别要素转化成穿孔数据，以便能够实现卡的自动使用。

7.2.2.2 主索引

主索引列出了几个缩微品的索引关键词。该选项

可方便信息的存取。主索引宜提供多种查找方法，但不宜替代标题要素或每个缩微品的内部检索页。

如有关键词，主索引应以合理的顺序列出关键词，并且除标明缩微影像在该缩微品内的位置外，还要为每个关键词指明缩微品的识别信息。主索引本身应记录在一个缩微品上。

主索引也能用于生成一个电子文件或添加到动态的数据库上。

已经生成主索引的缩微品，其使用不应依赖于该主索引。

7.2.3 分割

间断是在制作 COM 缩微品的过程中故意做出的一种中断。对于选择性地使用电子文件来说，这种中断是必要的或有用的细分，就像书中章的划分。

依据应用软件的要求，间断命令应形成缩微品的间断，以及 COM 缩微平片的列间断或行间断。

间断使用的根据应由来自有关信息决定性的论点来决定，它代表电子文件的逻辑结构，并符合分割的需要。在缩微平片中列间断或行间断的情况下，建议用一个表达分割理由的浮动标题来标记（见 7.2.1.2）。

7.2.4 空白表格嵌套

当对结果的理解或格式化取决于涉及的用途特定需要的一种或几种空白表格嵌套时，就需要使用该嵌套。

当空白表格嵌套包括法律信息、标识、标记或标识字时，应检查这些信息、标记或标识字的质量。

7.2.5 时间标记

所有的 COM 缩微品应在其标题元素中给出缩微品生成的日期。对于某些用途来说，可能需要注明时间。

根据用途的需要，可能在每页数据上也给出时间标记。

在各种情况下，时间标记应与来自电子档案的日期明显区别开来。建议日期以 DD/MM/YYYYY（日、月、年也可用破折号或句点分开）的形式来表述。

显示时间时，应以下述结构表达：HH：MM：SS，且使用 24h 制。

当需要每个缩微品画幅都需要给出具体的时间时，时间宜显示到 1/100s，显示方式为 HH：MM：SS：CC。

7.3 COM 缩微平片的标引

7.3.1 总则

当在 COM 缩微平片上记录电子文件时，每张缩微平片应包括一个标头，以及至少一个索引页，该索引页应包括至少有一个索引关键词的列表。

7.3.2 标题制作

COM 缩微平片的标头应在每张缩微平片上至少

包括下述中的一项：

——至少一个说明缩微平片内容的重要标识要素；

——至少缩微平片的第一个索引关键词；

——缩微平片制作的日期；

——至少一种先后顺序要素。

缩微平片的号码应位于标头的右部。可用几种计数器。例如，每次间断后归零的计数器（次计数器）和连续顺序计数的计数器（主计数器）。当使用不止一个计数器时，有必要以从右到左递减的顺序显示计数器的层次。主计数器永远应位于最右方。

为清晰起见，建议使用的计数器不要多于 2 个。

处理结束时应在最后一张缩微平片的计数器下方设置"结束"（END）的字样。

7.3.3 索引页

当缩微平片的索引关键词汇总到一个列表中的时候，显示列表的页面置于每张缩微平片尽可能靠右和靠下的位置。

COM 记录器应自动保留出记录列表所需数量的画幅。

当索引页只按列或行的顺序汇总关键词时，索引页应置于每列上部第一个区域（对列索引），或者每行左部第一个区域（对行索引）。

关键词或行关键词的列表应只覆盖一页。该页可与浮动标题合并。

7.4 16mm COM 缩微胶片的标引

7.4.1 标题制作

16mm 卷式 COM 缩微胶片应在数据的第一页前包含一个标题，包括：

——至少一个说明缩微胶片内容的重要的标识要素；

——缩微胶片的制作日期；

——至少一个顺序要素。

处理结束时应在最后一盘缩微胶片的最后的数据页后用字样"结束"（END）标明。

7.4.2 索引页

应按一定的频率在 COM 缩微胶片上给出索引页。

如有必要，建议采用相对较短的序列，以方便手工检索的用户。

建议至少每 200 个画幅记录一次索引页。

无论缩微胶片上记录的画幅数有多少，每盘缩微胶片至少应有一个索引页。

7.4.3 光点的生成

当使用光点时，光点应符合预定设备要求的参数。

光点的使用不应取代以上规定或推荐的有关标题或索引的要求。其使用只宜是附加性的。

COM 缩微胶片的使用不应只依赖于光点检索系

统（见第 6 章和 7.2.2）。

7.5 35mm COM 缩微胶片的标引

7.5.1 标题制作

35mm 卷式 COM 缩微胶片应在数据的第一页前包含一个标题，包括：

——至少一个说明缩微胶片内容的重要的标识要素；

——缩微胶片的制作日期；

——至少一个顺序要素。

处理结束时应在最后一盘缩微胶片的最后的数据页后用字样"结束"（END）标明。

7.5.2 索引页

应按一定的频率在 COM 缩微胶片上给出索引页。

如有必要，建议采用相对较短的序列，以方便手工检索的用户。

至少每 200 个画幅记录一次索引页的做法是明智的。

无论缩微胶片上记录的画幅数有多少，每盘缩微胶片至少应有一个索引页。

7.6 COM 开窗卡的标引

7.6.1 标题制作和标引

COM 开窗卡的标题应包含：

——至少一个说明缩微影像内容的重要标识要素；

——开窗卡制作的日期。

缩微品的影像应包含识别该影像及标明其日期所需要的所有标引信息。卡片上的标题要素应包含该信息（画幅号码、修改索引等）。

使用的打印方法应确保信息具有足够的寿命。

7.6.2 穿孔数据

当使用基于穿孔数据的标引系统时，穿孔数据应与预定的设备相匹配。建议使用"IBM 80 列孔"编码（参见 ISO 6586），因为该法是自开窗卡推广以来使用得最多的方法，而且该法提供了用特殊模板非自动地阅读的可能性。

穿孔数据不应替代缩微影像的标题、标引或日期。COM 开窗卡的使用不应依赖于穿孔数据编码。

8 COM 记录的证据作用

8.1 总则

由于 COM 缩微品直接可读（例如无需使用阅读技术），且寿命和可用性超过 100 年，此外还具有不可更改性、可用性和可读性，所以 COM 缩微品具有作为证据的作用。

为保证缩微品具有证据功能，宜用化学药液冲洗来制作第一代银盐缩微品。

为作证据用而生产的 COM 缩微品不应存在更改、剪接或修补。（见附录 D）

8.2 记录数据的完整性

8.2.1 不可更改性

制作 COM 缩微品所需的化学药液处理使记录信息不可更改，且处理过程不可中断（复制缩微品时不允许修改信息）。

8.2.2 COM 缩微平片、16mm COM 缩微胶片和 35mm COM 缩微胶片的完整性

这些缩微品在其整个寿命期间都是不可更改的，包括数据页、识别要素和使用缩微品的手段。

8.2.3 COM 开窗卡的完整性

在其整个寿命期间，这些缩微品的不可更改性局限于 35mm 缩微胶片部分。卡片上的标题和标引细节不具有可与银影像相比的不可更改性。

8.3 缩微品添加印章

当缩微品很可能具有证据功能时，应依据很多规则添加印章。

缩微品制作单位，无论是内部的，还是外部的，都应以不可更改的形式，就每个缩微品的身份和地理位置，为其添加印章。印章还应包括对所用 COM 记录器类型和胶片类型的说明以及缩微品极性的说明。

建议添加制作单位的专用标记或符号（如商标、标识字等）以及技术标志（可有助于说明缩微品的类型）。印章应成为缩微平片标题的一个部分，或者添加到 16mm 或 35mm 缩微胶片数据页前面的区域中。

对于开窗卡，印章应出现在缩微胶片上，且在缩微影像的边缘上。如无这样的可能，则宜将缩微影像存储在加有印章的 35mm 卷式缩微胶片上，而将该缩微胶片的拷贝装成开窗卡。

8.4 时间标记

缩微品的制作日期应包括在标题中。如果适合，宜记录制作时间和时间精确度。

时间标记应符合 7.2.5 中给出的规范。

9 COM/COLD 双重记录

9.1 总则

双重记录是以两种不同形式（一种是 COM，另一种是 COLD）制作单一电子文件的一种解决方案。该解决方案最适于数据以数字形式保留（例如联机存取）而且数据需要当作证据来存档的情况。

该解决方案可能用于这样的情况：一方面需要动态地记录可能迅速传输的电子形式的更新文件，而另一方面又要确保 COM 缩微品上文件的持久性，使之可以安全存档，或作为证据使用。

适用这一原则时，需要使用 COM/COLD 模块系统。

9.2 推荐的 COLD 介质

对于 COLD 制作，建议使用不可重写的常用可

记录介质（一次写入多次读出的 WORM），如 CD－R、DVD－R、UDO－R。

9.3　原始数据的唯一性

当使用 COM/COLD 双重记录时，两种方法应使用同样的数据。

COLD 系统提供多准则标引的可能性。当为 COLD 创建附加的检索关键词时，COLD 系统应包括缩微品的标引关键词。

COLD 介质的元数据和标引技术应符合所用 EDMS/ERMS 系统的要求。

9.4　并行制作

COM/COLD 双重记录宜由同一套设备来完成。

如不可能同时完成两种制作过程，应先进行缩微制作，因为其符合性是必需的，而 COLD 制作可与 COM 制作同时开始，或在 COM 制作之后开始。

9.5　相似的视觉效果

当显示两种类型的记录时，双重制作应产生相似的视觉效果。COLD 介质上影像显示的图形特性与 COM 缩微影像显示的图形特性应是相似的。

在文本模式中，大小写字母、有区别标记或符号的恢复形状，在两种输出上应是同样的。

如果在两种输出中出现了关键性差别，COM 缩微影像因具备不可更改性和可靠性而具有优先选择权。

9.6　COLD 介质记录数据的管理

9.6.1　管理

COLD 介质上记录数据的管理手段，应包括标签要素和识别要素、显示（可视化）手段和检索（查询）手段、空白格式嵌套的管理、电子文件可能的分割和介质的时间标记。

9.6.2　COLD 介质记录数据的检索与显示

制作 COLD 介质上的记录应考虑到数据查找、检索和显示的手段。实现这些功能的软件应：

——或者记录在每个 COLD 介质上；

——或者记录在用以提供 COLD 介质咨询的计算机上。

9.6.3　标引

任何索引都应记录在包含相应数据的 COLD 介质上。

在使用几种准则（多准则）索引的情况下，建议每种索引都予以清晰的说明，并为每个列表指定一种选择性存取方式。

9.6.4　COLD 介质上电子文件的分割

当准备记录的电子文件的大小超过了 COLD 介质的容量时，建议以一种合理的方式（例如在两个不同的文件夹之间）对记录进行分割。

9.6.5　空白表格嵌套

当 COM 制作需要使用空白表格嵌套时，也应通过对 COLD 制作提出同样的要求（见 7.2.4），来使用相似的表格嵌套。

9.6.6　COLD 介质标签

建议 COLD 介质用一个肉眼可读的印制标签来识别。标签应包括至少一个识别和标引要素，以及制作日期，并要标明"COM/COLD 双重记录"。

当需要在几个 COLD 介质上对电子文件进行分割时，应包括介质的总数和每个介质的序号，例如以 1/3、2/3、3/3 的形式。

在 COLD 介质上不应使用黏性标签。

9.6.7　时间标记

当 COM 制作需要时间标记时（见 7.2.5），COLD 记录应使用同样的准则。

9.7　电子数据库

9.7.1　总则

通常有可能将 COLD 的原则应用于电子数据库，例如出于授权网（局域网、广域网）上操作的目的。建议通过导出 COLD 介质的内容来建立该数据库，以便数据库是 COLD 介质的镜像。

数据导出不应造成任何格式变换，也不应改变数据的视觉形象。数据库不应作为 COLD 的替代品来使用。

9.7.2　数据库的检索与显示

9.6.2 中提到的检索与显示软件，应记录在与数据库连接的计算机上。

10　COM/COLD 双重记录的证据问题

如果使用 COM/COLD 双重记录，建议为第一代银 COM 缩微品保留证据功能。然而，COLD 介质可能用来将相关项目打印在纸上、利用电子方式传输或者复制到过渡性介质上。如果在记录的完整性上存在争议或疑义，则应引证 COM 缩微品作为最好的证据，因为 COM 缩微品具有完整且持久的不可更改性。

附录 A
（资料性附录）
用 COM 缩微品存档因保护用户隐私权
而限制使用的电子数据

A.1　一般性考虑

信息技术对日常生活的影响在不断地增长。其结果，计算机处理的一些数据涉及人的隐私。以数字形式维持这些信息虽然有利于处理和交换数据，但也存在危及个人特权与自由的潜在风险。许多国家已做出了一些裁决，对收集、处理和储存个人数据的条件提出了限制。

对人的隐私的尊重，既不宜变成技术进步的障碍，或对证据提出要求的障碍，也不宜成为需要存储的障碍。

因此，当存在这类限制的时候，使用一种既能够

确保有效的耐用性和可量化的长寿命，同时又能阻止自动处理的存档方法，这样做便是适宜的了。

A.2　COM 缩微品的技术独立性

数字文件记录到 COM 缩微品上之后，便转换成为微型的模拟影像。它的使用需要有光学放大装置，以便它能够用肉眼阅读。尽管是源自于数字形式，但该文件现在已不再属于数据处理领域。

这种独立性使得用计算机对记录内容进行的任何处理，以及将数据恢复（变换）为计算机能够使用的文本文件的形式，变得极其复杂、随机和昂贵。由于这种技术的独立性，人们考虑到，如果用 COM 缩微品来存档，对 COM 缩微品所记录的个人数据或敏感数据进行大规模处理的风险就会变得极小。

A.3　用 COM 缩微品记录限制使用的数据

A.3.1　强制性注释

任何含有限制使用数据的缩微品宜依据 7.2.5 的规定标记时间，并依据 8.3 的规定加盖标记。

A.3.2　主索引

不建议为个人数据创建主索引列表。

A.4　限制使用数据的 COM/COLD 双重记录

使用 COM/COLD 双重记录来记录限制使用的数据，涉及用 COLD 介质上的记录来复制缩微摄影的记录。COLD 记录是以数字形式存储数据，可方便地导出和处理，因而存在类似于存储到硬盘上的潜在风险。因此，宜查核限制使用数据的这类记录没有受到法律的禁止。

当限制是指在有限的存储时间内时，建议在法定的终止日期，或者通过销毁 COLD 介质的形式，或者采用技术报告 ISO/TR 12037：1998 推荐的有选择地重载（覆盖）WORM 介质上所含信息的方法，来删除相关数据。也可通过复制并删除与被删除信息连接的索引，来删除这些数据。

附录 B
（资料性附录）
COM 方法和缩微品

B.1　发展史

1948 年，随着能够生成图形的阴极射线管（CRT）在军事部门和民事部门的开发和推广，美国开始开发 COM 方法。

第一台 COM 完成于 1952 年，通过 CRT 和光学部件的结合，实现了将阴极射线管上显示的图形实时地记录在 16mm 或 35mm 银盐胶片上。当时，第一批能够记录影像和文本的 COM，是为军事用途而研制的，特别是用于联合雷达来跟踪军事演习和记录爆炸引起地震的数据。

1959 年，推出了第一台民用的 COM。这种简化版只限于将字母数字数据记录到 16mm 和 35mm 胶片上。当时，数据不得不专门为缩微摄影技术来准备

（格式化）。数据用磁带传输给 COM。

1969 年，制造出了第一台使用 105mm 胶片并能够制作缩微平片的 COM。

从那时起，COM 设备一直在不断发展。今天，计算机缩微摄影技术平台已经成为由微型计算机管理的功能强大的设备，能够接受实际任何已知的打印格式，出现了从网上接收数据到缩微品包装，包括拷贝和分拣的自动制作的生产链，其处理速度已经非常高（例如，在一张缩微平片上记录 420 页 A4 幅面的不可更改的存档，约 1min 内即能完成）。

B.2　COM 方法

B.2.1　概述

计算机缩微摄影技术，即"COM 方法"，是从计算机给出的二进制数据直接制作微型化文件的方法。

这些方法可以制作以下四种类型的缩微品：

——COM 缩微平片；

——16mm COM 缩微胶片；

——35mm COM 缩微胶片；

——COM 开窗卡。

制作设备称作 COM，可分为以下两类：

a) 字母数字 COM，限于转录拼音书写符号，不包括图表、略图和照片。这些设备有可能以超过 60000 符号每秒的速度来创建和记录字符；

b) 图形 COM，能够制作和记录任何类型的图形。图形 COM 类别包括专门制作开窗卡的 COM（通常称作"COM 激光绘图仪"），主要用于技术图样的存档。

B.2.2　方框图

图 B.1 给出了 COM 方法的方框图。

在线配置方式通过网络，单机模式通过光学介质或磁性介质，将计算机数据传送给 COM 的内存。

COM 的控制计算机确保在其内存完成数据的格式化，构建虚拟影像和标题内容，并储存索引关键词。然后，图形发生器（阴极射线管、激光或发光二极管）通过一系列的光斑曝光，将所有这些数据重新逐页地生成为真实的影像。这些影像发出的光直接记录在银盐胶片上，形成潜影。然后化学处理将潜影转换为由金属银构成的真实影像。经过化学处理后，形成的缩微品便直接可以使用了，而且可以存档 100 年以上。

B.2.3　空白表格嵌套

B.2.3.1　总则

处理某些文件需要使用空白表格嵌套。这些表格可以是光学的，也可以是电子的，不过目前的趋势是电子的。

B.2.3.2　光学空白表格嵌套

这类空白表格是在玻璃板上用照相制版法制作的空白表格，并放置在一个旨在插入 COM 光路的子集中。在生成电子文件中的每一页时，空白表格的影像

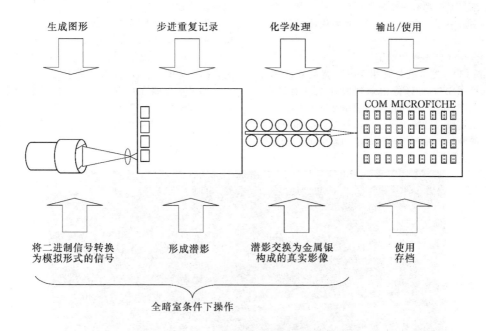

生成图形   步进重复记录   化学处理   输出/使用

将二进制信号转换   形成潜影   潜影交换为金属银   使用
为模拟形式的信号   构成的真实影像   存档

全暗室条件下操作

图 B.1 方框图（COM 缩微平片的制作）

同时闪曝，用棱镜使两种类型的数据融合成同一缩微影像。

B.2.3.3 电子空白表格嵌套

这类空白表格制作所涉及表格的影像，作为置入 COM 系统内存的电子文件而生成。在从制作电子文件调取数据的同时，COM 图形发生器重新生成与该电子文件对应的影像，两种类型的数据融合成同一缩微影像。电子空白表格嵌套可以记录需要多个空白表格嵌套的电子文件。

B.3 格式与编纂

COM 可以按不同字母表配置。欧洲通常使用拉丁字母表的字符集。

以各种各样计算机编码格式生成的电子文件在缩微品上制作的方式，与制作纸质打印件的方式是相同的。

在各种编码格式中，宜区分两大类电子文件：

——文本模式的电子文件；

——只用于 COM 图形的影像模式的电子文件。

B.4 COM 缩微品

B.4.1 COM 缩微品的类型

COM 缩微品有 4 种类型：A6 缩微平片、16mm 卷式微缩胶片、35mm 卷式微缩胶片和开窗卡。

16mm 缩微胶片和缩微平片使用 1/24、1/42 和 1/48 的缩率。1/72 的缩率确实也存在，但很少用于缩微平片，且从未用于缩微胶片。

缩率决定一个缩微品上能够含有的页数即画幅数。表 B.1 给出了一些示例。

缩微影像的图形质量自然取决于缩率。最低的缩率获得的质量最好。

表 B.1 COM 缩微品的缩率

缩率	相当于 A4 幅面		相当于表册幅面（11 英寸×14 英寸）	
	A6 缩微平片	16mm 缩微胶片[a]	A6 缩微平片	16mm 缩微胶片[a]
1/24	98 幅	3000 幅	63 幅	1800 幅
1/42	325 幅	5200 幅	208 幅	3100 幅
1/48	420 幅	6000 幅	270 幅	3600 幅
1/72	989 幅	不用	644 幅	不用

a 所示数值用于 30m 的缩微胶片。

B.4.2 COM 缩微平片

COM 缩微平片是由一张 A6 幅面（105mm×148mm）的胶片构成的（见图 B.2）。

它有各种各样的分割方式，方便电子文件的分割（例如发送），而电子文件的大小并没有限制（一个系列中缩微平片的数量不受限制）。

对于每个分割部分，记录的模式可以是：

——垂直模式，页面以类似于连续列表的方式自上而下地逐列记录；

——水平模式，页面以类似于书刊的方式自左而右地逐行记录。

每个缩微平片都有一个标题区（标头）和一个索引区（右下方最后一个画幅）。缩微平片还可包括浮动标题。

B. 4. 3　16mm COM 微缩胶片

16mm COM 缩微胶片是用 16mm 宽的卷式胶片制作的（见图 B.3）。影像记录到胶片上可有光点，也可没有光点，且有各种各样的缩率和（或）格式。

卷式微缩胶片可按逻辑分割，每个分割部分包含特定数量的画幅，并包括标题要素和索引页，以方便数据的检索。

缩微胶片存储在片盘中或单轴片盒中，以方便使用。

B. 4. 4　35mm COM 缩微胶片

35mm COM 缩微胶片是用 35mm 宽的卷式胶片制作的（见图 B.4），画幅按顺序记录。

如果是存储在片盘上，宜包括标题要素和索引页，以方便数据的检索。

35mm COM 缩微胶片也可以分割开来，放入开窗卡中。

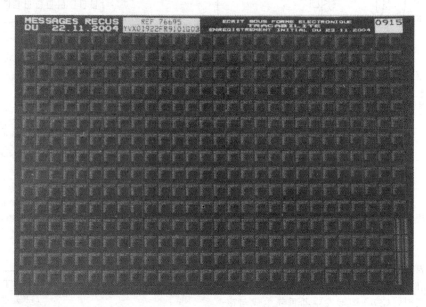

图 B. 2　COM 缩微平片示例

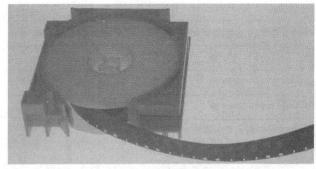

图 B. 3　16mm COM 微缩胶片示例

图 B. 4　35mm COM 缩微胶片示例

B. 4. 5　COM 开窗卡

COM 开窗卡是一种基于 IBM 80 列穿孔卡片的产品。它包括一个重约 $200g/m^2$ 的卡片，卡片右侧开了一个窗口，窗口中安装了一个缩微影像（见图 B.5）。

标题和标引元素印在卡片上，通常还伴有穿孔数据，供专用设备自动识别用。

COM 开窗卡可用以下两种方法制作：

a) 由 35mm COM 微缩胶片制成：

将事先制成的 35mm 图形 COM 卷式缩微胶片切成长 48mm 的胶片，每段胶片通常包含一个缩微影像（例如含一张 A0 图样），然后将其插入卡片的窗口；

b) 由开窗卡 COM 制成：

在这种情况下，开窗卡是直接用专门的 COM 制作的，该设备集成了一个化学处理系统，以及打印和卡片冲孔系统。

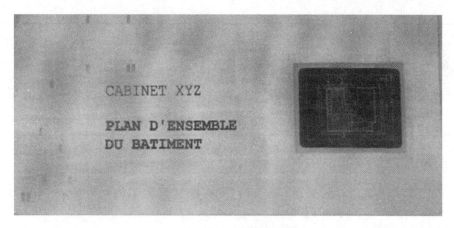

图 B.5 COM 开窗卡

附录 C
（资料性附录）
银质缩微品的长期保存

C.1 一般性考虑

凡用银影像缩微品存档的，其存储方法需要符合制造商的建议。通常情况下，如果存储时间长达 10 年，类似"办公室"的环境便可能是令人满意的了。对于更长期的保存（通常为 100 年以上），在确定储存条件时，有许多方面的风险需要考虑。适合长期保存的处理条件和存储条件原则见表 C.1。

C.2 危害因素

C.2.1 总则

以下 4 个基本因素，可能危害缩微品的长期保存：
——生物因素；
——化学因素；
——物理因素；
——机械因素。

C.2.2 生物因素

生物包括造成污染和腐蚀明胶的微生物（霉菌、孢子、真菌等）。空气质量和存储区域的表面是污染的重要风险因素。

C.2.3 化学因素

以下是需要考虑的化学因素：
a) 乳剂和片基的制造质量差；
b) 处理条件不符合要求；
c) 存储区域受到外部污染（大气中的污染）或内部污染（因容器不稳定而释放的挥发性有机化合物）；
d) 银影像缩微品与非银影像缩微品长期接触。

C.2.4 物理因素

以下是需要考虑的物理因素：
a) 长期暴露在阳光或紫外线饱和的光线中；
b) 存储环境的温度过高或湿度过高；
c) 存储环境出现突然的或大幅度的温度变化或湿度变化；
d) 微生物或昆虫造成的恶化；
e) 磨蚀性颗粒可能造成的物理变化。

C.2.5 机械因素

以下是需要考虑的机械因素：
a) 不合时宜的处理所造成的风险；
b) 阅读、复制或测试设备的野蛮使用或保养不当所造成的损伤。

C.3 概要

表 C.1 　　　　适合长期保存的处理条件与存储条件原则

基本要素	推荐方法或规范	规范性引用文件
处理条件	——定影液 pH 值设定为 4～5.5 之间； ——水洗温度最低为 25℃，与显影液温度的最大差别为 0/－3℃； ——水洗水的硬度为 15°F～20°F（法国硬度）； ——最高干燥温度为 60℃； ——硫代硫酸根最大残留量为 $0.014g/m^2$	ISO 18901 ISO 18917
环境条件调整	——用聚乙烯、聚丙烯、聚苯乙烯或聚碳酸酯制成的稳定的塑料密封盒； ——不使用皮筋或黏带	ISO 18901 ISO 18911

续表

基本要素	推 荐 方 法 或 规 范	规范性引用文件
存储设备与用具	——橱柜带锁； ——架子或抽屉用不锈钢、经过阳极化处理的铝或涂有瓷釉或涂料并经过正确烧制的材料制成； ——容器内无电路； ——建议不使用实木、硬纸板或层合板制成的容器	ISO 18911
储存室	——室内无尘，且仅用于储存缩微品； ——不用于存储其他存档介质，如时间长了会生成灰尘的纸制档案； ——空气过滤优于 100000 级； ——不允许吸烟； ——宜铺放防尘地面（不用地毯）； ——使用防尘的护壁板（不用帘幕）； ——推荐的涂料：丙烯酸涂料或乙烯基涂料，避免使用甘化邻苯二甲酸涂料； ——稳定的大气，繁忙区的空气更换率为 8 容积每小时，非繁忙区为 4 容积每小时	ISO 18911
照明条件	——任何时间都保持黑暗； ——不长时间暴露于日光或紫外线； ——必要时照明最大照度不超过 150lx	ISO 18911 ISO 10977 ISO 12040
温度条件	——环境温度低于 21℃； ——避免热冲击； ——温度梯度为 4℃/h	ISO 18911
相对湿度	——20%～40%	ISO 18911
防火防洪	——这类情况下通常使用的任何设备（适合的探测器、灭火器材、防火门和防火表面等）； ——不要存储在地下室（否则会增大水灾损伤的风险）； ——不要存储在顶层（那里是发生火灾时最暴露的区域）	ISO 18911
使用条件	——如果有专供查阅用的副本，则只使用该副本； ——避免指印、划伤、污物、污染（戴推荐的手套）； ——对有可能造成损伤的阅读、复制或测试设备进行预防性维护	ISO 18911
监测条件	——定期取样，测量密度和检查外观； ——定期检查温度与湿度	ISO 18911
备份措施	异地储存银影像备份副本	ISO 18911

注　阅读表 C.1 并不意味不再需要阅读和应用针对每个要素提出的国际标准。

附录 D
（规范性附录）
证据用缩微品的生成

D.1　一般性考虑

证据的提出随各个国家法律体系的不同而存在很大的差异，有的体系非常严厉，有的体系较为宽松。此外，影响证据规定的法律文本是逐渐进步的，而且具体到每个国家，规定常常与文化准则相关联。因而常常引出这样一个结论，即不可能制定出一个通用的证明方法。

然而，应指出的是，除了规则上的差异外，证据在全世界各个国家都具有相同的功能：用来表达真相。至于使用的介质，也可以看到存在事实上的标准，即写在纸面上是一种为全世界普遍接受的证据。

今天，数字文件的普遍使用和信息的普遍跨边界交流，需要有一种能够基于明显的可靠性而非拘泥于手续，超越了立法多样性的证据记录方法。

D.2　功能性规范

记录和保存拟作证据用的数据，提出以下功能要求：

a) 受手段的限制，使得信息在初始记录后再做任何修改都无法掩盖；

b) 确保记录所含证据作用的连续性；

c) 允许了解记录的代次（原件、复印件等）；

d) 寿命至少等于规定的时间期限；

e) 确保至少在规定的期限内可获取信息（获得信息和移动信息）；

f) 确保至少在规定的期限内信息可用和可读。

D.3 缩微品的证据性

D.3.1 强制性的共享标记

任何可能包含可作为证据用数据的缩微品，都应标注符合 7.2.5 的日期，并加盖符合 8.3 的印章。

D.3.2 在 COM 缩微品上确立原始文件

D.3.2.1 总则

当在 COM 缩微品上存储原始文件时，有必要在文件本身的文本中规定，在相关当事人做出决定后，将原始文件保存到 COM 缩微品上。当缩微品需要进行专业化制作时，还有必要在文件的条款中规定完成指定制作单位的身份和地理位置。

如果只记录了文件的一个副本，那么第一代银缩微品将被视为具有原件身份。建议以保存信件副本的同样方式来保存原始 COM 缩微品的复印品。复印品应具有与原始缩微品同样的不可更改性。

当有必要为一个文件生成几个副本时（例如，当合同的每一个当事人应保存他自己的副本时），则宜按需要的数量对同一文件进行多次处理，以产生所需份数的副本。这些处理应在同一天、用同一 COM 记录器、使用同一类型的胶片和化学药液来完成。如果缩微品使用了时间印记，则有必要为副本指明不同的时间。

D.3.2.2 使用签字

对原始文件上使用签字的情况，要求使用具有图形处理能力的 COM 记录器。签字的电子文件（例如可使用图形输入板创建）可以是文件的一个组成部分，也可以包含在一个链接文件中。签字可包括在原始文件中，也可作为一个单独的文件生成，只要作为链接文件储存在同一缩微品中即可。

当文件需要几个人签名时，签名应一起制作，且在同一缩微影像上。

当文件的性质要求添加手写信息时，该信息应制作在同一缩微影像上，且以与签名同样的方式制作。

在缩微品上记录文件的签名和手写信息，可能需要以适当的信息安全方式，对文件条款的完整性进行检查。

D.3.2.3 有用信息

下面的有用信息应包括在缩微品的标题中——或者是在每张缩微平片的标头中，或者是在每盘缩微胶片首页数据之前。必要时，也有可能将其包括在每页数据的下方。

准备作为原件的缩微品的标题以"原件——数字文件"的字样打头。

在一个文件有几个副本的情况下，有必要采用如下的标题："原件——数字文件共×个副本"。

副本顺序也可在标题中指明（例如：文件夹中的第一个副本为"副本 1/2"，第二个副本为"副本 2/2"）。

D.3.3 记录可追踪性要素

用于确立证据追踪性（金融交易、食品链、电子商务等）的缩微品应在标题中指明"可追踪性"。每个缩微品的日期指明所记录的踪迹的确切时间已不可更改。

D.3.4 证据副本

D.3.4.1 证据纸拷贝

当缩微品构成原本是在纸上的文件的副本时，有必要在标题中包括"证据副本——源文本为纸件"的字样。

制作这类副本需要使用能够复制原始文件的语义内容和图形外观的 COM 记录器。

使用 COM 记录器复制纸质文件需要事先将文件数字化。有必要考虑 COM 记录器的规格，以确定数字化参数。副本的"忠实性"应始终优先于审美。原始文件的数字化过程中，不应进行任何"清洁处理"，因为这种处理可破坏原始文件中有可能会影响到语义内容或重要图形的数字化处理，如空白表格嵌套、标识或任何其他要素被遮蔽，而这些要素的缺失将大大扭曲复制文件的表达。

禁止删除页面的边界。

允许纠正页面的歪斜。

如果空白表格嵌套和数据结合后阅读困难，建议只要有可能，可对空白表格嵌套进行平整处理，通过保证可读性来实现数字化。

在任何情况下，原始文件数字化的设定宜根据 COM 规范来选择，目的是要在缩微品上获得最好的结果。宜优先考虑能够提高缩微影像质量的适当设置，而不是优先考虑能够获得最佳屏幕浏览的设置。

D.3.4.2 数字文件的证据副本

当缩微品上的数字文件记录被视为副本时，应在标题中标明"证据副本——数字文件"。

如果 COM 记录器对来自携带文件的电子文件的原始影像的语义特征和图形外观进行了变换，会影响缩微品上的副本的精确性。

当文件是一个电子空白表格（例如网上填写的行政表格），副本的正确性要求 COM 记录器完整地复制空白表格的图形和语义特征及其填写内容。当空白表格包括好几个窗口，而其中一个窗口保持空白时，该窗口应与同一表格的其他窗口一起予以复制。

D.4 传递文件

当 COM 缩微品记录的信息受到反驳，或要进行

文件交换（例如法律辩论）时，可按下述形式提供该信息，直至争端得到解决：

　　a）以有关争端页面的纸质复印件的形式；

　　b）在有关争端的影像数字化后，以数字形式且以普遍接受的介质形式；

　　c）只要可有缩微技术处理的可能，以缩微品复印品的形式。

当存在双重记录且 COLD 介质处于良好状态时，取自该介质的页面也可用数字介质传递，通过网络递送或通过打印在纸上递送。

如有争议或疑义，则有必要为制作第一代银影像COM 缩微品，并就争端来查看第一代银 COM 缩微品。

D.5　检查方法

D.5.1　总则

除了使用自己的知识技能外，有必要仔细考虑以下各点，尤其是当涉嫌伪造时。

D.5.2　比较研究

如果可能的话，建议对受检缩微品的物理特性和来自同一处理或同一制作单位的缩微品的物理特性进行比较。比较将特别涉及常规方面、极性、胶片的无光泽性和（或）胶片是否出现银析出以及胶片的厚度。

对缩微平片，应检查可能出现的卷曲程度和长度的差异。

D.5.3　印章检查

建议将缩微品上的印章与来自同一制作设备的其他印章进行对比。可检查制作缩微品时制作设备的存在是否合法。缩微品的制作日期也宜与标明的 COM 记录器类型和胶片类型的历史进行对比。

参 考 文 献

［1］　GB/T 18444—2001　已加工安全照相胶片贮存（idt ISO 5466：1996）.

［2］　GB/Z 20648—2006　电子影像　擦除记录在一次写入光学介质上的信息的推荐方法（ISO/IR 12037：1998，IDT）.

［3］　ISO 6586：1980 Data processing—Implementation of the ISO 7‑bit and 8‑bit coded character sets on punched cards.

［4］　ISO 10977：1993 Photography—Processed photographic colour films and paper prints—Methods for measuring image stability.

［5］　ISO 12040：1997 Graphic technology—Prints and printing inks—Assessment of light fastness using filtered xenon arc light.

［6］　ISO 15489‑1 Information and documentation—Records management—Part 1：General.

［7］　ISO/TR 15489‑2 Information and documentation—Records management—Part 2：Guidelines.

14　党政机关电子公文系统运行维护规范

（GB/T 33483—2016）

前　言

本标准按照 GB/T 1.1—2009 给出的规则起草。

请注意本文件的某些内容可能涉及专利。本文件的发布机构不承担识别这些专利的责任。

本标准由中共中央办公厅、国务院办公厅提出。

本标准由国家电子文件管理部际联席会议办公室归口。

本标准起草单位：中办信息中心、中国电子技术标准化研究院、神州数码系统集成股份有限公司、北京华胜天成科技股份有限公司、北京华宇信息技术有限公司、中国软件与技术服务股份有限公司、中科软科技股份有限公司、曙光信息产业（北京）有限公司、北京太极信息系统技术有限公司、东软集团股份有限公司、北京电子科技学院。

本标准主要起草人：周平、崔静、高鹏、张璨、白璐、王铮、郭鑫伟、李雪、冯文化、潘江塞、陈驰、赵欢、白云龙、王超、张晓明、董军华、张力文、耿妍、李永成、何震、王思源、韩淑敏、徐鹏飞。

1　范围

本标准规定了党政机关电子公文系统运行维护（以下称：运维）内容、运维准备、运维执行、运维验收、运维改进和运维过程管理。

本标准适用于：

　　a）各级党政机关信息化部门规范电子公文系统运维；

　　b）提供党政机关电子公文系统运维服务的组织证明自身的能力；

　　c）各级党政机关和第三方机构选择和评价电子公文系统运维服务组织。

2　规范性引用文件

下列文件对于本文件的应用是必不可少的。凡是注日期的引用文件，仅注日期的版本适用于本文件。凡是不注日期的引用文件，其最新版本（包括所有的修改单）适用于本文件。

GB/T 28827.1—2012　信息技术服务　运行维护　第 1 部分：通用要求

GB/T 28827.2—2012　信息技术服务　运行维护　第 2 部分：交付规范

GB/T 28827.3—2012 信息技术服务 运行维护 第3部分：应急响应规范

3 术语和定义

下列术语和定义适用于本文件。

3.1

运维 operation maintenance

运行维护的简称，指采用信息技术手段及方法，为保障信息系统、业务系统等正常运行而实施的一系列活动。

［GB/T 28827.1—2012，改写定义3.1］

3.2

配置管理数据库 configuration management database

包含每个配置项所有相关的详细信息和配置项之间重要关系的详细信息的数据库。

［GB/T 24405.1—2009，定义2.5］

3.3

知识库 knowledge base

采用某种（或若干）知识表示方式在信息系统中存储、组织、管理和使用的易操作、易利用、相互联系的知识集合。

3.4

配置基线 configuration baseline

服务或服务组件在其生命周期中特定时间被正式指定的配置信息。

注：配置基线和这些基线批准的变更构成了当前的配置信息。

3.5

服务级别协议 service level agreement（SLA）

服务提供方与顾客之间签署的、描述服务和约定服务级别的协议。

［GB/T 24405.1—2009，定义2.13］

4 总则

各级党政机关信息化部门若自行开展电子公文系统运维，可按照 GB/T 28827.1—2012 的要求，建立电子公文系统运维能力管理体系。

各级党政机关信息化部门若选择外部组织提供电子公文系统运维服务，则应选择满足 GB/T 28827.1—2012、GB/T 28827.2—2012、GB/T 28827.3—2012 要求的外部组织。

党政机关电子公文系统运维保障四要素为人员、资源、技术和过程。人员、资源和技术要素应满足 GB/T 28827.1—2012 的要求，过程要素应满足附录 A 的要求。

5. 党政机关电子公文系统运维内容

5.1 概述

党政机关电子公文系统运维内容是指针对党政机关电子公文系统所开展的调研评估、例行操作、响应支持和优化改善四种类型的运维活动。

5.2 调研评估

通过对党政机关电子公文系统的运行现状和未来预期进行调研、分析，根据业务需求，提出服务方案。方案内容至少应包括：

a）需求调研；

b）需求变更评估；

c）系统优化方案评估；

d）软件补丁评估和方案制定；

e）软件升级评估和方案制定；

f）系统配置需求的调研、评估和方案制定；

g）重大配置变更评估和方案制定；

h）系统迁移调研、评估和方案制定。

5.3 例行操作

5.3.1 概述

按照约定条件触发或预先规定的常态服务，分为监控、预防性检查和常规作业。

5.3.2 监控

党政机关电子公文系统监控，指采用各类工具和技术，对系统的功能、性能和稳定性等运行状况和发展趋势进行记录、分析和告警。党政机关电子公文系统的监控至少应包括以下内容，如表1所示。

表1 党政机关电子公文系统监控内容

运维对象		监控内容
党政机关电子公文系统	公文处理	电子公文的编辑、转换、阅读、盖章、发送、接收、交换和查询等功能的请求或操作的响应时间、资源消耗情况、进程状态、日志警告信息和稳定性等
		文字处理、电子表格和演示文稿等功能或操作的响应时间、资源消耗和易用性等
	公文交换	公文交换和传输的资源消耗、进程状态、相应时间、日志警告信息等
	其他	注册管理、签发管理和发布验证等功能稳定性
		签章、验章功能的日志警告信息

5.3.3 预防性检查

党政机关电子公文系统的预防性检查包括：功能

检查、性能检查和安全性检查等。预防性检查至少应包括以下内容，如表2所示。

表 2　党政机关电子公文系统预防性检查

运维对象	预防性检查内容
党政机关电子公文系统	系统功能预防性检查，如电子公文的编辑、转换、阅读、盖章、发送、接收、交换和查询等功能或操作系统响应的稳定性等 系统安全审计信息检查 软件或硬件升级、改造或更换后，应用系统运行稳定性 进程及资源消耗检查、分析 系统的漏洞扫描、补丁检查 系统病毒定期查杀 系统的口令安全情况 系统的日志分析

5.3.4　常规作业

党政机关电子公文系统的常规作业至少应包括以下内容，如表3所示。

表 3　党政机关电子公文系统常规作业表

运维对象	常规作业内容
党政机关电子公文系统	＊ 垃圾数据清理 ＊ 系统错误修复 ＊ 软件补丁 ＊ 信息发布 数据备份 数据迁移 版本升级 日志清理 启动或停止服务或进程 增加或删除用户账号 更新系统或用户密码 建立或终止会话连接 作业提交 软件备份

注：本表内容部分来自 SJ/T 11564.4—2015 中的表 15。
＊ 表示新增加的检查内容。

5.4　响应支持

5.4.1　事件驱动响应

针对党政机关电子公文系统故障而进行的响应服务，至少应包括：

a) 应用级启停；

b) 系统级启停；

c) 电子公文的编辑、转换、阅读、盖章、发送、接收、交换和查询等功能响应失败；

d) 浏览器响应失败。

5.4.2　服务请求响应

根据党政机关电子公文系统运行需要或需方、服务相关方的请求，进行及时响应和处理，至少应包括：

a) 按服务请求指示进行用户增加；

b) 口令修改；

c) 参数调整；

d) 权限配置；

e) 流程配置；

f) 表单配置。

5.4.3　应急响应

党政机关电子公文系统的应急响应应满足 GB/T 28827.3—2012 的要求。

5.5　优化改善

党政机关电子公文系统的优化改善，至少应包括：

a) 与操作系统、数据库、应用服务器中间件等的集成性优化；

b) 编辑、转换、阅读、盖章、发送、接收、交换和查询等功能的集成性优化；

c) 对大文件、复杂公文的编辑、转换等功能或操作的易用性优化改善；

d) 对视频、音频等流媒体的执行效果的优化改善；

e) 性能和可靠性优化改善；

f) 业务逻辑优化改善；

g) 业务符合度优化改善；

h) 应用消息队列、共享内存优化；

i) 应用服务能力优化，例如应用进程数、应用线程数的优化；

j) 应用日志级别及日志空间的调整；

k) 应用版本升级、打补丁。

6　党政机关电子公文系统运维准备

6.1　概述

运维组织应结合合规要求、业务需求、运维内容等方面通过策划、评审以及执行准备，明确党政机关电子公文系统运维范围、服务级别协议和项目计划等内容。

6.2　运维策划

6.2.1　运维策划输入

党政机关电子公文系统运维项目策划的输入，至少应包括：

a) 合规要求：

1) GB/T 28827.1—2012、GB/T 28827.2—2012、GB/T 28827.3—2012 的相关要求；

2) 党政机关电子公文系统的安全保密要求；

3) 国家电子政务工程建设项目管理要求；

4）党政机关公文处理工作相关要求；

5）其他政府标准、行业标准或法规。

b）业务需求：

1）运维管理需求，包括：规范制度、流程管理、运维操作规范、运维过程管理、运维团队管理、运维安全管理、资产管理等；

2）系统运行需求，包括：系统安全性、系统可靠性等；

3）用户需求，包括：服务的响应性、有形性和友好性等。

c）运维内容，见第 5 章。

6.2.2　关键活动

党政机关电子公文系统运维项目策划的关键活动，至少应包括：

a）运维需求分析；

b）根据国家有关文件规定和国家电子政务建设规划要求提起项目申报；

c）授权项目经理；

d）必要时，进行项目外包招标；

e）签订服务级别协议；

f）制订项目管理计划；

g）识别其他运维需求。

6.2.3　运维策划输出

党政机关电子公文系统运维项目策划的输出，至少应包括：

a）根据国家相关要求提供申报资料，包括：项目建议书、可行性研究报告、初步设计方案和投资概算等；

b）运维项目章程：

1）自行运维模式：项目授权书，至少应包括：批准运维项目，授权项目经理在项目活动中使用组织资源，明确定义运维服务周期和范围，及高级管理层对运维项目的要求和支持；

2）外包运维模式：招标文件，提出本项目的外包要求。

c）服务级别协议（SLA）；

d）项目管理计划；

e）运维项目预算；

f）绩效考核机制；

g）运维项目组织结构；

h）运维资源要求，包括对工具、知识库、服务台、办公环境等要求；

i）配置基线要求；

j）特殊运维需求。

6.3　运维评审

应建立运维项目评审机制和评审标准，并对运维策划进行评审，评审活动包括：

a）建立运维项目评审组，评审组成员至少应包括：业务用户代表、运维管理人员和运维专家；

b）评审组按照国家法律法规要求，以客观、公正、科学的原则，对项目策划进行评审；

c）评审组应依据评审标准对运维策划过程、策划输入、策划输出和关键活动等进行评审。

6.4　运维执行准备

应根据运维策划进行运维执行准备，确保执行过程和运维质量得到有效控制，以满足服务级别协议要求，至少应包括：

a）依据服务目录供需双方确认服务级别协议；

b）编制运维执行计划、检查计划和改进计划；

c）配备符合能力要求的人员；

d）明确职责分工、服务流程和关键技术要求，必要时提供服务手册和技术手册；

e）准备必要的资源，包括但不仅限于备件、工具、服务台和知识库；

f）明确考核要求、计算办法和奖惩措施；

g）明确运维执行过程中的安全要求，并采取保障措施，如签署保密协议等；

h）明确运维执行过程中可能存在的各种风险，制订风险规避计划；

i）针对应急事件制定预案。

7　党政机关电子公文系统运维执行

7.1　概述

党政机关电子公文系统运维执行是依据运维准备的结果，以满足服务级别协议为目标，对运维对象进行调研评估、例行操作、响应支持和优化改善等的一系列活动。

7.2　调研评估执行

执行调研评估的活动，至少应包括：

a）在调研评估开展前提供计划，包括目标、内容、步骤、人员、预算、进度、交付成果和沟通计划等；

b）编写调研评估报告，如现状评估、访谈调研、需求分析、后续建议等；

c）制定报告的评审制度，包括组织内部评审和外部评审，并进行记录；

d）持续跟踪调研评估的落地执行情况；

e）对人员、操作、数据以及工具等进行安全评审并记录；

f）在必要时创建与例行操作、响应支持和优化改善服务的接口。

7.3　例行操作执行

执行例行操作的活动，至少应包括：

a）根据党政机关电子公文系统的特点，制定执行的目标、内容、范围、周期和人员安排；

b）编制指导手册，并指定专人负责更新和完善。指导手册中应包括：

1）任务清单；

2) 各项任务的操作步骤及说明；

3) 运行状态是否正常的判定标准；

4) 运行状态信息的记录要求；

5) 异常状况处置流程，包括角色定义、处置方法、流转过程和结束要求；

6) 报告模版。

c) 对人员、操作、数据以及工具等进行安全评审并记录；

d) 在必要时创建与调研评估、响应支持和优化改善服务的接口。

7.4 响应支持执行

执行响应支持的活动，至少应包括：

a) 公示受理的渠道，如电话、传真、邮件或网络方式等；

b) 提供服务承诺，如工作时间、响应时间等；

c) 根据党政机关电子公文系统特点对响应级别、报警升级条件等内容进行调整；

d) 记录响应支持的关键执行过程；

e) 针对有效申报进行分类，分配优先级，分发给相应人员，分配优先级时可参见 GB/T 28827.2—2012 附录 C，也可根据党政机关电子公文系统特点制定其他的优先级分配方式，申报优先级应成为响应支持的一部分；

f) 在处理过程中设置预警、报警机制以及升级流程，相关设置可参见 GB/T 28827.2—2012 附录 C，也可根据党政机关电子公文系统特点制定其他的预警、报警机制和升级流程，相关机制应成为响应支持的一部分；

g) 在处理过程中的各个关键环节，将进展信息及时通知相关人员；

h) 在征得用户同意的情况下结束支持；

i) 对人员、操作、数据以及工具等进行安全评审并记录；

j) 在必要时创建与调研评估、例行操作和优化改善服务的接口。

7.5 优化改善执行

执行优化改善的活动，至少应包括：

a) 按优化改善方案执行并有观察期的安排；

b) 对遗留问题制定改进措施并跟进；

c) 在优化改善完成后进行必要的回顾总结；

d) 对人员、操作、数据以及工具等进行安全评审并记录；

e) 在必要时创建与调研评估、例行操作和响应支持服务的接口。

7.6 交付成果及管理

7.6.1 调研评估成果

在提供调研评估成果交付的过程中，提供无形的或有形的交付成果，以满足服务级别协议要求。交付成果至少应包括：

a) 无形成果：党政机关电子公文系统用户体验度的提升。

b) 有形成果：

1) 调研评估计划书；

2) 调研评估分析报告；

3) 调研评估的规划方案或建议及评审记录。

7.6.2 例行操作成果

在例行操作成果交付的过程中，提供无形的或有形的交付成果，以满足服务级别协议要求。交付成果至少应包括：

a) 无形成果：

1) 运维对象当前运行状态，包括：正常、异常、存在潜在风险等；

2) 运行状态从异常到正常的状态恢复；

3) 对潜在风险的消除。

b) 有形成果：

1) 运行状态信息记录；

2) 运行状态异常处理记录；

3) 趋势分析及可能的风险消除建议；

4) 运维对象配置信息记录；

5) 定期巡检报告（如按照周、月或季报）；

6) 故障报告；

7) 党政机关电子公文系统软件升级报告。

7.6.3 响应支持成果

在提供响应支持成果交付的过程中，提供无形的或有形的交付成果，以满足服务级别协议要求。交付成果至少应包括：

a) 无形成果：

1) 运行状态从异常到正常的状态恢复；

2) 运维知识的传递。

b) 有形成果：

1) 响应支持记录；

2) 响应支持关键指标数据记录（服务级别协议达成情况、数量、分布、趋势）；

3) 重大事件（故障）的分析改进报告；

4) 运维对象配置信息更新记录。

7.6.4 优化改善成果

在提供优化改善成果交付的过程中，提供无形的或有形的交付成果，以满足服务级别协议要求。交付成果至少应包括：

a) 无形成果：

1) 运维对象运行性能的提升；

2) 运维对象实现功能的完善。

b) 有形成果：

1) 运维对象适应性、增强性、预防性改进方案，方案中宜包含目标、内容、步骤、人员、预算、进度、考核指标、风险预案和回退方案；

2) 运维对象适应性、增强性、预防性改进评审记录，包括内外部评审记录；

3）运维对象适应性、增强性、预防性改进总结报告。

7.6.5　交付成果管理

针对交付成果管理，至少应包括：

a）制定成果的编制、审核、发布、归档等管理流程；

b）明确受众、内容、时间或频度要求；

c）明确安全管理要求：

1）无形成果：对安全风险的控制；

2）有形成果：对生命周期的安全控制，如加密存储、授权访问、脱密共享、数据粉碎等。

d）确保无形成果产生的效用满足服务级别协议要求；

e）确保有形成果的规格或格式满足服务级别协议要求；

f）明确无形和有形成果之间的关系，如性能提升通过服务报告体现。

8　党政机关电子公文系统运维验收

8.1　概述

应依据服务级别协议和项目计划，通过验收策划、验收实施和验收改善对运维执行成果进行评估和考核。

8.2　验收策划

8.2.1　输入项

验收策划的输入项，至少应包括：

a）任务合同书；

b）双方签署的服务级别协议；

c）可能存在的外包合同；

d）相关制度文件；

e）相关技术文档；

f）运维交付成果；

g）预算书和经费执行情况报告。

8.2.2　关键活动

验收策划的关键活动，至少应包括：

a）确定验收标准，验收指标可从服务级别、服务质量及交付成果三个方面进行设定，设定指标时可参考以下文件：

1）服务级别协议；

2）7.6规定的交付成果。

b）准备运维过程中产生的各项交付成果，至少应包括：

1）调研评估记录；

2）例行操作记录；

3）响应支持记录；

4）优化改善记录。

c）评估运维服务，形成评估报告，报告内容至少应包括：

1）策划的执行情况；

2）服务交付的规范程度；

3）文档的归档情况；

4）交付过程信息的记录情况；

5）交付过程中遗留问题的处理情况；

6）交付各过程中的安全情况和风险规避情况。

d）准备必要的资源，如备件、工具、服务台和知识库；

e）经费审计，出具审计报告。

8.2.3　输出项

验收策划的输出项，至少应包括：

a）验收计划；

b）验收标准；

c）验收小组；

d）运维服务评估报告；

e）必要的资源，如知识库、运维基线；

f）经费审计报告。

8.3　验收实施

8.3.1　输入项

验收实施的输入项，至少应包括：

a）服务级别协议；

b）验收计划；

c）验收标准；

d）验收小组；

e）运维交付成果；

f）运维服务评估报告；

g）必要的资源，如知识库、运维基线；

h）经费审计报告。

8.3.2　关键活动

验收实施的关键活动，至少应包括：

a）根据验收标准，比对各项交付成果；

b）评审运维服务评估报告，得出验收结论；

c）检查经费使用情况，得出经费验收结论。

8.3.3　输出项

验收实施的输出项，至少应包括：验收报告。

8.4　验收改善

应根据验收结论和改善意见对运维服务进行改善，形成改善报告。

9　党政机关电子公文系统运维改进

9.1　概述

应根据运维验收结果，改进运维管理过程中的不足，持续提升运维能力。

9.2　改进策划

改进策划至少应包括：

a）建立运维改进机制；

b）对验收结果进行总结分析；

c）对未达标的指标进行调查分析；

d）根据分析结果确定改进措施，制订改进计划。

9.3 改进实施

应根据改进计划对运维管理过程实施改进，改进内容至少应包括：

a) 运维项目管理计划；

b) 人员管理机制；

c) 运维工具功能和性能；

d) 运维基线；

e) 知识库管理机制和内容；

f) 过程管理机制。

附录 A
（规范性附录）
党政机关电子公文系统过程管理规范

A.1　服务级别管理

服务级别管理过程的输入、关键活动和输出的具体要求如下：

a) 服务级别管理过程的输入，至少应包括：

1) 服务级别管理计划；

2) 业务需求；

3) 服务目录；

4) 服务级别协议模板，内容至少应包括：

i. 服务内容和范围；

ii. 服务指标及衡量方式，如事件响应时间、事件解决时间等；

iii. 不同指标的权重。

b) 服务级别管理过程的关键活动，至少应包括：

1) 根据业务需求，确定服务级别协议；

2) 跟踪、记录服务级别协议的支撑性指标，分析不达标的原因，制定改进措施；

3) 如有必要，进行服务级别协议的变更。

c) 服务级别管理过程的输出，至少应包括：

1) 服务级别协议；

2) 绩效数据，至少应包括：

i. 指定时间段内服务级别协议指标的达成数量；

ii. 服务级别协议中的指标总数；

iii. 服务级别协议指标的权重；

iv. 服务级别协议违反次数。

3) 服务级别协议的变更请求。

A.2　服务报告管理

服务报告管理过程的输入、关键活动和输出的具体要求如下：

a) 服务报告管理过程的输入，至少应包括：

1) 服务报告管理计划；

2) 其他管理过程产生的管理指标值；

3) 监控管理产生的性能数据；

4) 服务报告提交要求，包括提交周期、报告人和报告对象等；

5) 服务报告模板，内容至少应包含：

i. 针对服务指标的服务绩效；

ii. 显著事态的相关信息，至少应包括重大事件，新的或变更的服务的部署和被触发的服务连续性计划；

iii. 工作量特性，包括工作量和工作量周期性变化等；

iv. 相对于本标准的要求、其他服务过程所发现的不符合项以及识别出的原因；

v. 趋势信息；

vi. 顾客满意度调查，服务投诉及满意度调查和投诉的分析。

b) 服务报告管理过程的关键活动，至少应包括：

1) 按照要求提交服务报告；

2) 如遇特殊情况，提供临时报告；

3) 跟踪、记录服务报告的管理指标，分析不达标的原因，制定改进措施。

c) 服务报告管理过程的输出，至少应包括：

1) 服务报告；

2) 绩效数据，至少应包括：

i. 指定时间段内应提交的服务报告数量；

ii. 服务报告提交的及时率。

A.3　事件管理

事件管理过程的输入、关键活动和输出的具体要求如下：

a) 事件管理过程的输入，至少应包括：

1) 事件管理计划；

2) 服务级别协议；

3) 变更管理过程产生的变更处理结果；

4) 问题管理过程产生的已解决问题的信息；

5) 问题管理过程或知识管理过程产生的已知错误的信息；

6) 知识管理过程产生的有效参考知识；

7) 配置管理过程产生的配置项信息；

8) 监控管理产生的告警数据；

9) 事件紧急程度与影响范围定义；

10) 事件分类和优先级定义。

b) 事件管理过程的关键活动，至少应包括：

1) 将监控管理提供的告警信息转换为事件进行处理；

2) 对事件按照紧急程度与影响范围进行分级；

3) 对事件进行分类；

4) 对事件进行跟踪、处理及关闭；

5) 支持重大事件和信息安全事件的处理；

6) 事件的升级处理；

7) 通知事件干系人事件的进展情况；

8) 针对事件处理情况进行满意度调查；

9) 跟踪、记录事件管理过程的管理指标，分析不达标的原因，制定改进措施。

c) 事件管理过程的输出，至少应包括：

1) 事件记录，内容至少应包括：

i. 事件的唯一标识；

ii. 事件来源；

iii. 联络者姓名和联系方式；

iv. 事件的简要描述；

v. 与事件关联的配置项。

2）绩效数据，至少应包括：

i. 指定时间段内事件总量；

ii. 指定时间段内事件的平均响应时间；

iii. 指定时间段内事件的平均解决时间；

iv. 指定时间段内已关闭事件的 SLA 达成率；

v. 指定时间段内已关闭事件数量；

vi. 指定时间段内事件分级、分类统计数据；

vii. 指定时间段内各服务人员处理事件的数量。

3）变更请求；

4）问题请求；

5）信息安全事件请求；

6）满意度调查结果。

A.4　问题管理

问题管理过程的输入、关键活动和输出的具体要求如下：

a）问题管理过程的输入，至少应包括：

1）问题管理计划；

2）事件管理过程产生的事件信息；

3）变更管理产生的问题处理结果；

4）配置管理产生的配置项信息；

5）问题分类和优先级定义。

b）问题管理过程的关键活动，至少应包括：

1）对问题进行分类和分级；

2）问题的升级处理；

3）已知错误的更新处理；

4）对问题进行调查、诊断、处理和关闭；

5）必要时，将已关闭的问题导入知识库；

6）跟踪、记录问题管理过程的管理指标，分析不达标的原因，制定改进措施。

c）问题管理过程的输出，至少应包括：

1）问题记录，内容至少应包括：

i. 问题的唯一标识；

ii. 问题描述；

iii. 与问题相关的事件；

iv. 与问题相关的变更；

v. 与问题相关的配置项。

2）绩效数据，至少应包括：

i. 指定时间段内问题数量；

ii. 指定时间段内已解决问题数量；

iii. 指定时间段内已关闭问题录入知识库的数量；

iv. 指定时间段内已关闭问题的平均解决时间。

A.5　配置管理

配置管理过程的输入、关键活动和输出的具体要求如下：

a）配置管理过程的输入，至少应包括：

1）配置管理计划；

2）变更管理过程或发布管理过程产生的配置项更新信息；

3）监控管理产生的管理对象配置属性数据；

4）配置数据库管理机制；

5）配置项审核机制；

6）配置项分类和分级定义。

b）配置管理过程的关键活动，至少应包括：

1）控制配置项数据的读写权限；

2）记录配置基线；

3）记录配置项的状态及变更历史；

4）配置项审计；

5）建立与配置管理过程一致的活动，包括识别、记录、更新和审核等。

c）配置管理过程的输出，至少应包括：

1）配置项记录，内容至少应包括：

i. 配置项的唯一标识；

ii. 配置项的属性；

iii. 配置项间的关系。

2）绩效数据，至少应包括：

i. 指定时间段内发生变更的配置项数量；

ii. 配置项总量；

iii. 各类别配置项数量；

iv. 周期性审计出的与实际环境不匹配的配置项数据。

A.6　变更管理

变更管理过程的输入、关键活动和输出的具体要求如下：

a）变更管理过程的输入，至少应包括：

1）变更管理计划；

2）配置管理过程产生的配置项及配置项间关系的信息；

3）变更请求；

4）变更类型和范围的管理机制。

b）变更管理过程的关键活动，至少应包括：

1）记录变更；

2）评估变更，记录评估人、评估结果和评估时间；

3）审核变更，记录审核结果和审核时间；

4）实施变更，记录实施的责任人或组织，以及变更实施的起止时间；

5）实施后评审，记录评审人或组织，以及变更评审结果；

6）回顾变更，记录回顾人或组织、回顾时间和影响；

7）跟踪变更执行过程。

c）变更管理过程的输出，至少应包括：

1）变更记录，内容至少应包括：

i. 变更申请人；

ii. 变更原因；

iii. 变更类型；

iv. 变更实施计划；

v. 被影响的配置项。

2）配置项的更新信息。

3）变更授权。

4）绩效数据，至少应包括：

i. 指定时间段内成功实施变更的数量；

ii. 指定时间段内变更的总量；

iii. 指定时间段内变更请求的数量；

iv. 指定时间段内实施回退的变更总数量。

5）变更完成情况统计报告，内容应包括未经批准变更数量及占比、不同类型的变更数量及占比、不成功的变更数量及占比、取消的变更数量及占比、变更关联的配置数等。

A.7　发布管理

发布管理过程的输入、关键活动和输出的具体要求如下：

a）发布管理过程的输入，至少应包括：

1）发布管理计划。

2）变更授权。

3）发布类型和范围的管理机制。

4）发布管理过程计划，至少应包括：

i. 发布计划；

ii. 回退方案；

iii. 发布记录等。

b）发布管理过程的关键活动，至少应包括：

1）记录发布，内容至少应包括：

i. 发布日期；

ii. 交付物清单；

iii. 涉及的变更请求；

iv. 发布实施计划。

2）评估影响，并记录相关信息，至少应包括：

i. 评估人或组织；

ii. 评估结论；

iii. 评估时间。

3）发布实施，并记录相关信息，至少应包括：

i. 责任人或组织；

ii. 执行人或组织；

iii. 起止时间。

4）发布验收，并记录相关信息，至少应包括：

i. 验收人或组织；

ii. 验收时间；

iii. 验收结果。

5）记录发布不成功时的补救措施，至少应包括：

i. 不成功原因；

ii. 执行的补救方案；

iii. 下次发布时间。

6）跟踪、记录发布管理过程的管理指标，分析不达标的原因，制定改进措施。

c）发布管理过程的输出，全少应包括：

1）发布完成情况统计报告，包括发布成功率、发布及时率、是否更新配置管理数据库等；

2）发布的结果；

3）绩效数据，至少应包括：

i. 指定时间段内成功发布的数量；

ii. 指定时间段内发布的总量。

A.8　可用性与连续性管理

可用性与连续性管理过程的输入、关键活动和输出具体要求如下：

a）可用性与连续性管理过程的输入，至少应包括：

1）可用性与连续性管理计划；

2）服务级别协议；

3）关键服务定义。

b）可用性与连续性管理过程的关键活动，至少应包括：

1）记录可用性相关的指标，如平均恢复时间、平均无故障时间等；

2）记录连续性管理方案；

3）收集可用性与连续性相关的数据，至少应包括：

i. 约定服务时间；

ii. 非计划服务中断时间；

iii. 非计划服务中断次数。

4）记录各项连续性计划的演练。

c）可用性与连续性管理过程的输出，至少应包括：

1）可用性与连续性报告；

2）绩效数据，至少应包括：

i. 关键服务的可用性指标；

ii. 关键服务的平均恢复时间；

iii. 关键服务的平均无故障时间；

iv. 关键服务的可用性预测数据；

v. 非计划服务中断时间；

vi. 非计划服务中断次数；

vii. 各项连续性计划的演练成功率。

A.9　信息安全管理

信息安全管理过程的输入、关键活动和输出的具体要求如下：

a）信息安全管理过程输入，至少应包括：

1）信息安全管理计划；

2）服务级别协议；

3）配置管理过程中产生的配置项信息；

4）变更管理过程中产生的变更请求信息授权；

5）事件管理中产生的信息安全事件的信息；

6）风险评估方法和风险接受准则的定义。

b) 信息安全管理过程的关键活动，至少应包括：

1) 定期实施风险评估；

2) 制定并实施信息安全控制措施；

3) 分析、报告和回顾信息安全事件；

4) 定期实施信息安全内部审计，评估内审结果并识别改进机会。

c) 信息安全管理过程的输出，至少应包括：

1) 信息安全风险信息；

2) 信息安全事件记录；

3) 绩效数据，至少应包括：

i. 指定时间段内信息安全事件的类型、数量和影响分析结果；

ii. 指定时间段内信息安全风险评估活动产生的风险级别及其数量；

iii. 指定时间段内信息安全内部审计发现的不符合项数量；

iv. 指定时间段内信息安全管理识别的改进机会；

v. 指定时间段内变更实施前评估的信息安全风险及其对控制措施的影响。

A.10　容量管理

容量管理过程的输入、关键活动和输出的具体要求如下：

a) 容量管理过程的输入，至少应包括：

1) 容量管理计划。

2) 容量管理指标，至少应包括：

i. 业务能力容量管理指标；

ii. 服务能力容量管理指标；

iii. 资源能力容量管理指标。

3) 服务级别协议。

4) 其他过程产生的容量需求信息。

5) 监控管理产生的性能数据。

b) 容量管理过程的关键活动，至少应包括跟踪、监控、分析和优化容量指标。

c) 容量管理过程的输出，至少应包括：

1) 容量评估报告；

2) 绩效数据，至少应包括：

i. 指定时间段内容量指标阈值的触发数量；

ii. 指定时间段内由于容量不足引发的事件数量；

iii. 指定时间段内实施容量计划所消耗的成本（时间、人员、经费等）；

iv. 指定时间段内非计划内的容量提升所引发的开支总额。

3) 优化改进建议。

A.11　供应商管理

供应商管理过程的输入、关键活动和输出的具体要求如下：

a) 供应商管理过程的输入，至少应包括：

1) 供应商管理计划；

2) 供应商信息，至少应包括：

i. 组织架构；

ii. 能力资质信息；

iii. 管理者联络信息；

iv. 服务级别协议；

v. 岗位职责说明书。

b) 供应商管理过程的关键活动，至少应包括跟踪、监控、分析和优化供应商合同信息及执行情况。

c) 供应商管理过程的输出，至少应包括：

1) 供应商合同及执行情况报告；

2) 供应商合同的变更请求；

3) 供应商合同的付款信息；

4) 供应商合同执行的评价数据。

参 考 文 献

[1] GB/T 19000—2008　质量管理体系　基础和术语（ISO 9000：2005，IDT）.

[2] GB/T 24405.1—2009　信息技术　服务管理　第 1 部分：规范.

[3] SJ/T 11564.4—2015　信息技术服务　运行维护　第 4 部分：数据中心规范.

⑮　文书类电子文件形成办理系统通用功能要求

（GB/T 31913—2015）

前　言

本标准按照 GB/T 1.1—2009 给出的规则起草。

本标准由国家密码管理局提出并归口。

本标准起草单位：江苏省委办公厅、南京大学。

本标准主要起草人：石进、包丰、姚思远、王平、吴宇浩、金灿、王倩、刘悦琦。

引　言

为了适应我国电子文件形成办理的现实需要，指导电子文件形成办理系统的建设和使用，提升信息化环境下电子文件形成办理的规范化水平，特制定本标准。

1　范围

本标准规定了文书类电子文件形成办理系统（Administrative Electronic Records Creation and Transaction System，AERCTS）的业务、管理、可选等通用功能性要求。

本标准适用于机关、团体、企事业单位和其他社会组织对文书类电子文件形成办理系统的建设、使用和评估，也可供科研教学机构参考。

2　规范性引用文件

下列文件对于本文件的应用是必不可少的。凡是注日期的引用文件，仅注日期的版本适用于本文件。凡是不注日期的引用文件，其最新版本（包括所有的修改单）适用于本文件。

GB/T 7156—2003　文献保密等级代码与标识

GB/T 7408—2005　数据元和交换格式　信息交换　日期和时间表示法

GB 11714—1997　全国组织机构代码编制规则

GB/T 18391（所有部分）　信息技术　元数据注册系统（MDR）

GB/T 29194—2012　电子文件管理系统通用功能要求

DA/T 32—2005　公务电子邮件归档与管理规则

DA/T 46—2009　文书类电子文件元数据方案

3　术语和定义

GB/T 29194—2012、DA/T 46—2009 界定的以及下列术语和定义适用于本文件。为了便于使用，以下重复列出了 GB/T 29194—2012、DA/T 46—2009 中的某些术语和定义。

3.1

电子文件　electronic records

机关、团体、企事业单位和其他社会组织在处理公务过程中，通过计算机等电子设备形成、办理、传输和存储的文字、图表、图像、音频、视频等不同形式的电子信息记录。

3.2

文书类电子文件　administrative electronic records

反映党务、政务、生产经营管理等各项管理活动的电子文件。

［DA/T 46—2009，定义 3.2］

3.3

电子文件形成　creation of electronic records

文书类电子文件通过电子设备从无到有的生成过程，包括起草、审核、签发环节。

3.4

电子文件办理　transaction of electronic records

在文件形成后相关人员围绕电子文件进行的一系列办理过程，包括发送办理和接收办理两部分。

3.5

电子文件形成办理系统　electronic records creation and transaction system

应用于电子文件形成办理单位，旨在规范电子文件形成和办理流程，同时实施电子化操作的业务系统。

3.6

电子签章　electronic seal

建立在数字签名技术基础上对实物印章的模拟，与传统的手写签名、盖章具有相同可视效果，且能保障电子信息的真实性和完整性以及签名人的不可否认性。

3.7

起草　draft

文件起草者根据负责人的相关意见拟制电子文稿的过程。

3.8

审核　check

对送请签发的电子文件进行的综合性审查，是对电子文件内容、体式、文字和手续等进行全面审查、修改的加工过程。

3.9

签发　endorsement

电子文件经负责人审核同意后签字发出的过程。

3.10

会签　countersign

电子文件签发的一种特殊形式，即多个机关单位/部门负责人或同一机关单位的多个负责人会同合签一份文件。

3.11

复核　re‐check

对已审核过的文件进行再次审核的过程，在电子文件发送办理中表示对签发后的电子文件的审核，复核内容包括电子文件的审批手续、内容、文种、格式等。

3.12

发送登记　send registration

对拟发出的电子文件的相关信息进行记录，以备管理和查询。

3.13

印制　print

包括电子文件的版式生成和电子文件打印。

3.14

核发　check and release

电子文件印制完毕后，对电子文件的文字、格式和印刷质量进行检查后分发。

3.15

签收　sign in

收件人按规定的程序和要求进行电子文件接收并签名（章），同时向来文单位发送电子回执的过程。

3.16

接收登记　receive registration

对收到的电子文件的主要信息和办理情况进行详细记录的活动。

3.17

初审 review

在电子文件接收登记后，对该电子文件是否应由本机关（单位）办理、涉及其他部门或地区职权的事项是否已协商、其内容格式是否符合要求进行初步审核。

3.18

承办 undertake

通过对电子文件的阅读、贯彻执行与办理（或回复），而使电子文件内容所针对的事务与问题得以处理和解决的活动。

3.19

拟办 devise handling

对接收文件如何处理提出初步意见，以供相关负责人审核决定。

3.20

批办 ratify handling

相关负责人对某份电子文件如何办理所作的指示性意见。

3.21

传阅 pass round for perusal

由电子文件处理部门负责组织，将经过处理、加工或整理的电子文件在多个部门或多位负责人（工作人员）之间传递、运转，使其了解、知悉电子文件内容及办理情况的过程。

3.22

催办 press

对电子文件的办理进展情况的督促工作。

3.23

答复 reply

机关单位在电子文件办理完毕时对发文机关作出的回复，并根据需要告知相关单位。

3.24

办结 close

包括发送办结以及接收办结，是对发送办理或者接收办理过程中产生的一切过程文件、元数据以及日志记录单等进行整理并存储。

3.25

处理单 processing form

随电子文件一起运转的文件记录，用以记录电子文件形成办理过程中的处理意见，包括发送处理单和接收处理单。

3.26

登记单 registration form

电子文件形成办理过程中发送登记或接收登记时形成的文件记录，包括发送登记单和接收登记单。

3.27

元数据 metadata

描述电子文件的背景、内容、结构及其整个管理

过程的数据。

［GB/T 29194—2012，定义 3.11］

3.28

电子签名 electronic signature

以电子形式所含、所附用于识别签名人身份并表明签名人认可其中内容的数据。

［GB/T 29194—2012，定义 3.32］

3.29

离线利用 offline access

在不连网，即离线（也称下线、下网、脱机）的状态下，使用离线存储设备从文书类电子文件形成办理系统（AERCTS）中读取电子文件，进行相关操作的利用方式。

4 总则

4.1 系统定位

电子文件生命周期中，一般经历三种类型的系统，即电子文件形成办理系统、电子文件管理系统和电子文件长期保存系统。文书类电子文件形成办理系统属于电子文件形成办理系统，主要为文书类电子文件提供从形成到办理这一过程中所涉及的业务功能，并提供与其他系统连接的数据接口。电子文件管理系统负责从形成办理系统中捕获电子文件，维护文件之间、文件和业务之间的各种关联，支持查询利用，并以有序的、系统的、可审计的方式进行处置。文书类电子文件形成办理系统可作为一个独立系统存在，也可作为一个子系统或功能模块与其他业务系统或电子文件管理系统同属于一个信息系统。而电子文件长期保存系统则以正确的和长期有效的方式维护电子文件并提供利用。文书类电子文件形成办理系统与电子文件形成办理系统、电子文件管理系统、电子文件长期保存系统等三类系统之间的逻辑关系如图1所示。

4.2 功能架构

本标准分别规定了文书类电子文件形成办理系统业务功能要求、管理功能要求和可选功能要求。其中，业务功能要求主要从文书类电子文件形成办理的业务需求角度提出，主要包括：总体要求、电子文件形成、电子文件发送办理、电子文件接收办理、电子文件检索、电子文件管理。管理功能要求从系统管理的角度出发，提出了配合业务需要的管理要求，主要包括系统管理、元数据管理、流程管理、安全管理、接口管理。可选功能要求是对不同级别的机关单位根据实际业务需要提出的要求，包括离线利用、导入与导出和性能要求。文书类电子文件形成办理系统功能架构如图2所示。

本标准规定的每一个功能要求以及非功能性要求的条款，均具备约束性声明，用以说明该要求的约束

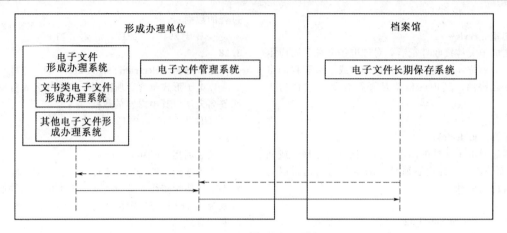

图 1　文书类电子文件形成办理系统定位

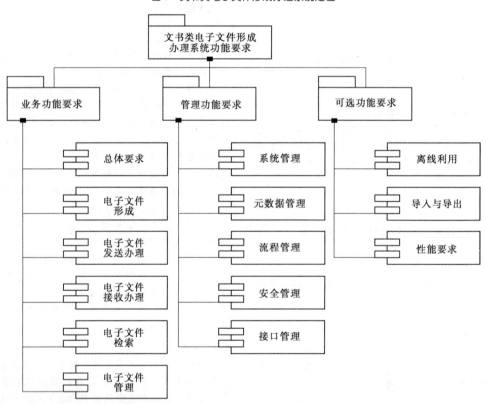

图 2　文书类电子文件形成办理系统功能架构图

性程度，分必选和可选两种。必选表示应采用，可选表示可根据用户需要选用或不选用。

4.3　法律法规遵从

系统的功能设计遵守电子文件处理、安全管理等方面法律、法规和规章的规定，符合电子文件格式、电子文件处理业务和信息技术等方面国家标准和行业标准的要求。特定机构使用的 AERCTS，还应满足本机构内部的制度规范。

5　业务功能要求

5.1　总体要求

对文书类电子文件形成办理提出总体性的业务要求，如表 1 所示。

5.2　电子文件形成

5.2.1　起草

在文书类电子文件形成阶段的起草功能要求如表 2 所示。

表 1　文书类电子文件形成办理总体性业务要求

序号	功能要求	约束
1	AERCTS 应支持对用户身份认证，认证通过才能进入相应的形成办理业务	必选
2	AERCTS 支持权限允许的用户查看文件形成办理情况	必选
3	AERCTS 自动记录用户对电子文件形成办理的审计跟踪日志	必选
4	AERCTS 对业务的退回操作应该逐级进行，当前级只能退回给上一级	必选
5	AERCTS 应支持符合相关国家法规的电子签章功能并记录相关信息，包括用印日期、用印人及签章信息	必选
6	AERCTS 宜允许用印者撤销自己所盖的签章	可选
7	AERCTS 应记录电子文件形成办理中的元数据信息	必选
8	AERCTS 应为形成办理业务人员提供业务提醒功能。如以手机短信的方式进行提醒，或可视化图形界面及声音进行有效的提示，或电子邮件提醒等	必选
9	AERCTS 应为文件办理人选择办理文件方式和路径。包括： a) 办理文件的部门和人员； b) 办理环节	必选
10	AERCTS 应能准确识别电子文件形成办理业务系统中所开展的业务活动所属的形成办理业务环节	必选
11	AERCTS 应能识别电子文件形成办理业务活动中记录证据的文件及其元数据	必选
12	AERCTS 应统一日期时间格式为"日期＋时间"模式，精确到时、分、秒。日期时间格式遵循 GB/T 7408—2005	必选
13	AERCTS 应能对电子文件添加密级标志，并实现密级标志与电子文件的绑定关系不可被非授权分割，密级标志不可被非授权修改，文件密级遵循 GB/T 7156—2003	可选

表 2　文书类电子文件在形成阶段的起草功能要求

序号	功能要求	约束
1	AERCTS 支持用户选择电子文件类型	必选
2	AERCTS 提供起草文件的提交入口	必选
3	AERCTS 支持对文件的相关资源以附件形式上传、编辑和删除	必选

序号	功能要求	约束
4	AERCTS 支持对文件相关资源进行逻辑关联	必选
5	AERCTS 提供对应文件类型的元数据方案以及文件标准模板	必选
6	AERCTS 提供文件基本信息填写：标题、密级、紧急程度、保密期限、主送机关等必填，附注、抄送机关、联合发文单位等选填	必选
7	AERCTS 支持调用文档处理插件进行正文编辑	必选
8	AERCTS 支持文件修改痕迹记录，并采用不同格式记录不同用户不同时间的修改信息，包括修改时间、修改人、修改内容	必选
9	AERCTS 为起草人提供定稿功能，清除修改痕迹并一键定稿	可选
10	AERCTS 支持对未完成文件进行保存，供以后编辑或提交	必选
11	AERCTS 支持对中止并不再起草的文件进行删除，但记录该文件的元数据信息	必选

5.2.2　审核

在文书类电子文件形成阶段的审核功能要求如表 3 所示。

表 3　文书类电子文件在形成阶段的审核功能要求

序号	功能要求	约束
1	AERCTS 支持调用文档处理插件进行正文编辑，并记录修改痕迹	必选
2	AERCTS 应提供初核人意见栏目并记录相关信息，包括初核人、初核日期、初核意见	必选
3	AERCTS 应提供审核人意见栏目并记录相关信息，包括审核人、审核日期、审核意见、审核更改记录	必选
4	AERCTS 提供电子文件的提交入口	必选
5	AERCTS 支持对文件的相关资源以附件形式上传、编辑和删除	必选
6	AERCTS 支持自动审核和手工审核两种方式	必选

5.2.3　签发

在电子文件形成阶段的签发功能要求如表 4 所示。

**表 4　文书类电子文件在形成阶段的
签发功能要求**

序号	功能要求	约束
1	AERCTS 支持调用文档处理插件进行正文编辑，并记录修改痕迹	必选
2	AERCTS 应提供签发人意见栏目并记录相关信息，包括签发人、签发日期、签发意见	必选
3	AERCTS 应提供联合行文会签功能并记录相关信息，包括会签人、会签日期、会签意见	必选
4	AERCTS 提供电子文件的提交入口	必选
5	AERCTS 支持对文件的相关资源以附件形式上传、编辑和删除	必选

5.3　电子文件发送办理

5.3.1　复核

文书类电子文件在发送办理阶段的复核功能要求如表 5 所示。

**表 5　文书类电子文件在发送办理阶段的
复核功能要求**

序号	功能要求	约束
1	AERCTS 应提供复核人意见栏目并记录相关信息，包括复核人、复核日期、复核意见	必选
2	AERCTS 支持根据系统数据形成发送处理单	必选

5.3.2　登记

文书类电子文件在发送办理阶段的登记功能要求如表 6 所示。

**表 6　文书类电子文件在发送办理阶段的
登记功能要求**

序号	功能要求	约束
1	AERCTS 需要记录电子文件登记信息：如发文字号、标题、文种、密级、保密期限、起草人、审核人、签发人（含会签单位签发人）、成文日期、主送机关、抄送机关、印制份数、印发日期	必选
2	AERCTS 支持根据系统数据形成发送登记单	必选

5.3.3　印制

文书类电子文件在发送办理阶段的印制功能要求如表 7 所示。

**表 7　文书类电子文件在发送办理阶段的
印制功能要求**

序号	功能要求	约束
1	AERCTS 应支持对电子文件内容的打印功能	必选
2	AERCTS 应支持设置打印参数	必选
3	AERCTS 应支持将电子文件制成版式文件的功能	必选
4	AERCTS 应支持用印者对电子签章进行选择，能够进行位置调整，最后确认用印	可选

5.3.4　核发

文书类电子文件在发送办理阶段的核发功能要求如表 8 所示。

**表 8　文书类电子文件在发送办理阶段的
核发功能要求**

序号	功能要求	约束
1	AERCTS 应记录电子文件发送信息、电子文件接收信息	必选
2	AERCTS 应支持对电子文件采用符合国家标准规范的封装技术进行封装	可选
3	AERCTS 应提供已发送文件补发功能	必选
4	AERCTS 应提供电子文件重新发送功能	必选
5	AERCTS 提供重新设定电子文件发送状态功能	必选
6	AERCTS 应提供终止与暂停电子文件发送功能	必选
7	在电子文件进入接收方的正式处理流程之前，AERCTS 应提供已发送电子文件追回功能	可选

5.3.5　发送办结

文书类电子文件在发送办理阶段的发送办结功能要求如表 9 所示。

**表 9　文书类电子文件在发送办理阶段的
发送办结功能要求**

序号	功能要求	约束
1	ARECTS 应支持增加电子文件档案号字段的记录	必选
2	AERCTS 应支持权限范围内的人员对电子文件及其元数据进行修改	必选
3	AERCTS 应对电子文件及其元数据操作记入审计跟踪日志	必选

5.4　电子文件接收办理

5.4.1　签收

文书类电子文件在接收办理阶段的签收功能要求

如表 10 所示。

表 10　文书类电子文件在接收办理阶段的
签收功能要求

序号	功能要求	约束
1	AERCTS 应记录签收文件相关信息，包括签收人，签收日期	必选
2	对不符合签收要求的文件，AERCTS 支持文件退回操作，并记录经办人，退文日期、退回理由	必选

5.4.2　登记

文书类电子文件在接收办理阶段的登记功能要求如表 11 所示。

表 11　文书类电子文件在接收办理阶段的
登记功能要求

序号	功能要求	约束
1	AERCTS 为接收文件提供对应文件类型的元数据方案	必选
2	AERCTS 提供接收文件登记信息录入：如接收文号、来文单位、来文文号、来文标题、来文日期等	必选
3	AERCTS 应支持完整性和真实性检查，查看文件在传输过程中是否有损坏、是否被篡改	必选
4	AERCTS 支持根据系统数据形成接收登记单	必选
5	AERCTS 提供接收文件的上传入口	必选
6	AERCTS 支持对接收文件的相关资源以附件形式上传、编辑和删除	必选

5.4.3　初审

文书类电子文件在接收办理阶段的初审功能要求如表 12 所示。

表 12　文书类电子文件在接收办理阶段的
初审功能要求

序号	功能要求	约束
1	AERCTS 应提供初审人意见栏目并记录相关信息，包括初审人、初审日期、初审意见	必选
2	对不符合初审要求的文件，AERCTS 应支持退回操作	必选
3	AERCTS 应提供电子印章验证功能	可选

5.4.4　承办

文书类电子文件在接收办理阶段的承办功能要求如表 13 所示。

表 13　文书类电子文件在接收办理阶段的
承办功能要求

序号	功能要求	约束
1	AERCTS 应支持对需要办理的电子文件按照阅知性和批办性进行分类： a）阅知性电子文件应提供阅知人员的选择范围； b）批办性电子文件应提供拟办人员的选择范围	必选
2	AERCTS 应提供拟办人意见栏目并记录相关信息，包括拟办人、拟办日期、拟办意见	必选
3	AERCTS 应提供批办人意见栏目并记录相关信息，包括批办人、批办日期、批办意见	必选
4	AERCTS 应提供批办人选择办理文件方式和路径，包括： a）办理文件的部门和人员； b）办理时限	必选
5	AERCTS 应提供承办人意见栏目并记录相关信息，包括承办人、承办单位、承办日期、承办意见	必选

5.4.5　传阅

文书类电子文件在接收办理阶段的传阅功能要求如表 14 所示。

表 14　文书类电子文件在接收办理阶段的
传阅功能要求

序号	功能要求	约束
1	AERCTS 应记录阅知人相关信息，包括阅知人、阅知日期、阅知意见	必选
2	AERCTS 应判断是否有漏传、误传、倒传现象	可选

5.4.6　催办

文书类电子文件在接收办理阶段的催办功能要求如表 15 所示。

表 15　文书类电子文件在接收办理阶段的
催办功能要求

序号	功能要求	约束
1	AERCTS 应根据文件办理时限为承办人发送催办通知信息	必选
2	AERCTS 应提供催办人意见栏目并记录相关信息，包括催办人、催办日期、催办意见、催办结果	必选
3	AERCTS 提供到期未办结文件列表提醒功能，（自动）触发催办功能	可选

5.4.7 答复

文书类电子文件在接收办理阶段的答复功能要求如表 16 所示。

表 16　文书类电子文件在接收办理阶段的答复功能要求

序号	功能要求	约束
1	AERCTS 应记录答复相关信息，包括办理结果、答复人、答复方式、答复日期	必选

5.4.8 接收办结

文书类电子文件在接收办理阶段的接收办结功能要求如表 17 所示。

表 17　文书类电子文件在接收办理阶段的接收办结功能要求

序号	功能要求	约束
1	AERCTS 应支持权限范围内的人员对电子文件及其元数据进行修改	必选
2	AERCTS 应对电子文件及其元数据操作记入审计跟踪日志	必选

5.5 电子文件检索

AERCTS 应提供多种检索途径和输出功能，满足不同用户需求，实现电子文件及其元数据的检索。文书类电子文件的检索功能要求如表 18 所示。

表 18　文书类电子文件的检索功能要求

序号	功能要求	约束
1	AERCTS 检索模块应： 　a）遵循访问控制要求，对没有权限的查询方式不予支持，但应显示提示信息； 　b）对于不在用户权限范围内显示的检索结果不予显示，但应显示提示信息	必选
2	AERCTS 应根据电子文件及其元数据提供全文检索以及特定检索功能	必选
3	AERCTS 应允许用户检索权限范围内所有的资源对象及其元数据	必选
4	AERCTS 应支持选定条件的检索，条件查询的来源可以是任何有检索意义的元数据项	必选
5	AERCTS 应支持组合条件检索，允许用户同时对元数据和文件内容进行组合检索	必选
6	AERCTS 应支持布尔检索、部分匹配和通配符检索	必选
7	AERCTS 应支持用户在检索结果中查看其权限范围内的电子文件及其元数据，并能直接进行相关业务操作	必选

续表

序号	功能要求	约束
8	AERCTS 宜允许用户对检索结果进行选择、分组和排序	可选
9	AERCTS 宜支持根据检索结果进行扩展显示，即可显示包括文件内容在内的各元数据项	可选
10	AERCTS 宜支持用户对查询结果显示的顺序进行选择	可选
11	AERCTS 检索模块应与其他功能模块集成，将其作为其他功能的入口	必选
12	AERCTS 应支持查询频率统计报告功能	必选
13	AERCTS 应支持多用户的并发检索	必选

5.6 电子文件管理

5.6.1 文件生成

文书类电子文件的生成功能要求如表 19 所示。

表 19　文书类电子文件的生成功能要求

序号	功能要求	约束
1	AERCTS 应保证每份电子文件具有唯一可识别性，并将其唯一标识符作为元数据与该文件一起保存	必选
2	AERCTS 中的电子文件来源于系统生成或接收自其他系统，当电子文件存在多个组件时，应保存所有组件以及相关元数据之间的关系，保证电子文件内容和结构的完整性	必选
3	AERCTS 应支持电子文件的命名： 　a）支持由用户以手工方式输入名称； 　b）支持预定义的方式自动命名或通过特定的功能要求输入名称； 　c）同一类型文件一般不允许文件名重复，当用户使用系统中已存在的名称生成文件时，应发出警示	必选
4	AERCTS 应支持电子文件依照文件分类方案进行分类	必选

5.6.2 分类方案

分类方案是对电子文件进行系统标识和组织整理的依据，系统要具备支持机构按照履行职能中形成电子文件的类型，建立和维护符合自身实际分类方案的功能。

文书类电子文件的分类方案功能要求如表 20 所示。

表 20 文书类电子文件的分类方案功能要求

序号	功 能 要 求	约束
1	AERCTS 应支持有权限的管理员建立分类方案	必选
2	AERCTS 应支持给分类方案中的所有类目提供元数据描述，如类号、类目名称、注释等	必选
3	AERCTS 应支持文件管理员或授权用户对类目进行增加、修改、删除操作	必选
4	AERCTS 应支持文件管理员或授权用户设定类目的默认元数据值	必选
5	AERCTS 宜支持将一个独立的类目拆分为多个类目或将多个类目合并为一个类目，并将此操作记入审计跟踪日志	可选
6	AERCTS 应支持电子文件的分类与其他业务流程之间的密切联系与互操作，如电子文件的登记、检索利用等	必选
7	AERCTS 宜提供分类模板，并支持用户自行建立分类模板	可选
8	AERCTS 应支持提供分类方案维护活动的系统报告	必选

5.6.3 文件维护

文书类电子文件的维护功能要求如表 21 所示。

表 21 文书类电子文件的维护功能要求

序号	功 能 要 求	约束
1	AERCTS 应能提供给权限允许的用户删除、激活、恢复电子文件的功能	必选
2	AERCTS 应提供对电子文件相关信息编辑的功能，文件信息包括但不限于：文件标题、文件唯一标识符、文件日期、密级等	必选
3	AERCTS 应提供电子文件本身及其相关元数据信息的维护	必选
4	当电子文件发生异常时，在允许范围内，AERCTS 应提供回收文件的功能	必选
5	AERCTS 应支持系统内部文件通过再分类的方式实现电子文件的移动	必选
6	AERCTS 应支持电子文件的复制功能，使原始文件保持完整且不被更改： a) 应提供一个可控的复制工具，或提供接口连接到外部可控复制工具上； b) 对已识别的电子文件副本进行跟踪，并在审计跟踪日志中记录这些副本的访问、操作信息	必选

续表

序号	功 能 要 求	约束
7	AERCTS 宜支持对电子文件生成摘要的功能，借此将敏感信息从摘要中删除，保证原始文件的完整性： a) 生成摘要的文件宜在元数据中加以注释，包括摘要生成的日期、时间、操作人员等； b) 宜保持摘要与其原始文件的关联	可选
8	对于文件维护的所有操作过程，应定期提供系统报告	必选

5.6.4 统计管理

AERCTS 能够提供系统中各类管理对象的统计信息。文书类电子文件的统计管理功能要求如表 22 所示。

表 22 文书类电子文件的统计管理功能要求

序号	功 能 要 求	约束
1	AERCTS 应支持文件管理员或授权用户在其授权范围内生成相关统计信息的功能，统计项包括但不仅限于：人员、机构、电子文件类别、文件状态、时间等	必选
2	AERCTS 应只支持文件管理员或授权用户生成周期性的统计报表，如日报、周报、月报、季报、年报	必选
3	AERCTS 应提供根据用户定义的条件和统计项进行自定义统计	必选
4	AERCTS 宜支持将统计报表导出到第三方软件中进行处理分析	可选
5	AERCTS 应支持报表打印、显示以及以不可更改的版式文件格式存储报表的功能	必选
6	AERCTS 应提供自定义或预定义统计报表的功能，包括： a) 提供自定义或预定义的报表条件，便于自动生成统计信息； b) 提供报表汇总功能	必选

6 管理功能要求

6.1 系统管理

系统管理功能要求管理员实现系统用户和资源的管理、系统功能的配置、操作权限的分配，在确保文件可用的同时不泄露敏感信息，同时对系统运行的各方面表现进行监控并作出报告。

6.1.1 总体要求

文书类电子文件形成办理系统管理的总体要求如表 23 所示。

表 23　　　　系统管理总体要求

序号	功 能 要 求	约束
1	AERCTS 应支持系统管理员查询、显示以及重新配置系统参数	必选
2	AERCTS 应支持系统管理员重新确定用户范围、用户角色及用户权限	必选
3	AERCTS 应支持对单位及代码管理： a）单位管理主要对机构的基本信息和组织结构信息进行管理； b）代码管理是对各类文件、组织机构的代码进行管理，如文件类别代码、主题词表、单位代码等	必选
4	AERCTS 应提供对系统总体状况的综合监测	必选
5	AERCTS 应能识别错误，必要时能隔离错误，并提供错误报告	必选

6.1.2　系统报告

AERCTS 应对系统全程实施监控管理，采用标准报告、专题报告、统计报告、临时报告等形式监控系统的活动和状态。系统报告的功能要求如表 24 所示。

表 24　　　　系统报告的功能要求

序号	功 能 要 求	约束
1	AERCTS 应支持系统管理员和授权用户生成周期性报告（如年报、季报、月报、周报等）	必选
2	AERCTS 应提供报告打印、阅读、排序、分类、存储、导出等基本管理功能	必选
3	AERCTS 应提供电子文件从形成到办理全过程报告，包括但不限于以下报告： a）形成办理过程中产生的所有文件记录，如发送登记单、接收登记单等； b）各业务人员操作记录，包括业务人员、操作类型、时间、所处位置、操作结果等； c）电子文件所处状态变更记录	必选
4	AERCTS 宜根据多个选择条件生成有关的系统报告。条件包括： a）时间段； b）对象范围，如机构、文件类型等； c）文件版本、格式； d）特定位置，如网段、工作站； e）用户等	可选
5	AERCTS 应支持形成审计跟踪报告	必选
6	AERCTS 应支持形成失败/错误过程处理状况报告	必选

序号	功 能 要 求	约束
7	AERCTS 应支持形成安全违规操作报告等	必选
8	AERCTS 宜支持以图表形式展示报告	可选
9	AERCTS 宜提供报告基本统计和分析功能	可选
10	AERCTS 宜支持在显示界面上选择元数据自定义查询、统计、分析报表的功能	可选

6.2　元数据管理

6.2.1　概述

元数据既是 AERCTS 重要的管理对象，又是 AERCTS 管理文件的基本工具。元数据形成、利用和管理都贯穿于电子文件形成办理的整个过程中。

6.2.2　元数据方案建立

本条规定元数据方案定义、注册与配置相关的内容。文书类电子文件形成办理系统的元数据遵循 GB/T 18391（所有部分）的规定，元数据方案建立的功能要求如表 25 所示。

表 25　　　　元数据方案建立的功能要求

序号	功 能 要 求	约束
1	AERCTS 应集中存储、管理和维护元数据，保证系统中元数据的一致性和完整性	必选
2	AERCTS 应允许系统管理员为电子文件形成办理的过程创建一份完整的元数据方案	必选
3	AERCTS 应支持系统管理员根据不同业务的需要为电子文件创建相应的元数据方案，如电子文件形成、电子文件办理中各环节的元数据方案	必选
4	AERCTS 不能限制系统中每个实体对象的元数据元素数量	必选
5	AERCTS 应提供定义每项元数据元素的约束性和可重复性的功能	必选
6	AERCTS 应允许定义元数据的语义和语法规则，包括但不限于以下方面： a）元数据元素的名称； b）元数据元素的定义； c）元数据元素赋值的数据类型，AERCTS 应至少支持应用或混合应用字符型、数值型、日期/时间型、逻辑型的元数据值； d）元数据元素的值域； e）元数据元素的编码体系； f）元数据元素缺省值； g）元数据元素之间的关联关系，包括继承关系、参照关系等	必选

6.2.3 元数据方案维护

本条规定元数据方案的维护，包括元数据的修改和删除功能。元数据方案维护功能要求如表26所示。

表26 元数据方案维护功能要求

序号	功能要求	约束
1	AERCTS应提供元数据方案设置的备份和恢复功能	必选
2	AERCTS应提供元数据方案的导入导出功能	必选
3	AERCTS应提供元数据方案的显示功能	必选
4	元数据方案有重要变更时，AERCTS应更新元数据方案的版本号，并留存原有元数据方案	必选
5	只有文件业务管理员或者授权用户才能对元数据方案进行修改、更新、删除，包括变更元数据元素以及元数据语法和语义规则等；修改应被记入审计跟踪日志	必选
6	AERCTS应保证元数据方案中各元数据元素之间的关系，以及元数据元素与其所描述的信息对象之间的关系始终一致	必选
7	AERCTS应支持不同层级实体的元数据继承关系，允许通过默认值的方式实现自动继承	必选

6.2.4 元数据值的管理

元数据值的管理功能要求如表27所示。

表27 元数据值的管理功能要求

序号	功能要求	约束
1	AERCTS应允许通过键盘或下拉列表输入元数据值	必选
2	AERCTS应提供多种方式，以便于人工输入元数据值，包括提供默认值、当前日期/时间、空白项等	必选
3	AERCTS应允许授权用户改变元数据值	必选
4	AERCTS应支持授权用户为每个元数据元素定义信息来源（数据源），包括指定应由授权用户输入、修改，或由系统自动获取等	必选
5	AERCTS应支持多种元数据值有效性验证机制，包括格式验证、值域验证等	必选
6	AERCTS宜允许通过调用其他程序来验证元数据值的有效性	可选
7	AERCTS应支持元数据值的批量替换	必选
8	AERCTS宜支持元数据被其他系统使用	可选
9	AERCTS应对元数据进行利用控制，根据权限管理，建立用户与元数据之间的利用关系	必选

续表

序号	功能要求	约束
10	AERCTS应提供电子文件元数据集合的导出以及跨系统迁移，并保证元数据信息的可读性	必选
11	AERCTS应支持长期存储选定的元数据，无论相关联的电子文件是否已经移交、删除或销毁	必选

6.3 流程管理

流程管理功能要求如表28所示。

表28 流程管理功能要求

序号	功能要求	约束
1	AERCTS应提供电子文件形成办理流程管理功能，包括定义、修改、删除流程，不得限制流程中形成办理环节步骤的数量	必选
2	AERCTS应通过流程管理设定电子文件形成办理流程，在此基础上定义每一环节的工作任务和职责	必选
3	AERCTS应根据电子文件形成办理业务流程提供业务流程模板	必选
4	AERCTS应能自定义形成办理业务流程，可按照组织机构人事划分定义工作组，也可以是其他逻辑组合，组织机构编制规则应遵循GB 11714—1997	必选
5	AERCTS应能提供访问控制权限与工作组之间的有机结合，如可将特定来源的电子文件的形成办理权限分配给某工作组	必选
6	在工作组中可以定义流程管理员和普通用户角色，前者可以重新定义流程并分配任务	必选
7	AERCTS应能管理工作组的各项活动，包括暂停、启动、追踪、报告状态等	必选
8	只有获得授权的人员才能进行工作组管理	必选
9	只有获得授权的人员才能进行流程管理	必选
10	AERCTS应能启动、暂停、取消、保存、显示、报告形成办理流程	必选
11	AERCTS应对流程定义并将其管理活动记入审计跟踪日志	必选
12	AERCTS应提供对流程管理的报告工具，包括对容量、性能、工作量和意外情况进行监控	必选
13	AERCTS应提供流程管理的图形管理界面，流程管理的管理活动可通过图形界面进行	必选
14	AERCTS应能设置和调整形成办理流程的优先级别	必选

续表

序号	功能要求	约束
15	AERCTS应能向用户通报形成办理流程	必选
16	AERCTS应允许用户以队列方式管理、查看工作任务	必选
17	AERCTS应在流程管理中支持电子文件元数据的累进增加	必选
18	AERCTS应允许流程管理员设定流程步骤期限，并生成报告	必选
19	AERCTS应支持有条件的流程，即根据用户输入或系统数据来决定形成办理流程的方向	必选
20	AERCTS对流程管理宜支持多种提醒功能，保证工作流顺畅完成	可选

6.4　安全管理

6.4.1　概述

安全管理主要是为保障电子文件形成办理的业务安全，应遵循相关的安全技术标准规范实施。

6.4.2　身份认证与访问控制

身份认证与访问控制功能要求如表29所示。

表 29　　　身份认证与访问控制功能要求

序号	功能要求	约束
1	AERCTS应支持多种用户身份认证机制，包括对用户和系统的双向认证	必选
2	对于选定身份认证的机构，AERCTS应支持符合国家或行业相关标准的身份认证法规、技术要求等	必选
3	AERCTS应支持身份认证失败处理功能，可采取结束会话、限制非法登录次数和自动退出等措施	必选
4	对于选定访问控制的机构，AERCTS应支持符合国家或行业相关标准的访问控制法规、技术要求等	必选
5	AERCTS能够存储有关认证流程的元数据，包括： a) 数字证书的系列号或唯一标识符； b) 负责认证的登记与认证机构； c) 认证的日期和时间	必选
6	AERCTS对支持身份认证的，应允许认证元数据： a) 要么同与其相关的电子文件一起存储； b) 要么单独存储，但与该电子文件紧密关联在一起	必选

6.4.3　备份与恢复

备份与恢复功能要求如表30所示。

表 30　　　　备份与恢复功能要求

序号	功能要求	约束
1	AERCTS应支持电子文件数据的定期备份和恢复，支持双机热备	必选
2	AERCTS应支持手动备份和系统自动备份两种方式	必选
3	AERCTS应对备份操作记入系统审计跟踪日志	必选
4	AERCTS应支持用户自行制定备份策略，根据备份策略实现系统自动备份	必选
5	AERCTS应支持系统故障后利用备份恢复整个 AERCTS，以保证全部数据的完整性与业务的连续性	必选
6	AERCTS应支持通过备份和恢复功能还原审计跟踪信息，并将备份恢复信息记录在审计报告中	必选
7	AERCTS应限定只有系统管理员才能恢复系统的备份	必选
8	当备份发生错误时，AERCTS应提供报警提示用户	必选

6.4.4　完整性检测

完整性检测功能要求如表31所示。

表 31　　　　完整性检测功能要求

序号	功能要求	约束
1	AERCTS支持对系统内的用户信息、文件信息、日志信息等数据进行完整性检测	必选
2	AERCTS支持对传输过程中的数据进行完整性检测，及时发现被接收或传输的数据被篡改、插入、删除等情况	必选
3	完整性检测发生错误时，应实施恢复策略或报警措施，对处理中的数据应提供回退功能保证数据完整性	必选

6.4.5　电子签章

电子签章功能要求如表32所示。

表 32　　　　电子签章功能要求

序号	功能要求	约束
1	对于选用电子签名的机构，系统应支持符合国家或行业相关标准的电子签名法规、技术要求等	必选
2	对于应用电子签名的文件，系统使用的电子文件元数据方案应包含记录和管理电子签名的专门元数据元素	必选

续表

序号	功能要求	约束
3	系统应能验证电子签名的有效性，如果发现无效结果应向指定用户或者管理人员提交报告	必选
4	系统应在保存电子文件同时保存： a）与文件有关的电子签名结果； b）验证签名的数字证书； c）其他认证细节	必选
5	系统应能捕获、验证和存储文件的电子签名以及相关联的电子证书和证书服务提供商的详细资料	必选
6	AERCTS对电子签名的文件存储数字证书行将期满时，应自动提醒用户或系统管理人员	必选
7	AERCTS的电子印章本身具有唯一性和不可复制性，从而确保电子文件的有效性、可认证性和不可抵赖性	必选
8	AERCTS应支持电子签章的全程元数据记录	必选
9	AERCTS应支持对签章人的身份信息进行确认	必选
10	AERCTS应支持电子文件与电子签章以版式化形式呈现和调阅	必选

6.5 接口管理

AERCTS应支持与多类应用系统的接口，鼓励按照不同业务系统、管理系统的要求拓展功能。接口管理功能要求如表33所示。

表33　　接口管理功能要求

序号	功能要求	约束
1	AERCTS宜提供电子邮件系统接口，能按照DA/T 32—2005进行管理和操作	可选
2	AERCTS应提供电子文件转换成标准版式文件格式的功能	必选
3	AERCTS应提供文件打印的接口	必选
4	AERCTS应提供与文档编辑的系统接口	必选
5	AERCTS应提供与电子文件交换系统的接口	必选
6	AERCTS宜提供文件图像处理工具与硬件接口	可选
7	AERCTS宜提供条形码系统接口	可选
8	AERCTS宜提供与网站系统的接口管理机制，能根据机构网页管理办法进行	可选
9	AERCTS宜提供传真集成功能	可选
10	AERCTS宜提供表格生成软件系统接口	可选

续表

序号	功能要求	约束
11	AERCTS应提供与其他业务系统、管理系统和电子文件长期保存系统的接口	必选
12	AERCTS宜提供专项数据的接口，如AERCTS应提供机构数据、负责人数据等方便与各不同类型系统的对接与使用	可选

7　可选功能要求

7.1　离线利用

离线利用是在不能连入 AERCTS 系统进行操作而又应使用 AERCTS 内电子文件的情况下，使用离线存储设备从 AERCTS 中读取电子文件进行相关操作的过程。AERCTS 所使用的离线存储设备应是专用设备，不可用于 AERCTS 以外的场合。离线使用的存储设备离线使用完毕后，应重新连入 AERCTS 系统进行相关的删除、登记等操作。离线利用功能要求如表34所示。

表34　　离线利用功能要求

序号	功能要求	约束
1	AERCTS支持电子文件的有条件离线使用，所有进入 AERCTS 的离线存储设备应在系统中进行登记	必选
2	AERCTS所支持的离线存储设备应为专用设备，应有明确的标记	必选
3	AERCTS所支持的离线存储设备应采用符合安全和保密要求的存储介质，存储介质应经过相关认定	必选
4	AERCTS文件在离线使用时，应有严格的审批流程，要有相应的使用记录	必选
5	AERCTS文件在离线存储审核时，应提供批量审批的功能	必选
6	离线利用的信息应限定可用时间范围，且保证在权限许可范围内	必选

7.2　导入与导出

导入与导出功能要求如表35所示。

表35　　导入与导出功能要求

序号	功能要求	约束
1	AERCTS应提供接口支持电子文件及其元数据的导入、导出工作，并记入审计跟踪日志	必选
2	AERCTS应支持对电子文件及其元数据的导入导出操作进行预定义批处理	必选

续表

序号	功能要求	约束
3	AERCTS应支持没有关联元数据或具有非标准格式元数据的电子文件的间接导入，并将之与导入的结构相关联	必选
4	导出电子文件时应支持其元数据的选择性导出	必选
5	AERCTS应通过权限控制限制电子文件及其元数据的导入导出操作，包括： a) 用户需授权才能执行导入导出操作； b) 用户只可以导出系统允许的全部或部分电子文件及其元数据	必选

7.3 性能要求

性能要求是 AERCTS 设计时应考虑的指标，它是衡量系统能够在何种程度上满足用户需要的标志，其目标实现是在管理和技术共同作用下达到的。性能指标的满足需要考虑合理的管理措施和具体的技术环境。系统性能功能要求如表 36 所示。

表 36　　　　性能功能要求

序号	功能要求	约束
1	AERCTS应具备稳定且灵活的体系结构，以适应不断变化的业务需要，并能一直以适合实施的方式满足文件形成办理的需求	必选
2	AERCTS应能达到满足特定业务需要和用户期望的标准	必选
3	AERCTS应能够以可控的方式不断发展，以长期持续满足预期的组织需要	必选
4	AERCTS应考虑如下具体性能指标，并使其达到用户期望的水平： a) 并行用户数量； b) 并行事务处理能力； c) 与 AERCTS 有关的数据库管理能力； d) 形成办理系统与交换系统响应时间； e) 可持续服务时间； f) 可容忍的最长停机中断时间； g) 宕机后系统恢复时间	必选
5	AERCTS应通过认证来验证其满足性能指标的能力	必选
6	AERCTS应能收集并显示性能指标	必选
7	AERCTS应能为各办公系统提供接口，实现不同系统间的整合	必选
8	AERCTS应能对操作频繁、工作量大的业务提供稳定服务	必选

16 信息与文献　纸张上书写、打印和复印字迹的耐久性和耐用性　要求与测试方法

（GB/T 32004—2015）

前　言

本标准按照 GB/T 1.1—2009 给出的规则起草。

本标准使用重新起草法修改采用 ISO 11798：1999《信息与文献　纸张上书写、打印和复印字迹的耐久性和耐用性　要求与测试方法》（英文版）。

本标准与 ISO 11798：1999 相比，在结构上做了一些调整，附录 C 中列出了本标准与 ISO 11798：1999 章条编号变化对照一览表。

本标准与 ISO 11798：1999 的技术性差异如下：

——在规范性引用文件中：

• 用具有一致性程度的我国标准代替相应的国际标准；

• 增加引用 GB/T 12823.4（见 6.1）；

• 增加引用 HG/T 2993—2004（见 5.4）；

• 删除引用 ISO 7724—1；

——将 4.8.1 抗张能量吸收（tensile energy absorption）改为抗张强度（tensile strength）；

——删除国际标准中的"文献""色点字迹"两个术语和定义，增加"光学密度""光吸收量"两个术语和定义；

——将 6.3 耐光性测试中的"黑板温度为（60±3）℃"改为"黑板温度为（65±3）℃"。

本标准与 ISO 11798：1999 相比，做了以下编辑性修改：

——将一些适用于国际标准的表述改为适用于我国标准的表述；

——删除 ISO 11798：1999 的前言；

——删除 ISO 11798：1999 的附录 C（资料性附录）"光学密度测量"。

本标准由全国信息与文献标准化技术委员会（SAC/TC 4）提出并归口。

本标准起草单位：国家图书馆、中国人民大学、上海市档案馆、首都经济贸易大学。

本标准主要起草人：张美芳、孟晓红、张建明、刘江霞、刘晨书、李婧、周杰、王新菲、王薇、周崇润。

引　言

符合本标准要求的书写材料和设备可以满足字迹的耐久性和耐用性的要求，即：在受保护的环境中长期保存，字迹很少或完全不发生改变，不会影响文件

的可读性和复制或转换到其他载体（如胶片）上的可能性。

本标准主要对书写、打印和复印字迹进行规定。

在评估字迹的耐久性和耐用性时，本标准规定了要求和测试方法。字迹的一些特性如耐磨性取决于字迹与纸张的结合程度。形成文件所用的纸张也许对字迹的性能和耐久性有很大影响。本标准的测试条件经过了选择，适用于市场上多数有代表性的纸张。

本标准对如下方面作出了规定：

——字迹的光学密度和外观；

——耐光性；

——耐水性；

——字迹的转印；

——耐磨性；

——耐热性；

——记录对纸张机械强度的影响。

经验表明，用墨汁书写与用商业印刷油墨印刷的字迹具有较好的耐久性，而使用酸性墨水书写的字迹将会影响纸张甚至使纸张受到腐蚀，有些字迹也许会出现褪色、扩散等现象。

现代字迹的使用历史只有几十年，用现代材料和设备制作的字迹在组成和性质上与传统字迹完全不同。因此，当讨论现代字迹的耐久性时，基于图书馆、档案馆中的历史文献字迹研究而得出的结论在现代字迹中并不完全适用。

严格说来，测试字迹耐久性唯一的方法是将文献放在相关环境中存储很长一段时间，也许是几百年。但在实际工作中，却不得不依赖对仅保存了数年的文献的观察和检测结果以及已知的影响因素来进行评估。

1 范围

本标准规定了长期保存于图书馆、档案馆及其他环境中文献的书写字迹、打印字迹、复印字迹耐久性和耐用性的要求与测试方法。

本标准适用于：

——文献纸张上的书写字迹、打印字迹和复印字迹；

——单色字迹和多色字迹。

本标准不适用于：

——保存在不良环境中的文献字迹，如：水浸、高温、高湿及由此而导致的微生物生长、辐射（如光）、严重污染等；

——法律文件，以真实性为优先考虑因素的字迹，如：银行文件；

——摄影中涉及的照片文件；

——因颜色稍有变化便会使信息内容受到影响的文件。多色字迹的信息内容宜被保留，但不必要保留其全部艺术品质。

2 规范性引用文件

下列文件对于本文件的应用是必不可少的。凡是注日期的引用文件，仅注日期的版本适用于本文件。凡是不注日期的引用文件，其最新版本（包括所有的修改单）适用于本文件。

GB/T 457 纸和纸板 耐折度的测定（GB/T 457—2008，ISO 5626：1993，MOD）

GB/T 5478 塑料 滚动磨损试验方法（GB/T 5478—2008，ISO 9352：1995，IDT）

GB/T 7974 纸、纸板和纸浆 蓝光漫反射因数D65亮度的测定（漫射/垂直法，室外日光条件）（GB/T 7974—2013，ISO 2470-2：2008，MOD）

GB/T 11186.2 涂膜颜色的测量方法 第2部分：颜色测量（GB/T 11186.2—1989，ISO 7724-2：1984，eqv）

GB/T 11186.3 涂膜颜色的测量方法 第3部分：色差计算（GB/T 11186.3—1989，ISO 7724-3：1984，eqv）

GB/T 11501 摄影 密度测量 第3部分：光谱条件（GB/T 11501—2008，ISO 5-3：1995，IDT）

GB/T 12823.4 摄影 密度测量 第4部分：反射密度的几何条件（GB/T 12823.4—2008，ISO 5-4：1995，IDT）

GB/T 12914 纸和纸板 抗张强度的测定（GB/T 12914—2008，ISO 1924-1：1992，ISO 1924-2：1994，MOD）

GB/T 16422.2 塑料 实验室光源暴露试验方法 第2部分：氙弧灯（GB/T 16422.2—2014，ISO 4892-2：2006，IDT）

GB/T 24423 信息与文献 文献用纸 耐久性要求（GB/T 24423—2009，ISO 9706：1994，MOD）

GB/T 26714 油墨圆珠笔和笔芯（GB/T 26714—2011，ISO 12757-1：1998，ISO 12757-2：1998，MOD）

HG/T 2993—2004 酸性墨水蓝

QB/T 1655—2006 水性圆珠笔和笔芯

3 术语和定义

下列术语和定义适用于本文件。

3.1

书写 writing

在纸张上一次一个字符或一个笔画生成字迹的过程。如：用铅笔或钢笔手写，或用打字机或笔式绘图仪（笔绘仪）记录的过程。

3.2

打印 printing

利用印刷或打印设备，如印刷机、打印机，在纸张上生成字迹的过程。

3.3

复印　copying

将其他载体上的字迹再现到纸张上的过程，如通过摄影或静电复印。

3.4

记录　recording

通过书写、打印、复印等方式生成字迹的过程。

3.5

字迹　image

纸张上以字符或其他视觉上可辨认的形式分布的颜料。

3.6

耐久字迹　permanent image

在图书馆、档案馆和其他保存条件下，使用属性很少或不会发生变化的字迹。

3.7

单色字迹　monochromatic image

由一种颜色构成的字迹。

3.8

多色字迹　multicoloured image

由多种颜色构成的字迹，颜色是信息内容的组成部分。

3.9

耐久性　permanence

长期保持化学和物理稳定性的能力。

3.10

耐用性　durability

在使用中耐磨和耐撕裂的能力。

3.11

光学密度　optical density

物体吸收或传输光线的特性量度。本标准中光学密度规定为 ISO 视觉密度的反射密度，表示为 D_R (S_A ; V)。

注：S_A 表示反射密度计入射通量光谱，V 表示光谱响应度。

3.12

光吸收量　light absorption

A

物体吸收光线的特性量度。

$$A = 1 - 10^{-D}$$

式中：

D——3.11 定义的光学密度。

4　要求

4.1　光学密度

单色字迹的光学密度应符合表 1 的要求，测试方法按 6.1 的规定进行。多色字迹没有设定光学密度最小值。

表 1　　　　单色字迹的光学密度

记录方式	颜色	条款编号	
		4.1、4.4、4.7	4.3
复印、打印设备	黑色	≥0.90	≥0.80
	蓝色	≥0.65	≥0.55
	其他颜色	≥0.40	≥0.30
书写	黑色	≥0.50	≥0.40
	蓝色	≥0.40	≥0.35
	其他颜色	≥0.35	≥0.30

4.2　外观

字迹的每一部分应能够辨认，容易识读，颜色深浅一致、均匀。字迹应清晰，没有扩散或渗透现象。检查方法按 6.2 的规定进行。

4.3　耐光性

经光老化试验后，单色字迹的光学密度应符合表 1 的要求，测试方法按 6.1 的规定进行。

经光老化试验后，多色字迹应满足表 2 的要求，颜色的测量应按 GB/T 11186.2 的规定进行，色差的计算应按 GB/T 11186.3 的规定进行。

光老化试验应按 6.3 的规定进行。

表 2　　　　多色字迹的色差

条款编号	ΔL^*（绝对值）	Δa^*（绝对值）	Δb^*（绝对值）
4.3	≤8	≤5	≤5
4.4 和 4.7	≤5	≤3	≤3

注：ΔL^*，Δa^* 和 Δb^* 指色差。

4.4　耐水性

经耐水试验后，单色字迹的光学密度应符合表 1 的要求，测试方法按 6.1 的规定进行。

经耐水试验后，多色字迹应满足表 2 的要求，颜色的测量应按 GB/T 11186.2 的规定进行，色差的计算应按 GB/T 11186.3 的规定进行。

耐水试验前后，测试纸样空白区域的光学密度变化应小于等于 0.05。按 6.2 的规定进行检查，测试纸样上的字迹不应有明显缺陷。

耐水试验应按 6.4 的规定进行。

4.5　字迹转印

经转印试验后，测试纸样下应粘连、损坏；字迹不应转印到邻近空白纸张上，可允许有微弱的点状转移痕迹。

转印试验应按 6.5 的规定进行。

4.6　耐磨性

经耐磨试验后，字迹的耐磨度应大于等于 0.8，试验和计算方法应按照 6.6 的规定进行。

经耐磨试验后，字迹不应出现缺损或空白。

4.7 耐热性

经耐热试验后，字迹应符合4.2的要求。

经耐热试验后，单色字迹的光学密度应达到表1的要求，测试方法应按6.1的规定进行。

经耐热试验后，多色字迹应符合表2的要求，颜色的测量应按GB/T 11186.2的规定进行，色差的计算应按GB/T 11186.3的规定进行。

耐热性试验应按6.7的规定进行。

4.8 记录对纸张机械强度的影响

4.8.1 抗张强度

经抗张强度试验后，试验样与对照样抗张强度的比值应大于等于90%。抗张强度的测定应按6.8.1的规定进行。

4.8.2 耐折度

经耐折度试验后，对照样与试验样耐折度的差值不应大于0.1。耐折度的测定应按6.8.2的规定进行。

5 测试纸样的制备

5.1 测试用纸

测试用纸应符合附录A的规定。

5.2 记录环境

记录材料（包括设备、纸张）在记录前宜放在温度为（23±2）℃、相对湿度为50%±5%的环境中平衡，平衡时间不少于15h；记录也宜在同样的环境中进行。

5.3 测试纸样的制备

测试纸样的制备应符合相应的国家标准。没有国家标准的，应按照相关仪器、设备生产厂商的说明进行。

字符、间距等应能代表常用的字迹。

记录设备和用具应符合附录B的规定。

5.4 参照墨水

参照墨水应符合HG/T 2993—2004的规定。

5.5 测试纸样处理

进行本标准6.4、6.5、6.6的测试前，测试纸样应放在温度为（23±2）℃，相对湿度为50%±5%的环境中平衡，平衡时间不少于7d。进行6.8的测试时，测试条件和环境应符合GB/T 12914和GB/T 457的规定。

6 测试

6.1 光学密度

字迹光学密度的测试应避开字符或线条重叠、交叉的位置。

本标准中光学密度的测试规定为ISO视觉密度的反射密度测试，表示为D_R（$S_A：V$）。测试的光谱条件应符合GB/T 11501的规定，几何条件应符合

GB/T 12823.4的规定。

待测字迹的字符宽度宜大于光学密度计的测量区。

6.2 外观

用8倍放大镜或其他类似放大工具进行直观检查，查找是否存在字迹空白或缺损、字迹边线断裂、字迹颜色扩散或不均等缺陷。

6.3 耐光性

将测试纸样置于光老化试验箱中进行老化试验。试验方法应按GB/T 16422.2中方法B的规定进行。老化试验条件：黑板温度为（65±3）℃、相对湿度为50%±5%，辐照度为550W/m²，暴露的入射光谱辐射能量应为12kJ/cm²。

按6.1的规定测试老化试验前后测试纸样字迹的光学密度。

6.4 耐水性

准备6张空白测试用纸和5个尺寸为2cm×6cm的测试纸样，纸样的一半面积用字迹覆盖，另一半为空白区域。测试纸样应按5.5的规定进行处理。按6.1的规定测试纸样耐水试验前字迹和空白区域的光学密度。

将测试纸样在装满去离子水的玻璃试管里浸泡，浸泡时间为24h，每个试管放一个纸样。然后将纸样小心取出，放在无酸棉纸上吸去多余水分。按空白测试用纸—测试纸样—空白测试用纸的顺序将5个测试纸样叠放整齐，置于7kPa的压力下，10min后取出。将测试纸样放在无酸棉纸上自然干燥。

按6.2的规定检查测试纸样。按6.1的规定测试纸样耐水试验后字迹和空白区域的光学密度。

6.5 字迹转印

准备6张空白测试用纸和5个测试纸样，纸样应按本标准5.5的规定进行处理。按空白测试用纸—测试纸样—空白测试用纸的顺序将5个测试纸样叠放整齐，放在两块惰性材料制成的平板之间。对平板施加7kPa的压力，在温度为（50±1）℃、相对湿度为60%±2%的环境中保存，保存时间为6d。然后取出测试纸样，放在温度23℃，相对湿度50%环境中冷却，冷却时间不少于15h。

按6.2的规定检查测试纸样和空白测试用纸。

6.6 耐磨性

按图1所示制作耐磨性测试纸样，其中3条参照线用5.4规定的参照墨水绘制，线条宽度为0.3mm。耐磨性测试宜在测试用纸的正反两面分别进行。

试验及耐磨度的计算按以下步骤进行：

a) 按6.1的规定测试纸样字迹和参照线的光学密度，并根据3.12的定义和公式，计算测试纸样字迹的起始光吸收量A_i1和参照线的起始光吸收量A_r1。

b) 用滚动磨损试验仪对测试纸样的字迹和参照

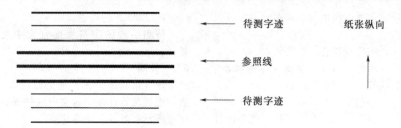

图 1　耐磨性测试纸样示例

线进行磨损试验。试验应按 GB/T 5478 的规定进行，磨轮型号应为 CS10F，磨轮负载应为 2.5N。摩擦至参照线的光吸收量下降至起始量的 80%～85%，然后按 6.1 的规定测试纸样字迹和参照线的光学密度，并根据 3.12 的定义和公式，计算磨损后测试纸样字迹的光吸收量 A_i2 和参照线的光吸收量 A_r2。

c）按式（1）计算耐磨度

$$R_w = \frac{A_i2/A_i1}{A_r2/A_r1} \qquad (1)$$

式中：

R_w——字迹的耐磨度；

A_i1——测试纸样字迹的起始光吸收量；

A_i2——磨损后测试纸样字迹的光吸收量；

A_r1——测试纸样参照线的起始光吸收量；

A_r2——磨损后测试纸样参照线的光吸收量。

试验完成后按 6.2 的规定检查测试纸样。

6.7　耐热性

将测试纸样悬挂在气候老化箱内进行老化试验。测试纸样彼此间应互不接触，与箱内壁也不接触。气候老化箱箱内温度为（90±1）℃，相对湿度为50%±2%，并以（50±25）mL/min 的速率通风，老化时间为 12d。

6.8　记录对纸张机械强度的影响

6.8.1　抗张强度

准备四张 A4 幅面的测试用纸，两张为试验样用纸，两张为对照样用纸。在试验样用纸上分别生成 5 条线。一张纸上的线条与纸张纵向同向，另一张与纸张横向同向。

按照 GB/T 12914 的规定裁切试验样和对照样。裁切试验样时，画线应置于纸样中间，且与纸样的长边垂直。

将裁切好的试验样和对照样按 6.7 的规定进行耐热性试验。试验完成后按照 GB/T 12914 的规定测定试验样和对照样的抗张强度。

注：如果字迹对纸样有影响，测定抗张强度时纸样会在画线处断裂。

6.8.2　耐折度

准备四张 A4 幅面的测试用纸，两张为试验样用纸，两张为对照样用纸。

按照 GB/T 457 的规定裁切试验样和对照样。

将裁切好的试验样和对照样按 6.7 的规定进行耐热性试验。试验完成后按照 GB/T 457 的规定测定试验样和对照样的耐折度。

注 1：字迹不宜放在折叠位置。

注 2：GB/T 457 中规定的两种测试方法都适用。

7　测试报告

测试报告应包括以下项目：

a）本标准的编号；

b）测试的字迹材料（包括纸张），测试中使用的仪器设备；

c）测试日期和地点；

d）书写、打印或复印所用的材料和设备；

e）测试中使用的测试纸样数量；

f）测试纸样的制备方法；

g）按照 6.1～6.8 的规定进行测试的结果；

h）影响纸质文献字迹耐久性的其他因素；

i）偏离本标准并可能影响测试结果的情况；

j）字迹材料或设备能否达到本标准要求的说明，及不能达到要求的原因。

附录 A

（规范性附录）

测试用纸

A.1　纸的选择

在测试字迹的时候，纸的选择至关重要。字迹在不同的纸上有不同的特性，同一种字迹在不同的测试纸样上得出的测试结果可能会不同。

我国纸张种类丰富多样，目前国内书写用纸和印刷用纸、复制用纸差别较大，纸的性能如平滑度、施胶度、吸墨性等都有很大不同。在不同的纸张上书写和印刷的效果存在很大差别。

本标准不是对纸的制造商或使用者提出的要求，而是提供一种规范的字迹检验方法，使得同一条件下的检验结果具有可比性，故本标准没有指定纸张的种类。

A.2　测试用纸的要求

试验所选用的纸张必须与待测字迹材料和测试设备的要求相符。

所有测试用纸：

——应符合 GB/T 24423 的要求；

——根据 GB/T 7974，蓝光漫反射因数 R_{457} 即亮度（白度）应不小于 85%；

——按照 6.6 的规定进行耐磨性试验时，应没有明显的纤维损失；

——使用参照墨水以约 50mm/s 的速度交叉画线，应没有扩散和渗透现象；

——定量不应低于 $70g/m^2$；

——纵、横向耐折度宜不小于 1.7（MIT 测试法）或 1.9（肖伯尔测试法）。

另外，测试油墨圆珠笔字迹的测试用纸还应达到 GB/T 26714 中规定的平滑度要求，测试水性圆珠笔字迹的测试用纸应达到 QB/T 1655—2006 中规定的平滑度要求。

附录 B
（规范性附录）
测试纸样的制备

B.1　概述

进行本标准的测试时，测试纸样的制备方法和字迹的表现形式非常重要。若要获得可重复性的测试结果并得出与本标准要求的相关性，试样的制备方法和条件应符合相关标准。

B.2　打印机

字迹测试纸样的制备应符合下列要求：

——使用色带方法制备测试纸样时，应使用符合色带要求的设备；

——打印所用的设备应与印墨材料相匹配；

——设备应处于良好的状态（如印筒干净、未老化）；

——设备应处于正常记录状态；

——记录时使用的力不应太大，用手指触摸纸的背面不应有不平的感觉。

B.3　油墨圆珠笔、水性圆珠笔等

使用油墨圆珠笔制备字迹试样，应按照 GB/T 26714 规定的条件设置书写测试设备；使用水性圆珠笔制备字迹试样，应按照 QB/T 1655—2006 规定的条件设置书写测试设备。

对于其他笔，应按照相应的国家标准设置书写测试设备。没有国家标准的，应按照生产厂商的说明进行。

附录 C
（资料性附录）
本标准与 ISO 11798：1999 的章条编号对照表

表 C.1 给出了本标准章条编号与 ISO 11798：1999 的章条编号对照一览表。

表 C.1　本标准与 ISO 11798：1999 的章条编号对照表

本标准的章条编号	对应 ISO 11798：1999 的章条编号
1	1
2	2
3	3
3.1	3.12
3.2	3.9
3.3	3.1
3.4	3.10
3.5	3.4
3.6	3.8
3.7	3.5
3.8	3.6
3.9	3.7
3.10	3.3
3.11	—
3.12	—
4	4
4.1	4.1
4.2	4.2
4.3	4.3
4.4	4.4
4.5	4.5
4.6	4.6
4.7	4.7
4.8	4.8
4.8.1	4.8.1
4.8.2	4.8.2
5	5
5.1	5.1
5.2	5.2
5.3	5.3
5.4	5.4
5.5	5.5
6	6
6.1	6.1
6.2	6.2
6.3	6.3
6.4	6.4
6.5	6.5
6.6	6.6
6.7	6.7
6.8	6.8
6.8.1	6.8.1
6.8.2	6.8.2
7	7
附录 A	附录 A
附录 B	附录 B
附录 C	—
附录 D	—

附录 D
（资料性附录）
本标准与 ISO 11798：1999 的技术性差异及原因

表 D.1 给出了本标准与 ISO 11798：1999 的技术　　性差异及原因。

表 D.1　　　　　　　　**本标准与 ISO 11798：1999 的技术性差异及原因**

本标准章条编号	技 术 性 差 异	原　　因
2	关于规范性引用文件，本标准作了具有技术性差异的调整，以适应我国的技术条件。调整的具体情况如下： • 用修改采用国际标准的 GB/T 457 代替 ISO 5626：1993（见 6.8.2）； • 用等同采用国际标准的 GB/T 5478 代替 ISO 9352：1995（见 6.6）； • 用非等效采用国际标准的 GB/T 7974 代替 ISO 2470：2009（见 A.2）； • 用等效采用国际标准的 GB/T 11186.2 代替 ISO 7724 − 2：1984（见 4.3）； • 用等效采用国际标准的 GB/T 11186.3 代替 ISO 7724 − 3：1984（见 4.3）； • 用等同采用国际标准的 GB/T 11501 代替 ISO 5 − 3：1995（见 6.1）； • 用修改采用国际标准的 GB/T 12914 代替 ISO 1924 − 2：1994（见 6.8.1）； • 用等同采用国际标准的 GB/T 16422.2 代替 ISO 4892 − 2：1994（见 6.3）； • 用修改采用国际标准的 GB/T 24423 代替 ISO 9706：1994（见 A.2）； • 用修改采用国际标准的 GB/T 26714 代替 ISO 12757 − 1：1998 和 ISO 12757 − 2：1998（见 A.2）； • 用 HG/T 2993—2004 代替 BS3484：1991（见 5.4）； • 用 QB/T 1655—2006 代替 ISO 14145：1 和 ISO 14145：2（见 A.2）	适应我国的技术条件
	增加引用 GB/T 12823.4（见 6.1）	几何条件是光学密度测量的必要条件，故增加此文件用来规范本标准的光学密度测量
	删除引用 ISO 7724 − 1：1984	本标准中未出现
3	删除术语"文献（document）"及其定义	在标准中出现极少，且含义符合大众的普遍认识，不需特殊定义
	删除术语"分区域着色字迹（spot − coloured image）"	本标准中未出现
	增加术语"光学密度"及其定义	是字迹耐久性的重要表征指标，在本标准中反复出现
	增加术语"光吸收量"及其定义	是计算字迹耐磨性的重要参量（见 6.6）
4.8.1	将"抗张能量吸收"改为"抗张强度"	符合我国的实验测量习惯
	将"降低应≤10％"改为"比值应≥90％"	符合我国的语言表述习惯，避免"降低"带来的理解干扰

续表

本标准章条编号	技术性差异	原　　因
6.3	将"黑板温度（60±3)℃"改为"黑板温度（65±3)℃"	符合所引用的国家标准 GB/T 16422.2—2014 的规定，也符合原采标国际标准 ISO 11798：1999 所引用的国际标准 ISO 4892-2 的规定
B.3	将"ball point pens"（圆珠笔）改为"油墨圆珠笔"	符合与国际标准对应的我国标准 GB/T 26714—2011 的表述
	将"roller ball pens"（滚珠笔）改为"水性圆珠笔"	符合与国际标准对应的我国标准 QB/T 1655—2006 的表述

参 考 文 献

[1]　DA/T 11—94　文件用纸耐久性测试法.

[2]　DA/T 16—95　档案字迹材料耐久性测试法.

17　流动人员人事档案管理服务规范

（GB/T 32623—2016）

前　　言

本标准按照 GB/T 1.1—2009 给出的规则起草。

本标准由中华人民共和国人力资源和社会保障部提出。

本标准由全国人力资源服务标准化技术委员会（SAC/TC 292）归口。

本标准起草单位：中国人才交流协会、全国人才流动中心、上海市人才服务中心、北京市人才服务中心、四川省人才交流中心、中国南方人才市场、国家电网人才中心、北京市科委人才中心。

本标准主要起草人：王海鲲、王玺、李华、成玉欣、饶才敏、熊义姗、汪宏飞、郭卫东、杨阳、黄文新。

1　范围

本标准规定了流动人员人事档案管理服务机构和从业人员要求、档案材料范围、服务要求及流程、服务改进。

本标准适用于流动人员人事档案管理服务。

2　术语和定义

下列术语和定义适用于本文件。

2.1

人事档案　personnel archive

在人员的培养、选拔和任用等工作中，形成的记载个人经历、政治思想、品德作风、业务能力、工作表现、工作实绩等内容的文件材料。

2.2

流动人员人事档案　personnel archive of the floating population

非公有制企业、社会组织聘用人员的人事档案；辞职辞退、取消录（聘）用或被开除的机关事业单位工作人员的人事档案；与企事业单位解除或终止劳动（聘用）关系人员的人事档案；未就业的高校毕业生及中专毕业生的人事档案；自费出国留学及其他因私出国（境）人员的人事档案；外国企业常驻代表机构的中方雇员的人事档案；自由职业或灵活就业人员以及其他实行社会管理人员的人事档案。

3　机构和从业人员要求

3.1　流动人员人事档案（以下简称档案）管理服务机构应依法设立并取得人力资源和社会保障部门的授权。

3.2　档案管理服务机构应在服务场所对服务内容、服务流程等信息予以公示。

3.3　档案管理服务机构应根据档案的数量合理配备档案管理服务人员，人数不应少于 2 人。

3.4　档案管理服务人员应具有大专及以上学历，具备档案管理专业知识，熟悉人力资源和社会保障政策法规；应掌握计算机基本知识，并能熟练操作。

4　档案材料范围

档案材料的范围包括：

a) 履历材料；

b) 自传材料；

c) 考察、考核、鉴定材料；

d) 学历、学位及相关认证材料；

e) 培训材料；

f) 职业（任职）资格、评（聘）专业技术职称（职务）材料；

g) 反映科研学术水平的材料；

h）政治历史情况的审查材料；

i）更改（认定）姓名、民族、籍贯、国籍、参加中国共产党及中国共产主义青年团时间、参加工作时间等材料；

j）参加中国共产党、中国共产主义青年团及民主党派的材料；

k）表彰奖励材料；

l）涉纪涉法材料；

m）录（聘）用、任免、调动、转业（复员）、退（离）休、辞职辞退等材料；

n）工资、待遇材料；

o）出国（境）材料；

p）中国共产党党员代表大会、人民代表大会、中国人民政治协商会议、人民团体的群众团体代表会议及民主党派代表会议形成的材料；

q）健康检查和处理工伤事故材料；

r）其他有参考价值的材料。

5　档案接收与转递

5.1　基本要求

5.1.1　档案管理服务机构应根据单位或个人的委托接收档案，根据调档单位或存档人员的申请转出档案。

5.1.2　档案管理服务机构应对接收与转出的档案进行审核，接收与转出的档案中的档案材料应属于第4章给出的范围，并应真实、准确、完整、规范。

5.1.3　档案管理服务机构接收与转出档案时，应通过机要通信或派专人送取。

5.2　接收程序

5.2.1　档案管理服务人员应按照国家有关规定审核单位或个人的委托申请，开具《流动人员人事档案调函》（见附录A），办理档案调入手续。

5.2.2　档案调入后，应按5.1.2给出的要求审核档案，包括：

a）符合要求的，应在《流动人员人事档案接收登记表（簿）》（见表B.1）上登记，编号入库；

b）不符合要求的，应退回原档案管理单位。

5.2.3　档案管理服务人员应在原档案管理单位开具的档案转递通知单回执上签名并加盖公章后退回。

5.3　转出程序

5.3.1　档案管理服务人员应审核调档单位的档案管理资质、调档函件及调档人身份。

5.3.2　应检查核对将转出的档案，核对无误后在《流动人员人事档案转递登记表（簿）》（见表B.2）上登记。

5.3.3　应填写《流动人员人事档案转递通知单》（见附录C），严密包封档案并加盖密封章后转出。成批移交档案时，可填写移交名册（一式两份），由交接

双方签字盖章。

5.3.4　超过一个月未收到档案转递通知单回执的，应发函或电话催要回执。

5.3.5　调档单位的调档函件、转递通知单回执等资料应及时整理，归入文书档案保存。

6　档案材料收集鉴别归档

6.1　收集鉴别归档要求

6.1.1　档案管理服务机构应加强与存档人员本人、工作单位及相关部门的联系，及时收集第4章给出的范围内的材料，充实档案内容。

6.1.2　收集归档材料应为办理完毕的正式材料，完整齐全、文字清楚、内容真实、填写规范、手续完备。

6.1.3　收集归档材料应使用16开型或A4型的公文用纸，材料左边应留出20mm～25mm装订边，字迹材料应符合档案保护要求。

6.1.4　收集归档材料应为原件。证书、证件等特殊情况需用复印件归档的，应由材料制作单位注明复印时间并加盖公章。

6.2　收集鉴别归档程序

6.2.1　档案管理服务人员应按第4章、6.1给出的范围及要求收集、鉴别档案材料，包括：

a）对符合第4章、6.1给出的范围及要求的材料，应在《流动人员人事档案归档材料登记表（簿）》（见表B.3）上登记；

b）不属于第4章给出的范围的材料，应退回材料形成单位；

c）不符合6.1给出的要求的材料，应告知材料形成单位重新制作或补办手续。

6.2.2　档案管理服务人员应在收到档案材料后5个工作日内将材料归入本人档案。

7　档案整理

7.1　整理要求

档案管理服务机构应按照分类准确、编排有序、目录清楚、装订整齐的要求整理档案。

7.2　整理程序

7.2.1　分类

应根据材料的主要内容或用途确定类别，包括：

a）第一类：履历材料。

b）第二类：自传材料。

c）第三类：考察、考核、鉴定材料。

d）第四类：

1）学历学位材料；

2）职业（任职）资格和评（聘）专业技术职称（职务）材料；

3）反映科研学术水平材料；

4）培训材料。

e）第五类：政治历史情况的审查材料。

f）第六类：参加中国共产党、中国共产主义青年团及民主党派材料。

g）第七类：表彰奖励材料。

h）第八类：涉纪涉法材料。

i）第九类：

1）工资材料；

2）任免材料；

3）出国境材料；

4）参加会议的代表登记表等材料。

j）第十类：其他可供参考有保存价值的材料。

7.2.2 排序

应根据档案材料形成时间或材料内容的主次关系进行排序。

7.2.3 编目

应根据档案材料类别及排列顺序编写档案材料目录。

7.2.4 技术加工

档案材料载体变质或字迹褪色不清时，应采用修复、复印等方法进行抢救。对纸张不规则、破损、卷角、折皱的材料，应使用折叠、裱糊等方法进行加工。加工应不影响材料的完整且不损伤字迹。

7.2.5 装订

应理齐材料，在材料左侧竖直打上装订孔，装订成卷。

7.2.6 验收入库

对装订成卷的档案应进行认真细致的检查，验收合格后入库保存。

8 档案保管与保护

8.1 保管要求

8.1.1 档案管理服务机构应建立坚固的专用档案库房，配置铁质的档案柜或档案密集架。

8.1.2 档案库房、阅档室和档案管理服务人员办公室应三室分开。

8.1.3 应保持档案库房的清洁，配备必要的设备，采取安全措施，以符合防火、防潮、防蛀、防盗、防光、防高温要求。

8.1.4 档案存放应编排有序，便于查找。

8.1.5 档案利用出库时应登记，利用结束后当天入库保存。

8.1.6 死亡人员档案应分开保管，并在《死亡人员档案登记表（簿）》（见表B.4）上登记。

8.1.7 应定期将档案实物与档案名册、档案信息数据库进行核对。

8.1.8 档案管理服务人员工作变动时，应履行交接手续。交接材料应由交接双方签字确认后归入文书档案。

8.2 保护要求

8.2.1 防火要求

8.2.1.1 档案库房应远离锅炉房、变配电室、车库等火灾易发生区。

8.2.1.2 档案库房应安装火灾报警装置，配备必要的消防灭火设备，并按设备要求定期检查、更换。

8.2.1.3 档案管理服务机构应定期检查档案库房电器线路，档案库房不应设置明火设施或存放易燃易爆物品和其他杂物。

8.2.1.4 档案管理服务人员应熟悉有关消防知识，能正确使用消防灭火器材。

8.2.2 防潮要求

8.2.2.1 档案库房应安装温湿度记录仪器。

8.2.2.2 档案库房应配备加湿机、去湿机等设备，相对湿度控制在 $45\%\sim60\%$。

8.2.3 防蛀要求

8.2.3.1 档案库房内不应存放食物和易霉物品。

8.2.3.2 应定期施放驱虫、防霉药剂，采取防虫、防霉、防鼠措施。

8.2.4 防盗要求

8.2.4.1 档案库房应安装防盗门窗。宜配备防盗报警装置和监控设备。

8.2.4.2 档案管理服务人员每天下班前应检查门窗及相关设备的安全。

8.2.5 防光要求

8.2.5.1 档案库房的人工照明应选用紫外线含量低的光源。

8.2.5.2 档案库房应避免阳光直射档案。有外窗时应配备窗帘等遮阳设施。

8.2.6 防高温要求

8.2.6.1 档案库房应配备排风扇、空调等通风降温设备，并定期检修、保养。

8.2.6.2 档案库房温度应控制在 $14℃\sim24℃$。

9 档案利用服务

9.1 档案查借阅

9.1.1 查借阅服务要求

9.1.1.1 档案管理服务机构应为符合相关规定的单位提供档案查借阅服务。

9.1.1.2 档案管理服务机构应设置专门的阅档室。

9.1.1.3 档案管理服务机构应告知查借阅人不得涂改、圈划、抽取、撤换档案材料，不得泄露或擅自向外公布档案内容。

9.1.1.4 档案管理服务机构应告知查借阅人不得擅自复制、拍摄档案内容。查借阅单位确因工作需要从档案中取证的，应说明理由，经档案管理服务机构审核同意后复制或拍摄。

9.1.1.5 档案一般不外借。如必须外借的，应由借

阅单位以书面形式说明理由，经档案管理服务机构负责人批准后办理登记手续，并限期归还。

9.1.2 查借阅服务程序

9.1.2.1 档案管理服务人员应审核查借阅单位、查借阅事由、查借阅人身份及单位介绍信等有关证明材料。

9.1.2.2 应根据需要确定提供的档案材料，并在《流动人员人事档案查借阅登记表（簿）》（见表 B.5）上登记。

9.1.2.3 提供查阅服务时，应将档案交查阅人在阅档室查阅。如需摘录档案内容的，应审核摘录档案内容，与原文核对无误后，写明出处及日期，并加盖公章。

9.1.2.4 提供借阅服务时，应告知借阅人归还期限。

9.1.2.5 应检查核对归还档案，核对无误后入库保存。

9.2 出具证明

9.2.1 出具要求

9.2.1.1 档案管理服务机构应根据档案记载出具存档、经历、亲属关系等相关材料。

9.2.1.2 档案管理服务机构应确保出具证明的内容与档案实际记载相关内容一致。

9.2.2 出具程序

9.2.2.1 档案管理服务人员应审核出具事由、经办人身份及单位介绍信等有关证明材料。

9.2.2.2 应根据档案记载相关内容出具证明。档案中无记载的，应在材料形成单位补齐相关材料后出具。

9.2.2.3 确需复印档案材料作为旁证的，应在复印件上注明用途及复印日期，并加盖公章。

9.2.3 相关服务

档案管理服务机构应提供档案政策咨询、信息查询及在存档人员政治历史审查、党组织关系接转等工作中与档案相关的服务等。

10 档案统计

10.1 档案管理服务机构应对档案管理服务各项业务进行统计，掌握档案接收、转出、利用、收集归档、保管保护、服务满意度等方面情况。

10.2 档案管理服务机构应对存档人员基本信息进行统计，研究分析存档人员数量、结构等基本情况。

11 档案管理服务信息化

11.1 档案管理服务机构应使用档案信息化管理软件，建立档案信息数据库，逐步实现档案保存数字化、管理信息化、服务网络化。

11.2 档案管理服务机构应根据档案内容，通过录入、扫描等方式对纸质档案进行数字化加工，并检核对数据库信息与档案记载内容是否一致。在档案材料收集归档、档案转递时，应更新数据库有关信息。

11.3 档案管理服务机构应采取切实有效的技术手段和安全措施，建立档案信息安全保障体系。

12 服务改进

12.1 档案管理服务机构应通过发放调查问卷、现场服务评价、服务设施评价等多种方式收集客户的满意度评价信息。

12.2 对客户的投诉应在 5 个工作日内予以反馈，对存在的问题应采取措施进行改进。

附录 A

（规范性附录）

流动人员人事档案调函

流动人员人事档案调函存根

第　　号

发往 ＿＿＿＿＿＿＿＿＿＿＿＿＿＿＿＿＿＿＿ 关于

＿＿＿＿＿＿＿＿＿＿＿＿＿＿＿同志（身份证号：

＿＿＿＿＿＿＿＿＿＿＿＿＿＿）档案调往/调入

＿＿＿＿＿＿＿＿＿＿＿单位。

经办人：　　　　　　　　年　月　日

....

流动人员人事档案调函

第　　号

＿＿＿＿＿＿＿＿＿＿：

＿＿＿＿＿＿＿＿＿＿＿＿同志（身份证号：

＿＿＿＿＿＿＿＿＿＿）　　　　　　　因

＿＿＿＿＿＿＿＿＿原因要求流动。请在收到此函后，按下列第＿＿＿＿＿项办理。

一、因工作需要，拟将其档案调入我单位管理。如同意调出，请将其人事档案及＿＿＿＿材料于 15 日内通过机要交通或派专人转至我单位。如在规定时间内无法转出，请告知具体原因。

二、经审核，因＿＿＿＿＿＿原因，不同意档案调入我单位，现将其档案退回你处。

三、你处来函已收悉，同意档案调往你处。

四、你处来函已收悉，因工作需要，暂不同意档案调往你处。

五、＿＿＿＿＿＿＿＿＿＿＿＿＿＿＿＿＿＿＿。

经办人：

联系电话：

联系地址：

单位（盖章）

年　月　日

附录 B
（资料性附录）
登记表（簿）格式

登记表（簿）格式见表 B.1～表 B.5。

表 B.1　　　　　　　　　　　　流动人员人事档案接收登记表（簿）

接收日期	序号	转递方式	姓名	身份证号	原档案管理单位	档案号	入库情况	备注

表 B.2　　　　　　　　　　　　流动人员人事档案转递登记表（簿）

转出日期	序号	姓名	身份证号	档案号	转至单位	单位电话	转递人	备注

表 B.3　　　　　　　　　　　流动人员人事档案归档材料登记表（簿）

接收日期	档案号	姓名	身份证号	材料名称	形成单位	份数	递送人	归档情况	备注

表 B.4　　　　　　　　　　　　　死亡人员档案登记表（簿）

登记日期	档案号	姓名	身份证号	工作单位	死亡日期	档案何时转何处	备注

表 B.5　　　　　　　　　　　流动人员人事档案查借阅登记表（簿）

查借阅日期	档案号	姓名	身份证号	查借阅单位	查借阅人	查借阅理由	归还时间	备注

附录 C
（规范性附录）
流动人员人事档案转递通知单

流动人员人事档案转递通知单存根

第　　号

已将＿＿＿＿＿同志的档案共＿＿＿＿卷，材料共＿＿＿＿份，转往＿＿＿＿＿＿＿＿＿＿＿＿＿＿。

　　经办人（签名）　　　　　　　　　　　　　　　　　　　发件单位（盖章）
　　　　　　　　　　　　　　　　　　　　　　　　　　　　　　年　月　日

流动人员人事档案转递通知单

第　　号

＿＿＿＿＿＿＿＿＿＿＿：
　　兹将＿＿＿＿＿＿同志的档案材料转去，请按档案内所列目录清点查收，并将回执退回。

　　经办人（签名）　　　　　　　　　　　　　　　　　　　发件单位（盖章）
　　　　　　　　　　　　　　　　　　　　　　　　　　　　　　年　月　日

姓名	原工作单位	转递原因	正本	副本	档案材料	备注
			（卷）	（卷）	（份）	

回执	＿＿＿＿＿＿＿＿＿＿＿： 你处于＿＿＿＿年＿＿月＿＿日转来第＿＿＿＿号存档人员转递通知单中所开列的＿＿＿＿＿＿同志的档案共＿＿＿＿卷，材料共＿＿＿＿份，已全部收到，现将回执退回，请查收。 收件人（签名）　　　　　　　　　　　　　　收件单位（盖章）　　　　　　　年　月　日

回执邮寄地址及邮编：

参 考 文 献

[1]　中华人民共和国档案法.
[2]　档案库房技术管理暂行规定.
[3]　干部档案整理工作细则.
[4]　干部档案工作条例.
[5]　企业职工档案管理工作规定.
[6]　流动人员人事档案管理暂行规定.
[7]　人才市场管理规定.
[8]　干部人事档案材料收集归档规定.
[9]　关于报送新任中管干部数字档案的通知.
[10]　关于进一步加强流动人员人事档案管理服务工作的通知.

18　企业信用档案信息规范

（GB/T 31952—2015）

前　言

本标准按照 GB/T 1.1—2009 给出的规则起草。

请注意本文件的某些内容可能涉及专利。本文件的发布机构不承担识别这些专利的责任。

本标准由全国信用标准化技术工作组提出并归口。

本标准起草单位：中国标准化研究院、中大信（北京）信用评价中心有限公司、安徽省金屹电源科

技有限公司、安徽华能电缆集团有限公司、安徽太平洋电缆股份有限公司、安徽三祥羽毛有限公司、安徽亚路通车业有限公司、安徽天方茶业集团有限公司、安徽省六安瓜片茶业股份有限公司、安徽省标准化研究院、河北省标准化研究院。

本标准主要起草人：李向华、周莉、林竹盛、江洲、杜鹃、吴芳、宋荷靓、王洁然、王永海、耿天霖、冯利君、安彦红、龚月芳。

1　范围

本标准规定了建立企业信用档案的基本原则、企业信用档案信息类型、企业信用档案信息来源以及企业信用档案所包含的信息项。

本标准适用于各类组织建立企业信用档案，也适用于不同政府部门或组织之间依据本标准进行企业信用信息的交换和共享，企业建立信用档案或第三方信用服务机构建立客户信用档案也可参照使用。

2　规范性引用文件

下列文件对于本文件的应用是必不可少的。凡是注日期的引用文件，仅注日期的版本适用于本文件。凡是不注日期的引用文件，其最新版本（包括所有的修改单）适用于本文件。

GB/T 22117　信用　基本术语

GB/T 22120　企业信用数据项规范

3　术语和定义

GB/T 22117 和 GB/T 22120 界定的术语和定义适用于本文件。

4　基本原则

4.1　客观性

企业信用档案信息应客观、真实地反映企业信用状况，不应存在虚假、隐瞒或夸大成分。

4.2　有效性

企业信用档案信息应及时、有效，所采集信用信息应为能反映企业当前信用状况的信息。

4.3　可获取性

企业信用档案所包含的信用信息应能够并便于采集。

5　企业信用档案信息分类

5.1　基本信息

企业开展生产、经营活动所须登记、备案或注册的信息。

5.2　经营管理信息

企业在生产、经营、管理活动过程中所形成的能够反映企业信用状况的信息。

5.3　社会信用信息

各类组织在履行职责或征信过程中产生或形成的能够反映企业信用状况的信息。

6　企业信用档案信息来源

企业信用档案基本信息和经营管理信息以本企业或工商行政管理部门提供的信息为准，社会信用信息以相关信息主管部门或信用服务机构提供的信息为准。

7　企业信用档案信息项

7.1　基本信息项

企业信用档案基本信息所包含的信息项见表1。

表 1　　　　基 本 信 息

类别	信息项名称	备　注
登记、备案信息	企业名称 法定代表人 注册资金 组织机构代码 营业执照注册号码 成立日期 住所 联系电话 企业网址 电子邮箱 经营范围 企业类型 登记机关	
出资人及出资信息	出资人名称 出资人类型 证照类型 证照号码 出资方式 认缴出资额 出资时间 出资占比	
主要人员信息	职位 姓名 性别 国籍 出生年月 证件类型 证件号码 学历 主要社会职务 工作经历	主要人员包括发起人、法定代表人、董事、监事和高级管理人员等
企业历史沿革	企业名称变更情况 注册资本变更情况 股权结构变更情况 经营范围变更情况 其他信息变更情况	

7.2　经营管理信息项

企业信用档案经营管理信息所包含的信息项见表 2。

表 2　　　　　　　　　　　　　　经 营 管 理 信 息 项

类别	信息项名称	备注
经营基本情况	经营状态 主营业务 注册商标 职工人数 网店网址	1. 经营状态包括：开业、存续、停业、清算等。 2. 网店网址适用于开展网上销售业务的企业
行政许可信息	行政许可文（证）件名称 行政许可文（证）件编号 行政许可文（证）件核发机关 行政许可文（证）件核发日期 行政许可有效期限 行政许可文（证）件变更信息	行政许可类型包括：普通许可、特许、认可、核准、登记
认证信息	认证名称 认证证书编号 认证时间 认证机构 认证证书核发日期 认证有效期限	
资质信息	专业资质名称 专业资质证书编号 专业资质签发机关 专业资质签发日期 专业资质有效期限	
财务信息	资产总额 负债总额 纳税总额 境外投资总额 所有者权益合计 销售总额 营业收入 营业利润 利润总额 净利润	1. 资产总额、负债总额、纳税总额、境外投资总额、所有者权益合计为截止至上年度末的统计数据。 2. 销售总额、营业收入、营业利润、利润总额、净利润为对上一年度经营状况进行统计的数据
抵押担保信息	被担保债权种类 被担保债权数额 抵押财产名称 抵押财产数量 履行债务期限	
知识产权出质登记信息	出质人名称 质权人名称 出质知识产权所在公司名称 标的知识产权权利内容 知识产权出资额 知识产权出资比例	

续表

类别	信息项名称	备注
股权出质登记信息	出质人名称 质权人名称 出质股权所在公司名称 股权出质额	
关联企业信息	关联企业名称 企业类型 营业执照注册号码 组织机构代码 与关联企业关系	与关联企业关系类别包括：家族企业、母子公司、投资关联、担保关联、出资人关联、高管人员关联、担保人关联

7.3 社会信用信息项

企业信用档案社会信用信息所包含的信息项见表3。

表 3   社 会 信 用 信 息 项

类别	信息项名称	备注
信贷信息	未偿还信贷总额 已清偿信贷总额 未付债券总额 已付债券总额 银行信用等级	
工商行政管理信息	工商行政处罚事由 处罚内容 处罚日期 处罚机构 分类监管等级	
纳税信息	近三年纳税总额 欠税次数 欠税总额 欠税统计日期 纳税信用等级	欠税次数、欠税总额为截止至统计日期的统计数据
质量信息	质量监管处罚事由 处罚内容 处罚日期 处罚机构 分类监管等级	
海关信息	进出口违规事项 处罚内容 处罚日期 处罚机构 分类监管等级	
生产安全信息	生产安全处罚事由 处罚内容 处罚日期 处罚机构 分类监管等级	

续表

类　别	信　息　项　名　称	备　　注
环境信息	环境行政处罚事由 处罚内容 处罚日期 处罚机构 分类监管等级	
劳动和社会保障 缴费信息	欠费类别 欠缴金额 统计日期 分类监管等级	欠缴金额为截止至统计日期的统计数据
公共事业缴费信息	欠费类别 欠缴金额 统计日期 分类监管等级	1. 公共事业费用包括水费、电费、燃气费、通信费等。 2. 欠缴金额为截止至统计日期的统计数据
法院判决信息	判决结果 判决书编号 判决机关 诉讼地位 判决生效日期	
强制执行信息	执行案由 案号 执行机构 申请执行标的 申请执行标的金额 已执行标的 已执行标的金额 结案方式	
其他政府管理信息	信息内容 信息产生日期 其他信用相关内容	
社会责任信息	员工权益保护信息 利益相关方权益保护信息 社会公益和慈善信息 其他社会责任信息	
荣誉信息	荣誉名称 荣誉授予机构 荣誉授予日期	荣誉信息限省部级及以上组织授予的荣誉信息
企业信用评级 （评价）信息	信用评级（评价）名称 信用评级（评价）等级 信用评级（评价）机构 信用评级（评价）日期	本项内容包含协会、第三方信用服务机构等社会组织提供的信用评级（评价）信息

参 考 文 献

[1] 国发〔2014〕21 号　社会信用体系建设规划纲要（2014—2020 年）.

[2] 国务院令第 654 号　企业信息公示暂行条例.

[3] ISO 26000：2010　社会责任指南.

19 纸和纸板 表面 pH 的测定

（GB/T 13528—2015）

前 言

本标准按照 GB/T 1.1—2009 给出的规则起草。

本标准代替 GB/T 13528—1992《纸和纸板表面 pH 值的测定法》。与 GB/T 13528—1992 相比主要技术变化如下：

——修改了范围；

——增加了规范性引用文件；

——修改了测试仪器；

——修改了测试时间。

请注意本文件的某些内容可能涉及专利。本文件的发布机构不承担识别这些专利的责任。

本标准由中国轻工业联合会提出。

本标准由全国造纸工业标准化技术委员会（SAC/TC 141）归口。

本标准起草单位：遂昌县兴昌纸业有限公司、中国制浆造纸研究院、珠海经济特区红塔仁恒纸业有限公司、国家纸张质量监督检验中心。

本标准主要起草人：高君、李萍、尹巧、詹延林、单黎跃、马洪生、汪东伟、张东生、李大方。

本标准所代替标准的历次版本发布情况为：

——GB/T 13528—1992。

1 范围

本标准规定了纸和纸板表面 pH 的测定方法。

本标准适用于测定表面吸水性较低的纸和纸板，也可用于图书馆馆藏书籍、政府机关档案等中的纸和纸板表面 pH 的测定。

2 规范性引用文件

下列文件对于本文件的应用是必不可少的。凡是注日期的引用文件，仅注日期的版本适用于本文件。凡是不注日期的引用文件，其最新版本（包括所有的修改单）适用于本文件。

GB/T 450 纸和纸板 试样的采取及试样纵横向、正反面的测定

3 原理

在试样表面滴一滴水，将平头电极浸入水滴中，使电极在试样上的压力保持恒定，在规定的时间内测试 pH。

4 仪器

4.1 pH 计：带平头电极，可以浸入一滴水中，仪器应有温度补偿功能，读数准确至 0.01。

4.2 垫子：为非吸收性材料，可以使电极与纸表面充分接触的平板（例如胶垫等）。

4.3 吸收棉或滤纸：用于吸干测试后样品表面的液体。

4.4 秒表：秒表或者电子定时器。

4.5 温度计：测量范围为 0℃～100℃。

4.6 容量瓶：1000mL。

5 试剂

5.1 水，蒸馏水或去离子水。水的 pH 为 6.0～7.3，电导率应不超过 0.1mS/m。当没有满足上述规定的水时，可使用电导率较高的水，但应在试验报告中说明所用水的电导率。

5.2 邻苯二甲酸氢钾（$KHC_8H_4O_4$）溶液，0.05mol/L，25℃ 时 pH 为 4.01。准确称取在 115℃±5℃ 干燥 2h～3h 的邻苯二甲酸氢钾 10.21g，加水使溶解并稀释至 1000mL。

5.3 磷酸二氢钾（KH_2PO_4）和磷酸氢二钠（Na_2HPO_4）溶液，25℃ 时 pH 为 6.86。准确称取在 115℃±5℃ 干燥 2h～3h 的无水磷酸氢二钠 3.55g 与磷酸二氢钾 3.40g，加水使溶解并稀释至 1000mL。

5.4 四硼酸钠（$Na_2B_4O_7$）溶液，0.01mol/L，25℃ 时 pH 为 9.18。准确称取硼砂 3.81g（注意避免风化），加水使溶解并稀释至 1000mL，置于聚乙烯塑料瓶中，塞紧瓶塞避免空气中二氧化碳进入。

6 试样的采取与制备

按 GB/T 450 规定，采取至少 5 张试样。由于本方法也适用于非破坏性试样，可不需要对试样进行裁切或其他的破坏，所以试样可以是书或者书的内页的边缘部分。

7 校准

7.1 将复合电极连接在 pH 计（4.1）上。

7.2 将复合电极浸泡到水中至少 2h。

7.3 按 pH 计的使用说明书，用邻苯二甲酸氢钾（$KHC_8H_4O_4$）溶液（5.2）、磷酸二氢钾（KH_2PO_4）和磷酸氢二钠（Na_2HPO_4）溶液（5.3）。在测量高 pH 样品时，使用四硼酸钠（$Na_2B_4O_7$）溶液（5.4）进行校准。

注：也可使用从有资质机构购买的带有证书的标准缓冲溶液进行校准。

8 试验步骤

8.1 按 7.1 和 7.2 要求准备好仪器，按 7.3 进行仪器校准。

8.2 将试样放于垫子（4.2）上，测试面朝上。

8.3 在试样的表面滴一滴水（5.1），室温控制在

25℃±5℃。当将电极放入水滴中时，应确保水滴不在试样表面扩散。

8.4 将电极的测试头放入水滴中。一般试样读取浸泡 5min 时的测试值。对于高施胶或高涂布试样，可适当延长浸泡时间后读取测试值，但全部浸泡时间不应超过 30min。

8.5 按 pH 计的操作规程测试 pH，结果精确到小数点后两位。

8.6 读数结束后，将电极垂直地拿开。

8.7 用吸收棉或滤纸吸干试样上的水滴，在储存或做其他处理前将试样风干。

注：在测试书本内页后，应让水渍干后再合上书本。

8.8 按以上方法测量其余 4 张试样。

8.9 测试完成后，用水冲洗电极，然后将电极放到浸泡液中保存。

9　结果计算

以 5 张试样测定值的平均值作为结果，结果准确至小数点后一位。

10　试验报告

试验报告应包括以下项目：
a) 本国家标准的编号；
b) 完整识别试样所需的所有信息；
c) 试验日期、地点；
d) 试验结果；
e) 偏离本标准并可能影响试验结果的任何情况。

⑳　电子存档　第 1 部分：为保存电子信息针对信息系统设计和运行的规范

(GB/T 33716.1—2017/
ISO 14641-1：2012)

前　言

GB/T 33716《电子存档》包括如下部分：
——第 1 部分：为保存电子信息针对信息系统设计和运行的规范；
——……。

本部分为 GB/T 33716 的第 1 部分。

本部分按照 GB/T 1.1—2009 给出的规则起草。

本部分使用翻译法等同采用 ISO 14641-1：2012《电子存档　第 1 部分：为保存电子信息针对信息系统设计和运行的规范》（英文版）。

与本部分中规范性引用的国际文件有一致性对应关系的我国文件如下：

——GB/Z 19736—2005　电子成像　文件图像压缩方法选择指南（ISO/TR 12033：2001，IDT）；

——GB/T 20493.1—2006　电子成像　办公文件黑白扫描用测试标板　第 1 部分：特性（ISO 12653-1：2000，IDT）；

——GB/T 20493.2—2006　电子成像　办公文件黑白扫描用测试标板　第 2 部分：使用方法（ISO 12653-2：2000，IDT）；

——GB/T 2828（所有部分）　计数抽样检验程序［ISO 2859（所有部分）］。

本部分由全国文献影像技术标准化技术委员会（SAC/TC 86）提出并归口。

本部分起草单位：中国人民大学数据工程与知识工程教育部重点实验室。

本部分主要起草人：张美芳、周杰、娄文婷。

引　言

组织机构接收或发送电子文档是日常工作中非常重要的一项业务活动。为满足业务、法律或者管理的需求，将全部或部分电子文档适当地存储于为运行、存档而设计的安全信息系统是非常重要的。

安全信息系统将为组织机构解决以下问题：
a) 优化长期存储的电子文档的保存、存档和完整性；
b) 提供信息检索设施；
c) 确保电子文档易于获取和使用。

本部分旨在为组织机构提供一个参考框架，描述了档案馆实施电子信息系统管理文档的方法和技术。结合单位相关档案政策，本部分描述了系统设计的准则和操作流程的规范。

这些规范确保在保存期间系统管理的所有文档在被捕获、存储、检索以及利用时都是原始文档的真实再现。"真实再现"意味着依据准确性和完整性标准，使呈现文档与输入信息系统时的源文档一致，并且在整个保存期间保持此种一致性。

本部分考虑 3 种档案存储介质的使用：物理 WORM、逻辑 WORM 和可重写介质。物理 WORM、逻辑 WORM 介质上的档案完整性由 WORM 解决方案的自身属性保证。在可重写介质上，完整性由类似加密的技术来保证，尤其是校验算法、哈希函数、日期和时间戳或数字签名等技术。在任何情况下，都应依照相关程序。

根据不同存档文档的类型，与此相关的其他专业标准，能作为本部分的补充。

针对电子信息管理，本部分提供了其他标准或规范中强调的具体和补充性定义，其内容旨在解决其他文档中产生的实施问题，这些标准包括：

——ISO/TR 15801　文档管理　电子信息存储真实性可靠性建议；

——ISO 15489（所有部分） 信息与文献 文件管理；

——MoReq2 电子文件管理通用需求（具体说明了组织、控制已归档信息的生命周期，以保证其证据效力及体现业务开展历史）；

——ISO 14721 空间数据和信息传输系统 开放档案信息系统（OAIS）参考模型（描述了保存电子数据的开放系统的特征）。

在本部分的参考文献中，用与国际标准有一致性对应关系的我国文件来取代国际标准：

——GB/T 6159.8—2003 缩微摄影技术 词汇 第8部分：应用（ISO 6196-8：1998，MOD）；

——GB/Z 26822—2011 文档管理 电子信息存储 真实性可靠性建议（ISO/TR 15801：2009，IDT）；

——GB/T 26162.1—2010 信息与文献 文件管理 第1部分：通则（ISO 15489-1：2001，IDT）。

附录A、附录B和附录C为资料性附录。

1 范围

GB/T 33716的本部分提供了用于捕获、存储、利用电子文档的系列技术规范和组织政策，它保证了文档在保存期间内的可读性、完整性、可追踪性。

本部分适用于以下形式产生的电子文档：

——扫描原始纸质或缩微文档；

——转换模拟声音或影像内容；

——由信息系统应用产生的原生文档；

——生成数字内容的其他来源，如二维、三维地图，草图或设计，数字音频/视频和电子医学影像。

本部分并不适用于捕获文档后用户依旧有能力替换或者更改文档的信息系统。

本部分适用于以下用户：

a）实施信息系统的组织机构需要满足以下要求：

1）扫描捕获的电子文件被保存在一个确保原始及长久保存的准确性的环境下；

2）原生数字文档被保存在一个能保证信息内容完整性及文档可读性的环境下；

3）确保与电子文档相关所有操作的可追踪。

b）提供信息技术服务的组织机构以及寻求开发信息系统以确保电子文档准确性、完整性的软件发布者。

c）提供第三方文档存档服务的组织机构。

2 规范性引用文件

下列文件对于本文件的应用是必不可少的。凡是注日期的引用文件，仅注日期的版本适用于本文件。凡是不注日期的引用文件，其最新版本（包括所有的修改单）适用于本文件。

ISO 2859（所有部分） 计数抽样检验程序（Sampling procedures for inspection by attributes）

ISO 8601 数据元和交换格式 信息交换 日期和时间的表示方法（Data elements and interchange formats—Information interchange—Representation of dates and times）

ISO/TR 12033 文档管理 电子成像 文档图像压缩方法选择指南（Document management—Electronic imaging—Guidance for the selection of document image compression methods）

ISO 12653-1 电子成像 办公文件黑白扫描用测试标板 第1部分：特性（Electronic imaging—Test target for the black-and-white scanning of office documents—Part 1：Characteristics）

ISO 12653-2 电子成像 办公文件黑白扫描用测试标板 第2部分：使用方法（Electronic imaging—Test target for the black-and-white scanning of office documents—Part 2：Method of use）

3 术语和定义

ISO 12653-1和ISO 12653-2界定的以及下列术语和定义适用于本文件。

3.1

获取 access

出于运行、证据效力或历史存留的目的而进行的检索或显示（播放）电子文档的过程。

3.2

档案 archive（s）

个人、组织、公共或私人服务在其活动过程中产生或接收的任何日期、格式、存储介质的文档集合。

3.3

档案政策 archival policy

信息系统内部或外部的法律、功能、操作、技术及安全需求。

注：附录A和附录B提出了档案政策及档案实践声明的原则。

3.4

档案生命周期日志 archive lifecycle log

记录与文档生命周期存档过程相关的审核跟踪数据的日志。

3.5

档案归还 archive restitution

将存档文档归还和移交给其生成者或正式指定的个人或组织。

3.6

档案系统配置文件 archival system profile

在保密性、保管期限表及利用权限（例如生成、读取、更改、删除）等方面适用于具有共同特征的同类档案的系列属性。

3.7

认证创建单元　attestation creation unit；ACU

传递电子认证的硬件和（或）软件装置。

注：认证包含一个单元标识符以及相关档案服务标识。

3.8

声像　audiovisual

把声音和影像结合的通信技术。

3.9

审核跟踪　audit trail

针对与存储的信息、信息系统相关的重要事件所需的历史记录的信息集合。

3.10

数据　data

能被获取、读取和（或）处理的数字形式的信息。

3.11

日期和时间戳　date and time stamp

显示某事件发生的日期和（或）时间的字符序列。

3.12

仓储　deposit

共享相同档案系统配置文件的文档集。

3.13

数字存档　digital archival

出于信息或历史保留的目的，或者在履行法律义务期间而进行的识别、获取、分类、保存、检索、显示及提供利用文档的一系列行为。

3.14

数字文档　digital document

电子化存储及管理的内容的数字呈现。

注：集合信息内容、逻辑结构及显示属性、利用人读或机读装置检索。文档可以是数字原生或由模拟文档转换而来。

3.15

数字指纹　digital fingerprint

由数字文档生成，使用唯一识别原始文档的算法的比特序列。

注：数字文档的任何修改都会产生一个不同的指纹。

3.16

数字印章　digital seal

利用哈希函数、数字签名（亦可选日期和时间戳）来保证文档完整性的办法。

3.17

数字签名　digital signature

附着于数字文档上的能让用户确认文档原始和完整的一种数据。

3.18

数字化　digitization

出于保存和处理的目的，将模拟文档（纸质文件、缩微品、胶片、模拟音频或音视频磁带）向数字格式转换。

3.19

数字化文档　digitized document

存储于物理介质（纸质文件、缩微品、胶片、模拟音频或音视频磁带）上的信息数字化后的形式。

3.20

文档准确性　document fidelity

保留原始源文档所有信息的存档文档的属性。

注：这个概念适用于任何形式的变化，包括数字化或格式转换。

3.21

耐久性　durability

文档在整个生命周期中持续可读的属性。

3.22

电子信息系统　electronic information system

以电子形式收集、保存、利用及移交档案的系统。

3.23

电子认证　electronic attestation

对已发生的活动或电子业务提供证据的信息。

3.24

事件日志　events log

记录与系统运行相关的审核跟踪数据的日志。

3.25

格式转换　format conversion

将数字文档转换成不同电子格式的操作。

注：该操作保持文档的准确性。

3.26

哈希函数　hash function

将某些类型的数据换算为相对较小整数的数学算法。

3.27

完整性　integrity

文档内容完全且未被修改的属性。

3.28

可读性　legibility

能够利用已归档文档全部内容的属性。

注：本属性可借助于文档相关的元数据来实现。

3.29

有损压缩　lossy compression

在压缩过程中丢失一些原始信息的压缩算法。

注：解压后的文档只是原始文档的近似。

3.30

介质迁移　media migration

将文档从一种介质转移到另一种介质上的行为，特别针对于管理介质过时的情况。

3.31

元数据　metadata

描述文档的背景、内容、结构及其日后管理的数据。

3.32

复制　replication

在冗余资源（尤其是软件或硬件组件）之间拷贝信息，以提高可靠性、容错能力和可用性的过程。

3.33

时间源　time source

根据要求提供可靠、客观的时间参考的信息系统内部或外部组件。

3.34

时间戳标记　time‐stamp token

将表示数据的信息与特定时间（以 UTC 形式表示）结合，以证明数据在该时刻存在过的数据对象。

3.35

可移交性　transferability

按照一个事先规定的程序，将真实的数字档案（信息、数据、对象及所有与一个信息系统相关的元数据）从一个信息系统转移到另一个信息系统，而将其恢复的能力。

注：当信息存储在第三方档案服务提供者处时，这一点尤其重要。

3.36

可信第三方档案服务提供者　trusted third‐party archive service provider

负责档案保存的第三方个人或组织机构。

4　一般特点和需求级别

4.1　特点

组织机构可应用被认可的规范框架，以便于实现电子文档的存储、使用、存档、检索以及显示，需采取技术和组织的措施，以保证文档的完整性和长期保存。

在这样的背景下，电子信息系统应实施事先确定的档案政策，关于政策一般原则的说明参见附录 A。

重要的是要认识到信息系统捕获的是为长久保存和使用而提交的电子文档。"捕获"这个词在这里意味着接收和处理被信息系统管理的信息。硬拷贝文档需要以电子形式进行保存和管理，其被信息系统捕获之前应先进行扫描和编制索引。

本部分仅适用于不可更改的被捕获文档。在文件系统或者数据库中，相关文档参考数据不应是可删除的、可修改的或者可被新数据替换的。

应实施程序和安全需求，以便于：

a）控制存档过程；

b）防止和（或）检测对文档的修改或用于检索、显示的数据修改；

c）保证审核跟踪数据的完整性（包括系统事件日志）。

电子信息系统应有以下特征：

1）适用于长期保存；

2）完整性；

3）安全性；

4）可跟踪性。

本部分主要包括：

——与扫描文件和数字原生信息处理、保存、利用及归还相关的程序规范以及信息系统安全的需求；

——模拟文档数字化的相关程序；

——文档捕获、保存、利用及归还的相关程序；

——文档潜在处置的相关程序；

——操作者应用程序的相关规则；

——操作者活动结果认证的说明；

——材料、设备、软件实施规范；

——系统审核条件及相关程序；

——可信第三方的适用特点；

——转包商的适用特点。

技术说明手册、所生成的认证和档案生命周期或系统事件的详细日志，应被保存在和档案一致的环境中。

4.2　需求级别

对于保存电子文档的信息系统所面对的风险及需求，不同组织机构有各自不同的方法。

表 1 概括了这些需求的不同级别。根据组织机构的保存特性和潜在风险，表 1 归纳了一般特征及优先实施方法。

基于具体要求或者可接受风险级别，可选用附加需求。

组织机构应根据本身的需求级别，评估信息系统与本部分的一致性。

5　通用规范

5.1　总则

信息系统的设计和运行应允许实施一些程序，以保证满足 4.2 中的需求。

5.2　技术说明手册

应生成及保存信息系统技术说明手册，其内容至少应包括：

a）信息系统的硬件组件列表，包含由生产商自带的序列号、组件的关键特征、生产日期，并且符合相关安全标准；

b）网络系统种类、结构以及连接和安全设备的说明；

c）信息对象和关系的数据结构模型，关于其在支持信息系统通用目标上的使用；

d）软件产品及相关文档的列表、安装版本的识别及安装这些版本的日期；

e）定制软件应用列表，包含设计或构建文档、源代码或保存证明；

f）信息系统不同部分之间相互作用的说明；

g）由设备生产商提供的有关物理环境（温度、最大和最小湿度等）规范的说明，以实现其适当功能和保存信息介质；

h）技术、物理环境的说明（如电源供应种类、发生器、火灾探测系统、冗余实现），以实现信息系统良好功能；

i）物理保护措施的说明（如监控、远程检测、保险箱、加锁、电磁体防护等），以保证安全；

j）信息系统维护要求的说明。

5.3　档案系统配置文件

档案系统配置文件是指具有相同密级、保管期限、销毁和利用权利的文档，在捕获、检索、处置过程中使用的一系列规则，这些规则同样规定了与文档管理相关的元数据。

档案系统配置文件针对授权个人和（或）应用规定了如下权利：

a）修改档案系统配置文件；

b）存储；

c）利用（查看或者播放）存储内容；

d）延长或减少保管期限；

e）提前或按计划删除或者处置存储内容。

任何生成、修改或者删除档案系统配置文件的行为都应被记录在档案生命周期日志中，此日志由组织机构的档案服务部门或可信第三方负责保管。

针对单独的电子文档，能对档案系统配置文件进行定义。然而，对于大量的存档，可能会十分耗时。因此，在这种情况下，最好使用集合在通用档案系统配置文件中预定义的一系列规则。

5.4　操作程序

5.4.1　总则

组织机构应建立针对捕获、存储、利用和归还文档的程序，这些程序应在技术说明手册中详细表述，并应至少包括：

——查询、打印的技术和程序；

——生成所有认证类型的技术和程序；

——存储、保存介质和存储设施的技术和程序；

——使用的文档格式；

——文档复制、备份技术和程序；

——数字加密、数据完整的技术和程序。

5.4.2　扫描文档

除了 5.4.1 程序规范中涉及文档扫描，技术说明手册应包含以下程序：

——数字化技术和程序（对扫描文档的说明，对具有特殊明显特征和必要预备工作的说明，比如输出格式选择、图像分辨力、所使用的压缩技术、可应用的数字化后文档调整等）；

——索引技术和程序（文档位置，文档、设备和相应凭证上的识别参考，电子信息识别参考）；

——相关元数据及其相关扩充的技术和程序；

——质量控制技术和程序（使用数字测试标版、扫描批文档的页码计数、电子信息过滤控制、编码控制，还有参考表等）；

——可应用的源文档销毁技术和程序。

5.4.3　数字原生文档

除了 5.4.1 程序规范中涉及数字原生文档，技术说明手册应包含以下程序：

——存档文件的移交、接收及控制的技术和程序；

——相关元数据及其任何扩充的技术和程序；

——在捕获文档到信息系统的过程中，或之后格式过时的情况下，有关数字文档格式转换的技术及程序。

5.5　安全

5.5.1　安全的管理及组织

所有组织机构都应有管理程序来保证信息系统的安全。

注：依据安全需求，可参考 ISO/IEC 27001 及相关标准。

安全管理系统应区别并独立于信息系统操作管理和电信系统管理。组织结构及管理方式应进行清晰地界定，并传达到组织机构所有员工。

信息系统安全的管理和组织，应采用组织机构已有的一般战略或政策和现行规则，尤其是：

——场所钥匙的管理；

——作用于检测、入侵及预警的安全系统；

——硬件与人身安全相关规则相符（见 IEC 61000－4）；

——来源明确、可获取的软件产品的操作；

——经过充分记录和测试的定制软件的发展；

——对信息系统访问配置文件的管理（导引）；

——使用具有完整性检查、安全操作者特征的传递网络；

——雇佣第三方提供者（安全、监控、清理、维护）。

5.5.2　风险评估

制定安全措施往往会使用专门手段，以应对安全事故或者使用计算机软件工具。这些程序经常存在安全漏洞，只能在日后弥补。一个更结构化的方式是，检查组织机构的信息资产，确定风险因素（基于资产评估、系统漏洞及被攻击的可能性）。在审核安全措施后，就能制定和批准信息安全政策。

组织机构应开展信息安全风险分析，并记录所得的结果。

控制存储介质方面所实施的安全措施尤为重要，包括在线介质和备份介质。风险分析应包括依据不同

表 1　　　　　　　　　　　　　　　　信 息 系 统 需 求

特　点	最 低 需 求	附 加 需 求
长期保存的适用性	使用标准化的或者工业标准的、公开的文档格式	格式转换，文档扫描
	文档元数据描述	标准元数据格式
	介质迁移	
	格式转换	捕获信息时进行控制及格式转换 格式过时警告 有计划的、可追踪的格式转换
	系统变更管理	
完整性	用于存储的介质保障： ——物理 WORM 　——固定介质上的逻辑 WORM 　　a）事件日志 　　b）检测和预防输入替换的技术和程序 　——可移动介质（见可重写/擦除介质）上的逻辑 WORM 　——可重写/擦除介质（通用安全级别）	强安全级别 超强安全级别 强安全级别 超强安全级别
	档案捕获过程	
	档案销毁前警报	
	档案销毁过程描述	保存期间变更程序的定义 在档案销毁后，保存元数据和审核跟踪数据
安全性	利用档案的人员和程序的识别	强级别验证
	档案备份	使用不同种类和格式的介质 水灾、火灾等风险的预防
	受控的存档操作（识别和追踪）	强级别验证 以格式检索，除了输入格式
	档案利用的连续性	
可追踪性	日期和时间戳	来自于可信第三方的日期和时间戳
	技术文件的维护（档案政策、总体服务情况、操作程序、文档生命周期）	调整用户及其相关认证的组织过程
	档案生命周期审核跟踪和事件日志的维护	以单元形式或批形式，操作及事件认证的数字签名、日期和时间戳 采用数字签名的事件批处理间隔的定义 审核跟踪及日志的归档频率

介质类型（例如 WORM 或可重写磁盘）的漏洞风险因素。

当使用不同类型的存储介质时，应评估由此产生的风险。

风险分析一旦完成，应成为安全措施检查的一部分。在检查过程中，应考虑实施成本、安全实现与风险评估之间的平衡。

基于风险分析结果，要检查现存安全措施的有效性。

当检查表明可以对安全程序做适当的调整，这些调整应进行实施。

5.5.3　物理安全

应采取措施来保证物理安全，包括防止非授权访问硬件、电信系统、信息存储介质以及确保检索和显示、审计跟踪、日志和备份的信息。

如果需要连续访问，建议使用多个安全措施来减少风险，使用异地介质和（或）包含信息备份（副本）和不同运行机制的系统。

可移动介质在操作过程和（或）从一个保护地点移交至另一个保护地点时，应被持续监测。其持有者应在任意时刻都能被识别。

当可移动介质事实上并未在使用时，应存放在特定的保护地点。

如果文档实体被销毁，包括原始模拟纸质文档和数字原生文档在内，都应实施保证这些操作安全的规范流程。

如果记录文档的介质需要被销毁，应采取适当措施，以保证该介质保存的原有信息不可能重建。

5.5.4　硬件安全

安全措施包括硬件和软件，以单独或共同的方式，通过以下措施促进信息系统的安全：

a) 识别包括外部设备在内的硬件配置；

b) 控制硬件配置不发生恶意性及事故性修改；

c) 控制保证仅授权用户能利用硬件。

相应的，应在选择设备及在设备安装、运行中考虑安全问题。

由于自然产生的电磁辐射，为控制被第三方非法拦截信息的风险，宜参考 IEC 61000 - 4 检测硬件。

5.5.5　定制软件及软件产品安全

定制软件及软件产品是系统配置的必要组成部分，因此，它们应适应同硬件一致的安全条件。

所选的操作系统及软件产品应提供：

——增加保护功能的访问控制工具；

——防范入侵和恶意软件；

——控制软件配置不发生事故性、恶意性更改。

确保软件的安全性需使用：

——访问控制，保证只有授权用户能使用有权访问的软件及信息；

——检查及监测系统，以便于发现及汇报任何未授权访问。

建议使用公共域软件，或者如有可能，从供应商处获得软件。

软件研发应使用严格的方法，选择最佳做法和检查方式应是主管应用负责人的职责。

在投入使用之前，软件及软件产品应在机器上而非主要生产机器上，或者在生产机器的非生产期间进行充分检测，并应提前备份数据及索引，去除所有可移除的信息系统介质。

在系统设计之初，应认真研究、设计和实施信息系统的安全访问和授权。

软件及软件产品应被专门保护，更改、修改信息的访问权利宜只给予授权人员。

在发生故障时，事故报告应被及时传送到安全机构，并且应尽快隔离信息系统故障部分。

5.5.6　信息系统维护

描述每项维护操作的信息应记录于信息系统的技术性文档中。描述应包括识别维护操作是预防性的或治理性的，是交由组织机构或由专业第三方提供者来进行。

在维护操作时，包含电子文档及其相关元数据的可移动介质决不应遗落在驱动器中。

如果介质不可移动，在维护操作前，应进行有效的备份（见 5.5.8）。

不同用途的移动介质都应进行检测。如果介质不可移动，则不应为检测而改变或破坏记录信息。

应开展预防性维护以保证信息系统正常工作。尤其是应根据厂商的建议，定期检查可移动磁盘驱动器和固定介质，证明它们处于正常工作状态。

5.5.7　介质的系统变更管理和迁移

定期更新操作、修改或替换软硬件应在实施前进行计划。

所有这些操作都应在信息系统技术说明手册中详细描述，并登记在日志中。

在进行定期更新操作时，应保证文档及其元数据的长期保存和完整性。

可用于以下两种情况：

a) 新的存储介质能够被前信息系统识读，在淘汰前存储介质之前，所有介质应在新的存储介质硬件上检查其可读性。

b) 新存储介质不能被前信息系统识读，存储在前存储介质上的所有文档，都应拷贝到硬件系统的新介质上，该硬件系统暂时使用这两种存储介质。

5.5.8　安全备份

信息系统应随时保存至少两份相同信息，并存储于两个地理上相隔较远的地方。其中至少有一份应写于不可修改的介质上。

用于安全备份的介质可与主要介质的种类、类型不同。

当介质不可移动，应建立两个异地的信息系统。

当介质可移动，应尽快在备份介质上记录文档，实现异地存储。

每次进行安全备份时，备份文件的过程、名称及特点的详情应记录在事件日志中。

5.5.9　档案利用连续性

任何信息系统都应有灾难恢复程序（也称为业务连续性计划），来记录每个程序，并形成文档。

该程序应允许系统修复，而没有任何数据、元数据、日志或任何数据集（用户名单、档案系统配置文件集）的丢失。

修复系统数据的软件及程序，应在技术说明手册中进行描述。

信息系统的实施应保证最终生效的文档在任何时间都不会丢失。

信息系统应自动生成修复过程的记录。

5.6　日期和时间戳

本部分的框架中，根据输送模式（内部或者可信

第三方），有两种类型的日期和时间戳，其至少包括以下特征：

a）依据应用标准生成时间戳；

b）在需要时间内保存日期和时间戳；

c）参考时间源；

d）日期和时间戳的可验证操作政策。

日期和时间戳的形式选择的相关操作应在技术说明手册中描述。

日期、时间格式应依照 ISO 8601。

日期和时间戳应生成完整的日期，显示如小时、分钟、秒以及分秒，格式如下：

YYYY‐MM‐DDThh：mm：ss.sTZD

其中：

YYYY 用四个字符表示年份；

MM 用两个字符表示月份（例如 01＝1 月）；

DD 用两个字符表示天（01～31）；

hh 用两个字符表示小时（00～24）；

mm 用两个字符表示分钟（00～59）；

ss 用两个字符表示秒（00～59）；

s 用一个或多个字符表示分秒；

TZD 表示时间区（Z 表示世界标准时间 UTC 或者＋hh：mm 或—hh：mm）。

如：2007‐08‐29T09：36：30.45＋02：00

重要的是要选择时间测量的精准度，以便确定信息系统中事件发生的最高频率，然后选择一个足够小的时间单位，确保该类型的两个事件不会具有相同的日期和时间。

关于日期信息，应使用世界标准时间（UTC）。

技术说明手册应规范时间源，更新方法、控制手段以及信息系统不同时钟的同步过程。

如果系统需要日期和时间戳，它应由一个认证创建单元（ACU）或者独立于信息系统之外的可信第三方提供。

5.7 审核跟踪

5.7.1 总则

应记录任何与信息系统或文档生命周期相关的事件。事件日志应由信息系统自动产生日期和时间戳（见 5.6）。事件的完整描述应按顺序记录于相关日志中。

所有日志应在技术说明手册中进行描述，包括所有相关的管理信息。日志应易于利用、可读。

根据与相关文档相同的档案政策，日志应进行定期存档，并存储于具有相同保存特征及完整性的存储介质上。

事件日志不应被普通用户及操作者获取，日志管理应限于正式任命的操作者。

系统事件日志的产生需要电子认证，电子认证应存档于与相关文档相同的条件下。

5.7.2 审核跟踪的安全保存

无论用何种介质保存审核跟踪，审核跟踪应证明信息系统事件捕获的连续性。

日志应被存储和保存于与文档相同的安全环境中。

5.7.3 档案生命周期日志

对于每一个档案来说，档案生命周期日志有可能采取通用的格式，也有可能采取特定的格式。

它应包含电子认证，即：

a）初始存储认证；

b）修改保管期限（保管期限表）的认证；

c）提前或到期时删除的认证，若适用；

d）存储归还认证，若适用；

e）档案系统配置文件生成、修改或者删除的认证。

当产生日志、修改或删除档案系统配置文件或者生成新的电子认证时，档案生命周期日志应随之更新。

任何被档案系统配置文件认定为授权操作者的用户，应能部分或全部查看档案生命周期日志。

组织机构的档案部门或第三方，应给用户提供档案系统配置文件中的操作者认证，包括使用所有必要的方法，控制部分或全部日志的完整性和来源。

在每次更新之后或任意时间，组织机构的档案部门或第三方应允许授权用户检查全部或部分日志的完整性。

5.7.4 事件日志

事件日志对于信息系统应是唯一的。事件日志应记录谁使用了它（无论是人还是自动化系统用户）、何时被使用、对信息系统实施了哪些操作以及输出了什么。事件日志应追踪谁利用了信息系统，员工是否遵守程序，或者是否采取意外、欺骗、恶意或未授权的行动。

事件日志应包含 3 个部分：

a）所有与档案应用有关事件；

b）所有与安全相关的事件；

c）所有与信息系统相关的事件。

事件日志的主要功能是为了内部认证。它应允许检查系统操作期间产生的所有信息、错误消息或其他警告，例如任务失败或执行。

对于使用物理或逻辑 WORM 介质的信息系统，事件日志应记录每一介质的启动和关闭。当一个介质拷贝到其他介质，事件日志应记录这一行为。

事件日志中的信息应提供有关遵循具体程序的证明，同时针对每一个重要事件应至少包括以下信息：

——操作日期和时间（依照 ISO 8601）；

——所执行操作；

——使用的技术部件标识；

——程序名称及其版本；

——操作者标识，若适用。

6　存储介质的考量

6.1　介质类型定义

表 2 给出不同介质类型的定义。

表 2　　　　　介质类型定义

介质类型	定义
可移动介质	记录信息的物理介质能从驱动器中移除。在光盘或磁带上使用光学或磁性技术
不可移动介质	记录信息的物理介质是驱动器的必要组成部分，不能被移动出来。主要在光盘上使用磁性技术
物理 WORM	信息被一次写入于一个物理上不可逆的、一次性修改的存储介质，在此次修改以后，将不能修改或者删除信息
逻辑 WORM	介质可多次被写入，但是硬件或者软件设备防止对任何被记录信息的修改或删除
可重写	在这些介质上，信息可被无限制地记录、修改或删除

表 3 显示了本部分的一些章节，其描述的是信息系统中不同介质类型依照于本部分的使用。

表 3　　　　　不同介质类型的使用

介质存储	介质类型		
	物理 WORM	逻辑 WORM	可重写
可移动	第 7 章	第 7 章和第 8 章	第 7 章和第 9 章
不可移动	—	第 8 章	第 9 章

6.2　档案介质的保护

无论是可移动还是不可移动的档案介质，都应按制造厂商所说明的，或依据相关应用标准，保存在与其物理特性相适合的环境中。

记录数据的状态应被定期控制。质量管理过程应与控制手段、介质定期检查相结合，这一过程是确保保存介质上的记录信息的关键。

应如厂商推荐，按照介质生命周期，或当介质检测表明其性能已接近建议寿命值时，将存储信息转移到新介质上。

介质的变更应保证长期保持文档的完整性和可用性。

7　使用可移动介质的系统

7.1　总则

存储介质通常不能直接被信息系统寻址。信息实际被记录于存储卷中。

存储卷可以包含一个或多个存储介质，存储介质也可以是一个或多个存储卷的一部分。存储介质是物理实体，然而存储卷是一个逻辑虚拟概念。

当使用可移动光学存储介质时，存储卷及文档结构应参考 ISO/IEC 13490 或 ISO/IEC 13346 的要求。

7.2　可移动存储卷的初始化

因技术在不断发展，记录文档时所使用的硬件配置的历史记录应予以保留。

在第一份文档被记录前，以下信息应内置于存储卷：

　　a）介质唯一标识；

　　b）内置日期和时间；

　　c）组织机构名称。

7.3　可移动存储卷的终止

当一个卷存满和最后一个文档被记录后，应尽可能终止存储。因此，在完成最后一项用户信息后，应登记以下信息：

　　a）终止日期及时间；

　　b）介质上存储的文档数量。

存储卷终止后，应防止在存储卷上进一步写入。

7.4　物理 WORM 介质的标记

当使用物理 WORM 介质时，信息系统安全取决于介质识别以及记录介质迁移的已有的事件日志。

因此，逐一标识每个物理 WORM 介质，规范用于检测和（或）防止介质替换的技术和程序都是必要的。技术说明手册应针对上述措施进行描述。

8　使用逻辑 WORM 介质的系统

根据定义，逻辑 WORM 介质是物理上可重写的，在本部分的范围内，使用不可移动和可移动逻辑 WORM 的信息系统，应视为使用可重写介质。

此外，当使用可移动逻辑 WORM 时，应满足第 7 章的要求。

9　使用可重写介质的系统

9.1　总则

当信息系统使用可移动或不可移动的可重写介质时，完整性的保存依赖于规则，即如果没有使用加密技术及生成电子认证进行检测和注册，一个条目一旦生成后，是不能修改的。

3 个安全级别可供参考：普通、强、超强。这些级别需要使用不同的加密技术：哈希函数、日期和时间戳和（或）数字签名。

当安全级别需要使用数字签名时，签署者指导使用并激活工具，以生成数字签名。签署者可能是个人，组织或者程序。当签署者是程序时，数字签名应在相关操作发生之时自动生成。

超强数字签名应依照以下要求：

　　a）与签署者唯一连接；

　　b）能识别签署者；

　　c）以签署者独自控制的方法生成；

d）连接相关数据，数据任何后续的变化都能被检测。

注：超强数字签名与ETSI（欧洲通信标准研究所）的定义一致，详见：ETSI TS 101 733（CAdES）或 ETSI TS 101 903（XAdES）。

针对3个不同级别的安全，电子认证应在审核跟踪中生成并登记，以便确认文档的初始存储。它应至少包含存档文档的数字指纹、独立于存储位置的逻辑存储地址。电子认证应提供证据，证明相关操作是由授权人员发出请求，并在组织信息系统及第三方完全控制下执行。

9.2 普通安全级

在该级别，按照组织机构或第三方的安全政策，任何由档案系统配置文件授权实施操作的人和程序，应至少使用标识符和密码进行验证。

为防止档案生命周期日志中的条目被篡改，即使这一天未进行任何操作，日志应至少一天标记一次日期和时间戳。应保持日志的连续性。

该安全级别应被组织的信息系统或者第三方管理的审核跟踪所支持。

9.3 强安全级

在该级别，以下情形作为普通级别的补充。

每个输入信息系统日志中的认证，应由组织或第三方的信息系统ACU进行电子标记。

针对每项档案政策，组织机构或第三方的信息系统应说明签名政策或由ACU进行电子标记的电子认证政策。

9.4 超强安全级

在该级别，以下情形作为强安全级别的补充。

经档案系统配置文件授权的人员应签署使用超强级数字签名的请求。电子认证应包括已签署的请求，其中包含强安全级别中明确规定的会签。

组织机构或者第三方的档案服务应针对每一档案政策，规定签名政策或由档案系统配置文件授权操作者签署的电子请求的政策。

10 档案捕获

10.1 电子原生文档

10.1.1 总则

由信息系统接收的电子原生文档，应使用标准化或行业标准的文档格式保存。格式规范应在文件整个生命周期中都可自由获取。在档案政策中，应关注不同类型的相关文档的参考标准。这也同样适用于格式规范，以保证长期可用及信息内容的准确性。

10.1.2 档案捕获（存储）程序

在捕获档案时要强制执行两个不同且相关联的操作，即将档案文件捕获至档案介质上，并且使用相关元数据更新目录。只有在两个操作完成时，捕获才是有效的。

应规定控制和捕获文档的过程及其相关元数据。

电子文档应捕获至拥有唯一文档标识符的存储介质上。

针对每一个归档存储，信息系统应至少：

a）使用设备上可得的检错码和纠错码，检查记录在档案介质上的文档质量是否合格；

b）确认新文档已在信息系统目录中注册；

c）保障文档物理存储地点与逻辑识别之间的安全链接。

10.1.3 带标记的电子文档

包括由XML标准化标记形成的文本和（或）非文本文档。XML标记文档从一开始就被引用，能表示一种逻辑模型。

这种文档的存档应包含所有构成成分，即技术说明示意图、编码表格、关联文档等。

10.1.4 使用排版格式的电子文档

指为查看、打印文档的编码格式。存档格式应标准化或符合工业标准，即文档整个生命周期内能自由获取的公开发行的规范。

注：在ISO 19005（所有部分）中描述的格式符合于这一需求。

10.1.5 其他电子文档格式

如果决定保持电子文档原始格式，以及当格式规范无法公开获取时，可以要求保存相关硬件或软件工具，以便获取信息。

10.1.6 打印数据流

该条款针对发送至大容量打印机的文件。这些文件连同要打印的数据，可能包含对外部文件的参考信息，称之为"源信息"。"源信息"可能包含字体、影像、嵌套、表格等。这些"源信息"对于电子文档的显示和再现是必要的。

呈现文档的文件以及再现文档所需要的相关"源信息"应存储于相同环境下，以维持所有组成部分之间的联系。

针对这种电子文档，所有参考文档应使用标准化或者工业标准格式。组成电子文档的系列文件应能还原为原始打印文档，而没有产生任何变形。

10.1.7 电子文档的查验

应至少检查：

a）存储文档数量和容量；

b）相关元数据与规定格式的一致性；

c）编码数据缺失或可读值，以保证代码解读。

应开展补充检查，证明存储文档符合档案政策规定的格式。

10.1.8 源应用程序移交的电子文档完整性控制

从外部应用程序接收的文档或文档批，应在它们上传到信息系统前验证其完整性。

需要考虑两种情形：

——如果文档或者文档批已经包含数字印章，印

章应在信息系统接收时进行检查；

——如果文档或者文档批没有采取控制措施，那么应考虑采用合适的整合方式。

10.1.9　元数据捕获

元数据可以几种相互兼容的方式来获取：

a) 从文档中自动提取元数据；

b) 从生成电子文档的信息系统中自动提取元数据；

c) 在捕获文档时，输入或扩充元数据。

生成及控制元数据的程序，应在技术说明手册中进行描述。

当捕获电子文档时，元数据应包括以下关于文档生成或来源的信息：

——移交文档的实体标识；

——接收文档的档案服务标识；

——移交档案批的生成或接受日期及时间；

——原始文档的转换技术，若文档原始格式不符合10.1.1的规定；

——文档编码格式；

——文档保管期限（保管期限表）和最终处置；

——文档相关利用权限；

——档案批大小。

10.1.10　索引及文档查询

电子文档应按照便于查询特定文档或特定文档集合的方式，进行分类、识别、建立索引。

索引应由文档元数据构成。索引信息应被信息系统所保存，无论只是作为文档的简单和自动索引，还是作为一个更加复杂的信息系统的一部分（例如作为大数据库的一部分）。

信息系统的设计应使用户疏忽在无应有的警告下，不会造成索引修改或丢失，或造成文档的逻辑存储地址和物理地址之间的链接修改或丢失。

10.2　纸质或缩微文档

10.2.1　文档扫描设备

应详细描述原始纸质或缩微文档的扫描设备，包括：

a) 由扫描器处理的文档的物理特性；

b) 扫描器捕获性能；

c) 扫描器光学设备，若适用，还包括可操作和可用的调节机制；

d) 扫描器的调节机制及其相关操作。

10.2.2　影像处理特点

为了生成一定质量的数字影像或降低文档大小，数字化后可能需要使用软硬件处理影像。每项操作的影响和局限应在技术说明手册中进行规定。

最常使用的技术：

a) 从彩色或灰度变为单色影像的转换；

b) 偏移校正；

c) 去斑或背景清理；

d) 去除黑边；

e) 去除嵌套、商标、水印或其他类型的无关信息；

f) 去除空页。

在实施这些处理时应仔细考虑，因为这会影响电子影像有关源文档的准确性。尤其是在操作灰度或彩色影像转换为单色影像之前，应进行仔细地测试和确认。

斑点去除会导致影像特定信息丢失，例如逗号、音质符号或图形中的一些细节，故应在操作前进行测试，检测结果应存储于技术说明手册中。

如果技术说明手册对信息系统操作的相关特点有完整规定，那么可以使用软件来去除嵌套，仅保留可变内容。另外，当文档检索要求归并可变内容及嵌套，那么在扫描和处理页面时，嵌套版本应与提取嵌套的版本相同。

技术说明手册应描述嵌套版本的管理以及文档内容与相应嵌套版本间的逻辑连接。

嵌套被视为文档的元素，因此，应被存储在与其他文档元素相同的环境下。

当必须将信息作为整体保存时，建议不使用这种技术。在其他情况下，需要在技术说明手册中说明使用此技术的原因。

去除空白页存在潜在的信息丢失的风险。当去除空页时，建议检查使用的技术是否可靠，确保不会删除包含信息的页面。技术说明手册应明确规定相关程序，以保证此种操作的可靠性。同样建议，实施删除页面的操作时，相对于保留的页面数，删除的页面数也进行计数。

使用测试标版（按照 ISO 12653-1 和 ISO 12653-2）允许信息系统的客观测试，检查影像处理软件的效果。

10.2.3　纸质文档或缩微品捕获程序

10.2.3.1　总则

当完成纸质文档或缩微文档的捕获时，操作者应发送扫描认证，至少包括操作者姓名、扫描日期、扫描起止时间、第一份和最后一份扫描文档标示符以及扫描页数。

在检查扫描影像后，授权认证应由所有者或所有者授权的代理人制发。如果认证应用于批文档，应说明影像及文档的数量。

10.2.3.2　纸质文档准备工作

组织机构应保证其生成的纸质文档的质量符合扫描捕获或缩微拍摄技术。组织内部产生或从外界接收的文档有撕裂或皱褶，都能在数字化前要求修复。尽管如此，为了增强可读性，文档内容不应被修改或更正，因为，这可能改变文档相对于原始文档的完整性。

应尽可能采用规定的方法，来处理将要数字化的

文档，参见 ISO 10196 及 ISO 12029。

10.2.3.3 缩微文档准备工作

如有必要，缩微文档应在数字化前除尘。操作者应检查是否存在因划伤或缺陷而影响文档的可读性，以至于无法读取或处理的情况。

10.2.3.4 纸质或缩微文档扫描

用户手册应详细说明文档扫描、扫描器调节、影像增强过程及扫描程序不同要素等。任何用于增强信息的处理技术都应事先得到项目发起者的批准，并且在扫描系统用户手册中完整描述。

修改由文档扫描器产生的数字影像，用户手册应包括其相关授权操作的所有主题。

10.2.3.5 扫描信息验证

扫描系统用户手册应包括扫描验证程序。

验证检查应至少包括：

a）原文档影像的质量和完整性；

b）扫描文档索引信息的准确性。

如果为减少错误，质量检查由操作者自己进行。建议最终质量检查宜由除了操作者之外的其他人进行。

针对每一物理要素的抽样检查应按照 ISO 2859（所有部分）的规定。

10.2.4 审核跟踪

10.2.4.1 文档或批文档识别

扫描文档（纸质或缩微品）应包含以下历史要素信息：

a）信息系统中文档的唯一标识符；

b）文档页数。

扫描批文档（原生纸质或者缩微品）应包含以下历史要素信息：

——批标识符（每一批的标识符应是唯一的）；

——每一批中的文档数、缩微卷片数或缩微平片数；

——扫描页数或缩微品画幅数。

10.2.4.2 文档捕获过程细则

若适用，以下信息应记录在审核跟踪中：

a）从扫描设备接收到的信息（扫描开始日期和时间、自动系统批初始化、扫描进程结束等）；

b）压缩前后（如果使用了压缩技术），文档扫描过程产生的字节数。

10.2.4.3 审核跟踪数据

事件历史记录应至少包含以下信息。

对于纸质文档数字化：

a）第一个扫描和存储的文档或批文档的标识符；

b）最后一个扫描和存储的文档或批文档的标识符；

c）每个操作者进入和退出的日期和时间；

d）每个操作者扫描或存储的第一个文档或批文档的标识符；

e）每个操作者扫描或存储的最后一个文档或批文档的标识符；

f）处理页面总数；

g）未处理页面总数，包括那些因文档质量原因而无法扫描的数量（例如反差小，撕裂或粉碎）；

h）空白页总数（若有）。

对于缩微品数字化：

——第一个扫描和存储的缩微品的标识符；

——最后一个扫描和存储的缩微品的标识符；

——每个操作者进入和退出的日期和时间；

——每个操作者扫描和存储的第一个缩微品的标识符；

——每个操作者扫描和存储的最后一个缩微品的标识符；

——处理缩微品画幅总数；

——未处理画幅总数，包括那些因缩微品质量问题而无法扫描的数量。

10.3 磁带上的模拟音频或视频

10.3.1 总则

本条款与拥有编码化（数字化）原始音频和音视频记录设备的信息系统相关。

10.3.2 原磁带的准备工作

在编码（数字化）磁带前，应检查磁带，评估介质及其记录的运行条件。

检查包括：

——磁带修复的物理状况；

——读取性能；

——组织机构及记录序列的质量。

10.3.3 原始音频及音视频对象的数字化

数字化版本质量取决于原对象读取设备及数字化过程的特点（转换器特性、取样或编码方式）。在某些情况下，读取前应清洁和维护材料。读取设备应进行精确调节（例如磁带机磁头排列，摄像机跟踪）。

应详细描述信息提取、数字化工具及移交条件，包括：

a）数字化设备的支持介质物理说明；

b）读取设备说明及设置特点（音轨、复合或分量模拟视频格式）；

c）数字化设备说明。

10.3.4 音频及音视频信息处理

在必须保持信息完整性的情况下，应尽可能的排除或限制任何可能会引起相对于原始版本的信息修改。

为增强听觉及视觉质量而修改信息时，可使用处理软件，前提是使用前要检测和确认各项功能。信息系统使用的功能应在技术说明手册中详细说明。

10.3.4.1 音频对象

针对三类不同的音频对象，常用以下调节方法：

a）调节磁带速度；

b）调整频谱平衡；

c）调整声级（设置或动态压缩）；

d）移除临时缺陷；

e）降低宽带噪声；

f）根据编码数字对象选择 CODEC（压缩、解压特性）；

g）采样频处理。

任何"空白"移除操作都应仔细考虑和确认。

10.3.4.2　视频对象

针对这类对象，常用以下调节方法：

a）设定黑电平；

b）增强亮度及色彩；

c）增强视频信号；

d）移除临时缺陷；

e）去交错。

在进行上述处理时应仔细考虑，因为，这会影响数字声音或视频序列相对于原始信息的准确性。

10.3.5　事件日志

10.3.5.1　对象识别

针对每个对象，应记录以下信息：

a）信息系统中物理对象的唯一标识符；

b）条目识别。

10.3.5.2　对象批识别

针对扫描对象批（纸质或者缩微）的日志，应包含以下信息：

a）批标识符（该标识符应是唯一的）；

b）每一批中对象的数量、缩微卷片数或盒数；

c）磁带数量和数字化的条目数。

10.3.5.3　对象捕获及存储程序验证

当执行这些程序时，以下信息应被记录在日志中：

a）格式选择和设置所使用的设备（读取机制、转换器等）；

b）数字对象名称、相关序列单元长度；

c）在连续压缩前后，对象或对象批数字化产生的字节数（若有）。

10.3.5.4　操作日志

操作日志应提供每日进行的所有操作的历史追踪。针对磁带上模拟音频或视频对象的数字化，这些日志应至少包含以下信息：

——第一个数字化和存储对象或对象批的标识符；

——最后一个数字化和存储对象或对象批的标识符；

——每个操作者进入和退出的日期和时间；

——每个操作者数字化和存储的第一个对象或对象批的标识符；

——每个操作者数字化和存储的最后一个对象或对象批的标识符；

——处理的总磁带带数、总磁带盒数或其他条目总数；

——未处理的磁带或序列总数，包括由于对象质量问题而无法数字化的数量（例如轨道排列问题、断裂或过度拉伸、磨损）；

——空白磁带总数及空白序列长度（若有）。

10.4　影像、音频及视频信息压缩技术

10.4.1　压缩类型

包含原生模拟对象数字化影像的文件，可为减少磁盘存储空间而进行压缩处理。

压缩方式有两种："无损"和"有损"。

无损压缩是指解压后生成的影像与原始信息完全一致，比特流一一对应。

有损压缩是指解压后生成的影像与原始信息不完全一致。在这种情况下，部分原始信息丢失了。

10.4.2　纸质或缩微文档

有损压缩应只在彩色或灰阶的摄影影像经过一个压缩或解压周期后，不会导致明显的信息丢失的情况下，才用于这些影像。

有损压缩不应用于黑白文档，黑白文档也往往被称为办公文档，包含文本和（或）线条。对于这种文档，应使用检测标版（见 ISO 12653 - 1 和 ISO 12653 - 2）。

一些压缩技术允许质量参数设定。应设定参数来保证信息在经过压缩、存储、解压循环之后，与原始影像相比没有明显丢失。

压缩含有影像的文件后，信息系统应提供验证方法。

压缩种类及合适的压缩参数，应作为数字影像文件的必要组成部分被保存下来。

存档方案中任何关于压缩技术的选择都应按照 ISO/TR 12033。

无论选择哪一种压缩技术，它都应基于标准，并且其规定能公开获得。技术文档记录应参考相关标准。

10.4.3　音频或音视频记录对象

通常音频对象不应使用有损压缩技术进行处理。

对于视频对象，考虑到存储容量及传输可用带宽，往往有必要进行有损压缩。

对于音频和音视频对象，应只使用 ISO/MPEG 标准化格式。这些标准依据质量要求，提供呈现信息时应选择的压缩技术和压缩格式。

10.5　格式转换

应生成表格，详细说明信息系统可用的输入格式。

应选择基于公开可得的规范（尽可能基于标准）的编码格式。依据电子文档类型以及转换后是否要保存的特点，来决定选择转换格式。重要的是，要决定文档的视觉显示（呈现）是否需要保存，同外部文档

是否有链接，以及数学公式或内部文档宏命令是否需要保存。

选用新的保存格式及相关的转换技术，应避免重要信息被意外删除。应检查转换特征及实施情况，并且在事件日志中记录以下信息：

a) 所用转换程序的名称；

b) 识别和确认格式有效的程序名称；

c) 事件种类；

d) 转换日期；

e) 输入文档的名称；

f) 输出文档的名称；

g) 格式显示；

h) 操作结果（即成功或失败）和操作失败时的结果异常记录。

格式转换可在存档过程中的若干不同阶段进行：捕获文档时，或在文档存档后按计划转换格式时，或存档文档的编码格式已过时，且可能有利用问题时。

依据档案生成者和档案服务商之间的合同性协议以及应用的档案政策，存档电子文档格式的处理范围有所不同。

——输入信息系统时，要采取以下步骤：

——存档开始时检查（或不检查）格式（基于可用的系统输入格式表格）；

——基于检查结果或关于目标存档格式表的合同，进行格式转换（或不转换）。

——输入信息系统之后，要采取以下步骤：

——如果编码格式已过时，对所有者进行警示（反之，不警示）；

——在上报格式过时时，由信息系统进行转换（反之，不转换）。

格式检查应使用工具，进行精准的格式识别、描述及确认。

11 档案管理活动

11.1 范围

档案管理活动意味着利用、归还以及档案的最终处置。

11.2 获取

11.2.1 总则

获取应基于查询标准以及随后电子文档存档格式的转换。

获取还能包含：

a) 文档在屏幕上的显示；

b) 在纸质或胶片上打印副本；

c) 依据文档质量，在合适的声学条件下播放音频；

d) 依据文档质量，在合适的声学条件下播放视频影像。

应在技术说明手册中描述用于检索和显示文档的方式。

检索和显示文档时，不应处理文档内容，除非是解压缩、格式解释、后续技术处理以及对检索和显示设备物理或软件特性的必要调整。

如有必要，应生成移交副本的一致性认证。该认证除了包含申请者姓名和传递认证者姓名外，还应包括文档识别的元数据及信息系统中文档生命周期的审核跟踪。

11.2.2 数字化文档

文档查看和读取应用程序，应与文档创建时使用的工具相互独立，因此，电子文档捕获的软硬件环境应不同于其查看和读取的软硬件环境。

如果在数字转换过程中，纸质或缩微源文档使用删除嵌套或其他固定元素的软件，在检索及显示文档上的准确性原则要求修复后文档集成固定内容和可变内容。信息系统应保证具有嵌套或固定内容的版本与在数字化中捕获的版本相同。

11.2.3 带标记的电子文档

当使用特定的编码表时，这些表在利用期间都应可获取。

应使用相关排版说明来利用这些文档。

11.2.4 使用排版格式的电子文档

依据事先规定的显示规则和显示介质，利用过程应仅限于不同文档部分的汇编，而不对内容进行任何操作和处理。

11.3 归还

无论归还全部还是部分的档案，都意味着将档案移交至生成者或正式任命的第三方。

归还应伴随着信息系统中文档的销毁（处置）。

归还程序及移交的技术细节（归还格式及所选介质）应在技术说明手册中规定。

11.4 档案处置

应通过使用每一份存档文档元数据中的保管期限记录，或依据保管期限表引用每一份存档文档，来管理信息系统中的保管期限（保管期限表）。信息系统应允许修改特定文档的保管期限。

在授权代理人的监管下，根据现有程序，档案在达到保管期限时应被销毁。该操作应使被移除文档彻底、完全的不可获取。

注：另外还可参考 ISO 15489-1 和 ISO 15489-2 或者 MoReq2 中的规定。

当可移动存储介质被销毁时，应保证存储在介质上的信息完全不可获取。

在合同或档案政策中，应规定保留与被删除的档案相关的元数据、日志或审核跟踪。

12 信息系统评估

12.1 总则

12.1.1 审核

信息系统及所有相关程序应定期审核，尤其是当信息系统有了重要变更时。这些审核可由组织内部负责信息系统运行的人员进行（内部评估），和（或）由第三方组织提供的人员进行（外部评估）。

这些审核结果应保存下来。

12.1.2　目标

审核应验证信息系统及程序与本部分相一致。该一致性的控制应贯穿于系统设计、实施、使用及所有操作程序。

此外，审核应能测试信息系统运行效率及其实现相关活动领域的目标和需求的能力。

最后，审核应提供所有益于适当提高信息系统一致性的信息。

12.1.3　审核员责任

审核员应至少：

a）制定和明确需求；

b）准备和执行规定的审核操作；

c）记录结果；

d）报告审核结论。

审核者应公正客观。

12.1.4　审核员要求

每个审核员（正式或助理）的资格、培训及经验应由对其负责的组织机构进行控制和监督。

具体而言，审核员应在文档管理、电子档案或文件管理领域，具有多年专业实践的经验，其中相当一部分经验应是在信息系统的设计和咨询方面。

内、外部审核员应具备以下必要技能来进行审核：

a）测试、咨询、评估及撰写报告的技能；

b）运行不同审核过程的技能，如计划、方法、组织、联系、管理等方面。

上述技能应适用于信息系统中的所有文档，包括音频、视频等特定技术文档。

12.1.5　文档记录验证

组织机构应维护信息系统，确保能够验证所有与审核相关的文档记录，以保证：

a）对信息系统的任何操作，都能以适当数量获得所需文档记录的最新版本；

b）对文档记录进行的所有变更或修改要经适当授权和处理，保证相关工作人员快速、直接的反应；

c）过期文档记录及时从组织机构各分布和使用地点撤除和销毁（除了那些为法律及历史存留目的而保存的过期文档记录，应被适当识别和保存）。

12.1.6　评估操作文档

组织机构应记录所有评估操作的结果。文档应对每一个评估过程进行描述。

所有文档都应在适当时间里被安全保存。

12.2　内部评估

在组织机构授权下，由内部人员进行评估时，组织机构应生成并能提供关于组织机构的描述，清晰地显示组织机构的责任分工和层级结构，特别要说明审核角色和业务角色之间的相互独立。

12.3　外部评估

审核信息系统的第三方组织，在文档保存信息系统的设计和实施方面，应具备足够的经验和能力。

为恰当审核信息系统，执行评估操作的人员应具备一定的资格、培训及经验。

第三方组织应采取各个级别的所有必要措施，保证在审核期间收集信息的保密性。

13　可信第三方档案活动

13.1　可信第三方档案服务提供者的活动

内部规则同样适用于开展电子档案服务的第三方。当把档案交付给可信第三方档案服务进行保管时，组织机构应检查其使用的技术和程序，以保证电子文档的安全性、完整性和长期保存，也应检查所有的说明都有据可依。附录 C 提出了建议性一般服务条件的原则。

在将档案转移给可信第三方之前，应进行检查，以确保：

a）第三方符合本部分规定的要求；

b）第三方使用的档案政策与组织政策相符；

c）第三方安全程序与组织安全程序相符。

第三方能够：

——或确保电子文档存档（接收及记录所有电子文档，记录电子文档存档操作、存储和相关元数据），转换格式，复制，保证文档的利用和归还；

——或当印章相应的电子文档，仍然由客户（生成者）组织机构保存和存储时，仅存储文档数字印章（接收、检查和与文档相关的电子印章的记录、操作记录）。

在以上两种情况下，第三方应生成其活动的认证。第三方交给客户（生成者）的认证，其种类和移交频率应在每份第三方合同中有所规定。

按照本部分的规定，第三方应保存这些认证的副本。

除了其信息系统运行依照本部分之外，第三方还应：

1）确保每个客户标识符唯一、可信；

2）保证管理的文档及元数据的保密性，尤其是使用信息系统时，第三方客户不能读取、写入、修改或删除其他客户的文档；

3）为每个操作提供存储认证；

4）接到通知后，销毁文档，以及在完成时提供适当的认证；

5）为每个客户提供档案生命周期的审核跟踪，以作为发生争执时的证据。

组织机构和第三方之间的数据交换，应通过适当

方式进行保护，即强级别验证、加密、完整性控制。

第三方应保证在保管电子文档期间，不对文档进行任何分析和处理（如格式转换），除非其客户（生成者）提出明确要求。

出于保密的原因，对于组织机构来说，提前对文档和元数据（如合适）加密是必要的，在这种情况下，利用档案的查询标准可能会受到限制。

13.2 服务合同模式

13.2.1 服务合同

以下内容问题应包含在可信第三方档案服务提供者的服务合同中：

a) 参考本部分中包含的规定；

b) 参考档案政策；

c) 存档程序描述；

d) 信息系统架构描述；

e) 利用信息系统操作日志程序；

f) 由第三方使用的、保证组织机构数据保密性的技术；

g) 客户保存电子文档及其元数据的方式和方法；

h) 确保格式转换的方式和方法，若适用；

i) 文档的传输（物理传输）程序，若适用；

j) 由第三方签订的、涵盖任何活动相关损失的保险单。

即使服务合同条款能由双方任意签署，也应包含本部分13.2.2～13.2.13的内容。

13.2.2 服务合同期限

应规定第三方的合同期限，连同更新和终止条件。

13.2.3 保管期限

第三方应承诺规定的保管期限，直至合同关系结束。第三方应能证明在归还和协同工作方面具备履行合同及技术能力，确保文档在协议期间的保存。

13.2.4 服务质量

第三方应保证一定水平的服务质量并得到用户支持，这涉及档案的存储和利用中的可用级别，可能与未履行合同时的处罚条款有关。

13.2.5 安全及数据保护

第三方应：

a) 在合同期内，以协商而定的形式和格式，保管客户（生成者）委托的电子文档；

b) 保证电子文档的安全及完整性；

c) 为确保电子文档可读性，保证实施必要的介质迁移；

d) 对保管的所有对象提供安全利用服务；

e) 保留合同内与服务执行相关所有操作的审核跟踪；

f) 保证档案生命周期及事件日志的安全性和完整性。

13.2.6 信息及建议

第三方应告知客户（生成者）需要保持客户的信息系统与代客户保管的对象相兼容。第三方有必要针对这些提供额外服务。

第三方应告知客户的信息，包括转换操作或所用信息系统的技术改变，以及对客户所用硬件的可用性和兼容性的影响，或对所保管数据的交换或保存的影响。

13.2.7 移交及连续性

如果在保管期间，客户（生成者）的电子文档转移至其他第三方，实体应在移交操作中及之后，保证文档保留其基本特征。这意味着：

——第三方应保证保管的所有档案及相关元数据的完整性并全部移交；

——在任何情况下，其他第三方保存信息及技术数据，以保证客户或者客户委托的机构可以在合理时间内恢复信息。

13.2.8 可移交性

在合同的终结或第三方终止操作时，第三方应能够完整地返还所有电子文档及其相关要素，返还时的所处技术条件应与在信息系统接收时的技术条件相同。第三方不应保存任何已返还文档的副本。

应对审核跟踪或日志的返还进行规定。

合同保证外部服务能被移交至第三方或返还给内部信息系统，可移交性条款应允许客户保持自身独立于第三方。

本条应至少包含：

a) 第三方使用市场标准及最先进的技术工具（架构、软硬件、协议等）；

b) 将文档移交至客户内部信息系统（返还）或其他第三方的组织机构；

c) 将信息及技术数据存储至一定位置，或使客户或客户委托的机构能够利用的方式，便于信息恢复；

d) 可逆操作成本；

e) 从请求开始开展可逆操作所需的时间；

f) 可逆操作相关要素的定期维护。

13.2.9 归还

合同上的保存义务结束时，第三方应将档案归还客户，且不能保存档案的任何副本，但是如果客户有特殊需求，第三方可以继续保存档案一段时间。

13.2.10 保密性及私有数据

在与客户处于合同关系的期间，第三方应保证被委托信息以及任何其他被告知信息的保密性。

这些信息可以来自于所保管文档的利用或操作，或者来自于自身观察或由客户提供的关于组织机构信息系统的信息。

第三方应在保管活动中，采取一切必要措施，保证可能了解到的信息的保密性。

除非在法律约束下传达给其他机构，这些信息宜

仅限于传达给客户委托人。

13.2.11　专业保险

第三方应投保保险，涵盖所有与民事责任相关的风险。该保险应提供与职责相应的财务担保。

第三方在整个服务合同期内部应拥有保险。

第三方可以寻求额外保险，以防出现信息系统故障。

13.2.12　分包

第三方在计划使用分包服务时，应告知客户，在这种情况下，第三方依然有责任为客户提供服务。

13.2.13　评估

有关评估审核的条款，应按照本部分的要求（见第12章）。

14　服务提供者

14.1　总则

针对服务由分包商而非可信第三方提供，本条提出存档方案。附录C给出了建议性一般服务条件。

开展信息系统服务的组织机构仍然对整个系统负责，同时根据所承担的职责，组织机构应确认分包商提供的服务符合本部分的要求。

组织机构授权人员应给选定的分包商提供规范类文档，阐明具体要求。分包商应遵守这些规范。

分包商开展的程序及操作应进行定期系统地检查和监测。

14.2　分包协议

在雇佣分包商服务前，应明确：

——分包商提供的服务能够符合本部分的要求；

——分包商程序遵循生成者的档案政策；

——分包商产生的审核跟踪数据，在生成者的信息系统上可用；

——分包商安全政策与生成者的相一致。

14.3　与分包商签署的合同

合同应至少包括以下信息：

a）合同参考本部分；

b）所用程序描述；

c）与提供服务相关的基础框架描述；

d）所用的质量控制标准；

e）利用分包商信息系统事件日志；

f）确保保管数据的保密性和安全性的措施；

g）生成者与分包商之间移交电子文档及相关元数据的技术和介质；

h）格式转换技术，若适用；

i）文档转换条款，若适用；

j）涵盖工作相关损失的分包商保险政策。

14.4　通过电信网络移交数据

在文档所有者与分包商间使用开放网络移交文档时，应使用适当技术，保障真实性、数据完整性和保密性。

附录 A
（资料性附录）
档 案 政 策

档案政策描述了有关内外部信息系统在法律、功能、操作、技术以及安全方面的要求，包含系统目的、目标及义务。

以下具体内容宜在档案政策中作出规定：

a）给存储者和用户提供的档案存储或归还服务，包括服务范围、服务级别、档案类型、电子文档格式、传输条件、移交卷和存储频数等。

b）开展档案服务是各机构义不容辞的主要责任。其他机构的义务应至少表明在满足档案政策的前提下，实施档案服务的最低要求。

c）为提供服务（保管、存储等）的操作活动和相关组织机构操作活动（操作之间的联系、数据交换等）的特征。

d）基于组织、实践及技术考虑，依据不同级别的服务和功能的安全适用规则。

档案政策终究是一个总体功能框架，正因为如此，其应独立于进行特定操作的具体技术。

档案政策为所有相关机构（内部或外部服务机构）提供关于档案服务义务的清晰描述。这在实施和传送时涉及一些实际问题，包括：

——档案存储；

——档案来源识别及验证；

——档案可获取性；

——档案检索及显示；

——档案归还；

——档案完整性；

——档案可读性；

——档案长期保存；

——存储、归还、销毁操作的可追踪性；

——认证生成；

——业务连续性和（或）意外及恶意事故的灾难恢复；

——档案自动销毁。

附录 B
（资料性附录）
档 案 实 践 声 明

档案实践声明是对满足档案政策中安全目标的技术及程序进行解释。

档案实践声明宜描述组织机构的档案服务和（或）第三方档案服务提供者，如何符合环境、材料、进程、操作及技术等方面的档案政策需求。

档案实践声明应描述：

——档案服务的操作过程；

——档案政策中的安全规则，在相关不同部分服

务操作安全特性以及实现这些特性的必要条件两个方面。

这些标准和规则应在档案实践声明中清晰描述，尤其是那些对于档案服务本身而言是特殊的。若适用，该声明可以参考涵盖整个信息系统的更广泛的安全政策文档。

档案实践声明应至少包括实践方面完整和全面的描述，同时宜建立声明和标准中涉及的档案政策规则与操作实践之间的关系。

当档案政策不受信息系统操作环境的特定方面支配时，档案实践声明应考虑组织机构结构、操作程序及组织机构或者第三方档案服务提供者的物质环境。

档案实践声明一贯由服务供应者提供，服务即组织机构或者第三方档案服务提供者的档案服务。

仅考虑档案服务，档案实践声明原则上是保密的内部文档。然而，为完善档案政策，档案服务公布档案实践声明的摘要。

档案实践声明描述了组织服务和（或）第三方档案服务提供者如何履行令人满意的职责。这一点在评估过程中是极其有用的，因为它能促进审核者的工作，同时减少审核时间。

附录 C
（资料性附录）
一 般 服 务 条 件

档案服务用户可能只能利用组织机构的档案政策，用户在解释这些信息方面可能会遇到困难。

相应的，为用户提供一个补充的、简化的文档是十分有用的，它将有助于说明和理解重要的信息，便于对研究的问题做出正确决定。

一般服务条件应包含对可获得的用户手册的引用，为保证清晰、可读，这些手册应仅仅描述有关支持操作方面的必要功能，尽管，若这种参考是有用的，也会参考更通用的手册。

组织机构和（或）第三方的档案服务提供者，宜使用户能获得一般服务。

参 考 文 献

［1］ GB/T 6159.8—2003 缩微摄影技术 词汇 第8部分：应用.

［2］ GB/T 26162.1—2010 信息与文献 文件管理 第1部分：通则.

［3］ GB/Z 26822—2011 文档管理 电子信息存储 真实性可靠性建议.

［4］ ISO 14721 Space data and information transfer systems—Open archival information system—Reference model.

［5］ ISO 10196 Document imaging applications—Recommendations for the creation of original documents.

［6］ ISO/TR 15489－2 Information and documentation—Records management—Part 2. Guide-lines.

［7］ ISO 12029 Document management—Machine-readable paper forms—Optimal design for user friendliness and electronic document management systems（EDMS）.

［8］ ISO 19005（all parts）Document management—Electronic document file format for longterm preservation.

［9］ ISO/TR 22957 Document management—Analysis，selection and implementation of elec-tronic document management systems（EDMS）.

［10］ ISO/IEC 13346（all parts）Information technology—Volume and file structure of writeonce and rewritable media using non-sequential recording for information interchange.

［11］ ISO/IEC 13490（all parts）Information technology—Volume and file structure of read-only and writeonce compact disk media for information interchange.

［12］ ISO/IEC 27001，Information technology—Security techniques—Information security management systems—Requirements.

［13］ IEC 61000－4（all parts），Electromagnetic compatibility（EMC）—Part 4：Testing and measurement techniques.

［14］ ETSI TS 101 733，Electronic Signatures and Infrastructures（ESI）；Electronic Signature Formats，European Telecommunications Standardization Institute.

［15］ ETSI TS 101 903，Electronic Signatures and Infrastructures（ESI）；XML Advanced Electronic Signatures（XAdES），European Telecommunications Standardization Institute.

［16］ MoReq2，Model Requirements for the Management of Electronic Records，available at www. moreq2. eu.

第三章　企业档案管理通用行业标准

① 归档文件整理规则

（DA/T 22—2015）

前　言

本标准代替 DA/T 22—2000《归档文件整理规则》。

本标准与 DA/T 22—2000 相比主要变化如下：

——标准的总体编排和结构按 GB/T 1.1—2009 进行了修改；

——将标准适用范围由纸质文件材料扩展为纸质和电子文件材料；

——调整归档文件分类方法；

——增加归档文件组件和纸质归档文件修整、装订、编页、排架要求；

——增加归档文件档号结构和编制要求；

——将室编件号、馆编件号统一为件号；

——在附录中增加归档章示例、直角装订方法。

本标准的附录 A 是规范性附录，附录 B、附录 C、附录 D、附录 E 是资料性附录。

本标准由国家档案局提出并归口。

本标准起草单位：国家档案局档案馆（室）业务指导司。

本标准主要起草人：许卿卿、丁德胜、张会琴、张红、吴惠敏、刘峰、王勤、宋涌。

本标准于 2000 年 12 月 6 日首次发布。

1　范围

本标准规定了应作为文书档案保存的归档文件的整理原则和方法。

本标准适用于各级机关、团体、企事业单位和其他社会组织对应作为文书档案保存的归档文件的整理。其他门类档案可以参照执行。企业单位有其他特殊规定的，从其规定。

2　规范性引用文件

下列文件对于本文件的应用是必不可少的。凡是注日期的引用文件，仅所注日期的版本适用于本文件。凡是不注日期的引用文件，其最新版本（包括所有的修改单）适用于本文件。

GB/T 18894　电子文件归档与管理规范

DA/T 1—2000　档案工作基本术语

DA/T 13—1994　档号编制规则

DA/T 25—2000　档案修裱技术规范

DA/T 38—2008　电子文件归档光盘技术要求和应用规范

3　术语和定义

下列术语和定义适用于本标准。

3.1

归档文件　archival document（s）

立档单位在其职能活动中形成的、办理完毕、应作为文书档案保存的文件材料，包括纸质和电子文件材料。

3.2

整理　arrangement

将归档文件以件为单位进行组件、分类、排列、编号、编目等（纸质归档文件还包括修整、装订、编页、装盒、排架；电子文件还包括格式转换、元数据收集、归档数据包组织、存储等），使之有序化的过程。

3.3

件　item

归档文件的整理单位。

3.4

档号　archival code

在归档文件整理过程中赋予其的一组字符代码，以体现归档文件的类别和排列顺序。

4　整理原则

4.1　归档文件整理应遵循文件的形成规律，保持文件之间的有机联系。

4.2　归档文件整理应区分不同价值，便于保管和利用。

4.3　归档文件整理应符合文档一体化管理要求，便于计算机管理或计算机辅助管理。

4.4　归档文件整理应保证纸质文件和电子文件整理协调统一。

5　一般要求

5.1　组件（件的组织）

5.1.1　件的构成

归档文件一般以每份文件为一件。正文、附件为一件；文件正本与定稿（包括法律法规等重要文件的历次修改稿）为一件；转发文与被转发文为一件；原

件与复制件为一件；正本与翻译本为一件；中文本与外文本为一件；报表、名册、图册等一册（本）为一件（作为文件附件时除外）；简报、周报等材料一期为一件；会议纪要、会议记录一般一次会议为一件，会议记录一年一本的，一本为一件；来文与复文（请示与批复、报告与批示、函与复函等）一般独立成件，也可为一件。有文件处理单或发文稿纸的，文件处理单或发文稿纸与相关文件为一件。

5.1.2 件内文件排序

归档文件排序时，正文在前，附件在后；正本在前，定稿在后；转发文在前，被转发文在后；原件在前，复制件在后；不同文字的文本，无特殊规定的，汉文文本在前，少数民族文字文本在后；中文本在前，外文本在后；来文与复文作为一件时，复文在前，来文在后。有文件处理单或发文稿纸的，文件处理单在前，收文在后；正本在前，发文稿纸和定稿在后。

5.2 分类

5.2.1 立档单位应对归档文件进行科学分类，同一全宗应保持分类方案的一致性和稳定性。

5.2.2 归档文件一般采用年度—机构（问题）—保管期限、年度—保管期限—机构（问题）等方法进行三级分类。

　　a）按年度分类

将文件按其形成年度分类。跨年度一般应以文件签发日期为准。对于计划、总结、预算、统计报表、表彰先进以及法规性文件等内容涉及不同年度的文件，统一按文件签发日期判定所属年度。跨年度形成的会议文件归入闭幕年。跨年度办理的文件归入办结年。当形成年度无法考证时，年度为其归档年度，并在附注项加以说明。

　　b）按机构（问题）分类

将文件按其形成或承办机构（问题）分类。机构分类法与问题分类法应选择其一适用，不能同时采用。采用机构分类的，应根据文件形成或承办机构对归档文件进行分类，涉及多部门形成的归档文件，归入文件主办部门。采用问题分类的，应按照文件内容所反映的问题对归档文件进行分类。

　　c）按保管期限分类

将文件按划定的保管期限分类。

5.2.3 规模较小或公文办理程序不适于按机构（问题）分类的立档单位，可以采取年度—保管期限等方法进行两级分类。

5.3 排列

5.3.1 归档文件应在分类方案的最低一级类目内，按时间结合事由排列。

5.3.2 同一事由中的文件，按文件形成先后顺序排列。

5.3.3 会议文件、统计报表等成套性文件可集中排列。

5.4 编号

5.4.1 归档文件应依分类方案和排列顺序编写档号。档号编制应遵循唯一性、合理性、稳定性、扩充性、简单性原则。

5.4.2 档号的结构宜为：全宗号-档案门类代码・年度-保管期限-机构（问题）代码-件号。

　　上、下位代码之间用"-"连接，同一级代码之间用"・"隔开。如"Z109 - WS・2011 - Y - BGS - 0001"。

5.4.3 档号按照以下要求编制：

　　a）全宗号：档案馆给立档单位编制的代号，用4位数字或者字母与数字的结合标识，按照 DA/T 13—1994 编制。

　　b）档案门类代码・年度：归档文件档案门类代码由"文书"2位汉语拼音首字母"WS"标识。年度为文件形成年度，以4位阿拉伯数字标注公元纪年，如"2013"。

　　c）保管期限：保管期限分为永久、定期30年、定期10年，分别以代码"Y""D30""D10"标识。

　　d）机构（问题）代码：机构（问题）代码采用3位汉语拼音字母或阿拉伯数字标识，如办公室代码"BGS"等。归档文件未按照机构（问题）分类的，应省略机构（问题）代码。

　　e）件号：件号是单件归档文件在分类方案最低一级类目内的排列顺序号，用4位阿拉伯数字标识，不足4位的，前面用"0"补足，如"0026"。

5.4.4 归档文件应在首页上端的空白位置加盖归档章并填写相关内容。电子文件可以由系统生成归档章样式或以条形码等其他形式在归档文件上进行标识。

5.4.5 归档章应将档号的组成部分，即全宗号、年度、保管期限、件号，以及页数作为必备项，机构（问题）可以作为选择项（见附录 A 图 A1）。归档章中全宗号、年度、保管期限、件号、机构（问题）按照 5.4.3 编制，页数用阿拉伯数字标识（见附录 A 图 A2）。为便于识记，归档章保管期限也可以使用"永久""30年""10年"简称标识，机构（问题）也可以用"办公室"等规范化简称标识（见附录 A 图 A3）。

5.5 编目

5.5.1 归档文件应依据档号顺序编制归档文件目录。编目应准确、详细，便于检索。

5.5.2 归档文件应逐件编目。来文与复文作为一件时，对复文的编目应体现来文内容。归档文件目录设置序号、档号、文号、责任者、题名、日期、密级、页数、备注等项目。

　　a）序号：填写归档文件顺序号。

　　b）档号：档号按照 5.4.2-5.4.3 编制。

　　c）文号：文件的发文字号。没有文号的，不用标识。

　　d）责任者：制发文件的组织或个人，即文件的

发文机关或署名者。

　　e）题名：文件标题。没有标题、标题不规范，或者标题不能反映文件主要内容、不方便检索的，应全部或部分自拟标题，自拟内容外加方括号"[ ]"。

　　f）日期：文件的形成时间，以国际标准日期表示法标注年月日，如 19990909。

　　g）密级：文件密级按文件实际标注情况填写。没有密级的，不用标识。

　　h）页数：每一件归档文件的页面总数。文件中有图文的页面为一页。

　　i）备注：注释文件需说明的情况。

5.5.3 归档文件目录推荐由系统生成或使用电子表格进行编制。目录表格采用 A4 幅面，页面宜横向设置（见附录 B 图 B1）。

5.5.4 归档文件目录除保存电子版本外，还应打印装订成册。装订成册的归档文件目录，应编制封面（见附录 B 图 B2）。封面设置全宗号、全宗名称、年度、保管期限、机构（问题），其中全宗名称即立档单位名称，填写时应使用全称或规范化简称。归档文件目录可以按年装订成册，也可每年区分保管期限装订成册。

6　纸质归档文件的修整、装订、编页、装盒和排架

6.1　修整

6.1.1 归档文件装订前，应对不符合要求的文件材料进行修整。

6.1.2 归档文件已破损的，应按照 DA/T 25—2000 予以修复；字迹模糊或易退变的，应予复制。

6.1.3 归档文件应按照保管期限要求去除易锈蚀、易氧化的金属或塑料装订用品。

6.1.4 对于幅面过大的文件，应在不影响其日后使用效果的前提下进行折叠。

6.2　装订

6.2.1 归档文件一般以件为单位装订。归档文件装订应牢固、安全、简便，做到文件不损页、不倒页、不压字，装订后文件平整，有利于归档文件的保护和管理。装订应尽量减少对归档文件本身影响，原装订方式符合要求的，应维持不变。

6.2.2 应根据归档文件保管期限确定装订方式，装订材料与保管期限要求相匹配。为便于管理，相同期限的归档文件装订方式应尽量保持一致，不同期限的装订方式应相对统一。

6.2.3 用于装订的材料，不能包含或产生可能损害归档文件的物质。不使用回形针、大头针、燕尾夹、热熔胶、办公胶水、装订夹条、塑料封等装订材料进行装订。

6.2.4 永久保管的归档文件，宜采取线装法装订。页数较少的，使用直角装订（见附录 C 图 C1、图

C2）或缝纫机轧边装订，文件较厚的，使用"三孔一线"装订。永久保管的归档文件，使用不锈钢订书钉或糨糊装订的，装订材料应满足归档文件长期保存的需要。

6.2.5 永久保管的归档文件，不使用不锈钢夹或封套装订。

6.2.6 定期保管的、需要向综合档案馆移交的归档文件，装订方式按照 6.2.4 - 6.2.5 执行。定期保管的、不需要向综合档案馆移交的归档文件，装订方式可以按照 6.2.4 执行，也可以使用不锈钢夹或封套装订。

6.3　编页

6.3.1 纸质归档文件一般应以件为单位编制页码。

6.3.2 页码应逐页编制，宜分别标注在文件正面右上角或背面左上角的空白位置。

6.3.3 文件材料已印制成册并编有页码的；拟编制页码与文件原有页码相同的，可以保持原有页码不变。

6.4　装盒

　　将归档文件按顺序装入档案盒，并填写档案盒盒脊及备考表项目。不同年度、机构（问题）、保管期限的归档文件不能装入同一个档案盒。

6.4.1　档案盒

6.4.1.1 档案盒封面应标明全宗名称。档案盒的外形尺寸为 310mm×220mm（长×宽），盒脊厚度可以根据需要设置为 20mm、30mm、40mm、50mm 等（见附录 D 图 D1）。

6.4.1.2 档案盒应根据摆放方式的不同，在盒脊或底边设置全宗号、年度、保管期限、起止件号、盒号等必备项，并可设置机构（问题）等选择项（见附录 D 图 D2、图 D3）。其中，起止件号填写盒内第一件文件和最后一件文件的件号，起件号填写在上格，止件号填写在下格；盒号即档案盒的排列顺序号，按进馆要求在档案盒盒脊或底边编制。

6.4.1.3 档案盒应采用无酸纸制作。

6.4.2　备考表

　　备考表置于盒内文件之后，项目包括盒内文件情况说明、整理人、整理日期、检查人、检查日期（见附录 E）。

　　a）盒内文件情况说明：填写盒内文件缺损、修改、补充、移出、销毁等情况。

　　b）整理人：负责整理归档文件的人员签名或签章。

　　c）整理日期：归档文件整理完成日期。

　　d）检查人：负责检查归档文件整理质量的人员签名或签章。

　　e）检查日期：归档文件检查完毕的日期。

6.5　排架

6.5.1 归档文件整理完毕装盒后，上架排列方法应与本单位归档文件分类方案一致，排架方法应避免频

繁倒架。

6.5.2 归档文件按年度—机构（问题）—保管期限分类的，库房排架时，每年形成的档案按机构（问题）序列依次上架，便于实体管理。

6.5.3 归档文件按年度—保管期限—机构（问题）分类的，库房排架时，每年形成的档案按保管期限依次上架，便于档案移交进馆。

7 归档电子文件的整理要求

7.1 归档电子文件组件（件的组织）、分类、排列、编号、编目，应符合本《规则》"5 一般要求"的规定。

7.2 归档电子文件的格式转换、元数据收集、归档数据包组织、存储等整理要求，参照《数字档案室建设指南》（2014 年）、GB/T 18894、DA/T 48、DA/T 38 等标准执行。

7.3 归档电子文件整理，应使用符合《数字档案室建设指南》（2014 年）、GB/T 18894 等标准的应用系统。

附录 A
归档章式样及示例
（规范性附录）

(全宗号)	(年度)	(件号)
*(机构或问题)	(保管期限)	(页数)

2×8　　3×15

单位：mm　比例 1∶1

注：标有"＊"号的为选择项，下同。

图 A1　归档章式样

Z109	2011	1
BGS	Y	45

图 A2　归档章示例一

Z109	2011	1
办公室	永久	45

图 A3　归档章示例二

附录 B
归档文件目录式样
（资料性附录）

归档文件目录

序号	档号	文号	责任者	题名	日期	密级	页数	备注

图 B1　归档文件目录式样

归档文件目录

全　宗　号_____
全宗名称_____
年　　度_____
保管期限_____
＊机构(问题)_____

比例：1∶2

图 B2　归档文件目录封面式样

附录 C
（资料性附录）
直角装订

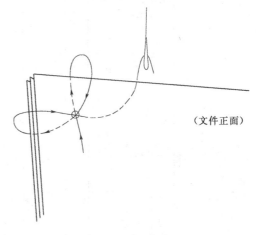

（文件正面）

图 C1　装订方法

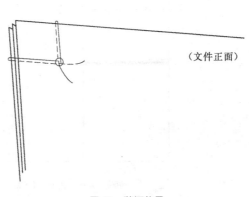

（文件正面）

图 C2　装订效果

附录 D
档 案 盒 式 样
（资料性附录）

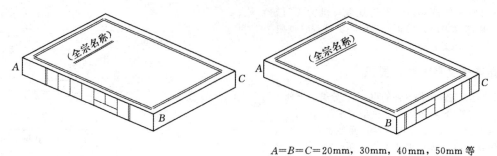

$A=B=C=20\text{mm}$，30mm，40mm，50mm 等

图 D1　档案盒封面式样及规格

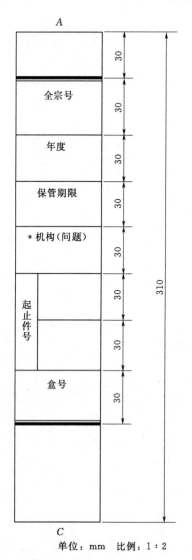

单位：mm　比例：1 : 2

图 D2　档案盒盒脊式样

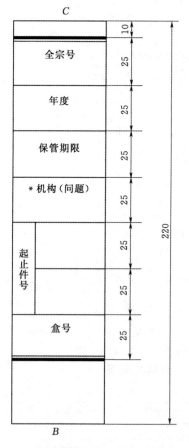

单位：mm　比例：1 : 2

图 D3　档案盒底边式样

附录 E
备 考 表 式 样
（资料性附录）

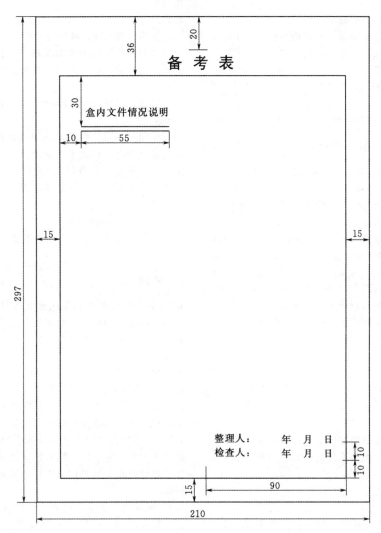

备 考 表

盒内文件情况说明

整理人： 年 月 日
检查人： 年 月 日

单位：mm 比例：1：2

图 E1 备考表式样

参 考 文 献

[1] 数字档案室建设指南（2014 年）．

2 纸质档案数字化规范

（DA/T 31—2017）

前 言

本标准按照 GB/T 1.1—2009 给出的规则起草。

本标准替代 DA/T 31—2005《纸质档案数字化技术规范》，与 DA/T 31—2005 相比主要技术变化如下：
——标题进行了修改；
——增强组织与管理部分的内容，完善数字化工作中管理相关要求；
——增强数字化前处理部分的内容，包括对实体档案保护和档案规范化管理方面的要求；
——增加数字化过程中元数据采集的要求；
——修改了档案扫描部分参数要求；
——修改了图像处理部分内容，更加强调保持档

案原貌的要求；

——细化了数字化成果验收的内容；

——删除原标准数据备份和数字化成果管理相关内容。

本标准由国家档案局提出并归口。

本标准起草单位：国家档案局档案科学技术研究所、国家档案局信息管理中心、国家档案局技术部。

本标准主要起草人：王良城、马淑桂、郝晨辉、程春雨、杜琳琳、蔡伟、宋涌、王大众、田军、曹燕、李华峰。

本标准于2005年首次发布，本次为第一次修订。

引　言

DA/T 31—2005 的发布实施，从技术标准方面对纸质档案数字化工作提出了要求，很好地促进了纸质档案数字化工作向科学化、规范化的方向发展，在档案信息化工作中发挥了重要作用。

由于纸质档案数字化工作所依赖的信息技术发展迅速，经过10年的时间，数字化设备、存储、网络等技术条件都发生了较大变化，同时，纸质档案数字化工作管理方法和管理理念等都在不断更新、发展。因此，及时对本标准进行修订，适时调整相关要求，从档案行业层面科学规范纸质档案数字化工作，具有重要的现实意义。

标准本次修订更加注重我国纸质档案数字化工作自身的特点，结合目前信息技术发展的水平，提出适用于档案行业的纸质档案数字化工作的规范性要求。

1　范围

本标准规定了纸质档案数字化技术和管理要求。

本标准适用于采用扫描设备对纸质档案的数字化加工过程的管理。

2　规范性引用文件

下列文件对于本文件的应用是必不可少的。凡是注日期的引用文件，仅注日期的版本适用于本文件。凡是不注日期的引用文件，其最新版本（包括所有的修改单）适用于本文件。

GB/T 20530—2006　文献档案资料数字化工作导则

DA/T 1　档案工作基本术语

DA/T 18　档案著录规则

ISO/TR 13028　信息与文献　档案数字化实施指南（Information and Documentation—Implementation guidelines for digitization of records）

3　术语和定义

GB/T 20530—2006、DA/T 1、DA/T 18 界定的以及下列术语和定义适用于本文件。

3.1

数字化　digitization

利用计算机技术将模拟信号转换为数字信号的处理过程。

3.2

数字图像　digital image

表示实物图像的整数阵列。一个二维或更高维的采样并量化的函数，由相同维数的连续图像产生。

3.3

纸质档案数字化　digitization of paper - based records

采用扫描仪等设备对纸质档案进行数字化加工，使其转化为存储在磁带、磁盘、光盘等载体上的数字图像，并按照纸质档案的内在联系，建立起目录数据与数字图像关联关系的处理过程。

3.4

分辨率　resolution

单位长度内图像包含的点数或像素数，一般用每英寸点数（dpi）表示。

4　总则

4.1　各单位应根据档案的珍贵程度、开放程度、利用率、亟待抢救程度、数字化资金情况等因素统筹规划、科学开展纸质档案数字化工作。纸质档案数字化工作的开展应遵循 ISO/TR 13028 和 GB/T 20530 提出的要求和建议。

4.2　纸质档案数字化的基本环节主要包括：数字化前处理、目录数据库建立、档案扫描、图像处理、数据挂接、数字化成果验收与移交等。

4.3　应采取有效的管理和技术手段，确保纸质档案数字化成果质量。纸质档案数字化应遵循档案管理的客观规律，真实反映档案内容，最大程度地展现档案原貌。

4.4　纸质档案数字化过程中，应保存数字化项目信息、技术环境、数字化各类技术参数等方面的元数据。元数据元素的确定应符合 ISO/TR 13028 提出的要求。

4.5　应加强纸质档案数字化各环节的安全管理，确保档案实体和档案信息的安全。

4.6　加工涉密档案时，应按照涉密档案相关保密要求开展工作。

5　组织与管理

5.1　机构及人员

5.1.1　应建立纸质档案数字化工作组织，对数字化工作进行统筹规划、组织实施、协调管理、安全保障、技术保障、监督检查、成果验收等，确保数字化工作的顺利开展。

5.1.2　应配备具有相应能力的工作人员，包括熟悉

档案业务并具有较高的调查研究水平和良好的组织领导能力的管理人员,熟悉相关标准规范并能够为纸质档案数字化工作各环节提供技术支持的技术人员,掌握一定数字化基础知识并熟悉本职工作的操作人员等。应通过科学规范的管理制度,对工作人员进行规范化管理。为强化数字化工作的安全性,应加强对外聘工作人员的审核。

5.2 基础设施

5.2.1 应配备专用加工场地,并进行合理布局,形成档案存放、数字化前处理、档案著录、档案扫描、图像处理、质量检查等工作区域。

5.2.2 加工场地的选择及温湿度等环境的控制不应不利于档案实体的保护。场地内应配备可覆盖全部场地的防火、防水、防有害生物、防盗报警、视频监控等安全管理的设施设备。

5.2.3 应合理规划、配备和管理纸质档案数字化设施设备,确保设施设备安全、先进,能够满足数字化工作的需要。

5.3 工作方案

5.3.1 应在充分调研的基础上,制定科学合理的工作方案,确保纸质档案数字化工作达到预期目标。

5.3.2 纸质档案数字化工作方案应包括数字化对象、工作目标、工作内容、成本核算、数字化技术方法和主要技术指标、验收依据、人员安排、责任分工、进度安排、安全管理措施等内容。数字化对象的确定应综合考虑档案的珍贵程度、开放程度、利用率、亟待抢救程度、数字化资金情况等因素。

5.3.3 宜对纸质档案数字化工作方案进行专家论证,确保其科学、规范、合理。

5.3.4 纸质档案数字化工作方案应经审批后严格执行。工作方案审批结果应与数字化工作过程中形成的其他文件一并保存。

5.4 管理制度

5.4.1 应制定科学化、规范化的管理制度,并在工作过程中严格执行,以有效保障档案安全和纸质档案数字化成果质量。

5.4.2 纸质档案数字化管理制度应包含岗位管理、人员管理、场地管理、设备管理、数据管理、档案实体管理等方面的制度。岗位管理制度主要规定数字化工作各岗位的工作目标和职责,形成明确的岗位业务流程规范、考核标准、奖惩办法等;人员管理制度主要对人员的安全责任、日常行为、外聘人员信息审核及管理、非工作人员来访登记等进行规范;场地管理制度主要对人员出入和工作场地内基础设施、环境、网络、监控设施、现场物品、证件等的管理进行规范;设备管理制度主要对数字化工作各环节涉及的全部设备的管理进行规范;数据管理制度主要对数字化各环节所产生的数据的管理进行规范;档案实体管理制度主要对档案实体在数字化过程中的交接、管理、

存放等工作进行规范。

5.5 工作流程控制

5.5.1 应依据相关的法律法规和各类技术标准,制定相关的工作流程和各环节操作规范等,对纸质档案数字化全过程进行有效的控制,确保数字化成果质量。纸质档案数字化流程示例参见附录A。

5.5.2 应加强对纸质档案数字化工作的全流程安全管理。

5.5.3 应建立完善的问题反馈机制,对纸质档案数字化工作过程中后端环节发现前端环节中产生的问题进行及时反馈和修正。

5.6 工作文件管理

5.6.1 应根据情况制定符合实际要求的纸质档案数字化工作文件,以此加强对数字化工作的管理。主要包括纸质档案数字化工作方案、纸质档案数字化审批书、纸质档案数字化流程单、数据验收单、项目验收报告、纸质档案数字化成果移交清单等,采取外包方式实施时,还应包括项目招标文件、投标文件、中标通知书、项目合同、保密协议等。部分工作单示例参见附录B。

5.6.2 应加强对纸质档案数字化工作文件的管理,明确数字化工作过程中形成的工作文件的整理、归档、移交等管理要求。

5.7 档案数字化外包

5.7.1 纸质档案数字化工作如需外包,档案部门应从企业性质、股东组成、安全保密、企业规模、注册资金情况等方面严格审查数字化加工企业的相关资质;按照 GB/T 20530—2006 第 5 章的要求评估数字化加工企业的技术能力;从规章制度的建立健全程度等方面考查加工企业的管理能力。如需审查数字化加工企业的保密资质,档案部门应按照《国家秘密载体印制资质管理办法》(国保发〔2012〕7 号)等文件的要求执行。

5.7.2 在项目实施过程中,应依据《档案数字化外包安全管理规范》(档办发〔2014〕7 号),从档案部门、数字化服务机构、数字化场所、数字化加工设备、档案实体、数字化成果移交接收与设备处理等层面执行严格的安全管理要求。

5.7.3 档案部门应指派专门人员参与纸质档案数字化外包业务的监督、指导,完成质量监控、进度监控、投资监控、安全监控和协调沟通等方面的工作。

6 档案出库

6.1 档案保管部门应按照纸质档案数字化工作方案确定的数字化对象开展档案调取、清点、登记等前期准备工作,并提交档案出库申请,经相关责任人批准后,严格按照档案库房管理规定为数字化对象办理出库相关手续,并与数字化部门共同清点无误后,对档案进行交接出库。

6.2 纸质档案数字化过程中，应设置距离数字化加工场所较近的保管库用以临时存放纸质档案，并对纸质档案的领取与归还进行严格管理，认真做好检查、清点、登记等工作，确保纸质档案的安全。

7 数字化前处理

7.1 确定扫描页

原则上应将确定为数字化对象的纸质档案全部扫描，不宜进行挑扫。如有不需要扫描的页面应加以标注。

7.2 编制页号

7.2.1 应对没有页号或页号不正确的档案重新编制页号。

7.2.2 重新编制页号时，应在统一位置书写页号，且不压盖档案内容。

7.2.3 书写页号所使用的笔、墨等不应破坏档案原件或对档案长期保存造成影响。

7.2.4 应将破损页面、缺页等特殊情况进行登记。

7.3 目录数据准备

7.3.1 按照目录数据库建立时制定的数据规则，对照档案原件内容，规范档案中的目录内容。

7.3.2 对需在目录数据库中进行标记的情况进行标记。

7.4 拆除装订

应以对纸质档案的保护为原则确定是否拆除装订。如需拆除装订物，应注意保护档案不受损害，并对排列顺序不准确的档案进行重排。特殊装订且拆除装订后需恢复的档案，在拆除装订物时应采用拍照等方式记录档案原貌，以便于恢复。

7.5 技术修复

7.5.1 破损严重或其他无法直接进行扫描的纸质档案，应先由专业技术人员进行技术修复。

7.5.2 折皱不平影响扫描质量的纸质档案应先进行压平等相应技术处理。

8 目录数据库建立

8.1 应制定目录数据库数据规则，包括数据字段长度、字段类型、字段内容要求等。目录数据库数据规则的制定应符合 DA/T 18 对档案著录的要求。在纸质档案目录准备与目录数据库建立工作中均应严格遵守。

8.2 数据库选择应考虑可转换为通用数据格式，以便于数据交换。

8.3 数据库结构的设计应特别注意保持档案的内在联系，有利于纸质档案数字化成果的管理和利用。

8.4 将纸质档案数字化前处理工作中对纸质档案目录进行修改、补充的结果录入数据库，形成准确、完整的目录数据。

8.5 可采用计算机自动校对与人工校对相结合的方式，对目录数据的质量进行检查，包括著录项目的完整性、著录内容的规范性和准确性等。发现不合格的数据应及时进行修改。

9 档案扫描

9.1 基本要求

档案扫描应根据纸质档案原件实际情况、数字化目的、数字化规模、计算机网络和存储条件等选择相应的扫描设备，和进行相关参数的设置和调整。参数的设置和调整应保证扫描后数字图像清晰、完整、不失真，图像效果最接近档案原貌。

9.2 扫描设备

9.2.1 扫描设备的选择应特别注意对档案实体的保护，尽量采用对档案实体破坏性小的扫描设备进行数字化。

9.2.2 超出所使用扫描仪扫描尺寸的档案可采用更大幅面扫描仪进行扫描，也可以采用小幅面扫描仪分幅扫描后进行图像拼接的方式处理。分幅扫描时，相邻图像之间应留有足够的重叠，并且采用标版等方式明确说明分幅方法；若后期采用软件自动拼接的方式，重叠尺寸建议不小于单幅图像对应原件尺寸的 1/3。

9.2.3 对于极其珍贵且尺寸不规则的档案，为方便直观显示原件大小，可采用标板、标尺等方式标识原件大小等信息。

9.2.4 应遵循相关设备的使用规律进行定期维护、保养。

9.3 扫描色彩模式

9.3.1 为最大限度保留档案原件信息，便于多种方式的利用，宜全部采用彩色模式进行扫描。

9.3.2 页面中有红头、印章或插有照片、彩色插图、多色彩文字等的档案，应采用彩色模式进行扫描。

9.3.3 页面为黑白两色，并且字迹清晰、不带插图的档案，也可采用黑白二值模式进行扫描。

9.3.4 页面为黑白两色，但字迹清晰度差或带有插图的档案，也可采用灰度模式扫描。

9.4 扫描分辨率

9.4.1 扫描分辨率的选择，应保证扫描后图像清晰、完整，并综合考虑数字图像后期利用方式等因素。

9.4.2 扫描分辨率应不小于 200dpi。如文字偏小、密集、清晰度较差时，建议扫描分辨率不小于 300dpi。

9.4.3 如有 COM 输出、仿真复制、印刷出版等其他用途时，可根据需要调整扫描分辨率。需要进行COM 输出的档案，扫描分辨率建议不小于于 300dpi；需要进行高精度仿真复制的档案，扫描分辨率建议不小于 600dpi；需要进行印刷出版的档案，可结合档案幅面、印刷出版幅面、印刷精度要求等选择合适的分辨率。

9.5 存储格式

9.5.1 纸质档案数字图像长期保存格式为 TIFF、JPEG 或 JPEG 2000 等通用格式，图像压缩率的选择可根据实际应用的需求而定。

9.5.2 纸质档案数字图像利用时，也可从网络浏览速度、易操作性、存储空间占用等方面进行综合考虑，将图像转换为 OFD、PDF 等其他格式。

9.5.3 同一批档案应采用相同的存储格式。

9.6 图像命名

9.6.1 应以档号为基础对数字图像命名。图像命名方式的选择应确保图像命名的唯一性。

9.6.2 建议将数字图像存储为单页文件，并按档号与图像流水号的组合对图像命名。

9.6.3 数字图像确需存储为多页文件时，可采用该档案的档号对图像命名。

9.6.4 应科学建立纸质档案数字图像的存储路径，确保数据挂接的准确性。

10 图像处理

10.1 图像拼接

对分幅扫描形成的多幅数字图像，应进行拼接处理，合并为一个完整的图像，以保证纸质档案数字图像的整体性。拼接时应确保拼接处平滑地融合，拼接后整幅图像无明显拼接痕迹。

10.2 旋转及纠偏

对不符合阅读方向的数字图像应进行旋转还原。对出现偏斜的图像应进行纠偏处理，以达到视觉上基本不感觉偏斜为准。

10.3 裁边

如需对数字图像进行裁边处理，应在距页边最外延至少 2 至 3 毫米处裁剪图像。

10.4 去污

如需对数字图像进行去污处理，以去除在扫描过程中产生的污点、污线、黑边等影响图像质量的杂质，应遵循展现档案原貌的原则，处理过程中不得去除档案页面原有的纸张褪变斑点、水渍、污点、装订孔等痕迹。

10.5 图像质量检查

10.5.1 数字图像不完整、无法清晰识别或图像失真度较大时，应重新扫描。

10.5.2 对于漏扫、重扫、多扫等情况，应及时改正。

10.5.3 数字图像的排列顺序与档案原件不一致时，应及时进行调整。

10.5.4 对数字图像拼接、旋转及纠偏、裁边、去污等处理情况进行检查，发现不符合图像质量要求时，应重新进行图像处理。

11 数据挂接

11.1 应借助相关软件对数据库中的目录数据与其对应的纸质档案数字图像进行挂接，以实现目录数据与数字图像的关联。

11.2 逐条对挂接结果进行检查，包括目录数据与纸质档案数字图像对应的准确性、已挂接数字图像与实际扫描数量的一致性、数字图像是否能正常打开等，发现错误及时进行纠正。

12 数字化成果验收与移交

12.1 验收方式

12.1.1 建议档案部门成立专门的验收组对纸质档案数字化成果进行验收。

12.1.2 应采用计算机自动检验与人工检验相结合的方式对纸质档案数字化成果进行验收检验。

12.2 验收内容

12.2.1 纸质档案数字化成果包括数字图像、档案目录数据、元数据、数字化工作中产生的工作文件、存储载体等。

12.2.2 应对目录数据进行验收，主要包括数据库中各条目的内容、格式等的准确程度、必填项是否填写等。

12.2.3 应对元数据进行验收，主要包括元数据元素的完整性和赋值规范性等。

12.2.4 应对数字图像进行验收，主要包括数字化参数、存储路径、命名的准确性、图像的完整性、排列顺序的准确性、图像质量等。

12.2.5 应对数据挂接进行验收，主要包括目录数据与其对应的数字图像的挂接的准确性等。

12.2.6 应对工作文件进行验收，主要包括工作文件的完整性、规范性等。

12.2.7 应对存储载体进行验收，主要包括载体的可用性、有无病毒等。

12.3 验收指标

能够采用计算机自动检验的项目应采用计算机自动检验的方式进行 100% 检验，检验合格率应为 100%。对于无法用计算机自动检验的项目，可根据情况以件或卷为单位采用抽检的方式进行人工检验。抽检比率不得低于 5%，对于数据库条目与数字图像内容对应的准确性，抽检合格率应为 100%，其他内容的抽检合格率应不低于 95%。

12.4 验收结论

12.4.1 每批纸质档案数字化成果质量检验达到本标准 12.2 和 12.3 的要求，予以验收"通过"。验收未通过应视情况进行返工或修改后，重新进行验收。

12.4.2 验收完成后须经验收组成员签字。验收"通过"的结论，必须经相关领导审核、签字后方有效。

12.5 移交

验收合格的数据应按照纸质档案数字化工作方案及时移交，并履行交接手续。移交单示例参见附录 B。

13　档案归还入库

13.1　档案装订

纸质档案数字化工作完成后，拆除过装订物的档案如需装订，应注意保持档案原貌，做到安全、准确、无遗漏。

13.2　档案归还入库

按照档案入库相关要求对纸质档案进行处理和清点，并履行档案入库手续。

附录 A
（资料性附录）
纸质档案数字化流程示例

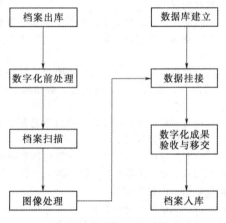

图 A.1　纸质档案数字化流程示例

附录 B
（资料性附录）
数字化管理登记表示例

表 B.1　　　纸质档案数字化审批书

批次	
数字化对象	
档案数字化部门意见	部门负责人： 年　　月　　日
档案保管部门意见	部门负责人： 年　　月　　日
单位意见	现批准对　　　　　　　　等全宗共计　　　卷（件）纸质档案进行数字化。 法定代表人： （单位签章） 年　　月　　日

表 B.2　　　　　　　　　纸质档案数字化流程单

全宗号_____　　目录号_____　　案卷号_____

进度	□数字化前处理　□前处理质检　□数据库建立　□目录质检　□档案扫描　□图像处理　□图像质检 □数据挂接　□挂接质检　□数据验收　□装订还原																		
	数字化前处理			前处理质检		数据库建立		目录质检		档案扫描		图像处理		图像质检		数据挂接		挂接质检		数据验收		装订还原	
	整理编页	目录数据准备	技术修复	前处理质检	备注	数据录入	备注	目录质检	备注	档案扫描	备注	图像处理	备注	图像质检	备注	数据挂接	备注	挂接质检	备注	数据验收	备注	装订还原	备注
完成人员																							
完成时间																							

表 B.3　　　　　　　　　　　　　　　　**纸质档案数字化前处理工作单**

全宗号_____　目录号_____　案卷号_____

件号	编页起始号	需扫描页数	特殊情况记录	页面修整页号	页面修整完成情况	总体质量检查	备注

档案整理人：　　　　　　　　　　　完成时间：

页面修整人：　　　　　　　　　　　完成时间：

整体质检人：　　　　　　　　　　　完成时间：

表 B.4　　　　　　　　　　　　　　　　**纸质档案扫描工作单**

全宗号_____　目录号_____　案卷号_____

件号	扫描页数	扫描特殊情况记录	总体质量检查	备　注

档案扫描人：　　　　　　　　完成时间：

整体质检人：　　　　　　　　完成时间：

表 B. 5　　　　　　　　　　　**数字图像处理工作单**

全宗号_____　　目录号_____　案卷号_____

件号	图像处理完成情况	图像处理特殊情况记录	总体质量检查	备　注

图像处理人：　　　　完成时间：

整体质检人：　　　　完成时间：

表 B. 6　　　　　　　　　　　**数 据 录 入 工 作 单**

全宗号_____　　目录号_____

卷号	起止件号	特殊情况记录	总体质量检查	备　注

数据录入人：　　　　完成时间：

整体质检人：　　　　完成时间：

表 B.7

纸质档案数字化验收登记表

批次：　　　　　验收人：　　　　　验收时间：　年　月　日

全宗号	图像数据						目录数据						元数据				数据挂接					工作文件				载体				验收意见
	图像总数	计算机全检项	全检结果	抽检数	抽检项	抽检结果	条目总数	计算机全检项	全检结果	抽检条目数	抽检项	抽检结果	计算机全检项	全检结果	抽检项	抽检结果	计算机全检项	全检结果	抽检条数	抽检项	抽检结果	总册数	抽检册数	抽检项	抽检结果	载体类型	载体数量	检验项	检验结果	
合计													—			—	—			—	—		—	—	—		—	—	—	—	

表 B. 8　　　　　　　　　　　　　纸质档案数字化成果移交清单

批　次				
全宗号				
内容描述				
移交数字图像数量 （页）		移交条目数 （条）		数字化工作文档 （件、册）	
载体起止顺序号		移交载体类型、规格		
检验内容	单　位　名　称			
	移交单位：		接收单位：	
准确性检验				
完整性检验				
可用性检验				
安全性检验				
载体外观检验				
填表人（签名）	年　　月　　日		年　　月　　日	
审核人（签名）	年　　月　　日		年　　月　　日	
单位（印章）	年　　月　　日		年　　月　　日	

参 考 文 献

[1] 国家秘密载体印制资质管理办法（国保发〔2012〕7 号）.

[2] 档案数字化外包安全管理规范（档办发〔2014〕7 号）.

3　录音录像档案数字化规范

（DA/T 62—2017）

前　言

本标准按照 GB/T 1.1—2009 给出的规则起草。

本标准由国家档案局提出并归口。

本标准起草单位：国家档案局技术部、国家档案局档案科学技术研究所、北京中科大洋信息技术有限公司、上海中信信息发展股份有限公司。

本标准主要起草人：付华、马淑桂、李玉民、郝晨辉、朱蒙生、程春雨、徐亮、黄静涛、杜琳琳、曹燕、王付生、杨安荣、方巍森。

本标准为首次发布。

引　言

为保障对以模拟信号形成的录音档案和录像档案进行数字化转换工作的规范性、科学性，特制定本标准。本标准涉及录音录像档案数字化工作的组织与管理、档案出库、数字化前处理、数据库建立、信息采集、音视频处理、数据挂接、数字化成果验收与移交、档案归还入库等全过程，结合目前信息技术发展的水平，提出了普遍适用于档案行业的录音录像档案

数字化工作的规范性要求。

1 范围

本标准规定了模拟录音档案和录像档案数字化的技术和管理要求。

本标准适用于对模拟信号形成的录音录像档案进行数字化加工过程的管理。

2 规范性引用文件

下列文件对于本文件的应用是必不可少的。凡是注日期的引用文件，仅注日期的版本适用于本文件。凡是不注日期的引用文件，其最新版本（包括所有的修改单）适用于本文件。

GB/T 2900.75—2008 电工术语 数字录音和录像

GB/T 20530—2006 文献档案资料数字化工作导则

DA/T 1 档案工作基本术语

DA/T 18 档案著录规则

ISO/TR 13028 信息与文献 档案数字化实施指南（Information and Documentation—Implementation guidelines for digitization of records）

3 术语和定义

GB/T 20530—2006、DA/T 1、DA/T 18 界定的以及下列术语和定义适用于本文件。

3.1

录音录像档案 audio - visual records

国家机构、社会组织或个人在社会活动中直接形成的以记载在物理载体上的影像或声音为主要反映方式的有保存价值的历史记录。

3.2

数字化 digitization

利用计算机技术将模拟信号转换为数字信号的处理过程。

3.3

采样 sampling

从连续信号中提取并组成离散信号。

3.4

量化 quantize

用整数标度将一个连续的数值范围区分成一定量的离散值。量化后的值可以恢复到（用数模变换法）接近原来的值，但不可能恰好相同。量化是模数变换中的基本技术之一。

［GB/T 2900.75—2008，定义 A.01.62］

3.5

编码 encode

为了储存或传输大容量的数据而对数据进行的处理，通常采用能消除冗余度或减少复杂性的压缩处理

方法。大多数压缩都基于一种或几种编码方法。

［GB/T 2900.75—2008，定义 A.01.27］

3.6

采集 capture

经采样、量化、编码将模拟音视频信号转换为数字信号的过程。

3.7

录音录像档案数字化 digitization of audio - visual records

对模拟录音录像档案进行数字化加工，使其转化为存储在磁带、磁盘、光盘等载体上的数字音频文件和视频文件，并按照录音录像档案的内在联系，建立起目录数据与数字音视频文件关联关系的处理过程。

3.8

比特率 bit rate

数字信号通过计算机或通信系统处理或传送的速率，即单位时间内处理或传输的数据量。

4 总则

4.1 各单位应根据档案的珍贵程度、开放程度、利用率、亟待抢救程度、数字化资金情况等因素统筹规划、科学开展录音录像档案数字化工作。录音录像档案数字化工作的开展应遵循 ISO/TR 13028 和 GB/T 20530 提出的要求和建议。

4.2 录音录像档案数字化的基本环节主要包括：数字化前处理、数据库建立、信息采集、音视频处理、数据挂接、数字化成果验收与移交等。

4.3 应采取有效的管理和技术手段，真实反映录音录像档案内容，确保数字化成果质量。

4.4 录音录像档案数字化过程中，应保存数字化项目信息、技术环境、数字化各类技术参数等方面的元数据。元数据元素的确定应符合 ISO/TR 13028 提出的要求。

4.5 应加强录音录像档案数字化各环节的安全管理，确保档案实体和档案信息的安全，应避免或减少各环节操作对档案实体的破坏。

4.6 加工涉密档案时，应按照国家有关规定执行。若同一物理载体中同时记录非涉密档案和涉密档案，则该物理载体应按照涉密档案相关要求处理。

5 组织与管理

5.1 机构及人员

5.1.1 应建立录音录像档案数字化工作组织，对数字化工作进行统筹规划、组织实施、协调管理、安全保障、技术保障、监督检查、成果验收等，确保录音录像档案数字化工作的顺利开展。

5.1.2 应配备具有相应能力的工作人员，包括熟悉档案业务并具有较高的调查研究水平和良好的组织领

导能力的管理人员，熟悉相关标准规范并能够为录音录像档案数字化工作各环节提供技术支持的技术人员，掌握一定数字化基础知识并熟悉本职工作的操作人员等。应通过科学规范的管理制度，对工作人员进行规范化管理。为强化数字化工作的安全性，应加强对外聘工作人员的审核。

5.2　基础设施

5.2.1　应配备专用的录音录像档案数字化加工场地，并合理布局，形成档案存放、数字化前处理、档案著录、信息采集、音视频处理、质量检查等工作区域。

5.2.2　加工场地的选择及温湿度等环境的控制不应不利于档案实体的保护。场地内应配备可覆盖全部场地的防火、防水、防有害生物、防盗报警、视频监控等安全管理系统。

5.2.3　应合理规划、配备和管理录音录像档案数字化设施设备，确保设施设备安全、先进，能够满足录音录像档案数字化工作的需要。

5.3　工作方案

5.3.1　应在充分调研的基础上，制定科学合理的工作方案，确保录音录像档案数字化工作达到预期目标。

5.3.2　工作方案应包括数字化对象、工作目标、工作内容、成本核算、数字化技术方法和主要技术指标、验收依据、人员安排、责任分工、进度安排、安全管理措施等内容。数字化对象的确定应综合考虑档案的珍贵程度、开放程度、利用率、亟待抢救程度、数字化资金情况等因素。

5.3.3　宜对工作方案进行专家论证，确保其科学、规范、合理。

5.3.4　工作方案应经审批后严格执行。工作方案审批结果应与录音录像档案数字化工作过程中形成的其他文件一并保存。

5.4　管理制度

5.4.1　应制定科学化、规范化的录音录像档案数字化管理制度，并在数字化工作过程中严格执行，以有效保障档案安全和数字化工作质量。

5.4.2　录音录像档案数字化管理制度应包含岗位管理、人员管理、场地管理、设备管理、数据管理、档案实体管理等方面。岗位管理制度主要规定数字化工作各岗位的工作目标和职责，形成明确的岗位业务流程规范、考核标准、奖惩办法等；人员管理制度主要对人员的安全责任、日常行为、外聘人员信息审核及管理、非工作人员来访登记等进行规范；场地管理制度主要对人员出入和工作场地内基础设施、环境、网络、监控设施、现场物品、证件等的管理进行规范；设备管理制度主要对数字化工作各环节涉及的全部设备的管理进行规范；数据管理制度主要对数字化各环节所产生的数据的管理进行规范；档案实体管理制度

主要对档案实体在数字化过程中的交接、管理、存放等工作进行规范。

5.5　工作流程控制

5.5.1　应依照相关法律法规和各类技术标准，制定相关的工作流程和各环节操作规范等，对录音录像档案数字化全过程进行有效的控制，确保数字化成果质量。录音录像档案数字化流程示例参见附录A。

5.5.2　应加强对录音录像档案数字化工作的全流程安全管理，及时对信息采集、音视频处理等各个环节产生的数据进行备份。

5.5.3　应建立完善的问题反馈机制，对录音录像档案数字化工作过程中后端环节发现前端环节中产生的问题进行及时反馈和修正。

5.6　工作文件管理

5.6.1　应根据情况制定符合实际要求的录音录像档案数字化工作文件，以此加强对数字化工作的管理。主要包括录音录像档案数字化工作方案、数字化审批书、数字化流程单、数据验收单、项目鉴定验收报告、数字化成果移交清单等，采取外包方式实施时，还应包括项目招标文件、投标文件、中标通知书、项目合同、保密协议等。部分工作单示例参见附录B。

5.6.2　应加强对数字化工作文件的管理，明确数字化工作过程中形成的工作文件的整理、归档、移交等管理要求。

5.7　档案数字化外包

5.7.1　录音录像档案数字化工作如需外包，档案部门应从企业性质、股东组成、安全保密、企业规模、注册资金情况等方面严格审查数字化加工企业的相关资质；按照GB/T 20530—2006第5章的要求评估数字化加工企业的技术能力；从规章制度的建立健全程度等方面考查加工企业的管理能力。如需审查数字化加工企业的保密资质，档案部门应按照《国家秘密载体印制资质管理办法》（国保发〔2012〕7号）等文件的要求执行。

5.7.2　在项目实施过程中，应依据《档案数字化外包安全管理规范》（档办发〔2014〕7号），从档案部门、数字化服务机构、数字化场所、数字化加工设备、档案实体、数字化成果移交接收与设备处理等层面执行严格的安全管理要求。

5.7.3　档案部门应指派专门人员参与档案数字化外包业务的监督、指导，完成质量监控、进度监控、投资监控、安全监控和协调沟通等方面的工作。

6　档案出库

6.1　档案保管部门应按照录音录像档案数字化工作方案确定的数字化对象开展档案调取、清点、登记等前期准备工作，并提交档案出库申请，经相关责任人批准后，严格按照档案库房管理规定为数字化对象办理出库相关手续，并与数字化部门共同清点无误后，对档案进行交接出库。

6.2 数字化过程中，应设置距离数字化加工场所较近的保管库用以临时存放录音录像档案，对温湿度等环境进行有效控制，并对档案的领取与归还进行严格管理，认真做好检查、清点、登记等工作，确保档案安全。

7 数字化前处理

7.1 确定信息采集范围

原则上应将确定为数字化对象的录音录像档案信息全部采集，不宜进行挑选采集，确有不需要采集的对象应加以标注。

7.2 档案检查

7.2.1 对录音录像档案载体进行外观检查，如出现下列情况，应对录音录像档案载体进行适度的清洗或修复等技术处理。

　　a) 档案载体物理形态出现卷曲、变形、划伤、脆裂、粘连、磁粉脱落等情况。

　　b) 档案载体出现可见性微斑、变色、生霉等情况。

　　c) 档案载体出现受潮、灰尘附着等情况。

　　d) 影响录音录像档案数字化的其他情况。

7.2.2 检查声音、画面的质量，对存在的问题进行记录。

7.2.3 记录录音录像档案载体编号、载体类型等信息。

7.2.4 对需在目录数据库中进行标记的情况进行标记。

8 数据库建立

8.1 应制定目录数据库数据规则，包括数据字段类型、字段长度、字段内容要求等。目录数据库数据规则的制定应符合 DA/T 18 对档案著录的要求。在录音录像档案目录准备与目录数据库建立工作中均应严格遵守。

8.2 数据库选择应考虑可转换为通用数据格式，以便于数据交换。

8.3 数据库结构的设计应特别注意保持档案的内在联系，有利于数字化成果的管理和利用。

8.4 录音录像档案数字化过程中，应记录数字化项目信息、音视频生成环境、数字化各类技术参数等信息。

8.5 可采用计算机自动校对与人工校对相结合的方式，对目录数据的质量进行检查，包括著录项目的完整性、著录内容的规范性和准确性，发现不合格的数据应及时进行修改。

9 信息采集

9.1 基本要求

9.1.1 应根据档案原件实际情况、数字化目的、数字化规模、计算机网络和存储条件等选择相应的信息采集设备，进行相关参数的设置和调整。参数的设置和调整应保证采集后的数字音视频信息清晰、完整、不失真，声音和画面效果最接近档案原貌。

9.1.2 应按有关规定对从库房调用的录音录像档案进行温湿度平衡调整后方可进行信息采集。

9.2 信息采集设备

9.2.1 信息采集设备的选择应特别注意对档案实体的保护，尽量采用对档案实体破坏性小的信息采集设备进行数字化。

9.2.2 在信息采集前，应对相应的采集设备进行清洁、检查和调整，并设定正确的参数。

9.2.3 应遵循相关设备的使用规律进行定期维护、保养。

9.3 技术参数

9.3.1 录音档案数字化的技术参数应满足下列要求，主要技术参数参考如表 1 所示。

　　a) 采样率：不低于 44.1kHz。对于珍贵或有特别用途的录音档案，采样率不低于 96kHz。

　　b) 量化位数：24bit。

　　c) 声道：以原始声道数记录。

　　d) 文件格式：WAVE 格式。

表 1　录音档案数字化主要技术参数参考

采样率	不低于 44.1kHz 珍贵或有特别用途的录音档案不低于 96kHz
量化位数	24bit
声道	以原始声道数记录
文件格式	WAVE 格式

9.3.2 录像档案数字化的技术参数应满足下列要求，主要技术参数参考如表 2 所示。

表 2　录像档案数字化主要技术参数参考

视频编码格式	H.264 或 MPEG-2 IBP 珍贵或有特别用途的录像档案可采用无压缩方式
帧率	与档案原件相同
画面宽高比	与档案原件相同
分辨率	标清：720×576 或 720×480 高清：不低于 1920×1080
色度采样率	标清：不低于 4:2:0 高清：不低于 4:2:2
视频量化位数	不低于 8bit 珍贵或有特别用途的录像档案不低于 10bit

续表

视频比特率	标清：不低于 8Mbit/s 高清：不低于 16Mbit/s
音频编码格式	PCM
音频采样率	不低于 48kHz
音频量化位数	不低于 16bit 珍贵或有特别用途的录像档案采用 24bit
声道	以原始声道数记录
文件格式	AVI 或 MXF

a）视频编码格式：采用 H.264 或 MPEG-2 IBP。对于珍贵或有特别用途的录像档案，可采用无压缩的方式。

b）帧率：与档案原件相同。

c）画面宽高比：与档案原件相同。

d）分辨率：采集为标清视频时分辨率为 720×576（档案原件为 PAL 制式、SECAM 制式）或 720×480（档案原件为 NTSC 制式）；采集为高清视频时分辨率不低于 1920×1080。

e）色度采样率：采集为标清视频时色度采样率不低于 4:2:0，采集为高清视频时色度采样率不低于 4:2:2。

f）视频量化位数：不低于 8bit。对于珍贵或有特别用途的录像档案，视频量化位数不低于 10bit。

g）视频比特率：采集为标清视频时视频比特率不低于 8Mbit/s，采集为高清视频时视频比特率不低于 16Mbit/s。

h）音频编码格式：PCM。

i）音频采样率：不低于 48kHz。

j）音频量化位数：不低于 16bit。对于珍贵或有特别用途的录像档案，音频量化位数采用 24bit。

k）声道：以原始声道数记录。

l）文件格式：AVI 或 MXF 格式。

9.4　文件切分与著录

9.4.1　对于同一物理载体中记录多个不同主题录音录像档案的，应根据每个主题的起止时间，在采集时按照主题进行切分，针对每个主题按照 DA/T 18 的要求进行著录，并根据录音录像档案的特点进行深层次的著录，将结果录入数据库，形成准确、完整的目录数据。档号的编制方法应符合本档案部门的档号编制规则。

9.4.2　音视频文件的首尾空白无内容的部分如果时间过长，可进行适当剪切，在声音或画面开始前和结束后各保留 5 秒左右的空白。

9.5　文件命名

9.5.1　应以档号为基础对音视频文件命名，并确保唯一性。

9.5.2　一条目录对应采集后的多个音视频文件时，可按档号与顺序号的组合对音视频文件命名。

9.5.3　应科学建立音视频文件的存储路径，确保数据挂接的准确性。

9.6　质量检查

信息采集完成后，应通过播放、对比档案原件和采集到的音视频文件等方式进行质量检查。存在音视频不清晰、不同步等差错，不符合音视频质量要求时，属于采集问题的，应对该档案进行重新采集。

9.7　档案恢复

数字化工作完成后，应对录音录像档案进行整理恢复，对于带式档案，应在数字化完成后进行倒带操作。

10　音视频处理

音视频文件在提供利用前，针对原始音视频文件的拷贝文件，可采用压缩比更高的编码格式进行文件转换；可进行适当的降噪、振幅标准化等处理以抑制和去除噪音、爆音，可对影像画面进行去蒙尘、去划痕、校色、画面稳定处理等。

11　数据挂接

11.1　应借助相关软件对数据库中的目录数据与其对应的录音录像档案数字化音视频文件进行挂接，以实现目录数据与音视频文件的关联。同时应在软件中通过档号或者原始介质索引号等形式建立音视频文件与档案原件的关联。

11.2　应逐条检查挂接结果，包括目录数据与音视频文件对应的准确性、已挂接音视频文件与实际数字化数量的一致性、音视频文件是否能正常打开等，发现错误应及时进行纠正。

12　数字化成果验收与移交

12.1　验收方式

12.1.1　建议成立专门的数字化成果验收组对数字化成果进行验收。

12.1.2　应采用计算机自动检验与人工检验相结合的方式对录音录像档案数字化成果进行验收检验。

12.2　验收内容

12.2.1　录音录像档案数字化成果包括音视频文件、档案目录数据、元数据、数字化工作中产生的工作文件、存储载体等。

12.2.2　应对目录数据进行验收，主要包括数据库中各条目的内容、格式等的准确程度，必填项是否填写等。

12.2.3 应对元数据进行验收，主要包括元数据的完整性和赋值规范性等。

12.2.4 应对音视频文件进行验收，主要包括技术参数、存储路径、命名、排列顺序的准确性，音视频文件的完整性，音视频的清晰度，是否出现不同步、畸变等。

12.2.5 应对数据挂接进行验收，主要包括目录数据与其对应的音视频文件挂接的准确性等。

12.2.6 应对工作文件进行验收，主要包括工作文件的完整性和规范性等。

12.2.7 应对存储载体进行验收，主要包括载体的可用性、有无病毒等。

12.3 验收指标

12.3.1 能够采用计算机自动检验的项目应采用计算机自动检验的方式进行 100% 检验，检验合格率应为 100%。

12.3.2 应对每个音视频文件进行验收，对前部、中部、后部进行分段播放，播放时长之和应不低于该音视频文件时长的 10%。

12.3.3 应对数字化成果进行抽检验收，被抽检的音视频文件须完整播放，抽检的音视频文件的个数及持续时间总和均不应低于该批次的音视频文件的 5%。对于目录数据与其音视频文件对应的准确性，抽检合格率应为 100%，其他内容的抽检合格率应不低于 95%。

12.4 验收结论

12.4.1 每批录音录像档案数字化质量检验达到本标准 12.2 和 12.3 的要求，予以验收"通过"。验收未通过应视情况进行返工或修改后，重新进行验收。

12.4.2 验收完成后须经验收组成员签字。验收"通过"的结论，必须经相关领导审核、签字后方有效。

12.5 移交

验收合格的数据应按照录音录像档案数字化工作方案及时移交，并履行交接手续。

13 档案归还入库

按照录音录像档案入库相关要求对完成数字化处理的录音录像档案原件进行处理和清点，并履行档案入库手续。

附录 A
（资料性附录）
录音录像档案数字化流程示例

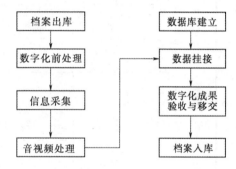

图 A.1 录音录像档案数字化流程示例

附录 B
（资料性附录）
数字化管理登记表示例

表 B.1 录音录像档案数字化审批书

批次：　　　　　　　　　　　　　　　　　　　　　　　　　　审批书编号：

经办人		时间	
数字化对象			
档案数字化部门意见			部门负责人： 年 月 日
档案保管部门意见			部门负责人： 年 月 日
单位意见	现批准对　　　　　　等　　全宗共计　　　　盘录音录像档案进行数字化。		法定代表人： （单位签章） 年 月 日

表 B. 2

录音录像档案数字化流程单

全宗号 _____　目录号 _____　案卷号 _____

进度	数字化前处理			数据库建立	□目录质检	信息采集	采集质检	音视频处理	数据挂接	挂接质检	数据验收	还原处理
	□数字化前处理	□前处理质检		□数据库建立	目录质检	□信息采集	□采集质检	□音视频处理	□数据挂接	□挂接质检	□数据验收	□还原处理
	确定信息采集范围	档案检查	前处理质检	数据录入	目录质检	信息采集	采集质检	音视频处理	数据挂接	挂接质检	数据验收	还原处理
			备注	备注	备注	备注	备注	备注	备注	备注	备注	备注
完成人员												
完成时间												

表 B. 3　　　　　　　　　　　**录音录像档案数字化前处理工作单**

全宗号＿＿＿＿＿＿　　目录号＿＿＿＿＿＿　　案卷号＿＿＿＿＿＿

盘号	载体类型	确定信息采集范围		档案检查			总体质量检查	备注
		整理情况记录	特殊情况记录	外观检查与处理	声音或画面质量	目录数据库中进行标记		

档案整理人：　　　　　　　　　　完成时间：

档案检查人：　　　　　　　　　　完成时间：

总体质检人：　　　　　　　　　　完成时间：

表 B. 4　　　　　　　　　　　**录音录像档案信息采集工作单**

全宗号＿＿＿＿＿＿　　目录号＿＿＿＿＿＿　　案卷号＿＿＿＿＿＿

件号	盘号	信息采集时长	采集特殊情况记录	总体质量检查	备注

档案采集人：　　　　　　　　　　完成时间：

总体质检人：　　　　　　　　　　完成时间：

表 B.5　　　　　　　　　　　音 视 频 处 理 工 作 单

全宗号＿＿＿＿＿＿＿　目录号＿＿＿＿＿＿＿　案卷号＿＿＿＿＿＿＿

件号	音视频处理情况	音视频处理特殊情况记录	总体质量检查	备　注

音视频处理人：　　　　　　　　　完成时间：

总体质检人：　　　　　　　　　　完成时间：

表 B.6　　　　　　　　　　　数 据 录 入 工 作 单

全宗号＿＿＿＿＿＿＿　目录号＿＿＿＿＿＿＿　案卷号＿＿＿＿＿＿＿

件号	特殊情况记录	总体质量检查	备　注

数据录入人：　　　　　　　　　　完成时间：

整体质检人：　　　　　　　　　　完成时间：

表 B.7

录音录像档案数字化验收登记表

批次：　　　　　　　验收人：　　　　　　　验收时间：　年　月　日

全宗号	音视频数据						目录数据						元数据				数据挂接					工作文件				载体				验收意见
	音视频总盘数	计算机全检项	全检结果	抽检数	抽检项	抽检结果	条目总数	计算机全检项	全检结果	抽检条目数	抽检项	抽检结果	计算机全检项	全检结果	抽检项	抽检结果	计算机全检项	全检结果	抽检条数	抽检项	抽检结果	总册数	抽检册数	抽检项	抽检结果	载体类型	载体数量	检验项	检验结果	
合计			—		—	—			—		—	—		—	—	—		—		—	—		—	—	—		—	—	—	—

表 B. 8　　　　　　　　　　　　录音录像档案数字化成果移交清单

批　次			
全宗号			
内容描述			
移交音视频文件数量 （个）		移交条目数 （条）	数字化工作文档 （件、册）
载体起止顺序号		移交载体类型、规格	
检验内容	单　位　名　称		
	移交单位：		接收单位：
准确性检验			
完整性检验			
可用性检验			
安全性检验			
载体外观检验			
填表人（签名）	年　月　日		年　月　日
审核人（签名）	年　月　日		年　月　日
单位（印章）	年　月　日		年　月　日

参 考 文 献

［1］　国家秘密载体印制资质管理办法（国保发〔2012〕7 号）.

［2］　档案数字化外包安全管理规范（档办发〔2014〕7 号）.

4　数码照片归档与管理规范

（DA/T 50—2014）

前　言

本标准由北京市档案局（馆）提出。

本标准由国家档案局归口。

本标准起草单位：北京市档案局（馆）。

本标准主要起草人：白巍、单振宇、杨中营、田雷、张益民。

1　范围

本标准规定了数码照片归档、整理、著录、存储、保管、利用和销毁的基本要求。

本标准适用于机关、团体、企事业单位和其他社会组织数码照片的收集、归档与管理工作。

2　规范性引用文件

下列文件中的条款通过本标准的引用而成为本标准的条款。凡是注日期的引用文件，其随后所有的修改单（不包括勘误的内容）或修订版均不适用于本标准，然而，鼓励根据本标准达成协议的各方研究是否可使用这些文件的最新版本。凡是不注日期的引用文件，其最新版本适用于本标准。

GB/T 2887—2011　计算机场地通用规范

GB/T 11821—2002　照片档案管理规范

GB/T 17235.1—1998　信息技术　连续色调静态图像的数字压缩及编码　第 1 部分：要求和指南

GB/T 17235.2—1998　信息技术　连续色调静态图像的数字压缩及编码　第 2 部分：一致性测试

GB/T 18894　电子文件归档与管理规范

GB/T 20163—2006　中国档案机读目录格式

DA/T 15—1995　磁性载体档案管理与保护规范

DA/T 18—1999　档案著录规则

DA/T 38—2008　电子文件归档光盘技术要求和应用规范

3　术语和定义

下列术语和定义适用于本标准。

3.1

数码照片　digital photos

用数字成像设备拍摄获得的，以数字形式存储于磁带、磁盘、光盘等载体，依赖计算机等数字设备阅读、处理，并可在通信网络上传送的静态图像文件。

3.2

数码照片档案　digital photographic records

机关、团体、企事业单位和其他组织在处理公务过程中形成的对国家和社会具有保存价值并归档保存的数码照片。

3.3

EXIF 信息　exchangeable image file information

数字成像设备在拍摄过程中采集并保存在数码照片内的一组参数。

注1：主要包括数字成像设备的制造厂商、型号、拍摄日期和时间、分辨率、光圈、快门、感光度等信息。

3.4

照片组　photos group

有密切联系的若干张数码照片的集合。

注2：如一次会议、一项活动、一个项目等反映同一问题或事由的若干张数码照片为一个照片组，全部存储到同一层级文件夹内。

4　归档

4.1　归档范围

4.1.1　记录本单位主要职能活动和重要工作成果的数码照片。

4.1.1.1　本单位主办或承办的重点工作、重大活动、重要会议的数码照片。

4.1.1.2　本单位重点建设项目、重点科研项目的数码照片。

4.1.1.3　领导人、著名人物和国际友人参加与本单位、本地区有关的重大公务活动的数码照片。

4.1.1.4　本单位劳动模范、先进人物及其典型活动的数码照片。

4.1.1.5　本单位历届领导班子成员的数码证件照片。

4.1.2　记录本单位、本地区重大事件、重大事故、重大自然灾害及其他异常情况和现象的数码照片。

4.1.3　记录本地区地理概貌、城乡建设、重点工程、名胜古迹、自然风光以及民间风俗和著名人物的数码照片。

4.1.4　其他具有保存价值的数码照片。

4.2　保管期限

数码照片档案的保管期限划分为永久和定期，其中定期分为 30 年和 10 年。

4.3　归档时间

数码照片在拍摄完成后，应及时整理和归档，最迟在第二年 6 月底前完成归档。

4.4　归档要求

4.4.1　归档的数码照片应是用数字成像设备直接拍摄形成的原始图像文件，不能对数码照片的内容和 EXIF 信息进行修改和处理。

4.4.2　对反映同一内容的若干张数码照片，应选择其中具有代表性和典型性的数码照片归档，所选数码照片应能反映该项活动的全貌，且主题鲜明，影像清晰、完整。反映同一场景的数码照片一般只归档一张。

4.4.3　归档的数码照片应为 JPEG、TIFF 或 RAW 格式，推荐采用 JPEG 格式。

4.4.4　归档的数码照片应附加文字说明。文字说明应综合运用事由、时间、地点、人物、背景、摄影者等要素，概括揭示该张数码照片所反映的主要内容。

4.4.5　数码照片可通过存储到符合要求的脱机载体上进行离线归档，也可通过网络进行在线归档。

4.4.6　归档时，应参照 GB/T 18894—2002 对数码照片进行真实、完整、可用和安全方面的鉴定、检测。

5　整理和著录

5.1　分类和排列

5.1.1　同一全宗内的数码照片档案按"保管期限-年度-照片组"分类。

5.1.2　同一照片组内的数码照片档案按形成时间排列。

5.2　命名

5.2.1　整理过程中，应对数码照片文件进行重命名。

5.2.2　数码照片文件采用"保管期限代码-年度-照片组号-张号 . 扩展名"格式命名。

保管期限代码：分别用"YJ""30""10"代表永久、30 年、10 年。

年度：为 4 位阿拉伯数字。

照片组号：为 4 位阿拉伯数字，同一年度内的照片组从"0001"开始顺序编号。

张号：为 4 位阿拉伯数字，同一照片组内的数码照片从"0001"开始顺序编号。

示例1：

2009 年某单位拍摄的一组××工作会议的数码照片为本年度第一组照片，保管期限为"永久"，存储格式为 JPEG。则该组第一张照片的文件名应为：YJ - 2009 - 0001 - 0001.jpg。

5.3 著录

数码照片档案的著录项目见附录 A，建立数码照片档案目录数据库时可参见附录 B。

6 存储和保管

6.1 存储结构

数码照片档案可采用建立层级文件夹的形式进行存储。一般应在计算机硬盘非系统分区建立"数码照片档案"总文件夹，在总文件夹下依次按不同保管期限、年度和照片组建立层级文件夹，并以保管期限代码、年度和照片组号命名层级文件夹。

示例 2：

某单位的数码照片档案统一存放在档案室计算机硬盘的非系统分区 D 盘根目录下，2009 年该单位拍摄的一组××工作会议的数码照片为 2009 年第一组照片，保管期限为"永久"，该组数码照片应存放在以下路径下：

D：\ 数码照片档案 \ YJ \ 2009 \ 0001 \

6.2 存储载体

6.2.1 数码照片档案应存储在耐久性好的载体上，本标准推荐采用硬磁盘、磁带和一次写光盘作为数码照片档案长期保存的存储载体。

6.2.2 数码照片档案应存储为一式 3 套，一套封存保管，一套供查阅利用，一套异地保存。

6.2.3 存储数码照片档案的载体应有专门的装具，且应在载体装具上粘贴标签，标签上注明载体套别（封存保管、查阅利用、异地保存）、载体序号、保管期限、起始年度、终止年度和存入日期等。

6.3 保管

6.3.1 在线存储的数码照片档案的保管条件应符合 GB/T 2887—2011 的要求。

6.3.2 离线存储在磁性载体上的数码照片档案的保管应符合 DA/T 15—1995 的要求。

6.3.3 离线存储在光盘上的数码照片档案的保管应符合 DA/T 38—2008 的要求。

6.3.4 对存储数码照片档案的磁性载体每满 2 年、光盘每满 4 年进行一次抽样机读检验，抽样率不低于 10%，如发现问题应及时采取恢复措施。

6.3.5 对存储在磁性载体上的数码照片档案，应每 4 年转存一次。原载体同时保留时间不少于 4 年。

7 利用和鉴定销毁

7.1 利用

数码照片档案的利用参照各单位档案利用借阅制度执行，利用时应确保数码照片档案的信息安全。

7.2 鉴定销毁

依据国家有关规定，对已到保管期限的数码照片档案开展鉴定、销毁工作。

附录 A
（规范性附录）
数码照片档案著录项目及说明

数码照片档案应至少包括以下著录项目：全宗号、保管期限、年度、部门、照片组号、张号、参见号、摄影者、时间、组题名、文字说明、文件格式、开放状态。

全宗号：档案馆给立档单位编制的代号。

保管期限：照片所划定的保管期限，包括永久、30 年、10 年。

年度：形成年度，采用 4 位阿拉伯数字。

部门：归档部门，采用部门全称或规范化简称，并保持一致和稳定。

照片组号：为 4 位阿拉伯数字，同一年度内的组从"0001"开始顺序编号。

张号：为 4 位阿拉伯数字，同一组内数码照片从"0001"开始顺序编号。

参见号：与本张照片有密切联系的其他载体档案的档号。

摄影者：照片的拍摄单位或拍摄人。

时间：数码照片拍摄时间。采用 8 位阿拉伯数字，依次为：年代 4 位，月和日各 2 位，不足的在前补"0"。

组题名：本组照片所共同反映的主要内容。

文字说明：本张照片的说明，包括人物、地点、事由等要素。

文件格式：本张照片的计算机文件类型，包括 JPEG、TIFF 或 RAW。

开放状态：本张照片是否开放的标记，开放为"Y"，不开放为"N"。

附录 B
（资料性附录）
数码照片档案目录数据库结构及字段表

字段名称	字段名	字段类型	字段长度
全宗号	QZH	字符型	6
保管期限	BGQX	字符型	4
年度	ND	字符型	4
部门	BM	字符型	100
照片组号	ZPZH	字符型	4
张号	ZH	字符型	4
参见号	CJH	字符型	20
摄影者	SYZ	字符型	100
时间	SJ	日期型	8

续表

字段名称	字段名	字段类型	字段长度
组题名	ZTM	字符型	160
文字说明	WZSM	字符型	254
文件格式	WJGS	字符型	4
文件存储路径	WJCCLJ	字符型	100
开放状态	KFZT	逻辑型	1

⑤ 照片类电子档案元数据方案

（DA/T 54—2014）

前　言

本标准由江西省档案局（馆）提出。

本标准由国家档案局归口。

本标准起草单位：江西省档案局、国家档案局档案科学技术研究所。

本标准主要起草人：汪晓勇、刘平原、毛海帆、李鹏达、叶超、傅培超、田丹华、李丽萍、郝晨辉、黄静涛。

引　言

为保障照片类电子档案的真实性、可靠性、完整性和可用性，有效记录照片类电子档案管理过程，特制定本标准。本标准规定了照片类电子档案元数据实体及其元数据构成，涉及电子档案形成、登记、归档、移交、接收、保存、利用、销毁等全过程。

1　范围

本标准规定了照片类电子档案元数据设计、捕获、著录的一般要求。

本标准适用于各级综合档案馆、机关、团体、企业事业单位，可描述、管理以卷、件为保管单位的照片类电子档案，银盐感光材料照片档案数字副本的管理可参照执行。

2　规范性引用文件

下列文件对于本标准的应用是必不可少的。凡是注日期的引用文件，仅所注日期的版本适用于本标准。凡是不注日期的引用文件，其最新版本（包括所有的修改单）适用于本标准。

GB 2312—1980　信息交换用汉字编码字符集基本集

GB/T 7156—2003　文献保密等级代码与标识

GB/T 7408—2005　数据元和交换格式　信息交换　日期和时间表示法（idt ISO 8601：2000）

GB 11643—1999　公民身份号码

GB 11714—1997　全国组织机构代码编制规则

GB 18030—2005　信息技术　中文编码字符集

GB/T 18391.3—2009　数据元的规范与标准化（idt ISO/IEC 11179.3—2003）

GB/T 26162.1—2010　信息与文献　文件管理　第 1 部分：通则（idt ISO 15489 - 1：2001）

GB/T 26163.1—2010　信息与文献　文件管理过程　文件元数据　第 1 部分：原则（idt ISO 23081 - 1：2006）

DA/T 1—2000　档案工作基本术语

DA/T 13—1994　档号编制规则

DA/T 18—1999　档案著录规则

DA/T 46—2009　文书类电子文件元数据方案

DA/T 48—2009　基于 XML 的电子文件封装规范

ISO 3166 - 1：2006　国家及下属地区名称代码　第 1 部分：国家地区代码（Codes for the representation of names of countries and their subdivisions - Part 1：Country codes）

ISO 23081 - 2：2009　信息与文献　文件管理过程　文件元数据　第 2 部分　概念与实施（Information and documentation - Records management processes - Metadata for records - Part 2：Conceptual and implementation issues）

3　术语和定义

DA/T 1—2000、DA/T 46—2009 界定的以及下列术语和定义适用于本标准。

3.1　照片类电子文件　digital photographic documents

经数字摄影设备形成的，以数字形式存储于磁盘、磁带、光盘等载体，依赖计算机等数字设备阅读、处理，可在通信网络上传送的静态图像文件，照片类电子文件由内容、背景和结构组成。

3.2　照片类电子档案　digital photographic records

对国家和社会具有查考和利用价值并归档保存的照片类电子文件（3.1）。

3.3　元数据　metadata

描述文件的背景、内容、结构及其整个管理过程的数据。

［GB/T 26163.1—2010，定义 3.12］

3.4　实体　entity

任何已经存在的，将要存在的或可能存在的具体的或抽象的事物，包括事物间的联系。

［ISO 23081 - 2：2009，定义 3.6］

3.5　简单型　simple type

不具有子元数据的元数据所对应的元数据类型。

注：改写 DA/T 46—2009，定义 3.7。

3.6 容器型 container type

具有子元数据且本身不能被赋值的元数据所对应的元数据类型。

注：改写 DA/T 46—2009，定义 3.8。

3.7 复合型 complex type

本身可以被赋值且在一定条件下可以具有子元数据的元数据所对应的元数据类型。

注：改写 DA/T 46—2009，定义 3.9。

3.8 电子档案管理系统 electronic records management system

机关、团体、企事业单位和其他组织用来对电子档案的识别、捕获、编目、利用、存储、维护和处置等进行管理和控制的信息系统。

注：改写 GB/T 29194—2012，定义 3.17。

3.9 数字档案馆 digital archives

数字档案馆是指各级各类档案馆为适应信息社会日益增长的对档案信息资源管理、利用需求，运用现代信息技术对数字档案信息进行采集、加工、存储、管理，并通过各种网络平台提供公共档案信息服务和共享利用的档案信息集成管理系统。

3.10 登记 registration

在电子档案管理系统或数字档案馆中分配给电子档案唯一标识符的过程，通常伴随着一些元数据的描述。

注：改写 GB/T 26162.1—2010，定义 3.18。

4 元数据实体及元数据描述方法

4.1 元数据实体类型

本标准参照 ISO 23081-2 采用多实体模式建立照片类电子档案元数据方案，并将其划分为档案实体、业务实体、机构人员实体、授权实体等四类元数据实体。元数据实体类型及其涵义如表1所示。

表 1　　　元数据实体类型及描述

中文名称	英文名称	描述
档案实体	record entity	描述任一聚合层次的电子档案本身的元数据集合
业务实体	business entity	描述电子档案得以形成以及管理的职能业务活动的元数据集合，包括电子档案的创建、收集、归档、转换、迁移、处置等管理活动
机构人员实体	agent entity	描述负责实施电子档案管理活动的个人或组织的元数据集合
授权实体	mandate entity	描述电子档案形成、管理活动的授权的元数据集合，包括法律、法规、政策、标准与业务规则等

4.2 元数据实体约束性

档案实体为必选元数据实体。可采用单实体或多实体方案实施本标准。单实体方案仅含档案实体。采用多实体方案时，档案实体、业务实体、机构人员实体为必选实体，授权实体为可选实体，本标准推荐采用多实体方案构建照片类电子档案元数据集。

4.3 元数据实体构成

各元数据实体的元数据构成如表2至表5所示。圆括弧"（ ）"内标示了该元数据的约束性与可重复性，M—必选，C—条件选，O—可选，R—可重复，NR—不可重复。

表 2　　　档 案 实 体 元 数 据

编号	元数据	编号	子元数据
M1	档案馆代码（C，NR）		
M2	档案门类代码（O，NR）		
M3	聚合层次（M，NR）		
M4	唯一标识符（C，NR）		
M5	档号（M，NR）		
M6	题名（M，NR）		
M7	责任者（C，NR）		
		M8	摄影者（M，NR）
		M9	著录者（O，NR）
		M10	数字化责任信息（O，NR）
M11	时间（C，NR）		
		M12	摄影时间（M，NR）
		M13	数字化时间（O，NR）
		M14	修改时间（O，NR）
M15	主题（M，NR）		
		M16	地点（M，NR）
		M17	人物（M，NR）
		M18	背景（O，NR）

编号	元数据	编号	子元数据
M19	全球定位信息（O，NR）		
		M20	全球定位系统版本（C，NR）
		M21	纬度基准（C，NR）
		M22	纬度（C，NR）
		M23	经度基准（C，NR）
		M24	经度（C，NR）
		M25	海拔基准（O，NR）
		M26	海拔（O，NR）
		M27	方向基准（O，NR）
		M28	镜头方向（O，NR）
M29	来源（O，NR）		
		M30	获取方式（C，NR）
		M31	来源名称（C，NR）
		M32	源文件标识符（O，NR）
M33	保管期限（M，NR）		
M34	权限（C，NR）		
		M35	密级（O，NR）
		M36	控制标识（C，NR）
		M37	版权信息（O，NR）
M38	附注（O，NR）		
M39	存储（C，NR）		

编号	元数据	编号	子元数据
		M40	在线存址（C，NR）
		M41	离线存址（C，NR）
M42	生成方式（M，NR）		
M43	捕获设备（M，NR）		
		M44	设备制造商（M，NR）
		M45	设备型号（M，NR）
		M46	设备感光器（O，NR）
		M47	软件信息（M，NR）
M48	信息系统描述（O，R）		
M49	计算机文件名（M，R）		
M50	计算机文件大小（M，R）		
M51	格式信息（M，R）		
		M52	格式名称（C，NR）
		M53	格式描述（C，NR）
M54	图像参数（M，R）		
		M55	水平分辨率（M，NR）
		M56	垂直分辨率（M，NR）
		M57	图像高度（M，NR）
		M58	图像宽度（M，NR）
		M59	色彩空间（M，NR）

续表

编号	元数据	编号	子元数据
		M60	YCbCr 分量（O，NR）
		M61	每像素样本数（M，NR）
		M62	每样本位数（M，NR）
		M63	压缩方案（M，NR）
		M64	压缩率（M，NR）
M65	参见号（C，NR）		
M66	数字签名（O，R）		
		M67	签名格式描述（C，NR）
		M68	签名时间（C，NR）
		M69	签名者（C，NR）
		M70	签名（C，NR）
		M71	证书（C，NR）
		M72	证书引证（O，NR）
		M73	签名算法（O，NR）

表3　　业务实体元数据

编号	元数据	编号	子元数据
M74	职能业务（O，NR）		
		M75	业务类型（O，NR）
		M76	业务名称（C，NR）
		M77	业务开始时间（O，NR）
		M78	业务结束时间（O，NR）

续表

编号	元数据	编号	子元数据
		M79	业务描述（C，NR）
M80	管理活动（C，R）		
		M81	管理活动标识符（C，NR）
		M82	管理行为（C，NR）
		M83	管理时间（C，NR）
		M84	关联实体标识符（C，NR）
		M85	管理活动描述（O，NR）

表4　　机构人员实体元数据

编号	元数据	编号	子元数据
M86	机构人员标识符（C，NR）		
M87	机构人员名称（C，NR）		
M88	机构人员类型（O，NR）		
M89	机构人员代码（O，NR）		
M90	机构人员隶属（O，NR）		

表5　　授权实体元数据

编号	元数据	编号	子元数据
M91	授权标识符（C，NR）		
M92	授权名称（C，NR）		
M93	授权类型（O，NR）		
M94	发布时间（C，NR）		

4.4 元数据的描述方法

本标准参考 GB/T 18391.3—2009，采用表 6 所示方法对元数据进行描述。

本标准所描述的元数据有四个属性相同：

——注册版本：1.0

——注册机构：中华人民共和国国家档案局

——字符集：GB 2312—1980、GB 18030—2005

——语言：中文

表 6　元 数 据 描 述 方 法

编号	按一定规则排列的元数据的顺序号
中文名称	元数据的中文标识
英文名称	元数据的英文标识
定义	元数据含义的描述
目的	描述该元数据的必要性和作用
约束性	采用该元数据的强制性程度，分"必选""条件选""可选"。"必选"表示必须采用，"条件选"表示在特定环境和条件下必须采用，"可选"指根据需要选用或不选用
可重复性	元数据是否可用于多次描述同一个实体的性质
元数据类型	元数据所属的类别。本标准将元数据分为容器型、复合型和简单型
数据类型	元数据值的数据类别，是数据结构中具有相同数学特性的值的集合以及定义在该集合上的一组操作
编码修饰体系	描述该元数据应遵循的编码规则
值域	可以分配给元数据的值
缺省值	该元数据的默认值
子元数据	该元数据具有的下属元数据
信息来源	聚合层次为"件"的元数据值的捕获节点和方法
应用层次	该元数据能够应用的聚合层次
相关元数据	与该元数据有密切联系的元数据
著录说明	关于该元数据著录、赋值的规范性说明与示例
注释	对元数据的进一步说明

5 档案实体元数据描述

5.1 档案馆代码

编号	M1	
中文名称	档案馆代码	
英文名称	archives identifier	
定义	唯一标识综合档案馆的一组代码	
目的	标识照片类电子档案的来源；有利于照片类电子档案的集中存储与共享	
约束性	条件选	
可重复性	不可重复	
元数据类型	简单型	
数据类型	字符型	
编码修饰体系	标识	名称
	国档发〔1987〕4号	编制全国档案馆名称代码实施细则
值域	—	
缺省值	—	
子元数据	—	
信息来源	捕获节点	捕获方式
	照片类电子档案在数字档案馆登记之时	由数字档案馆根据预设值自动捕获
应用层次	卷，件	
相关元数据	唯一标识符（M4）	
著录说明	示例："443001"	
注释	本方案所述电子档案管理系统、数字档案馆分别应用于档案室、综合档案馆。综合档案馆实施本方案时，本元数据必选	

5.2 档案门类代码

编号	M2
中文名称	档案门类代码
英文名称	archival category code
定义	唯一标识档案门类的一组字符
目的	有利于全宗档案的分类、编目，为全宗档案的完整与有效管理奠定基础；有利于照片类电子档案的标识、存储和控制
约束性	可选

续表

可重复性	不可重复	
元数据类型	简单型	
数据类型	字符型	
编码修饰体系	标识	名称
		《档案门类代码编码方案》（附录 B.1）
值域	—	
缺省值	ZP	
子元数据	—	
信息来源	捕获节点	捕获方式
	照片类电子档案在电子档案管理系统或数字档案馆登记之时	由电子档案管理系统或数字档案馆根据预设值自动捕获
应用层次	卷、件	
相关元数据	唯一标识符（M4）	
著录说明	—	
注释	—	

5.3　聚合层次

编号	M3	
中文名称	聚合层次	
英文名称	aggregation level	
定义	照片类电子档案在全宗整理结构中的位置标识，如宗、类、卷、件等	
目的	标识照片类电子档案的整理层级；为照片类电子档案的著录、利用与统计提供基准；有利于元数据库的管理与控制	
约束性	必选	
可重复性	不可重复	
元数据类型	简单型	
数据类型	字符型	
编码修饰体系	—	
值域	卷、件	
缺省值	—	
子元数据	—	

续表

信息来源	捕获节点	捕获方式
	照片类电子档案在电子档案管理系统或数字档案馆登记或挂接之时	由电子档案管理系统或数字档案馆根据预设值自动捕获
应用层次	卷、件	
相关元数据	档号（M5）	
著录说明	示例："件"	
注释	—	

5.4　唯一标识符

编号	M4	
中文名称	唯一标识符	
英文名称	unique identifier	
定义	唯一标识照片类电子档案的一组代码	
目的	在一个域内和多个域之间为照片类电子档案提供唯一标识；提供照片类电子档案的来源信息；便于照片类电子档案的存储、检索、识别、交换、管理与共享	
约束性	条件选	
可重复性	不可重复	
元数据类型	简单型	
数据类型	字符型	
编码修饰体系	标识	名称
	ISO 3166-1—2006	国家及下属地区名称代码 第 1 部分：国家代码
	国档发〔1987〕4 号	编制全国档案馆名称代码实施细则
	DA/T 13—1994	档号编制规则
		《档案门类代码编码方案》（附录 B.1）
		《唯一标识符编码方案》（附录 B.2）
值域	—	
缺省值	—	
子元数据	—	

信息来源	捕获节点	捕获方式
	照片类电子档案在数字档案馆登记之时	由电子档案管理系统或数字档案馆按预设唯一标识符构成规则自动捕获
应用层次	件	
相关元数据	档案馆代码（M1），档案门类代码（M2），档号（M5），计算机文件名（M49）	
著录说明	本方案推荐采用的唯一标识符构成规则为：国家代码＋档案馆代码＋全宗号＋档案门类代码＋形成年度＋顺序号。唯一标识符各构成项编码方案见附录 B.2。 示例："CN436001X043ZP200900017"，该组代码标识的是江西省档案馆馆藏 X043 全宗内一张形成于 2009 年、顺序号为 00017 的照片类电子档案	
注释	综合档案馆实施本方案时，本元数据必选	

5.5　档号

编号	M5	
中文名称	档号	
英文名称	archival code	
定义	以字符形式赋予电子档案的、用以固定和反映电子档案排列顺序的一组代码	
目的	标识电子档案的分类、组合、排列、编目结果； 提供电子档案的来源信息； 为电子档案的统计、利用提供检索点	
约束性	必选	
可重复性	不可重复	
元数据类型	复合型	
数据类型	字符型	
编码修饰体系	标识	名称
	DA/T 13—1994	档号编制规则
值域	—	
缺省值	—	
子元数据	—	
信息来源	捕获节点	捕获方式
	在电子档案管理系统或数字档案馆照片类电子档案整理之时	由电子档案管理系统或数字档案馆根据预设档号编制规则自动捕获

应用层次	卷、件	
相关元数据	聚合层次（M3），唯一标识符（M4），计算机文件名（M49）	
著录说明	—	
注释	实施本方案时，可以根据具体的档号构成规则与业务需要扩展设置档号（M5）的子元数据	

5.6　题名

编号	M6	
中文名称	题名	
英文名称	title	
定义	能揭示照片类电子档案中心主题的标题或名称	
目的	描述照片类电子档案主要内容及其形成的业务背景； 为照片类电子档案的真实、完整和可用提供保障； 为利用者提供检索点	
约束性	必选	
可重复性	不可重复	
元数据类型	复合型	
数据类型	字符型	
编码修饰体系	标识	名称
	DA/T 18—1999	档案著录规则
值域	—	
缺省值	—	
子元数据	—	
信息来源	捕获节点	捕获方式
	照片类电子档案在电子档案管理系统或数字档案馆登记之后，对本元数据进行著录之时	由电子档案管理系统或数字档案馆从照片类电子档案比特流中自动提取并赋值，或由著录人员手工赋值
应用层次	卷、件	
相关元数据	时间（M11），主题（M15），职能业务（M74）	
著录说明	题名应能准确揭示照片类电子档案记录的主要内容，包括业务活动、主要人物等，如示例 1。同一项业务活动中形成的照片类电子档案组成一个卷时，其案卷级题名可使用业务活动名称著录，如示例 2。	

著录说明	示例 1："中共江西省委副书记、省人民政府省长吴新雄等省领导出席南昌市城市快速轨道交通工程开工奠基仪式" 示例 2："南昌市城市快速轨道交通工程开工奠基仪式"
注释	照片类电子档案记录的其他人物、地点、背景及其得以形成的职能业务等要素可在相关元数据中进行全面描述； 实施本方案时，可以根据业务需要扩展设置题名（M6）的子元数据，如副题名、并列题名等； 如果摄影者或电子文件形成部门在收集阶段将题名信息写入照片类电子文件的摘要中，可以实现电子档案管理系统或数字档案馆对本元数据的自动提取与赋值

5.7 责任者

编号	M7
中文名称	责任者
英文名称	author
定义	对照片类电子档案形成负有责任的个人和机构信息
目的	为照片类电子档案的真实、完整和可用提供保障； 为照片类电子档案的利用提供检索点； 明确照片类电子档案的版权归属
约束性	条件选
可重复性	不可重复
元数据类型	容器型
数据类型	—
编码修饰体系	—
值域	—
缺省值	—
子元数据	摄影者（M8），著录者（M9），数字化责任信息（M10）
信息来源	—
应用层次	件
相关元数据	—
著录说明	—

注释	著录者（M9）、数字化责任信息（M10）等 2 个子元数据有 1 个或全部被选用时，本元数据必选； 数字化责任信息（M10）主要用于描述银盐感光材料照片档案数字化的责任者，可为银盐感光材料照片档案经数字化形成的静态图像的真实、可靠提供保障

5.7.1 摄影者

编号	M8	
中文名称	摄影者	
英文名称	photographer	
定义	照片类电子档案的拍摄者	
目的	为照片类电子档案的真实、完整和可用提供保障； 为照片类电子档案的利用提供检索点； 明确照片类电子档案的版权归属	
约束性	必选	
可重复性	不可重复	
元数据类型	简单型	
数据类型	字符型	
编码修饰体系	—	
值域	—	
缺省值	—	
子元数据	—	
信息来源	捕获节点	捕获方式
	照片类电子档案在电子档案管理系统或数字档案馆登记之后	由著录人员在电子档案管理系统或数字档案馆手工赋值，或由数字档案馆从导入数据中自动捕获
应用层次	卷、件	
相关元数据	版权信息（M37）	
著录说明	应著录摄影者姓名及其工作单位名称，姓名与单位名称之间用"，"隔开，如示例 1； 聚合层次为卷并存在多个摄影者时，应逐个著录摄影者信息，如示例 2。若摄影者无工作单位或服务组织，则无需著录单位或组织名称。摄影者无法考证时以"□□□"代替。 示例 1："刘金云，湖南省档案馆" 示例 2："彭瑞华，冷敏剑，江西省档案馆"	

续表

注释	如果摄影者或电子文件形成部门在收集阶段将摄影者姓名等信息写入照片类电子文件的摘要中，可以实现电子档案管理系统或数字档案馆对本元数据的自动提取与赋值

5.7.2　著录者

编号	M9	
中文名称	著录者	
英文名称	descripted by	
定义	对照片类电子档案进行著录的责任人姓名及其工作单位	
目的	为照片类电子档案的真实、完整和可用提供保障； 利于照片类电子档案的管理和控制	
约束性	可选	
可重复性	不可重复	
元数据类型	简单型	
数据类型	字符型	
编码修饰体系	—	
值域	—	
缺省值	—	
子元数据	—	
信息来源	捕获节点	捕获方式
	照片类电子档案在电子档案管理系统或数字档案馆登记之后，对本元数据进行著录或修改之时	由著录人员手工赋值，或由电子档案管理系统或数字档案馆自动赋值
应用层次	卷、件	
相关元数据	—	
著录说明	记录著录者姓名及其工作单位名称，姓名与单位名称之间用","隔开；多个著录者信息之间用";"隔开。著录要求可参考摄影者（M8）的著录示例	
注释	著录者是揭示照片电子档案所记录的业务活动、人物等主题内容的重要责任者，准确的著录可为电子档案的真实性、完整性和可用性提供保障	

5.7.3　数字化责任信息

编号	M10	
中文名称	数字化责任信息	
英文名称	digitization responsibility information	
定义	关于银盐感光材料照片档案数字化转换责任方的描述信息	
目的	为银盐感光材料照片档案数字副本的真实、可信提供保障； 记录银盐感光材料照片档案数字副本形成的背景信息	
约束性	可选	
可重复性	不可重复	
元数据类型	简单型	
数据类型	字符型	
编码修饰体系	—	
值域	—	
缺省值	—	
子元数据	—	
信息来源	捕获节点	捕获方式
	银盐感光材料照片档案数字化扫描开始之时	由数字化系统根据预设文本自动赋值并导入电子档案管理系统或数字档案馆
应用层次	卷、件	
相关元数据	—	
著录说明	以自由文本方式著录，主要包括银盐感光材料照片档案数字化工作审批以及实施数字化转换责任部门或机构的描述信息。 示例："经 2010 年 12 月 6 日召开的局务会研究确定，X035 全宗的 1000 张照片档案为本馆第三期数字化项目的数字化对象。经省政府采购办（2011）集中 5 号函批复对本期数字化项目实行政府集中采购，并最终确认×××信息技术有限公司为成交供应商（××省机电设备招标有限公司成交通知书，No.116104147055），负责按合同（合同编号：SZH20110908）要求提供数字化加工服务。本期数字化项目授权信息见《×××档案原件数字化审批书》（编号：2012ZP002），该审批书保存于数字化工作文档与 X035 全宗的全宗卷中。"	
注释	参照本方案对银盐感光材料照片档案数字副本进行管理时，本元数据必选	

5.8　时间

编号	M11
中文名称	时间
英文名称	date time
定义	关于照片类电子档案形成的一组描述信息
目的	为照片类电子档案的真实性、可靠性提供保障； 揭示照片类电子档案的来源信息； 为照片类电子档案的利用提供检索点
约束性	条件选
可重复性	不可重复
元数据类型	容器型
数据类型	—
编码修饰体系	—
值域	—
缺省值	—
子元数据	摄影时间（M12），数字化时间（M13），修改时间（M14）
信息来源	—
应用层次	件
相关元数据	—
著录说明	—
注释	数字化时间（M13）、修改时间（M14）等2个子元数据有1个或全部被选用时，本元数据必选

数据类型	当聚合层次为卷时，为字符型； 当聚合层次为件时，为日期时间型或字符型	
编码修饰体系	标识	名称
	GB/T 7408—2005	数据元和交换格式 信息交换 日期和时间表示法
值域	—	
缺省值	—	
子元数据	—	
信息来源	捕获节点	捕获方式
	照片类电子档案在电子档案管理系统或数字档案馆挂接或对本元数据著录之时	由电子档案管理系统或数字档案馆从照片类电子档案比特流中自动提取并赋值，或由著录人员手工赋值
应用层次	卷、件	
相关元数据	—	
著录说明	聚合层次为卷时，著录一组照片类电子档案形成的起止时间，中间用"/"相连，如示例1；聚合层次为件时，著录摄影日期与时间，如示例2。 示例1：20001104/20081106 或 2000 - 11 - 04/2008 - 11 - 06 示例2：2008 - 11 - 04T10：18：10+00：00	
注释	聚合层次为件时，本元数据对应《数码相机可交换图像文件》（以下简称Exif2.2）的Date-TimeOriginal元素	

5.8.1　摄影时间

编号	M12
中文名称	摄影时间
英文名称	creation date
定义	照片类电子档案的拍摄时间
目的	为照片类电子档案的真实性、可靠性提供保障； 揭示照片类电子档案的来源信息； 为照片类电子档案的利用提供检索点
约束性	必选
可重复性	不可重复
元数据类型	简单型

5.8.2　数字化时间

编号	M13
中文名称	数字化时间
英文名称	digitization date
定义	照片类电子档案的数字化时间
目的	为照片类电子档案的真实、完整提供保障； 记录照片类电子档案形成的背景信息
约束性	可选
可重复性	不可重复
元数据类型	简单型
数据类型	日期型或日期时间型

续表

编码修饰体系	标识	名称
GB/T 7408—2005		数据元和交换格式　信息交换　日期和时间表示法
值域	—	
缺省值	—	
子元数据	—	
信息来源	捕获节点	捕获方式
	照片类电子档案在电子档案管理系统或数字档案馆挂接或对本元数据著录之时	由电子档案管理系统或数字档案馆从照片类电子档案比特流中自动提取并赋值
应用层次	件	
相关元数据	—	
著录说明	应著录照片类电子档案的数字化日期与时间。 示例1：2008-11-04T10：18：10+00：00 示例2：20110622或2011-06-22	
注释	本元数据对应 Exif2.2 的 DateTimeDigitized 元素，且其数字化时间（M13）、摄影时间（M12）的值相同。 参照本方案对银盐感光材料照片档案数字副本进行管理时，应著录数字化扫描时间，由数字化系统自动捕获	

5.8.3　修改时间

编号	M14	
中文名称	修改时间	
英文名称	modified date	
定义	在收集归档前对照片类电子文件进行的最后一次剪裁、修饰等图像处理时间	
目的	记录照片类电子档案从形成到归档前的背景信息； 为照片类电子档案的原始形态提供证据链	
约束性	可选	
可重复性	不可重复	
元数据类型	简单型	
数据类型	日期型或日期时间型	
编码修饰体系	标识	名称

GB/T 7408—2005		数据元和交换格式　信息交换　日期和时间表示法
值域	—	
缺省值	—	
子元数据	—	
信息来源	捕获节点	捕获方式
	照片类电子档案在电子档案管理系统或数字档案馆登记或挂接之时	由电子档案管理系统或数字档案馆从照片类电子档案比特流中自动提取并赋值
应用层次	件	
相关元数据	—	
著录说明	参考摄影时间（M12）的著录说明	
注释	本元数据对应 Exif2.2 的 DateTime 元素； 从新闻媒体、政府网站收集归档的照片类电子文件通常经过了裁剪、修饰，图像处理软件会在 Exif2.2 的 DateTime 元素中自动记录最后的修改时间。通过本元数据可为照片类电子档案是否处于原始形态提供验证参考	

5.9　主题

编号	M15	
中文名称	主题	
英文名称	subject	
定义	关于照片类电子档案记录主要人物、地点等内容的一组描述信息	
目的	为照片类电子档案的真实、完整、可用提供保障； 深入揭示照片类电子档案中心内容与主题； 为管理者与利用者提供高于题名精细粒度的检索途径	
约束性	必选	
可重复性	不可重复	
元数据类型	容器型	
数据类型	—	
编码修饰体系	—	
值域		
缺省值		
子元数据	地点（M16），人物（M17），背景（M18）	

续表

信息来源	—
应用层次	件
相关元数据	题名（M6）
著录说明	—
注释	—

5.9.1 地点

编号	M16	
中文名称	地点	
英文名称	place	
定义	照片类电子档案的拍摄地点	
目的	为照片类电子档案的真实、完整、可用提供保障； 深入揭示照片类电子档案中心内容与主题； 为管理者与利用者提供高于题名精细粒度的检索途径	
约束性	必选	
可重复性	不可重复	
元数据类型	简单型	
数据类型	字符型	
编码修饰体系	—	
值域	—	
缺省值	—	
子元数据	—	
信息来源	捕获节点	捕获方式
	照片类电子档案在电子档案管理系统或数字档案馆登记或挂接之时，或对本元数据著录之时	由电子档案管理系统或数字档案馆从照片类电子档案比特流中自动提取并赋值，或由著录人员手工赋值
应用层次	件	
相关元数据	—	
著录说明	著录照片类电子档案拍摄地点的名称、地址、方位等信息。 示例："北京市奥林匹克公园，大屯路与国家体育场北路之间"	
注释	如果摄影者或电子文件形成部门在收集阶段将地点信息写入照片类电子文件的摘要中，可以实现电子档案管理系统或数字档案馆对本元数据的自动提取与赋值	

5.9.2 人物

编号	M17	
中文名称	人物	
英文名称	people	
定义	照片类电子档案记录的主要人物信息	
目的	为照片类电子档案的真实、完整、可用提供保障； 深入揭示照片类电子档案中心内容与主题； 为管理者与利用者提供高于题名精细粒度的检索途径	
约束性	必选	
可重复性	不可重复	
元数据类型	简单型	
数据类型	字符型	
编码修饰体系	—	
值域	—	
缺省值	—	
子元数据	—	
信息来源	捕获节点	捕获方式
	照片类电子档案在电子档案管理系统或数字档案馆登记或挂接之时，或对本元数据著录之时	由电子档案管理系统或数字档案馆从照片类电子档案比特流中自动提取并赋值，或由著录人员手工赋值
应用层次	件	
相关元数据	—	
著录说明	著录人物的姓名、职务及其在照片类电子档案中所处的位置，多个人物描述信息之间用";"隔开。 示例："左一：肖雅瑜，湖南省人大常委会副主任；左二：孙在田，湖南省人大常委会秘书长"	
注释	如果摄影者或电子文件形成部门在收集阶段将人物姓名等信息写入照片类电子文件的摘要中，可以实现电子档案管理系统或数字档案馆对本元数据的自动提取与赋值	

5.9.3 背景

编号	M18
中文名称	背景
英文名称	background

定义	照片类电子档案所记录的具有检索或参照作用的实物背景信息，如建筑物、纪念碑、文物等
目的	为照片类电子档案的真实、完整、可用提供保障； 深入揭示照片类电子档案中心内容与主题； 为管理者与利用者提供高于题名精细粒度的检索途径
约束性	可选
可重复性	不可重复
元数据类型	简单型
数据类型	字符型
编码修饰体系	—
值域	—
缺省值	—
子元数据	—

信息来源	捕获节点	捕获方式
	照片类电子档案在电子档案管理系统或数字档案馆登记之后，对本元数据进行手工著录之时	由著录人员在电子档案管理系统或数字档案馆手工赋值

应用层次	件
相关元数据	—
著录说明	著录背景的通用名称，或采用一段自由文本进行著录。 示例："照片画面远处的建筑是第 29 届北京奥林匹克运动会网球场主场地外景。"
注释	如果摄影者或电子文件形成部门在收集阶段将背景信息写入照片类电子文件的摘要中，可以实现电子档案管理系统或数字档案馆对本元数据的自动提取与赋值

5.10　全球定位信息

编号	M19
中文名称	全球定位信息
英文名称	global position information
定义	照片类电子档案拍摄地点的一组全球定位信息

目的	准确描述照片类电子档案记录内容的地理位置及方向； 为照片类电子档案的应用提供必要条件
约束性	可选
可重复性	不可重复
元数据类型	容器型
数据类型	—
编码修饰体系	—
值域	—
缺省值	—
子元数据	全球定位系统版本（M20），纬度基准（M21），纬度（M22），经度基准（M23），经度（M24），海拔基准（M25），海拔（M26），方向基准（M27），镜头方向（M28）
信息来源	—
应用层次	件
相关元数据	—
著录说明	—
注释	本元数据各子元数据著录说明中的著录示例取自珠海市档案局提供的一张珠海市档案馆（珠海市梅华西路红山楼以北）外景照片，拍摄时间为 2011 年 10 月 11 日 15：28：43，摄影者为许坤远

5.10.1　全球定位系统版本

编号	M20
中文名称	全球定位系统版本
英文名称	GPS version
定义	全球定位系统（GPS）接收器所使用的 GPS 系统版本信息
目的	准确描述照片类电子档案记录内容的地理位置及方向； 为照片类电子档案的应用提供必要条件
约束性	条件选
可重复性	不可重复
元数据类型	简单型
数据类型	字符型
编码修饰体系	—

值域	—
缺省值	V2.2
子元数据	—

信息来源	捕获节点	捕获方式
	照片类电子档案在电子档案管理系统或数字档案馆登记或挂接之时	由电子档案管理系统或数字档案馆从照片类电子档案比特流中自动提取并赋值

应用层次	件
相关元数据	—
著录说明	示例："2.2.0.0"
注释	全球定位信息（M19）被选用时，本元数据必选； 本元数据对应 Exif2.2 的 GPSversionidentifier 元素

5.10.2　纬度基准

编号	M21
中文名称	纬度基准
英文名称	latitude reference
定义	照片类电子档案拍摄地点的北纬或南纬标识
目的	准确描述照片类电子档案记录内容的地理位置及方向； 为照片类电子档案的应用提供必要条件
约束性	条件选
可重复性	不可重复
元数据类型	简单型
数据类型	字符型
编码修饰体系	—
值域	North，South
缺省值	—
子元数据	—

信息来源	捕获节点	捕获方式
	照片类电子档案在电子档案管理系统或数字档案馆登记或挂接之时	由电子档案管理系统或数字档案馆从照片类电子档案比特流中自动提取并赋值

应用层次	件
相关元数据	纬度（M22）
著录说明	示例："North"
注释	全球定位信息（M19）被选用时，本元数据必选； "North"表示北纬，"South"表示南纬； 本元数据对应 Exif2.2 的 GPSLatitudeRef 元素

5.10.3　纬度

编号	M22
中文名称	纬度
英文名称	latitude
定义	照片类电子档案拍摄地点的纬度数据
目的	准确描述照片类电子档案记录内容的地理位置及方向； 为照片类电子档案的应用提供必要条件
约束性	条件选
可重复性	不可重复
元数据类型	简单型
数据类型	字符型
编码修饰体系	—
值域	—
缺省值	—
子元数据	—

信息来源	捕获节点	捕获方式
	照片类电子档案在电子档案管理系统或数字档案馆登记或挂接之时	由电子档案管理系统或数字档案馆从照片类电子档案比特流中自动提取并赋值

应用层次	件
相关元数据	纬度基准（M21）
著录说明	纬度信息数据格式为：XX°YY′ZZ″ 示例1："22°17′8.39″"
注释	全球定位信息（M19）被选用时，本元数据必选； 本元数据对应 Exif2.2 的 GPSLatitude 元素

5.10.4　经度基准

编号	M23		
中文名称	经度基准		
英文名称	longitude reference		
定义	照片类电子档案拍摄地点的东经或西经标识		
目的	准确描述照片类电子档案记录内容的地理位置及方向； 为照片类电子档案的应用提供必要条件		
约束性	条件选		
可重复性	不可重复		
元数据类型	简单型		
数据类型	字符型		
编码修饰体系	—		
值域	East，West		
缺省值	—		
子元数据	—		
信息来源	捕获节点		捕获方式
	照片类电子档案在电子档案管理系统或数字档案馆登记或挂接之时		由电子档案管理系统或数字档案馆从照片类电子档案比特流中自动提取并赋值
应用层次	件		
相关元数据	经度（M24）		
著录说明	示例："East"		
注释	全球定位信息（M19）被选用时，本元数据必选； "East"表示东经，"West"表示西经； 本元数据对应 Exif2.2 的 GPSLongitudeRef 元素		

5.10.5　经度

编号	M24
中文名称	经度
英文名称	longitude
定义	照片类电子档案拍摄地点的经度数据
目的	准确描述照片类电子档案记录内容的地理位置及方向； 为照片类电子档案的应用提供必要条件
约束性	条件选

续表

可重复性	不可重复		
元数据类型	简单型		
数据类型	字符型		
编码修饰体系	—		
值域	—		
缺省值	—		
子元数据	—		
信息来源	捕获节点		捕获方式
	照片类电子档案在电子档案管理系统或数字档案馆登记或挂接之时		由电子档案管理系统或数字档案馆从照片类电子档案比特流中自动提取并赋值
应用层次	件		
相关元数据	经度基准（M23）		
著录说明	经度信息数据格式为：XX°YY′ZZ″ 示例1："113°31′59.80″"		
注释	全球定位信息（M19）被选用时，本元数据必选； 本元数据对应 Exif2.2 的 GPSLongitude 元素		

5.10.6　海拔基准

编号	M25
中文名称	海拔基准
英文名称	altitude reference
定义	照片类电子档案拍摄地点在海平面之上或海平面之下的海拔标识
目的	准确描述照片类电子档案记录内容的地理位置及方向； 为照片类电子档案的应用提供必要条件
约束性	可选
可重复性	不可重复
元数据类型	简单型
数据类型	字符型
编码修饰体系	—
值域	Above Sea Level，Under Sea Level
缺省值	—

续表

子元数据	—	
信息来源	捕获节点	捕获方式
	照片类电子档案在电子档案管理系统或数字档案馆登记或挂接之时	由电子档案管理系统或数字档案馆从照片类电子档案比特流中自动提取并赋值
应用层次	件	
相关元数据	海拔（M26）	
著录说明	示例："Above Sea Level"	
注释	本元数据对应 Exif2.2 的 GPSAltitudeRef 元素；"Above Sea Level" 表示拍摄地点在海平面之上，"Under Sea Level" 表示拍摄地点在海平面之下	

5.10.7 海拔

编号	M26	
中文名称	海拔	
英文名称	altitude	
定义	照片类电子档案拍摄地点的海拔数据	
目的	准确描述照片类电子档案记录内容的地理位置及方向；为照片类电子档案的应用提供必要条件	
约束性	可选	
可重复性	不可重复	
元数据类型	简单型	
数据类型	字符型	
编码修饰体系	—	
值域	—	
缺省值	—	
子元数据	—	
信息来源	捕获节点	捕获方式
	照片类电子档案在电子档案管理系统或数字档案馆登记或挂接之时	由电子档案管理系统或数字档案馆从照片类电子档案比特流中自动提取并赋值
应用层次	件	
相关元数据	海拔基准（M25）	

续表

著录说明	海拔高度参数，单位为米，精确到小数点后两位。示例："32"	
注释	本元数据对应 Exif2.2 的 GPSAltitude 元素	

5.10.8 方向基准

编号	M27	
中文名称	方向基准	
英文名称	image direction reference	
定义	拍摄照片类电子档案的数字摄影设备镜头的方向标识	
目的	准确描述照片类电子档案记录内容的地理位置及方向；为照片类电子档案的应用提供必要条件	
约束性	可选	
可重复性	不可重复	
元数据类型	简单型	
数据类型	字符型	
编码修饰体系	—	
值域	True North, Magnetic North	
缺省值	—	
子元数据	—	
信息来源	捕获节点	捕获方式
	照片类电子档案在电子档案管理系统或数字档案馆登记或挂接之时	由电子档案管理系统或数字档案馆从照片类电子档案比特流中自动提取并赋值
应用层次	件	
相关元数据	镜头方向（M28）	
著录说明	示例："Magnetic North"	
注释	本元数据对应 Exif2.2 的 GPSImgDirectionRef 元素；"True North" 表示真北方向，"Magnetic North" 表示磁北方向；真北方向是指向地面上任一点指向地理北极的方向，磁北方向是指在地面上任一点磁针北端所指的方向	

5.10.9　镜头方向

编号	M28
中文名称	镜头方向
英文名称	image direction
定义	拍摄照片类电子档案的数字摄影设备的镜头方向，以 0°~359.99°之间的一个值表示
目的	准确描述照片类电子档案记录内容的地理位置及方向； 为照片类电子档案的应用提供必要条件
约束性	可选
可重复性	不可重复
元数据类型	简单型
数据类型	字符型
编码修饰体系	—
值域	0~359.99°
缺省值	—
子元数据	—

信息来源	捕获节点	捕获方式
	照片类电子档案在电子档案管理系统或数字档案馆登记或挂接之时	由电子档案管理系统或数字档案馆从照片类电子档案比特流中自动提取并赋值

应用层次	件
相关元数据	方向基准（M27）
著录说明	示例："5.2°"
注释	本元数据对应 Exif2.2 的 GPSImgDirection 元素

5.11　来源

编号	M29
中文名称	来源
英文名称	provenance
定义	照片类电子档案获取源的一组描述信息
目的	记录照片类电子档案的获取方式与获取源等背景信息； 有助于照片类电子档案的利用、控制和管理； 有利于保护照片类电子档案版权所有者权益
约束性	可选
可重复性	不可重复

元数据类型	容器型
数据类型	—
编码修饰体系	—
值域	—
缺省值	—
子元数据	获取方式（M30），来源名称（M31），源文件标识符（M32）
信息来源	—
应用层次	件
相关元数据	权限（M34），版权信息（M37）
著录说明	—
注释	本元数据及其子元数据主要应用于综合档案馆

5.11.1　获取方式

编号	M30
中文名称	获取方式
英文名称	acquisition approaches
定义	获取照片类电子档案的途径
目的	记录照片类电子档案的获取方式与获取源等背景信息； 有助于照片类电子档案的利用、控制和管理； 有利于保护照片类电子档案版权所有者权益
约束性	条件选
可重复性	不可重复
元数据类型	简单型
数据类型	字符型
编码修饰体系	—
值域	接收，征集，馆拍，获赠，购买，寄存，下载，[其他]
缺省值	—
子元数据	—

信息来源	捕获节点	捕获方式
	照片类电子档案在数字档案馆登记之时或之后，或对本元数据著录之时	由著录人员手工赋值，或由数字档案馆从导入的元数据中批量自动捕获

续表

应用层次	件
相关元数据	—
著录说明	示例1："购买" 示例2："获赠"
注释	来源（M29）被选用时，本元数据必选； 值域中的"馆拍"表示照片类电子档案由综合档案拍摄形成并归档保存，"［其他］"表示根据需要而自定义设置的其他获取方式

5.11.2　来源名称

编号	M31	
中文名称	来源名称	
英文名称	provenance name	
定义	移交、提供、捐赠照片类电子档案的机构或个人名称	
目的	记录照片类电子档案的获取方式与获取源等背景信息； 有助于照片类电子档案的利用、控制和管理； 有利于保护照片类电子档案版权所有者权益	
约束性	条件选	
可重复性	不可重复	
元数据类型	简单型	
数据类型	字符型	
编码修饰体系	—	
值域	—	
缺省值	—	
子元数据	—	
信息来源	捕获节点	捕获方式
	照片类电子档案在数字档案馆登记之时或之后，或对本元数据著录之时	由著录人员手工赋值，或由数字档案馆从导入的元数据中批量自动捕获
应用层次	件	
相关元数据	—	
著录说明	来源为机构时，应著录机构的全称或不发生误解的通用简称，如示例1；来源为个人时，应著录姓名及其工作单位等重要信息，如示例2。以下示例与获取方式（M30）的示例相对应。	

续表

著录说明	示例1："新华社" 示例2："刘华，江西省文联主席"
注释	来源（M29）被选用时，本元数据必选

5.11.3　源文件标识符

编号	M32	
中文名称	源文件标识符	
英文名称	source identifier	
定义	照片类电子档案在来源出处的标识符	
目的	记录照片类电子档案的获取方式与获取源等背景信息； 有助于照片类电子档案的利用、控制和管理； 有利于保护照片类电子档案版权所有者权益	
约束性	可选	
可重复性	不可重复	
元数据类型	简单型	
数据类型	字符型	
编码修饰体系	—	
值域	—	
缺省值	—	
子元数据	—	
信息来源	捕获节点	捕获方式
	照片类电子档案在数字档案馆登记之时或之后，或对本元数据著录之时	由著录人员手工赋值，或由数字档案馆从导入的元数据中批量自动捕获
应用层次	件	
相关元数据	—	
著录说明	示例："江西日报照片汇编第15期第2张"	
注释	—	

5.12　保管期限

编号	M33
中文名称	保管期限
英文名称	retention period
定义	为照片类电子档案划定的存留年限
目的	标识照片类电子档案保存价值； 为照片类电子档案的鉴定、统计和长期保存奠定基础

约束性	必选
可重复性	不可重复
元数据类型	简单型
数据类型	字符型
编码修饰体系	—
值域	永久，30 年，10 年，[其他]
缺省值	永久
子元数据	—

信息来源	捕获节点	捕获方式
	照片类电子档案在电子档案管理系统或数字档案馆登记之后，对本元数据著录之时	由著录人员在电子档案管理系统或数字档案馆手工赋值，或由数字档案馆从导入的元数据中自动捕获

应用层次	卷、件
相关元数据	—
著录说明	—
注释	值域中的"[其他]"表示根据需要而自定义设置的其他保管期限，如长期、短期

5.13　权限

编号	M34
中文名称	权限
英文名称	rights
定义	关于照片类电子档案安全利用及其版权的一组描述信息
目的	为照片类电子档案的分级利用和安全管理提供保障；维护照片类电子档案版权所有者权益
约束性	条件选
可重复性	不可重复
元数据类型	容器型
数据类型	—
编码修饰体系	—

值域	—
缺省值	—
子元数据	密级（M35），控制标识（M36），版权信息（M37）
信息来源	—
应用层次	件
相关元数据	来源（M29）
著录说明	—
注释	密级（M35）、控制标识（M36）、版权信息（M37）等 3 个子元数据有 2 个或全部被选用时，本元数据必选

5.13.1　密级

编号	M35
中文名称	密级
英文名称	security classification
定义	照片类电子档案保密程度的等级
目的	为照片类电子档案的分级利用和安全管理提供保障
约束性	可选
可重复性	不可重复
元数据类型	简单型
数据类型	字符型

编码修饰体系	标识	名称
	GB/T 7156—2003	文献保密等级代码与标识

值域	公开，限制，秘密，机密，绝密
缺省值	公开
子元数据	—

信息来源	捕获节点	捕获方式
	照片类电子档案在电子档案管理系统或数字档案馆挂接之时，或对本元数据著录之时	由电子档案管理系统或数字档案馆从导入的元数据中自动捕获，或由著录人员或鉴定人员手工赋值

应用层次	卷、件
相关元数据	—

续表

著录说明	—
注释	—

5.13.2　控制标识

编号	M36
中文名称	控制标识
英文名称	control identifier
定义	根据照片类电子档案内容信息安全利用需要设定的管理标识
目的	为照片类电子档案的分级利用和安全管理提供保障
约束性	条件选
可重复性	不可重复
元数据类型	简单型
数据类型	字符型
编码修饰体系	—
值域	开放，控制，［其他］
缺省值	—
子元数据	—

信息来源	捕获节点	捕获方式
	照片类电子档案在数字档案馆挂接之后，将开放或控制鉴定结果更新至元数据库之时	由数字档案馆根据鉴定结果自动赋值，或由著录人员或鉴定人员在数字档案馆手工赋值

应用层次	卷、件
相关元数据	—
著录说明	—
注释	综合档案馆实施本方案时，本元数据必选；值域中的"［其他］"表示根据需要而自定义设置的其他控制标识

5.13.3　版权信息

编号	M37
中文名称	版权信息
英文名称	copyright information
定义	照片类电子档案版权归属的描述信息

续表

目的	为照片类电子档案的分级利用和安全管理提供保障；维护照片类电子档案版权所有者权益
约束性	可选
可重复性	不可重复
元数据类型	复合型
数据类型	字符型
编码修饰体系	—
值域	—
缺省值	—
子元数据	—

信息来源	捕获节点	捕获方式
	照片类电子档案在电子档案管理系统或数字档案馆登记或挂接之后，对本元数据著录之时	由著录人员手工赋值，或由数字档案馆根据手工著录结果批量自动赋值

应用层次	卷、件
相关元数据	摄影者（M8），来源（M29）
著录说明	应著录的描述信息包括：照片类电子档案的版权所有者的名称、版权注册时间、版权注册号、版权期限，版权所有者关于版权的声明及其他特殊约定等。 示例："根据《中华人民共和国著作权法》规定，以及××省档案馆与捐赠者刘华签订的协议，刘华依法享有该照片电子档案的著作权，××省档案馆可以依法提供利用，或用于编研、展览、宣传等公益性活动。"
注释	国家机构、社会组织在履行法定职能过程中形成的照片类电子档案无需著录本元数据。综合档案馆通过征集、获赠、购买、下载等方式获得的照片类电子档案，应依据《中华人民共和国著作权法》等法律法规著录版权归属信息。 在实施本方案时，可根据需要自行设置版权信息（M37）的子元数据，例如"版权所有者名称""版权声明"等

5.14　附注

编号	M38
中文名称	附注
英文名称	annotation

续表

定义	对照片类电子档案各元数据所做的补充说明
目的	有利于照片类电子档案的管理
约束性	可选
可重复性	不可重复
元数据类型	简单型
数据类型	字符型
编码修饰体系	—
值域	—
缺省值	—
子元数据	—
信息来源	捕获节点	捕获方式
	照片类电子档案在电子档案管理系统或数字档案馆登记之后	由著录人员在电子档案管理系统或数字档案馆手工赋值
应用层次	卷、件
相关元数据	—
著录说明	按各元数据项的顺序依次著录，其他需解释和补充的列在其后
注释	—

5.15　存储

编号	M39
中文名称	存储
英文名称	storage
定义	照片类电子档案存储地址信息
目的	为照片类电子档案的完整与可用提供保障；为发现和恢复照片类电子档案提供条件；有利于照片类电子档案的安全存储和有效管理
约束性	条件选
可重复性	不可重复
元数据类型	容器型
数据类型	—
编码修饰体系	—
值域	—
缺省值	—

续表

子元数据	在线存址（M40），离线存址（M41）
信息来源	—
应用层次	件
相关元数据	—
著录说明	—
注释	综合档案馆实施本方案时，本元数据必选

5.15.1　在线存址

编号	M40
中文名称	在线存址
英文名称	online location
定义	照片类电子档案在电子档案管理系统或数字档案馆中的在线存储位置
目的	为照片类电子档案的完整与可用提供保障；为发现和恢复照片类电子档案提供条件；有利于照片类电子档案的安全存储和有效管理
约束性	条件选
可重复性	不可重复
元数据类型	简单型
数据类型	字符型
编码修饰体系	—
值域	—
缺省值	—
子元数据	—
信息来源	捕获节点	捕获方式
	照片类电子档案在电子档案管理系统或数字档案馆挂接之后	由电子档案管理系统或数字档案馆自动捕获
应用层次	件
相关元数据	—
著录说明	应记录照片类电子档案的完整存储路径及其计算机文件名。示例："\\ dyserver \ efile \ zp \ J046 \ 1945 \ CN436001J046011945D1E0. XML"
注释	存储（M39）被选用时，本元数据必选；照片类电子档案移交进馆后，本元数据只需记录其在数字档案馆中的在线存址

5.15.2　离线存址

编号	M41
中文名称	离线存址
英文名称	offline location
定义	照片类电子档案离线备份介质编号
目的	为照片类电子档案的完整与可用提供保障； 为发现和恢复照片类电子档案提供条件； 有利于照片类电子档案的安全存储和有效管理
约束性	条件选
可重复性	不可重复
元数据类型	简单型
数据类型	字符型
编码修饰体系	—
值域	—
缺省值	—
子元数据	—

信息来源	捕获节点	捕获方式
	照片类电子档案在电子档案管理系统或数字档案馆挂接并形成离线备份介质之后	由管理人员在电子档案管理系统或数字档案馆中手工赋值，或由电子档案管理系统或数字档案馆自动捕获

应用层次	件
相关元数据	—
著录说明	一件照片类电子档案存储于多个离线备份介质时，离线备份介质编号之间用"，"隔开。 示例："436001G2009B009，436001Y2009B001"
注释	存储（M39）被选用时，本元数据必选； 照片类电子档案移交进馆后，本元数据只需记录其在档案馆保存期间的离线备份介质编号

5.16　生成方式

编号	M42
中文名称	生成方式
英文名称	creation way
定义	照片类电子档案内容信息比特流首次形成的方式
目的	为照片类电子档案的集成管理提供途径； 为电子档案的利用、统计和分类管理奠定基础

约束性	必选
可重复性	不可重复
元数据类型	简单型
数据类型	字符型
编码修饰体系	—
值域	原生，数字化
缺省值	—
子元数据	—

信息来源	捕获节点	捕获方式
	照片类电子档案在电子档案管理系统或数字档案馆登记之时，或对本元数据著录之时	由电子档案管理系统或数字档案馆根据著录人员在生成方式数据字典中的选择结果批量自动捕获，或由导入的元数据中自动捕获

应用层次	件
相关元数据	—
著录说明	—
注释	著录对象为照片类电子档案时，本元数据著录为"原生"。 参照本方案对银盐感光材料照片档案数字副本进行管理时，本元数据著录为"数字化"

5.17　捕获设备

编号	M43
中文名称	捕获设备
英文名称	capture device
定义	照片类电子档案形成的技术环境信息
目的	记录照片类电子档案形成的技术起源环境； 为照片类电子档案的真实、完整和可靠提供保障
约束性	必选
可重复性	不可重复
元数据类型	容器型
数据类型	—
编码修饰体系	—
值域	—

续表

缺省值	—
子元数据	设备制造商（M44），设备型号（M45），设备感光器（M46），软件信息（M47）
信息来源	
应用层次	件
相关元数据	—
著录说明	—
注释	—

5.17.1　设备制造商

编号	M44	
中文名称	设备制造商	
英文名称	device manufacturer	
定义	创建并形成照片类电子档案的硬件设备制造商名称	
目的	记录照片类电子档案形成的技术起源环境；为照片类电子档案的真实、完整和可靠提供保障	
约束性	必选	
可重复性	不可重复	
元数据类型	简单型	
数据类型	字符型	
编码修饰体系	—	
值域	—	
缺省值	—	
子元数据	—	
信息来源	捕获节点	捕获方式
	照片类电子档案在电子档案管理系统或数字档案馆挂接之时	由电子档案管理系统或数字档案馆从照片类电子档案比特流中自动提取并赋值，或从导入的元数据中自动捕获
应用层次	件	
相关元数据	—	
著录说明	示例 1：“Canon” 示例 2：“OLYMPUS IMAGING CORP” 示例 3：“Apple” 示例 4：“Fujitsu”	

注释	本元数据对应 Exif 2.2 的 Make 元素； 参照本方案对银盐感光材料照片档案数字副本进行管理时，应著录扫描仪等数字化设备制造商名称，由数字化系统在数字化过程中自动捕获

5.17.2　设备型号

编号	M45	
中文名称	设备型号	
英文名称	device model number	
定义	创建并形成照片类电子档案的硬件设备的型号	
目的	记录照片类电子档案形成的技术起源环境；为照片类电子档案的真实、完整和可靠提供保障；有助于对照片类电子档案的质量评估	
约束性	必选	
可重复性	不可重复	
元数据类型	简单型	
数据类型	字符型	
编码修饰体系	—	
值域	—	
缺省值	—	
子元数据	—	
信息来源	捕获节点	捕获方式
	照片类电子档案在电子档案管理系统或数字档案馆挂接之时	由电子档案管理系统或数字档案馆从照片类电子档案比特流中自动提取并赋值，或从导入的元数据中自动捕获
应用层次	件	
相关元数据	—	
著录说明	示例 1：“Canon EOS 5D Mark Ⅱ” 示例 2：“FE230/X790” 示例 3：“iPhone 4”	
注释	本元数据对应 Exif 2.2 的 Model 元素； 参照本方案对银盐感光材料照片档案数字副本进行管理时，应著录扫描仪等数字化设备的型号，由数字化系统在数字化过程中自动捕获	

5.17.3 设备感光器

编号	M46
中文名称	设备感光器
英文名称	device sensor
定义	创建并形成照片类电子档案的设备感光器的类型和参数
目的	记录照片类电子档案形成的技术起源环境; 为照片类电子档案的真实、完整和可靠提供保障; 有助于对照片类电子档案的质量评估
约束性	可选
可重复性	不可重复
元数据类型	简单型
数据类型	字符型
编码修饰体系	—
值域	Not defined, One – chip color area sensor, Two – chip color area sensor, Three – chip color area sensor, [其他]
缺省值	—
子元数据	—

信息来源	捕获节点	捕获方式
	照片类电子档案在电子档案管理系统或数字档案馆挂接之时	由电子档案管理系统或数字档案馆从照片类电子档案比特流中自动提取并赋值,或从导入的元数据中自动捕获

应用层次	件
相关元数据	—
著录说明	示例:"One – chip color area sensor"
注释	本元数据对应 Exif 2.2 的 Sensing Method 元素; 参照本方案对银盐感光材料照片档案数字副本进行管理时,应著录扫描仪等数字化设备感光器的类型、参数等,由数字化系统在数字化过程中自动捕获。 值域中的"[其他]"表示根据需要而自定义设置的其他设备感光器

5.17.4 软件信息

编号	M47
中文名称	软件信息
英文名称	software
定义	创建并形成或处理照片类电子档案的软件名称、版本等信息
目的	记录照片类电子档案形成的技术起源环境; 为照片类电子档案的真实、完整和可靠提供保障; 有助于对照片类电子档案的质量评估
约束性	必选
可重复性	不可重复
元数据类型	简单型
数据类型	字符型
编码修饰体系	—
值域	—
缺省值	—
子元数据	—

信息来源	捕获节点	捕获方式
	照片类电子档案在电子档案管理系统或数字档案馆挂接之时	由电子档案管理系统或数字档案馆从照片类电子档案比特流中自动提取并赋值,或从导入的元数据中自动捕获

应用层次	件
相关元数据	—
著录说明	示例1:"Ver. 1.01" 示例2:"5.0.1" 示例3:"Adobe Photoshop CS4 Windows"
注释	本元数据对应 Exif 2.2 的 Software 元素; 当照片类电子档案处于原始形态时,本元数据值通常为生成照片类电子档案的设备的操作系统版本信息,如示例1表示型号为 NIKON D700 的数码相机操作系统版本号,示例2表示 iPhone 4 手机的操作系统版本号。当照片类电子档案在收集归档前已经过第三方图像处理软件修改时,本元数据的值通常为图像处理软件的名称与版本等信息,如示例3所示。 参照本方案对银盐感光材料照片档案数字副本进行管理时,应著录数字化软件的名称、版本及其生产商,由数字化系统根据预设值自动捕获

5.18 信息系统描述

编号	M48
中文名称	信息系统描述
英文名称	information system description
定义	管理照片类电子档案的信息系统软硬件设备与应用系统主要功能的描述信息
目的	记录电子档案长期保存的技术环境，为其真实、完整和可靠提供保障
约束性	可选
可重复性	可重复
元数据类型	简单型
数据类型	字符型
编码修饰体系	—
值域	—
缺省值	—
子元数据	—

信息来源	捕获节点	捕获方式
	照片类电子档案在电子档案管理系统或数字档案馆登记或挂接之时	由电子档案管理系统或数字档案馆根据预设值自动捕获

应用层次	件
相关元数据	—
著录说明	采用自由文本著录。应描述的内容包括：信息系统名称、版本、主要软、硬件、安全保障设施，应用软件主要功能等。示例见附录C的C7著录模板
注释	—

5.19 计算机文件名

编号	M49
中文名称	计算机文件名
英文名称	computer file name
定义	在计算机存储器中唯一标识电子档案的一个字符串
目的	在计算机存储器中命名、标识电子档案；建立照片类电子档案与元数据之间的稳定链接；有利于照片类电子档案的利用、有序存储、控制与管理

约束性	必选
可重复性	可重复
元数据类型	简单型
数据类型	字符型
编码修饰体系	—
值域	—
缺省值	—
子元数据	—

信息来源	捕获节点	捕获方式
	照片类电子档案在电子档案管理系统或数字档案馆登记或挂接之时	由电子档案管理系统或数字档案馆自动捕获

应用层次	件
相关元数据	唯一标识符（M4），档号（M5）
著录说明	建议使用唯一标识符或档号为照片类电子档案命名，命名规则应适当反映电子档案来源信息。计算机文件名可以由文件主名与扩展名二部分组成，如示例1；或者仅由文件主名构成，如示例2。 示例1："CN436001X043ZP200900096.JPG" 示例2："X043-ZP・2008-001-00025"
注释	—

5.20 计算机文件大小

编号	M50
中文名称	计算机文件大小
英文名称	computer file size
定义	照片类电子档案的字节数
目的	为照片类电子档案的真实、可靠提供验证条件； 有利于照片类电子档案的存储、交换、统计与管理； 有利于对照片类电子档案比特流变化情况进行跟踪、审计
约束性	必选
可重复性	可重复
元数据类型	简单型

续表

数据类型	数值型
编码修饰体系	—
值域	—
缺省值	—
子元数据	—

信息来源	捕获节点	捕获方式
	照片类电子档案在电子档案管理系统或数字档案馆登记或挂接之时	由电子档案管理系统或数字档案馆自动捕获

应用层次	件
相关元数据	格式信息（M51），图像参数（M54），数字签名（M66）
著录说明	示例："568007"
注释	在照片类电子档案生命周期中，格式转换一次，其大小、图像参数和数字签名也随之变化，因而，计算机文件大小（M50）、格式信息（M51）、图像参数（M54）、数字签名（M66）重复之后形成的值应是一一对应的

5.21　格式信息

编号	M51
中文名称	格式信息
英文名称	format information
定义	照片类电子档案编码格式的一组描述信息
目的	有利于照片类电子档案的长期保存与利用；记录照片类电子档案历次格式转换过程与物理结构，为其真实、完整、可靠与可用提供保障
约束性	必选
可重复性	可重复
元数据类型	复合型
数据类型	字符型
编码修饰体系	—
值域	—
缺省值	—
子元数据	格式名称（M52），格式描述（M53）

续表

信息来源	捕获节点	捕获方式
	照片类电子档案在电子档案管理系统或数字档案馆登记或挂接之时	由电子档案管理系统或数字档案馆自动捕获

应用层次	件
相关元数据	计算机文件大小（M50），图像参数（M54），数字签名（M66）
著录说明	—
注释	可采用格式信息（M51）描述照片类电子档案的格式名称、格式版本等，此时，无需选用格式名称（M52）、格式描述（M53）等两个子元数据。 　　当采用格式名称（M52）、格式描述（M53）等两个子元数据描述照片类电子档案的编码格式时，格式信息（M51）无需赋值，且两个子元数据不可单独重复，应随格式信息（M51）整组重复，共同描述照片类电子档案的编码格式。格式转换一次形成一组元数据值

5.21.1　格式名称

编号	M52
中文名称	格式名称
英文名称	format name
定义	照片类电子档案格式的名称
目的	有利于照片类电子档案的长期保存与利用；记录照片类电子档案历次格式转换过程与物理结构，为其真实、完整、可靠与可用提供保障
约束性	条件选
可重复性	不可重复
元数据类型	简单型
数据类型	字符型
编码修饰体系	—
值域	JPG，TIF，［其他］
缺省值	—
子元数据	—

信息来源	捕获节点	捕获方式
	照片类电子档案在电子档案管理系统或数字档案馆登记或挂接之时	由电子档案管理系统或数字档案馆自动捕获

续表

应用层次	件
相关元数据	—
著录说明	示例："JPG"
注释	不采用格式信息（M51）描述照片类电子档案的编码格式时，本元数据必选； 照片电子档案格式名称即是计算机文件名的扩展名。 值域中的"［其他］"表示根据照片类电子档案新增通用格式的实际情况而扩展设置的格式名称

5.21.2　格式描述

编号	M53
中文名称	格式描述
英文名称	format description
定义	照片类电子档案编码格式的一组描述信息
目的	有利于照片类电子档案的长期保存与利用； 记录照片类电子档案历次格式转换过程与物理结构，为其真实、完整、可靠与可用提供保障
约束性	条件选
可重复性	不可重复
元数据类型	简单型
数据类型	字符型
编码修饰体系	—
值域	—
缺省值	—
子元数据	—

信息来源	捕获节点	捕获方式
	照片类电子档案在电子档案管理系统或数字档案馆登记或挂接之时	由电子档案管理系统或数字档案馆根据预设值自动捕获

应用层次	件
相关元数据	—
著录说明	不采用格式信息（M51）描述照片类电子档案的编码格式时，本元数据必选； 采用自由文本对编码格式进行描述；

续表

著录说明	示例："JPG，采用了 JPEG（Joint Photographic Experts GROUP）标准，是由国际标准化组织（ISO：International Standardization Organization）和国际电话电报咨询委员会（CCITT：Consultation Commitee of the International Telephone and Telegraph）为静态图像建立的第一个国际数字图像压缩标准，也是至今一直在使用的、应用最广的图像压缩标准。"
注释	—

5.22　图像参数

编号	M54
中文名称	图像参数
英文名称	image parameter
定义	描述照片类电子档案编码结构的一组技术参数
目的	记录照片类电子档案基本的编码结构信息； 有利于照片类电子档案的还原、格式转换； 为照片类电子档案的真实、完整与可用提供保障
约束性	必选
可重复性	可重复
元数据类型	容器型
数据类型	—
编码修饰体系	—
值域	—
缺省值	—
子元数据	水平分辨率（M55），垂直分辨率（M56），图像高度（M57），图像宽度（M58），色彩空间（M59），YcbCr 分量（M60），每像素样本数（M61），每样本位数（M62），压缩方案（M63），压缩率（M64）
信息来源	—
应用层次	件
相关元数据	计算机文件大小（M50），格式信息（M51）
著录说明	—
注释	照片类电子档案的一种编码格式对应一组图像参数。图像参数（M54）的子元数据不可单独重复，应随图像参数（M54）整组重复

5.22.1　水平分辨率

编号	M55
中文名称	水平分辨率
英文名称	X resolution
定义	静态图像水平方向每英寸像素数量，与垂直分辨率共同构成图像分辨率
目的	记录照片类电子档案基本的编码结构信息；有利于照片类电子档案的还原、格式转换；为照片类电子档案的真实、完整与可用提供保障
约束性	必选
可重复性	不可重复
元数据类型	简单型
数据类型	数值型
编码修饰体系	—
值域	—
缺省值	—
子元数据	—

信息来源	捕获节点	捕获方式
	照片类电子档案在电子档案管理系统或数字档案馆登记或挂接之时	由电子档案管理系统或数字档案馆从照片类电子档案比特流中自动提取并赋值，或从导入的元数据中自动捕获

应用层次	件
相关元数据	—
著录说明	示例："300"
注释	本元数据对应 Exif 2.2 的 X resolution 元素；参照本方案对银盐感光材料照片档案数字副本进行管理时，本元数据描述数字化扫描所采用的分辨率，应在数字化过程中自动捕获，或者手工批量著录

5.22.2　垂直分辨率

编号	M56
中文名称	垂直分辨率
英文名称	Y resolution
定义	静态图像垂直方向每英寸像素数量，与水平分辨率共同构成图像分辨率

目的	记录照片类电子档案基本的编码结构信息；有利于照片类电子档案的还原、格式转换；为照片类电子档案的真实、完整与可用提供保障
约束性	必选
可重复性	不可重复
元数据类型	简单型
数据类型	数值型
编码修饰体系	—
值域	—
缺省值	—
子元数据	—

信息来源	捕获节点	捕获方式
	照片类电子档案在电子档案管理系统或数字档案馆登记或挂接之时	由电子档案管理系统或数字档案馆从照片类电子档案比特流中自动提取并赋值，或从导入的元数据中自动捕获

应用层次	件
相关元数据	—
著录说明	示例："300"
注释	本元数据对应 Exif 2.2 的 Y resolution 元素；参照本方案对银盐感光材料照片档案数字副本进行管理时，本元数据描述数字化扫描时采用的分辨率，应在数字化过程中自动捕获，或者手工批量著录

5.22.3　图像高度

编号	M57
中文名称	图像高度
英文名称	image height
定义	静态图像垂直方向的像素数量
目的	记录照片类电子档案基本的编码结构信息；有利于照片类电子档案的还原、格式转换；为照片类电子档案的真实、完整与可用提供保障
约束性	必选
可重复性	不可重复
元数据类型	简单型

续表

数据类型	数值型	
编码修饰体系	—	
值域	—	
缺省值	—	
子元数据	—	
信息来源	捕获节点	捕获方式
	照片类电子档案在电子档案管理系统或数字档案馆登记或挂接之时	由电子档案管理系统或数字档案馆从照片类电子档案比特流中自动提取并赋值，或从导入的元数据中自动捕获
应用层次	件	
相关元数据	—	
著录说明	示例："960"	
注释	本元数据对应 Exif 2.2 的 Image Length 元素； 参照本方案对银盐感光材料照片档案数字副本进行管理时，本元数据描述以静态图像存储的数字副本高度，应在数字化过程中自动捕获，或者手工批量著录	

5.22.4　图像宽度

编号	M58	
中文名称	图像宽度	
英文名称	image width	
定义	静态图像水平方向的像素数量	
目的	记录照片类电子档案基本的编码结构信息； 有利于照片类电子档案的还原、格式转换； 为照片类电子档案的真实、完整与可用提供保障	
约束性	必选	
可重复性	不可重复	
元数据类型	简单型	
数据类型	数值型	
编码修饰体系	—	
值域	—	
缺省值	—	
子元数据	—	

续表

信息来源	捕获节点	捕获方式
	照片类电子档案在电子档案管理系统或数字档案馆登记或挂接之时	由电子档案管理系统或数字档案馆从照片类电子档案比特流中自动提取并赋值，或从导入的元数据中自动捕获
应用层次	件	
相关元数据	—	
著录说明	示例："1280"	
注释	本元数据对应 Exif 2.2 的 Image Width 元素； 参照本方案对银盐感光材料照片档案数字副本进行管理时，本元数据描述以静态图像存储的数字副本宽度，应在数字化过程中自动捕获，或者手工批量著录	

5.22.5　色彩空间

编号	M59	
中文名称	色彩空间	
英文名称	color space	
定义	表示静态图像颜色集合的抽象数学模型	
目的	记录照片类电子档案基本的编码结构信息； 有利于照片类电子档案的还原、格式转换； 为照片类电子档案的真实、完整与可用提供保障	
约束性	必选	
可重复性	不可重复	
元数据类型	简单型	
数据类型	字符型	
编码修饰体系	—	
值域	sRGB，AdobeRGB，ProPhoto RGB，［其他］	
缺省值	—	
子元数据	—	
信息来源	捕获节点	捕获方式
	照片类电子档案在电子档案管理系统或数字档案馆登记或挂接之时	由电子档案管理系统或数字档案馆从照片类电子档案比特流中自动提取并赋值，或从导入的元数据中自动捕获
应用层次	件	

续表

相关元数据	YcbCr 分量（M60）
著录说明	—
注释	本元数据对应 Exif 2.2 的 color space 元素； 参照本方案对银盐感光材料照片档案数字副本进行管理时，本元数据描述以静态图像存储的数字副本色彩空间，应在数字化过程中自动捕获，或者手工批量著录； 值域中的"［其他］"表示根据需要而自定义设置其他色彩空间

5.22.6　YCbCr 分量

编号	M60	
中文名称	YCbCr 分量	
英文名称	YCbCr	
定义	由亮度、蓝色色度、红色色度三个分量构成的，用以记录静态图像颜色集合的数学模型	
目的	记录照片类电子档案基本的编码结构信息； 有利于照片类电子档案的还原、格式转换； 为照片类电子档案的真实、完整与可用提供保障	
约束性	可选	
可重复性	不可重复	
元数据类型	简单型	
数据类型	字符型	
编码修饰体系	—	
值域	4:2:0，4:1:1，［其他］	
缺省值	—	
子元数据	—	
信息来源	捕获节点	捕获方式
	照片类电子档案在电子档案管理系统或数字档案馆登记或挂接之时	由电子档案管理系统或数字档案馆从照片类电子档案比特流中自动提取并赋值，或从导入的元数据中自动捕获
应用层次	件	
相关元数据	色彩空间（M59）	
著录说明	示例："4:2:0"	
注释	本元数据对应 Exif 2.2 的 YCbCr Sub Sampling 元素	

5.22.7　每像素样本数

编号	M61	
中文名称	每像素样本数	
英文名称	samples per pixel	
定义	静态图像每像素包含的色彩通道数量	
目的	记录照片类电子档案基本的编码结构信息； 有利于照片类电子档案的还原、格式转换； 为照片类电子档案的真实、完整与可用提供保障	
约束性	必选	
可重复性	不可重复	
元数据类型	简单型	
数据类型	数值型	
编码修饰体系	—	
值域	—	
缺省值	—	
子元数据	—	
信息来源	捕获节点	捕获方式
	照片类电子档案在电子档案管理系统或数字档案馆登记或挂接之时	由电子档案管理系统或数字档案馆从照片类电子档案比特流中自动提取并赋值，或从导入的元数据中自动捕获
应用层次	件	
相关元数据	每样本位数（M62）	
著录说明	示例："3"	
注释	本元数据对应 Exif 2.2 的 samples per pixel 元素	

5.22.8　每样本位数

编号	M62
中文名称	每样本位数
英文名称	bits per sample
定义	静态图像每色彩通道的比特位数
目的	记录照片类电子档案基本的编码结构信息； 有利于照片类电子档案的还原、格式转换； 为照片类电子档案的真实、完整与可用提供保障
约束性	必选

续表

可重复性	不可重复
元数据 类型	简单型
数据类型	数值型
编码修饰 体系	—
值域	—
缺省值	—
子元数据	—

信息来源	捕获节点	捕获方式
	照片类电子档案在电子档案管理系统或数字档案馆登记或挂接之时	由电子档案管理系统或数字档案馆从照片类电子档案比特流中自动提取并赋值，或从导入的元数据中自动捕获

应用层次	件
相关元 数据	每像素样本数（M61）
著录说明	示例："8"
注释	本元数据对应 Exif 2.2 的 Bits Per Sample 元素；每样本位数与每像素样本数的乘积结果等于静态图像的位深度

5.22.9 压缩方案

编号	M63
中文名称	压缩方案
英文名称	image compression scheme
定义	静态图像生成时采用的压缩算法
目的	记录照片类电子档案基本的编码结构信息；有利于照片类电子档案的还原、格式转换；为照片类电子档案的真实、完整与可用提供保障
约束性	必选
可重复性	不可重复
元数据 类型	简单型
数据类型	字符型
编码修饰 体系	—
值域	—
缺省值	—

续表

子元数据	—

信息来源	捕获节点	捕获方式
	照片类电子档案在电子档案管理系统或数字档案馆登记或挂接之时	由电子档案管理系统或数字档案馆从照片类电子档案比特流中自动提取并赋值，或从导入的元数据中自动捕获

相关元 数据	—
著录说明	示例："RLE"
注释	本元数据对应 Exif 2.2 的 Compression 元素；参照本方案对银盐感光材料照片档案数字副本进行管理时，本元数据描述数字化扫描所采用的压缩方案，应在数字化过程中自动捕获，或者手工批量著录

5.22.10 压缩率

编号	M64
中文名称	压缩率
英文名称	image compression ratio
定义	静态图像生成时每像素压缩的位数
目的	记录照片类电子档案基本的编码结构信息；有利于照片类电子档案的还原、格式转换；为照片类电子档案的真实、完整与可用提供保障
约束性	必选
可重复性	不可重复
元数据 类型	简单型
数据类型	字符型
编码修饰 体系	—
值域	—
缺省值	—
子元数据	—

信息来源	捕获节点	捕获方式
	照片类电子档案在电子档案管理系统或数字档案馆登记或挂接之时	由电子档案管理系统或数字档案馆从照片类电子档案比特流中自动提取并赋值，或从导入的元数据中自动捕获

应用层次	件

续表

相关元数据	—
著录说明	示例："4"
注释	本元数据对应 Exif 2.2 的 Compressed Bits Per Pixel 元素； 参照本方案对银盐感光材料照片档案数字副本进行管理时，本元数据描述数字化扫描所采用的压缩率，应在数字化过程中自动捕获，或者手工批量著录

5.23　参见号

编号	M65
中文名称	参见号
英文名称	related records identifier
定义	与照片类电子档案具有相同主题的不同记录形式和载体的各门类电子档案档号的组合
目的	建立照片类电子档案的背景信息，为其真实、完整和可用提供保障； 有助于照片类电子档案的检索、利用与控制
约束性	条件选
可重复性	不可重复
元数据类型	简单型
数据类型	字符型
编码修饰体系	—
值域	—
缺省值	—
子元数据	—

信息来源	捕获节点	捕获方式
	照片类电子档案在数字档案馆登记或挂接之后，著录人员建立电子档案关联关系之时	由著录人员在数字档案馆手工赋值，或由数字档案馆根据著录人员的指引自动批量捕获

应用层次	件
相关元数据	—
著录说明	著录与照片类电子档案相关联的电子档案、纸质档案档号，不同档号之间用","隔开。 示例1："X001－LX·2009－003，2009年10月1日《××日报》第一版"（注：示例中的《××日报》收藏于××日报社）

续表

著录说明	示例2："X001－LX·2009－002，X001－SXWS·2009－001"
注释	综合档案馆实施本方案时，本元数据必选； 当照片类电子档案与多个门类电子档案、纸质档案之间存在关联关系时，可使用被关联的各门类电子档案、纸质档案的档号作为参见号。参见号（M65）著录说明的示例1描述的是在2009年9月30日举行的某省庆祝中华人民共和国成立60周年纪念大会过程中形成的照片类电子档案与录像类电子档案、《××日报》有关报道之间的关联关系；某省档案馆在本次重大活动拍摄工作中形成了一卷照片类电子档案（档号为X001－ZP·2009－003），一卷录像类电子档案（档号为X001－LX·2009－003）；此外，收藏在某日报社的2009年10月1日《××日报》头版刊登了题为《××庆祝中华人民共和国成立60周年纪念大会隆重举行》的文章，则馆藏录像类电子档案档号、与某日报社收藏的相关《××日报》的编号应作为照片类电子档案的参见号。示例2中的档号"X001－SXWS·2009－001"代表的是中共某省委十二届十一次全体会议的所有文件、实物材料，归档形成一卷文书档案并收入某省档案馆馆藏； 著录对象为银盐感光材料照片档案数字副本时，本元数据可描述与著录对象对应的底片号等

5.24　数字签名

编号	M66
中文名称	数字签名
英文名称	digital signature
定义	关于照片类电子档案比特流数字签名的一组描述信息
目的	为校验照片类电子档案内容信息的真实、完整和可靠提供方法与途径； 提供照片类电子档案数字签名有效性的验证工具
约束性	可选
可重复性	可重复
元数据类型	容器型
数据类型	—
编码修饰体系	—
值域	—

续表

缺省值	—
子元数据	签名格式描述（M67），签名时间（M68），签名者（M69），签名（M70），证书（M71），证书引证（M72），签名算法（M73）
信息来源	—
应用层次	件
相关元数据	计算机文件大小（M50），格式信息（M51），图像参数（M54）
著录说明	—
注释	数字签名（M66）的子元数据不可单独重复，应随数字签名（M66）整组重复，共同描述一次数字签名

5.24.1 签名格式描述

编号	M67
中文名称	签名格式描述
英文名称	signature format description
定义	关于数字签名采用的标准、算法等的描述信息
目的	为校验照片类电子档案内容信息的真实、完整和可靠提供方法与途径；提供照片类电子档案数字签名有效性的验证工具
约束性	条件选
可重复性	不可重复
元数据类型	简单型
数据类型	字符型
编码修饰体系	—
值域	—
缺省值	—
子元数据	

信息来源	捕获节点	捕获方式
	照片类电子档案在电子档案管理系统或数字档案馆登记或挂接之后，完成数字签名之时	由电子档案管理系统或数字档案馆根据预设值自动捕获

应用层次	件
相关元数据	—

续表

著录说明	采用自由文本对数字签名格式进行描述；示例："本次数字签名采用的单位数字证书由××省数字证书认证中心颁发。CA证书使用RSA数字签名算法与SHA-1哈希算法，文摘使用SHA-1算法。SHA-1由安全哈希算法标准（SHS）（Secure Hash Standard，FIPS PUB 180-2，National Institute of Standards and Technology，US Department of Commerce，1 August 2002）定义。RSA算法由PKCS♯1 V2.1：RSA加密标准定义（PKCS♯1 v2.1：RSA Cryptography Standard，RSA Laboratories，14 June 2002）。RSA的公钥使用X.509证书封装在数字签名元数据中。X.509证书由信息技术-开放系统互连-号码簿：公钥和属性鉴别框架〔Information technology-Open Systems Interconnection-The Directory：Public-key and attribute certificate frameworks，ITU-T Recommendation X.509（2000）〕定义。数字签名和X.509证书采用Base64编码传输。"
注释	数字签名（M66）被选用时，本元数据必选

5.24.2 签名时间

编号	M68	
中文名称	签名时间	
英文名称	signature date	
定义	对照片类电子档案数字对象比特流实施数字签名的日期时间	
目的	为校验照片类电子档案内容信息的真实、完整和可靠提供方法与途径；提供照片类电子档案数字签名有效性的验证工具	
约束性	条件选	
可重复性	不可重复	
元数据类型	简单型	
数据类型	日期时间型	
编码修饰体系	标识	名称
	GB/T 7408—2005	数据元和交换格式 信息交换 日期和时间表示法
值域	—	
缺省值	—	
子元数据	—	

续表

信息来源	捕获节点	捕获方式
	照片类电子档案在电子档案管理系统或数字档案馆登记或挂接之后，完成数字签名之时	由电子档案管理系统或数字档案馆自动捕获
应用层次	件	
相关元数据	—	
著录说明	应著录标准时间戳或服务器时间等，签名时间应精确到秒。示例："2010 - 04 - 12T10：15：30"	
注释	数字签名（M66）被选用时，本元数据必选	

5.24.3　签名者

编号	M69
中文名称	签名者
英文名称	signer
定义	对数字签名负有责任的单位责任者名称
目的	为校验照片类电子档案内容信息的真实、完整和可靠提供方法与途径；提供照片类电子档案数字签名有效性的验证工具
约束性	条件选
可重复性	不可重复
元数据类型	简单型
数据类型	字符型
编码修饰体系	—
值域	—
缺省值	—
子元数据	—

信息来源	捕获节点	捕获方式
	照片类电子档案在电子档案管理系统或数字档案馆登记或挂接之后，完成数字签名之时	由电子档案管理系统或数字档案馆从单位数字证书中自动捕获
应用层次	件	
相关元数据	—	

续表

著录说明	应著录数字签名责任单位的全称或不会发生误解的通用简称
注释	数字签名（M66）被选用时，本元数据必选；用于照片类电子档案数字签名的应是第三方权威机构颁发的单位数字证书，单位数字证书持有单位的名称已经按规范写入证书。负责完成数字签名业务活动的操作人信息应作为实施管理活动的责任人记录于机构人员实体中

5.24.4　签名

编号	M70
中文名称	签名
英文名称	signature
定义	照片类电子档案数字对象比特流的数字签名结果
目的	为校验照片类电子档案内容信息的真实、完整和可靠提供方法与途径；提供照片类电子档案数字签名有效性的验证工具
约束性	条件选
可重复性	不可重复
元数据类型	简单型
数据类型	字符型
编码修饰体系	—
值域	—
缺省值	—
子元数据	—

信息来源	捕获节点	捕获方式
	照片类电子档案在电子档案管理系统或数字档案馆登记或挂接之后，完成数字签名之时	由电子档案管理系统或数字档案馆自动捕获
应用层次	件	
相关元数据	—	
著录说明	数字签名结果应用 Base64 进行编码	
注释	数字签名（M66）被选用时，本元数据必选	

5.24.5 证书

编号	M71
中文名称	证书
英文名称	certificate
定义	验证照片类电子档案数字对象比特流签名有效性的 RSA 公钥，内含一个 X.509 证书
目的	为校验照片类电子档案内容信息的真实、完整和可靠提供方法与途径； 提供照片类电子档案数字签名有效性的验证工具
约束性	条件选
可重复性	不可重复
元数据类型	简单型
数据类型	字符型
编码修饰体系	—
值域	—
缺省值	—
子元数据	—

信息来源	捕获节点	捕获方式
	照片类电子档案在电子档案管理系统或数字档案馆登记或挂接之后，完成数字签名之时	由电子档案管理系统或数字档案馆从单位数字证书中自动捕获

应用层次	件
相关元数据	—
著录说明	—
注释	数字签名（M66）被选用时，本元数据必选；一个证书即是一个用唯一编码规则（Distinguished Encoding Rules，DER）编码的 X.509 证书，X.509 证书由信息技术-开放系统互连—号码簿：公钥和属性鉴别框架［Information technology – Open Systems Interconnection—The Directory：Public-key and attribute certificate frameworks，ITU-T Recommendation X.509（2000）］定义。签名和证书都使用 Base64 进行编码，Base64 编码由 RFC2045—多用途网际邮件扩充协议（MIME）第一部分：Internet 信息体格式［RFC2045—Multipurpose Internet Mail Extensions（MIME）Part One：Format of Internet Message Bodies］定义

5.24.6 证书引证

编号	M72
中文名称	证书引证
英文名称	certificate reference
定义	指向包含数字证书认证机构根证书等验证文件的一个链接
目的	为校验照片类电子档案内容信息的真实、完整和可靠提供方法与途径； 提供照片类电子档案数字签名有效性的验证工具
约束性	可选
可重复性	不可重复
元数据类型	简单型
数据类型	字符型
编码修饰体系	—
值域	—
缺省值	—
子元数据	—

信息来源	捕获节点	捕获方式
	照片类电子档案在电子档案管理系统或数字档案馆登记或挂接之后，完成数字签名之时	由电子档案管理系统或数字档案馆根据预设值自动捕获

应用层次	件
相关元数据	—
著录说明	著录指向数字证书认证机构根证书或证书吊销列表等类数字证书验证文件的 URL 地址或 IP 地址。示例见附录 C 的 C7 著录模板
注释	—

5.24.7 签名算法

编号	M73
中文名称	签名算法
英文名称	signature algorithm
定义	数字签名使用的数学算法
目的	为校验照片类电子档案内容信息的真实、完整和可靠提供方法与途径； 提供照片类电子档案数字签名有效性的验证工具

续表

约束性	可选
可重复性	不可重复
元数据类型	简单型
数据类型	字符型
编码修饰体系	—
值域	—
缺省值	—
子元数据	—

信息来源	捕获节点	捕获方式
	照片类电子档案在电子档案管理系统或数字档案馆登记或挂接之后，完成数字签名之时	由电子档案管理系统或数字档案馆根据预设值自动捕获

应用层次	件
相关元数据	—
著录说明	示例："SHA-1"
注释	SHA-1由安全哈希算法标准（SHS）（Secure Hash Standard，FIPS PUB 180-2，National Institute of Standards and Technology，US Department of Commerce，1 August 2002）定义

6　业务实体元数据描述

6.1　职能业务

编号	M74
中文名称	职能业务
英文名称	function business
定义	照片类电子档案记录的职能业务描述信息
目的	记录照片类电子档案得以形成的职能业务背景，确保照片类电子档案的真实、完整和可靠；有利于照片类电子档案的分类、编目与管理；有利于照片类电子档案的价值鉴定、检索和利用
约束性	可选
可重复性	不可重复
元数据类型	容器型

续表

数据类型	—
编码修饰体系	—
值域	—
缺省值	—
子元数据	业务类型（M75）、业务名称（M76）、业务开始时间（M77）、业务结束时间（M78）、业务描述（M79）
信息来源	—
应用层次	件
相关元数据	题名（M6）
著录说明	—
注释	记录同一项业务活动的照片类电子档案，其职能业务元数据著录结果相同。 按业务活动整理照片类电子档案并组卷时，即一项业务活动中形成的照片类电子档案组成一个卷，本元数据的部分子元数据可应用于案卷级元数据

6.1.1　业务类型

编号	M75	
中文名称	业务类型	
英文名称	business type	
定义	照片类电子档案记录的职能业务的聚合层次	
目的	记录照片类电子档案得以形成的职能业务背景，确保照片类电子档案的真实、完整和可靠；有利于照片类电子档案的分类、编目与管理；有利于照片类电子档案的价值鉴定、检索和利用	
约束性	可选	
可重复性	不可重复	
元数据类型	简单型	
数据类型	字符型	
编码修饰体系	标识	名称
		《业务类型编码方案》（附录 B.3）
值域	事务，活动，职能，联合职能	
缺省值	—	

续表

子元数据	—	
信息来源	捕获节点	捕获方式
	照片类电子档案在电子档案管理系统或数字档案馆登记或挂接之后，对职能业务元数据著录之时	由电子档案管理系统或数字档案馆根据著录人员在业务类型数据字典中的选择结果，为同一业务活动中形成的照片类电子档案自动捕获
应用层次	卷、件	
相关元数据	—	
著录说明	示例1：某省人民政府于2009年5月27日召开全省深化医药卫生体制改革工作会议，部署全省医疗卫生体制改革工作，本次会议由省卫生厅具体承办。具体负责医药卫生体制改革工作的有省政府办公厅、省发改委、省卫生厅、省财政厅、省人力资源和社会保障厅、省民政厅、省食品药品监督管理局等省直单位。省卫生厅归档保存的在工作会议中形成的照片类电子档案，其职能业务类型应著录为"联合职能"。示例2：由某省文学艺术界联合会举办的全省第十三届美术作品展于2009年7月11日开幕，有关本次展览开幕式的照片类电子档案组成一个卷并保存于该文学艺术界联合会档案室，其职能业务类型著录为"活动"。示例3：在某省第十三届美术作品展入选作品评审会上形成的照片类电子档案，其职能业务类型著录为"事务"	
注释	根据照片类电子档案形成特点和归档范围，照片类电子档案的业务类型集中表现为联合职能、活动和事务。业务类型的著录以照片类电子档案所属全宗的职能为基准	

6.1.2　业务名称

编号	M76
中文名称	业务名称
英文名称	business name
定义	照片类电子档案记录的职能业务名称
目的	记录照片类电子档案得以形成的职能业务背景，确保照片类电子档案的真实、完整和可靠；有利于照片类电子档案的分类、编目与管理；有利于照片类电子档案的价值鉴定、检索和利用
约束性	条件选

续表

可重复性	不可重复	
元数据类型	简单型	
数据类型	字符型	
编码修饰体系	—	
值域	—	
缺省值	—	
子元数据	—	
信息来源	捕获节点	捕获方式
	照片类电子档案在电子档案管理系统或数字档案馆登记或挂接之后，对职能业务元数据著录之时	由电子档案管理系统或数字档案馆基于著录人员的手工著录结果，为同一业务活动中形成照片类电子档案自动捕获
应用层次	卷、件	
相关元数据	—	
著录说明	在各种会议、仪式、演出、运动会等职能业务中形成的照片类电子档案，应著录会议、仪式、庆典等类活动的正式名称，如示例1、示例2。当照片电子档案记录的业务活动没有明确或正式的名称时，应由著录人员自拟业务名称，自拟的业务名称应文字简洁、规范、通顺，能表达职能业务的中心主题，如示例3。示例1："××省庆祝中华人民共和国成立60周年大会"示例2："第七届泛珠三角区域合作与发展论坛暨经贸洽谈会·行政首长联席会议"示例3："南昌市城市交通枢纽变迁记忆"	
注释	业务实体以及职能业务（M74）被选用，且著录对象聚合层次为件时，本元数据必选；业务实体以及职能业务（M74）被选用，著录对象聚合层次为卷，且不按业务活动对照片类电子档案组卷时，本元数据必选	

6.1.3　业务开始时间

编号	M77
中文名称	业务开始时间
英文名称	business beginning date
定义	照片类电子档案记录的职能业务开始时间

续表

目的	记录照片类电子档案得以形成的职能业务背景，确保照片类电子档案的真实、完整和可靠；有利于照片类电子档案的分类、编目与管理；有利于照片类电子档案的价值鉴定、检索和利用
约束性	可选
可重复性	不可重复
元数据类型	简单型
数据类型	日期型

编码修饰体系	标识	名称
	GB/T 7408—2005	数据元和交换格式　信息交换　日期和时间表示法

值域	—
缺省值	—
子元数据	—

信息来源	捕获节点	捕获方式
	照片类电子档案在电子档案管理系统或数字档案馆登记或挂接之后，对职能业务元数据著录之时	由电子档案管理系统或数字档案馆基于著录人员的手工著录结果，为同一业务活动中形成照片类电子档案自动捕获

应用层次	卷、件
相关元数据	—
著录说明	著录职能业务开始的年、月、日。 示例1："2009-05-27" 示例2："20090527"
注释	—

6.1.4　业务结束时间

编号	M78
中文名称	业务结束时间
英文名称	business ending date
定义	照片类电子档案记录的职能业务结束时间
目的	记录照片类电子档案得以形成的职能业务背景，确保照片类电子档案的真实、完整和可靠；有利于照片类电子档案的分类、编目与管理；有利于照片类电子档案的价值鉴定、检索和利用

续表

约束性	可选
可重复性	不可重复
元数据类型	简单型
数据类型	日期型

编码修饰体系	标识	名称
	GB/T 7408—2005	数据元和交换格式　信息交换　日期和时间表示法

值域	—
缺省值	—
子元数据	—

信息来源	捕获节点	捕获方式
	照片类电子档案在电子档案管理系统或数字档案馆登记或挂接之后，对职能业务元数据著录之时	由电子档案管理系统或数字档案馆基于著录人员的手工著录结果，为同一业务活动中形成照片类电子档案自动捕获

应用层次	卷、件
相关元数据	—
著录说明	著录职能业务结束的年、月、日
注释	如果某项职能业务的开始与结束时间为同一天，则业务结束时间（M78）著录结果与业务开始时间（M77）相同

6.1.5　业务描述

编号	M79
中文名称	业务描述
英文名称	business description
定义	对照片类电子档案记录的职能业务的整体和概括性描述
目的	记录照片类电子档案得以形成的职能业务背景，确保照片类电子档案的真实、完整和可靠；有利于照片类电子档案的分类、编目与管理；有利于照片类电子档案的价值鉴定、检索和利用
约束性	条件选
可重复性	不可重复
元数据类型	简单型

续表

数据类型	字符型	
编码修饰体系	—	
值域	—	
缺省值	—	
子元数据	—	
信息来源	捕获节点	捕获方式
	照片类电子档案在电子档案管理系统或数字档案馆登记或挂接之后，对职能业务元数据著录之时	由电子档案管理系统或数字档案馆基于著录人员的手工著录结果，为同一业务活动中形成照片类电子档案自动捕获
应用层次	卷、件	
相关元数据	—	
著录说明	采用自由文本客观地著录业务描述（M79），著录要素应包括日期、业务活动名称、地点、主要人物、主要议程或过程、结果等六个方面，必要时应著录该项业务活动的起源背景。著录文字应客观、简洁、不加修饰，应能表达业务活动的总体概况。 示例1：" '5·12' 汶川特大地震发生后，湖南省确定对口支援理县灾后重建项目9大类76个，总投资19.6亿元。其中，援建项目投资及前期工作经费16.6亿元，项目预备资金和各类服务及捐赠折款等3亿元。交钥匙工程51个，投资15.23亿元；委托建设项目25个，投资4.37亿元。湖南省从22个省直部门抽调33名工作队员组成对口支援理县灾后重建工作队奔赴理县开展对口援建工作，2010年10月湖南省对口援建理县灾后重建项目整体移交。理县三湘大道建设工程是湖南省援建项目之一，其中包括潇湘大桥、磨子沟大桥两个子工程。三湘大道是理县县城仅有的一条南北主干道，它的建设将彻底改变县城的交通布局，加快县城的规划实施和县城建设，构筑城区南北向交通轴，与已经建成的西街横向交通轴融为一体，形成整个县城的交通框架。潇湘大桥场地地貌属于侵蚀深切河谷地貌区，位于理县县城北西向约1.5公里，杂谷脑河横穿场地，场地地形总体东、西两侧高，河谷处低，相对高差约29.34m，地势起伏较大。潇湘大桥为变高度连续钢构，跨度154m，桥面宽度14m，坡度3.423%。按城市3级主干路设计，路面结构为沥青混凝土路面。"（与本示例相对应的档案实体著录见附录C的C.3）	

续表

著录说明	示例2："2009年10月31日上午，江西省15岁以下人群乙肝疫苗补种项目启动仪式在南昌市预章小学二部举行。启动仪式由江西省人民政府主办，江西省卫生厅、南昌市人民政府协办，东湖区人民政府承办。卫生部副部长尹力，江西省人民政府副省长谢茹，卫生厅厅长李利，以及全国免疫规划宣传形象大使鞠萍、全国肝炎防治宣传形象大使蔡国庆等出席启动仪式，并前往南昌市豫章小学二部、南昌市新建县乐化镇卫生院考察指导乙肝疫苗补种工作。"
注释	业务实体以及职能业务（M74）被选用时，本元数据必选

6.2　管理活动

编号	M80
中文名称	管理活动
英文名称	management action
定义	关于照片类电子文件归档和电子档案移交、接收、格式转换、鉴定等管理历史的一组描述信息
目的	记录照片类电子档案的全程管理历史； 建立与管理活动相关联的照片类电子档案各实体间关系； 为照片类电子档案的真实、完整和可靠提供保障
约束性	条件选
可重复性	可重复
元数据类型	容器型
数据类型	—
编码修饰体系	—
值域	—
缺省值	—
子元数据	管理活动标识符（M81），管理行为（M82），管理时间（M83），关联实体标识符（M84），管理活动描述（M85）
信息来源	—
应用层次	件
相关元数据	
著录说明	

续表

注释	业务实体被选用时，本元数据必选； 管理活动元数据的 5 个子元数据共同描述一次管理行为的相关属性。已经实施的管理活动应逐次记录于管理活动元数据

6.2.1　管理活动标识符

编号	M81	
中文名称	管理活动标识符	
英文名称	action identifier	
定义	电子档案管理系统或数字档案馆赋予照片类电子档案管理活动的流水编号	
目的	记录照片类电子档案的全程管理历史； 建立与管理活动相关联的照片类电子档案各实体间关系； 为照片类电子档案的真实、完整和可靠提供保障	
约束性	条件选	
可重复性	不可重复	
元数据类型	简单型	
数据类型	字符型	
编码修饰体系	—	
值域	—	
缺省值	—	
子元数据	—	
信息来源	捕获节点	捕获方式
	触发或完成照片类电子档案管理活动之时	由电子档案管理系统或数字档案馆自动捕获
应用层次	件	
相关元数据	机构人员标识符（M86），授权标识符（M91），关联实体标识符（M84）	
著录说明	应分别编制档案室、档案馆照片类电子档案管理活动标识符。 示例1：室编管理活动 N，N=1，2，3，… 示例2：馆编管理活动 N，N=1，2，3，…	
注释	业务实体被选用时，本元数据必选； 管理活动标识符编码方案为电子档案管理系统、数字档案馆内部规则，电子档案管理者可以自定义编码方案	

6.2.2　管理行为

编号	M82	
中文名称	管理行为	
英文名称	management activity	
定义	实施照片类电子文件的归档和电子档案移交、接收、鉴定、保存、利用等管理活动的具体行为	
目的	记录照片类电子档案的全程管理历史； 建立与管理活动相关联的照片类电子档案各实体间关系； 为照片类电子档案的真实、完整和可靠提供保障	
约束性	条件选	
可重复性	不可重复	
元数据类型	简单型	
数据类型	字符型	
编码修饰体系	标识	名称
		《管理活动编码方案》（附录 B.4）
值域	归档登记，打包，移交，接收，进馆登记，格式转换，迁移，删除，开放鉴定，解密鉴定，销毁鉴定，原文下载，数字签名，封装，修改封装，［其他］	
缺省值	—	
子元数据	—	
信息来源	捕获节点	捕获方式
	触发或完成照片类电子档案管理活动之时	由电子档案管理系统或数字档案馆自动捕获，或根据实施管理活动责任人对管理行为数据字典的选择结果自动捕获
应用层次	件	
相关元数据	机构人员名称（M87）	
著录说明	—	
注释	业务实体被选用时，本元数据必选； 各种管理活动实于不同网络，贯穿照片类电子档案生命周期，电子档案管理系统或数字档案馆自动捕获管理行为的功能，分布在不同的功能模块和业务流程中，因此，在系统设计阶段需进行充分的需求分析以便完成管理行为（M82）、管理时间（M83）等元数据的自动捕获。 值域中的"［其他］"表示根据需要而自定义设置的其他管理行为	

6.2.3　管理时间

编号	M83
中文名称	管理时间
英文名称	action time
定义	实施照片类电子档案各项管理活动的日期和时间
目的	记录照片类电子档案的全程管理历史； 建立与管理活动相关联的照片类电子档案各实体间关系； 为照片类电子档案的真实、完整和可靠提供保障
约束性	条件选
可重复性	不可重复
元数据类型	简单型
数据类型	日期型

编码修饰体系	标识	名称
	GB/T 7408—2005	数据元和交换格式　信息交换　日期和时间表示法

值域	—
缺省值	—
子元数据	—

信息来源	捕获节点	捕获方式
	触发或完成照片类电子档案管理活动之时	由电子档案管理系统或数字档案馆自动捕获

应用层次	件
相关元数据	—
著录说明	著录格式为：YYYYMMDDThhmmss，如示例1；或 YYYY‐MM‐DDThh：mm：ss，如示例2。 示例1："20090412T101530" 示例2："2009‐04‐12T10：15：30"
注释	业务实体被选用时，本元数据必选

6.2.4　关联实体标识符

编号	M84
中文名称	关联实体标识符
英文名称	related entities identifier

定义	与照片电子档案管理活动相关联的机构人员标识符、授权标识符的组合
目的	记录照片类电子档案管理活动及其背景信息；描述照片类电子档案管理过程，为其真实、可靠提供保障
约束性	条件选
可重复性	不可重复
元数据类型	简单型
数据类型	字符型
编码修饰体系	—
值域	—
缺省值	—
子元数据	—

信息来源	捕获节点	捕获方式
	照片类电子档案管理活动完成之后，且相应的管理活动、机构人员实体、授权实体等元数据赋值完成之时	由电子档案管理系统或数字档案馆自动捕获

应用层次	件
相关元数据	管理活动标识符（M81），机构人员标识符（M86），授权标识符（M91）
著录说明	凡与照片类电子档案管理活动相关联并形成了具体元数据值的元数据实体，其中的管理活动、机构人员、授权标识符都应成为关联实体标识符的组成部分，各标识符之间用"‐"连接。仅通过数据库以多实体方式管理元数据时，关联实体标识符（M84）应包括唯一标识符或档号等标识符，如示例1；采用与 DA/T 48—2009 相类似的 XML 封装包管理元数据时，关联实体标识符（M84）的著录方式如示例2。 示例1："CN436001X043ZP200900019‐馆编管理活动3‐馆编机构人员1" 示例2："馆编管理活动3‐馆编机构人员1‐馆编授权1"
注释	业务实体被选用时，本元数据必选

6.2.5　管理活动描述

编号	M85
中文名称	管理活动描述
英文名称	management action description

续表

定义	对照片类电子档案管理活动的进一步说明
目的	记录照片类电子档案的全程管理历史； 建立与管理活动相关联的照片类电子档案各实体间关系； 为照片类电子档案的真实、完整和可靠提供保障
约束性	可选
可重复性	不可重复
元数据类型	简单型
数据类型	字符型
编码修饰体系	—
值域	—
缺省值	—
子元数据	—

信息来源	捕获节点	捕获方式
	触发或完成照片类电子档案管理活动之时	电子档案管理系统或数字档案馆根据负责操作完成各项管理活动的责任人的手工著录结果批量自动赋值

应用层次	件
相关元数据	—
著录说明	采用自由文本著录。可描述实施管理活动的原因、方式、依据和结果等。 示例1："本次开放鉴定的对象、数量、结果等情况见《关于×××档案馆藏第六批开放档案鉴定情况的报告》，且三审意见已于2009年8月8日经局长审批同意，审批授权文件已归入机关档案室。" 示例2："本批移交进馆的是省政府办公厅2010年形成并归档保存的10卷100张照片类电子档案，以提交数据包经省档案馆政务内网电子档案传输平台在线移交进馆。"
注释	—

7　机构人员实体元数据描述

7.1　机构人员标识符

编号	M86
中文名称	机构人员标识符

续表

英文名称	agent identifier
定义	电子档案管理系统或数字档案馆为具体实施管理活动的责任人编制的流水编号
目的	建立照片类电子档案各实体间关系； 实现业务实体、机构人员实体、授权实体的分面组配，减少冗余元数据
约束性	条件选
可重复性	不可重复
元数据类型	简单型
数据类型	字符型
编码修饰体系	—
值域	—
缺省值	—
子元数据	—

信息来源	捕获节点	捕获方式
	触发或完成照片类电子档案管理活动之时	由电子档案管理系统或数字档案馆自动捕获

应用层次	件
相关元数据	管理活动标识符（M81），授权标识符（M91），关联实体标识符（M84）
著录说明	应分别编制档案室、档案馆机构人员标识符。 示例1：室编机构人员 N，$N=1$，2，3，… 示例2：馆编机构人员 N，$N=1$，2，3，…
注释	机构人员实体被选用时，本元数据必选； 机构人员标识符编制规则为电子档案管理系统或数字档案馆内的编码方案。同一机构人员对同一件照片类电子档案实施多次管理活动时，仅需在机构人员实体记录一次，并通过关联实体标识符建立该机构人员与本次及后续由其实施的管理活动、管理授权之间的对应关系。例如，围绕某件照片类电子档案，综合档案馆的李某作为第二位不同的责任人对其实施了格式转换管理活动，数字档案馆为这次管理活动编制一个机构人员标识符，即"馆编机构人员2"，并为机构人员名称等机构人员实体元数据赋值。此后，李某再对该张照片类电子档案实施其他管理活动时，数字档案馆无需形成新一组机构人员实体元数据值

7.2　机构人员名称

编号	M87
中文名称	机构人员名称
英文名称	agent name
定义	负责实施照片类电子档案管理活动的责任者名称
目的	有利于机构人员的管理与控制； 有助于照片类电子档案管理活动的问责与追溯； 为照片类电子档案的真实、完整、可靠提供保障
约束性	条件选
可重复性	不可重复
元数据类型	简单型
数据类型	字符型
编码修饰体系	—
值域	—
缺省值	—
子元数据	—

信息来源	捕获节点	捕获方式
	触发或完成照片类电子档案管理活动之时	由电子档案管理系统或数字档案馆自动捕获

应用层次	件
相关元数据	管理行为（M82），机构人员类型（M88），机构人员代码（M89），机构人员隶属（M90）
著录说明	机构人员类型（M88）为"单位"或"内设机构"时，著录单位或内设机构全称或不会引起误解的简称； 机构人员类型（M88）为"个人"时，著录责任人姓名
注释	机构人员实体被选用时，本元数据必选

7.3　机构人员类型

编号	M88
中文名称	机构人员类型
英文名称	agent type
定义	机构人员的聚合层次
目的	有利于机构人员的管理与控制； 为照片类电子档案的真实、完整、可靠提供保障

约束性	可选
可重复性	不可重复
元数据类型	简单型
数据类型	字符型
编码修饰体系	—
值域	单位，内设机构，个人
缺省值	个人
子元数据	—

信息来源	捕获节点	捕获方式
	触发或完成照片类电子档案管理活动之时	由电子档案管理系统或数字档案馆自动捕获，或根据负责实施管理活动的责任人对机构人员类型数据字典的选择结果自动捕获

应用层次	件
相关元数据	机构人员名称（M89）
著录说明	—
注释	在照片类电子档案管理活动中，移交、接收是发生于两个单位之间的管理行为，实施移交、接收管理活动的机构人员类型（M88）应著录为"单位"

7.4　机构人员代码

编号	M89
中文名称	机构人员代码
英文名称	agent identifier
定义	唯一标识机构人员的一串代码
目的	记录照片类电子档案管理活动责任信息； 有助于照片类电子档案管理活动的问责与追溯； 为照片类电子档案的真实、完整、可靠提供保障
约束性	可选
可重复性	不可重复
元数据类型	简单型
数据类型	字符型

编码修饰体系	标识	名称

	GB 11714—1997	全国组织机构代码编制规则
	GB 11643—1999	公民身份号码
值域	—	
缺省值	—	
子元数据	—	
信息来源	捕获节点	捕获方式
	触发或完成照片类电子档案管理活动之时	由电子档案管理系统或数字档案馆自动捕获；当机构人员类型（M88）为个人时，可基于已经捕获的机构人员名称（M87），从系统用户配置信息中自动捕获
应用层次	件	
相关元数据	机构人员名称（M87）	
著录说明	机构人员类型（M88）为"单位"时，可著录组织机构代码； 机构人员类型（M88）为"内设机构"时，如有，可著录部门代码； 机构人员类型（M88）为"个人"时，可著录身份证号或单位工作证号	
注释	—	

7.5　机构人员隶属

编号	M90
中文名称	机构人员隶属
英文名称	agent belongs to
定义	直接管辖机构人员的部门或机构名称
目的	记录机构人员的职能背景信息； 有助于照片类电子档案管理活动的问责与追溯； 为照片类电子档案的真实、完整、可靠提供保障
约束性	可选
可重复性	不可重复
元数据类型	简单型
数据类型	字符型
编码修饰体系	—

值域	—	
缺省值	—	
子元数据	—	
信息来源	捕获节点	捕获方式
	触发或完成照片类电子档案管理活动之时	由电子档案管理系统或数字档案馆自动捕获；当机构人员类型（M88）为个人时，可基于已经捕获的机构人员名称（M87），从系统用户配置信息中自动捕获
应用层次	件	
相关元数据	机构人员名称（M87）	
著录说明	著录机构人员隶属的内设机构或单位的全称或不会引起误解的简称	
注释	—	

8　授权实体元数据描述

8.1　授权标识符

编号	M91
中文名称	授权标识符
英文名称	mandate identifier
定义	电子档案管理系统或数字档案馆为实施照片类电子档案管理活动授权编制的流水编号
目的	建立照片类电子档案各实体间关系； 实现业务实体、机构人员实体、授权实体的分面组配，减少冗余元数据
约束性	条件选
可重复性	不可重复
元数据类型	简单型
数据类型	字符型
编码修饰体系	—
值域	—
缺省值	—
子元数据	—
信息来源	捕获节点	捕获方式
	触发或完成照片类电子档案管理活动之时	由电子档案管理系统或数字档案馆自动捕获

右上角：续表

相关元数据	发布时间 （M94）
著录说明	示例1："《电子档案移交与接收办法》（档发〔2012〕7号）"； 示例2："《基于XML的电子文件封装规范》（DA/T 48—2009）"
注释	授权实体被选用时，本元数据必选

左上角：续表

应用层次	件
相关元数据	管理活动标识符（M81），机构人员标识符（M86），关联实体标识符（M84）
著录说明	应分别编制档案室、档案馆实施电子档案管理活动授权的标识符。 示例1：室编授权 N，$N=1$，2，3，… 示例2：馆编授权 N，$N=1$，2，3，…
注释	授权实体被选用时，本元数据必选； 授权标识符编制规则为电子档案管理系统或数字档案馆内的编码方案。电子档案管理系统或数字档案馆只需为不同的授权编制授权标识符，描述电子档案管理活动时加以引用并与相关元数据实体进行组配

8.2 授权名称

编号	M92	
中文名称	授权名称	
英文名称	mandate name	
定义	实施照片类电子档案管理活动的授权的名称及其编号	
目的	为照片类电子档案管理活动的规范性提供证据链； 有利于照片类电子档案管理活动的问责和追溯	
约束性	条件选	
可重复性	不可重复	
元数据类型	简单型	
数据类型	字符型	
编码修饰体系	—	
值域	—	
缺省值	—	
子元数据	—	
信息来源	捕获节点	捕获方式
	触发或完成照片类电子档案管理活动之时	由电子档案管理系统或数字档案馆根据实施管理活动责任人对授权数据字典的选择结果或手工著录结果自动捕获
应用层次	件	

8.3 授权类型

编号	M93	
中文名称	授权类型	
英文名称	mandate type	
定义	实施照片类电子档案管理活动的授权的类型	
目的	为照片类电子档案管理活动的规范性提供证据链； 有利于照片类电子档案管理活动实施授权的管理和控制	
约束性	可选	
可重复性	不可重复	
元数据类型	简单型	
数据类型	字符型	
编码修饰体系	—	
值域	法律，规章，条例，制度，标准，业务规范，政策，系统规则，［其他］	
缺省值	—	
子元数据	—	
信息来源	捕获节点	捕获方式
	触发或完成照片类电子档案管理活动之时	由电子档案管理系统或数字档案馆根据实施管理活动责任人对授权数据字典的选择结果自动捕获
应用层次	件	
相关元数据	—	
著录说明	—	
注释	值域中的"［其他］"表示根据照片类电子档案管理的实际需要而自定义设置的其他授权类别	

8.4 发布时间

编号	M94		值域	一
中文名称	发布时间		缺省值	一
英文名称	issue date		子元数据	一
定义	实施照片类电子档案管理活动授权的正式发布时间		信息来源	捕获节点	捕获方式
目的	有利于实施照片类电子档案管理活动授权的管理和控制		触发或完成照片类电子档案管理活动之时	由电子档案管理系统或数字档案馆根据实施管理活动责任人对授权数据字典的选择结果或手工著录结果自动捕获
约束性	条件选			
可重复性	不可重复			
元数据类型	简单型		应用层次	件
数据类型	字符型		相关元数据	授权名称（M92）
编码修饰体系	标识	名称	著录说明	按照实施照片类电子档案管理活动授权的实际发布时间或通过时间著录，著录格式为：YYYYMMDD，或 YYYY－MM－DD
	GB/T 7408—2005	数据元和交换格式　信息交换　日期和时间表示法	注释	授权实体被选用时，本元数据必选

附录 A
（资料性附录）
照片类电子档案元数据表

A.1　　　　　　　　　　照片类电子档案元数据表（聚合层次：件）

编号	元数据中文名称	元数据英文名称	约束性	可重复性	元数据类型	数据类型	捕获方式
M1	档案馆代码	archives identifier	条件选	不可重复	简单型	字符型	自动
M2	档案门类代码	archival category code	可选	不可重复	简单型	字符型	自动
M3	聚合层次	aggregation level	必选	不可重复	简单型	字符型	自动
M4	唯一标识符	unique identifier	条件选	不可重复	简单型	字符型	自动
M5	档号	archival code	必选	不可重复	复合型	字符型	自动
M6	题名	title	必选	不可重复	复合型	字符型	手工
M7	责任者	author	条件选	不可重复	容器型	一	一
M8	摄影者	photographer	必选	不可重复	简单型	字符型	半自动
M9	著录者	described by	可选	不可重复	简单型	字符型	半自动
M10	数字化责任信息	digitization responsibility information	可选	不可重复	简单型	字符型	自动
M11	时间	date time	条件选	不可重复	容器型	一	一
M12	摄影时间	creation date	必选	不可重复	简单型	日期时间型/字符型	自动
M13	数字化时间	digitization date	可选	不可重复	简单型	日期型/日期时间型	自动

续表

编号	元数据中文名称	元数据英文名称	约束性	可重复性	元数据类型	数据类型	捕获方式
M14	修改时间	modified date	可选	不可重复	简单型	日期型/日期时间型	自动
M15	主题	subject	必选	不可重复	容器型	—	—
M16	地点	place	必选	不可重复	简单型	字符型	手工
M17	人物	people	必选	不可重复	简单型	字符型	手工
M18	背景	background	可选	不可重复	简单型	字符型	手工
M19	全球定位信息	global position information	可选	不可重复	容器型	—	—
M20	全球定位系统版本	GPS version	条件选	不可重复	简单型	字符型	自动
M21	纬度基准	latitude reference	条件选	不可重复	简单型	字符型	自动
M22	纬度	latitude	条件选	不可重复	简单型	字符型	自动
M23	经度基准	longitude reference	条件选	不可重复	简单型	字符型	自动
M24	经度	longitude	条件选	不可重复	简单型	字符型	自动
M25	海拔基准	altitude reference	可选	不可重复	简单型	字符型	自动
M26	海拔	altitude	可选	不可重复	简单型	字符型	自动
M27	方向基准	image direction reference	可选	不可重复	简单型	字符型	自动
M28	镜头方向	image direction	可选	不可重复	简单型	字符型	自动
M29	来源	provenance	可选	不可重复	容器型	—	—
M30	获取方式	acquisition approaches	条件选	不可重复	简单型	字符型	半自动
M31	来源名称	provenance name	条件选	不可重复	简单型	字符型	半自动
M32	源文件标识符	source identifier	可选	不可重复	简单型	字符型	半自动
M33	保管期限	retention period	必选	不可重复	简单型	字符型	半自动
M34	权限	rights	条件选	不可重复	容器型	—	—
M35	密级	security classification	可选	不可重复	简单型	字符型	半自动
M36	控制标识	control identifier	条件选	不可重复	简单型	字符型	半自动
M37	版权信息	copyright information	可选	不可重复	简单型	字符型	半自动
M38	附注	annotation	可选	不可重复	简单型	字符型	手工
M39	存储	storage	条件选	不可重复	容器型	—	—
M40	在线存址	online location	条件选	不可重复	简单型	字符型	自动
M41	离线存址	offline location	条件选	不可重复	简单型	字符型	半自动
M42	生成方式	creation way	必选	不可重复	简单型	字符型	自动
M43	捕获设备	capture device	必选	不可重复	容器型	—	—
M44	设备制造商	device manufacturer	必选	不可重复	简单型	字符型	自动
M45	设备型号	device model number	必选	不可重复	简单型	字符型	自动
M46	设备感光器	device sensor	可选	不可重复	简单型	字符型	自动
M47	软件信息	software	必选	不可重复	简单型	字符型	自动
M48	信息系统描述	information system description	可选	可重复	简单型	字符型	自动

编号	元数据中文名称	元数据英文名称	约束性	可重复性	元数据类型	数据类型	捕获方式
M49	计算机文件名	computer file name	必选	可重复	简单型	字符型	自动
M50	计算机文件大小	computer file size	必选	可重复	简单型	数值型	自动
M51	格式信息	format information	必选	可重复	复合型	字符型	自动
M52	格式名称	format name	条件选	不可重复	简单型	字符型	自动
M53	格式描述	format description	条件选	不可重复	简单型	字符型	自动
M54	图像参数	image parameter	必选	可重复	容器型	—	—
M55	水平分辨率	X resolution	必选	不可重复	简单型	字符型	自动
M56	垂直分辨率	Y resolution	必选	不可重复	简单型	字符型	自动
M57	图像高度	image height	必选	不可重复	简单型	字符型	自动
M58	图像宽度	image width	必选	不可重复	简单型	字符型	自动
M59	色彩空间	color space	必选	不可重复	简单型	字符型	自动
M60	YCbCr 分量	YCbCr	可选	不可重复	简单型	字符型	自动
M61	每像素样本数	samples per pixel	必选	不可重复	简单型	字符型	自动
M62	每样本位数	bits per sample	必选	不可重复	简单型	字符型	自动
M63	压缩方案	image compression scheme	必选	不可重复	简单型	字符型	自动
M64	压缩率	image compression ratio	必选	不可重复	简单型	字符型	自动
M65	参见号	related records identifier	条件选	不可重复	简单型	字符型	半自动
M66	数字签名	digital signature	可选	可重复	容器型	—	—
M67	签名格式描述	signature format description	条件选	不可重复	简单型	字符型	自动
M68	签名时间	signature date	条件选	不可重复	简单型	日期型	自动
M69	签名者	signer	条件选	不可重复	简单型	字符型	自动
M70	签名	signature	条件选	不可重复	简单型	字符型	自动
M71	证书	certificate	条件选	不可重复	简单型	字符型	自动
M72	证书引证	certificate reference	可选	不可重复	简单型	字符型	自动
M73	签名算法	signature algorithm	可选	不可重复	简单型	字符型	自动
M74	职能业务	function business	可选	不可重复	容器型	—	—
M75	业务类型	business type	可选	不可重复	简单型	字符型	半自动
M76	业务名称	business name	条件选	不可重复	简单型	字符型	半自动
M77	业务开始时间	business beginning date	可选	不可重复	简单型	日期型	半自动
M78	业务结束时间	business ending date	可选	不可重复	简单型	日期型	半自动
M79	业务描述	business description	条件选	不可重复	简单型	字符型	半自动
M80	管理活动	management action	条件选	可重复	容器型	—	—
M81	管理活动标识符	action identifier	条件选	不可重复	简单型	字符型	自动
M82	管理行为	management activity	条件选	不可重复	简单型	字符型	自动
M83	管理时间	action time	条件选	不可重复	简单型	日期型	自动
M84	关联实体标识符	related entities identifier	条件选	不可重复	简单型	字符型	自动

编号	元数据中文名称	元数据英文名称	约束性	可重复性	元数据类型	数据类型	捕获方式
M85	管理活动描述	management action description	可选	不可重复	简单型	字符型	半自动
M86	机构人员标识符	agent identifier	条件选	不可重复	简单型	字符型	自动
M87	机构人员名称	agent name	条件选	不可重复	简单型	字符型	自动
M88	机构人员类型	agent type	可选	不可重复	简单型	字符型	自动
M89	机构人员代码	agent identifier	可选	不可重复	简单型	字符型	自动
M90	机构人员隶属	agent belongs to	可选	不可重复	简单型	字符型	自动
M91	授权标识符	mandate identifier	条件选	不可重复	简单型	字符型	自动
M92	授权名称	mandate name	条件选	不可重复	简单型	字符型	自动
M93	授权类型	mandate type	可选	不可重复	简单型	字符型	自动
M94	发布时间	issue date	条件选	不可重复	简单型	字符型	自动

A.2　　　　　照片类电子档案元数据表（聚合层次：卷）

编号	元数据中文名称	元数据英文名称	约束性	可重复性	元数据类型	数据类型
M1	档案馆代码	archives identifier	条件选	不可重复	简单型	字符型
M2	档案门类代码	archival category code	可选	不可重复	简单型	字符型
M3	聚合层次	aggregation level	必选	不可重复	简单型	字符型
M5	档号	archival code	必选	不可重复	简单型	字符型
M6	题名	title	必选	不可重复	复合型	字符型
M8	摄影者	photographer	必选	不可重复	简单型	字符型
M9	著录者	described by	可选	不可重复	简单型	字符型
M10	数字化责任信息	digitization responsibility information	可选	不可重复	简单型	字符型
M12	摄影时间	creation date	必选	不可重复	简单型	字符型
M33	保管期限	retention period	必选	不可重复	简单型	字符型
M35	密级	security classification	可选	不可重复	简单型	字符型
M36	控制标识	control identifier	条件选	不可重复	简单型	字符型
M37	版权信息	copyright information	可选	不可重复	简单型	字符型
M38	附注	annotation	可选	不可重复	简单型	字符型
M75	业务类型	business type	可选	不可重复	简单型	字符型
M76	业务名称	business name	条件选	不可重复	简单型	字符型
M77	业务开始时间	business beginning date	可选	不可重复	简单型	日期型
M78	业务结束时间	business ending date	可选	不可重复	简单型	日期型
M79	业务描述	business description	条件选	不可重复	简单型	字符型

附录 B
（资料性附录）
照片类电子档案元数据编码方案

B.1　档案门类代码编码方案

本编码方案适用于档案门类代码（M2）的著录。

档案门类代码采用两位字母和阿拉伯数字标识，如表 B.1 所示。根据实际管理需要，可对档案门类一级代码进行逐级复分，并用"·"相连。本编码方案所列档案门类引用自 DA/T1—2000 定义的基本术语。可对本编码方案未列出的档案门类代码进行扩展定义，扩展应遵循确保代码唯一、分类有序的原则。

表 B.1　　　　档案门类一级代码表

档案门类	档案门类一级代码
文书档案	WS
照片档案	ZP
录音档案	LY
录像档案	LX
科学技术档案	KJ
专业档案	ZY

B.2　唯一标识符编码方案

本编码方案适用于唯一标识符（M4）的著录。唯一标识符各构成项目编码规则与描述如表 B.2 所示。

表 B.2　　唯一标识符编码规则与描述

项目名称	描　述	示例
国家代码	采用 ISO 3166-1-2006 定义的国家代码	CN
档案馆代码	依据《编制全国档案馆名称代码实施细则》（国档发〔1987〕4 号）对档案馆所赋予的代码	436001
全宗号	档案馆给同级立档单位编制的代号。全宗号编制规则由《档号编制规则》（DA/T 13—1994）定义。如果为馆藏所有照片档案赋予一个统一代号，如"236"，并在该代号下以规范性的分类号标识各同级立档单位，则本唯一标识符构成项由代号和分类号共同组成	X035 236066
档案门类代码	档案馆赋予档案门类的代码，档案门类代码编码规则参照本标准《档案门类代码编码方案》（附录 B.1）予以描述	ZP
形成年度	电子文件形成的年度	2010
顺序号	在同一形成年度下为每件电子档案编制的流水号	00016

B.3　业务类型编码方案

本编码方案适用于业务类型（M75）的著录。业务类型编码规则与描述如表 B.3 所示。

表 B.3　　业务类型编码规则与描述

业务类型	描　述	示　例
事务	某组织机构为完成一项业务活动而实施的最小工作单元	1. 某省档案局制定地方性技术规范工作中的一系列事务，如法规立项申报、起草、调研、编写、征求意见、修改、专家评审、报批发布等事务

续表

业务类型	描　述	示　例
事务	某组织机构为完成一项业务活动而实施的最小工作单元	2. 某省科技厅 2011 年科技攻关项目管理工作中的一系列事务，如项目计划制定、项目申报受理、项目立项评审、项目实施督察，以及项目结项受理、项目结项鉴定、发布项目完成情况等事务
活动	某组织机构为完成其主要职能之一而开展的主要工作任务。一个活动应该基于一系列连贯的事务，并产生一个结果	1. 某省档案局制定某项地方性技术规范工作。 2. 某省科技厅 2011 年科技攻关项目管理工作
职能	某组织机构承担的主要职责。职能是组织机构所有活动的高层集合	1. 某省省档案局主要职责之一："贯彻实施国家有关档案工作的法律法规和方针、政策，拟定全省档案工作的规章制度、业务标准和技术规范，并组织实施；依法开展档案行政执法和监督。" 2. 某省科技厅主要职责之一："负责组织制订实施全省各类科技计划和重大科技专项与工程，负责统筹协调基础研究、应用技术研究和社会公益性技术研究以及国民经济与社会发展重大关键技术攻关，推动全省科技创新体系建设，负责全省知识产权工作，提高科技创新能力。"
联合职能	存在于组织机构外部的高层职能。联合职能为组织机构提供执行业务职能的更广泛社会背景	1. 某省卫生厅与公安、教育等部门联合开展区域性艾滋病预防工作。 2. 某省发展与改革委员会在省政府领导下承办跨多省或世界性经贸类活动

B.4　管理活动编码方案

本编码方案适用于管理行为（M80）的著录。实施本方案时，可以根据电子档案全程管理需求对管理行为的值域进行扩展。管理行为编码规则与描述如表 B.4 所示。

表 B.4　管理行为编码规则与描述　　　　　　　　　　　　　　　　　　　续表

管理行为	描　述
归档登记	电子档案管理系统捕获归档电子文件并赋予唯一标识的活动
打包	电子档案管理系统将电子档案及其元数据作为一个整体按指定结构形成提交包的活动
移交	将到期进馆电子档案以在线或离线方式向同级档案馆移交的活动
接收	档案馆以在线或离线方式接收进馆电子档案，并导入数字档案馆、赋予唯一标识的活动
格式转换	在保持电子档案的真实性、可靠性、完整性和可用性前提下，电子档案管理系统或数字档案馆将电子档案由源格式向目标格式转变的活动
迁移	在保持电子档案的真实性、可靠性、完整性和可用性前提下，将电子档案从一种软硬件环境向另一种软硬件环境，或从一代技术向另一代技术转移的活动
删除	在电子档案管理系统或数字档案馆删除电子档案及其元数据的活动
开放鉴定	在数字档案馆完成开放鉴定并更新相关元数据值的活动
解密鉴定	在电子档案管理系统或数字档案馆完成解密鉴定并更新相关元数据值的活动
销毁鉴定	在电子档案管理系统或数字档案馆完成销毁鉴定并实施电子档案销毁的活动
原文下载	从电子档案管理系统或数字档案馆下载电子档案原文及其元数据的活动
数字签名	电子档案管理系统或数字档案馆对电子档案内容信息进行数字签名生成固化信息的活动
封装	依据相关标准，在数字档案馆采用数字签名技术按照指定结构将电子档案及其元数据打包的活动
修订封装	在数字档案馆对经授权修改的电子档案保存数据包进行修改封装的活动

附录 C
（资料性附录）
照片类电子档案元数据著录模板

C.1　立档单位必选元数据著录模板
（聚合层次：件）

元数据名称	子元数据名称	元　数　据　值
聚合层次		件
档号		X190 - ZP • 2010 - 001 - 00004

续表

元数据名称	子元数据名称	元　数　据　值
题名		江西省科学院院长黄亲国主持第二届"江西科学论坛"
摄影者		谭立地，江西省科学院科技信息中心
摄影时间		2010 - 12 - 06T08：43：34
主题	地点	江西省科学院
	人物	黄亲国，江西省科学院院长
保管期限		永久
生成方式		原生
捕获设备	设备制造商	Canon
	设备型号	Canon EOS 50D
	设备感光器	
计算机文件名		CN436001X190ZP201000004D1E0.jpg
计算机文件大小		4889528
格式信息	格式名称	JPG
	格式描述	JPG/JPEG 是一种有损压缩的图像文件格式。格式压缩标准是由 ISO 和 IEC 两个组织机构联合组成的一个专家组 JPEG（Joint Photographic Experts Group）制定的静态图像压缩标准 JPEG
图像参数	水平分辨率	300
	垂直分辨率	300
	图像高度	4256
	图像宽度	2832
	色彩空间	sRGB
	YCbCr 分量	4：2：2
	每像素样本数	3
	每样本位数	8
	压缩方案	JPEG Compressed
	压缩率	4

C.2　综合档案馆必选元数据著录模板
（聚合层次：件）

元数据名称	子元数据名称	元　数　据　值
档案馆代码		400012

续表

元数据名称	子元数据名称	元数据值
聚合层次		件
唯一标识符		CN400012X043ZP201000190
档号		2010 - 2 - 043 - 018
题名		天津市档案系统档案局（馆）长培训班结业式
摄影者		翟毅，天津市档案馆技术保护部
摄影时间		2006 - 03 - 17T10：24：54
主题	地点	天津市委党校
	人物	
保管期限		永久
控制标识		开放
存储	在线存址	\\ 192.168.0.209 \ EFILE2 \ ZP \ X043 \ 2010 \ CN400012X-043ZP201000190D1E0. XML
	离线存址	略
生成方式		原生
捕获设备	设备制造商	Canon
	设备型号	EOS - 1Ds MarkIII
	软件信息	Ver. 1. 01
计算机文件名		X043ZP201000190D1E0
计算机文件大小		4244408
格式信息		JPG
图像参数	水平分辨率	72
	垂直分辨率	72
	图像高度	5616
	图像宽度	3744
	色彩空间	sRGB
	YCbCr 分量	4：2：0
	每像素样本数	3
	每样本位数	8
	压缩方案	JPEG Compressed
	压缩率	2.865226
参见号		

C. 3 综合档案馆档案实体元数据著录模板之一（聚合层次：件）

元数据名称	子元数据名称	元数据值
档案馆代码		443001
档案门类代码		ZP
聚合层次		件
唯一标识符		CN443001345ZP200900649
档号		345 - ZP · 2009 - SP2 - 00002
题名		理县三湘大道潇湘大桥 0 号桥台侧场地原貌
责任者	摄影者	刘金云，湖南省档案馆
	著录者	李婷婷，湖南省档案馆
	数字化责任信息	
时间	摄影时间	2009 - 09 - 03T15：14：32
	数字化时间	2009 - 09 - 03T15：14：32
	修改时间	
主题	地点	四川省理县三湘大道潇湘大桥
	人物	
	背景	
全球定位信息		
来源	获取方式	馆拍
	来源名称	湖南省档案馆
	源文件标识符	
保管期限		永久
权限	密级	公开
	控制标识	开放
	版权信息	湖南省档案馆享有完全版权
附注		
存储	在线存址	D：\ 数字档案管理软件存储文件夹 \ 345 \ ZP \ 2009 \ 345 - ZP · 2009 - SP2 - 00002. JPG
	离线存址	
生成方式		原生
捕获设备	设备制造商	OLYMPUS IMAGING CORP.
	设备型号	FE230/X790
	设备感光器	未知
	软件信息	Version 1. 0

元数据名称	子元数据名称	元 数 据 值
信息系统描述		
计算机文件名		345 - ZP · 2009 - SP2 - 00002. JPG
计算机文件大小		4154839
格式信息	格式名称	JPG
	格式描述	（略）
图像参数	水平分辨率	72
	垂直分辨率	72
	图像高度	2304
	图像宽度	3072
	色彩空间	sRGB
	YCbCr 分量	4：2：0
	每像素样本数	3
	每样本位数	8
	压缩方案	JPEG Compressed
	压缩率	5
参见号		
数字签名		

C. 4　综合档案馆档案实体元数据著录模板之二（聚合层次：件）

元数据名称	子元数据名称	元 数 据 值
档案馆代码		444001
档案门类代码		ZP
聚合层次		件
唯一标识符		CN444001239ZP201001658
档号		239 - 2010 - 008 - 0040
题名		政协第十届广东省委员会第三次会议闭幕大会会场
责任者	摄影者	蔡孝恭，广东省档案馆
	著录者	广东省档案馆
	数字化责任信息	
时间	摄影时间	2010 - 02 - 01T16：22：05
	数字化时间	2010 - 02 - 01T16：22：05

元数据名称	子元数据名称	元 数 据 值
	修改时间	
主题	地点	广东省委礼堂
	人物	
	背景	
全球定位信息		
来源	获取方式	馆拍
	来源名称	广东省档案馆
	源文件标识符	
保管期限		永久
权限	密级	
	控制标识	控制
	版权信息	广东省档案馆享有完全版权
附注		
存储	在线存址	D：\ ZP \ 2010 \ 239 - 2010 - 008 - 0040. JPG
	离线存址	
生成方式		原生
捕获设备	设备制造商	NIKON CORPORATION
	设备型号	NIKON D700
	设备感光器	One - chip color area sensor
	软件信息	Ver 1.01
信息系统描述		
计算机文件名		239 - 2010 - 008 - 0040. JPG
计算机文件大小		3155371
格式信息	格式名称	JPG
	格式描述	（略）
图像参数	水平分辨率	300
	垂直分辨率	300
	图像高度	2832
	图像宽度	4256
	色彩空间	sRGB
	YCbCr 分量	4：4：4
	每像素样本数	3

续表

元数据名称	子元数据名称	元 数 据 值
	每样本位数	8
	压缩方案	JPEG Compressed
	压缩率	4
参见号		
数字签名		

C. 5 综合档案馆档案实体元数据著录模板之三（聚合层次：件）

档案实体元数据

元数据名称	子元数据名称	元 数 据 值
档案馆代码		411001
档案门类代码		ZP
聚合层次		件
唯一标识符		CN411001231ZP2008020666
档号		231 - 080 - 00774 - 0057
题名		奥林匹克射箭场 A 场地场景
责任者	摄影者	王凯，北京市档案馆
	著录者	北京市档案馆
	数字化责任信息	
时间	摄影时间	2008 - 08 - 15T10：44：34
	数字化时间	2008 - 08 - 15T10：44：34
	修改时间	
主题	地点	北京市奥林匹克公园，大屯路与国家体育场北路之间
	人物	
	背景	
全球定位信息		
来源	获取方式	馆拍
	来源名称	北京市档案馆
	源文件标识符	
保管期限		永久
权限	密级	
	控制标识	控制
	版权信息	北京市档案馆享有完全版权
附注		序号：8456

续表

元数据名称	子元数据名称	元 数 据 值
存储	在线存址	E：照片 \ 231 \ 231 - 080 - 00774 - 0057. JPG
	离线存址	奥组委 7 号光盘
生成方式		原生
捕获设备	设备制造商	Panasonic
	设备型号	DMC - FX100
	设备感光器	One - chip color area sensor
	软件信息	Ver. 1. 0
信息系统描述		
计算机文件名		231 - 080 - 00774 - 0057. JPG
计算机文件大小		4930333
格式信息	格式名称	JPG
	格式描述	（略）
图像参数	水平分辨率	72
	垂直分辨率	72
	图像高度	3000
	图像宽度	4000
	色彩空间	sRGB
	YCbCr 分量	4：2：0
	每像素样本数	3
	每样本位数	8
	压缩方案	JPEG Compressed
	压缩率	3. 2
参见号		
数字签名		

C. 6 综合档案馆案卷元数据著录模板（聚合层次：卷）

元数据名称	元 数 据 值
档案馆代码	411001
档案门类代码	ZP
聚合层次	卷
档号	231 - 080 - 00774
题名	第 29 届北京奥林匹克运动会射箭比赛场馆 A 场地

续表

元数据名称	元 数 据 值
摄影者	王凯，北京市档案馆
著录者	王凯，北京市档案馆
数字化责任信息	
摄影时间	20080815
保管期限	永久
件数	26
密级	
控制标识	开放
版权信息	北京市档案馆享有完全版权
附注	
业务名称	第29届北京奥林匹克运动会射箭比赛场馆A场地
业务开始时间	2005 - 12 - 28
业务结束时间	2008 - 08 - 15
业务描述	2008北京奥运会射箭场馆为临建比赛场馆，位于奥林匹克公园内，建筑面积8609平方米，5384个临时座位，2005年12月28日开工建设。由东到西分别设有排位赛场地（兼作热身场地）、淘汰赛和决赛场地（A场地）和淘汰场地（B场地）。排位赛场不设座位，A场地和B场地分别设有4510和874个座位，采用先进的管建系统轻钢结构，易于安装和拆除。本届奥运会射箭比赛于2008年8月9日至8月15日举行，有49个国家取得参赛资格，共产生4枚金牌。韩国男队以227环的成绩夺得男子团体金牌，中国男队以222环成绩夺得男子团体铜牌；乌克兰选手鲁班以113环成绩夺得男子个人金牌；韩国女队以224环成绩摘得女子团体金牌，中国女队以215环成绩荣获团体银牌；中国女队张娟娟以115环的成绩夺得女子个人赛金牌，平了奥运会纪录

说明：本著录模板中的件数元数据为扩展设置的元数据。

C.7　四个元数据实体著录模板之一
（聚合层次：件）
档案实体元数据

元数据名称	子元数据名称	元 数 据 值
档案馆代码		436001
档案门类代码		ZP

续表

元数据名称	子元数据名称	元 数 据 值
聚合层次		件
唯一标识符		CN436001X034ZP201100003
档号		X034 - ZP · 2011 - G01 - 00003
题名		江西省政协十届四次会议开幕式上全体代表起立唱国歌
责任者	摄影者	彭瑞华，江西省档案馆
	著录者	彭瑞华，江西省档案馆
	数字化责任信息	
时间	摄影时间	2011 - 02 - 13T08：30：34
	数字化时间	2011 - 02 - 13T08：30：34
	修改时间	
主题	地点	南昌市滨江宾馆
	人物	第二排右一：吴新雄，江西省委副书记、省人民政府省长；第二排左一：张裔炯，江西省委副书记；第一排左一：王林森，江西省政协副主席；第一排右一：朱张才，江西省政协副主席
	背景	
全球定位信息		
来源	获取方式	馆拍
	来源名称	江西省档案馆
	源文件标识符	
保管期限		永久
权限	密级	公开
	控制标识	控制
	版权信息	永久
附注		
存储	在线存址	\\ 192.168.0.209 \ EFILE \ ZP \ X034 \ 2011 \ CN436001 - X034ZP201100003.XML
	离线存址	436001GP2011I003
生成方式		原生
捕获设备	设备制造商	NIKON CORPORATION
	设备型号	NIKON D3
	设备感光器	One - chip color area sensor
	软件信息	Ver. 2.00

续表

元数据名称	子元数据名称	元 数 据 值
信息系统描述		1. 应用软件平台：江西省档案馆电子档案接收管理系统是江西省数字档案馆的重要组成部分，由江西省档案局馆与××软件系统有限公司于 2007 年 10 月至 2010 年 10 月共同研发完成。本系统可集成管理原生电子档案与馆藏传统载体档案数字副本，主要管理对象包括文书、照片、录音、录像类电子档案，以及各门类传统载体档案资料目录数据，并可扩展管理其他门类电子档案与资料。参照 ISO14721 开放档案信息系统（OAIS）参考模型设计、建设了系统分布式总体架构，包括立档单位数字档案集成管理系统（含文书类电子文件接收前置机、立档单位数字档案馆、电子档案传输平台客户端等三部分）、电子档案传输平台、档案馆数字档案集成管理系统、政务网档案资料查阅平台与档案网站开放档案资料查阅平台等五个部分，具有电子文件收集、归档和电子档案接收、管理、保存、利用等主要功能。系统应用××省数字证书认证中心颁发的数字证书，全流程嵌入并实现了《江西省档案馆电子档案元数据方案》（V1.0，2010 年），包括文书、照片、录音、录像类电子档案元数据方案及封装结构，以提交包（JXSIPs）、封装包（JXEEPs）与利用包（JXDIPs）承担电子档案的移交接收、长期保存和分发利用等业务活动。从立档单位到省档案馆的电子档案管理全流程中，系统自动捕获电子档案管理元数据、技术元数据，支持对职能业务等元数据的深度著录。系统采用 PDF/A 为文书电子档案长期保存格式，以 TIFF、JPEG 为照片类电子档案长期保存格式，以 WAVE、MP3 为录音电子档案长期保存格式，以 MPEG2 为录像电子档案长期保存格式。系统技术路线：可扩展标记语言 XML。系

续表

元数据名称	子元数据名称	元 数 据 值
信息系统描述		统软件与开发平台：开发语言为 JDK1.7、DELPHI7.0；东方通中间件（TongWeb4.7）；数据库、WEB 应用服务器采用中文红旗 Red Flag DC Server5.0（64 位，32 位）操作系统；其他服务器全部采用 Windows 2003 Server 企业版。2. 档案馆局域内网系统硬件环境：系统数据库与全文检索服务器采用惠普四路四核 64 位服务器（HP DL580G5 E7320），WEB 应用服务器及应用系统封装、格式转换、OCR 识别、备份、查杀毒等服务器均采用二路二核服务器（HP DL380R05 E5410），Intel 架构；档案馆局域内网数字档案集成管理系统的核心存储为 FC SAN（HP StorageWorks EVA6100 SAN Storage），用于存储文书、照片等类电子档案封装包以及 Oracle 10g 中的元数据库、系统数据库等；IP SAN（DFT RS-3016I）存储器专用于档案馆局域内网声像电子档案与资料原文的存储；IP SAN（H3C Neocean EX1500）为政务网利用平台专用存储；磁带库 HP Storage-Works MSL6030 Tape Library 为档案馆数字档案集成管理系统近线备份与离线备份设备。3. 安全系统。档案馆局域内网应用了桌面及网络设备管理软件（北塔网络运维管理专家 BTNM 3.0）、网络版防病毒软件瑞星高级企业版以及 H3C SecPath 100F 防火墙；省政务内网电子档案传输平台配置应用了联想网御 Power V-650IPS 百兆入侵防御系统、安达通 SJW74C SSL VPN；档案网站安装应用了网页防篡改系统（iGuard）。4. 档案馆局域内网网络基础设施。采用三层架构，核心交换机为 H3C 7506R，汇聚层交换机为 H3C 5500，接入交换机为 H3C 3600。根据业务与安全需要，设置了相应的 VLAN

续表

元数据名称	子元数据名称	元 数 据 值
计算机文件名		CN436001X034ZP201100003－D1E0
计算机文件大小		4889528
格式信息	格式名称	JPG
	格式描述	（略）
图像参数	水平分辨率	300
	垂直分辨率	300
	图像高度	4256
	图像宽度	2832
	色彩空间	sRGB
	YCbCr 分量	4：2：2
	每像素样本数	3
	每样本位数	8
	压缩方案	JPEG Compressed
	压缩率	4
参见号		X033－LX·2011－G01，X033－SXWS·2011－001
数字签名	签名格式描述	本封装包采用江西省数字证书认证中心颁发的单位数字证书对电子档案内容进行签名。CA 证书使用 RSA 数字签名算法与 SHA－1 哈希算法，文摘使用 SHA－1 算法。SHA－1 由安全哈希算法标准（SHS）定义（Secure Hash Standard，FIPS PUB 180－2，National Institute of Standards and Technology，US Department of Commerce，1 August 2002）。RSA 算法由 PKCS ♯1 V2.1：RSA 加密标准定义（PKCS ♯1 v2.1：RSA Cryptography Standard，RSA Laboratories，14 June 2002）。RSA 的公钥使用 X.509 证书封装在××省档案馆电子档案封装包的签名元数据中，封装包的证书元数据为空。该封装方式基于 PKCS ♯7 加密消息的语法标准，与 RSA 公钥相关的签名证书信息被包含在签名结果中，使用 RSA 公钥可对签名结果进行验证。X.509 证书由 信息技术——开放系统互连——号码

续表

元数据名称	子元数据名称	元 数 据 值
数字签名	签名格式描述	簿：公钥和属性鉴别框架定义［Information technology – Open Systems Interconnection – The Directory：Public－key and attribute certificate frameworks，ITU－T Recommendation X.509（2000）］。X.509 证书采用 Base64 编码传输
	签名时间	2011－04－11T12：52：19
	签名者	江西省档案馆
	签名	hvcNAQEBBQAEgYB6he8＋fyB＋hbAjgL61Ip14Xstwdzslau－HoTi＋euD5Ao06Pv6eKgodU－RXGMs/jm0nGF8wAuV3qZCY－tQvFVRaDDiblU07C0VbvahC－QcXA4MCKTrA0cdiAUP/fy－VRZDFZQJatBbSC6mPTpWR－pYRfTxwSvfo2lzD2GzMyh57－UGvztU6w＝＝
	证书	MIIEdwYJKoZIhvcNAQcCo－IIEaDCCBGQCAQExCzAJBgUr－DgMCGgUAMAsGCSqGSIb3DQ－EHAaCCAvUwggLxMIICW－qADAgECAhA4t7bgI6IGV8N4－SYIpn＋myMA0GCSqGSIb3DQ－EBBQUAMIGOMQswCQY－DVQQGEwJDTjEQMA4GA1U－ECBMHSmlhbmdYaTERMA8－GA1UEBxMITmFuQ2hhbmcx－IzAhBgNVBAoTGkppYW5nW－GkgSW5mb3JtYXRpb24gQ2V－udGVyMSYwJAYDVQQLEx1－KaWFuZ1hpENlcnRpZmljYX－RlIEF1dGhvcml0eTENMAsG－A1UEAxMESlhDQTAeFw0w－OTEwMjAwOTA5MjVaFw0x－MTEyMzEwOTA5MjVaMFsx－CzAJBgNVBAYTAkNOMQ8w－DQYDVQQIHgZsX4l/dwExDz－ANBgNVBAceBlNXZgxeAjEV－MBMGA1UECh4MbF＋Jf3cBa－GNoSJmGMRMwEQYDVQQD－EwowMTQ1MDE0NS01MIGf－MA0GCSqGSIb3DQEBAQUA－A4GNADCBiQKBgQDelsSkpBb－YtTlLXGH1＋qY3wjk3YGG7S－c0zQF2OE45S /yi4LCBPKPBo－PIsnONLw3RoZiuzmUD0mk3h－

续表

元数据名称	子元数据名称	元数据值
证书		9N8Tf6NhMidentifiernMRSKE - EXtkCjntKoSmavmYYnvbgw5 - AlN05BC0xIGcxbjV/cLNcpV - MWDxzNxiW10qwEzgm0xY9I - Bca5/D/xpQidentifierAQABo4 - GBMH8wHwYDVR0jBBgwFo - AUwYwv3spG5k/yXoBu6v2ni - YHEe48wMAYDVR0fBCkwJ - zAloCOgIYYfaHR0cDovLzIx0 - C44Ny4zMi4yMzgvY3JsMjI2L - mNybDALBgNVHQ8EBAMC - BsAwHQYDVR0OBBYEFByn - BGxKOX1pLmEVrcblWNEvE - BBRMA0GCSqGSIb3DQEBB - QUAA4GBAHOUfdKtJsMg8d - lYXEDgX3GX07jjKyi1bt+3RS - 04RsdR0YDgORR+mz++ty - M9oOMxnuhIHZYuRKx8E1UF - qpFekJoPfffpF0jKxYMbqssp8 - WBKT6MzhI4oyiT/DfFE+cE - QuqUi9Mohgv106HJ7X90F2e - BdKvfFeebiNjAoHJjPUWphw - MYIBSjCCAUYCAQEwgaMw - gY4xCzAJBgNVBAYTAkNO - MRAwDgYDVQQIEwdKaWF - uZ1hpMREwDwYDVQQHEw - hOYW5DaGFGuZzEjMCEGA1U - EChMaSmlhbmdYaSBJbmZvcm - 1hdGlvbiBDZW50ZXIxIxJjAkBg - NVBAsTHUppYW5nWGkgQ2 - VydGlmaWNhdGUgQXV0aG9 - yaXR5MQ0wCwYDVQQDEw - RKWENBAhA4t7bgI6IGV8N4 - SYIpn+myMAkGBSsOAwIaB - QAwDQYJKoZI
证书引证		http: //218.87.32.238/crl - 226.crl
签名算法		本封装包采用江西省数字证书认证中心颁发的单位数字证书对封装对象进行签名。CA 证书使用 RSA 数字签名算法与 SHA - 1 哈希算法，文摘使用 SHA - 1 算法。RSA 算法由 PKCS #1 V2.1: RSA 加密标准定义（PKCS # 1 v2.1: RSA Cryptography Standard, RSA Laboratories, 14 June

续表

元数据名称	子元数据名称	元数据值
	签名算法	2002)。SHA - 1 由安全哈希算法标准（SHS）定义（Secure Hash Standard, FIPS PUB 180 - 2, National Institute of Standards and Technology, US Department of Commerce，1 August 2002)

业务实体元数据

元数据名称	子元数据名称	元数据值
职能业务	业务类型	职能
	业务名称	中国人民政治协商会议××省第十届委员会第四次会议
	业务开始时间	2011 - 03 - 13
	业务结束时间	2011 - 03 - 16
	业务描述	江西省第十一届人民代表大会第四次会议于 2010 年 2 月 14 日至 18 日在江西省南昌市前湖迎宾馆隆重举行。开幕大会应到代表 611 名，实到代表 583 名，符合法定人数。省人民政府省长吴新雄作政府工作报告。大会审议并通过了关于政府工作报告的决议、江西省国民经济和社会发展第十二个五年规划纲要的决议，江西省 2010 年国民经济和社会发展计划执行情况与 2011 年国民经济和社会发展计划的决议、江西省 2010 年省级总预算执行情况与 2011 年省级总预算的决议、江西省人民代表大会常务委员会工作报告的决议、江西省高级人民法院工作报告的决议、江西省人民检察院工作报告的决议。大会选举陈达恒为江西省人大常委会副主任，选举魏民为省人大常委会秘书长，选举龚培兴、程水风为江西省人大常委会委员。大会圆满完成各项议程，于 2 月 18 日在前湖迎宾馆举行闭幕式。闭幕大会由江西省人大常委会副主任魏小琴主持。大会在嘹亮的国歌歌声中闭幕
管理活动	管理活动标识符	馆编管理活动 1

续表

元数据名称	子元数据名称	元 数 据 值
	管理行为	接收
	管理时间	2011－02－26T10：56：33
	关联实体标识符	馆编管理活动1－馆编机构人员1－馆编授权1
	管理活动描述	电子档案导入数字档案集成管理系统
	管理活动标识符	馆编管理活动2
	管理行为	格式转换
	管理时间	2011－04－11T13：07：12
	关联实体标识符	馆编管理活动2－馆编机构人员2
	管理活动描述	电子档案由源格式向目标格式PDF/A转换
	管理活动标识符	馆编管理活动3
	管理行为	封装
	管理时间	2011－04－11T13：30：32
	关联实体标识符	馆编管理活动3－馆编机构人员2－馆编授权2
	管理活动描述	电子档案内容及其元数据封装成XML档案信息包

机构人员实体元数据

元数据名称	子元数据名称	元 数 据 值
机构人员标识符		馆编机构人员1
机构人员名称		叶超
机构人员类型		个人
机构人员代码		06094
机构人员隶属		江西省档案局（馆）档案技术保护处
机构人员标识符		馆编机构人员2
机构人员名称		李鹏达
机构人员类型		个人

续表

元数据名称	子元数据名称	元 数 据 值
机构人员代码		06092
机构人员隶属		江西省档案局（馆）档案技术保护处

授权实体元数据

元数据名称	子元数据名称	元 数 据 值
授权标识符		馆编授权1
授权名称		《江西省档案管理条例》
授权类型		法规
发布时间		2001－06－21
授权标识符		馆编授权2
授权名称		《江西省档案馆照片类电子档案元数据方案》
授权类型		业务规范
发布时间		2009－10

C. 8　四个实体元数据著录模板之二
（聚合层次：件）
档案实体元数据

元数据名称	子元数据名称	元 数 据 值
档案馆代码		436001
档案门类代码		ZP
聚合层次		件
唯一标识符		CN436001X111ZP200900090
档号		X111－ZP·2009－055－00006
题名		卫生部副部长陈啸宏实地察看基层单位宣传册
责任者	摄影者	陈国安，江西省卫生厅宣教中心
	著录者	徐菲，江西省卫生厅档案室
	数字化责任信息	
时间	摄影时间	2006－03－17T10：24：54
	数字化时间	
	修改时间	
主题	地点	南昌市西湖区丁公路社区卫生服务中心

续表

元数据名称	子元数据名称	元 数 据 值
	人物	右二：陈啸宏，卫生部副部长；左二：李利，江西省卫生厅厅长
	背景	
全球定位信息		
来源	获取方式	接收
	来源名称	江西省卫生厅
	源文件标识符	X111－ZP·2009－055－00006
保管期限		永久
权限	密级	公开
	控制标识	待定
	版权信息	
附注		
存储	在线存址	\\192.168.0.209\EFILE2\ZP\X111\2009\CN436001X－111ZP200900090.XML
	离线存址	
生成方式		原生
捕获设备	设备制造商	NIKON CORPORATION
	设备型号	NIKON D80
	设备感光器	One－chip color area sensor
	软件信息	Ver.1.01
信息系统描述		（略）
计算机文件名		CN436001X111ZP20090009－0D1E0
计算机文件大小		4244408Byte
格式信息	格式名称	JPG
	格式描述	（略）
图像参数	水平分辨率	300
	垂直分辨率	300
	图像高度	2592
	图像宽度	3872
	色彩空间	sRGB
	YCbCr分量	4:1:1
	每像素样本数	3

续表

元数据名称	子元数据名称	元 数 据 值
	每样本位数	8
	压缩方案	JPEG Compressed
	压缩率	4
参见号		
数字签名	签名格式描述	（略）
	签名时间	2009－11－02T15：48：16
	签名者	江西省卫生厅
	签名	（略）
	证书	（略）
	证书引证	（略）
	签名算法	（略）

业务实体元数据

元数据名称	子元数据名称	元 数 据 值
职能业务	业务类型	业务
	业务名称	卫生部副部长陈啸宏一行江西调研
	业务开始时间	2006－03－17
	业务结束时间	2006－03－17
	业务描述	2006年3月17日，国家卫生部副部长陈啸宏、卫生部规划财务司副司长何锦国等在省卫生厅厅长李利等陪同下来我省调研新型合作医疗和农村卫生工作
管理活动	管理活动标识符	室编管理活动1
	管理行为	归档登记
	管理时间	2009－11－02T15：27：22
	关联实体标识符	室编管理活动1－室编机构人员1－室编授权1
	管理活动描述	立档单位电子档案管理系统捕获电子档案并赋予唯一标识
	管理活动标识符	室编管理活动2
	管理行为	打包
	管理时间	2011－11－03T09：06：16

续表

元数据名称	子元数据名称	元 数 据 值
	关联实体标识符	室编管理活动2-室编机构人员1
	管理活动描述	立档单位电子档案管理系统生成电子档案提交信息包（JXSIP）
	管理活动标识符	室编管理活动3
	管理行为	移交
	管理时间	2011-11-03T09：06：16
	关联实体标识符	室编管理活动3-室编机构人员2-室编授权2
	管理活动描述	立档单位通过电子档案传输平台向省档案馆移交电子档案
	管理活动标识符	馆编管理活动1
	管理行为	接收
	管理时间	2011-11-09T15：01：41
	关联实体标识符	馆编管理活动1-馆编机构人员1-馆编授权1
	管理活动描述	省档案馆经电子档案传输交换平台接收立档单位移交的电子档案，并将提交信息包解密导入数字档案集成管理系统
	管理活动标识符	馆编管理活动2
	管理行为	格式转换
	管理时间	2011-11-09T15：16：01
	关联实体标识符	馆编管理活动2-馆编机构人员2
	管理活动描述	电子档案由源格式向目标格式PDF/A转换
	管理活动标识符	馆编管理活动3
	管理行为	封装
	管理时间	2011-11-11T08：59：10
	关联实体标识符	馆编管理活动3-馆编机构人员2-馆编授权2
	管理活动描述	电子档案内容及其元数据封装成XML档案信息包

机构人员实体元数据

元数据名称	子元数据名称	元 数 据 值
机构人员标识符		室编机构人员1
机构人员名称		徐菲
机构人员类型		个人
机构人员代码		
机构人员隶属		江西省卫生厅档案室
机构人员标识符		室编机构人员2
机构人员名称		江西省卫生厅
机构人员类型		单位
机构人员代码		01450136-7
机构人员隶属		江西省人民政府
机构人员标识符		馆编机构人员1
机构人员名称		江西省档案馆
机构人员类型		单位
机构人员代码		01450145-5
机构人员隶属		江西省人民政府
机构人员标识符		馆编机构人员2
机构人员名称		李鹏达
机构人员类型		个人
机构人员代码		06092
机构人员隶属		江西省档案局（馆）档案技术保护处

授权实体元数据

元数据名称	子元数据名称	元 数 据 值
授权标识符		室编授权1
授权名称		《江西省档案管理条例》
授权类型		法规
发布时间		2001-06-21
授权标识符		室编授权2
授权名称		《关于开展省直单位电子档案在线报送与集中备份试点工作的通知》（赣档字〔2009〕41号）
授权类型		公文

续表

元数据名称	子元数据名称	元数据值
发布时间		2009 − 06 − 18
授权标识符		馆编授权 1
授权名称		《关于开展省直单位电子档案在线报送与集中备份试点工作的通知》(赣档字〔2009〕41 号)
授权类型		公文
发布时间		2009 − 06 − 18
授权标识符		馆编授权 2
授权名称		《江西省档案馆照片类电子档案元数据方案》
授权类型		业务规范
发布时间		2009 − 10

参 考 文 献

[1]　关于颁发《编制全国档案馆名称代码实施细则》的通知(国档发〔1987〕4 号),国家档案局.

[2]　ANSI/NISO Z39.87—2006 数据词典——静态图像技术元数据 (Data Dictionary - Technical Metadata for Digital Still Images).

[3]　《政府文件管理元数据标准》2.0 版,2008 年 7 月 (Australian Government Recordkeeping Metadata Standard Version 2.0),澳大利亚国家档案馆.

[4]　数码相机可交换图像文件格式 (2.2 版) (Exchangeable image file format for digital still cameras: Exif, Version 2.2).

⑥ 档案信息系统运行维护规范

(DA/T 56—2014)

前　言

本标准按照 GB/T 1.1—2009 给出的规则起草。

本标准由国家档案局提出并归口。

本标准起草单位:国家档案局档案科学技术研究所、中央档案馆、沈阳东软系统集成工程有限公司。

本标准主要起草人:马淑桂、刘伟晏、冯丽伟、李玉民、郝晨辉、程春雨、曹燕、徐亮、黄静涛、杜琳琳、李华峰、宋涌、林祥振。

1　范围

本标准规定了档案信息系统在运行维护工作筹备、策划、实施、检查和改进等方面的要求。

本标准适用于各级、各类档案部门的档案信息系统运行维护工作,为开展相关工作提供指导。

2　规范性引用文件

下列文件对于本文件的应用是必不可少的。凡是注日期的引用文件,仅注日期的版本适用于本文件。凡是不注日期的引用文件,其最新版本(包括所有的修改单)适用于本文件。

GB/T 20984—2007《信息安全技术　信息安全风险评估规范》

GB/Z 20986—2007《信息安全技术　信息安全事件分类分级指南》

GB/T 22239—2008《信息安全技术　信息系统安全等级保护基本要求》

GB/T 22240—2008《信息安全技术　信息系统安全等级保护定级指南》

GB/T 28827.1—2012《信息技术服务　运行维护　第 1 部分:通用要求》

GB/T 28827.2—2012《信息技术服务　运行维护　第 2 部分:交付规范》

GB/T 28827.3—2012《信息技术服务　运行维护　第 3 部分:应急响应规范》

3　术语和定义

GB/T 20984—2007、GB/Z 20986—2007、GB/T 22239—2008、GB/T 22240—2008、GB/T 28827.1—2012、GB/T 28827.2—2012、GB/T 28827.3—2012 界定的以及下列术语和定义适用于本文件。

3.1

档案信息系统　archival information system

由基础环境、网络、硬件、软件和数据等相关信息技术基础设施组成的,对档案信息的收集、管理、保存、利用等进行管理和控制的人机一体化系统。

3.2

例行操作　routine operation

日常的预定运行维护工作,包括巡检、备份等。

3.3

响应支持　response support

对运行维护请求或故障申报提供的即时运行维护工作。

3.4

优化改善　optimization and improvement

对运行维护对象进行的功能和性能的调优工作。

3.5

　　调研评估　investigation and evaluation

　　通过对运行维护对象的调查研究或分析评价，给出报告或建议。

4　总则

4.1　应针对档案信息系统进行运行维护工作，确保档案信息系统安全、持续、可靠的运行，以提高工作效率和质量，使其更好地服务于档案信息管理工作。

4.2　应针对档案信息系统运行维护工作进行整体规划并提供必要的资源支持，建立和完善运行维护保障体系，按照规划实施运行维护工作，并对运行维护的结果、过程以及相关管理体系进行监督、检查、分析和评估，并实施改进。

4.3　对档案信息系统的运行维护操作，都应留有记录、可追溯，以便于事后回顾各种操作的时间、流程及内容。

5　工作筹备

5.1　组织建立

5.1.1　应结合档案信息系统所属单位实际工作情况建立档案信息系统运行维护工作的组织机构，并明确其职责。

5.1.2　运行维护组织由管理、业务、技术和行政后勤等人员组成，外包情况下可吸收外部运行维护服务提供方的技术或管理人员参加。运行维护组织可划分为：运行维护领导小组和运行维护实施小组。

5.1.2.1　运行维护领导小组

　　运行维护领导小组是档案信息系统运行维护工作的组织领导机构，其职责是领导和决策档案信息系统运行维护的重大事宜，包括但不限于以下事项：

　　a）提供必要的运行维护资源；

　　b）审核并批准运行维护策略；

　　c）审核并批准运行维护计划；

　　d）批准和监督运行维护计划的执行；

　　e）启动定期评审、修订运行维护计划；

　　f）审核信息系统应急响应预案，处理重大应急响应事件；

　　g）负责运行维护组织与外部的协作工作。

5.1.2.2　运行维护实施小组

　　运行维护实施小组的主要职责包括但不限于以下事项：

　　a）分析运行维护需求（如风险评估、业务影响分析等）；

　　b）制定运行维护计划细则；

　　c）制定具体角色和职责分工细则；

　　d）制定运行维护协同调度方案；

　　e）执行运行维护计划，负责日常操作的实施；

　　f）负责处理应急响应事件，保障信息安全并对处理结果负责；

　　g）总结运行维护工作，提交运行维护总结报告；

　　h）执行运行维护计划的评议、修订任务。

5.2　运行维护模式选择

5.2.1　运行维护模式

5.2.1.1　自主模式

　　档案信息系统所属单位自主承担档案信息系统的运行维护工作。

5.2.1.2　部分外包模式

　　档案信息系统所属单位承担一部分运行维护工作，同时，通过签署外包协议委托具有相应资质的外部运行维护服务提供方承担运行维护的部分工作。

5.2.1.3　完全外包模式

　　通过签署外包协议委托具有相应资质的外部运行维护服务提供方承担运行维护的全部工作。

5.2.2　模式选择

5.2.2.1　应根据档案信息系统所属单位的档案信息系统安全要求、人员、技术、资金等情况，综合考虑选择运行维护模式。

5.2.2.2　若选择部分外包或完全外包模式，外部运行维护服务提供方在人员、资源、技术和过程方面应具备的条件和能力应符合 GB/T 28827.1—2012 的规定。若档案信息系统在安全方面需满足信息系统安全等级保护或涉密信息系统分级保护的相关要求，则外部运行维护服务提供方应具有相应的安全资质。

5.2.2.3　若选择部分外包或完全外包模式，应按照一定周期与外部运行维护服务提供方签订服务合同和相关协议，如服务级别协议、信息保密要求等。从服务级别协议签署到结束的过程中，外部运行维护服务提供方交付运行维护服务的内容、方式和成果应符合 GB/T 28827.2—2012 的规定。

5.2.2.4　运行维护工作由档案信息系统所属单位、硬件及基础软件集成商、档案信息系统开发公司等分别维护的，应建立多家合作运维的机制，共同建立明确的责任体系，必要时可同时到达维护现场，合作攻关解决问题。

6　运行维护策划

6.1　确定运行维护对象

　　运行维护对象应包括以下内容：

　　a）档案应用系统。完成特定档案业务功能的系统，包含档案信息管理系统、档案信息共享利用系统等；

　　b）基础环境。为档案信息系统运行提供基础运行环境的相关设施，包含温湿度监控系统、弱电智能系统等；

c) 网络平台。为档案信息系统提供安全网络环境相关的网络设备、电信设施，包含路由器、交换机、防火墙、入侵检测系统、负载均衡设备、通信线路等；

d) 硬件平台。档案信息系统中的各类计算机设备，包含服务器、存储设备等；

e) 软件平台。安装运行在计算机硬件中的软件程序，构成档案信息系统的软件程序，包含系统软件、支撑软件、应用软件等；

f) 数据。档案信息系统中处理的数据和信息，包含档案数据、软件系统配置信息、操作记录等。

6.2 策划内容

运行维护领导小组应负责并领导运行维护实施小组，针对运行维护的对象，调研运行维护的需求，识别、整合各类资源，确定运行维护的业务范围并进行运行维护的整体规划。运行维护策划包括但不限于以下内容：

a) 制定运行维护工作的总体策略和具体内容；

b) 编制实施计划、检查计划和改进计划；

c) 明确具体角色和职责分工，提出关键技术要求；

d) 规范管理流程和协同调度方案；

e) 准备必要的资源；

f) 明确考核要求、计算方法和奖惩措施；

g) 明确安全要求，并采取保障措施；

h) 明确可能存在的各种风险，制定风险规避计划；

i) 针对应急响应事件制定预案，相关要求应符合 GB/T 28827.3—2012 的规定。针对不同级别的信息安全事件制定对应的处理预案，信息安全事件分级方法参见 GB/Z 20986—2007 的规定；

j) 制定运行维护制度，例如人员管理制度、信息安全管理制度、日常运行维护管理办法等。

7 运行维护实施

7.1 例行操作

7.1.1 监测和预警

7.1.1.1 运行维护实施小组应负责加强运行维护相关信息的监测、分析和预警工作，建立事件报告和通报制度。

7.1.1.2 发现档案信息系统隐患的部门，应立即向运行维护实施小组报告。运行维护实施小组接到隐患报告后，应当经初步核实后，进行隐患情况的综合汇总，研究分析可能造成损害的程度和影响范围，提出初步行动对策，并根据隐患严重情况向运行维护领导小组报告。运行维护领导小组负责召集协调会，决策行动方案，发布指示和命令。

7.1.2 巡检管理

运行维护实施小组负责组织档案信息系统相关的机房环境、计算机硬件、配套网络、基础软件和应用软件的巡检，协调各部门、系统集成商、相关厂家的关系，管控巡检进度和质量。

7.1.3 问题管理

7.1.3.1 应建立档案信息系统运行问题库，在系统运行维护中或在故障处理中发现的系统隐患或暂时不能解决的故障应列入问题库进行持续的跟踪管理。

7.1.3.2 问题可由任何人在运行维护例会、故障分析会、维护分析报告上以多种形式提出。问题一经提出，由运行维护领导小组组织讨论，明确问题的责任人、配合人员，制定解决方案、工作计划和时限要求。

7.1.3.3 应分析问题出现的根本原因，必要时变更管理或控制流程以预防同样问题的再次发生，并采取有效措施将未能解决的问题造成的影响降到最低。

7.1.3.4 问题责任人根据解决方案、工作计划组织开展工作，并按照工作计划进度要求向系统运行维护领导小组定期汇报工作进度。

7.1.3.5 问题责任人认为问题已经解决，应由提出人测试验证后，从问题库中删除，问题处理中产生的所有文档应进行统一管理。

7.1.4 配置管理

运行维护实施小组应负责建立配置管理数据库，并参照配置管理流程对档案信息系统资产（软件、硬件、文件、合同等）及其配置进行管理，确保系统、服务和部件等配置项的完整性，保证配置项的变更是可追踪和可审核的。

7.1.5 备份及日志管理

7.1.5.1 对各项操作均应进行日志记录，内容应包括操作人、操作时间和操作内容等详细信息。运行维护人员应定期对操作日志、安全日志进行审查，对异常事件及时跟进解决。

7.1.5.2 运行维护实施小组应负责针对每个子系统，依据数据变动的频繁程度以及业务数据重要性制定备份计划，经过运行维护领导小组批准后组织实施。备份数据应包括系统软件和数据、业务数据、操作日志。

7.1.5.3 运行维护实施小组应按照备份计划，对档案信息系统进行定期备份，原则上对于系统实施每周一次的数据库级备份、每月一次的系统级备份。对所有备份的数据，应每月进行不少于一次的数据完整性校验。对于需实施系统升级等变更的系统，在变更实施前后均应进行数据备份，必要时进行系统级备份。

7.1.6 技术资料管理

系统运行维护实施小组负责技术资料的管理，应建立健全必要的技术资料和原始记录，包括系统资

料、配置数据资料和运行记录资料等。

系统资料主要包括：

a）系统结构图及相关技术资料；

b）机房平面图、设备布置图、电源电缆、信号线、地线图；

c）网络连接图和相关配置资料；

d）各类软硬件设备配置清单；

e）应用系统源代码；

f）设备或系统使用手册、运行维护规章制度等资料；

g）所有子系统的介质、许可证书、版本资料等；

h）所有子系统的安装手册、操作使用手册等技术资料；

i）上述资料的变更记录。

配置数据资料主要包括：

a）配置数据管理应包含各种静态数据资料（如系统的各种参数设置等）及变更记录；

b）维护人员必须维护最新的当前系统配置数据。

运行记录资料主要包括：

a）维护计划和适用的各种规章制度；

b）系统运行记录和检查记录；

c）故障及处理、设备检修、返修记录；

d）系统备份磁带、磁盘、光盘的更换及相关信息汇总记录；

e）软、硬件设备变更和系统参数变更。

7.1.7 安全管理

7.1.7.1 安全管理应符合信息系统安全等级保护的相关规定，具体要求参见 GB/T 22239—2008 和 GB/T 22240—2008。实行涉密信息系统分级保护的档案信息系统，也应严格按照相应的规定管理。

7.1.7.2 应定期对档案信息系统涉及的运行环境和系统进行风险评估，评估的要求和指南参见 GB/T 20984—2007。

7.1.7.3 应根据对档案信息系统运行环境和系统的实际需求，制定和实施安全机制和策略，包括加密机制、访问控制机制、身份认证机制、数据完整性机制、数字签名机制等，制定信息安全事件应急预案，确保档案信息系统的安全。

7.1.7.4 应监控信息安全状况，建立信息安全监控的规程或制度，明确信息安全监控的职责，确保信息安全。

7.1.7.5 应建立信息安全响应机制，建立各个系统安全响应的工作流程，确保在信息安全事件发生之后，及时响应，恢复正常工作、调查安全事件根源、做出事件分析报告，提出安全建议，最大限度地减少安全事件带来的损失，保证档案信息系统安全持续运行。

7.1.7.6 应制定安全预警发布机制，定期发布安全预警和漏洞补丁信息，或在大规模病毒爆发或对业务有潜在的重大影响的安全事件发生时，发布预警信息并提供有效的措施和建议。

7.2 响应支持

7.2.1 应急响应管理

运行维护应急响应过程可划分为应急准备、监测与预警、应急处置和总结改进等主要阶段，其基本过程和管理方法应符合 GB/T 28827.3—2012 的规定。

7.2.2 变更管理

7.2.2.1 系统变更包括硬件扩容、软件升级、数据移植、数据维护等工作以及电子表格模板、文档模板、安全策略、配置参数、系统结构、部署的改变等。

7.2.2.2 建立变更类型和范围的管理的机制，并对变更过程进行全程管理，包括变更请求、评估、审核、实施、确认和回顾等。

7.2.2.3 任何变更及调整应经过运行维护领导小组批准。变更必须在非主要业务时间进行，应根据变更情况，按预先方案进行测试验证，验证通过后，向运行维护领导小组汇报结果，并完成相关文档资料的更新。所有变更记录应详细和完整。

7.3 优化改善

7.3.1 应对运行维护的对象进行功能和性能的调优工作，如数据库优化、网络优化等。

7.3.2 进行优化改善工作前应编写相应的方案，方案中宜包含目标、内容、步骤、人员、预算、进度、考核指标、风险预案和回退方案等。

7.3.3 对方案进行评审通过后，按优化改善方案实施并设有一定的观察期，对遗留问题制定改进措施并跟进，优化改善完成后进行必要的回顾总结。

7.3.4 在优化改善过程中，应确保人员、操作、数据以及工具等符合安全要求。

7.4 调研评估

7.4.1 应通过对运行维护对象的调研和分析，提出规划方案或相关建议。

7.4.2 应制定调研评估计划，包括目标、内容、步骤、人员、预算、进度等。

7.4.3 应编写现状评估、访谈调研、需求分析、后续建议等调研评估报告。

7.4.4 应持续跟踪调研评估的执行情况。

7.3.5 在调研评估过程中，应确保人员、操作、数据以及工具等符合安全要求。

8 运行维护检查

档案信息系统运行维护实施执行后，运行维护领导小组应负责组织实施检查工作，检查是否符合运行维护计划的要求和目标，对运行维护管理过程和实施结果进行监控、测量、分析和评审。运行维护检查应

包括：

a) 定期评审运行维护过程及相关管理体系，确保运行维护能力的适宜和有效；

b) 调查系统使用者的满意度，并对运行维护结果进行统计分析；

c) 检查各项指标的达成情况。

9　运行维护改进

档案信息系统运行维护检查后，运行维护领导小组应负责组织实施改进工作，应对运行维护管理情况进行评估，并改进运行维护管理过程中的不足，修改和优化运行维护管理计划，提供持续改进建议和提升运行维护能力。运行维护改进应包括：

a) 建立档案信息系统运行维护管理改进机制；

b) 对不符合策划要求的运行维护行为进行总结分析；

c) 对未达成的运行维护指标进行调查分析；

d) 根据分析结果确定改进措施，制定运行维护改进计划；

e) 实施改进，并按照计划对改进结果和改进过程执行监控管理、评审并记录。

7　电子档案管理基本术语

（DA/T 58—2014）

前　言

本标准由国家档案局提出并归口。

本标准起草单位：国家档案局档案科学技术研究所、中国人民解放军档案馆

本标准主要起草人：马淑桂、聂曼影、杜梅、魏伶俐、张淑霞、孙瑾、冯文杰、晏杰、刘艳莉、王熹

引　言

随着信息技术的迅猛发展，电子文件大量产生，电子档案管理实践不断推进，与之相关的新概念大量涌现并广泛使用。规范称谓，准确定义，统一表达这些新概念，维护电子档案管理领域术语的一致性和逻辑上的完整性，有助于厘清档案学科框架，促进电子档案管理领域学术的正常交流，规范电子档案的科学管理，推动档案事业的长远发展。

本标准的条目按电子档案的管理流程编排。每个条目均由条目编号、汉语术语、英语对应词和定义等部分组成。优先术语采用黑体，定义或注释内出现的在标准其他处定义过的优先术语也采用黑体，且其后跟随相应的条目编号（加圆括号），定义中的注释或补充说明亦加圆括号"（　）"。

1　范围

本标准规定了电子档案管理的基本术语及其定义。

本标准适用于档案工作及相关领域。

2　一般概念

2.1

电子文件　**electronic document；electronic record**

国家机构、社会组织或个人在履行其法定职责或处理事务过程中，通过计算机等电子设备形成、办理、传输（3.14）和存储（5.3）的数字格式的各种信息记录。电子文件由内容（2.13）、结构（2.14）和背景（2.15）组成。

2.2

电子档案　**electronic record；archival electronic record**

具有凭证、查考和保存（5.1）价值并归档（3.5）保存（5.1）的电子文件（2.1）。

2.3

业务系统　**business system**

形成或管理机构活动数据的计算机系统。

示例：电子商务系统、财务系统、人力资源系统等促进机构事务处理的应用系统。

2.4

电子文件管理系统　**electronic document management system**

用于形成、处理和维护电子文件（2.1）的计算机信息系统。

参见：电子档案管理系统（2.5）。

注：电子文件管理系统是业务系统（2.3）的一个子系统。

2.5

电子档案管理系统　**electronic records management system**

对电子文件（2.1）、电子档案（2.2）进行捕获（3.1）、维护、利用（5.13）和处置（4.9）的计算机信息系统。

参见：电子文件管理系统（2.4）。

注：电子档案管理系统通常用于电子档案（2.2）形成单位，更注重对电子档案（2.2）的管理。系统通过维护元数据（2.16）及电子档案（2.2）之间的联系，支持电子档案（2.2）作为证据的价值。

2.6

数字档案馆　**digital archives**

运用现代信息技术对电子档案（2.2）及其他数字资源进行采集、存储（5.3）、管理，并通过各种网络平台提供利用（5.13）的档案信息集成管理体系。

2.7

开放档案信息系统　open archival information system

一个由人和计算机系统组成的有机体，承担保存（5.1）信息并将其提供给指定用户的责任。

注：开放档案信息系统旨在为信息系统建立一个参考模型，以维护信息系统中数字信息的长期保存（5.1）和可存取。"开放"一词表明与其相关的建议和标准是以开放形式产生的，并不表示对开放档案信息系统的访问不受限制。

2.8

信息包　information package

由内容信息和相关保存描述信息构成的信息整体。

注：保存描述信息有助于保存（5.1）和查找内容信息。

2.9

提交信息包　submission information package

由信息生产者交给开放档案信息系统（2.7）的信息包（2.8），用于构建一个或多个存档信息包（2.10）。

参见：发布信息包（2.11）。

2.10

存档信息包　archival information package

保存在开放档案信息系统（2.7）中的包含内容信息和相关的保存描述信息的信息包（2.8）。

参见：提交信息包（2.9），发布信息包（2.11）。

2.11

发布信息包　dissemination information package

开放档案信息系统（2.7）根据用户的需求完成数据的抽取、封装（3.12）并发送给用户的信息包（2.8），抽取的内容来自于一个或多个存档信息包（2.10）。

参见：提交信息包（2.9）。

2.12

打包信息　packaging information

用于绑定和识别一个信息包（2.8）构成的信息。

2.13

内容　content

以字符、图形、图像、音频、视频等形式表示的电子档案（2.2）的主题信息。

2.14

结构　structure

电子档案（2.2）的内容（2.13）组织和存储（5.3）方式。包括逻辑结构（2.14.1）和物理结构（2.14.2）。

2.14.1

逻辑结构　logical structure

电子档案（2.2）内容（2.13）各信息单元之间关系的描述。

示例：电子档案的字体字号、文字的排列、章节的构成、各页的先后顺序、插图的标号位置等。

2.14.2

物理结构　physical structure

电子档案（2.2）在存储（5.3）设备或载体中的存储（5.3）位置和文件格式（2.22）。

2.15

背景　context

电子档案（2.2）形成、传输（3.14）、使用和维护的框架。

注：背景包括行政背景、来源背景、业务流程背景以及技术背景等。

2.16

元数据　metadata

描述电子档案（2.2）的内容（2.13）、结构（2.14）、背景（2.15）及其整个管理过程的数据。

注：改写 GB/T 26162.1—2010，3.12。

2.17

真实性　authenticity

电子档案（2.2）的内容（2.13）、逻辑结构（2.14.1）和背景（2.15）与形成时的原始状况相一致的性质。

注：具有真实性的电子档案（2.2）由特定机构使用安全可靠的系统软件形成，没有发生被非法篡改或者误用过的情况，能够证明其用意、生成者或发送者、生成或发送的时间与既定的相符。

2.18

可靠性　reliability

电子档案（2.2）的内容（2.13）完全和正确地表达其所反映的事务、活动或事实的性质。

2.19

完整性　integrity

电子档案（2.2）的内容（2.13）、结构（2.14）和背景（2.15）信息齐全且没有破坏、变异或丢失的性质。

2.20

可用性　usability

电子档案（2.2）可以被检索（5.11）、呈现和理解的性质。

2.21

全程管理　life‑cycle management

对电子文件（2.1）形成、办理、归档（3.5）以及电子档案（2.2）维护、利用（5.13）和最终处置（4.9）[销毁（4.10）或永久保存（5.1）]全过程进行的控制。

2.22

文件格式　file format

电子文件（2.1）在计算机等电子设备中组织和存储（5.3）的编码方式。

示例：文本格式 pdf、doc、xls、ppt、txt、wps、xml、

html 等，图像格式 JPG、Tiff、GIF、PNG、BMP 等；图形格式 DWG、DXF、IGS 等；音频格式 wav、mp3、mid 等；视频格式 avi、wmv、flv、mpeg、rm 等。

2.23

电子签名　electronic signature

电子文件（2.1）中以电子形式所含、所附用于识别责任人身份并表明责任人认可其中内容的数据。

3　电子档案的收集与整理

3.1

捕获　capture

适时获取电子文件（2.1）及其元数据（2.16）的方法与过程。

注：改写 DA/T 46—2009，3.10。

3.2

登记　registration

在电子文件（2.1）、电子档案（2.2）进入电子档案管理系统（2.5）、数字档案馆（2.6）时，给其一个唯一标识符的行为。

注：改写 GB/T 26162.1—2010，3.18。

3.3

分类　classification

依据分类体系中所规定的逻辑结构、方法和程序规则，按照类目对电子档案（2.2）进行的系统标识和整理。

注：改写 GB/T 26162.1—2010，3.5。

3.4

著录　description

按标准形式对电子档案（2.2）的内容（2.13）、结构（2.14）、背景（2.15）及管理活动进行描述的过程。

3.5

归档　archiving

按照国家规定将具有保存（5.1）价值的电子文件（2.1）及其元数据（2.16）的保管权交给档案部门的过程。

3.6

网络文件存档　web archiving

将组织机构在处理业务活动过程中，通过网络形成的、具有原始记录性的内容文件和管理文件转化为电子档案（2.2）的过程。

示例：网络内容文件有网页、后台数据库文件等；管理文件有网站设计文件、程序文件、网站日志等。

3.7

移交　transfer

按照国家规定将电子档案（2.2）的保管权交给档案馆的过程。

3.8

接收　accession

档案馆、档案室按照国家规定收存电子档案

（2.2）的过程。

3.9

关联　association

通过管理系统，将元数据（2.16）及其对应的管理对象建立稳定关系的过程。

3.10

挂接　link

用电子档案（2.2）在计算机中的名称作为指针在数据库中将电子档案（2.2）与其元数据（2.16）联系起来的过程。

3.11

嵌入　embed

将元数据（2.16）内嵌于电子档案（2.2）的过程。

3.12

封装　encapsulation

将电子档案（2.2）及其元数据（2.16）作为一个整体按指定结构打包的过程。

3.13

聚合　aggregation

按一定逻辑关系将若干电子档案（2.2）建立有机联系的过程。

3.14

传输　transmission

通过网络或可交换的计算机载体传递电子档案（2.2）的过程。

4　电子档案的鉴定与处置

4.1

鉴定　appraisal

对电子文件（2.1）、电子档案（2.2）的内容（2.13）和技术状况进行评估的过程，确认其真实性（2.17）、完整性（2.19）、可用性（2.20）、安全性及其价值等，判断其是否属于归档（3.5）范围并确定其保管期限（4.7）。

4.2

真实性检验　authentication

通过管理和技术措施评估电子档案（2.2）是否符合真实性（2.17）内涵要点的过程。

示例：验证所收到的电子签名等与所发送的是否相同；迁移或转换后的电子档案与形成时的原始状况是否一致；是否受到未经授权的增、删、改、利用和隐藏。

4.3

完整性检验　integrity check

通过管理和技术措施检查电子档案（2.2）及其元数据（2.16）是否符合完整性（2.19）要求的过程。

示例：检查所收到的电子档案及其元数据是否齐全完好；是否受到未经授权的增、删、改、利用和隐藏；是否对

所有授权的增、删、改进行了标记。

4.4

可用性检验 usability check

通过管理和技术措施验证电子档案（2.2）、载体、应用软件是否符合可用性（2.20）要求的过程。

示例：检验电子档案是否可读、可理解、可检索，载体介质是否完好和兼容，是否附带相应的特殊应用软件等。

4.5

安全性检验 security check

通过管理和技术措施识别电子档案（2.2）潜在安全性缺陷的过程。

示例：检测电子档案是否有病毒等。

4.6

文件格式检验 file format check

验证电子档案（2.2）是否符合规定的文件格式（2.22）的过程。

4.7

保管期限 retention period

对电子档案（2.2）划定的留存年限。

4.8

保管期限表 records retention schedule

规定电子档案（2.2）保管期限（4.7）的文件。

4.9

处置 disposition

按照规定对电子文件（2.1）、电子档案（2.2）实施留存、移交（3.7）或销毁（4.10）的一系列过程。

注：改写 GB/T 26162.1—2010，3.9。

4.10

销毁 destruction

消除或删除失去价值的电子文件（2.1）、电子档案（2.2），使之无法恢复的过程。

注：改写 GB/T 26162.1—2010，3.8。

5 电子档案的保存与利用

5.1

保存 preservation

确保电子档案（2.2）得到长期维护所涉及的过程和操作。

5.2

保护 conservation

采用物理和化学方法保持电子档案（2.2）载体稳定性的行为。

5.3

存储 storage

以经济、有效、安全的方式保护（5.2）、存取和管理电子档案（2.2）以便利用（5.13）的过程。

注：可从电子档案（2.2）存储载体的寿命、存储容量、系统独立性和成本，存储条件和处理过程中载体的物理特性和化学特性，转换（5.8）和迁移（5.9）方案，防非法利用（5.13）、防丢失或损坏、防盗、防灾等方面考虑电子档案（2.2）的存储，以保证其在整个保管期限（4.7）内可读取、真实、可靠、完整、可用。

5.4

在线存储 online storage

存储（5.3）设备安装在系统中，系统可直接访问数据的存储（5.3）技术。

注：在线存储设备主要是磁盘、磁盘阵列，可满足对高利用率数据的频繁、高速操作的要求。

5.5

离线存储 offline storage

存储（5.3）设备经人工安装后，系统才能访问数据的存储（5.3）技术。

注：离线存储主要用于在线数据的备份（6.7），访问速度慢、效率低。离线存储设备主要是光盘和磁带。

5.6

近线存储 nearline storage

存储（5.3）设备自动安装后，系统能够自动访问数据的存储（5.3）技术。

注：近线存储适用于不常用到或访问量不大的数据，需要较大的存储（5.3）容量。近线存储设备包括光盘塔、光盘库、低端磁盘阵列、高端磁带设备等，寻址迅速、传输率高，但读取速度比在线存储（5.4）慢。

5.7

复制 copy

在同种类型的载体上制作完全相同的副本。

参见：转换（5.8），迁移（5.9）。

示例：纸质到纸质、缩微胶片到缩微胶片的副本或电子档案的备份副本（如光盘到磁盘）。

5.8

转换 conversion

在确保档案原有信息［内容（2.13）］不发生变化的前提下，变更档案的载体形式或文件格式（2.22）。

参见：复制（5.7），迁移（5.9）。

5.9

迁移 migration

在不改变文件格式（2.22）的前提下，将电子档案（2.2）由一种软硬件配置转移到另一种软硬件配置的过程。

参见：复制（5.7），转换（5.8）。

5.10

仿真 emulation

模仿电子档案（2.2）产生时的软硬件环境，使电子档案（2.2）能够以原始面貌［初始格式、版面与内容（2.13）等］显示，功能性也能得到保护的技术。

注：仿真有助于保护（5.2），辨认那些极大依赖特殊硬件与软件而又无法在新、旧技术平台间进行迁移（5.9）的电子档案（2.2）。

5.11

　　检索　retrieval

　　从计算机信息系统中定位和获取电子档案（2.2）信息的过程。

5.12

　　标引　indexing

　　为方便电子档案（2.2）的利用（5.13）而建立检索（5.11）入口的过程。

5.13

　　利用　access

　　查找、使用或检索（5.11）电子档案（2.2）的权利、机会和方法。

6　电子档案的安全

6.1

　　防护　protection

　　为了防止对电子档案（2.2）未经授权地访问、修改或删除而采取的管理、技术或物理手段。

6.2

　　跟踪　tracking

　　捕获（3.1）、记录和维护电子档案管理系统（2.5）、数字档案馆（2.6）系统运转信息或电子档案（2.2）运转和利用（5.13）信息的过程。

6.3

　　审计　audit

　　利用跟踪（6.2）过程中形成的信息检查文件状态的活动。

6.4

　　身份识别技术　identity recognition technique

　　用于区分操作者角色和权限（6.5）的技术方法。

　　示例：密码口令、IC 身份卡、指纹识别技术、视网膜识别技术等。

6.5

　　权限　authorization

　　按操作者身份所确定的职能、权利等，用于保证对电子档案（2.2）的合法操作。

6.6

　　数字水印　digital watermark

　　采用数字技术对电子文件（2.1）、电子档案（2.2）加注的固化信息的标记，起防错、防漏和防调换等作用。

6.7

　　备份　backup

　　将电子档案（2.2）或电子档案管理系统（2.5）的全部或部分复制（5.7）或转换（5.8）到存储（5.3）载体或独立的系统上。

6.8

　　异质备份　heterogeneous backup

　　将电子档案（2.2）的信息转换（5.8）到其他类型的载体上。

　　示例：将电子档案备份为纸质或缩微胶片。

6.9

　　异地备份　off‐site backup

　　将电子档案（2.2）的备份件保存（5.1）在不同地点。

6.10

　　数据复原　resume

　　从原始的字节流中恢复数字资源的原貌，并保证数据资源的可读性和可用性（2.20）。数据复原包括数据灾难恢复（6.14）、数据格式恢复等。

　　注：由于数据复原无法评估数据恢复的成果，故仅在长期保存（5.1）方法无法发挥作用时使用。

6.11

　　风险　risk

　　电子文件（2.1）、电子档案（2.2）所面临的威胁及其可能造成的影响。

　　注：电子文件（2.1）、电子档案（2.2）风险因素包括技术因素、机构内部管理因素、社会环境因素和自然环境因素。

6.12

　　风险管理　risk management

　　对电子文件（2.1）、电子档案（2.2）的风险（6.11）进行识别、评估、应对和监控的过程。

6.13

　　灾难备份　backup for disaster recovery

　　为了应对突发灾难而对电子档案（2.2）、电子档案管理系统（2.5）、网络系统、基础设施、专业技术支持能力和运行管理能力进行备份（6.7）的过程。

6.14

　　灾难恢复　disaster recovery

　　为了将电子档案（2.2）、电子档案管理系统（2.5）从灾难造成的故障或瘫痪状态恢复到可正常运行状态，并将其支持的业务功能从灾难造成的不正常状态恢复到可接受状态而设计的活动和流程。

6.15

　　应急预案　contingency plan

　　为保障电子档案（2.2）安全而制定的应急响应和灾后恢复的计划。

参 考 文 献

［1］ GB/T 4894—2009　信息与文献　术语.

［2］ GB/T 5271 信息技术　词汇.

［3］ GB/T 17532—1998　术语工作　计算机应用词汇.

［4］ GB/T 18894—2002　电子文件归档与管理规范.

［5］ GB/T 20225—2006　电子成像　词汇.

［6］ GB/T 20988—2007 信息安全技术 信息系统灾难恢复规范．

［7］ GB/T 26162.1—2010 信息与文献 文件管理 第1部分：通则．

［8］ DA/T 46—2009 文书类电子文件元数据方案．

［9］ DA/T 48—2009 基于XML的电子文件封装规范．

［10］ ISO 11506：2009 Electronic data for COM recording can be transmitted by network or by exchangeable computer media.

［11］ ISO 13008：2012 Information and Documentation Digital records conversion and migration process.

［12］ ISO 14721：2012 Space data and information transfer systems—Open archival information system - Reference model.

［13］ ISO 15489 - 2：2001 Information and documentation—Records management Part 2：Guidelines.

［14］ ISO 16175 - 2：2011 Information and documentation—Principles and functional requirements for records in electronic office envirenments—Part 2：Guidelines and functonal requirements for digital records management systems.

［15］ ISO/TR 17068：2012 Information and documentation—Trusted third party repository for digital records.

［16］ ISO 30300：2011 Information and documentation—Management systems for records—Fundamentals and vocabulary.

［17］《电子文件管理暂行办法》（中办国办2009年39号文）．

［18］《数字档案馆建设指南》（国家档案局2010年6月）．

［19］《电子档案移交与接收办法》（国家档案局2012年9月）．

［20］ 永久保护真实的电子文件（档案）国际项目二期（InterPARESⅡ）术语表．

［21］ 美国文件（档案）管理工作者协会（ARMA International）的文件和信息管理术语表、《电子邮件管理指南》．

［22］ 美国档案工作者协会（SAA）文件和档案术语表．

［23］ 美国密苏里州电子文件（档案）术语表．

［24］ 美国明尼苏达州电子文件（档案）管理指南术语表．

［25］ 澳大利亚国家档案馆术语表．

［26］ 英国数字保存联盟（DPC）术语表．

8 档案数字化光盘标识规范

（DA/T 52—2014）

前 言

本标准由北京市档案局（馆）提出。

本标准由国家档案局归口。

本标准起草单位：北京市档案局（馆）。

本标准主要起草人：李建春、赵洁、魏东、张克伟、邵新春、张彦清、王峰、郑永丽、马秋影、韦伟。

1 范围

本标准规定了档案数字化光盘盘盒纸和光盘盘面的标识。

本标准适用于我国各级各类档案馆、室档案数字化光盘的制作。

2 规范性引用文件

下列文件中的条款通过本标准的引用而成为标准的条款。凡是注明日期的引用文件，其随后所有的修改单（不包括勘误的内容）或修订版均不适用于本文件，然而，鼓励根据本标准达成协议的各方研究是否可使用文件的最新版本。凡是不注明日期的引用文件，其最新版本适用于本标准。

DA/T 38—2008 电子文件归档光盘技术要求和应用规范 第3部分：术语和定义

DA/T 31—2005 纸质档案数字化技术规范第2部分：术语和定义

3 术语和定义

下列术语和定义适用于本标准。

3.1 数字化 digitization

用计算机技术将模拟信号转换为数字信号的处理过程。

3.2 档案数字化 archive digitization

利用数据库技术、数据压缩技术、扫描技术等技术手段，将纸质档案、银盐感光材料照片档案、以模拟型号为记录形式（录音带、录像带）的录音、录像档案等介质的档案进行数字加工，将其转化为存储在磁带、磁盘、光盘等载体上并能被计算机识别的数字图像或数字文本的处理过程。

3.3 光盘 optical disc

用激光扫描记录和读出方式保存信息的一种介质。

3.4 档案级光盘 archival disc

耐久性达到特定要求和各项技术指标优于工业标准的可记录光盘。档案级光盘的归档寿命大于20年。

3.5　光盘归档寿命　archive longevity of optical disc

光盘从归档开始到寿命终止的技术指标这段时间。

3.6　盘盒纸　cartridge paper

光盘盒内用于标识光盘特征和内容的纸张。

3.7　标识　mark

表明特征的记号。

4　盘盒纸规格

4.1　盘盒纸

分封面和封底（含盘脊），均采用 0.13mm 厚的彩版纸制作。

4.2　封面

尺寸 121mm×121mm（见附录 A）。

4.3　封底

尺寸 118mm×151mm，两侧各留 7mm 的折叠纸舌（见附录 B）。

5　标识内容

5.1　盘盒纸标识内容

5.1.1　封面标识：光盘编号、套号、全宗名称、内容摘要、保管期限、密级、保密期限、档案级光盘。

5.1.2　封底标识：文件格式、类型及容量、运行环境、制作单位、制作日期、复制单位、复制日期、备注。

5.1.3　盘脊标识：光盘编号。

5.2　盘面标识内容

光盘编号、套号、类型及容量、制作单位、制作日期、复制单位、复制日期（见附录 C）。

6　标识填写细则

6.1　光盘编号

填写全宗号、档案门类代码、年度、光盘序号，中间用分隔符连接。

示例：126—WS（文书档案）—2014—00001

6.1.1　全宗号是一个立档单位全部档案的代号。标识上的全宗号应与档案馆、室档案的全宗号一致。全宗号用 3 位阿拉伯数字表示。

6.1.2　档案门类代码是光盘内存储档案信息的类别。档案门类代码用英文大写字母表示。

示例：文书档案-WS，科技档案-KJ，专业档案-ZY，照片档案-ZP，录音档案-LY，录像档案-LX 等。

6.1.3　光盘序号是全宗内同一门类档案光盘排列的顺序号。光盘序号用 5 位阿拉伯数字表示。

6.2　套号

填写存储档案光盘载体的套号。用大写英文字母 A、B、C 表示，A 表示封存保管，B 表示查阅利用，C 表示异地保存。

6.3　全宗名称

填写光盘内档案的全宗名称。

示例：中国共产党北京市委员会办公厅

6.4　内容摘要

填写对档案信息内容的简要说明，标明光盘存储内容所对应的全宗号、目录号、起止卷号及起止时间。

示例：内容摘要（略）

260-1-1～568（1957/1990）

6.5　保管期限

填写存储在光盘内档案的保管期限。

6.6　密级与保密期限

填写存储在光盘内档案的最高密级与最长保密期限。

6.7　档案级光盘

填写是与否。

6.8　文件格式

填写光盘内各种文件的存储格式。

示例：DOC、XLS、RTF、AVl、TXT、JPEG、MPEG、MP3 等。

6.9　类型及容量

填写光盘载体的类型及存储数据的容量。

示例：CD—R、620MB；DVD—R、4.2G 等。

6.10　运行环境

填写识别或操作档案光盘的软、硬件系统。

6.11　制作单位

填写制作光盘内容的立档单位。

6.12　制作日期

填写制作光盘的年、月、日。YYYYMMDD。

示例：20110630

6.13　复制单位

填写复制光盘的单位。

6.14　复制日期

填写复制光盘的年、月、日。YYYYMMDD。

示例：20110630

6.15　备注

填写特殊情况的说明。

7　填写要求

7.1　盘盒纸标识

可书写型油墨印刷或可打印型油墨，也可使用毛笔或碳素、蓝黑色墨水钢笔填写，填写时字迹要工整。

7.2　光盘盘面

填写时应使用符合档案保护要求的书写材料，光盘盘面禁止使用粘贴标签。

7.3　打印

若通过光盘打印的方法制作光盘盘面，应使用支持光盘盘面的打印机。

附录 A
（规范性附录）
盘 盒 纸 封 面 标 签

单位为毫米

光盘编号			套号	
全宗名称				
内容摘要				
保管期限		密级与保密期限		档案级光盘	

121

121

附录 B
（规范性附录）
盘 盒 纸 封 底 标 签

单位为毫米

光盘编号：

光盘背景信息

文件格式		类型容量	
运行环境			
制作单位		制作日期	
复制单位		复制日期	
备注			

光盘编号：

118

151

附录 C
（规范性附录）
光 盘 盘 面

光盘编号

套号　　　　　　　　　　类型及容量

制作单位　　制作日期
复制单位　　复制日期

9　数字档案 COM 和 COLD 技术规范

（DA/T 53—2014）

前　言

本标准按照 GB/T 1.1—2009 给出的规则起草。

本标准由国家档案局提出并归口。

本标准起草单位：国家档案局档案科学技术研究所。

本标准主要起草人：马淑桂、郝晨辉、李玉民、曹燕、程春雨、杜琳琳、徐亮、黄静涛、李华峰。

1　范围

本标准规定了将数字档案输出到黑白缩微胶片和光盘上，进行 COM - COLD 双套保存的技术要求和应用规范，以保证数字档案的长期安全保存和有效利用。

本标准适用于文本、图形、图像等形式的数字档案。

本标准不适用于音频、视频、三维图形、动态图像等形式的数字档案。

2　规范性引用文件

下列文件对于本文件的应用是必不可少的。凡是注日期的引用文件，仅注日期的版本适用于本文件。凡是不注日期的引用文件，其最新版本（包括所有的修改单）适用于本文件。

GB/T 6159.1 缩微摄影技术　词汇　第 1 部分：一般术语（GB/T 6159.1—2003，ISO 6196 - 1：1993，MOD）

GB/T 6159.2 缩微摄影技术　词汇　第 2 部分：影像的布局和记录方法（GB/T 6159.2—2011，ISO 6196 - 2：1993，MOD）

GB/T 6159.3 缩微摄影技术　词汇　第 3 部分：胶片处理（GB/T 6159.3—2003，ISO 6196 - 3：1997，MOD）

GB/T 6159.4 缩微摄影技术　词汇　第 4 部分：材料和包装物（GB/T 6159.4—2003，ISO 6196 - 4：1998，MOD）

GB/T 6159.5 缩微摄影技术　词汇　第 5 部分：影像的质量、可读性和检查（GB/T 6159.5—2011，ISO 6196 - 1：1993，MOD）

GB/T 6159.7 缩微摄影技术　词汇　第 7 部分：计算机缩微摄影技术（GB/T 6159.7—2011，ISO 6196 - 1：1993，MOD）

GB/T 6159.8 缩微摄影技术　词汇　第 8 部分：应用（GB/T 6159.8—2003，ISO 6196 - 8：1998，MOD）

GB/T 7516 缩微摄影技术　图形符号（GB/T 7516—2008，ISO 9878：1990，MOD）

GB/T 17294.1 缩微摄影技术字母数字计算机输出缩微品　质量控制　第 1 部分：测试幻灯片和测试数据的特征（GB/T 17294.1—2008，ISO 8514 - 1：2000，IDT）

GB/T 17294.2 缩微摄影技术字母数字计算机输出缩微品　质量控制　第 2 部分：方法（GB/T 17294.2—2008，ISO 8514 - 2：2000，IDT）

GB/T 18444 已加工安全照相胶片贮存（GB/T 18444—2001，idt ISO 5466：1996）

GB/T 18503 缩微摄影技术　A6 透明缩微平片影像的排列（GB/T 18503—2008，ISO 9923：1994，MOD）

GB/T 19474.1 缩微摄影技术　图形 COM 记录仪的质量控制　第 1 部分：测试画面的特征（GB/T 19474.1—2004，ISO 11928 - 1：2000，MOD）

GB/T 19474.2 缩微摄影技术　图形 COM 记录仪的质量控制　第 2 部分：质量要求和控制（GB/T 19474.2—2004，ISO 11928 - 2：2000，MOD）

GB/T 20494.1 缩微摄影技术使用单一内显示系统生成影像的 COM 记录器的质量控制　第 1 部分：软件测试标板的特性（GB/T 20494.1—2006，ISO 14648 - 1：2001，IDT）

GB/T 20494.2 缩微摄影技术使用单一内显示系统生成影像的 COM 记录器的质量控制　第 2 部分：

使用方法（GB/T 20494.2—2006，ISO 14648 - 2：2001，IDT）

DA/T 38—2008 电子文件归档光盘技术要求和应用规范

DA/T 44—2009 数字档案信息输出到缩微胶片上的技术规范

DA/T 49—2012 特殊和超大尺寸纸质档案数字图像输出到缩微胶片上的技术规范

3 术语和定义

GB/T 6159.1、GB/T 6159.2、GB/T 6159.3、GB/T 6159.4、GB/T 6159.5、GB/T 6159.7、GB/T 6159.8 和 DA/T 38—2008 界定的以及下列术语和定义适用于本文件。

3.1

数字档案 digital records

以数字形式存在的档案信息资源，包括传统载体档案数字化产生的相关信息、电子档案等。

3.2

计算机输出缩微品 computer output microform

COM（缩略语）

利用计算机等设备将数字档案输出为缩微品的工作。

3.3

计算机输出光盘 computer output laser disk

COLD（缩略语）

利用计算机等设备将数字档案存储到光盘的工作。

3.4

COM - COLD 双套保存 COM - COLD dual recording

利用 COM 和 COLD 技术，将数字档案及相关数据并行输出到缩微胶片和光盘上，产生相互关联的两套产品进行保存。

3.5

COM - COLD 组合系统 modular COM - COLD recording

在 COM 生产装置中加入 COLD 组件形成的系统，用于实现数字档案 COM - COLD 双套保存。

3.6

标板 target

由文字、数字、图形等内容组成的数字图像，输出到缩微胶片上，用于反映数字档案的内容和某些特性，帮助判断缩微品质量和 COM 系统工作状况，方便缩微品利用。

4 总则

4.1 可制定数字档案 COM - COLD 双套保存策略，对数字档案进行 COM - COLD 双套保存，以实现其长期安全保存和有效利用。

4.2 应保证 COM - COLD 双套保存的所有信息在缩微品和光盘的制作、保存、利用过程中真实、完整、可用。

4.3 COM - COLD 双套保存的缩微品和光盘上的信息存在内容差异时，应优先采用缩微品。

5 COM - COLD 双套保存基本要求

5.1 COM - COLD 双套保存时，输出到缩微胶片和光盘上的数据应源于相同数字档案。

5.2 应建立相同数字档案所在缩微品与光盘的关联关系。

5.3 应使用能够满足本标准中相关技术要求的应用程序对 COM - COLD 双套保存的数据和过程进行管理和控制。

5.4 应按照一定规则在缩微品上输出时间戳（见7.4）和缩微品印章（见7.5），以利于保证其凭证性价值。光盘上应按相同的规则使用时间戳。

5.5 建议并行实施 COM - COLD 双套保存的两个过程，若无法并行实施，应首先进行 COM 输出，随后进行 COLD 输出。生产过程宜使用 COM - COLD 组合系统进行。

5.6 应保证 COM - COLD 双套保存的同一数字档案在缩微品和光盘上内容一致，显示效果相似。

5.7 应针对 COM - COLD 双套保存过程制定合理的工作规划。各环节均应有原始工作记录。需报废的缩微品和光盘，其报废过程应参照国家有关规定进行严格的管理和控制。

6 COM - COLD 关联

6.1 关联建立

COM - COLD 双套保存时，应建立相同数字档案所在缩微品与光盘的关联关系，并通过多种途径进行标识。

6.2 关联标识

6.2.1 标板

6.2.1.1 关联标板用于体现 COM - COLD 双套保存的缩微品和光盘间的关联关系。COM - COLD 双套保存时，应制作关联标板，并将其输出到缩微胶片上。关联标板应列出与本缩微品对应的全部光盘的编号等信息。关联标板示例见附录 A 中的图 A.3。

6.2.1.2 应在光盘根目录下建立一个子目录保存与本张光盘关联的缩微品的所有标板。

6.2.2 关联文件

关联文件用于存储 COM - COLD 双套保存的光盘和缩微品间的关联关系。COM - COLD 双套保存时，应制作关联文件，并以文本形式存储在光盘根目录下。关联文件应列出与本光盘对应的全部缩微

品的编号等信息。关联文件示例参见附录 B 中的图 B.1。

6.2.3　标签

6.2.3.1　缩微品片盒标签

COM-COLD 双套保存时，缩微品片盒标签上除包含全宗号、案卷号、片盘号等内容外，还应注明"COM-COLD 双套保存"字样及与本缩微品相关联的全部光盘编号。片盒标签示例参见附录 C 中的图 C.1。

6.2.3.2　光盘标签

COM-COLD 双套保存时，光盘标签面上除包含光盘编号、刻录日期、批次等内容外，还应注明"COM-COLD 双套保存"字样及与本张光盘相关联的全部缩微品编号。多张光盘上保存的档案内容存在内在联系时，应在每张光盘上标明该套光盘总数和该张光盘的顺序号。光盘标签示例参见附录 C 中的图 C.2。

光盘标签的制作应符合 DA/T 38—2008 第 5 章的规定。

7　计算机输出缩微品（COM）

7.1　胶片选择

7.1.1　缩微品类型的选择应根据技术条件和应用需求，遵循能容纳下所有信息的基础上缩微品最小化的原则。常见缩微品类型及应用参见附录 D。

7.1.2　应使用安全片基、高解像力及具有中、高反差性能的银—明胶型黑白缩微胶片。

7.2　检索标识

7.2.1　应在卷片前后标识区或平片标头区输出不需要放大即可阅读的标识信息，以利于缩微品辨识。

7.2.2　可在缩微品正文区输出无需放大即可直接辨认阅读的闪现靶标，以对不同档案内容进行划分。闪现靶标可以是空白画幅，或可直读的文字、数字等。

7.2.3　每份缩微品上应具备至少一种检索编码或标记，包括条码、光点等，以满足计算机检索等多种检索方式的要求。

7.3　索引

7.3.1　应对每份缩微品建立内部索引，并制作成内部索引标板输出在缩微品上，以便于对档案在缩微品上的影像进行定位。内部索引标板内容包括档号、起始缩微号等。内部索引标板示例见附录 A 中的图 A.10。

7.3.2　多份缩微品上保存的档案存在内在联系时，可建立多份缩微品之间的主索引，并制作成主索引标板输出在相关的每份缩微品上。主索引标板内容包括缩微品编号等信息。主索引标板示例见附录 A 中的图 A.11。主索引不应替代内部索引。缩微品的使用不应依赖主索引。

7.4　时间戳

7.4.1　缩微品上应包含以标板等形式输出的时间戳，以利于保证其凭证性价值。

7.4.2　时间戳用于标识缩微品制作日期等信息，根据需要，时间戳也可包含具体的制作时间。建议使用由权威授时机构签发的可信时间戳，以更好地发挥缩微品的凭证作用。

7.4.3　卷式缩微品上时间戳一般位于前后标识区，缩微平片上时间戳一般位于标头区。根据具体的应用要求，时间戳也可输出于每一画幅中。

7.4.4　时间戳的日期格式应为 YYYY-MM-DD（年-月-日），时间格式应为 hh：mm：ss（时：分：秒），使用 24 小时制。当需要在每个画幅中输出该画幅的输出时间时，时间宜显示至 1/100 秒，格式为 hh：mm：ss：cc。时间戳示例见附录 A 中的图 A.4。

7.5　缩微品印章

缩微品上应包含以标板形式输出的缩微品印章，以利于保证其凭证性价值。缩微品印章用于标识缩微品生产环境，内容应包含输出地点、COM 设备品牌及型号、胶片类型、缩微品极性、操作系统、应用软件、曝光量、缩率和其他需要标识的内容。缩微品印章示例见附录 A 中的图 A.7。

7.6　标板

7.6.1　标板种类及内容

缩微品上应包含的标板包括卷片开始标板、盘号标板、测试标板、关联标板、时间戳、缩微品制作批准书、档案原件证明、缩微品印章、缩微品制作说明、著录标板、索引标板等，如需输出数字档案的其他说明信息应一并制作成标板。标板内容及其示例见附录 A。

7.6.2　标板制作及输出

7.6.2.1　标板应在计算机环境中制作成数字图像，其格式应符合 COM 设备的技术要求。

7.6.2.2　为便于标板的阅读，文字宜使用黑体，在能容纳下标板全部内容的情况下，选用最大字号。同时，为方便缩微品的阅读，可将盘号标板等制作为正像。

7.6.2.3　标板输出位置及输出顺序示例见附录 A。

7.7　缩微品制作

7.7.1　利用 COM 技术制作缩微品应符合 DA/T 44—2009 提出的程序和建议。

7.7.2　缩微胶片存储环境和使用环境的温湿度存在差异时，使用前，应对缩微胶片进行温湿度平衡调整，使其与使用环境的温湿度接近。缩微胶片应先平衡温度后再开封，然后进行相对湿度平衡。温湿度平衡时间视缩微胶片的体积和温湿度差的大小

而定。

7.7.3 输出前准备，缩率、尺寸及影像排列、分幅合幅等参数要求，胶片输出过程，胶片冲洗等应符合DA/T 44—2009的规定。特殊和超大尺寸纸质档案数字图像分幅应符合DA/T 49—2012第6章的规定。缩微平片缩率、各类尺寸要求、影像排列、分幅合幅、区段设置等应符合GB/T 18503的规定。

7.7.4 缩微品制作过程中出现任何错误都应将整盘（张）缩微品重新制作，重做时宜使用与原缩微胶片同一型号的缩微胶片，通过原COM设备输出。对于制作时间非常重要的缩微品，在重做后，应将原缩微品和重做缩微品一同保存，且重新制作的缩微品中应包含"重做"说明标板。

7.7.5 如需制作多份相同的缩微品，应使用同一COM系统和同一型号缩微胶片连续输出，并根据实际时间输出每份缩微品的时间戳。多份缩微品间应建立起合理的关联关系，并在缩微品片盒标签等处进行标识。

7.8 质量检查

7.8.1 缩微品质量应符合DA/T 44—2009第14章的规定。

7.8.2 使用图形COM设备输出的缩微品质量检查方法应符合GB/T 19474.2的规定。使用字母数字COM设备输出的缩微品质量检查方法和密度、解像力及其他质量要求应符合GB/T 17294.2的规定。使用单一内显示系统COM设备输出的缩微品质量检查方法和密度、解像力及其他质量要求应符合GB/T 20494.2的规定。

7.8.3 应对缩微品与光盘的关联情况、缩微品重做和多份制作标识等进行检查。

7.9 缩微品保存

缩微品的保存应符合GB/T 18444的要求和建议。用于长期保存的缩微品不得提供利用。

8 计算机输出光盘（COLD）

8.1 光盘选择

应使用档案级光盘，主要技术指标应符合DA/T 38—2008第4章的规定。

8.2 光盘数据组织

8.2.1 说明文件

说明文件用于存储光盘的相关信息，如光盘编号、光盘类型、保管单位、制作单位、制作时间、拷贝份数、保存内容等。说明文件应以文本形式存储在光盘根目录下。

8.2.2 数字档案

8.2.2.1 应统一规划数字档案在光盘中的存储结构，按一定规则将其分类集中存储。

8.2.2.2 应按照6.2.1.2的要求保存与本张光盘关联的缩微品的所有标板。

8.2.3 关联文件

应按照6.2.2的要求制作和存储关联文件。

8.2.4 其他文件

如需保存时间戳等与数字档案相关的其他文件，其存储结构应进行合理组织。

8.2.5 光盘数据组织结构

应统一规划并按照一定规则合理组织光盘内所有数据。光盘数据组织结构示例参见附录B中的图B.2。

8.3 光盘刻录

在即将刻录光盘时，方可拆除光盘盒或串轴盒的外包装。光盘刻录机的选择及光盘刻录的工作环境、刻录方式、刻录速率等应符合DA/T 38—2008第6章的规定。

8.4 光盘备份

为保证数据安全，应制定规范合理的光盘备份策略，进行备份，并注意异地保存。互为备份的光盘间应建立起合理的关联关系，并在光盘标签等处进行标识。

8.5 质量检查

8.5.1 光盘刻录完毕，应对光盘错误率和不可校正错误进行检测。检测方法和检测指标应符合DA/T 38—2008第8章的规定。

8.5.2 应对光盘与缩微品的关联情况、光盘内数据组织情况以及光盘备份情况等进行检查。

8.6 光盘保存

光盘保存的环境、存放方式等应符合DA/T 38—2008第9章的规定。

9 COM-COLD双套保存的凭证性利用

9.1 建议使用第一代缩微品进行凭证性目的利用。

9.2 缩微品上的时间戳和缩微品印章是其进行凭证性利用的重要依据。

9.3 如对COM-COLD双套保存成果的真实性存在争议或怀疑，应首先对缩微品进行考证。应查考缩微品制作的工作记录，比较受检缩微品和相同条件下产生的其他缩微品的时间戳、缩微品印章，以及胶片的外观、极性、光泽度、厚度、银盐涂层等物理特性。在确认其真实可信后加以采用。

附录A

（规范性附录）

缩 微 品 标 板

A.1 标板内容及示例

为使缩微品上各类标板格式统一，减少重复性工作，在进行COM输出工作前，可制备测试标板和图形符号标板，便于编排时直接调取，还可制备各类文

字标板（如著录标板、关联标板等）的模板，便于编排时调取并根据实际情况填写相关内容。

A.1.1　图形符号标板

图形符号标板用于标明缩微品制作过程中有关数字档案状态、缩微品制作和使用的信息等。图形符号见 GB/T 7516。卷式缩微品盘号标板示例和缩微平片编号示例见图 A.1 和图 A.2。

图 A.1　卷式缩微品盘号标板示例

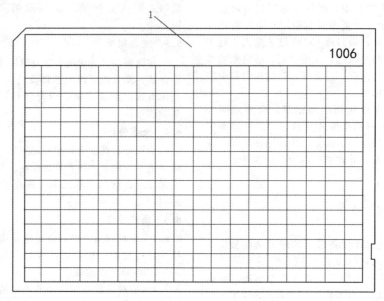

说明：

1—标头区

图 A.2　缩微平片编号示例

A.1.2　测试标板

测试标板用于帮助判断缩微品质量和 COM 系统的工作状况。应根据 COM 设备类型按照相关标准要求制作测试标板。图形 COM 设备测试标板可按 GB/T 19474.1 的要求制作，字母数字 COM 设备测试标板可按 GB/T 17294.1 的要求制作，使用单一内显示系统生成影像的 COM 设备测试标板可按 GB/T 20494.1 的要求制作。

A.1.3　关联标板

关联标板示例见图 A.3。

关　联
与本缩微品关联的光盘编号为： 003、004。

图 A.3　关联标板示例

A.1.4　时间戳

时间戳示例见图 A.4。

示例 1：

2011 - 06 - 28

示例 2：

2011 - 06 - 28 **16：38：22**

图 A.4（一）　时间戳示例

示例3：

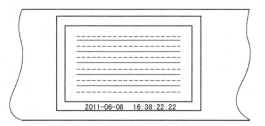

2011-06-08 16:38:22:22

图 A.4（二） 时间戳示例

A.1.5 缩微品制作批准书

缩微品制作批准书应明确指出缩微品制作单位、制作缩微品的档案范围等信息，且包含审批单位印章和审批单位领导签名。缩微品制作批准书示例见图 A.5。

缩微品制作批准书

现批准（授权）   制作馆藏   全宗的永久（长期）档案的缩微品，目录号   ，计卷（件）。

单   位：（印）
单位领导：（签名）
年 月 日

图 A.5 缩微品制作批准书示例

A.1.6 档案原件证明

档案原件证明用于证明输出在缩微胶片上的数字档案真实、完整，排列顺序准确无误等，且包含单位印章和单位领导签名。档案原件证明示例见图 A.6。

档案原件证明

以下所输出   全宗   年至   年的   卷档案，为我馆珍藏的真实原件（对复制件输出时加有说明标板）。输出者、编排者对原件的真实性、完整性、排列顺序核准无误。

单   位：（印）
单位领导：（签名）
年 月 日

图 A.6 档案原件证明示例

A.1.7 缩微品印章

缩微品印章示例见图 A.7。

缩微品印章

输出地点：
COM 设备品牌及型号：
胶片类型：
缩微品极性：
检索方式：
曝光量：
缩率：
操作系统：
应用软件：

图 A.7 缩微品印章示例

A.1.8 缩微品制作说明

缩微品制作说明用于证明缩微品制作过程严谨，符合相关标准等，且包含相关责任人签名。缩微品制作说明示例见图 A.8。

缩微品制作说明

全宗名称（号）：
本盘缩微品依据   标准制作。
按正常操作规程，以忠实于原文为原则，严格按照档案的排列顺序进行输出。
本缩微品无人工修整和接片。
各制作工序均有原始工作记录在案，以备查考。

编 排 人：（签名）
输 出 人：（签名）
冲 洗 人：（签名）
质检负责人：（签名）
年 月 日

图 A.8 缩微品制作说明示例

A.1.9 著录标板

著录标板用于反映缩微品输出的数字档案内容。著录标板应包括本缩微品所输出档案的著录信息。著录标板示例见图 A.9。

```
┌─────────────────────────────────────┐
│            著 录 内 容                 │
│                                       │
│  全宗名称：                            │
│  全宗号：                              │
│  目录号：                              │
│  类别：                                │
│  年代：                                │
│  保管期限：                            │
│  密　级：                              │
│  本盘胶片的案卷起止号：由　卷起　卷止    │
│                                       │
└─────────────────────────────────────┘
```

图 A. 9　著录标板示例

A. 1. 10　索引标板

内部索引标板与主索引标板示例见图 A. 10 和图 A. 11。

内 部 索 引

序号	档　　号	起始缩微号
1	004 - 002 - 0028 - 001	0011
2	004 - 002 - 0028 - 002	0026
3	004 - 002 - 0028 - 003	0038
…	…	…
…	…	…
n	004 - 002 - 0037 - 014	0499
$n+1$	004 - 002 - 0037 - 015	0512
$n+2$	004 - 002 - 0037 - 016	0535
$n+3$	004 - 002 - 0037 - 017	0551
…	…	…
…	…	…
…	…	…

图 A. 10　内部索引标板示例

主 索 引

序号	起止案卷级档号	盘号
1	004 - 002 - 0005	186
2	004 - 002 - 0010 至 004 - 002 - 0013	186
3	004 - 002 - 0026	186
4	004 - 002 - 0028 至 004 - 002 - 0037	187
5	004 - 002 - 0042	188
6	004 - 002 - 0045 至 004 - 002 - 0049	188

图 A. 11　主索引标板示例

A. 1. 11　其他说明信息

如需输出数字档案的其他说明信息应一并制作成标板。

A. 2　标板输出

A. 2. 1　标板输出位置

A. 2. 1. 1　标识区

卷式缩微胶片上标板一般输出在前后标识区，缩微平片上标板一般输出在标头区和影像分布区最前部及最后部。

A. 2. 1. 2　正文区

用于对某一页或几页数字档案进行说明的图形符号标板等一般输出在被说明影像之前。

A. 2. 1. 3　其他

数字档案输出到 35mm 卷式缩微胶片上需使用不同的缩率时，应在前标识区按所用的最低缩率输出一次测试标板，在后标识区按所用的每种缩率各输出一次测试标板，或在每次缩率变动时输出一次测试标板。

A. 2. 2　标板输出顺序

应统一规划确定标板的输出顺序。图 A. 12 给出了卷式缩微胶片前后标识区标板输出示例。图 A. 13 给出了缩微平片标板输出顺序示例。

卷片开始标板　盘号标板　测试标板　关联标板　时间戳　缩微品制作批准书　档案原件证明　缩微品印章　缩微品制作说明　著录标板　索引标板　其他说明信息标板

其他说明信息标板　索引标板　著录标板　缩微品制作说明　缩微品印章　档案原件证明　缩微品制作批准书　时间戳　关联标板　测试标板　盘号标板　卷片结束标板

图 A. 12　卷式缩微胶片前后标识区标板输出顺序示例

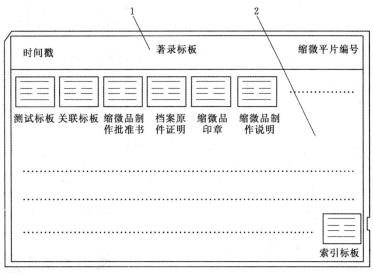

说明:
1—标头区;
2—影像分布区

图 A. 13　缩微平片标板输出顺序示例

附录 B
(资料性附录)
光盘关联文件及数据组织示例

B. 1　关联文件

关联文件示例见图 B.1。

示例1:

关 联 文 件
与本光盘关联的缩微品编号为: 187

示例2:

关 联 文 件

序号	档　号	所在缩微品编号	序号	档　号	所在缩微品编号
1	004 - 002 -0028 - 001 至004 -002 -0028 - 003	187	n+1	004 - 002 -0033 - 017	188
2	004 - 002 -0028 - 005	187	n+2	004 - 002 -0033 - 019	188
3	004 - 002 -0028 - 007	187	n+3	004 - 002 -0033 - 022	188
…	…	…	…	…	…
…	…	…	…	…	…
n	004 - 002 -0033 - 014	187	…	…	…

图 B. 1　关联文件示例

B. 2　光盘数据组织

光盘数据组织示例见图 B. 2。

图 B. 2　光盘数据组织示例

附录 C
(资料性附录)
标　签　示　例

C. 1　缩微品片盒标签

片盒标签示例见图 C.1。

××××××			
全宗名称	×××	盘号	187
全宗号	×××	制作时间	20120606
目录号	002	检索方式	二级光点
案卷号	0028 - 0037	缩率	1/24
年度	1996	输出设备	×××
保管期限	永久	胶片类型	×××
本缩微品为 COM - COLD 双套保存产品 关联光盘号:003、004			

图 C. 1　片盒标签示例

C. 2　光盘标签

光盘标签示例见图 C.2。

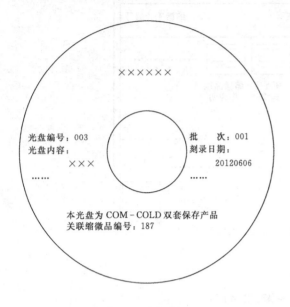

光盘编号：003
光盘内容：
×××
……

批　　次：001
刻录日期：
20120606
……

本光盘为 COM - COLD 双套保存产品
关联缩微品编号：187

图 C. 2　光盘标签示例

附录 D
（资料性附录）
缩微品类型及其应用

目前 COM 系统产生的缩微品主要有：16mm 卷式缩微品、35mm 卷式缩微品、A6 幅面平片等，根据需要也可制作成 A6 幅面封套片、开窗卡。不同类型的缩微品适用范围也有所不同。制定 COM - COLD 双套保存规划时，对缩微品类型的选择主要从技术条件和实际应用需求两方面考虑，既要考虑所使用的 COM 设备能够产生的缩微品类型，也要考虑所处理的对象的具体情况。

D. 1　16mm 卷式缩微品

16mm 卷式缩微品系用 16mm 宽的卷式缩微胶片制作而成。按照本标准的规定操作，一盘长度为 30.5m 的 16mm 卷式缩微胶片，一般可输出 2600 个缩微影像。此类缩微品主要用于输出内容长、连续性强、页面尺寸为 A3 以下的文档。

D. 2　35mm 卷式缩微品

35mm 卷式缩微品系用 35mm 卷式缩微胶片制作而成。按照本标准的规定操作，一盘长度为 30.5m 长的 35mm 卷式缩微胶片，一般可输出 560 个缩微影像。此类缩微品多用于输出技术图样、地图、报纸等大幅面文档。

D. 3　A6 幅面平片

A6 幅面平片的外形尺寸为 105mm×148mm，一般可输出 1、49、98、270、420 个缩微影像。A6 幅面平片具有组织方式灵活、分发方便的特点，多用于输出书刊、杂志、学术论文等篇幅不长、内容连续性不强的文档。

D. 4　A6 幅面封套片

A6 幅面封套片系由 16mm 或 35mm 卷式缩微品裁成条片，再插入 A6 幅面的透明封套制作而成，便于存档资料的更新，或与 A6 幅面平片混合存档并提供利用。

D. 5　开窗卡

开窗卡是一张 82.5mm×187mm 的纸卡，上面开有一个窗口，并在窗口处嵌有一幅缩微影像。开窗卡可以是直接输出制作，也可以是由 35mm 卷式缩微品裁切装帧而成，多用于输出技术图样和地图等大幅面文档。开窗卡具有提供利用方便的特点。

10　档案关系型数据库转换为 XML 文件的技术规范

（DA/T 57—2014）

前　言

本标准由国家档案局档案科学技术研究所提出。

本标准由国家档案局归口。

本标准起草单位：国家档案局档案科学技术研究所、中央档案馆、沈阳东软系统集成工程有限公司。

本标准主要起草人：马淑桂、刘伟晏、冯丽伟、李玉民、郝晨辉、程春雨、曹燕、黄静涛、徐亮、杜琳琳、李华峰、纪晓博、林祥振、刘丹。

1　范围

本标准规定了档案关系型数据库转换为 XML 文件需遵循的格式和要求。

本标准适用于各类各级综合档案馆、机关、团体、企业事业单位和其他社会组织对档案关系型数据库与 XML 文件的转换。

2　规范性引用文件

下列文件对于本文件的应用是必不可少的。凡是注日期的引用文件，仅注日期的版本适用于本文件。凡是不注日期的引用文件，其最新版本（包括所有的修改单）适用于本文件。

GB 2312　信息交换用汉字编码字符集　基本集

GB/T 7408　数据元和交换格式　信息交换　日期和时间表示法（ISO 8601：2000，IDT）

GB/T 12991.1—2008　信息技术　数据库语言 SQL　第 1 部分：框架（ISO/IEC 9075 - 1：2003，IDT）

GB 13000—2010 信息技术 通用多八位编码字符集（UCS）(ISO/IEC 10646：2003，IDT)

GB 18030—2005 信息技术 中文编码字符集

GB/T 18391.3—2009 信息技术 元数据注册系统（MDR） 第 3 部分：注册系统元模型与基本属性（ISO/IEC 11179-3：2003，IDT)

GB/T 18793 信息技术 可扩展置标语言（XML）1.0

DA/T 46—2009 文书类电子文件元数据方案

DA/T 48—2009 基于 XML 的电子文件封装规范

3 术语和定义

DA/T 46—2009、DA/T 48—2009 界定的以及下列术语和定义适用于本文件。

3.1

必选 mandatory
总是要求的。
[GB/T 18391.3—2009，定义 3.2.17]

3.2

可选 optional
允许但并非必要的。
[GB/T 18391.3—2009，定义 3.2.28]

3.3

条件选 conditional
在某一规定条件下所要求的。
[GB/T 18391.3—2009，定义 3.2.9]

4 总则

4.1 为实现档案信息的格式开放、不绑定软硬件、文件自包含、格式自描述、持续可解释和可转换，应将档案关系型数据库转换为 XML 文件进行存储。

4.2 XML 文件的格式应符合 GB/T 18793—2002 的规定。XML 文件应通过 Schema 进行有效性验证。

5 转换策略

5.1 档案关系型数据库转换为一组 XML 文件以及 Schema 文件。数据库的用户、角色、权限、数据表结构、数据表关系、视图、存储过程、约束、索引、触发器等元数据信息存储在一个 XML 文件中；数据库的每个数据表的数据分别存储在不同的 XML 文件中。

5.2 存储数据库元数据信息的 XML 文件命名为 metadata.xml，存储在 header 文件夹中；存储每个数据表的数据的 XML 文件以对应的数据表名称进行命名，存储在 content 文件夹中。可根据操作系统、内存、转换效率等实际情况确定单个 XML 文件的大小，数据表的数据量较大时可分成多个 XML 文件。

在 content 文件夹中可以根据数据库的逻辑结构建立相应的文件夹。

5.3 Schema 文件的名称根据相应 XML 文件的名称进行命名。存储数据库元数据信息的 XML 文件的 Schema 见附录 A，存储数据表数据的 XML 文件的 Schema 见附录 B。

5.4 应对 XML 文件的存储进行合理组织，按一定规则将其分类集中存储。存储结构的示例如图 1 所示。

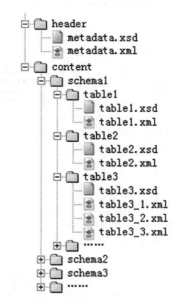

注：schema1、schema2、schema3 为根据数据库的逻辑结构划分的数据分区的名称；table1、table2、table3 为数据表的名称。table3 的数据分成了 3 个 XML 文件。

图 1 存储结构示例

5.5 在 XML 文件中，所有二进制数据可转换为 Base64 编码表示。

6 数据库元数据的层次模型

本标准将数据库的元数据分为数据库层元数据、数据分区层元数据、数据表层元数据、列层元数据四个层次，如图 2 所示。

7 元数据元素及描述方法

7.1 元数据元素

元数据元素规定见表 1～表 4。
元数据元素参见附录 C。

7.2 元数据的描述方法

本标准参考 GB/T 18391.3—2009，采用表 5 所示方法对元数据元素进行描述。

本标准所描述的元数据元素有四个属性相同：

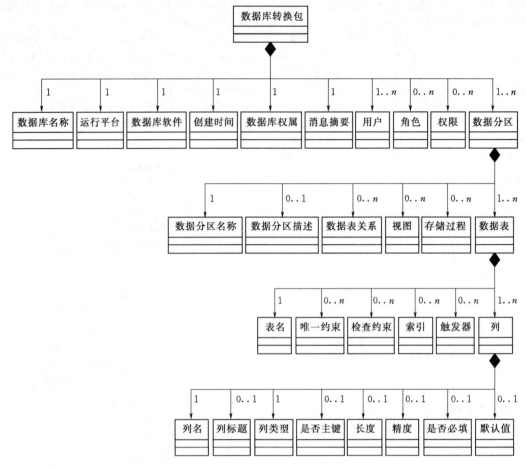

图 2 数据库元数据的层次模型

表 1	数据库层元数据		
编号	元数据	编号	元数据
M301	数据库转换包	M313	角色
M302	数据库名称	M314	角色名称
M303	运行平台	M315	管理权限
M304	数据库软件	M316	角色描述
M305	创建时间	M317	权限
M306	数据库权属	M318	权限类型
M307	消息摘要	M319	权限主体
M308	摘要算法	M320	权限客体
M309	摘要值	M321	可再授权
M310	用户	M322	授权人
M311	用户名称	M323	权限描述
M312	用户描述	M324	数据分区

表 2	数据分区层元数据		
编号	元数据	编号	元数据
M325	数据分区名称	M335	视图查询
M326	数据分区描述	M336	视图描述
M327	数据表关系	M337	存储过程
M328	关系名称	M338	存储过程名称
M329	父表名	M339	存储过程特征
M330	子表名	M340	返回类型
M331	列关系	M341	存储过程参数
M332	视图	M342	执行代码
M333	视图名称	M343	存储过程描述
M334	视图列	M344	数据表

表 3　数据表层元数据

编号	元数据	编号	元数据
M345	表名	M355	是否聚集
M346	唯一约束	M356	是否唯一
M347	唯一约束名	M357	触发器
M348	约束列	M358	触发器名称
M349	检查约束	M359	执行时间
M350	检查约束名	M360	触发事件
M351	约束表达式	M361	别名列表
M352	索引	M362	触发动作
M353	索引名	M363	触发器描述
M354	索引列	M364	列

表 4　列层元数据

编号	元数据	编号	元数据
M365	列名	M369	长度
M366	列标题	M370	精度
M367	列类型	M371	是否必填
M368	是否主键	M372	默认值

——注册版本：1.0；
——注册机构：中华人民共和国国家档案局；
——字符集：GB 2312—1980、GB 18030—2005；
——语言：中文。

表 5　元数据元素描述方法

编号	按一定规则排列的元数据的顺序号
中文名称	元数据元素的中文标识
英文名称	元数据元素的英文标识
定义	元数据元素含义的描述
目的	描述该元数据元素的必要性和作用
约束性	说明采用该元数据元素的强制性程度，包括"必选""可选"和"条件选"
可重复性	元数据元素是否可以重复出现
元素类型	元数据元素所属的类别，包括"容器型""简单型"和"复合型"
数据类型	为表达元数据元素值而规定的具有相同数学特性和相同操作集的数据类别。本标准数据类型包括字符型、数值型、日期时间型、布尔型。容器型元素没有数据类型
编码修饰体系	对该元数据元素信息的描述应遵循的编码规则，包括编码修饰体系的标识和名称
值域	可以分配给元数据元素的值
缺省值	该元数据元素的默认值
子元素	该元数据元素具有的下属元素
信息来源	元数据元素值的来源
相关元素	与该元素有密切联系的元素
注释	对元素的进一步说明
层次模型	用树形结构表示元数据元素之间的联系
XML 元素属性	提供关于 XML 元素的附加信息
源代码	XML 文件中描述该元素的代码

8　数据库层元数据元素的描述

8.1　数据库转换包

编号	M301
中文名称	数据库转换包
英文名称	database
定义	存放档案关系型数据库的元数据的容器
目的	维护档案关系型数据库的元数据的完整性，保障档案关系型数据库的数据表数据与元数据之间的可靠联系
约束性	必选
可重复性	不可重复
元素类型	容器型
数据类型	—
编码修饰体系	—
值域	—
缺省值	—
子元素	数据库名称（M302） 运行平台（M303） 数据库软件（M304） 创建时间（M305） 数据库权属（M306） 消息摘要（M307） 用户（M310） 角色（M313） 权限（M317） 数据分区（M324）
信息来源	—
相关元素	—
注释	—

续表

层次模型		数据库转换包 — ··· —	数据库名称
			运行平台
			数据库软件
			创建时间
			数据库权属
			消息摘要
			用户 1..∞
			角色 0..∞
			权限 0..∞
			数据分区 1..∞

XML元素属性	—

源代码	〈xs：element name＝"数据库转换包"〉　〈xs：complexType〉　　〈xs：sequence〉　　　〈xs：element name＝"数据库名称" type＝"xs：string"/〉　　　〈xs：element name＝"运行平台" type＝"xs：string"/〉　　　〈xs：element name＝"数据库软件"type＝"xs：string"/〉　　　〈xs：element name＝"创建时间" type＝"xs：dateTime"/〉　　　〈xs：element name＝"数据库权属"type＝"xs：string"/〉　　　〈xs：element name＝"消息摘要"/〉　　　〈xs：element name＝"用户" maxOccurs＝"unbounded"/〉　　　〈xs：element name＝"角色"minOccurs＝"0" maxOccurs＝"unbounded"/〉　　　〈xs：element name＝"权限" minOccurs＝"0" maxOccurs＝"unbounded"/〉　　　〈xs：element name＝"数据分区" maxOc-curs＝"unbounded"/〉　　〈/xs：sequence〉　〈/xs：complexType〉〈/xs：element〉

8.2　数据库名称

编号	M302
中文名称	数据库名称
英文名称	database name
定义	档案关系型数据库的名称
目的	对数据库进行命名，有利于数据库的管理与利用
约束性	必选
可重复性	不可重复
元素类型	简单型
数据类型	字符型
编码修饰体系	—
值域	—
缺省值	—
子元素	
信息来源	由转换数据库的软件系统捕获
相关元素	—
注释	—
层次模型	数据库名称
XML元素属性	—
源代码	〈xs：element name＝"数据库名称" type＝"xs：string"/〉

8.3　运行平台

编号	M303
中文名称	运行平台
英文名称	operating system
定义	数据库运行环境的操作系统及版本
目的	为数据库的完整和可靠提供保障
约束性	必选
可重复性	不可重复
元素类型	简单型
数据类型	字符型
编码修饰体系	—
值域	—
缺省值	—

子元素	—
信息来源	由转换数据库的软件系统捕获或手工著录
相关元素	—
注释	—
层次模型	运行平台
XML 元素属性	—
源代码	〈xs：element name＝"运行平台" type＝"xs：string"/〉

8.4 数据库软件

编号	M304
中文名称	数据库软件
英文名称	database software
定义	数据库的应用软件及版本
目的	为数据库的完整和可靠提供保障
约束性	必选
可重复性	不可重复
元素类型	简单型
数据类型	字符型
编码修饰体系	—
值域	—
缺省值	—
子元素	—
信息来源	由转换数据库的软件系统捕获或手工著录
相关元素	—
注释	—
层次模型	数据库软件
XML 元素属性	—
源代码	〈xs：element name＝"数据库软件" type＝"xs：string"/〉

8.5 创建时间

编号	M305
中文名称	创建时间
英文名称	create time

定义	创建 XML 文件 metadata. xml 的时间	
目的	描述数据库转换的 XML 文件的背景信息，利于鉴定数据库转换的 XML 文件的真实性	
约束性	必选	
可重复性	不可重复	
元素类型	简单型	
数据类型	日期时间型	
编码修饰体系	标识	名称
	GB/T 7408—2005	数据元和交换格式　信息交换　日期和时间表示法
值域	—	
缺省值	—	
子元素	—	
信息来源	由转换数据库的软件系统捕获	
相关元素	—	
注释	—	
层次模型	创建时间	
XML 元素属性	—	
源代码	〈xs：element name＝"创建时间" type＝"xs：dateTime"/〉	

8.6 数据库权属

编号	M306
中文名称	数据库权属
英文名称	owner
定义	数据库的所有权归属的描述信息
目的	说明数据库的所有权的归属
约束性	必选
可重复性	不可重复
元素类型	简单型
数据类型	字符型
编码修饰体系	—
值域	—
缺省值	—
子元素	—
信息来源	手工著录
相关元素	—
注释	—

续表

层次模型	数据库权属
XML 元素属性	—
源代码	〈xs:element name＝"数据库权属" type＝"xs:string"/〉

8.7　消息摘要

编号	M307
中文名称	消息摘要
英文名称	message digest
定义	使用 MD5 或 SHA1 等算法获得的 content 文件夹内数据的数字摘要
目的	为 content 文件夹内数据的完整提供保障
约束性	必选
可重复性	不可重复
元素类型	容器型
数据类型	—
编码修饰体系	—
值域	—
缺省值	—
子元素	摘要算法（M308）摘要值（M309）
信息来源	—
相关元素	—
注释	—
层次模型	消息摘要 —— 摘要算法 / 摘要值
XML 元素属性	—
源代码	〈xs:element name＝"消息摘要"〉　〈xs:complexType〉　　〈xs:sequence〉　　　〈xs:element name＝"摘要算法" type＝"xs:string"/〉　　　〈xs:element name＝"摘要值" type＝"xs:string"/〉　　〈/xs:sequence〉　〈/xs:complexType〉〈/xs:element〉

8.7.1　摘要算法

编号	M308
中文名称	摘要算法
英文名称	digest algorithm
定义	计算摘要所使用的算法
目的	对计算摘要所使用的 MD5 或 SHA1 等算法进行描述
约束性	必选
可重复性	不可重复
元素类型	简单型
数据类型	字符型
编码修饰体系	—
值域	—
缺省值	—
子元素	—
信息来源	手工著录
相关元素	—
注释	—
层次模型	摘要算法
XML 元素属性	—
源代码	〈xs:element name＝"摘要算法" type＝"xs:string"/〉

8.7.2　摘要值

编号	M309
中文名称	摘要值
英文名称	digest value
定义	content 文件夹内数据的摘要的值
目的	为 content 文件夹内数据的完整性提供保障
约束性	必选
可重复性	不可重复
元素类型	简单型
数据类型	字符型
编码修饰体系	—
值域	—
缺省值	—
子元素	—
信息来源	由转换数据库的软件系统按照设定的算法生成

续表

相关元素	—
注释	—
层次模型	摘要值
XML 元素属性	—
源代码	〈xs:element name="摘要值" type="xs:string"/〉

8.8 用户

编号	M310
中文名称	用户
英文名称	user
定义	数据库的使用者和管理者
目的	控制对数据库的访问和操作
约束性	必选
可重复性	可重复
元素类型	容器型
数据类型	—
编码修饰体系	—
值域	—
缺省值	—
子元素	用户名称（M311） 用户描述（M312）
信息来源	—
相关元素	角色（M313） 权限（M317）
注释	—
层次模型	用户 1..∞ 用户名称 用户描述
XML 元素属性	—
源代码	〈xs:element name="用户" maxOccurs="unbounded"〉 　〈xs:complexType〉 　　〈xs:sequence〉 　　　〈xs:element name="用户名称" type="xs:string"/〉 　　　〈xs:element name="用户描述" type="xs:string" minOccurs="0"/〉 　　〈/xs:sequence〉 　〈/xs:complexType〉 〈/xs:element〉

8.8.1 用户名称

编号	M311
中文名称	用户名称
英文名称	user name
定义	数据库的用户的名称
目的	对用户进行命名
约束性	必选
可重复性	不可重复
元素类型	简单型
数据类型	字符型
编码修饰体系	—
值域	—
缺省值	—
子元素	—
信息来源	由转换数据库的软件系统捕获
相关元素	—
注释	—
层次模型	用户名称
XML 元素属性	—
源代码	〈xs:element name="用户名称" type="xs:string"/〉

8.8.2 用户描述

编号	M312
中文名称	用户描述
英文名称	user description
定义	数据库的用户的描述信息
目的	提供用户的背景信息，利于对用户的管理
约束性	可选
可重复性	不可重复
元素类型	简单型
数据类型	字符型
编码修饰体系	—
值域	—
缺省值	—
子元素	—

信息来源	由转换数据库的软件系统捕获或手工著录
相关元素	—
注释	—
层次模型	用户描述
XML 元素属性	—
源代码	〈xs：element name＝"用户描述" type＝"xs：string" minOccurs＝"0"/〉

8.9　角色

编号	M313
中文名称	角色
英文名称	role
定义	一系列相关权限的集合
目的	简化对权限的管理
约束性	可选
可重复性	可重复
元素类型	容器型
数据类型	—
编码修饰体系	—
值域	—
缺省值	—
子元素	角色名称（M314） 管理权限（M315） 角色描述（M316）
信息来源	—
相关元素	用户（M310） 权限（M317）
注释	—
层次模型	
XML 元素属性	—
源代码	〈xs：element name＝"角色" minOccurs＝"0" maxOccurs＝"unbounded"〉 　〈xs：complexType〉 　　〈xs：sequence〉

源代码	〈xs：element name＝"角色名称" type＝"xs：string"/〉 〈xs：element name＝"管理权限" type＝"xs：string" minOccurs＝"0"/〉 〈xs：element name＝"角色描述" type＝"xs：string" minOccurs＝"0"/〉 　　〈/xs：sequence〉 　〈/xs：complexType〉 〈/xs：element〉

8.9.1　角色名称

编号	M314
中文名称	角色名称
英文名称	role name
定义	数据库的角色的名称
目的	对角色进行命名
约束性	条件选
可重复性	不可重复
元素类型	简单型
数据类型	字符型
编码修饰体系	—
值域	—
缺省值	—
子元素	—
信息来源	由转换数据库的软件系统捕获
相关元素	—
注释	当选择著录角色（M313）时，本元素必选
层次模型	角色名称
XML 元素属性	—
源代码	〈xs：element name＝"角色名称" type＝"xs：string"/〉

8.9.2　管理权限

编号	M315
中文名称	管理权限
英文名称	role member
定义	对数据库进行管理的权限范围
目的	标识角色对应的管理身份

续表

约束性	可选
可重复性	不可重复
元素类型	简单型
数据类型	字符型
编码修饰体系	—
值域	—
缺省值	—
子元素	—
信息来源	由转换数据库的软件系统捕获
相关元素	—
注释	—
层次模型	管理权限
XML 元素属性	—
源代码	〈xs：element name＝"管理权限" type＝"xs：string" minOccurs＝"0"/〉

8.9.3　角色描述

编号	M316
中文名称	角色描述
英文名称	role description
定义	数据库的角色的描述信息
目的	提供角色的背景信息，利于对角色的管理
约束性	可选
可重复性	不可重复
元素类型	简单型
数据类型	字符型
编码修饰体系	—
值域	—
缺省值	—
子元素	—
信息来源	由转换数据库的软件系统捕获或手工著录
相关元素	—
注释	—
层次模型	角色描述

续表

XML 元素属性	—
源代码	〈xs：element name＝"角色描述" type＝"xs：string" minOccurs＝"0"/〉

8.10　权限

编号	M317
中文名称	权限
英文名称	privilege
定义	用户对数据库进行操作的权利的限制范围
目的	控制用户对数据库的访问和操作
约束性	可选
可重复性	可重复
元素类型	容器型
数据类型	—
编码修饰体系	—
值域	—
缺省值	—
子元素	权限类型（M318） 权限主体（M319） 权限客体（M320） 可再授权（M321） 授权人（M322） 权限描述（M323）
信息来源	—
相关元素	用户（M310） 角色（M313）
注释	—
层次模型	
XML 元素属性	

续表

源代码	〈xs:element name="权限" minOccurs="0" maxOccurs="unbounded"〉 〈xs:complexType〉 〈xs:sequence〉 〈xs:element name="权限类型" type="xs:string"/〉 〈xs:element name="权限主体" type="xs:string"/〉 〈xs:element name="权限客体" type="xs:string" minOccurs="0"/〉 〈xs:element name="可再授权" type="xs:boolean" minOccurs="0"/〉 〈xs:element name="授权人" type="xs:string"/〉 〈xs:element name="权限描述" type="xs:string" minOccurs="0"/〉 〈/xs:sequence〉 〈/xs:complexType〉 〈/xs:element〉

8.10.1 权限类型

编号	M318
中文名称	权限类型
英文名称	privilege type
定义	权限操作的类型
目的	对权限进行分类
约束性	条件选
可重复性	不可重复
元素类型	简单型
数据类型	字符型
编码修饰体系	—
值域	—
缺省值	—
子元素	—
信息来源	由转换数据库的软件系统捕获
相关元素	
注释	当选择著录权限（M317）时，本元素必选
层次模型	权限类型
XML元素属性	—
源代码	〈xs:element name="权限类型" type="xs:string"/〉

8.10.2 权限主体

编号	M319
中文名称	权限主体
英文名称	grantee
定义	权限被授予的对象
目的	定义权限动作的主体，通常为用户或角色
约束性	条件选
可重复性	不可重复
元素类型	简单型
数据类型	字符型
编码修饰体系	—
值域	—
缺省值	—
子元素	—
信息来源	由转换数据库的软件系统捕获
相关元素	
注释	当选择著录权限（M317）时，本元素必选
层次模型	权限主体
XML元素属性	—
源代码	〈xs:element name="权限主体" type="xs:string"/〉

8.10.3 权限客体

编号	M320
中文名称	权限客体
英文名称	privilege object
定义	权限应用的客体
目的	规定权限所作用的对象
约束性	可选
可重复性	不可重复
元素类型	简单型
数据类型	字符型
编码修饰体系	—
值域	—
缺省值	—
子元素	—

续表

信息来源	由转换数据库的软件系统捕获
相关元素	—
注释	—
层次模型	权限客体
XML 元素属性	—
源代码	〈xs:element name＝"权限客体" type＝"xs:string" minOccurs="0"/〉

8.10.4　可再授权

编号	M321
中文名称	可再授权
英文名称	privilege option
定义	定义该权限是否可继续授予他人
目的	对是否可以授权给他人进行控制
约束性	可选
可重复性	不可重复
元素类型	简单型
数据类型	布尔型
编码修饰体系	—
值域	true false
缺省值	—
子元素	—
信息来源	由转换数据库的软件系统捕获
相关元素	—
注释	
层次模型	可再授权
XML 元素属性	—
源代码	〈xs:element name＝"可再授权" type＝"xs:boolean" minOccurs="0"/〉

8.10.5　授权人

编号	M322
中文名称	授权人
英文名称	grantor
定义	执行授权动作的人
目的	定义本权限是由谁授予的
约束性	条件选

续表

可重复性	不可重复
元素类型	简单型
数据类型	字符型
编码修饰体系	—
值域	—
缺省值	—
子元素	—
信息来源	由转换数据库的软件系统捕获或自动生成
相关元素	—
注释	当选择著录权限（M317）时，本元素必选
层次模型	授权人
XML 元素属性	—
源代码	〈xs:element name＝"授权人" type＝"xs:string"/〉

8.10.6　权限描述

编号	M323
中文名称	权限描述
英文名称	privilege description
定义	权限的描述信息
目的	提供权限的背景信息，利于对权限的管理
约束性	可选
可重复性	不可重复
元素类型	简单型
数据类型	字符型
编码修饰体系	—
值域	—
缺省值	—
子元素	—
信息来源	由转换数据库的软件系统捕获或手工著录
相关元素	—
注释	—
层次模型	权限描述
XML 元素属性	—
源代码	〈xs:element name＝"权限描述" type＝"xs:string" minOccurs="0"/〉

8.11 数据分区

编号	M324
中文名称	数据分区
英文名称	schema
定义	组成数据库的逻辑结构，是一组数据库对象的集合
目的	数据库由一个或多个数据分区组成，通过数据分区对数据表、数据表关系、视图、存储过程等进行分组，利于对其的管理
约束性	必选
可重复性	可重复
元素类型	容器型
数据类型	—
编码修饰体系	—
值域	—
缺省值	—
子元素	数据分区名称（M325） 数据分区描述（M326） 数据表关系（M327） 视图（M332） 存储过程（M337） 数据表（M344）
信息来源	—
相关元素	—
注释	针对不同的数据库可以采用不同的规则进行数据分区的划分。例如，Oracle 数据库可以按照 schema 进行划分
层次模型	
XML 元素属性	—

续表

源代码	〈xs：element name＝"数据分区" maxOccurs＝"unbounded"〉 　〈xs：complexType〉 　　〈xs：sequence〉 　　　〈xs：element name＝"数据分区名称" type="xs：string"/〉 　　　〈xs：element name＝"数据分区描述" type="xs：string" minOccurs="0"/〉 　　　〈xs：element name＝"数据表关系" minOccurs＝"0" maxOccurs＝"unbounded"/〉 　　　〈xs：element name＝"视图" minOccurs="0" maxOccurs="unbounded"/〉 　　　〈xs：element name＝"存储过程" minOccurs＝"0" maxOccurs＝"unbounded"/〉 　　　〈xs：element name＝"数据表" maxOccurs＝"unbounded"/〉 　　〈/xs：sequence〉 　〈/xs：complexType〉 〈/xs：element〉

9　数据分区元数据元素的描述

9.1　数据分区名称

编号	M325
中文名称	数据分区名称
英文名称	schema name
定义	数据分区的名称
目的	对数据分区进行命名
约束性	必选
可重复性	不可重复
元素类型	简单型
数据类型	字符型
编码修饰体系	—
值域	—
缺省值	—
子元素	—
信息来源	由转换数据库的软件系统捕获或手工著录
相关元素	—
注释	—
层次模型	
XML 元素属性	
源代码	〈xs：element name＝"数据分区名称" type＝"xs：string"/〉

9.2　数据分区描述

编号	M326
中文名称	数据分区描述
英文名称	schema description
定义	数据分区的背景信息
目的	对数据分区的相关背景信息进行描述，利于对数据分区的管理
约束性	可选
可重复性	不可重复
元素类型	简单型
数据类型	字符型
编码修饰体系	—
值域	—
缺省值	—
子元素	—
信息来源	由转换数据库的软件系统捕获或手工著录
相关元素	—
注释	—
层次模型	数据分区描述
XML 元素属性	—
源代码	〈xs：element name＝"数据分区描述" type＝"xs：string" minOccurs="0"/〉

9.3　数据表关系

编号	M327
中文名称	数据表关系
英文名称	table relation
定义	数据表之间的关联关系
目的	通过父表和子表的对应来描述数据表间的关系
约束性	可选
可重复性	可重复
元素类型	容器型
数据类型	—
编码修饰体系	—
值域	—
缺省值	—

续表

子元素	关系名称（M328） 父表名（M329） 子表名（M330） 列关系（M331）
信息来源	—
相关元素	—
注释	—
层次模型	
XML 元素属性	—
源代码	〈xs：element name＝"数据表关系" minOccurs="0" maxOccurs="unbounded"〉 　〈xs：complexType〉 　　〈xs：sequence〉 　　　〈xs：element name＝"关系名称" type＝"xs：string"/〉 　　　〈xs：element name＝"父表名" type＝"xs：string"/〉 　　　〈xs：element name＝"子表名" type＝"xs：string"/〉 　　　〈xs：element name＝"列关系" maxOccurs="unbounded"/〉 　　〈/xs：sequence〉 　〈/xs：complexType〉 〈/xs：element〉

9.3.1　关系名称

编号	M328
中文名称	关系名称
英文名称	relation name
定义	数据表关系的名称
目的	对数据表关系进行命名
约束性	条件选
可重复性	不可重复
元素类型	简单型
数据类型	字符型
编码修饰体系	—

续表

值域	—
缺省值	—
子元素	—
信息来源	由转换数据库的软件系统捕获或自动生成
相关元素	—
注释	当选择著录数据表关系（M327）时，本元素必选
层次模型	┌ 关系名称 ┐
XML 元素属性	—
源代码	〈xs：element name＝"关系名称" type＝"xs：string"/〉

9.3.2　父表名

编号	M329
中文名称	父表名
英文名称	parent table
定义	数据表关系中父表的表名
目的	对数据表关系中的父表进行说明
约束性	条件选
可重复性	不可重复
元素类型	简单型
数据类型	字符型
编码修饰体系	—
值域	—
缺省值	—
子元素	—
信息来源	由转换数据库的软件系统捕获
相关元素	—
注释	当选择著录数据表关系（M327）时，本元素必选
层次模型	┌ 父表名 ┐
XML 元素属性	—
源代码	〈xs：element name＝"父表名" type＝"xs：string"/〉

9.3.3　子表名

编号	M330
中文名称	子表名
英文名称	sub table
定义	数据表关系中子表的表名
目的	对数据表关系中的子表进行说明
约束性	条件选
可重复性	不可重复
元素类型	简单型
数据类型	字符型
编码修饰体系	
值域	
缺省值	
子元素	
信息来源	由转换数据库的软件系统捕获
相关元素	—
注释	当选择著录数据表关系（M327）时，本元素必选
层次模型	┌ 子表名 ┐
XML 元素属性	—
源代码	〈xs：element name＝"子表名" type＝"xs：string"/〉

9.3.4　列关系

编号	M331
中文名称	列关系
英文名称	refer column
定义	数据表关系中相关的列之间的联系
目的	对父表与子表之间关联的列进行说明
约束性	条件选
可重复性	可重复
元素类型	简单型
数据类型	字符型
编码修饰体系	—
值域	—
缺省值	—

续表   续表

子元素	—
信息来源	由转换数据库的软件系统捕获
相关元素	—
注释	当选择著录数据表关系（M327）时，本元素必选

层次模型	

<table>
<tr><td>XML 元素
属性</td><td>属性名称</td><td>定义</td><td>数据类型</td></tr>
<tr><td rowspan="2"></td><td>父表列名</td><td>列关系中父表的列名</td><td>字符型</td></tr>
<tr><td>子表列名</td><td>列关系中子表的列名</td><td>字符型</td></tr>
</table>

源代码	〈xs：element name＝"列关系" maxOccurs＝"unbounded"〉
	  〈xs：complexType〉
	    〈xs：attribute name＝"父表列名" type＝"xs：string" use＝"required"/〉
	    〈xs：attribute name＝"子表列名" type＝"xs：string" use＝"required"/〉
	  〈/xs：complexType〉
	〈/xs：element〉

9.4 视图

编号	M332
中文名称	视图
英文名称	view
定义	基于一个或多个表的由查询语句定义的逻辑表
目的	用于增强数据查询的简单性和安全性
约束性	可选
可重复性	可重复
元素类型	容器型
数据类型	—
编码修饰体系	—
值域	—
缺省值	—
子元素	视图名称（M333） 视图列（M334） 视图查询（M335） 视图描述（M336）

续表

信息来源	—
相关元素	—
注释	—

层次模型	

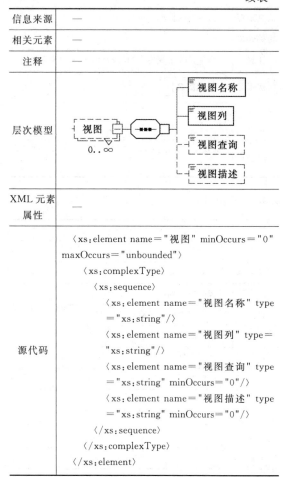

XML 元素属性	—

源代码	〈xs：element name＝"视图" minOccurs＝"0" maxOccurs＝"unbounded"〉
	  〈xs：complexType〉
	    〈xs：sequence〉
	      〈xs：element name＝"视图名称" type＝"xs：string"/〉
	      〈xs：element name＝"视图列" type＝"xs：string"/〉
	      〈xs：element name＝"视图查询" type＝"xs：string" minOccurs＝"0"/〉
	      〈xs：element name＝"视图描述" type＝"xs：string" minOccurs＝"0"/〉
	    〈/xs：sequence〉
	  〈/xs：complexType〉
	〈/xs：element〉

9.4.1 视图名称

编号	M333
中文名称	视图名称
英文名称	view name
定义	视图的名称
目的	对视图进行命名
约束性	条件选
可重复性	不可重复
元素类型	简单型
数据类型	字符型
编码修饰体系	—
值域	—
缺省值	—
子元素	—

信息来源	由转换数据库的软件系统捕获
相关元素	—
注释	当选择著录视图（M332）时，本元素必选
层次模型	视图名称
XML 元素属性	—
源代码	〈xs：element name＝"视图名称" type＝"xs：string"/〉

9.4.2　视图列

编号	M334
中文名称	视图列
英文名称	view columns
定义	视图中的列
目的	对视图中所有的列进行说明
约束性	条件选
可重复性	不可重复
元素类型	简单型
数据类型	字符型
编码修饰体系	—
值域	—
缺省值	—
子元素	—
信息来源	由转换数据库的软件系统捕获
相关元素	—
注释	当选择著录视图（M332）时，本元素必选。当视图的列有多个时，列名之间用";"隔开
层次模型	视图列
XML 元素属性	—
源代码	〈xs：element name＝"视图列" type＝"xs：string"/〉

9.4.3　视图查询

编号	M335
中文名称	视图查询
英文名称	view query

定义	构成视图的查询语句
目的	通过查询语句定义视图的内容
约束性	可选
可重复性	不可重复
元素类型	简单型
数据类型	字符型
编码修饰体系	—
值域	—
缺省值	—
子元素	—
信息来源	由转换数据库的软件系统捕获
相关元素	—
注释	—
层次模型	视图查询
XML 元素属性	—
源代码	〈xs：element name＝"视图查询" type＝"xs：string" minOccurs＝"0"/〉

9.4.4　视图描述

编号	M336
中文名称	视图描述
英文名称	view description
定义	视图的描述信息
目的	提供视图的背景信息，利于对视图的管理
约束性	可选
可重复性	不可重复
元素类型	简单型
数据类型	字符型
编码修饰体系	—
值域	—
缺省值	—
子元素	—
信息来源	由转换数据库的软件系统捕获或手工著录
相关元素	—
注释	—

续表　　　　　　　　　　　　　　　　　　　　　　续表

层次模型	视图描述
XML 元素属性	—
源代码	〈xs:element name＝"视图描述" type＝"xs:string" minOccurs＝"0"/〉

9.5　存储过程

编号	M337
中文名称	存储过程
英文名称	routine
定义	执行某种功能的一条或多条 SQL 语句的有序集合
目的	提高 SQL 语句的执行效率，增强数据库的安全性
约束性	可选
可重复性	可重复
元素类型	容器型
数据类型	—
编码修饰体系	—
值域	—
缺省值	—
子元素	存储过程名称（M338） 存储过程特征（M339） 返回类型（M340） 存储过程参数（M341） 执行代码（M342） 存储过程描述（M343）
信息来源	—
相关元素	—
注释	—
层次模型	

XML 元素属性	—
源代码	〈xs:element name＝"存储过程" minOccurs＝"0" maxOccurs＝"unbounded"〉 　〈xs:complexType〉 　　〈xs:sequence〉 　　　〈xs:element name＝"存储过程名称" type＝"xs:string"/〉 　　　〈xs:element name＝"存储过程特征" type＝"xs:string" minOccurs＝"0"/〉 　　　〈xs:element name＝"返回类型" type＝"xs:string" minOccurs＝"0"/〉 　　　〈xs:element name＝"存储过程参数" minOccurs＝"0" maxOccurs＝"unbounded"/〉 　　　〈xs:element name＝"执行代码" type＝"xs:string" minOccurs＝"0"/〉 　　　〈xs:element name＝"存储过程描述" type＝"xs:string" minOccurs＝"0"/〉 　　〈/xs:sequence〉 　〈/xs:complexType〉 〈/xs:element〉

9.5.1　存储过程名称

编号	M338
中文名称	存储过程名称
英文名称	routine name
定义	存储过程的名称
目的	对存储过程的命名
约束性	条件选
可重复性	不可重复
元素类型	简单型
数据类型	字符型
编码修饰体系	—
值域	—
缺省值	—
子元素	—
信息来源	由转换数据库的软件系统捕获
相关元素	—
注释	当选择著录存储过程（M337）时，本元素必选
层次模型	存储过程名称

XML 元素属性	—
源代码	〈xs：element name＝"存储过程名称" type＝"xs：string"/〉

9.5.2　存储过程特征

编号	M339
中文名称	存储过程特征
英文名称	characteristic
定义	存储过程所使用的文本的特征字符集编码
目的	对存储过程所使用的文本的特征进行说明
约束性	可选
可重复性	不可重复
元素类型	简单型
数据类型	字符型
编码修饰体系	—
值域	—
缺省值	—
子元素	—
信息来源	由转换数据库的软件系统捕获
相关元素	—
注释	—
层次模型	存储过程特征
XML 元素属性	—
源代码	〈xs：element name＝"存储过程特征" type＝"xs：string"minOccurs＝"0"/〉

9.5.3　返回类型

编号	M340
中文名称	返回类型
英文名称	return type
定义	存储过程返回的数据类型
目的	对存储过程返回的数据类型进行描述
约束性	可选
可重复性	不可重复
元素类型	简单型
数据类型	字符型

编码修饰体系	—
值域	—
缺省值	—
子元素	—
信息来源	由转换数据库的软件系统捕获
相关元素	—
注释	—
层次模型	返回类型
XML 元素属性	—
源代码	〈xs：element name＝"返回类型" type＝"xs：string" minOccurs＝"0"/〉

9.5.4　存储过程参数

编号	M341
中文名称	存储过程参数
英文名称	parameter
定义	存储过程在执行时涉及的变量
目的	对存储过程在执行时涉及的变量进行说明
约束性	可选
可重复性	可重复
元素类型	简单型
数据类型	字符型
编码修饰体系	—
值域	—
缺省值	—
子元素	—
信息来源	由转换数据库的软件系统捕获
相关元素	—
注释	—
层次模型	存储过程参数　0..∞　attributes：名称、模式、类型、描述

续表

XML 元素属性	属性名称	定义	数据类型
	名称	存储过程参数的名称	字符型
	模式	存储过程参数的模式，如 IN，OUT 或 INOUT	字符型
	类型	存储过程参数的数据类型	字符型
	描述	存储过程参数的描述信息	字符型
源代码	〈xs:element name="存储过程参数" minOccurs="0" maxOccurs="unbounded"〉 　〈xs:complexType〉 　　〈xs:attribute name="名称" type="xs:string" use="required"/〉 　　〈xs:attribute name="模式" type="xs:string" use="required"/〉 　　〈xs:attribute name="类型" type="xs:string" use="required"/〉 　　〈xs:attribute name="描述" type="xs:string"/〉 　〈/xs:complexType〉 〈/xs:element〉		

9.5.5　执行代码

编号	M342
中文名称	执行代码
英文名称	routine body
定义	存储过程的执行操作的代码
目的	对存储过程进行具体操作
约束性	可选
可重复性	不可重复
元素类型	简单型
数据类型	字符型
编码修饰体系	—
值域	—
缺省值	—
子元素	—
信息来源	由转换数据库的软件系统捕获
相关元素	—
注释	—
层次模型	执行代码
XML 元素属性	—
源代码	〈xs:element name="执行代码" type="xs:string" minOccurs="0"/〉

9.5.6　存储过程描述

编号	M343
中文名称	存储过程描述
英文名称	routine description
定义	存储过程的描述信息
目的	提供存储过程的背景信息，利于对存储过程的管理
约束性	可选
可重复性	不可重复
元素类型	简单型
数据类型	字符型
编码修饰体系	—
值域	—
缺省值	—
子元素	—
信息来源	由转换数据库的软件系统捕获或手工著录
相关元素	—
注释	—
层次模型	存储过程描述
XML 元素属性	—
源代码	〈xs:element name="存储过程描述" type="xs:string" minOccurs="0"/〉

9.6　数据表

编号	M344
中文名称	数据表
英文名称	table
定义	档案关系型数据库的表的特征描述信息
目的	为表结构、约束集、触发器的特征信息提供容器
约束性	必选
可重复性	可重复
元素类型	容器型
数据类型	—
编码修饰体系	—
值域	—

右上角：续表

缺省值	—
子元素	表名（M345） 唯一约束（M346） 检查约束（M349） 索引（M352） 触发器（M357） 列（M364）
信息来源	—
相关元素	—
注释	—
层次模型	
XML 元素属性	—
源代码	〈xs:element name＝"数据表" maxOccurs＝"unbounded"〉 　〈xs:complexType〉 　　〈xs:sequence〉 　　　〈xs:element name＝"表名" type＝"xs:string"/〉 　　　〈xs:element name＝"唯一约束" minOccurs＝"0" maxOccurs＝"unbounded"/〉 　　　〈xs:element name＝"检查约束" minOccurs＝"0" maxOccurs＝"unbounded"/〉 　　　〈xs:element name＝"索引" minOccurs＝"0" maxOccurs＝"unbounded"/〉 　　　〈xs:element name＝"触发器" minOccurs＝"0" maxOccurs＝"unbounded"/〉 　　　〈xs:element name＝"列" maxOccurs＝"unbounded"/〉 　　〈/xs:sequence〉 　〈/xs:complexType〉 〈/xs:element〉

10　数据表元数据元素的描述

10.1　表名

编号	M345
中文名称	表名
英文名称	table name
定义	数据库的数据表的名称
目的	对数据表进行命名
约束性	必选
可重复性	不可重复
元素类型	简单型
数据类型	字符型
编码修饰体系	—
值域	—
缺省值	—
子元素	—
信息来源	由转换数据库的软件系统捕获
相关元素	—
注释	—
层次模型	
XML 元素属性	—
源代码	〈xs:element name＝"表名" type＝"xs:string"/〉

10.2　唯一约束

编号	M346
中文名称	唯一约束
英文名称	unique constraint
定义	数据表的强制非主键上的实体完整性的约束，禁止数据表的非主键列中输入重复值
目的	保证在一列或者一组列里的数据在数据表中是唯一的
约束性	可选
可重复性	可重复
元素类型	容器型
数据类型	—
编码修饰体系	—

续表

值域	—
缺省值	—
子元素	唯一约束名（M347） 约束列（M348）
信息来源	—
相关元素	—
注释	—
层次模型	
XML 元素属性	—
源代码	〈xs：element name＝"唯一约束" minOccurs＝"0" maxOccurs＝"unbounded"〉 　　〈xs：complexType〉 　　　　〈xs：sequence〉 　　　　　　〈xs：element name＝"唯一约束名" type＝"xs：string"/〉 　　　　　　〈xs：element name＝"约束列" type＝"xs：string"/〉 　　　　〈/xs：sequence〉 　　〈/xs：complexType〉 〈/xs：element〉

10.2.1　唯一约束名

编号	M347
中文名称	唯一约束名
英文名称	unique constraint name
定义	唯一约束的名称
目的	对唯一约束进行命名
约束性	条件选
可重复性	不可重复
元素类型	简单型
数据类型	字符型
编码修饰体系	—
值域	—
缺省值	—
子元素	—
信息来源	由转换数据库的软件系统捕获
相关元素	—

续表

注释	当选择著录唯一约束（M346）时，本元素必选
层次模型	
XML 元素属性	—
源代码	〈xs：element name＝"唯一约束名" type＝"xs：string"/〉

10.2.2　约束列

编号	M348
中文名称	约束列
英文名称	unique constraint columns
定义	唯一约束的列
目的	对唯一约束的列进行说明
约束性	条件选
可重复性	不可重复
元素类型	简单型
数据类型	字符型
编码修饰体系	—
值域	—
缺省值	—
子元素	—
信息来源	由转换数据库的软件系统捕获
相关元素	—
注释	当选择著录唯一约束（M346）时，本元素必选。 当约束的列有多个时，列名之间用";"隔开
层次模型	
XML 元素属性	—
源代码	〈xs：element name＝"约束列" type＝"xs：string"/〉

10.3　检查约束

编号	M349
中文名称	检查约束
英文名称	check constraint
定义	数据库的检查数据是否为可接受的值的约束

目的	保证列的数值为可接受的值
约束性	可选
可重复性	可重复
元素类型	容器型
数据类型	—
编码修饰体系	—
值域	—
缺省值	—
子元素	检查约束名（M350） 约束表达式（M351）
信息来源	—
相关元素	—
注释	—
层次模型	
XML 元素属性	—
源代码	〈xs：element name＝"检查约束" minOccurs＝"0" maxOccurs＝"unbounded"〉 　〈xs：complexType〉 　　〈xs：sequence〉 　　　〈xs：element name＝"检查约束名" type＝"xs：string"/〉 　　　〈xs：element name＝"约束表达式" type＝"xs：string"/〉 　　〈/xs：sequence〉 　〈/xs：complexType〉 〈/xs：element〉

10.3.1　检查约束名

编号	M350
中文名称	检查约束名
英文名称	check constraint name
定义	检查约束的名称
目的	对检查约束进行命名
约束性	条件选
可重复性	不可重复
元素类型	简单型
数据类型	字符型

编码修饰体系	—
值域	—
缺省值	—
子元素	—
信息来源	由转换数据库的软件系统捕获
相关元素	—
注释	当选择著录检查约束（M349）时，本元素必选
层次模型	检查约束名
XML 元素属性	—
源代码	〈xs：element name＝"检查约束名" type＝"xs：string"/〉

10.3.2　约束表达式

编号	M351
中文名称	约束表达式
英文名称	constraint info
定义	检查约束的计算表达式
目的	通过计算对数据进行规范
约束性	条件选
可重复性	不可重复
元素类型	简单型
数据类型	字符型
编码修饰体系	—
值域	—
缺省值	—
子元素	—
信息来源	由转换数据库的软件系统捕获
相关元素	—
注释	当选择著录检查约束（M349）时，本元素必选
层次模型	约束表达式
XML 元素属性	—
源代码	〈xs：element name＝"约束表达式" type＝"xs：string"/〉

10.4 索引

编号	M352
中文名称	索引
英文名称	index
定义	为了提高数据检索效率而创建的独立于表的存储结构
目的	提高数据的检索效率
约束性	可选
可重复性	可重复
元素类型	容器型
数据类型	—
编码修饰体系	—
值域	—
缺省值	—
子元素	索引名（M353） 索引列（M354） 是否聚集（M355） 是否唯一（M356）
信息来源	—
相关元素	—
注释	—
层次模型	
XML 元素属性	—
源代码	〈xs：element name＝"索引" minOccurs＝"0" maxOccurs＝"unbounded"〉 　〈xs：complexType〉 　　〈xs：sequence〉 　　　〈xs：element name＝"索引名" type＝"xs：string"/〉 　　　〈xs：element name＝"索引列" type＝"xs：string"/〉 　　　〈xs：element name＝"是否聚集" type＝"xs：boolean"/〉 　　　〈xs：element name＝"是否唯一" type＝"xs：boolean"/〉 　　〈/xs：sequence〉 　〈/xs：complexType〉 〈/xs：element〉

10.4.1 索引名

编号	M353
中文名称	索引名
英文名称	index name
定义	索引的名称
目的	对索引进行命名
约束性	条件选
可重复性	不可重复
元素类型	简单型
数据类型	字符型
编码修饰体系	—
值域	—
缺省值	—
子元素	—
信息来源	由转换数据库的软件系统捕获
相关元素	—
注释	当选择著录索引（M352）时，本元素必选
层次模型	
XML 元素属性	
源代码	〈xs：element name＝"索引名" type＝"xs：string"/〉

10.4.2 索引列

编号	M354
中文名称	索引列
英文名称	index columns
定义	索引的列
目的	对索引的列进行说明
约束性	条件选
可重复性	不可重复
元素类型	简单型
数据类型	字符型
编码修饰体系	—
值域	—
缺省值	—
子元素	—

续表

信息来源	由转换数据库的软件系统捕获
相关元素	—
注释	当选择著录索引（M352）时，本元素必选。当索引的列有多个时，列名之间用";"隔开
层次模型	索引列
XML 元素属性	—
源代码	〈xs：element name＝"索引列" type＝"xs：string"/〉

10.4.3　是否聚集

编号	M355
中文名称	是否聚集
英文名称	cluster
定义	是否为聚集索引
目的	用来判断索引是否为聚集索引
约束性	条件选
可重复性	不可重复
元素类型	简单型
数据类型	布尔型
编码修饰体系	—
值域	true false
缺省值	—
子元素	—
信息来源	由转换数据库的软件系统捕获
相关元素	—
注释	当选择著录索引（M352）时，本元素必选
层次模型	是否聚集
XML 元素属性	—
源代码	〈xs：element name＝"是否聚集" type＝"xs：boolean"/〉

10.4.4　是否唯一

编号	M356
中文名称	是否唯一
英文名称	unique

续表

定义	索引的数据是否唯一
目的	用来判断索引的数据是否唯一
约束性	条件选
可重复性	不可重复
元素类型	简单型
数据类型	布尔型
编码修饰体系	—
值域	true false
缺省值	—
子元素	—
信息来源	由转换数据库的软件系统捕获
相关元素	—
注释	当选择著录索引（M352）时，本元素必选
层次模型	是否唯一
XML 元素属性	—
源代码	〈xs：element name＝"是否唯一" type＝"xs：boolean"/〉

10.5　触发器

编号	M357
中文名称	触发器
英文名称	trigger
定义	当特定事件发生时自动被执行的 SQL 语句
目的	加强数据的完整性约束和业务规则等
约束性	可选
可重复性	可重复
元素类型	容器型
数据类型	—
编码修饰体系	—
值域	—
缺省值	—
子元素	触发器名称（M358）执行时间（M359）触发事件（M360）别名列表（M361）触发动作（M362）触发器描述（M363）

续表　　　　　　　　　　　　　　　　　　　　　　　　　　　续表

信息来源	—
相关元素	—
注释	—
层次模型	
XML 元素属性	—
源代码	〈xs：element name＝"触发器" minOccurs＝"0" maxOccurs＝"unbounded"〉 　〈xs：complexType〉 　　〈xs：sequence〉 　　　〈xs：element name＝"触发器名称" type＝"xs：string"/〉 　　　〈xs：element name＝"执行时间" type＝"xs：string"/〉 　　　〈xs：element name＝"触发事件" type＝"xs：string"/〉 　　　〈xs：element name＝"别名列表" type＝"xs：string" minOccurs＝"0"/〉 　　　〈xs：element name＝"触发动作" type＝"xs：string"/〉 　　　〈xs：element name＝"触发器描述" type＝"xs：string" minOccurs＝"0"/〉 　　〈/xs：sequence〉 　〈/xs：complexType〉 〈/xs：element〉

10.5.1　触发器名称

编号	M358
中文名称	触发器名称
英文名称	trigger name
定义	触发器的名称
目的	对触发器进行命名
约束性	条件选
可重复性	不可重复

元素类型	简单型
数据类型	字符型
编码修饰体系	—
值域	—
缺省值	—
子元素	—
信息来源	由转换数据库的软件系统捕获
相关元素	—
注释	当选择著录触发器（M357）时，本元素必选
层次模型	
XML 元素属性	—
源代码	〈xs：element name＝"触发器名称" type＝"xs：string"/〉

10.5.2　执行时间

编号	M359
中文名称	执行时间
英文名称	action time
定义	触发器所激活的时间
目的	用于指定触发器在触发事件完成之前还是之后执行
约束性	条件选
可重复性	不可重复
元素类型	简单型
数据类型	字符型
编码修饰体系	—
值域	—
缺省值	—
子元素	—
信息来源	由转换数据库的软件系统捕获
相关元素	—
注释	当选择著录触发器（M357）时，本元素必选
层次模型	
XML 元素属性	—
源代码	〈xs：element name＝"执行时间" type＝"xs：string"/〉

10.5.3 触发事件

编号	M360
中文名称	触发事件
英文名称	trigger event
定义	引起触发器被触发的事件
目的	说明在执行哪些事件时，触发器生效
约束性	条件选
可重复性	不可重复
元素类型	简单型
数据类型	字符型
编码修饰体系	—
值域	—
缺省值	—
子元素	—
信息来源	由转换数据库的软件系统捕获
相关元素	—
注释	当选择著录触发器（M357）时，本元素必选
层次模型	触发事件
XML元素属性	—
源代码	〈xs：element name＝"触发事件" type＝"xs：string"/〉

10.5.4 别名列表

编号	M361
中文名称	别名列表
英文名称	alias list
定义	old 或 new 值的别名
目的	当触发器是行级触发器时，可以用 old 或 new 分别指代旧数据和新数据
约束性	可选
可重复性	不可重复
元素类型	简单型
数据类型	字符型
编码修饰体系	—
值域	—
缺省值	—

续表

子元素	—
信息来源	由转换数据库的软件系统捕获
相关元素	—
注释	—
层次模型	别名列表
XML元素属性	—
源代码	〈xs：element name＝"别名列表" type＝"xs：string" minOccurs＝"0"/〉

10.5.5 触发动作

编号	M362
中文名称	触发动作
英文名称	trigger action
定义	触发器所要执行的动作
目的	定义当满足触发条件时，执行的脚本动作
约束性	条件选
可重复性	不可重复
元素类型	简单型
数据类型	字符型
编码修饰体系	—
值域	—
缺省值	—
子元素	—
信息来源	由转换数据库的软件系统捕获
相关元素	—
注释	当选择著录触发器（M357）时，本元素必选
层次模型	触发动作
XML元素属性	—
源代码	〈xs：element name＝"触发动作" type＝"xs：string"/〉

10.5.6 触发器描述

编号	M363
中文名称	触发器描述
英文名称	trigger description
定义	触发器材的描述信息
目的	提供触发器的背景信息，利于对触发器的管理
约束性	可选

可重复性	不可重复
元素类型	简单型
数据类型	字符型
编码修饰体系	—
值域	—
缺省值	—
子元素	—
信息来源	由转换数据库的软件系统捕获或手工著录
相关元素	—
注释	—
层次模型	触发器描述
XML 元素属性	—
源代码	〈xs：element name＝"触发器描述" type＝"xs：string" minOccurs="0"/〉

10.6 列

编号	M364
中文名称	列
英文名称	column
定义	存放数据表的字段的特征信息的容器
目的	为数据表的字段的特征信息提供容器
约束性	必选
可重复性	可重复
元素类型	容器型
数据类型	—
编码修饰体系	—
值域	—
缺省值	—
子元素	列名（M365） 列标题（M366） 列类型（M367） 是否主键（M368） 长度（M369）

子元素	精度（M370） 是否必填（M371） 默认值（M372）
信息来源	—
相关元素	—
注释	—
层次模型	
XML 元素属性	—
源代码	〈xs：element name＝"列" maxOccurs＝"un-bounded"〉 　〈xs：complexType〉 　〈xs：sequence〉 　　〈xs：element name＝"列名" type＝"xs：string"/〉 　　〈xs：element name＝"列标题" type＝"xs：string" minOccurs＝"0"/〉 　　〈xs：element name＝"列类型"/〉 　　〈xs：element name＝"是否主键" type＝"xs：boolean" minOccurs＝"0"/〉 　　〈xs：element name＝"长度" type＝"xs：unsignedInt" minOccurs＝"0"/〉 　　〈xs：element name＝"精度" type＝"xs：unsignedInt" minOccurs＝"0"/〉 　　〈xs：element name＝"是否必填" type＝"xs：boolean" minOccurs＝"0"/〉 　　〈xs：element name＝"默认值" type＝"xs：string" minOccurs＝"0"/〉 　〈/xs：sequence〉 　〈/xs：complexType〉 〈/xs：element〉

11　数据列元数据元素的描述

11.1　列名

编号	M365
中文名称	列名
英文名称	column name
定义	数据表的列的名称
目的	对数据表的列进行命名
约束性	必选
可重复性	不可重复
元素类型	简单型
数据类型	字符型
编码修饰体系	—
值域	—
缺省值	—
子元素	—
信息来源	由转换数据库的软件系统捕获
相关元素	—
注释	—
层次模型	列名
XML 元素属性	—
源代码	〈xs：element name＝"列名" type＝"xs：string"/〉

11.2　列标题

编号	M366
中文名称	列标题
英文名称	column caption
定义	数据表的列的别名
目的	对数据表的列进行说明
约束性	可选
可重复性	不可重复
元素类型	简单型
数据类型	字符型
编码修饰体系	—
值域	—

缺省值	—
子元素	—
信息来源	由转换数据库的软件系统捕获或手工著录
相关元素	—
注释	—
层次模型	列标题
XML 元素属性	—
源代码	〈xs：element name＝"列标题" type＝"xs：string" minOccurs＝"0"/〉

11.3　列类型

编号	M367
中文名称	列类型
英文名称	column type
定义	数据表的列允许存储的数据的类型
目的	对列的数据类型进行描述
约束性	必选
可重复性	不可重复
元素类型	简单型
数据类型	字符型
编码修饰体系	—
值域	anyType base64Binary boolean byte dateTime duration decimal double float int long short string unsignedByte unsignedInt unsignedLong unsignedShort
缺省值	—
子元素	—

续表

信息来源	由转换数据库的软件系统捕获
相关元素	—
注释	—
层次模型	列类型
XML 元素属性	—
源代码	〈xs:element name="列类型"〉 　〈xs:simpleType〉 　　〈xs:restriction base="xs:string"〉 　　　〈xs:enumeration value="base64 Binary"/〉 　　　〈xs:enumeration value="boolean"/〉 　　　〈xs:enumeration value="byte"/〉 　　　〈xs:enumeration value="dateTime"/〉 　　　〈xs:enumeration value="duration"/〉 　　　〈xs:enumeration value="decimal"/〉 　　　〈xs:enumeration value="double"/〉 　　　〈xs:enumeration value="float"/〉 　　　〈xs:enumeration value="int"/〉 　　　〈xs:enumeration value="long"/〉 　　　〈xs:enumeration value="short"/〉 　　　〈xs:enumeration value="string"/〉 　　　〈xs:enumeration value="unsignedByte"/〉 　　　〈xs:enumeration value="unsignedInt"/〉 　　　〈xs:enumeration value="unsignedLong"/〉 　　　〈xs:enumeration value="unsignedShort"/〉 　　〈/xs:restriction〉 　〈/xs:simpleType〉 〈/xs:element〉

11.4　是否主键

编号	M368
中文名称	是否主键
英文名称	primary key
定义	数据表的列是否为主键
目的	对数据表的主键约束进行描述
约束性	可选
可重复性	不可重复
元素类型	简单型
数据类型	布尔型

续表

编码修饰体系	—
值域	true false
缺省值	—
子元素	—
信息来源	由转换数据库的软件系统捕获
相关元素	—
注释	—
层次模型	是否主键
XML 元素属性	—
源代码	〈xs:element name="是否主键" type="xs:boolean" minOccurs="0"/〉

11.5　长度

编号	M369
中文名称	长度
英文名称	size
定义	数据表的列允许存储的数据的字节数
目的	对列的数据的字节数进行限定
约束性	可选
可重复性	不可重复
元素类型	简单型
数据类型	数值型
编码修饰体系	—
值域	—
缺省值	—
子元素	—
信息来源	由转换数据库的软件系统捕获
相关元素	—
注释	—
层次模型	长度
XML 元素属性	—
源代码	〈xs:element name="长度" type="xs:unsignedInt" minOccurs="0"/〉

11.6　精度

编号	M370
中文名称	精度
英文名称	precision
定义	数据表的列允许存储的数据的小数位数
目的	对列的数据的小数位数进行限定
约束性	可选
可重复性	不可重复
元素类型	简单型
数据类型	数值型
编码修饰体系	—
值域	—
缺省值	—
子元素	—
信息来源	由转换数据库的软件系统捕获
相关元素	—
注释	—
层次模型	精度
XML元素属性	—
源代码	〈xs：element name＝"精度" type＝"xs：un-signedInt" minOccurs="0"/〉

11.7　是否必填

编号	M371
中文名称	是否必填
英文名称	required
定义	数据表的列的值是否可以为空
目的	对列是否可以赋空值进行限定
约束性	可选
可重复性	不可重复
元素类型	简单型
数据类型	布尔型
编码修饰体系	—
值域	true false
缺省值	—
子元素	—
信息来源	由转换数据库的软件系统捕获
相关元素	—
注释	—
层次模型	是否必填
XML元素属性	—
源代码	〈xs：element name＝"是否必填" type＝"xs：boolean" minOccurs="0"/〉

11.8　默认值

编号	M372
中文名称	默认值
英文名称	default value
定义	数据表的列如果没有进行赋值则默认使用的值
目的	当列没有进行著录时自动赋值
约束性	可选
可重复性	不可重复
元素类型	简单型
数据类型	字符型
编码修饰体系	—
值域	—
缺省值	—
子元素	—
信息来源	由转换数据库的软件系统捕获
相关元素	—
注释	—
层次模型	默认值
XML元素属性	—
源代码	〈xs：element name＝"默认值" type＝"xs：string" minOccurs="0"/〉

12　XML技术要求

12.1　XML声明

XML文件必须由XML声明开始，声明形式如下：

〈? xml version＝"1.0" encoding＝"UTF－8"
standalone＝"no" ?〉

声明的具体要求如下：

——version 属性值必须是"1.0"；

——encoding 属性值默认是"UTF-8"，也可以是"GB2312""GB18030"；

——standalone 属性可以缺省，若定义该属性，值必须是"no"。

12.2　字符集方案

在 XML 文件中，可以使用如下字符集：

——GB 13000—2010；

——GB 2312—1980；

——GB 18030—2005。

12.3　XML 文件的数据类型

XML 文件的数据类型参见附录 D。

附录 A
（规范性附录）
存储数据库元数据信息的 XML 文件的 Schema

存储数据库元数据信息的 XML 文件的 Schema 如下：

```
〈? xml version＝"1.0" encoding＝"UTF-8"?〉
〈xs:schema xmlns:xs＝"http://www.w3.org/2001/XMLSchema"
elementFormDefault＝"qualified" attributeFormDefault＝"unqualified"〉
  〈xs:element name＝"数据库转换包"〉
   〈xs:complexType〉
    〈xs:sequence〉
     〈xs:element name＝"数据库名称" type＝"xs:string"/〉
     〈xs:element name＝"运行平台" type＝"xs:string"/〉
     〈xs:element name＝"数据库软件" type＝"xs:string"/〉
     〈xs:element name＝"创建时间" type＝"xs:dateTime"/〉
     〈xs:element name＝"数据库权属" type＝"xs:string"/〉
     〈xs:element name＝"消息摘要"〉
       〈xs:complexType〉
        〈xs:sequence〉
         〈xs:element name＝"摘要算法" type＝"xs:string"/〉
         〈xs:element name＝"摘要值" type＝"xs:string"/〉
        〈/xs:sequence〉
       〈/xs:complexType〉
     〈/xs:element〉
     〈xs:element name＝"用户" maxOccurs＝"unbounded"〉
       〈xs:complexType〉
        〈xs:sequence〉
         〈xs:element name＝"用户名称" type＝"xs:string"/〉
         〈xs:element name＝"用户描述" type＝"xs:string" minOccurs＝"0"/〉
        〈/xs:sequence〉
       〈/xs:complexType〉
     〈/xs:element〉
     〈xs:element name＝"角色" minOccurs＝"0" maxOccurs＝"unbounded"〉
       〈xs:complexType〉
        〈xs:sequence〉
         〈xs:element name＝"角色名称" type＝"xs:string"/〉
         〈xs:element name＝"管理权限" type＝"xs:string" minOccurs＝"0"/〉
```

```
    〈xs：element name="角色描述" type="xs：string" minOccurs="0"/〉
  〈/xs：sequence〉
〈/xs：complexType〉
〈/xs：element〉
〈xs：element name="权限" minOccurs="0" maxOccurs="unbounded"〉
  〈xs：complexType〉
    〈xs：sequence〉
      〈xs：element name="权限类型" type="xs：string"/〉
      〈xs：element name="权限主体" type="xs：string"/〉
      〈xs：element name="权限客体" type="xs：string" minOccurs="0"/〉
      〈xs：element name="可再授权" type="xs：boolean" minOccurs="0"/〉
      〈xs：element name="授权人" type="xs：string"/〉
      〈xs：element name="权限描述" type="xs：string" minOccurs="0"/〉
    〈/xs：sequence〉
  〈/xs：complexType〉
〈/xs：element〉
〈xs：element name="数据分区" maxOccurs="unbounded"〉
  〈xs：complexType〉
    〈xs：sequence〉
      〈xs：element name="数据分区名称" type="xs：string"/〉
      〈xs：element name="数据分区描述" type="xs：string" minOccurs="0"/〉
      〈xs：element name="数据表关系" minOccurs="0" maxOccurs="unbounded"〉
        〈xs：complexType〉
          〈xs：sequence〉
            〈xs：element name="关系名称" type="xs：string"/〉
            〈xs：element name="父表名" type="xs：string"/〉
            〈xs：element name="子表名" type="xs：string"/〉
            〈xs：element name="列关系" maxOccurs="unbounded"〉
              〈xs：complexType〉
                〈xs：attribute name="父表列名" type="xs：string" use="required"/〉
                〈xs：attribute name="子表列名" type="xs：string" use="required"/〉
              〈/xs：complexType〉
            〈/xs：element〉
          〈/xs：sequence〉
        〈/xs：complexType〉
      〈/xs：element〉
      〈xs：element name="视图" minOccurs="0" maxOccurs="unbounded"〉
        〈xs：complexType〉
          〈xs：sequence〉
            〈xs：element name="视图名称" type="xs：string"/〉
            〈xs：element name="视图列" type="xs：string"/〉
            〈xs：element name="视图查询" type="xs：string" minOccurs="0"/〉
            〈xs：element name="视图描述" type="xs：string" minOccurs="0"/〉
          〈/xs：sequence〉
        〈/xs：complexType〉
      〈/xs：element〉
```

```
〈xs:element name="存储过程" minOccurs="0" maxOccurs="unbounded"〉
  〈xs:complexType〉
    〈xs:sequence〉
      〈xs:element name="存储过程名称" type="xs:string"/〉
      〈xs:element name="存储过程特征" type="xs:string" minOccurs="0"/〉
      〈xs:element name="返回类型" type="xs:string" minOccurs="0"/〉
      〈xs:element name="存储过程参数" minOccurs="0" maxOccurs="unbounded"〉
        〈xs:complexType〉
          〈xs:attribute name="名称" type="xs:string" use="required"/〉
          〈xs:attribute name="模式" type="xs:string" use="required"/〉
          〈xs:attribute name="类型" type="xs:string" use="required"/〉
          〈xs:attribute name="描述" type="xs:string"/〉
        〈/xs:complexType〉
      〈/xs:element〉
      〈xs:element name="执行代码" type="xs:string" minOccurs="0"/〉
      〈xs:element name="存储过程描述" type="xs:string" minOccurs="0"/〉
    〈/xs:sequence〉
  〈/xs:complexType〉
〈/xs:element〉
〈xs:element name="数据表" maxOccurs="unbounded"〉
  〈xs:complexType〉
    〈xs:sequence〉
      〈xs:element name="表名" type="xs:string"/〉
      〈xs:element name="唯一约束" minOccurs="0" maxOccurs="unbounded"〉
        〈xs:complexType〉
          〈xs:sequence〉
            〈xs:element name="唯一约束名" type="xs:string"/〉
            〈xs:element name="约束列" type="xs:string"/〉
          〈/xs:sequence〉
        〈/xs:complexType〉
      〈/xs:element〉
      〈xs:element name="检查约束" minOccurs="0" maxOccurs="unbounded"〉
        〈xs:complexType〉
          〈xs:sequence〉
            〈xs:element name="检查约束名" type="xs:string"/〉
            〈xs:element name="约束表达式" type="xs:string"/〉
          〈/xs:sequence〉
        〈/xs:complexType〉
      〈/xs:element〉
      〈xs:element name="索引" minOccurs="0" maxOccurs="unbounded"〉
        〈xs:complexType〉
          〈xs:sequence〉
            〈xs:element name="索引名" type="xs:string"/〉
            〈xs:element name="索引列" type="xs:string"/〉
            〈xs:element name="是否聚集" type="xs:boolean"/〉
            〈xs:element name="是否唯一" type="xs:boolean"/〉
```

```
      〈/xs:sequence〉
    〈/xs:complexType〉
  〈/xs:element〉
  〈xs:element name="触发器" minOccurs="0" maxOccurs="unbounded"〉
    〈xs:complexType〉
      〈xs:sequence〉
        〈xs:element name="触发器名称" type="xs:string"/〉
        〈xs:element name="执行时间" type="xs:string"/〉
        〈xs:element name="触发事件" type="xs:string"/〉
        〈xs:element name="别名列表" type="xs:string" minOccurs="0"/〉
        〈xs:element name="触发动作" type="xs:string"/〉
        〈xs:element name="触发器描述" type="xs:string" minOccurs="0"/〉
      〈/xs:sequence〉
    〈/xs:complexType〉
  〈/xs:element〉
  〈xs:element name="列" maxOccurs="unbounded"〉
    〈xs:complexType〉
      〈xs:sequence〉
        〈xs:element name="列名" type="xs:string"/〉
        〈xs:element name="列标题" type="xs:string" minOccurs="0"/〉
        〈xs:element name="列类型"〉
          〈xs:simpleType〉
            〈xs:restriction base="xs:string"〉
              〈xs:enumeration value="base64Binary"/〉
              〈xs:enumeration value="boolean"/〉
              〈xs:enumeration value="byte"/〉
              〈xs:enumeration value="dateTime"/〉
              〈xs:enumeration value="duration"/〉
              〈xs:enumeration value="decimal"/〉
              〈xs:enumeration value="double"/〉
              〈xs:enumeration value="float"/〉
              〈xs:enumeration value="int"/〉
              〈xs:enumeration value="long"/〉
              〈xs:enumeration value="short"/〉
              〈xs:enumeration value="string"/〉
              〈xs:enumeration value="unsignedByte"/〉
              〈xs:enumeration value="unsignedInt"/〉
              〈xs:enumeration value="unsignedLong"/〉
              〈xs:enumeration value="unsignedShort"/〉
            〈/xs:restriction〉
          〈/xs:simpleType〉
        〈/xs:element〉
        〈xs:element name="是否主键" type="xs:boolean" minOccurs="0"/〉
        〈xs:element name="长度" type="xs:unsignedInt" minOccurs="0"/〉
        〈xs:element name="精度" type="xs:unsignedInt" minOccurs="0"/〉
        〈xs:element name="是否必填" type="xs:boolean" minOccurs="0"/〉
```

```
          〈xs:element name="默认值" type="xs:string" minOccurs="0"/〉
              〈/xs:sequence〉
            〈/xs:complexType〉
          〈/xs:element〉
        〈/xs:sequence〉
      〈/xs:complexType〉
    〈/xs:element〉
  〈/xs:sequence〉
  〈/xs:complexType〉
〈/xs:element〉
〈/xs:schema〉
```

附录 B

（规范性附录）

存储数据表数据的 XML 文件的 Schema

存储数据表数据的 XML 文件的 Schema 如下（以数据表 table1 为例，该数据表的列分别为 column1、column2、column3、column4、column5、column6）：

```
〈? xml version="1.0" encoding="UTF-8"?〉
〈xs:schema xmlns:xs="http://www.w3.org/2001/XMLSchema"
elementFormDefault="qualified" attributeFormDefault="unqualified"〉
  〈xs:element name="table1"〉
    〈xs:complexType〉
      〈xs:sequence〉
        〈xs:element minOccurs="0" maxOccurs="unbounded" name="row" type="rowData"〉
        〈/xs:element〉
      〈/xs:sequence〉
    〈/xs:complexType〉
  〈/xs:element〉
  〈xs:complexType name="rowData"〉
    〈xs:sequence〉
      〈xs:element name="column1" type="xs:string"/〉
      〈xs:element name="column2" type="xs:string"/〉
      〈xs:element name="column3" type="xs:int"/〉
      〈xs:element name="column4" type="xs:decimal"/〉
      〈xs:element name="column5" type="xs:string"/〉
      〈xs:element name="column6" type="xs:dateTime"/〉
    〈/xs:sequence〉
  〈/xs:complexType〉
〈/xs:schema〉
```

附录 C
（资料性附录）
数 据 库 元 数 据 表

表 C. 1 　　　　　　　　　　　　数 据 库 元 数 据 表

编号	元数据中文名称	元数据英文名称	约束性	可重复性	元素类型	数据类型
M301	数据库转换包	database	必选	不可重复	容器型	—
M302	数据库名称	database name	必选	不可重复	简单型	字符型
M303	运行平台	operating system	必选	不可重复	简单型	字符型
M304	数据库软件	database software	必选	不可重复	简单型	字符型
M305	创建时间	create time	必选	不可重复	简单型	日期时间型
M306	数据库权属	owner	必选	不可重复	简单型	字符型
M307	消息摘要	message digest	必选	不可重复	容器型	—
M308	摘要算法	digest algorithm	必选	不可重复	简单型	字符型
M309	摘要值	digest value	必选	不可重复	简单型	字符型
M310	用户	user	必选	可重复	容器型	—
M311	用户名称	user name	必选	不可重复	简单型	字符型
M312	用户描述	user description	可选	不可重复	简单型	字符型
M313	角色	role	可选	可重复	容器型	—
M314	角色名称	role name	条件选	不可重复	简单型	字符型
M315	管理权限	role member	可选	不可重复	简单型	字符型
M316	角色描述	role description	可选	不可重复	简单型	字符型
M317	权限	privilege	可选	可重复	容器型	—
M318	权限类型	privitege type	条件选	不可重复	简单型	字符型
M319	权限主体	grantee	条件选	不可重复	简单型	字符型
M320	权限客体	privilege object	可选	不可重复	简单型	字符型
M321	可再授权	privilege option	可选	不可重复	简单型	布尔型
M322	授权人	grantor	条件选	不可重复	简单型	字符型
M323	权限描述	privilege description	可选	不可重复	简单型	字符型
M324	数据分区	schema	必选	可重复	容器型	—
M325	数据分区名称	schema name	必选	不可重复	简单型	字符型
M326	数据分区描述	schema description	可选	不可重复	简单型	字符型
M327	数据表关系	table relation	可选	可重复	容器型	—
M328	关系名称	relation name	条件选	不可重复	简单型	字符型
M329	父表名	parent table	条件选	不可重复	简单型	字符型
M330	子表名	sub table	条件选	不可重复	简单型	字符型
M331	列关系	refer column	条件选	可重复	简单型	字符型
M332	视图	view	可选	可重复	容器型	—
M333	视图名称	view name	条件选	不可重复	简单型	字符型
M334	视图列	view columns	条件选	不可重复	简单型	字符型

编号	元数据中文名称	元数据英文名称	约束性	可重复性	元素类型	数据类型
M335	视图查询	view query	可选	不可重复	简单型	字符型
M336	视图描述	view description	可选	不可重复	简单型	字符型
M337	存储过程	routine	可选	可重复	容器型	—
M338	存储过程名称	routine name	条件选	不可重复	简单型	字符型
M339	存储过程特征	characteristic	可选	不可重复	简单型	字符型
M340	返回类型	return type	可选	不可重复	简单型	字符型
M341	存储过程参数	parameter	可选	可重复	简单型	字符型
M342	执行代码	routine body	可选	不可重复	简单型	字符型
M343	存储过程描述	routine description	可选	不可重复	简单型	字符型
M344	数据表	table	必选	可重复	容器型	—
M345	表名	table name	必选	不可重复	简单型	字符型
M346	唯一约束	unique constraint	可选	可重复	容器型	—
M347	唯一约束名	unique constraint name	条件选	不可重复	简单型	字符型
M348	约束列	unique constraint columns	条件选	不可重复	简单型	字符型
M349	检查约束	check constraints	可选	可重复	容器型	—
M350	检查约束名	check constraint name	条件选	不可重复	简单型	字符型
M351	约束表达式	constraint info	条件选	不可重复	简单型	字符型
M352	索引	index	可选	可重复	容器型	—
M353	索引名	index name	条件选	不可重复	简单型	字符型
M354	索引列	index columns	条件选	不可重复	简单型	字符型
M355	是否聚集	cluster	条件选	不可重复	简单型	布尔型
M356	是否唯一	unique	条件选	不可重复	简单型	布尔型
M357	触发器	trigger	可选	可重复	容器型	—
M358	触发器名称	trigger name	条件选	不可重复	简单型	字符型
M359	执行时间	action time	条件选	不可重复	简单型	字符型
M360	触发事件	trigger event	条件选	不可重复	简单型	字符型
M361	别名列表	alias list	可选	不可重复	简单型	字符型
M362	触发动作	trigger action	条件选	不可重复	简单型	字符型
M363	触发器描述	trigger description	可选	不可重复	简单型	字符型
M364	列	column	必选	可重复	容器型	—
M365	列名	column name	必选	不可重复	简单型	字符型
M366	列标题	column caption	可选	不可重复	简单型	字符型
M367	列类型	column type	必选	不可重复	简单型	字符型
M368	是否主键	primary key	可选	不可重复	简单型	布尔型
M369	长度	size	可选	不可重复	简单型	数值型
M370	精度	precision	可选	不可重复	简单型	数值型
M371	是否必填	required	可选	不可重复	简单型	布尔型
M372	默认值	default value	可选	不可重复	简单型	字符型

附录 D

（资料性附录）

XML 文件的数据类型

表 D.1　　　　　　　　　　　　　　XML 文件的主要基础数据类型表

序号	名　称	类型	描　述
1	xs：anyType	复合型	任意类型（复合类型）
2	xs：base64Binary	简单型	对应于数据库的 image 类型或 Blob 类型等
3	xs：boolean	简单型	对应于数据库的布尔类型
4	xs：byte	简单型	对应于数据库的字节类型
5	xs：dateTime	简单型	对应于数据库的时间日期类型
6	xs：duration	简单型	对应于数据库的 timestamp 类型，强调时间长度的概念
7	xs：decimal	简单型	对应于数据库的 decimal 类型
8	xs：double	简单型	对应于数据库的双精度浮点类型
9	xs：float	简单型	对应于数据库的单精度浮点类型
10	xs：int	简单型	对应于数据库的整数类型
11	xs：long	简单型	对应于数据库的长整类型
12	xs：short	简单型	对应于数据库的短类型
13	xs：string	简单型	对应于数据库的 varchar、char、nchar 等字符类型
14	xs：unsignedByte	简单型	对应于数据库的无符号字节类型
15	xs：unsignedInt	简单型	对应于数据库的无符号整数类型
16	xs：unsignedLong	简单型	对应于数据库的无符号长整类型
17	xs：unsignedShort	简单型	对应于数据库的无符号短整类型

11　录音录像类电子档案元数据方案

（DA/T 63—2017）

前　言

本标准的总体编排和结构按照 GB/T 1.1—2009 给出的要求编制。

本标准由江西省档案局（馆）提出。

本标准由国家档案局归口。

本标准起草单位：江西省档案局。

本标准主要起草人：谭向文、毛海帆、田丹华、傅培超、李鹏达、程志红、邓亮、彭瑞华、钟桂兰。

本标准为首次发布。

引　言

为保障录音、录像类电子档案的真实性、可靠性、完整性和可用性，系统有效地记录其管理过程，特制定本标准。本标准规定了录音、录像类电子档案元数据实体及其元数据构成，涉及录音、录像类电子文件形成、归档和电子档案移交、接收、利用、转换、迁移、处置等全过程，可指导录音、录像类电子档案元数据的捕获及电子档案管理系统、数字档案馆应用系统相关功能的研制。

1　范围

本标准规定了录音、录像类电子档案元数据设计、捕获、著录的一般要求。

本标准适用于各级机关、团体、企业事业单位和国家档案馆，可描述、管理以卷、件为管理单元的录音、录像类电子档案，经数字化转换形成的录音、录像档案数字副本的管理可参照执行。

2　规范性引用文件

下列文件对于本文件的应用是必不可少的。凡是注日期的引用文件，仅注日期的版本适用于本文件。凡是不注日期的引用文件，其最新版本（包括所有的修改单）适用于本文件。

GB 32100—2015 法人及其他组织统一社会信用代码编码规则

GB/T 7156—2003 文献保密等级代码与标识

GB/T 7408—2005 数据元和交换格式 信息交换 日期和时间表示法（ISO 8601：2000，IDT）

GB/T 18391.3—2009 信息技术 元数据注册系统（MDR）第 3 部分：注册系统元模型与基本属性（ISO/IEC 11179-3：2003，IDT）

GB/T 26163.1—2010 信息与文献 文件管理过程 文件元数据 第一部分：原则

GB/T 29194—2012 电子文件管理系统通用功能要求

DA/T 1—2000 档案工作基本术语

DA/T 13—1994 档号编制规则

DA/T 18—1999 档案著录规则

DA/T 54—2014 照片类电子档案元数据方案

DA/T 58—2014 电子档案管理基本术语

ISO 3166-1：2006 Codes for the representation of names of countries and their subdivisions - Part 1：Country codes

ISO 23081-2：2009 Information and documentation - Managing metadata for records - Part 2：Conceptual and implementation issues

3 术语和定义

DA/T 1—2000、DA/T 54—2014、DA/T 58—2014 界定的以及下列术语和定义适用于本文件。

3.1

录音类电子文件 audio digital document

经数字录音设备形成的依赖计算机等数字设备阅读、视听、处理，可在通信网络上传送的数字音频文件。录音类电子文件由内容、结构和背景组成。

3.2

录音类电子档案 audio digital records

具有查考和利用价值并归档保存的录音类电子文件（3.1）。

3.3

录像类电子文件 audio-visual digital document

经数字摄像设备形成的依赖计算机等数字设备阅读、视听、处理，并可在通信网络上传送的数字音视频文件。录像类电子文件由内容、结构和背景组成。

3.4

录像类电子档案 audio-visual digital records

具有查考和利用价值并归档保存的录像类电子文件（3.3）。

3.5

元数据 metadata

描述文件的背景、内容、结构及其整个管理过程的数据。

[GB/T 26163.1—2010，定义 3.12]

3.6

实体 entity

任何已经存在的、将要存在的或可能存在的具体的或抽象的事物，包括事物间的联系。

[ISO 23081-2：2009，定义 3.6]

3.7

采样 sampling

从连续信号中提取并组成离散信号。

3.8

量化 quantitative

用整数标度将一个连续的数值范围区分成一定量的离散值。量化后的值可以恢复到（用数模变换法）接近原来的值，但不可能恰好相同。量化是模数变换中的基本技术之一。

[GB/T 2900.75—2008，定义 A.01.62]

3.9

编码 encode

为了存储或传输大容量的数据进行的处理，通常采用能消除冗余度或减少复杂性的压缩处理方法。大多数压缩都基于一种或几种编码方法。

[GB/T 2900.75—2008，定义 A.01.27]

3.10

采集 capture

经采样、量化、编码将模拟音视频信号转换为数字信号的过程。

3.11

比特率 bit rate

数字信号通过计算机或通信系统处理或传送的速率，即单位时间内处理或传输的数据量。

4 元数据实体及元数据描述方法

4.1 元数据实体

本标准参照 ISO 23081-2：2009 采用多实体模式建立录音录像类电子档案元数据方案，并将其划分为档案实体、业务实体、机构人员实体、授权实体等四类元数据实体。元数据实体类型及其涵义如表 1 所示。

表 1 元数据实体类型及描述

中文名称	英文名称	描述
档案实体	record entity	任一聚合层次的电子档案
业务实体	business entity	电子档案得以形成的职能业务活动，以及电子文件归档和电子档案移交、转换、迁移、处置等管理活动

续表

中文名称	英文名称	描述
机构人员实体	agent entity	负责实施电子档案管理活动的个人或组织
授权实体	mandate entity	实施电子档案管理活动的授权，包括法律、法规、政策、标准与业务规则等

4.2 元数据实体约束性

档案实体为必选元数据实体。可采用单实体或多实体方案实施本标准。单实体方案仅含档案实体。采用多实体方案时，档案实体、业务实体、机构人员实体为必选实体，授权实体为可选实体，本标准推荐采用多实体方案构建录音、录像类电子档案元数据集。

4.3 元数据实体构成

各元数据实体的元数据构成如表2至表5所示。圆括弧"（）"内标示了该元数据的约束性与可重复性，其中，M—必选，C—条件选，O—可选，R—可重复，NR—不可重复。

表 2 档案实体元数据

编号	元数据	编号	子元数据
M1	档案馆代码（O，NR）		
M2	统一社会信用代码（O，NR）		
M3	档案门类代码（O，NR）		
M4	聚合层次（M，NR）		
M5	唯一标识符（O，NR）		
M6	档号（M，NR）		
M7	题名（M，NR）		
M8	责任者（M，NR）		
M9	摄录者（M，NR）		
M10	编辑者（O，NR）		
M11	著录者（O，NR）		
M12	数字化责任信息（O，NR）		
M13	时间（M，NR）		
		M14	摄录时间（M，NR）
		M15	编辑时间（O，NR）
		M16	数字化时间（O，NR）
		M17	时间长度（M，NR）
		M18	总帧数（O，NR）

续表

编号	元数据	编号	子元数据
M19	主题（O，R）		
		M20	内容描述（C，NR）
		M21	内容起始时间（C，NR）
		M22	内容结束时间（C，NR）
M23	来源（O，NR）		
		M24	获取方式（C，NR）
		M25	来源名称（C，NR）
		M26	源文件标识符（O，NR）
M27	保管期限（M，NR）		
M28	权限（M，NR）		
		M29	密级（M，NR）
		M30	控制标识（O，NR）
		M31	版权信息（O，NR）
M32	附注（O，NR）		
M33	存储（O，NR）		
		M34	在线存址（C，NR）
		M35	离线存址（C，NR）
M36	原始载体（O，NR）		
		M37	原始载体类型（C，NR）
		M38	原始载体型号（C，NR）
M39	生成方式（M，NR）		
M40	捕获设备（M，R）		
		41	设备类型（O，NR）
		42	设备制造商（M，NR）
		43	设备型号（M，NR）
		44	软件信息（O，NR）
M45	信息系统描述（O，R）		
M46	计算机文件名（M，NR）		
M47	计算机文件大小（M，R）		
M48	格式信息（M，R）		
		M49	格式名称（C，NR）
		M50	格式版本（C，NR）
		M51	格式描述（O，NR）
M52	视频参数（O，R）		
		M53	视频编码标准（C，NR）

续表

编号	元数据	编号	子元数据
		M54	色彩空间（C，NR）
		M55	分辨率（C，NR）
		M56	帧率（C，NR）
		M57	视频比特率（O，NR）
		M58	色度采样率（O，NR）
		M59	视频量化位数（O，NR）
		M60	画面高宽比（O，NR）
M61	音频参数（O，R）		
		M62	音频编码标准（C，NR）
		M63	音频比特率（O，NR）
		M64	音频采样率（O，NR）
		M65	音频量化位数（O，NR）
		M66	声道（O，NR）
M67	参见号（O，NR）		
M68	数字签名（O，R）		
		M69	签名格式描述（C，NR）
		M70	签名时间（C，NR）
		M71	签名者（C，NR）
		M72	签名（C，NR）
		M73	证书（C，NR）
		M74	证书引证（O，NR）
		M75	签名算法（O，NR）

表 3　　业务实体元数据

编号	元数据	编号	子元数据
M76	职能业务（O，NR）		
		M77	业务类型（O，NR）
		M78	业务名称（C，NR）
		M79	业务开始时间（O，NR）
		M80	业务结束时间（O，NR）
		M81	业务描述（C，NR）
M82	管理活动（C，R）		
		M83	管理活动标识符（C，NR）
		M84	管理行为（C，NR）
		M85	管理时间（C，NR）
		M86	管理活动描述（O，NR）
		M87	关联实体标识符（C，NR）

表 4　　机构人员实体元数据

编号	元数据	编号	子元数据
M88	机构人员标识符（C，NR）		
M89	机构人员名称（C，NR）		
M90	机构人员类型（O，NR）		
M91	机构人员代码（O，NR）		
M92	机构人员隶属（O，NR）		

表 5　　授权实体元数据

编号	元数据	编号	子元数据
M93	授权标识符（C，NR）		
M94	授权名称（C，NR）		
M95	授权类型（O，NR）		
M96	发布时间（C，NR）		

4.4　元数据描述方法

本标准参考 GB/T 18391.3—2009，采用表 6 所示方法对元数据进行描述。

本标准所描述的元数据有四个属性相同：

——注册版本：1.0

——注册机构：中华人民共和国国家档案局

——字符集：GB 2312—1980、GB 18030—2005

——语言：中文

本标准表 3、表 4、表 5 所列业务实体、机构人员实体、授权实体元数据，按照 DA/T 54—2014 表 3、表 4、表 5 所列元数据描述执行，其著录可参照 DA/T 54—2014 附录 C 的相关元数据著录模板执行。

表 6　　元数据描述方法

编号	按一定规则排列的元数据顺序号
中文名称	元数据的中文标识
英文名称	元数据的英文标识
定义	元数据含义的描述
目的	描述该元数据的必要性和作用
适用门类	该元数据适用的档案门类，值域：录音，录像
约束性	采用该元数据的强制性程度，分"必选""条件选""可选"。"必选"表示必须采用，"条件选"表示在特定环境和条件下必须采用，"可选"指根据需要选用或不选用

续表

可重复性	元数据是否可用于多次描述同一个实体
元数据类型	元数据所属的类别。本标准将元数据分为容器型、复合型和简单型
数据类型	元数据值的数据类别，是数据结构中具有相同数学特性的值的集合以及定义在该集合上的一组操作。容器型元数据无需著录
编码修饰体系	描述该元数据应遵循的编码规则。容器型元数据无需著录
值域	可以分配给元数据的值。容器型元数据无需著录
缺省值	该元数据的默认值。容器型元数据无需著录
子元数据	该元数据具有的下属元数据
信息来源	元数据值的捕获节点和方法。容器型元数据无需著录
应用层次	该元数据能够应用的聚合层次，如：宗、类、卷、件，其逻辑结构见附录 E，该文件聚合层次模型引自 GB/T 29194—2012。本标准各元数据的应用层次主要为卷、件
相关元数据	与该元数据有密切联系的元数据
著录说明	关于该元数据著录、赋值的规范性说明与示例
注释	对元数据的进一步说明

5　档案实体元数据描述

5.1　档案馆代码

编号	M1	
中文名称	档案馆代码	
英文名称	archives identifier	
定义	唯一标识综合档案馆的一组代码	
目的	标识录音、录像类电子档案的来源；有利于录音、录像类电子档案的集中存储与共享	
适用门类	录音、录像	
约束性	可选	
可重复性	不可重复	
元数据类型	简单型	
数据类型	字符型	
编码修饰体系	标识	名称

续表

编码修饰体系	国档发〔1987〕4 号	编制全国档案馆名称代码实施细则
值域	—	
缺省值	—	
子元数据	—	
信息来源	捕获节点	捕获方式
	录音、录像类电子档案在数字档案馆应用系统登记之时	由数字档案馆应用系统根据预设值自动捕获
应用层次	卷、件	
相关元数据	唯一标识符（M5）	
著录说明	示例："443001"	
注释	本方案所述电子档案管理系统、数字档案馆应用系统分别应用于档案室、综合档案馆。综合档案馆实施本标准时，本元数据必选	

5.2　统一社会信用代码

编号	M2	
中文名称	统一社会信用代码	
英文名称	unified social credit identifier	
定义	每一个法人和其他组织在全国范围内唯一的、终身不变的法定身份识别码	
目的	标识录音、录像类电子档案的来源；有利于录音、录像类电子档案的集中存储与共享	
适用门类	录音、录像	
约束性	可选	
可重复性	不可重复	
元数据类型	简单型	
数据类型	字符型	
编码修饰体系	标识	名称
	GB 32100—2015	法人和其他组织统一社会信用代码编码规则
值域	—	
缺省值	—	
子元数据	—	
信息来源	捕获节点	捕获方式

续表

	录音、录像类电子档案在数字档案馆应用系统登记之时	由数字档案馆应用系统根据预设值自动捕获
应用层次	卷、件	
相关元数据	唯一标识符（M5）	
著录说明	著录档案形成单位的统一社会信用代码，对于暂未换发统一社会信用代码的档案形成单位，著录原组织机构代码	
注释	立档单位实施本标准时，本元数据必选	

5.3　档案门类代码

编号	M3	
中文名称	档案门类代码	
英文名称	archival category code	
定义	唯一标识档案门类的一组字符	
目的	有利于全宗档案的分类、编目，为全宗档案的完整与有效管理奠定基础； 有利于录音、录像类电子档案的标识、存储和控制	
适用门类	录音、录像	
约束性	可选	
可重复性	不可重复	
元数据类型	简单型	
数据类型	字符型	
编码修饰体系	标识	名称
	DA/T 54—2014	照片类电子档案元数据方案（附录 B.1）
值域	LY、LX	
缺省值	—	
子元数据	—	
信息来源	捕获节点	捕获方式
	录音、录像类电子档案在电子档案管理系统或数字档案馆应用系统登记之时	由电子档案管理系统或数字档案馆应用系统根据预设值自动捕获
应用层次	卷、件	
相关元数据	唯一标识符（M5）	
著录说明	—	
注释	综合档案馆实施本标准时，本元数据必选	

5.4　聚合层次

编号	M4	
中文名称	聚合层次	
英文名称	aggregation level	
定义	录音、录像类电子档案整理级别的标识	
目的	标识录音、录像类电子档案的整理层级； 为录音、录像类电子档案的著录、利用与统计提供基准； 有利于元数据库的管理与控制	
适用门类	录音、录像	
约束性	必选	
可重复性	不可重复	
元数据类型	简单型	
数据类型	字符型	
编码修饰体系	—	
值域	卷、件	
缺省值		
子元数据		
信息来源	捕获节点	捕获方式
	录音、录像类电子档案在电子档案管理系统或数字档案馆应用系统登记或挂接之时	由电子档案管理系统或数字档案馆应用系统根据预设值自动捕获
应用层次	卷、件	
相关元数据	档号（M6）	
著录说明	示例："件"	
注释	档案聚合层次的逻辑结构参见附录 E	

5.5　唯一标识符

编号	M5	
中文名称	唯一标识符	
英文名称	identifier	
定义	唯一标识录音、录像类电子档案的一组代码	
目的	在一个域内或多个域之间为录音、录像类电子档案提供唯一标识； 提供录音、录像类电子档案的来源信息； 便于录音、录像类电子档案的存储、检索、交换、管理与共享	
适用门类	录音、录像	

续表

约束性	可选
可重复性	不可重复
元数据类型	简单型
数据类型	字符型

编码修饰体系	标识	名称
	ISO 3166-1：2006	国家及下属地区名称代码 第 1 部分：国家代码
	国 档 发〔1987〕4 号	编制全国档案馆名称代码实施细则
	DA/T 13—1994	档号编制规则

值域	—
缺省值	—
子元数据	—

信息来源	捕获节点	捕获方式
	录音、录像类电子档案在数字档案馆应用系统登记之时	由数字档案馆应用系统按预设唯一标识符构成规则自动捕获

应用层次	件
相关元数据	档案馆代码（M1），档案门类代码（M3），档号（M6），计算机文件名（M46）
著录说明	本标准推荐两种唯一标识符编制规则：档案馆代码＋"·"＋档号，国家代码＋档案馆代码＋全宗号＋档案门类代码＋形成年度＋顺序号。第二种编制规则可参照 DA/T 54—2014 的附录 B.1、B.2 执行。 示例 1："436001·X043-LX·2011-016-0038" 示例 2："CN436001X043LX201100280"
注释	—

5.6　档号

编号	M6
中文名称	档号
英文名称	archival code
定义	以字符形式赋予电子档案的、用以固定和反映电子档案排列顺序的一组代码
目的	标识电子档案的分类、组合、排列、编目结果； 提供电子档案的来源信息； 为电子档案的统计、利用提供检索点

续表

适用门类	录音、录像
约束性	必选
可重复性	不可重复
元数据类型	复合型
数据类型	字符型

编码修饰体系	标识	名称
	DA/T 13—1994	档号编制规则

值域	—
缺省值	—
子元数据	—

信息来源	捕获节点	捕获方式
	录音、录像类电子档案在电子档案管理系统或数字档案馆应用系统登记之时	由电子档案管理系统或数字档案馆应用系统根据预设档号编制规则自动捕获

应用层次	卷、件
相关元数据	聚合层次（M4），唯一标识符（M5），计算机文件名（M46）
著录说明	—
注释	实施本标准时，可以根据具体的档号构成规则与业务需要扩展设置档号（M6）元数据的子元数据；档号是唯一标识符的一种，但是，由于档号是重要的馆（室）藏档案标识符，是 DA/T 18—1999 明确的必要著录项，具有重要的档案管理与检索功能，目前大部分档案馆（室）编制的档号只能实现馆内或室内唯一的目标，因此，本标准在设置唯一标识符（M5）元数据的同时，又单独设置档号（M6）元数据

5.7　题名

编号	M7
中文名称	题名
英文名称	title
定义	能揭示录音、录像类电子档案中心主题的标题或名称
目的	描述录音、录像类电子档案主要内容及其形成的业务背景； 为录音、录像类电子档案的真实、完整和可用提供保障； 为利用者提供检索点
适用门类	录音、录像

续表

约束性	必选	
可重复性	不可重复	
元数据类型	复合型	
数据类型	字符型	
编码修饰体系	标识	名称
	DA/T 18—1999	档案著录规则
值域	—	
缺省值		
子元数据		
信息来源	捕获节点	捕获方式
	录音、录像类电子档案在电子档案管理系统或数字档案馆应用系统登记之后，对该元数据进行著录或修改之时	由著录人员在电子档案管理系统或数字档案馆应用系统手工赋值
应用层次	卷、件	
相关元数据	时间（M13），主题（M19），职能业务（M76）	
著录说明	题名应能准确揭示录音、录像类电子档案记录的主要内容，包括业务活动、主要人物等，如示例1。同一项业务活动中形成的录音或录像类电子档案组成一个卷时，其案卷级题名可使用业务活动名称著录，如示例2。文件级题名如示例3。 示例1："周恩来总理在中华人民共和国第一届全国人民代表大会第一次会议上作《政府工作报告》" 示例2："2009·中国（江西）红色旅游博览会" 示例3："中共江西省委常委、省委宣传部部长刘上洋主持红色旅游博览会开幕式"	
注释	为避免录音、录像类电子档案题名的繁琐、冗长，可结合职能业务元数据对业务活动的描述，以精炼的文字构成题名	

5.8 责任者

编号	M8
中文名称	责任者
英文名称	author
定义	对录音、录像类电子档案记录的内容负有责任的机构和个人名称

续表

目的	为录音、录像类电子档案的真实、完整和可用提供保障； 为录音、录像类电子档案的利用提供检索点； 明确录音、录像类电子档案的版权归属	
适用门类	录音、录像	
约束性	必选	
可重复性	不可重复	
元数据类型	简单型	
数据类型	字符型	
编码修饰体系	—	
值域	—	
缺省值	—	
子元数据	—	
信息来源	捕获节点	捕获方式
	录音、录像类电子档案在电子档案管理系统或数字档案馆应用系统登记之后，对该元数据进行著录或修改之时	由著录人员在电子档案管理系统或数字档案馆应用系统手工赋值，或由数字档案馆应用系统从导入数据中自动捕获
应用层次	件	
相关元数据	—	
著录说明	著录对录音录像类电子档案内容进行创造、负有责任的组织或个人名称。 责任者为机关团体时，著录单位全称或规范性的通用简称；责任者为个人时著录责任者姓名及其工作单位，必要时姓名后著录职务，姓名与职务、单位名称之间用"，"相隔。责任者无法考证时用"□□□"代替。 示例1："安徽省交通厅" 示例2："程××，××省质量技术监督局" 示例3："□□□"	
注释	与照片类电子档案不同的是，录音、录像类电子档案记录的内容反映了事物发展或进行过程，包括一段时间内或全过程中事物连续运行的真实面貌，具有实质性的影像、声音、语言、空间和时间内容，责任者（M8）元数据描述的是对这些内容负有责任的组织或个人，比如，某两件录像类电子档案分别记录的是某省一次统战工作会议的大场景和统战部长讲话等内容，则应分别为责任者（M8）元数据著录"××省统战部""×××部长"。题名（M7）元数据	

续表

注释	著录说明中的示例 1、示例 3，与其对应的责任者（M8）元数据应分别著录为"周恩来总理""刘上洋部长"

5.9 摄录者

编号	M9
中文名称	摄录者
英文名称	recording agent
定义	录音类电子档案的录制者或录像类电子档案的拍摄人及其工作单位
目的	为录音、录像类电子档案的真实、完整和可用提供保障； 为录音、录像类电子档案的利用提供检索点； 有助于确定电子档案的版权归属
适用门类	录音、录像
约束性	必选
可重复性	不可重复
元数据类型	简单型
数据类型	字符型
编码修饰体系	—
值域	—
缺省值	—
子元数据	—

信息来源	捕获节点	捕获方式
	录音、录像类电子档案在电子档案管理系统或数字档案馆应用系统登记之后	由著录人员在电子档案管理系统或数字档案馆应用系统手工赋值，或由数字档案馆应用系统从导入数据中自动捕获

应用层次	卷、件
相关元数据	版权信息（M31）
著录说明	应著录摄录者姓名及其工作单位名称，姓名与单位名称之间用"，"隔开，如示例 1； 聚合层次为卷并存在多个摄录者时，应逐个著录摄录者信息，如示例 2。若摄录者无工作单位或服务组织，则无需著录单位或组织名称。摄录者无法考证时以"□□□"代替。 示例1："王连文，江西省水利厅" 示例2："于伟，陈小东，××省电视台"
注释	—

5.10 编辑者

编号	M10
中文名称	编辑者
英文名称	editor
定义	在尊重客观事实基础上对录音、录像类电子档案进行剪辑、非线性编辑的责任人及其工作单位
目的	为录音、录像类电子档案的真实、可靠、完整和可用提供保障； 为录音、录像类电子档案的利用提供检索点
适用门类	录音、录像
约束性	可选
可重复性	不可重复
元数据类型	简单型
数据类型	字符型
编码修饰体系	—
值域	—
缺省值	—
子元数据	—

信息来源	捕获节点	捕获方式
	录音、录像类电子档案在电子档案管理系统或数字档案馆应用系统登记之时或之后	由著录人员在电子档案管理系统或数字档案馆应用系统手工赋值，或由数字档案馆应用系统从导入数据中自动捕获

应用层次	卷、件
相关元数据	—
著录说明	应著录编辑者姓名及其工作单位名称，姓名与单位名称之间用"，"隔开；多个编辑者信息之间用"；"隔开；多个编辑者同属一个工作单位，编辑者姓名连续著录并用"，"隔开，其后著录单位名称。著录格式参见摄录者（M9）
注释	以不经任何编辑、修改的电子文件归档形成的录音或录像类电子档案，本元数据无需著录

5.11 著录者

编号	M11
中文名称	著录者
英文名称	described by

续表

定义	对录音、录像类电子档案进行著录的责任人及其工作单位
目的	有助于保障录音、录像类电子档案的完整性，为录音、录像电子档案提供真实性证据
适用门类	录音、录像
约束性	可选
可重复性	不可重复
元数据类型	简单型
数据类型	字符型
编码修饰体系	—
值域	—
缺省值	—
子元数据	—

信息来源	捕获节点	捕获方式
	录音、录像类电子档案在电子档案管理系统或数字档案馆应用系统登记之后，对本元数据进行著录或修改之时	由电子档案管理系统或数字档案馆应用系统自动赋值，或由著录人员手工赋值

应用层次	卷、件
相关元数据	—
著录说明	应记录著录者姓名及其工作单位名称，姓名与单位名称之间用"，"隔开；多个著录者信息之间用"；"隔开。著录格式参见摄像者（M9）
注释	—

5.12　数字化责任信息

编号	M12
中文名称	数字化责任信息
英文名称	digitization responsibility information
定义	关于录音、录像档案数字化转换的责任方信息
目的	为录音、录像档案数字副本提供真实性、可靠性证据； 有助于保障录音、录像档案数字副本的法律认可性
适用门类	录音、录像
约束性	可选
可重复性	不可重复

续表

元数据类型	简单型
数据类型	字符型
编码修饰体系	—
值域	—
缺省值	—
子元数据	—

信息来源	捕获节点	捕获方式
	录音、录像类电子档案在电子档案管理系统或数字档案馆应用系统登记时	由电子档案管理系统或数字档案馆应用系统从导入的数字化元数据中自动捕获，或由著录人员手工赋值

应用层次	卷、件
相关元数据	—
著录说明	记录实施数字化转换责任机构的描述信息；以自由文本方式著录，主要包括录音、录像档案数字化审批信息以及实施数字化转换责任方的描述信息。 示例："经办公会研究决定，对馆藏 X066 全宗的 10 盒录像、X198 全宗的 22 盒录音带进行数字化转换，数字化工作由本局（馆）电子档案管理处负责数字化工作，《录音录像档案数字化审批书》原件保存在数字化工作文档、全宗卷中，具体的数字化责任人记录在数字化工作文档中"
注释	—

5.13　时间

编号	M13
中文名称	时间
英文名称	date/time
定义	关于录音、录像类电子档案形成日期和时间的描述信息
目的	为录音、录像类电子档案的真实、可靠和完整提供证据； 揭示录音、录像类电子档案的来源信息； 为录音、录像类电子档案的利用提供检索点
适用门类	录音、录像
约束性	必选

可重复性	不可重复
元数据类型	容器型
数据类型	—
编码修饰体系	—
值域	—
缺省值	—
子元数据	摄录时间（M14），编辑时间（M15），数字化时间（M16），时间长度（M17），总帧数（M18）
应用层次	件
相关元数据	—
注释	—

5.13.1　摄录时间

编号	M14	
中文名称	摄录时间	
英文名称	recording date/time	
定义	录音、录像类电子档案的录制或拍摄时间	
目的	为录音、录像类电子档案的真实、可靠和完整提供证据；揭示录音、录像类电子档案的来源信息；为录音、录像类电子档案的利用提供检索点	
适用门类	录音、录像	
约束性	必选	
可重复性	不可重复	
元数据类型	简单型	
数据类型	当聚合层次为卷时，为字符型；当聚合层次为件时，为日期时间型或字符型	
编码修饰体系	标识	名称
	GB/T 7408—2005	数据元和交换格式　信息交换　日期和时间表示法
值域	—	
缺省值	—	
子元数据	—	
信息来源	捕获节点	捕获方式

	录音、录像类电子档案在电子档案管理系统或数字档案馆应用系统登记或挂接之时	由电子档案管理系统或数字档案馆应用系统从录音、录像类电子档案数字对象比特流中自动提取并赋值
应用层次	卷、件	
相关元数据	时间长度（M17），总帧数（M18）	
著录说明	聚合层次为件时，著录录音、录像类电子档案的摄录时间，应包括日期与时间，如示例1、示例2；聚合层次为卷时，著录卷内录音或录像类电子档案形成的起止时间，至少精确到日，中间用"/"相连，如示例3；当摄录时间无法考证时应著录"□□□"，如示例4。摄录时间无法考证时，用××××标注，如示例3。示例1："2008-11-04"示例2："2010-07-04T10：18；10+00：00/2010-07-04T10：45；32+00：00"示例3："2008-11-04/2008-11-08"示例4："□□□"	
注释	—	

5.13.2　编辑时间

编号	M15	
中文名称	编辑时间	
英文名称	date/time edited	
定义	对录音、录像类电子档案进行剪辑或非线性编辑的时间	
目的	在尊重客观事实基础上，有助于为录音、录像类电子档案真实性、可靠性和完整性保障；揭示录音、录像类电子档案的来源信息；为录音、录像类电子档案的利用提供检索点	
适用门类	录音、录像	
约束性	可选	
可重复性	不可重复	
元数据类型	简单型	
数据类型	日期型	
编码修饰体系	标识	名称

续表

GB/T 7408—2005	数据元和交换格式　信息交换　日期和时间表示法	
值域	—	
缺省值	—	
子元数据	—	
信息来源	捕获节点	捕获方式
	录音、录像类电子档案在电子档案管理系统或数字档案馆应用系统挂接之时或之后	由电子档案管理系统或数字档案馆应用系统从导入元数据中自动捕获，或由著录人员手工赋值
应用层次	件	
相关元数据	编辑者（M10）	
著录说明	应著录录音、录像类电子档案剪辑、非线性编辑完成时间，精确到日，著录格式参见摄录时间（M14）	
注释	—	

5.13.3　数字化时间

编号	M16	
中文名称	数字化时间	
英文名称	digitization date/time	
定义	对录音、录像档案进行数字化转换的时间	
目的	有助于录音、录像类电子档案真实性、可靠性和完整性保障；揭示录音、录像类电子档案的来源信息；为录音、录像类电子档案的利用提供检索点	
适用门类	录音、录像	
约束性	可选	
可重复性	不可重复	
元数据类型	简单型	
数据类型	字符型	
编码修饰体系	标识	名称
	GB/T 7408—2005	数据元和交换格式信息交换　日期和时间表示法
值域	—	
缺省值	—	

续表

子元数据	—	
信息来源	捕获节点	捕获方式
	录音、录像类电子档案在电子档案管理系统或数字档案馆应用系统挂接之时或之后	由电子档案管理系统或数字档案馆应用系统从导入元数据中自动捕获，或由著录人员手工赋值
应用层次	卷、件	
相关元数据	数字化责任信息（M12）	
著录说明	聚合层次为件时，著录数字化转换的完成时间，应至少精确到日，如示例1；聚合层次为卷时，著录卷内录音或录像类电子档案形成的起止时间，精确到日，中间用"/"相连，如示例2。示例1："2009 - 06 - 18"示例2："2009 - 06 - 18/2009 - 07 - 16"	
注释	—	

5.13.4　时间长度

编号	M17	
中文名称	时间长度	
英文名称	length	
定义	录音、录像类电子档案持续时间的数量，以小时、分、秒为计量单位	
目的	保障录音、录像类电子档案真实性、完整性和可用性；为录音、录像类电子档案提供统计依据	
适用门类	录音、录像	
约束性	必选	
可重复性	不可重复	
元数据类型	简单型	
数据类型	日期时间型	
编码修饰体系	标识	名称
	GB/T 7408—2005	数据元和交换格式信息交换　日期和时间表示法
值域	—	
缺省值	—	
子元数据	—	
信息来源	捕获节点	捕获方式

续表

录音、录像类电子档案在电子档案管理系统或数字档案馆应用系统挂接之时	由电子档案管理系统或数字档案馆应用系统从录音、录像类电子档案数字对象比特流中自动提取并赋值，或从导入元数据中自动捕获
应用层次	件
相关元数据	摄录时间（M14），总帧数（M18）
著录说明	时间长度格式为：hh：mm：ss，其中，hh 表示以小时为计量单位的时间长度，mm 表示以分为计量单位的时间长度，ss 表示以秒为计量单位的时间长度。 示例："01：06：18"
注释	—

5.13.5　总帧数

编号	M18
中文名称	总帧数
英文名称	total frames
定义	构成一个电子档案的静态图像总和，一个静态图像为一帧
目的	为录音、录像类电子档案提供真实性、完整性证据； 精确描述电子档案的时间长度
适用门类	录像
约束性	可选
可重复性	不可重复
元数据类型	简单型
数据类型	整数型
编码修饰体系	—
值域	—
缺省值	—
子元数据	—

信息来源	捕获节点	捕获方式
	录像类电子档案在电子档案管理系统或数字档案馆应用系统挂接之时	由电子档案管理系统或数字档案馆应用系统从录像类电子档案数字对象比特流中自动提取并赋值，或从 MXF 等格式文件自带元数据文件中自动捕获，或从导入元数据中自动捕获

续表

应用层次	件
相关元数据	—
著录说明	—
注释	根据录像类电子档案的编码结构和帧率的不同，计量单位"秒"常常不能精确地描述录像类电子档案的时间长度，使用总帧数（M18）元数据则可以准确表述。比如，当一件录像类电子档案帧率为 25 帧/秒，总帧数为 658 帧，则该录像类电子档案的时间长度为 26 秒，时间长度（M17）元数据值为 00：00：26，则余下的 8 帧静态数字图像无法用时间长度（M17）元数据描述

5.14　主题

编号	M19
中文名称	主题
英文名称	subject
定义	对录音、录像类电子档案所记录的主要人物、地点、讲话内容等的一组描述信息
目的	为录音、录像类电子档案的真实性、完整性、可用性提供保障； 深入揭示录音、录像类电子档案中心内容与主题； 为管理者与利用者提供高于题名精细粒度的检索途径
适用门类	录音、录像
约束性	可选
可重复性	可重复
元数据类型	容器型
数据类型	—
编码修饰体系	—
值域	—
缺省值	—
子元数据	内容描述（M20），内容起始时间（M21），内容结束时间（M22）
信息来源	—
应用层次	件
相关元数据	题名（M7），职能业务（M76）
注释	—

5.14.1 内容描述

编号	M20
中文名称	内容描述
英文名称	content
定义	对一件录音、录像类电子档案若干片断记录的业务活动、讲话内容、人物、地点等的描述信息
目的	为录音、录像类电子档案的真实性、完整性、可用性提供保障； 深入揭示录音、录像类电子档案中心内容与主题； 为管理者与利用者提供高于题名精细粒度的检索途径
适用门类	录音、录像
约束性	条件选
可重复性	不可重复
元数据类型	简单型
数据类型	字符型
编码修饰体系	—
值域	—
缺省值	—
子元数据	—
信息来源	捕获节点	捕获方式
	著录人员在电子档案管理系统或数字档案馆应用系统开始著录主题（M19）元数据之时	由著录人员在电子档案管理系统或数字档案馆应用系统手工赋值，或从导入元数据中自动捕获
应用层次	件
相关元数据	题名（M7）
著录说明	当描述的片断为一项业务活动时，如一次大会中的一项议程，应按照题名撰写要求著录，如示例1揭示的是全程记录2010年上海世博会江西活动周开幕式的一件录像类电子档案中的一个片断，该片断记录的是中共上海市委常委、常务副市长杨雄向开幕式致辞的议程。 当描述的片断为人物时，应按顺序著录人物信息，包括人物姓名、职务及其在录像中所处的位置等，如示例2。 当描述的片断为某人讲话内容时，可根据语音内容的重要程度，作原文级或摘要级著录，原文级要照实著录。著录格式由讲话人与讲话

（续表）

	内容两部分构成。如示例3、示例4。 示例1："中共上海市委常委、常务副市长杨雄致辞" 示例2："吴新雄，中共江西省委副书记、省人民政府省长" 示例3："×××讲话原文：'…。'" 示例4："×××发言摘要：…。"
著录说明	
注释	主题（M19）元数据被选用时，本元数据必选

5.14.2 内容起始时间

编号	M21	
中文名称	内容起始时间	
英文名称	beginning time	
定义	描述对象在录音、录像类电子档案时间轴上的起点位置	
目的	为录音、录像类电子档案的真实性、可用性提供保障； 便于录音、录像类电子档案的利用； 为管理者与利用者提供高于题名精细粒度的检索途径	
适用门类	录音、录像	
约束性	条件选	
可重复性	不可重复	
元数据类型	简单型	
数据类型	日期时间型	
编码修饰体系	标识	名称
	GB/T 7408—2005	数据元和交换格式 信息交换 日期和时间表示法
值域	—	
缺省值	—	
子元数据	—	
信息来源	捕获节点	捕获方式
	著录人员在电子档案管理系统或数字档案馆应用系统著录之时	由电子档案管理系统或数字档案馆应用系统根据著录人员在描述对象入点处的点击而自动赋值
应用层次	件	
相关元数据	内容结束时间（M22）	

| 著录说明 | 著录格式为：hh：mm：ss。其中，hh 表示小时，mm 表示分，ss 表示秒。以下示例以内容描述（M20）元数据著录说明中的示例 1 为例，表示描述对象在录像类电子档案时间轴上的起始时间为 16 分 45 秒。
示例："00：16：45" |
| 注释 | 主题（M19）元数据被选用时，本元数据必选 |

5.14.3　内容结束时间

编号	M22	
中文名称	内容结束时间	
英文名称	ending time	
定义	描述对象在录音、录像类电子档案时间轴上的结束位置	
目的	为录音、录像类电子档案的真实性、可用性提供保障； 便于录音、录像类电子档案的利用； 为管理者与利用者提供高于题名精细粒度的检索途径	
适用门类	录音、录像	
约束性	条件选	
可重复性	不可重复	
元数据类型	简单型	
数据类型	日期时间型	
编码修饰体系	标识	名称
	GB/T 7408—2005	数据元和交换格式　信息交换　日期和时间表示法
值域	—	
缺省值	—	
子元数据	—	
信息来源	捕获节点	捕获方式
	著录人员在电子档案管理系统或数字档案馆应用系统著录之时	由电子档案管理系统或数字档案馆应用系统根据著录人员在描述对象出点处的点击而自动赋值
应用层次	件	
相关元数据	内容起始时间（M21）	

| 著录说明 | 著录格式参见内容起始时间（M21）元数据。以下示例以内容描述（M20）元数据著录说明中的示例 1 为例，表示描述对象在录像类电子档案时间轴上的结束时间为 20 分 35 秒。
示例："00：20：35" |
| 注释 | 主题（M19）元数据被选用时，本元数据必选 |

5.15　来源

编号	M23
中文名称	来源
英文名称	provenance
定义	录音、录像类电子档案获取源的一组描述信息
目的	记录录音、录像类电子档案的获取方式和获取源等背景信息； 有助于录音、录像类电子档案的利用、控制和管理； 有利于保护录音、录像类电子档案版权所有者权益
适用门类	录音、录像
约束性	可选
可重复性	不可重复
元数据类型	容器型
数据类型	—
编码修饰体系	—
值域	—
缺省值	—
子元数据	获取方式（M24），来源名称（M25），源文件标识符（M26）
信息来源	—
应用层次	件
相关元数据	权限（M28），版权信息（M31）
著录说明	—
注释	—

5.15.1　获取方式

编号	M24
中文名称	获取方式

续表

5.15.2 来源名称

英文名称	acquisition approaches
定义	获取录音、录像类电子档案的途径
目的	记录录音、录像类电子档案的获取方式和获取源等背景信息； 有助于录音、录像类电子档案的利用、控制和管理； 有利于保护录音、录像类电子档案版权所有者权益
适用门类	录音、录像
约束性	条件选
可重复性	不可重复
元数据类型	简单型
数据类型	字符型
编码修饰体系	—
值域	接收，馆拍，获赠，购买，寄存，下载，收录，[其他]
缺省值	接收

信息来源	捕获节点	捕获方式
	录音、录像类电子档案在电子档案管理系统或数字档案馆应用系统登记或著录之时	由电子档案管理系统或数字档案馆应用系统从导入元数据中自动捕获，或由著录人员根据本元数据数据字典预设值列表选择著录

应用层次	件
相关元数据	—
著录说明	示例1："收录" 示例2："获赠" 示例3："购买" 示例4："下载"
注释	当来源（M23）元数据被选用时，则该元数据必选。 值域中的"馆拍"表示录像类电子档案由综合档案馆拍摄并归档保存，"下载"是指网络下载方式，"收录"是指通过数字卫星或有线电视自动收录系统获取录音或录像类电子档案的方式，"[其他]"是指根据实际需要设定的其他获取方式

编号	M25
中文名称	来源名称
英文名称	provenance name
定义	移交、提供、捐赠录音、录像类电子档案的机构、个人名称、网址等
目的	记录录音、录像类电子档案的获取方式和获取源等背景信息； 有助于录音、录像类电子档案的利用、控制和管理； 有利于保护录音、录像类电子档案版权所有者权益
适用门类	录音、录像
约束性	条件选
可重复性	不可重复
元数据类型	简单型
数据类型	字符型
编码修饰体系	—
值域	—
缺省值	—

信息来源	捕获节点	捕获方式
	录音、录像类电子档案在电子档案管理系统或数字档案馆应用系统登记或挂接之时	由电子档案管理系统或数字档案馆应用系统从导入元数据中自动捕获，或由著录人员手工赋值

应用层次	件
相关元数据	—
著录说明	来源为机构时，应著录机构的全称或不发生误解的通用简称；来源为个人时，应著录姓名及其工作单位等重要信息。以下示例与获取方式（M24）元数据的示例相对应。 示例1："浙江卫视" 示例2："刘华，江西省文联主席" 示例3："新华社" 示例4："http://www.jxdaj.gov.cn/channel.html? m＝site&channelId＝00000005a0011fe1cf96e6"
注释	当来源（M23）元数据被选用时，本元数据必选

5.15.3　源文件标识符

编号	M26
中文名称	源文件标识符
英文名称	source identifier
定义	录音、录像类电子档案在来源管理系统中的标识符
目的	记录录音、录像类电子档案获取源背景信息； 有助于录音、录像类电子档案的利用、控制和管理； 有利于保护录音、录像类电子档案版权所有者权益
适用门类	录音、录像
约束性	可选
可重复性	不可重复
元数据类型	简单型
数据类型	字符型
编码修饰体系	—
值域	—
缺省值	—

信息来源	捕获节点	捕获方式
	录音、录像类电子档案在数字档案馆应用系统登记或挂接之后	由数字档案馆应用系统从导入元数据中自动捕获，或由著录人员手工赋值

应用层次	件
相关元数据	—
著录说明	按原标识符照实著录。示例1为某立档单位编制的室编档号，示例2为某音像出版物中国古典音乐历朝黄金年鉴精装版的 ISRC 码，示例3为江西广播电台4月2日《江西新闻广播》栏目的2013特别策划《清明雨　英雄梦》的下载网址。 示例1："LY-2007-Y-015-002" 示例2："CNC210433100" 示例3："http://729.jxradio.cn/2013-4-27/47600.htm"
注释	档案室的录音、录像类电子档案移交进馆后，其室编号等标识符可著录于该元数据

5.16　保管期限

编号	M27
中文名称	保管期限
英文名称	retention period
定义	为录音、录像类电子档案划定的存留年限
目的	标识录音、录像类电子档案的保存价值； 利于录音、录像类电子档案的鉴定、统计和处置； 为录音、录像类电子档案的长期保存奠定基础
适用门类	录音、录像
约束性	必选
可重复性	不可重复
元数据类型	简单型
数据类型	字符型
编码修饰体系	—
值域	永久，30年，10年，［其他］
缺省值	永久
子元数据	—

信息来源	捕获节点	捕获方式
	著录人员在电子档案管理系统或数字档案馆应用系统著录或挂接之时	由电子档案管理系统或数字档案馆应用系统依据著录人员对保管期限数据字典选择结果自动赋值，或从导入元数据中自动捕获

应用层次	卷、件
相关元数据	—
著录说明	—
注释	值域中的"［其他］"表示根据需要而自定义设置的其他保管期限，如长期、短期

5.17　权限

编号	M28
中文名称	权限
英文名称	rights
定义	关于录音、录像类电子档案安全利用及其版权的一组描述信息

续表

目的	促进录音、录像类电子档案的开放利用，保障电子档案内容信息安全； 为录音、录像类电子档案的分级利用和安全管理提供条件； 保护录音、录像类电子档案版权所有者权益
适用门类	录音、录像
约束性	必选
可重复性	不可重复
元数据类型	容器型
数据类型	—
编码修饰体系	—
值域	—
缺省值	—
子元数据	密级（M29），控制标识（M30），版权信息（M31）
应用层次	件
相关元数据	来源（M23）
著录说明	—
注释	—

5.17.1　密级

编号	M29	
中文名称	密级	
英文名称	security classification	
定义	录音、录像类电子档案保密程度的等级	
目的	为录音、录像类电子档案的分级利用和安全管理提供保障	
适用门类	录音、录像	
约束性	必选	
可重复性	不可重复	
元数据类型	简单型	
数据类型	字符型	
编码修饰体系	标识	名称
	GB/T 7156—2003	文献保密等级代码与标识
值域	公开，限制，秘密，机密，绝密	

续表

缺省值	公开	
信息来源	捕获节点	捕获方式
	在电子档案管理系统或数字档案馆应用系统对录音、录像类电子档案进行密级审查和著录之时，或在数字档案馆应用系统挂接之时	由著录人员或密级审查人员在电子档案管理系统或数字档案馆应用系统基于密级数据字典手工赋值，或从导入元数据中自动捕获
应用层次	卷、件	
相关元数据	—	
著录说明	—	
注释	—	

5.17.2　控制标识

编号	M30	
中文名称	控制标识	
英文名称	control identifier	
定义	根据录音、录像类电子档案内容信息安全利用需要设定的管理标识	
目的	为录音、录像类电子档案的分级利用和安全管理提供保障	
适用门类	录音、录像	
约束性	可选	
可重复性	不可重复	
元数据类型	简单型	
数据类型	字符型	
编码修饰体系	—	
值域	开放，控制，[其他]	
缺省值	—	
信息来源	捕获节点	捕获方式
	在数字档案馆应用系统对录音、录像类电子档案著录或鉴定之时	由数字档案馆应用系统根据鉴定结果自动赋值，或由鉴定人员基于控制标识数据字典手工赋值
应用层次	卷、件	
相关元数据	—	
著录说明		

续表

| 注释 | 综合档案馆实施本方案时，本元数据必选。
值域中的"[其他]"表示根据需要而自定义设置的其他控制标识符 |

5.17.3　版权信息

编号	M31
中文名称	版权信息
英文名称	copyright information
定义	录音、录像类电子档案版权归属的描述信息
目的	为录音、录像类电子档案的分级利用、控制和安全管理提供保障； 维护录音、录像类电子档案版权所有者权益
适用门类	录音、录像
约束性	可选
可重复性	不可重复
元数据类型	简单型
数据类型	复合型
编码修饰体系	—
值域	—
缺省值	—

信息来源	捕获节点	捕获方式
	在电子档案管理系统或数字档案馆应用系统对录音、录像类电子档案著录之时，或在数字档案馆应用系统挂接之时	由著录人员基于电子档案管理系统或数字档案馆应用系统手工赋值，或从导入元数据中自动捕获

应用层次	卷、件
相关元数据	摄录者（M9），来源（M23）
著录说明	应著录的描述信息包括：录音、录像类电子档案的版权所有者的名称、版权注册时间、版权注册号、版权期限，版权所有者关于版权的声明及其他特殊约定等。 　　示例："根据《各级各类档案馆收集档案范围的规定》（国家档案局令第9号）、《中华人民共和国著作权法》等规定，以及××省档案馆与捐赠者王欣签订的协议，王欣依法享有该录像类电子档案的著作权，××省档案馆可以依法提供利用，或用于编研、展览、宣传等公益性活动"

续表

| 注释 | 国家机构、社会组织在履行法定职能过程中形成的录音、录像类电子档案无需著录该元数据。档案馆通过征集、捐赠、购买、下载等方式获得的录音、录像类电子档案，应依据《中华人民共和国著作权法》等法律法规著录版权归属信息。
　　实施本标准时，可以根据业务需要扩展设置版权信息（M31）元数据的子元数据，如版权所有者、版权期限等 |

5.18　附注

编号	M32
中文名称	附注
英文名称	annotation
定义	对录音、录像类电子档案档案实体元数据所做的补充说明
目的	有利于录音、录像类电子档案的管理，为录音、录像类电子档案提供说明与标注有关事项的途径
适用门类	录音、录像
约束性	可选
可重复性	不可重复
元数据类型	简单型
数据类型	字符型
编码修饰体系	—
值域	—
缺省值	—
子元数据	—

信息来源	捕获节点	捕获方式
	录音、录像类电子档案在电子档案管理系统或数字档案馆应用系统著录之时，或在数字档案馆应用系统挂接之时	由著录人员在电子档案管理系统或数字档案馆应用系统手工赋值，或从导入元数据中自动捕获

应用层次	卷、件
相关元数据	—
著录说明	依各元数据项的顺序依次著录，其他需解释和补充的列在其后
注释	

5.19　存储

编号	M33
中文名称	存储
英文名称	storage loaction
定义	录音、录像类电子档案存储地址信息
目的	为录音、录像类电子档案的完整与可用提供保障； 为发现和恢复录音、录像类电子档案提供条件； 有利于录音、录像类电子档案的安全存储和有效管理
约束性	可选
可重复性	不可重复
元数据类型	容器型
子元数据	在线存址（M34），离线存址（M35）
应用层次	件
相关元数据	—
注释	—

5.19.1　在线存址

编号	M34
中文名称	在线存址
英文名称	online location
定义	录音、录像类电子档案在电子档案管理系统或数字档案馆应用系统中的在线存储位置
目的	为录音、录像类电子档案的完整与可用提供保障； 为发现和恢复录音、录像类电子档案提供条件； 记录录音、录像类电子档案的结构信息，有利于录音、录像类电子档案的安全存储和有效管理
适用门类	录音、录像
约束性	条件选
可重复性	不可重复
元数据类型	简单型
数据类型	字符型
编码修饰体系	—
值域	—
缺省值	—

续表

信息来源	捕获节点	捕获方式
	录音、录像类电子档案在数字档案馆应用系统登记或挂接之时	由数字档案馆应用系统自动捕获
应用层次	件	
相关元数据	—	
著录说明	应记录录音、录像类电子档案完整的在线存储路径及其计算机文件名。 示例：HP EVA 6100 存储 E:\EFileROOT\EFile\LY\X043\2011\CN436001X043LY2011000051.MPG	
注释	存储（M33）元数据被选用时，本元数据必选	

5.19.2　离线存址

编号	M35
中文名称	离线存址
英文名称	offline location
定义	录音、录像类电子档案离线备份介质编号
目的	为录音、录像类电子档案的完整与可用提供保障； 为发现和恢复录音、录像类电子档案提供条件； 有利于录音、录像类电子档案的安全存储和有效管理
适用门类	录音、录像
约束性	条件选
可重复性	不可重复
元数据类型	简单型
数据类型	字符型
编码修饰体系	—
值域	—
缺省值	—

信息来源	捕获节点	捕获方式
	电子档案管理系统或数字档案馆应用系统完成录音、录像类电子档案离线备份之时，或对录音、录像类电子档案著录之时	由电子档案管理系统或数字档案馆应用系统自动捕获，或由档案管理人员在手工批量赋值

续表

应用层次	件
相关元数据	在线存址（M34）
著录说明	一件录音或录像类电子档案存储于多个离线备份介质时，离线备份介质编号之间用","隔开。 示例："436001G2009C009，436001Y2009C001"
注释	存储（M33）元数据被选用时，本元数据必选。 录音、录像类电子档案移交进馆后，该元数据只需记录其在综合档案馆保存期间的离线备份介质编号

5.20　原始载体

编号	M36
中文名称	原始载体
英文名称	original medium
定义	有关录音、录像类电子档案原始记录载体或可追溯的最早记录载体的一组描述信息
目的	记录录音、录像类电子档案的起源环境； 为录音、录像类电子档案的真实、可靠性和完整提供证据链
适用门类	录音、录像
约束性	可选
可重复性	不可重复
元数据类型	容器型
数据类型	—
编码修饰体系	—
值域	—
缺省值	—
子元数据	原始载体类型（M37），原始载体型号（M38）
信息来源	—
应用层次	件
相关元数据	摄录时间（M14）
著录说明	—
注释	录音、录像档案数字化成果存储、备份载体无需著录

5.20.1　原始载体类型

编号	M37	
中文名称	原始载体类型	
英文名称	original medium type	
定义	录音、录像类电子档案原始记录载体或可追溯的最早记录载体的类型	
目的	记录录音、录像类电子档案的起源环境； 为录音、录像类电子档案的真实、可靠和完整提供证据链	
适用门类	录音、录像	
约束性	条件选	
可重复性	不可重复	
元数据类型	简单型	
数据类型	字符型	
编码修饰体系	—	
值域	—	
缺省值	—	
子元数据	—	
信息来源	捕获节点	捕获方式
	在电子档案管理系统或数字档案馆应用系统对录音、录像类电子档案著录之时，或在数字档案馆应用系统挂接之时	由著录人员在电子档案管理系统或数字档案馆应用系统基于原载载体类型数据字典半自动化著录，或从导入元数据中自动捕获
应用层次	件	
相关元数据	—	
著录说明	—	
注释	当原始载体（M36）元数据被选用时，本元数据必选； 录音、录像档案的原始记录载体类型较多，常用的录音档案原始记录载体有黑胶唱片、镭射唱片、钢丝录音带、盒式录音带、硬磁盘等；常用的录像档案原始记录载体有盒式录像带、蓝光光盘、P2卡、硬磁盘等	

5.20.2　原始载体型号

编号	M38
中文名称	原始载体型号
英文名称	original medium model

续表

定义	录音、录像类电子档案原始记录载体或可追溯的最早记录载体的品牌和型号	
目的	记录录音、录像类电子档案的起源环境；为录音、录像类电子档案的真实、可靠和完整提供证据链	
适用门类	录音、录像	
约束性	条件选	
可重复性	不可重复	
元数据类型	简单型	
数据类型	字符型	
编码修饰体系	—	
值域	—	
缺省值	—	
子元数据	—	
信息来源	捕获节点	捕获方式
	在电子档案管理系统或数字档案馆应用系统对录音、录像类电子档案著录之时，或在数字档案馆应用系统挂接之时	由著录人员在电子档案管理系统或数字档案馆应用系统基于原载载体类型数据字典半自动化著录，或从导入元数据中自动捕获
应用层次	件	
相关元数据	—	
著录说明	按照录音、录像类电子档案原始记录载体的型号照实著录。示例1、示例2描述的是录音类电子档案的原始记录载体型号，示例3、示例4描述的是录像类电子档案的原始记录载体型号。 示例1："TDK ARX-80" 示例2："MAXELL UL90" 示例3："SONY KCA-60" 示例4："画王 E-120/180"	
注释	当原始载体（M36）元数据被选用时，本元数据必选	

5.21　生成方式

编号	M39
中文名称	生成方式
英文名称	creation way

续表

定义	录音、录像类电子档案比特流首次形成的方式	
目的	为录音、录像类电子档案和录音、录像档案数字副本的集成管理提供条件；为电子档案的利用、统计和分类管理奠定基础	
适用门类	录音、录像	
约束性	必选	
可重复性	不可重复	
元数据类型	简单型	
数据类型	字符型	
编码修饰体系	—	
值域	原生，编辑，数字化	
缺省值	—	
子元数据	—	
信息来源	捕获节点	捕获方式
	在电子档案管理系统或数字档案馆应用系统对录音、录像类电子档案著录之时，或在数字档案馆应用系统挂接之时	由著录人员基于电子档案管理系统或数字档案馆应用系统生成方式元数据数据字典半自动化著录，或由电子档案管理系统、数字档案馆应用系统自动捕获，或从导入的元数据中自动捕获
应用层次	件	
相关元数据	—	
著录说明	著录对象为录音、录像类电子档案时，该元数据著录为"原生"； 著录对象为在尊重客观事实基础上经剪辑或非线性编辑形成的录音、录像类电子档案时，该元数据著录为"编辑"； 著录对象为数字化转换形成的录音、录像档案数字副本时，该元数据著录为"数字化"	
注释	—	

5.22　捕获设备

编号	M40
中文名称	捕获设备
英文名称	capture device

定义	有关录音、录像类电子档案形成设备的一组技术环境信息
目的	记录录音、录像类电子档案的技术起源环境； 为录音、录像类电子档案的真实、可靠和完整提供保障； 有助于对录音、录像类电子档案的质量评估
适用门类	录音、录像
约束性	必选
可重复性	可重复
元数据类型	容器型
子元数据	设备类型（M41），设备制造商（M42），设备型号（M43），软件信息（M44）
应用层次	件
相关元数据	—
注释	当著录对象为录音、录像档案数字副本时，可记录有关摄录设备和数字化设备的两组描述信息

5.22.1　设备类型

编号	M41
中文名称	设备类型
英文名称	device type
定义	录音、录像类电子档案捕获设备的类型、种类
目的	记录录音、录像类电子档案的技术起源环境； 为录音、录像类电子档案的真实、完整和完整提供保障； 有助于对录音、录像类电子档案的质量评估
适用门类	录音、录像
约束性	可选
可重复性	不可重复
元数据类型	简单型
数据类型	字符型
编码修饰体系	—
值域	录音机，录音笔，摄像机，智能手机，平板电脑，非线性编辑系统，电视收录系统，视频监控系统，数字化设备，［其他］
缺省值	—

信息来源	捕获节点	捕获方式
	在电子档案管理系统或数字档案馆应用系统对录音、录像类电子档案著录之时，或在数字档案馆应用系统挂接之时	由著录人员在电子档案管理系统或数字档案馆应用系统基于原载载体类型数据字典半自动化著录，或从导入元数据中自动捕获
应用层次	件	
相关元数据	—	
著录说明	—	
注释	值域中的"［其他］"表示根据需要而自定义设置的其他设备类型	

5.22.2　设备制造商

编号	M42
中文名称	设备制造商
英文名称	device manufacturer
定义	生成录音、录像类电子档案的硬件设备制造商名称
目的	记录录音、录像类电子档案的技术起源环境； 为录音、录像类电子档案的真实、可靠和完整提供保障
约束性	必选
可重复性	不可重复
元数据类型	简单型
数据类型	字符型
编码修饰体系	—
值域	—
缺省值	—

信息来源	捕获节点	捕获方式
	录音、录像类电子档案在电子档案管理系统或数字档案馆应用系统挂接或著录之时	由电子档案管理系统或数字档案馆应用系统从录音、录像类电子档案数字对象比特流中自动提取，或从MXF等格式文件自带元数据文件中自动捕获，或从导入元数据中自动捕获

应用层次	件
相关元数据	—
著录说明	著录捕获设备标明的设备制造商名称。 示例1："Panasonic" 示例2："北京中科大洋科技发展股份有限公司"
注释	—

5.22.3 设备型号

编号	M43
中文名称	设备型号
英文名称	device model number
定义	生成录音、录像类电子档案的硬件设备型号
目的	记录录音、录像类电子档案形成的技术起源环境； 为录音、录像类电子档案的真实、完整和可靠提供保障； 有助于对录音、录像类电子档案的质量评估
适用门类	录音、录像
约束性	必选
可重复性	不可重复
元数据类型	简单型
数据类型	字符型
编码修饰体系	—
值域	—
缺省值	—

信息来源	捕获节点	捕获方式
	录音、录像类电子档案在电子档案管理系统或数字档案馆应用系统挂接或著录之时	由电子档案管理系统或数字档案馆应用系统从录音、录像类电子档案数字对象比特流中自动提取，或从MXF等格式文件自带元数据文件中自动捕获，或从导入元数据中自动捕获

应用层次	件
相关元数据	—

著录说明	示例1描述的是高清摄像机型号，示例2描述的是智能手机型号，示例3描述的是非线性编辑系统型号，示例4描述的是录音机型号，示例5描述的是卫星数字电视收录系统型号，示例6描述的是数字录音笔型号。 示例1："松下HPX500" 示例2："小米note" 示例3："大洋-HD5" 示例4："上海L-316C" 示例5："GSD1001043-LT" 示例6："华索VM690"
注释	—

5.22.4 软件信息

编号	M44
中文名称	软件信息
英文名称	software information
定义	形成或处理录音、录像类电子档案的软件名称、版本等信息
目的	记录录音、录像类电子档案形成的技术起源环境； 为录音、录像类电子档案的真实、完整和可靠提供保障； 有助于对录音、录像类电子档案的质量评估
适用门类	录音、录像
约束性	可选
可重复性	不可重复
元数据类型	简单型
数据类型	字符型
编码修饰体系	—
值域	—
缺省值	—

信息来源	捕获节点	捕获方式
	录音、录像类电子档案在电子档案管理系统或数字档案馆应用系统挂接或著录之时	由电子档案管理系统或数字档案馆应用系统从录音、录像类电子档案数字对象比特流或导入元数据中自动提取，可由著录人员根据数字档案馆应用系统软件信息元数据字典半自动化赋值

续表

应用层次	件
相关元数据	—
著录说明	该元数据可以描述生成录音、录像类电子档案设备的操作系统版本号，如示例 1；当录音、录像类电子档案经过非线性编辑软件的剪辑或编辑时，该元数据的值通常为非线性编辑软件的名称与版本等信息，如示例 2、示例 3、示例 4。 　示例 1："5.0.1" 　示例 2："Adobe Premiere pro CS4" 　示例 3："D－Cube－Edit D3－Edit HD5" 　示例 4："会声会影 V12.0.98.0 Pro"
注释	—

5.23　信息系统描述

编号	M45	
中文名称	信息系统描述	
英文名称	information system description	
定义	管理录音、录像类电子档案的信息系统软硬件设备、技术架构与功能的描述信息	
目的	记录录音、录像类电子档案长期保存的技术环境； 为录音、录像类电子档案的真实、可靠和完整提供保障	
适用门类	录音、录像	
约束性	可选	
可重复性	可重复	
元数据类型	简单型	
数据类型	字符型	
编码修饰体系	—	
值域	—	
缺省值	—	
子元数据	—	
信息来源	捕获节点	捕获方式
	录音、录像类电子档案在电子档案管理系统或数字档案馆应用系统登记或挂接之时	由电子档案管理系统或数字档案馆应用系统根据预设值自动赋值
应用层次	件	

续表

相关元数据	—
著录说明	采用自由文本著录。应描述的内容包括：电子档案管理系统主要系统软、硬件及其技术架构，安全保障设施，应用软件功能、尤其是凭证性保障功能等。 　著录示例参见 DA/T 54—2014 附录 C 的 C7 著录模板
注释	—

5.24　计算机文件名

编号	M46	
中文名称	计算机文件名	
英文名称	computer file name	
定义	在计算机存储器中唯一标识录音、录像类电子档案的一个字符串，由文件名与扩展名二部分组成	
目的	在计算机存储器中命名、标识录音、录像类电子档案； 建立录音、录像类电子档案与元数据之间的稳定链接； 有利于录音、录像类电子档案的利用、有序存储、控制与管理	
适用门类	录音、录像	
约束性	必选	
可重复性	不可重复	
元数据类型	简单型	
数据类型	字符型	
编码修饰体系	—	
值域	—	
缺省值	—	
子元数据	—	
信息来源	捕获节点	捕获方式
	录音、录像类电子档案在电子档案管理系统或数字档案馆应用系统登记或挂接之时	由电子档案管理系统或数字档案馆应用系统自动捕获
应用层次	件	
相关元数据	唯一标识符（M5），档号（M6）	

著录说明	建议使用唯一标识符或档号为录音、录像类电子档案命名，命名规则应当反映电子档案来源信息。 示例1："X043-LX·2011-G05-01-00001.mpg" 示例2："\LX\X001\2012\016\X001-LX·2012-016-03-00122.mpg" 示例3："CN436001X043LY200900006.MP3"
注释	如果录音、录像类电子档案名构成规则中包含在线存储路径，则应采用相对存储地址，减小因迁移可能带来的风险，如示例2所示

5.25 计算机文件大小

编号	M47
中文名称	计算机文件大小
英文名称	computer file size
定义	录音、录像类电子档案的字节数
目的	为录音、录像类电子档案的真实、可靠提供验证条件； 有利于录音、录像类电子档案的存储、交换、统计与管理； 有利于对录音、录像类电子档案比特流变化情况进行跟踪、审计
适用门类	录音、录像
约束性	必选
可重复性	可重复
元数据类型	简单型
数据类型	数值型
编码修饰体系	—
值域	—
缺省值	—
子元数据	—

信息来源	捕获节点	捕获方式
	录音、录像类电子档案在电子档案管理系统或数字档案馆应用系统登记或挂接之时	由电子档案管理系统或数字档案馆应用系统自动捕获

应用层次	件
相关元数据	格式信息（M48），视频参数（M52），音频参数（M61），数字签名（M68）

著录说明	示例："23556312"
注释	在录音、录像类电子档案生命周期中，其格式转换一次，其大小、格式信息、音频参数、视频参数和数字签名也随之变化，因而，计算机文件大小（M47）、格式信息（M48）、视频参数（M52）、音频参数（M61）、数字签名（M68）重复之后形成的值应是一一对应的

5.26 格式信息

编号	M48
中文名称	格式信息
英文名称	format information
定义	录音、录像类电子档案编码格式的一组描述信息
目的	有利于录音、录像类电子档案的解码、还原、利用和长期保存； 记录录音、录像类电子档案历次格式转换过程与物理结构； 为录音、录像类电子档案的真实、可靠、完整和可用提供保障
适用门类	录音、录像
约束性	必选
可重复性	可重复
元数据类型	复合型
数据类型	字符型
编码修饰体系	—
值域	—
缺省值	—
子元数据	格式名称（M49），格式版本（M50），格式描述（M51）

信息来源	捕获节点	捕获方式
	录音、录像类电子档案在电子档案管理系统或数字档案馆应用系统挂接或著录之时	由电子档案管理系统或数字档案馆应用系统根据预设值自动捕获，或由著录人员在电子档案管理系统或数字档案馆应用系统对本元数据字典预设值选择赋值

应用层次	件
相关元数据	计算机文件大小（M47），视频参数（M52），音频参数（M61），数字签名（M68）

著录说明	采用本元数据描述录音、录像类电子档案格式时，描述内容应包括其 3 个子元数据表达的内涵，如以下示例所述。 示例："格式名称：MP3；格式描述：MP3 是 Moving Picture Experts Group Audio Layer Ⅲ 的简称，是 MPEG Layer3 标准压缩编码的一种音频文件格式"
注释	采用本元数据描述录音、录像类电子档案格式时，格式名称（M49）、格式版本（M50）、格式描述（M51）等三个子元数据无需选用； 在录音、录像类电子档案长期保存期间，为应对面临的格式淘汰风险，确保其长期可用，要通过格式转换措施将录音、录像类电子档案迁移到新的通用计算机文件格式存储，每一种计算机文件格式对应一组不同的计算机文件大小、格式信息、视频参数和音频参数； 格式信息（M48）元数据的三个子元数据共同描述录音、录像类电子档案的格式，格式转换一次形成一组元数据值

5.26.1 格式名称

编号	M49
中文名称	格式名称
英文名称	format name
定义	录音、录像类电子档案格式的名称
目的	有利于录音、录像类电子档案的解码、还原、利用和长期保存； 记录录音、录像类电子档案的历次格式转换信息； 为电子档案的真实、完整、可靠与可用提供保障
适用门类	录音、录像
约束性	条件选
可重复性	不可重复
元数据类型	简单型
数据类型	字符型
编码修饰体系	—
值域	录音：MP3，WAV，WMA，MID，AAC，OGA，APE，FLAC，MPC，[其他] 录像：MP4，WMV，VOB，AVI，MPEG，MXF，[其他]

缺省值	—	
子元数据	—	
信息来源	捕获节点	捕获方式
	录音、录像类电子档案在电子档案管理系统或数字档案馆应用系统登记或挂接之时	由电子档案管理系统或数字档案馆应用系统自动捕获
应用层次	件	
相关元数据	—	
著录说明	—	
注释	不采用格式信息（M48）描述录音、录像类电子档案的编码格式时，本元数据必选； 值域中列出的是录音、录像类电子档案部分通用格式名称，[其他] 是指根据格式变化情况新增的通用格式名称	

5.26.2 格式版本

编号	M50
中文名称	格式版本
英文名称	format version
定义	录音、录像类电子档案格式的版本号
目的	有利于录音、录像类电子档案的解码、还原、利用和长期保存； 记录录音、录像类电子档案的历次格式转换信息； 为电子档案的真实、可靠、完整与可用提供保障
适用门类	录音、录像
约束性	条件选
可重复性	不可重复
元数据类型	简单型
数据类型	字符型
编码修饰体系	—
值域	—
缺省值	—
子元数据	—
信息来源	捕获节点 捕获方式

续表 续表

	录音、录像类电子档案在电子档案管理系统或数字档案馆应用系统登记或挂接之时	由电子档案管理系统或数字档案馆应用系统自动捕获
应用层次	件	
相关元数据	—	
著录说明	—	
注释	不采用格式信息（M48）描述录音、录像类电子档案的编码格式时，本元数据必选； 多数音频格式在其发展过程中形成了多个版本，而视频格式的版本变化较少，只有少数格式形成多个版本。比如，部分音频格式及其版本有：WAVE，WMA 7.0，WMA 8.0，WMA 9.0，MIDI 1.0，MIDI 2.0，MPEG - 2 AAC，MPEG - 4 AAC，HE - AAC v1，HE - AAC v2，Ogg Vorbis，libogg 1.2.0，libogg 2，Monkey's Audio 1.0，FLAC 1.2.1，MusePack 0.9.2.0；视频的 AVI 格式形成的三个版本：AVI，AVI2.0，DV - AVI	

5.26.3 格式描述

编号	M51
中文名称	格式描述
英文名称	format description
定义	录音、录像类电子档案格式的描述信息
目的	有利于录音、录像类电子档案的解码、还原、利用和长期保存； 记录录音、录像类电子档案的历次格式转换信息； 为电子档案的真实、完整、可靠与可用提供保障
适用门类	录音、录像
约束性	可选
可重复性	不可重复
元数据类型	简单型
数据类型	字符型
编码修饰体系	—
值域	—
缺省值	—
子元数据	—

信息来源	捕获节点	捕获方式
	录音、录像类电子档案在电子档案管理系统或数字档案馆应用系统登记或挂接之时	由电子档案管理系统或数字档案馆应用系统根据预设值自动赋值
应用层次	件	
相关元数据	—	
著录说明	示例 1：“MPEG（Moving Pictures Experts Group/Motin Pictures Experts Group）格式标准由动态图像专家组制定，该专家组建于 1988 年，最初任务是为 CD 建立视频和音频标准，后成功地将声音和影像记录脱离了传统的模拟方式，建立了 ISO/IEC 11172 等视频、音频、数据的压缩编码标准，制定出 MPEG - 1、MPEG - 2、MPEG - 4、MPEG - 7 及 MPEG - 21 等五个版本的格式”。 采用自由文本对格式进行描述。 示例 2：“MP3 is Moving Picture Experts Group Audio Layer Ⅲ 的简称，是 MPEG Layer 3 标准压缩编码的一种音频文件格式”	
注释	—	

5.27 视频参数

编号	M52
中文名称	视频参数
英文名称	video parameter
定义	描述录像类电子档案编码结构的一组技术参数
目的	记录录像类电子档案基本的编码结构信息； 有利于录像类电子档案的还原、格式转换； 为录像类电子档案的真实、完整与可用提供保障
适用门类	录像
约束性	可选
可重复性	可重复
元数据类型	容器型
数据类型	—
编码修饰体系	—
值域	—
缺省值	—

续表

子元数据	视频编码标准（M53），色彩空间（M54），分辨率（M55），帧率（M56），视频比特率（M57），色度采样率（M58），视频量化位数（M59），画面高宽比（M60）
应用层次	件
相关元数据	—
著录说明	—
注释	记录视频参数有利于录像类电子档案的长期保存，综合档案馆实施本元数据方案时宜选用本元数据

5.27.1　视频编码标准

编号	M53
中文名称	视频编码标准
英文名称	video encoding standard
定义	录像类电子档案视频文件的压缩编码标准
目的	记录录像类电子档案基本的编码结构信息；有利于录像类电子档案的还原、格式转换；为录像类电子档案的真实、完整与可用提供保障
适用门类	录像
约束性	条件选
可重复性	不可重复
元数据类型	简单型
数据类型	字符型
编码修饰体系	—
值域	MPEG-1，MPEG-2，MPEG-4，MPEG-7，MPEG-21，H.261，H.262，H.263，H.264，H.265，AVS，XVID，MOV，［其他］
缺省值	—
子元数据	—

信息来源	捕获节点	捕获方式
	录像类电子档案在电子档案管理系统或数字档案馆应用系统挂接或著录之时	由电子档案管理系统或数字档案馆应用系统自动捕获，或由著录人员在电子档案管理系统或数字档案馆应用系统对本元数据字典预设值选择赋值

续表

相关元数据	—
著录说明	—
注释	值域中的"［其他］"表示根据需要而自定义设置的其他视频编码标准；视频参数（M52）元数据被选用时，本元数据必选

5.27.2　色彩空间

编号	M54
中文名称	色彩空间
英文名称	color space
定义	表示视频文件颜色集合的抽象数学模型
目的	记录录像类电子档案基本的编码结构信息；有利于录像类电子档案的还原、格式转换；为录像类电子档案的真实、完整与可用提供保障
适用门类	录像
约束性	条件选
可重复性	不可重复
元数据类型	简单型
数据类型	字符型
编码修饰体系	—
值域	RGB，YUV，YCbCr，YIQ，HSV，HSI，［其他］
缺省值	—
子元数据	—

信息来源	捕获节点	捕获方式
	录像类电子档案在电子档案管理系统或数字档案馆应用系统挂接或著录之时	由电子档案管理系统或数字档案馆应用系统自动捕获，或由著录人员在电子档案管理系统或数字档案馆应用系统对本元数据字典预设值选择赋值

应用层次	件
相关元数据	—
著录说明	—
注释	视频参数（M52）元数据选用时，本元数据必选；值域中的"［其他］"表示根据需要而自定义设置的其他视频编码标准

5.27.3　分辨率

续表（左栏）

编号	M55
中文名称	分辨率
英文名称	resolution
定义	视频文件每个画面（帧）的水平像素数和垂直像素数
目的	记录视频文件编码结构； 有助于图像质量的评估
适用门类	录像
约束性	条件选
可重复性	不可重复
元数据类型	简单型
数据类型	字符型
编码修饰体系	—
值域	—
缺省值	—
子元数据	—

信息来源	捕获节点	捕获方式
	录像类电子档案在电子档案管理系统或数字档案馆应用系统挂接或著录之时	由电子档案管理系统或数字档案馆应用系统自动捕获

应用层次	件
相关元数据	格式信息（M48），视频编码标准（M53）
著录说明	示例1：“720×576” 示例2：“1920×1080”
注释	视频参数（M52）元数据被选用时，本元数据必选

5.27.4　帧率

编号	M56
中文名称	帧率
英文名称	frames per second
定义	每秒时间内显示的帧数量
目的	记录视频文件的编码结构； 有助于图像质量的评估
适用门类	录像
约束性	条件选

可重复性	不可重复
元数据类型	简单型
数据类型	字符型
编码修饰体系	—
值域	—
缺省值	—
子元数据	—

信息来源	捕获节点	捕获方式
	录像类电子档案在电子档案管理系统或数字档案馆应用系统挂接或著录之时	由电子档案管理系统或数字档案馆应用系统自动捕获

应用层次	件
相关元数据	—
著录说明	示例：“25”
注释	视频参数（M52）元数据被选用时，本元数据必选

5.27.5　视频比特率

编号	M57
中文名称	视频比特率
英文名称	video bit rate
定义	每秒传输的视频文件比特（bit）数
目的	记录视频文件的编码结构； 有助于图像质量的评估
适用门类	录像
约束性	可选
可重复性	不可重复
元数据类型	简单型
数据类型	字符型
编码修饰体系	—
值域	—
缺省值	—
子元数据	—

信息来源	捕获节点	捕获方式

续表

	录像类电子档案在电子档案管理系统或数字档案馆应用系统登记或挂接之时	由电子档案管理系统或数字档案馆应用系统自动捕获
应用层次	件
相关元数据	分辨率（M55），帧率（M56）
著录说明	示例1："8Mbit/s" 示例2："8Mbps"
注释	视频比特率分为动态比特率（Variable Bitrate，VBR）、平均比特率（Average Bitrate，ABR）、常数比特率（Constant Bitrate，CBR）等三种，分别代表了三种不同的编码方式，为本元数据赋值时只需照实著录比特率的值，如示例1、示例2所述，无需著录视频比特率的类别

5.27.6　色度采样率

编号	M58	
中文名称	色度采样率	
英文名称	chroma sampling rate	
定义	音视频信息采集、处理系统从原始视频图像信息采样的方式	
目的	记录视频文件的编码结构； 有助于图像质量的评估	
适用门类	录像	
约束性	可选	
可重复性	不可重复	
元数据类型	简单型	
数据类型	字符型	
编码修饰体系	—	
值域	4：1：1，4：2：0，4：2：2，4：4：4，［其他］	
缺省值	—	
子元数据	—	
信息来源	捕获节点	捕获方式
	录像类电子档案在电子档案管理系统或数字档案馆应用系统登记或挂接之时	由电子文件管理系统或数字档案馆应用系统自动捕获
相关元数据	—	

续表

著录说明	—
注释	值域中的"［其他］"表示根据需要而自定义设置的其他视频编码标准

5.27.7　视频量化位数

编号	M59	
中文名称	视频量化位数	
英文名称	video quantization digit	
定义	音视频信息采集、处理系统从原始视频图像信息进行量化的参数	
目的	记录视频文件的编码结构； 有助于图像质量的评估	
适用门类	录像	
约束性	可选	
可重复性	不可重复	
元数据类型	简单型	
数据类型	字符型	
编码修饰体系	—	
值域	10bit，8bit，［其他］	
缺省值	—	
子元数据	—	
信息来源	捕获节点	捕获方式
	录像类电子档案在电子档案管理系统或数字档案馆应用系统登记或挂接之时	由电子档案管理系统或数字档案馆应用系统自动捕获，或由著录人员在电子档案管理系统或数字档案馆应用系统对本元数据数据字典预设值选择赋值
相关元数据	—	
著录说明	—	
注释	值域中的"［其他］"表示根据需要而自定义设置的其他视频编码标准	

5.27.8　画面高宽比

编号	M60
中文名称	画面高宽比
英文名称	aspect ratio

续表

定义	视频图像宽度与高度的比例	
目的	揭示录像类电子档案的图像质量与文件大小	
适用门类	录像	
约束性	可选	
可重复性	不可重复	
元数据类型	简单型	
数据类型	字符型	
编码修饰体系	—	
值域	4：3，16：9，［其他］	
缺省值	—	
子元数据		
信息来源	捕获节点	捕获方式
	录像类电子档案在电子档案管理系统或数字档案馆应用系统登记或挂接之时	由电子档案管理系统或数字档案馆应用系统自动捕获
应用层次	件	
相关元数据	—	
著录说明	示例："4：3"	
注释	值域中的"［其他］"表示根据需要而自定义设置的其他视频编码标准	

5.28 音频参数

编号	M61
中文名称	音频参数
英文名称	audio parameter
定义	描述录音、录像类电子档案音频文件编码结构的一组技术参数
目的	记录录音、录像类电子档案音频文件编码结构信息；有利于录音类电子档案的还原、格式转换； 保障录音、录像类电子档案的真实、完整和长期可用
适用门类	录音、录像
约束性	可选
可重复性	可重复
元数据类型	容器型

续表

数据类型	—
编码修饰体系	—
值域	—
缺省值	—
子元数据	音频编码标准（M62），音频比特率（M63），音频采样率（M64），音频量化位数（M65），声道（M66）
信息来源	—
应用层次	件
相关元数据	计算机文件大小（M47），格式信息（M48），数字签名（M68）
著录说明	—
注释	记录音频参数有利于录音类电子档案的长期保存，综合档案馆实施本元数据方案时宜选用本元数据； 录音类电子档案的一种格式对应一组音频参数； 应在录音类电子档案登记或挂接业务环节，由电子档案管理系统或数字档案馆应用系统自动提取并为各个子元数据赋值

5.28.1 音频编码标准

编号	M62
中文名称	音频编码标准
英文名称	audio encoding standard
定义	录音、录像类电子档案音频文件的压缩编码标准
目的	记录录音、录像类电子档案音频文件编码结构； 保障录音、录像类电子档案的真实、完整和长期可用
适用门类	录音、录像
约束性	条件选
可重复性	不可重复
元数据类型	简单型
数据类型	字符型
编码修饰体系	—
值域	PCM，MPEG 1 Layer 1，MPEG 1 Layer 2，MPEG 1 Layer 3，MPEG 2 Layer 1，MPEG 2 Layer 2，MPEG 2 Layer 3，MPEG - 4 ALS，

续表

值域	MPEG - 4 SLS，MPEG - 4 DST，MPEG - 4 HVXC，MPEG - 4 CELP，AAC，HE - AAC，OGG，APE，FLAC，ACC，MPC，[其他]	
缺省值	—	
子元数据	—	
信息来源	捕获节点	捕获方式
	录音、录像类电子档案在电子档案管理系统或数字档案馆应用系统挂接或著录之时	录音、录像类电子档案由电子档案管理系统或数字档案馆应用系统自动捕获，或由著录人员在电子档案管理系统或数字档案馆应用系统对本元数据数据字典预设值选择赋值
应用层次	件	
相关元数据	—	
著录说明	—	
注释	音频参数（M61）元数据被选用时，本元数据必选； 值域中的"[其他]"表示根据需要而自定义设置的其他音频编码标准	

5.28.2　音频比特率

编号	M63	
中文名称	音频比特率	
英文名称	audio bit rate	
定义	每秒传输的音频文件比特（bit）数	
目的	记录音频文件的编码结构； 有助于录音、录像类电子档案的质量评估和长期可用	
适用门类	录音、录像	
约束性	可选	
可重复性	不可重复	
元数据类型	简单型	
数据类型	字符型	
编码修饰体系		
值域	—	
缺省值	—	
子元数据	—	

信息来源	捕获节点	捕获方式
	录音、录像类电子档案在电子档案管理系统或数字档案馆应用系统挂接或著录之时	由电子档案管理系统或数字档案馆应用系统自动捕获
应用层次	件	
相关元数据	—	
著录说明	示例："448kbit/s"	
注释	音频比特率分为动态比特率（Variable Bitrate，VBR）、平均比特率（Average Bitrate，ABR）、常数比特率（Constant Bitrate，CBR）等三种，分别代表了三种不同的编码方式，为本元数据赋值时只需照实著录比特率的值，如示例所述，无需著录音频比特率的类别	

5.28.3　音频采样率

编号	M64	
中文名称	音频采样率	
英文名称	audio sampling rate	
定义	音频文件单位时间内从模拟信号中提取组成数字信号的采样个数	
目的	记录音频文件的编码结构； 有助于录音、录像类电子档案的质量评估和长期可用	
适用门类	录音、录像	
约束性	可选	
可重复性	不可重复	
元数据类型	简单型	
数据类型	字符型	
编码修饰体系		
值域	22.05kHz，32kHz，44.1kHz，48kHz，96kHz，192kHz	
缺省值	—	
子元数据	—	
信息来源	捕获节点	捕获方式
	录音、录像类电子档案在电子档案管理系统或数字档案馆应用系统挂接或著录之时	由电子档案管理系统或数字档案馆应用系统自动捕获

续表

应用层次	件
相关元数据	—
著录说明	示例："48kHz"
注释	值域中的"［其他］"表示根据需要而自定义设置的其他音频采样率

5.28.4 音频量化位数

编号	M65	
中文名称	音频量化位数	
英文名称	audio quantization digit	
定义	音视频信息采集、处理系统从原始音频信息进行量化的参数	
目的	记录音频文件的编码结构； 有助于录音、录像类电子档案的质量评估和长期可用	
适用门类	录音、录像	
约束性	可选	
可重复性	不可重复	
元数据类型	简单型	
数据类型	字符型	
编码修饰体系	—	
值域	8bit，16bit，24bit，［其他］	
缺省值	—	
子元数据	—	
信息来源	捕获节点	捕获方式
	录音、录像类电子档案在电子档案管理系统或数字档案馆应用系统挂接或著录之时	由电子档案管理系统或数字档案馆应用系统自动捕获，或由著录人员在电子档案管理系统或数字档案馆应用系统对本元数据数据字典预设值选择赋值
应用层次	件	
相关元数据	—	
著录说明	示例："16bit"	
注释	值域中的"［其他］"表示根据需要而自定义设置的其他音频采样精度	

5.28.5 声道

编号	M66	
中文名称	声道	
英文名称	audio channels	
定义	声音在录制或播放时在不同空间位置采集或回放的相互独立的音频信号的数量	
目的	记录音频文件的编码结构； 有助于录音、录像类电子档案的质量评估和长期可用	
适用门类	录音、录像	
约束性	可选	
可重复性	不可重复	
元数据类型	简单型	
数据类型	字符型	
编码修饰体系	—	
值域	1，2，4，6，8，［其他］	
缺省值	—	
子元数据	—	
信息来源	捕获节点	捕获方式
	录音、录像类电子档案在电子档案管理系统或数字档案馆应用系统挂接或著录之时	由电子档案管理系统或数字档案馆应用系统自动捕获
应用层次	件	
相关元数据	—	
著录说明	示例："2"	
注释	值域中的"1"对应单声道，"2"对应立体声，"4"对应四声环绕，"6"对应5.1声道，"8"对应7.1声道，"［其他］"指今后随着声音录制和播放技术进步而新增的声道	

5.29 参见号

编号	M67
中文名称	参见号
英文名称	related records identifier
定义	同一项业务活动中形成的，或具有相同主题的各门类电子档案、资料的档号或编号组合

续表

目的	记录录音、录像类电子档案的背景信息，建立各门类档案之间的有机联系；有助于录音、录像类电子档案的检索、利用与控制	
约束性	可选	
可重复性	不可重复	
元数据类型	简单型	
数据类型	字符型	
编码修饰体系	—	
值域	—	
缺省值	—	
信息来源	捕获节点	捕获方式
	录音、录像类电子档案在数字档案馆应用系统登记或挂接之后	由著录人员在数字档案馆应用系统手工赋值，或由数字档案馆应用系统自动建立联系并赋值
应用层次	件	
相关元数据	—	
著录说明	著录与录音、录像类电子档案相关联的电子档案、资料的档号或编号，不同档号或编号之间用"，"隔开。其著录可参照 DA/T 54—2014 附录 C 的相关元数据著录模板执行	
注释	—	

5.30　数字签名

编号	M68
中文名称	数字签名
英文名称	digital signature
定义	关于录音、录像类电子档案比特流数字签名的一组描述信息
目的	为校验录音、录像类电子档案的真实、可靠和完整提供方法与途径；提供录音、录像类电子档案数字签名有效性的验证工具
适用门类	录音、录像
约束性	可选
可重复性	可重复
元数据类型	容器型

续表

数据类型	字符型
编码修饰体系	—
值域	—
子元数据	签名格式描述（M69），签名时间（M70），签名者（M71），签名（M72），证书（M73），证书引证（M74），签名算法（M75）
缺省值	—
信息来源	—
应用层次	件
相关元数据	计算机文件大小（M47），格式信息（M48），视频参数（M52），音频参数（M61）
著录说明	—
注释	应采用单位数字证书实施录音、录像类电子档案数字签名业务活动；数字签名元数据用于校验录音、录像类电子档案是否被恶意修改，签名对象是录音、录像类电子档案编码数据

5.30.1　签名格式描述

编号	M69
中文名称	签名格式描述
英文名称	signature format description
定义	对数字签名采用的标准、算法等所作的描述
目的	为校验录音、录像类电子档案内容信息的真实、可靠和完整提供方法与途径；提供录音、录像类电子档案数字签名有效性的验证工具
适用门类	录音、录像
约束性	条件选
可重复性	不可重复
元数据类型	简单型
数据类型	字符型
编码修饰体系	—
值域	—
缺省值	—
信息来源	捕获节点　　　　捕获方式

续表

	录音、录像类电子档案在电子档案管理系统或数字档案馆应用系统登记或挂接之后，完成数字签名之时	由电子档案管理系统或数字档案馆应用系统根据预设值自动捕获
应用层次	件
相关元数据	—
著录说明	采用自由文本对数字签名格式进行描述。 示例："本封装包采用××省数字证书认证中心颁发的单位数字证书对录音类电子档案内容进行签名。CA证书使用RSA数字签名算法与SHA-1哈希算法，文摘使用SHA-1算法。SHA-1由安全哈希算法标准（SHS）（Secure Hash Standard，FIPS PUB 180-2，National Institute of Standards and Technology，US Department of Commerce，1 August 2002）定义。RSA算法由PKCS♯1 V2.1；RSA加密标准定义（PKCS♯1 v2.1：RSA Cryptography Standard，RSA Laboratories，14 June 2002）。RSA的公钥使用X.509证书封装在数字签名元数据中。X.509证书由信息技术—开放系统互连—号码簿：公钥和属性鉴别框架［Information technology - Open Systems Interconnection - The Directory：Public-key and attribute certificate frameworks，ITU-T Recommendation X.509（2000）］定义。数字签名和X.509证书采用Base64编码传输。"
注释	数字签名（M68）元数据被选用时，本元数据必选

5.30.2 签名时间

编号	M70
中文名称	签名时间
英文名称	date signed
定义	对录音、录像类电子档案数字对象比特流实施数字签名的日期时间
目的	为校验录音、录像类电子档案内容信息的真实、可靠和完整提供方法与途径； 提供录像类电子档案数字签名有效性的验证工具
适用门类	录音、录像
约束性	条件选
可重复性	不可重复

续表

元数据类型	简单型	
数据类型	日期时间型	
编码修饰体系	标识	名称
	GB/T 7408—2005	数据元和交换格式 信息交换 日期和时间表示法
值域	—	
缺省值	—	
信息来源	捕获节点	捕获方式
	录音、录像类电子档案在电子档案管理系统或数字档案馆应用系统登记或挂接之后，完成数字签名之时	由电子档案管理系统或数字档案馆应用系统自动捕获
应用层次	件	
相关元数据	—	
著录说明	应著录标准时间戳或服务器时间等，签名时间应精确到秒。 示例："2010-04-12T10：15：30"	
注释	数字签名（M68）元数据被选用时，本元数据必选	

5.30.3 签名者

编号	M71
中文名称	签名者
英文名称	signer
定义	对数字签名负有责任的机构责任者名称
目的	为校验录像类电子档案内容信息的真实、可靠和完整提供方法与途径； 提供录像类电子档案数字签名有效性的验证工具
适用门类	录音、录像
约束性	条件选
可重复性	不可重复
元数据类型	简单型
数据类型	字符型
编码修饰体系	—

值域	—
缺省值	—

信息来源	捕获节点	捕获方式
	录音、录像类电子档案在电子档案管理系统或数字档案馆应用系统登记或挂接之后，完成数字签名之时	由电子档案管理系统或数字档案馆应用系统从单位数字证书中自动捕获

应用层次	件
相关元数据	—
著录说明	应著录数字签名责任单位的全称或不会发生误解的通用简称
注释	数字签名（M68）元数据被选用时，本元数据必选； 用于录音、录像类电子档案数字签名的数字证书应是第三方权威机构颁发的单位数字证书，单位数字证书持有单位的名称已经按规范写入证书。负责完成数字签名业务活动的操作人信息应作为实施管理活动的责任人记录于机构人员实体中

5.30.4　签名

编号	M72
中文名称	签名
英文名称	signature
定义	录音、录像类电子档案数字对象比特流的数字签名结果
目的	为校验录音、录像类电子档案内容信息的真实、完整和可靠提供方法与途径； 提供录音、录像类电子档案数字签名有效性的验证工具
适用门类	录音、录像
约束性	条件选
可重复性	不可重复
元数据类型	简单型
数据类型	字符型
编码修饰体系	—
值域	—
缺省值	—

信息来源	捕获节点	捕获方式
	录音、录像类电子档案在电子档案管理系统或数字档案馆应用系统登记或挂接之后，完成数字签名之时	由电子档案管理系统或数字档案馆应用系统自动捕获

应用层次	件
相关元数据	—
著录说明	必须按 Base64 标准对数字签名结果进行编码后再为本元数据赋值
注释	数字签名（M68）元数据被选用时，本元数据必选

5.30.5　证书

编号	M73
中文名称	证书
英文名称	certificate
定义	验证录音、录像类电子档案数字对象比特流签名有效性的 RSA 公钥，内含一个 X.509 证书
目的	为校验录音、录像类电子档案内容信息的真实、可靠和完整提供方法与途径； 提供录音、录像类电子档案数字签名有效性的验证工具
适用门类	录音、录像
约束性	条件选
可重复性	不可重复
元数据类型	简单型
数据类型	字符型
编码修饰体系	—
值域	—
缺省值	—

信息来源	捕获节点	捕获方式
	录音、录像类电子档案在电子档案管理系统或数字档案馆应用系统登记或挂接之后，完成数字签名之时	由电子档案管理系统或数字档案馆应用系统从单位数字证书中自动捕获

续表

应用层次	件
相关元数据	—
著录说明	—
注释	数字签名（M68）元数据被选用时，本元数据必选； 一个证书即是一个用唯一编码规则（Distin-guished Encoding Rules，DER）编码的 X.509 证书，X.509 证书由信息技术—开放系统互连—号码簿：公钥和属性鉴别框架［Informa-tion technology‐Open Systems Interconnection‐The Directory：Public‐key and attribute cer-tificate frameworks，ITU‐T Recommendation X.509（2000）］定义。签名和证书都使用 Base64 进行编码，Base64 编码由 RFC2045‐多用途网际邮件扩充协议（MIME）第一部分：Internet 信息体格式［RFC2045—Multipurpose Internet Mail Extensions（MIME）Part One：Format of Internet Message Bodies］定义

5.30.6 证书引证

编号	M74
中文名称	证书引证
英文名称	certificate reference
定义	指向包含数字证书认证机构根证书等验证文件的一个链接
目的	为校验录音、录像类电子档案内容信息的真实、可靠和完整提供方法与途径； 提供录音、录像类电子档案数字签名有效性的验证工具
适用门类	录音、录像
约束性	可选
可重复性	不可重复
元数据类型	简单型
数据类型	字符型
编码修饰体系	—
值域	—
缺省值	—

续表

信息来源	捕获节点	捕获方式
	录音、录像类电子档案在电子档案管理系统或数字档案馆应用系统登记或挂接之后，完成数字签名之时	由电子档案管理系统或数字档案馆应用系统根据预设值自动捕获
应用层次	件	
相关元数据	—	
著录说明	著录指向数字证书认证机构根证书或证书吊销列表等类数字证书验证文件的 URL 地址或 IP 地址。示例见附录 B 的 B.3 著录模板	
注释	—	

5.30.7 签名算法

编号	M75
中文名称	签名算法
英文名称	signature algorithm
定义	数字签名使用的数学算法
目的	为校验录音、录像类电子档案内容信息的真实、可靠和完整提供方法与途径； 提供录音、录像类电子档案数字签名有效性的验证工具
适用门类	录音、录像
约束性	可选
可重复性	不可重复
元数据类型	简单型
数据类型	字符型
编码修饰体系	—
值域	—
缺省值	—

信息来源	捕获节点	捕获方式
	录音、录像类电子档案在电子档案管理系统或数字档案馆应用系统登记或挂接之后，完成数字签名之时	由电子档案管理系统或数字档案馆应用系统根据预设值自动捕获
应用层次	件	

续表

相关元数据	—
著录说明	示例："SHA-1"
注释	SHA-1 由安全哈希算法标准（SHS）（Secure Hash Standard, FIPS PUB 180-2, National Institute of Standards and Technology, US Department of Commerce, 1 August 2002）定义

6　业务实体元数据描述

6.1　职能业务

编号	M76
中文名称	职能业务
英文名称	function business
定义	录音、录像类电子档案记录的职能业务描述信息
目的	记录录音、录像类电子档案得以形成的职能业务背景，确保录音、录像类电子档案的真实、完整和可靠； 有利于录音、录像类电子档案的分类、编目与管理； 有利于录音、录像类电子档案的价值鉴定、检索和利用
适用类型	录音、录像
约束性	可选
可重复性	不可重复
元素类型	容器型
子元数据	业务类型（M77）、业务名称（M78）、业务开始时间（M79）、业务结束时间（M80）、业务描述（M81）
应用层次	件
相关元数据	题名（M7）
注释	一次职能业务中形成的录音或录像类电子档案组成一个卷时，卷内全部录音或录像类电子档案的职能业务元数据著录结果相同

6.1.1　业务类型

编号	M77	
中文名称	业务类型	
英文名称	business type	

续表

定义	录音、录像类电子档案记录的职能业务的聚合层次	
目的	记录录音、录像类电子档案的职能业务背景，确保录音、录像类电子档案的真实、完整和可靠； 有利于录音、录像类电子档案的分类、编目与管理； 利于录音、录像类电子档案的价值鉴定、检索和利用	
适用门类	录音、录像	
约束性	可选	
可重复性	不可重复	
元素类型	简单型	
数据类型	字符型	
编码修饰体系	标识	名称
	DA/T 54—2014	照片类电子档案元数据方案（附录 B.3）
值域	事务，活动，职能，联合职能	
缺省值	—	
信息来源	捕获节点	捕获方式
	录音、录像类电子档案在电子档案管理系统或数字档案馆应用系统登记或挂接之后，对职能业务元数据著录之时	由电子档案管理系统或数字档案馆应用系统根据著录人员在业务类型数据字典中的选择结果批量自动赋值
应用层次	件	
相关元数据	—	
著录说明	—	
注释	可参照 DA/T 54—2014 的附录 B.3 执行	

6.1.2　业务名称

编号	M78
中文名称	业务名称
英文名称	business name
定义	录音、录像类电子档案记录的职能业务活动的名称
目的	记录录音、录像类电子档案的职能业务背景，确保录音、录像类电子档案的真实、完整和可靠；

续表

目的	有利于录音、录像类电子档案的分类、编目与管理； 利于录音、录像类电子档案的价值鉴定、检索和利用
适用门类	录音、录像
约束性	条件选
可重复性	不可重复
元素类型	简单型
数据类型	字符型
编码修饰体系	—
值域	—
缺省值	—

信息来源	捕获节点	捕获方式
	录音、录像类电子档案在电子档案管理系统或数字档案馆应用系统登记或挂接之后，对职能业务元数据著录之时	由电子档案管理系统或数字档案馆应用系统基于著录人员的手工著录结果批量自动赋值

应用层次	件
相关元数据	—
著录说明	在重要会议、纪念活动、演出、运动会等业务活动中形成的录音、录像类电子档案，应著录会议、纪念活动等的正式名称，如示例1、示例2。在重大事件、口述历史、城市记忆等业务活动中形成的录音、录像类电子档案，应由著录人员自拟业务名称，应文字简洁、主题明确，如示例3。 示例1："全省七个系统国有企业改革工作总结表彰大会" 示例2："全省领导干部学习贯彻党的十八大精神研讨班" 示例3："城市交通枢纽变迁记忆"
注释	职能业务（M76）元数据被选用时，本元数据必选

6.1.3　业务开始时间

编号	M79
中文名称	业务开始时间
英文名称	business beginning date
定义	录音、录像类电子档案记录的职能业务开始时间

续表

目的	记录录音、录像类电子档案的职能业务背景，确保录音、录像类电子档案的真实、完整和可靠； 利于录音、录像类电子档案的价值鉴定、检索和利用
适用门类	录音、录像
约束性	可选
可重复性	不可重复
元素类型	简单型
数据类型	日期型

编码修饰体系	标识	名称
	GB/T 7408—2005	数据元和交换格式 信息交换 日期和时间表示法

值域	—
缺省值	—

信息来源	捕获节点	捕获方式
	录音、录像类电子档案在电子档案管理系统或数字档案馆应用系统登记或挂接之后，对职能业务元数据著录之时	由电子档案管理系统或数字档案馆应用系统基于著录人员的手工著录结果批量自动赋值

应用层次	件
相关元数据	—
著录说明	著录职能业务开始的年、月、日。 示例1："2011－03－15" 示例2："20110315"
注释	—

6.1.4　业务结束时间

编号	M80
中文名称	业务结束时间
英文名称	business ending date
定义	录音、录像类电子档案记录的职能业务结束时间
目的	记录录音、录像类电子档案的职能业务背景，确保录音、录像类电子档案的真实、完整和可靠； 利于录音、录像类电子档案的价值鉴定、检索和利用

续表

适用门类	录音、录像
约束性	可选
可重复性	不可重复
元素类型	简单型
数据类型	日期型

编码修饰体系	标识	名称
	GB/T 7408—2005	数据元和交换格式 信息交换 日期和时间表示法
值域	—	
缺省值	—	

信息来源	捕获节点	捕获方式
	录音、录像类电子档案在电子档案管理系统或数字档案馆应用系统登记或挂接之后，对职能业务元数据著录之时	由电子档案管理系统或数字档案馆应用系统基于著录人员的手工著录结果批量自动赋值
应用层次	件	
相关元数据	—	
著录说明	著录职能业务结束的年、月、日。示例："2011-03-15"	
注释	如果某项职能业务的开始与结束时间为同一天，则业务结束时间（M80）著录结果与业务开始时间（M79）相同	

6.1.5　业务描述

编号	M81
中文名称	业务描述
英文名称	business description
定义	对录音、录像类电子档案记录的职能业务的整体性概括描述
目的	记录录音、录像类电子档案的职能业务背景，确保录音、录像类电子档案的真实、完整和可靠；利于录音、录像类电子档案的价值鉴定、检索和利用
适用门类	录音、录像
约束性	条件选
可重复性	不可重复

续表

元素类型	简单型
数据类型	字符型
编码修饰体系	—
值域	—
缺省值	—

信息来源	捕获节点	捕获方式
	录音、录像类电子档案在电子档案管理系统或数字档案馆应用系统登记或挂接之后，对职能业务元数据著录之时	由电子档案管理系统或数字档案馆应用系统基于著录人员的手工著录结果批量自动赋值
应用层次	件	
相关元数据	—	
著录说明	采用自由文本如实著录职能业务描述元数据，著录要素应包括日期、业务活动名称、地点、主要人物、主要议程或过程、结果等六个方面，必要时应著录该项业务活动的起源背景。著录文字应客观、简洁、不加修饰，应能表达业务活动的总体概况。示例1："2012年9月4日，江西省档案局局长汪晓勇陪同石家庄陆军指挥学院副院长刘英少将参观省档案馆陈列的《国家领导人在江西》等图片展，并参观了省档案馆利用大厅。省档案局相关处室负责人陪同参观。刘英将军原任中国人民解放军总参谋部保密档案局局长，此次来南昌是参加2012年9月3日到6日的全国人防信息化建设集训会议"	
注释	职能业务（M76）元数据被选时，本元数据必选	

6.2　管理活动

编号	M82
中文名称	管理活动
英文名称	management action
定义	关于录音、录像类电子文件归档和电子档案移交、接收、格式转换、迁移等管理历史的一组描述信息
目的	记录录音、录像类电子档案的全程管理历史；建立与管理活动相关联的录音、录像类电子档案各实体间关系；为录音、录像类电子档案的真实、完整和可靠提供保障

续表

适用门类	录音、录像
约束性	条件选
可重复性	可重复
元素类型	容器型
子元数据	管理活动标识符（M83），管理行为（M84），管理时间（M85），管理活动描述（M86），关联实体标识符（M87）
应用层次	件
相关元数据	机构人员实体元数据，授权实体元数据
注释	业务实体被选用时，本元数据必选； 管理活动元数据的 5 个子元数据共同描述一次管理行为的相关属性。已经实施的管理活动应逐次记录于管理活动元数据

6.2.1 管理活动标识符

编号	M83
中文名称	管理活动标识符
英文名称	action identifier
定义	电子档案管理系统或数字档案馆应用系统赋予录音、录像类电子档案管理活动的流水编号
目的	记录录音、录像类电子档案的全程管理历史； 建立与管理活动相关联的录音、录像类电子档案各实体间关系； 为录音、录像类电子档案的真实、完整和可靠提供保障
适用门类	录音、录像
约束性	条件选
可重复性	不可重复
元素类型	简单型
数据类型	字符型
编码修饰体系	—
值域	—
缺省值	—

信息来源	捕获节点	捕获方式
	触发或完成录像类电子档案管理活动之时	由电子档案管理系统或数字档案馆应用系统自动捕获

应用层次	件
相关元数据	关联实体标识符（M87），机构人员标识符（M88），授权标识符（M93）

续表

著录说明	应分别编制档案室、档案馆录音、录像类电子档案管理活动标识符。 示例1：室编管理活动 N，$N=1$，2，3，… 示例2：馆编管理活动 N，$N=1$，2，3，…
注释	业务实体被选用时，本元数据必选； 管理活动标识符编码方案为电子档案管理系统、数字档案馆应用系统内部规则，电子档案管理者可以自定义编码方案

6.2.2 管理行为

编号	M84
中文名称	管理行为
英文名称	management activity
定义	实施录音、录像类电子文件的归档和电子档案移交、接收、利用、鉴定等管理活动的具体行为
目的	记录录音、录像类电子档案的全程管理历史； 建立与管理活动相关联的录音、录像类电子档案各实体间关系； 为录音、录像类电子档案的真实、完整和可靠提供保障
适用门类	录音、录像
约束性	条件选
可重复性	不可重复
元素类型	简单型
数据类型	字符型
编码修饰体系	—
值域	归档登记，移交，接收，进馆登记，格式转换，数字签名，封装，修改封装，迁移，[其他]
缺省值	—

信息来源	捕获节点	捕获方式
	触发或完成录音、录像类电子档案管理活动之时	由电子档案管理系统或数字档案馆应用系统自动捕获，或根据实施管理活动责任人对管理行为数据字典的选择结果自动捕获

应用层次	件
相关元数据	机构人员名称（M89）

著录说明	—
注释	业务实体被选用时，本元数据必选； 　　各种管理活动实施于不同网络，贯穿录音、录像类电子档案生命周期，电子档案管理系统或数字档案馆应用系统自动捕获管理行为的功能，分布在不同的功能模块和业务流程中，因此，在系统设计阶段需进行充分的需求分析以便完成管理行为（M84）、管理时间（M85）元数据的自动捕获

6.2.3　管理时间

编号	M85	
中文名称	管理时间	
英文名称	action time	
定义	实施录音、录像类电子档案各项管理活动的日期和时间	
目的	记录录音、录像类电子档案的全程管理历史； 　　建立与管理活动相关联的录音、录像类电子档案各实体间关系； 　　为录音、录像类电子档案的真实、完整和可靠提供保障	
适用门类	录音、录像	
约束性	条件选	
可重复性	不可重复	
元素类型	简单型	
数据类型	日期型	
编码修饰体系	标识	名称
	GB/T 7408—2005	数据元和交换格式　信息交换　日期和时间表示法
值域	—	
缺省值	—	
信息来源	捕获节点	捕获方式
	触发或完成录音、录像类电子档案管理活动之时	由电子档案管理系统或数字档案馆应用系统自动捕获
应用层次	件	
相关元数据	—	
著录说明	著录格式为：YYYYMMDDThhmmss，如示例1；或 YYYY-MM-DDThh：mm：ss，如示例2。	

著录说明	示例1："20120628T091530" 示例2："2012-06-28T09：15：30"
注释	业务实体被选用时，本元数据必选

6.2.4　管理活动描述

编号	M86	
中文名称	管理活动描述	
英文名称	management action description	
定义	对录音、录像类电子档案管理活动的进一步说明	
目的	记录录音、录像类电子档案的全程管理历史； 　　建立与管理活动相关联的录音、录像类电子档案各实体间关系； 　　为录音、录像类电子档案的真实、完整和可靠提供保障	
适用门类	录音、录像	
约束性	可选	
可重复性	不可重复	
元素类型	简单型	
数据类型	字符型	
编码修饰体系	—	
值域	—	
缺省值	—	
信息来源	捕获节点	捕获方式
	触发或完成录音、录像类电子档案管理活动之时	电子档案管理系统或数字档案馆应用系统根据负责操作完成各项管理活动的责任人的手工著录结果批量自动赋值
应用层次	件	
相关元数据	—	
著录说明	采用自由文本著录。可描述实施管理活动的原因、方式、依据等。 　　示例："本批移交进馆的电子档案是省政府办公厅2010年形成并归档保存的10卷100件录像类电子档案，以提交数据包经省档案馆电子档案移交接收系统在线移交进馆。"	
注释	—	

6.2.5 关联实体标识符

编号	M87
中文名称	关联实体标识符
英文名称	related entities identifier
定义	录音、录像类电子档案管理活动相关实体标识符的组合
目的	记录录音、录像类电子档案管理活动及其背景信息； 描述录音、录像类电子档案管理过程，为其真实、可靠提供保障
适用门类	录音、录像
约束性	条件选
可重复性	不可重复
元素类型	简单型
数据类型	字符型
编码修饰体系	—
值域	—
缺省值	—
子元数据	—

信息来源	捕获节点	捕获方式
	录音、录像类电子档案管理活动完成之后，且相应的管理活动、机构人员实体、授权实体等元数据赋值完成之时	由电子档案管理系统或数字档案馆应用系统自动捕获

应用层次	件
相关元数据	管理活动标识符（M83），机构人员标识符（M88），授权标识符（M93）
著录说明	凡与录音、录像类电子档案管理活动相关联并形成了具体元数据值的实体，其实体标识符都应成为关联实体标识符的组成部分，各关联实体标识符之间用"-"连接。仅通过数据库以多实体方式管理元数据时，关联实体标识符（M87）应包括唯一标识符或档号等标识符，如示例1；采用与DA/T 48—2009相类似的XML封装包管理元数据时，关联实体标识符（M87）的著录方式如示例2。 示例1："CN436001X043LY200900019-馆编管理活动3-馆编机构人员1" 示例2："馆编管理活动3-馆编机构人员1-馆编授权1"
注释	业务实体被选用时，本元数据必选

7 机构人员实体元数据描述

7.1 机构人员标识符

编号	M88
中文名称	机构人员标识符
英文名称	agent identifier
定义	电子档案管理系统或数字档案馆应用系统为具体实施管理活动的责任人编制的流水编号
目的	建立录音、录像类电子档案各实体间关系； 实现业务实体、机构人员实体、授权实体的分面组配，减少冗余元数据
适用门类	录音、录像
约束性	条件选
可重复性	不可重复
元素类型	简单型
数据类型	字符型
编码修饰体系	
值域	—
缺省值	—
子元数据	—

信息来源	捕获节点	捕获方式
	触发或完成录音、录像类电子档案管理活动之时	由电子档案管理系统或数字档案馆应用系统自动捕获

应用层次	件
相关元数据	关联实体标识符（M87），管理活动标识符（M83），授权标识符（M93）
著录说明	应分别编制档案室、国家综合档案馆机构人员标识符。 示例1：室编机构人员 N，$N=1，2，3，\cdots$ 示例2：馆编机构人员 N，$N=1，2，3，\cdots$
注释	机构人员实体被选用时，本元数据必选； 机构人员标识符编制规则为电子档案管理系统或数字档案馆应用系统内的编码方案。同一机构人员对同一件录音、录像类电子档案实施多次管理活动时，仅需在机构人员实体记录一次，并通过业务实体的关联实体标识符（M87）元数据建立该机构人员与本次及后续由其实施的管理活动、管理授权之间的对应关系。例如，围绕某件录音、录像类电子档案，国家综合档案馆的李某作为第二位不同的责任人对其实施

续表

注释	了格式转换管理活动，数字档案馆应用系统为这次管理活动编制一个机构人员标识符，即"馆编机构人员 2"，并为机构人员名称等机构人员实体元数据赋值。此后，李某再对该张录音、录像类电子档案实施其他管理活动时，数字档案馆应用系统无需形成新一组机构人员实体元数据值

7.2　机构人员名称

编号	M89	
中文名称	机构人员名称	
英文名称	agent name	
定义	负责实施录音、录像类电子档案管理活动的责任者名称	
目的	有利于机构人员的管理与控制； 有助于录音、录像类电子档案管理活动的问责与追溯； 为录音、录像类电子档案的真实、完整、可靠提供保障	
适用门类	录音、录像	
约束性	条件选	
可重复性	不可重复	
元素类型	简单型	
数据类型	字符型	
编码修饰体系	—	
值域	—	
缺省值	—	
子元数据	—	
信息来源	捕获节点	捕获方式
	触发或完成录音、录像类电子档案管理活动之时	由电子档案管理系统或数字档案馆应用系统自动捕获
著录说明	机构人员类型为单位时，著录单位或内设机构全称或通用简称； 机构人员类型为个人时，著录个人责任者姓名	
相关元数据	管理行为（M84），机构人员类型（M90），机构人员代码（M91），机构人员隶属（M92）	
注释	机构人员实体被选用时，本元数据必选； 管理活动发生在两个单位之间时，如移交、接收活动，本元数据宜记录单位责任者名称，此时，机构人员类型（M90）元数据的值应为"单位"	

7.3　机构人员类型

编号	M90	
中文名称	机构人员类型	
英文名称	agent type	
定义	机构人员的聚合层次	
目的	有利于机构人员的管理与控制； 为录音、录像类电子档案的真实、完整、可靠提供保障	
适用门类	录音、录像	
约束性	可选	
可重复性	不可重复	
元素类型	简单型	
数据类型	字符型	
编码修饰体系	—	
值域	单位，内设机构，个人	
缺省值	个人	
子元数据	—	
信息来源	捕获节点	捕获方式
	触发或完成录音、录像类电子档案管理活动之时	由电子档案管理系统或数字档案馆应用系统自动捕获，或根据负责实施管理活动的责任人对机构人员类型数据字典的选择结果自动捕获
应用层次	件	
相关元数据	机构人员名称（M89）	
著录说明	示例："个人"	
注释	在录音、录像类电子档案管理活动中，移交、接收是发生于两个单位之间的管理行为，实施移交、接收管理活动的机构人员类型应著录为"单位"	

7.4　机构人员代码

编号	M91
中文名称	机构人员代码
英文名称	agent identifier
定义	唯一标识机构人员的一串代码

右上角 续表（左列）

目的	记录录音、录像类电子档案管理活动责任信息，有助于录音、录像类电子档案管理活动的问责与追溯； 为录音、录像类电子档案的真实、完整、可靠提供保障	
适用门类	录音、录像	
约束性	可选	
可重复性	不可重复	
元素类型	简单型	
数据类型	字符型	
编码修饰体系	标识	名称
	GB 32100—2015	法人和其他组织统一社会信用代码编码规则
	GB 11643—1999	公民身份号码
值域	—	
缺省值	—	
子元数据	—	
信息来源	捕获节点	捕获方式
	触发或完成录音、录像类电子档案管理活动之时	由电子档案管理系统或数字档案馆应用系统自动捕获；当机构人员类型（M90）为个人时，则可基于已经捕获的机构人员名称（M89），从系统用户配置信息中自动捕获
应用层次	件	
相关元数据	机构人员名称（M89）	
著录说明	机构人员类型（M90）为"单位"时，可著录统一社会信用代码； 机构人员类型（M90）为"内设机构"时，如有，可著录部门代码； 机构人员类型（M90）为"个人"时，可著录身份证号或单位工作证号	
注释	—	

7.5 机构人员隶属

编号	M92
中文名称	机构人员隶属
英文名称	agent belongs to
定义	直接管辖机构人员的部门或机构名称

右上角 续表（右列）

目的	记录机构人员的职能背景信息； 有助于录音、录像类电子档案管理活动的问责与追溯； 为录音、录像类电子档案的真实、完整、可靠提供保障	
适用门类	录音、录像	
约束性	可选	
可重复性	不可重复	
元素类型	简单型	
数据类型	字符型	
编码修饰体系	—	
值域	—	
缺省值	—	
子元数据	—	
信息来源	捕获节点	捕获方式
	触发或完成录音、录像类电子档案管理活动之时	由电子档案管理系统或数字档案馆应用系统自动捕获；当机构人员类型（M90）为个人时，则可基于已经捕获的机构人员名称（M89），从系统用户配置信息中自动捕获
著录说明	著录机构人员隶属的内设机构或单位的全称或不会引起误解的简称	
相关元数据	机构人员名称（M89）	
注释	—	

8 授权实体元数据描述

8.1 授权标识符

编号	M93
中文名称	授权标识符
英文名称	mandate identifier
定义	电子档案管理系统或数字档案馆应用系统为实施录音、录像类电子档案管理活动授权编制的流水编号
目的	建立录音、录像类电子档案各实体间关系； 实现业务实体、机构人员实体、授权实体的分面组配，减少冗余元数据
适用门类	录音、录像
约束性	条件选

续表

可重复性	不可重复	
元素类型	简单型	
数据类型	字符型	
编码修饰体系	—	
值域	—	
缺省值	—	
子元数据	—	
信息来源	捕获节点	捕获方式
	触发或完成录音、录像类电子档案管理活动之时	由电子档案管理系统或数字档案馆应用系统自动捕获
应用层次	件	
相关元数据	关联实体标识符（M87），管理活动标识符（M83），机构人员标识符（M88）	
著录说明	应分别编制档案室、档案馆实施电子档案管理活动授权的标识符。 示例1：室编授权 N，$N=1, 2, 3, \cdots$ 示例2：馆编授权 N，$N=1, 2, 3, \cdots$	
注释	授权实体被选用时，本元数据必选； 授权标识符编制规则为电子档案管理系统或数字档案馆应用系统内的编码方案。授权标识符的记录方式参照机构人员标识符的注释	

8.2　授权名称

编号	M94	
中文名称	授权名称	
英文名称	mandate name	
定义	实施录音、录像类电子档案管理活动的授权的名称	
目的	为录音、录像类电子档案管理活动的规范性提供证据链； 有利于录音、录像类电子档案管理活动的问责和追溯	
适用门类	录音、录像	
约束性	条件选	
可重复性	不可重复	
元素类型	简单型	
数据类型	字符型	
编码修饰体系	—	

续表

值域	—	
缺省值	—	
子元数据	—	
信息来源	捕获节点	捕获方式
	触发或完成录音、录像类电子档案管理活动之时	由电子档案管理系统或数字档案馆应用系统根据实施管理活动责任人对授权数据字典的选择结果或手工著录结果自动捕获
应用层次	件	
相关元数据	发布时间（M96）	
著录说明	示例1："《电子档案移交与接收办法》（档发〔2012〕7号）" 示例2："DA/T 48—2009 基于 XML 的电子文件封装规范"	
注释	授权实体被选用时，本元数据必选	

8.3　授权类型

编号	M95	
中文名称	授权类型	
英文名称	mandate type	
定义	实施录音、录像类电子档案管理活动的授权的类型	
目的	为录音、录像类电子档案管理活动的规范性提供证据链； 有利于录音、录像类电子档案管理活动实施授权的管理和控制	
适用门类	录音、录像	
约束性	可选	
可重复性	不可重复	
元素类型	简单型	
数据类型	字符型	
编码修饰体系	—	
值域	法律，规章，条例，制度，标准，业务规范，政策，系统规则，［其他］	
缺省值	—	
子元数据	—	
信息来源	捕获节点	捕获方式

续表 续表

<table>
<tr><td></td><td>触发或完成录音、录像类电子档案管理活动之时</td><td colspan="2">由电子档案管理系统或数字档案馆应用系统根据实施管理活动责任人对授权数据字典的选择结果自动捕获</td></tr>
<tr><td>应用层次</td><td colspan="3">件</td></tr>
<tr><td>相关元数据</td><td colspan="3">—</td></tr>
<tr><td>著录说明</td><td colspan="3">—</td></tr>
<tr><td>注释</td><td colspan="3">值域中的"［其他］"表示根据录音、录像类电子档案管理的实际需要而自定义设置的其他授权类别</td></tr>
</table>

8.4 发布时间

编号	M96
中文名称	发布时间
英文名称	issue date
定义	录音、录像类电子档案管理活动授权的正式发布时间
目的	有利于实施录音、录像类电子档案管理活动授权的管理和控制
适用门类	录音、录像
约束性	条件选
可重复性	不可重复

<table>
<tr><td>元素类型</td><td colspan="2">简单型</td></tr>
<tr><td>数据类型</td><td colspan="2">日期型</td></tr>
<tr><td>编码修饰体系</td><td>标识</td><td>名称</td></tr>
<tr><td></td><td>GB/T 7408—2005</td><td>数据元和交换格式 信息交换 日期和时间表示法</td></tr>
<tr><td>值域</td><td colspan="2">—</td></tr>
<tr><td>缺省值</td><td colspan="2">—</td></tr>
<tr><td>子元数据</td><td colspan="2">—</td></tr>
<tr><td>信息来源</td><td>捕获节点</td><td>捕获方式</td></tr>
<tr><td></td><td>触发或完成录音、录像类电子档案管理活动之时</td><td>由电子档案管理系统或数字档案馆应用系统根据实施管理活动责任人对授权数据字典的选择结果或手工著录结果自动捕获</td></tr>
<tr><td>应用层次</td><td colspan="2">件</td></tr>
<tr><td>相关元数据</td><td colspan="2">授权名称（M94）</td></tr>
<tr><td>著录说明</td><td colspan="2">按照实施录音、录像类电子档案管理活动授权的实际发布时间或通过时间著录，著录格式为：YYYYMMDD，或 YYYY－MM－DD</td></tr>
<tr><td>注释</td><td colspan="2">授权实体被选用时，本元数据必选</td></tr>
</table>

附录 A
（资料性附录）
录音、录像类电子档案元数据表

表 A.1   **录音、录像类电子档案元数据表（聚合层次：件）**

编号	元数据中文名称	元数据英文名称	约束性	可重复性	元素类型	数据类型	捕获方式
M1	档案馆代码	archives identifier	可选	不可重复	简单型	字符型	自动
M2	统一社会信用代码	unified social credit identifier	可选	不可重复	简单型	字符型	自动
M3	档案门类代码	archival category code	可选	不可重复	简单型	字符型	自动
M4	聚合层次	aggregation level	必选	不可重复	简单型	字符型	自动
M5	唯一标识符	identifier	可选	不可重复	简单型	字符型	自动
M6	档号	archival code	必选	不可重复	复合型	字符型	自动
M7	题名	title	必选	不可重复	复合型	字符型	手工
M8	责任者	author	必选	不可重复	简单型	字符型	手工
M9	摄录者	recording agent	必选	不可重复	简单型	字符型	手工

编号	元数据中文名称	元数据英文名称	约束性	可重复性	元素类型	数据类型	捕获方式
M10	编辑者	editor	可选	不可重复	简单型	字符型	半自动
M11	著录者	described by	可选	不可重复	简单型	字符型	半自动
M12	数字化责任信息	digitization responsibility information	可选	不可重复	简单型	字符型	半自动
M13	时间	date/time	必选	不可重复	容器型	—	—
M14	摄录时间	recording date/time	必选	不可重复	简单型	日期时间型/字符型	自动
M15	编辑时间	date/time edited	可选	不可重复	简单型	日期型	半自动
M16	数字化时间	digitization date/time	可选	不可重复	简单型	字符型	自动
M17	时间长度	length	必选	不可重复	简单型	日期时间型	自动
M18	总帧数	total frames	可选	不可重复	简单型	整数型	自动
M19	主题	subject	可选	可重复	容器型	—	—
M20	内容描述	content	条件选	不可重复	简单型	字符型	半自动
M21	内容起始时间	beginning time	条件选	不可重复	简单型	日期时间型	半自动
M22	内容结束时间	ending time	条件选	不可重复	简单型	日期时间型	半自动
M23	来源	provenance	可选	不可重复	容器型	—	—
M24	获取方式	acquisition approaches	条件选	不可重复	简单型	字符型	半自动
M25	来源名称	provenance name	条件选	不可重复	简单型	字符型	半自动
M26	源文件标识符	source identifier	可选	不可重复	简单型	字符型	半自动
M27	保管期限	retention period	必选	不可重复	简单型	字符型	半自动
M28	权限	rights	必选	不可重复	容器型	—	—
M29	密级	security classification	必选	不可重复	简单型	字符型	半自动
M30	控制标识	control identifier	可选	不可重复	简单型	字符型	半自动
M31	版权信息	copyright information	可选	不可重复	简单型	复合型	半自动
M32	附注	annotation	可选	不可重复	简单型	字符型	手工
M33	存储	storage location	可选	不可重复	容器型	—	—
M34	在线存址	online location	条件选	不可重复	简单型	字符型	自动
M35	离线存址	offline location	条件选	不可重复	简单型	字符型	半自动
M36	原始载体	original medium	可选	不可重复	容器型	—	—
M37	原始载体类型	original medium type	条件选	不可重复	简单型	字符型	半自动
M38	原始载体型号	original medium model	条件选	不可重复	简单型	字符型	半自动
M39	生成方式	creation way	必选	不可重复	简单型	字符型	半自动
M40	捕获设备	capture device	必选	可重复	容器型	—	—
M41	设备类型	device type	可选	不可重复	简单型	字符型	半自动
M42	设备制造商	device manufacturer	必选	不可重复	简单型	字符型	自动
M43	设备型号	device model number	必选	不可重复	简单型	字符型	自动
M44	软件信息	software information	可选	不可重复	简单型	字符型	半自动

续表

编号	元数据中文名称	元数据英文名称	约束性	可重复性	元素类型	数据类型	捕获方式
M45	信息系统描述	information system description	可选	可重复	简单型	字符型	自动
M46	计算机文件名	computer file name	必选	不可重复	简单型	字符型	自动
M47	计算机文件大小	computer file size	必选	可重复	简单型	数值型	自动
M48	格式信息	format information	必选	可重复	复合型	字符型	半自动
M49	格式名称	format name	条件选	不可重复	简单型	字符型	自动
M50	格式版本	format version	条件选	不可重复	简单型	字符型	自动
M51	格式描述	format description	可选	不可重复	简单型	字符型	自动
M52	视频参数	video parameter	可选	可重复	容器型	—	—
M53	视频编码标准	video encoding standard	条件选	不可重复	简单型	字符型	半自动
M54	色彩空间	color space	条件选	不可重复	简单型	字符型	半自动
M55	分辨率	resolution	条件选	不可重复	简单型	字符型	自动
M56	帧率	frames per second	条件选	不可重复	简单型	字符型	自动
M57	视频比特率	video bit rate	可选	不可重复	简单型	字符型	自动
M58	色度采样率	chroma sampling rate	可选	不可重复	简单型	字符型	自动
M59	视频量化位数	video quantization digit	可选	不可重复	简单型	字符型	半自动
M60	画面宽高比	aspect ratio	可选	不可重复	简单型	字符型	自动
M61	音频参数	audio parameter	可选	可重复	容器型	—	—
M62	音频编码标准	audio encoding standard	条件选	不可重复	简单型	字符型	半自动
M63	音频比特率	audio bit rate	可选	不可重复	简单型	字符型	自动
M64	音频采样率	audio sampling rate	可选	不可重复	简单型	字符型	自动
M65	音频量化位数	audio quantization digit	可选	不可重复	简单型	字符型	半自动
M66	声道	audio channels	可选	不可重复	简单型	字符型	自动
M67	参见号	related records identifier	可选	不可重复	简单型	字符型	半自动
M68	数字签名	digital signature	可选	可重复	容器型	字符型	—
M69	签名格式描述	signature format description	条件选	不可重复	简单型	字符型	自动
M70	签名时间	date signed	条件选	不可重复	简单型	日期时间型	自动
M71	签名者	signer	条件选	不可重复	简单型	字符型	自动
M72	签名	signature	条件选	不可重复	简单型	字符型	自动
M73	证书	certificate	条件选	不可重复	简单型	字符型	自动
M74	证书引证	certificate reference	可选	不可重复	简单型	字符型	自动
M75	签名算法	signature algorithm	可选	不可重复	简单型	字符型	自动
M76	职能业务	function business	可选	不可重复	容器型	—	—
M77	业务类型	business type	可选	不可重复	简单型	字符型	半自动
M78	业务名称	business name	条件选	不可重复	简单型	字符型	半自动
M79	业务开始时间	business beginning date	可选	不可重复	简单型	日期型	半自动
M80	业务结束时间	business ending date	可选	不可重复	简单型	日期型	半自动

编号	元数据中文名称	元数据英文名称	约束性	可重复性	元素类型	数据类型	捕获方式
M81	业务描述	business description	条件选	不可重复	简单型	字符型	半自动
M82	管理活动	management action	条件选	可重复	容器型		
M83	管理活动标识符	action identifier	条件选	不可重复	简单型	字符型	自动
M84	管理行为	management activity	条件选	不可重复	简单型	字符型	自动
M85	管理时间	action time	条件选	不可重复	简单型	日期型	自动
M86	管理活动描述	management action description	可选	不可重复	简单型	字符型	半自动
M87	关联实体标识符	related entities identifier	条件选	不可重复	简单型	字符型	自动
M88	机构人员标识符	agent identifier	条件选	不可重复	简单型	字符型	自动
M89	机构人员名称	agent name	条件选	不可重复	简单型	字符型	自动
M90	机构人员类型	agent type	可选	不可重复	简单型	字符型	自动
M91	机构人员代码	agent identifier	可选	不可重复	简单型	字符型	自动
M92	机构人员隶属	agent belongs to	可选	不可重复	简单型	字符型	自动
M93	授权标识符	mandate identifier	条件选	不可重复	简单型	字符型	自动
M94	授权名称	mandate name	条件选	不可重复	简单型	字符型	自动
M95	授权类型	mandate type	可选	不可重复	简单型	字符型	自动
M96	发布时间	issue date	条件选	不可重复	简单型	日期型	自动

表 A. 2　　　　　录音、录像类电子档案元数据表（聚合层次：卷）

编号	元数据中文名称	元数据英文名称	约束性	可重复性	元素类型	数据类型
M1	档案馆代码	archives identifier	可选	不可重复	简单型	字符型
M2	统一社会信用代码	organization code certificate	可选	不可重复	简单型	字符型
M3	档案门类代码	archival category code	可选	不可重复	简单型	字符型
M4	聚合层次	aggregation level	必选	不可重复	简单型	字符型
M6	档号	archival code	必选	不可重复	复合型	字符型
M7	题名	title	必选	不可重复	复合型	字符型
M9	摄录者	recordist	必选	不可重复	简单型	字符型
M10	编辑者	editor	可选	不可重复	简单型	字符型
M11	著录者	described by	可选	不可重复	简单型	字符型
M12	数字化责任信息	digitization responsibility information	可选	不可重复	简单型	字符型
M14	摄录时间	recording date	必选	不可重复	简单型	字符型
M27	保管期限	retention period	必选	不可重复	简单型	字符型
M29	密级	security classification	必选	不可重复	简单型	字符型
M30	控制标识	control identifier	条件选	不可重复	简单型	字符型
M31	版权信息	copyright information	可选	不可重复	简单型	字符型
M32	附注	annotation	可选	不可重复	简单型	字符型
M77	业务类型	business type	可选	不可重复	简单型	字符型
M78	业务名称	business name	条件选	不可重复	简单型	字符型
M79	业务开始时间	business beginning date	可选	不可重复	简单型	日期型
M80	业务结束时间	business ending date	可选	不可重复	简单型	日期型

附录 B

（资料性附录）

录音类电子档案档案实体元数据著录模板

表 B.1　立档单位必选档案实体元数据著录模板

（聚合层次：件）

元数据名称	子元数据名称	元 数 据 值
统一社会信用代码		
聚合层次		件
档号		X108 - LY·1994 - 001 - 00004
题名		京剧《哭祖庙》现场录音
责任者	摄录者	张承祖，江西省广电厅
时间	摄录时间	1994 - 09 - 30
	编辑时间	2012 - 05 - 21
	时间长度	01：13：07
保管期限		永久
权限	密级	公开
生成方式		原生
捕获设备		
	设备制造商	索尼
	设备型号	ICD - PX440
	软件信息	—
计算机文件名		X108 - LY·1994 - 001 - 00004. mp3
计算机文件大小		8207932
格式信息	格式名称	MP3

表 B.2　综合档案馆必选元数据著录

模板（聚合层次：件）

元数据名称	子元数据名称	元 数 据 值
档案馆代码		436001
聚合层次		件
唯一标识符		CN436001X001LY - 1956000167
档号		X001 - LY·1956 - 002 - 00002
题名		1990 年 3 月周恩来总理在印度国会的演说
摄录者		×××，中国代表团

续表

元数据名称	子元数据名称	元 数 据 值
时间	摄录时间	1990 - 03 - 30
	编辑时间	2012 - 10 - 13
	时间长度	00：30：35
主题		
	内容描述	周恩来总理讲话
	内容起始时间	00：01：01
	内容结束时间	00：29：07
保管期限		永久
权限	密级	公开
	控制标识	控制
生成方式		数字化
捕获设备		
	设备制造商	Sharp
	设备型号	VC - M39DR
	软件信息	—
计算机文件名		X001 - LY·1956 - 002 - 00002. mp3
计算机文件大小		8207932
格式名称		MP3
音频编码标准		MP3

表 B.3　综合档案馆档案实体元数据著录模板

（聚合层次：件）

元数据名称	子元数据名称	元 数 据 值
档案馆代码		436001
统一社会信用代码		014500858
档案门类代码		LY
聚合层次		件
唯一标识符		CN436001X205LY - 2010000167
档号		X205 - LY·2010 - 001 - 00006
题名		2010 年上海世博会江西省活动周开幕式
责任者	摄录者	江西省广播电台
	编辑者	
	著录者	朱菲菲，江西省档案馆

续表

元数据名称	子元数据名称	元 数 据 值
	数字化责任信息	
时间	摄录时间	2010－07－03
	编辑时间	2010－07－28
	数字化时间	
	时间长度	00：29：40
主题		
	内容描述	中共江西省委宣传部部长刘上洋主持开幕式
	内容起始时间	00：02：01
	内容结束时间	00：03：07
	内容描述	中共江西省省委常委、省人民政府常务副省长凌成兴讲话
	内容起始时间	00：03：09
	内容结束时间	00：16：20
	内容描述	中共上海市委常委、市人民政府常务副市长杨雄讲话
	内容起始时间	00：16：35
	内容结束时间	00：20：20
	内容描述	抗洪一线部队官兵代表刘瑄发言
	内容起始时间	00：25：35
	内容结束时间	00：29：40
来源	获取方式	接收
	来源名称	江西省广播电台
	源文件标识符	
保管期限		永久
权限	密级	公开
	控制标识	开放
	版权信息	
附注		
存储	在线存储地址	\\ dyserver \ w \ 转码后音视频 \ A \ X205 \ 2010 \ 001
	离线存储地址	436001DK2009A001
原始载体		
	原始载体类型	—

续表

元数据名称	子元数据名称	元 数 据 值
	原始载体型号	—
生成方式		原生
捕获设备	设备类型	采编设备
	设备制造商	SHARP
	设备型号	GF7474Z
	软件信息	Cooledit
信息系统描述		（略）
计算机文件名		X205－LY·2010－001－00006.wav
计算机文件大小		3204232
格式信息	格式名称	WAV
	格式版本	
	格式描述	WAV 为微软公司（Microsoft）开发的一种声音文件格式，它符合 RIFF（Resource Interchange File Format）文件规范，用于保存 Windows 平台的音频信息资源，被 Windows 平台及其应用程序所广泛支持，该格式也支持 MSADPCM，CCITT A LAW 等多种压缩运算法
音频参数	音频编码标准	
	音频比特率	448kbit/s
	音频采样率	48kHz
	音频采样精度	16bit
	声道	2
参见号		
数字签名	签名格式描述	本封装包采用江西省数字证书认证中心颁发的单位数字证书对电子档案内容进行签名。CA 证书使用 RSA 数字签名算法与 SHA－1 哈希算法，文摘使用 SHA－1 算法。SHA－1 由安全哈希算法标准（SHS）定义（Secure Hash Standard，FIPS PUB 180－2，National Institute of Standards and Technology，US Department of Commerce，1 August 2002）。

续表

元数据名称	子元数据名称	元数据值
数字签名	签名格式描述	RSA 算法由 PKCS ♯ 1 V2.1：RSA 加密标准定义（PKCS ♯ 1 v2.1：RSA Cryptography Standard，RSA Laboratories，14 June 2002）。RSA 的公钥使用 X.509 证书封装在××省档案馆电子档案封装包的签名元数据中，封装包的证书元数据为空。该封装方式基于 PKCS♯7 加密消息的语法标准，与 RSA 公钥相关的签名证书信息被包含在签名结果中，使用 RSA 公钥可对签名结果进行验证。X.509 证书由信息技术——开放系统互连——号码簿：公钥和属性鉴别框架定义［Information technology – Open Systems Interconnection – The Directory：Public – key and attribute certificate frameworks，ITU – T Recommendation X.509（2000）］。X.509 证书采用 Base64 编码传输
	签名时间	2010 – 07 – 30T12：52：19
	签名者	江西省档案馆
	签名	hvcNAQEBBQAEgYB – 6he8＋fyB＋hbAjgL61Ip – 14XstwdzslauHoTi＋euD – 5Ao06Pv6eK godURXG – Ms/jm0nGF8wAuV3qZC – YtQvFVRaDDiblUO7CO – VbvahCQcXA4MCKTrA Ocdi AUP/fyVRZDFZQ – JatBbSC6mPTpWRpYR – fTxwSvfo2lzD2GzMyh57 – UgvztU6w＝＝
	证书	MIIEdwYJKoZIhvcNA – QcCoIIEaDCCBGQCAQ – ExCzAJBgUrDgMCGgU – AMAsGCSqGSIb3 DQE – HAaCCAvUwggLxMIIC – WqADAgECAhA4t7bgI – 6IGV8N4SYIpn＋myMA –

续表

元数据名称	子元数据名称	元数据值
	证书	0GCSqGSIb3 DQEBBQ – UAMIGOMQswCQYDV – QQGEwJDTjEQMA4GA – 1UECBMHSmlhbmdYaT – ERMA8GA1UE BxMIT – mFuQ2hhbmcxIzAhBgN – VBAoTGkppYW5nWGk – gSW5mb3JtYXRpb24gQ – 2VudGGVy MSYwJAYDV – QQLEx1KaWFFuZ1hpIE – N1cnRpZm1jYXRlIEF1d – Ghvcm10eTENMAsGA – 1UE AxMESlhDQTAeF – w0wOTEwMjAwOTA5 – MjVaFw0xMTEyMzEw – OTA5MjVaMFsxCzAJB – gNV BAYTAkNOMQ8w – DQYDVQQIHgZsX41/d – wExDzANBgNVBAceB – 1NXZgxeAjEVMBMGA1 – UE Ch4MbF＋Jf3cBaGN – oSJmGMRMwEQYDVQ – QDEwowMTQ1MDE0N – S01MIGfMA0GCSqGSI – b3 DQEBAQUAA4GNA – DCBiQKBgQDelsSkpBb – YtTlLXGH1＋qY3wjk3 – YGG7Sc0zQF2OE45S/ – yi4LCBPKPBoPIsnONL – w3RoZiuzmUD0mk3h9 – N8Tf6NhMidentifiernM – RSKEEXtkCjntKoSm av – mYYnvbgw5AlN05BCOx – IGcxbjV/cLNcpVMWDx – zNxiW10qwEzgmOxY9I – Bca5/D/x pQidentifierA – QABo4GBMH8wHwYD – VR0jBBgwFoAUwYwv – 3spG5k/yXoBu6v2niYH – Ee48wMAYD VR0fBCk – wJzAloCOgIYYfaHR0cD – ovLzIxOC44Ny4zMi4yM – zgvY3JsMjI2LmNybDAL BgNVHQ8EBAMCBsAw – HQYDVR0OBBYEFByn – BGxKOX1pLmEVrcb1W – NEvEBBRMA0GCSqG S – ib3DQEBBQUAA4GBA – HOUfdKtJsMg8dlYXED –

续表

元数据名称	子元数据名称	元 数 据 值
	证书	gX3GX07jjKyi1bt＋3RS-04RsdR0Ydg ORR＋mz＋＋tyM9oMxnuhIHZYu-RKx8E1UFqpFekJoPfffp-F0jKxYMbqssp8WBKT6-Mzh I4oyiT/DfFE＋cEQ-uqUi9Mohgv106HJ7X90-F2eBdKvfFeebiNjAoHJj-PUWphwMYIB SjCCAU-YCAQEwgaMwgY4xCzA-JBgNVBAYTAkNOMR-AwDgYDVQQIEwdKaW-FuZ1hpMREw DwYDVQ-QHEwhOYW5DaGFuZz-EjMCEGA1UEChMaSml-hbmdYaSBJbmZvcm1hdG-lvbiBD ZW50ZXIxJjAkBg-NVBAsTHUpppYW5nW-GkgQ2VydGlmaWNhdG-UgQXV0aG9yaXR5MQ0-w CwYDVQQEwRKW-ENBAhA4t7bgI6IGV8N-4SYIpn＋myMAkGBSs-OAwIaBQAwDQYJKoZI
	证书引证	http：//218.87.32.238/crl226.crl
	签名算法	本封装包采用江西省数字证书认证中心颁发的单位数字证书对封装对象进行签名。CA 证书使用 RSA 数字签名算法与 SHA-1 哈希算法，文摘使用 SHA-1 算法。RSA 算法由 PKCS♯1 V2.1：RSA 加密标准定义（PKCS♯1 v2.1：RSA Cryptography Standard，RSA Laboratories，14 June 2002）。SHA-1 由安全哈希算法标准（SHS）定义（Secure Hash Standard，FIPS PUB 180-2，National Institute of Standards and Technology，US Department of Commerce，1 August 2002）
	签名	hvcNAQEBBQAEgYB-6he8＋fyB＋hbAjgL61Ip-14XstwdzslauHoTi＋eu-

续表

元数据名称	子元数据名称	元 数 据 值
	签名	D5Ao06Pv6eK godURX-GMs/jm0nGF8wAuV3qZ-CYtQvFVRaDDiblUO7C-OVbvahCQcXA4MCKTr-A Ocdi AUP/fyVRZDFZ-QJatBbSC6mPTpWRpY-RfTxwSvfo2lzD2GzMyh-57UgvztU6w＝＝

MIIEdwYJKoZIhvcNA-QcCoIIEaDCCBGQCAQ-ExCzAJBgUrDgMCGgU-AMAsGCSqGSIb3 DQE-HAaCCAvUwggLxMIIC-WqADAgECAhA4t7bgI-6IGV8N4SYIpn＋myMA-0GCSqGSIb3 DQEBBQ-UAMIGOMQswCQYDV-QQGEwJDTjEQMA4GA-1UECBMHSmlhbmdYaT-ERMA8GA1UE BxMIT-mFuQ2hhbmcxIzAhBgN-VBAoTGkppYW5nWGk-gSW5mb3JtYXRpb24gQ-2VudGVy MSYwJAYDV-QQLEx1KaWFuZ1hpIE-N1cnRpZm1jYXRllEF1d-Ghvcm10eTENMAsGA-1UE AxMES1hDQTAeF-w0wOTEwMjAwOTA5-MjVaFw0xMTEyMzEw-OTA5MjVaMFsxCzAJB-gNV BAYTAkNOMQ8w-DQYDVQQIHgZsX41/d-wExDzANBgNVBAceB-1NXZgxeAjEVMBMGA1-UE Ch4MbF＋Jf3cBaGN-oSJmGMRMwEQYDVQ-QDEwowMTQ1MDE0N-S01MIGfMA0GCSqGSI-b3 DQEBAQUAA4GNA-DCBiQKBgQDelsSkpBb-YtTlLXGH1＋qY3wjk3-YGG7Sc0zQF2OE45S/ yi4LCBPKPBoPIsnONL-w3RoZiuzmUD0mk3h9-N8Tf6NhMidentifiernM-RSKEEXtkCjntKoSm av-mYYnvbgw5AlN05BCOx- |

续表

元数据名称	子元数据名称	元 数 据 值
证书		IGcxbjV/cLNcpVMWDx-zNxiW1OqwEzgmOxY9I-Bca5/D/x pQidentifierA-QABo4GBMH8wHwYD-VR0jBBgwFoAUwYwv-3spG5k/yXoBu6v2niYH-Ee48wMAYD VR0fBCk-wJzAloCOgIYYfaHR0cD-ovLzIxOC44Ny4zMi4yM-zgvY3JsMjI2LmNybDAL-BgNVHQ8EBAMCBsAw-HQYDVR0OBBYEFByn-BGxKOX1pLmEVrcblW-NEvEBBRMA0GCSqG S-ib3DQEBBQUAA4GBA-HOUfdKtJsMg8dlYXED-gX3GX07jjKyi1bt+3RS-04RsdR0Ydg ORR+mz++tyM9oMxnuhIHZYu-RKx8E1UfqpFekJoPfffp-F0jKxYMbqssp8WBKT6-Mzh I4oyiT/DfFE+cEQ-uqUi9Mohgv106HJ7X90-F2eBdKvfFeebiNjAoHJj-PUWphwMYIB SjCCAU-YCAQEwgaMwgY4xCzA-JBgNVBAYTAkNOMR-AwDgYDVQQIEwdKaW-FuZ1hpMREw DwYDVQ-QHEwhOYW5aGFuZzz-EjMCEGA1UEChMaSml-hbmdYaSBJbmZvcm1hdG-lvbiBD ZW50ZXIxJjAkBg-NVBAsTHUppYW5nW5nW-GkgQ2VydGlmaWNhdG-UgQXV0aG9yaXR5MQ0-w CwYDVQQDEwRKKW-ENBAhA4t7bgI6IGV8N-4SYIpn+myMAkGBSs-OAwIaBQAwDQYJKoZI
证书引证		http://218.87.32.238/crl226.crl
签名算法		本封装包采用江西省数字证书认证中心颁发的单位数字证书对封装对象进行签名。CA证书使用RSA数字签名算法与SHA-1哈希算法，文摘使用SHA-1

续表

元数据名称	子元数据名称	元 数 据 值
签名算法		算法。RSA算法由PKCS#1 V2.1：RSA加密标准定义（PKCS#1 V2.1：RSA Cryptography Standard，RSA Laboratories，14 June 2002）。SHA-1由安全哈希算法标准（SHS）定义（Secure Hash Standard，FIPS PUB 180-2，National Institute of Standards and Technology，US Department of Commerce，1 August 2002）

附录 C
（资料性附录）
录像类电子档案档案实体元数据著录模板

表 C.1　立档单位必选档案实体元数据
著录模板（聚合层次：件）

元数据名称	子元数据名称	元 数 据 值
统一社会信用代码		
聚合层次		件
档号		X001-LX·2016-G01-01-00007
题名		江西省纪念萧华同志诞辰100周年大会
责任者	摄录者	冯明，中共江西省委办公厅
时间	摄录时间	2016-01-13
	编辑时间	2016-01-21
	时间长度	00：10：07
保管期限		永久
权限	密级	公开
生成方式		原生
捕获设备		
	设备制造商	索尼
	设备型号	ICD-PX440
	软件信息	—
计算机文件名		X001-LX·2016-G01-01-00007.mpg
计算机文件大小		154317329
格式信息	格式名称	MPG

表 C. 2　综合档案馆必选档案实体元数据著录模板（聚合层次：件）

元数据名称	子元数据名称	元 数 据 值
档案馆代码		430720
档案门类代码		LX
聚合层次		件
唯一标识符		430720・C0215 - 007 - 00103 - 001
档号		C0215 - 007 - 00103 - 001
题名		满怀信心全面建设小康社会——岛城各界庆祝党的十六大胜利闭幕
摄录者		青鸟电视台
摄录时间		2012 - 04 - 30
时间长度		00：02：25
保管期限		永久
存储	在线存址	
	离线存址	C0215 - 007 - 00103 - 001
控制标识		开放
生成方式		编辑
设备制造商		
设备型号		
计算机文件名		C0215 - 007 - 00103 - 001. mpg
计算机文件大小		8207932
格式信息		格式：MPEG
视频参数	视频编码标准	MPEG - 2
	色彩空间	RGB
	分辨率	1024×576
	帧率	25
音频编码标准		AC3

表 C. 3　综合档案馆档案实体元数据著录模板（聚合层次：件）

元数据名称	子元数据名称	元 数 据 值
档案馆代码		436001
统一社会信用代码		.
档案门类代码		LX
聚合层次		件

元数据名称	子元数据名称	元 数 据 值
唯一标识符		CN436001X109LX2010000167
档号		X109 - LX・2010 - G01 - 01 - 00001
题名		江西省歌舞团景德镇青花瓷乐队在 2010 上海世博会江西活动周宝钢小舞台表演民族乐曲
责任者	摄录者	冷敏建
	编辑者	
	著录者	罗莹，江西省档案馆
	数字化责任信息	
时间	摄录时间	2010 - 07 - 30
	编辑时间	
	数字化时间	
	时间长度	00：13：38
	总帧数	20416
主题		
	内容描述	广州民族乐曲《喜洋洋》
	内容起始时间	00：00：12
	内容结束时间	00：01：58
	内容描述	江南民族乐曲《茉莉花》
	内容起始时间	00：02：15
	内容结束时间	00：05：59
	内容描述	江西民族乐曲《请茶歌》
	内容起始时间	00：06：16
	内容结束时间	00：08：20
	内容描述	江西民族乐曲《江西是个好地方》
	内容起始时间	00：08：43
	内容结束时间	00：12：52
来源	获取方式	馆拍
	来源名称	
	源文件标识符	
保管期限		永久
权限	密级	公开
	控制标识	开放

续表

元数据名称	子元数据名称	元 数 据 值
	版权信息	
附注		
存储	在线存址	\\dyserver\V\VDA\X109\2010\G03\01
	离线存址	436001YP2010V008
原始载体		
	原始载体类型	
	原始载体型号	
生成方式		原生
捕获设备	设备类型	摄录设备
	设备制造商	松下
	设备型号	AG－HPX500MC
	设备编号	G8TS00048
	软件信息	
信息系统描述		（略）
计算机文件名		X109－LX·2010－G01－01－00001.mpg
计算机文件大小		6549.12
格式信息	格式名称	MPG
	格式版本	
	格式描述	
视频参数	视频编码标准	MPEG2－IBP
	色彩空间	Yuvp420
	分辨率	720×576
	帧率	25
	视频比特率	8.0000Mbit/s
	色度采样率	4∶2∶0
	视频量化位数	24bit
	画面高宽比	4∶3
音频参数	音频编码标准	AC3
	音频比特率	448kbit/s
	音频采样率	48kHz
	音频采样精度	16bit
	声道	2
参见号		
数字签名		（略）

表 C.4　综合档案馆案卷级元数据著录模板（聚合层次：卷）

元数据名称	元 数 据 值
档案馆代码	436001
统一社会信用代码	
档案门类代码	LX
聚合层次	卷
档号	X111－LX·2013－007－01－0083
题名	江西省爱卫会等单位举行2013年爱国卫生月宣传活动
摄录者	陈国安，江西省卫生厅宣教所
编辑者	陈国安，江西省卫生厅宣教所
著录者	徐菲，江西省卫生厅
摄录时间	2013－04－23/2013－04－23
获取方式	接收
来源名称	江西省卫生厅
保管期限	永久
密级	公开
控制标识	开放
版权信息	
附注	
业务名称	2013年江西省爱国卫生月宣传活动
业务开始时间	2013－04－16
业务结束时间	2013－04－23
业务描述	4月23日，由江西省爱卫会主办，南昌市爱卫办、省健康教育中心、南昌市健康教育所承办的爱国卫生月宣传活动在南昌市八一公园举行。省爱卫会主任、省政府副省长谢茹，省卫生厅厅长李利、副厅长邹国荣及南昌市副市长姚燕平出席活动。2013年4月是第25个全国爱国卫生月，活动主题为"美丽中国，健康生活——摒弃乱吐乱扔陋习"。在活动现场，南昌大学第二附属医院、省胸科医院及南昌市医疗卫生单位的医务人员为市民提供测量血压、健康咨询等义诊服务，一对一解疑答惑，讲授健康知识，并为市民发放有关预防 H7N9 禽流感和呼吸道传染病、爱国卫生、养成良好卫生习惯、烟草控制、公民健康素养等宣传资料。活动当天，发放健康宣传资料1万余份、现场设置健康科普展板52块

附录 D
（资料性附录）
DA/T ××—201× 与 DA/T 54—2014
元数据映射表

表 D.1　DA/T ××—201× 与 DA/T 54—
2014 元数据映射表

DA/T ××—201×		DA/T 54—2014	
编号	元数据中文名称	编号	元数据中文名称
M1	档案馆代码	M1	档案馆代码
M2	统一社会信用代码		
M3	档案门类代码	M2	档案门类代码
M4	聚合层次	M3	聚合层次
M5	唯一标识符	M4	唯一标识符
M6	档号	M5	档号
M7	题名	M6	题名
M8	责任者	M7	责任者
M9	摄录者	M8	摄影者
M10	编辑者		
M11	著录者	M9	著录者
M12	数字化责任信息	M10	数字化责任信息
M13	时间	M11	时间
M14	摄录时间	M12	摄影时间
M15	编辑时间		
M16	数字化时间	M13	数字化时间
M17	时间长度		
M18	总帧数		
M19	主题	M15	主题
M20	内容描述		
M21	内容起始时间		
M22	内容结束时间		
M23	来源	M29	来源
M24	获取方式	M30	获取方式
M25	来源名称	M31	来源名称
M26	源文件标识符	M32	源文件标识符
M27	保管期限	M33	保管期限
M28	权限	M34	权限
M29	密级	M35	密级
M30	控制标识	M36	控制标识
M31	版权信息	M37	版权信息

DA/T ××—201×		DA/T 54—2014	
编号	元数据中文名称	编号	元数据中文名称
M32	附注	M38	附注
M33	存储	M39	存储
M34	在线存址	M40	在线存址
M35	离线存址	M41	离线存址
M36	原始载体		
M37	原始载体类型		
M38	原始载体型号		
M39	生成方式	M42	生成方式
M40	捕获设备	M43	捕获设备
M41	设备类型		
M42	设备制造商	M44	设备制造商
M43	设备型号	M45	设备型号
M44	软件信息	M47	软件信息
M45	信息系统描述	M48	信息系统描述
M46	计算机文件名	M49	计算机文件名
M47	计算机文件大小	M50	计算机文件大小
M48	格式信息	M51	格式信息
M49	格式名称	M52	格式名称
M50	格式版本		
M51	格式描述	M53	格式描述
M52	视频参数		
M53	视频编码标准		
M54	色彩空间		
M55	分辨率		
M56	帧率		
M57	视频比特率		
M58	色度采样率		
M59	视频量化位数		
M60	画面高宽比		
M61	音频参数		
M62	音频编码标准		
M63	音频比特率		
M64	音频采样率		
M65	音频量化位数		
M66	声道		
M67	参见号	M65	参见号

续表   续表

编号	元数据中文名称	编号	元数据中文名称	编号	元数据中文名称	编号	元数据中文名称
DA/T ××—201×		DA/T 54—2014		DA/T ××—201×		DA/T 54—2014	
M68	数字签名	M66	数字签名	M82	管理活动	M80	管理活动
M69	签名格式描述	M67	签名格式描述	M83	管理活动标识符	M81	管理活动标识符
M70	签名时间	M68	签名时间	M84	管理行为	M82	管理行为
M71	签名者	M69	签名者	M85	管理时间	M83	管理时间
M72	签名	M70	签名	M86	管理活动描述	M85	管理活动描述
M73	证书	M71	证书	M87	关联实体标识符	M84	关联实体标识符
M74	证书引证	M72	证书引证	M88	机构人员标识符	M86	机构人员标识符
M75	签名算法	M73	签名算法	M89	机构人员名称	M87	机构人员名称
M76	职能业务	M74	职能业务	M90	机构人员类型	M88	机构人员类型
M77	业务类型	M75	业务类型	M91	机构人员代码	M89	机构人员代码
M78	业务名称	M76	业务名称	M92	机构人员隶属	M90	机构人员隶属
M79	业务开始时间	M77	业务开始时间	M93	授权标识符	M91	授权标识符
M80	业务结束时间	M78	业务结束时间	M94	授权名称	M92	授权名称
M81	业务描述	M79	业务描述	M95	授权类型	M93	授权类型
				M96	发布时间	M94	发布时间

附录 E

（资料性附录）

文 件 聚 合 层 次 模 型

本文件聚合层次模型引用自 GB/T 29194—2012 的 4.3。

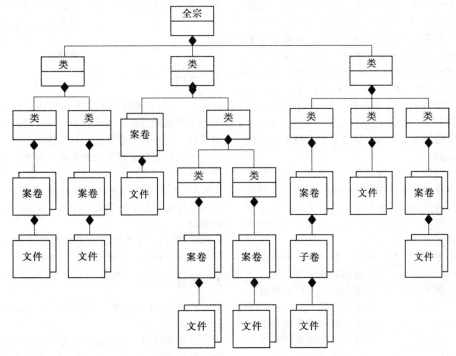

参 考 文 献

[1] GB/T 9002—1996 音频、视频和视听设备及系统词汇.

[2] GB/T 2900.75—2008 电工术语 数字录音和录像.

[3] DA/T 46—2009 文书类电子档案元数据方案.

12 建设电子文件与电子档案管理规范

(CJJ/T 117—2017)

前　言

根据住房和城乡建设部《关于印发〈2014年工程建设标准规范制订、修订计划〉的通知》（建标〔2013〕169号）的要求，编制经广泛调查研究，认真总结实践经验，参考有关国际标准和国外先进标准，并在广泛征求意见基础上，修订了本规范。

本规范的主要技术内容是：1. 总则；2. 术语；3. 基本规定；4. 电子文件形成；5. 电子文件归档；6. 电子档案移交和接收；7. 电子档案保管；8. 电子档案利用。

本规范修订的主要技术内容是：1. 按照电子文件生命周期管理的要求进行了调整；2. 增加了电子文件形成与归档过程中的创建与保存、文件分类、捕获和固化；增加了电子文件归档后的安全保护；增加了电子档案移交目录、电子档案移交与接收证明书、保管期满档案续存清册等方面内容；3. 删除了电子文件代码标识、电子文件收集积累的程序、电子文件的汇总、电子档案的统计、电子文件（档案）案卷（或项目）级登记表、电子文件（档案）文件级登记表、电子文件更改记录表等内容；4. 修订了归档范围、归档文件格式、整理、归档要求、检测、移交、接收、存储备份等方面内容，整合了电子档案的脱机保管与有效存储。

本规范由住房和城乡建设部负责管理，由住房和城乡建设部科技与产业化发展中心负责具体技术内容的解释。执行过程中如有意见或建议，请寄送住房和城乡建设部科技与产业化发展中心（地址：北京市海淀区三里河路9号，邮政编码：100835）。

本 规 范 主 编 单 位：住房和城乡建设部科技与产业化发展中心

本 规 范 参 编 单 位：中国人民大学信息资源管理学院

南京市城市建设档案馆

大连市城市建设档案馆

中国建筑设计研究院

北京市规划管理信息中心

北京市住房和城乡建设委员会城建研究中心

珠海市城市建设档案馆

珠海市测绘院

江西省城市建设档案馆

南昌市城市建设档案馆

上海现代建筑设计集团

上海建工集团

上海房屋状况信息中心

芜湖市城市建设档案馆

陕西省城建档案办公室

中铁二十局（集团）有限公司

深圳市世纪伟图科技开发有限公司

唐山永进科技有限公司

华为技术有限公司

本规范主要起草人员：姜中桥　周健民　王恩江

黄　飞　李　琦　樊　兵

欧阳志宏　刘越男

许利峰　程子韬　曹吉昌

王　策　刘志清　于佩平

丁建勋　辛平文　姚　刚

高承勇　王国俭　龚　剑

姚　臻　吴联成　崔丽梅

张　进　杨　明

本规范主要审查人员：王良城　王立建　陶水龙

聂曼影　张国强　张　斌

谢东晓　白　石　王　瑛

卢建北

1　总则

1.0.1　为规范建设电子文件的形成、归档，以及建设电子档案的管理，确保建设电子文件与电子档案的真实性、完整性、可靠性、可用性和安全性，促进建设电子文件与电子档案的安全保管与有效利用，制定本规范。

1.0.2　本规范适用于建设电子文件的形成、归档，以及建设电子档案的移交、接收、保管、利用等全过程管理。

1.0.3　建设电子文件与电子档案管理除应符合本规范外，尚应符合国家现行有关标准的规定。

2　术语

2.0.1　建设电子文件　electronic documents of construction

在城乡规划、建设及其管理活动中形成的，可依靠计算机等数字设备阅读、处理，并可在通信网络上

传送的数字格式的信息记录。简称电子文件。

2.0.2 建设业务管理电子文件 electronic documents of construction professional administration

住房和城乡建设各行业、专业管理部门（包括城乡规划、城市建设、村镇建设、建筑业、住宅房地产业、勘察设计咨询业、市政公用事业等行政管理部门，以及供水、排水、燃气、热力、园林、绿化、市政、公用、市容、环卫、公共客运、规划、勘察、设计、抗震、人防等专业管理单位）在业务管理和业务技术活动中形成的，可依靠计算机等数字设备阅读、处理，并可在通信网络上传送的数字格式的信息记录。简称业务管理电子文件。

2.0.3 建设工程电子文件 electronic documents of construction engineering

在工程建设过程中形成的，可依靠计算机等数字设备阅读、处理，并可在通信网络上传送的数字格式的信息记录。简称工程电子文件。

2.0.4 建设电子档案 electronic records of construction

具有保存和利用价值并归档的建设电子文件，主要包括建设业务管理电子档案和建设工程电子档案。简称电子档案。

2.0.5 电子文件管理系统 electronic document management system

电子文件形成单位用来对电子文件的捕获、登记、分类、存储、利用、处置和维护等进行管理和控制的信息系统。

2.0.6 业务系统 business system

建设电子文件形成单位在开展各种业务工作时，用于处理业务工作、管理业务信息的专业信息系统。

2.0.7 城建档案管理机构 urban-rural development archives organization

管理本地区城建档案工作的专门机构，负责收集、保管和提供利用城建档案的城建档案馆、城建档案室及其他机构。

2.0.8 单份文件 single document

单独的一份文件，是电子文件的基本保存单位。

2.0.9 复合文件 compound document

由具有特别紧密联系的多个单份电子文件组合而成的电子文件。

2.0.10 分类方案 classification scheme

电子文件形成单位根据机构、职能、业务、主题等因素，按照一定的结构层次，对电子文件作出的类目划分。

2.0.11 类目 category

对建设电子文件按照机构、职能、业务、主题等因素划分出的、具有一定联系的一组文件，也称类。

2.0.12 捕获 capture

在电子信息系统环境下，适时获取电子文件及其元数据，并将其纳入电子文件管理系统的方法和过程。

2.0.13 分类 classification

依据分类方案中所规定的逻辑结构、方法和程序规则，按照类目对电子文件进行分门别类的系统标识过程。

2.0.14 固化 fixing

为避免建设电子文件的内容、结构、背景信息等存在的动态因素造成信息缺损的现象，而将其转换为不可逆的只读方式的过程。它是将电子文件及其信息固定下来的操作过程。

2.0.15 封装 encapsulation

将电子文件及其元数据采用关联、嵌入等方式，按指定结构打包的过程。

2.0.16 在线归档 on-line filing

通过计算机网络，将建设电子文件及元数据归档的过程。

2.0.17 离线归档 off-line filing

将建设电子文件及元数据存储到可脱机保存的存储媒体上归档的过程。

2.0.18 处置 disposition

根据鉴定结果，按照电子文件处置规定或其他工具，对电子文件实施留存、销毁或移交的一系列过程。

2.0.19 移交 transfer

建设系统各行业、专业管理部门和建设工程档案形成单位按规定将电子档案送城建档案管理机构保存的过程。

2.0.20 接收 reception

城建档案管理机构按规定收存有关单位移交的电子档案的过程。

2.0.21 迁移 migration

在保证建设电子文件真实性、完整性、可用性、安全性的前提下，将文件从一个系统转移到另一个系统，或从一个存储媒体转换到另一种存储媒体的过程。

2.0.22 格式转换 format conversion

将电子文件从一种格式转换为另一种格式，或由专用格式转换为相对稳定的通用格式或版式格式的过程。

2.0.23 电子签名 electronic signature

数据电文中以电子形式所含、所附，用于识别签名人身份并表明签名人认可其中内容的数据。

2.0.24 电子签章 electronic stamping

利用图像处理技术将电子签名操作转化为与纸质文件盖章操作相同的可视效果，是电子签名的一种表现形式。

2.0.25 城建档案信息管理系统　urban - rural con-struction archives information management system

城建档案管理机构用于接收、存储、管理城建档案信息，并提供检索和利用的信息系统。

2.0.26 检测　detection

按照一定的标准对电子文件和电子档案的准确性、完整性、可用性和安全性进行测试、核验的过程。

3　基本规定

3.0.1 电子文件形成单位应规范电子文件形成与办理工作流程，建立电子文件归档管理制度，明确电子文件和电子档案管理职责。

3.0.2 电子文件形成单位应建立与业务系统相衔接的电子文件管理系统，实现电子文件自形成到归档、保管、利用的全过程管理。

3.0.3 业务管理电子文件形成单位的档案部门应监督和指导本单位业务管理电子文件的形成、捕获、整理和归档，并定期向当地城建档案管理机构移交。

3.0.4 在工程项目建设过程中，建设单位应负责工程电子文件管理的组织协调，并按下列流程开展工程电子文件的形成、归档、验收、移交等工作：

1　在建设工程招标及与勘察、设计、施工、监理等单位签订协议、合同时，对工程电子档案的移交时间、移交对象、质量等提出明确要求，所需经费应列入工程预算。

2　收集和积累工程准备阶段、竣工验收阶段形成的电子文件，并进行整理归档。

3　组织、督促和检查勘察、设计、施工、监理、测量等各参建单位工程电子文件的形成、捕获和整理归档工作。

4　收集和汇总勘察、设计、施工、监理、测量等各参建单位形成的工程电子档案。

5　在组织工程竣工验收前，请当地城建档案管理机构对工程纸质档案和工程电子档案进行预验收。

6　对列入城建档案管理机构接收范围的工程，应在国家规定的期限内，将建设工程电子档案与纸质档案同步向当地城建档案管理机构移交。

3.0.5 在工程项目建设过程中，勘察、设计、施工、监理、测量等各参建单位应将本单位形成的工程电子文件捕获、整理和归档，并向建设单位交付。

3.0.6 城建档案管理机构应根据建设行业信息化现状，及时提出建设电子文件归档的技术性指导意见，对电子文件的全过程管理进行指导，并加强对电子文件的前端控制。

3.0.7 电子文件和电子档案的形成、保管和提供利用单位应采取有效的技术手段和管理措施，确保其信息安全和保密。

4　电子文件形成

4.1　创建与保存

4.1.1 形成电子文件时，应根据电子文件的内容及特征，提炼出题名。在业务系统中创建电子文件时，应自动或人工对电子文件赋予题名。

4.1.2 电子文件形成单位使用的有关业务系统，应具备记录电子文件处理、审批、分发等过程元数据的功能。

4.1.3 电子文件应以单份文件或一个复合文件为一个保存单位。

4.1.4 多个具有紧密联系的单份文件可组合成一个复合文件，并应符合下列规定：

1　正文与附件、转发文与被转发文、请示与批复、来文与回复文件、正文与链接文件，应分别作为2个或2个以上的单份文件保存，也可作为1个复合文件保存。

2　采用CAD技术形成的电子文件应以一个图幅为1个单份文件；多个图幅组成的电子图可作为1个或多个单份文件，也可作为1个复合文件保存。

3　建设工程中，N 天的施工日志可作为 N 个单份文件，也可作为1个复合文件保存；N 个检测报告、试验报告、检验批质量验收记录等，可作为 N 份电子文件保存，也可作为1个复合文件保存。

4　应记录重要文件的主要修改过程和办理情况，对有参考价值的不同稿本，可作为多个单份文件或1个复合文件保存。

4.1.5 电子文件形成单位应在其业务系统中对复合文件的每个单份文件建立关联。也可采取下列方式将复合文件联系在一起：

1　将组成复合文件的单份文件保存在同一文件夹内。

2　将组成复合文件的单份文件赋予相同的题名，并在题名后加01、02、03等阿拉伯数字加以区分。

4.1.6 电子文件形成后，不应被非正常修改、获取和删除。

4.1.7 形成电子文件的业务系统和个人应随时保存电子文件，并根据文件重要程度，定期备份电子文件。

4.1.8 电子文件的离线备份应存储于移动硬盘、光盘、磁带等能够脱机保存的存储媒体上。

4.2　文件分类

4.2.1 电子文件形成、积累过程中，应根据文件内容和性质对电子文件进行分类保存。

4.2.2 电子文件形成单位应根据本单位机构设置、工作职能、业务范围、专业性质、工程项目等，预先设置电子文件分类方案。

4.2.3 电子文件分类方案应根据需要设置一级至 N 级类目（图4.2.3）。类目级别不宜超过9级。

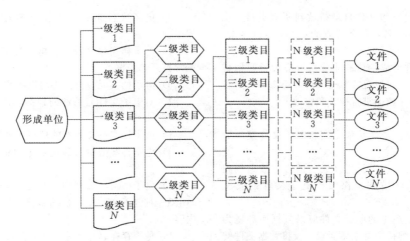

图 4.2.3　电子文件分类方案层级结构

4.2.4　电子文件分类方案的设计，应统筹考虑文件归档和电子档案管理要求，与电子档案分类体系一体化设计，并应保持一定的稳定性、连续性。

4.2.5　业务系统和电子文件管理系统，应支持按层级方式来组织分类方案和管理电子文件，并应支持按分类方案中的类目提供元数据描述。

5　电子文件归档

5.1　归档范围

5.1.1　电子文件形成单位应根据业务范围和工作性质，制定本单位电子文件归档范围和保管期限。

5.1.2　工程电子文件的归档范围应按现行国家标准《建设工程文件归档规范》GB/T 50328 执行。

5.1.3　业务管理电子文件的归档范围应按国家现有关规定执行。

5.2　归档文件格式

5.2.1　归档的电子文件应转换为表 5.2.1 所列文件格式。

表 5.2.1　　归档电子文件格式

文件类别	格　式
文本（表格）文件	OFD、DOC、DOCX、XLS、XLSX、PDF/A、XML、TXT、RTF
图像文件	JPEG、TIFF
图形文件	DWG、PDF/A、SVG
视频文件	AVS、AVI、MPEG2、MPEG4
音频文件	AVS、WAV、AIF、MID、MP3
数据库文件	SQL、DDL、DBF、MDB、ORA
虚拟现实/3D图像文件	WRL、3DS、VRML、X3D、IFC、RVT、DGN
地理信息数据文件	DXF、SHP、SDB

5.2.2　专用软件产生的其他格式的电子文件，应转换成本规范表 5.2.1 规定的文件格式。

5.2.3　无法转换的电子文件，应记录足够的技术环境元数据，详细说明电子文件的使用环境和条件。

5.2.4　有条件的电子文件形成单位，应同步归档原始格式的电子文件。

5.3　捕获和固化

5.3.1　电子文件形成单位应建立电子文件管理系统，并应按现行行业标准《建设电子档案元数据标准》CJJ/T 187 的规定，对业务系统以及其他应用软件、操作系统环境中形成的电子文件及其元数据进行捕获和登记。

5.3.2　电子文件的捕获范围不应小于归档范围。捕获的电子文件应转换成本规范表 5.2.1 规定的文件格式。

5.3.3　电子文件管理系统应自动捕获电子文件的层级、标识、题名、责任者、分类、日期、数量或大小等元数据。

5.3.4　对归档的电子文件应进行固化处理。固化可采用下列方式：

1　采用可靠的电子签名技术。

2　采用封装技术。

5.4　整理

5.4.1　对纳入归档范围的电子文件，归档前应进行整理。整理应按下列程序进行：

1　对所有归档文件按电子文件分类方案进行分类。

2　对各级类目和电子文件，应按形成时间、业务类别、专业特征等排序，排序后在题名前加上 3 位阿拉伯数字用以标注序号，不足位数的用 0 补齐。

3　对各级类目和电子文件编制类目目录和文件目录。类目目录应包括序号、编制单位、类目题名、类内文件份数、备注等。文件目录应包括序号、文件编号、责任者、电子文件题名、备注等。

4 将类目目录和文件目录排放到所有类目、文件之前，并进行命名，命名规则为：000 类目目录、000 文件目录。

5.4.2 电子文件形成单位的业务系统应设置归档整理功能，并能按预先设置的电子文件分类方案，对各级类目和文件的元数据进行捕获和整理。

5.5　归档要求

5.5.1 电子文件形成单位应定期将电子文件整理后归档。

5.5.2 电子文件归档可采用在线归档方式或离线归档方式，并应采取措施确保归档电子文件的安全存储。

5.5.3 业务系统产生的电子文件应以数据库环境为依托进行归档，维持数据原始面貌；或将数据文件转换为可脱离数据库系统读取的数据表文件归档。

5.5.4 电子文件及其元数据应一并归档。

5.5.5 电子文件形成者应采用可靠的电子签名等手段保障归档电子文件的真实性。

5.5.6 经信息技术手段加密的电子文件应在解密后再归档，压缩电子文件应与解压缩软件一并归档。

5.5.7 电子文件格式转换后，向本单位档案管理部门移交时，应将转换前和转换后两种格式的电子文件一并归档；向城建档案管理机构移交时，可只移交转换后的电子档案。

5.5.8 电子文件离线归档，按优先顺序，可采用移动硬盘、闪存盘、光盘、磁带等存储。

5.5.9 归档文件存储媒体的外表应粘贴标签，标签中应包含移交单位、移交日期、存储媒体顺序号、文件内容等。

5.6　检测

5.6.1 在归档工作的下列环节，电子文件交接双方均应对电子文件进行检测，检测合格后方可归档交接：

1 电子文件形成部门在向本单位档案管理部门归档电子文件之前，以及本单位档案管理部门在接收电子文件时。

2 业务管理电子文件形成单位、工程建设单位向城建档案管理机构移交电子档案前，以及城建档案管理机构在接收电子档案时。

3 勘察、设计、施工、监理、测量等单位向建设单位交付电子档案前，以及建设单位接收电子档案时。

5.6.2 对电子文件的检测，应从可用性、完整性、安全性等方面展开，并应符合下列规定：

1 对电子文件可用性的检测，应重点检测下列内容：

1）离线移交的存储媒体外观是否完好无损，是否可以通过 I/O 测试。

2）在线移交的数据包是否可以完整解包。

3）电子文件格式是否符合本规范表 5.2.1 的规定。

4）电子档案移交目录、电子档案全文是否可以正常打开和浏览。

5）电子档案元数据是否可以正常展现和浏览。

2 对电子文件完整性的检测，应重点检测下列内容：

1）电子档案移交目录的填写内容是否完整。

2）电子档案数量与移交目录中记录的数量是否一致。

3）电子档案元数据是否齐全、完整。

3 对电子文件安全性的检测，应重点检测下列内容：

1）是否存在恶意程序，是否感染木马或病毒。

2）是否存有与电子档案移交无关的数据。

3）存储媒体出厂时间是否超过使用年限。

5.6.3 对电子文件主要技术指标的检测结果应符合下列规定：

1 电子档案移交目录应达到：必填字段 100%，目录重复性 0%，字段内容规范性 100%，涉密关键字检查 100%。

2 文本类电子文件应达到：完整性 100%，可读性 100%，重复文件 0%。

3 多媒体类电子文件应达到：分段随机播放可播放 100%，完整性 100%，可读性 100%，重复文件 0%。

4 通过纸质文件数字化采集到的电子文件，应达到现行行业标准《纸质档案数字化技术规范》DA/T 31 的技术要求。

6　电子档案移交和接收

6.1　移交

6.1.1 业务管理电子文件形成单位应按有关规定，每 1 年～5 年定期向城建档案管理机构移交电子档案。

6.1.2 列入城建档案管理机构接收范围的建设工程，建设单位应按规定向城建档案管理机构移交一套符合要求的工程电子档案。建设单位组织工程竣工验收前，当地城建档案管理机构应对工程电子档案进行预验收。

6.1.3 电子档案移交方式，可采用在线或离线方式进行，交接双方可根据实际情况选择确定。

6.1.4 对扩建、改建和维修工程，建设单位应组织设计、施工、监理单位将工程中产生的电子档案向城建档案管理机构移交。

6.1.5 移交的电子档案的存储格式和存储媒体应符合本规范第 5.2.1 条和第 5.5.8 条的规定。

6.1.6 电子档案移交之前，移交单位应确定电子档案的密级。属于国家秘密的电子档案应使用专用保密

存储媒体存储，并应按国家现行有关保密规定办理移交手续。

6.1.7 电子档案移交之前，移交单位应对准备移交的电子档案进行检测，全部合格后方可移交。

6.2 接收

6.2.1 接收电子档案时，接收单位应对电子档案进行检测。检测内容与要求应符合本规范第5.6.2条和第5.6.3条的要求。检测不合格的，应退回移交单位重新处理。

6.2.2 接收和移交电子档案应办理交接手续，交接手续应符合下列规定：

1 移交单位应提交电子档案移交目录，电子档案移交目录应符合本规范附录B的要求。

2 移交和接收双方应填写电子档案移交与接收证明书，电子档案移交与接收证明书应符合本规范附录C的要求，并可采用电子形式、以电子签名方式予以确认。

3 电子档案移交与接收证明书和电子档案移交目录一式两份，一份由移交单位保存，一份由接收单位保存。

7 电子档案保管

7.1 存储与备份

7.1.1 电子档案保管单位应对在线存储和离线存储的电子档案进行保管；应配备符合规定的计算机机房、硬件设备、信息管理系统和网络设施，实现对电子档案的有效管理。

7.1.2 保管电子档案存储媒体，应符合下列规定：

1 电子档案磁性存储媒体宜放入防磁柜中保存。

2 单片、单个存储媒体应装在盘、盒等包装中，包装应清洁无尘，并竖立存放，且避免挤压。

3 环境温度应保持在14℃～24℃之间，昼夜温度变化不超过±2℃；相对湿度应保持在35%～45%之间，相对湿度昼夜变化不超过±5%。

4 存储媒体应与有害气体隔离。

5 存放地点应做到防火、防虫、防鼠、防盗、防尘、防湿、防高温、防光和防振动。

7.1.3 电子档案保管单位应定期检查电子档案读取、处理设备。设备环境更新时应确认电子档案存储媒体与新设备的兼容性，如不兼容，应进行存储媒体转换，原存储媒体保留时间不应少于3年。

7.1.4 电子档案保管单位对保存的电子档案，应进行定期检查。检查应符合下列规定：

1 检查方法应包括人工抽检和机读检测。

2 对脱机保存的电子档案，应根据不同存储媒体的寿命，定期进行人工抽检。

3 对系统中运转的在线数据，应定期进行机读检测。

4 在定期检查过程中发现问题应及时采取补救

措施。

7.1.5 对脱机备份的电子档案，电子档案保管单位宜根据存储媒体的寿命，定期转存电子档案。转存时应进行登记，登记内容应按本规范附录D的规定填写。

7.1.6 城建档案管理机构应定期备份电子档案。备份应符合下列规定：

1 应采取本地备份和异地备份并行的工作策略。

2 应同时备份保障数据恢复的管理系统与应用软件。

7.1.7 对电子档案内容的备份可根据实际情况选择完全备份、差异备份或增量备份。

7.1.8 备份方式可采用数据脱机备份或数据热备份；数据热备份所采用的网络应确保数据安全。

7.1.9 对于备份的数据每年应安排一次恢复演练，备份数据应可恢复。

7.2 迁移

7.2.1 在计算机软硬件系统升级或更新之后，存储媒体过时或电子档案编码方式、存储格式淘汰之前，电子档案保管单位应将电子档案迁移到新的系统、媒体或进行格式转换，保证其可被持续访问和利用。

7.2.2 电子档案迁移之前，电子档案保管单位应明确迁移的要求、策略和方法。

7.2.3 电子档案保管单位应在电子档案迁移之后，开展数据校验，对照检验迁移前后电子档案内容的一致性，以及电子档案信息的可用性。

7.2.4 电子档案保管单位应对迁移的操作人员、时间、过程和结果进行完整记录，记录应按本规范附录E的规定填写。

7.2.5 永久保管的电子档案在格式迁移后，其原始格式宜保留一定年限。

7.3 安全保护

7.3.1 电子文件管理系统和城建档案信息管理系统的安全等级保护定级工作，应符合国家相关规定的要求。

7.3.2 电子档案保管单位应采取下列措施满足电子档案基本安全要求：

1 技术上应对电子档案管理系统的网络安全、设备安全、系统安全、应用安全和数据安全等进行保护。

2 管理上应制定运行维护、安全管理制度，设置安全管理岗位，落实计算机机房日常管理、系统运行安全等责任保障机制。

7.3.3 电子档案存储媒体运行和保管的环境应符合现行国家标准《计算机场地通用规范》GB/T 2887和《计算机场地安全要求》GB/T 9361的规定。

7.3.4 电子档案保管单位应根据网络设施、系统主机和信息应用，采取身份鉴别、访问控制、资源控制、安全审计、边界完整性检查、入侵防范、恶意代

码防范、剩余信息保护、通信完整性、通信保密性、抗抵赖、软件容错等保护信息安全的措施。

7.3.5 电子档案保管单位应制定电子签名管理制度，加强对电子印章的管理。

7.4 鉴定销毁

7.4.1 电子档案保管单位对电子档案的鉴定应包括下列内容：

　　1 对保管期满的档案重新判断保存价值，确无继续保存价值的，列入销毁范围，仍有保存和利用价值的，列入续存范围。

　　2 对保密期满的电子档案进行解密。

7.4.2 电子档案鉴定应按国家关于档案鉴定销毁的有关规定和本单位档案归档范围及保管期限表执行，并应按下列程序办理：

　　1 电子档案保管单位应组织成立由档案管理人员和有关职能部门组成的鉴定小组，并应成立由档案保管单位和文件形成单位负责人组成的鉴定委员会。

　　2 对保管期满、失去保存和利用价值的电子档案，鉴定小组应提出销毁意见，并编制保管期满档案销毁清册，销毁清册应符合本规范附录 F 的要求。

　　3 对保管期满、仍有保存和利用价值的电子档案，鉴定小组应重新划定保管期限，编制保管期满档案续存清册，续存清册应符合本规范附录 G 的要求。

　　4 鉴定小组应将电子档案鉴定工作情况写成报告，并应将保管期满档案销毁清册、保管期满档案续存清册一同提交鉴定委员会讨论。

　　5 鉴定委员会应研究讨论，形成审查意见。

　　6 电子档案保管单位应将鉴定委员会审查意见报上级有关主管部门批准。

7.4.3 对批准销毁的电子档案应在档案管理系统删除相关数据，对光盘等存储媒体应进行物理销毁，销毁清册应永久保存。

7.4.4 非保密建设电子档案可进行逻辑删除。属于保密范围的电子档案被销毁时，按《中华人民共和国保守国家秘密法》有关规定执行。

8 电子档案利用

8.0.1 电子档案保管单位应建立检索系统，向利用者提供在线和离线等多种形式的电子档案利用和信息服务。

8.0.2 当利用计算机网络发布电子档案信息或在线利用电子档案时，应遵守国家相关保密规定。

8.0.3 在线利用系统应设置权限控制措施，实行审批和登记程序，建立可溯源的审计跟踪记录。电子档案不得超授权范围利用、复制或公布。

8.0.4 电子档案保管单位应建立专门的电子档案利用数据库，与长期保存的电子档案数据库分离。

8.0.5 脱机电子档案存储媒体和入库的电子档案存储媒体不得外借，当利用时应使用复制件；未经批准，任何单位或人员不得擅自复制、修改、转送

他人。

附录 A
归档文件存储媒体标签式样

A.0.1 归档文件存储媒体的标签上应包含移交单位、移交日期、媒体顺序号、文件内容、格式等信息，标签式样宜符合表 A.0.1 的规定。

表 A.0.1　归档文件存储媒体标签式样

移交单位		
移交日期	存储媒体顺序号	
文件内容		
文件格式		

附录 B
电子档案移交目录

B.0.1 电子档案移交目录中应包括序号、文件类别、文件题名、文件编号、责任者、日期、备注等内容，移交目录式样应符合表 B.0.1 的规定。

表 B.0.1　电子档案移交目录

序号	文件类别	文件题名	文件编号	责任者	日期	备注

B.0.2 电子档案移交目录中的填写，应符合下列规定：

　　1 序号应以一份文件为单位编写，用阿拉伯数字从 1 依次标注。

　　2 文件类别应填写到文件所属的二级类目。

　　3 文件题名应填写文件标题的全称。当文件无标题时，应根据内容拟写标题，拟写标题外应加"〔 〕"符号。

4 文件编号应填写文件形成单位的发文号或图纸的图号。

5 责任者应填写文件的直接形成单位或个人。有多个责任者时,应选择两个主要责任者,其余用"等"代替。

6 日期应填写文件的形成日期或文件的起止日期,竣工图应填写编制日期。日期中"年"应用四位数字表示,"月"和"日"应分别用两位数字表示。

7 备注应填写需要说明的问题。

附录 C
电子档案移交与接收证明书

C.0.1 电子档案移交与接收证明书应包括所交接电子档案的基本情况和交接双方单位名称及签章等内容,式样应符合表 C.0.1 的规定。

表 C.0.1   电子档案移交与接收证明书

电子档案基本情况	
档案内容	
移交档案数量	份(件)
移交档案数据量	G
移交媒体类型、规格、数量	
附:移交目录	

交接双方单位名称	
移交单位	接收单位
代表人: 单位盖章 年 月 日	代表人: 单位盖章 年 月 日

C.0.2 电子档案与接收证明书的填写应符合下列规定:

1 电子档案基本情况应由移交单位填写;

2 档案内容应填写交接档案记述反映的主要内容或者类别;

3 移交文件数据量应以 G 为单位,精确到小数点后 3 位;

4 移交媒体类型应填写所移交的电子档案存储媒体的类别(如光盘、移动硬盘等);在线移交时,应填写"在线"。

附录 D
电子档案转存登记表

表 D   电子档案转存登记表

原存储媒体 转存登记	原存储媒体类型和数量: 档案容量: 档案内容描述:
存储媒体更新 与兼容性检测 登记	转存后的存储媒体类型和数量: 档案容量和内容校验: 转存后的存储媒体兼容性检测:

填表人(签名):	审核人(签名):	单位(盖章):
年 月 日	年 月 日	年 月 日

附录 E
电子档案迁移登记表

表 E   电子档案迁移登记表

原系统 设备情况	硬件系统: 系统软件: 应用软件: 存储设备:
目标系统 设备情况	硬件系统: 系统软件: 应用软件: 存储设备:
被迁移 电子档案情况	原格式: 目标格式: 迁移数量: 迁移时间:
迁移检测情况	硬件系统查验: 系统软件查验: 应用软件查验: 存储媒体查验: 电子档案内容查验: 电子档案形态查验:

迁移者(签名):	迁移检验者(签名):	单位(盖章):
年 月 日	年 月 日	年 月 日

附录 F
保管期满档案销毁清册

F.0.1 保管期满档案销毁清册式样应符合表 F.0.1 的规定。

表 F.0.1　　保管期满档案销毁清册

序号	文件档号	文件题名	文件编号	责任者	日期	保管到期日	销毁意见	鉴定人

F.0.2 保管期满档案销毁清册内容的填写，应符合下列规定：

1　序号应以一份文件为单位编写，用阿拉伯数字从 1 起依次标注。

2　文件档号应填写档案保管单位所赋予的编码。

3　文件题名应填写文件标题的全称。当文件无标题时，应根据内容拟写标题，拟写标题外应加"［　］"符号。

4　文件编号应填写文件形成单位的发文号或图纸的图号。

5　责任者应填写文件的直接形成单位或个人。有多个责任者时，应选择两个主要责任者，其余用"等"代替。

6　日期应填写文件的形成日期或文件的起止日期，竣工图应填写编制日期。日期中"年"应用四位数字表示，"月"和"日"应分别用两位数字表示。

7　保管到期日应填写文件保管到期的年、月、日。

8　销毁意见应填写"销毁"。

9　鉴定人应填写主要鉴定工作人员。

附录 G
保管期满档案续存清册

G.0.1 保管期满档案续存清册式样应符合表 G.0.1 的规定。

表 G.0.1　　保管期满档案续存清册

序号	文件档号	文件题目	文件编号	责任者	日期	保管到期日	重新划定的保管期限	鉴定人

本规范用词说明

1　为便于在执行本规范条文时区别对待，本规范对条文要求严格程度不同的用词说明如下：

1）表示很严格，非这样做不可的：

正面词采用"必须"，反面词采用"严禁"；

2）表示严格，在正常情况下均应这样做的：

正面词采用"应"，反面词采用"不应"或"不得"；

3）表示允许稍有选择，在条件许可时首先这样做的：

正面词采用"宜"，反面词采用"不宜"；

4）表示有选择，在一定条件下可以这样做的，采用"可"。

2　条文中指明应按其他有关标准执行的写法为："应符合……的规定"或"应按……执行"。

引 用 标 准 名 录

1　《建设工程文件归档规范》GB/T 50328。

2　《计算机场地通用规范》GB/T 2887。

3　《计算机场地安全要求》GB/T 9361。

4　《建设电子档案元数据标准》CJJ/T 187。

5　《纸质档案数字化技术规范》DA/T 31。

建设电子文件与电子档案管理规范

（CJJ/T 117—2017）
条文说明
编制说明

《建设电子文件与电子档案管理规范》CJJ/T 117—2017，经住房和城乡建设部 2017 年 4 月 11 日以第 1519 号公告批准、发布。

本规范是在《建设电子文件与电子档案管理规范》CJJ/T 117—2007 的基础上修订而成，上一版的主编单位是广州市城建档案馆、建设部城建档案工作办公室，参编单位是北京市城建档案馆、南京市城建档案馆、杭州市城建档案馆、珠海市城建档案馆，主要起草人员是郑向阳、姜中桥、张华、刘志清、周健民、赵立芳、黄伟明、肖妍。本次修订的主要技术内容是：1. 按照电子文件生命周期管理的要求进行了调整；2. 增加了电子文件形成与归档过程中的创建与保存、文件分类、捕获和固化；增加了电子文件归档后的安全保护；增加了电子档案移交目录、电子档案移交证明书、保管期满档案续存清册等方面内容；3. 删除了电子文件代码标识、电子文件收集积累的程序、电子文件的汇总、电子档案的统计、电子文件（档案）案卷（或项目）级登记表、电子文件（档案）文件级登记表、电子文件更改记录表等内容；4. 修订了归档范围、归档文件格式、整理、归档要求、检验、移交、接收、存储备份等方面内容；整合了电子档案的脱机保管与有效存储。

本规范修订过程中，编制组对各地建设电子文件与电子档案管理工作进行了深入的调查研究，总结了我国电子文件与电子档案管理工作的实践经验，同时参考了国外先进技术法规、技术标准，并以多种方式广泛征求了各有关单位的意见，对主要问题进行了反复修改，最后经过有关专家审查定稿。

为便于广大施工、监理、设计、科研、学校等单位有关人员在使用本规范时能正确理解和执行条文规定，《建设电子文件与电子档案管理规范》编制组按章、节、条顺序编制了本规范的条文说明，对条文规定的目的、依据以及执行中需注意的有关事项进行了说明。但是，本条文说明不具备与规范正文同等的法律效力，仅供使用者作为理解和把握规范规定的参考。

1　总则

1.0.1　为适应我国建设行业信息化发展的要求，规范建设电子文件的形成、归档以及建设电子档案的管理，确保建设电子文件与电子档案的真实性、完整性、可靠性、可用性和安全性，维护历史记录完整，保障建设电子文件和电子档案的安全保管，促进建设档案信息资源的有效开发利用，制定本规范。此条既是制定本规范的目的，也是制定本规范的指导思想。

1.0.2　本规范适用于城乡规划、建设及其管理活动形成的建设电子文件和电子档案的管理。凡从事城乡规划、建设及其管理活动产生、保管、利用建设电子文件和电子档案的单位都应执行本规范，并按本规范的规定对建设电子文件和电子档案进行全程管理。

1.0.3　建设电子文件归档与电子档案管理除执行本规范外，尚应符合现行《城市建设档案著录规范》GB/T 50323、《建设工程文件归档规范》GB/T 50328、《城建档案业务管理规范》CJJ/T 158、《建设电子档案元数据标准》CJJ/T 187 等标准规范的规定。

2　术语

2.0.1　建设电子文件

建设电子文件主要包括建设业务管理电子文件和建设工程电子文件两大类。其中建设业务管理电子文件主要产生于建设系统各行业、专业管理部门（包括城乡规划、城市建设、村镇建设、建筑业、住宅房地产业、勘察设计咨询业、市政公用事业等行政管理部门，以及供水、排水、燃气、热力、园林、绿化、市政、公用、市容、环卫、公共客运、规划、勘察、设计、抗震、人防等专业管理单位）；建设工程电子文件产生于工程建设活动中，主要包括工程准备阶段电子文件、监理电子文件、施工电子文件、竣工图电子文件和竣工验收电子文件。

2.0.5　电子文件管理系统

电子文件管理系统主要负责从业务系统中对电子文件进行识别、捕获，维护文件之间、文件与业务之间的各类关系，并支持文件存储、维护、利用和处置等管理和控制活动的信息系统。也可以辅助管理非电子的实体文件的管理，如建设工程文件归档管理系统等。电子文件管理系统是电子文件从业务系统迁移到城建档案信息管理系统的中介和桥梁，是电子文件全过程管理的一环。

2.0.6　业务系统

业务系统是用于支持单位业务工作开展，并形成电子文件的管理系统，既包括常用的办公自动化系统、电子商务系统、财务管理系统等，也包括城市规划管理系统、建设工程管理系统等专门、专业

系统。

2.0.15　封装是将电子文件本身及其内容、结构、背景信息打包在一个结构规范的信息包中的过程。封装形成的数据单元称为封装包。封装包的数据结构称为封装格式。在封装包中，数据和元数据在逻辑上既是结合的，又是相互独立的。当数据发生变化时，元数据可以记录这些变化，同时元数据本身也可以变化。

2.0.23　电子签名

电子签名有多种形式。不是所有的电子签名都具有法律凭证作用，只有可靠的电子签名才具有法律凭证作用。电子签名同时符合下列条件的，视为可靠的电子签名：

1　电子签名制作数据用于电子签名时，属于电子签名人专有；

2　签署时电子签名制作数据仅由电子签名人控制；

3　签署后对电子签名的任何改动能够被发现；

4　签署后对数据电文内容和形式的任何改动能够被发现。

电子签名需要第三方认证的，应由依法设立的电子认证服务提供者提供认证服务。

2.0.24　电子签章

电子签章是电子签名常见的表现形式，是使用电子印章签署电子文件的过程。电子签章中只有包含具有法律效力的数字证书，才具有法律凭证作用。带有数字证书的电子签章可视为可靠的电子签章，可靠的电子签章可保障电子文件的真实性、完整性以及签名人对电子文件的不可否认性。数字证书是依据《中华人民共和国电子签名法》，由电子认证机构采用电子签名技术颁发给用户、用以在数字电文中证实用户真实身份的一种数字凭证。

2.0.25　城建档案信息管理系统

城建档案信息管理系统是城建档案管理机构以正确且长期有效的方式存储、管理电子档案并提供利用的软件信息系统。

3　基本规定

3.0.1　电子文件的形成是文件生命周期的开始，电子文件形成单位应遵循电子文件形成的特点及规律，按文件生命周期管理原则和文件管理部门的要求，结合本单位信息化建设、业务工作和档案工作的实际情况开展电子文件的管理工作，并保障电子文件的真实性、完整性、可靠性、可用性和安全性。

电子文件的真实性是指建设电子文件的内容、结构和背景与形成时的原始状况一致。一份真实的建设电子文件应符合下列条件：一是文件与其制目的相符；二是文件的形成和发送与其既定的形成者和发送者相吻合；三是文件的形成或发送与其既定时间一致。为了确保文件的真实性，机构应执行并记录文件管理方针和程序，便于控制文件的形成、接收、传输、保管和处置，从而确保文件形成者是经过授权和确认的，同时文件受到保护能够防止未经授权进行的增、删、改、利用和隐藏。

电子文件的完整性是指建设电子文件的内容、结构和背景信息等无缺损并且未加改动。为防止文件未经授权而改动，文件管理方针和程序中应明确下列事项：文件形成之后可对文件进行哪些添加或注释，在何种条件下可授权添加或注释，及授权由谁来负责添加或注释。任何授权的对文件的注释、增或删都应明确标明并可跟踪。

电子文件的可靠性是指建设电子文件的内容可信，可以充分、准确地反应其所证明的事务活动过程、活动或事实，在后续的事务活动过程或活动中可以以其为依据。

电子文件的可用性是指电子文件可以被检索、呈现和理解。包括信息的可识别性、存储系统的可靠性、存储媒体的完好性和兼容性等。可用的文件应能够表明文件与形成它的业务活动和事务过程的直接关系。

3.0.2　电子文件形成单位应使用电子文件管理系统，实现本单位业务管理系统和城建档案信息管理系统之间的衔接，确保实现电子文件自形成到归档、保管、利用的全过程管理。

3.0.3　电子文件形成单位的档案部门应承担监督和指导本单位业务管理电子文件的形成、捕获、积累、整理和归档以及定期向当地城建档案管理机构移交的职责。

3.0.6　城建档案管理机构应加强对电子文件全过程指导，尤其要加强前端控制。前端控制就是把一切需要和可能在文件形成阶段，甚至文件形成以前实现的档案管理功能尽量提前到这些阶段进行。前端控制是实现电子文件全过程管理的重要保障，是全面、系统、优化思想的集中体现；是确保电子文件真实、可靠、完整、安全、长期可读的有效策略；也是优化管理功能，提高管理效率的科学理念。

3.0.7　电子文件的安全技术措施主要有：网络设备安全保证，数据安全保证，操作安全保证，身份识别方法等。具体应包括以下四个方面：

1　建立对电子文件的操作者可靠的身份识别与权限控制。

2　设置符合安全要求的操作日志，随时自动记录实施操作的人员、时间、设备、项目、内容等。

3　对电子文件采取防写、防错漏和防调换的措施。

4　采取电子签名、电子签章等签署技术措施防止非法篡改。

4　电子文件形成

4.1　创建与保存

4.1.6　为保证电子文件在形成后不被非正常修改、获取和删除，目前可采用的有效措施包括电子签名技术、文件加密技术、电子水印技术等。

电子文件长期保存的目标要求是：

第一，保存电子文件的比特流。通过对电子文件存储媒体的保护和迁移，确保存储其中的物理数字文件信息能被准确完好地读出。

第二，保存电子文件的出处/来源。电子文件的出处能证实该信息的来源和历史，有助于确认该信息是真实、完整和可信的。

第三，保存电子文件格式与处理信息。通过保存有关电子文件的编码、格式、标记、结构、压缩、加密等方面的技术方法信息，确保能够识别和解析电子文件的内容。

第四，保存电子文件的管理手段。包括：电子文件的内容校验、身份认证、版本演变、知识产权管理机制、信息安全管理机制等。这样做的目的是为了确保能可信、可靠和合法鉴别、使用被保存的电子文件。

因此，电子文件长期保存的最终目标是能够证明当前保存的电子文件能够真实地还原原始的电子文件信息，也就是保证归档电子文件的真实性。

4.2　文件分类

4.2.3　电子文件形成单位可选择采用下列方法设置电子文件分类方案：

1　对业务管理电子文件，可综合运用年度、内设机构、主题等特征，按照图1所示的层级结构，采用年度—机构—主题方法设置分类方案，或采用机构—年度—主题等方法设置分类方案。

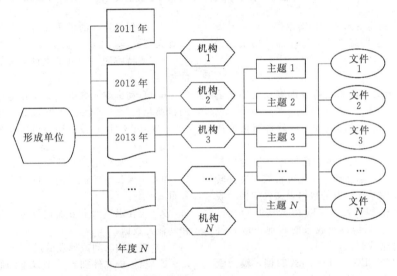

图1　业务管理电子文件分类方案层级结构

2　对工程电子文件，可运用参建单位、文件类别、分部分项、专业等特征，采用图2所示的层级结构，按建设工程—文件类别—单位工程—分部（子分部）—分项的逻辑方法设置分类方案。

对电子文件分类方案中的每个层级应进行命名，命名时应根据层级内电子文件内容和业务特征提炼出类名，类名一般不应超过30个字。

4.2.5　业务系统和电子文件管理系统应支持按层级方式多维度来组织分类方案和管理电子文件，并应支持按分类方案中的所有类目提供元数据描述，同时宜支持跨维度查询、统计及分析管理。

5　电子文件归档

5.1　归档范围

5.1.1、5.1.2　电子文件形成单位，包括各业务管理部门和工程建设单位。

各业务管理部门应根据本单位业务范围和工作性质，制定本单位电子文件归档范围和保管期限表。

工程电子文件形成单位，如建设、勘察、设计、施工、监理等单位，应按照现行国家标准《建设工程文件归档规范》GB/T 50328制定工程电子文件的归档范围和保管期限。

5.1.3　各业务管理部门应根据《城市建设档案管理规定》（原建设部令第90号）、《城市房地产权属档案管理办法》等，向城建档案管理机构移交在工作中形成的业务管理档案和业务技术档案，以及有关城市规划、建设及其管理的政策法规、计划规划等方面的文件、科学研究成果和城市历史、自然、经济等方面的基础资料。

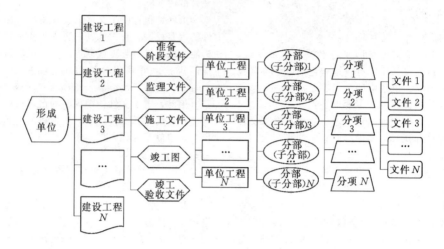

图 2　工程电子文件分类方案层级结构

城建档案馆应制定《向城建档案馆移交的业务管理档案范围》，进一步明确各业务管理部门向城建档案馆移交的档案内容和范围。

5.2　归档文件格式

5.2.1　归档的电子文件应采用符合国家规定的、适合长期保存的文件格式。

1　政府采购目录收录的其他正版软件所生成的文本文件也可以直接归档，如 WPS。

2　数据文件除应以其产生的数据库环境为依托进行归档，维持数据原始面貌外，还可将数据文件转换为可以脱离数据库系统读取的数据表文件归档。脱离数据库系统归档的数据表文件以 Microsoft Office、WPS Office 以及政府采购目录收录的其他正版软件所生成的表格文件格式归档。

3　图像文件以 JPEG、TIFF 格式归档，较为重要的拍摄图像可以 RAW 格式归档。

4　各类图形文件中矢量图以原始生成格式归档。

5.3　捕获和固化

5.3.1　在捕获文件时一并要捕获与文件相关的元数据。电子文件管理系统应具有如下功能：

1　注册和管理所有电子文件，保证这些文件与分类表、一份或多份文件夹相联系，集成产生这些文件的应用软件，验证和控制元数据进入。

2　控制有关电子文件的内容，包括定义其结构的信息（比如，所有的电子邮件信息和附件的原件，或一个网页及其链接，以保持其结构的完整性），有关电子文件的信息（如文件名称等），文件元素的创建数据和文件元数据，文件在何处产生、创建和声明的内容（如电子文件的经营过程和制作者、创作者），产生文件的应用程序（包括其版本）等。

3　在系统结构方面详细说明所有元数据元素的捕获，并且使它们一直保持与电子文件的紧密联系。

4　确保经选择的电子文件元数据的内容只能被管理人员或经批准的人员更改。

5　支持将同一份电子文件分配到不同文件夹中的能力。

6　自动提取元数据，支持在电子文件登记方面的自动化协助工作。这些电子文件包括：办公文件（如：Word 文件）；没有附件的电子邮件，包括发送的和接收的；传真，包括发送的和接收的。

7　用元数据记录文件登记的日期和时间。

8　确保每份登记了的文件都有一个可见的登记条目。

9　应在以下六个方面记录更详细的描述元数据和其他元数据：

1）登记的时间或处理的过程。

2）当一份文件拥有一个以上的版本时，允许用户选择至少以下一种方式：一份登记了若干版本，将所有版本集为一份的文件；一份只登记了一个版本的文件；一份登记了若干版本，每个版本都作为独立一项的文件。

3）为电子文件归类决策提供自动化的支持，提供如下手段：为用户制作唯一分类表；为每个用户存储一个关于用户最近使用过文件的清单；提示用户其最近使用最多的文件；提示用户与其正在使用电子文件相关的文件；提示用户来自文件元数据元素的文件，如：用于文件标题的关键字；提示用户来自文件内容的文件。

4）允许一名用户将已完成的捕获过程传输给另一个用户。

5）对于有多个成分组成的电子文件，能够将这些文件视为一份单一、不可分割的文件进行处理，保持文件多个成分间的关系；保持文件的结构完整；支持不久将进行的集成恢复、展示、管理。

　　6）支持在登记电子文件方面的自动化辅助功能，可给不同种类的文件自动提取足够的元数据。

5.3.2　捕获过程中应注意下列问题：

　　1　记录重要文件的主要修改过程和办理情况，有查考价值的电子文件及其电子版本的定稿均应被保留。如正式文件为纸质的，如保管部门已开始向计算机全文的转换工作，则应保留与正式文件定稿内容相同的电子文件，否则可根据实际条件或需要确定。

　　2　当公务或其他事务处理过程只产生电子文件时，应采取安全措施，电子文件不应被非正常改动。同时应随时对电子文件进行备份，存储于能够脱机保存的存储媒体上。

　　3　如正式文件为纸质的，则应保留与正式文件定稿内容相同的电子文件。

　　4　对在网络系统中处于流转状态，暂时无法确定其保管责任的电子文件，应采取捕获措施，集中存储在符合安全要求的电子文件暂存存储器中，以防丢失。

　　5　对用文字处理技术形成的文本电子文件，收集时应注明文件存储格式、文字处理工具，必要时同时保留文字处理工具软件。

　　6　对用扫描仪等设备获取的采用非通用文件格式的图像电子文件，收集后应转换成通用格式，如无法转换，则应将相关软件一并收集。

　　7　对计算机辅助设计或绘图等设备获得的图形电子文件，收集时应注明其软硬件环境和相关数据。

　　8　对用视频或多媒体设备获得的文件，以及用超媒体链接技术制作的文件，应同时收集其非通用格式的压缩算法和相关软件。

　　9　对用音频设备获取的声音文件，应同时收集其属性标识、参数和非通用格式的相关软件。

　　10　对通用软件产生的电子文件，应同时收集其软件型号、名称、版本号和相关参数手册、说明资料等。专用软件产生的电子文件应转换成本规范第5.2.1条所规定的电子文件格式，如不能转换，收集时应连同专用软件一并收集。

　　11　计算机系统运行的信息处理等过程涉及的与电子文件处理有关的参数、管理数据等应与电子文件一同收集。

　　12　对套用统一模板的电子文件，在保证能恢复形态的情况下，其内容信息可脱离套用模板进行存储，被套用模板作为电子文件的元数据保存。

5.4　**整理**

5.4.2　电子文件形成单位的业务系统应设置归档整理功能，城建档案管理机构应提供整理电子文件的数据组织方式、信息交换方式等。

5.5　**归档要求**

5.5.5　电子签名格式应符合现行国家标准《信息安全技术　公钥基础设施　电子签名格式规范》GB/T 25064的规定，数字证书应符合现行国家标准《信息安全技术　公钥基础设施　数字证书格式》GB/T 20518的规定，时间戳应符合现行国家标准《信息安全技术　公钥基础设施　时间戳规范》GB/T 20520的规定，电子签章密码技术应符合现行行业标准《安全电子签章密码应用技术规范》GM/T 0031的规定。

　　只有可靠的电子签名才具有法律凭证作用。为保证电子签名的可靠性，电子文件的形成单位和个人应采取可靠的安全防护技术措施：

　　1　使用带数字证书的电子签章，数字证书应由电子认证机构颁发；

　　2　建立对电子签名操作人员可靠的身份识别与权限控制，对电子签名采取防止非法使用的措施；

　　3　捕获符合安全要求的审计跟踪数据。

5.5.8　电子文件离线归档所用的存储介质中，闪存盘即大家常用的U盘。U盘，全称USB闪存盘，英文名"USB flash disk"。它是一种无需物理驱动器的微型高容量移动存储产品，通过USB接口与电脑连接，实现即插即用。

5.6　**检测**

5.6.2　检测电子文件的内容真实性时，宜采用验证电子签章合法性的方法，辨别电子文件内容的真实与否。

6　电子档案移交和接收

6.1　**移交**

6.1.2　建设单位提请当地城建档案管理机构预验收的工程电子档案，应数据完整、内容准确、编目及著录规范；在进行离线移交电子档案时，应做到存储媒体外观完好、整洁无损；无计算机病毒。

6.1.4　对改建、扩建和维修工程，特别是地下管线维修改造工程，建设单位在竣工验收前应组织监理单位、设计单位、施工单位、竣工测量单位，对各自产生的收集汇总好的工程电子文件进行验收，并按本规范要求，向城建档案管理机构移交一套电子档案。

6.1.6　在移交电子档案之前，移交单位应确定电子档案的密级。对涉及国家秘密的文件进行审核，对需要变更密级和解密的文件，应按照有关规定，进行变更密级和解密工作。对需要继续保密的文件，应明确文件的解密日期。

6.2　**接收**

6.2.1　在接收电子档案时，应按照本规范第5.6.2条和第5.6.3条的要求及检测项目，对电子档案逐一验收核实，合格率应达到100%。检测不合格的，应退回移交单位处理，移交时再次进行检测。

7　电子档案保管

7.1　存储与备份

7.1.4　检查方法包括人工抽检和机读检测。人工抽检应检测存储在脱机媒体中的电子档案，宜采用定期检测方法，抽样率不低于电子档案总量的 10%；机读检测应检验系统中运转的在线数据，通过电子档案真实和完整性检测、存储器 I/O 性能检测等技术，宜采用定期检测方法，遍历检测系统中运行的全部电子档案数据和存储器。

7.1.6　备份宜采用先进成熟的技术和设备为电子档案备份建立独立的长期保存运行环境，确保所备份的电子档案数据安全和恢复快捷。

7.1.7　完全备份是对整个系统进行完全备份，包括系统和数据。差异备份是对自上次完全备份之后有变化的电子文件备份。增量备份是对上次备份以来改变了的所有文件备份。

7.1.8　脱机备份是指用存储媒体进行数据备份，热备份是指通过网络系统进行数据备份。

7.2　迁移

7.2.1　在计算机软硬件系统升级或更新之后，媒体过时或电子档案编码方式、存储格式淘汰之前，电子档案保管单位应将电子档案迁移到新的系统、存储媒体或进行格式转换，其目的是保证电子档案可被持续访问和利用。

7.2.3　在数据迁移完成后，需要对迁移后的数据进行校验。数据迁移后的校验是对迁移质量和数量的检查，同时数据校验的结果也是判断新系统能否正式启用的重要依据。

对迁移后的数据进行校验：一般可以通过新旧系统查询数据对比检查，通过运行新旧系统对相同指标的数据进行查询，并比较最终的查询结果。

有条件的可编写有针对性的检查程序对迁移后的数据完整性进行质量分析。

7.2.4　电子档案保管单位对迁移的操作人员、时间、过程和结果进行完整记录，目的是保证迁移工作的可回溯。

7.3　安全保护

7.3.1　关于信息系统安全等级保护工作，还应遵循下列现行国家标准：《信息安全技术　信息系统安全等级保护基本要求》GB/T 22239，《信息安全技术　信息系统安全等级保护定级指南》GB/T 22240，《信息安全技术　信息系统安全等级保护实施指南》GB/T 25058。

7.3.2　电子文件形成和电子档案保管单位应采取技术和管理措施，保障建设电子档案安全。

　　1　技术上应遵循下列现行国家信息安全技术规范：《信息安全技术　信息系统安全管理要求》GB/T 20269，《信息安全技术网络基础安全技术要求》GB/T 20270，《信息安全技术　信息系统通用安全技术要求》GB/T 20271，《信息安全技术　数据库管理系统安全技术要求》GB/T 20273，《信息安全技术　信息系统安全工程管理要求》GB/T 20282。

　　2　电子档案保管单位应严格人员安全管理，可在人员录用、人员离岗、人员考核、安全意识教育与培训、外部人员访问等方面制定相应管理制度。具备规范的日常运维管理措施与制度，保障电子档案管理系统安全运行，可配备专门技术人员管理或进行托管。

7.4　鉴定销毁

7.4.1　电子档案的鉴定销毁，除按照国家关于档案鉴定销毁的有关规定执行外，建设电子档案鉴定与销毁的具体做法应按现行行业标准《城建档案业务管理规范》CJJ/T 158 的规定执行。

8　电子档案利用

8.0.2　在使用因特网发布信息和利用电子档案时，除严格遵守《中华人民共和国保守国家秘密法》规定外，还应按照《建设工作中国家秘密及其密级具体范围的规定》做好相关保密工作。

8.0.3　在线利用系统应设置权限控制措施，实行审批和登记程序，建立可溯源的审计跟踪记录，其目的是确保电子档案不会超授权范围利用、复制或公布。

13　环境工程设计文件编制指南

（HJ 2050—2015）

前　　言

为贯彻执行《中华人民共和国环境保护法》，规范环境工程设计文件编制内容和深度，确保环境工程设计质量，制定本指南。

本指南规定了环境工程可行性研究报告、初步设计文件、施工图和工程预算文件的编制要求。

本指南附录 A～附录 H 为资料性附录。

本指南为指导性文件。

本指南为首次发布。

本指南由环境保护部科技标准司组织制定。

本指南主要起草单位：中国环境保护产业协会、广东省环境保护产业协会、中国环境科学研究院、北京东方同华科技有限公司、中钢集团天澄环保科技股份有限公司、广东省环境保护工程研究设计院。

本指南经环境保护部 2015 年 11 月 24 日批准。

本指南自 2016 年 3 月 1 日起实施。

本指南由环境保护部解释。

1 适用范围

本指南规定了水污染防治、大气污染防治、固体废物处理（处置）、物理污染防治，以及污染水体、场地及土壤修复等环境污染综合防治工程的可行性研究报告、初步设计、施工图和工程预算文件内容和编制要求。

本指南适用于环境工程可行性研究、初步设计、施工图设计和工程预算文件的编制，也可作为环境工程立项、审批、核准、评审、监督、管理以及投资决策的参考依据。

实行核准、备案制管理的环境工程，其项目申请报告可参照本指南关于可行性研究报告文件的相关规定编制，其初步设计、施工图设计和工程预算文件内容与编制要求应执行本指南。

建设项目"三同时"配套的环境保护设施可参照执行本指南。

改（扩）建环境工程可参照执行本指南。

2 规范性引用文件

本指南引用了下列文件中的内容，当下列文件被修订时，应当使用其最新版本。

GB/T 1.1—2009 标准化工作导则 第1部分：标准的结构和编写

GB/T 50504—2009 民用建筑设计术语标准

GB/T 2589—2008 综合能耗计算通则

HJ 2016—2012 环境工程 名词术语

《市政公用工程设计文件编制深度规定》（2013年版）（建质〔2013〕57号）

《市政公用设施建设项目经济评价方法与参数》（建标〔2008〕162号）

3 术语和定义

下列术语和定义适用于本指南。

3.1

环境工程　environmental engineering

保护自然环境和自然资源、防治环境污染、修复生态环境、改善生活环境和城镇环境质量的建设项目及工程设施。

3.2

可行性研究　feasibility study

建设项目投资决策前进行技术经济论证的一种科学方法。通过对项目有关的工程、技术、环境、经济及社会效益等方面条件和情况进行调查、研究、分析，对建设项目技术上的先进性、经济上的合理性和建设上的可行性，在多方面分析的基础上做出比较和综合评价，为项目决策提供可靠依据。

3.3

初步设计　preliminary design

在方案设计文件的基础上进行的深化设计，解决总体、使用功能、建筑用材、工艺、系统、设备选型等工程技术方面的问题，符合环保、节能、防火、人防等级要求，并提交工程概算，以满足编制施工图设计文件的需要。

3.4

施工图设计　detail design

在已批准的初步设计文件基础上进行的深化设计，提出各有关专业详细的设计图纸，以满足设备材料采购、非标准设备制作和施工的需要。

3.5

单位污染物处理能耗　comprehensive energy consumption of treating unit pollutant

处理单位污染物需要消耗的能源量（包括水、电、气、燃料及二次能源），应将处理单位污染物所需要消耗的能源量折算为标准煤消耗量。

4 一般规定

4.1 环境工程咨询、设计应符合国家和工程所服务行业及地区环境保护的法律、法规及标准、规范要求。

4.2 环境工程咨询、设计文件除应符合本指南规定外，还应符合工程所服务行业及地区技术文件编制内容及深度要求。

4.3 环境工程咨询、设计图纸中采用的图例、符号、代号、术语和名词等均应符合国家、行业、地方现行的标准、规范、规定要求。

4.4 环境工程设计一般分为前期工作和工程设计两部分。前期工作包括项目建议书、预可行性研究、可行性研究，工程设计包括初步设计和施工图设计。本指南包括可行性研究、初步设计和施工图设计三个阶段。

5 可行性研究报告内容及编制要求

5.1 一般规定

5.1.1 可行性研究的基本任务是对新建或改扩建环境工程，从技术经济角度进行全面的分析研究，并对其投产后的污染治理及环境保护效果进行预测，在既定的范围内进行方案论证的选择，以便更合理地利用资源，达到预定的环境保护、社会和经济效益。

5.1.2 可行性研究通过对项目有关的工程、技术、环境、经济及社会效益等方面条件和情况进行调查、研究、分析，对工程的建设必要性、技术可行性、规模、厂（场）址和经济可行性、合理性，在多方案分析的基础上进行综合比较和评价，并推荐工程建设方案。

5.1.3 可行性研究报告应满足环境工程项目立项、编制工程初步设计文件以及环境工程用地征用范围的需要。

5.2　可行性研究报告内容

5.2.1　可行性研究报告内容应由以下内容组成：

　　a) 项目概述；

　　b) 编制依据；

　　c) 主要污染物及负荷；

　　d) 工程规模及分期方案；

　　e) 厂（场）址选择及比选；

　　f) 工艺技术及比选（包括主要设备、材料）；

　　g) 污染物收集及传输方案；

　　h) 污染物处理（处置）方案（含辅助工程方案）；

　　i) 环境保护；

　　j) 劳动安全及卫生；

　　k) 自然灾害及防范；

　　l) 火灾及消防；

　　m) 能耗及节能；

　　n) 占地及征用；

　　o) 场地水土保持；

　　p) 文物及矿产保护；

　　q) 工程建设管理；

　　r) 工程运行管理；

　　s) 工程投资估算；

　　t) 成本费用估算；

　　u) 财务经济评价；

　　v) 研究结论及建议；

　　w) 附图；

　　x) 附件。

5.2.2　可行性研究报告的内容组成可根据项目及工程特点合理增减，其中：

　　a) 若不包括污染物收集及转输工程内容，可省略"污染物收集及传输方案"章节。但对于污水、废水处理及固体废物处理（处置）工程，应在"主要污染负荷"章节中简要说明污染物收集及转输方式。

　　b) 若是物理污染防治，以及污染场地、污染土壤、污染水体等原位修复工程，可省略"污染物收集及转输工程"章节。

　　c) 若厂（场）址不处于自然灾害频发区，或自然灾害明显不会对工程造成影响时，可省略"自然灾害及防范"章节，但应在选址章节中予以说明。

　　d) 若厂（场）址明显不涉及水土流失问题，可省略"场地水土保持"章节。

　　e) 若厂（场）址明显不涉及文物、矿产和其他公共设施，可省略"文物及矿产保护"章节，但在"工程建设管理"章节中提出工程施工期间发现文物、矿产和其他公共设施时的处理要求。

5.2.3　可行性研究报告的封面或扉页应包含工程名称、编制单位名称、咨询资质证书及编号、编制日期，以及主要编制人员姓名、专业、执业资格或职称等信息，并应加盖编制单位公章或设计咨询文件专用章。

5.3　可行性研究报告编制要求

5.3.1　项目概述

5.3.1.1　工程概况

　　列示工程名称、建设单位名称、建设地点等。

5.3.1.2　项目背景

　　简要说明项目的来源和前期所开展的工作及结果。

5.3.1.3　工程建设必要性

　　详细说明工程建设的必要性及意义。

5.3.1.4　可行性研究内容

　　简明列示可行性研究范围、主要内容及原则。

5.3.1.5　可行性研究结论

　　简要列示可行性研究主要结论，应包括污染物排放（控制）标准、推荐工艺技术、厂（场）址，以及项目社会和经济效益、主要技术经济指标等。

　　其中主要技术经济指标表可采用附录 A 格式。

5.3.1.6　存在的问题及建议（如有）

　　简明列示项目存在的问题及建议。

5.3.2　编制依据

5.3.2.1　法律法规依据

　　简明列示可行性研究依据的主要法律、法规。

5.3.2.2　技术标准、规范

　　简明列示可行性研究采用的主要技术标准、规范，包括标准、规范名称、编号及版本。

5.3.2.3　相关规划依据

　　简明列示可行性研究依据的总体规划、专业规划及生产规划，包括规划名称、编制单位名称、编制时间。

5.3.2.4　设计基础资料

　　简要说明项目工程所在地气象、水文、地形、地貌、地质、地震、雷电，以及社会、经济情况。

　　简要说明公共工程（水、电、气、污水外排）条件，厂（场）址选择文件及主管部门意见。

5.3.2.5　项目建议书（如有）

　　简明列示项目立项及批准文件主要内容（如有）。

5.3.2.6　环境质量评价报告（如有）

　　简明列示项目环境质量评价报告及批复文件主要内容（如有）。

5.3.2.7　地质灾害评估报告（如有）

　　简明列示项目地质灾害评估报告及批复文件主要内容（如有）。

5.3.2.8　许可及协议（如有）

　　简明列示可行性研究涉及的许可及协议，包括"用地许可或协议""用电许可或协议""用水许可或协议""资源利用许可或协议""二次污染物处理（处置）许可或协议"等文件主要内容。

5.3.2.9　可行性研究委托书（如有）

　　简明列示工程可行性研究委托书主要内容。

5.3.3　主要污染物及负荷

5.3.3.1　污染物来源

详细说明工程服务区域内现状污染物来源，并结合总体规划、专业规划及生产规划合理预测项目工程服务期限内可能新增的污染物产生源。

5.3.3.2　污染物性质

准确说明项目工程服务区域内现状污染物性质、成分及污染特性，并结合总体规划、专业规划及生产规划合理预测工程服务期限内可能新增的污染物性质，其中：

a) 对于工业废水处理工程，应充分论证、说明可生化性、工艺试验研究结果（如有），并着重说明是否含有毒性、挥发性、腐蚀性、爆炸性、放射性成分，以及对生化处理系统的危害因素。

b) 对于固体废物处理（处置）工程，应明确论证、说明其是否含有危险废物成分。

c) 对于大气污染治理工程，应明确说明污染源排放特点，以及是否含有毒、有害成分等。

5.3.3.3　污染物负荷

简要列明工程服务区域内现有污染物实际产生量，并结合总体规划、专业规划、生产规划合理预测项目工程服务期限内可能新增的污染物产生量。

预测污染物产生量时，应充分说明污染物产生量、预测增长率的取值依据。

污染物产生量调查及预测可采用时序（逐年）预测和因果分析的定量统计、预测办法。

污染物产生量调查及预测表可采用附录 B 格式。

5.3.3.4　工程目标

说明污染物无害化处理（处置）后受纳水体、场地或区域大气环境状况，以及项目所在区域执行的环境质量标准及级别。

提出工程应执行的国家或地方污染物排放（控制）标准及限值。

5.3.4　工程规模及分期方案

5.3.4.1　工程规模

根据前述污染物产生量调查和预测结果，合理确定工程规模。

5.3.4.2　分期方案

根据污染物产生量调查和预测结果，结合当地总体规划、专业规划及生产规划，提出技术可行、经济合理的工程分期方案，并对分期方案的合理性予以说明。

5.3.5　厂（场）址选择及比选

5.3.5.1　选址原则

简要说明选址依据的基本原则。

5.3.5.2　选址过程

简要说明选址过程、参加单位等。

5.3.5.3　拟选厂（场）址

详细说明各拟选厂（场）址的行政区划、地理位

置、土地属性，气象、水文、地震、地形、地质、文物、矿产、其他公共设施及自然灾害特点，卫生防护距离、与城镇布局的关系，交通、供电、供气、供热、通信、给水、排水、防洪条件，工程周边敏感目标分布情况，以及社会稳定性、二次污染物处理（处置）条件等。

5.3.5.4　厂（场）址比选

结合相关法规、标准、规范、规定，项目工程实际需要、厂（场）址状况、建厂（场）条件，以及项目社会稳定风险，对各拟选厂（场）址进行综合技术经济对比。

5.3.5.5　推荐厂（场）址

提出推荐厂（场）址方案，并说明推荐理由及推荐厂（场）址存在不足的弥补措施。

5.3.6　工艺技术比选

5.3.6.1　工艺技术介绍

依据污染物特性及执行的污染物排放（控制）标准，简单介绍多个适用的工艺技术（包括主要设备、材料）。

5.3.6.2　工艺技术比选

对多个可行的工艺技术进行综合技术经济比选，工艺技术比选应全面、综合（包括相关新工艺、新技术、新设备、新材料应用情况），不得为突出推荐方案的优势而有选择性地确定比选内容。

工艺技术比选表可采用附录 C 格式。

5.3.6.3　推荐工艺技术

根据前述比选结果，推荐出工程应采用的工艺技术，并说明推荐理由及存在的问题。

5.3.7　污染物收集及转输方案

5.3.7.1　收集规划

依据工程服务区域总体规划、专业规划及生产规划，提出污染物收集及转输规划。

5.3.7.2　收集方案

结合污染物收集现状情况及规划，提出污染物收集及转输方案。

5.3.7.3　主要工程量

根据污染物收集及转输方案，确定污染物收集及转输系统主要工程量。

5.3.8　污染物处理（处置）方案

5.3.8.1　工艺流程及说明

提出先进、适用、可靠、安全、经济、合理的工艺流程。

说明污染物处理（处置）工艺过程、技术原理、治理效果及可达性。其中污水、废水处理工程应简要说明脱碳、除磷、脱氮工艺过程，进行尾水消毒方案比选和推荐，并提出尾水排放方案。

确定关键工艺技术参数、主要污染物去除率及去除量，并简要说明确定依据。其中应至少包括：

a) 污水、废水处理工程应进行需氧量、污泥产

量、药剂耗量估算；

b) 除尘、脱硫、脱硝工程应进行物料平衡估算；

c) 垃圾、固体废物填埋工程应进行填埋库容、渗滤液产生量、渗滤液调节池容积估算；

d) 垃圾焚烧发电、供热工程应进行热量平衡估算；

e) 危险废物处理（处置）工程应进行物料平衡估算。

5.3.8.2　工程总体布置

制定处理（处置）厂（场）总平面及竖向布置方案，包括工程防洪防潮标准、道路、围墙、大门、挡墙、截洪及排洪沟等，以及绿化工程标准、方案、面积。

5.3.8.3　工程设施配置

制定工艺设施配置方案，包括工艺功能、结构型式、技术规格和数量等，其中：

a) 污水、废水处理工程应提出水处理构筑物配置方案；

b) 废气处理工程应提出设备基础、排气筒结构型式方案；

c) 垃圾、固体废物卫生填埋工程应提出工程设施配置方案（计量站、垃圾坝、截洪及排洪沟等），防渗技术方案及排渗、导气系统设置方案等。

5.3.8.4　工程设备选型

提出主要工艺设备配置方案，进行设备比选，包括设备型式、功能、技术参数、数量、材质等。

5.3.8.5　二次污染防治

提出二次污染（废水、废气、噪声、废渣等）防治技术方案，说明二次污染防治技术方案实施后的污染防治效果，其中：

a) 污水、废水处理工程应明确提出污泥处理（处置）及臭气收集、处理方案；

b) 除尘、脱硫、脱硝工程应明确提出副产物处理（处置）及利用方案，以及废水处理方案和去向；

c) 垃圾填埋工程应明确提出渗滤液、填埋气收集、处理方案；

d) 垃圾焚烧工程应明确提出烟气净化、渗滤液处理及焚烧残渣、飞灰处理（处置）方案。

5.3.8.6　资源化利用

分析污染物处理（处置）过程中及处理（处置）后资源化利用可行性，提出污染物资源化利用方案，其中：

a) 污水、废水处理工程应说明再生水、污泥利用可行性，提出资源化利用方案；

b) 脱硫工程应说明副产物利用可行性，提出资源化利用方案；

c) 垃圾卫生填埋工程应说明填埋气体利用可行性，提出资源化利用方案；

d) 垃圾焚烧工程应说明余热、焚烧残渣利用可

行性，提出资源化利用方案；

e) 污染场地修复工程应论证、说明修复后场地的用途及标准。

5.3.8.7　建筑工程

提出建筑物功能、形式、面积、布置及防火等级、节能方案，以及主要建筑设备、材料选型方案。

5.3.8.8　结构工程

提出建、构筑物主体结构、构造、基础型式方案，抗震设防等级，防渗方案，以及地下建、构筑物抗浮、深基坑工程方案。

5.3.8.9　给排水工程

简要叙述工程建设区域给水水源情况。

提出给水水源方案。

估算生产、生活用水及消防水量。

提出给水、消防系统设置方案。

提出排水系统设置方案。

提出节约用水方案。

明确污染物处理（处置）过程中产生的污水、废水排放标准。

提出污染物处理（处置）过程中产生的污水、废水处理方案。

提出主要给排水设备、材料选型方案。

5.3.8.10　采暖通风工程

简要叙述工程建设区域热源情况。

确定热力负荷，提出热源方案。

提出采暖及空调系统设置方案。

确定通风换气标准及消防排烟要求。

提出通风设施、设备设置方案。

提出主要采暖通风设备、材料选型方案。

5.3.8.11　电气工程

简要叙述工程建设区域电源情况。

确定电力负荷等级，并说明确定依据。

估算电力负荷、耗电量。

提出变配电、电力计量、电力补偿、电气保护、浪涌消除、防雷接地、等电位联结方案。

提出主要电气设备、线缆选型方案。

5.3.8.12　自动化工程

确定自动化工程目标。

提出自动化系统配置方案。

提出主要自动化设备、仪表、线缆选型方案。

5.3.8.13　其他辅助工程

确定维修工作原则，提出维修工程要求。应提倡充分利用社会资源和专业化服务。

确定通信工作方式，提出通信工程要求。应提倡充分利用社会资源和专业化服务。

提出辅助工程设施、设备工程量。

5.3.9　环境保护

5.3.9.1　自然环境状况

介绍项目所在区域及工程建设场地自然环境状

况，说明已有或潜在的环境污染情况。

5.3.9.2　建设期环境保护

分析工程建设期环境污染因素：污水、废水、废气、噪声、扬尘、废渣等。

提出重点污染物及治理方案：挥发性有机物、重金属、颗粒物等。

提出工程建设期环境污染防范措施：污水、废水、废气、噪声、扬尘、废渣等。

5.3.9.3　运行期环境保护

分析工程运行期环境污染因素：污水、废水、废气、噪声、扬尘、废渣等。

提出重点污染物及治理方案：挥发性有机物、重金属、颗粒物等。

提出工程运行期环境污染防范措施：污水、废水、废气、噪声、扬尘、废渣等。

5.3.9.4　环境影响评价

说明工程建设、运行对周边环境（地表、地下水、大气、声环境等）及社会稳定性的影响程度。

5.3.9.5　污染物减排量核算

说明项目所在区域的污染物总量控制情况。

估算主要污染物减排量，其中：

a）污水、废水处理工程应包括 COD、BOD、NH_3-N、TN、TP、SS 等；

b）大气污染治理工程应包括颗粒物、SO_2、NO_x、VOCs 等。

说明项目对区域污染物排放总量削减的贡献情况。

5.3.9.6　规范化排放

提出规范化排放方式、在线监测项目、在线监测设备设置要求。

5.3.9.7　环境检测及监测

提出环境检测及监测要求。

说明环境检测及监测设施及投资。

5.3.9.8　环境保护管理部门及职责

提出环境保护管理部门的组织机构设置要求。

明确环境保护管理部门的管理职责。

提出环境保护管理人员的设置要求。

明确环境保护管理人员的岗位职责。

5.3.9.9　污染事故及应急处理

预测工程建设、运行过程中可能发生的环境污染事故：污水、废水、废气、噪声、扬尘、废渣等。

提出发生环境污染事故（地表、地下水、大气、声环境）时的应急处理要求及初步方案。

5.3.10　劳动安全及卫生

5.3.10.1　劳动安全

简要分析工程建设、运行期劳动安全（人身伤害）隐患。

提出工程建设、运行期劳动安全要求。

说明劳动安全设施及投资。

5.3.10.2　职业卫生

简要分析工程建设、运行期职业危害因素。

提出工程建设、运行期职业卫生、劳动保护要求。

说明职业卫生设施及投资。

5.3.10.3　伤害事故及处理

预测工程建设、运行过程中可能发生的劳动安全（人身伤害）事故。

提出劳动安全（人身伤害）事故防范措施。

提出发生劳动安全（人身伤害）事故时的应急处理方案。

5.3.11　自然灾害及防范

5.3.11.1　自然灾害分析

简要分析工程建设、运行期可能发生的自然灾害（洪水、冰雹、泥石流、地震、雷击、滑坡、塌方、塌陷等）。

5.3.11.2　自然灾害防范

提出工程建设、运行期自然灾害防范要求。

5.3.11.3　自然灾害应对

提出发生自然灾害时的应对要求。

5.3.12　火灾及消防

5.3.12.1　火灾隐患分析

简要分析工程建设、运行期可能存在的火灾隐患（自然、人为、电气）。

5.3.12.2　防火措施

提出工程建设、运行期防火要求。

5.3.12.3　消防系统设置

提出工程建设、运行期消防系统设置及消防水量要求，消防系统设计应体现"以防为主，防消结合"原则。

5.3.12.4　消防设施设备

提出工程建设、运行期消防设施、设备、器材配置要求。

说明消防设施及投资。

5.3.12.5　突发火灾应对

提出工程建设、运行过程中突发火灾时的应对要求。

5.3.13　能耗及节能

5.3.13.1　能耗构成

简要说明工程能耗构成和主要耗能设备。

5.3.13.2　耗能总量

估算工程耗能总量、单位污染物处理耗能量，进行能耗标准煤折算。

能耗标准煤折算可使用附录 H 所给折算系数。

5.3.13.3　节能措施

提出工程节能要求（包括建筑节能）。

5.3.14　占地及征用

5.3.14.1　工程占地面积

估算工程总占地面积。

提出分期用地规划方案。

简要说明各期工程衔接要求。

5.3.14.2　节约用地措施

提出节约用地要求。

5.3.14.3　征地及补偿

详细说明工程建设用地性质。

制定工程建设征地及拆迁补偿方案。

5.3.15　场地水土保持

5.3.15.1　水土保持现状

简要说明工程建设场地水土保持状况。

5.3.15.2　水土流失因素

简要分析工程建设、运行可能导致的水土流失因素。

5.3.15.3　水土保持措施

提出工程建设、运行期水土保持要求。

5.3.16　文物及矿产保护

5.3.16.1　文物保护

简要介绍工程建设场地文物保护状况。

合理预测工程建设、运行可能导致的文物破坏因素。

提出工程建设、运行期文物保护方案。

5.3.16.2　矿产保护

简要介绍工程建设场地矿产状况。

合理预测工程建设、运行可能导致的矿产破坏因素。

提出工程建设、运行期矿产保护方案。

5.3.16.3　其他公共设施保护

简要介绍工程建设场地其他公共设施状况。

合理预测工程建设、运行可能导致的公共设施破坏因素。

提出工程建设、运行期公共设施保护方案。

5.3.17　工程建设管理

5.3.17.1　建设管理机构

提出工程建设管理机构设置要求。

5.3.17.2　建设管理职责

简要说明工程建设管理机构、人员职责。

5.3.17.3　建设进度计划

提出合理的工程建设进度计划。

5.3.17.4　工程招标方案

简要说明工程招标依据。

提出工程招标方案。

工程拟招投标情况一览表可采用附录 D 格式。

5.3.18　工程运行管理

5.3.18.1　运行管理机构

提出工程运行管理机构设置要求。

5.3.18.2　运行管理职责

明确工程运行管理职责。

5.3.18.3　运行管理制度

提出安全、质量、环保、劳动、人事等管理要求。

5.3.18.4　企业劳动定员

提出企业劳动定员编制方案。

5.3.19　工程投资估算

5.3.19.1　投资估算说明

简要说明工程内容、投资估算范围。

5.3.19.2　投资估算依据

简明列示工程投资估算依据的相关政策、文件、规范、规定、指标、定额、价格、费率及取费标准。

5.3.19.3　工程投资估算

估算工程建设投资。

工程建设投资估算表可采用附录 E 格式。

5.3.19.4　资金筹措方案

明确项目投融资模式。

明确工程建设资金筹措方案。

5.3.19.5　资金使用计划

明确工程建设资金使用计划。

5.3.19.6　借款偿还方案

明确项目借款偿还方式及还款计划。

5.3.20　成本费用估算

5.3.20.1　成本费用估算说明

简要说明工程内容、成本费用估算方法、范围。

5.3.20.2　成本费用估算依据

简明列示成本费用估算依据的相关政策、文件、规范、规定、指标、定额、价格、费率及取费标准。

5.3.20.3　成本费用估算

进行成本费用估算。

成本费用估算方法可采用附录 F 所给方法。

成本费用估算表可采用附录 G 格式。

5.3.21　财务经济评价

5.3.21.1　财务经济评价说明

简要说明工程内容、经济评价方法、范围。

5.3.21.2　财务经济评价依据

简明列示财务经济评价依据的相关政策、文件、规范、规定、指标、定额、价格、费率及取费标准及简要说明。

5.3.21.3　项目投资收益分析

进行项目投资收益测算。

5.3.21.4　项目盈亏平衡分析

进行项目盈亏平衡分析。

分析项目盈亏敏感因素。

5.3.21.5　项目财务方案

提出项目财务方案，包括运行经费来源、处理（处置）收费标准等。

5.3.21.6　财务风险及防范

预测可能发生的财务风险。

提出项目财务风险防范措施。

5.3.21.7　财务经济评价

综合评价项目的财务经济可行性。

5.3.22　工程效益分析

简要分析工程环境效益、社会效益、节能效益。

5.3.23　研究结论及建议

5.3.23.1　主要研究结论

简要说明可行性研究主要结论，应包括项目建设意义、工程规模及分期方案、污染物排放（控制）标准、厂（场）址选择、推荐工艺技术、项目社会、经济、环境效益的目标可达性、主要技术经济指标等。

其中主要技术经济指标表可采用附录 A 格式。

5.3.23.2　存在的问题及建议（如有）

明确说明项目或工程存在的问题，并提出相应建议。

提示后续工作应特别关注的事项。

5.3.24　附图

可行性研究报告附图应包括：

a）工程区域位置图（1：10000）；

b）总平面布置图（1：1000～1：2000）；

c）主要工艺流程图（污水、废水处理工程应包括高程）；

d）工程设施、设备布置图（平面图、剖面图）；

e）变配电系统图（电气主接线方案）；

f）自动化系统图。

5.3.25　附件

可行性研究报告附件宜包括：

a）项目立项文件（如有）；

b）地质勘察报告、地质灾害评估报告、环境影响评价报告及其批复等文件（如有）；

c）许可及协议："总体规划和/或专业规划文件相关内容""用地许可或协议""用电许可或协议""用水许可或协议""资源利用许可或协议""二次污染物处理处置许可或协议"等（如有）。

6　初步设计文件内容及编制要求

6.1　一般规定

6.1.1　环境工程初步设计的重点是解决环境工程功能、工艺系统及工程设施、设备、材料等工程技术方面的问题。

6.1.2　环境工程初步设计文件应依据已批准的环境工程可行性研究报告（项目申请书）、环境影响评价报告、安全评估报告、自然灾害评估报告、节能评估报告、水土保持评估报告书及其批准、核准、批复意见编制。

6.1.3　环境工程初步设计阶段各专业对本专业内容的设计方案或重大技术问题的解决方案进行综合技术经济分析，论证技术适用性、可靠性和经济合理性，并将其主要内容写进本专业初步设计说明书中，设计总负责人对工程的总体设计在设计总说明中予以论述。

6.1.4　环境工程初步设计文件应能满足编制施工图、采购主要设备及控制工程建设投资的需要。

6.1.5　环境工程的市政污水处理、垃圾处理工程初步设计文件深度应满足《市政公用工程设计文件编制深度规定》（2013 年版）的要求。

6.2　初步设计文件内容

6.2.1　初步设计文件应包括初步设计说明书（含设计总说明、各专业设计说明、主要设备材料表）、初步设计概算书、初步设计图纸三部分，每一部分宜单独成册。

6.2.2　初步设计说明书应由以下内容组成：

a）工程概况；

b）设计依据；

c）设计基础资料；

d）主要污染负荷；

e）污染物收集及转输工程；

f）污染物处理（处置）工程；

g）总图工程；

h）建筑工程；

i）结构工程；

j）给排水工程；

k）采暖通风工程；

l）电气工程；

m）自动化工程；

n）维修工程；

o）通信工程；

p）环境保护；

q）劳动安全及卫生；

r）自然灾害及防范；

s）火灾及消防；

t）能耗及节能；

u）工程占地及节约用地；

v）场地水土保持；

w）文物及矿产保护；

x）工程建设管理；

y）工程运行管理；

z）附件。

6.2.3　初步设计说明书内容组成可根据项目及工程特点合理增减，其中：

a）若不包括污染物收集及转输工程内容，可省略"污染物收集及转输工程"章节，但对于污水、废水处理及固体废物处理（处置）工程，应在"主要污染负荷"章节中说明污染物收集及转输方式；

b）对物理污染防治、污染场地及污染土壤修复工程，可省略"污染物收集及转输工程"章节；

c）若厂（场）址不处于自然灾害频发区，或自然灾害明显不会对工程造成影响，可省略"自然灾害及防范"章节，可在工程运行管理章节中提出突发自然灾害应急措施；

d）若厂（场）址明显不涉及水土流失问题，可省略"场地水土保持"章节；

e）若厂（场）址明显不涉及文物、矿产和其他公共设施，可省略"文物及矿产保护"章节，但在"工程建设管理"章节中提出工程施工期间发现文物、矿产和其他公共设施时的处理措施和程序。

6.2.4 初步设计说明书的封面或扉页应包含工程名称、设计单位名称、设计资质及证书编号、编制日期，以及主要设计人员姓名、专业、执业资格或职称等信息，并加盖设计单位公章或设计文件专用章。

6.2.5 初步设计图纸的封面应包含工程名称、设计单位名称、设计资质及证书编号、编制日期等信息，并加盖设计单位公章或设计文件专用章。

6.2.6 初步设计概算书的封面或扉页应包含工程名称、设计单位名称、设计资质及证书编号、编制日期，以及主要编制人员姓名及执业资格证书编号等信息，并加盖设计单位公章或设计文件专用章。

6.3　初步设计说明书

6.3.1　工程概况

6.3.1.1　工程设计范围

依据工程设计委托书，明确工程设计范围及内容。

6.3.1.2　工程基本情况

简明列示工程基本情况，应包括工程名称、建设单位名称等。

6.3.1.3　工程建设内容

依据工程可行性研究报告及批复意见，说明工程服务及建设范围。

6.3.1.4　建设厂（场）址

依据工程可行性研究报告及批复意见，说明工程建设厂（场）址行政区划、地理位置及交通情况。

6.3.1.5　工艺技术方案

依据工程可行性研究报告、节能评估报告及批复意见，说明设计采用的基本工艺技术路线。

6.3.1.6　污染物排放（控制）标准

依据工程环境影响评价报告、可行性研究报告及批复意见，说明工程执行的污染物排放（控制）标准。

6.3.1.7　主要技术经济指标

简明列示工程主要技术经济指标（包括用地指标、总建筑面积、概算指标、主要工艺技术指标、主要建材耗用量等）。

主要技术经济指标表可采用附录 A 格式。

6.3.1.8　存在的问题及建议

简要列示需要提请设计审查时解决或确定的问题及建议。

6.3.2　设计依据

6.3.2.1　法律及法规依据

简明列示设计依据的主要法律、法规及规定。

6.3.2.2　设计标准及规范

简明列示设计采用的主要技术标准、规范。

6.3.2.3　立项及批复文件

简明列示工程可行性研究报告、环境影响评价报告、安全评价报告、自然灾害评估报告、节能评估报告及批复意见等文件。

6.3.2.4　许可及协议

简明列示应已取得的"用地许可或协议""用电许可或协议""用水许可或协议""资源利用许可或协议""二次污染物处理（处置）许可或协议"等文件。

6.3.2.5　地形地质资料

简明列示应已取得的工程建设场地地形图、工程地质初步勘察报告、水文地质勘察报告等文件。

6.3.2.6　设计委托书

简明列示工程设计委托书（如有）。

6.3.3　设计基础资料

6.3.3.1　气象

说明工程所在地域气候类型及特点。

简明列示工程所在地域主要气象参数。

6.3.3.2　水文

说明工程所在地域水文及水文地质情况。

6.3.3.3　地貌

说明工程建设场地地形、地貌特点。

6.3.3.4　地质

说明工程建设场地工程地质情况。

6.3.3.5　地震

说明工程所在地域地震烈度分区情况。

6.3.3.6　雷电

说明工程所在地域雷电强度及分布特点。

6.3.3.7　原有设施（如有）

说明工程所在地原有设施情况（地上、地下）。

6.3.4　主要污染负荷

6.3.4.1　污染物来源

简要说明工程服务区域内现状及预测可能新增的污染物来源。

6.3.4.2　污染物性质

简要说明工程服务区域内现状及预测可能新增的污染物性质。

6.3.4.3　污染物产量

简要说明工程服务区域内现状污染物实际产生量及预测可能新增的污染物产生量。

6.3.5　污染物收集及转输工程

6.3.5.1　污染物收集及转输设施

进行污染物收集及转输工程设施设计。

6.3.5.2　污染物收集及转输设备

进行污染物收集及转输工程设备选型。

6.3.5.3　污染物收集及转输工程量

提出污染物收集及转输工程量清单。

提出污染物收集及转输工程设备清单。

6.3.6　污染物处理（处置）工程

6.3.6.1 工艺流程设计

说明工艺流程设计原则。

进行工艺流程设计。

6.3.6.2 工艺技术说明

详细说明污染物处理（处置）工艺过程、技术原理，论证治理效果的可靠性。其中污水、废水处理工程应重点说明脱碳、除磷、脱氮、尾水消毒工艺过程、效果及排放方案。

6.3.6.3 工艺技术参数

确定关键工艺技术参数，并说明确定依据，其中应至少包括：

a）污水、废水处理工程应进行需氧量、污泥产量、药剂耗量计算；

b）脱硫、脱硝工程应进行物料平衡计算；

c）垃圾、固体废物填埋工程应进行填埋库容、渗滤液产生量、渗滤液调节池容积计算；

d）垃圾焚烧发电、供热工程应进行热量平衡计算；

e）危险废物处理（处置）工程进行物料平衡计算。

6.3.6.4 平面布置

进行处理（处置）厂（场）总平面布置设计，并划分功能分区。

6.3.6.5 竖向布置

结合工艺流程要求，进行处理（处置）厂（场）竖向布置设计。

6.3.6.6 工艺设施配置

进行工艺设施配置设计。

说明工艺设施功能、技术规格、构造型式。

提出工程量清单。

6.3.6.7 工艺设备选型

进行工艺设备选型。

说明工艺设备功能、技术参数、材质及防腐要求。

提出非标准设备工艺方案。

提出工程设备清单。

6.3.6.8 二次污染防治

进行二次污染（废水、废气、噪声、废渣等）防治系统设计，说明防治原理、技术参数、防治效果，其中：

a）污水、废水处理工程应包括污泥处理（处置）及臭气收集、处理系统；

b）脱硫工程应包括副产物处理（处置）系统；

c）垃圾填埋工程应包括渗滤液、填埋气收集、处理系统；

d）垃圾焚烧工程应包括烟气净化及焚烧残渣、飞灰处理（处置）系统。

提出二次污染防治系统工程量及设备清单。

6.3.6.9 资源化利用

进行污染物资源化利用系统设计，说明资源化利用方式、技术参数、资源化利用效果，其中：

a）污水、废水处理工程如需要再生水、污泥利用，应包括再生水、污泥利用系统；

b）烟气处理工程副产物利用系统；

c）垃圾焚烧工程如进行余热利用，应包括余热利用（发电、供热等）系统；

d）垃圾卫生填埋工程如进行填埋气利用，应包括填埋气资源化利用系统；

e）污染场地修复工程应论证、说明修复后场地的适用性。

提出资源化利用系统工程量及设备清单。

6.3.7 总图工程

6.3.7.1 主要设计依据

简明列示总图专业设计采用的主要技术标准、规范等。

6.3.7.2 总图工程设计

说明厂（场）区防洪标准，进行道路、绿化、围墙、大门、挡墙、截洪及排洪沟设计。

说明厂（场）区绿化工程设计，计算绿化面积。

进行交通运输设备选型。

提出总图专业工程量及设备清单。

6.3.8 建筑工程

6.3.8.1 主要设计依据

简明列示建筑专业设计采用的主要技术标准、规范等。

6.3.8.2 建筑工程设计

说明建、构筑物功能、技术规格、结构型式。

进行平、立、剖面、重要建筑节点设计。

提出建、构筑物内、外装修及节能、抗震等级要求。

进行建筑设备、材料选型。

编制建、构筑物一览表，提出建筑设备清单。

6.3.9 结构工程

6.3.9.1 主要设计依据

简明列示结构专业设计采用的主要技术标准、规范等。

6.3.9.2 结构工程设计

说明建、构筑物构造及基础型式。

进行建、构筑物基础、梁、板、柱设计。

进行建、构筑物平、剖面设计。

提出建、构筑物构造及温度缝设置、防渗、抗浮方案及抗震措施。

提出工程材料选型方案及要求。

6.3.10 给排水工程

6.3.10.1 主要设计依据

简明列示给排水专业设计采用的主要技术标准、规范等。

6.3.10.2 给排水工程设计

说明水源形式、供水能力，外部水源接入位置。

计算生产、生活用水量、消防水量及循环水率。

说明防火等级，进行给水系统、消防系统设计，以及给水、消防设备及材料选型。

说明污水外排标准，进行排水系统、污水处理系统设计，排水、污水处理设备及材料选型。

提出给排水专业工程量及设备清单。

6.3.11　采暖通风工程

6.3.11.1　主要设计依据

简明列示采暖通风专业设计采用的主要技术标准、规范等。

6.3.11.2　采暖通风工程设计

说明热源形式、供热能力。

计算热力负荷及热源容量。

说明采暖及空调温度标准，进行采暖及空调系统设计，以及采暖及空调设备、材料选型。

说明通风换气标准，进行通风换气系统设计，以及通风换气设备、材料选型。

提出采暖通风专业工程量及设备清单。

6.3.12　电气工程

6.3.12.1　主要设计依据

简明列示电气专业设计采用的主要技术标准、规范等。

6.3.12.2　电气工程设计

说明外部电源电压等级、容量，接入位置。

说明电力负荷等级，进行电力负荷、功率因数、耗电量计算。

进行变配电、电力计量、电力补偿、电气保护、浪涌消除、防雷接地系统设计。

进行电气设备、器件、线缆选型。

提出电气专业工程设备清单。

6.3.13　自动化工程

6.3.13.1　主要设计依据

简明列示自动化专业设计采用的主要技术标准、规范等。

6.3.13.2　自动化工程设计

明确自动化控制目标。

进行自动化系统设计，说明自动化系统功能、原理、组成及功效，进行自动化设备、仪表选型。

提出自动化工程设备、主要仪表清单。

6.3.14　维修工程

6.3.14.1　主要设计依据

简明列示维修专业设计采用的主要技术标准、规范等。

6.3.14.2　维修工程设计

说明维修标准，进行维修设施设计，以及维修设备、工器具选型。

提出维修专业工程量及设备清单。

6.3.15　通信工程

6.3.15.1　主要设计依据

简明列示通信专业设计采用的主要技术标准、规范等。

6.3.15.2　通信工程设计

说明通信目标、方式，进行通信系统设计，以及通信设备、器材选型。

提出通信专业工程设备、器材清单。

6.3.16　环境保护

6.3.16.1　自然环境状况

说明工程建设区域及场地自然环境状况，以及已有或潜在的环境污染。

6.3.16.2　建设期环境保护

全面说明工程建设期环境污染因素：污水、废水、废气、噪声、扬尘、废渣等。

明确说明重点污染物及治理方案：挥发性有机物、重金属、颗粒物等。

详细说明工程建设期环境污染防范措施及要求：污水、废水、废气、噪声、扬尘、废渣等。

6.3.16.3　运行期环境保护

全面说明工程运行期环境污染因素：污水、废水、废气、噪声、扬尘、废渣等。

明确说明重点污染物及治理方案：挥发性有机物、重金属、颗粒物等。

详细说明工程运行期环境污染防范措施及要求：污水、废水、废气、噪声、扬尘、废渣等。

6.3.16.4　环境影响分析

合理分析、评价工程建设、运行对周边环境（地表、地下水、大气、声环境等）的影响程度。

6.3.16.5　污染物减排量核算

核算主要污染物减排量，其中：

a) 污水、废水处理工程应包括 COD、BOD、NH_3-N、TN、TP、SS 等；

b) 大气污染治理工程应包括颗粒物、SO_2、NO_x、VOCs 等。

6.3.16.6　规范化排放

说明规范化排放方式、在线监测项目。

进行在线监测设备选型。

6.3.16.7　环境检测及监测

说明环境检测及监测项目、方法及检测频度要求。

进行环境检测及监测设备选型。

提出环境检测及监测设备清单。

6.3.16.8　环境管理机构及职责

进行环境管理机构、人员配置设计。

说明环境管理机构、人员的环境保护职责。

6.3.16.9　污染事故及处理

预测工程建设、运行过程中可能发生的环境污染（地表、地下水、大气、声环境等）事故。

说明发生环境污染事故时的应急处理措施及

程序。

6.3.17　劳动安全及卫生

6.3.17.1　劳动安全

全面分析工程建设、运行期劳动安全（人身伤害）隐患。

详细说明工程建设、运行期劳动安全措施及要求。

6.3.17.2　职业卫生

全面分析说明工程建设、运行期职业危害因素。

详细说明工程建设、运行期职业卫生、劳动保护措施及要求。

6.3.17.3　伤害事故及处理

预测工程建设、运行过程中可能发生的劳动安全（人身伤害）事故。

说明劳动安全（人身伤害）事故防范措施。

说明发生劳动安全（人身伤害）事故时的应急处理措施及程序。

6.3.18　自然灾害及防范

6.3.18.1　自然灾害分析

全面分析可能发生的自然灾害（洪水、冰雹、泥石流、地震、雷击、滑坡、塌方、塌陷等）。

6.3.18.2　自然灾害防范

详细说明自然灾害防范措施及要求。

6.3.18.3　自然灾害应对

说明工程建设、运行过程中发生自然灾害时的紧急应对措施及程序。

6.3.19　火灾及消防

6.3.19.1　火灾隐患分析

全面分析可能存在的火灾隐患。

6.3.19.2　火灾防范

详细说明工程防火措施及要求。

6.3.19.3　消防系统

进行消防系统设计、消防设施设计。

进行消防设备、器材选型。

提出消防设备、器材清单。

6.3.19.4　突发火灾应对

说明工程建设、运行过程中突发火灾时的紧急应对措施及程序。

6.3.20　能耗及节能

6.3.20.1　能耗构成

说明工程的能耗构成、主要耗能设备。

6.3.20.2　耗能总量

核算工程耗能总量及单位污染物处理（处置）耗能量。

进行能耗标准煤折算。

能耗标准煤折算可使用附录 H 所给系数。

6.3.20.3　节能措施

说明工程节能措施。

6.3.21　工程占地及节约用地

6.3.21.1　工程占地面积

说明工程总占地面积、分期用地方案。

说明本期工程与前后期工程衔接方案。

6.3.21.2　节约用地措施

说明工程节约用地措施。

6.3.22　场地水土保持

6.3.22.1　水土保持现状

说明工程建设场地水土保持状况。

6.3.22.2　水土流失因素

全面分析工程建设、运行可能导致的水土流失因素。

6.3.22.3　水土保持措施

详细说明工程建设、运行期水土保持措施及要求。

6.3.23　文物及矿产保护

6.3.23.1　文物保护

说明工程建设场地文物保护状况及存在地下文物的可能性。

全面分析工程建设、运行可能导致的文物破坏因素。

详细说明工程建设、运行期文物保护措施及要求。

提出工程施工期间发现地下文物时的处理措施及程序。

6.3.23.2　矿产保护

说明工程建设场地矿产状况及存在地下矿产的可能性。

全面分析工程建设、运行可能导致的矿产破坏因素。

详细说明工程建设、运行期矿产保护措施及要求。

提出工程施工期间发现地下矿产时的处理措施及程序。

6.3.23.3　其他公共设施保护

说明工程建设场地其他公共设施状况及存在地下公共设施的可能性。

全面分析工程建设、运行可能导致的公共设施破坏因素。

详细说明工程建设、运行期公共设施保护措施及要求。

提出工程施工期间发现地下公共设施时的处理措施及程序。

6.3.24　工程建设管理

6.3.24.1　建设管理机构

说明工程建设管理机构设置方案。

6.3.24.2　建设管理职责

说明工程建设管理机构、人员工作职责要求。

6.3.24.3　建设进度计划

说明工程建设内容。

合理测算工程建设周期，制订工程施工、调试、验收工作进度计划。

6.3.25　工程运行管理

6.3.25.1　运行管理机构

说明工程运行管理机构设置方案。

6.3.25.2　运行管理职责

明确工程运行管理机构、人员工作职责及要求。

6.3.25.3　企业劳动定员

说明企业岗位、编制劳动定员。

6.3.25.4　运行管理制度

说明安全、质量、环保、劳动、人事管理制度及要求。

6.3.26　附表

初步设计说明书附表应包括：

a）工程设施一览表；

b）工程设备一览表；

c）主要材料一览表。

6.3.27　附件

初步设计说明书附件宜包括：

a）《工程可行性研究报告》批复意见；

b）《环境影响评价报告》批复意见；

c）《安全评价报告》批复意见；

d）《节能评估报告》批复意见；

e）许可及协议："用地许可或协议""用电许可或协议""用水许可或协议""资源利用许可或协议""二次污染物处理（处置）许可或协议"等。

6.4　初步设计图纸

初步设计图纸是初步设计文件的重要组成部分，初步设计图纸应由以下专业图纸组成，可根据工程特点合理增减。

初步设计图纸的比例设置应使图纸能够清楚表达设计内容，并便于装订成册。

6.4.1　总图专业

总图专业初步设计图纸应包括：

a）总平面布置图（包括主要建构筑物、道路、场坪等平面定位和标高）；

b）综合管网图（包括平面、高度或埋深）；

c）道路布置图（包括平面、剖面图）；

d）围墙大门图；

e）绿化布置图；

f）挡土墙布置图（包括平面、剖面图）；

g）截洪及排洪沟布置图（包括平面、剖面图）；

h）土方平衡图。

6.4.2　工艺专业

工艺专业初步设计图纸应包括：

a）收集设施布置图；

b）工艺流程图（污水、废水处理工程应包括高程）；

c）总平面布置图；

d）工艺设施、设备布置图（包括主要工艺设施设备的平面、立面或剖面图）；

e）工艺管道布置图（包括平面、剖面或系统图）；

f）关键或特殊设备图（包括加工制造复杂的设备、材质特殊的设备、工业炉窑等，如有）；

g）非定型设备图（如有）；

h）管道桥架布置图（包括平面、剖面图，如有）；

i）运输系统布置图（包括平面、剖面图，如有）；

j）仓储设施布置图（包括平面、剖面图，如有）。

6.4.3　建筑专业

建筑专业初步设计图纸应包括：

a）主要建筑平面图；

b）主要建筑立面图；

c）主要建筑剖面图。

6.4.4　结构专业

结构专业初步设计图纸应包括：

a）主要建筑基础图；

b）主要建筑结构图；

c）主要构筑物基础图；

d）主要构筑物结构图。

6.4.5　给排水专业

给排水专业初步设计图纸应包括：

a）给排水及消防设施布置图（含设施、设备平面、剖面图）；

b）给排水及消防管道布置图（含给排水及消防管道平面、高度或埋深）。

6.4.6　采暖通风专业

采暖通风专业初步设计图纸应包括：

a）采暖及空调设施布置图（含设施、设备平面、剖面图）；

b）采暖及空调管道布置图（含采暖及空调管道平面、高度或埋深）；

c）通风及消防排烟设施布置图（含通风及消防排烟管道平面、高度或埋深）。

6.4.7　电气专业

电气专业初步设计图纸应包括：

a）变配电系统图（包括变配电系统及设备联络图）；

b）电气控制原理图（包括主要用电设备电气控制原理图）；

c）主要变配电设备布置图（包括主要变电、配电、电控及用电设备布置图等）；

d）主要电线电缆布置图（包括高低压变电、配电及电控电线电缆布置图等）；

e）接地及等电位联结系统图（含防雷接地、电

气接地及等电位联结图）。

6.4.8 自动化专业

自动化专业初步设计图纸应包括：

a）自动化检测系统图（包括主要自动化检测设备、仪表及联络图）；

b）自动化控制原理图（包括主要自动化设备控制原理图）；

c）数据及通信系统图（包括数据、通信、信号系统及设备联络图）；

d）影像监控系统图（包括影像、监控系统及影像、监控设备联络图）。

6.5 初步设计概算书

6.5.1 初步设计概算书组成

初步设计概算书组成内容应包括：

a）编制说明；

b）编制依据；

c）工程总概算表；

d）单项工程概算表；

e）其他费用概算表。

6.5.2 初步设计概算书编制

6.5.2.1 编制说明

简明列示工程的名称、规模、标准。

简要叙述工程建设内容。

说明工程建设场地自然状态、交通、运输条件。

说明工程施工条件。

说明工程概算编制范围。

6.5.2.2 编制依据

简明列示工程概算书编制依据，包括：

a）国家、地方相关工程建设和造价管理的法律、法规、政策、文件、规范、规定；

b）国家、地方相关造价定额、工程费用定额和其他费用、费率规定；

c）工程概算采用的主要设备、材料价格；

d）工程其他费用计费规则、取费及费率标准。

6.5.2.3 工程总概算表

工程总概算表由各单项工程概算表和其他费用概算表汇总编制。

6.5.2.4 单项工程概算表

根据初步设计说明书及初步设计图纸计算工程量、主要材料消耗量。

按建筑、设备、安装工程量及相应单价、取费标准计算建筑工程费、设备购置费、安装工程费及工器具购置费。

6.5.2.5 其他费用概算表

按照国家、地方主管部门颁布的工程其他费用计费规则、取费及费率标准，编制工程其他费用概算表。

其中征地及拆迁补偿费、项目前期工作费可据实计列。

7 施工图设计内容及编制要求

7.1 一般规定

7.1.1 环境工程施工图文件应依据已批准的环境工程初步设计文件编制。

7.1.2 环境工程施工图方案应符合已批准的环境工程初步设计技术方案。在施工图设计过程中有优化调整的，应说明调整的内容及原因。

7.1.3 环境工程施工图内容应满足编制环境工程预算、工程施工招标、设备材料采购、非标准设备制作、编制施工组织计划、工程施工的需要。

7.1.4 环境工程施工图文件应作为环境工程建设管理必需的技术文件。

7.1.5 环境工程施工图文件涵盖专业和组成内容可根据工程特点合理增减。

7.1.6 环境工程施工图文件比例应能够清楚表达设计内容，并便于使用、装订。

7.1.7 环境工程的市政污水处理、垃圾处理工程施工图深度应满足《市政公用工程设计文件编制深度规定》（2013 年版）的要求。

7.2 施工图设计内容

7.2.1 总图专业

总图专业施工图应包括：

a）设计说明（包括工程概况、设计依据、设计范围、工程施工及验收要求等）；

b）工程量表（包括工程量、工程设备、工程材料一览表）；

c）总平面布置图（包括工程边界线、建、构筑物、道路、围墙、大门、挡土墙、截洪及排洪沟，指北针及风玫瑰图等）；

d）综合管网图（包括工艺、给排水、采暖通风、电气、自动化、通信、信号等主要管线图）；

e）绿化布置图（包括工程量、景观植被、绿篱植被、草坪分区位置图等）；

f）剖面及构造图（包括道路、围墙、大门、挡土墙、截洪及排洪沟等剖面、构造、大样、做法图等）；

g）土方平衡图（如有）。

7.2.2 工艺专业

工艺专业施工图应包括：

a）设计说明（包括工程概况、设计依据、设计范围、工艺流程、工程施工及验收要求、工艺操作说明等，有优化调整的，应对调整内容及原因予以说明）；

b）工程量表（包括工程量、工程设备、工程子项材料一览表）；

c）收集设施布置图（包括平面、剖面图）；

d）工艺流程图（包括工艺流程、高程图）；

e）总平面布置图（包括工艺设施、设备、管线

图等）；

f) 工艺管线布置图（包括平面、剖面或系统图）；

g) 非标设备设计图（如有）；

h) 设备安装大样图（如有）；

i) 关键或特殊设备图（包括加工制造复杂的设备、材质特殊的设备、工业炉窑等，如有）；

j) 管道桥架布置图（包括平面、剖面图，如有）；

k) 运输系统布置图（包括平面、剖面图，如有）；

l) 仓储设施布置图（包括平面、剖面图，如有）。

7.2.3　建筑专业

建筑专业施工图应包括：

a) 设计说明（包括工程概况、设计依据、设计范围、建筑节能措施、工程施工及验收要求等）；

b) 工程量表（包括建、构筑物一览表、建筑设备一览表、主要建筑材料一览表）；

c) 建筑平面图；

d) 建筑立面图；

e) 建筑剖面图；

f) 节点大样图（包括主要建筑节点、特殊建筑构造、大样图等）。

7.2.4　结构专业

结构专业施工图应包括：

a) 设计说明（包括工程概况、设计依据、设计范围，建、构筑物基础形式，结构形式，以及工程施工及验收要求等）；

b) 建筑基础图（包括基础平面、断面，大样图等）；

c) 建筑结构图（包括梁、板、柱配筋、大样图等）；

d) 构筑物基础图（包括基础平面、断面，大样图等）；

e) 构筑物结构图（包括梁、板、柱配筋、大样图等）；

f) 钢结构设计图（包括平面及构造、节点大样图等，如有）。

7.2.5　给排水专业

给排水专业施工图应包括：

a) 设计说明（包括工程概况、设计依据、设计范围、操作要求，以及工程施工及验收要求等）；

b) 工程量表（包括给排水设备一览表、给排水材料一览表）；

c) 设施设备布置图（包括给排水设施、设备平面、剖面图）；

d) 消防设施设备布置图（包括消防设施、设备平面、剖面图，消防管道剖面或系统图）；

e) 给排水管道图（包括给排水及消防管道平面、剖面或系统图）。

7.2.6　采暖通风专业

采暖通风专业施工图应包括：

a) 设计说明（包括工程概况、设计依据、设计范围，采暖及空调温度标准、通风换气次数、消防排烟强度，以及工程施工及验收要求等）；

b) 工程量表（包括采暖通风设备一览表、采暖通风材料一览表）；

c) 采暖及空调系统布置图（包括采暖及空调设备、器材、管道等平面、剖面图，如有）；

d) 通风及消防排烟系统平面图（包括通风及消防排烟设备、器材、管道等平面、剖面图，如有）。

7.2.7　电气专业

电气专业施工图应包括：

a) 设计说明（包括工程概况、设计依据、设计范围，外部电源，以及工程施工及验收要求等）；

b) 工程量表（包括用电设备一览表、电气设备一览表、电气材料一览表、线缆敷设表）；

c) 变配电系统图（包括变电、计量、补偿、配电、保护、接地系统及设备联络）；

d) 控制原理图（包括电动机、其他用电设备控制原理图等）；

e) 电气线缆布设图（包括用电设备布置及电力、控制线缆布设图）；

f) 照明、插座及线缆布设图（包括照明灯具及插座布置及照明、插座线缆布设图）；

g) 接地及等电位联结图（包括电力接地、防雷接地、等电位联结图）。

7.2.8　自动化专业

自动化专业施工图应包括：

a) 设计说明（包括工程概况、设计依据、设计范围，自动化目标，以及工程施工及验收要求等）；

b) 工程量表（包括自动化设备一览表、自动化材料一览表、输入/输出点位表、线缆表等）；

c) 自动化检测系统图（包括检测系统及设备、仪器仪表联络图，如有）；

d) 自动化控制原理图（包括自动化控制原理及设备联络图，如有）；

e) 数据及通信网络图（包括检测数据、通信、信号网络及设备联络图，如有）；

f) 影像及监控系统图（包括影像监控系统及设备联络图，如有）；

g) 设备及线缆布设图（包括检测、数据传输、控制、通信、信号、影像设备布置及线缆布设图等）。

7.3　施工图编制要求

7.3.1　施工图设计应在已批准的初步设计文件基础上进一步深化、细化设计，把设计者的全部设计意图和结果，以及对工程施工的要求通过图纸（含文字说明、表格）形式表达清楚。

7.3.2　施工图中主要工程设施的技术规格、参数应符合初步设计所确定的用地、总平面及竖向布置

要求。

7.3.3 施工图中主要工程设备的选型、技术参数应符合依据初步设计所采购的主要设备的实际型号、技术参数，并在设计说明中注明设备基础须待设备到货核对无误后再进行施工。

7.3.4 施工图中设备基础、安装、提升、运行操作要求应依据所采购的设备资料编制，并在设计说明中注明设备基础须待设备到货核对无误后再进行施工。

8 工程预算文件内容及编制要求

8.1 一般规定

8.1.1 环境工程预算文件应按国家、地方主管部门颁布的工程预算书编制规则，以及工程预算委托书要求编制。

8.1.2 编制环境工程预算文件应将各专业施工图所列工程设备的型号、规格、数量与施工图核对无误后，统计工程设备数量，按工程设备统计数量以及当地、当期工程设备预算价格计算工程设备购置费。

8.1.3 编制环境工程预算文件应将各专业施工图所列工程材料清单的名称、规格、数量与施工图核对无误后，结合安装工程内容，按预算定额规定的工程量计算规则计算安装工程量，依据计算的安装工程量以及工程当地、当期人工、材料，机械台班预算价格和取费标准计算单位工程安装工程费。

8.2 工程预算文件内容

环境工程预算文件应由以下内容组成：

a) 编制说明；

b) 工程设备材料表；

c) 工程总预算书；

d) 单项工程预算书；

e) 单位工程预算书；

f) 需要补充的估价表。

8.3 工程预算文件编制要求

8.3.1 编制说明

8.3.1.1 工程概况

简明列示工程的名称、功能、规模、内容。

简要说明工程建设场地自然状态、交通、运输条件，以及工程施工条件。

8.3.1.2 编制依据

简明列示工程预算书编制依据，包括：

a) 国家、地方相关工程建设和造价管理的法律、法规、政策、文件、规范、规定；

b) 国家、地方相关消耗量定额、造价信息、费用定额、计费规则及费率标准；

c) 工程预算取费标准和简要说明；

d) 各专业施工图、工程地质勘察资料。

8.3.1.3 编制范围

说明工程预算编制范围。

8.3.2 工程设备材料表

按照国家、地方主管部门颁布的工程设备材料清单编制规则，以及工程预算书编制委托书要求编制工程设备材料表。

8.3.3 工程总预算书

工程总预算书由各单项工程预算书和初步设计概算书中其他费用概算表汇总编制。

工程其他费用若在施工图设计阶段有变动，应按实际情况调整后再编入。

8.3.4 单项工程预算书

单项工程预算书由所有相关专业的单位工程预算书汇总编制。

8.3.5 单位工程预算书

根据各专业施工图子项划分情况，按预算定额规定的项目划分规则划分单位工程。

根据各专业施工图内容，按预算定额规定的工程量计算规则计算建筑工程量，依据计算的建筑工程量以及工程当地、当期人工、材料，机械台班预算价格和取费标准计算单位工程建筑工程费。

8.3.6 需要补充的估价表

编制需要补充的单位工程暂估价表。

附录 A

（资料性附录）

主要技术经济指标表

表 A.1　　主要技术经济指标表

序号	指标名称	单　位	数量	备注
1	工程规模			注1
2	污染物减排量	t/a		注2
3	工程建设周期	a		
4	工程运行期限	a		
5	燃料用量	t/a		
6	药剂用量	t/a		
7	用水量	m^3/a		
8	用电量	kW・h/a		
9	处理（处置）单位污染物能耗	t标准煤/单位污染物		注3
10	劳动定员	人		
11	工作制度	班/d		
12	总占地面积	m^2		
13	总建筑面积	m^2		
14	绿化率	%		
15	工程总投资	万元		

续表

序号	指标名称	单　位	数量	备注
16	单位工程投资	万元/单位工程规模		
17	铺底流动资金	万元		
18	污染物处理（处置）收费标准	万元/单位污染物		
19	污染物处理（处置）费收入	万元/a		
20	总成本费用	万元/a		
21	单位总成本费用	元/单位污染物		
22	经营成本费用	万元/a		
23	单位经营成本费用	元/单位污染物		
24	财务内部收益率	%		
25	财务净现值	万元		
26	全投资回收期	a		
…	…			注 4

注 1：污（废）水、废气、固体废物、污染场地及污染土壤修复工程规模的单位分别为 m^3/d、m^3/h、t/d、m^2、m^3 等。

注 2：污染物减排量应注明污染物名称或代号，如 COD、NH_3-N、TN、TP、SO_2、NO_x 等。

注 3：单位污染物处理（处置）能耗计算可参见 GB/T 2589。

注 4：主要技术经济指标内容可根据工程实际情况合理增减。

附录 B
（资料性附录）
污染物产生量调查及预测表

表 B.1　　　污染物产生量调查及预测表

序号	年份	污染物产生量	增长率/%	备注
1				注 1
2				
3				
4				注 2
5				
6				
7				
8				
9				
10				
11				
12				

续表

序号	年份	污染物产生量	增长率/%	备注
13				
14				
15				
16				
17				
18				
19				
20				
21				
22				
23				
…				注 3

注 1：污染物实际产生量及其增长率对后续年份预测结果至关重要，污染物实际产生量统计年份应不少于 3 年。

注 2：基于污染物实际产生量及增长率，结合服务区域发展规划，合理预测后续年份增长率。

注 3：根据工程特点及设计服务期限，合理确定预测年限。

附录 C
（资料性附录）
工 艺 技 术 比 选 表

表 C.1　　　工 艺 技 术 比 选 表

序号	比较项目	A 技术	B 技术	C 技术	…	备注
1	技术先进性					注 1
2	达标可靠性					
3	施工难度					
4	建设周期					
5	运行维护					
6	工程占地					
7	建设投资					
8	运行成本					
9	二次污染					
10	节能减排					
11	资源化利用					
…						注 2

注 1：对比工艺技术宜不少于 3 个。

注 2：可根据工艺技术特点合理确定比较项目内容。

附录 D

（资料性附录）

工程拟招标情况一览表

表 D.1
工程拟招标情况一览表

项目名称					建设单位				
建设内容					建设项目地点				
总投资额				万元	是否属于重点建设项目				
资金来源					国有资金所占比例/%				
招标方案	招标范围		招标形式		招标方式		不采用招标形式	招标估算金额/万元	备注
招标内容	全部招标	部分招标	自行招标	委托招标	公开招标	邀请招标			
工程勘察									
工程设计									
工程施工									
工程监理									
其他项目									

情况说明：

附录 E

（资料性附录）

工程建设投资估算表[注1]

表 E.1
工程建设投资估算表

序号	工程或费用名称	估算金额/万元					经济指标			备注
		建筑工程	设备材料	安装工程	其他费用	合计	单位	数量	单价	
一	建筑及安装费									
1	（单项工程名称）									
2	（单项工程名称）									
3	（单项工程名称）									
...	...									
二	工程其他费									注2
1	项目前期工作费									
2	征地及补偿费									
3	建设单位管理费									
4	环境影响评价费									
5	工程可行性研究费									
6	工程安全评价费									
7	地质灾害评估费									

续表

序号	工程或费用名称	估算金额/万元					经济指标			备注
		建筑工程	设备材料	安装工程	其他费用	合计	单位	数量	单价	
8	水土保持评估费									
9	工程节能评价费									
10	工程测绘费									
11	工程勘察费									
12	工程设计费									
13	施工图审查费									
14	工程监理费									
15	竣工图编制费									
16	研究试验费									
17	联合试运转费									
18	生产准备及开办费									
19	工程保险费									
20	安全生产费									
21	工程质量监督费									
22	工程定额测量费									
23	工程招标代理费									
24	引进技术及设备其他费									
25	专利及专用技术使用费									
⋯	⋯									
三	工程预备费									
1	基本预备费									
2	涨价预备费									
3	汇率预备费									
四	建设期利息									
1	建设期利息									
五	铺底流动资金									
1	铺底流动资金									
	工程总投资/万元									
	占总投资比例/%									

注1：市政污水处理、垃圾处理项目可参照执行《市政公用设施建设项目经济评价方法与参数》（2008年版）。

注2：工程其他费用所及项目可根据工程特点合理增减。

附录 F
（资料性附录）
成本费用计算方法

F.1 总成本费用＝折旧费＋摊销费＋利息支出（利息支出按复息计）＋经营成本。

F.2 折旧费＝年固定资产折旧费。

F.3 摊销费＝年无形资产摊销费＋年其他资产摊销费。

F.4 利息支出＝年生产期内建设投资贷款利息＋年流动资金贷款利息。

F.5 经营成本＝年外购原材料费＋年外购燃料动力费＋年工资福利费＋年修理费＋年其他费用。

F.6 外购原材料费＝年污染物处理量×单位污染物

处理原材料消耗量×原材料单价。

F.7 外购燃料动力费＝年污染物处理量×单位污染物处理燃料动力消耗量×燃料动力单价。

F.8 工资福利费＝职工人数×职工人均年工资福利。

F.9 年修理费＝生产期内各年修理费加权平均值＝固定资产原值×i，其中i取值：

　　a) 国家、地方、行业有明确规定的，按其规定取值；

　　b) 国家、地方、行业没有规定的，在综合考虑污染物特性、工艺特点，以及工程设施、设备型式的前提下，土建类固定资产按1％～2％计取，设备及安装类固定资产按2％～4％计取。

F.10 年其他费用＝日常办公用品费＋通信费＋行政车辆费＋差旅费＋工伤保险费＋劳动保护费＋养老保险费＋医疗保险费＋失业保险费＋生育保险费＋工会经费＋职工教育费＋住房公积金＋业务费用等（地区不同、行业不同取费项目和标准会有增减和变化）。

年其他费用亦可按《建设项目经济评价方法与参数》（2008年版）第77页或第94页、第158页测算。房产、车船、财产税属其他费用范畴。

F.11 经营成本还应包括房产税、车船使用税、财产保险费、土地使用费、污泥处置费、灰渣处置费等。

F.12 市政污水处理、垃圾处理项目可参照执行《市政公用设施建设项目经济评价方法与参数》（2008年版）。

附录 G
（资料性附录）
成 本 费 用 估 算 表

表 G.1　　　　　　　　　　　　　成 本 费 用 估 算 表

序号	项目内容	价格		数量		合计/(万元/a)	备注
		单价	单位	数量	单位		
1	人工费						
	人工工资		元/月		人		
	劳保福利		元/月		人		
2	燃料动力费						
	燃料		元/t		t/a		
	变压器基本容量费		元/(kV・A/a)		kV・A		
	电力		元/(kW・h)		kW・h/a		
	热力		元/kJ		kJ/a		
	水		元/m^3		m^3/a		
	…						
3	外购原材料费						
	…						
4	环保检测监测费						
	化验检测费						
	环保监测费						
5	维护维修费						
	工程设施维护费						
	工程设备维修费						
6	项目财务费		％/a		万元		
7	运行管理费						
8	拆旧、摊销费						
	工程设施折旧费		％/a		万元		
	工程设备折旧费		％/a		万元		

续表

序号	项目内容	价　格		数　量		合计 /（万元/a）	备注
		单价	单位	数量	单位		
	其他资产摊销费		%/a		万元		
	总成本费用						
	单位总成本费用						
	经营成本费用						
	其中：固定成本　　可变成本						
	单位经营成本费用						

附录 H

（资料性附录）

各种能源折标准煤参考系数表

表 H.1　　　　　　　　各种能源折标准煤参考系数表

能源名称	平均低位发热量	折标准煤系数
原煤	20908kJ/kg（5000kcal/kg）	0.7143kg/kg
洗精煤	26344kJ/kg（6300kcal/kg）	0.9000kg/kg
洗中煤	8363kJ/kg（2000kcal/kg）	0.2857kg/kg
煤泥	8363～12545kJ/kg（2000～3000kcal/kg）	0.2857～0.4286kg/kg
焦炭	28435kJ/kg（6800kcal/kg）	0.9714kg/kg
原油	41816kJ/kg（10000kcal/kg）	1.4286kg/kg
燃料油	41816kJ/kg（10000kcal/kg）	1.4286kg/kg
汽油	43070kJ/kg（10300kcal/kg）	1.4714kg/kg
煤油	43070kJ/kg（10300kcal/kg）	1.4714kg/kg
柴油	42652kJ/kg（10200kcal/kg）	1.4571kg/kg
液化石油气	42652kJ/kg（12000kcal/kg）	1.7143kg/kg
炼厂干气	46055kJ/kg（11000kcal/kg）	1.5714kg/kg
天然气	32198～38931kJ/m³（7700～9310kcal/m³）	1.1～1.3300kg/m³
焦炉煤气	16726～17981kJ/m³（4000～4300kcal/m³）	0.5714～0.6143kg/m³
发生炉煤气	5227kJ/m³（1250kcal/m³）	0.1786kg/m³
重油催化裂解煤气	19236kJ/m³（4600kcal/m³）	0.6571kg/m³
重油热裂解煤气	35544kJ/m³（8500kcal/m³）	1.2143kg/m³
焦炭制气	16308kJ/m³（3900kcal/m³）	0.5571kg/m³
压力气化煤气	15054kJ/m³（3600kcal/m³）	0.5143kg/m³
水煤气	10454kJ/m³（2500kcal/m³）	0.3571kg/m³
煤焦油	33453kJ/m³（8000kcal/kg）	1.1429kg/kg
粗苯	41816kJ/kg（10000kcal/kg）	1.4286kg/kg
热力（当量）		0.03412kg/MJ
电力（当量）	3600kJ/（kW·h）[860kcal/（kW·h）]	0.1229kg/（kW·h）

注1：本表热量用千卡（kcal）表示，如换算成焦耳（J），需乘以 4.1816 系数。

注2：各种能源折标准煤计算可参照《综合能耗计算通则》（GB/T 2589—2008）。

14 建设工程消防设计审查规则

（GA 1290—2016）

前　言

本标准的第 4、5、6 章为强制性的，其余为推荐性的。

本标准按照 GB/T 1.1—2009 给出的规则起草。

本标准由公安部消防局提出。

本标准由全国消防标准化技术委员会消防管理分技术委员会（SAC/TC 113/SC 9）归口。

本标准负责起草单位：公安部消防局。

本标准参与起草单位：公安部天津消防研究所、广东省公安消防总队、四川省公安消防总队。

本标准主要起草人：亓延军、刘激扬、李彦军、韩子忠、吴和俊、倪照鹏、薛亚群、李悦、杨庆、王欣、杨栋、黄韬。

引　言

建设工程消防设计审查是法律赋予公安机关消防机构的一项重要职责，是防止形成先天性火灾隐患，确保建设工程消防安全的重要措施。

为规范建设工程消防设计审查行为，保障审查工作质量，依据现行消防法律法规和国家工程建设消防技术标准，制定本标准。

1　范围

本标准规定了建设工程消防设计审查的术语和定义、一般要求、审查内容、结果判定和档案管理等。

本标准适用于公安机关消防机构依法对新建、扩建、改建（含室内外装修、建筑保温、用途变更）等建设工程的消防设计审核和备案检查；消防设计单位自审查、施工图审查机构实施的消防设计文件技术审查，可参照执行。

2　规范性引用文件

下列文件对于本文件的应用是必不可少的。凡是注日期的引用文件，仅注日期的版本适用于本文件。凡是不注日期的引用文件，其最新版本（包括所有的修改单）适用于本文件。

GB/T 5907（所有部分）　消防词汇

GB 50016　建筑设计防火规范

GB 50084　自动喷水灭火系统设计规范

GB 50116　火灾自动报警系统设计规范

GB 50222　建筑内部装修设计防火规范

GB 50974　消防给水及消火栓系统技术规范

3　术语和定义

GB/T 5907、GB 50016、GB 50084、GB 50116、GB 50222、GB 50974 界定的以及下列术语和定义适用于本文件。

3.1

建设工程消防设计审查　examination of building fire safety design

主要包括建设工程消防设计审核和建设工程消防设计备案检查，也可包括消防设计单位自审查、施工图审查机构对施工图消防设计文件的技术审查。

3.1.1

建设工程消防设计审核　auditing of building fire safety design

依据消防法律法规和国家工程建设消防技术标准，对依法申请消防行政许可的建设工程的相关资料和消防设计文件，进行审查、评定并作出行政许可决定的过程。

3.1.2

建设工程消防设计备案检查　inspection of building fire safety design filed for record

依据消防法律法规和国家工程建设消防技术标准，对经备案抽查确定为检查对象的建设工程的相关资料和消防设计文件，进行审查、评定并作出检查意见的过程。

3.2

资料审查　examination of document

依据消防法律法规，对建设单位的申报材料是否齐全并符合法定形式的检查。

3.3

消防设计文件审查　examination of fire safety design document

依据消防法律法规和国家工程建设消防技术标准，对建设单位申报的建设工程消防设计文件是否符合标准要求的检查。

3.4

综合评定　comprehensive assessment

综合考虑资料审查和消防设计文件审查情况，做出建设工程消防设计审核和备案检查结论。

4　一般要求

4.1　建设工程消防设计审查应依照消防法律法规和国家工程建设消防技术标准实施。依法需要专家评审的特殊建设工程，对三分之二以上专家同意的特殊消防设计文件可以作为审查依据。

4.2　建设工程消防设计审查应按照先资料审查、后消防设计文件审查的程序进行，资料审查合格后，方

可进行消防设计文件审查。

4.3 公安机关消防机构依法进行的建设工程消防设计审查一般包括建设工程消防设计审核和建设工程消防设计备案检查。建设工程消防设计审核应进行技术复核；备案检查不进行技术复核，但发现不合格的应按有关规定进行备案复查。

4.4 建设工程消防设计审查应给出消防设计审查是否合格的结论性意见。其中，建设工程消防设计审核的结论性意见应由技术复核人员签署复核意见。

4.5 建设工程消防设计审查应按附录 A 给出的记录表如实记录审查情况；表中未涵盖的其他消防设计内容，可按照附录 A 给出的格式续表。

5　审查内容

5.1　资料审查

资料审查的材料包括：

a) 建设工程消防设计审核申报表/建设工程消防设计备案申报表；

b) 建设单位的工商营业执照等合法身份证明文件；

c) 消防设计文件；

d) 专家评审的相关材料；

e) 依法需要提供的规划许可证明文件或城乡规划主管部门批准的临时性建筑证明文件；

f) 施工许可文件（备案项目）；

g) 依法需要提供的施工图审查机构出具的审查合格文件（备案项目）。

5.2　消防设计文件审查

消防设计文件审查应根据工程实际情况，按附录 B 进行，主要内容包括：

a) 建筑类别和耐火等级；

b) 总平面布局和平面布置；

c) 建筑防火构造；

d) 安全疏散设施；

e) 灭火救援设施；

f) 消防给水和消防设施；

g) 供暖、通风和空气调节系统防火；

h) 消防用电及电气防火；

i) 建筑防爆；

j) 建筑装修和保温防火。

5.3　技术复核

技术复核的主要内容包括：

a) 设计依据及国家工程建设消防技术标准的运用是否准确；

b) 消防设计审查的内容是否全面；

c) 建设工程消防设计存在的具体问题及其解决方案的技术依据是否准确、充分；

d) 结论性意见是否正确。

6　结果判定

6.1　资料审查判定

符合下列条件的，判定为合格；不符合其中任意一项的，判定为不合格：

a) 申请资料齐全、完整并符合规定形式；

b) 消防设计文件编制符合申报要求。

6.2　消防设计文件审查判定

6.2.1 根据对建设工程消防安全的影响程度，消防设计文件审查内容分为 A、B、C 三类：

a) A 类为国家工程建设消防技术标准强制性条文规定的内容；

b) B 类为国家工程建设消防技术标准中带有"严禁""必须""应""不应""不得"要求的非强制性条文规定的内容；

c) C 类为国家工程建设消防技术标准中其他非强制性条文规定的内容。

6.2.2 消防设计文件审查判定按照下列规则进行：

a) 任一 A 类、B 类内容不符合标准要求的，判定为不合格；

b) C 类内容不符合标准要求的，可判定为合格，但应在消防设计审查意见中注明并明确由设计单位进行修改。

6.3　综合评定

符合下列条件的，应综合评定为消防设计审查合格；不符合其中任意一项的，应综合判定为消防设计审查不合格：

a) 资料审查为合格；

b) 消防设计文件审查为合格。

7　档案管理

7.1 建设工程消防设计审查的档案应包含资料审查、消防设计文件审查、综合评定等所有资料。

7.2 建设工程消防设计审查档案内容较多时可立分册并集中存放，其中图纸可用电子档案的形式保存。

7.3 建设工程消防设计审查的原始技术资料应长期保存。

附录 A

（规范性附录）

记 录 表 式 样

建设工程消防设计审查记录表式样见表 A.1，建设工程消防设计审查具体情况记录表式样见表 A.2。

表 A.1

建设工程消防设计审查记录表表式样

编号：〔　〕第　号

建设工程名称			
建设单位	工程类别 □新建 □扩建 □改建（□装修 □建筑保温 □改变用途）		使用性质
建筑面积/m²	占地面积/m²	设计单位	
	建筑高度/m	层数	受理/备案凭证文号
			火灾危险性
建设工程消防设计审核/备案检查意见	□合格　□不合格 主责承办人（签名）：　　　　年　月　日		
	建设工程消防设计审核 技术复核意见	技术复核人（签名）：　　　　年　月　日	

序号	检查内容	检查人签名	检查人意见
1	□消防设计文件的编制符合消防设计文件申报要求情况		□合格：　　□不合格：
2	□建筑类别和耐火等级		□合格：　　□不合格：
3	□总平面布局和平面布置		□合格：　　□不合格：
4	□建筑构造防火		□合格：　　□不合格：
5	□安全疏散设施		□合格：　　□不合格：
6	□灭火救援设施		□合格：　　□不合格：
7	□消防给水和消防设施		□合格：　　□不合格：
8	□供暖、通风和空气调节系统防火		□合格：　　□不合格：
9	□消防用电及电气防火		□合格：　　□不合格：
10	□建筑防爆		□合格：　　□不合格：
11	□建筑装修和保温防火		□合格：　　□不合格：

表 A.2 建设工程消防设计审查具体情况记录表式样

单 项	子 项	技术审查发现的问题及重要程度分类 (A、B、C)	是否合格	审查人员签名
1 建筑类别和耐火等级	1.1 建筑类别			
	1.2 建筑耐火等级			
	1.3 建筑构件的耐火极限和燃烧性能			
2 总平面布局和平面布置	2.1 工程选址			
	2.2 防火间距			
	2.3 建筑平面布置			
	2.4 建筑层数和防火分区			
	2.5 消防控制室和消防水泵房			
	2.6 特殊场所			
3 建筑构造防火	3.1 墙体构造			
	3.2 竖向井道构造			
	3.3 屋顶、闷顶和建筑缝隙			
	3.4 建筑保温、建筑幕墙的防火构造			
	3.5 建筑外墙装修			
	3.6 天桥、栈桥和管沟			
4 安全疏散设施	4.1 安全出口（含疏散楼梯）			
	4.2 疏散楼梯和疏散门的设置			
	4.3 疏散距离和疏散走道			
	4.4 避难层（间）			
5 灭火救援设施	5.1 消防车道			
	5.2 救援场地和入口			
	5.3 消防电梯			
	5.4 直升机停机坪			

续表

单项	子项	技术审查发现的问题及重要程度分类（A、B、C）	是否合格	审查人员签名
6 消防给水和消防设施	6.1 消防水源			
	6.2 室外消防给水及消火栓系统			
	6.3 室内消火栓系统			
	6.4 火灾自动报警系统			
	6.5 防烟设施			
	6.6 排烟设施			
	6.7 自动喷水灭火系统			
	6.8 气体灭火系统			
	6.9 其他消防设施和器材			
7 供暖、通风和空气调节系统防火	供暖、通风和空气调节系统防火			
8 消防用电及电气防火	8.1 消防用电负荷等级			
	8.2 消防电源			
	8.3 消防配电			
	8.4 用电系统防火			
	8.5 应急照明和疏散指示			
9 建筑防爆	建筑防爆功能			
10 建筑装修和保温防火	10.1 建筑类别和规模、使用功能			
	10.2 装修工程的平面布置			
	10.3 装修材料燃烧性能等级			
	10.4 消防设施和疏散情况			
	10.4 电器设备、装修防火			
	10.5 建筑保温防火			

注：特殊场所是指民用建筑内的人员密集场所、儿童活动场所、歌舞娱乐放映游艺场所，以及工业建筑内高火灾危险性部位，中间仓库，以及总控制室、员工宿舍、办公室、休息室等场所。锅炉房、空调机房、厨房、手术室等。

附录 B

（规范性附录）

建设工程消防设计文件审查要点

B.1　建筑类别和耐火等级

B.1.1　根据建筑物的使用性质、火灾危险性、疏散和扑救难度、建筑高度、建筑层数、单层建筑面积等要素，审查建筑物的分类和设计依据是否准确，具体审查以下内容：

a）根据生产中使用或产生的物质性质及数量或储存物品的性质和可燃物数量等审查工业建筑的火灾危险性类别是否准确；

b）根据使用功能、建筑高度、建筑层数、单层建筑面积审查民用建筑的分类是否准确。

B.1.2　审查建筑耐火等级确定是否准确，是否符合工程建设消防技术标准（以下简称"规范"）要求，具体审查以下内容：

a）根据建筑的分类，审查建筑的耐火等级是否符合规范要求；

b）民用建筑内特殊场所，如托儿所、幼儿园、医院等平面布置与建筑耐火等级之间的匹配关系。

B.1.3　审查建筑构件的耐火极限和燃烧性能是否符合规范要求，具体审查以下内容：

a）建筑构件的耐火极限及燃烧性能是否达到建筑耐火等级的要求；

b）当建筑物的建筑构件采用木结构、钢结构时，审查采用的防火措施是否与建筑物耐火等级匹配，是否符合规范要求。

B.2　总平面布局和平面布置

B.2.1　审查火灾危险性大的石油化工企业、烟花爆竹工厂、石油天然气工程、钢铁企业、发电厂与变电站、加油加气站等工程选址是否符合规范要求。

B.2.2　审查防火间距是否符合规范要求，具体审查以下内容：

a）根据建筑类别审查防火间距是否符合规范要求；

b）不同类别的建筑之间，U型或山型建筑的两翼之间，成组布置的建筑之间的防火间距是否符合规范要求；

c）加油加气站，石油化工企业、石油天然气工程、石油库等建设工程与周围居住区、相邻厂矿企业、设施以及建设工程内部建、构筑物、设施之间的防火间距是否符合规范要求。

B.2.3　根据建筑类别审查建筑平面布置是否符合规范要求，具体审查以下内容：

a）工业建筑内的高火灾危险性部位、中间仓库、总控制室、员工宿舍、办公室、休息室等场所的布置位置是否符合规范要求，汽车库、修车库的平面布置是否符合规范要求；

b）建筑内油浸变压器室、多油开关室、高压电容器室、柴油发电机房、锅炉房、歌舞娱乐放映游艺场所、托儿所、幼儿园的儿童用房、老年人活动场所、儿童活动场所等的布置位置、厅室建筑面积等是否符合规范要求。

B.2.4　审查建筑允许建筑层数和防火分区的面积是否符合规范要求，具体审查以下内容：

a）注意根据火灾危险性等级、耐火极限确定工业建筑最大允许建筑层数和相应的防火分区面积是否符合规范要求；

b）民用建筑内设有观众厅、电影院、汽车库、商场、展厅、餐厅、宴会厅等功能区时，防火分区是否符合规范要求；竖向防火分区划分情况是否符合规范要求；

c）当建筑物内设置自动扶梯、中庭、敞开楼梯或敞开楼梯间等上下层相连通的开口时，是否采用符合规范的防火分隔措施。

B.2.5　审查消防控制室、消防水泵房的布置是否符合规范要求。

B.2.6　审查医院、学校、养老建筑、汽车库、修车库、铁路旅客车站、图书馆、旅馆、博物馆、电影院等的总平面布局和平面布置是否满足规范要求。

B.3　建筑防火构造

B.3.1　审查防火墙、防火隔墙、防火挑檐等建筑构件的防火构造是否符合规范要求，具体审查以下内容：

a）防火墙、防火隔墙、防火挑檐的设置部位、形式、耐火极限和燃烧性能是否符合规范要求；

b）建筑内设有厨房、设备房、儿童活动场所、影剧院等特殊部位时的防火分隔情况是否符合规范要求；

c）冷库和库房、厂房内布置有不同火灾危险性类别的房间时的特殊建筑构造是否符合规范要求；

d）防火墙两侧或内转角处外窗水平距离是否符合规范要求；

e）防火分隔是否完整、有效，防火分隔所采用的防火墙、防火门、窗、防火卷帘、防火水幕、防火玻璃等建筑构件、消防产品的耐火性能是否符合规范要求；

f）防火墙、防火隔墙开有门、窗、洞口时是否采取了符合规范要求的替代防火分隔措施。

B.3.2　审查电梯井、管道井、电缆井、排烟道、排气道、垃圾道等井道的防火构造是否符合规范要求，具体审查以下内容：

a）电梯井、管道井、电缆井、排气道、排烟道、垃圾道等竖向井道是否独立设置，井壁、检查门、排气口的设置是否符合规范要求；

b）电缆井、管道井每层楼板处和与走道、其他房间连通处的防火封堵是否符合规范要求。

B.3.3　审查屋顶、闷顶和建筑缝隙的防火构造是否符合规范要求，具体审查以下内容：

a) 屋顶、闷顶材料的燃烧性能、耐火极限是否符合规范要求；

b) 闷顶内的防火分隔和入口设置是否符合规范要求；

c) 变形缝构造基层材料燃烧性能是否符合规范要求，电缆、可燃气体管道和甲、乙、丙类液体管道穿过变形缝时是否按规范要求采取措施。

B.3.4　审查建筑外墙和屋面保温、建筑幕墙的防火构造是否符合规范要求，具体审查以下内容：

a) 建筑外墙和屋面保温的防火构造是否符合规范要求；

b) 电气线路穿越或敷设在 B1 或 B2 级保温材料时，是否采取防火保护措施；

c) 当采用 B1、B2 级保温材料时，防护层设计是否符合规范要求；

d) 中庭等各种形式的上下连通开口部位及玻璃幕墙上下、水平方向的防火分隔措施是否符合规范要求。

B.3.5　审查建筑外墙装修及户外广告牌的设置是否符合规范要求。

B.3.6　审查天桥、栈桥和管沟的防火构造是否符合规范要求。

B.4　安全疏散设施

B.4.1　审查各楼层或各防火分区的安全出口数量、位置、宽度是否符合规范要求，具体审查以下内容：

a) 每个防火分区以及同一防火分区的不同楼层的安全出口不少于两个，当只设置一个安全出口时，是否符合规范规定的设置一个安全出口的条件；

b) 确定疏散的人数的依据是否准确、可靠；

c) 安全出口的最小疏散净宽度，除符合消防设计标准外，还应符合其他建筑设计标准的要求；

d) 安全出口和疏散门的净宽度是否与疏散走道、疏散楼梯梯段的净宽度相匹配；

e) 建筑内是否存在要求独立或分开设置安全出口的特殊场所。

B.4.2　审查疏散楼梯和疏散门的设置是否符合规范要求，具体审查以下内容：

a) 疏散楼梯的设置形式和数量、位置、宽度是否符合规范要求；

b) 疏散楼梯的防排烟设施是否符合规范要求；疏散楼梯的围护结构的燃烧性能和耐火极限是否符合要求，不得以防火卷帘代替；防烟楼梯间前室的设置形式和面积是否符合规范要求；

c) 疏散楼梯在避难层是否分隔、同层错位或上下层断开，其他楼层是否上、下位置一致；

d) 疏散门的数量、宽度和开启方向是否符合规范要求。

B.4.3　审查疏散距离和疏散走道的宽度是否符合规范要求。

B.4.4　审查避难走道、避难层和避难间的设置是否符合规范要求，具体审查以下内容：

a) 根据建筑物使用功能、建筑高度审查该建筑是否需要设置避难层（间）；

b) 避难层（间）的设置楼层、平面布置、防火分隔是否符合规范要求；

c) 避难层（间）的防火、防烟等消防设施、有效避难面积是否符合规范要求；

d) 避难层（间）的疏散楼梯和消防电梯的设置是否符合规范要求。

B.5　灭火救援设施

B.5.1　消防车道

B.5.1.1　根据建筑物的性质、高度、沿街长度、规模等参数，审查消防车道、消防车作业场地及登高面设置是否符合规范要求。

B.5.1.2　审查消防车道的形式（环形车道还是沿长边布置，是否需要设置穿越建筑物的车道）、宽度、坡度、承载力、转弯半径、回车场、净空高度是否符合规范要求。

B.5.1.3　根据建筑高度、规模、使用性质，审查建筑物是否需要设置消防车登高面，消防车登高面是否有影响登高的裙房、树木、架空管线等，首层是否设置楼梯出口、立面是否设置窗口等；消防车道和消防车登高场地当设置在红线外时，审查是否取得权属单位同意并确保正常使用。

B.5.2　救援场地和入口

B.5.2.1　根据建筑高度、规模、使用性质，审查建筑是否设置灭火救援场地。

B.5.2.2　审查消防车登高操作场地的设置长度、宽度、坡度，消防车登高面上各楼层消防救援口的设置位置、大小、标识等是否符合规范要求。

B.5.2.3　审查救援场地范围内的外墙是否设置供灭火救援的入口，厂房、仓库、公共建筑的外墙在每层是否设置可供消防救援人员进入的窗口，开口的大小、位置是否满足要求，标识是否明显。

B.5.3　消防电梯

B.5.3.1　根据建筑的性质、高度和楼层的建筑面积或防火分区情况，审查建筑是否需要设置消防电梯。

B.5.3.2　审查消防电梯的设置位置和数量，消防电梯前室及合用前室的面积，消防电梯运行的技术要求，如防水、排水、电源、电梯井壁的耐火性能和防火构造、通信设备、轿厢内装修材料等，是否符合规范要求。

B.5.3.3　利用建筑内的货梯或客梯作为消防电梯时，审查所采取的措施是否满足消防电梯的运行要求。

B.5.3.4　审查消防电梯的井底排水设施是否符合规

范要求。

B.5.4　直升机停机坪

B.5.4.1　审查屋顶直升机停机坪或供直升机救助设施的设置情况是否符合规范要求，包括直升机停机坪与周边突出物的距离、出口数量和宽度、四周航空障碍灯、应急照明、消火栓的设置情况等是否符合规范要求。

B.5.4.2　审查直升机停机坪的设置是否符合航空飞行安全的要求。

B.6　消防给水和消防设施

B.6.1　消防水源

B.6.1.1　根据建筑的用途及其重要性、火灾危险性、火灾特性和环境条件等因素综合审查消防给水的设计。

B.6.1.2　消防水源的形式，消防总用水量的确定。建筑的消防用水总量应按室内、外消防用水量之和计算确定。

B.6.1.3　利用天然水源的，应审查天然水源的水量、水质、数量、消防车取水高度、取水设施是否符合规范要求。

B.6.1.4　由市政给水管网供水的，应审查市政给水管网供水管数量、供水管径及供水能力。

B.6.1.5　设置消防水池的，应审查消防水池的设置位置、有效容量、水位显示与报警、取水口、取水高度等是否符合规范要求。

B.6.1.6　设置消防水箱的，应审查消防水箱的设置位置、有效容量、补水措施、水位显示与报警等是否符合规范要求。

B.6.2　室外消防给水及消火栓系统

B.6.2.1　根据建筑的用途及其重要性、火灾危险性、火灾特性和环境条件等因素综合审查室外消火栓系统的设计是否符合规范要求。

B.6.2.2　根据建筑的火灾延续时间，审查室外消火栓用水量是否符合规范要求。

B.6.2.3　室外消防给水管网的设计是否符合规范要求。重点审查进水管的数量、连接方式、管径计算、管材选用等的设计。

B.6.2.4　室外消防给水管道的设计是否符合规范要求。重点审查水压计算、阀门和倒流防止器设置、管道布置等的设计。

B.6.2.5　室外消火栓的设计是否符合规范要求。重点审查室外消火栓数量、布置、间距和保护半径。其中地下式消火栓应设置明显标志。

B.6.2.6　冷却水系统的设计流量、管网设置等是否符合规范要求。

B.6.3　室内消火栓系统

B.6.3.1　根据建筑的用途及其重要性、火灾危险性、火灾特性和环境条件等因素综合审查室内消火栓系统和消防软管卷盘的选型及设置是否符合规范

要求。

B.6.3.2　根据建筑的火灾延续时间，审查室内消火栓用水量是否符合规范要求。

B.6.3.3　室内消防给水管网的设计是否符合规范要求。重点审查引入管的数量、管径和选材，管网和竖管的布置形式（环状、枝状），竖管的间距和管径，阀门的设置和启闭要求、水泵接合器等的设计。

B.6.3.4　室内消火栓的设计是否符合规范要求。重点审查室内消火栓的布置、保护半径、间距计算等的设计。

B.6.3.5　水力计算是否符合规范要求。重点审查系统设计流量、消火栓栓口所需水压、充实水柱计算、管网水力计算（沿途水头损失、局部水头损失、最不利点确定、流量和流速确定）、消防水箱设置高度计算、消防水泵扬程计算、剩余水压计算、减压孔板计算和减压阀的选用（减压孔板孔径计算、减压孔板水头损失计算、减压阀的选用）。

B.6.3.6　水泵接合器的数量和设置位置是否符合规范要求。

B.6.3.7　干式消防竖管的消防车供水接口和排气阀的设置是否符合规范要求。

B.6.4　火灾自动报警系统

B.6.4.1　根据建筑的使用性质、火灾危险性、疏散和扑救难度等因素，审查系统的设置部位，系统形式的选择，火灾报警区域和探测区域的划分。

B.6.4.2　根据工程的具体情况，审查火灾报警控制器和消防联动控制器的选择及布置是否符合消防标准规定。主要审查火灾报警控制器和消防联动控制器容量和每一总线回路所容纳的地址编码总数。

B.6.4.3　火灾探测器、总线短路隔离器、火灾手动报警按钮、火灾应急广播、火灾警报装置、消防专用电话、系统接地的设计是否符合消防标准。

B.6.4.4　系统的布线设计，着重审查系统导线的选择，系统传输线路的敷设方式；审查系统的供电可靠性，系统的接地等设计是否符合消防标准。

B.6.4.5　根据建筑使用性质和功能不同，审查消防联动控制系统的设计。着重审查系统对自动喷水灭火系统、室内消火栓系统、气体灭火系统、泡沫和干粉灭火系统、防排烟系统、空调通风系统、火灾应急广播、电梯回降装置、防火门及卷帘系统、消防应急照明系统、消防通信系统等消防设备的联动控制设计。

B.6.5　防烟设施

B.6.5.1　设置部位。审查建筑内需要设置防烟设施的部位是否符合规范要求。

B.6.5.2　设置形式。审查防烟系统形式（自然或机械方式）的选择是否符合规范要求。

B.6.5.3　自然通风。审查楼梯间、防烟前室、合用前室、消防电梯前室等采用自然通风口的面积、开启方式是否符合规范要求；避难层采用自然通风时是否

设有两个不同朝向的外窗或百叶窗，且每个朝向开窗面积是否满足自然通风开窗面积要求。

B.6.5.4 机械防烟。重点审查以下内容：

a) 送风机。审查送风机选型和设置位置是否符合规范要求。

b) 进风口。审查送风机的进风口设置是否按规范要求不受烟气影响。

c) 送风口。审查送风口的设置位置、启闭方式控制、送风口的风速是否符合规范要求。

d) 风管与风道。审查风管的制作材料、耐火性能是否满足规范要求，且不同材料风道风速是否满足规范规定。

e) 系统计算。审查防烟系统风量计算，其余压值、加压送风量控制是否满足规范要求；送风系统是否按规范要求进行了分段设计；封闭避难层的独立送风系统机械加压送风量是否按避难区净面积确定。

f) 联动控制。审查火灾自动报警系统与防烟系统的联动控制关系是否符合规范要求。

B.6.6 排烟设施

B.6.6.1 设置部位。审查建筑内需要设置排烟设施部位是否符合规范要求。同一个防烟分区是否采取同一种排烟方式。

B.6.6.2 防烟分区。审查防烟分区的划分、面积、挡烟设施的设置是否符合规范规定，防烟分区是否跨越防火分区，敞开楼梯、自动扶梯穿越楼板的开口部位是否设置挡烟垂壁或防火卷帘。

B.6.6.3 自然排烟。审查排烟口或排烟窗的设置位置、高度、有效排烟面积、开启控制方式是否符合规范要求。

B.6.6.4 机械排烟。重点审查以下内容：

a) 排烟风机。审查排烟风机的选型和风机设置位置。排烟风机选型是否符合排烟系统要求，是否采用离心式或轴流排烟风机，风机入口是否设置排烟防火阀并能连锁关闭排烟风机。

b) 排烟管道。审查排烟风管的制作材料，耐火极限、风管与可燃物的距离等是否符合规范要求，不同材料风道风速是否满足规范规定，管道相应位置是否设置排烟防火阀。

c) 排烟口与排烟窗。审查排烟口及排烟窗距排烟区域最远的距离，排烟窗安装位置、安装高度是否符合规范规定；排烟口的安装位置、开启方式、风口风速及其与安全出口距离是否符合规范要求。

d) 排烟补风。审查排烟系统是否按规范要求设置补风系统。

e) 风量计算。审查排烟风量是否按规范要求计算，补风系统的风量是否符合规范要求。

f) 联动控制。审查火灾自动报警系统与排烟系统的联动控制关系是否符合规范要求。

B.6.7 自动喷水灭火系统

B.6.7.1 根据建筑的用途及其重要性、火灾危险性、火灾特性和环境条件等因素审查自动喷水灭火系统的设置和选型是否符合规范要求。

B.6.7.2 系统的设计基本参数。主要是根据系统设置部位的火灾危险等级、净空高度等因素，审查喷水强度、作用面积、喷头最大间距、喷头工作压力、持续喷水时间。

B.6.7.3 系统组件的选型与布置。重点审查喷头的选用和布置，报警阀组、水流指示器、压力开关、末端试水装置等的设置和供水管道的选材和布置，水泵接合器的数量和设置位置是否符合规范要求。

B.6.7.4 系统水力计算、供水设施的供水能力、减压措施，以及系统的操作和控制。

B.6.7.5 系统实验装置处的专用排水设施是否符合规范要求。

B.6.8 气体灭火系统

B.6.8.1 根据建筑使用性质、规模，审查系统的选型和设置场所是否符合规范要求。

B.6.8.2 审查系统防护区的设置、划分是否符合规范要求，包括重点审查防护区的数量限制、保护容积的限制，围护结构及门窗的耐火极限、围护结构承受内压的允许压强、泄压设施等。

B.6.8.3 审查系统的设计是否符合规范要求，包括灭火设计用量、灭火设计浓度、惰化设计浓度、灭火设计密度、设计喷放时间、喷头工作压力等。

B.6.8.4 审查系统的操作与控制要求是否符合规范要求，包括系统的电源、气源等，管网灭火系统的启动方式，明确延迟喷射或无延迟喷射的启动方式。

B.6.8.5 审查系统的安全要求是否符合规范要求，包括防护区的疏散设计、通风、设置的预制灭火的充压压力、有人防护区的灭火设计浓度或实际浓度等安全要求，储瓶间、管网的安全要求。

B.6.9 其他消防设施和器材

审查其他灭火系统等消防设施、器材的设计是否符合规范要求。

B.7 供暖、通风和空气调节系统防火

B.7.1 审查供暖、通风与空气调节系统机房的设置位置，建筑防火分隔措施，内部设施管道布置是否符合规范要求。

B.7.2 根据建筑物的不同用途、规模，审查场所的供暖通风与空气调节系统的形式选择是否符合规范要求，具体审查以下内容：

a) 甲、乙类厂房及丙类厂房内含有燃烧或爆炸危险粉尘、纤维的空气是否按照规范要求不循环使用；民用建筑内空气中含有容易起火或爆炸危险物质的房间，是否设置自然通风或独立的机械通风设施且其空气不循环使用。

b) 甲、乙类厂房和甲、乙类仓库内是否采用明火和电热散热器供暖；不应采用循环使用热风供暖的

场所是否采用循环热风供暖。

B.7.3 审查通风系统的风机、除尘器、过滤器、导除静电等设备的选择和设置是否符合规范要求，具体审查以下内容：

a) 不同类型场所送排风系统的风机选型是否符合规范要求。

b) 含有燃烧和爆炸危险粉尘等场所通风、空气调节系统的除尘器、过滤器设置是否符合规范要求。

B.7.4 审查供暖、通风空调系统管道的设置形式、设置位置、管道材料与可燃物之间的距离、绝热材料等是否符合规范要求。

B.7.5 审查防火阀的动作温度选择、防火阀的设置位置和设置要求是否符合规范的规定。

B.7.6 审查排除有燃烧或爆炸危险气体、蒸气和粉尘的排风系统，燃油或燃气锅炉房的通风系统设置是否符合规范要求。

B.8 消防用电及电气防火

B.8.1 审查消防用电负荷等级，保护对象的消防用电负荷等级的确定是否符合规范要求。

B.8.2 审查消防电源设计是否符合规范要求，具体审查以下内容：

a) 消防电源设计是否与规范规定的相应用电负荷等级要求一致。

b) 一、二级负荷消防电源采用自备发电机时，发电机的规格、型号、功率、设置位置、燃料及启动方式、供电时间是否符合规范要求。

c) 备用消防电源的供电时间和容量，是否满足该建筑火灾延续时间内各消防用电设备的要求，不同类别场所应急照明和疏散指示标志备用电源的连续供电时间是否符合规范要求。

B.8.3 审查消防配电设计是否符合规范要求，具体审查以下内容：

a) 回路设计。消防用电设备是否采用专用供电回路，当建筑内生产、生活用电被切断时，仍能保证消防用电。

b) 配电设施。按一、二级负荷供电的消防设备，其配电箱是否独立设置。消防控制室、消防水泵房、防烟和排烟风机、消防电梯等的供电，是否在其配电线路的最末一级配电箱处设置自动切换装置。

c) 线路敷设。消防配电线路的敷设是否符合规范要求。

B.8.4 审查用电系统防火设计是否符合规范要求，具体审查以下内容：

a) 供电线路。架空线路与保护对象的防火间距是否符合规范要求，电力电缆及用电线路敷设是否符合规范要求。

b) 用电设施。开关、插座和照明灯具靠近可燃物时，是否采取隔热、散热等防火措施；可燃材料仓库灯具的选型是否符合规范要求，灯具的发热部件是

否采取隔热等防火措施，配电箱及开关的设置位置是否符合规范要求。

c) 电气火灾监控。火灾危险性较大场所是否按规范要求设置电气火灾监控系统。

B.8.5 审查应急照明及疏散指示标志的设计是否符合规范要求，具体审查以下内容：

a) 设置部位。应急照明及疏散指示的设置部位是否符合规范要求。

b) 安装位置。应急照明及疏散指示的安装位置是否符合规范要求，特殊场所是否设置能保持视觉连续的灯光疏散指示标志或蓄光疏散指示标志。

B.9 建筑防爆

B.9.1 审查有爆炸危险的甲、乙类厂房的设置是否符合规范要求，包括是否独立设置，是否采用敞开或半敞开式，承重结构是否采用钢筋混凝土或钢框架、排架结构。

B.9.2 审查有爆炸危险的厂房或厂房内有爆炸危险的部位、有爆炸危险的仓库或仓库内有爆炸危险的部位、有粉尘爆炸危险的筒仓、燃气锅炉房是否采取防爆措施、设置泄压设施，是否符合规范要求，具体审查以下内容：

a) 确定危险区域的范围，核查泄压口位置是否影响室内、外的安全条件，是否避开人员密集场所和主要交通道路。

b) 泄压面积是否充足、泄压形式是否适当。

c) 泄压设施是否采用轻质屋面板、轻质墙体和易于泄压的门、窗等，是否采用安全玻璃等爆炸时不产生尖锐碎片的材料。屋顶上的泄压设施是否采取防冰雪积聚措施。作为泄压设施的轻质屋面板和墙体的质量是否符合规范要求。

B.9.3 有爆炸危险的甲、乙类生产部位、设备、总控制室、分控制室的位置是否符合规范要求，具体审查以下内容：

a) 有爆炸危险的甲、乙类生产部位，是否布置在单层厂房靠外墙的泄压设施或多层厂房顶层靠外墙的泄压设施附近。

b) 有爆炸危险的设备是否避开厂房的梁、柱等主要承重构件布置。

c) 有爆炸危险的甲、乙类厂房的总控制室是否独立设置。

d) 有爆炸危险的甲、乙类厂房的分控制室宜独立设置，当贴邻外墙设置时，是否采用符合耐火极限要求的防火隔墙与其他部位分隔。

B.9.4 散发较空气轻的可燃气体、可燃蒸气的甲类厂房是否采用轻质屋面板作为泄压面积，顶棚设计和通风是否符合规范要求。

B.9.5 散发较空气重的可燃气体、可燃蒸气的甲类厂房和有粉尘、纤维爆炸危险的乙类厂房是否采用不发火花的地面，具体审查以下内容：

a）采用绝缘材料作整体面层时是否采取防静电措施。

b）散发可燃粉尘、纤维的厂房，其内表面设计是否符合规范要求。

c）厂房内不宜设置地沟，必须设置时，是否符合规范要求。

B.9.6 使用和生产甲、乙、丙类液体厂房，其管、沟是否与相邻厂房的管、沟相通，其下水道是否设置隔油设施。

B.9.7 甲、乙、丙类液体仓库是否设置防止液体流散的设施。遇湿会发生燃烧爆炸的物品仓库是否采取防止水浸渍的措施。

B.9.8 设置在甲、乙类厂房内的办公室、休息室，必须贴邻本厂房时，是否设置防爆墙与厂房分隔。有爆炸危险区域内的楼梯间、室外楼梯或与相邻区域连通处是否设置防护措施。

B.9.9 安装在有爆炸危险的房间的电气设备、通风装置是否具有防爆性能。

B.10 建筑装修和保温防火

B.10.1 查看设计说明及相关图纸，明确装修工程的建筑类别、装修范围、装修面积。装修范围应明确所在楼层。局部装修应明确局部装修范围的轴线。

B.10.2 审查装修工程的使用功能是否与通过审批的建筑功能相一致。装修工程的使用功能如果与原设计不一致，则要判断是否引起整栋建筑的性质变化，是否需要重新申报土建调整。

B.10.3 审查装修工程的平面布置是否符合规范要求，具体审查以下内容：

a）装修工程的平面布置是否满足疏散要求，由点（楼梯）、线（走道）、面（防火分区）组成的立体疏散体系是否完整和畅通，楼梯间要核对楼梯间形式、宽度、数量。

b）走道应核对疏散距离、疏散宽度。

c）防火分区应核对面积大小、防火墙和防火卷帘的设置、分区的界线是否清晰。

B.10.4 审查装修材料的燃烧性能等级是否符合规范要求。装修范围内是否存在装修材料的燃烧性能等级需要提高或者满足一定条件可以降低的房间和部位。

B.10.5 审查各类消防设施的设计和点位是否与原建筑设计一致，是否符合规范要求。

B.10.6 审查建筑内部装修是否遮挡消防设施，是否妨碍消防设施和疏散走道的正常使用。

B.10.7 审查照明灯具及配电箱的防火隔热措施是否符合规范要求，具体审查以下内容：

a）配电箱的设置位置是否符合规范要求。

b）照明灯具的高温部位，当靠近非 A 级装修材料时，是否采取隔热、散热等保护措施。

c）灯饰的材料燃烧性能等级是否符合规范要求。

B.10.8 审查建筑保温是否符合规范要求，具体审查以下内容：

a）设置保温系统的基层墙体或屋面板的耐火极限和建筑外墙上门、窗的耐火完整性是否符合规范要求。

b）建筑的内、外保温系统采用的保温材料燃烧性能等级是否与其建筑类型和使用部位相适应并符合规范要求。

c）建筑的外墙外保温系统是否采用不燃材料在其表面设置防护层，防护层厚度是否符合规范要求。

d）建筑外墙外保温系统与基层墙体、装饰层之间的空腔，是否在每层楼板处采用防火封堵材料封堵。

e）建筑的屋面和外墙外保温系统是否按照规范要求设置了防火隔离带。

参 考 文 献

［1］ GB 4717 火灾报警控制器.

［2］ GB 15630 消防安全标志设置要求.

［3］ GB 50067 汽车库、修车库、停车场设计防火规范.

［4］ GB 50098 人民防空工程设计防火规范.

［5］ GB 50140 建筑灭火器配置设计规范.

［6］ GB 50151 低倍数泡沫灭火系统设计规范.

［7］ GB 50193 二氧化碳灭火系统设计规范.

［8］ GB 50196 高倍数、中倍数泡沫灭火系统设计规范.

［9］ GB 50219 水喷雾灭火系统设计规范.

［10］ GB 50370 气体灭火系统设计规范.

［11］ 中华人民共和国消防法.

［12］ 建设工程消防监督管理规定，公安部令第119号.

⑮ 档案虫霉防治一般规则

（DA/T 35—2017）

前 言

本标准按照 GB/T 1.1—2009 给出的规则起草。

本标准代替 DA/T 35—2007《档案虫霉防治一般规则》，与 DA/T 35—2007 相比，除编辑性修改外主要技术内容变化如下：

——根据当代科技档案发展与环保要求，将工作环节划分为预防、检查、治理等三个阶段；

——对 6.2.3 档案虫霉防治药剂和技术方法进行了修改，删除了"磷化铝"等对人体和环境有较大危害的药剂，增加了低毒、环保药剂的规定。

本标准由全国档案工作标准化委员会提出。

本标准由国家档案局归口。

本标准起草单位：湖北省档案局（馆）、珠海市利高斯发展有限公司。

本标准主要起草人：李宗春、魏正光、罗忆、李国英、王满困、李慧学。

本标准于 2007 年首次发布，本次为第一次修订。

引　言

随着当代科学技术的发展和环境保护要求的提高，纸质档案虫霉防治的环境、药剂、工具、方式均出现了较大的变化，本课题组对 2007 年由国家档案局颁布的 DA/T 35—2007《档案虫霉防治一般规则》进行了修订：

1. 删除了对环境、人体、档案有害的，国际社会和我国已经明令禁止的杀虫灭菌药剂；

2. 明确了目前各类常用的杀虫除霉药剂及其适用范围，为各级档案部门开展档案保护工作提供科学、操作性强的指引；

3. 修订后的《档案虫霉防治一般规则》提出了通用的纸质档案虫霉防治药剂与方法，但不限制各级档案部门应用其他符合档案保护技术要求的新产品、新技术；

4. 档案虫霉驱避剂不在本规则内详述；特殊情况下纸质档案虫霉防治的技术方法也不作为本次修订内容。

1　范围

本标准按照"以防为主，防治结合"的原则，对档案工作全过程中的虫霉预防、检查和治理工作提出技术规范。

本标准适用于我国各级各类档案馆（室）纸质档案的虫霉防治。

2　规范性引用文件

下列文件对于本文件的应用是必不可少的。凡是注日期的引用文件，仅注日期的版本适用于本文件。凡是不注日期的引用文件，其最新版本（包括所有的修改单）适用于本文件。

GB/T 13098—2006　工业用环氧乙烷

GB/T 18883—2002　室内空气质量标准

GB/T 27779—2011　卫生杀虫剂安全使用准则——拟除虫菊酯类

DA/T 1—2000　档案工作基本术语

DA/T 24—2000　无酸档案卷皮卷盒用纸及纸板

DA/T 26—2000　挥发性档案防霉剂防霉效果测定法

DA/T 27—2000　档案防虫剂防虫效果测定法

JGJ 25—2010　档案馆建筑设计规范

3　术语和定义

下列术语和定义适用于本标准。

3.1

档案害虫　insect pests in archives

直接或间接危害档案的昆虫。

3.2

档案霉菌　moulds in archives

直接或间接危害档案的微生物。

3.3

档案虫霉预防　prevention of insect pests and moulds in archives

根据档案害虫、霉菌的生活习性和传播途径，采取防止虫霉接触、感染档案和抑制虫霉生长、发育的技术措施。

3.4

档案虫霉检查　check of insect pests and moulds in archives

通过检查档案，掌握危害档案的虫霉种类、特性与分布，为制定档案虫霉防治方案提供依据。

3.5

档案虫霉治理　control of insect pests and moulds in archives

采取物理或化学手段杀灭档案害虫、霉菌的方法。

3.6

害虫物理治理　physical control of insect pests

采取低温、低氧、渗透压等物理手段杀灭档案害虫的方法。

3.7

害虫化学治理　chemical control of insect pests

使用化学药剂，采取熏蒸、喷洒等手段，通过药物渗透、呼吸、触杀等方式杀灭档案害虫的方法。

3.8

霉菌化学治理　chemical control of moulds

使用化学药剂，采取熏蒸、辐照等手段，通过药物渗透、辐射等方式杀灭档案霉菌的方法。

4　档案虫霉预防

4.1　总则

通过控制污染源、切断传播途径、营造保护环境等手段，预防虫霉危害档案的方法。

4.2　清洁卫生

建立健全清洁卫生制度。清除库房周围的杂草、垃圾及库内外墙壁上的蜘蛛网、灰尘、库内杂物等污染源，堵塞库房孔、洞、缝等传播途径，加强工作人员出入库卫生管理，保持档案库房及周围环境洁净卫生，消除虫霉滋生条件。

4.3　库房建筑

新建或改扩建档案馆时，应按照 JGJ 25—2010 中的相关规定进行，并做到以下几点：

a）档案馆选址，应远离池塘低洼地带，防止害虫孳生；远离粮库、医院、住宅区等，防止害虫传播；有白蚁地区，应作地基防蚁处理；

b）库房地基应采用钢筋水泥或石质结构；

c）门窗密闭性能好。

4.4　档案入库消毒

新建或改扩建的档案库房、新进档案柜架等装具、新接收进馆档案、在虫霉活动频繁期调出库超过 24h 的档案等，在档案入库前应进行消毒。

4.4.1　空库及档案装具消毒

4.4.1.1　拟除虫菊酯消毒

将拟除虫菊酯药液对空库的四壁、档案装具（金属装具除外）等进行喷雾。药剂的剂量及密闭时间参见其使用说明书。如溴氰菊酯药剂消毒的参数是：将 2.5% 溴氰菊酯乳油或可湿性粉剂用清水稀释成 0.1% 的药液进行喷雾，剂量为（5～10）g/m³，密闭（12～24）h。

4.4.1.2　紫外线灭菌灯消毒

紫外线灭菌灯安装数量应根据房间面积大小与空气污染程度而定，一般每 10m² 设置 30W 灯管 1 只～2 只。消毒时应关闭门窗，每次时间不少于 1h，自灯亮（5～7）min 后计时。照射过程中，工作人员禁止入室。

4.4.1.3　洁尔灭，新洁尔灭杀菌（见 7.1.2）

4.4.2　新进馆档案消毒

建立健全新进馆档案消毒制度。新进馆档案经仔细检查后，区别不同情况，采取物理或化学杀虫、灭菌的方法进行消毒。档案入库前，对消毒效果进行检查，检查方法见附录 B。档案馆的档案消毒设施，应按照 JGJ 25—2010 中的相关规定进行。

4.5　库房温湿度控制

将温度控制在 20℃ 以下，库内相对湿度控制在 60% 以下，可抑制档案虫霉的生长、发育。

控制、调节库房温湿度的方法有：在库房墙体中使用保温隔热材料、自然通风和使用空调、去湿机等机械设备降温去湿。

档案库房昼夜温差应不大于 ±2℃，相对湿度应不大于 ±5%。

5　档案虫霉检查

5.1　检查目的

通过检查，掌握档案保护现状，了解档案虫霉的种类、分布及危害特征，制定治理方案，防止档案虫霉危害的扩大与蔓延。

5.2　检查内容

a）档案虫霉的发生情况、种类和分布；

b）档案虫霉发生时的管理状况，包括库房温湿度、设施设备、周围环境等；

c）防霉驱虫药剂的种类、用量、投放时间与效果；

d）档案虫霉危害的典型案例。

5.3　取样方法

检查可采取五点取样、系统取样和典型取样相结合的方法。

5.3.1　五点取样

档案柜架的高度在 2m 以下的按上下两层取样，2m 以上的按上中下三层取样。抽查的点数可根据库房面积的大小确定，一般在（20～50）m² 以内的取 5 点；（50～100）m² 以内的取 8 点。每点提取档案 20 卷～30 卷。

5.3.2　系统取样

在档案虫霉发生情况严重时，根据库内档案数量，每排或隔排分别按等距离、等量取样，每点 3 卷～5 卷。

5.3.3　典型取样

在询问调查的基础上，将易于生虫的手工纸档案、马粪纸卷皮、易于生霉的漆皮封面档案、存放于低楼层库房的湿度较大的档案，以及过去曾发生虫霉危害的档案，分别随机取样查找。该法是前述两方法的补充。

5.4　检查记录

检查时，应详细记录当日库房温湿度、标本数量、采集地点与环境、受害档案的形成年代与材质、档案受害部位、虫霉种类与形态、何种防霉驱虫药剂、曾用何种技术治理等，具体见附录 A。

5.5　查找方法

有观察搜索法、震落法、仪器探测法和性信息素法等。应用较多的是观察搜索法、震落法。

5.5.1　观察搜索法

根据档案虫霉的形态、生活习性等特征，在已确定的点内逐卷查找。重点查找区域：可根据害虫活动时留下的粪便、脱落物等残留物，在档案及周边柜架、墙壁缝隙中查找其藏匿点；霉菌可检查档案载体上是否有菌斑、菌落、菌丝等痕迹，尤其要注意检查档案易生霉部位，如纸张装订处、修裱加固处等。

5.5.2　震落法

取出档案加以抖动，可将具有假死习性和附着在档案表层的部分档案害虫抖下。

5.5.3　诱捕器法

在档案害虫经常出现的场所放置诱捕器，通过诱捕害虫来监测档案害虫出现的频率和种类。

6　档案害虫的治理

6.1　物理杀虫方法

6.1.1　总则

主要有低温冷冻杀虫、真空充氮杀虫和高阻隔氧

封存包杀虫等方法。

6.1.2 低温冷冻杀虫

低温冷冻杀虫有杀灭和抑制档案害虫的作用。处理少量档案可使用冰箱、冷柜，处理大量档案需使用大型冷库。技术方法如下：

a）档案消毒前应作防潮包装处理（将档案用纯棉布包装放入纸箱内）；

b）温度和时间宜－30℃冷冻70h（根据容量大小可适当增减时间）；

c）经冷冻处理的档案应在冷冻箱内缓冲至常温，除去包装，在确认杀虫效果良好、纸质档案受潮不严重的情况下，档案方可入库。

6.1.3 真空充氮杀虫

真空充氮杀虫有杀灭档案害虫的作用。技术方法如下：

a）将档案原件直接放入真空容器内，经过抽取真空和多次氮气置换，使容器内含氧量低于千分之二，通过一定时间的密闭，达到杀虫效果；

b）容器体积和时间宜：$1m^3$ 容器处理时间不少于72h，$2m^3$ 容器处理时间不少于96h；

c）采用自动制氮机制氮，氮气纯度为99.99%；应设置温度、氧含量等数据显示；

d）每3个月对真空泵及过滤器进行一次检查，避免有害气体排放。

6.1.4 高阻隔氧封存包杀虫

高阻隔氧封存包杀虫有杀灭档案害虫的作用。技术方法如下：

a）将档案原件放入高阻隔涂布薄膜内热压封存，薄膜内以活性细铁砂为主的吸氧包迅速将氧气吸收形成氧化铁，通过一定时间的密闭，达到杀虫效果；

b）封存包由透明高阻隔薄膜热融压制，厚度不低于 $14\mu m$；

c）封存时间为 3 天～5 天；

d）封口前，用微型吸尘机吸除封存包内的微量空气；

e）避免档案盒的边角及其他尖锐装订物对封存包造成损伤；

f）每天检查一次封存状况，如有漏气，应及时更换封存包；

g）年代久远的历史档案和古籍慎用。

6.2 化学杀虫方法

6.2.1 总则

用于档案害虫防治的化学杀虫剂要求高效、广谱、低毒、低残留、残效期长，对人体、档案制成材料和环境无明显不良影响。可用于档案害虫治理的化学杀虫剂主要有环氧乙烷、硫酰氟和拟除虫菊酯等。

6.2.2 环氧乙烷杀虫

环氧乙烷杀虫有杀灭档案虫霉的作用。技术方法和注意事项如下：

a）环氧乙烷是一种熏蒸剂，毒性大，危险性高，应由专业人员使用专用设备操作；

b）环氧乙烷杀虫应在一个密闭空间进行，熏蒸室要求温度在 29℃ 以上，相对湿度在 30%～50% 的范围内；

c）环氧乙烷极易燃烧，一般以 1：9（重量比）的比例与二氧化碳或氮气混合，装入钢瓶使用；

d）用药量：常温常压下 $400g/m^3$，密闭（24～48）h；真空熏蒸杀虫为（150～300）g/m^3，密闭（10～24）h；

e）环氧乙烷对人接触的极限是 50ppm，工作人员应严格采取防护措施；

f）使用环氧乙烷气体进行熏蒸时，档案盒之间应留有间隙。

6.2.3 硫酰氟杀虫

硫酰氟熏蒸剂是呈分子状态的气体，具有很强的扩散和渗透力。能通过虫孔和其他缝隙穿透到被熏蒸物内部，能在杀虫后逸出消失。对潜伏在各种物品内的有害生物同样有效。技术方法与注意事项如下：

a）应在专用的、密闭性能好的消毒室或容器内杀虫；

b）由专业人员佩戴防毒面具、防护服进行操作；

c）常温常压下每立方米使用剂量为（10～40）g，密闭（48～72）h；

d）消毒结束后应通风，并检测药剂残留量，残留量低于 5ppm，人员方可进入。

6.2.4 拟除虫菊酯类杀虫剂杀虫

拟除虫菊酯类杀虫剂杀虫有高效低毒、杀虫谱广、消灭库内外档案害虫、建立隔离带、营造档案保护环境的作用。杀虫方法和注意事项如下：

a）主要采用喷洒或雾化的方式杀虫；

b）主要用于新建库房、库房周围环境、新购档案装具（金属装具除外）的消毒；

c）不能直接作用于档案，防止药剂水迹影响档案及其载体；

d）药液浓度与稀释程度参见该药剂的使用说明书。

7　档案霉菌的治理

7.1　总则

档案霉菌主要是通过化学方法进行灭治。

7.2　环氧乙烷杀菌

见 6.2.2。

7.3　洁尔灭、新洁尔灭杀菌

洁尔灭、新洁尔灭有灭菌消毒、清洁档案空库、装具及工作人员的作用。技术方法和注意事项如下：

a）用于空库和档案装具灭菌时，药剂与水按2.5：100 的比例配制混合喷洒；

b）工作人员用于清洁时，药剂与温水按 1：

1000 比例配制。消毒前先用肥皂水把手洗净，然后放入溶液中浸泡 5min，该溶液可反复使用 30 人次～60 人次；

c) 药剂对铝制品有腐蚀作用，铝制品灭菌应增加 0.5％硫酸钠溶液，避免铝制品腐蚀。

7.4 档案霉菌治理效果记录

霉菌治理效果记录见附录 B。

附录 A
（资料性附录）
档案虫霉检查记录表

表 A.1 所示为档案虫霉检查记录表。

表 A.1　档案虫霉检查记录表

取样点	档案卷号	害虫种类与形态	霉菌种类与形态	防虫霉药剂名称	库房温度	库房湿度	治理情况	周围环境

附录 B
（资料性附录）
档案虫霉菌治理效果记录表

表 B.1 所示为档案虫霉菌治理效果记录表。

表 B.1　档案虫霉菌治理效果记录表

处置地点：　　药剂名称：　　治理方式：

档案卷号	检查日期	治理日期	档案害虫治理情况		档案霉菌治理情况	
			活虫数	死虫数	活菌数	死菌数

16　纸质档案真空充氮密封包装技术要求

（DA/T 60—2017）

前　言

本标准按照 GB/T 1.1—2009 给出的规则起草。
本标准由山东省档案局提出。

本标准由国家档案局归口。
本标准起草单位：山东省档案局。
本标准主要起草人：孙洪鲁、黄丽华、焦为利、杨福运、武伟、李文姣。
本标准为首次发布。

引　言

将纸质档案装入气密性强的专用档案密封袋内，抽真空除氧充氮密封保存起来，能阻燃、防尘、防虫、防霉、防水、防潮、防紫外线、防有害气体、减缓档案老化速度，延长档案寿命。但是酸性纸张载体档案、热熔粘附材料字迹档案，不宜直接真空充氮密封包装，分别需要去酸和字迹固化处理后再进行密封包装。为了规范纸质档案真空充氮密封包装的技术指标，避免不当密封给纸质档案造成损害，确保有效延长档案寿命，特制定本标准。

1　范围

本标准规定了纸质档案真空充氮密封包装的基本要求、包装预评估、包装前处理、包装技术要求、包装验收、包装件管理等。

本标准适用于纸质档案的密封保护，但酸性纸张载体档案、热熔粘附材料字迹档案，分别需要去酸和字迹固化处理后再进行密封包装。

2　规范性引用文件

下列文件对于本文件的应用是必不可少的。凡是注日期的引用文件，仅注日期的版本适用于本文件。凡是不注日期的引用文件，其最新版本（包括所有的修改单）适用于本文件。

GB/T 8979　纯氮、高纯氮和超纯氮
GB/T 9705　文书档案案卷格式
GB/T 15171　软包装件密封性能试验方法
GB/T 20197　降解塑料的定义、分类、标志和降解性能要求
GB/T 21302　包装用复合膜、袋通则
YY/T 0681.1　无菌医疗器械包装试验方法　第1部分：加速老化试验指南

3　术语和定义

下列术语和定义适用于本文件。

3.1

纸质档案　paper records
以纸张为载体的档案。

3.2

密封袋　sealing package
采用聚酯、聚乙烯或铝箔等复合薄膜材质的，具有纵向封焊和底部封焊并在充填了纸质档案等内容物后，将其顶部密封的袋。

3.3

真空充氮密封包装　vacuum and nitrogen‑filled sealed packaging

将纸质档案等内容物放入密封袋内，抽出密封袋内的空气达到预定的真空度后，再充入氮气，然后完成封口工序，使档案等内容物与外部空气隔绝。

3.4

包装件　package

纸质档案等内容物经真空充氮密封包装所形成的物件。

3.5

密封性能　sealing performance

包装件防止其他物质进入或内装物逸出的特性。

4　基本要求

4.1　纸质档案真空充氮密封包装的基本原则是将纸质档案真空充氮密封保存，使之与外部空气隔绝，从而抑制字迹氧化褪色、纸张强度下降和微生物生长繁殖，实现延长档案寿命的目标。

4.2　纸质档案真空充氮密封包装应符合科学、经济、密封、耐久的要求。

4.3　纸质档案真空充氮密封包装的基本环节包括包装预评估、包装前处理、真空充氮密封包装、包装验收、包装件管理等。

4.4　纸质档案真空充氮密封包装的等级分为 1 级包装、2 级包装、3 级包装，详见表 1。

表 1　　　密 封 包 装 等 级

密封包装等级	1 级包装	2 级包装	3 级包装
密封期限要求	10 年	30 年	50 年

5　包装预评估

5.1　在纸质档案真空充氮密封包装之前，应进行包装预评估，判断纸质档案是否具备真空充氮密封包装的条件。

5.2　包装预评估包括档案原件利用率评估、档案纸张载体酸碱度检测和档案字迹材料检测。

5.3　已完成数字化，一般不再需要调阅原件的纸质档案，适于真空充氮密封包装；需要经常调阅原件的纸质档案，不适于真空充氮密封包装。

5.4　档案纸张载体酸碱度检测可选用试纸、测算笔、平面电极 pH 计等方法，档案纸张 pH 值≥7 为中性或偏碱性，适于真空充氮密封包装；档案纸张 pH 值<7 为酸性，未经除酸处理不得进行真空充氮密封包装。

5.5　档案字迹检测可用无水酒精棉球擦拭的方法，字迹不能被酒精棉球擦除，表明不是激光打印、复印等热熔粘附材料字迹，适于真空充氮密封包装；字迹能被擦除，表明是热熔粘附材料字迹，未经字迹固化

处理不得进行真空充氮密封包装。

5.6　只有符合以下全部条件，才能进行真空充氮密封包装。

　　a）一般不再需要调阅原件的纸质档案；

　　b）中性、弱碱性纸张载体档案，或经过去酸处理后的酸性纸张档案；

　　c）非热熔粘附材料字迹档案，或经过字迹固化处理后的热熔粘附材料字迹档案。

6　包装前处理

6.1　在纸质档案真空充氮密封包装之前，应进行包装前处理，确保达到延长档案寿命的目的。

6.2　包装前处理包括包装定级和纸质档案整理、除湿、除酸、字迹固化等处理工序。

6.3　根据拟包装纸质档案的保管期限和业务需要，确定密封包装等级。

6.4　对拟包装纸质档案进行清点、除尘等整理工作，确保纸质档案齐全、整洁。

6.5　对拟包装纸质档案进行除湿处理，将纸质档案放在相对湿度 60% 的保存空间中，平衡 48 小时，确保纸张含水量范围为 4%～6%。

6.6　拟包装纸质档案为酸性纸张载体的，进行除酸处理，处理后的档案纸张酸碱度范围 pH 值应在7～8.5。

6.7　拟包装纸质档案为热熔粘附材料字迹的，进行字迹固化处理，使热熔粘附材料字迹材料变为液体，溶渗到纸张纤维间，提高字迹耐久性。

7　包装技术要求

7.1　包装机

纸质档案真空充氮密封包装一般采用具有抽真空、充氮、封口等自动连续包装功能的包装机。

7.2　密封袋

7.2.1　密封袋的形状应为边封袋或枕形袋，外观质量应符合 GB/T 21302 的要求。

7.2.2　密封袋应使用在自然环境下不发生降解的材料。

7.2.3　密封袋的物理性能应符合表 2 的要求。

表 2　　　密封袋的物理性能要求

项　　　目	密封包装等级		
	1 级	2 级	3 级
拉断力/（N/15mm）	≥20	≥30	≥40
断裂伸长率/%	≥100	≥200	≥250
直角撕裂负荷/N	≥1.5	≥3.0	≥6.0
剥离强度/（N/15mm）	≥0.6	≥2.0	≥3.5
抗摆锤冲击能/J	≥0.4	≥0.6	≥0.8
耐热性/℃	≥80	≥100	≥110

7.2.4 密封袋的气体阻隔性能应符合表3的要求。

表3　　　　密封袋的气体阻隔要求

项　目	密封包装等级		
	1级	2级	3级
水蒸气透过量/[g/(m² · 24h)]	≤30	≤15	≤8
氧气透过量/[cm³/(m² · 24h · 0.1MPa)]	≤50	≤30	≤20

7.3　真空充氮

7.3.1 包装件充入氮气压力应与保存库房气压一致，保持密封袋内外无压差，挤压无漏气。

7.3.2 包装件的密封袋内气体应达到纯氮的要求。

7.4　封口

7.4.1 包装件按照 GB/T 15171 的规定进行密封性能试验，封口应完好无渗漏。

7.4.2 包装件按照 YY/T 0681.1 的规定，采用与密封包装等级对应的密封期限，进行加速老化试验后，密封性能应符合 7.4.1 的要求。

7.5　标识

7.5.1 采用透明密封袋对纸质档案进行密封包装的，可直接使用原案卷封面著录予以识别。

7.5.2 采用不透明密封材料的，应在包装件上增加标签。标签书写内容应符合 GB/T 9705 规定的封面、卷脊格式要求，缩小后贴在正面。

8　包装验收

8.1　验收要求

对批量纸质档案真空充氮密封包装验收时，应进行抽样试验。

8.2　试验方法

8.2.1 密封袋的外观质量要求按 GB/T 21302 的规定进行试验。

8.2.2 密封袋的降解要求按 GB/T 20197 的规定进行试验。

8.2.3 密封袋的物理性能要求按 GB/T 21302 的规定进行试验。

8.2.4 密封袋的气体阻隔性能要求按 GB/T 21302 的规定进行试验。

8.2.5 包装件的充氮气量要求使用气压测量仪测量。

8.2.6 包装件的氮气纯度要求按 GB/T 8979 的规定进行试验。

8.2.7 包装件的密封性能要求按 GB/T 15171 的规定进行试验。

8.2.8 包装件的耐久性能要求按 YY/T 0681.1 的规定进行加速老化试验。

8.2.9 包装件的标签要求按 GB/T 9705 规定的格式检查。

8.3　缺陷判定

纸质档案真空充氮密封包装的缺陷分为轻微缺陷、严重缺陷、致命缺陷三类，试验项目与缺陷类别的对应见表4。

表4　　　试验项目与缺陷类别的对应

条款号	试验项目	缺陷类别
7.2.1	外观质量	轻微缺陷
7.2.2	降解	严重缺陷
7.2.3	物理性能	严重缺陷
7.2.4	气体阻隔性能	致命缺陷
7.3.1	充氮气量	致命缺陷
7.3.2	氮气纯度	严重缺陷
7.4.1	密封性能	致命缺陷
7.4.2	耐久性能	致命缺陷
7.5	标识	轻微缺陷

8.4　合格判定

批量纸质档案真空充氮密封包装的抽样方案及合格判定原则见表5，包装件经检验达到或超过一项批量不合格判定数，则判定批量不合格。

表5　　　　抽样方案及合格判定原则

批　量	抽样数	批量不合格判定数		
		致命缺陷	严重缺陷	轻微缺陷
≤500	10	1	1	2
501~5000	15	1	2	3
5001~50000	20	1	3	4
>50000	50	1	4	5

注：当批量小于抽样数时，对该批包装件全部进行试验。

9　包装件管理

9.1 纸质档案真空充氮密封包装后应放回档案柜，尽量减少包装件移动。

9.2 在密封包装期限内，定期对包装件的密封性能进行抽样检测，确保密封性能符合包装技术要求。

9.3 达到密封期限后，纸质档案如果需要继续密封保护，应当拆除密封袋，重新进行真空充氮密封包装。

⑰ 绿色档案馆建筑评价标准

（国家档案局）

1 总则

1.0.1 为贯彻执行国家节约资源和保护环境的基本国策，推进行业的可持续发展，规范全国绿色档案馆建筑的评价，制定本标准。

1.0.2 本标准用于评价档案馆新建、改扩建过程中的建筑和基础设施。

1.0.3 绿色档案馆的建筑评价应遵循因地制宜的原则，统筹考虑并正确处理其作为城市重要公共设施，合理规划、确保功能、遵守流程、安全配置各类设施，采取节能、节地、节水、节材、保护环境等相关措施，在建筑全寿命周期内，最大限度地节约资源提供安全高效的使用空间，使之与自然和谐共生。

1.0.4 绿色档案馆建筑评价应符合本标准的规定外，尚应符合国家现行有关标准的规定。

2 术语

2.0.1 绿色档案馆建筑

在全寿命周期内，最大限度地节约资源（节能、节地、节水、节材）、保护环境和减少污染，为档案资料提供适宜、安全和便捷的存储空间，同时为档案馆建筑使用者提供健康、适用和高效的使用空间，并与自然和谐共生的档案馆建筑。

2.0.2 绿色档案馆建筑环境

以保障档案安全和服务档案工作人员及档案利用人员需求为目标，由绿色档案馆建筑室内外空间共同营造的声、光、电磁、热、空气质量、水体、土壤等自然环境和人工环境。

2.0.3 可再生能源

风能、太阳能、水能、生物质能、地热能和海洋能等非化石能源的统称。

2.0.4 再生水

污水经处理后，达到规定水质标准、满足一定使用要求的非饮用水。

2.0.5 非传统水源

不同于传统地表水供水和地下水供水的水源，包括再生水、雨水和海水等。

2.0.6 可再利用材料

不改变物质形态可直接再利用的，或经过组合、修复后可直接再利用的回收材料。

2.0.7 可再循环材料

通过改变物质形态可实现循环利用的回收材料。

2.0.8 被动措施

通过优化规划和建筑设计，直接利用阳光、风力、气温、湿度、地形、植物等现场自然条件，来降低建筑、空调和照明等负荷，提高室内外环境性能，而采用的非机械、不耗能或少耗能的措施。

2.0.9 主动措施

为维持室内特定的环境需求，而采用的消耗能源的机械措施。

3 基本规定

3.1 一般规定

3.1.1 本标准着重评价与绿色档案馆建筑性能有关的内容，实施本标准时，尚应符合经国家批准或备案的有关标准。

3.1.2 绿色档案馆建筑的评价范围应包含档案馆建筑应有的主要功能用房，如档案库房、档案阅览室、展览厅、档案业务和技术用房，及管理人员办公室等，如所有功能用房未能集中于单栋建筑，则绿色档案馆评价对象应包含所有主要功能建筑。评价单栋建筑时，凡涉及系统性、整体性的指标，应基于所属工程项目的总体进行评价。

3.1.3 申请评价方应进行建筑全寿命期技术和经济分析，合理确定建筑规模，选用适当的建筑技术、设备和材料，对规划、设计、施工、运行阶段进行全过程控制，并提交相应分析、测试报告和相关文件。

3.1.4 绿色档案馆建筑应选用质量合格并满足使用要求的材料和产品，禁止使用国家或地方管理部门禁止、淘汰和限制的材料和产品。

3.1.5 绿色档案馆建筑的评价分为设计评价和运行评价。设计评价应在建筑工程施工图设计文件审查通过后进行，运行评价应在建筑通过竣工验收并投入使用一年后进行。

3.1.6 评价机构应按本标准的有关要求，对申请评价方提交的报告、文件进行审查，出具评价报告，确定等级。对申请运行评价的建筑，尚应进行现场考察。

3.2 评价与等级划分

3.2.1 绿色档案馆建筑评价指标体系由节地与室外环境、节能与能源利用、节水与水资源利用、节材与材料资源利用、室内环境质量、施工管理、运行管理7类指标组成。施工管理和运行管理两类指标不参与设计评价。每类指标均包括控制项和评分项。每类指标的评分项总分为100分。为鼓励绿色建筑技术、管理的提升和创新，评价指标体系还统一设置加分项。

3.2.2 控制项的评定结果为满足或不满足；评分项的评定结果为某得分值或不得分；加分项的评定结果为某得分值或不得分。

3.2.3 绿色档案馆建筑评价按总得分确定等级。设计评价的总得分为节地与室外环境、节能与能源利用、节水与水资源利用、节材与材料资源利用、室内

环境质量五类指标的评分项得分经加权计算后与加分项的附加得分之和；运行评价的总得分为节地与室外环境、节能与能源利用、节水与水资源利用、节材与材料资源利用、室内环境质量、施工管理、运行管理七类指标的评分项得分经加权计算后与加分项的附加得分之和。

3.2.4　评价指标体系七类指标各自的评分项得分 Q_1、Q_2、Q_3、Q_4、Q_5、Q_6、Q_7 按参评建筑的评分项实际得分值乘以折算系数，折算系数为 100 分除以理论上可获得的总分值。某类指标理论上可获得的总分值等于所有参评的评分项的最大分值之和。

3.2.5　加分项的附加得分 Q_8 按本标准第 11 章的有关规定确定。

3.2.6　绿色档案馆建筑评价的总得分按式 3.2.6 计算，其中评价指标体系七类指标评分项的权重 $w_1\sim w_7$ 按表 3.2.6 取值。

$$\sum Q = w_1 Q_1 + w_2 Q_2 + w_3 Q_3 + w_4 Q_4$$
$$+ w_5 Q_5 + w_6 Q_6 + w_7 Q_7 + Q_8 \quad (3.2.6)$$

表 3.2.6　绿色档案馆建筑分项指标权重

	节地与室外环境 w_1	节能与能源利用 w_2	节水与水资源利用 w_3	节材与材料资源利用 w_4	室内环境质量 w_5	施工管理 w_6	运行管理 w_7
设计评价	0.16	0.28	0.18	0.19	0.19	—	—
运行评价	0.13	0.23	0.14	0.15	0.15	0.10	0.10

注：表中"—"表示施工管理和运行管理两类指标不参与设计评价。

3.2.7　绿色档案馆建筑分为一星级、二星级、三星级 3 个等级。3 个等级的绿色建筑都应满足本标准所有控制项的要求，且每类指标的评分项得分不应小于 40 分。当绿色档案馆建筑总得分分别达到 50 分、60 分、80 分时，绿色档案馆建筑分别为一星级、二星级、三星级。

4　节地与室外环境

4.1　控制项

4.1.1　项目选址符合所在地城乡规划，且符合各类保护区、文物古迹保护的控制要求。

4.1.2　场地应无洪灾、滑坡、泥石流等自然灾害的威胁，无危险化学品、易燃易爆危险源的威胁，无电磁辐射、含氡土壤等危害。

4.1.3　场地内无排放超标的污染源。

4.1.4　建筑规划布局满足日照标准，且不降低周边建筑的日照标准。

4.1.5　档案馆的总平面布置应符合行业标准《档案馆建筑设计规范》JGJ 25 的要求。

4.2　评分项

Ⅰ　土地利用 34 分

4.2.1　节约集约利用土地。建筑的容积率评分规则如下：

1　高于 0.5 但不高于 0.8，得 5 分；

2　高于 0.8 但不高于 1.5，得 10 分；

3　高于 1.5 但不高于 3.5，得 15 分；

4　高于 3.5，得 19 分。

评价总分值：19 分。

4.2.2　场地内合理设置绿化用地。绿地率评分规则如下：

1　高于 30% 但不高于 35%，得 2 分；

2　高于 35% 但不高于 40%，得 5 分；

3　高于 40%，得 7 分。

评价总分值：7 分。

4.2.3　合理开发利用地下空间。评分规则如下：

1　建筑的地下建筑面积与总用地面积之比不小于 0.5，得 3 分；

2　建筑的地下建筑面积与总用地面积之比不小于 0.7，同时地下一层建筑面积与总用地面积的比率小于 70%，得 6 分。

评价总分值：6 分。

4.2.4　对于改扩建项目，其评分规则如下：

1　在规划时，应保证拟拆除的建筑物主体结构已达到建筑耐久年限，得 1 分；

2　合理的利用保持了原使用性质、尚可使用的旧建筑，并纳入了新的档案馆规划，得 2 分。

评价总分值：2 分。

Ⅱ　室外环境 16 分

4.2.5　档案馆建筑不对周边建筑产生日照遮挡，满足国家级及地方行政主管部门的日照设计标准，得 1 分。

4.2.6　建筑及照明设计避免产生光污染，评分规则如下：

1　玻璃幕墙可见光反射比不大于 0.2，得 1 分；

2　室外照明光污染的限制符合现行行业标准《城市夜景照明设计规范》JGJ/T 163 的规定，得 1 分。

评价总分值：2 分。

4.2.7　借阅区以及办公区等类用房不宜紧邻城市主干道，如条件许可，应增加隔声措施。

评价分值：1 分。

4.2.8　对馆区内真空泵站、锅炉、燃气轮机、柴油发电机、制冷机、水泵等各种动力源控制噪声，使场内环境噪声符合现行国家标准《声环境质量标准》GB 3096 的规定。

评价分值：1 分。

4.2.9　场地内风环境有利于冬季室外行走舒适及过渡季、夏季的自然通风。评分规则如下：

1 在寒冷和严寒的多风地区，档案馆主要出入口宜考虑设置遮风设施；在夏热冬暖和夏热冬冷地区，档案馆主要出入口宜考虑设置遮阳设施，得1分；

2 冬季典型风速和风向条件下，建筑物周围人行风速低于5m/s，且室外风速放大系数小于2，得2分；

3 冬季典型风速和风向条件下，除迎风第一排建筑外，建筑迎风面与背风面表面风压差不超过5Pa，得1分；

4 过渡季、夏季典型风速和风向条件下，场地内人活动区不出现涡旋或无风区，得2分；

5 过渡季、夏季典型风速和风向条件下，50%以上可开启外窗室内外表面的风压差大于0.5Pa。得1分。

评价总分值：7分。

4.2.10 缓解城市热岛效应。评分规则如下：

1 红线范围内户外活动场地有遮阴措施的面积达到10%，得1分；达到20%，得2分；

2 超过70%的道路路面、建筑屋面的太阳辐射反射系数不小于0.4，得2分。

评价总分值：4分。

Ⅲ　交通设施与公共服务 14分

4.2.11 场地与公共交通设施具有便捷的联系。评分规则如下：

1 档案馆场地主要出入口和公共交通站点之间修建人行通道，并满足建筑主要出入口与公交站点步行距离小于500m，或到达轨道交通站的步行距离不超过800m，得2分；

2 场地出入口800m范围内设有2条或2条以上线路的公共交通站点（含公共汽车站和轨道交通站），得2分；

3 有便捷的人行通道联系公共交通站点，得2分。

评价总分值：6分。

4.2.12 档案馆建筑的无障碍设计应满足《城市道路和建筑物无障碍设计规范》JGJ 50的相关要求。

评价分值：2分。

4.2.13 合理设置停车场所。评分规则如下：

1 自行车停车设施位置合理、方便出入，且有遮阳防雨措施，得2分；

2 采用机械式停车库、地下停车库或停车楼等方式节约集约用地，得2分。

评价总分值：4分。

4.2.14 采用绿色交通工具出行，设置城市自行车或电动车自助租借系统，方便工作人员与查询人员的出入，其评分规则如下：

1 城市自助租借系统与档案馆步行距离小于800m，得1分；

2 自助租借系统中，自行车或电动车可使用数量不少于10辆的，得1分。

评价总分值：2分。

Ⅳ　场地设计与场地生态 24分

4.2.15 结合现状地形地貌进行场地设计与建筑布局，保护场地内原有的自然水域、湿地和植被，采取表层土利用等生态补偿措施。

评价分值：3分。

4.2.16 合理规划地表与屋面的雨水径流，对场地雨水进行外排总量控制，场地年径流总量控制率不应小于55%，得3分；达到70%，得6分。

评价总分值：6分。

4.2.17 充分利用场地空间合理设置绿色雨水基础设施，超过10hm²的场地进行雨水专项规划设计。评分规则如下：

1 下凹式绿地、雨水花园或有调蓄雨水功能的水体等面积之和占绿地面积的比例不小于30%，得3分；

2 合理衔接和引导屋面雨水、道路雨水进入地面生态设施，并设置相应的径流污染控制措施，得3分；

3 室外活动用地、道路铺装材料的选择在满足用地功能要求的基础上，选择透水性铺装材料以及透水铺装构造，透水铺装率不小于50%，得3分。

评价总分值：9分。

4.2.18 合理选择绿化方式，科学配置绿化植物。评分规则如下：

1 种植适应当地气候和土壤条件的植物，并采用乔、灌、草结合的复层绿化，且种植区域覆土深度和排水能力满足植物生长需求，得2分；

2 建筑绿地采用复层绿化、垂直绿化、屋顶绿化方式，得2分；

3 停车场、人行道和广场宜采取乔木遮阳措施。步行道与自行车道林荫率不小于60%，得2分。

评价总分值：6分。

Ⅴ　场地安全 12分

4.2.19 合理选择档案馆的建馆场地。

1 档案馆馆址周边1500m内没有严重空气污染企业，得2分；

2 馆址周边50m内没有甲、乙、丙类液体储蓄罐区，液化石油气储蓄区可燃、助燃气体储蓄区，可燃材料堆场、输气（油）管道，得2分。

评价总分值：4分。

4.2.20 合理规划档案馆功能分区。

1 档案库房应集中布置、自成一区，得1分；

2 锅炉房、变配电室、车库、食堂操作间等用房未与档案库房毗邻，得1分；

3 除更衣室外，档案库区内无其他用房，且其他用房之间交通未穿越档案库区，得1分；

4 各类用房之间传送档案不通过露天通道，得1分；

评价总分值：4分。

4.2.21 合理设计场地地形。

1 档案馆室内与外地面高差小于0.5m，得2分；

2 档案库区内比库区外楼地面高出15mm，得2分。

评价总分值：4分。

5 节能与能源利用

5.1 控制项

5.1.1 档案馆建筑设计符合国家《公共建筑节能设计标准》GB 50189及其他现行节能设计标准中的强制性条文规定。

5.1.2 建筑的冷热源、输配系统、照明、办公设备等各部分能耗应进行独立分项计量。

5.1.3 各房间或场所的照明功率密度值不高于现行国家标准《建筑照明设计标准》GB 50034规定的现行值。

5.1.4 档案馆各办公用房及库房内照明设施采用绿色节能光源。

5.2 评分项

Ⅰ 建筑与围护结构 22分

5.2.1 结合场地自然条件和建筑内不同区域的功能要求，对建筑的体形、朝向、楼距、窗墙比等进行优化设计。

评价分值：6分。

5.2.2 围护结构热工性能指标优于国家有关建筑节能设计标准的规定。评分规则如下：

1 围护结构热工性能比国家现行相关建筑节能设计标准规定的提高幅度达到5%，得5分；达到10%，得10分；

2 供暖空调全年计算负荷降低幅度达到5%，得5分；达到10%，得10分。

评价总分值：10分。

5.2.3 档案库围护结构应有良好的保温和隔热性能。其评分规则如下：

1 库房外围护结构根据地区气候和建筑要求，采取保温和隔热等措施，得2分；

2 库区外窗水密性、气密性和保温性能分级要求应比当地办公建筑的要求提高一级，得2分。

评价总分值：4分。

5.2.4 采用屋顶生态手段降低建筑的能耗，减少城市的碳排量。其评分规则如下：

1 屋顶植物覆盖率不少于屋顶建筑面积5%的，得1分；

2 屋顶植物覆盖率不少于屋顶建筑面积10%的；得2分。

评价总分值：2分。

Ⅱ 供暖、通风与空调 35分

5.2.5 供暖空调系统的冷、热源机组能效均符合现行国家标准《绿色建筑评价标准》GB/T 50374的规定及相关标准的规定。

评价分值：6分。

5.2.6 集中供暖系统热水循环泵的耗电输热比和通风空调系统风机的单位风量耗功率符合现行国家标准《公共建筑节能设计标准》GB 50189的有关规定，且空调冷热水系统循环水泵的耗电输冷（热）比低于现行国家标准《民用建筑供暖、通风与空气调节设计规范》GB 50736规定值的20%。

评价分值：6分。

5.2.7 合理选择和优化供暖、通风与空调系统。评分规则如下：

1 暖通空调系统能耗降低幅度不小于5%，但小于10%，得3分；

2 暖通空调系统能耗降低幅度不小于10%，但小于15%，得7分；

3 暖通空调系统能耗降低幅度不小于15%，得10分。

评价总分值：10分。

5.2.8 采取措施降低过渡季供暖、通风与空调系统能耗，采取可调新风比的措施。评分规则如下：

1 最大可调新风比不小于50%，但小于75%，得2分；

2 最大可调新风比不小于75%，得4分。

评价总分值：4分。

5.2.9 采取措施降低建筑物在部分冷热负荷和部分空间使用下的供暖、通风与空调系统能耗。评分规则如下：

1 区分房间的朝向，细分空调区域，对空调系统进行分区控制，每个档案库房空调应能够独立控制，得3分；

2 合理选配空调冷、热源机组台数与容量，制定实施根据负荷变化调节制冷（热）量的控制策略，且空调冷源的部分负荷性能符合现行国家标准《公共建筑节能设计标准》GB 50189的规定，得3分；

3 水系统、风系统采用变频技术，且采取相应的水力平衡措施，得3分。

评价总分值：9分。

Ⅲ 照明与电气 21分

5.2.10 在满足档案馆功能的前提下，采用照明节能系统，其具体评分规则如下：

1 档案馆中的照明系统采取分区、定时、感应等节能控制措施，得5分；

2 采用智能照明控制系统，根据需求调节人工光源。按建筑面积计算，该系统的使用率不低于30%，得10分。

评价总分值：10分。

5.2.11 在照明质量符合现行国家标准《建筑照明设计标准》GB 50034 有关规定的同时，照明功率密度值达到现行国家标准《建筑照明设计标准》GB 50034 规定的目标值。评分规则如下：

　　1 不少于总建筑面积60%的区域，照明功率密度值不高于现行国家标准《建筑照明设计标准》GB 50034 规定的目标值，得4分；

　　2 所有区域的照明功率密度值均不高于现行国家标准《建筑照明设计标准》GB 50034 规定的目标值，得8分。

评价总分值：8分。

5.2.12 合理选用电梯和自动扶梯，并采取电梯群控、扶梯自动启停等节能控制措施。

评价分值：3分。

Ⅳ 能量综合利用 22分

5.2.13 排风能量回收系统设计合理并运行可靠。

评价分值：2分。

5.2.14 合理采用蓄冷蓄热系统。

评价分值：2分。

5.2.15 合理利用余热废热提供建筑所需的蒸汽、供暖或生活热水等。

评价分值：3分。

5.2.16 合理采用分布式热电冷联供技术，系统全年能源综合利用率不低于70%。

评价分值：5分。

5.2.17 根据当地气候和自然资源条件，合理利用可再生能源。评分规则如下：

　　1 由可再生能源提供的生活用热水比例不低于25%，得4分；

　　2 由可再生能源提供的空调用冷量和热量的比例不低于25%，得4分；

　　3 由可再生能源提供的电量比例不低于2%，得2分。

评价总分值：10分。

6 节水与水资源利用

6.1 控制项

6.1.1 制定水资源利用方案，统筹利用各种水资源。

6.1.2 给排水系统设置合理、完善、安全。

6.1.3 采用节水器具。

6.2 评分项

Ⅰ 节水系统 30分

6.2.1 建筑平均日用水量满足现行国家标准《民用建筑节水设计标准》GB 50555 中的节水用水定额的要求。评分规则如下：

　　1 建筑平均日用水量小于节水用水定额的上限值、不小于中限值要求，得4分；

　　2 建筑平均日用水量小于节水用水定额的中限值、不小于下限值要求，得7分；

　　3 建筑平均日用水量小于节水用水定额的下限值要求，得10分。

评价总分值：10分。

6.2.2 采取有效措施避免管网漏损。评分规则如下：

　　1 选用密闭性能好的阀门、设备，使用耐腐蚀、耐久性能好的管材、管件，得1分；

　　2 室外埋地管道采取有效措施避免管网漏损，得1分；

　　3 设计阶段根据水平衡测试的要求安装分级计量水表；运行阶段，提供用水量计量情况和管网漏损检测、整改的报告，得5分。

评价总分值：7分。

6.2.3 给水系统无超压出流现象。评分规则如下：

　　1 用水点供水压力不大于0.30MPa，得3分；

　　2 用水点供水压力不大于0.20MPa，且不小于用水器具要求的最低工作压力，得8分。

评价总分值：8分。

6.2.4 使用用水计量装置，按下列规则分别评分并累计：

　　1 按使用用途，对卫生间、空调系统、绿化、景观等用水分别设置用水计量装置，统计用水量，得2分；

　　2 按付费或管理单元，分别设置用水计量装置，统计用水量，得3分。

评价总分值：5分。

Ⅱ 节水器具与设备 40分

6.2.5 使用较高用水效率等级的卫生器具。评分规则如下：

　　1 用水效率等级达到三级，得5分；

　　2 用水效率等级达到二级，得10分。

评价总分值：10分。

6.2.6 绿化灌溉采用节水灌溉方式。评分规则如下：

　　1 采用节水灌溉系统，得7分；在采用节水灌溉系统的基础上，设置土壤湿度感应器、雨天关闭装置等节水控制措施，再得3分；

　　2 种植无需永久灌溉植物，得4分。

评价总分值：14分。

6.2.7 空调设备或系统采用节水冷却技术。评分规则如下：

　　1 循环冷却水系统设置水处理措施；采取加大集水盘、设置平衡管或平衡水箱的方式，避免冷却水泵停泵时冷却水溢出，得6分；

　　2 运行时，冷却塔的蒸发耗水量占冷却水补水量的比例不低于80%，得10分；

　　3 采用无蒸发耗水量的冷却技术，得10分。

评价总分值：10分。

6.2.8 除卫生器具、绿化灌溉和冷却塔外的其他用途用水若采用节水技术或相关措施，评分规则如下：

1 其他用水中采用节水技术或措施的比例达到50%的，得3分；

2 其他用水中采用节水技术或措施的比例达到80%的，得5分。

评价总分值：5分。

6.2.9 档案库区内不应设置除消防以外的给水点，且其他给水排水管道不应穿越档案库房。

评价分值：1分。

Ⅲ 非传统水源利用 30分

6.2.10 合理使用非传统水源。评分规则如下：

1 绿化灌溉、道路冲洗、洗车用水采用非传统水源的用水量占其用水量的比例不低于80%，得7分；

2 冲厕采用非传统水源的用水量占其用水量的比例不低于50%，得8分。

评价总分值：15分。

6.2.11 冷却水补水使用非传统水源。评分规则如下：

1 冷却水补水使用非传统水源的量占其总用水量的比例不低于10%，得4分；

2 冷却水补水使用非传统水源的量占其总用水量的比例不低于30%，得6分；

3 冷却水补水使用非传统水源的量占其总用水量的比例不低于50%，得8分。

评价总分值：8分。

6.2.12 结合雨水利用设施进行景观水体设计，景观水体利用雨水的补水量大于其水体蒸发量的60%，且采用生态水处理技术保障水体水质。评分规则如下：

1 对进入景观水体的雨水采取控制面源污染的措施，得4分；

2 利用水生动、植物进行水体净化，得3分。

评价总分值：7分。

7 节材与材料资源利用

7.1 控制项

7.1.1 不采用国家和地方禁止和限制使用的建筑材料及制品。

7.1.2 混凝土结构中梁、柱纵向受力普通钢筋应采用不低于400MPa级的热轧带肋钢筋。

7.1.3 建筑造型要素简约，且无大量装饰性构件。

7.1.4 室内装饰装修材料必须符合国家相关室内装饰装修材料中有害物质限量标准的要求。

7.2 评分项

Ⅰ 节材设计 44分

7.2.1 择优选用建筑形体，根据国家标准《建筑抗震设计规范》GB 50011—2010规定的建筑形体规则性评分，建筑形体规则、结构传力合理的建筑。

评价分值：9分。

7.2.2 对地基基础、结构体系及构件进行优化设计，达到节材效果。评分规则如下：

1 对地基基础方案进行节材优化设计，得4分；

2 对结构体系进行节材优化设计，得5分；

3 对结构构件进行节材优化设计，得3分。

评价总分值：12分。

7.2.3 土建工程与装修工程一体化设计。评分规则如下：

1 公共部位土建与装修一体化设计，得5分；

2 所有部位土建与装修一体化设计，得8分。

评价总分值：8分。

7.2.4 合理利用场地内已有建筑物、构筑物。

评价分值：5分。

7.2.5 建筑中可变换功能的室内空间采用可重复使用的隔墙和隔断。评分规则如下：

1 可重复使用隔墙和隔断比例不小于30%但小于50%，得3分；

2 不小于50%但小于80%，得4分；

3 不小于80%，得5分。

评价总分值：5分。

7.2.6 采用工业化生产的预制构件。评分规则如下：

1 预制构件用量不小于15%但小于30%，得3分；

2 预制构件用量不小于30%但小于50%，得4分；

3 预制构件用量不小于50%，得5分。

评价总分值：5分。

Ⅱ 材料选用 56分

7.2.7 充分发挥地区优势，选用本地生产的建筑材料，降低运输能耗。评分规则如下：

1 施工现场500km以内生产的建筑材料重量占建筑材料总重量的不小于60%但小于70%，得6分；

2 施工现场500km以内生产的建筑材料重量占建筑材料总重量的不小于70%但小于90%，得8分；

3 施工现场500km以内生产的建筑材料重量占建筑材料总重量的不小于90%，得10分。

评价总分值：10分。

7.2.8 现浇混凝土采用预拌混凝土。

评价分值：10分。

7.2.9 建筑砂浆采用预拌砂浆。评分规则如下：

1 不少于50%的砂浆采用预拌砂浆，得3分；

2 砂浆全部采用预拌砂浆，得5分。

评价总分值：5分。

7.2.10 合理采用高强建筑结构材料，降低材料用量。评分规则如下：

1 混凝土结构。

1）受力普通钢筋使用不低于400MPa级钢筋占受力普通钢筋总量的不小于30%但小于50%，得

4分；

2）受力普通钢筋使用不低于 400MPa 级钢筋占受力普通钢筋总量的不小于 50% 但小于 70%，得6分；

3）受力普通钢筋使用不低于 400MPa 级钢筋占受力普通钢筋总量的不小于 70% 但小于 85%，得8分；

4）受力普通钢筋使用不低于 400MPa 级钢筋占受力普通钢筋总量的不小于 85%，得 10 分。

5）混凝土竖向承重结构采用强度等级不小于C50 混凝土用量占竖向承重结构中混凝土总量的比例超过 50%，得 10 分。

2　钢结构。

Q345 及以上高强钢材用量占钢材总量的比例达到 50%，得 8 分；达到 70%，得 10 分。

3　混合结构。

对其混凝土结构部分和钢结构部分，分别按本条第 1 款和第 2 款进行评价；得分取前两项得分的平均值。

评价总分值：10 分。

7.2.11　合理采用高耐久性建筑结构材料，提高使用年限。评分规则如下：

1　混凝土结构。

高耐久性的混凝土用量占混凝土总量的比例超过50%，得 5 分。

2　钢结构。

采用耐候结构钢或耐候型防腐涂料，得 5 分。

评价分值：5 分。

7.2.12　采用可再利用材料和可再循环利用材料。评分规则如下：

1　可再利用材料和再循环利用材料重量占建筑材料总重量的比例不小于 10% 但小于 15%，得4分；

2　可再利用材料和可再循环利用材料重量占建筑材料总重量的比例不小于 15%，得 6 分。

评价总分值：6 分。

7.2.13　使用以废弃物为原料生产的建筑材料，且该建筑材料重量占同类建筑材料总重量的比例不小于30%。评分规则如下：

1　使用一种以废弃物为原料生产的建筑材料，得 3 分；

2　使用一种以废弃物为原料生产的建筑材料，且该建筑材料重量占同类建材总重量比例大于 50%，得 5 分；

3　采用两种及以上以废弃物为原料生产的建筑材料，且废料利用比率占到总用料的 30% 以上，得5 分。

评价总分值：5 分。

7.2.14　合理采用耐久性好、易维护的装饰装修建筑材料，并按下列规则分别评分并累计：

1　合理采用清水混凝土，得 2 分；

2　采用耐久性好、易维护的外立面材料，得1分；

3　采用耐久性好、易维护的室内装饰装修材料，得 1 分；

4　库房墙面材料应采用具有耐久性好、防霉和抗菌性材料，得 1 分。

评价总分值：5 分。

8　室内环境质量

8.1　控制项

8.1.1　主要功能房间的室内噪声级满足现行国家标准《民用建筑隔声设计规范》GB 50118 中的低限要求。

8.1.2　主要功能房间的外墙、隔墙、楼板和门窗的隔声性能满足现行国家标准《民用建筑隔声设计规范》GB 50118 中的低限要求。

8.1.3　档案馆环境的照度要求符合《档案馆建筑设计规范》JGJ 25 中的规定（表 8.1.3）。

表 8.1.3　　照　度　标　准

房间名称	参考平面	照度（lx）
阅览室	0.75m	300
出纳台	0.75m	300
档案库	离地垂直面 0.25m	≥50
修裱、编目室	0.75m	300
计算机房	0.75m	300

8.1.4　建筑室内统一眩光值、一般显色指数等指标符合现行国家标准《建筑照明设计标准》GB 50034的规定。

8.1.5　采用集中空调系统的建筑，各主要功能房间的温度、湿度、新风量等设计参数符合现行国家标准《档案馆建筑设计规范》JGJ 25 和《民用建筑供暖通风与空气调节设计规范》GB 50736 的规定。

8.1.6　在室内设计温、湿度条件下，建筑围护结构和表面不结露。

8.1.7　在自然通风条件下，房间的屋顶和东、西外墙隔热性能满足现行国家标准《民用建筑热工设计规范》GB 50176 的要求；或屋顶和东、西外墙加权平均传热系数及热惰性指标不低于国家、行业和地方建筑节能设计标准的规定，且屋面和东、西外墙外表面材料太阳辐射吸收系数应小于 0.6。

8.1.8　馆内游离甲醛、苯、氨、氡和 TVOC 等空气污染物浓度符合现行国家标准《民用建筑室内环境污染控制规范》GB 50325 的有关规定（表 8.1.8）。

表 8.1.8　　民用建筑工程室内环境
污染物浓度限量

氡/(Bq/m³)	≤400
甲醛/(mg/m³)	≤0.1
苯/(mg/m³)	≤0.09
氨/(mg/m³)	≤0.2
TVOC/(mg/m³)	≤0.6

8.1.9　纸质库房内空气质量要符合现行国家标准《信息与文献　图书馆和档案馆的文献保存要求》GB/T 27703 的有关规定。

8.1.10　建筑材料、装修材料中有害物质量要符合现行国家标准 GB 18580～18588 和《建筑材料放射性核素限量》GB 6566 的规定。

8.1.11　存放档案的架、柜、箱应采用阻燃、耐腐蚀、无挥发性有害气体的材料制作，涂敷材料应稳定耐用无挥发性有害气体。

8.1.12　合理布置档案库房内密集架、箱、柜的布局排列，保证库房内空气循环流通。

8.1.13　档案馆内禁止吸烟，可设置室外吸烟区，室外吸烟区与建筑主入口距离不少于 8m。

8.2　评分项

Ⅰ　室内声环境 20 分

8.2.1　主要功能房间的室内噪声级达到现行国家标准《民用建筑隔声设计规范》GB 50118 中的低限标准。评分规则如下：

　　1　噪声级低于低限要求和高要求标准的平均数值，得 3 分；

　　2　噪声级达到高要求标准的限值，得 6 分。

　　评价总分值：6 分。

8.2.2　主要功能房间的外墙、隔墙、楼板和门窗的隔声性能优于现行国家标准《民用建筑隔声设计规范》GB 50118 中的低限要求标准。评分规则如下：

　　1　外墙和隔墙空气声隔声量：

达到低标准限值和高标准限值的平均数值，得 1 分；达到高要求标准限值，得 2 分；

　　2　门和窗空气声隔声量：

达到低标准限值和高标准限值的平均数值，得 1 分；达到高要求标准限值，得 2 分；

　　3　楼板空气声隔声量：

达到低标准限值和高标准限值的平均数值，得 1 分；达到高要求标准限值，得 2 分；

　　4　楼板撞击声隔声量：

达到低标准限值和高标准限值的平均数值，得 1 分；达到高要求标准限值，得 2 分。

　　评价总分值：8 分。

8.2.3　建筑平面布局和空间功能安排合理，减少排水噪声、管道噪声，减少相邻空间的噪声干扰以及外界噪声对室内的影响。评分规则如下：

　　1　建筑平面、空间布局合理，没有明显的噪声干扰问题，得 2 分；

　　2　采用同层排水，或其他降低排水噪声的有效措施，使用率在 50% 以上，得 2 分。

　　评价总分值：4 分。

8.2.4　建筑中的多功能厅、会议厅和其他有声学要求的重要房间应进行专项声学设计，满足相应功能要求。

　　评价分值：2 分。

Ⅱ　室内光环境与视野 38 分

8.2.5　对外服务区、办公区等主要功能房间应具有良好的户外视野，可以通过窗户或幕墙看到室外的自然景观，无明显视线干扰。

　　评价分值：3 分

8.2.6　室内采用高效光源设备及低能耗附件，并采取节能控制措施，在有自然采光的区域设定时段或光电控制。

　　评价分值：3 分

8.2.7　主要功能房间的采光系数满足现行国家标准《建筑采光设计标准》GB 50033 的要求。

　　评价分值：6 分。

8.2.8　采用合理措施改善室内采光。评分规则如下：

　　1　主要功能房间有合理的控制眩光、改善天然采光均匀性和人工照明的照度均匀性的措施，得 4 分；

　　2　室内采光系数满足采光要求的面积比例达到 60%，得 4 分；

　　3　地下空间平均采光系数不小于 0.5% 的面积大于首层地下室面积的 5%，得 1 分，面积达标比例每提高 5% 得 1 分，最高得 4 分。

　　评价总分值：12 分。

8.2.9　采取可调节遮阳措施，防止夏季太阳辐射透过窗户玻璃直接进入室内。评分规则如下：

　　1　太阳直射辐射可直接进入室内的外窗或幕墙，其透明部分面积的 25% 有可控遮阳调节措施，得 5 分；

　　2　透明部分面积的 50% 以上有可控遮阳调节措施，得 10 分。

　　评价总分值：10 分。

8.2.10　采取措施避免有害光源对档案的损害。评分细则如下：

　　1　档案库、档案阅览、展览厅及其他技术用房应防止日光直接射入，采取措施避免紫外线对档案、资料、文物的危害，得 2 分。

　　2　档案库房、档案阅览、档案阅览场所及其他技术用房人工照明设备应选用紫外线含量低的光源。当紫外线含量超过 $75\mu W/lm$ 时，应采取防紫外线的措施，得 2 分。

评价总分值：4 分。

Ⅲ　室内安防与消防 5 分

8.2.11　档案库房设置火灾自动报警系统，且采用绿色环保灭火系统，得 2 分。

评价分值：2 分。

8.2.12　档案馆的安全防控。

　　1　档案馆建筑周界、外门及首层外层等重要部位有入侵报警装置，得 1 分；

　　2　馆内主要功能用房及公共区域有入侵报警和视频监控措施，得 1 分；

　　3　监控中心对重要防护部位进行 24 小时监控，且监控系统有报警及实时录音或录像功能，得 1 分。

评价总分值：3 分。

Ⅳ　室内温湿度与空气质量 37 分

8.2.13　对温湿度有特殊要求的档案库区，其空调系统应自成体系，各空调分区应能互相封闭且独立控制，并配置档案库房温湿度监控设备。

评价分值：2 分。

8.2.14　档案馆温湿度条件符合《档案馆设计规范》JGJ 25 的要求。

评价分值：2 分。

8.2.15　供暖空调系统末端现场独立调节方便、有利于改善人员舒适性。评分规则如下：

　　1　70% 及以上的主要功能房间的供暖、空调末端装置可独立启停和调节室温得 4 分；

　　2　90% 及以上的主要功能房间满足上述要求，得 8 分。

评价分值：8 分。

8.2.16　建筑空间平面和构造设计采取优化措施，改善原通风不良区域的自然通风效果，使得建筑在过渡季典型情况下，90% 及以上的房间的平均自然通风换气次数不小于 2 次/小时。

评价分值：8 分。

8.2.17　室内气流组织合理。评分规则如下：

　　1　避免卫生间、餐厅、地下车库等区域的空气和污染物串通到室内其他空间或室外主要活动场所，得 3 分；

　　2　重要功能区域通风或空调供暖工况下的气流组织满足热环境参数设计要求，得 3 分。

评价总分值：6 分。

8.2.18　主要功能房间中人员密度较高且随时间变化大的区域设置室内空气质量监控系统，保证健康舒适的室内环境。按下列规则分别评分并累计：

　　1　对室内的二氧化碳浓度进行数据采集、分析并与通排风联动，得 2 分；

　　2　实现对室内污染物浓度如甲醛超标实时报警，并与通排风系统联动，得 2 分。

评价总分值：4 分。

8.2.19　地下空间设置与通排风设备联动的一氧化碳浓度监测装置，保证地下车库污染物浓度符合有关标准的规定。

评价分值：2 分。

8.2.20　合理设计建筑体型、朝向、窗墙面积比，进行通风优化设计，并能提供相关设计技术证明，得 2 分。

评价分值：2 分。

8.2.21　消毒室应设有单独的直达屋面外的排气管道，废气排放应符合国家现行有关环境保护标准的规定。

评价分值：2 分。

8.2.22　实施开窗通风的档案库房，采取有效措施防范有害生物对档案库房的危害。

评价分值：1 分。

9　施工管理

9.1　控制项

9.1.1　建立绿色建筑项目施工管理体系和组织机构，并落实各级责任人。

9.1.2　施工过程中制定并实施全过程的保护环境的具体措施，控制由于施工引起各种污染以及对场地周边区域的影响。

9.1.3　施工项目部制订施工人员职业健康安全管理计划，并组织实施。

9.1.4　施工前进行设计文件中绿色建筑重点内容的专业交底。

9.2　评分项

Ⅰ　环境保护 22 分

9.2.1　采用有效的防扬尘措施，严格控制施工过程中空气中的悬浮颗粒物含量。

　　1　在施工过程中，采用传统的洒水、覆盖、遮挡等措施，得 4 分；

　　2　在施工过程中，采用较先进的防尘自动喷淋技术、喷雾式花洒防尘技术、高空喷雾防尘等技术的，得 6 分。

评价总分值：6 分。

9.2.2　采取有效的降噪措施。在施工场界测量并记录噪声，满足国家标准《建筑施工场界环境噪声排放标准》GB 12523—2011 的规定。

评价分值：6 分。

9.2.3　制订并实施施工废弃物减量化资源化计划。评分规则如下：

　　1　制订施工废弃物减量化资源化计划，得 3 分；

　　2　可回收施工废弃物的回收率不小于 80%，得 3 分；

　　3　每 10000m² 建筑面积施工固体废弃物排放量：

　　　　1）不大于 400t 但大于 350t，得 1 分；

　　　　2）不大于 350t 但大于 300t，得 3 分；

3）不大于 300t，得 4 分。

评价总分值：10 分。

Ⅱ 资源节约 39 分

9.2.4 制定并实施施工节能和用能方案，监测并记录施工能耗。评分规则如下：

1 制定并实施施工节能和用能方案，得 1 分；

2 监测并记录施工区、生活区的能耗，得 3 分；

3 监测并记录主要建筑材料、设备从供货商提供的货源地到施工现场运输的能耗，得 3 分；

4 监测并记录建筑施工废弃物从施工现场到废弃物处理/回收中心运输的能耗，得 1 分。

评价总分值：8 分。

9.2.5 制定并实施施工节水和用水方案，监测并记录施工水耗。评分规则如下：

1 制定并实施施工节水和用水方案，得 1 分；

2 监测并记录施工区、生活区的水耗数据，得 3 分；

3 监测并记录基坑降水的抽取量、排放量和利用量数据，得 2 分；

4 利用循环水洗刷、降尘、绿化等，得 1 分。

评价总分值：7 分。

9.2.6 减少预拌混凝土的损耗。评分规则如下：

1 损耗率不大于 1.5% 但大于 1.0%，得 3 分；

2 损耗率不大于 1.0%，得 6 分。

评价总分值：6 分。

9.2.7 采取措施，降低钢筋损耗率。评分规则如下：

1 80% 以上的钢筋采用专业化加工，得 8 分；

2 现场加工钢筋损耗率：

1）不大于 4.0% 但大于 3.0%，得 4 分；

2）不大于 3.0% 但大于 1.5%，得 6 分；

3）不大于 1.5%，得 8 分。

评价总分值：8 分。

9.2.8 增加模板周转次数。评分规则如下：

1 工具式定型模板使用面积占模板工程总面积的比例不小于 50% 但小于 70%，得 6 分；

2 不小于 70% 但小于 85%，得 8 分；

3 不小于 85%，得 10 分。

评价总分值：10 分。

Ⅲ 过程管理 39 分

9.2.9 实施设计文件中绿色建筑重点内容。评分规则如下：

1 参加各方进行绿色建筑重点内容的专项会审，得 2 分；

2 施工过程中以施工日志记录绿色建筑重点内容的实施情况，得 2 分。

评价总分值：4 分。

9.2.10 严格控制设计文件变更，避免出现降低建筑绿色性能的重大变更。

评价分值：4 分。

9.2.11 施工过程中对建筑结构耐久性能、建筑材料和设备进行检测。评分规则如下：

1 对建筑结构耐久性技术措施进行相应检测并记录，得 3 分；

2 对有节能、环保要求的设备进行相应检测并记录，得 3 分；

3 对有节能、环保要求的装饰材料进行相应检验并记录，得 2 分。

评价总分值：8 分。

9.2.12 实现土建装修一体化施工。评分规则如下：

1 提供土建装修一体化施工图纸、效果图，得 3 分；

2 工程竣工时主要功能空间的使用功能完备，装修到位，得 3 分；

3 提供装修材料检测报告、机电设备检测报告、性能复试报告，得 3 分；

4 提供建筑竣工验收证明、建筑质量保修书、使用说明书，得 3 分；

5 提供业主反馈意见书，得 3 分。

评价总分值：15 分。

9.2.13 工程竣工验收前，由建设单位组织有关责任单位，进行机电系统的综合调试和联合试运转，结果符合设计要求。

评价分值：8 分。

10 运行管理

10.1 控制项

10.1.1 制定并实施节能、节水、节材等资源节约与绿化管理制度。

10.1.2 制定垃圾管理制度，有效控制垃圾物流，对废弃物进行分类收集，垃圾容器设置规范。

10.1.3 采用化学消毒设备应配备尾气处理系统，废水废气的排放应符合《大气污染物排放标准》GB 16297—1996 和《污水综合排放标准》GB 8978—1996。

10.1.4 节能、节水设施工作正常，符合设计要求。

10.1.5 供暖、通风、空调、照明等设备的自动监控系统工作正常，运行记录完整。

10.1.6 制定并记录档案馆外墙、玻璃幕墙的定期清理，保证档案馆外部建筑的干净、整洁。

10.2 评分项

Ⅰ 管理制度 26 分

10.2.1 物业管理部门获得有关管理体系认证。评分规则如下：

1 具有 ISO 14001 环境管理体系认证，得 4 分；

2 具有 ISO 9001 质量管理体系认证，得 4 分；

3 具有 GB/T 23331 能源管理体系认证，得 2 分。

评价总分值：10 分。

10.2.2 节能、节水、节材与绿化的操作规程，值班人员严格遵守规定和应急预案。评分规则如下：

　　1 操作管理制度在现场明示，操作人员严格遵守规定，得2分；

　　2 节能、节水设施运行具有完善的管理制度和应急预案，得2分。

　　评价总分值：4分。

10.2.3 实施能源资源管理激励机制，管理业绩与节约能源资源、提高经济效益挂钩。评分规则如下：

　　1 物业管理机构的工作考核体系中包含能源资源管理激励机制，得3分；

　　2 与租用者的合同中包含节能条款，得1分；

　　3 采用能源合同管理模式，得2分。

　　评价总分值：6分。

10.2.4 建立绿色教育宣传机制，编制绿色设施使用手册，形成良好的绿色氛围。评分规则如下：

　　1 有绿色教育宣传工作记录，得2分；

　　2 向使用者提供绿色设施使用手册，得2分；

　　3 相关绿色行为与风气获得媒体报道，得2分。

　　评价总分值：6分。

Ⅱ 技术管理 40分

10.2.5 定期检查、调试公共设施设备，并根据运行检测数据进行设备系统的运行优化。评分规则如下：

　　1 对设备管理具有检查调试、运行、标定记录，设备管理措施齐全、调试运行记录完整，得7分；

　　2 提交设备能效改造等方案、施工文档和改造后的运行记录，并能持续改进，得3分。

　　评价总分值：10分。

10.2.6 视频监控系统资料储存设备能够储存不少于3个月的记录数据。

　　评价分值：2分。

10.2.7 对机械通风系统按照现行国家标准《空调通风系统清洗规范》GB 19210 的规定进行定期检查和清洗。评分规则如下：

　　1 具有机械设备和风管的检查和清洗计划，得2分；

　　2 具有日常清洗维护记录且保存完整，得1分。

　　评价总分值：3分。

10.2.8 每年对档案库房的温湿度测量设备进行校对。

　　评价分值：2分。

10.2.9 档案库房的防潮防水应满足档案保护的需要。评分细则如下：

　　1 定期对档案库房顶层、外墙、地面、门窗进行检查，及时处理渗透隐患，得1分。

　　2 定期对邻近档案库房的水管渗透隐患进行检查，得1分。

　　评价总分值：2分。

10.2.10 非传统水源的水质和用水量记录完整准确。评分规则如下：

　　1 定期进行水质检测并保存记录，得2分；

　　2 用水量记录完整、准确，得1分。

　　评价总分值：3分。

10.2.11 智能化系统的运行效果满足建筑运行与管理的需要。评分规则如下：

　　1 建筑的智能化集成系统、信息设施系统、信息化应用系统、建筑设备管理系统、公共安全系统、机房工程等满足现行国家标准《智能建筑设计标准》GB 50314 的基本配置要求，得8分；

　　2 智能化系统工作正常，设计合理，并符合设计要求，得4分。

　　评价总分值：12分。

10.2.12 应用信息化手段进行物业管理，建筑工程、设施、设备、部品、能耗等档案及记录齐全。评分规则如下：

　　1 设置物业信息管理系统，得3分；

　　2 物业管理信息系统功能完备，得2分；

　　3 记录数据完整，得1分。

　　评价总分值：6分。

Ⅲ 环境管理 34分

10.2.13 采用无公害病虫害防治技术，规范杀虫剂、除草剂、化肥、农药等化学药品的使用，有效避免对土壤、地下水环境以及档案馆室内环境的损害。评分规则如下：

　　1 建立和实施化学药品管理责任制，得4分；

　　2 病虫害防治用品使用记录完整，得1分；

　　3 定期对馆藏档案进行虫霉情况检查，得1分。

　　评价总分值：6分。

10.2.14 对绿化区做好日常养护，发现危树、枯死树木应及时处理。

　　1 工作记录完整，得2分。

　　2 栽种和移植的树木一次成活率大于90%，得4分。

　　评价总分值：6分。

10.2.15 垃圾站（间、箱）不污染环境，不散发臭味。评分规则如下：

　　1 垃圾站（间、箱）定期冲洗，得2分；

　　2 垃圾及时清运、处置，得2分；

　　3 周边无恶臭，用户反映良好，得2分。

　　评价总分值：6分。

10.2.16 实行垃圾分类收集和处理。评分规则如下：

　　1 垃圾分类收集率不低于90%，得4分；

　　2 可回收垃圾的回收比例不低于90%，得2分；

　　3 对可生物降解垃圾进行单独收集和合理处置，得2分；

　　4 对有害垃圾进行单独收集和合理处置，得2分。

评价总分值：10分。

10.2.17 实施对档案馆外墙瓷片、玻璃幕墙等的定期清洗、维护。评分规则如下：

1 五年清洗、维护次数等于一次的，得2分；

2 两年清洗、维护次数等于一次的，得4分；

3 一年清洗、维护次数大于等于一次的，得6分。

评价总分值：6分。

11 提升与创新

11.1 基本要求

11.1.1 绿色建筑评价时，按本章规定对绿色建筑加分项进行评价，并确定附加得分。

11.1.2 绿色建筑加分项分为性能提升和创新两部分，按第11.2节的要求评分；当加分项总得分大于10分时，取10分。

11.2 加分项

Ⅰ 性能提升 6分

11.2.1 围护结构热工性能指标优于国家有关建筑节能设计标准的规定，并满足下列任意一款的要求：

1 围护结构全部热工性能指标在比国家现行相关建筑节能设计标准的规定提高20%；

2 供暖空调全年计算负荷降低幅度不小于15%。

评价总分值：2分。

11.2.2 供暖空调系统的冷、热源机组的能源效率等级均为国家现行有关能效等级标准规定的1级。

评价分值：1分。

11.2.3 卫生器具的用水效率均为国家现行有关卫生器具用水等级标准规定的1级。

评价分值：1分。

11.2.4 根据当地资源及气候条件，采用资源消耗少和环境影响小的建筑结构体系。

11.2.5 采取有效的空气处理措施，设置室内空气质量监控系统，保证健康舒适的室内环境。

评价分值：1分。

11.2.6 装修工程竣工后，建筑室内游离甲醛、苯、氨、氡和TVOC等空气污染物浓度不高于现行国家标准《民用建筑工程室内环境污染控制规范》GB 50325规定值的70%。

评价分值：1分。

Ⅱ 创新 9分

11.2.7 建筑方案充分考虑当地资源、气候条件、场地特征和使用功能，合理控制和分配投资预算，具有明显的提高资源利用效率、提高建筑性能质量和环境友好性等方面的特征。

评价分值：2分。

11.2.8 合理选用废弃场地进行建设。对已被污染的废弃地，进行处理并达到有关标准要求。

评价分值：1分。

11.2.9 在建筑的规划设计、施工建造和运行管理阶段应用建筑信息模型（BIM）技术，每用于1个阶段得1分。

评价分值：3分。

11.2.10 对建筑进行碳排放计算分析，采取有效措施降低单位建筑面积碳排放强度。

评价分值：2分。

11.2.11 在节能、节材、节水、节地、环境保护和运行管理等方面，采用创新性强且实用效果突出的新技术、新材料、新产品、新工艺，可产生明显的经济、社会和环境效益。

评价分值：1分。

⟨18⟩ 智能密集架系统建设规范

（国家档案局）

前　言

本标准由河北省档案局（馆）提出。

本标准由国家档案局归口。

本标准起草单位：河北省档案局（馆）、北京融安特智能科技股份有限公司。

本标准主要起草人：魏四海、童红雷、耿树伟、李会生、刘开元、康建红、张惠斌、尚宏雁、李田、李改革、王扬、杜召伟、关健、徐腾、白来彬、蒋运涛、周雏京、雒猛。

1 范围

本规范确定了档案库房智能密集架系统的建设以及智能密集架系统的统一接口标准。

本规范适用于各级国家综合档案馆、国家专门档案馆、部门档案馆及机关学校、企事业单位档案室（馆）等各类档案馆的库房管理建设过程中新建密集架、手动密集架改装、扩增电动密集架等项目的设计、建设、检验和验改。

2 规范性引用文件

下列文件对于本文件的应用是必不可少的。凡是注日期的引用文件，仅注日期的版本适用于本文件。凡是不注日期的引用文件，其最新版本（包括所有的修改单）适用于本文件。

DA/T 7—1992　直列式档案密集架

GB 5226.1—2008　机械电气安全　机械电气设备　第1部分：通用技术条件

GB/T 191—2008　包装储运图示标志

GB/T 3785.1—2010　电声学　声级计　第1部分：规范

GB/T 9969—2008　工业产品使用说明书　总则

GB/T 27703—2011　信息与文献　图书馆和档案馆的文献保存要求

GB/T 13667.3—2013　手动密集书架技术条件

GB/T 13667.4—2013　电动密集书架技术条件

3　术语和定义

GB/T 13667.3—2013、GB/T 13667.4—2013、DA/T 7—1992 界定的及下列术语和定义均适用于本标准。

3.1

智能密集架

通过控制器驱动动力装置，使密集架在导轨上运行的由活动架列和固定架列组成的能分散和紧密集合的架列组合。主要由液晶显示屏、智能密集架系统、防挤压保护装置、定位引导装置、到位检测装置、立柱、搁板、侧面板、底梁、控制器、驱动装置、传动机构、电缆、照明灯具、导轨等零部件组成。

3.2

智能密集架系统

智能密集架系统是固定架系统和活动架系统的组合，通常由一个固定架系统和一个以上活动架系统组成。智能密集架系统以智能密集架为基础，通过控制软件实现智能密集架的驱动控制、安全保护、档案信息交换服务、档案存取服务、档案环境监控服务等于一体的综合系统。

3.3

固定架

固定在导轨的端头或中间，不能运行的密集架架体。

3.4

固定架系统

智能密集架系统中的核心节点。配置了液晶显示屏、区域控制总线，以及智能密集架网关，通过网线与数据服务器交换信息，监测控制密集架所有的活动功能，其他前端管理软件亦可通过固定架系统所提供的标准接口与智能密集架进行信息交换。

3.5

活动架

安装有驱动装置，能在导轨上运行的密集架架体（亦称为列，由若干标准节组成）。

3.6

活动架系统

智能密集架系统中的重要组成部分。配置了液晶显示屏、区域控制总线，以及智能密集架网关，通过网线与数据服务器交换信息，监测当前活动架所有功能，可以通过固定架系统进行控制和管理。

3.7

控制器

具有收发指令控制驱动装置，使智能密集架达到功能要求的组合模块。

3.8

传感器

能感受规定的被测量件并按照一定的规律（数学函数法则）转换成可用信号的器件或装置，通常由敏感元件和转换元件组成。

3.9

防挤压保护装置

在驱动装置驱动智能密集架运行时，通过光电保护、压力保护等方式切断驱动设备动力，防止处于两架列之间的人或物品受挤压的装置。

3.10

定位引导装置

通过电子引导屏、位置引导灯具等设备实现，用于引导档案或资料存放位置的装置。

3.11

到位检测装置

通过红外检测等技术实现，用于确认活动架是否运行到预期位置的装置。

3.12

区域控制总线

在智能密集架中各个部件之间传送信息的公共通路。

3.13

智能密集架网关

用于智能密集架设备间网络通信的装置。

3.14

温湿度传感器

能将温度量和湿度量转换成容易被测量处理的电信号的设备或装置。

3.15

过道红外传感器

通过红外技术实现，用于感应密集架过道是否有作业人员或障碍物等的装置。

3.16

门禁红外传感器

通过红外技术实现，用于感知人员进出的传感器。

3.17

烟雾传感器

通过监测烟雾的浓度来实现火灾防范的传感器。

3.18

漏水传感器

用于检测目标区域是否漏水的传感器。

3.19

过道光幕传感器

利用光电感应原理制成的安全保护装置，安装于

固定架与本区最外侧活动架，通过架体底盘与地面的间隙，实现感知本区密集架过道中是否有作业人员或障碍物。

3.20

脚踢开关

通过脚踩或踏来进行操作电路通断，也可以用来控制输出电流大小的开关。

3.21

超载报警装置

专门用于检测密集架实际装载量是否超过核定的最大容许限度的装置，超出时进行报警。

3.22

密集架控制器

密集架控制器由显示屏、驱动器和控制软件组成，用于统一控制整个区域内的固定架和活动架，实现密集架的智能管理。

3.23

人脸识别装置

通过人脸识别技术实现身份认证的装置。

3.24

上位机

可以直接发出操控命令的计算机，一般是 PC/host computer/master computer/upper computer，屏幕上显示密集架报警状态、过道人员情况、温湿度数据等。

4　产品结构

产品结构示意图如下：

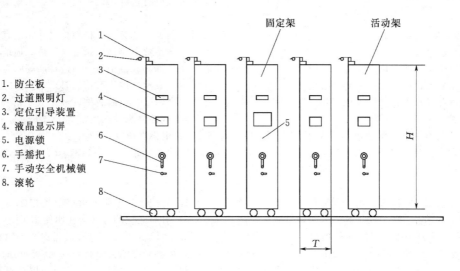

1. 防尘板
2. 过道照明灯
3. 定位引导装置
4. 液晶显示屏
5. 电源锁
6. 手摇把
7. 手动安全机械锁
8. 滚轮

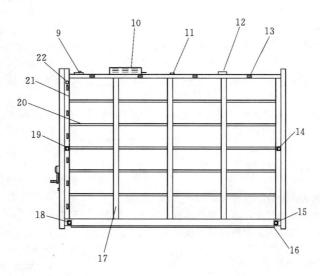

9. 烟雾传感器
10. 控制器
11. 温湿度传感器
12. 漏水传感器
13. 灯光定位引导装置
14. 过道红外传感器（接收端）
15. 底盘红外传感器（接收端）
16. 过道光幕传感器
17. 立柱
18. 底盘红外传感器（发射端）
19. 过道红外传感器（发射端）
20. 搁板
21. 挂板
22. 到位检测装置

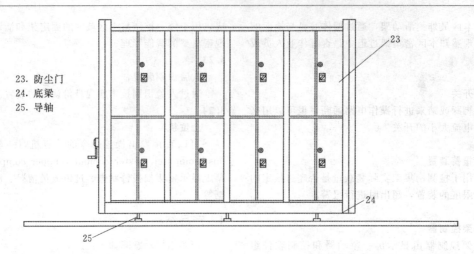

23. 防尘门
24. 底梁
25. 导轴

5　要求

5.1　一般要求

5.1.1　组成

智能密集架主要由以下几部分组成：

——密集架：由固定架和活动架组成。

——液晶显示屏：提供人机交互操作，显示密集架运行状态。

——控制器：用于驱动动力装置拖动密集架移动，接收安全装置的信号并执行对应的操作。

——驱动装置：通过直流无刷电机驱动密集架移动。

——防挤压保护装置：用于在密集架移动时，通过过道光幕传感器、压力保护等方式间接（通过控制器）或直接切断动力装置，防止处理于两架之间的人或物品受挤压的装置。

——人脸识别装置：通过人脸识别技术实现身份认证的装置。

5.1.2　外观

密集架各零件表面应光滑、平整、不应有尖角和突起；焊接件应焊接牢固，焊痕光滑平整；涂层表面应平整光滑，色泽均匀一致，不就有流挂、起粒、皱皮、露底、剥落、伤痕等缺陷；电镀件镀层应明亮，外露部位不应有烧焦、起泡、裂纹、花斑、明显划痕和毛刺等缺陷；液晶显示屏应显示清晰，外观平整，不应有裂纹、明显划痕等缺陷。

5.1.3　文字、图形、标志

智能密集架上使用的文字、图形、标志应符合如下要求：

——耐久、醒目、规范；

——显示器、打印输出、操作说明、铭牌、标志中的文字必须使用中文，根据需要也可以同时使用其他文字。

5.1.4　铭牌

智能密集架、液晶显示屏、控制器、动力装置、安全装置应有铭牌，铭牌应符合如下规定：

——铭牌应安装或打印在以上设备外表面的醒目位置，铭牌尺寸应与主机结构尺寸相适宜；

——铭牌上应标出制造商名称、地址、商标、产品中文名称、规格型号、制造日期等内容。当铭牌尺寸不足以表示上述所有信息时，至少应标识出制造商名称、商标以及产品名称。

5.2　电气部件及性能

5.2.1　电源电压适应性

电网的额定电压在（220±10%）V 的波动范围内，密集架应能正常工作。

5.2.2　连接导线

1）导线绝缘电阻不得小于 20MΩ，阻燃。

2）对易老化的导线应注明使用年限，到期更换。

3）对所有导线均应有适当保护，以保证这些导线不会接触到可能会引起导线绝缘损伤的部件。

4）当导线需穿越金属孔时，应装有衬套。金属穿线孔应进行倒角，不得有锋利的边缘。

5）接线要整齐布置，并使用线夹、电缆套、电缆卷固定，线束内的导线要有序编扎。

5.2.3　插接器

1）使用插接器时，插头两端的线色应相同。若有两个以上插头，插头间应不能互换。

2）在接插完毕后，插头和插座的连接应牢固可靠，不应有松动、接触不良现象。

5.2.4　断路器

电器线路必须要有可靠的短路保护装置。应符合 GB 5226.1—2008 中 5.3 的规定。

5.2.5　智能密集架运行速度

应符合 DA/T 7—1992 中 5.10.1 的规定。

5.2.6　防挤压保护装置

1）密集架应装有过道光幕传感器、压力保护等止动安全装置，并确保止动灵敏可靠。

2）每组均安装有可靠的保险锁，处于密集位置的智能密集架锁上保险锁，手动或智能移动操作，密

集架不能有运行动作。

5.2.7　噪音

应符合 DA/T 7—1992 中 5.12 的规定。

5.3　功能

5.3.1　过道要求

智能密集架要求空闲过道应不小于 100cm。

5.3.2　自检功能

密集架在通电开始工作时，首先应进行自检。自检包括温湿度传感器、过道红外传感器、列到位传感器、门禁红外传感器。自检结果在密集架控制器的显示屏上以表格形式展现。

5.3.3　密集架架体温湿度采集、记录、存储、处理。

1）密集架控制器应每隔至少 10min 采集密集架温湿度数据。

2）密集架控制器应支持全天 24h 记录温湿度。

3）至少间隔 2h 记录一次温湿度数据，密集架控制器应至少保存一个月的数据，一个月后的数据自动删除。

4）密集架控制器应自动根据采集到的温度湿度数值判断当前区域是否满足档案或资料的存放条件，如果不符合存放条件则报警，同时对密集架进行通风。报警信息应在所有活动架和固定架的液晶显示屏的醒目位置显示。

5.3.4　显示及操作功能

5.3.4.1　液晶显示屏要求

1）固定架上的液晶显示屏分辨率应不小于 800×600，尺寸不小于 10in。

2）活动架上的液晶显示屏分辨率应不小于 480×270，尺寸不小于 5in。

3）固定架和活动架上的液晶显示屏均应支持触摸方式操作。

4）液晶显示屏用肉眼目测应无明显划痕、无坏点、无色相缺失等异常。

5）固定架和活动架上的液晶显示屏应安装在固定架和活动架前置面板上，位置左右居中高度合适，便于操作，建议距离地面垂直距离大于等于 140cm小于等于 170cm 处。

5.3.4.2　显示内容

固定架和活动架液晶显示屏上应显示当前温度湿度值、门禁传感器状态、过道红外传感器状态、各列过道开闭状态、过道压力报报警状态、烟雾传感器报警状态。显示内容及布局要合理。

5.3.4.3　密集架控制器的上位机要求

1）密集架控制器所使用的上位机主频应不小于1GHz，内存不小于 256MB，硬盘容量不小于 256MB。

2）密集架控制器所使用的上位机应具有操作系统支持。

3）密集架控制器所使用的上位机提供至少 2 个以上 USB 接口。

4）密集架控制器所使用的上位机提供标准RS232CD 型 9 针接口。

5）密集架控制器所使用的上位机应支持每天不少于 8h 的开机时长，累计使用时长应不少于30000h。

5.3.4.4　操作功能

密集架控制器显示屏上的操作按键设置应能满足使用要求，并应在对应的位置标出各按键名称。密集架控制器显示屏上应具有以下操作功能：

——锁定：应对密集架整个区域内的活动架进行锁定，锁定后活动架应不能被动力驱动装置驱动。

——解除锁定：应对已经被锁定的所有活动架进行解除锁定操作，解除锁定后活动架应能被动力驱动装置驱动。

——向左移动：应在活动架解除锁定情况下，被动力驱动装置驱动，向左手方向（人正面对活动架的前置面板时左手方向）移动。

——向右移动：应在活动架解除锁定情况下，被动力驱动装置驱动，向右手方向（人正面对活动架的前置面板时右手方向）移动。

——停止移动：应使处于向左移动或向右移动过程中的活动架停止移动。

——合架：应使整个区域的所有活动架向其固定架靠拢。

——通风：应能使密集架区域中的活动架按顺序打开过道，并停顿指定通风时间。

——多通道开架：应能同时打开 2 个指定的活动列道通。

——灯光定位：打开档案或资料所在的活动架或固定架，并点亮档案或资料所在位置的指示灯。

——数据查询功能：智能密集架系统应能查询出存放在活动架或固定架上的所有档案或资料，在密集架控制器显示屏上显示档案或资料的名称、具体存放位置等信息。查询通过 Web Service 接口获取数据，Web Service 接口标准协议详见附录 B 档案查询接口部分；应能通过查询到的档案或资料打开所在密集架，架体打开后应能灯光定位所打开的档案位置。灯光定位功能应满足上述的灯光定位要求。

5.3.5　数据通信功能

智能密集架控制器应具备总线协议和 Web Service 协议两种通信协议。

5.3.5.1　总线通信接口

标准 RS232CD 型 9 针接口。

在具备上述通信接口的基础上，本标准不排除同时使用其他通信方式的可能性。

5.3.5.2　数据通信协议

数据通信参见附录 A 数据通信协议。

网络通信参见附录 B 网络通信协议。

5.4　安全性

为确保档案数据的安全和管理员的人身安全，应从密集架硬件本身和密集架控制软件来实现：

1）密集架最边上一列应加装锁定装置，防止无权限的人员进行操作或查看档案。

2）网络传输要采用加密传输，以防档案或资料数据在传输过程中被非法截获破解。

3）活动架过道应采用过道红外传感器、过道光幕传感器、脚踢开关、门禁红外传感器中的至少 2 种或全部的防护措施来保护人身安全。

4）活动架应采用防挤压保护装置。

5）活动架应采用超载报警装置以防过载。

6）一个密集架区域应至少有一个烟雾传感器。

7）活动架屏上面的操作或过道人员内外作业情况，均应同时语音广播。要求语速平稳、语音清晰。

5.5　身份认证功能

通过人脸识别技术实现身份认证，身份得到确认后，密集架将自动加电启动并执行相应功能。

5.6　气候环境适应性

在承受各项气候环境试验后，应无任何电气故障，机壳、插接器等不应有严重变形；其 5.3.3.4 所述操作功能、显示功能等应保持正常或无其他异常情况。

6　试验方法

6.1　一般要求

如未标明特殊要求，所有试验均在下述条件下进行：

1）环境温度：10℃～28℃。

2）环境相对湿度：40%～70%。

3）供电电源为标称电源电压。

6.2　一般性能检查

6.2.1　组成检查

检查智能密集架的结构组成应符合 5.1.1 条的规定。

6.2.2　外观检查

应在自然光或近似自然光（如 40W 日光灯）下目视，视距为 700mm 以内，应符合 5.1.2 条的规定。

6.2.3　文字、图形、标志、铭牌检查

目视检查智能密集架的铭牌及其文字、图形和标志，应符合本标准 5.1.3、5.1.4 的要求。

6.3　电气部件检查

目视检查记录仪的各连接线、连接线的接插器、断路器等应符合本标准 5.2 的要求。

6.4　智能密集架性能测试

6.4.1　运行速度试验

在 1m 的距离内，用秒表测量密集架运行速度，反复多次后，取其平均值，应符合标准 5.2.5 的要求。

6.4.2　导线绝缘电阻试验

用 500V 兆欧表分别测试智能密集架导线间及导线对地的绝缘电阻，应符合标准 5.2.2 的要求。

6.4.3　防挤压保护装置试验

在智能密集架运行中，随机触及安全装置（过道光幕传感器或压力保护等）观察其止动性能，应符合标准 5.2.6 的要求。将处于密集位置的智能密集架锁上保险锁，然后分别进行手动和智能移动操作，观察密集架是否有运行动作，应符合标准 5.2.6 的要求。

6.4.4　噪音试验

将传声器置于运行的密集架周围，距各被测面垂直距离 1m 处，用声级计 A 声级测试定，应符合标准 5.2.7 的要求。

7　标志、包装、运输及贮存

7.1　标志

7.1.1　产品应有标志、标志应位于产品的明显部位。

7.1.2　标志内容应包括：名称、型号规格、单元架尺寸、制造单位名称、生产日期和执行标准号。

7.1.3　产品应有产品使用说明书，使用说明书应符合 GB/T 9969 的规定。

7.1.4　产品应有检验合格证。

7.2　包装

7.2.1　产品的所有零部件、组合件均应分类包装，并加衬垫物以防碰撞损坏。

7.2.2　包装箱宜采用木箱或瓦楞纸箱。

7.2.3　包装标志应符合 GB/T 191—2008 的规定。

7.3　运输

经包装好的产品应能适应任何交通工具的正常运输，在运输过程中，应避免损坏和雨水淋湿。

7.4　贮存

经包装好的产品应贮存在干燥通风的室内仓库，堆放时应防止压损，避免与腐蚀性物质和气体接触。

附录 A
（规范性附录）
数　据　通　信　协　议

A.1　概述

本协议规定了密集架主控板与固定架控制上位机间的通信要求，并规定了密集架主控板的基本数据、参数格式。

A.2　通信传输约定

1）固定架控制上位机与密集架主控板间的数据交换按帧传输，其通信方式为异步串行方式，含有一个起始位，8 个数据位，一个停止位，无奇偶校验。本协议中的数据分别采用 ASCⅡ 字符码。

2）采用 RS232 接口数据传输速率为 9600bps。

3）校验的作用范围应包括校验字节之前的所有字节，其值为这些字节间的异或结果。

4）数据块是本数据帧所附带的与命令字相关的参数或数据。

5）数据块长度是指本数据帧所附带的与命令字相关的参数或数据的长度，以字节数表示，其有效长度为固定架数据长度26字节。

A.2.1 固定架控制上位机发送给密集架主控板的数据格式

以下命令中起始字头固定为：0x55。

数据长度为不包含起始头和数据长度本身。

校验位采用通用CRC16校验，数据最后两个字节分别为CRC16校验高位、CRC16校验低位。

温度值取值范围应为−20.00～99.99℃。

湿度值取值范围应为0～99。

获取温湿度

固定架控制上位机发送给密集架主控板的数据帧：

a. 起始字头（1字节）。

b. 数据长度（1字节）。

c. 命令码高位（1字节，详见命令码定义表）。

d. 命令码低位（1字节，详见命令码定义表）。

e. CRC16校验（2字节）。

密集架主控板回送给固定架控制上位机的数据帧：

a. 起始字头（1字节）。

b. 数据长度（1字节）。

c. 命令码高位（1字节，详见命令码定义表）。

d. 命令码低位（1字节，详见命令码定义表）。

e. 温度值（2字节，原始温度值乘以100后取整数部分的补码）。

f. 湿度值（2字节）。

g. CRC16校验（2字节）。

查询密集架状态

固定架控制上位机发送给密集架主控板的数据帧：

a. 起始字头（1字节）。

b. 数据长度（1字节）。

c. 命令码高位（1字节，详见命令码定义表）。

d. 命令码低位（1字节，详见命令码定义表）。

e. 区编号（1字节）。

f. 列编号（1字节）。

g. CRC16校验（2字节）。

密集架主控板回送给固定架控制上位机的数据帧：

a. 起始字头（1字节）。

b. 数据长度（1字节）。

c. 命令码高位（1字节，详见命令码定义表）。

d. 命令码低位（1字节，详见命令码定义表）。

e. 区编号（1字节）。

f. 列编号（1字节）。

g. 数据段（n字节，$n \geqslant 0$并且$n \leqslant 249$，数据段数组索引从0开始加1后分别对应于活动架从左到右顺序的编号，表示距右边一列的距离，单位：厘米）。

h. CRC16校验（2字节）。

控制命令

固定架控制上位机发送给密集架主控板的数据帧：

a. 起始字头（1字节）。

b. 数据长度（1字节）。

c. 命令码高位（1字节，详见命令码定义表）。

d. 命令码低位（1字节，详见命令码定义表）。

e. 区编号（1字节）。

f. 列编号（1字节）。

g. CRC16校验（2字节）。

密集架主控板回送给固定架控制上位机的数据帧：

本项同查询密集架状态的密集架主控板回送给固定架控制上位机的数据帧。

命令码定义表

命令码高位	命令码低位	说　明
0x61	0x6C	向左移动
0x61	0x72	向右移动
0x63	0x7A	运行到位
0x6D	0x6C/0x72	打开自动向左/向右开架
0x6D	0x63	关闭自动开架功能
0x67	0x6D	门禁报警
0x67	0x74	运行超时
0x67	0x77	烟雾报警
0x67	0x78	过道有人
0x67	0x75	运行超速
0x67	0x64	测速报警
0x73	0x79	禁止移动
0x73	0x62	机械锁已锁
0x73	0x6E	解除禁止
0x74	0x73	停止运行
0x67	0x79	压力报警
0x70	0x76	自检

附录 B

（规范性附录）

网 络 通 信 协 议

B.1 概述

本协议规定了固定架控制上位机与外部设备间的通信要求，并规定了固定架控制上位机的基本接口名称、参数格式。

B.2　协议的通信要求

方法名称	Lock（unsigned zoneNo）					
调用方法	http：//固定架控制上位机 IP 地址：端口/ShelvesService					
功能描述	通过调用该接口对档案柜进行锁定控制操作					
输入项	参数名称	类型	长度	允许为空	说　明	备　注
	zoneNo	unsigned		否	密集架区编号	
返回值	参数名称	类型	长度	允许为空	说　明	备　注
	Response	XML		否	〈Result〉 〈Message〉如果成功则返回"Success"，否则如果不成功返回具体失败信息。 〈/Message〉 〈/ Result〉	
异常						

方法名称	UnLock（unsigned zoneNo）					
调用方法	http：// 固定架控制上位机 IP 地址：端口/ShelvesService					
功能描述	通过调用该接口对档案柜进行解除锁定控制操作					
输入项	参数名称	类型	长度	允许为空	说　明	备　注
	zoneNo	unsigned		否	密集架区编号	
返回值	参数名称	类型	长度	允许为空	说　明	备　注
	Response	XML		否	〈Result〉 〈Message〉如果成功则返回"Success"，否则如果不成功返回具体失败信息。 〈/Message〉 〈/ Result〉	
异常						

方法名称	StopMove（unsigned zoneNo）					
调用方法	http：// 固定架控制上位机 IP 地址：端口/ShelvesService					
功能描述	通过调用该接口对档案柜进行停止移动控制操作					
输入项	参数名称	类型	长度	允许为空	说　明	备　注
	zoneNo	unsigned		否	密集架区编号	
返回值	参数名称	类型	长度	允许为空	说　明	备　注
	Response	XML		否	〈Result〉 〈Message〉如果成功则返回"Success"，否则如果不成功返回具体失败信息。 〈/Message〉 〈/ Result〉	
异常						

方法名称	LeftMove（unsigned zoneNo，unsigned columnNo）					
调用方法	http：// 固定架控制上位机 IP 地址：端口/ShelvesService					
功能描述	通过调用该接口对档案柜进行指定列编号向左移动控制操作					
输入项	参数名称	类型	长度	允许为空	说　明	备　注
	zoneNo	unsigned		否	密集架区编号	
	columnNo	unsigned		否	要向左移动的列编号	
返回值	参数名称	类型	长度	允许为空	说　明	备　注
	Response	XML		否	〈Result〉〈Message〉如果成功则返回 "Success"，否则如果不成功返回具体失败信息。〈/Message〉〈/ Result〉	
异常						

方法名称	RightMove（unsigned zoneNo，unsigned columnNo）					
调用方法	http：// 固定架控制上位机 IP 地址：端口/ShelvesService					
功能描述	通过调用该接口对档案柜进行指定列编号向右移动控制操作					
输入项	参数名称	类型	长度	允许为空	说　明	备　注
	zoneNo	unsigned		否	密集架区编号	
	columnNo	unsigned		否	要向右移动的列编号	
返回值	参数名称	类型	长度	允许为空	说　明	备　注
	Response	XML		否	〈Result〉〈Message〉如果成功则返回 "Success"，否则如果不成功返回具体失败信息。〈/Message〉〈/ Result〉	
异常						

方法名称	Close（unsigned zoneNo）					
调用方法	http：// 固定架控制上位机 IP 地址：端口/ShelvesService					
功能描述	通过调用该接口对档案柜进行合架控制操作					
输入项	参数名称	类型	长度	允许为空	说　明	备　注
	zoneNo	unsigned		否	密集架区编号	
返回值	参数名称	类型	长度	允许为空	说　明	备　注
	Response	XML		否	〈Result〉〈Message〉如果成功则返回 "Success"，否则如果不成功返回具体失败信息。〈/Message〉〈/ Result〉	
异常						

续表

方法名称	Ventilation（unsigned zoneNo）					
调用方法	http：// 固定架控制上位机 IP 地址：端口/ShelvesService					
功能描述	通过调用该接口对档案柜进行通风控制操作					
输入项	参数名称	类型	长度	允许为空	说　明	备　注
	zoneNo	unsigned		否	密集架区编号	
返回值	参数名称	类型	长度	允许为空	说　明	备　注
	Response	XML		否	〈Result〉 〈Message〉如果成功则返回"Success"，否则如果不成功返回具体失败信息。〈/Message〉 〈/Result〉	
异常						
方法名称	GetState（）					
调用方法	http：// 固定架控制上位机 IP 地址：端口/ShelvesService					
功能描述	通过调用该接口获取密集架实时运行状态					
输入项	参数名称	类型	长度	允许为空	说　明	备　注
	无					
返回值	参数名称	类型	长度	允许为空	说　明	备　注
	Response	XML		否	〈Result〉 〈Temperature〉温度值〈/Temperature〉 〈Humidity〉湿度值〈/Humidity〉 〈State〉密集架运行状态〈/State〉 〈ColumnState〉密集架列到位状态（0：表示两边均未到位，1：只有左边到位，2：只有右边到位，3：两边均到位）〈/ColumnState〉 〈/Result〉	
异常						
方法名称	GetData（String keyword，String zoneCode）					
调用方法	http：// 提供数据查询的计算机地址：端口/ShelvesService					
功能描述	密集架控制器计算机通过调用该接口查询档案或资料数据					
输入项	参数名称	类型	长度	允许为空	说　明	备　注
	Keyword	字符串			查询关键字	
	zoneCode	字符串			库房区域标识码	用来标识库房区域

续表

参数名称	类型	长度	允许为空	说　明	备　注
返回值	Response		XML	否	〈Datas〉 〈Data〉 〈Title〉档案题名〈/Title〉 〈DocumentNo〉档号〈/Document-No〉 〈ZoneNo〉区号〈/ZoneNo〉 〈ColumnNo〉列号〈/ColumnNo〉 〈LevelNo〉节号〈/LevelNo〉 〈RowNo〉层号〈/RowNo〉 〈/Data〉 … 〈/Datas〉	
异常					

19　档案密集架智能管理系统技术要求

（DA/T 65—2017）

前　言

本标准按照 GB/T 1.1—2009 给出的规则起草。

本标准由国家档案局提出并归口。

本标准起草单位：河北省档案局（馆）、北京融安特智能科技股份有限公司、河北航安智能科技有限公司。

本标准主要起草人：魏四海、童红雷、耿树伟、李会生、刘开元、康建红、张惠斌、尚宏雁、李田、李改革、王扬、杜召伟、关健、徐腾、白来彬、蒋运涛、周雏京、雒猛、欧阳文崎、寿嘉。

本标准为首次发布。

引　言

随着社会信息化进程的加快，信息技术已成为支撑当今经济活动和社会生活的基石。日新月异的信息技术也给档案工作带来了新的契机。档案存储设备从档案柜、手动密集架、电动密集架向智能密集架迈进。智能密集架作为多种技术的结合体，在档案保管中具备使用便捷、管理安全的优点，得到越来越多档案馆、档案室的认可。

本标准旨在规范档案密集架智能管理系统的功能以及系统的接口标准，充分发挥档案智能密集架的最大功效，以期提高档案密集架智能管理系统的可靠性、兼容性，保证档案存放的安全，支撑和规范档案部门对智能密集架的需求。

1　范围

本标准确定了档案密集架智能管理系统的功能要求、技术参数以及档案密集架智能系统的统一接口标准。

本标准是各级国家综合档案馆、国家专门档案馆、部门档案馆及机关学校、企事业单位档案室（馆）等的档案密集架智能系统的技术标准，是相关部门对智能密集架设计、建设、验收、监管的质量依据。

2　规范性引用文件

下列文件对于本文件的应用是必不可少的。凡是注日期的引用文件，仅注日期的版本适用于本文件。凡是不注日期的引用文件，其最新版本（包括所有的修改单）适用于本文件。

GB 5226.1—2008　机械电气安全　机械电气设备　第 1 部分：通用技术条件

GB/T 9969—2008　工业产品使用说明书　总则

GB/T 13667.3—2013　钢制书架　第 3 部分：手动密集书架

GB/T 13667.4—2013　钢制书架　第 4 部分：电动密集书架

GB/T 27703—2011　信息与文献　图书馆和档案馆的文献保存要求

DA/T 7—1992　直列式档案密集架

3　术语和定义

GB/T 13667.3—2013、GB/T 13667.4—2013、DA/T 7—1992 界定的及下列术语和定义均适用于本文件。

3.1

密集架智能管理系统　**mobile shelving intelligent system**

以各路传感器所采集的数据为基础，实现密集架的操控、安全保护、信息交换、档案存取、档案环境监控等功能于一体的综合控制系统，通常安装于固定架的工控机中。

3.2

防挤压保护装置　**extrusion prevention protector**

通过光电保护、压力保护等方式切断驱动设备动力，防止处于两架列之间的人或物品受挤压的装置。

3.3

定位引导装置　**positioning guiding device**

通过密集架控制系统的档案定位功能，利用电子引导屏、位置引导灯具等设备指示档案或资料存放位置的装置。

3.4

到位检测装置　**position detection device**

利用磁感应技术或超声波测距技术，检测活动架是否运行到预期位置的装置。

3.5

区域控制总线　**regional control bus**

在智能密集架中各个部件之间传送信息的公共通路。

3.6

区域光幕装置　**regional light curtain device**

利用光电感应原理制成的安全保护装置，发射端和接收端分别安于密集架区域两端，在密集架底盘与地面之间形成光幕，感知密集架区域中是否有作业人员或障碍物。

4　密集架智能管理系统要求

4.1　功能要求

4.1.1　自检功能

密集架智能管理系统在开始通电工作时，应能自动检测密集架各部件是否正常，自检结果应以直观形式进行显现或提示。

4.1.2　操作功能

在密集架智能管理系统的主界面中应能进行以下操作：

a）锁定：应对密集架整个区域内的活动架进行锁定，锁定后活动架应不能被动力驱动装置驱动。

b）解除锁定：应对已经被锁定的所有活动架进行解除锁定操作，解除锁定后活动架应能被动力驱动装置驱动。

c）向左移动：应在活动架解除锁定情况下，被动力驱动装置驱动，向左手方向（人正面对活动架的前置面板时左手方向）移动。

d）向右移动：应在活动架解除锁定情况下，被动力驱动装置驱动，向右手方向（人正面对活动架的前置面板时右手方向）移动。

e）停止移动：应使处于向左移动或向右移动过程中的活动架停止移动。

f）合架：应使整个区域的所有活动架向其固定架靠拢。

g）通风：密集架的所有活动架应能依次自动打开固定的一段时间，以使密集架内能够通风换气。

4.1.3　状态显示功能

密集架智能管理系统的主界面上应显示温度值、湿度值等实时架内环境数据，密集架的操作状态、人员进出通道的实时状态以及各项报警信息。显示内容清晰，界面布局合理。

4.1.4　查询定位

能够通过显示屏查询出密集架上的档案或资料，显示其结果，可打开存放档案或资料的密集架，并通过定位引导装置指示档案或资料所在位置。外部设备或应用可通过密集架控制系统提供的数据通信协议进行查询定位操作。

4.1.5　照明控制功能

密集架关闭时，通道照明灯应熄灭；密集架打开时，通道照明灯应点亮。超过 30s 通道中无人员作业，则通道照明灯应自动熄灭；当有人员进入通道时，通道照明灯应立即自动点亮。

4.1.6　语音播报功能

密集架操作及报警信息，应以普通话语音提示，语音清晰、语速平稳。

4.1.7　日志功能

密集架所有操作及报警信息，应记录日志，并永久保存。日志内容能够以文件形式导出。

4.1.8　数据通信协议

密集架控制系统应同时具备总线协议方式以及 Web Service 协议方式，供外部设备或外部应用进行调用。

总线协议标准采用 RS485 接口，通过区域控制总线进行通信，但不排除同时使用其他总线通信方式的可能，总线数据通信见附录 A。

Web Service 通信应满足数据传输安全要求。网络通信见附录 B。

密集架位置标识码组成规则见附录 C。

4.2　工控机要求

工控机是智能密集架的核心部件，通过安装在工控机上的密集架控制系统实现架体操作、查询定位、照明控制、语音播报、安全防护、架内环境监控等智能化功能。

工控机应符合以下要求：

a）固定架工控机应具有操作系统支持。

b）固定架工控机应提供常用的接口，包括 USB 接口、RS-232 接口及 RS-485 接口等。

c）固定架工控机应支持每天不少于 8h（小时）的开机时长，累计使用时长应不少于 30000h。

d）固定架和活动架上的工控机显示屏均应支持触摸方式操作。

e）显示屏应无明显划痕、无坏点、无色相缺失等异常。

f）固定架和活动架上的工控机显示屏应安装在固定架和活动架前置面板上，位置左右居中高度合适，便于操作。

4.3　安全保护要求

4.3.1　架体运行安全要求

为确保档案数据的安全和管理员的人身安全，应符合以下要求：

a）密集架最边上的一列应加装锁定装置，防止无权限的人员进行操作或查看档案。

b）每一个区域密集架的最外侧活动架均安装有保险锁，保险锁锁定状态下，活动架不能被移动。

c）应采用防挤压保护装置如区域光幕装置、通道光幕传感器、通道出入红外传感器中的 2 种或 2 种以上的防护措施，并确保动作灵敏可靠；活动架处于打开状态时，所有的防挤压保护装置应处于工作状态。

d）每一列活动架均需安装到位检测装置，以检测活动架的到位状态。

e）活动架应采用电机运行电流检测装置，用以检测活动架动力驱动装置的运行是否受阻，防止架体运行异常可能造成的设备损坏和人员危险。

f）活动架操作动作或通道人员进出，均应同时进行语音广播。要求语速平稳、语音清晰。

g）活动架在移动时，应缓慢起动、平稳运行、缓慢停止，平均速度为 3m/min～6m/min。

h）活动架动力驱动装置不得存在继电器，避免产生火花。

4.3.2　数据传输安全

数据传输过程中应加密，以防档案或资料数据在传输过程中被非法截获破解。

密集架智能管理系统在使用时应先通过人脸识别、指纹、虹膜、密码等身份认证装置进行身份认证，身份认证通过后，智能密集架方可使用。

4.3.3　用电安全

4.3.3.1　当密集架长时间无人操作时，除固定架工控机和控制器外所有活动架断电，当人为在工控机界面任意位置触摸时立即自动通电。

4.3.3.2　密集架架体需接地良好，采用额定输出电压不超过 36V 的直流电源，确保金属架体不会有危害人身安全的电压存在。

4.3.3.3　连接导线，应符合以下要求：

a）应采用阻燃导线。

b）对易老化的导线应注明使用年限，到期更换。

c）对所有导线均应有适当保护，以保证其绝缘层不被损伤。

d）当导线需穿越金属孔时，应装有衬套。金属穿线孔应进行倒角，不得有锋利的边缘。

e）接线要整齐布置，并使用线夹、电缆套、电缆卷固定，线束内的导线要有序编扎。

4.3.3.4　插接器，应符合以下要求：

a）使用插接器时，插头两端的线色应相同。

b）在接插完毕后，插头和插座的连接应牢固可靠，不应有松动、接触不良现象。

4.3.3.5　电器线路必须要有可靠的短路保护装置。短路保护装置应符合 GB 5226.1—2008 中 5.3 的规定。

4.4　架内环境监控

应符合以下要求：

a）智能密集架应支持采集密集架内温湿度数据。

b）智能密集架应支持全天记录温湿度。

c）永久保存温湿度数据，并提供温湿度数据的删除功能。

d）智能密集架应能支持手动通风换气，同时也可支持根据设置的温度、湿度阈值自动通风换气，使密集架所在区域满足档案或资料的存放条件。当密集架采集的环境数据不满足存放条件时应立即进行提示，并在界面的醒目位置显示提示信息。

5　标志

智能密集架上使用的文字、图形、标志应符合如下要求：

a）耐久、醒目、规范。

b）显示器、显示输出、操作说明、铭牌、标志中的文字必须使用中文，根据需要也可以同时使用其他文字。

c）智能密集架、显示屏、控制器、动力装置、安全装置应有铭牌。

d）铭牌应安装或打印在以上设备外表面的醒目位置，铭牌尺寸应与主机结构尺寸相适宜。

e）铭牌上应标出制造商名称、地址、商标、产品中文名称、规格型号、制造日期等内容。当铭牌尺寸不足以表示上述所有信息时，至少应标识出制造商名称、商标以及产品名称。

附录 A
（规范性附录）
密集架控制系统总线通信协议

A.1　概述

本协议规定了外部设备通过区域控制总线与智能密集架间的通信要求，并规定了通信数据及参数格式。本协议适用于 RS485 总线通信方式。

A. 2　通信传输约定

A. 2. 1　技术要求

应按下列要求进行：

a）波特率：9600bps，数据结构：1 位起始位，8 位数据位，1 位停止位，无校验。

b）数据交换按帧传输，本协议中的数据采用 ASCⅡ字符码。

c）数据块是本数据帧所附带的与命令字相关的参数或数据。

d）数据块长度是指本数据帧所附带的与命令字相关的参数或数据的长度，以字节数表示。

e）以下命令中起始字头固定为 0x3A。

f）数据长度为不包含起始头和数据长度本身。

g）校验位采用通用 LRC 校验。

h）温度值取值范围应为 −20.00℃ 到 99.99℃。

i）湿度值取值范围应为 0%RH 到 99%RH。

A. 2. 2　数据规范

A. 2. 2. 1　获取温湿度

固定列工控机发送给智能密集架控制器的数据帧：

a）起始字头（1 字节）。

b）数据长度（1 字节）。

c）命令码高位（1 字节，详见表 A.1）。

d）命令码低位（1 字节，详见表 A.1）。

e）预留位（2 字节）。

f）LRC 校验（1 字节）。

智能密集架控制器返回给固定列工控机的数据帧：

a）起始字头（1 字节）。

b）数据长度（1 字节）。

c）命令码高位（1 字节，详见表 A.1）。

d）命令码低位（1 字节，详见表 A.1）。

e）预留位（2 字节）。

f）温度值（5 字节，第 1 个字节 0x2B 代表＋，0x2D 代表−，第 2～4 字节代表温度，取值 0000～9999，表示温度范围 00.00℃～99.99℃）。

g）湿度值（2 字节，取值 00～99，表示湿度范围 0%～99%）。

h）LRC 校验（1 字节）。

A. 2. 2. 2　查询密集架状态

固定列工控机发送给智能密集架控制器的数据帧：

a）起始字头（1 字节）。

b）数据长度（1 字节）。

c）命令码高位（1 字节，详见表 A.1）。

d）命令码低位（1 字节，详见表 A.1）。

e）区编号（1 字节）。

f）列编号（1 字节）。

g）预留位（2 字节）。

h）LRC 校验（1 字节）。

智能密集架控制器返回给固定列工控机的数据帧：

a）起始字头（1 字节）。

b）数据长度（1 字节）。

c）命令码高位（1 字节，详见表 A.1）。

d）命令码低位（1 字节，详见表 A.1）。

e）区编号（1 字节）。

f）列编号（1 字节）。

g）预留位（2 字节）。

h）数据段（n 字节，$n \geq 0$ 并且 $n \leq 249$，数据段数组索引从 0 开始加 1 后分别对应于活动架从左到右顺序的编号，表示距右边一列的距离，单位：厘米）。

i）LRC 校验（1 字节）。

A. 2. 2. 3　密集架控制

固定列工控机发送给智能密集架控制器的数据帧：

a）起始字头（1 字节）。

b）数据长度（1 字节）。

c）命令码高位（1 字节，详见表 A.1）。

d）命令码低位（1 字节，详见表 A.1）。

e）区编号（1 字节）。

f）列编号（1 字节）。

g）预留位（2 字节）。

h）LRC 校验（1 字节）。

智能密集架控制器返回给固定列工控机的数据帧：

a）起始字头（1 字节）。

b）数据长度（1 字节）。

c）命令码高位（1 字节，详见表 A.1）。

d）命令码低位（1 字节，详见表 A.1）。

e）区编号（1 字节）。

f）列编号（1 字节）。

g）预留位（2 字节）。

h）数据段（n 字节，$n \geq 0$ 并且 $n \leq 249$，数据段数组索引从 0 开始加 1 后分别对应于活动架从左到右顺序的编号，表示距右边一列的距离，单位：厘米）。

i）LRC 校验（1 字节）。

表 A. 1　　　　命 令 码 定 义 表

序号	命令码高位	命令码低位	返 回 数 据	说明
1	0x61	0x6C	1 个字节：0x30：停 止 0x31：左移正常	向左移动
2	0x61	0x72	1 个字节：0x30：停 止 0x31：右移正常	向右移动
3	0x63	0x7A	1 个字节：0x30：未到位 0x31：到位	运行到位

续表

序号	命令码高位	命令码低位	返回数据	说明
4	0x67	0x6D	1个字节：0x30：正常 0x31：报警	门禁报警
5	0x67	0x74	1个字节：0x30：正常 0x31：超时	运行超时
6	0x67	0x77	1个字节：0x30：正常 0x31：报警	烟雾报警
7	0x67	0x78	1个字节：0x30：无人 0x31：有人	过道有人
8	0x67	0x75	1个字节：0x30：正常 0x31：超速报警	运行超速
9	0x67	0x64	1个字节：0x30：正常 0x31：报警	测速报警
10	0x73	0x79	1个字节：0x30：允许移动 0x31：禁止移动	禁止移动
11	0x73	0x62	1个字节：0x30：未锁 0x31：已锁	机械锁已锁
12	0x73	0x6E	1个字节：0x30：解除禁止 0x31：禁止	解除禁止
13	0x74	0x73	1个字节：0x30：停止 0x31：运行	停止运行
14	0x67	0x79	1个字节：0x30：正常 0x31：报警	压力报警
15	0x70	0x76	1个字节：0x30：正常 0x31：异常	自检
16	0x68	0x74	7个字节：第1～5字节代表温度，0x2B代表＋，0x2D代表－。第6～7个字节代表湿度	获取温湿度数据
17	0x73	0x61	N×3个字节，如果有异常或状态变化，将变化的状态返回，如果没有变化则不返还。例如：有门禁报警和烟雾报警则返回6个字节数据（0x670x6d0x310x670x770x31）	返回所有信息
18	0x62	0x6a	预留	预留
19	0x62	0x6b	预留	预留

附录 B
（规范性附录）
密集架控制系统网络通信协议

本协议规定了智能密集架工控机与外部系统间的通信要求，并规定接口名称、参数格式（见表B.1至表B.11）。

表 B.1　　　　锁 定 命 令

方法名称	Lock（unsigned zoneNo）			
调用方法	http：//智能密集架工控机 IP 地址：端口/ShelvesService			
功能描述	通过调用该接口对智能密集架进行锁定控制操作			
输入项	参数名称	类型	允许为空	说　明
	zoneNo	unsigned	否	密集架区编号
返回值	参数名称	类型	允许为空	说　明
	无	XML	否	〈Result〉〈Message〉如果成功则返回"Success"，否则如果不成功返回具体失败信息。〈/Message〉〈/Result〉

表 B.2　　　　解 除 锁 定 命 令

方法名称	UnLock（unsigned zoneNo）			
调用方法	http：//智能密集架工控机 IP 地址：端口/ShelvesService			
功能描述	通过调用该接口对智能密集架进行锁定控制操作			
输入项	参数名称	类型	允许为空	说　明
	zoneNo	unsigned	否	密集架区编号
返回值	参数名称	类型	允许为空	说　明
	无	XML	否	〈Result〉〈Message〉如果成功则返回"Success"，否则如果不成功返回具体失败信息。〈/Message〉〈/Result〉

表 B.3　　　　停 止 移 动 命 令

方法名称	StopMove（unsigned zoneNo）			
调用方法	http：//智能密集架工控机 IP 地址：端口/ShelvesService			
功能描述	通过调用该接口对智能密集架进行停止移动控制操作			
输入项	参数名称	类型	允许为空	说　明
	zoneNo	unsigned	否	密集架区编号

续表

	参数名称	类型	允许为空	说　明
返回值	无	XML	否	〈Result〉〈Message〉如果成功则返回"Success",否则如果不成功返回具体失败信息。〈/Message〉〈/Result〉

表 B.4　　　　　向左移动命令

方法名称	LeftMove (unsigned zoneNo, unsigned columnNo)			
调用方法	http：//智能密集架工控机 IP 地址：端口/ShelvesService			
功能描述	通过调用该接口对智能密集架进行指定列编号向左移动控制操作			
输入项	参数名称	类型	允许为空	说　明
	zoneNo	unsigned	否	密集架区编号
	columnNo	unsigned	否	要向左移动的列编号
返回值	参数名称	类型	允许为空	说　明
	无	XML	否	〈Result〉〈Message〉如果成功则返回"Success",否则如果不成功返回具体失败信息。〈/Message〉〈/Result〉

表 B.5　　　　　向右移动命令

方法名称	RightMove (unsigned zoneNo, unsigned columnNo)			
调用方法	http：//智能密集架工控机 IP 地址：端口/ShelvesService			
功能描述	通过调用该接口对智能密集架进行指定列编号向右移动控制操作			
输入项	参数名称	类型	允许为空	说　明
	zoneNo	unsigned	否	密集架区编号
	columnNo	unsigned	否	要向右移动的列编号
返回值	参数名称	类型	允许为空	说　明
	无	XML	否	〈Result〉〈Message〉如果成功则返回"Success",否则如果不成功返回具体失败信息。〈/Message〉〈/Result〉

表 B.6　　　　　合架命令

方法名称	Close (unsigned zoneNo)			
调用方法	http：//智能密集架工控机 IP 地址：端口/ShelvesService			
功能描述	通过调用该接口对智能密集架进行合架控制操作			
输入项	参数名称	类型	允许为空	说　明
	zoneNo	unsigned	否	密集架区编号
返回值	参数名称	类型	允许为空	说　明
	无	XML	否	〈Result〉〈Message〉如果成功则返回"Success",否则如果不成功返回具体失败信息。〈/Message〉〈/Result〉

表 B.7　　　　　通风命令

方法名称	Ventilation (unsigned zoneNo)			
调用方法	http：//智能密集架工控机 IP 地址：端口/ShelvesService			
功能描述	通过调用该接口对智能密集架进行通风控制操作			
输入项	参数名称	类型	允许为空	说　明
	zoneNo	unsigned	否	密集架区编号
返回值	参数名称	类型	允许为空	说　明
	无	XML	否	〈Result〉〈Message〉如果成功则返回"Success",否则如果不成功返回具体失败信息。〈/Message〉〈/Result〉

表 B.8　　　　　获取密集架温度

方法名称	GetTemperature ()			
调用方法	http：//智能密集架工控机 IP 地址：端口/ShelvesService			
功能描述	通过调用该接口获取密集架温度值数据			
返回值	参数名称	类型	允许为空	说　明
	无	string	否	密集架温度值

表 B. 9　　　　获取密集架湿度

方法名称	GetHumidity ()			
调用方法	http：//智能密集架工控机 IP 地址：端口 /ShelvesService			
功能描述	通过调用该接口获取密集架湿度值数据			
返回值	参数名称	类型	允许为空	说　明
	无	string	否	密集架湿度值

表 B. 10　　　获取密集架活动列到位状态

方法名称	GetColumnStatus ()			
调用方法	http：//智能密集架工控机 IP 地址：端口 /ShelvesService			
功能描述	通过调用该接口获取密集架各活动架到位状态			
返回值	参数名称	类型	允许为空	说　明
	无	XML	否	〈Result〉 〈ColumnStatus〉 〈ColumnNo〉活动架编号〈/ColumnNo〉 〈Status〉密集架活动架到位状态。取值范围： 0 表示两边均未到位； 1 表示活动架只有左边到位； 2 表示活动架只有右边到位； 3 表示活动架左右两边全到位 〈/Status〉 〈/ColumnStatus〉 〈/Result〉

表 B. 11　　　获取密集架运行状态

方法名称	GetStatus ()
调用方法	http：//智能密集架工控机 IP 地址：端口 /ShelvesService
功能描述	通过调用该接口获取密集架运行状态

续表

参数名称	类型	允许为空	说　明
无	XML	否	〈Result〉 〈ZoneStatus〉 〈ZoneNo〉密集架区编号〈/ColumnNo〉 〈ColumnNo〉活动架编号〈/ColumnNo〉 〈Status〉 状态结果如下： 禁止移动； 解除禁止； 停止运行； 正在向左移动中； 正在向右移动中； 已运行到位； 关闭自动向左开架功能； 关闭自动向右开架功能； 打开自动向左开架功能； 打开自动向右开架功能； 门禁异常； 烟雾报警； 过道有人或障碍物报警； 运行超速； 运行超时； 测速报警； 压力报警； 机械锁已锁 〈/Status〉 〈/ZoneStatus〉 〈/Result〉

（返回值）

附录 C
（规范性附录）
密集架位置标识码组成规则

C. 1　概述

密集架位置标识码是 18 位数字编码，由地区编

码、单位编码、库房编码、区编码、列编码、节编码、层编码、面号编码、顺序编码组成。具体编码组成结构如下所示：

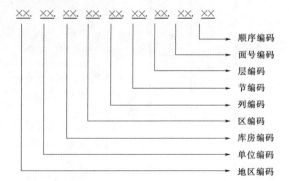

C.1.1　地区编码

2位数字流水号组成。

C.1.2　单位编码

4位数字组成，地区编码＋2位数字流水号。

C.1.3　库房编码

6位数字，单位编码＋2位数字流水号。

C.1.4　区编码

8位数字，库房编码＋2位数字流水号。

C.1.5　列编码

10位数字，区编码＋2位数字流水号。

C.1.6　节编码

12位数字，列编码＋2位数字流水号。

C.1.7　层编码

14位数字，节编码＋2位数字流水号。

从下到上升序排列，即最靠近地面的第一层为1，向上依次增加。

C.1.8　面号编码

16位数字，层编码＋2位数字流水号。

面向上侧面板，左手一侧为A面，右手侧为B面。A面以"01"表示，B面以"02"表示。

C.1.9　顺序

18位数字，面号编码＋2位数字流水号。

从左到右升序排列，即每节最左端第一个盒位的位置号为1，向右依次增加。

参 考 文 献

[1] GB/T 27703—2011　信息与文献（图书馆和档案馆的文献保存要求）.

[2] JGJ 25—2010　档案馆建筑设计规范.

[3] DA/T 56—2014　档案信息系统运行维护规范.

[4] DA/T 57—2014　档案关系型数据库转换为XML文件时的技术规范.

[5] 档案馆建设标准（建标〔2008〕51号）.

20　纸质档案抢救与修复规范 第1部分：破损等级的划分

（DA/T 64.1—2017）

前　言

DA/T 64《纸质档案抢救与修复规范》包括如下部分：

——第1部分：破损等级的划分；

——第2部分：档案保存状况的调查方法；

——第3部分：修复质量要求。

本部分是DA/T 64的第1部分。

本部分按照GB/T 1.1—2009给出的规则起草。

本部分由国家档案局提出并归口。

本部分起草单位：中国人民大学档案学院、国家档案局技术部。

本部分主要起草人：黄丽华、张美芳、杨军、王微、王新菲、周杰、蔡梦玲。

本部分为首次发布。

引　言

纸质档案在保存和利用中会出现各种各样的破损情况。对破损纸质档案进行分类并定级，能够为制定修复保护计划提供参考数据，对科学保护档案，集中力量抢救、修复破损或濒危档案具有重要意义。

本部分规定了划分纸质档案破损等级的方法。

1　范围

本部分规定了档案各类破损的定级办法。

本部分适用于各级各类档案馆、档案室。

本部分适用于纸质档案。

2　规范性引用文件

下列文件对于本文件的应用是必不可少的。凡是注日期的引用文件，仅注日期的版本适用于本文件。凡是不注日期的引用文件，其最新版本（包括所有的修改单）适用于本文件。

GB/T 21712—2008　古籍修复技术规范与质量要求

DA/T 1—2000　档案工作基本术语

DA/T 25—2000　档案修裱技术规范

WH/T 22—2006　古籍特藏破损定级标准

3　术语和定义

GB/T 21712—2008、DA/T 1—2000、DA/T 25—2000、WH/T 22—2006及下列术语和定义适用于本文件。

3.1

酸化 acidification

档案纸张接受了一定数量交换性氢离子，导致 pH 值降低，酸性增大的过程。纸张酸性增大是纸张老化的主要原因。

3.2

老化 aging

档案制成材料在保存和利用过程中，因自身或外部因素，性能逐渐降低的现象。

3.3

霉变 mildew

霉菌作用于档案制成材料上导致其理化性能下降或污染档案的现象。

3.4

虫蛀 moth damage

档案被害虫蛀食、污染的档案制成材料。

注：档案害虫指对档案馆藏品、装具及建筑本身造成一定危害的昆虫。

3.5

撕裂 tearing

由于人为或者外力因素导致档案载体呈裂损状。

3.6

污染 contamination

由于各种原因在档案制成材料上留下污斑、污迹的现象，包括水渍、油斑、墨斑、金属锈斑、蜡斑、霉斑、泥斑等。

3.7

残缺 damage and incomplete

档案制成材料呈现残破、缺失或装订受损等现象。

3.8

粘连 conglutination

由于潮湿、灰尘、霉菌、长期堆放挤压等原因而造成档案纸张彼此粘结在一起的现象。

3.9

字迹洇化扩散 ink diffusing or feathering

字迹遇水、水溶液、油或有机溶剂后，色素向四周扩散，导致字迹模糊，影响识读的现象。

3.10

字迹褪色 ink fading

各种原因引起的档案字迹色素色度减退而逐渐模糊，影响识读的现象。

3.11

字迹酸蚀 corrosion by ink acid

酸性字迹材料因氢离子作用于纸张，导致其出现老化或破损的现象。

4 破损等级的划分

4.1 特残破损

凡是有以下情况之一者均为特残破损。

a) 纸张酸化特别严重，pH 值≤4.0。

b) 纸张机械强度严重降低，翻动时出现掉渣、裂口、破碎的现象。

c) 霉变面积＞30%。

d) 虫蛀面积＞30%。

e) 污染面积＞60%。

f) 残缺面积＞40%。

g) 粘连面积＞50%。

h) 字迹洇化扩散或磨损十分严重，严重影响档案信息的识读。

i) 字迹褪色或酸蚀十分严重，严重影响档案信息的识读。

4.2 严重破损

凡是有以下情况之一者均为严重破损。

a) 纸张酸化严重，pH 值：4.0＜pH≤5.0。

b) 纸张老化（发黄、发脆、絮化等）比较严重，机械强度明显降低。

c) 20%＜霉变面积≤30%。

d) 20%＜虫蛀面积≤30%。

e) 20%＜污染面积≤60%。

f) 20%＜残缺面积≤40%。

g) 20%＜粘连面积≤50%。

h) 字迹洇化扩散或磨损，勉强可以识读。

i) 字迹褪色或酸蚀，勉强可以识读。

j) 纸张不规范折叠，导致纸张断裂或字迹因磨损无法识读。

4.3 中度破损

凡是有以下情况之一者均为中度破损。

a) 纸张酸化，pH 值：5.0＜pH≤5.5。

b) 纸张机械强度有一定程度降低或有少量的氧化斑。

c) 5%＜霉变面积≤20%。

d) 5%＜虫蛀面积≤20%。

e) 5%＜污染面积≤20%。

f) 5%＜残缺面积≤20%。

g) 5%＜粘连面积≤20%。

h) 25%＜撕裂面积≤50%。

i) 有部分字迹发生洇化扩散或磨损现象，基本可以识读。

j) 有部分字迹发生褪色或酸蚀现象，基本可以识读。

4.4 轻度破损

凡是有以下情况之一者均为轻度破损。

a) 纸张轻微酸化，pH 值：5.5＜pH≤6.5。

b) 纸张出现轻微发黄、发脆。

c) 纸张有轻微褶皱或污染，霉变面积≤5%，虫蛀面积≤5%。

d) 残缺面积≤5%。

e) 粘连面积≤5%。

f) 撕裂面积≤25％。

g) 有部分字迹发生轻微的洇化扩散或磨损现象，但基本不影响识读。

h) 有部分字迹发生轻微的褪色或酸蚀现象，但基本不影响识读。

i) 纸张不规范折叠，导致折叠处有磨损性断裂，筒子页档案中缝有开裂迹象。

j) 纸张边际磨损伤及字迹；装订边过窄需接边加宽。

依据档案破损类型和程度可将档案破损等级归纳见表1。

表1　　档案破损类型、程度与破损等级

破损等级 破损程度 破损类型	特残破损	严重破损	中级破损	轻度破损
酸化	pH≤4.0	4.0＜pH≤5.0	5.0＜pH≤5.5	5.5＜pH≤6.5
老化	机械强度严重降低，翻动时出现掉渣、裂口、破碎现象	机械强度明显降低，发黄、发脆、絮化等现象较严重	机械强度有一定程度降低，有少量的氧化斑	轻微的发黄、发脆
霉变	霉变面积＞30％	20％＜霉变面积≤30％	5％＜霉变面积≤20％	霉变面积≤5％
虫蛀	虫蛀面积＞30％	20％＜虫蛀面积≤30％	5％＜虫蛀面积≤20％	虫蛀面积≤5％
污染	污染面积＞60％	20％＜污染面积≤60％	5％＜污染面积≤20％	污染面积≤5％
残缺	残缺面积＞40％	20％＜残缺面积≤40％	5％＜残缺面积≤20％	残缺面积≤5％
粘连	粘连面积＞50％	20％＜粘连面积≤50％	5％＜粘连面积≤20％	粘连面积≤5％
字迹洇化扩散	严重影响档案信息识读	勉强可以识读	基本可以识读	基本不影响识读
字迹褪色	严重影响档案信息识读	勉强可以识读	基本可以识读	基本不影响识读
其他		纸张不规范折叠，导致纸张断裂或字迹因磨损无法识读	25％＜撕裂面积≤50％	撕裂面积≤25％；折叠处有磨损性断裂

参 考 文 献

[1]　DA/T 11—1994　文件用纸耐久性测试法.

㉑　纸质档案抢救与修复规范
第3部分：修复质量要求

（DA/T 64.3—2017）

前　言

DA/T 64《纸质档案抢救与修复规范》包括如下部分：

——第1部分：破损等级的划分；

——第2部分：档案保存状况的调查方法；

——第3部分：修复质量要求。

本部分是 DA/T 64 的第3部分。

本部分按照 GB/T 1.1—2009 给出的规则起草。

本部分由国家档案局提出并归口。

本部分起草单位：中国人民大学档案学院、国家档案局技术部。

本部分主要起草人：张美芳、黄丽华、杨军、王新菲、王微、周杰、曹宇、卢莹。

本部分首次发布。

引　言

为提高档案修复水平，确保修复质量，避免修复过程中给档案造成二次破坏，需要建立档案修复质量标准，加强档案抢救与修复的科学化管理。

1　范围

本部分规定了纸质档案修复质量标准。

本部分适用于国内各级各类档案馆、博物馆、图书馆等机构及与档案抢救修复相关的行业。

本部分适用于纸质档案。

2　规范性引用文件

下列文件对于本文件的应用是必不可少的。凡是注日期的引用文件，仅注日期的版本适用于本文件。

凡是不注日期的引用文件，其最新版本（包括所有的修改单）适用于本文件。

GB/T 21712—2008　古籍修复技术规范与质量要求

DA/T 1—2000　档案工作基本术语

DA/T 25—2000　档案修裱技术规范

WH/T 22—2006　古籍特藏破损等级标准

3　术语和定义

DA/T 1—2000、DA/T 11—1994、DA/T 16—1995、本标准的第1部分以及下列术语和定义适用于本文件。

3.1

修复　restoration

指对破损或老化档案采取修裱、去污、去酸、加固、字迹恢复等技术，使其尽可能恢复原貌，呈现信息的工作。

3.2

修裱　mounting

使用粘合剂把选定的匹配纸张加固在已破损的档案上，以恢复或增加其强度和耐久性的技术，包括修补和托裱等技术。

4　修复质量要求

4.1　去酸

去酸技术的要求：

a) 纸张 pH 值近中性或弱碱性（7≤pH≤8.5）。

b) 无字迹洇化扩散等现象，纸张平整。

c) 去酸物质对档案纸张和字迹基本无影响。

d) 残留在纸张中的碱性物质有一定的缓冲抗酸作用，不影响档案的寿命。

4.2　去污

去污技术的要求：

a) 对字迹基本无影响。

b) 基本不影响纸张性能及寿命。

c) 去污物质尽可能少地残留在档案中。

d) 纸张平整。

4.3　字迹加固、恢复

字迹加固、恢复技术的主要要求：

a) 加固剂对纸张、字迹基本无影响。

b) 使用字迹加固、恢复技术后，残留物在日后保管中对纸张、字迹基本无影响。

c) 字迹加固、恢复技术要有明确的应用范围。

4.4　修裱

4.4.1　修裱材料

4.4.1.1　粘合剂

粘合剂的性能要求：

a) 化学性能稳定，对原件纸张和字迹无不良影响。

b) 呈中性或弱碱性（7≤pH≤8.5）。

c) 不易生虫、长霉。

d) 具有可逆性。

e) 粘度适中，修裱后的档案柔软不变形。

4.4.1.2　托纸、补纸

托纸、补纸的选择与要求：

a) 托纸、补纸呈中性或弱碱性（7≤pH≤8.5），吸水性强、干、湿收缩率小。

b) 托纸纤维均匀、轻薄、柔软、不含有害杂质，具有较好的稳定性、耐久性，具有一定强度。

c) 补纸的种类、厚度、颜色与原件相同或相近，宁薄勿厚，宁浅勿深。

4.4.2　修补

4.4.2.1　拼对

档案文字、线条、印章、标记等拼对准确、整齐。

4.4.2.2　补缺

补纸纸纹与被补档案原纸纹方向一致，以毛边相搭，搭接部位平整洁净，接口宽度一般不超过 2mm；补件成品保持档案原貌，无只字片纸丢失。

4.4.2.3　溜口

溜口技术的要求：

a) 中缝拼对严紧，无歪斜错位。

b) 溜口纸条宽窄适当，以略宽于破损处为宜。

4.4.2.4　接后背的要求

纸条宽度应满足装订需要，与档案搭接部位平直、宽窄均匀。接口宽度一般为 2mm～3mm。

4.4.2.5　加边

加边纸条宽窄适当，与档案原纸搭接部位平整柔软。四周短小档案的加边，其横口与竖口宽度均匀一致，接口宽度一般为 2mm～3mm。

4.4.2.6　纸浆修补

纸浆投放适量并与档案残缺或孔洞之处结合紧密，无脱落、无开裂、无空隙。档案正面清晰、洁净，无多余纸浆残留。

4.4.3　托裱

托裱技术的要求：

a) 档案字迹无刷坏、刷花、刷痕或洇化、褪色、扩散等现象。托纸薄而柔韧，托件厚度增加不明显。镶缝接口横竖宽窄一致，粘接牢固。

b) 修裱成品光洁干整，质地柔软，舒展平整，天、地、左、右四边整齐，不出现崩、拔、走、裂、空壳、生霉、污染、褶皱等现象。

4.4.4　揭粘

揭粘技术的要求：

a) 尽力保全档案完整，两层之间有粘接十分牢固者保留有字的部位。

b) 揭旧重裱的档案，应妥善保护心子原有幅面，不得将其裁小或裁伤。其款式与尺寸应最大程度保留

或接近重裱前原貌。

4.4.5 修整

修整技术的要求：

a) 档案经修整后干整匀称，无压痕、无捶痕、无捶破现象。

b) 筒子页档案、经折装档案应按原折扣位置折叠，折缝平直，折口部分不高、不翘。

4.4.6 裁切

裁切技术的要求：

a) 不能裁掉档案原边和字迹。

b) 裁切边缘要正、直，不得有毛茬。

4.4.7 装帧

装帧技术的要求：

a) 成卷、成册的档案修裱后应按原来形式进行装帧。

b) 蝴蝶装档案纸芯平整，压实。折口平直，封皮包裹严紧。

c) 金镶玉装档案衬纸镶出部分的长度之和不得超过原件纸张的五分之一，天地的比例为 3：2。

d) 线装档案与包背装档案页码顺序正确，不歪不斜，封皮平整，面积大小合适。装订时应尽量利用原装订眼。订线后各线段连在一起，尽量成为一条直线，不歪斜，两股线互不缠绕，不露线头。包背装档案使用纸捻装订时应松紧适度。

e) 卷轴装档案修复后心子平整，镶缝一般 2mm～5mm。补纸、镶料色调协调，浓淡适宜，天、地比例为 3：2，天、地两端加装的轴、杆粗细适当，轻圆、平直。

f) 经折装档案修复后纸叶折叠整齐，不歪不斜。封皮软硬适中，面积大小合适。

g) 无封底（面）档案要添加与档案纸张颜色相近的纸张作封皮（底），便于保护档案。

㉒ 纸质档案抢救与修复规范 第 2 部分：档案保存状况 的调查方法

（DA/T 64.2—2017）

前　言

DA/T 64《纸质档案抢救与修复规范》包括如下部分：

——第 1 部分：破损等级的划分；

——第 2 部分：档案保存状况的调查方法；

——第 3 部分：修复质量要求。

本部分是 DA/T 64 的第 2 部分。

本部分按照 GB/T 1.1—2009 给出的规则起草。

本部分由国家档案局提出并归口。

本部分起草单位：中国人民大学档案学院、国家档案局技术部。

本部分主要起草人：黄丽华、张美芳、孙洪鲁、吴秀云、陈敏、王新阳、彭璨。

本部分为首次发布。

引　言

为全面了解和掌握各级各类档案馆所藏档案保存现状、破损程度、馆库条件和管理情况等，需要开展全面调查，建立档案保存信息数据库，以便有重点、有针对性地开展档案保护与抢救工作，提高档案管理水平。档案调查是档案保护的基础性和前期性工作，是档案抢救、保护与利用工作的重要环节。

本部分规定了档案馆对馆藏纸质档案保存情况、保管条件及其管理数据的调查内容和调查范围等，编制档案保存现状调查表和档案保存环境调查表；介绍调查方法，以便调查工作的开展。

1　范围

本部分规定了纸质档案的保存状况的调查方法。

本部分适用于纸质档案。

2　规范性引用文件

下列文件对于本文件的应用是必不可少的。凡是注日期的引用文件，仅注日期的版本适用于本文件。凡是不注日期的引用文件，其最新版本（包括所有的修改单）适用于本文件。

DA/T 1—2000　档案工作基本术语

DA/T 11—1994　文件用纸耐久性测试法

DA/T 16—1995　档案字迹材料耐久性测试法

3　术语和定义

DA/T 1—2000、DA/T 11—1994、DA/T 16—1995、本标准的第 1 部分以及下列术语和定义适用于本文件。

3.1

档案保管情况调查　survey for archives

全面了解档案保存现状、保存环境等相关信息的工作。

3.2

档案抽样调查　sampling survey for archives

抽取馆藏档案总体的一部分（即样品）进行调查和统计，从而分析并推断馆藏总体情况。

3.3

修复　restoration

指对破损或老化档案采取修裱、去污、去酸、加固、字迹恢复等技术，使其尽可能恢复原貌，呈现信息的工作。

3.4

修裱　mounting

使用粘合剂把选定的匹配纸张加固在已破损的档案上，以恢复或增加其强度和耐久性的技术，包括修补和托裱等技术。

3.5

档案砖　archival brick

因保管不善，长期受潮和积压，在高温、霉菌、尘土、水分等因素的作用下，档案纸张之间粘连在一起，形成砖状。

4　档案保管情况调查的主要内容

4.1　档案实体保存现状的调查

对档案个体调查的主要目的是对档案载体和字迹保存现状、损坏程度、老化状况、形成时间、记录形式、案卷外观状况等相关问题进行全面调查，主要内容包括以下情况或现象（见表 1 和表 2）：

a）档案形成时间。

b）档案来源。

c）纸张种类。

d）字迹材料种类。

e）酸化。

f）霉变。

g）虫蛀。

h）老化。

i）污染。

j）撕裂。

k）残缺。

l）糟朽。

m）粘连。

n）皱褶。

o）字迹洇化或扩散。

p）字迹褪色或酸蚀。

q）字迹磨损（包括纸页中间和边缘）。

r）不规范折叠，如字迹处折叠。

s）记录形式。

t）不规范修复。

u）案卷外观破损。

4.2　档案保存条件的调查

档案保存条件调查的主要内容（见表 3）：

a）库房朝向和建筑情况。

b）档案装具。

c）消防和安防配置。

d）温度、湿度调控。

e）防光措施。

f）空气净化措施。

g）有害生物防治措施。

h）保管制度。

4.3　档案抢救保护大事记

历史上曾经发生的突发事件、重大安全事件，如虫害、长霉、水浸、火灾等；历史上曾经采取的抢救、保护或修复措施的记录（见表 4）。

5　调查方法

5.1　普查

对档案馆全部馆藏或者部分馆藏档案的保存状况进行普遍的、逐卷（件）的、逐页的调查。本方法适用于馆藏档案数量较少的档案馆。

5.2　抽样调查

档案馆根据自身情况进行分类，如按档案形成时间、保管库房、所属全宗等，在分类的基础上可进一步开展随机或等距抽样，由抽样数据统计结果反映全馆馆藏档案的保存状况。一般情况，依据馆藏量来确定抽取的样本量。馆藏与抽取样本量的关系见表 5。

5.3　重点调查

在馆藏中选择一部分重点档案进行调查，通过统计数据了解总体馆藏档案的保存情况。

5.4　调查规划的制定

档案馆可根据自身馆藏的数量、档案的损坏和珍贵程度、调查经费、参加调查的人员等方面，确定、调查选用的方法。

馆藏量大的单位，可制定调查规划，或分段调查，如按年代或库房或全宗；或分若干年进行调查。

调查结束后按数理统计方案进行数据统计分析。

表 1　　　　　　　　　　　　档案基本信息及案卷外观调查表

填表时间　　年　月　日

档号		全宗名称			
临时号		卷内文件 起止时间	年　　月 年　　月	卷内文件张页数	
案卷外观状况	是否成为档案砖	卷皮是否破损 或变形	装帧	卷皮是否酸化	是否严重污染
			形式　　　是否毁损		

注：表 1 各项调查内容如有发生或存在，请打"√"，没有则不填。

抽样调查人：　　　　　　　　　　　　　　　　　审核人：

表2　　　　　　　　　　　　卷内纸张保存情况调查表

填表时间　　　年　月　日

案卷号			纸张页码		第　　页	
纸张情况			字迹情况			
纸张种类	手工纸		字迹种类			
	机制纸					
老化	酸化		字迹洇化扩散		洇化	
	发黄				扩散	
	发脆					
霉变			字迹褪色或酸蚀		褪色	
虫蛀					酸蚀	
撕裂			字迹磨损		普遍	
污染（水渍、油斑、墨斑、金属锈斑、蜡斑）					边缘	
残缺			记录形式			
粘连						
糟朽						
皱褶						
絮化						
不规范折叠			其他			
不规范修复						
其他						

注：表2各项调查内容如有发生或存在，请打"√"，没有则不填。"字迹种类"指墨汁、墨水、圆珠笔等；记录形式指手工书写、打印、复印、油印等。

抽样调查人：　　　　　　　　　　　审核人：

表3　　　　　　　　　　　　档案保存条件调查表

填表时间　　　年　月　日

保管条件	库房建筑情况			档案装具			温度达标	湿度达标	防光措施	空气净化措施	防有害生物		消防和安防				保管制度
库房号	库房朝向	地上库	地下库	密集架	五节柜	档案盒（袋）中性					防霉消毒	防虫措施	报警装置	监控设备	门禁系统	消防设备	

注：表2中各项调查内容如有发生或存在，请打"√"，没有则不填。"库房朝向"可用文字说明。

抽样调查人：　　　　　　　　　　　审核人：

表 4 档案抢救保护大事记

填表时间　　年　月　日

	突 发 事 件					安全事故		抢救修复历史			其 他
	火灾	水灾	地震	泥石流	其他	丢失	损坏	修复	缩微（仿真）	数字化	
时间											
受损程度											
范围											

注：表 3 中各项调查内容如有发生或存在，请打"√"，没有则不填。"受损程度"和"范围"可用文字说明。

抽样调查人：　　　　　　　　审核人：

表 5 档案调查样本量的抽取比例

馆藏量（卷、件）	＜100	100～1000	1001～5000	5001～9999	1 万～10 万	10 万以上
抽取样本量	50%	20%～50%	10%～30%	5%～10%	1%～5%	1%以下

23 档案保管外包服务管理规范

（DA/T 67—2017）

前　言

本标准按照 GB/T 1.1—2009 给出的规则起草。

本标准由国家档案局提出。

本标准由国家档案局归口。

本标准起草单位：江苏省档案局、江苏仁通档案管理咨询服务有限公司、苏州市档案局。

本标准主要起草人：谢波、朱胜良、张姬雯、赵深、肖芃、姚军、钱唐根、钱耀明、陈兴南、吴晓、许建智、陈进峰、徐有法、冯珂。

本标准为首次发布。

1　范围

本规范适用于档案保管外包服务机构及其他专业机构开展档案保管外包服务的行为。

2　规范性引用文件

下列文件对于本文件的应用是必不可少的。凡是注日期的引用文件，仅注日期的版本适用于本文件。凡是不注日期的引用文件，其最新版本（包括所有的修改单）适用于本文件。

GB 50140—2005　建筑灭火器配置设计规范

DA/T 6—1992　档案装具

DA/T 45—2009　档案馆高压细水雾灭火系统技术规范

JGJ 25—2010　档案馆建筑设计规范

3　术语和定义

下列术语和定义适用于本文件。

3.1

档案保管外包服务　outsourcing services of records keeping

具备档案保管外包服务能力和条件的企业法人，受委托方（法人及自然人）委托，对档案进行保管及相关服务的民事行为，又称"档案寄存和代保管服务"。

3.2

档案保管外包服务机构　outsourcing services organization of records keeping

依法设立，具备从事开展档案保管外包服务能力和条件的法人组织。

3.3

档案保管外包服务委托方　outsourcing services clients of records keeping

档案保管外包服务的购买者。

4　服务原则

4.1　有限范围原则

档案保管外包服务的范围不得违反国家有关的法规和政策。

4.2　安全原则

在档案保管、利用、运输等过程中必须提供安全、可靠、有效的专业服务，确保不发生缺失损毁、涂改伪造、污染霉变等安全事件。

4.3　保密原则

必须履行保密义务，不翻阅、不传播、不泄露所保管档案的任何信息。

4.4　监管原则

档案保管服务外包机构应当接受有关方面的监管。

5　组织与人员

5.1　组织

档案保管外包服务机构的组织，应根据保管规模和业务范围确定相应的内部管理机制，并保持相对稳定。

5.2　人员

5.2.1　按照内部管理机制，配备符合实际需要的、具有相应岗位职业资格的员工。一般应包括档案专业人员和其他各类专业技术人员。

5.2.2　档案保管外包服务机构应与员工依法签订劳动合同和保密协议。

6　基础设施

6.1　库房建筑及选址

6.1.1　库房建设应符合 JGJ 25—2010 的相关规定或要求。

6.1.2　库房应建于地质稳定、地势高坦处，远离城市中心区域、江堤、海堤、河滩、易燃易爆物品、有毒有害气体源、悬崖或土（岩）质松散的山坡等，如遇水库应建在上游处。

6.1.3　库房位于地震基本烈度 7 度以上（含 7 度）地区的，应按基本烈度 7 度以上设防，位于地震基本烈度 6 度以下地区的，应按 7 度设防。

6.1.4　库房不得与办公、工业、商业、民用以及仓库等与档案管理无关的用房混杂。

6.1.5　库房区域严禁与使用明火、有毒有害气体、易燃易爆物品、放射性物体等场所混杂。

6.1.6　库房内应具备防潮、防水、防日光及紫外线照射、防尘、防污染、防有害生物、防盗、防火等功能。

6.2　基本设施与设备

6.2.1　消防设施

按照 GB 50140—2005 和 DA/T 45—2009 等标准配置消防灭火设施，灭火介质不能对档案产生二次损害，不能污染环境。档案保管外包服务库房安装火灾报警设施并与 119 联网。

6.2.2　安防设施

库房的周边、所有出入口、档案交接室、档案调阅室、档案熏蒸室、档案存储区域和电梯等，均应设有实时可视监控系统。档案存储区域的出入口和电梯应安装门禁系统和红外线报警设备并与 110 联网，人员出入库区必须通过安全检查。

6.2.3　避雷设施

库房和专用机房安装避雷装置。

6.2.4　用电设施

库房应有两路供电线路供电或配置备用电源。

6.3　库房温湿度

6.3.1　库房温湿度应符合档案行政管理部门的相关规定要求，一般库房温度控制在 14℃～24℃范围内，湿度控制在 45％～60％范围内；每昼夜波动幅度温度在±2℃之内、相对湿度在＋5％范围之内。

6.3.2　库房应有温湿度记录设备，进行实时监控和记录，记录保留不少于 36 个月。

6.3.3　库房应设有温湿度自动或人工调节设施，根据档案的重要性和载体等因素区别对待。

7　业务规程

7.1　总体要求

应明确档案保管业务流程并严格执行，建立档案交接、运输、保管、出入库、利用服务和人员管理、信息安全等相应的制度和操作规程。

7.2　签订协议

档案保管外包服务机构与委托方应按规定签订档案保管外包服务协议。期满续约的，应在期满前重新签订协议；不再续约的，到期应办理档案期满出库手续。

7.3　档案运输

7.3.1　应对档案上下架、装箱、上下车、运输等全过程进行安全管理。

7.3.2　运送档案时应使用符合档案安全运输的车辆，并配备押送员，实行专人专车，运输时间和路线严格保密。

7.4　档案出入库管理

7.4.1　在档案交接时，应由专人负责做好清点、验收和装箱工作，履行入库登记手续，双方指定人员签章确认。

7.4.2　委托方需进入库房的，档案保管外包服务机构应指定专人全程陪同，并有视频监控。

7.4.3　寄存和代保管档案进入档案保管外包服务库房时，档案保管外包服务机构应进行安全检查和科学消毒，防止易燃易爆、有毒有害气体或生物进入库区。

7.5　库房安全保管

7.5.1　库房内整洁有序，不得堆放杂物。

7.5.2　库房内应配置符合相关安全保管规定的装具，如五节柜、密集架、开放式固定架等。

7.5.3　库房管理人员应每日定时进行库房巡查，发现安全隐患和问题及时处理，并做好记录。

7.5.4　库房档案应定期进行检查和清点盘库，确保档案的完整与安全。

7.6　消防和安全保卫

7.6.1　应定期检测消防、安全监控设备和电路等运行情况。建立消防等安防预案，定期进行演练。

7.6.2　应配备安保力量，建立 24 小时值班和昼夜定时巡检制度。

7.6.3　设施设备检查、安全值班、监控巡视记录应长期保存，不少于协议保管期满后 10 年，以备查阅。

7.7　信息化管理

7.7.1　采用信息化管理手段，建立业务管理信息系统，实现档案保管外包服务信息化。

7.7.2　根据委托方的要求提供档案信息化服务。

7.8　档案利用服务

7.8.1　档案保管外包服务机构应为委托方提供档案利用服务，满足利用者的需求。非委托方调阅、查阅相关档案资料的必须征得委托方同意，并提供有委托方单位公章（或委托人签名）的书面证明。

7.8.2　提供档案利用服务时，须核对利用者身份。利用者查阅、复制、下载或打印等应履行档案利用登记手续。

7.8.3　应建立提供档案利用服务登记簿，对利用日期、单位、人员、内容和方式等进行逐项登记记录，利用者应签字确认。

7.8.4　为委托方提供档案利用递送服务，须派员专程及时送达，在核对人员身份后，与委托方履行交接手续。

7.8.5　档案提供利用服务人员有权监督利用者保护档案。如利用者违反有关规定，应及时纠正，督促其改正，并告知委托方。

7.8.6　利用档案服务中形成的相关材料应专门集中保管，按年度归档备查。

7.9　人员管理

7.9.1　工作人员必须熟悉档案法律法规及档案工作规章制度与标准，并具备符合岗位需要的相应文化程度和业务技能。

7.9.2　持有档案岗位培训证书的人员需占全员的25％以上，持有中高级专业技术职称的人员需占全员的10％以上，其中必须有档案专业技术中高级职称的人员。

7.9.3　工作人员应定期参加相关的业务培训和继续教育，不断提高专业技能和业务能力，满足实际工作需要。

7.9.4　安保、水电、消防值班等工作人员必须持证上岗。

7.10　档案信息安全

7.10.1　建立档案信息安全保密制度，加强档案信息的安全管理。

7.10.2　应维护委托方档案信息安全，不得擅自复制、摘抄或留存档案信息，不得利用档案谋利。

7.10.3　发现档案丢失、缺失或被盗、信息泄露等情况，须立即报告委托方，及时处理，并追究有关人员的责任。

8　责任事故与赔偿

8.1　因档案保管外包服务机构原因，造成档案缺失、损坏、损毁等事件或事故，应承担相应责任。委托方可以向被委托的档案保管外包服务机构提出赔偿要求，按照协议约定执行赔偿；法律、法规对赔偿额的计算方法和赔偿限额有规定的，从其规定。

8.2　因自然灾害、战争等不可抗力而造成委托方档案缺失、损坏、损毁的，档案保管外包服务机构不承担赔偿责任。

8.3　双方对事故责任和赔偿不能协商一致的，均可向当地司法部门提出调解、仲裁或法律诉讼的申请。

9　能力评估

9.1　档案保管外包服务机构可通过档案保管外包服务行业组织开展能力评估。能力评估可参照《档案保管外包服务能力评估表》。

9.2　档案保管外包服务机构向档案保管外包服务行业组织提出能力评估申请，并提交以下材料：

　　a）能力评估申请一份；

　　b）《档案保管人员基本情况登记表》一式三份；

　　c）《档案保管外包服务审批表》一式三份；

　　d）工商行政管理部门颁发的营业执照正本复印件一份；

　　e）组织机构法人身份证复印件一份；

　　f）档案保管外包服务机构专业人员名册、身份证、资格证明复印件各一份；

　　g）档案保管库房相关资料和设施设备情况明细表；

　　h）相关财务报表和纳税情况各一份。

9.3　档案保管外包服务行业组织在实际收到档案保管外包服务机构能力评估申请后进行初审和现场评分，提出评估意见。

附录 A
（资料性附录）
档案保管外包服务能力评估表

表 A.1　档案保管外包服务能力评估表

序号	测评项目	测评内容	权重	基础关键项	测评方法
（一）公司资金　6％					
1	注册资金	以 2000 万元为 6％，每低 2％减 1％	6％		查阅资料
（二）档案保管场所建设　50％					
2	自有档案库房	选址布局、建筑设计、档案保护、防火设计、建筑设备符合要求为 5％，每少一项为 1％；自有档案库房面积 6000 平方米为 7％，每少 500 平方米减 1％	12％	必备	查阅基建档案资料和现场查看

续表

序号	测评项目	测评内容	权重	基础关键项	测评方法
3	租用档案库房	选址布局、建筑设计、档案保护、防火设计、建筑设备符合要求为2.5%，2000平方米为3%。每减少500平方米减1%	5.5%		查阅基建档案资料和现场查看
4	库房环境	档案库房单独设立为5%、与其他单位共处一栋建筑物的为2%、与其他单位混用无权重	5%		
5	档案库房租用年限	档案库房租用年限以十五年以上为2%，每少1年减0.5%	2%		查阅合同等资料
6	配备档案附属技术用房	设置档案整理、数字化、中心机房、消毒、修裱等用房各为1%	5%		
7	消防设施	自动消防灭火系统为4%，其他灭火设施为1%	4%	必备	查阅资料和现场查看
8		自动火灾报警为2%	2%		
9		与119联网为1%	1%		
10		通过消防年检为1%	1%		
11	防盗报警和安全值班	部署库区周界电子巡查设施与防护装置为1%；建立24小时值班制，对值班室进行录像监控1%	2%	必备	查阅资料和现场查看、测试
12		设置视频监控、红外报警防盗数据保存90天为1%	1%		
13		安装档案管库房电子门禁系统为1%	1%		
14		设置进馆档案X光安检设备为1%	1%		
15		与公安局110联网为1%	1%		

续表

序号	测评项目	测评内容	权重	基础关键项	测评方法
16	供电系统	配备独立供电系统为2.5%	2.5%		查阅资料和现场查看
17		配有发电机，发电机功率不小于库房用电量为1%	1%		
18		有两路供电为2%	2%		
19	档案库房照明	档案库房采用无紫外线照明为1%	1%	必备	现场查看
（三）档案运输　4%					
20	档案运输车辆	配备自有档案外包服务专用运输车辆2台以上运送档案为3%；租用专用运输车辆2年以上期限、2台以上为2%	3%	必备	现场查看
21	档案押送人员	配备具有保安资质的押送人员2人以上1%	1%		查阅资质证书
（四）档案保护　16%					
22	档案库房管理	档案库房内按照八防要求配备相应设施设备为4%	4%		查阅资料和现场查看
23	档案库房温湿度调控	档案库房配备温湿度自动测量与调控设备为3%	3%	必备	
24	档案库房湿度	档案库房相对湿度控制在45%～60%，昼夜变化不大于5%。连续3个工作日不符合要求少1%，连续一周不符合少2%，连续一个月不符合少3%	3%		查阅资料和现场查看
25	档案库房温度	档案库房温度控制在14℃～24℃，昼夜变化不大于2℃，连续3个工作日不符合要求少1%，连续一周不符合少2%，连续一个月不符合少3%	3%		

续表

序号	测评项目	测评内容	权重	基础关键项	测评方法
26	档案库房温湿度数据	档案库房温湿度实时监控，数据保存36个月，编成曲线图，人工记录每天数据不少于2次为2%	2%		查阅资料和现场查看
27	防有害生物实施	具有防有害生物消毒等设施设备为1%	1%		
（五）档案装具　6%					
28	密集架	安装符合国家标准的密集架为4%	4%	必备	现场查看
	开放式固定架或五节柜	开放式固定架或五节柜为2%	2%		
（六）人员管理　7%					
29	档案业务及管理人员	档案业务人员受过档案基本知识培训，持档案上岗证书达员工总数的100%得5%，每少10%减0.5%	5%	必备	查阅资料和现场测试相关知识
30	其他岗位人员上岗证书持有	消防值班员持有证书为1%，水电工持有证书0.5%，安全保安持有证书0.5%	2%	必备	

续表

序号	测评项目	测评内容	权重	基础关键项	测评方法
（七）信息化管理和档案利用服务　8%					
31	档案查阅	设置专门的档案查阅场所，设施齐全，配备2名以上档案查阅服务人员为2%	2%		查阅资料及现场查看
32	档案管理信息系统	配置数字档案管理系统，开展对寄存和代保管档案的信息化管理和在线检索利用为2%	2%		
33	数据库建设	按照委托方要求，建立供委托方使用的档案文件级和案卷级目录数据库，或者全文数据库为2%	2%		
34	数据安全措施	配备专用机房，配备档案服务器和专用网络，采用档案委托方授权等机制为2%	2%		
（八）制度建设　3%					
35	制度建设	建立档案运输、出入库、安全保卫、科学管理、保管、安全保密、信息安全、利用服务、统计等制度，各种登记表和账簿齐全为1.5%，每少一项制度少除0.15%。严格执行上述制度1.5%。每一项制度执行不到位少除0.15%	3%	必备	

附录 B

（资料性附录）

档案保管外包服务交接文据

表 B.1　　　　　　　　　档案保管外包服务交接文据

编号：

移出单位名称		接收单位名称	
交接性质		档案所属年度	年　月至　年　月

续表

档 案 类 别	数量（卷/米）				档案参考工具种类	数量
	永久	长期（30年）	短期（10年）	长度		
合计						
移出说明						
接收意见						

移出单位（印章）　　　　　　　　　　　接收单位（印章）

负责人：　　　　　　　　　　　　　　　负责人：

经办人：　　　　　　　　　　　　　　　经办人：

移出时间　　　　　　　年　月　日　　　接收时间　　　　　　　年　月　日

附录 C

（资料性附录）

档案保管外包服务移交清册

表 C.1　　　　　　　　　　　　　　　　档案保管外包服务移交清册

箱体编号	案卷号	案卷目录（题名）	起止时间	页数	档案状况	交接文据编号	备注

附录 D
（资料性附录）
档案保管外包服务期满出库登记表

表 D.1   档案保管期满出库登记表

序号	档案出库时间	档案类型	档案数量	取回原因	办理人签名	批准人签名	取回人签名	取回时间	备注

附录 E
（资料性附录）
档案保管外包服务递送登记簿

表 E.1   档案保管外包服务递送登记簿

序号	递送档案种类	数量	递送单号	调档人	批准人	递送人（签名）	送达地点	送达单位	送达时间	接收时间	接收人（签名）	归还时间	归还人（签字）	备注

参 考 文 献

［1］《中华人民共和国档案法》.
［2］《中华人民共和国档案法实施办法》.
［3］《全国档案馆设置原则和布局方案》.
［4］监察部、人社部、国家档案局《档案管理违法违纪行为处分规定》.
［5］国家档案局《档案信息系统安全等级保护定级工作指南》.
［6］国家档案局《电子档案移交与接收办法》.

〔7〕　国家档案局《档案执法监督检查工作暂行规定》.

〔8〕　国家档案局《档案行政处罚程序暂行规定》.

〔9〕　国家档案局《档案工作中国家秘密及其密级具体范围的规定》.

〔10〕　建标〔2008〕51号　档案馆建设标准.

㉔　城市轨道交通工程文件归档要求与档案分类规范

（DA/T 66—2017）

前　言

本标准按 GB/T 1.1—2009 给出的规则起草。

本标准由广东省档案局、广州地铁集团有限公司提出。

本标准由国家档案局归口。

本标准主要起草单位：广东省档案局、广州地铁集团有限公司、广州市档案局、北京市轨道交通建设管理有限公司、深圳市地铁集团有限公司、哈尔滨地铁集团有限公司、成都地铁有限责任公司、昆明轨道交通集团有限公司、无锡地铁集团有限公司、广州中咨城轨工程咨询有限公司、广州地铁设计研究院有限公司、广州轨道交通建设监理有限公司、中铁电气化局集团有限公司。

本标准主要起草人：刘应海、钟伦清、陈艳艳、张启芬、杨惠田、李广元、王彩虹、彭万里、林惠燕、陈炳新、朱亚涛、陈建越、罗富荣、赵斌、陈丽、赵文博、刘宝玉、杜羽、邓扬建、邓秀梅、马天文、赵颖、陈旭东、徐红梅、万宗祥、谢光耀、郭广才、蔡志刚。

本标准为首次发布。

引　言

城市轨道交通是当前新型城市化发展的主要公共交通形式，具有安全、节能、环保等特点。近年来，城市轨道交通迅速发展，已成为城市建设的重要组成部分。

城市轨道交通工程是一个庞大复杂的系统工程，涉及面广、项目投资大、建设周期长，所形成的档案数量庞大、类目众多、载体多样。为统一规范国内城市轨道交通工程文件归档要求与档案分类规则，确保城市轨道交通工程档案的完整、准确、系统，实现档案规范管理和信息共享，使之更好地服务城市建设和管理，根据国家有关法规和标准，制定本标准。

1　范围

本标准规定了城市轨道交通工程归档文件质量要求、文件归档范围及档案保管期限和档案分类与编号规则。

本标准适用于我国新建、改建、扩建、续建的城市轨道交通工程。

2　规范性引用文件

下列文件对于本文件的应用是必不可少的。凡是注日期的引用文件，仅注日期的版本适用于本文件。凡是不注日期的引用文件，其最新版本（包括所有的修改单）适用于本文件。

GB/T 11822　科学技术档案案卷构成的一般要求

GB/T 18894　电子文件归档与管理规范

GB/T 50833—2012　城市轨道交通工程基本术语标准

CJJ/T 117　建设电子文件与电子档案管理规范

DA/T 1—2000　档案工作基本术语

DA/T 28　国家重大建设项目文件归档要求与档案整理规范

DA/T 58—2014　电子档案管理基本术语

3　术语和定义

下列术语和定义适用于本文件。

3.1

城市轨道交通　urban rail transit

采用专用轨道导向运行的城市公共客运交通系统，包括地铁、轻轨、单轨、有轨电车、磁浮、自动导向轨道、市域快速轨道系统。

［GB/T 50833—2012，定义 2.0.1］

3.2

城市轨道交通工程　urban rail transit project

由城市轨道交通的建筑与结构、机电设备、轨道、车辆与车辆基地等工程组成的基本建设单元。一项城市轨道交通工程包括多个单位工程。

3.3

单位工程　subunit of project

具有独立设计文件、可独立组织施工，但建成后不能独立发挥生产能力或工程效益的工程。

［DA/T 28—2002，定义 3.3］

3.4

城市轨道交通工程文件　urban rail transit project document

在城市轨道交通工程的立项、审批、征地、拆迁、勘察、测量、设计、招投标、报建、施工、监理、系统联调、试运行、试运营、竣工验收等全过程中形成的各种形式和载体的信息记录。

3.5

电子文件　electronic document

国家机构、社会组织或个人在履行其法定职责或

处理事务过程中，通过计算机等电子设备形成、办理、传输和存储的数字格式的各种信息记录。电子文件由内容、结构和背景组成。

[DA/T 58—2014，定义 2.1]

3.6

电子档案　electronic record

具有凭证、查考和保存价值并归档保存的电子文件（3.5）。

3.7

城市轨道交通工程档案　urban rail transit project archives

归档保存的城市轨道交通工程文件（3.4）。

3.8

元数据　metadata

描述电子档案的内容、结构、背景及其整个管理过程的数据。

[DA/T 58—2014，定义 2.16]

3.9

档号　archival code

以字符形式赋予档案实体的用以固定和反映档案排列顺序的一组代码。

[DA/T 1—2000，定义 5.12]

3.10

工程管理信息系统　project management information system

形成或处理工程管理数据的计算机信息系统。

3.11

电子档案管理系统　electronic records management system

对电子文件（3.5）、电子档案（3.6）进行采集、归档、编目、管理和处置的计算机信息系统。

4　总则

4.1　建设单位（业主、项目法人）和各参建单位应按 GB/T 11822 和 DA/T 28 的要求完成各自职责范围内的城市轨道交通工程文件的形成、积累、收集、整理、归档工作。

4.2　建设单位应在招标文件、合同中设立专门条款，明确有关方面提交相应工程文件以及所提交文件的整理、归档责任，对归档范围、质量要求、归档套数、归档时间提出具体要求。同时，可采取相应的制约措施，组织、协调和督促各参建单位做好城市轨道交通工程文件的形成、积累、收集、整理、归档工作。

4.3　监理单位应履行对城市轨道交通工程文件质量的管理职责，协助建设单位对其他参建单位归档文件形成过程及质量进行控制，审核所监理范围内所有工程文件。

4.4　城市轨道交通工程文件的形成、积累、整理和归档应与工程建设进度同步，工程档案应完整、准确、系统，能真实反映工程建设的全过程。

4.5　建设单位产生的应归档文件，主办部门应在文件办理完毕后三个月内，向本单位档案管理机构移交；工程勘测、设计、征地拆迁等承包单位应在任务完成后三个月内，将相关工程文件向建设单位移交；工程施工、监理等承包单位应在单位工程质量验收通过后三个月内，将相关工程文件向建设单位移交，有尾工的应在尾工完成后及时归档。

4.6　城市轨道交通工程的各类应归档电子文件须符合 GB/T 18894 的相关要求。

4.7　城市轨道交通工程各相关单位使用的电子档案管理系统应能有效接收、管理、存储和利用工程管理信息系统产生的电子文件，确保电子档案的真实、完整、安全、可用。

本标准提出的档案分类与编号对象是一条线路的城市轨道交通工程档案。各单位在对城市轨道交通工程档案进行分类编号时，可结合本单位档案综合管理分类体系，以及本地区档案行政管理部门、城建档案管理部门的相关规定，使用本标准的分类规则。

5　文件归档范围及档案保管期限

5.1　工程建设过程的关键环节及应归档文件

5.1.1　工程准备阶段

准备阶段关键环节包括立项报批、征地拆迁（含管线迁改）、开工审批（含工程规划）、工程勘察、工程测量、工程设计、招投标（含招标设计）、合同协议等环节。各关键环节主要工作内容及归档范围如图 1 所示。

5.1.2　工程施工阶段

施工阶段关键环节包括施工（监理）准备、施工（监理）过程管理、分部验收、分项及检验批验收等环节。各关键环节主要工作内容及归档范围如图 2 所示。

5.1.3　单位工程质量验收阶段

单位工程质量验收阶段关键环节包括分部单位（子单位）工程质量验收环节。各关键环节主要工作内容及归档范围如图 3 所示。

5.1.4　项目竣工验收阶段

项目竣工验收阶段关键环节包括系统联调、项目工程验收、不载客试运行、专项验收、试运营基本条件评审、试运营和竣工验收等环节。各关键环节主要工作内容及归档范围如图 4 所示。

5.2　文件归档范围及档案保管期限

5.2.1　文件归档范围

5.2.1.1　在新建、改建、扩建、续建的城市轨道交通工程建设过程中形成的具有保存价值的各种载体形式的文件，5.1 所示各关键环节产生的文件均应归档，详细归档范围可参照但不限于附录 A。

5.2.1.2　工程电子文件归档范围参照但不限于附录

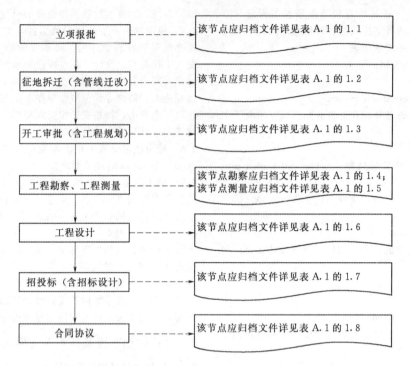

图 1　工程准备阶段关键环节及应归档文件

A，还应包括电子文件的元数据和支持软件。

5.2.1.3　工程音像文件归档范围参照但不限于附录 A，还应配有相应的文字说明。

5.2.1.4　归档文件载体类型包括纸质材料、照片、底片、实物、录音带、录像带及电子信息存储介质等。

5.2.2　档案保管期限

5.2.2.1　归档文件应根据其保存价值划分保管期限。城市轨道交通工程档案的保管期限分为永久、定期两种，定期一般分为 30 年和 10 年。

5.2.2.2　城市轨道交通工程档案保管期限可参照本标准附录 A。

6　归档文件质量要求

6.1　归档纸质文件的质量要求

6.1.1　城市轨道交通工程文件应字迹清楚、图样清晰、图表整洁、签字盖章手续完备。

6.1.2　归档的城市轨道交通工程文件应为原件，应真实、准确、完整，与工程实际相符合。

6.2　归档音像文件的质量要求

6.2.1　照片文件应图像清晰，同一拍摄对象应提供不同角度、景别、阶段的照片，以反映主要地理原貌、施工工序、位置等。使用数字成像设备拍摄的照片，应同时提供未加修饰剪裁的照片文件及对应的冲印照片；照片电子文件分辨率不应小于 3000×2000 像素；照片文件应有文字说明，内容应能反映照片的

事由、时间、地点、人物、背景、摄影者等要素。

6.2.2　视频文件应图像清晰，其中的音频解说词和字幕应与画面相符，并配有相应的文字说明，反映视频文件录制的事由、时间、地点、人物、拍摄者等要素。

6.2.3　音频文件应语音清晰，声音自然、真实，并配有相应的文字说明，反映音频文件录制的事由、时间、地点、人物、录音者等要素。

6.3　归档电子文件形成条件与质量要求

6.3.1　归档电子文件形成条件要求

6.3.1.1　同一城市轨道交通工程建设单位和各参建单位使用了统一的工程管理信息系统，且同时满足下列条件，则工程形成的电子文件可直接归档形成电子档案：

　　a）使用的工程管理信息系统符合国家信息系统安全性、可靠性管理相关标准、规范的要求，有完善的安全管控、数据管理、运行维护、应急管理等管理机制。

　　b）工程管理信息系统具有统一的认证入口，具备身份验证和访问控制功能，有用户权限管理机制，建设单位和参建单位通过认证服务实现身份信息验证。

　　c）能按 GB/T 18894 给出的相关要求形成、收集、整理、归档电子文件及其元数据。

　　d）能以单个流式文档集中记录电子文件拟制、办理过程中对其进行的全部修改信息。

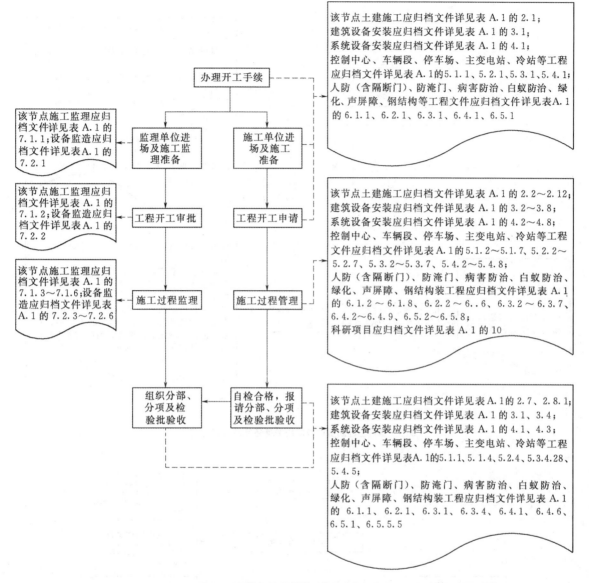

图 2　工程施工阶段关键环节及应归档文件

e) 能按内置规则自动命名、存储电子文件及其组件，保持电子文件内在的有机联系，建立电子文件与元数据之间的关联关系。

f) 能按标准生成电子文件及其元数据归档数据包，或向归档接口推送电子文件及其元数据。

g) 设定了经办、审核、审批等必要的审签程序，能对已收集、积累的电子文件的所有操作进行跟踪、审计。

h) 电子档案管理系统安全管理应参照《档案信息系统安全等级保护定级工作指南》、涉密计算机信息系统分级保护等规定执行。

i) 按相关规定建立电子档案备份制度，能够有效防范自然灾害、意外事故和人为破坏的影响。

6.3.1.2　当符合 5.3.1.1 要求的电子文件需打印成纸质文件进行备份时，如带有打印许可、版本信息、数据校验等完善控制标识，该纸质文件可直接归档为纸质档案。

6.3.2　归档电子文件的质量要求

6.3.2.1　电子文件的内容应真实、准确、完整，与相关纸质文件内容保持一致。

6.3.2.2　元数据应与电子文件一并归档。

6.3.2.3　电子文件宜采用符合 GB/T 18894 及 CJJ/T 117 的相关要求的格式进行保存。特殊格式的电子档案应当与其读取软件一并移交。

6.3.2.4　采用离线归档方式的电子文件应采用一次写光盘、磁带、硬磁盘等进行存储。

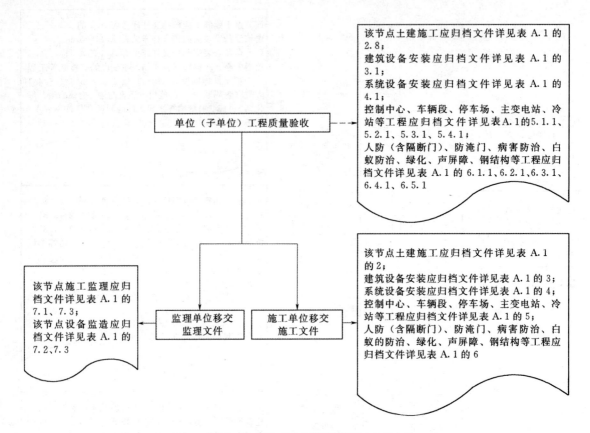

图3 单位工程质量验收阶段关键环节及应归档文件

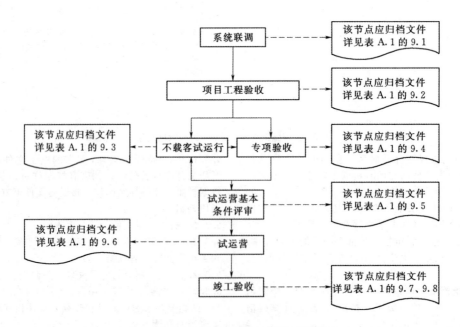

图4 项目竣工验收阶段关键环节及应归档文件

7　档案分类与编号

7.1　分类与编号原则

城市轨道交通工程档案分类编号应遵循以下原则：

——系统性原则：以城市轨道交通工程为对象，根据工程建设的程序与施工特点，结合归档文件的来源、专业和载体类型等因素综合考虑，设置类目层级，赋予相应的编号；

——扩充性原则：参考各城市轨道交通线网的规划和建设，充分考虑轨道交通线路的拆解、延长和站点调整，以及新型轨道交通系统建设等需要，类目设置及档号编制均应预留适当的递增容量，以便适应档案扩充的需要；

——相对稳定原则：设置的类目号为固定编号，使用单位可根据实际情况，合理设置类目编号，编号一经确定，一般不应随意改变。

7.2　档案类目与代码设置

7.2.1　档案类目与代码设置规则

每条城市轨道交通线路的档案分为前期管理类、勘测设计类、工程施工类、工程监理类、验收管理类、科研开发类、特殊载体类等 7 个一级类目，一级类目之下根据需要设置若干二级类目，具体类目设置参见附录 B；结合不同的管理模式，工程施工类、工程监理类类目设置有两种方式，具体类目设置参见附录 C、D。

各层级类目代码可为阿拉伯数字或字母；若使用阿拉伯数字数字，应为两位，不足两位用"0"补齐，从"01"编起，依次递增至"99"止。各层级类目代码为固定编码，使用单位不应随意改变；不能满足实际需要时，可在相应层级类目后增设新的类目或层级，并按顺序续编类目代码。

7.2.2　各层级类目设置说明

7.2.2.1　前期管理类

按文件类型和问题设置类目，包括前期文件及非阶段性和专业性文件的综合类别。可按立项报批、征地拆迁（含管线迁改）、开工审批（含工程规划）、招标投标（含招标设计）、合同协议设置二级类目，按专业或问题分类组卷。

7.2.2.2　勘测设计类

按工程勘察、工程测量、总体及方案设计、初步设计、施工图设计设置二级类目，在每个类目之下，按问题结合文件类型分类组卷。当一个二级类目有多个标段时，可按标段为对象设置三级类目，按照归档时间顺序赋予流水代码，每个三级类目下按专业或问题分类组卷。

7.2.2.3　工程施工类

根据运营和建设的不同管理需求，可分为单位（子单位）工程为主和标段为主两种分类方式，具体如下：

a) 单位（子单位）工程为主的分类方式，按土建施工类、建筑设备安装类、系统设备安装类、复合工程类、专项工程类设置二级类目（具体类目设置参见附录 C.1）：

1) 土建施工类按车站土建、区间土建、全线装修设置三级类目，车站土建和区间土建下按线路里程递增方向设置四级类目，全线装修包括天花、地面、墙面、扶手栏杆等装修工程档案，不细分类目。

2) 建筑设备安装类按线路里程递增方向以车站为对象设置三级类目，可按照设备类型或专业设置四级类目。

3) 系统设备安装类按系统设备采购管理、专业系统的划分设置三级类目。

4) 复合工程类是指同时包含土建、机电、系统等多个单位工程的档案。按建（构）筑物功能类型设置三级类目，如控制中心、车辆段、停车场、主变电站、冷站等，可按项目情况设置四级类目，如车辆段和停车场可设置 ±0.000 以上、±0.000 以下四级类目。

5) 专项工程类是指除土建、机电、系统工程及控制中心、车辆段、停车场、主变电站、冷站工程档案外的人防、防淹门等及其他新增加的单位工程的档案。按工程类型设置三级类目，如人防、防淹门、病害防治、白蚁防治、绿化、声屏障等工程的档案。

b) 标段为主的分类方式，按土建工程、安装工程、其他工程设置二级类目（具体类目设置参见附录 C.2）：

1) 土建工程类按标段设置三级类目，按单位（子单位）工程分类组卷。

2) 安装工程类按标段设置三级类目，按单位（子单位）工程分类组卷。

3) 其他工程类按标段设置三级类目，按单位（子单位）工程分类组卷。

7.2.2.4　工程监理类

根据运营和建设的不同管理需求，可分为专业为主和标段为主两种分类方式，具体如下：

a) 专业为主的分类方式，按施工监理、设备监造设置二级类目（具体类目设置参见附录 D.1）：

1) 当二级类目下只有一个监理单位时，不设置三级类目。

2) 当二级类目下有多个监理单位时，可按监理单位为对象设置三级类目，按照归档时间先后顺序赋予流水代码。

3) 在每个类目之下，所有监理文件按问题结合文件类型分类组卷。

b) 标段为主的分类方式，按土建工程、安装工

程、其他工程设置二级类目（具体类目设置参见附录D.2）：

1）土建工程类按标段设置三级类目，按单位（子单位）工程分类组卷。

2）安装工程类按标段设置三级类目，按单位（子单位）工程分类组卷。

3）其他工程类按标段设置三级类目，按单位（子单位）工程分类组卷。

7.2.2.5　验收管理类

按专业结合验收程序设置二级类目，如系统联调及试运行、项目工程验收、专项验收、竣工验收、试运营、竣工结（决）算等，按问题结合文件类型分类组卷。

7.2.2.6　科研开发类

按课题设置二级类目，如科研项目A、科研项目B等，按照归档时间先后顺序赋予流水代码，按阶段结合问题分类组卷。

7.2.2.7　特殊载体类

按载体类型设置二级类目，如照片、胶片、光盘、磁盘、磁带、半导体存储设备、实物等，按照归档时间先后顺序赋予流水代码，按载体类型结合内容分类整理。

7.3　档号编制

7.3.1　档号由类别号、项目号、类目号、案卷号组成，类别号、项目号、类目号之间用"·"进行分隔，案卷号和类目号之间用"-"分隔，档号结构为"类别号＋项目号＋类目号＋案卷号"。

7.3.2　类别号为档案类别代号，由工程档案接收保管单位根据本单位档案综合管理分类体系编制，用两位阿拉伯数字或字母代表，如"05""E"等代表"城市轨道交通工程档案"。

7.3.3　项目号由工程档案接收保管单位负责编制，用两位阿拉伯数字或字母代表，如"01""CP"等。

7.3.4　类目号参照附录B、C、D编制。

7.3.5　案卷号用阿拉伯数字表示。

7.3.6　各类档案档号编制示例如下。

示例1：前期管理类档号

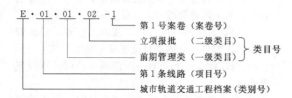

此例适用于已明确工程档案最终分类编号办法的档案接收保管单位。"E"类别号，是接收保管单位档案综合管理分类体系中城市轨道交通工程类档案编号代码，阿拉伯数字"01"作为项目号，代表一号线。

示例2：勘测设计类档号

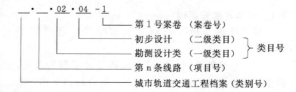

此例适用于尚未明确项目档案最终分类编号办法的档案接收保管单位。类别号和项目号暂时留空，是接收保管单位档案综合管理分类体系中的城市轨道交通工程类档案编号代码。

示例3：工程施工类档号〔以单位（子单位）工程为主的分类方式〕

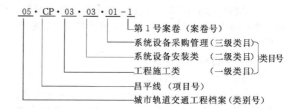

此例适用于已明确工程档案最终分类编号办法的档案接收保管单位。"05"作为类别号，是接收保管单位档案综合管理分类体系中的城市轨道交通工程类档案编号代码，字母"CP"作为项目号，代表昌平线。

示例4：工程施工类档号（以标段为主的分类方式）

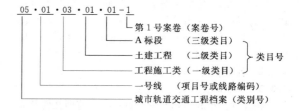

此例适用于已明确工程档案最终分类编号办法的档案接收保管单位。"05"作为类别号，是接收保管单位档案综合管理分类体系中的城市轨道交通工程类档案编号代码，"01"作为项目号，代表一号线。

示例5：工程监理类档号（以专业为主的分类方式）

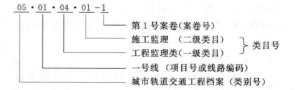

此例适用于已明确工程档案最终分类编号办法的档案接收保管单位。"05"作为类别号，是接收保管单位档案综合管理分类体系中的城市轨道交通工程类档案编号代码，"01"作为项目号，代表一号线。

示例6：工程监理类档号（以标段为主的分类方式）

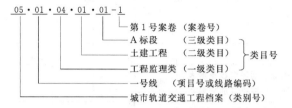

此例适用于已明确工程档案最终分类编号办法的档案接收保管单位。"05"作为类别号，是接收保管单位档案综合管理分类体系中的城市轨道交通工程类档案编号代码，"01"作为项目号，代表一号线。

示例7：验收管理类档号

此例适用于已明确工程档案最终分类编号办法的档案接收保管单位。"05"作为类别号，是接收保管单位档案综合管理分类体系中的城市轨道交通工程类档案编号代码，"01"作为项目号，代表一号线。

示例8：科研开发类档号

此例适用于已明确工程档案最终分类编号办法的档案接收保管单位。"05"作为类别号，是接收保管单位档案综合管理分类体系中的城市轨道交通工程类档案编号代码，"01"作为项目号，代表一号线。

示例9：特殊载体类档号

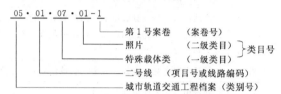

此例适用于已明确工程档案最终分类编号办法的档案接收保管单位。"05"作为类别号，是接收保管单位档案综合管理分类体系中的城市轨道交通工程类档案编号代码，"01"作为项目号，代表一号线。

附录 A
（资料性附录）
城市轨道交通工程文件归档范围和档案保管期限表

表 A.1 给出了城市轨道交通工程文件的归档范围和档案保管期限。

表 A.1　　城市轨道交通工程文件归档范围和档案保管期限表

序号	归 档 范 围	建议保管期限			
		建设单位	监理单位	施工单位	设计单位
1	工程准备阶段文件				
1.1	立项报批				
1.1.1	发展规划、计划、报告、会议记录、纪要	永久			
1.1.2	项目建议书及批复	永久			30 年
1.1.3	立项申请报告及批复（含近期建设规划）	永久			30 年
1.1.4	关于立项的会议纪要、领导批示	永久			
1.1.5	专家对项目的有关建议文件	永久			
1.1.6	预可行、可行性研究报告及批复	永久			30 年
1.1.7	项目评估研究报告及审批文件（客流预测、环境评价、地震安全、地质灾害、卫生评价、职业病评价、节能评估、防雷设计等）	永久			

续表

序号	归 档 范 围	建议保管期限			
		建设单位	监理单位	施工单位	设计单位
1.1.8	工程周边房屋质量鉴定报告、地质补勘报告、房屋调查报告、管线调查报告、风险评估报告	永久		永久	
1.1.9	线路走向、站名等报批文件	永久			
1.1.10	预可性、可行性报告、前期踏勘等的音像文件	30年			
1.2	征地拆迁（含管线迁改）文件				
1.2.1	选址申请及地址规划意见通知书、选址规划意见书等（房屋产权查册表、地籍图、红线外借用地拆迁委托书、房屋拆迁许可证、房屋拆迁通告等）	永久			
1.2.2	用地申请报告及县级以上人民政府城乡建设用地批准书（征用土地申请、批准文件、红线图、坐标图、行政区域图、征地拆迁规划许可证、建设用地通知书等）	永久			
1.2.3	拆迁安置意见、协议、方案、会议纪要及相关附件等	永久			
1.2.4	建设用地规划许可证及附件	永久			
1.2.5	征用土地数量一览表	永久			
1.2.6	划拨建设用地文件	永久			
1.2.7	国有土地使用证	永久			
1.2.8	临时用地相关文件（协议、红线图等）	30年			
1.2.9	永久管线迁改（供电、电信、给水、排水、煤气等专业施工方案、开工报告、竣工报告、竣工图，管网勘测成果资料、工程量预算、迁移批复文件、竣工验收证明）	永久			
1.2.10	拆迁前地形、地貌、施工中文物保护等的音像文件	30年			
1.3	开工审批（含工程规划）文件				
1.3.1	施工许可证、开工令及上级批文等开工审批文件	永久			
1.3.2	工程规划许可证、施工报建图、道路工程审核书、放线测量记录册	永久			
1.3.3	工程规划验收合格证、规划验收测量册、规划验收图	永久			
1.4	勘察文件				
1.4.1	岩土工程勘察报告［初勘、施勘、详勘、补（修）勘］	永久			
1.4.2	专项工程勘察报告（水文、地质等）	永久			
1.4.3	自然条件、地震调查文件	永久			
1.4.4	沿线建（构）筑物调查报告	永久			
1.4.5	勘察过程音像文件	30年			
1.5	测量文件				
1.5.1	测量规划（细则）、方案	永久			
1.5.2	控制网测量记录	永久		永久	
1.5.3	工程定位测量记录	永久		永久	
1.5.4	放线测量记录	永久		永久	
1.5.5	水文测试分析计算，地下管线探测，河势、河床、洪水水位计算成果等各项检测报告	永久		永久	

序号	归　档　范　围	建议保管期限			
		建设单位	监理单位	施工单位	设计单位
1.5.6	测量总结报告	永久		永久	
1.5.7	地形测绘图	永久			
1.5.8	测量过程音像文件	30 年		30 年	
1.6	设计文件				
1.6.1	总体设计、方案设计、初步设计（含说明、概算）及审查文件、初步设计风险评估报告及专家论证文件	永久			永久
1.6.2	施工图设计及审查文件、强制审查报告	30 年		永久	永久
1.6.3	设计计算书	30 年			30 年
1.6.4	设计咨询验收报告、咨询意见及审查咨询文件	永久			永久
1.7	招投标文件				
1.7.1	招标文件，招标文件的修改、补充、澄清文件	永久	30 年	30 年	30 年
1.7.2	资格预审文件，中标投标文件，投标文件的修改、补充、澄清文件	永久	30 年	30 年	30 年
1.7.3	勘察招投标文件	永久			
1.7.4	设计招投标文件	永久			
1.7.5	拆迁招投标文件	永久			
1.7.6	施工招投标文件	永久			
1.7.7	监理招投标文件	永久			
1.7.8	材料、设备招投标文件	永久			
1.7.9	勘察、设计、施工及监理第一未中标投标文件	10 年	10 年	10 年	10 年
1.7.10	开标大会签字表、评标记录、评标报告	永久			
1.7.11	中标通知书	永久	永久	永久	永久
1.7.12	招标设计图纸	10 年			10 年
1.8	合同协议文件				
1.8.1	谈判结果报告、合同审批文件、合同报批稿、合同书	永久	永久	永久	永久
1.8.2	合同变更审批文件、合同变更文件及附件、补充协议	永久	永久	永久	永久
1.8.3	合同纠纷处理文件	永久	永久	永久	永久
1.9	其他管理性文件	永久	永久	永久	永久
2	土建施工文件				
2.1	施工管理文件				
2.1.1	开工报告、停工报告、复工报告、施工单位资质、质量监督备案表、五方责任主体质量承诺书和法定代表人授权书、工程概况一览表	永久		永久	
2.1.2	技术交底记录	永久		永久	
2.1.3	设计变更通知单及汇总表、图纸会审记录及汇总表、工程洽商记录及汇总表、施工图目录汇总表、竣工图目录汇总表、竣工图修改汇总表	永久		永久	
2.1.4	施工组织设计、施工方案（含防水堵漏、实体检测方案等）及审批文件	永久		永久	

序号	归　档　范　围	建议保管期限			
		建设单位	监理单位	施工单位	设计单位
2.2	工程测量、监测记录				
2.2.1	工程测量交接桩记录、控制网复测及第三方检测报告、控制测量成果书	永久		永久	
2.2.2	单位工程坐标定位测量记录、细部放样测量记录及第三方检测报告	永久		永久	
2.2.3	桩基测量报告	永久		永久	
2.2.4	垂直度、标高、全高记录（设计或建设单位有要求的工程）	永久		永久	
2.2.5	车站竣工平面位置及高程测量记录	永久		永久	
2.2.6	竣工测量资料：贯通测量报告、车站断面测量记录、隧道断面测量记录及第三方检测报告	永久		永久	
2.2.7	施工期间沉降监测记录及汇总表、位移检测记录及汇总表	永久		永久	
2.2.8	工程支护结构顶部沉降监测结果	永久		永久	
2.2.9	基坑监测总报告	永久		永久	
2.2.10	防雷检测报告	永久		永久	
2.3	产品质量证明文件				
2.3.1	原材料、构配件、成品、半成品进场使用清单，单位工程试验汇总清单	30年		30年	
2.3.2	原材料、构配件、成品、半成品进场试验报告及报审记录，出厂质量证明书、出厂检验报告、进场复检报告	30年		30年	
2.3.3	见证记录	30年		30年	
2.4	施工、安全及功能性试验与检验记录				
2.4.1	混凝土、砂浆配合比（设计、施工）试验报告及审批记录	永久		永久	
2.4.2	混凝土、砂浆试块抗压、抗渗等检验报告、汇总、质量评定（包括厂家留置部分试件的报告）	永久		永久	
2.4.3	钢筋连接性能检验报告	永久		永久	
2.4.4	外防水结构性能检验报告	永久		永久	
2.4.5	工程支护体系结构性能检测报告	永久		永久	
2.4.6	地基基础性能检测报告	永久		永久	
2.4.7	主体结构（含桥梁下部、上部结构）性能检测报告	永久		永久	
2.4.8	预制构件结构性能检测报告	永久		永久	
2.4.9	钢结构焊接工艺评定、检验报告	永久		永久	
2.4.10	土壤最大干密度、最佳含水量和击实试验报告	永久		永久	
2.4.11	砂卵石、二灰土、石灰土等回填料标准击实试验及密实度检测报告	永久		永久	
2.4.12	楼地面、屋面坡度检查记录	永久		永久	
2.4.13	密度（压实度）检测报告	永久		永久	
2.4.14	防水效果检查记录及水池满水试验记录	永久		永久	
2.4.15	烟（风）道工程检查记录	永久		永久	
2.4.16	桥梁动、静载试验报告	永久		永久	
2.4.17	接地电阻测试、防杂散电流测试记录	永久		永久	

续表

序号	归 档 范 围	建议保管期限			
		建设单位	监理单位	施工单位	设计单位
2.4.18	盾构管片三环拼装试验报告	永久		永久	
2.4.19	盾构管片的抗渗、抗弯试验报告	永久		永久	
2.5	隐蔽工程检查验收记录	永久		永久	
2.6	工程施工记录				
2.6.1	围护结构施工记录	永久		永久	
2.6.2	地基基础施工记录	永久		永久	
2.6.3	主体结构施工记录	永久		永久	
2.6.4	防水工程施工记录	永久		永久	
2.6.5	附属工程施工记录	永久		永久	
2.6.6	洞身开挖与初期支护施工记录	永久		永久	
2.6.7	二次衬砌施工记录	永久		永久	
2.6.8	洞口施工记录	永久		永久	
2.6.9	管片制作施工记录	永久		永久	
2.6.10	盾构掘进与管片拼装施工记录	永久		永久	
2.6.11	洞门及联络通道施工记录	永久		永久	
2.6.12	路基施工记录	永久		永久	
2.6.13	基层施工记录	永久		永久	
2.6.14	面层施工记录	永久		永久	
2.6.15	人行道施工记录	永久		永久	
2.6.16	挡土墙施工记录	永久		永久	
2.6.17	附属建（构）筑物施工记录	永久		永久	
2.6.18	墩台施工记录	永久		永久	
2.6.19	盖梁施工记录	永久		永久	
2.6.20	桥跨承重结构施工记录	永久		永久	
2.6.21	桥面系施工记录	永久		永久	
2.6.22	天花、地面、墙面、扶手栏杆等装修工程施工记录	永久		永久	
2.6.23	其他分部工程施工记录	永久		永久	
2.6.24	新型建筑材料使用记录	永久		永久	
2.6.25	施工新技术应用记录	永久		永久	
2.7	工程分项、检验批质量验收记录				
2.7.1	围护结构工程分项、检验批质量验收记录	30 年		30 年	
2.7.2	地基基础工程分项、检验批质量验收记录	30 年		30 年	
2.7.3	主体结构工程分项、检验批质量验收记录	30 年		30 年	
2.7.4	防水工程分项、检验批质量验收记录	30 年		30 年	
2.7.5	附属工程分项、检验批质量验收记录	30 年		30 年	

序号	归档范围	建议保管期限			
		建设单位	监理单位	施工单位	设计单位
2.7.6	洞身开挖与初期支护工程分项、检验批质量验收记录	30 年		30 年	
2.7.7	二次衬砌分项、检验批质量验收记录	30 年		30 年	
2.7.8	洞口分项、检验批质量验收记录	30 年		30 年	
2.7.9	管片制作分项、检验批质量验收记录	30 年		30 年	
2.7.10	盾构掘进与管片拼装分项、检验批质量验收记录	30 年		30 年	
2.7.11	洞门及联络通道分项、检验批质量验收记录	30 年		30 年	
2.7.12	路基分项、检验批质量验收记录	30 年		30 年	
2.7.13	基层分项、检验批质量验收记录	30 年		30 年	
2.7.14	面层分项、检验批质量验收记录	30 年		30 年	
2.7.15	人行道分项、检验批质量验收记录	30 年		30 年	
2.7.16	挡土墙分项、检验批质量验收记录	30 年		30 年	
2.7.17	附属建（构）筑物分项、检验批质量验收记录	30 年		30 年	
2.7.18	墩台分项、检验批质量验收记录	30 年		30 年	
2.7.19	盖梁分项、检验批质量验收记录	30 年		30 年	
2.7.20	桥跨承重结构分项、检验批质量验收记录	30 年		30 年	
2.7.21	桥面系分项、检验批质量验收记录	30 年		30 年	
2.7.22	吊顶分项、检验批质量验收记录	30 年		30 年	
2.7.23	饰面板分项、检验批质量验收记录	30 年		30 年	
2.7.24	幕墙分项、检验批质量验收记录	30 年		30 年	
2.7.25	建筑地面分项、检验批质量验收记录	30 年		30 年	
2.7.26	细部分项、检验批质量验收记录	30 年		30 年	
2.7.27	其他分项、检验批质量验收记录	30 年		30 年	
2.8	工程验收文件				
2.8.1	分部（子分部）工程质量验收申请、记录、纪要、报告	永久		永久	
2.8.2	单位（子单位）工程质量验收申请、记录、纪要、报告、单位（子单位）工程控制资料核查记录、单位（子单位）工程安全和功能检验资料核查及主要功能抽查记录、单位（子单位）工程观感质量检查记录	永久		永久	
2.8.3	设计、安全、质量、技术、验收等重要会议纪要	永久		永久	
2.8.4	工程质量事故报告、（停工、复工）通知及事故处理报告	永久		永久	
2.8.5	实体交付使用接管确认书、实物资产移交表	永久		永久	
2.8.6	勘察文件质量检查报告、设计文件质量检查报告、工程质量评估报告、单位（子单位）工程竣工验收报告、施工总结（含环保）、单位工程竣工验收自评报告	永久		永久	
2.8.7	安全评价书、工程质量保修书、建设工程质量监督报告	永久		永久	
2.9	施工日志			30 年	
2.10	地质素描图	永久		永久	

续表

序号	归 档 范 围	建议保管期限			
		建设单位	监理单位	施工单位	设计单位
2.11	竣工图	永久		永久	
2.12	施工过程音像文件	30 年		30 年	
3	建筑设备安装文件				
3.1	施工管理及验收文件（参见表 A.1 的 2.1、2.8）				
3.2	工程测量记录	永久		永久	
3.3	工程材料、构配件、设备质量证明文件				
3.3.1	工程材料、构配件、设备报审表、到货清单、到货自检表	30 年		30 年	
3.3.2	工程材料、构配件、设备件质量证明文件及检验报告及报告汇总表	30 年		30 年	
3.3.3	见证记录	30 年		30 年	
3.3.4	设备开箱检验单	30 年		30 年	
3.3.5	设备装箱单、合格证及出厂检验报告	30 年		30 年	
3.4	安装、检查、试验、调试、验收记录				
3.4.1	车站设备用房装修：施工记录、隐蔽工程验收记录、检验批质量验收记录	永久		永久	
3.4.2	给排水及水消防：安装、检查、试验、调试、验收记录、检验批质量验收记录	永久		永久	
3.4.3	低压配电照明：安装、检查、试验、调试、验收记录、检验批质量验收记录	永久		永久	
3.4.4	通风空调：安装、检查、试验、调试、验收记录、检验批质量验收记录	永久		永久	
3.4.5	智能建筑：安装、检查、试验、调试、验收记录、检验批质量验收记录	永久		永久	
3.4.6	其他机电设备：安装、检查、试验、调试、验收记录、检验批质量验收记录	永久		永久	
3.5	施工日志			30 年	
3.6	竣工图	永久		永久	
3.7	设备采购管理文件				
3.7.1	设计联络文件	30 年		30 年	
3.7.2	项目执行计划	30 年		30 年	
3.7.3	设计出厂试验大纲、培训大纲	30 年		30 年	
3.7.4	接口会议的相关纪要及附件	30 年		30 年	
3.7.5	设备监造总结报告	30 年		30 年	
3.7.6	设备出厂验收总结报告	30 年		30 年	
3.7.7	设备预验收证书	30 年		30 年	
3.7.8	设备最终验收证书	30 年		30 年	
3.7.9	集成服务工作阶段总结报告	30 年		30 年	
3.7.10	项目管理最终总结报告	30 年		30 年	
3.7.11	设备厂家图纸、资料目录汇总表	30 年		30 年	

续表

序号	归　档　范　围	建议保管期限			
		建设 单位	监理 单位	施工 单位	设计 单位
3.7.12	设备图纸	30年		30年	
3.7.13	设备出厂试验报告	30年		30年	
3.7.14	设备安装使用说明书及操作维护手册	30年			
3.8	施工过程音像文件	30年		30年	
4	系统设备安装文件				
4.1	施工管理及验收文件（参见表A.1的2.1、2.8）				
4.2	工程材料、构配件、设备质量证明文件				
4.2.1	工程材料、构配件及设备报审表、到货清单、到货自检表	30年		30年	
4.2.2	工程材料、构配件、设备质量证明文件、检验报告及报告汇总表	30年		30年	
4.2.3	见证记录	30年		30年	
4.2.4	设备开箱检验单	30年		30年	
4.2.5	设备装箱单、合格证及出厂检验报告	30年		30年	
4.3	系统安装、检查（测）、试验、调试、验收记录				
4.3.1	轨道：安装、检查（测）、试验、调试、验收记录	永久		永久	
4.3.2	供电系统：安装、检查（测）、试验、调试、验收记录	永久		永久	
4.3.3	通信系统：安装、检查（测）、试验、调试、验收记录	永久		永久	
4.3.4	信号系统：安装、检查（测）、试验、调试、验收记录	永久		永久	
4.3.5	综合监控系统：安装、检查（测）、试验、调试、验收记录	永久		永久	
4.3.6	自动售检票系统：安装、检查（测）、试验、调试、验收记录	永久		永久	
4.3.7	乘客信息显示系统：安装、检查（测）、试验、调试、验收记录	永久		永久	
4.3.8	电梯与自动扶梯系统：安装、检查（测）、试验、调试、验收记录	永久		永久	
4.3.9	站台门（含站台屏蔽门及站台安全门）：安装、检查（测）、试验、调试、验收记录	永久		永久	
4.3.10	地铁车辆：安装、检查（测）、试验、调试、验收记录（验收证书）	永久		永久	
4.3.11	计算机网络系统：安装、检查（测）、试验、调试、验收记录	永久		永久	
4.3.12	其他系统安装、检查（测）、试验、调试、验收记录	永久		永久	
4.4	施工日志			30年	
4.5	竣工图	永久		永久	
4.6	施工记录			30年	
4.7	施工过程音像文件	30年		30年	
4.8	设备采购管理文件（参见表3.7）				
5	控制中心、车辆段、停车场、主变电站、冷站等工程文件				
5.1	控制中心				
5.1.1	施工管理及验收文件（参见表A.1的2.1、2.8）				
5.1.2	施工测量、监测文件				

续表

序号	归　档　范　围	建议保管期限			
		建设单位	监理单位	施工单位	设计单位
5.1.2.1	工程周边房屋质量鉴定报告、地质补勘报告、管线调查报告、风险评估报告	永久		永久	
5.1.2.2	工程测量交接桩记录、控制点汇总表及第三方检测报告	永久		永久	
5.1.2.3	加密平面控制点、加密高程控制点测量复核记录	永久		永久	
5.1.2.4	施工放线及工程定位测量（复测）记录，工程轴线测量（复测）记录	永久		永久	
5.1.2.5	施工期间沉降监测记录及汇总表、位移检测记录及汇总表	永久		永久	
5.1.2.6	基坑监测报告	永久		永久	
5.1.2.7	桩基测量报告	永久		永久	
5.1.2.8	控制测量成果书	永久		永久	
5.1.2.9	单位工程坐标定位测量记录及复核记录	永久		永久	
5.1.2.10	垂直度、标高、全高记录（设计或建设单位有要求的工程）	永久		永久	
5.1.2.11	竣工测量报告及记录	永久		永久	
5.1.2.12	防雷检测报告	永久		永久	
5.1.2.13	各种第三方检测报告	永久		永久	
5.1.3	工程材料、构配件、设备质量证明文件				
5.1.3.1	原材料进场使用汇总表，到货清单、自检表、质量证明文件、报验单、检测报告等文件	30年		30年	
5.1.3.2	成品、半成品构配件进场汇总表、质量证明文件、报验单及检测报告等文件	30年		30年	
5.1.3.3	设备物资进场汇总表、设备开箱检验单、质量证明文件、合格证及检测报告等文件	30年		30年	
5.1.3.4	各种材料试场强度汇总表、强度评定表	永久		永久	
5.1.3.5	混凝土配合比通知单、水泥砂浆配合通知单	永久		永久	
5.1.3.6	见证记录	30年		30年	
5.1.4	施工、检查、安装、调试记录				
5.1.4.1	①施工、安全及功能性试验与检测记录（土建）； ②安装、检查、试验、调试、验收记录（机电）	永久		永久	
5.1.4.2	①混凝土、砂浆配合比（设计、施工）试验报告及审批记录、出厂质量证明及汇总表（土建）； ②设备用房装修：安装、检查、试验、调试、验收记录（机电）	永久		永久	
5.1.4.3	①混凝土、砂浆试块抗压、抗渗等检测报告、汇总表、质量评定（包括厂家留置部分试件的报告）（土建）； ②给排水及消防：安装、检查、试验、调试、验收记录（机电）	永久		永久	
5.1.4.4	①工程支护体系结构性能检测报告（土建）； ②低压配电照明：安装、检查、试验、调试、验收记录（机电）	永久		永久	
5.1.4.5	①钢筋连接性能检验报告、钢筋焊接试验报告及汇总表，钢结构焊接工艺评定、检验报告（土建）； ②通风空调：安装、检查、试验、调试、验收记录（机电）	永久		永久	

续表

序号	归　档　范　围	建议保管期限			
		建设单位	监理单位	施工单位	设计单位
5.1.4.6	①地基基础性能检测报告（土建）； ②智能建筑、其他机电设备：安装、检查、试验、调试、验收记录（机电）	永久		永久	
5.1.4.7	外防水结构性能检验报告，防水效果检查记录及水池滴水试验记录	永久		永久	
5.1.4.8	主体结构（含桥梁下部、上部结构）性能检测报告	永久		永久	
5.1.4.9	预制构件焊接工艺评定，检验报告	永久		永久	
5.1.4.10	接地电阻测试记录、防杂散电流测试记录	永久		永久	
5.1.4.11	密度（压实度）检测报告	永久		永久	
5.1.4.12	烟（风）道工程检查记录	永久		永久	
5.1.4.13	动、静载试验报告	永久		永久	
5.1.4.14	装修功能性检测报告	永久		永久	
5.1.4.15	工程质量检测报告（实体检测报告）	永久		永久	
5.1.4.16	接地电阻测试、防杂散电流测试记录	永久		永久	
5.1.4.17	①工程施工记录（土建）； ②采购文件（机电）	永久		永久	
5.1.4.18	①桩基施工记录（土建）； ②设计联络文件、项目设计计划（机电）	永久		永久	
5.1.4.19	①混凝土浇筑记录（土建）； ②设备出厂试验大纲、设备出厂试验报告、培训大纲、接口会议纪要及附件（机电）	永久		永久	
5.1.4.20	①混凝土坍落度现场检验记录（土建）； ②设备监造总结报告、设备出厂验收总结报告、设备预验收证书、设备最终验收证明（机电）	永久		永久	
5.1.4.21	①楼地面、屋面坡度检查记录（土建）； ②设备厂家图纸、资料目录汇总表，设备安装使用说明书及操作维护手册，设备图纸（机电）	永久		永久	
5.1.4.22	①隐蔽工程验收记录封堵施工记录（土建）； ②集成服务工作总结报告、项目管理最终总结报告（机电）	永久		永久	
5.1.5	施工日志			30 年	
5.1.6	竣工图	永久		永久	
5.1.7	施工过程音像文件	30 年		30 年	
5.2	车辆段、停车场				
5.2.1	施工管理及验收文件（参见表 A.1 的 2.1、2.8）				
5.2.2	工程测量文件				
5.2.2.1	桩基轴线放样施工测量报验单、工程控制点放样复核记录及附图、放样验收记录	永久		永久	
5.2.2.2	建（构）筑物沉降观测成果表及沉降观测技术报告	永久		永久	
5.2.3	工程材料、构配件、设备质量证明文件、见证记录	30 年		30 年	

续表

序号	归 档 范 围	建议保管期限			
		建设单位	监理单位	施工单位	设计单位
5.2.4	施工、检查、安装、调试记录				
5.2.4.1	①施工、安全、功能性试验及检测记录（土建）；②安装、检查、试验、调试、验收记录（机电）	永久		永久	
5.2.4.2	承台、挡墙强度检测报告	永久		永久	
5.2.4.3	土工击实检测报告、石灰土剂量检测报告、石灰等级检测报告、土工检测报告	永久		永久	
5.2.4.4	抗压静载试验	永久		永久	
5.2.4.5	灌水压力检查、试射检查等记录	永久		永久	
5.2.4.6	设备阀门试压（满水）记录、排水管道通球试验	永久		永久	
5.2.4.7	电气接地电阻测试、防杂散电流测试记录	永久		永久	
5.2.4.8	土石方、模板、钢筋绑扎焊接、混凝土、构件制作安装等结构工程质量验收记录	永久		永久	
5.2.4.9	防护门、密闭门制作，安装，调试质量验收记录	永久		永久	
5.2.4.10	防爆破活门、防爆超压排气活门质量验收记录	永久		永久	
5.2.4.11	进、出工程管线的防护密闭质量验收记录	永久		永久	
5.2.4.12	抹灰、喷涂、油漆、饰面等质量验收记录	永久		永久	
5.2.4.13	防水设备安装质量验收记录	永久		永久	
5.2.5	施工日志			30 年	
5.2.6	竣工图	永久		永久	
5.2.7	施工过程音像文件	30 年		30 年	
5.3	主变电站				
5.3.1	施工管理及验收文件（参见表 A.1 的 2.1、2.8）				
5.3.2	工程测量文件				
5.3.2.1	施工（定位、水准点、基准点、控制点、控制网等）测量、复核记录及报审	永久		永久	
5.3.2.2	管线标高、位置、坡度等测量记录	永久		永久	
5.3.2.3	各类测试、沉降、位移、变形监测记录	永久		永久	
5.3.2.4	配电装置、蓄电池组充电、放电记录、技术测量记录	永久		永久	
5.3.3	工程材料、构配件、设备质量证明文件				
5.3.3.1	主系统用电系统设备装箱单、质保书、产品合格证、质量证明书、出厂试验报告、说明书、图纸等	30 年		30 年	
5.3.3.2	组合电器、空气断路器、开关柜、接地开关等材料、设备装箱单、合格证、质量证明书、说明书、出厂试验报告、图纸等	30 年		30 年	
5.3.3.3	通信设备装箱单、合格证、质量证明书、系统设计及操作说明书、系统安装、维护及诊断说明书	30 年		30 年	
5.3.3.4	监控设备装箱单、合格证、说明书、用户手册、图纸等	30 年		30 年	

续表

序号	归　档　范　围	建议保管期限			
		建设单位	监理单位	施工单位	设计单位
5.3.3.5	见证记录	30 年		30 年	
5.3.4	施工、安全及功能性试验、调试、检测记录				
5.3.4.1	焊接试验记录、报告、施工检验、探伤记录	永久		永久	
5.3.4.2	强度、严密性试验报告	永久		永久	
5.3.4.3	工程质量检查、评定、缺陷处理记录及闭环管理	永久		永久	
5.3.4.4	管线清洗、试压、通水、通球、消毒等记录	永久		永久	
5.3.4.5	绝缘、接地电阻、变压器等性能测试、校核、检查记录	永久		永久	
5.3.4.6	设备网络调试记录	永久		永久	
5.3.4.7	系统调试、试验报告、记录	永久		永久	
5.3.4.8	操作、联动试验	永久		永久	
5.3.4.9	工程施工记录	永久		永久	
5.3.4.10	主变压器及构支架施工记录	永久		永久	
5.3.4.11	屋内配电装置系统建建（构）筑物施工记录	永久		永久	
5.3.4.12	屋外配电装置建构物施工记录	永久		永久	
5.3.4.13	屋外电缆沟施工记录	永久		永久	
5.3.4.14	电缆隧道施工记录	永久		永久	
5.3.4.15	消防系统施工记录	永久		永久	
5.3.4.16	站用电系统、建（构）筑物施工记录	永久		永久	
5.3.4.17	围墙、站内、站外、室外给排水、雨污水系统施工记录	永久		永久	
5.3.4.18	主变压器系统设备安装施工记录	永久		永久	
5.3.4.19	主控及直流系统设备安装施工记录	永久		永久	
5.3.4.20	配电装置安装施工记录	永久		永久	
5.3.4.21	组合电器安装施工记录	永久		永久	
5.3.4.22	站用低压配电装置施工记录	永久		永久	
5.3.4.23	无功补偿装置施工记录	永久		永久	
5.3.4.24	电缆施工安装记录	永久		永久	
5.3.4.25	防雷及接地施工安装记录	永久		永久	
5.3.4.26	照明安装施工记录	永久		永久	
5.3.4.27	通信系统安装施工记录	永久		永久	
5.3.4.28	分项质量验收记录及检验批质量验收文件	30 年		30 年	
5.3.5	施工日志			30 年	
5.3.6	竣工图	永久		永久	
5.3.7	施工过程音像文件	30 年		30 年	
5.4	冷站				
5.4.1	施工管理及验收文件（参见表 A.1 的 2.1、2.8）				

序号	归 档 范 围	建议保管期限			
		建设单位	监理单位	施工单位	设计单位
5.4.2	工程测量	永久		永久	
5.4.3	工程材料、构配件、设备质量证明文件、见证记录	30年		30年	
5.4.4	施工、安装、调试记录				
5.4.4.1	施工、安全、功能性试验及检测记录（土建）	永久		永久	
5.4.4.2	安装、检查、试验、调试、验收记录（机电）	永久		永久	
5.4.4.3	安装、检查、试验、调试、验收记录（系统）	永久		永久	
5.4.5	分项质量验收记录及检验批质量验收文件	30年		30年	
5.4.6	施工日志			30年	
5.4.7	竣工图	永久		永久	
5.4.8	施工过程音像文件	30年		30年	
6	人防（含隔断门）、防淹门、病害防治、白蚁防治、绿化、声屏障、钢结构等工程文件				
6.1	人防工程（含隔断门）、防淹门				
6.1.1	施工管理及验收文件（参见表 A.1 的 2.1、2.8）				
6.1.2	工程测量文件	永久		永久	
6.1.3	工程材料、构配件、设备质量证明文件、见证记录	30年		30年	
6.1.4	安装、检查、试验、调试、施工、验收记录	永久		永久	
6.1.5	隐蔽工程验收记录	永久		永久	
6.1.6	施工日志			30年	
6.1.7	竣工图	永久		永久	
6.1.8	施工过程音像文件	30年		30年	
6.2	病害防治、白蚁防治				
6.2.1	施工管理及验收文件（参见表 A.1 的 2.1、2.8）				
6.2.2	药物质量证明文件、药物深度检测报告、见证记录	30年		30年	
6.2.3	施工记录	永久		永久	
6.2.4	施工日志			30年	
6.2.5	竣工图	永久		永久	
6.2.6	施工过程音像文件	30年		30年	
6.3	绿化工程				
6.3.1	施工管理及验收文件（参见表 A.1 的 2.1、2.8）				
6.3.2	工程测量文件	永久		永久	
6.3.3	工程材料质量证明文件				
6.3.3.1	材料、苗木、种子等进场报验单，质量证明书、检验报告（外地植物须有检疫证明）	30年		30年	
6.3.3.2	栽植土、基肥、辅助生长剂、杀虫剂合格证、测试报告	30年		30年	

序号	归 档 范 围	建议保管期限			
		建设单位	监理单位	施工单位	设计单位
6.3.3.3	土建附属砂、石、砌块、水泥、钢筋（材）石灰、沥青、涂料、防水材料、管材、阀门、喷头、井盖等材料质量合格证、出厂检验报告及抽检报告	30 年		30 年	
6.3.3.4	见证记录	30 年		30 年	
6.3.3.5	混凝土、砂浆配合比通知单	30 年		30 年	
6.3.3.6	混凝土试块强度试验报告、砂浆试块强度试验报告	永久		永久	
6.3.3.7	混凝土试块强度统计、评定记录	永久		永久	
6.3.3.8	砂浆试块强度统计评定记录	永久		永久	
6.3.4	现场清理、苗木栽植、草坪种植、花卉种植、大树移植等分项质量验收记录及检验批质量验收记录	30 年		30 年	
6.3.5	施工日志			30 年	
6.3.6	施工图	永久		永久	
6.3.7	施工过程音像文件	30 年		30 年	
6.4	声屏障				
6.4.1	施工管理及验收文件（参见表 A.1 的 2.1、2.8）				
6.4.2	工程测量文件	永久		永久	
6.4.3	工程材料、构配件、设备质量证明文件				
6.4.3.1	工程材料、构配件、设备报审表、到货清单、到货自检表	30 年		30 年	
6.4.3.2	工程材料、构配件、设备件质量证明文件及检验报告及报告汇总表	30 年		30 年	
6.4.3.3	设备开箱检验单	30 年		30 年	
6.4.3.4	设备合格证及检验报告	30 年		30 年	
6.4.3.5	见证记录	30 年		30 年	
6.4.4	施工、安全及功能性试验与检验记录				
6.4.4.1	混凝土、砂浆配合比（设计、施工）试验报告及审批	永久		永久	
6.4.4.2	混凝土、砂浆试块抗压、抗渗等检测报告、汇总、质量评定（包括厂家留置部分试件报告）	永久		永久	
6.4.4.3	钢筋连接性能、外防水结构性能、工程支护体系结构性能、地基基础性能、预制构件结构性能等检测报告	永久		永久	
6.4.4.4	声屏障检测报告	永久		永久	
6.4.4.5	钢材性能检测报告	永久		永久	
6.4.4.6	钢结构无损检测报告	永久		永久	
6.4.4.7	声屏障检测报告	永久		永久	
6.4.4.8	钢材性能检测报告	永久		永久	
6.4.4.9	钢结构无损检测报告	永久		永久	
6.4.4.10	室内环境检测报告	永久		永久	
6.4.5	工程施工记录	永久		永久	

续表

序号	归档范围	建议保管期限			
		建设单位	监理单位	施工单位	设计单位
6.4.6	工程检验批质量验收记录				
6.4.6.1	钢结构焊接分项工程质量验收记录及检验批质量验收文件	30年		30年	
6.4.6.2	紧固件连接分项工程质量验收记录及检验批质量验收文件	30年		30年	
6.4.6.3	钢结构组装涂装分项工程质量验收记录及检验批质量验收文件	30年		30年	
6.4.6.4	吸隔声板安装分项工程质量验收记录及检验批质量验收文件	30年		30年	
6.4.6.5	隔声墙砌筑分项工程质量验收记录及检验批质量验收文件	30年		30年	
6.4.7	施工日志			30年	
6.4.8	竣工图	永久		永久	
6.4.9	施工过程音像文件	30年		30年	
6.5	钢结构				
6.5.1	施工管理及验收文件（参见表A.1的2.1、2.8）				
6.5.2	工程测量文件	永久		永久	
6.5.3	工程材料、构配件、设备质量证明文件				
6.5.3.1	钢材、钢板、钢管、高强螺栓、防腐材料等工程材料、构配件、设备报审表、到货清单、到货自检表、质保书、合格证、质量证明文件及检验报告	30年		30年	
6.5.3.2	紧固件、焊接材料等构配件报审表、出厂合格证、进场清单、质量证明文件及检验报告	30年		30年	
6.5.3.3	见证记录	30年		30年	
6.5.4	施工、安全及功能性试验与检验记录				
6.5.4.1	超声波检测报告	永久		永久	
6.5.4.2	高强螺栓终拧扭矩测试记录、防火涂料涂层厚度检查、层面淋水、蓄水试验记录、电气接地电阻测试记录、防杂散电流测试记录	永久		永久	
6.5.4.3	钢结构无损检测报告	永久		永久	
6.5.4.4	焊缝检测报告	永久		永久	
6.5.4.5	超声波检测报告	永久		永久	
6.5.4.6	高强螺栓终拧扭矩测试记录、防火涂料涂层厚度检查、屋面淋水、蓄水试验记录、密封胶试验、电气接地电阻测试记录、防杂散电流测试记录	永久		永久	
6.5.5	工程施工记录				
6.5.5.1	隐蔽工程检查记录	永久		永久	
6.5.5.2	钢结构吊装记录	永久		永久	
6.5.5.3	焊接材料烘培记录	永久		永久	
6.5.5.4	焊缝外观检查记录	永久		永久	
6.5.5.5	工程分项、检验批质量验收记录				
6.5.5.5.1	钢结构焊接、紧固件连接、单层钢构件安装、防腐涂料涂装、防火涂料涂装等分项、检验批质量验收记录	30年		30年	

续表

序号	归 档 范 围	建议保管期限			
		建设单位	监理单位	施工单位	设计单位
6.5.5.5.2	暗龙骨吊顶、金属幕墙、金属板材屋面、细部构造等分项、检验批质量验收记录	30年		30年	
6.5.6	施工日志			30年	
6.5.7	竣工图	永久		永久	
6.5.8	施工过程音像文件	30年		30年	
7	监理文件				
7.1	施工监理文件				
7.1.1	施工管理				
7.1.1.1	总监理工程师授权通知书、合同项目监理机构人员配置（调整）通知书、成立及启用印章文件	30年	30年		
7.1.1.2	监理规划、监理大纲、监理实施细则及审核意见	30年	30年		
7.1.1.3	监理工作会议纪要	30年	30年		
7.1.1.4	监理工程师通知单及回复、监理工作联系单	30年	30年		
7.1.1.5	监理月报、监理日志	30年	30年		
7.1.1.6	分包单位、设备、材料检测、供应商单位资质审批文件	30年	30年		
7.1.2	施工进度控制				
7.1.2.1	工程进度计划、实施、分析统计文件	30年	30年		
7.1.2.2	工程开工、复工审批表、暂停令、延期申请	30年	30年		
7.1.2.3	工程延期报告及审批	30年	30年		
7.1.3	施工安全控制				
7.1.3.1	专项安全实施方案报批文件	30年	30年		
7.1.3.2	安全事故报告及处理文件	30年	30年		
7.1.4	施工质量控制				
7.1.4.1	监理抽查原材料及各种分项工程试验报告	30年	30年		
7.1.4.2	监理抽查各分项工程检查记录	30年	30年		
7.1.4.3	施工放样测量复核	30年	30年		
7.1.4.4	监理旁站记录	30年	30年		
7.1.4.5	中间交工证书、工程缺陷责任期终止证书	30年	30年		
7.1.4.6	质量事故报告及处理文件	30年	30年		
7.1.5	造价控制				
7.1.5.1	设计变更、洽商报审与签认资料	30年	30年		
7.1.5.2	工程变更通知单及变更令	30年	30年		
7.1.5.3	中间计量表、中间计量支付汇总表	30年	30年		
7.1.5.4	工程竣工决算审核资料	30年	30年		
7.1.6	合同管理				

续表

序号	归档范围	建议保管期限			
		建设单位	监理单位	施工单位	设计单位
7.1.6.1	工程量清单	30年	30年		
7.1.6.2	工程分包一览表	30年	30年		
7.1.6.3	费用索赔文件	30年	30年		
7.1.7	工程验收				
7.1.7.1	单位工程竣工预验收报验单	30年	30年		
7.1.7.2	工程竣工移交证书	30年	30年		
7.1.7.3	监理工作总结	30年	30年		
7.1.7.4	工程质量评估报告	30年	30年		
7.2	设备监造文件				
7.2.1	监造管理				
7.2.1.1	设备监造机构人员配置（调整）通知书、成立及启用印章文件	30年	30年		
7.2.1.2	设备采购方案、监造报告	30年	30年		
7.2.1.3	市场调查、考察报告	30年	30年		
7.2.1.4	会议纪要、联络文件、往来文件	30年	30年		
7.2.1.5	监造日志、监造月报	30年	30年		
7.2.1.6	分包单位资质报审文件	30年	30年		
7.2.2	进度控制				
7.2.2.1	进度计划报审表	30年	30年		
7.2.2.2	开工/复工审批表（生产指令）、暂停令	30年	30年		
7.2.3	安全控制				
7.2.3.1	专项安全实施方案报批文件	30年	30年		
7.2.3.2	安全事故报告及处理文件	30年	30年		
7.2.4	质量控制				
7.2.4.1	设备制造的检验计划、检验要求、检验记录及试验报告	30年	30年		
7.2.4.2	原材料、零配件等的质量证明文件和检验报告	30年	30年		
7.2.4.3	质量事故处理文件	30年	30年		
7.2.5	造价控制				
7.2.5.1	设计变更、洽商报审与签认资料	30年	30年		
7.2.5.2	变更通知单及变更令	30年	30年		
7.2.5.3	支付证书和设备制造结算审核文件	30年	30年		
7.2.6	合同管理				
7.2.6.1	设备监造工程量清单	30年	30年		
7.2.6.2	设备制造索赔文件	30年	30年		
7.2.7	设备验收				
7.2.7.1	设备验收、交接文件	30年	30年		

序号	归 档 范 围	建议保管期限			
		建设 单位	监理 单位	施工 单位	设计 单位
7.2.7.2	设备监造工作总结	30 年	30 年		
7.3	监理工作音像文件	30 年	30 年		
8	财务管理文件				
8.1	工程概算、预算、标底、审计及说明	永久		永久	
8.2	工程款支付申请及审批、工程款支付证明文件	永久	永久	永久	永久
8.3	结（决）算书及审批文件、评估报告、政府评审结果文件	永久	永久	永久	永久
8.4	交付使用的固定资产、流动资产、无形资产、递延资产清册	永久		永久	
9	验收管理文件				
9.1	系统联调文件	永久		永久	
9.2	项目工程验收文件	永久		永久	
9.3	不载客试运行文件	永久		永久	
9.4	消防、档案、统计、工程质量、环保、人防、防雷、卫生防疫、审计、竣工决算、安全设施、职业病防护、规划验收、供电、特种设备等政府专项验收方案、意见、报告、批复等	永久			
9.5	试运营基本条件评审文件	永久			
9.6	试运营文件	永久			
9.7	全线竣工验收方案、意见、报告、批复等	永久			
9.8	竣工管理音像文件	30 年			
10	科研项目文件				
10.1	科研申报、立项文件				
10.1.1	科研课题申报、科研课题审批文件、任务书、委托书、开题报告	永久			
10.1.2	技术考察及调研报告、方案论证、课题研究计划	永久			
10.2	研究实验及成果文件				
10.2.1	试验记录、图表、照片等各种载体的重要原始记录	永久			
10.2.2	各种检验分析报告、实验报告、计算材料	永久			
10.2.3	设计文件、图纸、关键工艺文件，重要的来往技术文件	永久			
10.2.4	实验装置及特殊设备图纸、工艺技术规范说明书	永久			
10.2.5	实验装置操作规程、安全措施、事故分析	30 年			
10.2.6	考察报告、重要课题研究报告、阶段报告、科研报告	永久			
10.2.7	专利申请的有关材料	永久			
10.3	鉴定验收文件				
10.3.1	成果申报、鉴定、审批材料	永久			
10.3.2	工作总结、科研验收报告，论文，专著，参加人员名单，技术鉴定材料，科研投资情况，决算材料等	永久			
10.4	奖励申报及推广文件				

续表

序号	归 档 范 围	建议保管期限			
		建设单位	监理单位	施工单位	设计单位
10.4.1	奖励申报材料及审批材料	永久			
10.4.2	推广应用方案、总结、扩大生产的设计文件、工艺文件，生产定型鉴定文件，转让合同，用户反馈意见等	永久			
10.4.3	获奖证书，推广应用的经济效益和社会效益证明材料等	永久			
10.5	科研音像文件	30 年			

附录 B

（资料性附录）

城市轨道交通工程档案类目设置表

表 B.1 给出了城市轨道交通工程档案一级类目及前期管理类、勘测设计类、验收管理类、科研开发类、特殊载体类二级类目的设置规则。

表 B.1　　　　　　　　　城市轨道交通工程档案类目设置表

一 级 类 目		二 级 类 目	
代码	类目名称	代码	类目名称
01	前期管理类	01	综合管理
		02	立项报批
		03	征地拆迁（含管线迁改）
		04	开工审批（含工程规划）
		05	招标投标（含招标设计）
		06	合同协议
02	勘测设计类	01	工程勘察
		02	工程测量
		03	总体及方案设计
		04	初步设计
		05	施工图设计
03	工程施工类	详见附录 C	
04	工程监理类	详见附录 D	
05	验收管理类	01	系统联调及试运行
		02	项目工程验收
		03	专项验收
		04	试运营
		05	竣工验收
		06	竣工结（决）算
06	科研开发类	01	科研项目 A
		02	科研项目 B
		...	...

续表

一 级 类 目		二 级 类 目	
代码	类目名称	代码	类目名称
07	特殊载体类	01	照片
		02	胶片
		03	光盘
		04	磁盘
		05	磁带
		06	半导体存储设备
		07	实物
		……	……

附录 C
（资料性附录）
工程施工类类目设置表

C.1　表 C.1 给出了以单位（子单位）工程为主的工程施工档案分类方式下，工程施工类二、三、四级类目的设置规则。

表 C.1　　　　　　　　　　　　工程施工类类目设置表

一级类目		二级类目		三级类目		四级类目	
代码	类目名称	代码	类目名称	代码	类目名称	代码	类目名称
03	工程施工类	01	土建施工类	01	车站土建	01	A 车站
						02	B 车站
						03	C 车站
						……	……
				02	区间土建	01	A–B 区间
						02	B–C 区间
						03	C–D 区间
						……	……
				03	全线装修		
				……	……		
		02	建筑设备安装类	01	A 车站	01	车站装修
						02	给排水及消防
						03	气体灭火
						04	低压配电
						05	通风空调
						06	智能建筑（含节能项目）
						……	……
				02	B 车站		
				03	C 车站		
				……	……		

一 级 类 目		二 级 类 目		三 级 类 目		四 级 类 目	
代码	类目名称	代码	类目名称	代码	类目名称	代码	类目名称
03	工程施工类	03	系统设备安装类	01	系统设备采购管理		
				02	轨道		
				03	供电系统		
				04	通信系统		
				05	信号系统		
				06	综合监控系统		
				07	自动售检票系统		
				08	乘客信息显示系统		
				09	电梯与自动扶梯系统		
				10	站台门（含站台屏蔽门及站台安全门）		
				11	地铁车辆		
				12	计算机网络系统		
				…	…		
		04	复合工程类	01	控制中心		
				02	车辆段		
				03	停车场		
				04	主变电站		
				05	冷站		
				…	…		
		05	专项工程类	01	人防（含隔断门）		
				02	防淹门		
				03	病害防治		
				04	白蚁防治		
				05	绿化		
				06	声屏障		
				…	…		

C. 2 表 C. 2 给出了以标段为主的工程施工档案分类方式下，工程施工类二、三级类目的设置规则。

表 C. 2　　　　　　　　　　工程施工类类目设置表

一　级　类　目		二　级　类　目		三　级　类　目	
代码	类目名称	代码	类目名称	代码	类目名称
03	工程施工类	01	土建工程	01	A 标段
				02	B 标段
				…	…
		02	安装工程	01	A 标段
				02	B 标段
				…	…
		03	其他工程	01	A 标段
				02	B 标段
				…	…
		…	…		

附录 D
（资料性附录）
工程监理类类目设置表

D. 1 表 D. 1 给出了以专业为主的工程监理档案分类方式下，工程监理类二级类目的设置规则。

表 D. 1　　　　　　　　　　工程监理类类目设置表

一　级　类　目		二　级　类　目	
代码	类目名称	代码	类目名称
04	工程监理类	01	施工监理
		02	设备监造

D. 2 表 D. 2 给出了以标段为主的工程监理档案分类方式下，工程监理类二级类目的设置规则。

表 D. 2　　　　　　　　　　工程监理类类目设置表

一　级　类　目		二　级　类　目		三　级　类　目	
代码	类目名称	代码	类目名称	代码	类目名称
04	工程监理类	01	土建工程	01	A 标段
				02	B 标段
				…	…
		02	安装工程	01	A 标段
				02	B 标段
				…	…
		03	其他工程	01	A 标段
				02	B 标段
				…	…
		…	…		

参 考 文 献

［1］ GB/T 11821—2002 照片档案管理规范.

［2］ GB/T 29194 电子文件管理系统通用功能要求.

［3］ GB/T 50328—2014 建设工程文件归档整理规范.

［4］ GB 50722—2011 城市轨道交通建设项目管理规范.

［5］ CJJ/T 180—2012 城市轨道交通工程档案整理标准.

［6］ CJJ/T 187—2012 建设电子档案元数据标准.

［7］ DA/T 42—2009 企业档案工作规范.

［8］ DA/T 56 档案信息系统运行维护规范.

［9］ DBJ 440100/T 121.1—2012 声像档案质量要求 第1部分：照片.

［10］ DBJ 440100/T 121.2—2012 声像档案质量要求 第2部分：视频.

［11］ DBJ 440100/T 121.3—2012 声像档案质量要求 第3部分：音频.

［12］ DBJ 440100/T 153—2012 建设工程档案编制规范.

［13］ 中国档案分类法.

［14］ 工业企业档案分类试行规则.

［15］ 会计档案管理办法（财政部 国家档案局令第79号）.

［16］ 建设工程质量管理条例（国务院令第279号）.

第三篇

电力企业档案管理法规标准

第一章 电力企业档案管理必备法规

1 国家电网公司档案管理办法

（国家电网企管〔2014〕1211号）

第一章 总 则

第一条 为提高国家电网公司（以下简称"公司"）档案工作集团化、标准化、信息化水平，更好服务"两个一流"建设，依据《中华人民共和国档案法》《企业档案工作规范》（DA/T 42—2009）等法规和中共中央办公厅、国务院办公厅关于加强新形势下档案工作的相关要求，结合公司实际，制定本办法。

第二条 本办法所称档案是公司在生产、建设、研发、经营和管理等活动中直接形成的，具有利用和保存价值的各种形式的历史记录。公司档案是公司知识资产和信息资源的重要组成部分，确保其真实准确、齐全完整、系统规范、保管安全和有效提供利用，对于强化内部控制，防范经营风险，维护公司合法权益，提高公司核心竞争力，促进国有资产保值增值具有不可替代的作用。

第三条 本办法适用于公司总（分）部、各单位及所属各级单位（含全资、控股、代管单位）的档案管理工作。

第二章 职 责 分 工

第四条 公司档案工作实行统一领导、分级管理；按照"谁主管、谁负责""谁形成、谁整理"的原则开展档案管理工作。任何个人不得将公司档案据为己有或拒绝归档。

第五条 国网办公厅是公司档案工作的归口管理部门，履行以下职责：

（一）贯彻国家档案工作法律法规和方针政策，统筹规划、管理公司档案工作，推动将档案工作纳入公司相关发展规划和工作计划，为档案工作持续发展提供保障；

（二）研究制定公司档案工作制度、业务标准和技术规范；

（三）负责公司总部各部门、各分部文件材料的归档管理工作；

（四）指导、监督和检查各级单位档案工作；

（五）负责公司档案信息化建设的规划、组织实施和业务指导工作；

（六）负责组织、协调公司重大建设项目、科研项目等档案的验收工作；

（七）负责组织公司档案考核评价工作；

（八）负责国家电网公司档案馆的业务管理工作；

（九）负责组织协调公司档案培训工作；

（十）按照公司档案工作协作组工作规则指导公司档案工作协作组开展活动。

第六条 总部各部门、各分部、各项目主管部门在国网办公厅指导下，履行以下档案管理职责：

（一）负责本部门应归档文件材料的收集、整理，确保真实准确、齐全完整、系统规范；并按规定向公司档案馆归档移交；

（二）负责对本部门专业管理范围内业务档案的收集、整理及归档工作进行督促与检查。

第七条 国家电网公司档案馆（简称"公司档案馆"）是负责公司总（分）部档案及各级单位重要档案的收集整理、安全保管、编研开发与利用服务的专门机构；是公司档案保管中心、档案信息资源数据中心、档案开发利用服务中心、企业形象和社会责任展示窗口。在国网办公厅指导下，履行以下职责：

（一）贯彻执行国家档案工作有关法律法规和公司档案工作决策部署，负责馆内档案资源体系、开发利用体系、安全保管体系建设等工作；

（二）按照《国家电网公司档案馆档案收集管理办法（试行）》（国家电网办〔2011〕953号）接收公司总（分）部形成的所有档案，征集公司各级单位具有长久保存价值的重要、珍贵档案与资料；

（三）建立健全内部业务运作机制，做好进馆档案的整理、保管、鉴定、统计及利用服务等工作；

（四）推进公司档案馆信息化建设，建设数字档案馆；

（五）以服务公司中心工作为导向，充分挖掘档案资源，做好馆藏档案编研利用工作；

（六）定期开展档案数据管理和馆库设施巡查，确保馆藏档案的安全保管和设施设备的良好运转；

（七）负责接收列入进馆范围的重大电网建设项目档案和各省（自治区、直辖市）电力公司、各直属单位产权、资产变动后应移交进馆的档案；

（八）完成国网办公厅交办的其他任务。

第八条 各级单位在国网办公厅指导下，履行以下档案工作职责：

（一）贯彻落实公司档案工作部署，统筹规划、管理本单位档案工作；

（二）将档案工作纳入本单位相关发展规划和工作计划，为档案工作持续发展提供保障；

（三）指导、监督和检查所属单位的档案工作；

（四）对所属单位档案工作开展考核评价；

（五）负责组织协调本单位及所属单位档案培训工作；

（六）按要求向公司档案馆移交具有长久保存价值的重要、珍贵档案与资料。

第九条　各级单位办公室（综合管理部门）是本单位档案工作归口管理部门，履行以下职责：

（一）贯彻落实公司档案工作制度和业务规范，做好本单位档案工作计划的制订和组织实施工作；

（二）指导、督促本单位业务部门做好文件材料的归档工作；

（三）负责本单位档案的接收、保管、统计和利用服务工作，组织开展档案编研和鉴定销毁工作；

（四）负责本单位档案信息化建设的规划、组织实施和业务指导；

（五）负责组织、协调本单位重大建设项目、科研项目等档案的验收工作；

（六）负责所属单位档案考核评价的组织实施工作；

（七）负责本单位所属档案工作支撑机构的业务管理与考核；

（八）负责组织实施本单位及所属单位的档案培训工作。

第十条　各级单位内设部门在本单位办公室（综合管理部门）指导下，履行以下档案管理职责：

（一）负责本部门应归档文件材料的收集、整理，确保真实准确、齐全完整、系统规范；并按规定向本单位档案部门归档移交。

（二）负责对本部门专业管理范围内业务档案的收集、整理及归档工作进行督促与检查。

第三章　组织建设

第十一条　各级单位应明确档案工作的分管领导，设置档案管理专门机构，确定各职能（业务）部门、各项目的档案工作责任人。

第十二条　各级单位要配备与本单位生产、建设、研发、经营和管理相适应的专职档案人员；各部门、各项目应配备专职或兼职档案人员，并保证档案人员相对稳定；档案人员与其他同职称等级专业技术人员应具有同等岗级待遇。

第十三条　各级单位应建立以档案部门为核心，各部门、各项目专（兼）职档案人员为基础的企业档案管理体系，形成层层负责的管理工作机制。

第十四条　档案部门负责人应具有中级以上技术职称或大学本科以上学历；档案人员应具有档案专业技术职称或大学专科以上学历；并定期接受档案业务培训和继续教育。

第十五条　各级单位档案工作应纳入领导工作议事日程，纳入企业部门和有关人员经济责任制或岗位责任制，纳入企业规章制度及工作流程；档案数字化、档案征集、工程项目档案验收等档案工作所需经费应列入相应财务预算。

第十六条　各级单位档案部门或档案人员应参加产品鉴定、科研课题成果审定、项目验收、设备开箱验收等活动，负责检查应归档文件材料的完整性与系统性。

第十七条　各级单位下达项目计划任务应同时提出项目文件材料归档要求；检查项目计划进度应同时检查项目文件材料积累情况；验收、鉴定项目成果应同时验收、鉴定项目文件材料归档情况；开展项目总结应同时开展项目文件材料归档交接。

（一）在公共场所谈论国家秘密或公司企业秘密的；

（二）使用普通通信工具谈论、发送公司企业秘密的；

（三）收发涉密文档、资料等涉密载体，未履行登记、签收手续的；

（四）不按程序传递涉密载体，随意扩大知悉范围的；

（五）在涉密计算机和涉密移动存储介质上存储、处理个人信息的；

（六）将个人具有存储功能的介质和电子设备带入重要涉密场所，尚未造成失泄密的；

（七）未设置信息内外网办公计算机、涉密计算机应用系统口令的；

（八）其他违反保密规定，尚未造成后果，应谈话提醒的。

第十八条　有下列行为之一的，所在单位保密委员会办公室会同所在部门负责人对其进行批评教育，并在所在单位保密委员会办公室备案。备案两次以上的，要给予通报批评，并取消当年评优或晋级资格。

（一）对公司企业秘密事项及其载体不按有关规定确定或标明密级，造成泄密的；

（二）使用连接互联网的计算机处理、存储公司企业秘密的；

（三）通过互联网邮箱或公司信息外网邮箱传递、发送公司企业秘密的；

（四）离开办公位置或下班后在办公桌上随意摆放涉密文件。

第十九条　各级单位资产与产权变动时，应按照《国有企业资产与产权变动档案处置暂行办法》（档发〔1998〕6号），依法做好档案处置工作。向系统外机构或单位移交档案（应依法移交的城建档案除外），须报国网办公厅批准。

第四章　业　务　建　设

第二十条　各级单位应严格执行公司档案管理相关制度，采用统一的档案分类方案、归档范围和保管期限表。

第二十一条　各级单位应对各类档案统一管理，实行部门整理（立卷），并建立全宗卷。

第二十二条　文件材料应按时归档，重大建设项目、重大投融资项目、重要科研项目等档案管理工作应与项目同步开展。

（一）党群工作、行政管理、经营管理、生产技术管理、财务（非会计专业）、审计、人事劳资管理中形成的管理类文件材料应在办理完毕后次年第1季度归档，第2季度归档完毕。

（二）科研开发、项目建设文件材料应在其项目鉴定、竣工投产后3个月内移交归档，周期长的可分阶段、分单项归档。

（三）产品生产及服务（含保险）业务文件材料应定期或按阶段归档。

（四）产权产籍、质量认证、资质信用、合同协议、知识产权等文件材料应随时归档；外购设备仪器或引进项目的文件材料应在开箱验收或接收后及时登记归档。

（五）会计专业文件材料应在会计年度终了后由会计部门立卷整理，保管一年后于次年6月底前向档案部门移交。

（六）电子文件逻辑归档应定时进行，物理归档应与相应门类或内容的其他载体同步归档。

（七）磁带、照片及底片、胶片、实物等载体形式的文件材料应在工作结束后及时归档，或与相应内容的纸质载体归档时间一致。

（八）更新、补充的文件材料，企业内部机构变动和干部职工调动、离岗时应清退的文件，企业资产与产权变动过程中形成的文件，其他活动中形成的文件等应随时归档。

第二十三条　归档文件材料应完整、准确、系统，其制成材料应有利于长久保存，图文字迹应符合形成文件设备（打印机、复印机、扫描仪等）标称的质量要求。

第二十四条　归档文件材料应为原件，因故无原件的可将具有凭证作用的复制件归档并注明原件存放位置。

（一）非纸质文件材料应与其文字说明一并归档，外文（或少数民族文字）材料若有汉语译文的，应一并归档，无译文的要译出题名和目录后归档。

（二）归档文件材料一般一式一份，重要的、利用频繁的和有专门需要的可适当增加份数。

（三）具有永久保存价值或其他重要价值的电子文件，须制作纸质文件或缩微胶卷同时归档。

第二十五条　两个以上单位合作完成的项目，应以合同、协议等形式约定文件归档要求，主办单位一般应归档保存全套文件，协办单位保存与所承担任务相关的正本文件。

第二十六条　文件材料整理应遵循其形成的规律，区分保管期限，保持文件材料之间的有机联系。

（一）文书、科技、会计、人事等门类文件材料的整理，应分别符合国家档案局《企业文件材料归档范围和档案保管期限规定》（令第10号）、《文书档案案卷格式》（GB/T 9705—2008）、《归档文件整理规则》（DA/T 22—2000）、《科学技术档案案卷构成的一般要求》（GB/T 11822—2008）、《会计档案管理办法》（财会字〔1998〕32号）、《企业职工档案管理工作规定》（劳力字〔1992〕33号）等标准及文件要求。

（二）照片、音像、电子文件等文件材料的整理，应分别符合《照片档案管理规范》（GB/T 11821—2002）、《磁性载体档案管理与保护规范》（DA/T 15—1995）、《电子文件归档与管理规范》（GB/T 18894—2002）、《国家电网公司纸质档案数字化技术规范》（Q/GDW 135—2006）等标准要求。

第二十七条　文件材料归档应进行登记，登记表与文件材料一同向档案部门移交。档案部门接收时应认真核对，并检查档案质量，履行交接登记手续。重要项目文件材料归档时应由项目管理部门编写归档说明，并经项目负责人审核签字。

第二十八条　档案保存应依据档案载体选择档案柜或密集架，磁性载体应选择防磁设施，重要档案应异地备份。

第二十九条　档案入库前一般应去污、消毒，受损档案应及时修复或补救。对于易损的制成材料和字迹，应采取复制手段加以保护。

第三十条　各级单位应成立由分管领导、职能部门、专业技术人员和档案人员组成的档案鉴定组织，负责确定文件材料保管期限和到期档案的鉴定工作。

第三十一条　各级单位对已到保管期限但仍有保存价值的档案，应在组织鉴定后重新划定保管期限。对无继续保存价值的应登记造册，填写销毁清册，经企业法定代表人或授权人批准签字后按程序销毁。销毁清册永久保存。

各在京单位拟销毁的非涉及国家秘密的档案应交由国家电网公司文件资料销毁中心销毁。

第三十二条　各级单位应建立档案管理台账，定期记录（核对）档案库藏、出入库、利用、设施设备、销毁及责任人情况等，及时准确填报本单位档案统计年报及有关报表。

第三十三条　各级单位应对可能发生的突发事件和自然灾害，制定档案抢救应急措施；对档案信息化管理的软件、操作系统、数据的维护、防灾和恢复，制订应急预案。

第五章　信息化建设

第三十四条　各级单位要将档案信息化纳入本单位信息化建设整体规划，统一部署、同步实施，通过加快推进电子文件管理和档案信息系统建设，建立起贯通各层级、覆盖全业务的档案大数据资源体系。

第三十五条　各级单位按照档案"存量数字化""增量电子化"的要求，加快推进数字档案馆建设，力争 2020 年年底前实现馆（室）藏非涉及国家秘密档案数字化率达到 100％的目标。

第三十六条　加强档案管理前端控制，将电子文件归档要求及功能嵌入文件生成系统。各信息系统生成的文本、图形、图像、数据等类型电子文件归档范围应参照纸质文件归档范围确定。音频、视频、多媒体等类型电子文件及数据库的归档范围应根据相关规定和需要确定。

第三十七条　电子文件经鉴定、整理、审核、归档后形成电子档案。

（一）电子文件元数据、背景信息，以及生成非通用电子文件格式的软件等应与电子文件一并归档。归档的电子文件数据格式应易于识读、迁移。

（二）电子文件的整理、鉴定与归档要求应参照《电子文件归档与档案管理》（GB/T 17678.1—1999）和《电子文件归档与管理规范》（GB/T 18894—2002）执行。

第三十八条　加密的电子文件一般应解密后归档，归档时仍须加密的应与其解密软件和说明文件一并归档。

第三十九条　电子档案存储应采用有效备份机制，确保信息安全。

第六章　开发利用

第四十条　各级单位档案部门应加强档案数据信息的开发，充分利用档案信息管理系统，及时、有效地提供档案利用服务。

第四十一条　要加大电子档案在档案利用服务中的比重，完善基于电子档案利用的业务流程与权限控制，最大限度降低实体档案利用带来的风险，提高档案安全保管能力。

第四十二条　各级单位应按照公司相关保密规定和知识产权管理要求，严格涉及国家秘密、企业秘密相关档案利用权限的控制；利用档案应按规定进行登记，并注明利用效果。

第四十三条　各级单位应对档案信息进行综合整理，形成专题材料，如大事记、年鉴、组织沿革、产品性能比较、科研成果简介、工程项目简介等。

第四十四条　各级单位档案部门可在符合保密要求的前提下，与有关部门或机构开展编研合作，形成深层次的档案编研产品。

第七章　设施设备

第四十五条　各级单位应设置符合国家标准的档案库房，并根据需要分开设置阅档室、档案业务技术用房及办公用房。

第四十六条　档案库房应远离易燃、易爆物品和水、火等安全隐患，无特殊保护装置一般不宜设置在地下或顶层，档案库房楼层地面应满足档案及其装具的承重要求。新建库房应符合《要案馆建筑设计规范》（GBJ 25—2010），面积应至少满足本单位此后20年档案存储需要。

第四十七条　档案库房应保持干净、整洁，并具备防火、防盗、防潮、防光、防鼠、防虫、防尘、防污染（"八防"）等防护功能。

第四十八条　档案库房应配备"八防"、空气净化、火灾自动报警、自动灭火、温湿度控制、视频监控等设施设备，并对运转情况进行定期检查、记录，及时排除隐患。

第四十九条　档案库房温湿度应符合《档案馆建筑设计规范》（JGJ 25—2010）、《磁性载体档案管理与保护规范》（DA/T 15—1995）、《电子文件归档与管理规范》（GB/T 18894—2002）要求，并有应急处理措施。

第五十条　档案业务技术用房应配备装订、打印、复印、摄影摄像、计算机、扫描仪等满足实际工作需要的设施设备。有条件的单位可配置容灾备份、应急电源、CAD绘图仪、工程图纸复印机、缩微机等设备。

第五十一条　各级单位（县级供电企业及同级单位视需要而定）应设立荣誉档案陈列或展示区域。

第五十二条　档案柜架应牢固耐用，并具有防火、防盗、防尘作用。非纸质载体档案有专用柜架。档案柜的排列符合《档案馆建筑设计规范》（JGJ 25—2010）。

第五十三条　各类档案盒规格、式样和质量应符合《文书档案案卷格式》（GB/T 9705—2008）、《科学技术档案案卷构成的一般要求》（GB/T 11822—2008）、《归档文件整理规则》（DA/T 22—2000）和《照片档案整理规范》（GB/T 11821—2002）等的要求。

第八章　考核与奖惩

第五十四条　国网办公厅按照《国家电网公司档案工作考核评价办法》（办文档〔2012〕4号）对各单位档案工作进行考核评价。各级单位应对所属单位开展档案工作考核评价，评价结果定期通报。被考核评价单位应结合考核评价结果及时查找不足，完善整改，以持续提高本单位档案管理水平。

第五十五条　各级单位应按照有关规定，对在档

案工作中表现突出的集体或个人予以表彰奖励。对违反档案管理法规制度、给档案或公司工作造成严重不良影响的行为，要严格按照监察部、人力资源与社会保障部、国家档案局《档案管理违法违纪行为处分规定》（令第 30 号）和公司相关规定，追究直接责任人及相关领导的责任。

第九章　附　　则

第五十六条　各级单位应在遵循本办法的基础上，按照公司相关规定，组织好电网建设项目档案、审计项目档案、电力客户档案及采购活动文件材料归档、法律文书归档等专项业务档案的管理工作。

第五十七条　本办法由国网办公厅负责解释并监督执行。

第五十八条　本办法自 2014 年 11 月 1 日起施行。

2　国家电网公司电网建设项目档案管理办法（试行）

（国家电网办〔2010〕250 号）

第一章　总　　则

第一条　为加快推进国家电网公司电网建设项目档案管理的标准化和规范化工作，确保电网建设项目档案的完整、准确、系统、安全和有效利用。根据《中华人民共和国档案法》《国家重大建设项目文件归档要求与档案整理规范》（DA/T 28—2002）、《科学技术档案案卷构成的一般要求》（GB/T 11822—2008）和《重大建设项目档案验收办法》（档发〔2006〕2号），结合公司电网建设项目档案管理实际，制定本办法。

第二条　本办法所称电网建设项目档案是指电网建设项目在立项、审批、采购（含招投标）、勘测、设计、施工、调试、监理、竣工验收及试运行全过程中形成的应当归档保存的文字、图表、声像等不同形式和纸质、光盘等不同载体的全部文件材料。

第三条　本办法适用于国家电网公司、区域电网公司和省（自治区、直辖市）电力公司（下称省电力公司）等作为项目法人的所有新建、扩建、改建输变电工程的档案管理。

第四条　电网建设项目档案管理应纳入电网建设管理程序、工作计划及合同管理。在签订项目设计、施工及监理等合同、协议时，应设立专门条款，明确有关方面提交项目档案的责任。

第五条　电网建设项目档案管理工作要与项目建设同步进行。项目文件的收集、整理、归档和项目档案的移交要与项目的立项准备、建设和竣工验收同步

进行。项目竣工验收应同时包括对项目档案的验收。

第六条　各建设项目都应统筹安排项目档案管理所需资金，明确必要的整理经费和设施、设备购置费。

第七条　电网建设项目档案管理必须严格执行国家保密法规和国家电网公司保密工作相关规定。

第二章　职责与分工

第八条　项目法人负责组织、协调和指导各参建单位整理项目文件，按照"统一领导、分级管理"的原则，管理好所建电网建设项目的全部档案。项目法人根据工作需要，可委托建设管理单位全权负责档案管理工作。

项目建设各参建单位（部门）负责做好各自职责范围内的电网建设项目档案管理工作。

第九条　电网建设项目法人、建设管理单位、设计、监理、施工、调试、采购（含招标）、物资供应及运行单位均应建立项目档案管理机构，明确管理职责，将项目档案工作纳入有关领导、相关部门及工作人员的职责范围、工作标准或岗位责任制中，采取有效措施，抓好组织落实，做好项目档案的形成、积累、整理和归档工作，确保项目档案的完整、准确、系统、安全和有效利用。

第十条　国家电网公司办公厅是公司系统电网建设项目档案管理的业务主管部门，在业务上接受国家档案局、国资委档案管理部门的监督、检查和指导，主要职责如下：

（一）宣传和贯彻落实国家档案局、国资委等关于建设项目档案管理的规定、办法。

（二）制定公司系统电网建设项目档案管理工作标准、制度并组织实施。

（三）对公司系统电网建设项目档案工作进行监督、检查和指导。

（四）组织公司系统电网建设项目档案管理业务学习、培训工作。

（五）组织公司系统重大建设项目档案竣工验收工作。

（六）组织报送国家重点建设项目档案登记表。

（七）负责公司总部作为项目法人的电网建设项目档案的管理或委托建设管理单位管理。

第十一条　各区域电网公司、省电力公司的电网建设项目档案工作接受国家电网公司办公厅和所在省（自治区、直辖市）档案局的指导，主要职责如下：

（一）宣传、贯彻落实国家档案局、国资委、国家电网公司和所在省（自治区、直辖市）档案局关于建设项目档案管理的规定、办法。

（二）制定职责范围内电网建设项目档案管理工作标准、制度并组织实施。

（三）对职责范围内电网建设项目档案工作进行

统一领导、组织协调、监督、检查和指导。

（四）报送国家、省重点建设项目档案登记表。

（五）组织或协助组织重大建设项目档案竣工验收和达标投产、工程创优档案管理的检查考核工作。

（六）负责区域电网公司、省电力公司作为项目法人的电网建设项目档案的管理或委托建设管理单位管理。

各区域电网公司、省电力公司所属单位要完成职责范围内的建设项目档案管理工作和上级单位指定的相关工作。

第十二条　发展策划部门负责建设项目的立项、审批、投资计划、项目核准、建设用地预审、规划选址、可研报告审查及审批、建设用地地质灾害危害性评估报告、压覆矿产资源调查评估报告、建设用地评价报告等文件材料的收集，经整理后向项目法人移交、归档，并同时向建设管理单位移交。

第十三条　物资管理部门（招投标管理中心）负责对采购（含招投标）档案管理情况进行监督、检查；负责组织收集、整理环评、水保、设计、监理、施工、设备（材料）等采购（含招投标）过程中形成的文件材料及订货合同、协议，并组织相关单位向项目法人或建设管理单位进行移交。

第十四条　基建、特高压管理部门负责职责范围内电网建设项目档案的组织协调和移交工作；督促相关单位收集、整理、移交施工及竣工验收过程中形成的文件材料；按规定向项目法人和建设管理单位分别移交建设项目的初设审查、初设审批等文件。

第十五条　建设部门负责跨区电网建设项目档案统一管理和组织协调工作；负责明确项目建档名称；负责跨区电网建设项目前期评估（环评、水保、地灾、地震、文物、用地预审及批复）、竣工验收阶段（环保、水保验收、工程决算）文件材料的收集，经整理后向项目法人移交、归档，并同时向建设管理单位移交。

第十六条　环评、水保工作部门负责收集、整理环评、水保及专项验收工作过程中形成的文件材料；负责向项目法人和建设管理单位分别移交环境影响报告书（表）及批复、水土保持方案报告书（表）及批复、竣工环境保护验收调查报告、竣工环境保护验收及批复、水土保持设施验收报告及批复、环保、水保合同、协议等文件材料。

第十七条　财务、审计部门负责向项目法人和建设管理单位分别移交建设项目竣工决算报告、竣工决算审计报告。

第十八条　调度部门负责向项目法人和建设管理单位分别移交建设项目投产送电调试调度方案、设备命名等文件材料。

第十九条　建设管理单位受项目法人委托，负责项目档案的汇总，自行或组织有关单位对所有应归档项目文件材料按档案管理要求进行整理、组卷、编目。

负责建设项目档案的日常检查、指导。

负责项目档案专项验收和工程达标投产、工程创优项目档案检查的组织工作。

负责收集、整理职责范围内形成的工程建设规划许可、建设用地规划许可、施工许可、征地合同、协议、红线图、用地审批、土地使用证、合同、协议、安全文明施工策划及审批、工程建设过程中的所有声像、电子文件材料等。

负责组织、协调工程各参建单位收集、整理各自在工程建设全过程中形成的文件材料和工程竣工图、工程竣工报告、质量监督检查报告和记录、项目结算、工程竣工签证书、启委会文件等，并组织向项目法人及运行单位移交。

第二十条　勘察、设计单位负责收集、整理勘察，设计阶段产生的可行性研究报告、工程选址报告、设计基础资料、初步设计、概算、审定概算、施工图设计、设计交底、变更文件、竣工图（含电子版）。

负责向建设管理单位移交上述文件材料。

第二十一条　施工单位负责收集各自承包项目在开工前和施工过程中形成的施工组织设计、技术交底、安全措施、建筑安装的开、复工报告，图纸会检、工程变更文件、施工记录、试验报告、原材料及构件质量证明、质量检查及评定、设备开箱文件、设备调试文件、设备出厂工艺等文件材料。

负责向设计单位提供竣工草图及全部变更设计文件，作为设计单位编制竣工图的依据。

负责将上述文件材料及竣工图按照档案管理要求，全部整理、组卷、编目，向建设管理单位移交。

第二十二条　监理单位负责收集对建设项目质量、进度和建设资金使用等进行控制的监理文件。

负责完成监理大纲、监理规划、监理实施细则、监理月报、监理旁站方案及审批、监理旁站记录等文件的编制。

负责监督、检查项目施工全过程文件材料的完整、准确和系统。

负责审核施工单位、设计单位竣工文件、竣工图的完整、准确性。

按照文件材料归档范围和档案管理的要求整理、组卷、编目，向建设管理单位移交。

第二十三条　采购机构（含招标代理机构）、物资采购供应单位负责收集、整理环评、水保、设计、监理、施工、设备（材料）等采购（含招投标）过程中形成的文件材料及订货合同、技术协议，设备监造大纲、设备监造计划、设备监造报告、设备监造记录等。

按照档案管理要求整理、组卷、编目，向项目法人或建设管理单位移交。

第二十四条　调试单位负责完成其承包范围内系统调试大纲、调试方案、措施、调试报告的编制。

按照档案管理要求整理、组卷、编目，向建设管理单位移交。

第二十五条　运行单位负责收集、保管建设项目在生产技术准备和试运行中形成的文件材料，按照档案管理要求整理、组卷、编目，向建设管理单位移交。

负责接收与运行、检修有关的项目档案。

负责运行、检修、技改等工作中形成文件材料的收集、整理、归档和提供利用等各项工作。

第三章　归档范围、保管期限、归属与流向

第二十六条　项目档案的归属与流向应有利于电网建设项目后续工作和管理，满足安全保管和有效利用的需要。

第二十七条　项目文件材料的归档范围、保管期限、归属与流向，依据《国家重大建设项目文件归档要求与档案整理规范》（DA/T 28—2002 附录 A），并结合公司系统电网建设项目档案管理的实际情况进行了划分，详见附录。

第二十八条　项目法人应保存项目的全套档案，也可委托建设管理单位或运行单位保存项目的全套档案。建设管理单位与运行单位非同一单位时，建设管理单位除保存该项目形成的全套档案外应增加运行、检修等需利用的有关档案。

第二十九条　建设管理单位与运行单位为同一单位时，运行单位保管两套项目档案。若非同一单位时，建设管理单位保管项目法人委托保管的全套项目档案，并向运行单位移交与生产运行相关的两套项目档案。

第三十条　根据本办法制定的项目文件材料的归档范围、保管期限、归属与流向，设计、监理、施工、采购（含招标）、物资供应、调试等单位除保管自身形成的档案，还应根据本办法的条款，适当增加项目档案的制作和移交份数。

第三十一条　凡在大中城市规划区范围内建设的重大建设项目，建设管理单位应在项目竣工验收后 3 个月内按照国家档案局《城市建设档案归属与流向暂行办法》（档发字〔1997〕20 号）、建设部《城市建设档案管理规定》（建设部令第 90 号），向城市建设档案馆报送与城市规划、建设及其管理有关的项目档案。

第四章　归档质量要求

第三十二条　建设项目归档文件和案卷质量应符合《科学技术档案案卷构成的一般要求》（GB/T 11822—2008）和《国家重大建设项目文件归档要求与档案整理规范》（DA/T 28—2002）的要求。

第三十三条　建设项目所形成的全部项目文的应按档案管理的要求，在档案人员的指导下，由文件形成单位（部门）按照《供电企业档案分类表》（6～9 类）进行整理。

第三十四条　归档文件材料应齐全、完整、准确，符合其形成规律；分类、组卷、排列、编目应规范、系统。

第三十五条　归档的文件材料应字迹清晰，图标整洁，签字盖章手续完备。书写字迹应符合耐久性要求，不能用易褪色的书写材料（红色墨水、纯蓝墨水、铅笔、圆珠笔、复写纸等）书写、绘制。

第三十六条　归档的项目文件应为原件、正本。凡本单位的发文、主送或抄送本单位的收文，都要求以原件归档；合同、协议及工程启动验收签证书等需双方或多方履行签字手续的文件，签字后均应以正本归档。

第三十七条　各种原材料及构件出厂证明、质保书、出厂试验报告、复测报告要齐全、完整；证明材料字迹清楚、内容规范、数据准确，以原件归档；水泥、钢材等主要原材料的使用都应编制跟踪台账，说明在工程项目中的使用场合、位置，使其具有可追溯性。

第三十八条　各类记录表格必须符合规范要求，表格形式应统一。各项记录填写必须真实可靠、字迹清楚，数据填写详细、准确，不得漏缺项，没有内容的项目要划掉。

第三十九条　设计变更、施工质量处理、缺陷处理报告等，应有闭环交代的详细记录（包括调查报告，分析、处理意见，处理结论及消缺记录，复检意见与结论等）。

第四十条　外文或少数民族文字材料，若有汉译文的应与汉译文一并归档；无译文的外文材料应将题名、卷内章节目录译成中文，经翻译人、审校人签署的译文稿与原文一起归档。

第四十一条　归档文件的纸张大小一般为 A4 幅面，装订边为 2.5cm。小于 A4 幅面的纸张的应粘贴在 A4 纸张上。

第四十二条　档案移交应通过档案信息管理系统进行，设计院的 CAD 竣工图应转换成版式文件通过档案信息管理系统进行移交；在移交纸质文件的同时，应移交同步形成的电子、音像文件。归档的电子文件应包括相应的背景信息和元数据，并采用《电子文件归档与管理规范》（GB/T 18894—2002）要求的格式。

第四十三条　电子文件整理时应写明电子文件的载体类型、设备环境特征；载体上应贴有标签，标签上应注明载体序号、档号、保管期限、密级、存入日期等；归档的磁性载体应是只读型。

第四十四条　移交的录音、录像文件应保证载体的有效性、内容的系统性和整理的科学性。声像材料整理时应附文字说明，对事由、时间、地点、人物、背景、作者等内容进行著录，并同时移交电子文件。

第四十五条　竣工图的编制要求

（一）凡新建、扩建、改建的建设项目，在项目竣工后都应编制竣工图。

（二）竣工图的编制工作由建设管理单位负责组织协调。

（三）竣工图编制单位依据设计变更通知单、工程联系单、设计更改等有关文件以及现场施工验收记录、调试记录等制作全套竣工图。

（四）竣工图编制深度应与施工图的编制深度一致；编制应规范、修改要到位，真实反映竣工验收时的实际情况；字迹清晰、整洁，签字手续完备。签名真实，不得代签或打印，不得用印章代替签名。

（五）竣工图均应编制竣工图总说明。对有修改内容的竣工图卷册，还应编制分册说明，其内容应包括修改原因、修改内容及提供文件材料的单位等。

（六）按施工图施工没有变动的图纸，由设计单位在施工图上加盖竣工图章，并在蓝图目录上签署竣工图的编制日期。竣工图图章样式及尺寸见图1。

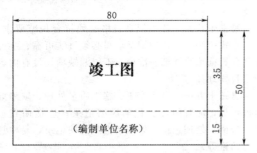

图1　竣工图图章样式及尺寸（单位：mm）

竣工图图章应使用红色印泥，盖在标题栏附近空白处。

（七）在建设过程中发生修改的施工图应重新编制竣工图，其标题栏中的设计阶段应由施工图阶段改为竣工图阶段。图纸编号按原施工图图号，其中设计阶段代字"S"改为"Z"。竣工图编制单位不需加盖竣工图章。

（八）竣工图的审核由竣工图编制单位负责，由设计人（修改人）编制完成后，经校核人校核和批准人审定后在图标上签字。竣工图审查合格后，移交施工单位和监理单位加盖竣工图章，进行复核、签字确认。施工和监理单位加盖的竣工图章样式见图2。

竣工图章中的内容应填写齐全、清楚，不得代签。竣工图章应使用红色印泥，盖在标题栏附近空白处。

（九）设备图如有修改，也应出修改图，确保最

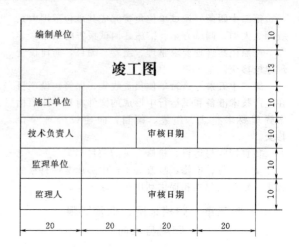

图2　施工和监理单位加盖的竣工图章样式及尺寸（单位：mm）

终版的设备图与实际相符。

（十）发生设计变更的施工图，由施工单位按照设计变更通知单、工程联系单等，将施工现场情况如实反映到图纸上，经施工、监理单位盖章签字后，提交设计单位制作正式竣工图纸。

（十一）根据合同约定，单独支付竣工图设计费用的，应由设计院重新制作全套竣工图。

第五章　归档时间及移交

第四十六条　国家电网公司及其下属单位的项目建设职能部门，在完成各自职责范围内工作后1个月内，向项目法人和建设管理单位移交项目归档文件材料。

第四十七条　建设管理单位在完成职责范围内工作后1个月内，向项目法人移交项目法人应当归档保管的项目档案。

在项目竣工投产后3个月内，向运行单位移交属于运行单位应当归档保管的项目档案。

第四十八条　各施工、监理、调试、调度等单位在项目竣工投产后1个月内，根据档案管理要求，将整理规范的项目档案向建设管理单位移交。

第四十九条　设计单位在完成可研、初设、施工图设计等工作并通过审查、审批后1个月内，将上述文件材料向建设管理单位移交。

在项目竣工投产后2个月内将竣工图提交施工、监理单位审核签章。

第五十条　施工、监理单位在收到竣工图半个月内完成审核签署工作，由监理组织施工单位向建设管理单位移交。

第五十一条　采购机构（含招标代理机构）、物资采购供应单位在完成环评、水保、设计、监理、施工、设备（材料）等采购（含招标）及签订合同、技

术协议、设备监造协议等工作后 1 个月内，由物资管理部门（招投标管理中心）负责组织上述单位向项目法人或建设管理单位移交。

第五十二条　运行单位在项目竣工投产后 3 个月内，向建设管理单位移交在生产技术准备和试运行中形成的文件材料。

第五十三条　项目档案的移交工作应在竣工投产后 3 个月内完成。建设管理单位应编制 2 份移交清册，分别与档案保管单位办理项目档案移交手续，交接双方按照移交清单认真核对、逐卷交接，完毕后双方在移交清册上签字，交接双方各存一份，以备查考。

第六章　档案验收

第五十四条　项目档案验收是项目竣工验收的重要组成部分。未经档案验收或档案验收不合格的项目，不得进行项目竣工验收。

第五十五条　国家重点工程和需创建国家、国家电网公司优质工程的建设项目，均应进行项目档案专项验收。

第五十六条　项目档案专项验收的组织：

（一）国家发展改革委组织验收的项目，由国家档案局组织项目档案的验收。

（二）国家发展改革委委托国家电网公司、省级政府投资主管部门组织验收的项目，由国家电网公司办公厅、省档案局组织项目档案的验收，验收结果报国家发展改革委、国家档案局备案。

（三）各区域电网公司、省电力公司组织验收的项目，由各区域电网公司、省电力公司的档案管理部门和省档案局负责组织项目档案的验收，验收结果报国家电网公司备案。

（四）国家电网公司办公厅、省档案局组织的项目档案验收应接受国家档案局、国资委的监督、指导。国家电网公司、各区域电网公司和省电力公司应加强项目档案验收前的指导和咨询、必要时可组织预验收。

（五）验收组人数为不少于 5 人的单数，验收组成员应有 3 名副高级以上（含副高级）专业技术人员，必要时可邀请有关专业人员参加验收组。验收组长由验收组织单位的人员担任。

（六）凡在城市规划区范围内建设的项目，项目档案验收组成员中应包括项目所在地的城建档案接收单位。

第五十七条　项目档案专项验收申请应具备以下条件：

（一）项目主体工程和辅助设施已按设计建成，能满足生产或使用的需要；

（二）项目试运行各项指标考核合格或达到设计能力；

（三）完成了项目建设全过程文件材料的收集、整理、分类、组卷、编目工作。

第五十八条　项目档案专项验收由建设管理单位提出申请，申请报告的主要内容应包括：

（一）项目建设及项目档案管理概况；

（二）保证项目档案完整、准确、系统所采取的控制措施；

（三）项目文件材料的形成、收集、整理与归档情况；

（四）竣工图的编制情况及质量状况；

（五）档案在项目建设、管理、试运行中所起的作用；

（六）存在的问题及解决措施。

第五十九条　项目档案专项验收前，项目法人或建设管理单位应组织设计、施工、监理、运行等单位的负责人及有关人员，根据国家有关项目档案验收的要求进行自检，并在项目投产后 3 个月内向项目档案专项验收组织单位报送项目档案验收申报表。

第六十条　凡档案验收不合格的建设项目，验收组应提请项目法人或建设管理单位于项目竣工验收前，限期对存在问题进行整改，并安排项目档案的复查工作。整改后复查仍不合格的，项目档案验收不予通过。

第七章　附　　则

第六十一条　本办法由国家电网公司办公厅负责解释和执行监督。

第六十二条　各区域电网公司、省电力公司和相关直属单位可依据本办法制定实施细则。

第六十三条　农网、城网及大型技改、水电厂、信息化建设、小型基建等建设项目的档案管理，参照本办法执行。通信工程、电力电缆等建设项目的归档范围参照附录 2。

第六十四条　本办法自颁布之日起实施。

附录 1：变电站工程项目文件材料归档范围、保管期限、归属与流向

附录 2：输电线路工程项目文件材料归档范围、保管期限、归属与流向

附录 3：换流（逆变）站工程项目文件材料归档范围、保管期限、归属与流向

③ 国家电网公司关于进一步加强重大电网建设项目档案管理工作的意见

（国家电网办〔2013〕1001 号）

总部各部门，各分部，公司各单位：

为适应特高压电网建设加快推进的新形势新要

求，进一步提升重大电网建设项目档案管理水平，为公司发展和"两个一流"建设留存好珍贵记忆，根据《国家电网公司电网建设项目档案管理办法（试行）》（国家电网办〔2010〕250号）及有关规定，现就进一步加强国家电网公司重大电网建设项目档案管理工作提出如下意见：

一、充分认识加强重大电网建设项目档案管理的重要意义

重大电网建设项目档案是公司重大电网建设工程自科研立项至竣工投运全过程的真实记录，是维系电网发展的珍贵记忆和生产运维的重要凭证。近几年来，总部有关部门、公司各单位认真执行公司关于电网建设项目档案管理的相关规定，将项目档案管理与工程建设工作同部署、同检查、同考核，推动项目档案管理工作取得了一系列显著成绩，为促进电网建设工程管理水平的持续提升提供了有力支撑。随着一批特高压电网建设项目的加快推进和"三集五大"建设带来的深层次管理变革，重大电网建设项目档案管理工作面临着前所未有的机遇和挑战。我们必须充分认识加强重大电网建设项目档案管理的重要意义，按照"建一流档案，创精品工程"要求，创新思路，强化管控，明确责任，狠抓落实，把新形势下的重大电网建设项目档案管理工作不断推向深入。

二、重大电网建设项目档案范围

本意见所称重大电网建设项目档案，是指公司范围内已建、在建或拟建的应由国家电网公司档案馆保存的重大电网建设项目档案，主要包括以下工程：

（一）特高压工程

1. 1000kV 晋东南～南阳～荆门特高压交流试验示范工程（含扩建工程）。

2. 皖电东送淮南至上海特高压交流输电示范工程。

3. 浙北～福州特高压交流输变电工程。

4. 向家坝～上海±800千伏特高压直流输电示范工程。

5. 锦屏～苏南±800千伏特高压直流输电工程。

6. 哈密南～郑州±800千伏特高压直流输电工程。

7. 溪洛渡左岸～浙江金华±800千伏特高压直流输电工程。

8. 其他拟建特高压工程。

（二）三峡工程电网建设项目

1. 三输输变电工程。

2. 葛沪直流综合改造工程。

3. 三峡地下电站送出工程。

4. 宜都～江陵改接至兴隆500千伏输电工程。

5. 三峡输电线路优化完善工程。

6. 其他使用国家三峡建设基金的电网建设工程。

（三）具有重大政治意义的跨区电网建设项目

1. 青海格尔木至西藏拉萨±400千伏直流联网工程。

2. 新疆与西北主网联网750千伏第二通道输变电工程。

3. 其他具有重大政治意义的电网建设工程。

（四）具有典型意义的电网建设工程

宁东～山东±660千伏直流输电示范工程。

三、基本原则

（一）统一管理

坚持完善由公司统一领导、建设项目档案管理单位组织实施的自项目立项至投产验收的项目档案全程管理机制。认真执行国家档案局关于重大建设项目档案管理的要求和《国家电网公司电网建设项目档案管理办法（试行）》（国家电网办〔2010〕250号），做到项目档案管理制度、业务规范和质量控制标准的严格统一。

（二）各负其责

按照"谁主管、谁负责"和"谁形成、谁整理"的工作要求，明确国网办公厅、总部建设管理部门（国网交流部、直流部）、总部其他相关部门及建设项目档案管理单位、各建设管理单位、各参建单位的项目档案管理职责，督促各责任主体认真完成职责范围内的项目档案管理工作。实施属地化建设管理的工程，属地建设管理单位是其建管范围内项目档案管理的责任主体。非属地化建设管理的工程，各单位按照职责范围开展项目档案管理工作。

（三）集中保管

公司重大电网建设项目档案通过国家验收，并符合《国家电网公司档案馆档案收集管理办法（试行）》（国家电网办〔2011〕953号）的，由建设项目档案管理单位统一移交国家电网公司档案馆集中保管。各部门、各单位移交建设项目档案管理单位的项目档案原则上须为原件，且应按照《国家电网公司纸制档案数字化技术规范》（国家电网科〔2006〕214号）相关要求，完成纸质档案数字化工作，做到纸质与电子文件同步移交。项目核准文件、物资招标方案、评标记录、定标意见等由总部归档保管的唯一性文件，由建设项目档案管理单位归集相应复制件，并注明原件保管档号。

（四）高效利用

根据需求合理确定建设项目档案利用方式。建设项目档案管理单位在收集一套完整项目档案的基础上，可根据运行单位需求复制移交相关项目档案。设计、监理、施工、采购（含招标）、物资供应、调试等参建单位除保管自身形成的档案外，还应根据需要增加移交份数，以满足项目法人或建设项目档案管理单位、运行检修等单位需求。充分利用国家电网公司

数字档案馆系统，做好重大电网建设项目档案进馆后的利用服务。

四、职责分工

国网办公厅是公司重大电网建设项目档案的业务归口管理部门，负责国家电网公司为项目法人及国家电网公司范围内特高压工程、三峡输变电工程及其他具有重大政治意义、典型意义的跨区电网项目档案的业务管理。负责制定公司电网建设项目档案管理工作标准、制度并组织实施；对电网建设项目档案工作进行监督、检查、指导；组织开展电网建设项目档案管理的业务学习及培训工作；组织或受托开展公司重大电网建设项目档案专项验收工作。

国网交流部、直流部负责跨区电网建设项目档案的直接管理和组织协调工作，负责明确项目建档名称和建设项目档案管理单位；负责项目档案管理的总体策划；负责跨区电网建设项目前期评估、报批（审）、竣工验收阶段及项目管理相关文件材料的收集，经整理后向国家电网公司档案馆移交、归档，同时向建设项目档案管理单位移交；负责督促项目各建设管理单位做好项目档案及工程声像、图片资料的管理与移交工作。

国网发展部、财务部、科技部（智能电网部）、基建部、物资部（招投标中心）、审计部、国调中心等总部部门，负责职责范围内［详见《国家电网公司电网建设项目档案管理办法（试行）》］电网建设项目文件材料的收集、整理工作，并按规定向国家电网公司档案馆及建设项目档案管理单位移交。工程项目可研报告终版前的重要修改版本，应随工程项目档案一并保管。

建设项目档案管理单位（国网直流公司、国网交流公司等）负责制定项目档案管理要求和实施细则，明确具体项目档案业务规范及标准；负责向项目各建设管理单位、各参建单位提供统一的档案离线管理信息系统；负责接收相关集中招（投）标、物资采购文件材料并编目归档；负责建设项目档案的专业指导、交底培训、过程检查、汇总整理、质量控制与整体把关，督促项目建设管理单位（含工程属地建设管理单位，单项工程建设管理单位）做好职责范围内项目文件材料的整理、组卷及项目档案的编目、审验、移交工作；负责项目档案专项验收和工程达标投产、工程创优项目档案检查的迎检工作；负责汇总管理和整理项目全套档案，并按规定向国家电网公司档案馆移交。

工程属地建设管理单位（属地省、自治区、直辖市电力公司）是属地范围内工程项目档案管理的归口单位和第一责任人。按照工程项目建设管理分工或建设管理委托协议，负责自行或组织相关单位（属地各参建单位）完成职责范围内建设项目文件材料的收集、整理、组卷及项目档案的编目，并做好质量审核与汇总工作，向建设项目档案管理单位移交。

单项工程建设管理单位（国网信通公司等）是相关单项工程档案管理的首要责任人，负责单项工程全部项目文件材料的收集、整理、组卷及项目档案编目、质量审核，并向建设项目档案管理单位移交。

勘察、设计单位负责勘察、设计阶段产生的可行性研究报告、工程选址报告、地勘报告（岩土地质勘察报告）、设计基础资料、初步设计、概算、审定概算、施工图设计、设计交底、变更文件、竣工图（含电子版）等文件材料的收集、整理，并按照国家电网公司建设项目档案管理要求组卷、编目后向建设项目档案管理单位移交。

施工单位负责收集各自承包项目在开工前和施工过程中形成的图纸会检、工程变更文件、施工组织设计、技术交底、安全环保措施，建筑、安装的开、复工报告，施工记录（含隐蔽工程记录）、实验报告、原材料及构件质量证明、质量检查及评定、设备开箱文件、设备调试文件、设备出厂工艺，竣工、验收、结算等文件材料。负责向设计单位提供竣工草图及全部变更设计文件。负责将上述文件材料按照国家电网公司建设项目档案管理要求进行整理、组卷、编目，向工程建设管理单位移交。

监理单位负责收集对建设项目质量、进度和建设资金使用等进行控制的监理文件；负责完成监理大纲、监理规划、监理实施细则、监理月报、监理旁站方案及审批、监理旁站记录等文件的编制；负责监督检查施工全过程文件材料的完整性、准确性和系统性；负责审核施工单位、设计单位竣工文件及竣工图的完整性、准确性；负责现场及工程达标创优、专项验收检查中发现问题整改资料的归档；负责按照国家电网公司建设项目档案管理要求对上述材料进行整理、组卷、编目，向工程建设管理单位移交。

采购机构（含招标代理机构）、物资采购供应单位（国网物资公司）、监造机构负责收集环评、水保、设计、监理、施工、设备（材料）采购（招投标）等过程中形成的文件材料和订货合同、技术协议及设备材料监造大纲、计划、记录及报告等，并按照国家电网公司建设项目档案管理要求整理、组卷，向建设项目档案管理单位移交。

运行单位负责收集、保管建设项目在生产技术准备和试运行中形成的文件材料，按照档案管理要求整理、组卷、编目，向建设项目档案管理单位移交。负责接收保管与运行、检修有关的项目档案。负责运行、检修、技改等工作中所形成文件材料的收集、整理、归档和提供利用等各项工作。

五、工作要求

（一）加强统筹管理。总部建设项目主管部门要

加强统筹策划,进一步明确新形势下重大电网建设项目档案管理的主要任务和标准要求。要将项目档案管理专项费用(包括项目档案数字化费用)纳入工程整体预算。订立工程合同时,要明确规定档案收集、整理、移交的标准要求,并按合同总额的一定比例设立档案质量保证金,通过强化经济手段严把档案质量关。

(二)严格监督考核。总部建设项目主管部门要进一步加强项目档案管理激励约束机制建设,力争使重大电网建设项目档案管理工作成为工程管理评先评优和工程属地建设管理单位相关考核的必备内容。建设项目档案管理单位要严格按照《国家电网公司电网建设项目档案管理办法(试行)》要求,建立工程项目档案管理推进预警与评价机制,确保档案工作与工程建设同步推进。对不认真执行公司相关规定导致项目档案管理工作失误的,公司将予以通报批评并严肃追究相关人员责任。

❹ 国家电网公司电子文件管理办法

(国家电网企管〔2014〕1562号)

第一章　总　则

第一条　为规范国家电网公司(以下简称"公司")电子文件管理,确保电子文件的真实、完整、可用和安全,保存企业历史记录,促进信息资源开发利用,提高公司管理水平,依据国家有关法律法规和标准规范,结合公司实际,制定本办法。

第二条　本办法所称电子文件,是指公司在生产、经营、管理等各项公务过程中,通过计算机等电子设备形成、办理、传输和存储的文字、图表、图像、音频、视频等不同形式的信息记录。

第三条　公司电子文件管理遵循信息化条件下电子文件形成和利用的规律,坚持以下基本原则:

(一)统一管理。对电子文件管理工作实行统筹规划,统一管理制度,对具有保存价值的电子文件实行集中管理。

(二)全程管理。对电子文件形成、办理、传输、保存、利用、销毁等环节实行全过程管理,确保电子文件始终处于受控状态。

(三)规范标准。依据国家相关标准和规范,制定公司统一标准和规范,对电子文件实行规范化管理。

(四)便于利用。发挥电子文件高效、便捷优势,对有价值的电子文件提供分层次、分类别的共享应用。

(五)安全保密。按照国家有关法律法规和规范

标准的要求,采取有效技术手段和管理措施,确保电子文件信息安全。

第四条　本办法对公司电子文件管理机构设置、职责划分、电子文件管理各业务环节要求、电子文件管理系统建设与应用、考核与奖惩等作出规定。

第五条　本办法适用于公司总(分)部、各单位及所属各级单位(以下简称"各级单位")的电子文件管理工作。

公司各级控股、参股单位的电子文件管理工作参照执行。

第二章　电子文件管理机构与职责

第六条　公司电子文件管理实行分级负责制,建立两级电子文件管理机构,分别在公司总部、各分部和公司各单位设立电子文件管理工作领导小组(以下简称"领导小组"),领导小组下设办公室。机构组成及主要职责如下:

(一)公司总部领导小组由公司领导及相关部门负责人组成。主要职责为:贯彻落实国家电子文件管理方针政策和工作要求;研究制定公司电子文件管理决策部署;统筹规划公司电子文件管理工作;协调解决公司电子文件管理中的重大问题;审定公司电子文件管理规章制度、标准规范、项目经费、重大项目方案等。

(二)公司总部领导小组办公室设在国网办公厅,由国网办公厅、信通部及相关部门人员组成。主要职责为:落实和执行公司领导小组的决策部署;联系国家电子文件管理部际联席会议办公室、国资委电子文件管理相关机构;制定公司电子文件管理规章制度、标准规范、项目方案等;审定电子文件管控范围;组织公司电子文件管理宣传培训及考核评价工作;指导、监督和检查各级单位电子文件管理工作。

(三)各分部、公司各单位领导小组由单位领导及相关部门主要负责人组成。主要职责为:贯彻落实公司电子文件管理决策部署;统筹规划本单位电子文件管理工作;协调解决本单位电子文件管理工作中的重要问题;审定本单位电子文件管理经费、重大事项等。

(四)各分部、公司各单位领导小组办公室设在办公室(综合管理部门),由办公室(综合管理部门)、科信部门和相关部门人员组成。主要职责为:落实和执行总部和本单位领导小组的决策部署;制订本单位电子文件管理实施方案;组织本单位电子文件管理宣传培训及考核评价工作;指导、监督和检查本单位电子文件管理工作。

第七条　公司总部部门职责如下:

(一)国网办公厅是公司电子文件管理工作的归口管理部门,承担领导小组办公室日常工作,并履行以下职责:贯彻执行公司电子文件管理制度规范;负

责公司电子文件资源的统一管理、集中管控和综合利用；负责总部电子文件的接收、整理、保管和利用；组织总部电子文件鉴定、处置和归档工作。

（二）国网信通部是公司电子文件管理工作的技术管理部门，履行以下职责：制定电子文件管理相关技术标准；负责电子文件管理系统的建设和运行管理工作；组织各业务系统集成改造工作；负责电子文件的安全保存和异地容灾备份管理等工作。

（三）总部相关部门主要职责：提出本部门业务范围内的电子文件管控范围；协调本部门及所属各单位对口业务部门信息系统集成和业务数据标准化工作；负责本部门业务范围内电子文件的形成、办理、捕获、整理和鉴定工作，确保其真实、完整、可用和安全，并及时归档；参与制定公司电子文件管理标准规范。

第八条　各分部、公司各单位部门职责如下：

（一）各分部、公司各单位办公室（综合管理部门）是本单位电子文件管理工作的归口管理部门，承担领导小组办公室日常工作，并履行以下职责：贯彻执行公司电子文件管理制度规范；负责本单位电子文件的接收、整理、保管和利用；组织本单位电子文件鉴定、处置和归档工作。

（二）各分部、公司各单位科信部门是本单位电子文件管理工作的技术管理部门，履行以下职责：负责电子文件管理系统在本单位的部署实施和运行管理工作；组织各业务系统的集成和改造工作；负责本单位电子文件的安全保存和备份管理等工作。

（三）各分部、公司各单位相关部门的主要职责为：开展本部门业务信息系统集成改造和数据标准化工作；负责本部门业务范围内电子文件的形成、办理捕获、整理和鉴定工作，确保电子文件的真实、完整、可用和安全，并及时归档。

第三章　电子文件的形成与办理

第九条　电子文件的形成与办理遵循"谁形成，谁负责"原则，确保所形成的电子文件真实、完整、可用和安全。

第十条　电子文件应具备国家法律法规规定的原件形式。电子文件原件应能够有效表现所载内容并可供调取查用，能够保证电子文件及其元数据自形成起完整无缺、来源可靠，未被非法更改；在信息交换、存储和显示过程中发生形式变化时不影响电子文件内容真实、完整。涉密电子文件的原件形式应当符合国家有关保密法律法规的规定。

第十一条　业务系统应严格记录电子文件内容、背景、结构以及电子文件形成和办理的过程文件及相关信息。

第四章　电子文件的捕获登记与整理

第十二条　电子文件捕获是按照既定要求将职能

活动过程中的电子文件及其元数据纳入电子文件管理系统加以管理的过程。登记是在电子文件管理系统中分配给电子文件唯一标识符的过程。

第十三条　各级单位在职能活动中产生的、具有利用和参考价值的电子文件，应推送到电子文件管理系统进行保存，捕获范围应参照公司电子文件管控范围执行。

第十四条　电子文件捕获时应符合以下要求：

（一）捕获时应包括电子文件和描述电子文件内容、背景、结构及电子文件形成与办理过程的元数据信息，元数据应按照国家和公司电子文件元数据标准规范执行。

（二）在捕获非通用格式的电子文件时，应将相应的阅读软件及其使用说明同时保存。

第十五条　电子文件整理是指对电子文件进行分类、组合、排列、编号、编制目录、建立全宗等一系列使其形成有序体系的过程。

第十六条　电子文件应按照公司制定的分类方案进行整理，整理过程须遵循文件形成规律和特点，并保持电子文件之间的有机联系。

第十七条　公司电子文件分类方案采用职能分类法，以电子文件为对象，依据公司的业务职能活动，兼顾分类的可扩展性，便于科学管理和综合利用。

第十八条　电子文件整理可采用系统自动整理和人工整理相结合的方式。

第五章　电子文件的鉴定与处置

第十九条　各级单位应定期组织开展电子文件的鉴定工作，对电子文件的内容真伪、保管期限、密级以及价值进行鉴定，并根据鉴定结果进行处置。

第二十条　电子文件内容鉴定主要包括以下方面：

（一）电子文件的原始性、准确性、完整性。

（二）电子文件元数据要素是否齐全、真实、规范、有效。

（三）确定电子文件的价值和保管期限。

第二十一条　电子文件处置主要包括移交、续存和销毁三种方式。具体工作内容如下：

（一）移交：将文件从电子文件管理系统中移交到国家电网公司数字档案馆系统。

（二）续存：将保管期限到期的电子文件继续保存。

（三）销毁：以文件的保管期限与处置表为依据，消除文件使之无法恢复。

第六章　电子文件的移交归档

第二十二条　各级单位应根据国家和公司档案管理要求，对经鉴定具有保存价值的电子文件及时向公司数字档案馆系统移交归档。

第二十三条　电子文件归档应符合以下要求：

（一）归档电子文件的保管期限划分准确。

（二）电子文件及其元数据同时归档。

（三）电子文件应当以国家规定的标准存储格式进行归档。属于国家秘密的电子文件应当使用专用保密存储介质存储，并按保密规定办理归档手续。

（四）电子文件归档时，移交方与档案管理部门应按照档案管理的有关要求，履行归档移交手续。

（五）具有永久保存价值或者其他重要价值的电子文件，应当转换为纸质文件或者缩微胶片同时归档。

第七章　电子文件的保管与利用

第二十四条　电子文件的保管服从电子文件管理的基本目标，采用符合国家相关标准的长期保存格式，确保电子文件的真实、完整、可用和安全。

第二十五条　电子文件保管应当符合下列要求：

（一）按照国家信息安全等级保护标准和涉密信息系统分级保护管理规定建立电子文件管理系统和信息内容安全保密防护体系，执行严格的安全保密管理制度。

（二）根据电子文件不同载体保管环境的要求，选择适宜的保管条件。

（三）定期对电子文件的保管情况、可读取状况等进行测试、检查，发现问题及时处理。

（四）电子文件运行的软硬件环境、存储载体等发生变化时，应当将其及时迁移、转换。

（五）电子文件应当实行备份制度，采取异地容灾和定期备份方式。

第二十六条　各级单位应提供便捷的电子文件利用服务，促进信息资源共享，并采取有效措施确保电子文件不受损害。

第二十七条　各级单位应确定电子文件的查询利用范围。属于信息公开范围的电子文件的利用，应当按照公司有关规定执行；不属于信息公开范围的电子文件，按照公司档案、保密、信息安全、知识产权保护等相关规定提供利用。

第二十八条　反映电子文件保管、利用过程的相关信息应当记录和保存。

第二十九条　电子文件的销毁应当履行有关审批手续，涉密电子文件的销毁应当按照国家保密法律法规的规定处理。

第八章　电子文件管理系统建设与应用

第三十条　公司统一建设电子文件管理系统，系统功能符合《电子文件管理系统通用功能要求》（GB/T 29194—2012）。

第三十一条　电子文件形成部门在建立和完善业务系统时，应明确业务系统与电子文件管理系统的集成需求，并根据公司电子文件管理统一集成规范进行集成。

第三十二条　各级单位在电子文件管理系统建设和应用过程中涉及的硬件设备和系统，应符合国家有关电子文件管理装备标准规范所要求的功能、性能以及技术管理要求。

第九章　考 核 与 奖 惩

第三十三条　电子文件管理工作纳入公司办公室工作综合评价体系，评价结果定期通报。各级单位应对照考核评价结果及时改进，持续提升电子文件管理水平。

第三十四条　各级单位应对电子文件管理工作成绩突出的集体或个人给予表彰或者奖励。

第三十五条　有下列情形之一的，根据国家和公司相关规定予以处分；情节严重涉嫌犯罪的，依法追究其刑事责任：

（一）损毁、丢失、篡改、伪造电子文件。

（二）擅自提供、复制、公布、销毁电子文件。

（三）利用技术手段或其他非法手段修改利用权限。

（四）违反保密规定使用电子文件。

第十章　附　　则

第三十六条　本办法由国网办公厅负责解释并监督执行。

第三十七条　本办法自 2015 年 1 月 1 日起实施。

第二章 电力企业档案管理必备标准

 电网建设项目文件归档与
档案整理规范

(DL/T 1363—2014)

前　言

本标准按照 GB/T 1.1—2009《标准化工作导则第 1 部分：标准的结构和编写》给出的规则起草。

本标准由中国电力企业联合会提出并归口。

本标准主要起草单位：中国电力建设企业协会、国网山东省电力公司。

本标准参加起草单位：中国能源建设集团江苏省电力设计院有限公司、山东送变电工程公司、广东省输变电工程公司、河北省送变电公司。

本标准主要起草人：范幼林、李仲秋、迟晓明、井亚莉、袁爱国、孔倩、梁雪珍、程昌辉、李猛、王淑燕、陈秀菊、王新康、岳楠楠。

本标准在执行过程中的意见或建议反馈至中国电力企业联合会标准化管理中心（北京市白广路二条一号，100761）。

1　范围

本标准规定了电网建设项目各单位的项目档案管理职责、项目文件编制、收集、整理、归档、移交、验收。

本标准适用于电网建设项目的文件归档和档案整理。

2　规范性引用文件

下列文件对于本文件的应用是必不可少的。凡是注日期的引用文件，仅注日期的版本适用于本文件。凡是不注日期的引用文件，其最新版本（包括所有的修改单）适用于本文件。

GB/T 11821　照片档案管理规范

GB/T 11822　科学技术档案案卷构成的一般要求

GB/T 14689　技术制图　图纸幅面和格式

GB/T 18894　电子文件归档与管理规范

DA/T 28　国家重大建设项目文件归档要求与档案整理规范

DA/T 38　电子文件归档光盘技术要求和应用规范

DL/T 5229　电力工程竣工图文件编制规定

档发〔1997〕20 号　城市建设档案归属与流向暂行办法

3　术语和定义

下列术语和定义适用于本文件。

3.1

建设项目　construction project

建筑、安装等形成固定资产的活动中，按照一个总体设计进行施工，独立组成的，在经济上统一核算、行政上有独立组织形式、实行统一管理的整体工程。

3.2

项目文件　records of project

建设项目在立项、审批、招投标、勘察、设计、施工、监理及竣工验收全过程中形成的文字、图表、声像等形式的全部文件。包括项目前期文件、项目管理文件、项目竣工文件和项目竣工验收文件等。

3.3

电子文件　electronic records

以数码形式记录于磁带、磁盘、光盘等载体，依赖计算机系统阅读、处理并可在通信网络上传输的文件。

3.4

分类　classification

根据档案的来源、形成时间、内容、形式等特征对档案实体进行有层次的划分。

3.5

整理　archives arrangement

按照一定原则对档案实体进行系统分类、组卷、排列、编目，使之有序化的过程。

3.6

档号　archival code

以字符形式赋予档案实体的用以固定和反映档案排列顺序的一组代码。

3.7

项目文件归档　filing of project records

项目设计、施工、监理等单位将办理完毕、具有保存价值的项目文件，经整理后向建设单位移交，建设单位各职能部门将经过整理的项目文件及时向档案管理部门移交的过程。

3.8

项目档案　archives of project

经过鉴定、整理并归档的项目文件。

4　总则

4.1　电网建设项目应实行项目档案管理责任制，与项目建设同步管理。

4.2　应将项目档案管理纳入招投标、合同管理、工程监理、项目管理程序和工程质量管理体系。

4.3　项目档案工作应实行统一领导、分级管理的原则，确保项目档案完整、准确、系统、安全保管和有效利用。

4.4　项目各单位应根据国家现行有关档案管理规定，设置专门档案管理机构，配备专、兼职档案管理人员，配置能满足项目档案管理需求的设施设备，并实现项目文件的信息化管理。

5　管理职责

5.1　通用职责

5.1.1　各参建单位项目文件管理应与项目建设同步，在建设单位的统一领导下，对职责范围内形成的项目档案的完整、准确、系统和有效利用负责。

5.1.2　各参建单位应根据本标准的规定，完成合同约定范围内项目文件的收集、整理、归档、移交工作。

5.1.3　各参建单位可参照附录 A 和附录 B 的归档范围，将符合本标准要求的各类载体的项目文件，按规定向建设单位和本单位档案部门移交。

5.2　建设单位职责

5.2.1　应建立健全项目档案管理体系，落实项目档案管理责任制，制定统一的项目管理制度和工作标准，实行全过程质量管理。

5.2.2　应在合同中明确各单位项目文件的编制范围、质量要求、移交时间、份数及违约责任等；合同中未约定的，可按上述要求单独签订补充协议。

5.2.3　应在合同中约定竣工图的编制深度、出图范围、交接时间、套数、电子文件格式等具体要求。

5.2.4　多个项目集中招标，但各项目分别由不同建设单位负责实施的，应在合同中约定总承包、勘察、设计、施工、监理、调试和物资供应、设备厂家等单位的文件收集、整理和移交职责。

5.2.5　应对各参建单位的项目档案收集、整理、归档工作进行交底、监管、指导和协调。

5.2.6　应对移交的竣工文件进行核查、汇总整理、系统编目、编制检索工具。

5.2.7　应组织监理单位对设计变更执行情况进行审核，并汇总审查，提交设计单位编制竣工图。

5.2.8　应按照国家现行有关档案管理的规定，做好项目投资、融资过程及重大决策过程形成的项目文件、会议纪要、记录等的收集和移交工作。

5.2.9　在城建规划范围内的项目，应按国家档案局档发〔1997〕20 号文的规定，向城建档案管理机构移交相关档案。

5.2.10　建设单位各部门可参照附录 A 和附录 B 的归档范围，将符合归档要求的纸质及电子文件按规定格式收集、整理，经本部门领导审查后，向本单位档案部门移交。

5.2.11　建设单位项目文件管理流程见图 1。

5.3　勘察、设计单位职责

5.3.1　应按合同约定及本标准的规定，对项目勘察、设计活动和设计服务工作中形成的各类载体的文件进行收集、整理，向建设单位移交归档。

5.3.2　勘察、设计单位项目文件管理流程见图 2。

5.4　监理单位职责

5.4.1　应按合同约定将设计、施工、调试、设备制造厂家等单位形成的项目文件、案卷质量纳入工程质量管控范围。

5.4.2　应对参建单位整理和移交的项目文件质量情况进行审查，并签署审查意见。

5.4.3　应收集、整理在监理活动中形成的文件，向建设单位移交。

5.4.4　监理单位项目文件管理流程见图 3。

5.5　施工、调试单位职责

5.5.1　应按合同约定及本标准的规定，收集、整理职责范围内形成的各类载体的施工、调试文件，并提交监理单位审查，审查合格后向建设单位移交。

5.5.2　应负责收集、整理施工、调试中已实施的设计变更及闭环文件、质量验收不符合项及整改闭环文件，并提交监理单位审查，审查合格后向建设单位移交。

5.5.3　施工、调试单位项目文件管理流程见图 4。

5.6　总承包单位职责

5.6.1　应按合同约定的总承包范围，依据国家现行有关标准的规定实施项目档案管理，并对档案质量负责。

5.6.2　应建立档案管理网络，负责制定档案管理制度，对各分包单位的档案管理和移交工作实行交底、监管、检查、指导和协调。

5.6.3　应与工程建设同步实行档案管理，审核、验收各分包单位移交的竣工档案，对项目档案的完整、准确、系统和有效利用负责。

5.6.4　应按合同约定的范围，收集、管理本单位在工程建设活动中形成的各类载体文件。

5.6.5　应将各分包单位形成的项目文件汇总、整理，提交监理单位审查，向建设单位移交。

5.6.6　应配合建设单位完成项目档案专项验收工作。

5.7　物资供应、招标单位职责

5.7.1　参照附录 A 和附录 B，负责收集、整理项目环评、水保、设计、监理、施工、设备、材料等招标过程中形成的招投标、合同、协议等文件，向建设单位移交。

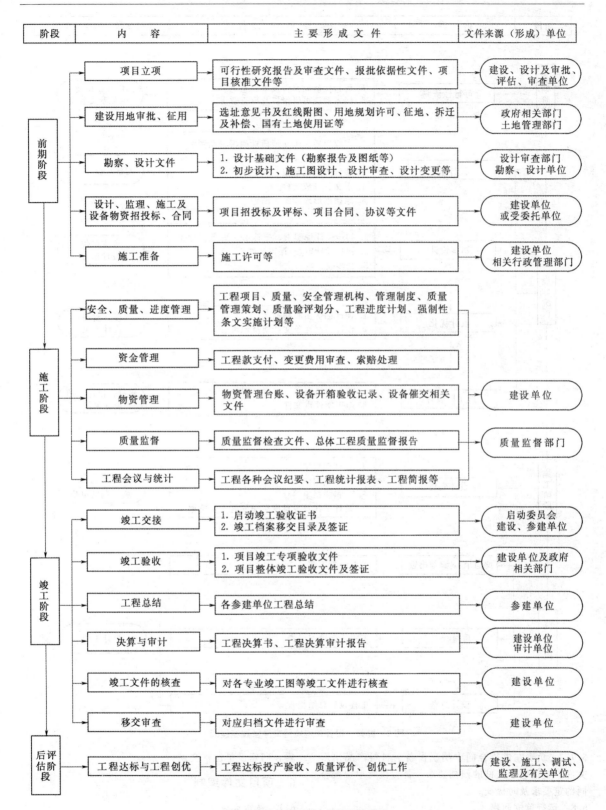

阶段	内 容	主 要 形 成 文 件	文件来源（形成）单位
前期阶段	项目立项	可行性研究报告及审查文件、报批依据性文件、项目核准文件等	建设、设计及审批、评估、审查单位
	建设用地审批、征用	选址意见书及红线附图、用地规划许可、征地、拆迁及补偿、国有土地使用证等	政府相关部门土地管理部门
	勘察、设计文件	1. 设计基础文件（勘察报告及图纸等）2. 初步设计、施工图设计、设计审查、设计变更等	设计审查部门勘察、设计单位
	设计、监理、施工及设备物资招投标、合同	项目招投标及评标、项目合同、协议等文件	建设单位或受委托单位
	施工准备	施工许可等	建设单位相关行政管理部门
施工阶段	安全、质量、进度管理	工程项目、质量、安全管理机构、管理制度、质量管理策划、质量验评划分、工程进度计划、强制性条文实施计划等	
	资金管理	工程款支付、变更费用审查、索赔处理	
	物资管理	物资管理台账、设备开箱验收记录、设备催交相关文件	建设单位
	质量监督	质量监督检查文件、总体工程质量监督报告	质量监督部门
	工程会议与统计	工程各种会议纪要、工程统计报表、工程简报等	
竣工阶段	竣工交接	1. 启动竣工验收证书 2. 竣工档案移交目录及签证	启动委员会建设、参建单位
	竣工验收	1. 项目竣工专项验收文件 2. 项目整体竣工验收文件及签证	建设单位及政府相关部门
	工程总结	各参建单位工程总结	参建单位
	决算与审计	工程决算书、工程决算审计报告	建设单位审计单位
	竣工文件的核查	对各专业竣工图等竣工文件进行核查	建设单位
	移交审查	对应归档文件进行审查	建设单位
后评估阶段	工程达标与工程创优	工程达标投产验收、质量评价、创优工作	建设、施工、调试、监理及有关单位

图1 建设单位项目文件管理流程图

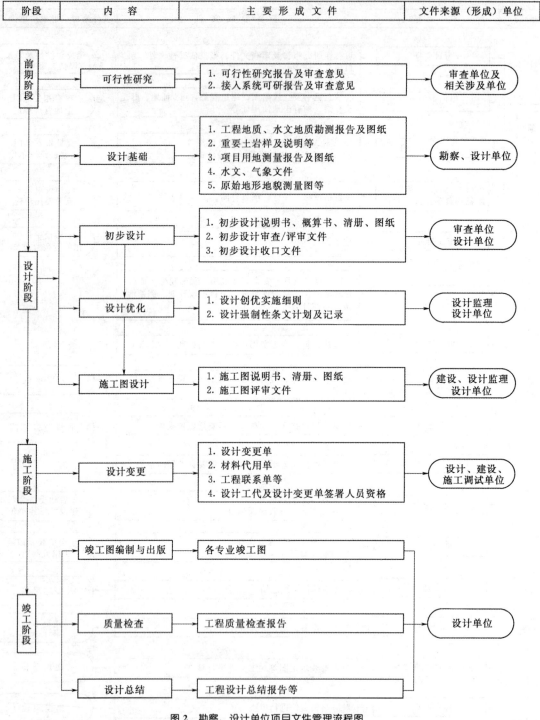

阶　段	内　容	主　要　形　成　文　件	文件来源（形成）单位
前期阶段	可行性研究	1. 可行性研究报告及审查意见 2. 接入系统可研报告及审查意见	审查单位及相关涉及单位
设计阶段	设计基础	1. 工程地质、水文地质勘测报告及图纸 2. 重要土岩样及说明等 3. 项目用地测量报告及图纸 4. 水文、气象文件 5. 原始地形地貌测量图等	勘察、设计单位
	初步设计	1. 初步设计说明书、概算书、清册、图纸 2. 初步设计审查/评审文件 3. 初步设计收口文件	审查单位设计单位
	设计优化	1. 设计创优实施细则 2. 设计强制性条文计划及记录	设计监理设计单位
	施工图设计	1. 施工图说明书、清册、图纸 2. 施工图评审文件	建设、设计监理设计单位
施工阶段	设计变更	1. 设计变更单 2. 材料代用单 3. 工程联系单等 4. 设计工代及设计变更单签署人员资格	设计、建设、施工调试单位
竣工阶段	竣工图编制与出版	各专业竣工图	设计单位
	质量检查	工程质量检查报告	
	设计总结	工程设计总结报告等	

图 2　勘察、设计单位项目文件管理流程图

5.7.2 负责在供货合同中明确设备、材料产品出厂文件，包括电子文件的归档要求，督促供货单位按合同约定要求及时提交。

5.8　运行单位职责
　　负责收集整理生产准备和试运行中形成的文件材料，向建设单位移交。

6　项目文件编制

6.1　基本要求

6.1.1　编制的项目文件应字迹清楚，图样清晰，图

阶 段	内 容	主 要 形 成 文 件	文件来源（形成）单位

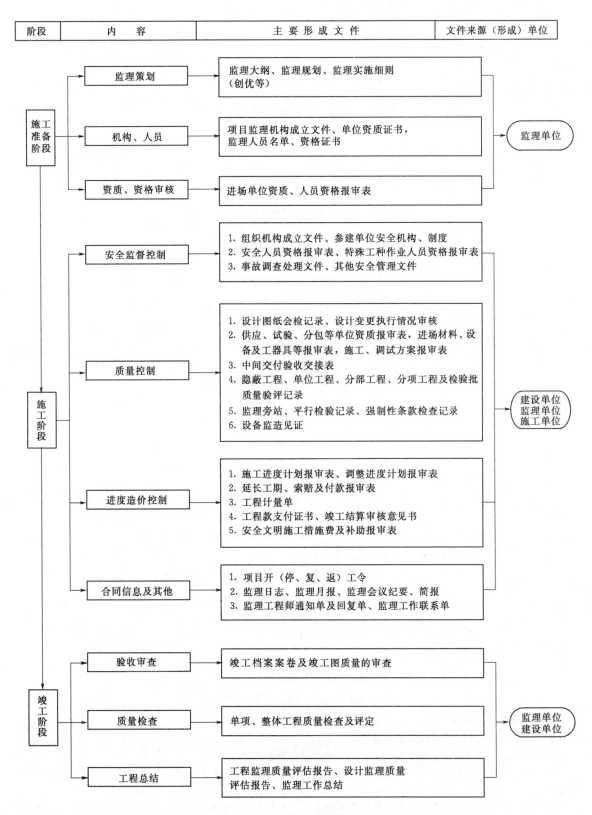

图3 监理单位项目文件管理流程图

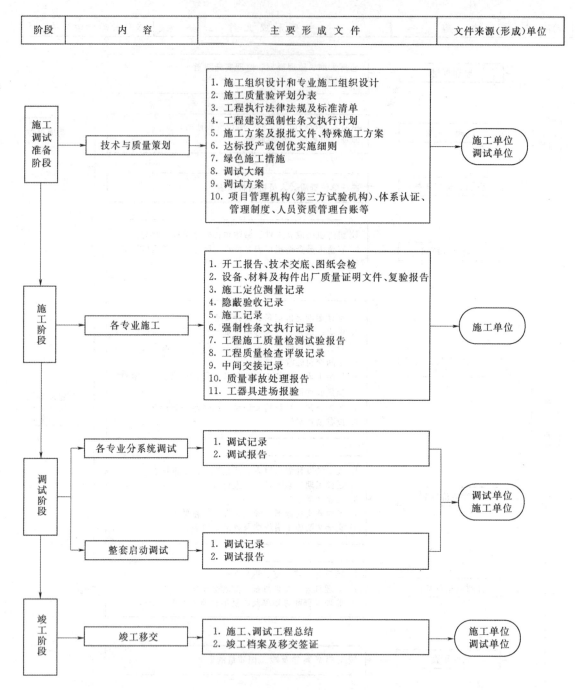

阶段	内　容	主 要 形 成 文 件	文件来源(形成)单位
施工调试准备阶段	技术与质量策划	1. 施工组织设计和专业施工组织设计 2. 施工质量验评划分表 3. 工程执行法律法规及标准清单 4. 工程建设强制性条文执行计划 5. 施工方案及报批文件、特殊施工方案 6. 达标投产或创优实施细则 7. 绿色施工措施 8. 调试大纲 9. 调试方案 10. 项目管理机构(第三方试验机构)、体系认证、管理制度、人员资质管理台账等	施工单位 调试单位
施工阶段	各专业施工	1. 开工报告、技术交底、图纸会检 2. 设备、材料及构件出厂质量证明文件、复验报告 3. 施工定位测量记录 4. 隐蔽验收记录 5. 施工记录 6. 强制性条文执行记录 7. 工程施工质量检测试验报告 8. 工程质量检查评级记录 9. 中间交接记录 10. 质量事故处理报告 11. 工器具进场报验	施工单位
调试阶段	各专业分系统调试	1. 调试记录 2. 调试报告	调试单位 施工单位
	整套启动调试	1. 调试记录 2. 调试报告	
竣工阶段	竣工移交	1. 施工、调试工程总结 2. 竣工档案及移交签证	施工单位 调试单位

图 4　施工、调试单位项目文件管理流程图

表整洁，需要签字、签章、审批的，手续应完备。

6.1.2　项目文件的载体及书写、制成和装订材料应符合 GB/T 11822 的规定。

6.1.3　项目文件的图纸幅面应符合 GB/T 14689 的规定。

6.1.4　非纸质载体文件归档时，整理单位应编制文字说明与纸质载体一起移交，并在备考表中填写互见号。

6.1.5　施工与验收记录应符合国家现行有关标准规定的格式。

6.1.6　需整改闭环或回复的项目文件，执行单位应在执行完成后按要求编制相应的闭环文件。

6.1.7　原材料质量证明文件，应按原材料的种类、进货批次等特征，结合原材料管理台账分类编制跟踪

记录。

6.1.8　施工单位应根据设计变更，编制对应的设计变更执行报验文件。

6.1.9　同一批次招标的设备涉及多个建设单位的，合同中应明确由设备厂家给每个建设单位各提供一套设备文件原件。

6.1.10　竣工验收文件，应包含对合同中有关文件编制和移交要求条款的检查项。

6.2　竣工图编制要求

6.2.1　编制竣工图应完整、系统，签章手续完备，其内容真实、准确，并与项目竣工验收实际相符。

6.2.2　竣工图由设计单位编制的应符合 DL/T 5229 的规定，由施工单位编制的应符合 DA/T 28 的规定。

6.2.3　竣工图编制单位应编写竣工图总说明和各专业、卷册的编制说明，各级签署应完备。

6.2.4　建设单位对竣工图有特殊要求时，应在合同中约定。

6.2.5　设计单位编制竣工图的，将项目建设过程中未发生修改的施工图作为竣工图时，应在图标栏上方空白处加盖竣工图章。竣工图章式样应符合图5的要求。

单位：mm

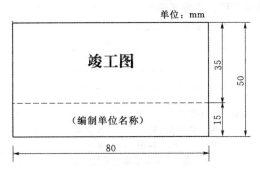

图 5　竣工图章

6.2.6　设计单位重新绘制竣工图的，图标栏应为竣工图标，不再加盖竣工图章。

6.2.7　设计单位重新绘制有修改内容的竣工图，监理单位应进行审查，并在其卷册编制说明上加盖竣工图审查章。竣工图审查章式样应符合图6的要求。

单位：mm

图 6　竣工图审查章

6.2.8　施工单位编制竣工图的，竣工图章由施工单位加盖，监理单位审查。竣工图章式样应符合图7的

要求。

单位：mm

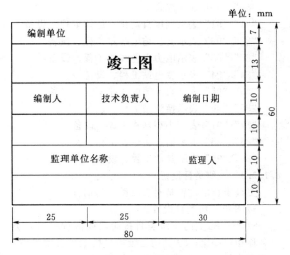

图 7　竣工图章

7　项目文件收集

7.1　收集要求

7.1.1　项目文件收集应完整、系统，其内容真实、准确，与工程实际相符。

7.1.2　对已破损的文件应予修裱，字迹模糊或易褪变的文件应予复制。

7.1.3　收集的所有项目文件应为原件或具有凭证作用的文件。

7.1.4　建设单位或受其委托的档案保管单位应保存全套项目文件，其他参建单位保存承担任务范围相关的文件。

7.2　收集范围

各单位应将在项目建设活动中形成的、真实反映本单位与项目相关的、有保存价值的、各种载体形式的文件作为收集对象，列入归档范围。

7.3　收集时间

各单位应按项目文件形成的先后顺序或项目完成情况及时收集。

8　项目文件整理

8.1　分类

8.1.1　分类原则

项目文件按照来源、建设阶段、专业性质和特点等进行分类。

8.1.2　类目设置

8.1.2.1　一级类目设置

项目档案设"8 基本建设""9 设备仪器"两个一级类目。

8.1.2.2　二级类目设置

二级类目的设置是对一级类目的细分，按项目类

别划分。设置方法如下：

"80""90"表示综合

"81""91"表示调度自动化、通信工程、设备

"82""92"表示交流输电线路工程、设备

"83""93"表示电力电缆线路工程、设备

"84""94"表示变电站工程、设备

"85""95"表示直流输电线路工程、设备

"86""96"表示换流站工程、设备

"87""97"表示小型基建工程、设备

"88""98"表示信息化建设工程、设备

"89""99"表示其他工程、设备

8.1.2.3 三级类目设置

三级类目的设置是对二级类目的细分。

a) 8 类三级类目设置。

81 类～88 类的三级类目按阶段或流程设置，类目名称相对固定；89 类的三级类目按工程类别设置。设置方法如下（"×"代表"1～8"）：

"8×0"表示项目准备

"8×1"表示项目设计

"8×2"表示项目管理或项目建设管理

"8×3"表示土建施工。用"8×3"表示项目施工时，"8×4"空置

"8×4"表示安装施工

"8×5"表示项目测试或调试

"8×6"表示监理

"8×7"表示启动及竣工验收

"8×8"表示竣工图

"8×9"表示其他

b) 9 类三级类目设置。

91 类～98 类的三级类目按系统、设备台件设置，99 类的三级类目按工程类别设置。

8.1.2.4 四级类目设置

8 类四级类目按专业内容、特点设置，9 类四级类目按设备台件设置，参见附录 A、附录 B。

8.1.3 档号组成

档号由项目代号、分类号、案卷顺序号三组代号构成，一般用阿拉伯数字标识。各组代号之间用"-"分隔。档号组成见图 8。

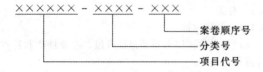

图 8　档号组成

8.1.4 档号各组成部分结构

8.1.4.1 项目代号

根据不同工程类别，项目代号分别由电压等级代码、项目顺序号、工期号、项目竣工年度中的 2～3

个要素组成，用六位阿拉伯数字标识，中间无分隔符号。电压等级代码标识见表 1。

表 1　　电压等级代码标识

电压等级代码	表示的电压等级
0	30kV 以下
1	100kV 及以上～200kV 以下
2	200kV 及以上～300kV 以下
3	30kV 及以上～100kV 以下
4	300kV 及以上～500kV 以下
5	500kV 及以上～600kV 以下
6	600kV 及以上～700kV 以下
7	700kV 及以上～800kV 以下
8	800kV 及以上

项目代号标识方法如下：

a) 区分工期的项目，用电压等级代码、项目顺序号、工期号标识。项目代号标识见图 9。如 84 变电站工程、86 换流站工程。

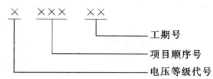

说明：项目代号第一位表示电压等级代码，第二至第四位表示项目顺序号，第五至第六位表示建设工期，一期工程用"01"表示。

图 9　区分工期的项目代号

b) 不区分工期的项目，用电压等级代码、项目顺序号标识。项目代号标识见图 10。如 82 交流输电线路、83 电力电缆线路、85 直流输电线路、890 配电网工程等。

说明：项目代号第一位表示电压等级代码，第二至第六位表示项目顺序号。

图 10　不区分工期的项目代号

c) 采用项目竣工年度、项目顺序号标识。项目代号标识见图 11。如 81 调度自动化、通信工程，87 小型基建工程，88 信息化建设工程等。

8.1.4.2 分类号

分类号，由 2～4 位阿拉伯数字组成，用 0～9 标识，参见附录 A、附录 B。

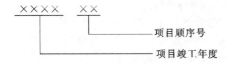

说明：项目代号第一至第四位表示竣工年度，第五至第六位表示该年度下的项目顺序号。

图 11 用竣工年度标识的项目代号

8.1.4.3 案卷顺序号

案卷顺序号，是最低一级类目下的案卷排列流水编号，用三位阿拉伯数字 001～999 标识。

8.1.5 档号编制方法

根据 8.1.3、8.1.4，以 8 类为例，档号编制方法及示例如下：

a）82 交流输电线路、83 电力电缆线路、85 直流输电线路、890 配电网等工程。

以 82 交流输电线路工程为例：

某 500kV 交流输电线路工程，电压等级代码是5，项目顺序为第 33 个，分类号为 8211，第 10 个案卷。档号 500033—8211—010，见图 12。

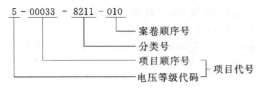

图 12 交流输电线路工程档号应用示例图

b）84 变电站、86 换流站工程。

以 84 变电站工程为例：

110kV 变电站工程，电压等级代码是 1，项目顺序第 99 个，为二期扩建工程，分类号为 8431，第 26个案卷。档号 109902－8431－026，见图 13。

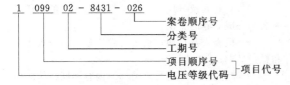

图 13 变电站工程档号应用示例图

c）81 调度自动化、通信工程，87 小型基建工程，88 信息化建设工程。

以 81 调度自动化工程为例：

某级电网调度自动化工程，竣工年度为 2011 年，为 2011 年第一个调度自动化工程，类号为 814，第 2 个案卷。档号 201101－814－002，见图 14。

d）87 小型基建工程。

小型基建工程的项目代号除了按照图 14 编号外，可采用不分年度的项目大流水号或采用区域、用房性质、建筑物序号编号等。

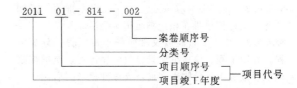

图 14 调度自动化工程档号应用示例图

8.2 组卷

8.2.1 组卷原则

8.2.1.1 组卷应遵循文件形成规律和成套性特点，保持文件之间的有机联系，区分不同价值，便于保管利用。

8.2.1.2 应根据卷内文件的内容和数量组成一卷或多卷，卷内文件内容应相对独立完整。

8.2.1.3 案卷的厚度宜参照 GB/T 11822 的规定，按实际情况确定。

8.2.1.4 独立成册、成套的项目文件，应保持其原貌，不宜拆散重新组卷。

8.2.2 组卷方法

8.2.2.1 项目前期、建设管理、竣工验收等管理性文件，应按阶段、问题结合来源、时间顺序组卷。

8.2.2.2 设计文件应分阶段、专业，按卷册顺序组卷，设计变更文件应按专业、时间顺序组卷。

8.2.2.3 施工文件应按单项工程、单位工程或装置、阶段、结构、专业组卷。

8.2.2.4 调试文件应按阶段、专业组卷。

8.2.2.5 质量监督文件应按阶段组卷。

8.2.2.6 监理文件应按类型、专业，结合时间、文种等特征组卷。

8.2.2.7 原材料质量证明文件应按种类及进货时间顺序组卷。

8.2.2.8 设备文件应按专业、台套组卷。

8.3 排列

8.3.1 案卷应按分类类目设置顺序依次排列。

8.3.2 卷内文件排列应按文件的形成规律、问题、重要程度、时间、阶段顺序排列。

8.3.3 项目前期、施工管理、项目竣工阶段形成的文件，卷内文件应印件在前，定稿在后；正文在前，附件在后；批复在前，请示在后；译文在前，原文在后；审批文件在前，报审文件在后；文字在前，图纸在后排列。

8.3.4 施工图、竣工图，应分专业按卷册顺序排列；卷内文件按图号顺序排列。

8.3.5 设计变更文件应分专业按编号顺序排列。设计变更排列在前，执行情况记录排列在后。

8.3.6 施工文件按综合管理、原材料质量证明、施工记录及相关试验报告、质量验收顺序排列。

8.3.6.1 单位工程文件应按开工报审、施工记录及相关试验报告、质量验收等排列。

8.3.6.2 施工记录应按施工工序或程序排列，强制性条文执行记录排在相应施工记录之后。

8.3.6.3 施工质量验收文件应按单位工程、分部工程、分项工程、检验批质量验收顺序排列，质量验收记录应报验单、验收表在前，支撑性记录附后。

8.3.7 监理文件应按管理文件、监理日志、监理工程师通知单及回复单、记录、月报、会议文件、总结等顺序排列，卷内文件按问题、时间顺序排列。

8.3.8 调试、试验文件应分专业按管理文件、调试记录、报告、调试质量验收文件顺序排列，强制性条文执行记录排在相应调试记录之后。

8.3.9 原材料质量证明文件应分专业按材料种类、时间顺序排列，卷内文件按质量跟踪记录、原材料进场报审表、出厂质量证明文件、材料复试等顺序排列。

8.3.10 设备文件应分专业、系统、台件按质量证明文件、设备技术文件及随机图纸顺序排列，卷内文件应文字在前，图纸在后。

8.4　编目

8.4.1　卷内文件页号编写

8.4.1.1 应在有效内容的页面上编写文件页号。页号位置，单面的，在文件右下角；双面的，正面在右下角，反面在左下角。

8.4.1.2 应按装订形式分别编写页号。按卷装订的，卷内文件应从"1"开始连续编写页号；按件装订的，每份文件从"1"编写页号，件与件之间页号不连续。

8.4.1.3 装订成册的图样或印刷成册的项目文件，已有页号的，不必另行编写页号。

8.4.1.4 施工图、竣工图不另行编写页号。

8.4.2　案卷封面编制

8.4.2.1 案卷封面可采取外封面和内封面两种形式，由建设单位或接收单位统一规定。案卷外封面格式参见表 C.1。

8.4.2.2 案卷封面编制要求如下：

——案卷题名，应简明、准确地揭示卷内文件的内容并应符合下列要求：

1）案卷题名主要包括项目名称、阶段、代字、代号等。项目名称宜与核准名称或调度命名一致，可填写全称，也可填写规范简称；

2）归档的外文资料的案卷题名应译成中文。

——立卷单位，应填写案卷整理单位的全称；

——起止日期，应填写卷内文件形成的年、月、日，年度应填写四位数字；

——保管期限，应参照附录 B 的规定填写，同一案卷内文件保管期限不同的，应从长；

——密级，应依据国家有关保密规定，按项目已确定的密级填写卷内文件的最高密级；

——档号，应按 8.1.5 的规定填写。

8.4.3　案卷脊背编制

案卷脊背上可根据需要选择填写档号、案卷题名、保管期限等内容。案卷脊背格式参见表 C.2。

8.4.4　卷内目录编制

8.4.4.1 卷内目录填写要求如下：

——序号，用阿拉伯数字表示，应依次标注卷内文件排列的顺序；

——文件编号，应填写文件的发文字号或编号、图样的图号、表号、合同号等；

——责任者，应填写文件形成者或第一责任者；合同文件宜填写主要责任者或合同各方；报验文件宜填写报验责任单位；

——文件题名，应填写文件题名的全称；没有题名的，立卷人应根据文件内容自拟题名；

——日期，应填写文件形成的日期；

——页数，应按装订形式分别编号；装订成卷的，应填写每份文件起始页号，最后一个文件填写起止页号；按件装订的，应按件填写每份文件的总页数；

——备注，根据需要，注释文件需说明的情况。

8.4.4.2 卷内目录应排列在卷内文件首页之前，不编写页号。格式参见表 C.3。

8.4.4.3 竣工图或印刷成册的项目文件，卷册中有目录的，可不重新编写卷内目录，以原目录代替；卷册中无目录的，应编制卷内目录。

8.4.5　备考表编制

8.4.5.1 备考表应填写案卷（盒、册）内文件的总件数或总页数以及需要说明的情况。备考表格式参见表 C.4。

8.4.5.2 备考表编制要求如下：

——说明，填写卷内、盒内或册内项目文件数量、缺损、修改、补充、移出、销毁等情况；

——立卷人及日期，负责整理项目文件的责任人署名和完成立卷的日期；

——检查人及日期，负责案卷质量的检查人签名和检查日期；

——互见号，应填写反映同一内容不同载体的档号，同时应注明其载体形式。

8.4.5.3 备考表应排列在卷（盒、册）内文件之后，不编写页号。

8.4.6　案卷目录编制

8.4.6.1 案卷目录应包含序号、档号、案卷题名、总页数等内容。格式参见表 C.5。

8.4.6.2 档号、案卷题名、保管期限的填写方法可参照 8.4.2.2。

8.5　装订

8.5.1 案卷装订应结实、整齐，装订材料符合档案保护要求。

8.5.2 案卷装订可采用整卷装订，也可按件装订。

8.5.3 按件装订的文件，应依分类方案和排列顺序逐件编号，在卷内每件文件首页上方空白处加盖档号章，档号章式样和填写方法应符合 GB/T 11822 的规定。

8.5.4 图纸可不装订，应在每张图纸的图标栏附近及原图目录的空白处加盖档号章。

8.5.5 超大幅面的图纸，宜折叠成 A4 幅面。

8.5.6 小于 A4 尺寸的文件，宜粘贴在 A4 纸上。

8.5.7 外文材料应保持原有的装订形式。

8.5.8 对有破损的文件，应先修补后装订。

8.6 卷盒、表格规格和制成材料

卷盒、卷皮、卷内表格规格和制成材料应符合 GB/T 11822 的规定。

8.7 检索工具编制

8.7.1 应采用档案管理系统软件，建立档案信息数据库，逐步实现全文检索。

8.7.2 应编制项目档案案卷目录、机读目录，可按利用需求编制各类专题目录、归档说明等。

9 照片收集与整理

9.1 照片收集

9.1.1 收集要求

9.1.1.1 照片收集应与工程建设进度同步，参建单位应在工程竣工后与纸质档案一起向建设单位移交。

9.1.1.2 收集的照片应主题鲜明、影像清晰、画面完整。

9.1.1.3 同一组照片，应选择能反映事件全貌、突出主题的照片进行收集。

9.1.1.4 归档的数码照片应为 JPEG 或 TIFF 格式，符合归档照片质量要求，经过添加、合成、挖补等改变画面内容的数码照片不能归档。

9.1.1.5 数码照片可通过网络或存储到符合要求的脱机载体上进行收集。

9.1.1.6 具有永久保存价值的数码照片，应转换出一套纸质照片同时归档。

9.1.2 收集范围

9.1.2.1 建设单位应将项目建设原始地形地貌、重大事件及活动中拍摄的具有保存价值的照片列入收集范围。

9.1.2.2 参建单位应及时收集与项目建设相关的工程照片，主要归档范围可参照附录 D。

9.2 照片整理

9.2.1 一般规定

照片整理应符合 GB/T 11821 的规定，保持照片之间的有机联系，区分不同的价值，便于保管和利用。

9.2.2 分类

参照附录 D 的规定进行分类。

9.2.3 组卷

可按照来源或问题统一进行组卷。

9.2.4 编目

9.2.4.1 参照项目纸质文件分类方案和排列顺序，逐张整理编写档号，并可在档号后加照片标识代码 Z。

档号编制方法示例如下：

某 500kV 变电站工程，电压等级代码是 5，项目顺序为第 33 个，一期工程，土建施工照片分类号为 843，第 26 张照片。档号 503301 - 843 - 026Z，见图 15。

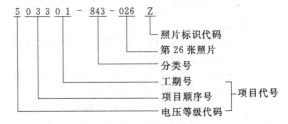

图 15 照片档号应用示例图

9.2.4.2 纸质照片档案应按张编目，并在册内标签中著录，填写题名、照片号、互见号、时间、摄影者、备注等，具体内容如下：

——题名，应填写本张照片的主题内容；

——照片号，应填写每张照片的分类和排列顺序的数字代码；

——互见号，应填写与照片有对应联系的其他载体档案的档号；

——时间，应填写拍摄的具体时间，用 8 位阿拉伯数字表示：

——摄影者，应填写拍摄人的姓名；

——备注，应填写其他需要说明内容。

9.2.4.3 移交单位应在每组、册照片前编写本组、册照片的文字总说明，反映本组、本事件或工程进度、质量的主题内容。

9.2.4.4 每册照片档案应编制备考表和册内照片目录，格式参照表 C.4、表 C.6。填写要求与 8.4.4、8.4.5 相同。

10 电子文件的收集与整理

10.1 电子文件收集

10.1.1 项目建设单位宜参照附录 B，制定各项目电子文件收集的实施细则，明确各项目需要归档的电子文件的范围。

10.1.2 收集电子文件的同时应收集其形成的技术环境、相关软件、版本、数据类型、格式、被操作数据、检测数据等相关信息。

10.1.3 电子文件应脱机存储在耐久性好、可长期存储的只读光盘、一次性写入光盘，归档光盘技术要求和应用应符合 DA/T 38 的规定。

10.1.4 电子文件应符合国家现行有关标准的规定，

扫描电子文件宜为 TIFF 或双层 PDF 格式。

10.2　电子文件整理

10.2.1　电子文件分类应与纸质文件保持一致，按 GB/T 18894 的规定进行整理。

10.2.2　可参照纸质文件分类，建立层级文件夹。

10.2.3　存储载体宜按"项目代号-光盘顺序号"编号并进行标识，注明编号、保管期限、制作日期等信息。

11　项目文件归档

11.1　归档要求

11.1.1　归档的项目文件应符合第 6 章至第 8 章项目文件编制、收集、整理的要求。

11.1.2　各单位归档前，应对归档的项目文件进行价值鉴定，判定是否归档，确定保管期限。

11.1.3　档案保管期限分为永久和定期两种。定期保管档案的年限可分为 30 年和 10 年。

11.2　归档范围

归档范围可参照附录 A 和附录 B。

11.3　归档时间

参建单位应按职责范围和合同约定，在项目投产后 90 天内将整理完毕的项目文件移交建设单位归档。

11.4　归档份数

11.4.1　应按国家现行有关标准的规定，向建设单位归档一份原件。

11.4.2　当地城建规划范围内的项目，应按档发〔1997〕20 号文的规定执行。

11.5　归档手续

项目文件归档时，应填写《电网建设项目文件交接登记表》，案卷目录附后，审查和接收单位签署审查、核查意见，办理归档手续，签署各方各留存一份归档。《电网建设项目文件交接登记表》的格式参见表 C.7。

12　项目档案移交

12.1　移交要求

12.1.1　移交时间、份数、交接手续应遵照 11.3、11.4、11.5 的规定。

12.1.2　建设单位应组织参建单位将相关的资料向运行、维护单位移交。

12.2　移交程序

12.2.1　项目竣工后，建设单位应按国家有关规定，组织对移交的项目文件的完整性、准确性、系统性、有效性及案卷质量进行审查。

12.2.2　竣工文件由监理单位审查，其他文件由合同约定的审查单位审查。

12.2.3　项目文件移交时应办理移交手续。

12.2.4　各参建单位应将形成的项目文件进行整理，负责办理交接手续，向建设单位移交。

12.2.5　总承包工程由总承包单位按合同承包范围负责汇总，办理交接手续。

13　项目档案专项验收

项目档案专项验收应按国家现行有关标准的规定进行，建设单位应组织参建单位按验收要求进行自检。

附录 A

（资料性附录）

电网建设项目档案分类（8 类～9 类）

及使用说明

A.1　电网建设项目档案分类（8 类～9 类）

8　基本建设

　80　综合

　81　调度自动化、通信工程

　　　调度自动化主站、通信网建设等

　　810　项目准备

　　811　项目设计

　　812　项目管理

　　813　项目施工

　　　　通信机房、微波塔、中继站、载波塔及机房二次装修工程入此

　　815　调试

　　816　监理

　　817　启动及竣工验收

　　818　竣工图

　　819　其他

　82　交流输电线路

　　820　项目准备

　　　8200　综合

　　　8201　前期管理

　　　8202　可行性研究

　　　8203　非物资类招投标文件、合同、协议

　　　8204　物资类招投标文件、合同、协议

　　　8209　其他

　　821　项目设计

　　　8210　综合

　　　8211　设计基础

　　　8212　初步设计

　　　8213　施工图设计

　　　8214　设计服务

　　　8219　其他

　　822　项目建设管理

　　　8220　综合

　　　8221　工程管理

　　　8222　质量监督

　　　8229　其他

　　823　项目施工

850　项目准备
　　8500　综合
　　8501　前期管理
　　8502　可行性研究
　　8503　非物资类招投标文件、合同、协议
　　8504　物资类招投标文件、合同、协议
　　8509　其他
851　项目设计
　　8510　综合
　　8511　设计基础
　　8512　初步设计
　　8513　施工图设计
　　8514　设计服务
　　8519　其他
852　项目建设管理
　　8520　综合
　　8521　工程管理
　　8522　质量监督
　　8529　其他
853　项目施工
　　8530　综合
　　8531　土石方
　　8532　基础
　　8533　杆塔
　　8534　架线及附件安装
　　8535　接地
　　8536　线路防护
　　8537　质量评定
　　8539　其他
855　线路参数测试
856　监理
　　8560　综合
　　8561　设计监理
　　8562　施工监理
　　8563　设备监理
　　8564　环保、水保监理
　　8569　其他
857　启动及竣工验收
　　8570　综合
　　8571　启动验收、竣工验收
　　8572　结算、决算、审计
　　8573　达标投产、质量评价、工程创优
　　8574　科技创新、奖项
　　8579　其他
858　竣工图
　　8580　综合
　　8581　杆塔与基础
　　8582　机电安装
　　8589　其他

859　其他
　　　接地极线路入此，可参照 85 分类
86　换流站（含接地极极址）
860　项目准备
　　8600　综合
　　8601　前期管理
　　8602　可行性研究
　　8603　非物资类招投标文件、合同、协议
　　8604　物资类招投标文件、合同、协议
　　8609　其他
861　项目设计
　　8610　综合
　　8611　设计基础
　　8612　初步设计
　　8613　施工图设计
　　8614　设计服务
　　8619　其他
862　项目建设管理
　　8620　综合
　　8621　工程管理
　　8622　质量监督
　　8629　其他
863　项目土建施工
　　8630　综合
　　8631　土建施工
　　8639　其他
864　项目安装施工
　　8640　综合
　　8641　电气设备安装
　　8649　其他
865　项目调试
　　8650　综合
　　8651　元件调试
　　8652　系统调试
866　监理
　　8660　综合
　　8661　设计监理
　　8662　施工监理
　　8663　设备监理
　　8664　环保、水保监理
　　8669　其他
867　启动及竣工验收
　　8670　综合
　　8671　启动验收、竣工验收
　　8672　结算、决算、审计
　　8673　达标投产、质量评价、工程创优
　　8674　科技创新、奖项
　　8679　其他
868　竣工图

8680 综合（总交）

8681 土建

8682 电气一次

8683 电气二次（含继电保护）

8684 通信、自动化、远动、监控

8685 水工、暖通

8689 其他

869 其他

接地极极址入此，可参照 86 分类

87 小型基建

870 项目准备

871 项目设计

872 项目管理

873 项目施工

876 项目监理

877 竣工验收、后评估

878 竣工图

879 其他

88 信息化建设

880 项目准备

881 项目设计

882 项目实施、管理

885 项目测试

886 项目监理

887 竣工验收

888 竣工图

889 其他

89 其他工程

890 配电网工程

10kV 及以下配电网工程及低压网络、配电所、小区开关站等项目

891 微电网工程

含集控中心、分布式电源、用户负荷、储能设备的微电网

892 低压、路灯工程

893 电动汽车充电站（桩）工程

899 其他

9 设备仪器

90 综合

91 调度自动化、通信

910 调度设备

911 通信设备

912 检测、试验等

919 其他

92 交流输电线路

920 综合

9201 铁（杆）塔

9202 导线、地线

9203 绝缘子、金具

9204 光缆（含金具）

9205 防雷接地

9206 线路监测、检测

9207 防坠落、攀爬机、航空障碍灯

9209 其他

929 其他

93 电力电缆线路

930 综合

931 电缆及附件

9310 100kV 及以上电缆、附件

9311 100kV 以下电缆、附件

939 其他

94 变电站

940 综合

941 一次设备

9410 综合

9411 变压器、互感器

9412 组合电器、开关柜

9413 断路器、隔离开关、接地开关、熔断器

9414 防雷接地

9415 电抗器、电容器

消弧线圈等其他补偿装置可入此

9419 其他

942 二次设备

9420 继电保护

9421 自动装置

9422 电气仪表

9423 直流设备、备用电源、绝缘监测

9429 其他

943 弱电设备

9430 通信

9431 远动、自动化

9432 监控

9439 其他

944 建（构）筑物及辅助系统

9440 串补平台

9441 给排水、消防

阀冷却系统可入此

9442 通风空调

9443 电梯

9449 其他

949 其他

95 直流输电线路（含接地极线路）

950 综合

9501 铁（杆）塔

9502 导线、地线

9503 绝缘子、金具

9504 光缆（含金具）

9505 防雷接地

9506 线路监测、检测

9507 防坠落、攀爬机、航空障碍灯

9509 其他

959 其他

接地极线路设备可入此

96 换流站（含接地极极址）

960 阀厅设备

9600 换流阀

9601 互感器

9602 阀冷却系统

9603 接地开关

9604 避雷器

9605 电抗器、电容器

9606 直流测量装置

9609 其他

961 换流变压器

9610 换流变压器本体、互感器

9611 继电器、压力释放阀、储油柜

9612 套管、升高座

9613 有（无）载开关设备

9614 避雷器

9615 电抗器、电容器、阻波器

9616 温控装置、冷却装置

9617 充氮灭火装置、在线监测装置

9619 其他

962 交流开关场、交流滤波器场

9620 综合

9621 互感器

9622 组合电器、开关柜

9623 断路器、隔离开关、接地开关

9624 避雷器、放电在线监测仪、计数器

9625 交流滤波器组、并联电容器组、电抗器、阻波器

9629 其他

963 直流开关场

9630 综合

9631 互感器

9632 组合电器、开关柜

9633 断路器、隔离开关、接地开关

9634 避雷器

9635 直流滤波器、平波电抗器、电容器、阻波器

9636 直流测量装置

9639 其他

964 控制及保护

9640 综合

9641 交流控制及保护装置

9642 直流控制及保护装置

9643 通信装置

9644 调度自动化、远动、监控装置

9645 安全自动装置

9646 在线监测装置

9649 其他

965 建（构）筑物及辅助系统

9650 站用电源

9651 给排水、消防

9652 通风空调

9653 电梯、行车

9654 全站电缆

9655 全站防雷接地

9656 火灾报警、安防监视

9659 其他

969 其他

接地极极址设备可入此

97 小型基建

970 综合

971 暖通、锅炉

972 电梯

973 监控、门禁、弱电

974 给排水、消防

975 信息设备

979 其他

98 信息化建设

980 综合

981 网络设备

982 服务器

983 存储设备

984 软件

989 其他

99 其他工程

990 配电网工程

991 微电网工程

992 低压、路灯工程

993 电动汽车充电站（桩）工程

999 其他

A.2 电网建设项目档案分类（8类～9类）使用说明

A.2.1 分类及保管期限

A.2.1.1 本标准分类表中部分三级类目空缺，为保持各类项目分类号设置统一，位置预留，待今后扩展用。

A.2.1.2 分类时，可视文件数量，结合实际情况决定使用到哪一级类目，若同一类目下形成的文件数量较少，可使用其上位类目号作为分类号；特别小的项目，可视情况，直接采用二级类目号作为分类号。

A.2.1.3 分类时，若文件内容涉及两个以上类目，可归入同级类目的"综合类"，或入其主要问题的类目，并在备注中加以说明。

A.2.1.4 若同一个二级类目中，有两个或多个三级

类目的文件联系紧密、不可分割，可在一个主要的三级类目中组卷。

A.2.1.5　设备制造厂家移交的成套技术文件材料原则上不拆分，其内容涉及两个以上类目时，放入其中一个类目，并加以说明。

A.2.1.6　设备厂家提供的合格证、说明书、图纸、调试记录、原材料跟踪记录等归入"9"大类。

A.2.1.7　竣工图专业划分与本分类表不一致时，用其相关的分类号，保持专业卷册间的联系，无需拆分。竣工图文件数量较少时，可按三级类目，根据专业、顺序号进行排序。

A.2.1.8　附录B中的项目文件归档范围和档案保管期限，依据国家档案局第10号令《企业文件材料归档范围和档案保管期限规定》和国家现行有关标准的规定，结合电网建设项目的生产组织方式、产品和服务特点编制。

A.2.1.9　附录B保存单位及保管期限栏中，竣工图的保存单位填写合同约定的实际编制单位，可以是设计单位，也可以是施工单位，期限为30年。

A.2.2　分标、分标段相关问题的处理

A.2.2.1　分标的工程，可在项目代号与分类号之间增加标号，增加的字段用"-"隔开。标号的设置，应由建设单位根据项目实际情况统一确定。

A.2.2.2　标号属于可选择项，用字母或阿拉伯数字组合标识。

A.2.3　接地极线路、接地极极址部分

A.2.3.1　接地极线路、接地极极址项目代码与换流站项目代码一致。

A.2.3.2　接地极线路文件放入"859"，可视文件多少参照"85"四级类目分类组卷。设备文件入"959"。

A.2.3.3　接地极极址文件放入"869"，可视文件多少参照"86"四级类目分类组卷。设备文件入"969"。

A.2.4　其他问题的处理

A.2.4.1　创优工程需要归档质量评价、绿色施工示范工程验收、新技术应用示范工程验收等资料。

A.2.4.2　附录B中，向建设单位移交的除涉密的地形图（路径图）之外的需永久保存的、重要的项目文件，需要同时移交电子文件。

A.2.4.3　照片、电子文件的形成、归档，可参照附录B、附录D，但不限于附录B、附录D中标注的范围，根据实际情况收集，各企业有其他要求的，可另行约定。

A.2.4.4　照片、电子文件等不同载体的档案，按其形成的主要内容，可随项目文件统一分类编目，保管期限与纸质文件相同。

A.2.4.5　附录B中，"综合"类、"其他"类归档范围相互参照时，附录表中的责任单位、保存单位和保管期限一般不添加，视实际情况或参照情况确定。

A.2.4.6　根据《中国档案分类法》的编制原则，附录A分类中除必要的说明外，不再包含具体的解释性内容，详细的归档范围见附录B。

附录 B
（资料性附录）
电网建设项目档案分类、主要项目文件的归档范围及保管期限划分表

电网建设项目档案分类、主要项目文件的归档范围、责任单位、保存单位、保存单位内容及保管期限划分参见表 B.1。

表 B.1　电网建设项目档案分类、归档范围及保管期限划分表

分类号	类目名称	归档细目	归档范围（主要项目文件）	执行标准	责任单位 来源	责任单位 立卷	保存单位及保管期限 建设	保存单位及保管期限 设计	保存单位及保管期限 监理	保存单位及保管期限 施工	备注
8	基本建设										
80	综合										
81	调度自动化、通信工程		调度自动化系统、集控中心系统、巡检中心远方工作站（含调度自动化主站及通信网）建设工程	DL/T 5344							
810	项目准备	01 前期管理	立项审批、投资、任务、报失等		建设	建设	永久				
		02 可行性研究	可行性研究、对外咨询、科研论证等		建设	建设	永久				
		03 招投标文件、合同、协议	工程、设备、材料等招标投标文件、委托管理的合同、协议及其他采购、技术服务、合同、协议等		投标	建设	永久	30 年	30 年	30 年	
811	项目设计		初步设计、施工图设计交底、设计变更		设计	建设	永久	30 年			
812	项目管理		建设、施工、质量监督、安全管理等		相关	建设	30 年				
813	项目施工		开（竣）工、施工及质量验评记录（含隐蔽验收签证记录）、材料出厂文件、复试报告、开箱记录、报审（验）等		施工	施工	30 年			30 年	
815	调试		若有调试文件，入此		调试	调试	30 年				
816	监理		工程监理、设备监理及报审（验）等	DL/T 5434	监理	建设	30 年		30 年		
817	启动及竣工验收		竣工验收、启动、移交、结算、决算、审计、工程后评估	DL/T 5344	相关	建设	30 年				
818	竣工图		土建、机电安装等	DA/T 28 DL/T 5229	设计施工	建设	永久	30 年		30 年	
819	其他										
82	交流输电线路										

续表

分类号	类目名称	归档细目	归档范围 主要项目文件	执行标准	责任单位 来源	责任单位 立卷	保存单位及保管期限 建设	设计	监理	施工	备注
820	项目准备										
8200	综合										
		01 立项	1. 项目核准请示、报告、批复 2. 项目核准前期工作		相关	建设	永久				
		02 投资管理	1. 项目贷款、融资 2. 投资估算核定报告及批复 3. 资金计划 4. 投资计划、年度投资计划完成报告 5. 借贷承诺评估		相关	建设	永久				
		03 工程建设许可	1. 路径走向方案及审批 2. 建设规划、建设用地规划许可及申请报批材料 3. 林木砍伐、道路挖掘、占道许可、压矿许可 4. 施工许可及申请报批材料 5. 取水许可、饮用水检测 6. 其他报批材料		政府 相关	建设	永久				
8201	前期管理	04 用地预审	1. 国土资源部用地预审批复、预审申请 2. 地方国土管理部门用地预审意见、预审申请		地方政府 相关	建设	永久				
		05 征地及补偿	1. 土地使用证、红线图 2. 建设征、占用地审批材料 3. 树木砍伐协议及付款凭证、林地砍伐许可证、林地使用同意书、赔偿明细表及付款凭证 4. 塔基占地、房屋拆迁、青苗赔偿协议及付款凭证 赔偿明细表及汇总表 5. 文物普探或重点勘探赔偿协议及付款凭证 6. 通航防护协议（大跨越） 7. 封航协议 8. 矿业、公路、军事、民航、通信、铁路等协议 9. 施工补偿费用结算证明		地方政府 建设	建设 施工	永久			30 年	1、2 含电子文件
		06 往来文件	1. 停电申请与批复 2. 物资供货时间变更通知 3. 项目其他往来文件及重要电传		相关	建设	30 年				

续表

分类号	类目名称	归档范围		执行标准	责任单位		保存单位及保管期限				备注
		归档细目	主要项目文件		来源	立卷	建设	设计	监理	施工	
8202	可行性研究	01 项目建设、可研	1. 可行性研究报告评审意见		建设审查	建设	永久				路径图、地形图不含电子文件
			2. 可行性研究委托函		设计	建设	永久				
			3. 可行性研究报告及附图								
		02 环境保护	环境影响报告评价委托函（表）、报送、批复		相关	建设	永久				
		03 水土保持	水土保持方案编制委托函、报送、批复		相关	建设	永久				
		04 地质灾害	建设用地地质灾害危险性评估报告委托函、报告、批复		相关	建设	永久				
		05 地震安全	地震安全性评价报告委托函、评估报告、批复		相关	建设	永久				
		06 压覆矿产	压覆矿产资源评估报告委托函、评估报告、批复		相关	建设	永久				
		07 河道防洪	河道防洪报告委托函、防洪报告、批复		相关	建设	永久				
		08 文物勘探	文物勘探报告委托函、勘探报告、批复		相关	建设	永久				
		09 科研论证	1. 单项专题可行性研究报告、专家评审意见、批复 2. 咨询论证报告		设计审查	建设	永久				
		10 大跨越航道	跨越航道申请、批复		相关	建设	永久				
		11 其他									
8203	非物资类招投标文件及合同、协议	01 勘察、设计、监理、施工、调试、设备、材料、环保、水保招标文件及合同、协议	1. 招标申请、计划、审核及批复；招标公告或招标邀请函；招标文件；招标修改文件；招标文件审查记录；分包情况汇总；询价函、投标商要求澄清函 2. 招标补遗表、询价表 3. 投标报价表 4. 投标书、收取投标文件记录 5. 开标、评标会议记录、评标细则、开标一览表、开标大会签字表、评标人员签字表、评标报告、评标监督报告（合规证明）、签到、纪要、定标会议汇总 6. 招标领导小组会议通知、招标领导小组成员一览表、推荐中标一览表、定标会议投票汇总 7. 招标结果审批知书、定标通知、中标通知书	GB/T 50358	投标招标代理	建设	永久	30年	30年	30年	
			8. 勘察、设计、施工、监理、大件运输、调试、合同、环保水保委托函、设备材料、合同、协议		建设投标招标代理	投标招标代理	永久	30年	30年	30年	

续表

分类号	类目名称	归档细目	主要项目文件	执行标准	责任单位来源	责任单位立卷	保存单位及保管期限建设	设计	监理	施工	备注
8203	非物资类招投标文件、合同、协议	02 其他合同、协议	1. 建设管理任务书 2. 可研、初设技术咨询、竣工图编制、桩基试验、路径、地质勘测、招标代理、委托管理等合同 3. 地震、地灾、压覆矿产、资源评估、林勘、文物勘探等合同 4. 招标代理、成套设备服务、设备监理、质量监督等合同 5. 科研、结算、审计合同、环保、水保验收技术咨询服务合同 6. 安全管理、专用码头移交协议 7. 矿业、公路、民航、铁路、通信等协议		相关	建设	永久	30年	30年	30年	
		03 咨询阶段	1. 技术规范审查、招标咨询会议纪要 2. 成套咨询设计审查报告、设备材料清册等	DA/T 42	建设咨询	建设	10年				
		04 第一未中标投标文件	设计、监理、施工、调试第一未中标单位投标文件		投标	建设	10年				
8204	物资类招投标文件、合同、协议	01 物资类招投标文件、合同、协议	参照8203非物资类招投标文件								
		02 进口设备材料报关	1. 进口设备材料报关、进口设备材料商检 2. 缺陷处理、索赔处理文件等		建设	建设	永久				
8209	其他										
821	项目设计										
8210	综合		设计优化实施细则、强制性条文执行计划及记录、工程质量检查报告		相关	设计	30年	30年			
8211	设计基础	地质、勘察、测绘	1. 工程地质勘测报告及图纸、水文地质勘测报告 2. 项目用地测量报告及图纸等 3. 水文、气象及地震部门提供资料 4. 重要土岩样及说明等 5. 环保、水保等	GB/T 50379	勘察设计 水文气象 地震部门	设计	永久	永久			路径图、地形图不含电子文件
					相关	建设	永久				

续表

分类号	类目名称	归档细目	主要项目文件	执行标准	来源	立卷	建设	设计	监理	施工	备注
8212	初步设计	01 预初步设计	1. 预初步设计评审纪要、委托函		建设评审	建设	永久	30年			路径图、地形图不含电子文件
			2. 预初步设计报告及附图		设计	设计	永久	30年			
			3. 预初步设计启动								
		02 初步设计	1. 初步设计审查意见、清示及批复		建设评审	建设	永久	30年			路径图、地形图不含电子文件
			2. 初步设计收口评审意见		设计	设计	永久	30年			
			3. 初步设计委托函								
			4. 初步设计全套文件及图纸								
			5. 初步设计全套收口及附图								
			6. 初步设计工作大纲								
		03 联合设计	设计联络会纪要		相关	建设 设计	永久	30年			
8213	施工图设计		说明书、清册、材料汇总表、概（预）算书、施工图		设计	设计	30年	30年			
8214	设计变更及工程联系单		1. 设计变更通知单	DL/T 5434	设计	设计	永久	30年	10年	30年	设计变更含电子文件
			2. 设计变更通知单汇总表（与竣工图对应一览表）								
			3. 施工图设计交底会议纪要								
8219	其他				建设	建设	永久	30年		30年	
822	项目建设管理										
8220	综合		建设管理纲要、策划（管理规划、安全文明施工/环境保总策划、创优策划、强制性条文实施计划及实施计划总计划等）		相关	建设	30年				
	工程管理	01 安全	安全管理（安委会成立文件、重要活动会议纪要、一般及以上安全事故处理文件）		建设	建设	10年				
		02 技术	新技术、新工艺、新流程、新装备、新材料相关文件		建设	建设	30年				
8221		03 造价	工程款支付审批、变更费用审查、索赔文件		施工监理	建设	30年		10年	30年	
		04 进度	工程进度网络计划、工程节点（里程碑）、进度计划调整		建设	建设	30年			30年	

续表

分类号	类目名称	归档范围		执行标准	责任单位		保存单位及保管期限				备注
		归档细目	主要项目文件		来源	立卷	建设	设计	监理	施工	
8221	工程管理	05 环保	环境总体策划、绿色施工、水土保持、节能减排实施措施等		建设	建设	30年				
		06 工程会议	工程协调会议纪要、其他项目管理或专业会议纪要		建设	建设	30年				
		07 档案管理	项目档案交底、中间检查记录、验收申请及验收意见	GB/T 11822 GB/T 50328 DA/T 28	建设	建设	10年				
		08 来往文件	关于塔材、金具、线材等往来函件、报告、通知		相关	建设	10年				
		09 物资管理	甲供物资管理形成的文件材料		相关	建设	10年				
8222	质量监督		1. 质量监督申报书 2. 工程各阶段质量监督检查报告、记录及整改反馈 3. 工程总体质量监督报告 4. 其他		质监、建设	建设	永久		30年	30年	
8229	其他										
823	项目施工	01 工程开工及报审	工程开工报审	DL/T 5434	施工	施工	30年			30年	
		02 施工技术管理	1. 施工项目管理实施策划（施工组织设计）及报审 2. 施工方案（技术措施、作业指导书）及报审 3. 施工技术、安全交底记录 4. 设计变更通知单及执行报验、有关设计变更的工程联系单	DL/T 5434	相关	施工	30年			30年	
		03 安全质量管理	1. 安全及质量策划书实施细则及其审批表 2. 施工质量验收及评定项目划分及报审	DL/T 5434	施工	施工	30年			30年	
8230	综合	04 强制性条文实施、创优细则	1. 施工强制性条文执行计划及执行记录 2. 工程创优实施细则 3. 质量通病防治措施实施及记录		施工	施工	30年			30年	
		05 工程会议	1. 工程协调会议纪要、其他项目管理或专业会议纪要 2. 工程建设情况汇报		施工	监理	30年				
		06 阶段验收	1. 中间验收申请、会议纪要、中间验收缺陷处理清单		相关	施工	30年			30年	

续表

分类号	类目名称	归档范围		执行标准	责任单位		保存单位及保管期限					备注
		归档细目	主要项目文件		来源	立卷	建设	设计	监理	施工		
8231	土石方	路径复测及土石方工程	1. 路径复测记录及报审表 2. 土石方分部工程开工及报审 3. 普通基础分坑开挖检查记录 4. 拉线基础配坑及开挖检查记录 5. 岩石、掏挖基础分坑检查记录 6. 施工基面及电气开方检查记录 7. 其他	GB 50233 GB 50389 DL/T 5168	施工	施工	永久			30年	
	基础	01 基础工程	1. 分部工程开工及报审表 2. 现浇铁塔基础检查及评级记录 3. 现浇拉线塔基础检查及评级记录 4. 预制装配式基础检查及评级记录 5. 混凝土杆预制基础检查及评级记录 6. 岩石、掏挖基础检查及评级记录 7. 灌注桩基础检查及评级记录 8. 贯入桩基础检查及评级记录 9. 其他特殊基础检查及基础评级记录 10. 标准外的其他基础工程（基础）签证 11. 隐蔽工程 12. 其他	GB 50233 GB 50389 DL/T 5168	施工	施工	永久			30年	
8232		02 材料出厂、复试报告及报审、报验养护记录	1. 水泥出厂合格证、检验报告、复试报告、跟踪台账（含混凝土、砂、石、非饮用水等水性检测报告） 2. 砂、石、细骨料碱活性检测报告 3. 混凝土配合比试验报告、跟踪台账 4. 砂浆配合比试验报告 5. 混凝土搀和料、外加剂试验报告 6. 预拌（商品）混凝土合格证、配合比 7. 混凝土抗压强度检验报告、同条件试块温度养护记录 8. 砂浆抗压强度试验报告 9. 钢材出厂质量证明书、复试报告、跟踪台账、钢筋机械连接接头检测报告 10. 焊条出厂合格证 11. 钢筋焊接接头力学性能检测报告 12. 土壤击实试验报告 13. 锚杆、桩基检测报告 14. 灰土地基检测报告 15. 地脚螺栓、插入主角钢等出厂证明、焊接试验报告 16. 其他	JGJ 94	相关	施工	30年			30年	

续表

分类号	类目名称	归档细目	归档范围（主要项目文件）	执行标准	责任单位来源	责任单位立卷	保存单位及保管期限建设	设计	监理	施工	备注
8233	杆塔	01 杆塔工程	1. 分部工程开工及报审表 2. 自立式铁塔组立检查及评级记录 3. 拉线铁塔组立检查及评级记录 4. 混凝土杆组立检查及评级记录 5. 铁塔拉线压接施工检查及评级记录 6. 标准外的其他杆塔组立检查及评级记录	GB 50233 GB 50389 DL/T 5168	施工	施工	30 年			30 年	
		02 现场设备开箱检查	杆、铁塔开包检查等开箱申请及检查记录		施工监理	施工	30 年				
		03 杆塔拉线压接试验、高强螺栓试验	1. 高强度螺栓副连接试验报告 2. 杆塔拉线压接试验拉报告		施工	施工	30 年			30 年	
8234	架线及附件安装	01 架线及附件安装工程	1. 分部工程开工报审 2. 导、地线展放施工检查及评级记录 3. 导、地线直线管施工检查及评级记录 4. 导、地线直线液压施工检查及评级记录 5. 导、地线耐张管压接施工检查及评级记录 6. 导、地线耐张液压施工检查及评级记录 7. 导、地线紧线施工检查及评级记录 8. 导、地线附件安装施工检查及评级记录 9. 对地、风偏开方对地距离隐蔽检查及评级记录 10. 交叉跨越检查及评级记录 11. 导、地线液压隐蔽工程签证记录	GB 50233 GB 50389 DL/T 5168	施工	施工	30 年			30 年	
		02 导、地线压接试验	导线压接、地线压接试验报告		施工	施工	30 年				
		03 光缆工程	1. 光缆工程开工报审 2. 导、地线光缆展放施工检查及评级记录 3. OPGW 光缆展放施工检查及评级记录 4. OPGW 光缆紧线施工检查及评级记录 5. OPGW 光缆接头盒、引下线等附件安装施工检查及评级记录 6. 光缆接续施工检查及评级记录表 7. 全程光纤传输损耗试验测试记录	DL/T 5344	相关	相关	30 年			30 年	

续表

分类号	类目名称	归档细目	归档范围 主要项目文件	执行标准	责任单位 来源	责任单位 立卷	保存单位及保管期限 建设	设计	监理	施工	备注
8234	架线及附件安装	04 光缆测试	1. 光缆 OPGW 现场开盘测试报告 2. 光缆 OPGW 接头衰减测试报告 3. 光缆 OPGW 纤芯衰减测试报告 4. 光缆拉力试验报告 5. 光缆单盘测试及格接报告 6. 光缆接头塔位明细	DL/T 5344	相关	相关	30年			30年	
		05 现场设备开箱检查	导线、地线、绝缘子、金具等开箱申请及检查记录		施工监理	施工	30年				
8235	接地	06 在线监测	监测设备安装		施工	施工	30年			30年	
		01 接地工程	1. 分部工程开工报审、接地施工记录 2. 接地装置施工检查及评级记录 3. 接地埋设隐蔽工程签证记录	GB 50233 GB 50389 DL/T 5168	施工	施工	永久			30年	
		02 现场设备开箱检查	接地线、接地模块开箱申请及检查记录		施工监理	施工	30年				
8236	线路防护		1. 分部工程开工报审 2. 线路防护设施检查及评级记录	DL/T 5168	施工	施工	30年			30年	
8237	质量评定		1. 分部工程质量评级统计表 2. 单位工程质量评级统计表	DL/T 5168	相关	施工	30年			30年	
8239	其他										
825	线路参数测试		1. 线路调试方案及措施 2. 线路测试记录及调试报告 3. 光缆通道测试		调试	建设	30年			30年	
826	监理										
8260	综合		安全、质量事故报告、处理方案、处理结果	GB/T 50319	监理	监理	永久		30年		
8261	设计监理		设计监理规划、细则、强制性条文检查计划及记录、施工图审查纪要		监理	监理	30年		30年		

续表

分类号	类目名称	归档细目	归档范围 主要项目文件	执行标准	责任单位 来源	责任单位 立卷	建设	设计	监理	施工	备注
8262	施工监理	01 监理策划	1. 项目部成立文件、组成人员资质 2. 监理规划、细则、方案、强制性条文检查计划及记录、创优细则、质量通病控制措施及评估	DL/T 5434	监理	监理	30年		30年		
		02 监理记录	1. 监理工作联系单、监理工程师通知单及回复单 2. 监理见证台账、平行检验记录、监理旁站记录 3. 监理日志、月报、会议纪要、施工图会检纪要等	GB/T 50319 DL/T 5434	监理	监理	30年		30年		
		03 审查文件	供货商、施工、分包、试验单位、专职管理人员及特殊工程施工资质审核、主要施工机械、工器具等各类报审文件审核	DL/T 5434	施工监理等	施工监理等	30年		10年	10年	施工提交审查的由施工立卷
8263	设备监理		监理规划、监理总结（含见证、检查、试验等监理记录）等	DL/T 586	监理	监理	30年		30年		
8264	环保、水保监理		监理规划、检查记录、总结		监理	监理	30年		30年		
8269	其他		大件运输监理等								
827	启动及竣工验收										
8270	综合	01 线路命名	1. 线路命名及调度编号、杆塔对照 2. 杆塔施工命名、运行命名一览表		建设	建设	永久				
		02 统计报表、简报	建设项目简报、建设项目大事记		建设	建设	30年				
8271	启动验收、竣工验收	01 启动验收	1. 启动验收委员会成立 2. 启动方案 3. 启动委员会会议纪要等 4. 生产准备有关资料	DL/T 782	启委会	建设	永久				
		02 工程验收	工程初验、竣工预验收、竣工验收、整改报告、验收报告、整改记录及反馈、竣工报告	DL/T 782	建设施工监理	建设	永久		30年	30年	
		03 专项验收	1. 劳动保障、安全设施、职业卫生专项验收 2. 环境保护、水土保持专项验收 3. 档案专项验收 4. 工程竣工验收		相关	建设	永久		30年	30年	

续表

分类号	类目名称	归档细目	归档范围主要项目文件	执行标准	责任单位来源	责任单位立卷	保存单位及保管期限 建设	设计	监理	施工	备注
8271	启动验收、竣工验收	04 工程总结	工程总结（建设、设计、监理、施工、调试、物资等单位）		相关	相关	永久	30年	30年	30年	
		05 移交	竣工档案（竣工图）移交签证及各种移交清单		相关	建设	永久	30年		30年	
8272	结算、决算、审计		1. 工程结算及审核报告 2. 竣工决算报告及批复 3. 竣工决算审计报告等		相关	建设	永久	30年	30年	30年	
8273	达标投产、质量评价、工程创优	01 达标投产创优	达标投产、工程创优申报及命名	DL 5279	主管验收	建设	永久	30年	30年	30年	
		02 质量评价	1. 工程质量评价报告及批复 2. 勘察、设计对质量的检查报告 3. 监理工程总体质量评估报告	GB/T 50375	评价	建设	永久	10年	10年	10年	
8274	科技创新、奖项		1. 新技术、新工艺、新设计、新装备、新材料应用资料 2. 环境保护、优秀设计、专利、工法、科技成果、QC小组成果、全过程质量控制工程、绿色施工、安全文明、科技成果示范工程、优质工程（含中国安装之星）等获奖		鉴定、评奖单位	建设	永久	永久	永久	永久	
8279	其他										
828	竣工图			DL/T 5229							路径图、地形图不含电子文件
8280	综合		竣工图总目录、编制说明及线路路径图、杆塔一览图等竣工图		设计	设计	永久	30年			
8281	杆塔与基础		一般钢结构塔、一般杆、杆塔基础等竣工图		设计	设计	永久	30年			
8282	机电安装		平断面图、明细表、机电特性安装、金具及防震装置、网络通信、线路避雷器等竣工图		设计	设计	永久	30年			
8289	其他										
829	其他										

续表

分类号	类目名称	归档范围		执行标准	责任单位		保存单位及保管期限				备注
		归档细目	主要项目文件		来源	立卷	建设	设计	监理	施工	
83	电力电缆线路										
830	项目准备	01 立项	1. 项目核准请示、报告、批复 2. 立项审批 3. 建设报告、批复、协议等		建设	建设	永久				
		02 投资管理	1. 项目贷款、融资 2. 投资、资金计划 3. 借贷承诺评估		建设	建设	10年				
		03 工程建设许可	1. 建设规划许可及申请报批材料 2. 路径走向方案及审批 3. 林木砍伐、道路挖掘、占道许可 4. 施工许可及申请报批材料		相关	建设	永久				
		04 临时用地预审	1. 建设征、占用申请及审批 2. 拆迁赔偿协议及付款凭证等		相关	建设	10年				
		05 往来文件	1. 停电申请与批复 2. 项目其他往来及重要电传		相关	建设	10年				
		06 可行性研究	项目建议、选线、可行性研究报告及审查、水土保持、压覆矿产、文物勘探、军事设施、接入系统设计、对外咨询、项目评估、科研论证、负荷、安全等	DA/T 42	建设设计	建设	永久	永久			路径图、地形图不含电子文件
		07 招投标文件、合同、协议	设计、施工、监理、设备等招投标文件		建设	建设	永久				参见 8203
			设计、施工、监理、调试、设备材料、设备监理等合同 第一未中标单位文件		建设	建设	10年				
			设计、监理及其他采购、设备等设备监理等合同、协议及其他文件，委托管理的合同、协议等		相关	建设	永久				
831	项目设计		参照 821 项目设计								
832	项目建设管理		参照 822 项目建设管理								

续表

分类号	类目名称	归档细目	归档范围 主要项目文件	执行标准	责任单位 来源	责任单位 立卷	保存单位及保管期限 建设	设计	监理	施工	备注
833	陆地、空、地下）电缆施工（含架	01 综合	施工技术、安全质量管理、质量验评划分、强制性条文执行计划及记录、创优策划、施工组织设计、工程变更执行报验、施工发出的工程联系单、中间交接验收记录等	GB 50168	施工	施工	30 年			30 年	
		02 电缆沟、管、隧道施工	1. 施工及报审（验）：施工方案（作业指导书）及报审、设计变更通知单及执行、施工联系单等、线路复测等、道路开挖 2. 原材料及报审：原材料跟踪记录、砂石水试验报告（含混凝土粗细骨料碱活性检测报告）、合格证和试验综合报告、添加剂、水泥出厂合格证、质量证明书、复检试验报告等、钢筋出厂合格证、质量证明书、复检和焊接试验报告等 3. 试验报告：混凝土配合比试验报告、混凝土试块试验报告、电缆沟、电缆隧道、沟道施工及评级记录、电缆及电缆附件产品合格证和试验报告、护层保护器试验报告、电缆外护套交接试验报告、电缆外护层参数测试报告、电缆绝缘试验报告、电缆线路击穿电压试验报告、无油及附件耐压试验报告、无油电缆及附件内压力箱中绝缘油介质损耗试验报告等 4. 质量验评：单项工程验收评、质量评定表、分部工程、单位工程质量验收综合评定表等 5. 中间交接验收记录 6. 其他	GB 50168 DL/T 5434	施工	施工	30 年			30 年	
		03 电缆敷设（含终端及接头）施工	1. 施工及报审（验）：开（竣）工报告及报审、施工方案（作业指导书）及报审、施工执行施工单等 2. 设计变更通知单及执行签证 3. 记录及签证：电缆线路敷设记录、电力电缆线路直埋、管道敷设证记录、电缆线路敷设质量评定表、单个接头、终端头质量检查、评定、测试记录 4. 质量验评：分部工程质量验收评定表、单位工程质量验收综合评定表等 5. 其他	GB 50168 DL/T 5434	施工	施工	30 年			30 年	

续表

分类号	类目名称	归档细目	归档范围 主要项目文件（验）	执行标准	责任单位 来源	责任单位 立卷	保存单位及保管期限 建设	保存单位及保管期限 设计	保存单位及保管期限 监理	保存单位及保管期限 施工	备注
833	陆地（含架空、地下）电缆施工	04 电缆附属设施施工	1. 施工及报审（验）： 电力电缆中间接头、终端头、分支箱等结构图、安装图和零部件加工、组装等 2. 记录及鉴证： 电缆终端安装记录、质量检验评定表、电缆中间接头安装记录、质量检验评定表、接地箱安装记录、质量检验评定表、接地保护箱安装记录、质量检验评定表、交叉互联箱安装记录、质量检验评定表等 3. 质量验评： 分部工程质量验收评定表、单位工程质量验收综合评定表等 4. 其他	GB 50168	施工	施工	30 年			30 年	
834	水下（含海底）电缆施工		参照 823 线路施工、833 陆地电缆施工、特殊步骤如下： 1. 路由检测报告、图纸等第三方的勘测报告 2. 海缆敷设（抛缆） 3. 浅滩处挖沟、盖水泥板及敷压石头等施工、验收记录 4. 施工保护方案及报审、抛石保护方案及报审 5. 冲埋记录 6. 弃理部分抛石方案及报审 7. 电缆的终端站、电缆接头、充油施工等记录、检测报告 8. 海缆终端消防施工方案及报审、经监理审查的施工日志 9. 经监理审的施工方案及报审	GB 50168	建设 施工 检测	施工	30 年			30 年	
835	电缆、光缆测试		1. 调试方案及措施 2. 参数测试记录及调试报告 3. 光缆通道测试方案及报审 4. 避雷器试验报告	GB 50168	调试	调试	30 年			30 年	
836	监理		参照 826 监理								

续表

分类号	类目名称	归档细目	主要项目文件	执行标准	责任单位 来源	责任单位 立卷	保存单位及保管期限 建设	设计	监理	施工	备注
837	投运及竣工验收		1. 投运方案 2. 预验收、专项验收、工程总结（含建设、设计、施工、调试、交接、工程运行等） 3. 结算、决算、审计，参照8272 4. 达标投产、质量评价，工程创优资料，参照8273	GB/T 50326	建设	建设	永久			永久	
			5. 科技创新、奖项：参照8274	GB/T 50326	建设	建设	30年			永久	
838	竣工图		1. 综合、路径图： 电力电缆敷设后的实际路径竣工图、平断面图、总说明书（总目录）、编制说明及杆塔一览图等 2. 电缆沟管（隧道、工井、沟、管）： 敷设电缆的隧道、工井、电缆沟、排水管道竣工图 3. 电缆桥架： 电缆工程专用的电缆桥、电缆杆、架的基础图、结构图、安装图等 4. 电缆敷设及终端站： 两终端站（杆、塔）的结构、安装图等 5. 辅助设施： 高压充油电缆的信号系统、电缆隧道的照明、油、气、报警系统等辅助设施的安装图		设计施工	设计施工	永久			30年	路径图、地形图不含电子文件
839	其他										
84	变电站										
840	项目准备										
8400	综合										
8401	前期管理	01 立项	1. 项目核准请示、报告、批复 2. 项目核准前期工作		相关建设	建设	永久				
		02 投资管理	1. 项目贷款、融资 2. 投资估算定报告及批复 3. 资金计划 4. 投资计划、年度投资计划完成报告 5. 借贷承诺评估		相关	建设	永久				

续表

分类号	类目名称	归档细目	归档范围 主要项目文件	执行标准	责任单位 来源	责任单位 立卷	保存单位及保管期限 建设	设计	监理	施工	备注
8401	前期管理	03 工程建设许可	1. 建设工程选址意见书和红线附图、选址报告及审批 2. 建设规划、建设用地规划许可及申报批材料 3. 林木砍伐、道路挖掘、占道许可、压矿许可、取水许可、施工许可及申请报批材料 4. 饮用水检测 5. 消防设计审核意见、防雷设计审核 6. 其他报批材料		政府相关	建设	永久				
		04 用地预审	1. 国土资源部用地预审批复、预申请 2. 地方国土管理部门用地预审意见、预审申请		相关	建设	永久				
		05 征地及补偿	1. 用地批准书及征、用地 2. 用地计划下达的通知 3. 征地定位图、坐标图 4. 土地使用证、红线图、产权证 5. 征地合同、协议、拆迁、树木补偿协议及付款凭证 6. 移民、劳动力安置、执行计划、补偿批准协议 7. 其他补偿协议		相关建设	建设	永久				
		06 往来文件	1. 停电申请与批复 2. 物资供货时间变更通知 3. 项目其他往来文件及重要电传		相关	建设	永久				
8402	可行性研究	01 可行性研究	1. 可行性研究报告评审意见 2. 可行性研究报告委托函 3. 可行性研究报告及附图		建设审查 设计	建设		30年			
		02 环境保护	1. 环境影响报告书（表）、报送、批复 2. 环境影响评价委托函 3. 负荷预测		相关	建设	永久	30年			
		03 水土保持	1. 水土保持方案报告书、报送、批复 2. 水土保持方案编制委托函		相关	建设	永久				
		04 地质灾害	1. 建设用地地质危险性评估报告、批复 2. 建设用地地质灾害危险性评估报告委托函		相关	建设	永久				

续表

分类号	类目名称	归档细目	归档范围 主要项目文件	执行标准	责任单位 来源	责任单位 立卷	保存单位及保管期限 建设	设计	监理	施工	备注
		05　地震安全	1. 地震安全性评价报告、批复 2. 地震安全性评价报告委托函		相关	建设	永久				
		06　压覆矿产	1. 压覆矿产资源评估报告、批复 2. 压覆矿产资源评估报告委托函		相关	建设	永久				
		07　河道防洪	1. 河道防洪报告、批复 2. 河道防洪报告委托函		相关	建设	永久				
8402	可行性研究	08　文物勘探	1. 文物勘探报告、批复 2. 文物勘探报告委托函		相关	建设	永久				
		09　科研论证	1. 单项专题可行性研究报告、专家评审意见、批复 2. 咨询论证报告		设计审查	建设	30 年				
		10　接入系统设计	接入系统补遗一次部分、二次部分、接入系统审查会议纪要		建设	建设	永久				
		11　对外咨询	对外咨询出国报告、研究报告、签报		建设	建设	永久				
8403	非物资类招投标文件、合同、协议	01　勘察、设计、施工、监理、调试招投标文件及合同	1. 招标申请、计划、审核及批复、招标公告或招标邀请函、招标、招标修改、招标文件记录、分包情况汇总、询价表、询价记录、出售清单 2. 招标补遗及答疑、投标商要求澄清函 3. 投标报价表 4. 投标书、收取投标文件记录 5. 开标、评标会议议程、评标细则、评标纪律、评标人员签字表、开标一览表、开标大会签字表、评标报告、评标监督报告、签到、纪要、定标会议投票、招标领导小组成员投票汇总 汇报材料、推荐中标一览表、招标领导小组成员投票汇总 7. 招标结果审批文件、定标通知、中标通知书 8. 勘察、设计、施工、监理、大件运输、调试委托函、合同	GB/T 50319 GB/T 50358 DL/T 5434	投标 招标代理	建设 招标代理					
					建设投标 招标代理	建设	永久	30 年	30 年	30 年	合同含电子文件

续表

分类号	类目名称	归档细目	归档范围 主要项目文件	执行标准	责任单位		保存单位及保管期限				备注
					来源	立卷	建设	设计	监理	施工	
8403	非物资类招投标文件、合同、协议	02 其他合同、协议	1. 建设管理任务书 2. 可研、初设技术咨询、竣工图编制、桩基试验等合同 3. 地震、地灾、压覆矿产资源评估、林勘、文物等合同 4. 招标代理、成套设备服务、设备监理、质量监督等合同 5. 通信线路、站外电源、水源等施工合同 6. 道路、围墙、场地平整、绿化合同 7. 供水钻井、调度、关口计量装置技术服务合同 8. 系统调试、消防、防洪合同 9. 防火封堵、专用码头移交等协议 10. 安全管理 11. 科研合同 12. 结算、审计合同 13. 环保、水保验收技术咨询服务合同		相关	建设	永久				合同含电子文件
		03 咨询阶段	1. 技术规范审查会、招标文件审查会议纪要 2. 成套咨询设计审查报告、设备材料清册等		咨询	建设	10年				
		04 第一未中标投标文件	设计、监理、施工、调试等第一未中标单位投标文件等	DA/T 42	投标	建设	10年				
8404	物资类招投标文件、合同、协议	01 设备、材料等物资类招投标文件及合同	1. 参照8403的勘察、设计、施工、监理、调试招投标文件及合同 2. 设备、材料供货合同、技术协议及台账		建设 投标 招标代理	建设 招标代理		30年	30年	30年	
		02 进口设备材料报关	1. 进口设备材料报关文件 2. 进口设备材料商检文件 3. 缺陷处理、索赔文件等		建设	建设	永久				合同含电子文件
8409	其他										

续表

分类号	类目名称	归档细目	归档范围 主要项目文件	执行标准	责任单位 来源	责任单位 立卷	建设	设计	监理	施工	备注
841	项目设计										
8410	综合		设计优化实施细则、强制性条文执行计划、记录、工程质量检查报告		设计	建设	30年	30年			
8411	设计基础	地质勘察测绘	1. 工程地质勘测报告及图纸、水文地质勘测报告 2. 项目用地测量报告及图纸等 3. 水文、气象及地震部门提供资料 4. 重要土岩样及说明等 5. 环保、水保资料等	GB/T 50379	勘察设计、水文气象地震部门	勘察设计	永久	永久			
8412	初步设计	01 预初步设计	1. 预初步设计评审纪要、委托函 2. 预初步设计报告及附图 3. 预初步设计启动		建设评审	建设	永久	30年			
		02 初步设计	1. 初步设计审查意见、请示及批复 2. 初步设计收口评审意见 3. 初步设计委托函 4. 初步设计全套文件及图纸 5. 初步设计全套收口反附图 6. 初步设计工作大纲		设计	设计	永久	30年			
		03 联合设计	设计联络会纪要		相关	建设 设计	永久	30年			
8413	施工图设计		施工图说明、清册、材料汇总、概（预）算、图纸		设计	设计	30年	30年			
8414	设计服务	设计变更及工程联系单	1. 设计变更通知单 2. 设计变更通知单汇总表（与竣工图对应一览表） 3. 施工图设计交底会议纪要	DL/T 5434	设计	设计	永久	永久	10年	30年	设计变更含电子文件
8419	其他				建设	建设	永久	30年		30年	
842	项目建设管理										
8420	综合		建设管理纲要、策划（管理规划、安全文明施工、环境总体、创优、强制性条文实施计划及实施汇总等）	GB/T 50326	建设	建设	30年				

续表

分类号	类目名称	归档细目		归档范围 主要项目文件	执行标准	责任单位		保存单位及保管期限				备注
						来源	立卷	建设	设计	监理	施工	
8421	工程管理	01	安全	安委会成立文件、重要会议纪要、一般及以上安全事故处理文件	GB/T 50326	建设	建设	10年				
		02	质量管理	质量通病防治任务书及防治措施、总结		建设	建设	30年				
		03	技术	新技术、新工艺、新流程、新装备、新材料文件		建设	建设	30年				
		04	造价	工程款支付审批、变更费用审查、索赔文件	DL/T 5434	建设	建设	30年		10年	30年	
		05	进度	工程进度网络计划、工程节点（里程碑）、进度计划调整	DL/T 5434	建设	建设	30年			30年	
		06	环保	环境总体策划、绿色施工、水土保持实施措施等		建设	建设	30年				
		07	工程会议	工程协调会议纪要、其他项目管理或专业会议纪要		建设	建设	30年				
		08	档案管理	项目档案交底、中间检查记录、验收申请、验收意见	GB/T 11822 GB/T 50328 DA/T 28	建设	建设	10年				
		09	物资管理	物资管理单位在项目过程中产生的资料		物资	建设	10年				
8422	质量监督			1. 质量监督申报书 2. 建设的中间验收报告 3. 工程质量监督检查报告，记录及整改反馈 4. 质量事故调查和处理报告 5. 总包工程质量监督报告 6. 其他		质监站	建设	永久		30年	30年	
8429	其他											
843	项目土建施工											
8430	综合			1. 施工项目管理实施策划（施工组织设计）及报审 2. 创优实施细则及报审 3. 安全文明施工策划 4. 质量通病防治实施细则及实施记录 5. 设计变更通知单及执行报验、有关设计变更的工程联系单	GB/T 50326 GB/T 50430 GB/T 50502	施工	施工		30年	30年	30年	

续表

分类号	类目名称	归档细目	归档范围 主要项目文件	执行标准	责任单位 来源	责任单位 立卷	建设	设计	监理	施工	备注
8431	土建施工	01 管理文件	1. 土建施工部分施工方案（技术措施、作业指导书、安全措施） 2. 土建施工部分的施工技术交底记录 3. 强制性条文执行计划及执行记录	GB/T 50326	施工	施工	30年			30年	
		02 开工及报审	开（复）工报告	DL/T 5434	施工	施工	30年			30年	
		03 质量管理	1. 土建部分质量验评划分表及报审 2. 质量控制：重要混凝土结构部位的技术文件	GB 50209 DL/T 5210.1	施工	施工	30年			30年	
		04 材料出厂、复试	1. 构/配件、成品/半成品出厂质量证明、进场报审、复试报告 2. 钢筋、水泥、商品混凝土、砂、石等土建原材料出厂合格证、检验报告、质量证明、进场报审、复试报告、跟踪记录 3. 防水、防火、保温材料出厂质量证明、进场报审、检验报告 4. 其他施工物资（门窗、玻璃、石材、饰面砖、涂料、黏结材料、焊接材料、幕墙用铝塑板、低压配电电缆、节能环保材料等）出厂质量证明、进场报审、复试报告		供货商 施工检测	施工	30年			30年	
		05 土建试验	1. 回填土、压实系数、拌和水检测报告 2. 混凝土、砂浆配合比试验报告及混凝土开盘鉴定 3. 钢筋接头螺栓连接及钢筋焊接试验报告 4. 高强度螺栓连接副试验报告 5. 钢结构摩擦面的抗滑移系数、结构实体钢筋保护层厚度、外墙饰面砖黏结强度检测报告 6. 其他检测报告 7. 桩基检测报告 8. 第三方沉降观测等检测记录	GB 50203 GB 50205 JGJ 18	施工检测 检测	施工	30年 永久			30年	
		06 土建施工综合记录及报审	1. 工程控制网测量记录 2. 全所桩位图、桩位偏移图 3. 工序交接（三级自检报告及不合格品）		施工	施工	永久	30年		30年	

续表

分类号	类目名称	归档细目	归档范围 主要项目文件	执行标准	责任单位 来源	责任单位 立卷	保存单位及保管期限 建设	设计	监理	施工	备注
8431	土建施工	07 四通一平（通信、电、道路、给水、通讯及场平）	1. 单位工程开工报审 2. 场平、站外道路、站外给排水、桩基施工记录 3. 场平、站外道路、站外给排水、桩基、桥梁、涵洞工程单位（子单位）、分部、分项及检验批质量验收记录	DL/T 5210.1	施工	施工	30年			30年	
			1. 单位工程开工报审		施工	施工	30年			30年	
		08 主控楼（综合楼）单位工程及报审、报验	2. 测量施工记录 3. 地基处理、桩基施工（换填、复合基础、桩基） 4. 隐蔽工程验收记录（地基验槽、钢筋、地下混凝土、防水、防腐、预埋件、埋管、螺栓、施工缝、屏蔽网、吊顶、抹灰、接地、门窗、饰面砖等） 5. 钢筋加工记录 6. 混凝土施工记录 7. 大体积混凝土结构测温记录及示意图 8. 施工调试及试验检验记录（通水、通球、清洗吹洗、水压试压、通风空调调试、绝缘电阻、接地电阻、满水、淋水、蓄水、清洗消毒试验记录等） 9. 单位工程、分部、分项及检验批质量验收记录 10. 单位工程混凝土试块试验报告及报审、强度汇总及评定表	GB 50202 GB 50204 GB 50243 GB 50325 GB 50339 DL/T 5210.1	施工	施工	永久			30年	
		09 继保室单位工程施工及报审、报验	11. 室内环境污染检测等 参照单位工程施工（1～11）		检测	施工	30年			30年	
		10 主变压器基础及构支架单位工程施工及报审、报验	1. 单位工程开工报审		施工	施工	30年			30年	
			2. 测量施工记录 3. 地基处理（换填、复合基础、桩基） 4. 隐蔽工程验收记录	GB 50202 GB 50204 GB 50205 DL/T 5210.1 GB 50834	施工	施工	永久			30年	

续表

分类号	类目名称	归档细目	归档范围 主要项目文件	执行标准	责任单位		保存单位及保管期限				备注
					来源	立卷	建设	设计	监理	施工	
		10 主变压器基础及构支架单位工程施工及报审、报验	5. 钢筋加工记录 6. 混凝土施工记录 7. 大体积混凝土结构测温记录及示意图 8. 钢结构（预制构件）吊装施工记录 9. 钢结构高强度螺栓连接施工记录 10. 构架立柱、钢梁安装记录；钢结构构架预装拼装记录 11. 钢结构焊接施工记录 12. 单位工程、分部、分项及检验批质量验审、报验 13. 单位工程混凝土试块试验报告及报审、强度汇总及评定表	GB 50202 GB 50204 GB 50205 DL/T 5210.1 GB 50834	施工	施工	30年			30年	
		11 屋内配电装置系统单位工程施工及报验	1. 单位工程开工报审 2. 屋内配电装置室参照主控楼 3. 屋外出线构支架参照主变压器基础及构支架（1～11） 4. 单位工程、分部、分项及检验批质量验审、报验 5. 单位工程混凝土试块试验报告及报审、强度汇总及评定表	GB 50202 GB 50204 JGJ 18 DL/T 5210.1	施工	施工	30年			30年	
		12 屋外配电装置构筑物单位工程施工及报审、报验	1. 单位工程开工报审 2. 屋外配电装置构筑物参照主变压器基础及构支架（1～11） 3. 避雷针检查及安装记录 4. 围栏制作及安装记录 5. 单位工程、分部、分项及检验批质量验收记录 6. 单位工程混凝土试块试验报告及报审、强度汇总及评定表	GB 50202 GB 50204 JGJ 18 DL/T 5210.1	施工	施工	30年			30年	
8431	土建施工	13 屋外电缆沟单位工程施工及报验	1. 单位工程开工报审 2. 测量施工记录 3. 地基处理（换填、复合基础、桩基） 4. 隐蔽工程验收记录 5. 钢筋加工记录 6. 混凝土施工记录 7. 单位工程、分部、分项及检验批质量验收记录 8. 单位工程混凝土试块试验报告及报审、强度汇总及评定表	GB 50202 GB 50204 GB 50208 JGJ 18 DL/T 5210.1	施工	施工	30年			30年	
		14 隧道单位工程施工及报审、报验	参照屋外电缆沟		施工	施工	30年			30年	

续表

分类号	类目名称	归档细目	归档范围		执行标准	责任单位		保存单位及保管期限				备注
			主要项目文件			来源	立卷	建设	设计	监理	施工	
		15　消防系统建、构筑物单位工程施工及报审、报验	1. 单位工程开工报审 2. 消防小室等建筑物参照主控楼（1~8） 3. 单位工程、分部、分项及检验批质量验收记录 4. 单位工程混凝土试块试验报告及报审、强度汇总及评定表		GB 50166 GB 50261 GB 50263 GB 50281 DL/T 5210.1	施工	施工	30 年			30 年	
		16　站用电系统建、构筑物单位工程施工及报审、报验	1. 单位工程开工报审 2. 站用电室参照主控楼（1~8） 3. 站用变压器基础及构支架参照主变支架参照主变压器基础及构支架（1~11） 4. 单位工程、分部、分项及检验批质量验收记录 5. 单位工程混凝土试块试验报告及报审、强度汇总及评定表			施工	施工	30 年			30 年	
8431	土建施工	17　围墙及大门单位工程施工及报审、报验	1. 单位工程开工报审 2. 围墙及大门参照主控楼（1~8） 3. 警卫室参照主控楼（1~8） 4. 站内护坡、排水沟参照室外电缆沟（1~6） 5. 排水管道通水、灌水、通球试验记录 6. 防水试验记录、地下防水效果检查记录（根据设计要求） 7. 单位工程、分部、分项及检验批质量验收及报告、强度汇总 8. 单位工程混凝土试块试验报告及报审、强度汇总及评定表		GB 50202 GB 50204 JGJ 18 DL/T 5210.1	施工	施工	30 年			30 年	
		18　站内、外道路单位工程施工及报审、报验	1. 单位工程开工报审 2. 测量施工记录 3. 地基处理（换填、复合基础、桩基） 4. 隐蔽工程验收记录 5. 钢筋加工记录 6. 混凝土施工记录 7. 单位工程、分部、分项及检验批质量验收报告、强度汇总 8. 单位工程混凝土试块试验报告及报审、强度汇总及评定表			施工	施工	30 年			30 年	

续表

分类号	类目名称	归档范围		执行标准	责任单位		保存单位及保管期限				备注
		归档细目	主要项目文件		来源	立卷	建设	设计	监理	施工	
8431	土建施工	19 屋外场地单位工程施工及报审、报验	1. 单位工程开工报审 2. 场地平整及地面：测量施工记录、地基处理、桩基施工记录、隐蔽工程验收记录、混凝土施工记录 3. 屋外场地照明：隐蔽工程通电检测记录及全负荷运行记录、绝缘电阻、接地电阻性能测试记录 4. 单位工程、分部、分项及检验批质量验收报告 5. 单位工程混凝土试块试验报告及报审、强度汇总及评定表	GB 50202 GB 50204 GB 50617 DL/T 5210.1	施工	施工	30年			30年	
		20 室外给水系统、雨水系统建、构筑物等单位工程施工及报审、报验	1. 单位工程开工报审 2. 供水泵房参照主控楼（1~8） 3. 雨水、污水排水泵房参照主控楼（1~8） 4. 室外给水、排水管道、水池：测量施工记录、隐蔽工程验收记录、混凝土施工记录、承压水管道预制管道加工及安装记录、设备/设备严密性试验记录、给水管道通水试验记录、非承压管道灌水试验记录、阀门强度及严密性试验记录 5. 单位工程、分部、分项及检验批质量验收报告及报审、强度汇总及评定表 6. 单位工程混凝土试块试验报告及报审、强度汇总及评定表	GB 50141 GB 50242 DL/T 5210.1	施工	施工	30年			30年	
		21 生产、生活辅助建筑单位工程（备品备件库）施工及报审、报验	1. 参照主控楼 2. 行车安装调试记录 3. 室内环境污染检测等	GB 50325	相关	施工	30年			30年	
8439	其他										
844	项目安装施工										
8440	综合		1. 施工项目管理实施规划（施工组织设计）及报审 2. 创优实施细则及报审 3. 安全文明施工策划 4. 质量通病防冶实施细则及实施记录 5. 设计变更通知单及执行报验、有关设计变更的工程联系单		施工	施工	30年			30年	

续表

分类号	类目名称	归档细目	归档范围 主要项目文件	执行标准	责任单位 来源	责任单位 立卷	保存单位及保管期限 建设	保存单位及保管期限 设计	保存单位及保管期限 监理	保存单位及保管期限 施工	备注
		01 管理文件	1. 电气施工方案 2. 电气施工技术交底记录 3. 电气施工部分的强制性条文执行计划及记录	DL/T 5434	施工	施工	30 年			30 年	
		02 开工及报审	开（复）工报告	DL/T 5161	施工	施工	30 年			30 年	
		03 质量管理	电气部分质量鉴评划分表及报审	DL/T 5434	施工	施工	30 年			30 年	
		04 材料出厂、试验及报审、报验	1. 管母、母线、电缆、绝缘子、金具、钢材、构支架、防火燃材料、通信、防雷接地、照明等数量清单、质量证明、合格证、自检结果、复试结果 2. 管形母线焊接、耐张线夹液压试验报告等 3. 其他		供货商 施工等	施工	30 年			30 年	
8441	电气设备安装	05 主变压器系统设备安装单位工程施工及报审、报验	1. 单位工程开工报审 2. 单位工程、分部、分项工程质量验评记录：变压器运输冲击、变压器破氮前氮气压力检查、变压器绝缘油试验、变压器气体继电器检验、变压器身检查隐蔽前鉴证、变压器冷却系统试验鉴证、变压器真空注油及密封试验鉴证等 3. 施工及调整记录 4. 其他	GB 50148 GB 50149 GB 50835 DL/T 5161.3	施工	施工	30 年			30 年	
		06 主控及直流系统设备安装单位工程施工及报审、报验	1. 单位工程开工报审 2. 单位工程、分部、分项工程质量验评记录：蓄电池组充电、放电记录及特性曲线、蓄电池组技术参数测量记录、蓄电池组充放电检查鉴证等 3. 施工及调整记录 4. 其他	GB 50171 GB 50172 DL/T 5161.9	施工	施工	30 年			30 年	
		07 ×××kV 配电装置安装单位工程施工及报审、报验	1. 单位工程开工报审 2. 单位工程、分部、分项工程质量验评记录：新SF₆（六氟化硫）气体抽样检验记录、断路器调整记录、隔离开关、负荷开关调整记录等 3. 施工及调整记录 4. 其他	GB 50147 GB 50148 GB 50149 GB 50836 DL/T 5161.9	施工	施工	30 年			30 年	

续表

分类号	类目名称	归档细目	归档范围 主要项目文件	执行标准	责任单位		保存单位及保管期限					备注
					来源	立卷	建设	设计	监理	施工		
8441	电气设备安装	08 ×××kV组合电器安装单位工程施工及报审、报验	1. 单位工程开工报审 2. 单位工程、分部、分项工程质量验评记录：新SF₆气体抽样检验记录、封闭式组合电器安装及调整记录、气体湿度检测记录、封闭式组合电器隔气室气体密封试验等 3. 施工及调整记录 4. 其他	GB 50147 GB 50148 GB 50149 GB 50836 DL/T 5161.9	施工	施工	30年			30年	
		09 ×××kV及站用配电装置安装单位工程施工及报审、报验	1. 单位工程开工报审 2. 单位工程、分部、分项工程质量验评记录：绝缘油试验记录、变压器器身检查隐蔽前签证、冷却器密封试验签证、真空注油及密封试验签证、母线配电装置、站用高压、低压配电装置等记录 3. 施工及调整记录 4. 其他	GB 50147 GB 50148 GB 50149 DL/T 5161.9	施工	施工	30年			30年	
		10 无功补偿装置安装单位工程施工及报审、报验	1. 单位工程开工报审 2. 单位工程、分部、分项工程质量验评记录：电抗器绝缘油试验记录、电抗器器身检查隐蔽前签证、电抗器真空注油及密封试验签证、电容器组安装签证、组合式油浸电容器安装签证等 3. 施工及调整记录 4. 其他	GB 50148 DL/T 5161.3	施工	施工	30年			30年	
		11 全站电缆单位工程施工及安装及报审、报验	1. 单位工程开工报审 2. 单位工程、分部、分项工程质量验评记录：35kV及以上电缆敷设记录、电缆数设记录（设计变更部分）、直埋电缆（隐蔽前）检查签证、电缆中间接头位置记录等 3. 施工及调整记录 4. 其他	GB 50168 DL/T 5161.5	施工	施工	30年			30年	

续表

分类号	类目名称	归档细目	归档范围主要项目文件	执行标准	责任单位 来源	责任单位 立卷	保存单位及保管期限 建设	保存单位及保管期限 设计	保存单位及保管期限 监理	保存单位及保管期限 施工	备注
		12　全站防雷及接地装置安装施工及报审、报验	1. 单位工程开工报审 2. 单位工程、分部、分项工程质量验评记录；屋外接地装置隐蔽前检查（签证）记录、避雷针及接地引下线电阻（局部）测量签证记录等 3. 施工及调整记录 4. 其他	GB 50601 GB 50169 DL/T 5161.6	施工	施工	30年			30年	
		13　全站电气照明单位工程施工及报审、报验	1. 单位工程开工报审 2. 单位工程、分部、分项工程质量验评记录 3. 施工及调整记录 4. 其他	GB 50617 DL/T 5161.17	施工	施工	30年			30年	
8441	电气设备安装	14　通信系统设备安装	1. 施工组织设计、方案、开工报告 2. 设备材料出厂、质量证明 3. 微波塔接地电阻（局部）测量签证记录 4. 通信蓄电池安装、通信系统整体施工质量验收签证 5. 单位工程、分部、分项工程质量验评记录	DL/T 5161 DL/T 5232 DL/T 5233 DL/T 5344	施工	施工	30年			30年	
		15　视频监控	1. 施工组织设计、方案、开工报告 2. 设备材料出厂、质量证明 3. 安装测试记录、隐蔽工程验收记录 4. 单位工程、分部、分项工程质量验评记录		施工	施工	30年			30年	
		16　消防工程施工安装、调试	1. 施工组织设计、方案、开工报告 2. 管道清（吹）洗、试加压记录、室外消防给水管清（吹）洗、试加压记录、隐蔽验收记录 3. 设备出厂、质量证明、接地电阻、线路绝缘电阻测试报告、设备安装及调试运行报告、调试报告 4. 单位工程、分部、分项工程质量验评记录 5. 竣工报告及设备品备件移交清单	GB 50166 GB 50261 GB 50263 GB 50281	施工	施工	30年			30年	
		17　其他电气装置安装施工	1. 微机防误闭锁系统设备安装 2. 其他		施工	施工	30年			30年	

续表

分类号	类目名称	归档范围		执行标准	责任单位		保存单位及保管期限				备注
		归档细目	主要项目文件		来源	立卷	建设	设计	监理	施工	
8441	电气设备安装	18 一次设备试验报告及报审	1. 主变压器本体试验报告、主变压器套管试验报告、主变压器套管电流互感器试验报告、主变压器（三侧、中性点）、主变压器瓦斯断电器检验报告、主变压器温度控制器校验报告、主变压器局部放电试验报告、绕组变形测试报告、主变压器投切过电压测试报告 2. 站用变压器试验报告 3. 组合电器试验报告 4. SF₆（六氟化硫）断路器试验报告、隔离开关试验报告 5. 开关柜内设备试验报告 6. 电流互感器、电压互感器试验报告 7. 电容器组试验报告、耦合电容器试验报告 8. 电抗器试验报告、阻波器试验报告、放电线圈试验报告 9. 避雷器试验报告 10. 电缆试验报告 11. 其他一次设备试验报告	GB 50150 GB/T 50832	施工	施工	30 年			30 年	
		19 特殊项目调试	1. 支柱绝缘子探伤报告 2. 回路电阻测试报告 3. 其他特殊项目试验报告	GB 50150	施工	施工	30 年			30 年	
		20 油化、压力表、气体、继电器试验报告	1. 设备油化验报告 2. 压力表、气体、继电器检验报告 3. 各类表计测试、检定报告	GB 50150	施工检测	施工	30 年			30 年	
		21 现场设备开箱检查	开箱申请、设备缺陷通知单、缺陷处理等		施工监理	施工	30 年			30 年	
8449	其他										
845	项目调试		调试大纲、计划、方案及报审、记录、调试报告等		调试	调试	30 年				
8450	综合										

续表

分类号	类目名称	归档范围		执行标准	责任单位		保存单位及保管期限					备注
		归档细目	主要项目文件		来源	立卷	建设	设计	监理	施工	期限 施工	
8451	元件调试	01 通信设备调试报告	1. 光缆试验报告、记录 2. 光传输设备测试试验报告 3. PCM设备测试及功能检查报告 4. 通信电源系统验收技术要求和记录报告 5. 载波高频通道全程测试试验报告 6. 微波设备现场测试试验报告		施工	施工	30年				30年	
		02 二次设备调试报告及报审	1. 主变压器保护、母差保护、线路保护、断路器保护、电抗器保护、电容器保护、所用变压器保护、继电器试验报告 2. 主变压器屏继电器试验报告、继电器试验报告 3. 主变压器无功补偿投切装置报告 4. 自动解列装置试验报告 5. 安全控制装置（自动解列、远方切机、备自投等）试验报告 6. 故障录波器试验报告 7. 自动化调试报告（主变压器、线路、母联、分段、母线、公用等测控单元调试报告） 8. 线路高频对调报告 9. 带负荷调试相对调报告 10. 电压互感通压试验报告 11. 二次通流通压试验报告 12. 交流屏、直流屏、逆变屏、UPS屏表计报告 13. 关口计量表试验报告、电能表试验报告 14. GPS时间同步调试报告（保护装置、测控装置） 15. 微机"五防"装置试验报告 16. 其他二次设备（消弧线圈、短引线保护、收发信机、通信接口装置、接地变压器保护、微机消谐装置等）调试报告		调试 施工	施工	30年				30年	
8452	系统调试		系统调试大纲、计划、方案及报审、系统调试报告等		调试	调试	30年				30年	
846	监理											
8460	综合											

续表

分类号	类目名称	归档细目	归档范围 主要项目文件	执行标准	责任单位 来源	责任单位 立卷	建设	设计	监理	施工	备注
8461	设计监理		设计监理规划、细则、强制性条款计划、施工图审查纪要	GB/T 50319	监理	监理	30 年		30 年		
		01 监理策划	1. 项目部成立文件、组成人员资质 2. 监理规划、细则、方案、强制性条文检查计划及记录、创优细则、质量通病控制措施及评估	DL/T 5434	监理	监理	30 年		30 年		
8462	施工监理	02 监理记录	1. 监理工作联系单、监理工程师通知单、回复单 2. 监理见证台账、平行检验记录、监理旁站记录 3. 监理日志、月报、会议纪要、施工图会检纪要等		监理	监理	30 年		30 年		
		03 审查文件	供货商、分包、试验单位、施工专职管理人员及特殊工种质审核、工器具审核、主要施工机械、工器具等各类报审文件审核		施工 监理等	施工 监理等	30 年		10 年	10 年	施工提交审查的由施工立卷
8463	设备监理		监理规划、监理总结（含见证、检查、试验监理记录）等	DL/T 586	监理	建设 物资	30 年		30 年		
8464	环保、水保监理		监理规划、检查记录、总结		监理	监理	30 年		30 年		
8469	其他		大件运输监理等		监理	监理	30 年		30 年		
847	启动及竣工验收										
8470	综合	01 命名和编号	1. 变电站命名和设备调度编号、调度方案、调度关系确认函 2. 运行委托及生产准备有关		建设	建设	永久	30 年	30 年		
		02 统计报表、简报	建设项目简报、建设项目大事记		建设	建设	30 年				
8471	启动验收、竣工验收	01 启动验收	1. 启动验收委员会成立 2. 启动方案 3. 定值设定 4. 生产准备有关 5. 启动委员会会议纪要等	DL/T 782	建设	建设	永久				

分类号	类目名称	归档细目	主要项目文件	执行标准	责任单位 来源	责任单位 立卷	建设	设计	监理	施工	备注
8471	启动验收、竣工验收	02 工程验收	工程初检、竣工预验收、竣工验收的申请、通知、验收方案、验收报告、整改反馈及竣工报告		监理	监理	30年				
		03 专项验收	1. 消防专项验收（消防验收申请及意见） 2. 劳动保障、安全设施、职业卫生专项验收 3. 环境保护、水土保持验收 4. 档案专项验收 5. 工程竣工验收		建设	建设	永久				
		04 工程总结	建设、设计、施工、调试、物资等单位工程总结		相关	相关	永久	30年	30年	30年	
		05 移交	竣工档案（竣工图）移交签证及各种移交清单等		相关	建设	永久		30年	30年	
		06 试运行	试运行报告、设备运行缺陷记录等		运行	运行	永久				
8472	结算、决算、审计		1. 工程结算审核报告 2. 竣工决算报告及批复 3. 竣工决算审计报告等	GB/T 50326	相关	建设	永久	30年	30年	30年	
8473	达标投产、质量评价、工程创优	01 达标投产工程创优	达标投产、工程创优申报及命名	DL 5279	主管验收	建设	永久	30年	30年	30年	
		02 质量评价	1. 工程质量评价报告及批复 2. 勘察、设计对质量的检查报告 3. 监理工程总体质量评估报告	GB/T 50375	评价	建设	永久	10年	10年	10年	
8474	科技创新、奖项		1. 新技术、新工艺、新流程、新装备、新材料应用资料 2. 环境保护、优秀设计、专利、工法、科技成果、QC小组成果、全过程质量整体示范工程、绿色施工、安全文明、科技创新示范工程、优质工程（含中国安装之星）等获奖资料		鉴定评奖单位	建设	永久	永久	永久	永久	
8479	其他										
848	竣工图										
8480	综合（总交）		竣工图总目录及编制说明等	DL/T 5229	设计	设计	永久	30年			

续表

分类号	类目名称	归档范围		执行标准	责任单位		保存单位及保管期限				备注
		归档细目	主要项目文件		来源	立卷	建设	设计	监理	施工	
8481	土建		竣工图		设计	设计	永久	30年			
8482	电气一次		竣工图		设计	设计	永久	30年			
8483	电气二次（含继电保护）		竣工图		设计	设计	永久	30年			
8484	通信、自动化、遥动、监控		竣工图		设计	设计	永久	30年			
8485	水工、暖通		竣工图		设计	设计	永久	30年			
8489	其他		竣工图		设计	设计	永久	30年			
849	其他										
85	直流输电线路（含接地极线路）										
850	综合										
8500	项目准备										
8501	前期管理		参照8201前期管理								
8502	可行性研究		参照8202可行性研究								
8503	非物资类招投标文件、合同、协议		参照8203非物资类招投标文件、合同、协议								
8504	物资类招投标文件、合同、协议		参照8204物资类招投标文件、合同、协议								
8509	其他										
851	项目设计										
8510	综合		设计创优实施细则、强制性条文执行计划及记录、工程质量检查报告		设计	建设	30年	30年			

续表

分类号	类目名称	归档范围		执行标准	责任单位		保存单位及保管期限					备注
		归档细目	主要项目文件		来源	立卷	建设	设计	监理	施工	
8511	设计基础	参照 8211 设计基础									
8512	初步设计	参照 8212 初步设计									
8513	施工图设计	参照 8213 施工图设计									
8514	设计服务	参照 8214 设计服务									
8519	其他										
852	项目建设管理										
8520	综合		建设管理纲要、策划（管理规划、安全文明施工/环境总体策划、创优策划、强制性条文实施汇总计划等）		建设	建设	30 年				
8521	工程管理	参照 8221 工程管理									
8522	质量监督	参照 8222 质量监督									
8529	其他										
853	项目施工										
8530	综合	01 工程开工及报审	工程开工及报审	DL/T 5434	施工	施工	30 年				
		02 施工技术管理	1. 施工项目管理实施规划（施工组织设计）及报审 2. 施工方案（技术措施、作业指导书）及报审 3. 施工技术、安全交底记录 4. 设计变更通知单及执行报验、有关设计变更的工程联系单	DL/T 5434	相关	施工	30 年				
		03 安全质量管理及质量验评划分	1. 安全及质量策划书实施细则及其审批表 2. 施工质量验收及评定项目划分及报审	DL/T 5434	施工	施工	30 年			30 年	
		04 强制性条文实施、创优细则	1. 施工强制性条文执行计划及执行记录 2. 工程创优细则（有创优规划时） 3. 质量通病防治措施实施及报验记录		施工	施工	30 年			30 年	

续表

分类号	类目名称	归档范围		执行标准	责任单位		保存单位及保管期限					备注
		归档细目	主要项目文件		来源	立卷	建设	设计	监理	施工		
8530	综合	05 工程会议	1. 工程协调会会议纪要、其他项目管理或专业会议纪要 2. 工程建设情况汇报	DL/T 968	施工	监理	30年					
		06 阶段验收	中间验收申请、会议纪要、中间验收缺陷处理清单		相关	施工	30年			30年		
8531	土石方工程	路径复测及土石方工程	1. 分部工程开工及报审表 2. 土石方分部工程开工及报审 3. 普通基础分坑及开挖检查记录 4. 拉线基础分坑检查记录 5. 岩石、掏挖试基础分坑检查记录 6. 施工基面及电气开方方案检查记录	GB 50233 DL/T 5168 DL/T 5235 DL/T 5236	施工	施工	永久			30年		
		01 基础工程	1. 分部工程开工及报审表 2. 现浇铁塔基础检查及评级记录 3. 现浇拉线塔基础检查及评级记录 4. 预制装配式基础检查及评级记录 5. 混凝土灌注桩基础检查及评级记录 6. 岩石、掏挖基础检查及评级记录 7. 灌注桩基础检查及评级记录 8. 贯入桩基础检查及评级记录 9. 其他特殊基础检查及评级记录 10. 标准外的其他基础评级记录 11. 隐蔽工程（基础）签证	GB 50233 DL/T 5168 DL/T 5235 DL/T 5236	施工	施工	永久			30年		
8532	基础	02 材料出厂、复试报告及报审、报验	1. 水泥出厂合格证、检验报告、复试报告、跟踪台账 2. 砂、石、非饮用水等试验报告、跟踪台账（含混凝土粗、细骨料碱活性检测报告） 3. 混凝土配合比试验报告、跟踪台账 4. 砂浆配合比试验报告 5. 预拌（商品）混凝土合格证、配合比 6. 混凝土掺和剂、外加剂试验报告 7. 混凝土试块抗压强度检验报告、同条件试块温度养护记录 8. 砂浆抗压强度试验报告 9. 钢材出厂质量证明书、复试报告、跟踪台账、钢筋出厂合格证 10. 焊条出厂合格证 11. 钢筋机械连接接头力学性能检测报告 12. 钢筋焊接接头试验报告 13. 土壤击实试验报告 14. 锚杆、桩基检测报告 15. 灰土地基检测报告、地脚螺栓、插入主角钢等出厂证明、焊接试验报告	JGJ 94	相关	施工	30年			30年		

续表

分类号	类目名称	归档范围		执行标准	责任单位		保存单位及保管期限				备注
		归档细目	主要项目文件		来源	立卷	建设	设计	监理	施工	
8533	杆塔	01 杆塔工程	1. 分部工程开工及报审表 2. 自立式铁塔组立检查及评级记录 3. 拉线铁塔组立检查及评级记录 4. 混凝土杆组立检查及评级记录 5. 铁塔拉线压接施工检查及评级记录 6. 标准外的其他杆塔组立记录	GB 50233 DL/T 5168 DL/T 5235 DL/T 5236	施工	施工	30年			30年	
		02 现场设备开箱检查	杆、铁塔开包检查等开箱申请及检查记录	DL/T 399	施工监理	施工	30年				
		03 杆塔拉线压接试验、高强螺栓试验	1. 高强度螺栓副连接坚固质量报告 2. 杆塔拉线压接试拉报告		施工	施工	30年			30年	
8534	架线及附件安装	01 架线及附件安装工程	1. 分部工程开工报审 2. 导、地线展放施工检查及评级记录 3. 导、地线直线压管施工检查及评级记录 4. 导、地线直线液压管施工检查及评级记录 5. 导、地线耐张压管施工检查及评级记录 6. 导、地线耐张液压管施工检查及评级记录 7. 导、地线紧线施工检查及评级记录 8. 导、地线附件安装施工检查及评级记录 9. 对地、风偏开方对地距离检查及评级记录 10. 交叉跨越检查及评级记录 11. 导、地线液压接试验隐蔽工程鉴证记录	GB 50233 DL/T 5168 DL/T 5235 DL/T 5236	施工	施工	30年			30年	
		02 导线、地线压接试验	导线压接、地线压接试验报告		施工	施工	30年				
		03 光缆工程	1. 光缆工程开工报审 2. OPGW光缆展放施工检查及评级记录 3. OPGW光缆紧线施工检查及评级记录 4. OPGW光缆接头盒、引下线等附件安装施工检查及评级记录 5. OPGW光缆附件安装施工检查及评级记录 6. 光缆连接施工检查及评级记录 7. 全程光纤传输损耗试验测试记录	DL/T 5344	相关	相关	30年			30年	

续表

分类号	类目名称	归档范围		执行标准	责任单位		保存单位及保管期限				备注
		归档细目	主要项目文件		来源	立卷	建设	设计	监理	施工	
8534	架线及附件安装	04 光缆测试	1. 光缆 OPGW 现场开盘测试报告 2. 光缆 OPGW 接头盘衰减测试报告 3. 光缆 OPGW 纤芯衰减测试报告 4. 光缆拉力试验报告 5. 光缆单盘测试塔接报告 6. 光缆接头塔位明细	DL/T 5344	相关	相关	30 年			30 年	
		05 现场设备开箱检查	导线、地线、绝缘子、金具等开箱申请及检查记录	DL/T 399	施工监理	施工	30 年				
		06 在线监测	监测设备安装		施工	施工	30 年			30 年	
8535	接地	01 接地工程	1. 分部工程开工报审、接地施工记录 2. 接地装置施工检查及评级签证记录 3. 接地线埋设隐蔽工程签证记录	GB 50233 DL/T 5235 DL/T 5236	施工	施工	永久			30 年	
		02 现场设备开箱检查	接地线、接地模块开箱申请及检查记录	DL/T 399	施工监理	施工	30 年				
8536	线路防护		参照 8236 线路防护								
8537	质量评定		参照 8237 质量评定								
8539	其他										
855	线路参数测试		参照 825 线路参数测试								
856	监理										
8560	综合		安全、质量事故报告、处理方案、处理结果	GB/T 50319							
8561	设计监理		参照 8261 设计监理								
8562	施工监理		参照 8262 施工监理								
8563	设备监理		参照 8263 设备监理								
8564	环保、水保监理		参照 8264 环保、水保监理								
8569	其他		参照 8269 大件运输监理等								

续表

分类号	类目名称	归档细目	归档范围 主要项目文件	执行标准	责任单位 来源	责任单位 立卷	保存单位及保管期限 建设	保存单位及保管期限 设计	保存单位及保管期限 监理	保存单位及保管期限 施工	备注
857	启动及竣工验收										
8570	综合	01 线路命名	1. 线路命名及调度编号、杆塔对照 2. 杆塔施工命名、运行命名名一览表		建设	建设	永久				
		02 统计报表、简报	建设项目简报、建设项目大事记		建设	建设	30年				
8571	启动验收、竣工验收	01 启动、验收（竣工验收）	1. 启动验收委员会成立 2. 启动方案 3. 启动委员会会议纪要等 4. 生产准备有关	DL/T 968 DL/T 5234	启委会	建设	永久				
			工程初检、竣工预验收、竣工验收的申请、通知、验收方案、验收记录及反馈、整改记录报告、竣工报告 1. 劳动保障、安全设施、职业卫生专项验收 2. 环境保护、水土保持验收 3. 档案专项验收 4. 工程竣工验收		建设 施工监理		永久		30年	30年	
		02 工程总结	工程总结（建设、设计、监理、施工、调试、物资等单位）	DL/T 968 DL/T 5234	相关	建设	永久	30年	30年	30年	
		03 移交	竣工档案（竣工图）移交签证及各种移交清单		相关	建设	永久				
8572	结算、决算、审计		参照8272 结算、决算、审计								
8573	达标投产、质量评价、工程创优		参照8273 达标投产、质量评价、工程创优								
8574	科技创新、奖项		参照8274 科技创新、奖项								
8579	其他										
858	竣工图			DL/T 8229							

续表

分类号	类目名称	归档范围		执行标准	责任单位		保存单位及保管期限				备注
		归档细目	主要项目文件		来源	立卷	建设	设计	监理	施工	
8580	综合		竣工图总目录、编制说明及线路路径图、杆塔一览图等竣工文件		设计	设计	永久	30年			路径图、地形图不含电子文件
8581	杆塔与基础		一般钢结构塔、一般杆、杆塔基础等竣工图								
8582	机电安装		平断面图、明细表、机电特性安装、金具及防震装置、网络通信、线路避雷器等竣工图		设计	设计	永久	30年			
8589	其他										
859	其他		接地极线路入此，可参照85分类	DL/T 5275 DL/T 5231	设计	设计	永久	30年			
86	换流站（含接地极址）										
860	项目准备										
8600	综合		参照8401前期管理								
8601	前期管理		参照8402可行性研究								
8602	可行性研究										
8603	非物资类招投标文件、合同、协议		参照8403非物资类招投标文件、合同、协议								
8604	物资类招投标文件、合同、协议		参照8404物资类招投标文件、合同、协议								
8609	其他										
861	项目设计										
8610	综合		参照8410综合								
8611	设计基础		参照8411设计基础								
8612	初步设计		参照8412初步设计								

续表

分类号	类目名称	归档细目	主要项目文件	执行标准	责任单位来源	责任单位立卷	保存建设	保存设计	保存监理	保存施工	备注
8613	施工图设计		参照8413施工图设计								
8614	设计服务		参照8414设计服务								
8619	其他										
862	项目建设管理										
8620	综合		参照8420综合								
8621	工程管理		参照8421工程管理								
8622	质量监督		参照8422质量监督								
8629	其他										
863	项目土建施工										
8630	综合	01 管理文件	1. 施工项目管理实施策划（施工组织设计）及报审 2. 创优实施细则策划及报审 3. 安全管理策划文件 4. 质量通病防治措施及实施记录 5. 设计变更通知单及执行报验、有关设计变更的工程联系单	GB/T 50326 GB/T 50430 GB/T 50502	施工	施工	30年			30年	
		02 开工及报审	开（复）工报告 1. 土建施工方案（技术措施、作业指导书、安全措施）2. 土建施工技术交底记录 3. 强制性条文执行计划及记录（执行记录按单位工程组卷）	GB/T 50326	施工	施工	30年			30年	
		03 质量管理	1. 土建施工质量验评划分表及报审 2. 质量控制：重要混凝土结构部位的技术文件（按单位工程组卷）	DL/T 5434	施工	施工	30年			30年	
8631	土建施工	04 材料出厂、复试	1. 构（配）件、成品/半成品出厂质量证明、进场报审、复试报告 2. 钢筋、水泥、商品混凝土、砂、石等土建原材料出厂合格证、检验报告、质量证明、进场报审、复试报告、跟踪记录 3. 防水、防火、保温材料出厂质量证明、进场报审、检验报告 4. 其他施工物资（门窗、玻璃、石材、饰面砖、涂料、粘结材料、焊接材料等）出厂质量证明、进场报审、节能环保材料、幕端用铝塑板、低压配电电缆、复试报告	GB 50209 GB 50729 DL/T 5210	供货商 施工检测	施工	30年			30年	

续表

分类号	类目名称	归档细目	归档范围 主要项目文件	执行标准	责任单位 来源	责任单位 立卷	建设	设计	监理	施工	备注
8631	土建施工	05 土建试验	1. 回填土、压实系数、拌和水检测报告 2. 混凝土、砂浆配合比试验报告及混凝土开盘鉴定 3. 钢筋接头模拟焊接试验报告及钢筋焊接试验报告 4. 高强度螺栓连接副试接试验报告 5. 钢结构摩擦面的抗滑移系数、结构实体钢筋保护层厚度、外墙饰面砖黏结强度、室内环境、第三方沉降观测等检测报告 6. 其他	GB 50729 DL/T 5210	施工检测	施工	30年			30年	
			7. 桩基检测报告 8. 第三方沉降观测等检测报告		检测	施工	永久			30年	
		06 土建施工综合记录及报审	1. 工程控制网测量记录 2. 全所桩位图、桩位偏移图 3. 工序交接（三级自检报告及不合格品）		施工	施工	30年			30年	
		07 四通一平（通水、电、道路、通信及场平）	1. 单位工程开工报审 2. 场平、站外道路、站外给排水 3. 场平、站外道路、站外给排水、桩基、桥梁、涵洞工程单位（子单位）、分部、分项及检验批质量验收记录		施工	施工	30年			30年	
		08 主控楼（综合楼）建筑物单位工程施工	1. 单位工程开工报审		施工	施工	永久			30年	
			2. 测量施工记录 3. 地基处理（换填、复合基础、桩基） 4. 地基工程验收记录（地基验槽、桩基） 5. 钢筋加工记录 6. 混凝土施工记录 7. 大体积混凝土结构测温记录及示意图 8. 施工工程试验及试验检验验收记录（通水、通球、清洗吹洗、水压试验、通风空调调试、绝缘电阻、接地电阻、淋水、蓄水试验、调试记录等）土、地下防水、防腐、预埋件、埋管、接地、抹灰、吊顶、门窗、屏蔽、饰面砖等 9. 电梯安装、分部及分项质量验收记录等 10. 单位、分部、分项及试块混凝土试验报审、强度汇总 11. 单位工程混凝土试块试验报审、强度汇总	GB 50141 GB 50202 GB 50204 GB 50205 GB 50207 GB 50209 GB 50210 GB 50224 GB 50242 GB 50243 GB 50300 GB 50303 GB 50310 GB 50325 GB 50339 GB 50601 GB 50617 GB 50729	施工检测	施工	30年			30年	
			12. 室内环境污染检测等	JGJ 18 DL/T 5210.1	检测	施工	30年			30年	

续表

分类号	类目名称	归档细目	归档范围 主要项目文件	执行标准	责任单位 来源	责任单位 立卷	保存单位及保管期限 建设	保存单位及保管期限 设计	保存单位及保管期限 监理	保存单位及保管期限 施工	备注
		09　阀厅及其附属设施单位工程施工	1. 单位工程开工报审 2. 测量施工记录 3. 地基处理（换填、复合基础、桩基） 4. 隐蔽工程验收记录（地基验槽、埋管、接地、门窗、抹灰、吊顶、屏蔽网、地下防水、防腐、施工缝、饰面砖等） 5. 钢筋加工记录 6. 混凝土施工记录 7. 大体积混凝土结构测温记录及示意图 8. 钢结构、结构吊装记录、结构焊接施工记录、高强度螺栓连接施工记录、中间验收安装记录 9. 架构立柱、钢梁、隔音屏钢结构安装记录、钢结构构预拼装记录等 10. 施工调试及试验检验记录（通水、通球、清洗吹洗、水压试压、通风空调调试、绝缘电阻、接地电阻、满水、淋水、蓄水试验记录等） 11. 单位、分部、分项及检验批质量验收报审、强度汇总 12. 单位工程混凝土试块试验及评定表	GB 50202 GB 50204 GB 50205 GB 50207 GB 50209 GB 50210 GB 50242 GB 50243 GB 50300 GB 50303 GB 50310 GB 50601 GB 50617 GB 50729 JGJ 18 DL/T 5210.1	施工	施工	30年 永久 30年			30年 30年 30年	
8631	土建施工	10　换流变、平波电抗器系统构筑物施工	1. 单位工程开工报审 2. 测量施工记录 3. 地基处理（换填、复合基础、桩基） 4. 隐蔽工程验收记录（地基验槽、钢筋、地下混凝土、地下防水、防腐、预埋件等） 5. 钢筋加工记录 6. 混凝土焊接施工记录 7. 大体积混凝土结构测温记录及示意图 8. 钢结构高强度螺栓连接施工记录 9. 钢结构构吊装记录 10. 构架立柱、钢梁、隔音屏钢结构安装记录、钢结构构预拼装记录 11. 焊接施工记录 12. 单位、分部、分项及检验批质量验收报审及试验块混凝土试验报告及评定表 13. 单位工程混凝土试块试验报告及评定表	GB 50202 GB 50204 GB 50729 GB 50774 GB 50777 JGJ 18 DL/T 5210.1	施工	施工	30年 永久 30年			30年 30年 30年	

续表

分类号	类目名称	归档细目	归档范围 主要项目文件	执行标准	责任单位 来源	责任单位 立卷	保存单位及保管期限 建设	设计	监理	施工	备注
		11 屋内配电装置、构筑物单位工程施工	1. 单位工程开工报审 2. 屋内配电装置室参照主控楼（2~8） 3. 设备基础（构件接头）灌浆施工记录 4. 钢结构吊装记录 5. 钢结构高强度螺栓连接施工记录 6. 钢梁安装记录、钢结构架预拼装记录 7. 焊接施工记录 8. 单位、分部、分项及检验批质量验收记录 9. 单位工程混凝土试块试验报告及报审、强度汇总及评定表	GB 50202 GB 50204 GB 50205 GB 50300 GB 50303 GB 50601 GB 50617 GB 50729 GB 50777 JGJ 18	施工	施工	30年			30年	
8631	土建施工	12 交流系统屋外配电装置构筑物单位工程施工	1. 单位工程开工报表 2. 参照换流变、平波电抗器系统构筑物（2~11） 3. 避雷针检查及安装记录 4. 围栏制作及安装记录 5. 单位、分部、分项及检验批质量验收记录 6. 单位工程混凝土试块试验报告及报审、强度汇总及评定表		施工	施工	30年			30年	
		13 交流滤波场构筑物单位工程施工	参照交流系统屋外配电装置、构筑物单位工程施工								
		14 直流配电装置构筑物单位工程施工	参照交流系统屋外配电装置、构筑物单位工程施工								
		15 继保室单位工程施工	参照主控楼								
		16 备品备件库单位工程施工	参照主控楼（行车安装调试记录入此）								
		17 油罐区建筑物单位工程施工	参照主控楼								

续表

分类号	类目名称	归档细目	归档范围 主要项目文件	执行标准	责任单位 来源	责任单位 立卷	保存单位及保管期限 建设	保存单位及保管期限 设计	保存单位及保管期限 监理	保存单位及保管期限 施工	备注
		18　屋外电缆沟、单位工程施工	1. 单位工程开工报审 2. 测量施工记录 3. 地基处理（换填、复合基础、桩基） 4. 隐蔽工程验收记录 5. 钢筋加工记录 6. 混凝土施工记录 7. 单位工程、分部、分项及检验批试验报告及报审、强度汇总 8. 单位工程混凝土试块试验记录 及评定表	GB 50202 GB 50204 GB 50208 GB 50729 JGJ 18 DL/T 5210.1	施工	施工	30年			30年	
		19　电缆隧道单位工程施工	参照屋外电缆沟								
		20　消防系统建、构筑物单位工程施工	1. 单位工程开工报审 2. 消防室、消防水泵房、消防水池参照主控楼（2～8） 3. 单位工程、分部、分项及检验批质量验收记录 4. 单位工程混凝土试块试验报告及报审、强度汇总 及评定表	GB 50166 GB 50261 GB 50263 GB 50281 GB 50729 JGJ 18 DL/T 5210.1	施工	施工	30年			30年	
8631	土建施工	21　站用电系统建、构筑物单位工程施工	1. 单位工程开工报审 2. 站用电室参照主控楼 3. 站用变压器基础及构支架安装记录 4. 单位工程、分部、分项及检验批质量验收记录 5. 单位工程混凝土试块试验报告及报审、强度汇总 及评定表	GB 50202 GB 50204 GB 50729 JGJ 18 DL/T 5210.1	施工	施工	30年			30年	
		22　围墙及大门单位工程施工	1. 单位工程开工报审 2. 围墙及大门（参照主控楼） 3. 警卫室（参照主控楼） 4. 站外护坡、泄洪沟（参照主控楼） 5. 排水管道通水、灌水、通球试验记录（参照屋外电缆沟） 6. 防水工程试水检查记录、地下防水效果检查记录（视设计要求而定） 7. 单位工程、分部、分项及检验批质量验收记录 8. 单位工程混凝土试块试验报告及报审、强度汇总 及评定表	GB 50202 GB 50729 JGJ 18 DL/T 5210.1	施工	施工	30年			30年	

续表

分类号	类目名称	归档细目	归档范围 主要项目文件	执行标准	责任单位 来源	责任单位 立卷	保存单位及保管期限 建设	保存单位及保管期限 设计	保存单位及保管期限 监理	保存单位及保管期限 施工	备注
		23 站内外道路单位工程施工	1. 单位工程开工报审 2. 测量施工记录 3. 地基处理记录 4. 隐蔽工程验收记录 5. 混凝土施工记录 6. 单位工程、分部、分项及检验批质量验收记录 7. 单位工程混凝土试块试验报告及报审、强度汇总及评定表	GB 50202 GB 50729 JGJ 18 DL/T 5210.1	施工	施工	30年			30年	
		24 屋外场地工程施工单位工程施工	1. 单位工程开工报审 2. 场地平整及地面：测量施工记录、地基处理记录、隐蔽工程验收记录、混凝土施工记录 3. 屋外场地照明：隐蔽工程、电气照明系统通电检测记录及全负荷运行记录、绝缘电阻、接地电阻性能测试记录 4. 单位工程、分部、分项及检验批质量验收记录 5. 单位工程混凝土试块试验报告及报审、强度汇总及评定表	GB 50617 GB 50729 DL/T 5210.1	施工	施工	30年			30年	
8631	土建施工	25 室外给排水及雨污水系统、构筑物单位工程施工	1. 单位工程开工报审 2. 供水泵房参照主控楼（2~7） 3. 雨水、污水排水泵房参照主控楼（2~7） 4. 室外给水、排水管道、水池：测量施工记录、混凝土施工记录、隐蔽工程验收记录、混凝土预制管道加工及安装记录（设备）、承压性水压试验记录、非承压管道灌水试验记录、给水管道通水试验及阀门轻度及严密性试验收记录等 5. 单位工程、分部、分项及检验批质量验收记录 6. 混凝土试块试验报告及报审、强度汇总及评定表	GB 50141 GB 50202 GB 50204 GB 50242 GB 50729 DL/T 5210.1	施工	施工	30年			30年	
		26 通风空调（集中空调）单位工程施工	1. 单位工程开工报审 2. 通风空调（集中空调）单位工程施工记录	GB 50243	施工	施工	30年			30年	
		27 隔声降噪单位工程施工	1. 单位工程开工报审 2. 隔声降噪单位工程施工记录		施工	施工	30年			30年	

续表

分类号	类目名称	归档细目	归档范围 主要项目文件	执行标准	责任单位 来源	责任单位 立卷	保存单位及保管期限 建设	设计	监理	施工	备注
8631	土建施工	28 码头及大件运输道路施工	1. 单位工程开工报审 2. 参照主控楼 3. 参照站外道路 4. 大直径预应力混凝土：管缠丝记录、保护施工记录、输水成品管水压试验记录、成品管外观质量记录、输水管安装记录、输水管接头检查记录 5. 单位工程、分部、分项及检验批质量验收记录 6. 混凝土试块试验报告及报审、强度汇总及评定表		施工	施工	30 年			30 年	
8639	其他										
864	项目安装施工										
8640	综合		参照 8440								
		01 管理文件	1. 电气施工方案 2. 电气施工技术交底记录 3. 电气施工部分的强制性条文执行计划及记录	DL/T 5434	施工	施工	30 年			30 年	
		02 开工及报审	开（复）工报告	DL/T 5434	施工	施工	30 年			30 年	
		03 质量管理	电气部分质量验评划分表及报审	DL/T 5233 DL/T 5434	施工	施工	30 年			30 年	
8641	电气设备安装	04 材料出厂、试验及报审、报验	1. 管母、母线、电缆、绝缘子、金具、钢材、构支架、防火阻燃材料、通信接地、防雷接地、照明等数量清单、质量证明、合格证、自检结果、复试报告等 2. 管形母线焊接、耐张线夹液压试验报告等 3. 其他	GB/T 50775 DL/T 5232 DL/T 5233	供货商 施工等	施工	30 年			30 年	
		05 换流阀系统设备安装单位工程施工记录及报审、报验	1. 单位工程开工报审 2. 单位工程、分部、分项工程质量验评记录；接地开关调整记录 3. 施工及调整记录 4. 其他	DL/T 5232 DL/T 5233	施工	施工	30 年			30 年	

续表

分类号	类目名称	归档细目	归档范围 主要项目文件	执行标准	责任单位 来源	责任单位 立卷	保存单位及保管期限 建设	保存单位及保管期限 设计	保存单位及保管期限 监理	保存单位及保管期限 施工	备注
		06 变压器（平波电抗器）系统设备安装施工及报审、报验	1. 单位工程开工报审 2. 单位工程、分部、分项工程质量验评记录：换流变压器运输冲击记录、换流变压器破氮前氮气压力检查记录、换流变压器绝缘油试验记录、换流变压器身检查隐蔽前签证记录、换流变压器冷却器试验记录、换流变压器真空注油及密封试验签证记录等 3. 施工及调整记录 4. 其他	GB 50774 GB 50776 DL/T 5232 DL/T 5233	施工	施工	30 年			30 年	
		07 交流配电装置安装单位工程施工记录及报审、报验	1. 单位工程开工报审 2. 单位工程、分部、分项工程质量验评记录：SF$_6$ 气体抽样检验记录、断路器、隔离开关、负荷开关等 3. 施工及调整记录 4. 其他	GB 50147 GB 50148 GB 50149 GB 50171 GB 50777 DL/T 5232 DL/T 5233	施工	施工	30 年			30 年	
8641	电气设备安装	08 交流滤波器场配电装置安装单位工程施工记录及报审、报验	1. 单位工程开工报审 2. 单位工程、分部、分项工程质量验评记录：断路器、隔离开关绝缘试验记录等 3. 施工及调整记录 4. 其他	GB 50147 GB 50148 GB 50149 GB 50171 DL/T 5232 DL/T 5233	施工	施工	30 年			30 年	
		09 无功补偿装置安装单位工程施工记录及报审、报验	1. 单位工程开工报审 2. 单位工程、分部、分项工程质量验评记录：电抗器、隔离开关安装记录等 3. 施工及调整记录 4. 其他	DL/T 5232 DL/T 5233	施工	施工	30 年			30 年	
		10 直流滤波器场配电装置、直流滤波器安装单位工程施工记录及报审、报验	1. 单位工程开工报审 2. 单位工程、分部、分项工程质量验评记录：断路器、隔离开关、电容器调整记录等 3. 施工及调整记录 4. 其他	DL/T 5232 DL/T 5233	施工	施工	30 年			30 年	

续表

分类号	类目名称	归档细目	归档范围 主要项目文件	执行标准	责任单位 来源	责任单位 立卷	保存单位 建设	保存单位 设计	保存单位 监理	保管期限 施工	备注
8641	电气设备安装	11 站用电系统设备安装单位工程施工及报审、报验	1. 单位工程开工报审 2. 单位工程分部、分项工程质量验评记录：母线检查隐蔽记录等 3. 施工及调整记录等 4. 其他	DL/T 5232 DL/T 5233	施工	施工	30 年			30 年	
		12 控制及保护设备安装从报审、报验	1. 单位工程开工报审 2. 单位工程分部、分项工程质量验评记录：蓄电池充放电记录等 3. 施工及调整记录 4. 其他	GB 50171 GB 50172 DL/T 5232 DL/T 5233	施工	施工	30 年			30 年	
		13 全站电缆单位工程施工及报审、报验	1. 单位工程开工报审 2. 单位工程分部、分项工程质量验评记录：35kV 及以上电缆敷设记录、电缆敷设记录（设计变更部分）、直埋电缆（隐蔽前）检查签证、电缆中间接头安位置记录等 3. 施工及调整记录 4. 其他	DL/T 5232 DL/T 5233	施工	施工	30 年			30 年	
		14 全站防雷及接地单位工程施工及报审、报验	1. 单位工程开工报审 2. 单位工程分部、分项工程质量验评记录：屋外接地装置隐蔽前检查（签证）记录、避雷针及接地引下线检查（签证）记录、接地电阻（局部）测量签证记录等 3. 施工及调整记录 4. 其他	GB 50169 GB 50601 DL/T 5232 DL/T 5233	施工	施工	30 年			30 年	
		15 全站电气照明单位工程施工及报审、报验	1. 单位工程开工报审 2. 单位工程分部、分项工程质量验评记录 3. 施工及调整记录 4. 其他	GB 50617 DL/T 5161.17	施工	施工	30 年			30 年	
		16 通信系统设备安装	1. 施工组织设计、方案、开工报告 2. 设备材料出厂、质量证明 3. 微波塔接地电阻（局部）测量签证记录 4. 通信蓄电池组安装、通信系统整体施工质量验收签证 5. 单位工程、分部、分项工程质量验评记录	DL/T 5161.1 DL/T 5232 DL/T 5233	施工	施工	30 年			30 年	

续表

分类号	类目名称	归档细目	归档范围（主要项目文件）	执行标准	责任单位		保存单位及保管期限				备注
					来源	立卷	建设	设计	监理	施工	
		17 视频监控	1. 施工组织设计、方案、开工报告 2. 设备材料出厂、质量证明 3. 安装测试记录、隐蔽工程验收记录 4. 单位工程、分部、分项工程质量验评记录	GB 50166	施工	施工	30年			30年	
		18 消防工程施工安装、单位工程施工安装、调试记录	1. 施工组织设计、方案、开工报告 2. 管道清（吹）洗、试加压记录、隐蔽验收记录 3. 设备材料出厂、质量证明、接地电阻、线路绝缘电阻测评记录、设备安装及调运行记录、室外消防给水管 4. 单位工程、分部、分项工程移交清单 5. 竣工报告及备品备件设备交清单	GB 50261 GB 50263 GB 50281	施工	施工	30年			30年	
		19 其他电气装置安装施工记录	1. 微机防误闭锁系统安装文件 2. 其他		施工	施工	30年			30年	
8641	电气设备安装	20 一次设备试验报告及报审	1. 换流变压器及平波电抗器电气设备试验报告 2. 阀厅电气设备高压试验报告 3. 主变压器系统设备试验报告（本体试验、套管试验）、三侧、中性点试验报告 4. 套管电流互感器试验、主变压器温度控制器校验报告、主变压器继电保护检验报告、主变压器局放、绕组变压器试验报告、主变压器投切过电压测试报告 5. 站用变压器试验报告 6. 组合电器试验报告 7. SF_6 断路器试验报告、隔离开关试验报告 8. 开关柜内设备试验报告 9. 电流互感器设备试验报告、电压互感器试验报告 10. 电容器组试验报告、耦合电容器试验报告 11. 电抗器试验报告 12. 阻波器试验报告 13. 避雷器试验报告 14. 放电线圈试验报告 15. 电缆试验报告 16. 其他一次设备试验报告	GB 50150	施工	施工	30年			30年	

续表

分类号	类目名称	归档细目	主要项目文件	执行标准	责任单位（来源）	责任单位（立卷）	保存单位及保管期限（建设）	（设计）	（监理）	（施工）	备注
8641	电气设备安装	21 特殊项目调试报告	1. 支柱绝缘子探伤报告 2. 地网导通试验报告（点对点试验报告） 3. 回路电阻测试报告 4. 全站接地网测试报告 5. 换流变压器局放和频率响应试验报告 6. 绝缘油试验报告 7. GIS 耐压（含局放）试验报告 8. 主变压器及电抗器原油出厂及现场试验报告 9. 准备注入充油设备的变压器油试验报告 10. 充油设备注油静压后油试验报告 11. 充油设备耐压、局放试验 24h 后油中溶解气体的色谱试验报告 12. 变压器油化报告 13. 充油设备瓦斯继电器、温度控制器校验报告 14. 换流变压器、降压变压器、电抗器内部检查 其他特殊项目试验报告	GB 50150	施工	施工	30 年			30 年	
		22 油化试验报告	1. 变压器油化报告 2. 组合电器油化报告 3. 断路器油化报告 4. 电流互感器油化报告、电压互感器油化报告 5. 低压电抗器油化报告	GB 50150	施工	施工	30 年			30 年	
		23 现场设备开箱检查	开箱申请、设备缺陷通知单、缺陷处理等		施工监理	施工	30 年				
8649	其他		其他质量验评记录		施工	施工	30 年			30 年	
865	项目调试										
8650	综合										
8651	元件调试	01 通信设备调试报告	1. 光缆试验报告、记录 2. 光传输设备测试试验报告 3. PCM 设备电源测试及功能检查报告 4. 通信电源系统验收技术要求和记录报告 5. 载波高频通道全程测试记录 6. 微波设备现场试验报告		施工	施工	30 年			30 年	

续表

分类号	类目名称	归档范围 归档细目	归档范围 主要项目文件	执行标准	责任单位 来源	责任单位 立卷	保存单位及保管期限 建设	保存单位及保管期限 设计	保存单位及保管期限 监理	保存单位及保管期限 施工	备注
	元件调试	02 二次设备调试报告及报审	1. 变压器及平波电抗器（含主变压器）保护、所用变压器保护调试报告、主变无功补偿投切装置报告 2. 主变压器屏继电器试验验调试报告 3. 母差保护、线路保护、断路器保护调试报告、继电保护试验报告、电容器保护、电抗器保护调试报告 4. 自动解列装置、安全控制装置（远方切机、备自投等）、故障录波器、带负荷测试、电压核相、二次通流通压、关口计量表、电能表、微机五防装置等试验报告 5. 自动化调试报告（主变压器、线路、母联、分段、母线、公用等测控单元） 6. 线路高频对调报告 7. 交流屏、直流屏、逆变器屏、UPS屏表计报告 8. GPS时间同步调试报告（保护装置、测控装置） 9. 其他二次设备（消弧线圈、短引线保护、接地变压器保护、操作箱、微机消谐装置等）测试报告、通信接口装置、接口设备（保护、收发信机、通信接口装置等）测试报告		施工	施工	30 年			30 年	
8651											
8652	系统调试		系统调试大纲、计划、方案及报审、系统调试报告等		调试	调试	30 年			30 年	
866	监理		参照 846								
8660	综合		参照 8460 综合								
8661	设计监理		参照 8461 设计监理								
8662	施工监理		参照 8462 施工监理								
8663	设备监理		参照 8463 设备监理	DL/T 399 DL/T 586							
8664	环保、水保监理		参照 8464 环保、水保监理								
8669	其他		参照 8469 大件运输监理等								

续表

分类号	类目名称	归档细目	归档范围 主要项目文件	执行标准	责任单位 来源	责任单位 立卷	保存单位及保管期限 建设	保存单位及保管期限 设计	保存单位及保管期限 监理	保存单位及保管期限 施工	备注
867	启动及竣工验收										
8670	综合		参照8470 综合								
8671	启动验收、竣工验收		参照8471 启动验收、竣工验收	DL/T 968 DL/T 5234							
8672	结算、决算、审计		参照8472 结算、决算、审计								
8673	达标投产、质量评价、工程创优		参照8473 达标投产、质量评价、工程创优								
8674	科技创新、奖项		参照8474 科技创新、奖项								
8679	其他										
868	竣工图										
8680	综合（总交）		竣工图总目录及编制说明等	DL/T 5229	设计	设计	永久	30年			
8681	土建		竣工图		设计	设计	永久	30年			
8682	电气一次		竣工图		设计	设计	永久	30年			
8683	电气二次（含继电保护）		竣工图		设计	设计	永久	30年			
8684	通信、自动化、远动、监控		竣工图			设计	永久	30年			
8685	水工、暖通		竣工图		设计	设计	永久	30年			
8689	其他										
869	其他		接地极址文件入此，参照换流站四级类目分类	DL/T 5275 DL/T 5231							
87	小型基建										

续表

分类号	类目名称	归档细目	归档范围　主要项目文件	执行标准	责任单位　来源	责任单位　立卷	保存单位及保管期限　建设	保存单位及保管期限　设计	保存单位及保管期限　监理	保存单位及保管期限　施工	备注
870	项目准备	01 前期管理	参照8201前期管理								
		02 可行性研究	参照8202可行性研究								
871	项目设计	01 初步设计	初步设计、联合设计等		设计	建设	永久				
		02 施工图设计、施工技术管理	施工图设计交底、施工管理、设计变更及报审、工程创优		设计	建设	永久				
872	项目管理	01 建设管理	建设管理、强制性条款执行、信息管理、工程创优		建设	建设	30年				
		02 质量监督	参照8222质量监督		建设	建设	永久				
873	项目施工	01 土建施工及房屋装饰	1. 开（复）工、施工质量评定记录（含隐蔽验收鉴证记录、施工质量验评记录、材料出厂、复试报告、开箱记录及报审）；2. 质量验评划分		施工	施工	30年				
		02 设备安装	1. 开（复）工、施工质量评定记录（含隐蔽验收鉴证记录、施工质量验评记录、材料出厂、复试报告、开箱记录及报审）；2. 试验报告、调试记录（报验）；3. 电梯安装		施工	施工	30年				
876	项目监理		工程监理、设备监理		监理	监理	30年				
877	竣工验收、后评估		竣工验收、启动、移交、专项验收、结算、决算、审计、后评估等		建设相关	建设	永久				
878	竣工图	01 建筑	建筑图、结构图、道路、围墙、大门、锅炉房等（主建筑、房等）		设计施工	建设	永久	30年		30年	
		02 给排水、消防、燃气、暖通等	说明书、图纸、清册等		设计施工	建设	永久	30年		30年	
		03 照明、弱电、监控	说明书、图纸、清册等		设计施工	建设	永久	30年		30年	
		04 装饰工程	说明书、图纸、清册等		设计施工	建设	永久	30年		30年	

续表

分类号	类目名称	归档细目	归档范围 主要项目文件	执行标准	责任单位 来源	责任单位 立卷	保存单位及保管期限 建设	设计	监理	施工	备注
879	其他		通用布缆系统工程、电子设备机房系统工程、计算机网络系统工程、软件工程、信息化安全工程等								
88	信息化建设										
880	项目准备		可行性研究、原始调查材料、工程建设报告及审批、建设许可、招投标文件、合同、协议、需求调研报告、建设规划、概念设计等		建设相关	建设	永久				
881	项目设计		需求说明书、初步设计、概算及批复		设计	建设	永久				
882	项目实施、管理		施工过程中形成管理文件、技术文件及记录：方案、计划、手册等		施工	建设	30年			30年	
885	项目测试		项目调试（试运行、测试）方案、报告等		施工	建设	30年			30年	
886	项目监理		监理规划、监理细则		监理	建设	30年		30年		
887	竣工验收		竣工报告、结算、决算、审计		相关	建设	永久				
888	竣工图		竣工图说明书、图纸等		相关	建设	30年				
889	其他										
89	其他工程										
890	配电网工程	01 项目准备	立项、审批、可研、招投标文件、合同等		相关	建设	永久				
		02 项目设计	设计变更、图纸会检等		设计	建设	永久				
		03 项目管理	项目质量、进度等管理		建设	建设	30年				
		04 项目施工	开（复）工、施工记录、调试记录（报告）、质量检查评定、报验单施工安装全套文件（配电线路、配电变压器、公用配电所、开闭所、用户分界负荷开关等施工、安装）		建设	建设	30年				
		05 项目监理	监理规划、监理实施细则及审批、强制性条文检查计划及记录、监理工程师通知单、监理检查记录文档等		监理	监理	30年				
		06 竣工验收	竣工验收、投产、资产移交等		相关	建设	30年				
		07 竣工图	竣工图说明书、图纸等		设计施工	建设	永久				

续表

分类号	类目名称	归档细目	主要项目文件（归档范围）	执行标准	责任单位来源	立卷	建设	设计	监理	施工	备注
891	微电网工程	01 项目准备	立项、审批、可研、招投标文件、合同等		相关	建设	永久				
		02 项目设计	设计、更改、图纸会检等		设计	建设	永久				
		03 项目门管理	项目质量、进度等管理		建设	建设	30 年				
		04 项目施工	开（复）工、施工记录、调试记录（报告）、质量检查评定、报验单等施工安装全套文件（含集控中心）、分布式电源、用户负荷、储能设备的配电网网络建设）		施工	施工	30 年				
		05 项目监理	监理规划、监理实施细则及审批、强制性条文检查计划及记录、监理工程师通知及单、监理检查记录等		监理	监理	30 年				
		06 竣工验收	竣工验收、投产、资产移交等			建设	30 年				
		07 竣工图	竣工图说明书、图纸等		设计施工	建设	永久				
892	低压、路灯工程	01 项目规划、计划等	项目各类规划、计划		建设	建设	30 年				
		02 项目设计	灯型、灯具、灯杆设计、安装、光照度计算、测试报告、图纸		施工	施工	30 年				
		03 新光源测试	应用、测试报告、使用总结		施工	施工	30 年				
		04 施工、安装	开关、引线系统接线		设计施工	建设	永久				
		05 竣工图	架空线路、电缆路径及安装竣工图、系统图、路径图等		设计施工	建设	永久				
893	电动汽车充电站（桩）工程	01 立项及批文	立项及审批、招投标文件、合同等		相关	建设	永久				
		02 可研报告及审查批文	可研报告、审查意见等		相关	建设	永久				
		03 初步设计、施工图设计	初步设地、施工图设计等		设计	建设	永久				
		04 项目管理	项目质量、进度管理		建设	建设	30 年				
		05 项目施工	站点基础、房屋构架、屋顶、接地、消防、照明、设施、设备安装等开（复）工、施工记录、调试记录、质量检查评定、报验单等		施工	施工	30 年				

续表

分类号	类目名称	归档细目	归档范围 主要项目文件	执行标准	责任单位 来源	责任单位 立卷	保存单位及保管期限 建设	保存单位及保管期限 设计	保存单位及保管期限 监理	保存单位及保管期限 施工	备注
899	其他										
9	设备仪器										
90	综合										
91	调度自动化、通信										调度保存30年
910	调度设备		调度自动化工作站、时钟同步系统等： 1.装箱单、合格证、说明书等 2.出厂试验报告、图纸等		厂家	建设物资供应	30年				
911	通信设备		交换网、传输通信网、卫星系统、通信接口装置等： 1.装箱单、合格证、说明书等 2.出厂试验报告、图纸等		厂家	建设物资供应	30年				
912	检测、试验等				厂家	建设物资供应	30年				
919	其他										
92	交流输电线路										
920	综合		综合或无法归入其他分类号的设备厂家资料								
9201	铁（杆）塔		1.产品质量合格证（含交货清单） 2.产品质量检验报告 3.出厂见证单		厂家	建设物资供应	30年				
9202	导线、地线		1.产品合格证（含技术参数、交货清单） 2.产品原材料出厂检验报告 3.产品原材料原始质量证明、质量复检原材料使用汇总表 4.绞线型式试验报告 5.产品特殊试验报告（按照技术协议要求提供） 6.出厂见证单		厂家	建设物资供应	30年				

续表

分类号	类目名称	归档细目	归档范围 主要项目文件	执行标准	责任单位 来源	责任单位 立卷	保存单位及保管期限 建设	保存单位及保管期限 设计	保存单位及保管期限 监理	保存单位及保管期限 施工	备注
9203	绝缘子、金具	01 绝缘子	1. 产品质量合格证（含技术参数、交货清单） 2. 产品出厂检验报告、型式试验报告（含逐个及抽样试验项目） 3. 原材料及零部件原始质量证明、质量复检 4. 合同要求的工程验收第三方抽样检验报告 5. 出厂见证单		厂家	建设物资供应	30年				
		02 金具	1. 产品质量合格证、装箱单（产品交货清单） 2. 产品检验报告、型式试验报告 3. 产品原材料使用跟踪表 4. 钢材、锌锭、铝锭、紧固件、电焊条原始质量证明、质量复检 5. 出厂见证单		厂家	建设物资供应	30年				
9204	光缆（含金具）		1. 光纤原始质量证明及进厂复检报告 2. 铝包钢单丝、铝合金单丝产品质量证明及复测报告 3. 光缆及光缆金具产品质量合格证（含技术参数、交货清单） 4. 光缆产品的抽样检测方案及检验报告 5. 光缆第三方抽样检验报告 6. 光缆的型式试验报告 7. 光缆金具的抽样检测方案及出厂检验报告、型式试验报告 8. 安装手册 9. 光缆木盘的检验检疫证明 10. 出厂见证单		厂家	建设物资供应	30年				
9205	防雷接地		装箱单、合格证、说明书、出厂试验报告等		厂家	建设物资供应	30年				
9206	线路监测、检测		1. 产品合格证 2. 出厂证明、试验报告 3. 现场检验移交单		厂家	建设物资供应	30年				

续表

分类号	类目名称	归档细目	归档范围（主要项目文件）	执行标准	责任单位来源	责任单位立卷	建设	设计	监理	施工	备注
9207	防坠落、攀爬机、航空障碍灯	01 防坠落	1. 产品合格证、验收报告 2. 出厂检验报告、产品型式试验报告 3. 原材料质量报告及复检报告 4. 外购件质量合格证		厂家	建设 物资供应	30年				
		02 攀爬机	出厂资料、安装方案、安装检查记录、验收报告等		厂家	建设 物资供应	30年				
		03 航空障碍灯	合格证、质量保证书、检验报告等		厂家	建设 物资供应	30年				
9209	其他										
929	其他										
93	电力电缆线路										
930	综合		综合或无法归入其他分类号的设备厂家资料								
931	电缆及附件										
9310	100kV及以上电缆、附件		1. 装箱单、合格证、说明书 2. 出厂试验报告、质量证明书、自检证明等		厂家	建设 物资供应	30年				
9311	100kV以下电缆、附件		1. 装箱单、合格证、说明书 2. 出厂试验报告、质量证明书、自检证明等		厂家	建设 物资供应	30年				
939	其他										
94	变电站										
940	综合										
941	一次设备										
9410	综合	晶闸管阀、间隙（GAP）、晶闸管阀触发控制装置	1. 装箱单、合格证、说明书 2. 试验报告 3. 调试、安装记录 4. 图纸 5. 其他		厂家	建设 物资供应	30年				串补站

续表

分类号	类目名称	归档细目	归档范围 主要项目文件	执行标准	责任单位 来源	责任单位 立卷	保存单位及保管期限 建设	设计	监理	施工	备注
9411	变压器、互感器	01 主变压器（含辅助设备）	1. 装箱单、合格证、使用说明书、主要部件说明书、总的质保书 2. 出厂试验报告、质量证明书、质量导则 3. 安装手册、试验导则 4. 主变压器一次部分、二次部分认可图、最终图 5. 压力释放阀说明书、合格证、试验报告 6. 气体继电器、取气装置说明书、合格证、试验报告 7. 有（无）载调压开关安装使用说明书、合格证 8. 油温计说明书、试验报告 9. 高压套管说明书、合格证、试验报告 10. 吸湿计试验考核图 11. 运输参考图 12. 备品备件清单、专用工具出厂资料 13. 其他		厂家	建设 物资 供应	30年				
		02 站（所）用变压器	1. 装箱单、合格证、安装使用说明书 2. 出厂试验报告 3. 有载分接开关使用说明书、合格证 4. 压力释放阀说明书、合格证 5. 气体继电器说明书、合格证 6. 其他		厂家	建设 物资 供应	30年				
		03 电流互感器、电压互感器、电子互感器	1. 装箱单、合格证、说明书 2. 出厂试验报告、油分析报告 3. 认可图、最终图 4. 其他		厂家	建设 物资 供应	30年				
9412	组合电器、开关柜	01 组合电器	1. 装箱单、合格证、说明书等 2. 出厂试验报告、图纸等		厂家	建设 物资 供应	30年				
		02 高压带电显示闭锁装置	1. 装箱单、合格证、说明书 2. 出厂试验报告、合格证、图纸等		厂家	建设 物资 供应	30年				

续表

分类号	类目名称	归档范围		执行标准	责任单位		保存单位及保管期限				备注
		归档细目	主要项目文件		来源	立卷	建设	设计	监理	施工	
9412	组合电器、开关柜	03 开关柜	1. 装箱单、合格证、说明书 2. 出厂试验报告 3. 认可图、最终图（操作原理、二次接线、铭牌、外形尺寸图） 4. 备品备件清单、专用工具出厂资料 5. 其他		厂家	建设 物资供应	30年				
9413	断路器、隔离开关、接地开关、熔断器	01 空气断路器、真空断路器、油断路器、旁路断路器	1. 装箱单、合格证、说明书 2. 出厂试验报告 3. 认可图、最终图（操作原理、二次接线、铭牌、外形尺寸图） 4. 备品备件清单、专用工具出厂资料 5. 其他		厂家	建设 物资供应	30年				
		02 SF₆（六氟化硫）断路器	1. 装箱单、合格证、说明书 2. 出厂试验报告、质量证明书 3. 认可图、最终图（操作原理、二次接线、铭牌、外形尺寸图） 4. 断路器测试系统说明书 5. 断路器微水测试仪使用说明书 6. SF₆气体回收装置说明书、质量证明及例行试验报告 7. 其他		厂家	建设 物资供应	30年				
		03 中性点隔离开关、旁路隔离开关、串联隔离开关	1. 装箱单、合格证 2. 使用说明书、安装及维护说明书 3. 出厂试验报告、质量证明 4. 认可图、最终图 5. 操作机构安装及维护说明书、试验报告 6. 支柱绝缘子说明书、合格证、试验报告 7. 其他		厂家	建设 物资供应	30年				

续表

分类号	类目名称	归档细目	归档范围 主要项目文件	执行标准	责任单位		保存单位及保管期限				备注
					来源	立卷	建设	设计	监理	施工	
9413	断路器、隔离开关、接地开关、熔断器	04 接地开关	1. 装箱单、合格证 2. 使用说明书、安装及维护证明 3. 出厂试验报告、质量证明 4. 认可图、最终图 5. 操作机构安装及维护说明书、试验报告 6. 支柱绝缘子说明书、合格证、试验报告 7. 其他		厂家	建设 物资 供应	30年				
		05 熔断器	1. 装箱单、合格证、说明书等 2. 出厂试验报告、图纸等		厂家	建设 物资 供应	30年				
9414	防雷接地	01 避雷器、避雷针	1. 装箱单、合格证、说明书 2. 出厂试验报告 3. 在线监测仪安装使用说明书 4. 其他		厂家	建设 物资 供应	30年				
		02 接地装置	1. 装箱单、合格证、说明书 2. 出厂试验报告 3. 在线监测仪安装使用说明书 4. 其他		厂家	建设 物资 供应	30年				
		03 金属氧化物限压器（MOV）	1. 装箱单、合格证、说明书 2. 出厂试验报告 3. 在线监测仪安装使用说明书 4. 其他		厂家	建设 物资 供应	30年				
9415	电抗器、电容器	01 电抗器	1. 装箱单 2. 总的质量保书、质量证明书 3. 使用说明书、安装指导手册 4. 出厂试验报告 5. 出厂图 6. 压力释放阀、气体继电器、高压套管说明书、合格证 7. 油温计说明书、试验报告 8. 说明书、合格证 9. 备品备件清单、专用工具出厂资料 10. 其他		厂家	建设 物资 供应	30年				串补站限流阻尼装置（限流电抗器、阻流回路、阻尼电抗器）入此

续表

分类号	类目名称	归档细目		归档范围 主要项目文件	执行标准	责任单位		保存单位及保管期限					备注
						来源	立卷	建设	设计	监理	施工	
9415	电抗器、电容器	02	电容器组	1. 装箱单、合格证、说明书 2. 出厂试验报告、装配图 3. 其他		厂家	建设 物资 供应	30年				串补站串联电容器组入此
		03	高压并联成套补偿装置	1. 装箱单 2. 电抗器合格证、使用说明书、出厂试验报告、外形尺寸图 3. 并联电容器专用放电线圈使用说明书 4. 电容器专用放电线圈合格证明书 5. 并联电容器使用说明书、合格证明书 6. 避雷器使用说明书、检验合格证 7. 其他		厂家	建设 物资 供应	30年				
9419	其他	04	消弧线圈	1. 装箱单、合格证、说明书 2. 出厂试验报告 3. 认可图、最终图 4. 其他		厂家	建设 物资 供应	30年				
942	二次设备	01	变压器保护	1. 装箱单、合格证、说明书 2. 出厂试验报告、型式试验报告 3. 认可图、最终图 4. 其他		厂家	建设 物资 供应	30年				
		02	母线保护	1. 装箱单、合格证、说明书 2. 出厂试验报告、型式试验报告 3. 认可图、最终图 4. 其他		厂家	建设 物资 供应	30年				
9420	继电保护	03	线路保护	1. 装箱单、合格证、说明书 2. 调试大纲及记录、出厂图 3. 断路器失灵启动及三相不一致保护装置说明书、电原理图、调试记录 4. 微机高频传输信号装置、分相操作箱、电压切换箱等的说明书、电原理机说明书 5. 继电保护调试机收发信机说明书 6. 保护柜接线图、电原理图、出厂图 7. 线路保护柜配套中英文打印机命令参考手册、操作手册 8. 其他		厂家	建设 物资 供应	30年				

续表

分类号	类目名称	归档细目	归档范围 主要项目文件	执行标准	责任单位 来源	责任单位 立卷	保存单位及保管期限 建设	保存单位及保管期限 设计	保存单位及保管期限 监理	保存单位及保管期限 施工	备注
9420	继电保护	04 断路器保护	1. 装箱单、合格证、说明书 2. 出厂试验报告、型式试验报告 3. 认可图、最终图 4. 其他		厂家	建设 物资 供应	30年				
		05 电抗器保护	1. 装箱单、合格证、说明书 2. 调试大纲及记录 3. 保护柜电气设计、原理图及接线图 4. 其他		厂家	建设 物资 供应	30年				
		06 电容器保护	1. 装箱单、合格证、说明书 2. 调试大纲及记录 3. 通信管理装置使用说明书（含调试大纲） 4. 保护柜电气原理图、布置图及接线图 5. 保护柜整机调试大纲及记录 6. 其他		厂家	建设 物资 供应	30年				串补站电容器不平衡保护、电容器过负荷保护入此
		07 MOV保护	1. 装箱单、合格证、图纸 2. 试验报告、调试、安装记录等		厂家	建设 物资 供应	30年				串补站 MOV 保护（过负荷、不平衡、大电流、高能量保护等）
		08 差动保护	1. 装箱单、合格证 2. 使用说明书、用户手册 3. 调试大纲及记录 4. 保护柜电气原理图、布置图及接线图 5. 其他		厂家	建设 物资 供应	30年				
		09 故障信息管理系统	1. 装箱单、合格证、说明书 2. 出厂试验报告、型式试验报告 3. 认可图、最终图、分板原图 4. 继电保护测试单元用户手册、配套软件用户手册、试验报告 5. 其他		厂家	建设 物资 供应	30年				

续表

分类号	类目名称	归档范围		执行标准	责任单位		保存单位及保管期限				备注
		归档细目	主要项目文件		来源	立卷	建设	设计	监理	施工	
9420	继电保护	10 操作继电器柜（用于500kV保护）	1. 装箱单、合格证、出厂调试报告、接线图 2. 备品备件清单等		厂家	建设 物资供应	30年				
		11 微机防误闭锁装置	装箱单、合格证、说明书、验收规程、电气主接线示意图等		厂家	建设 物资供应	30年				
		12 端子箱、电源箱、配电箱	1. 装箱单、合格证、说明书、认可图、最终图 2. 出厂试验报告等		厂家	建设 物资供应	30年				
		13 保护信息通信柜	1. 装箱单、合格证、说明书 2. 出厂试验报告、最终图等		厂家	建设 物资供应	30年				串补站
		14 触发间隙保护、同隙监测保护	1. 装箱单、合格证、图纸 2. 试验报告、调试、安装记录等		厂家	建设 物资供应	30年				
		15 阀冷却系统控制保护	1. 装箱单、合格证、图纸 2. 试验报告、调试、安装记录等		厂家	建设 物资供应	30年				串补站
9421	自动装置	01 故障录波器	1. 装箱单、合格证、说明书 2. 出厂试验报告 3. 配套软件说明书、软件手册、硬件手册 4. 其他		厂家	建设 物资供应	30年				
		02 安全自动稳定控制装置	1. 装箱单、合格证、说明书 2. 软件手册、硬件手册		厂家	建设 物资供应	30年				
		03 自动解列装置	1. 装箱单、合格证、说明书 2. 出厂调试报告等		厂家	建设 物资供应	30年				

续表

分类号	类目名称	归档细目	归档范围 主要项目文件	执行标准	责任单位 来源	责任单位 立卷	保存单位及保管期限 建设	设计	监理	施工	备注
9422	电气仪表	01 电能表柜、站（所）用变压器调压柜、公用设备继电器箱柜及母线操作箱柜	1. 装箱单、合格证、多功能电能表使用说明书 2. 出厂试验报告、接线图 3. 电气技术 4. 其他		厂家	建设物资供应	30年				
		02 低压配电柜	说明书、出厂试验报告、电气原理图及接线图等		厂家	建设物资供应	30年				
		03 小电流接地检测及切换装置	1. 装箱单、合格证、说明书 2. 试验报告、原理图		厂家	建设物资供应	30年				串补站
		04 平台测量箱	1. 装箱单、合格证、说明书 2. 试验报告、图纸等		厂家	建设物资供应	30年				串补站
		05 户外数据采集箱	1. 装箱单、合格证、说明书 2. 试验报告、图纸等		厂家	建设物资供应	30年				串补站
		06 激光供能柜（激光电源屏）	1. 装箱单、合格证、说明书 2. 试验报告、图纸等		厂家	建设物资供应	30年				
9423	直流设备、备用电源、绝缘监测	01 直流屏、直流分屏、逆变器屏	1. 装箱单、合格证、说明书、材料明细表及出厂图 2. 出厂试验报告等		厂家	建设物资供应	30年				
		02 硅整流柜	1. 装箱单、合格证、说明书、安装使用说明书、材料明细表及出厂图 2. 出厂试验报告等		厂家	建设物资供应	30年				
		03 蓄电池	1. 装箱单、合格证、说明书、使用维护说明书 2. 出厂试验报告、放电记录等		厂家	建设物资供应	30年				
		04 UPS（不间断电源）	装箱单、合格证、说明书等		厂家	建设物资供应	30年				
		05 绝缘监测装置	装箱单、合格证、说明书等		厂家	建设物资供应	30年				

续表

分类号	类目名称	归档范围		执行标准	责任单位		保存单位及保管期限				备注
		归档细目	主要项目文件		来源	立卷	建设	设计	监理	施工	
9429	其他										
943	弱电设备	01 载波机	1. 装箱单、合格证 2. 系统设计、操作、安装、调试、维护及诊断说明书 3. 系统保护装置号装置说明书 4. 载波机出厂试验报告 5. 载波系统特性计算书、载波系统认可图、最终图 6. 其他		厂家	建设 物资 供应	30年				
		02 数字微波	1. 说明书 2. 设备安装指南、工厂检验备忘录等		厂家	建设 物资 供应	30年				
		03 程控调度用户交换机	硬件手册、原理图册等		厂家	建设 物资 供应	30年				
9430	通信	04 光端机	装箱单、合格证、说明书、出厂调试报告等		厂家	建设 物资 供应	30年				
		05 通信电源柜、防雷柜	装箱单、出厂调试报告等		厂家	建设 物资 供应	30年				
		06 滤波器	1. 装箱单、合格证、说明书、图纸 2. 出厂调试报告等		厂家	建设 物资 供应	30年				
		07 阻波器	1. 装箱单、合格证、说明书、最终图及技术参数表 2. 出厂试验报告等		厂家	建设 物资 供应	30年				

续表

分类号	类目名称	归档细目	归档范围 主要项目文件	执行标准	责任单位 来源	责任单位 立卷	建设	设计	监理	施工	备注
9431	远动、自动化	01 变送器	1. 技术说明书、使用说明书 2. 接线图、调试图 3. 检测报告 4. 其他		厂家	建设 物资 供应	30 年				
		02 RTU（远端测控单元）	1. 技术手册 2. 质量合格证书 3. 系统布置图 4. 硬件安装及配置说明书 5. 配套标准软件说明书、用户指南及监控软件说明 6. 模块技术说明书 7. 调剖解调器使用说明书 8. 正弦波逆变电源简介说明及电路图 9. 数字式实时示波器用户手册 10. 被动式该针说明手册 11. 其他		厂家	建设 物资 供应	30 年				
		03 遥信转接柜	1. 装箱单、合格证、说明书、接线图 2. 其他		厂家	建设 物资 供应	30 年				
		04 站内自动化	1. 计算机安装说明、计算机硬件设件设置说明 2. 计算机用户使用软件授权证书 3. 用户手册、装配图 4. 不间断电源说明书、检测报告、原理接线图 5. 不间断电源、显示器等使用说明书 6. 其他		厂家	建设 物资 供应	30 年				
		05 同步时钟屏	1. 检验报告、用户手册 2. 其他		厂家	建设 物资 供应	30 年				
		06 同步相量测量屏	装箱单、合格证、说明书、图纸、调试方法、调试记录、检测记录等		厂家	建设 物资 供应	30 年				

续表

分类号	类目名称	归档细目		归档范围		执行标准	责任单位		保存单位及保管期限					备注
				主要项目文件			来源	立卷	建设	设计	监理	施工		
	远动、自动化	07	电量采集柜	装箱单、合格证、说明书、图纸等			厂家	建设物资供应	30年					
9431		08	光纤复用接口	装箱单、合格证、说明书、图纸、调试方法、大纲、调试记录、检测记录			厂家	建设物资供应	30年					
		09	通信接口装置	装箱单、合格证、说明书、图纸、调试方法、大纲、调试记录等			厂家	建设物资供应	30年					
	监控	01	远程图像监控设备	装箱单、产品合格证、说明书、用户手册等			厂家	建设物资供应	30年					
9432		02	计算机监控设备	装箱单、产品合格证、说明书、用户手册等			厂家	建设物资供应	30年					
9439	其他													
944	建（构）筑物及辅助系统			串补平台、给排水、消防、通风空调、电梯、行车等			厂家	建设物资供应	30年					
9440	串补平台			装箱单、产品合格证、说明书、图纸等			厂家	建设物资供应	30年					
9441	给排水、消防			装箱单、产品合格证、说明书、图纸等			厂家	建设物资供应	30年					
9442	通风空调			装箱单、产品合格证、说明书、图纸等			厂家	建设物资供应	30年					阀冷却系统可入此

续表

分类号	类目名称	归档范围		执行标准	责任单位		保存单位及保管期限				备注
		归档细目	主要项目文件		来源	立卷	建设	设计	监理	施工	
9443	电梯		装箱单、产品合格证、说明书、图纸等		厂家	建设物资供应	30年				
9449	其他										
949	其他										
95	直流输电线路（含接地极线路）										
950	综合		综合或无法归入其他分类号的设备厂家资料								
9501	铁（杆）塔		1. 产品质量合格证（含交货清单） 2. 产品质量检验报告 3. 出厂见证单		厂家	建设物资供应	30年				
9502	导线、地线		1. 产品合格证（含技术参数、交货清单） 2. 产品材料出厂检验报告 3. 产品材料原始质量证明、质量复检 4. 原材料使用汇总表 5. 绞线型式试验报告 6. 产品特殊试验报告（按照技术协议要求提供） 7. 出厂见证单		厂家	建设物资供应	30年				
9503	绝缘子、金具	01 绝缘子	1. 产品质量合格证（含技术参数、交货单） 2. 产品出厂检验报告、型式试验质量证明（含逐个及抽样检验项目） 3. 原材料及零部件原始质量证明、质量复检 4. 合同要求的工程验收第三方抽样检验报告 5. 出厂见证单		厂家	建设物资供应	30年				
		02 金具	1. 产品质量合格证、装箱单（产品交货清单） 2. 产品质量检验报告 3. 产品材料使用跟踪表 4. 钢材、锌锭、铝锭、紧固件、电焊条原始质量证明、质量复检 5. 出厂见证单		厂家	建设物资供应	30年				

续表

分类号	类目名称	归档细目	归档范围 主要项目文件	执行标准	责任单位 来源	责任单位 立卷	保存单位及保管期限 建设	保存单位及保管期限 设计	保存单位及保管期限 监理	保存单位及保管期限 施工	备注
9504	光缆（含金具）		1. 光纤原始质量证明及进厂复检报告 2. 铝包钢单丝、铝合金单丝质量证明及复测报告 3. 光缆及光缆金具产品质量合格证（含技术参数、交货清单） 4. 光缆产品的抽样检测方案及出厂检验报告 5. 光缆第三方抽样检验报告 6. 光缆的型式试验试验报告 7. 光缆金具的抽样检测方案及出厂检验报告、型式试验报告 8. 安装手册 9. 光缆木盘的检验检疫证明 10. 出厂见证单		厂家	建设、物资供应	30年				
9505	防雷接地		装箱单、合格证、说明书、出厂试验报告等		厂家	建设、物资供应	30年				
9506	线路监测、检测		1. 产品合格证 2. 出厂证明、试验报告 3. 现场检验检测交单		厂家	建设、物资供应	30年				
9507	防坠落、攀爬机、航空障碍灯	01 防坠落	1. 产品合格证、验收报告 2. 出厂检验报告、产品型式试验报告 3. 原材料质检报告及复检报告 4. 外购件质量合格证		厂家	建设、物资供应	30年				
		02 攀爬机	出厂资料、安装方案、安装检查记录、验收报告等		厂家	建设、物资供应	30年				
		03 航空障碍灯	合格证、质量保证书、检验报告等		厂家	建设、物资供应	30年				
9509	其他										
959	其他		接地极线路设备入959								

续表

分类号	类目名称	归档范围		执行标准	责任单位		保存单位及保管期限				备注
		归档细目	主要项目文件		来源	立卷	建设	设计	监理	施工	
96	换流站（含接地极址）										
960	阀厅设备										
9600	换流阀	01 换流阀	1. 装箱单、总的质保书、使用说明书、手册 2. 出厂试验报告、调试 3. 调试方法、调试 4. 原理接线图、运输参考图 5. 备品备件清单、专用工具出厂资料 6. 其他		厂家	建设 物资 供应	30 年				
		02 晶闸管阀触发控制装置	1. 装箱单、合格证、说明书、图纸 2. 试验报告 3. 调试、安装试验记录 4. 其他		厂家	建设 物资 供应	30 年				
9601	互感器	电流互感器、电压互感器、电子互感器	1. 装箱单、产品合格证、说明书 2. 出厂试验报告 3. 认可图、最终 4. 其他		厂家	建设 物资 供应	30 年				
9602	阀冷却系统		1. 装箱单、产品合格证、型式试验报告 2. 出厂试验报告 3. 最终图纸 4. 其他		厂家	建设 物资 供应	30 年				
9603	接地开关		1. 装箱单、产品合格证、使用说明书、安装及维护说明书 2. 出厂试验报告、质量证明 3. 认可图、最终图 4. 操作机构安装及维护说明书、试验报告 5. 其他		厂家	建设 物资 供应	30 年				阀侧绕组接地开关、阀侧套管接地开关等
9604	避雷器		1. 装箱单、产品合格证、说明书 2. 出厂试验报告 3. 在线监测仪安装使用说明书 4. 其他		厂家	建设 物资 供应	30 年				

续表

分类号	类目名称	归档细目	归档范围 主要项目文件	执行标准	责任单位 来源	责任单位 立卷	保存单位及保管期限 建设	设计	监理	施工	备注
9605	电抗器、电容器	01 电抗器	1. 装箱单、总的质保书、使用说明书、手册 2. 出厂试验报告、质量证明书 3. 出厂图 4. 其他		厂家	建设 物资 供应	30 年				阀电抗器等
		02 电容器	1. 装箱单、产品合格证、说明书 2. 出厂试验报告、装配图 3. 其他		厂家	建设 物资 供应	30 年				
9606	直流测量装置	01 直流电压分压器	1. 装箱单、产品合格证、说明书 2. 出厂试验报告、图纸等		厂家	建设 物资 供应	30 年				
		02 直流电流测量装置	1. 装箱单、合格证、说明书 2. 出厂试验报告、图纸等		厂家	建设 物资 供应	30 年				极母线电流测量装置、中性母线电流测量装置
9609	其他										
961	换流变压器	01 换流变压器本体	1. 装箱单、总的质保书、使用说明书、手册 2. 出厂试验报告、原理接线图、运输参考图 3. 调试方法、调试记录 4. 备品备件清单、专用工具出厂资料 5. 其他		厂家	建设 物资 供应	30 年				
9610	换流变压器本体、互感器	02 电流互感器、电压互感器、电子互感器	1. 装箱单、产品合格证、说明书 2. 出厂试验报告、认可图、最终图 3. 其他		厂家	建设 物资 供应	30 年				
9611	继电器、压力释放阀、储油柜		1. 装箱单、产品合格证、说明书 2. 出厂试验报告、型式试验报告 3. 最终图纸 4. 其他		厂家	建设 物资 供应	30 年				气体继电器、油流继电器、速动油压继电器入此

续表

分类号	类目名称	归档范围		执行标准	责任单位		保存单位及保管期限				备注
		归档细目	主要项目文件		来源	立卷	建设	设计	监理	施工	
9612	套管、升高座	01 套管	套管等出厂合格证、检验报告等		厂家	建设 物资供应	30年				网侧套管、阀侧套管
		02 升高座	装箱单、产品合格证、说明书等		厂家	建设 物资供应	30年				
9613	有（无）载开关设备		1. 装箱单、产品合格证、使用说明书、安装及维护说明书 2. 出厂试验报告、质量证明、认可图、最终图等		厂家	建设 物资供应	30年				
9614	避雷器		1. 装箱单、产品合格证、说明书 2. 在线监测仪安装使用说明书 3. 其他		厂家	建设 物资供应	30年				
9615	电抗器、电容器、阻波器	01 电抗器	1. 装箱单、使用说明书、手册 2. 总的质保书、质量证明书、出厂图 3. 其他		厂家	建设 物资供应	30年				
		02 电容器	1. 装箱单、产品合格证、说明书 2. 出厂试验报告、装配图等		厂家	建设 物资供应	30年				
		03 阻波器	1. 装箱单、产品合格证、说明书等 2. 出厂试验报告、最终图及技术参数表 3. 其他		厂家	建设 物资供应	30年				
9616	温控装置、冷却装置	01 温度控制器	1. 装箱单、产品合格证、说明书 2. 出厂试验报告、图纸 3. 其他		厂家	建设 物资供应	30年				油面温度控制器、绕组温度控制器、电子温度控制器
		02 冷却器/散热器	1. 装箱单、产品合格证、说明书等 2. 出厂试验报告、图纸等		厂家	建设 物资供应	30年				
9617	充氮灭火装置、在线监测装置		1. 装箱单、产品合格证、说明书 2. 出厂试验报告、图纸等		厂家	建设 物资供应	30年				

续表

分类号	类目名称	归档细目	主要项目文件	执行标准	来源	立卷	建设	设计	监理	施工	备注
					责任单位		保存单位及保管期限				
9619	其他										
962	交流开关场、交流滤波器场										
9620	综合										
9621	互感器	01 高压并联电抗器	1. 装箱单、总的质保书、使用说明书、安装指导手册 2. 出厂试验报告、质量证明书、出厂图 3. 压力释放阀、气体继电器、高压套管说明书、合格证 4. 油温计说明书、试验报告 5. 备品备件清单、专用工具出厂资料 6. 其他		厂家	建设物资供应	30 年				
		02 电流互感器、电容式电压互感器、电子互感器	1. 装箱单、产品合格证、说明书 2. 出厂试验报告、认可图、最终图 3. 其他		厂家	建设物资供应	30 年				
9622	组合电器、开关柜	01 组合电器	1. 装箱单、产品合格证、说明书 2. 出厂试验报告、图纸等		厂家	建设物资供应	30 年				
		02 开关柜	1. 装箱单、产品合格证、说明书 2. 出厂试验报告 3. 认可图、最终图（操作原理、二次接线、铭牌、外形尺寸图） 4. 备品备件清单、专用工具出厂资料 5. 其他		厂家	建设物资供应	30 年				
9623	断路器、隔离开关、接地开关	01 空气断路器、油断路器、真空断路器	1. 装箱单、产品合格证、说明书、操作手册 2. 出厂试验报告 3. 认可图、最终图（操作原理、二次接线、铭牌、外形尺寸图） 4. 备品备件清单、专用工具出厂资料 5. 其他		厂家	建设物资供应	30 年				

续表

分类号	类目名称	归档细目	归档范围 主要项目文件	执行标准	责任单位 来源	责任单位 立卷	保存单位及保管期限 建设	设计	监理	施工	备注
9623	断路器、隔离开关、接地开关	02 SF₆（六氟化硫）断路器	1. 装箱单、产品合格证、说明书 2. 出厂试验报告、质量证明书 3. 认可图、最终图（操作原理、二次接线、铭牌、外形尺寸图） 4. 断路器测试系统说明书、断路器微水测试仪使用说明书 5. SF₆气体回收装置说明书、质量证明及例行试验报告 6. 其他		厂家	建设物资供应	30年				
		03 隔离开关、接地开关	1. 装箱单、合格证、使用说明书 2. 出厂试验报告、质量证明、认可图、最终图 3. 操作机构安装维护说明书、试验报告 4. 支柱绝缘子说明书、合格证、试验报告 5. 其他		厂家	建设物资供应	30年				
9624	避雷器、放电计数器、在线监测仪		1. 装箱单、产品合格证、说明书 2. 出厂试验报告 3. 在线监测仪安装使用说明书 4. 其他		厂家	建设物资供应	30年				
9625	交流滤波器组、并联电容器组、电抗器、阻波器	01 交流滤波器组	装箱单、产品合格证、说明书、跳线图等		厂家	建设物资供应	30年				
		02 并联电容器组	1. 装箱单、产品合格证、说明书 2. 出厂试验报告、装配图等		厂家	建设物资供应	30年				
		03 电抗器	1. 装箱单、总的质保书、使用说明书、手册 2. 出厂试验报告、质量证明书、出厂图 3. 其他		厂家	建设物资供应	30年				
		04 阻波器	1. 装箱单、产品合格证、说明书、最终图及技术参数表等 2. 出厂试验报告、最终图及技术参数表等		厂家	建设物资供应	30年				

续表

分类号	类目名称	归档细目	归档范围（主要项目文件）	执行标准	责任单位		保存单位及保管期限				备注
					来源	立卷	建设	设计	监理	施工	
9629	其他										
963	直流开关场										
9630	综合										
9631	互感器	电流互感器、电容式电压互感器、电子互感器	1. 装箱单、产品合格证、说明书 2. 出厂试验报告、认可图、最终图 3. 其他		厂家	建设物资供应	30年				
9632	组合电器、开关柜	01 组合电器	1. 装箱单、产品合格证、说明书 2. 出厂试验报告、图纸等		厂家	建设物资供应	30年				
		02 高压带电显示闭锁装置	1. 装箱单、产品合格证、说明书 2. 出厂试验报告、图纸等		厂家	建设物资供应	30年				
		03 开关柜	1. 装箱单、产品合格证、说明书 2. 出厂试验报告 3. 认可图、最终图（操作原理、二次接线、外形尺寸图） 4. 备品备件清单、专用工具出厂资料 5. 其他		厂家	建设物资供应	30年				
9633	断路器、隔离开关、接地开关	01 SF_6（六氟化硫）断路器	1. 装箱单、产品合格证、说明书 2. 出厂试验报告、质量证明书 3. 认可图、最终图（操作原理、二次接线、外形尺寸图） 4. 断路器测试系统说明书、断路器微水测试仪使用说明书 5. SF_6 气体回收装置说明书、质量证明及例行试验报告 6. 其他		厂家	建设物资供应	30年				

续表

分类号	类目名称	归档细目	归档范围 主要项目文件	执行标准	责任单位 来源	责任单位 立卷	保存单位及保管期限 建设	设计	监理	施工	备注
9633	断路器、隔离开关、接地开关	02 旁路断路器	1. 装箱单、产品合格证、说明书 2. 出厂试验报告 3. 认可图、最终图（操作原理、二次接线、铭牌、外形尺寸图） 4. 备品备件清单、专用工具出厂资料 5. 其他		厂家	建设 物资 供应	30年				
		03 隔离开关、接地开关	1. 装箱单、产品合格证、使用说明书、安装及维护说明书 2. 出厂试验报告、质量证明 3. 认可图、最终图 4. 操作机构安装维护说明书、试验报告 5. 支柱绝缘子说明书、合格证、试验报告 6. 其他		厂家	建设 物资 供应	30年				
9634	避雷器	01 避雷器	1. 装箱单、产品合格证、说明书 2. 出厂试验报告 3. 在线监测仪安装使用说明书 4. 其他		厂家	建设 物资 供应	30年				
9635	直流滤波器、电容器、平波电抗器、阻波器	01 直流滤波器	装箱单、产品合格证、说明书、跳线图等		厂家	建设 物资 供应	30年				
		02 平波电抗器	1. 装箱单、产品、总的质保书、使用说明书、安装指导手册 2. 出厂试验报告、出厂图、质量证明书 3. 压力释放阀说明书、合格证 4. 气体继电器说明书、合格证 5. 油温计说明书、试验报告 6. 高压套管说明书、合格证 7. 备品备件清单、专用工具出厂资料 8. 其他		厂家	建设 物资 供应	30年				
		03 电容器	1. 装箱单、产品合格证、说明书 2. 出厂试验报告、装配图 3. 其他		厂家	建设 物资 供应	30年				

续表

分类号	类目名称	归档细目	归档范围 主要项目文件	执行标准	责任单位 来源	立卷	保存单位及保管期限 建设	设计	监理	施工	备注
9635	直流滤波器、平波电抗器、电容器、阻波器	04 阻波器	1. 装箱单、产品合格证、说明书 2. 出厂试验报告、最终图及技术参数表 3. 其他		厂家	建设 物资 供应	30年				
		05 放电线圈	1. 装箱单、产品合格证、说明书 2. 出厂试验报告、认可图、最终图 3. 其他		厂家	建设 物资 供应	30年				
9636	直流测量装置	01 直流电压分压器	1. 装箱单、产品合格证、说明书 2. 出厂试验报告、图纸等		厂家	建设 物资 供应	30年				
		02 直流电流测量装置	1. 装箱单、产品合格证、说明书 2. 出厂试验报告、图纸等		厂家	建设 物资 供应	30年				
9639	其他										
964	控制及保护										
9640	综合	01 换流变压器保护、站用变压器保护	1. 装箱单、产品合格证、说明书 2. 出厂试验报告、型式试验报告、认可图、最终图 3. 其他		厂家	建设 物资 供应	30年				
		02 线路保护	1. 说明书 2. 出厂报告 3. 调试大纲及记录、单独装置原理图		厂家	建设 物资 供应	30年				
9641	交流控制及保护装置	03 电容器保护	1. 装箱单、产品合格证、说明书 2. 调试大纲及记录 3. 通信管理装置使用说明书（含调试大纲） 4. 保护柜电气设计、原理图、布置图及接线图 5. 保护柜整机调试大纲及记录 6. 其他		厂家	建设 物资 供应	30年				
		04 断路器保护	1. 装箱单、产品合格证、说明书 2. 出厂试验报告、型式试验报告、认可图、最终图 3. 其他		厂家	建设 物资 供应	30年				

续表

分类号	类目名称	归档细目	归档范围 主要项目文件	执行标准	责任单位 来源	责任单位 立卷	保存单位及保管期限 建设	设计	监理	施工	备注
		05 母线保护	1. 装箱单、产品合格证、说明书 2. 出厂试验报告、型式试验报告、认可图、最终图 3. 调试大纲、装置原理图 4. 其他		厂家	建设 物资 供应	30 年				
		06 差动保护	1. 装箱单、产品合格证、使用说明书、用户手册 2. 调试大纲及记录 3. 保护柜电气设计、电气原理图、布置图及接线图 4. 其他		厂家	建设 物资 供应	30 年				
		07 交流滤波器保护	1. 装箱单、产品合格证、说明书 2. 出厂调试报告 3. 其他		厂家	建设 物资 供应	30 年				
		08 交流故障录波器保护	装箱单、产品合格证、说明书、图纸等		厂家	建设 物资 供应	30 年				
	交流控制及保护装置	09 故障测距屏、试验电源屏	装箱单、产品合格证、说明书、图纸等		厂家	建设 物资 供应	30 年				
9641		10 继电保护及故障信息管理子站	装箱单、产品合格证、说明书、图纸等		厂家	建设 物资 供应	30 年				
		11 通信接口柜	装箱单、产品合格证、说明书、图纸等		厂家	建设 物资 供应	30 年				
		12 端子箱	1. 装箱单、产品合格证、认可图、最终图 2. 出厂试验报告、合格证 3. 其他		厂家	建设 物资 供应	30 年				
		13 操作继电器柜	1. 装箱单、合格证 2. 出厂调试报告、接线图 3. 电气技术 4. 备品备件清单 5. 其他		厂家	建设 物资 供应	30 年				
		14 就地控制保护及其接口屏	装箱单、产品合格证、说明书、图纸等		厂家	建设 物资 供应	30 年				

续表

分类号	类目名称	归档细目	归档范围 主要项目文件	执行标准	责任单位 来源	责任单位 立卷	保存单位及保管期限 建设	设计	监理	施工	备注
9642	直流控制及保护装置	01 阀控制保护	1. 合格证、说明书 2. 出厂试验报告、装置原理图、调试大纲 3. 光纤传输装置 4. 其他		厂家	建设 物资 供应	30 年				
		02 极控制保护	1. 装箱单、产品合格证、说明书 2. 出厂试验报告、型式试验报告、认可图、最终图 3. 其他		厂家	建设 物资 供应	30 年				
		03 线路保护	1. 说明书 2. 出厂报告、单独装置原理图调试大纲及记录		厂家	建设 物资 供应	30 年				
		04 电容器保护	1. 装箱单、产品合格证、说明书 2. 调试大纲及记录 3. 通信管理装置使用说明书（含调试大纲） 4. 保护柜电气设计、原理图及接线图 5. 保护柜整机调试大纲及记录 6. 其他		厂家	建设 物资 供应	30 年				
		05 断路器保护	1. 装箱单、产品合格证、说明书 2. 出厂试验报告、认可图、最终图 3. 其他		厂家	建设 物资 供应	30 年				
		06 极母线保护	1. 装箱单、产品合格证、说明书 2. 出厂试验报告、型式试验报告、认可图、最终图 3. 调试大纲、装置原理图 4. 其他		厂家	建设 物资 供应	30 年				
		07 平波电抗器保护	1. 装箱单、产品合格证、说明书 2. 调试大纲及记录 3. 原理电气设计、原理图 4. 其他		厂家	建设 物资 供应	30 年				
		08 差动保护	1. 装箱单、产品合格证、说明书 2. 用户手册 3. 调试大纲及记录 4. 保护柜电气设计、电气原理图、布置图及接线图 5. 其他		厂家	建设 物资 供应	30 年				

续表

分类号	类目名称	归档细目	归档范围 主要项目文件	执行标准	责任单位 来源	责任单位 立卷	保存单位及保管期限 建设	设计	监理	施工	备注
9642	直流控制及保护装置	09 直流滤波器保护	1. 装箱单、产品合格证、说明书 2. 出厂调试报告 3. 其他		厂家	建设 物资供应	30年				
		10 直流故障录波分析仪、直流故障定位装置	装箱单、产品合格证、说明书、图纸等		厂家	建设 物资供应	30年				
		11 端子箱、电源箱、配电箱	1. 装箱单、产品合格证、说明书 2. 出厂试验报告、认可图、最终图 3. 其他		厂家	建设 物资供应	30年				
		12 操作继电器柜	1. 装箱单、合格证 2. 出厂调试报告、电气技术 3. 接线图 4. 备品备件清单 5. 其他		厂家	建设 物资供应	30年				
9643	通信装置	01 程控调度用户交换机	1. 硬件手册、原理图册 2. 其他		厂家	建设 物资供应	30年				
		02 光端机	装箱单、产品合格证、说明书、出厂调试报告等		厂家	建设 物资供应	30年				
		03 电力线载波机	1. 装箱单、产品合格证、说明书、技术说明 2. 整机说明、整机调试说明 3. 电路原理图 4. 自动盘说明书、电路图、专用直流开关稳压电源使用说明 5. 电源系统使用说明书、二次原理图 6. 其他		厂家	建设 物资供应	30年				
		04 数字微波	1. 说明书 2. 设备安装指南、设备安装及测试资料 3. 工厂检验备忘录 4. 其他		厂家	建设 物资供应	30年				

续表

分类号	类目名称	归档细目	归档范围 主要项目文件	执行标准	责任单位 来源	责任单位 立卷	保存单位及保管期限 建设	设计	监理	施工	备注
9643	通信装置	05 通信电源柜、防雷柜	装箱单、产品合格证、说明书等		厂家	建设物资供应	30年				
		06 滤波器	装箱单、产品合格证、说明书、出厂调试报告等		厂家	建设物资供应	30年				
		07 电视会议系统	装箱单、产品合格证、说明书、出厂调试报告等		厂家	建设物资供应	30年				
		08 综合数据网接入设备	装箱单、产品合格证、说明书、出厂调试报告等		厂家	建设物资供应	30年				路由器、防火墙等
		09 站内综合布线系统	装箱单、产品合格证、说明书、出厂调试报告等		厂家	建设物资供应	30年				
		10 通信机房动力环境监测系统	装箱单、产品合格证、说明书、出厂调试报告等		厂家	建设物资供应	30年				
		11 智能调度台	装箱单、产品合格证、说明书、出厂调试报告等		厂家	建设物资供应	30年				
9644	调度自动化、远动、监控装置	01 计算机监控系统	包括运行人员控制和站监视系统（SCADA，运行培训，文档管理，工作站等）：装箱单、产品合格证、说明书、用户手册等		厂家	建设物资供应	30年				
		02 RTU（远端测控单元）	1. 技术手册、质量合格证书、配套标准软件手册、用户指南及监控软件说明书、硬件安装及配置说明 2. 系统布置图 3. 其他		厂家	建设物资供应	30年				
		03 变送器	1. 技术说明书、使用说明书、接线图、调试图 2. 检测报告 3. 其他		厂家	建设物资供应	30年				

续表

分类号	类目名称	归档细目	归档范围 主要项目文件	执行标准	责任单位 来源	责任单位 立卷	保存单位及保管期限 建设	保存单位及保管期限 设计	保存单位及保管期限 监理	保存单位及保管期限 施工	备注
		04 遥信转接柜	1. 装箱单、产品合格证、说明书、接线图 2. 其他		厂家	建设 物资 供应	30年				
		05 主时钟同步系统	1. 装箱单、产品合格证、说明书（软硬件说明书、手册） 2. 出厂试验报告 3. 其他		厂家	建设 物资 供应	30年				
		06 相量测量系统	1. 装箱单、产品合格证、说明书、图纸 2. 调试方法、调试记录、检测记录 3. 其他		厂家	建设 物资 供应	30年				同步相量测量装置、数据集中器等
		07 能量计费装置屏	装箱单、产品合格证、说明书、图纸等		厂家	建设 物资 供应	30年				
		08 电量计量系统	电能表、电表屏、计量关口表、计量考核表、电能量采集终端装置等装箱单、产品合格证、说明书、图纸等		厂家	建设 物资 供应	30年				
9644	调度自动化、远动、监控装置	09 站内自动化	1. 计算机安装说明 2. 计算机硬件设置说明 3. 计算机用户使用软件授权证书 4. 用户手册、装配图 5. 不间断电源屏使用说明书、检测报告、原理接线图 6. 不间断电源说明书、显示器使用说明书 7. 其他			建设 物资 供应	30年				
		10 电力调度数据网接入设备	装箱单、产品合格证、说明书、图纸等		厂家	建设 物资 供应	30年				
		11 二次系统安全防护设备	装箱单、产品合格证、说明书、图纸等		厂家	建设 物资 供应	30年				

续表

分类号	类目名称	归档细目	归档范围 主要项目文件	执行标准	责任单位 来源	责任单位 立卷	保存单位及保管期限 建设	设计	监理	施工	备注
9644	调度自动化、远动、监控装置	12 光纤复用接口柜	1. 装箱单、产品合格证、说明书、图纸 2. 调试方法、大纲、记录、检测记录等		厂家	建设物资供应	30年				
		13 通信接口装置	1. 装箱单、产品合格证、说明书、图纸 2. 调试方法、大纲、调试记录、检测记录等		厂家	建设物资供应	30年				
9645	安全自动装置	01 安全自动稳定控制装置	装箱单、合格证、说明书等		厂家	建设物资供应	30年				
		02 自动解列装置	装箱单、合格证、说明书、手册等		厂家	建设物资供应	30年				
9646	在线监测装置	01 变压器绝缘油在线监测及分析系统	1. 装箱单、产品合格证、说明书 2. 其他		厂家	建设物资供应	30年				
		02 GIS设备SF₆密度在线监测系统	1. 装箱单、产品合格证、说明书 2. 其他		厂家	建设物资供应	30年				传感器、监测单元IED、后台主机等
9649	其他										
965	建(构)筑物及辅助系统		站用电、直流电源、给排水、照明、消防、通风空调、全站防雷接地、全站电缆、火灾报警、安防监视、电梯、行车等		厂家	建设物资供应	30年				
9650	站用电源	01 交流站用变压器、低压盘、低压配电盘等	1. 装箱单、总的质保书、使用说明书、出厂试验报告、二次部分认可图、最终图、运输参考图 2. 一次部分认可图、主变压器一次部分最终图 3. 有(无)载调压开关安装说明书、合格证 4. 压力释放阀、气体继电器、高压套管说明书、合格证书 5. 油温计说明书、试验报告 6. 备品备件清单、专用工具出厂资料 7. 其他		厂家	建设物资供应	30年				
		02 直流电源	蓄电池、充放电盘、绝缘监测盘等出厂资料		厂家	建设物资供应	30年				

续表

分类号	类目名称	归档细目	归档范围 主要项目文件	执行标准	责任单位 来源	责任单位 立卷	保存单位及保管期限 建设	设计	监理	施工	备注
9651	给排水、消防		装箱单、合格证、说明书、图纸等		厂家	建设物资供应	30年				
9652	通风空调		装箱单、合格证、说明书、图纸等		厂家	建设物资供应	30年				
9653	电梯、行车		装箱单、合格证、说明书、图纸、特种设备年检报告等		厂家	建设物资供应	30年				
9654	全站电缆		装箱单、合格证、说明书、图纸等		厂家	建设物资供应	30年				
9655	全站防雷接地		装箱单、合格证、说明书、图纸等		厂家	建设物资供应	30年				
9656	火灾报警、安防监视	火灾报警系统、远程图像监控及安全监视	装箱单、合格证、说明书、用户手册等		厂家	建设物资供应	30年				
9659	其他										
969	其他		接地极极址设备可入此。主要设备资料：1. 接地极本体电极材料（馈电元件、填充材料、电缆跳线）2. 导流系统（杆塔、导地线、电缆、绝缘子、金具、线夹等）3. 电容器、电抗器、辅助设施（检测监测、注水装置、防雷接地）等 4. 装箱单、合格证、说明书、试验报告、质量证明等		厂家	建设物资供应	30年				
97	小型基建										

续表

分类号	类目名称	归档范围		执行标准	责任单位		保存单位及保管期限				备注
		归档细目	主要项目文件		来源	立卷	建设	设计	监理	施工	
970	综合										
971	暖通、锅炉		采暖、制冷、通风空调、锅炉设备说明书、合格证等		厂家	建设	30年				
972	电梯		电梯说明书、合格证、检测报告、特种设备年检报告等		厂家	建设	30年				
973	监控、门禁、弱电		说明书、合格证等		厂家	建设	30年				
974	给排水、消防		说明书、合格证、图纸等		厂家	建设	30年				
975	信息化设备		说明书、合格证、图纸等		厂家	建设	30年				
979	其他										
98	信息化建设		通用布线系统工程、电子设备机房系统工程、计算机网络系统工程、软件工程、信息化安全工程等								
980	综合		需求分析报告等		厂家	建设	30年				
981	网络设备		说明书、合格证、图纸等		厂家	建设	30年				
982	服务器		说明书、合格证等		厂家	建设	30年				
983	存储设备		说明书、用户手册等		厂家	建设	30年				
984	软件				厂家	建设	30年				
989	其他		通用布线、供配电、空调、装饰装修、消防、防火防盗安全防范说明等、图纸等		施工	建设	30年				
99	其他工程										
990	配电网工程		箱式变压器、配电变压器、柱上开关、环网开关等的说明书、合格证等		厂家	建设	30年				
991	微电网工程		含集控中心、分布式电源、用户负荷、储能设备的配电网络的说明书、电网网络配置说明书		厂家	建设	30年				
992	低压、路灯工程		说明书、合格证、图纸等		厂家	建设	30年				
993	电动汽车充电站（桩）工程		说明书、合格证、操作手册、图纸等		厂家	建设	30年				
999	其他										

附录 C
（资料性附录）
档 案 用 表

档案用表的不同格式参见表 C.1～表 C.7。

表 C.1　　　　　　　　　　　**案 卷 外 封 面 式 样**　　　　　　　　　单位：mm

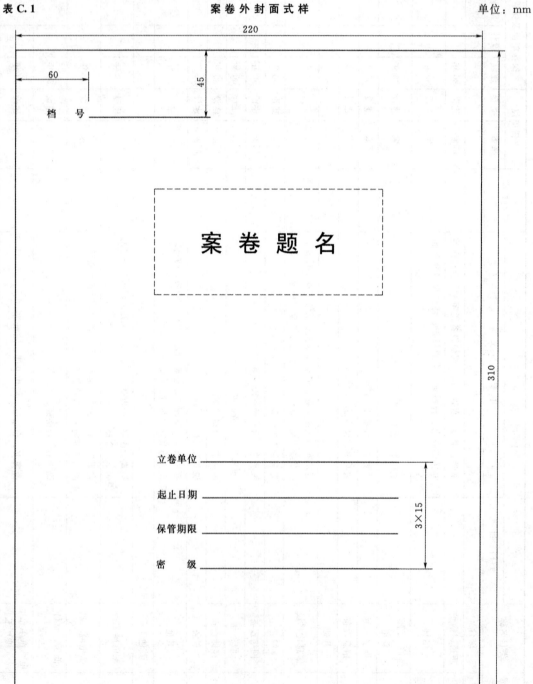

表 C.2 案卷脊背式样 单位：mm

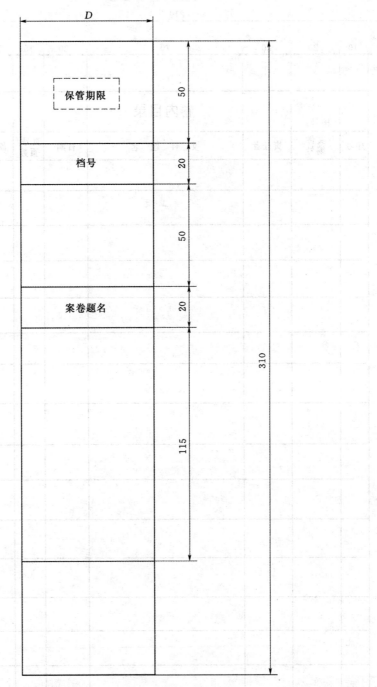

D=10mm、20mm、30mm、40mm、50mm、60mm（可根据需要设定）。

表 C. 3　　　　　　　　　　　卷 内 目 录 式 样　　　　　　　　　单位：mm

序号	文件 编号	责任者	文 件 题 名	日期	页号/ 页数	备注
卷内目录　　档号：						

表 C.4 备 考 表 式 样 单位：mm

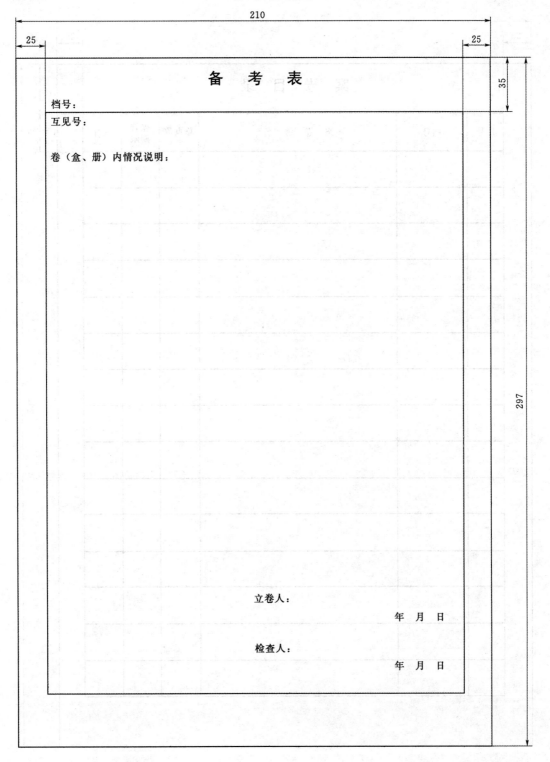

表 C.5　　　　　　　　　**案 卷 目 录 式 样**　　　　　　　　单位：mm

案 卷 目 录

序号	档号	案 卷 题 名	总页数	保管期限	备注

表 C.6   册 内 照 片 目 录 式 样   单位：mm

册内照片目录

照片号	题　　名	时间	页号	底片号	备注

表 C.7　　　　　　　　　　**电网建设项目文件交接登记表式样**　　　　　　　单位：mm

210

25　　　　　　　　　　　　　　　　　　　　　　　　25

35

297

电网建设项目文件交接登记表

移交时间：　　年　月　日

项目名称	
归档说明	（说明较多时，可另附页）

移交数量	文字材料案卷数：	照片/声像数：
	竣工图案卷数：	电子文件光盘：
	其他：	

移交单位	移交人： （签名、盖章） 　　　　　　　　年　　月　　日

项目文件移交清单（附后共×页）

审查单位意见		审查人： （签名、盖章） 　　　　　　　　年　　月　　日
接收单位 核查意见		接收人： （签名、盖章） 　　　　　　　　年　　月　　日

填写说明：
1. 移交时，将各单位案卷目录附后作为移交目录，移交目录不需每页签名。
2. 归档说明简要介绍项目文件的形成、收集、整理、归档等基本情况和需要说明的情况。

附录 D
（资料性附录）
电网建设项目照片归档范围参照表

照片归档范围的基本内容和要求参见表 D.1。

表 D.1 电网建设项目照片归档范围参照表

分类号	类目名称	归档范围	照 片 要 求	照片张数	形成单位	备注
82/85	输电线路					
820/850	项目准备	开工等	主要会场场景、奠基	1~2	建设	
821/851	项目设计	原貌、选址	线址主要地貌及周围环境；线路路分通道原貌	1~2	设计	
		重大活动	重大活动形成的照片	1	建设	
822/852	项目建设管理	质量监督活动	按监检阶段，反映监检过程及质量情况	1~2	建设	
		杆塔成品不同塔型	每基塔或不同塔型的首基、特殊塔型全景	1/基	建设	
	项目施工	地基验槽	按设计要求、反映基槽地质状况、清槽后全貌、典型	1	施工	
	不同型式基础	基础拆模	具有代表性拆模后混凝土表面观感质量	1	施工	
		回填土工艺	反映整体观感或细部工艺	1	施工	
		铁塔组立	反映主要施工过程中成品保护（标明杆塔号）	若干	施工	
823/853	杆塔、接地	接地装置	埋深、搭接长度、焊接及防腐等的全景1张、局部1张	2	施工	
		导线压接及光缆接续	压接和接续各1张（反映过程控制等）	2	施工	
		跳线工艺	细部工艺或整体观感	1	施工	
	架线及附件安装	导线压接及光缆接续	压接和接续各1张（反映过程控制等）	2	施工	
		附件安装工艺	整体观感或细部工艺	1	施工	
		护坡等防护工程	地基处理或关键施工过程	1	施工	
	特殊防护	基础及保护帽工艺	整体观感或细部工艺	1	施工	
		接地极施工	细部工艺或整体观感	1	施工	
826/856	监理	重要工程协调会、图纸会检	会议主题全景照片	1	建设、监理	
		试品、试件取样	操作人员及见证人员及取样过程等	1	监理	

续表

分类号	类目名称	归档范围	照片要求	照片张数	形成单位	备注
826/856	监理	主要设备到货检验	塔材、导线、绝缘子等检查后外观，不少于2次	1	监理	
		地基验槽检查	依设计要求进行验槽，表现验收人员的检查过程	1	监理	
		钢筋工程检查	普通基础、桩基及大跨越钢筋检查（反映监理人员验收过程）	1	监理	
		接地装置检查	反映架置过程、不少于2处	1	监理	
		导线压接及光缆接续检查	监理人员检查压接、接续过程	2	监理	
		监理初验	会议主题全景照片1张；检查过程照片1张	2	监理	
		质量问题及事故调查	整体照片1张、问题部位若干；问题及事故调查的起因、会议、过程、结果等照片若干	若干	监理	
827/857	启动及竣工验收	投运前验收	场景、现场检查	2	建设	
		环保、消防、档案等专项验收	会场全景及现场检查	2	建设	
		工程竣工验收	会场全景、现场检查，项目竣工全景	3	建设	
		质量问题及事故调查	反映设备、质量问题及事故调查照片	若干	建设	
		达标投产、质量评价、优质工程等	会场全景、奖牌、证书或批文等	3	建设	
84/86	变电站/换流站					
840/860	项目准备	开工等	主要会场景、奠基	1~2	建设	
841/861	项目设计	原貌、选址	站址主要地貌、周围环境及原貌的照片	1~2	设计	
842/862	项目建设管理	重大活动	重大活动形成的照片	1	建设	
		质量监督活动	按监检阶段、反映监检过程及质量情况	1~2	建设	
843/863	项目土建施工	地基验槽	主控楼、主变压器等验槽、反映基槽地质状况、清槽后全貌	1	施工	
		钢筋绑扎	主控楼屋面梁板、构筑物等钢筋工程、反映钢筋、同距、保护层厚度等	1	施工	
		混凝土浇筑	主控楼屋面梁板等反映混凝土下料浇筑过程	1	施工	
		接地装置	反映埋深、搭接长度、焊接质量、场区大场景1张、局部搭（焊）接1张	2	施工	
		防水工程	主控楼屋面等防水卷材层成品	1	施工	
		接地极址土建施工	土建工程施工及部分钢筋、混凝土等隐蔽工程验收	2	施工	
		主控楼完工后	外立面全景照片	1	施工	
		构筑物完工后	全景照片	2	施工	
		基础及保护帽工艺	主控楼、主变压器等整体观感	1	施工	

续表

分类号	类目名称	归档范围	照 片 要 求	照片张数	形成单位	备注
844/864	项目安装施工	主要设备安装	主变压器、换流阀等主要设备安装	2	施工	
		母线安装工艺	整体观感或细部工艺	1	施工	
		设备接地引线工艺	整体观感	1	施工	
		电缆敷设工艺	整体观感或细部工艺	1	施工	
		防火封堵工艺	细部工艺	1	施工	
		二次接线工艺	整体观感或细部工艺	1	施工	
		屏柜安装工艺	整体观感或细部工艺	1	施工	
		电缆穿管工艺	整体观感或细部工艺	1	施工	
		其他施工工艺亮点	绿色施工、文明施工等特殊试验	2	施工	
		接地极址安装施工	电气部分馈电缆、电缆工井、检测井、渗水井、电缆敷设等隐蔽工程及特殊施工	3	施工	
846/866	监理	试品、试件取样	操作人员、见证人员及取样过程等要素	1	监理	
		主要设备到货检验	主变压器、电抗器、GIS等设备开箱后外观	1	监理	
		地基验槽检查	主控楼、主变压器等地基	1	监理	
		钢筋工程检查	主控楼屋面梁板、构筑物等钢筋工程、监理人员验收过程	1	监理	
		基础拆模检查	主控楼等基础拆模、监理人员检查拆模后外观	1	监理	
		接地装置检查	监理人员检查过程	1	监理	
		防水工程检查	主控楼屋面等防水层成品检查	1	监理	
		母线压接及焊接检查	压接和焊接各1张、过程控制等要素	2	监理	
		监理初检	全景照1张、反映会议主题、主要参加单位或人员等；反映检查及测量过程照片2张	3	监理	
		质量纠偏	整体照片若干、特写若干；问题及事故调查、巡检、纠偏过程、结果等照片若干	若干	监理	
847/867	启动及竣工验收	投运前验收	场景、现场检查	2	建设	
		环保、消防、档案等专项验收	会场全景、现场检查	2	建设	
		工程竣工验收	会场全景、现场检查、项目竣工全景	3	建设	
		质量问题及事故调查	反映设备、质量问题及事故调查照片	若干	建设	
		达标投产、质量评价、优质工程等	会场全景、证书或批文等	3	建设	

② **风力发电场项目建设工程
验收规程**

（GB/T 31997—2015）

前　言

本标准按照 GB/T 1.1—2009 给出的规则起草。

本标准由中国电力企业联合会提出并归口。

本标准起草单位：浙江龙源风力发电有限公司、中能电力科技开发有限公司。

本标准主要起草人：陈耿彪、苏萌、杜杰、王淼、吴金城、韩明。

1　范围

本标准规定了风力发电场项目单位工程完工验收、升压站启动、工程移交生产验收和工程竣工验收的主要技术要求。

本标准适用于新建、扩建风力发电场项目建设工程验收。

2　规范性引用文件

下列文件对于本文件的应用是必不可少的。凡是注日期的引用文件，仅注日期的版本适用于本文件。凡是不注日期的引用文件，其最新版本（包括所有的修改单）适用于本文件。

GB/T 20319　风力发电机组　验收规范

GB 50147　电气装置安装工程高压电器施工及验收规范

GB 50148　电气装置安装工程电力变压器、油浸电抗器、互感器施工及验收规范

GB 50149　电气装置安装工程母线装置施工及验收规范

GB 50150　电气装置安装工程电气设备交接试验标准

GB 50168　电气装置安装工程电缆线路施工及验收规范

GB 50169　电气装置安装工程接地装置施工及验收规范

GB 50171　电气装置安装工程盘、柜及二次回路接线施工及验收规范

GB 50172　电气装置安装工程蓄电池施工及验收规范

GB 50173　电气装置安装工程 66kV 及以下架空电力线路施工及验收规范

GB 50202　建筑地基基础工程施工质量验收规范

GB 50203　砌体结构工程施工质量验收规范

GB 50204　混凝土结构工程施工质量验收规范

GB 50205　钢结构工程施工质量验收规范

GB 50210　建筑装饰装修工程质量验收规范

GB 50233　110～500kV 架空送电线路施工及验收规范

GB 50242　建筑给水排水及采暖工程施工质量验收规范

GB 50254　电气装置安装工程低压电器施工及验收规范

GB 50300　建筑工程施工质量验收统一标准

GB 50303　建筑电气工程施工质量验收规范

DL/T 782　110kV 及以上送变电工程启动及竣工验收规程

DL/T 995　继电保护和电网安全自动装置检验规程

DL/T 5161（所有部分）　电气装置安装工程质量检验及评定规程

DL/T 5168　110kV～500kV 架空电力线路工程施工质量及评定规程

DL/T 5210.1　电力建设施工质量验收及评价规程　第 1 部分：土建工程

JTG B01　公路工程技术标准

NB/T 31021　风力发电企业科技文件归档与整理规范

3　术语和定义

下列术语和定义适用于本文件。

3.1

风力发电机组　wind turbine generator system; WTGS

将风的动能转换为电能的系统。

3.2

风力发电场　wind power plant

由一批风力发电机组、输变电设备和相关建筑组成的电站。

3.3

工程验收　engineering acceptance

工程在施工单位自行质量检查评定的基础上，参与建设活动的有关单位共同对检验批、分项、分部、单位工程的质量进行抽样复验，根据相关标准以书面形式对工程质量达到合格与否做出确认。

3.4

升压站启动　booster stations start‑up

在升压站的各电气分系统调试完成且工程预验收合格后将设备接入电网的过程。

3.5

移交生产验收　check and acceptance from the build to the operation

工程完成施工安装和调试，达到工程设计指标，

建设单位向生产单位转移设备管理权的工程验收。

4　总则

4.1　风力发电场项目建设工程应通过单位工程完工、升压站启动、工程移交生产、工程竣工四个阶段的验收。

4.2　各阶段验收前应按要求组建相应的验收组织机构。

4.3　各阶段验收应依据相关的法律、法规、技术标准，以及项目的立项批复文件、设计文件和技术资料等资料进行。

5　单位工程完工验收

5.1　单位工程可按道路、风力发电机组基础土建、风力发电机组安装、风力发电机组调试、升压站土建、升压站电气安装和调试、场区配电、送出工程等划分。

5.2　单位工程完工验收由建设、施工、设计、设备制造、监理等单位项目负责人组成，由建设单位担任组长。

5.3　单位工程完工后，施工单位应自行组织有关人员进行检查评定，自评合格后向监理单位提交单位工程预验收申请。

5.4　监理单位收到预验收申请后，组织单位工程预验收。预验收合格后，监理单位提交工程质量评估报告，施工单位提交单位工程验收申请。

5.5　建设单位收到验收申请后，组织单位工程完工验收。

5.6　单位工程完工验收依据是技术标准、设计文件、设备资料、招投标文件和合同等资料，应遵照如下标准：

　　a）道路工程应遵照 JTG B01 要求进行；

　　b）风力发电机组基础土建工程应遵照 GB 50203、GB 50204 和 GB 50300 要求进行；

　　c）风力发电机组安装工程应遵照 GB 50168、GB 50169、GB 50171、GB 50254、GB/T 20319、GB 50204 和 DL/T 5161 要求进行；

　　d）风力发电机组调试工程应遵照 GB/T 20319 要求进行；

　　e）升压站土建工程应遵照 GB 50202、GB 50203、GB 50204、GB 50205、GB 50210、GB 50242、GB 50300、GB 50303 和 DL/T 5210.1 要求进行；

　　f）升压站电气安装和调试工程应遵照 GB 50147、GB 50148、GB 50149、GB 50150、GB 50168、GB 50169、GB 50171、GB 50172、GB 50254、DL/T 5161、DL/T 782 和 DL/T 995 要求进行；

　　g）场区配电工程应遵照 GB 50168、GB 50169、GB 50173、GB 50233、DL/T 5210.1 和 DL/T 5161.10 要求进行；

　　h）送出工程应遵照 GB 50168、GB 50169、GB 50233、DL/T 5210.1 和 DL/T 5168 要求进行。

5.7　单位工程完工验收检查的主要内容：

　　a）单位工程所含分部工程的质量均应验收合格；

　　b）质量文件资料应完整；

　　c）工程中有关安全和功能的检测资料应完整；

　　d）主要功能项目的抽查结果应符合相关专业质量验收规程的规定；

　　e）观感质量验收应符合要求。

5.8　单位工程完工验收的检查程序：

　　a）施工单位汇报工程施工和自检情况，监理单位汇报工程质量评估情况；

　　b）检查工程的相关资料；

　　c）现场查看工程实体，抽查隐蔽工程，检查工程质量情况。

5.9　在单位工程完工验收时，对发现的问题提出整改意见，整改后组织复查，复查合格后签署验收意见。

6　升压站启动

6.1　在与升压站相关的单位工程全部验收合格，签订并网调度协议和购售电合同后，项目业主单位组织成立升压站启动验收委员会（以下简称"启委会"），负责升压站启动验收工作。

6.2　启委会由项目业主、建设、生产、设计、监理、施工、调试、电网调度、质量监督等相关单位人员组成。由项目业主单位和有关单位协调，确定组成人员名单。

6.3　启委会的主要工作：

　　a）审查升压站启动前检查报告，确定升压站是否具备启动条件；

　　b）审查并确定升压站启动方案；

　　c）审查并确定升压站启动应急预案，明确各相关单位在应急预案中的分工和职责；

　　d）协调升压站启动的外部条件；

　　e）确定升压站启动的时间、程序和其他相关事项。

6.4　启委会下设启动前检查组和启动试运指挥组。

6.5　启动前检查组由建设、设计、运行、监理、质量监督等单位人员组成，由启委会任命。

6.6　启动前检查组的主要工作：

　　a）检查与升压站相关单位工程的工程质量评估报告和验收情况；

　　b）检查升压站内电气设备交接验收试验情况；

　　c）检查升压站生产准备情况；

　　d）检查升压站消防验收或备案情况；

　　e）向启委会提交升压站启动前检查报告。

6.7　启动试运指挥组由建设、生产、调试、施工、监理、电网调度等单位人员组成，由启委会任命。

6.8 启动试运指挥组主要工作：

　　a）组织编制升压站启动方案；

　　b）组织编制升压站启动应急预案；

　　c）在升压站启动试运期间，按照启委会审定的启动方案指挥升压站启动工作；

　　d）在升压站启动试运后，检查升压站设备状况和运行情况。

7　工程移交生产验收

7.1 工程移交生产验收组由建设、设计、生产、施工、设备制造、调试、监理等单位项目负责人组成，由建设单位担任组长。

7.2 工程移交生产验收应具备的条件：

　　a）升压站启动后运行正常，设备状态良好，满足电网技术要求；

　　b）风力发电机组已通过 240h 连续无故障试运行，设备状态良好，满足设计技术要求；

　　c）相关的规章制度、规程、设备使用手册和技术说明书等资料齐全；

　　d）生产人员已通过培训，取得上岗资格证书；

　　e）安全设施齐全，符合设计要求；

　　f）工程竣工图及相关资料已完成移交工作；

　　g）工具和备件已完成移交工作。

7.3 工程移交生产验收检查的主要内容：

　　a）检查各项规章制度和规程是否齐全；

　　b）检查设备运行和巡查资料是否满足设计要求；

　　c）现场查看设备运行情况是否满足技术要求；

　　d）检查安全设施情况是否满足安全要求；

　　e）检查人员培训和上岗资格证书；

　　f）检查资料、工具和备件的移交情况。

7.4 在工程移交生产验收时，对发现的问题提出整改意见，整改后组织复查，复查合格后移交生产。

8　工程竣工验收

8.1 工程竣工验收由项目业主单位主持，负责组织成立验收委员会。

8.2 工程竣工验收应具备的条件：

　　a）工程已按批准的设计文件所规定的内容全部建成；

　　b）设备运行正常，状态良好，满足设计和相关的技术标准要求，满足电网的技术要求；

　　c）历次验收所发现的问题已处理并通过复查；

　　d）工程建设征地手续等已完成；

　　e）竣工决算已完成并通过竣工决算审计；

　　f）水土保持、环境保护、消防、节能、安全等已通过专项验收或评估；

　　g）项目相关资料已归档，并已通过档案专项验收，该验收应遵照 NB/T 31021 要求进行；

　　h）完成其他需要验收的内容。

8.3 工程竣工验收的主要工作：

　　a）审查竣工验收总结报告；

　　b）核查竣工资料是否满足要求；

　　c）检查水土保持、环境保护、消防、节能和安全等专项验收或评估情况；

　　d）检查历次验收情况和整改复查情况；

　　e）现场检查工程质量情况和设备运行情况；

　　f）审查竣工决算报告及其审计报告。

8.4 验收委员会在验收后，对项目做出全面评价，提交竣工验收报告。

3　水电建设项目文件收集与档案整理规范

（DL/T 1396—2014）

前　言

　　本标准依据 GB/T 1.1—2009《标准化工作导则　第 1 部分：标准的结构和编写》的规则起草。

　　本标准由中国电力企业联合会提出并归口。

　　本标准主要起草单位：中国电力建设企业协会、黄河上游水电开发有限责任公司、中国水电工程顾问集团公司。

　　本标准参加起草单位：中国水电顾问集团华东勘测设计研究院、中国水电顾问集团昆明勘测设计研究院、中国水利水电第二工程局有限公司、中国水利水电第十六工程局有限公司、清远蓄能发电有限公司。

　　本标准主要起草人：范幼林、苏晓军、张建、陈秀菊、吴鹤鹤、俞辉、李强、罗钢、王立群、万晟、王思德、洪镝、邓学惠、黄萌智、张绛青、周少萍、郑霞、井亚莉、张鼎荣。

　　本标准在执行过程中的意见或建议反馈到中国电力企业联合会标准化管理中心（北京市白广路二条一号，100761）。

1　范围

　　本标准规定了水电建设项目各参建单位的档案管理职责，项目文件收集、整理及档案移交等基本工作程序与要求。

　　本标准适用于水电建设项目。

2　规范性引用文件

　　下列文件对于本文件的应用是必不可少的。凡是注日期的引用文件，仅注日期的版本适用于本文件；凡是不注日期的引用文件，其最新版本（包括所有的修改单）适用于本文件。

　　GB/T 10609.3　技术制图　复制图的折叠方法

　　GB/T 11821　照片档案管理规范

GB/T 11822　科学技术档案案卷构成的一般要求

GB/T 18894　电子文件归档与管理规范

GB/T 50328　建设工程文件归档整理规范

DA/T 28　国家重大建设项目文件归档要求与档案整理规范

DA/T 42　企业档案工作规范

DL/T 5111　水电水利工程施工监理规范

DL/T 5123　水电站基本建设工程验收规程

档发〔2006〕2号　重大建设项目档案验收办法　国家档案局、国家发展和改革委员会

档发〔2012〕4号　水利水电工程移民档案管理办法　国家档案局、水利部、国家能源局

档发〔2012〕7号　电子档案移交与接收办法　国家档案局

3　术语和定义

下列术语和定义适用于本文件。

3.1

项目文件　records of project

建设项目在立项、审批、招投标、勘察、设计、施工、监理及竣工验收全过程中形成的文字、图表、声像等形式的全部文件，包括项目前期文件、项目管理文件、项目竣工文件和项目竣工验收文件等。

3.2

项目档案　archives of project

经过鉴定、整理归档的项目文件。

3.3

档号　archival code

以字符形式赋予档案实体的用以固定和反映档案排列顺序的一组代码。

3.4

收集　acquisition/collection

接收及征集档案和其他有关文献的活动。

3.5

整理　archives arrangement

按照一定原则对档案实体进行系统分类、组卷、排列、编号和基本编目，使之有序化的过程。

3.6

分类　classification

根据档案的来源、形成时间、内容、形式等特征对档案实体进行有层次的划分。

3.7

归档　filing

办理完毕且具有保存价值的文件，经系统整理后，交档案室或档案馆保存的过程。

3.8

案卷　file

由互为联系的若干文件组成的档案保管单位。

4　总则

4.1　水电建设项目档案管理应遵循统一组织管理的原则，与项目建设同步管理，保证项目档案的完整、准确、系统、有效利用和安全保管。

4.2　水电建设项目应实行项目档案管理责任制，将项目档案管理纳入招投标、合同管理、工程监理、项目管理和工程质量管理体系中，保证项目档案全面反映工程建设实际情况。

4.3　各参建单位应根据国家及行业有关项目档案管理规定，设置专门档案管理机构，配备经培训合格的档案管理人员，配置满足项目档案管理、安全保管和利用需求的设备设施，并采用计算机管理系统软件进行项目档案管理。

4.4　建设单位应按本标准的规定制定相应的项目文件归档和文件管理制度，各参建单位应根据建设单位项目文件归档制度制定实施细则。

5　职责

5.1　建设单位

5.1.1　应建立健全项目档案管理体系，确定项目档案管理机构，落实项目档案管理责任制。

5.1.2　应在合同条款中明确各参建单位项目文件的归档范围、质量要求、移交时间、份数及违约责任等。

5.1.3　应制定项目文件归档制度，对各参建单位项目文件的形成、积累、收集和整理等进行监督、协调和指导。

5.1.4　应对各参建单位移交的项目档案进行审查、汇总整理、编制检索工具。

5.1.5　建设单位项目文件收集、整理流程参见附录A.1。

5.2　勘测、设计单位

5.2.1　应收集、整理项目勘测、设计活动和设计服务工作中形成的文件，并向建设单位移交。

5.2.2　勘测、设计单位项目文件收集、整理流程参见附录A.2。

5.3　监理（设备监造）单位

5.3.1　应对项目监理活动中形成的文件进行收集、整理，并向建设单位移交。

5.3.2　应对有关单位形成的文件进行审核，并按要求签署意见。

5.3.3　监理项目文件收集、整理流程参见附录A.3。

5.4　施工、安装及调试单位

5.4.1　应收集、整理施工、安装及调试项目文件，经监理审核后向建设单位移交。

5.4.2　对分包工程形成的项目文件进行审查，履行签章手续。

5.4.3　应按有关规定和合同约定编制竣工图及竣工

图编制说明。

5.4.4 施工、安装及调试项目文件收集、整理流程参见附录 A.4。

5.5　总承包单位

5.5.1 应按照合同约定的总承包范围，收集、整理在工程建设活动中形成的文件，并将各分包单位形成的档案进行汇总、整理、审查后，向建设单位移交。

5.5.2 应对各分包单位的档案管理实行监督、检查与指导。

5.5.3 应负责对各分包单位移交的项目文件进行审查、验收。

5.6　运行单位

5.6.1 应确定项目档案管理机构，建立健全项目档案管理体系，配备档案管理人员，配置满足档案管理、安全保管和利用需求的设施设备。

5.6.2 接收、保管建设单位及相关参建单位移交的档案。

6　项目文件编制

6.1 项目文件应真实、准确、完整，符合国家和行业有关标准要求。

6.2 项目文件应字迹清楚、图样清晰、图表整洁、签字认可、手续完备，保证有效性。其载体及书写、制成和装订材料应符合耐久性要求。

6.3 原材料质量证明文件，应按种类、型号、使用部位等特征建立跟踪管理台账。

6.4 设计更改文件，宜按单位工程、分部工程、专业等编制设计更改台账。

6.5 非纸质载体文件归档时，应编制文字说明，并在对应的纸质案卷的备考表中填写互见号。

6.6 竣工图应与项目的实际情况相符，并编制竣工图总说明及各专业编制说明。

6.7 编制单位折叠竣工图时，图幅向里，图标栏外露。

6.8 竣工图应使用红色印泥，加盖在标题栏上方空白处，图章样式及尺寸见图 1。

7　项目文件收集

7.1　收集范围

项目建设过程中形成的文字、图表及声像等各种载体形式的具有保存价值的文件材料参照附录 B 规定收集，附录 B 中未涵盖的项目文件可按工程实际情况确定并补充。

7.2　鉴定原则

7.2.1 应根据项目文件具有的凭证、查考作用和历史研究价值来判定是否归档，并确定保管期限。

7.2.2 档案保管期限分为永久、30 年和 10 年。自竣工验收移交归档的时间起算。

7.3　收集要求

7.3.1 项目文件应完整，签署手续应完备，并实时收集。

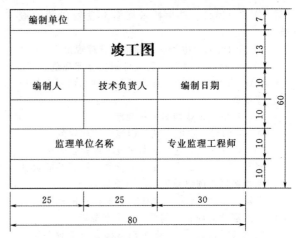

图 1　竣工图图章样式及尺寸（单位：mm）

7.3.2 项目文件应为原件，因故无原件的可将具有凭证作用的文件归档。

7.3.3 非承办、主送和抄送本单位的文件，可提供复制件，材料供应等重要文件可加盖供应单位印章。

7.3.4 字迹易褪变的文件应复制后，与原件一并归档，且符合保存要求。

8　项目文件整理

8.1　分类

8.1.1 按照水电建设项目文件的来源、建设阶段、专业性质和特点等进行分类。

8.1.2 类目设置应避免交叉，保持相对稳定性。

8.1.3 根据档案形成特点，项目文件设置：6 类为电力生产类，7 类为科研开发类，8 类为项目建设类，9 类为设备仪器类。

6 类划分为三级类目，7 类划分为二级类目，8 类、9 类划分为三级或四级类目。建设单位档案分类参见附录 C。

8.1.4 档号标识由项目代号或年度、分类号和案卷流水号三组代码构成，分别用阿拉伯数字标识。三组代码之间用"–"分隔。档号标识见图 2。

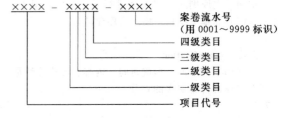

图 2　档号标识

需说明流域的工程，可在项目代号前加流水号。案卷流水号设为 4 位数码。

8.1.5 分类使用说明。

8.1.5.1 6 类（电力生产类）和 7 类（科研开发类）

项目代号,用年度标识。档号按图3、图4标识。

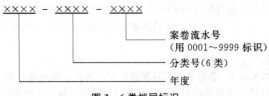

图3 6类档号标识

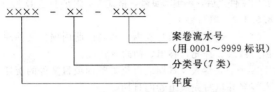

图4 7类档号标识

8.1.5.2 8类（项目建设类）和9类（设备仪器类）项目代号,前两位数为工期号或梯级号,后两位数为机组号,各期工程的机组号连续编制,档号按图5标识。

共用部分的项目代号,前两位数为工期号或梯级号,后两位数用"00"标识,档号按图6标识。

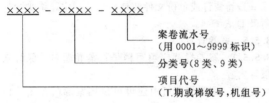

图5 8类、9类档号标识

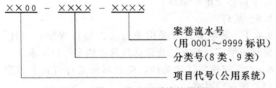

图6 8类、9类公用系统档号标识

8.2 组卷

8.2.1 组卷原则

8.2.1.1 组卷应遵循文件的形成规律和成套性特点,保持卷内文件的有机联系,区分不同价值,便于保管和利用。

8.2.1.2 应根据卷内文件的内容和数量组成一卷或多卷。

8.2.1.3 独立成套、成册的项目文件,应保持其原貌,不宜拆散重新组卷。

8.2.2 组卷方法

8.2.2.1 项目前期及管理文件、建设过程文件、竣工验收文件、生产准备文件,应按工程阶段、问题,结合来源、时间组卷。

8.2.2.2 设计文件分阶段、专业组卷。

8.2.2.3 施工、安装文件应按单位、分部、单元等工程组卷。

8.2.2.4 监理自身形成的文件,应按问题、文种、时间等特征组卷。

8.2.2.5 原材料质量证明、试验文件,按材料种类、型号等组卷。

8.2.2.6 设备文件应按设备成套性特点,分专业、系统按台（套）组卷。

8.2.2.7 质量监督文件应按工程阶段、时间组卷。

8.3 排列

8.3.1 案卷排列

8.3.1.1 施工质量验收文件宜依据单位工程质量验收划分表,按单位工程、分部工程、单元工程质量验收排列。

8.3.1.2 监理文件宜按管理文件、监理记录、监理日志、监理会议文件、监理月报、监理总结等顺序排列。

8.3.1.3 原材料质量证明文件宜按材料种类排列。

8.3.1.4 设备文件宜根据系统、种类,按台（套）排列。

8.3.1.5 施工图、竣工图应按专业顺序排列。

8.3.1.6 运行文件应按调度运行、设备运行、安全监测、生产技术排列。

8.3.2 卷内文件排列

8.3.2.1 项目前期及管理、建设过程管理、项目竣工阶段等形成的文件,应按结论性文件、依据性文件,审批文件、报审文件,批复、请示、正文、附件,文字、图纸,译文、原文依次排列。

8.3.2.2 工程设计更改文件,宜分专业,按更改文件的流水号依次排列。

8.3.2.3 施工管理文件,宜按开工审批、施工方案、措施、作业指导书、技术交底、计量与支付、竣工验收报告、设计更改文件、设备与原材料等顺序排列。

8.3.2.4 施工记录宜按施工程序排列。

8.3.2.5 设备文件,宜按设备随机文件清单排列。

8.3.2.6 试验报告、设备缺陷通知单及消缺签证单、强制性条文执行记录依次排列在施工记录之后。

8.3.2.7 施工质量验收文件,宜按报验单、验收表等依次排列。

8.3.2.8 原材料质量证明文件,宜按原材料进场报验单、出厂质量证明、复检委托单及复检报告顺序排列。

8.3.2.9 监理文件宜按问题、时间排列。

8.3.2.10 施工图、竣工图宜按图号顺序排列。

8.4 编号

8.4.1 件号

应依卷内文件排列顺序逐件编号,在文件首页上方的空白位置加盖档号章,并填写档号和序号,格式参见图7。

8.4.2 页号

8.4.2.1 应在有效内容的页面上编写文件页号。页号位置:单面的,在文件右下角;双面的,正面在右

图 7　档号章样式（单位：mm）

下角，反面在左下角。

8.4.2.2　页号应根据案卷的装订形式进行编写。整卷装订的，卷内文件从"1"开始编写页号，件与件之间页号连续编写；按件装订的，每份文件从"1"编写页号，件与件之间不连续编号。

8.4.2.3　施工图、竣工图或印刷成册已有页码的项目文件，不必另行编写页号。

8.5　编目

8.5.1　案卷目录

8.5.1.1　案卷目录应填写序号、档号、案卷题名、总页数、保管期限等内容，格式参见附录 D 表 D.1。

8.5.1.2　填写要求：

——档号由项目代号、分类号、案卷流水号组成。

——案卷题名应根据案卷的具体情况，简明、准确地揭示卷内文件的内容，主要包括建设项目名称、单位或分部等工程名称、设备名称或代字（号）、结构、阶段名称、文件类型等。外文归档材料无译文的应译出标题和目录。

——应填写保管期限。同一案卷内有不同期限的文件时，保管期限从长。

——应依据国家有关档案保密规定划定密级。同一案卷内有不同密级文件时，密级从高。

8.5.2　卷内目录

8.5.2.1　排列在卷内文件首页之前，不编写页号，格式参见附录 D 表 D.2。

8.5.2.2　填写要求

——序号用阿拉伯数字表示，应依次标注文件在卷内排列的顺序，各案卷之间序号不连续，每卷均从1起编号。

——文件编号应填写文件的文号或编号、图样的图号等。

——责任者应填写文件形成单位的全称或单位规范的简称。合同文件应填写主要责任方。报验文件应填写报验责任单位。

——文件题名应填写文件全称。无文件题名或题名不明确、不准确、不完整的，应由组卷人根据文件内容重新拟写，外加"〔 〕"。

——日期应填写文件流转结束最终责任人（单位）签署盖章的日期（年、月、日）。

——页数（号）应按装订形式分别编写。整卷装订

的，应填写每份文件起始页号，最后一个文件填写起止页号；按件装订的，应按件填写每份文件的页数。

——备注中应根据该案卷内的实际情况，填写说明和互见号。

8.5.3　备考表

8.5.3.1　备考表应填写案卷内文件的总件数或总页数，以及在案卷提供利用中需要说明的问题。备考表排列在卷内文件之后，不编写页号，格式参见附录 D 表 D.3。

8.5.3.2　填写要求：

——说明中应填写卷内、盒内或册内项目文件缺损、修改、补充、移出、销毁等情况。

——立卷人及日期应由负责整理项目文件的责任人签名并填写完成组卷的日期。

——检查人及日期应由负责案卷质量检查人签名并填写日期。

——互见号应填写反映同一内容而载体不同且另行保管的档案档号，同时应注明其载体形式。

8.5.4　案卷封面

案卷封面由建设单位根据档案装订形式的实际情况（整卷装订或单份文件装订）统一规定，格式参见附录 D 表 D.4。

8.5.5　案卷脊背

8.5.5.1　案卷脊背应填写档号、案卷题名、保管期限等内容。

8.5.5.2　案卷脊背可由建设单位档案部门在项目档案汇总整理后统一填写，也可在建设单位档案部门指导下由移交单位填写。

8.6　装订

8.6.1　案卷装订可采用单份文件装订或整卷装订。装订应结实、整齐，装订材料符合档案保护要求。

8.6.2　按件装订的文件，应在每份文件首页上方空白处加盖档号章。

8.6.3　整卷装订厚度应按实际情况确定，便于利用。

8.6.4　对破损的文件，应先修补后再装订。

8.7　卷盒、表格规格及其制成材料

8.7.1　卷皮、卷内表格规格和制成材料应符合规定要求。

8.7.2　案卷装具应根据案卷的厚度选择。

8.8　利用

8.8.1　通过复制、编研或档案管理系统软件检索等方式利用档案信息。

8.8.2　建设单位宜编制专题或分类全引等检索目录，便于多渠道提供档案查询。

9　照片收集与整理

9.1　收集

9.1.1　收集范围

9.1.1.1　建设单位应将项目建设原始地形地貌、重大事件及活动中拍摄的照片列入收集范围。

9.1.1.2　参建单位应及时收集项目建设过程中的形体、隐蔽工程、关键节点、重要工序、地质或施工缺陷、芯样、安全质量过程控制等工程照片。

9.1.2　收集要求

9.1.2.1　照片应与工程建设进度同步形成，及时收集。

9.1.2.2　照片应主题鲜明、影像清晰、画面完整、未加修饰剪裁。

9.1.2.3　同一组照片，应选择能反映事件全貌、突出主题的照片。

9.1.2.4　归档的数码照片应为 JPEG 或 TIFF 格式，符合归档照片质量要求，并刻录符合保管要求的光盘。

9.1.2.5　具有永久保存价值的数码照片，应转换出一套纸质照片同时归档。

9.2　整理

9.2.1　分类、排列

9.2.1.1　照片分类应与纸质档案分类方案一致。

9.2.1.2　照片档案宜按单位工程或问题、专题等排列。

9.2.2　编号、编目

9.2.2.1　照片应逐张整理填写档号。

9.2.2.2　每册照片档案应编制册内目录和备考表，册内目录格式参见附录 D 表 D.5，备考表格式参见附录 D 表 D.3。

9.2.2.3　纸质照片档案宜按张编目，填写档号、题名、时间、摄影者、文字说明。

——档号是固定和反映每张照片的分类与排列顺序的数字代码。

——题名应填写照片的主题内容。同一组照片的题名，应反映同一事件、活动或工程进度、质量的主题内容。

——时间为拍摄的具体时间。

——摄影者应填写拍摄人的姓名。

——文字说明应准确、简明地揭示照片画面的内容，包括人物、时间、地点、事由等要素。

10　电子文件收集与整理

10.1　收集

10.1.1　项目参建单位应制定项目电子文件收集的具体实施细则，收集各项目需归档的电子文件。

10.1.2　收集电子文件的同时应收集其形成的技术环境、相关软件、版本、数据类型、格式、被操作数据、检测数据等相关信息。

10.1.3　电子文件应脱机存储在耐久性好、可长期存储的只读光盘或一次性写入光盘。

10.1.4　电子文件格式应符合 GB/T 18894 的有关规定。扫描电子文件宜为 TIFF 或双层 PDF 格式。

10.1.5　电子文件光盘应一式三套，一套封存、一套异地保管、一套提供利用。

10.2　整理

10.2.1　电子文件分类应与纸质档案分类方案一致。

10.2.2　根据分类，按文件类目建立层级文件夹。

10.2.3　存储载体宜按"项目代号-分类号-光盘顺序号"编号。分类号宜采用1级或2级类目。

10.2.4　存储载体应进行标识，注明编号、保管期限、日期等信息。

10.2.5　项目建设单位应填写"电子文件移交与接收登记表"；格式参见附录 D 表 D.6。

11　实物档案收集与整理

11.1　收集

11.1.1　项目参建单位应制定项目实物档案归档制度，收集各项目需归档的实物档案。

11.1.2　实物档案归档范围。

11.1.2.1　项目奖状、奖杯、奖牌、荣誉证书等。

11.1.2.2　建设过程形成的需要保存的重要部位岩芯及其他与工程质量相关的实物。

11.1.2.3　其他有保存价值的实物。

11.1.3　实物档案应保持整洁，并拍照归档。

11.2　整理

11.2.1　实物档案宜按种类进行分类整理。

11.2.2　实物档案宜按种类结合时间进行排列，也可按归档时间顺序排列。

11.2.3　实物档案应按分类方案和排列顺序逐件编档号，并在不影响实物品相的合适位置粘贴标签，填写档号。

11.2.4　实物档案应编制目录，宜设置档号、题名、类别、来源、形成日期、数量、保管期限、互见号、存放地点、备注等项目。

12　项目档案移交

12.1　移交单位应编制项目文件归档说明，参照附录 D填写"水电建设项目档案交接签证表"（一式二份），经接收单位核查，双方签字确认，各留一份存档。

12.2　总承包单位应将形成的文件汇总整理，编制项目文件归档说明，填写"水电建设项目档案交接签证表"（一式二份），向建设单位移交。

12.3　合同工程完工后，建设单位应按本标准要求组织有关单位对将移交档案的完整性、准确性、系统性进行审查。

12.4　移交份数一般一式一份，合同另有约定时按合同执行。需移交有关单位的按相关规定执行。

12.5　参建单位应按职责范围、合同约定和本标准规定，向建设单位移交归档。

12.5.1　一般在实体工程（分部、单位工程）验收签证后 90 天内移交归档。

12.5.2　合同工程完工验收签证后 90 天内完成移交归档。

12.5.3　尾工项目完工后及时移交归档。

12.6　工程移交生产后 6 个月内，建设单位向运行单位移交归档。

附录 A
（资料性附录）
项 目 文 件 管 理 流 程

A.1　建设单位项目文件管理流程

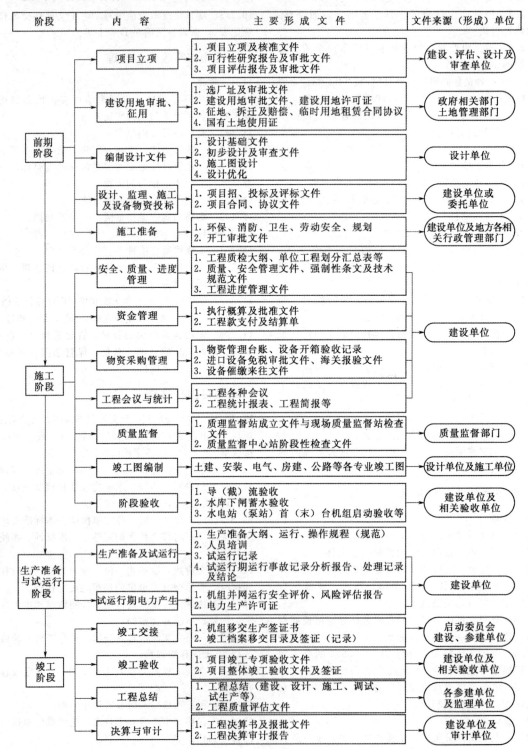

阶段	内容	主要形成文件	文件来源（形成）单位
前期阶段	项目立项	1. 项目立项及核准文件 2. 可行性研究报告及审批文件 3. 项目评估报告及审批文件	建设、评估、设计及审查单位
	建设用地审批、征用	1. 选厂址及审批文件 2. 建设用地审批文件、建设用地许可证 3. 征地、拆迁及赔偿、临时用地租赁合同协议 4. 国有土地使用证	政府相关部门土地管理部门
	编制设计文件	1. 设计基础文件 2. 初步设计及审查文件 3. 施工图设计 4. 设计优化	设计单位
	设计、监理、施工及设备物资投标	1. 项目招、投标及评标文件 2. 项目合同、协议文件	建设单位或委托单位
	施工准备	1. 环保、消防、卫生、劳动安全、规划 2. 开工审批文件	建设单位及地方各相关行政管理部门
施工阶段	安全、质量、进度管理	1. 工程质检大纲、单位工程划分汇总表等 2. 质量、安全管理文件、强制性条文及技术规范文件 3. 工程进度管理文件	建设单位
	资金管理	1. 执行概算及批准文件 2. 工程款支付及结算单	
	物资采购管理	1. 物资管理台账、设备开箱验收记录 2. 进口设备免税审批文件、海关报验文件 3. 设备催缴来往文件	
	工程会议与统计	1. 工程各种会议 2. 工程统计报表、工程简报等	
	质量监督	1. 质理监督站成立文件与现场质量监督站检查文件 2. 质量监督中心站阶段性检查文件	质量监督部门
	竣工图编制	土建、安装、电气、房建、公路等各专业竣工图	设计单位及施工单位
	阶段验收	1. 导（截）流验收 2. 水库下闸蓄水验收 3. 水电站（泵站）首（末）台机组启动验收等	建设单位及相关验收单位
生产准备与试运行阶段	生产准备及试运行	1. 生产准备大纲、运行、操作规程（规范） 2. 人员培训 3. 试运行记录 4. 试运行期运行事故记录分析报告、处理记录及结论	建设单位
	试运行期电力产生	1. 机组并网运行安全评价、风险评估报告 2. 电力生产许可证	
竣工阶段	竣工交接	1. 机组移交生产签证书 2. 竣工档案移交目录及签证（记录）	启动委员会建设、参建单位
	竣工验收	1. 项目竣工专项验收文件 2. 项目整体竣工验收文件及签证	建设单位及相关验收单位
	工程总结	1. 工程总结（建设、设计、施工、调试、试生产等） 2. 工程质量评估文件	各参建单位及监理单位
	决算与审计	1. 工程决算书及报批文件 2. 工程决算审计报告	建设单位及审计单位

A.2　勘测、设计单位项目文件管理流程

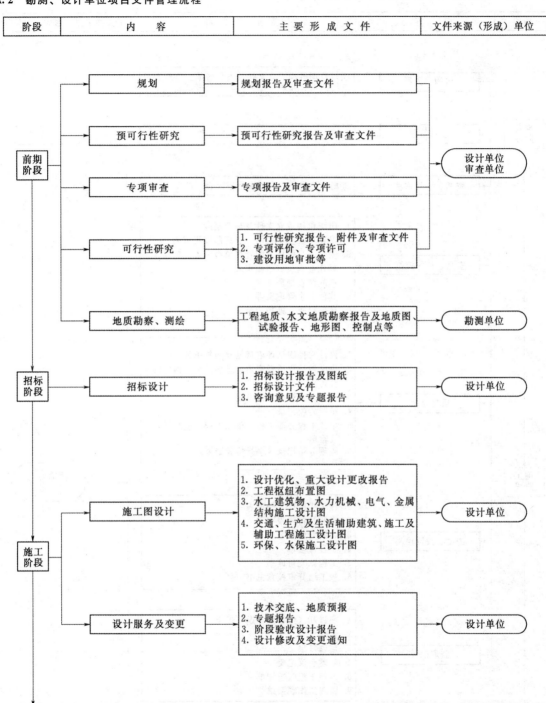

| 阶　段 | 内　　　容 | 主　要　形　成　文　件 | 文件来源（形成）单位 |

A.3　监理（设备监造）单位项目文件管理流程

阶段	内　容	主 要 形 成 文 件	文件来源（形成）单位

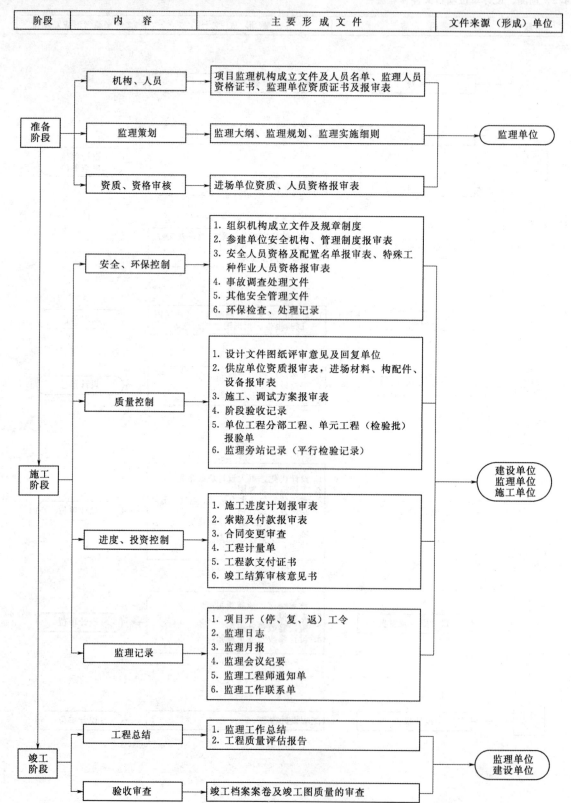

准备阶段

机构、人员 → 项目监理机构成立文件及人员名单、监理人员资格证书、监理单位资质证书及报审表

监理策划 → 监理大纲、监理规划、监理实施细则 → 监理单位

资质、资格审核 → 进场单位资质、人员资格报审表

施工阶段

安全、环保控制 →
1. 组织机构成立文件及规章制度
2. 参建单位安全机构、管理制度报审表
3. 安全人员资格及配置名单报审表、特殊工种作业人员资格报审表
4. 事故调查处理文件
5. 其他安全管理文件
6. 环保检查、处理记录

质量控制 →
1. 设计文件图纸评审意见及回复单位
2. 供应单位资质报审表，进场材料、构配件、设备报审表
3. 施工、调试方案报审表
4. 阶段验收记录
5. 单位工程分部工程、单元工程（检验批）报验单
6. 监理旁站记录（平行检验记录）

建设单位
监理单位
施工单位

进度、投资控制 →
1. 施工进度计划报审表
2. 索赔及付款报审表
3. 合同变更审查
4. 工程计量单
5. 工程款支付证书
6. 竣工结算审核意见书

监理记录 →
1. 项目开（停、复、返）工令
2. 监理日志
3. 监理月报
4. 监理会议纪要
5. 监理工程师通知单
6. 监理工作联系单

竣工阶段

工程总结 →
1. 监理工作总结
2. 工程质量评估报告

监理单位
建设单位

验收审查 → 竣工档案案卷及竣工图质量的审查

A.4　施工、安装及调试单位项目文件管理流程

阶段	内　容	主　要　形　成　文　件	文件来源（形成）单位

准备阶段 → 施工管理策划 →
1. 施工组织设计和专业施工组织设计
2. 施工质量验收范围划分表
3. 工程建设强制性条文实施方案及清单
4. 施工方案、作业指导书编审计划
5. 安全及职业健康管理方案、重大起重运输方案措施
6. 调试大纲及调试计划
7. 专业系统、整套试运调试方案及审查
8. 其他各项管理方案（包含强条执行、绿色施工、达标创优等）

→ 施工单位 安装单位 调试单位

施工阶段 → 施工记录 →
1. 开工报审、现场质量保证措施
2. 施工方案及报批、技术交底记录
3. 设备、材料及构件出厂质量证明
4. 材料试验报告
5. 设计更改通知单、材料借用审批单、设备缺陷单
6. 施工定位测量、复核记录
7. 施工技术记录
8. 强条执行检查记录
9. 工程施工检验检测报告、设备试转记录

→ 施工单位 安装单位

调试阶段 → 系统调试 →
1. 启动调试报告
2. 闸门调试记录
3. 升船机等调试记录
4. 材料试验报告
5. 调压井等调试记录及报告
6. 调试质量验收签证

→ 机组启动调试 →
1. 机组调试大纲
2. 试运行记录
3. 调试工作报告
4. 调试质量验收报告
5. 移交记录

→ 施工单位 安装单位 调试单位

竣工阶段 → 竣工图编制 → 竣工图

→ 竣工移交 →
1. 施工、调试工程总结
2. 竣工档案及移交签证

→ 施工单位 安装单位 调试单位

附录 B
（资料性附录）
建设单位项目档案分类、各参建单位主要项目文件归档范围及保存单位

建设单位项目档案分类、各参建单位主要项目文件归档范围及保存单位见表 B.1。

表 B.1　建设单位项目档案分类、各参建单位主要项目文件归档范围及保存单位

分类号	类目名称	归档范围		执行标准	责任单位		保存单位及保管期限					备注
		分目	主要项目文件		来源	组卷	建设	设计	监理	施工	运行	
6	电力生产											
60		综合										
600		企业技术和管理	系统图、企业系统图、企业标准（运行、检修规程、技术标准、规则、导则、条例等）、基础技术标准及作业指导书等		运行单位	运行单位					30 年	
			生产技术、安全管理、运行管理、检修维护管理、计划物资管理、综合管理等		运行单位	运行单位					30 年	
			安全生产管理（含防汛、消防）包括制度、规定、办法、方案、预案等		运行单位	运行单位					30 年	
			安全生产总结等		运行单位	运行单位					30 年	
			会议纪要等		运行单位	运行单位					30 年	
			招投标及合同协议等		运行单位	运行单位					30 年	
601		生产准备	生产准备机构成立文件及人员配置计划		运行单位	运行单位					30 年	
			生产准备大纲（方案）、计划及报批文件		运行单位	运行单位					30 年	
			生产人员培训策划、计划、考核、总结等		运行单位	运行单位					10 年	
			信息系统建设		运行单位	运行单位					30 年	
			安全工器具、仪器仪表、通用工器具及保护定值清单		运行单位	运行单位					30 年	

续表

分类号	类目名称	分目	归档范围 主要项目文件	执 行 标 准	责任单位 来源	责任单位 组卷	保存单位及保管期限 建设	保存单位及保管期限 设计	保存单位及保管期限 监理	保存单位及保管期限 施工	保存单位及保管期限 运行	备注
601	生产准备		电力业务许可证	《电力业务许可证管理规定》（电监会令第9号）	原国家电力监管委员会	运行单位					30年	
			机组并网运行安全性评价文件等	GB/T 28566—2012《发电机组并网安全条件及评价》	运行单位、电网公司	运行单位					30年	
602	安全生产、职业健康及环境保护	安全管理记录	安全检查记录、应急演练记录	《发电企业安全生产标准化规范及达标评级标准》（电监安全〔2011〕23号）、《电力安全生产标准化达标评级管理办法（试行）》（电监安全〔2011〕28号）、《电力安全生产标准化达标评级实施细则（试行）》（办安全〔2011〕83号）、《电力安全事故应急处置和调查处理条例》（国务院令第599号）	运行单位	运行单位					10年	
		安全事件、事故处理	培训、教育、考核资料，事故报告、调查报告、处理报告等		运行单位	运行单位					10年	
		防汛	度汛方案及实施记录等		运行单位	运行单位					永久	
		消防	消防器材、检查记录等		运行单位	运行单位					10年	
			各种消防器材检验报告、合格证、质量证明书等		运行单位	运行单位					30年	
		职业健康	职业健康管理方案及实施记录等	GB 28001—2011《职业健康安全管理体系 要求》	运行单位	运行单位					10年	
		环境保护	环保检测包括废水、废气、噪声、空气质量等检测报告	GB 8978—1996《污水综合排放标准》、GB 13223—2011《火电厂大气污染物排放标准》、GB 12348—2008《工业企业厂界环境噪声排放标准》、GB 3095—1996《环境空气质量标准》	运行单位	运行单位					10年	

续表

分类号	类目名称	分目	主要项目文件	执行标准	来源	组卷	建设	设计	监理	施工	运行	备注
603	计量		计量管理规定、办法、总结等		运行单位	运行单位					30年	
			计量设备、仪器、器具定期检查记录、台账		运行单位	运行单位					30年	
604	备品备件		清单、出(入)库台账等		运行单位	运行单位					30年	
609	其他											
61	调度运行											
610	综合		水库运行基本资料(包括水库设计运行特性、库容曲线、调度图、水位与容积、面积、泄洪特性、水库运行综合情况表、水文、水温、气象资料、历年洪水特性、洪水调节方案资料及各种图表等)		运行单位	运行单位					永久	
			电力运行主要参数(发电水头、出力等)		运行单位	运行单位					30年	
			运行日志(值长日志及记事本)		运行单位	运行单位					10年	
			水库运行方案、计划、总结及调度手册等		运行单位	运行单位					30年	
			水库运行月报、年报及简报(包括蓄水量、水量平衡计算、洪水预报、入库流量等运行数据的记录、分析)		运行单位	运行单位					30年	
611	水库运行	水文气象	水文、水情记录(流域内各水文站水位、流量等)及汇编		运行单位	运行单位					永久	
			气象记录(各电站降雨量、蒸发量、气温等气象记录及报表)及汇编		运行单位	运行单位					30年	
		泥沙及防治	沙量测量数据、排沙情况及水质检验等		运行单位	运行单位					30年	

续表

分类号	类目名称	分目	归档范围（主要项目文件）	执行标准	责任单位		保存单位及保管期限					备注
					来源	组卷	建设	设计	监理	施工	运行	
612	电力运行		电力运行方案、计划、总结及调度手册等		运行单位	运行单位					30年	
			发电运行数据记录、报表（计划出力、发电量与发电用水量等运行数据的记录、分析）		运行单位	运行单位					30年	
			运行指标包括运行技术经济指标统计（日报表）、指标分析和评价		运行单位	运行单位					30年	
613	综合利用	灌溉	运行方案、计划及调度记录等		运行单位	运行单位					30年	
			运行数据记录及报表等		运行单位	运行单位					30年	
		航运	运行方案、计划及调度记录等		运行单位	运行单位					30年	
			运行数据记录及报表等		运行单位	运行单位					30年	
		其他（养殖等）	运行方案、计划及运行数据记录及报表等		运行单位	运行单位					10年	
619	其他											
62	设备运行											
620	综合		技术标准、方案（实施细则）、运行状况等方面的分析报告和总结等		运行单位	运行单位					30年	
621	运行与维护		设备运行和维护（缺陷）记录、台账等		运行单位	运行单位					30年	
622	检修		有关油、气、水检验、检测分析的专题总结及处理意见等		运行单位	运行单位					10年	
			设备检修可行性研究报告、方案、措施、施工记录、试验报告、验收总结及竣工报告等		运行单位	运行单位					10年	
629	其他											
63	安全监测											

续表

分类号	类目名称	归档范围		执行标准	责任单位		保存单位及保管期限					
		分目	主要项目文件		来源	组卷单位	建设	设计	监理	施工	运行	备注
630	综合		枢纽建筑物基本运行参数		运行单位	运行单位					永久	
			运行技术标准、方案、计划和总结等		运行单位	运行单位					永久	
			大坝安全检查、评级和注册		运行单位	运行单位					10年	
			建筑物巡检检记录		运行单位	运行单位					30年	
			维修、改建及加固施工方案、施工记录及加固工程验收等		运行单位	运行单位					永久	
631	水工建筑物		维修、改建及加固工程验收文件（竣工报告、竣工图、验收签证）	DL/T 5178—2003《混凝土坝安全监测技术规范》、DL/T 5209—2005《混凝土坝安全监测资料整编规程》、SL 551—2012《土石坝安全监测技术规范》、DL/T 5256—2010《土石坝安全监测资料整编规程》	运行单位	运行单位					永久	
			设备仪器检查和维修记录、台账、报表等		运行单位	运行单位					永久	
			观测原始记录		运行单位	运行单位					永久	
			观测月报、年报等		运行单位	运行单位					永久	
			观测分析成果（专题）报告		运行单位	运行单位					永久	
			边坡加固、处理工程施工方案、施工记录及质量验收等		运行单位	运行单位					30年	
632	边坡		加固、处理工程竣工验收文件（竣工报告、竣工图、验收签证等）		运行单位	运行单位					永久	
			设备仪器检查和维修记录、台账等		运行单位	运行单位					永久	
			观测原始记录		运行单位	运行单位					永久	
			观测月报、年报等		运行单位	运行单位					永久	
			观测分析成果（专题）报告		运行单位	运行单位					永久	

续表

分类号	类目名称	分目	主要项目文件	执 行 标 准	来源	组卷	建设	设计	监理	施工	运行	备注
			运行技术标准、方案等		运行单位	运行单位					永久	
			检查和维护记录、台账等，包括机房值班日志、地震分析卡、交切图，预报、简报等观测原始记录及整编资料	DL/T 5146—2009《水工建筑物强震动安全监测技术规范》	运行单位	运行单位					永久	
633	地震		观测原始记录		运行单位	运行单位					永久	
			观测月报、年报等		运行单位	运行单位					永久	
			观测分析成果（专题）报告		运行单位	运行单位					永久	
634	水文、气象、地质											
639	其他											
64	生产技术											
640	综合											
641	全厂性试验		全厂性试验包括机组稳定性试验、发电机定子、转子预防性试验，机组一次调频及自动发电整制、全网试验等	DL/T 507—2014《水轮发电机组启动试验规程》、DL/T 596—1996《电力设备预防性试验规程》	运行单位	运行单位					30年	
642	技术改造		技术改造包括系统改造（改进）方案、计划、实施记录、竣工报告、验收结论等		运行单位	运行单位					30年	
643	技术监督		技术监督（绝缘、继电保护及安全自动装置、励磁、节能、环保、金属、化学、热工、电能质量、水工、水机、电测、计量、无功、信息、通信、自动化等）网络、计划；年度电气事故反事故技术措施等	DL/T 1051—2007《电能技术监督导则》	电力科研单位	运行单位					10年	
			技术监督报告（报表）、分析报告及总结等		运行单位	运行单位					10年	

续表

分类号	类目名称	归档范围		执行标准	责任单位		保存单位及保管期限					备注
		分目	主要项目文件		来源	组卷	建设	设计	监理	施工	运行	
644	可靠性管理		可靠性管理包括设备（发电机组及附属设备）可靠性统计月报表、分析报告及评价等	DL/T 793—2012《发电设备可靠性评价规程》	运行单位	运行单位					10年	
649	其他											
69	其他											
7	科研开发											
70	综合		招投标及合同等		建设单位	建设单位	30年					
71	项目前期课题研究		科研项目的调研、方案论证、立项审批及科研任务书等		申报单位	申报单位	30年					
			科研大纲、方案、记录及专题报告、项目结题报告等		申报单位	申报单位	30年					
			咨询、成果申报、评审、鉴定、获奖证书等		申报单位	申报单位	30年					
			科研项目决算、项目总结报告等		申报单位	申报单位	30年					
			往来文函及会议纪要等		申报单位	申报单位	30年					
72	土建工程		科研项目的调研、方案论证、立项审批及科研任务书等		申报单位	申报单位	30年					
			科研大纲、方案、记录及专题报告、项目结题报告等		申报单位	申报单位	30年					
			咨询、成果申报、评审、鉴定、获奖证书等		申报单位	申报单位	30年					
			科研项目决算、项目总结报告等		申报单位	申报单位	30年					
73	机电及金属结构工程		科研大纲、方案、记录及专题报告、项目结题报告等		申报单位	申报单位	30年					
			咨询、成果申报、评审、鉴定、获奖证书等		申报单位	申报单位	30年					
			科研项目决算、项目总结报告等		申报单位	申报单位	30年					
			往来文函及会议纪要等		申报单位	申报单位	30年					

续表

分类号	类目名称	归档范围 分目	归档范围 主要项目文件	执行标准	责任单位 来源	责任单位 组卷	保存单位及保管期限 建设	设计	监理	施工	运行	备注
74	环境保护、水土保持工程		科研项目的调研、方案论证、立项审批及科研任务书等		申报单位	申报单位	30年					
			科研大纲、方案、记录及专题报告、项目结题报告等		申报单位	申报单位	30年					
			咨询、成果申报、评审、鉴定、获奖证书等		申报单位	申报单位	30年					
			科研项目决算、项目总结报告等		申报单位	申报单位	30年					
			往来文函及会议纪要等		申报单位	申报单位	30年					
75	安全监测工程		科研项目的调研、方案论证、立项审批及科研任务书等		申报单位	申报单位	30年					
			科研大纲、方案、记录及专题报告、项目结题报告等		申报单位	申报单位	30年					
			咨询、成果申报、评审、鉴定、获奖证书等		申报单位	申报单位	30年					
			科研项目决算、项目总结报告等		申报单位	申报单位	30年					
			往来文函及会议纪要等		申报单位	申报单位	30年					
76	生产运行		科研项目的调研、方案论证、立项审批及科研任务书等		申报单位	申报单位	30年					
			科研大纲、方案、记录及专题报告、项目结题报告等		申报单位	申报单位	30年					
			咨询、成果申报、评审、鉴定、获奖证书等		申报单位	申报单位	30年					
			科研项目决算、项目总结报告等		申报单位	申报单位	30年					
77	管理软科学		科研项目的调研、方案论证、立项审批及科研任务书等		申报单位	申报单位	30年					
			科研大纲、方案、记录及专题报告、项目结题报告等		申报单位	申报单位	30年					

续表

分类号	类目名称	分目	主要项目文件	执行标准	来源	组卷	建设	设计	监理	施工	运行	备注
77	管理软科学		咨询、成果申报、评审、鉴定、获奖证书等		申报单位	申报单位	30年					
			科研项目决算、项目总结报告等		申报单位	申报单位	30年					
			往来文函及会议纪要等		申报单位	申报单位	30年					
79	其他											
8	项目建设											
80	项目建设立项											
800	综合											
801	规划		河流水电（抽水蓄能选点）规划报告（含附图）、咨询、审查及批复（含项目建议书及批复）	DL/T 5042—2010《河流水电规划编制规范》	设计单位、审查单位	建设单位	永久	永久				
			河流流域规划环境影响报告（含附图）、公众参与调查表、审查及批复（如涉及自然保护区，需办理相关手续）	《中华人民共和国环境影响评价法》、《规划环境影响评价条例》（国务院令[2009]第559号）、《河流水电规划环境影响报告书审查暂行办法》（发改能源[2011]2242号）	设计单位、审查单位	建设单位	永久	永久				
			电站建设规划符合性论证报告及审查意见		设计单位、审查单位	建设单位	永久	永久				如有
			电站列入五年电力规划或规划调整规划（电站进入国家电力规划）	DL/T 5042—2010	政府主管部门	建设单位	永久	永久				
			规划阶段来往函件及会议纪要等		设计单位、建设单位	建设单位	永久	永久				如有
			地方政府主管部门关于同意开展工程前期工作的通知		政府主管部门	建设单位	永久	永久				
802	预可行性研究		预可行性研究报告（含附图）、咨询、审查及批复	DL/T 5206—2005《水电工程预可行性研究报告编制规程》	设计单位、审查单位	建设单位	永久	永久				

续表

分类号	类目名称	归档范围		执行标准	责任单位		保存单位及保管期限					备注
		分目	主要项目文件		来源	组卷	建设	设计	监理	施工	运行	
802	预可行性研究		构造稳定性专题研究报告及审查意见	DL/T 5206—2005 第7.2条	设计单位、审查单位	建设单位	永久	永久				
			场地地震安全性评价报告及批复		设计单位、审查单位	建设单位	永久	永久				
			河流段输电线路设计报告及审查意见		设计单位、审查单位	建设单位	永久	永久				如有
			关于项目资本金筹措的决定		股东会	建设单位	永久					如有
			项目银行贷款承诺函		相关银行总行	建设单位	永久					如有
			项目资本金出资承诺函		各股东方	建设单位	永久					如有
			有关地区和部门的书面文件（包括有关单位提供资金的意向性文件；具有通航任务的项目，附航道主管部门的初步意见；跨行政区或对其他行政区、部门利益有影响的项目应附具有关行政区和部门的书面意见等）		政府主管部门	建设单位	永久					
803	可行性研究		预可行性研究阶段来往函件及纪要		设计单位、审查单位	建设单位	永久	永久				
8030	综合		国家主管部门关于同意开展前期工作的通知		政府主管部门	建设单位	永久					
			可行性研究阶段来往函件及纪要		建设单位	建设单位	永久					
8031	可行性研究报告		可行性研究报告、咨询、审查及批复意见	DL/T 5020—2007《水电工程可行性研究报告编制规程》	设计单位、审查单位	建设单位	永久	永久				
			项目可行性研究坝址选择报告及审查意见	DA/T 28—2002《国家重大建设项目文件归档要求与档案整理规范》表A.1	设计单位、审查单位	建设单位	永久	永久				

续表

分类号	类目名称	分目	主要项目文件	执行标准	责任单位		保存单位及保管期限					备注
			归档范围		来源	组卷	建设	设计	监理	施工	运行	
8031	可行性研究报告		正常蓄水位选择专题报告及审查意见	DL/T 5020—2007 第3.0.6条	设计单位、审查单位	建设单位	永久	永久				
			施工总布置规划专题报告及审查意见	DL/T 5020—2007 第3.0.6条	设计单位、审查单位	建设单位	永久	永久				
			抗震措施专题研究报告及审查意见	DL 5073—2000《水工建筑物抗震设计规范》	设计单位、审查单位	建设单位	永久	永久				
			节能专题研究报告及审查意见	《水电工程可行性研究节能降耗分析篇章编制暂行规定》（水电规科〔2007〕0051号）	设计单位、审查单位	建设单位	永久	永久				
			工程安全监测报告及审查意见	DL/T 5020—2007 第9.10.3条	设计单位、审查单位	建设单位	永久	永久				
			水情自动测报系统设计报告	DL/T 5020—2007 第3.0.6条	设计单位	建设单位	永久	永久				
			水工模型试验报告及其他试验研究报告		设计单位	建设单位	永久	永久				
			有关工程综合利用、铁路公路等专业项目及其他设施改建、设备制造等方面的协议书及主要有关资料		建设单位	建设单位	永久	永久				
			水文分析复核有关报告		设计单位	建设单位	永久	永久				
			机电、金属结构设备专题报告		设计单位	建设单位	永久	永久				
			工程地质勘测报告		设计单位	建设单位	永久	永久				
8032	专项评价	环境保护	环境影响报告书（表）、公众参与调查表、有关环境监测评价、咨询及审核有关文件		设计单位、政府主管部门	建设单位	永久	永久				
			环境保护专项设计方案及审批文件		设计单位、政府主管部门	建设单位	永久	永久				
		水土保持	水土保持方案报告（大纲）、咨询及审批文件		设计单位、审查单位	建设单位	永久	永久				

续表

分类号	类目名称	分目	归档范围 主要项目文件	执行标准	责任单位 来源	责任单位 组卷	建设	设计	监理	施工	运行	备注
		消防	消防设计审查专题报告、图册及审查意见等	GA 836—2009《建设工程消防验收评定规则》	设计单位、审查单位	建设单位	永久	永久				
		劳动安全与工业卫生	安全设施设计审查意见书和劳动安全与工业卫生评价大纲、报告、审批文件、备案稿等	《水电水利建设项目（工程）卫生评价工作管理规定》（水电顾问〔2003〕0023号）、DA/T 28—2002表A.4	设计单位、审查单位	建设单位	永久	永久				
8032	专项评价	地震	地震安全性评价报告、备案资料等	《地震安全性评价管理条例》（国务院令〔2002〕第323号）第十五条	设计单位、政府主管部门	建设单位	永久	永久				
		地质灾害	地质灾害危险性评估报告及审查意见、备案登记表	《关于加强地质灾害危险性评估工作的通知》（国土资发〔2004〕69号）	勘测单位、政府主管部门	建设单位	永久	永久				
		水资源	水电站工程水资源评估、论证报告及审批文件	DL/T 5020—2007第3.0.6条、《建设项目水资源论证管理办法》（水利部、国家发展计划委员会令第15号）	设计单位、审查单位	建设单位	永久	永久				
		职业健康	建设项目职业病防护设施设计审查申请书、建设项目职业病危害预评价大纲、报告审核（备案）申请书	《中华人民共和国职业病防治法》	设计单位、审查单位	建设单位	永久	永久				
		防洪	防洪评价报告及审查意见（防洪规划同意书）	《中华人民共和国防洪法》	设计单位、审查单位	建设单位	永久	永久				
		其他										
		文物	建设工程文物调查评价报告、文物保护及考古发掘工作报告等	《中华人民共和国文物保护法》	相关文物考古单位	建设单位	永久	永久				
	文物、矿产资源、取水、取砂等专项许可	矿产资源	压覆矿产资源报告及审查意见	《中华人民共和国矿产资源法》第三十三条	相关地质勘察单位	建设单位	永久	永久				
8033		取水（砂）	取水（砂）申请及审批文件、取水（砂）证	《取水许可管理办法》（水利部令第34号）	建设单位、政府主管部门	建设单位	永久	永久				
		林地	项目征（占）用林地可行性报告及审查意见	《使用林地可行性报告编写规范》（林资发〔2002〕237号）、《占用征用林地审核审批管理规范》（林资发〔2003〕139号）	林业系统相关政府主管部门	建设单位	永久	永久				

续表

分类号	类目名称	归档范围 分目	归档范围 主要项目文件	执行标准	责任单位 来源	责任单位 组卷	建设	设计	监理	施工	运行	备注
8033	文物、矿产资源、取水、取砂等专项许可	电网接入	河流输电规划设计报告及电网接入许可审查意见	《国家电网公司电厂接入系统前期工作管理办法》（国家电网发展〔2005〕266号）总则第二章	相关电网公司	建设单位	永久					
			电站接入系统设计报告及电网接入许可文件	《国家电网公司电厂接入系统前期工作管理办法》（国家电网发展〔2005〕266号）总则第三章	相关电网公司	建设单位	永久					
		其他	工程（预）可行性研究报告（项目申请报告、备案材料）、水工程建设规划同意书论证报告、审核文件、同意书	《水工程建设规划同意书制度管理办法（试行）》（水利部令第31号）	设计单位、政府主管单位	建设单位	永久					
8034	建设征地审批		建设用地评估报告、用地申请及各级政府国土主管部门审批文件、国土资源部建设用地预审建设用地证	DA/T 28—2002 表 A.4	国土系统、相关单位、政府主管部门	建设单位	永久					
			电站占用基本农田评审意见		国土系统、相关单位、政府主管部门	建设单位	永久					
			建设征地规划设计报告、审查意见及建设规划用地许可证、国有土地使用证		设计单位、政府主管部门	建设单位	永久	永久				
8039	其他		项目申请报告（大纲）及批复		建设单位、政府主管部门	建设单位	永久					
804	项目核准		政府委托评估批文		政府主管部门	建设单位	永久					
			水电站项目申请报告评估意见		相关评估部门	建设单位	永久					
			政府核准意见		政府主管部门	建设单位	永久					

续表

分类号	类目名称	归档范围 分目	归档范围 主要项目文件	执行标准	责任单位 来源	责任单位 组卷	保存单位及保管期限 建设	设计	监理	施工	运行	备注
809	其他		施工技术要求		设计单位	建设单位	30年	永久				
81	工程设计											
810	综合		技术联系、重要往来文件、会议纪要等		设计单位	建设单位	30年	永久				
			施工规划报告及审查意见		设计单位、审查单位	建设单位	30年	永久				
			专题设计报告		设计单位	建设单位	永久	30年				
811	招标设计		招标设计报告及图纸等	DL/T 5212—2005《水电工程招标设计报告编制规程》	设计单位	建设单位	30年	永久				
			咨询意见及报告		审查单位	建设单位	30年	30年				
812	施工详图设计											
8120	综合		设计优化、重大设计变更报告		设计单位	建设单位	30年	永久				
			调整概算		设计单位	建设单位	30年	永久				
8121	工程布置及水工建筑物	综合	设计专题报告及附图	DL/T 5348—2006《水电水利工程水工建筑制图标准》	设计单位	建设单位	30年	永久				
			工程枢纽总布置图	DL/T 5348—2006 第5.1条	设计单位	建设单位	30年	永久				
			工程枢纽鸟瞰图		设计单位	建设单位	30年	永久				
		挡水建筑物[包括各类坝（闸）等]	体形图	DL/T 5348—2006 第5.3条	设计单位	建设单位	30年	永久				
			结构布置图	DL/T 5348—2006 第5.3条	设计单位	建设单位	30年	永久				
			开挖支护图	DL/T 5348—2006 第6章	设计单位	建设单位	30年	永久				
			基础处理图		设计单位	建设单位	30年	永久				
			钢筋图		设计单位	建设单位	30年	永久				
			细部构造图		设计单位	建设单位	30年	永久				

续表

分类号	类目名称	分目	主要项目文件	执行标准	来源	组卷	建设	设计	监理	施工	运行	备注
			大坝外部变形、应力应变、内部变形观测仪器布置图	DL/T 5333—2005	设计单位	建设单位	30年	永久				
		挡水建筑物[包括各类坝（闸）等]	大坝扬压力渗流量观测布置图	DL/T 5333—2005	设计单位	建设单位	30年	永久				
			坝基变形、两岸山体地下水位观测布置图	DL/T 5333—2005	设计单位	建设单位	30年	永久				
			地质编录图等		设计单位	建设单位	30年	永久				
8121	工程布置及水工建筑物		包括进（出）水口、引水道（隧洞或渠）、尾水建筑（尾水管、池、压力前池）、压力管道、引水渠施工支洞、调压室/调压井（塔）等文件（放备考表）	DL/T 5195—2004《水工隧洞设计规范》、DL/T 5348—2006 第5.3条	设计单位	建设单位	30年	永久				
		输水建筑物	体形图	DL/T 5195—2004、DL/T 5348—2006 第5.3条	设计单位	建设单位	30年	永久				
			结构布置图	DL/T 5195—2004、DL/T 5348—2006 第5.3条	设计单位	建设单位	30年	永久				
			开挖支护图		设计单位	建设单位	30年	永久				
			基础处理图		设计单位	建设单位	30年	永久				
			钢筋图		设计单位	建设单位	30年	永久				
			细部构造图等		设计单位	建设单位	30年	永久				
			观测仪器布置图	DL/T 5333—2015	设计单位	建设单位	30年	永久				
			地质编录图等		设计单位	建设单位	30年	永久				
		泄水建筑物	包括溢洪道、泄洪洞、泄水闸（闸室）、沉（排）沙建筑物、消能防冲建筑物等									
			体形图		设计单位	建设单位	30年	永久				

续表

分类号	类目名称	分目	归档范围 主要项目文件	执行标准	责任单位 来源单位	责任单位 组卷单位	保存单位及保管期限 建设	保存单位及保管期限 设计	保存单位及保管期限 监理	保存单位及保管期限 施工	保存单位及保管期限 运行	备注
		泄水建筑物	结构布置图		设计单位	建设单位	30 年	永久				
			开挖支护图		设计单位	建设单位	30 年	永久				
			基础处理图		设计单位	建设单位	30 年	永久				
			钢筋图		设计单位	建设单位	30 年	永久				
			细部构造图等		设计单位	建设单位	30 年	永久				
			观测仪器布置图	DL/T 5333—2005	设计单位	建设单位	30 年	永久				
			地质编录图等	DL/T 5348—2006 第 5.1.4 条	设计单位	建设单位	30 年	永久				
	工程布置及水工建筑物	发电建筑物及开关站	体形图 包括主厂房、副厂房、通风洞、电缆洞、开关站、变电站等		设计单位	建设单位	30 年	永久				
			结构布置图		设计单位	建设单位	30 年	永久				
			开挖支护图		设计单位	建设单位	30 年	永久				
			基础处理图		设计单位	建设单位	30 年	永久				
			钢筋图		设计单位	建设单位	30 年	永久				
			细部构造图等		设计单位	建设单位	30 年	永久				
			给水、消防布置图		设计单位	建设单位	30 年	永久				
			建筑、电气及装饰装修图		设计单位	建设单位	30 年	永久				
			厂房监测布置图（洞室、蜗壳、尾水管、岩锚梁）	DL/T 5333—2005	设计单位	建设单位	30 年	永久				
			地质编录图等		设计单位	建设单位	30 年	永久				
8121		航运过坝建筑物	包括通航、过坝、过鱼建筑物等	JTJ 307—2001《船闸水工建筑物设计规范》		建设单位						
			体形图		设计单位	建设单位	30 年	永久				
			结构布置图		设计单位	建设单位	30 年	永久				
			开挖支护图		设计单位	建设单位	30 年	永久				

续表

分类号	类目名称	分目	归档范围 主要项目文件	执行标准	责任单位		保存单位及保管期限					备注
					来源	组卷	设计	建设	监理	施工	运行	
8121	工程布置及水工建筑物	航运过坝建筑物	基础处理图		设计单位	建设单位	永久	30年				
			钢筋图		设计单位	建设单位	永久	30年				
			细部构造图等		设计单位	建设单位	永久	30年				
			观测仪器布置图	DL/T 5333—2005	设计单位	建设单位	永久	30年				
			地质编录图等		设计单位	建设单位	永久	30年				
		边坡工程	专题报告	DL/T 5353—2006《水电水利工程边坡设计规范》	设计单位	建设单位	永久	30年				
			边坡处理设计及其附图		设计单位	建设单位	永久	30年				
			观测仪器布置图		设计单位	建设单位	永久	30年				
			地质编录图等		设计单位	建设单位	永久	30年				
		其他	包括工、农业取水工程等									
8122	水力机械	综合	专题报告	DL/T 5186—2004《水力发电厂机电设计规范》、DL/T 5349—2006《水电水利工程水力机械制图标准》	设计单位	建设单位	永久	30年				
			设备材料清单		设计单位	建设单位	永久	30年				
		水机	机组部分布置图、安装图、埋件图		设计单位	建设单位	永久	30年				
			技术供排水系统图、管路布置图		设计单位	建设单位	永久	30年				
			厂内、厂外渗漏及检修排水系统图、管路布置图		设计单位	建设单位	永久	30年				
			低压、中压气系统图		设计单位	建设单位	永久	30年				
			透平、绝缘油系统图		设计单位	建设单位	永久	30年				
			水力监视测量系统图		设计单位	建设单位	永久	30年				
			机电设备水喷灭火系统图、管路布置图		设计单位	建设单位	永久	30年				
		暖通	通风空调、防火排烟系统图	NB/T 35040—2014《水力发电厂供暖通风与电气调节设计规范》	设计单位	建设单位	永久	30年				

续表

分类号	类目名称	归档范围（分目）	归档范围（主要项目文件）	执行标准	责任单位（来源）	责任单位（组卷）	保存单位及保管期限（建设）	保存单位及保管期限（设计）	保存单位及保管期限（监理）	保存单位及保管期限（施工）	保存单位及保管期限（运行）	备注
8122	水力机械	暖通	通风空调埋管布置图		设计单位	建设单位	30年	永久				
			通风空调风管布置图		设计单位	建设单位	30年	永久				
			通风空调布置图		设计单位	建设单位	30年	永久				
			水管路布置图		设计单位	建设单位	30年	永久				
			通风除湿布置图		设计单位	建设单位	30年	永久				
			风机房布置图		设计单位	建设单位	30年	永久				
			消火栓给水系统图、平面布置图	DL/T 5186—2004 第4.5条、DL/T 5412—2009《水力发电厂火灾自动报警系统设计规范》	设计单位	建设单位	30年	永久				
		给排水	排水系统图、平面布置图		设计单位	建设单位	30年	永久				
			给排水进管图		设计单位	建设单位	30年	永久				
			细水雾自动灭火系统图、管路布置图	DL/T 5349—2006 第3.1.1条	设计单位	建设单位	30年	永久				
			气体灭火系统图		设计单位	建设单位	30年	永久				
			灭火器平面布置图		设计单位	建设单位	30年	永久				
			消防水箱详图及系统图		设计单位	建设单位	30年	永久				
			消防泵房布置图		设计单位	建设单位	30年	永久				
			消防水池布置图		设计单位	建设单位	30年	永久				
			卫生间系统图、平面布置图		设计单位	建设单位	30年	永久				
		其他	专题报告									
8123	电气	综合	设备材料清单		设计单位	建设单位	30年	永久				
			电缆统计图	DL/T 5350—2006 第3.1.1条	设计单位	建设单位	30年	永久				
		一次系统	电气主接线图	DL/T 5186—2004 第5.2条、DL/T 5350—2006 第3.1.3条	设计单位	建设单位	30年	永久				
			厂用电接线图	DL/T 5186—2004 第5.6条	设计单位	建设单位	30年	永久				

续表

分类号	类目名称	分目	归档范围 主要项目文件	执行标准	责任单位 来源	责任单位 组卷	保存单位及保管期限 建设	设计	监理	施工	运行	备注
8123	电气	一次系统	电气设备安装图		设计单位	建设单位	30年	永久				
			电缆埋管及敷设图	DL/T 5186—2004 第5.9条	设计单位	建设单位	30年	永久				
			防雷接地布置图	DL/T 5186—2004 第5.7条	设计单位	建设单位	30年	永久				
			照明布置图	DL/T 5350—2006 第3.1.3条、DL/T 5186—2004 第5.8条	设计单位	建设单位	30年	永久				
		二次系统	计算机监控系统	DL/T 5065—2009《水力发电厂计算机监控系统设计规范》、DL/T 5186—2004 第6.5条	设计单位	建设单位	30年	永久				
			继电保护系统		设计单位	建设单位	30年	永久				
			观测自动化系统（包括系统结构、测站含水情自动测报站、监控中心、系统通信、供电、防雷等）	DL/T 5211—2005《大坝安全监测自动化技术规范》	设计单位	建设单位	30年	永久				
		直流电源系统			设计单位	建设单位	30年	永久				
		通信	微波、光纤、卫星通信等	NB/T 35042—2014《水力发电厂通信设计规范》、DL/T 5186—2004 第6.10条	设计单位	建设单位	30年	永久				
		消防及火灾自动报警系统			设计单位	建设单位	30年	永久				
		监视系统	工业电视系统等		设计单位	建设单位	30年	永久				
		其他	专题报告		设计单位	建设单位	30年	永久				
8124	金属结构	综合	设备材料清单		设计单位	建设单位	30年	永久				
			特殊金属结构设备的专题报告、附图，金属结构设备的原型观测和试验资料等		设计单位	建设单位	30年	永久				

续表

| 分类号 | 类目名称 | | 归 档 范 围 | | 执 行 标 准 | 责 任 单 位 | | | 保存单位及保管期限 | | | | 备注 |
		分目		主要项目文件		来源	组卷	建设	设计	监理	施工	运行	
8124	金属结构	闸门及启闭设备	各类闸门启闭机布置总图		DL/T 5167—2002《水电水利工程启闭机设计规范》、DL/T 5349—2006 第 6.3 条、DL/T 5039—1995《水电水利钢闸门设计规范》	设计单位	建设单位	30 年	永久				
			各类闸门门叶门槽关系图、门叶总图、门槽总图等			设计单位	建设单位	30 年	永久				
			拦污栅、拦污漂布置总图			设计单位	建设单位	30 年	永久				
		其他											
		综合	总体布置图		DL 5134—2001《水利水电工程施工交通设计导则》	设计单位	建设单位	30 年	永久				
			主要经济技术指标表			设计单位	建设单位	30 年	永久				
			技术设计总结等			设计单位	建设单位	30 年	永久				
8125	交通	场内交通	公路	路线、路基、路面设计		GBJ 22—1987《厂矿道路设计规范》、JTG D20—2006《公路路线设计规范》、DL/T 5134—2001 第 6.0.1 条	设计单位	建设单位	30 年	永久			
				交通安全设施设计		设计单位	建设单位	30 年	永久				
				交叉口设计		设计单位	建设单位	30 年	永久				
				排水、绿化、照明设计等		设计单位	建设单位	30 年	永久				
			桥涵	工程区域水系布置图		DL/T 5134—2001 第 6.0.2 条、JTG D60—2004《公路桥涵通用规范》、JTG D62—2004《公路钢筋混凝土及预应力混凝土桥涵设计规范》	设计单位	建设单位	30 年	永久			
				桥型布置图		设计单位	建设单位	30 年	永久				
				桥墩、桥台、桩基设计		设计单位	建设单位	30 年	永久				
				梁板布置及设计		设计单位	建设单位	30 年	永久				
				伸缩缝、防震锚栓构造图		设计单位	建设单位	30 年	永久				

续表

分类号	类目名称	分目	归档范围（主要项目文件）	执行标准	责任单位（来源）	责任单位（组卷）	保存单位及保管期限（建设）	保存单位及保管期限（设计）	保存单位及保管期限（监理）	保存单位及保管期限（施工）	保存单位及保管期限（运行）	备注
8125 交通	场内交通	桥涵	涵洞设计图	SL 279—2002《水工隧道设计规范》、JTG D70—2004《公路隧道设计规范》等	设计单位	建设单位	30年	永久				
			防水、排水、照明设计等		设计单位	建设单位	30年	永久				
		隧道（包括交通洞、辅助洞等）	隧道地质平纵面图		设计单位	建设单位	30年	永久				
			路线、路面设计		设计单位	建设单位	30年	永久				
			建筑限界、洞身开挖支护断面设计		设计单位	建设单位	30年	永久				
			洞口边坡及仰坡开挖支护设计		设计单位	建设单位	30年	永久				
			交通安全设施设计		设计单位	建设单位	30年	永久				
			通风、消防、电气、防排水设计等		设计单位	建设单位	30年	永久				
	对外交通	其他	同"场内交通"类目归档范围	DL/T 5134—2001 第5章	设计单位	建设单位	30年	永久				
	综合		专题报告		设计单位	建设单位	30年	永久				
			建筑方案设计		设计单位	建设单位	30年	永久				
			技施设计总结等		设计单位	建设单位	30年	永久				
8126 生产及生活辅助建筑	生产辅助建筑		包括办公楼、汽车库、汽油库、加油站、消防建筑、启闭机室（楼）等	GB 50300—2001《建筑工程施工质量验收统一标准》附录B、C，JGJ 67—2006《办公建筑设计规范》，GB 50156—2012《汽车加油加气站设计与施工规范》，JGJ 100—1998《汽车库建筑设计规范》		建设单位	30年	永久				
			布置图		设计单位	建设单位	30年	永久				
			建筑图		设计单位	建设单位	30年	永久				

续表

分类号	类目名称	分目	主要项目文件	执行标准	来源	组卷	建设	设计	监理	施工	运行	备注
8126	生产及生活辅助建筑	生产辅助建筑	结构图	GB/T 50105—2010《建筑结构制图标准》	设计单位	建设单位	30年	永久				
			配筋图		设计单位	建设单位	30年	永久				
			暖通图	GB 50019—2003《采暖通风与空气调节设计规范》	设计单位	建设单位	30年	永久				
			给排水图	GB 50015—2003《建筑给水排水设计规范》	设计单位	建设单位	30年	永久				
			电气图（照明、屋面防雷、接地等）	GB/T 50786—2012《建筑电气制图标准》	设计单位	建设单位	30年	永久				
			智能化、装饰装修图	GB/T 50314—2006《智能建筑设计标准》	设计单位	建设单位	30年	永久				
			室外景观绿化、室外给排水与供热系统、室外供电、照明系统等		设计单位	建设单位	30年	永久				
		生活区建筑	电站生活区总布置图（包括食堂、职工宿舍、招待所、健身娱乐场所、锅炉房等）		设计单位	建设单位	30年	永久				
			建筑图		设计单位	建设单位	30年	永久				
			结构图		设计单位	建设单位	30年	永久				
			配筋图		设计单位	建设单位	30年	永久				
			暖通图		设计单位	建设单位	30年	永久				
			给排水图		设计单位	建设单位	30年	永久				
			电气（照明、屋面防雷、接地等）图		设计单位	建设单位	30年	永久				
			智能化、装饰装修图		设计单位	建设单位	30年	永久				
			室外景观绿化、室外给排水与供热系统、室外供电、照明系统等	GB 50014—2006《室外排水设计规范》（2014年版）》，GB 50013—2006《室外给水设计规范》	设计单位	建设单位	30年	永久				
		其他										

续表

分类号	类目名称	归档范围		执行标准	责任单位		保存单位及保管期限					备注
		分目	主要项目文件		来源	组卷	建设	设计	监理	施工	运行	
8127	施工辅助工程	综合	专题报告		设计单位	建设单位	30年	永久				
			施工度讯报告		设计单位	建设单位	30年	永久				
			工程建设施工用地范围图		设计单位	建设单位	30年	永久				
			施工总进度表		设计单位	建设单位	30年	永久				
		导流建筑物（包括导流隧洞、导流明渠、围堰等）	施工导流模型试验报告	DL/T 5195—2004《水工隧洞设计规范》	设计单位	建设单位	30年	永久				
			施工导流布置图		设计单位	建设单位	30年	永久				
			体形图		设计单位	建设单位	30年	永久				
			结构布置图		设计单位	建设单位	30年	永久				
			开挖支护图		设计单位	建设单位	30年	永久				
			基础处理图		设计单位	建设单位	30年	永久				
			钢筋图		设计单位	建设单位	30年	永久				
			细部构造图等		设计单位	建设单位	30年	永久				
		缆机平台	基础处理与开挖支护图		设计单位	建设单位	30年	30年				
			结构布置图		设计单位	建设单位	30年	30年				
			钢筋图		设计单位	建设单位	30年	30年				
		施工支洞	施工道路施工图		设计单位	建设单位	30年	30年				
			布置图		设计单位	建设单位	30年	30年				
			开挖支护图		设计单位	建设单位	30年	30年				
			封堵图		设计单位	建设单位	30年	30年				
		渣场挡排及沟水处理	永久渣场挡排、沟水处理结构布置图		设计单位	建设单位	30年	30年				
		其他			设计单位	建设单位	30年	10年				
8128	环境保护、水土保持	环境保护	环境保护实施规划报告	DL/T 5402—2007《水电水利工程环境保护设计规范》	设计单位	建设单位	30年	永久				

续表

分类号	类目名称	分目	归档范围 主要项目文件	执行标准	责任单位 来源	责任单位 组卷	保存单位及保管期限 建设	保存单位及保管期限 设计	保存单位及保管期限 监理	保存单位及保管期限 施工	保存单位及保管期限 运行	备注
8128	环境保护、水土保持	环境保护	环境管理实施方案		设计单位	建设单位	30年	永久				
			环境监测实施方案、评估报告		设计单位	建设单位	30年	永久				
			环境保护总体设计报告	DL/T 5402—2007 附录A	设计单位	建设单位	30年	永久				
			各环境保护工程（鱼类增殖站等）施工图设计文件		设计单位	建设单位	30年	永久				
			专项设计审查意见		设计单位	建设单位	30年	永久				
		水土保持	水土保持实施规划报告	DL/T 5419—2009《水电建设项目水土保持方案技术规范》、GB 50433—2008《开发建设项目水土保持技术规范》	设计单位	建设单位	30年	永久				
			水土保持施工说明书		设计单位	建设单位	30年	永久				
			单项工程平面布置图、剖面图、结构图、细部构造图、钢筋图及植物保护措施施工图等	DL/T 5419—2009《水电建设项目水土保持方案技术规范》	设计单位	建设单位	30年	永久				
8129	其他	其他										
813	设计服务及变更	设计服务	技术交底		设计单位	建设单位	30年	30年				
			地质预报、月（年）报		设计单位	建设单位	30年	30年				
8130			质量安全事故处理报告、现场设代文件		设计单位	建设单位	永久	永久				
			设计技术标准清单目录、强制性条文实施记录		设计单位	建设单位	永久	永久				
			设计供图计划		设计单位	建设单位	10年	10年				
			绿色施工专项措施等		设计单位	建设单位	10年	10年				

续表

分类号	类目名称	归档范围		执行标准	责任单位		保存单位及保管期限					备注
		分目	主要项目文件		来源	组卷	建设	设计	监理	施工	运行	
8131	设计变更	综合			设计单位	建设单位	永久	永久				
		工程布置及水工建筑物	设计变更通知单		设计单位	建设单位	永久	永久				
		水力机械	设计变更通知单		设计单位	建设单位	永久	永久				
		电气	设计变更通知单		设计单位	建设单位	永久	永久				
		金属结构	设计变更通知单		设计单位	建设单位	永久	永久				
		交通	设计变更通知单		设计单位	建设单位	永久	永久				
		生产及生活辅助建筑	设计变更通知单		设计单位	建设单位	永久	永久				
		施工辅助工程	设计变更通知单		设计单位	建设单位	永久	永久				
		环境保护、水土保持	设计变更通知单		设计单位	建设单位	永久	永久				
		其他										
8139	其他											
819	其他											
82	建设过程管理											
820	综合	机构设置	项目管理机构成立及印章启用文件		建设单位	建设单位	30年					
		信息管理	工程管理硬件、软件安装调试记录、运行记录等		建设单位	建设单位	10年					
		档案管理	档案机构设置、管理制度、实施细则、管理网络图	DL 5278—2012《水电水利工程达标投产验收规程》	建设单位	建设单位	10年					
			档案核查、咨询汇报材料及意见、整改报告		建设单位	建设单位	10年					

续表

分类号	类目名称	归档范围		执行标准	责任单位		保存单位及保管期限					备注
		分目	主要项目文件		来源	组卷	建设	设计	监理	施工	运行	
820	综合	档案管理	档案交底、过程检查记录、整改报告、各种载体档案合账、分部、单位、合同工程档案验收意见、移交签证		建设单位	建设单位	10年					
		来往函件及纪要	与上级部门、设计、制造、施工、试验检测、监理等单位的重要来往函件、会议纪要等		建设单位	建设单位	10年					
821	招投标						30年					
8210	综合		招投标领导小组成立文件及相关会议纪要等		招标单位	建设单位	30年					
8211	工程		工程（设计、施工、监理、安装、调试）招标文件	DA/T 28—2002 附录A	招标单位	建设单位	30年					
			投标文件（技术、商务）	DA/T 28—2002 附录A	投标单位	建设单位	永久					
			评标报告及评标过程文件	DA/T 28—2002 附录A	招标单位	建设单位	30年					
			中标通知书	DA/T 28—2002 附录A	招标单位	建设单位	30年					
8212	物资采购		物资（材料）采购招标文件	DA/T 28—2002 附录A	招标单位	建设单位	30年					
			投标文件（技术、商务）	DA/T 28—2002 附录A	投标单位	建设单位	永久					
			评标报告及评标过程文件（不限于此）	DA/T 28—2002 附录A	招标单位	建设单位	30年					
8213	设备采购		设备采购招标文件	DA/T 28—2002 附录A	招标单位	建设单位	30年					
			投标文件（技术、商务）	DA/T 28—2002 附录A	投标单位	建设单位	永久					
			评标报告及评标过程文件	DA/T 28—2002 附录A	招标单位	建设单位	30年					
			中标通知书（不限于此）	DA/T 28—2002 附录A	招标单位	建设单位	30年					
8214	服务项目（技术咨询、物业管理等）		招标（或询价）文件		招标单位	建设单位	30年					
			投标文件（技术、商务）		投标单位	建设单位	永久					
			评标报告及评标过程文件		招标单位	建设单位	30年					
			中标（或委托）通知书（不限于此）		招标单位	建设单位	30年					

续表

分类号	类目名称	归档范围 分目	归档范围 主要项目文件	执行标准	责任单位 来源	责任单位 组卷	保存单位及保管期限 建设	设计	监理	施工	运行	备注
8215	科研项目		招标（或咨询）文件		招标单位	建设单位	30年					
			投标文件（技术、商务）		投标单位	建设单位	永久					
			评标报告及评标过程文件		招标单位	建设单位	30年					
			中标（或委托）通知书（不限于此）		招标单位	建设单位	30年					
8216	未中标投标文件		设计、施工、监理第一未中标文件正本	DA/T 42—2009 附录A	投标单位	建设单位	10年					
8219	其他											
822	合同管理											
8220	综合		专题会议纪要等		建设单位	建设单位	永久					
8221	工程		工程（设计、施工、监理、调试等）合同（合同附件、补充协议、合同谈判纪要、备忘录）、合同费用索赔、变更处理、结算支付、结算审计报告等　合同工期延期费用索赔、变更处理、结算支付、结算审计报告等	DA/T 28—2002 附录A	建设单位	建设单位	永久					
8222	物资采购		物资采购合同（合同附件、补充协议、合同谈判纪要、备忘录及合同费用索赔、变更处理、结算支付、结算审计报告等）		建设单位	建设单位	永久					
8223	设备采购		设备采购合同（合同附件、补充协议、合同谈判纪要、备忘录及合同费用索赔、变更处理、结算支付、结算审计报告等）	DA/T 28—2002 附录	建设单位	建设单位	永久					
8224	服务项目（技术咨询、物业管理等）		服务项目合同（合同附件、补充协议、合同谈判纪要、备忘录及合同开工、工期延期费用索赔、变更处理、结算支付、结算审计报告等）	DA/T 28—2002 附录A	建设单位	建设单位	30年					

续表

分类号	类目名称	归档范围		责任单位		保存单位及保管期限					备注
		分目	主要项目文件	执行标准	来源	组卷	建设	设计	监理	施工	运行
8225	科研项目		科研项目合同（合同附件、补充协议、合同谈判纪要、备忘录及合同费用索赔、变更处理、结算支付、结算审计报告等）		建设单位	建设单位	永久				
8229	其他				建设单位	建设单位	10年				
823	资金管理										
8230	综合		专题会议纪要及竣工结算审计报告等		审计单位	建设单位	永久				
8231	贷款合同		银行贷款协议、合同、融资协议等		银行、建设单位	建设单位	永久				
8232	执行概算		执行概算、调整概算及审批文件等		建设单位	建设单位	永久				
8233	计划、统计报表类		工程统计报表（月报、年报）等基建工程投资年度计划、批复文件等		建设单位	建设单位	永久				
8239	其他				建设单位	建设单位	永久				
824	物资管理										
8240	综合		来往函件（含厂家）及纪要等		来文单位	物资管理单位	30年				
8241	物资报表		月报、季报、年报及供需计划等		物资管理单位	物资管理单位	30年				
8242	物资台账		钢材、水泥、火工、油料、粉煤灰、混凝土外加剂材料、设备等供应（出入库）台账		物资管理单位	物资管理单位	30年				
8243	原材料质量证明		原材料合格证、质量证明书、进场原材料试验、检测报告、原材料使用部位记录		厂商、检测单位、物资管理单位	物资管理单位	30年				
8249	其他										

续表

分类号	类目名称	归档范围 分目	归档范围 主要项目文件	执行标准	责任单位 来源	责任单位 组卷	保存单位及保管期限 建设	设计	监理	施工	运行	备注
825	质量、进度、安全、环境保护及水土保持管理		达标投产及创优策划；强制性条文实施计划、检查记录等；绿色施工实施策划、检查记录等									
8250	综合		质量管理体系、质量委员会机构设置文件及质量委员会纪要、执行记录	《建设工程质量管理条例》（国务院令第279号）	建设单位	建设单位	30年					
			质量检查、考核及整改回复	《中华人民共和国建筑法》《建设工程质量管理条例》（国务院令第281号）	建设单位	建设单位	30年					
8251	质量		第三方检测记录、报告等（试验、监测、测量、物探、探伤）	《中华人民共和国建筑法》《建设工程质量管理条例》（国务院令第281号）	检测单位	建设单位	30年					
			质量监督站建设、设计、监理、施工等单位自检报告、监督报告及整改闭环文件		监督站各参建单位	建设单位	永久					
8252	进度		项目开工报告、审批后的工程进度网络计划及总进度调整计划文件		建设单位	建设单位	30年					
			工程停工、复工审批；工程延期审批文件		建设单位	建设单位	30年					
8253	安全		安全文明施工监督体系、安全生产委员会机构设置文件及安委会纪要、执行记录	《危险性较大工程安全专项施工方案编制及专家论证审查办法》（建质〔2004〕213号）	建设单位	建设单位	30年					
			安全生产责任书（协议）	《中华人民共和国安全生产法》《建设工程安全生产管理条例》（国务院令第393号）	建设单位	建设单位	30年					

续表

分类号	类目名称	归档范围		执行标准	责任单位		保存单位及保管期限					备注
		分目	主要项目文件		来源	组卷	建设	设计	监理	施工	运行	
	安全		安全应急预案、防汛方案等及实施检查记录	《中华人民共和国安全生产法》《建设工程安全生产管理条例》(国务院令第393号)	建设单位	建设单位	30年					
			安全检查、考核及整改回复	《中华人民共和国安全生产法》《建设工程安全生产管理条例》(国务院令第393号)	建设单位	建设单位	30年					
8253			重大危险作业安全生产交底文件、专家论证审查报告等	《中华人民共和国安全生产法》《建设工程安全生产管理条例》(国务院令第393号)	建设单位	建设单位	30年					
			特种设备管理台账	《特种设备安全监察条例》(国务院令第549号)	建设单位	建设单位	10年					
			事故处理报告、事故涉及单位的报告、单位内部及政府部门的事故调查报告	《生产安全事故报告和调查处理条例》(国务院令第493号、《电力安全事故应急处置和调查处理条例》(国务院令第599号)	建设单位	建设单位	30年					
			环境保护及水土保持管理体系文件		建设单位	建设单位	30年					
	环境保护及水土保持		水土保持、环境保护监测实施方案、措施、实施(运行)记录、检查通报		建设单位	建设单位	30年					
			料场、渣场和垃圾场土地复垦方案或专项治理措施、实施(运行)记录、检查通报复垦文件		建设单位	建设单位	30年					
8254			绿色施工策划、实施记录、实施复文件等文件		建设单位	建设单位	30年					
			同意试运行批复文件(环境保护厅)		环保厅	建设单位	永久					
			监督检查意见及闭环文件		监督单位、建设单位	建设单位	30年					
			其他									

续表

分类号	类目名称		归档范围	执行标准	责任单位		保存单位及保管期限					备注
	类目	分目	主要项目文件		来源	组卷	建设	设计	监理	施工	运行	
8259	其他		归档范围以《水利水电工程移民档案归档范围与保管期限》（档发〔2012〕4号）及合同规定为准									
826	征地移民											
829	其他											
83	监理											
830	综合											
831	设计监理											
8310	综合	综合	往来文函（工作联系单）、会议纪要等，备忘录	DL/T 5111—2012《水电水利工程施工监理规范》	设计监理单位	设计监理单位	30年		10年			
8311	监理准备		机构设立及人员文件	DL/T 5111—2012	设计监理单位	设计监理单位	10年		10年			
			监理大纲、监理规划、监理实施细则	DL/T 5111—2012	设计监理单位	设计监理单位	30年		10年			
8312	监理记录及报告		监理日志、旁站（跟踪）值班记录、巡视记录	DL/T 5111—2012	设计监理单位	设计监理单位	30年		10年			
			监理工作总结	DL/T 5111—2012	设计监理单位	设计监理单位	30年		10年			
			监理周报、月报、年报	DL/T 5111—2012	设计监理单位	设计监理单位	30年		30年			
			重大技术问题同步复核验证报告	DL/T 5111—2012	设计监理单位	设计监理单位	30年		10年			
			设计优化建议报告	DL/T 5111—2012	设计监理单位	设计监理单位	30年		10年			
8313	设计审核		设计方案、设计各阶段专题（成果）报告审核意见	DL/T 5111—2012	设计监理单位	设计监理单位	30年		30年			
			施工图、设计变更及供图计划审核意见等	DL/T 5111—2012	设计监理单位	设计监理单位	30年		10年			

续表

分类号	类目名称	分目	归档范围 主要项目文件	执行标准	责任单位		保存单位及保管期限					备注
					来源	组卷	建设	设计	监理	施工	运行	
8319	其他											
832	施工监理											
8320		综合	监理工作联系单、备忘录、会议纪要、施(竣)工图审核意见、项目竣工档案审核意见等	DL/T 5111—2012	施工监理单位	施工监理单位	30年		10年			
8321		监理准备	机构设立及人员文件	DL/T 5111—2012	施工监理单位	施工监理单位	30年		10年			
			监理大纲、监理规划、监理实施细则	DL/T 5111—2012	施工监理单位	施工监理单位	30年		10年			
			进场单位资质、人员资格报审表	DL/T 5111—2012	施工监理单位	施工监理单位	30年		10年			
			见证取样项目划分、台账及成果统计分析报告	DL/T 5111—2012	施工监理单位	施工监理单位	30年		10年			
			工程施工材料检查、复核、试验记录、报告	DL/T 5111—2012	施工监理单位	施工监理单位	30年		10年			
			施工质量检查分析评估、质量缺陷调查及分析	DL/T 5111—2012	施工监理单位	施工监理单位	30年		10年			
8322	质量、安全、进度、投资、环保控制		质量、安全、进度、环保等监理工程师通知单、指令及整改回复	DL/T 5111—2012	施工监理单位	施工监理单位	30年		10年			分类
			质量、安全等事故调查、处理报告	DL/T 5111—2012	施工监理单位	施工监理单位	30年		10年			
			工程进度建议及分析报告	DL/T 5111—2012	施工监理单位	施工监理单位	30年		10年			
			变更通知、指示	DL/T 5111—2012	施工监理单位	施工监理单位	30年		10年			
			计日工工作通知	DL/T 5111—2012	施工监理单位	施工监理单位	30年		10年			

续表

分类号	类目名称（分目）	归档范围（主要项目文件）	执行标准	责任单位·来源	责任单位·组卷	建设	设计	监理	施工	运行	备注
8322	质量、安全、进度、投资、环保控制	工程投资分析评估报告及建议	DL/T 5111—2012	施工监理单位	施工监理单位	30年		10年			
		索赔及付款报表、合同变更审查与签证	DL/T 5111—2012	施工监理单位	施工监理单位	30年		10年			
		工程款支付证书	DL/T 5111—2012	施工监理单位	施工监理单位	30年		10年			
		竣工结算审核意见书	DL/T 5111—2012	施工监理单位	施工监理单位	30年		10年			
8323	监理记录及报告	监理日志、旁站记录、巡视记录	DL/T 5111—2012	施工监理单位	施工监理单位	30年		10年			
		监理周报、月报、年报等	DL/T 5111—2012	施工监理单位	施工监理单位	30年		10年			
		质量、测量、试验等复核报告	DL/T 5111—2012	施工监理单位	施工监理单位	30年		10年			
		监理工作总结	DL/T 5111—2012	施工监理单位	施工监理单位	30年		10年			
8329	其他	往来文函（工作联系单）、备忘录、会议纪要及项目竣工档案审核意见等									
833	设备监造										
8330	综合	机构设立及人员文件	DL/T 5111—2012	监造单位	监造单位	30年		10年			
8331	监造准备	监造大纲、监造规划、监造实施细则	DL/T 5111—2012	监造单位	监造单位	30年		10年			
		监造质量检查分析评估、质量缺陷统计分析报告	DL/T 5111—2012	监造单位	监造单位	30年		10年			
8332	质量、安全、进度、投资、环保控制	监造工程师通知单及整改回复	DL/T 5111—2012	监造单位	监造单位	30年		10年			
		变更通知、指令	DL/T 5111—2012	监造单位	监造单位	30年		10年			
		工程投资分析评估报告及建议	DL/T 5111—2012	监造单位	监造单位	30年		10年			

续表

分类号	类目名称	归档范围 分目	归档范围 主要项目文件	执行标准	责任单位 来源	责任单位 组卷单位	保存单位及保管期限 建设	保存单位及保管期限 设计	保存单位及保管期限 监理	保存单位及保管期限 施工	保存单位及保管期限 运行	备注
8333	监理记录及报告		监造日志	DL/T 5111—2012	监造单位	监造单位	30年		10年			
			监造月报、年报	DL/T 5111—2012	监造单位	监造单位	30年		10年			
			监造工作总结等	DL/T 5111—2012	监造单位	监造单位	30年		10年			
8334	设备验收及交接		出厂前组装准备就绪证明、现场交接验收单	DL/T 5111—2012	监造单位	监造单位	30年		10年			
			制造验收监造报告	DL/T 5111—2012	监造单位	监造单位	30年		10年			
			监造工作总结	DL/T 5111—2012	监造单位	监造单位	30年		10年			
8339	其他											
834	移民综合监理											
8340	综合		监理工作联系单、备忘录、会议纪要和往来文函等	DA/T 28—2002 表A.1	移民监理单位	移民监理单位	30年		10年			
8341	监理准备		机构设立及人员文件	DA/T 28—2002 表A.1	移民监理单位	移民监理单位	30年		10年			
			监理大纲、监理规划、监理实施细则	DA/T 28—2002 表A.1	移民监理单位	移民监理单位	30年		10年			
8342	质量、安全、进度、投资、环保控制		质量抽样调查及质量统计报表	《水利水电工程移民档案管理办法》（档发〔2012〕4号）	移民监理单位	移民监理单位	30年		10年			
			质量评估报告	《水利水电工程移民档案管理办法》（档发〔2012〕4号）	移民监理单位	移民监理单位	30年		10年			
			移民安置进度统计分析报告及进度专题报告	《水利水电工程移民档案管理办法》（档发〔2012〕4号）	移民监理单位	移民监理单位	30年		10年			
			年度资金计划审核意见、优化建议	《水利水电工程移民档案管理办法》（档发〔2012〕4号）	移民监理单位	移民监理单位	30年		10年			
			质量、安全、健康与环境保护检查记录	《水利水电工程移民档案管理办法》（档发〔2012〕4号）	移民监理单位	移民监理单位	30年		10年			

续表

分类号	类目名称	归档范围 分目	主要项目文件	执行标准	责任单位 来源	组卷	保存单位及保管期限 建设	设计	监理	施工	运行	备注
8342	质量、安全、进度、投资、环保控制		库底清理等专题监理报告	《水利水电工程移民档案管理办法》（档发〔2012〕4号）	移民监理单位	移民监理单位	30年		10年			
			质量、安全、环境保护的监理工程师通知单及整改回复	《水利水电工程移民档案管理办法》（档发〔2012〕4号）	移民监理单位	移民监理单位	30年		10年			
			质量、安全、环境事故调查报告及处理文件	《水利水电工程移民档案管理办法》（档发〔2012〕4号）	移民监理单位	移民监理单位	30年		10年			
8343	监理记录及报告		监理日志	《水利水电工程移民档案管理办法》（档发〔2012〕4号）	移民监理单位	移民监理单位	30年		10年			
			监理月报、年报	《水利水电工程移民档案管理办法》（档发〔2012〕4号）	移民监理单位	移民监理单位	30年		10年			
			监理工作联系单	《水利水电工程移民档案管理办法》（档发〔2012〕4号）	移民监理单位	移民监理单位	30年		10年			
			移民安置设计（变更）审查意见、设计优化建议	《水利水电工程移民档案管理办法》（档发〔2012〕4号）	移民监理单位	移民监理单位	30年		10年			
			移民安置专题报告、建议、问题报告等	《水利水电工程移民档案管理办法》（档发〔2012〕4号）	移民监理单位	移民监理单位	30年		10年			
			移民监理工作总结	《水利水电工程移民档案管理办法》（档发〔2012〕4号）	移民监理单位	移民监理单位	30年		10年			
8349	其他											
835	环境保护、水土保持监理											
8350	综合		监理往来文函、会议纪要、备忘录等	SL 523—2011《水土保持工程施工监理规范》	环保、水保监理单位	环保、水保监理单位	30年		10年			
8351	监理准备		机构设立及人员文件	SL 523—2011	环保、水保监理单位	环保、水保监理单位	10年		10年			
			监理大纲、监理规划、监理实施细则等	SL 523—2011	环保、水保监理单位	环保、水保监理单位	30年		10年			

续表

分类号	类目名称	归档范围		执行标准	责任单位		保存单位及保管期限					备注
		分目	主要项目文件		来源	组卷	建设	设计	监理	施工	运行	
8352	环境保护、水土保持实施		监理工程师通知单及整改回复	SL 523—2011	环保、水保监理单位	环保、水保监理单位	30年		10年			
			环境保护、水土保持措施执行检查记录	SL 523—2011	环保、水保监理单位	环保、水保监理单位	30年		10年			
			专项环境保护、水土保持措施的执行情况的分析评价	SL 523—2011	环保、水保监理单位	环保、水保监理单位	30年		10年			
			环境保护、水土保持各项检(监)测记录及报告	SL 523—2011	环保、水保监理单位	环保、水保监理单位	30年		10年			
8353	监理记录及报告		监理日志	SL 523—2011	环保、水保监理单位	环保、水保监理单位	30年		10年			
			监理月报、年报	SL 523—2011	环保、水保监理单位	环保、水保监理单位	30年		10年			
			监理工作总结	SL 523—2011	环保、水保监理单位	环保、水保监理单位	30年		10年			
8359	其他	其他										
84	土建施工											
840	综合											
8400	综合管理		项目部和检验检测组织机构成立及人员资质	DL/T 5432—2009《水利水电工程项目建设管理规范》	施工单位	施工单位	永久			10年		
			合同工程开工、停工、复工、延长工期报审	DL/T 5111—2012	施工单位	施工单位	30年			10年		
			年、月进度计划	DL/T 5111—2012	施工单位	施工单位	30年			10年		
			质量、安全和职业健康、环境管理体系文件	DL 5278—2012	施工单位	施工单位	30年			10年		
			项目管理工作制度	DL/T 5111—2012	施工单位	施工单位	30年			10年		
			施工设备进场报验	DL/T 5111—2012	施工单位	施工单位	30年			10年		

续表

分类号	类目名称	归档范围 分目	主要项目文件	执行标准	责任单位 来源	责任单位 组卷	保存单位及保管期限 建设	设计	监理	施工	运行	备注
8400	综合管理		施工分包申报	DL/T 5111—2012	施工单位	施工单位	30年			10年		
			质量验收项目划分、报审	DL/T 5111—2012	施工单位	施工单位	30年			10年		
			施工月报、年报、施工日志	DA/T 28—2002	施工单位	施工单位	30年			10年		
			工程施工管理工作报告	SL 223—2008《水利水电建设工程验收规程》附录 O.6	施工单位	施工单位	30年			10年		
			其他管理文件		施工单位	施工单位	30年			10年		
8401	技术管理		施工组织设计报审	DL/T 5111—2012	施工单位	施工单位	永久			10年		
			施工方案（施工措施）、工艺、工法等报审	DL/T 5111—2012	施工单位	施工单位	永久			10年		
			工程技术要求、技术交底、施工单位图纸会审记录、施工作业指导书等	DL/T 5111—2012	施工单位	施工单位	永久			10年		
			技术标准清单	DL/T 5111—2012	施工单位	施工单位	30年			30年		
			土建各专业强制性条文清单及实施计划、检查记录	《工程建设标准强制性条文：电力工程部分》（2011版）	施工单位	施工单位	30年			30年		
			工程达标、创优策划、实施细则	DL 5278—2012等	施工单位	施工单位	10年			10年		
			"五新"应用专项施工方案审查及实施记录	DL 5278—2012等	施工单位	施工单位	30年			30年		
			绿色施工、节能减排计划、措施、记录	《绿色施工导则》建质〔2007〕223号	施工单位	施工单位	30年			30年		
			施工质量缺陷处理措施报审	SL 176—2007	施工单位	施工单位	永久			30年		
			工程变更、材料代用报审	DL/T 5111—2012	施工单位	施工单位	永久			30年		
			测量仪器校验	DL/T 5173—2012《水电水利工程施工测量规范》	施工单位	施工单位	30年			30年		
			施工测量网络	DL/T 5173—2012	施工单位	施工单位	永久			30年		
			计量、试验器具校验记录	《计量器具检验方法（LB/C—02）》	施工单位	施工单位	10年			10年		
			计量标准器具台账及检定证书	GB 50202—2002, DL/T 5199—2004	施工单位	施工单位	10年			10年		

续表

分类号	类目名称	分目	主要项目文件	执行标准	来源	组卷	建设	设计	监理	施工	运行	备注
8402	建筑材料质量证明及试验检验	原材料及构件出厂证明、质量鉴定	原材料出厂质量证明：钢筋、水泥、砂、石、土石、砂浆、沥青、外加剂、掺和料（粉煤灰、矿渣粉等）、锚具、止（防）水、型钢、塑钢（砌块）、砖、防火涂料、装饰装修、节能环保材料、建筑设备等出厂合格证明、试验委托及报告、报审及（跟踪）合账；原材料及构件（预制件）出厂合格证、试验委托单（见证取样）、报试报告、报审及（跟踪）合账	DL/T 5111—2012 表 B2-5、表 B6-1～表 B6-15,《水电工程施工质量评定表填表说明与示例》	施工单位、供应商	施工单位	永久			30 年		
			采暖通风系统保温、绝热材料等 进场报审、试验委托（见证取样）、复试报告	GB/T 50107—2010《混凝土强度检验评定标准》	施工单位	施工单位	永久			30 年		
		原材料质量控制试验	砂、石、骨料碱活性等物理、化学特性检测	DL/T 5151—2014《水工混凝土砂石骨料试验规程》	施工单位	施工单位	永久			30 年		如有
			水泥碱活性和氯离子含量检测	GB/T 176—2008《水泥化学分析方法》	施工单位	施工单位	永久			30 年		如有
			混凝土用水鉴定	JGJ 63—2006《混凝土用水标准》方法2	施工单位	施工单位	永久			30 年		如有
			混凝土配合比试验报告、施工配合比通知单等	DL/T 5150—2001《水工混凝土试验规程》	施工单位	施工单位	永久			30 年		
			原材料其他物理、化学特性检测	DL/T 5150—2001	施工单位	施工单位	永久			30 年		如有
8403	施工安全及职业健康、环境管理		施工安全及职业健康管理方案	GB/T 28001—2011《职业健康安全管理体系要求》; DL 5278—2012, DL/T 5371—2007《水电工程施工建筑安全技术规程》	施工单位	施工单位	30 年			10 年		
			安全事故报告及处理		施工单位	施工单位	30 年			10 年		
			环境管理方案	GB/T 24001—2004《环境管理体系要求及使用指南》	施工单位	施工单位	30 年			10 年		
			环境事故报告及处理		施工单位	施工单位	30 年			10 年		
			现场检查记录		施工单位	施工单位	10 年			10 年		

续表

分类号	类目名称	归档范围 分目	归档范围 主要项目文件	执行标准	责任单位 来源	责任单位 组卷	保存单位及保管期限 建设	设计	监理	施工	运行	备注
8404	质量事故处理		工程事故报告	SL 288—2014《水利工程施工监理规范》	施工单位	施工单位	永久			30 年		
			质量事故等级划定	SL 176—2007《水利水电工程施工质量检测与评定规程》	施工单位	施工单位	永久			30 年		
			质量事故调查及报交报告	SL 176—2007	施工单位	施工单位	永久			30 年		
			质量事故处理规定	SL 176—2007	施工单位	施工单位	永久			30 年		
			质量事故处理后第三方检测	SL 176—2007	施工单位	施工单位	永久			30 年		
			质量事故备案	SL 176—2007附表 B	施工单位	施工单位	永久			30 年		
8405	施工验收		分部及单位工程质量评定	SL 223—2008 附录 E,《水电工程施工质量评定表填表说明与示例》	施工单位	施工单位	永久			30 年		
			验收申请及批复	SL 223—2008 附录 D	施工单位	施工单位	永久			30 年		
			单位工程施工质量检验资料检查表	SL 176—2007 表 G-3	施工单位	施工单位	永久			30 年		
			单位工程验收鉴定书	SL 223—2008 附录 F	施工单位	施工单位	永久			30 年		
			工程交接及工程质量保修书	DL/T 5111—2012 表 B3-7	施工单位	施工单位	永久			30 年		
			合同工程完工验收鉴定书	SL 223—2008 附录 G	施工单位	施工单位	永久			30 年		
			阶段验收鉴定书	SL 223—2008 附录 I	施工单位	施工单位	永久			30 年		
			部分工程投入使用验收鉴定书	SL 223—2008 附录 K	施工单位	施工单位	永久			30 年		
			竣工验收申请报告	SL 223—2008 附录 L	施工单位	施工单位	永久			30 年		
			竣工验收自查报告	SL 223—2008 附录 M	施工单位	施工单位	永久			30 年		
			工程质量保修责任终止证书	SL 223—2008 附录 U	施工单位	施工单位	永久			30 年		
8406	计量与支付		资金流计划申报	SL 288—2014 表 CB04, JL05	施工单位	施工单位	30 年			30 年		
			工程预付款报审	SL 288—2014 表 CB09, JL05	施工单位	施工单位	30 年			30 年		
			工程材料预付款报审	SL 288—2014 表 CB10, JL05	施工单位	施工单位	30 年			30 年		
			结算工程量计算书、签认	SL 288—2014 表 CB10, JL06	施工单位	施工单位	30 年			30 年		
			计日工(设备)签认	SL 288—2014 表 CB10, JL07	施工单位	施工单位	30 年			30 年		

续表

分类号	类目名称	分目	归档范围（主要项目文件）	执行标准	责任单位（来源）	责任单位（组卷）	建设	设计	监理	施工	运行	备注
8409	其他											抽水蓄能电站上水库使用本类目
841	挡水建筑物		工程定位（水准点、导线点、基准点、控制点等）测量、放线、复核记录	DL/T 5173—2012, DL/T 5111—2012 表 B2-8	施工单位	施工单位	永久			30年		
8410	测量		施工测量成果、报审	DL/T 5173—2012	施工单位	施工单位	永久			30年		
			测量放样、报审	DL/T 5173—2012	施工单位	施工单位	永久			30年		
			测量收方平面、断面图及计算书等	DL/T 5173—2012	施工单位	施工单位	永久			30年		
			建筑物形体测量	DL/T 5173—2012	施工单位	施工单位	永久			30年		
8411	成品或半成品现场试验检验	建筑材料成品或半成品现场试验检验	半成品、成品质量检验记录，报告、报审、台账等	DL/T 5111—2012 表 B2-5，《水电施工工程质量评定表表填写与示例》	施工单位	施工单位	永久			30年		
		建筑材料试验报告、材料使用跟踪	建筑材料试验报告，其他（连接器）、预制件现场复检：预应力筋，预应力锚具，夹具，建筑金属材料等工程材料进场报审单、试验委托取样单（见证取样单），复试报告	DL/T 5111—2012 表 B2-5	施工单位	施工单位	永久			30年		
			压实度，混凝土强度，无损检测及其他控制指标统计评定记录、报告	GB/T 50107—2010《混凝土强度检验评定标准》	施工单位	施工单位	永久			30年		

续表

分类号	类目名称	归档范围		执行标准	责任单位		保存单位及保管期限					备注
		分目	主要项目文件		来源	组卷	建设	设计	监理	施工	运行	
8412	施工记录及单元工程质量检验评定	开挖	水工建筑物岩石基础验收申报	DL/T 5111—2012 表 B6－36、《水电工程施工质量评定表填表说明与示例》	施工单位	施工单位	永久			30 年		
			岩石边坡开挖单元工程质量评定	DL/T 5111—2012 表 B6－36、《水电工程施工质量评定表填表说明与示例》	施工单位	施工单位	永久			30 年		
			岩石地基开挖单元工程质量评定	DL/T 5111—2012 表 B6－36、《水电工程施工质量评定表填表说明与示例》	施工单位	施工单位	永久			30 年		
			岩石地下开挖单元工程质量评定	DL/T 5111—2012 表 B6－36、《水电工程施工质量评定表填表说明与示例》	施工单位	施工单位	永久			30 年		
			软基及岸坡开挖单元工程质量评定	DL/T 5111—2012 表 B6－36、《水电工程施工质量评定表填表说明与示例》	施工单位	施工单位	永久			30 年		
			岩石地下平洞开挖单元工程质量评定	DL/T 5111—2012 表 B6－36、《水电工程施工质量评定表填表说明与示例》	施工单位	施工单位	永久			30 年		
			岩石竖井（斜井）开挖单元工程质量评定	DL/T 5111—2012 表 B6－36、《水电工程施工质量评定表填表说明与示例》	施工单位	施工单位	永久			30 年		
			石方（或洞室）开挖工程爆破设计申报	DL/T 5111—2012 表 B6－36、《水电工程施工质量评定表填表说明与示例》	施工单位	施工单位	永久			30 年		
			岩石开挖工程重要部位爆破造孔工序质量检查签证	DL/T 5111—2012 表 B6－36、《水电工程施工质量评定表填表说明与示例》	施工单位	施工单位	永久			30 年		

续表

分类号	类目名称	分目	归档范围 主要项目文件	执行标准	责任单位 来源	责任单位 组卷	保存单位及保管期限 建设	保存单位及保管期限 设计	保存单位及保管期限 监理	保存单位及保管期限 施工	保存单位及保管期限 运行	备注
8412	施工记录及单元工程质量检验评定	开挖	岩石开挖工程重要部位爆破造孔装药工序质量检查	DL/T 5111—2012 表 B6-36、《水电工程施工质量评定表填表说明与示例》	施工单位	施工单位	永久			30 年		
			岸坡、地基工程地质检测记录（施工地质编录、声波测试、压水试验等）	DL/T 5111—2012 表 B6-36、《水电工程施工质量评定表填表说明与示例》	施工单位	施工单位	永久			30 年		
			开挖（或隐蔽工程基础）单元工程验收合格证	DL/T 5111—2012 表 B6-36、《水电工程施工质量评定表填表说明与示例》	施工单位	施工单位	永久			30 年		
			岩石地基开挖工程联合检验鉴证	DL/T 5111—2012 表 B6-36、《水电工程施工质量评定表填表说明与示例》	施工单位	施工单位	永久			30 年		
			水工建筑物岩石基础验收证书	DL/T 5111—2012 表 B6-36、《水电工程施工质量评定表填表说明与示例》	施工单位	施工单位	永久			30 年		
			地质及施工缺略处理联合检验认定	DL/T 5111—2012 表 B6-36、《水电工程施工质量评定表填表说明与示例》	施工单位	施工单位	永久			30 年		
		灌浆工程	接触灌浆单元工程质量评定	DL/T 5148—2012 表 C.01-1～表 C.01-12、图 C.01-1～图 C.01-6	施工单位	施工单位	永久			30 年		
			灌浆工程申请（许可）单	DL/T 5148—2012 表 C.01-1～表 C.01-12、图 C.01-1～图 C.01-6	施工单位	施工单位	永久			30 年		
			接触灌浆单元工程验收合格证	DL/T 5148—2012 表 C.01-1～表 C.01-12、图 C.01-1～图 C.01-6	施工单位	施工单位	永久			30 年		
			灌浆钻孔验收合格证	DL/T 5148—2012 表 C.01-1～表 C.01-12、图 C.01-1～图 C.01-6	施工单位	施工单位	永久			30 年		
			高压喷射灌浆单元工程验收合格证	DL/T 5148—2012 表 C.01-1～表 C.01-12、图 C.01-1～图 C.01-6	施工单位	施工单位	永久			30 年		

续表

分类号	类目名称	归档范围		执行标准	责任单位			保存单位及保管期限					备注
		分目	主要项目文件		来源	组卷	建设	设计	监理	施工	运行		
8412	施工记录及单元工程质量检验评定	灌浆工程	高压喷射灌浆单元工程质量评定	DL/T 5148—2012 表 C.01-1~表 C.01-12，图 C.01-1~图 C.01-6	施工单位	施工单位	永久			30年		
			固结灌浆单元工程验收合格证	DL/T 5148—2012 表 C.01-1~表 C.01-12，图 C.01-1~图 C.01-6	施工单位	施工单位	永久			30年		
			回填灌浆单元工程验收合格证	DL/T 5148—2012 表 C.01-1~表 C.01-12，图 C.01-1~图 C.01-6	施工单位	施工单位	永久			30年		
			帷幕灌浆单元工程灌浆验收合格证	DL/T 5148—2012 表 C.01-1~表 C.01-12，图 C.01-1~图 C.01-6	施工单位	施工单位	永久			30年		
			帷幕灌浆钻孔终孔验收合格证	DL/T 5148—2012 表 C.01-1~表 C.01-12，图 C.01-1~图 C.01-6	施工单位	施工单位	永久			30年		
			抬动监测钻孔安装验收合格证	DL/T 5148—2012 表 C.01-1~表 C.01-12，图 C.01-1~图 C.01-6	施工单位	施工单位	永久			30年		
			抬动监测钻孔及安装验签证表	DL/T 5148—2012 表 C.01-1~表 C.01-12，图 C.01-1~图 C.01-6	施工单位	施工单位	永久			30年		
			灌浆工程准灌证（灌前检查验收合格证）	DL/T 5148—2012 表 C.01-1~表 C.01-12，图 C.01-1~图 C.01-6	施工单位	施工单位	永久			30年		
			帷幕、固结灌浆工程检查孔验收合格证	DL/T 5148—2012 表 C.01-1~表 C.01-12，图 C.01-1~图 C.01-6	施工单位	施工单位	永久			30年		
			灌浆单孔工程量签证	DL/T 5148—2012 表 C.01-1~表 C.01-12，图 C.01-1~图 C.01-6	施工单位	施工单位	永久			30年		
			帷幕灌浆单元工程质量评定	DL/T 5148—2012 表 C.01-1~表 C.01-12，图 C.01-1~图 C.01-6	施工单位	施工单位	永久			30年		
			固结灌浆单元工程质量评定	DL/T 5148—2012 表 C.01-1~表 C.01-12，图 C.01-1~图 C.01-6	施工单位	施工单位	永久			30年		
			通过钻孔进行回填灌浆单元工程质量评定	DL/T 5148—2012 表 C.01-1~表 C.01-12，图 C.01-1~图 C.01-6	施工单位	施工单位	永久			30年		
			预埋管路系统回填灌浆单元工程质量评定	DL/T 5148—2012 表 C.01-1~表 C.01-12，图 C.01-1~图 C.01-6	施工单位	施工单位	永久			30年		

续表

分类号	类目名称			归 档 范 围	执 行 标 准	责任单位		保存单位及保管期限						备注
		分目		主要项目文件		来源	组卷	建设	设计	监理	施工	运行	
8412	施工记录及单元工程质量检验评定	灌浆工程		压水试验及灌浆记录	DL/T 5148－2012 表 C. 01－1～表 C. 01－12，图 C. 01－1～图 C. 01－6	施工单位	施工单位	永久			30 年		
				物探孔压水试验记录	DL/T 5148－2012 表 C. 01－1～表 C. 01－12，图 C. 01－1～图 C. 01－6	施工单位	施工单位	永久			30 年		
				固结灌浆质量检查孔压水试验记录	DL/T 5148－2012 表 C. 01－1～表 C. 01－12，图 C. 01－1～图 C. 01－6	施工单位	施工单位	永久			30 年		
				固结灌浆质量检查孔灌浆封孔记录	DL/T 5148－2012 表 C. 01－1～表 C. 01－12，图 C. 01－1～图 C. 01－6	施工单位	施工单位	永久			30 年		
				灌浆抬动变形观测记录	DL/T 5148－2012 表 C. 01－1～表 C. 01－12，图 C. 01－1～图 C. 01－6	施工单位	施工单位	永久			30 年		
				灌浆液密度检测记录	DL/T 5148－2012 表 C. 01－1～表 C. 01－12，图 C. 01－1～图 C. 01－6	施工单位	施工单位	永久			30 年		
				化学灌浆压水记录	DL/T 5148－2012 表 C. 01－1～表 C. 01－12，图 C. 01－1～图 C. 01－6	施工单位	施工单位	永久			30 年		
				化学灌浆通风记录	DL/T 5148－2012 表 C. 01－1～表 C. 01－12，图 C. 01－1～图 C. 01－6	施工单位	施工单位	永久			30 年		
				化学灌浆原始记录	DL/T 5148－2012 表 C. 01－1～表 C. 01－12，图 C. 01－1～图 C. 01－6	施工单位	施工单位	永久			30 年		
				化学灌浆刻槽（埋管）布置图	DL/T 5148－2012 表 C. 01－1～表 C. 01－12，图 C. 01－1～图 C. 01－6	施工单位	施工单位	永久			30 年		
				化学灌浆材料签证表	DL/T 5148－2012 表 C. 01－1～表 C. 01－12，图 C. 01－1～图 C. 01－6	施工单位	施工单位	永久			30 年		
				化学灌浆性状描述	DL/T 5148－2012 表 C. 01－1～表 C. 01－12，图 C. 01－1～图 C. 01－6	施工单位	施工单位	永久			30 年		
				化学灌浆综合成果统计表	DL/T 5148－2012 表 C. 01－1～表 C. 01－12，图 C. 01－1～图 C. 01－6	施工单位	施工单位	永久			30 年		
				锚索孔造孔工序验收及质量评定	DL/T 5148－2012 表 C. 01－1～表 C. 01－12，图 C. 01－1～图 C. 01－6	施工单位	施工单位	永久			30 年		

续表

分类号	类目名称	分目	归档范围 主要项目文件	执行标准	责任单位 来源	责任单位 组卷	建设	设计	监理	施工	运行	备注
			预应力锚索预埋管道安装验收及质量评定	DL/T 5148—2012 表 C.01-1~表 C.01-12, 图 C.01-1~图 C.01-6	施工单位	施工单位	永久			30 年		
			锚索孔特殊情况处理	DL/T 5148—2012 表 C.01-1~表 C.01-12, 图 C.01-1~图 C.01-6	施工单位	施工单位	永久			30 年		
			取芯孔质量评定	DL/T 5148—2012 表 C.01-1~表 C.01-12, 图 C.01-1~图 C.01-6	施工单位	施工单位	永久			30 年		
			钻孔柱状图	DL/T 5148—2012 表 C.01-1~表 C.01-12, 图 C.01-1~图 C.01-6	施工单位	施工单位	永久			30 年		
			岩芯相关表	DL/T 5148—2012 表 C.01-1~表 C.01-12, 图 C.01-1~图 C.01-6	施工单位	施工单位	永久			30 年		
			岩芯入库清单	DL/T 5148—2012 表 C.01-1~表 C.01-12, 图 C.01-1~图 C.01-6	施工单位	施工单位	永久			30 年		
8412	施工记录及单元工程质量检验评定	灌浆工程	预应力锚索编制合格证	DL/T 5148—2012 表 C.01-1~表 C.01-12, 图 C.01-1~图 C.01-6	施工单位	施工单位	永久			30 年		
			预应力锚索制作安装工序验收及质量评定	DL/T 5148—2012 表 C.01-1~表 C.01-12, 图 C.01-1~图 C.01-6	施工单位	施工单位	永久			30 年		
			预应力锚索注浆作业申请（许可）	DL/T 5148—2012 表 C.01-1~表 C.01-12, 图 C.01-1~图 C.01-6	施工单位	施工单位	永久			30 年		
			预应力锚索注浆工序验收及质量评定	DL/T 5148—2012 表 C.01-1~表 C.01-12, 图 C.01-1~图 C.01-6	施工单位	施工单位	永久			30 年		
			预应力锚索墩混凝土浇筑作业申请（许可）	DL/T 5148—2012 表 C.01-1~表 C.01-12, 图 C.01-1~图 C.01-6	施工单位	施工单位	永久			30 年		
			锚索孔灌浆记录	DL/T 5148—2012 表 C.01-1~表 C.01-12, 图 C.01-1~图 C.01-6	施工单位	施工单位	永久			30 年		
			锚索孔注浆水泥用量时段表	DL/T 5148—2012 表 C.01-1~表 C.01-12, 图 C.01-1~图 C.01-6	施工单位	施工单位	永久			30 年		
			预应力锚索张拉作业申请（许可）	DL/T 5148—2012 表 C.01-1~表 C.01-12, 图 C.01-1~图 C.01-6	施工单位	施工单位	永久			30 年		

续表

分类号	类目名称	归档范围		执行标准	责任单位		保存单位及保管期限						备注
		分目	主要项目文件		来源	组卷	建设	设计	监理	施工	运行	
8412	施工记录及单元工程质量检验评定	灌浆工程	锚索张拉预裱体整体张拉记录	DL/T 5148—2012 表 C.01－1～表 C.01－12，图 C.01－1～图 C.01－6	施工单位	施工单位	永久			30年		
			锚索（端头锚）张拉工序验收及质量评定	DL/T 5148—2012 表 C.01－1～表 C.01－12，图 C.01－1～图 C.01－6	施工单位	施工单位	永久			30年		
			锚索（对穿锚）张拉工序验收及质量评定	DL/T 5148—2012 表 C.01－1～表 C.01－12，图 C.01－1～图 C.01－6	施工单位	施工单位	永久			30年		
			预应力锚索单元（单根）工程质量评定	DL/T 5148—2012 表 C.01－1～表 C.01－12，图 C.01－1～图 C.01－6	施工单位	施工单位	永久			30年		
		基础防渗与排水	混凝土防渗墙单元工程质量评定表	DL/T 5148—2012 表 C.01－1～表 C.01－12，图 C.01－1～图 C.01－6	施工单位	施工单位	永久			30年		
			防渗墙钻孔开孔作业申请（许可）	DL/T 5148—2012 表 C.01－1～表 C.01－12，图 C.01－1～图 C.01－6	施工单位	施工单位	永久			30年		
			防渗墙孔基岩联合认定	DL/T 5148—2012 表 C.01－1～表 C.01－12，图 C.01－1～图 C.01－6	施工单位	施工单位	永久			30年		
			防渗墙造孔质量检查记录	DL/T 5148—2012 表 C.01－1～表 C.01－12，图 C.01－1～图 C.01－6	施工单位	施工单位	永久			30年		
			槽孔清孔验收合格证	DL/T 5148—2012 表 C.01－1～表 C.01－12，图 C.01－1～图 C.01－6	施工单位	施工单位	永久			30年		
			槽孔导管下设开浇情况记录	DL/T 5148—2012 表 C.01－1～表 C.01－12，图 C.01－1～图 C.01－6	施工单位	施工单位	永久			30年		
			槽孔混凝土浇筑孔内混凝土面深度测量记录	DL/T 5148—2012 表 C.01－1～表 C.01－12，图 C.01－1～图 C.01－6	施工单位	施工单位	永久			30年		
			防渗墙造孔验收合格证	DL/T 5148—2012 表 C.01－1～表 C.01－12，图 C.01－1～图 C.01－6	施工单位	施工单位	永久			30年		
			槽孔混凝土浇筑导管拆御记录	DL/T 5148—2012 表 C.01－1～表 C.01－12，图 C.01－1～图 C.01－6	施工单位	施工单位	永久			30年		
			锚杆拉拔检测记录	DL/T 5148—2012 表 C.01－1～表 C.01－12，图 C.01－1～图 C.01－6	施工单位	施工单位	永久			30年		

续表

分类号	类目名称	归档范围		执行标准	责任单位		保存单位及保管期限					备注
		分目	主要项目文件		来源	组卷	建设	设计	监理	施工	运行	
8412	施工记录及单元工程质量检验评定	基础防渗与排水	钻孔记录	DL/T 5148—2012 表 C.01－1～表 C.01－6、图 C.01－12、图 C.01－1～图 C.01－6	施工单位	施工单位	永久			30年		
			钢架桥单元工程验收合格证	DL/T 5148—2012 表 C.01－1～表 C.01－6、图 C.01－12、图 C.01－1～图 C.01－6	施工单位	施工单位	永久			30年		
			钢架桥单元工程质量评定	DL/T 5148—2012 表 C.01－1～表 C.01－6、图 C.01－12、图 C.01－1～图 C.01－6	施工单位	施工单位	永久			30年		
			土工布铺设验收及质量评定	DL/T 5148—2012 表 C.01－1～表 C.01－6、图 C.01－12、图 C.01－1～图 C.01－6	施工单位	施工单位	永久			30年		
			钢筋笼单元工程验收合格证	DL/T 5148—2012 表 C.01－1～表 C.01－6、图 C.01－12、图 C.01－1～图 C.01－6	施工单位	施工单位	永久			30年		
			钢筋笼单元工程质量评定	DL/T 5148—2012 表 C.01－1～表 C.01－6、图 C.01－12、图 C.01－1～图 C.01－6	施工单位	施工单位	永久			30年		
			钻孔灌注桩单元工程验收合格证	DL/T 5148—2012 表 C.01－1～表 C.01－6、图 C.01－12、图 C.01－1～图 C.01－6	施工单位	施工单位	永久			30年		
			钻孔灌注桩单元工程质量评定	DL/T 5148—2012 表 C.01－1～表 C.01－6、图 C.01－12、图 C.01－1～图 C.01－6	施工单位	施工单位	永久			30年		
			疏浚工程单元工程验收合格证	DL/T 5148—2012 表 C.01－1～表 C.01－6、图 C.01－12、图 C.01－1～图 C.01－6	施工单位	施工单位	永久			30年		
			疏浚工程单元工程质量评定	DL/T 5148—2012 表 C.01－1～表 C.01－6、图 C.01－12、图 C.01－1～图 C.01－6	施工单位	施工单位	永久			30年		
			高压射射浆防渗墙成孔、插管、喷射灌浆等施工记录	DL/T 5148—2012 表 C.01－1～表 C.01－6、图 C.01－12、图 C.01－1～图 C.01－6	施工单位	施工单位	永久			30年		
			基础排水单元工程质量评定	DL/T 5148—2012 表 C.01－1～表 C.01－6、图 C.01－12、图 C.01－1～图 C.01－6	施工单位	施工单位	永久			30年		
			排水孔（管）工序验收及质量评定	DL/T 5125—2001《水电水利岩土工程施工及岩体测试造孔规程》、DL/T 5199—2004《水电水利工程混凝土防渗墙施工规范》	施工单位	施工单位	永久			30年		
			基础排水单元工程验收合格证	DL/T 5148—2012 表 C.01－1～表 C.01－7、图 C.01－12、图 C.01－1～图 C.01－7	施工单位	施工单位	永久			30年		

续表

分类号	类目名称	归档范围		执行标准	责任单位		保存单位及保管期限					备注
		分目	主要项目文件		来源	组卷	建设	设计	监理	施工	运行	
8412	施工记录及单元工程质量检验评定	地基加固工程	振冲地基、桩基、沉井工程施工记录及质量评定	DL/T 5125—2001, DL/T 5199—2004	施工单位	施工单位	永久			30年		
			桩基钢筋笼工序验收及质量评定	DL/T 5148—2012 表 C.01-1~表 C.01-12, 图 C.01-1~图 C.01-8	施工单位	施工单位	永久			30年		
			钻孔灌注桩混凝土准浇申请（许可）	DL/T 5200—2004《水电水利工程高压喷射灌浆技术规范》, DL/T 5125—2001, DL/T 5199—2004	施工单位	施工单位	永久			30年		
			钻孔灌注桩造孔单元工程质量评定	DL/T 5200—2004, DL/T 5125—2001, DL/T 5199—2004	施工单位	施工单位	永久			30年		
			灌注桩钻孔开孔作业申请（许可）	DL/T 5200—2004, DL/T 5125—2001, DL/T 5199—2004	施工单位	施工单位	永久			30年		
			灌注桩造孔质量检查记录	DL/T 5200—2004, DL/T 5125—2001, DL/T 5199—2004	施工单位	施工单位	永久			30年		
			灌注桩造孔验收合格证	DL/T 5200—2004, DL/T 5125—2001, DL/T 5199—2004	施工单位	施工单位	永久			30年		
			清孔验收合格证	DL/T 5200—2004, DL/T 5125—2001, DL/T 5199—2004	施工单位	施工单位	永久			30年		
			导管下设开浇情况记录	DL/T 5200—2004, DL/T 5125—2001, DL/T 5199—2004	施工单位	施工单位	永久			30年		
			混凝土浇筑孔内混凝土面深度测量记录	DL/T 5200—2004, DL/T 5125—2001, DL/T 5199—2004	施工单位	施工单位	永久			30年		
			混凝土浇筑导管拆卸记录	DL/T 5200—2004, DL/T 5125—2001, DL/T 5199—2004	施工单位	施工单位	永久			30年		
		碾压式土石坝	碾压式土石坝坝基及岸坡处理单元工程验收签证	DL/T 5200—2004, DL/T 5125—2001, DL/T 5199—2004	施工单位	施工单位	永久			30年		
			碾压式土石坝坝基及岸坡处理单元工程质量评定	DL/T 5200—2004, DL/T 5125—2001, DL/T 5199—2004	施工单位	施工单位	永久			30年		

续表

分类号	类目名称	归档范围		执行标准	责任单位			保存单位及保管期限					备注
		分目	主要项目文件		来源	组卷	建设	设计	监理	施工	运行		
8412	施工记录及单元工程质量检定	碾压式土石坝	碾压式土石坝土质防渗体单元工程质量评定	DL/T 5111—2012 表 B6－36、《水电工程施工质量评定表填表说明与示例》	施工单位	施工单位	永久			30 年		
			碾压式土石坝混凝土面板单元工程质量评定	DL/T 5111—2012 表 B6－36、《水电工程施工质量评定表填表说明与示例》	施工单位	施工单位	永久			30 年		
			碾压式土石坝沥青混凝土心墙单元工程质量评定	DL/T 5111—2012 表 B6－36、《水电工程施工质量评定表填表说明与示例》	施工单位	施工单位	永久			30 年		
			碾压式土石坝沥青混凝土面板单元工程质量评定	DL/T 5111—2012 表 B6－36、《水电工程施工质量评定表填表说明与示例》	施工单位	施工单位	永久			30 年		
			碾压式土石坝砂砾石坝筑体填筑单元工程质量评定	DL/T 5111—2012 表 B6－36、《水电工程施工质量评定表填表说明与示例》	施工单位	施工单位	永久			30 年		
			碾压式土石坝堆石坝筑体填筑单元工程质量评定	DL/T 5111—2012 表 B6－36、《水电工程施工质量评定表填表说明与示例》	施工单位	施工单位	永久			30 年		
			碾压式土石坝反滤工程单元工程质量评定	DL/T 5111—2012 表 B6－36、《水电工程施工质量评定表填表说明与示例》	施工单位	施工单位	永久			30 年		
			碾压式土石坝垫层工程单元工程质量评定	DL/T 5111—2012 表 B6－36、《水电工程施工质量评定表填表说明与示例》	施工单位	施工单位	永久			30 年		
			碾压式土石坝排水工程单元工程质量评定	DL/T 5111—2012 表 B6－36、《水电工程施工质量评定表填表说明与示例》	施工单位	施工单位	永久			30 年		
		混凝土面板堆石坝	混凝土面板堆石体基础单元验收签证	DL/T 5111—2012 表 B6－36、《水电工程施工质量评定表填表说明与示例》	施工单位	施工单位	永久			30 年		

续表

分类号	类目名称	分目	归档范围 主要项目文件	执行标准	责任单位 来源	责任单位 组卷	保存单位及保管期限 建设	设计	监理	施工	运行	备注
8412	施工记录及单元工程质量检验评定	混凝土面板堆石坝	混凝土面板堆石坝基础单元质量评定	DL/T 5111—2012 表 B6-36、《水电工程施工质量评定表填表说明与示例》	施工单位	施工单位	永久			30年		
			混凝土面板堆石坝体填筑单元工程验收签证	DL/T 5111—2012 表 B6-36、《水电工程施工质量评定表填表说明与示例》	施工单位	施工单位	永久			30年		
			混凝土面板堆石坝体填筑单元工程质量评定	DL/T 5111—2012 表 B6-36、《水电工程施工质量评定表填表说明与示例》	施工单位	施工单位	永久			30年		
			混凝土面板堆石坝垫层（坡面保护）单元工程验收签证	DL/T 5111—2012 表 B6-36、《水电工程施工质量评定表填表说明与示例》	施工单位	施工单位	永久			30年		
			混凝土面板堆石坝填筑（垫层）单元工程开仓证	DL/T 5111—2012 表 B6-36、《水电工程施工质量评定表填表说明与示例》	施工单位	施工单位	永久			30年		
			混凝土面板堆石坝护坡（坡面保护）单元工程质量评定	DL/T 5111—2012 表 B6-36、《水电工程施工质量评定表填表说明与示例》	施工单位	施工单位	永久			30年		
			混凝土面板堆石坝护坡单元工程验收签证	DL/T 5111—2012 表 B6-36、《水电工程施工质量评定表填表说明与示例》	施工单位	施工单位	永久			30年		
			混凝土面板堆石坝护坡单元工程质量评定	DL/T 5111—2012 表 B6-36、《水电工程施工质量评定表填表说明与示例》	施工单位	施工单位	永久			30年		
			坝料填筑试坑取样检查验收及质量评定	DL/T 5111—2012 表 B6-36、《水电工程施工质量评定表填表说明与示例》	施工单位	施工单位	永久			30年		
			混凝土面板堆石坝石料开采质量评定	DL/T 5111—2012 表 B6-36、《水电工程施工质量评定表填表说明与示例》	施工单位	施工单位	永久			30年		

续表

分类号	类目名称	归档范围		执行标准	责任单位		保存单位及保管期限					备注
		分目	主要项目文件		来源	组卷	建设	设计	监理	施工	运行	
8412	施工记录及单元工程质量检验评定	混凝土面板堆石坝	混凝土面板堆石坝石料开采测量成果	DL/T 5111—2012 表 B6－36、《水电工程施工质量评定表填表说明与示例》	施工单位	施工单位	永久			30 年		
			爆破石料鉴定	DL/T 5111—2012 表 B6－36、《水电工程施工质量评定表填表说明与示例》	施工单位	施工单位	永久			30 年		
			垫层料试验筛分记录	DL/T 5111—2012 表 B6－36、《水电工程施工质量评定表填表说明与示例》	施工单位	施工单位	永久			30 年		
			混凝土滑模工序验收及质量评定	DL/T 5111—2012 表 B6－36、《水电工程施工质量评定表填表说明与示例》	施工单位	施工单位	永久			30 年		
			止水及伸缩缝处理工序验收及质量评定	DL/T 5111—2012 表 B6－36、《水电工程施工质量评定表填表说明与示例》	施工单位	施工单位	永久			30 年		
			混凝土浇筑工序验收及质量评定	DL/T 5111—2012 表 B6－36、《水电工程施工质量评定表填表说明与示例》	施工单位	施工单位	永久			30 年		
			面板（趾板）混凝土单元工程质量评定	DL/T 5111—2012 表 B6－36、《水电工程施工质量评定表填表说明与示例》	施工单位	施工单位	永久			30 年		
			表面止水工序质量评定	DL/T 5111—2012 表 B6－36、《水电工程施工质量评定表填表说明与示例》	施工单位	施工单位	永久			30 年		
			排水工程单元工程质量评定	DL/T 5111—2012 表 B6－36、《水电工程施工质量评定表填表说明与示例》	施工单位	施工单位	永久			30 年		
			混凝土止水埋设工序质量评定	DL/T 5111—2012 表 B6－36、《水电工程施工质量评定表填表说明与示例》	施工单位	施工单位	永久			30 年		

续表

分类号	类目名称	归档范围		执行标准	责任单位		保存单位及保管期限					备注
		分目	主要项目文件		来源	组卷	建设	设计	监理	施工	运行	
8412	施工记录及单元工程质量检验评定	混凝土工程	混凝土（开工、开仓）申请（许可）	DL/T 5111—2012 表 B6-36，《水电工程施工质量评定表填表说明与示例》	施工单位	施工单位	永久			30年		
			混凝土浇筑前仓内重要结构埋件联合验收单	DL/T 5111—2012 表 B6-36，《水电工程施工质量评定表填表说明与示例》	施工单位	施工单位	永久			30年		
			基础面或混凝土施工缝处理工序验收及质量评定	DL/T 5111—2012 表 B6-36，《水电工程施工质量评定表填表说明与示例》	施工单位	施工单位	永久			30年		
			混凝土模板工序验收及质量评定	DL/T 5111—2012 表 B6-36，《水电工程施工质量评定表填表说明与示例》	施工单位	施工单位	永久			30年		
			混凝土钢筋工序验收及质量评定	DL/T 5111—2012 表 B6-36，《水电工程施工质量评定表填表说明与示例》	施工单位	施工单位	永久			30年		
			止水片（带）安装验收及质量评定	DL/T 5111—2012 表 B6-36，《水电工程施工质量评定表填表说明与示例》	施工单位	施工单位	永久			30年		
			伸缩缝材料安装验收及质量评定	DL/T 5111—2012 表 B6-36，《水电工程施工质量评定表填表说明与示例》	施工单位	施工单位	永久			30年		
			排水设施安装验收及质量评定	DL/T 5111—2012 表 B6-36，《水电工程施工质量评定表填表说明与示例》	施工单位	施工单位	永久			30年		
			冷却及接缝灌浆管路安装验收及质量评定	DL/T 5111—2012 表 B6-36，《水电工程施工质量评定表填表说明与示例》	施工单位	施工单位	永久			30年		
			内部观测仪器安装验收及质量评定	DL/T 5111—2012 表 B6-36，《水电工程施工质量评定表填表说明与示例》	施工单位	施工单位	永久			30年		

续表

分类号	类目名称	归档范围		执行标准	责任单位		保存单位及保管期限						备注
		分目	主要项目文件		来源	组卷	建设	设计	监理	施工	运行	
8412	施工记录及单元工程质量检验评定	混凝土工程	混凝土外观验收及质量评定	DL/T 5111—2012 表 B6-36、《水电工程施工质量评定表填表说明与示例》	施工单位	施工单位	永久			30 年		
			接地现场验收合格证	DL/T 5111—2012 表 B6-36、《水电工程施工质量评定表填表说明与示例》	施工单位	施工单位	永久			30 年		
			钢筋接头现场验收合格证	DL/T 5111—2012 表 B6-36、《水电工程施工质量评定表填表说明与示例》	施工单位	施工单位	永久			30 年		
			混凝土表面外观质量评定	DL/T 5111—2012 表 B6-36、《水电工程施工质量评定表填表说明与示例》	施工单位	施工单位	永久			30 年		
			混凝土单元工程质量评定	DL/T 5111—2012 表 B6-36、《水电工程施工质量评定表填表说明与示例》	施工单位	施工单位	永久			30 年		
			碾压混凝土准铺证	DL/T 5111—2012 表 B6-36、《水电工程施工质量评定表填表说明与示例》	施工单位	施工单位	永久			30 年		
			坝体碾压混凝土铺筑单元工程质量评定	DL/T 5111—2012 表 B6-36、《水电工程施工质量评定表填表说明与示例》	施工单位	施工单位	永久			30 年		
			碾压混凝土原材料质量评定	DL/T 5111—2012 表 B6-36、《水电工程施工质量评定表填表说明与示例》	施工单位	施工单位	永久			30 年		
			碾压混凝土拌和质量评定	DL/T 5111—2012 表 B6-36、《水电工程施工质量评定表填表说明与示例》	施工单位	施工单位	永久			30 年		
			碾压混凝土运输铺筑（摊铺、碾压、造缝）质量评定	DL/T 5111—2012 表 B6-36、《水电工程施工质量评定表填表说明与示例》	施工单位	施工单位	永久			30 年		

续表

分类号	类目名称		归档范围		执行标准	责任单位			保存单位及保管期限					备注
		分目	主要项目文件			来源	组卷	建设	设计	监理	施工	运行	
			层间结合及施工缝质量评定		DL/T 5111—2012 表 B6-36、《水电工程施工质量评定表填表说明与示例》	施工单位	施工单位	永久			30年		
			碾压混凝土（常态混凝土）试件及芯样质量评定		DL/T 5111—2012 表 B6-36、《水电工程施工质量评定表填表说明与示例》	施工单位	施工单位	永久			30年		
			碾压混凝土防护质量评定		DL/T 5111—2012 表 B6-36、《水电工程施工质量评定表填表说明与示例》	施工单位	施工单位	永久			30年		
			变态混凝土质量评定		DL/T 5111—2012 表 B6-36、《水电工程施工质量评定表填表说明与示例》	施工单位	施工单位	永久			30年		
8412	施工记录及工程单元工程质量检验评定	混凝土工程	高分子喷涂防渗层单元工程质量评定		DL/T 5111—2012 表 B6-36、《水电工程施工质量评定表填表说明与示例》	施工单位	施工单位	永久			30年		
			碾压混凝土机口取样质量评定		DL/T 5111—2012 表 B6-36、《水电工程施工质量评定表填表说明与示例》	施工单位	施工单位	永久			30年		
			碾压混凝土坝及防渗体质量评定		DL/T 5111—2012 表 B6-36、《水电工程施工质量评定表填表说明与示例》	施工单位	施工单位	永久			30年		
			预应力混凝土用钢绞线力学性能检测		DL/T 5111—2012 表 B6-36、《水电工程施工质量评定表填表说明与示例》	施工单位	施工单位	永久			30年		
			混凝土单元工程温控、养护记录		DL/T 5111—2012 表 B6-36、《水电工程施工质量评定表填表说明与示例》	施工单位	施工单位	永久			30年		
			坝体冷却水管闷温封堵记录		DL/T 5111—2012 表 B6-36、《水电工程施工质量评定表填表说明与示例》	施工单位	施工单位	永久			30年		
			排水工程单元工程质量评定		DL/T 5111—2012 表 B6-36、《水电工程施工质量评定表填表说明与示例》	施工单位	施工单位	永久			30年		

续表

分类号	类目名称	归档范围		执行标准	责任单位		保存单位及保管期限					备注
		分目	主要项目文件		来源	组卷	建设	设计	监理	施工	运行	
8412	施工记录及单元工程质量检验评定	预埋件	预埋件（管、线）安装埋设、试验、冲洗、防腐等施工记录	DL/T 5111—2012 表 B6-36、《水电工程施工质量评定表填表说明与示例》	施工单位	施工单位	永久			30年		
			预埋件工序安装质量评定	DL/T 5111—2012 表 B6-36、《水电工程施工质量评定表填表说明与示例》	施工单位	施工单位	永久			30年		
			预埋件安装验收及质量评定	DL/T 5111—2012 表 B6-36、《水电工程施工质量评定表填表说明与示例》	施工单位	施工单位	永久			30年		
		砌体	砌体基础面工序验收及质量评定	DL/T 5111—2012 表 B6-36、《水电工程施工质量评定表填表说明与示例》	施工单位	施工单位	永久			30年		
			砌体砌筑开仓证（验收合格证）	DL/T 5111—2012 表 B6-36、《水电工程施工质量评定表填表说明与示例》	施工单位	施工单位	永久			30年		
			砌体单元工程质量评定	DL/T 5111—2012 表 B6-36、《水电工程施工质量评定表填表说明与示例》	施工单位	施工单位	永久			30年		
			砌体层面处理工序验收及质量评定	DL/T 5111—2012 表 B6-36、《水电工程施工质量评定表填表说明与示例》	施工单位	施工单位	永久			30年		
			砌体砌筑工序验收及质量评定	DL/T 5111—2012 表 B6-36、《水电工程施工质量评定表填表说明与示例》	施工单位	施工单位	永久			30年		
		支护工程	锚喷支护锚杆（束）孔钻孔工序验收及质量评定	DL/T 5111—2012 表 B6-36、《水电工程施工质量评定表填表说明与示例》	施工单位	施工单位	永久			30年		
			锚喷支护锚杆安装工序验收及质量评定	DL/T 5111—2012 表 B6-36、《水电工程施工质量评定表填表说明与示例》	施工单位	施工单位	永久			30年		

续表

分类号	类目名称	归档范围		执行标准	责任单位		保存单位及保管期限					备注
		分目	主要项目文件		来源	组卷	建设	设计	监理	施工	运行	
			喷、锚支护钢筋网安装工序验收及质量评定	DL/T 5111—2012 表 B6－36、《水电工程施工质量评定表填表说明与示例》	施工单位	施工单位	永久			30年		
			喷、锚支护喷射混凝土工序验收及质量评定	DL/T 5111—2012 表 B6－36、《水电工程施工质量评定表填表说明与示例》	施工单位	施工单位	永久			30年		
			喷射混凝土检查表	DL/T 5111—2012 表 B6－36、《水电工程施工质量评定表填表说明与示例》	施工单位	施工单位	永久			30年		
			喷、锚支护单元工程质量评定	DL/T 5111—2012 表 B6－36、《水电工程施工质量评定表填表说明与示例》	施工单位	施工单位	永久			30年		
			喷射混凝土开仓申请（许可）	DL/T 5111—2012 表 B6－36、《水电工程施工质量评定表填表说明与示例》	施工单位	施工单位	永久			30年		
		支护工程	钢支撑工序验收及质量评定	DL/T 5111—2012 表 B6－36、《水电工程施工质量评定表填表说明与示例》	施工单位	施工单位	永久			30年		
			锚喷支护钢筋格栅工序验收及质量评定	DL/T 5111—2012 表 B6－36、《水电工程施工质量评定表填表说明与示例》	施工单位	施工单位	永久			30年		
8412	施工记录及单元工程质量检验评定		锚杆束单元工程质量评定	DL/T 5111—2012 表 B6－36、《水电工程施工质量评定表填表说明与示例》	施工单位	施工单位	永久			30年		
			锚杆束安装工序验收及质量评定	DL/T 5111—2012 表 B6－36、《水电工程施工质量评定表填表说明与示例》	施工单位	施工单位	永久			30年		
			预应力锚杆单元工程质量评定	DL/T 5111—2012 表 B6－36、《水电工程施工质量评定表填表说明与示例》	施工单位	施工单位	永久			30年		
			预应力锚杆工序施工验收及质量评定	DL/T 5111—2012 表 B6－36、《水电工程施工质量评定表填表说明与示例》	施工单位	施工单位	永久			30年		

续表

分类号	类目名称	归档范围		执行标准	责任单位		保存单位及保管期限					备注
		分目	主要项目文件		来源	组卷	建设	设计	监理	施工	运行	
8412	施工记录及单元工程质量检验评定	预制构件	钢筋混凝土预制构件安装单元工程验收合格证	DL/T 5111—2012 表 B6－36、《水电工程施工质量评定表填表说明与示例》	施工单位	施工单位	永久			30 年		
			钢筋混凝土预制构件安装单元工程质量评定	DL/T 5111—2012 表 B6－36、《水电工程施工质量评定表填表说明与示例》	施工单位	施工单位	永久			30 年		
			坝体接缝灌浆单元工程验收合格证	DL/T 5111—2012 表 B6－36、《水电工程施工质量评定表填表说明与示例》	施工单位	施工单位	永久			30 年		
			坝体接缝灌浆单元工程质量评定	DL/T 5111—2012 表 B6－36、《水电工程施工质量评定表填表说明与示例》	施工单位	施工单位	永久			30 年		
			钢衬接触灌浆单元工程质量评定	DL/T 5111—2012 表 B6－36、《水电工程施工质量评定表填表说明与示例》	施工单位	施工单位	永久			30 年		
			钢衬接触灌浆单元工程验收签证	DL/T 5111—2012 表 B6－36、《水电工程施工质量评定表填表说明与示例》	施工单位	施工单位	永久			30 年		
			钢筋混凝土预制构件模板质量报验	DL/T 5111—2012 表 B6－36、《水电工程施工质量评定表填表说明与示例》	施工单位	施工单位	永久			30 年		
			预制构件模板施工验收及质量评定	DL/T 5111—2012 表 B6－36、《水电工程施工质量评定表填表说明与示例》	施工单位	施工单位	永久			30 年		
			预制构件钢筋施工验收及质量评定	DL/T 5111—2012 表 B6－36、《水电工程施工质量评定表填表说明与示例》	施工单位	施工单位	永久			30 年		
			预制构件预应力施工验收及质量评定	DL/T 5111—2012 表 B6－36、《水电工程施工质量评定表填表说明与示例》	施工单位	施工单位	永久			30 年		

续表

分类号	类目名称	归档范围		执行标准	责任单位		保存单位及保管期限					备注
		分目	主要项目文件		来源	组卷	建设	设计	监理	施工	运行	
8412	施工记录及单元工程质量检验评定	预制构件	预制构件混凝土施工验收及质量评定	DL/T 5111—2012 表 B6-36、《水电工程施工质量评定表填表说明与示例》	施工单位	施工单位	永久			30 年		
			预制构件外观验收及质量评定	DL/T 5111—2012 表 B6-36、《水电工程施工质量评定表填表说明与示例》	施工单位	施工单位	永久			30 年		
			预制构件混凝土性能、结构性能质量评定	DL/T 5111—2012 表 B6-36、《水电工程施工质量评定表填表说明与示例》	施工单位	施工单位	永久			30 年		
			钢筋混凝土预制构件制作单工程质量评定	DL/T 5111—2012 表 B6-36、《水电工程施工质量评定表填表说明与示例》	施工单位	施工单位	永久			30 年		
		填筑工程	填筑厚度与断面尺寸测量检查记录	DL/T 5111—2012 表 B6-36、《水电工程施工质量评定表填表说明与示例》	施工单位	施工单位	永久			30 年		
			防渗体施工记录（含土工膜、沥青、混凝土、土石料等）	DL/T 5111—2012 表 B6-36、《水电工程施工质量评定表填表说明与示例》	施工单位	施工单位	永久			30 年		
			结合面及接缝处理记录	DL/T 5111—2012 表 B6-36、《水电工程施工质量评定表填表说明与示例》	施工单位	施工单位	永久			30 年		
			碾压生产性试验报告（主要为大坝填筑）	DL/T 5111—2012 表 B6-36、《水电工程施工质量评定表填表说明与示例》	施工单位	施工单位	永久			30 年		
			混凝土质量检测报告	DL/T 5111—2012 表 B6-36、《水电工程施工质量评定表填表说明与示例》	施工单位	施工单位	永久			30 年		
			填筑质量检测（含颗粒级配、压实度、含水率等）报告	DL/T 5111—2012 表 B6-36、《水电工程施工质量评定表填表说明与示例》	施工单位	施工单位	永久			30 年		

续表

分类号	类目名称	归档范围 分目	主要项目文件	执行标准	责任单位 来源	组卷	保存单位及保管期限 建设	设计	监理	施工	运行	备注
8412	施工记录及单元工程质量检验评定	填筑工程	各项试验记录	DL/T 5111—2012 表 B6-36,《水电工程施工质量评定表说明与示例》	施工单位	施工单位	永久			30年		
			单元工程评定、验收合格证、开仓证	DL/T 5111—2012 表 B6-36,《水电工程施工质量评定表说明与示例》	施工单位	施工单位	永久			30年		
8413	质量缺陷处理		质量缺陷调查、认定、处理、验收	DL/T 5111—2000 表 B6-25	施工单位	施工单位	永久			30年		
8419	其他											
842	泄水建筑物（含消能建筑物）		溢洪道、泄洪隧洞、消能等工程		施工单位							
8420	测量		同 8410 归档范围		施工单位	施工单位	永久			30年		
8421	成品或半成品现场试验检验		同 8411 归档范围		施工单位	施工单位	永久			30年		
8422	施工记录及单元工程质量检验评定		同 8412 归档范围		施工单位	施工单位	永久			30年		
8423	质量缺陷处理		同 8413 归档范围		施工单位	施工单位	永久			30年		
8429	其他		同 8419 归档范围		施工单位	施工单位	永久			30年		
843	输水建筑物		坝体引水工程（发电、灌溉、工业及生活取水口）、引水隧洞（集）工程		施工单位							
8430	测量		同 8410 归档范围		施工单位	施工单位	永久			30年		
8431	成品或半成品现场试验检验		同 8411 归档范围		施工单位	施工单位	永久			30年		

续表

分类号	类目名称	分目	归档范围（主要项目文件）	执行标准	责任单位（来源）	责任单位（组卷）	建设	设计	监理	施工	运行	备注
8432	施工记录及单元工程质量检验评定		同8412归档范围		施工单位	施工单位	永久			30年		
8433	质量缺陷处理		同8413归档范围		施工单位	施工单位	永久			30年		
8439	其他		同8419归档范围		施工单位	施工单位	永久			30年		
844	主、副厂房及开关站											
8440	测量		同8410归档范围		施工单位	施工单位	永久			30年		
8441	成品或半成品现场试验检验		同8411归档范围		施工单位	施工单位	永久			30年		
8442	施工记录及单元工程质量检验评定	房屋建筑	同8412归档范围	DL/T 5111—2012 表B2-5	施工单位	施工单位	30年			永久		
			屋面淋水试验记录		施工单位	施工单位	永久			30年		
			地下室防水效果检查记录		施工单位	施工单位	永久			30年		
			有防水要求的地面蓄水试验记录		施工单位	施工单位	永久			30年		
			建筑物垂直度、标高、全高测量记录		施工单位	施工单位	永久			30年		
			抽气（风）道检查记录		施工单位	施工单位	永久			30年		
			幕墙及外窗气密性、水密性、耐风压检测报告		施工单位	施工单位	永久			30年		
			建筑物沉降观测测量记录		施工单位	施工单位	永久			30年		
			节能、保温测试记录		施工单位	施工单位	永久			30年		
			室内环境检测报告		施工单位	施工单位	永久			30年		
			给水管道通水试验记录		施工单位	施工单位	永久			30年		
			暖气管道、散热器压力试验记录		施工单位	施工单位	永久			30年		

续表

分类号	类目名称	归档范围 分目	归档范围 主要项目文件	执行标准	责任单位 来源	责任单位 组卷	保存单位及保管期限 设计	保存单位及保管期限 建设	保存单位及保管期限 监理	保存单位及保管期限 施工	保存单位及保管期限 运行	备注
8442	施工记录及单元工程质量检验评定	房屋建筑	卫生器具满水试验记录		施工单位	施工单位		永久		30年		
			消防管道、燃气管道压力试验记录		施工单位	施工单位		永久		30年		
			排水干管通球试验记录		施工单位	施工单位		永久		30年		
			避雷接地电阻测试记录		施工单位	施工单位		永久		30年		
			线路、插座、开关接地检验记录		施工单位	施工单位		永久		30年		
			通风、空调系统运行试验记录		施工单位	施工单位		永久		30年		
			风量、温度测试记录		施工单位	施工单位		永久		30年		
		其他	系统试运行记录		施工单位	施工单位		永久		30年		
8443	质量缺陷处理		同8413归档范围		施工单位	施工单位		永久		30年		
8449	其他											
845	交通与通航、过坝建筑物											抽水蓄能电站下水库使用本类目
8450	测量		同8410归档范围	根据交通工程设计采用的标准，分别执行8410类相关标准	施工单位	施工单位		永久		30年		
8451	成品或半成品现场试验检验		同8411归档范围	根据交通工程设计采用的标准，分别执行8410类相关标准	施工单位	施工单位		永久		30年		

续表

分类号	类目名称	分目	归档范围 主要项目文件	执行标准	责任单位 来源	责任单位 组卷	保存单位及保管期限 建设	保存单位及保管期限 设计	保存单位及保管期限 监理	保存单位及保管期限 施工	保存单位及保管期限 运行	备注
8452	施工记录及单元工程质量检验评定	路基土石方工程	地表处理	根据交通工程设计采用的标准，分别执行8410类相关标准	施工单位	施工单位	永久			30年		
			不良地质处理、施工、检测记录	根据交通工程设计采用的标准，分别执行8410类相关标准	施工单位	施工单位	永久			30年		
			分层压实记录	根据交通工程设计采用的标准，分别执行8410类相关标准	施工单位	施工单位	永久			30年		
			路基检测记录	根据交通工程设计采用的标准，分别执行8410类相关标准	施工单位	施工单位	永久			30年		
			质量检验评定表	根据交通工程设计采用的标准，分别执行8410类相关标准	施工单位	施工单位	永久			30年		
		构造物及防护工程	基坑开挖、处理试验、检测记录	根据交通工程设计采用的标准，分别执行8410类相关标准	施工单位	施工单位	永久			30年		
			各工序施工、检测、试验记录	根据交通工程设计采用的标准，分别执行8410类相关标准	施工单位	施工单位	永久			30年		
			成品检测记录	根据交通工程设计采用的标准，分别执行8410类相关标准	施工单位	施工单位	永久			30年		
			质量检验评定表	根据交通工程设计采用的标准，分别执行8410类相关标准	施工单位	施工单位	永久			30年		
		小桥工程	基坑处理、检查记录	根据交通工程设计采用的标准，分别执行8410类相关标准	施工单位	施工单位	永久			30年		
			基础处理、检查、试验记录	根据交通工程设计采用的标准，分别执行8410类相关标准	施工单位	施工单位	永久			30年		
			各分项施工检查、施工、试验记录	根据交通工程设计采用的标准，分别执行8410类相关标准	施工单位	施工单位	永久			30年		
			质量检查记录	根据交通工程设计采用的标准，分别执行8410类相关标准	施工单位	施工单位	永久			30年		
			质量检验评定表	根据交通工程设计采用的标准，分别执行8410类相关标准	施工单位	施工单位	永久			30年		

续表

分类号	类目名称	归档范围 分目	归档范围 主要项目文件	执行标准	责任单位 来源	责任单位 组卷	保存单位及保管期限 建设	保存单位及保管期限 设计	保存单位及保管期限 监理	保存单位及保管期限 施工	保存单位及保管期限 运行	备注
8452	施工记录及单元工程质量检验评定	排水工程	各工序施工、检测记录	根据交通工程设计采用的标准，分别执行 8410 类相关标准	施工单位	施工单位	永久			30 年		
			成品检查记录	根据交通工程设计采用的标准，分别执行 8410 类相关标准	施工单位	施工单位	永久			30 年		
			分段质量检测资料汇总	根据交通工程设计采用的标准，分别执行 8410 类相关标准	施工单位	施工单位	永久			30 年		
			质量检验评定表	根据交通工程设计采用的标准，分别执行 8410 类相关标准	施工单位	施工单位	永久			30 年		
		涵洞工程	基坑开挖、处理记录	根据交通工程设计采用的标准，分别执行 8410 类相关标准	施工单位	施工单位	永久			30 年		
			各工序施工、检测记录	根据交通工程设计采用的标准，分别执行 8410 类相关标准	施工单位	施工单位	永久			30 年		
			成品检查记录	根据交通工程设计采用的标准，分别执行 8410 类相关标准	施工单位	施工单位	永久			30 年		
			质量检验评定表	根据交通工程设计采用的标准，分别执行 8410 类相关标准	施工单位	施工单位	永久			30 年		
		路面工程	压实度检测记录	根据交通工程设计采用的标准，分别执行 8410 类相关标准	施工单位	施工单位	永久			30 年		
			各工序施工检测记录汇总	根据交通工程设计采用的标准，分别执行 8410 类相关标准	施工单位	施工单位	永久			30 年		
			检查记录汇总	根据交通工程设计采用的标准，分别执行 8410 类相关标准	施工单位	施工单位	永久			30 年		
			质量检验评定表	根据交通工程设计采用的标准，分别执行 8410 类相关标准	施工单位	施工单位	永久			30 年		
		桥梁工程	基坑开挖、处理施工、检查记录	根据交通工程设计采用的标准，分别执行 8410 类相关标准	施工单位	施工单位	永久			30 年		
			基础施工检查、桩基检测记录	根据交通工程设计采用的标准，分别执行 8410 类相关标准	施工单位	施工单位	永久			30 年		

续表

分类号	类目名称	分目	归档范围 主要项目文件	执行标准	责任单位		保存单位及保管期限					备注
					来源	组卷	建设	设计	监理	施工	运行	
8452	施工记录及单元工程质量检验评定	桥梁工程	现浇构件施工、检测、试验记录	根据交通工程设计采用的标准，分别执行8410类相关标准	施工单位	施工单位	永久			30年		
			预制构件施工、检验记录	根据交通工程设计采用的标准，分别执行8410类相关标准	施工单位	施工单位	永久			30年		
			预应力张拉、压浆检查记录	根据交通工程设计采用的标准，分别执行8410类相关标准	施工单位	施工单位	永久			30年		
			外购件检查记录	根据交通工程设计采用的标准，分别执行8410类相关标准	施工单位	施工单位	永久			30年		
			按施工工序各中间环节检查记录	根据交通工程设计采用的标准，分别执行8410类相关标准	施工单位	施工单位	永久			30年		
			引道工程、防护工程施工、检测记录	根据交通工程设计采用的标准，分别执行8410类相关标准	施工单位	施工单位	永久			30年		
			质量检验评定表	根据交通工程设计采用的标准，分别执行8410类相关标准	施工单位	施工单位	永久			30年		
		隧道工程	洞身开挖施工、检查记录	根据交通工程设计采用的标准，分别执行8410类相关标准	施工单位	施工单位	永久			30年		
			衬砌施工、检验记录	根据交通工程设计采用的标准，分别执行8410类相关标准	施工单位	施工单位	永久			30年		
			隧道路面工程施工、检查记录	根据交通工程设计采用的标准，分别执行8410类相关标准	施工单位	施工单位	永久			30年		
			照明、通风、消防设施施工、检查记录	根据交通工程设计采用的标准，分别执行8410类相关标准	施工单位	施工单位	永久			30年		
			洞口施工检查记录	根据交通工程设计采用的标准，分别执行8410类相关标准	施工单位	施工单位	永久			30年		
			各种附属设施检验施工记录	根据交通工程设计采用的标准，分别执行8410类相关标准	施工单位	施工单位	永久			30年		
			各环节工序检查记录	根据交通工程设计采用的标准，分别执行8410类相关标准	施工单位	施工单位	永久			30年		

续表

分类号	类目名称	分目	归档范围 主要项目文件	执行标准	责任单位 来源	责任单位 组卷	保存单位及保管期限 建设	设计	监理	施工	运行	备注
8452	施工记录及单元工程质量检验评定	隧道工程	隧道衬砌厚度、强度检验记录	根据交通工程设计采用的标准，分别执行8410类相关标准	施工单位	施工单位	永久			30年		
			质量检验评定表	根据交通工程设计采用的标准，分别执行8410类相关标准	施工单位	施工单位	永久			30年		
		交通安全设施	各种标志牌制作安装检查记录	根据交通工程设计采用的标准，分别执行8410类相关标准	施工单位	施工单位	永久			30年		
			标线检查、施工记录	根据交通工程设计采用的标准，分别执行8410类相关标准	施工单位	施工单位	永久			30年		
			防撞护栏、隔离栅及附属设施施工、检查记录	根据交通工程设计采用的标准，分别执行8410类相关标准	施工单位	施工单位	永久			30年		
			照明系统施工、检测记录	根据交通工程设计采用的标准，分别执行8410类相关标准	施工单位	施工单位	永久			30年		
			各中间环节检测记录	根据交通工程设计采用的标准，分别执行8410类相关标准	施工单位	施工单位	永久			30年		
			成品检测记录	根据交通工程设计采用的标准，分别执行8410类相关标准	施工单位	施工单位	永久			30年		
			质量检验评定表	根据交通工程设计采用的标准，分别执行8410类相关标准	施工单位	施工单位	永久			30年		
8453	质量缺陷处理		同8413归档范围		施工单位	施工单位	永久			30年		
8459	其他		同8419归档范围		施工单位	施工单位	永久			30年		
846	边坡工程					施工单位	永久			30年		
8460	测量		同8410归档范围		施工单位	施工单位	永久			30年		
8461	成品或半成品现场试验检验		同8411归档范围		施工单位	施工单位	永久			30年		
8462	施工记录及单元工程质量检验评定		同8412归档范围		施工单位	施工单位	永久			30年		

续表

分类号	类目名称	归档范围		执行标准	责任单位		保存单位及保管期限					备注
		分目	主要项目文件		来源	组卷	建设	设计	监理	施工	运行	
8463	质量缺陷处理		同8413归档范围		施工单位	施工单位	永久			30年		
8469	其他		同8419归档范围		施工单位	施工单位	永久			30年		
847	辅助工程		中控室（楼）、启闭机室（楼）、观测房、生产试验楼（办公楼）、仓库、生产生活供水系统、生产生活供电系统、生产生活污水处理系统、消防建筑、公共建筑（食堂、住宿、招待所、锅炉房）等；导流工程（导流明渠）、砂石系统、拌和系统、加油站、炸药库等									
8470	测量		同8410归档范围		施工单位	施工单位	永久			30年		
8471	成品或半成品试验检验		同8411归档范围		施工单位	施工单位	永久			30年		
	施工记录及单元工程质量检验评定		同8442归档范围		施工单位	施工单位	永久			30年		
8472	消防系统	水灭火系统设备安装	电线、电缆穿管和线槽敷设隐蔽工程验收记录	GB 50261—2005《自动喷水灭火系统施工及验收规范》	施工单位	施工单位	永久			30年		
			电线导管、电缆导管和线槽敷设检验批质量验收记录表	GB 50261—2005	施工单位	施工单位	永久			30年		
			电缆桥架安装和桥架内电缆敷设检验批质量验收记录表	GB 50261—2005	施工单位	施工单位	永久			30年		
			室内消火栓系统安装工程检验批质量验收记录表	GB 50261—2005	施工单位	施工单位	永久			30年		
			喷淋设备	GB 50261—2005	施工单位	施工单位	永久			30年		

续表

分类号	类目名称	归档范围		执行标准	责任单位		保存单位及保管期限					备注
		分目	主要项目文件		来源	组卷	建设	设计	监理	施工	运行	
			给水压力试验记录	GB 50261—2005	施工单位	施工单位	永久			30年		
			阀门试验记录	GB 50261—2005	施工单位	施工单位	永久			30年		
			给水管道通水试验记录	GB 50261—2005	施工单位	施工单位	永久			30年		
			消火栓试射记录	GB 50261—2005	施工单位	施工单位	永久			30年		
			室内消火栓试射试验记录	GB 50261—2005	施工单位	施工单位	永久			30年		
			给水设备安装工程检验批质量验收记录表	GB 50261—2005	施工单位	施工单位	永久			30年		
			水泵试运转记录	GB 50261—2005	施工单位	施工单位	永久			30年		
			密闭水箱（罐）及承压容器安装前水压试验记录	GB 50261—2005	施工单位	施工单位	永久			30年		
			给水设备安装工程检验批质量验收记录表	GB 50261—2005	施工单位	施工单位	永久			30年		
8472	消防系统	水灭火系统设备安装	自动喷水灭火系统分项工程质量验收记录	GB 50261—2005	施工单位	施工单位	永久			30年		
			自动喷水灭火系统管网及系统组件安装子分部工程质量验收记录	GB 50261—2005	施工单位	施工单位	永久			30年		
			自动喷水灭火系统供水设施安装与施工子分部工程质量验收记录	GB 50261—2005	施工单位	施工单位	永久			30年		
			自动喷水灭火系统试压和冲洗子分部工程质量验收记录	GB 50261—2005	施工单位	施工单位	永久			30年		
			自动喷水灭火系统调试子分部工程质量验收记录	GB 50261—2005	施工单位	施工单位	永久			30年		
			消火栓质量验收记录	GB 50261—2005	施工单位	施工单位	永久			30年		
			送风系统质量验收记录	GB 50261—2005	施工单位	施工单位	永久			30年		
			排烟系统质量验收记录	GB 50261—2005	施工单位	施工单位	永久			30年		
			报警系统验收记录	GB 50261—2005	施工单位	施工单位	永久			30年		
			火灾自动报警及消防联动系统分项工程质量检测记录表	GB 50261—2005	施工单位	施工单位	永久			30年		

续表

分类号	类目名称		归 档 范 围		执 行 标 准	责任单位			保存单位及保管期限					备注
		分目	主要项目文件			来源	组卷	建设	设计	监理	施工	运行	
	消防系统	泡沫灭火系统设备安装		管道安装质量检测记录	GB 50281—2006《泡沫灭火系统施工及验收规范》	施工单位	施工单位	永久			30年		
				钢质泡沫液储罐（现场制作）制作质量检测记录	GB 50281—2006	施工单位	施工单位	永久			30年		
				管道试压记录	GB 50281—2006	施工单位	施工单位	永久			30年		
				管道冲洗试验记录	GB 50281—2006	施工单位	施工单位	永久			30年		
				管道阀门严密性试验记录	GB 50281—2006	施工单位	施工单位	永久			30年		
				隐蔽工程验收记录	GB 50281—2006	施工单位	施工单位	永久			30年		
				消防泵安装质量检测记录	GB 50281—2006	施工单位	施工单位	永久			30年		
				泡沫液储罐安装质量检测记录	GB 50281—2006	施工单位	施工单位	永久			30年		
				泡沫比例混合器（装置）安装质量检测记录	GB 50281—2006	施工单位	施工单位	永久			30年		
				系统调试记录	GB 50281—2006	施工单位	施工单位	永久			30年		
8472	电梯安装			专项施工技术方案		施工单位	施工单位	永久			30年		
				电梯试运行记录	GB 50310—2002《电梯工程施工质量验收规范》	施工单位	施工单位	永久			30年		
				电梯层门、电气安全装置检测报告	GB 50310—2002 第3章	施工单位	施工单位	永久			30年		
				电梯安装电气装置验收记录	DL/T 5210.1—2012《电力建设施工质量及验收评价规程 第1部分：土建工程》5.28	施工单位	施工单位	永久			30年		
				电梯电气装置接地、绝缘电阻测试	GB 50310—2002 第4.10条	施工单位	施工单位	永久			30年		
				层门与轿门试验	GB 50310—2002 第4.11条	施工单位	施工单位	永久			30年		
				曳引式电梯空载、额定载荷运行测试	GB 50310—2002 第4.11条	施工单位	施工单位	永久			30年		
				安装过程的机械、电气零（部）件调整测试记录	GB 50310—2002 第4.11条	施工单位	施工单位	永久			30年		

续表

分类号	类目名称	归档范围		执行标准	责任单位		保存单位及保管期限					备注
		分目	主要项目文件		来源	组卷	建设	设计	监理	施工	运行	
8472	电梯安装		整机运行试验记录	GB 50310—2002 第 4.11 条	施工单位	施工单位	永久			30 年		
			机房、井道土建交接验收检查记录	GB 50310—2002 第 4.2 条	施工单位	施工单位	永久			30 年		
			机械、电气、零（部）件安装施工记录	GB 50310—2002	施工单位	施工单位	永久			30 年		
			电梯负荷运行试验（曲线图）、安全装置检验报告	GB 50310—2002 第 4.11 条	施工单位	施工单位	永久			30 年		
			电梯轿厢准确度测量记录	GB 50310—2002 第 4.11 条	施工单位	施工单位	永久			30 年		
			电梯主要功能、整机功能检验记录	GB 50310—2002 第 4.11 条	施工单位	施工单位	永久			30 年		
	智能建筑工程		网络电缆套管、线槽等安装记录	DL/T 5210.1—2012 第 5.29 条	施工单位	施工单位	永久			30 年		
			预埋套管等隐蔽验收记录		施工单位	施工单位	永久			30 年		
			网络电缆安装质量检验评定记录		施工单位	施工单位	永久			30 年		
			网络信号接线盘柜安装质量检验评定记录		施工单位	施工单位	永久			30 年		
			电源盘盘柜安装质量检验评定记录		施工单位	施工单位	永久			30 年		
			网络中心设备安装记录	GB 50339—2013《智能建筑工程质量验收规范》	施工单位	施工单位	永久			30 年		
			系统功能测定及设备调试记录	GB 50339—2013 第 3.4 条	施工单位	施工单位	永久			30 年		
			系统检测报告	GB 50339—2013 第 3.4 条	施工单位	施工单位	永久			30 年		
			系统管理操作人员培训记录	GB 50339—2013 第 3.5 条	施工单位	施工单位	永久			30 年		
			系统试运行记录	GB 50339—2013	施工单位	施工单位	永久			30 年		
			系统电源及接地检测报告	GB 50339—2013 第 11 章	施工单位	施工单位	永久			30 年		
			系统集成检测	GB 50339—2013 第 3.4 条	施工单位	施工单位	永久			30 年		
			硬件、软件产品设备测试记录	GB 50339—2013 第 3.4 条	施工单位	施工单位	永久			30 年		
			系统设备安装施工记录	GB 50339—2013	施工单位	施工单位	永久			30 年		

续表

分类号	类目名称	归档范围		执行标准	责任单位		保存单位及保管期限					备注
		分目	主要项目文件		来源	组卷	建设	设计	监理	施工	运行	
8472	智能建筑工程		视频系统安装及末端测试记录	GB 50339—2013 第6.3条	施工单位	施工单位	永久			30年		
			光纤损耗测试记录	GB 50339—2013 第9.3条	施工单位	施工单位	永久			30年		
			综合布线测试记录	GB 50339—2013 第9.3条	施工单位	施工单位	永久			30年		
8473	质量缺陷处理		同8413 归档范围		施工单位	施工单位	永久			30年		
8479	其他		同8419 归档范围		施工单位	施工单位	永久			30年		
848	安全监测											
8480	综合		观测仪器进场检验、验收		施工单位	施工单位	永久			30年		
			观测仪器埋设施工记录		施工单位	施工单位	永久			30年		
			质量检验评定表		施工单位	施工单位	永久			30年		
			工程测试、沉陷、位移、变形观测施工记录、观测成果	DL/T 5173—2012	施工单位	施工单位	永久			30年		
			监测旬（月、年）报、成果分析报告及专题报告		施工单位	施工单位	永久			30年		
8481	水工监测	监测仪器设备安装	监测基准网布置安装记录	GB/T 22385—2008《大坝安全监测系统验收规范》第6.2.1条	施工单位	施工单位	永久			30年		
			监测基准网安装质量评定记录	GB/T 22385—2008 第6.2.2.2条	施工单位	施工单位	永久			30年		
			倒垂线安装质量评定记录	GB/T 22385—2008 第6.2.2.7条	施工单位	施工单位	永久			30年		
			真空激光准直系统安装质量评定记录	GB/T 22385—2008 第6.2.2.10条	施工单位	施工单位	永久			30年		
			大气激光准直系统安装质量评定记录	GB/T 22385—2008 第6.2.2.11条	施工单位	施工单位	永久			30年		
			变形监测网点安装质量评定记录	GB/T 22385—2008 第6.2.2.12条	施工单位	施工单位	永久			30年		
			测斜管安装质量评定记录	GB/T 22385—2008 第6.2.2.13条	施工单位	施工单位	永久			30年		
			静力水准仪安装质量评定记录	GB/T 22385—2008 第6.2.2.15条	施工单位	施工单位	永久			30年		

续表

分类号	类目名称	归档范围 分目	主要项目文件	执 行 标 准	责任单位 来源	责任单位 组卷	保存单位及保管期限 建设	设计	监理	施工	运行	备注
8481	水工监测	监测仪器设备安装	引张线式水平位移计安装质量评定记录	GB/T 22385—2008 第6.2.16条	施工单位	施工单位	永久			30年		
			水管式沉降仪安装质量评定记录	GB/T 22385—2008 第6.2.17条	施工单位	施工单位	永久			30年		
			沥青混凝土位移计安装质量评定记录	GB/T 22385—2008 第6.2.18条	施工单位	施工单位	永久			30年		
			变形监测设备安装测试数据记录	GB/T 22385—2008 第6.3条	施工单位	施工单位	永久			30年		
			渗流监测设备安装	GB/T 22385—2008 第7.2.4条	施工单位	施工单位	永久			30年		
			测压管安装质量评定记录	GB/T 22385—2008 第7.2.5条	施工单位	施工单位	永久			30年		
			渗压计安装质量评定记录	GB/T 22385—2008 第7.2.6条	施工单位	施工单位	永久			30年		
			量水堰安装质量评定记录	GB/T 22385—2008 第7.2.7条	施工单位	施工单位	永久			30年		
			渗流监测仪器安装测试记录	GB/T 22385—2008 第7.3.2.3条	施工单位	施工单位	永久			30年		
			应力、应变及温度监测设备安装	GB/T 22385—2008 第8.2.6条	施工单位	施工单位	永久			30年		
			应变计安装质量评定记录	GB/T 22385—2008 第8.2.7条	施工单位	施工单位	永久			30年		
			压力计安装质量评定记录	GB/T 22385—2008 第8.2.8条	施工单位	施工单位	永久			30年		
			土压力计安装质量评定记录	GB/T 22385—2008 第8.2.9条	施工单位	施工单位	永久			30年		
			沥青混凝土心墙应变计安装质量评定记录	GB/T 22385—2008 第8.2.10条	施工单位	施工单位	永久			30年		
			锚索测力计安装质量评定记录	GB/T 22385—2008 第8.2.11条	施工单位	施工单位	永久			30年		
			锚杆应力计安装质量评定记录	GB/T 22385—2008 第8.2.12条	施工单位	施工单位	永久			30年		
			钢筋计安装质量评定记录	GB/T 22385—2008 第8.2.13条	施工单位	施工单位	永久			30年		
		大坝安全监测系统			施工单位	施工单位	永久			30年		
8482	边坡监测	监测自动化系统设备			施工单位	施工单位	永久			30年		

续表

分类号	类目名称	归档范围 分目	归档范围 主要项目文件	执行标准	责任单位 来源	责任单位 组卷	保存单位及保管期限 建设	保存单位及保管期限 设计	保存单位及保管期限 监理	保存单位及保管期限 施工	保存单位及保管期限 运行	备注
8483	水情监测	水情自动测报系统	雨量传感器测试记录	SL 61—2003《水文自动测报系统技术规范》第5.2.1条	施工单位	施工单位	永久			30年		
			水位传感器测试记录	SL 61—2003 第5.2.2条	施工单位	施工单位	永久			30年		
			闸位传感器测试记录	SL 61—2003 第5.2.3条	施工单位	施工单位	永久			30年		
			其他传感器设备测试记录（包括蒸发、墒情、温度、湿度等传感器）	SL 61—2003 第5.2.4条	施工单位	施工单位	永久			30年		
8484	水文、气象、地质监测	水文	水量、泥沙等		施工单位	施工单位	永久			30年		
		气象	气温、降水等		施工单位	施工单位	永久			30年		
		地质	稳定、变形等		施工单位	施工单位	永久			30年		
8489	其他											
849	其他											
8490	水土保持工程		同841归档范围		施工单位	施工单位	永久			30年		
8491	环境保护工程		同841归档范围		施工单位	施工单位	永久			30年		
8492	劳动安全与工业卫生工程		同841归档范围		施工单位	施工单位	永久			30年		
8499	其他											
85	机电设备及金属结构安装											
850	综合											
8500	综合管理		项目部和检验检测组织机构成立及人员资质	DL/T 5432—2009	安装单位	安装单位	永久			10年		
			年、月、旬进度计划		安装单位	安装单位	30年			10年		

续表

| 分类号 | 类目名称 | 归档范围 | | 执行标准 | 责任单位 | | 保存单位及保管期限 | | | | | | 备注 |
		分目	主要项目文件		来源	组卷	建设	设计	监理	施工	运行	
	综合管理		质量管理体系、安全及职业健康管理体系及环境管理体系文件	DL 5278—2012 第4.4条	安装单位	安装单位	30 年			10 年		
			项目开工申请报告及批复文件、施工进度计划申报表、进度计划调整申报表、停工复工报文件、工期延长报审等		安装单位	安装单位	30 年			10 年		
8500			资金流计划申报表		安装单位	安装单位	30 年			10 年		
			质量验收项目划分报审		安装单位	安装单位	30 年			10 年		
			工程预付款报审表		安装单位	安装单位	30 年			10 年		
			施工日志、月报	DA/T 28—2002	安装单位	安装单位				10 年		
			工程施工管理工作报告		安装单位	安装单位	30 年			10 年		
			施工组织设计及审批记录	DL/T 5397—2007《水电工程施工组织设计规范》	安装单位	安装单位	永久			10 年		
			技术标准、强制性条文清单、检查记录	DL 5278—2012 第4.4条	安装单位	安装单位	30 年			30 年		
			图纸会审记录		安装单位	安装单位	永久			30 年		
	技术管理		专项施工方案、技术措施、绿色施工专项施工方案、重大技术措施论证文件		安装单位	安装单位	永久			30 年		
8501			施工方案（施工措施）报审		安装单位	安装单位	永久			30 年		
			设计变更、工程变更洽商、材料及设备代用等		安装单位	安装单位	永久			30 年		
			施工工艺交底、作业指导书		安装单位	安装单位	永久			30 年		
			工器具计量检验记录		安装单位	安装单位	10 年			30 年		
			强制性条文实施计划及检查记录		安装单位	安装单位	30 年			30 年		
			工程达标、创优策划、实施细则		安装单位	安装单位	30 年			30 年		

续表

分类号	类目名称		归档范围 主要项目文件	执行标准	责任单位		保存单位及保管期限					备注
		分目			来源	组卷单位	建设	设计	监理	施工	运行	
8502	原材料、半成品、设备及进场记录及现场检验		设备采购计划申报表		安装单位	安装单位	30年			30年		
			原材料、半成品出厂质量证明（自购）		生产厂商	安装单位	永久			30年		
			现场检验、试验记录		安装单位	安装单位	永久			30年		
			设备开箱检验记录	DL/T 5111—2012 表 A.13	安装单位	安装单位	10年			10年		
8503	安全及职业健康、环境保护管理		施工安全及职业健康管理方案		安装单位	安装单位	30年			10年		
			安全事故报告及处理方案		安装单位	安装单位	30年			10年		
			环境管理方案		安装单位	安装单位	30年			10年		
			环境事故报告及处理方案		安装单位	安装单位	30年			10年		
			现场检查记录		安装单位	安装单位	30年			10年		
8504	质量事故或缺陷处理		工程事故报告单	SL 288—2003 表 CB20	安装单位	安装单位	永久			30年		
			质量事故调查及处理决定	SL 176—2007	安装单位	安装单位	永久			30年		
			质量事故处理记录及第三方检测	SL 176—2007	安装单位	安装单位	永久			30年		
			施工质量缺陷备案表	SL 176—2007 附表 B	安装单位	安装单位	永久			30年		
			缺陷处理记录		安装单位	安装单位	永久			30年		
8505	主要设备现场处理		主要设备现场处理记录	DL 5278—2012	安装单位	安装单位	永久			30年		
8506	施工验收		验收申请及批复		安装单位	安装单位	永久			30年		
			分部、分项、施工阶段验收施工报告		安装单位	安装单位	永久			30年		
			分部、分项及单元工程质量评定表		安装单位	安装单位	永久			30年		
			单位工程质量评定表		安装单位	安装单位	永久			30年		
			单位工程施工质量检验资料核查表		安装单位	安装单位	永久			30年		
			单位工程验收鉴定书		安装单位	安装单位	永久			30年		
			工程移交及工程质量保修书		安装单位	安装单位	永久			30年		
			合同工程完工验收鉴定书		安装单位	安装单位	永久			30年		

续表

分类号	类目名称	归档范围 分目	归档范围 主要项目文件	执行标准	责任单位 来源	责任单位 组卷	保存单位及保管期限 建设	设计	监理	施工	运行	备注
8509	其他											
851	水轮发电机组及附属设备		尾水管里衬安装质量检验评定记录	DL/T 5113.3—2012《水电水利基本建设工程 单元工程质量等级评定标准 第3部分：水轮发电机组安装工程》表3.2.1	安装单位	安装单位	永久			30年		
8510	水轮机（水泵水轮机）	立式反击式水轮机	转轮室、基础环、座环安装检验评定记录		安装单位	安装单位	永久			30年		
			蜗壳焊缝探伤检查记录	DL/T 5113.3—2012表3.2.2	安装单位	安装单位	永久			30年		
			蜗壳工地水压试验记录		安装单位	安装单位	永久			30年		
			蜗壳安装质量检验评定记录	DL/T 5113.3—2012表3.2.3	安装单位	安装单位	永久			30年		
			分瓣转轮焊缝热处理和探伤记录		安装单位	安装单位	永久			30年		
			分瓣转轮组合记录（热处理后）		安装单位	安装单位	永久			30年		
			机坑里衬、接力器基础安装质量检验评定记录	DL/T 5113.3—2012表3.2.4	安装单位	安装单位	永久			30年		
			转轮组焊装配质量检验评定记录	DL/T 5113.3—2012表3.2.5	安装单位	安装单位	永久			30年		
			导水机构安装质量检验评定记录	DL/T 5113.3—2012表3.2.6	安装单位	安装单位	永久			30年		
			附件安装质量检验评定记录		安装单位	安装单位	永久			30年		
		冲击式水轮机	机壳安装质量检验评定记录	DL/T 5113.3—2012表4.2.1	安装单位	安装单位	永久			30年		
			引水管及分流管安装质量检验评定记录	DL/T 5113.3—2012表4.2.2	安装单位	安装单位	永久			30年		
			喷嘴及接力器安装质量检验评定记录	DL/T 5113.3—2012表4.2.3	安装单位	安装单位	永久			30年		
			转轮安装质量检验评定记录	DL/T 5113.3—2012表4.2.4	安装单位	安装单位	永久			30年		
			控制机构安装质量检验评定记录	DL/T 5113.3—2012表4.2.5	安装单位	安装单位	永久			30年		

续表

分类号	类目名称		归档范围		执行标准	责任单位		保存单位及保管期限						备注
		分目	主要项目文件			来源	组卷	建设	设计	监理	施工	运行	
8510	水轮机（水泵水轮机）	灯泡贯流式水轮机	尾水管里衬安装质量检验评定记录		DL/T 5113.11—2005《水电水利基本建设工程 单元工程质量等级评定标准 第11部分：灯泡贯流式水轮发电机组安装工程》表5.2.1	安装单位	安装单位	永久			30年		
			管形座及流道盖板安装质量检验评定记录		DL/T 5113.11—2005表5.2.2	安装单位	安装单位	永久			30年		
			导水机构安装质量检验评定记录		DL/T 5113.11—2005表5.2.3	安装单位	安装单位	永久			30年		
			转轮组装质量检验评定记录		DL/T 5113.11—2005表5.2.4	安装单位	安装单位	永久			30年		
			水导轴承安装质量检验评定记录		DL/T 5113.11—2005表5.2.5	安装单位	安装单位	永久			30年		
			转动部件安装质量检验评定记录		DL/T 5113.11—2005表5.2.6	安装单位	安装单位	永久			30年		
			接力器座安装质量检验评定记录		DL/T 5113.11—2005表5.2.7	安装单位	安装单位	永久			30年		
		调速器及油压装置	油压装置安装质量评定		DL/T 5113.3—2012表5.2.1	安装单位	安装单位	永久			30年		
			调速器安装调试质量评定		DL/T 5113.3—2012表5.2.2	安装单位	安装单位	永久			30年		
			调速系统整体调试及模拟试验质量评定		DL/T 5113.3—2012表5.2.3	安装单位	安装单位	永久			30年		
8511	发电机（发电电动机）		机架组装、焊接、安装记录		DL/T 5113.3—2012	安装单位	安装单位	永久			30年		
			定子安装记录		DL/T 5113.3—2012	安装单位	安装单位	永久			30年		
			定子现场叠片组装记录		DL/T 5113.3—2012	安装单位	安装单位	永久			30年		
			定子机座及铁芯合缝间隙记录		DL/T 5113.3—2012	安装单位	安装单位	永久			30年		
			转子支架组装、焊接记录		DL/T 5113.3—2012	安装单位	安装单位	永久			30年		
			转子磁轭配装记录		DL/T 5113.3—2012	安装单位	安装单位	永久			30年		
			转子配重记录		DL/T 5113.3—2012	安装单位	安装单位	永久			30年		
			空气间隙记录		DL/T 5113.3—2012	安装单位	安装单位	永久			30年		
			制动环板安装记录		DL/T 5113.3—2012	安装单位	安装单位	永久			30年		
			磁极安装记录		DL/T 5113.3—2012	安装单位	安装单位	永久			30年		

续表

分类号	类目名称	归档范围		执行标准	责任单位		保存单位及保管期限					备注
		分目	主要项目文件		来源	组卷单位	建设	设计	监理	施工	运行	
8511	发电机（发电电动机）	立式水轮发电机安装	推力轴瓦装配间隙记录	DL/T 5113.3—2012	安装单位	安装单位	永久			30年		
			推力轴承受力调整记录	DL/T 5113.3—2012	安装单位	安装单位	永久			30年		
			弹性轴承座与镜板的距离记录	DL/T 5113.3—2012	安装单位	安装单位	永久			30年		
			轴颈与导轴瓦的距离记录	DL/T 5113.3—2012	安装单位	安装单位	永久			30年		
			机组轴线调整记录	DL/T 5113.3—2012	安装单位	安装单位	永久			30年		
			导轴瓦间隙记录	DL/T 5113.3—2012	安装单位	安装单位	永久			30年		
			制动器耐压试验记录	DL/T 5113.3—2012	安装单位	安装单位	永久			30年		
			制动器安装高程记录	DL/T 5113.3—2012	安装单位	安装单位	永久			30年		
			轴承绝缘电阻测量记录	DL/T 5113.3—2012	安装单位	安装单位	永久			30年		
			冷却器耐压试验记录	DL/T 5113.3—2012	安装单位	安装单位	永久			30年		
			高压油顶起装置安装及试验质量记录	DL/T 5113.3—2012	安装单位	安装单位	永久			30年		
			上、下机架组装及安装质量评定记录	DL/T 5113.3—2012 表6.2.1	安装单位	安装单位	永久			30年		
			分瓣定子组装质量检验评定记录	DL/T 5113.3—2012 表6.2.2	安装单位	安装单位	永久			30年		
			现场叠片定子装配质量检验评定记录	DL/T 5113.3—2012 表6.2.3	安装单位	安装单位	永久			30年		
			定子铁芯磁化试验记录	DL/T 5113.3—2012 表6.2.3	安装单位	安装单位	永久			30年		
			定子绕组安装及试验质量检验评定记录	DL/T 5113.3—2012 表6.2.4	安装单位	安装单位	永久			30年		
			转子装配质量检验评定记录	DL/T 5113.3—2012 表6.2.5	安装单位	安装单位	永久			30年		
			制动器安装质量检验评定记录	DL/T 5113.3—2012 表6.2.6	安装单位	安装单位	永久			30年		
			空气冷却器安装质量检验评定记录	DL/T 5113.3—2012 表6.2.7	安装单位	安装单位	永久			30年		
			推力轴承与导轴承安装质量检验评定记录	DL/T 5113.3—2012 表6.2.8	安装单位	安装单位	永久			30年		
			发电机总体安装质量检验评定记录	DL/T 5113.3—2012 表6.2.9	安装单位	安装单位	永久			30年		
			机组轴线检查质量评定记录	DL/T 5113.3—2012 表6.2.10	安装单位	安装单位	永久			30年		

续表

分类号	类目名称	分目	主要项目文件	执行标准	责任单位 来源	责任单位 组卷	保存单位及保管期限 建设	设计	监理	施工	运行	备注
8511	发电机（发电电动机）	卧式水轮发电机安装工程	分瓣定子装配质量检验评定记录	DL/T 5113.3—2012 表7.2.1	安装单位	安装单位	永久			30年		
			现场叠片定子装配检验质量评定记录	DL/T 5113.3—2012 表7.2.2	安装单位	安装单位	永久			30年		
			定子绕组安装及试验质量检验评定记录	DL/T 5113.3—2012 表7.2.3	安装单位	安装单位	永久			30年		
			转子装配质量检验评定记录	DL/T 5113.3—2012 表7.2.4	安装单位	安装单位	永久			30年		
			推力轴承与导轴承安装质量检验评定记录	DL/T 5113.3—2012 表7.2.5	安装单位	安装单位	永久			30年		
			发电机总体安装质量检验评定记录	DL/T 5113.3—2012 表7.2.6	安装单位	安装单位	永久			30年		
			机组轴线检查质量评定记录	DL/T 5113.3—2012 表7.2.7	安装单位	安装单位	永久			30年		
		灯泡贯流式水轮发电机安装	定子组装质量检验评定记录	DL/T 5113.11—2003 表6.2.1	安装单位	安装单位	永久			30年		
			转子组装质量检验评定记录	DL/T 5113.11—2003 表6.2.2	安装单位	安装单位	永久			30年		
			组合装配质量检验评定记录	DL/T 5113.11—2003 表6.2.3	安装单位	安装单位	永久			30年		
			制动器安装质量检验评定记录	DL/T 5113.11—2003 表6.2.4	安装单位	安装单位	永久			30年		
			灯泡头及冷却锥组装质量检验评定记录	DL/T 5113.11—2003 表6.2.5	安装单位	安装单位	永久			30年		
			发电机总体安装质量检验评定记录	DL/T 5113.11—2003 表6.2.6	安装单位	安装单位	永久			30年		
			电气部分检查试验质量评定标准	DL/T 5113.11—2003 表6.2.7	安装单位	安装单位	永久			30年		
8512	调速系统安装		压力罐、油管路及承压元件严密性耐压试验记录	GB/T 8564—2003	安装单位	安装单位	永久			30年		
			油压装置运转试验记录	GB/T 8564—2003	安装单位	安装单位	永久			30年		
			导叶紧急关闭、开启时间记录	GB/T 8564—2003	安装单位	安装单位	永久			30年		
			导叶分段关闭、时间记录	GB/T 8564—2003	安装单位	安装单位	永久			30年		
			轮叶紧急关闭、开启时间记录	GB/T 8564—2003	安装单位	安装单位	永久			30年		
			事故配压阀关闭导叶时间记录	GB/T 8564—2003	安装单位	安装单位	永久			30年		
			综合漂移试验记录	GB/T 8564—2003	安装单位	安装单位	永久			30年		

续表

分类号	类目名称	归档范围		执行标准	责任单位		保存单位及保管期限						备注
		分目	主要项目文件		来源	组卷	建设	设计	监理	施工	运行	
8512	调速系统安装		导叶开度与接力器行程关系曲线、桨叶角度与接力器行程关系曲线	GB/T 8564—2003	安装单位	安装单位	永久			30年		
			设计水头导叶与接力器轮叶接力器行程关系曲线	GB/T 8564—2003	安装单位	安装单位	永久			30年		
			测速装置输入转速与输出电压、电流关系曲线	GB/T 8564—2003	安装单位	安装单位	永久			30年		
			电液或电—机转换装置静特性曲线	GB/T 8564—2003	安装单位	安装单位	永久			30年		
			调速系统静特性试验记录	GB/T 8564—2003	安装单位	安装单位	永久			30年		
			油压装置安装质量评定	GB/T 8564—2003	安装单位	安装单位	永久			30年		
			调速器柜安装及调试质量评定记录		安装单位	安装单位	永久			30年		
			调速系统整体调试及模拟试验质量评定记录		安装单位	安装单位	永久			30年		
8513	励磁系统、静止变频启动装置		励磁系统盘柜安装记录	DL/T 5113.3—2012	施工单位	施工单位	永久			30年		
			励磁变压器安装及试验	DL/T 5113.3—2012	安装单位	安装单位	永久			30年		
			励磁断路器灭磁开关安装及试验记录	DL/T 5113.3—2012	安装单位	安装单位	永久			30年		
			大功率整流器安装及试验记录	DL/T 5113.3—2012	安装单位	安装单位	永久			30年		
			脉冲变压器安装及试验记录	DL/T 5113.3—2012	安装单位	安装单位	永久			30年		
			非线性电阻试验记录	DL/T 5113.3—2012	安装单位	安装单位	永久			30年		
			可控硅跨接接器安装及试验记录	DL/T 5113.3—2012	安装单位	安装单位	永久			30年		
			励磁系统各盘柜及部件电缆敷设及配线记录	DL/T 5113.3—2012	安装单位	安装单位	永久			30年		
			励磁系统操作、保护、监测、信号及接口回路的元器件检查记录	DL/T 5113.3—2012	安装单位	安装单位	永久			30年		
			励磁系统操作、保护、监测、信号及接口回路试验记录	DL/T 5113.3—2012	安装单位	安装单位	永久			30年		

续表

分类号	类目名称	归档范围		执行标准	责任单位		保存单位及保管期限					备注
		分目	主要项目文件		来源	组卷	建设	设计	监理	施工	运行	
8513	励磁系统、静止变频启动装置		励磁系统一、二次回路绝缘检查记录	DL/T 5113.3—2012	安装单位	安装单位	永久			30年		
			励磁系统各部件介电强度试验记录	DL/T 5113.3—2012	安装单位	安装单位	永久			30年		
			自动励磁调节器各基本单元试验记录	DL/T 5113.3—2012	安装单位	安装单位	永久			30年		
			自动励磁调节器各辅助单元试验记录	DL/T 5113.3—2012	安装单位	安装单位	永久			30年		
			自动励磁调节器的总体静态特性试验记录	DL/T 5113.3—2012	安装单位	安装单位	永久			30年		
			励磁系统试运行记录	DL/T 5113.3—2012	安装单位	安装单位	永久			30年		
			静止变频启动装置调整试验记录	GB/T 18482—2010《可逆式抽水蓄能机组启动试运行规程》	安装单位	安装单位	永久			30年		
8514	进出水阀及附属设备		阀体安装记录	DL/T 5113.3—2012	安装单位	安装单位	永久			30年		
			橡胶水封耐压试验记录	DL/T 5113.3—2012	安装单位	安装单位	永久			30年		
			止水装置同隙试验记录	DL/T 5113.3—2012	安装单位	安装单位	永久			30年		
			旁通阀水压试验记录	DL/T 5113.3—2012	安装单位	安装单位	永久			30年		
			接力器安装记录	DL/T 5113.3—2012	安装单位	安装单位	永久			30年		
			进出水阀开启与关闭时间测定记录	GB/T 8564—2003	安装单位	安装单位	永久			30年		
			进出水阀动水关闭试验报告		安装单位	安装单位	永久			30年		
			球阀安装质量检验评定记录	DL/T 5113.3—2012表8.2.2	安装单位	安装单位	永久			30年		
			圆筒阀安装质量检验评定记录	DL/T 5113.3—2012表8.2.3	安装单位	安装单位	永久			30年		
			伸缩节安装质量检验评定记录	DL/T 5113.3—2012表8.2.4	安装单位	安装单位	永久			30年		
			附件及操作机构安装质量检验评定记录	DL/T 5113.3—2012表8.2.5	安装单位	安装单位	永久			30年		
			油压装置安装质量检验评定记录	DL/T 5113.3—2012表8.2.6	安装单位	安装单位	永久			30年		

续表

分类号	类目名称	分目	主要项目文件	执行标准	来源	组卷	建设	设计	监理	施工	运行	备注
		归档范围			责任单位		保存单位及保管期限					
8515	机组管路安装		焊缝检验记录		安装单位	安装单位	永久			30年		
			管道强度试验记录（油、气、水）		安装单位	安装单位	永久			30年		
			系统严密性试验记录（油、气、水）		安装单位	安装单位	永久			30年		
			管道防腐检查记录		安装单位	安装单位	永久			30年		
			管道酸洗、钝化和管道冲洗记录	GB/T 8564—2003 附录D	安装单位	安装单位	永久			30年		
			机组油系统管路安装质量检验评定记录	DL/T 5113.3—2012 表9.2.1	安装单位	安装单位	永久			30年		
			机组水系统管路安装质量检验评定记录	DL/T 5113.3—2012 表9.2.2	安装单位	安装单位	永久			30年		
			机组气系统管路安装质量检验评定记录	DL/T 5113.3—2012 表9.2.3	安装单位	安装单位	永久			30年		
8519	其他											
852	水力机械辅助设备		罐体制作、安装施工记录	DL/T 5113.4—2012《水电水利基本建设工程 单元工程质量等级评定标准 第4部分：水力机械辅助设备安装工程》	厂家、安装单位	安装单位	永久			30年		
8520	油系统	透平油库设备及油系统管道	管道制作、安装施工记录	DL/T 5113.4—2012	安装单位	安装单位	永久			30年		
			阀门试验记录	DL/T 5113.4—2012	安装单位	安装单位	永久			30年		
			管道压力试验记录	DL/T 5113.4—2012	安装单位	安装单位	永久			30年		
			齿轮油泵安装质量检验评定记录	DL/T 5113.4—2012 表4.2.4	安装单位	安装单位	永久			30年		
			螺杆油泵安装质量检验评定记录	DL/T 5113.4—2012 表4.2.5	安装单位	安装单位	永久			30年		
			油罐、箱及其他容器安装质量检验定记录	DL/T 5113.4—2012	安装单位	安装单位	永久			30年		
			供油管件制作、焊接质量检验评定记录	DL/T 5113.4—2012	厂家、安装单位	安装单位	永久			30年		

续表

分类号	类目名称	分目	归档范围 主要项目文件	执行标准	责任单位 来源单位	责任单位 组卷	建设	设计	监理	施工	运行	备注
8520	油系统	透平油库设备及油系统管道	供油管道安装质量检验评定记录	DL/T 5113.4—2012	安装单位	安装单位	永久			30年		
			供油管道系统压力试验质量评定	DL/T 5113.4—2012	安装单位	安装单位	永久			30年		
			罐体制作、安装施工记录	DL/T 5113.4—2012	厂家、安装单位	安装单位	永久			30年		
			管道制作、安装施工记录	DL/T 5113.4—2012	厂家、安装单位	安装单位	永久			30年		
			阀门试验试验记录	DL/T 5113.4—2012	安装单位	安装单位	永久			30年		
		绝缘油库设备及油系统管道	管道压力试验记录	DL/T 5113.4—2012 表9.2.1	安装单位	安装单位	永久			30年		
			齿轮油泵安装质量检验评定记录	DL/T 5113.4—2012 表4.2.4	安装单位	安装单位	永久			30年		
			螺杆油泵安装质量检验评定记录	DL/T 5113.4—2012 表4.2.5	安装单位	安装单位	永久			30年		
			罐、箱及其他容器安装质量检验评定记录	DL/T 5113.4—2012 表7.2.1	安装单位	安装单位	永久			30年		
			管件制作、焊接质量检验评定记录	DL/T 5113.4—2012 表9.2.1	厂家、安装单位	安装单位	永久			30年		
			供油管道安装质量检验评定记录	DL/T 5113.4—2012	安装单位	安装单位	永久			30年		
			供油管道系统压力试验质量评定	DL/T 5113.4—2012	安装单位	安装单位	永久			30年		
8521	水系统	机组技术供水系统	离心水泵安装质量检验评定记录	DL/T 5113.4—2012 表4.2.1	安装单位	安装单位	永久			30年		
			减压阀安装质量检验评定记录	DL/T 5113.4—2012 表5.2.1	安装单位	安装单位	永久			30年		
			阀门安装质量检验评定记录	DL/T 5113.4—2012 表5.2.2	安装单位	安装单位	永久			30年		
			滤水器安装质量检验评定记录	DL/T 5113.4—2012 表6.2.1	安装单位	安装单位	永久			30年		
			管件制作、焊接质量检验评定记录	DL/T 5113.4—2012 表9.2.1	厂家、安装单位	安装单位	永久			30年		
			埋设管道安装质量检验评定记录	DL/T 5113.4—2012 表9.2.2	安装单位	安装单位	永久			30年		
			明装管道安装质量检验评定记录	DL/T 5113.4—2012 表9.2.3	安装单位	安装单位	永久			30年		
			管道压力（严密性）试验质量评定记录	DL/T 5113.4—2012 表9.2.4	安装单位	安装单位	永久			30年		
			供水管道系统压力试验质量评定记录	DL/T 5113.4—2012	安装单位	安装单位	永久			30年		

续表

分类号	类目名称	分目	归档范围 主要项目文件	执行标准	责任单位 来源	责任单位 组卷	保存单位及保管期限 建设	保存单位及保管期限 设计	保存单位及保管期限 监理	保存单位及保管期限 施工	保存单位及保管期限 运行	备注
8521	水系统	厂内排水系统	管件制作、焊接质量检验评定记录	DL/T 5113.4—2012 表9.2.1	厂家、安装单位	安装单位	永久			30年		
			埋设管道安装质量检验评定记录	DL/T 5113.4—2012 表9.2.2	安装单位	安装单位	永久			30年		
			明设管道安装质量检验评定记录	DL/T 5113.4—2012 表9.2.3	安装单位	安装单位	永久			30年		
			深水泵安装质量检验评定记录	DL/T 5113.4—2012 表4.2.2	安装单位	安装单位	永久			30年		
			潜水泵安装质量检验评定记录	DL/T 5113.4—2012 表4.2.3	安装单位	安装单位	永久			30年		
			管道压力（严密性）试验记录	DL/T 5113.4—2012 表9.2.4	安装单位	安装单位	永久			30年		
			排水管道系统压力试验质量评定记录	DL/T 5113.4—2012	安装单位	安装单位	永久			30年		
		发电设备消防水系统	管件制作、焊接质量检验评定记录	DL/T 5113.4—2012 表9.2.1	厂家、安装单位	安装单位	永久			30年		
			离心水泵安装质量检验评定记录	DL/T 5113.4—2012 表4.2.1	安装单位	安装单位	永久			30年		
			阀门安装质量检验评定记录	DL/T 5113.4—2012 表5.2.2	安装单位	安装单位	永久			30年		
			埋设管道安装质量检验评定记录	DL/T 5113.4—2012 表9.2.2	安装单位	安装单位	永久			30年		
			明设管道安装质量检验评定记录	DL/T 5113.4—2012 表9.2.3	安装单位	安装单位	永久			30年		
			管道压力（严密性）试验记录	DL/T 5113.4—2012 表9.2.4	安装单位	安装单位	永久			30年		
			消防水管道系统压力试验质量评定记录	DL/T 5113.4—2012	安装单位	安装单位	永久			30年		
8522	压缩空气系统		设备基础安装施工记录	DL/T 5113.4—2012	安装单位	安装单位	永久			30年		
			空气压缩机安装记录	DL/T 5113.4—2012 表3.2.1	安装单位	安装单位	永久			30年		
			罐、箱及其他容器安装记录	DL/T 5113.4—2012 表7.2.1	安装单位	安装单位	永久			30年		
			管件制作、焊接质量检验评定记录	DL/T 5113.4—2012 表9.2.1	厂家、安装单位	安装单位	永久			30年		
			压缩空气管道安装记录	DL/T 5113.4—2012	安装单位	安装单位	永久			30年		
			管道压力（严密性）试验记录	DL/T 5113.4—2012 表9.2.4	安装单位	安装单位	永久			30年		
			压缩空气管道系统压力试验验收记录	DL/T 5113.4—2012	安装单位	安装单位	永久			30年		

续表

分类号	类目名称	分目	主要项目文件（归档范围）	执行标准	责任单位		保存单位及保管期限					备注
					来源	组卷	建设	设计	监理	施工	运行	
8523	水力监测系统安装		水力监测装置与自动化元件安装	DL/T 5113.4—2012 表8.2.1	安装单位	安装单位	30年			30年		
			管件制作、焊接质量检验评定记录	DL/T 5113.4—2012 表9.2.1	厂家、安装单位	安装单位	30年			30年		
			埋设管道安装质量检验评定记录	DL/T 5113.4—2012 表9.2.2	安装单位	安装单位	30年			30年		
			明装管道安装质量检验评定记录	DL/T 5113.4—2012 表9.2.3	安装单位	安装单位	30年			30年		
			管道压力（严密性）试验记录	DL/T 5113.4—2012 表9.2.4	安装单位	安装单位	30年			30年		
			管道系统压力试验记录	DL/T 5113.4—2012 表9.2.4	安装单位		30年			30年		
8529	其他											
853	电气一次											
8530	发电机电压设备	干式电抗器及消弧线圈安装	干式电抗器及消弧线圈测试记录	GB 50150—2006《电气装置安装工程 电气设备交接试验标准》第8.0.1条	安装单位	安装单位	永久			30年		
			干式电抗器及消弧线圈安装质量检验评定记录	DL/T 5113.6—2012《水电水利基本建设工程 单元工程质量等级评定标准 第6部分：升压变电设备安装工程》表3.2	安装单位	安装单位	永久			30年		
		高压开关柜（包括手车式开关柜）安装	高压开关柜内元器件测试记录	GB 50150—2006 第11.0.1条	安装单位	安装单位	永久			30年		
			高压开关柜安装工程质量检验评定记录	DL/T 5113.5—2012《水电水利基本建设工程 单元工程质量检验评定标准 第5部分：发电电气设备安装工程》表4.2	安装单位	安装单位	永久			30年		
			交流耐压测试记录	GB 50150—2006 第15.0.5条	安装单位	安装单位	永久			30年		
			操作测试记录	GB 50150—2006 第15.0.1条	安装单位	安装单位	永久			30年		
		负荷开关及高压熔断器安装	负荷开关高压熔断器安装质量检验评定记录	DL/T 5113.5—2012 表5.2	安装单位	安装单位	永久			30年		

续表

分类号	类目名称	分目	归档范围 主要项目文件	执行标准	责任单位 来源	责任单位 组卷	保存单位及保管期限 建设	设计	监理	施工	运行	备注
		隔离开关安装	交流耐压测试记录	GB 50150—2006 第15.0.5条	安装单位	安装单位	永久			30年		
			操动机构安装记录	GB 50150—2006 第15.0.1条	安装单位	安装单位	永久			30年		
			隔离开关安装质量检验评定记录	DL/T 5113.5—2012 表6.2	安装单位	安装单位	永久			30年		
		静止变频启动装置安装	静止变频启动装置安装质量检验评定记录	DL/T 5113.5—2012 表7.2	安装单位	安装单位	永久			30年		
		真空断路器安装	真空断路器测试记录	GB 50150—2006 第11.0.1条	安装单位	安装单位	永久			30年		
			真空断路器安装质量检验评定记录	DL/T 5113.5—2012 表8.2	安装单位	安装单位	永久			30年		
		SF_6断路器安装	SF_6断路器测试记录	GB 50150—2006 第13.0.1条	安装单位	安装单位	永久			30年		
			SF_6断路器安装质量检验评定记录	DL/T 5113.5—2012 表9.2	安装单位	安装单位	永久			30年		
8530	发电机电压设备	硬母线装置安装	交流耐压测试记录	GB 50150—2006 第23.0.2条	安装单位	安装单位	永久			30年		
			硬母线装置安装质量检验评定记录	DL/T 5113.5—2012 表10.2	安装单位	安装单位	永久			30年		
			绝缘电阻测试记录	GB/T 8349—2000《金属封闭母线》第8.2.3条a)	安装单位	安装单位	永久			30年		
		共箱封闭母线安装	交流耐压试验记录	GB 50150—2006 第23.0.2条	安装单位	安装单位	永久			30年		
			淋水试验记录	GB/T 8349—2000 第8.2.3条g)	安装单位	安装单位	永久			30年		
			共箱封闭母线安装质量检验评定记录	DL/T 5113.5—2012 表11.2	安装单位	安装单位	永久			30年		
		离相封闭母线安装	绝缘电阻测试记录	GB/T 8349—2000 第8.2.3条a)	安装单位	安装单位	永久			30年		
			交流耐压测试记录	GB/T 8349—2000 第8.2.3条d)	安装单位	安装单位	永久			30年		
			淋水试验记录	GB/T 8349—2000 第8.2.3条g)	安装单位	安装单位	永久			30年		
			气密性试验记录	GB/T 8349—2000 第8.2.3条h)	安装单位	安装单位	永久			30年		
			离相封闭母线安装质量检验评定记录	DL/T 5113.5—2012 表12.2	安装单位	安装单位	永久			30年		

续表

分类号	类目名称	归档范围		执行标准	责任单位		保存单位及保管期限					备注
		分目	主要项目文件		来源	组卷	设计	建设	监理	施工	运行	
8530	发电机电压设备	避雷器安装	绝缘电阻测试记录	GB 50150—2006 21.0.2 条	安装单位	安装单位		永久		30 年		
			电压与泄漏电流测试记录	GB 50150—2006 第 21.0.4 条	安装单位	安装单位		永久		30 年		
			放电计数器测试记录	GB 50150—2006 第 21.0.5 条	安装单位	安装单位		永久		30 年		
			无间隙金属氧化物避雷器安装质量检验评定	DL/T 5113.5—2012 表 13.2	安装单位	安装单位		永久		30 年		
		电压互感器安装	夹紧螺栓绝缘电阻测试记录	GB 50150—2006 第 4 章	安装单位	安装单位		永久		30 年		
			交流耐压测试记录	GB 50150—2006	安装单位	安装单位		永久		30 年		
			绕组直流电阻测试记录	GB 50150—2006	安装单位	安装单位		永久		30 年		
			接线组别和极性检查	GB 50150—2006	安装单位	安装单位		永久		30 年		
			电压互感器安装质量检验评定记录	DL/T 5113.5—2012 表 14.2	安装单位	安装单位		永久		30 年		
		保护网安装	保护网安装质量检验评定记录	DL/T 5113.5—2012 表 16.1	安装单位	安装单位		永久		30 年		
		电流互感器安装	一、二次绕组对外壳绝缘电阻测量记录	GB 50150—2006 第 9.0.2 条	安装单位	安装单位		永久		30 年		
			绕组直流电阻测量记录	GB 50150—2006 第 9.0.4 条	安装单位	安装单位		永久		30 年		
			交流耐压试验报告	GB 50150—2006 第 9.0.8 条	安装单位	安装单位		永久		30 年		
			接线组别和极性检查记录	GB 50150—2006 第 9.0.9 条	安装单位	安装单位		永久		30 年		
			误差测量记录	DL/T 5113.5—2012 表 15.2	安装单位	安装单位		永久		30 年		
			电流互感器安装质量检验评定记录		安装单位	安装单位		永久		30 年		
8531	厂用电设备	厂用变压器安装	测量绕组连同套管的直流电阻	GB 50150—2006 第 7.0.3 条	安装单位	安装单位		永久		30 年		
			所有分接头的电压比	GB 50150—2006 第 7.0.4 条	安装单位	安装单位		永久		30 年		
			三相接线组别和变压器引出线接线组别的极性	GB 50150—2006 第 7.0.5 条	安装单位	安装单位		永久		30 年		
			绕组连同套管的绝缘电阻、吸收比	GB 50150—2006 第 7.0.9 条	安装单位	安装单位		永久		30 年		
			交流耐压试验	GB 50150—2006	安装单位	安装单位		永久		30 年		
			厂用变压器安装质量检验评定	DL/T 5113.5—2012	安装单位	安装单位		永久		30 年		

续表

分类号	类目名称	分目	归档范围 主要项目文件	执行标准	责任单位 来源	责任单位 组卷	建设	设计	监理	施工	运行	备注
8531	厂用电设备	低压配电盘及低压电器安装	绝缘电阻测试记录	GB 50150—2006 第24.0.1条	安装单位	安装单位	永久			30年		
			交流耐压试验记录	GB 50150—2006 第24.0.2条	安装单位	安装单位	永久			30年		
			低压配电盘及低压电器安装质量检验评定	DL/T 5113.5—2012	安装单位	安装单位	永久			30年		
		电缆架安装、电缆敷设	交叉互联系统试验记录	GB 50150—2006	安装单位	安装单位	永久			30年		
			金属屏蔽层电阻和导体电阻比	GB 50150—2006	安装单位	安装单位	永久			30年		
			绝缘及耐压试验记录	GB 50150—2006 第18.0.2～18.0.5条	安装单位	安装单位	永久			30年		
			电缆、光缆架设安装工程质量检验评定	DL/T 5113.5—2012 表19.2.1	安装单位	安装单位	永久			30年		
			电缆、光缆敷设安装工程质量检验评定	DL/T 5113.5—2012 表20.2.1	安装单位	安装单位	永久			30年		
			电缆线路防火阻燃安装工程质量检验评定	DL/T 5113.5—2012 表20.2.2	安装单位	安装单位	永久			30年		
			电缆终端及附件和光缆接续与成端安装质量检验评定	DL/T 5113.5—2012 表21.2	安装单位	安装单位	永久			30年		
8532	电缆线路	充油电缆线路	绝缘电阻测试记录	GB 50150—2006	安装单位	安装单位	永久			30年		
			直流或交流耐压试验记录	GB 50150—2006	安装单位	安装单位	永久			30年		
			绝缘油测试记录	GB 50150—2006 第20.0.1条	安装单位	安装单位	永久			30年		
			交叉互联系统试验记录	GB 50150—2006 第18.0.9条	安装单位	安装单位	永久			30年		
			充油电缆线路安装质量验收评定	DL/T 5113.6—2012 表11.2.1	安装单位	安装单位	永久			30年		
		高压电力电缆线路 挤包绝缘电力电缆	绝缘油测试记录	GB 50150—2006 第20.0.1条	安装单位	安装单位	永久			30年		
			交流耐压试验报告	GB 50150—2006 第18.0.4条	安装单位	安装单位	永久			30年		
			金属屏蔽层电阻和导体电阻比	GB 50150—2006 第18.0.6条	安装单位	安装单位	永久			30年		
			交叉互联系统试验	GB 50150—2006 第18.0.9条	安装单位	安装单位	永久			30年		
			挤包绝缘电力电缆线路安装质量检验评定	DL/T 5113.6—2012 表11.2.2	安装单位	安装单位	永久			30年		

续表

分类号	类目名称	分目	主要项目文件	执行标准	来源	组卷	建设	设计	监理	施工	运行	备注
8532	电缆线路	厂区馈电线路	绝缘电阻测试记录	GB 50150—2006 第17.0.1条	安装单位	安装单位	永久			30年		
			检查相位记录	GB 50150—2006 第18.0.6条	安装单位	安装单位	永久			30年		
			冲击合闸试验记录	GB 50150—2006 第25.0.5条	安装单位	安装单位	永久			30年		
			接地电阻测阻测试记录	GB 50150—2006 第22.0.12条	安装单位	安装单位	永久			30年		
			厂区馈电线路架设安装质量检验评定	DL/T 5113.6—2012 表12.2	安装单位	安装单位	永久			30年		
		接地装置	接地阻抗测试记录	GB 50150—2006 第26.0.3条	安装单位	安装单位	永久			30年		
			接地装置安装质量评定记录	DL/T 5113.5—2012 表22.2	安装单位	安装单位	永久			30年		
8533	主变压器	主变压器（油浸电抗器）	非纯瓷套管试验记录	GB 50150—2006 第16.0.7条	安装单位	安装单位	永久			30年		
			有载调压切换装置检查和试验记录	GB 50150—2006 第16.0.8条	安装单位	安装单位	永久			30年		
			测量绕组连同套管的绝缘电阻、吸收比或极化指数	GB 50150—2006 第16.0.9条	安装单位	安装单位	永久			30年		
			测量绕组连同套管的介质损耗角正切值 $\tan\delta$	GB 50150—2006 第16.0.10条	安装单位	安装单位	永久			30年		
			测量绕组连同套管的直流泄漏电流	GB 50150—2006 第16.0.11条	安装单位	安装单位	永久			30年		
			变压器绕组变形试验记录	GB 50150—2006 第16.0.12条	安装单位	安装单位	永久			30年		
			绕组连同套管的交流耐压试验记录	GB 50150—2006 第16.0.13条	安装单位	安装单位	永久			30年		
			绕组连同套管的长时感应电压试验带电局部放电试验记录	GB 50150—2006 第16.0.14条	安装单位	安装单位	永久			30年		
			额定电压下的冲击合闸试验记录	GB 50150—2006 第16.0.15条	安装单位	安装单位	永久			30年		
			相位检查记录	GB 50150—2006 第16.0.16条	安装单位	安装单位	永久			30年		
			噪声测试记录	GB 1094.1—1996 第10.1.3条	安装单位	安装单位	永久			30年		
			主变压器（油浸电抗器）安装质量检验评定	DL/T 5113.6—2012 表2.2	安装单位	安装单位	永久			30年		

续表

分类号	类目名称		归档范围		执行标准	责任单位		保存单位及保管期限						备注
		分目	主要项目文件			来源单位	组卷单位	建设	设计	监理	施工	运行		
8533	主变压器	主变压器（油浸电抗器）	绝缘油或 SF$_6$ 气体试验记录		GB 50150—2006 第 7.0.2 条	安装单位	安装单位	永久			30 年		
			测量绕组连同套管的直流电阻测试记录		GB 50150—2006 第 7.0.3 条	安装单位	安装单位	永久			30 年		
			所有分接头的变压比测试记录		GB 50150—2006 第 7.0.4 条	安装单位	安装单位	永久			30 年		
			三相变压器接线组别和单相变压器引出线极性检查记录		GB 50150—2006 第 7.0.5 条	安装单位	安装单位	永久			30 年		
			与铁芯绝缘的各紧固件（连接片可拆开者）及铁芯（有外引接地线的）绝缘电阻测试记录		GB 50150—2006 第 7.0.6 条	安装单位	安装单位	永久			30 年		
		电抗器安装	绕组连同套管的直流电阻测试记录		GB 50150—2006 第 8.0.2 条	安装单位	安装单位	永久			30 年		
			绕组连同套管的交流耐压试验记录		GB 50150—2006 第 16.0.13 条	安装单位	安装单位	永久			30 年		
			测量绕组连同套管的绝缘电阻、吸收比或极化指数测试记录		GB 50150—2006 第 16.0.9 条	安装单位	安装单位	永久			30 年		
			额定电压下的冲击合闸试验报告		GB 50150—2006 第 16.0.15 条	安装单位	安装单位	永久			30 年		
			电抗器安装质量检验评定记录		DL/T 5113.6—2012 表 3.2	安装单位	安装单位	永久			30 年		
			噪声测量记录		GB 50150—2006 第 8.0.11 条	安装单位	安装单位	永久			30 年		
8534	高压配电装置	SF$_6$ 断路器	绝缘电阻测量记录		GB 50150—2006 第 13.0.2 条	安装单位	安装单位	永久			30 年		
			每相导电回路的电阻测量记录		GB 50150—2006 第 13.0.3 条	安装单位	安装单位	永久			30 年		
			交流耐压试验报告		GB 50150—2006 第 13.0.4 条	安装单位	安装单位	永久			30 年		
			断路器均压电容器试验记录		GB 50150—2006 第 13.0.5 条	安装单位	安装单位	永久			30 年		
			断路器的分、合闸速度测试记录		GB 50150—2006 第 13.0.7 条	安装单位	安装单位	永久			30 年		
			断路器主、辅触头分、合闸的同期性及配合时间测试记录		GB 50150—2006 第 13.0.8 条	安装单位	安装单位	永久			30 年		
			断路器合闸电阻的投入时间及电阻值测量记录		GB 50150—2006 第 13.0.9 条	安装单位	安装单位	永久			30 年		

续表

分类号	类目名称	归档范围		执行标准	责任单位		保存单位及保管期限					备注
		分目	主要项目文件		来源	组卷单位	建设	设计	监理	施工	运行	
8534	高压配电装置	SF₆断路器	断路器操动机构的试验记录	GB 50150—2006 第13.0.10条	安装单位	安装单位	永久			30年		
			套管式电流互感器的试验记录	GB 50150—2006 第13.0.11条	安装单位	安装单位	永久			30年		
			测量断路器内SF₆气体的含水量记录	GB 50150—2006 第13.0.12条	安装单位	安装单位	永久			30年		
			密封性试验记录	GB 50150—2006 第13.0.13条	安装单位	安装单位	永久			30年		
			气体密度继电器、压力表和压力动作阀的检查记录	GB 50150—2006 第13.0.14条	安装单位	安装单位	永久			30年		
			支柱式SF₆断路器安装质量检验评定	DL/T 5113.6—2012 表4.2.1	安装单位	安装单位	永久			30年		
			罐式SF₆断路器安装质量检验评定	DL/T 5113.6—2012 表4.2.2	安装单位	安装单位	永久			30年		
			断路器分、合闸线圈的直流电阻值测量记录	GB 50150—2006 第13.0.10条	安装单位	安装单位	永久			30年		
		气体绝缘金属封闭开关设备	主回路的导电电阻测量记录	GB 50150—2006 第14.0.2条	安装单位	安装单位	永久			30年		
			主回路的交流耐压试验记录	GB 50150—2006 第14.0.3条	安装单位	安装单位	永久			30年		
			密封性试验记录	GB 50150—2006 第14.0.4条	安装单位	安装单位	永久			30年		
			SF₆气体含水量测量记录	GB 50150—2006 第14.0.5条	安装单位	安装单位	永久			30年		
			封闭式组合电器内各元件的试验记录	GB 50150—2006 第14.0.6条	安装单位	安装单位	永久			30年		
			组合电器操动试验记录	GB 50150—2006 第14.0.7条	安装单位	安装单位	永久			30年		
			气体密度继电器、压力表和压力动作阀的检查记录	GB 50150—2006 第14.0.8条	安装单位	安装单位	永久			30年		
			气体绝缘金属封闭开关设备安装工程质量检验评定	DL/T 5113.6—2012 表5.2	安装单位	安装单位	永久			30年		
			主回路绝缘试验记录	DL/T 978—2005《气体绝缘金属封闭输电线路技术条件》第9.2条	安装单位	安装单位	永久			30年		
			老练试验记录	DL/T 978—2005 第8.2.1条	安装单位	安装单位	永久			30年		

续表

分类号	类目名称	归档范围 分目	归档范围 主要项目文件	执行标准	责任单位 来源	责任单位 组卷	保存单位及保管期限 建设	设计	监理	施工	运行	备注
8534	高压配电装置	气体绝缘金属封闭输电线路	交流耐压试验记录	DL/T 978—2005 第9.2.5.1条	安装单位	安装单位	永久			30年		
			冲击电压试验记录	DL/T 978—2005 第9.2.5.2条	安装单位	安装单位	永久			30年		
			局部放电试验记录	DL/T 978—2005 第8.2.2条	安装单位	安装单位	永久			30年		
			辅助回路绝缘测试记录	DL/T 978—2005 第9.3条	安装单位	安装单位	永久			30年		
			主回路直流电阻测量记录	DL/T 978—2005 第9.4条	安装单位	安装单位	永久			30年		
			电磁场感应电动势测量记录	DL/T 978—2005 第9.7条	安装单位	安装单位	永久			30年		
			气体绝缘金属封闭输电线路安装工程质量检验评定	DL/T 5113.6—2012 表6.2	安装单位	安装单位	永久			30年		
			气体质量和密闭性试验记录	DL/T 978—2005 第9.5条	安装单位	安装单位	永久			30年		
		隔离开关	绝缘电阻测量记录	GB 50150—2006 第13.0.2条	安装单位	安装单位	永久			30年		
			交流耐压试验报告	GB 50150—2006 第13.0.4条	安装单位	安装单位	永久			30年		
			断路器操动机构试验记录	GB 50150—2006 第15.0.6条、15.0.7条	安装单位	安装单位	永久			30年		
			隔离开关安装质量检验评定	DL/T 5113.6—2012 表7.2	安装单位	安装单位	永久			30年		
		互感器	试验记录	GB 50150—2006 第9.0.1条	安装单位	安装单位	永久			30年		
			互感器现场安装质量检验评定记录	DL/T 5113.6—2012 表7.2	安装单位	安装单位	永久			30年		
		金属氧化物避雷器	避雷器现场试验记录	GB 50150—2006 第26.0.1条	安装单位	安装单位	永久			30年		
			金属氧化物避雷器安装质量检验评定	DL/T 5113.6—2012 第9.2	安装单位	安装单位	永久			30年		
		硬母线装置	母线绝缘电阻测试记录	GB 50150—2006 第23.0.1条	安装单位	安装单位	永久			30年		
			母线交流耐压试验报告	GB 50150—2006 第23.0.2条	安装单位	安装单位	永久			30年		
			硬母线装置制作安装质量检验评定记录	DL/T 5113.6—2012 表13.2.1	安装单位	安装单位	永久			30年		
		软母线装置	母线绝缘电阻测试记录	GB 50150—2006 第23.0.1条	安装单位	安装单位	永久			30年		
			母线交流耐压试验报告	GB 50150—2006 第23.0.2条	安装单位	安装单位	永久			30年		
			软母线装置制作安装质量检验评定记录	DL/T 5113.6—2012 表13.2.2	安装单位	安装单位	永久			30年		

续表

分类号	类目名称	归档范围		执行标准	责任单位		保存单位及保管期限					备注
		分目	主要项目文件		来源	组卷	建设	设计	监理	施工	运行	
8534	高压配电装置	高压开关柜	试验记录	GB 50150—2006 第10.0.1条、第9.0.1条、第23.0.2条	安装单位	安装单位	永久			30年		
			高压开关柜安装质量检验评定记录	DL/T 5113.6—2012 表10.2	安装单位	安装单位	永久			30年		
			架空线路及杆上电气设备安装质量检验评定	GB 50303—2003 第4条	安装单位	安装单位	永久			30年		
			变压器、箱式变电所安装质量检验评定	GB 50303—2003 第5条	安装单位	安装单位	永久			30年		
			成套配电柜、控制柜（屏、台）和动力箱检查接线	GB 50303—2003 第6条	安装单位	安装单位	永久			30年		
			低压电动机、电加热器及电动执行机构安装质量检验评定	GB 50303—2003 第7条	安装单位	安装单位	永久			30年		
			柴油发电机组安装质量检验评定	GB 50303—2003 第8条	安装单位	安装单位	永久			30年		
			不间断电源安装质量检验评定	GB 50303—2003 第9条	安装单位	安装单位	永久			30年		
			低压动力设备试验和试运行记录	GB 50303—2003 第10条	安装单位	安装单位	永久			30年		
8535	照明设备		裸母线、封闭母线、插接式母线安装质量检验评定	GB 50303—2003 第11条	安装单位	安装单位	永久			30年		
			电缆桥架安装和桥架内电缆敷设质量检验评定	GB 50303—2003 第12条	安装单位	安装单位	永久			30年		
			电缆沟内和电缆竖井内电缆敷设质量检验评定	GB 50303—2003 第13条	安装单位	安装单位	永久			30年		
			电线导管、电缆导管和线槽敷设质量检验评定	GB 50303—2003 第14条	安装单位	安装单位	永久			30年		
			电线、电缆穿管和线槽敷线检验评定	GB 50303—2003 第15条	安装单位	安装单位	永久			30年		
			槽板配线质量检验评定	GB 50303—2003 第16条	安装单位	安装单位	永久			30年		

续表

分类号	类目名称	分目	归档范围 主要项目文件	执行标准	责任单位 来源	责任单位 组卷	建设	设计	监理	施工	运行	备注
8535	照明设备		钢索配线质量检验评定	GB 50303—2003 第17条	安装单位	安装单位	永久			30年		
			电缆头制作、接线和线路绝缘测试记录	GB 50303—2003 第18条	安装单位	安装单位	永久			30年		
			普通灯具安装质量检验评定	GB 50303—2003 第19条	安装单位	安装单位	永久			30年		
			专用灯具安装质量检验评定	GB 50303—2003 第20条	安装单位	安装单位	永久			30年		
			建筑物景观照明灯、航空障碍标志灯和庭院灯安装质量检验评定	GB 50303—2003 第21条	安装单位	安装单位	永久			30年		
			开关、插座、风扇安装质量检验评定	GB 50303—2003 第22条	安装单位	安装单位	永久			30年		
			建筑物照明通电试运行记录	GB 50303—2003 第23条	安装单位	安装单位	永久			30年		
			接地装置安装质量检验评定	GB 50303—2003 第24条	安装单位	安装单位	永久			30年		
			避雷引下线和变配电室接地干线敷设质量检验评定	GB 50303—2003 第25条	安装单位	安装单位	永久			30年		
			接闪器安装质量检验评定	GB 50303—2003 第26条	安装单位	安装单位	永久			30年		
			建筑物等电位联接质量检验评定	GB 50303—2003 第27条	安装单位	安装单位	永久			30年		
			发电机交接试验	GB 50303—2003 附录 A	安装单位	安装单位	永久			30年		
			低压电器交接试验	GB 50303—2003 附录 B	安装单位	安装单位	永久			30年		
			事故照明安装质量检验评定		安装单位	安装单位	永久			30年		
8539	其他											
854	电气二次											
8540	交、直流控制电源	蓄电池安装	铅酸蓄电池安装质量检验评定	DL/T 5113.5—2012 表25.2.1	安装单位	安装单位	永久			30年		
			镉镍碱性蓄电池安装质量检验评定	DL/T 5113.5—2012 表25.2.2	安装单位	安装单位	永久			30年		
			盘、柜基础安装质量检验	DL/T 5161.8—2002 表1.0.2	安装单位	安装单位	永久			30年		
			盘、柜安装质量检验记录	DL/T 5161.8—2002 表2.0.1	安装单位	安装单位	永久			30年		
		不间断电源安装	接地测试记录不间断电源测试记录	DL/T 5161.16—2002 表4.0.3	安装单位	安装单位	永久			30年		
			不间断电源安装质量检验评定	DL/T 5113.5—2012 表26.2	安装单位	安装单位	永久			30年		

续表

分类号	类目名称	分目	主要项目文件	执 行 标 准	责任单位 来源	责任单位 组卷	保存单位及保管期限 建设	设计	监理	施工	运行	备注
8541	继电保护装置	发电机、励磁保护装置	交流耐压试验报告	GB 50150—2006 表 24.2	安装单位	安装单位	永久			30年		
			保护网安装工程质量检验报告	DL/T 5113.5—2012 表 16.2	安装单位	安装单位	永久			30年		
			控制保护装置安装工程质量检验评定	DL/T 5113.5—2012 表 24.2	安装单位	安装单位	永久			30年		
			控制电缆管敷设隐蔽验收记录		安装单位	安装单位	永久			30年		
			电缆桥架制作安装质量检验评定	GB 50168—2006《电气装置安装工程电缆线路施工及验收规范》第 4.2 条	安装单位	安装单位	永久			30年		
			电缆管配制及敷设质量检验评定	DL/T 5161.5—2002《电气装置安装工程 第 5 部分：电缆线路施工质量检验》表 1.0.2	安装单位	安装单位	永久			30年		
			控制电缆敷设质量检验记录	DL/T 5161.5—2002 表 2.0.2	安装单位	安装单位	永久			30年		
			盘、柜基础制作安装质量检验记录	DL/T 5161.8—2002《电气装置安装工程 第 8 部分：盘、柜及二次回路结线施工质量检验》表 1.0.2	安装单位	安装单位	永久			30年		
8542	计算机监控系统		控制柜安装质量检验记录	DL/T 5161.8—2002 表 2.0.1	安装单位	安装单位	永久			30年		
			控制电缆终端制作安装质量检验评定	DL/T 5161.5—2002 表 3.0.2	安装单位	安装单位	永久			30年		
			电缆防火阻燃质量检验评定	DL/T 5161.5—2002 表 5.0.2	安装单位	安装单位	永久			30年		
			控制台安装质量检验评定	DL/T 5161.8—2002 表 5.0.2	安装单位	安装单位	永久			30年		
			绝缘电阻测量质量记录	GB 50150—2006 第 23.0.1 条	安装单位	安装单位	永久			30年		
8543	工业电视系统	传输与线路敷设	线路敷设记录	DL/T 5161.8—2002 表 6.0.2、表 6.0.4	安装单位	安装单位	永久			30年		
			线路敷设质量检验评定	DL/T 5161.8—2002 表 6.0.2	安装单位	安装单位	永久			30年		
			电缆终端制作安装质量检验评定	DL/T 5161.8—2002 表 3.0.2	安装单位	安装单位	永久			30年		

续表

分类号	类目名称	分目	主要项目文件	执行标准	来源	组卷	建设	设计	监理	施工	运行	备注
8543	工业电视系统	供电、接地及防雷	管路敷设质量检验评定	DL/T 5161.16—2002《电气装置安装工程 质量检验及评定工程 第16部分：1kV及以下配线工程施工质量检验》表1.0.2	安装单位	安装单位	永久			30年		
			配线质量检验评定	DL/T 5161.6—2002 表2.0.2	安装单位		永久			30年		
			接地电阻测量记录	DL/T 5161.6—2002《电气装置安装工程 第6部分：接地装置施工质量检验》表4.0.3	安装单位	安装单位	永久			30年		
			避雷针及接地引下线检查签证	DL/T 5161.6—2002 表4.0.2	安装单位	安装单位	永久			30年		
			接地装置安装质量检验评定	DL/T 5161.6—2002 表2.0.2	安装单位	安装单位	永久			30年		
		矩阵切换、控制器及软件	矩阵切换、控制器及软件安装记录	GB 50993—2013《自动化仪表工程施工及质量验收规范》第6.13条	安装单位	安装单位	永久			30年		
			配合调试记录	GB 50993—2013 第12.6条	安装单位	安装单位	永久			30年		
			支架安装记录	GB 50993—2013 表7.7.2	安装单位	安装单位	永久			30年		
		微机控制主机及软件	微机控制主机及软件安装记录	GB 50993—2013 第6.13条	安装单位	安装单位	永久			30年		
			配合调试记录	GB 50993—2013 第12.6条	安装单位	安装单位	永久			30年		
		画面分割器	安装记录	GB 50993—2013 第6.13条	安装单位	安装单位	永久			30年		
			测试配合记录	GB 50993—2013 第12.6条	安装单位	安装单位	永久			30年		
		仪器设备安装	支架安装记录	GB 50993—2013 表7.7.2	安装单位	安装单位	永久			30年		
			仪器设备安装质量检验记录	GB 50993—2013 第6.13条	安装单位	安装单位	永久			30年		
			仪器设备检验检验测试记录	GB 50993—2013 第12.6条	安装单位	安装单位	永久			30年		
8544	通信系统	载波通信设备	列架安装工程质量检验评定	YDJ 35—1981《长途通信明线载波电话设备安装施工及验收技术规范》第3章	安装单位	安装单位	永久			30年		
			电缆走道安装工程质量检验评定	YDJ 35—1981 第4.1条	安装单位	安装单位	永久			30年		
			电缆槽安装质量检验记录	YDJ 35—1981 第4.2条	安装单位	安装单位	永久			30年		

续表

分类号	类目名称	分目	归档范围 主要项目文件	执行标准	责任单位 来源单位	责任单位 组卷	建设	设计	监理	施工	运行	备注
8544	通信系统	载波通信设备	机架安装工程质量检验评定	YDJ 35—1981 第5章	安装单位	安装单位	永久			30年		
			布放电缆分项工程质量检验评定	YDJ 35—1981 第6.1条	安装单位	安装单位	永久			30年		
			布放跳线分项工程质量检验评定	YDJ 35—1981 第6.2条	安装单位	安装单位	永久			30年		
			编焊分项工程质量检验评定	YDJ 35—1981 第6.3条	安装单位	安装单位	永久			30年		
			馈电线安装分项工程质量检验评定	YDJ 35—1981 第7章	安装单位	安装单位	永久			30年		
			信号系统质量检验评定	YDJ 35—1981 第8.1条	安装单位	安装单位	永久			30年		
			列架照明质量检验评定	YDJ 35—1981 第8.2条	安装单位	安装单位	永久			30年		
			引入接换设备安装质量检验评定	YDJ 35—1981 第9.1条	安装单位	安装单位	永久			30年		
			配电设备安装质量检测记录	YDJ 35—1981 第9.3条	安装单位	安装单位	永久			30年		
			远程供电装置安装质量检验评定	YDJ 35—1981 第9.4条	安装单位	安装单位	永久			30年		
			零、附件安装质量检验评定	YDJ 35—1981 第11章	安装单位	安装单位	永久			30年		
			本机特性测试记录	YDJ 35—1981 第13.2条	安装单位	安装单位	永久			30年		
			进局线路设备局内装置的特性检查记录	YDJ 35—1981 第13.3条	安装单位	安装单位	永久			30年		
			增音机木机固有架音测试及高频振鸣检查记录	YDJ 35—1981 第13.4条	安装单位	安装单位	永久			30年		
			全程测试记录	YDJ 35—1981 第14章	安装单位	安装单位	永久			30年		
			设备接地测试记录	DL/T 5161.6—2002 表4.0.3	安装单位	安装单位	永久			30年		
		程控通信设备	机架及设备安装工程质量检验评定	YD 5077—2014《固定电话交换网工程验收规范》第3.3条	安装单位	安装单位	永久			30年		
			机台和外设终端设备安装质量检验评定	YD 5077—2014 第3.4条	安装单位	安装单位	永久			30年		
			总配线架安装工程质量检验评定	YD 5077—2014 第3.5条	安装单位	安装单位	永久			30年		
			电缆走道及槽道工程质量检验评定	YD 5077—2014 第3.6条	安装单位	安装单位	永久			30年		

续表

分类号	类目名称	归档范围		执行标准	责任单位		保存单位及保管期限					备注
		分目	主要项目文件		来源	组卷	建设	设计	监理	施工	运行	
8544	通信系统	程控通信设备	设备接地测试记录	DL/T 5161.6—2002 表4.0.3	安装单位	安装单位	永久			30年		
			布放电缆工程质量检验评定	YD 5077—2014 第3.7条	安装单位	安装单位	永久			30年		
			插接架同电缆及布线工程质量检验评定	YD 5077—2014 第3.8条	安装单位	安装单位	永久			30年		
			敷设电源线工程质量检验评定	YD 5077—2014 第3.9条	安装单位	安装单位	永久			30年		
			功能测试记录	YD 5077—2014 第4.2条	安装单位	安装单位	永久			30年		
			可靠性测试记录	YD 5077—2014 第4.4条	安装单位	安装单位	永久			30年		
			障碍率测试记录	YD 5077—2014 第4.5条	安装单位	安装单位	永久			30年		
			性能测试记录	YD 5077—2014 第4.3条	安装单位	安装单位	永久			30年		
			局间信令与中继测试	YD 5077—2014 第4.6条	安装单位	安装单位	永久			30年		
			接通率测试记录	YD 5077—2014 第4.7条	安装单位	安装单位	永久			30年		
			维护管理和故障诊断	YD 5077—2014 第4.8条	安装单位	安装单位	永久			30年		
			同步与连接测试记录	YD 5077—2014 第4.9条	安装单位	安装单位	永久			30年		
			过负荷测试记录	YD 5077—2014 第4.10条	安装单位	安装单位	永久			30年		
			传输指标测试记录	YD 5077—2014 第4.11条	安装单位	安装单位	永久			30年		
			试运转验收测试记录	YD 5077—2014 第5.1条	安装单位	安装单位	永久			30年		
		微波通信设备	钢塔桅地基与基础验收文件	YD/T 5132—2005《移动通信工程钢塔桅结构验收规范》第9.2条	安装单位	安装单位	永久			30年		
			钢塔桅钢结构安装质量验收记录	YD/T 5132—2005 第9.3条	安装单位	安装单位	永久			30年		
			接地电阻测试记录	DL/T 5161.16—2002《电气装置安装工程 质量检验及评定规程 第16部分：1kV及以下配线工程施工质量检验》表4.0.3	安装单位	安装单位	永久			30年		
			微波通信设备安装工程质量检验记录	YD/T 5141—2005《SDH数字微波设备安装工程验收规范》第2.3条	安装单位	安装单位	永久			30年		
			天馈线系统安装工程质量检验记录	YD/T 5141—2005 第2.4条	安装单位	安装单位	永久			30年		

续表

分类号	类目名称		归档范围		执行标准	责任单位		保存单位及保管期限					备注
		分目	主要项目文件			来源单位	组卷单位	建设	设计	监理	施工	运行	
		微波通信设备	馈电线缆布放质量检验记录		YD/T 5141—2005 第2.5条	安装单位	安装单位	永久			30年		
			架同电缆布放质量检验记录		YD/T 5141—2005 第2.6条	安装单位	安装单位	永久			30年		
			设备现场检验记录		YD/T 5141—2005 第2.8条	安装单位	安装单位	永久			30年		
			微波设备、复用设备及天馈线系统检测记录		YD/T 5141—2005 第3.2条	安装单位	安装单位	永久			30年		
			外围环境监控设备性能检测记录		YD/T 5141—2005 第3.3条	安装单位	安装单位	永久			30年		
			微波接力段检测性能记录		YD/T 5141—2005 第3.4条	安装单位	安装单位	永久			30年		
			数字段传输性能检测记录		YD/T 5141—2005 第3.5条	安装单位	安装单位	永久			30年		
			网络管理系统功能检测记录		YD/T 5141—2005 表3.6.2	安装单位	安装单位	永久			30年		
			全电路数字通道差错性能检测记录		YD/T 5141—2005 第3.7条	安装单位	安装单位	永久			30年		
			试运转验收记录		YD/T 5141—2005 第4.1条	安装单位	安装单位	永久			30年		
8544	通信系统	卫星通信设备	总配线架及各种配线架安装质量检验记录		YD/T 5017—2005《国内卫星通信地球站设备安装工程验收规范》第2.3条	安装单位	安装单位	永久			30年		
			设备机架安装质量检验记录		YD/T 5017—2005 第2.4条	安装单位	安装单位	永久			30年		
			机盘和分部件安装质量检验记录		YD/T 5017—2005 第2.5条	安装单位	安装单位	永久			30年		
			电源线、信号线布放质量检验记录		YD/T 5017—2005 第2.6条	安装单位	安装单位	永久			30年		
			机房地线安装质量检验记录		YD/T 5017—2005 第2.7条	安装单位	安装单位	永久			30年		
			天线安装质量检验记录		YD/T 5017—2005 第2.8条	安装单位	安装单位	永久			30年		
			天线地座安装质量检验记录		YD/T 5017—2005 第2.9条	安装单位	安装单位	永久			30年		
			馈线安装质量检验记录		YD/T 5017—2005 第2.10条	安装单位	安装单位	永久			30年		
			馈线系统检验记录		YD/T 5017—2005 第2.11条	安装单位	安装单位	永久			30年		
			矩形波导及椭圆软波导检验记录		YD/T 5017—2005 第2.12条	安装单位	安装单位	永久			30年		
			开馈线系统自检测试自检记录		YD/T 5017—2005 第3.1条	安装单位	安装单位	永久			30年		

续表

分类号	类目名称	分目	归 档 范 围		执 行 标 准	责任单位			保存单位及保管期限					备注
			主要项目文件			来源	组卷	建设	设计	监理	施工	运行		
8544	通信系统	卫星通信设备	高功放分系统测试记录		YD/T 5017—2005 第3.2条	安装单位	安装单位	永久			30年		
			低噪声放大器分系统测试记录		YD/T 5017—2005 第3.3条	安装单位	安装单位	永久			30年		
			上变频器分系统测试记录		YD/T 5017—2005 第3.4条	安装单位	安装单位	永久			30年		
			下变频器分系统测试记录		YD/T 5017—2005 第3.5条	安装单位	安装单位	永久			30年		
			线性放大器分系统测试记录		YD/T 5017—2005 第3.6条	安装单位	安装单位	永久			30年		
			调制解调器分系统测试记录		YD/T 5017—2005 第3.7条	安装单位	安装单位	永久			30年		
			网管分系统功能测试记录		YD/T 5017—2005 第3.8条	安装单位	安装单位	永久			30年		
			交换服务中心业务联络电话测试记录		YD/T 5017—2005 第3.9条	安装单位	安装单位	永久			30年		
			天线入网验证项目及指标要求测试记录		YD/T 5017—2005 第3.10条	安装单位	安装单位	永久			30年		
			数字复用设备测试记录		YD/T 5017—2005 第3.11条	安装单位	安装单位	永久			30年		
			自适应分脉码调制器功能检查记录		YD/T 5017—2005 第3.12条	安装单位	安装单位	永久			30年		
			数字倍增器功能检查记录		YD/T 5017—2005 第3.13条	安装单位	安装单位	永久			30年		
			卫星链路连通测试记录		YD/T 5017—2005 第3.14条	安装单位	安装单位	永久			30年		
			全程数字链路（通道）测试记录		YD/T 5017—2005 第3.15条	安装单位	安装单位	永久			30年		
			时分多址传输系统测试记录		YD/T 5017—2005 第3.16条	安装单位	安装单位	永久			30年		
			卫星电视电话传输系统测试记录		YD/T 5017—2005 第3.17条	安装单位	安装单位	永久			30年		
		光纤通信设备	铁架安装质量检验评定		YD/T 5044—2005《SDH长途光缆传输系统工程验收规范》第2.1条	安装单位	安装单位	永久			30年		
			机架安装质量检验评定		YD/T 5044—2005 第2.2条	安装单位	安装单位	永久			30年		
			子架安装质量检验评定		YD/T 5044—2005 第2.3条	安装单位	安装单位	永久			30年		
			网管设备安装质量检验评定		YD/T 5044—2005 第2.4条	安装单位	安装单位	永久			30年		
			敷设电缆及光纤连接质量检验评定		YD/T 5044—2005 第3.1条	安装单位	安装单位	永久			30年		
			电源及告警功能检查记录		YD/T 5044—2005 第4.1条	安装单位	安装单位	永久			30年		

续表

分类号	类目名称	归档范围		执行标准	责任单位		保存单位及保管期限					备注
		分目	主要项目文件		来源单位	组卷单位	建设	设计	监理	施工	运行	
8544	通信系统	光纤通信设备	光接口检查及测试记录	YD/T 5044—2005 第4.2条	安装单位	安装单位	永久			30年		
			电接口检查及测试记录	YD/T 5044—2005 第4.3条	安装单位	安装单位	永久			30年		
			同步数字系列设备抖动测试记录	YD/T 5044—2005 第4.4条	安装单位	安装单位	永久			30年		
			时钟性能检查及测试记录	YD/T 5044—2005 第4.5条	安装单位	安装单位	永久			30年		
			系统性能测试记录	YD/T 5044—2005 第5.1条	安装单位	安装单位	永久			30年		
			网元管理系统基本功能检查记录	YD/T 5044—2005 第6.1条	安装单位	安装单位	永久			30年		
			网络/子网管理功能检查记录	YD/T 5044—2005 第6.2条	安装单位	安装单位	永久			30年		
			本地维护终端功能检查记录	YD/T 5044—2005 第6.3条	安装单位	安装单位	永久			30年		
			电源电压测试验收表	YD/T 5044—2005 表B.0.1	安装单位	安装单位	永久			30年		
			告警功能检查测试验收表	YD/T 5044—2005 表B.0.2	安装单位	安装单位	永久			30年		
			发送光功率测试验收表	YD/T 5044—2005 表B.0.3	安装单位	安装单位	永久			30年		
			接收灵敏度及最小过载光功率测试验收表	YD/T 5044—2005 表B.0.4	安装单位	安装单位	永久			30年		
			再生器抖动传递特性测试验收表	YD/T 5044—2005 表B.0.5	安装单位	安装单位	永久			30年		
			同步数字系列设备接口输入抖动容限测试验收表	YD/T 5044—2005 表B.0.6	安装单位	安装单位	永久			30年		
			准同步数字系列设备接口输入抖动容限及频偏容限测试验收表	YD/T 5044—2005 表B.0.7	安装单位	安装单位	永久			30年		
			准同步数字系列设备接口映射抖动和结合抖动测试验收表	YD/T 5044—2005 表B.0.8	安装单位	安装单位	永久			30年		
			同步数字系列设备固有抖动测试验收表	YD/T 5044—2005 表B.0.9	安装单位	安装单位	永久			30年		
			网络输出抖动测试验收表	YD/T 5044—2005 表B.0.10	安装单位	安装单位	永久			30年		
			公务联络功能测试验收表	YD/T 5044—2005 表B.0.11	安装单位	安装单位	永久			30年		
			网络接口误码性能测试验收表	YD/T 5044—2005 表B.0.12	安装单位	安装单位	永久			30年		
			网络保护倒换时间测试验收表	YD/T 5044—2005 表B.0.13	安装单位	安装单位	永久			30年		

续表

分类号	类目名称	归档范围 分目	归档范围 主要项目文件	执行标准	责任单位 来源	责任单位 组卷	保存单位及保管期限 建设	设计	监理	施工	运行	备注
8544	通信系统	通信线路	挖填光（电）缆沟及坑洞质量检验评定	YD 5121—2010《通信线路工程验收规范》第4.1条	安装单位	安装单位	永久			30年		
			硅芯管道敷设与安装质量检验评定	YD 5121—2010 第4.2条	安装单位	安装单位	永久			30年		
			回填土质量检验评定	YD 5121—2010 第4.4条	安装单位	安装单位	永久			30年		
			架空杆路安装质量检验评定	YD 5121—2010 第5章	安装单位	安装单位	永久			30年		
			接地电阻质量测试记录	YD 5121—2010 附录E	安装单位	安装单位	永久			30年		
			架空吊线质量检验评定	YD 5121—2010 第5.8章	安装单位	安装单位	永久			30年		
			光（电）缆敷设质量检验评定	YD 5121—2010 第6章	安装单位	安装单位	永久			30年		
			光（电）缆交接箱安装质量检验评定	YD 5121—2010 第8.1条	安装单位	安装单位	永久			30年		
			分线设备安装质量检验评定	YD 5121—2010 第8.2条	安装单位	安装单位	永久			30年		
			光（电）缆接续质量检验评定	YD 5121—2010 第9章	安装单位	安装单位	永久			30年		
			敷设安装局内光（电）缆检验质量检验评定	YD 5121—2010 第10.1条	安装单位	安装单位	永久			30年		
			光（电）缆成端安装质量检验评定	YD 5121—2010 第10.2条、第10.3条	安装单位	安装单位	永久			30年		
			电缆充气系统安装质量检验评定	YD 5121—2010 第11章	安装单位	安装单位	永久			30年		
			电缆电气性能测试记录表	YD 5121—2010 表12.1.1	安装单位	安装单位	永久			30年		
8545	直流系统		同8542归档范围		安装单位	安装单位	永久			30年		
8546	自动装置及自动化元件		同8542归档范围		安装单位	安装单位	永久			30年		
8549	其他	厂内桥式起重机电器设备安装	安装记录	GB 50278—2010《起重设备安装工程及验收规范》，GB 50263—2007《气体灭火系统施工及验收规范》	安装单位	安装单位	永久			30年		
			绝缘电阻测试记录	GB 50263—2007	安装单位	安装单位	永久			30年		

续表

分类号	类目名称 分目	归档范围 主要项目文件	执 行 标 准	责任单位 来源	责任单位 组卷	保存单位及保管期限 建设	设计	监理	施工	运行	备注
8549	其他	起重机静载试运转记录	GB 50278—2010 第 9.2 条	安装单位	安装单位	永久			30 年		
		起重机动载试运转记录	GB 50278—2010 第 9.3 条	安装单位	安装单位	永久			30 年		
		起重机空载试运转记录	GB 50278—2010 第 9.4 条	安装单位	安装单位	永久			30 年		
		起重单机电气设备安装质量检验评定记录	DL/T 5113.5—2012 表 27.2	安装单位	安装单位	永久			30 年		
855	公用辅助系统	承压管道系统和设备及阀门水压试验	GB 50242—2002《建筑给水排水及采暖工程施工质量验收规范》	安装单位	安装单位	永久			30 年		
		排水管道灌水、通球及通水试验	GB 50242—2002 第 5 章	安装单位	安装单位	永久			30 年		
		雨水管道灌水及通水试验	GB 50242—2002 第 10 章	安装单位	安装单位	永久			30 年		
		给水管道通水试验及冲洗、消毒检测	GB 50242—2002 第 4 章	安装单位	安装单位	永久			30 年		
		卫生器具具通水试验、具有溢流功能的器具满水试验	GB 50242—2002 第 7 章	安装单位	安装单位	永久			30 年		
		地漏及地面清扫口排水试验	GB 50242—2002 第 5 章	安装单位	安装单位	永久			30 年		
		消火栓试射记录	GB 50242—2002 第 4.3 条、第 9.3 条	安装单位	安装单位	永久			30 年		
8550	给排水系统	采暖系统冲洗及测试	GB 50242—2002 第 8.6 条	安装单位	安装单位	永久			30 年		
		安全阀及报警联动系统动作测试	GB 50242—2002 第 13.4 条	安装单位	安装单位	永久			30 年		
		建筑给水排水及采暖工程隐蔽验收记录	DL/T 5210.1—2012《电力建设施工质量验收及评价规程 第 1 部分：土建工程》第 5.25 条	安装单位	安装单位	永久			30 年		
		暖气管道散热器压力试验记录	GB 50242—2002 第 8.3 条	安装单位	安装单位	永久			30 年		
		消防管道燃气管道压力试验记录	GB 50242—2002 第 8.6 条	安装单位	安装单位	永久			30 年		
		采暖系统调试、试运行、阀、报警装置联动系统测试	GB 50242—2002 第 11 章、第 13 章	安装单位	安装单位	永久			30 年		
		主要管道施工及管道穿墙、穿楼板套管安装施工记录	GB 50242—2002	安装单位	安装单位	永久			30 年		

续表

分类号	类目名称	归档范围		执行标准	责任单位		保存单位及保管期限					备注
		分目	主要项目文件		来源	组卷	建设	设计	监理	施工	运行	
8550	给排水系统		补偿器安装、预拉伸记录	GB 50242—2002	安装单位	安装单位	永久			30年		
			水泵安装试运转	GB 50242—2002	安装单位	安装单位	永久			30年		
			低、中倍数泡沫灭火系统泡沫喷洒试验	GB 50281—2006 第6章	安装单位	安装单位	永久			30年		
			高倍数泡沫灭火系统泡沫喷洒试验	GB 50281—2006 第6章	安装单位	安装单位	永久			30年		
			泡沫消火栓喷水试验	GB 50281—2006 第6章	安装单位	安装单位	永久			30年		
8551	采暖与通风系统		金属风管与配件制作检验质量验收记录	GB 50243—2002《通风与空调工程施工质量验收规范》表C.2.1-1	安装单位	安装单位	永久			30年		
			非金属、复合材料风管制作检验质量批验收记录	GB 50243—2002 表C.2.1-2	安装单位	安装单位	永久			30年		
			风管部件与消声器制作检验批质量验收记录	GB 50243—2002 表C.2.2	安装单位	安装单位	永久			30年		
			风管系统安装检验批质量验收记录（送、排风，排烟系统）	GB 50243—2002 表C.2.3-1	安装单位	安装单位	永久			30年		
			风管系统安装检验批质量验收记录（空调系统）	GB 50243—2002 表C.2.3-2	安装单位	安装单位	永久			30年		
			风管严密性试验记录	GB 50243—2002 附录A	安装单位	安装单位	永久			30年		
			通风机安装检验批质量验收记录	GB 50243—2002 表C.2.4	安装单位	安装单位	永久			30年		
			通风与空调设备安装检验批质量验收记录（通风系统）	GB 50243—2002 表C.2.5-1	安装单位	安装单位	永久			30年		
			通风与空调设备安装检验批质量验收记录（空调系统）	GB 50243—2002 表C.2.5-2	安装单位	安装单位	永久			30年		
			空调制冷系统安装检验批质量验收记录	GB 50243—2002 表C.2.6	安装单位	安装单位	永久			30年		
			金属管道空调水系统安装检验批质量验收记录	GB 50242—2002 表C.2.7-1	安装单位	安装单位	永久			30年		
			非金属管道空调水系统安装检验批质量验收记录	GB 50242—2002 表C.2.7-2	安装单位	安装单位	永久			30年		

续表

分类号	类目名称		归档范围		执行标准	责任单位			保存单位及保管期限					备注
		分目	主要项目文件			来源	组卷	建设	设计	监理	施工	运行	
8551	采暖与通风系统		空调水系统（设备）安装检验批质量验收记录		GB 50242—2002 表 C.2.7-3	安装单位	安装单位	永久			30 年		
			防腐与绝热施工检验批质量验收记录（风管系统）		GB 50242—2002 表 C.2.8-1	安装单位	安装单位	永久			30 年		
			防腐与绝热施工检验批质量验收记录（管道系统）		GB 50242—2002 表 C.2.8-2	安装单位	安装单位	永久			30 年		
			工程系统调试检验批质量验收记录		GB 50242—2002 表 C.2.9	安装单位	安装单位	永久			30 年		
			通风与空调工程分项工程质量验收记录		GB 50242—2002 表 C.3.1	安装单位	安装单位	永久			30 年		
			通风与空调子分部工程质量验收记录		GB 50242—2002 表 C.4.1-1～表 C.4.1-7	安装单位	安装单位	永久			30 年		
8552	消防系统	自动喷水灭火系统设备安装	消防水泵和稳压泵安装质量检验评定		GB 50261—2005《自动喷水灭火系统施工及验收规范》第 4.2 条	安装单位	安装单位	永久			30 年		
			消防水箱安装和消防水池施工质量检验评定记录		GB 50261—2005 第 4.3 条	安装单位	安装单位	永久			30 年		
			消防气压给水设备和稳压泵安装质量检验评定		GB 50261—2005 第 4.4 条	安装单位	安装单位	永久			30 年		
			消防水泵接合器安装质量检验评定		GB 50261—2005 第 4.5 条	安装单位	安装单位	永久			30 年		
			管网安装质量检验评定		GB 50261—2005 第 5.1 条	安装单位	安装单位	永久			30 年		
			喷头安装质量检验评定		GB 50261—2005 第 5.2 条	安装单位	安装单位	永久			30 年		
			报警阀组安装记录		GB 50261—2005 第 5.3 条	安装单位	安装单位	永久			30 年		
			管网强度试验检验记录		GB 50261—2005 第 6.1.1 条	安装单位	安装单位	永久			30 年		
			严密性试验检验记录		GB 50261—2005 第 6.1.1 条	安装单位	安装单位	永久			30 年		
			其他组件安装质量检验评定		GB 50261—2005 第 5.4 条	安装单位	安装单位	永久			30 年		
			水源测试记录		GB 50261—2005 第 7.2.2 条	安装单位	安装单位	永久			30 年		

续表

分类号	类目名称	归档范围		执行标准	责任单位		保存单位及保管期限					备注
		分目	主要项目文件		来源	组卷	建设	设计	监理	施工	运行	
8552	消防系统	自动喷水灭火系统设备安装	消防水泵调试记录	GB 50261—2005 第 7.2.3 条	安装单位	安装单位	永久			30年		
			稳压泵调试记录	GB 50261—2005 第 7.2.4 条	安装单位	安装单位	永久			30年		
			报警阀组调试记录	GB 50261—2005 第 7.2.5 条	安装单位	安装单位	永久			30年		
			排水装置调试记录	GB 50261—2005 第 7.2.6 条	安装单位	安装单位	永久			30年		
			施工现场质量管理检查记录	GB 50261—2005 表 B	安装单位	安装单位	永久			30年		
			自动喷水灭火系统施工过程质量检查记录	GB 50261—2006 表 C.0.1	安装单位	安装单位	永久			30年		
			自动喷水灭火系统管网冲洗记录	GB 50261—2006 表 C.0.2	安装单位	安装单位	永久			30年		
			自动喷水灭火系统试压记录	GB 50261—2006 表 C.0.3	安装单位	安装单位	永久			30年		
			自动喷水灭火系统联动试验记录	GB 50261—2006 表 C.0.4	安装单位	安装单位	永久			30年		
			自动喷水灭火系统工程质量控制资料检查记录	GB 50261—2006 表 D	安装单位	安装单位	永久			30年		
		泡沫灭火系统设备安装	施工现场质量管理检查记录	GB 50281—2006 表 B.0.1	安装单位	安装单位	永久			30年		
			泡沫灭火系统施工过程检查记录	GB 50281—2006 表 B.0.2-1	安装单位	安装单位	永久			30年		
			阀门的强度和严密性试验记录	GB 50281—2006 表 B.0.2-2	安装单位	安装单位	永久			30年		
			泡沫灭火系统施工过程检查记录	GB 50281—2006 表 B.0.2-3	安装单位	安装单位	永久			30年		
			管道试压记录	GB 50281—2006 表 B.0.2-4	安装单位	安装单位	永久			30年		
			管道冲洗记录	GB 50281—2006 表 B.0.2-5	安装单位	安装单位	永久			30年		
			泡沫灭火系统施工过程检查记录	GB 50281—2006 表 B.0.2-6	安装单位	安装单位	永久			30年		
			隐蔽工程检验记录	GB 50281—2006 表 B.0.3	安装单位	安装单位	永久			30年		
			泡沫灭火系统质量控制资料核查记录	GB 50281—2006 表 B.0.4	安装单位	安装单位	永久			30年		
		气体灭火系统安装	相关记录	GB 50263—2007	安装单位	安装单位	永久			30年		
		自动报警装置安装	相关记录	GB 50166—2007	安装单位	安装单位	永久			30年		

续表

分类号	类目名称	归档范围 分目	归档范围 主要项目文件	执行标准	责任单位 来源	责任单位 组卷	保存单位及保管期限 建设	设计	监理	施工	运行	备注
8553	起重设备	门式起重机安装	轨道安装施工质量检查记录	GB 50278—2010 第 3 章	安装单位	安装单位	永久			30 年		
			起重机安装检查记录	GB 50278—2010 表 7.0.1、表 7.0.2	安装单位	安装单位	永久			30 年		
			重要部位的焊接、高强螺栓连接检查记录	GB 50278—2010 第 10.0.2 条	安装单位	安装单位	永久			30 年		
			起重机静载试运转记录	GB 50278—2010 第 9.2 条	安装单位	安装单位	永久			30 年		
			起重机动载试运转记录	GB 50278—2010 第 9.3 条	安装单位	安装单位	永久			30 年		
			起重机空载试运转记录	GB 50278—2010 第 9.4 条	安装单位	安装单位	永久			30 年		
		桥式起重机安装	轨道安装施工质量检查记录	GB 50278—2010 第 3 章	安装单位	安装单位	永久			30 年		
			起重机安装检查记录	GB 50278—2010 表 6.0.1、表 6.0.2	安装单位	安装单位	永久			30 年		
			重要部位的焊接、高强螺栓连接检查记录	GB 50278—2010 第 10.0.2 条	安装单位	安装单位	永久			30 年		
			起重机静载试运转记录	GB 50278—2010 第 9.2 条	安装单位	安装单位	永久			30 年		
			起重机动载试运转记录	GB 50278—2010 第 9.3 条	安装单位	安装单位	永久			30 年		
			起重机空载试运转记录	GB 50278—2010 第 9.4 条	安装单位	安装单位	永久			30 年		
		电动葫芦安装	轨道安装施工质量检查记录	GB 50278—2010 第 3 章	安装单位	安装单位	永久			30 年		
			电动葫芦安装检查记录	GB 50278—2010 第 4 章	安装单位	安装单位	永久			30 年		
			重要部位的焊接、高强螺栓连接检查记录	GB 50278—2010 第 10.0.2 条	安装单位	安装单位	永久			30 年		
			起重机静载试运转记录	GB 50278—2010 第 9.2 条	安装单位	安装单位	永久			30 年		
			起重机动载试运转记录	GB 50278—2010 第 9.3 条	安装单位	安装单位	永久			30 年		
			起重机空载试运转记录	GB 50278—2010 第 9.4 条	安装单位	安装单位	永久			30 年		
		电梯安装	电梯试运行记录	GB 50310—2002	安装单位	安装单位	永久			30 年		
			电梯层门、电气安全装置检测报告	GB 50310—2002 第 3 章	安装单位	安装单位	永久			30 年		
			电梯安装工程隐蔽验收记录	DL/T 5210.1—2012 第 5.28 条	安装单位	安装单位	永久			30 年		

续表

分类号	类目名称		归档范围	执行标准	责任单位		保存单位及保管期限					备注
		分目	主要项目文件		来源	组卷	建设	设计	监理	施工	运行	
8553	起重设备	电梯安装	电梯电气装置接地、绝缘电阻测试记录	GB 50310—2002 第4.10条	安装单位	安装单位	永久			30年		
			层门与轿门试验	GB 50310—2002 第4.11条	安装单位	安装单位	永久			30年		
			曳引式电梯空载、额定载荷运行测试记录	GB 50310—2002 第4.11条	安装单位	安装单位	永久			30年		
			安调过程的机械、电气（部）件安调整测试记录	GB 50310—2002 第4.11条	安装单位	安装单位	永久			30年		
			整机运行试验记录	GB 50310—2002 第4.11条	安装单位	安装单位	永久			30年		
			机房、井道土建交接验收检查记录	GB 50310—2002 第4.2条	安装单位	安装单位	永久			30年		
			机械、电气、零（部）件安装施工记录	GB 50310—2002	安装单位	安装单位	永久			30年		
			电梯负荷运行试验（曲线图）、安全装置检测报告	GB 50310—2002 第4.11条	安装单位	安装单位	永久			30年		
			电梯轿厢准确度测量记录	GB 50310—2002 第4.11条	安装单位	安装单位	永久			30年		
			电梯主要功能、整机功能检验记录	GB 50310—2002 第4.11条	安装单位	安装单位	永久			30年		
8559	其他											
856	金属结构及启闭机											
8560	压力钢管		压力钢管制作记录	DL/T 5017—2007《水电水利工程压力钢管制造安装及验收规范》第4.1条	安装单位	安装单位	永久			30年		
			压力钢管伸缩节制造记录	DL/T 5017—2007 第4.2条	安装单位	安装单位	永久			30年		
			压力钢管岔管制造记录	DL/T 5017—2007 第4.2条	安装单位	安装单位	永久			30年		
			压力钢管安装记录	DL/T 5017—2007 第5.2条	安装单位	安装单位	永久			30年		

续表

分类号	类目名称	归档范围		执行标准	责任单位		保存单位及保管期限					备注
		分目	主要项目文件		来源	组卷	建设	设计	监理	施工	运行	
8560	压力钢管		压力钢管埋管管口中心、里程、圆度、纵缝、环缝对口错位记录	DL/T 5017—2007 第5.2条	安装单位	安装单位	永久			30年		
			焊缝外观质量记录	DL/T 5017—2007 第6.4条	安装单位	安装单位	永久			30年		
			一、二类焊缝内部质量、表面清除及局部坑洞焊补记录	DL/T 5017—2007 第6.4条	安装单位	安装单位	永久			30年		
			压力钢管埋管内壁防腐蚀表面处理、涂料涂装、灌浆孔堵焊质量记录	DL/T 5017—2007 第5.2条、第8章	安装单位	安装单位	永久			30年		
			压力钢管明管安装记录	DL/T 5017—2007 第5.3条	安装单位	安装单位	永久			30年		
			压力钢管明管安装工程管口中心、里程、支架中心记录	DL/T 5017—2007 第5.3条	安装单位	安装单位	永久			30年		
			压力钢管明管防腐蚀表面处理、涂料涂装记录	DL/T 5017—2007 第8章	安装单位	安装单位	永久			30年		
			钢管水压试验记录	DL/T 5017—2007 第9章	安装单位	安装单位	永久			30年		
			压力钢管安装质量检验评定记录	DL/T 5017—2007	安装单位	安装单位	永久			30年		
8561	闸门	平面闸门	平面闸门埋件安装记录	DL/T 5018—2014《水电水利工程钢闸门门制造安装及验收规范》第8.1条	安装单位	安装单位	永久			30年		
			平面闸门底槛、门楣安装记录	DL/T 5018—2004 第8.1条	安装单位	安装单位	永久			30年		
			平面闸门主轨、侧轨安装记录	DL/T 5018—2014 第8.1条	安装单位	安装单位	永久			30年		
			平面闸门侧水座板、反轨安装记录	DL/T 5018—2014 第8.1条	安装单位	安装单位	永久			30年		
			平面闸门门胸墙、护角安装记录	DL/T 5018—2014 第8.1条	安装单位	安装单位	永久			30年		
			平面闸门工作范围内各埋件距离记录	DL/T 5018—2014 第8.1条	安装单位	安装单位	永久			30年		
			平面闸门门体安装记录	DL/T 5018—2014 第8.2条	安装单位	安装单位	永久			30年		
			平面闸门门体止水橡皮、反向精块安装记录	DL/T 5018—2014 第8.2条	安装单位	安装单位	永久			30年		

续表

分类号	类目名称	分目	归档范围 主要项目文件	执行标准	责任单位 来源	责任单位 组卷	建设	设计	监理	施工	运行	备注
8561	闸门	平面闸门	静平衡试验记录	DL/T 5018—2014 第8.2条	安装单位	安装单位	永久			30年		
			闸门安装质量评定记录	DL/T 5018—2014 第8.2条	安装单位	安装单位	永久			30年		
			表面防护记录	DL/T 5018—2014	安装单位	安装单位	永久			30年		
		弧形闸门	弧形闸门门埋件安装记录	DL/T 5018—2014 第8.1条	安装单位	安装单位	永久			30年		
			弧形闸门门底槛、门楣安装记录	DL/T 5018—2014 第8.1条	安装单位	安装单位	永久			30年		
			弧形闸门门侧止水座板、侧轮导板安装记录	DL/T 5018—2014 第8.1条	安装单位	安装单位	永久			30年		
			弧形闸门门工作范围内各埋件距离记录	DL/T 5018—2014 第8.1条	安装单位	安装单位	永久			30年		
			弧形闸门门铰座钢梁、铰座基础螺栓中心及锥形铰座基础环安装记录	DL/T 5018—2014 第8.3条	安装单位	安装单位	永久			30年		
			弧形闸门门铰轴安装记录	DL/T 5018—2014 第8.3条	安装单位	安装单位	永久			30年		
			弧形闸门门体铰轴、支臂安装记录	DL/T 5018—2014 第8.3条	安装单位	安装单位	永久			30年		
			弧形闸门门体支臂两端连接板和抗剪板及止水板安装记录	DL/T 5018—2014 第8.3条	安装单位	安装单位	永久			30年		
			闸门安装质量评定记录	DL/T 5018—2014 第8.3条	安装单位	安装单位	永久			30年		
			表面防护记录	DL/T 5018—2014	安装单位	安装单位	永久			30年		
		人字闸门	人字闸门门埋件安装记录	DL/T 8018—2014 第8.1条	安装单位	安装单位	永久			30年		
			人字闸门门埋件底枢装置及枕座安装记录	DL/T 8018—2014 第8.4条	安装单位	安装单位	永久			30年		
			人字闸门门埋件顶枢装置及枕座安装记录	DL/T 8018—2014 第8.4条	安装单位	安装单位	永久			30年		
			人字闸门门体安装记录	DL/T 8018—2014 第8.4条	安装单位	安装单位	永久			30年		
			人字闸门门体顶、底板轴线安装记录	DL/T 8018—2014 第8.4条	安装单位	安装单位	永久			30年		

续表

分类号	类目名称	分目	归档范围 主要项目文件	执 行 标 准	责任单位 来源	责任单位 组卷	保存单位及保管期限 建设	保存单位及保管期限 设计	保存单位及保管期限 监理	保存单位及保管期限 施工	保存单位及保管期限 运行	备注
8561	闸门	人字闸门	人字闸门门体止水安装记录	DL/T 8018—2014 第8.4条	安装单位	安装单位	永久			30年		
			闸门安装质量评定记录	DL/T 8018—2014 第8.4条	安装单位	安装单位	永久			30年		
			表面防护记录	DL/T 8018—2014	安装单位	安装单位	永久			30年		
		移动式启闭机	轨道安装记录	SL 381—2007《水利水电工程启闭机制造安装及验收规范》第8.2条	安装单位	安装单位	永久			30年		
			移动式启闭机桥架和大车行走机构安装记录	SL 381—2007 第8.2条	安装单位	安装单位	永久			30年		
			移动式启闭机小车行走机构安装记录	SL 381—2007 第8.2条	安装单位	安装单位	永久			30年		
			移动式启闭机试运转记录	SL 381—2007 第8.3条	安装单位	安装单位	永久			30年		
			除锈涂漆防腐记录	按厂家要求	安装单位	安装单位	永久			30年		
			与闸门连接及启闭试验记录	按设计要求	安装单位	安装单位	永久			30年		
			电气设备安装记录	SL 381—2007 第8.2条	安装单位	安装单位	永久			30年		
8562	启闭机	卷扬式启闭机	本体及附件安装记录	SL 381—2007 第5.2条	安装单位	安装单位	永久			30年		
			固定卷扬式启闭机中心、高程和平面安装记录	SL 381—2007 第5.2条	安装单位	安装单位	永久			30年		
			无载荷试验记录	SL 381—2007 第5.3条	安装单位	安装单位	永久			30年		
			有载荷试验记录	SL 381—2007 第5.3条	安装单位	安装单位	永久			30年		
			电气设备安装记录	SL 381—2007 第5.2条	安装单位	安装单位	永久			30年		
		液压启闭机（包括启闭机、液压系统）	液压启闭机架及活塞杆铅垂度安装记录	SL 381—2007 第7.4条	安装单位	安装单位	永久			30年		
			液压启闭机机架钢梁与推力支座安装记录	SL 381—2007 第7.4条	安装单位	安装单位	永久			30年		
			液压启闭机油缸、储油桶、管道安装记录	SL 381—2007 第7.4条	安装单位	安装单位	永久			30年		
			液压启闭机试运转记录	SL 381—2007 第7.5条	安装单位	安装单位	永久			30年		
			液压启闭机与闸门连接及启闭试验	SL 381—2007 第7.5条	安装单位	安装单位	永久			30年		

续表

分类号	类目名称	分目	归档范围 主要项目文件	执行标准	责任单位 来源	责任单位 组卷	建设	设计	监理	施工	运行	备注
8562	启闭机	螺杆式启闭机	螺杆式启闭机安装记录	SL 381—2007 第6.2条	安装单位	安装单位	永久			30年		
			无载荷试验记录	SL 381—2007 第6.3条	安装单位	安装单位	永久			30年		
			有载荷试验记录	SL 381—2007 第6.3条	安装单位	安装单位	永久			30年		
8563	拦污栅、清污机	拦污栅	活动式拦污栅埋件安装记录	GB 14173—2008《水利水电工程钢闸门制造、安装及验收规范》表27	安装单位	安装单位	永久			30年		
			固定式拦污栅埋件安装记录	GB 14173—2008 表27、第9.2条	安装单位	安装单位	永久			30年		
			活动式拦污栅栅体安装记录	GB 14173—2008 第9.2条	安装单位	安装单位	永久			30年		
			升降试验记录	GB 14173—2008 第9.2条	安装单位	安装单位	永久			30年		
			拦污栅安装质量检验评定记录	GB 14173—2008 第9.2条	安装单位	安装单位	永久			30年		
		清污机	清污机机架安装记录	SL 382—2007《水利水电工程清污机型式基本参数技术条件》第5.6条、第5.7条	安装单位	安装单位	永久			30年		
			清污机清污机构安装记录	SL 382—2007 第5.6条、第5.7条	安装单位	安装单位	永久			30年		
			清污机试运转记录	SL 382—2007 第6章	安装单位	安装单位	永久			30年		
			清污机安装质量检验评定记录		安装单位	安装单位	永久			30年		
8564	升船机		埋件安装记录		安装单位	安装单位	永久			30年		
			承船厢安装记录		安装单位	安装单位	永久			30年		
			提升机安装记录		安装单位	安装单位	永久			30年		
			升船机工作门安装记录		安装单位	安装单位	永久			30年		
			试运行记录		安装单位	安装单位	永久			30年		
			承船厢安装质量评定记录		安装单位	安装单位	永久			30年		
			提升机安装质量评定记录		安装单位	安装单位	永久			30年		
			升船机工作门安装质量评定记录		安装单位	安装单位	永久			30年		
8569	其他											
859	其他											

续表

分类号	类目名称	归档范围		执行标准	责任单位		保存单位及保管期限					备注
		分目	主要项目文件		来源	组卷	建设	设计	监理	施工	运行	
86	水轮发电机组启动试运行											
860	综合		试验方案、试验记录、缺陷台账、消缺记录、调试试验报告		调试单位	调试单位	永久					
861	分系统调试	电气设备交接试验		GB 50150—2006	调试单位	调试单位	永久					
		励磁系统		DL/T 507—2014《水轮发电机组启动试验规程》	调试单位	调试单位	永久					
		调速系统		DL/T 507—2014	调试单位	调试单位	永久					
		保护系统		DL/T 507—2014	调试单位	调试单位	永久					
		计算机监控系统		DL/T 507—2014	调试单位	调试单位	永久					
		辅机自动控制系统（技术供水系统、消防系统、通风采暖等）		DL/T 507—2014	调试单位	调试单位	永久					
862	启动调试方案		启动程序、启动委成立文件大纲和启动及批复文件、启动委成立命名、设备命名、应急预案等	DL/T 507—2014	调试单位	调试单位	永久					
863	空载试运行		试验记录、调试试验报告、消缺记录、缺陷台账、操作票、运行日志等	DL/T 507—2014	调试单位	调试单位	永久					
864	机组带主变压器与高压配电装置试验		试验记录、缺陷台账、调试试验报告、消缺记录、操作票、工作票、运行日志等	DL/T 507—2014	调试单位	调试单位	永久					
865	机组并列及负荷试验		试验记录、缺陷台账、调试试验报告、消缺记录、操作票、工作票、运行日志等	DL/T 507—2014	调试单位	调试单位	永久					
866	72h试运行及考核试运行		试验记录、调试试验报告、缺陷台账、消缺记录、操作票、工作票、运行日志等	DL/T 507—2014	调试单位	调试单位	永久					

续表

分类号	类目名称	分目	归档范围 主要项目文件	执行标准	责任单位 来源	责任单位 组卷	保存单位及保管期限 建设	设计	监理	施工	运行	备注
867	交接与投入商业运行		机组设备的初步验收证书、消缺记录、工作票、操作票	DL/T 507—2014	调试单位	调试单位	永久					
			启委会鉴定书、试运行报告		建设单位	建设单位	永久					
868	性能试验		出力、效率试验、稳定性试验、温升试验等		试验单位	运行单位	永久					
869	其他											
87	工程验收											
870	综合		验收申请书		建设单位	建设单位	永久					
			相关组织机构成立文件		验收委员会	建设单位	永久					
			建设、设计、监理、施工、安装等单位自检报告		各参建单位	建设单位	永久					
			生产准备、运行报告		生产、运行单位	建设单位	永久					
			库区移民迁建报告		移民办	建设单位	永久					
871	截流、蓄水、机组启动阶段验收		阶段验收鉴定书	DL/T 5123—2000 附录 A	验收委员会	建设单位	永久					
872	竣工验收	消防	专项验收申请报告	《建设工程消防监督管理规定》(公安部令〔2009〕第106号)	建设单位	建设单位	永久					
			各单位工程竣工验收报告	《建设工程消防监督管理规定》(公安部令〔2009〕第106号)	各参建单位	建设单位	永久					
			消防产品质量合格证明文件(出厂合格证)	《建设工程消防监督管理规定》(公安部令〔2009〕第106号)	供货商、建设单位	建设单位	永久					
			消防设施、电气防火技术检测合格证明文件	《建设工程消防监督管理规定》(公安部令〔2009〕第106号)	检测单位、建设单位	建设单位	永久					
			专项验收鉴定书或意见	《建设工程消防监督管理规定》(公安部令〔2009〕第106号)	地方消防局	建设单位	永久					

续表

分类号	类目名称	分目	归档范围 主要项目文件	执行标准	责任单位 来源	责任单位 组卷	保存单位及保管期限 建设	设计	监理	施工	运行	备注
872	竣工验收	环境保护	验收申请报告		建设单位	建设单位	永久					
			环境保护验收监测（调查）报告（表）	HJ 464—2010《建设项目竣工环境保护验收技术规范 水利水电》附录A	环保局	建设单位	永久					
			施工期环境监理报告		环境监理	建设单位	永久					
			建设项目竣工环保验收公示材料	《环境保护部建设项目"三同时"监督检查和竣工环保验收管理规程（试行）》（环发〔2009〕150号）	环境保护部	建设单位	永久					
			验收意见书		环保局	建设单位	永久					
		水土保持	验收申请报告		建设单位	建设单位	永久					
			水土保持方案实施工作总结报告		建设单位	建设单位	永久					
			水土保持设施验收技术评估报告		评估单位	建设单位	永久					
			水土保持监测报告		监测单位	建设单位	永久					
			水土保持监理报告		环境监理单位	建设单位	永久					
			水土保持设施竣工验收签订书	SL 387—2007《开发建设项目水土保持设施验收技术规程》	环保局	建设单位	永久					
			验收意见书		环保局	建设单位	永久					
		库区移民	移民安置验收工作计划及工作大纲	DL/T 5123—2000	建设单位	建设单位	永久					
			库区移民专项验收自检报告（建设、设计、监理等）	《水利水电工程移民档案归档范围与保管期限》（档发〔2012〕4号）	政府职能部门	建设单位	永久					
			验收鉴定书	DL/T 5123—2000 附录D	形成单位 验收委员会	建设单位	永久					
			验收照片和声像资料		形成单位	建设单位	永久					

续表

分类号	类目名称	归档范围		执行标准	责任单位		保存单位及保管期限					备注
		分目	主要项目文件		来源	组卷	建设	设计	监理	施工	运行	
872	竣工验收	档案	专项验收申请报告	《重大建设项目档案验收办法》的通知（档发〔2006〕2号）	建设单位	建设单位	永久					
			各单位档案专项验收自检报告		各参建单位	建设单位	永久					
			专项验收意见书		档案局	建设单位	永久					
		枢纽工程	专项验收申请报告		建设单位	建设单位	永久					
			竣工验收自检报告（建设、监理、施工、生产运行单位）	DL/T 5123—2000	各参建单位	建设单位	永久					
			专项竣工验收鉴定书	DL/T 5123—2000 附录C	验收委员会	建设单位	永久					
		劳动安全与工业卫生	专项竣工验收申请报告	《关于做好机械、轻工、纺织、烟草、电力和贸易等行业建设项目安全设施竣工验收工作的通知》（安监总管二字〔2005〕34号）	建设单位	建设单位	永久					
			安全设施竣工验收申请		建设单位	建设单位	永久					
			安全设施竣工验收自检报告（设计、监理、施工安装、建设运行）		各参建单位	建设单位	永久					
			水电工程安全验收（预）评价报告及整改确认材料	《水电建设工程安全验收评价报告编制规定》（水电规安办〔2007〕0005号）	验收委员会建设单位	建设单位	永久					
			建设项目职业病防护设施竣工验收（备案）申请书		建设单位	建设单位	永久					
			专项验收意见		建设单位	建设单位	永久					
		工程决算	工程竣工决算报告	关于印发《水电站基本建设工程竣工决算专项验收管理办法（试行）》的通知（水电规验〔2008〕90号）	建设单位	建设单位	永久					
			工程竣工决算审计报告及整改确认材料		审计单位	建设单位	永久					

续表

分类号	类目名称	归档范围		执行标准	责任单位		保存单位及保管期限					备注
		分目	主要项目文件		来源	组卷单位	建设	设计	监理	施工	运行	
872	竣工验收	项目竣工验收	竣工验收申请报告	《水电工程验收管理办法》（国能新能〔2011〕263号）	建设单位	建设单位	永久					
			工程竣工验收总结报告		各参建单位	建设单位	永久					
			工程竣工验收证书	DL/T 5123—2000	建设单位	建设单位	永久					
			后评价报告		评价单位	建设单位	永久					如有
873	工程移交		工程移交清单		建设单位、运行单位	建设单位	永久					
			单位工程移交签证		移交单位	建设单位	永久					
			移交证书		移交单位	建设单位	永久					
874	达标投产		建设、设计、监理、施工等参建单位达标投产自检报告及检查报告		各参建单位	建设单位	永久					
			创优策划、检查记录及获奖证书等		各参建单位	建设单位	永久					
879	其他											
88	竣工图											
880	综合											
881	工程布置及水工建筑物		同8121归档范围		施工单位	施工单位	永久			永久		
882	水力机械		同8122归档范围		施工单位	施工单位	永久			永久		
883	电气一次、二次		同8123归档范围		施工单位	施工单位	永久			永久		
884	金属结构		同8124归档范围		施工单位	施工单位	永久			永久		
885	交通		同8125归档范围		施工单位	施工单位	永久			永久		
886	生产及生活辅助建筑		同8126归档范围		施工单位	施工单位	永久			永久		
887	施工辅助工程		同8127归档范围		施工单位	施工单位	永久			永久		

续表

分类号	类目名称	归档范围 分目	归档范围 主要项目文件	执行标准	责任单位 来源	责任单位 组卷	保存单位及保管期限 建设	设计	监理	施工	运行	备注
888	环境保护、水土保持		同8128归档范围		施工单位	施工单位	永久			永久		
889	其他				施工单位	施工单位	永久			永久		
9	设备											
90	水轮发电机组及附属设备											
900	综合		材质检验报告		厂家	建设单位	永久					
			外购件合格证		厂家	建设单位	30年					
901	水轮机（水泵水轮机）		出厂试验报告、产品合格证		厂家	建设单位	30年					
			安装图、调试、维护说明手册		厂家	建设单位	30年					
902	发电机（发电电动机）		材质检验报告		厂家	建设单位	永久					
			外购件合格证		厂家	建设单位	30年					
			出厂试验报告、产品合格证		厂家	建设单位	30年					
			安装图、调试、维护说明手册		厂家	建设单位	30年					
903	调整系统		材质检验报告		厂家	建设单位	永久					
			外购件合格证		厂家	建设单位	30年					
			出厂调整、试验报告、产品合格证		厂家	建设单位	30年					
			安装图、调试、维护说明、调试、维护说明书及图纸		厂家	建设单位	30年					
904	励磁系统		励磁变压器外形接线图和装配图		厂家	建设单位	永久					
			交直流电缆及母线相关资料		厂家	建设单位	30年					
			励磁变压器出厂试验报告		厂家	建设单位	30年					
			励磁系统测试报告		厂家	建设单位	永久					

续表

分类号	类目名称	归档范围 分目	归档范围 主要项目文件	执行标准	责任单位 来源	责任单位 组卷单位	保存单位及保管期限 建设	保存单位及保管期限 设计	保存单位及保管期限 监理	保存单位及保管期限 施工	保存单位及保管期限 运行	备注
905	进出水阀及附属设备		材质检验报告		厂家	建设单位	永久					
			外购件合格证		厂家	建设单位	30年					
			出厂试验报告、产品合格证		厂家	建设单位	30年					
			安装、调试、维护说明手册		厂家	建设单位	30年					
			现场试验大纲和调试方案		厂家	建设单位	永久					
909	其他											
91	水力机械辅助设备											
910	综合		油泵、油罐外形图、基础图		厂家	建设单位	30年					
			控制柜接线原理图		厂家	建设单位	30年					
911	油系统		过滤器电气原理图、控制流程说明		厂家	建设单位	30年					
			出厂试验报告、产品合格证		厂家	建设单位	永久					
			安装、维护和运行说明书		厂家	建设单位	30年					
			技术供水系统图		厂家	建设单位	30年					
912	水系统		材质检验报告		厂家	建设单位	永久					
			水泵、过滤器外形图、基础图		厂家	建设单位	30年					
			控制柜接线原理图		厂家	建设单位	30年					
			过滤器电气原理图、控制流程说明		厂家	建设单位	30年					
			出厂试验报告、产品合格证		厂家	建设单位	永久					
			安装、维护和运行说明书		厂家	建设单位	30年					

续表

分类号	类目名称	归档范围 分目	归档范围 主要项目文件	执行标准	责任单位 来源	责任单位 组卷	建设	设计	监理	施工	运行	备注
913	压缩空气系统		空气压缩机、储气罐和汽水分离器外形原理图		厂家	建设单位	30年					
			空气压缩机控制柜接线图		厂家	建设单位	30年					
			中压气系统相关说明书、样本和计算书		厂家	建设单位	30年					
			中压气系统输入、输出端口清单和相关数据表		厂家	建设单位	30年					
			出厂试验报告、产品合格证		厂家	建设单位	永久					
			安装、维护和运行说明书		厂家	建设单位	30年					
914	油水气系统管道		系统管路布置图纸		厂家	建设单位	30年					
			管路冲洗作业指导书		厂家	建设单位	30年					
			材质检验报告		厂家	建设单位	永久					
			出厂试验报告、产品合格证		厂家	建设单位	永久					
			安装、维护和运行说明书		厂家	建设单位	30年					
915	水力监视测量系统		自动化元件清单		厂家	建设单位	30年					
			出厂试验报告、产品合格证		厂家	建设单位	永久					
			安装、维护和运行说明书		厂家	建设单位	30年					
919	其他											
92	电气一次设备											
920	综合		主母线的布置图、预埋图和接地图		厂家	建设单位	30年					
921	发电机电压设备	离相封闭母线	封闭母线配套设备接口结构图		厂家	建设单位	30年					
			封闭母线及配套设备计算说明书		厂家	建设单位	永久					
					厂家	建设单位	30年					

续表

分类号	类目名称	分目	归档范围 主要项目文件	执行标准	责任单位 来源	责任单位 组卷	保存单位及保管期限 建设	保存单位及保管期限 设计	保存单位及保管期限 监理	保存单位及保管期限 施工	保存单位及保管期限 运行	备注
		离相封闭母线	电压互感器和避雷器柜外形图和接线图		厂家	建设单位	30年					
			封闭母线绝缘子技术要求、试验报告、业绩和资质		厂家	建设单位	永久					
			电压互感器、电流互感器参数和理论伏安特性曲线		厂家	建设单位	30年					
			干燥装置相关图纸和使用说明		厂家	建设单位	30年					
			离相母线气密性试验操作指导书		厂家	建设单位	30年					
			发电机出口断路器、换相隔离开关和电制动开关的外形基础装配图		厂家	建设单位	30年					
			发电机出口断路器电气原理及接线图、端子图和屏面图		厂家	建设单位	30年					
			发电机出口断路器专用工具		厂家	建设单位	30年					
921	发电机电压设备	发电机出口断路器、隔离开关、电制动刀（开关）	发电机出口断路器相关说明书和证明书		厂家	建设单位	永久					
			发电机出口断路器的截断电流值和电容值计算书		厂家	建设单位	30年					
			控制柜面板布置图		厂家	建设单位	30年					
			隔离开关修平台外形图		厂家	建设单位	30年					
			电制动开关的解决方案和检修维护手册		厂家	建设单位	30年					
			发电机出口断路器灭弧抽头在线监测装置详细设备清单和分项报价		厂家	建设单位	30年					
			SF_6气体合格证书		厂家	建设单位	永久					
			吸附剂合格证明书		厂家	建设单位	永久					
			外壳质量合格证明书		厂家	建设单位	永久					

续表

分类号	类目名称	分目	归档范围 主要项目文件	执行标准	责任单位 来源	责任单位 组卷	保存单位及保管期限 建设	保存单位及保管期限 设计	保存单位及保管期限 监理	保存单位及保管期限 施工	保存单位及保管期限 运行	备注
921	发电机电压设备	发电机出口断路器、隔离开关、电制动刀（开关）	整体及主要元件合格证证书		厂家	建设单位	永久					
			全部型式试验报告		厂家	建设单位	永久					
			全部出厂试验报告		厂家	建设单位	永久					
			静止变频装置安装、调试、维护说明书及相关图纸		厂家	建设单位	30年					
			静止变频装置输入、输出变压器保护样本		厂家	建设单位	30年					
			避雷器布置图和样本		厂家	建设单位	30年					
		静止变频装置	全绝缘铜管母线布置图和电气连接图		厂家	建设单位	30年					
			全绝缘铜管母线与静止变频装置变压器的接口图		厂家	建设单位	30年					
			全绝缘铜管母线的选型计算书		厂家	建设单位	永久					
			产品型式试验及出厂试验报告		厂家	建设单位	永久					
			产品现场试验试验报告		厂家	建设单位	永久					
			变频启动装置运行维护说明		厂家	建设单位	30年					
922	主变压器		材质检验报告		厂家	建设单位	30年					
			外购件合格证		厂家	建设单位	30年					
			出厂试验报告、产品合格证		厂家	建设单位	永久					
			安装、调试、维护说明手册		厂家	建设单位	永久					
			系统图		厂家	建设单位	30年					
923	高压配电装置		出厂合格证		厂家	建设单位	永久					
			产品用户手册		厂家	建设单位	30年					
			高压试验报告		厂家	建设单位	永久					
			开关机械报告		厂家	建设单位	永久					

续表

分类号	类目名称	分目	归档范围 主要项目文件	执行标准	责任单位		保存单位及保管期限					备注
					来源	组卷单位	建设	设计	监理	施工	运行	
923	高压配电装置		装配单元气密报告		厂家	建设单位	永久					
			压力壳体试验报告		厂家	建设单位	永久					
			电流互感器试验报告		厂家	建设单位	永久					
			电压互感器试验报告		厂家	建设单位	永久					
			高压套管试验报告		厂家	建设单位	永久					
			SF$_6$气体试验报告		厂家	建设单位	永久					
			SF$_6$密度继电器试验报告		厂家	建设单位	30年					
			产品发货及安装箱清单		厂家	建设单位	30年					
			现场安装方案		厂家	建设单位	30年					
			现场试验方案		厂家	建设单位	30年					
		限流电抗器	限流电抗器安装及外形图		厂家	建设单位	30年					
			限流电抗器额定电流计算书和参数特性表		厂家	建设单位	30年					
			限流电抗器安装使用说明书		厂家	建设单位	30年					
924	厂用电系统及照明	厂用开关柜	开关柜一次系统图		厂家	建设单位	30年					
			开关柜电气原理图		厂家	建设单位	30年					
			开关柜接口图		厂家	建设单位	30年					
			开关柜内断路器装配图		厂家	建设单位	30年					
			开关柜地基图		厂家	建设单位	30年					
			开关柜的试验报告		厂家	建设单位	30年					
			低压室面板布置图和主要设备的样本		厂家	建设单位	永久					
			开关柜输入、输出端口清单和通信量清单		厂家	建设单位	30年					
			安装调试和运行手册		厂家	建设单位	30年					

续表

分类号	类目名称	归档范围		执行标准	责任单位		保存单位及保管期限						备注
		分目	主要项目文件		来源	组卷	建设	设计	监理	施工	运行		
	厂用电系统及照明	厂用变压器	变压器外形图和温控箱接线图		厂家	建设单位	30年						
			温控器通信规约说明书		厂家	建设单位	30年						
			变压器安装使用说明		厂家	建设单位	30年						
			厂用变试验报告		厂家	建设单位	永久						
		厂用负荷柜	负荷柜外形基础图		厂家	建设单位	30年						
			负荷柜接线原理图和一次系统图		厂家	建设单位	永久						
			负荷柜输入、输出端口清单和负荷表		厂家	建设单位	30年						
			负荷柜元件清单		厂家	建设单位	30年						
			开关柜、负荷柜试验报告		厂家	建设单位	永久						
924		低压配电柜	低压柜安装调试和运行手册		厂家	建设单位	30年						
			低压柜一次接插件表面镀银检验报告		厂家	建设单位	永久						
			低压配电盘排列图		厂家	建设单位	30年						
			低压配电柜详细清单		厂家	建设单位	30年						
			低压配电柜试验报告		厂家	建设单位	永久						
		柴油发电机	柴油发电机系统图		厂家	建设单位	30年						
			柴油发电机组用电负荷表		厂家	建设单位	30年						
			柴油发电机安装维护手册、试验报告和详单		厂家	建设单位	永久						
		电缆	出厂合格证和出厂试验报告		厂家	建设单位	永久						
			材质证明文件		厂家	建设单位	永久						
			出厂试验报告、产品合格证		厂家	建设单位	永久						
			安装、维护和运行说明书		厂家	建设单位	30年						
929	其他												

续表

分类号	类目名称	归档范围		执行标准	责任单位		保存单位及保管期限					备注
		分目	主要项目文件		来源	组卷	建设	设计	监理	施工	运行	
93	电气二次设备											
930	综合											
			线路差动保护用户手册		厂家	建设单位	30年					
			微机型差动保护装置用户功能手册		厂家	建设单位	30年					
			多功能电机保护装置用户功能手册		厂家	建设单位	30年					
			继电保护装置主要设备功耗		厂家	建设单位	30年					
			继电保护系统输入、输出端口通信量清单说明		厂家	建设单位	30年					
			继保系统输入、输出端口通信量清单和GPS对时接口要求		厂家	建设单位	30年					
931	继电保护及安全自动装置		型式试验报告		厂家	建设单位	永久					
			继电保护装置信息子站方案		厂家	建设单位	30年					
			跳闸矩阵装置说明书		厂家	建设单位	30年					
			故障录波和信息子站说明书		厂家	建设单位	30年					
			发动机—变压器组保护原理图和端子图		厂家	建设单位	30年					
			高压电缆保护及系统通信图纸		厂家	建设单位	30年					
			保护动作表		厂家	建设单位	30年					
			屏柜基本信息核对表		厂家	建设单位	30年					
			故障录波装置原理图		厂家	建设单位	30年					
932	计算机监控系统											

续表

分类号	类目名称	归档范围		执行标准	责任单位		保存单位及保管期限					备注
		分目	主要项目文件		来源	组卷	建设	设计	监理	施工	运行	
933	直流系统		地面中控楼、厂房、开关站、上水库、下水库等直流系统方案图		厂家	建设单位	30年					
			设备安装说明书		厂家	建设单位	30年					
			设备运行操作和维护说明书		厂家	建设单位	30年					
			现场安装、调试试验大纲		厂家	建设单位	30年					
			各种参数值范围及特性曲线		厂家	建设单位	永久					
			工厂和现场试验阶段的试验报告		厂家	建设单位	永久					
934	工业电视系统		出厂试验报告、产品合格证		厂家	建设单位	永久					
			安装、维护和运行说明书		厂家	建设单位	30年					
			各设备产品说明书		厂家	建设单位	30年					
935	控制盘柜		出厂试验报告、产品合格证		厂家	建设单位	30年					
			盘内接线图		厂家	建设单位	30年					
			安装、维护和运行说明书		厂家	建设单位	30年					
936	通信		产品合格证、质量证明文件		厂家	建设单位	30年					
			安装、调试、维护说明手册		厂家	建设单位	永久					
937	自动装置及自动化元件		产品合格证、质量证明文件		厂家	建设单位	永久					
			安装、调试、维护说明手册		厂家	建设单位	30年					
939	其他											
94	公用辅助系统											
940	综合		水泵、过滤器外形图和基础图		厂家	建设单位	30年					
			控制柜接线原理图		厂家	建设单位	30年					
941	给排水系统		过滤器电气原理图、控制流程说明		厂家	建设单位	30年					

续表

分类号	类目名称	归档范围		执行标准	责任单位		保存单位及保管期限					备注
		分目	主要项目文件		来源	组卷单位	建设	设计	监理	施工	运行	
941	给排水系统		材质检验报告		厂家	建设单位	永久					
			外购件合格证		厂家	建设单位	永久					
			出厂试验报告、产品合格证		厂家	建设单位	永久					
			安装、维护和运行说明书		厂家	建设单位	30年					
			风机外形图、基础图		厂家	建设单位	30年					
942	采暖、通风、空调系统		控制柜接线原理图		厂家	建设单位	30年					
			材质检验报告		厂家	建设单位	永久					
			外购件合格证		厂家	建设单位	永久					
			产品合格证		厂家	建设单位	永久					
			安装、调试、维护说明手册		厂家	建设单位	30年					
943	消防系统设备	水灭火系统	消防设备布置图		厂家	建设单位	30年					
			水泵、风机外形图、基础图		厂家	建设单位	30年					
			消防控制系统接线原理图		厂家	建设单位	30年					
			材质检验报告		厂家	建设单位	永久					
			外购件合格证		厂家	建设单位	永久					
			产品合格证		厂家	建设单位	永久					
			安装、调试、维护说明手册		厂家	建设单位	30年					
		气体灭火系统	气体灭火系统原理图		厂家	建设单位	30年					
			气体灭火系统计算书和说明书		厂家	建设单位	30年					
			气体灭火系统输入、输出端口清单		厂家	建设单位	30年					
			产品合格证、质量证明文件		厂家	建设单位	永久					
			安装、调试、维护说明手册		厂家	建设单位	30年					
		泡沫灭火系统	安装、调试、维护说明手册		厂家	建设单位	永久					
		火灾报警系统	安装、调试、维护说明手册		厂家	建设单位	30年					

续表

分类号	类目名称	归档范围		执行标准	责任单位		保存单位及保管期限					备注
		分目	主要项目文件		来源	组卷	建设	设计	监理	施工	运行	
	起重设备		起重机总图		厂家	建设单位	永久					
			系统单线图		厂家	建设单位	30年					
			供电系统图		厂家	建设单位	30年					
			照明电器控制原理图		厂家	建设单位	30年					
			电气控制原理图		厂家	建设单位	永久					
			设备布置图		厂家	建设单位	30年					
944			端子接线图		厂家	建设单位	30年					
			起重机械产品质量证明书		厂家	建设单位	永久					
			起重机械产品质量合格证		厂家	建设单位	永久					
			产品技术特性		厂家	建设单位	30年					
			主要受力结构件材料		厂家	建设单位	30年					
			主要零部件		厂家	建设单位	30年					
			安全保护装置		厂家	建设单位	30年					
			出厂检验和试验报告		厂家	建设单位	永久					
949	其他		电梯等		厂家	建设单位	永久					
95	金属结构及启闭机											
950	综合		主要零件及结构件的材质证明文件、化验与试验报告		厂家	建设单位	永久					
			焊接件的焊缝质量检验记录与无损探伤报告	SL 432—2008《水利工程压力钢管制造安装及验收规范》第 11 章	厂家	建设单位	永久					
951	压力钢管		大型铸、锻件的探伤检验报告		厂家	建设单位	永久					
			主要零件的热处理试验报告		厂家	建设单位	永久					
			零件及结构件返修要求及返修处理办法与重大缺陷后检验报告		厂家	建设单位	永久					

续表

分类号	类目名称	归档范围		执行标准	责任单位		保存单位及保管期限					备注
		分目	主要项目文件		来源	组卷	建设	设计	监理	施工	运行	
951	压力钢管		主要部件的装配检查记录		厂家	建设单位	30年					
			主要零件及主要结构件的材料代用通知单		厂家	建设单位	30年					
			设计修改通知单		厂家	建设单位	永久					
			产品的预装检查报告		厂家	建设单位	30年					
			产品出厂试验报告		厂家	建设单位	永久					
			外购件合格证		厂家	建设单位	永久					
			产品合格证		厂家	建设单位	永久					
			主要零件及结构件的材质证明文件、化验与试验报告	DL/T 5018—2004 第3章	厂家	建设单位	永久					
			焊接件的焊缝质量检验记录与无损探伤报告		厂家	建设单位	永久					
			大型铸、锻件的探伤检验报告		厂家	建设单位	永久					
			主要零件的热处理试验报告		厂家	建设单位	永久					
			零件及结构件的重大缺陷处理办法及返修后验收检验报告		厂家	建设单位	永久					
952	闸门及启闭机		主要零件及主要结构件的材料代用通知单		厂家	建设单位	30年					
			设计修改通知单		厂家	建设单位	30年					
			产品的预装检查报告		厂家	建设单位	永久					
			产品出厂试验报告		厂家	建设单位	30年					
			外购件合格证		厂家	建设单位	永久					
			产品合格证		厂家	建设单位	永久					
			安装、使用、维护与试运行说明书（如对钢丝绳有预拉要求，应详细说明预拉方式、预拉荷载、预拉次数与间隔时间）		厂家	建设单位	30年					

续表

分类号	类目名称	归档范围		执行标准	责任单位		保存单位及保管期限					备注
		分目	主要项目文件		来源	组卷	建设	设计	监理	施工	运行	
953	拦污栅、清污机		主要零件及结构件的材质证明文件、化验与试验报告		厂家	建设单位	永久					
			焊接件的焊缝质量检验记录与无损探伤报告		厂家	建设单位	永久					
			大型铸、锻件的探伤检验报告		厂家	建设单位	永久					
			主要零件的热处理试验报告		厂家	建设单位	永久					
			零件及结构件重大缺陷处理办法与返修后检查验报告		厂家	建设单位	永久					
			主要部件的装配检查记录		厂家	建设单位	30年					
			主要零件及结构件的材料代用通知单		厂家	建设单位	30年					
			设计修改通知单		厂家	建设单位	永久					
			产品的预装检查报告		厂家	建设单位	30年					
			产品出厂试验报告		厂家	建设单位	永久					
			外购件合格证		厂家	建设单位	永久					
			产品合格证			建设单位	永久					
954	船闸、升船机		按本表953的规定执行									
959	其他											
96	监测		材质检验报告		厂家	建设单位	永久					
			外购件合格证		厂家	建设单位	30年					
			产品合格证		厂家	建设单位	30年					
			安装、调试、维护说明手册		厂家	建设单位	30年					
97	办公系统		产品合格证、质量证明文件		厂家	建设单位	30年					
			安装、调试、维护说明手册		厂家	建设单位	30年					
99	其他											

附录 C
（资料性附录）
水电建设项目档案分类（6 类～9 类）

6　电力生产

60　综合
600　企业技术和管理
601　生产准备
602　安全生产、职业健康及环境保护
603　计量
604　备品备件
609　其他

61　调度运行
610　综合
611　水库运行
612　电力运行
613　综合利用
619　其他

62　设备运行
620　综合
621　运行与维护
622　检修
629　其他

63　安全监测
630　综合
631　水工建筑物
632　边坡
633　地震
634　水文、气象、地质
639　其他

64　生产技术
640　综合
641　全厂性试验
642　技术改造
643　技术监督
644　可靠性管理
649　其他

69　其他

7　科研开发

70　综合
71　项目前期课题研究
72　土建工程
73　机电及金属结构工程
74　环境保护、水土保持工程
75　安全监测工程
76　生产运行
77　管理软科学

79　其他

8　项目建设

80　项目立项
800　综合
801　规划
802　预可行性研究
803　可行性研究
　8030　综合
　8031　可行性研究报告
　8032　专项评价
　8033　文物、矿产资源、取水、取砂等专项许可
　8034　建设征地审批
　8039　其他
804　项目核准
809　其他

81　工程设计
810　综合
811　招标设计
812　施工详细设计
　8120　综合
　8121　工程布置及水工建筑物
　8122　水力机械
　8123　电气
　8124　金属结构
　8125　交通
　8126　生产及生活辅助建筑
　8127　施工辅助工程
　8128　环境保护、水土保持
　8129　其他
813　设计服务及变更
　8130　设计服务
　8131　设计变更
　8139　其他
819　其他

82　建设过程管理
820　综合
821　招投标
　8210　综合
　8211　工程
　8212　物资采购
　8213　设备采购
　8214　服务项目（技术咨询、物业管理等）
　8215　科研项目
　8216　未中标投标文件
　8219　其他
822　合同管理
　8220　综合

8221　工程
8222　物资采购
8223　设备采购
8224　服务项目（技术咨询、物业管理等）
8225　科研项目
8229　其他
823　资金管理
8230　综合
8231　贷款合同
8232　执行概算
8233　计划、统计报表类
8239　其他
824　物资管理
8240　综合
8241　物资报表
8242　物资台账
8243　原材料质量证明
8249　其他
825　质量、进度、安全、环境保护及水土保持
　　　管理
8250　综合
8251　质量
8252　进度
8253　安全
8254　环境保护及水土保持
8259　其他
826　征地移民
829　其他

83　监理
830　综合
831　设计监理
8310　综合
8311　监理准备
8312　监理记录及报告
8313　设计审核
8319　其他
832　施工监理
8320　综合
8321　监理准备
8322　质量、安全、进度、投资、环保控制
8323　监理记录及报告
8329　其他
833　设备监造
8330　综合
8331　监造准备
8332　质量、安全、进度、投资、环保控制
8333　监理记录及报告
8334　设备验收及交接
8339　其他

834　移民综合监理
8340　综合
8341　监理准备
8342　质量、安全、进度、投资、环保控制
8343　监理记录及报告
8349　其他
835　环境保护、水土保持监理
8350　综合
8351　监理准备
8352　环境保护、水土保持监理实施
8353　监理记录及报告
8359　其他
839　其他

84　土建施工
840　综合
8400　综合管理
8401　技术管理
8402　建筑材料质量证明及试验检验
8403　施工安全及职业健康、环境管理
8404　质量事故处理
8405　施工验收
8406　计量与支付
8409　其他
841　挡水建筑物
8410　测量
8411　成品或半成品现场试验检验
8412　施工记录及单元工程质量检验评定
8413　质量缺陷处理
8419　其他
842　泄水建筑物（含消能建筑物）
8420　测量
8421　成品或半成品现场试验检验
8422　施工记录及单元工程质量检验评定
8423　质量缺陷处理
8429　其他
843　输水建筑物
8430　测量
8431　成品或半成品现场试验检验
8432　施工记录及单元工程质量检验评定
8433　质量缺陷处理
8439　其他
844　主、副厂房及开关站
8440　测量
8441　成品或半成品现场试验检验
8442　施工记录及单元工程质量检验评定
8443　质量缺陷处理
8449　其他
845　交通与通航、过坝建筑物
8450　测量

8451　成品或半成品现场试验检验
8452　施工记录及单元工程质量检验评定
8453　质量缺陷处理
8459　其他
846　边坡工程
8460　测量
8461　成品或半成品现场试验检验
8462　施工记录及单元工程质量检验评定
8463　质量缺陷处理
8469　其他
847　辅助工程
8470　测量
8471　成品或半成品现场试验检验
8472　施工记录及单元工程质量检验评定
8473　质量缺陷处理
8479　其他
848　安全监测
8480　综合
8481　水工监测
8482　边坡监测
8483　水情监测
8484　水文、气象、地质监测
8489　其他
849　其他
8490　水土保持工程
8491　环境保护工程
8492　劳动安全与工业卫生工程
8499　其他
85　机电设备及金属结构安装
850　综合
8500　综合管理
8501　技术管理
8502　原材料、半成品、设备进场记录及现场
　　　 检验
8503　安全及职业健康、环境保护管理
8504　质量事故或缺陷处理
8505　主要设备现场处理记录
8506　施工验收
8509　其他
851　水轮发电机组及附属设备
8510　水轮机（水泵水轮机）
8511　发电机（发电电动机）
8512　调速系统安装
8513　励磁系统、静止变频启动装置
8514　进出水阀及附属设备
8515　机组管路安装
8519　其他
852　水力机械辅助设备
8520　油系统

8521　水系统
8522　压缩空气系统
8523　水力监测系统
8529　其他
853　电气一次
8530　发电机电压设备
8531　厂用电设备
8532　电缆线路
8533　主变压器
8534　高压配电装置
8535　照明设备
8539　其他
854　电气二次
8540　交、直流控制电源
8541　继电保护装置
8542　计算机监控系统
8543　工业电视系统
8544　通信系统
8545　直流系统
8546　自动装置及自动化元件
8549　其他
855　公用辅助系统
8550　给排水系统
8551　采暖与通风系统
8552　消防系统
8553　起重设备
8559　其他
856　金属结构及启闭机
8560　压力钢管
8561　闸门
8562　启闭机
8563　拦污栅、清污机
8564　船闸、升船机
8569　其他
859　其他
86　水轮发电机组启动试运行
860　综合
861　分系统调试
862　启动调试试验方案
863　充水启动及空载试运行
864　机组带主变压器与高压配电装置试验
865　机组并列及负荷试验
866　72h试运行及考核试运行
867　交接与投入商业运行
868　性能试验
869　其他
87　工程验收
870　综合
871　截流、蓄水、机组启动阶段验收

872　竣工验收

873　工程移交

874　达标投产

879　其他

88　竣工图

880　综合

881　工程布置及水工建筑物

882　水力机械

883　电气一次、二次

884　金属结构

885　交通

886　生产及生活辅助建筑

887　施工辅助工程

888　环境保护、水土保持

889　其他

9　设备

90　水轮发电机组及附属设备

900　综合

901　水轮机（水泵水轮机）

902　发电机（发电电动机）

903　调速系统

904　励磁系统、静止变频启动装置

905　进出水阀及附属设备

909　其他

91　水力机械辅助设备

910　综合

911　油系统

912　水系统

913　压缩空气系统

914　油水气系统管道

915　水力监视测量系统

919　其他

92　电气一次设备

920　综合

921　发电机电压设备

922　主变压器

923　高压配电装置

924　厂用电系统及照明

929　其他

93　电气二次设备

930　综合

931　继电保护及安全自动装置

932　计算机监控系统

933　直流系统

934　工业电视系统

935　控制盘柜

936　通信

937　自动装置及自动化元件

939　其他

94　公用辅助系统

940　综合

941　给排水系统

942　采暖、通风、空调系统

943　消防系统设备

944　起重设备

949　其他

95　金属结构及启闭机

950　综合

951　压力钢管

952　闸门及启闭机

953　拦污栅、清污机

954　船闸、升船机

959　其他

96　监测

97　办公系统

99　其他

注1：专业工器具及备品备件随相应设备归档。

注2：集控设备、网络含在自动化中。

附录 D
（资料性附录）
档 案 用 表

档案用表见表 D.1～表 D.10。

表 D.1　　　　　　　　　　案 卷 目 录

序号	档　　号	案 卷 题 名	总页数	保管期限	备注

表 D. 2　　　　　　　　　　　　卷　内　目　录

档号：

序号	文件编号	责任者	文　件　题　名	日　期	页数/页号	备注

表 D. 3　　　　　　　　　　　　　　　卷 内 备 考 表

档号：

互见号：

卷（盒、册）内情况说明：

立卷人：
　　　年　月　日
检查人：
　　　年　月　日

表 D. 4　　　　　　　　　　　　案 卷 封 面

档　号_____

(案 卷 题 名)

立卷单位_____

起止日期_____

保管期限_____

密　　级_____

表 D. 5　　　　　　　　　　　　册 内 照 片 目 录

册号：

照片号	题　名	时间	页号	备注

表 D.6   **电子文件移交与接收登记表**

交接工作名称			
内容描述			
移交电子文件数量		移交数据量	
载体起止顺序号		移交载体 类型、规格	
检验内容	单位名称		
	移交单位：		接收单位：
准确性检验			
完整性检验			
可用性检验			
安全性检验			
载体外观检验			
填表人（签名）	年 月 日		年 月 日
审核人（签名）	年 月 日		年 月 日
单位（印章）	年 月 日		年 月 日

_____项目档案交接签证表

文字材料案卷数：

竣工图案卷数：

设备案卷数：

其他载体档案数量：

移交单位：（盖章）   接收单位：（盖章）

移交人：   接收人：

审查单位：   审查人：

年　月　日

表 D. 8 　　　　　　　　　　　　　　收　文　登　记　表

序号	收文日期	文件编号	文 件 题 名	来文单位	数量	备注

表 D.9 发 文 登 记 表

序号	发文日期	文件编号	文 件 题 名	发文单位 （或部门）	数量	签发人	备注

表 D. 10　　　　　　　　　　　　**借 阅 档 案 登 记 表**

序号	借阅日期	档号	题　名	借阅单位（部门）	借阅人签字	归还日期	备注

4　水电工程项目编号及产品文件管理规定

（NB/T 35075—2015）

前　言

根据《国家能源局关于下达 2013 年第一批能源领域行业标准制（修）订计划的通知》（国能科技〔2013〕235 号）的要求，编制组经全面调查研究，认真总结实践经验，并在广泛征求意见的基础上，制定本规定。

本规定的主要技术内容是：水电工程项目编号、产品文件编号、产品文件标识和产品文件管理。

本规定由国家能源局负责管理，由水电水利规划设计总院提出并负责日常管理，由能源行业水电勘测设计标准化技术委员会负责具体技术内容的解释。执行过程中如有意见或建议，请寄送水电水利规划设计总院（地址：北京市西城区六铺炕北小街 2 号，邮编：100120）。

本规定主编单位：中国电建集团中南勘测设计研究院有限公司、中国水电工程顾问集团有限公司、中国水利水电建设工程咨询有限公司。

本规定主要起草人员：范建珍、吴鹤鹤、李宁、邓丽群、张建、张鼎荣、许长红、倪萍、王卫华、李华、曹园园。

本规定主要审查人员：童显武、范福平、潘江洋、徐建强、陈好军、苏岩、吴文平、彭仕雄、王立群、俞辉、李莎、王轶奂、王文蕾、高月仙、王晓洁、刘一萍、李仕胜。

1　总则

1.0.1　为明确水电工程项目编号和产品文件编号的原则，规范产品文件的标识和产品文件管理，制定本规定。

1.0.2　本规定适用于勘测设计咨询单位的水电工程项目编号、产品文件编号及其产品文件管理，亦适用于水利工程、新能源工程。

1.0.3　本规定对勘测设计咨询单位水电工程勘察、设计、总承包、监理、咨询等工程项目和产品文件编号规则、产品文件标识和管理要求做出了规定。

1.0.4　水电工程项目编号及产品文件管理，除应符合本规定外，尚应符合国家现行有关标准的规定。

2　术语

2.0.1　产品文件　product document

经组织内部确认形成的计算书、报告、说明书、图纸等。

2.0.2　标题栏　title block

为了标识图纸而在图纸中定义的一个区域，包括编制单位、项目名称、设计阶段、图纸名称、图号、校审签署和日期等信息。

2.0.3　套用图　drawing use indiscriminately

直接采用标准图纸或其他工程图纸且不做任何修改时，为图纸套用，被套用的图纸称为套用图。

3　水电工程项目编号

3.1　水电工程项目编号的构成

3.1.1　工程项目编号由单位代码、工程项目分类代码、工程项目流水号、工程项目服务性质代码组成。工程项目编号基本格式应按表 3.1.1 的规定确定。

表 3.1.1　工程项目编号基本格式

分级编号	0 级	1 级		
分级标题	单位代码	工程项目分类代码	工程项目流水号	工程项目服务性质代码
数据字符类型	AA(A)	A	NNNN	A

注：数据字符类型栏中 A 表示数据字符类型为英文字母，N 表示数据字符类型为数字，括号内为可选项。

3.1.2　工程项目编号基本模式应按图 3.1.2 的规定确定，各级编号之间应用"-"连接。

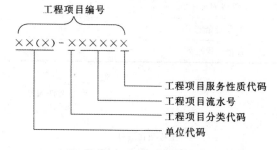

图 3.1.2　工程项目编号基本模式

3.2　工程项目编号中分级编号的属性

3.2.1　0 级编号为单位代码，宜用 2 位或 3 位字母表示。

3.2.2　1 级编号由工程项目分类代码、工程项目流水号、工程项目服务性质代码组成，应符合下列规定：

1　工程项目分类代码用 1 位字母表示，用于区分工程项目的类型，应按表 3.2.2-1 的规定确定。

表 3.2.2-1　工程项目分类代码

代码	工程项目类型	说　明
A	水力发电工程	包括水电站、抽水蓄能电站
B	流域规划	

续表

代码	工程项目类型	说　明
C	水利工程	
D	输、变电工程	指变电站、换流站等工程
E	风力发电工程	
F	太阳能发电工程	包括太阳能、地热发电等工程
G	海洋能发电工程	包括潮汐发电等

2 工程项目流水号应用4位数字表示（0001～9999）。工程改建、扩建宜重新分配工程流水号，不再使用原工程流水号。

3 工程项目服务性质代码用1位字母表示，用于区分不同的项目性质，应按表3.2.2-2的规定确定。

表3.2.2-2　　　工程项目服务性质代码

服务性质	代　码
工程投资	V
工程总承包	G
工程勘察、设计	E
工程采购、设备成套	P
工程施工	C
工程监理	S
工程监测、检测等	M
工程咨询与评估	Z
工程安全鉴定	A
其他工程服务	Q

4　产品文件编号

4.1　产品文件编号的构成

4.1.1 产品文件编号由单位代码、工程项目分类代码、工程项目流水号、工程项目服务性质代码、阶段代码、专业代码、类目流水号、文件流水号和版次代码组成。产品文件编号基本格式应按表4.1.1的规定确定。

表4.1.1　　　产品文件编号基本格式

分级编号	0级	1级			2级		3级		4级
分级标题	单位代码	工程项目分类代码	工程项目流水号	工程项目服务性质代码	阶段代码	专业代码	类目流水号	文件流水号	版次代码
数据字符类型	AA（A）	A	NNNN	A	A	NN	NNN	NNNN	A

注　数据字符类型栏中A表示数据字符类型为英文字母，N表示数据字符类型为数字，括号内为可选项。

4.1.2 产品文件编号的基本模式应按图4.1.2的规定确定，各级编号之间应用"-"连接。

4.2　产品文件编号中分级编号的属性

4.2.1 0级编号的属性应符合本规定第3.2.1条的规定，1级编号的属性应符合本规定第3.2.2条的规定。

4.2.2 2级编号由阶段代码和专业代码组成，应符合下列规定：

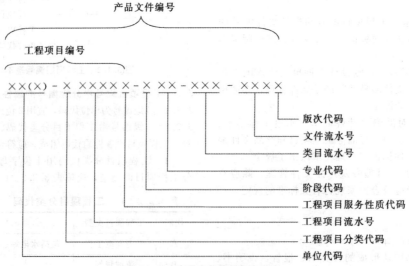

图4.1.2　产品文件编号基本模式

1 阶段代码表示工程项目的阶段，用1位字母表示，应按表4.2.2-1的规定确定。

表 4.2.2-1　　阶 段 代 码

代码	项目阶段	备　注
G	规划	
Y	预可行性研究	包含项目建议书
K	可行性研究	
Z	招标设计	
S	施工详图设计	
J	竣工验收	
X	运行	包含工程投产后的加固、修补等
Q	其他	

2 专业代码表示产品文件所属的专业，用2位数字表示，应按表4.2.2-2的规定确定。

表 4.2.2-2　　专 业 代 码

专业代码	专 业 名 称
0	综合
01	各设计阶段报告、附件及附图
02	设计项目部、设计代表处管理文件
09	其他
1	规划、环境保护专业
10	综合
11	水文、泥沙
12	水能
13	经济评价
14	环境保护
15	水土保持
19	其他
2	移民专业
20	综合
21	建设征地
22	移民安置
23	城镇迁建

续表

专业代码	专 业 名 称
24	专业项目
25	移民概（估）算
29	其他
3	勘测专业
30	综合
31	地质
32	测绘
33	物探
34	勘探
39	其他
4	水工建筑专业
40	综合
41	挡水建筑物
42	泄水消能建筑物
43	输水建筑物
44	厂房
45	升压站、开关站
46	过坝建筑物
47	安全监测
48	边坡工程
49	其他
5	水力机械和电气专业
50	综合
51	水力机械
52	金属结构
53	电气一次
54	电气二次
55	采暖、通风
56	给水、排水
57	劳动安全与工业卫生、安全评价、消防
59	其他
6	施工专业

续表

专业代码	专业名称
60	综合
61	施工导、截流
62	料源选择与料场开采（含渣场）
63	主体工程施工
64	施工交通运输
65	施工工厂设施
69	其他
7	生产与生活建筑专业
70	综合
71	建筑与装饰
72	结构
73	给水、排水
74	电气
75	暖通
76	景观
79	其他
8	概算专业
81	匡算
82	估算
83	概算
89	其他
9	试验专业
90	综合
91	水工模型试验
92	岩体（石）试验
93	土工试验
94	建筑材料、水工混凝土试验
95	结构模型试验
96	水质分析及化学试验
99	其他

4.2.3 3 级编号为类目流水号，宜用 3 位数字表示（001～999）。可按形成规律和有机联系将若干文件组成类目，编制类目流水号。

4.2.4 4 级编号由文件流水号和版次代码组成，应符合下列规定：

　　1 文件流水号是对一个类目内每个文件的顺序编号，宜用 3 位数字表示（001～999）。每个文件应有唯一的产品文件编号。

　　2 版次代码应用英文字母表示，英文字母的排列顺序依次代表历次版本。A 代表第 1 版，B 代表第 2 版，依次类推。

5　产品文件标识

5.1　文本文件封面标识

5.1.1 水电工程独立成册的技术报告封面应有产品文件编号、产品文件名称、编制单位名称及标志、编制日期等内容，应符合本规定附录 A 的有关规定。

5.1.2 计算书封面应有产品文件编号、产品文件名称、专业、计算和校审签署、日期等内容。

5.2　图纸标识

5.2.1 水电工程设计图纸的幅面、标题栏应符合《水电水利工程基础制图标准》DL/T 5347 的有关规定。

5.2.2 图纸标题栏的标识应符合下列要求：

　　1 标准标题栏内应有编制单位名称、工程名称、设计阶段、专业、校审签署、比例、编制日期、发证单位、资质证号、图号等内容，格式应符合本规定附录 B 中第 B.0.1 条的规定。

　　2 涉外工程设计图纸标题栏应在中文后加注外文，有合同约定的应执行合同规定，格式应符合本规定附录 B 中第 B.0.2 条的规定。

　　3 由两个或以上单位联合设计的图纸采用联合设计图纸标题栏，应将几个单位名称同时列在编制单位名称栏中，主要设计单位在前，格式应符合本规定附录 B 中第 B.0.3 条的规定。

　　4 当图纸发生修改时，应在标题栏上方增加图纸修改标题栏，主要包括序号、区号、修改内容、修改者、校核、审查、日期等，格式应符合本规定附录 B 中第 B.0.4 条的规定。

5.3　图册标识

5.3.1 水电工程图册封面应有产品文件编号、产品文件名称、编制单位名称及标志、编制日期等内容，应符合本规定附录 C 的有关规定。

6　产品文件管理

6.1　文本文件管理

6.1.1 文本文件幅面应采用 A4 规格，应由封面、签署扉页、目录、正文和附录构成。

6.1.2 产品文件修改换版后，应及时修改相应产品文件编号中的版次代码。

6.2　图纸管理

6.2.1 图册应采用 A3 或 A4 规格，应由封面、签署扉页、图纸目录、图纸等构成。

6.2.2 每个类目图纸应有图纸目录，应符合本规定附录 D 的有关规定。

6.2.3 当一个类目文件中有套用其他设计的图纸时，应在图纸目录中注明套用图的名称和图号，并在备注栏中注明"套用图"。

附录 A
水电工程技术报告封面格式

```
××（×）-×××××-×××-×××-××××




          （省/自治区/直辖市名称）河流名称
          ××水电站可行性研究报告







                   LOGO 编制单位名称
                        年    月
```

图 A   水电工程技术报告封面格式

注：1. 跨省河流不含省/自治区/直辖市名称。
　　2. 抽水蓄能电站应含省/自治区/直辖市名称。

附录 B
水电工程设计图纸标题栏

B.0.1　图幅为 A0 和 A1 的图纸，标题栏应符合图 B.0.1 的规定。其他图幅的图纸标题栏应符合《水电水利工程基础制图标准》DL/T 5347 的有关规定。

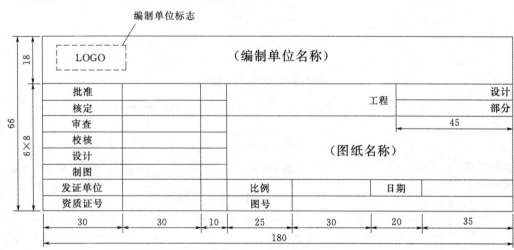

图 B.0.1　基础标题栏

B.0.2　图幅为 A0 和 A1 的涉外设计图纸，标题栏应符合图 B.0.2 的规定。其他图幅的图纸标题栏应符合《水电水利工程基础制图标准》DL/T 5347 的有关规定。

B.0.3　图幅为 A0 和 A1 的联合设计图纸的标题栏应符合图 B.0.3 的规定。其他图幅的图纸标题栏应符合《水电水利工程基础制图标准》DL/T 5347 的有关规定。

B.0.4　图幅为 A0 和 A1 的图纸修改标题栏符合图 B.0.4 的规定。其他图幅的图纸标题栏应符合《水电水利工程基础制图标准》DL/T 5347 的有关规定。

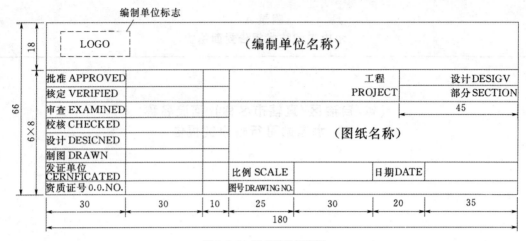

图 B.0.2 涉外设计标题栏

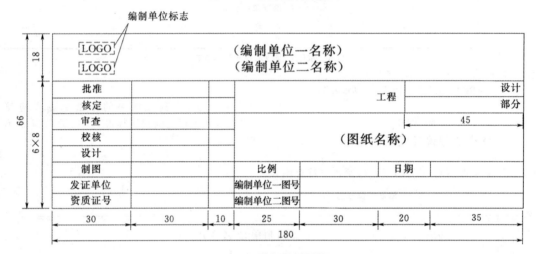

图 B.0.3 联合设计标题栏

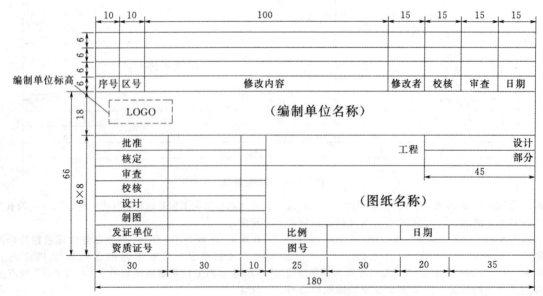

图 B.0.4 图纸修改标题栏

附录 C
图 册 封 面 格 式

××（×）-××××××-×××-×××-××××

（省/自治区/直辖市名称）河流名称
××水电站可行性研究报告附图册

LOGO 编制单位名称

年　月

图 C　图册封面格式

注：1. 跨省河流不含省/自治区/直辖市名称。
　　2. 抽水蓄能电站应含省/自治区/直辖市名称。

附录 D
图 纸 目 录

第　页共　页

图 纸 目 录

工程名称：_____　设计阶段：_____　专业：_____
类目名称：_____
类目编号：_____　编制日期：_____
编制单位：_____　图纸___张　其中套用图___张

序号	图名	图号	图幅	备注

图 D　图纸目录

注：图纸目录为 A4 规格，本表仅给出了图纸目录中应有的主要内容，表中各栏尺寸可根据实际需要确定。

本规定用词说明

1 为便于在执行本规定条文时区别对待，对要求严格程度不同的用词说明如下：

1）表示很严格，非这样做不可的用词：

正面词采用"必须"，反面词采用"严禁"。

2）表示严格，在正常情况下均应这样做的用词：

正面词采用"应"，反面词采用"不应"或"不得"。

3）表示允许稍有选择，在条件许可时首先应这样做的用词：

正面词采用"宜"，反面词采用"不宜"。

4）表示有选择，在一定条件下可以这样做的用词，采用"可"。

2 条文中指明应按其他有关标准执行的写法为："应符合……的规定"或"应按……执行"。

引用标准名录

《水电水利工程基础制图标准》DL/T 5347。

水电工程项目编号及产品文件管理规定
（NB/T 35075—2015）
条文说明

制 定 说 明

《水电工程项目编号及产品文件管理规定》NB/T 35075—2015，经国家能源局 2015 年 10 月 27 日以第 6 号公告批准发布。

本规定制定过程中，编制组进行了广泛的调查研究，总结了水电勘测设计咨询单位产品文件管理的实践经验，并向有关单位征求了意见。

为便于广大勘察、设计、咨询、科研等单位有关人员在使用本规定时能正确理解和执行条文规定，《水电工程项目编号及产品文件管理规定》编制组按章、节、条顺序编制了本规定的条文说明，对条文规定的目的、依据以及执行中需注意的有关事项进行了

说明。但是，本条文说明不具备与规定正文同等的法律效力，仅供使用者作为理解和把握规定的参考。

1 总则

1.0.2 本规定的适用范围为水电工程，亦适用于水利工程、新能源工程。随着水电勘测设计咨询单位业务领域的逐步扩大，为保证项目文件编号和产品文件管理的系统性，其他行业的项目编号可在此规定的基础上进行扩充。

3 水电工程项目编号

3.1.2 工程项目编号基本模式举例，如工程项目编号为 ZN-A0054E，其中各项含义为：

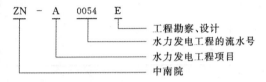

ZN - A 0054 E
- 工程勘察、设计
- 水力发电工程的流水号
- 水力发电工程项目
- 中南院

3.2 工程项目编号中分级编号的属性

3.2.1 单位代码，宜采用本组织历史上长期使用的代码，亦可采用原水利电力部水利水电规划设计管理局 1988 年发布的《水利水电勘测设计科技档案分类大纲》中附表 4 "水利水电勘测设计单位代号"中的代码，用 2 位或 3 位字母表示，见表 3.1。未列入表中的其他单位可自行确定代号。

表 3.1　水利水电勘测设计单位代号

序号	代号	单位名称	简称
1	SDG	中国水电工程顾问集团有限公司	水电顾
2	SDZ	中国水利水电建设工程咨询有限公司	水电咨
3	BJ	中国电建集团北京勘测设计研究院有限公司	北京院
4	HD	中国电建集团华东勘测设计研究院有限公司	华东院
5	ZN	中国电建集团中南勘测设计研究院有限公司	中南院
6	CD	中国电建集团成都勘测设计研究院有限公司	成都院
7	GY	中国电建集团贵阳勘测设计研究院有限公司	贵阳院
8	KM	中国电建集团昆明勘测设计研究院有限公司	昆明院
9	XB	中国电建集团西北勘测设计研究院有限公司	西北院
10	SH	上海勘测设计研究院	上海院
11	TKY	中水北方勘测设计研究有限责任公司	天勘院

序号	代号	单位名称	简称
12	DKY	中水东北勘测设计研究有限责任公司	东勘院
13	HKY	中水淮河规划设计研究有限公司	淮勘院
14	HWY	黄河勘测规划设计有限公司	黄委院
15	CB	长江水利委员会	长委
16	ZSZJ	中水珠江规划勘测设计有限公司	珠勘院
17	BJS	北京市水利规划设计研究院	北京水
18	TJS	天津市水利勘测设计院	天津水
19	HBS	河北省水利水电勘测设计研究院	河北水
20	SXS	山西省水利水电勘测设计研究院	山西水
21	NMS	内蒙古水利水电勘测设计院	内蒙古水
22	LND	辽宁省水利水电勘测设计研究院	辽宁电
23	JLS	吉林省水利水电勘测设计研究院	吉林水
24	HLS	黑龙江省水利水电勘测设计研究院	黑龙江水
25	SHS	上海市水利工程设计研究院有限公司	上海水
26	JSS	江苏省水利勘测设计研究院有限公司	江苏水
27	ZJD	浙江省水利水电勘测设计院	浙江电
28	AHS	安徽省水利水电勘测设计研究院	安徽水
29	FJD	福建省水利水电勘测设计研究院	福建电
30	JXS	江西省水利规划设计院	江西水
31	SDS	山东省水利勘测设计院	山东水
32	HNS	河南省水利勘测设计研究有限公司	河南水
33	HBK	湖北省水利水电规划勘测设计院	湖北勘
34	HND	湖南省水利水电勘测设计研究总院	湖南电
35	GDD	广东省水利电力勘测设计研究院	广东电
36	GXS	广西水利电力勘测设计研究院	广西水
37	GXD	中国能源建设集团广西电力工业勘察设计研究院	广西电
38	HNK	海南省水利水电勘测设计研究院	海南勘
39	SCD	四川省水利水电勘测设计研究院	四川电
40	GZD	贵州省水利水电勘测设计研究院	贵州电
41	YND	云南省水利水电勘测设计研究院	云南电
42	XZD	西藏水利电力规划勘测设计研究院	西藏电
43	SXD	陕西省水利水电勘测设计研究院	陕西电
44	GSD	甘肃省水利水电勘测设计研究院	甘肃电
45	QHS	青海省水利水电勘测设计研究院	青海水
46	NXS	宁夏水利水电勘测设计研究院有限公司	宁夏水
47	XJD	新疆水利水电勘测设计研究院	新疆电

3.2.2　1级编号中的工程项目服务性质代码，用于区分项目的工作性质。一个工程可以有多个服务性质，如设计、采购、施工总承包（EPC）工程包含有总承包、勘测设计、施工等服务性质，其工程流水号不变，服务性质代码可分别为 G、E、C。

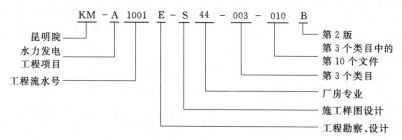

4　产品文件编号

4.1.2　产品文件编号基本模式举例，如产品文件编号为 KM-A1001E-S44-003-010B，其中各项含义为：

4.2　产品文件编号中分级编号的属性

4.2.2　本条规定中的阶段代码和专业代码说明如下：

1　阶段代码采用的是阶段名称的首个拼音字母，如有重复，取第 2 个字母。水电、水利和新能源工程相同设计阶段名称用同样的字母表示，见表 4.1。

表 4.1　阶段代码

水电工程		水利工程		新能源（风力发电、光伏发电）工程	
设计阶段	代码	设计阶段	代码	设计阶段	代码
规划	G	规划	G	资源规划	G
预可行性研究（含项目建议书）	Y	可行性研究	K	预可行性研究（含项目建议书）	Y
可行性研究	K	初步设计	C	可行性研究	K
招标设计	Z	招标设计	Z	招标设计（含介于可行性研究与施工图阶段之间的设计）	Z
施工图设计	S	施工图设计	S	施工图设计	S
竣工验收	J	竣工验收	J	竣工验收	J
运行（含工程投产后的加固和修补等）	X	运行	X	运行（含工程投产后因设备更换造成的复核和加固等）	X
其他	Q	其他	Q	其他	Q

2　专业代码，基本沿用大多数水电勘测设计单位使用的专业代码，并根据《水电工程可行性研究报告编制规程》DL/T 5020 和《水电工程招标设计报告编制规程》DL/T 5212 做了少量补充和调整。总承包、监理、设备成套、项目管理、投资等为服务性质，无专业代码。如为了保证产品文件编号的格式一致，可在专业代码 0 大类中扩展。

4.2.3　类目流水号应在同一工程项目编号、阶段代码、专业代码下从 001 开始编类目流水号。应保证一个类目中文件的系统性，如报告和计算书可分别编制类目流水号，施工详图可按具体的建筑物部位或开挖图、布置图、结构图、体型图、钢筋图等不同的图纸内容组成类目，编制类目流水号。水工专业可根据表 4.2 组成类目，机电专业可根据表 4.3 组成类目，施工专业可根据表 4.4 组成类目。应在工程设计的初期做好施工详图类目的策划工作，并根据工程实际和图纸数量，增加或减少类目数量，以保证图纸文件编号的规范。

表 4.2　水工专业施工详图的类目组成

专业代码	专业名称	类 目 题 名	备注
40	综合	工程总平面布置图、枢纽总布置图	
40	综合	枢纽开挖、基础处理图	
41	挡水建筑物	布置图、坝体分区图	
		坝基处理图（开挖、灌浆、排水等）	
		坝体各部位体型图、止水结构图、钢筋图、灌浆图等	
		坝顶结构布置图、体型图、钢筋图	
42	泄水消能建筑物	布置图	
		基础处理图（开挖、支护、灌浆、排水等）	
		各部位体型图、止水结构图、钢筋图、灌浆图、开挖支护图等	
		上部结构布置图、体型图、钢筋图等	

续表

专业代码	专业名称	类目题名	备注
43	输水建筑物	布置图	
		基础处理图（开挖、支护、灌浆、排水等）	
		进水口结构布置图等	
		引水系统各部位体型图、止水结构图、钢筋图、灌浆图、开挖支护图等	
		调压室开挖图、布置图、钢筋图等	
		尾水系统各部位体型图、止水结构图、钢筋图、灌浆图、开挖支护图等	
		出水口结构布置图、体型图、止水结构图、钢筋图等	
44	厂房	布置图	
		基础处理图（开挖、支护、灌浆、排水等）	
		分层分块图、止水结构图	
		主机间各部位结构布置图、体型图、钢筋图	
		安装间结构布置图、体型图、钢筋图	
		副厂房结构布置图、体型图、钢筋图	
		其他图（交通洞、母线洞、通风洞等）	
45	升压站、开关站	升压站开挖图、结构布置图、体型图、钢筋图等	
		开关站开挖图、结构布置图、体型图、钢筋图等	
		出线场开挖图、结构布置图、体型图、钢筋图等	
		其他图	
46	过坝建筑物	布置图	
		基础处理图（开挖、支护、灌浆、排水等）	
		各部位体型图、止水结构图、钢筋图、灌浆图、开挖支护图等	
		上部结构布置图、体型图、钢筋图等	
		上/下游引航道布置图、体型图、钢筋图等	
		其他图	

续表

专业代码	专业名称	类目题名	备注
47	安全监测	外部观测图	
		内部观测图（挡水建筑、泄水建筑、输水建筑、通航及过坝建筑、厂房、边坡）	
		其他图	
48	边坡工程	各部位边坡结构图、边坡处理图等	

表 4.3 机电专业施工详图的类目组成

专业代码	专业名称	类目题名	备注
50	综合	机电设备［主副厂房电气设备、变压站、GIS（或开关站）、坝区电气设备等］布置图	
51	水力机械	机组部分布置图、安装图、埋件图	
		技术供排水系统图、管路布置图	
		厂内、厂外渗漏及检修排水系统图，管路布置图	
		低压、中压压缩空气系统图，管路布置图	
		透平、绝缘油系统图，管路布置图	
		水力监视测量系统图、管路布置图	
		机电设备水喷灭火系统图、管路布置图	
		起重设备布置图、安装图、埋件图	
		其他图	
52	金属结构	各类闸门启闭机布置总图等	
		各类闸门的门叶、门槽关系图，门叶总图，门槽总图等	
		拦污栅、拦污漂布置总图等	
		过坝设备布置图、埋件图等	
		其他设备图	
53	电气一次	电气主接线图	
		厂用电接线圈	
		电气设备安装图	
		电缆埋管及敷设图	
		防雷接地布置图	
		照明布置图	
		输电线路图	
		变电工程图	
		其他图	

续表

专业代码	专业名称	类目题名	备注
54	电气二次	计算机监控系统图	
		机组及主变压器系统图	
		公用系统图	
		高压系统图	
		直流电源系统图	
		10kV厂用电系统图	
		400V厂用电系统图	
		通风空调监控系统图	
		观测自动化系统（包括系统结构、测站、监控中心、系统通信、供电、防雷等）图	
		工业电视系统图	
		通信系统图	
		火灾自动报警及消防控制系统图	
55	采暖、通风	通风空调及防火防排烟系统图、布置图、埋管图等	
		消防系统图、平面布置图、埋管图等	
56	给水、排水	给排水系统图、平面布置图、埋管图等	

表4.4　施工专业施工详图的类目组成

专业代码	专业名称	类目题名	备注
60	综合	施工总布置图、总进度图、分区或分标施工布置图、施工用地范围图等	
61	施工导、截流	导、截流工程布置图	
		导流建筑物结构布置图、开挖支护图、基础处理图、钢筋图等	
		围堰结构布置图、开挖支护图、基础处理图等	
		导流建筑物封堵图	
		施工期临时通航建筑物	
		其他图	
62	料源选择与料场开采	弃（存）渣场图	
		料场布置及料场开采布置图	
		其他图	
63	主体工程施工	施工场地平整图	
		各主体建筑物施工布置图、进度图	

续表

专业代码	专业名称	类目题名	备注
64	施工交通运输	工程施工对外交通图	
		对外交通工程图（公路、桥梁、隧道、码头等）	
		场内交通规划布置图	
		场内交通工程图（公路、桥梁、隧道、码头、施工支洞等）	
65	施工工厂设施	砂石加工系统图	
		混凝土生产系统图	
		施工供水、供气、供电、供风系统图	
		其他施工企业图	

5　产品文件标识

5.1　文本文件封面标识

5.1.1　文本文件封面应有相应标识。成册的文本文件封面应有产品文件编号、产品文件名称、编制单位名称及标志、编制日期等内容，需要时可视情况增加防伪标志。应保证产品文件编号的唯一性。产品文件名称按下列三种类型确定：

1　跨省河流水电工程：河流名称＋工程名称＋文件标题。

2　非跨省河流水电工程：工程所在省/自治区/直辖市名称＋河流名称＋工程名称＋文件标题。

3　抽水蓄能电站工程：工程所在省/自治区/直辖市名称＋工程名称＋文件标题。

5.2　图纸标识

5.2.2　图纸标题栏是设计图纸基本信息的标识区，应放在图纸右下角，一般由图名及代号区、签字区等组成，根据需要可增加修改区和会签区。本标题栏尺寸为绘图尺寸，当图纸缩放时，标题栏随图纸一并缩放。

若为勘测专业图纸，则取消图B.0.1～图B.0.4中的设计栏，应为制图、校核、审查、核定、批准，签署栏高度尺寸可做相应调整。

1　单位名称前宜有单位标志，图号编制应符合产品文件编号的规定。

2　随着国际项目的日益增多，涉外工程设计图纸标题栏主要针对有双语要求的图纸文件，应视情况和合同要求，在中文后加注英文或其他国家语言文字。若工程所在国对图纸编号有特殊要求的，可在图号栏内增加所在国图纸编号。

5.3 图册标识

图册封面应有相应标识。水电工程独立成册的图册封面应有产品文件编号、产品文件名称、编制单位名称、编制日期等内容。图册中的图纸标题栏格式、内容应符合本规定第 5.2 节的有关规定，A3 或 A4 号图纸标题栏尺寸应符合《水电水利工程基础制图标准》DL/T 5347 的有关规定。

6 产品文件管理

6.2 图纸管理

图册除了每张图纸标题栏中的校审签署外，还应在图册扉页上进行总体签署。

⑤ 光伏发电建设项目文件归档与档案整理规范

（NB/T 32027—2017）

前 言

本标准按照 GB/T 1.1—2009《标准化工作导则 第一部分：标准的结构和编写》给出的规则起草。

本标准的某些内容可能涉及专利，本标准的发布机构不承担识别这些专利的责任。

本标准由中国电力企业联合会提出并归口。

本标准主要起草单位：中国电力建设企业协会、国家电力投资集团公司、黄河上游水电开发有限责任公司、上海电力新能源发展有限公司。

本标准主要起草人：范幼林、苏晓军、柳黎、邓学惠、李薇、井亚莉、王淑燕、周宪蕊、王亦平、桑振海、沈有国、张伟、李辉、邱军宁、谢骊骊、叶青、胡可嘉、贾宗瑶。

本标准在执行过程中的意见或建议反馈至中国电力企业联合会标准化管理中心（北京市白广路二条一号，邮编 100761）。

1 范围

本标准规定了光伏发电建设项目各单位的档案管理职责，项目文件的编制、收集、整理、归档、移交及验收等方面内容。

本标准适用于光伏发电建设项目的文件归档和档案整理。

2 规范性引用文件

下列文件对于本文件的应用是必不可少的。凡是注日期的引用文件，仅注日期的版本适用于本文件。凡是不注日期的引用文件，其最新版本（包括所有的修改单）适用于本文件。

GB/T 11822 科学技术档案案卷构成的一般要求

GB/T 10609.3 技术制图 复制图的折叠方法

DA/T 28 国家重大建设项目文件归档要求与档案整理规范

DA/T 50 数码照片归档与档案整理规范

DL/T 5229 电力工程竣工图文件编制规定

3 术语和定义

下列术语和定义适用于本文件。

3.1

建设项目 construction project

建筑、安装等形成固定资产的活动中，按照一个总体设计进行施工，独立组成的，在经济上统一核算、行政上有独立组织形式、实行统一管理的整体工程。

3.2

项目文件 records of project

建设项目在立项、审批、招投标、勘察、设计、施工、监理及竣工验收全过程中形成的文字、图表、声像等形式的全部文件。包括项目前期文件、项目竣工文件和项目竣工验收文件等。

3.3

项目档案 archives of project

经过鉴定、整理并归档的项目文件。

3.4

电子文件 electronic records

以数码形式记录于磁带、磁盘、光盘等载体，依赖计算机系统阅读、处理并可在通信网络上传输的文件。

3.5

文件归档 filing of records

将具有保存价值的文件经过系统整理交档案部门保存的过程。

3.6

分类 classification

根据档案的来源、形成时间、内容、形式等特征对档案实体进行有层次的划分。

3.7

整理 archives arrangement

按照一定原则对档案实体进行系统分类、组卷、排列、编号和基本编目，使之有序化的过程。

3.8

档号 archival code

以字符形式赋予档案实体的用以固定和反映档案排列顺序的一组代码。

3.9

案卷 file

由互为联系的若干文件组成的档案保管单位。

4 总则

4.1 光伏发电建设项目档案工作实行建设单位负责制，遵循统一领导、分级管理的原则，与项目建设同步管理。

4.2 项目档案管理应纳入合同管理，明确参建各方的项目档案工作目标、要求与责任。

4.3 项目档案工作应纳入项目建设和管理各项管理程序，各单位负责职责范围内形成的项目文件收集、整理与移交归档工作。

4.4 各单位应配备专、兼职档案管理人员，配置满足项目档案管理、安全保管和利用需求的设备设施，实现信息化管理。

4.5 项目档案应完整、准确、系统、有效利用和安全保管，反映工程建设实际，满足生产运行、维护及扩建需要。

5 管理职责

5.1 建设单位职责

5.1.1 应建立健全档案管理体系，制定档案管理制度和实施细则，落实档案管理责任制，实行全过程管理。

5.1.2 应在合同条款或补充协议中明确各参建单位项目文件的编制质量要求、收集范围、移交时间、份数及违约责任等。

5.1.3 确定竣工图编制单位，并在合同中约定竣工图的编制深度、出图范围、移交时间、移交数量、电子文件格式等具体要求。

5.1.4 应组织监理单位对设计变更执行情况进行审核、汇总，提交竣工图编制单位。

5.1.5 应对各参建单位的项目档案管理进行监管、检查、指导及协调。

5.1.6 应对各参建单位移交的档案进行核查、汇总、编目。

5.1.7 建设单位项目文件形成见图1。

5.2 勘测、设计单位职责

5.2.1 应对项目勘测、设计活动和设计服务工作中形成的各类载体的文件进行收集、整理，向建设单位移交。

5.2.2 勘测、设计单位项目文件形成见图2。

5.3 监理单位职责

5.3.1 应对设计、施工、调试、设备厂家等单位形成的各类文件及案卷质量纳入工程质量管控范围。

5.3.2 应对参建单位整理和移交的项目档案进行审查，并签署审查意见。

5.3.3 应对在监理活动中形成的各类文件进行收集、整理，向建设单位移交。

5.3.4 监理单位项目文件形成见图3。

5.4 施工、调试单位职责

5.4.1 应收集、整理职责范围内形成的各类文件，经自查合格，提交监理单位审核后向建设单位移交。

5.4.2 应负责收集、整理施工、调试中已实施的设计变更及执行文件、各阶段质量验收不符合项及整改闭环文件等，并提交监理单位审查后向建设单位移交。

5.4.3 施工、调试单位项目文件形成见图4。

5.5 总承包单位职责

5.5.1 应按照合同约定的总承包范围，对项目档案实施管理。对各分包单位的项目档案实行监管、检查、指导与协调。

5.5.2 应负责承包范围内项目文件的收集、整理和归档工作。

5.5.3 应汇总、审核各分包单位提交的项目文件，经监理审查后向建设单位移交。

5.6 运行单位职责

5.6.1 应对生产运行、生产技术管理等各类文件进行收集、整理及归档。

5.6.2 接收、保管建设单位移交的项目档案。

6 项目文件编制

6.1 基本要求

6.1.1 项目文件应符合国家有关项目管理、工程勘察、设计、施工、监理、检验、检测、鉴定等方面的技术规范、标准和规程的要求。

6.1.2 施工技术表单填写内容应清晰整洁、编号和签字、盖章手续完备。无需填写项，应在空白处划"/"。

6.1.3 应采用耐久性强的印制、书写材料并符合GB/T 11822规定。

6.1.4 图纸折叠应符合GB/T 10609.3的规定。

6.1.5 应按原材料种类、进场顺序、使用部位等特征编制主要原材料使用跟踪记录。

6.2 竣工图编制要求

6.2.1 竣工图应真实反映工程实际，内容应与施工图会检、设计更改、材料变更、施工及质检记录相符合，编制质量应完整、准确、清晰、规范、修改到位。

6.2.2 设计单位编制竣工图应符合DL/T 5229的规定。

——未发生修改的施工图作为竣工图时，应在图标栏附近空白处加盖竣工图章。竣工图章式样符合图5要求。

——重新绘制竣工图，图标栏改为竣工图标，监理单位应进行审查，并在竣工图卷册目录上加盖竣工图审查章，竣工图审查章式样应符合图6要求。

6.2.3 施工单位编制竣工图应符合DA/T 28的规定。

——应使用新蓝图或打印白图制作竣工图。

——竣工图章由施工单位加盖，监理单位审查。竣工图章式样应符合图7要求。

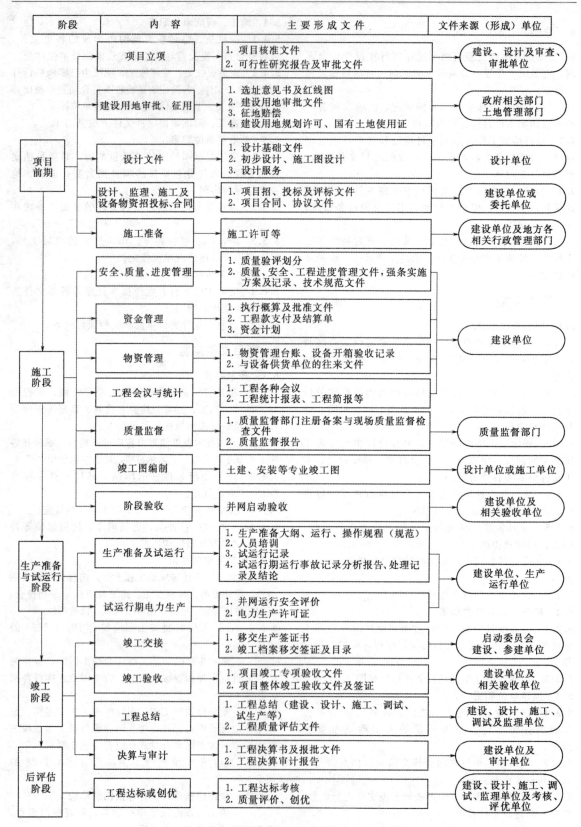

阶　段	内　　容	主 要 形 成 文 件	文件来源（形成）单位
项目前期	项目立项	1. 项目核准文件 2. 可行性研究报告及审批文件	建设、设计及审查、审批单位
	建设用地审批、征用	1. 选址意见书及红线图 2. 建设用地审批文件 3. 征地赔偿 4. 建设用地规划许可、国有土地使用证	政府相关部门土地管理部门
	设计文件	1. 设计基础文件 2. 初步设计、施工图设计 3. 设计服务	设计单位
	设计、监理、施工及设备物资招投标、合同	1. 项目招、投标及评标文件 2. 项目合同、协议文件	建设单位或委托单位
	施工准备	施工许可等	建设单位及地方各相关行政管理部门
施工阶段	安全、质量、进度管理	1. 质量验划划分 2. 质量、安全、工程进度管理文件，强条实施方案及记录、技术规范文件	建设单位
	资金管理	1. 执行概算及批准文件 2. 工程款支付及结算单 3. 资金计划	
	物资管理	1. 物资管理台账、设备开箱验收记录 2. 与设备供货单位的往来文件	
	工程会议与统计	1. 工程各种会议 2. 工程统计报表、工程简报等	
	质量监督	1. 质量监督部门注册备案与现场质量监督检查文件 2. 质量监督报告	质量监督部门
	竣工图编制	土建、安装等专业竣工图	设计单位或施工单位
	阶段验收	并网启动验收	建设单位及相关验收单位
生产准备与试运行阶段	生产准备及试运行	1. 生产准备大纲、运行、操作规程（规范） 2. 人员培训 3. 试运行记录 4. 试运行期运行事故记录分析报告、处理记录及结论	建设单位、生产运行单位
	试运行期电力生产	1. 并网运行安全评价 2. 电力生产许可证	
竣工阶段	竣工交接	1. 移交生产签证书 2. 竣工档案移交签证及目录	启动委员会建设、参建单位
	竣工验收	1. 项目竣工专项验收文件 2. 项目整体竣工验收文件及签证	建设单位及相关验收单位
	工程总结	1. 工程总结（建设、设计、施工、调试、试生产等） 2. 工程质量评估文件	建设、设计、施工、调试及监理单位
后评估阶段	决算与审计	1. 工程决算书及报批文件 2. 工程决算审计报告	建设单位及审计单位
	工程达标或创优	1. 工程达标考核 2. 质量评价、创优	建设、设计、施工、调试、监理单位及考核、评优单位

图 1　建设单位项目文件形成示意图

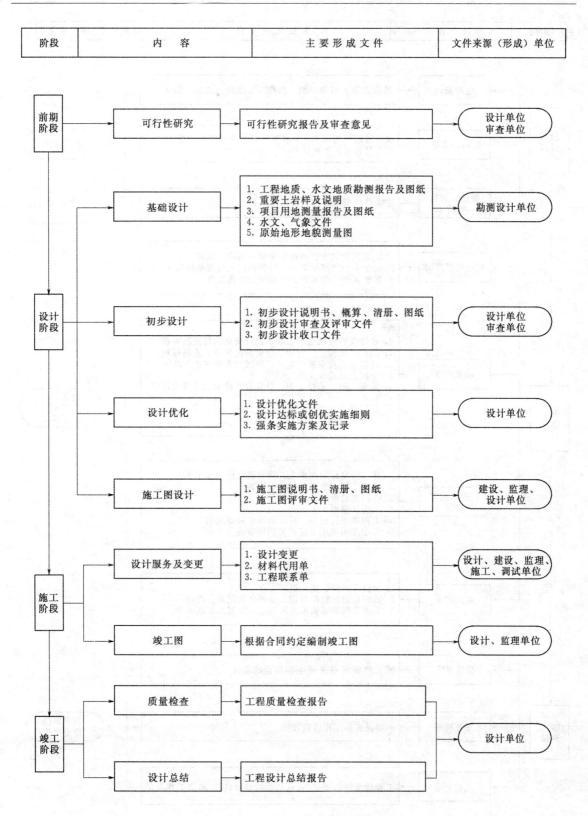

图 2　勘测、设计单位项目文件形成示意图

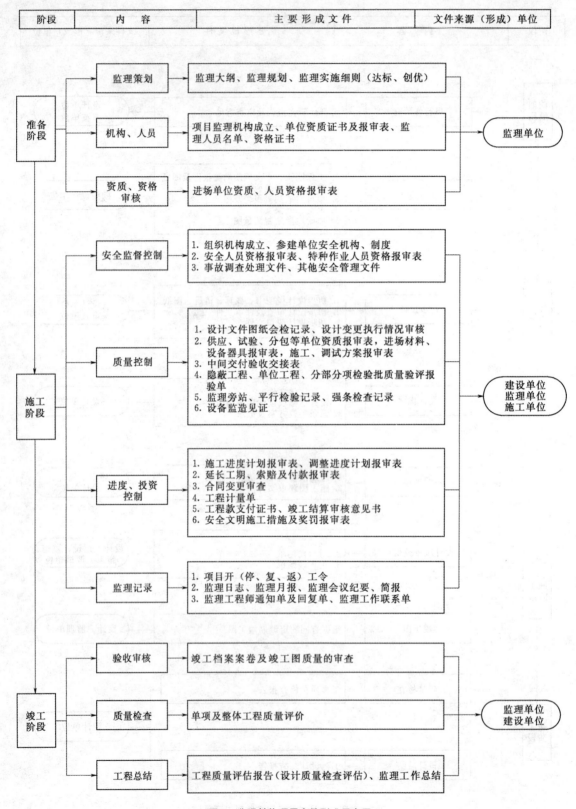

阶段	内　容	主 要 形 成 文 件	文件来源（形成）单位

准备阶段

- 监理策划 → 监理大纲、监理规划、监理实施细则（达标、创优）
- 机构、人员 → 项目监理机构成立、单位资质证书及报审表、监理人员名单、资格证书
- 资质、资格审核 → 进场单位资质、人员资格报审表

→ 监理单位

施工阶段

- 安全监督控制 →
  1. 组织机构成立、参建单位安全机构、制度
  2. 安全人员资格报审表、特种作业人员资格报审表
  3. 事故调查处理文件、其他安全管理文件

- 质量控制 →
  1. 设计文件图纸会检记录、设计变更执行情况审核
  2. 供应、试验、分包等单位资质报审表，进场材料、设备器具报审表，施工、调试方案报审表
  3. 中间交付验收交接表
  4. 隐蔽工程、单位工程、分部分项检验批质量验评报验单
  5. 监理旁站、平行检验记录、强条检查记录
  6. 设备监造见证

- 进度、投资控制 →
  1. 施工进度计划报审表、调整进度计划报审表
  2. 延长工期、索赔及付款报审表
  3. 合同变更审查
  4. 工程计量单
  5. 工程款支付证书、竣工结算审核意见书
  6. 安全文明施工措施及奖罚报审表

- 监理记录 →
  1. 项目开（停、复、返）工令
  2. 监理日志、监理月报、监理会议纪要、简报
  3. 监理工程师通知单及回复单、监理工作联系单

→ 建设单位 监理单位 施工单位

竣工阶段

- 验收审核 → 竣工档案案卷及竣工图质量的审查
- 质量检查 → 单项及整体工程质量评价
- 工程总结 → 工程质量评估报告（设计质量检查评估）、监理工作总结

→ 监理单位 建设单位

图 3　监理单位项目文件形成示意图

| 阶段 | 内　容 | 主 要 形 成 文 件 | 文件来源（形成）单位 |

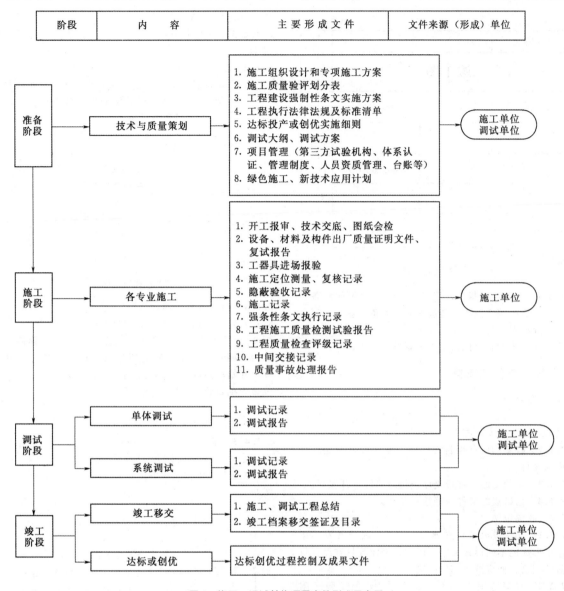

图4　施工、调试单位项目文件形成示意图

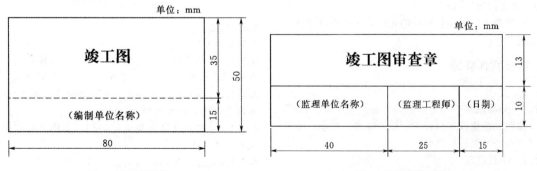

图5　竣工图图章　　　　　　　　图6　竣工图审查章

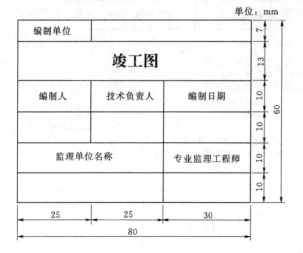

单位: mm

图7　竣工图章

6.2.4　竣工图编制单位应编写竣工图总说明和各专业、卷册的编制说明，各级签署应完备。主要内容包括工程概况、编制单位、人员、时间，编制依据、方法，变更依据、部位，竣工图卷册数、张数等。

7　项目文件的收集

7.1　收集要求

7.1.1　项目文件收集应完整、系统，其内容真实、准确，与工程实际相符。

7.1.2　收集的所有项目文件应为原件或具有凭证作用的文件。

7.1.3　易褪变的文件应复印一份与原件一并保存。

7.1.4　已破损的文件应修裱后归档。

7.2　收集范围

7.2.1　光伏发电项目在建设、生产、科研开发等工作中形成的不同形式文字、图表、声像等具有保存价值的项目文件应纳入归档范围。

7.2.2　收集范围参见本标准附录 B，但不限于附录 B。

7.3　收集时间

应按建设项目文件形成的先后顺序或项目完成情况及时收集。

8　项目文件整理

8.1　分类

8.1.1　分类原则

按照光伏建设项目特点、建设阶段、专业性质及项目文件的来源进行分类。

8.1.2　类目设置

8.1.2.1　项目档案设"6 电力生产""7 科研开发""8 项目建设""9 设备仪器"四个一级类目。

8.1.2.2　各二级类目及以下类目设置的具体内容参

见本标准附录 A。

8.1.2.3　分类中一些特殊问题的处理见本标准附录 B.2。

8.1.3　档号的组成

档号由项目代号、分类号和案卷顺序号三组代号构成，一般用 0～9 阿拉伯数字标识。各组代号之间用"-"分隔。档号组成见图 8。

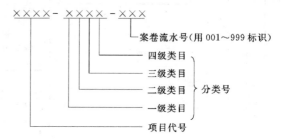

图8　档号组成

8.1.4　档号各组成部分结构

8.1.4.1　项目代号，一般由四位阿拉伯数字组成，用 0～9 标识。前三位数为项目建设顺序号，第四位数为工期号。新建工程工期号为"1"，扩建工程从"2"开始；亦可第一位数由各单位自定义，第二、三位数为项目建设顺序号，第四位数为工期号。

8.1.4.2　分类号，由二至四位阿拉伯数字组成，用 0～9 标识，参见附录 A、附录 B。

8.1.4.3　案卷顺序号，是最低一级类目下的案卷排列流水号，用三位阿拉伯数字 001～999 标识。以"83 施工"类中"光伏发电单元土建施工"为例，见图 9。

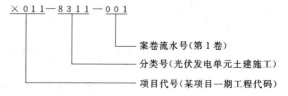

图9　档号标识示例

8.2　组卷

8.2.1　原则

8.2.1.1　应遵循文件的形成规律，保持卷内文件的有机联系和案卷的成套、系统，便于保管和利用。

8.2.1.2　应根据文件的内容和数量组成一卷或多卷，卷内文件内容应相对独立完整。

8.2.1.3　项目文件避免重复归档，共用文件或附件应在备考表中说明。

8.2.1.4　独立成册、成套的项目文件，应保持其原貌，不宜拆散重新组卷。

8.2.2　方法

8.2.2.1　项目前期、管理、生产准备、竣工验收等

文件，应按阶段、问题，结合来源、时间组卷。

8.2.2.2 设计文件应分阶段、专业按卷册顺序组卷，设计变更文件应按专业、时间组卷。

8.2.2.3 施工文件应按单位、分部工程组卷。

8.2.2.4 监理文件应按问题、文种、时间等特征组卷。

8.2.2.5 原材料质量证明文件，应按种类和进场时间顺序组卷。

8.2.2.6 设备仪器类文件应按功能系统，分台（套）组卷。

8.3　排列

8.3.1 案卷应按分类表类目设置顺序依次排列。

8.3.2 卷内文件应按文件的形成规律、问题、重要程度、时间及阶段等排列。

8.3.3 项目前期、管理、竣工阶段等形成的文件，卷内文件应印件在前，定稿在后；正文在前，附件在后；批复在前，请示在后；译文在前，原文在后；审批文件在前，报审文件在后；文字在前，图纸在后。

8.3.4　工程设计变更文件

8.3.4.1 由施工单位组卷的工程设计变更文件可分专业，按变更文件的流水号依次排列；卷内文件应按设计变更汇总表、设计变更通知单、执行记录依次排列。

8.3.4.2 由设计单位组卷的工程设计变更文件可分专业，按变更文件的流水号依次排列；卷内文件应按设计变更汇总表、设计变更通知单依次排列。

8.3.5 施工文件应按综合管理、原材料质量证明、施工记录及相关试验报告、质量验收顺序排列，并符合下列要求：

　　a) 单位工程文件应按施工综合管理、施工记录、相关试验报告、质量验收等排列；

　　b) 施工记录应按施工工序排列，强制性条文执行记录排列在相关施工记录之后；

　　c) 施工质量验收文件应按质量验收项目划分表中的单位工程、分部工程、分项工程、检验批顺序排列；

　　d) 质量验收记录应按报验单、验收表、支持性记录顺序排列。

8.3.6 主要原材料质量证明文件应按材料种类和进场时间顺序排列，卷内文件按质量跟踪记录、原材料进场报审表、出厂质量证明文件、材料复试等顺序排列。

8.3.7 监理文件应按管理文件、监理日志、监理工程师通知单、记录、月报、会议文件、总结等顺序排列，卷内文件按问题、时间排列。

8.3.8 调整试验文件应按管理文件、调试记录、报告、调试质量验收文件顺序排列。

8.3.9 施工图、竣工图应分专业按卷册顺序排列；卷内文件按图号顺序排列。

8.3.10 设备文件应分功能系统、台（套），按质量证明文件、设备技术文件及随机图纸顺序排列。

8.4　编目

8.4.1　卷内文件页号编写

8.4.1.1 应在有内容的页面上编写页号。页号位置：单面的在文件右下角；双面的正面在右下角，反面在左下角。

8.4.1.2 应按装订形式分别编写页号。按"卷"装订的，卷内文件应从"1"开始连续编写页号；按"件"装订的，每份文件从"1"编写页号，件与件之间页号不连续。

8.4.1.3 装订成册的图样或印刷成册的项目文件，已有页号的不必另行编写页号。

8.4.1.4 施工图、竣工图不另行编写页号。

8.4.2　件号编写

　　按"件"装订的文件，应依卷内文件排列顺序逐件编号，在每份文件首页上方的空白位置加盖档号章，并填写档号和序号。档号章样式见图10。

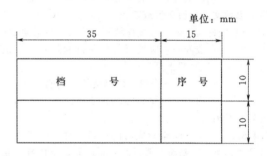

图 10　档号章样式

8.4.3　案卷封面编制

8.4.3.1 案卷封面可采取外封面和内封面两种形式，由建设单位或接收单位统一规定。案卷外封面格式参见表 C.1。

8.4.3.2 案卷封面编制应符合以下规定：

　　——案卷题名，应简明、准确地揭示卷内文件的内容并应符合下列要求：

　　1) 案卷题名主要包括：产品、科研课题、建设项目、设备仪器名称或代字（号）、结构、阶段名称、文件类型名称等；

　　2) 归档的外文资料的案卷题名应译成中文；

　　——立卷单位，应填写案卷整理单位的全称或规范的简称；

　　——起止日期，应填写卷内文件形成的最早和最晚的时间，年度应填写四位数字；

　　——保管期限，应参照附录 B.1 的规定填写，同一案卷内文件保管期限不同的，应按卷内最长期限填写；

　　——密级，应依据文件本身标识的密级填写，卷内文件无密级的不填写；

——档号，应按本标准8.1.4的规定填写。

8.4.4　案卷脊背编制

案卷脊背可根据需要选择填写档号、案卷题名、保管期限等内容。案卷脊背格式参见表C.2。

8.4.5　卷内目录编制

8.4.5.1　卷内目录填写要求如下：

——序号，用阿拉伯数字表示，应依次标注卷内文件排列的顺序；

——文件编号，应填写文件字号、设备型号、合同号、图号或代字、代号等；

——责任者，应填写文件形成者或第一责任者；合同文件宜填写主要责任者或合同双方；报验文件宜填写报验责任单位；

——文件题名，应填写文件题名的全称。无题名的，立卷人应根据文件内容自拟题名；

——日期，应填写文件形成的日期，数字用8位表示；

——页数/页号，页数为每份文件的总页数。页号为每份文件起始页号或起止页号；

1）按件装订的，应按件填写每份文件的总页数；

2）装订成卷的，应填写每份文件起始页号，最后一个文件填写起止页号；

——备注，根据需要，注释文件需说明的情况。

8.4.5.2　卷内目录应排列在卷内文件之前，不编写页号。卷内目录格式参见表C.3。

8.4.5.3　竣工图或印刷成册的项目文件，卷册中有目录的，可不重新编写卷内目录，以原目录代替；卷册中无目录的，应编制卷内目录。

8.4.6　备考表编制

8.4.6.1　备考表应填写案卷（盒、册）内文件的总件数或总页数以及需要说明的情况，备考表格式参见表C.4。

8.4.6.2　备考表编制要求如下：

——说明，填写卷内、盒内或册内项目文件缺损、修改、补充、移出、销毁等情况；

——立卷人及日期，负责整理项目文件的责任人署名和完成立卷的日期；

——检查人及日期，负责案卷质量的检查人签名和检查日期；

——互见号，应填写反映同一内容不同载体的档号，同时应注明其载体形式。

8.4.6.3　备考表应排列在卷（盒、册）内文件之后，不编写页号。

8.4.7　案卷目录编制

8.4.7.1　案卷目录应包含序号、档号、案卷题名、总页数等内容。格式参见表C.5。

8.4.7.2　档号、案卷题名、保管期限的填写方法可参照本标准8.4.3。

8.5　装订

8.5.1　案卷装订应结实、整齐，载体及装订材料符合档案保护要求。

8.5.2　案卷装订可采用整卷装订，也可按件单份装订。按件装订的文件，应在每份文件首页上方空白处加盖档号章，按GB/T 11822规定填写。

8.5.3　图纸可不装订，应在每张图纸的图标栏附近及原图目录的空白处加盖档号章。

8.5.4　按卷装订应保持卷内文件内容的相对独立、完整，装订厚度应按实际情况确定。

8.5.5　对有破损的文件，应先修补后再装订；超大幅面的图纸，宜折叠成A4幅面；小于A4尺寸的散页文件，宜粘贴在A4纸上；外文材料可保持原有的装订形式。

8.6　卷盒、表格规格及制成材料

卷盒、卷皮、卷内表格规格见本标准附录C。制成材料应符合GB/T 11822规定。

8.7　编制检索工具

8.7.1　应采用档案管理系统软件，建立档案信息数据库。

8.7.2　应编制项目档案案卷目录，并根据需要编制纸质检索工具及归档说明等。

9　照片的收集与整理

9.1　照片收集

9.1.1　收集要求

9.1.1.1　应与工程建设进度同步形成。各参建单位应及时收集，在工程竣工后与纸质档案一起向建设单位移交。

9.1.1.2　照片应主题鲜明、影像清晰、画面完整、未加修饰剪裁。处理后的数码照片不得归档。

9.1.1.3　反映同一主题内容的若干张照片，应选择具有代表性的照片进行收集。

9.1.1.4　归档照片格式应为JPEG或TIFF，分辨率不应低于600dpi。

9.1.1.5　具有永久保存价值的数码照片，应输出一套纸质照片同时归档，纸质照片应无污物、无破损、无划痕、无花点、无黑边，裁剪应整齐。

9.1.2　收集范围

应对项目建设过程中反映地形原貌、重大事件、隐蔽工程、重要部位、关键工序、缺陷处理、质量特色等工程照片进行收集，具体收集范围可参照附录D。

9.2　照片整理

9.2.1　分类

参照附录D的内容进行分类。

9.2.2　排列

9.2.2.1　建设单位形成的照片档案宜按事由、专题及时间顺序排列装册。

9.2.2.2 施工单位形成的照片档案宜按单位工程、分类号顺序排列装册。

9.2.2.3 监理单位形成的照片档案宜按专题、专项及时间顺序排列装册。

9.2.3 编目

9.2.3.1 照片档号的编制

照片档号分为两段，包括照片册档号和册内照片档号。照片册档号由项目代号和册号组成，建设单位统一给定；照片档号由分类号和照片号组成，分类号参照附录 D，照片号为最低一级类目下的流水号。照片档号标识见图 11。

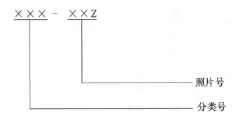

图 11　照片档号标识

9.2.3.2 照片应按张编目，在册内标签中填写题名、照片号、互见号、时间、摄影者、文字说明。

——题名应填写本张照片的主题内容。同一组照片的题名，应反映同一事件、活动或工程进度、质量的主题内容。

——照片档号是固定和反映每张照片的分类与排列顺序的数字代码。

——互见号应填写与照片有对应联系的其他载体档案的档号。

——时间为拍摄的具体时间，用 8 位阿拉伯数字表示。

——摄影者应填写拍摄人的姓名。

——文字说明应准确、简明揭示照片画面的内容，包括人物、时间、地点、事由等要素。纸质照片应逐张编写文字说明。

9.2.3.3 每册照片应编制册内目录、照片总说明、备考表等，格式参照 GB/T 11821 规定编制。

9.2.4 数码照片的整理

参照 DA/T 50 的要求，对数码照片进行著录、标识。

10　电子文件的收集与整理

10.1　电子文件收集

10.1.1 参建单位应制定项目电子文件收集的具体实施细则，并收集需归档的电子文件。

10.1.2 收集电子文件的同时应收集其形成的技术环境、相关软件、版本、数据类型、格式、元数据、检测数据等相关信息。

10.1.3 电子文件应脱机存储在耐久性好、可长期存储的光盘或硬盘。

10.1.4 电子文件格式应符合现行国家标准的有关规定。扫描电子文件宜为 JPEG、TIFF 或 PDF 格式。

10.1.5 建设单位保存电子文件光盘应一式三套，一套封存，一套异地保管，一套提供利用。

10.2　电子文件整理

10.2.1 电子文件分类应与纸质文件保持一致。

10.2.2 存储载体宜按"项目代号-光盘号"编号。

10.2.3 存储载体应进行标识，注明编号、保管期限、日期等信息。

11　项目文件的归档

11.1　归档要求

11.1.1 归档的项目文件应符合本标准第 6 章至第 8 章项目文件编制、收集、整理的要求。

11.1.2 各单位归档前，应对归档的项目文件进行价值鉴定，判定是否归档，并确定保管期限。

11.1.3 档案保管期限分为永久和定期两种。定期保管的年限分为 30 年和 10 年。

11.2　归档范围

归档范围可参照本标准附录 A、附录 B、附录 D。

11.3　归档时间

11.3.1 电力生产文件，应在工作事项完成后，由文件形成部门及时收集、整理、归档。

11.3.2 科研开发文件，应在项目鉴定、评审结果公示期结束一个月内，由成果研发负责人或科技主管部门及时收集、归档。后续获奖文件及时归档。

11.3.3 技术改造、设备检修等文件，应在工程完工后一个月内，由项目承包单位收集整理完毕，经项目负责人审查合格后移交归档。

11.3.4 项目建设过程中形成的文件，应在合同工程完工验收后三个月内，由施工单位自检、监理单位审查、建设单位验收合格后移交归档。

11.3.5 设备仪器文件，应在设备开箱检验后，及时收集、整理、移交归档。

11.3.6 照片应在工作结束后由形成单位或部门及时收集、整理、移交归档。

11.3.7 电子文件逻辑归档应实时进行，物理归档应与纸质文件归档时间一致。

11.4　归档份数

应归档一份原件，另有需要的，可按合同约定执行。

12　项目档案的移交

12.1　移交要求

12.1.1 移交时间、份数按本标准 11.3、11.4 的规定。

12.1.2 项目档案移交时，应填写《项目档案交接签证表》，格式参见本标准附录 C 表 C.6.1~表 C.6.3。

施工、监理、建设单位进行三级审查并签署意见，办理移交手续，移交双方各留存一份；

12.1.3 总承包单位应将形成的档案汇总整理，编制项目文件归档说明和"项目档案交接签证表"，一并向建设单位移交。

12.1.4 归档说明应简述项目文件的形成、收集、整理等过程管理情况；档案质量、数量及存在问题的处理情况等。

12.1.5 非纸质载体文件归档时，整理单位应编制文字说明与纸质载体一起移交，并在备考表中填写互见号。

12.2　移交审查

12.2.1 合同工程完工后，施工单位应按国家有关规定及本标准要求，对将移交档案的真实性、完整性、准确性、系统性进行自查，并由监理单位审查，建设单位验收后办理移交手续。

12.2.2 监理单位及其他单位形成的档案由建设单位审查验收后办理移交手续。

12.2.3 总包单位按合同承包范围负责检查、汇总分包单位项目档案，经监理单位审查，建设单位验收后办理移交手续。

12.2.4 档案的审查分为技术审查和档案审查。

1) 技术审查应对竣工档案的完整、准确等进行审查，由建设、监理及各有关单位的专业技术人员负责。审查应符合下列要求：

——依据国家、行业现行标准审查施工文件的用表、施工文件的签署程序；

——按工程管理程序、施工工序审查施工文件形成的真实性、完整性；

——依据现场施工实际情况审查施工记录内容的真实、可靠程度及竣工图的质量；

2) 档案审查应对竣工档案的系统整理、归档文件的质量和有效性进行审查，由建设、监理及各有关单位档案人员负责。审查应符合下列要求：

——参照归档范围审查移交竣工档案的准确、成套及归档文件质量；

——按系统整理要求审查竣工档案分类的科学性，组卷、排列的合理性，编目的规范性。

附录 A

（资料性附录）

光伏发电建设项目档案分类表

（6 类～9 类）

光伏发电建设项目档案分类表（6 类～9 类）见表 A。

表 A　光伏发电建设项目档案分类表（6 类～9 类）

6　电力生产

　　60　综合

61　生产准备

　　610　综合

　　611　准备

　　612　技术文件

　　619　其他

62　生产运行

　　620　综合

　　621　运行记录

　　622　观测与监测

　　623　设备管理

　　629　其他

63　生产技术

　　630　综合

　　631　运行指标

　　632　技术监督

　　633　可靠性管理

　　639　其他

64　生产物资管理

　　640　综合

　　641　物资采购

　　642　物资管理台账

　　649　其他

65　技改

　　650　综合

　　651　技改项目

　　659　其他

69　其他

7　科研开发

　　70　综合

　　71　管理

　　72　项目建设

　　73　电力生产

　　79　其他

8　项目建设

　　80　项目前期

　　　800　前期管理

　　　801　可行性研究

　　　802　招投标、合同、协议

　　　809　其他

　　81　设计

　　　810　综合

　　　811　基础设计

　　　812　初步设计

813 施工图设计
814 设计更改文件
815 设计服务
819 其他
82 管理
820 综合
821 工程管理
822 质量监督
829 其他
83 施工
830 综合
831 光伏发电单元
8310 综合
8311 土建
8312 安装
8319 其他
832 汇集站
8320 综合
8321 土建
8322 安装
8329 其他
833 集电线路
8330 综合
8331 建筑安装
8339 其他
834 升压站/开关站
8340 综合
8341 土建
8342 安装
8349 其他
835 消防工程
836 交通工程
837 排洪工程
838 辅助工程（含门禁、工业电视、
围栏、绿化等）
839 其他
84 调试试验与并网启动试运行
840 综合
841 一次设备试验
842 二次设备调试
843 系统调试
844 并网启动试运行
845 涉网及性能试验

849 其他
85 监理
850 综合
851 工程监理
852 设备监理
859 其他
86 竣工验收
860 综合
861 工程验收
862 专项验收
863 达标考核与工程创优等
869 其他
87 竣工图
870 综合
871 光伏发电单元
872 汇集站
873 集电线路
874 升压站/开关站
875 消防工程
876 交通工程
877 排洪工程
878 辅助工程
879 其他
88 其他
9 设备仪器
90 综合
91 光伏发电单元
910 支架
911 组件
912 汇流箱
913 逆变器
914 直流柜
915 数据采集
916 箱式变压器
919 其他
92 汇集站
920 站用变压器
921 配电装置
922 继电保护及二次设备
929 其他
93 集电线路（含厂用电源线路）
930 铁（杆）塔
931 导线、地线
932 绝缘子、金具

附录 B

（资料性附录）

光伏发电建设项目档案分类、归档范围、保管期限划分表及使用说明

B.1　光伏发电项目档案分类、归档范围及保管期限划分表

光伏发电建设项目档案分类、主要文件归档范围、组卷单位、保管期限划分表见表 B.1。

B.2　光伏发电项目档案分类表（6类～9类）使用说明

B.2.1　分类

B.2.1.1　在分类时，若同一类目下形成的文件数量较少，可使用其上级类目号作为分类号；特小的项目，可直接采用二级类目号作为分类号。

B.2.1.2　在分类时，若附录 B 中"综合类"文件内容涉及两个以上类目（例：采用施工总承包模式的项目），可归入上级类目的"综合类"，并在备注中加以说明。

B.2.1.3　设备厂家提供的合格证、说明书、图纸、出厂调试报告等归入"9"大类。

B.2.1.4　竣工图专业划分与本分类表不一致时，用其相关的分类号，保持专业卷册间的联系，无需拆分并在其相关分类号"备注"栏内说明。竣工图文件数量较少时，可按上级类目，根据专业、顺序号进行排序。

B.2.1.5　根据需要将 8 大类中的"施工"，划分为四级类目。

B.2.2　相关问题的处理

B.2.2.1　对于大型光伏发电工程，结合本标准分类号，可按工程项目划分增加段号配合使用，增加的段号用"-"隔开。段号的设置应由建设单位根据项目划分实际情况统一确定。

B.2.2.2　照片、电子文件等不同载体的档案，按其形成的主要内容，可随项目文件统一分类编目，保管期限与纸质文件相同。电子文件的形成、归档可参照附录 B，照片的形成、归档可参照附录 D，有增减内容时可根据实际情况确定。

B.2.2.3　附录 B 中，"综合"类、"其他"类，归档范围相互参照时，附录表中的责任单位、保存单位和保管期限一般不添加，视实际情况或参照情况确定。

B.2.2.4　附录 B "821 工程管理"中"物资管理（原材料合格证、质量证明、进场原材料试验、检测报告）"，专指甲供材料，由物资管理单位组卷、归档。原材料跟踪记录由施工单位随实体项目归档。

B.2.2.5　附录 B "归档分目"中对应的部位、设备按实际质量验收项目划分的单位（子单位）、分部（子分部）工程的开工报审及验收的文件进行归档。

B.2.2.6　设备构支架主要归档项目文件随相应设备归档。

B.2.2.7　凡是"9 类设备仪器"中未列项的设备仪器与原材料构件分别归入 8 类的 8310、8320、8330、8340。

B.2.2.8　总承包单位的归档范围可参照建设单位的归档范围，根据需要进行增删。

B.2.2.9　附录 B 中，向建设单位移交的除涉密的地形图（路径图）之外的需永久保存的、利用频繁的项目文件，需要同时移交电子文件。

B.2.2.10　同一时期建设的若干期工程，可归入第一期工程中，并在归档说明中加以体现。

B.2.2.11　照片张（页）数能完整地反映整个事件的过程。

表 B.1 光伏发电项目档案分类、归档范围及保管期限划分表

分类号	类目名称	归档范围		执行依据	文件来源	组卷单位	保管期限	备注
		分目	主要文件					
6	电力生产							
60	综合							
61	生产准备							
610	综合							
611		准备	1. 生产准备机构成立文件及人员培训、取证（运行、特种人员资格证） 2. 生产准备大纲、应急预案及审批意见 3. 接入系统报告及审查意见 4. 并网申请及验收意见 5. 设备命名编号及批复 6. 电力业务（预）许可证 7. 高压供电、购售电合同及并网调度协议 8. 电价批复 9. 新机转商业运行手续		相关单位和部门	运行单位	永久	
612		技术文件	1. 系统图等图纸 2. 运行、检修、安全、生产规程及导则	GB 26859 GB 26860 GB/T 14689 DL/T 5229 DL/T 596	生产部门	运行单位	30 年	
619	其他							
62	生产运行							
620	综合		方案、措施、专题总结及纪要		生产部门	运行单位	30 年	
621		记录	运行记录	1. 运行日志、日运行统计表、调度日志、值班日志等 2. 工作票、操作票 3. 发电记录、运行分析记录		生产部门	运行单位	30 年	含试生产、运行和生产考核期

续表

分类号	类目名称	分目	归档范围 主要文件	执行依据	文件来源	组卷单位	保管期限	备注
622	观测与监测	01 观测	建(构)筑物基础沉降观测		生产部门	运行单位	30 年	
		02 监测	1. 气象和环境质量数据信息采集等 2. 光功率监测数据 3. 系统运行监测数据 4. 电能质量监测数据	GB/T 20513	生产部门	运行单位	30 年	含试运行和生产考核期
623	设备管理	01 台账管理	1. 设备台账(含编码) 2. 设备缺陷及处理记录 3. 试验检测记录 4. 设备异动报告 5. 设备定期维护试验切换记录	AQ/T 9006	生产部门	运行单位	30 年	
		02 设备检修	1. 光伏方阵的维护、检修、系统故障处理、紧急关机/隔离程序、设备定期维护检修记录 2. 升压站、控制室等设备巡检记录	DL/T 393 DL/T 573 DL/T 838 HG 30017	生产部门	运行单位	30 年	缺陷处理记录指全年检、半年检、特检
629	其他							
63	生产技术							
630	综合							
631	运行指标	年度	年度运行指标统计、分析报告及总结等	GB/T 50796	生产部门	运行单位	30 年	
632	技术监督	监督报告	绝缘、仪表、电能质量、继电保护等技术监督文件及试验报告等	GB/T 20513 DL/T 1054	生产部门	运行单位	10 年	
633	可靠性管理	生产记录	可靠性基础数据、指标及报告等	DL/T 793	生产部门	运行单位	10 年	
639	其他							
64	生产物资管理							
640	综合							
641	物资采购	设备和备品、备件采购	1. 招投标 2. 商价文件 3. 合同文件		供货商 生产部门	物资管理单位	30 年	

续表

分类号	类目名称	分目	归档范围 主要文件	执行依据	文件来源	组卷单位	保管期限	备注
649	其他							
65	技改							
650	综合							
651	技改项目		技改项目改造过程中各类图文材料	GB 50797	生产部门	运行单位	10 年	
69	其他							
7	科研开发							
70	综合							
71	管理		1. 科研项目的调研、方案论证、立项审批及科研任务书 2. 科研大纲、方案、评审、记录及专题报告、项目结题报告等 3. 成果申报、鉴定、获奖证书等 4. 科研项目改算、项目总结报告等 5. 往来文函及会议纪要等	DA/T 42	建设、生产单位	建设、运行单位	永久	
72	项目建设		同 71 归档范围	DA/T 42	建设、生产单位	建设、运行单位	永久	
73	电力生产		同 71 归档范围	DA/T 42	生产部门	运行单位	永久	
79	其他							
8	项目建设							
80	项目前期							
800	前期管理	01 立项、核准	1. 项目立项申请及批复 2. 项目核准申请及批复 3. 政府部门同意前期工作的通知及其他相关行政部门支持性文件	DA/T 42	政府主管部门	建设单位	永久	
		02 规划许可	建设工程规划申请、许可证	DA/T 42	政府主管部门	建设单位	永久	

续表

分类号	类目名称	归档范围		执行依据	文件来源	组卷单位	保管期限	备注
		分目	主要文件					
800	前期管理	03 项目选址	项目选址意见书、审查、批复	DA/T 42	政府主管部门	建设单位	永久	
		04 建设用地	1. 建设用地评估报告、用地申请及各级政府土地主管部门审批文件、国土资源部建设用地预审农复意见 2. 电站占用基本农田评审意见 3. 建设规划许可、国有土地使用许可 4. 用地协议、补偿等	DA/T 42	政府主管部门	建设单位	永久	
		05 开工许可	1. 项目开工申报及工程建设开工许可证 2. 电力建设工程备案证明文件	《电力建设工程备案管理规定》	建设单位	建设单位	30 年	
801	可行性研究	01 可行性研究（含预可研）	1. 可行性研究报告、审查意见、批复、会议纪要等 2. 建设项目评估及太阳能资源评估论证文件	DA/T 28	设计单位 审查单位	建设单位	永久	
		02 环保	项目环境影响评价报告、审查、批复及备案	DA/T 28	设计单位 审查单位	建设单位	永久	
		03 水保	水土保持方案设计、审查、批复及备案	《开发建设项目水土保持方案编报审批管理规定》水利部[1995]第 5 号令、[2005]第 24 号令修改	设计单位 审查单位	建设单位	永久	
		04 消防	消防设计专题报告、图纸及审查意见	《建设工程消防验收评定规则》GA 836	设计单位 审查单位	建设单位	永久	
		05 安全论证	项目安全条件论证及备案	DA/T 28	设计单位 审查单位	建设单位	永久	
		06 职业健康、劳动保障及安全设施	报告、审查、预评价及备案	《中华人民共和国职业病防治法》《中华人民共和国安全生产法》国家安全生产监督管理总局令第 51 号国家安全生产监督管理总局令第 36 号	相关单位	建设单位	永久	

续表

分类号	类目名称	分目	归档范围 主要文件	执行依据	文件来源	组卷单位	保管期限	备注
801	可行性研究	07 地震	安全性评价报告、审查、备案	《地震安全性评价管理条例》2002年国务院令第323号第十五条	设计单位、政府主管部门	建设单位	永久	
		08 地质灾害	评估报告、审查、备案	《关于加强地质灾害危险性评估工作的通知》（国土资发〔2004〕69号）	勘测单位、政府主管部门	建设单位	永久	
		09 节能评估	评估报告及批复	国家发改委（2010）第六号令、《固定资产投资项目节能评估和审查暂行办法》	政府主管部门	建设单位	永久	
		10 防洪	防洪评价报告及审查意见（防洪规划同意书）	《中华人民共和国防洪法》	设计单位、审查单位	建设单位	永久	
		11 文物勘探	建设工程文物调查评价报告及文物古迹勘探、发掘、保护工作等报告	《中华人民共和国文物保护法》	文物考古单位	建设单位	永久	
		12 矿产资源	压覆矿产资源报告（调查表）及审查意见	《中华人民共和国矿产资源法》第三十三条	地质勘察单位	建设单位	永久	
		13 电网接入	接入系统设计方案、审查	GB/T 50865 GB/T 50866	设计单位、电网公司	建设单位	永久	
		14 勘测定界	项目勘测定界报告及图纸		设计单位	建设单位	永久	
		15 林地	征（占）用林地、林木砍伐可研、审查、许可		审查单位	建设单位	永久	

续表

分类号	类目名称	归档范围		执行依据	文件来源	组卷单位	保管期限	备注
		分目	主要文件					
802	招投标、合同、协议	01 招投标	工程（设计、监理、施工、安装、调试、物资采购、设备采购、服务项目（技术咨询、物业管理等）、科研项目等 1. 招标计划、招标委托、招标文件、招标公告 2. 资格审查、开标记录、评标报告（含评标人签字、打分表、技术和商务对比分析表等）、定标文件、会议纪要等评标过程文件 3. 中标公告及通知书	DA/T 28	招标单位建设单位	建设单位	30 年	
			中标单位投标文件（技术、商务）	DA/T 28	招标单位建设单位	建设单位	永久	
			工程第一未中标投标文件正本		招标单位建设单位	建设单位	10 年	
		02 合同、协议	1. 工程（设计、施工、监理、调试）、物资、设备、材料采购等合同文件（合同附件、补充协议、合同谈判纪要、备忘录等） 2. 服务（技术咨询、物业管理、绿化等）、科研项目等合同（合同附件、补充协议、合同谈判纪要、备忘录等）	DA/T 28	建设单位	建设单位	永久	
809	其他							
81	设计							
810	综合							
811	基础设计		1. 建设用地勘察报告及图纸、岩土工程勘察报告 2. 水文地质勘测报告 3. 地形、地貌图、项目用地测量报告及图纸 4. 水文、气象、抗震文件	CECS 241 GB 50026	设计单位	设计单位	永久	
812	初步设计		1. 初步设计（收口）及审查文件等 2. 设计方案、设计审定文件 3. 设计图优化提出、策划（论证）、方案及审批、设计图纸等	GB 50797	设计单位	设计单位	永久	
813	施工图设计		1. 施工图目录及说明、施工图会审及纪要 2. 施工图图（含设计计算书、概（预）算书	GB 50797	设计单位	设计单位	30 年	
814	设计更改文件		1. 设计更改通知书 2. 设计更改联系单 3. 设计更改通知	GB 50797	设计单位	设计单位	永久	

续表

分类号	类目名称	分目	归档范围 主要文件	执行依据	文件来源	组卷单位	保管期限	备注
815	设计服务		1. 设计交底、设计服务报告及供图计划等 2. 设计施工图中强制性条文执行记录表	GB 50797	设计单位	设计单位	永久	
819	其他							
82	管理							
820	综合		1. 通路、通水、通电等配套审批文件 2. 会议纪要、来往函件 3. 策划（达标、创优等）		相关单位 建设单位	建设单位	30 年	
		01 资金管理	1. 银行贷款协议、合同；融资协议等 2. 执行概算、调整报算及审批文件等 3. 资金统计报表 4. 基建工程投资年度计划、批复 5. 工程量结算报表（结算单）、支付报审文件，变更、费用索赔报告及批复		建设单位	建设单位	30 年	
		02 物资管理	月报、季报、年报、供需计划等		物资管理单位、厂商、检测单位	物资管理单位	10 年	
			1. 设备采购等供应台账 2. 原材料合格证、质量证明书；进场原材料试验、检测报告		物资管理单位、厂商、检测单位	物资管理单位	30 年	
821	工程管理	03 安全管理	1. 安全生产委员会机构设置文件及安委会例会纪要、安全生产责任制、监督体系、执行记录、安全文明施工协议、安全生产制度、实施细则及考核文件 2. 安全生产专项措施审批文件；应急预案、防汛文件 3. 特种设备取证、台账	《中华人民共和国安全生产法》主席令第13号 《建设工程安全生产管理条例》国务院令第393号 《特种设备安全监察条例》国务院安全监察条例第549号 《生产安全事故报告和调查处理条例》国务院令第493号 《电力建设应急处置和调查处理条例》国务院令第599号 DL 5009《电力建设安全工作规程》	建设单位	建设单位	10 年	
			4. 事故报告、调查与处理		建设单位	建设单位	30 年	

续表

分类号	类目名称	归档范围		执行依据	文件来源	组卷单位	保管期限	备注
		分目	主要文件					
821	工程管理	04 质量管理	1. 质量管理体系、执行记录	《建设工程质量管理条例》国务院令第279号	建设单位	建设单位	10 年	
			2. 质量检查、考核及整改文件	《中华人民共和国建筑法》主席令第91号,《建设工程质量管理条例》国务院令第281号	建设单位	建设单位	30 年	
			3. 第三方检测报告（试验、测量）					
		05 进度管理	工程进度计划、调整及审批		建设单位	建设单位	10 年	
		06 环境保护及水土保持管理	1. 环境及水土保持管理体系文件		建设单位	建设单位	10 年	
			2. 水土保持、环境保护监测实施方案、措施、检查意见及整改闭环文件		监测单位 建设单位	建设单位	30 年	
		07 档案管理	1. 项目档案分类大纲		建设单位	建设单位	30 年	
			2. 实施细则、检查记录等		建设单位	建设单位	10 年	
822	质量监督		1. 质量监督部门注册备案		质量监督 各参建单位	建设单位	永久	
			2. 各阶段质量监督报告及整改闭环报告；建设、设计、监理、施工等单位自检报告					
829	其他							
83	施工							

续表

分类号	类目名称		归档范围		执行依据	文件来源	组卷单位	保管期限	备注
		分目	主要文件						
830	综合	01 施工准备	1. 施工组织设计、技术交底等 2. 项目部和检验检测机构及人员资质 3. 施工分包申报表（在合同允许情况下） 4. 质量验收项目划分报审表 5. 施工图会检记录 6. 主要测量计量器具、试验设备检验报审表 7. 主要施工机械、工器具及安全用具报审表 8. 施工现场质量管理检查记录		DL/T 5434 GB/T 50795	监理单位、 施工单位	施工单位	30 年	
		02 技术管理	1. 技术标准清单含施工、验收、试验、检测 2. 达标投产实施细则及实施检查记录 3. 强制性条文汇编及执行记录 4. 绿色施工、节能减排方案报审及实施检查记录 5. "五新" 应用专项施工方案报审及实施记录（若有） 6. 安全及其他特殊、专项施工技术报审方案及交底记录 7. 施工工艺标准		《光伏工程达标投产验收规程》 《工程建设标准强制性条文汇编》（电力工程部分） 中电联标准（2012）16 号	施工单位	施工单位	30 年	
		03 施工月报及年报	施工质量、安全文明施工、进度等（年）月报		DL/T 5434	施工单位	施工单位	10 年	
		04 设计更改及材料代用	1. 工程变更申请单 2. 工程变更执行单 3. 材料代用审批单		DL/T 5434	施工单位	施工单位	永久	
		05 工程验收	建设、设计、监理、施工单位自检报告及单位工程验收鉴定书		GB/T 50796	参建单位	施工单位	30 年	
831	光伏发电单元								
8310	综合	01 原材料与构配件	1. 原材料及构件进场验收鉴证、出厂合格证明、出厂检验、出厂检验质量跟踪记录表（含甲供材料质量跟踪记录）及进场材料质量检验文件和材料质量跟踪记录 2. 新材料技术鉴定报告或允许使用证明材料		DL/T 5434	施工单位	施工单位	30 年	

续表

分类号	类目名称	归档范围		执行依据	文件来源	组卷单位	保管期限	备注
		分目	主要文件					
8310	综合	02 施工测量	1. 工程定位（水准点、导线点、基准线、控制点等）测量、放线，施工方格网测量、厂区平面控制网、高程控制网、复测记录 2. 施工及隐蔽工程验收记录与报告 3. 测量收方平面、断面图及计算书	GB 50026	施工监理单位	施工单位	永久	
		01 支架基础	1. 单位（子单位）、分部（子分部）工程开工报审 2. 基础定位测量、放线记录及测量复测成果资料 3. 施工及隐蔽工程验收记录 4. 施工试验与检测报告包括承载力检验报告和砂浆、混凝土及钢筋连接强度试验报告等 5. 检验批、分项及分部工程验收记录 6. 单位（子单位、分部）工程质量竣工验收记录、质量控制资料核查记录、安全和功能检验资料核查及主要功能抽查记录、观感质量检查记录	GB 50300 GB 20504 GB/T 20502 GB 50794	施工单位	施工单位	30 年	
8311	土建	02 汇流箱基础	1. 单位（子单位）、分部（子分部）工程开工报审 2. 基础定位测量、放线记录及测量记录 3. 施工及隐蔽工程验收记录 4. 施工试验及见证、检测报告、检验批、分项及分部工程验收记录 5. 单位（子单位）工程质量竣工验收记录、质量控制资料核查记录、安全和功能检验资料核查及主要功能抽查记录、观感质量检查记录	GB 50300 GB 20504 GB 20502 GB 50794	施工单位	施工单位	30 年	
		03 箱变基础	1. 单位（子单位）、分部（子分部）工程开工报审 2. 基础定位测量、放线记录及测量记录 3. 施工及隐蔽工程验收记录 4. 施工试验及见证试验报告包括承载力检验报告、砂浆、混凝土及钢筋强度试验报告等 5. 检验批、分项及分部工程验收记录 6. 单位（子单位）工程质量竣工验收记录、质量控制资料核查记录、安全和功能检验资料核查及主要功能抽查记录、观感质量检查记录	GB 50300 GB 20504 GB 20502 GB 50794	施工单位	施工单位	30 年	

续表

分类号	类目名称	分目	主要文件	执行依据	文件来源	组卷单位	保管期限	备注
8311	土建	04 逆变器室	1. 单位（子单位）工程开工报审 2. 建筑与结构（含屋面） 　1）分部（子分部）工程开工报审表 　2）工程定位测量、放线记录及测量记录（含主体结构尺寸、位置量抽查记录、建筑物垂直度、标高、全高测量记录、建筑物沉降观测测量记录等） 　3）施工及隐蔽工程验收记录 　4）施工试验及见证检测报告（各类承载力检验报告、砂浆、混凝土及钢筋强度检测报告、屋面淋水或蓄水试验记录、抽气（风）道检查记录、外窗气密性、水密性、耐风压检测报告、节能、保温测试记录、室内环境检测报告等） 　5）检验批、分项及分部（子分部）工程验收记录 3. 通风与空调（采暖） 　1）分部（项）工程开工报审表 　2）施工及隐蔽工程验收记录 　3）试验及调试记录（制冷、空调、水管道强度试验、严密性试验、风量、温度测试记录、通风、空调系统及制冷设备运行调试记录等） 　4）分项及分部（子分部）工程验收记录 4. 建筑电气 　1）分部（项）工程开工报审表 　2）施工及隐蔽工程验收记录 　3）设备调试及试验记录（设备调试记录、接地、绝缘电阻测试记录等） 　4）分部（项）质量验收记录 5. 单位（子单位）工程质量竣工验收记录、质量控制资料核查记录、安全和功能检验资料核查及主要功能抽查记录、观感质量检查记录	GB 50300 GB 50242 GB 50303 GB 50243 GB 50207 GB/T 7106	施工单位	施工单位	30 年	

续表

分类号	类目名称	分目	归档范围 主要文件	执行依据	文件来源	组卷单位	保管期限	备注
8312	安装	01 支架安装	1. 分部（子分部）工程开工报审表 2. 施工安装记录（支架垂直度、角度偏差、方位角偏差测量记录、跟踪式支架动作方向、角度、限位、跟踪精度、避雷功能、避雷复位功能调试等记录） 3. 防腐抽检记录 4. 分部（子分部）工程质量验收记录	GB 50794 GB/T 50796	施工单位	施工单位	30 年	
		02 组件安装	1. 分部（子分部）工程开工报审表 2. 施工安装记录 3. 组件倾斜角角度测量记录 4. 组件接地电阻测量记录 5. 组件边缘高度测量记录 6. 组串开路电压、短路电流测量记录 7. 分部（子分部）工程质量验收记录		施工单位	施工单位	30 年	
		03 汇流箱安装	1. 分部（子分部）工程开工报审表 2. 施工安装记录 3. 接地检查记录 4. 通信调试记录 5. 分部（子分部）工程质量验收记录		施工单位	施工单位	30 年	
		04 逆变器安装	1. 分部（子分部）工程开工报审表 2. 施工安装记录 3. 逆变器外观、主要元器件、控制电源、直交流侧接线及极性（相序）、散热装置、人机界面检查记录 4. 接地检查记录 5. 手动分合闸调试记录 6. 通信调试记录 7. 分部（子分部）工程质量验收记录	GB 50794 GB/T 50796	施工单位	施工单位	30 年	
		05 直（交）流配电柜安装	1. 分部（子分部）工程开工报审表 2. 施工安装记录 3. 接地检查记录 4. 手动分合闸检查记录 5. 分部（子分部）工程质量验收记录	GB 50171	施工单位	施工单位	30 年	

续表

分类号	类目名称	分目	归档范围 主要文件	执行依据	文件来源	组卷单位	保管期限	备注
8312	安装	06 数据采集柜安装	1. 分部（子分部）工程开工报审表 2. 施工安装记录 3. 双电源切换试验记录 4. 光纤熔接损耗测试报告 5. 通信调试记录 6. 分部（子分部）工程质量验收记录	GB 50171	施工单位	施工单位	30 年	
		07 箱式变压器安装	1. 分部（子分部）工程开工报审表 2. 施工安装记录 3. 箱体接地 4. 绝缘油试验报告 5. 温控仪校验报告 6. 分部（子分部）工程质量验收记录	GB 50148 GB 50150	施工单位	施工单位	30 年	
		08 电缆工程（含防火及阻燃）	1. 分部（子分部）工程开工报审表 2. 电缆沟开挖及回填记录 3. 电缆桥架制安记录 4. 电缆敷设、终端及中间接头制作记录 5. 电缆防火施工记录 6. 隐蔽工程验收签证 7. 分部（子分部）工程质量验收记录	GB 50168 DL/T 5707 DLGJ 154	施工单位	施工单位	30 年	
		09 防雷与接地	1. 分部（子分部）工程开工报审表 2. 接地开挖及回填记录 3. 接地体敷设及焊接记录 4. 隐蔽工程验收签证 5. 分部（子分部）工程质量验收记录	GB 50169 GB 50150	施工单位	施工单位	30 年	
8319	其他							
832	汇集站							
8320	综合	01 原材料与构配件	1. 原材料及构件进场验收签证、出厂合格证明、出厂检验、进场材料质量检验文件及质量跟踪记录（含甲供材料质量跟踪记录表） 2. 新材料技术鉴定报告或允许使用证明	DL/T 5434	施工单位	施工单位	30 年	

续表

分类号	类目名称	分目	归档范围　主要文件	执行依据	文件来源	组卷单位	保管期限	备注
8320	综合	02 施工测量	1. 工程定位（水准点、导线点、基准线、控制点等）测量、放线、复核记录 2. 施工方格网测量、厂区平面控制网、高程控制网、全厂沉降观测记录与报告 3. 测量收方平面、断面图及计算书	GB 50026	施工、监理单位	施工单位	永久	
8321	土建	汇集站建筑物	1. 单位（子单位）工程开工报审 2. 建筑与结构（含屋面） 1）分部（子分部）工程开工报审表 2）工程定位测量、放线记录及测量记录（含主体结构尺寸、位置抽查记录、建筑物垂直度、标高、全高测量记录、建筑物沉降观测测量记录等） 3）施工及隐蔽工程验收记录 4）施工试验及见证检测报告［各类承载力检验报告、砂浆、混凝土及钢筋强度检测报告、屋面淋水或蓄水试验记录、抽气（风）道检查记录、外窗气密性、水密性、耐风压检测报告、节能、保温测试记录、室内环境检测报告等］ 5）检验批、分部及分项（子分部）工程验收记录 3. 通风与空调（采暖） 1）分部（项）工程开工报审表 2）施工及隐蔽工程验收记录 3）试验及调试记录（制冷、空调、水管道强度试验、严密性试验记录、风量、温度测试记录，通风、空调系统及制冷设备运行调试记录） 4）分项及分部（子分部）工程验收记录 4. 建筑电气 1）分部（项）工程开工报审表 2）施工及隐蔽工程验收记录 3）设备试验及调试记录（设备调试记录、接地、绝缘电阻测试记录等） 4）分项及分部（子分部）质量验收记录 5. 单位（子单位）工程质量竣工验收记录、质量控制资料核查记录、安全和功能检验资料核查及主要功能抽查记录、观感质量检查记录	GB 50300 GB 502432 GB 50303 GB 502432 GB 50207 GB/T 7106	施工单位	施工单位	永久	

续表

分类号	类目名称	分目	归档范围 主要文件	执行依据	文件来源	组卷单位	保管期限	备注
	安装	01 ××kV 配电装置安装	1. 分部（分项）工程开工报审 2. 开关柜安装及调整记录 3. SF₆ 气体检验报告 4. 分部（分项）工程质量验收记录	GB 50147 GB 50150	施工单位	施工单位	30 年	
		02 站用电系统配电装置安装	1. 分部（分项）工程开工报审 2. 高低压开关柜安装及调整记录 3. 交直流电源系统设备安装及调试记录（含蓄电池组安装记录、蓄电池充放电特性曲线） 4. 变压器安装检查记录（含气体继电器、温控仪校验报告和绝缘油试验报告） 5. 分部（分项）工程质量验收记录	GB 50147 GB 50148 GB 50150	施工单位	施工单位	30 年	
		03 二次盘柜安装	1. 分部（分项）工程开工报审表 2. 控制、保护、通信等二次盘柜安装记录（含接地） 3. 二次等电位接地网安装记录 4. 分部（分项）工程质量验收记录	GB 50171	施工单位	施工单位	30 年	
		04 电缆工程（含防火及阻燃）	1. 分部工程开工报审表 2. 电缆支架制安记录 3. 电缆敷设、终端及中间接头制作记录 4. 电缆防火施工记录 5. 隐蔽工程验收签证 6. 分部工程质量验收记录	GB 50168 DL/T 5707 DLGJ 154 GB 50150	施工单位	施工单位	30 年	
8329	其他							
833	集电线路	01 原材料与构配件	1. 原材料及构件进场验收证、出厂合格证明、出厂检验、进场材料质量检验证及质量跟踪记录表（含甲供材料质量跟踪记录） 2. 新材料技术鉴定报告或允许使用证明	DL/T 54349	施工单位	施工单位	30 年	
8330	综合	02 施工测量	1. 工程定位（水准点、导线点、基准线、控制点等）测量、放线、复核记录 2. 路径复测、分坑、施工基面及电气方测量 3. 测量收方平面、断面图及计算书	GB 50026	施工、监理单位	施工单位	30 年	

续表

分类号	类目名称	归档范围		执行依据	文件来源	组卷单位	保管期限	备注
		分目	主要文件					
8331	建筑安装	01 线路工程	1. 单位、分部工程开工报审 2. 测量放样报审、测量成果 3. 基础开挖、浇筑记录及混凝土、钢筋、砂浆等检验报告 4. 杆塔组立记录 5. 导地线架放记录 6. 绝缘子（串）交流耐压试验记录 7. 导线压接试验报告、光缆接续损耗测试报告、光缆接续工程验收细表 8. 接地装置施工记录、接地电阻测试报告及隐蔽工程验收签证 9. 线路两侧避雷器、刀闸安装调整记录及试验报告（含支柱瓷瓶探伤检测报告） 10. 线路参数测试报告 11. 单位、分部及质量验收记录	GB 50173 GB 50150 GB 50169	施工单位	施工单位	30 年	
		02 电缆工程	1. 施工及报审相关文件 2. 原材料及报审相关文件 3. 试验报告 4. 质量验评相关文件 5. 中间交接验收记录	GB 50168	施工单位	施工单位	30 年	
8339	其他							
834	升压站/开关站							
8340	综合	01 原材料与构配件	1. 原材料及构件进场验收签证、出厂合格证明、出厂检验进场材料质量检验文件及质量跟踪表（含甲供材料） 2. 材料技术鉴定报告或使用证明 3. 未使用国家法令中明令禁止使用技术（材料、设备、产品）的证明材料	DL/T 5434	施工单位	施工单位	30 年	
		02 施工测量	1. 工程定位（水准点、导线点、基准线、控制点等）测量放线、复核记录 2. 施工方格网测量、厂区平面控制网、高程控制网、全厂沉降观测记录与报告 3. 测量收方平面、断面图及计算书	GB 50026	施工、监理单位	施工单位	永久	

续表

分类号	类目名称	归档范围		执行依据	文件来源	组卷单位	保管期限	备注
		分目	主要文件					
8341	土建	01 设备基础	1. 单位（子单位）、分部（子分部）工程开工报审 2. 基础定位测量、放线记录及测量记录 3. 施工及隐蔽工程验收记录（含新技术论证、备案及施工记录等） 4. 施工试验及见证检测报告（承载力检验报告、砂浆、混凝土及钢筋强度试验检验报告等） 5. 检验批、分项及分部工程验收记录 6. 施工现场质量管理检查核查资料核查记录、安全和功能检验检查工程质量控制资料核查记录（子单位）工程质量竣工验收主要功能抽查记录、观感质量检查记录	GB 50300 GB 20504 GB 20502 GB 50794	施工单位	施工单位	永久	
		02 电缆沟	1. 分部（子分部）工程开工报审表 2. 定位测量、放线记录及测量记录 3. 施工及隐蔽工程验收记录 4. 施工试验及见证检测报告（砂浆、混凝土及钢筋强度试验报告等） 5. 检验批、分项及分部工程验收记录	GB 50300 GB 20504 GB 20502 GB 50794	施工单位	施工单位	永久	
		03 升压站建筑物（含控制室）	1. 单位（子单位）工程开工报审 2. 基础与主结构 1) 分部（子分部）工程开工报审表 2) 工程定位测量、放线记录及测量记录 [含主体结构尺寸、位置抽查记录，建筑物垂直度、标高、全高测量记录，沉降观测测量记录等] 3) 施工及隐蔽工程验收记录 4) 施工及钢筋强度见证检测报告 [各类承载力检验报告、砂浆、混凝土及钢筋强度检测报告，地下室渗漏检测记录，屋面淋水或蓄水试验记录，抽气（风）道检查记录，建筑物或幕墙气密性、水密性、耐风压检测报告，幕墙气密性、水密性及耐风压检测报告等，外窗气密性、水密性、耐风压检测报告，保温层检测记录，室内环境检测报告等，节能、室内环境检测报告等] 5) 检验批、分项及分部（子分部）工程验收记录 3. 给排水与供暖 1) 分部（项）工程开工报审表	GB 50300 GB 50242 GB 50303 GB 50243 GB 50207 GB/T 7106	施工单位	施工单位	永久	

续表

分类号	类目名称	归档范围 分目	归档范围 主要文件	执行依据	文件来源	组卷单位	保管期限	备注
8341	土建	03 升压站建筑物（含控制室）	2）施工及隐蔽工程验收记录 3）试验及调试试验记录（管道、设备强度及严密性试验记录、给水管道通水试验记录、暖气管道、散热器压力试验记录、燃气管道压力试验记录、卫生器具满水试验记录、消防管道通球试验记录、系统清洗、灌水、通水及通球试验记录） 4）分项及分部（子分部）工程验收记录 4. 通风与空调（采暖） 1）分部（项）工程开工报审表 2）施工及隐蔽工程验收记录 3）试验及调试测试记录（制冷、空调、水管道强度试验、严密性试验记录、风量、温度测试记录、通风、空调系统及制冷设备运行调试记录） 4）分项及分部（子分部）工程验收记录 5. 建筑电气 1）分部（项）工程开工报审表 2）施工及隐蔽工程验收记录 3）设备试验及调试记录（设备调试记录、接地、绝缘电阻测试记录等） 4）分部（项）质量验收记录 6. 建筑智能 1）分部（项）工程开工报审表 2）施工及隐蔽工程验收记录（含新技术论证、备案及施工记录） 3）检测试验及调试记录（系统检测报告、系统功能测定及设备调试记录） 4）分部（项）质量验收记录 7. 建筑节能 1）分部（项）工程开工报审表 2）施工及隐蔽工程验收记录（含新技术论证、备案及施工记录） 3）检测报告（外墙、外窗节能检验报告、外窗气密性能检测报告） 4）分部（项）质量验收记录 8. 电梯 1）分部（项）工程开工报审表	GB 50300 GB 50242 GB 50303 GB 50243 GB 50207 GB/T 7106	施工单位	施工单位	永久	

续表

分类号	类目名称	分目	归档范围 主要文件	执行依据	文件来源	组卷单位	保管期限	备注
8341	土建	03 升压站建筑物（含整制室）	2）施工及隐蔽工程验收记录 3）试验及检测报告（接地、绝缘电阻试验记录、负荷试验、安全装置检测报告） 9. 施工现场质量管理检查记录、质量检查核查及单位（子单位）工程质量竣工验收记录、质量检查核查资料核验及主要功能抽查记录及观感质量检查记录	GB 50300 GB 50242 GB 50303 GB 50243 GB 50207 GB/T 7106	施工单位	施工单位	永久	
8342	安装	01 主变压器安装	1. 单位、分部（分项）工程开工报审表 2. 变压器运输冲击记录 3. 变压器破氮前氮气压力检查记录 4. 主变压器安装及身检查记录 5. 冷却器安装 6. 真空注油及密封试验记录 7. 绝缘油试验报告、气体继电器检验报告，压力释放阀检验报告 8. 主变中性点设备安装调整记录、温控仪校验报告 9. 单位、分部（分项）工程质量验收记录、单位工程质量控制资料核查记录	GB 50148	施工单位	施工单位	永久	
		02 直流系统设备安装	1. 单位、分部（分项）工程开工报审表 2. 直流电源系统设备安装及调试记录（含蓄电池组安装记录）蓄电池组充放电特性曲线 3. 单位、分部（分项）工程质量验收记录、单位工程质量控制资料核查记录	GB 50171 GB 50172	施工单位	施工单位	永久	
		03 封闭式组合电器安装（含GIS两侧门型架及出线设备）	1. 单位、分部（分项）工程开工报审表 2. SF$_6$ 气体抽样检查试验报告 3. 封闭式组合电器安装与调整 4. 封闭式组合电器隔气室气体密封及湿度检测报告 5. 密度继电器校验记录 6. GIS两侧门型架安装、绝缘子串组装及导线压接记录 7. 出线侧避雷器及电压互感器安装记录 8. 单位、分部（分项）工程质量验收记录、单位工程质量控制资料核查记录	GB 50147 GB 50150	施工单位	施工单位	永久	

续表

分类号	类目名称	归档范围		执行依据	文件来源	组卷单位	保管期限	备注
		分目	主 要 文 件					
8342	安装	04 ×× kV 配电装置安装	1. 单位、分部(分项)工程开工报审表 2. 断路器、隔离开关安装及调整记录 3. 开关柜安装及调整记录 4. 门型架安装、绝缘子串组装及导线压接记录 5. 避雷器及互感器安装记录 6. 母线安装记录 7. 接地变安装记录 8. SF$_6$ 气体油样检验报告 9. 单位、分部(分项)工程质量验收记录、单位工程质量控制资料核查记录	GB 50147 GB 50150	施工单位	施工单位	永久	
		05 站用电系统配电装置安装	1. 单位、分部(分项)工程开工报审表 2. 高低压开关柜安装及调整记录 3. 变压器安装检查记录(包括气体继电器、温控仪校验报告和绝缘油试验报告) 4. 单位、分部(分项)工程质量验收记录、单位工程质量控制资料核查记录	GB 50147 GB 50148 GB 50150	施工单位	施工单位	永久	
		06 通信设备系统安装	1. 单位、分部(分项)工程开工报审表 2. 通信系统设备安装记录 3. 光纤熔接损耗测试报告 4. 单位、分部(分项)工程质量验收记录、单位工程质量控制资料核查记录	GB 50171	施工单位	施工单位	永久	
		07 无功补偿设备安装	1. 单位、分部(分项)工程开工报审表 2. 无功补偿设备安装记录 3. 电抗器绝缘油试验报告 4. 单位、分部(分项)工程质量验收记录、单位工程质量控制资料核查记录	GB 50171 GB 50147 GB 50150	施工单位	施工单位	永久	
		08 升压站二次设备安装	1. 单位、分部(分项)工程开工报审表 2. 二次盘柜安装记录 3. 二次等电位接地网安装记录(含接地) 4. 单位、分部(分项)工程质量验收记录、单位工程质量控制资料核查记录	GB 50171	施工单位	施工单位	永久	

续表

分类号	类目名称	分目	归档范围 主要文件	执行依据	文件来源	组卷单位	保管期限	备注
	安装	09 起重设备安装	1. 单位、分部（分项）工程开工报审表 2. 安装记录及调试报告 3. 安全装置检测报告 4. 负荷试验报告 5. 特种设备验收文件及使用许可证 6. 单位、分部（分项）工程质量验收记录、单位工程质量控制资料核查记录	DL/T 5161.14	施工单位	施工单位	永久	
8342		10 电缆工程（含防火及阻燃）	1. 单位、分部工程开工报审表 2. 电缆桥架制作安装记录 3. 电缆敷设、终端及中间接头制作记录 4. 电缆防火施工记录 5. 隐蔽工程验收签证 6. 单位、分部（分项）工程质量验收记录、单位工程质量控制资料核查记录	GB 50168 DL/T 5707 DLGJ 154 GB 50150	施工单位	施工单位	永久	
		11 防雷与接地	1. 单位、分部工程开工报审表 2. 接地开挖及回填记录 3. 接地体敷设及焊接记录 4. 独立避雷针接地电阻测试记录 5. 隐蔽工程验收签证 6. 单位、分部（分项）工程质量验收记录、单位工程质量控制资料核查记录	GB 50169 GB 50150	施工单位	施工单位	永久	
8349	其他							
835	消防工程		1. 单位、分部（分项）工程开工报审表 2. 管道（阀门）安装、焊接及打压记录 3. 水泵安装、调试记录 4. 防火材料报验记录 5. 火灾报警系统设备安装记录 6. 火灾报警系统联调试验报告 7. 单位、分部（分项）工程质量验收记录、单位工程质量控制资料核查记录 8. 主变压器消防系统安装、调试、验收记录	DL 5027 GB 50166	施工单位	施工单位	30 年	

续表

分类号	类目名称	分目	归档范围 主要文件	执行依据	文件来源	组卷单位	保管期限	备注
836	交通工程	路基、路面、排水沟、涵洞、桥梁等	1. 单位、分部（分项）工程开工报审表 2. 施工记录、隐蔽工程验收签证 3. 试验及检测报告 4. 检验批、单位、分部（分项）质量验收记录	JTGF 80	施工单位	施工单位	30 年	
837	排洪工程	场内、外排洪沟等	1. 单位、分部（分项）工程开工报审表 2. 管道等施工记录、隐蔽工程验收签证 3. 试验及检测报告 4. 检验批、单位、分部（分项）质量验收记录	GB 50268	施工单位	施工单位	30 年	
838	辅助工程	门禁、工业电视、围栏、绿化等	1. 单位、分部（分项）工程开工报审表 2. 施工记录、隐蔽工程验收签证 3. 试验、检测及调试报告 4. 检验批、单位、分部（分项）质量验收记录	GB 50115 DB45/T 447 DB45/T 448 DB45/T 449	施工单位	施工单位	30 年	
839	其他							
84	调试试验与并网启动试运行							
840	综合		1. 启动试运行程序及审批 2. 启委会成立文件、启动试运行报告及验收鉴定书 3. 调试方案及审批、安全、技术交底记录等管理文件 4. 调试与试验强条执行检查记录 5. 电气保护定值单 6. 缺陷台账	GB/T 50796	调试单位		永久	
841	一次设备试验	01 交接试验	1. 主变压器试验报告、主变压器局放、绕组变形试验报告 2. 站用变压器试验报告 3. 组合电器试验报告 4. SF_6（六氟化硫）断路器试验报告、隔离开关试验报告 5. 开关柜内设备试验报告 6. 电流互感器、电压互感器试验报告 7. 电容器组试验报告、耦合电容器试验报告 8. 电抗器组试验报告、阻波器试验报告、放电线圈试验报告	GB 50150	调试单位	调试单位	永久	

续表

分类号	类目名称	分目	归档范围 主要文件	执行依据	文件来源	组卷单位	保管期限	备注
841	一次设备试验	01 交接试验	9. 避雷器试验报告 10. 支柱绝缘子探伤报告 11. 电缆试验报告 12. 回路电阻测试报告 13. 其他一次设备试验报告	GB 50150	调试单位	调试单位	永久	
		02 主接地网测试	主接地网接地电阻测试方案及报告		调试单位	调试单位	永久	
		01 通信设备调试	1. 光缆试验报告、记录 2. 光传输设备测试试验报告 3. PCM设备测试及功能检查报告	DL/T 544			永久	
842	二次设备调试	02 二次设备调试	1. 主变压器保护、母差保护、线路保护、断路器保护、电抗器保护、电容器保护、所用变压器保护、箱式变压器保护、保护信息子站调试报告 2. 无功补偿控制装置调试报告 3. 安全控制装置调试报告 4. 故障录波器调试报告 5. 自动化通道及信息调试报告 6. 电压核相报告 7. 互感器通流、通压及极性试验报告 8. 交直流电源测试报告 9. 光功率预测测试调试报告 10. 其他二次设备调试报告	GB 14285 NB/T 32011	调试单位	调试单位	永久	
		03 仪表及变送器校验	1. 各类仪表、温度计校验报告 2. 变送器校验报告 3. 关口计量表、电能表、电能计费系统检测试验报告	DL/T 448	调试单位	调试单位	永久	
844	并网启动试运行	01 保护传动试验	试验报告	GB 14285	调试单位	调试单位	永久	
		02 监控系统调试	调试方案及报告	GB 14285	调试单位	调试单位	永久	

续表

分类号	类目名称	归 档 范 围		执行依据	文件来源	组卷单位	保管期限	备注
		分目	主 要 文 件					
844	并网启动试运行	03 升压配电装置带电调试	1. 试运条件检查确认表 2. 并网调试报告、试验记录 3. 操作票、工作票、运行日志 4. 消缺台账及记录		调试单位	调试单位	永久	
		04 光伏发电单元调试	1. 试运条件检查确认表 2. 逆变器并网调试报告 3. 操作票、工作票、运行日志 4. 消缺台账及记录	GB/T 50796 GB/T 19964 GB/T 30427 NB/T 32004	调试单位	调试单位	永久	
845	涉网及性能试验		涉网/特殊试验及性能试验方案、报告		调试单位	建设单位	永久	
849	其他							
85	监理							
850	综合							
851	工程监理	01 监理准备	1. 机构设立及人员文件 2. 监理大纲、监理规划、监理实施细则 3. 监理相关工作制度等	DL/T 5434	监理	监理	30 年	
		02 技术管理	1. 监理标准清单目录 2. 设计交底及施工图会审纪要 3. 达标投产和创优细则及检查记录 4. 绿色施工监理方案及检查记录		监理	监理	30 年	
		03 监理日志等	1. 监理日志 2. 监理月（年）报 3. 会议纪要及往来函件等	DL/T 5434	监理	监理	30 年	
		04 质量控制	1. 监理见证记录、台账 2. 监理（第三方）原材料质量抽检及施工质量抽检专题报告 3. 旁站记录、平行检验、巡视记录、隐蔽验收记录 4. 监理通知及回复单、监理工作联系单等 5. 监理质量评估报告（单位工程） 6. 质量事故调查、处理台账 7. 各类报审统计表台账	DL/T 5434	监理	监理	30 年	

续表

分类号	类目名称		归档范围		执行依据	文件来源	组卷单位	保管期限	备注
		分目	主要文件						
851	工程监理	05 安全与环境保护控制	1. 安全与环境教育培训记录 2. 施工安全、环境保护及防汛检查记录 3. 安全、环境事故调查报告及处理 4. 监理安全通知及回复单		DL/T 5434	监理	监理	30 年	
		06 进度控制	1. 合同项目开（停、复、返）工令 2. 工程进度建议及分析报告 3. 工程监理延期报告及批复		DL/T 5434	监理	监理	30 年	
		07 造价控制	1. 监理测量收方任务单、收方成果（含平面图、断面图及计算书等）及报表 2. 工程变更费用审核、签认单及业主批复 3. 费用索赔审核、签认单及业主批复		DL/T 5434	监理	监理	30 年	
		08 工程总结等	监理工作总结			监理	监理	30 年	
852	设备监理		1. 设备监理规划（大纲）、细则、设备制造验收计划 2. 设备监理见证记录、监理月报 3. 设备监理总结报告		DL/T 586 GB 50319	监理	监理	30 年	
859	其他								
86	竣工验收								
860	综合		验收委员会成立文件及会议纪要			验收委员会	建设单位	永久	
861	工程验收		1. 各参建单位自检报告、竣工预验收、并网验收、阶段验收申请、验收鉴定书及整改闭环文件 2. 试运行及移交生产鉴定书 3. 参建单位工程总结及项目后评价		GB/T 50796	建设单位	建设单位	永久	

续表

分类号	类目名称	分目	归档范围 主要文件	执行依据	文件来源	组卷单位	保管期限	备注
862	专项验收		1. 环保专项验收申请、报告、意见 2. 水土保持专项验收申请、报告、意见 3. 消防专项验收申请、报告、意见 4. 安全设施竣工验收申请、报告、意见 5. 职业健康专项验收申请、报告、意见 6. 劳动保障专项验收申请、报告、意见 7. 档案专项验收申请、报告、意见 8. 工程竣工验收申请、报告、意见	DA/T 28 档发 (2006) 2 号 GB/T 50796	地方环保、消防、安全生产监察、卫生、地方劳动保障部门、水利主管单位、发改委、建设单位	建设单位	永久	
863	达标考核与工程创优等	01 达标考核文件	竣工结算、竣工决算及审计报告		建设单位、上级主管单位、会计事务所	建设单位	永久	
			达标策划及规划文件、过程检查、预检及复检记录		建设主管单位	建设单位	30 年	
			达标申报、批准文件及证书		上级主管单位	建设单位	永久	
		02 工程创优文件	1. 创优机构成立、创优策划及规划文件 2. 创优咨询检查及不符合项问题清单、整改计划及验收记录 3. 工程质量评价(单项、单台机组质量评价和整体工程质量评价) 4. 优质工程申报、批准及证书		建设、施工、监理、咨询单位、上级主管单位、评价单位	建设单位	30 年	
869	其他							
87	竣工图							
870	综合		1. 竣工图编制说明、目录、汇总表等 2. 总平面布置图	DL/T 5229	设计、施工单位	设计、施工单位	永久	

续表

分类号	类目名称	归档范围		执行依据	文件来源	组卷单位	保管期限	备注
		分目	主要文件					
871	光伏发电单元		1. 阵列区土建竣工图 2. 阵列区构支架竣工图 3. 阵列区电气一次竣工图 4. 阵列区电气二次竣工图	DL/T 5229	设计、施工单位	设计、施工单位	永久	
872	汇集站		1. 汇集站土建竣工图 2. 汇集站电气一次竣工图 3. 汇集站电气二次竣工图	DL/T 5229	设计、施工单位	设计、施工单位	永久	
873	集电线路		1. 线路路径图、杆塔一览图等竣工图 2. 杆塔基础等竣工图 3. 平断面图、明细表、机电特性安装、金具及防震装置、网络通信、线路避雷器等竣工图	DL/T 5229	设计、施工单位	设计、施工单位	永久	
874	升压站/开关站		1. 土建竣工图 2. 电气一次竣工图 3. 电气二次（含继电保护）竣工图 4. 通信、自动化、远动、监控竣工图 5. 水工、暖通竣工图 6. 其他	DL/T 5229	设计、施工单位	设计、施工单位	永久	
875	消防工程		消防、火灾报警系统竣工图	DL/T 5229	设计、施工单位	设计、施工单位	永久	
876	交通工程		交通工程竣工图	DL/T 5229	设计、施工单位	设计、施工单位	永久	
877	排洪工程		排洪工程竣工图	DL/T 5229	设计、施工单位	设计、施工单位	永久	
878	辅助工程		安防系统等辅助工程竣工图	DL/T 5229	设计、施工单位	设计、施工单位	永久	
879	其他							
88	其他							
9	设备仪器							

分类号	类目名称	归档范围		执行依据	文件来源	组卷单位	保管期限	备注
		分目	主要文件					
90	综合							
91	光伏发电单元							
910	支架		1. 出厂质量证明 2. 装箱单 3. 零部件清单 4. 使用说明书 5. 检验报告 6. 图纸、技术文件等	GB/T 9535	厂家	建设单位 物资管理单位	30 年	
911	组件		1. 出厂质量证明 2. 装箱单 3. 使用说明书 4. 监造记录与报告 5. 试验报告 6. 图纸、技术文件等	CGC GF002	厂家	建设单位 物资管理单位	30 年	
912	汇流箱		1. 出厂质量证明 2. 使用说明书 3. 试验报告 4. 图纸、技术文件等	GB/T 30427	厂家	建设单位 物资管理单位	30 年	
913	逆变器		1. 出厂质量证明 2. 使用说明书 3. 试验报告 4. 图纸、技术文件等	GB 7251 GB 50150	厂家	建设单位 物资管理单位	30 年	
914	直流柜		1. 出厂质量证明 2. 使用说明书 3. 试验报告 4. 图纸、技术文件等		厂家	建设单位 物资管理单位	30 年	

续表

分类号	类目名称	归档范围		执行依据	文件来源	组卷单位	保管期限	备注
		分目	主要文件					
915	数据采集	数据采集器、服务器、通信柜等	1. 出厂质量证明 2. 使用说明书 3. 试验报告 4. 图纸、技术文件等		厂家	建设单位 物资管理单位	30年	
916	箱式变压器		1. 出厂质量证明 2. 使用说明书 3. 试验报告 4. 图纸、技术文件等	GB/T 10228	厂家	建设单位 物资管理单位	30年	
919	其他							
92	汇集站							
920	站用变压器		1. 出厂质量证明 2. 使用说明书 3. 试验报告 4. 图纸、技术文件等	GB 1094.1	厂家	建设单位 物资管理单位	30年	
921	配电装置		1. 出厂质量证明 2. 说明书 3. 试验报告 4. 图纸、技术文件等	GB 50060 GB 50054	厂家	建设单位 物资管理单位	30年	
922	继电保护及二次设备		1. 出厂质量证明 2. 使用说明书 3. 试验报告 4. 图纸、技术文件等	DL/T 317 JB/T 7104	厂家	建设单位 物资管理单位	30年	
929	其他							
93	集电线路（含厂用电源线路）						30年	

续表

分类号	类目名称	归档范围 主要文件		执行依据	文件来源	组卷单位	保管期限	备注
		分目	主要文件					
934	防雷接地装置		1. 出厂质量证明 2. 装箱单 3. 说明书 4. 试验报告等	GB 50057 GB 50343	厂家	建设单位 物资管理单位	30 年	
935	线路监测、检测		1. 出厂质量证明 2. 试验报告 3. 现场检验移交单	GB/T 25095	厂家	建设单位 物资管理单位	30 年	
939	其他							
94	升压站/开关站							
940	主变压器		1. 出厂质量证明书 2. 使用说明书 3. 试验报告 4. 图纸、技术文件等	GB 1094.1	厂家	建设单位 物资管理单位	30 年	
941	高压设备及配电装置		1. 出厂质量证明书 2. 使用说明书 3. 试验报告 4. 图纸、技术文件等	GB 50060 JB/T 9694 DL/T 639	厂家	建设单位 物资管理单位	30 年	
942	低压配电设备		1. 出厂质量证明书 2. 使用说明书 3. 试验报告 4. 图纸、技术文件等	GB 50054	厂家	建设单位 物资管理单位	30 年	
943	继电保护及二次设备		1. 出厂质量证明书 2. 使用说明书 3. 试验报告 4. 图纸、技术文件等	DL/T 317 JB/T 7104	厂家	建设单位 物资管理单位	30 年	

续表

分类号	类目名称	归档范围		执行依据	文件来源	组卷单位	保管期限	备注
		分目	主要文件					
944	直流系统		1. 出厂质量证明 2. 使用说明书 3. 试验报告 4. 图纸、技术文件等	DL/T 358	厂家	建设单位 物资管理单位	30年	
945	自动装置	01 气象环境监测设备	1. 出厂质量证明 2. 使用说明书 3. 试验报告 4. 图纸、技术文件等 5. 质量保证书 6. 试验报告	DL/T 5158 GB/T 12649 JGJ/T 264	厂家	建设单位 物资管理单位	30年	
		02 光功率预测设备	1. 出厂质量证明 2. 使用说明书 3. 试验报告 4. 图纸、技术文件等 5. 质量保证书 6. 试验报告	JGJ/T 264	厂家	建设单位 物资管理单位	30年	
		03 监控系统	1. 出厂质量证明 2. 使用说明书 3. 试验报告 4. 图纸、技术文件等	DL/T 1297	厂家	建设单位 物资管理单位	30年	
946	GIS设备		1. 出厂质量证明 2. 装箱单 3. 说明书 4. 出厂试验报告 5. 认可图 6. 最终图（操作原理、二次接线、铭牌、外形尺寸图） 7. 微水测试仪使用说明书 8. SF$_6$气体回收装置说明书 9. 质量证明及试验行试验报告 10. 其他图纸、技术文件等	DL/T 617 DL/T 728 GB 7674	厂家	建设单位 物资管理单位	30年	

续表

分类号	类目名称	分目	归档范围 主要文件	执行依据	文件来源	组卷单位	保管期限	备注
947	特种设备	电梯、起重、吊装等	1.出厂质量证明 2.使用说明书 3.试验报告 4.技术文件 5.年检证书 6.检测报告等	TSG Z0001	厂家	建设单位 物资管理单位	30年	
949	其他							
95	消防工程							
950	火灾自动探测及报警系统		1.出厂质量证明 2.使用说明书 3.试验报告 4.图纸、技术文件等	GB 50116	厂家	建设单位 物资管理单位	30年	
951	灭火装置		检验报告或合格证	GB 4402	厂家	建设单位 物资管理单位	30年	
953	通风排烟系统	风机、通风管道、控制系统等	1.出厂质量证明 2.说明书 3.试验报告 4.图纸、技术文件等	GB 50016	厂家	建设单位 物资管理单位	30年	
954	应急照明	照明灯、电池、控制系统等	1.出厂质量证明 2.使用说明书 3.试验报告	GB 17945	厂家	建设单位 物资管理单位	30年	
959	其他							
96	交通工程							
97	排洪工程							

续表

分类号	类目名称	归档范围		执行依据	文件来源	组卷单位	保管期限	备注
		分目	主要文件					
971	排水泵		1. 出厂质量证明 2. 使用说明书 3. 试验报告 4. 图纸、技术文件等		厂家	建设单位 物资管理单位	30 年	
979	其他							
98	电缆及电缆附件							
980	电缆及附件		1. 出厂质量证明 2. 线材报告 3. 使用说明 4. 试验报告 5. 技术文件	GB/T 11017.2	厂家	建设单位 物资管理单位	30 年	
981	光缆及附件		1. 出厂质量证明 2. 线材报告 3. 使用说明 4. 试验报告 5. 技术文件	GB/T 11017.2	厂家	建设单位 物资管理单位	30 年	
989	其他							
99	其他辅助工程							
990	安防装置	电子围栏、监控系统、门禁系统等	1. 出厂质量证明 2. 说明书	GB 50395	厂家	建设单位 物资管理单位	30 年	
999	其他							

附录 C
（资料性附录）
档 案 用 表

档案用表见表 C.1～表 C.6。

表 C.1　　　　　　　　　　　　案 卷 外 封 面 式 样

单位：mm

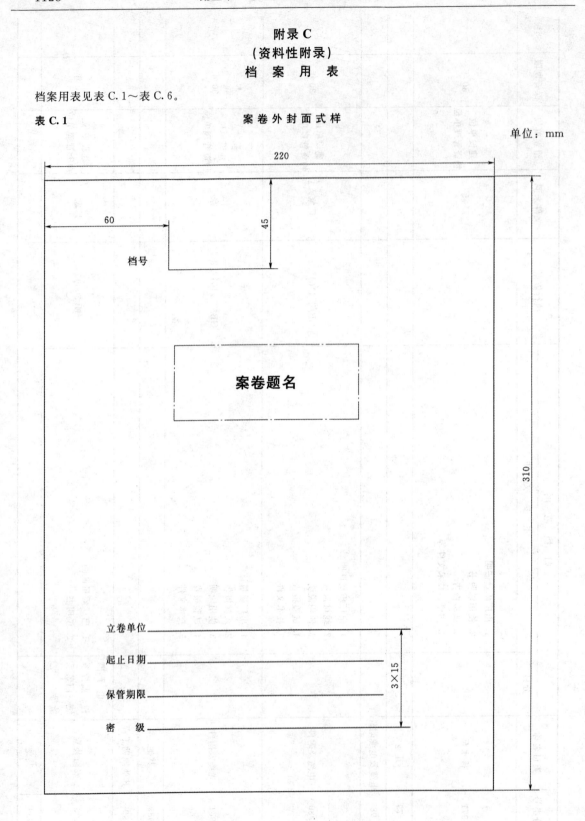

表 C.2 案 卷 脊 背 式 样 单位：mm

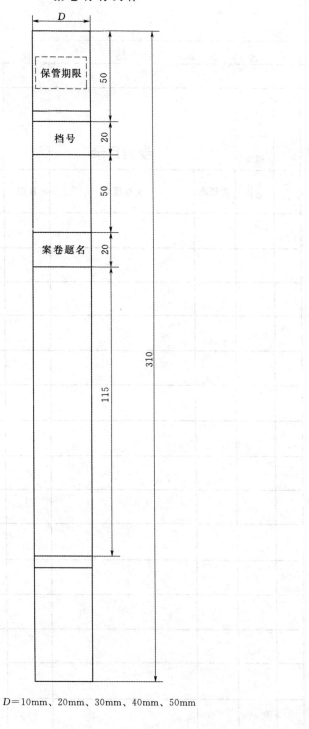

D=10mm、20mm、30mm、40mm、50mm

表 C.3　　　　　　　　　　卷内目录式样

单位：mm

序号	文件编号	责任者	档号 **卷内目录** 文件题名	日期	页数/页号	备注

表 C. 4　　　　　　　　　　备 考 表 式 样

单位：mm

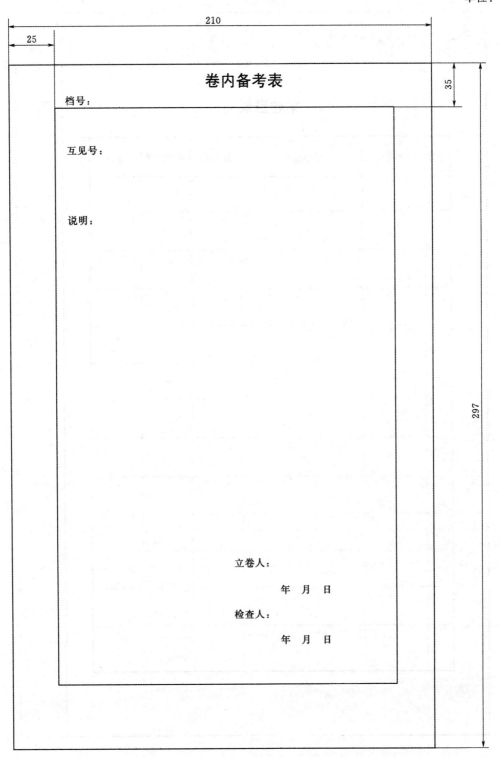

表 C.5　　　　　　　　　　　　　案 卷 目 录 式 样　　　　　　　　　　单位：mm

案卷目录

序号	档号	案卷题名	总页数	保管期限	备注

表 C.6.1　　　　　　　　　　**项目档案交接签证表（封面）式样**

　　　　项目（工程）名称：

　　　　移交单位（章）：

　　　　接收单位（章）：

　　　　交接日期：

　　页边距：上 25mm，下 20mm，左 29mm，右 14 mm

表 C.6.2　　　　　　　　　　　　项目档案交接签证表（附一）式样

项目（工程）名称					
合同编号					
档案数量	文字材料		照片/声像		
	竣工图		电子文件光盘		

档案归档说明：（后附案卷目录）

页边距：上 25mm，下 20mm，左 29mm，右 14mm

表 C.6.3   项目档案交接签证表（附二）式样

移交 单位 自检 意见	技术负责人： 　年　月　日
	档案人员： 　年　月　日
监理 单位 审核 意见	项目总监： 　年　月　日
	档案人员： 　年　月　日
建设 单位 验收 意见	工程负责人： 　年　月　日
	档案人员： 　年　月　日

页边距：上 25mm，下 20mm，左 29mm，右 14mm

附录 D

（资料性附录）

工程照片归档范围参照表

工程照片归档范围参照表见表 D.1。

表 D.1　工程照片归档范围参照表

分类号	类目名称	归档范围	照片要求	形成单位	备注
80	项目准备	开工等	主要会场场景，奠基	建设单位	
81	项目设计	选址，原貌	主要地貌及周围环境；线路部分通原貌	设计单位	
82	项目管理	重大活动，质量监督	重大活动形成的照片，按监检阶段，反映监检过程及质量特色	建设单位	
83	施工				
830	综合	基础验槽	典型基槽地质状况、清槽后全貌	施工单位	
		基础拆模	具有代表性拆模后混凝土表面观感质量	施工单位	
		接地装置	埋深、搭接长度及防腐等局部	施工单位	
831	光伏发电单元的土建与安装	支架安装工艺、驱动电机安装工艺、组件安装工艺、逆变器、箱变就位	整体观感、细部工艺、成品保护	施工单位	标明阵列区号
		逆变器、箱变、电缆到货检验、组件到货检验	组件开箱后外观及整体观感	施工单位	标明阵列区号
		电缆敷设工艺、电缆接线工艺、导线连接工艺	敷设、接线工艺	施工单位	
832	汇集站的土建与安装	地基验槽	典型基槽地质状况、清槽后全貌	施工单位	
		接地装置、土建施工	埋深、搭接长度及防腐等局部	施工单位	
		汇集站外貌	整体观感	施工单位	
		基础保护帽、防水封堵	工艺、钢筋绑扎、防水工程	施工单位	
		主要设备、母线安装	整体观感、细部工艺	施工单位	
		设备接地引线	整体观感	施工单位	
		电缆敷设、电缆接线、导线接线	敷设、接线工艺	施工单位	室外接地具有代表性 1 张，室内 1~2 张
		防火封堵	细部工艺	施工单位	
		二次接线	整体观感、细部工艺	施工单位	控制室内 1 张、高压柜接线 1 张，二次接线 1 张
		屏柜安装	整体观感、细部工艺	施工单位	
		隐蔽工程	电气部分隐蔽工程及特殊试验	施工单位	

续表

分类号	类目名称	归档范围	照片要求	形成单位	备注
833	集电线路	地基验槽	基槽地质状况、清槽后全貌	施工单位	
		铁塔组立	典型塔型、成品保护	施工单位	标明杆塔号
		接地装置	埋深、搭接长度及防腐等局部	施工单位	
		导线压接及光缆接续	压接、接续	施工单位	
834	升压站/开关站土建与安装	地基验槽	基槽地质状况、清槽后全貌	施工单位	
		接地装置、接地极土建施工	埋深、搭接长度及防腐等局部	施工单位	
		主控楼、基础工程护帽	钢筋绑扎、防水工程及保护帽工艺	施工单位	全景照片1张
		主要设备安装、母线安装	整体观感、细部工艺	施工单位	
		设备接地引线	整体观感	施工单位	
		电缆（敷设、穿管）	整体观感、细部工艺	施工单位	
		防火封堵	细部工艺	施工单位	
		二次接线	表现整体观感或细部工艺	施工单位	
		屏柜安装	表现整体观感或细部工艺	施工单位	
		隐蔽工程安装施工	接地、电缆敷设等隐蔽工程及特殊试验	施工单位	
835	消防工程	消防设施、设备	站内及典型照片	施工单位	
836	交通工程	道路、排水沟、涵洞、桥梁	典型照片	施工单位	
837	排洪工程			施工单位	
838	辅助工程			施工单位	
84	调整试验			施工单位	
85	综合				
850		质量、安全控制	质量问题及事故调查	监理单位	
851	工程监理	现场协调	现场工程检查（土建、安装、调试）	监理单位	每个主要项目的关键节点各1张
852	设备监理	隐蔽工程	现场验收照片		
		隐蔽部位照片	对隐蔽工程、关键试验验收点、不可重复试验验收点的验收，应留取数码照片		

6 光伏发电工程达标投产验收规程

（GB/T 50796—2012）

前　言

本规程根据《国家能源局关于下达 2013 年第一批能源领域行业标准制（修）订计划的通知》（国能科技〔2013〕235 号）的要求编制。

本规范在编制过程中，编制组经广泛调查研究，认真总结实践经验，参考有关国内外先进标准，并在广泛征求意见的基础上，最终经审查定稿。

本规范共分为 11 个章节和 4 个附录，主要内容包括：总则，术语，基本规定，达标投产检查验收内容，达标投产初验，达标投产复验，达标投产验收结论。

本标准由中国电力企业联合会提出并归口。

本标准主要起草单位：中国电力建设企业协会、黄河上游水电开发有限责任公司。

本标准主要起草人：范幼林、谢小平、杨存龙、庞秀岚、戴光、陈发宇、苏晓军、李婧、孙玉泰、张伟、顾斌、桑振海、田种青、许建军、雷斌、宋山茂、刘世隆、王伦、汪洋、薛伟伟、邓学惠。

本标准主要审查人：汪毅、许松林、刘永生、蒋雁、李庭林、王志、王淼、王斌、徐军、吕嵩、王学、王亦平、许爱东、李伟、赵光曦、陈庆文、苏超、肖玉桥、李国良、郑东升。

本标准在执行过程中的意见或建议反馈至中国电力企业联合会标准化中心（北京市白广路二条 1 号，100761）。

1 总则

1.0.1 为规范光伏发电工程达标投产验收工作，提高工程建设质量和整体工程移交水平，制定本规程。

1.0.2 本规程适用于大、中型光伏发电工程。

1.0.3 光伏发电工程达标投产验收，应对工程建设程序的合规性、全过程质量控制的有效性以及电站投产后的整体工程质量，采取量化指标比照和综合检验相结合的方式实施。

1.0.4 光伏发电工程达标投产验收除应符合本规程外，尚应符合国家现行有关标准的规定。

2 术语

2.0.1 达标投产验收 acceptance of reach the standard and put into production

采取量化指标比照和综合检验相结合的方式对工程建设程序的合规性、全过程质量控制的有效性以及电站投产后的整体工程进行质量符合性验收。

2.0.2 基本符合 basically conformed

实物及项目文件质量存在少量瑕疵，能满足安全、使用功能，称为基本符合。

3 基本规定

3.0.1 建设单位应制定工程达标投产规划，组织参建单位编制达标投产实施细则，并在建设过程中组织实施。

3.0.2 达标投产验收以核准的建设项目为单位进行，分为初验和复验两个阶段。

3.0.3 达标投产初验应在光伏发电工程启动试运后 3 个月内完成，复验宜在初验完成后 6 个月内进行。

3.0.4 达标投产初验不具备检查验收条件的"检验项目"应在复验时进行。

3.0.5 检验项目性质包括"主控""一般"两种类型，除标为"主控"的项目外，其余性质均为"一般"。

3.0.6 项目文件检查时，职业健康安全与环境管理、土建工程、光伏发电单元安装、线路工程、升压站/开关站设备安装、调整试验与主要技术指标重点核查项目文件内容的真实性及正确性，工程综合管理与档案重点核查项目文件的完整性及系统性。

4 达标投产检查验收内容

4.0.1 职业健康安全与环境管理检查验收应按表 4.0.1 的规定进行。

表 4.0.1　　　　　职业健康安全与环境管理检查验收表

检验项目	检验标准	性质	存在问题	验收结果		
				符合	基本符合	不符合
1 组织机构	1）工程建设项目成立由建设单位和各参建单位组成的项目安全生产委员会，按职责开展工作，并根据人员变化及时调整	主控				
	2）主要施工单位项目部设置安全生产管理部门					
	3）施工单位项目部配备专职安全生产管理人员，项目负责人、专职安全生产管理人员持证上岗	主控				

检验项目	检 验 标 准	性质	存在问题	验 收 结 果		
				符合	基本符合	不符合
2 安全管理	1）建设单位和参建单位按《建设工程安全生产管理条例》规定，履行各自安全责任					
	2）施工单位安全生产费用按规定提取，专款专用					
	3）建设单位与参建单位签订职业健康安全与环境管理协议，明确各自的权利、义务与责任	主控				
	4）建设单位和参建单位安全管理人员和作业人员按规定参加培训，考试合格					
	5）施工单位从事危险作业的人员有意外伤害保险					
	6）建设单位和参建单位按规定进行安全检查，对发现的问题整改闭环，并形成记录	主控				
3 规章制度	安全生产例会、安全技术交底、隐患排查治理、特种设备及特种人员管理、劳动保护用品管理等安全管理制度齐全，实施有效，记录齐全	主控				
4 安全目标与方案措施	1）建立健全工程项目职业健康安全与环境管理体系，并对职业健康安全与环境管理目标进行分解					
	2）对工程项目进行危险源、环境因素辨识与评价，制定针对性控制措施，经审批后实施	主控				
	3）对于改建或扩建工程，在生产与施工区域之间制定有效隔离措施，经审批后实施					
	4）对危险性较大的施工作业，按《危险性较大的分部分项工程安全管理办法》编制专项技术方案和安全专项措施，经审批后实施	主控				
	5）安全技术措施和专项方案实施前，组织交底并履行签字手续					
	6）爆破作业制定安全管理办法及安全警戒管理制度，安全措施落实到位					
5 工程发包、分包与劳务用工	1）工程发包、分包符合要求	主控				
	2）施工单位按规定审查专业分包商、劳务分包商资质，报监理核查					
	3）施工单位与分包商、劳务分包商签订安全与环境管理协议，明确各自的权利、义务与责任					
	4）施工单位将分包商、劳务用工人员职业健康安全与环境管理的教育、监督、检查纳入本单位管理					
6 环境保护与水土保持	1）建设单位按《光伏发电站环境影响评价技术规范》NB/T 32001 开展了环境影响评价工作					
	2）将生态环境保护贯穿于工程建设全过程，优化工程设计与施工方案，减少工程对原地貌和植被的破坏	主控				
	3）站区环境保护与水土保持措施符合设计要求	主控				
	4）建设单位开展了绿色施工策划，按《建筑工程绿色施工评价标准》GB/T 50640 的规定进行评价，施工单位在施工组织设计中编制绿色施工方案并组织实施					

检验项目	检 验 标 准	性质	存在问题	验收结果		
				符合	基本符合	不符合
7 安全设施	1）安全设施与主体工程建设同时设计、同时施工、同时投入运行	主控				
	2）现场沟、坑、孔洞、临边的护栏或盖板、安全网齐全、可靠，安全通道畅通					
	3）高处、交叉、起重等特种作业安全隔离与防护设施到位					
	4）各类安全警示标示（标志）齐全，标识清晰	主控				
8 施工用电与临时接地	1）施工用电方案符合《建设工程施工现场供用电管理规范》GB 50194 的规定	主控				
	2）动力配电箱与照明配电箱分别设置，电动工器具"一机、一闸、一保护"					
	3）施工用电设施定期检查并形成记录					
	4）用于加工、运输、储存乙炔、氧气及油类等易燃易爆物品的设备及管道防静电、防雷、接地可靠					
	5）电气设备接地可靠					
	6）定期对临时接地进行检查并形成记录					
9 脚手架	1）脚手架搭拆按审批的措施交底、实施	主控				
	2）脚手架挂牌使用、定期检查，并形成记录					
10 特种设备	1）特种设备操作人员持证上岗					
	2）特种设备台账完整					
	3）特种设备有安全操作规程					
	4）特种设备使用前经专业机构检测并取得使用许可，登记标识置于该特种设备显著位置	主控				
	5）特种设备定期维护保养，并形成记录					
	6）特种设备年检合格	主控				
11 危险品保管	1）制定危险品运输、储存、使用、管理制度					
	2）各类易燃易爆品储存区、储罐区与建筑物之间的安全距离符合《建筑设计防火规范》GB 50016 及《常用化学危险品贮存通则》GB 15603 的规定，并有明显的标志，标志符合要求	主控				
	3）爆炸危险场所及危险品仓库内，采用防爆型电气设备，开关置于室外	主控				
12 全厂消防	1）消防设计经公安消防机构审查确认，消防系统及设施经公安消防机构验收合格，并定期检查，形成记录	主控				
	2）建（构）筑物及设施的耐火等级、安全疏散通道、防火防烟分区、防火距离、装饰装修材料及外墙保温符合《建筑设计防火规范》GB 50016 规定					
	3）重点防火区域和防火部位警示标识醒目，消防通道、紧急疏散通道畅通	主控				

检验项目	检 验 标 准	性质	存在问题	验 收 结 果		
				符合	基本符合	不符合
12 全厂消防	4）消防器材配置符合《建筑灭火器配置设计规范》GB 50140、《建筑灭火器配置验收及检查规范》GB 50444 规定					
	5）火灾自动报警系统单独布线，系统内不同电压等级、不同电流类别的线路未布设在同一管内或线槽的同一槽孔内，且符合《火灾自动报警系统施工及验收规范》GB 50166 的规定					
	6）移动式消防器材定置管理符合《建筑灭火器配置验收及检查规范》GB 50444 的规定					
	7）临时用房防火符合《建设工程施工现场消防技术规范》GB 50720					
13 劳动保护	1）劳动保护用品的采购、验收、保管、发放、使用、报废符合要求	主控				
	2）从事职业危害作业人员定期体检					
	3）施工现场有卫生、急救、防疫、防毒等专项措施，并组织实施					
14 灾害预防及应急预案	1）建设单位和各参建单位建立灾害预防与应急管理体系，职责明确					
	2）根据工程所在地域可能发生的自然灾害及安全事故，制定相应的应急预案并储备应急物资					
	3）建设单位和各参建单位定期组织预案演练、评价，并形成记录	主控				
15 调试、试运行	1）系统试运、整套启动、生产运行规程经审批后实施，并形成记录					
	2）不间断电源、备用电源或保安电源切换运行可靠	主控				
	3）试运、生产阶段严格执行"两票三制"	主控				
16 事故、调查处理	1）未发生较大及以上安全责任事故	主控				
	2）未发生重大环境污染责任事故	主控				
	3）未发生恶性误操作责任事故	主控				
	4）未发生重大交通责任事故	主控				
	5）安全事故及时报告、处理、统计					
	6）按"四不放过"原则进行事故处理	主控				

主控检验个数：	一般检验个数：	监理单位专业技术负责人：（签字）	现场复（初）验组成员：（签字）
基本符合个数：	基本符合个数：	建设单位专业技术负责人：（签字）	组长：（签字）
基本符合率：　　%	基本符合率：　　%	年　月　日	年　月　日

4.0.2 土建工程质量检查验收应按表 4.0.2 的规定进行。

表 4.0.2　　　　　　　　　　　　土建工程质量检查验收表

检验项目	检验标准	性质	存在问题	验收结果		
				符合	基本符合	不符合
实 体 质 量						
1 光伏组件支架基础	光伏组件支架基础施工质量符合《光伏发电工程验收规范》GB 50796、《光伏发电站施工规范》GB 50794 的规定					
	1）混凝土独立基础、条形基础的验收符合《混凝土结构工程施工质量验收规范》GB 50204 的规定					
	2）桩式基础的验收符合《建筑地基基础工程施工质量验收规范》GB 50202 的规定					
	3）外露的预埋螺栓（预埋件）的防腐符合设计要求	主控				
	4）组件支架基础采用混凝土独立基础或条形基础时，尺寸允许偏差为：					
	（1）轴线：±10mm					
	（2）顶标高：0mm～−10mm					
	（3）垂直度：每米≤5mm、全高≤10mm					
	（4）截面尺寸：±20mm					
	5）组件支架基础采用桩式基础时，尺寸允许偏差为：					
	（1）桩位："直径/10"且小于或等于 30					
	（2）桩顶标高：0mm，−10mm					
	（3）垂直度：每米≤5mm、全高≤10mm					
	（4）桩径（截面尺寸）：灌注桩±10mm、混凝土预制桩±5mm、钢桩±0.5%D（钢桩直径）					
	6）光伏组件支架基础预埋螺栓（预埋件）允许偏差：					
	（1）标高偏差：预埋螺栓＋20mm，0mm；预埋件 0mm，−5mm					
	（2）轴线偏差：预埋螺栓 2mm，预埋件±5mm					
2 建筑物地基基础	1）结构垂直度偏差符合《电力建设施工质量验收及评价规程　第 1 部分：土建工程》DL/T 5210.1 的规定					
	2）基础相对沉降量符合《建筑变形测量规范》JCJ 8 的规定；累计沉降量符合设计要求	主控				
	3）无有害结构裂缝，无影响使用功能或耐久性的缺陷	主控				
	4）基础防腐符合设计要求					
3 测量控制点、沉降观测点	沉降观测点、测量控制点防护完好，标识规范					
4 观感质量	1）观感质量检查方法、内容符合《电力建设施工质量验收及评价规程　第 1 部分：土建工程》DL/T 5210.1 的规定					
	2）工程实体观感质量与验收结论相符合					

检验项目	检 验 标 准	性质	存在问题	验 收 结 果		
				符合	基本符合	不符合
5 混凝土工程	1）混凝土强度检验结果满足设计规定					
	2）混凝土结构表面无严重污染、破损等缺陷					
	3）混凝土结构平整密实、色泽均匀、边角方正、棱角顺直					
6 钢结构工程及平台栏杆	1）无明显变形、损伤、污染、锈蚀	主控				
	2）防腐、防火的施工质量符合《电力建设施工技术规范 第1部分：土建结构工程》DL 5190.1 的规定					
	3）压型钢板围护结构表面平整，拼缝严密、顺直，无色差、翘边、损坏、起鼓、污染，不漏水					
7 砌体工程	1）砌体工程组砌方法正确、灰缝饱满					
	2）清水墙面无污染和泛碱；勾缝均匀、光滑、顺直、深浅一致；平整度、垂直度符合《砌体结构工程施工质量验收规范》GB 50203 的规定					
8 装饰与装修	1）抹灰					
	（1）基层与墙体粘结牢固，无龟裂、空鼓、裂缝					
	（2）分格缝（条）宽、深均匀，棱角整齐，表面光滑					
	（3）滴水线（槽）的设置符合《建筑装饰装修工程质量验收规范》GB 50210 规定，排水坡度满足使用功能					
	（4）上下窗洞口位置宜一致，窗框与墙体之间缝隙填塞密实完整					
	2）门窗安装					
	（1）门（窗）框、扇安装牢固，启闭灵活、严密，无倒翘；门（窗）框与墙体密封严密、平直、美观					
	（2）推拉门窗防脱落、防碰撞等配件安装齐全牢固、位置正确，功能符合使用要求					
	（3）门窗朝向正确，玻璃安装牢固、无裂纹、损伤、松动，且符合《建筑装饰装修工程质量验收规范》GB 50210 的规定					
	（4）开窗机构安装正确，启闭灵活、严密、操作方便					
	3）吊顶和饰面					
	（1）构造正确、安装牢固、工艺美观					
	（2）饰面洁净、色泽一致，平整，无翘曲、压条平直、宽窄一致					
	（3）无裂缝、缺损、渗漏痕迹、污染					
	4）饰面砖粘贴					
	（1）粘贴牢固，无空鼓、裂痕、脱落					
	（2）阴阳角处搭接方式正确，全立面整砖套割吻合，边缘整齐，踢脚、墙裙、贴面突出厚度一致					
	（3）缝隙均匀平直，表面平整、洁净、色泽一致					

检验项目	检 验 标 准	性质	存在问题	验收结果		
				符合	基本符合	不符合
	5）地面					
	（1）现浇水磨石地面分格条顺直、清晰、无断条，石子的粒径、颜色分布均匀，表面平整光滑、色泽一致、光泽度合格，无空裂、砂眼、麻纹；边角和变形缝处理符合设计要求					
	（2）自流平地面、耐磨地面色彩一致，表面平整，无裂缝、修补痕迹					
	（3）现浇混凝土楼板、细石混凝土面层原浆一次抹面、找平、压光					
	（4）块料地面铺设符合《建筑地面工程施工质量验收规范》GB 50209 的规定					
	（5）塑胶地板粘贴良好，接缝严密，无气泡					
	（6）防腐地面无裂缝、渗漏，并符合设计要求					
	（7）实木地板、防静电地板、复合地板、踢脚线（板）的安装及楼梯踏步和台阶的饰面砖施工符合要求					
	（8）散水分隔缝、沉降缝处理符合设计要求；无开裂、塌陷					
8 装饰与装修	（9）卫生间地面防滑，且不积水					
	6）幕墙安装					
	（1）结构与幕墙连接的各种预埋件数量、规格、位置和防腐处理符合《建筑装饰装修工程质量验收规范》GB 50210、《玻璃幕墙工程技术规范》JGJ 102 及《金属与石材幕墙工程技术规范》JGJ 133 的规定					
	（2）幕墙结构胶和密封胶的打注饱满、密实、连续、均匀、无气泡，宽度和厚度符合《建筑装饰装修工程质量验收规范》GB 50210、《玻璃幕墙工程技术规范》JGJ 102 及《金属与石材幕墙工程技术规范》JGJ 133 的规定					
	7）涂饰工程					
	（1）涂层材料符合设计要求					
	（2）涂料涂饰均匀、色泽一致、粘结牢固，无漏涂、透底、起皮、流坠、裂缝、掉粉、返锈、污染					
	8）室内环境检测					
	主控制室等长期有人值班房间进行室内环境污染浓度检测，检测结果符合《民用建筑工程室内环境污染控制规范》CB 50325 规定	主控				
9 屋面及防水工程	1）防水层铺贴符合标准和设计要求，无破损、空鼓、起皱、坡度、坡向正确，排水顺畅，无积水					
	2）天沟檐沟、泛水收口、水落口、变形缝、伸出屋面管道等细部构造处理符合设计要求和《屋面工程质量验收规范》GB 50207 的规定					

续表

检验项目	检 验 标 准	性质	存在问题	验 收 结 果		
				符合	基本符合	不符合
9 屋面及防水工程	3）地下工程防水无渗漏，且符合《地下工程防水技术规范》GB 50108 的规定					
	4）防水楼地面、地漏、立管、套管、阴阳角部位和卫生洁具根部等无渗漏	主控				
	5）上人屋面					
	（1）上人屋面的女儿墙或栏杆，高度超过 10m 的，其净高为 1100mm；高度超过 20m 的，其净高为 1200mm					
	（2）卷材防水屋面上的设备基座与结构层相连时，防水层包裹在设施基座上部，并在地脚螺栓周围做密封处理					
	（3）在防水层上放置设备时，其下部的防水层做卷材增强层，必要时在其上浇筑细石混凝土，其厚度不应小于 50mm	主控				
	（4）需经常维护的设施周围和屋面出入口至设施之间的人行道铺设刚性保护层					
	（5）块材面层和保护层与女儿墙根部间留不小于 30mm 宽的柔性防水材料填充缝					
10 给排水、采暖	1）管道坡度、坡向正确，支吊架配制安装符合设计要求，补偿措施可靠	主控				
	2）管道和阀门无渗漏，阀门、仪表安装便于操作和检修					
	3）生活污水管道检查口、清扫口位置正确					
	4）管道焊缝饱满、均匀					
	5）管道防腐、保温符合设计要求和《建筑给水排水及采暖工程施工质量验收规范》GB 50242 的规定					
	6）设备安装符合《建筑给水排水及采暖工程施工质量验收规范》GB 50242 的规定					
11 通风空调	1）风管穿过封闭的防火、防爆墙体或楼板时及风管的安装符合《通风与空调工程施工规范》GB 50738 及《通风与空调工程施工质量验收规范》GB 50243 的规定	主控				
	2）设施齐全、功能正常、操作方便、气流通道合理					
	3）通风机传动装置的外露部位以及直通大气的进、出口，装设防护罩（网）或采取其他安全设施	主控				
	4）管道阀门无渗漏					
	5）管道保温符合设计要求及《通风与空调工程施工质量验收规范》GB 50243 的规定					
12 消防	1）消火栓、箱安装位置符合设计要求，标识醒目；箱内栓口位置、朝向、高度正确，设施齐全，且符合《建筑设计防火规范》GB 50016、《火力发电厂与变电站设计防火规范》GB 50229 及《建筑给水排水及采暖工程施工质量验收规范》GB 50242 的规定	主控				
	2）有防火要求的部位，选用的材料符合设计要求					

续表

检验项目	检 验 标 准	性质	存在问题	验 收 结 果		
				符合	基本符合	不符合
13 建筑电气	1) 电气装置的接地电阻值符合设计要求	主控				
	2) 开关、插座、灯具等安装符合《建筑电气照明装置施工与验收规范》GB 50617 及《建筑电气工程施工质量验收规范》GB 50303 的规定					
	3) 建（构）筑物和设备的防雷接地可靠、可测，接地符合设计要求和《建筑物防雷施工与质量验收规范》GB 50601 及《建筑电气工程施工质量验收规范》GB 50303 的规定	主控				
14 智能建筑	1) 安装符合设计要求和《智能建筑工程施工规范》GB 50606 及《智能建筑工程质量验收规范》GB 50339 的规定					
	2) 电源与接地系统保证建筑物内设备智能化系统的正常运行和人身、设备安全	主控				
15 沟道及盖板	1) 沟道顺直、平整，排水坡度、坡向正确，无渗漏、积水、杂物，伸缩缝处理符合设计要求					
	2) 沟盖板铺设平稳、顺直、缝隙一致，无破损、裂纹等缺陷	主控				
16 道路、地坪及围墙	1) 混凝土路面、室外场坪平整密实、无缺损、裂缝、脱皮、起砂、积水、下沉、污染，接缝平直，胀缝和缩缝位置、宽度、深度、填缝符合设计要求					
	2) 沥青路面面层平整、坚实，接茬紧密、平顺，烫缝不枯焦，路面无积水					
	3) 路面雨水井和检查井的施工及验收符合《给水排水管道工程施工及验收规范》GB 50268 的规定					
	4) 路缘石完整、无破损、安装牢固、弧度美观、线条顺直					
	5) 围墙施工质量符合设计要求，变形缝、抹灰分格缝、排水口的位置和处理及压顶滴水檐的处理符合规定					
17 建筑节能	建筑节能工程施工符合《建筑节能工程施工质量验收规范》GB 50411 的规定					
	项 目 文 件					
18 技术标准清单	1) 本工程本专业执行技术标准清单齐全，施工单位编制、审核、批准手续齐全，并经监理和建设单位确认					
	2) 整理有序、动态管理					
19 强制性条文执行	1) 实施计划内容详细、可操作					
	2) 执行、检查记录齐全	主控				
20 质量验收项目划分	1) 按《光伏发电工程验收规范》GB/T 50796，结合工程实际编制质量验收项目划分表，并经审批后实施					
	2) 单位、分部、分项、检验批工程验收与质量验收范围划分表一致					

检验项目	检　验　标　准	性质	存在问题	验收结果		
				符合	基本符合	不符合
21 技术文件的编制和执行	1）按《光伏发电工程施工组织设计规范》GB 50795 编制单位施工组织设计，经审批后实施	主控				
	2）主要和特殊工程的施工技术方案经审批后实施，技术交底记录齐全					
	3）绿色施工专项措施经审批后实施，检查记录齐全	主控				
	4）建筑节能工程专项施工方案经审批后实施，检查记录齐全					
	5）危险性较大的分部分项工程有专项方案，并组织论证，经审批后实施					
22 重要报告、记录、签证	1）试验、检测					
	（1）试验室资质、业务范围符合要求	主控				
	（2）见证取样检验项目及数量符合要求					
	（3）第三方检验试验不少于规范规定数量，并加盖检测机构的 CMA 计量认证章	主控				
	2）勘测、设计					
	勘测、设计单位参加验槽和地基工程的施工质量验收	主控				
	3）监理					
	（1）建筑材料、构配件、设备进场检验					
	（2）检验试验见证取样签证并建立台账					
	（3）工程质量检查验收签证	主控				
	（4）监理工程师通知单和整改闭环记录					
	（5）工程质量评估报告					
	4）主要原材料、构配件					
	（1）出厂合格证及检验报告齐全					
	（2）钢筋（材）、水泥、砂石、外加剂、防水材料等现场复试报告，骨料碱活性检验报告	主控				
	（3）钢筋、水泥等重要原材料质量跟踪记录					
	（4）未使用国家技术公告中明令禁止和限制使用的技术（材料、产品）的证明	主控				
	（5）新型材料、新技术有鉴定报告或允许使用证明					
	5）主要质量控制资料					
	（1）单位（子单位）、分部工程质量控制资料齐全，符合标准规定					
	（2）设计修改和设计变更实施记录					
	（3）地基处理和桩基工程施工记录、检测报告（地基承载力检验报告、单桩承载力和桩身完整性检测报告）	主控				
	（4）回填土检测报告					

续表

检验项目	检 验 标 准	性质	存在问题	验 收 结 果		
				符合	基本符合	不符合
	(5) 混凝土强度（标养和同条件）、抗渗、抗冻、抗折等试验报告	主控				
	(6) 砌筑、抹灰砂浆强度报告					
	(7) 钢筋接头检验报告					
	(8) 验槽、钢筋、地下混凝土、隐蔽防水、大面积回填土、屋面工程、建筑电气埋管穿线、地下埋管、建（构）筑物防雷接地、吊顶、抹灰、门窗固定、外墙保温等隐蔽工程验收记录	主控				
	6）建筑物、主变压器基础沉降观测					
	(1) 沉降观测单位资质，观测人员资格					
	(2) 施工期及运行期沉降观测记录					
	7）安全和功能检测与主要功能抽查					
	(1) 单位（子单位）、分部工程安全和功能检验资料及主要功能抽查记录					
22 重要报告、记录、签证	(2) 建设单位、监理单位和施工单位签署确认的混凝土结构实体强度检测、重要梁板结构钢筋保护层厚度检测数量与部位技术文件	主控				
	(3) 混凝土结构实体强度检测报告、钢筋保护层厚度测试报告	主控				
	(4) 门窗"水密性、气密性、抗风压"检测报告符合设计要求					
	(5) 屋面淋水试验记录					
	(6) 有防水要求地面的蓄水试验记录					
	(7) 水池满水试验记录					
	(8) 承压管道系统水压试验报告、非承压系统和设备灌水试验报告	主控				
	(9) 主控制室等长期有人值班房间室内环境检测报告	主控				
	(10) 照明全负荷试验记录及应急照明试验记录					
	(11) 外墙饰面砖粘接强度检验记录					
	(12) 室内、室外消火栓试射记录					
	(13) 火灾报警及消防联动系统试验记录	主控				
	(14) 生活饮用水管道冲洗记录、消毒记录及检验报告					
	8）质量监督检查报告及问题整改闭环签证记录	主控				

主控检验个数：	一般检验个数：	监理单位专业技术负责人：（签字）	现场复（初）验组成员：（签字）
基本符合个数：	基本符合个数：	建设单位专业技术负责人：（签字）	组长：（签字）
基本符合率： %	基本符合率： %	年 月 日	年 月 日

4.0.3　光伏发电单元安装质量检查验收应按表4.0.3的规定进行。

表4.0.3　　　　　　　　　　　　　光伏发电单元安装质量检查验收表

检验项目	检　验　标　准	性质	存在问题	验收结果		
				符合	基本符合	不符合
实　体　质　量						
1 光伏组件支架	光伏组件支架安装质量符合《光伏发电工程验收规范》GB 50796、《光伏发电站施工规范》GB 50794的规定					
	1）固定式支架安装偏差符合： 中心线偏差：≤2mm； 梁标高偏差（同组）：≤3mm； 立柱面偏差（同组）：≤3mm					
	2）跟踪式支架安装偏差符合设计要求					
	3）跟踪式支架安装牢固、可靠，传动部分动作灵活，跟踪精度符合设计要求					
	4）支架与主接地系统连接可靠	主控				
	5）支架防腐符合设计要求	主控				
2 光伏组件	光伏组件安装质量符合《光伏发电工程验收规范》GB 50796、《光伏发电站施工规范》GB 50794的规定					
	1）光伏组件的外观及接线盒、连接器无损坏现象					
	2）光伏组件间接插件连接牢固					
	3）按照功率、电流参数进行分档和组装					
	4）光伏组件完好、表面清洁	主控				
	5）带边框的光伏组件将边框可靠接地	主控				
	6）光伏组件安装偏差符合：					
	（1）倾斜角度偏差：±1°					
	（2）光伏组件边缘高差：相邻光伏组件间≤2mm，同组光伏组件间≤5mm					
	7）测试与试验					
	（1）相同测试条件下，相同光伏组件串之间的开路电压偏差不大于2%，最大偏差值不超过5V	主控				
	（2）光伏方阵绝缘电阻测试结果符合设计要求					
	（3）光伏组件串电缆温度无超常温等异常情况					
3 汇流箱	汇流箱安装质量符合《光伏发电工程验收规范》GB 50796、《光伏发电站施工规范》GB 50794的规定					
	1）安装位置、安装高度及水平度满足设计要求					
	2）汇流箱及内部防雷模块接地牢固、可靠，且导通良好	主控				
	3）采用金属箱体的汇流箱接地可靠	主控				
	4）接线正确、连接可靠					
	5）极性（相序）正确，绝缘良好					
	6）命名编号规范、齐全、清晰					
	7）标识齐全、清晰					

续表

检验项目	检 验 标 准	性质	存在问题	验 收 结 果		
				符合	基本符合	不符合
3 汇流箱	8）测试及试验					
	（1）开关保护定值整定准确					
	（2）汇流箱进线端及出线端与汇流箱接地端间绝缘电阻不小于 20MΩ					
	（3）汇流箱监控数据齐全、准确					
4 配电柜	配电柜安装质量符合《电气装置安装工程　盘、柜及二次回路接线施工及验收规范》GB 50171 的规定					
	1）接地可靠	主控				
	2）配电柜与基础间连接牢固可靠					
	3）断路器手动分合正常，指示正确					
	4）接线正确、连接可靠					
	5）极性（相序）正确，绝缘良好					
	6）命名编号规范、齐全、清晰					
	7）标识齐全、清晰					
	8）测试及试验					
	（1）测量仪表校验合格，显示正确					
	（2）配电柜内断路器保护定值整定准确					
	（3）各支路进线端及出线端与直流配电柜接地端间绝缘电阻不小于 20MΩ					
5 逆变器	逆变器安装质量符合《光伏发电工程验收规范》GB 50796、《光伏发电站施工规范》GB 50794 的规定					
	1）逆变器与基础间连接牢固可靠					
	2）接线正确、连接可靠					
	3）极性（相序）正确，绝缘良好	主控				
	4）通风、散热、防尘符合设计要求					
	5）接地可靠	主控				
	6）交流侧接口处有绝缘保护					
	7）所有绝缘和开关装置功能正常					
	8）命名编号规范、齐全、清晰					
	9）标识齐全、清晰					
	10）测试与试验					
	（1）散热装置工作正常					
	（2）人机界面显示正确，数据上传正常	主控				
	（3）保护功能齐全，动作可靠	主控				
6 变压器	变压器安装质量符合《电气装置安装工程　高压电器施工及验收规范》GB 50147、《电气装置安装工程　电力变压器油浸式电抗器、互感器施工及验收规范》GB 50148 的规定					
	1）变压器与基础间连接牢固可靠					
	2）高、低压侧开关分合操作灵活、接触良好，开关位置指示正确					

续表

检验项目	检 验 标 准	性质	存在问题	验收结果		
				符合	基本符合	不符合
6 变压器	3）接线正确、连接可靠					
	4）接地可靠	主控				
	5）极性（相序）正确，绝缘良好					
	6）命名编号规范、齐全、清晰					
	7）标识齐全、清晰					
	8）测试及试验					
	（1）低压侧断路器监控远方操作动作正确					
	（2）变压器绝缘油试验合格，油位正常	主控				
	（3）变压器各项常规电气试验项目及结果符合规定	主控				
	（4）测控装置试验正常	主控				
	（5）高、低压侧电缆试验合格	主控				
7 盘、柜、箱	盘、柜、箱安装质量符合《电气装置安装工程 盘、柜及二次回路接线施工及验收规范》GB 50171 的规定					
	1）接地牢固可靠、导通良好，金属盘门采用裸铜软导线与金属构架或接地排可靠接地	主控				
	2）盘、柜、箱布置合理，便于检修和巡查					
	3）基础水平度、垂直度误差符合要求					
	4）成列盘、柜、箱顶部、盘面、盘间间隙误差符合规范要求，成列盘柜的颜色一致					
	5）成套柜的接地母线与主接地网连接可靠					
	6）标识、标牌规范、齐全、清晰					
8 电缆及电缆支架	1）电缆支架					
	（1）电缆支架符合设计要求，安装牢固，无锈蚀					
	（2）金属电缆支架接地良好	主控				
	（3）电缆支架距离、层间距离符合规定					
	（4）支架防腐符合设计要求					
	2）电缆					
	（1）直埋电缆的上、下部铺以不小于 100mm 厚，覆盖宽度不小于电缆两侧 50mm 的软土或沙层，并加盖板保护					
	（2）电力电缆终端、中间接头制作工艺符合要求	主控				
	（3）动力电缆与控制电缆分层敷设					
	（4）电缆排列整齐，多层布置电缆桥架内的电缆敷设均匀					
	（5）电缆弯曲半径符合要求					
	（6）电缆固定符合要求					
	（7）室外电缆保护管不宜设在积水处，防止进水、封堵严密					
	（8）电缆标识、标牌规范、齐全、清晰					

检验项目	检 验 标 准	性质	存在问题	验 收 结 果		
				符合	基本符合	不符合
9 二次接线	1) 导线绝缘层完好，接线牢固					
	2) 一个端子的接线数不超过 2 根，不同截面的芯线不得在同一个接线端子上					
	3) 导线弯曲弧度一致、工艺美观					
	4) 电缆及芯线标识齐全、统一，字迹清晰牢固					
	5) 备用芯长度至最远端子处，无裸露铜芯，对地绝缘良好					
	6) 多根电缆屏蔽层的接地汇总到同一接地母线排时，采用截面积不小于 1mm² 黄绿接地软线，压接时每个接线鼻子内屏蔽接地线不超过 6 根					
	7) 二次回路接地符合设计要求	主控				
	8) 光纤接引准确，衰减符合要求					
10 检验仪器、仪表	计量、试验与测量仪器仪表检验合格有效	主控				
项 目 文 件						
11 技术标准清单	1) 本工程本专业执行技术标准清单齐全，施工单位编制、审核、批准手续齐全，并经监理和建设单位确认					
	2) 整理有序、动态管理					
12 强制性条文执行	1) 实施计划内容详细、可操作					
	2) 执行、检查记录齐全	主控				
13 质量验收项目划分	1) 按《光伏发电工程验收规范》GB/T 50796，结合工程实际编制质量验收项目划分表，并经审批后实施	主控				
	2) 单位、分部及分项工程验收与质量验收范围划分表一致					
14 技术文件的编制和执行	1) 按《光伏发电工程施工组织设计规范》GB 50795 编制单位施工组织设计，经审批后实施	主控				
	2) 主要和特殊工程的施工技术方案，编审批手续齐全，经审批后实施，技术交底记录齐全					
	3) 绿色施工专项措施经审批后实施，检查记录齐全	主控				
15 重要报告、记录、签证	1) 试验、检测					
	(1) 支架防腐厚度检测记录					
	(2) 组件串间电压、电流测试记录					
	(3) 变压器试验报告					
	(4) 定值通知单、定值整定记录					
	(5) 信号、测量、控制、保护试验报告	主控				
	(6) 光伏方阵接地测试记录	主控				
	(7) 电力电缆试验报告					
	(8) 光缆测试记录					

续表

检验项目	检　验　标　准	性质	存在问题	验收结果		
				符合	基本符合	不符合
15 重要报告、记录、签证	2）勘测、设计					
	设计变更、变更设计、工作联系单					
	3）监理验收和签证					
	（1）原材料、构配件、设备进场验收记录					
	（2）抽检记录					
	（3）监理工程师通知单和整改闭环记录					
	（4）各阶段监理报告					
	4）主要原材料、构配件					
	（1）进场复检报告					
	（2）未使用国家技术公告中明令禁止和限制使用的技术（材料、产品）的证明					
	（3）新型材料、新技术有鉴定报告或允许使用证明					
	5）主要质量控制资料					
	（1）单位、分部及分项工程质量验收记录及签证					
	（2）隐蔽工程验收签证	主控				
	（3）设备缺陷报告、处理记录和质量事故报告及处理					
	6）质量监督检查报告及问题整改闭环签证记录	主控				

主控检验个数：	一般检验个数：	监理单位专业技术负责人：（签字）	现场复（初）验组成员：（签字）
基本符合个数：	基本符合个数：	建设单位专业技术负责人：（签字）	组长：（签字）
基本符合率：　　％	基本符合率：　　％	年　月　日	年　月　日

4.0.4　场内集电线路工程质量检查验收按表 4.0.4、表 4.0.5 的规定进行。

表 4.0.4　　　　　　**场内集电线路工程（架空线路部分）质量检查验收表**

检验项目	检　验　标　准	性质	存在问题	验收结果		
				符合	基本符合	不符合
实　体　质　量						
1 结构安全	杆塔结构符合设计图纸，安装正确					
2 线路复测	线路复测符合《220kV 及以下架空送电线路勘测技术规程》DL/T 5076 的规定，形成记录					
3 线路基础	1）混凝土强度、尺寸符合设计要求，混凝土强度评定符合要求	主控				
	2）混凝土表面平整光滑，无蜂窝、麻面、露筋					
	3）预埋件安装符合设计要求，保护帽平整光滑、棱线平直					
4 基础回填	基础回填符合规范要求，无明显沉降	主控				

续表

检验项目	检验标准	性质	存在问题	验收结果		
				符合	基本符合	不符合
5 杆塔组立	1）杆塔安装符合设计图纸	主控				
	2）杆塔材料损伤不超过规范规定					
	3）杆塔倾斜符合要求					
	4）转角及终端塔不向受力侧倾斜	主控				
6 螺栓安装	1）螺栓规格符合设计要求，安装正确	主控				
	2）螺栓与构件接触及露扣长度、穿向符合《电气装置安装工程　66kV 及以下架空电力线路施工及验收规范》GB 50173 的规定					
	3）螺栓级别标识清楚，无滑扣、破损					
	4）脚钉、攀登装置安装符合要求					
	5）螺栓逐个拧紧，紧固力矩符合《电气装置安装工程　66kV 及以下架空电力线路施工及验收规范》GB 50173 的规定					
	6）防盗、防松装置齐全、可靠					
7 导线架设	1）对地距离符合设计要求					
	2）交叉跨越符合设计要求					
	3）相位排列符合设计要求					
	4）同杆多回线路导线换位符合设计要求					
8 附件安装	1）绝缘子数量、碗口方向符合设计要求，表面干净无破损	主控				
	2）开口销齐全、开口符合要求，弹簧销齐全并安装到位					
	3）光缆接线盒安装位置符合设计要求，引下线安装牢固					
	4）防震锤、阻尼线安装正确、无滑动					
	5）金具螺栓穿向一致					
9 跳线安装	连接正确，曲线顺畅，平滑整齐					
10 接地安装	1）接地线规格、埋设深度、敷设符合设计要求					
	2）引下线连接符合设计要求，安装正确，便于检查测试					
	3）接地电阻值符合设计要求	主控				
	4）接地板安装专用防盗或防松装置					
11 防护设施	1）基础护坡（堤）、排水沟符合设计要求，排水流畅					
	2）线路走廊障碍物清理符合设计要求					
	3）塔位边坡净距离符合设计要求					
12 运行管理	1）塔位牌、相序牌和警示牌齐全，安装牢固、规范	主控				
	2）特殊地段、特殊环境按规定设置警告牌					

续表

检验项目	检 验 标 准	性质	存在问题	验 收 结 果		
				符合	基本符合	不符合
项 目 文 件						
13 技术标准清单	1) 本工程本专业执行技术标准清单齐全，施工单位编制、审核、批准手续齐全，并经监理和建设单位确认					
	2) 整理有序、动态管理					
14 强制性条文执行	1) 实施计划内容详细、可操作					
	2) 执行、检查记录齐全	主控				
15 质量验收项目划分	1) 按《电气装置安装工程　66kV 及以下架空电力线路施工及验收规范》GB 50173，结合工程实际编制质量验收项目划分表，并经审批后实施	主控				
	2) 单位、分部及分项工程验收与质量验收项目划分表一致					
16 技术文件的编制和执行	1) 按《光伏发电工程施工组织设计规范》GB 50795 编制单位施工组织设计，经审批后实施	主控				
	2) 施工技术方案经审批后实施，技术交底记录齐全					
	3) 绿色施工专项措施经审批后实施，检查记录齐全					
17 重要报告、记录、签证	1) 试验、检测					
	(1) 地（桩）基处理检测报告	主控				
	(2) 杆塔电气设备、线路附件安装及测试记录					
	(3) 电力电缆试验报告					
	(4) 光缆测试记录					
	(5) 杆塔的接地电阻测试记录					
	(6) 线路调试记录					
	2) 勘测、设计					
	设计更改文件					
	3) 监理					
	(1) 原材料、构配件及设备进场验收签证					
	(2) 检验试验见证取样签证及台账					
	(3) 监理工程师通知单和整改闭环签证					
	(4) 工程质量检查验收签证及质量报告	主控				
	4) 主要原材料、构配件及设备					
	(1) 进场复（试）验报告					
	(2) 未使用国家技术公告中明令禁止和限制使用的技术（材料、产品）的证明					
	(3) 新型材料、新技术有鉴定报告或允许使用证明					
	5) 主要质量控制资料					
	(1) 单位、单元、分部及分项工程质量控制资料					
	(2) 隐蔽工程验收签证					
	(3) 设备缺陷报告、处理记录及质量事故报告及处理					
	6) 质量监督检查报告及问题整改闭环签证记录	主控				

主控检验个数：	一般检验个数：	监理单位专业技术负责人：（签字）	现场复（初）验组成员：（签字）
基本符合个数：	基本符合个数：	建设单位专业技术负责人：（签字）	组长：（签字）
基本符合率：　　%	基本符合率：　　%	年　月　日	年　月　日

表 4.0.5　　　　　　**场内集电线路工程（电力电缆部分）质量检查验收表**

检验项目	检　验　标　准	性质	存在问题	验 收 结 果		
				符合	基本符合	不符合
实 体 质 量						
1 电缆敷设	1）电缆弯曲半径符合要求					
	2）电缆敷设深度符合设计要求	主控				
	3）电缆之间、电缆与管道、道路、建筑物平行和交叉最小净距离符合设计要求					
	4）并联使用的电力电缆长度、型号、规格相同					
	5）直埋电缆在直线段每隔 50m～100m 处、电缆接头处、转弯处、进入建筑物等处设立明显的方位标识或标桩，跨越河道、涵洞处，设明显的标识和警示牌	主控				
	6）电缆方位标识牌字迹清晰且不易脱落					
	7）电缆相位正确，相色及线路铭牌正确、齐全					
	8）直埋电缆回填土前，经隐蔽工程验收合格，回填土分层夯实	主控				
2 电缆线路附属设施	1）在易受机械损伤的地方和受力较大处直埋时，采取足够强度的保护管加以保护	主控				
	2）直埋电缆的上、下部铺以不小于 100mm 厚，覆盖宽度不小于电缆两侧 50mm 的软土或沙层，并加盖板保护					
	3）电缆保护管管口无尖锐的棱角、毛刺，管口宜为喇叭形管口，喇叭口要求均匀整齐、没有裂纹					
	4）每根电缆管的弯头数：直角弯≤2 个、一般弯头≤3 个					
	5）电缆头支架不形成闭合磁路，符合《电力工程电缆设计规范》GB 50217 规定					
3 电缆终端、中间接头	1）电缆终端表面完好、清洁					
	2）电力电缆终端、中间接头制作工艺符合要求	主控				
	3）电力电缆终端头处有明显的相色标识且与系统相位一致					
	4）中间接头位置未设置在交叉路口、建筑物门口、与管线交叉处或通道狭窄处	主控				
	5）电缆终端支架防腐处理良好，无锈蚀					
	6）土壤腐蚀性较强的地区安装中间接头时，有防腐蚀措施					
4 电缆线路接地系统	1）交叉互联箱、接地箱的接地点接触面平实，无氧化层，连接牢固					
	2）电力电缆终端、中间接头的屏蔽层可靠接地	主控				
5 电缆防火	1）防火阻燃设施安装符合设计要求					
	2）电缆孔洞封堵严实可靠，无明显的裂纹和可见的孔隙					

续表

检验项目	检 验 标 准	性质	存在问题	验收结果		
				符合	基本符合	不符合
6 电缆试验	电缆试验结果符合《电气装置安装工程 电气设备交接试验标准》GB 50150 规定	主控				
项 目 文 件						
7 技 术 标 准清单	1）本工程本专业执行技术标准清单齐全，施工单位编制、审核、批准手续齐全，并经监理和建设单位确认					
	2）整理有序、动态管理					
8 强制性条文执行	1）实施计划内容详细、可操作					
	2）执行、检查记录齐全	主控				
9 质量验收项目划分	1）按《电气装置安装工程 电缆线路施工及验收规范》GB 50168，结合工程管理实际，编制质量验收项目划分表，并经审批后实施	主控				
	2）单位、分部及分项工程验收与质量验收项目划分表一致					
10 技术文件的编制和执行	1）按《光伏发电工程施工组织设计规范》GB 50795 编制单位施工组织设计，经审批后实施	主控				
	2）主要和特殊工程的施工技术方案，翔实可操作，编审批手续齐全，经审批后实施，技术交底记录齐全					
	3）绿色施工专项措施经审批后实施，检查记录齐全					
11 重要报告、记录、签证	1）试验、检测					
	（1）电力电缆中间接头安装记录					
	（2）电力电缆试验报告	主控				
	（3）光缆测试记录					
	2）勘测、设计					
	设计变更、变更设计、工作联系单					
	3）监理					
	（1）原材料、构配件及设备进场验收签证					
	（2）监理工程师通知单和整改闭环签证					
	（3）工程质量检查验收签证及质量报告	主控				
	4）主要原材料、构配件及设备					
	（1）进场复（试）验报告					
	（2）未使用国家技术公告中明令禁止和限制使用的技术（材料、产品）的证明					
	（3）新型材料、新技术有鉴定报告或允许使用证明					
	5）主要质量控制资料					
	（1）单位、分部及分项工程质量控制资料					
	（2）电缆隐蔽工程验收签证					
	（3）设备缺陷报告、处理记录及质量事故报告及处理					
	6）质量监督检查报告及问题整改闭环签证记录	主控				

主控检验个数：	一般检验个数：	监理单位专业技术负责人：（签字）	现场复（初）验组成员：（签字）
基本符合个数：	基本符合个数：	建设单位专业技术负责人：（签字）	组长：（签字）
基本符合率：　　　%	基本符合率：　　　%	年　月　日	年　月　日

4.0.5 升压站/开关站设备安装质量检查验收按表 4.0.6 的规定进行。

表 4.0.6　　　　　　　　　升压站/开关站设备安装工程质量检查验收表

检验项目	检验标准	性质	存在问题	验收结果		
				符合	基本符合	不符合
实　体　质　量						
1 仪表检定	1) 标准表检定合格、有效	主控				
	2) 仪表校验人员有资格证书					
	3) 被检仪表贴有合格有效的检定标识					
2 变压器、电抗器	变压器、电抗器安装符合《电力装置安装工程　电力变压器、油浸电抗器、互感器施工及验收规范》GB 50148 的规定					
	1) 设备无渗油，油位、油压、油温正常	主控				
	2) 瓦斯继电器、温度计校验整定合格，压力释放阀校验合格	主控				
	3) 沿本体敷设的电缆及感温线布置正确，无压痕及死弯					
	4) 变压器、电抗器接地引下线有两根与主接地网在不同干线连接					
	5) 消防装置符合《火灾自动报警系统施工及验收规范》GB 50166 的规定					
	6) 变压器冷却装置运转正常，电源可靠					
	7) 外观表面清洁无污染					
	8) 相色标识正确					
3 高压电器	高压电器（包括无功补偿装置）安装符合《电气装置安装工程　高压电器施工及验收规范》GB 50147 的规定					
	1) 所有密封件密封良好，充油设备油位正常，充气设备压力符合要求，瓷件无损伤、裂纹、污染	主控				
	2) 高压电器的操动机构联动可靠、正确					
	3) 互感器一次、二次连接正确可靠					
	4) 避雷器的泄漏电流在线检测装置可靠					
	5) 充气、充油设备无泄漏					
	6) 电容器的组装符合设计和制造厂要求					
4 母线	母线安装符合《电气装置安装工程　母线装置施工及验收规范》GB 50149 的规定					
	1) 软母线及引下线三相弛度和弯曲度一致					
	2) 管型母线平直、三相标高一致；焊缝高度符合要求；母线配制及安装架、支持金具符合设计要求，连接正确、可靠	主控				
	3) 硬母线连接螺栓紧固力矩符合《电气装置安装工程　母线装置施工及验收规范》GB 50149 的规定					
	4) 配电装置母线安装相间及对地净距离符合《电气装置安装工程　母线装置施工及验收规范》GB 50149 的规定	主控				

检验项目	检 验 标 准	性质	存在问题	验收结果		
				符合	基本符合	不符合
5 盘柜安装及接地	1）盘柜排列整齐，垂直度、平整度和盘间隙符合《电气装置安装工程 盘、柜及二次回路接线施工及验收规范》GB 50171 规定					
	2）盘柜的正面、背面贴有一致的双重命名编号					
	3）户外盘柜安装有防水、防火、防潮、防尘措施，封堵严密	主控				
	4）装有电气元件的可开启的盘柜门接地可靠					
	5）盘柜接地可靠，标识齐全、清晰					
	6）计算机监控系统、继电保护及测量装置的等电位接地符合设计要求	主控				
	7）室内设置的接地符合《电气装置安装工程 接地装置施工及验收规范》GB 50169 的规定，满足使用要求					
	8）成套柜内照明及加热、除湿装置符合设计要求					
	9）盘柜内的孔洞封堵严密，封堵材料符合设计要求					
6 桥架、支架安装及电缆敷设	1）电缆桥（构）架安装牢固，槽盒盖板、槽盒终端封盖整齐，无污染，防腐符合要求					
	2）电缆桥架的起始端和终点端与接地网可靠连接，全长大于 30m 时，每隔 20m～30m 增加接地点	主控				
	3）当钢制电缆桥架超过 30m 时，铝合金或玻璃钢电缆桥架超过 15m 时，或电缆桥架跨越建筑物伸缩缝处，采用伸缩连接板					
	4）伸缩连接板两端采用截面不小于 4mm² 的多股软铜导线端部压镀锡铜鼻子可靠跨接					
	5）电缆弯曲半径符合要求					
	6）动力电缆与控制电缆、信号电缆分层敷设。直接支持电缆的支架，在水平敷设时，支架间距小于 0.8m；垂直敷设时，支架间距小于 1.0m	主控				
	7）电缆终端挂牌统一、齐全、正确、清晰、牢固					
	8）室外电缆保护管防止进水，封堵严密					
	9）直接与元器件连接的电缆、电线穿金属软管，金属软管两端连接牢固					
	10）电缆表面清洁，固定牢固					
	11）直埋电缆的方位标识或标桩的设置符合规定	主控				
	12）直埋电缆的上、下部铺以不小于 100mm 厚，覆盖宽度不小于电缆两侧 50mm 的软土或沙层，并加盖板保护	主控				
7 二次接线	1）导线绝缘层完好，接线牢固					
	2）备用芯长度至最远端子处，无裸露铜芯，对地绝缘良好					
	3）导线弯曲弧度一致、横平竖直、工艺美观					

检验项目	检 验 标 准	性质	存在问题	验 收 结 果		
				符合	基本符合	不符合
7 二次接线	4) 芯线标识齐全、统一，字迹清晰、不易脱落					
	5) 一个端子的接线数不超过 2 根，不同截面芯线不得接在同一个接线端子上					
	6) 多根电缆屏蔽层的接地汇总到同一接地母线排时，黄绿接地引线截面不小于 $1mm^2$，每个接线鼻子压接不超过 6 根	主控				
	7) 二次回路接地符合设计要求	主控				
8 蓄电池	蓄电池安装符合《电气装置安装工程　蓄电池施工及验收规范》GB 50172 的规定					
	1) 布线排列整齐，极性标识正确、清晰					
	2) 电池编号正确、外壳清洁、液面正常					
	3) 蓄电池组绝缘良好，绝缘电阻不小于 $0.5M\Omega$					
	4) 蓄电池作充、放电结果合格	主控				
	5) 蓄电池室采用防爆型灯具、通风电机，室内照明线采用穿管暗敷，室内不得装设开关和插座	主控				
9 电缆防火	1) 防火材料型号及材质符合设计要求					
	2) 防火封堵密实					
	3) 防火隔板、耐火衬板安装牢固					
	4) 进盘柜电缆封堵严密，进盘侧电缆涂刷阻燃涂料，厚度不小于 1.0mm，涂刷长度：控制电缆 1.0m～1.5m，电力电缆 2.0m～3.0m					
	5) 电缆穿墙、穿楼板处设套管，并封堵严密，两侧涂刷阻燃涂料，厚度不小于 1.0mm，涂刷长度：控制电缆 1.0m～1.5m，电力电缆 2.0m～3.0m					
	6) 电缆保护管的管口封堵严密，有机堵料凸出					
10 接地装置	接地装置安装符合《电气装置安装工程　接地装置施工及验收规范》GB 50169 的规定					
	1) 主接地网接地电阻、导体材质、导体截面、接地极数量符合设计要求	主控				
	2) 主接地网导体搭接长度、焊接、埋深、防腐符合要求	主控				
	3) 独立接地装置的接地电阻符合设计要求					
	4) 明敷接地线标识符合要求					
	5) 每个电气装置的接地以单独的接地线与接地干线相连接，严禁一个接地线中串接几个需要接地的电气装置	主控				
11 主变压器	电气试验：符合《电气装置安装工程　电气设备交接试验标准》GB 50150 的规定					
	1) 绝缘油合格					
	2) 绕组连同套管的直流电阻合格					
	3) 所有分接头的电压比合格					

检验项目	检 验 标 准	性质	存在问题	验 收 结 果		
				符合	基本符合	不符合
11 主变压器	4) 变压器的三相接线组别和单相变压器引线的极性正确					
	5) 绕组连同套管的介质损耗合格					
	6) 有载调压切换装置试验合格					
	7) 绕组连同套管的直流泄漏电流合格					
	8) 绕组连同套管的绝缘电阻、吸收比或极化指数合格					
12 无功补偿装置	1) 极性正确					
	2) 交流耐压合格					
13 断路器	1) SF_6 断路器的密封试验合格	主控				
	2) 交流耐压合格	主控				
	3) 分、合闸线圈的最低动作电压合格					
	4) 分合闸时间、同期性合格					
	5) 断路器内 SF_6 气体的含水量合格	主控				
	6) 每相导电回路的直流电阻合格	主控				
14 隔离开关及接地开关	1) 回路电阻合格					
	2) 交流耐压合格					
	3) 操动机构线圈的动作电压合格					
15 互感器	1) 绕组的绝缘电阻合格	主控				
	2) 互感器的接线组别和极性合格，符合整定值要求	主控				
	3) 各绕组的直流电阻和变比合格					
	4) 绝缘油合格					
16 避雷器	1) 金属氧化物避雷器 1mA 时的直流参考电压值和 0.75 倍直流参考电压下的泄漏电流值合格					
	2) 金属氧化物避雷器及基底绝缘电阻合格	主控				
17 悬式绝缘子和支柱绝缘子	1) 绝缘电阻值合格					
	2) 交流耐压合格					
18 电容器	1) 绝缘电阻合格					
	2) 电容值合格					
	3) 交流耐压合格					
19 接地装置	1) 接地导通合格					
	2) 接地电阻或阻抗合格					
20 SF_6 封闭式组合电器	1) 主回路的交流耐压合格	主控				
	2) 密封试验合格					
	3) 主回路导电直流电阻合格					
	4) SF_6 气体抽样检测合格					

续表

检验项目	检　验　标　准	性质	存在问题	验收结果		
				符合	基本符合	不符合
21 电抗器及消弧线圈	1）绕组连同套管的绝缘电阻、吸收比或极化指数合格					
	2）绕组连同套管的介质损耗合格					
	3）交流耐压合格	主控				
22 套管	1）绝缘油或 SF_6 气体合格					
	2）介质损耗和套管电容值合格					
	3）交流耐压合格	主控				
23 二次回路绝缘电阻测量及接地检查	1）二次回路绝缘电阻合格					
	2）二次回路的接地符合要求	主控				
24 继电保护	1）保护装置单体试验合格					
	2）保护定值整定合格	主控				
	3）保护装置整组传动试验合格，与其他关联设备及回路的联动和信号正确	主控				
	4）GPS 对时、保护用通道的联调合格					
25 故障录波	1）单体试验合格，整定正确，录波功能满足设计要求					
	2）录波装置的采样频率、采样精度及 GPS 对时等技术指标符合要求					
26 继电保护故障信息管理系统	1）单体试验合格					
	2）与其他设备接口试验合格，包括保护故障信息的采集与处理、对时系统检查以及与系统的联调试验符合要求	主控				
27 电网安全自动装置试验	1）单体试验合格					
	2）整定值符合要求	主控				
	3）整组试验合格，包括出口传动试验、整组动作时间测试及 GPS 对时	主控				
	4）与其他设备接口试验合格					
28 直流系统试验	直流母线的布置方式、直流空开参数的逐级配合符合设计要求					
29 计算机监控系统试验	1）功能与设计相符					
	2）整组试验合格					
	3）与其他设备接口试验合格，上传、下行数据准确	主控				
	4）系统传动合格	主控				
30 站用电系统调试	1）设备单体试验合格					
	2）备用电源切换试验合格	主控				
项　目　文　件						
31 技术标准清单	1）本工程执行技术标准清单齐全、有效，施工单位编制审批手续齐全，并经监理和建设单位确认					
	2）整理有序、动态管理					

续表

检验项目	检 验 标 准	性质	存在问题	验 收 结 果		
				符合	基本符合	不符合
32 强制性条文执行	1) 实施计划内容详细、可操作					
	2) 检查记录齐全	主控				
33 质量验收项目划分	1) 评定范围划分及评定表符合《电气装置安装工程质量检验及评定规程》DL/T 5161 的规定	主控				
	2) 单位、分部及分项工程验收与质量项目划分表一致					
34 技术文件的编制和执行	1) 按《光伏发电工程施工组织设计规范》GB 50795 编制单位施工组织设计，经审批后实施	主控				
	2) 主要和特殊工程的施丁技术方案，翔实可操作，编审批手续齐全，经审批后实施，技术交底记录齐全					
	3) 绿色施工专项措施经审批后实施，检查记录齐全	主控				
	4) 危险性较大的分部分项工程有专项方案，并组织论证，经审批后实施					
	5) 新工艺、新材料、新技术、新设备采用编写实施方案或指导书					
35 重要报告、记录、签址	1) 试验、检测					
	(1) 主要设备交接试验记录	主控				
	(2) 信号、测量、控制、逻辑试验签证					
	(3) 定值通知单、定值整定记录					
	2) 勘测、设计					
	设计更改文件					
	3) 监理					
	(1) 原材料、构配件及设备进场验收签证					
	(2) 监理旁站记录	主控				
	(3) 监理工程师通知单和整改闭环签证					
	(4) 工程质量检查验收签证及质量报告	主控				
	4) 主要原材料、构配件					
	(1) 进场复检（验）报告					
	(2) 未使用国家技术公告中明令禁止和限制使用的技术（材料、产品）的证明	主控				
	(3) 新型材料、新技术有鉴定报告或允许使用证明					
	5) 主要质量控制资料					
	(1) 单位（子单位）、分部及分项工程质量验收资料					
	(2) 隐蔽工程验收签证	主控				
	(3) 设备缺陷报告、处理记录及质量事故报告及处理	主控				
	6) 质量监督检查报告及问题整改闭环签证记录	主控				

主控检验个数：	一般检验个数：	监理单位专业技术负责人：（签字）	现场复（初）验组成员：（签字）
基本符合个数：	基本符合个数：	建设单位专业技术负责人：（签字）	组长：（签字）
基本符合率： %	基本符合率： %	年 月 日	年 月 日

4.0.6 调整试验与主要技术指标检查验收应按表 4.0.7 的规定进行。

表 4.0.7 调整试验与主要技术指标检查验收表

检验项目	检 验 标 准	性质	存在问题	验 收 结 果		
				符合	基本符合	不符合
光伏电站受电及启动调整试验						
1 启动调试前的检查	1) 启动试运行试验大纲经审核、批准					
	2) 启动试运行条件					
	(2) 启动试运行条件符合《光伏发电工程验收规范》GB/T 50796、《并网光伏电站启动验收技术规范》GB/T ×××××的规定	主控				
	3) 启动试运条件检查记录					
2 受电调整试验	1) 启动试运行试验大纲规定的受电试验项目全部完成					
	2) 试验项目的验收签证齐全					
3 光伏发电单元调整试验	光伏发电单元调整试验符合《光伏发电站施工规范》GB 50794 的规定					
	1) 光伏组件串测试					
	(1) 汇流箱内光伏组件串的极性正确					
	(2) 在发电情况目辐照度不低于 700W/m² 的条件下，光伏组件串之间的电流偏差不大于 5%	主控				
	2) 汇流箱调整试验					
	(1) 与监控系统通信正常、数据传输正确					
	(2) 组串开路及断路器、熔断器、防雷器等状态监视、检测功能符合要求					
	(3) 各支路电流、功率、母线电压采集正常，采集精度符合要求，显示值与实测值偏差≤±0.5%					
	3) 逆变器调整试验					
	(1) 逆变器数据采集正常，显示值与实测值偏差≤±0.2%，数据上传正常					
	(2) 逆变器功率、电压、频率、功率因数、效率等参数符合要求					
	(3) 逆变器电网过、欠压，过、欠频，断电等保护功能齐全，动作可靠					
	(4) 逆变器短路、漏电、防雷、过温、过流及直流过压等保护功能齐全，动作可靠					
	(5) 逆变器电能质量满足《光伏发电站接入电力系统技术规定》GB/T 19964、《光伏系统并网技术要求》GB/T 19939 规定，输出直流电流分量不超过其交流额定值的 0.5%					
主 要 性 能 试 验						
4 性能指标	1) 逆变器					
	(1) 对于并网型逆变器，其电压与频率响应检测符合《光伏发电站逆变器电压与频率响应检测技术规程》NB/T 32009 的规定	主控				

续表

检验项目	检 验 标 准	性质	存在问题	验 收 结 果		
				符合	基本符合	不符合
	（2）通过 380V 电压等级接入电网，以及通过 10（6）kV 电压等级接入用户侧的光伏发电站，其逆变器防弧岛效应检测结果符合《光伏发电站逆变器防弧岛效应检测技术规程》NB/T 32010 的规定	主控				
	2）监控系统					
	符合《光伏发电站监控技术要求》GB/T 31366 的规定	主控				
	3）无功补偿装置					
	符合《光伏发电站无功补偿技术规范》GB/T 29321	主控				
	4）光伏发电站					
	（1）通过 380V 电压等级接入电网，以及 10（6）kV 电压等级接入用户侧的光伏发电站，其无功功率、运行适应性、电能质量、低/高压保护、频率保护和恢复并网、防孤岛保护检测结果符合《光伏发电系统接入配电网检测规程》GB/T 30152 的规定	主控				
	（2）35kV 及以上电压等级并网，以及通过 10kV 电压等级与公共电网连接的光伏发电站，其有功功率、功率预测、无功容量、电压控制、低电压穿越、运行适应性、电能质量、仿真模型和参数、二次系统、并网检测检测结果符合《光伏发电站接入电力系统技术规定》GB/T 19964 的规定	主控				
4 性能指标	（3）通过 35kV 及以上电压等级并网，以及通过 10kV 电压等级与公共电网连接的光伏发电站，低电压穿越检测结果符合《光伏发电站低电压穿越检测技术规程》NB/T 32005 的规定	主控				
	（4）35kV 及以上电压等级并网，以及通过 10kV 电压等级与公共电网连接的光伏发电站，电能质量检测结果符合《光伏发电站电能质量检测技术规程》NB/T 32006 的规定	主控				
	（5）通过 35kV 及以上电压等级并网，以及通过 10kV 电压等级与公共电网连接的光伏发电站，功率控制能力检测结果符合《光伏发电站功率控制能力检测技术规程》NB/T 32007 的规定	主控				
	（6）通过 380V 及以上电压等级接入电网的光伏发电站，其电压与频率响应检测符合《光伏发电站电压与频率响应检测规程》NB/T 32013 的规定	主控				
	（7）通过 380V 电压等级接入电网，以及通过 10（6）kV 电压等级接入用户侧的，其防孤岛效应检测结果符合《光伏发电系统防孤岛效应检测技术规定》NB/T 32014 的规定	主控				
	（8）光伏发电站有功功率、无功容量、电压控制能力、电能质量的测试符合《光伏发电站并网性能测试与评价方法》NB/T ××××× 的规定	主控				

续表

检验项目	检 验 标 准	性质	存在问题	验收结果		
				符合	基本符合	不符合
试 运 行 指 标						
5 可靠性指标	1) 发电单元平均可利用率符合设计要求					
	2) 光伏电站可利用率符合设计要求					
	3) 非计划停运小时数符合要求	主控				
	4) 等效可利用小时数符合设计要求					
	5) 站用电率符合设计要求					
	6) 自动化装置投入率不小于 100%，正确率 100%	主控				
	7) 监测仪表投入率、准确率 100%					
	8) 逆变器投运率 100%					
	9) 继电保护投运率、正确动作率 100%	主控				
	10) 计算机监控系统测点合格率不小于 98%，性能指标符合要求	主控				
6 运行指标	1) 性能指标					
	(1) 发电量达到设计要求	主控				
	(2) 光伏组件衰减率符合要求					
	(3) 电站电能质量符合《光伏发电系统接入配电网检测规程》GB/T 30152 或《光伏发电站接入电力系统技术规定》GB/T 19964 的规定	主控				
	(4) 逆变器电网异常响应性能可靠正确，具备防孤岛保护，低电压穿越功能，过、欠频率及电压异常的响应特性					
	2) 技术指标					
	(1) 逆变器工作温度符合要求	主控				
	(2) 逆变器噪声不大于 70dB	主控				
	(3) 主变压器工作温度符合运行要求	主控				
7 缺陷处理	1) 缺陷处理台账完整					
	2) 主要设备缺陷处理率 100%，一般缺陷处理率不小于 95%	主控				
项 目 文 件						
8 技术标准清单	1) 本工程本专业执行技术标准清单齐全，施工单位编制、审核、批准手续齐全，并经监理和建设单位确认					
	2) 整理有序、动态管理					
9 技术报告编制和执行	1) 启动试运行试验大纲执行有效	主控				
	2) 组织及技术措施、反事故措施经审批	主控				
	3) 特殊试验项目有规划和试验计划					
10 重要报告、记录、签证	1) 调试					
	(1) 启动试验报告、性能试验报告及验收签证					
	(2) 涉网试验报告	主控				

检验项目	检 验 标 准	性质	存在问题	验 收 结 果		
				符合	基本符合	不符合
10 重要报告、记录、签证	2）运行					
	（1）投运设备运行参数记录	主控				
	（2）可靠性指标统计					
	（3）缺陷及消缺记录					
	（4）事故及事故处理记录					
	3）质量监督检查报告及问题整改闭环签证记录	主控				

主控检验个数：	一般检验个数：	监理单位专业技术负责人：（签字）	现场复（初）验组成员：（签字）
基本符合个数：	基本符合个数：	建设单位专业技术负责人：（签字）	组长：（签字）
基本符合率： %	基本符合率： %	年 月 日	年 月 日

4.0.7 工程综合管理与档案检查验收应按表 4.0.8 的规定进行。

表 4.0.8   **工程综合管理与档案检查验收表**

检验项目	检 验 标 准	性质	存在问题	验 收 结 果		
				符合	基本符合	不符合
	一 般 规 定					
1 项目管理体系	1）建设单位有健全的项目管理体系，能覆盖整个工程项目全员、全过程、全方位的工程管理和达标投产的目标管理	主控				
	2）监理、设计、施工、调试单位的质量管理体系、职业健康安全管理体系、环境管理体系通过认证注册，按期监督审核，证书在有效期内					
	3）建立本工程有效的技术标准清单，实施动态管理					
	4）参建单位质量、职业健康安全环境管理目标明确，并层层分解落实					
	5）项目管理体系运行有效，现场生产过程可控	主控				
	6）项目管理体系持续改进，内部审核、管理评审、监督审核发现的不符合项整改闭环	主控				
2 造价控制	1）竣工决算不得超出批准动态概算	主控				
	2）不得擅自扩大建设规模或提高建设标准	主控				
	3）不得违反审批程序选购进口材料、设备					
	4）设计变更费用不超过基本预备费30%					
	5）建筑装饰费用不超出审批文件控制标准					
3 进度管理	1）建设单位无明示或者暗示设计、监理、施工单位压缩合同工期、降低工程质量的行为	主控				
	2）网络进度定期滚动修正					

检验项目	检 验 标 准	性质	存在问题	验 收 结 果		
				符合	基本符合	不符合
4 合同管理	1）建立完善的合同管理制度					
	2）工程、设备、物资采购符合国家现行规定	主控				
	3）按合同条款要求支付工程款、设备款					
5 设备物资管理	1）设备物资管理制度和工作标准完善					
	2）设备监造符合《电力设备监造技术导则》DL/T 586 规定，设备监造报告、质量证明文件齐全					
	3）新材料、新设备的使用有鉴定报告、使用报告、查新报告或允许使用证明文件	主控				
	4）原材料有合格证及进场检验、复试报告	主控				
	5）构件、配件、高强螺栓连接附件等制成品有出厂合格证及试验文件					
	6）设备、材料的检验、保管、发放管理制度完善，实施记录齐全					
6 强制性条文的执行	1）建设单位制定本工程执行强制性条文的实施计划，各参建单位有针对性的实施细则，并对相关内容培训，有记录	主控				
	2）对执行强制性条文有相应经费支撑					
	3）建立强制性条文执行情况监督检查制度，并有相应责任人					
	4）规划、勘测设计、施工、试运、验收符合强制性条文规定	主控				
	5）工程采用材料、设备符合强制性条文的规定	主控				
	6）工程项目建筑、安装的质量符合强制性条文的规定	主控				
	7）工程中采用方案措施、指南、手册、计算机软件的内容符合强制性条文的规定					
7 勘测设计管理	1）编制提交本工程勘测、设计强制性条文清单					
	2）勘测、设计成品符合强制性条文和国家现行有关标准的规定	主控				
	3）不得采用国家明令禁止使用的设备、材料和技术	主控				
	4）科技创新、技术进步形成的优化设计方案经论证，并按规定程序审批					
	5）占地面积、工程投资等指标符合相关规定					
	6）施工图交付计划满足施工进度计划需求，并经建设单位确认					
	7）勘测、设计单位不得向任何单位提供未经审查批准的草图、白图用于施工					
	8）施工图设计、会检、设计交底符合要求					
	9）设计更改管理制度完善；施工图设计符合可研或初步设计审查批复要求；重大设计变更按程序批准	主控				

检验项目	检 验 标 准	性质	存在问题	验 收 结 果		
				符合	基本符合	不符合
7 勘测设计管理	10）明确设计修改、变更、材料代用等签发人资格，向建设单位、监理单位备案，并书面告知施工、运行单位					
	11）现场设计代表服务到位，定期向建设单位提供设计服务报告					
	12）参加验收规程规定项目的质量验收					
	13）参加设备订货技术洽商及施工、试运重大技术方案的审查					
	14）编制竣工图及竣工图总说明，并移交	主控				
	15）编制设计报告					
8 施工管理	1）编制以下管理制度，并严格执行					
	（1）施工技术和施工质量管理责任制					
	（2）施工组织设计					
	（3）施工图会检					
	（4）施工技术交底					
	（5）物资管理					
	（6）机械及特种设备管理					
	（7）计量管理					
	（8）技术检验					
	（9）设计变更					
	（10）施工技术文件					
	（11）技术培训					
	（12）文件管理					
	2）施工、检验单位资质及人员资格证件齐全、有效					
	（1）承包商和分包商单位资质	主控				
	（2）试验、检测单位资质	主控				
	（3）项目经理					
	（4）质检人员					
	（5）试验检验人员					
	（6）特种作业人员	主控				
	（7）安全管理人员					
	（8）档案管理人员					
	3）施工组织设计经审批，并严格执行	主控				
	4）计量标准器具台账及检定证书在有效期内					
	5）施工单位按规定编制节地、节水、节能、节材、环境保护措施，经审批后实施					
	6）施工质量管理及保证条件符合《光伏发电工程验收规范》GB/T 50796 的规定					

检验项目	检 验 标 准	性质	存在问题	验收结果		
				符合	基本符合	不符合
8 施工管理	7）制定成品保护措施，并形成检查记录					
	8）移交生产时的主设备、主系统、辅助设备缺陷整改已闭环					
	9）编制工程总结					
9 调试管理	1）管理制度完善，组织机构健全、分工明确、责任落实					
	2）调试大纲、方案、措施齐全，经审批后实施	主控				
	3）调试项目符合调试大纲要求					
	4）试验仪器、设备检验合格，并在有效期内					
	5）调试报告完整、真实、有效	主控				
	6）编制工程总结					
10 工程监理	1）组织机构健全，制度完善，责任明确	主控				
	2）各专业监理人员配备齐全，且具有相应资格，经建设单位确认后，正式通知被监理单位					
	3）按《电力建设工程监理规范》DL/T 5434 规定编制下列文件，并按程序审批后实施					
	（1）监理规划					
	（2）监理实施细则					
	（3）执行标准清单	主控				
	（4）监理达标投产计划					
	（5）强制性条文实施计划	主控				
	（6）关键工序和隐蔽工程旁站方案	主控				
	4）按建设单位总体质量、安全目标制定具体实施细则					
	5）审核、汇总各施工单位"施工质量验收范围划分表"					
	6）完善检验手段，使用的仪器、设备符合《电力建设工程监理规范》DL/T 5434 规定					
	7）参加达标投产初验，并形成相关记录，对存在问题监督整改、闭环	主控				
	8）编制监理月报、总结、工程总体质量评估报告，并符合《电力建设工程监理规范》DL/T 5434 规定					
	9）监理全过程质量控制符合《电力建设工程监理规范》DL/T 5434 规定，记录齐全					
	10）工程监理符合电力建设工程质量监督检查的有关规定					
	11）按合同签署工程计量、工程款支付，并符合《电力建设工程监理规范》DL/T 5434 规定					

检验项目	检 验 标 准	性质	存在问题	验 收 结 果		
				符合	基本符合	不符合
11 生产管理	1）生产运行机构设置和人员配备符合定编要求，人员经培训、考核合格上岗	主控				
	2）生产准备大纲经审批后实施	主控				
	3）编制管理制度、运行规程、检修规程、保护定值清单，绘制系统图等					
	4）劳动安全和职业病防护措施完善					
	5）操作票、工作票、运行日志、运行记录齐全	主控				
	6）接收设备的备品备件，出入库手续完善					
	7）制定反事故预案，演练、评价，并形成记录					
	8）制定三级安全管理网络图，建立应急管理物资台账					
	9）事故分析、处理记录齐全	主控				
	10）启动试运行期的缺陷管理台账及消缺率统计齐全					
	11）工器具管理规范					
	12）设备命名编号、标识标牌管理符合要求					
12 信息管理	1）建设单位编制信息管理制度					
	2）工程投运前，完成生产管理数据系统的安装和调试工作	主控				
	3）投入生产前，建立设备缺陷、工作票等信息管理系统					
13 档案管理	档案管理符合《光伏发电工程项目文件归档与档案管理规范》NB/T ×××××的规定					
	1）建设单位配备专/兼职档案人员					
	2）工程档案管理人员，经培训，持证上岗					
	3）档案库房及设施符合国家有关防火、防潮、防尘、防鼠、防盗、防光、防虫、防水等安全保管、保护要求					
	4）档案管理软件具备档案整编、检索和利用的功能					
	5）项目文件签字、印章、图文等清晰，具有可追溯性					
	6）项目文件按各专业规程规定的格式填写，内容真实、数据准确					
	7）项目文件与工程建设同步收集	主控				
	8）竣工图与实物相符	主控				
	9）归档照片反映工程质量、影像清晰、画面完整，并突出主题					
主要项目文件						
14 建设项目合规性文件	1）项目核准文件	主控				
	2）规划许可证					
	3）土地使用证					

检验项目	检 验 标 准	性质	存在问题	验收结果		
				符合	基本符合	不符合
14 建设项目合规性文件	4）工程概算批复文件					
	5）质量监督注册及各阶段的监督报告					
	6）消防验收文件（具备验收条件）	主控				
	7）档案验收文件（具备验收条件）					
	8）水土保持验收文件（具备验收条件）					
	9）环境保护验收文件（具备验收条件）					
	10）安全设施竣工验收文件（具备验收条件）	主控				
	11）职业健康验收文件（具备验收条件）					
	12）移交生产签证书					
	13）工程竣工决算书					
	14）工程竣工决算审计报告（具备验收条件）					
	15）工程竣工验收文件（具备验收条件）					
15 安全管理主要项目文件	1）安全生产委员会成立文件	主控				
	2）安全生产委员会、项目部、专业公司安全生产例会记录					
	3）危险源、环境因素辨识与评价措施	主控				
	4）建设单位按高危行业企业安全生产费用财务管理的有关规定，设置安全费用专用台账					
	5）建设、监理和参建单位建立健全安全管理制度及相应的操作规程					
	6）专业分包及劳务分包单位的安全资格审核	主控				
	7）危险性较大的分部、分项工程安全方案、措施	主控				
	8）安全专项施工方案	主控				
	9）消防机构审查消防设计文件					
	10）特种设备管理制度、台账及准许使用证书	主控				
	11）特种作业人员操作资格证					
	12）起重作业，高处作业，带电作业及易燃、易爆区域安全施工作业票					
	13）高处、交叉作业安全防护设施验收记录					
	14）施工用电方案					
	15）危险品运输、储存、使用、管理制度					
	16）消防设施定期检验记录					
	17）灾害预防与应急管理体系文件					
	18）自然灾害及安全事故专项预案演练、评价					
16 土建工程主要项目文件	1）地基基础工程					
	（1）桩基检测、试验报告	主控				
	（2）地基处理检测、试验报告	主控				

检验项目	检 验 标 准	性质	存在问题	验收结果		
				符合	基本符合	不符合
	（3）天然地基验槽记录	主控				
	（4）钎探记录					
	（5）沉降观测报告					
	2）主体结构工程					
	（1）混凝土强度、抗渗、抗冻等试验报告	主控				
	（2）钢筋接头连接检验报告	主控				
	（3）结构实体钢筋保护层及现浇混凝土楼板厚度检测报告	主控				
	（4）确定混凝土同条件试块和钢筋保护层检测部位的技术文件	主控				
	（5）混凝土粗细骨料碱活性检测报告	主控				
	（6）水平灰缝砂浆饱满度检测记录					
	（7）钢构架、钢平台、钢梯、钢栏杆等制作、安装质量验收记录					
	3）屋面工程					
	（1）屋面隐蔽工程验收记录	主控				
	（2）淋水、蓄水试验记录及大雨后的检查记录	主控				
16 土建工程主要项目文件	4）装饰装修工程					
	（1）墙面、地面、顶棚饰面材料安装或粘贴施工二次设计和施工记录					
	（2）外墙饰面砖粘接强度检验报告	主控				
	（3）有防水要求的地面蓄水试验记录	主控				
	（4）中控室等长期有人值守房间有害气体检测报告	主控				
	（5）外墙门窗"三密性"检测报告					
	（6）门窗安装验收记录（垂直、平整、配件齐全、密封严密、启闭灵活）					
	5）建筑给水、排水及采暖工程					
	（1）建筑给水排水及采暖工程隐蔽验收记录	主控				
	（2）管道灌水、通水试验记录（排水、雨水、卫生器具）					
	（3）管道穿墙、穿楼板套管安装施工记录					
	（4）消防管道、暖气管道和散热器压力试验记录					
	（5）消火栓试射记录					
	6）建筑电气工程					
	（1）接地电阻测试记录					
	（2）照明全负荷试验记录					
	（3）建筑电气安装隐蔽验收记录					

续表

检验项目	检 验 标 准	性质	存在问题	验 收 结 果		
				符合	基本符合	不符合
16 土建工程主要项目文件	（4）室内外低于 2.4m 灯具绝缘性能检测					
	7）通风与空调工程					
	（1）工程设备、风管系统、管道系统安装及检验记录					
	（2）制冷、空调、水管道强度试验严密性试验记录					
	（3）通风管道严密性试验（透光、风压）					
	（4）防火阀等安装记录					
	8）智能建筑工程					
	（1）隐蔽工程验收记录	主控				
	（2）系统电源及接地检测报告					
	（3）系统试运行记录					
	9）建筑节能工程					
	（1）墙体、屋面保温材料进场的复试报告及质量证明文件					
	（2）外墙保温浆料同条件养护试件试验报告					
	（3）屋面保温层厚度测试记录					
	10）原材料出厂合格证、检验报告及进场试验报告					
17 光伏发电单元安装工程主要项目文件	1）发电单元安装施工记录					
	2）组件串之间电压、电流测试记录					
	3）发电单元接地网电阻测试报告					
	4）汇流箱调试报告	主控				
	5）直流配电柜调试报告					
	6）逆变器调试报告					
	7）变压器试验报告					
	8）电缆隐蔽工程验收签证					
	9）设备缺陷及处理记录					
18 场内集电线路工程主要项目文件	1）原材料出厂合格证、检验报告及进场试验报告	主控				
	2）集电线路工程施工记录					
	3）导线及金具压接试验报告					
	4）基础及敷设电缆隐蔽工程签证	主控				
	5）接地电阻测量记录					
	6）光缆熔接及测试记录					
19 升压站设备安装工程主要项目文件	1）主变压器（电抗器）设备					
	（1）安装及试验方案					
	（2）本体及附件安装、真空注油、密封检查记录					
	（3）交接试验记录	主控				

检验项目	检 验 标 准	性质	存在问题	验 收 结 果		
				符合	基本符合	不符合
19 升压站设备安装工程主要项目文件	（4）冷却器、压力释放装置、测温装置调整试验、检查记录					
	（5）气体继电器安装调整试验记录					
	（6）绝缘油试验记录					
	（7）消防试验记录					
	2）电缆及防火封堵					
	（1）电缆敷设、6kV 及以上电缆头制作记录					
	（2）绝缘、耐压试验记录	主控				
	（3）电缆防火涂料，防火封堵施工及验收签证记录					
	（4）电缆桥、支架安装及与接地连接施工记录					
	3）开关设备（包括 GIS 设备）					
	（1）安装及试验方案					
	（2）开关设备（GIS）安装、调整、充气及操作试验记录及验收签证					
	（3）开关设备（GIS）交接试验记录	主控				
	（4）SF$_6$ 气体检测报告	主控				
	（5）开关设备"五防"功能试验记录	主控				
	4）防雷、接地施工					
	（1）防雷设施安装、测试记录					
	（2）接地网间连接施工及接触电阻测量记录					
	（3）全厂接地电阻测试记录	主控				
	（4）接地电阻验收签证记录					
	（5）接地隐蔽工程验收、签证记录					
	5）监控与保护系统					
	（1）盘柜安装、接地检查记录					
	（2）仪器、仪表校验记录					
	（3）主变压器在线监测装置检查记录	主控				
	（4）计算机监控系统调整试验记录	主控				
	（5）继电保护静态及联调试验记录	主控				
	（6）火灾自动报警系统调整试验记录	主控				
	（7）工业电视安装测试记录					
	（8）调度通信和消防通信施工、调试记录					
	（9）继电保护定值单					
	6）站用电系统					
	（1）设备安装及试验技术方案	主控				
	（2）主要工序的验收签证					

检验项目	检 验 标 准	性质	存在问题	验收结果		
				符合	基本符合	不符合
	（3）设备安装及交接试验记录					
	（4）油或 SF_6 气体绝缘设备密封检查记录	主控				
	（5）开关操作和试验记录					
	（6）开关"五防"功能试验记录					
	（7）互感器接线组别和极性检查记录					
	（8）硬母线安装记录					
	（9）箱式母线安装调整记录					
	（10）母线绝缘及耐压试验记录					
	7）直流系统					
	（1）蓄电池及直流盘柜安装、调试记录					
19 升压站设备安装工程主要项目文件	（2）蓄电池组充放电记录及验收签证	主控				
	8）电气调试报告					
	（1）变压器、电抗器、断路器、隔离开关、互感器、避雷器、电容器、母线、电缆等试验报告	主控				
	（2）变压器、母线、线路保护及自动装置调试报告	主控				
	（3）故障录波、直流系统、保安电源、电网安全及自动装置调试报告	主控				
	（4）电气仪表校验报告	主控				
	（5）接地电阻（接地阻抗）测试报告	主控				
	9）其他测试、试验记录（报告）					
	（1）光缆熔接及测试记录					
	（2）导线压接试验报告					
	1）调试试运行					
	（1）启动委员会成立文件	主控				
	（2）启动前建设、设计、监理、施工、生产等单位准备验收报告					
	（3）经报批的调试方案及措施	主控				
	（4）继电保护定值单及整定记录	主控				
20 调整试验、技术指标主要项目文件	（5）电气设备交接试验报告					
	（6）控制、保护及测量装置调试报告					
	（7）启动试运行试验报告或调试报告	主控				
	（8）经审批的整套启动反事故措施					
	（9）调试用仪器、仪表台账及校验报告					
	（10）试运性能指标统计报表					
	（11）启动验收鉴定书	主控				
	（12）建筑物及主要设备移交书					

检验项目	检 验 标 准	性质	存在问题	验 收 结 果		
				符合	基本符合	不符合
20 调整试验、技术指标主要项目文件	2）性能试验					
	（1）逆变器功能和性能试验报告					
	（2）光伏电站整体效率测试试验报告					
	（3）计算机监控系统功能和性能试验报告					
	（4）无功补偿装置静、动态试验报告	主控				
	（5）其他性能试验方案及报告					
	3）生产试运行记录					

主控检验个数：	一般检验个数：	监理单位专业技术负责人：（签字）	现场复（初）验组成员：（签字）
基本符合个数：	基本符合个数：	建设单位专业技术负责人：（签字）	组长：（签字）
基本符合率：　　％	基本符合率：　　％	年　月　日	年　月　日

5 达标投产初验

5.0.1 初验应在工程启动试运行后 3 个月内完成。

5.0.2 初验应具备以下条件：

　　1 土建、安装工程施工完成，质量验收合格；

　　2 光伏发电单元全部并网，调试完成，试运行结束；

　　3 安全、消防、环保等设施满足运行有关规定；

　　4 已完工程主要项目文件完整，具备归档移交条件。

5.0.3 初验由建设单位负责组织验收，监理、勘察设计、施工、调试、生产运行等参建单位参加。

5.0.4 初验应按本规程第 4 章中规定的检查验收内容逐条检查验收，并分别填写检查验收表。

5.0.5 初验通过的条件为：

　　1 本规程表 4.0.1～表 4.0.8 中规定的检查验收表中"验收结果"不得存在"不符合"；

　　2 本规程表 4.0.1～表 4.0.8 中规定的检查验收表中，性质为"土控"的"验收结果"，"基本符合"率应不大于 10％；

　　3 本规程表 4.0.1～表 4.0.8 中规定的检查验收表中，性质为"一般"的"验收结果"，"基本符合"率应不大于 15％。

5.0.6 初验不具备检查验收条件的"检验项目"在复验时进行。

5.0.7 "不符合"存在问题的处理应符合下列规定：

　　1 由建设单位组织，监理及责任单位参加，分析原因，提出整改计划，落实责任单位，并进行整改闭环；

　　2 由建设单位组织，监理及责任单位参加，对整改问题逐项检查、验收，并签证；

　　3 无法返工或返修的问题，应经相关鉴定机构进行鉴定，对不影响内在质量、使用寿命、使用功能、安全运行的可做让步处理，但应在"验收结果"栏内注明"让步处理"。

5.0.8 初验结束后应按附录 A 编制达标投产复验申报表。

5.0.9 未通过初验的工程应限期整改，并重新组织初验。

6 达标投产复验

6.0.1 复验宜在初验完成后 6 个月内提出复验申请并应具备的条件：

　　1 工程项目按设计全部建成，并处于正常运行状态；

　　2 各阶段质量监督提出的不符合项已整改闭环；

　　3 初验通过且初验中发现的问题已整改闭环；

　　4 工程建设全过程项目文件整理工作已完成并移交归档，运行单位提交电站运行资料和相关的技术性能指标；

　　5 环境保护、水土保持、安全设施、消防设施、档案等应具备行政主管部门专项验收条件；

　　6 电站处于正常运行状态。

6.0.2 复验受检应由建设单位负责组织，设计、监理、施工、调试、生产运行等单位参加。

6.0.3 复验的申请和验收应符合下列规定：

1 达标投产复验由建设单位上级发电集团公司或全国性电力行业协会负责验收，建设单位、监理、设计、施工、调试、运行等单位参加；

2 复验由建设单位向上级发电集团公司或全国性电力行业协会提出申请，并按本规程附录 A 填写达标投产复验申请表；

3 建设单位在提交复验申请前，应组织开展达标投产复验自检工作，形成自检报告，自检报告按附录 B 格式编写。

6.0.4 复验应按表 4.0.1～表 4.0.8 七个部分中的每款"检验项目"的每项"检验内容"逐项检查，通过的条件应符合下列规定：

1 工程建设符合国家有关法律、法规的规定；

2 工程质量无违反工程建设标准强制性条文的事实；

3 未使用国家明令禁止的技术、材料和设备；

4 电站在建设期及运行期内，未发生较大及以上安全、环境、质量事故和重大社会影响事件；

5 表 4.0.1～表 4.0.8 七个部分中"验收结果"不得存在"不符合"，性质为"主控"的项应"基本符合"率不应大于 5％"，性质为"一般"的项"基本符合"率不应大于 10％。

7　达标投产验收结论

7.0.1 通过复验的工程，现场复验专家组应按附录 B 出具达标投产复验报告。

7.0.2 复验单位应对复验报告进行审核，批准通过达标投产验收。

7.0.3 未通过复验的工程，复验单位应提出不符合项清单，建设单位应组织参建单位分析原因、全面检查、制订整改计划、落实责任单位和具体措施，整改闭环后，重新申请复验。

7.0.4 重新申请复验，经验收符合本规程第 6.0.4 条规定，仍可通过达标投产验收。

附录 A

（资料性附录）

光伏发电工程达标投产复（初）验申请表

_____**工程**

达标投产复（初）检
申请表

申报单位：　　　（盖公章）

报送日期：　　年　月　日

1. 工程概况

工程名称				
工程地址			场址区海拔	
工程核准规模		MWp	场址区地貌类型	
光伏组件型号			光伏组件生产厂家	
逆变器型号			逆变器生产厂家	
项目核准文号				

批准概算 （万元）	静态		批准 单位		批准 文号	
	动态					

开工日期		年 月 日	批准 单位		批准 文号	

首批方阵 投产日期	年 月 日	全部方阵投产日期	年 月 日

突出成绩	1. 工程基本情况 2. 工程建设的合法性 3. 工程管理创新（质量、安全健康与环境等管理体系、进度、造价和档案管理）的有效性 4. 土建、安装工程质量工艺观感质量的符合性 5. 性能、技术经济指标的先进性和可靠性 6. 科技创新、"五新"应用、"四节一环保"成果 7. 经济效益和社会责任

2. 主要参建单位名称及联系方式一览表

申请单位	名称			主管单位	
	地址			邮编	
	联系人	姓名 职务 手机		电话 传真 邮箱	
建设单位	名称			主管单位	
	地址			邮编	
	联系人	姓名 职务 手机		电话 传真 邮箱	
监理单位	名称			主管单位	
	地址			邮编	
	联系人	姓名 职务 手机		电话 传真 邮箱	
设计单位	名称			主管单位	
	地址			邮编	
	联系人	姓名 职务 手机		电话 传真 邮箱	
主要施工单位	名称			主管单位	
	地址			邮编	
	联系人	姓名 职务 手机		电话 传真 邮箱	
	名称			主管单位	
	地址			邮编	
	联系人	姓名 职务 手机		联系人电话	
调试单位	名称			主管单位	
	地址			邮编	
	联系人	姓名 职务 手机		电话 传真 邮箱	

3. 主要施工单位承担的工程范围

4. 建设期内未发生较大及以上安全事故情况说明

5. 建设期内未发生重大质量事故情况说明

6. 建设期内未发生重大社会影响事件情况说明

7. 达标投产初验情况简要说明

8. 主要经济技术指标统计表

序号	指标内容				单位	实际值
1	建设期内重伤及以上人身伤亡				人	
2	建设期内质量事故情况				次	
3	建设期内其他事故情况				次	
4	单位投资	概算值	静态		元/kW	
			动态			
		决算值	静态			
			动态			
5	设计变更费	费用			万元	
		占基本预备费的百分比			%	
6	工程开工至第一批阵列投产的时间				天	
	工程开工至全部阵列投产的时间				天	
7	电站等效满负荷可利用小时数				小时/年	
8	电站用电率				%	
9	自动保护	不正确动作次数			次	
		正确动作率			%	
10	电气保护装置	不正确动作次数			次	
		正确动作率			%	
11	电气自动装置	不正确动作次数			次	
		正确动作率			%	
12	噪声	最大的设备噪声测试值				
		最大的环境噪声测试值			db	
13	未完的消缺项目	投产时				
		正式移交生产时				
14	未完的试验项目	正式移交生产时				
15	光伏电站永久占地面积				hm²	

附录 B
（资料性附录）
光伏发电工程达标投产复（初）验报告

_____工程

达标投产复（初）验报告

复（初）验单位：

复（初）验日期：

1. 工程概况

建设单位			
工程名称			
本期建设规模（MW）			
工程所在地			
场址区海拔及地貌类型			
光伏电池型号及单片功率			
逆变器型号及生产厂家			
投资方及投资比例			
批准概算（万元）			
竣工决算（万元）			
开工日期			
第一批方阵投产日期		全部方阵投产日期	
设计单位			
监理单位			
主要施工单位	单位名称	承包范围	
主要调试单位	单位名称	调试范围	
运行单位			
项目建设合法性情况			
建设期安全事故及安全隐患情况			
建设期质量事故及质量隐患情况			
建设期环境污染事故及环境隐患情况			
质量监督各阶段报告中不符合项闭环情况			
初验报告中存在问题闭环情况			
专利			
科技成果			
"新技术、新工艺、新材料、新设备"应用			
工法			
QC成果			

其他获奖情况	
工程主要亮点	
"节能、节水、节材、节地"效果	
质量评价（工程有创优目标的）	
经济效益	
社会责任	

验收结论：

验收组成员：

验收单位意见：

　　　　　　　　　　　　　　　　　　　　　日期
　　　　　　　　　　　　　　　　　　　　　验收单位（章）

　　2. 表 4.0.1～表 4.0.8 七个部分复（初）验检查验收表。

标准用词说明

　　1　表示严格，在正常情况均应这样做的用词：
正面词采用"应"，反面词采用"不应"或"不得"。

　　2　表示允许稍有选择，在条件许可时首先应这样做的用词：

　　正面词采用"宜"，反面词采用"不宜"。

　　3　表示有选择，在一定条件下可以这样做的用词，采用"可"。

引用标准名录

　　GB 15603《常用化学危险品贮存通则》
　　GB 50016《建筑设计防火规范》
　　GB 50108《地下工程防水技术规范》
　　GB 50140《建筑灭火器配置设计规范》
　　GB 50147《电气装置安装工程高压电器施工及验收规范》
　　GB 50148《电气装置安装工程电力变压器油浸式电抗器、互感器施工及验收规范》
　　GB 50149《电气装置安装工程母线装置施工及验收规范》
　　GB 50150《电气装置安装工程电气设备交接试验标准》
　　GB 50166《火灾自动报警系统施工及验收规范》
　　GB 50168《电气装置安装工程电缆线路施工及验收规范》
　　GB 50169《电气装置安装工程接地装置施工及验收规范》

　　GB 50171《电气装置安装工程盘、柜及二次回路接线施工及验收规范》
　　GB 50172《电气装置安装工程蓄电池施工及验收规范》
　　GB 50173《电气装置安装工程 66kV 及以下架空电力线路施工及验收规范》
　　GB 50194《建设工程施工现场供用电管理规范》
　　GB 50202《建筑地基基础工程施工质量验收规范》
　　GB 50203《砌体结构工程施工质量验收规范》
　　GB 50204《混凝土结构工程施工质量验收规范》
　　GB 50207《屋面工程质量验收规范》
　　GB 50209《建筑地面工程施工质量验收规范》
　　GB 50210《建筑装饰装修工程质量验收规范》
　　GB 50217《电力工程电缆设计规范》
　　GB 50229《火力发电厂及变电站设计防火规范》
　　GB 50242《建筑给水排水及采暖工程施工质量验收规范》
　　GB 50243《通风与空调工程施工质量验收规范》
　　GB 50268《给水排水管道工程施工及验收规范》
　　GB 50303《建筑电气工程施工质量验收规范》
　　GB 50325《民用建筑工程室内环境污染控制规范》
　　GB 50339《智能建筑工程质量验收规范》
　　GB 50411《建筑节能工程施工质量验收规范》
　　GB 50444《建筑灭火器配置验收及检查规范》
　　GB 50601《建筑物防雷施工与质量验收规范》
　　GB 50606《智能建筑工程施工规范》
　　GB 50617《建筑电气照明装置施工与验收规范》
　　GB 50720《建设工程施工现场消防技术规范》
　　GB 50738《通风与空调工程施工规范》

GB 50794《光伏发电站施工规范》

GB 50795《光伏发电工程施工组织设计规范》

GB/T 19939《光伏系统并网技术要求》

GB/T 19964《光伏发电站接入电力系统技术规定》

GB/T 29321《光伏发电站无功补偿技术规范》

GB/T 30152《光伏发电系统接入配电网检测规程》

GB/T 31366《光伏发电站监控技术要求》

NB/T 32009《光伏发电站逆变器电压与频率响应检测技术规程》

NB/T 32010《光伏发电站逆变器防孤岛效应检测技术规程》

GB/T 50640《建筑工程绿色施工评价标准》

GB/T 50795《光伏发电工程施工组织设计规范》

GB/T 50796《光伏发电工程验收规范》

GB/T ××××《并网光伏电站启动验收技术规范》

DL 5190.1《电力建设施工技术规范第 1 部分：土建结构工程》

DL/T 5076《220kV 及以下架空送电线路勘测技术规程》

DL/T 5161《电气装置安装工程质量检验及评定规程》

DL/T 5210.1《电力建设施工质量验收及评价规程第 1 部分：土建工程》

DL/T 5434《电力建设工程监理规范》

DL/T 586《电力设备监造技术导则》

JGJ 102《玻璃幕墙工程技术规范》

JGJ 133《金属与石材幕墙工程技术规范》

JGJ 8《建筑变形测量规范》

NB/T 32001《光伏发电站环境影响评价技术规范》

NB/T 32005《光伏发电站低电压穿越检测技术规程》

NB/T 32006《光伏发电站电能质量检测技术规程》

NB/T 32007《光伏发电站功率控制能力检测技术规程》

NB/T 32013《光伏发电站电压与频率响应检测规程》

NB/T 32014《光伏发电系统防孤岛效应检测技术规定》

NB/T ××××《光伏发电站并网性能测试与评价方法》

NB/T ××××《光伏发电工程项目文件归档与档案管理规范》

光伏发电工程达标投产验收规程

（GB/T 50796—2012）

条 文 说 明

1　总则

1.0.2　考虑到达标投产工作细节性要求多，且对工程建设各方管理水平要求较高，因此将光伏发电工程达标投产验收工作的适用范围定位在大中型光伏发电工程。同时，《光伏发电站设计规范》GB 50797—2012 将已明确大中型光伏发电工程的容量界限，因此本规程未明确大中型光伏发电工程的定义。

3　基本规定

3.0.3　光伏发电工程建设周期短，电站投产发电后尾工项目少，为确保达标投产验收工作及时完成，将光伏发电工程启动试运后 3 个月作为达标投产初验的完成节点。同时，考虑到电站运行指标检测及达标投产初验问题整改时间，确定复验宜在初验完成后 6 个月内进行。

4　达标投产检查验收内容

4.0.6　目前行业内尚无明确的光伏发电工程可靠性指标和运行指标，本规程所列可靠性指标和运行指标是在参考类似工程并结合光伏发电工程特点基础上制定的。

5　达标投产初验

5.0.7　让步处理后的项目评价结果为"基本符合"。

 ## 7　独立光伏系统验收规范

（GB/T 33764—2017）

前　言

本标准按照 GB/T 1.1—2009 给出的规则起草。

本标准由中国标准化研究院归口。

本标准起草单位：国家太阳能光伏产品质量监督检验中心、常州天合光能有限公司、浙江晶科能源有限公司、中科恒源科技股份有限公司、中国合格评定国家认可中心、中节能太阳能科技（镇江）有限公司、江苏欧力特能源科技有限公司、浙江环球光伏科技有限公司、信息产业电子第十一设计研究院科技工程股份有限公司、中国质量认证中心、深圳创益科技发展有限公司、常州大学、江苏海德森能源有限公司。

本标准主要起草人：恽旻、鲍军、陈耀、陈迪、

肖桃云、张臻、李卿韶、金浩、黄爱军、王宁、勾宪芳、黄国平、吴媛、吴晓丽、吕振华、丁建宁、丁春明。

1　范围

本标准规定了独立光伏系统的系统安装基本要求、验收程序和安全检查。

本标准适用于系统功率在 1kW 及以上的地面用独立光伏系统的验收。

注：系统功率是指使用的光伏组件在地面标准测试条件下最大功率的总和。

2　规范性引用文件

下列文件对于本文件的应用是必不可少的。凡是注日期的引用文件，仅注日期的版本适用于本文件。凡是不注日期的引用文件，其最新版本（包括所有的修改单）适用于本文件。

GB/T 2828.1　计数抽样检验程序　第 1 部分：按接收质量限（AQL）检索的逐批检验抽样计划

GB/T 9535　地面用晶体硅光伏组件　设计鉴定和定型

GB/T 13337.1　固定型排气式铅酸蓄电池　第 1 部分：技术条件

GB/T 15142—2011　含碱性或其他酸性电解质的蓄电池和蓄电池组　方形排气式镉镍单体蓄电池

GB/T 18210　晶体硅光伏（PV）方阵 Ⅰ-Ⅴ 特性的现场测量

GB/T 18911　地面用薄膜光伏组件　设计鉴定和定型

GB/T 19638.2—2014　固定型阀控式铅酸蓄电池　第 2 部分：产品品种和规格

GB/T 20047.1　光伏（PV）组件安全鉴定　第 1 部分：结构要求

GB/T 22473—2008　储能用铅酸蓄电池

GB 50009　建筑结构荷载规范

GB 50054　低压配电设计规范

GB 50172　电气装置安装工程　蓄电池施工及验收规范

GB 50202　建筑地基基础工程施工质量验收规范

GB 50205　钢结构工程施工质量验收规范

DL 5027　电力设备典型消防规程

YD/T 799—2010　通信用阀控式密封铅酸蓄电池

IEC 60891：2009　光伏器件　测定 Ⅰ-Ⅴ 特性的温度和辐照度校正方法用程序（Photovoltaic devices—Procedures for temperature and irradiance corrections to measured Ⅰ-Ⅴ characteristics）

IEC 61215-1：2016　地面光伏组件　设计鉴定和定型　第 1 部分：试验要求［Terrestrial photovoltaic（PV）modules—Design qualification and type approval—Part 1：Test requirements（Edition 1.0）］

IEC 61646：2008　地面用薄膜光伏组件　设计鉴定和定型［Thin-film terrestrial photovoltaic（PV）modules—Design qualification and type approval（Edition 2.0）］

IEC 61730-1：2013　光伏组件安全性鉴定　第 1 部分：构造要求［Photovoltaic（PV）module safety qualification—Part 1：Requirements for construction（Edition 1.2）］

IEC 61730-2：2012　光伏组件安全鉴定　第 2 部分：试验程序［Photovoltaic（PV）module safety qualification—Part 2：Requirements for testing（Edition1.1）］

3　术语和定义

下列术语和定义适合于本文件。

3.1

独立光伏系统　stand-alone photovoltaic（PV）system

包含一个或多个光伏组件、支撑结构、储能电池组、功率调节器和负载的离网型光伏系统。包括便携式独立光伏系统和非便携式独立光伏系统。

3.2

光伏组件　photovoltaic modules

具有封装及内部联结的、能单独提供直流电输出的最小不可分割的光伏电池组合装置。

3.3

充放电控制器　charge and discharge controllers

具有自动防止光伏电源系统的储能电池过充电和过放电的装置。

3.4

离网型逆变器　off-grid inverters

在不与公共电网连接的状态下能够将光伏组件（光伏电池）产生的直流电转换为交流电的装置。

4　系统安装基本要求

4.1　组成

独立光伏系统从功能上主要包括下列子系统：

——光伏子系统：将入射太阳辐射能直接转化为直流电能的单元。

——功率调节器：把电能变换为一种或多种适于后续负载使用的系统。

——储能子系统：用于存储电能、满足负载连续用电的要求。包括储能装置及输入-输出控制装置。

——主控和监控子系统：监控光伏发电系统总体运行和各子系统间的相互配合。

在某一特定光伏发电系统设计中，上述子系统的

某些部分可以省略，而子系统的部分元件可以以单个或组合的形式出现。

系统主要设备中的光伏组件、线缆、汇流箱、蓄电池、控制器和逆变器（或控制逆变一体机）等均应使用经过相关认证的合格产品。

4.2 安全要求

系统应满足基本安全要求：

——方阵基础和建筑物安全：安装在地面的方阵应符合 GB 50202 的要求，安装在建筑屋顶的方阵基础除应符合 GB 50202 的要求外，还应符合 GB 50009 的要求。对于放置固定式防酸隔爆铅酸蓄电池的蓄电池室必须具有强制通风保障；应满足防酸、防爆要求。

——电气安全：应符合 GB 50054 相应规定的要求，系统所有电气设备的带电外露部分应设有安全提示标志。

——消防安全：应符合 DL 5027 的要求。蓄电池室应配置灭火器。

4.3 资料要求

独立光伏系统应具有完整的技术资料，包括工程建设报告、系统设计、设备和材料、工程管理、安装工程、运行管理等相关资料。

系统设计资料主要包括设计报告、系统配置清单和/或设计图纸等。

系统设备和材料资料至少包括各子系统主要设备和材料的相关资料，如：合格证、检验和/或相关认证报告、使用说明书和/或技术说明书等。

工程管理资料包括工程建设总结报告、工程竣工报告、工程结算报告、施工工作报告。

安装工程资料包括主要设备开箱检查记录、系统安装记录等。必要时，主要设备应提供经由具有法定资质的第三方检验机构抽检合格报告。

运行管理资料主要包括运行管理规程、运行记录、维护操作规程、故障排除指南等。

所有操作标识应为中文或有中文注释。在少数民族地区，操作标识宜有少数民族文字，运行管理规程等除了中文版还宜增加少数民族文字版本。

4.4 子系统安装要求

4.4.1 光伏子系统

4.4.1.1 光伏方阵场基础

光伏方阵场一般应面向正南；在为避免遮挡等特定地理环境情况下，可考虑在正南±20°内调整设计。各阵列间应有足够间距，至少保证全年每天中当地真太阳时的上午 9 时至下午 3 时之间光伏组件无阴影遮挡。

对于安装在地面的光伏系统，方阵场应夯实表面层，松软土质的应增加夯实，对于年降水量在900mm 以上地区，应有排水设施，以及考虑在夯实表面铺设砂石层等，以减小泥水溅射。

4.4.1.2 光伏组件

晶体硅光伏组件应选用符合 IEC 61215 - 1：2016、IEC 61730 - 1：2013、IEC 61730 - 2：2012、IEC 60891：2009，或 GB/T 9535、GB/T 20047.1 的要求通过鉴定及定型的，经过相关认证的合格产品。薄膜光伏组件应选用符合 IEC 61646：2008、IEC 61730 - 1：2013、IEC 61730 - 2：2012 或 GB/T 18911、GB/T 20047.1 的要求通过鉴定及定型的，经过相关认证的合格产品。

组件铭牌应至少标注标准测试条件下最大输出功率及偏差、开路电压、短路电流、额定工作温度及偏差、最大系统电压、最大保护电流、安全等级和应用等级等。

光伏组件产品应附带制造商的贮运、安装和电路连接指示。

4.4.1.3 汇流箱

汇流箱应使用经过相关认证的合格产品。

汇流箱内的过电流保护类电器通过电流的容量应大于标准测试条件下该光伏组件串短路电流的 1.5 倍，峰值反向电压至少应为该光伏组件串开路电压的 2 倍。

汇流箱接线端子应与电缆线可靠连接，应有防松动零件，对既导电又作紧固用的紧固件，应采用铜质零件。

各光伏组件串接入进线端及光伏子方阵出线端，以及接线端子与汇流箱外壳接地端绝缘电阻应不小于 10MΩ（DC 500V）。

汇流箱宜设置浪涌保护设备。

4.4.1.4 光伏电缆

汇流箱使用的输入/输出电缆应采用耐候、耐紫外辐射等抗老化的电缆，电缆的线径应满足方阵最大输出电流的要求。电缆与接线端应连接紧固无松动。

4.4.1.5 光伏方阵支架

光伏子系统安装可采用多种形式，如地面、屋顶、建筑一体化等。屋顶、建筑一体化的安装形式应考虑支承面载荷能力，工程设计应符合相关建筑标准要求。

地面安装的光伏方阵支架宜采用钢结构，支架设计应保证光伏组件与支架连接牢固、可靠，底座与基础连接牢固，组件距地面宜不低于 0.6m，考虑站点环境、气象条件，可适当调整。

支架应有足够强度，满足当地历史上的最大风载要求，保证阵列牢固、安全和可靠，钢结构支架应符合 GB 50205 的要求，其他刚性结构材料的支架应不低于钢结构支架性能要求。

方阵支架应保证可靠接地，接地体的接地电阻不大于 10Ω，接地应有防腐及降阻处理。

方阵支架钢结构件应经防锈涂镀处理，满足长期室外使用要求。光伏组件和方阵使用的紧固件应采用

不锈钢件或经表面涂镀处理的金属件或具有足够强度的其他防腐材料。

4.4.2　储能子系统

4.4.2.1　一般要求

固定型防酸式、阀控式密封铅酸蓄电池应选用符合 GB/T 13337.1、GB/T 15142—2011、GB/T 19638.2—2014、GB/T 22473—2008 的要求通过鉴定和定型的合格产品。其他类型的蓄电池可参见相关的国家标准或行业标准。

每批次生产的蓄电池应有生产合格证，合格证上要标明蓄电池型号和生产日期，制造商应提供同型号产品的国家有关行政管理部门批准的质检机构出具的质检报告。

蓄电池的生产时间应尽可能靠近发货日期，存放时间不得超过 6 个月。

同一路充放电控制的蓄电池应采用相同生产商，相同规格和容量的产品。

蓄电池的工作环境温度可按产品要求，推荐温度范围为 5℃～30℃。

4.4.2.2　蓄电池外观

蓄电池的外观不得有变形、漏液、裂纹及污迹；标志要清晰。

4.4.2.3　蓄电池绝缘性能

蓄电池对地的绝缘电阻不低于 10MΩ（DC 500V）。

4.4.2.4　蓄电池浮充电压的温度补偿

蓄电池的浮充电压为 25℃ 时的规定值，当环境温度发生变化时，应对阀控式密封铅酸蓄电池浮充电压进行温度补偿，温度高于 25℃ 时，从浮充电压中减去补偿量，反之则加上，产品应明确给出温度补偿系数。

4.4.2.5　蓄电池的并联

蓄电池并联组数最大不超过 6 组。

4.4.2.6　蓄电池安装

蓄电池安装符合 GB 50172 中的要求。电池进行连接线连接紧固螺母时，扭矩应达到相应的设计要求。初充电应按制造商的规定进行。

4.4.3　功率调节器

4.4.3.1　基本要求

本标准规定了控制设备和逆变设备的一般技术要求。为获得较高的效率和可靠性，宜采用综合优化设计的控制/逆变一体机。

控制设备和逆变设备应选用符合产品标准、经过定型试验和相关认证的合格产品。

产品的正常使用环境条件为：

a）环境温度在－10℃～＋40℃范围内；

b）在环境温度 20℃ 以下时，相对湿度不大于 90％；

c）海拔高度不大于 1000m；

d）无腐蚀性气体和导电尘埃的室内使用。

当产品的实际使用环境条件超出上述正常使用范围时，产品应附带通过符合实际使用环境条件的第三方测试报告。

4.4.3.2　控制设备

控制设备应符合如下要求：

a）控制设备功率的选取应与光伏方阵功率匹配。控制设备应标明的主要特征参数包括：额定功率（或最大工作电流）、标称电压、输入电压范围。

b）直流输入电压范围应不小于标称电压80％～200％的范围。

c）控制设备应具有如下保护功能：负载、蓄电池短路保护；光伏子系统、蓄电池极性反接保护；蓄电池向光伏子系统反放电保护。

d）控制设备应具有如下控制功能：

1）根据蓄电池容量或电压进行蓄电池充电控制，当蓄电池容量或电压达到充电控制设定值时，控制设备可关断蓄电池充电回路；当蓄电池容量或电压低于充电控制设定值时，控制设备可自动恢复接通蓄电池充电回路；设定值应可调节和改变。

2）根据蓄电池容量或电压进行蓄电池放电控制，当蓄电池容量或电压达到放电控制设定值时，控制设备可关断蓄电池放电回路；当蓄电池容量或电压高于放电控制恢复设定值时，控制设备可自动恢复接通蓄电池放电回路；设定值应可调节和改变。

3）蓄电池工作环境温度变化时，控制设备应具有温度补偿控制，温度补偿系数根据蓄电池参数确定。

e）控制设备应有主要运行参数的测量显示和运行状态的指示。参数测量精度应不低于 1.5 级。测量显示参数至少包括光伏方阵电流和蓄电池电压、电流；状态指示蓄电池状态和光伏方阵状态。

f）控制设备宜设有远程监测功能，接口宜采用 RS－232C 或 RS－485 方式。

4.4.3.3　逆变设备

逆变设备是指在独立光伏系统中实现直流/交流逆变功能的设备。逆变设备要求如下：

a）逆变设备容量的选取应与最大峰值负荷的功率匹配。逆变设备主要特征参数包括：标称容量、输入标称电压、输入电压范围、输出电压、输出频率、输出相数。

b）直流输入电压范围应不小于标称电压80％～140％的范围。

c）交流输出为正弦波，额定频率为 50Hz，额定电压为单相 220V，三相 380V。

d）逆变设备应具有如下保护功能：直流输入过电压、欠电压、极性反接保护；输出短路、过压、欠压、过载、过频、欠频保护。

e）逆变设备应有主要运行参数的测量显示和运

行状态的指示。参数测量精度应不低于1.5级。测量显示参数至少包括直流输入电压、输入电流、交流输出电压、输出电流（容量）；状态指示显示逆变设备状态（运行、故障、停机等）。

f）逆变设备宜设有远程监测功能，接口宜采用RS-232C、RS-485或网络端口，具备配套通信软件。

4.4.4 交（直）流配电设备

交（直）流配电设备是指在独立光伏系统中实现交流/交流（直流/直流）接口、部分主控和监视功能的设备。交（直）流配电设备要求如下：

a）交（直）流配电设备容量的选取应与输入的电源设备和输出的供电负荷容量匹配。交（直）流配电设备主要特征参数包括：标称电压、标称电流。

b）标称电流宜在下列数值中选取（单位为A）：5、10、20、50、100、（150）、200、250、300、400、500。

c）标称电压应在下列数值中选取（单位为V）：直流：24、48、60、110、220；交流：220、380。

d）输入、输出电压范围应为标称电压80%～140%的范围。

e）交（直）流配电设备至少应具有如下保护功能：输出过载、短路保护；过电压保护（含雷击保护）。

f）交（直）流配电设备应有主要运行参数的测量显示和运行状态的指示。参数测量精度应不低于1.5级。测量显示参数至少包括输出电流（或输出容量）、输出电压、用电量；运行状态指示至少应包括交（直）流配电设备状态（运行、故障等）。

4.4.5 主控和监视子系统

主控和监视子系统主要包含设计规定的监视和控制功能：

——系统数据信号的传感和采集；

——系统数据处理、记录、传输和显示；

——电能的传输控制；

——设备的启动和控制；

——保护。

为了简化设计和使用，主控和监视系统的某些或全部功能可包含在其他子系统中。

5 验收程序

5.1 验收的组织与实施

独立光伏系统安装完成，试运行正常后，可进行验收检查。

验收宜采用初验收和最终验收两次验收的模式。安装完成试运行正常后，可进行初验收检查。试运行半年后进行最终验收检查。

验收工作应由经国家相关行政部门批准的、具备相应资质的第三方检测机构或者质检机构完成。

验收工作包括资料核查、现场检查和检测。现场检测主要是对独立光伏系统的光伏发电性能和安全性能做出评价。

5.2 资料核查

按照4.3的要求，对独立光伏系统的各项资料进行核查。应具备完整设计、施工资料；使用设备、材料，并且工程施工应与设计一致。对质量、性能有疑义的应对设计进行评审或抽样复验，其复验结果应满足现行国家标准和设计要求。

进行相关标识检查。检查运行管理资料。

基础工程、消防工程等需提供相关部门验收合格证明。

5.3 现场检查和检测

5.3.1 检测环境要求

现场检测宜选择辐照良好的当地时间中午时段进行，光伏子系统功率现场检测时辐照度应大于700W/m²，风速不大于4m/s。所有检测中需要断开部分系统电路时应按系统相关要求，注意安全操作。

5.3.2 主要检测设备要求

主要检测设备要求如下：

a）光伏组件串或方阵串I-V特性测量仪，直流电压和直流电流测量精度均不低于1%；

b）可调直流电源，精度1%；

c）兆欧表，电压量程不低于500V，精度等级不低于1.5级；

d）温度测量装置，温度测试准确度为±1℃，重复性为±0.5℃；

e）万用表测量精度不低于0.5级；

f）直尺，卷尺，精度不低于1mm；

g）辐照度计或标准太阳电池，测量精度不低于1W/m²；

h）水平仪；

i）指南针。

注：所有检测设备应在计量有效期内。

5.3.3 安全检查

进行资料验证及现场检查，应符合4.2的要求。

5.3.4 光伏子系统检测

5.3.4.1 支架工程检测

支架工程检测要求如下：

a）目测方阵支架是否具有接地和防雷装置，测量支架接地电阻不大于10Ω。

b）目测光伏组件连线及进入汇流箱的连线，应走向合理、整齐；进线孔应进行防渗水处理。

c）目测方阵支架涂镀层是否一致和完整。

d）支架连接应牢固，外观整齐。测量支架水平位置偏差应符合设计要求。

e）方阵紧固螺栓连接符合GB 50205中的要求。

f）测量光伏方阵阵列间距或可能遮挡物与方阵底边垂直距离在纬度小于或等于45°时应不小于D，

见式（1）：

$$D=\frac{H(0.707\tan\phi+0.434)}{0.707-0.434\tan\phi} \quad (1)$$

式中 ϕ——纬度（在北半球为正、南半球为负）；

H——光伏方阵阵列或遮挡物的最高处与可能被遮挡组件底边垂直高度差。

在纬度大于 45°时，根据光伏方阵场实际面积情况，D 的值可适当降低，但光伏方阵阵列间距或可能遮挡物与方阵底边垂直距离不应低于纬度为 45°的地区 D 值。

g) 测量光伏方阵的方位角，应符合 4.4.1.1 的要求。

h) 测量光伏方阵的倾角，应符合设计要求，误差小于±3°。

i) 测量方阵组件最低处距地面高度，应符合设计要求。

5.3.4.2 光伏方阵性能检测

光伏方阵性能检测主要包括光伏方阵标准条件下功率测试，以及光伏子系统方阵组合损失计算。

检测按 GB/T 18210 进行，将检测数据外推到标准条件下与光伏系统额定功率之比应不小于 92%，即光伏子系统方阵组合损失不大于 8%。

在相关各方同意下，也可依据厂家的光伏组件质量认证、光伏系统实际运行记录、组件标称功率及安装组件总数，确认方阵总功率，如对方阵总功率有疑义，可按 GB/T 2828.1 规定进行组件抽样，送国家认可的光伏组件测试机构检测，检测组件在标准测试条件下的最大输出功率应与铭牌上明示的最大输出功率值及偏差保持一致。

5.3.5 储能子系统检测

5.3.5.1 蓄电池外观

检查蓄电池外观质量应符合 4.4.2.2 的要求。

5.3.5.2 蓄电池端电压的均衡性检测

按 YD/T 799—2010 中 6.15.1 的方法进行检测，符合 4.4.2.3 的要求。

5.3.5.3 电池间连接件紧固检测

检测连接紧固螺母扭矩应符合 4.4.2.6 的要求。

5.3.5.4 蓄电池组容量

在相关各方同意下，可依据厂家的蓄电池质量认证、光伏系统运行记录、安装蓄电池总数，确认蓄电池组的总容量，如对蓄电池组的总容量有疑义，可按 GB/T 2828.1 规定进行蓄电池抽样，送国家认可的蓄电池检测机构进行检测，检测蓄电池质量应满足相应国家标准的规定。

5.3.6 功率调节器检测

5.3.6.1 控制设备检测

5.3.6.1.1 保护功能检测

检查设备检验报告，应具有符合 4.4.3.2c) 要求的保护功能。

5.3.6.1.2 控制功能检测

根据 4.4.3.2d) 的要求进行蓄电池充放电控制功能试验。断开蓄电池，将可调直流电源接入控制设备的蓄电池连接端，光伏子系统应正常接入控制设备。用可调直流电源电压模拟蓄电池电压，检测功率调节器充放电控制功能是否符合要求（当蓄电池放电控制功能由逆变器实现时，则检测蓄电池放电控制功能时，应将可调直流电源相应接入逆变器蓄电池连接端）。检测值与设定值偏差应小于±1.5%，进行如下功能检查：

a) 调节直流电源电压，当模拟电压高于蓄电池充电控制设定值时（如有延时电路，则待延时时间结束），检查蓄电池充电回路可否关断；

b) 逐渐调低模拟电压，当模拟电压低于蓄电池充电控制设定值时（如有延时电路，则待延时时间结束），检查蓄电池充电回路可否恢复接通；

c) 逐渐调低模拟电压，当模拟电压达到蓄电池放电控制设定值时（如有延时电路，则待延时时间结束），检查蓄电池放电回路可否关断；

d) 逐渐调高模拟电压，当模拟电压达到蓄电池放电控制恢复设定值时（如有延时电路，则待延时时间结束），检查蓄电池放电回路可否恢复接通；

e) 检测完成后应将蓄电池正常接回系统。

5.3.6.1.3 测量显示功能检查

按 4.4.3.2f) 的要求检查显示功能是否符合要求。

5.3.6.1.4 远程监控功能检测

系统设计具有远程监控功能时应按设备操作说明，进行远程监控检测，各项功能正常。

5.3.6.2 逆变设备检测

5.3.6.2.1 保护功能检测

检查设备检验报告，应具有符合 4.4.3.3d) 要求的保护功能。

5.3.6.2.2 短路保护

断开负载，用试验开关将逆变设备输出端直接短接，逆变设备应能自动保护，当短路解除后，可恢复运行。

检测完成后应将负载正常接回系统。

5.3.6.2.3 极性反接保护

断开逆变设备的蓄电池连接，将可调直流电源的正极和负极分别接入逆变设备的蓄电池连接端的负极和正极，逆变设备应能自动保护，当连接极性正确后，逆变设备能正常工作。

检测完成后应将蓄电池正常接回系统。

5.3.6.2.4 电能质量检测

对于交流逆变设备，使用功率分析仪，检测交流输出的电能质量是否符合设计要求。

5.3.6.2.5 测量显示功能检测

按 4.4.3.3 的要求进行测量显示功能试验，用目

测法检查是否符合要求。

5.3.6.2.6 远程监控功能检测

系统设计具有远程监控功能时应按设备操作说明，进行远程监控检测，各项功能正常。

5.3.7 主控和监视子系统检查

检查主控和监控子系统是否符合 4.4.5 中要求的功能。

使用经过计量的电流表、电压表、温度传感器、湿度传感器、风速仪、辐照度计等，核实验证监控系统的记录数据是否准确。监控系统显示值和计量设备的实际测量值偏差不应大于 2%。

8 核电厂退役需要的文件和记录的维护与保存要求

(NB/T 20271—2014)

前　言

本标准按照 GB/T 1.1—2009 给出的规则起草。

本标准参考国际原子能机构（IAEA）的技术报告《核设施退役所需记录的保存：指南和经验》(Technical Report Series No. 411)，并结合我国的实际情况进行编写，旨在为保存和维护核电厂退役需要的文件和记录提供指导。

本标准由能源行业核电标准化技术委员会提出。

本标准由核工业标准化研究所归口。

本标准起草单位：中核核电运行管理有限公司、苏州热工研究院有限公司。

本标准主要起草人：张江涛、陶钧、胡正林、蔡达华、郑宏练、栾兴峰、任爱、王荣山、黄平、范念青、徐超亮、刘向兵。

1 范围

本标准规定了收集、筛选、保存和维护核电厂退役需要的文件和记录的方法及一般要求。

本标准主要适用于核电厂业主和（或）营运单位对核电厂退役需要的文件和记录的管理，其他核设施退役可参照执行。

2 规范性引用文件

下列文件对于本文件的应用是必不可少的。凡是注日期的引用文件，仅所注日期的版本适用于本文件。凡是不注日期的引用文件，其最新版本（包括所有的修改单）适用于本文件。

NB/T 20041　核电文档管理系统功能要求

NB/T 20042　核电档案分类准则及编码规则

HAD 003/04　核电厂质量保证制度

3 术语和定义

下列术语和定义适用于本文件。

3.1

核电厂退役　decommissioning of nuclear power plants

核电厂最终退出运行的过程，即允许核电厂解除部分或全部监管所采取的管理和技术活动。

3.2

退役需要的文件和记录　documents and records for decommissioning

核电厂在选址、设计、建造、调试、运行和退役各阶段形成、收集并保管的作为支持退役的证据和信息的文件和记录。

3.3

退役整体计划　decommissioning planning

营运单位（或委托单位）制定的待退役核电厂退役策略和总体安排，包括所有重大活动的顺序安排、退役中重大安全问题及解决途径、安全相关系统的维护和（或）建议、退役废物的管理、退役相关设施的安排、重要退役技术的选择、退役目标的确定、退役相关组织机构和职责的确定、时间进度的安排、退役费用的匡算及筹措方式等。

4 退役需要的文件和记录

4.1 概述

核电厂退役需要的文件和记录产生于寿期内的选址、设计、建造、调试、运行和退役各阶段。设计文件、竣工文件、调试文件和运行数据（包括运行记录、修改情况、辐射水平、人员受照剂量、污染情况、异常事件报告以及燃料和废物管理记录等）构成了退役需要的文件和记录的基础。在退役准备和退役实施过程中，核电厂还会产生大量重要的文件和记录，应采取适当的方式予以保存和维护。

核电厂退役需要的典型文件和记录如附录 A 所示。

4.2 文件和记录的主要来源

4.2.1 设计和建造阶段

与核电厂选址、最终设计和建造有关的技术说明和资料，都应作为有助于运行和最终退役的文件和记录予以保存和维护。在核电厂整个运行寿期内，业主和（或）营运单位应保存、维护和修订这些资料，包括厂址特征资料、各类评价报告、设计文件、竣工图纸、模型和照片、建设顺序、管道布置、建造细节、调试文件等。

为了确保设计和建造阶段的相关图纸和文件是最新版本，核电厂还应制定和执行质量保证程序，并应贯穿整个运行阶段，直到退役完成，相关要求可按 HAD 003/04 执行。核电厂应维护与保存质量保证相

关的文件和记录。

4.2.2 运行阶段

核电厂应准确地记录和保存运行阶段的有关信息，例如安全和执照相关的信息、操作手册和运行日志、维修和修改记录、放射性监测以及异常事件的详情等。维修记录可能包含了以下对于退役重要的信息：

——特殊的修理或维护活动和技术（如大型设备拆卸技术）；

——系统和设备的设计、材料、配置和位置的变更详情。

4.2.3 退役准备阶段

应识别出所有停运的或被隔离的系统信息，识别出放射性物质在核电厂中残留的数量、地点、分布和类型等的完整准确的资料，并制定退役整体计划。核电厂应保存和维护退役准备阶段的重要文件和记录，包括退役工程可行性研究报告、安全分析报告、环境影响评价报告和辐射防护大纲等。

4.2.4 退役实施阶段

在获得退役批准文件后，应制定退役实施方案。在完成每一退役步骤后，核电厂应用文件表述退役工作的进展情况，包括厂址状况、发生的异常情况记录、废物管理记录，以及厂内和场区放射性监测数据利人员剂量管理等信息。应长期保存在退役活动中实施的每项任务的记录（包括必要的影像资料）。

5 退役文档管理

5.1 退役文档管理系统

退役文档管理系统对退役文件和记录的收集、筛选、保存和维护是非常重要的。在建立退役文档管理系统时，核电厂应按照适当的质量保证程序编制使用说明、操作规范或方案。退役文档管理系统的功能要求应按 NB/T 20041 执行。

核电厂应根据实际情况定期审查文档管理系统，以确保已准确地标记出退役需要的文件和记录，并逐步从运行阶段的文档管理系统中筛选出退役需要的文件和记录，形成退役文档管理系统。审查人员应包括退役技术人员、信息文档管理人员和运行人员。如有必要，应在核电厂关闭前重建数据或采取其他补救措施。

核电厂应建立详细的文档索引，以从运行阶段的文档管理系统中采集数据。在整个退役过程中，录入退役文档管理系统的文件和记录都应编入索引。应根据适当的质量保证程序核查索引的准确性。

文件和记录存储在不同的介质中（参见附录 B）。为了保证文件和记录的真实性、完整性、可靠性和可用性，在该系统的使用说明、操作规范或方案中应说明以下事项：

——各参与部门的职责；

——文件和记录的识别（包括核实数据来源）；

——文件和记录的发送、接收和验收；

——文件和记录的索引和信息检索；

——文件和记录的分级管理；

——文件和记录的存储介质（如纸张、胶卷或电子），以及首选和备选的贮存地点；

——保护文件和记录以抵御恶劣环境；

——访问控制；

——文件和记录的变更控制；

——不同介质间的定期拷贝或迁移。

5.2 文件和记录的收集

核电厂应在设计和建造阶段建立文档管理系统，从建造初期开始收集资料，并随着电站的运行及时增加各类数据资料（包括运行维修、更新改造、辐射防护和废物管理等方面的数据）。核电厂应对保存的文件和记录进行分类和编码，以便识别其与退役的相关性，文档的分类准则和编码准则按 NB/T 20042 执行。核电厂的实体文件和记录应及时扫描成电子文件贮存在文档管理系统，以便于提高后续检索能力，并为实体文件和记录提供备份。文档管理系统应按照不同的要素编制索引，如文档系统的级别、文件和记录的类型和位置，使得用户可以根据要素在文档管理系统中检索和处理相关数据。为便于后续退役数据的检索，还应标记出记录与退役的相关性。整个文档管理系统应设置计算机访问系统，制定权限访问制度。

核电厂应制定信息的收集、传输和录入程序，包括每项记录的验收规定，以保证每项记录的合法性、正式性、准确性和完整性。

5.3 文件和记录的筛选

在退役的实质性工作开始之前，核电厂应尽量利用现有的运行人员和技术人员来筛选并确认退役需要的文件和记录。审查人员应根据信息的类型、质量控制要求等逐一对信息进行确认、评估和审查。

核心厂应采用系统化的文档收集方法对相关文件和记录进行筛选，该方法是基于但不限于对以下问题的判断：

a）是否是确保核电厂持续安全需要的文件和记录？

b）是否是许可证条件和（或）其他法规要求的文件和记录？

c）是否是表征厂内（或外运处置）废物量和特征的文件和记录？

d）是否是为退役活动提供信息的文件和记录？

e）是否是支持电厂和厂址长期维护和保养需要的文件和记录？

f）是否是保存和记录人员剂量和职业健康的文件和记录？

g）是否是与电厂运行和退役不直接相关，但仍需保管的文件和记录？

h）是否是上一次文件审查后新生成的文件和记录？

i）是否是用于答复可能的责任索赔需要的文件和记录？

j）是否是永久保存的文件和记录？

在审查相关的文件和记录时，应考虑以下因素：

——退役方案的可行性；

——设计、建造、运行和关闭阶段相关文件和记录的可用性，或重新获取这些资料的需求；

——人力资源、退役技术和财务资源的可用性；

——相关法规和监管方面的要求；

——核电厂特性、运行记录、系统布置等；

——放射性数据和记录。

5.4 文件和记录的保存

核电厂应基于文件和记录的不同用途确定文件和记录的保存等级和保存期限。应保证退役文档管理系统的安全，以最大限度地减小文档的损坏、变质和缺失。核电厂应将原始文件和记录与备份贮存在不同地点，并予以维护和保护。

5.5 文件和记录的维护

核电厂应对文档访问进行信息安全控制，制定相应的访问控制程序，防止文件和记录的丢失、损坏、或未经授权的修改、删除、拷贝，电子文件的保存还应考虑防止病毒及黑客的袭击。核电厂应制定文件和记录的变更控制程序，规定记录的变更修改条件和权限，如用户授权控制、审计跟踪日志管理等。

核电厂应对电子文件进行定期检测。通过检测发现有出错的载体，应进行有效的修正或更新。

应定期将电子文件在不同载体间进行拷贝或迁移，拷贝后应对正副本即时校核。核电厂应用文件表述在迁移过程中丢失的信息，以确定或估算出丢失数据的范围和内容。对于长期保存的文件和记录，应制定相应的程序来确保可获取必要的读取工具。

6 质量保证

6.1 概述

核电厂在进行退役文件和记录的收集和保存时，应根据质量保证大纲的有关要求对文件和记录的质量和完整性进行审查。

6.2 组织机构

在建立退役文档管理系统时，核电厂应配备相应的组织机构。

文档管理部门是文件和记录的主要管理部门。质量保证部门应监督、审核文件和记录的控制过程。退役技术部门是退役文件和记录的生成部门。

在核电厂关闭后，运行阶段的文档管理部门应逐步过渡为退役文档管理部门，以保持组织机构的延续性。退役文档管理系统的管理员应定期培训并持证上岗。

6.3 职责

核电厂应明确各相关部门的职责。

——管理层对文档管理负直接领导责任，应确保所有活动都符合质量保证大纲的要求。

——质量保证部门应对退役需要的文件和记录的管理进行全面、独立的评价，并向管理层报告相关情况。

——技术部门负责识别和筛选退役需要的文件和记录，以及新记录的生成。

——文档管理部门负责退役需要的文件和记录的收集、保存和维护。

6.4 丢失文件和记录

为保证退役需要的文件和记录的完整性，核电厂应考虑火灾、水淹或人为失误等事件或事故的影响。必要时，应采取适当的补救措施。

附录 A
（资料性附录）
核电厂退役需要的典型文件和记录

核电厂退役需要的典型文件和记录见表 A.1。

表 A.1 核电厂退役需要的典型文件和记录

来源	示　例
设计和建造阶段	—厂址特征数据 —初步安全分析报告 —环境影响评价报告 —核电厂完整的竣工图纸、文件 —建造阶段的照片、模型及相关的文字说明 —建设顺序相关的资料 —设计变更清单及相关图纸 —异常事件记录 —建筑材料采购记录 —设备交工文件 —工程设计规范 —设备和部件的运行维修手册 —建筑材料样品天然活度 —源项（放射性、化学）设计值 —质量保证大纲 —环境监测记录 —辐射防护记录 —燃料和放射源记录 —役前检查结果 —运行前试验和调试记录 —许可证和执照申请文件 —运行规程清单 —最终安全分析报告 —退役初步计划

续表

来源	示　例
运行阶段	—修订的最终安全分析报告 —每次换料及大型设备更换或改造的安全分析报告 —历次定期安全审查报告 —技术文件 —环境监测大纲 —运行值班日志 —放射性（化学）监督大纲及记录 —辐射防护大纲及辐射剂量监测记录及相关文件 —应急预案 —运行、维修规程和记录 —技改计划和报告 —异常事件报告 —修改论证报告和修改后的技术文件 —化学品和危险品记录 —物项、服务接口 —系统、构筑物和部件的检查记录 —场址地下水监测记录 —重要岗位人员离岗工作交接记录 —质量保证记录 —核燃料布置、核燃料性能（如损坏）和核材料衡算记录 —废物管理记录 —放射源管理记录 —活化和辐照脆化材料样品记录 —相关的试验报告 —修订的退役计划及相关报告 —人员资质和培训记录
退役准备阶段	—退役整体计划 —退役设施特性调查报告 —拆除方案的比选和确定文件及其相关计划 —退役许可证申请文件 —退役质量保证大纲 —放射性源项调查报告 —退役工程可行性研究报告 —退役工程安全分析报告 —退役工程环境影响评价报告 —退役辐射防护大纲 —应急预案 —退役项目管理计划 —退役工作程序及相关的工作包和文档

续表

来源	示　例
退役准备阶段	—退役设计文件 —退役基金和财务管理文件，包括费用清单及有效性说明 —设备（如管道和电缆等）的停运记录 —电厂关停记录 —最小系统维护的设计和运行记录 —乏燃料最后卸载和系统排空记录 —放射性废物处理记录 —退役培训和资质认定记录 —退役的组织机构和职责
退役实施阶段	—在完成每个退役阶段时，表明核电厂状况的工程图纸 —退役项目组人员受照剂量记录 —放射性和化学废物记录及处置记录 —豁免和解控材料的记录 —退役期间核电厂和厂址的影像资料 —退役期间发生的重大意外事件的详细资料和采取的补救行动记录 —项目进展和状态报告 —中间及最终放射性调查报告 —日常监测、维修和监督记录 —最终退役报告

附录 B
（资料性附录）
存储介质和信息检索

B. 1　文件和记录的存储介质
B. 1. 1　概述

目前，大多数核电厂的资料都以纸质和电子形式贮存。在收集退役需要的信息之前，核电厂应该确定使用的存储介质。为满足适当的法规、监管和贮存要求，核电厂应选择多种存储介质。主要储存介质的优缺点如表 B. 1 所示。

表 B. 1　　　不同储存介质的优缺点

储存介质	典型寿命（a）	优　点	缺　点
纸张	10＋	原始文件 不易修改 可复印 符合法规要求	需要可控环境 体积大 易损坏 易丢失

续表

储存介质	典型寿命(a)	优 点	缺 点
微缩胶卷和微缩胶片	100+	不易修改易复制储存空间较小	需要可控环境易损坏易丢失
磁带和磁盘	5~10	易储存、空间小易复制且数据不降级易获取可更新	易修改需要可控环境易损坏或消磁需要定期(每5a~10a)更新软硬件
光盘	100+	不易消磁或修改储存空间小易远程访问数据几乎不受环境约束	硬拷贝记录需扫描到光盘需要定期(每5a~10a)更新软硬件

在选择储存介质时应考虑以下要求：
——法规或监管要求；
——文档的容积；
——以前使用的介质；
——文档的类型；
——信息搜索和检索的要求；
——安全要求；
——成本；
——保存期限；
——未来的可用性。

B. 1. 2　纸张

纸张是最常用的储存介质，但由于纸浆的酸性腐蚀，其保存期限一般不超过几十年。纸张的优点在于它已经成为一种合适的储存形式，可不使用读取工具就能阅读，且易于复制。纸张的缺点是如果不定期复制，就无法满足长期保存的可读性要求。而且相对来说，纸的体积大，需要大型且昂贵的贮存场所。

在特定环境下（如避光、相对湿度低、较少搬动和避免酸性接触）碱式储存的特殊纸张可保存几百年。这种方式保存的文件可直接阅读且易于复制，但必须选择合适的纸张和印刷材料，以确保达到要求的性能；主要缺点是储存条件苛刻和体积大。

B. 1. 3　微缩胶卷和微缩胶片

微缩胶卷和微缩胶片的预期平均寿命大约是

100~200a。它的优点是对储存空间的要求相对较小，并且使用简单的放大工具就能直接读取，缺点是从其中拷贝数据需要使用特殊工具。此外，由于质量降级，微缩胶卷的最大复制次数很小，应尽量减少相关操作。微缩胶卷的另外一个缺点是迁移数据时，会降低数据的质量。

B. 1. 4　磁带或磁盘

磁带或磁盘的寿命一般为5~10a或更短。磁带或磁盘的优点是储存能力大、使用范围广以及快速的检索和复制能力。它的缺点是使用寿命短、维护要求高以及需要可控的环境。为保持磁带或磁盘的可读性，需要维持软硬件的版本和配置。

B. 1. 5　光盘

光盘储存需要将硬拷贝记录扫描成电子格式。如果需要及时地检索文件和记录，应开发一个综合的索引系统。光盘本身的寿命超过100a。它的优点和磁盘一样。就目前来说，光盘有非常好的发展前景。光盘的缺点基本上跟磁盘一样，但对光盘进行修改要难得多。它的另一个缺点是其读取期限的不确定性，因为光盘的读取期限取决于读取信息所用的软硬件工具的寿命（通常是5a~10a）。光盘储存技术的发展显著提高了光盘的储存能力，降低了每兆容量的成本。

B. 1. 6　其他介质

电子存储介质如闪存、移动硬盘、电子芯片、射线底片、岩芯等已广泛应用于现代文档管理中，其优点是存储容量大，成本低，容易备份，检索快；缺点是易被修改。但通过加密等技术，可有效地防范对信息的修改风险。

核电厂应根据技术发展，不定期对储存介质的适宜性、先进性和有效性进行评估并提出改进建议。

B. 2　索引和检索工具

索引和检索工具与所选的储存介质直接相关。

对于纸和微缩胶卷，搜索文件和记录的一种方法是使用分类储存系统。该系统可提供各类文件的清单和储存场所。另一种方法是建立文档管理系统，该系统应包含所有的索引参数。

B. 3　显示技术

B. 3. 1　扫描和光学字符识别技术（OCR）

为了增强对历史记录的访问和检索能力，应将其扫描成电子格式或数字图像。如果原始记录是纸质格式，则可使用OCR技术来处理。OCR技术能捕捉文件和记录的全文，将其转换成数字格式，并储存在文档管理系统中。文档管理系统能够实现所有文件和记录的全文检索。

B. 3. 2　数字化格式

通常将原始记录（如电子文档或纸质）捕获或扫描成数字化格式，可转换成两种广泛使用的格式：图像文件格式（TIFFs）或便携文件格式（PDF）。

TIFF 格式是一种高分辨率的图像储存格式。如果使用这种数字储存方法，那么记录管理系统还需要另外的方法来储存无格式的文本，以允许全文检索。

PDF 格式能将高分辨率的图像和无格式的文本组合在一个文件中。全文检索时，需要特殊的 PDF 搜索工具。

参 考 文 献

[1] INTERNATIONAL ATOMIC ENERGY AGENCY. Record Keeping for the Decommissioning of Nuclear Facilities: Guidelines and Experiences. Technical Reports Series No. 411, IAEA, Vienna, 2002.

[2] INTERNATIONAL ATOMIC ENERGY AGENCY. Long Term Preservation of Information for Decommissioning Projects. Technical Reports Series No. 467, IAEA, Vienna, 2008.

[3] INTERNATIONAL ATOMIC ENERGY AGENCY. Decommissioning of Nuclear Power Plants and Research Reactors. Safety Standards Series No. WS-G-2.1, IAEA, Vienna, 1999.

[4] HAF 103　核动力厂运行安全规定.

[5] HAD 103/06　核动力厂营运单位的组织和安全运行管理.

[6] GB/T 19597　核设施退役安全要求.

[7] EJ/T 1225　核电文件档案管理要求.

9 核电厂运行文件体系

（NB/T 20313—2014）

前　言

本标准按照 GB/T 1.1—2009 给出的规则起草。

本标准是通用性、原则性的技术导则，是核电厂营运单位制定本企业标准的参考性技术文件。在使用本标准时应结合本企业实际情况，并遵照核安全导则的具体要求执行。

本标准由能源行业核电标准化技术委员会提出。

本标准由核工业标准化研究所归口。

本标准起草单位：中国广东核电集团有限公司。

本标准主要起草人：圣国龙、卢文跃、高宇。

1　范围

本标准规定了核电厂运行文件的种类、编制原则、编制内容和文件的审批等，可用于核电厂从工程建设阶段转运行阶段时以及运行期间建立生产运行相关的技术和管理文件时参考。

本标准中核电厂运行文件的范围主要是为适应和满足国家核安全法规《核动力厂运行安全规定》（HAF 103）要求而需要核电厂营运单位编制或维护的生产技术与管理文件。

核电厂设计、制造、安装、调试阶段产生的文件经移交后属于核电厂档案的一部分。有关该部分文件的产生、编制和执行遵循相关的标准，在本标准中不予规定。

2　规范性引用文件

下列文件对于本文件的应用是必不可少的。凡是注日期的引用文件，仅所注日期的版本适用于本文件。凡是不注日期的引用文件，其最新版本（包括所有的修改单）适用于本文件。

GB/T 19000　质量管理体系　基础和术语

GB/T 19001　质量管理体系　要求

GB/T 26162.1—2010　信息与文献　文件管理　第一部分：通则

HAF 001/01　中华人民共和国民用核设施安全监督管理条例实施细则之一　核电厂安全许可证件的申请和颁发

HAF 003　核电厂质量保证安全规定

HAF 103　核动力厂运行安全规定

HAD 003/04　核电厂质量保证记录制度

HAD 103/06　核动力厂营运单位的组织和安全运行管理

3　术语和定义

下列术语和定义适用于本标准。

3.1

核电厂运行文件体系 documentation system of an operating nuclear power plant

核电厂为满足国家核安全法规要求和电厂安全生产实际需要建立的一整套涵盖核电厂运行、维修、技术等领域的生产文件的总称。

3.2

执照基准文件 license base documents

核电厂向国家有关主管部门申请运行许可执照时，依据有关法律法规提交并经当局审批认可的管理和技术文件。

3.3

质量管理程序 quality management procedures

通过书面形式规定质量相关生产管理活动的目标、适用范围、责任、接口、管理规定等内容的文件。

3.4

工作大纲和计划 executive program & plan

用于规范和指导核电厂某一生产领域涉及的周期性工作的实施项目、周期或频度、责任部门、相关技术准则以及工作计划的文件。

3.5

技术程序和操作规程　technical documents and operating procedures

指导核电厂工作人员完成某项具体作业活动的技术性文件。内容通常包括程序编号和标题、范围、实施条件、作业流程及要求、记录，必要时可包括规范性引用文件、风险分析和参考信息。

3.6

其他运行文件　other operation management documents

除执照基准文件、质量管理程序、工作大纲和计划、技术程序和生产活动的记录以外的运行文件，如改造工程技术文件、信函纪要、商务文件和公文等。

4　文件的分类

4.1　运行核电厂的文档体系包括文件、档案和资料。其中文件按照文件种类、控制措施不同，可分为执照基准文件、质量管理程序、工作大纲和计划、技术程序、生产活动记录，以及其他文件如信函纪要、商务文件和公文等。

4.2　执照基准文件有狭义的执照基准文件和广义的执照基准文件两类。狭义的执照基准文件专指核电厂建设至运行及退役时，为申请安全许可证件向国家核安全局提请审批的技术和管理文件；广义的执照基准文件还包括核电厂为申请建设和生产运营许可证件向国家核安全局以外的其他国家和行业主管部门提请审批的技术和管理文件。

4.3　执照基准文件中核电厂对国家和行业主管部门的承诺通过公司制定的质量管理程序、工作大纲和计划以及技术程序予以体现和贯彻执行。生产活动记录是核电厂遵守有关承诺行动的证明。

4.4　除了满足执照基准文件中的有关要求外，核电厂还需要制定有关安全生产和经营管理的质量管理程序、工作大纲和计划、技术程序、生产活动记录，以及其他文件。

5　文件编制的原则

5.1　系统性

核电厂宜针对所设定的目标，识别、理解、建立并管理一个由反映相互关联的过程的文件组成的运行文件体系。文件与文件之间应做到层次清楚、接口明确、协调有序。

5.2　规范性

运行文件体系宜建立在国家相关法律、法规，特别是核安全法规 HAF 103 和 HAF 001/01 以及其系列核安全导则的基础上，确定文件编写审批程序，文件一经批准发布，即成为指导核电厂生产运行活动的规范性文件，应严格执行。

5.3　符合性

运行文件应符合国家和行业标准的原则要求，也要符合核电厂实际的技术状态和组织实际情况，并且随着核电厂技术状态和组织机构变化不断改进而完善。

5.4　可操作性

宜研究核电厂生产活动过程和相关资源需求的实际，使编制的文件内容可靠、完整，描述准确，条理清晰，便于操作。

6　编制内容

6.1　执照基准文件

6.1.1　执照基准文件是核电厂运行文件体系中的上层文件，质量管理程序、工作大纲和规程等其他类型文件的原则、准则和内容不能违背执照基准文件中的内容。

6.1.2　核电厂工程建设阶段转运行阶段时为申请装料许可和运行许可向国家核安全局提交的执照基准文件包括：

a) 申请《核电厂首次装料批准书》时提交：

1)《核电厂最终安全分析报告》；

2)《核电厂环境影响报告批准书》；

3)《核电厂调试大纲》；

4)《核电厂操纵人员合格证明》；

5)《核电厂营运单位应急计划》；

6)《核电厂建造进展报告》；

7)《核电厂在役检查大纲》；

8) 核电厂役前检查结果；

9)《核电厂装料前调试报告》；

10) 核电厂拥有核材料许可证的证明；

11) 核电厂运行规程清单；

12)《核电厂维修大纲》；

13)《核电厂质量保证大纲》（调试阶段）。

b) 申请《核电厂运行许可证》时提交：

1)《核电厂修订的最终安全分析报告》；

2)《核电厂环境影响报告批准书》；

3)《核电厂装料后调试报告和试运行报告》；

4)《核电厂质量保证大纲》（运行阶段）。

6.1.3　核电厂为建设和生产运营活动需要向国务院和相关行业主管部门提交申请并承诺在报批文件的范围内开展生产建设活动。例如：

a) 报国家发改委有关建设规划的文件和批复；

b) 报国土资源部有关建设用地的文件和批复；

c) 报水利部有关水行政许可、水土保持的文件和批复；

d) 报卫生部有关职业病危害评价的报告和批复；

e) 报国家安全生产监督管理总局有关职业安全评价的报告和批复；

f) 报国家海洋局有关用海和海域使用的报文和

批复；

g）报国家林业局有关使用林地行政许可的文件和批复；

h）报国家地震局有关地震安全性评价的报告和批复；

i）报其他国家和地方有关空中管制、道路交通、港务、水务、电力等主管部门的文件和批复。

6.1.4 执照基准文件的名称、格式宜参照 HAF 001/01 附表和附录中以及其他国家主管部门要求的文件中列举的各类执照基准文件的格式。

6.1.5 执照基准文件的技术内容和深度要求宜参照相关的核安全法规技术文件或以往经国家核安全局以及其他国家主管部门批准的同类型文件。

6.2　质量管理程序

6.2.1 质量管理程序由政策程序和执行程序组成。每一个政策程序由一组执行程序支持。

6.2.2 政策程序确定各管理功能要达到的目标，规定了各部门及有关人员的责任、分工、接口和工作流程等政策性要求，是编制各类执行程序的指导性文件。

6.2.3 执行程序确定为执行政策程序而确定相应的准则、标准及方式、方法等。执行程序还用于确定核电厂各专业部门内部的责任、分工、接口和工作流程。

6.2.4 质量管理程序宜按照核电厂管理活动的相关功能专业分类编制，也可以按照核电厂组织机构的设置进行分类编制。

6.2.5 核电厂质量管理程序通常包括以下部分的内容：

a）组织机构与管理；

b）人力资源管理；

c）培训和授权；

d）运行管理；

e）维修管理；

f）检查、监督和试验管理；

g）核燃料管理；

h）化学与环境保护；

i）工程改造管理；

j）职业卫生管理；

k）工业安全管理；

l）辐射防护管理；

m）防火和消防管理；

n）核电站应急准备与响应；

o）质量保证；

p）经验反馈管理；

q）人因管理；

r）设备管理；

s）核安全管理；

t）安全保卫管理；

u）老化管理；

v）退役管理；

w）生产计划与联网管理；

x）合同采购与物资管理；

y）文档管理；

z）信息管理；

aa）财务管理；

bb）审计管理。

6.2.6 质量管理程序文件的编制格式可以参照GB/T 19000 族标准的原则要求，并结合组织实际统一确定文件分类、编码、章节、字体和格式等。

6.2.7 在程序文件中宜包括文件名称、范围、参考引用文件等一般要素以及实施本程序的主管部门的职责和权限、相关部门的协作职责、管理流程与要求，以及实施本程序时相互关联的其他程序文件和操作规程、涉及的记录清单等。

6.2.8 质量管理的要求应遵守 HA F003 中有关核电厂质量保证的安全规定。

6.2.9 核电厂有加入其他质量保证认证体系的，其相关的质量管理要求应该在核电厂运行文件体系中得到体现。

6.3　工作大纲和计划

6.3.1 核电厂宜针对核电厂生产过程涉及的主要领域编制工作大纲和计划，用于规范和指导需要定期开展的生产活动。

6.3.2 在工作大纲和计划性文件中宜规定周期性或计划性工作的实施项目名称、执行周期或频度、责任部门、相关技术准则以及有关工作计划或计划制定的原则。

6.3.3 工作大纲和计划的内容需考虑并确定：

a）应达到的工作目标和要求；

b）所需的过程和资源，以及相关措施、文件和有关人员的职责权限；

c）必要的控制手段，包括要求的验证、确认、监视、检验和试验活动，活动的周期、接受准则、实际操作所需要的规程、作业指导书等；

d）所需的工作记录要求。

6.3.4 工作大纲和计划的结构和详细程度宜与计划开展的生产活动的复杂程度相适应，并尽量简明。

6.3.5 核电厂生产运行活动中需编制的工作大纲和计划通常包括：

a）生产类：

1）换料实施大纲；

2）人员培训大纲；

3）人因管理大纲；

4）日常生产计划；

5）发电计划。

b）维修类：

1）预防性维修大纲；

2）仪器标定、检定和维护大纲；

3）工器具安全监督大纲；

4）大修计划；

5）中长期大修计划。

c）安全质保类：

1）运行质量保证大纲；

2）辐射防护管理与监督大纲；

3）职业健康管理计划；

4）消防系统试验大纲；

5）核安全重要系统和设备定期试验监督大纲；

6）环境监测大纲；

7）放射性废物管理大纲；

8）工业安全工作大纲；

9）应急准备计划。

d）技术支持类：

1）在役检查大纲；

2）性能试验大纲；

3）辐照监督工作大纲；

4）堆芯物理试验大纲；

5）机械振动监督大纲；

6）压力容器辐照监督大纲；

7）化学与放射性化学监督大纲。

e）设备与改造类：

1）系统和设备巡检大纲；

2）设备状态监督大纲；

3）老化和寿命管理大纲；

4）备件巡检与保养大纲；

5）定期安全审查大纲；

6）防腐工作大纲。

6.3.6　工作大纲和计划的表达方式可采用文字形式，亦可采用图表形式。

6.4　技术程序和操作规程

6.4.1　技术程序和操作规程用于指导核电厂工作人员实施和完成某项具体作业活动。

6.4.2　技术程序和操作规程的规范性要素一般包括标题、范围、参考引用文件；规范性技术要素宜包括实施本程序的主管部门的职责和权限、相关部门的协作职责、管理流程与要求，以及实施本程序时相互关联的其他文件和操作规程，涉及的记录清单等。操作的主要内容尽量在程序标题上直接反映出来。

6.4.3　涉及以下安全和质量相关的生产作业活动时，宜编制相应的技术程序或操作规程，并严格遵照程序中规定的作业流程执行。例如：

a）运行操作类：

1）系统运行规程；

2）设备操作规程；

3）运行定期试验程序；

4）事故处理规程；

5）临时运行指令；

6）报警响应卡；

7）运行操作单；

8）隔离程序；

9）系统流程图；

10）事故应急预案（运行专业）。

b）维修类：

1）维修导则；

2）预防性维修程序；

3）预防性检查维护程序；

4）定期润滑程序；

5）品质再鉴定程序；

6）纠正性维修程序；

7）通用维修方法程序；

8）事故应急预案（维修专业）；

9）维修工作指令；

10）焊接工作程序；

11）防腐工作程序；

12）废物处理程序；

13）维护保养程序；

14）设定值清单；

15）定期试验程序（维修专业）。

c）安全质保类：

1）质量检查程序；

2）定期审查程序；

3）定期试验程序（辐照监测、消防、保卫专业）；

4）工业安全程序；

5）辐射防护程序；

6）职业卫生程序；

7）环境监测程序；

8）应急计划程序；

9）消防行动卡；

10）人因分析指南；

11）经验反馈事件分析程序；

12）实体保卫系统操作和维护程序。

d）技术支持类：

1）在役检查程序；

2）在役检查图纸；

3）在役检查工艺卡；

4）辐照监督程序；

5）性能试验程序；

6）老化管理程序；

7）计量检测程序；

8）辐射和沾污测量程序；

9）放射性废物处理程序；

10）堆芯管理程序；

11）核材料衡算和控制；

12）燃料检查和操作规程；

13）化学运行规程；

14）化学分析规程；

15）化学仪器设备操作程序。

e）设备与改造类：

1）工程改造实施程序；

2）设备监督程序；

3）备件存储和维护程序。

6.5　生产活动的记录

6.5.1　记录主要指原始记录、统计报表、分析报告、更改签单等。

6.5.2　核电厂记录分为两类：永久性记录和非永久性记录。

6.5.3　永久性记录是对下列一项或几项具有重要价值的活动或参数的记录；永久性记录是具有以下重要价值之一的记录：

　　a）证明核电厂安全运行能力；

　　b）使物项的维修、返工、修理、更换得以进行；

　　c）确定物项发生事故或动作失常的原因；

　　d）为在役检查提供所需要的基准数据；

　　e）对机组退役有价值。

6.5.4　非永久性记录是为证明工作已按规定要求完成所必需的，但又不需要满足永久性记录要求的记录。

6.5.5　对已安装在核电厂中或贮存起来供今后使用物项的永久性记录由责任单位或其他单位妥为保存，保存期应不短于该物项的使用寿期。

6.5.6　记录可以是纸质形式，也可以是其他载体形式，如实物样品、音像、计算机磁盘等。

6.5.7　记录应标示产生时间、地点、单位或人员、保存时间，必要时可标示传递流程。

6.5.8　HAD 003/04 中附录 1 列举了与安全有关物项利活动的记录类型及保存分类的一些例子，可供参考。

6.6　其他运行文件

6.6.1　为了提高核电厂的安全性和经济性，在核电厂运行阶段可能实施技术改造。有关修改申请、设计、安装以及设备运行维修相关的技术文件构成核电厂运行文件体系的重要组成部分。

6.6.2　核电厂工作人员在实施生产活动过程中应充分参考技术改造相关技术文件中的技术参数和信息，遵守相关技术限值、运行准则和规范的要求。

6.6.3　技术改造相关的文件通常包括：

　　a）工程分析报告；

　　b）不符合项报告；

　　c）物项替代报告；

　　d）技术改进申请；

　　e）技术论证报告；

　　f）安全分析报告；

　　g）系统设计相关文件；

　　h）设备采购技术规范书；

　　i）现场安装竣工文件；

　　j）系统和设备运行维护手册；

　　k）工程信函；

　　l）执照申请和审评文件；

　　m）原技术文件和技术规范的修改清单。

6.6.4　核电厂为了规范生产流程，控制安全质量风险，在电厂内实行生产许可证制度。各类许可证文件也是核电厂规范性文件的组成部分。例如：

　　a）隔离许可证；

　　b）工作许可证；

　　c）动火证；

　　d）防火屏障打开许可证；

　　e）放射性探伤许可证；

　　f）人员和车辆通行证。

6.6.5　在生产活动过程中产生的临时管理规定、临时变更单、临时操作指令等也是核电厂运行文件体系的组成部分。

6.6.6　在生产活动过程中产生的信函纪要、商务文件和公文等也构成核电厂运行文件体系的一部分。

7　文件生效

7.1　文件审批

7.1.1　宜建立运行文件管理和控制体系，在整个核电厂的内部，需以统一的方式管理运行文件，包括文件的准备、变更、审查、批准、发布和分发。

7.1.2　文件的编写人、校核人、审查人和批准人需要具备相应的授权和资格。有关授权和资格的要求也宜以文件的形式进行规定。

7.2　文件升版

7.2.1　文件制定和发布后，应建立对文件缺陷、失效和偏差的管理机制，及时更正文件中的错误。

7.2.2　应对生效文件建立定期审查升版机制。

7.2.3　当电厂技术状态变化、组织机构、职能、管理方式改变、外部法律法规变化时应及时更新与修改。

7.2.4　文件的修改工作步骤宜与原程序的产生流程和要求一致，仍然需要经过编写、校核、审查、批准全过程。

7.2.5　为了便于参考，每个文件的所有版本都要恰当地归档和保存，但应特别注意，核电厂工作人员只能获得正确的最新版本供其日常活动使用。

附录 A

（资料性附录）

核电厂运行文件的主要分类

核电厂运行文件的主要分类见图 A.1。

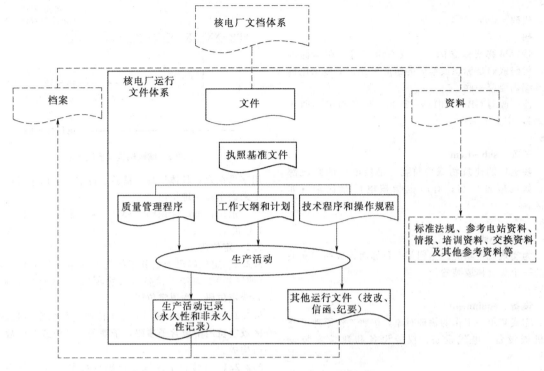

图 A.1 核电厂运行文件的主要分类示意图

⓾ 非能动压水堆核电厂文件代码

（NB/T 20330—2015）

前　言

本标准按照 GB/T 1.1—2009 给出的规则起草。

本标准由能源行业核电标准化技术委员会提出。

本标准由核工业标准化研究所归口。

本标准以非能动压水堆核电厂工程文件为参考而编制。

本标准起草单位：上海核工程研究设计院、国核电力规划设计研究院、国核自仪系统工程有限公司。

本标准主要起草人：潘志建、师法民、王卫国。

1　范围

本标准规定了 AP/CAP 系列非能动压水堆核电厂工程文件编码的结构形式和代码使用规则。

本标准适用于 AP/CAP 系列非能动压水堆核电厂全生命周期（工程前期、设计、采购、建造、调试、运行、退役）中产生的各类工程文件的标识，其他压水堆核电厂可参考使用。

2　规范性引用文件

下列文件对于本文件的应用是必不可少的。凡是注日期的引用文件，仅所注日期的版本适用于本文件。凡是不注日期的引用文件，其最新版本（包括所有的修改单）适用于本文件。

GB/T 10113—2003　分类与编码通用术语

3　术语和定义

下列术语和定义适用于本标准。

3.1

工程文件　engineering document

工程建设和管理活动过程中形成、收集并保管的作为证据和信息的记录。

3.2

标识　identification

用来传递信息或吸引注意力，进行识别和辨别功能的文字或图像。

3.3

编码　coding

用作动词时，是指给事物或概念赋予代码的过程；用作名词时，是指用来表明事物或概念的属性或功能的符号，与"标识"的含义相近。

注：改写 GB/T 10113—2003《分类与编码通用术语》，定义 2.2.1。

3.4

代码 code

码

特定事物或概念的一个或一组字符。在本标准中，代码或码是标识或编码的组成单元，其概念比标识或编码要窄一些。

注：改写 GB/T 10113—2003《分类与编码通用术语》，定义 2.2.5。

3.5

子项 sub-item

核电厂的建筑物或构筑物，是核电厂的组成部分，如反应堆厂房；有时也指核电厂某区域，如厂区。

3.6

系统 system

为实现规定功能以达到某一目标而构成的相互关联的一个集合体或装置。

3.7

设备 equipment

完成某单一工作的物理对象，按照工作原理可分为机械设备、电气设备、仪控设备和建筑安装设备等。

3.8

物项 commodity

部件、零件或材料以及计算机软件的通称。

4 编码结构形式

AP/CAP 系列非能动压水堆核电厂工程文件编码依次由电厂标识码、定位码、文件类型码和序列号四个字段组成，各字段采用大写英文字母、数字或者它们两者的组合。字段之间用连字符"-"间隔，连字符是工程文件编码的组成部分。编码结构形式见图1所示：

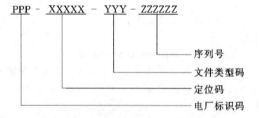

　PPP - XXXXX - YYY-ZZZZZZ
　　　　　　　　　　　　　序列号
　　　　　　　　　　　　文件类型码
　　　　　　　　　　　定位码
　　　　　　　　　　电厂标识码

图 1　编码结构（四段式）

在项目实施中，根据需要可在工程文件编码结构形式中增加字段（如编制者代码等），编码结构形式见图2所示：

5 代码使用规则

5.1 电力标识码

电厂标识码用于标识工程文件适用的核电厂和反应堆机组，通常采用3位字符，其中前2位字符宜采

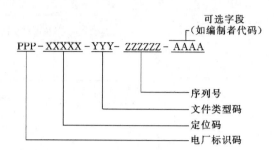

　　　　　　　　　　　　　可选字段
　　　　　　　　　　　　（如编制者代码）
PPP-XXXXX-YYY- ZZZZZZ - AAAA
　　　　　　　　　　　　　序列号
　　　　　　　　　　　　文件类型码
　　　　　　　　　　　定位码
　　　　　　　　　　电厂标识码

图 2　编码结构（五段式）

用字母来表示具体厂址，最后1位字符采用字母或数字来表示反应堆机组。

示例：电厂标识码"SM1"表示浙江三门核电厂1号机组。

5.2 定位码

5.2.1 定位码用于细分工程文件适用的核电厂子项（或区域）、系统、设备（或物项），即区域定位码、系统定位码、物项定位码。

5.2.2 区域定位码由3位、4位或5位数字所构成。区域定位码中包含子项码，子项码由2位或3位数字所构成。

5.2.2.1 3位数字区域定位码直接采用3位数字子项码。

示例：区域定位码"809"表示重件道路。

5.2.2.2 4位数字区域定位码由2位数字子项码、1位数字层位码和1位数字区域码所构成。

5.2.2.3 "11"表示反应堆厂房，"1134"表示反应堆厂房3层4区。

5.2.2.4 5位数字区域定位码由2位数字子项码、1位数字层位码和2位数字区域码所构成，用来表示房间编号。

示例："12"表示辅助厂房，"12401"表示辅助厂房4层01号房间即主控制室。

5.2.3 系统定位码由3位字母所构成。

示例：系统定位码"RCS"表示反应堆冷却剂系统。

5.2.4 物项定位码由字母和数字的4位组合字符所构成。

示例：物项定位码"MV01"表示反应堆压力容器。

5.2.5 当工程文件不能专属于区域定位码、系统定位码或物项定位码其中之一时，应采用综合定位码，综合定位码的使用规则由压水堆核电厂工程项目确定。

5.3 文件类型码

文件类型码用于进一步细分工程文件的所属类别，它通常由2位字符所构成。如果需要，可在2位文件类型码之后增加1位字符后缀表示特

定文种。

示例 1：文件类型码"CR"表示配筋图，"M3"表示机械系统说明书，"Z0"表示技术规格书。

示例 2："M3C"表示机械系统设计计算书，其中字符 C 是文种码，表示计算书。

5.4　序列号

序列号用于电厂标识码、定位码和文件类型码都相同情况下的编码区分，它由 3 位及以上的拉丁字母和或阿拉伯数字所构成。序列号中可以包含编发者代码。

示例：序列号"001"表示 001 号工程文件，"ABCD001"表示编发者 ABCD 的 001 号工程文件。

5.5　编制者代码

如果采用五段式编码结构，编制者代码置于第五个字段。

11　抽水蓄能发电企业档案分类导则

（GB/T 36294—2018）

前　言

本标准按照 GB/T 1.1—2009《标准化工作导则 第 1 部分：标准的结构和编写》给出的规则起草。

请注意本标准的某些内容可能涉及专利。本标准的发布机构不承担识别这些专利的责任。

本标准由中国电力企业联合会提出并归口。

本标准起草单位：国网新源控股有限公司、中国南方电网有限责任公司调峰调频发电公司、河北丰宁抽水蓄能有限公司、华东天荒坪抽水蓄能有限责任公司、湖北白莲河抽水蓄能有限公司。

本标准主要起草人：王志祥、王涛、谢勇刚、马琳、王艳、王敏涛、王勋、何颖珊、黄纯、周全、周峰、姬广鹏、常玉红、陈连茹、郭莲娜、杜义、田锋、万海军。

1　范围

本标准规定了抽水蓄能发电企业党群工作、行政管理、经营管理、生产技术管理、财务审计、人事劳资、电力生产、科学技术研究、基本建设、设备仪器档案分类基本原则和方法。

本标准适用于抽水蓄能发电企业。

2　规范性引用文件

下列文件对于本文件的应用是必不可少的。凡是注日期的引用文件，仅注日期的版本适用于本文件。凡是不注日期的引用文件，其最新版本（包括所有的修改单）适用于本文件。

GB/T 11822　科学技术档案案卷构成的一般要求

GB/T 15418　档案分类标引规则

DA/T 1　档案工作基本术语

DA/T 22　归档文件整理规则

DA/T 42　企业档案工作规范

DL/T 1396　水电建设项目文件收集与档案整理规范

3　术语和定义

下列术语和定义适用于本标准。

3.1

档案　archives

国家机构、社会组织或个人在社会活动中直接形成的有价值的各种形式的历史记录。

3.2

分类　classification

根据档案的来源、形成时间、内容、形式等特征对档案实体进行有层次的划分。

3.3

档号　archival code

以字符形式赋予档案实体的用以固定和反映档案排列顺序的一组代码。

3.4

类目　classified catalogue

在性质上或特征上具有共同属性的档案类别，为档案分类的基本单位。类目号代表档案分类层级的代码。

3.5

保管期限　records retention schedule

档案划定的存留年限，分为永久、定期 30 年、定期 10 年。

3.6

项目代号　project code

产品、课题、项目、设备仪器等的代字或代号。

4　基本规定

4.1　类目分类原则

类目分类应结合抽水蓄能发电企业的具体情况，按文件的自然形成规律、保持文件之间的有机联系、便于科学管理和综合开发利用。

4.2　类目设置

4.2.1　类目设置分为 10 类，用数字 0～9 分别代表党群工作、行政管理、经营管理、生产技术管理、财务审计、人事劳资、电力生产、科学技术研究、基本建设和设备仪器。

4.2.2　类目设置应具有可扩展性，具体设置可参见附录 A。

4.2.3　各类档案应按相应的逻辑规则设置，宜分为一至四个层级。

4.3 类目分类方法

4.3.1 党群工作、行政管理、经营管理、生产技术管理、人事劳资和除会计账务以外的财务审计类应按问题兼顾组织机构分类，宜设至一或二个层级。财务审计类会计账务应按文件形式（名称）分类，宜设置为二个层级。

4.3.2 电力生产类应按生产职能、专业性质分类，宜设置三个层级。

4.3.3 科学技术研究类应按专业性质和课题分类，宜设置二个层级。

4.3.4 基本建设类管理性文件应按建设阶段分类，基本建设类土建施工文件应按工程部位分类。宜设置四个层级。

4.3.5 设备仪器类安装、调试文件应按工程部位、设备台套、系统分类，设备仪器类设备文件应按设备台套、系统、专业、用途分类。可设置三或四个层级。

4.4 档号编制

档案应编制具有唯一性的档号。

5 档号结构

5.1 0～5类档案的档号构成

归档文件应以"件"为单位编制档号，档号由年度、类目号、保管期限、件号四组代码构成，各代码之间用"–"分隔。档号标识见图1：

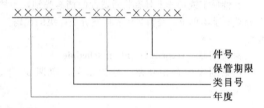

说明：

年度——文件形成年度，以四位阿拉伯数字标识公元纪年，如"2016"。

类目号——档案类目层级代码，以一或二位阿拉伯数字标识。

保管期限——档案留存年限，分别以代码 Y、D30、D10 标识。

件号——归档文件排列顺序号，以四位阿拉伯数字标识，不足位的用"0"补足，如"0001"。

图1　0～5类档案的档号标识

5.2 6～7类档案的档号构成

归档文件应以"案卷"为单位编制档号，档号由年度、类目号、案卷号三组代码构成，各代码之间用"–"分隔。档号标识见图2：

5.3 8～9类档案的档号构成

5.3.1 归档文件应以"案卷"为单位编制档号，档号由项目代号、类目号、案卷号三组代码构成，各代

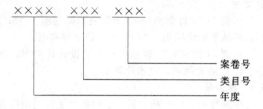

说明：

年度——生产运行期运行、调度、检修、技改等管理过程文件形成年度及科研项目完成年度，以四位阿拉伯数字标识公元纪年，如"2016"。

类目号——档案类目层级代码，以一至三位阿拉伯数字标识。

案卷号——同一类目下案卷排列顺序号，以三位阿拉伯数字标识，不足位的用"0"补足，如"001"。

图2　6～7类档案的档号标识

码之间用"–"分隔。档号标识见图3：

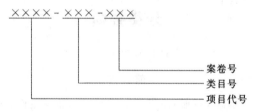

说明：

项目代号——项目的工期、机组代号，以四位阿拉伯数字标识。

类目号——档案类目层级代码，以一至四位阿拉伯数字标识。

案卷号——同一类目下案卷排列顺序号，可用三位阿拉伯数字标识，不足位的用"0"补足，如"001"。

图3　8～9类档案的档号标识

5.3.2 8～9类档案项目代号前两位数字应为项目工期号，后两位数字应为机组号，示例可参见附录B。

附录 A
（资料性附录）
抽水蓄能发电企业档案分类表（0～9类）

0　党群工作

  00　综合

  01　党务工作

  02　组织工作

  03　纪检监察工作

  04　宣传思政工作

  05　工会工作

  06　共青团工作

  07　社会团体工作

  09　其他

1 行政管理
 10 综合
 11 行政事务
 12 法律事务
 13 风险管理
 14 后勤管理
 15 外事工作
 19 其他

2 经营管理
 20 综合
 21 经营决策
 22 发展策划
 23 计划管理
 24 物资管理
 29 其他

3 生产技术管理
 30 综合
 31 安全质量管理
 32 基建管理
 33 生产管理
 34 科技与信息管理
 39 其他

4 财务审计
 40 综合
 41 财务管理
 42 资产管理
 43 会计账务
 44 审计工作
 49 其他

5 人事劳资
 50 综合
 51 机构编制
 52 人事管理
 53 劳动管理
 54 工资管理
 55 教育培训
 59 其他

6 电力生产
 60 综合
 61 调度运行
  610 综合
  611 水库调度
  612 电力调度
  613 泥沙防治

  614 综合利用
  619 其他
 62 观测
  620 综合
  621 水工与库岸观测
  622 地质地震观测
  623 水文水情观测
  624 环境观测
  629 其他
 63 机电运行
  630 综合
  631 运行
  632 维护
  633 统计与分析
  634 可靠性管理
  639 其他
 64 生产技术
  640 综合
  641 试验
  642 检修、技改
  643 技术监督
  644 废弃物管理
  649 其他
 69 其他

7 科学技术研究
 70 综合
 71 水工建筑
 72 水泵水轮机、发电电动机及辅机
 73 控制与保护
 74 金属结构
 75 通信及信息化
 76 水库和电力调度
 79 其他

8 基本建设
 80 综合
  800 综合
  801 立项
   8010 综合
   8011 项目规划
   8012 预可行性研究
   8013 可行性研究
   8014 项目核准
   8019 其他
  802 设计
   8020 综合
   8021 招标设计
   8022 施工图设计

8223　通信
8224　砂石、混凝土系统
8225　料场
8226　加油站
8227　导流工程
8229　其他
823　生产辅助工程
8230　综合
8231　中央控制楼、办公楼
8232　油库
8233　水文、气象、地震观测建筑
8234　补水工程
8235　仓库、检修车间、消防站
8239　其他
824　生活辅助建筑
8240　综合
8241　职工宿舍
8242　招待所
8243　锅炉房
8244　文体设施、食堂、安保用房、车库
8245　生活用水建筑
8249　其他
829　其他
83　环境保护、水土保持工程
830　综合
831　环境保护设施
8310　综合
8311　清库、拦渣
8312　绿化、景观
8313　鱼类增殖站
8314　珍稀植物移栽
8315　固体废弃物处理
8316　污水处理
8319　其他
832　水土保持设施
8320　综合
8321　渣场治理
8322　土地整治
8323　边坡治理
8329　其他
839　其他
89　其他

9　设备仪器
90　综合
91　设备仪器及安装、调试
910　综合
911　水泵水轮机及附属设备
9110　综合

9111　水泵水轮机
9112　主进水阀
9113　调速系统
9119　其他
912　发电电动机及附属设备
9120　综合
9121　发电电动机
9122　励磁系统
9129　其他
913　水力机械辅助设备
9130　综合
9131　油系统
9132　水系统
9133　气系统
9134　水力量测系统
9139　其他
914　输变电设备及厂用电系统
9140　综合
9141　高压电气设备
9142　主变压器
9143　发电机出口设备
9144　厂用电系统
9145　电力电缆
9149　其他
915　控制与保护设备
9150　综合
9151　计算机监控系统
9152　继电保护及安全自动装置
9153　通信系统
9154　变频启动装置
9155　直流系统
9159　其他
916　公用辅助系统
9160　综合
9161　水库调度系统
9162　水工监测系统
9163　信息系统
9164　通风、空调、采暖、照明系统
9165　消防系统
9166　防雷及接地系统
9167　安全防护设施
9169　其他
919　其他
92　金属结构及起重设备
920　综合
921　金属结构
9210　综合
9211　闸门、启闭设备
9212　拦污栅

　　　9213　压力钢管
　　　9219　其他
　　922　起重设备
　　　9220　综合
　　　9221　起重机械
　　　9222　电梯
　　　9229　其他
　　929　其他
　93　专用设备仪器
　　930　综合
　　931　电气仪器仪表及试验设备
　　932　机械仪器仪表及试验设备
　　933　水工仪器仪表及试验设备
　　934　修配设备
　　935　专业车辆
　　936　专用船舶
　　939　其他
99　其他

附录 B

（资料性附录）

抽水蓄能发电企业 8～9 类档案项目代号
编制示例

B.1　1 期工程 3 号机组项目代号编制方式见图 B.1：

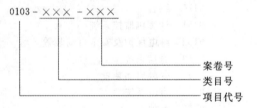

图 B.1　1 期工程 3 号机组 8～9 类档案项目代号标识

B.2　2 期工程公用系统项目代号编制方式见图 B.2：

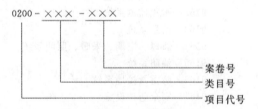

图 B.2　2 期工程公用系统 8～9 类档案项目代号标识

B.3　1 期工程共安装 4 台机组，其中 1、2 号机组共用部分放入 1 号机组，项目代号编制方式见图 B.3：

B.4　1 期工程已安装 4 台机组，2 期工程再安装 4 台机组，机组号连续编制，其中 7、8 号机组的共用部分放入 7 号机组，项目代号编制方式见图 B.4：

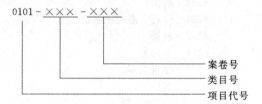

图 B.3　1 期工程 1 号机组 8～9 类档案项目代号标识

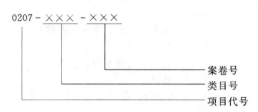

图 B.4　2 期工程 7 号机组 8～9 类档案项目代号标识

B.5　投产后小型基建、信息化建设等项目的项目代号按末期工期（N）标识，项目代号编制方式见图 B.5：

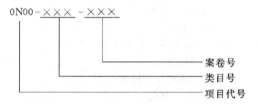

图 B.5　末期工程 8～9 类档案项目代号标识

参　考　文　献

　　[1] 国家档案局令第 10 号　企业文件材料归档范围和档案保管期限规定.
　　[2] 中华人民共和国财政部　国家档案局令第 79 号　会计档案管理办法.
　　[3] 能源部（1991 年 3 月 8 日发布）　电力工业企业档案分类规则.
　　[4] 国家档案局（1991 年 7 月 4 日发布）　工业企业档案分类试行规则.

⟨12⟩　电力工程竣工图文件
编制规定

（DL/T 5229—2016）

前　言

　　根据《国家能源局关于核电标准制修订计划的通知》（国能科技〔2011〕48 号）的要求，标准编制组

经广泛调查研究，认真总结竣工图编制经验，并在广泛征求意见的基础上，对原《电力工程竣工图文件编制规定》DL/T 5229—2005进行修订。

本标准共分6章，主要内容包括：总则，术语，编制要求，范围和内容深度，审核，印制、交付与归档等。

本次修订的主要内容是：

1. 适用范围增加了核电厂常规岛及BOP部分；

2. 增加了对审核单位的要求；

3. 增加了适合国家重大建设项目的竣工图图章样式和审核要求；

4. 将原标准DL/T 522—2005中附录B的内容调整为附录B火力发电工程、附录C输变电工程、附录D系统通信工程，增加了附录E核电厂常规岛及BOP部分的内容。

本标准自实施之日起，替代《电力工程竣工图文件编制规定》DL/T 5229—2005。

本标准由国家能源局负责管理，由电力规划设计总院提出，由能源行业发电设计标准化技术委员会负责日常管理，由中国电力工程顾问集团华东电力设计院有限公司负责具体技术内容的解释。执行过程中如有意见或建议，请寄送电力规划设计总院（地址：北京市西城区安德路65号，邮政编码：100120）。

本标准主编单位、参编单位和主要起草人、主要审查人：

主编单位：中国电力工程顾问集团华东电力设计院有限公司。

参编单位：中广核工程有限公司、国核电力规划设计研究院。

主要起草人：季琰、吴健、朱寅青、袁志磊、乐党救、徐磊、李爱丽、祖春光、杨育红、林令知、苏光、张向东、李亮亮。

主要审查人：姜士宏、梁言桥、王盾、李淑芳、叶菲、李雪松、吴小东、张朝阳、解宝安、廖秉宪、吴让俊、潘军、刘明涛、孟金波、丁永生。

1 总则

1.0.1 为了规范电力工程竣工图文件的编制，明确编制原则和要求，制定本标准。

1.0.2 本标准适用于新建、扩建和改建的火力发电工程、输变电工程、系统通信工程竣工图的编制，也适用于核电厂常规岛及BOP部分竣工图的编制。

1.0.3 电力工程竣工图文件的编制除应符合本标准外，尚应符合国家现行有关标准的规定。

2 术语

2.0.1 竣工 completion of construction

竣工指工程项目完成设计、施工、调试以及试运行。

2.0.2 竣工图 as-built drawing

竣工图指项目竣工后针对设计单位提供的施工图，按照工程实际情况所绘制的图纸和文件。

3 编制要求

3.0.1 新建、扩建和改建的电力工程项目，在项目竣工后应编制竣工图。竣工图应完整、准确、真实地反映项目竣工时的实际状态。

3.0.2 竣工图的编制单位宜由项目建设单位委托。

3.0.3 竣工图宜由原施工图设计单位负责编制。

3.0.4 竣工图委托方应负责收集编制竣工图文件所需的原始资料，包括设计、施工、监理、调试和建设单位在项目建设过程中的有效记录文件和变更资料等，汇总后提交给竣工图编制单位。

3.0.5 竣工图编制单位应以设计单位的施工图最终版为基础，并依据由设计、施工、监理或建设单位审核签字的"变更通知单""工程联系单""澄清单"等与设计修改相关的文件，以及现场施工验收记录和调试记录等资料编制竣工图。

3.0.6 建设过程中发生修改的施工图应重新编制竣工图。新编制竣工图应采用施工图图框和图标，"设计阶段"栏为"竣工图阶段"，阶段代码应用"Z"或状态代码标识。卷册编号和图纸流水号同原施工图。若有新增卷册，其卷册号在专业卷册最后一个编号后依次顺延；若卷册中有新增图纸，其编号在该册图纸的最后一个编号后依次顺延。

3.0.7 建设过程中未发生修改的施工图，其竣工图可套用原施工图，也可重新编制。

3.0.8 竣工图编制单位应编制竣工图总说明，其内容宜包括竣工图委托方、编制依据、编制原则、编制方式、范围和深度、特殊要求、竣工图图纸目录等。各专业可根据需要编制专业说明。各卷册应附有本册图纸的"修改清单表"，表中应详细列出"变更通知单""工程联系单""澄清单"等与图纸修改相关的清单和编号。

3.0.9 所有竣工图应由编制单位逐张加盖竣工图章，竣工图章应使用红色印泥，盖在图标栏附近空白处。常规电力工程宜采用本标准附录A中图A-1竣工图章。国家重大建设项目工程宜采用附录A中图A-2竣工图章，签名为竣工图编制人和技术负责人，必须用不易褪色的黑墨水书写，严禁使用纯蓝墨水、圆珠笔、铅笔等易褪色的书写材料书写或盖章。竣工图章中的各栏目应填写齐全。

4 范围和内容深度

4.0.1 竣工图的编制范围宜为一级图、二级图、三级图和部分重要的四级图，不包括五级图。具体范围应符合下列规定：

1 编制火力发电工程竣工图的范围宜满足本标准附录B的要求；

2 编制输变电工程竣工图的范围宜满足本标准

附录 C 的要求；

　　3　编制系统通信工程竣工图的范围宜满足本标准附录 D 的要求；

　　4　编制核电厂常规岛及 BOP 部分竣工图的范围宜满足本标准附录 E 的要求；

　　5　竣工图编制单位可根据建设工程项目具体情况或合同约定的内容酌情调整。

4.0.2　在竣工图出图范围内的成品内容深度应符合现行施工图设计深度规定的要求。

4.0.3　涉及几个专业的变更部分，与之相关的卷册均应进行修改。专业之间应相互协调配合，变更表示应对应一致。

5　审核

5.0.1　新编制的竣工图内部审核应由编制单位负责，宜由编制人完成、技术负责人审核并在图标上签署。

5.0.2　国家重大建设项目工程的竣工图委托方应明确竣工图的审核单位。审核单位应对竣工图的内容是否与"变更通知单""工程联系单""澄清单"等设计修改相关的文件，以及施工验收记录和调试记录等的符合性进行审核。审核单位在审核后应在竣工图章中的"审核人"栏中签字。

5.0.3　对常规电力工程竣工图，如有审核单位，审核单位宜在验收文件上签字。

6　印制、交付与归档

6.0.1　竣工图宜由竣工图编制单位负责印制。印制后的竣工图应按现行国家标准《技术制图　复制图的折叠方法》GB/T 10609.3 的规定执行。

6.0.2　竣工图编制单位应将印制后的竣工图，按照合同约定提交给竣工图委托方。

6.0.3　竣工图编制单位在竣工图编制工作完成后，应将"变更通知单""工程联系单""澄清单"等编制依据性文件归档。

6.0.4　竣工图编制单位应存档印制后的竣工图。

附录 A
竣工图图章样式

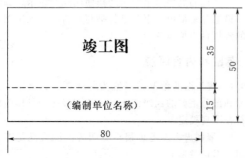

图 A1　竣工图图章样式及尺寸（单位：mm）

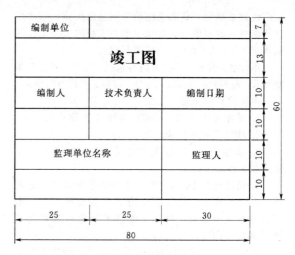

图 A2　国家重大建设项目竣工图图章样式
及尺寸（单位：mm）

附录 B
火力发电工程竣工图内容

B.1　继电保护专业

B.1.1　二级图宜包括下列图纸：

　　1　系统继电保护及自动装置配置图；

　　2　系统安全自动装置配置图。

B.1.2　三级图宜包括下列图纸：

　　1　厂站系统继电保护配置图；

　　2　继电保护及自动装置原理接线图；

　　3　安全自动装置原理接线图。

B.1.3　四级图宜包括下列图纸：

　　1　继电保护屏面图；

　　2　安全自动装置屏面图；

　　3　继电保护端子原理图；

　　4　安全自动装置端子原理图。

B.2　调度自动化专业

B.2.1　二级图宜包括下列图纸：

　　1　远动系统原理接线图；

　　2　远动系统配置图；

　　3　远动化范围图。

B.2.2　三级图宜包括下列图纸：

　　1　远动通道组织原理图；

　　2　远动信息表；

　　3　设备清册；

　　4　远动设备电缆连接图；

　　5　控制室平面布置图。

B.2.3　四级图宜包括下列图纸：

　　1　电源系统接线图；

　　2　接地要求图；

　　3　远动装置屏面布置图；

　　4　远动变送器屏面布置图；

5 远动转接屏布置图；

6 变送器屏原理接线图；

7 远动转接屏原理接线；

8 端子排图；

9 电缆接线表；

10 电缆清册。

B.3 系统通信专业

B.3.1 二级图宜包括下列图纸：

1 电力系统调度组织图；

2 通信干线和通信网架。

B.3.2 三级图宜包括下列图纸：

1 通信方式方案比较；

2 电力系统远动保护通信通道组织接线图；

3 系统通信机房平面布置图；

4 载波通信系统图；

5 载波通信通道原理接线图；

6 载波通道频率分配图。

B.3.3 四级图宜包括下列图纸：

1 通信配线架端子排；

2 通信室内电缆联系图；

3 通信电源盘面布置图；

4 通信电源设备安装布置图；

5 通信机房支吊架图；

6 电缆清册；

7 通信电源接线图。

B.4 热机专业

B.4.1 一级图宜包括下列图纸：

1 主厂房布置图；

2 热力系统图；

3 燃烧系统图；

4 燃油（天然气）电厂油（气）系统图；

5 脱硫系统图。

B.4.2 二级图宜包括下列图纸：

1 设备及阀门清册；

2 烟道布置图；

3 启动锅炉房布置图；

4 燃油（天然气）电厂油（气）布置总图；

5 主蒸汽管道安装图；

6 再热蒸汽管道安装图；

7 高压给水管道安装图；

8 热风道、制粉管道和送粉管道安装图；

9 工业水或冷却水系统图；

10 疏水放水及排污系统图；

11 汽轮机本体系统图；

12 附属机械及辅助设备安装首页图。

B.4.3 三级图宜包括下列图纸：

1 中、低压汽水管道安装图；

2 原煤管道、冷风道安装图；

3 锅炉点火系统及安装图；

4 非标设备制造组装总图；

5 压缩空气系统图；

6 发电机氢油水系统管道安装图；

7 其他次要工艺系统图；

8 附属机械及辅助设备安装图；

9 起吊设施布置图；

10 保温油漆施工说明书。

B.4.4 四级图宜包括下列图纸：

1 压缩空气管道安装图；

2 平台扶梯总图；

3 复杂支吊架组装图；

4 其他次要工艺布置图。

B.5 除灰专业

B.5.1 一级图宜包括下列图纸：

1 除灰布置图；

2 石灰石粉输送及石灰石浆液制备布置总图；

3 脱硫石膏处理布置图；

4 除灰系统图；

5 石灰石粉输送及石灰石浆液制备系统图；

6 脱硫石膏处理系统图。

B.5.2 二级图宜包括下列图纸：

1 设备清册；

2 沉灰（渣）池布置图；

3 除灰设备及管道布置图；

4 石灰石粉输送设备布置图；

5 石灰石浆液制备设备及管道布置图；

6 石膏处理设备及管道布置图。

B.5.3 三级图宜包括下列图纸：

1 分册管道布置图；

2 设备制造总图；

3 灰渣泵房布置图。

B.5.4 四级图宜包括下列图纸：

除灰辅机安装图。

B.6 运煤专业

B.6.1 一级图宜包括下列图纸：

1 运煤系统平剖面总图；

2 石灰石运输及贮存系统平剖面图；

3 运煤系统工艺流程图；

4 石灰石运输工艺流程图。

B.6.2 二级图宜包括下列图纸：

1 设备清册；

2 转运站布置图；

3 卸煤设备布置图；

4 贮煤设备布置图；

5 带式输送机等运煤设备布置图；

6 碎煤机室布置图；

7 卸石灰石设备布置图；

8 石灰石贮仓布置图。

B.6.3 三级图宜包括下列图纸：

1 干煤棚设备布置图；
2 辅助设备安装图；
3 非标设备组装图；
4 压缩空气系统及布置图。

B.7　暖通专业

B.7.1　二级图宜包括下列图纸：
1 汽机房及煤仓间、锅炉房、集控楼采暖通风与空调系统图及布置图；
2 网控楼暖通系统、布置图；
3 厂区采暖热网布置图；
4 集中加热站系统图及主要布置图；
5 集中制冷站系统图及主要布置图；
6 煤仓间除尘系统及布置图。

B.7.2　三级图宜包括下列图纸：
1 设备清册；
2 辅助及附属建筑采暖通风和空调系统、布置图；
3 输煤系统除尘布置图；
4 锅炉房真空吸尘系统布置图、系统图。

B.8　化水专业

B.8.1　二级图宜包括下列图纸：
1 设备及阀门清册；
2 除盐水制备、凝结水精处理、工业废水处理、循环水处理系统图及设备布置总图。

B.8.2　三级图宜包括下列图纸：
1 除盐水制备系统图、设备及管道平剖面布置图；
2 凝结水精处理及再生系统图、设备及管道平剖面布置图；
3 主厂房化学加药处理系统图、设备及管道平剖面布置图；
4 水汽取样系统图、设备及管道平剖面布置图；
5 氢气供应系统图、设备及管道平剖面布置图；
6 循环水处理系统图、设备及管道平剖面布置图；
7 工业废水处理系统图、设备及管道平剖面布置图；
8 渣水加药处理系统图、设备及管道平剖面布置图；
9 启动锅炉校正处理系统图、设备及管道平剖面布置图；
10 灰水处理系统图、设备及管道平剖面布置图；
11 厂区管道布置图；
12 设备及部件安装定位图；
13 非标设备制造组装图。

B.9　热控专业

B.9.1　一级图宜包括下列图纸：
1 机组集控室布置图；

2 辅助系统集控室布置图；
3 机组 DCS 配置图；
4 MIS、SIS 网络结构图。

B.9.2　二级图宜包括下列图纸：
1 施工图总说明；
2 机组电子设备室布置图；
3 机组集控室盘/台正面布置图；
4 信息中心机房布置图；
5 设备清册；
6 电源配置图；
7 气源配置图；
8 热控系统图。

B.9.3　三级图宜包括下列图纸：
1 就地盘/柜/架布置图；
2 辅助系统就地控制室及电子设备室布置图；
3 辅助系统就地控制室盘/台正面布置图；
4 试验室布置图；
5 控制系统及装置接地图；
6 电源切换原理图、配电接线表/配电系统图。

B.9.4　四级图宜包括下列图纸：
1 典型接线图；
2 电缆清册；
3 仪表导管及阀门清册；
4 控制接线图/接线表；
5 端子排组装图/出线图。

B.10　电气专业

B.10.1　一级图宜包括下列图纸：
1 电气设施总平面布置图；
2 主厂房运转层以下及厂区电缆通道及其构筑物布置图；
3 电气主接线图；
4 厂用电原理接线图。

B.10.2　二级图宜包括下列图纸：
1 110kV 及以上配电装置平剖面图；
2 主变压器、高压厂用变压器、高压启动/备用变压器安装图；
3 单元控制楼、继电器楼各层布置图；
4 高压厂用配电装置接线图；
5 厂用配电装置布置图及剖面图；
6 防雷接地施工图说明；
7 主厂房 380V PC 及保安厂用电接线图；
8 200MW 及以上发电机封闭母线布置图及剖面图；
9 中压共箱母线、电缆母线布置图及剖面图；
10 发电机出线小室布置图及剖面图。

B.10.3　三级图宜包括下列图纸：
1 设备清册；
2 发电机变压器组和高压厂用电源保护逻辑图；
3 高压启动备用电源保护逻辑图；

4　同期系统原理接线图；

5　直流系统接线及布置图；

6　交流不停电电源系统图、接线图及布置图；

7　高低压开关柜单元接线图；

8　电气进入 DCS I/O 清单；

9　厂用电监控系统接线图；

10　全厂对时系统原理接线图；

11　主厂房 MCC 厂用电接线图；

12　辅助厂房 380V PC 厂用电接线图；

13　全厂电缆防火封堵说明；

14　厂内通信系统图；

15　输煤控制系统图及设备平面布置图；

16　除灰控制系统图及设备平面布置图；

17　照明系统图；

18　厂区照明布置图；

19　主厂房、单元控制室、继电器室照明布置图；

20　主厂房防雷接地布置图；

21　阴极保护接线及布置图；

22　全厂火灾报警系统总说明及网络图。

B. 10. 4　四级图宜包括下列图纸：

1　辅助厂房 MCC 厂用电接线及布置图；

2　二次线接线图；

3　设备安装图；

4　盘、屏面布置图；

5　辅助厂房电缆构筑物布置图；

6　全厂通信布置及通信室布置图；

7　滑线安装图；

8　辅助设施照明布置图；

9　辅助设施防雷接地布置图；

10　二次回路端子排及安装接线图；

11　电缆清册；

12　火灾报警系统接线图。

B. 11　**总图、建筑、结构专业**

B. 11. 1　一级图宜包括下列图纸：

1　厂区总平面布置图；

2　厂区管线综合布置图。

B. 11. 2　二级图宜包括下列图纸：

1　总图运输施工图总说明；

2　建筑结构施工图总说明；

3　厂区竖向布置图；

4　厂区护坡布置图；

5　主厂房建筑施工图；

6　集中控制楼建筑结构施工图；

7　化学水处理室建筑结构施工图；

8　启动锅炉房建筑结构施工图；

9　主厂房地基处理图；

10　主厂房基础布置图；

11　主厂房地下设施及附属设备基础布置图。

B. 11. 3　三级图宜包括下列图纸：

1　厂区沟道布置图；

2　厂区道路布置图；

3　主厂房除氧煤仓间框架结构布置图；

4　主厂房除氧煤仓间楼层结构布置图；

5　主厂房柱间支撑结构施工图；

6　主厂房煤斗及支承梁施工图；

7　煤仓间栈桥施工图；

8　主厂房外侧柱结构布置图；

9　汽机房屋面结构布置图；

10　汽机房楼层结构布置图；

11　汽轮发电机基座施工图；

12　汽动给水泵基础施工图；

13　汽机房固、扩端山墙结构图；

14　汽机房吊车梁结构图；

15　主厂房楼梯建筑结构图；

16　钢筋混凝土炉架布置图；

17　锅炉房电梯井建筑结构图；

18　空冷器支架结构施工图；

19　炉后地下设施基础布置图；

20　烟囱地基处理、基础施工图；

21　烟囱内筒、外筒、平台及楼梯施工图；

22　烟道支架及基础施工图；

23　除尘器支架及基础施工图；

24　风机支架及基础施工图；

25　除尘控制楼建筑结构施工图；

26　除灰汽车库建筑结构图；

27　汽机房 A 排外侧主、备变基础施工图；

28　汽机房 A 排外侧封闭母线及出线构架施工图；

29　电气试验室建筑结构施工图；

30　屋内配电装置室建筑结构施工图；

31　屋外配电装置结构施工图；

32　厂区配电间建筑结构施工图；

33　微波通信楼建筑结构施工图；

34　运煤综合楼建筑结构施工图；

35　运煤控制楼建筑结构施工图；

36　碎煤机室建筑结构施工图；

37　推煤机库建筑结构施工图；

38　翻车机室建筑结构施工图；

39　运煤转运站建筑结构施工图；

40　运煤栈桥建筑结构施工图；

41　卸煤沟建筑结构施工图；

42　干煤棚、圆形封闭煤场、贮煤筒仓建筑结构施工图；

43　油泵房建筑结构施工图；

44　钢筋混凝土油罐基础图；

45　油处理室建筑结构施工图；

46　除盐水制备车间建筑结构施工图；

47　除盐水制备车间室外构筑物施工图;

48　加氯加酸室建筑结构施工图;

49　海水淡化车间建筑结构施工图;

50　除灰控制室建筑结构施工图;

51　灰库建筑结构施工图;

52　除灰汽车库建筑结构施工图;

53　灰管支架施工图;

54　吸收塔辅助设备楼建筑结构施工图;

55　吸收塔基础图;

56　脱硫综合楼建筑结构施工图;

57　石膏脱水楼建筑结构施工图;

58　石灰石磨制楼建筑结构施工图;

59　脱硫设备基础图;

60　制氢站、供氢站建筑结构施工图;

61　辅助车间建筑结构施工图;

62　附属建筑结构施工图。

B.12　水工布置专业

B.12.1　一级图宜包括下列图纸:

1　水工建筑物总平面布置图;

2　厂区水工建筑物布置图;

3　取水枢纽及河道整治形势图;

4　厂区给排水平面布置图;

5　循环水系统图,含循环水系统高程;

6　全厂水量平衡图。

B.12.2　二级图宜包括下列图纸:

1　设备清册;

2　循环水泵房平剖面图;

3　取水建筑物平剖面图;

4　主厂房外循环水管、沟、渠平面和纵剖面图;

5　水力除灰管道及灰水回收管道布置图;

6　厂区排洪总布置图;

7　灰场总布置图。

B.12.3　三级图宜包括下列图纸:

1　厂区循环水管、沟布置图;

2　渠、沟上构筑物及虹吸井平剖面图;

3　厂区内工业补给水管平面及纵剖面图;

4　补给水源地井位布置图;

5　补给水水泵房、深井泵房、升压泵房和取水构筑物平剖面图;

6　补给水管路平面及纵剖面图;

7　灰水回收泵房和管路平(纵)剖面图;

8　净水区综合泵房平剖面图;

9　厂区给水、排水管平面布置图;

10　工业、生活、补给水净化构筑物总布置和高程图;

11　生活污水处理构筑物总布置和高程图;

12　生活水泵房平剖面图;

13　给水净化建(构)筑物平剖面图;

14　生活污水处理构筑物平剖面图;

15　冷却塔平剖面图;

16　冷却塔配水装置及填料布置图;

17　澄清池、滤池、清水池总图;

18　雨水泵房及污水泵房平剖面图。

B.12.4　四级图宜包括下列图纸:

1　循环水泵安装图;

2　旋转滤网安装图。

B.13　水工结构专业

B.13.1　一级图宜包括下列图纸:

1　贮灰场总布置图;

2　水工建筑物总平面布置图;

3　取水枢纽及河道整治形势图。

B.13.2　二级图宜包括下列图纸:

1　取水建筑物和水泵房总图;

2　码头平面位置图;

3　码头结构布置图、桩位图;

4　冷却塔平剖面图、桩位图;

5　灰坝(灰堤)布置图、剖面图;

6　贮灰场施工图设计总说明;

7　厂区防波堤(防洪堤)布置图、剖面图;

8　排水口、排水电站布置图;

9　过河大跨越管构架或管桥结构布置图;

10　厂外水工区域布置图;

11　取水头(取水口)、自流引水管道(隧洞)、引水明渠平剖面图及桩位图;

12　循环水泵房、中央水泵房、补给水泵房建筑总图、桩位图;

13　厂外中继灰浆(渣)泵房区域布置图;

14　循环水进排水管、沟、井布置图;输水明渠布置图;

15　灰浆(渣)泵房建筑总图;

16　原水预处理建(构)筑物区域布置图;

17　废水处理建(构)筑物区域布置图。

B.13.3　三级图宜包括下列图纸:

1　取水建筑物和水泵房地下结构配筋图;

2　进水间、滤网、转换间、大型阀门间等建筑布置图;

3　水泵房上部建筑框架、排架结构图;

4　岸边水泵房引桥结构布置图;

5　冷却塔风筒、支柱和基础配筋图;

6　排水电站地下结构配筋图;

7　循环水进排水管、沟、井、隧洞结构图,输水明渠结构图;

8　渠上构筑物结构图,厂区排洪构筑物结构图;

9　排水口结构图;

10　过河大跨越管桥结构图;

11　除灰管穿越公路、铁路等构筑物结构图;

12　码头结构断面及配筋图;

13　河道加固、排水口结构图;

14　沉砂池、冲砂间、拦河坝及其构筑物结构图、配筋图；

15　船闸、节制闸、渡槽及其构筑物结构图、配筋图；

16　工业、生活、补给水、消防等泵房建筑布置图、结构配筋图；

17　雨水、排涝、灰水回收等泵房建筑布置图、结构配筋图；

18　污水泵房建筑布置图；

19　消防建筑物建筑布置图；

20　原水预处理构筑物建筑布置图、结构配筋图；

21　废水处理构筑物建筑布置图、结构配筋图；

22　灰浆（渣）泵房、沉灰池、浓缩池结构配筋图；

23　循环水加氯水质稳定及硫酸亚铁成膜处理系统构筑物土建施工图。

B. 13. 4　四级图宜包括下列图纸：

1　其他水工附属建筑布置图；

2　贮灰场排水、排洪构筑物结构图；

3　挡土墙结构图；

4　其他水工建（构）筑物结构图；

5　厂区防波堤（防洪堤）、防浪墙结构、护坡结构、坡顶及坡面排水设施结构、爬梯、沉降观测点布置图及详图；

6　设备及水泵基础。

B. 14　消防专业

B. 14. 1　一级图宜包括下列图纸：

全厂消防水系统图。

B. 14. 2　二级图宜包括下列图纸：

1　厂区消防管布置图；

2　设备清册；

3　主厂房消防系统图；

4　油罐区泡沫消防系统图；

5　变压器水喷雾系统图；

6　主网控楼消防系统图；

7　输煤系统消防系统图。

B. 14. 3　三级图宜包括下列图纸：

1　消防水泵房平剖面图；

2　主厂房消防布置图；

3　输煤系统消防布置图；

4　变压器消防布置图；

5　主网控楼消防布置图；

6　消防水池布置图。

附录 C
输变电工程竣工图内容

C. 1　继电保护、自动装置专业

C. 1. 1　二级图宜包括下列图纸：

1　继电保护及自动装置配置图；

2　电力系统简化接线图。

C. 1. 2　三级图宜包括下列图纸：

断电保护及自动装置原理接线图。

C. 1. 3　四级图宜包括下列图纸：

1　继电保护及自动装置屏面图；

2　继电保护及自动装置端子排图。

C. 2　调度自动化专业

C. 2. 1　一级图宜包括下列图纸：

1　远动化范围图；

2　远动系统配置图。

C. 2. 2　二级图宜包括下列图纸：

远动通道组织图。

C. 2. 3　三级图宜包括下列图纸：

1　远动装置原理接线图；

2　远动装置外部接线图；

3　直流电源逆变器接线图；

4　电能计量屏面布置图；

5　电能计量屏后接线图；

6　调度数据网及二次安防设备原理接线图。

C. 2. 4　四级图宜包括下列图纸：

1　远动装置及变送器屏转接屏端子排；

2　变送器屏及远动转接屏屏面布置图。

C. 3　送电专业

C. 3. 1　一级图宜包括下列图纸：

1　线路路径图；

2　全线杆塔一览图。

C. 3. 2　二级图宜包括下列图纸：

1　全线基础一览图；

2　材料总表；

3　两端变电所进出线平面布置图；

4　全线导线换位图。

C. 3. 3　三级图宜包括下列图纸：

1　导线、地线力学特性曲线、放线曲线；

2　线路平断面定位图；

3　杆塔明细表；

4　导线、地线绝缘子串及金具组装图；

5　与电信线路平行接近位置图；

6　防震措施、接地装置安装图；

7　杆塔结构图；

8　基础施工图；

9　各类杆塔单线图；

10　各类杆塔组装图。

C. 3. 4　四级图宜包括下列图纸：

1　防雷保护接线、安装图；

2　屏蔽地线接地、放电管接地装置安装图。

C. 4　变电电气专业

C. 4. 1　一级图宜包括下列图纸：

1　电气主接线图；

2　电气总平面布置图。

C.4.2　二级图宜包括下列图纸：

1　各级电压配电装置平断面布置图；

2　换流变和阀厅区域平断面布置图；

3　阀厅电气设备布置图；

4　主控制室、继电器室平面布置图；

5　防雷接地布置图；

6　主变压器及高压电抗器继电保护原理图及接线图；

7　计算机监控系统方框图；

8　站用电系统图；

9　直流系统图；

10　控制保护逻辑图；

11　火灾探测、报警及控制系统图；

12　在线监测系统图；

13　信息逻辑图；

14　换流变压器、交直流滤波器电保护原理图及接线图。

C.4.3　三级图宜包括下列图纸：

1　二次接线回路图和屏面布置图；

2　交换机端口配置图；

3　同期系统图；

4　照明系统图；

5　UPS 系统接线图；

6　电气设备安装图；

7　电缆敷设图；

8　蓄电池布置图；

9　动力箱接线图；

10　站用电屏布置图；

11　防火封堵布置图；

12　安全监视设备布置图；

13　各卷册设备材料汇总表；

14　主要设备材料清册。

C.4.4　四级图宜包括下列图纸：

1　金具、绝缘子组装图；

2　端子箱安装图；

3　二次线安装接线图；

4　装置虚端子图表；

5　屏柜光缆/尾缆联系图；

6　电/光缆清册。

C.5　**变电土建专业**

C.5.1　一级图宜包括下列图纸：

1　总平面布置图；

2　站址位置图。

C.5.2　二级图宜包括下列图纸：

1　竖向布置图；

2　建筑物建筑平、立、剖面图；

3　建筑物结构平面布置图；

4　屋外构架透视图、基础平面布置图；

5　设备支架平面布置图；

6　主变压器、油浸电抗器基础及防火墙平面布置图；

7　换流变压器、油浸平波电抗器基础及防火墙平面布置图；

8　地基处理平面布置图；

9　阀冷却系统图、平面图、剖面图。

C.5.3　三级图宜包括下列图纸：

1　辅助建筑施工图；

2　站区地下设施施工图；

3　进站道路、站内道路平面布置图；

4　围墙、挡土墙施工图；

5　屋外构架及基础施工图；

6　设备支架及基础施工图；

7　避雷针、避雷线塔施工图；

8　土方平衡图；

9　站区室外给水管道平面布置图；

10　站区排水管道平面布置图。

C.5.4　四级图宜包括下列图纸：

1　梁、板、柱、沟道及楼梯配筋图；

2　建筑构配件加工图、节点大样图；

3　室内各层上下水管道平面图；

4　室内上下水管道系统图；

5　建筑物各层灭火器平面布置图；

6　含油设备水喷雾、泡沫消防管道平剖面图；

7　含油设备消防管道系统图；

8　建筑物各层采暖平面图、系统图；

9　建筑物各层通风/空调平面图、系统图。

附录 D
系统通信工程竣工图内容

D.1　**光纤通信系统**

D.1.1　一级图宜包括下列图纸：

1　通信干线和通信网架图；

2　同步时钟分配图和系统网管图；

3　光纤系统网络拓扑图；

4　业务通道分配图。

D.1.2　二级图宜包括下列图纸：

1　全线光纤色谱图；

2　光缆设备连接图。

D.1.3　四级图宜包括下列图纸：

1　通信设备组屏及底座安装图；

2　通信配线架及端子排图；

3　光缆进站敷设示意图；

4　导引光缆路由图；

5　通信机房平面布置图。

D.2　**数字微波通信系统**

D.2.1　一级图宜包括下列图纸：

1　业务通道分配图和系统网管图；

2 微波电路拓扑图。

D.2.2 二级图宜包括下列图纸：

微波电路频率极化配置图。

D.2.3 三级图宜包括下列图纸：

微波电路路由断面图。

D.2.4 四级图宜包括下列图纸：

1 微波电路天线挂高图；

2 微波设备组屏安装图；

3 天线及室外单元安装图。

D.3 电力线载波通信系统

D.3.1 二级图宜包括下列图纸：

1 载波通信系统图；

2 载波通道频率分配。

D.3.2 四级图宜包括下列图纸：

1 高频电缆敷设路由图；

2 载波设备组屏及端子接线图。

D.4 调度程控交换系统

D.4.1 一级图宜包括下列图纸：

调度交换系统拓扑图。

D.4.2 二级图宜包括下列图纸：

调度交换机系统连接图。

D.4.3 四级图宜包括下列图纸：

调度交换机组屏及音频配线端子分配图。

D.5 数字同步网系统

D.5.1 一级图宜包括下列图纸：

网管及同步系统图。

D.6 通信电源系统

D.6.1 三级图宜包括下列图纸：

通信电源系统图。

D.6.2 四级图宜包括下列图纸：

通信电源组屏及端子分配图。

附录 E
核电厂常规岛及 BOP 部分竣工图内容

E.1 继电保护专业

E.1.1 二级图宜包括下列图纸：

1 系统继电保护及自动装置配置图；

2 系统安全自动装置配置图。

E.1.2 三级图宜包括下列图纸：

1 厂站系统继电保护配置图；

2 继电保护及自动装置原理接线图；

3 安全自动装置原理接线图。

E.1.3 四级图宜包括下列图纸：

1 继电保护屏面图；

2 安全自动装置屏面图；

3 继电保护端子原理图；

4 安全自动装置端子原理图。

E.2 调度自动化专业

E.2.1 二级图宜包括下列图纸：

1 远动系统原理接线图；

2 远动系统配置图；

3 远动化范围图。

E.2.2 三级图宜包括下列图纸：

1 远动通道组织原理图；

2 远动信息表；

3 设备清册；

4 远动设备电缆连接图；

5 控制室平面布置图。

B.2.3 四级图宜包括下列图纸：

1 电源系统接线图；

2 接地要求图；

3 远动装置屏面布置图；

4 远动变送器屏面布置图；

5 远动转接屏布置图；

6 变送器屏原理接线图；

7 远动转接屏原理接线；

8 端子排图；

9 电缆接线表；

10 电缆清册。

E.3 系统通信专业

E.3.1 二级图宜包括下列图纸：

1 电力系统调度组织图；

2 通信干线和通信网架图。

E.3.2 三级图宜包括下列图纸：

1 通信方式方案比较图；

2 电力系统远动保护通信通道组织接线图；

3 系统通信机房平面布置图；

4 载波通信系统图；

5 载波通信通道原理接线图；

6 载波通道频率分配图。

E.3.3 四级图宜包括下列图纸：

1 通信配线架端子排；

2 通信室内电缆联系图；

3 通信电源盘面布置图；

4 通信电源设备安装布置图；

5 通信机房支、吊架图；

6 电缆清册；

7 通信电源接线图。

E.4 热机专业

E.4.1 一级图宜包括下列图纸：

1 热力系统图；

2 主厂房布置图。

E.4.2 二级图宜包括下列图纸：

1 热机设备及阀门清册；

2 启动锅炉房布置图；

3 主蒸汽管道安装图；

4 高压给水管道安装图；

5 汽轮机本体系统图；

6　疏水放水及排污系统图；

7　工业水或冷却水系统图；

8　附属机械及辅助设备安装首页图。

E. 4.3　三级图宜包括下列图纸：

1　中、低压汽水管道安装图；

2　汽轮机本体系统管道安装图；

3　发电机氢油水系统管道安装图；

4　压缩空气系统图；

5　停机保养系统流程图；

6　附属机械及辅助设备安装图；

7　起吊设施布置图；

8　保温油漆施工说明书。

E. 4.4　四级图宜包括下列图纸：

1　平台扶梯总图；

2　压缩空气管道安装图；

3　停机保养管道安装图；

4　复杂支、吊架组装图；

5　其他次要工艺管道安装图。

E. 5　**暖通专业**

E. 5.1　二级图宜包括下列图纸：

1　汽机房采暖通风和空调系统图、布置图；

2　汽机房电气设备室通风和空调系统图、布置图；

3　网控楼暖通系统图、布置图；

4　厂区采暖热网布置图；

5　集中加热站系统图、主要布置图；

6　集中制冷站系统图、主要布置图。

E. 5.2　三级图宜包括下列图纸：

1　设备清册；

2　辅助及附属建筑采暖通风和空调系统、布置图；

3　汽机房冷冻水系统、热水系统管道安装图；

4　非辐通风系统管道安装图。

E. 6　**化水专业**

E. 6.1　二级图宜包括下列图纸：

1　设备及阀门清册；

2　除盐水制备、凝结水精处理、非放射性工业废水处理、循环水处理系统图及设备布置总图。

E. 6.2　三级图宜包括下列图纸：

1　除盐水制备系统图、设备及管道平剖面布置图；

2　凝结水精处理及再生系统图、设备及管道平剖面布置图；

3　非放射性工业废水处理系统图、设备及管道平剖面布置图；

4　汽机房化学加药处理系统图、设备及管道平剖面布置图；

5　水汽取样系统图、设备及管道平剖面布置图；

6　氢气供应系统图、设备及管道平剖面布置图；

7　循环水处理系统图、设备及管道平剖面布置图；

8　启动锅炉校正处理系统图、设备及管道平剖面布置图；

9　厂区管道布置图；

10　设备及部件安装定位图；

11　非标设备制造组装图。

E. 7　**热控专业**

E. 7.1　二级图宜包括下列图纸：

1　施工图总说明；

2　机组电子设备室布置图；

3　设备清册；

4　电源配置图；

5　气源配置图；

6　热控系统图。

E. 7.2　三级图宜包括下列图纸：

1　就地盘/柜/架布置图；

2　辅助系统就地控制室及电子设备室布置图；

3　调节、控制、保护框图；

4　控制系统及装置接地图；

5　电源切换原理图、配电接线表/配电系统图。

E. 7.3　四级图宜包括下列图纸：

1　典型接线图；

2　电缆清册；

3　仪表导管及阀门清册；

4　控制接线图/接线表；

5　端子排组装图/出线图。

E. 8　**电气专业**

E. 8.1　一级图宜包括下列图纸：

1　电气设施、电气构筑物总平面布置图；

2　汽机房运转层以下及厂区电缆通道及其构筑物布置图；

3　电气主接线图；

4　厂用电原理接线图。

E. 8.2　二级图宜包括下列图纸：

1　110kV及以上配电装置平剖面图；

2　主变压器、高压厂变压器、高压辅助变压器安装图；

3　高压厂用配电装置接线图；

4　厂用配电装置布置图及剖面图；

5　防雷接地施工图说明；

6　汽机房380V PC及保安厂用电接线图；

7　发电机封闭母线布置图及剖面图；

8　中压共箱母线、电缆母线布置图及剖面图；

9　发电机出线小室布置图及剖面图；

10　网络控制室布置图。

E. 8.3　三级图宜包括下列图纸：

1 电气主要设备、材料清册；

2 发电机变压器组和高压厂用电源保护逻辑图；

3 高压辅助电源保护逻辑图；

4 同期系统原理接线图；

5 直流系统接线及布置图；

6 交流不停电电源系统图、接线图及布置图；

7 高低压开关柜单元接线图；

8 电气进入 DCS I/O 清单；

9 厂用电监控系统接线图；

10 对时系统原理接线图；

11 380V PC 厂用电接线图；

12 电缆防火封堵说明；

13 通信系统图；

14 照明系统图及布置图；

15 防雷接地布置图；

16 阴极保护接线及布置图。

E.8.4 四级图宜包括下列图纸：

1 二次线接线图；

2 电缆构筑物布置图；

3 火灾报警系统；

4 滑线安装图；

5 电缆清册；

6 二次回路端子排及安装接线图。

E.9 总图、建筑、结构专业

E.9.1 一级图宜包括下列图纸：

1 厂区总平面布置图；

2 厂区管线综合布置图。

E.9.2 二级图宜包括下列图纸：

1 总图运输施工图总说明；

2 建筑结构施工图总说明；

3 厂区竖向布置图；

4 厂区护坡布置图；

5 主厂房建筑施工图；

6 主厂房地基处理图；

7 主厂房基础布置图；

8 主厂房附属设施及设备基础布置图；

9 网络继电器楼建筑结构施工图。

E.9.3 三级图宜包括下列图纸：

1 厂区沟道布置图；

2 主厂房挡土墙施工图；

3 主厂房框架施工图；

4 主厂房楼层施工图；

5 常规岛第一跨建筑结构施工图；

6 核岛与常规岛主厂房连接结构施工图；

7 汽机房外侧柱结构布置图；

8 汽机房屋面结构布置图；

9 汽机房楼层结构布置图；

10 汽轮发电机基座施工图；

11 给水泵基础施工图；

12 汽机房固、扩端山墙结构图；

13 汽机房吊车梁结构图；

14 主厂房楼梯建筑结构图；

15 主厂房防甩击装置结构施工图；

16 汽机房 A 排外侧主、备变基础施工图；

17 汽机房 A 排外侧封闭母线及出线构架施工图；

18 除盐水制备车间建筑结构施工图；

19 除盐水制备车间室外构筑物施工图；

20 主开关站建筑结构施工图；

21 辅助开关站建筑结构施工图。

E.10 水工布置专业

E.10.1 一级图宜包括下列图纸：

1 水工建筑物总平面布置图；

2 厂区水工建筑物布置图；

3 厂区给排水平面布置图；

4 循环水系统图，含循环水系统高程；

5 全厂水量平衡图。

E.10.2 二级图宜包括下列图纸：

1 设备清册；

2 循环水泵房平剖面图；

3 取水建筑物平剖面图；

4 汽机房外循环水管、沟、渠平面和纵剖面图；

5 厂区排洪总布置图。

E.10.3 三级图宜包括下列图纸：

1 厂区循环水管、沟布置图；

2 渠、沟上构筑物及虹吸井平剖面图；

3 厂区内工业补给水管平面及纵剖面图；

4 补给水水泵房、升压泵房和取水构筑物平剖面图；

5 厂外补给水管路平面和纵剖面图；

6 净水区综合泵房平剖面图；

7 厂区给水、排水管平面布置图；

8 工业、生活、补给水净化构筑物总布置和高程图；

9 生活污水处理构筑物总布置和高程图；

10 生活水泵房平剖面图；

11 给水净化建（构）筑物平剖面图；

12 生活污水处理构筑物平剖面图；

13 冷却塔平剖面图；

14 冷却塔配水装置及填料布置图；

15 澄清池、滤池、清水池总图；

16 雨水泵房及污水泵房平剖面图。

E.10.4 四级图宜包括下列图纸：

1 循环水泵安装图；

2 旋转滤网安装图；

3 循环水泵房内核岛服务水泵安装图。

E.11　水工结构专业

E.11.1　一级图宜包括下列图纸：

水工建筑物总平面布置图。

E.11.2　二级图宜包括下列图纸：

1　取水建筑物和水泵房总图；

2　码头平面位置图；

3　码头结构布置图、桩位图；

4　冷却塔平剖面图、桩位图；

5　厂区防波堤（防洪堤）布置图、剖面图；

6　过河大跨越管构架或管桥结构布置图；

7　取水头（取水口）、自流引水管道（隧洞）、引水明渠平剖面图，桩位图；

8　循环水泵房、中央水泵房、补给水泵房建筑总图及桩位图；

9　循环水进（排）水管、沟、井、隧洞布置图；输水明渠布置图；

10　循环水排水口布置图；

11　厂外水工区域布置图；

12　原水预处理建（构）筑物区域布置图；

13　废水处理建（构）筑物区域布置图。

E.11.3　三级图宜包括下列图纸：

1　取水建筑物和水泵房地下结构配筋图；

2　进水间、滤网、转换间、大型阀门间等建筑布置图；

3　水泵房上部建筑框架、排架结构图；

4　岸边水泵房引桥结构布置图；

5　冷却塔风筒、支柱和基础配筋图；

6　循环水进（排）水管、沟、井、隧洞结构图，输水明渠结构图；

7　排水口结构图；

8　厂区排洪构筑物布置图、结构图；

9　过河大跨越管桥结构图；

10　码头结构断面及配筋图；

11　沉砂池、冲砂间、拦河坝及其构筑物结构图、配筋图；

12　工业、生活、补给水、消防等泵房建筑布置图、结构配筋图；

13　雨水、排涝泵房建筑布置图、结构配筋图；

14　污水泵房建筑布置图；

15　消防建筑物建筑布置图；

16　原水预处理构筑物建筑布置图、结构配筋图；

17　废水处理构筑物建筑布置图、结构配筋图；

18　循环水加氯水质稳定及硫酸亚铁成膜处理系统构筑物土建施工图。

E.11.4　四级图宜包括下列图纸：

1　其他水工附属建筑布置图；

2　挡土墙结构图；

3　其他水工建（构）筑物结构图；

4　厂区防波堤（防洪堤）、防浪墙结构、护坡结构、坡顶及坡面排水设施结构、爬梯详图；

5　沉降观测点布置图及详图；

6　设备及水泵基础。

E.12　消防专业

E.12.1　一级图宜包括下列图纸：

消防水系统图。

E.12.2　二级图宜包括下列图纸：

1　厂区消防管布置图；

2　设备清册；

3　汽机房水消防系统图；

4　变压器水喷雾系统图；

5　主网控楼消防系统图。

E.12.3　三级图宜包括下列图纸：

1　消防水泵房平剖面图；

2　汽机房消防布置图；

3　变压器消防布置图；

4　网控楼消防布置图；

5　消防水池布置图。

本标准用词说明

1　为便于在执行本标准条文时区别对待，对要求严格程度不同的用词说明如下：

1）表示很严格，非这样做不可的：

正面词采用"必须"，反而词采用"严禁"；

2）表示严格，在正常情况下均应这样做的：

正面词采用"应"，反面词采用"不应"或"不得"；

3）表示允许稍有选择，在条件许可时首先应这样做的：

正面词采用"宜"，反面词采用"不宜"；

4）表示有选择，在一定条件下可以这样做的，采用"可"。

2　条文中指明应按其他有关标准执行的写法为："应符合……的规定"或"应按……执行"。

引用标准名录

《技术制图　复制图的折叠方法》GB/T 10609.3

电力工程竣工图文件编制规定

（DL/T 5229—2016）

条文说明

《电力工程竣工图文件编制规定》DL/T 5229—2016，经国家能源局 2016 年 1 月 7 日以第 1 号公告批准发布。

本标准是在《电力工程竣工图文件编制规定》

DL/T 5229—2005 的基础上修订而成的，上一版的主编单位是江西省电力设计院，参编单位是华东电力设计院。主要起草人有：唐其练、谢小敏、于一立、齐韶平、杨炳良、柯英。

本标准在编制过程中，调研、总结了近年来电力工程竣工图文件编制的实践经验，完成了《主要发电企业及电网企业电力工程竣工图文件编制需求》和《压水堆核电厂竣工图文件编制需求》两份调研报告。本标准根据《工程建设标准编写规定》调整了章节的顺序，扩大了本标准的适用范围，将原附录 B 的内容调整为附录 B、附录 C 和附录 D，增加了附录 E 核电厂常规岛及 BOP 部分的内容。

为便于广大设计、施工、科研、学校等单位有关人员在使用本标准时能正确理解和执行条文规定，编制组按章、节、条顺序编制了本标准的条文说明，对条文规定的目的、依据以及执行中需注意的有关事项进行了说明。但是，本条文说明不具备与标准正文同等的法律效力，仅供使用者作为理解和把握标准规定的参考。

1　总则

1.0.2　本条提出了本标准的适用范围，在原《电力工程竣工图文件编制规定》DL/T 5229—2005 的适用范围上，取消了单机容量和电压等级的限制，增加了核电厂常规岛及 BOP 部分的内容。

3　编制要求

3.0.4　本条强调竣工图编制所需的依据文件应由委托方收集，并提供编制单位。

3.0.5　除常规火力发电厂施工安装过程中关于设计修改常用的"变更通知单""工程联系单"外，核电施工单位在施工图上发现的技术和安装问题，以"澄清单"的形式向设计单位提出澄清要求，其中也包括设计修改的建议。"澄清单"必须由相关设计单位确认，经建设单位批准后，作为施工修改的依据文件。竣工图编制应把涉及施工图修改的"澄清单"作为编制依据文件之一。

3.0.6　本条除规定新编竣工图阶段代码用"Z"标识外，增加了可用"状态代码"标识。"状态代码"应在建设项目设计合同中与委托方商定。

目前国内一些工程项目的文件内容深度及其所处的阶段通过文件的状态来体现，一份文件的状态连同版本一起构成了文件技术内容的有效性。例如：

PRE（PRELIMINARY，试行文件）——指技术内容可能会有改动，还未最后定稿的文件；CFC（CERTIFIED FOR CONSTRUCTION OR FOR USE，施工文件或执行文件）——指技术内容有效并可实施的文件；CAE（CERTIFIED AS EXECUTED OR AS BUILT，竣工文件）——指技术内容完全符合竣工状态的文件。

3.0.8　竣工图总说明涵盖了所有专业必须要执行的编制原则和规定。若某专业有特殊的要求，如编制范围和编制深度的扩大，应根据其专业特点编制专业的竣工图说明。重新编制的竣工图卷册应附修改清单表，以便于监理或委托方审核。没有修改的卷册可以不附清单。

3.0.9　按照《国家重大建设项目文件归档要求与档案整理规范》DA/T 28—2002 中第 6.4.2 条的规定，竣工图必须逐张加盖竣工图章。原标准所附的竣工图章样式图 A-1 普遍用于常规火电工程。目前国家重大建设项目规定的竣工图章图 A-2 采用现行行业标准《国家重大建设项目文件归档要求与档案整理规范》DA/T 28—2002 中规定的样式。本标准附两种图章样式，供竣工图编制方在竣工图编制前和委托方商量确定。

由于"变更通知单""工程联系单""澄清单"以及其他设计更改文件都已按规定流程走编校审程序，竣工图编制只是把这些修改信息落实到图纸上，因此不需要再走完整的编校审程序，规定竣工图签名只有两级，符合质保规定，也符合现行行业标准《国家重大建设项目文件归档要求与档案整理规范》DA/T 28—2002 中的规定。

4　范围和内容深度

4.0.1　本条规定了竣工图的编制范围，为便于编制单位参照，增加了适合输配电工程、系统通信工程、核电常规岛及 BOP 部分供参考的图纸目录。对具体项目，编制范围宜根据项目具体情况酌情调整，或经合同双方协商，在竣工图编制合同中予以确定。

4.0.3　本条指出专业之间配合中应注意的问题，与原标准内容基本相同。

5　审核

5.0.2　本次修订新增条款。根据《国家重大建设项目文件归档要求与档案整理规范》DA/T 28—2002 要求，对国家重大建设项目应明确规定竣工图的审核单位。

6　印制、交付与归档

本章与原标准第 7 章基本相同，没有大的变更。

附录 A
竣工图图章样式

本附录增加了国家重大建设项目规定的竣工图图章（图 A-2）。

13　风电场工程档案验收规程

（NB/T 31118—2017）

前　言

根据《国家能源局关于下达 2014 年第一批能源领域行业标准制（修）订计划的通知》（国能科技〔2014〕298 号）的要求，编制组经广泛调查研究，认真总结实践经验，并在广泛征求意见的基础上，制定本规程。

本规程的主要技术内容是：验收组织、验收条件和验收程序。

本规程由国家能源局负责管理，由水电水利规划设计总院提出并负责日常管理，由能源行业风电标准化技术委员会风电场施工安装分技术委员会负责具体技术内容的解释。执行过程中如有意见或建议，请寄送水电水利规划设计总院（地址：北京市西城区六铺炕北小街 2 号，邮编：100120）。

本规程主编单位：水电水利规划设计总院、中国水电工程顾问集团有限公司、中国电建集团中南勘测设计研究院有限公司。

本规程参编单位：大唐山东烟台电力开发有限公司、黄河上游水电开发有限责任公司。

本规程主要起草人员：吴鹤鹤、范建珍、倪萍、张鼎荣、李图强、付正宁、张海滨、邓学惠、冷辉、陈中兴。

本规程主要审查人员：易跃春、王燕民、王红敏、常作维、谢宏文、侯红英、刘志方、秦初升、刘玮、张清远、王立群、俞辉、姚辉、李建、李燕、李仕胜。

1　总则

1.0.1　为规范风电场工程档案验收工作，统一档案验收标准，根据国家有关法律法规等要求，制定本规程。

1.0.2　本规程适用于新建、改建、扩建的风电场工程档案验收。

1.0.3　风电场工程档案验收，除应符合本规程外，尚应符合国家现行有关标准的规定。

2　术语

2.0.1　项目文件　records of project

建设项目在立项、核准/备案、招投标、勘察、设计、施工、监理及竣工验收全过程中形成的文字、图表、声像等形式的全部文件。

2.0.2　整理　archives arrangement

按照一定原则对档案实体进行系统分类、组卷、排列、编号和基本编目，使之有序化的过程。

2.0.3　项目文件归档　filing of project records

建设项目的设计、施工、监理等单位在项目完成时向建设单位移交经整理的全部相关文件；建设单位各部门将项目各阶段形成并经过整理的文件移交档案主管部门。

2.0.4　工程档案　archives of project

指经过鉴定、整理并归档的项目文件。

2.0.5　案卷　file

由互为联系的若干文件组成的档案保管单位。

3　验收组织

3.0.1　风电场工程档案验收一般由项目主管单位组织。对国务院或省级能源主管部门根据行业管理需要组织竣工验收的风电场工程，档案验收可由国家或地方档案行政管理部门组织。

3.0.2　工程档案验收组的组成应符合下列规定：

1　项目主管单位组织的工程档案验收，验收组应由项目主管单位和档案行政管理部门人员及有关专家组成。

2　国家或地方档案行政管理部门组织的工程档案验收，验收组应由档案行政管理部门人员及有关专家组成。

3　验收组人数宜为 5 人～9 人，组长由验收组织单位人员担任，验收组应由档案专业、风电专业技术人员组成。

4　验收条件

4.0.1　风电机组、升压站设备安装调试、场内集电线路、中控楼和升压站建筑工程、交通工程等应按照设计完成并全部投入生产和使用。有少量尾工未完成的，不应影响工程安全正常运行。

4.0.2　风电场工程应通过 240h 试运行考核，并完成了工程移交生产验收。

4.0.3　竣工图文件应编制完成，并经监理单位审核通过。

4.0.4　工程项目文件的收集、整理、归档和移交等工作已完成，基本完成了档案的分类、组卷、编目等整理工作，并应符合国家现行标准《科学技术档案案卷构成的一般要求》GB/T 11822、《国家重大建设项目文件归档要求与档案整理规范》DA/T 28、《风力发电企业科技文件归档与整理规范》NB/T 31021 的规定。

4.0.5　建设、监理、施工等单位应完成工程档案自检工作，编制了自检报告。建设单位应完成档案验收自评工作，且自评合格。

5　验收程序

5.1　一般规定

5.1.1　风电场工程档案验收程序应包括自检、验收

申请、验收准备、现场验收和验收意见落实。

5.1.2 风电场工程档案验收评定应按本规程附录 A 的规定执行。验收结论应分为合格、不合格两类，主控项全部合格且总项合格率达到 80% 及以上为合格。

5.2 自检

5.2.1 建设单位应组织监理、施工等单位开展风电场工程档案自检工作，并编制自检报告，报告内容宜按本规程附录 B、附录 C 和附录 D 的要求编写。实行工程总承包的档案自检报告应由工程总承包单位编制，报告内容宜按本规程附录 E 的要求编写。各单位应对其所提供的自检报告的准确性负责。

5.2.2 建设单位应按本规程附录 A 的规定进行自评。

5.2.3 建设单位应准备档案验收佐证材料，主要包括以下内容：

    1 工程档案管理规章制度。

    2 工程档案业务指导相关记录。

    3 工程档案分类方案。

    4 工程档案案卷目录、卷内目录。

    5 项目划分表、招投标清单、合同清单、设备清单。

    6 档案编研成果和利用情况。

5.3 验收申请

5.3.1 建设单位在确认工程已具备档案验收条件时，应向验收组织单位提交风电场工程档案验收申请，并附风电场工程档案验收申请表和建设单位自检报告。

5.3.2 风电场工程档案验收申请表应按本规程附录 F 的格式填写。

5.4 验收准备

5.4.1 验收组织单位在接收到档案验收申请后，应组织开展预审工作。

5.4.2 通过预审后，验收组织单位应按本规程第 3.0.2 条的规定，组成验收组。验收组织单位应与建设单位协商确定现场验收时间，并印发开展风电场工程档案验收工作的通知。

5.4.3 未通过预审的，验收组织单位应提出整改意见，并通知建设单位进行整改。

5.4.4 建设单位应组织监理、施工等单位做好档案验收准备工作。

5.5 现场验收

5.5.1 风电场工程档案现场验收工作应包括验收组预备会议、首次会议、现场察看、档案检查、验收组内部会议、末次会议等工作流程。

5.5.2 在首次会议前应召开验收组预备会议，由验收组组长主持，验收组全体成员参加。验收组预备会议主要包括验收工作要求、安排、分工等内容。

5.5.3 首次会议应由验收组组长主持，验收组全体成员，建设、监理和施工等单位参加会议。会议宜包括以下内容：

    1 宣布验收组组成人员名单。

    2 说明验收主要依据、主要程序及工作安排。

    3 听取建设、监理和施工等单位工程档案管理及自检情况的汇报。

    4 对各单位汇报的有关情况、自检报告中的有关问题进行沟通和质询。

5.5.4 首次会议后，验收组应察看工程现场，了解工程建设和运行情况等，再次确认是否具备验收条件。对不具备验收条件的，应通知建设单位，待满足验收条件后重新组织验收。

5.5.5 档案检查应包括下列内容：

    1 档案工作保障体系及其实施情况。

    2 工程档案的完整性、准确性和系统性，工程档案的移交与归档手续。

    3 工程档案安全、利用和信息化。

5.5.6 验收组宜采用质询、现场查验、抽查案卷的方式检查工程档案，抽查重点为工程立项文件、设计文件、招投标文件、合同和协议、隐蔽工程文件、质检文件、缺陷处理文件、监理文件、竣工图文件、设备文件等，抽查案卷的数量应不少于 100 卷。

5.5.7 现场检查工作结束后，应由验收组组长主持召开验收组内部会议，汇总检查情况，按照本规程附录 A 的规定进行评定。主控项全部合格且总项合格率达到 80% 及以上，验收评定为合格。

5.5.8 验收组根据验收情况，编写档案验收意见。验收意见主要内容应符合本规程附录 G 的要求。

5.5.9 验收组成员应按照本规程附录 H 的要求填写工程档案验收专家意见表。

5.5.10 末次会议由验收组组长主持，验收组全体成员、建设、监理和施工等单位参加会议。会议宜按下列步骤进行：

    1 介绍验收工作实施情况。

    2 宣读档案验收意见。

    3 点评存在问题。

    4 征求参建单位意见，形成最终的验收意见。

    5 验收组成员在档案验收组成员签字表上签字。

    6 建设单位针对存在问题提出整改计划。

5.6 验收意见落实

5.6.1 通过验收后，验收组织单位应向建设单位印发档案验收意见。建设单位按照验收意见对存在的问题进行整改，并将整改结果报验收组织单位备案。

5.6.2 档案验收不合格的工程，应由工程档案验收组提出整改要求，建设单位对存在的问题进行限期整改，由验收组织单位进行复查、复验。

5.6.3 验收组织单位应将验收过程形成的文件和记录进行归档。

附录 A
风电场工程档案验收评定

表 A　风电场工程档案验收评定

序号	验收项目	验收内容	验收备查材料	评定标准	主控项	自评结果	验收意见
1		档案工作保障体系及实施情况					
1.1	组织保障	(1) 明确工程档案工作分管领导	有关文件	达不到要求的，不合格	—		
		(2) 明确工程档案工作机构或部门，并配有一定数量的专兼职工程档案管理人员	机构设置文件，部门、人员岗位职责和培训证明	未明确档案工作机构，无专兼职档案管理人员的，不合格	✓		
		(3) 建立了由建设单位负责，各参建单位组成的工程档案管理网络，并明确相关责任人	网络图和落实相关人员责任制的文件	达不到要求的，不合格	—		
1.2	制度保障	(1) 建立了工程档案管理各项规章制度，明确规定了各责任单位的职责与任务，并有相应的控制措施	相关制度、办法	无相关制度的，不合格	—		
		(2) 制定了工程文件材料的归档范围和保管期限表	归档范围与保管期限表	无相关制度的，不合格	—		
		(3) 制定了档案分类方案和整编细则	相关文件	无相关制度的，不合格	—		
		(4) 制定了档案接收、保管、利用、保密、安全及统计等工作制度	相关制度、办法	无相关制度的，不合格	—		
1.3	经费保障	建设单位档案工作所需的各项业务经费能满足档案工作的需要	有关凭证性材料	没有经费的，不合格	—		
1.4	设备设施保障	(1) 有符合安全保管条件的专用档案库房	实地检查	无档案库房的，不合格	—		
		(2) 办公与库房的设备设施及档案装具能满足工作和安全需要	实地检查	办公与库房的设备设施存在较多问题的，不合格	—		
1.5	各项管理制度的贯彻落实与实施情况	(1) 项目文件的收集、整理、归档和移交纳入合同管理	相关合同协议	未纳入合同管理的，不合格	—		
		(2) 建设单位对监理、施工等单位的文件收集、整理工作进行指导、培训和监督	有关证明材料	未进行指导、培训的，不合格	—		
		(3) 建设单位档案人员对各业务部门的文件收集、整理、归档工作进行监督、指导	有关证明材料	未进行监督、指导的，不合格	—		
		(4) 工程档案工作与项目建设同步进行，纳入质量管理程序；检查工程进度、质量时，同时检查项目文件的收集整理情况；单元、分部、单位工程完工验收，同时检查或验收相关项目文件	相关制度和记录	工程档案工作与项目建设不同步进行的，不合格	—		

续表

序号	验收项目	验收内容	验收备查材料	评定标准	主控项	自评结果	验收意见
2		工程档案的完整性、准确性、系统性及移交与归档手续					
2.1		工程档案的完整性					
2.1.1	电力生产文件完整性	(1) 生产准备文件	有关证明材料	各项内存在不完整现象的,缺少10%及以上的,不合格	—		
		(2) 试运行阶段生产运行文件			—		
		(3) 生产技术文件			—		
		(4) 物资管理文件			—		
2.1.2	科技开发文件完整性	科技开发文件	任务书、报告	存在不完整现象的,缺少10%及以上,不合格	—		
2.1.3	项目建设文件完整性	(1) 前期设计文件、征地、投资、各类审批等项目立项文件	相关文件材料	各项内存在不完整现象的,缺少10%及以上,不合格	√		
		(2) 招标设计、施工图设计、设计更改等设计文件			—		
		(3) 建设用地、招投标、合同、开工报告等项目准备文件			√		
		(4) 投资管理、施工管理、质量管理、安全管理、物资管理、质量监督等项目管理文件			√		
		(5) 施工文件	相关文件材料	各项内存在不完整现象的,缺少10%及以上,不合格	—		
		1) 施工准备			—		
		2) 风力发电机组基础施工			√		
		3) 中控楼和升压站建筑工程施工			—		
		4) 交通工程施工等			—		
		(6) 安装文件			—		
		1) 安装准备			—		
		2) 风力发电机组、塔筒设备安装			√		
		3) 风电机组升压配电装置安装			—		
		4) 升压站设备安装			√		
		5) 场内集电线路安装等			√		
		(7) 监理规划、监理细则、监理日志、监理月报、会议纪要、控制协调文件等监理文件	相关文件材料	各项内存在不完整现象的,缺少10%及以上,不合格	—		
		(8) 调试、试验、试运行文件			√		
		(9) 竣工图及其编制说明等文件			√		
		(10) 竣工及验收文件			—		
		(11) 工程结(决)算与审计文件			—		
		(12) 声像文件			—		
		(13) 电子文件			—		

序号	验收项目	验收内容	验收备查材料	评定标准	主控项	自评结果	验收意见
2.1.4	设备仪器文件完整性	(1) 风力发电机组文件	相关文件材料	各项内存在不完整现象，缺少10%及以上，不合格	√		
		(2) 风电机组升压配电装置文件			—		
		(3) 升压站设备文件			√		
		(4) 其他设备（给排水、采暖通风、消防、特种设备等）文件			—		
2.2	工程档案的准确性	(1) 文件内容填写完整、数据真实	相关文件材料	各项内存在20处及以上不准确的，不合格			
		(2) 各类验收评定表格符合规范要求					
		(3) 反映同一问题的不同文件材料内容应一致			—		
		(4) 目录与实物相符，关系清晰，归档文件应为原件			—		
		(5) 竣工图编制规范，能清晰、准确地反映工程建设实际情况。竣工图图章签字手续完备，监理单位按规定履行了审核手续	竣工图	竣工图有10处及以上不能反映工程建设实际情况的，不合格；监理单位未按规定履行审核手续的，不合格	√		
		(6) 文件材料应字迹清晰，图表整洁，审核签字手续完备，书写材料符合规范要求	卷内已归档的文件材料	20处及以上不符合要求的，不合格	—		
		(7) 非纸质文件材料著录符合规范要求	实体档案整编情况	20处及以上不符合要求的，不合格	—		
		(8) 案卷题名简明、准确，案卷目录编制规范，著录内容翔实	案卷标题与案卷目录	无案卷目录的，不合格；案卷目录编制存在20处及以上问题的，不合格	—		
		(9) 卷内目录著录清楚、准确，页码编写准确、规范	卷内目录	10个及以上案卷无卷内目录的，不合格；卷内目录编制存在20处及以上问题的，不合格	—		
		(10) 备考表填写规范，案卷中需说明的内容均在案卷备考表中清楚注释，并履行了签字手续	备考表	10个及以上案卷内无备考表的，不合格；备考表存在20处及以上问题的，不合格	—		
		(11) 图纸折叠符合要求，对不符合要求的归档材料采取了必要的修复、复制等补救措施	案卷	20处及以上不符合要求的，不合格	—		
		(12) 案卷装订牢固、整齐、美观，装订线不压内容；单份文件归档时，应在每份文件首页上方加盖档号章；案卷中均为图纸的可不装订，但应逐张加盖档号章	案卷	案卷装订存在20处及以上问题的，不合格	—		

续表

序号	验收项目	验收内容	验收备查材料	评定标准	主控项	自评结果	验收意见
2.3	工程档案的系统性	（1）分类科学。制定了工程档案分类方案，归类准确，每类文件材料的脉络清晰，各类文件材料之间的关系明确	分类方案与案卷分类情况	无档案分类方案的，不合格	√		
		（2）组卷合理。遵循文件材料的形成规律，保持文件之间的有机联系，组成的案卷能反映相应的主题，且薄厚适中、便于保管和利用；设计变更文件材料，应按单位工程或分部工程或专业单独组成一卷或数卷；编制了案卷目录和卷内文件目录	案卷组织情况	不同类目的文件组成一卷，10处及以上的不合格	—		
		（3）排列有序。相同内容或关系密切的文件按重要程度或时间循序排列在相关案卷中；反映同一主题或专题的案卷相对集中排列	案卷与卷内文件的排列情况	案卷无序排列的，不合格；排列中存在10处及以上不规范现象的，不合格	—		
2.4	归档与移交	（1）建设单位各部门和相关工程技术人员能按要求将其经办的应归档的文件材料进行整理、归档	各类档案归档目录	存在不完整现象的，缺少10%及以上的，不合格	—		
		（2）施工单位移交的档案经监理单位审核并手续齐全	审核记录	未审核的，不合格	—		
		（3）各参建单位按单位工程、分部工程已向建设单位移交了相关工程档案，并履行了交接手续	移交目录	未移交相关工程档案的，不合格	—		
3		档案安全、利用与信息化					
3.1	档案安全	（1）档案柜架标识清楚、排列整齐、间距合理，馆（室）藏档案种类、数量清楚	库房及档案台账、交接单、报表等	无档案柜架标识的，不合格；在档案柜架摆放、标识或档案统计等方面存在10处及以上问题的，不合格	—		
		（2）有档案库房，建立了档案管理、保密和安全制度，定期对档案保管状况进行检查，落实库房防火、防盗、防光、防水、防潮、防虫、防尘、防高温等措施，确保档案安全	工作记录和库房管理记录	未制定相应制度的，不合格；库房安全管理存在重大安全隐患的，不合格	√		
3.2	档案利用	（1）编制了规范、齐全的分类目录、案卷目录	分类目录、案卷目录	没有分类目录、案卷目录的，不合格	—		
		（2）档案人员熟悉所管档案，调卷迅速	观察	10次及以上过度迟缓的，不合格	—		
		（3）积极开展档案编研工作	编研成果	无编研成果的，不合格	—		
		（4）开展了档案基本情况统计，编制和报送有关档案年报	统计材料、年报	没有统计和年报的，不合格	—		

续表

序号	验收项目	验收内容	验收备查材料	评定标准	主控项	自评结果	验收意见
3.3	档案信息化	（1）已开展档案信息化工作，且与本单位信息化工作同步开展	档案信息化开展情况	未开展档案信息化工作的，不合格	—		
		（2）配有档案管理软件，建有档案案卷级目录、文件级目录数据库，开展了档案全文数字化工作，并已在档案统计、提供利用等工作中发挥重要作用	软件使用及数据库运行情况	没有配备档案管理软件的，不合格	—		
		（3）与单位局域网联通，能提供网络服务，并具有网络数据库的安全防范措施	网上运行	无网络服务的，不合格	—		

合格标准：主控项全部合格且总项合格率达到 80% 及以上为合格。
自评结果：主控项共 15 项，其中＿＿＿项不合格；总项共 70 项，其中＿＿＿项不合格，合格率＿＿＿。
自评结论：＿＿＿＿＿＿

建设单位（盖章）：	日期：

验收意见：主控项共 15 项，其中＿＿＿项不合格；总项共 70 项，其中＿＿＿项不合格，合格率＿＿＿。 验收结论：＿＿＿＿＿＿	

专家组组长：	日期：

注：1　表中 2.1 中所列的验收内容按《风力发电企业科技文件归档与整理规范》NB/T 31021 附录 A "风力发电企业科技文件归档范围与档案分类及保管期限划分表"的类目名称出项。

　　2　"√"表示"主控项"。

附录 B
建设单位档案验收自检报告主要内容

1　工程概况

　　工程名称、工程地点、工程规模、工程投资、参建单位，项目核准、工程开工、并网发电、专项验收等关键节点时间和基本过程，项目划分情况及质量验收情况等。

2　工程档案管理

　　档案管理依据，建设单位现场档案管理机构设置和专兼职档案人员配备情况等，建设单位档案管理制度建设情况，建设单位对各参建单位档案管理人员的培训及归档管理要求，为保证归档文件材料的完整、准确、系统所采取的控制措施。

3　项目文件收集、整理与归档

　　归档范围及分类方案，组卷要求及案卷编目方法，竣工图的编制情况及质量状况，各类工程档案数量。

4　档案保管及综合利用

　　档案保管的库房条件、硬件设施及安全保管的各项措施，档案利用情况及利用效果。

5　档案信息化建设

　　配备的档案管理软件，档案全文数字化工作，与本单位信息化工作同步开展情况，是否提供网络服务等工程档案信息化建设情况。

6　档案自检情况、存在问题及改进措施

　　建设单位组织监理、施工等单位开展档案自检工作的情况，说明按照本规程附录 A 进行自评的情况，档案自检工作中发现的问题、改进措施及落实情况。

7　综合评价

　　建设单位对本工程档案的管理，档案的完整性、准确性和系统性，档案安全、利用和信息化进行评价。

　　　　附件：风电场工程档案验收评定

附录 C
监理单位档案验收自检报告主要内容

1　工程概况

　　工程建设地点、工程规模、监理合同工作范围等。

2　工程档案管理

　　档案管理依据，本工程现场档案管理机构、主要管理人员、档案管理制度等。

3　监理文件收集与整理

　　监理文件收集范围，按照建设单位要求对监理文件进行分类、组卷、编目情况，案卷数量及分类统计

情况。

4 项目文件技术审核

对施工文件的收集整理进行指导监督情况，对项目文件的完整、准确、系统性审核情况，对竣工图文件的技术审查情况，对施工文件移交前的技术审核情况。

5 监理文件的归档移交

向建设单位归档移交档案情况、档案案卷数量。

6 档案自检情况、存在问题及改进措施

档案自检工作开展情况、自检工作中发现的问题及改进建议。

7 综合评价

监理单位对本工程档案的综合评价。

附录 D
施工单位档案验收自检报告主要内容

1 工程概况

工程建设地点、工程规模、合同工作范围等。

2 工程档案管理

档案管理依据，本工程现场档案管理机构、主要管理人员、档案管理制度等。

3 施工文件收集与整理

施工文件收集范围，为文件收集与整理配备的资源，对施工文件进行分类、组卷、编目情况，竣工图文件的编制情况，按单位工程、分部工程统计的各类档案的数量、档案案卷数量等。

4 竣工图文件编制情况

竣工图文件编制的基本概况，竣工图审查情况，竣工图数量等。

5 施工文件技术审核

对施工文件移交前的技术审核情况。

6 施工文件归档移交

向建设单位归档移交文件情况，移交案卷数量。

7 档案自检情况、存在问题及改进措施

档案自检工作开展情况，自检工作中发现的问题、改进措施及落实情况。

8 综合评价

施工单位对本工程档案的综合评价。

附录 E
工程总承包单位档案验收
自检报告主要内容

1 工程概况

工程建设地点、工程规模、工程总承包范围、建设管理模式，工程分包、工程项目划分等情况。

2 工程设计及更改情况

设计单位提交的勘测设计报告情况、设计图纸（册）汇总情况、设计变更通知汇总情况、重要设计优化变更情况、施工过程中主要设计变更情况等。

3 工程档案管理

工程档案管理体系、档案工作机构设置和专兼职档案人员配备、档案管理制度建设等情况，对分包单位档案管理人员的培训及归档管理要求，保证工程档案完整、准确、系统、安全所采取的控制措施。

4 工程总承包文件收集与整理

工程总承包文件收集范围，为文件收集与整理配备的资源，对工程总承包文件进行分类、组卷、编目情况，竣工图文件的编制情况，形成的案卷数量等。

5 工程总承包文件移交与归档

向建设单位归档移交文件情况，移交案卷数量。

6 竣工档案自检、存在问题及解决措施

档案自检工作开展情况，检查中发现的问题、改进措施及落实情况。

7 综合评价

工程总承包单位对工程档案的完整性、准确性、系统性进行评价。

附件 1 档案统计数据

按单位或合同工程的文件类型、载体类型进行统计。

附件 2 风电场工程档案验收评定

附录 F
风电场工程档案验收申请表

表 F 风电场工程档案验收申请表

工程名称		建设地点	
建设单位			
核准单位		核准日期	
工程总投资（万元）		装机容量（MW）	
单机容量（kW）		台数	
工程开工日期		工程投产日期	
设计单位		监理单位	
主要施工单位或总承包单位			
风电机组制造厂家			
工程档案案卷数量		卷	
联系人		联系电话	
地址/邮编		电子信箱	
申请单位自检情况		（单位盖章） 　年　月　日	
备注			

附录 G
风电场工程档案验收意见主要内容

1　前言

简述验收依据、验收组织单位及参加验收单位，验收会议基本情况等。

2　工程建设情况

工程名称、工程地点、工程规模、工程投资、参建单位、项目核准、工程开工、并网发电、专项验收等关键节点时间和基本过程，项目划分情况及质量验收情况等。

3　验收的依据、范围

验收工作依据的主要法律、法规、规范及相关批复文件。档案验收所覆盖的风电场工程项目的范围。

4　工程档案管理情况

档案管理机构设置，档案管理制度建设情况，为保证归档文件材料的完整、准确、系统所采取的主要控制措施。

5　工程档案综合评价及验收结论

对工程档案的形成、收集、整理、移交与归档情况，竣工图的编制和审核情况，档案的分类、组卷情况，档案的完整性、准确性、系统性及安全性进行综合评价，并提出验收结论。

6　存在问题及整改意见

提出档案工作存在的问题及需要整改的方面。

附件 1　档案验收组成员签字表

附件 2　档案验收参建单位代表签字表

附录 H
风电场工程档案验收专家意见表

表 H　风电场工程档案验收专家意见表

工程名称	
检查内容	
总体评价	
存在问题	
建议	
是否同意通过验收	
专家签字	年　　月　　日

本规程用词说明

1　为便于在执行本规程条文时区别对待，对要求严格程度不同的用词说明如下：

1）表示很严格，非这样做不可的：

正面词采用"必须"，反面词采用"严禁"；

2）表示严格，在正常情况均应这样做的：

正面词采用"应"，反面词采用"不应"或"不得"；

3）表示允许稍有选择，在条件许可时首先应这样做的：

正面词采用"宜"，反面词采用"不宜"；

4）表示有选择，在一定条件下可以这样做的，采用"可"。

2　条文中指明应按其他有关标准执行的写法为："应符合……的规定"或"应按……执行"。

引 用 标 准 名 录

《科学技术档案案卷构成的一般要求》GB/T 11822

《风力发电企业科技文件归档与整理规范》NB/T 31021

《国家重大建设项目文件归档要求与档案整理规范》DA/T 28

风电场工程档案验收规程

（NB/T 31118—2017）

条 文 说 明

制 定 说 明

《风电场工程档案验收规程》NB/T 31118—2017，经国家能源局 2017 年 11 月 15 日以第 10 号公告批准发布。

本规程制定过程中，编制组进行了广泛的调查研究，总结了风电场工程档案验收的实践经验，并向有关单位征求了意见。

为便于广大建设运行、勘察设计、监理和施工安装等单位有关人员在使用本规程时能正确理解和执行条文规定，《风电场工程档案验收规程》编制组按章、节、条顺序编制了本规程的条文说明，对条文规定的目的、依据以及执行中需注意的有关事项进行了说明。但是，本条文说明不具备与规程正文同等的法律效力，仅供使用者作为理解和把握规程规定的参考。

1　总则

1.0.1　国家有关法律法规包括有《档案法》《重大建

设项目档案验收办法》（档发〔2006〕2号）。

括安装单位、调试单位。

3 验收组织

3.0.1 《风电场工程竣工验收管理暂行办法》（国能新能〔2012〕310号）第四条规定，风电场工程项目一般由项目业主单位组织竣工验收，国务院能源主管部门可根据行业管理需要，选择重点项目组织开展竣工验收工作。

5 验收程序

5.2 自检

5.2.1 建设单位可根据需要组织设计单位、设备厂家等单位开展档案自检工作。

5.5 现场验收

5.5.6 缺陷处理文件包括质量事故处理文件等。

4 验收条件

4.0.5 本条中建设单位包括运行单位，施工单位包

附录 档案管理通用表格

一、归档文件目录（文档）

件号	责任者	文号	题 名	日期	页数

二、备考表（文档）

盒内文件情况说明：

整理人：

检查人：

年　月　日

三、档案移交登记表

移交时间：_____　　　　　　　　　　　　　　　　　　　移交部门：_____

序号	题　名	年度	文号或图号	页数	保管期限	备　注

移交人签名：_____　　　　　　　　　　　　　　　　　接收人签名：_____

四、档案利用效果登记表

利用日期		利用部门		利用者	
档号					
主要内容					
用途					
利用效果					

五、借阅档案登记表

序号	日期	档号	题　名	借阅部门	借阅人签字	归还日期	备注

六、温湿度登记表

库别_____ _____年___月

日期	时间	温度	相对湿度	记录人	日期	时间	温度	相对湿度	记录人
1					17				
2					18				
3					19				
4					20				
5					21				
6					22				
7					23				
8					24				
9					25				
10					26				
11					27				
12					28				
13					29				
14					30				
15					31				
16									

七、档案销毁清册

批准人：

编制部门：

序号	题　　名	年度	档号	卷内文件		原期限	已保管期限	备注
				件数	页数			

编制人：　　　　　　　　　　　　　　　　　　　　　　　监销人：

八、档案复制登记表

序号	日期	档号	题名	复制部门	复制人签字	复制份数	复制页数	档案规格	接待人	备注

九、企业会计档案保管期限表

序号	档案名称	保管期限	备注
	一、会计凭证类		
1	原始凭证、记账凭证和汇总凭证	十五年	
	其中：涉及外事和对私改造的会计凭证	永久	
2	银行存款对账单及余额调节表	三年	
	二、会计账簿类		
3	日记账	十五年	
	其中：现金和银行存款日记账	二十五年	
4	明细账	十五年	
5	总账	十五年	包括日记账
6	固定资产卡片		固定资产报废清理后保存五年
7	辅助账簿	十五年	
8	涉及外事和对私改造的会计账簿	永久	
	三、会计报表类		包括各级主管部门的汇总会计报表
9	主要财务指标快报	三年	包括文字分析
10	月、季度会计报表	五年	包括文字分析
11	年度会计报表（决算）	永久	包括文字分析
	四、其他类		
12	会计移交清册	十五年	
13	会计档案保管清册	二十五年	
14	会计档案销毁清册	二十五年	

十、案卷封面

档　　号：＿＿＿＿＿＿＿＿＿

档案馆号：＿＿＿＿＿＿＿＿＿

♯标题♯

立卷单位：＿＿＿＿＿＿＿＿＿＿＿＿＿＿＿＿＿

起止日期：＿＿＿＿＿＿＿＿＿＿＿＿＿＿＿＿＿

保管期限：＿＿＿＿＿＿＿＿＿＿＿＿＿＿＿＿＿

密　　级：＿＿＿＿＿＿＿＿＿＿＿＿＿＿＿＿＿

十一、卷内目录

档号：

序号	文件编号	责任者	文件材料题名	日期	页号	备注

十二、卷内备考表

互见号：

说明：

立卷人：
　　　　年　　月　　日

检查人：
　　　　年　　月　　日

十三、竣工技术记录

工程（　　机组）

_____专业_____单位工程

竣 工 技 术 记 录

批准：

审定：

审核：

编制：

施工单位名称

年　　　月　　　日

十四、案卷移交目录

（项目名称）

案卷序号	档号	案 卷 题 名	总页数	保管期限	移交份数

十五、案卷移交清册

（　　　　　）工程

案卷移交清册

文件材料案卷数：

竣工图案卷数：

设备案卷数：

移交单位：（盖章）　　　　　　　接收单位：（盖章）

移交人：　　　　　　　　　　　　接收人：

　　年　　月　　日　　　　　　　　年　　月　　日